U0168957

CHOUSHUI XUNENG DIANZHAN GONGCHENG JISHU

抽水蓄能电站工程技术（第二版）

中国电建集团北京勘测设计研究院有限公司 组编

郝荣国 吕明治 王 可 主编

中国电力出版社
CHINA ELECTRIC POWER PRESS

内 容 提 要

本书是系统全面介绍抽水蓄能电站工程技术的专著。内容涵盖抽水蓄能电站规划、勘测设计、施工、运营管理全过程，重点突出抽水蓄能电站的工程技术特点，总结归纳该领域的工程技术和新发展，着重介绍近三十年来采用的新设计和施工技术，既有理论，又有工程实践。第二版修编，重点补充了2008年以来我国抽水蓄能电站建设的最新工程实践，增补了近十多年来该领域工程技术的新发展、新理念与新认识。

本书适用于抽水蓄能电站勘测设计、建设管理、科研、施工、设备制造、运行管理等专业技术人员，也可供相关专业高等院校师生阅读和参考。

图书在版编目（CIP）数据

抽水蓄能电站工程技术/中国电建集团北京勘测设计研究院有限公司组编；郝荣国，吕明治，王可主编. —2版. —北京：中国电力出版社，2023.10（2025.1重印）

ISBN 978-7-5198-8011-8

Ⅰ.①抽… Ⅱ.①中…②郝…③吕…④王… Ⅲ.①抽水蓄能水电站－工程技术 Ⅳ.①TV743

中国国家版本馆CIP数据核字（2023）第143362号

出版发行：中国电力出版社
地　　址：北京市东城区北京站西街19号（邮政编码100005）
网　　址：http://www.cepp.sgcc.com.cn
责任编辑：姜　萍（010-63412368）　柳　璐　霍　妍　马雪倩
责任校对：黄　蓓　朱丽芳　常燕昆
装帧设计：张俊霞
责任印制：吴　迪

印　　刷：北京锦鸿盛世印刷科技有限公司
版　　次：2023年10月第二版
印　　次：2025年1月北京第四次印刷
开　　本：787毫米×1092毫米　16开本
印　　张：74.5
字　　数：2361千字
印　　数：3501-4000册
定　　价：398.00元

编 写 人 员 名 单

主　编　郝荣国　吕明治　王　可
副主编　严旭东　李　冰　靳亚东　易忠有

章节编号	章主编/副主编	编写人
第一章	吕明治	
第一节、第二节		吕明治
第三节		靳亚东
第四节		杜贤军、杨威、王春生、赵旭润、赵军强
第二章	靳亚东/唐修波	
第一节、第二节、第三节		唐修波
第三章	靳亚东/王婷婷	
第一节		王婷婷
第二节		张娜
第三节		杨霄霄、能锋田
第四节		李晓伟、赵海镜
第五节		刘书宝
第四章	金弈	
第一节		金弈、董磊华
第二节		金弈、刘桂华、董磊华
第三节		马世军、金弈
第四节		刘桂华、马世军
第五章	姜正良/李重庆	
第一节、第二节		姜正良、李重庆
第三节		姜正良、杜立强、冯涛、韩款、李贵兵
第四节		姜正良
第六章	李院忠/陈丹	
第一节		李璞、刘永峰、李志远
第二节		刘增杰、郭松、黄志义
第三节		赵国刚、张旭柱、魏金良
第四节		张永辉、赵玉滨、赵开开
第五节		贾煜星、李海轮、杨鹏飞
第六节		王少川、曾森财、吴喜江
第七节		王亚群、李锦飞、肖海波

章节编号	章主编/副主编	编写人
第七章	王可/王勇	
第一节		王可、王勇
第二节		杨子强
第三节		谭盛凛
第四节		蒋逵超
第八章	杨文利/杨子强	
第一节		吕典帅、王兆辉、孟凡珍
第二节		谢刚、王嘉淳
第三节		陈建华、王彩霞
第四节		刘士佳、孔彩粉
第九章	李振中/蒋逵超	
第一节		张杰、张红梅
第二节		钱玉英、王超
第三节		何敏、李彬瑜
第十章	王建华/蒋逵超、胡霜天	
第一节		张慧敏、宋蕊香
第二节		梁健龙、刘晓楠
第三节		王志国
第四节		陈红、胡霜天、杜俊玮、张丛茂
第十一章	周长兴/李刚	
第一节		刘静
第二节		阎培林
第三节		张捷
第四节		李刚
第十二章	耿贵彪/任少辉	
第一节		耿贵彪、任少辉
第二节		王永晖
第三节		夏天倚
第四节		葛鹏
第五节		王永晖、任少辉
第六节		王永晖、任少辉、葛鹏、夏天倚
第十三章	易忠有/周振忠	
第一节、第二节		周振忠
第三节、第四节、第五节		荀东明

章节编号	章主编/副主编	编写人
第六节		周振忠
第七节		易忠有、刘建栋
第八节		易忠有、刘建栋、苟东明
第十四章	杨梅/刘书玉	
第一节、第二节、第三节		杨梅
第四节		刘书玉
第五节		梁国才
第六节		杨梅
第十五章	张维力/王建明	
第一节		王建明、王坤
第二节		王建明
第三节		仇雅静、雷旭
第四节		刘书玉、蒋一峰
第五节		刘书玉
第十六章	易忠有/郑冬飞	
第一节		郑冬飞
第二节		张蓝国、郑冬飞
第三节		郑冬飞
第四节		张蓝国、郑冬飞
第十七章	杨梅/梁国才	
第一节		杨梅、王婷婷
第二节、第三节		杨梅、梁国才、张昊晟、易忠有
第四节		杨梅、梁国才、易忠有
第十八章	吴朝月/郭兴	
第一节		郭兴
第二节		王剑涛
第三节		程伟科
第四节		赵万青
第五节		吴朝月、王世琦
第六节		谭红强
第十九章	王友政/周首喆	
第一节、第二节		郭颖暄
第三节		张建业、张扬
第四节		郭颖暄、张建业
第五节		郭颖暄

章节编号	章主编/副主编	编写人
第二十章	靳亚东/唐修波	
第一节		靳亚东
第二节		唐修波
第三节		赵杰君
第二十一章	易忠有/郑冬飞	
第一节		李冰、赵杰君、易忠有
第二节		刘书玉、易忠有
第三节		李冰、易忠有
第四节、第五节		马信武、刘书玉、易忠有
第二十二章	李冰/靳亚东、易忠有	
第一节		李慧军
第二节		张娜
第三节		蒋逵超、杨子强
第四节		易忠有、杨梅、刘书玉
第二十三章	李冰/杜贤军	
第一节		杜贤军
第二节		杜贤军、杨威
第三节		王春生、赵旭润
第四节		杨威、赵旭润
第五节		杜贤军、赵旭润
第六节		杨梅、易忠有、王春生
第七节		杨威、王春生

第一版编写人员名单

主　编　邱彬如　刘连希

副主编　李志谦　吕明治　江泽沐　李复生

章节编号		撰写人	统稿人
第一章		邱彬如	刘连希
第二章		王朝阳	李复生
第三章	3.1～3.3	马登清、靳亚东	
	3.4	麦达铭	
第四章	4.1～4.2	金弈	
	4.3	何学铭、陈伟明	
第五章	5.1～5.2	米应中	米应中、富宝鑫
	5.3	宫海灵	
	5.4	贾煜星	
	5.5	王少川	
	5.6	高茂华	
第六章	6.1	吕明治、王可	严旭东、吴奎、王敬武
	6.2	王可	
	6.3	杨静	
	6.4	王志国	
第七章	7.1	赵轶	
	7.2	吴吉才	
	7.3	沈安琪	
	7.4	吴吉才	
第八章		韩立	邱彬如
第九章	9.1	李振中、王文芳	严旭东、吴奎、王敬武
	9.2	王建华	
	9.3	王志国	
	9.4	陈红、范国芳	吴全本

章节编号		撰写人	统稿人
第十章	10.1	杨静	严旭东、吴奎、王敬武
	10.2	王阳雪、周长兴	
	10.3	王阳雪、杨静	
	10.4	杜晓京	
第十一章	11.1～11.4	耿贵彪	
	11.5	齐俊修、周正新	
第十二章		苟东明	江泽沐、周益
第十三章	13.1～13.2	白之淳	江泽沐、万凤霞、姜树德、梁见诚
	13.3	姜树德、蒋一峰	
	13.4	姜树德	
第十四章	14.1	万凤霞	江泽沐、姜树德、白之淳、梁见诚
	14.2	姜树德、雷旭	
	14.3	蒋一峰	
	14.4	姜树德	
第十五章		易忠有	江泽沐
第十六章	16.1	郭清	卢兆钦、贾富生
	16.2	卢军民	
	16.3	代振峰	
	16.4	赵万青	
	16.5	吴朝月	
	16.6	范建章	
第十七章	17.1	杜秀惠	王淑清
	17.2～17.4	王朝阳	李复生
第十八章	18.1	周益、马登清、靳亚东、吴吉才、王志国	江泽沐、李复生、万凤霞
	18.2～18.5	周益、施瑠龄、姜树德	
第十九章	19.1～19.2	王朝阳	李复生
	19.3	吴吉才、王建华	严旭东
	19.4	苟东明、万凤霞、姜树德	江泽沐
第二十章		刘连希	邱彬如

序

随着碳达峰与碳中和“双碳”目标的实施，我国构建新型电力系统加速推进，抽水蓄能电站建设迎来了高速发展的新机遇。应广大读者要求，中国电建集团北京勘测设计研究院有限公司（以下简称北京院）组织对《抽水蓄能电站工程技术》一书进行了再版修编，现已脱稿，并请我为之写序。看到本书第一版受到广大读者的喜爱，作为当时主编之一的我深感欣慰。在构建新型电力系统的新形势下，北京院的同事们对其进行修编再版很有意义。

北京院是国内最早从事抽水蓄能电站技术研究和规划勘测设计的设计院，经过半个多世纪的研究探索和工程实践，积累了丰富的工程技术经验。从1968年建成我国第一座混合式岗南抽水蓄能电站，到20世纪80年代末开工建设我国第一座大型混流可逆式十三陵抽水蓄能电站；从装机容量11～22MW的岗南和密云抽水蓄能电站，到装机容量3600MW周调节的世界最大的丰宁抽水蓄能电站；从水头100m左右的琅琊山抽水蓄能电站，到水头700m级的西龙池和敦化抽水蓄能电站；从装设大型常规定速机组的抽水蓄能电站，到装设大型交流励磁可变速机组的丰宁抽水蓄能电站；从我国相关技术规范的空白，到2005年出版我国第一本《抽水蓄能电站设计导则》和2018年修编为《抽水蓄能电站设计规范》；从事的抽水蓄能业务从抽水蓄能电站规划选点及勘测设计，拓展到工程监理、工程监测、工程总承包、全过程咨询等方面。北京院抽水蓄能业务技术的发展过程，也是我国抽水蓄能电站建设发展历史的一个缩影。

我国抽水蓄能电站建设从20世纪60、70年代的岗南和密云两座小型混合式抽水蓄能电站起步，共计33MW，到2022年底建成和在建的抽水蓄能电站共计131座，总装机容量达到166951MW，其中建成43座、部分投产2座，建成装机容量45525MW，居世界第一，期间大致经历了起步、探索发展、借鉴与自主发展、自主化快速发展几个阶段。过程中尽管遇到过困难，经历过波折，但经过几代人的努力和近一个甲子的发展，无论是装机规模和建设、运营管理能力，还是设计、施工及设备制造技术水平，均处于世界前列。适应新形势下电力系统特性的抽水蓄能电站站址合理布局，进一步提高了电网运行的安全可靠性；工程勘测设计技术进步和机组设备研发制造全面自主化，进一步提升了抽水蓄能电站的建设水平；施工技术进步和先进施工设备应用，进一步提升了工程建设质量和施工安全环保水平。这些新的特征彰显了我国抽水蓄能电站建设发展到一个新的阶段。国家能源局于2021年9月发布了《抽水蓄能中长期发展规划（2021—2035年）》，提出到2030年我国抽水蓄能电站投产总规模达到1.2亿kW左右，并布局重点实施项目340个，总装机容量约4.21亿kW，我国抽水蓄能电站建设将迎来高速发展的黄金期。

为助力我国抽水蓄能电站建设，与同行们分享相关工程经验，北京院的相关同志克服日常工作繁忙的困难，用较短时间完成了书稿的修编工作，实属不易。参与本书修编的主编、副主编以及编写人员，都是从事抽水蓄能电站规划、勘测设计和技术管理工作多年目前仍在一线工作的同志，工程经验丰富，对国家的相关政策比较了解，对抽水蓄能发展动态及前沿技术比较熟悉。他们承担修编工作，使本书更能反映抽水蓄能技术的时代特征。

本书再版修编，补充了我国近十几年来抽水蓄能建设的最新工程实践和运行中发现的问题，补充介绍了近些年来抽水蓄能工程技术的新发展、新理念与新认识，以及新建典型抽水蓄能电站的经验和技术创新成果等，内容资料更加丰富和翔实。不仅可供业内勘测设计、施工制造和科研技术人员学习参考，也有助于抽水蓄能电站建设和运营管理人员、各级政府相关主管部门系统了解我国抽水蓄能建设和技术发展历程、最新现状与发展趋势。

在此，感谢北京院全体编撰人员对我国抽水蓄能建设事业的新贡献，感谢所有支持本书修编出版的单位和同志们。并祝愿我国抽水蓄能事业能更好更快地高质量发展！

邱彬如

2023年6月

第一版序

由中国水电顾问集团北京勘测设计研究院（以下简称北京院）支持编写的《抽水蓄能电站工程技术》一书已脱稿，请我为之写序。我与两位主编是多年共事的老同志，当然应该勉为其难，但更主要的是觉得国内抽水蓄能相关专著甚少，而他们在努力补上这块"短板"，我觉得很有意义，所以当即应允。

北京院是国内最早从事抽水蓄能电站研究、设计的水电设计院。1968 年建成的我国第一座抽水蓄能电站——岗南和 1973 年第二个投产的密云抽水蓄能电站，就出自他们之手。之后北京院又参加了华北、东北、华东等多个省市区抽水蓄能电站的规划选点和十多个大型抽水蓄能的规划设计，其中已建、在建的就有 7 座，占全国 17 座已建、在建大型抽水蓄能电站 40%，大概是目前国内从事抽水蓄能电站设计最多的设计院。在这些电站的建设中，他们除了负责规划设计，还参与了施工、机组调试、运行监测和设计回访的全过程。

本书二位主编是北京院的老总工、老院长，他们都直接参与并领导过北京院承担的各抽水蓄能电站的规划、设计并参与建设的全过程，是我国抽水蓄能方面的专家。他们退休后仍孜孜不倦，热心抽水蓄能事业，热心学会工作，并努力笔耕，系统地介绍国内外抽水蓄能电站的情况、经验和新的发展，力求多做贡献。这种精神值得我学习。

本书各位编写者都是北京院从事抽水蓄能规划、设计多年的项目、技术负责人，日常工作繁忙，仍坚持写作，实属不易。

我国抽水蓄能电站于 20 世纪 60、70 年代起步，建了两座共 3.3 万 kW 的小型工程之后一停十多年，直到 80 年代末 90 年代初随着国家经济持续快速发展，西电东送步伐加快，核电建设的推进等，抽水蓄能才进入规模建设快速发展的阶段。到 90 年代末已建 9 座，装机规模 457.5 万 kW，年均增长 45 万 kW；2007 年末增加到 17 座，装机容量 894.5 万 kW，年均增长 54 万 kW。按计划现在已开工的项目到 2012 年均可完建，届时将有 28 座抽水蓄能电站，装机容量 2110.5 万 kW，年均增长约 243 万 kW。这样的发展速度，纵向看，即和自身比，不算慢；但若横向和国家的发展、环境及电源结构调整的需求比，仍然滞后，这明显地反映在抽水蓄能装机的比例依然很低。从抽水蓄能开始规模建设到 1998 年，十年左右时间抽水蓄能的比例由 0.02%增长到 1%。此后，大家做了很大努力，又花了 14 年的时间，修建、续建了惠州、西龙池、白莲河、天荒坪、广蓄二期等 16 座大型抽水蓄能电站和沙河、回龙、佛磨等 5 座中型工程，共 21 座 1900 万 kW 左右，到 2012 年抽水蓄能的比例也只能达到 2%左右。可见抽水蓄能事业的发展任重道远，需要更多的人积极参与、持续推动，需要市场和机制的不断完善，现阶段更需要各级决策者的理解和支持。

本书全面介绍了我国抽水蓄能电站的发展过程，设计、施工、运行的原则和特点，已建电站的经验和技术创新的成果等，内容丰富，资料翔实，不仅可供业内设计、施工、运行、制造、科研的技术人员学习参考，对电力企业的管理人员和各级政府能源管理部门来说，也是目前他们了解中国抽水蓄能现状最新、最系统的参考资料。很希望分管水电、分管电网特别是分管规划、计划的同志能拨冗一阅。

本书在我国第一座抽水蓄能电站建成40周年之际出版，也是全体编撰人员对我国抽水蓄能事业的新贡献。感谢他们，也感谢所有支持本书编写出版的单位和同志们。

祝愿我国抽水蓄能事业能更好更快地发展！

何璟

2008年9月

前言

本书第一版出版于2008年，由北京勘测设计研究院老总工和老院长邱彬如、刘连希作为主编编著，全书共20章，内容涵盖抽水蓄能电站规划、勘测设计、施工、运营管理全过程，是一部综合论述抽水蓄能工程技术的专著，突出抽水蓄能工程技术特点和新发展，对我国20世纪90年代以来十多年的抽水蓄能工程建设实践经验进行了系统总结介绍。该书的出版，受到读者广泛好评，助力了我国抽水蓄能电站工程建设和技术发展。

本书第一版出版时，我国抽水蓄能电站正处于第二轮开发建设高潮，截至当时的2007年底，我国建成抽水蓄能电站17座，装机容量8945MW（含装机容量50MW以下的电站计35MW，下同），居世界第三位；另有11座抽水蓄能电站正在建设中，装机容量12760MW。自2008年以来，我国抽水蓄能电站又进入新一轮快速发展期，一大批抽水蓄能电站建成发电，到2017年底，建成装机容量达到28725MW，居世界第一。截至2022年底，我国建成抽水蓄能电站43座，部分机组投产发电的在建抽水蓄能电站2座，其他核准在建抽水蓄能电站86座；建成装机容量达到45525MW，核准在建装机容量121426MW，均为世界第一。随着近十多年来一批新的大型抽水蓄能电站建成投产，我国抽水蓄能工程技术也取得长足进步，机组设备设计制造也全面实现自主化，具备进一步归纳总结和修编本书的条件。在当前“双碳”目标背景下，抽水蓄能电站作为目前技术最成熟可靠且经济的大规模绿色低碳清洁灵活调节电源，成为构建新型电力系统的重要组成部分，功能定位和作用发生重大变化，建设规模迅速扩大，更多的水电工程技术人员开始参与抽水蓄能电站建设，迫切希望了解抽水蓄能工程技术，特别是近些年来我国抽水蓄能工程建设的新技术和新发展。因此，进一步总结近十多年来我国抽水蓄能工程技术，对本书第一版进行修编是必要的，也具有现实意义。

中国电建集团北京勘测设计研究院有限公司是我国最早从事抽水蓄能电站建设研究者之一，在20世纪60年代就承担了我国最早的岗南和密云抽水蓄能电站的设计工作。20世纪80年代起进行了众多抽水蓄能电站的规划、勘测设计、工程监理、工程监测、工程总承包等工作，设计完成的十三陵、琅琊山、张河湾、西龙池、呼和浩特、敦化、沂蒙、丰宁、文登抽水蓄能电站陆续投产发电，并创造多项国内第一。十三陵是国内最早完成初步设计和开工建设的大型抽水蓄能电站，西龙池是当时国内水头最高、居世界第三的大型抽水蓄能电站；张河湾上水库是国内首个寒冷地区采用沥青混凝土面板全库防渗的工程；西龙池上水库是国内首个严寒地区采用改性沥青混凝土面板全库防渗的工程，呼和浩特上水库改性沥青混凝土面板工程的设计极端最低气温则达到了−41.8℃；敦化是国内首个700m级高水头抽水蓄能机组设备全面自主化的抽水蓄能电站；丰宁抽水蓄能电站为周调节，装机容量3600MW，居世界第一，也是国内首个设计安装大型交流励磁变速机组的抽水蓄能电站。北京勘测设计研究院在多年的工作中积累了许多经验，也有不少教训，希望通过本书的编著与修编，将这些经验和教训与同行们分享。当前我国抽水蓄能电站建设正经历前所未有的大发展时期，也希望本书对我国抽水蓄能电站建设发展有所帮助。

本书修编仍遵循第一版编著时的编写原则，相关资料收集统计截至2022年底，重点补充了近十几年来我国抽水蓄能建设的最新工程实践和运行中发现的问题，增补介绍近些年来抽水蓄能工程技术的新发展、新理念与新认识；工程案例和实践经验归纳总结，考虑能体现抽水蓄能工程技术发展历程、当前技术水平和未来发展趋势。

本书修编后的第二版共23章，增加3章，原环境保护与建设征地分别单独成章，原工程造价与经济评价分别单独成章，新增变速抽水蓄能技术一章。第一章介绍我国抽水蓄能电站建设发展历程和概况；第二、三章介绍抽水蓄能电站选址和工程规划；第四、五章介绍抽水蓄能电站环境保护和建设征地；第六章介绍抽水蓄能电站工程地质勘察；第七～十二章分别介绍抽水蓄能电站枢纽布置、水工建筑物设计及安全监测；第十三～十六章介绍抽水蓄能电站机电设备和调节保证设计；第十七章介绍变速抽水蓄能技术；第十八章介绍抽水蓄能电站施工；第十九、二十章介绍抽水蓄能电站工程造价和经济评价；第二十一章介绍抽水蓄能电站初期蓄水与调试中需注意的问题；第二十二章介绍抽水蓄能电站运营管理特点和运行中发现的问题；第二十三章介绍部分抽水蓄能电站创新技术工程实例。

本书修编过程中，得到了相关抽水蓄能电站建设单位、电网公司与发电厂、设计院、科研院校、制造厂家、施工单位等的大力支持，提供了丰富的资料，在此表示衷心感谢。书后虽列有参考文献，但挂一漏万之处恐难避免，敬希见谅。

本书修编过程中得到北京勘测设计研究院领导及相关人员的大力支持，各章内容由章主编分别进行统稿，全书由吕明治主编进行统稿，郝荣国、李冰、米应中、万凤霞、卢兆钦、薛宝臣、靳亚东、周振忠等专家对相关稿件进行了审阅。本书不仅是编写者辛勤工作的成果，更是全院几代技术人员智慧的结晶，在此谨表示感谢。郭洁和郝蕾蕾为本次修编书稿的整理编辑作了很多工作，谨致感谢。

本书修编工作历时一年有余，编写人员均为从事抽水蓄能电站勘测设计工作多年，目前仍在一线工作的同志，日常工作繁忙；而本书涉及专业众多、篇幅较大，各章节之间难免存在详略不一、不协调或重复等现象，且受我们知识与水平所限，肯定存在不妥之处，敬请读者批评指正。

编著者

2023年6月

第一版前言

我国抽水蓄能电站建设起步较晚，第一台抽水蓄能机组 1968 年才在岗南水电站投入运行，至今达四十年。直到 20 世纪 90 年代后发展速度加快，十年间就有 9 座抽水蓄能电站相继投入运行，至 2000 年底抽水蓄能电站总装机容量已达 5590MW。进入 21 世纪后发展更快，截至 2007 年底，有 17 座大、中型抽水蓄能电站投入运行，装机容量达到 8945MW；另有 11 座抽水蓄能电站正在建设中，容量达到 12760MW，我国是当今世界上发展速度、发展规模均居首位的国家。展望未来，抽水蓄能电站建设也必将迎来更加广阔的发展前景。

但是与我国抽水蓄能电站建设飞速发展的形势很不相称的是，国内系统论述抽水蓄能工程技术的专著屈指可数，由陆佑楣、潘家铮主编的 1992 年出版的《抽水蓄能电站》是第一部，也可说是唯一全面介绍抽水蓄能工程技术的综合性论著，距今已有十六年。由于当时我国大、中型抽水蓄能电站建设才起步，该书对抽水蓄能的基础知识和理论作了详细阐述，重点介绍了国外抽水蓄能电站建设的实践经验，成为我国抽水蓄能电站建设者的启蒙教材及主要参考书。随着近年抽水蓄能电站建设规模的迅速扩大，许多水电技术人员开始参与抽水蓄能电站建设，迫切希望能有一部综合论述抽水蓄能工程技术的专著，全面介绍近年抽水蓄能工程的新技术、新发展，尤其是我国抽水蓄能电站建设的实践经验。为此，我们尝试编写了两本书，2006 年已出版的由邱彬如编著的《世界抽水蓄能电站新发展》（中国电力出版社）和本书。前者主要介绍国外抽水蓄能电站最新发展情况和采用的新技术，而本书则重点介绍我国抽水蓄能电站建设的实践经验。

中国水电顾问集团北京勘测设计研究院是我国最早从事抽水蓄能电站的建设者之一，在 20 世纪 60 年代就承担了我国最早的岗南和密云抽水蓄能电站的设计工作。20 世纪 80 年代起进行了众多抽水蓄能电站的规划、设计、施工、机组调试、运行监测等工作。北京勘测设计研究院设计的十三陵、琅琊山、张河湾抽水蓄能电站已相继投入运行，我国水头最高的大型抽水蓄能电站——西龙池抽水蓄能电站也将在今年发电。我们在多年的工作中积累了许多经验，也有不少教训，希望通过本书的编著，将这些经验和教训与同行们分享。我国抽水蓄能电站的发展从来不是一帆风顺的，始终需要我们所有参与者的不懈努力，衷心希望通过本书为我国抽水蓄能建设事业的发展略尽绵薄之力。

本书编写遵循以下原则：①突出抽水蓄能电站专有的技术问题，对水电工程中共同的问题一般不作介绍；②以前已有详细阐述的有关抽水蓄能电站基本知识和理论不再重复；③以总结介绍我国抽水蓄能电站工程实践为主，对国外抽水蓄能电站工程中有特色，而我国尚无实践经验的实例作适当的介绍；④较全面地反映我国抽水蓄能电站工程实践经验，而不仅限于北京勘测设计研究院参与的工程实践；⑤不仅阐述抽水蓄能电站的设计，也重视总结抽水蓄能电站施工及运行中的经验和教训。

本书共分二十章，第一章简述我国抽水蓄能电站建设的发展历程；第二～四章介绍抽水蓄能电站的选址、工程规划和环境问题；第五章介绍抽水蓄能电站的工程地质勘测；第六～十一章分别介绍抽水蓄能电站枢纽布置、水工建筑物的设计及监测布置；第十二～十五章介绍抽水蓄能电站机电设备的设计及过渡过程计算；第十六章介绍抽水蓄能电站的施工；第十七章介绍抽水蓄能电站建设投资、资金筹措和经济评价方法；第十八章介绍抽水蓄能电站的初期蓄水与调试中需注意的问题；第十九章介绍抽水蓄能电站运行管理的特点，运行中暴露出的问题；第二十章介绍在抽水蓄能电站建设中成功采用的八个创新技术实例。

本书编写过程中，得到了全国各抽水蓄能电站建设单位、电网与发电厂、设计院、科研院校、制造厂家、施工单位等的大力支持，提供了丰富的资料，在此表示衷心感谢。书后虽列有参考文献，挂一漏万之处恐难避免，敬希见谅。

本书编写过程中得到北京勘测设计研究院领导及全体人员的关注和支持，本书不仅是编写者辛勤工作的成果，更是全院几代技术人员智慧的结晶，在此谨向大家表示感谢。陈建苏和韩立同志为本书的编辑作出了很多贡献，谨致谢意。

由于本书编写人员均为从事抽水蓄能电站建设多年，目前仍在一线工作的同志，大家工作繁忙，编写前后历时达三年之久；而本书涉及专业众多、篇幅较大，各章节之间难免有详略之别，不协调及重复等现象；更且抽水蓄能电站发展时日不长，对其认识仍在不断加深之中，受我们知识与水平所限，肯定有不妥之处，欢迎专家与读者予以指正。

邱彬如　刘连希

2008 年 8 月于北京

目录

第一章　我国抽水蓄能电站建设

第一节　发　展　历　史

世界上第一座抽水蓄能电站于1882年诞生在瑞士，为苏黎世奈特拉电站，装机容量515kW、扬程153m，至今已有一百多年历史。抽水蓄能机组从最初的四机式（水轮机、发电机、水泵、电动机）发展到三机式（水轮机、发电电动机、水泵），再发展到现今的两机可逆式水泵水轮机和发电电动机，最早的可逆式机组是西班牙于1929年建成的乌尔迪赛电站，装机容量7.2MW，最大扬程420m。抽水蓄能电站较具规模的开发则始于20世纪50年代，1950年底全世界建成抽水蓄能电站31座，总装机容量约1300MW，1960年底总装机容量达到3420MW，约占世界总装机容量的0.62%，年均增加装机容量约200MW。20世纪60～80年代的30年间，是世界抽水蓄能电站建设的蓬勃发展时期。60年代年均增加1259MW，70年代和80年代年均增加分别为3051MW和4036MW，到1990年，全世界抽水蓄能电站装机容量达到86879MW，约占世界总装机容量的3.15%。30年间抽水蓄能电站装机容量年均增长率均比总装机容量增长率高一倍左右，可谓抽水蓄能电站发展的黄金时期，但主要集中在美欧及日本等经济发达国家，其中美国抽水蓄能电站装机容量在60年代后期跃居世界第一，并保持20多年。进入90年代后，发达国家经济增长速度有所放慢，除日本仍在大规模建设抽水蓄能电站外，美国与西欧各国抽水蓄能电站建设速度明显减缓，到2000年全世界抽水蓄能电站装机容量达到114000MW，年均增加2712MW，日本后来居上，超过美国成为抽水蓄能电站装机容量最大的国家；世界抽水蓄能电站建设重心开始向亚洲转移，中国、韩国、印度等国抽水蓄能电站建设速度明显加快，尤其是中国。进入21世纪，亚洲国家经济快速发展，电力需求旺盛，抽水蓄能电站建设增长迅速，2020年全世界抽水蓄能电站装机容量达到159490MW，年均增加2274MW；2017年，中国抽水蓄能电站装机容量达到28690MW（不含装机容量50MW以下的电站），超越日本成为全世界抽水蓄能电站装机规模最大的国家。

我国抽水蓄能电站建设起步较晚，20世纪60年代才开始抽水蓄能研究，第一台11MW抽水蓄能机组于1968年在河北岗南水电厂建成投运。但伴随改革开放和社会经济发展，我国抽水蓄能电站建设发展速度很快，到2007年底，建成大大小小抽水蓄能电站17座，装机容量达到8945MW（含装机容量50MW以下的电站计35MW），超过西欧各国，仅次于日本和美国，位居世界第三，到2017年底居世界第一。截至2022年底，我国已建成抽水蓄能电站（机组全部投产发电）43座，部分机组投产发电的在建抽水蓄能电站2座，其他核准在建抽水蓄能电站86座；建成装机容量达到45525MW（含装机容量为50MW以下的电站计35MW），核准在建装机容量121426MW，均为世界第一，已建和在建总装机规模达到166951MW，见表1-1-1和表1-1-2。我国抽水蓄能电站发展速度虽很快，但已建抽水蓄能电站装机容量占全国电力总装机容量的比例还很低，仅1.77%左右。

表 1-1-1 我国已建成抽水蓄能电站（截至 2022 年底）

序号	电站名称	所在地	电站类型	装机容量（MW）	机组台数	单机容量（MW）	机组额定水头	审批/核准时间	首台机组投产时间	全部机组投产时间
1	岗南	河北平山	混合式	11	1	11	47	1966 年	1968 年 5 月	1968 年 5 月
2	密云	北京密云	混合式	22	2	11	46	1960 年	1973 年 11 月	1975 年 2 月
3	潘家口	河北迁西	混合式	270	3	90	71.6	1983 年 9 月	1992 年 10 月	1992 年 12 月
4	寸塘口	四川蓬溪	混合式	2	2	1	31	1991 年	1993 年 3 月	1993 年 3 月
5	广州一期	广州从化	纯蓄能	1200	4	300	496	1988 年 2 月	1993 年 6 月	1994 年 3 月
	广州二期			1200	4	300	512	1994 年	1999 年 4 月	2000 年 6 月
6	十三陵	北京昌平	纯蓄能	800	4	200	430	1988 年 2 月	1995 年 12 月	1997 年 6 月
7	羊卓雍湖	西藏贡嘎	混合式	90	4	22.5	816	1989 年 8 月	1997 年 6 月	1997 年 9 月
8	溪口	浙江奉化	纯蓄能	80	2	40	240	1993 年 6 月	1998 年 3 月	1998 年 5 月
9	天荒坪	浙江安吉	纯蓄能	1800	6	300	526	1991 年 8 月	1998 年 9 月	2000 年 12 月
10	响洪甸	安徽金寨	混合式	80	2	40	45	1993 年 1 月	2000 年 6 月	2000 年 6 月
11	天堂	湖北罗田	混合式	70	2	35	43	1996 年 3 月	2000 年 12 月	2001 年 2 月
12	沙河	江苏溧阳	纯蓄能	100	2	50	97.7	1997 年 9 月	2002 年 6 月	2002 年 7 月
13	回龙	河南南阳	纯蓄能	120	2	60	379	2000 年 8 月	2005 年 9 月	2005 年 9 月
14	白山	吉林桦甸	混合式	300	2	150	105.8	2002 年 12 月	2005 年 10 月	2006 年 5 月
15	桐柏	浙江天台	纯蓄能	1200	4	300	244	1999 年 5 月	2005 年 12 月	2006 年 12 月
16	泰安	山东泰安	纯蓄能	1000	4	250	225	1999 年 12 月	2006 年 7 月	2007 年 6 月
17	琅琊山	安徽滁州	纯蓄能	600	4	150	126	1999 年 8 月	2007 年 2 月	2007 年 9 月
18	宜兴	江苏宜兴	纯蓄能	1000	4	250	363	2001 年 2 月	2008 年 5 月	2008 年 12 月
19	张河湾	河北井陉	纯蓄能	1000	4	250	305	2002 年 7 月	2008 年 7 月	2009 年 2 月
20	西龙池	山西五台	纯蓄能	1200	4	300	640	2000 年 4 月	2008 年 12 月	2011 年 9 月
21	宝泉	河南辉县	纯蓄能	1200	4	300	510	2001 年 4 月	2009 年 6 月	2011 年 6 月
22	惠州	广东惠州	纯蓄能	2400	8	300	501	2002 年 11 月	2009 年 5 月	2011 年 6 月
23	黑麋峰	湖南望城	纯蓄能	1200	4	300	295	2005 年 4 月	2009 年 6 月	2010 年 6 月
24	白莲河	湖北罗田	纯蓄能	1200	4	300	195	2003 年 8 月	2009 年 11 月	2010 年 12 月
25	响水涧	安徽繁昌	纯蓄能	1000	4	250	190	2006 年 9 月	2011 年 12 月	2012 年 11 月
26	蒲石河	辽宁宽甸	纯蓄能	1200	4	300	308	2005 年 8 月	2012 年 1 月	2012 年 9 月
27	仙游	福建仙游	纯蓄能	1200	4	300	430	2008 年 3 月	2013 年 4 月	2013 年 12 月
28	呼和浩特	内蒙古	纯蓄能	1200	4	300	521	2006 年 8 月	2014 年 11 月	2015 年 7 月
29	清远	广东清远	纯蓄能	1280	4	320	470	2009 年 2 月	2015 年 11 月	2016 年 8 月
30	洪屏	江西靖安	纯蓄能	1200	4	300	540	2010 年 3 月	2016 年 7 月	2016 年 12 月
31	仙居	浙江仙居	纯蓄能	1500	4	375	447	2010 年 3 月	2016 年 5 月	2016 年 12 月
32	溧阳	江苏溧阳	纯蓄能	1500	6	250	259	2008 年 11 月	2017 年 1 月	2017 年 10 月
33	深圳	广东深圳	纯蓄能	1200	4	300	448	2011 年 11 月	2017 年 12 月	2018 年 9 月
34	琼中	海南琼中	纯蓄能	600	3	200	308	2013 年 2 月	2017 年 12 月	2018 年 7 月
35	绩溪	安徽宣城	纯蓄能	1800	6	300	600	2012 年 10 月	2019 年 12 月	2021 年 1 月
36	敦化	吉林延边	纯蓄能	1400	4	350	655	2012 年 10 月	2021 年 6 月	2022 年 4 月
37	长龙山	浙江安吉	纯蓄能	2100	6	350	710	2015 年 10 月	2021 年 6 月	2022 年 6 月
38	沂蒙	山东费县	纯蓄能	1200	4	300	375	2014 年 9 月	2021 年 10 月	2022 年 3 月
39	梅州一期	广东梅州	纯蓄能	1200	4	300	400	2015 年 7 月	2021 年 11 月	2022 年 5 月
40	阳江一期	广东阳江	纯蓄能	1200	3	400	653	2015 年 10 月	2021 年 12 月	2022 年 5 月
41	周宁	福建宁德	纯蓄能	1200	4	300	410	2016 年 5 月	2021 年 12 月	2022 年 8 月
42	荒沟	黑龙江海林	纯蓄能	1200	4	300	410	2012 年 8 月	2021 年 12 月	2022 年 6 月
43	金寨	安徽金寨	纯蓄能	1200	4	300	330	2014 年 8 月	2022 年 10 月	2022 年 12 月
	合计			**42525**						

注 表中数据未含我国台湾明湖（1000MW，1985 年）和明潭（1620MW，1995 年）抽水蓄能电站。

表 1-1-2　　我国在建抽水蓄能电站（截至 2022 年底）

序号	电站名称	所在地	电站类型	装机容量（MW）	机组台数	单机容量（MW）	机组额定水头	在建容量（MW）	核准时间	投产容量（MW）	首台机组投产时间
1	丰宁	河北承德	纯蓄能	3600	12	300	425	1500	2012 年 8 月	2100	2021 年 12 月
2	永泰	福建福州	纯蓄能	1200	4	300	416	300	2016 年 8 月	900	2022 年 8 月
3	文登	山东威海	纯蓄能	1800	6	300	471	1800	2014 年 6 月		
4	天池	河南南阳	纯蓄能	1200	4	300	510	1200	2014 年 6 月		
5	蟠龙	重庆綦江	纯蓄能	1200	4	300	428	1200	2014 年 6 月		
6	镇安	陕西商洛	纯蓄能	1400	4	350	440	1400	2016 年 3 月		
7	阜康	新疆昌吉	纯蓄能	1200	4	300	484	1200	2016 年 5 月		
8	句容	江苏镇江	纯蓄能	1350	6	225	175	1350	2016 年 6 月		
9	厦门	福建厦门	纯蓄能	1400	4	350	545	1400	2016 年 7 月		
10	清原	辽宁抚顺	纯蓄能	1800	6	300	390	1800	2016 年 10 月		
11	洛宁	河南洛阳	纯蓄能	1400	4	350	604	1400	2017 年 6 月		
12	缙云	浙江丽水	纯蓄能	1800	6	300	589	1800	2017 年 6 月		
13	宁海	浙江宁波	纯蓄能	1400	4	350	459	1400	2017 年 6 月		
14	平江	湖南岳阳	纯蓄能	1400	4	350	648	1400	2017 年 11 月		
15	芝瑞	内蒙古赤峰	纯蓄能	1200	4	300	443	1200	2017 年 12 月		
16	易县	河北保定	纯蓄能	1200	4	300	354	1200	2017 年 12 月		
17	衢江	浙江衢州	纯蓄能	1200	4	300	415	1200	2018 年 12 月		
18	抚宁	河北秦皇岛	纯蓄能	1200	4	300	437	1200	2018 年 12 月		
19	潍坊	山东临朐	纯蓄能	1200	4	300	326	1200	2018 年 12 月		
20	五岳	河南信阳	纯蓄能	1000	4	250	241	1000	2018 年 12 月		
21	哈密	新疆哈密	纯蓄能	1200	4	300	474	1200	2018 年 12 月		
22	蛟河	吉林蛟河	纯蓄能	1200	4	300	392	1200	2018 年 12 月		
23	尚义	河北张家口	纯蓄能	1400	4	350	449	1400	2019 年 6 月		
24	泰安二期	山东泰安	纯蓄能	1800	6	300	454	1800	2019 年 12 月		
25	垣曲	山西运城	纯蓄能	1200	4	300	457	1200	2019 年 12 月		
26	桐城	安徽安庆	纯蓄能	1280	4	320	355	1280	2019 年 12 月		
27	磐安	浙江金华	纯蓄能	1200	4	300	421	1200	2019 年 12 月		
28	云霄	福建漳州	纯蓄能	1800	6	300	465	1800	2020 年 9 月		
29	浑源	山西大同	纯蓄能	1500	4	375	649	1500	2020 年 9 月		
30	奉新	江西宜春	纯蓄能	1200	4	300	505	1200	2021 年 3 月		
31	鲁山	河南平顶山	纯蓄能	1300	4	325	557	1300	2021 年 7 月		
32	南宁	广西南宁	纯蓄能	1200	4	300	460	1200	2021 年 11 月		
33	泰顺	浙江温州	纯蓄能	1200	4	300	446	1200	2021 年 11 月		
34	栗子湾	重庆丰都	纯蓄能	1400	4	350	583	1400	2021 年 12 月		
35	平坦原	湖北罗田	纯蓄能	1400	4	350	597	1400	2021 年 12 月		
36	庄河	辽宁大连	纯蓄能	1000	4	250	222	1000	2021 年 12 月		
37	天台	浙江台州	纯蓄能	1700	4	425	724	1700	2021 年 12 月		
38	梅州二期	广东梅州	纯蓄能	1200	4	300	400	1200	2021 年 12 月		
39	尚志	黑龙江尚志	纯蓄能	1200	4	300	226	1200	2021 年 12 月		
40	牛首山	宁夏青铜峡	纯蓄能	1000	4	250	379	1000	2021 年 12 月		
41	乌海	内蒙古乌海	纯蓄能	1200	4	300	411	1200	2022 年 1 月		
42	建全	重庆云阳	纯蓄能	1200	4	300	332	1200	2022 年 3 月		
43	安化	湖南益阳	纯蓄能	2400	8	300	425	2400	2022 年 6 月		
44	九峰山	河南辉县	纯蓄能	2100	6	350	682	2100	2022 年 6 月		
45	清江	湖北长阳	纯蓄能	1200	4	300	419	1200	2022 年 6 月		
46	水源山	广东云浮	纯蓄能	1200	4	300	545	1200	2022 年 7 月		
47	三江口	广东陆河	纯蓄能	1400	4	350	621	1400	2022 年 7 月		
48	宁国	安徽宁国	纯蓄能	1200	4	300	508	1200	2022 年 7 月		

续表

序号	电站名称	所在地	电站类型	装机容量（MW）	机组台数	单机容量（MW）	机组额定水头	在建容量（MW）	核准时间	投产容量（MW）	首台机组投产时间
49	宝华寺	湖北远安	纯蓄能	1200	4	300	462	1200	2022年7月		
50	浪江	广东肇庆	纯蓄能	1200	4	300	436	1200	2022年8月		
51	中洞	广东惠州	纯蓄能	1200	3	400	660	1200	2022年8月		
52	后寺河	河南巩义	纯蓄能	1200	4	300	453	1200	2022年8月		
53	建德	浙江建德	纯蓄能	2400	6	400	684	2400	2022年9月		
54	罗萍江	湖南炎陵	纯蓄能	1200	4	300	358	1200	2022年9月		
55	松滋	湖北荆州	纯蓄能	1200	4	300	377	1200	2022年9月		
56	紫云山	湖北黄梅	纯蓄能	1400	4	350	470	1400	2022年9月		
57	魏家冲	湖北团风	纯蓄能	298	2	149	170	298	2022年9月		
58	弓上	河南林州	纯蓄能	1200	4	300	394	1200	2022年9月		
59	松阳	浙江丽水	纯蓄能	1400	4	350	481	1400	2022年9月		
60	景宁	浙江丽水	纯蓄能	1400	4	350	625	1400	2022年9月		
61	大悟	湖北孝感	纯蓄能	300	2	150	196	300	2022年10月		
62	皇城	甘肃张掖	纯蓄能	1400	4	350	547	1400	2022年10月		
63	滦平	河北承德	纯蓄能	1200	4	300	468	1200	2022年10月		
64	桐庐	浙江桐庐	纯蓄能	1400	4	350	531	1400	2022年10月		
65	张掖	甘肃张掖	纯蓄能	1400	4	350	576	1400	2022年10月		
66	霍山	安徽霍山	纯蓄能	1200	4	300	359	1200	2022年10月		
67	灵寿	河北灵寿	纯蓄能	1400	4	350	605	1400	2022年10月		
68	邢台	河北邢台	纯蓄能	1200	4	300	303	1200	2022年10月		
69	玉门	甘肃酒泉	纯蓄能	1200	4	300	425	1200	2022年10月		
70	木旺溪	湖南桃源	纯蓄能	1200	4	300	379	1200	2022年11月		
71	太平	湖北五峰	纯蓄能	2400	6	400	696	2400	2022年11月		
72	菜籽坝	重庆奉节	纯蓄能	1200	4	300	515	1200	2022年11月		
73	广寒坪	湖南攸县	纯蓄能	1800	6	300	418	1800	2022年11月		
74	潘口	湖北竹山	混合式	298	2	149	81	298	2022年11月		
75	石台	安徽池州	纯蓄能	1200	4	300	474	1200	2022年11月		
76	永嘉	浙江温州	纯蓄能	1200	4	300	559	1200	2022年11月		
77	隆化	河北承德	纯蓄能	2800	8	350	456	2800	2022年11月		
78	两河口	四川甘孜	混合式	1200	4	300	228	1200	2022年12月		
79	阜平	河北保定	纯蓄能	1200	4	300	391	1200	2022年12月		
80	迁西	河北唐山	纯蓄能	1000	4	250	310	1000	2022年12月		
81	黄羊	甘肃武威	纯蓄能	1400	4	350	478	1400	2022年12月		
82	嵩县	河南洛阳	纯蓄能	1800	6	300	427	1800	2022年12月		
83	同德	青海海南	纯蓄能	2400	8	300	366.5	2400	2022年12月		
84	南山口	青海格尔木	纯蓄能	2400	8	300	425	2400	2022年12月		
85	哇让	青海贵南	纯蓄能	2800	8	350	425	2800	2022年12月		
86	贵阳	贵州修文	纯蓄能	1500	4	375	596	1500	2022年12月		
87	通山	湖北咸宁	纯蓄能	1400	4	350	480	1400	2022年12月		
88	洪屏二期	江西靖安	纯蓄能	1800	6	300	540	1800	2022年12月		
	合计							**121426**		**3000**	

注 2022年新核准的抽水蓄能电站，有些项目因前期工作深度原因，额定水头后期可能会有一定变化。

我国抽水蓄能电站建设已历经50余年，其发展过程也并非一帆风顺，在时间上呈现为波浪式发展，历年的建成装机容量见图1-1-1。基于大型常规水电工程建设所积累的技术和工程经验，我国通过借鉴国外抽水蓄能电站建设工程技术和引进、消化吸收国外抽水蓄能机组设计制造技术，并通过一大批大型工程实践，累积了较丰富的建设经验，掌握了先进的机组设计制造技术，目前我国大型抽水蓄能电站建造技术已处于世界先进水平。我国抽水蓄能电站建设发展历程大致上可分为起步阶段、探索发展阶段、借鉴与自主发展阶段、自主化快速发展阶段四个阶段。

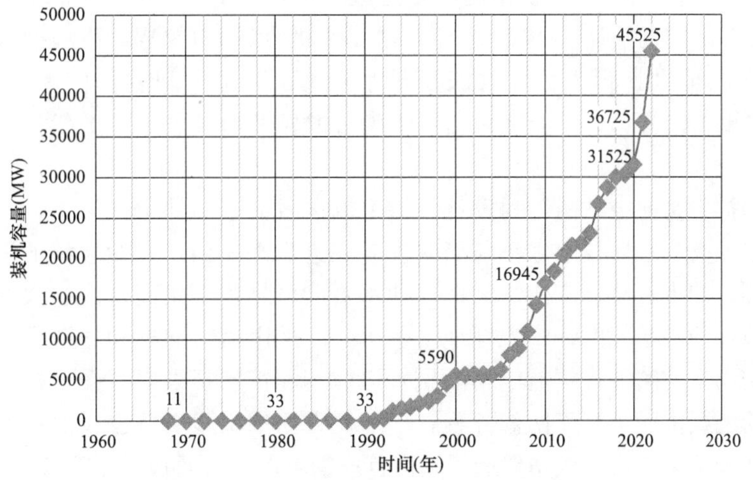

图 1-1-1 我国抽水蓄能电站历年建成装机容量

一、起步阶段

20 世纪 60 年代和 70 年代为第一阶段，可称为我国抽水蓄能电站建设的起步阶段。开始学习和引进国外抽水蓄能技术，在 1968 年和 1975 年分别建成河北岗南（1 台 11MW 抽水蓄能机组自日本富士电机厂引进）和北京密云（2 台 11MW 抽水蓄能机组由天津发电设备厂制造）两个小型抽水蓄能电站，合计装机容量 33MW。除此之外，就没有再建设抽水蓄能电站，我国抽水蓄能电站建设在刚起步之后即进入第一个停滞期。分析其原因，主要是由于当时我国总体经济发展水平还不高，电力总装机规模小，电力短缺，1970 年我国电力装机容量仅 23770MW，对抽水蓄能电站的需求尚不迫切；其次是对抽水蓄能电站的作用与效益等认识还存在不足。

这一时期我国开始开展第一批大型抽水蓄能电站的研究论证工作，如华北地区的潘家口、十三陵抽水蓄能电站、华东地区的天荒坪抽水蓄能电站等，并在 1974 年前后几乎同时开展了建设必要性论证和勘测设计研究工作。因此，这一阶段也是我国第一波抽水蓄能电站建设高潮的准备阶段。

二、探索发展阶段

20 世纪 80 年代和 90 年代，可谓我国抽水蓄能电站建设的第二阶段，伴随着改革开放后燃煤火电装机快速增加和核电站开发建设，我国开始探索建设大型抽水蓄能电站，迎来抽水蓄能电站建设的第一波高潮。这一时期我国的抽水蓄能电站建设，土建工程技术以学习借鉴国外工程为主，主要机组设备则严重依赖进口；对抽水蓄能电站建设必要性认识不一，电站投资体制、建设管理体制、电价机制、建设与运营成本和投资收益回收机制、经营模式等，尚无规可循，边摸索边干。

1978 年党的十一届三中全会后，我国实行改革开放政策，国民经济发展很快，相应电力负荷迅速增大，家用电器开始普及，负荷特性也因用电结构的改变而发生很大变化，负荷率下降，峰谷差愈来愈大。在严重缺电的形势下，各地加快了电源建设，特别是燃煤火电增加很快，电网调峰问题日益突出，负荷高峰期拉闸限电频繁，影响经济快速发展，电网安全运行也受到严重威胁。以火电为主的华北、华东等电网的调峰供需矛盾更加突出，又受到地区水力资源条件的限制，可供开发的水电很少且已基本开发完毕，电网缺少经济的调峰手段，因此修建抽水蓄能电站解决以火电为主电网的调峰问题逐步成为共识。此外，在 80 年代后期我国开始进行核电站建设，如广东的大亚湾核电站和华东的秦山核电站，也需要抽水蓄能电站配合以保证其安全和经济运行，这一切促使我国抽水蓄能电站建设得以加快。

为了解决电网调峰问题，在京津唐、华东和广东等东部经济发展较快地区，加快了抽水蓄能电站建设的论证工作，于 1980～1985 年间相继选出了第一批大型抽水蓄能站址，并深入开展了勘测设计研究工作，陆续获得批准开工。河北潘家口混合式抽水蓄能电站（270MW）首先在 1984 年开工建设，于

1992年建成发电。而后，北京十三陵（800MW）、广东广州（2400MW）和浙江天荒坪（1800MW）等大型抽水蓄能电站相继开工建设，并在1993～2000年期间陆续建成投入运行。在20世纪90年代的十年间，我国相继有9座不同规模的抽水蓄能电站建成发电，至2000年底建成装机容量达到5590MW（含装机容量50MW以下的电站计35MW），年均增加装机容量556MW。我国抽水蓄能电站装机容量从几乎为零开始，飞跃至世界第五位，仅次于日本、美国、意大利和德国。但在全国总装机容量（31932MW）中的比重也仅为1.74%，还远落后于当时世界平均水平（1998年世界抽水蓄能电站装机容量比重平均为3.03%）。

这一时期，我国抽水蓄能电站的工程设计、施工以学习借鉴国外工程为主，大型机组设备则全部进口，但工程建设起点高，总体技术水平与当时世界先进水平相当，包括大型地下厂房、高压管道和水库全库防渗技术等。如十三陵、广州、天荒坪抽水蓄能电站均采用高水头、大容量、高转速抽水蓄能机组；广州、天荒坪抽水蓄能电站的大型地下厂房，均采用喷锚支护和岩壁吊车梁技术，高压管道采用钢筋混凝土衬砌；十三陵抽水蓄能电站高压管道衬砌和钢岔管采用高强钢板；成功自主设计建造了十三陵上水库钢筋混凝土面板全库防渗工程，国外此方面的工程实例也极少；天荒坪上水库通过国际公开招标引进国外施工承包商，成功建造了国内首座沥青混凝土面板全库防渗工程。

三、借鉴与自主发展阶段

21世纪的前十年，可谓我国抽水蓄能电站建设的第三阶段，经过一段较短的停滞期后，我国抽水蓄能电站进入新一轮的开发建设高潮。这一时期我国抽水蓄能电站建设从学习借鉴国外技术过渡到自主发展，土建工程技术日趋成熟并有所创新，机组设备通过引进、吸收消化国外设计制造技术，逐渐发展为国内厂商自主设计制造；对抽水蓄能电站建设必要性形成基本共识，工程建设全面推行项目法人责任制、工程监理制和招投标制，电站投资体制、建设与运营成本和投资收益回收机制、经营管理模式逐步建立。

在20世纪90年代的中后期，我国抽水蓄能电站建设曾出现短暂的低潮，导致在2001～2004年的4年间，仅有沙河抽水蓄能电站（100MW）投产运行。究其原因，主要是对于抽水蓄能电站作用与效益认识还不足，尤其是建设成本和投资收益回收等存在疑虑，因此，许多地区采取观望的态度，想等待第一批抽水蓄能电站运行后的效益与电价政策明确后再作决断；其次，是当时国内部分制造业因盲目投资和重复建设，出现了严重的产能过剩，国有企业大面积亏损，多数行业的产能利用率不足40%，再叠加1997年亚洲金融危机的外部冲击，有效需求减少，电力供需矛盾缓解，一度认为电力供应已有富裕，有几年时间暂停了包括抽水蓄能电站在内的几乎所有新电站的开工建设。

进入21世纪后，随着国有企业“三年脱困改革”的完成，党的“十六大”提出到2020年我国GDP比2000年再翻两番的宏伟目标，我国经济建设又进入一轮新的快速发展期。这次经济增长的特点是重化工业与高新技术产业共同迅猛发展，进入了新一轮以钢铁、有色金属和汽车制造等为主的重工业化时期，相应电力负荷迅猛增加，2004年全国有26个省级电网拉闸限电，全国城市用户由于缺电原因造成的停电时间平均达到9h25min。其次，随着居民生活水平的提高，空调等家用电器普及化，电力负荷的峰谷差也不断扩大，夏季电力负荷屡创新高。再次，第一批抽水蓄能电站投入运行后在电网中发挥了很好的作用，成为电网运行管理的有力工具，深受电网调度管理人员欢迎，使人们对抽水蓄能电站的作用和建设必要性有了进一步的认识。在2001～2010年的十年间，先后有15座抽水蓄能电站核准建设，新增开工规模18380MW；新增13座抽水蓄能电站投产运行，包括桐柏、泰安、琅琊山、宜兴、张河湾、西龙池、宝泉、惠州、黑麋峰、白莲河等。截至2010年底，我国抽水蓄能电站建成装机规模达到16945MW（含装机容量50MW以下的电站计35MW），相比2000年底增加了11355MW，年均增加1135MW；抽水蓄能电站占全国总装机容量（962190MW）的比重为1.76%，与2000年相比持平。

这一期间，我国抽水蓄能电站的工程设计、施工和机电设备安装调试技术日趋成熟，并形成自己的技术特色；通过技贸结合方式引进国外大型抽水蓄能机组设计和制造技术，经吸收消化发展为国内厂商自主设计制造。总结工程建设经验，制定发布了我国首个抽水蓄能技术标准《抽水蓄能电站设计导则》（DL/T 5208—2005）；建成张河湾上水库、西龙池上水库和下水库、宝泉上水库等沥青混凝土面板防渗工程，并首创性将改性沥青混凝土面板应用于严寒地区的西龙池上水库防渗工程中，处于世界领先水平；沥青混凝土防渗面板施工由作为国外承包商的分包商（西龙池上水库和下水库）、与国外承包商组成联合体（张河湾上水库）发展到全面自主施工（宝泉上水库），比较全面掌握了沥青混凝土面板全库防渗技术。大型地下厂房普遍采用喷锚支护和岩壁吊车梁技术；高压管道钢筋混凝土衬砌和钢板衬砌技术更加成熟，惠州钢筋混凝土岔管设计内水压力水头 770m，*HD* 值（水头与管道直径的乘积）达到 6160m·m，西龙池钢岔管设计内水压力水头 1015m，*HD* 值达到 3553m·m，并按照围岩分担内水压力设计，均处于世界先进水平。为推进抽水蓄能机组设备制造自主化，2004 年 8 月，宝泉、惠州、白莲河三个抽水蓄能电站共 16 台 300MW 机组通过统一招标和技贸结合的方式，引进国外设计和制造技术；之后，黑麋峰、蒲石河、呼和浩特等抽水蓄能电站作为引进技术消化吸收的支持电站，机组设备由国外公司提供技术支持、国内厂商为主进行联合设计制造；再其后，响水涧、仙游、溧阳等抽水蓄能电站的机组设备则完全由国内厂商自主化设计和制造。宝泉、惠州、白莲河、黑麋峰抽水蓄能电站在 2009 年陆续投产发电，响水涧抽水蓄能电站首台机组于 2011 年投产运行，成为我国第一个大型抽水蓄能机组自主设计制造的电站。通过分阶段有步骤的推进，我国实现了大型抽水蓄能机组设备的国内厂商自主化设计制造，为我国抽水蓄能电站建设的快速可持续发展奠定了坚实基础。

四、自主化快速发展阶段

2011 年以来，可谓我国抽水蓄能电站建设的第四阶段，步入自主化快速发展阶段，期间虽有波动，但总体上保持快速发展。我国抽水蓄能电站建设经验进一步丰富，建设发展规划、技术标准等进一步完善，机组设备制造全面实现自主化，工程建设技术全面处于世界先进水平；对抽水蓄能电站功能作用有了新认识，两部制电价机制初步建立，电站建设投资体制、建设与运营成本和投资收益回收机制在探索中不断改进和完善。

2011 年以来的“十二五”和“十三五”期间，我国开始加快风能、太阳能等新能源开发，着力提高非化石能源比重，电源结构开始调整，抽水蓄能电站在电力系统中的功能和作用也出现新变化，除了传统的调峰填谷、调频调相和事故备用等作用外，服务新能源大规模上网消纳和特高压远距离输电，保障电力系统安全运行，使抽水蓄能迎来新的发展高潮。国务院印发的《能源发展“十二五”规划》提出，要优化能源结构，到 2015 年“非化石能源消费比重提高到 11.4%，非化石能源发电装机比重达到 30%”；合理布局抽水蓄能电站，“十二五”时期开工建设抽水蓄能电站 4000 万 kW，到 2015 年，全国抽水蓄能电站装机容量达到 3000 万 kW。国家能源局发布的《水电发展“十三五”规划（2016—2020 年）》提出，要根据各地区核电和新能源开发、区域间电力输送情况及电网安全稳定运行要求，加快抽水蓄能电站建设，“十三五”时期全国新开工抽水蓄能电站 6000 万 kW 左右，2020 年抽水蓄能装机容量达到 4000 万 kW。这期间我国的抽水蓄能电站建设，受建设体制与电价政策落地等影响虽未能完全实现规划预期目标，但仍呈现为强劲的快速发展态势。2011～2020 年的十年间，新核准开工抽水蓄能电站 40 座，新增开工规模 56030MW，是前十年的 3.05 倍，新增 11 座抽水蓄能电站投产运行。到 2020 年底，我国抽水蓄能电站建成装机规模达到 31525MW（含装机容量 50MW 以下的电站计 35MW），相比 2010 年底增加了 14580MW，年均增加达到 1458MW，是前十年的 1.28 倍；抽水蓄能电站占全国电力总装机容量（2200580MW）的比重则为 1.43%，与 2010 年相比有所下降。

2011 年以来，我国对抽水蓄能电站的作用和建设必要性有了新认识，服务新能源大规模并网消纳和区域间特高压远距离输电，保障电力系统安全运行，也成为我国抽水蓄能电站建设的重要任务之一。抽水蓄能电站建设开始融入国家能源五年发展规划，统筹发展布局和建设任务，服务于国家能源结构的转型升级。国家能源局在 2009～2013 年间，首次统一组织开展了全国 22 个省（区、市）抽水蓄能选点规划工作，为“十二五”和“十三五”期间抽水蓄能电站建设快速发展奠定了良好基础。抽水蓄能电站技术标准建设进一步完善，按照国家能源局安排，水电水利规划设计总院在 2012～2014 年间组织开展了我国抽水蓄能技术标准体系研究，并纳入国家能源行业技术标准体系中。抽水蓄能电站工程建设经验进一步丰富，建成严寒地区的呼和浩特抽水蓄能电站上水库改性沥青混凝土面板全库防渗工程，设计极端最低气温达到−41.8℃，居国际领先；土工膜防渗在溧阳抽水蓄能电站上水库库底防渗工程中成功应用；阳江抽水蓄能电站钢筋混凝土衬砌高压管道最大 *HD* 值（水头与管道直径乘积）达到 8310m·m，居世界第一；呼和浩特抽水蓄能电站高压管道在国内首次大规模使用国产790MPa级高强钢板，钢岔管 *HD* 值达到4140m·m，为当时国内已建工程中最大；长龙山抽水蓄能电站高压钢岔管 *HD* 值达到4800m·m，为目前世界第一；河北丰宁抽水蓄能电站装机规模（3600MW）和地下厂房规模均居世界第一，首批机组于2021年底投产运行。机组设备设计制造全面实现自主化，响水涧、仙游、溧阳、仙居、深圳、绩溪、敦化、长龙山、沂蒙、梅州一期、阳江一期、周宁、丰宁、荒沟等抽水蓄能电站国产化机组全面投产运行；阳江抽水蓄能电站单机容量达到400MW，是我国目前自主设计制造的单机容量最大的抽水蓄能机组，达到世界先进水平；敦化抽水蓄能电站4台机组于2021年4月全部投产运行，是我国自主设计制造的首台套700m级350MW高水头大容量高转速抽水蓄能机组，最高扬程达712m，我国由此成为继日本、法国之后，第三个可自主设计制造700m级单级混流可逆式水泵水轮机的国家。

五、发展展望

进入21世纪20年代，在“双碳”目标背景下，我国抽水蓄能电站建设将迎来前所未有的历史发展机遇。实现碳达峰、碳中和目标，构建清洁低碳、安全高效能源体系，是党中央、国务院做出的重大决策部署；构建以新能源为主体的新型电力系统，是保障国家能源安全的需要。抽水蓄能电站作为当前技术最成熟、经济性最优、最具大规模开发的灵活调节电源，是保障电力系统安全可靠运行的重要支撑，是可再生能源大规模发展的重要保障，成为构建以新能源为主体的新型电力系统的重要组成部分。抽水蓄能电站在我国电力系统的定位和功能作用发生重大变化，将迎来一个前所未有的高速发展期。

2021年3月发布的《中华人民共和国国民经济和社会发展第十四个五年规划和2035年远景目标纲要》中，明确提出要推进能源革命，建设清洁低碳、安全高效的能源体系；加强源网荷储衔接，提升清洁能源消纳和存储能力；加快抽水蓄能电站建设和新型储能技术规模化应用。抽水蓄能电站建设作为以新能源为主体的新型电力系统的重要组成部分，纳入国家五年和中长期发展规划中。

为实施“十四五”规划，加快构建以新能源为主体的新型电力系统，国家能源局于2020年12月启动了全国新一轮抽水蓄能中长期规划编制工作，并于2021年9月17日正式印发《抽水蓄能中长期发展规划（2021—2035年）》。规划提出，到2025年，抽水蓄能投产总规模6200万kW以上；到2030年，投产总规模1.2亿kW左右；到2035年，形成满足新能源高比例大规模发展需求的，技术先进、管理优质、国际竞争力强的抽水蓄能现代化产业，培育形成一批抽水蓄能大型骨干企业。抽水蓄能中长期规划布局重点实施项目340个，总装机容量约4.21亿kW；储备项目247个，总装机容量约3.05亿kW；并提出，加强规划滚动调整，建立规划滚动调整机制，及时调整重点实施项目。在“十四五”期间，我国抽水蓄能电站年平均投产规模将超过600万kW，五年间的建成投产规模将超过之前30年的总和。在此形势下，我国抽水蓄能电站建设的核准速度也进一步加快，2021年核准抽水蓄能电站11座，合计装机容量1380万kW；2022年核准48座，合计装机容量6889.6万kW，当年核准项目的装机容量超过“十三五”期间核准装机规模的总量，约为之前几十年总和的三分之二，我国抽水蓄能电站建设迎来高速发展的黄金期，前景广阔。

第二节 发展特点

一、时间上：呈波浪式快速发展

我国抽水蓄能电站建设虽然起步较晚，较具规模的开发建设才30多年，但发展很快，已建装机容量已居世界第一，这与中国改革开放以来国民经济的高速发展相对应。但发展过程并非一帆风顺，而是呈波浪式的，如图1-1-1所示。这种现象除与国民经济发展进程相关外，还与对抽水蓄能电站的作用与效益认识、电价机制、建设管理体制和经营模式等密切相关。

20世纪90年代是我国抽水蓄能电站建设的第一波高潮，开工兴建了潘家口、十三陵、广州、天荒坪等抽水蓄能电站，之后出现一段时间停滞期，主要是对抽水蓄能电站的作用与效益认识尚未形成共识，抽水蓄能电站电价机制在摸索中，电站建设与运营成本和投资收益回收存在困难。这一时期建成的电站经营模式各不相同，潘家口、十三陵抽水蓄能电站采用电网统一经营管理模式，由电网按电站成本、还贷付息、利润和税收等进行统一财务核算和支付；广州、天荒坪抽水蓄能电站是发电企业独立经营模式，广州抽水蓄能电站采用按容量由电网租赁方式，天荒坪抽水蓄能电站则采用容量和电量两部制电价核算。

21世纪的前十年可谓我国抽水蓄能电站建设的第二波高潮，桐柏、泰安、宜兴、琅琊山、西龙池、张河湾、宝泉、惠州等一批大型抽水蓄能电站在1999～2002年期间密集核准开工建设，到2007年底，我国抽水蓄能电站装机规模达到8910MW（不含装机容量50MW以下的电站），超过西欧各国，仅次于日本和美国，位居世界第三。这一时期，我国电力体制改革全面推进，抽水蓄能建设管理体制、建设与运营成本和投资回收机制逐步建立。2002年国家电力体制改革，“厂网分开”，国家电网公司和中国南方电网公司（简称南方电网公司）两大电网公司成立。2004年，《国家发展改革委关于抽水蓄能电站建设管理有关问题的通知》（发改能源〔2004〕71号文）提出，抽水蓄能电站原则上由电网经营企业建设和管理，不再核定电价，其成本纳入当地电网运行费用统一核定。此后，国家电网公司和南方电网公司分别成立专业公司负责抽水蓄能电站建设和运营，在当时条件下有力地促进了抽水蓄能电站建设的发展，电网企业投资建设抽水蓄能电站也成为此后的一种主要建设管理模式，但电站建设投资和运营成本回收政策并未真正完全落地，这也使后来的抽水蓄能电站建设发展又出现了一些波折。

2011年之后的十年可谓我国抽水蓄能电站建设的第三波高潮，“十二五”和“十三五”期间，我国开始加快风能、太阳能等其他可再生能源发展，对抽水蓄能电站的作用和建设必要性有了新认识，服务新能源大规模并网消纳和区域间特高压远距离输电，保障电力系统安全运行，成为我国抽水蓄能电站的重要任务之一，使抽水蓄能迎来新的发展高潮，到2017年底，我国抽水蓄能电站装机规模达到28690MW（不含装机容量50MW以下的电站），超越日本成为全世界第一。

进入21世纪20年代，实现“碳达峰、碳中和”目标，加快构建新型电力系统，使我国抽水蓄能电站建设又迎来新的一波建设高潮。

二、地域分布：从东部向中部和西部地区发展

我国第一批抽水蓄能电站主要建在以火电为主的电网以及有核电站的地区。至2000年，有9个省（自治区、直辖市）建设有大中型抽水蓄能电站，大型抽水蓄能电站主要分布在经济最发达的东部地区，如广东广州、浙江天荒坪、北京十三陵和河北潘家口抽水蓄能电站，在中部地区和其他省区尝试建设有中小型抽水蓄能电站。

21世纪前十年的第二波建设高潮，东部地区加快了抽水蓄能电站建设步伐，中部和华北、东北地区也开始建设大型抽水蓄能电站，抽水蓄能电站分布范围扩展到东部的山东、江苏、安徽和福建，华北的山西和内蒙古，东北的辽宁和吉林，以及中部的河南、湖南、湖北和江西等地区。至2010年，有17个省（自治区、直辖市）建设有大中型抽水蓄能电站。这一期间的抽水蓄能电站仍主要建在以火电为主的电网中，但已开始扩展到水电比重较大的地区。

2011年以来，配合新能源大规模并网消纳和区域间特高压远距离输电，东部和中部地区抽水蓄能电站建设进一步加快，西部地区也开始建设大型抽水蓄能电站，包括陕西、重庆、新疆、宁夏、甘肃、青海、广西、贵州等，至2022年末，我国大陆31个省（自治区、直辖市）中，除了上海、天津、云南之外，其他28个省（自治区、直辖市）都建设有或已核准建设大中型抽水蓄能电站，随着西部地区大规模新能源基地建设的全面推进，其抽水蓄能电站的建设还将进一步加快。

三、功能作用：发生新变化，成为构建新型电力系统的重要支撑

抽水蓄能电站在电力系统中的传统功能作用是调峰填谷、调频调相、事故备用和黑启动，我国在2010年之前开发建设的抽水蓄能电站，主要是配合火电和核电机组运行，发挥其传统的功能作用。2010年之后，我国风电、光伏发电开始大规模发展，特高压输电骨干网架开始大规模建设，抽水蓄能电站除了传统的功能作用外，服务新能源大规模并网消纳和区域间特高压远距离输电，保障电力系统安全运行，也成为我国抽水蓄能电站建设的重要任务之一。在碳达峰、碳中和目标背景下，2021年我国提出要构建清洁低碳安全高效的能源体系，实施可再生能源替代行动，构建以新能源为主体的新型电力系统，抽水蓄能的作用地位进一步提升，成为新型电力系统的重要组成部分，是构建以新能源为主体的新型电力系统的重要支撑。

四、电站规模：以高水头、大容量的大型抽水蓄能电站为主

我国地域辽阔，电网规模大，装机容量和发电量均居于世界第一，区域性电网的规模也很大，因此，抽水蓄能建设也以大型电站为主。截至2021年底，我国已建和在建的83座抽水蓄能电站中，有69座装机容量在1000MW及以上，占总装机容量的96.8%；大型抽水蓄能电站中，装机容量低于1000MW的仅4座，为白山（300MW，混合式）、十三陵（800MW）、琅琊山（600MW）和琼中（600MW）；大型抽水蓄能电站中，仅白山电站为混合式开发，其余均为纯抽水蓄能电站。2022年我国新核准的48座抽水蓄能电站几乎全为大型电站，有44座装机容量在1200MW及以上，合计67000MW，占新核准装机容量的97.25%；仅4座低于1200MW，为魏家冲（298MW）、大悟（300MW）、潘口（298MW，混合式）、迁西（1000MW）。大型抽水蓄能电站具有调节功能强、储能量大、开发经济指标好等优势，仍将是我国未来开发建设的重点。

我国目前已建中小型抽水蓄能电站10座，均是在2001年之前开工建设的。小型抽水蓄能电站共3座，包括岗南、密云和寸塘口，主要是在最初的起步阶段建设的，合计装机容量35MW；中型抽水蓄能电站7座，包括潘家口、羊卓雍湖、溪口、响洪甸、天堂、沙河、回龙等，主要建设于20世纪90年代，合计装机容量810MW。中小型抽水蓄能电站以混合式电站为主，仅溪口、沙河、回龙3座为纯抽水蓄能电站。中小型抽水蓄能电站布局灵活，与分布式能源可紧密结合，可在地区性电网中发挥积极作用，因此，《抽水蓄能中长期发展规划（2021—2035年）》中提出，要因地制宜开展中小型抽水蓄能建设。

我国抽水蓄能电站机组以高水头、大容量为主。截至2021年底，我国已建和在建的83座抽水蓄能电站中，机组额定水头300m以上的电站有64座，装机容量84870MW，占总装机容量的86.55%；单机容量300MW及以上的机组271台，合计装机容量85060MW，占总装机容量的86.75%。2022年新核准的48座电站中，额定水头在300m以上的电站44座，仅4座电站额定水头低于300m，为魏家冲、大悟、潘口（混合式）、两河口（混合式）抽水蓄能电站。

五、机组设备自主化：实现跨越式发展

2004年之前，我国大型抽水蓄能机组完全依赖国外进口，仅密云、响洪甸、天堂、回龙、白山5座中小型抽水蓄能机组以国内厂家为主制造，且转轮也采用国外厂家水力设计模型，其中一些是直接从国外采购成品转轮。

2004年8月，宝泉、惠州、白莲河三个抽水蓄能电站共16台300MW机组通过统一招标和技贸结合的方式，引进国外抽水蓄能机组设计和制造技术；之后，蒲石河（4×300MW）、黑麋峰（4×300MW）、呼和浩特（4×300MW）三座抽水蓄能电站作为引进技术消化吸收支持电站，机组设备由国外公司提供技术支持、国内厂商为主进行联合设计制造；其后，响水涧（4×250MW）、仙游（4×300MW）、溧阳（6×250MW）三座抽水蓄能电站作为机组自主研发的依托项目，机组设备则完全由国内厂商独立设计和制造。响水涧抽水蓄能电站首台机组于2011年投产运行，成为我国第一个大型抽水蓄能机组自主化设计制造的电站。

随着我国抽水蓄能建设的快速增长，国内主机设备制造商积累了较丰富的设计制造经验，并在高起点上进行再创新，实现跨越式发展，单级混流可逆式水泵水轮发电机组的研发、设计和制造已全面处于世界先进水平。2021年投运的吉林敦化抽水蓄能电站，是我国完全自主化研发、设计和制造的首台套700m级高水头大容量可逆式水泵水轮机/发电电动机机组，额定水头655m、单机容量350MW、最高扬程712m，居世界先进水平；长龙山抽水蓄能电站机组额定水头710m，仅次于日本葛野川，居世界第二；阳江抽水蓄能电站额定水头653m，单机容量400MW，为国内已投运的单机容量最大机组，居世界前列。

六、土建工程技术：起点高，并创新发展

我国抽水蓄能电站建设虽起步较晚，但起点高，在广泛借鉴国外抽水蓄能电站建设经验与教训基础上，特别是我国常规水电建设规模为世界最大，许多土建技术处于世界领先水平，积累的丰富经验可直接应用于抽水蓄能电站建设，使我国的大型抽水蓄能电站土建工程技术达到世界先进水平。

在水库全库防渗技术方面，全面掌握现代沥青混凝土面板防渗设计和施工技术，并广泛应用，建成天荒坪上水库、张河湾上水库、西龙池下水库、宝泉上水库、沂蒙上水库等全库防渗工程；在水工改性沥青混凝土技术方面实现创新突破，成功解决严寒地区沥青混凝土面板的低温抗裂问题，建成西龙池上水库、呼和浩特上水库等工程。在钢筋混凝土面板全库防渗技术方面，成功建设了十三陵上水库和宜兴上水库工程，十三陵上水库建成后渗漏量很小，实测最大日渗漏量仅为总库容的0.028%，比国外类似混凝土面板防渗工程小一个数量级（如法国拉告施抽水蓄能电站上水库为0.432%）。土工膜防渗技术成功应用于溧阳上水库库底防渗工程中。

在高压管道钢板衬砌方面，800MPa级高强钢板生产已实现国产化，钢岔管普遍采用围岩分担内水压力设计技术，长龙山抽水蓄能电站高压钢岔管*HD*值（水头与岔管主管直径的乘积）达到4800m·m，为目前世界第一，从钢材和焊材生产供应、加工制作和安装均实现了自主化。高压管道混凝土衬砌和混凝土岔管技术也大量采用，阳江一期抽水蓄能电站高压管道最大静水头约800m，最大动水头约1100m，最大*HD*值为8310m·m，也为目前世界第一。

在大型地下厂房方面，普遍采用喷锚支护技术和岩壁吊车梁技术，主厂房楼板普遍采用现浇厚板或中厚板加肋型梁结构，处于世界先进水平。

七、枢纽布置：因地制宜，有所创新

我国北方地区河流泥沙一般较大，因此在抽水蓄能电站枢纽布置方面也有所创新，发展了抽水蓄能技术。抽水蓄能的水泵水轮机对过机含沙量要求很高，通常只允许水中含沙量为每立方米几十克，我国一些抽水蓄能电站在枢纽布置时，结合自然条件，因地制宜，采取了相应减少过机泥沙的工程布置方案。例如，西龙池抽水蓄能电站下水库，避开含沙量很高的滹沱河河道，布置在岸边的小支沟上，形成岸边库；呼和浩特抽水蓄能电站下水库，在河道上游布置了拦沙坝，另设泄洪排沙洞将高含沙水流排走，形成抽水蓄能电站专用下水库，使下水库保持“一盆清水”，丰宁、芝瑞、尚义、垣曲、浑源等抽水蓄能电站也都采用了类似的枢纽布置型式。

第三节 发展面临的问题

在“碳达峰、碳中和”目标的大背景下，我国加快构建新型电力系统，抽水蓄能电站作为技术最成熟、全生命周期碳减排效益最显著、经济性最优且最具大规模开发条件的电力系统灵活调节电源，需求规模及迫切程度突增。随着抽水蓄能选点规划工作的思路变化和提速以及电价政策的调整，各类社会资本积极布局和抢占规划资源，加上地方政府的大力支持，抽水蓄能开发建设热度空前高涨，抽水蓄能发展迎来了前所未有的大好形势，同时也面临一些新的问题，需要进一步深入研究，以促进抽水蓄能电站建设的健康持续发展。

一、合理规模与布局

（一）规模

目前我国抽水蓄能电站建成投产规模虽居世界第一，但其在电源结构中的占比仍较低，不能很好满足电力系统安全稳定经济运行和配合新能源大规模快速发展的需要。抽水蓄能中长期规划发布后，其建设进程加快，但由于建设周期长，见效仍需要8～10年时间，因此，在今后一段时期内，我国抽水蓄能电站的投产规模仍然滞后于电力系统的需求。

尽管新形势下抽水蓄能电站的需求规模加大，但抽水蓄能电站本质上并不是一种纯粹的电源，而是电力系统的一种调节工具；同时，抽水蓄能电站在不同区域中因电源结构和负荷特性的差异，其作用也有所不同。因此，抽水蓄能电站在电力系统中必然有一个合理的比重和规模，并不是在系统中配置得越多越好。故研究制定各区域抽水蓄能电站的发展规划，明确区域电力系统中抽水蓄能电站的作用和合理配置需求就显得尤为重要。

我国地域辽阔，各区域、各省（区）电网所在地区经济发展程度不同，由此影响到负荷特性有较大差别；各区域电源结构也有较大差异，如水电、火电比重，有无核电、风电、光伏等；各地抽水蓄能电站建设的资源条件也不同，经济性差别也较大。因此，抽水蓄能电站的合理比重与规模应当因网而异、因时而异。

以往对以火电为主电网的抽水蓄能电站合理比重研究较多，对水电比重较大电网的抽水蓄能电站合理比重研究较少，而对与风电、光伏、核电配套的抽水蓄能电站的合理比重研究更少，因此要结合新型电力系统构建、各区域电力发展规划和源网荷储、风光水火储、大型新能源基地建设等因素，对抽水蓄能的合理配置规模进行研究。

目前电源结构优化分析主要考虑抽水蓄能电站的调峰填谷等静态经济效益，对储能效益有所研究但还不够，对抽水蓄能调频、调相、事故备用等动态效益反映更少。在构建新型电力系统、保障新能源大规模并网、大幅度提升新能源消纳占比的背景下，需要进一步分析和研究抽水蓄能电站上述各种效益如何合理体现的问题，它也是影响抽水蓄能电站合理规模与比重确定的主要因素。

（二）布局

我国地域经济发展水平和资源禀赋不协调，中东部地区经济发展快，用电需求大；西部地区经济欠发达，用电需求小，但新能源富集。抽水蓄能站点资源也受地区自然条件限制，差别较大。因此打破以省（区）为界的行政区域限制，在更大范围内统一配置抽水蓄能资源站点很重要。而且服务于电网的抽水蓄能电站一般由区域网调调度，服务范围跨越多省（区），需要在更大范围内进行统筹。比如京津冀地区，京、津地区经济发达用电负荷大，用电保证要求高，但京津区域抽水蓄能站点资源缺乏，京津和冀北本就是一个区域电网，因此在抽水蓄能资源站点配置方面应该统筹考虑。

以往大多以省（区）行政区域为界进行抽水蓄能需求论证和配置，在目前全国联网和“西电东送”的大背景下，其配置规模和跨行政区电网的协同论证工作需要加强，因此有必要结合全国电网发展规划、特高压主网架、新能源电力跨省跨区输送、大型清洁能源基地和核电建设发展规划等，开展大区域或全国抽水蓄能电站合理布局研究。这种全国性跨行政区域的抽水蓄能电站合理布局研究很难由一省一市来完成，需要由国家行政主管部门主持和主导来推进。

二、合理电价机制研究与落实

我国抽水蓄能电站自开发建设以来，电价机制和成本分摊及传导始终是大家关注的问题，也是造成过去抽水蓄能电站投资主体相对单一及发展呈现波浪式的原因之一。2014 年 7 月，国家发展改革委下发《关于完善抽水蓄能电站价格形成机制有关问题的通知》（发改价格〔2014〕1763 号），明确在电力市场形成前，抽水蓄能电站实行两部制电价。2021 年 4 月，《国家发展改革委关于进一步完善抽水蓄能价格形成机制的意见》（发改价格〔2021〕633 号）发布，进一步明确现阶段仍以两部制电价为主体，以竞争性方式形成电量价格，将容量电价纳入输配电价回收，这就为现阶段服务于电网的抽水蓄能电站静态效益和动态效益的回收明确了原则和方向。对于近期新投产电站的容量电价如何合理及时地进行核定、不同区域电费有效疏导和足额回收的具体措施如何落地，以及不同调节性能的抽水蓄能电站在核定容量电价时如何体现等，是下一步需要重点关注和深入研究的问题。

新发布的抽水蓄能电站价格形成机制还规定，对于服务于特定电源尤其是服务于新能源基地的抽水蓄能电站不执行以上电价政策，这类抽水蓄能电站的容量电费由受益主体承担。目前风电、光伏等新能源已开始实行平价上网，利润空间越来越小，新能源基地的投资受益主体能否背负起抽水蓄能电站的建设和运行成本也需要进一步深入研究。

抽水蓄能容量电价体现电站提供调频、调相、系统备用和黑启动等辅助服务的价值，从长远来看，《国家发展改革委关于进一步完善抽水蓄能价格形成机制的意见》（发改价格〔2021〕633 号）中还提出，要建立适应电力市场建设发展和产业发展需要的调整机制，适时降低政府核定容量电价覆盖电站机组设计容量的比例，以推动电站自主运用剩余机组容量参与电力市场，逐步实现电站主要通过参与市场回收成本、获得收益。因此，进一步研究与电力市场相衔接的合理电价机制，提升电价形成机制的科学性、可操作性和有效性，对逐步推动抽水蓄能电站进入电力市场，促进抽水蓄能电站健康有序发展具有重要意义。

三、抽水蓄能电站选点规划工作

2020 年 12 月 18 日，国家能源局综合司下发《关于新一轮抽水蓄能中长期规划编制工作的通知》（国能综通新能 138 号），安排 2021 年上半年在全国范围内开展抽水蓄能站址资源普查工作。2021 年 9

月国家能源局发布了本次《抽水蓄能中长期规划（2021—2035）》，共提出重点实施项目4.21亿kW，储备站址3.05亿kW。该规划工作的特点是：工作范围大，基本涵盖全国各个省区市；工作时间短，有效工作时间基本上是半年左右；统筹推进工作主要由各省（区）主导完成，与跨行政区电网的协同论证工作不充分。这就造成了该规划中的一些站点存在如下情况：一是有些站点的总体工作深度不够，不能较好满足NB/T 35009《抽水蓄能电站选点规划编制规范》深度要求；二是有些站点空间布局和规模不尽合理，结合电网（尤其是跨行政区域电网）特性的站点必要性论证不充分；三是由于时间紧张，不少站点的内、外业工作深度不够，其经济性分析和评价结果可能会与后期结果存在较大偏差；四是一些站点建成后的运行定位和服务对象的论证分析不清晰。上述情况可能会造成一些抽水蓄能站点的建设和运行存在如下风险：一是随着项目前期工作的推进和加深，必要性和经济性结论可能会出现重大偏差，进而导致项目建设相关工作的终止，造成投资浪费；二是空间布局和规模的不合理，可能会造成电站建成后运行利用率较低；三是经济性分析结果的偏差可能造成电站经济指标过高，进而影响电站的成本回收预期或过多推高相关区域的电价水平；四是服务对象的定位不准可能会造成电站后期运行不能发挥预期功能和作用。

因此，如何把握项目建设的必要性，经济指标达到什么程度可以开发，这些问题对抽水蓄能电站的布局和建设非常重要，也是在选点规划阶段需要重点分析论证的内容，需要根据区域经济发展、资源特性、电力系统特性、电价承受能力及区域内抽水蓄能站址建设条件等进行综合分析判断。在当前抽水蓄能迅猛发展的形势下，只要进入国家重点实施项目清单的项目都在向前推进，如果选点规划成果结论出现偏差，将会造成电站建设或运行期的损失。因此，未来一段时期内，如何采取相关措施保证选点规划成果质量是需要相关方高度关注的问题。

抽水蓄能电站的选点规划工作很重要，它不仅要明确其必要性，还将基本决定其经济性，在以后的勘测设计中能做的优化是有限的，因此必须对此高度重视。从某种意义上说，抽水蓄能选点规划工作较常规水电规划更复杂。首先，常规水电规划是沿着一条“线”进行，抽水蓄能选点规划受河川径流限制较少，是在“面”上进行，可选范围比较广；其次，影响抽水蓄能电站选址的因素较多，除地形地质、水文泥沙、淹没与占地、环境和社会等条件外，尚要考虑与负荷中心和抽水电源点的距离、电网网架结构、补水水源等条件；最后，抽水蓄能电站往往选在地形高差大、地势陡峻的地方，交通不便，现场勘察难度更大。要完成一个全面完整的抽水蓄能选点规划，需要投入较大的人力、资金和必要的时间。

四、项目开发建设的统筹

面对构建新型电力系统形势下抽水蓄能开发的市场新需求、发展新基础、规划新支撑和建设新要求等发展环境，在推进抽水蓄能项目落地的核批过程中，需要结合未来新型电力系统的电源结构、负荷结构、供需结构和站址资源条件进行统筹谋划，统筹好项目开发建设的布局与时序，实现抽水蓄能项目开发建设“质”与“量”的同步提升。具体来讲，一是做好项目开发规模和开发节奏与系统需求的统筹；二是做好抽水蓄能站址分布和开发布局与资源优化的统筹；三是做好抽水蓄能开发建设能力和资源配置与新增建设管理资源的统筹；四是要做好抽水蓄能投资开发和全社会用能成本与碳减排效益的统筹。

五、机组设备制造能力提升与技术进步

经过近30年的发展，我国抽水蓄能机组的研发制造能力有了长足的进步，机组设计制造自主化水平不断提高，目前高水头、高转速、大容量定速机组的设计制造能力已经达到了世界先进水平。2022年投产运行的长龙山抽水蓄能电站最高扬程达到763m，为世界第二。近期建成投运的阳江抽水蓄能电站，单机容量400MW，已经招标的天台抽水蓄能电站单机容量425MW，是我国自主研制的最大单机容量抽水蓄能机组。根据抽水蓄能中长期规划，我国“十四五”期间重点核准计划项目有219个，装机容量在2.7亿kW，机组供应订单量非常大，国内厂家的机组设备制造能力也面临很大压力，需要进一步提升；另外，迫于生产制造压力，目前一些项目前期设计阶段已开始考虑尽量选用已有的成熟机型，这对机组设备研发的技术进步有一定影响。

随着我国构建新型电力系统的推进，对抽水蓄能机组的性能也提出了新要求。风电光伏等新能源

具有波动性和随机性的特点，随着大规模新能源并网，电网对抽水蓄能机组的抽水入力调节也有了迫切需求，一些混合式抽水蓄能电站水头变幅很大，现有定速机组技术也难以适应，需要研究变速机组或其他技术来实现。目前我国只有河北丰宁抽水蓄能电站设计安装了两台大型交流励磁变速机组，设备从国外进口，因此要积极推进技术进步，加快国产化大型变速机组的研发与应用，促进我国抽水蓄能建设发展。

第四节 我国抽水蓄能电站简介

一、岗南抽水蓄能电站

岗南抽水蓄能电站位于河北省平山县，距离石家庄市约 60km，为混合式抽水蓄能电站。电站原设计安装三台单机容量为 15MW 的常规机组，其中 2、3 号两台机组分别于 1960 年 3 月和 1961 年 4 月投入运行。1 号机组改装为抽水蓄能机组，发电额定容量 11MW，于 1966 年批准建设，1968 年 5 月 14 日投入运行，是我国建成的第一个抽水蓄能电站。

岗南抽水蓄能电站处于水力资源缺乏的华北地区，华北电网是以火电为主的电网。20 世纪 60 年代华北电网就提出发展抽水蓄能电站的要求。1966 年时，岗南水电站所在的石家庄电网总装机容量 167MW，除岗南水电站装机容量 30MW（占总装机容量的 18%左右）外，其余均为火电站。岗南水库是以农业灌溉为主的综合利用水库，“以水定电”，只在汛期和农业用水时才能发电，加装一台抽水蓄能机组后，岗南水电站由季节性电站变为可常年发电的水电站。

岗南水库库容 15.71 亿 m^3，下游已建有一个反调节水库，只需将堤坝加高 2m，库容可达到 350 万 m^3，即可满足抽水蓄能电站的需要。岗南抽水蓄能机组由日本富士电机厂引进，采用斜流可逆式水泵水轮机和立轴转子换极的双转速发电电动机。其抽水和发电额定容量分别为 13MW 和 11MW，最大和最小扬程分别为 59m 和 31m，当扬程大于 47m 时，转速为 273r/min；扬程小于 47m 时，转速为 250r/min；设计水头 47m 时，出力 11MW。

岗南抽水蓄能电站装机容量虽然很小，但是我国抽水蓄能电站建设起步的标志。据 1991～1993 年运行统计，抽水蓄能机组年均装机利用小时达 1407h；1997 年开停机次数达到 1424 次，日均约 4 次，在电力系统调峰运行中发挥了有效作用。该机组自投产以来，运行一直较正常。

二、密云抽水蓄能电站

密云抽水蓄能电站位于北京市密云区的潮白河上，距北京市约 100km，为混合式抽水蓄能电站。

密云水库于 1960 年 9 月建成，承担北京城市居民及工农业供水任务，原设计装有 6 台 15MW 常规水电机组，按“以水定电”方式发电。1960 年，由于电网调峰需要和原设计装机容量偏大等原因，水电部决定将尚未安装的 1、2 号机改装为抽水蓄能机组。密云抽水蓄能电站利用已建的密云水库作为上水库，下游兴建总库容 503 万 m^3 的下水库，厂房内安装 2 台单机 11MW 的抽水蓄能机组。机组最大水头 64m，最小水头 28m；设计水头 46m 时，出力 11MW。由于水头变幅大，采用可变极的双速发电电动机，转速分别为 250r/min 和 273r/min；水泵水轮机采用可调节叶片角的斜流式转轮。机组由天津发电设备厂设计制造，为国产的第一台抽水蓄能机组。

两台机组分别于 1973 年 11 月和 1975 年 2 月投入运行。由于机组材料强度等问题，及设计经验不足，经过 5 年半运行，2 号机转轮叶片于 1979 年 5 月 30 日断裂，机组被迫停运。在 1982 年和 1986 年先后更换了两个转轮，以后只作发电运行。密云抽水蓄能电站机组虽存在不足，但也是我国抽水蓄能机组国产化的标志。

三、潘家口抽水蓄能电站

潘家口抽水蓄能电站位于河北省迁西县，距北京市约 200km，为混合式抽水蓄能电站，原有常规水电机组 150MW，增设抽水蓄能机组 270MW。这是我国建设的第一个中型抽水蓄能电站。

电站利用滦河上已建的潘家口水库为上水库，正常蓄水位 222m，总库容 29.3 亿 m^3，系供水为主兼发电、防洪和灌溉的综合利用工程。距主坝下游 6km 处新建 28.5m 高的碾压混凝土重力坝形成下水库，正常蓄水位 144.0m，调节库容 1000 万 m^3。坝后式厂房内安装 1 台 150MW 常规机组，3 台 90MW 的抽水蓄能机组，额定水头 71.6m。抽水蓄能机组最大水头 85m，最小水头 35.4m，由于水头变幅大，采用 125r/min 和 142.5r/min 的双转速变极发电电动机。

潘家口抽水蓄能电站原设计为装机容量 3×60MW 的常规水电站，1974 年 9 月初步设计报告审查时，考虑到当时京津唐电网总装机容量 2800MW，水电装机容量为 100MW，仅占总装机容量的 3.6%。预测 1985 年最大负荷将达 10000MW，最大峰谷差 2800MW，缺调峰容量 1610MW。华北电管局提出在潘家口水电站增设抽水蓄能机组，扩大装机容量，以缓解供电不足。因此，当潘家口水库于 1975 年 10 月开工建设，1981 年 4 月 1 号常规水电机组（150MW）并网发电的同时，天津勘测设计院开展了增设抽水蓄能机组必要性的论证，1983 年 9 月国家计委批复二期工程（3×90MW 抽水蓄能机组）建设。二期工程于 1985 年 5 月正式开工，第一台抽水蓄能机组于 1992 年 10 月正式投产发电，3 台抽水蓄能机组在 1992 年 12 月全部投产发电。

潘家口抽水蓄能电站现由华北电力调控分中心调度，机组按照调度要求随调随起，主要作用是承担调峰、调频和事故备用任务，提高京津唐电网运行稳定性，同时作为无功支撑点维持电网电压稳定。“十三五”期间，电站年均综合利用小时数 2185.79h，累计发电抽水起动 8943 台次，机组起动成功率达到 99.68%，在京津唐电网中发挥了重要作用。

四、寸塘口抽水蓄能电站

寸塘口抽水蓄能电站位于四川省蓬溪县境内，在涪江水系的郭江支流上，为混合式抽水蓄能电站，装机容量 2MW。

电站上水库为已建的寸塘口水库，于 20 世纪 60 年代建成，正常蓄水位为 350.95m，最低运行水位 339.35m，调节库容 1080 万 m^3。下水库利用已建的马子河水库，于 20 世纪 70 年代建成，水库最高水位为 316.20m，最低水位为 313.30m，调节库容 14.2 万 m^3。

上、下水库之间最短直线距离约 350m。电站进/出水口设在寸塘口水库左岸距大坝 170m 处，引水隧洞长约 317m，内径为 2.0m，隧洞末端设一圆筒式调压井，内径为 8.0m；调压井后接内径 2.0m 的压力隧洞，至下平段后分岔为两根内径为 1.2m 的压力支管，其末段采用钢管，再分别经蝶阀接至两台机组，然后经尾水渠至下水库。电站采用地面厂房，尺寸 29.32m×14.5m×24.22m（长×宽×高），安装两台混流可逆式抽水蓄能机组，发电容量为 2×1MW，抽水流量为 2×2.79m^3/s。机组额定水头 31m，额定转速 500r/min。

电站以 35kV 电压接入蓬溪县电力系统，再经该县回马变电站以 110kV 电压与四川省电力系统相联。由于电站处于大电力系统的末端，两台机组同时抽水时，电压下降较大，故主变压器选用有载调压，容量为 3200kVA。

电站总投资为 544.6 万元，单位容量投资 2720 元/kW，由蓬溪县电力公司承建。

寸塘口抽水蓄能电站两台机组的发电工况于 1992 年 11 月通过了 72h 运行，两台机组同时抽水工况于 1993 年 2 月 27 日顺利完成试运行。该电站的混流可逆式抽水蓄能机组系国内首次自行设计制造，电站的辅助设备亦是首次经摸索、改进才适应发电、抽水两种工况运行。寸塘口抽水蓄能电站装机容量虽然很小，但是我国首座利用河流已建梯级水库建设的混合式抽水蓄能电站。

五、广州抽水蓄能电站

广州抽水蓄能电站位于广东省从化区，距广州市 90km，为纯抽水蓄能电站，装机容量 2400MW，分两期建设，为当时世界上装机规模最大的抽水蓄能电站。

上水库利用天然沟谷拦河筑坝成库，正常蓄水位 816.8m，相应库容 2408 万 m^3，死水位 797.0m，死库容 722 万 m^3；挡水坝为钢筋混凝土面板堆石坝，最大坝高 68m。下水库位于流溪河二级支流上，正常蓄水位 287.4m，相应库容 2342 万 m^3，死水位 275.0m，死库容 629 万 m^3；挡水坝为碾压混凝土重力坝，最大坝高 43.5m。引水与尾水系统均为一洞四机布置，并均设有调压井，高压管道主管采用钢筋混凝土衬砌。一、二期地下厂房内各安装 4 台 300MW 单级混流可逆式水泵水轮机机组，额定水头分别为 496m 和 512m，额定转速 500r/min。

一期工程实际总投资 26.8 亿元，单位容量投资 2333 元/kW。二期工程实际总投资约 31 亿元，单位容量投资2583元/kW。由广东省电力集团公司、广东核电投资公司和国家开发投资公司出资，成立广东抽水蓄能电站联营公司。一期工程外资利用法国政府贷款2亿美元，二期工程外资利用亚洲开发银行贷款2亿美元和融资0.6亿美元，用于引进机电设备。一期工程装机容量一半由广东核电集团和广东省电力集团联合租赁，另外一半容量出售使用权给香港抽水蓄能发展有限公司。二期工程全部装机容量由广东省电力集团租赁。

十一届三中全会后，广东经济发展较快，用电负荷迅速增长，峰谷差逐渐增大。例如1985年广东电网供电最高负荷1976MW，装机容量2204MW（其中水电943MW，火电1261MW），电网严重缺电。而可以承担调峰任务的待建大中型水电站点不多，调峰问题尤为突出。加上与香港合资的大亚湾核电站（2×900MW）已先行于1987年开工建设。为解决电网调峰填谷、提高核电站的经济性、核电站及电网的安全性，迫切需要建设抽水蓄能电站。

广东省水利电力勘测设计院在1984年10月完成广州附近抽水蓄能电站站址规划，1986年11月完成项目可行性研究报告。1987年1月国务院领导核电小组会明确要求“与大亚湾核电站同步建设广州抽水蓄能电站”，因此，在1987年1月至1988年3月完成项目初步设计报告的同时，国家计委在1988年2月即批准项目建议书。广东抽水蓄能电站联营公司随即于1988年3月20日正式成立。电站施工准备工程与主体工程施工平行、交叉进行。1988年7月电站永久公路开工，主体工程中的“二洞一口”（即交通洞、排风洞及下水库进/出水口工程）于1988年9月开工。1989年5月25日开始厂房顶拱开挖，1991年1月25日上水库开始蓄水，1991年1月25日下水库开始蓄水，第一台机组于1993年6月29日投入可靠性运行，一期工程4台机组于1994年3月全部建成发电。

二期工程（4×300MW）于1994年开工，1994年9月12日开始厂房顶拱开挖，首台机组于1999年4月6日投入可靠性运行，二期工程4台机组于2000年6月全部投产发电。

可以看出，广州抽水蓄能电站前期勘测设计工作历时很短，施工时间也非常紧凑。从站址选择到工程开工不满4年，从初步设计完成到第一台机组发电也才5年多。这与广东省特殊条件有关，首先，广东省经济发展快，电网严重缺电，又缺乏调峰电源，有建设抽水蓄能电站的强烈需求；其次，恰逢大亚湾核电站开工建设，急需抽水蓄能电站与之配套；最后，又毗邻香港，能以较优价格出售部分容量使用权于香港，有助于解除财务上的顾虑。因此，广州抽水蓄能电站建设进程与十三陵、天荒坪抽水蓄能电站形成明显的对比。

广州抽水蓄能电站为广东电网和香港九龙电网服务，在系统中发挥了重要作用。

六、十三陵抽水蓄能电站

十三陵抽水蓄能电站位于北京市昌平区，距市中心约40km，装机容量800MW，是我国最早开展勘测设计研究工作的大型抽水蓄能电站，也是我国首座钢筋混凝土面板全库防渗工程。

电站利用已建的十三陵水库为下水库，在库尾增补古河道防渗工程，正常蓄水位89.5m，最低运行水位85m，调节库容990万m^3；主坝为黏土斜墙土石坝，最大坝高29m。上水库系人工挖填而成，正常蓄水位566m，死水位531m，调节库容422万m^3；全库盆采用钢筋混凝土面板防渗，防渗面积17.6万m^2；主坝为钢筋混凝土面板堆石坝，最大坝高75m。引水系统采用一洞两机布置，高压管道采用钢板衬砌；尾水系统采用一机一洞布置；上下游均设有调压井。地下厂房内安装4台单机容量200MW的单级混流可逆式水泵水轮机机组，额定水头430m，额定转速500r/min。工程总投资37.3151亿元，单位容量投资4664元/kW。

京津唐电网属于火主电网，调峰困难。为保证首都北京市安全稳定、优质可靠供电，从20世纪70年代就开始论证建设抽水蓄能电站的必要性。北京勘测设计院在1974年完成的《北京地区抽水蓄能电站规划选点报告》中就推荐十三陵站址，1982年完成可行性研究报告，1986年完成初步设计报告。1987年8月上报项目建议书，于1988年2月由国家计委批准。电站从规划选点至项目批准立项，历时长达14年。为消除人们对抽水蓄能电站认识上的误解，对建设十三陵抽水蓄能电站的必要性和经济性做了大量论证工作，并向有关方面进行宣传解释。由于当时对抽水蓄能电站认识不统一，给电站资金筹集也带来很大困难，最终由水利电力部与北京市在1987年9月签订集资协议，另外利用日本海外协力基金贷款130亿日元。由于十三陵抽水蓄能电站位于明十三陵附近，作为下水库的十三陵水库是

1958年中央领导参加劳动建设的水库，地下厂房出口又是中央领导同志植过树的中心绿化基地，是观光旅游区，因此当时北京市领导就提出“工程有价，环境无价”，在前期设计中做了深入的环境影响评价工作，从工程筹建开始，环境保护工作就作为主要工作来抓。

工程于1989年开始筹建，1991年7月11日开始主厂房开挖，1992年9月11日时任国务院总理李鹏为电站主体工程全面开工奠基揭幕，1995年8月3日上水库开始蓄水，1995年12月23日首台机组发电，1997年6月28日4台机组全部投产。十三陵抽水蓄能电站是我国最早开始前期工作的大型抽水蓄能电站，从规划选点到全部建成发电长达24年，反映了我国抽水蓄能电站建设起步之艰辛。

十三陵抽水蓄能电站投产以来，为华北电网的调峰填谷、调频调相、事故备用和保证首都可靠供电等起到了重要的作用，显著改善华北电网供电质量，促进华北地区新能源消纳。电站现由华北电力调控分中心调度，机组按照调度要求随调随起，在“十三五”期间，年均综合利用小时数3076.59h，累计发电抽水起动13459台次，机组起动成功率达到99.88%。

七、羊卓雍湖抽水蓄能电站

羊卓雍湖抽水蓄能电站位于西藏贡嘎县，距拉萨市86km，为混合式抽水蓄能电站，安装常规水电机组22.5MW、抽水蓄能机组90MW。

电站利用高原封闭天然湖泊羊卓雍湖作为上水库，常年储水量约150亿m^3，可利用库容55亿m^3；下水库直接利用雅鲁藏布江河道。羊卓雍湖运行控制水位4437m；引水系统采用一管五机布置，设调压井；地面厂房内安装4台22.5MW抽水蓄能机组，1台22.5MW常规水力发电机组。由于上下水库之间天然落差高达840m，抽水蓄能机组最大水头达1020m，故采用三机式机组，单吸六级离心泵＋三喷嘴冲击式水轮机＋发电电动机。水轮机额定水头816m，额定转速750r/min。

成都勘测设计院在20世纪70年代就开始羊卓雍湖电站勘测设计工作，项目于1985年8月获准建设，1986年7月因故停建，1989年8月国家计委批准复工。工程于1989年9月开始筹建，1990年9月25日正式开工，克服了高原缺氧、气候恶劣、地质条件十分复杂等困难，首台机组于1997年6月25日正式投产。

近年来，羊卓雍湖遭遇连续枯水年，蒸发量大于入库径流与降水量之和，为控制羊卓雍湖水位降低，目前电站在电力系统中仅承担调相作用，不提供电量。

八、溪口抽水蓄能电站

溪口抽水蓄能电站位于浙江省奉化区，距宁波市34km，为纯抽水蓄能电站，装机容量80MW，是我国第一座由地方集资兴建的中型抽水蓄能电站。

电站上、下水库均利用天然沟谷拦河筑坝成库，挡水坝均为钢筋混凝土面板堆石坝。上、下水库库容分别为103万m^3和86万m^3，最大坝高分别为48.5m和44.2m。引水系统采用一管两机布置，设调压井，尾水系统为单管单机。厂房为半地下式（竖井式），竖井内径25.2m，厂房内安装2台40MW单级可逆式水泵水轮机组，额定水头240m，额定转速600r/min。

电站实际总投资3.2964亿元，单位容量投资4120.5元/kW。由宁波市和下辖的8个县（市、区）供电部门集资，于1993年组成宁波溪口抽水蓄能电站有限公司，建设和管理溪口抽水蓄能电站。

宁波市经济比较发达，随着改革开放的不断发展，用电需求迅速增长，特别是“八五”期间，平均年供电量以13%左右速度递增。据1990年全口径统计，最大日峰谷差平均达到46%，电力供需矛盾尤为突出，供电形势严峻。为了缓解宁波市用电负荷峰谷差的矛盾和尖峰不足，建设了溪口抽水蓄能电站，电站主要担任宁波地区的调峰填谷任务。

工程于1993年6月筹建，1994年2月1日主体工程开工，上、下水库在1997年5月前后相继开始蓄水，第一台机组于1997年12月12日进入动态调试，1998年3月2日正式投入商业运行，第二台机组于1998年5月15日投入商业运行。

九、天荒坪抽水蓄能电站

天荒坪抽水蓄能电站位于浙江省安吉县，距杭州市57km，为纯抽水蓄能电站，装机容量1800MW，是国内第一座采用沥青混凝土面板全库防渗的工程。

上水库为人工挖填库盆，正常蓄水位905.20m，死水位863.00m，调节库容881万m^3，全库采用沥青混凝土面板防渗；主坝为沥青混凝土面板堆石坝，最大坝高72m。下水库位于太湖西苕溪支流大溪，正常蓄水位344.50m，死水位295.00m，调节库容802万m^3，大坝为钢筋混凝土面板堆石坝，最大坝高95m。上、下水库之间的输水洞长为1428m，距高比2.55。引水系统采用一洞三机布置，高压管道主管为钢筋混凝土衬砌；尾水系统采用一机一洞布置。地下厂房内安装6台300MW单级混流可逆式水泵水轮机组，额定水头526m，额定转速500r/min。

工程实际总投资62.18亿元，单位容量投资3454元/kW。由华东电力集团公司、上海申能电力开发公司、浙江省电力开发公司、江苏省国际能源投资公司、安徽省能源投资公司共同集资建设，利用世界银行贷款3亿美元。电站由上海市和江苏、浙江、安徽省分配容量运行，作为华东电网调峰容量，并保障秦山一期核电站的安全稳定运行。

早在1974年华东电业管理局就组织开展抽水蓄能电站的规划选点工作，从开始的太湖地区逐步扩大到整个华东地区，直到1984年11月由华东勘测设计院上海分院完成了《华东电网抽水蓄能电站规划选点报告》，推荐浙江省天荒坪和安徽省响水涧两个站址。1986年6月完成可行性研究报告，1989年12月完成初步设计报告。1987年3月上报天荒坪抽水蓄能电站工程项目建议书，历经4年半，国家计委于1991年8月批准。从规划选点至批准立项，历时长达18年。其间除解决项目集资，落实国外贷款外，主要是解决对抽水蓄能电站的认识问题。反对意见认为，电力供应如此紧张，哪有多余电力去抽水；现在是缺电量不缺容量，“粗粮”都吃不饱，哪有条件吃“细粮”（指改善电能质量）；火电也可以担任电网的调峰，煤耗增加不多；抽水蓄能电站利用3kWh电换2kWh电不合算等。通过大量调查研究和分析，及反复、深入的论证，对建设抽水蓄能电站的认识才逐渐统一，天荒坪抽水蓄能电站最终获准建设。

电站准备工程于1992年6月开始，1994年3月开始主厂房开挖，1997年10月6日上水库开始蓄水，1998年2月10日下水库开始蓄水。首台机组于1998年9月30日投入运行，2000年12月25日全部机组建成发电。

天荒坪抽水蓄能电站在华东电网中的主要作用是系统调峰、保障电网安全稳定运行，促进新能源和区外来电消纳，投入运行以来，为华东电网安全稳定运行、提升系统供电质量发挥了重要作用。电站现由华东电力调控分中心调度，“十三五”期间，电站年均综合利用小时数3123.88h，累计发电抽水起动21936台次，机组起动成功率达到99.97%。

十、响洪甸抽水蓄能电站

响洪甸抽水蓄能电站位于安徽省金寨县，距合肥市140km，为混合式抽水蓄能电站，原有常规水电机组40MW，扩建抽水蓄能机组80MW。

响洪甸抽水蓄能电站利用已建响洪甸多年调节水库作为上水库。响洪甸水库位于淮河支流淠河西源上，正常蓄水位128.00m，死水位100.00m，为多年调节水库，库容26.32亿m^3，是一座以防洪、灌溉为主，兼有发电、水产和航运等效益的综合利用工程。拦河坝为混凝土重力拱坝，最大坝高87.5m。在大坝下游9km处筑坝形成下水库，正常蓄水位70.00m，死水位67.00m，调节库容440万m^3，拦河坝为混凝土重力坝，最大坝高16m。引水系统采用一管两机布置，设调压井，尾水系统为单管单机。新建地下厂房内安装两台40MW的混流可逆式机组。机组设计水头45m，最大水头63m，最小水头27m，比值达2.33。由于运行水头变幅大，为改善水泵水轮机运行性能，选用变极双速发电电动机，转速分别为150r/min和166.7r/min。

安徽电网以火电为主，当时水电站装机容量比重仅为7%左右，且峰谷差越来越大，迫切需要调峰电源。响洪甸抽水蓄能电站投入运行后，不仅可调峰填谷，还较一般抽水蓄能电站具有更多的效益：①原响洪甸水电站采用“以水定电”方式运行，不能调峰，抽水蓄能机组投入运行后，可使常规水电机组全年发电，并参与调峰；②可利用灌溉引用水量大于常规水电机组引用流量的多余水量发电，使水量利用率从71.3%提高到96.4%；③为上水库增加200m/s^3的泄水能力，对防洪及大坝安全有利。

响洪甸抽水蓄能电站于1985年就开始规划选点，1986年和1990年分别完成可行性研究和初步设计报告。1993年1月项目获原国家计委批准立项，开始准备工程施工，1994年12月16日正式开工建设。由于资金、移民、设备制造、管理等多方面的原因使工期延长，实际施工进度为1998年8月20日地下厂房及辅助洞室完工，1999年2月8日2号机安装完毕，1999年7月20日下水库大坝建成，1999年8月1日下水库进/出水口水下岩塞爆破完成，2000年6月投入试运行，2001年6月23日正式投入商业运行。

响洪甸抽水蓄能机组由东方电机厂设计制造（转轮由奥地利MEC公司制造），它的研制成功标志着我国抽水蓄能机组国产化迈出了重要一步。

十一、天堂抽水蓄能电站

天堂抽水蓄能电站位于湖北省黄冈市罗田县境内，距黄冈市145km，为混合式抽水蓄能电站，原天堂一级水电站装机容量3.75MW，天堂二级水电站装机容量4.45MW，扩建抽水蓄能电站装机容量70MW，是华中地区第一座抽水蓄能电站。

天堂河上修建了五级梯级电站，天堂抽水蓄能电站利用已建的天堂一级电站水库作上水库，二级电站水库作下水库。上水库正常蓄水位296m，发电死水位286m，总库容16200万m^3，有效库容5391万m^3，拦河坝为黏土心墙土石坝，最大坝高57m。下水库正常蓄水位248m，发电死水位244m，调节库容291万m^3，拦河坝为混凝土砌块石双曲拱坝，最大坝高40m。引水系统采用一管两机布置，半埋式地面厂房布置在原一级电站尾水河床右侧山脚，厂房内安装2台35MW单级混流可逆式水泵水轮发电机组，机组额定水头43m，额定转速157.9r/min。

机电设备采用进口与国产相结合方式制造。水泵水轮机转轮、发电电动机定子线圈与转子磁极、计算机监控系统、励磁系统、变频起动系统、调速器电气部分以及部分自动化元件采用进口设备，其他机电设备采用国产设备。水泵水轮机、发电电动机及其附属设备，由中外合资原克瓦纳（杭州）发电设备有限公司总承包。

工程总投资为3.18亿元（不包括220kV输电线路8000万元），由湖北省电力公司、湖北省电力开发公司、湖北黄冈东源电业（集团）有限公司、罗田县天堂电厂、湖北省投资公司和鄂州电力开发公司共同出资，成立湖北天堂抽水蓄能有限公司，负责电站的建设。

电站于1995年初开始规划设计，湖北省计委在1996年3月批复项目建议书，1998年8月正式动工，两台机组分别于2000年12月和2001年2月投入试运行，2001年5月正式投产发电。

十二、沙河抽水蓄能电站

沙河抽水蓄能电站位于江苏省溧阳市，距南京市120km，为纯抽水蓄能电站，装机容量100MW，是江苏省第一座抽水蓄能电站，也是江苏省第一座水电站（水库、水渠小机组除外）。

江苏省经济发达，用电峰谷差较大，而江苏省电网是一个纯火电电网，调峰能力较差，开发抽水蓄能项目成为电网的当务之急，作为省内抽水蓄能的试点项目，沙河抽水蓄能电站率先上马。

电站地处风景秀丽的国家4A级旅游区天目湖旅游度假区，利用已建沙河水库作为下水库，总库容1.09亿m^3，正常蓄水位19.00m，死水位13.00m。在沙河水库东岸的龙苂沟源兴建上水库，正常蓄水位136.00m，死水位116.00m，调节库容230.20万m^3。上水库主、副坝均采用钢筋混凝土面板堆石坝，主坝最大坝高47m。

引水系统为一管两机布置，尾水系统为单管单机布置。厂房为半地下竖井式厂房，竖井内径29m，内装2台50MW抽水蓄能机组，额定水头97.70m，额定转速300r/min。

工程竣工决算静态总投资5.0亿元，单位容量静态投资5009元/kW；总投资为5.79亿元（含220kV送出工程及主机设备进口关税等），单位容量总投资5795元/kW。由江苏省国际信托投资公司（现江苏省国信集团有限公司）、江苏省电力公司和溧阳市投资公司共同出资，并成立了江苏沙河抽水蓄能发电有限公司，负责电站的建设。

沙河抽水蓄能电站于1990年开始前期设计工作，1994年江苏省计委批准立项，1997年9月列为江苏省重点工程，成立江苏沙河抽水蓄能发电有限公司开始筹建工作。工程于1998年9月18日正式开工，2000年11月20日完成厂房主体工程，2001年1月上水库开始蓄水，2002年6月14日和7月30日两台机组先后投入商业运行。

十三、回龙抽水蓄能电站

回龙抽水蓄能电站位于河南省南阳市南召县，距南阳市直线距离70km，为纯抽水蓄能电站，装机容量120MW，是河南省第一座抽水蓄能电站。

上水库位于沟头洼地，正常蓄水位899m，相应库容118.4万m^3，拦河坝为碾压混凝土重力坝，最大坝高54m。下水库位于白河支流黄鸭河支沟回龙沟上，正常蓄水位502m，相应库容129万m^3，拦河坝为碾压混凝土重力坝，最大坝高53.3m。

引水与尾水系统均采用一洞两机布置，并设尾水调压室。深度459m的引水竖井在国内水电建设史上首次采用正井开挖，采用台车翻模技术进行混凝土衬砌。地下式主厂房内安装两台60MW的单级可逆式水泵水轮机组，额定水头379m，额定转速750r/min，由哈尔滨电机厂制造（转轮由日立公司设计制造），开创了高水头高转速抽水蓄能机组国产化的先例。

工程总投资4.51亿元。河南省计委于2000年8月批复同意兴建，主体工程于2001年6月6日开工建设，两台机组于2005年9月15日投入运行。

十四、白山抽水蓄能电站

白山抽水蓄能电站位于吉林省桦甸市与靖宇县交界的第二松花江上游，距吉林市200km，为混合式抽水蓄能电站，原白山水电站装机容量1500MW，红石水电站装机容量200MW，扩建抽水蓄能电站装机容量300MW，是东北地区第一座抽水蓄能电站。

白山抽水蓄能电站利用已建的白山水库为上水库，红石水库为下水库。上水库正常蓄水位413m，死水位380m，有效库容18.60亿m^3，挡水坝为混凝土重力拱坝，最大坝高149.5m。下水库正常蓄水位290m，死水位289m，有效库容1300万m^3，挡水坝为混凝土重力坝，最大坝高46m。引水系统为一管两机布置，尾水系统为单管单机布置。地下厂房内安装两台150MW单级混流可逆式水泵水轮机组，额定水头105.8m，额定转速200r/min。机组由哈尔滨电机厂制造（第一台机组的转轮由日本日立公司制造）。

白山抽水蓄能电站工程属于技术改造项目，由东北电网有限公司投资建设，工程总投资8.2亿元。工程于1999年开始准备工程施工，当时设计为安装两台大型水泵。因电力体制改革等原因停工近3年，于2002年5月复工，2002年12月项目获国家经贸委批复，主体工程正式开工，复工后改为安装两台可逆式水泵水轮机机组。2002年11月开始主厂房开挖，两台机组分别于2005年10月和2006年5月投入运行。

十五、桐柏抽水蓄能电站

桐柏抽水蓄能电站位于浙江省天台县，与杭州、宁波直线距离分别为150km、94km，为纯抽水蓄能电站，装机容量1200MW。

上水库利用已建的桐柏水库，经局部加固处理后改建而成，正常蓄水位396.21m，死水位376.00m，调节库容1041.9万m^3，主副坝为均质土坝，最大坝高37.15m。下水库位于百丈溪中游，正常蓄水位141.17m，死水位110.00m，调节库容1069.7万m^3。大坝采用钢筋混凝土面板堆石坝，坝高68.25m，采用混凝土面板堆石坝坝身溢洪道加右岸导流泄洪洞泄洪。

引水系统采用一洞两机布置，高压管道主管为钢筋混凝土衬砌，尾水系统采用一机一洞布置。地下厂房内装设4台300MW的立轴混流可逆式机组，额定水头244m，额定转速300r/min。

概算静态投资34.33亿元，单位容量静态投资为2861元/kW，动态总投资42.60亿元，单位容量总投资为3550元/kW，项目利用世界银行贷款2.24亿美元。由华东电网有限公司、浙江省电力公司、上海市电力公司、浙江电力开发公司、申能股份有限公司、天台水电综合开发公司六家公司共同出资，华东电网有限公司控股，成立桐柏抽水蓄能发电有限公司作为项目法人。

国家计委于1999年5月批准项目建议书，1998年2月项目组建筹建处，2000年8月成立桐柏抽水蓄能发电有限公司，并委托浙江省电力建设总公司负责建设管理。工程于2000年5月开始主厂房顶拱施工支洞施工，2001年8月开始主厂房顶拱开挖。上水库于2005年5月开始蓄水，第一台机组于2005年12月20日并网发电，2006年5月26日投入商业运行，2006年12月全部机组投产并转入商业运行。

十六、泰安抽水蓄能电站

泰安抽水蓄能电站位于山东省泰安市，距泰安市5km，距济南市约70km，为纯抽水蓄能电站，装机容量1000MW，是山东省第一座抽水蓄能电站。

上水库位于泰山樱桃园沟内，正常蓄水位 410.0m，死水位 386.0m，调节库容 895 万 m^3。挡水坝为钢筋混凝土面板堆石坝，最大坝高 99.8m；库盆采用综合防渗方案，右岸横岭库岸采用混凝土面板防渗，库底采用复合土工膜防渗，左岸坝肩及右岸库尾采用帷幕防渗。下水库位于黄河支流大汶河水系的泮汶河上，利用已建成的大河水库加固改建而成，兼有防洪、灌溉和工业供水任务，正常蓄水位 165.0m，死水位 154.0m，有效库容 2031 万 m^3，挡水坝为均质土坝，最大坝高 22m。

引水与尾水系统均采用一洞两机布置，并设调压室，高压管道主管为钢筋混凝土衬砌。地下厂房内安装 4 台 250MW 混流可逆式水泵水轮机机组，额定水头 225m，额定转速 300r/min。

电站总投资 43.26 亿元，利用日本国际协力银行贷款 180 亿日元。

项目于 1999 年 12 月获原国家计委批复，2000 年 2 月准备工程开工，2001 年 8 月开始主厂房顶拱开挖，2004 年 6 月底下水库开始蓄水，2005 年 5 月底上水库开始蓄水，2006 年 5 月 20 日第一台机组投入试运行，2006 年 7 月 11 日投入商业运行，2007 年 6 月全部机组投产并转入商业运行。

十七、琅琊山抽水蓄能电站

琅琊山抽水蓄能电站位于安徽省滁州市西南郊，距市区 3km，距合肥市 105km，为纯抽水蓄能电站，装机容量 600MW，为安徽省第一座大型抽水蓄能电站。电站将主变压器布置在主厂房两端，取消独立的主变压器洞，在国内外尚不多见。

上水库位于琅琊山主峰小丰山的西北侧，在三条冲沟交汇处筑坝形成上水库，正常蓄水位 171.8m，死水位 150m，调节库容 1238 万 m^3。上水库处于岩溶发育区，在查清基本水文地质条件后采用垂直防渗帷幕为主的局部防渗方案。下水库利用已建的城西水库，兴利水位 29m，兴利库容 4075 万 m^3，发电最低水位 22m，发电专用调节库容 1100 万 m^3。

引水系统为一管一机布置，高压管道均为钢管；尾水系统为二机一管布置，并设尾水调压井。地下厂房内安装 4 台 150MW 抽水蓄能机组，额定水头 126m，额定转速 230.8r/min。电站采用"两机一变"扩大单元接线方式，采用分裂变压器，将主变压器布置在主厂房两端，取消主变压器洞和母线洞。因上水库死库容较大，不具备首台机组采用发电工况调试的条件，故第一台机组首次起动采用泵工况起动方式。

电站概算总投资 23.33 亿元，利用奥地利政府出口信贷约 1 亿美元。

国家计委于 1999 年 8 月批准项目建议书，2001 年 7 月准备工程开工，2002 年 7 月主体工程开工，2002 年 11 月开始厂房开挖，2005 年 7 月初上水库开始试蓄水，2007 年 2 月首台机组投产发电，2007 年 9 月全部机组投产并转入商业运行。

十八、宜兴抽水蓄能电站

宜兴抽水蓄能电站位于江苏省宜兴市，距上海、南京、杭州分别为 190km、160km、160km，为纯抽水蓄能电站，装机容量 1000MW。

上水库位于铜官山主峰北侧的沟源坳地，以半挖半填方式成库，正常蓄水位 471.5m，死水位 428.6m，调节库容 510.75 万 m^3。采用全库盆钢筋混凝土面板防渗，主坝采用钢筋混凝土面板堆石坝，最大坝高 75m；副坝采用碾压混凝土重力坝，最大坝高 34.9m。下水库利用原会坞水库挡水坝加高改建，并适当开挖扩展一部分库容形成，正常蓄水位 78.9m，死水位 57.0m，调节库容 526.70 万 m^3。拦河坝为黏土心墙堆石坝，最大坝高 50.4m。下水库集水面积 1.87km^2，水量不足，另设有补水工程。

引水和尾水系统均为一管两机布置，并设尾水调压井，高压管道均为钢衬。地下厂房内安装 4 台 250MW 的单级混流可逆式水泵水轮机组，额定水头 363.0m，额定转速 375r/min。

工程总投资 47.63 亿元，利用世界银行贷款 1.54 亿美元。

江苏省电网为纯火电电网，且连云港田湾核电站（2000MW）也于"九五"期间开工建设，急需建设抽水蓄能电站。国家计委于 2001 年 2 月批准项目建议书，2002 年 4 月开始公路施工，2003 年 8 月开始厂房顶拱开挖，第一台机组于 2008 年 5 月发电，2008 年 12 月四台机全部建成投产。

十九、张河湾抽水蓄能电站

张河湾抽水蓄能电站位于河北省石家庄市井陉县甘陶河干流上，距石家庄市公路里程 77km，为纯抽水蓄能电站，装机容量 1000MW，是河北省第一座大型抽水蓄能电站。上水库是国内第一座在寒冷地区建设的沥青混凝土面板全库防渗工程。

上水库位于甘陶河左岸的老爷庙山顶，通过开挖和填筑堆石坝围库而成，正常蓄水位 810m，死水位 779m，调节库容 715 万 m^3。由于上水库基础存在多层缓倾角软弱夹层，为避免渗水进入夹层，影响上水库库坝基础稳定，采用沥青混凝土面板全库防渗，面板断面型式采用简化复式断面，沥青混凝土面板下防渗层与整平胶结层合二为一，防渗面积 33.7 万 m^2。主坝为沥青混凝土面板堆石坝，最大坝高 57m。

下水库利用未完建的张河湾水库将大坝加高续建而成，续建后的下水库是蓄能发电和灌溉并重的综合利用水库，正常蓄水位 488m，死水位 464m，总库容 8330 万 m^3。原拦河坝为浆砌石重力坝，续建加高部分采用毛石混凝土，最大坝高 77.35m。由于甘陶河汛期来水含沙量较大，在下水库拦河坝上游布置拦沙坝，并利用拦沙坝右岸垭口扩挖成过流明渠，汛期直接将含沙水流导向拦河坝前，减轻电站进/出水口淤积和过机泥沙含量。

引水系统为一管两机布置，高压管道均为钢管，尾水系统为一管一机布置。地下厂房内安装 4 台 250MW 混流可逆式机组，额定水头 305m，额定转速 333.3r/min。

工程概算静态总投资为 37.09 亿元，单位容量静态投资为 3709 元/kW；总投资为 41.20 亿元，单位容量总投资为 4120 元/kW。工程利用亚洲开发银行贷款 1.436 亿美元，竣工决算总投资 40.3 亿元。

国家计委于 1998 年 3 月批准电站利用外资项目建议书，2002 年 7 月批准项目利用外资可行性研究报告。工程于 2003 年 7 月开始上水库开挖填筑，2004 年 2 月开始地下厂房开挖，2006 年 10 月下水库下闸蓄水，2007 年 9 月上水库开始蓄水，2008 年 7 月第一台机组投产发电，2009 年 2 月四台机组全部投产。

二十、西龙池抽水蓄能电站

西龙池抽水蓄能电站位于山西省忻州市五台县，距太原市直线距离 100km，为纯抽水蓄能电站，装机容量 1200MW，机组额定水头 640m，是山西省第一座抽水蓄能电站。电站机组抽水最大扬程 704m，为当时国内水头（扬程）最高的单级混流可逆式抽水蓄能电站，居世界第三；上水库是国内首座在严寒地区采用改性沥青混凝土面板防渗的工程。

上水库位于滹沱河左岸山顶的西闪虎沟沟脑部位，采用开挖筑坝成库，正常蓄水位 1492.5m，死水位 1467.0m，调节库容 413.15 万 m^3。上水库灰岩地层岩溶发育，采用沥青混凝土面板全库防渗，总衬砌面积 21.57 万 m^2。上水库气候严寒，极端最低气温为－34.5℃，坝坡和库岸防渗层采用改性沥青，是国内外首次采用改性沥青混凝土面板防渗的工程；库盆底部采用普通石油沥青混凝土面板防渗。主坝为沥青混凝土面板堆石坝，最大坝高 50m。

为避开高含沙量滹沱河水对抽水蓄能机组的磨损，下水库建于滹沱河左岸的路子沟沟口，正常蓄水位 838.0m，死水位 198.0m，调节库容 432.2 万 m^3。下水库高出滹沱河河谷 150m，库岸基岩透水性较强，库底及坝基厚达 20～40m 的覆盖层渗透性更强，亦采用全库盆防渗衬砌。库岸岸坡采用钢筋混凝土面板防渗，衬砌面积 6.85 万 m^2；坝坡和库底均采用沥青混凝土面板防渗，衬砌面积 10.88 万 m^2。挡水坝为沥青混凝土面板堆石坝，最大坝高 97m，为当时国内最高的沥青混凝土面板堆石坝。

引水系统为一管两机布置，高压管道均为钢管，尾水系统为一机一管布置。地下厂房内安装 4 台 300MW 竖轴单级混流可逆式水泵水轮机组，额定水头 640m，额定转速 500r/min。上水库采用竖井式进/出水口，为国内首例。

工程概算静态总投资 43.84 亿元，单位容量静态投资为 3654 元/kW，总投资 50.13 亿元，单位容量总投资为 4178 元/kW，利用日本国际协力银行 232.41 亿日元贷款。

国家计委于 2000 年 4 月批准项目建议书，2002 年 6 月筹建期工程开工，2004 年 1 月地下厂房开始开挖，2005 年 12 月厂房开挖完毕，2008 年 12 月第一台机组投产发电，2011 年 9 月四台机组全部投产。

二十一、宝泉抽水蓄能电站

宝泉抽水蓄能电站位于河南省辉县市，距郑州市直线距离约 80km，为纯抽水蓄能电站，总装机容量 1200MW，是河南省第一座大型抽水蓄能电站。

上水库位于峪河左岸的东沟内，正常蓄水位 789.6m，相应库容 758.2 万 m^3，死水位 758.0m，死库容 116.4 万 m^3。构成库岸的地层内裂隙、溶隙（孔、洞）发育，采用全库盆防渗，库坡采用沥青混凝土面板，库底采用 4.5m 厚黏土铺盖防渗。主坝为沥青混凝土面板堆石坝，最大坝高 94.8m。在库尾建浆砌石坝拦截库尾固体径流，最大坝高 42.9m。

下水库利用已建的宝泉水库改建而成，正常蓄水位 260m，相应库容 6850 万 m^3，死水位 220m，死库容 1314 万 m^3。拦河坝为浆砌石重力坝，加高至 107.5m。

引水和尾水系统均为一管两机布置，高压管道主管为钢筋混凝土衬砌；尾水隧洞长 831m，不设尾水调压室。地下厂房内安装 4 台 300MW 可逆式水泵水轮机组，额定水头 510m，额定转速 500r/min。

作为“惠宝莲打捆招标”的电站之一，电站主机设备由阿尔斯通公司总包，4 号机的水泵水轮机和发电电动机由哈尔滨电机厂有限责任公司分包。

工程静态总投资为 37.1 亿元，单位容量静态投资 3092 元/kW，总投资为 42.1 亿元，单位容量总投资 3508 元/kW。

国家计委于 2001 年 4 月 18 日批准项目建议书，项目准备工程于 2003 年 3 月 28 日开工，地下厂房于 2004 年 6 月开始开挖，第一台机组于 2009 年 6 月投产发电，2011 年 6 月四台机组全部投产。

二十二、惠州抽水蓄能电站

惠州抽水蓄能电站位于广东省惠州市博罗县，为广东省第二座抽水蓄能电站，距惠州、深圳、广州分别为 20、77、112km，为纯抽水蓄能电站，总装机容量 2400MW。

上水库位于东江支流小金河上游，为一山顶盆地，正常蓄水位 762m，死水位 740m，调节库容 2740 万 m^3，主坝为碾压混凝土重力坝，最大坝高 56.1m。下水库位于榕溪沥水上游，正常蓄水位 231m，死水位 205m，调节库容 2767 万 m^3，主坝为碾压混凝土重力坝，最大坝高 61.17m。

引水和尾水系统均为一管四机布置，均设调压井，高压管道主管为钢筋混凝土衬砌。一期、二期两座地下厂房内各安装 4 台 300MW 可逆式水泵水轮机组，额定水头 501m，额定转速 500r/min。

作为“惠宝莲打捆招标”的电站之一，电站主机设备由阿尔斯通公司总包，4 号机的水泵水轮机和发电电动机由东方电机股份有限公司分包。

工程概算静态总投资 70.56 亿元，单位容量静态投资 2940 元/kW；工程总投资 81.34 亿元，单位容量总投资 3389 元/kW。

国家发展改革委于 2002 年 11 月批准项目建议书。工程于 2003 年 8 月开始施工准备，2004 年 10 月主体工程开工，第一台机组于 2009 年 5 月投入运行，2011 年 6 月 8 台机组全部投产。

二十三、黑麋峰抽水蓄能电站

黑麋峰抽水蓄能电站位于湖南省长沙市望城区，距长沙市区 25km，为纯抽水蓄能电站，总装机容量 1200MW，是湖南省第一座抽水蓄能电站。

上水库位于黑麋峰西侧坡麓的森林公园内，正常蓄水位 400.00m，死水位 376.50m，调节库容 843.87 万 m^3。上水库包括两座主坝和两座副坝，两座主坝均为混凝土面板堆石坝，最大坝高分别为 69.5m 和 59.5m；两座副坝中，副坝 2 为混凝土面板堆石坝，最大坝高 39.5m；副坝 1 为埋石混凝土重力坝，最大坝高 19.5m。下水库位于黑麋峰风景区西北部的湖溪冲冲沟内，正常蓄水位 103.7m，死水位 65.0m，调节库容 843.7 万 m^3，为混凝土面板堆石坝，最大坝高 79.5m。

引水系统为一管两机布置，高压管道主管为钢筋混凝土衬砌，尾水系统为一机一洞布置。地下厂房内安装 4 台 300MW 单级混流可逆式水泵水轮机组，额定水头 295m，额定转速 300r/min。

工程静态总投资 31.21 亿元，单位容量静态投资 2601 元。

项目于 2005 年 4 月获国家发展改革委核准，输水发电系统和上、下水库工程相继于 2005 年 4 月 28 日及 5 月 8 日正式开工。上、下水库于 2007 年 8 月 1 日开始蓄水，第一台机组于 2009 年 6 月投入运行，2010 年 6 月四台机组全部投产。

二十四、白莲河抽水蓄能电站

白莲河抽水蓄能电站位于湖北省黄冈市罗田县境内，距武汉市、黄石市的公路里程分别为 143km、63km，为纯抽水蓄能电站，总装机容量 1200MW，是湖北省第一座大型抽水蓄能电站。

上水库位于白莲河支流沈家河的支沟上，正常蓄水位 308m，死水位 291m，调节库容 1663 万 m^3；

主坝为混凝土面板堆石坝，最大坝高 59.4m。下水库利用已建成的白莲河水库，正常蓄水位 104m，相应库容 8.52 亿 m^3，死水位 91m，有效库容 5.72 亿 m^3，主坝为黏土心墙土石坝，最大坝高 69m。

引水和尾水系统均为一管两机布置，并设引水调压井，高压管道主管为钢筋混凝土衬砌。地下厂房内安装 4 台 300MW 单级混流可逆式水泵水轮机组，额定水头 195m，额定转速 250r/min。

工程概算静态总投资 35.35 亿元，单位容量静态投资 2946 元/kW，总投资 38.8 亿元，单位容量总投资为 3233 元/kW。

作为“惠宝莲打捆招标”的电站之一，电站主机设备由阿尔斯通公司总包，4 号机的水泵水轮机和发电电动机分别由哈尔滨电机厂和东方电机公司分包。

项目于 2003 年 8 月获国家发展改革委核准，地下厂房于 2004 年 6 月开始开挖，第 1 台机组 2009 年 11 月投入运行，2010 年 12 月四台机组全部投产。

二十五、响水涧抽水蓄能电站

响水涧抽水蓄能电站位于安徽省芜湖市，装机容量 1000MW，与芜湖市区、合肥、南京直线距离分别为 30、130、120km。电站主机和辅助设备均由国内厂家自主设计制造，是我国第一座全面实现主机设备自主化的大型抽水蓄能电站。

上水库建于浮山东部的响水涧沟源坳地，正常蓄水位 222m，死水位 190m，调节库容 1282 万 m^3，主副坝均为混凝土面板堆石坝，主坝最大坝高 87m。下水库位于浮山东面的湖荡洼地，由围堤圈围而成，正常蓄水位 14.6m，死水位 1.95m，调节库容总库容 1282 万 m^3，均质土围堤最大堤高 25.8m。

引水与尾水系统均采用一洞一机布置，均不设调压井，高压管道采用钢板衬砌。地下厂房内安装 4 台 250MW 的单级混流可逆式水泵水轮机组，额定水头 190m，额定转速 250r/min。

项目于 2006 年 9 月获国家发展改革委核准，电站准备工程于 2006 年 12 月 8 日开工建设，第一台机组于 2011 年 12 月投产发电，2012 年 11 月四台机组全部投产。

响水涧抽水蓄能电站现由华东电力调控分中心调度，“十三五”期间，电站年均综合利用小时数 3437.07h，累计发电抽水起动 15679 台次，机组起动成功率达到 99.92%。

二十六、蒲石河抽水蓄能电站

蒲石河抽水蓄能电站位于辽宁省宽甸满族自治县境内，距丹东市约 60km。电站总装机容量 1200MW，是东北地区第一座大型纯抽水蓄能电站。

上水库位于长甸镇东洋河村泉眼沟沟首，在沟口筑坝成库，正常蓄水位 392m，死水位 360m，调节库容为 1029 万 m^3。大坝为钢筋混凝土面板堆石坝，最大坝高 76.5m。

下水库位于蒲石河干流下游，正常蓄水位 66m，死水位 62m，调节库容 1284 万 m^3。大坝为混凝土重力坝，最大坝高 34.1m。下水库多年平均含沙量为 0.587kg/m^3，为保证抽水蓄能电站所需库容，汛期需降低水位运行；为减少过机含沙量，在沙峰时暂停从下水库抽水。

引水系统采用一管两机布置，压力管道主管采用钢筋混凝土衬砌；尾水系统为四机一洞布置，设有尾水调压井。地下厂房内布置四台单机容量为 300MW 的单级混流可逆式水泵水轮机组，额定水头 308m，额定转速 333.3r/min。

工程静态总投资 40.5 亿元，单位容量静态投资 3378 元/kW。项目于 2005 年 8 月获国家发展改革委核准，2006 年 8 月开始主厂房开挖，下水库于 2007 年 1 月开工，上水库于 2007 年 4 月开工，第一台机组于 2012 年 1 月投入运行，2012 年 9 月四台机组全部投产。

二十七、仙游抽水蓄能电站

仙游抽水蓄能电站位于福建省仙游县境内，距福州市 95km，为纯抽水蓄能电站，装机容量 1200MW，是福建省第一座大型抽水蓄能，具有周调节性能。

上水库位于西苑乡广桥村大济溪源头，以半挖半填方式成库，正常蓄水位 741.0m，死水位 715.0m，调节库容 1187 万 m^3。上水库布置一座主坝和两座副坝，主坝为混凝土面板堆石坝，最大坝高 72.6m；虎歧隔副坝和湾尾副坝均采用分区土石坝坝型，最大坝高分别为 14m 和 3m。

下水库位于西苑乡半岭村上游 1km 处溪口溪峡谷中，由拦河坝拦沟筑坝成库，正常蓄水位 294.0m，死水位 266.0m，调节库容 1204 万 m^3。大坝为混凝土面板堆石坝，最大坝高 74.9m。溢洪道位于右坝肩，利用右岸山坡开挖而成，闸门控制最大下泄流量为465.0m^3/s。

输水系统总长度为2253.59m（沿1号机），引水和尾水系统均采用一洞两机布置，引水隧洞采用斜井布置。引水隧洞采用钢筋混凝土衬砌结构，岔管后的支管采用钢板衬砌。尾水隧洞尾水主管段采用钢筋混凝土衬砌结构，尾水支管段采用钢板衬砌。地下厂房采用中部布置，安装4台单机容量300MW的立轴单级混流可逆式水泵水轮机。电站额定水头430m，额定转速428.6r/min。

电站静态投资38.5亿元，总投资44.5亿元。项目于2008年3月获国家发展改革委核准，2009年5月主体工程开工，2013年4月首台机组投产发电，2013年12月四台机组全部投入商业运行。

二十八、呼和浩特抽水蓄能电站

呼和浩特抽水蓄能电站位于内蒙古自治区呼和浩特市，距市中心约20km，为纯抽水蓄能电站，装机容量1200MW，是内蒙古自治区第一座抽水蓄能电站。上水库是国内首例在极严寒地区采用改性沥青混凝土面板全库防渗的工程，钢岔管在国内首次采用国产790MPa级高强钢板制作。

20世纪80年代初期，北京勘测设计研究院即开始进行蒙西地区抽水蓄能电站的规划选点工作，1990年提出《华北地区抽水蓄能电站规划选点综合报告》，1993年6月提出《蒙西电网抽水蓄能电站规划补充报告》，推荐呼和浩特抽水蓄能电站为优先开发站址。

上水库位于大青山主峰料木山的东北侧，通过开挖和填筑堆石坝方式围筑成库，正常蓄水位1940m，死水位1903m，调节库容637.7万m^3。上水库气候严寒，极端最低气温为−41.8℃，全库盆采用改性沥青混凝土面板防渗，防渗面积24.48万m^2；大坝为沥青混凝土面板堆石坝，最大坝高43.9m。

下水库位于哈拉沁沟，利用弯曲河道，在上游、下游分别修建拦沙坝和拦河坝形成拦沙库和蓄能专用下水库，蓄能专用下水库正常蓄水位1400m，死水位1355m，调节库容636万m^3。哈拉沁沟年均含沙量达24.8kg/m^3，为避免泥沙进入下水库，在拦沙坝上游布设泄洪排沙洞。拦河坝、拦沙坝均为碾压混凝土重力坝，最大坝高分别为73.0m和58.0m。泄洪排沙洞布置在左岸，设计下泄流量764.5m^3/s，按宣泄上游哈拉沁水库调洪后的拦沙坝坝址处2000年一遇洪水设计，在泄洪排沙洞设置旁通管作为拦沙库向下游的生态补水设施。

引水系统采用一管两机布置，设引水调压井，高压管道采用钢板衬砌，尾水系统采用一洞一机布置。上、下水库进/出水口均采用岸边侧式，岔管采用对称Y形月牙肋钢岔管，在国内首次采用国产790MPa级高强钢板制作，*HD*值（水头与主管管径的乘积）为4140m·m，是国内当时水电工程中*HD*值最大的钢岔管。地下厂房采用尾部布置，安装4台单机容量为300MW的单级混流可逆式水泵水轮机组，额定水头521m，转速500r/min。

项目于2006年8月获国家发展改革委核准，2010年4月项目主体工程开工，第一台机组于2014年11月投入运行，2015年7月四台机组全部投入商业运行。

二十九、清远抽水蓄能电站

清远抽水蓄能电站位于广东省清远市清新区，距清远市32km，与广州直线距离75km，装机容量1280MW。电站成功完成了一洞四机同时甩满负荷试验，在国内外尚属首例。

上水库位于太平镇秦建村，在甘竹顶盆地筑坝形成水库，正常蓄水位612.50m，死水位587.00m，调节库容1063.7万m^3。拦河坝由一座主坝和六座副坝组成，均为黏土心墙堆石（渣）坝，主坝最大坝高52.5m，副坝最大坝高13.1～42.1m。上水库库周采用混凝土防渗墙结合帷幕灌浆的垂直防渗型式，防渗长度为1342m。上水库设有泄洪洞及生态放水管。

下水库位于太平镇麻竹脚，在已建大秦水库上游，正常蓄水位137.7m，死水位108.0m，调节库容1042.70万m^3。大坝为黏土心墙堆石（渣）坝，最大坝高75.9m，采用帷幕灌浆垂直防渗。大坝右坝肩布置竖井式泄洪洞，洞口采用环形实用堰，采用消力井消能，最大泄量534.2m^3/s。

输水系统总长2766.799m，距高比5.148。引水系统和尾水系统均采用一洞四机布置型式，设有尾水调压室；引水系统立面采用一级竖井接一级斜井的布置方式，除引水支管、尾水支管采用钢板衬砌外，其余隧洞均采用钢筋混凝土衬砌。钢筋混凝土岔管采用卜形管，*HD*（水头与主管直径的乘积）值为6265m·m。上、下水库进/出水口均采用侧式进/出水口型式。地下厂房为首部布置，安装4台单机容量为320MW的立轴单级混流式可逆式水泵水轮机组，额定水头470m，转速428.6r/min。

工程静态总投资42.40亿元，总投资48.78亿元，单位容量静态投资3312元/kW。

项目于2009年2月获国家发展改革委核准，2010年6月主体工程开工，2013年4月上水库下闸蓄水，2014年8月下水库下闸蓄水，2015年11月首台机组投入商业运行，2016年8月全部机组投产发电。

三十、洪屏抽水蓄能电站

洪屏抽水蓄能电站位于江西省靖安县境内，距南昌、九江、武汉直线距离分别为65、100、190km，为周调节纯抽水蓄能电站。规划装机容量2400MW，分两期开发，两期共用上、下水库，一期装机容量1200MW，是江西省第一座抽水蓄能电站。

上水库位于三爪仑乡塘里村的洪屏自然村，在沟源天然盆地内筑坝成库，正常蓄水位733.0m，死水位716.0m，调节库容2076万m^3。主坝为混凝土重力坝，最大坝高42.5m；溢流坝段布置于河床中间，设2孔溢流表孔，单孔净宽9m；西侧、西南侧副坝均为钢筋混凝土面板堆石坝，最大坝高分别为57.7m和37.4m。上水库采用帷幕灌浆垂直防渗＋土工膜与黏土水平辅助防渗＋混凝土面板防渗的综合防渗方案。

下水库位于丁坑口至岩背村之间河湾狭谷处，拦河筑坝成库，正常蓄水位181m，死水位163m，调节库容3479万m^3。拦河坝采用碾压混凝土重力坝，最大坝高77.5m；拦河坝中间坝段设3孔溢洪道，单孔净宽13m；在4号坝段内设置直径2.5m的放空管，兼顾水库运行检修和生态流量泄放。坝基以及两坝肩采用垂直帷幕灌浆防渗处理。

输水系统总长为2646.8m，距高比3.8。引水和尾水系统均采一洞两机布置，分别设有引水调压室和尾水调压室；引水系统立面采用两级竖井的布置型式，高压管道及尾水支管采用钢板衬砌。上、下水库进/出水口均采用侧式。地下厂房为中部布置，安装4台单机容量为300MW的立轴单级混流可逆式水泵水轮机组，额定水头540m，转速500r/min。

工程静态总投资42.09亿元，总投资51.88亿元，单位容量静态投资3507元/kW。

项目一期工程于2010年3月获国家发展改革委核准，2010年6月正式开工，2016年7月首台机组投产，2016年12月全部机组投产。

三十一、仙居抽水蓄能电站

仙居抽水蓄能电站位于浙江省仙居县湫山乡境内，地处浙南负荷中心，距杭州、台州、温州、丽水的直线距离分别为140km、80km、70km、45km，装机容量1500MW。电站投运时是我国单机容量最大的抽水蓄能电站。

上水库利用天然盆型凹地在其两个垭口筑坝成库，正常蓄水位675m，死水位641m，调节库容911.5万m^3。上水库主坝和副坝均为钢筋混凝土面板堆石坝，最大坝高分别为88.2m和59.7m。上水库改建导流洞设置生态放水阀。

下水库利用已建的下岸水库，总库容1.35亿m^3，调节库容9261万m^3，死库容1432万m^3，原为二等工程，利用作为抽水蓄能电站的下水库后拦河坝提高为1级建筑物，并增建泄放洞。下水库大坝为常态混凝土拱坝，最大坝高64m，设有5孔溢流表孔，单孔净宽10m。水库右岸增设一条泄放洞，泄放洞全长791m，直径7.4m，最大下泄流量736.7m^3/s。

输水系统总长2180.2m，距高比4.15。引水和尾水系统均采一洞两机的布置型式，分别设有引水调压室和尾水调压室；引水系统立面采用斜井布置型式，高压管道及尾水支管采用钢板衬砌。上、下水库进/出水口均采用岸边侧式。地下厂房为中部布置，安装4台单机容量为375MW的立轴单级混流可逆式水泵水轮机组，额定水头447m，转速375r/min。

工程静态总投资37.32亿元，总投资58.51亿元，单位容量静态投资4870元/kW。

项目于2010年3月获国家发展改革委核准，2012年2月主体工程开工，2015年4月下水库开始蓄水，2016年5月首台机组投产，2016年12月全部机组投产。

三十二、溧阳抽水蓄能电站

溧阳抽水蓄能电站位于江苏省溧阳市，距南京市80km，为纯抽水蓄能电站，装机容量1500MW。

上水库位于龙潭林场伍员山工区，利用两条较平缓的冲沟筑坝成库，正常蓄水位 291.0m，死水位 254.0m，调节库容 1195 万 m^3。上水库采用全库盆防渗，大坝和库岸采用钢筋混凝土面板，库底石渣回填后采用土工膜；一座主坝和两座副坝均为钢筋混凝土面板堆石坝，最大坝高分别为 161.0m（坝轴线处）、25.0m 和 33.0m。

下水库位于天目湖镇吴村，与沙河水库为邻，在河流堆积阶地、宽缓浅冲沟和残丘处开挖成库，正常蓄水位 19.0m，死水位 0.0m，调节库容 1195 万 m^3。挡水建筑物为均质土坝，最大坝高 11.9m，内外侧坡比均为 1∶2.5。

输水隧洞长 2250.5～2363.1m，距高比为 7.9。引水和尾水系统均采用一洞三机的供水方式，引水系统采用对称 Y 形钢岔管，尾水系统采用非对称 Y 形钢筋混凝土岔管。上水库进/出水口为竖井式，下水库进/出水口为侧式。地下厂房为首部式布置，安装 6 台单机容量为 250MW 的混流可逆式水泵水轮机组，额定水头 259m，转速 300r/min。

工程总投资 89.3 亿元，工程静态总投资 60.96 亿元。项目于 2008 年 11 月获国家发展改革委核准，2008 年 12 月开工建设，主体工程于 2011 年 4 月开工，下水库于 2015 年 5 月开始蓄水，上水库于 2015 年 12 月开始蓄水，第一台机组于 2017 年 1 月投产发电，2017 年 10 月全部机组投入商业运行。

三十三、深圳抽水蓄能电站

深圳抽水蓄能电站位于深圳市东北部的盐田区和龙岗区境内，距广州直线距离 117km，距深圳 23km，距大亚湾核电站 28km，装机容量 1200MW，承担广东（主要是深圳）电网调峰、填谷、调频、调相及紧急事故备用。

上水库位于盐田区北面的小三洲盆地内，拦沟筑坝成库，正常蓄水位 526.81m，死水位 502.00m，调节库容 825.24 万 m^3，采用局部防渗处理。大坝包括 1 座主坝、5 座副坝，主坝和 4 号副坝为碾压混凝土重力坝，其余 4 座副坝为风化土心墙石渣坝。主坝最大坝高 57.80m，1～5 号副坝最大坝高分别为 26.50、15.20、22.20、30.20、11.20m。

下水库位于龙岗区横岗镇简龙村的东面沟谷中，利用已建的铜锣径水库扩建而成，正常蓄水位 80.00m，死水位 60.00m，有效库容 1625.24 万 m^3，其中发电调节库容 825 万 m^3。下水库大坝为风化土心墙石渣坝，最大坝高 47.50m。

输水系统总长度为 4630.2m，距高比 11.4。引水和尾水系统均采用一洞四机布置型式，分别设有引水调压室和尾水调压室；引水系统立面采用二级斜井布置；高压管道、高压岔管及尾水隧洞均采用钢筋混凝土衬砌。岔管采用 Y 形＋卜形的布置型式。上、下水库进/出水口均采用岸边侧式。地下厂房采用中部布置方案，安装 4 台单机容量为 300MW 的立轴单级混流可逆式水泵水轮机机组，额定水头 448m，转速 428.6r/min。

工程静态总投资 49.48 亿元，总投资 59.79 亿元，单位容量静态投资 4123 元/kW。

项目于 2011 年 11 月获国家发展改革委核准，2011 年 12 月开工建设，2017 年 12 月首台机组投产，2018 年 9 月全部机组投产。

三十四、琼中抽水蓄能电站

琼中抽水蓄能电站位于海南省琼中黎族苗族自治县境内，距海口市、三亚市直线距离分别为 106km 和 110km，距昌江核电站直线距离 98km。电站装机容量 600MW，是海南省第一座抽水蓄能电站。

上水库利用宽缓谷地部位拦河筑坝成库，正常蓄水位 567.00m，死水位 560.00m，调节库容 499.6 万 m^3。上水库包括主坝、副坝 1、副坝 2 和溢洪道等建筑物，主坝、副坝均为碾压式沥青混凝土心墙土石坝，为国内热带地区沥青混凝土心墙坝的首次工程应用，最大坝高分别为 32、24、12m。结合导流洞布置竖井式溢洪道，采用无闸控制环形实用堰。

下水库位于南渡江腰仔河支流的黎田河上游峡谷区，拦河筑坝，正常蓄水位 253.00m，死水位 239.00m，调节库容 499.50 万 m^3。下水库包括大坝、溢洪道和放水底孔等建筑物。大坝采用钢筋混凝土面板堆石坝，最大坝高 54m。开敞式溢洪道共设 2 孔表孔，弧形工作闸门尺寸为 6.5m×8m（宽×高）。放水底孔布置在溢洪道左侧，过水钢管内径 1.8m，在下游出口设置锥形阀控制泄流。

输水系统总长度约为 2487m，距高比约 8.0。引水和尾水系统均采一洞三机布置型式，设有尾水调压室，引水系统立面采用二级斜井布置，高压管道、高压岔管及尾水隧洞均采用钢筋混凝土衬砌，岔管采用Y形布置型式。上、下水库进/出水口均采用岸边侧式。地下厂房采用首部布置，安装3台单机容量为200MW的混流可逆式水泵水轮机机组，额定水头308m，转速375r/min。

工程静态总投资34.6亿元，总投资41.1亿元，单位容量静态投资5777元/kW。

项目于2013年2月获国家发展改革委核准，2014年4月地下厂房开始开挖，2017年3月下水库开始蓄水，2017年6月上水库开始蓄水，2017年12月首台机组投产，2018年7月全部机组投产。

三十五、绩溪抽水蓄能电站

绩溪抽水蓄能电站位于安徽省宣城市绩溪县伏岭镇，距合肥、南京、上海直线距离分别为240、210、280km，装机容量1800MW。

上水库位于登源河的北支流源头赤石坑沟林场一带，正常蓄水位961.0m，死水位921.0m调节库容867万m^3，大坝采用钢筋混凝土面板堆石坝，最大坝高117.7m。

下水库位于登源河的北支流赤石坑沟口的上岭前和下岭前村，拦河筑坝成库，正常蓄水位340.00m，死水位318.00m，调节库容903万m^3。大坝采用钢筋混凝土面板堆石坝，最大坝高63.90m。泄洪建筑物由竖井式溢洪道和由导流洞改建的泄放洞组成。

输水系统总长度约为2823.5m，距高比4.19。引水和尾水系统均采一洞两机布置，设有引水调压室和尾水调压室；引水系统立面采用二级斜井布置；高压管道、高压岔管及尾水支管采用钢板衬砌，其余引水、尾水隧洞采用钢筋混凝土衬砌。岔管采用对称Y形内加强月牙肋钢岔管。上、下水库进/出水口均采用岸边侧式。地下厂房采用中部偏尾部布置，安装6台单机容量为300MW的可逆式水泵水轮机机组，额定水头600m，转速500r/min。

工程静态总投资74.03亿元，总投资98.88亿元，单位容量静态投资4113元/kW。

项目于2012年10月获国家发展改革委核准，2013年1月工程开工，2014年4月地下厂房开始开挖，2018年7月下水库开始蓄水，2019年6月上水库开始蓄水，2019年12月首台机组投产，2021年1月全部机组投产。

三十六、敦化抽水蓄能电站

敦化抽水蓄能电站位于吉林省延边朝鲜族自治州敦化市北部，距敦化市公路里程111km，装机容量1400MW。机组额定水头655m，水泵工况最高扬程712m，是我国首个自主化研发与设计制造的700m级超高水头大容量可逆式水泵水轮机组。

上水库位于海浪河源头洼地上，拦沟筑坝成库，正常蓄水位1391m，死水位1373.0m，调节库容697万m^3。工程地处严寒地区，上水库多年平均气温−2.6℃，极端最低气温−44.3℃，上水库大坝采用碾压式沥青混凝土心墙堆石坝，最大坝高54m。

下水库位于牡丹江一级支流珠尔多河源头之一的东北岔河上，采用拦河筑坝方式成库，正常蓄水位717m，死水位690m，调节库容753万m^3。大坝采用碾压式沥青混凝土心墙堆石坝，最大坝高75m。下水库泄洪建筑物采用泄洪放空洞和岸边溢洪道联合泄洪。

输水系统总长4616.41m，距高比7.1。引水和尾水系统均采用一洞两机布置，设置引水和尾水调压井，高压管道采用双斜井布置方式。引水隧洞采用钢筋混凝土衬砌，高压管道采用钢板衬砌。尾水支管采用钢板衬砌，尾水隧洞采用钢筋混凝土衬砌。尾水岔管采用钢筋混凝土卜形岔管，引水高压岔管采用对称Y形月牙肋钢岔管，*HD*值为4469m·m。上、下水库进/出水口均采用岸边侧式。地下厂房采用中部布置，安装4台单机容量350MW的立轴单级混流可逆式水泵水轮机机组，额定水头655m，额定转速500r/min。出线电缆采用单根长度达1500m的500kV电缆，中间不设接头。

工程总投资77.98亿元，工程静态投资58.81亿元，单位容量总投资5569元/kW，单位容量静态投资4201元/kW。

项目于2012年10月获国家发展改革委核准，2013年10月工程正式开工，2015年10月主体工程开工，2019年8月下水库开始蓄水，2020年9月上水库开始蓄水，2021年6月首台机组投入商业运行，2022年4月全部机组投入商业运行。

三十七、长龙山抽水蓄能电站

长龙山抽水蓄能电站位于浙江省安吉县境内，紧邻已建的天荒坪抽水蓄能电站，装机容量2100MW。机组额定水头710m，居国内已建电站中第一，仅次于日本葛野川抽水蓄能电站，居世界第二。

上水库在横坑坞沟源头洼地筑坝成库，正常蓄水位976.00m，死水位940.00m，正常蓄水位相应库容1044万m^3。在北侧山脊垭口设有副坝，主坝、副坝均采用钢筋混凝土面板堆石坝，主坝最大坝高103m，副坝最大坝高77m。

下水库在山河港中游河段拦河筑坝成库，正常蓄水位243.00m，死水位220.00m，正常蓄水位相应库容1400万m^3。下水库大坝采用钢筋混凝土面板堆石坝，最大坝高100m。泄洪建筑物由溢洪道和泄洪放空洞组成，在左岸布置有闸门控制的正堰溢洪道，孔口尺寸12m×8m（宽×高）；在右岸布置泄洪放空洞，孔口尺寸3m×3.4m（宽×高）。

输水系统总长2738.1～2810.3m，距高比3.5。引水和尾水系统均采用一洞两机布置，引水和尾水系统均不设置调压井；高压管道采用两级斜井布置。引水隧洞中平段以前采用钢筋混凝土衬砌，中平段中部以后及高压岔管采用钢板衬砌。尾水支管采用钢板衬砌，尾水岔管、尾水隧洞采用钢筋混凝土衬砌。尾水岔管采用钢筋混凝土卜形分岔，高压钢岔管采用对称Y形月牙肋岔管，钢岔管HD值为4800m·m，是国内外已建工程中HD值最大的钢岔管。上、下水库进/出水口均采用岸边侧式。地下厂房安装有6台单机容量350MW的立轴单级混流可逆式水泵水轮机，额定水头710m，其中有4台机组额定转速500r/min，另有2台机组额定转速600r/min。

工程静态总投资79亿元，总投资102亿元，单位容量静态投资3762元/kW。

项目于2015年10月由浙江省发展改革委核准，2016年9月主体工程开工，2021年5月完成上水库蓄水，2021年6月首台机组发电，2022年6月全部机组投产发电。

三十八、沂蒙抽水蓄能电站

沂蒙抽水蓄能电站位于山东省临沂市费县境内，距济南市170km，装机容量1200MW。

上水库位于刘家寨久俺沟沟首处，拦沟筑坝成库，正常蓄水位606.0m，死水位571.0m，调节库容800万m^3，采用沥青混凝土面板全库防渗，防渗面积34.4万m^2，沥青混凝土面板堆石坝最大坝高116.8m。

下水库位于鲁峪沟内，拦沟筑坝成库，正常蓄水位220.0m，死水位190.0m，调节库容869万m^3。大坝采用钢筋混凝土面板堆石坝，最大坝高78.6m。在左岸山体内布置泄洪放空洞，施工期兼作导流洞，采用底流消能。下水库从距大坝下游约700m的石岚水库补水。

输水系统长2906.4m（沿2号机），距高比6.1。引水和尾水系统均采用一洞两机布置，设置尾水调压井，引水压力管道立面采用单竖井布置，竖井高385m，引水高压管道及尾水支管采用钢板衬砌，其余采用钢筋混凝土衬砌；引水岔管采用对称Y形月牙肋钢岔管，尾水岔管采用钢筋混凝土卜形岔管。上水库进/出水口采用竖井式，下水库进/出水口采用岸边侧式。地下厂房采用首部布置，安装4台单机容量300MW的立轴单级混流可逆式水泵水轮机机组，额定水头375m，额定转速375r/min。

工程总投资73.70亿元，静态投资57.64亿元，单位容量总投资6142元/kW，单位容量静态投资4803元/kW。

项目于2014年9月由国家能源局核准，2015年6月开工建设，2016年11月主厂房开始开挖，2020年7月下水库开始蓄水，2021年7月上水库开始蓄水，2021年10月首批两台机组同时发电，2022年3月全部机组投产发电。

三十九、梅州一期抽水蓄能电站

梅州抽水蓄能电站位于广东省梅州市五华县境内，距广州市、汕头市、梅州市直线距离分别为210km、120km和115km。电站规划装机容量2400MW，为周调节电站，装机满发时间14h。电站分两期建设，一期装机容量1200MW，二期工程适时建设，电站上、下水库及二期进/出水口在一期工程中一次建成。

上水库利用龙狮殿天然沟谷筑坝成库，正常蓄水位815.5m，死水位782m，调节库容3794万m^3。主坝为钢筋混凝土面板堆石坝，最大坝高60.0m。副坝为均质土坝，最大坝高11.0m。上水库设有竖井式溢洪道，井口采用环形实用堰。

下水库利用黄畲天然沟谷筑坝成库，正常蓄水位 413.5m，死水位 383.0m，调节库容 3821 万 m^3。主坝为碾压混凝土重力坝，最大坝高 82.0m，溢流坝段坝身布置 2 孔开敞式自由溢流表孔和 1 孔泄流底孔。副坝采用黏土心墙堆石坝，最大坝高 35.0m。

输水系统水平距离长约 1780m，距高比为 4.48。引水及尾水系统供水方式采用一洞四机布置，设有尾水调压室。引水系统立面采用两级竖井的布置型式；引水支洞、尾水支洞采用钢板衬砌，引水主洞、岔洞、尾水岔洞、尾水主洞等均采用混凝土衬砌；岔管采用卜形岔管。上、下水库进/出水口均采用侧式。地下厂房采用首部布置，安装 4 台单机容量 300MW 的立轴单级混流可逆式水泵水轮机机组，额定水头 400m，额定转速 375r/min。

一期工程静态总投资 57.26 亿元，总投资 70.52 亿元，单位容量静态投资 4772 元/kW。

项目于 2015 年 7 月由广东省发展改革委核准，2016 年 6 月工程开工，2018 年 6 月地下厂房开始开挖，2021 年 4 月下水库开始蓄水，2021 年 11 月首台机组投产发电，2022 年 5 月全部机组投产发电。

四十、阳江一期抽水蓄能电站

阳江抽水蓄能电站位于广东省阳春市境内，距阳春市直线距离 50km，距阳江市 60km，距广州市 230km。电站规划装机容量 2400MW，分两期建设，一期工程装机容量 1200MW。电站安装 3 台 400MW 立轴单级混流可逆式水泵水轮机机组，是国内已建的单机容量最大的抽水蓄能电站。

上水库位于阳春市八甲镇，拦沟筑坝成库，正常蓄水位 773.7m，死水位 745.0m，调节库容 2212 万 m^3。主坝为碾压混凝土重力坝，最大坝高 101.0m。河床部位布置溢流坝段，溢流坝布置 3 孔开敞式自由溢流表孔，每孔净宽 10m，采用台阶式溢流面与消力池联合消能方式。

下水库位于阳春市八甲镇南西 5km 一带，正常蓄水位 103.7m，死水位 75m，调节库容 2223 万 m^3。拦河坝采用沥青混凝土心墙坝，最大坝高 52.6m。溢洪道采用正槽无闸门控制，溢流前缘总净宽 40m，采用底流消能。泄洪洞利用导流隧洞改建而成。

输水系统总长 3488m，引水和尾水系统均采用一洞三机，设有尾水调压室。引水系统立面采用竖井+斜井（施工阶段调整为两级竖井）的布置方式；引水支管、尾水支管采用钢板衬砌，其他洞段、高压岔管均采用混凝土衬砌，是国内外首条 800m 级水头的混凝土衬砌高压水道。高压混凝土岔管采用卜形岔管。上、下水库进/出水口均采用侧式。地下厂房系采用中部布置，安装 3 台单机容量 400MW 的立轴单级混流可逆式水泵水轮机机组，额定水头 653m，额定转速 500r/min。

一期工程静态总投资 63.71 亿元，总投资 76.27 亿元。

项目于 2015 年 10 月由广东省发展改革委核准，2021 年 12 月首台机组投产发电，2022 年 5 月全部机组投产发电。

四十一、周宁抽水蓄能电站

周宁抽水蓄能电站位于福建省宁德市周宁县境内，与宁德市、南平市的直线距离分别为 50km 和 120km，装机容量 1200MW。

上水库位于周宁县七步镇，正常蓄水位 716m，死水位 691m，调节库容 815 万 m^3。主坝为钢筋混凝土面板堆石坝，最大坝高 77.60m；副坝为碾压混凝土重力坝，最大坝高 37.50m。

下水库位于穆阳溪中游的支流七步溪上，正常蓄水位 299.00m，死水位 262.00m，调节库容 799 万 m^3。大坝为碾压混凝土重力坝，最大坝高 108.0m；河床坝段布置有 2 孔溢流表孔，左右两侧各设置 1 孔泄洪底孔。

输水系统总长 1724.34m（沿 1 号机组），距高比 3.23。引水和尾水系统均采用一洞两机布置型式，中平洞中部至引水支管段、尾水管出口 110m 长度范围内尾水支洞均采用钢板衬砌，其余部位采用钢筋混凝土衬砌。引水岔管采用对称 Y 形月牙肋钢岔管。上、下水库进/出水口均采用侧式。地下厂房采用首部布置，安装 4 台单机容量 300MW 的立轴单级混流可逆式水泵水轮机机组，额定水头 410m，额定转速 428.6r/min。

工程静态总投资 54.15 亿元，总投资 66.93 亿元，单位容量静态投资 4512 元/kW。

工程于 2016 年 5 月由福建省发展改革委核准，2017 年 3 月地下厂房开始开挖，2021 年 7 月下水库开始蓄水，2021 年 12 月首台机组投产发电，2022 年 8 月全部机组投产发电。

四十二、荒沟抽水蓄能电站

荒沟抽水蓄能电站位于黑龙江省牡丹江市海林市三道河子乡，距牡丹江市 145km，装机容量 1200MW，是黑龙江省首座抽水蓄能电站。

上水库位于牡丹江支流三道河子右岸的山间洼地，拦沟筑坝成库，正常蓄水位 625.5m，死水位 634.0m，调节库容 1068 万 m^3。主坝采用钢筋混凝土面板堆石坝，最大坝高 83.10m；副坝采用黏土心墙坝，最大坝高 8.5m。

下水库为已建的莲花水电站水库，正常蓄水位 218.0m，死水位 203.0m，调节库容 15.9 亿 m^3。枢纽挡水、泄水建筑物由大坝、二坝、溢洪道组成，大坝、二坝最大坝高分别为 71.8m、64m，坝型分别为混凝土面板堆石坝和黏土心墙砂砾石坝；开敞式溢洪道设 7 孔，每孔宽 16m。

输水系统总长约 3488.0m，引水和尾水系统均采用一洞两机布置，设有引水调压井和尾水调压井。引水系统立面采用两级斜井的布置方式。引水隧洞、高压隧洞、引水岔管均采用钢筋混凝土衬砌，引水支洞采用钢板衬砌；尾水支洞尾水管出口至尾闸室前渐变段采用钢板衬砌，其他采用钢筋混凝土衬砌。引水混凝土岔管采用卜形管。上、下水库进/出水口均采用侧式。地下厂房采用中部布置，安装 4 台单机容量 300MW 的立轴单级混流可逆式水泵水轮机机组，额定水头 410m，额定转速 428.6r/min。

工程静态总投资 45.56 亿元，总投资 58.03 亿元，单位容量静态投资 3796.6 元/kW。

工程于 2012 年 8 月由国家发展改革委核准，2014 年 5 月工程开工，2015 年 2 月地下厂房开始开挖，2021 年 8 月上水库开始蓄水，2021 年 12 月首台机组投产发电，2022 年 6 月全部机组投产发电。

四十三、金寨抽水蓄能电站

金寨抽水蓄能电站位于安徽省金寨县张冲乡境内，距金寨县城公路里程约 53km，装机容量 1200MW。

上水库位于官田溪源头洼地，拦沟筑坝成库，正常蓄水位 593.00m，死水位 569.00m，调节库容 1049 万 m^3。大坝采用混凝土面板堆石坝，最大坝高 76.0m。下水库在位于燕子河左岸支流小河湾沟上，拦河筑坝成库，正常蓄水位 255.00m，死水位 225.00m，调节库容 981 万 m^3。拦河坝采用混凝土面板堆石坝，最大坝高 98.50m。溢洪道采用岸边自由溢流式正堰溢洪道，右岸泄放洞结合导流洞布置。

输水系统总长 3292.9m（沿 4 号机），距高比 9.24。引水系统采用一洞两机布置，尾水系统采用一洞一机布置方式。引水系统设有引水调压井，压力管道立面采用双斜井布置。引水调压室下游高压管道、高压岔管及紧邻尾水管出口的部分尾水洞段采用钢板衬砌，引水系统上平段、尾水隧洞下游侧洞段采用钢筋混凝土衬砌。引水岔管采用对称 Y 形月牙肋钢岔管。上、下水库进/出水口均采用岸边侧式。地下厂房采用尾部布置方案。安装 4 台单机容量 300MW 的立轴单级混流可逆式水泵水轮机机组，额定水头 330m，额定转速 333.3r/min。

工程静态总投资 58.44 亿元，动态总投资 75.03 亿元，单位容量静态投资 4870 元/kW。

工程于 2014 年 8 月由安徽省发展改革委核准，2015 年 6 月正式开工，2017 年 2 月地下厂房开始开挖，2021 年 3 月上水库开始蓄水，2021 年 6 月下水库开始蓄水。2022 年 10 月首批两台机组投产发电，2022 年 12 月全部机组投产。

四十四、丰宁抽水蓄能电站

丰宁抽水蓄能电站位于河北省承德市丰宁满族自治县境内，距北京市直线距离 180km，距承德市直线距离 150km。电站总装机容量 3600MW，具有周调节性能，可供 12 台 300MW 机组连续满发 10.8h，是目前世界装机容量最大的抽水蓄能电站。电站一期、二期工程装机容量均为 1800MW，分期审批、同期建设，其中二期工程安装有 2 台单机容量 300MW 的交流励磁变速机组。

上水库位于灰窑子沟沟首部位，拦沟筑坝成库，正常蓄水位 1505m，死水位 1460m，调节库容 4053 万 m^3。大坝为钢筋混凝土面板堆石坝，最大坝高 120.3m。

下水库位于永利村附近滦河干流上，利用已建成的丰宁水库改建而成，包括蓄能专用下水库和拦沙库两部分。蓄能专用下水库正常蓄水位 1061.00m，死水位 1042.00m，正常蓄水位以下库容 6448 万 m^3，调节库容 4513 万 m^3；拦沙库正常蓄水位以下库容 1373 万 m^3。蓄能专用下水库主要建筑物包括拦河坝、溢洪道和泄洪放空洞等，拦河坝由已建的砂砾石面板堆石坝加高改建而成，最大坝高 51.3m。拦沙库主要建筑物包括拦沙坝、溢洪道、泄洪排沙洞等，拦沙坝为土工膜心墙堆石坝，最大坝高 23.5m。生态流量泄放设施共布置有两套，一套布置于拦沙库的泄洪排沙洞进水塔闸门井左侧的阀室内，一套布置于蓄能专用下水库拦河坝右岸重力副坝的廊道内。

输水系统沿沟谷间的山脊布置，一期输水系统总长约（沿 6 号机组）3236m，二期输水系统总长（沿 12 号机组）3444m。一期和二期输水系统均采用一洞两机的供水方式，设置引水和尾水调压室，引水高压管道采用双斜井布置。引水高压管道及尾水支管采用钢板衬砌，其余采用钢筋混凝土衬砌；引水高压岔管采用对称 Y 形内加强月牙肋钢岔管。上、下水库进/出水口均采用侧式。

地下厂房采用中部布置方式。厂房内布置 12 台机组，安装场位于厂房中间，左右分别布置一期和二期的 6 台机组，副厂房位于端部，主厂房尺寸 414m×25m×54.5m（长×宽×高），为目前世界规模最大的抽水蓄能电站厂房。一期工程安装 6 台（1～6 号机）单机容量为 300MW 的定速混流可逆式水泵水轮机机组，二期工程安装 4 台（7～10 号机）单机容量 300MW 的定速混流可逆式水泵水轮机机组和 2 台（11～12 号机）单机容量 300MW 的交流励磁变速混流可逆式水泵水轮机机组，机组额定水头 425m，额定转速 428.6r/min。

工程总投资 192.37 亿元，其中一期工程静态总投资 75.67 亿元，动态总投资 99.47 亿元，单位容量静态投资 4204 元/kW；二期工程静态总投资 71.87 亿元，动态总投资 92.90 亿元，单位容量静态投资 3993 元/kW。

电站一期工程于 2012 年 8 月由国家发展改革委核准，2013 年 5 月开工建设；二期工程于 2015 年 7 月由河北省发展改革委核准，2015 年 9 月开工；2016 年 12 月河北省发展改革委批复两期工程同期建设。2017 年 10 月上水库大坝填筑完成，2019 年 10 月地下厂房开挖完成，2020 年 11 月下水库正式蓄水，2021 年 5 月上水库正式蓄水，2021 年 12 月首批两台机组（1、10 号）投产发电，2022 年又有 5 台机组投产发电。

丰宁抽水蓄能电站以 500kV 一级电压、四回出线接入系统，主要服务京津唐电网。电站直接连接张北柔性直流电网工程调节端，支撑具有网络特性的张北柔直电网高可靠高效率运行。电站位于冀北千万千瓦级清洁能源基地核心区，紧邻京津唐负荷中心，显著增强华北电网新能源消纳、系统调节和电力保供能力。

四十五、永泰抽水蓄能电站

永泰抽水蓄能电站位于福建省永泰县境内，与福州市直线距离 37km，装机容量 1200MW。

上水库位于白云乡岭下村，正常蓄水位 657m，死水位 637.00m，调节库容 766 万 m^3。大坝包括一座主坝和四座副坝，主坝采用分区土石坝，最大坝高 34.0m。下水库位于大樟溪支流白云溪上，正常蓄水位 225m，死水位 203.00m，调节库容 775 万 m^3。大坝为常态混凝土重力坝，最大坝高 55.2m。

输水系统总长 2041.1m（沿 4 号机组），其中引水系统长约 1120.8m，尾水系统长约 920.3m。输水隧洞采用一洞两机布置方式；引水系统立面上采用两级斜井布置，自上平洞末端至发电厂房采用钢板衬砌；尾水管出口至尾水阀门洞中心线下游 21.5m 段采用钢板衬砌，尾水隧洞长 670.1m，内径 7.4m。上水库进/出水口采用竖井式，下水库进/出水口采用侧式。地下厂房系统主要由主副厂房洞、主变压器洞、尾水阀门洞三大洞室组成，平行布置，安装 4 台单机容量为 300MW 的立轴单级混流可逆式水泵水轮机机组，额定水头 416m，额定转速 428.6r/min。

项目总投资 67.3 亿元，单位容量投资 5608 元/kW。工程于 2016 年 8 月由福建省发展改革委核准，2016 年 12 月前期工程开工，2018 年 11 月主体工程开工，2022 年 3 月下水库下闸蓄水，2022 年 6 月上水库开始蓄水，2022 年 8 月首台机组投产发电，截至 2022 年 12 月共有 3 台机组投产发电。

四十六、文登抽水蓄能电站

文登抽水蓄能电站位于山东省威海市文登区界石镇境内，距文登公路里程 35km，装机容量 1800MW，在国内首次将硬岩全断面隧道掘进机（TBM）用于抽水蓄能电站的施工。

上水库位于昆嵛山泰礴顶东南侧宫院子沟首部，拦沟筑坝成库，正常蓄水位 625m，死水位 585m，调节库容 870 万 m^3。大坝为钢筋混凝土面板堆石坝，最大坝高 101m。

下水库位于西母猪河支流，拦河筑坝成库，正常蓄水位 136.0m，死水位 110.0m，调节库容 1014 万 m^3。主要建筑物由拦河坝、左岸侧槽溢洪道、左岸泄洪放空洞组成。大坝为钢筋混凝土面板堆石坝，最大坝高 51m。

输水系统总长 3087m（沿 2 号机），距高比 6.1。引水和尾水系统均采用一洞两机布置，设置尾水调压井，压力管道立面采用双斜井布置。引水系统高压管道中平段、下斜井、下平段、高压支管及部分尾水支管采用钢板衬砌，其余采用钢筋混凝土衬砌；引水岔管采用对称 Y 形月牙肋钢岔管。上、下水库进/出水口均采用岸边侧式。地下厂房采用中部布置，安装 6 台单机容量为 300MW 的立轴单级混流可逆式水泵水轮机机组，额定水头 471m，额定转速 428.6r/min。

工程静态总投资 66.84 亿元，动态总投资为 85.67 亿元，单位容量静态投资为 3713 元/kW，单位容量动态投资为 4759 元/kW。

工程于 2014 年 6 月由国家能源局核准，2015 年 12 月开工建设，2018 年 4 月主厂房顶拱开始开挖，2022 年 1 月下水库开始蓄水，2023 年 1 月 1 日首批两台机组投产发电。

第二章　抽水蓄能电站选址规划

第一节　站址选择程序与方法

一、概述

抽水蓄能电站与常规水电站在分布上有很大差别，常规水电站利用地形依靠天然来水发电，而抽水蓄能电站利用地形和循环水发电；河流水电规划是在一条河上沿一条线的规划，电站沿有一定流量的河道呈“线”分布，而抽水蓄能电站选点规划是在电网覆盖或距电网较近的面上选点，根据河流地形的变化，沿干沟或支沟呈“面”分布。因此，抽水蓄能电站选点规划工作范围要比常规水电规划大得多，受现场查勘手段的限制，容易遗漏优良站址，因此选点规划查勘需要反复多次进行。选点规划的好坏直接关系到抽水蓄能电站的造价及在电网中作用与效益的发挥，必须引起重视。

抽水蓄能电站选点规划是抽水蓄能电站设计中的一个重要阶段，必须充分掌握有关情况和资料，包括地区经济和能源的现状和发展、电力系统的组成和需求、已建和待建的电源情况，以及地区的地形地貌、地质、水源、泥沙、淹没对象、环境、军事设施、文物、压覆矿产等各方面的资料。在此基础上进行深入、细致和客观的分析研究，才能做好选点规划工作。

近三十多年来，我国在抽水蓄能电站选点规划方面做了大量的工作，也积累了丰富的经验，选出了很多优良的抽水蓄能电站站址，成为指导今后规划选点的宝贵财富。在总结以往工作经验的基础上，我国于 2003 年发布了 DL/T 5172—2003《抽水蓄能电站选点规划编制规范》，2013 年又发布了修订后的 NB/T 35009—2013《抽水蓄能电站选点规划编制规范》，进一步规范抽水蓄能电站的选点规划工作。

二、站址选点规划范围与主要原则

（一）规划范围

抽水蓄能电站的一般选点范围为大区电网所覆盖的范围，有时为大电网中的局部区域，如省市或市县需要开发抽水蓄能电站，选点范围即为该省或市县的范围。特殊情况下，根据地区条件，选点范围可能是某一特定区域，如配合新能源基地外送的区域。目前，我国大陆所有省份（不含港澳台）都进行了抽水蓄能电站选点规划工作。

（二）主要原则

抽水蓄能电站既是电源又是负荷（或用户），是电力系统发展到一定阶段的必然产物，是现代化电力系统不可缺少的组成部分。因为抽水蓄能电站不能独立地生产电能，必须依附电力系统而工作，应将抽水蓄能电站的建设与电网和电力工业的发展联系起来分析研究。抽水蓄能电站的选点规划原则是：

（1）抽水蓄能电站发展规划应以电力系统发展需要为前提，必须与地区社会经济发展和电力发展规划保持一致，统筹进行。

（2）抽水蓄能电站站址规划应根据电力系统发展布局确定，应考虑未来新型电力系统对调节电源和储能电源的需要，如配合新能源基地的需要。抽水蓄能电站地理位置的选择和电站规模要因地制宜，点面结合，重点突出，做到大、中、小型兼顾，以适应不同地区、不同时期的电力系统发展需要。

（3）抽水蓄能电站的建设可能涉及其他综合利用部门，在站址规划乃至参数拟定等方面要处理好综合利用各部门之间的关系，要特别注意解决好淹没、工程占地、移民安置、环境保护和水资源利用之间的关系，注意与地区河流水电规划或水利规划协调一致。

（4）抽水蓄能电站选点规划应遵循站址资源普查、站址初选、重点站址规划与近期工程选择分阶段由面到点逐步深入的工作原则，在地区站址资源普查的基础上，坚持众中选优。

（5）抽水蓄能电站站址的地形、地质条件与建设征地是影响其经济性的重要方面，应统筹兼顾、综合分析，选择最优站址。

（6）抽水蓄能电站站址规划要高度重视制约性及敏感性的环境因素和社会因素影响，充分衔接生态红线划定成果，避开具有“一票否决”性的制约因素。

（7）抽水蓄能电站站址规划要高度重视水源问题，坝址处来水不能满足初期蓄水和正常运行期补水要求时，应提出切实可行的补水方案。

三、选点规划作业程序

（一）站址普查

在抽水蓄能电站的选点规划阶段，要重视工作程序，应遵循分阶段由面到点逐步深入的工作原则，坚持众中选优。由于抽水蓄能电站利用上、下水库的高差与少量的循环水量即可发电，不像常规水电那样依赖河川径流，因此抽水蓄能电站站址的可选范围较大。

熟读地形图是站址普查的关键。地形图是二维平面图，以等高线来表示地形的起伏。在地形图上查找抽水蓄能电站站址，要求规划人员要有很强的立体感，能熟练运用与判别各种地形的标识，选择具有有利地形条件的抽水蓄能电站站址。

在地形图上，上、下两个水库均具有有利地形条件的站址资源是很多的。但影响抽水蓄能电站站址优劣的因素比较多，不同站址的建设条件可能差别很大，从而造成各站址的技术经济指标相差悬殊，这就需要进行广泛的调查，即在给定区域内做普查。通过普查，全面掌握给定区域内抽水蓄能资源状况，了解各个站址的建设条件，结合工程地形、地质、水源、泥沙、淹没、工程占地、环境影响、枢纽布置与施工条件等诸多因素，进行综合分析。只有对大范围内的众多站址进行分析与比较，才能选出比较理想的站址，因此站址资源普查是十分重要的。

1. 室内规划作业

（1）在规划范围内，首先收集有关地形图（如1/50000、1/10000地形图）、地质图（如1/200000、1/50000等）及地区气象水文资料。

（2）在地形图上，初选具有建设上、下水库的有利地形，具有较高水头条件的站址；结合地质资料，判断站址的区域地质与岩性条件，特别是区域构造和构造稳定性情况。

（3）根据地区气象（降雨、蒸发等）、河流水文资料，初步了解站址处的水源条件和泥沙情况。

（4）测量上、下水库集水面积，初拟上、下水库的正常蓄水位、死水位，并初估库容、水头、装机规模与连续发电小时数等动能指标。提出上、下水库坝址及厂房、水道系统的初步布置，估计最大坝高、坝顶长度及水道系统长度等指标。

（5）绘制规划站址地理位置示意图，编制各站址主要特性指标表，以利于对各站址的综合情况有初步了解，并作为现场查勘与调查的主要参考资料。

2. 现场踏勘与资料收集

（1）查勘组织与准备。在室内工作的基础上，对众多规划站址进行初步分析，选择若干条件较好的作为进一步现场查勘的站址。现场查勘主要是了解建设电站的基本条件及环境影响因素，增加对工程的感性认识。普查阶段的现场查勘，是第一次全面考察规划站址的建设条件，是决定某一站址能否作为进一步规划研究对象的关键，是选点规划的重要步骤。要求查勘人员专业齐全，地质、水能、水工、施工、水库移民、环境影响评价等专业人员一定要参加，有条件的亦可配备水文、测量、概算等专业人员。查勘前要向全体查勘人员介绍初选站址情况，各专业人员要确定本专业查勘中应收集的资料和需要解决的问题。

（2）现场查勘要点。现场查勘应抓住以下几个要点：①观察库区地形、地貌，了解主、副坝址位置、进出水口位置及工程布置条件；②观察库区出露基岩岩性、风化及构造情况，了解库盆渗漏、边坡稳定及坝址地质条件；③观察输水系统沿线地形、地貌，了解输水系统、地下厂房及施工支洞布置条件；④观察流域径流汇集及泥沙情况，了解电站蓄水水源及拦排沙设施布置条件；⑤观察工程区和库区耕地及居民点分布情况，了解工程占地和水库淹没损失及控制条件；⑥观察工程区地形、地貌，了解施工场地布置条件；⑦观察现有交通基础设施情况，了解工程区内、外交通条件；⑧了解工程区内军事设施、高压输电线路、铁路、高速公路、文物、采矿等情况。⑨了解工程区环境现状及主要环境影响问题。对于拟利用的已建水库，查勘时需着重了解以下问题：①观察库区地形、地貌，了解已建主、副坝址位置及工程现状，研究其扩建（或改建）的条件；②观察库边耕地及居民点分布、高速公路、铁路等情况，了解水库扩建增加的淹没损失及控制条件；③了解水库原有综合利用情况，研究如何协调抽水蓄能电站与其他用水部门的关系；④了解水库是否是重要水源地，是否涉及一级水源保护区。

（3）调查收集有关基本资料。

1）了解站址或工作区附近的河流水文、气象站点布设情况，收集有关水文气象资料，包括降水、气温、径流、洪水、泥沙等资料。

2）收集区域地质资料及历史地震资料；初步了解拟定上、下水库区及厂址的地形、地貌，地层岩性，地质构造及物理现象，如覆盖层厚度、基岩出露风化、断层裂隙发育、地下水位及泉水等情况；初步了解水道线路的工程地质及水文地质条件，所需天然建筑材料的质量、储量及运距；收集现场已有测量资料，了解地质勘探工作的条件；了解当地有关政策及要求，初步拟定砍伐树木，施工占地及青苗补偿的范围；了解现场工作、生活环境，为规划阶段实施地质勘察进行准备。

3）了解站址实际的地形、地貌等自然条件（包括上、下水库和输水线路等）；收集工作区内社会、经济、人口、环境和资源等的现状及规划资料；已建或规划水库的工程技术经济指标、运行资料和综合利用要求；各相关地区的社会经济统计资料和规划资料，电网及各分地区电网的现状和规划资料（包括电网电源组成、地理位置、负荷现状及预测、电源建设规划等）。

4）了解上、下水库库岸稳定条件，高边坡稳定问题及成库条件，电站进/出水口的地形、地质条件，分析厂道系统初步走势，了解沿程地形条件，上、下水库坝基覆盖、风化及构造情况；初步分析上、下水库坝址、厂址的可能布置方案。

5）了解站址的对外交通情况、施工及建筑材料等条件。以电站区域为中心，调查相邻交通枢纽城市及重要港口位置间的现有公路状况；到交通部门收集现有交通图，调查了解附近地区的公路发展规划。调查主要外来工程物资，如水泥、粉煤灰、钢筋钢材、木材、火工材料、油料等的供应产地及供应可行性；施工期生产和生活供水水源及水质情况，初选取水方式；电站建设期施工用电电源点，及当地电网接线布置、容量和发展规划；当地电信部门的有线和移动通信系统现状及发展规划；天然建筑材料（石、砂、黏土等）储量、范围、位置及开采条件等。

6）了解站址及附近地区的植被覆盖、水土流失、景观、景点、文物古迹、河流及水质状况、居民点，进行必要的摄像和拍照。重点明确是否有自然保护区、风景名胜区、水源地、文物古迹、生态保护红线等敏感的环境保护目标，并明确抽水蓄能电站站址与环境敏感点的位置关系。收集站址所在地区近期的地方志、近期的统计年鉴、水土保持总结报告、规划站址下水库所在河流近期各月水质监测资料，以及地方环保政策、法规、收费标准等资料。

7）了解工程区、淹没区范围土地类型、居民及专项设施分布情况；收集工程所在地的行政区划图、土地利用现状图、林相图、土地利用现状报告及土地管理条例、林地征用补偿规定；收集工程所在地经济统计年鉴，最新粮食、油料市场价格等资料；初步调查了解当地的环境容量及政府对移民安置的意向。

8）通过当地有关水资源行政管理、能源与建设等部门，调查了解地区水利水电工程建设情况，收集地区现行有关工程设计概（估）算编制办法、费用标准，以及与之配套的定额、补充规定、资金筹措等相关资料。

（二）规划比选站点选择

目前站址普查主要是采取地形图上查找与现场查勘相结合的工作方法，而在前期大多缺乏大比例尺的地形图，现场查勘也常受道路和交通条件的限制，可能会漏掉条件好的站址。因此站址普查工作需要反复、多次进行，才能比较好地查明某一地区抽水蓄能电站的站址资源。

根据现场查勘，对站址情况的进一步了解与收集的新资料，以及水库、生态环境等控制性因素，对站址的主要规划指标、枢纽布置方案进行修正与复核。根据站址的地理位置、地形、地质、水源、泥沙、水库淹没、工程占地、环境影响、工程布置及施工条件等，对站址的建设条件做进一步分析，进行规划站址初步筛选，从中选出一批开发条件较好的站址作为该地区抽水蓄能电站开发的备选站址。

通过对备选站址方案的综合分析比较，选择几个建设条件较好的站址作为规划比选站点，开展进一步的规划设计工作。

（三）规划比选站点工程设计

对于选出的规划比选站址，应进行一定深度的地质勘察、地形测量工作，对电站的主要特征参数、水工建筑物布置、机组机型参数、工程建设征地移民、环境影响、工程施工组织等方面进行规划设计，估算主要工程量及工程投资，并进行初步的经济评价。选点规划阶段站址工程设计有关专业的工作要点如下。

1. 工程地质

（1）工程地质勘察以地质测绘为主，并配合必要的物勘和轻型勘探，布置适量的钻孔。工程地质测绘地形图比例尺应不小于1：5000，坝址横剖面应进行实测。

（2）应了解各规划站址的区域地质情况，包括地层岩性、地质构造、地形地貌、物理地质现象和水文地质条件，对各规划站址的区域构造稳定性做出初步评价。

（3）提出各规划站址地震动参数值，地震基本烈度。了解库区的地层岩性、地质构造、岩体力学特性、风化深度、水文地质及水库周边垭口、单薄分水岭等地形地质条件。重点了解影响规划站址成立的不稳定边坡、固体径流来源，如滑坡、泥石流、坍岸和浸没等的分布范围，对库岸边坡稳定性做出初步评价。

（4）了解库周的渗漏通道和地下水位，分析水库渗漏特性，对上、下水库的渗漏可能性及渗漏条件做出初步评价。

（5）了解坝址处的地形、地貌、覆盖层特性、地层岩性、岩体风化卸荷深度和岩体渗透性、地质构造和断层发育情况、物理地质现象和坝址两岸岸坡稳定情况等。坝基中是否存在软弱夹层和分布情况，坝基中主要断层、缓倾角断层和断层破碎带的性状及其延伸情况，初步评价各规划坝址的工程地质条件。

（6）应了解输水发电系统工程地质情况，沿线的地形地貌特征；地层岩性、地质构造、断层分布及规模；进/出水口地段覆盖层厚度、岩体的风化卸荷情况和山坡的稳定情况；沿线的水文地质情况和岩体力学性质；应重点了解厂房地面建筑物处覆盖层情况，及岩体卸荷与风化深度、建基面附近的岩体特征及边坡稳定性；初步评价输水系统工程地质条件和地下厂房成洞条件及围岩稳定性，初步判断压力管道采用混凝土衬砌的可行性。

（7）了解各规划站址附近天然建筑材料的储存情况，并应达到普查精度，为坝型拟定和施工规划提供依据。应对料场分布、储量、质量及开采运输条件做出初步评价。

2. 水文分析

（1）径流分析。根据各规划站址处的水文气象资料进行径流分析。对于纯抽水蓄能电站，当上水库集水面积很小，基本无径流入库时，可简化计算，或不做径流分析。当下水库为水源水库时，应收集相应的水文资料，按要求进行径流分析。对于水源不足的水库，还需提出设计枯水期各月径流量、蒸发量等数据。对于混合式抽水蓄能电站，需进行年径流分析，以供径流调节计算使用。

（2）根据各规划站址处的实测洪水资料进行设计洪水分析，提出上、下水库控制断面设计洪水成果及施工洪水成果。对于集水面积很小的上水库，可简化计算。

（3）泥沙分析。提出设计控制断面多年平均含沙量、多年平均输沙量及泥沙级配。

（4）分析提出设计控制断面水位-流量关系曲线。

3. 水利动能

（1）拟定上、下水库正常蓄水位，应考虑水库地形、地质条件允许的水位高程及水库淹没和环境保护控制高程。拟定上、下水库死水位时，应考虑进/出水口前泥沙淤积和布置要求。

(2) 拟定上、下水库特征水位，应考虑机组运行特性影响。机组工作水头的最大变化幅度为上、下水库工作深度之和，外加抽水及发电两种工况的水头损失。在规划阶段，电站最大水头与最小水头的比值可参考 NB/T 10072《抽水蓄能电站设计规范》中相关数据。

(3) 拟定电站装机容量与调节库容。电站的装机容量应考虑电网需求，分析抽水蓄能电站在电力系统负荷图上的工作位置，确定电站调节性能。电站的调节库容应满足电网的发电要求，与电站的装机规模协调。日调节抽水蓄能电站的发电调节库容一般按装机连续满发小时数 5～6h 考虑，周调节抽水蓄能电站一般可按 10～12h 考虑。另外，对于水资源紧缺地区，为保证电站的正常运行，还应考虑设置一定的水量损失备用库容。

(4) 额定水头初步可按电站平均水头的 0.95～1.0 取值，水头变幅大的取小值，水头变幅小的相应取大值。

4. 枢纽建筑物

(1) 上、下水库布置。

1) 坝型选择和库盆开挖。根据地形地质条件，优先考虑选用当地材料坝，并注意坝型对严寒条件的适应性。为减少工程投资和对环境的影响，结合正常蓄水位的选择，筑坝材料应尽可能利用库盆开挖料，做到挖填平衡、减少弃渣。

2) 防渗设计。在地形地质和水文地质条件比较好时，可采取局部防渗方案，否则应采用全库盆防渗方案。建筑物和防渗设计的重点是关注单薄分水岭、垭口、断裂发育部位，提出防渗措施方案。

3) 泄洪设计。根据地形地质条件、工程总体布置要求和拟定坝型，选择水库的泄洪方式，确定泄洪建筑物布置和消能方式。从保证大坝安全考虑，对于常年有天然径流入库的当地材料坝一般应设溢洪道。在确定泄洪消能方案时，应考虑施工导流洞与放空排沙洞相结合的可行性。

(2) 输水系统和厂房布置。

1) 上、下水库进/出水口应因地制宜选择侧式或竖井式，一般采用侧式进水口。确定进水口高程时，应保证足够的淹没度，并防止泥沙进入。

2) 当地形地质条件允许时，通常宜将厂房位置外靠，以减小通风洞长度，缩短施工工期，同时还可缩减单价较贵的电缆长度。厂房位置外靠时，应兼顾引水系统设置引水调压室的条件。

3) 地形地质条件良好，围岩透水性较小，满足挪威准则时，高压管道宜考虑采用钢筋混凝土衬砌方案。通常邻近厂房的高压水道段和尾水隧洞段应采用钢板衬砌。

4) 厂房位置要避开较大断层、节理裂隙发育区，布置在地质构造简单、岩体完整的地带，并与输水系统的水力特性相协调。根据厂址地质构造和主地应力方向，结合高压管道和尾水隧洞的布置，初步确定厂房纵轴线方位。

5. 机电及金属结构

(1) 根据电站特征水头及装机容量，初选水泵水轮机型式和台数。初拟水泵水轮机主要参数及外形尺寸，提出进水阀、调速器及起重桥机等辅助设备清单。

(2) 根据站址在电力系统中的位置和作用，按照电网发展规划，初步提出电站接入系统的方案。

(3) 根据发电电动机组及主变压器台数、布置，初拟主接线，初选开关站型式，提出主要电气设备清单。

(4) 根据输水系统布置型式，初拟各类闸门型式、尺寸，初选启闭设备，提出金属结构主要设备清单。

6. 施工规划

(1) 施工导流。上水库集水面积一般较小，洪水流量小，导流问题不突出，施工围堰相对较简单。下水库一般具有一定的集水面积，施工导流有一定的工程量，需要提出初步导流方案，估算相应的工程量。

(2) 主体工程施工。根据所选坝型及筑坝工程量，提出施工方法及主要施工设备。根据输水系统及地下厂房的布置型式，提出施工支洞布置、洞室开挖和衬砌方案、主要施工设备、出渣线路和出碴场地布置并估算相应临时工程量。

（3）施工总布置。根据施工导流、施工支洞等临时工程布置以及主体工程施工方案，初步安排各部分施工场地及施工区内部交通道路，估算相应的临时工程量。

（4）施工总进度。根据各规划站址施工条件、临时及主体工程施工方案，提出工程筹建期进度、准备期进度、主体工程施工进度以及第一台机组投产工期和工程总工期。

7. 环境保护

（1）进行现场调查，收集有关资料，分析识别主要环境影响因素。

（2）对主要环境影响因素进行定量或定性分析，说明其影响程度，作出初步评价。

（3）对于不利的影响因素提出初步处理对策，估算相应环保工程和水土保持工程投资。

8. 建设征地移民安置

（1）抽水蓄能电站上、下水库一般淹没范围不大，规划阶段的淹没实物指标调查工作，主要从地方政府收集有关人口、土地等社会经济资料，在此基础上，根据水库地形图计算和统计各项淹没指标。

（2）与地方政府协商初拟移民安置去向，根据国家有关规定并参照同类电站水库淹没补偿项目及补偿单价，估算水库淹没处理投资。

9. 工程投资匡算

根据水电工程设计概算编制办法和费用标准的规定、水电工程建筑工程概算定额、设备安装工程概算定额以及施工机械台时费定额，以及设计工程量、主要设备清单，按照当前物价水平估算建筑工程投资、机电设备及金属结构工程投资、施工辅助工程投资以及各项费用，提出工程总投资（含静态总投资、动态总投资，及建设期分年投资）。

10. 初步经济评价

根据投资匡算成果，对各规划比选站点经济性进行初步分析，主要内容包括国民经济评价和财务评价，国民经济评价具体包括：①提出电源优化规划，包括设计与替代方案机组配置方案；②计算费用和效益，包括电站的固定资产投资、流动资金、年运行费的计算方法和成果，工程效益及其计算方法和相应的重要参数；③计算经济内部收益率和经济净现值等指标，评价经济合理性。财务评价具体包括：①说明抽水蓄能电站的固定资产投资、流动资金，提出资金措施方案；②说明抽水蓄能电站发电等效益、销售收入计算方法和成果；③说明项目成本、税金、盈利能力的计算方法及相应采用参数，评价电站盈利能力；④采用个别成本法和可避免成本法分别测算经营期上网电价和边际成本电价，将两种方法测算的结果进行比较，并结合上述分析成果综合评价财务可行性。

（四）推荐站址选择

根据电网的需求规模及新能源发展规划，结合各规划比选站址的建设条件，进行技术经济比较，并考虑环境及社会条件推荐规划站址。推荐站址一般要具备下列条件：①各推荐站址规模合计能较好满足电网需求规模和配合新能源基地需要；②水库淹没损失少，征地移民、环境保护等无特殊的制约问题和敏感问题，枢纽布置相对简单，具有较好的施工条件；③电站技术经济指标优越。

第二节　影响站址选择的主要因素分析

一、主要技术经济影响因素

（一）从投资经济性角度分析抽水蓄能电站选址

国外流行一种观点“站址选择决定一切”，认为抽水蓄能电站投资大小有70%至80%取决于站址的优选。因此，在抽水蓄能电站建设中对站址选择高度重视。下面从国内近些年建设的有代表性的11座大型抽水蓄能电站投资分析入手，从经济性的角度讨论抽水蓄能电站站址选择中需考虑的主要因素。

通常认为抽水蓄能电站的经济性与电站水头关系密切，一般认为水头较高的站址较有利，因为同样规模的抽水蓄能电站，水头高的电站所需上、下水库库容、水道直径和厂房尺寸都可小些。因此，以额定水头作为主要变量。为便于不同规模电站进行比较，均以单位容量投资作为考察对象。为便于比较，将各电站投资均按当时2005年下半年的价格水平予以调整。

1. 静态总投资

图 2-2-1 所示为 11 座抽水蓄能电站单位容量静态总投资，其中白莲河抽水蓄能电站最小为 3110 元/kW，宜兴抽水蓄能电站最大为 4550 元/kW，两者相差 1440 元/kW，后者为前者的 1.46 倍。说明优选站址的重要性。图 2-2-2 所示为单位容量静态总投资与额定水头的关系，从趋势线看，水头高时单位容量静态投资不降反升。说明抽水蓄能电站单位千瓦静态总投资与额定水头的关系并不明显，还有一些更重要的因素影响着抽水蓄能电站的投资。

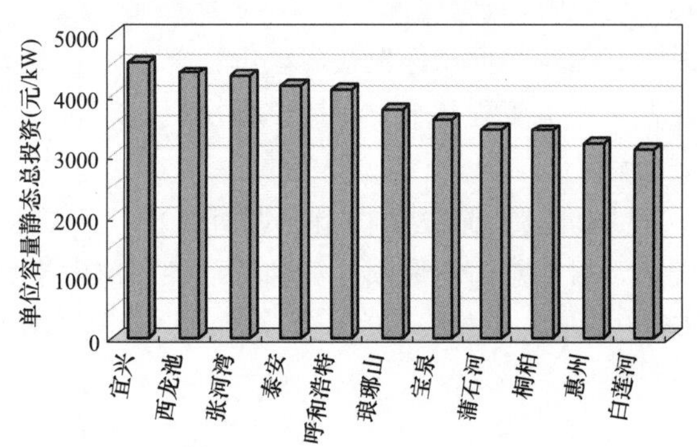

图 2-2-1 抽水蓄能电站单位容量静态总投资

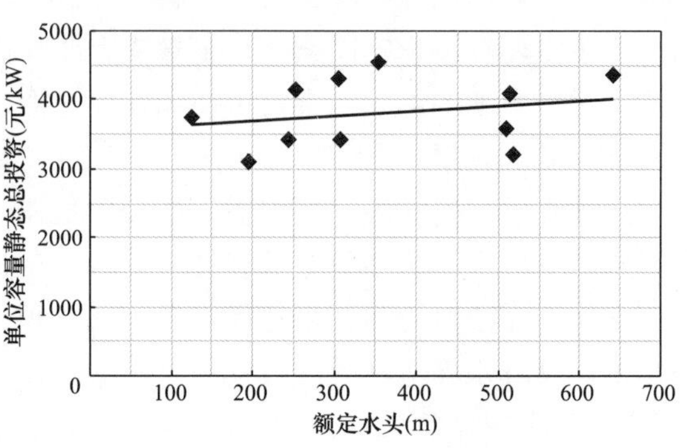

图 2-2-2 单位容量静态总投资与额定水头关系

2. 机电设备与建筑物

图 2-2-3 所示为单位容量机电投资与额定水头的关系，各工程单位容量机电投资平均约 1400 元/kW，上下变幅不超过 150 元/kW，最小的桐柏抽水蓄能电站为 1252 元/kW，最大的白莲河抽水蓄能电站为 1543 元/kW，两者相差仅 291 元/kW。可见机电投资主要取决于电站装机规模，与各个工程的自然条件关系不大。

单位容量机电投资与额定水头的关系也不明显。分析其原因，首先，水头变化主要影响主机设备，而电气设备的投资与水头高低无关，因此水头变化对总的机电投资影响较小；其次，随水头增加，机组尺寸减小，重量相应减轻，但制造难度有所增加，使单价提高，两者有所抵消。因此，在抽水蓄能电站站址选择中不必过多考虑机电投资的因素。

图 2-2-4 所示为单位容量建筑物投资与额定水头的关系，此处“建筑物”仅包括上水库、下水库、厂房、输水系统（含压力钢管）的投资，不包括交通和房屋建筑等其他建筑物的投资。由图 2-2-4 可见，各电站单位容量建筑物投资差别很大，最小的白莲河抽水蓄能电站仅 560 元/kW，而最大的宜兴抽水蓄能电站为 1814 元/kW，两者相差 1254 元/kW，后者为前者的三倍多。显然，各个电站站址自然条件的不同，导致各电站土建工程投资的差别，才是影响抽水蓄能电站静态总投资的主要因素。下面讨论各部位建筑物对投资的影响，分析站址选择中应考虑的主要影响因素。

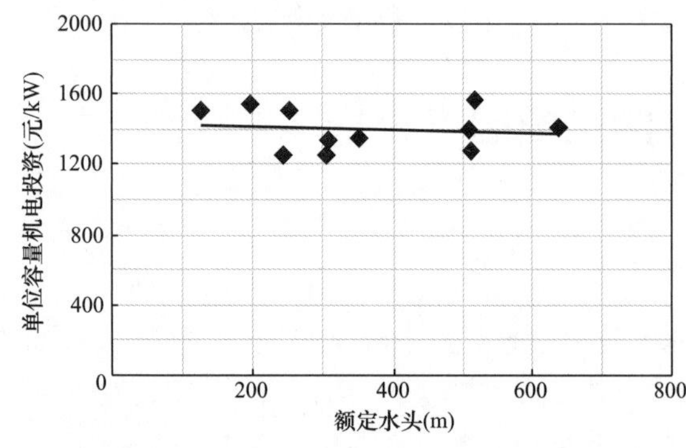

图 2-2-3 单位容量机电投资与额定水头关系

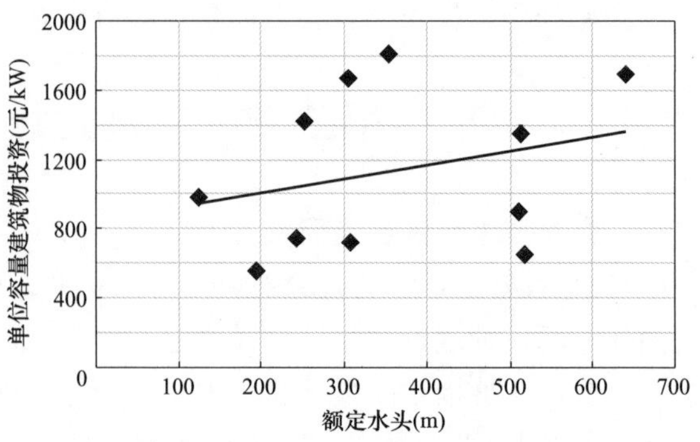

图 2-2-4 单位容量建筑物投资与额定水头关系

3. 上水库

图 2-2-5 所示为上水库单位容量投资与额定水头的关系，各电站上水库单位容量投资差别很大，如桐柏和白莲河抽水蓄能电站仅为 42 元/kW 和 49 元/kW，而张河湾和宜兴抽水蓄能电站为 959 元/kW

和 942 元/kW，最大相差达 900 元/kW 以上。这是影响工程静态总投资差别的最大因素，因此，上水库应成为选址时考虑的重点。

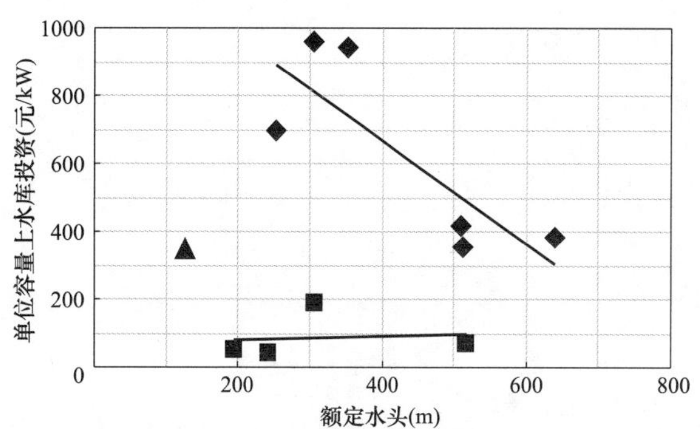

图 2-2-5　单位容量上水库投资与额定水头关系

◆—全库盆防渗；■—库盆局部帷幕防渗；▲—琅琊山

由图 2-2-5 可见，当不需要做全库盆防渗，只做局部帷幕灌浆防渗的情况下，上水库单位容量投资不超过 190 元/kW，与新建下水库投资相当。当然，一般上水库地形地质条件不如下水库，单位容量投资较下水库要稍高些。这种条件下，上水库单位容量投资与额定水头几乎不相关。

当需要做全库盆防渗时，上水库单位容量投资大大增加，如呼和浩特抽水蓄能电站的 356 元/kW、张河湾抽水蓄能电站的 959 元/kW。全库盆防渗面积与库容大小关系密切，在同等规模下，水头愈高，所需库容愈小，全库盆防渗面积相应就小。因此，对全库盆防渗的上水库来说，其单位容量投资与额定水头关系较密切。

全库盆防渗时衬砌型式影响不如水头影响大。西龙池抽水蓄能电站采用沥青混凝土衬砌，上水库单位容量投资为 385 元/kW（额定水头 640m）；呼和浩特抽水蓄能电站的钢筋混凝土衬砌方案，上水库单位容量投资为 356 元/kW（额定水头 513m）；宝泉抽水蓄能电站采用库坡沥青混凝土衬砌＋库底黏土铺盖，上水库单位容量投资为 416 元/kW（额定水头 510m）；泰安抽水蓄能电站采用土工膜＋混凝土衬砌＋灌浆帷幕，上水库单位容量投资为 696 元/kW（额定水头 253m）。宝泉与呼和浩特抽水蓄能电站额定水头相当，宝泉电站库底采用黏土铺盖，单位容量投资并不省。泰安抽水蓄能电站采用土工膜等复合防渗，由于额定水头比其他电站低得多，单位容量投资反而高许多。

琅琊山抽水蓄能电站额定水头仅 126m，上水库防渗措施介于全库盆防渗与局部帷幕防渗之间，采用 2290m 长的灌浆帷幕＋库底局部黏土铺填＋溶洞混凝土回填，单位容量投资为 351 元/kW。

全库盆防渗的抽水蓄能电站上水库单位容量投资高，不只是因为增加了防渗衬砌的费用，还由于此类上水库通常天然库容较小，又要求库盆形状较规整，因此石方开挖量较大（见图 2-2-6）。如无天然库盆条件，还要靠筑坝围成水库时，上水库坝体填筑量也较大（见图 2-2-7）。如张河湾和宜兴抽水蓄能电站上水库单位容量投资分别为 959 元/kW 和 942 元/kW，不仅比不作全库盆防渗的工程高 700～800 元/kW，也比其他全库盆防渗的工程高得多。除了因为额定水头较低（分别为 305m 和 353m），相对需要较大库容，库盆防渗衬砌面积大之外；还由于上水库地形条件不利，需要靠大量开挖和填筑坝体取得库容。两者上水库单位容量石方明挖量分别为 8.13 和 7.44m^3/kW，坝体填筑工程量分别为 4.34m^3/kW 和 2.34m^3/kW，明显偏大较多。

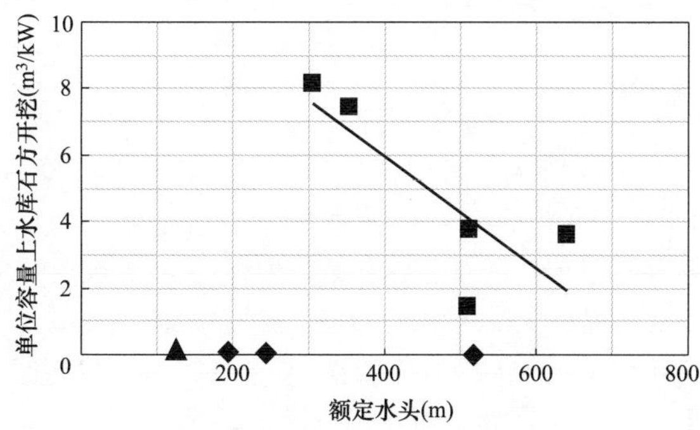

图 2-2-6　单位容量上水库石方明挖与额定水头关系

■—全库盆防渗；◆—库盆局部帷幕防渗；

▲—琅琊山；——线性（全库盆防渗）

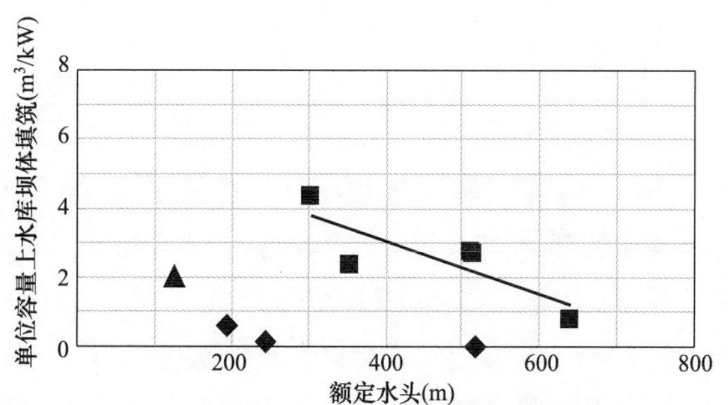

图 2-2-7　单位容量上水库坝体填筑量与额定水头关系

■—全库盆防渗；◆—库盆局部帷幕防渗；

▲—琅琊山；——线性（全库盆防渗）

4. 下水库

图 2-2-8 所示为单位容量下水库投资与额定水头的关系，各电站下水库投资差别较大，如白莲河、

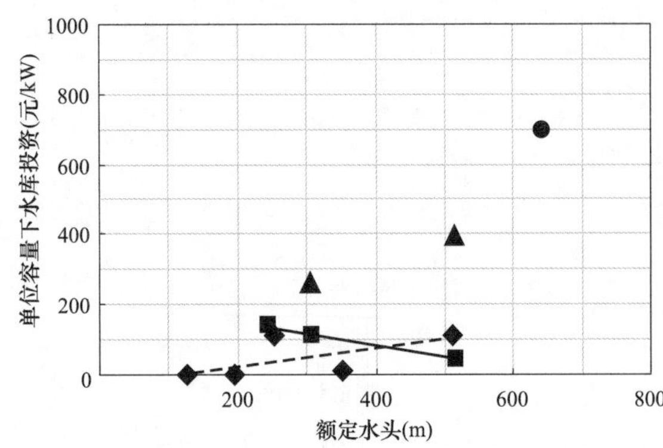

图 2-2-8　单位容量下水库投资与额定水头关系

◆—利用已建水库；■—新建水库；●—全库盆防渗；▲—设拦沙坝；—— —线性（新建水库）；--- —线性（利用已建水库）

琅琊山等抽水蓄能电站利用已有的下水库，投资很少。不计西龙池抽水蓄能电站，呼和浩特抽水蓄能电站单位容量下水库投资最大，为 398 元/kW，下水库单位容量投资可相差 400 元/kW 左右，对下水库的选址也应引起重视。

西龙池抽水蓄能电站是个特例，单位容量下水库投资比其他电站高得多，是下水库中唯一采用全库盆防渗的工程。由于该电站下水库所在的滹沱河含沙量很高，又限于当时单级可逆式水泵水轮机制造水平的限制，要求最高扬程不得超过 700m，不得不将下水库由滹沱河移至岸边一条支沟中，坝体填筑量很大；又由于库盆处于灰岩及渗透性大的砂砾土覆盖层上，采用了全库盆防渗。

呼和浩特抽水蓄能电站新建下水库单位容量投资为 398 元/kW，而利用张河湾水库作为下水库的张河湾抽水蓄能电站单位容量下水库投资也达到 265 元/kW。这两个水库共同特点是下水库入库泥沙量大，不得不设置拦沙坝，并分别设泄洪排沙洞和排沙明渠，使投资增加较多。其他电站单位容量下水库投资都小于 140 元/kW。说明，下水库选址的关键在于河流的泥沙条件，只要泥沙条件允许不设拦沙坝，其投资的影响就不大。

由图 2-2-8 可见，利用已建水库与新建下水库的单位容量投资属于同一量级，无明显差别。因为，利用已建水库作下水库时往往要加高大坝、或对原大坝进行加固、对水库进行防渗处理；下水库作为综合利用水库时，在水量分配（包括经济补偿）及水库调度上都需要协调；有些已建水库还存在水库淹没移民安置的遗留问题。因此，利用已建水库并不一定带来经济上的优势，有时还会增加运行时的复杂性，在选择站址时可不限于利用已建水库，可在更大范围内选择下水库库址。

从图 2-2-8 来看，新建下水库时，能反映出水头愈高，所需库容愈小的规律。而利用已建水库时，就不遵循此规律。

5. 水道

图 2-2-9 所示为单位容量水道投资与额定水头的关系，水道投资指水道土建投资和钢管投资之和，这样各工程比较时才能真实反映地质条件对高压管道衬砌型式的影响。各电站单位容量水道投资差别较大，投资最小的宝泉抽水蓄能电站为 199 元/kW，而投资最大的宜兴抽水蓄能电站为 574 元/kW，两者相差 375 元/kW。

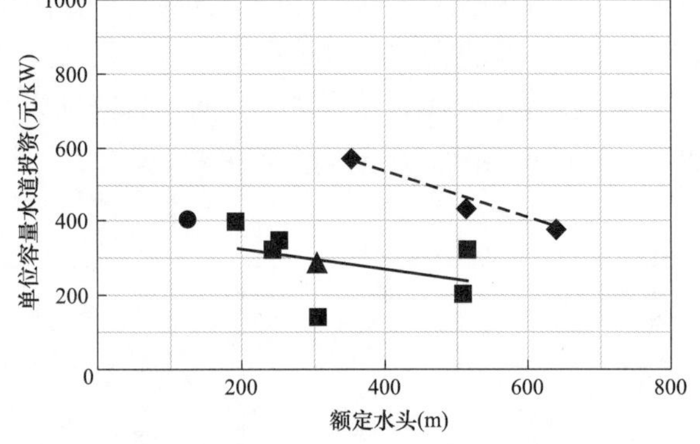

图 2-2-9　单位容量水道投资与额定水头关系

◆—钢管；■—钢筋混凝土管；▲—钢管（张河湾）；●—琅琊山；—— —线性（钢管）；--- —线性（钢筋混凝土管）

从图 2-2-9 可见，单位容量水道投资可按高压管道采用钢管还是钢筋混凝土管分为两类，采用钢筋混凝土管的工程中，单位容量水道投资从 199 元/kW（宝泉电站）到 396 元/kW（白莲河电站）；而采用钢管的工程中，单位容量水道投资从 280 元/kW（张河湾电站）到 574 元/kW（宜兴电站）。从图中两个趋势线来看，同样额定水头条件下，钢管单位容量水道投资要比钢筋混凝土管单位容量水道投资高 200 元/kW 以上。

张河湾抽水蓄能电站高压管道采用钢管，单位容量水道投资才 280 元/kW，与采用钢筋混凝土管的工程相当。这是因为水道投资不仅与水头有关，还与水道长度有关。张河湾抽水蓄能电站距高比 L/H 仅 1.6 左右，是我国抽水蓄能电站中最小的，其高压管道也短，只能用竖井布置，因此它的单位容量水道投资较低。

琅琊山抽水蓄能电站水头较低，压力管道上半段采用钢筋混凝土管，下半段采用钢管。其单位容量水道投资似乎更接近于钢筋混凝土衬砌型式。

单位容量水道投资与额定水头的关系比较明显，尤其是采用钢管时。因为水头愈高，同等装机规模下水道过水流量就小，管径相应缩小，单位容量水道投资可减小。由图 2-2-9 看，衬砌类型与额定水头对单位 kW 水道投资影响属同一量级，衬砌类型影响似偏大些。

6. 厂房

图 2-2-10 所示为单位容量厂房投资与额定水头的关系，最小的白莲河抽水蓄能电站为 115 元/kW，惠州抽水蓄能电站为 116 元/kW，而最大的宜兴抽水蓄能电站为 289 元/kW，相差最多才 174 元/kW，可见各电站厂房投资差别不大，对电站静态总投资影响较小。单位容量厂房投资与额定水头的关系不密切，分析其原因，各电站均采用地下厂房，由于额定水头提高，机组尺寸减小，而使厂房开挖与混凝土量的减少在土建投资中所占比例很小。至于辅助洞室，如通风洞、交通洞和电缆洞等长度的不同，主要影响发电工期或电缆投资，对土建投资影响很有限。

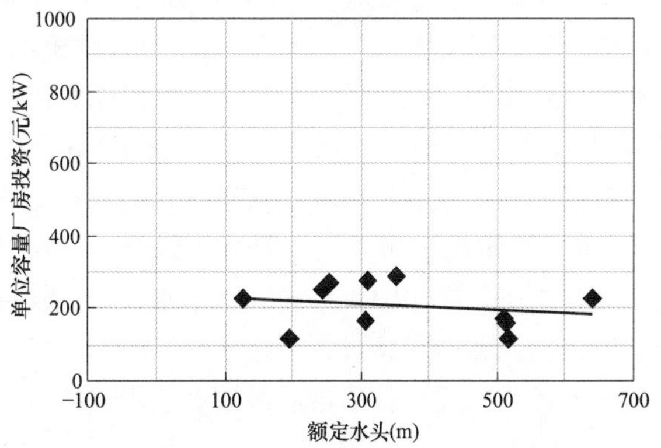

图 2-2-10　单位容量厂房投资与额定水头关系

7. 小结

综上所述，从降低投资的角度，抽水蓄能电站选址应注意以下几点：

（1）上水库的选择对抽水蓄能电站的经济性影响最大，要将上水库的地质条件与地形条件同样重视。注意选择具有天然库盆，不需要靠大量开挖和填筑形成水库的地形条件。地质条件中尤其要关注库盆的渗漏特性，尽量选择不需要全库盆防渗的上水库库址。

（2）下水库的选择对抽水蓄能电站的经济性有相当影响，重点关注河流的泥沙条件。应选择含沙量低，不需要筑拦沙坝的下水库库址。是否选择已建水库作下水库对投资影响较小。

（3）输水系统水道的选择对抽水蓄能电站的经济性也有一定影响，关键是高压管道衬砌型式的选择，即围岩的工程地质条件是否允许高压管道不用钢板衬砌。对于补水较困难的地区，围岩的渗漏性也会影响高压管道衬砌型式的选择。

（4）厂房的条件对抽水蓄能电站的经济性影响较小，只要地质条件满足基本要求，选址时不必过多考虑。至于地下厂房辅助洞室，如通风洞、交通洞长度的不同，对投资影响较小，但直接影响发电工期，对电站动态经济性有影响，也需注意。

（5）机电投资在抽水蓄能电站总投资中所占比例较大，但对站址选择时经济比较的影响较小，因为站址自然条件的不同引起的电站机电投资差别较小。但水泵水轮机，尤其是高水头水泵水轮机对过机泥沙含量要求非常苛刻，如涉及需要修建拦沙坝时，就会影响站址的经济性。此外，水泵水轮机组稳定性对上、下水库水位变幅的要求，在站址选择时也需要注意。

（二）其他影响抽水蓄能电站选址的主要技术因素

1. 水泵水轮机水头范围

抽水蓄能电站水头的大小是由上、下水库的地形条件决定的，单位水体所获得的势能通常以充分利用自然地形的高差来获得。一般情况下，抽水蓄能电站采用水头越高，相同出力所需的流量就越小，所需上、下水库库容就小，水道尺寸和厂房尺寸亦小。

从土建工程投资来看，水头越高越有利，但还要考虑水泵水轮机适应的水头范围。已投运机组适应不同水头段的水泵水轮机型式见表 2-2-1。

表 2-2-1　国外投运的不同型式抽水蓄能机组最高水头范围

机型	电站	国家	最高水头		级数	机组铭牌出力（MW）	制造厂	投产年份
			水轮机	水泵				
单级可逆混流式	葛野川	日本	728	778	1	412	1、2 号三菱 3、4 号东芝	1999 年

续表

机型	电站	国家	最高水头		级数	机组铭牌出力（MW）	制造厂	投产年份
			水轮机	水泵				
多级可逆混流式	埃多洛	意大利	1256	1290	5	125	Hyd，EW	1982年
串联混流式	霍恩贝格	德国	635	668	2	250	EW	1975年
串联冲击式	圣非拉诺	意大利	1438	1439	6	140	Hyd	1974年

注 Hyd为意大利水利机械厂，EW为瑞士爱雪维斯公司。

目前多级混流式水泵水轮机，以意大利埃多洛抽水蓄能电站的5级水泵水轮机扬程最高，为1265m，单机容量为125MW。多级水泵水轮机不仅水泵工况不能调整机组入力，而且水轮机工况也不能调整机组出力，难以适应电网对抽水蓄能机组灵活性越来越高的要求，且机组投资较高，故20世纪90年代后已很少应用。两级可调节水泵水轮机可克服上述多级水泵水轮机的缺点，但技术较复杂，造价也较高。目前仅有法国阿尔斯通公司为韩国杨阳抽水蓄能电站制造的两级可调节水泵水轮机，最大水头817m，转速600r/min，最大单机出力270MW。

相比之下，单级混流可逆式水泵水轮机，结构简单，调节方便，较为经济适用。我国2022年投运的长龙山抽水蓄能电站机组额定水头710m，最大发电水头居世界第一，达到756m。从运行的灵活性及经济性考虑，近代抽水蓄能电站多选用单级可逆混流式水泵水轮机，优选水头范围300～800m。

2. 利用已建水库问题

在抽水蓄能电站选点规划时，对于利用已建水库作为抽水蓄能电站专用水库应做具体分析。在市场经济条件下存在一个产权问题，如处理协调不好，将来对抽水蓄能电站正常运行影响很大。特别是对于具有多种用途的综合利用要求的水库，要研究对已建水库原有功能的影响，同时要考虑已建水库能否适应抽水蓄能电站的运行特性要求及不同用途工程设计标准上的差异，需要考虑利弊得失，给予认真的研究，采取切实可行的措施加以解决。应调查研究采取一次性购买或在水库中设置蓄能专用库容并部分补偿相应的功能损失的可行性，作为站址规划方案选择的依据。丰宁抽水蓄能电站采取一次性补偿收购方式；宝泉抽水蓄能电站采取一次性补偿水库建设投资，其他用水部门以保证抽水蓄能电站正常运行为主的方式；张河湾抽水蓄能电站是采用在下水库设置蓄能专用库容，以完建原有水库工程作为相应功能补偿投资；另外，文登、呼和浩特抽水蓄能电站采取在已建水库下游新建下水库，沂蒙抽水蓄能电站采用已建水库岸边支沟新建下水库，以尽量避开原有供水水库，这些模式可供参考。

3. 水源条件和泥沙问题

抽水蓄能电站必须要有可靠的水源，以保证初期充水以及补充运行期水量的蒸发和渗漏的损失。

抽水蓄能电站循环损失水量较少，对水源量的要求相对较少。但在水资源相对缺乏的北方地区，在电站的规划设计中，水源问题可能比较突出。对于水源紧张的电站，应研究补水措施及可行的补水工程方案，以满足上、下水库首次充水要求及保证电站运行中损失水量的及时补充。

对入库泥沙含量应严格限制。水源泥沙太多，会淤积在库内，使本来就不是很大的有效库容进一步减少，影响电站功能的发挥。高泥沙含量的水流会对水轮机造成严重的磨损。一般地，水轮机磨损速度与含沙量成正比，与流速的三次方成正比，对于高水头抽水蓄能电站，对泥沙含量的要求更高。为满足过机泥沙要求，在多泥沙河流上，应采取必要的工程措施。如在下水库的上游修建拦沙坝，将澄清后的水源引入下水库，而洪水期通过泄洪排沙洞将泥沙冲至水库下游，这必然影响下水库的经济性，因此站址选择时应充分考虑泥沙的影响。

二、站址选择的主要社会、环境影响等因素分析

（1）注意研究电站选址中敏感性因素。对抽水蓄能电站选址中可能存在颠覆性的因素应给予高度重视，甚至可能出现“一票否决”的情形。例如在自然保护区、森林公园、风景名胜区、地质公园、湿地公园、重要水源地、水产种质资源保护区、生态红线范围内；在有重要文物、重要地下矿藏、高速公路、高速铁路、特高压线路、军事设施、一级公益林、基本农田等地域；在征地移民搬迁十分困难，并存在争议地域；以及利用以防洪为主的干流水库等。对于抽水蓄能电站的选址，一般应尽可能避开这些地域，或者采取工程措施能够克服其不利因素，并请相关主管部门出示认可文件。

(2) 电站地理位置因素影响。规划选点要考虑不同电网、不同时期的发展需要，选择不同规模、不同类型的抽水蓄能电站，要注意处理好大电网与小电网的关系，从整体上合理布局抽水蓄能电站站址。一般说来，服务于电网安全稳定运行的抽水蓄能电站应接近电网的负荷中心，更好地发挥抽水蓄能电站优良的负荷调节功能与保安电源的作用，使电网供电的灵活性与可靠性得到改善。由于站址资源条件的限制，有时离负荷中心地区比较远，可尽可能地选择离抽水电源与主要输电线路接近的站址，这样可以减少输电线路的投资和降低输电过程中发电、抽水用电的电能的损耗，降低电能的生产成本。对于配合新能源基地运行的抽水蓄能电站应靠近基地，一并接入送出平台，就近发挥储能的重要作用，同时进行电压、频率调节，保障送出线路的安全运行。此外，抽水蓄能电站最好靠近主要交通道路以及城市，这样有利于电站的建设施工以及今后的运行管理。关于地理位置因素对抽水蓄能电站建设的影响，应将电站本身与输电系统建设统一考虑，通过不同方案的技术经济比较进行选择。

(3) 注意电力系统对抽水蓄能电站周调节性能的要求。目前我国大部分抽水蓄能电站都是日调节电站，水库调节库容一般可满足满发 4～6h。该类电站由于库容小，水工建筑物规模较小，投资也相对少。随着电力市场发展和电源结构的多样化，日调节的抽水蓄能电站已不能很好地满足电网的负荷调节需要，对抽水蓄能电站提出了周调节的要求，如惠州、洪屏、丰宁、阳江、梅州等抽水蓄能电站都具有周调节性能。在选点规划中应注意到电网和新能源基地对周调节性能电站的需求变化，根据各个电站的自然地形特点，在可能的条件下将电站规划为周调节的抽水蓄能电站，设置尽可能大些的调节库容，对提高电站的容量价值与运行灵活性是有利的。建设周调节的抽水蓄能电站，要求较大的上、下水库调节库容，如果电站的地形缺乏建设具有较大库容水库的有利条件，势必会增加电站的投资，应对其工程建设的经济性进行深入研究。

(4) 注意混合式抽水蓄能电站的选点。混合式抽水蓄能电站优点是常规水电机组和抽水蓄能机组互相配合，充分利用天然来水，提高电站的调峰容量，在选点规划中对这类电站的开发也应引起足够重视。据潘家口电站计算，采用常规与蓄能结合的运行方式，平均每年多发 10.7%的峰荷电量，常规机组设计枯水期的工作容量由 0 提高到 7.3 万 kW。混合式抽水蓄能电站多为中低水头电站，与纯抽水蓄能电站相比，混合式抽水蓄能电站工程投资相对较高。混合式抽水蓄能电站枢纽一般都承担防洪、灌溉、供水等综合利用任务，水库调度运行一般比较复杂，水库的调度运行要求会对抽水蓄能电站的调度运行产生影响，在选点规划中对这类电站应引起重视。

第三节 选点规划实例简介

下面以辽宁省抽水蓄能电站选点规划为例，重点介绍选点规划的程序、步骤及站址比选的原则与结论。

一、选点范围及原则

辽宁省电网位于东北电网的南端，是东北电网与华北电网的联系枢纽。辽宁电网是以火电为主的电网，且供热机组占比较大，水电装机容量比例仅为 5%，调峰能力不足，建设一定规模的抽水蓄能电站解决电网调峰问题是完全必要的，也是经济的。

辽宁省抽水蓄能电站规划选点主要遵循以下原则：

(1) 选择地形条件好、具有一定水头、距高比小的站点，以降低土建工程量，提高电站经济性。

(2) 重视水源问题，利用现有水库应注意水资源的综合利用。

(3) 加强前期地质分析，尤其是对上水库防渗及覆盖层厚度等条件的分析。

(4) 尽量避开村庄、耕地、供水水源等重要地点和设施，减少水库淹没与工程占地影响。

(5) 高度重视制约性及敏感性的环境因素和社会因素影响，充分衔接生态红线划定成果，避免有重大制约因素的站点纳入规划比选站点。

(6) 考虑用电负荷中心的位置及电网建设发展规划，因地制宜，点面结合，重点突出，更好地适应辽宁电网电力系统安全经济运行。

(7) 满足电网的要求，寻找具有一定水头的不同规模的抽水蓄能电站。

(8) 统筹考虑区域电网的资源配置与抽水蓄能电站合理布局，注重与核电、新能源配套建设及联合运行，更好地服务电力系统优化运行和新能源产业发展。

二、站址普查

根据辽宁省具体的地形地貌条件，先后利用1∶50000、1∶10000地形图和辽宁省地质图（1∶200000、1∶50000），选择岩性较好、地质构造较为有利的适合建设抽水蓄能电站的有利地形。通过大量内业分析工作，选出56个条件相对较好的抽水蓄能电站资源点。

针对这些资源点，从地形、地质、水源和综合利用要求、对外交通、淹没损失与环境影响、地理位置、装机规模等方面进行初步分析，经过筛选，对其中32个资源点进行了现场查勘，并进一步收集有关资料。经过现场查勘和进一步内业设计工作，除已开展完预可行性研究工作的大雅河站点及上一轮推荐站址兴城站点外，初步认为绥中、朝阳、阜新、太子河、清原二期、西露天、玉石、龙潭、城山、宽甸、庙沟、燕山湖、苍龙山站点装机规模适中，额定水头适中、地理位置较好，综合指标相对较优，作为普查站点，共15个站点，总装机容量19100MW。

三、规划比选站点选择

考虑各普查站点站址的地理位置、装机规模、水源条件、发电水头、距高比、工程地质、水工及施工布置条件、对外交通、水库淹没及环境影响等因素，规划比选站点选择根据以下几方面条件确定。

(1) 选择地形地质条件较好，便于工程布置和施工安排，对外交通方便的站址；对于某些资源点较多的地区，剔除综合条件较差的资源点，选出具有代表性的条件较好的站址。

(2) 对于上、下水库控制流域面积较小，水源不足，周围又没有补水水源的站址不予考虑。

(3) 对可能淹没或影响乡、镇及以上人口密集区和重要设施的站址要慎重研究，开发条件一般的尽量放弃。

(4) 对自身开发条件比较优越的站址，客观反映其可能存在的环境影响问题。

综合分析，根据现场查勘成果，此次将15个普查站点全部作为规划比选站点进行分析，共19100MW。15个站址的基本情况见表2-3-1。

针对15个规划比选站点，开展了相应的水文、地质、规划、水工、水库、环保、机电、施工、投资估算及经济评价等专业设计工作。

四、推荐规划站点选择

根据影响工程的主要因素，进一步分析比较各个站址的差别，下面从规划、地质、水工、施工、投资与经济评价等方面对15个站址作进一步的归纳和比较。

辽宁电网为火主电网，热电比重高，水电装机规模小，系统一直缺乏调峰容量，近年来辽宁省负荷增长较快，省内也规划建设了大量的风电、光伏和核电等电源，系统缺乏调峰容量问题更加严重。因此为解决电网调峰容量的不足，保障电网安全稳定运行，同时配合风电、光伏、核电的大规模并网发电，有效提高系统的经济性和可靠性，在辽宁省建设一定规模的抽水蓄能电站是十分必要的。

基于国网辽宁省电力公司相关电源规划成果，预测辽宁省2030年、2035年风电装机容量分别为27500MW、35000MW，光伏发电装机容量分别为27500MW、35000MW，核电装机容量分别为14560MW、22660MW。通过对辽宁电网电力电量平衡和调峰容量平衡研究，2030年、2035年辽宁电网抽水蓄能电站规模应分别为11000MW、14000MW。考虑已建的蒲石河（1200MW）、在建的清原（1800MW）和即将开工建设的庄河（1000MW）抽水蓄能电站之后，辽宁电网2030年、2035年水平需新增抽水蓄能规模分别为7000MW、10000MW。从普查成果看，辽宁省抽水蓄能电站资源丰富，建设条件相对较好，分布也较为均匀，可较好地满足辽宁电网未来发展需要。

1. 辽中地区

辽中地区是辽宁电网最大的负荷中心，区内分布有沈阳、鞍山、抚顺、本溪等工业城市，2030年、2035年电网最大负荷约为31954MW、39825MW，约占全网负荷水平的51%，为解决该地区调峰需要，考虑在建的清原抽水蓄能电站1800MW投产后，2030年、2035年辽中地区需新增抽水蓄能规模分别为2500MW、4000MW。

辽中地区分布有7个规划站点，其中：

表 2-3-1 辽宁抽水蓄能电站规划比选站点主要指标表

序号	站点名称	所在县市	上水库			下水库			淹没情况	水源条件	利用水头(m)	距高比	装机(MW)	最大/最小水头
			正常蓄水位(m)	死水位(m)	调节库容(万 m^3)	正常蓄水位(m)	死水位(m)	调节库容(万 m^3)						
1	兴城	葫芦岛兴城市	500	463	1150.6	170	150	1215.9	少量	青山水库	310	9.0	1400	1.24
2	大雅河	本溪桓仁县	1066	1018.6	665	425	414	1548.8	少量	大雅河水库	610.5	4.1	1600	1.02
3	清原二期	抚顺清原县	725	695	825	325	300	1226	小村庄	充足	384	15.4	1200	1.20
4	太子河	本溪市本溪县	695	660	1085	220	190	1104	影响搬迁安置人口 50 户 170 人	太子河	461	6.9	1800	1.20
5	朝阳	朝阳市朝阳县	717	687	978	350	330	1034	青山保护区	大凌河一级支流	350	12.3	1300	1.21
6	阜新	阜新市太平区	210	180	1140	−111	−151	1243	工矿用地	矿区排水	315	5.0	1200	1.21
7	西露天	抚顺市新抚区	99	82	399	−250	−280	395	较少	矿排水	346	5.5	600	1.20
8	玉石	营口盖州市	490	460	1097	201.7	176	979	较少	玉石水库，涉及水源保护区	273	6.4	1000	1.25
9	绥中	葫芦岛绥中县	445	415	1180	195	175	1135	少量	狗河水库或者大风口水库补水	235	6.8	1000	1.33
10	城山	大连庄河市	245	225	855	60	40	908	少量	充足	178	7.5	600	1.24
11	龙潭	鞍山市岫岩县	750	715	875	350	330	995	445	雅河	379	4.02	1200	1.03
12	庙沟	丹东凤城市	570	530	798	190	173	844	较少	亮子河	355	9.6	1000	1.23
13	燕山湖	朝阳市朝阳县	559	529	1055	285	265	1106	较多	阎王鼻子水库	257	6.98	1000	1.29
14	宽甸	丹东宽甸县	590	548	2392	255	243	2190	较多	爱河，流域面积 162km^2，年径流量约 9720 万 m^3；国家级保护区范围实验区	312	12.0	2400	1.26
15	苍龙山	本溪市桓仁县	955	925	1503	609	583	1629	较少	在大雅河干流建提水泵	330	14.9	1800	1.25

（1）西露天站点（600MW）不仅是一种抽水蓄能电站新型式的探索，更是基于电力市场和生态环境恢复双向需求的产物，社会、环境意义远大于经济效益，电站建设对矿区生态恢复具有现实意义，可作为示范应用工程，适时投入，以满足电网中长期调峰需求。

（2）大雅河站点（1600MW）装机规模较大，利用水头高（610.5m），该站点受地形条件所限，上水库工程量较大，站点作为上一轮规划备选站点，已完成预可行性研究阶段全部工作并通过审查。

（3）太子河站点（1800MW）装机规模大，利用水头适中（461m），水源有保证，工程建设无制约因素，综合建设条件最优，具有开工建设的便利条件。

（4）清原二期站点（1200MW）装机规模及利用水头适中，水源有保证，工程建设无制约因素，电站经济指标较好，距离负荷中心较近。

（5）玉石站点（1000MW）下水库利用已建成的玉石水库，建设条件较好，没有制约电站建设的重大工程技术问题，水库移民较少，移民安置任务量相对简单。站点距离营口红沿河核电站较近，电站建成后可配合核电运行，促进核电消纳，提高核电站的安全性及经济效益。

（6）龙潭站点（1200MW）位置符合区域布局需求，优化设计后可以避开辽宁省生态保护红线，电站建设可满足鞍山、营口等地区快速增长的调峰需要。

（7）苍龙山站点（1000MW）地形地质条件一般，对外交通较便利，上水库施工场地布置条件较差，工程涉及辽宁省生态保护红线（送审稿）。

考虑中部地区站点资源比较多，因此推荐大雅河、太子河、清原二期、玉石和龙潭站点尽早开工建设，推荐西露天作为示范项目适时投产，以满足辽中地区中长期的迫切需求，同时支援辽西及辽南地区调峰需求。

2. 辽西地区

辽西地区地处华北电网和东北电网的连接处，2030年、2035年最大负荷约为11322MW、14111MW，区内规划有徐大堡核电站和大量风电、光伏，同时辽西地区距离蒙东风电基地较近，建设一定规模的抽水蓄能电站，也有利于风电、光伏并网及核电的安全、经济运行，经分析，2030年、2035年该区域需配置抽水蓄能电站容量3500MW、4000MW。

阜新站点（1200MW）地理位置十分优越，位于辽宁西部和中部地区之间，近年来阜新市的风光发电迅速发展，新能源装机占比超过50%，新能源发电装机容量居全省首位，同时距离蒙东风电基地也较近。阜新抽水蓄能电站能够满足辽宁电网调峰运行需要，有利于辽宁电网未来消纳蒙东地区外送风电，因此从抽水蓄能电站布局角度出发，建设阜新抽水蓄能电站是十分必要的。阜新站点下水库利用即将闭坑的海州露天煤矿，该矿坑毗邻市区，由于地质构造、边坡岩体等原因容易诱发一系列地质灾害，危及矿坑周边工业企业和居民房屋安全。阜新作为全国首家资源枯竭型城市，目前正在积极开展转型工作，阜新市政府也在利用中央及地方的各项政策开展海州露天矿的综合治理工作。阜新站点受下水库影响，建设条件相对复杂，投资费用较高，经济指标一般。但考虑若电站的部分费用可纳入到海州露天煤矿综合治理中，适当考虑投资分摊，提高电站经济性，则建设该电站仍是十分必要的，也支持阜新市产业转型升级、推动绿色发展的需要，对于废弃矿山实现高值化综合利用具有示范性作用。因此推荐作为示范应用工程，抓紧开展阜新抽水蓄能电站的前期论证工作，适时投入。

葫芦岛市的兴城（1400MW）、绥中（1000MW）和朝阳市的朝阳（1300MW）、燕山湖（1000MW）等四个站点均位于辽宁西部，其中：

（1）兴城站点作为上一轮规划推荐站点，地形地质条件较好，装机规模适中，距离辽西风电基地及兴城徐大堡核电站较近，站点位置符合区域布局需求，落实相关工作后，站点建设可配合风电、光伏及核电运行，提高核电站的安全性及经济效益，促进新能源消纳。

（2）绥中站点地形地质条件一般，但施工条件较好，对外交通方便，经济指标一般，主体工程大部分涉及辽宁省生态保护红线（送审稿）。

（3）朝阳站点虽然地形地质条件一般，经济指标一般，但施工条件较好，对外交通方便，站点目前暂不存在重大环境制约因素，距辽西和蒙东风电基地较近，站点建设有利于促进辽西地区风电、光伏的消纳，保障辽西电网安全稳定运行。

(4) 燕山湖站点地形地质条件较好，施工条件较好，对外交通方便，但经济指标一般，主体工程涉及辽宁省生态保护红线（送审稿）、阎王鼻子水库二级保护区。

因此推荐兴城、朝阳站点抓紧开展前期工作，推荐阜新作为示范项目适时投产，以满足辽宁电网西部地区中长期调峰需要，绥中、燕山湖站点适时启动前期工作，适时建设，以满足电网未来发展的远景需要。

3. 辽南地区

辽宁南部地区以大连为中心，2030、2035年该区域电网最大负荷分别为19535MW、24347MW，约占辽宁电网负荷水平的31%，区内已建成红沿河核电一期4475.2MW，红沿河核电二期2240MW已开发建设，预计2022年投产发电，为满足该地区电网安全、稳定运行需要，考虑已建的蒲石河抽水蓄能电站1200MW和即将开工建设的庄河抽水蓄能电站1000MW投产后，该区域2030年、2035年需新增抽水蓄能规模分别为1000MW、2000MW。

辽南地区庙沟站点1000MW、城山站点600MW靠近负荷中心，技术经济指标均一般，且工程均涉及辽宁省生态保护红线（送审稿），庙沟站点涉及红线范围相对较少；宽甸站点离负荷中心稍远，距离已建蒲石河抽水蓄能电站较近，不符合抽水蓄能电站分散布局的要求，且站点淹没影响较大，工程涉及辽宁省生态保护红线（送审稿）、自然保护地（辽宁白石砬子国家级自然保护区）。

因此，为满足辽南地区调峰需求，推荐庙沟站点抓紧开展前期工作，城山、宽甸站点适时启动前期工作，适时建设，以满足电网未来发展的远景需要。

4. 综合推荐意见

综合考虑，本次规划站点中抚顺西露天600MW、阜新海州矿1200MW等站址利用废弃矿坑进行抽水蓄能电站建设，具备建设可能性，对于废弃矿山实现高值化综合利用具有示范性作用。鉴于这类站点地质条件复杂，经济指标一般，若能结合矿坑综合治理，积极开展工程关键技术及投资分摊政策等方面研究，在技术、经济可行条件下，可作为示范应用工程，结合矿坑综合治理及地区新能源发展情况，适时开发建设。

为满足辽宁电网调峰需求，推荐兴城1400MW、大雅河1600MW、太子河1800MW、清原二期1200MW、朝阳1300MW和玉石1000MW作为2030年规划调整站点；推荐庙沟1000MW和龙潭1200MW作为2035年规划调整站点；8个推荐站点总装机容量10500MW，可基本满足辽宁电网2030年、2035年对抽水蓄能电站的需求。

第三章　抽水蓄能电站工程规划

第一节　抽水蓄能电站的主要类型与工作特点

一、主要类型

（一）按照径流利用与机组构成划分

抽水蓄能电站一般可分为纯抽水蓄能电站和混合式抽水蓄能电站。

1. 纯抽水蓄能电站

纯抽水蓄能电站有两个基本特征：一是利用上水库存储水能发电的电站厂房仅装设单一的抽水蓄能机组；二是上水库一般无天然径流或天然径流很小，下水库多为水源水库。

纯抽水蓄能电站的上水库通常利用山地有利地形，如沟谷、洼地等通过筑坝、开挖等工程措施，形成一个人工水库。如我国已建的十三陵、广州、天荒坪、张河湾、西龙池、呼和浩特、丰宁等抽水蓄能电站均是这种型式的上水库。

纯抽水蓄能电站的下水库，根据建设条件，有以下几种型式：

（1）河道式下水库。根据电站抽水发电用水对库容的要求，在河流上修建一定高度的大坝形成的下水库或利用已建水库作为下水库。但对于建在多泥沙河流上的下水库，由于水流中泥沙含量大，为减少泥沙对机组的磨损影响，必须设置相应的拦排沙设施，并制定相应的排沙运行方式，在下水库进/出水口的布置上也需要采取相应的防沙措施，如张河湾抽水蓄能电站的下水库便属于这种情况。在河道上修建下水库的另一种型式是在河道上、下游筑坝形成一个封闭式下水库，这样不仅可以解决河道泥沙的问题，也可解决抽水蓄能电站初期蓄水和正常运行期补水问题。这种类型的下水库一般适用于多泥沙且洪水比较小的河流。如已建的呼和浩特抽水蓄能电站下水库就是在河道上、下游修建大坝，形成封闭式的下水库，在岸边山体内修建隧洞泄洪排沙。

（2）河岸式下水库。在河岸上利用有利的沟谷地形，通过筑坝、开挖形成的水库，这种型式的下水库对减少过机泥沙很有利，天然径流往往也较小或不入库，需要设置相应的引水或补水设施，以满足电站初期发电用水要求，并补充电站在运行过程中因蒸发、渗漏所损失的水量。如已建的西龙池抽水蓄能电站下水库就是采用这种型式。

（3）利用天然湖泊或已建水库作为下水库。一般情况下，天然湖泊或已建水库的水位变幅较小，泥沙问题不突出，并有充足的水量满足电站的运行要求。如已建的泰安抽水蓄能电站就是利用已建的大河水库作为下水库。

2. 混合式抽水蓄能电站

结合常规水电站新建、改建或扩建，增设抽水蓄能机组，抽水蓄能电站上水库与常规水电站共用一个水库，这样的抽水蓄能电站称为混合式抽水蓄能电站。其显著的特点是：①上水库为水源水库，入库天然径流比较大；②发电厂房中装设有常规水电机组和抽水蓄能机组，常规水电机组一般是利用天然径流发电，抽水蓄能机组是抽水发电；③下水库可利用已建水库，如白山、天堂等抽水蓄能电站，也可在下游新建下水库或调节池，如潘家口、响洪甸、岗南等抽水蓄能电站。

上、下水库均利用已建水库的混合式抽水蓄能电站，主要以同一河流的上、下游梯级为主。白山抽水蓄能电站利用松花江干流梯级的白山电站水库和红石电站水库建成，天堂抽水蓄能电站利用天堂河梯级的一级水库和二级水库建成，拟建的两河口混合式抽水蓄能电站拟利用雅砻江干流梯级两河口水库和牙根一级水库作为上、下水库。

部分利用已建水库的混合式抽水蓄能电站，也采用在已建水库下游新建下水库的型式。潘家口抽水蓄能电站的上水库是大型综合利用水库，由于受下游用水的限制，常规水电站的运行常处于“以水定电”的状态，电站发电调峰运行受到限制。改建成混合式抽水蓄能电站后，常规水电机组与抽水蓄能机组配合运行，很好地解决了综合利用水库供水与发电的矛盾，满足了电网调峰发电的要求，减少了汛期弃水。

（二）按电站的调节性能划分

抽水蓄能电站的调节性能主要是以上水库调节库容的大小来评价。一般采用装机连续满发小时数来衡量其调节能力的大小。

（1）日调节抽水蓄能电站。日调节抽水蓄能电站以一天作为一个调节周期，在负荷低谷时抽水运行，吸收系统内的低谷电量，在负荷高峰时放水发电，满足电网的调峰要求。根据电网的需求，抽水蓄能电站一天中完成一次或多次抽水、发电过程。日调节的抽水蓄能电站在电力系统中主要承担日负荷的调峰、填谷及备用任务，其装机连续满发小时数一般为4～7h。目前，我国已建成的抽水蓄能电站大都是日调节电站。

（2）周调节抽水蓄能电站。周调节抽水蓄能电站以一周为一个运行周期，除每日仍按照系统负荷变化的需求进行抽水和发电运行外，在周末休息日负荷比较低的情况下，利用系统的多余电量延长抽水时间，储备更多的蓄能量，用以增加平时工作日调峰出力或延长担任调峰的时间。因此，周调节抽水蓄能电站所需要的调节库容比较大，也具有更强的调节能力，其上水库的装机连续满发小时数一般为9h以上。在一些发达国家，因周末大部分工厂停止生产，这种抽水蓄能电站比较多。随着我国新能源的大规模建设，保障电网安全稳定运行、提高新能源资源利用率的需要越来越突出，调节性能优的抽水蓄能必然有更为广阔的应用需求。目前，广东的惠州、阳江和河北的丰宁等均为已建周调节抽水蓄能电站。

（3）季调节抽水蓄能电站。季调节抽水蓄能电站的运行方式主要是利用常规水电站在汛期多余的电量，如弃水调峰电量、后夜低谷电量抽水到上水库储存起来，在枯水期放水发电，承担电力系统的调峰任务。这种类型的蓄能电站所需要的上水库库容较大，同时其下水库也应具备充足的水源满足长时间的抽水要求。季调节的抽水蓄能电站在进行季调节抽水与发电运行的同时，还可根据电力系统要求进行日调节的抽水与发电运行，其调节能力更强，在电力系统中的作用更加重要。季调节的抽水蓄能电站一般适用于水电比重大且水电站调节能力又相对比较差地区的电力系统。由于要求的上水库库容很大，工程的建设条件要求更高，与日、周调节的抽水蓄能电站相比，季调节抽水蓄能电站的单位投资指标相对更要大。目前，我国还没有季调节的抽水蓄能电站。

（三）按电站的规模划分

抽水蓄能电站按照装机规模一般可分为大型抽水蓄能电站和中小型抽水蓄能电站。

（1）大型抽水蓄能电站。依据GB 50201—2014《防洪标准》和DL 5180—2003《水电枢纽工程等级划分及设计安全标准》，装机容量大于等于300MW的发电工程为大型工程，装机容量小于300MW、大于等于50MW为中型工程，装机容量小于50MW为小型工程。故抽水蓄能电站通常也将装机容量大于等于300MW的称为大型抽水蓄能电站。我国已在建抽水蓄能以大型为主，截至2022年底，全国已在建抽水蓄能电站131个，其中大型抽水蓄能电站119个，装机容量1000MW及以上抽水蓄能电站有114个，尤其是丰宁抽水蓄能电站，装机规模达3600MW，为世界规模最大的抽水蓄能电站。

（2）中小型抽水蓄能电站。抽水蓄能电站装机容量小于300MW的为中小型抽水蓄能。截至2022年底，全国已建中小型抽水蓄能电站10个，其中装机容量小于50MW的抽水蓄能电站为3个，即岗南（11MW）、密云（22MW）和寸塘口（2MW）。中小型抽水蓄能以混合式抽水蓄能电站为主，已建的10

个中小型抽水蓄能电站中有 7 个为混合式。受电站经济指标等多重因素影响，已建的中小型抽水蓄能电站均为 2005 年以前建成投产，此后仅 2022 年核准 2 个中型抽水蓄能电站，即魏家冲（298MW）和潘口（298MW，混合式）。

二、抽水蓄能电站工作特点

随着电力系统中大型火电与核电机组的大量投入以及新能源的快速发展，抽水蓄能电站已成为电力系统电源结构中不可缺少的组成部分。抽水蓄能电站是通过能量转换，把电力系统中富余而廉价的电能，转换成负荷高峰时的高质量电能，可在负荷高峰或紧急事故情况时，为电力系统提供急需的调峰或备用容量，为保证大规模高比例新能源消纳和保障电力系统安全、稳定、经济运行发挥重要作用。

（一）抽水蓄能电站的运行特点

1. 服务于电网运行的抽水蓄能电站

抽水蓄能电站的工作特点与常规水电站有很大的不同，其运行基本不受天然径流的影响。在电力系统电能富裕时，电站机组在水泵工况抽水运行，吸收电力系统内多余的电能；在电力系统电能匮乏时，电站机组发电运行，实现了电能的有效存储。由于抽水蓄能电站的这种电量转换作用和运行灵活性，成为电力系统有效的负荷调节电源。日调节的抽水蓄能电站与周调节的蓄能电站在电力系统中的工作位置与上、下水库的运行状态如图 3-1-1 和图 3-1-2 所示。

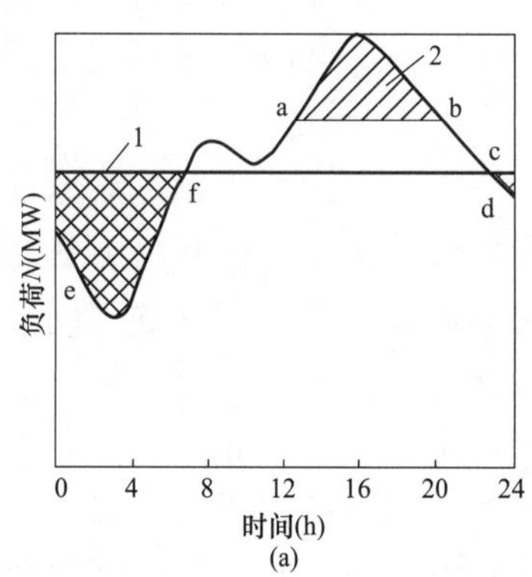

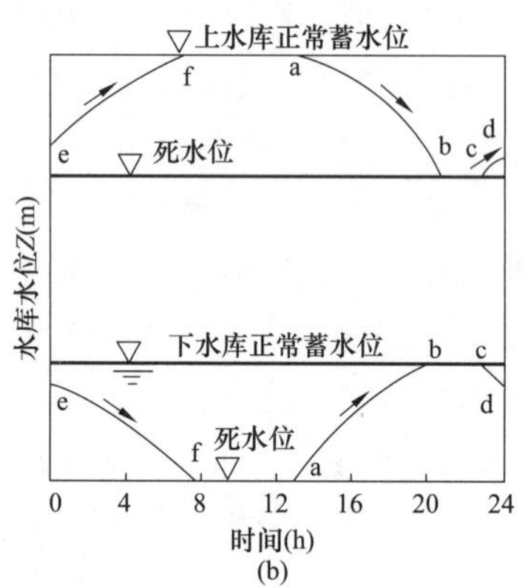

图 3-1-1 日调节抽水蓄能电站工作位置及上、下水库水位变化示意图

（a）在负荷图上的工作位置；（b）上、下水库的水位变化过程

1—夜间低谷负荷时抽水蓄能；2—日间高峰负荷时放水发电

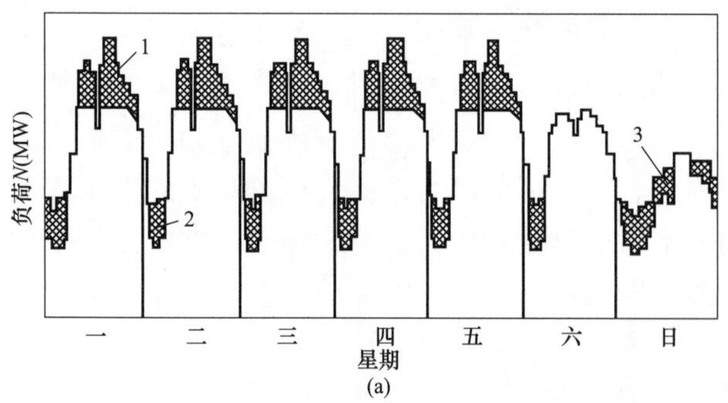

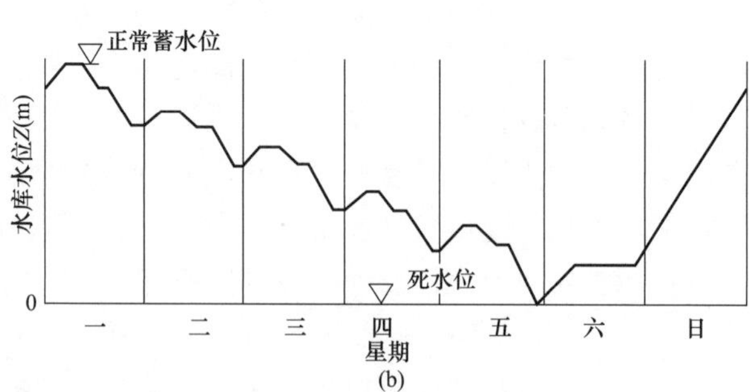

图 3-1-2 周调节抽水蓄能电站工作位置及上水库水位变化示意图

（a）在日负荷图上的工作位置；（b）上水库水位变化过程

1—高峰负荷时发电；2—平日夜间抽水；3—假日集中抽水

不同区域电网的电源结构不同，抽水蓄能的工作位置也有所不同。以火电、核电等传统电源为主的区域电网，抽水蓄能主要根据电力负荷需求进行调峰填谷运行。在新能源占比较大的区域电网，抽水蓄能电站在配合电力系统负荷需求运行的同时，兼顾新能源发电需求，及时发挥储能功能。如丰宁抽水蓄能电站，供电范围为京津及冀北电网，且冀北新能源富集，2022 年 10 月 9 日，1～3 号机组和 9、10 号机组，从早上 8：30 陆续抽水发电至下午 15：44，配合新能源运行的 5 台机平均抽水 6～7h；17：00 陆续转为发电工况，配合电力系统晚高峰发电削峰。

2. 配合特定电源基地运行的抽水蓄能电站

在新型电力系统中，随着大量新能源基地的规划建设，抽水蓄能电站在电源侧的运行特点将发生重大变化。电源侧的抽水蓄能电站将充分发挥储能功能，以平抑新能源出力的波动性、随机性、间歇性和提高新能源利用率、提高送电整体经济性为目标，调整出力过程。当新能源大规模发电而电力系统不需要或外送通道容量不足时，抽水蓄能电站开始抽水储能；当新能源出力不能满足系统需要或低于外送通道容量时，抽水蓄能电站开始放水发电。不同新能源基地的自然资源条件不同，电源结构和规模、出力特性等都将影响抽水蓄能的运行方式。

（二）抽水蓄能电站的循环效率

抽水蓄能电站既要抽水消耗电能，又要发电提供电能，其为电力系统提供的电能与抽水时所消耗的电能之比，称为综合循环效率。由于抽水蓄能电站在能量转换过程中存在着能量损失，抽水需要的电量要大于其发出的电量。抽水蓄能电站运行中，设计工况下的一次抽水、发电过程的循环效率与实际运行情况下的长时间、多次抽水与发电过程的平均循环效率会有所不同。由于电站运行受不同运行方式的影响，每次抽水、发电并非在典型的最优状态下运行，长时间运行情况下的平均循环效率一般要低于设计工况下的循环效率。因此，我们又将抽水蓄能电站的运行平均循环效率称为综合效率。

抽水蓄能电站的综合效率是衡量其技术经济特性的一个重要指标，电站综合效率在规划设计阶段可按式（3-1-1）计算。设抽水蓄能电站蓄能库容为 V_s，发电平均水头为 H_T、抽水平均水头为 H_p，在一次循环过程中，抽水用电量 E_p 与发电量 E_T 为

$$E_p = \frac{V_s H_p}{367.2\eta_p} \tag{3-1-1}$$

$$E_T = \frac{V_s H_T \eta_T}{367.2} \tag{3-1-2}$$

式中 E_p——抽水用电量，kWh；

E_T——发电量，kWh；

V_s——蓄能库容，m^3；

367.2——单位换算系数；

η_p、η_T——抽水工况与发电工况的运行效率；

H_p、H_T——抽水工况与发电工况的平均运行水头，m。

根据抽水蓄能电站抽水工况和发电工况各主要工作部件的实际情况，可计算出抽水蓄能电站的综合效率，即

$$\eta = \frac{E_T}{E_p} = \frac{H_T}{H_p}\eta_T\eta_p \tag{3-1-3}$$

$$\eta_T = \eta_1\eta_2\eta_3\eta_4 \tag{3-1-4}$$

$$\eta_p = \eta_5\eta_6\eta_7\eta_8 \tag{3-1-5}$$

式中 η——抽水蓄能电站综合效率；

η_1、η_2、η_3、η_4——分别为发电工况下抽水蓄能电站输水系统、水轮机、发电机和主变压器的工作效率；

η_5、η_6、η_7、η_8——分别为抽水工况下主变压器、电动机、水泵和输水系统的工作效率。

对采用可逆式机组的抽水蓄能电站，抽水工况与发电工况相比，主变压器双向运行的效率一般变化不大，常取 $\eta_4=\eta_5$。输水系统效率中考虑了拦污栅、进/出水口、调压井、闸阀及管段内的水头损失等，由于抽水工况下机组抽水功率变化较小，抽水引用流量一般小于发电引用流量，相应水头损失较小，故输水系统在抽水工况下的效率比发电工况下的效率要高些，即 $\eta_8>\eta_1$。由于两种工况下采用的功率因数 $\cos\phi$ 不同，电动机工况的效率常比发电机工况的效率要高些，即 $\eta_6>\eta_3$。水泵和水轮机的效率是影响电站综合效率的主要因素，一般情况下，水泵工况效率高于水轮机工况效率，即 $\eta_7>\eta_2$。有时根据某些特定要求，也存在水轮机工况效率高于水泵工况效率的情况。

抽水蓄能电站的综合效率一般为 0.70～0.75，大型抽水蓄能电站的综合效率一般都在 0.75 左右。

随着抽水蓄能机组设计制造及工程建设施工技术水平的不断提高，条件优越的大型抽水蓄能电站的综合效率可达到0.78～0.80。

我国某大型抽水蓄能电站各主要部件的设计效率见表3-1-1，根据这些数据测算出的抽水蓄能电站综合效率可达0.75。

表3-1-1　某抽水蓄能电站各工作部件的运行效率

运行工况	抽水工况				发电工况				电站综合效率
工作部件	变压器	电动机	水泵	输水系统	输水系统	水轮机	发电机	变压器	
运行效率	0.995	0.980	0.916	0.979	0.972	0.907	0.978	0.995	0.750

表3-1-1中数据尚未考虑上水库的水量蒸发、渗漏损失及电站与电网之间输电损失的影响，因此电站实际运行的综合效率将比表中数据低些。当电站靠近负荷中心，上水库的防渗处理比较好，输电损失与水量损失对总效率的影响很小，在初步规划设计时，一般可忽略不计。当要求比较精确地确定电站综合效率时，应根据电站的工程布置特点、所采用的机组运转特性曲线及电站在电网中的运行方式计算确定。

抽水蓄能电站循环效率的大小，与其在电网中的运行方式也有很大的关系，如抽水蓄能电站在电网中经常承担调频、调相等任务，因为机组经常处于低效率区运行，相应耗水量就要大一些，且在调相中主要以发无功为主，发出的有功非常少，这样其循环效率就相应要低。如果抽水蓄能电站经常处于满负荷运行，其循环效率相应要高一些。

（三）抽水蓄能电站运行工况转换特点

1. 定速机组

抽水蓄能电站在电网中主要承担调峰、填谷、调频、调相与事故备用任务，运行工况众多。抽水蓄能机组的运行工况转换速度非常快，定速机组一般情况下的转换时间如下：从静止到满负荷发电约150s，从满负荷发电到静止约140s；从静止到满负荷抽水约320s，从满载负荷抽水到静止约240s；从满载抽水到满载发电约390s。抽水蓄能定速机组工况转换一般所需时间和某项目机组招标文件的需求值见表3-1-2。由于抽水蓄能机组运行的灵活性，可以适应系统在负荷高峰时迎峰爬坡的需要，从而避免因负荷急剧增加，系统出力增加较慢而使系统频率下降，影响供电质量和系统运行安全。抽水蓄能电站也是一种很好的旋转备用电源，同时还可以发出无功，对系统起调相作用。

表3-1-2　抽水蓄能定速机组运行工况转换方式及转换时间表

序号	工况（流程）转换	工况（流程）转换时间（s）		备注
		一般平均值	项目投标需求值	
1	静止→发电满载	150	200	
	静止→发电空载		140	发电空载至并网后
	发电空载→发电满载		60	
2	发电满载→静止	140	370	
	发电满载→发电空载		50	
	发电空载→静止		320	
3	静止→满载抽水（SFC）	320	480	
	静止→抽水调相（SFC）		360	
	抽水调相→满载抽水		120	
4	满载抽水→静止	240	360	
5	满载抽水→满载发电（直接）	390	500	
	满载抽水→静止		300	
	静止→发电空载		140	
	发电空载→发电满载		60	
6	静止→发电调相		240	
7	发电调相→静止		370	
8	发电调相→发电空载		120	
9	发电空载→发电调相		90	
10	抽水调相→静止		350	

2. 变速机组

抽水蓄能变速机组的运行工况转换，可通过控制交流励磁设备来改变机组转速，从而缩短转换时间，即可通过合理的转速控制来缩短停机时间以及起动时间。日本已建的大河内抽水蓄能电站 400MW 变速机组 0.2s 内可改变发电输出功率 32MW 或抽水输入功率 80MW。我国尚无已建成投产的抽水蓄能变速机组，目前在建的丰宁抽水蓄能电站设计安装有 2 台变速机组。根据丰宁变速机组提供的仿真结果资料，变速机组抽水工况起动时间远远小于定速机组，并网时间仅在几秒钟即可实现。

（四）抽水蓄能电站可提高清洁能源的利用率

1. 提高新能源利用率

抽水蓄能电站与新能源配合运行，可有效提高新能源资源利用率。根据呼和浩特抽水蓄能电站投产后蒙西电网新能源利用率来看，风电弃风率从 2016 年的 24.84%下降到 2019 年的 8.8%；光伏发电弃光率从 2016 年的 6.58%下降到 2019 年的 1.3%。抽水蓄能作为大规模储能电源，可有效提高新能源资源利用率。

2. 提高水资源利用率

对于混合式抽水蓄能电站，由于其上水库一般都有比较大的天然径流，在汛期水库来水量比较大时，为减少水库弃水，抽水蓄能机组可以较长时间以发电工况运行，提高水资源的利用率。

第二节 抽水蓄能电站建设必要性

抽水蓄能电站本身不生产电能，通过对电力系统不同时间的电量转化，成为一种专用的储能和调节电源，既是发电厂又是电力用户，是一种特殊的电源。新型电力系统是我国新型能源体系的重要组成部分，新能源的大规模并网要求新型电力系统配置更多的储能和调节资源来进行发、输、配、变、用的平衡。由于抽水蓄能电站的特殊性，其建设必要性要结合地区电力系统的特点、资源条件、电源规划等，纳入电网统一规划与配置；考虑特定电源或新能源基地的需要专门配置。因此，需要对建设抽水蓄能电站的必要性进行深入细致的分析论证。

一、电网负荷及运行特性

电力系统供电对象的类型是多样的，如工业、农业、商业、市政公用事业、电气化交通、居民生活以及服务业等，而各行业的用电时间和用电特性差别较大。通常用基荷、腰荷与峰荷来表示电网用电特性的变化及发电设备的工作位置。图 3-2-1 为电力系统典型的日负荷曲线图，一般用 γ（日负荷率，为日平均负荷与最大负荷的比值）、β（日最小负荷率，为日最小负荷与最大负荷的比值）来表示其日负荷特性。γ 值越小，表明日负荷越尖瘦，日负荷越不均衡；β 值越小，表明日负荷变化越大，负荷的峰谷差越大。此外，还有周负荷特性曲线、年负荷特性曲线，用来表示一周中的负荷变化与一年中的负荷变化特点。

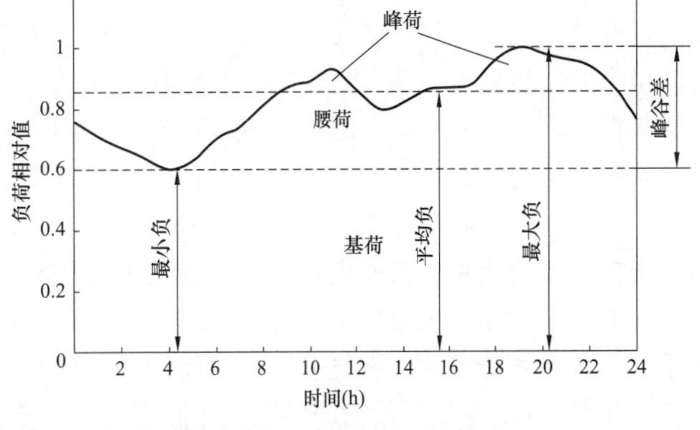

图 3-2-1 电力系统典型日负荷示意图

从用户的用电特性分析，工业负荷中的重工业、电气化交通用电等比较平稳，常构成负荷图的基荷部分；轻工业、第三产业及其他行业的用电，特别是居民生活用电，不仅在用电时间上相对比较集中，而且用电负荷变化也比较大，常构成电网的腰荷与峰荷部分。

由于电量的不可储存性，发电和用电是同时完成的，因此系统内发电设备的出力要随着系统用电情况随时进行调整。随着电力用户负荷的不断变化，为保证供电的安全、可靠与经济性，要求发电设备既要保证相应数量的开机容量，又能在运行特性上适应这种负荷变化的要求。

不同地区由于经济发展的不同，用电构成差别也比较大，从而使电网的供电特性差别较大，电网对调峰电源的需求也大不相同。一个电网是否需要建设抽水蓄能电站以及合理的建设规模，对电网负荷特性的分析及各类电源的运行特性分析是一项很重要的工作。因此，在论证电网建设抽水蓄能电站的必要性时，首先要收集电网历史统计资料，包括用电量和用电负荷的变化、供电范围内经济发展和各类用电部门用电需求方面的资料，在此基础上分析电网的负荷特性，预测不同时期电网负荷特性的变化，然后根据这些资料，结合电网的电源构成、机组运行特性以及其他方面的因素，对电网建设抽水蓄能电站的必要性进行分析。

二、不同电网对抽水蓄能电站的需求分析

我国风电资源主要集中于“三北地区”和东南沿海一带，全国100m高度平均风速均值大于6.0m/s的地区主要分布在东北大部、内蒙古、华北北部、华东北部、西北大部和中东部地区沿海等地。光伏资源主要分布在西北大部、内蒙古、华北西北部、华南东南部和华东南部。

由于各地区资源的分布差别较大，造就了各地区电网不同的电源构成。如华北地区煤炭资源和新能源比较丰富，而水资源相对缺乏，因此电网内电源主要以火电机组和新能源为主，这两类机组一般可占电网总装机容量的95%以上，常规水电机组很少。西南地区水力资源较丰富，电网内水电机组所占比重较大，一般水电机组容量可以占电网总装机容量的60%～70%，火电和新能源机组相对较少，一般仅占30%～40%。华东和华南地区水力资源和煤炭资源均比较缺乏，特别是煤炭资源绝大部分来自我国西北地区，不仅运输距离远，而且由于运输能力的限制，发展火电机组也受到一定制约，因此该地区的电源发展，一个途径是建设核电机组或发展一部分海上风电和光伏；另一个途径是“西电东送”，将我国西部地区丰富的水电和新能源，通过高压和超高压输电线路送往该地区。

不同地区的资源分布使地区电网内发电机组构成差别非常大，从而使不同地区电网的调度运行方式也有较大差别。由于各地区电网电源构成或电网调度运行方式的差别，对抽水蓄能电站的建设需求也不相同。随着构建新型电力系统步伐加快，各电网新能源的比重都将进一步加大，对抽水蓄能电站的需求也将进一步加大。

（1）火电为主的电网。由于火电机组增加和降低出力受机组本身技术条件的限制，其调节性能不如水电机组灵活，对电网负荷变化的反应速度也较慢，给电网调度带来困难，不能很好满足电网运行要求，需要建设一定规模调节性能好且运行灵活的调节电源。然而这类电网所覆盖的地区一般水资源相对较缺乏，建设常规水电站用于电网调峰的可能性不大。因此以火电为主的电网构建新型电力系统，建设抽水蓄能电站是解决电网调节和保证电网安全稳定运行的理想途径。

（2）具有核电机组的电网。我国东南部的广东、江苏和浙江等省，既缺少水力资源也缺少煤炭资源，这些地区的电源建设除充分开发当地有限的水力资源外，就是发展海上风电和部分光伏电站，然后就是大力发展核电。核电可以解决当地用电矛盾，但是核电机组所用燃料具有高危险性，一旦发生核燃料泄漏事故，将对周边地区造成严重后果，因此核电站的运行不能有任何闪失，机组一般要求在平稳状态下运行，承担电网的基荷。而且核电机组单机容量较大，一台机组的容量可达到1000MW甚至更大，一旦停机将对所在电网造成很大冲击，严重时可能造成整个电网崩溃。这类电网构建新型电力系统更需要建设抽水蓄能电站，除解决电网的调峰外，更重要的是作为核电站运行的保安电源。如广东大亚湾核电站，机组单机容量为900MW，投入运行以来，曾发生停机甩负荷事故，广东电网均是调用广东抽水蓄能电站以恢复电网正常运行。一般从核电机组甩负荷电网频率下降到电网频率恢复正常，仅需要7min左右。故对于核电机组容量占有一定比例的电网，建设抽水蓄能电站作为电网的调峰电源和核电机组的保安和备用电源是必不可少的。

（3）水电为主的电网。对于水电资源比较丰富的地区，系统内常规水电装机容量虽然比较大，如果调节性能好的水电较少，没有足够的调节库容，其调节性能会受到限制，丰、枯水期出力变化大。在汛期常规水电经常处于弃水调峰状态，而枯水期由于出力不足，满足不了电网的调峰要求。在这类地区修建一定规模的抽水蓄能电站，不仅可以弥补调峰容量不足，增加协调运行的灵活性，也可使水力资源得到充分利用。如湖北白莲河抽水蓄能电站和湖南黑麋峰抽水蓄能电站，通过深入分析论证，表明在水电容量相对较大的地区，建设一定规模的抽水蓄能电站也是经济合理的。

（4）接受远距离送电的电网。这类电网所覆盖的范围一般是能源相对缺乏，而经济比较发达，用

电量较大的地区，当地的电源建设不能满足用电要求，需要从电力资源比较富裕的地区远距离输电。如京津唐电网接受蒙西、山西地区的外送电力距离相对最近，但也有500km左右；华东、华中、广东等地区接受西南地区的送电距离均在1500km以上。由于送电距离较远，没有一定的送电规模，远距离送电是不经济的。线路较长，发生事故的概率相对比较大；送电规模较大，出现事故时对电网的影响也比较大。对于这类电网需要建设一定规模的抽水蓄能电站作为电网的保安电源，以保证电网运行的安全可靠。

(5) 大型新能源基地。随着新型电力系统的构建，我国西部大型风电、光伏基地将会陆续得到开发并远距离送往经济发达的中东部地区。西部风电场年发电小时数一般为2000～3000h，光伏电站年发电小时数一般为1500～2000h，而且风电和光伏发电具有波动性、随机性和间歇性，因此新能源基地外送在送电小时数、送电稳定性、输电线路经济性方面，需要配置一定规模的抽水蓄能电站作为储能和调节电源加以保障。通过整合风、光、蓄发电的互补特性，使抽水蓄能为大型新能源基地提供调峰、调频、转动惯量等调节能力支撑，在保障基地发电出力与送电曲线高度拟合的同时，保障新能源发电高效利用。如内蒙古东部2000万kW大型新能源基地，在基地附近规划了420万kW的抽水蓄能电站。

三、抽水蓄能电站在电网中的作用

抽水蓄能电站在电网中的作用主要体现在以下几个方面：

(1) 调峰发电。一个供电系统的负荷每时每刻都在变化。一般电网在发电设备容量和用电负荷基本平衡的情况下，每天都会出现两个用电高峰，即早高峰和晚高峰。电网负荷早高峰一般出现在上午9：00～11：00，晚高峰一般出现在晚上19：00～23：00。但随着季节的变化，早晚负荷高峰出现的时间会稍有差别。电网用电高峰时负荷上升速率较快，而火电等电源不能满足负荷上升速率要求，需要抽水蓄能电站进行调峰发电，以缓解电网供电之不足。抽水蓄能电站承担电网调峰运行，可替代火电容量或降低火电机组的调峰深度，减少系统燃料消耗与运行费用，提高电网运行的可靠性与经济性。

(2) 抽水填谷。电网低谷负荷一般出现在后夜至凌晨，以及午间。在用电低谷时，电网内大量的富余电能无法利用，而电能又不能储存，系统必须减少发电设备的出力，以保证电网内电能的供需平衡，同时也保证电网的供电安全和供电质量。对于以火电为主的电网，火电机组因受机组技术最小出力的限制，一般最小负荷可降低到机组额定容量的50%～70%，如降低的幅度超过机组技术最小出力，就容易造成机组灭火停机事故，这就是通常所说的火电机组压负荷调峰。对于以水电为主的电网，可停运部分水电机组。对于调节性能不好的水电站，特别是径流式水电站，就会造成大量的弃水。

在电网负荷低谷有大量的富余电能时，抽水蓄能电站可以进行抽水运行，此时蓄能电站变成用电户，利用电网低谷电量将下水库的水抽到上水库，以水作为载体将电网的富余电能转化为势能，达到储存电能的目的，这样可减少火电机组压负荷调峰和水电站弃水调峰的问题，减少火电机组因压负荷运行所增加的煤耗。当以水电站作为抽水电源时，可减少电站弃水，增加电站效益，还可使火电机组的运行状态大大改善，减少火电机组事故率。

(3) 储能。储能作用主要是针对新能源而言，工作原理与抽水填谷相同，只是工作时段不同，不一定是在负荷低谷时抽水，是利用过剩的新能源电量抽水，以水做载体将系统过剩的新能源电能转化为势能储存起来，在负荷高峰时发电调峰或平抑新能源发电的不稳定性，这样可减少风电、光伏电站的弃风弃光，将新能源发电充分利用，从而增大新能源的消纳利用。

(4) 频率调整。由于电力系统中各用电对象的用电特性千差万别，系统的负荷每时每刻都在变化，即常说的负荷"大波动"与"小波动"现象。如电力机车的运行、一些加工机械的运行等，都是间断性工作，这些用电对象的工作都对系统的负荷产生影响。如用电对象增加的负荷较大，系统内的发电设备一时不能满足时，由于供需不平衡就会使系统频率下降；如系统用电对象减负荷较多，供大于需求时，系统频率就会上升。不论系统频率上升还是下降，都会对系统用户产生影响，严重时可使用电户设备受到损坏。因此，电力系统应根据系统的负荷变化，随时调整发电设备的出力以适应系统负荷变化，而使系统频率保持在规定的范围之内。我国规定，电力系统频率(50±0.2)Hz为合格。

以燃煤火电为主的电力系统，由于火电机组增、减负荷速度相对较慢，一般较难适应系统的负荷变化，特别是系统负荷急剧变化时（即出现“大波动”现象），以致系统的频率合格率较低。如华北电网，在20世纪80年代，系统频率合格率最低曾降到81%，一般也仅为95%～98%，主要原因就是调频手段不足。20世纪90年代后潘家口和十三陵抽水蓄能电站相继投入运行，系统频率合格率一般保持在99.99%。

以下实例可进一步说明抽水蓄能电站在电网中承担调频任务所具有的作用：①京津唐电网在1997年6月24日14：34，系统频率降至49.84Hz，当时十三陵抽水蓄能电站机组静止备用，运行人员迅速起动两台机组带满负荷，系统频率在4min内恢复正常；②1998年11月28日，华东电网500kV电网频率突然下降0.16Hz，天荒坪抽水蓄能电站1号机迅即从水泵工况转为水泵调相工况运行，使500kV电网频率在2min内回升至49.96Hz。需要说明的是，由于受蓄能库容的限制，抽水蓄能电站解决系统负荷“小波动”的频率调节能力有限。调节性能好的抽水蓄能电站，通过库容使用上的调整，可以短时间内承担这种调频运行方式。

（5）无功调节（调相）。不论电力系统的电压升高或降低，对用电户都会产生不利影响，严重时同样会使设备损坏或不能正常工作。抽水蓄能机组具有调相功能，可以吸收无功功率，也可以发出无功功率。这样可减少电力系统的无功补偿装置，从而减少系统的投资。1999年十三陵抽水蓄能电站1～4号机在抽水工况下调相运行小时数分别达到14.47、26.07、17.91、20.34h，总调相时间达到78.79h。广州抽水蓄能一期电站建成初期调相运行的时间也比较多。1994年共发无功1.58亿kvar·h，吸收无功8128万kvar·h；1995年发出无功5774万kvar·h，吸收无功1.1亿kvar·h；1996年发出无功284万kvar·h，吸收无功4.92亿kvar·h；1997年发出无功20万kvar·h，吸收无功4600万kvar·h，为广东电网稳定电压起了较大的作用。

（6）事故备用。电力系统的发电电源不仅要满足系统用电负荷的要求，同时还必须有一定数量的备用容量。根据电网容量大小及电源构成上的差别，设置备用容量的比例会有所不同。一般情况下，发电设备容量备用率为系统最大负荷的20%左右（包括负荷备用、事故备用和检修备用等）。大电网备用率可能要低一些，小电网可能要高一些。电力系统的备用容量一般分为紧急事故备用容量和一般事故备用容量。当由火电机组承担紧急事故备用容量时，机组以额定转速空转，处于旋转备用状态（称为热备用），根据系统要求旋转备用容量随时可以带负荷运行；火电备用机组在其备用状态下称为冷备用，冷备用容量投入运行需要的时间相对较长。由火电机组来承担旋转备用容量，一部分容量经常处于空转状态，使机组煤耗上升，系统的燃料消耗增加。

抽水蓄能机组同常规水电机组一样，起动迅速灵活，工况转换快，具有火电机组旋转备用功能，承担系统的备用是非常合适的。以往大量的研究成果表明，抽水蓄能电站承担电力系统备用容量，其经济效益显著。在抽水蓄能电站设计中，一般在上水库都留有一定的发电备用库容，当系统需要时可以利用上水库的库存水量，及时为系统提供备用发电。抽水蓄能电站在电力系统中承担备用所起到的作用是非常显著的，比较典型的例子有：

1）1996年6月7日10：30，京津唐电网沙岭子电厂4号机组掉闸，电网频率降为49.93Hz，10：37，3号机组又掉闸，电网频率降至49.7Hz。十三陵蓄能电站1号机组和潘家口水电站1号蓄能机组紧急投入发电，使电网很快恢复正常。

2）2001年3月22日10：59，广东电网内的核电机组跳机，系统频率降低到49.6Hz，广州蓄能电站仅用6min，就由840MW出力升至2017MW，使系统频率恢复正常。

3）2002年7月16日9：53，华东电网北仑电厂跳闸，甩负荷600MW，阳城电厂5号机跳闸，甩负荷230MW，频率降至49.72Hz。天荒坪蓄能电站超出力运行，出力达到1934.2MW，使电网恢复正常。

（7）黑启动。电力系统在遇到特大事故时，会使整个系统处于瘫痪状态。2003年8月14日，美国、加拿大发生大范围停电事故，停电范围超过24万km^2，影响5000万居民，使国家遭受了巨大损失。火电机组在失去厂用电，又没有外部电源的情况下，一般是难以起动恢复正常运行的。而抽水蓄能电站即使没有外来电源，依靠电站上水库库存水量，机组可以发电工况起动，恢复厂用电，并向电网供电，这就是所谓的“黑启动”。北京十三陵抽水蓄能电站在1999年就成功进行了黑启动试验。在电力系统瘫痪状态下，抽水蓄能电站的“黑启动”功能，可为系统中其他机组的起动创造条件，使系统尽快恢复正常。

（8）配合系统的特殊负荷需要。电力系统每年都要投产一定规模的发电电源，以满足用电负荷增长的需求。而新投产的火电、水电或核电机组在投入正式运行之前都要进行一系列的调试工作，目前生产的火电机组单机容量已达到1000MW，进行甩负荷试验时将对电力系统造成很大的冲击，严重时会导致系统瘫痪。抽水蓄能电站可配合新机组的甩负荷试验，即由抽水蓄能电站抽水运行作为试验机组的负荷，当其甩负荷时，抽水蓄能机组可迅即停止抽水运行，以保持系统负荷平衡，从而保证电网正常运行。如广东大亚湾核电机组（单机容量为900MW）和沙角C厂火电机组（单机容量为600MW）的甩负荷试验，都由广州抽水蓄能电站配合进行。

（9）满足系统特殊供电要求。对于国家举行的一些重要活动，要求确保100%的供电可靠性。火电机组为主的电网，即使其装机容量余度比较大，但应对电网突发性事故仍很困难。比较有效的办法就是利用抽水蓄能电站的特殊运行方式来解决。如1997年，为保证香港回归的直播，要求京津唐电网的供电不能出现任何事故。安排十三陵抽水蓄能电站4台机组中2台机组在抽水工况运行，若系统出现事故时，可将抽水工况运行的2台机组停止抽水并转成发电工况运行，这样十三陵抽水蓄能电站800MW的装机容量可发挥1200MW备用容量的作用。抽水蓄能电站这种特殊的运行方式及发挥的作用，是其他任何电源难以达到的。

四、抽水蓄能电站在电网中的效益

抽水蓄能电站在电网中的效益主要体现在两个方面，即静态效益和动态效益。

1. 静态效益

（1）容量效益。由于抽水蓄能电站运行的灵活性，不仅能够有效地担任系统的工作容量，还可承担电力系统的备用容量。抽水蓄能电站是优良的调峰电源，可以替代系统中部分火电机组的装机容量。由于抽水蓄能电站站址选择受水资源条件的限制较小，容易找到具有良好的地形、地质条件和优越地理位置的站址，其工程造价一般要低于火电机组的造价。抽水蓄能机组与火电机组相比，其运行维护费用也低得多。当电力系统缺乏调峰电源时，建设抽水蓄能电站可为系统节省投资与运行费用。由于各电力系统在电源构成及机组运行特性方面有较大的差别，抽水蓄能电站替代火电机组的容量，一般应通过对抽水蓄能机组与火电机组的运行技术特性指标分析和系统的电力电量平衡分析与计算来确定。在以火电为主的电力系统中，一般情况下抽水蓄能电站替代火电机组容量系数在1.1左右。

（2）电量效益。在传统电力系统中，抽水蓄能电站在将系统低谷电量转换为高峰电量的过程中，虽然抽水所用的电量较发电量要大一些，但它是将廉价的低谷电能转换为质量高的高峰电能，从而获得了电量方面的效益。抽水蓄能电站在抽水工况运行过程中，提高了火电机组的利用率，使其基本保持在最优工况稳定运行，可减少火电机组因调峰运行所增加的燃料消耗量。另外，抽水蓄能电站在替代火电机组承担调峰发电过程中，可减少系统中火电机组的高耗能发电量，从而节约系统的燃料费，提高整个系统运行的经济效益。

在新型电力系统中，新能源的占比高，抽水蓄能电站的运行方式也会发生变化。抽水时段不再仅仅局限于系统低谷时段，根据新能源发电特点，其大出力发电时段往往与电力系统的负荷高峰时段重叠，为保障电网运行安全，提高新能源的资源利用率，抽水蓄能电站可能在负荷高峰时段抽水以配合新能源消纳，从而可提高整个系统的新能源利用率，保证电网的安全运行。

2. 动态效益

电力系统的用电负荷是不断变化的，系统中所有电力设备的运行必须适应并满足这种变化要求，随时保证系统有功功率与无功功率的平衡，维持系统频率与电压的稳定，才能保证系统的正常运行与供电可靠。与其他电站相比，抽水蓄能电站在承担系统的调峰、调频、调相、备用以及黑启动等方面（也被称为辅助服务功能）具有独特的优势。由于这种辅助服务是适应系统的动态变化需求，由此产生的效益称为动态效益。

抽水蓄能电站参与系统辅助服务所产生的动态效益是客观存在的，也是显而易见的。但目前我国抽水蓄能电站动态效益的定量核算还处于摸索与探讨阶段，有待进一步研究。国外有些电网虽然在抽水蓄能电站动态效益的计量核算上做了一些尝试，也还不够成熟；不同国家的电力系统管理机制和体制差别也较大，尚未取得共识。

五、建设必要性论证

论证抽水蓄能电站建设的必要性，首先应根据电力系统设计水平年负荷特性及各类电源组成情况，分析系统运行各项实际需求，包括调峰填谷、储能、事故备用、负荷备用、调频和调相以及跟踪负荷变化等需求；然后分析系统已有发电设备能否满足运行要求，如不能满足时，应研究可能的电源组合方案，其中包括建设抽水蓄能电站的方案；再根据地区抽水蓄能电站规划与各类电源的技术经济特性，通过综合比较不同电源组合方案的技术、经济、环境和社会等因素，提出最优电源配置方案。当选定方案中包含拟建抽水蓄能电站时，说明电力系统中建设抽水蓄能电站是必要的。

（一）电力系统调峰容量需求分析

1. 电网调峰需求

电网调峰需求取决于设计水平年电力系统负荷最大峰谷差，一般可按式（3-2-1）计算

$$\Delta P_{max}=(1-\beta)P_{max} \tag{3-2-1}$$

式中 ΔP_{max}——最大峰谷差；

β——日最小负荷率；

P_{max}——日最大负荷。

电网实际运行中，有时最大峰谷差不一定出现在年最大负荷日，需要根据电网的负荷特性通过实际资料分析确定。

2. 系统备用需求

电力系统的备用容量包括负荷备用与事故备用容量。负荷备用需求取决于设计水平年电力系统负荷计划外增加负荷瞬时波动的大小，一般按系统最大负荷的2%～5%估算。电力系统日负荷变化速率有时比较快，主要发生在负荷曲线陡坡部分。根据系统负荷变化要求，有时系统负荷变化达100MW/min以上，火电机组增加负荷速率一般为2%～3%的额定出力/min，当各类电源的负荷变化要求不能适应电网负荷变化要求时，应考虑适当提高其负荷备用率。

电力系统事故备用容量一般按照系统最大负荷的10%计算，事故热备用（或旋转备用）容量按事故备用容量的50%估算。由于电力系统的大小不同，系统中的热备用容量一般不能小于系统中最大一台机组的容量。

（二）电力系统调峰容量供需平衡分析

电力系统的调峰容量平衡，主要目的是阐明电力系统调峰容量的余缺程度，论证建设调峰电源的必要性。电力系统调峰容量平衡，首先根据电力系统的负荷特性以及预测的设计水平年的电力系统负荷，计算电力系统最大峰谷差；然后根据电力系统电源建设计划所确定的设计水平年电源组成及相应各类电源的调峰能力，计算各类电源的可调峰容量，从而求得设计水平年电力系统总调峰容量，与电力系统所需调峰容量进行比较，如果电力系统可能调峰容量小于系统所需调峰容量，则说明电力系统需要增加调峰电站容量。

电力系统的电源组合是比较复杂的，电源种类也比较多，各类机组的调峰性能千差万别，特别是规模较大的电力系统，只有对电力系统的各类机组组成以及调峰性能进行细致的研究，才能取得比较可靠的数据。

电力系统调峰容量平衡应满足下列基本要求：①各运行机组的开机容量之和应等于或大于日最大负荷与旋转备用容量之和；②各运行机组开机容量的技术最小之和应等于或小于日最低负荷。电力系统调峰容量平衡可按以下的步骤和方法进行。

1. 确定需要的调峰容量

电力系统设计水平年调峰容量需求为电力系统所有工作容量（有时也称为开机容量）所要承担的系统负荷最大变化幅度，包括日负荷峰谷差及旋转备用容量，即

$$N_{TF}=\Delta P_{max}+P_{XU}+\Delta P_{bd} \tag{3-2-2}$$

$$P_{XU}=K_{XU}P_{max} \tag{3-2-3}$$

式中 N_{TF}——电力系统设计水平年计算月份调峰容量需求；

ΔP_{max}——电力系统设计水平年计算月份最大峰谷差；

P_{XU}——电力系统设计水平年旋转备用容量；

P_{max}——电力系统计算月份典型日最大负荷；

K_{XU}——电力系统设计水平年旋转备用率；

ΔP_{bd}——负荷波动。

负荷波动在调峰容量平衡中也可以不考虑。

2. 确定各类电源调峰能力

（1）常规水电站。具有日调节能力以上的常规水电站均能够承担系统调峰，所承担的调峰容量为

$$N_{SHF}=\alpha_{SH}N_{SHK} \tag{3-2-4}$$

式中 N_{SHF}——常规水电站调峰能力；

α_{SH}——常规水电站的调峰幅度，一般按100%计算，但如果水电站承担供水、航运等综合利用要求时，应考虑综合利用对水电站调峰能力的影响；

N_{SHK}——常规水电站的工作容量。

（2）抽水蓄能电站。抽水蓄能电站承担的调峰容量为

$$N_{SPF}=\alpha_{SP}N_{SPK} \tag{3-2-5}$$

式中 N_{SPF}——抽水蓄能电站调峰能力；

α_{SP}——抽水蓄能电站的调峰幅度，一般按200%计算；

N_{SPK}——抽水蓄能电站工作容量。

（3）燃煤火电站。燃煤火电站能够承担的调峰容量为

$$N_{HUF}=\alpha_{HU}N_{HUK} \tag{3-2-6}$$

式中 N_{HUF}——燃煤火电站调峰能力；

α_{HU}——燃煤火电站的调峰幅度，按火电机组技术最小出力来定，一般为20%～70%；

N_{HUK}——火电机组的工作容量。

（4）燃气轮机组。燃气轮机组的调峰能力为

$$N_{RAF}=\alpha_{RA}N_{RAK} \tag{3-2-7}$$

式中 N_{RAF}——燃气轮机组的调峰能力；

α_{RA}——燃气轮机组的调峰幅度，一般按100%计算；

N_{RAK}——燃气轮机组的工作容量。

对于燃气联合循环机组，所承担的调峰能力，还要根据具体情况进行计算，该类机组的调峰幅度一般要较纯燃气轮机组要小。

3. 计算步骤

电力系统需要的调峰容量是由系统最大峰谷差和系统旋转备用确定的，调峰容量平衡计算步骤如下：

（1）根据最高负荷及最小负荷率计算峰谷差。

（2）根据系统负荷备用率计算负荷备用容量。

（3）根据系统事故备用率计算系统的事故备用容量，并计算其中的热备用容量（一般为事故备用容量的50%）。

（4）计算系统旋转备用容量，系统旋转备用容量为负荷备用容量和事故热备用容量之和。

（5）计算系统需要的开机容量，等于系统最高负荷与所需旋转备用容量之和。

（6）计算各类电源的开机容量，要考虑各类机组的检修容量和备用容量。

（7）计算各类电源的调峰能力，各类电源的调峰能力等于其开机容量与相应的调峰幅度的乘积。

（8）对各类电源的调峰能力之和与系统需要的调峰容量进行分析比较，得出系统调峰容量的余缺程度。

各类电源调峰能力大于或等于电力系统需要的调峰容量，说明系统各类电源的工作容量可以满足系统的调峰要求；如果各类电源的调峰能力小于系统需要的调峰容量，则说明系统内各类电源的调峰能力不能满足系统调峰需求，需要建设调峰电源。

（三）电力系统调峰电源优化配置分析

不同的调峰电源，在电网中的调峰作用是不同的，而且参加调峰的经济性也有差别。如火电机组不论采用开停调峰还是压负荷变出力运行，均要增加火电机组的燃料消耗，影响电站运行的经济性。但火电机组由于受机组技术的限制，不允许出现大幅度升降负荷的情况。燃气轮机组适应系统负荷变化的能力较强，但运行成本较高（主要是燃料费）。核电机组考虑到运行的安全性，基本不参与电网的调峰运行。不同地区水电在电网中所占比重差别较大，水电站在电网中所起的调峰作用差别也较大。随着风电光伏等新能源在电网中占比的大幅增加，其波动性的特性直接影响着各电源在电力系统中的工作位置，抽水蓄能电站的运行受水源条件的限制较少，运行也较灵活，在有条件的情况下，可在负荷中心附近建设，是电网比较理想的调峰电源。

但对于新型电力系统，建设什么类型的调峰电源，需要根据电力系统的电源构成、可能建设的调峰电源，结合电力系统中新能源弃电率和经济性，通过方案比较来确定电力系统的调峰电源配置方案。

1. 调峰电源方案的拟定

根据以上分析，满足电力系统调峰及动态需求的电源类型较多，主要有以下几种：

（1）调节能力比较好的火电机组；

（2）燃气轮机组；

（3）具有一定调节能力的常规水电机组；

（4）抽水蓄能电站；

（5）外区输送调峰电力。

2. 进行电力电量平衡分析

拟定不同的调峰电源组合方案，在同等程度满足电网运行需求的情况下，进行电力系统的全年电力生产模拟分析。在计算时，首先对各调峰电源组合方案中的各类机组安排合理的检修计划，然后对各类机组所承担系统的工作位置、工作容量与备用容量进行合理分配，充分发挥各类机组的运行特点与作用。通过分析，可以计算各调峰方案各类机组的装机容量与相应的发电量指标、燃料消耗（包括标煤和燃油的消耗量）、新能源弃电量等。

3. 调峰电源方案技术经济比较与选择

根据各调峰方案的电力与电量平衡成果，计算各类机组的年运行费用及燃料费用，分析计算各类机组的投资、施工工期及分年度投资计划，据此构成各类调峰电源的费用流程。对于有从外区输送调峰电力的方案，费用计算中应包括相应的输电线路部分的投资与运行费。根据各调峰方案的费用流程，分析计算其费用现值。

根据所在电力系统具体情况，从电网中长期发展规划及电力市场空间、电网设计水平年的调峰需求和电网调峰电源结构的变化趋势等方面分析，结合各方案的经济比较（费用现值最小的原则）、新能源弃电率等指标，最终经技术、经济、环境和社会等综合比较选择系统最优的调峰电源组合方案。当选择的调峰电源组合方案中有抽水蓄能电站时，说明在该电力系统中建设抽水蓄能电站是必要的，也是经济的。

第三节 抽水蓄能电站主要参数的选择

一、主要特征参数与选择特点

（一）主要特征参数

抽水蓄能电站工程规划的主要参数有上、下水库的正常蓄水位、死水位、调节库容、防洪特征水位，电站装机容量、连续满发小时数、机组台数及额定水头，输水系统的引水隧洞、高压管道、尾水隧洞管径等。其中，主要特征参数为正常蓄水位、死水位、装机容量、连续满发小时数、额定水头、输水道管径等，大都要经过多方案的技术经济比较来进行选择。

（二）抽水蓄能电站参数选择特点

1. 参数选择的主要原则

(1) 电站参数选择必须要结合站址的自然条件与建设条件，充分了解影响工程参数的有利因素、不利因素及限制条件，因地制宜地进行选择。

(2) 参数选择要考虑系统的需求、环境的许可，并与当前的设计、制造、施工技术水平相适应，应符合国家与地区的有关规划和相关政策的要求。

(3) 主要参数的选择应进行多方案的技术经济比较，比较的内容与深度尽可能一致，选择最优方案要进行技术、经济、环境与社会影响的综合分析。

2. 主要参数选择的特点

抽水蓄能电站主要参数之间既具有相对独立性，彼此之间又有联系，参数选择是一个有先有后、互为主次、先粗后精、逐步逼近的寻优过程。根据工程规模的大小、影响因素的多少及各自具有的特点，一般情况下其主要参数的选择应是分先后，分别进行选择。对于工程规模较小、影响因素较少、工程相对简单的电站，其主要参数的选择也可以一起进行。下面结合大型纯抽水蓄能电站的主要参数选择，简要说明其参数选择的特点。

(1) 首先确定电站连续满发小时数。抽水蓄能电站连续满发小时数是确定其所需调节库容的主要因素之一。应根据电站所在电力系统的负荷特性，电力系统对抽水蓄能电站调峰发电、抽水填谷和储能的要求，通过方案比较分析确定电站的连续满发小时数。

(2) 确定电站的装机容量。抽水蓄能电站装机容量是抽水蓄能电站参数选择的核心。抽水蓄能电站与常规水电站的参数选择不同，常规水电站首先要确定正常蓄水位，然后根据坝址的径流确定电站的装机规模。而抽水蓄能电站，由于其装机规模不受径流的影响，主要取决于电力系统对抽水蓄能规模的需求和电站所在位置的地质地形条件，其发电循环用水量主要根据电站的装机规模和连续满发小时数来确定。因此，首先应该确定抽水蓄能电站的装机容量，其他参数均围绕确定的装机容量进行选择。

(3) 确定电站的调节库容，并选择相应的上、下水库的正常蓄水位、死水位。抽水蓄能电站的调节库容主要取决于电力系统对电站调峰发电和储能的需求，如果系统要求抽水蓄能电站调峰发电的时间长，调节性能强，则电站需要的库容就大，反之则小。另外，库容的确定还要考虑抽水蓄能电站承担系统备用的要求。根据抽水蓄能电站需要的调节库容大小，结合地形条件，通过方案比较分析确定上、下水库的正常蓄水位与死水位，再根据电站的防洪标准，确定相应的防洪水位。

(4) 选择机组特征水头。分析计算抽水蓄能电站的最大、最小水头，通过经济比较选择机组的额定水头。

(5) 确定输水系统的经济管径。一般情况下，抽水蓄能电站输水系统相对比较长，随着不同地质条件的变化，输水系统所采用的衬砌型式有很大的差别，对电站的投资影响也比较大，需通过方案比较，确定输水系统各段的经济管径。

混合式抽水蓄能电站的水库一般建在河道干流上，天然径流较大，水库还可能有其他综合利用任务，因此在参数选择上考虑的因素相对要多一些。混合式抽水蓄能电站的主要参数选择与常规水电站基本相同。上水库作为水源水库，在选择水库的正常蓄水位、死水位后，先确定电站常规机组部分的装机规模，然后根据水库的库容、水头等分析确定电站抽水蓄能机组部分的装机容量及相应的下水库特征参数。在此基础上，根据上、下水库的水位变幅与水头特性，选择抽水蓄能机组机型参数。当上水库承担有向下游地区灌溉或供水的综合利用任务时，可以不考虑常规机组受“以水定电”的影响，根据电力系统要求，按调峰电站设计。

二、电站连续满发小时数选择

抽水蓄能电站连续满发小时数是反映电站调节性能的一个指标，取决于所在电力系统的特性和运行要求，电力系统中核电、风电及光伏等发电特性，以及电站本身的自然条件。连续满发小时数需要经过技术经济比较确定。

首先应根据抽水蓄能电站所在电力系统的特性和运行要求，分析确定电力系统对抽水蓄能电站调节性能的要求。我国电力系统负荷变化比较突出的主要是一日内的负荷变化。早高峰一般出现在9：00～11：00，晚高峰一般出现在18：00～23：00，季节、地区不同，晚高峰出现的时间稍有差别。低谷负荷一般出现在夜间24：00到次日晨昼7：00，光伏比重大的电力系统中午时段需要抽水储能，一般在11：00～16：00。日调节抽水蓄能电站通常可以满足电网运行要求。周负荷的变化，主要反映在周末，在一些经济比较发达的地区例如广东省和京津唐地区已有需求显现。日调节的抽水蓄能电站连续满发小时数一般不应小于系统晚高峰需要的发电时间，同时还要考虑早高峰的需要。一般晚高峰持续4～7h，而且需要的调峰容量也比较大；早高峰持续时间3～5h，需要的调峰容量比较小，因此日调节调峰抽水蓄能电站的调峰发电时间需要通过分析系统的负荷特性来确定，一般在4～7h之间选择。对于周调节的抽水蓄能电站，调峰发电时间相对比较长，一般都在9h以上，如广东省的惠州和阳江抽水蓄能电站，调峰发电时间均在14h左右，丰宁抽水蓄能电站调峰发电时间为10.8h。

连续满发小时数主要考虑电站所在电力系统的调峰发电时间、抽水时间以及上下水库的自然条件拟定不同方案，通过电力系统运行模拟、耗煤量分析、配合新能源运行以及技术经济等方面综合分析比较确定。

电站连续满发小时数选择所需电力系统基本资料主要有：

（1）电力负荷特性与需求预测资料。包括地区电网负荷特性和负荷预测资料。

1）地区电网负荷特性。包括现状及远景预测的8760h负荷特性、日负荷特性与周、年负荷特性。8760h负荷特性是设计水平年全年逐时负荷特性曲线。日负荷特性用不同水平年典型日负荷特性曲线来表示，就是不同季节或不同月份的典型日24h系统用电负荷变化曲线。通常情况下，由于季节的变化，一个电力系统的典型日负荷曲线可分为春季、夏季、秋季、冬季四个典型；对于春、秋季用电负荷特点不明显的，也可采用冬、夏两条典型日负荷曲线。对于地区电网较小，年内用电负荷变化不大，甚至也可以采用一条典型日负荷曲线。对于周负荷变化明显的电力系统，应列出一周中7日的典型负荷曲线。年负荷特性用不同水平年的典型年负荷曲线表示，包括年内逐月最大发电负荷、平均负荷、最小负荷的典型曲线。

2）地区电网负荷预测资料。供电地区电力需求预测成果，包括不同水平年系统的最大发电负荷、年发电量及相应的增长率等指标；如果涉及向区外送电或从区外受电，还需要收集不同水平年送电或受电电力和电量的预测成果。

（2）电源及电网建设规划资料。包括电力系统电网建设及各类电源的现状、发展规划资料。电力系统电源建设规划主要反映电力系统内，不同时期增加的电源建设项目以及电源类型、规模、新增加的电源机组的性能，电网架构、电压等级及输电范围等。

（3）电源构成及运行特性资料。包括各类电源装机容量所占的比例、各类电源的特点以及机组的运行特性。

1）火电。火电机组一般分为供热机组、冷凝式机组、燃气机组、燃油机组和燃气轮机组，各类机组的造价及其运行特性也不尽相同。

a. 供热机组。在发电的同时还要承担工业、民用等供热任务。这类机组由于调峰性能较差，一般是在系统中的基荷运行，机组运行的热效率相对较高。

b. 燃煤冷凝式机组。也就是通常所说的常规燃煤火电机组。这类机组由于设计及所用的燃煤种类上的差别，其负荷变化幅度差别较大。目前，火电机组的技术最小出力一般可以达到其额定出力的50%～60%，性能好的新机组甚至可以达到其额定出力的30%～45%，调峰幅度比较大。从国内燃煤火电机组的运行情况统计分析，经济调峰幅度一般在30%～45%。这类机组由于所用燃料为原煤，起动一次需要的时间长，且消耗大量的原煤和燃油，起动费用比较高，适于在基荷运行。

c. 燃气机组。这类机组所用的燃料为天然气，起动速度比较快，运行也比较灵活。由于所用燃料费用较高，运行成本相对较大，一般用于电网的调峰运行。

d. 燃油机组。这类机组所用燃油为工业重油，较燃煤机组起动要快，出力变幅也大，但同样存在燃料费用较高，发电成本高的问题。一般在系统中承担备用或调峰任务。根据目前我国的能源利用产业政策，属于限制发展的电源。

e. 燃气轮机组。这类机组所用燃料为轻柴油，燃料费用较燃油机组更高，每千瓦时的发电成本可以达到0.5元左右，因此，这类机组在各电网中容量相对较少。但这类机组最大的特点是，起动速度快，运行灵活，在电力系统中一般承担备用或调峰任务。

f. 联合循环机组。这类机组一般是燃气轮机组与常规的汽轮发电机组联合运行，主要是提高燃料的利用效率，降低运行成本。但在调峰性能方面较单一的燃气轮机组相差较大，其调峰性能主要取决于汽轮机组的调峰性能。这类机组一般不考虑按调峰机组运行。

2）水电。根据电站水库的调节性能分为径流式、日调节、周调节、年调节和多年调节水电站。水电站机组起动迅速，运行灵活，日调节以上的水电站可以担负系统的调峰、调频与备用任务。

3）核电。这类机组发电所用燃料为核能，是一种比较清洁的能源。核电机组单机容量大，运行比较稳定，但核电站建设投资较大，其安全性要求也高。主要承担系统的基荷发电。

4）风电。风力发电由于受自然因素的限制，设备利用小时数较低，一般在2000～3000h，风力发电保证率较低，在电网内尽量在基荷运行，提供电量保障，其保障出力约5%。

5）光伏发电。太阳能发电同样受自然因素的限制，设备利用小时数较低，一般在1500～2000h，根据光伏发电特点，在电网中一般在基荷运行，仅提供电量保障，其保障出力较小，可忽略不计。

6）潮汐发电。潮汐发电在机组设备的设计制造方面不存在问题，但由于海水具有腐蚀性对机组的制造材料要求较高；建设潮汐电站对地形也有一定要求，否则电站建设费用会很高，因此海洋潮汐能源的利用也受到限制。潮汐电站由于受大海涨潮和退潮的影响，其运行具有很强的规律性，与抽水蓄能电站的配合运行也是一个新的研究课题。

在进行抽水蓄能电站连续满发小时数选择时，需要详细收集有关电站在电网中的装机容量，今后的发展规模以及运行特性等方面的资料。如火电机组的发电煤耗曲线，包括火电机组开停机所耗用的燃料资料等；对于水电站来说，由于受天然径流影响，不同时间的电站的水头和出力变化大，还需要收集电站机组的预想出力过程与典型代表年（丰、平、枯水年）的出力过程资料。

（4）电网与电站相关经济资料。收集电网与各类电源的造价、运行费率、建设工期等资料，以及供电地区燃油、天然气、标准煤价、上网电价等资料。

（5）新能源出力特性。收集电力系统中风电（陆上风电、海上风电）和光伏全年出力特性，以及新能源在系统中的运行情况、利用率。

三、电站装机容量选择

（一）需要的资料

1. 电力系统基本资料

抽水蓄能电站装机容量的选择与电力系统联系密切，有关电力系统负荷与电源方面所需的主要资料与连续满发小时数选择所需资料相同，并应保持一致。

2. 上、下水库地形地质资料

抽水蓄能电站设计参数与站址的地形条件有很大关系，因此在进行装机容量比较时，要详细收集电站上、下水库的地形资料。一般情况下地形图比例尺应大于1：10000。另外，上、下水库的建设与地质条件的关系也很密切，特别是上水库，如果地质条件差，可能需要全库盆衬砌，对电站的经济指标影响较大。

3. 工程区水文气象资料

工程区水文气象资料的收集，包括电站枢纽工程设计、施工规划设计和环境保护、建设征地移民安置设计等所需要的有关水文气象资料。

抽水蓄能电站发电所用水量是循环用水，一般发电用水量较少。电站在运行过程中，因上、下水库水面的蒸发、库盆及输水系统的渗漏等会损失一部分水量，每年需进行补充。对于水资源比较缺乏的地区，特别是北方干旱地区，如果天然径流不能满足电站每年的补水要求，还必须要采取补水工程措施。因此要收集所在地区相应的水文及水面蒸发资料。

对于在北方寒冷地区，在计算抽水蓄能电站发电水量时，要考虑冬季冰冻所占用的水体。需收集所在地区相应的气象资料。

抽水蓄能电站水头相对比较高，泥沙对机组的磨损影响大，因此应重视泥沙资料的收集。包括含沙量、输沙量、泥沙的颗粒级配和矿物组成等资料。

（二）装机容量比较方案拟定

首先应根据电力系统需求与工程本身的自然条件，合理拟定电站装机容量比较方案。

1. 电力系统需求

对于一个特定的电力系统，抽水蓄能电站容量的需求是有一定限度的。根据以往研究成果与电网运行经验，以火电为主的电网，抽水蓄能电站容量一般宜为其总装机容量的10%～20%；以水电为主的电网，对抽水蓄能电站容量的需求相对要少一些。因此，比较抽水蓄能电站装机容量方案时，还必须要考虑电力系统对抽水蓄能电站的需求，拟定电站的装机规模通常不宜超过电力系统设计水平年的需求。

在设计实践中也存在这样的情况，当一个抽水蓄能电站站址自然条件比较好，按照本身的建设条件其规划装机容量可能比较大，就存在电网近期能否有效利用的问题。当系统近期不能充分利用时，从合理利用站址资源出发，应研究分期进行开发的可行性与合理性。

2. 地形地质条件

水库库容与水头是影响抽水蓄能电站装机规模的主要因素。可利用的库容愈大、水头愈高，电站装机规模就愈大。由于地形条件的限制，上、下水库所能达到的库容受到一定制约，也就限制了抽水蓄能电站的装机规模。工程地质条件会影响水库水位的选择，也会影响装机规模。

3. 机组制造水平

同样装机规模下，采用较大的单机容量，减少机组台数，通常可以减少机组设备数量和土建工程投资，但单机容量大小要考虑电站的设计水头和机组设计制造技术水平。我国目前大型抽水蓄能机组已全面实现自主化设计制造，在单级混流可逆式定速机组的研发、设计和制造方面已处于世界先进水平，已投产运行的长龙山抽水蓄能电站额定水头710m，仅次于日本葛野川，居世界第二；阳江抽水蓄能电站额定水头653m，单机容量400MW，为国内已投运的单机容量最大机组，居世界前列。

4. 水源条件

抽水蓄能电站发电用水是循环式，所需水量较少。抽水蓄能电站用水主要是两部分，一是电站建成初期，上下水库需进行初期蓄水，这部分用水量比较集中，量相对大些，蓄水时间也有限制；二是电站投入运行后，每年要对蒸发渗漏损失的水量进行补充。对于我国北方水资源较缺乏的地区，水源条件的满足程度在某种程度上也会限制抽水蓄能电站的装机容量，在设计中应引起重视。如山东省文登抽水蓄能电站，装机容量1800MW时，下水库所在河流的来水量要满足初期蓄水和运行期补水需要均有所欠缺，还必须采取其他补水措施，因此该电站装机容量不宜再增大。在拟定装机方案时，当水源条件对抽水蓄能电站的装机容量存在制约时，应研究可能的合理补水措施，并纳入装机方案比较中。

影响电站装机规模的因素众多，根据上述主要影响因素，大致可以确定抽水蓄能电站可能的装机范围。在此基础上，拟定几个装机方案进行深入比较。

（三）方案经济比较与计算原则

1. 方案经济比较原则与方法

抽水蓄能电站不同装机方案间的经济比较方法基本上可分费用现值比较法和差额投资内部收益率法两种，其他方法大致都可归于以上两种方法中。

采用费用现值比较法进行多方案比较时，每一个装机方案在电力系统中的作用与效益应基本相同，即同等满足电力系统要求，其费用和效益的计算口径、范围、分析期应一致。抽水蓄能电站不同装机方案容量上的差别，应选择具有相应功能的其他电源容量予以补充。通过不同电源组合方案的费用计算，以费用现值最小的方案为优选方案。差额投资内部收益率法是以不同规模方案之间的差额投资（费用）与差额效益，进行费用与效益的比较，计算各差额方案的内部收益率。当差额方案的内部收益率大于或等于基准收益率时，以投资大的方案有利。在实际应用中，对于一些大、中型电站的方案比较常采用费用现值比较法，一些小型电站多采用差额内部收益率比较法。

2. 替代电源选择与费用计算原则

在进行抽水蓄能电站不同装机方案的技术经济比较时，为使各比较方案在容量和电量方面同等满足电力系统的要求，采用某种替代电源以补充不同装机容量之间的容量和发电量差别，一般称为补充容量和补充电量，也常称为替代容量与替代电量。

(1) 替代电源选择。一般选择相对比较经济而且可能实现的电源方案作为替代电源（或补充电源），应根据不同地区的能源资源、电源构成状况选取不同的替代电源方案。根据抽水蓄能电站的运行特点和电网中的作用，对于以火电为主的电力系统，一般常选择燃煤火电、燃气火电、燃油火电、燃气轮机等作为替代电源；对于水电比重较大的电力系统，除了选择上述几种火电外，也可以选择水电作为其替代电源方案。但由于每个水电站建设条件差异较大，难以选择较为合适的替代方案，一般情况下大都选择火电作为抽水蓄能电站替代方案。由于核电、风电、太阳能发电以及潮汐电站等电源的特殊性，一般不作为抽水蓄能电站的替代电源。

通常应通过系统的电力电量平衡来确定替代电源方案的替代容量和替代电量，这种方法比较复杂，计算工作量相对要大一些，一般适用于规模较大的抽水蓄能电站方案比较。实际工作中，为减少计算工作量，常采用一些简化的方法。如选择燃煤火电机组作为抽水蓄能电站方案的替代电源方案时，以不同方案之间抽水蓄能电站容量和电量差值为基础，考虑到火电机组和抽水蓄能机组在厂用电、机组的检修时间、事故率等方面的差别，分别乘以一个扩大系数，作为相应的火电补充容量与电量指标。一般容量考虑 1.1 的扩大系数，电量考虑 1.05 的扩大系数。

(2) 替代电源费用计算。因抽水蓄能电站的替代电源常选择火电方案，下面主要介绍有关火电替代电源方案的费用计算原则。火电替代电源的费用包括两部分，一部分为建设电源的投资费用，一部分为运行期的运行费用。

对于火电机组的投资，分为单位千瓦投资指标与分年度投资指标，可根据地区的不同类型火电机组建设统计资料分析确定。另外，抽水蓄能电站是一种清洁能源，为了使方案间具有可比性，在计算补充火电电源投资费用时，要考虑为减少火电机组污染物的排放所采取的措施需要的投资。

对于火电机组方案年运行费，包括人工工资、福利费（包括福利费、住房公积金、养老保险金）、修理费、材料费、水费等费用指标，亦应根据地区不同火电机组的统计资料分析确定。如统计资料缺乏时，火电机组年运行费一般可取静态投资的 4%～4.5%。关于火电机组年运行费中的燃料费，应按照替代火电机组的发电量、煤耗率以及地区标煤的价格来计算。替代火电的燃料消耗，可根据机组工作位置与出力过程，结合煤耗曲线计算确定；燃煤价格各地区差别很大，应收集当地的资料，分析确定标煤价格。

(3) 抽水蓄能电站费用计算。抽水蓄能电站的费用主要包括投资、运行费、抽水电费三部分。投资包括土建工程、机电设备和金属结构设备与安装、建设征地与环境保护、其他投资等，一般是根据电站各部分工程量，通过概算分析计算提出，包括建设期每年的投资费用（也称为投资流程）。抽水蓄能电站的年运行费用可以通过财务分析进行计算。根据统计分析，抽水蓄能电站年运行费用约为其静态投资的 2%～2.5%。抽水蓄能电站的抽水电费按所用抽水电量与抽水电价确定。

（四）装机方案选择与综合分析

装机容量的最终确定应进行综合分析与评价，主要从以下几个方面来分析。

(1) 满足系统的需求。通过电力系统在设计水平年的调峰容量平衡和电力电量平衡，分析各装机方案满足系统需求程度，以判断电站合理的装机规模。有些电站的地形条件较好，装机规模本可以大些，但从系统的需求分析，不仅在电站设计水平年其容量得不到充分利用，而在其后很长一段时间内都无法使其容量得到充分发挥。虽然装机规模大一些，工程的经济指标会好些，但由于建成后容量长期得不到充分利用，会造成资金积压，也不是合理的方案，应研究工程分期开发的合理性。

(2) 地形地质条件。在方案比较中要根据各方案的装机规模，分析工程的上、下水库地形地质条件对水库库容、电站水头、枢纽布置、施工条件等方面的有利与不利影响，并将此量化指标纳入方案比较中。

(3) 水库淹没处理及移民安置。抽水蓄能电站的水库淹没影响比常规水电站小许多，特别是纯抽水蓄能电站。电站大多数建在山区，耕地被占用后，当地人赖以生存的资源没有了，涉及移民安置的难度比较大，有时也会对电站的建设构成制约因素。因此，选择方案时应提出不同装机方案所引起的淹没补偿费用及移民安置方案，尽可能减少水库淹没的不利影响。

（4）环境影响。一般情况下抽水蓄能电站不同装机方案对环境影响程度相差不大，但也不排除一些特殊情况，特别是涉及敏感目标或敏感区域，如文物古迹、自然保护区、饮用水源地、风景名胜区等，可能对方案选择有较大影响。

（5）水源条件。电站所在地水源条件应满足电站不同装机规模方案初期蓄水和运行期每年的补水需求，而且要达到一定的保证程度（初期蓄水要达到75%以上，运行期常年补水一般要求达到95%以上的保证率），因此，要进行水量平衡分析。

（6）枢纽布置。枢纽布置与装机规模、工程地形地质条件密切相关。不同装机方案，要求的库容、输水系统的洞径、厂房的尺寸以及其他一些附属设施均不同，使枢纽布置发生一定的变化，从而引起工程投资的变化。在装机方案比较时，要结合地形、地质条件，对各装机方案枢纽布置包括上、下水库的大坝、输水系统、地下厂房及洞室群等进行细致分析，分析各装机方案枢纽布置的优缺点、工程量及投资，从而判断站点合适的装机规模。

（7）经济指标及综合分析。方案的经济指标是一个综合评判指标，包括单位容量投资指标、经济评价指标等，经济指标的优劣是方案选择的主要依据之一，地质等技术条件的差别应尽可能反映在方案投资上。应选择单位容量投资、单位电量投资指标低，费用现值小，经济内部收益率高的方案。

抽水蓄能电站装机容量方案最终选择应进行综合分析。经济指标最优并非唯一判断标准，应综合分析技术、经济、环境和社会等因素，选择最优方案。

（五）工程案例分析

下面结合某抽水蓄能电站实例介绍装机规模的选择方法。电站所在省电网是一个以火电为主的电网，电网内火电机组占60%，常规水电机组仅占5%，为了缓解电网运行的困难，提高电网运行的可靠性和灵活性，需建设抽水蓄能电站。拟建抽水蓄能电站的上、下水库均是专用水库，无其他综合利用任务。该电站建成后主要承担电网的调峰、填谷、储能、调频、调相和事故备用等任务。

1. 电力系统方面的资料

（1）负荷预测。

收集电网电力发展规划资料，该规划资料通过电网历史用电构成和用电量变化情况的统计，分析各行业的发展和用电情况，提出预测的电网不同水平年的最大负荷和用电量，见表3-3-1。

表3-3-1　　某电网不同水平年负荷及用电量预测成果表

项目	2025年	2030年	2035年
最高发电负荷（MW）	46760	59680	74380
全社会用电量（亿kWh）	3093	3854	4689

（2）负荷特性。通过电网电力发展规划对历年电网负荷特性及今后各行业用电特性的分析，预测电网设计水平年（2030年）的年负荷特性曲线（见表3-3-2）和典型日负荷特性（见表3-3-3）。

表3-3-2　　某电网2030年负荷特性

月份	1	2	3	4	5	6	7	8	9	10	11	12
最大负荷相对值	0.960	0.905	0.868	0.741	0.768	0.806	0.879	0.999	0.769	0.827	0.886	1.000
平均负荷相对值	0.850	0.777	0.766	0.668	0.700	0.722	0.765	0.748	0.701	0.716	0.793	0.849
不均衡系数	0.885	0.859	0.882	0.902	0.912	0.896	0.870	0.748	0.911	0.866	0.895	0.849

表3-3-3　　某电网2030年典型日负荷特性

项目	春季（3～5月）	夏季（6～8月）	秋季（9～11月）	冬季（12月～次年2月）
γ	0.887	0.858	0.916	0.873
β	0.763	0.772	0.781	0.793

（3）电源建设规划。根据电网目前各规划电源点前期工作进展情况和省内用电电力市场需求，规划2020～2030年装机容量从57761MW增加到119045MW，其中，2030年的火电机组容量41642MW，常规水电机组1846MW，抽水蓄能机组容量4000MW，核电装机容量14560MW，风电27500MW，光伏27500MW，储能电站1000MW，生物质997MW。电网规划的电源建设情况见表3-3-4。

表3-3-4　某电网电源建设规划表　单位：MW

类型	2025年	2030年	2035年
常规水电	1846	1846	1846
抽水蓄能	3000	4000	4000
火电（含绥中2000MW）	39642	41642	42642
核电	6720	14560	22660
风电	26000	27500	35000
光伏	11000	27500	35000
生物质	597	997	1300
储能	200	1000	2000
总装机	89005	119045	144448

2. 确定设计水平年

根据拟建抽水蓄能电站的计划建设进度，拟于2030年之前建成投产，按有关规范规定，可以选择工程建成后的5～10年做电站的设计水平年，据此确定该电站的设计水平年为2030年。

3. 拟定设计方案

根据电网的需求以及电站站址的地形条件，拟定1000MW、1200MW、1400MW三个装机方案进行比较。

4. 比选装机容量

（1）电网的需求分析。到设计水平年2030年，如果无拟建的抽水蓄能电站，在设计枯水年，假设常规水电机组全部用于调峰（冬季），现有火电机组的平均调峰能力保证能够达到30％，拟建火电机组的调峰幅度需要达到65％；如遇丰水年，在夏季拟建的火电机组调峰幅度须达到68％，才能满足电力系统要求。如拟建的抽水蓄能电站（装机容量为1200MW）投入运行，规划拟建的火电机组调峰幅度达到50％左右就可满足系统调峰要求。

从电力电量平衡成果分析，当拟建的抽水蓄能电站装机容量为1400MW时，系统的煤耗较1200MW装机方案有所增加，抽水蓄能在系统中均无空闲容量，三个方案的最大工作容量分别为1000MW、1200MW和1400MW，各方案均无空闲容量。因此，从电网需求分析，抽水蓄能电站装机容量越大越好。

（2）各方案经济指标分析。采用费用现值最小法对各装机容量方案进行分析。对于方案间的容量和电量差别，以火电机组作为替代方案予以补充。通过电力系统的电力电量平衡计算，确定各方案火电机组的替代容量和替代电量。与1400MW方案比较，1000MW和1200MW方案需要补充火电机组容量分别为417MW和215MW；从电力电量平衡成果来看，各装机容量方案在省电网中均为有效容量，完全被电网消纳，说明电网对抽水蓄能机组容量需求较大。从配合新能源运行来分析，各方案均可减少弃电率，对新能源弃电量贡献较大，说明抽水蓄能配合新能源运行效果显著。补充火电机组按扩建机组的造价来计算，单位容量投资约为4100元/kW。火电机组的年运行费按其总投资的4.5％计算。补充火电机组的建设期按3年计算，与拟建的抽水蓄能电站同时建成，同时发挥作用，从而保证各方案的比较基础一致。根据拟建抽水蓄能电站的施工进度安排，其全部机组投产时间在年中，因此补充火电建设期跨越4个年度，每年的投资按20％、30％、30％、20％计算。各年度的投资比例和施工工期是初估数，也可收集火电机组比较详细的资料来分析确定各年度的投资比例。根据收集到的电网资料，平均标煤价格为1000元/t。抽水蓄能电站的年运行费取静态总投资2.5％。拟建抽水蓄能电站的投资根据各方案的工程量估算，三个方案分年度投资流程见表3-3-5。各方案比较时的计算期取30年。主要是考虑30年后费用折现值已很小，对方案总费用现值影响较小；另外，设备使用年限一般为30年左右，如果选择更长的计算期，就要考虑设备的更新费用。各方案费用现值计算所采用的社会折现率为 8%。该计算参数一般是国家定期发布的，随着银行的存贷款利率的变化而变化，同时该参数在经济评价的规范中也有具体的规定，在实际计算中应根据具体情况进行选择。根据以上确定的参数，计算得出的各方案经济指标见表 3-3-6。

表 3-3-5　　拟建的抽水蓄能电站各方案分年度投资流程　　单位：万元

年度	1	2	3	4	5	6	7	8	合计
1000MW 方案	41207	64726	106251	141379	148841	105230	45962	15075	668672
1200MW 方案	45370	71790	117449	156049	165330	116752	51311	16748	740799
1400MW 方案	50004	81729	134459	178276	190412	134277	59483	19301	847942

表 3-3-6　　不同装机方案经济比较成果表

序号	项目	单位	方案一	方案二	方案三
1	装机容量	MW	1000	1200	1400
2	机组台数	台	4	4	4
3	单机容量	MW	250	300	350
4	连续满发小时数	h	5	5	5
5	补充火电容量	MW	416.9	215.0	0
6	补充火电投资	万元	170929	88150	0
7	补充火电年运行费	万元	6837	3526	0
8	系统增加煤耗	万 t	16.10	8.10	0.00
9	系统增加燃料费	万元	16100	8100	0
10	电站静态总投资	万元	668672	740799	847942
11	单位千瓦投资	元/kW	6687	6173	6057
12	抽水蓄能电站投资差	万元	72128		107142
13	容量差	MW	200		200
14	补充单位千瓦投资	元/kW	3606		5357
15	总费用现值	万元	820906.72	766951.04	737267.06

从表 3-3-6 看到，随着电站装机容量的增加，电站静态总投资不断增加，以装机容量 1400MW 单位千瓦投资最低。装机容量由 1000MW 增加到 1200MW 补充单位千瓦投资为 3606 元/kW，装机容量由 1200MW 增加到 1400MW 补充单位千瓦投资为 5357 元/kW，补充单位千瓦投资增加较明显。从费用现值来看，随着电站装机容量的增加，电站费用现值逐渐减少，装机容量 1400MW 方案总费用现值最低。

（3）地形地质条件及枢纽布置分析。从地形地质条件以及建筑物布置等方面来看，1000MW、1200MW、1400MW 三个装机容量方案上水库均为开挖填筑库盆形成，地形地貌条件类似，地层岩性相同，工程地质条件相当。不同方案上水库均存在水库渗漏。因此，从地形地质条件来看，装机容量比选受边坡开挖高度和分水岭垭口高程影响，宜选择充分利用现有地形条件，开挖填筑量适中的方案。

下水库为依托天然地形筑坝成库。三个装机容量方案地形地貌条件类似，地层岩性相同，工程地质条件相当。不同方案下水库坝基、坝肩均存在渗漏。因此，从地形地质条件来看，装机容量比选受边坡开挖高度和稳定条件影响，宜选择充分利用现有地形条件，开挖量适中的方案。

从工程布置方面，三个不同装机方案枢纽布置格局相同，主要由上水库、输水系统、厂房系统和下水库组成。上水库采用全库盆防渗方案，下水库采用局部防渗方案。各方案上水库和下水库主体工程量随装机容量增加而增加。

从上水库挖填平衡分析，装机容量 1000MW 方案、1200MW 方案的挖方可利用石方量是填筑量的 1.16 倍，基本达到挖填平衡，1400MW 方案的挖方可利用石方量约是填筑量的 1.2 倍，弃渣量相对较大，最大边坡高度达到 160m，且东侧及东南侧分水岭被挖除。

从下水库挖填平衡分析，装机容量 1000MW、1200MW 方案的挖方可利用石方量是填筑量的 1.21 倍和 1.17 倍，基本达到挖填平衡，1400MW 方案石方挖方量约是填筑量的 1.41 倍，弃渣量较大，且最大边坡高度达到 120m。

从上、下水库布置综合比较，1000MW 方案和 1200MW 方案较为合理地利用了地形地质条件，并且基本达到挖填平衡。

(4) 机电设备。经对本电站机组参数分析，电站三个装机容量方案的机组参数均处在国内中上等水平，其 K_p 值均为 3000～3300，H_{pmax}/H_{tmin} 为 1.199～1.243，1200MW 装机方案水头变幅稍大，但均在统计曲线的稳定运行范围之内，方案一和方案二两个方案机组设计、制造及大件设备的运输均不存在制约因素。方案三单机容量 350MW，目前国内单机容量 350MW 及以上的抽水蓄能电站水头都比较高，其中 350MW 以上抽水蓄能机组还有敦化、厦门、洛宁、长龙山、阳江，水头都接近 600m 或在 600m 以上。方案三额定水头 261m，水泵水轮机转轮直径 5.8m，进水阀直径 3.4m，水头变幅（最大扬程与最小水头比值）1.27，有一定的研发、设计和加工难度。发电机出口电压若采用 20kV，槽电流将达到 7858A，槽电流过高，对于发电机通风冷却设计有一定设计难度。

综上所述，从电网需要、经济比较和技术难易程度综合分析，选择装机规模为 1200MW。

四、水库特征值选择

（一）确定上、下水库调节库容

抽水蓄能电站上、下水库调节库容由电站发电库容、水损备用库容和冰冻库容三部分组成。

(1) 发电库容。发电库容根据确定的连续满发小时数以及各方案相应的发电流量确定，有时会根据规范考虑一定的裕度系数，NB/T 35071—2015《抽水蓄能电站水能规划设计规范》要求的裕度系数为 5%～10%。

(2) 水损备用库容。抽水蓄能电站抽水发电是循环用水，运行中蒸发与渗漏损失的水量较少。对于水资源比较丰富的地区，通过河道的径流可以得到补充。但在北方一些水资源比较缺乏的地区，特别是遇到连续枯水年份，河道径流可能无法满足电站年蒸发渗漏损失需要的补水量，要在上、下水库中设置必要的水量损失备用库容（简称水损备用库容）。水损备用库容一般按照上、下水库相应设计保证率的枯水年（或枯水段）可供水量与需要的补水量的差值确定。

(3) 冰冻库容。在北方寒冷地区的抽水蓄能电站，上、下水库冬季结冰会占用部分调节库容，因此需要考虑设置冰冻库容。抽水蓄能电站运行频繁，对水库的结冰有很大的影响。根据华北、东北等地区抽水蓄能电站水库冰厚资料，可计算“水库最大冰厚×结冰面积/正常蓄水位面积”，得到水库平均冰厚。根据抽水蓄能电站水库平均冰厚占天然河道对应最大冰厚的比例可估算抽水蓄能电站水库平均的最大冰厚，从而计算得出冰冻库容。

例如，呼和浩特蓄能电站 2013～2019 年冬季，上、下水库最大结冰平均厚度分别为 39.8cm 和 39.9cm，占天然河道对应最大冰厚比例分别为 0.43 和 0.43；蒲石河蓄能电站 2013～2019 年冬季，上、下水库最大结冰平均厚度分别为 20.3cm 和 62.5cm，占天然河道对应最大冰厚比例分别为 0.25 和 0.78。综合分析蒲石河和呼和浩特抽水蓄能电站建库前后冰厚资料，辽宁某抽水蓄能电站建库后冰厚要小于天然河道和一般水库，因此其上、下水库最大冰厚取 0.5m。

（二）上、下水库特征水位选择

在确定电站装机容量的基础上，根据电力系统对电站上、下水库调节库容的要求，结合上、下水库的库容特性，大致可以确定上、下水库相应的正常蓄水位与死水位比较方案。下面简要介绍纯抽水蓄能电站水库特征水位确定原则和方法。

1. 选择上水库特征水位

(1) 死水位。上水库多数通过开挖与筑坝形成的封闭式水库，其死水位的选择要与上水库枢纽布置结合在一起考虑，根据上水库的地形地质条件、上水库进/出水口的布置型式和淹没深度要求、泥沙淤积高程等来确定。首先要根据上水库库盆的地形地质条件，对坝轴线位置进行优化，然后根据地形条件、输水系统的走向，确定进/出水口位置和布置型式；再根据进/出水口需要的淹没深度，及电站运行期可能的泥沙淤积高程，拟定上水库最低死水位。为减少初期蓄水量，在满足枢纽布置的前提下，死库容尽可能选择小一些，某些抽水蓄能电站甚至用弃渣回填部分死库容。

(2) 正常蓄水位。对拟定的死水位，根据抽水蓄能电站需要的调节库容和机组水头变幅（水库消落深度）要求，结合库盆开挖，考虑挖、填平衡，优化调整枢纽布置等因素，拟定相应的正常蓄水位，经方案技术经济综合比较确定正常蓄水位和死水位。

（3）其他特征水位。当上水库为一个全封闭的水库时，地表径流不进入库内，在正常蓄水位确定后，需要考虑降雨对上水库防洪安全的影响，通常根据电站相应的防洪标准，按照相应频率的24h降雨量来确定设计和校核水位。对于有较大地表径流进入库内的情况，要进行设计洪水分析，根据水库的防洪标准要求，确定相应的设计洪水位和校核洪水位，若天然洪水比较大时，应考虑设置相应的泄洪建筑物。

2. 选择下水库特征水位

抽水蓄能电站下水库一般为水源水库，水库在用途上有两种情况：一种是作为抽水蓄能电站专用下水库；另一种是除了抽水蓄能电站的调节库容外，还要承担其他综合利用任务。

（1）抽水蓄能电站专用下水库。

1）死水位。利用河道建成的下水库，一般控制流域面积较大，入库的径流、洪水、泥沙的量也较大，其死水位选择要充分考虑泥沙淤积对进/出水口布置和高程选择的影响，要保证电站正常运行不受泥沙影响。根据进/出水口的布置型式、要求的淹没水深及拦沙坎前泥沙淤积高程，拟定最低的死水位。

2）正常蓄水位。河道型下水库正常蓄水位的拟定要考虑泥沙淤积对调节库容的影响；此外，由于水库一般都比较大，还应考虑不同正常蓄水位的水库淹没影响。对于完全封闭式的抽水蓄能电站专用下水库，其正常蓄水位和死水位的拟定方法与上水库类似。对拟定的不同正常蓄水位和死水位方案，经技术经济综合比较确定。

3）防洪特征水位。根据水库的设计洪水成果，通过洪水调节计算来确定各防洪特征水位。洪水调节计算方法与常规水库洪水调节计算方法基本相同。水库设计洪水位和校核洪水位的确定，通常要考虑最不利的组合情况，如上水库泄放发电流量遭遇下水库天然洪水，以合理确定相应的泄洪规模，保证电站运行及下游河道防洪的安全。

（2）有综合利用要求的下水库。水库的综合利用要求一般是指防洪、发电、灌溉、供水等对水库库容的要求。有综合利用要求的下水库规模一般比较大，其综合利用调节库容也比较大，特征水位有正常蓄水位、死水位、汛期限制水位、各防洪水位等。对于新建工程，设计中选择水库特征水位与确定常规水库特征水位的方法基本相同，但除了要满足综合利用要求外，还应考虑抽水蓄能电站专用调节库容对水库综合利用库容的影响，及抽水蓄能机组运行特性对水库水位变幅的要求。对于利用已建综合利用水库的情况，应复核水库特征参数是否满足抽水蓄能电站的运行要求，提出相应的调整方案或改建措施。不管是新建或改建情况，特征水位选择应保证抽水蓄能电站的正常运行。通常在水库死水位之上，要设置一个特征水位，即抽水蓄能电站的发电保证水位，也是综合利用部门用水的限制水位。该水位与死水位之间的库容通常称为抽水蓄能电站的专用库容，在发电保证水位以下的专用库容水量，只用于抽水蓄能电站的抽水发电运行。

要根据入库径流特性、水库特性与综合利用各部门的用水要求，通过径流调节计算，确定正常蓄水位、死水位与综合利用的其他特征水位。计算时要考虑抽水蓄能电站所需调节库容的影响，及对水库水位变幅的要求。特征水位最终应通过不同方案的技术、经济、环境、社会因素综合比较确定。

（三）案例分析

某抽水蓄能电站下水库位于某冲沟内，库区地貌类型主要为低山丘陵沟谷。上水库位于下水库左岸的山顶台地，通过开挖筑坝形成一个全封闭式上水库。通过电力系统需求分析与不同分案比较，确定该电站装机容量为1200MW，连续满发小时数5h。

1. 调节库容的确定

上、下水库的调节库容由电站发电所需的库容、冰冻库容和水损备用库容三部分组成。

（1）发电调节库容。根据电站的连续满发小时数以及机组的发电流量来确定。按照NB/T 35071—2015《抽水蓄能电站水能规划设计规范》要求，发电库容考虑1.05倍的裕度系数。对于装机容量1200MW、额定水头261m，电站发电调节库容为1020万m^3。

（2）水损备用库容。电站在正常运行期间，由于上、下水库渗漏、蒸发会损失一部分水量，损失的这部分水量需及时给予补充，否则将影响电站的正常运行，正常运行期补水按设计保证率 95%考虑。根据水面蒸发、渗漏情况，分别计算上、下水库的总蒸发和渗漏损失水量。考虑上、下水库地形条件，考虑将水损备用库容放置在下水库。

(3) 冰冻库容。本抽水蓄能电站冬季运行频繁，对水库的结冰有很大的影响，结合对抽水蓄能电站冰情的调研成果，根据华北、东北等地区抽水蓄能电站库盆型水库冰厚资料分析，估算上、下水库最大冰厚，取 0.5m。

综上分析，对于电站装机容量为 1200MW、连续满发小时数 5h，确定上水库调节库容为 1038 万 m^3，下水库调节库容为 1140 万 m^3，水损备用库 92 万 m^3，水损备用库容设置在下水库。

2. 上水库特征参数的确定

该电站在连续满发小时数及装机容量比选时，根据电力空间需求，同时考虑电站上水库地形、地质条件，以及水泵水轮机的安全、稳定运行要求，初拟上水库正常蓄水位 558m、死水位 528m、调节库容 1038 万 m^3，对应下水库正常蓄水位 285m、死水位 265m，可满足 1200MW 装机容量的连续满发小时数 5h。上水库特征水位比选在此基础上进一步开展。

(1) 方案拟定。综合考虑上水库枢纽布置的地形地质条件、电网对电站调节性能和发电库容要求，以及满足发电机组 H_{pmax}/H_{tmin} 要求，拟定以三个上水库特征水位（正常蓄水位/死水位）方案：

方案一：上水库正常蓄水位 556m，死水位 526m（556m/526m）。

方案二：上水库正常蓄水位 558m，死水位 528m（558m/528m）。

方案三：上水库正常蓄水位 560m，死水位 530m（560m/530m）。

上水库特征水位初拟方案主要技术经济指标见表 3-3-7。

表 3-3-7　上水库不同正常蓄水位方案主要技术经济指标表

项目		单位	方案一	方案二	方案三
电站	装机容量	MW	1200	1200	1200
	装机台数	台	4	4	4
	单机容量	MW	300	300	300
	连续满发小时数	h	5	5	5
上水库	正常蓄水位	m	**556**	**558**	**560**
	死水位	m	**526**	**528**	**530**
	消落深度	m	30	30	30
	所需调节库容	万 m^3	1046	1038	1030
	其中：发电库容	万 m^3	1028	1020	1012
下水库	正常蓄水位	m	285	285	285
	死水位	m	265	265	265
	消落深度	m	20	20	20
	所需调节库容	万 m^3	1136	1140	1140
	其中：发电库容	万 m^3	1028	1020	1012
水头	最大毛水头	m	291	293	295
	最小毛水头	m	241	243	245
	额定水头	m	259	261	263
上水库主要工程量	土方明挖	万 m^3	115.42	115.08	115.52
	石方明挖	万 m^3	1200.24	1191.93	1193.56
	堆石填筑	万 m^3	906.17	905.78	906.8
	混凝土	万 m^3	5.52	5.32	5.51
	钢筋	t	3304	3176	3285
	沥青混凝土防渗层	万 m^3	5.09	5.06	5.03
	喷混凝土	m^3	1.35	1.31	1.41
	挂网钢筋	t	422.86	413	444.74
	锚杆	根	40035	39112	42107

续表

项目		单位	方案一	方案二	方案三
经济指标	静态总投资	万元	742228	740799	741557
	单位千瓦投资	元/kW	6185	6173	6180

(2) 方案比较。

1) 从地形条件看，上水库地形陡峻，库区开挖易形成高陡边坡；库区左侧山体较雄厚，右侧山体较为单薄、低矮，有两个地形垭口，高程分别为 565.0m 和 571.0m；因此受地形条件限制正常蓄水位不宜太高；从渗漏角度分析，采用不同蓄水位时，上水库均存在库水渗漏问题，三个方案的库水渗漏量差别不大，因此渗漏问题不影响水库正常蓄水位的选择；从工程地质角度分析，三个正常蓄水位方案均可成立，工程边坡西侧受顺向坡裂隙切割容易形成块体不稳定问题，不同水位下开挖及防护范围略有变化，但无本质区别，因此，库岸稳定问题不影响水库正常蓄水位的选择。

2) 从水工建筑物布置分析，各比选方案枢纽布置格局相同，建筑物布置基本相似。由于上水库各方案调节库容相差较小，在开挖库盆时保持东侧库线相对固定，主要通过调整北侧主坝线和西南、南侧库线位置调整库容。从挖填平衡角度分析，方案一和方案三在尽量做到挖填平衡的基础上，两方案开挖量和填筑量均大于方案二，方案二挖填平衡性较好，且开挖量最小。

3) 从机电角度分析，对于各比选方案，主机设备及相关附属设备的选择无明显差别，其 K_p 值均在合理范围之内，$H_{pmax}/H_{tmin}=1.29$。故从机电角度分析，各方案均可行，不存在重大制约性技术难题。

4) 从施工角度分析，三个方案库盆开挖量及坝体填筑量均无明显差异，挖填平衡效果基本相当，上水库区弃渣规模无本质区别。方案三、方案一、方案二库盆开挖边坡高度依次递减，从施工难度及安全性角度方案二更优。

5) 从水库移民角度分析，上水库不同正常蓄水位的淹没范围均在枢纽工程永久占地范围内，建设征地范围不变，三个方案的实物指标量、移民安置方案、建设征地移民安置补偿费用一致。建设征地移民安置对上水库正常蓄水位选择方案不构成制约性因素。

6) 从环境影响角度分析，上水库三个正常蓄水位方案，对生态环境、水环境、施工环境、环境敏感目标等方面的影响基本相同，相应环保措施也基本相同，环保投资一致。因此，三个正常蓄水位方案在环境保护方面基本没有差别，环境影响问题不影响上水库正常蓄水位的选择。

7) 从经济比较成果来看，随着正常蓄水位的抬高，三个方案的静态总投资先减少再增加，方案二为最优方案。三个方案分别为 6185 元/kW、6173 元/kW、6180 元/kW，从单位容量投资角度来看，方案二为最优方案。

综合上述分析，该阶段考虑上水库地形条件限制、枢纽布置和机组安全稳定运行要求，从减少弃渣量和节省工程投资角度考虑，上水库特征水位初选方案二（558m/528m），即上水库正常蓄水位 558m，死水位 528m，相应调节库容 1038 万 m^3，其中发电调节库容 1020 万 m^3，冰冻库容 18 万 m^3。

3. 确定下水库特征参数

根据上水库特征水位比选，上水库正常蓄水位 558m，死水位 528m，调节库容 1038 万 m^3，在此基础上进一步开展下水库特征水位比选。

(1) 方案拟定。下水库位于现有已建水库的岸边山谷冲沟内，库区地貌类型主要为低山丘陵沟谷，库周山体雄厚，冲沟内常年有水，不存在水库渗漏问题。根据与现有已建水库的水位关系，确定下水库大坝下游坡脚高程按高于下游现有已建水库正常蓄水位 213.5m 控制。下水库所在沟谷地形较为狭窄，天然库容较小，调节库容主要通过开挖形成，正常蓄水位越低、开挖量越大。综合考虑下水库枢纽布置的地形地质条件、调节库容、H_{pmax}/H_{tmin} 等要求，拟定三个下水库特征水位（正常蓄水位/死水位）方案：

方案一：下水库正常蓄水位 284m，死水位 265m（284m/265m）。

方案二：下水库正常蓄水位 285m，死水位 265m（285m/265m）。

方案三：下水库正常蓄水位 286m，死水位 266m（286m/266m）。

下水库特征水位初拟方案主要技术经济指标见表 3-3-8。

表 3-3-8　　下水库不同正常蓄水位方案主要技术经济指标表

项目		单位	方案一	方案二	方案三
电站	装机容量	MW	1200	1200	1200
	装机台数	台	4	4	4
	单机容量	MW	300	300	300
	连续满发小时数	h	5	5	5
下水库	正常蓄水位	m	284	285	286
	死水位	m	265	265	266
	消落深度	m	19	20	20
	所需调节库容	万 m^3	1126	1140	1152
	其中：发电库容	万 m^3	1018	1020	1024
上水库	正常蓄水位	m	558	558	558
	死水位	m	528	528	528
	消落深度	m	30	30	30
	所需调节库容	万 m^3	1036	1038	1042
	其中：发电库容	万 m^3	1018	1020	1024
水头	最大毛水头	m	293	293	292
	最小毛水头	m	244	243	242
	额定水头	m	261	261	260
下水库主要工程量	土方明挖	万 m^3	326.9	301.4	299.0
	石方明挖	万 m^3	500.9	463.5	458.7
	堆石填筑	万 m^3	102.6	104.5	107.1
	混凝土	万 m^3	3.2	3.0	3.2
	钢筋	t	2882.2	2876.8	2878.1
	喷混凝土	m^3	20856.4	19484.9	19383.3
	挂网钢筋	t	516.8	496.1	482.1
	锚杆	根	28374	28072	27932
经济指标	静态总投资	万元	741817	740799	742725
	单位千瓦投资	元/kW	6182	6173	6189

（2）方案比较。

1）从地形条件看，下水库地形陡峻，库周分水岭雄厚，三个方案的正常蓄水位高程库周山体厚度相差不大，不影响正常蓄水位选择。从渗漏角度分析，采用不同蓄水位时，下水库均不存在严重的库水渗漏问题，三个方案的库水渗漏量差别不大，不影响水库正常蓄水位的选择。从工程地质角度分析，三个正常蓄水位方案均成立，库岸稳定影响程度差别不大，工程左岸边坡受顺向坡裂隙切割容易形成块体不稳定问题，各正常蓄水位方案均可采用相同的支护措施进行处理，不同水位下开挖及防护范围略有变化，但无本质区别，因此，库岸稳定问题不影响水库正常蓄水位的选择。

2）从水工建筑物布置分析，各比选方案枢纽布置格局相同，建筑物布置基本相似。由于下水库各方案调节库容相差较小，且左岸山体地质条件较差，在库内开挖时保持左岸开挖线相对固定，主要通过调整右岸开挖线位置进而调整库容。从挖填平衡角度分析，受开挖库容和辉绿岩无法筑坝的影响，三个方案弃渣均较多，方案一开挖和弃渣量最多，方案三填筑量和工程造价均大于方案二。

3）从机电角度分析，对于各比选方案，主机设备及相关附属设备的选择无明显差别，其 K_p 值及 H_{pmax}/H_{tmin} 均在合理范围之内，各方案均可行，不存在重大制约性技术难题。

4）从施工角度分析，方案一开挖量最大，且坝体填筑量最小，方案一挖填平衡效果最差，方案

二、三基本相当。

5）从水库移民角度分析，三个方案基本相当，建设征地移民安置对下水库正常蓄水位选择方案不构成制约性因素。

6）从环境影响角度分析，三个方案对生态环境、水环境、施工环境、环境敏感目标等方面的影响基本相同，相应环保措施也基本相同，从环境保护角度不影响下水库正常蓄水位的选择。

7）从静态总投资来看，随着正常蓄水位的抬高，三个方案的静态总投资先减少再增加，方案二为最优方案。从单位千瓦投资来看，三个方案分别为6182元/kW、61733元/kW、6189元/kW，方案二为最优方案。

综合上述分析，下水库特征水位初选方案二（285m/265m），即下水库正常蓄水位285m，死水位265m，相应调节库容1140万m^3，其中发电调节库容1020万m^3，冰冻库容28万m^3，水损备用库容92万m^3，死库容180万m^3。

五、额定水头选择

电站额定水头是抽水蓄能机组重要的特性参数，对抽水蓄能电站在电网中的作用发挥及机组的安全稳定运行影响较大。

1. 选择原则

(1) 保证抽水蓄能机组在不同水头、不同工况情况下运行稳定性，并使机组能够保持较高的运行效率。

(2) 尽可能减少机组在正常的调峰发电运行中出力受阻程度。

2. 选择方法

在不同设计阶段，抽水蓄能机组水轮机工况额定水头的选择方法有所区别。在规划和预可行性研究阶段，大多参考类似工程情况分析拟定额定水头；在可行性研究阶段，需要通过不同方案的技术经济比较来确定额定水头。

(1) 利用工程经验分析拟定。根据国外早期25座抽水蓄能电站（均建成于20世纪80年代以前）的统计资料，得出最大水头H_{max}与最小水头H_{min}之比和额定水头H_r与平均水头H_{cp}之比的关系（见图3-3-1），可以看出，其中23座电站H_{max}/H_{min}比值变化为1.07～1.27，H_r/H_{cp}比值变化为0.98～1.04。根据国内近些年29座抽水蓄能电站（大部分建成于2000年后）的统计资料（见图3-3-2），可以看出，其中28座电站H_{max}/H_{min}比值变化为1.08～1.27，H_r/H_{cp}比值变化为0.94～1.00，有26座电站的H_r/H_{cp}比值变化为0.96～1.00。综合上述统计资料可以看出：①国外早期建设的抽水蓄能电站额定水头取值范围较大，部分电站额定水头取值高于算术平均水头，国内近些年建设的抽水蓄能电站额定水头取值不超过算术平均水头；②在电站设计中，注意控制最大水头和最小水头的变幅，该变幅不论是早期还是近些年变化都不大；③统计的国外抽水蓄能电站基本都建成于20世纪80年代以前，国内的电站基本都在近20多年间建成，因此国内工程资料更具借鉴意义，额定水头多选择靠近算术平均水头，可按算术平均水头的0.96～1.00取值，对于水头变幅大的抽水蓄能电站，额定水头尽量取算术平均水头，对于水头变幅小的抽水蓄能电站额定水头可略低于算术平均水头；④额定水头选在算术平均水头附近对机组选择是有利的。

在统计资料中，尚有3座电站落在上述范围之外。如日本的新丰根电站（图3-3-1中的点25）H_{max}/H_{min}为1.42，水头变幅过大，其H_r/H_{cp}选在1.01，接近平均水头；美国巴斯康蒂电站（图3-3-1中的点14）、天荒坪电站（图3-3-2中的点29）H_{max}/H_{min}比值仍落在1.07～1.27，但H_r/H_{cp}选在0.92～0.94，选定的额定水头较平均水头低得较多，估计设计时是为了充分利用电站的调峰能力。据了解，天荒坪电站第一台机组在低水头并网时有问题，进行了特殊处理。

(2) 通过方案技术经济比较确定。

1）比较方案。根据电站的水头特性，考虑机组运行的稳定性，拟定不同的额定水头比较方案及机组相匹配的其他特性参数，进行技术与经济方面的分析与比较。

2）比较需要的资料。额定水头比较需要的资料主要有：

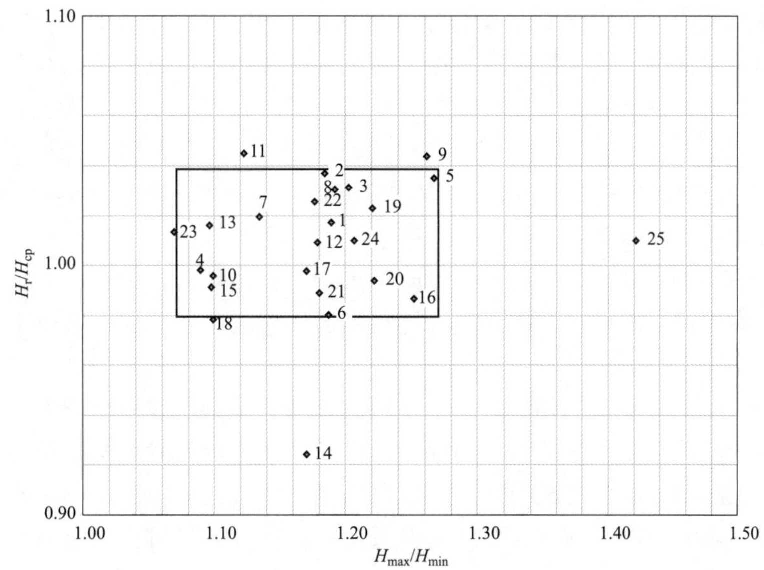

图 3-3-1 国外部分抽水蓄能电站额定水头分布统计

1—喜撰山；2—沼源；3—奥多多良木；4—大平；5—南原；6—奥吉野；7—奥清津；8—新高濑川；9—奥知作一；10—本川；11—玉原；12—下乡；13—今市；14—巴斯康蒂；15—迪诺威克；16—腊孔山；17—茶拉；18—德拉肯斯堡；19—海姆斯；20—卡宾溪；21—阿夸由；22—明潭；23—葛野川；24—巴吉纳巴斯塔；25—新丰根

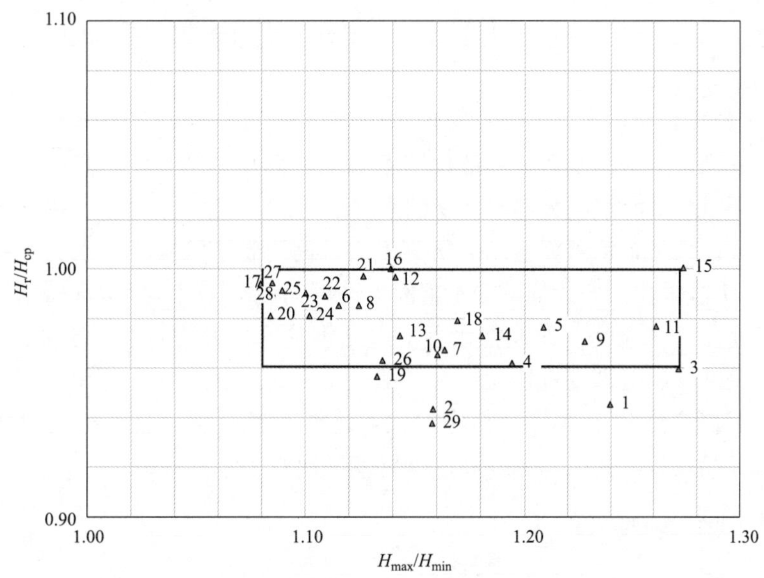

图 3-3-2 国内部分抽水蓄能电站额定水头分布统计

1—桐柏；2—泰安；3—琅琊山；4—宜兴；5—张河湾；6—西龙池；7—宝泉；8—惠州；9—黑麋峰；10—白莲河；11—响水涧；12—蒲石河；13—仙游；14—呼和浩特；15—溧阳；16—清远；17—洪屏；18—仙居；19—深圳；20—琼中；21—绩溪；22—阳江；23—敦化；24—长龙山；25—天台；26—十三陵；27—广蓄二期；28—广蓄一期；29—天荒坪

a. 输水系统的水头损失，分为发电工况的水头损失和抽水工况的水头损失两部分。

b. 输水系统的土石方工程量及衬砌工程量。

c. 发电量和抽水用电量。不同额定水头的水头损失不同，水量相同的情况下，其发电量和抽水用电量也不同，相应的效益就不同。各方案的发电量和抽水用电量，要根据抽水蓄能机组在不同额定水头下的特性曲线，模拟其发电或抽水运行工况进行计算。

d. 机组的特征参数以及机组的造价等。特别是水头较低的电站，水头变化对机组造价的影响相对来说较大。

e. 投资费用及分年度投资。额定水头不同，输水系统和水泵水轮机的投资会有变化，对其他建筑物的投资影响不大。对于低水头抽水蓄能电站，可能还会影响到电站厂房的投资。

f. 替代方案的基本资料。不同额定水头方案在发电量上稍有差别，为了使各方案具有同等效益，具有可比性，还必须对发电量比较少的方案予以补充，一般采用火电机组作为替代方案。因此，还必须收集替代火电机组和电力系统的相关资料，如火电机组的单位投资、发电煤耗、标煤单价、厂用电率、输电线损率等。

3）经济比较与方案选择。不同额定水头方案的经济比较一般采用费用现值最小法。额定水头选择要从以下几个方面综合比较后确定：

a. 机组制造和稳定运行。额定水头的提高可改善水轮机工况效率，扩大稳定运行范围，对机组的稳定运行较为有利。在确定额定水头的过程中也可与制造厂家联系，征求厂家对电站额定水头选择的意见和建议。

b. 满足系统要求的调峰发电运行时间。不同的额定水头，机组的发电流量是不同的，因此电站满负荷运行的时间也有所不同。随着额定水头的提高，机组满发运行小时数不断减少、受阻运行时间越来越长，在一定程度上减弱了电站的调峰能力，也影响电站的效益。因此，额定水头的选择要考虑电站满足系统调峰发电要求的程度。每一方案的发电时间是根据各方案机组的运行特性曲线，通过模拟电站发电运行工况分析确定的。

c. 工程投资和经济性。不同额定水头方案，机组转轮直径、额定转速、工作效率和设备投资均会有些变化。由于额定水头抬高减小了机组的过流量，输水系统的投资随额定水头的提高而减少。

六、输水系统经济管径选择

输水系统各段管径的优选通常称为经济管径选择，实际最经济的管径组合并不一定是最优的管径组合，还需要考虑电网需求、调节保证、机组运行稳定性、机组调节性能等因素，综合分析后才能确定。在此，仍按习惯称为经济管径选择。

（一）影响经济管径比较的因素

（1）输水系统的变径次数。输水系统一般由引水隧洞、高压管道、（岔管）、尾水隧洞等几部分组成（见图 3-3-3）。由于引水隧洞和尾水隧洞承受的内水压力相对较小，一般采用混凝土衬砌，通常不论多长，均采用同一洞径。大型抽水蓄能电站装机容量大，高压管道管径大，水头又高，水头 H 与高压管道直径 D 的乘积 HD 值很大，如天荒坪抽水蓄能电站钢筋混凝土管最大 HD 值达到 4760m·m，给管道的制造和安装带来很大困难。西龙池抽水蓄能电站钢岔管最大 HD 值达到 3552m·m。HD 值越大，尤其是高压钢管及岔管制造难度就越大。为了减小 HD 值，宜将高压管道下部管径减小，为了维持水头损失不变，可将高压管道上部管径相应加大，这样布置，经济上是有利的。因此，高压管道，尤其是高压钢管通常宜经过数次变径，一般高压钢管变径次数为 2～4 次。

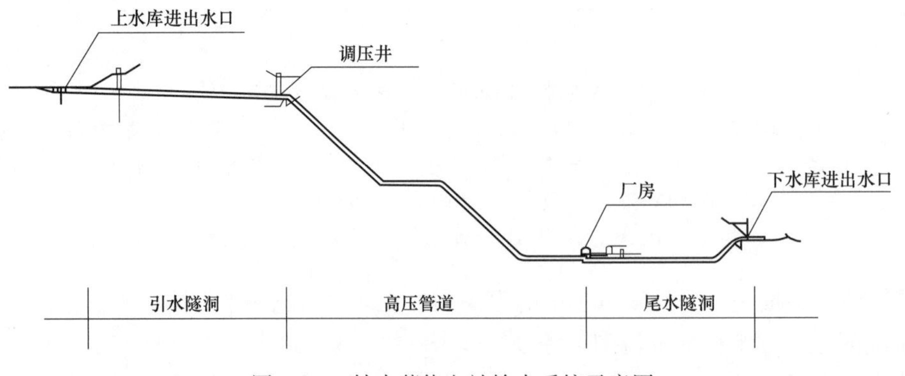

图 3-3-3 抽水蓄能电站输水系统示意图

（2）高压管道的衬砌型式。目前高压管道采用的衬砌型式主要有两种：①钢筋混凝土衬砌，主要用于地质条件好的情况；②钢板衬砌，用于地质条件较差时。高水头大型抽水蓄能电站的钢板衬砌都会采用高强钢，钢板衬砌的投资远高于钢筋混凝土衬砌，施工难度相对也大一些。因此，钢板衬砌高压管道通常比钢筋混凝土衬砌高压管道的管径要小，管径变化对投资的影响更大。

（3）输水系统的水头损失。

(4) 输水系统的工程量与投资，包括输水系统土石方开挖量、衬砌工程量等，据此可计算相应的投资。

(二) 经济管径比较方案的拟定

拟定输水系统经济管径的比较方案有以下几种方式：

(1) 根据输水系统的布置型式以及高压管道的变径情况，对输水系统各段拟定3～5个管径方案，然后交叉组合成数十个方案进行比较，从中选出最经济的组合方案。

(2) 根据输水系统的布置型式和高压管道经济流速的经验值，初步拟定各段管道的直径。在此基础上，从引水隧洞开始，从上至下，对每段管道分别拟定数个方案进行比较，从中选出该段的经济管径。如对引水隧洞洞径进行比较时，其他各段洞径均采用初步拟定的管径不变，在此基础上通过经济比较，选出引水隧洞的经济管径。然后进行下一段管道的管径选择，此时引水隧洞采用选定后的洞径，其他各段仍采用原初步拟定的洞径。依此类推，选定各段洞径，组合成为输水系统洞径方案。

(3) 结合电站输水系统布置特点，首先分析拟定高压管道管径比较方案，在此基础上拟定其余段管径，注意输水系统各段管径相互之间要匹配好，有利于输水系统水流条件的改善，同时也有利于施工。最终，选择3～5组输水系统布置方案进行比较，从中选出最优的布置方案。

在上述三种方案拟定方法中，方法(1)和方法(2)的比较方案多，工作量较大，最终选出的各段管径组合，经济上优，但有可能相邻两段管道直径相差太大，使输水系统的布置不很合理。第三种方法，由于在方案拟定过程中已充分考虑了各段管径之间的匹配，选定的方案就将是输水系统最终的布置方案，方案比较的工作量相对较小。当然，若拟定方案不够合理，可能遗漏最经济的方案。在具体工作中，可根据输水系统的布置特点和工程经验等情况，选择经济管径方案的拟定方法。

(三) 经济管径的比较与选择

输水系统经济管径的比选，应在效益相同的原则下进行，经济比较一般采用费用现值最小法。最终选择的管径组合方案还需考虑以下因素，并进行综合分析：

(1) 满足系统对抽水蓄能电站调峰发电的要求。因不同的输水系统管径组合方案，水头损失可能相差较大，导致机组发电用水量不同，相应的调峰发电时间不同，使机组满发时间也会有差别，所选择的方案应尽可能满足系统调峰发电的要求。

(2) 应重视水头损失变化对机组运行稳定性的影响。不同管径组合方案的水头损失相差有时较大，使机组运行水头变幅变化较大，有可能造成机组运行不稳定。如某抽水蓄能电站的输水系统方案比较时，拟定了5个比较方案，5个方案的最大水头损失分别为10.51、12.80、15.42、18.78、23.54m，相应最大扬程与最小水头比值(H_{pmax}/H_{tmin})如图3-3-4所示。可以看出，后三个方案已进入不稳定区域，均不能保证机组稳定运行。

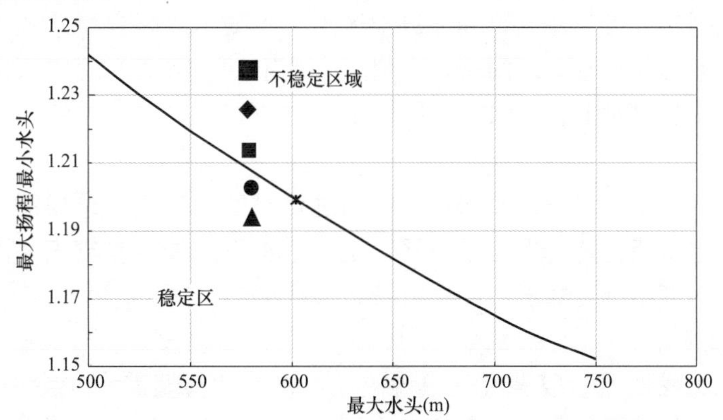

图3-3-4　不同经济管径最大扬程与最小水头比值曲线

▲—方案一；■—方案三；◆—方案四；— —稳定曲线；●—方案二；■—方案五

(3) 在输水系统经济管径初步选定后，还要通过过渡过程计算来验证选定方案是否满足调节保证要求，例如机组蜗壳最大压力升高和转速升高等是否满足要求。

(4) 在输水系统经济管径初步选定后，还要核算输水系统的惯性时间常数 T_w，以保证抽水蓄能电站具有优良的调节性能，使抽水蓄能机组快速响应能力得以充分发挥。

第四节 水文气象条件分析

一、抽水蓄能电站水文设计特点

抽水蓄能电站具有上、下两个水库，通常高差很大，其水文设计具有以下特点：

（1）水文设计可能涉及上水库、下水库、拦沙坝、补水工程等多处工程的水文分析计算。

（2）上、下水库高差大，水文气象要素随高程变化影响较大。水库水位变动频繁，寒冷及严寒地区工程涉及水位每天升降引起的冻融循环次数所需气象要素。

（3）抽水蓄能站址多位于小流域或支沟源头，径流、洪水实测资料缺乏，成果精度难以把握，需对成果进行地区综合比较分析选定，并需重视现场调查及加强观测。

（4）由于小流域来水量少，抽水蓄能电站水库初期蓄水一般历时较长，通常需要跨年度蓄水，有的需要 2～3 年，因此需要进行长系列径流滑动计算。

（5）上、下水库流域面积比较小，建成后形成的水面所占比重较大，水面部分产流为降水完全产流，封闭库蒸发为饱和蒸发。

（6）抽水蓄能电站上、下水库高差大，库容小，大部分水体参与抽水发电的循环扰动，水库冬季结冰冰厚和范围与天然河流和常规水库有明显差异。

二、气象条件分析

（一）气象要素统计

抽水蓄能电站上、下水库气象要素主要包括以下内容：

（1）气温、地温和湿度的多年平均年、月值，年、月极值及出现时间。水库水位每天升降引起的冻融循环次数计算时所需的气温资料，包括历年气温从 3℃以上到－3℃以下、然后再回升到 3℃以上的次数和日平均气温低于－3℃的天数。

（2）降水量的多年平均年、月值，历年计算时段最大降水量及出现时间，分级降水量出现天数。

（3）蒸发量的多年平均年、月值。

（4）风速的多年平均年、月值，年、月最大值及出现时间和相应风向，各级风速出现天数，多年平均最大风速。

（5）雷暴、霜、雪、雾等年内出现的天数及出现的时间。

（6）日照时数、积雪深度、冻土深度等设计需要的其他气象要素特征值。

气象要素分析时，应选用距离工程地点较近且自然地理条件较为相近的水文、气象观测站作为工程区气象要素统计的依据站。当设计流域和邻近地区无气象测站或高程相差较大时，可在工程区设立专用气象站。因专用气象站一般设立时间短，资料代表性不足，需对专用气象站与依据站同期观测资料进行对比分析，差异明显时对上、下水库气象特征值进行修正。

（二）气温修正

北方寒冷及严寒地区冬季气温较低，水工建筑物进行温度场计算及选择混凝土抗冻等级时，气温是重要的基础资料，抽水蓄能电站一般位于山区，上、下水库高程差异较大，需根据当地或附近地区的气温随海拔变化规律对气温进行修正，可采用以下几种方法。

1. 根据实测资料分析

抽水蓄能电站所在工程地点一般没有气象观测站，在设计初期需设立专用气象站观测气象资料，但因观测时间短代表性不足，可与附近气象站建立同期观测资料相关，推算上、下水库所在地的气温成果。如山东文登、辽宁庄河、辽宁清原、黑龙江尚志、山西浑源、内蒙古乌海等抽水蓄能电站均设立了上水库专用气象站。

文登抽水蓄能电站工程区附近的气象站为文登区气象站，高程 54.8m，具有长系列的观测资料。上水库专用气象站于 2003 年 10 月建成，高程 820m，具有 2003～2005 年观测成果，文登上水库专用气象站与文登市气象站同期观测的气温相关关系较好，如图 3-4-1 所示，据此可推算上水库气温成果。文登下水库高程与文登市气象站相近，下水库气象资料以该气象站实测资料为依据。根据文登市气象站

1971～2005年气温资料统计，下水库多年平均气温11.6℃，极端最低气温－22.2℃，极端最高气温35.7℃。根据上水库专用气象站与文登市气象站同期观测气温资料相关，推算上水库多年平均气温7.7℃，极端最低气温－24.3℃，极端最高气温32.1℃。

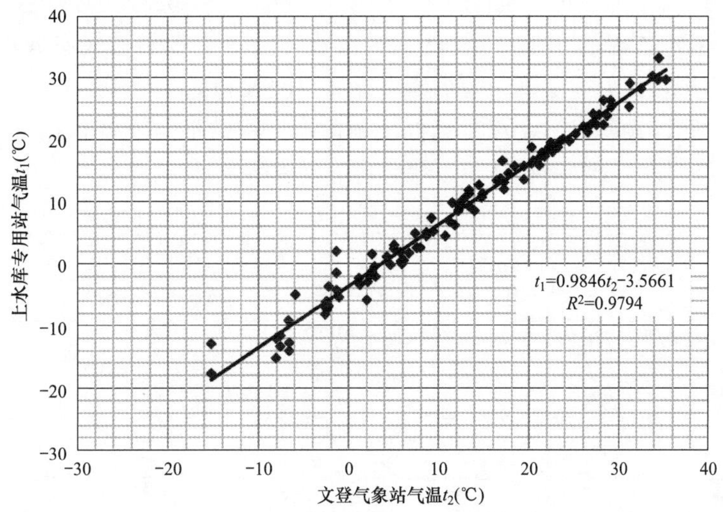

图3-4-1 文登上水库专用气象站与文登气象站相关关系图

2. 根据依据站资料分析

当工程区附近有自然地理条件较为相近的两个不同高程的代表站时，若海拔与电站的上、下水库相差不大，可直接采用该站资料进行上、下水库气温要素统计；若海拔与电站的上、下水库相差较大，可根据该两站资料分析，按高程修正得到上、下水库的气温。

如西龙池抽水蓄能电站，距离较近的气象站有豆村气象站和定襄气象站，豆村气象站高程1096m，定襄气象站高程759m，两站均具有长系列的观测资料。豆村气象站多年平均气温为6.8℃、极端最低气温－30.4℃；定襄气象站多年平均气温为8.5℃、极端最低气温－29.9℃。采用由豆村、定襄两站按高程修正的方法得到西龙池上、下水库气温，具体计算式如下

$$t_S = t_1 + (t_1 - t_2)/(H_1 - H_2) \times (H_S - H_1) \tag{3-4-1}$$

$$t_X = t_2 + (t_1 - t_2)/(H_1 - H_2) \times (H_X - H_2) \tag{3-4-2}$$

式中 t_S、t_X、t_1、t_2——分别指上水库、下水库、豆村、定襄气温，℃；

H_S、H_X、H_1、H_2——分别指上水库、下水库、豆村、定襄高程，分别为1496m、846m、1096m、759m。

根据豆村和定襄气象站差值计算气温随高程变化的变率，由豆村站的气温进行修正后，求得上水库多年平均气温为4.7℃、极端最低气温－34.5℃。由定襄站的气温进行修正后，求得下水库多年平均气温为8.1℃、极端最低气温－30.4℃。

3. 地区综合分析

工程区周边水文气象站点气温资料较为充分时，采用周边地区的实测资料，分析气温地区变化规律及影响因素，对气温进行地区综合分析。如呼和浩特抽水蓄能电站上水库位于北纬41°59′，工程设计时收集了距离工程较近的武川气象站长系列资料，并收集了内蒙古区域内有代表性的气象站，建立了极端最低气温随纬度和高程的变化规律，如图3-4-2所示。采用设计依据的武川气象站资料，根据工程所在纬度的高程和极端最低气温的关系，推算呼和浩特抽水蓄能电站上水库极端最低气温为－41.8℃。

4. 无资料地区

无资料地区的抽水蓄能电站气温，可按当地或附近地区的气温随海拔变化规律进行估算。根据探空资料，在中纬度地区，一般情况下自由大气中的年平均气温，高程每上升100m约降低0.6℃。年平均气温直减率全国分布多在0.5℃/100m～0.7℃/100m，只有少数地区反映出比较明显的地形影响。因此，无资料地区抽水蓄能电站，可按中纬度地区自由大气年平均气温直减率0.6℃/100m结合工程地点特征估算。

（三）冻融循环次数统计

抽水蓄能电站水库的水位每天都会有1～2次升降循环，因此寒冷及严寒地区抽水蓄能电站的混凝土冻融循环问题要比常规水电工程突出，水工混凝土抗冻等级确定需要以冻融循环次数作为基础资料。根据NB/T 35024—2014《水工建筑物抗冰冻设计规范》规定，年冻融循环次数分别按一年内气温从+3℃以上降至−3℃以下，然后回升到+3℃的交替次数和一年中日平均气温低于−3℃期间设计预定水位的涨落次数统计，并取其中的大值。为统计气温交替次数和低于−3℃日数，需收集依据气象站的长系列逐日平均气温、逐日最高气温、逐日最低气温，当工程站址与设计依据气象站的高程相差较大时，首先进行上、下水库逐日气温资料修正，然后再分别进行统计。

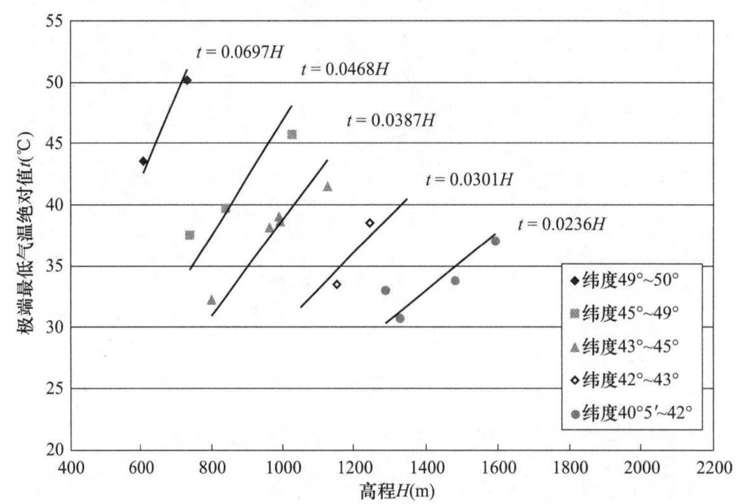

图3-4-2 内蒙古自治区气象站极端最低气温随纬度和高程变化规律

如呼和浩特抽水蓄能电站上水库，根据附近设立的专用气象站多年实测气温资料统计，一年内气温从+3℃以上降至−3℃以下，然后回升到+3℃的交替次数最大为23次；一年中日平均气温低于−3℃的天数最大为128天。根据电站运行调度要求，考虑在正常抽水-发电工况下每天为单循环，即上、下水库水位每天的涨落次数按一次计；同时考虑午间低谷抽水的可能性，可按10%考虑，即一年中日平均气温低于−3℃时的上、下水库水位每天的涨落次数按两次计的天数为13天，由此得到呼和浩特上水库年冻融循环次数为141次。

三、水文基本资料

（一）资料收集

与常规水电工程相同，抽水蓄能电站水文分析计算应收集的基本资料包括设计流域（上水库、下水库所在流域和补水工程所在流域）及相关流域的自然地理概况、区域水文站网分布情况；设计依据站和参证站的降水、水位、流量、泥沙、蒸发、冰情等实测资料；经省级以上行政主管部门审定的水文调查资料和区域综合分析研究成果及其配套查算图表，如历史洪水调查成果、暴雨和枯水调查资料、水文手册，水文图集、暴雨径流查算图表等；设计流域及相关流域水电水利工程及水土保持工程的设计和运行资料等；邻近地区已建水库及抽水蓄能电站冰情观测资料及防冰措施等。对于重要资料应重点复核。

（二）流域特征参数

河道长度的量算原则，不同省份的规定有差异，一般是采用自出口断面起沿主河道至分水岭的最长距离，包括主要河道以上沟形不明显部分沿程的长度。但有些省份不同，如吉林省规定在地形图上自水源点起量，如果水源点不清楚可从分水岭起量，量取后减去平均坡面长度，如果坡面长度很长，河道长度较短可以减去1km。河道长度量算方法不同，还会影响到流域的纵坡，这些参数均是无资料地区小流域计算方法中的重要参数，对设计成果影响较大。各省份的计算方法总结、参数率定时遵循的是同一量算原则，因此有关参数量算时应按照相应省份规定执行。

（三）水文调查及专用水文站建设

抽水蓄能电站水文计算需根据设计要求和周边资料条件，开展相应的暴雨、洪水、枯水、冰情、泥沙及流域下垫面等水文现场调查，必要时建设专用站观测，弥补水文站网定位观测的不足及资料系列代表性的不足。

1. 洪水调查

根据有限的资料计算的设计暴雨、设计洪水，往往在出现一、两次新的大暴雨洪水后发生很大的变动。在设计洪水计算中应用历史调查暴雨洪水资料，可补充实测资料的不足，延长系列，减少外延幅度，使上述变动情况得到显著改善。当工程所在流域近期发生特大暴雨洪水而以往未进行过调查时，需要进行补充调查和考证。

调查洪水在水文分析计算中对增加系列的代表性、验证方法可靠性、成果的合理性分析方面均具有重要作用，小流域水文分析计算中更需重视此项工作。如河北易县抽水蓄能电站可行性研究阶段，沿河道在下水库坝址上、下游调查到1963年洪痕7处，采用水力学公式推算洪峰流量为470m^3/s，参考周边工程考证其重现期为200年一遇，此成果验证了设计洪水成果合理性及水位流量曲线的可靠性；河北抚宁抽水蓄能电站设计时，在下水库坝址河段调查到2016年历史洪水，推算洪峰流量187m^3/s，据此与下游峪门口水文站同场洪水分析的洪峰面积比指数为0.5，为水文比拟法所需参数提供了依据，增加了成果的可靠性。

2. 专用站设立

专用水文站主要是在无水文资料或水文资料短缺的地区，为了获取设计断面的水位、流量、泥沙等基础资料而设立的水文测站。抽水蓄能电站多数位于小流域或支沟源头，实测资料缺乏，小流域产汇流特性及径流月分配与大流域不同，而且某些流域局部地质岩性比较复杂，如灰岩地区发育有岩溶裂隙，或河道砂卵砾石层较厚，其产流机制与常规地区差异特大，即使周边有水文站但也不能反映该流域的真实情况，需在设计断面设立专用水文站进行观测。如浑源抽水蓄能电站，于2016年5月在下水库拦沙坝上游河段建设专用水文站，对入库流量、泥沙进行观测；同时在拦河坝下游设自动水位站并设立水尺，观测拦河坝下游水位。该水文站对确定坝址径流成果，特别是径流年内分配、水位流量关系曲线拟定等，均起到了重要作用。

四、径流分析

抽水蓄能电站的抽水发电为循环用水，但也需要有足够的水量满足水库初期蓄水和运行期蒸发、渗漏损失水量的补水要求，对于水资源比较缺乏的地区，特别是北方干旱地区，有时还需要采取补水工程措施。水源条件有时会成为电站装机容量选择的限制因素，有的甚至成为制约工程成立的重要因素。

（一）径流分析工作内容及成果

抽水蓄能电站径流分析一般包括径流特性及年内、年际变化规律分析，人类活动对径流影响及还原计算，径流资料的插补延长和系列代表性分析。成果一般包括上水库、下水库、拦沙坝、补水工程等断面的历年逐月或逐日径流，设计年径流及年内分配，满足设计保证率的多年滑动平均设计年或时段径流量等。在分析计算的基础上，进行径流成果的合理性检查。

（二）设计径流计算

1. 设计径流计算方法

受人类活动的影响，诸多河流天然径流状况已有所改变，水文站实测资料不能完全反映径流的自然规律，因此对明显受人类活动影响、径流形成条件明显变化的径流资料应进行还原计算。径流系列不足40年时，可采用水位流量关系推流法、上下游或邻近流域流量相关法、降雨径流相关法等对径流系列进行插补延长，对具有可靠性和一致性的资料系列进行代表性分析后，再采用P-Ⅲ型频率曲线进行设计径流计算。抽水蓄能电站初期蓄水期一般采用75%保证率设计径流量，运行期采用95%保证率的设计径流量。根据资料条件，上、下水库设计径流可采用下列方法计算。

（1）上、下水库坝址具有40年以上流量资料时，一般采用流量频率分析计算设计年、期径流，并进行时程分配。

（2）上水库或下水库坝址上下游、相邻流域或附近水文气象相似区域内有参证测站时，可采用水文比拟法移用参证站频率分析计算成果。移用时主要考虑面积、降雨和径流系数等影响径流的因素的差异进行相应修正，如果流域内实测降水资料代表性较好，能分析降水量随高程变化时，可分别分析计算上、下水库的降雨量。如文登抽水蓄能电站，流域内有昆嵛山顶雨量站和无染寺雨量站，测站高程分别为820m、300m，多年平均雨量分别为1093m、903mm，因此上水库采用昆嵛山顶雨量站的点雨量值1093mm，下水库采用两站计算的面雨量999.2mm。

上水库或下水库为封闭库盆时，水库所在河流或邻近流域有雨量站可供移用时，可利用参证站降水量资料计算年径流量。

(3) 资料短缺时，可根据本流域降水量，采用邻近相似流域降水径流关系，也可采用经省级水行政主管部门审定的水文图集、区域综合分析等方法估算设计年径流。

2. 设计径流年内分配

对缺乏实测径流资料的各设计断面径流年内分配，主要采用水文比拟法推求、并经地区综合分析后确定，即将参证站各年的径流年内分配，经修正后移用于设计流域。抽水蓄能电站径流年内分配，特别是枯水期的径流量大小，关系到初期蓄水的工期安排和运行期的补水时段安排，同时对运行期是否需要设置水损备用库容及设置的大小影响较大，参证站的气候、集水面积、流域下垫面条件等与设计断面均不完全相同，因此需特别注意实地枯水调查或加强观测，修正枯水径流计算成果。如邻近流域参证站有些月份断流，而本流域因有泉水出露，常年流水；或有的地质条件复杂地区，产流机制与常规地区差异特大，全年水量几乎全部产生于汛期的几场甚至一两场暴雨，均不能简单地移用，而要综合分析修正或采用实测资料分析后采用。

3. 初期蓄水期设计径流计算

来水量较小的抽水蓄能电站初期蓄水时间一般较长，需要考虑跨年度提前蓄水，因此常常需要提出连续10年75%的来水量，作为估算跨年度初期蓄水时间的依据。很多抽水蓄能电站初期蓄水时间大于1年，有的甚至达到3～4年，如果进行独立选样，径流系列会非常短，这时可以采用滑动平均法推出径流系列。当初期蓄水时间较长时，滑动平均年径流系列因重合的年数较多，样本独立性较差，因此可采用多年滑动系列进行经验频率计算，取系列中的中枯水段作为初期蓄水计算的依据。

(三) 不同类型水库的径流计算

(1) 抽水蓄能电站水库建于天然河道，来水量可满足电站初期蓄水和运行期补水需求，且上、下游无其他水利工程，直接根据资料条件分别计算上、下水库来水量即可。如敦化抽水蓄能电站下水库位于东北岔河上，集水面积29.9km^2，上水库位于海浪河源头，集水面积2.4km^2，下游也无其他水利工程用水要求。

(2) 抽水蓄能电站水库上游有已建水库，利用上游水库弃水或发电尾水作为本电站来水量，或者需要上游水库专门为本电站提供水量。前者如易县抽水蓄能电站下水库，上游为已建成的跨流域引水电站官座岭水电站，官座岭水电站引水渠进水口位于拒马河干流，电站厂房位于易县下水库坝址上游，官座岭水电站发电尾水可直接汇入易县下水库库区，作为易县抽水蓄能电站初期蓄水及运行期补水的水源。后者如文登抽水蓄能电站下水库，上游有已建的昆嵛山水库，昆嵛山水库在满足自身城市供水任务后，其余水量提供抽水蓄能电站用水。

抽水蓄能电站水库下游有已建水库工程的，抽水蓄能电站用水需考虑对下游水库用水的影响，如尚志抽水蓄能电站下游3km有已建的黑龙宫水库，有灌溉用水要求。

抽水蓄能电站水库上、下游有已建水库的，在水量计算时，除计算本电站的来水量，还需同步计算上游或下游水库不同保证率及长系列的来水量。

(3) 抽水蓄能电站水库的来流径流量不足时，需要有施工期临时补水措施或永久补水措施，有补水措施的抽水蓄能水库除计算本电站的来水量，还需计算补水水源的来水量。如抚宁抽水蓄能电站下水库天然径流量较小，电站施工期和初期蓄水期需要从干流河道进行补水，运行期利用下水库设置的水损备用库容进行水量调蓄。乌海抽水蓄能电站上下水库均为封闭库盆，来水量仅为库盆面积对应的降水量，需要有满足初期蓄水及运行期补水的永久补水工程及水源。

(4) 抽水蓄能电站利用已建水库作为下水库时，应收集已建水库径流分析计算成果，建库后实测水文资料，复核设计年、月径流量及其年内分配。如琅琊山抽水蓄能电站利用已建的城西水库作为下水库，并利用邻近的沙河集水库作为下水库的补偿水源水库。潍坊抽水蓄能电站利用已建成的嵩山水库作为下水库。

五、洪水分析

（一）洪水分析工作内容及成果

抽水蓄能电站洪水分析一般包括上水库、下水库、拦沙坝、补水工程、施工渣场等断面的设计洪水计算分析，工程上游有调蓄作用较大的水库或设计电站水库对下游有防洪任务时，需进行设计洪水地区组成计算。成果一般包括各设计频率的设计暴雨、年最大和分期最大洪峰流量、不同时段洪量及建库后洪量、设计洪水过程线等。在分析计算的基础上，进行设计成果的合理性检查。

（二）设计洪水计算方法

当抽水蓄能电站上水库、下水库或补水工程位于河道干流，工程所在位置上、下游有实测的水文资料时，可采用由流量资料推求设计洪水。通常情况下，抽水蓄能电站上、下水库处于流域上游山区或源头，集水面积小，往往没有水文测站，缺乏流量实测资料，此种条件下应用较多的方法是根据暴雨资料进行产流和汇流计算，由设计暴雨推求设计洪水，常用的有单位线法、推理公式法，也可根据周边资料条件采用邻近地区水文资料进行地区综合分析或由参证流域水文比拟进行设计洪水计算。洪水计算应采用多种方法进行相互验证，经综合分析后合理选定。用频率分析法计算的校核标准设计洪水资料条件、参数选用、抽样误差等进行综合分析，如成果有偏小的可能性，应加安全修正值，一般修正值不超过计算值的 20%。

1. 由流量资料推求洪水

与常规水电工程相同，当设计断面或其上、下游邻近地点有 40 年以上实测和插补延长洪水流量资料时，在加入调查历史洪水后，采用频率分析法计算设计洪水。采用的流量资料系列应具有一致性。对因工程蓄水、引水、分洪、滞洪或洪水期决口、溃堤、河流改道、分流等明显改变洪水产流、汇流条件的流量资料应进行还原。实测洪水系列不足或实测期内有缺测年份，可进行插补延长。重视历史洪水资料，在查阅历史文献的基础上，在设计依据站河段和工程设计河段补充开展历史洪水调查工作，并根据洪水调查资料和历史文献、文物等资料合理确定重现期。

2. 由暴雨资料推求洪水

对于缺乏流量资料的小流域或支沟，通常假定设计暴雨和设计洪水的频率相同，可根据小面积洪水计算方法，先根据雨量资料推求设计暴雨，再由设计暴雨间接推算设计洪水。

大流域受暴雨分布、暴雨走向、干支流洪水组合遭遇、河槽调蓄等的影响，即使出现局部地区极端降水也不一定引起流域年最大洪峰流量相应地增加，或者有增加但不明显。流域支流或小支沟容易受局地气候影响出现极端暴雨，引起流域洪峰、洪量超历史记录。因此小流域洪水计算，必须重视暴雨的资料收集、暴雨洪水调查、区域暴雨的分析以及利用暴雨推求洪水的方法和参数的选择。

（1）设计点暴雨计算。可采用等值线图查算或根据实测资料系列计算的方法。

1）采用等值线图查算。采用最新的经审定的不同历时暴雨参数等值线图查读各项参数，分别计算洪水分析所需的各短历时设计暴雨成果。由于全国各地资料条件存在差异，图集编制完成后每年又有新的暴雨发生，因此在应用该图集之前首先要了解资料利用年限情况，了解编图后本地区及邻近地区新出现的大暴雨情况，对查算成果进行验证。

2）根据实测资料系列计算。包括资料收集、资料插补延长、特大值处理及移用、设计点暴雨计算等工作。

a. 资料收集。大暴雨和特大暴雨出现的随机性很强，一次暴雨深随距离的变化梯度很大，同时受流域地形、地貌和气候的地域变化影响，单站点雨量的统计参数和设计值常具有一定的抽样误差，在观测系列内是否包含有特大暴雨资料，对设计成果有很大影响。大型抽水蓄能电站工程的设计洪水标准比较高，所需推求的暴雨重现期往往高达 1000 年、2000 年甚或更高。因此，必须对较大范围内的雨量资料加以分析，进行地区综合，并对成果作多方面的合理性检查。

暴雨资料收集不应局限于本流域，尤其是设计流域缺乏大暴雨资料而邻近地区已出现大暴雨时，还应收集周边流域相关测站的短历时暴雨系列，包括周边气象站的降雨资料。收集的暴雨历时根据该地区洪水计算方法的需要确定，一般需要最大 10min、60min、3h、6h、12h、24h、3d 的暴雨系列。

b. 资料插补延长。实测暴雨系列较短或实测期内有缺测年份时，可用直接移用邻近站资料、暴雨相关、暴雨洪水相关等方法插补。

c. 特大值处理及移用。特大暴雨的重现期可根据该次暴雨的雨情、水情和灾情以及邻近地区的长系列暴雨资料分析确定，或参照本次暴雨产生的洪水的重现期间接做出估计。当流域面积较小时，一般可近似地假定流域内各雨量站的平均值的重现期与相应洪水的重现期相等，暴雨中心雨量的重现期则应比相应洪水的重现期更长。当设计流域缺乏特大暴雨资料，而邻近地区已发生特大暴雨时，只要地形、气象条件类似，应考虑移用。在平原或高原平坦地区，暴雨统计参数地域变化较小，在直线距离不大时，直接移用特大值可不做修正；如地形条件复杂，暴雨统计参数地域变化较大，则应进行适当修正。

d. 设计点暴雨计算。根据收集到的本流域及周边流域各雨量站及气象站短历时暴雨资料，统计所需各短历时暴雨系列，采用频率曲线法进行适线，可得到设计点暴雨成果。频率分析法进行适线时，可以采用单站分别适线，得到各设计参数；为避免单站点雨量的统计参数和设计值代表性不好，可进行地区综合，以各站设计频率的暴雨系列组成经验分布点据，以此拟合理论分布曲线，作为多站综合的频率曲线。地区综合适线时，也需考虑雨量站的位置、测站资料系列代表性等因素，合理确定流域的设计点暴雨量。若系列中出现特大值又不能确定其重现期时，可参考周边区域已发生同量级点暴雨的雨量站所采用的暴雨参数和等值线图中高值区的变差系数来确定地区综合参数。

辽宁清原抽水蓄能电站下水库设计点暴雨的计算分析情况如下：

a. 实测暴雨资料。清原抽水蓄能电站下水库位于辽宁省浑河上游右岸支流树基沟河内，坝址流域面积 65.3km²。树基沟河建有树基沟雨量站，自 1964 年开始有实测雨量资料；浑河干流有北口前水文站，自 1964 年开始有实测雨量资料；浑河左岸支流暖泉子河暖泉子雨量站，自 1969 年开始有实测雨量资料，各测站资料系列均较长。南口前水文站、海阳雨量站分别于 1990、1989 年撤销，资料系列较短，本次未予采用。各测站位置见图 3-4-3。

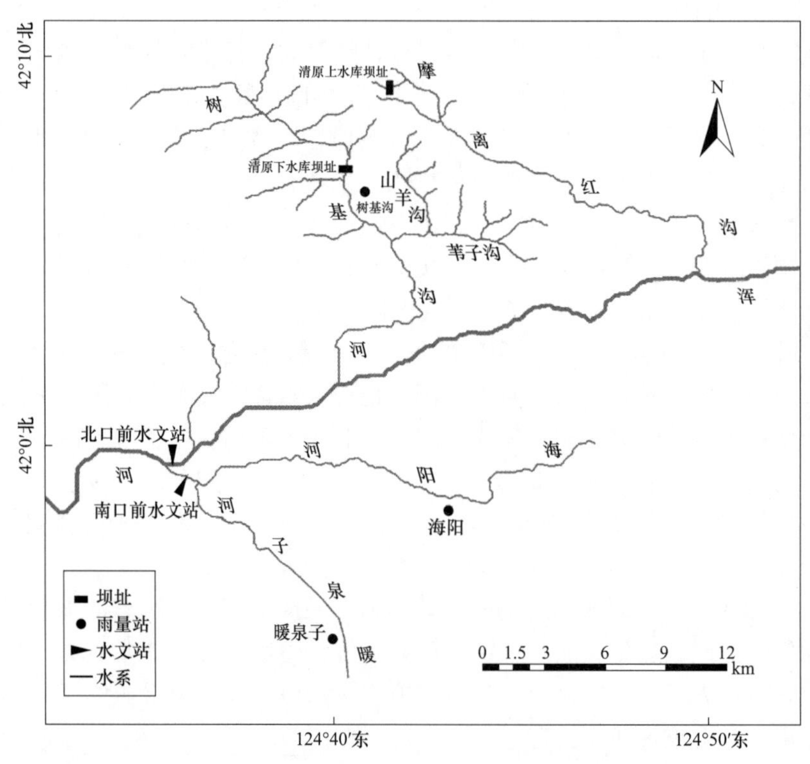

图 3-4-3 清原抽水蓄能电站水文测站位置示意图

b. 等值线图查算设计暴雨。根据《辽宁省中小河流（无资料地区）设计暴雨洪水计算方法》，查最大 3d 均值等值线图和 C_V 等值线图，设计暴雨成果见表 3-4-1。

表 3-4-1　　不同方法计算的设计暴雨参数及暴雨成果

方法	均值（mm）	C_V	C_S/C_V	各频率设计值（mm）					备注
				0.1%	0.5%	1%	2%	5%	
查等值线图集	111	0.55	3.5	466	424	329	287	233	
单站降雨适线	109	0.45	3.5	371	342	274	245	205	
地区综合适线	109	0.65	3.5	533	480	360	309	242	采用

c. 单站设计暴雨计算。根据工程所在流域树基沟河的树基沟雨量站 1964～2020 年实测 3d 降水量系列，进行频率计算，采用 P-Ⅲ型曲线适线。频率曲线见图 3-4-4，设计暴雨成果见表 3-4-1。

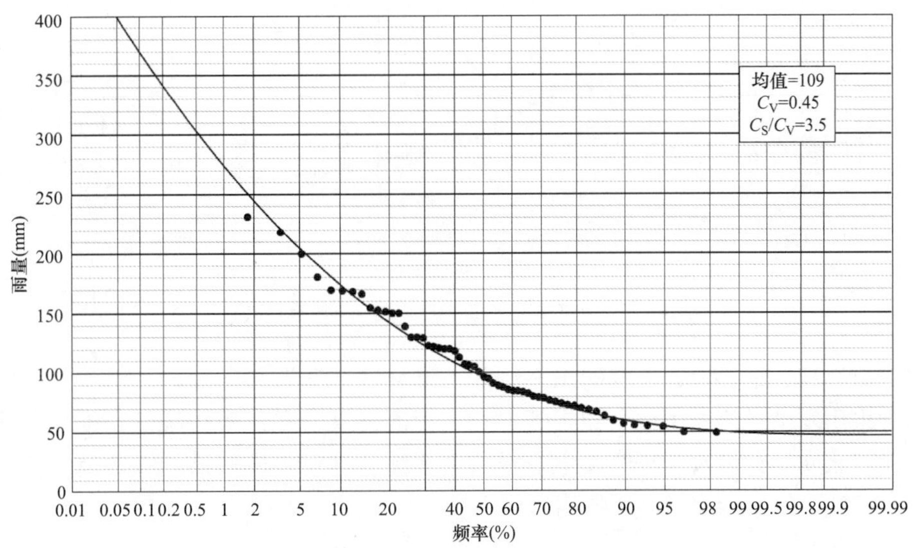

图 3-4-4　树基沟雨量站最大 3d 降雨量频率曲线图

d. 实测暴雨资料地区综合分析。从树基沟雨量站系列可以看出，设计流域缺乏特大暴雨资料，浑河干流及支流发生了 2013 年超历史记录的大洪水，其中暖泉子和北口前均位于暴雨中心，将树基沟、暖泉子和北口前雨量站 3d 实测暴雨系列进行地区综合频率适线。2013 年暴雨点据比较突出，做特大值处理。参考北口前水文站、南口前水文站洪水调查成果，历史洪水和特大洪水有四个，分别为 1888 年、1995 年、2005 年和 2013 年。2013 年洪水考证期定为 1746～2020 年，其排第一位，洪水重现期为 275 年。

变差系数 C_V 的取值除参考 2013 年洪水重现期外，也考虑了周边雨量站发生的同量级暴雨。辽宁省全省的 3d 变差系数 C_V 为 0.5～0.7，C_V 值的地区分布规律则受特大暴雨中心影响较大，凡出现过暴雨中心的地方，一般都形成高值区，浑河受 1995 年佟庄子 3d 暴雨中心 532.6mm 的影响，C_V 形成 0.65 高值圈，辽东半岛受 1981 年唐家屯 3d 暴雨中心 768.9mm 的影响，西部西河受 1930 年四方台 1242mm 暴雨中心的影响、小凌河受 1963 年六家子 552mm 暴雨中心的影响，形成了 0.7 高值圈。该工程周边北口前最大 3d 雨量为 455.6mm，从量级上看，小于 0.7 高值圈内的暴雨的量级，综合分析 C_V 取值 0.65。成果见图 3-4-5 及表 3-4-1。

e. 成果选定。由表 3-4-1 可以看出，采用实测资料等值线图查算、单站降雨适线及实测暴雨资料地区综合的均值相差不大，但地区综合法的 C_V 值要大于其他两种方法，主要是地区综合法考虑了流域周边区域雨量站资料，包括了 2013 年大暴雨，增加了空间的代表性和系列的代表性，因此采用实测暴雨资料地区综合法的暴雨成果。

（2）设计面雨量。当流域内测站分布较密且资料系列较长时，可根据工程所在地点以上流域内各年的最大面雨量系列进行频率分析计算，直接得到各种频率的设计面雨量。对于资料短缺的中小流域或者流域面积较大，设计暴雨系列较短，以设计点雨量代表设计面雨量误差较大时，可采用设计点暴雨量和点面关系间接推算设计面雨量。流域梯度变化较大时，设计面暴雨量应根据雨量随高程变化的规律进行分析，当抽水蓄能电站设计流域面积或封闭库盆面积很小时，可以以点代面，设计点雨量直接作为设计流域面平均暴雨量。

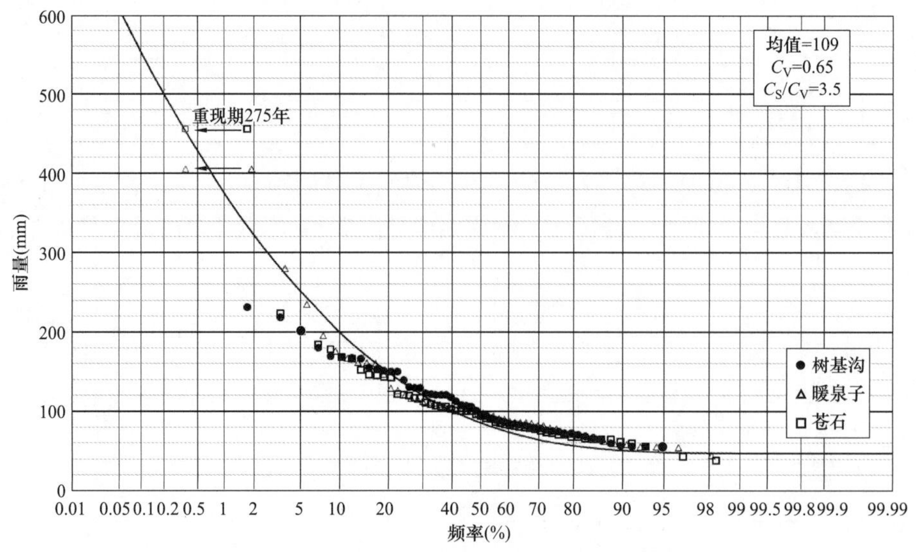

图 3-4-5　地区综合法最大 3d 降雨量频率曲线图

（3）产流汇流计算。根据设计流域的水文特性、流域特征和资料条件，采用与其相适应的计算方法。产流计算常采用暴雨径流相关法、扣损等方法，汇流计算常采用单位线法、推理公式法。抽水蓄能电站一般要对下水库设计洪水过程与发电流量的遭遇组合进行水库调洪计算，因此还需提出下水库坝址设计洪水过程线，供水库调洪计算使用。

3. 地区综合法推求洪水

当坝址或其上下游附近实测洪水资料短缺，又无法确定设计流域暴雨洪水参数时，可采用地区综合法估算设计洪水。地区综合法应使用暴雨一致区的实测、调查大洪水资料及设计洪水成果，进行洪峰洪量与流域面积经验关系的综合，或以经验公式表述。

4. 水文比拟法推求设计洪水

水文比拟法就是以流域间的相似性为基础，将参证流域的水文资料移用至研究流域的一种简便方法，此方法在抽水蓄能电站设计时应用较为广泛。提高水文比拟法计算精度的关键在于参证流域的正确选择，这需要对两个流域的位置、流域特征、气候、下垫面条件进行较为深入细致的查勘。通过区域的实测或调查洪水和暴雨资料，分析地区洪水变化规律并考虑各项条件的差异进行相应修正。

（三）不同类型水库的设计洪水分析计算

（1）对于开挖围堤形成的封闭型上水库或下水库，设计洪量可采用设计暴雨和水库集水面积计算。抽水蓄能电站上水库通常位于支沟的源头或由人工通过挖填方式形成，流域面积较小，可不设置专门的泄洪设施。上水库采用面板进行库底和库坡全库盆防渗，并在库周设混凝土防浪墙，由此形成封闭的上水库库盆，这时上水库形成人工流域边界，库周洪水不会进库；另外，因采用全库防渗，没有土壤下渗这一环节，这时径流系数取为 1，可直接按设计点暴雨推求设计洪量。如芝瑞、易县、浑源、潍坊等抽水蓄能电站上水库均为封闭库盆。但需注意，库盆外的流域汇水是否设置了同库盆相同防洪标准的截排水工程，或者库周防浪墙高程可以防止设计、校核标准的库外洪水入库，否则进行该标准洪水计算时还需按照库周洪水均入库考虑。

（2）对于水库为非封闭库盆，水库建成后水面面积占流域面积比重较大，可将坝址以上流域分为水面面积和陆面面积，分别进行产流汇流计算，并进行设计洪水组合计算。如丰宁、敦化、尚志等抽水蓄能电站均为非封闭库盆，按水面和陆面组合计算建库后洪量。若水库流域面积较小，为安全计也可按暴雨完全产流计算建库后洪量。

（3）利用已建水库作为上水库或下水库时，应搜集已建水库设计和运行资料、历史洪水、暴雨调查资料和建库后洪水流量资料，复核设计洪水。如潍坊抽水蓄能电站利用已建的嵩山水库作为下水库，在进行抽水蓄能电站设计时对原设计洪水进行了复核，并考虑抽水蓄能电站发电流量与洪水叠加，复核计算了下水库的设计洪水位和校核洪水位。

(4) 利用天然湖泊作为上水库或下水库时，设计断面可利用实测或插补的水位资料，采用频率分析法推求湖泊设计水位。

此外，当工程上游有调蓄作用较大的水库或设计水库对下游有防洪任务时，需对大洪水的地区组成进行分析，并拟定工程以上或防洪控制断面以上设计洪水的地区组成。

(四) 洪水成果的选定和合理性分析

抽水蓄能电站上、下水库一般集水面积较小，基本资料匮乏，小流域影响设计洪水的因素比较复杂，因此小流域水文计算成果精度不好把握，需要采用多种方法相互验证，按照综合分析、合理选定的原则确定工程断面的设计洪水成果，并根据工程河段调查的历史洪水资料对成果进行合理性检查。

(1) 对不同计算方法的成果进行对比，根据对计算方法的适用范围、系列的代表性、参数的选择等方面分析选定成果。

(2) 点绘本地区同场次历史调查洪水及相应重现期与本工程设计洪水成果及相应的洪水标准的地区综合图，作为选定成果和合理性分析的依据。

(3) 对近期发生的本流域大洪水进行调查分析，推算洪峰流量并分析重现期，与设计洪水成果与相应标准进行对比，分析计算方法及成果的合理性。

(4) 与流域上下游及周边设计、已建的经审定的工程和水文站同频率设计洪水模数、洪水地区组成规律等方面进行对比，分析成果符合地区分布规律的情况。

六、水位流量关系

抽水蓄能电站设计中一般需要计算坝址、泄洪设施出口、施工导流和截流建筑物及其他有防洪要求的建筑物所在位置的天然水位流量关系，如有补水水源，还需计算补水断面处的水位流量关系。与常规水电站相同，应结合洪、枯水调查，尽量利用实测资料进行拟合，或由水力学公式、水面曲线推求。

七、水面蒸发及蒸发增损

抽水蓄能电站建库后水库蒸发损失是运行期补水量应考虑的一部分。根据设计需要，应计算多年平均年、月水面蒸发量和蒸发增损量及年、月蒸发量系列。

蒸发计算需分别收集工程周边自然地理条件相近的气象站或水文站的蒸发量系列，根据本地区水面蒸发折算系数，将收集到的蒸发测站不同口径的蒸发观测资料先换算为标准蒸发池蒸发量，再进行计算。水面蒸发折算系数是利用蒸发器观测资料计算蒸发量的重要参数，可以通过依据测站不同口径蒸发皿同期观测资料分析得到，或采用本地区水文手册、水资源调查评价等分析成果。蒸发增损按库区多年平均年水面蒸发量与多年平均年陆面蒸发量的差值计算。

当抽水蓄能电站上水库或下水库为封闭库盆，除库面降水外没有天然径流汇入时，水库的蒸发损失水量为水面蒸发量；当上水库或者下水库有天然径流汇入时，由于水库陆面蒸发转换为水面蒸发，因此计算水库的蒸发增损。如庄河抽水蓄能电站，通过计算得到水面蒸发量为787.1mm，蒸发增损为308.8mm；上水库为全封闭库盆，建库以后库盆周边山坡的地表水不汇入，下水库为河道型水库有天然径流汇入；计算蒸发损失水量时，上水库蒸发损失水量为相应水面面积上的水面蒸发量，下水库蒸发损失水量为相应水面面积上的蒸发增损。需要说明的是，封闭库在计算蒸发损失水量时，如果没有把库盆降水当作入库水量，根据水量平衡，计算蒸发损失时，需减去相应时段的降水量。

八、寒冷地区水库冰情分析

寒冷地区的抽水蓄能电站水库，库面结冰会侵占一部分调节库容，占用部分调节水量，因此在计算寒冷地区抽水蓄能电站调节库容和水量时，要考虑冬季结冰的影响。水库表面若形成冰盖，可能会影响抽水蓄能电站功能的发挥和抽水发电效率，严重时也可能会影响电站运行及水工建筑物的安全，因此要进行水库冰情分析研究，并制定相应的冬季运行调度方案及防冰害措施。

（一）抽水蓄能电站水库冰情特点

1. 抽水蓄能电站水库冰情影响因素

水库冰情主要包括冰厚、结冰形态（冰盖、冰块、薄冰、冰花等）与分布（水内冰、岸冰、坝冰）等方面。

冰点是水和冰可平衡共存的温度，与压强有关，压强增大、冰点相应降低。在1标准大气压下，淡水的冰点为0℃，水是否发生结冰现象最终取决于水温。水温大于0℃时不结冰，为液态；水温小于0℃时结冰，为固态；水温等于0℃时可以呈现液态、固态和固液混合物三种状态。因此水温是水是否结冰的衡量标准。

水库冰层形成以后，上表面与大气发生热交换，下表面与所处水体发生热交换。影响冰与大气热交换的因素为气温，纬度、海拔、风速（速率）、朝向（向阳/背阴）和遮盖物（如积雪）覆盖等因素通过影响气温而对冰厚产生影响。影响冰与所处水体发生热交换的直接因素为水温，间接因素包括地温、机组运行发热和库水流速速率等。其中地温受太阳辐射影响；机组运行发热和库水流速速率受机组运行要素影响，包括机组运行次数、机组运行时间和水库水位变幅等。不同地区的水库因纬度、高度等地理条件不同而表现出不同的冰厚；水库的运行条件不同，冰厚亦不相同；即使是同一水库，不同年份的冰厚也会有所不同。

抽水蓄能电站运行的特点是水库水位每天大幅度升降往复，其水库结冰形态与分布的影响因素主要包括水位升降幅度和频次、库区风向、水库形态和库水流态（含流向）等。水位升降幅度越大、频次越多，越容易使库冰破碎、融化，水位升降幅度受机组运行要素影响。库区风向可使库冰顺风聚集在库区角落。水库形态包括库岸边坡坡度、库水上表面积、水库水深和进/出水口位置等。库岸边坡坡度越小，在水位升降作用下，库冰越容易“爬”上库岸；库水上表面积越大，进/出水口处水面波动影响的区域所占比例相对越小；水库水深越大，水体热量和从库底获取的热量使水库越不易结冰或冰厚越小；进/出水口位置设在水库的不同位置，可使所在位置附近的冰比其他区域较薄或无冰。库水流态（含流向）对库冰有一定的作用力，这种“推动”作用可以改变库冰在水库中的位置。

寒冷地区抽水蓄能电站水库冰情影响因素及其关系见图3-4-6。

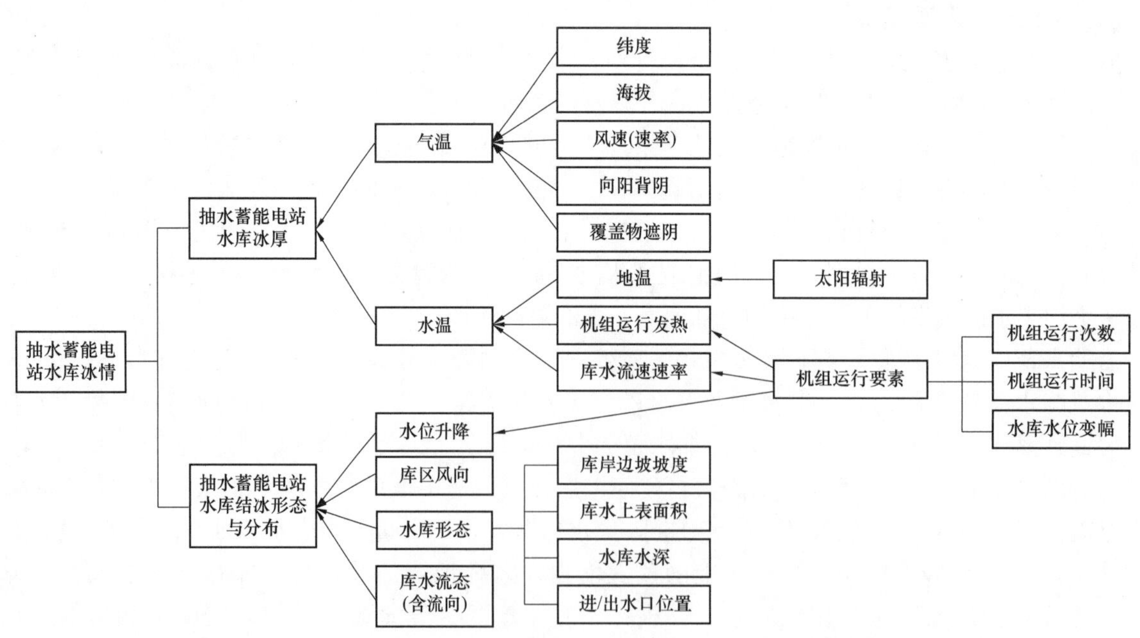

图3-4-6　寒冷地区抽水蓄能电站水库冰情影响因素及其关系

2. 抽水蓄能电站水库冰情特点

抽水蓄能电站的显著特点是水库水位每天大幅度升降往复，加大了上下部水体间的热量交换，机组抽水和发电运行使水流发生摩擦扰动，增大了水体内能，可使受运行影响的水体结冰较薄或不结冰，从而改变整个水库水面的结冰形态。冬季水库库面水温水平分布往往不是均匀的，在靠近进/出水口区域的水温一般较高，另外水温分布还受库区地形、工程特性带来的水流顶冲等扰动影响。

寒冷地区天然河道及常规水库，冬季一般经历冰厚先增大后减小的冰情生消过程。有结冰情况的寒冷地区抽水蓄能电站水库，在冬季一般也经历冰厚先增大后减小的冰情生消过程，其封冻时间一般晚于附近天然河道，其融冰时间一般早于附近天然河道。在冬季，水库由于抽水蓄能机组运行，往往造成最大冰厚小于附近的天然河道及常规水库，甚至会造成电站水库不结冰。抽水蓄能电站水库解冻（开河）时，冰盖大部分就地融化，开河形式一般为文开。

北京勘测设计研究院于2013～2016年间，以十三陵、张河湾、西龙池、蒲石河、呼和浩特抽水蓄能电站为典型工程，开展了寒冷及严寒地区抽水蓄能电站水库冰情专项研究工作。这几个典型抽水蓄能电站水库冰情的调研和观测情况见表3-4-2，观测时间为2013～2014年、2014～2015年和2015～2016年冬季。

表3-4-2　寒冷及严寒地区典型抽水蓄能电站水库冰情情况

电站	水库	水库分类	极端最低气温（℃）	最冷月平均气温（℃）	气候分区	水库冰情概况
十三陵	上水库	库盆型	−19.6	−5.6	寒冷	1月上旬、中旬局部（主要分布在右坝肩至库中心、进/出水口右侧南岸、北岸库周）有不超过2cm的薄冰，其余时间无冰
	下水库	河道型	−17.1	−4.1	寒冷	拦河坝至上游约1.5km范围内的库区未结冰；1.5～2km范围内的库区约有一半宽度范围内（靠右岸）结冰，最大冰厚约10cm；2km至库区防渗堤（位于大坝上游约3km处）前的库区结冰形态为冰盖；冰厚由下游至上游逐渐增厚，库区防渗堤前最大冰厚约25～30cm
张河湾	上水库	库盆型	−24.0	−6.0	寒冷	上水库有不超过1cm的薄冰（2014年1月）或冬季不结冰
	下水库	河道型	−17.9	−2.5	温和（接近寒冷）	除了在2014年2月上旬拦河坝前出现约0.3～0.5cm的浮冰外，其余时间拦河坝至上游约4.5km范围内库区（包括拦沙坝附近）不结冰；拦河坝上游约7km处冰厚为10～15cm
西龙池	上水库	库盆型	−34.5	−11.1	低严寒	2009～2010年冬季，由于机组停运持续时间较长，上水库形成完整冰盖，最大冰厚35～40cm。冬季机组正常运行时，上水库结冰状态为薄冰盖（最大冰厚8～12cm，冰盖边缘与库岸沥青混凝土面板间有约0.1～2m的动水带）、局部薄冰（厚不超过1.5cm）或不结冰
	下水库	库盆型	−30.4	−9.1	寒冷	2009～2010年冬季，由于机组停运持续时间较长，下水库形成冰盖，最大冰厚约7cm。其余时间只在局部存在少量不超过2cm的薄冰
蒲石河	上水库	库盆型	−38.5	−12.8	低严寒	结冰形态为冰盖，最大冰厚为20～30cm，冰盖与混凝土面板之间的隔离区域呈现动水带和冰水混合变动带（由水、浮冰、碎冰、冰花组成）两种形态，其中动水带宽约0.3～20m，冰水混合变动带宽度在2～50m不等
	下水库	河道型	−36.5	−10.8	低严寒	进/出水口处不结冰条带水域可直达对岸，其他区域出现厚冰盖，最大冰盖厚度分别为60cm、51cm、50cm，冰盖与库岸岸冰之间随库水升降形成断裂，沿库岸形成岸冰。 注：拦河坝下游约4km处已建的砬子沟水库冰盖最大厚度分别为68cm、60cm、55cm

续表

电站	水库	水库分类	极端最低气温（℃）	最冷月平均气温（℃）	气候分区	水库冰情概况
呼和浩特	上水库	库盆型	−41.8	−15.7	中严寒	2013～2014 年冬季机组未运行时，库中心最大冰厚为 65cm，库周采取临时潜水泵扰动防冰措施，库周形成了动水带，宽约 5～30cm；机组正常运行后，上水库最大冰厚 30～40cm，库周动水带宽约 0.3～10m
	下水库（蓄能专用库）	库盆型	−36.8	−12.2	低严寒	冬季结冰形态为冰盖，冰盖与拦河坝之间存在动水带。最大冰厚分别为 20cm 和 40cm，坝前动水带宽约 1～3m。进/出水口对岸出现不结冰水域，面积分别约为 $300m^2$ 和 $50～60m^2$，经分析认为是进/出水口水流顶冲对岸所致。 注：上游拦沙库为河道型水库，结冰形态为冰盖，最大冰厚 85～88cm。上游已建哈拉沁水库结冰形态为厚冰盖，最大冰厚 75～93cm

注 1. 库盆型水库是指由开挖围堤形成的水库或天然库盆（枯水期无径流汇入）水库，库面积和库容均较小；河道型水库是指天然河道上修建的库面积和库容均较大的水库，有天然径流汇入。

2. 气候分区按 NB/T 35024—2014《水工建筑物抗冰冻设计规范》规定：最冷月平均气温 $t_a<-10℃$，属严寒；$-10℃\leqslant t_a\leqslant -3℃$，属寒冷；$t_a>-3℃$，属温和。本表把严寒地区又分为低严寒（$-15℃\leqslant t_a<-10℃$）、中严寒（$-20℃\leqslant t_a<-15℃$）和高严寒（$-30℃\leqslant t_a<-20℃$）三种。

由表 3-4-2 可总结出我国北方寒冷和严寒地区抽水蓄能电站水库冰情规律如下：

（1）因抽水蓄能机组抽水发电的扰动和水体交换，抽水蓄能水库比常规水库结冰范围小（或不结冰）、厚度小，抽水蓄能库盆型水库一般在进/出水口附近形成一定面积的不结冰水域，在库周面板与冰盖之间形成一定宽度的动水带或冰水混合变动带。

（2）抽水蓄能库盆型水库由于库容、库面面积较小，大部分区域冰情受机组运行影响明显；河道型水库库容、库面面积相对较大，受机组运行影响的范围相对较小。

（3）寒冷地区抽水蓄能库盆型水库基本不结冰，如十三陵上水库、张河湾上水库、西龙池下水库；而相应的河道型下水库结冰范围较大，如十三陵下水库、张河湾下水库。

（4）严寒地区的抽水蓄能库盆型水库，在机组正常运行时一般呈现部分结冰，结冰形态为浮冰、碎冰或薄冰盖（如西龙池上水库、蒲石河上水库、呼和浩特上水库），在初期蓄水期或机组因故障长期停运时，形成完整厚冰盖（如呼和浩特上水库、西龙池上水库）；严寒地区抽水蓄能河道型下水库，除进/出水口附近出现一定面积的不结冰水域外，库区其他区域大部分结冰，冰厚从进/出水口结冰前缘至下游拦河坝、上游库尾或拦沙坝处均逐渐增大，库尾处最大冰厚接近于附近河道及常规水库最大冰厚，如蒲石河下水库。

（二）水库冰情分析计算

水库冰情包括冰厚、结冰形态与分布等，传统冰冻库容计算采用附近河道最大冰厚与水库正常蓄水位对应的库面面积乘积，未考虑电站机组抽水发电循环运行对水库结冰厚度和范围的影响，造成冰冻库容设计值较实际情况偏大，从而造成选取的正常蓄水位偏高。

1. 水库最大冰厚计算

（1）抽水蓄能电站河道型水库的冰厚计算。河道型水库主要是指利用天然河道拦河筑坝的水库，水库库面和库容较大，水库中较大部分区域的结冰厚度基本不受抽水蓄能机组运行的影响。如蒲石河下水库进/出水口至拦河坝区间、进/出水口至上游回水末端的区域，张河湾下水库拦河坝上游约 5km 处至上游回水末端区域，十三陵下水库拦河坝上游约 2km 处至回水末端区域等。这些区域内的最大冰厚 δ_{ip}，可按常规水库冰厚公式进行估算，可采用 NB/T 35024—2014《水工建筑物抗冰冻设计规范》附录 A 的公式，即

$$\delta_{ip}=\varphi_i\sqrt{I_m} \tag{3-4-3}$$

式中 δ_{ip}——抽水蓄能电站水库最大冰厚，m；

φ_i——冰厚系数，一般可取 0.022～0.026（严寒地区宜取大值）；

I_m——历年最大冻结指数，℃·d。

需要说明的是，由于受抽水蓄能机组运行的影响，进/出水口附近的水位波动实际上会影响到水库冰层的厚度，且往往会出现在进/出水口附近一定范围内无冰的现象。

（2）抽水蓄能电站库盆型水库的冰厚计算。与常规水库相比，人工开挖围堤形成的抽水蓄能库盆型水库，水库库面和库容均较小，抽水蓄能机组运行往往能影响到大部分库区范围，如十三陵、张河湾、西龙池、蒲石河、呼和浩特上水库，以及西龙池下水库和呼和浩特下水库，这些水库区域内的冰厚计算需考虑抽水蓄能电站机组运行因素的影响。

北京勘测设计研究院于2013～2016年间，以十三陵、张河湾、西龙池、蒲石河、呼和浩特抽水蓄能电站为典型工程，开展了寒冷及严寒地区抽水蓄能电站水库冰情专项研究工作。通过对典型抽水蓄能电站水库冬季冰厚δ_{ip}和日均运行次数N_r、日均运行时间T_r、气温t_a、水温t_w及水库水位日变幅的绝对值$|\Delta H|$实测资料进行多元回归分析，建立了抽水蓄能电站最大冰厚与影响要素之间的关系式，可用于计算受抽水蓄能机组运行影响区域的水库最大冰厚。

回归分析呼和浩特上、下水库，蒲石河上水库，西龙池上、下水库2013～2019年冬季运行的124组资料，得到的我国北方寒冷和严寒地区抽水蓄能电站受机组运行影响区域的水库最大冰厚计算关系式如下

$$\begin{aligned}\delta_{ip}=&K-0.0153\ln N_r-0.0127\ln T_r-0.3206\ln(t_a+50)-\\&0.0461\ln t_w-0.0072\ln|\Delta H|\end{aligned}\tag{3-4-4}$$

式中 δ_{ip}——抽水蓄能电站水库最大冰厚，m；

K——常数，对于一般寒冷地区$K=1.38\sim1.42$，对于低严寒区$K=1.42\sim1.45$，对于中严寒区$K=1.45\sim1.48$，对于高严寒区$K=1.48\sim1.60$；

N_r——抽水蓄能电站机组日均运行次数；

T_r——抽水蓄能电站机组日均运行时间，台·h；

t_a——抽水蓄能电站库区最冷月平均气温，℃；

t_w——抽水蓄能电站库区进/出水口处的水温，℃；

ΔH——抽水蓄能电站水库水位日变幅，m。

对于参数t_w，在无实测资料时可按如下方法取值：一般寒冷地区（最冷月平均气温$-10℃\leqslant\bar{t}_a\leqslant-3℃$）上、下水库分别取2.0～2.5℃、2.5～3.0℃；低严寒区（$-15℃\leqslant\bar{t}_a<-10℃$）上、下水库分别取1.0～1.5℃、1.5～2.0℃；中严寒区（$-20℃\leqslant\bar{t}_a<-15℃$）上、下水库分别取0.5～0.7℃、0.7～1.0℃；高严寒区（$-30℃\leqslant\bar{t}_a<-20℃$）上、下水库分别取0.2～0.3℃、0.3～0.5℃。

由式（3-4-4）可看出，对最大冰厚δ_{ip}影响程度的各因素由大到小排序依次是气温t_a、水温t_w、日均运行次数N_r、日均运行时间T_r和水库水位日变幅的绝对值$|\Delta H|$。

2. 水库不冻水域面积

寒冷地区不同类型的抽水蓄能电站水库，机组运行形成的不冻水域面积差异较大。如十三陵上水库、张河湾上水库冬季机组正常运行时，库面基本不结冰；而相应下水库则有较大范围结冰。几个寒冷地区典型抽水蓄能电站水库冰厚最大时、机组正常运行对应的不冻水域面积统计情况见表3-4-3。

表3-4-3 典型寒冷地区抽水蓄能电站水库不冻水域面积统计表

工程部位	呼和浩特		蒲石河		西龙池		张河湾		十三陵	
	上水库	下水库	上水库	下水库	上水库	下水库	上水库	下水库	上水库	下水库
库容（万m^3）	690	715	1256	2871	485	494	770	8330	445	7977
正常蓄水位对应面积A（万m^2）	22.5	18.6	49	370	20.12	14.66	30.36	357	15.81	244
不冻水域面积A_W（万m^2）	0.495	0.006	19.1	3.00	13.6	12.5	28.3	130	13.8	81.3
不冻水域面积占正常蓄水位对应库面面积的比例β_W（%）	2.20	0.03	39.00	0.81	67.50	85.00	93.33	36.41	87.50	33.33

3. 水库结冰区面积

限于目前冰情原型监测条件和技术手段限制，对于小于最大冰厚的冰层尚难以大范围较精确地测

量，为计算简便起见，把冰层分为厚冰区和薄冰区，薄冰区冰厚统一按最大冰厚的1/2处理。

（1）水库厚冰区面积确定。厚冰区是指完整冰盖覆盖区域内冰盖厚度稳定在最大冰厚、变化不大的区域，几个寒冷地区典型抽水蓄能电站水库冰厚最大时的厚冰区面积的统计结果见表3-4-4，厚冰区指冰厚和最大冰厚之差不大于10%的区域。

表3-4-4　　典型寒冷地区抽水蓄能电站水库冰厚最大时的厚冰区面积统计表

项目	呼和浩特		蒲石河		西龙池		张河湾		十三陵	
	上水库	下水库	上水库	下水库	上水库	下水库	上水库	下水库	上水库	下水库
库容（万 m^3）	690	715	1256	2871	485	494	770	8330	445	7977
正常蓄水位对应面积 A（万 m^2）	22.5	18.6	49	370	20.12	14.66	30.36	357	15.81	244
厚冰区面积 A_H（万 m^2）	18.6	15.5	20.1	338	2.52	0.733	0.507	204	0.395	136
厚冰区面积占正常蓄水位对应库面面积的比例 β_H（%）	82.80	83.31	41.00	91.41	12.50	5.00	1.67	57.18	2.50	55.56

（2）水库薄冰区面积确定。寒冷地区抽水蓄能电站水库中的结冰区除了冰厚最大的厚冰盖区域以外，还存在薄冰区，此处的薄冰区包括冰块区、冰花区和冰盖边缘冰厚未达到最大值0.9倍的薄冰盖区域，即水库库区除了厚冰区和水域之外的区域。冰冻库容计算需确定薄冰区面积。在计算冰冻库容时，受冰情监测仪器发展的限制，薄冰区的冰厚难以精确测量，近似地把薄冰区冰厚统一按同库区最大冰厚的1/2处理。

薄冰区的形状和面积随寒冷地区抽水蓄能电站水库结冰形态的不同而变化较大，对几个寒冷地区典型抽水蓄能电站水库冰厚最大时的薄冰区面积的统计结果见表3-4-5。

表3-4-5　　典型寒冷地区抽水蓄能电站水库冰厚最大时的薄冰区面积统计

项目	呼和浩特		蒲石河		西龙池		张河湾		十三陵	
	上水库	下水库	上水库	下水库	上水库	下水库	上水库	下水库	上水库	下水库
正常蓄水位对应面积 A（万 m^2）	22.5	18.6	49	370	20.12	14.66	30.36	357	15.81	244
薄冰区长度（km）				1				1		0.5
回水长度（km）				12.86				15.6		4.5
薄冰区面积 A_B（万 m^2）	3.75	3.10	9.80	28.77	4.02	1.47	1.52	22.88	1.58	27.11
薄冰区面积占正常蓄水位对应库面面积的比例 β_B（%）	15.00	16.67	20.00	7.78	20.00	10.00	5.00	6.41	10.00	11.11

根据上述数据统计分析结果，可得到寒冷及严寒地区抽水蓄能电站水库冰厚分布面积的一般比例，见表3-4-6。表中给出了寒冷及严寒地区抽水蓄能电站水库冰厚最大时厚冰区占正常蓄水位对应库面面积的权重因子 β_H、薄冰区面积占正常蓄水位对应库面面积的权重因子 β_B 和水域面积占正常蓄水位对应库面面积的权重因子 β_W。

表3-4-6　　寒冷及严寒地区抽水蓄能电站水库冰厚分布面积比例

水库类型与所在地气候分区	上水库								下水库							
	库盆型				河道型				库盆型				河道型			
	寒冷	严寒			寒冷	严寒			寒冷	严寒			寒冷	严寒		
		低严寒	中严寒	高严寒		低严寒	中严寒	高严寒		低严寒	中严寒	高严寒		低严寒	中严寒	高严寒
厚冰区面积权重因子 β_H（%）	2.0	12.5	41.0	>82.0	60.0	40.0	45.0	>50.0	2.0	5.0	40.0	>80.0	56.0	89.0	92.0	>95.0
薄冰区面积权重因子 β_B（%）	7.5	20.0	20.0	15.0	10.0	10.0	10.0	10.0	7.5	10.0	20.0	16.0	8.0	8.0	6.0	4.0
不冻水域面积权重因子 β_W（%）	90.5	67.5	39.0	<3.0	30.0	50.0	45.0	<40.0	90.5	85.0	40.0	<4.0	36.0	3.0	2.0	<1.0

注　表中权重因子数值选用时，可根据具体工程的特征（向阳/背影、迎风背风、库区水温等）进行±5%内的浮动。

4. 水库冰冻库容设计计算

在进行寒冷地区抽水蓄能电站水库冰冻库容设计时，首先需根据所设计抽水蓄能电站所处的经纬度、海拔、气温和库面面积、库容大小等参数，确定抽水蓄能水库类型和气候分区，然后计算最大冰厚，并确定厚冰区和薄冰区权重因子，进而可计算得到冰冻库容。

（1）计算最大冰厚。

1）若抽水蓄能电站水库为库面和库容较大的河道型水库，水库最大冰厚基本不受抽水蓄能机组运行影响，水库最大冰厚 δ_{ip} 计算可采用式（3-4-3），即 NB/T 35024—2014《水工建筑物抗冰冻设计规范》附录A的公式。

2）若抽水蓄能电站水库为库面和库容较小的库盆型水库，水库冰厚度几乎全都受到抽水蓄能机组运行的影响，可采用采用式（3-4-4）计算最大冰厚 δ_{ip}。

（2）根据电站设计资料，计算电站水库正常蓄水位对应的库面面积 A。

（3）确定厚冰区和薄冰区面积权重因子 β_H 和 β_B。根据抽水蓄能电站水库类型和所在地气候分区，参考表 3-4-6 确定。

（4）水库冰冻库容计算。薄冰区的冰厚近似地按库区最大冰厚 δ_{ip} 的 1/2 处理，水库冰冻库容 V_{ip} 计算公式如下

$$\begin{aligned} V_{ip} &= 0.9\times(\delta_{ip}\times A_H+\delta_{ip}/2\times A_B) \\ &= 0.9\times(\delta_{ip}\times A\times\beta_H+\delta_{ip}/2\times A\times\beta_B) \\ &= 0.9\times\delta_{ip}\times A\times(\beta_H+\beta_B/2) \end{aligned} \tag{3-4-5}$$

式中 V_{ip}——抽水蓄能电站水库冰冻库容，m^3；

δ_{ip}——水库库区最大冰厚，m；

A——水库正常蓄水位对应的库面面积，m^2；

β_H——厚冰区面积权重因子，为厚冰区面积 A_H 占正常蓄水位对应库面面积 A 的比例；

β_B——薄冰区面积权重因子，为薄冰区面积 A_B 占正常蓄水位对应库面面积 A 的比例。

（三）水库冰情预测数值模拟

根据抽水蓄能电站水库冰情的特点，对水库冰情预测的数值模拟，主要考虑机组抽水发电运行的水流对库内水体的扰动交换、库水的水温扩散交换、水库冰盖厚度的热力消长和冰盖破裂等过程变化和影响。北京勘测设计研究院开展的寒冷及严寒地区抽水蓄能电站水库冰情专项研究，对水库冰情预测数值模拟进行了初步研究，建立了抽水蓄能电站水库冰情预测数学模型，包括水力计算模型、水温扩散模型、冰盖热力消长模型、冰盖破裂模型 4 个子模型。

1. 水力计算模型

抽水蓄能电站库区水体可视为一个无黏且不可压缩的浅水域，水深方向上速度动力条件相对于平面方向的动力条件要弱，不同高度上的压力可用 Bernoulli 方程来表示，水流主要以重力、静水压力和摩擦力为主要驱动力。在水力计算部分，模型的控制方程主要为连续性方程和动量方程。物理计算域的进水区和出水区分别对应着电站库区的进/出水口计算区域，而水库区则对应库区水体覆盖区域。

2. 水温扩散模型

抽水蓄能电站库区水体温度扩散问题为热传导温度扩散问题，需应用能量方程，能量方程是能量守恒定律的流体表达；根据能量守恒定律，流场中控制微元体的总能量增值＝微元体受到外力做功＋外界向微元体热传导，能量方程扩散项中热通量可根据 Fourier 定律推求。

3. 冰盖热力消长模型

抽水蓄能电站的冰厚日变化值 Δh 可视作为冰盖和大气、冰盖和水体以及冰盖和太阳辐射的热交换联合影响下的结果，气温对冰厚的影响以累积负气温作为参量，采用改进的度-日法冰厚计算方程。将冰厚日变化值按照冰期天数求和，即可得到冰期任一天的冰盖厚度数值解。

4. 冰盖破裂模型

在水库结冰开始，冰与坝体护坡冻结在一起，由于冰层很薄，在温度胀压力作用下，冰板可能产生屈曲破坏，此时冰盖对坝坡和库岸的作用压力是很小的，随着气温的降低，冰盖厚度增加，冰盖与库岸之间的冻结强度增大，此时如果水位不变，则坝坡承受较大的膨胀压力，如果此时抽放水致使水

位下降，则冰盖必然随着下沉并产生弯曲变形，这时冰盖板对库岸产生较大的反弯矩作用，可能使库岸产生破坏。当冰盖厚度继续增加到一定值后，冰与库岸将在拉应力和剪应力的共同作用下，使冰与库岸之间裂开，若冰盖与库岸完全裂开，库岸受剪力作用；若冰盖与库岸还保持一定的连接，则冰盖板对库岸和坝坡产生拉拔作用主要易使坝坡产生拉拔破坏。

基于弹性地基梁理论建立冰盖破裂力学数学模型。引入冰盖破裂力学模型后，库区内冰盖的模型结果分为两种形态，库区中心的完整坚冰盖和环库碎冰带区的离散碎冰。通过迭代求解水力计算模型、温度扩散模型、冰盖热力消长模型和冰盖破裂模型，可形成抽水蓄能电站水库的水-热-冰过程的动力学数学模型，进而可预测分析抽水蓄能电站库区冰情的演变规律。

5. 典型抽水蓄能电站水库冰情数值模拟

采用上述抽水蓄能电站水库冰情预测数学模型，对呼和浩特抽水蓄能电站下水库冰情进行了数值模拟分析。根据 2015～2016 年冬季气温与冰情观测成果资料，对呼和浩特下水库冰情进行了数值模拟分析，模拟分析冰期共 44 天，水库初始水位为 1373.0m，库区冬季每日的平均气温实测资料见表 3-4-7。电站抽水和发电时间每日均为 4h，出水和进水流量为 $100m^3/s$，结合气温资料，下水库冰情数值模拟分析得出冰情演变成果如图 3-4-7 所示。

表 3-4-7　　呼和浩特下水库冬季每日平均气温实测资料

序号	气温（℃）	序号	气温（℃）	序号	气温（℃）
1	−13.0	16	−6.3	31	−1.5
2	−14.1	17	−12.1	32	−9.9
3	−12.7	18	−14.9	33	−11.2
4	−9.7	19	−13.7	34	−12.7
5	−8.3	20	−10.1	35	−8.8
6	−12.1	21	−7.0	36	−11.0
7	−15.4	22	−5.3	37	−5.8
8	−10.2	23	−8.7	38	−6.9
9	−10.8	24	−11.7	39	−7.6
10	−11.1	25	−10.7	40	−4.7
11	−11.8	26	−10.5	41	−3.2
12	−11.1	27	−10.5	42	−0.3
13	−5.9	28	−0.4	43	−1.1
14	−10.4	29	−3.5	44	−14.9
15	−9.1	30	−4.8		

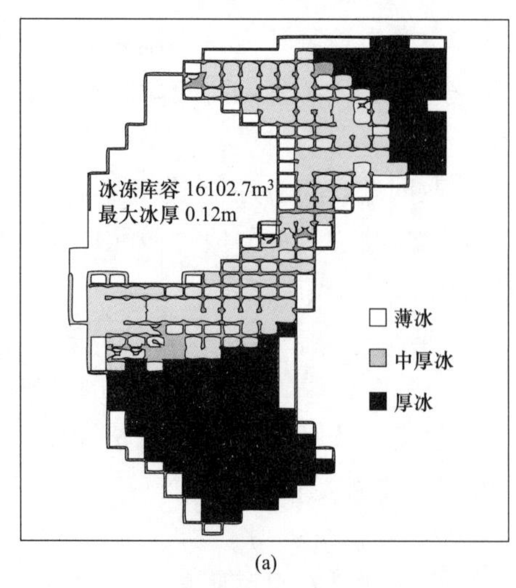

(a)

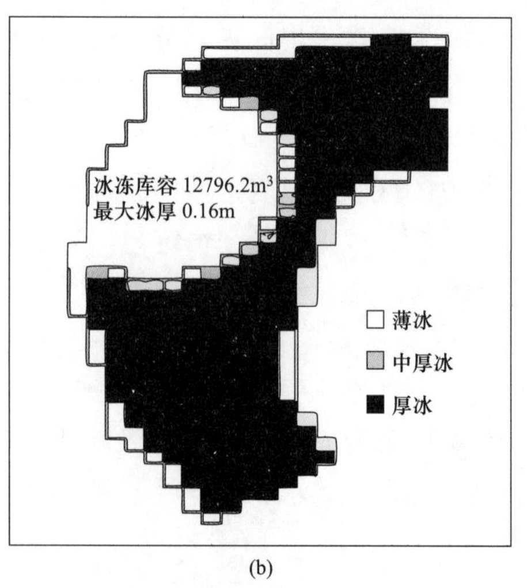

(b)

图 3-4-7　呼和浩特下水库数值模拟分析的冰情演变示意图（一）

(a) 冰期 6d；(b) 冰期 12d；(c) 冰期 20d；(d) 冰期 27d；(e) 冰期 30d；(f) 冰期 36d

图 3-4-7 呼和浩特下水库数值模拟分析的冰情演变示意图（二）

（a）冰期 6d；（b）冰期 12d；（c）冰期 20d；（d）冰期 27d；（e）冰期 30d；（f）冰期 36d

呼和浩特下水库由于进/出水口的位置偏向于库区西北角，发电水流的扩散近似呈扇形，库区发电入库水流产生的热交换主要在进/出水口出水附近区域，主要为薄冰区，库区表面覆冰情况最高时达到95%以上。此外，大气温度的变化对下水库冰情演变的影响显著，冰期 27d、30d、36d 的大气日平均温度分别为－10.5℃、－4.8℃、－11℃，在 30d 时气温明显回升，冰盖覆盖区域显著小于该时间节点前后的模拟计算结果，如图 3-4-7(e) 所示，说明气温回升时，会有相对较多的大气和水体热量参与冰盖的融化过程，这一模拟结果与原型观测的演变规律吻合较好。

（四）电站防冰运行方式

寒冷及严寒地区的抽水蓄能电站冬季运行可能会受到冰情影响，水库库面结冰可能会影响机组正常运行和电站功能发挥，严重时也可能危及电站运行和水工建筑物的安全，因此，有必要针对寒冷及严寒地区抽水蓄能库区冰情特点，研究制定电站机组冬季运行调度方案，保证电站在冬季的正常安全运行。

根据有关调研和研究，对于寒冷和严寒地区的抽水蓄能电站，冬季运行时若每天能保证机组一定的运行台次和运行时间，就可防止电站进/出口处完全结成厚冰盖，形成局部不冻区，不影响机组的正常运行。对于寒冷地区抽水蓄能电站，一般建议机组每天运行不少于 1 台次、时间不少于 4 台·h；对于严寒地区抽水蓄能电站，机组的最小运行台次和时间可根据相应气候条件加大。我国已建典型抽水蓄能电站冬季机组防冰冻运行情况如下，可供参考。

（1）北京十三陵、河北张河湾抽水蓄能电站，地处华北寒冷地区，在冬季采用日均运行次数不少于 0.26 台次、运行时间不少于 0.55 台·h，电站运行可不受冰冻影响。

（2）内蒙古呼和浩特抽水蓄能电站，地处华北严寒地区，若不出现极端寒冷气温时，在冬季采用日均运行次数不少于 1 台·次、运行时间不少于 4 台·h，水库一般不会形成完整厚冰，对电站运行不会产生明显影响。

（3）山西西龙池抽水蓄能电站，地处华北，上水库属于严寒地区，2012～2013 年的冬季试验运行方案为日均运行次数不少于 1.48 台次、运行时间不少于 4.1 台·h，可使上、下水库一般不会形成完整冰盖，对电站运行不会产生明显影响。

（4）蒲石河抽水蓄能电站，地处东北严寒地区，若不出现极端寒冷气温时，在冬季采用日均运行次数不少于 4 台次、运行时间不少于 28 台·h，水库一般不会形成完整厚冰，由于抽水发电频繁的水流往复，进/出水口附近区域为薄冰区或不冻水域，对电站运行不会产生明显影响。

第五节 工程泥沙分析与防沙措施

一、工程泥沙分析

抽水蓄能电站水头一般高于常规水电站，而且泥沙过机是双向的，对过机含沙量的要求要高于常规水电站。所以抽水蓄能电站最好修建在无沙或少沙河流上，应尽量避免在多、中沙河流上选址，当难以避免时，应对泥沙问题给予足够重视，对入库泥沙含量加以控制。

抽水蓄能电站的水库泥沙问题主要是库容淤损（尤其是调节库容的淤损与电站进/出水口前的淤积）、过机泥沙对机组过流部件的磨损、机组效率降低及过滤器堵塞等问题，它将直接影响电站的发电效益及水泵水轮机及部件的使用寿命。另外泥沙淤积对回水的影响与淹没损失问题也应重视。

库容淤损会减少水库有效库容，影响电站正常运行年限。例如丰宁抽水蓄能电站，如果下水库不采取拦排沙工程措施，根据模型试验成果，到 2026 年剩余有效库容仅为 3192 万 m^3，丰宁抽水蓄能电站在 2024 年竣工时需要有效库容为 4148 万 m^3，建成后 2 年，有效库容损失 56 万 m^3，有效库容损失率 1.4%，平均每年约损失 0.7%，以此类推，运行 50 年后下水库有效库容损失率将达到 35%，电站在电力系统中发挥作用的能力将大打折扣。

水泵水轮机磨蚀会使机组效率降低，大修周期缩短。抽水蓄能电站水泵水轮机扬程越高，线速度越大，200～500m 水头范围内水泵水轮机出口线速度为 70～105m/s，为常规水轮机组的 1.7～2.4 倍。根据黄河原型沙模型试验结果，金属材料的失重量与流速的 3 次方、含沙量的 1 次方、磨蚀时间的 1 次方、泥沙粒径的 1.18 次方成正比，因此抽水蓄能电站过机沙量对水泵水轮机的磨蚀影响远远大于常规机组。从日本调查的 114 台水轮机和 25 台水泵水轮机泥沙磨损情况来看，机组主要磨损破坏的部件为转轮、活动导叶、抗磨板、止漏环等。对于高水头机组，导水机构与止漏环是主要的磨损部件，甚至比转轮的磨损还重，这些部件的破坏，往往造成机组漏水量增大，效率下降，甚至无法停机影响到机组的安全运行。苏联苏巴克桑电站水头 90m，年平均含沙量约为 0.8kg/m^3，其中硬颗粒含量达 0.35kg/m^3，因止漏环磨损，一年内使机组效率降低幅度高达 6%。

堵塞过滤器会影响设备正常运行。技术供水系统主要用于发电机组等设备的冷却，如果供水能力不足，将会使各用户设备运行温度升高，造成设备不能正常运行，甚至会出现设备安全事故。河南宝泉抽水蓄能电站的机组技术供水过滤器、全厂公用供水过滤器、上下迷宫环过滤器过滤精度为 0.5mm，主轴密封过滤器过滤精度为 0.1mm，可见泥沙粒径超过上述粒径范围，必将堵塞过滤器，减小过滤器过流能力，进而影响机组的冷却器冷却效果，造成机组跳闸停机等后果。2016 年的“16.7”大洪水时，宝泉抽水蓄能电站最大入库洪峰流量 2034m^3/s，最大含沙量 24.0kg/m^3，电站供水过滤器发生了堵塞，造成机组停机；河北张河湾抽水蓄能电站入库洪峰流量为 2272m^3/s，超过 20 年一遇洪水标准，在 7 月 20 日凌晨机组抽水运行过程，出现多台机组的主轴密封增压泵轴封甩水、3 号机组 2 号技术供水总管进口法兰密封垫损坏等问题，被迫申请机组停运，以躲过高含沙量的洪水，并利用 7 月 20～24 日的 5 天时间，对 4 台机组的供水冷却、润滑系统的过滤器滤芯、水泵轴封、球阀密封滤芯、管路等设备进行了全面清淤工作，至 7 月 24 日中午机组恢复备用和并网发电，该次大洪水因泥沙问题造成机组停机 5 天。

为了减少泥沙影响，除了在选址上要注意外，可通过工程措施、水机抗磨和合理的运行管理等措施加以解决。抽水蓄能电站一般可分为纯抽水蓄能电站与混合式抽水蓄能电站；其泥沙问题、淤积计算方法大同小异，但入库泥沙有所差别。纯抽水蓄能电站的水源水库多为下水库，而混合式抽水蓄能电站则一般为上水库。以下主要结合纯抽水蓄能电站的泥沙问题进行分析。

（一）入库水沙主要型式

纯抽水蓄能电站下水库的入库泥沙与水库类型有关。

（1）河道库，即在河道修建挡水、泄水建筑物形成的水库。当不设置拦排沙工程时，入库泥沙来自坝址以上流域，例如辽宁的清源、庄河等抽水蓄能电站下水库；当修建拦排沙工程时，拦沙库形成滞洪水库，超过拦沙坝设计标准的洪水才进入下水库，入库泥沙主要来源于初期蓄水、运行期补水、拦河坝-拦沙坝区间入库泥沙和超标准洪水入库泥沙，例如河北丰宁、尚义等抽水蓄能电站。

（2）弯道库，即利用河道的河湾，在上游与下游筑坝形成抽水蓄能电站下水库，岸边开挖泄洪排沙洞或明渠排泄上游洪水及泥沙，相当于河道局部改道，上游河道的泥沙完全不进入抽水蓄能下水库。例如内蒙古呼和浩特、芝瑞抽水蓄能电站等，其入库泥沙主要来源于初期蓄水、运行期补水和下水库上下游坝址区间的入库沙量。

（3）岸边库，即在岸边宽阔的地段开挖围堤成库或在河道附近支沟建坝成库，若库水引自河道，其泥沙主要来自河道，当引水泥沙含量不符合设计要求时，可考虑采用沉沙池沉淀泥沙，然后补水入库。

从河道引水尽量选取清水时段或少沙时段，必要时应分析统计河道大于某含沙量的天数和大于、等于某流量的累计输沙量占年输沙量的百分数，以便拟定引水日期与历时，估计可能淤积量，尽量减少入库沙量。华北地区的抽水蓄能电站，一般非汛期水量很少，可供抽水蓄能电站补水的水量不足，主要在汛期补水，有些电站采用集水廊道方式取水，通过自流方式引入沉沙池中沉沙后进入泵房，集水廊道采用无砂混凝土管（渗透系数采用$k=30\text{m/d}$），边墙与顶拱预埋花管，周围回填碎石，上铺无纺布。

（二）水库泥沙淤积计算

1. 水库淤积形态

水库纵向淤积形态大体上可分带状淤积、三角洲淤积、锥体淤积、楔形体（倒锥体）和锯齿状五类。实际水库的纵向淤积形态与水库调度运行方式有关，既有单一形式，又有复合形式，不同淤积形态也会发生相互转化。当水库淤积达到平衡状态时，一般为锥体淤积形态。

入库水沙条件与库区边界条件是影响水库淤积形态的基本因素，水库调度运行方式是影响库区淤积形态的关键因素。同一水库在不同的运用条件下，可有不同的淤积形态。例如三门峡水库，在汛期运用为自然滞洪，由于来水来沙量大，库前运用水位低且变幅大，往往形成锥体淤积；但在汛期来水来沙量较大，且蓄洪运用，高水位运用持续时间较长时，其淤积也会形成三角洲淤积，若淤积量大，三角洲推至坝前，也就转化为锥体淤积了。对于水库的纵向淤积形态的经验判别式可参见《泥沙设计手册》（涂启华、杨赉斐，中国水利电力出版社，2006）。这里介绍常用的两个经验判别式供参考应用。

清华大学水利系及西北水利科学研究所公式为

$$K=\frac{V\times 10^{-4}}{W_S\cdot J_0} \tag{3-5-1}$$

式中 K——判别参数，当$K<2.2$为锥体淤积，$K>2.2$为三角洲或带状淤积；

V——时段平均库容，对长期的淤积而言，用总库容，m^3；

W_S——入库沙量，对长期的淤积而言，用多年平均入库沙量，m^3；

J_0——原河床比降，‰。

武汉水利电力学院陈文彪、谢葆玲分析了少沙河流8个水库的资料，提出的判别式为

$$\Phi=\frac{H}{\Delta H}\left(\frac{W_S}{W}\right)^{1/2} \tag{3-5-2}$$

式中 Φ——判别参数，$\Phi>0.04$为三角洲淤积，$\Phi<0.04$为带状淤积；

ΔH——水库历年平均坝前水位变幅，m；

H——水库历年平均坝前水深，m；

W_S——多年平均年入库的悬移质输沙量，亿 m³；

W——多年平均年入库水量，亿 m³。

2. 水库排沙量计算

夏震寰、王士强、彭守拙等研究提出了如下的水库排沙量计算方法。

（1）水库壅水排沙关系。水库壅水排沙可用壅水排沙比 $\eta=\frac{Q_{SE}}{Q_{SI}}=f\left(\frac{V_W}{Q_E}\frac{Q_I}{Q_E}\right)$（式中：$Q_{SE}$、$Q_{SI}$ 分别为出库和入库输沙率，t/s；f 为函数；V_W 为水库蓄水容积，m³；Q_E、Q_I 分别为出库和入库流量，m³/s）曲线估算，如图 3-5-1 所示，图中排沙比 η 曲线分别以来水含沙量 S、悬移质泥沙颗粒 d_{50} 和有无异重流作为参数；其中，曲线Ⅰ为有异重流，曲线Ⅱ为一般壅水明流排沙，曲线Ⅲ为泥沙颗粒粗、无异重流。

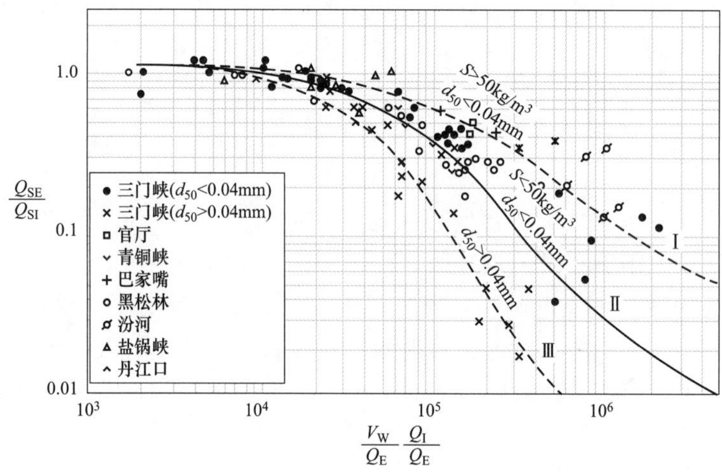

图 3-5-1 水库壅水排沙比 $\eta=f\left(\frac{V_W}{Q_E}\frac{Q_I}{Q_E}\right)$ 关系曲线

（2）水库敞泄排沙关系。敞泄排沙计算公式为

$$Q_{SE}=K\frac{Q^{1.6}i^{1.2}}{B^{0.6}} \tag{3-5-3}$$

式中 Q_{SE}——出库输沙率，t/s；

Q——出库流量，m³/s；

i——平均水面比降；

B——水面宽，m；

K——系数。

系数 K 的取值范围大，对于滞洪淤积的新淤积物，较易冲刷，平均 $K=650$；对于壅水淤积物的冲刷，平均取 $K=300$；对于沉积时间较长，较难冲刷的淤积物，平均取 $K=180$。水库敞泄排沙关系如图 3-5-2 所示。

（3）上游已建水库的拦沙量估算。抽水蓄能电站水库上游水库的拦沙量是计算入库沙量的关键资料，对于比较大的上游水库，一般都有较详细的淤积测量记录，而对于中小型水库，受各方面条件的限制，一般很少甚至没有水库淤积的实际测量资料，仅有一些估算的淤积量，甚至什么都没有。对于无资料的中小型水库，根据《官厅水库泥沙淤积与水沙调控》（胡春宏等，中国水利水电出版社，2003）一书介绍，当水库淤积量接近水库总库容的 70%时，水库的拦沙效果已很小，水库基本达到淤积平衡状态，据此可以估算上游水库淤积平衡年限及对抽水蓄能水库入库泥沙的影响。

河北尚义抽水蓄能电站位于永定河上游东洋河，下水库上游有年调节的友谊水库，友谊水库总库容 1.16 亿 m³，据此推算淤积平衡后总淤积量约为 8120 万 m³。根据友谊水库实测资料，水库自蓄水至

2012 年总淤积量为 3323 万 m^3（建成后水库未排沙，实测出库流量为 0）；永定河官厅水库推悬比 9.38%，友谊水库参考官厅水库的推悬比，取 10%，则悬移质总淤积量为 3080 万 m^3，推移质总淤积量为 243 万 m^3，多年平均悬移质、推移质淤积量分别为 59.2 万 m^3 和 4.7 万 m^3。按友谊水库多年平均淤积量估算，自 2012 年起水库达到淤积平衡约还需 75 年，如果考虑悬移质出库，淤积平衡年限还要延长。尚义抽水蓄能电站于 2020 年开工，计划 2027 年建成，考虑经济运行期 50 年，在 2077 年前下水库入库沙量可按友谊水库排沙量加区间沙量作为入库沙量；在 2087 年后，友谊水库将失去拦沙作用。

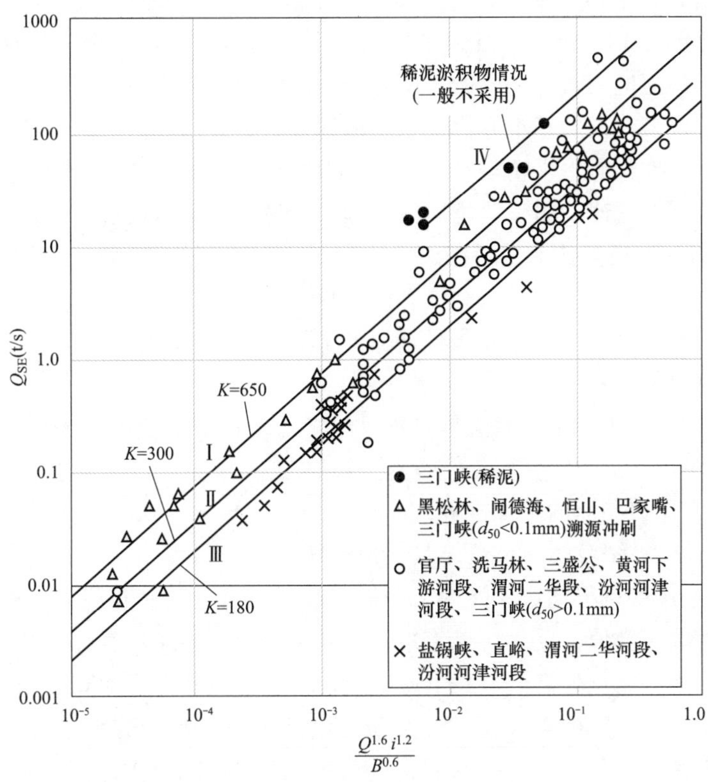

图 3-5-2 水库敞泄排沙关系

3. 水库淤积计算方法

水库泥沙淤积计算方法的选择与电站所在河流的水文基本资料有关。水文泥沙资料缺乏时，常常用经验估算的方法；水文泥沙资料条件较好时，可选择数学模型进行冲淤计算。常用的水库泥沙淤积计算方法有泥沙数学模型法、形态法、经验法、类比法、沉沙池法（含静水沉降法）等，适用于不同类型的抽水蓄能电站水库，见表 3-5-1。

表 3-5-1 计算方法与水库类型关系表

水库类型		计算方法	备注
河道库		数学模型或形态法等	计算方法基本同常规水电站水库，不同的是其计算还应考虑抽水蓄能电站抽水发电保证水位和水位日变幅对泥沙冲淤的影响，以及计（估）算电站进/出水口断面的含沙量、粒径和淤积高程，以便推（估）算过机泥沙与拟定抽水蓄能电站进/出水口的拦沙坎高程
岸边库		沉沙池法	入库水沙引自河道，其淤积计算方法基本同一般的引水式水库，如沉沙池法，静（动）水沉降，水平淤积或带状淤积
弯道库	滞洪库	数学模型或形态法	抽水蓄能电站专用下水库的上游拦沙坝将原河道水位壅高，形成滞洪水库，其泥沙冲淤计算方法基本同河道库，但还应考虑水库泄空冲刷的影响
	电站专用下水库	静（动）水沉降法（沉沙池法）	淤积形态宜据电站下水库的来沙方式与有无排沙设施（条件）和运用方式，按带状或水平淤积考虑

泥沙淤积计算方法及计算过程可参考《泥沙设计手册》（涂启华、杨赉斐，中国水利水电出版社，2006），《水利水电工程泥沙设计》（朱鉴远，中国水利水电出版社，2010）等专著。抽水蓄能电站水库

泥沙淤积计算可利用一维泥沙冲淤计算模型，也可利用二维泥沙冲淤计算模型计算，余明辉等将一维模型与二维结合，建立了抽水蓄能电站泥沙计算数学模型。

（1）一维泥沙数学模型。目前应用比较广泛的是武汉大学杨国禄、吴为民研发的《一维恒定非均匀全沙数学模型（Susbed-2）》，该模型的基本方程包括连续方程、运动方程、泥沙连续方程、悬移质不平衡计算模式和泥沙组成方程。模型的定解条件包括边界条件和初始条件，边界条件和初始条件为入口断面流量过程线、出口断面水位过程线或出口断面水位流量关系、初始河床高程、入口断面分组含沙量过程线、入口断面分组推移质输沙率初始各断面边界条件床面层泥沙级配、混合层初始厚度。模型计算时，采用四点偏心 Pressmann 格式差分剖分上述基本方程，建立差分格式求解。该模型适用于少沙河流，对于多沙河流应用时，需要做一些适用性的修改和补充。

（2）二维泥沙数学模型。模型基本方程包括水流连续方程、x 方向水流运动方程、y 方向水流运动方程、泥沙连续性方程、推移质不平衡输移方程、河床变形方程。在应用模型求解时，为避免水位波动，控制体交界面上处理的流速采用了动量插值处理；为避免计算迭代过程中出现溢出值，采用了 Patankar 和 Spalding 提出的欠松弛技术，即在离散方程式中引入欠松弛因子，以改善离散方程式中系数的对角占优程度。

在此平面二维水沙数学模型中，边界条件通常包括河道进出口边界、岸边界及动边界处理等。不同的计算边界按如下情况处理：

1）进口边界。根据已知进口全断面流量过程，给定入流单宽流量沿断面的横向分布，并给定进口含沙量过程。

2）出口边界。给定出口断面的水位过程。

3）岸边界。岸边界为非滑移边界，给定其流速为零。

4）动边界。采用冻结法进行动边界处理，即根据水位结点处河底高程来判断该网格单元是否露出水面，若不露出，糙率取正常值，反之，糙率取一个接近于无穷大的正数。同时为了不影响水流控制方程的求解，在露出水面的结点处需给定一个薄水层，一般给定其厚度为 0.5cm。

（3）抽水蓄能电站泥沙计算数学模型。抽水蓄能电站上、下水库的水位，随着抽水和发电的循环过程在日内或周内升降往复变化，上、下水库中的泥沙随抽水和发电的循环水体进行交换，针对此特点开发了抽水蓄能电站泥沙计算数学模型。模型采用非耦合解法，先算水流，后算泥沙，再算河床变形和床沙组成。

抽水蓄能电站的下水库通常取水水库，若为河道库，其来水来沙条件较上水库复杂，根据资料条件可做一维分汇流水库泥沙数学模型计算。下水库干流的上边界条件为流量过程和含沙量过程线，根据资料条件，可为逐日过程或逐时过程，也可逐日过程与逐时过程相结合；下边界条件为坝前水位，在进/出水口上下游附近虚拟分汇流节点，以沿程分汇流的方式近似模拟抽放水时下水库进/出水口附近水沙运动。

通过对进/出水口附近区域二维或三维计算，选定进/出水口左右两侧平均流速较大的区域，在此区域内沿程设虚拟分汇流节点模拟电站抽放水时流态，进/出水口上游设沿程汇流节点，下游设沿程分流节点。进/出水口处先汇流后分流，其入汇流量值以及分出流量值按二维模拟结果视具体问题确定。静水工况下无分汇流，将分汇流量及含沙量取为 0。上水库泥沙淤积暂按静水沉降计算，当上水库比较狭长而且来水来沙量较大时，上水库也可作一维分汇流水库泥沙数学模型计算，此时下水库水沙计算的原理、方法以及子程序均可被用作上水库泥沙淤积计算。计算时进行了如下处理：

1）上下水库水沙交换及联算。考虑到虽然大部分抽水蓄能电站位于年径流量小、含沙量分布极不均匀的季节性河流上，电站运行时抽放水流量相对于下水库库容较大，但也存在电站位于年径流量较大的河流上，电站运行时抽放水流量小于来流的情况，因此目前程序有来流远小于抽放水流量和来流大于抽放水流量的情况两种上下水库水沙交换方式。

2）上、下水库进/出水口附近断面水力特性的修正。考虑到抽水蓄能电站上、下水库进/出水口附近水流流态复杂，一维数学模型功能尚有局限性，且一维模型预测的泥沙淤积高程在进/出水口附近误差较大，用二维水流数学模型计算电站运行不同代表水位情况下进/出水口附近局部区域（主要是下水库）流速分布，拟合进/出水口附近局部区域各断面的流速修正关系式，并进一步修正该区域泥沙运动、河床冲淤的计算。

（4）泥沙淤积估算时一些问题的简化处理。

1）封闭库盆型水库泥沙淤积量估算。很多抽水蓄能电站的上水库是封闭库盆，除库面降雨外，没有库外径流入库，泥沙淤积一般可按静水落淤来估算，下水库为封闭库盆型水库时也可按此计算。计算步骤为：①计算水库水深 H（单位为 m），为上水库水位与进/出水口底板高程差；②计算各粒径组泥沙沉速 ω_k（单位为 m/s）；③计算各粒径组泥沙的沉降水深，第 k 组泥沙的沉降水深为 $H_k=\omega_k\times t$（t 为静水沉降时间，h）；④计算各粒径组泥沙沉降量，若 $H_k>H$，则该粒径组泥沙全部沉降，否则抽到上水库的该粒径组泥沙沉降比例为 H_k/H，计算泥沙落淤量，按照上水库水位-库容曲线查出上水库泥沙淤积高程；⑤抽入上水库的泥沙及上水库天然入库沙量扣除静水阶段的沉降量，所剩下的部分含沙量的加权平均值即为发电时的过机沙量。

2）超拦沙排工程设计标准洪水的入库沙量的估算。我国北方地区泥沙问题严重的河道型抽水蓄能电站下水库，往往利用河湾建设了拦排沙工程，设置拦沙坝和岸边泄洪排沙洞等，形成拦沙库和抽水蓄能专用下水库。有些工程因为河流洪水规模大，超过一定标准的洪水还会进入到下水库中，如丰宁、尚义、浑源抽水蓄能电站等，丰宁、尚义的拦沙坝可拦蓄 30 年一遇的洪水，浑源的拦沙坝可拦蓄 20 年一遇洪水，洪水超过以上设计标准时，将进入抽水蓄能专用下水库，造成下水库淤积和过机含沙量增加。对于此类型式下水库的泥沙淤积计算，可根据拦沙坝设计洪水成果，先分析在实测洪水系列中有哪几场实测大洪水超过拦沙库防洪标准，对于这些场次洪水水沙进行拦沙库淤积计算，分析计算出出库水沙过程，根据拦沙坝防洪标准对水沙过程分为上、下两部分，上半部分的水沙即为专用库入库水沙过程，下半部分即为泄洪排沙洞排泄的水沙过程，根据专用库水沙过程进行专用库泥沙淤积计算，提出专用下水库泥沙淤积成果。

（三）泥沙物理模型试验

对于泥沙问题突出的复杂抽水蓄能电站工程，可通过泥沙物理模型试验对拦排沙工程措施设计方案进行验证和优化。抽水蓄能电站泥沙物理模型试验要做好以下几方面的工作：①详细收集工程的水文泥沙特性及水文泥沙基本资料，水库库区的地形资料（实测纵横断面资料），水库库区实测水面线资料等；②详细了解工程的有关特征参数，包括正常蓄水位、死水位，设计洪水位、校核洪水位和有效库容等；③详细了解工程枢纽布置格局，包括挡水建筑物、泄水建筑物、拦排沙建筑物、电站进出水口等的布置及高程、尺寸等，同时了解泄水建筑的泄流规模等；④详细了解工程建成后的调度运行方式，包括电站的调度运行方式和防洪、排沙等调度规则；⑤详细了解工程需要解决的工程泥沙问题及处理措施，如有效库容泥沙淤积损失问题、过机含沙量、泥沙颗粒级配的要求等；⑥根据工程设计对处理泥沙问题的需求，通过模型试验寻求最优解决方案。

1. 试验方案和试验内容

下面以我国华北地区某抽水蓄能电站物理模型试验为例，说明试验方案拟定。方案 1 为不设置拦沙坝方案，试验研究分两阶段进行，第一阶段先进行长河段整体模型试验，在其成果的基础上，再进行第二阶段坝区局部模型试验，本方案主要进行 50 年水沙系列放水试验，主要观测库区淤积发全过程，分析库区淤积分布和库容变化，了解电站进出水口前的泥沙淤积高程与机组的进沙情况。方案 2 为设拦沙坝方案，拦沙坝上游 210m 布置泄洪排沙洞，本方案在施放 20 个水文系列年（1957～1966 年循环一次）的基础上，进行洪水翻坝溢流和排沙的分水分沙试验，在 5 年一遇排沙洞设计标准下，了解拦沙库运行 20 个水文系列年的泥沙淤积发展过程及排沙洞排沙效果，同时还要求模型试验比较泄洪排沙洞按照不同的泄流规模（5 年一遇、10 年一遇、15 年一遇设计洪峰流量）设计时，拦沙库库区（拦沙坝以上库区）和电站下水库（拦河坝和拦沙坝之间库区）的泥沙淤积状况，观测分析泄洪排沙洞的排沙比和泥沙翻越拦沙坝后进入电站下水库的淤积、机组过机含沙量和颗粒级配组成等情况。

不同抽水蓄能电站水库的泥沙物理模型试验方案不同，试验的内容也各有千秋，但总体来说大同小异，试验的过程中要紧紧抓住对水库有效库容的影响和过机泥沙这两个牛鼻子，通过模型试验推荐出解决工程泥沙问题的最优方案，供枢纽建筑物布置设计时参考。

2. 模型比尺设计与验证

（1）模型相似条件。为了研究库区泥沙淤积发展及其对电站运行影响，整体模型试验范围下端应在泄水建筑物出口以下，上端应在水库正常蓄水位回水末端上游，局部模型试验根据试验要求确定试验范围。为使模型在水流运动和泥沙输移及河床冲淤方面与原型相似，模型在遵循几何比尺相似的同时，还必须满足水流运动、泥沙输移和河床冲淤等方面相似准则的要求。下面结合丰宁抽水蓄能电站下水库泥沙物理模型试验来说明模型比尺的确定过程。

1）几何相似。根据试验任务要求及场地条件，模型平面比尺和模型垂直比尺几何变态率不能过大，一般控制在5以内。

按照试验任务要求和场地条件，确定模型平面比尺为

$$\lambda_L=\frac{L_p}{L_m}$$

按流态相似条件和最小水深要求，确定垂直比尺为

$$\lambda_H=\frac{H_p}{H_m}$$

式中 L_p、H_p——原型的平面几何尺寸、水深；

L_m、H_m——模型的平面几何尺寸、水深。

丰宁抽水蓄能电站下水库试验综合考虑模型试验范围、试验场地、模型沙及流量大小等因素，在保证试验精度和试验可操作的条件下，最终确定模型的平面比尺 $\lambda_L=150$、垂直比尺 $\lambda_H=75$，模型变率 $\eta=\frac{\lambda_L}{\lambda_H}=2.0$。

2）水流运动相似。模型首先满足重力相似、阻力相似和紊流流态相似条件，由此可以确定模型相关水流运动比尺。

a. 按重力相似条件，推求流速比尺为 $\lambda_v=\lambda_H^{1/2}=8.66$

b. 按阻力相似条件，推求糙率比尺，即

$$\text{曼宁系数比尺}\quad \lambda_n=\frac{\lambda_H^{2/3}}{\lambda_L^{1/2}}=1.45$$

$$\text{或谢才系数比尺}\quad \lambda_c=\left(\frac{\lambda_L}{\lambda_H}\right)^{1/2}$$

c. 按水流连续相似条件，推求流量比尺及水流时间比尺，即

$$\text{流量比尺}\quad \lambda_Q=\lambda_L\cdot\lambda_H^{3/2}=97428$$

$$\text{水流时间比尺}\quad \lambda_{t_1}=\frac{\lambda_L}{\lambda_H^{1/2}}=17.32$$

3）泥沙运动相似。泥沙运动相似包括悬沙运动相似和床沙运动相似，试验采用轻质煤模拟天然悬沙以及水库库区床沙质，选用轻质煤的比重为1.40，根据模型沙特性以及悬沙运动相似准则确定模型悬移质运动的有关比尺如下。

a. 悬沙运动相似，则

$$\text{沉降速度比尺}\quad \lambda_\omega=\lambda_v(\lambda_H/\lambda_L)=4.33$$

$$\text{起动流速比尺}\quad \lambda_{v_0}=\lambda_v=8.66$$

$$\text{泥沙容重比尺}\quad \lambda_{\gamma_s}=1.89$$

$$\text{泥沙干容重比尺}\quad \lambda_{\gamma_0}=2.17$$

$$\text{水流挟沙力比尺}\quad \lambda_s=\frac{\lambda_{\gamma_s}}{\lambda_{\gamma_s-\gamma}}=0.46$$

$$\text{悬沙粒径比尺}\quad \lambda_d=\left(\frac{\lambda_\omega}{\lambda_{\gamma_s-\gamma}}\right)^{1/2}=1.02$$

河床变形相似（河床冲淤时间比尺） $\lambda_{t_2}=\dfrac{\lambda_L\lambda_{\gamma'}}{\gamma_v\gamma_s}=81.78$

根据以上悬移质粒径比尺设计，可推导求得试验悬沙要求的级配见表 3-5-2。含沙量比尺和冲淤时间比尺，将根据模型验证结果进行最终确定。

表 3-5-2　　天然沙和模型沙粒径级配

天然粒径 d_p(mm)	0.005	0.01	0.025	0.05	0.1	0.25	0.5
模型粒径 d_m(mm)	0.0049	0.0098	0.0245	0.049	0.098	0.245	0.49
P(%)	5.98	12.0	35.4	70.5	94.4	98.2	100

b. 床沙运动相似，则

起动相似（满足沉降相似） $\lambda_d=\dfrac{\lambda_v^{\frac{\beta}{1+\beta}}\lambda_\omega^{\frac{2-\beta}{1+\beta}}}{\lambda_{\gamma_s-\gamma}^{\frac{1}{1+\beta}}}=\dfrac{\lambda_v^{\frac{1}{2}}\lambda_\omega^{\frac{1}{2}}}{\lambda_{\gamma_s-\gamma}^{\frac{1}{2}}}=1.02$，$(0\leqslant\beta\leqslant1)$

单宽输沙率比尺 $\lambda_{q_{sb}}=\dfrac{\lambda_{\gamma_s}}{\lambda_{\gamma_s-\gamma}}\dfrac{\lambda_v^4}{\lambda_c^2\lambda_\omega}=298.05$

泥沙冲淤时间比尺 $\lambda_{t_3}=\dfrac{\lambda_{\gamma_0}\lambda_L\lambda_H}{\lambda_{q_{sb}}}=81.78$

推移质输沙量按悬沙量的 5%考虑，模型中各时段推移质加沙量分别按同时段悬沙量的相应比例加入。由于没有推移质级配资料，在模型进口进行控制时，以试验河段的床沙级配为基础，扣除床沙质级配中不能起动的部分即为推移质级配。推移质级配实际上是随流量变化而变的，可以根据不同流量所对应的水力条件计算能够起动的最大泥沙粒径。由于该水库河段淤积中推移质占比相对较少，为了增加试验的可操作性，在能满足试验实际要求的前提下，将推移质级配按流量情况简化分为两级：对于流量 $Q_p\leqslant100m^3/s$ 的时段，取汛期 7～9 月平均流量 $Q=11.5m^3/s$ 所对应的级配；对于流量 $Q_p>100m^3/s$ 的时段，则按较大洪峰流量代表值 $Q_p=200m^3/s$ 所对应的级配。根据以上相似比尺设计，推导求得试验推移质要求级配如表 3-5-3 所示，表中 P 为小于某粒径的沙重百分数。

表 3-5-3　　模型推移质级配

$Q_p\leqslant100m^3/s$	粒径（mm）	0.49	0.245	0.098	0.049	0.024	0.0098	0.0049
	P(%)	100	98.69	80.30	28.14	12.06	9.05	7.53
$Q_p>100m^3/s$	粒径（mm）	3.32	1.66	0.664	0.166	0.083	0.033	0.017
	P(%)	100	83.33	73.46	62.72	47.37	28.07	8.77

（2）模型验证试验。模型按照上述相似准则确定各项比尺后，原则上应根据天然实测资料进行水流运动和河床冲淤相似性验证，但限于下水库河段无实测水面线资料，只有实测地形资料，因此模型只能进行库区地形沿程分布和河床冲淤相似的检验，这是保证水流流态相似和模型阻力相似的必要条件。以 2006 年 10 月地形为初始地形，采用 2008 年 11 月地形作为验证地形进行河床冲淤相似的验证。模型的相似程度主要靠地形验证试验来检验，而模型的含沙量比尺及冲淤时间比尺也主要靠验证试验进行调整确定。经过多次的含沙量比尺调整和相应的冲淤地形验证试验，最终确定为模型含沙量比尺 $\lambda_s=0.4$，冲淤时间比尺 $\lambda_t=98$。图 3-5-3 所示为地形冲淤验证典型横断面比较结果（lf8 断面为进出水口断面），图 3-5-4 所示为地形冲淤验证纵断面比较结果，图 3-5-5 所示为冲淤量沿程分布的比较情况。验证结果表明，沿程各冲淤部位的冲淤数量和冲淤总量与原型的相对误差均在 15%以内，其中冲淤总量与原型的相对误差约为 9.2%，模型断面冲淤形态和沿程淤积分布均与天然实测情况基本相似，实体模型基本能够复演库区河床冲淤变化情况，满足模型阻力相似的要求。

（四）抽水蓄能电站过机泥沙估算

抽水蓄能电站过机含沙量是指在抽水或发电过程中，通过机组的总沙量与总水量的比值。抽水蓄能电站过机含沙量目前还没有实测资料，过机含沙量与哪些参数（如电站进/出水口前沿的河床淤积高程、入库水流含沙量、剩余库容与电站抽水量的相对关系等）有密切的关系，目前的研究成果还不多，过机含沙量的分析计算方法还在探索之中。

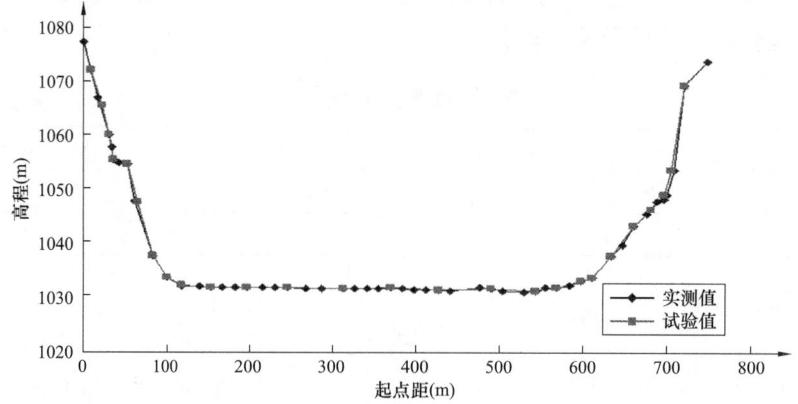

图 3-5-3 地形冲淤验证典型横断面淤积分布比较图（lf8 断面）

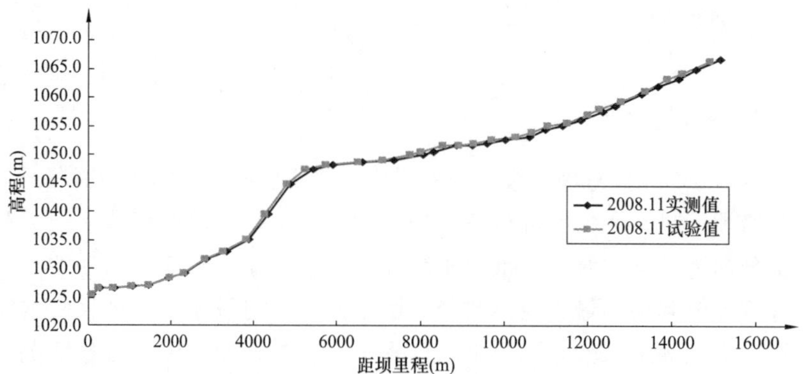

图 3-5-4 地形冲淤验证纵断面比较图

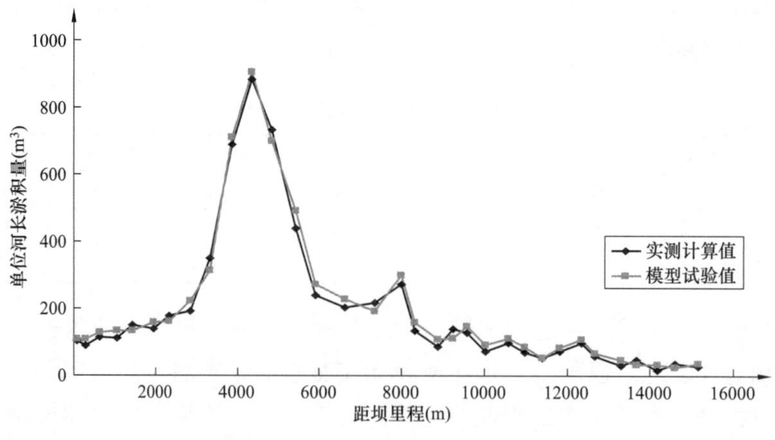

图 3-5-5 冲淤量沿程分布的比较图

绝大部分抽水蓄能电站在前期设计时，采用估算、类比等方法提出过机含沙量，部分电站进行了泥沙物理模型试验，根据试验结果提出过机含沙量成果，这些成果与电站建成运行后的实际过机含沙量可能存在较大的差异，成果仅供参考。河南宝泉抽水蓄能电站根据泥沙物理模型试验提出了抽水过机含沙量和发电时的过机含沙量计算公式，该经验公式结构简单，只与入库含沙量和进出水口淤积高程有关，便于应用。北京勘测设计研究院对板桥峪抽水蓄能电站也做过泥沙物理模型试验，也建立了抽水过机含沙量的计算经验公式。但对同一个工程，利用宝泉公式和板桥峪公式计算出的过机含沙量成果相差在 3 倍左右，为了更进一步研究，北京勘测设计研究院曾对丰宁、张河湾抽水蓄能电站的泥沙物理模型试验成果做过分析，研究与宝泉公式、板桥峪公式是否进一步综合的可能性，结果丰宁、张河湾抽水蓄能电站的过机泥沙相关关系较差，无法综合出与宝泉、板桥峪公式相似的经验公式。以上情况说明，利用某一具体工程的泥沙试验资料分析总结出的经验公式可能只适用于本工程。

由于抽水蓄能电站泥沙问题的复杂性，需要长期实测已建抽水蓄能电站过机含沙量及有关参数，进一步分析总结实测资料，辅以理论分析，才能提出较实用的抽水蓄能电站过机含沙量计算方法和公式。

1. 水泵水轮机过机含沙量要求分析

过机含沙量包括含沙量和泥沙颗粒级配，目前没有文献资料或厂家给出具体的要求，从NB 10390—2020《水电工程沉沙池设计规范》中设置沉沙池条件出发，以此估算常规电站过机含沙量的要求。常规水电站设置沉沙池的条件，是以额定水头（H_r）与过机多年平均含沙量（S_p）、过机多年平均粗颗粒含沙量（S'_P）曲线的交点确定，见图3-5-6和图3-5-7。交点均位于图中A区的，可不设置沉沙池；交点均位于图中C区的，宜设置沉沙池；交点均位于图中B区的，当水轮机过流部件的水力设计、结构设计及材料采用了可靠的抗磨措施，可不设置沉沙池。当常规水电站300m、400m、500m、600m、650m水头级多年平均过机含沙量在110g/m³、99g/m³、80g/m³、75g/m³，粗颗粒泥沙含量控制在22g/m³、19g/m³、18g/m³、15g/m³时，可不设置沉沙设施，泥沙颗粒的划分可参考图3-5-7。抽水蓄能电站过机含沙量较常规水电站要求严格，但没有试验和实测资料验证发电水头（抽水扬程）-含沙量-水轮机磨蚀等相关关系，目前项目审查时通常按照额定水头500m以下、500～600m、600m以上的过机含沙量分别不超过40g/m³、30g/m³、20g/m³来要求。由此可见，抽水蓄能电站过机含沙量的要求远高于常规机组，但需积累有关资料，对抽水蓄能电站过机含沙量进行定量的研究。

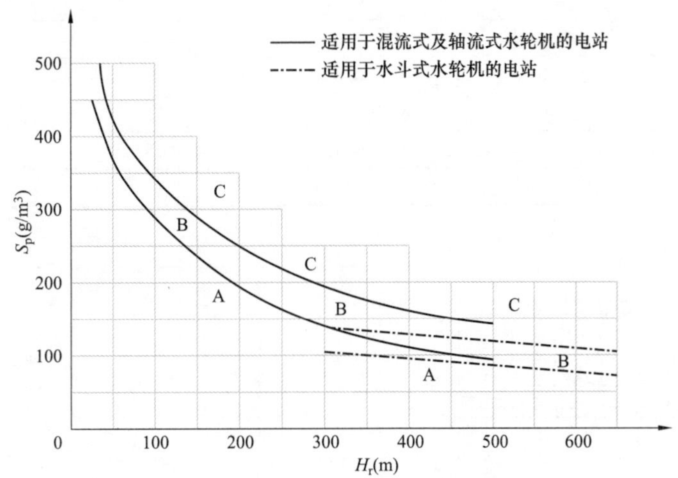

图3-5-6 水轮机额定水头（H_r）与多年平均过机含沙量（S_p）的关系图

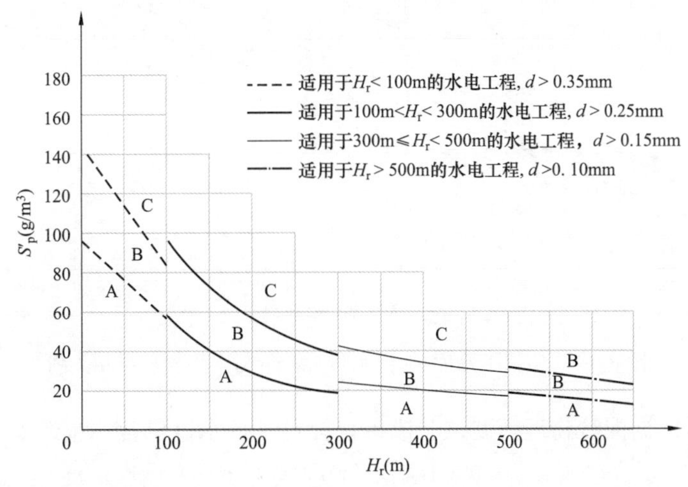

图3-5-7 水轮机额定水头（H_r）与多年平均粗颗粒过机含沙量（S'_p）的关系图

抽水蓄能电站设置拦排沙工程后，可有效降低电站过机含沙量，对于没有设置拦排沙工程的抽水蓄能电站，应做好泥沙监测工作，当过机泥沙含量或级配对水泵水轮机可能造成不利影响时，可采取调度运行方式调整来减少泥沙对水泵水轮机的损害。

2. 过机含沙量的模型试验经验公式估算

过机含沙量的估算目前没有成熟的经验公式，下面以抽水蓄能电站泥沙物理模型试验成果为例，介绍抽水蓄能电站过机含沙量的经验公式。

（1）宝泉抽水蓄能电站泥沙物理模型试验。宝泉抽水蓄能电站位于河南省辉县市薄壁乡大王庙以上 2km 的峪河上，上水库总库容为 789.96 万 m^3，下水库总库容为 6850 万 m^3，装机容量 1200MW，电站工程等别为Ⅰ等，防洪标准按 200 年一遇洪水设计，1000 年一遇洪水校核。下水库回水长度为 6.5km，进出水口距回水末端距离为 4.9km。

泥沙物理模型试验针对不同入库含沙量，观测下水库进/出水口的含沙量和淤积厚度，据此建立了 K（过机含沙量与入库含沙量比值）与 D_z（进出水口淤积厚度）的关系式。宝泉抽水蓄能电站进/出水口抽水含沙量 S_p（即过机含沙量）与入库含沙量 S_I 的对比成果见表 3-5-4 和图 3-5-8。根据图 3-5-8 相关成果及进出水口前淤积高程，建立的 K-D_z 关系见图 3-5-9。

表 3-5-4　宝泉下水库进/出水口含沙量与入库含沙量比较表

入库含沙量 S_I(kg/m^3)	进/出水口含沙量 S_p(kg/m^3)				
	2008 年地形	2013 年地形	2018 年地形	2038 年地形	2058 年地形
16.3	0.914	1.14	1.24	1.32	1.9
9.29	0.59	0.47	0.68	0.73	0.59
5.33	0.18	0.27	0.44	0.64	0.54
9.94	0.67	0.8	0.9	0.83	1.39
5.66	0.44	0.61	0.54	0.64	0.54
3.33	0.13	0.13	0.24	0.34	0.24
5.2	0.4	0.47	0.1	0.32	0.82
1.6	0.04	0.2	0.08	0.2	0.07

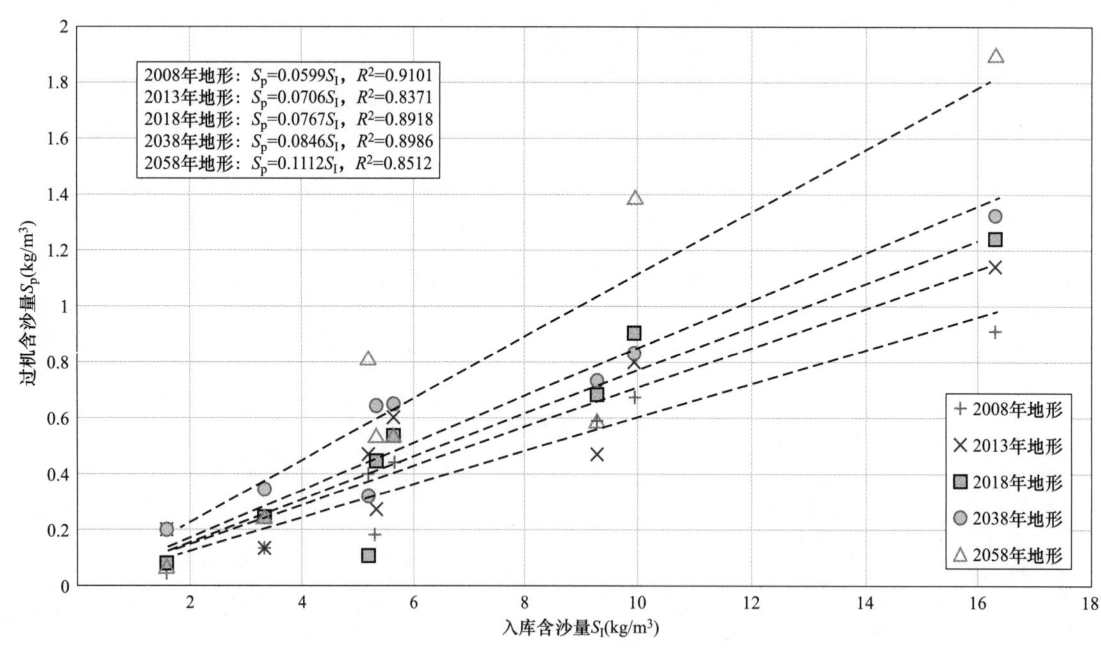

图 3-5-8　宝泉下水库进/出水口含沙量与入库含沙量相关图

宝泉抽水蓄能电站根据泥沙物理模型试验成果，提出了抽水过机含沙量经验公式

$$K=(0.0004D_z^2+0.0003D_z+0.0559) \tag{3-5-4}$$

式中　K——抽水过机含沙量与入库含沙量的比值；

D_z——进/出水口前累计泥沙淤积厚度，m。

（2）丰宁、张河湾抽水蓄能电站泥沙物理模型试验。中国水利水电科学研究院和天津大学分别进行了丰宁、张河湾抽水蓄能电站泥沙物理模型试验，根据试验的进/出水口抽水过机含沙量与入库含沙量对比关系，过机含沙量与入库含沙量的关系并不密切，丰宁抽水蓄能电站过机含沙量与入库含沙量关系见图3-5-10。

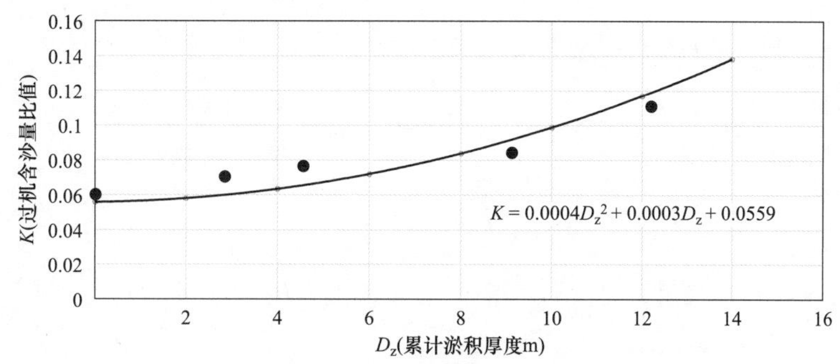

图3-5-9　宝泉抽水蓄能电站下水库 K-D_z 关系曲线

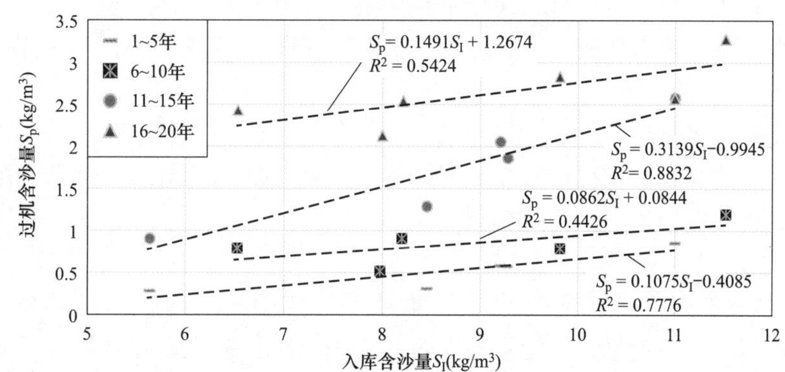

图3-5-10　丰宁抽水蓄能电站过机含沙量与入库含沙量关系图

我国已建成的抽水蓄能电站缺少过机泥沙的观测资料，对以上的泥沙物理模型试验结果分析表明，宝泉、板桥峪抽水蓄能电站 K-D_z 虽然有密切的关系，经验公式的组成也比较相似，但丰宁、张河湾抽水蓄能电站 K-D_z 关系并不密切，说明影响过机含沙量的因素比较复杂，除了与上述入库含沙量和进/出水口前淤积高程有关之外，还与入库流量、泥沙级配、库区地形及取水口位置等因素有关，简单地从一个工程的试验资料出发，总结的经验公式并不具备通用的应用价值。过机含沙量还有待于进一步积累已建工程的实测资料，有待于从理论方面进行研究。建议在抽水蓄能电站工程设计时要加强泥沙观测的设计，对泥沙问题严重的工程，过机含沙量可进行泥沙物理模型试验，提出过机泥沙成果，供有关专业使用。

3. 过机含沙量的水流挟沙公式估算

(1) 下水库平均含沙量。下水库入库含沙量一般应统计年平均含沙量、汛期平均含沙量、最大月平均含沙量、最大日平均含沙量、不同含沙量对应的日数等资料。水库平均含沙量根据水库调度运行方式计算出下水库蓄水量、入库沙量、出库沙量，按照水量、沙量平衡原则进行估算。

(2) 抽水工况过机含沙量计算。抽水时的水流流向一般接近于垂直于河道主流方向，过拦污栅的流速一般应不大于1m/s，根据流量平衡原理可以估算出进/出水口拦沙坎前水库水流流速，再根据拦沙坎断面水力特征值，估计拦沙坎前水流挟沙力。当水流挟沙力小于水库平均含沙量时，则过机含沙量等于水流挟沙力；当水流挟沙力大于入库含沙量时，则过机含沙量为水库平均含沙量。水流挟沙力公式一般采用韩其为公式、张瑞瑾公式或者张红武公式计算。

另一种估算的方法是考虑泥沙在随水流运动过程中，同一断面不同水深处的含沙量不同，一般来说水流表层含沙量较小，底层含沙量较大，因此电站进/出水口高程与过机含沙量的大小密切相关。含沙量的垂线分布一般采用劳斯公式表示，即

$$Z=\omega/\kappa U_* \qquad \frac{s_y}{s_a}=\left(\frac{\frac{h}{y}-1}{\frac{h}{a}-1}\right)^z \tag{3-5-5}$$

式中 s_y——垂线点含沙量，kg/m³；

s_a——$y=a$ 处的含沙量，kg/m³；

h——水深，m；

y——垂线点高程与河底高程之差，m；

Z——悬浮指标；

ω——沉速，m/s；

κ——卡门常数；

U_*——摩阻流速，m/s。

由此计算出垂线各点的含沙量，计算过程中要已知 a 测点的含沙量，a 点含沙量可利用相似水库进行类比，进/出水口高程处的含沙量即为过机含沙量。

（3）发电工况过机含沙量计算。发电工况过机含沙量是指抽入上水库的浑水加上上水库入库水沙，在上水库静水沉降后，浑水从上水库再返回至下水库的水库含沙量。计算时，首先利用前述的泥沙落淤估算方法估算落淤沙量，把级配曲线落淤泥沙"砍头"，根据比例关系估算上水库的水库含沙量，即为发电过机含沙量。

二、泥沙防治措施

抽水蓄能电站应采取相应的工程布置与工程措施、水利机械抗磨措施及合理的电站运行方式，以延长水库与水泵水轮机的使用寿命。

（一）工程布置与工程措施

电站进/出水口位置的布置应远离泥沙淤积体推进方向的区域，且应布置在不致因泥沙淤积而影响其正常使用寿命的区域，一般宜尽量靠近坝前布置。合理的防沙工程布置和措施是减少过机泥沙、减轻水泵水轮机磨损、避免机组供水过滤器堵塞和减少上水库淤积的重要措施。对于多泥沙河流，工程布置应考虑设置必要的泄洪排沙设施等，一般还应考虑采用如下工程措施：

（1）电站进/出水口前缘应设置挡沙坎，避免库内淤积泥沙直接进入进/出水口内。

（2）利用河流弯段，在上游设置拦沙坝、在下游布置拦河坝，形成无沙或少沙区域作为抽水蓄能电站的下水库，上游拦沙坝壅水形成一般性水库或拦沙库，并通过泄洪排沙洞或明渠泄洪排沙。呼和浩特、张河湾抽水蓄能电站下水库是该型式的典型布置，如图 3-5-11 和图 3-5-12 所示。

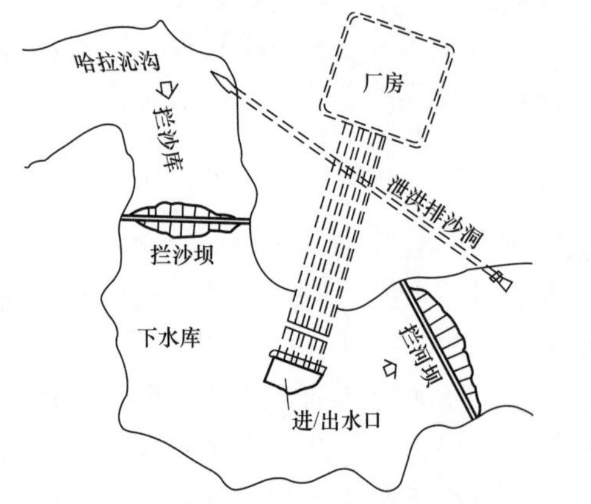

图 3-5-11 呼和浩特下水库平面布置

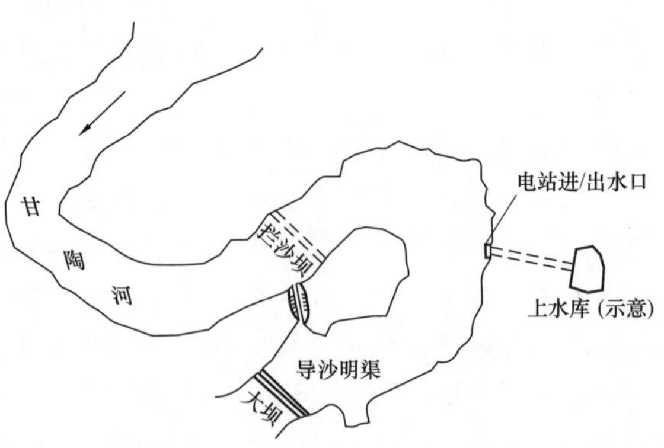

图 3-5-12 张河湾下水库平面布置

（3）下水库从天然河道取水补充水损或直接利用天然河道作为下水库，除在取水口设置防沙措施外，取水后在取水系统途中设置沉沙池，以减少入库泥沙。如西藏羊卓雍湖抽水蓄能电站，直接利用雅鲁藏布江河道作为下水库，从雅鲁藏布江取水后，通过沉沙池使江水中粒径大于 0.01mm 的泥沙沉降 80%以上，从而减少过机泥沙及羊卓雍湖的泥沙淤积。表 3-5-5 列出我国部分纯抽水蓄能电站下水库泥沙情况及防沙排沙工程措施供参考。

（4）水力机械采取抗磨措施，以延长机组寿命。

1）合理选用机组机型，优化机组结构，选择适合的参数和合理的流道、结构型式。

2）选用抗磨性能较好的材料及表面保护方式，采用材料整铸、耐磨材料喷涂或涂敷防护材料，提高水泵水轮机过流部件的抗磨性能。

3）提高机组的制造质量与加工精度。

4）易磨损部件便于拆卸和更换。检修时应用新技术新工艺，并提高检修部件质量。

表 3-5-5　　抽水蓄能电站下水库泥沙情况及防沙排沙工程措施

工程项目	呼和浩特	西龙池	张河湾	蒲石河	宝泉	泰安	广州
多年平均径流量（亿 m^3）	0.229	4.0776	0.8587	7.48	1.011	0.1913	0.1716
多年平均悬移质沙量（万 t）	3.35	715	95.3	43.9	11.58	1.7	0.195
多年平均含沙量（kg/m^3）	7.9	17.53	11.1	0.587	1.14	0.889	0.114
6～9 月多年平均含沙量	—	30.12	16.91	—	—	—	—
实测最大含沙量（kg/m^3）	42	—	—	19.0	—	—	—
悬移质中值粒径（mm）	0.013	0.035	0.0205	0.062	0.033	0.0245	—
悬移质平均粒径（mm）	0.04	0.048	—	0.071	—	—	—
多年平均推移质沙量（万 t）	0.137	71.5	20.97	17.1	4.96	0.68	0.049
推移质中值粒径（mm）	2.6	—	2.8	61.0		0.58	—
额定水头（m）	513	624	305	—	—	220	—
额定转速（r/min）	500	500	333.3	—	500	300	—
泥沙中硬矿物质含量（%）	90	—	49	—	29	93	—
硬矿物质主要成分及形状	石英和长石 圆 12.7% 棱 78.5% 尖 8.8%	—	石英和长石 圆 80% 棱 15% 尖 5%	石英 52.1% 长石 24.7%	白云石 38% 石英 24% 方解石 20%	石英 35% 长石 58%	—
多年平均过机含沙量（kg/m^3）	0	0	0.15～0.18	0.006～0.038	0.08	0.0027	—
防沙排沙措施	设拦沙坝，形成电站专用下水库及拦沙库（汛期：拦沙滞洪，非汛期：蓄水）＋泄洪排沙洞	为岸边库，与原河道浑水分开。水库引泉水（清水）	库内设拦沙坝、垭口排沙明渠，通过拦河坝泄洪表孔、中孔、底孔和冲沙底孔泄洪排沙	设溢流坝，泄洪排沙闸，下水库进/出水口导流墙、挡沙坎和集渣坑。汛期库水位可降至天然河道高程冲沙	设橡胶坝，开敞式溢流堰泄洪。7、8 月橡胶坝不充水，非灌溉期（6～9 月中旬）水库未达正常蓄水位时，电站不发电	设溢洪道、放水洞、下水库进/出水口挡沙坎	设溢洪道、下水库进/出水口挡沙坎

（二）合理运行与管理

（1）合理运行，加强管理，是减少水库泥沙淤积、过机泥沙含量与降低过机泥沙粒径及减少水机磨损的有效措施。应采用合理的运行方式，尽量减缓水库淤积（三角洲或非典型三角洲）的推进速度，避免电站进/出水口前的大量淤积，并在运行中注意以下问题：①提高管理水平，合理进行电力调度和负荷分配，使机组保持优良工况运行；②尽量避免水泵工况在超低水位运行；③水、沙、电协调调度，洪峰沙峰期间可考虑避沙峰运行，必要时短时间停机排沙，停机排沙是减少水库淤积与过机泥沙的有效途径，但影响电网的调度与发电效益，宜慎重选择；④及时检修与定期检修相结合。

河南宝泉抽水蓄能电站调度运行方式是：①非汛期当年 10 月～次年 5 月，入库径流为清水，机组正常运行；②汛期 6、9 月入库径流为清水，机组正常运行，7、8 月平水期机组正常运行，洪水期，涨水期间当下水库入库流量大于 $450m^3/s$ 时电站停机避沙，洪峰过后当流量降至 $180m^3/s$ 时，电站可以开机运行。

山西浑源抽水蓄能电站下水库的拦沙库工程，泄洪排沙洞底板高程 1369.00m，拦沙坝溢流表孔流堰顶高程 1389.00m，对应泄洪排沙洞泄流能力约 $761.6m^3/s$，能够泄放 20 年一遇标准洪水，发生超过 20 年一遇洪水，将翻过拦沙坝进入下水库。可行性研究阶段拟定的拦沙库调度运行方式如下：①由于

7～8 月来水含沙量占全年沙量的 90％以上，因此在 7 月上旬补足电站水损水量后，将拦沙库泄空，拦沙库空库排沙运行直到 8 月末；②9 月初关闭拦沙库泄洪排沙洞闸门，在向下游泄放必要的生态流量外，利用剩余来水充蓄拦沙库，待水位达到 1378.50m 以上开始择机向电站下水库补水，在补足电站缺水量后，拦沙库最高蓄水位控制 1389.00m；③当年 10 月～次年 6 月，拦沙库一直处于蓄水状态，最低水位为 1378.50m，最高水位为 1389.00m。具备向电站下水库补水的条件，同时利用拦沙库 1378.50～1389.00m 之间的库容作为电站的水损备用调蓄库。

（2）泥沙观测。泥沙观测可为电站的合理运行提供基本资料和依据，同时，掌握水库淤积状况（数量、部位、形态、组成）和过机泥沙（含沙量、粒径）状况，可为今后类似电站提供设计借鉴。

1）观测项目。一般包括：①入库水沙测验，观测的项目为流量、含沙量、泥沙颗粒组成等；②电站进/出水口泥沙测验，观测项目为电站抽、放水过机含沙量和过机泥沙颗粒组成、含沙量的分布；③出库泥沙测验，观测的项目为水库出库流量、含沙量和颗粒组成；④库区地形测量，测量泥沙淤积后的上、下水库库区地形（包括进/出水口处冲淤形态）、不同断面淤积物的颗粒组成与容重，绘制水位库容曲线，不同断面泥沙颗粒级配曲线等；⑤异重流运行测验（存在时），测验项目主要有水深、流速、含沙量、泥沙级配、水温、异重流厚度与宽度。

2）测验方法。入库水沙和出库泥沙观测、电站进出水口及水库淤积的测验方法与精度可参见 SL 339《水库水文泥沙观测规范》。库区冲淤地形测验方法可采用 1：2000 地形图测量或采用断面法对库区布设的固定断面进行测量。

3）测验频次。入库水沙、电站进出水口及出库泥沙的测验频度应根据本工程的具体情况参照有关规程规范拟定。抽水蓄能电站运用后期须随其库容淤损增大而增加测次。水库淤积观测应于电站建成前（水库蓄水的当年）施测一次。下水库库区冲淤地形测验频度，一般宜每年施测一次，遇大水大沙年份则在洪水期前后适当增加测次；上水库库区淤积地形测量频度，一般宜每 5 年至少施测一次。

第四章　环境保护与水土保持

建设抽水蓄能电站必然会产生环境影响，这些影响既有有利的环境影响（将带来环境效益），也有不利的环境影响（将带来环境损失）。正确地分析、预测和评估抽水蓄能电站建设的环境影响，对不利的环境影响采取有效措施进行减免，是生态环境保护工作的主要内容。

第一节　抽水蓄能电站生态环境保护特点

随着经济建设与生态环境的矛盾日益突出，我国的生态环境保护工作逐步得到重视和加强。抽水蓄能电站的生态环境保护工作，始终与我国建设项目的生态环境保护要求相协调，实现与时俱进。从早期工程建设开始，生态环境保护工作就在为抽水蓄能电站的规划设计、施工建设、生产运行等全生命周期可持续健康发展提供支持。在 20 世纪 80 年代，我国第一批大型抽水蓄能电站如十三陵、广州、天荒坪等电站先后完成了环境影响报告书，在 90 年代的施工建设过程中实施了环境保护措施，并且通过了竣工环境保护验收。1981 年《基本建设项目环境管理办法》颁布，要求建设项目需要开展环境保护工作和编制环境影响报告书。1982 年，北京勘测设计研究院编制了《十三陵抽水蓄能电站环境影响报告书》，是国内最早的抽水蓄能电站环境影响报告书，为项目的顺利开工建设提供了支撑；十三陵抽水蓄能电站开工后，实施了一系列生态环境保护措施，保证了电站通过竣工环境保护验收，并于 2003 年荣获“全国环境保护百佳工程”。

进入新世纪，生态环境保护工作与抽水蓄能电站的建设结合得更加紧密。我国抽水蓄能电站，如丰宁抽水蓄能电站建设，从设计工作开始，就把打造生态电站、美丽电站作为己任，开展生态修复、水环境治理、珍稀植物移栽和鱼类放流等工作。2021 年 12 月，丰宁抽水蓄能电站首批机组正式投产发电，标志着世界规模最大的抽水蓄能电站正式投产运行，为北京冬奥会绿色电力供应提供保障，点亮美丽的冬奥灯火。

在新时代，绿色低碳已成为抽水蓄能电站的使命和价值所在，抽水蓄能电站也充满了绿色基因。“碳达峰、碳中和”目标，事关中国崛起和中华民族伟大复兴，是中国对构建人类命运共同体的重要贡献。由于电力行业碳排放量占中国全社会碳排放总量近一半，因此电力行业碳减排将至关重要。当前正处于能源绿色低碳转型发展的关键时期，风、光等新能源大规模发展，新型电力系统对调节电源的需求更加迫切。抽水蓄能电站是当前及未来一段时期满足电力系统调节需求的关键方式，对保障电力系统安全、促进新能源大规模发展和消纳具有重要作用。

在新时代，需要深入探究抽水蓄能电站爆发增长的价值所在，厘清抽水蓄能电站的绿色基因。抽水蓄能电站的环境影响和环境保护主要有如下特点。

（1）在“碳达峰、碳中和”中起到关键作用，对保护全球生态环境具有重要价值。温室效应将使气候变暖、冰川融化、海平面上升，带来全球性的生态环境影响。水电工程具有减排温室气体效益，这是水电工程的主要环境效益之一。抽水蓄能电站作为新型电力系统的主要调节电源，将会在我国“碳达峰、碳中和”中起到关键作用，减缓全球温室效应，产生显著环境效益。

作为调节电源，就调节效率（调节的风电、光伏装机规模/调节电源装机规模）而言，常规水电的调节效率小于1，而抽水蓄能电站的调节效率可以达到4～5。抽水蓄能电站调节效率更高的关键，在于用电低谷时能将风电、光伏发出的多余电量通过抽水抽到上水库变成水的势能储存起来。抽水蓄能电站是当前技术最成熟、经济性最优、最具大规模开发条件的电力系统绿色低碳清洁灵活调节电源。

(2) 作为减排大气污染物的清洁能源，具有较为显著的环境效益。抽水蓄能电站通过能量转移，可使低谷电能或剩余电能变为尖峰时高效的电能，可减少电力系统中燃煤火电装机，同时还能改变电力系统中火电机组的运行条件，使煤耗减少，从而减少二氧化硫、氮氧化物等污染物的排放，助力区域大气污染治理、大气环境改善，具有显著的环境效益。

(3) 调蓄低谷电量资源合理利用，属于绿色产业。抽水蓄能电站是绿色低碳清洁的调节电源，是实现“碳达峰、碳中和”目标的关键环节，可把低谷时的“垃圾电”经过储能、调蓄，在用电高峰时发电，变“废”为“宝”。在国家发展改革委等5部委共同发布的《绿色产业指导目录（2019年版）》中，抽水蓄能电站明确为绿色产业。

(4) 资源节约，实现水资源的循环利用，产出高效。就资源利用率而言，抽水蓄能电站开发占用的土地资源、使用的新鲜水资源较常规水电小很多。大型抽水蓄能电站可以在多年平均流量小于1m^3/s的河流上建设。抽水蓄能电站的抽水、发电用水在上水库与下水库之间循环，只需补充蒸发和渗漏的水量，抽水与发电用水重复利用率能达到99.95%，本质上属于资源节约型的循环产业。

(5) 抽水蓄能电站参与多能互补时，不会加大环境影响程度。抽水蓄能调节新能源的主要方式是与风光储互补，运行方式同调峰填谷会有所变化。承担调峰填谷功能时，抽水蓄能电站往往在夜间用电低谷时抽水蓄能，在白天用电高峰时放水发电；承担风光储互补功能后，抽水及发电时间均有一定程度的延长，白天风力强劲、日照充足时，也可利用多余电力抽水，每天可以有多个时段灵活抽水或者发电，但不会加大环境影响程度。

(6) 环境不利影响主要发生在施工期。抽水蓄能电站的上、下水库大多是利用支沟、小流量河流建设或利用已建的水库，在小流量的河流上，只存在小型非洄游性鱼类，因而新产生的大坝阻隔作用和运行的环境影响普遍不明显，对水生生态影响较小，环境不利影响主要发生在施工期。有些电站在下水库库尾建设拦沙坝形成蓄能专用库和拦沙库，上游来水从拦沙库的泄洪排沙洞直接排到蓄能专用库的下游，可减免对鱼类形成的阻隔影响。

(7) 上水库和下水库需采取不同的生态修复措施。抽水蓄能电站上水库、下水库存在较大高差，气候条件和生态环境状况相差较大，植被占用情况和水土流失形式不同，需因地制宜采取不同的生态修复措施。

(8) 利用已建水库需要采取“以新带老”措施解决原有生态环境问题。抽水蓄能电站的下水库或上水库，有很多是利用已建成水库，生态环境保护措施需体现“以新带老”的原则，对原有水库存在的生态环境问题采取措施予以解决。

总之，抽水蓄能电站总体上属于环境效益显著、环境影响较小、绿色低碳的能源建设项目。

第二节 环 境 保 护

抽水蓄能电站环境保护的工作目标，是协调工程建设、运行与环境的关系，实现和谐、可持续发展。我国关于建设项目环境管理的制度，主要包括环境影响评价制度、环境保护措施的“三同时”制度。环境影响评价制度针对环境质量和生态功能进行管理，开工前要完成建设项目环境影响评价报告并经生态环境主管部门审批，建设项目投产运行后根据要求开展环境影响后评价工作；“三同时”制度针对建设项目的环境保护措施进行管理，要求环境保护设施必须与主体工程同时设计、同时施工、同时投产使用。不同阶段环境保护工作的内容有所侧重。

一、各阶段环境保护工作主要内容

1. 选点规划阶段

《抽水蓄能中长期发展规划（2021—2035年）》中提出，“规划编制过程中坚持生态优先、绿色发展理念，结合区域资源环境承载能力，识别项目环境敏感因素，纳入规划的重点实施项目不涉及生态保护红线等环境制约因素。……对于储备项目在协调与生态保护红线的衔接避让之后，提出调整纳入规划重点实施项目的建议。”

相对于常规水电规划环境影响评价而言，抽水蓄能选点规划的各电站普遍不存在梯级关系，大部分只需编制站点的环境影响篇章。主要工作内容：对各规划站址的环境影响进行初步预测评价，分析不同站址的环境影响差异，从环境影响角度提出站址选择意见，对近期工程从环境影响角度初步分析其建设的可行性。关键的工作是要在选点规划阶段明确环境敏感区域，避让生态保护红线，并尽量避开环境敏感区域，以免给后续各阶段的工作带来制约性影响。

2. 预可行性研究阶段

主要工作内容：重点调查工程建设涉及的环境敏感因素，查明工程建设环境敏感制约因素；对工程库址（坝址）、水位、施工布置比选方案进行环境影响比较分析，提出比选意见；初步分析和评价工程建设的主要环境影响；对涉及的重大环境敏感因素，作为环境影响分析和评价的重点，并有明确结论；初拟预防或减轻不利环境影响的环境保护对策措施；提出环境保护工程投资估算。

3. 可行性研究阶段

主要工作内容：开展环境保护措施设计工作，编制环境保护措施投资概算，成果作为工程可行性研究报告的篇章。

需编制工程的环境影响报告书，在开工前由省级或市、县（区）行政主管部门审批。需要时还应开展必要的环境保护专题研究工作。环境影响报告书对重点环境问题需要经过预测评价给出明确结论，提出有效的生态环境保护措施，从环境保护角度，给出工程是否可行的明确结论。目前在很多省份，环境影响评价报告书的审批文件已不作为项目核准的必要附件。

4. 招标设计阶段

开展环境保护招标设计，确定各个分标标段需开展的环境保护工作，将可行性研究阶段的环境保护措施分解到各个工程标段中，编制标书中的环境保护条款并测算相应费用标的。如果有环境保护专项标，需开展专项标的招标设计。

5. 施工建设阶段

施工期要落实环境保护“三同时”制度。建设单位组织落实各项施工期环境保护措施，开展环境保护措施施工详图设计，委托监理单位开展环境保护监理，委托监测单位开展环境监测。常规水电工程开展的环保管家服务、环境保护设施验收、蓄水阶段环境保护验收工作，也将会在抽水蓄能电站中逐渐开展。竣工前，建设单位组织或委托相关单位编制环境保护验收调查报告，并组织竣工环境保护验收。

6. 运行阶段

电站运行管理单位落实运行期各项环境保护措施。需要开展环境影响后评价的，应按要求及时组织。

7. 退役阶段

目前我国有一些中小型水电工程开始退役和拆除，但还没有抽水蓄能电站退役实例。NB/T 11018—2022《水电工程退役设计导则》已发布，应按规定做好相应环境影响评价和环境保护工作。

二、环境影响评价和环境保护措施

（一）环境影响评价

环境影响评价包括两种，一种是针对当前实际情况开展的环境质量、生态功能状况评价；另一种是针对未来发生情况开展的环境影响预测评价。环境影响预测评价一般分两种情况：一种情况是评价没有采取环境保护措施情况下对环境要素的影响，如对陆生生态的影响；另一种情况是预测采取环境保护措施后的环境影响，如对地表水的影响，一般是分析污（废）水处理达标排放后对地表水的影响程度和范围。对预测结果应按照环境质量标准和生态功能指标进行评价。针对当前实际情况开展的环境质量、生态功能状况评价，在抽水蓄能电站的各个设计阶段均应进行，在开工前，要对工程建设前的环境质量进行监测，对生态功能进行调查，掌握本底资料；施工期，对环境保护措施效果及环境质量进行监测，对生态功能进行调查，评价对工程的实际影响；运行期，在通过竣工环境保护验收且稳定运行一定时期后，对抽水蓄能电站实际产生的环境影响以及污染防治、生态保护、风险防范措施的有效性进行跟踪监测和验证评价，开展环境影响后评价，对比分析环境影响预测结果与实际环境影响的差异。环境影响评价的特点如下。

1. 有利性与不利性

抽水蓄能电站最重要的有利环境影响是绿色低碳环境效益，在“碳达峰、碳中和”背景下，抽水蓄能电站的绿色低碳环境效益越发彰显；比较普遍的有利环境影响是景观旅游效益。

抽水蓄能电站主要的不利环境影响包括对地表水、生态的影响，有些电站还会产生对环境敏感区、生态保护红线、重要的专项设施（如电视差转台、气象台、地震台）、地下水的影响，对原有水库功能的影响等。

环境影响评价以前主要关注不利环境影响的研究。研究不利环境的影响，是为了促进工程的经济、社会、环境协调发展，避免环境因素成为工程建设的制约因素。经过40余年的研究，抽水蓄能的不利影响研究已经比较全面深入，在“碳达峰、碳中和”目标下，绿色低碳已经成为抽水蓄能电站的使命和价值所在，需要加大力度、加快研究抽水蓄能电站全生命周期的绿色低碳生态效益。

2. 特殊性与普遍性

每一个具体工程的环境影响是对不同环境要素影响的组合，由于工程所处环境不同，它的环境影响的类型是不同的，环境保护的要求也是不同的，也就形成了环境影响报告书编制和环境保护措施设计难度的不同。

每个抽水蓄能电站所处的环境不同，遇到的环境问题总体上是不一样的，但又都是由一定类型的环境问题组合而成的，每一类型环境问题的基本规律是相同或相近的，解决措施也是相近的，可以先在一两个具体工程取得成功，形成典型案例，进而进行推广。

3. 理论性与实践性

环境影响评价和环境保护措施是实践性很强的工作，需要通过不断的实践，总结、完善和提高。主要的技术手段是通过环境监测进行验证，污染治理措施的效果可以通过环境监测结果立刻做出判断，生态保护措施效果的判断则较复杂，但也能够通过生态调查后进行评价。环境影响评价结论正确与否，环境保护措施的效果如何，只能通过实践检验。

环境影响评价报告书是主要技术文件，它的目的和重点应该是为环境管理决策和工程建设的环境保护实践提供技术支持，需要时应该对一些重要的环境问题开展科研。科研的目的是为解决实际问题提供基础理论和方法支持。环境影响预测需要建立在扎实的理论基础上，在评价中应采用较为成熟的、得到广泛认可的预测模型和预测方法来进行。总之，在环境领域，尤其在生态影响研究领域，还有一些基础理论需要研究，以促进相关环境保护措施的实施和效果评估。

（二）环境保护措施

抽水蓄能电站的生态环境保护工作成效，最终要通过环境保护措施的实施效果来检验和评价。环境保护措施选择正确与否，是决定工程环境保护效果的前提和关键。在实施环境保护措施前，必要时需要开展相关的科研工作。

环境保护措施包括避让、减缓、修复、补偿、管理、监测、科研等对策措施。“三废一噪”等污染处理措施属环境影响减缓措施，生态保护措施以修复和补偿措施为主，避让等措施在规划选点、选址等早期阶段用得较多，保护环境的效果更好。目前抽水蓄能电站的环境保护（包括水土保持）投资占工程的投资比例仍比较低，一般为2%左右。

三、水文情势影响及保护措施

（一）生态流量的确定

抽水蓄能电站通常都建在小流量河流上，很多下水库坝址处多年平均流量小于$1m^3/s$；这些河流有些还是季节性河流，有些冬季存在冰冻情况；抽水蓄能电站上水库很多建在山顶沟谷的起点，库盆以上汇水面积很小。

抽水蓄能电站下水库所在支沟的年均流量虽小，但经调查大部分还是有鱼类存在的，这种情况下生态流量需求是存在的。当然，这些鱼类的生存环境也是不容乐观的，河流流量小，水很浅，使鱼类个体难以长大，难以隐藏，容易被捕捉，冬季如果出现冰冻情况难以越冬。

一般情况下，抽水蓄能电站的生态流量计算方法较为简单。水生生态需水计算方法适用性分析见表 4-2-1，一般都采用 Tennant 法。

表 4-2-1　　抽水蓄能电站水生生态需水计算方法适用性分析

序号	方法	适用条件	对抽水蓄能电站的适用性	理由
1	Tennant 法	河流目标管理	适用	需要目标管理
2	最小月平均径流法	干旱、半干旱区域	干旱、半干旱区域适用	
3	Q_p 法	长系统（$n \geqslant 30a$）水文资料	适用	
4	湿周法	河床形状稳定的宽浅矩形和抛物线形河道	适用	
5	R2-CROSS 法	非季节性小型河流	适用	
6	组合法	受人类影响较小的河流	不适用	受人类影响较大
7	生境模拟法	存在保护物种的河流	不适用	小河一般不存在保护物种
8	综合法	综合性、大流域生态需水研究	不适用	多建在小河上
9	生态水力学法	大中型河流	不适用	多建在小河上

抽水蓄能电站满足坝下水生生态需水的生态流量，普遍采用 Tennant 法的计算结果（即多年平均流量的 10%）。对建在小流量（如多年平均流量小于或等于 $1m^3/s$）支流河流上的抽水蓄能电站而言，采取 Tennant 法来确定水生生态需水是比较合适的，且得到了广泛认可。主要原因如下：

（1）在干旱、半干旱区域，下放由 Tennant 法确定的生态流量（多年平均流量的 10%），要比天然情况下最小月均流量还要大。

（2）下游一般会有支沟汇入，会减缓对水生生态的影响。

（3）除了水生生态需水，很多情况下同时还下放灌溉和生活用水量。

（二）生态流量保障和水文情势分析

在小流量支流河流上，枯水期经常存在天然来流量小于规定下泄最小生态流量的情况，对于调节能力差的水利水电工程，在这种情况下是不能保障下泄最小生态流量的。因此，在《关于深化落实水电开发生态环境保护措施的通知》（环发〔2014〕65 号文）中规定“当天然来流量小于规定下泄最小生态流量时，电站下泄生态流量按坝址处天然实际来流量进行下放。”

相比常规水电水利工程，抽水蓄能电站具有独特的特点，更有利于下放生态流量的保障。施工期由于地下洞室开挖工期长，为工期关键线路，抽水蓄能电站的下水库可以提前蓄水，在保障生态流量下泄的前提下进行蓄水；在运行期，除了补充抽水蓄能电站上水库、下水库以及水道系统的蒸发、渗漏损失水量外，大部分天然来水都泄放到下游。以清原抽水蓄能电站为例，具体分析对生态流量的保障程度。

清原抽水蓄能电站下水库在施工期第 4 年 8 月初具备蓄水条件，首台机组在第 6 年 3 月初调试，到第 7 年 12 月底 6 台机组全部投产发电。考虑连续 4 年 75%年份径流过程进行水量平衡计算。在保证下游生态用水和施工期用水的前提下，进行初期蓄水能力分析。当天然来流量小于规定最小生态流量时，电站按最小生态流量下泄。结果显示，从首台机调试到全部机组投产发电，所蓄水量均能满足发电要求，水量总盈余 319 万 m^3。

运行期，清原抽水蓄能电站上、下水库及输水系统的蒸发和渗漏要损失部分水量，年蒸发和渗漏损失水量约 306.9 万 m^3，补水水源为下水库入库径流，多余的水量通过下水库泄水建筑物进入下游河道，补水时间安排在水量较充沛月份（5～9 月），正常运行期补水需求按设计保证率 95%特枯年份分析。在保证率为 95%时，应首先满足其他用水户用水和生态用水量。下水库天然入库水量为 474 万 m^3，上游用水量为 51.7 万 m^3，考虑在蒸发、渗漏水量以及泄放生态流量的情况下，按照水文年逐月进行水量平衡计算，需设置 161 万 m^3 水损备用库容。95%来水保证率情况下，电站年补水量（约 148.4 万 m^3）占下水库坝址处年实际来水量（入库水量）422.4 万 m^3 的 35.1%，年下泄水量为应下泄生态流量的 155.9%，各月下泄水量占坝址实际来水量的比例均不小于 40%，6 月下泄水量最多，可达 77.48 万 m^3，占天然来水量的74.8%。95%来水保证率情况下，枯水期的11、12、1、2、4月，下水库坝址处实际来水量小于生态流量，但通过电站的水损备用库容调节，可以在天然来流量的基础上增加10%的下泄量放到坝下。

（三）生态流量泄放措施

国内部分抽水蓄能电站的生态流量泄放措施见表4-2-2，采用生态流量泄放管泄放生态流量的情况较多。采用生态流量泄放管的工程，由于水库水位日变幅很大，导致泄放管水头变化大，阀门控制与消能较为复杂，在实际中操作管理较为繁琐。一般情况下，抽水蓄能电站上水库建在支沟沟首，日常情况下没有天然径流量，这种情况没有必要放生态流量。上水库如果通过论证需要放生态流量，在条件允许情况下，可以参照清原抽水蓄能电站，采用将上游来水采用环库公路外侧渠道导流至坝下河道的措施，简便实用且有效。

表4-2-2　　国内部分抽水蓄能电站生态流量泄放措施

项目名称	生态流量的确定结果	生态流量泄放措施
辽宁蒲石河	上水库不小于0.024m^3/s；下水库不小于1.54m^3/s	上水库初期蓄水阶段及运行期，通过导流洞内埋设的D200mm不锈钢放水管向下游泄放。 下水库通过小孤山水电站下泄
福建仙游	不低于最枯月平均流量：上水库不小于0.048m^3/s；下水库不小于0.17m^3/s	上水库、下水库均通过在导流洞内埋设的放水钢管向下游泄放
广东阳江	下水库坝址处多年平均流量的10%+灌溉用水	下水库通过放水底孔泄放，由导流洞改造而成
河北丰宁	下水库坝址处多年平均流量的10%+灌溉用水	拦沙库泄洪排沙洞的进水塔左侧布置有生态流量阀门井，当拦沙库蓄水时，通过埋设的生态流量泄放管泄放生态流量；当拦沙库不蓄水时，直接由泄洪排沙洞泄放来水。 蓄能专用库大坝处设置一套生态流量泄放闸，布置在新建重力副坝坝段内，采用底孔布置型式
吉林敦化	下水库坝址处多年平均流量的10%考虑；考虑坝下河道鱼类栖息和产卵的问题，4、5月生态用水按75%来水量的40%考虑	结合泄洪放空洞布置生态流量管
辽宁清原	下水库生态用水按下水库坝址处多年平均流量的10%考虑+灌溉用水。 上水库库盆以上来水全部流到坝下	下水库结合泄洪放空洞布置生态流量管。 上水库库盆以上流域来水，通过上水库环库公路外侧渠道导流至上水库坝下河道，不进入上水库库内

（四）混合抽水蓄能电站对水文情势的影响

利用上水库水能布置有常规水电机组的混合式抽水蓄能电站，新增的环境影响主要是运行方式改变对水文情势的影响，相应可能会产生对生态流量泄放、生态调度的改变及影响。

如拟建的安康混合式抽水蓄能电站，依托安康水库和旬阳水库分别作为上、下水库。安康混合式抽水蓄能电站建成后，维持原水库设计洪水位和洪水调度方式。安康水库调度运行主要以调峰发电方式为主，兼顾防洪、航运、养殖等，为不完全年调节，水库水位在死水位305m至正常蓄水位330m之间变动。旬阳水库为日调节水库，水位在死水位239m和正常蓄水位241m之间变动。

混合式抽水蓄能电站调节库容为1980万m^3，该库容在上水库与安康水库共用，在下水库与旬阳水库共用。安康混合式抽水蓄能电站上水库水位汛期为313～325m、非汛期为313～330m，下水库水位为239～241m。上水库非汛期达到上限水位330m或汛期在325m以上时（含325m），抽水蓄能电站禁止抽水运行；水位在313m以下时，抽水蓄能电站停止发电和抽水运行。当下水库达到正常蓄水位241m时，抽水蓄能电站应停止发电；水位达到239m时，抽水蓄能电站停止抽水。当抽水蓄能电站机组抽水时，下水库需在死水位239m之上预留水量；当抽水蓄能机组发电时，下水库需在241m之下预留一定的空库库容。即当混合式抽蓄电站发电循环水量全部在下水库时，旬阳水电站的水位应不超过240.50m（安康、旬阳、抽水蓄能电站同时满发）；混合式抽蓄电站发电循环水量全部在上水库时，旬阳电站水位应不低于239.78m。

四、水环境影响及污（废）水处理措施

（一）水环境影响分析

地表水环境影响分为施工期、运行期对地表水质的影响。

1. 施工期对地表水水质的影响

施工期生产废水、生活污水、弃渣及生活垃圾等对地表水水质产生的影响，预测评价程序如下：明确地表水的水质保护要求，确定生产废水、生活污水的排放标准，根据工程分析确定污染物排放的源强，结合地表水上游来水的流量和水质，选择合适的预测模型，预测分析对地表水的影响范围和影响程度。

2. 运行期对地表水水质的影响

运行期对地表水水质的影响，主要是预测运行后上游来水的污染源对水体产生的污染影响和富营养化的可能。抽水蓄能电站建设在山区，一般情况下污染源较少，水质预测计算工作量相对少一些。预测评价程序如下：预测评价水平年上游来水的水量和污染物种类、浓度，结合水库的容量和水质，选择合适的预测模型，预测分析对水库水质的影响程度。

抽水蓄能电站运行期对地表水水质影响包括：蒸发、渗漏及补水的影响；机组漏油的影响；渣场渗滤液的影响；库内沉积物的影响等。

（1）蒸发、渗漏及补水对水质的影响。预测思路是：运行期蒸发水量不带走盐类物质，使封闭库中的盐类浓度越来越高。当水库渗漏水带走的总盐量与补水进来的总盐量平衡时，水体中的盐类浓度会保持稳定。水质评价指标一般采用 GB 5084《农田灌溉水质标准》中的全盐量。封闭库水体中全盐量浓度保持稳定后，一般会满足 GB 5084《农田灌溉水质标准》的标准。但也有特例，拟建的埃及阿塔卡抽水蓄能电站，将生活污水处理厂的出水进行深度处理后，作为初期蓄水和运行期补水水源，水源全盐量浓度较高，水库渗漏水带走的盐量总小于补水进来的盐量，水质浓度一直增加，采取的措施是每年补水同时还要置换一部分水库水量。

呼和浩特抽水蓄能电站设计时，预测分析了蒸发、渗漏及补水对水质的影响。工程正常运行期，上水库、下水库每年蒸发损失水量约 38.9 万 m^3，渗漏损失水量约 275.1 万 m^3，年需补水量 314 万 m^3。根据实测，地表水来水的全盐量浓度为 412mg/L。电站工程建成蓄水后，在不考虑水库放空的情况下，全盐量将呈曲线上升趋势，并在约 10 年后接近稳定，水库水体的全盐量将不超过 444.5mg/L，比现状值增加 7.9%，满足 GB 5084《农田灌溉水质标准》中规定的非盐碱土地区灌溉水全盐量 1000mg/L 的标准要求。

（2）机组漏油对地表水的影响。运行期蓄能机组漏油对地表水的影响也应引起关注，尤其是在遇到水源地等敏感的环境保护目标时应引起充分关注，这是抽水蓄能电站在运行期存在的对水质影响的主要隐患。20 世纪 70 年代蓄能机组的漏油主要部位是水轮机的轮叶和导叶、蝶阀和调速器。目前，我国抽水蓄能电站机组密封性能较好，但石油类污染问题可能在机组检修时会出现。

（3）渣场渗漏液对地表水的影响。渣场渗漏液对地表水影响从十三陵抽水蓄能电站开始引起关注，琅琊山抽水蓄能电站由于涉及集中式饮用水源地问题，开展了渣场渗漏液对地表水的影响预测。根据实际监测，渗漏液中主要污染物质是石油类，浓度较小，满足污水排放标准。

（4）库内沉积物的影响。根据国内外水电工程退役阶段环境影响情况，库区的沉积物是环境影响需要关注的重点。如丰宁抽水蓄能电站利用已建的原丰宁水电站水库作为下水库，2019～2020 年期间，开展原库区内滦河干流底部淤泥清理，累计清淤 100 余万 m^3，消除了水质恶化隐患，进一步改善了滦河上游水质。

（二）地下洞室生产废水处理

作为抽水蓄能电站的主要生产废水之一，地下洞室生产废水的处理，首先是在十三陵抽水蓄能电站有效开展的，并在其他抽水蓄能电站不断发展。

1. 十三陵抽水蓄能电站

（1）污染物的种类和浓度。1993 年 4～6 月，十三陵抽水蓄能电站地下厂房开挖生产废水的水质监测结果见表 4-2-3。

表 4-2-3　　地下厂房开挖生产废水监测结果　　单位：mg/L

项目	2，4，6-三硝基甲苯（TNT）	石油类	悬浮物（SS）	化学需氧量（COD_{Cr}）
范围	0.42～5.57	0.29～18.6	337.4～9106	6.9～142
平均	2.16	5.86	2985	73.72
排放标准	2.0	10	150	150

（2）处理工艺。根据废水的特点和处理要求，应选择有效、可靠、实用的废水处理工艺，十三陵抽水蓄能电站地下洞室开挖生产废水处理采用的工艺流程，如图 4-2-1 所示。

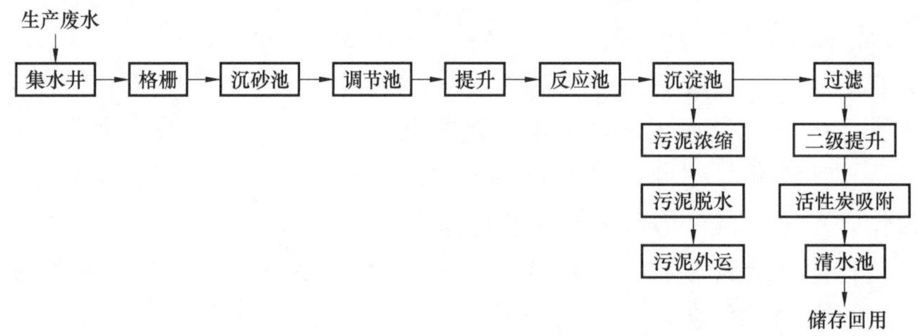

图 4-2-1　十三陵抽水蓄能电站地下洞室开挖生产废水处理工艺流程图

在处理流程中，废水格栅采用条距为 15mm 的人工格栅，去除废水中的机械杂质，沉砂池用以去除直径大于 0.2mm 的砂粒。调节池有利于调节废水的水质、水量。废水再经一级提升进入反应池，经加碱调整 pH 值，再投药反应，反应池设搅拌装置，以保障药剂与废水充分混合和有利于反应完成，达到后续处理的要求。废水经沉淀，可去除大部分反应生成物，过滤和活性炭吸附可进一步去除剩余的污染物，使处理后出水水质达到设计要求。

（3）处理效果。监测结果表明，十三陵抽水蓄能电站地下洞室生产废水处理系统对污染物的去除效果较为理想，去除率均在 95%以上。尽管进水水质变化较大，但去除率高，出水水质稳定，出水达标率为 100%。处理效果见表 4-2-4。

表 4-2-4　　十三陵抽水蓄能电站地下洞室施工废水处理工程总去除效果

项目	2，4，6-三硝基甲苯（TNT）	石油类	悬浮物（SS）	化学需氧量（COD_{Cr}）
进水平均浓度（mg/L）	2.16	5.86	2985	73.72
出水平均浓度（mg/L）	0.06	0.08	未检出	2.97
平均去除率（%）	97.22	98.63	100	95.97
排放标准（mg/L）	2.0	10	150	150

2. 琅琊山抽水蓄能电站

琅琊山抽水蓄能电站地下洞室实际施工中，没有使用胺锑炸药，而是采用了水胶炸药，主要因为岩石胺锑炸药产生的 CO 较多，地下洞室通风不好，容易产生安全事故。采用水胶炸药既安全又环保，不产生 TNT 等有毒物质，地下洞室生产废水处理时不用考虑 TNT。因此，在水源地等水环境敏感地区建设的抽水蓄能电站，地下洞室施工不能使用胺锑炸药。

（三）砂石系统生产废水的处理

砂石系统生产废水是水电工程施工中的主要废水，特点是水量大，悬浮物浓度高，悬浮物颗粒粒径范围一般为 0.5～160μm。根据 DL/T 5260—2010《水电水利工程施工环境保护技术规程》附录 B，砂石系统生产废水中悬浮物浓度为 20000～90000mg/L，pH 值为 7.1～8.9。

水电工程砂石系统废水处理方法包括：①自然沉淀法；②混凝沉淀法；③预处理＋混凝沉淀法（预处理包括预沉淀、细砂回收、机械砂水分离等前置工艺）；④预处理＋专用处理设备（专用处理设备包括以高效污水净化器为核心，或辅以高效尾砂脱水装置、快速澄清器、细砂回收装置、陶瓷真空压滤机、真空带式过滤机等设备）。

清原抽水蓄能电站采用了“板框脱水+沉淀”的砂石系统废水处理技术，并获得专利授权，监测结果表明处理后出水的悬浮物浓度低于50mg/L，满足排放标准和再生利用标准。“板框脱水+沉淀”法处理砂石料废水工艺流程如图4-2-2所示，处理工艺如下：①废水通过压力流或者重力流经过细砂回收装置，实现粒径大于或等于0.15mm的细砂回收利用，粒径小于或等于0.15mm的砂粒进入调节池及泵房；②废水在进入调节池前管道上添加絮凝剂（PAC）和助凝剂（PAM）；③经过调节池后，再经污泥提升泵送至板框压滤车间进行脱水，在污泥提升泵后，进板框压滤车间前添加助凝剂（PAM），废水经过滤布，固体留在滤布上形成泥饼，泥饼外运，而清液通过自流或者污水泵提升方式进入沉淀池，在污水泵后，进沉淀池前添加絮凝剂（PAC）；④经过沉淀池沉淀后，沉淀池上清液通过重力流流入中水池，污泥通过污泥提升泵提升至调节池；⑤中水池中的清水回用于砂石料加工厂，系统停运前，需要从中水池抽水到调节池，清水在各处理单元中循环至调节池中泥沙含量较少时再关闭系统。

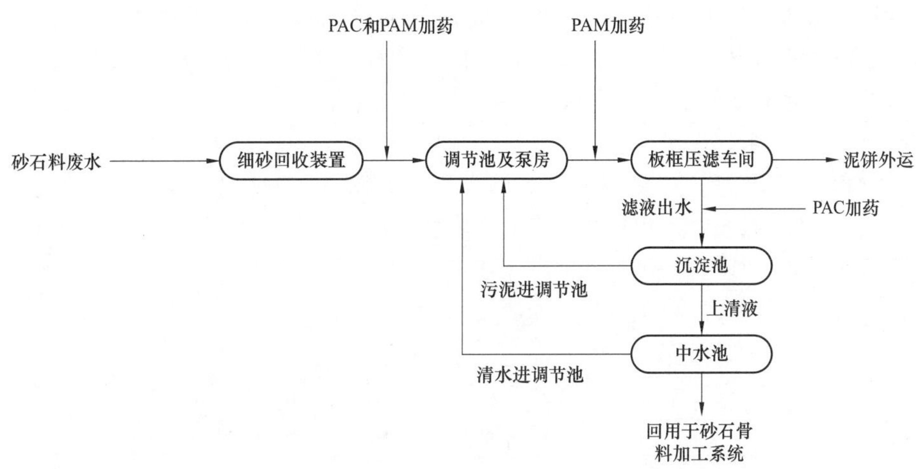

图4-2-2 “板框脱水+沉淀”法处理砂石料加工废水工艺流程图

板框压滤机作为过滤设备在废水处理中通常用于污泥脱水，主要是由于常见的废水悬浮物浓度过低，需要先沉淀浓缩后再进入板框压滤机。考虑到砂石废水含水率往往可达96%～92%，可以视为污泥，因此可以不进行沉淀直接进入板框压滤机脱水。目前板框的滤布最小孔径为0.1μm，砂石废水的粒径基本也在微米级，在不加药的条件下就可以通过滤布截留绝大部分悬浮物。该工艺主要通过板框压滤机滤布的物理截留使污水净化，排放的污泥含水率为25%～30%。将原处于工艺后端用于“脱泥”的板框压滤机，前置成为废水处理主要设备，取消了原废水成套处理设备和单独污泥处理环节，减少了工艺环节和占地面积，降低了工程建设费用、运行费用和运行管理难度，使砂石系统废水处理更加经济可行。

（四）厂房含油废水处理

对建于集中式饮用水源保护区等水环境敏感区及其上游的抽水蓄能电站，在厂房含油废水处理措施上应有更高要求，对含油废水进行有效处理，处理后不能排入水环境敏感区。

如拟建的雄安抽水蓄能电站，上、下水库是利用南水北调干渠的调蓄库，计划给雄安新区供生活用水，电站的含油废水不能进入调蓄上水库、调蓄下水库。电站运行期，地下厂房含油废水包含机组顶盖排水、机修车间、接力器和油室地漏排水等，为确保上、下水库水质不受影响，经研究确定，地下厂房的含油废水收集后输送到地面的废水处理站进行处理，处理后输送到调蓄上水库主坝下游环境整治工程的拦水坝中作为景观用水。经比选，含油废水处理采用“隔油调节池+旋流分离器+过滤+吸附”的组合工艺。含油废水先进入隔油调节池去除浮油，浮油收集到废油罐，废水再进入旋流分离器和过滤器，去除分散油及乳化油，分散油及乳化油收集到废油罐，废水再进入活性炭吸附器去除溶解油，具体工艺流程详见图4-2-3。

（五）污（废）水“零排放”及资源化利用

污（废）水“零排放”与资源化利用，有着极为密切的关系。GB 8978—1996《污水综合排放标准》

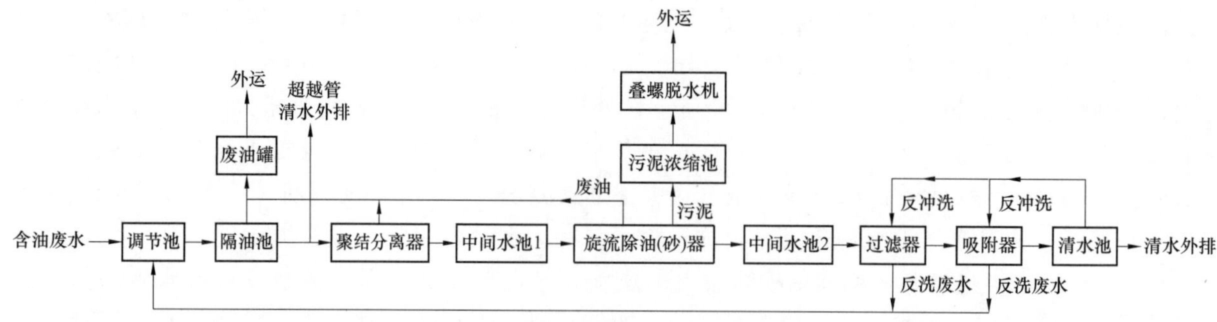

图 4-2-3 地下厂房含油废水处理工艺图

4.1.5 规定："排入 GB 3838 中Ⅰ、Ⅱ类水域和Ⅲ类水域划定的保护区，GB 3097 中一类海域，禁止新建排污口。"遇到上述情形时，生产废水、生活污水处理后不能直接排入地表水体，需经过处理达到相应用途的用水水质标准后，作为再生水资源进行利用，才能实现污（废）水"零排放"。

生产废水、生活污水处理达到再生水标准后，作为工程施工、绿地灌溉、场地洒水和农田灌溉等用水，符合国家关于污水资源化利用的要求。

1. 污（废）水"零排放"技术体系

污（废）水处理"零排放"，指在明确污（废）水"零排放"环境保护要求和再生水回用需求的前提下，通过对污（废）水进行有效的收集，采用措施进行处理达到再生水的标准，利用储存设施平衡再生水的产生量和需求量，实现对再生水综合利用的过程。污（废）水处理"零排放"工艺流程图见图 4-2-4。污（废）水"零排放"技术路线图见图 4-2-5。

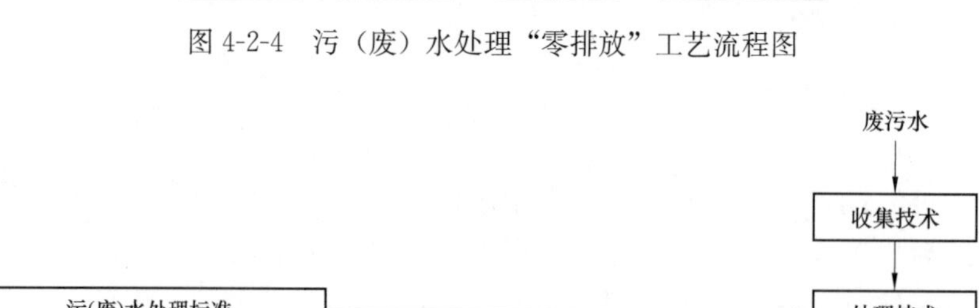

图 4-2-4 污（废）水处理"零排放"工艺流程图

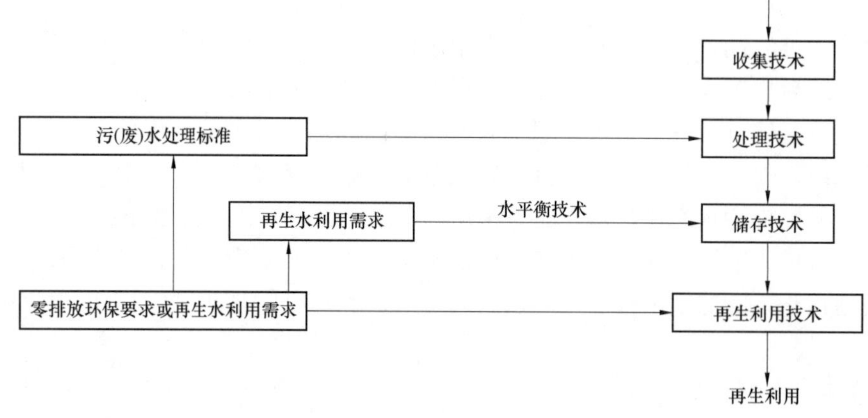

图 4-2-5 污（废）水处理"零排放"技术路线图

污（废）水处理"零排放"能够实现的关键，是污（废）水再生后可以进行资源综合利用。污（废）水"零排放"的主要技术关键环节有以下几个方面：

（1）污（废）水收集技术环节中的关键是地下洞室的清污分流，只收集处理生产废水，地下涌水直接排放；生活污水收集要做到雨污分流，雨水通过雨水管渠收集直接排放，污水通过污水管网进行收集处理。

（2）污（废）水处理中的关键技术环节。

1）确定处理工艺。生产废水、生活污水处理措施的确定要经过技术经济比较，其中最重要的内容是选择处理工艺，处理工艺是由污染物的种类、浓度、污水排放强度和环境保护要求来决定的。

污染物的种类取决于施工工艺和材料，污水排放强度、污染物浓度则由施工工艺和施工强度来决定。选用清洁的生产工艺，可以起到减少污染的作用。抽水蓄能电站工程施工中，清洁生产工艺包括：

在砂石料加工中，采用干法加工比湿法加工可大大减少废水的产生；采用乳化炸药或水胶炸药代替胺梯炸药，可避免 TNT 污染物质的产生。

环境保护要求由工程区所在的环境功能区划和敏感程度，结合相应的生态环境保护法规、规划和标准确定。

对工程产生的污（废）水及污染源，应选择技术先进、可靠、经济合理、运行管理方便的处理措施；污（废）水排放要满足排放标准和水体环境功能的要求，再生利用要满足再生利用水水质标准。

2）处理设施的选择。同一种处理工艺，可采用构筑物或设备，应通过技术经济比较确定。采用环保设备主要有以下优点：①节省占地，水电工程多位于峡谷中，施工用地较为紧张；②能够满足处理效果，国内环保厂家生产的设备已经过市场考验，可以满足污（废）水处理要求；③投资也可接受，处理规模在 1000t/h 以下时，采用设备与采用混凝土构筑物的成本相差不大，且污（废）水处理投资在工程总投资中的比例并不大；④污（废）水处理设备可以在多个工程中重复使用。采用构筑物，大多在施工结束后拆除，容易造成浪费。

3）借鉴其他行业的技术。抽水蓄能电站的污（废）水，在其他行业中也会产生，并且有成功处理的案例和可借鉴使用的环保设备，应借鉴国内环保行业和其他行业的经验，与环保厂家加强合作。

（3）储存设施是实现污（废）水“零排放”的关键环节，没有再生水储存设施难以真正实现污（废）水长期的“零排放”；储存设施的规模需要通过水量平衡来确定。

（4）污（废）水处理再生利用环节的关键点是确定再生水利用方向，包括水量和水质标准。

2. 污（废）水资源化利用

水资源是抽水蓄能电站选点、建设和运行的关键制约因素之一，施工期用水、初期蓄水和运行期补水，都要进行水资源综合利用的平衡分析，保证水量供给充足；施工期污（废）水处理后资源化利用，既是实现污（废）水“零排放”的有效途径，也是解决水资源匮乏问题的有效手段。

（1）综合利用的必要性。抽水蓄能电站对再生水利用的必要性主要包括：

1）强制性要求。在地表水水源保护区等 GB 3838《地表水环境质量标准》规定的Ⅰ类、Ⅱ类标准的水环境敏感区，要求实现生产废水、生活污水的“零排放”，必须对废水、污水进行资源化利用。

2）在年降雨量较少地区，非汛期地表水缺乏，而利用废水、污水处理后形成的再生水可以用于施工用水，从而大大减少了新水的用量。

（2）再生水利用方向。施工期生产废水、生活污水处理后的利用方向如下：砂石料加工系统废水、混凝土拌和系统废水、机械修配系统废水经处理，水质达到施工用水标准，进行重复利用，不外排；地下洞室生产废水处理达标后作为施工用水（土石方开挖、混凝土养护、固结灌浆、帷幕灌浆）；生活污水经处理达标后用于施工用水（土石方开挖、填筑、帷幕灌浆）、道路和场地洒水、植物绿化用水。

北方冬季的污（废）水处理后难以用于道路和场地洒水、植物绿化，需要在冬季将再生水储存起来，春季后使用。

（3）再生水水量平衡分析。抽水蓄能电站污（废）水资源利用的水量平衡分析，从空间而言，需按不同的施工布置分区进行水量平衡；从时间尺度而言，应分别按施工高峰年冬季、非冬季、全年以及施工期、运行期进行水量平衡。

（4）储水工程分析。通过再生水利用水量平衡分析可以发现，受季节影响有些再生水不能及时利用，应建设储存设施。因此，污（废）水资源利用的储水工程通常是必要的，而且是污（废）水资源再生利用全过程中的一个重要环节。

（5）外部的再生水资源利用。在天然水资源匮乏地区，如果具备条件，可以考虑利用外部的再生水资源解决抽水蓄水蓄能电站的水源问题。

以拟建的埃及阿塔卡抽水蓄能电站为例，项目所在地没有可利用的天然地表水源，只能利用苏伊士城污水处理厂的出水，污水处理厂出水中溶解性总固体（TDS）浓度监测为 2660mg/L。按照 GB/T 19923—2005《城市污水再生利用　工业用水水质》的规定，再生水作为工业用水时，水中 TDS 的浓度上限为 1000mg/L。鉴于 TDS 对抽水蓄能电站的影响研究还缺乏专题研究成果，因此对阿塔卡抽水蓄能电站用水中的TDS指标进行严格控制，浓度上限为500mg/L。经超滤-反渗透工艺深度处理后，脱盐率95%以上，出水中TDS可降至130mg/L，对有机物、氨氮、细菌、重金属离子等去除率均能达到90%以上，对总磷也有很好的去除效果，可达80%以上，确保出水水质达到使用要求。当TDS处理率95%同时考虑5%的换水。经预测，第1～40年，抽水蓄能电站水库水体中的TDS逐年增加，增速略有减缓，至第40年起基本保持稳定，稳定浓度达到约为468.10mg/L，小于控制浓度500mg/L，符合既定目标要求。经测算，水质深度处理厂建设投资估算指标为4000元/(m^3/d)，吨水处理运行费为2.68元/m^3，使抽水蓄能电站投资增加不到0.5%。因此，利用再生水作为抽水蓄能电站水源，从技术上和经济上都是可行的。

五、生态保护措施

抽水蓄能电站的生态影响与常规水电站相比，对水生生态的影响要减轻很多，水生生态保护措施也需相应减少。在小流量河道里，抽水蓄能电站建成后，库内水体体积达到几百万立方米甚至上千万立方米，与原河道相比水体体积增加甚至几百倍，更适合这些鱼类的保护和栖息，库内的鱼类资源量将会大大增加。

1. 陆生生态保护措施

抽水蓄能电站陆生生态保护措施主要为施工占地的生态修复措施，重点为重要物种和生态敏感区的保护措施。以丰宁抽水蓄能电站为例，工程建设期间为保护当地原有植被，开展了河北省重点保护野生植物的繁殖与培育研究工作，将工程占地影响区内的510株蒙椴移栽至下水库坝下，并开展了养护抚育工作。

2. 水生生态保护措施

抽水蓄能电站水生生态保护措施包括珍稀鱼类放流，上水库、下水库进/出水口的拦鱼设施等。丰宁抽水蓄能电站为维护滦河流域水生生态平衡，改善因过度捕捞导致的生态环境退化，开展了国家二级重点保护鱼类——细鳞鲑的增殖放流工作，已累计放流20000余尾，使近乎销声匿迹的细鳞鲑，又出现在滦河流域。

3. 对生态敏感区的调整与保护

抽水蓄能电站遇到自然保护区等生态敏感区、生态保护红线时，电站建设要与生态敏感区、生态保护红线相协调。在开展中长期选点规划时，抽水蓄能电站选点要避开生态保护红线；也存在经过论证将自然保护区等生态敏感区、生态保护红线调整出项目拟建区域的情况。呼和浩特抽水蓄能电站规划选点于1993年通过审查，确定了站址；2003年工程区被批准为内蒙古自治区级自然保护区——大青山自然保护区，面积2265.44km^2。2004年7月，在可行性研究工作前期，内蒙古自治区政府本着发展与保护并重的原则，将电站工程区调整出自然保护区范围，同时分别向东西两个方向扩大了保护区的范围，扩大后的保护区面积达4054.85km^2，扩大比例达到78.99%，且扩大部分的生境条件与原保护区基本相近，这对保护对象的保护是十分有利的。

六、景观保护与建设措施

抽水蓄能电站在施工期可能会对景观产生不利影响，但投入运行后普遍会产生新的景点。在抽水蓄能电站的环境保护措施中，景观保护措施是非常重要的内容，可以增加新的景点，促进旅游和增加电站的知名度，它是和水土保持措施和绿化美化措施紧密相联的。广州抽水蓄能电站和浙江天荒坪抽水蓄能电站2004年均被国家旅游局命名为全国首批工业旅游示范点，十三陵抽水蓄能电站则更有代表意义。

北京十三陵抽水蓄能电站是国内最早全面开展环境保护工作的水电建设项目之一，它的景观建设和污染治理很有成效。该电站位于国家级风景名胜区内，目前电站的上水库和地下厂房已成为国家级旅游景点；电站的主要渣场——大峪沟渣场，已建成为蟒山国家森林公园。2003年，十三陵抽水蓄能电站被评为"国家环境保护百佳工程"。

十三陵抽水蓄能电站距北京市约40km。在20世纪80年代规划十三陵风景区时，已将该电站纳入了风景区的规划。根据北京市人民政府1985年批准的《北京市十三陵风景区总体规划》，该风景区包括陵区和水库区两部分。

在十三陵抽水蓄能电站初步设计报告及补充报告中，充分体现了景观保护的设计内容，包括渣场治理、绿化美化及景观建设等。电站所处地区林木茂密，在施工布置中尽量减少施工用地及临时性设施，并将电站厂房、水道及开关站全部布置在地下，大大减少了工程对地表植被的破坏。

1. 天池景观

电站上水库位于十三陵水库左岸蟒山北坡上寺沟中，最大水面面积为15.93万m^2，是《十三陵风景区总体规划方案》风景点——天池。为了便于旅游及保护水质，环绕上水库铺设混凝土路面及防浪墙，周长达1630m。将上水库库盆周边的山坡、空地平整后种植草坪18000m^2，种植黄杨、侧柏等树木200余株。在山巅还建有北京最高的仿明古塔和彩绘长廊，登高远眺，可饱览青山秀水。

上水库不仅在水力发电中充当重要角色，还是美丽的人文景观—天池，池内碧波荡漾，岸边绿草如茵，每年都会吸引成百上千的野鸭，也不时有天鹅来此休憩。

2. 地下洞室景点建设

十三陵抽水蓄能电站地下厂房在交通洞两侧安置了101个灯箱，为参观者设计了“地下千米电力科普长廊”，汇集了有关电力知识入门、电力工业概况、水力发电、抽水蓄能发电、十三陵蓄能电站等知识，该科普长廊被科协评为“北京科普教育基地”。

3. 蟒山国家森林公园

十三陵抽水蓄能电站的主要渣场——大峪沟渣场堆渣量约70万m^3，已建成为蟒山国家森林公园，人工造林面积8000hm^2。公园内层峦叠嶂，郁郁葱葱，森林覆盖率达96%，有176个观赏树种。蟒山国家森林公园的建设是电站建设中因地制宜解决施工弃渣治理及绿化问题的典范，也是抽水蓄能电站景观建设的典范。挡渣建筑物外形类似“城堡”和中国传统宫殿建筑下部形状（如地坛）；沿挡墙和护坡顶部边沿设置城墙垛口；在转角外设置传统亭台。其外形具有雄伟、壮观、庄严的特点，与整个十三陵风景区古建筑和仿古建筑协调。2002年5月该公园被北京市园林局授予“北京市一级公园”。

七、专项设施的防护

抽水蓄能电站的建设会对一些重要专项设施如电视差转台、气象台、地震台有影响，需要委托相关专业部门进行专项设施环境影响和保护措施的分析研究。

以呼和浩特抽水蓄能电站为例，内蒙古广电局706电视发射台（简称706台）是内蒙古广电局的直属发射台，位于电站上水库西南侧的大青山主峰料木山上，由于广播电视发射工作的重要性，委托专业部门开展了与706台有关的专题研究。

根据研究成果，电站工程上水库区施工对706台影响的防护可分为主动防护和被动防护。主动防护是对706台相关设施进行加固等；被动防护通过减少上水库区施工产生的负面效应来实现，重点是减小爆破振动效应。

1. 主动防护措施

（1）拆除重建706台第一级台地房屋，并加密封门窗；对第二级台地房屋进行加固、更换密封门窗，可起到防震、防尘、降噪的效果。

（2）建围墙，保证706台在施工期的安全，同时可起到一定的降噪、防尘、防飞石效果。

（3）对电视发射塔、微波天线、室外卫星信号接收设备等进行加固，更换馈线等，购置通信设备、监测仪器仪表等，确保电站工程施工期706台的正常播出。

（4）对706台在上水库区的水泵房、光缆、接地网等进行赔偿，由其自行改建。

（5）提供卫生健康补贴、劳务补贴、意外保险等。

2. 上水库区施工被动防护

被动防护主要是通过优化爆破设计和控制爆破规模来实现。在上水库开挖爆破时，主要采用露天深孔梯段爆破和微差分段爆破技术，进行大面积岩石开挖。该技术是广泛采用的效率较高的爆破技术手段，只要精心设计，严格按照设计施工，加强施工组织管理，规范施工工艺，控制好炮孔深度、炮孔倾角、孔距、排距、炸药单耗、单孔装药量和单响最大药量，同时采用毫秒微差爆破、预裂爆破或光面爆破，增加临空面、减小爆破夹制力等减振措施，就可以降低爆破振动，减小爆破振动对706台的影响。同时，爆破前应及时通知706台。上水库开挖边界距706台建筑周边最近距离200m，为保证

706 台建筑结构、发射台仪器设备的安全，控制被保护物的质点最大振速小于 0.5cm/s，确定工程施工时距 706 台不同距离处的爆破规模，详见表 4-2-5。

表 4-2-5　　距 706 台周边不同距离处的最大单响控制药量

序号	距 706 台周边建筑的最短距离（m）	爆破最大单响药量（kg）
1	200	≤200
2	250	≤300
3	300	≤500
4	400	≤800
5	500	≤1200

按照爆破施工区距 706 台周边建筑的不同距离，严格控制爆破最大单响药量，采用分段毫秒微差爆破，段间微差间隔大于 50ms 为宜。

八、对原有水库的影响及保护措施

1. 对原有水库的影响

抽水蓄能电站利用原有水库进行建设时，可能对原有水库的功能产生影响。

如琅琊山抽水蓄能电站，利用城西水库作为下水库。城西水库是一座综合利用水库，它兼具供水、灌溉、防洪等功能。电站建成后，将根据电力系统的需要运行，在系统用电低谷从城西水库抽水 720 万 m^3 入上水库，抽水 6h 左右；在系统用电高峰期，放水入城西水库发电，连续发电约 5h，每天抽水发电一个循环。在初次蓄水时，从城西水库抽水入上水库，使用城西水库的调节水量，此时如来水较枯，而水库水位又较低，调节水量较少时，可能影响其他用水部门的用水，但经过一段丰水期后，下水库即可通过减少弃水而补回。当上水库放水入城西水库发电结束时，城西水库水位将比不建电站时高，其高出值与水库水位有关，如为最低发电水位 22.0m 时，发电结束水位将增加 2.2m，当水位较高时，水库水位上涨较少，如水库为正常蓄水位 29.0m 时，上涨仅 0.65m。

在汛期城西水库水位较高时，如达到 28.5m 时，为不影响水库的防洪运用和提高洪水位，放水发电结束时，水库水位应不超过 28.5m，此时，将占用调节库容 720 万 m^3，但由于水库调节库容大，库容系数达 0.83，且供水较均匀，对一般年份，电站运行对水库供水基本无影响。在遭遇特枯年份或连续枯水年，来水量较少，需用水库蓄水补给的水量大，对其他部门的用水稍有影响。

2. 环境保护措施

抽水蓄能电站利用原有水库建设，运行时对原有水库的功能产生影响的，一般需要对原有水库的功能进行调整。通常会采取“以新代老”原则，针对原水库环境保护措施的缺失，由抽水蓄能电站来补充建设。

如丰宁抽水蓄能电站下水库利用已建的丰宁水电站水库。原丰宁水电站采用混合式开发，坝址至电站尾水出口断面之间形成了 9.8km 的脱水段，对当地生态造成了一定的影响。丰宁抽水蓄能电站建成后，上游来水可通过位于拦沙坝上游的泄洪排沙洞直接泄放到下游，或在泄洪排沙洞闸门关闭时利用生态放流管泄放生态流量；此外，在蓄能专用库大坝处还设置了一套生态流量泄放闸。

丰宁抽水蓄能电站下水库为蓄能专用水库，运行期间一般情况下，不与滦河发生水量交换。泄洪排沙洞底板与上游现状河道底部衔接，上游河道来水可通过泄洪排沙洞直接泄放到蓄能专用库下游河道，上游来水基本保持“来水多少、泄水多少”的方式，通过泄洪排沙洞下泄。在蓄能专用库初期蓄水阶段和运行期补水时段，需要关闭泄洪排沙洞拦蓄来水，拦沙库进行蓄水至 1056m，通过连接拦沙库与蓄能专用库的溢洪道进行自流补水。因此当拦沙库开始蓄水至 1053m 期间，泄洪排沙洞闸门逐步关闭，保证最小下泄流量 0.78m^3/s，同时打开生态流量泄放管向下游放水，随着拦沙库水位抬升，也可以保证 4 月底～5 月期间下泄流量达到 0.92m^3/s。由于生态流量泄放管进口位于泄洪排沙洞内，可以保证生态流量泄放管进口不会被淤积，保持“门前清”。在泄洪排沙洞生态流量泄放管检修期间或不能正常泄放生态流量的情况下，可以打开蓄能专用库大坝的生态流量泄放闸，控制向下游泄放不小于 0.78m^3/s 的生态流量。

九、环境保护科研

抽水蓄能电站环境保护工作中，应根据需要开展相应的科研工作。1993年，张河湾抽水蓄能电站开展了沥青混凝土对水质影响的研究和实验工作。研究结果认为：由于沥青具有良好的防渗性、稳定性，基本不溶于水，其与水接触一般不会对水造成危害。沥青混凝土在加工过程中，会对大气及周围环境造成污染，主要污染物质是苯并（a）芘（$C_{20}H_{12}$）。专题实验为室内静态模拟实验，实验用沥青混凝土试块按照沥青混凝土面板防渗层配合比配置，实验用水采用新鲜蒸馏水；实验方式采用将沥青混凝土试块悬于蒸馏水中静置浸泡，定期搅拌，实验期间及实验后每隔10d取样测量苯并（a）芘。实验结论：在本实验条件下，沥青混凝土中苯并（a）芘在水体中的释放量低于0.0025μg/L，满足GB 3838《地面水环境质量标准》中Ⅰ类水域对苯并（a）芘浓度的要求。

第三节 水 土 保 持

一、各阶段水土保持工作主要内容

1. 选点规划阶段

抽水蓄能电站选点规划阶段水土保持成果体现在环境影响篇章中，主要工作内容：对各规划站址的水土流失进行初步预测评价，比较不同站址的水土保持初步方案和投资。

2. 预可行性研究阶段

主要工作内容为：项目区水土流失及其防治状况；水土流失影响与估测；水土流失防治总体要求、布局与初步方案；水土保持投资估算。

3. 可行性研究阶段

主要工作内容：开展水土保持措施设计工作，编制水土保持措施投资概算，成果作为工程可行性研究报告的篇章。

可行性研究阶段需编制水土保持方案报告书，在开工前由省级或市级行政主管部门审批。水土保持方案报告书需要开展水土流失预测评价，提出水土流失防治目标和水土保持措施总体布局，开展水土措施典型设计，从水土保持角度，得出工程建设是否可行的明确结论。目前在很多省份，水土保持方案报告书的审批文件已不作为项目核准的必要附件。

4. 招标设计阶段

开展水土保持的招标设计，确定各个分标标段需开展的水土保持工作，将可行性研究阶段的水土保持措施分解到各个具体标段中，编制标书中的水土保持条款并测算相应费用。如果有水土保持的专项标，需开展专项标的招标设计。

5. 施工建设阶段

编制《表层土在水土保持上的利用设计》专题报告，开展水土保持施工详图设计。建设单位委托水土保持监理工作和水保监测工作，落实各项施工期水土保持措施。

主体工程阶段验收和竣工验收前，建设单位组织第三方机构编制水土保持设施阶段验收报告和竣工验收报告，自主开展水土保持设施验收。

6. 运行阶段

电站运行管理单位对建成的全部水土保持设施进行管护与维修，保证水土保持设施运行效果。

7. 退役阶段

根据NB/T 11018—2022《水电工程退役设计导则》的相关要求，工程退役同步实施相应的水土保持措施。

二、水土保持措施

抽水蓄能电站的水土保持措施包括工程措施、植物措施和临时措施。首先，应注重弃渣减量化、资源化措施，从源头减少弃渣；其次，应综合考虑美化、景观、旅游等因素，结合上、下水库不同的气候、降雨等自然条件考虑不同的水土保持措施；还应结合工程防护，布设高陡开挖边坡绿化美化措施。很多抽水蓄能电站利用已有水电水利工程的水库作为下水库或上水库，水土保持方案审批中就要求抽水蓄能电站解决原有项目的水土流失问题。

（一）弃渣减量化、资源化措施

弃渣减量化、资源化措施包括：避免大开挖方案，从源头减少弃渣，土石方优先进行综合利用，尽量做到“零弃渣”。实现“零弃渣”的措施包括：土石方挖填平衡零弃渣；不推荐岸边库大开挖方案；上水库、下水库的死库容堆渣回填；坝后压坡土石方堆填等。

如呼和浩特抽水蓄能电站，批复的水土保持方案报告中共设有 6 个渣场，工程进入施工建设阶段后，下水库区 3～5 号渣场位置没有变化；上水库区结合枢纽布置，对渣场进行了调整，其中 1 号渣场调至上水库大坝坝后，作为上水库大坝的一部分，2 号渣场调至紧邻上水库库盆东侧支沟内，6 号渣场调至原 2 号渣场位置，即滴水漳村北侧、新 2 号渣场以东沟道内。经工程优化及土石方综合利用后，实际弃渣量较原方案设计弃渣量减少了 208 万 m^3，渣场设置变化情况详见表 4-3-1。

表 4-3-1　呼和浩特抽水蓄能电站渣场设置变化情况表

序号	渣场名称	方案设计阶段		实施阶段		增/减（+/−）		备注
		渣场面积（hm^2）	拟堆渣量（万 m^3）	渣场面积（hm^2）	堆渣量（万 m^3）	渣场面积（hm^2）	堆渣量（万 m^3）	
1	1 号渣场	30.53	61	6.25	91	−24.28	30	位置调至上水库大坝坝后
2	2 号渣场	54.01	304	15.92	420	−38.09	116	位置调至库盆东侧支沟内
3	3 号渣场	6.89	24	2.67	24	−4.22	0	
4	4 号渣场	22.49	373	12.84	210	−9.65	−163	
5	5 号渣场	22.00	438	10.85	270	−11.15	−168	
6	6 号渣场	16.99	31	5.33	8	−11.66	−23	位置调至原 2 号渣场
	小计	152.91	1231	53.86	1023	−99.05	−208	

（二）结合上、下水库不同自然条件，采用不同的水土保持措施

抽水蓄能电站上、下水库之间的气候、降雨、土壤、植被、水土流失状况等自然条件有时相差较大，采取的水土保持措施中，尤其是植物措施应充分考虑到这些变化因素。

例如内蒙古呼和浩特抽水蓄能电站，上水库、下水库海拔分别为 1900、1300m 左右，自然条件具有一定差异，其上水库区、下水库区主要自然条件对比见表 4-3-2。

表 4-3-2　呼和浩特抽水蓄能电站上水库区、下水库区自然条件对比

序号	自然环境要素	内容	上水库区	下水库区
1	海拔（m）		1900	1300
2	气温（℃）	多年平均气温	1.1	6.3
		平均最低气温	−21.0	−18.3
		极端最低气温	−41.8	−32.8
3	风（m/s）	多年平均风速	3.3	1.9
		最大风速	23.7	20.0
		相应风向	W	NNW
4	降水（mm）	多年平均降水量	428.2	424.0
5	土壤	土壤类型	灰色森林土	灰褐土
6	植被	植被类型	山顶草甸带	灌木草原+落叶灌丛带，落叶灌丛+常绿针叶林带
7	水土流失	流失类型	水蚀、风蚀	水蚀

按照“适地适树、适地适草”的原则，兼顾防护和绿化美化的要求，结合立地条件及植被特点，根据成活率、生长量和适应性的综合分析，选择了当地耐干旱、耐瘠薄，树形优美、枝叶茂密、萌蘖性强、生长迅速的优良乡土树种，进行水土保持植物措施建设，达到防治水土流失和改善生态环境的目的。

(1) 枢纽区。在上水库库岸开挖边坡实施了液压喷播植草绿化，交通洞口开挖边坡实施了厚层基材边坡绿化技术（TBS）喷播植草绿化，灌草种选用羊草、披碱草、早熟禾及波斯菊等进行混播。

(2) 渣场。对各渣场顶部与边坡实施土地整治及覆土，采用乔灌草结合形成固渣林，在下水库区选择当地速生树种，在上水库区选择耐寒耐旱树种。乔木种类为落叶松、旱柳等，灌木种类为丁香、沙棘、沙地柏，草种有紫花苜蓿、早熟禾、羊草、披碱草等。

(3) 施工营地。施工结束后由施工单位及时拆除地表建筑物，并将建筑物垃圾运至就近渣场集中堆放。在上水库施工营地、地下系统、下水库施工营地及各施工场地绿化前，先进行整地及覆土，各场地采用乔灌草结合形式恢复植被，临河侧施工场地边坡采用撒播草籽方式恢复植被。乔木种类为旱柳、馒头柳、青杨、云杉、金叶榆、榆叶梅等，灌木种类为丁香、沙地柏、紫穗槐、沙棘、景天、红王子锦带、四季玫瑰等，草种有苜蓿草、早熟禾、羊草、紫羊茅等。

(三) 结合美化、景观、旅游考虑水土保持措施

以国内做得较早和较成功的十三陵抽水蓄能电站的水土保持工作为例，十三陵抽水蓄能电站的水土保持设施建设包括：渣场的防护处理；施工公路两旁弃渣的防护处理；绿化恢复措施；蟒山国家森林公园、下水库电站进/出水口的绿化美化措施及上水库的景点建设；滑坡、塌方的处理等。

电站主体工程开挖石方 522.9 万 m^3，弃渣 265 万 m^3，上水库所弃石渣达 166 万 m^3，厂区所弃石渣 69.5 万 m^3。前者沿上寺沟堆放，后者主要堆放在大峪沟渣场、排风安全洞渣场及交通洞口渣场。上寺沟渣场为工程主要堆渣场，治理方案为对堆渣面修建混凝土砌块护坡进行坡面治理，修筑多道拦渣坝，并采用林草措施进行坡面水土保持。大峪沟渣场采用拦渣坝、挡渣墙等工程防护措施，并结合绿化美化、景观建设而进行旅游开发，建成了蟒山国家森林公园。蟒山公园的建设，是抽水蓄能电站中因地制宜的结合绿化景观建设实施弃渣治理的典范，如图 4-3-1 所示。

图 4-3-1 蟒山公园绿化景观

(四) 结合工程防护，布设高陡开挖边坡绿化美化措施

高陡边坡的绿化包括上水库、下水库区域及上、下水库连接路等区域。以琅琊山抽水蓄能电站为例，项目区靠近国家重点风景名胜区琅琊山风景区，在水土保持植物措施实施中，多采用景观绿化树种，采取多树种、多配置的栽植模式营造不同的景观效果。上水库区域结合周边地形地貌，在主坝、副坝坝顶及周边区域种植具有园林景观效果的树种，并按照不同植物特性，种植成不同的形状及色块，在周边种植花篱及植物球，形成“点、线、面”多层次的景观效果。在环库公路侧挡墙内种植藤本植物，在上水库合适位置设置观景台及草坪砖停车场。下水库周边区域及管理区进行园林式绿化，种植各类观赏树种及草坪，布设花坛。对工程枢纽开挖边坡、交通道路开挖边坡进行了植被绿化，对石料场开采高陡边坡采取植被混凝土绿化措施。

第四节 生态环境保护有关问题和建议

一、当前生态环境保护工作存在的主要问题

根据我国抽水蓄能电站建设实践，当前生态环境保护、水土保持工作中还不同程度地存在一些问题，有待共同探索，不断改进。

(1) 环境敏感区类型增多，对抽水蓄能电站建设的制约性增大。经过 60 多年的努力，我国已建立

数量众多、类型丰富、功能多样的各级各类环境敏感区，对维护国家生态安全发挥了重要的作用。近些年来，随着全社会尊重自然、顺应自然、保护自然的生态文明理念的逐渐深入，新增了生态保护红线、国家公园、湿地公园、重要湿地等类型的环境敏感区。各地还根据地方自然环境特点，设立了一些具有地方特色的环境保护区，如山西省根据省内泉水形成和出露点分布特点设立了泉域保护区。抽水蓄能电站建设可能涉及的环境敏感区增多，包括国家公园、自然保护区、风景名胜区、世界文化和自然遗产地、饮用水水源保护区、生态保护红线、永久基本农田、基本草原、森林公园、地质公园、湿地公园、重要湿地、水产种质资源保护区、文物古迹、长城等类型。国家和地方对这些敏感区都有相应的保护规定，对抽水蓄能电站建设有明确的制约性影响。

（2）审批权下放，各地方审批要求不统一。2013 年以来，抽水蓄能电站项目环境影响评价审批权已下放至省级，近年来，随着国家简政放权、审批权下放等政策的实施，部分省已进一步下放至市、县（区）。在审批抽水蓄能项目环境影响报告书时，部分省要求要有流域规划及规划环境影响评价报告，并以此作为项目环境影响评价审批的前置条件。在项目涉及环境敏感区问题上，部分省要求项目涉及环境敏感区均应取得行政许可文件，并以此作为项目环境影响评价审批的前置条件。随着国家简政放权、审批权下放以及水土保持强监管等一系列政策的出台和实施，抽水蓄能电站水土保持方案报告书下放至地方（省级、市级）行政主管部门审批，各地方对于水土保持方案报告书的审批要求、监管要求也不统一。

（3）不同地方对渣场的选址、安全稳定及防护措施的要求存在较大差异。工程弃渣场作为抽水蓄能电站主要的水土流失产生源地，是生产建设项目水土保持监管的重要对象，也是水土保持方案审查的重点和难点之一。抽水蓄能电站弃渣场规模较大，渣场的选址、安全稳定以及防护措施的审查要求也越来越高，不同地方行政主管部门对渣场的选址要求也存在较大差异。

二、生态环境保护工作建议

（1）生态环境保护工作应及早介入，在抽水蓄能电站选点规划、预可行性研究、可行性研究各阶段，加强环境敏感区排查，并提出解决措施，解决环境敏感区对抽水蓄能电站建设的制约问题。在项目各阶段设计工作启动后，首先开展环境敏感区排查工作。工程设计过程中，外部环境敏感区范围发生变化，或者工程建设占地和影响范围发生变化，应重新开展排查工作。选点规划阶段涉及的环境敏感区，需分析评价影响情况，并根据影响情况及敏感区保护管理要求提出工程选址避让建议。预可行性研究阶段涉及环境敏感区，需分析评价影响情况，并征求相关行政主管部门意见。可行性研究阶段涉及环境敏感区，需提出工程布置避让或敏感区调整的建议，并编制敏感区专题报告，取得相关行政主管部门的行政许可。

（2）提前与生态环境、水土保持行政主管部门沟通，按照审批、审查要求开展技术工作。在项目环境影响评价初始阶段，要了解清楚具体审批要求，必要时对环境影响报告书进行咨询。在编制水土保持方案及开展后续设计工作时，应提前与当地行政主管部门进行沟通，了解地方审查审批要求和关注的重点，相应开展技术工作。

（3）按照相关法规和技术标准的要求，对渣场选址、安全稳定及防护措施开展相关勘察设计工作。工程弃渣场选址应符合水土保持法律法规、技术规程规范及相关文件的要求。积极响应审查要求和地方行政主管部门的要求，并确保弃渣场的选址合理、安全稳定和防护措施到位。

第五章　建设征地和移民安置

第一节　抽水蓄能电站征地移民工作特点与主要内容

一、抽水蓄能电站建设征地移民安置工作的特点

抽水蓄能电站建设征地移民安置工作与常规水电站相比，具有以下显著特点：

（1）建设征地组成不同，抽水蓄能电站有上水库和下水库。一些项目的下水库还包括蓄能专用库和拦沙库。很多抽水蓄能电站的上水库或下水库是由人工开挖围填筑坝形成的封闭型水库，一般不需要计算回水；部分电站利用已建水库，需要明确抽水蓄能电站建设是否增加已建水库的建设征地处理范围。

（2）建设征地处理范围以枢纽工程建设区为主，施工总布置规划对移民工作影响大。建设征地处理范围包括水库淹没影响区和枢纽工程建设区，其中水库淹没区与枢纽工程建设区的重叠部分，在2016年以后纳入水库淹没影响区。抽水蓄能电站水库面积一般较小，枢纽工程建设区面积在项目建设征地总面积中占比较大，枢纽工程施工总布置规划对建设征地移民工作影响大。

（3）工程建设征地面积相对较小，移民人数相对较少。抽水蓄能电站所需的水库库容不大，大多修建在河流的支流或支沟上，电站建设征地面积较小，直接影响的移民人数较少，大部分项目的搬迁安置人口不超过1000人，基本不涉及城镇人口。经对92个项目进行统计分析，总用地面积最大的为12389亩（河北丰宁一期和二期），单期项目最大的为10326亩（辽宁蒲石河），最小的为2088亩（浙江桐柏），平均用地面积5151亩（1亩＝6.667×$10^2$$m^2$），70％以上的项目用地面积为3800～6200亩。

（4）移民搬迁安置要求较早完成，设计周期短。抽水蓄能电站的上水库通常需进行库盆开挖，下水库需提前蓄水，要求在电站筹建期启动移民搬迁安置工作，在开工前完成枢纽工程建设区的搬迁安置工作。经对13个在建项目进行统计分析，抽水蓄能项目从停建通告下达到移民安置规划报告完成，移民设计工作周期大部分为6个月左右，最短的4个月，最长的15个月。

（5）工程建设占地区位相对特殊，多数地方缺乏水电移民经验。抽水蓄能电站站址多选择在电网负荷中心附近，部分地区经济相对较发达；大多修建在河流的支流上或支沟上，大部分的建设占地为山区和丘陵山区林地，林地在抽水蓄能项目征地总面积中的平均占比超过63％。大部分省份把移民安置规划审核意见和社会稳定评估报告，作为项目核准的前置要件；绝大部分项目由县级人民政府与项目法人签订移民安置协议，多数地方缺乏水电工程建设征地移民安置工作经验，给抽水蓄能建设征地移民安置工作带来一定难度。

二、主要技术工作内容

抽水蓄能电站建设征地移民安置技术工作划分为规划设计、安置实施、后续发展、退役处理等四个阶段，其中规划设计又包括选点规划阶段、预可行性研究阶段、可行性研究报告阶段，安置实施阶段工作对应电站主体工程的招标设计和施工详图设计两个阶段。项目各阶段建设征地移民安置的主要技术工作内容如下。

（一）选点规划阶段

初步开展敏感对象排查、初拟建设征地处理范围、估算建设征地主要实物指标、提出移民安置设想、匡算补偿费用、进行移民安置初步评价、编制选点规划报告建设征地移民安置有关章节内容。

（二）预可行性研究阶段

开展建设征地敏感对象排查，提出初步的建设征地处理范围，初步调查主要实物指标、进行移民安置初步规划，估算建设征地移民安置补偿费用，分析工程比选方案建设征地影响，编制建设征地移民安置篇章。

（三）可行性研究报告阶段

参与抽水蓄能电站建设方案论证，界定建设征地处理范围，调查建设征地实物指标，分析建设征地对地区经济社会的影响，提出移民安置总体方案，进行生产安置规划、搬迁安置规划、专业项目处理、机关和企事业单位处理、水库库底清理、实施组织的规划设计，开展项目用地分析，编制建设征地移民安置补偿费用概算，提出水库移民后期扶持措施。

1. 配合枢纽工程“三大专题报告”编制

电站可行性研究阶段的枢纽布置格局比选专题报告、正常蓄水位选择专题报告、施工总布置规划专题报告等“三大专题报告”及其审查意见，是省级人民政府发布禁止在工程占地和淹没区新增建设项目和迁入人口通告（简称停建通告）、开展建设征地实物指标调查和移民安置规划设计等的主要依据。在这个阶段，需进一步开展敏感对象排查工作，配合相关专业做好“三大专题报告”的编制工作。

2. 移民安置规划大纲编制

经批准的移民安置规划大纲是编制移民安置规划的基本依据，大纲编制的主要工作内容如下。

（1）确定建设征地处理范围。确定各淹没对象设计洪水标准，计算洪水回水，确定建设征地移民界线和处理范围，绘制建设征地移民界线图，并现场测设标识。

（2）全面调查实物指标。编制实物指标调查细则，进行全面调查，提出分类、分区、分项、分权属的实物指标成果；实物指标调查成果须经调查者和被调查者签字确认，并进行公示，由有关地方人民政府书面确认；提出实物指标调查报告。

（3）编制移民安置总体方案。确定移民安置规划设计水平年、移民安置任务、安置方式、规划目标和安置标准，全面分析移民安置环境容量，提出移民安置规划布局，开展生活水平预测。其中农村移民安置以集体经济组织为单元落实生产安置方式、去向及配套安置措施，以户为单元落实搬迁安置方式及去向；100人以上居民点应开展居民点选址，进行居民点用地布局及场地竖向规划，进行居民点基础设施、公共服务设施和居民点外部配套设施规划；提出农村小型专项设施、文教卫设施等其他对象处理方案。专业项目宜按照相应行业可行性研究深度要求开展规划设计。

（4）提出移民安置规划大纲。大纲的内容包括前言，概述，建设征地处理范围及主要实物指标，依据和原则，安置任务、规划目标和安置标准，规划方案，移民生活水平预测，听取意见，后期扶持，其他（有关问题和建议、附文、附图、附件）。

3. 移民安置规划编制

经审核的移民安置规划是组织实施移民安置工作的基本依据，也是大部分省级行政区核准抽水蓄能项目的前置要件，规划编制的主要工作内容如下：

（1）生产安置设计。对于集中成片200亩以上的生产安置区，宜开展土地开发与整治规划设计；对分散生产开发区可进行典型设计；对其他安置方式应确定主要技术要求；应提出生产安置规划费用及平衡分析成果。

（2）搬迁安置设计。对100人以上的居民点，按初步设计深度开展居民点场平、基础设施、公共服务设施、防灾减灾、环境卫生和环境绿化及居民点外部配套设施项目的规划设计；对分散安置的基础设施进行典型设计或类比分析。对农村小型专项设施、文教卫设施等其他对象，按满足概算编制要求进行工程措施设计或类比分析。提出搬迁安置规划费用成果。

（3）专业项目处理设计。按相应行业初步设计深度要求开展；工程规模较小、对补偿投资和移民安置方案影响较小的专业项目，勘测设计工作可适当简化，采用典型设计或工程类比法分析计算工程费用。

(4) 机关和企事业单位处理设计。对独立迁建大中型企事业单位和移民规划工业园区的迁建新址，按照初步设计深度进行场平工程和外部基础设施的勘测设计。对采取防护处理方式的，开展防护工程初步设计。

(5) 开展水库库底清理设计。

(6) 项目用地设计。开展用地分析、耕地占补平衡和进出平衡分析、临时用地复垦规划设计。

(7) 建设征地移民安置补偿费用概算。确定价格水平年，编制基础价格和项目单价。分析确定概算工程量。编制分项费用和预备费，提出补偿费用概算。其中基本预备费按5%的费率取值，专业项目补偿费用的基本预备费按相应行业的规定取值计算。编制分年度费用计划。

(8) 开展实施组织设计、提出后期扶持措施。

(9) 开展移民安置规划听取与征求意见工作。

(10) 编制移民安置规划报告和篇章报告。

(四) 移民安置实施阶段

移民安置实施阶段的工作在电站主体工程招标设计和施工详图设计阶段进行，主要工作内容如下：

(1) 复核建设征地处理范围。开展建设征地移民界线永久界桩布置设计和测设，必要时复核、调整建设征地移民界线和处理范围。

(2) 复核实物指标。对确需复核和补充调查的实物指标，按照电站可行性研究阶段的工作深度要求开展调查。

(3) 移民工程施工图设计和变更设计等设计工作。进行设计交底工作，在初步设计成果的基础上，开展移民工程项目的施工图设计，主要包括农村移民生产安置及搬迁安置工程项目施工图设计，专业项目施工图设计，独立选址大型、中型企事业单位和移民安置规划工业园区的场平工程、专用外部基础设施施工图设计，必要时开展变更设计。编制电站工程阶段性蓄水库底清理实施方案。对拆除技术复杂、危险性大的清理项目编制项目清理专题成果。必要时，可开展费用调整和概算调整工作，编制调整概算报告。

(4) 开展移民综合设计。在移民安置实施计划、补偿补助兑付、搬迁安置、生产安置、专业项目建设、水库库底清理、设计变更、费用管理、移民信息和档案管理、验收等移民安置实施阶段的技术工作中，履行移民综合设计单位的相关职责。

(五) 后续发展和退役处理阶段

在电站正常运行期，移民安置工作进入后续发展阶段。在后续发展阶段，开展移民后期扶持，新增水库影响区处理，移民安置后评价等技术工作。

在电站工程退役处理阶段，开展退役项目用地处理设计工作，包括界定处理范围，开展影响对象调查，编制处理方案，开展工程项目设计，计算处理费用等。

第二节 工作组织和程序

移民工作是一项政策性和程序性很强的工作，需要严格执行《大中型水利水电工程建设征地补偿和移民安置条例》等国家法规政策和技术标准，以及省级有关政策文件。移民工作实行“政府领导、分级负责、县为基础、项目法人参与”的管理体制，在抽水蓄能电站可行性研究阶段、移民安置实施阶段，建设征地移民安置规划设计工作的组织和程序大致可以划分为16项工作，即工程“三大专题报告”审查确定建设征地处理范围、建设征地影响实物指标调查细则编制与审查、停建通告申请与发布、实物指标调查公示与确认、移民安置规划大纲编制审查与批复、移民安置规划编制审查与审核、社会稳定风险分析与评估、项目可行性研究报告移民篇章和项目核准文件编制、移民安置协议签订、移民综合设计、综合监理、独立评估、移民安置验收、后期扶持、移民安置后评价、公众参与。

一、项目可行性研究阶段

1. 建设征地范围确定

在电站预可行性研究报告通过审查后，电站业主委托符合资质要求的设计单位承担电站可行性研究阶段勘测设计工作。设计单位编制枢纽布置格局比选专题报告、正常蓄水位选择专题报告、施工总布置规划专题报告等“三大专题报告”，经相关技术审查单位进行专题咨询审查，确定正常蓄水位和水库淹没影响区范围、确定枢纽工程建设区用地范围。审查通过的正常蓄水位专题报告和施工总布置规划专题报告，是省级人民政府发布禁止在工程占地和淹没区新增建设项目和迁入人口通告、开展建设征地实物指标调查和移民安置规划设计等的主要依据。

2. 实物指标调查细则编制与审查

设计单位在初步调查了解电站建设征地区实物指标的类别、分布、性质等特点后，编制电站建设征地影响实物指标调查细则和工作方案（征求意见稿），并将电站三大专题报告审查意见作为附件，报送给项目业主。

县级人民政府或县级以上移民主管部门对调查细则进行审查，出具审查确认意见。目前，实物指标调查细则审查确认的组织形式主要包括以下三种：

（1）县级人民政府或主管机构进行审查确认。如辽宁庄河、河北尚义、广东肇庆浪江、黑龙江尚志、安徽宁国、安徽石台等抽水蓄能电站。

（2）省级移民主管部门组织审查。如重庆栗子湾、广西南宁、浙江松阳、山东潍坊、山西浑源、江西奉新等抽水蓄能电站。

（3）市级发展改革委审查。如内蒙古乌海市的乌海抽水蓄能电站、赤峰市的芝瑞抽水蓄能电站。

3. 停建通告申请与发布

由项目法人或地方人民政府提出申请，省级人民政府或其授权的市县人民政府发布《停建通告》，设计单位配合准备有关前置要件等材料。申请《停建通告》的前置要件一般包括：预可行性研究报告审查意见、正常蓄水位选择专题报告及施工总体布置规划专题报告的审查意见、实物指标调查细则及工作方案的确认文件、建设征地范围图和坐标。

停建通告一般由省级人民政府发布，部分省（市）对不跨市、县的抽水蓄能电站，授权市级或县级人民政府发布。如山东文登和潍坊抽水蓄能电站，2009年和2018年分别由威海市和潍坊市人民政府发布；重庆栗子湾和建全抽水蓄能电站，2021年分别由丰都县和云阳县人民政府发布停建通告。

4. 实物指标调查公示与确认

（1）成立实物指标联合调查组，其成员单位包括地方政府及有关部门和乡镇、项目法人、设计单位等。

（2）停建通告发布后，项目法人组织对建设征地区进行摄影摄像，设计单位埋设临时界桩，地方政府组织开展实物指标调查培训与宣传。

（3）开展实物指标外业调查，张榜公示，签字确认。根据停建通告规定的建设征地范围及调查起始时间，联合调查组开展实物指标现场调查工作。调查工作由项目法人和地方政府实施，设计单位负责技术归口，地方政府负责组织协调相关部门及乡、村、组和有关单位参加调查工作。

实物指标调查工作应严格遵守审查确认的调查细则。调查的实物指标须由调查人与被调查人签字认可，经设计单位汇总整理后，由县级人民政府或授权的乡镇人民政府进行公示。河北省和河南省规定，公示期限不得少于七天。实物指标公示一般为三榜，每榜公示时间大多为七天，权属人对公示数据提出疑义的，由调查组与权属人进行复核，复核后的成果在下一榜公示。县级人民政府对公示后的实物指标调查成果出具确认函件。设计单位编制实物指标调查报告。

在实物指标调查阶段，项目法人宜委托国土勘界、林地调查单位参加实物指标调查工作，与联合调查组共同划定土地类型及其界线，落实权属，完成耕地、林地等外业调查工作。

5. 移民安置规划大纲编制审查与批复

由项目法人、设计单位、地方政府组成移民安置规划工作组，工作组由地方政府或项目法人负责组织，设计单位技术负责。

地方政府在组织听取移民和移民安置区居民意见的基础上，提出初步的移民安置去向及移民安置意见与建议。

设计单位进行移民安置环境容量分析，并结合移民安置意愿提出移民安置方案，包括移民安置任务、去向、标准、农村移民安置方案、专业项目处理方案、机关和企事业单位处理方案等，开展移民生活水平评价预测，提出征地线外影响范围的划定原则、移民安置规划编制原则等，编制移民安置规划大纲（征求意见稿）；县级人民政府组织征求有关部门、乡镇、单位的意见，设计单位编制移民安置规划大纲（送审稿）；县级人民政府出具移民安置方案确认函件，项目法人或地方政府将移民大纲逐级报送至省级人民政府，通常由省级移民主管部门会同行业相关技术审查单位进行技术审查，设计单位编制移民安置规划大纲（审定本）；由省级移民主管部门报请省级人民政府批复。

6. 移民安置规划编制审查与审核

按照移民安置规划大纲批复的征地线外影响范围划定原则及移民安置去向，对征地线外影响实物指标进行补充调查。补充调查工作程序与实物指标调查阶段相同。

根据移民安置规划大纲批复的移民安置任务、方案、标准，设计单位开展生产安置设计、搬迁安置设计、防护工程、工矿企业迁建、专项设施迁（复）建等工程项目初步设计，编制建设征地移民安置补偿费用概算，编制移民安置规划（征求意见稿），征求有关部门以及移民区和移民安置区县级人民政府意见，编制移民安置规划（送审稿），由项目法人报送省级移民管理机构，通常由省级移民管理机构会同技术审查单位进行技术审查后，设计单位编制移民安置规划（审定本），由省级移民管理机构出具审核意见。

7. 社会稳定风险分析与评估

由项目法人委托的技术服务单位开展社会稳定风险分析，并编制社会稳定风险分析报告；县级人民政府组织开展社会稳定风险评估工作，并提出社会稳定风险评估报告。

8. 编制电站可行性研究报告移民篇章和项目核准文件

根据审核的移民安置规划，设计单位编制电站可行性研究报告中的建设征地移民安置规划篇章或专题报告，与可行性研究报告其他篇章一并提交项目法人。

项目核准文件由项目法人组织编制和申报。目前抽水蓄能电站核准的前置要件一般包括：项目申请报告，省自然资源厅关于抽水蓄能电站项目建设用地预审与选址意见的函，省级移民主管部门对抽水蓄能电站建设征地移民安置规划的审核意见，县级人民政府关于抽水蓄能电站项目社会稳定风险评估报告审核意见等。

二、移民安置实施阶段

1. 移民安置协议签订

《大中型水利水电工程建设征地补偿和移民安置条例》规定，大中型水利水电工程开工前，项目法人应当根据经批准的移民安置规划，与移民区和移民安置区所在的省级人民政府或者市、县人民政府签订移民安置协议；签订协议的省级人民政府或者市人民政府，可以与下一级有移民或者移民安置任务的人民政府签订移民安置协议。对于签订协议的地方人民政府或机构，各省的规定有一定的差异，如《河北省大中型水利水电工程移民安置程序规定》规定为所在地县级人民政府。

2. 移民综合设计

移民综合设计应在移民安置规划实施前启动，至建设征地移民安置竣工验收完成时结束。综合设计成果应作为移民安置实施和移民安置验收的重要依据。

水电工程建设征地移民安置综合设计的主要工作内容包括移民安置实施计划编制、规划符合性检查、阶段性蓄水移民安置专题设计、补偿费用分解、设计变更技术管理和现场技术服务，为移民安置实施提供综合技术保障。

移民安置综合设计应以批准的移民安置规划为基本依据，统筹协调移民安置规划的后续设计技术标准和要求，进行移民安置方案的整体与局部、移民安置区的总体与单项、移民安置项目之间的技术衔接和单项设计技术标准控制，编制综合设计文件，开展现场技术服务等。

3. 移民综合监理

抽水蓄能电站移民综合监理多数由县级移民管理机构或项目法人通过招标的方式委托。在监理单位投标时，移民综合监理大纲作为投标文件中的技术文件之一。在招标单位发出中标通知书，移民综合监理单位接受委托、签订监理服务合同后，开始组建监理部、配置监理人员，制定监理部规章制度，编制监理细则报委托方审批。在委托方批复移民综合监理细则后，监理工作全面开展。在移民安置竣工验收后，由监理单位编制监理工作总结报告，并将监理资料移交委托方后，监理工作全部结束。

4. 移民独立评估

项目核准后，地方人民政府或项目法人通过招标方式选择独立评估单位，独立评估单位编制评估工作细则报委托方审查确认，根据确认的工作细则制定调查方案及表格、对独立评估人员进行培训、选择移民样本和评估方法，进行本底调查并提交独立评估本底报告报委托方审查确认，开展年度评估、阶段性验收和竣工验收移民安置独立评估，并提交报告，必要时进行专题评估。独立评估工作结束后，向委托方移交移民安置独立评估档案资料等。

5. 移民安置验收

水电工程建设征地移民安置验收分为建设征地移民安置阶段性验收和建设征地移民安置竣工验收。其中阶段性验收主要包括工程截流建设征地移民安置验收、工程蓄水建设征地移民安置验收。建设征地移民安置验收是水电工程验收的一项专项验收，是水电工程验收的重要组成部分。建设征地移民安置未经验收或者其验收不合格的，不得对水电工程进行验收。

建设征地移民安置验收工作由省级人民政府组织。验收前，应成立验收委员会，并设主任委员单位和副主任委员单位。主任委员单位由省级人民政府规定的移民管理机构担任，副主任委员单位由省级投资或者能源主管部门、市级人民政府等单位担任。验收委员会其他成员单位由正、副主任委员单位根据工作需要确定。主任委员单位负责开展验收工作，提出建设征地移民安置验收报告。

建设征地移民安置验收委员会宜成立专家组，开展验收的技术检查与评价工作，召开验收技术会议，提出经专家组成员签字的专家组验收意见。成立专家组的，专家组组长应为验收委员会成员。专家组验收意见作为验收委员会开展验收工作的基本依据。

6. 后期扶持

抽水蓄能电站的移民可以享受后期扶持政策，移民搬迁安置完成后，由移民安置区县级人民政府核查登记搬迁安置人口，报经国务院主管部门核定后纳入后期扶持范围。但抽水蓄能电站无需缴纳库区基金。根据《大中型水库库区基金征收使用管理暂行办法》（财综〔2007〕26号）规定，大中型水库库区基金从有发电收入的大中型水库中筹集。《财政部关于抽水蓄能电站征收大中型水库库区基金有关问题的通知》（财税〔2016〕13号）规定，抽水蓄能电站不以发电作为主要功能和收入来源，不属于常规水电站，不纳入大中型水库库区基金征收范围。

7. 移民安置后评价

项目后评价一般按三个层次组织实施，即项目法人的自我评价、项目行业的评价、计划部门（或主要投资方）的评价。移民安置后评价宜在建设征地移民安置竣工验收后适时开展。承担移民安置后评价的机构应从参加过同一项目建设征地移民安置规划设计、监理、评估等业务的技术服务机构之外选择。

8. 公众参与

水电工程建设征地移民安置公众参与贯穿于移民工作的全过程。水电工程建设征地移民安置公众参与可以划分为实物指标调查的公众参与、移民安置规划大纲编制和移民安置规划报告编制的公众参与、社会稳定风险分析评估的公众参与、咨询审查评估的公众参与、移民安置项目实施的公众参与、移民监督评估中的公众参与、移民安置验收的公众参与、移民后期扶持公众参与等。与移民工作任务相适应，不同工作项目公众参与的对象和主要内容不同。

其中，实物调查应当全面准确，调查结果经调查者和被调查者签字认可并公示后，由有关地方人民政府签署意见；编制移民安置规划大纲和编制移民安置规划应当广泛听取移民和移民安置区居民的意见；必要时，应当采取听证的方式。省级人民政府在审批移民安置规划大纲前应当征求移民区和移民安置区县级以上地方人民政府的意见，省级移民管理机构审核移民安置规划，应当征求本级人民政府有关部门以及移民区和移民安置区县级以上地方人民政府的意见。

第三节 建设征地移民规划与实施

一、移民安置规划设计

（一）敏感对象排查与处理

抽水蓄能电站建设征地敏感对象主要包括文物古迹（含长城）、重要矿产资源、永久基本农田（含黑土地）、保护林地、基本草原、具有保密性质的军事管制区域等。这些敏感对象受到有关法律法规的特殊保护，如果不能及时避让或妥善处理，将对抽水蓄能电站纳入规划、土地预审、项目核准、用地审批等产生重大制约性影响。在抽水蓄能电站选点规划、库址比选、枢纽布置格局比选、正常蓄水位选择、施工总布置规划等前期工作中，要做好排查工作，尽量避让；不能避让时，应提出妥善的保护处理措施，并按规定及时履行程序。

1. 文物古迹

文物包括不可移动文物和可移动文物。不可移动文物本体包括地面文物、地下文物、水下遗存等，具体类型包括古遗址、古墓葬、古建筑、石窟寺和石刻，及近代现代重要史迹、代表性建筑等。建设工程选址，应当尽可能避开不可移动文物，特殊情况不能避开的文物保护单位，应当尽可能实施原址保护，文物保护措施未经批准的，不得开工建设。文物保护范围内不得进行其他建设工程或者爆破、钻探、挖掘等作业，因特殊情况需要的，必须履行批准程序；在文物建设控制地带内进行建设工程，不得破坏文物保护单位的历史风貌；工程设计方案应当根据文物保护单位的级别，履行批准程序。建设征地影响的县级以上的文物古迹，应当查清分布，确认保护价值，坚持保护为主、抢救第一，提出搬迁、发掘、防护或其他保护措施。

长城包括墙体（含界壕、壕堑、山险、水险）、城堡、关隘、烽火台、敌楼等，长城保护范围由长城文物本体两侧外扩 10～500m，建设控制地带自保护范围外扩 100～2500m。任何单位或者个人不得在长城保护总体规划禁止工程建设的保护范围内进行工程建设。在建设控制地带或者长城保护总体规划未禁止工程建设的保护范围内进行工程建设，应当遵守文物保护法有关规定。进行工程建设应当绕过长城；无法绕过的，应当采取挖掘地下通道的方式通过长城；无法挖掘地下通道的，应当采取架设桥梁的方式通过长城。任何单位或者个人进行工程建设，不得拆除、穿越、迁移长城。

经国务院文物主管部门认定公布的我国境内各历史时期的长城分布范围涉及我国华北、东北、西北各省及山东、河南等 15 个省级行政区的 404 个县市区，长城文物本体总计 43000 余处（座/段）。在这些区域建设抽水蓄能电站，要特别注意长城的排查和保护，特别是山险长城。

抽水蓄能电站涉及的古遗址较多，部分项目涉及长城，如河北抚宁、山西浑源、内蒙古乌海等项目。河北抚宁抽水蓄能电站在可行性研究阶段枢纽格局比选专题报告编制过程中，上水库库址比选方案包括抚宁方案、青龙方案，其中青龙方案涉及省级文物明代古长城遗址保护范围及长城建设控制地带，经综合比选，上水库库址推荐不涉及长城的抚宁方案；下水库没有其他可选库址，在施工总布置规划中，枢纽工程建设区用地对长城建设控制地带和永久基本农田等进行了避让；在正常蓄水位选择时，经综合比选，推荐对长城影响相对较小的方案。审定的建设征地范围涉及长城遗址建设控制地带，市级文物香山纪寿石，未定级的古遗址。建设征地未触及长城保护范围，下水库回水进入长城遗址建设控制地带约 6.86 亩，距离最近的长城烽火台的距离为 117m。根据省文物研究所《河北抚宁抽水蓄能电站工程对明代长城影响评估报告》和国家文物局《关于河北抚宁抽水蓄能电站建设工程涉及长城建设控制地带选址方案的批复》，规划采取加固、监测、巡查等保护措施。在可行性研究阶段，根据文物影响评估报告，计列的明长城保护费用包括敏感地带爆破实验、长城保护费用等。水库淹没区涉及的香山纪寿石，规划采取整体搬迁，根据文物影响评估报告，计列搬迁保护费用。对于建设征地涉及的峪门口村东南遗址，规划根据文物主管部门意见做进一步的考古勘探；如有重要发现，根据成果调整设计方案，涉及发掘的另行填报考古发掘申请书。

2. 永久基本农田

国家能源、交通、水利等重大建设项目选址确实难以避让永久基本农田的，在可行性研究阶段，省级自然资源主管部门负责组织对占用的必要性、合理性和补划方案的可行性进行严格论证，报自然资源部用地预审；农用地转用和土地征收依法依规报批。制梁场、拌和站等难以恢复原种植条件的不得以临时用地方式占用耕地和永久基本农田。永久基本农田的耕地开垦费缴费标准按照当地耕地开垦费最高标准的两倍执行。

建设项目可行性研究编制单位、项目设计单位要加强多方案比选，不占、少占耕地和永久基本农田，同等工程技术和投资等条件下，推荐耕地尤其是永久基本农田占用比例低的方案。占比相同的，推荐占用耕地质量差的方案。可行性研究阶段，用地涉及耕地、永久基本农田的建设项目，需开展节约集约用地论证分析，从占用耕地和永久基本农田的必要性、用地规模和功能分区的合理性、节地水平的先进性等对方案进行分析比选，形成节约集约用地专章作为用地预审申报材料提交审查，审查后的内容纳入可行性研究报告或项目申请报告相关章节。

办理用地预审时，涉及占用耕地的，原则上项目所在区域补充耕地储备库指标应当充足，储备指标不足的地方自然资源主管部门应明确补充耕地落实方式，符合条件的可申请跨省域补充耕地国家统筹，并承诺在农用地转用报批时能够落实占补平衡要求，建设单位应承诺将补充耕地费用纳入工程概算；涉及占用永久基本农田的，需落实永久基本农田补划，明确永久基本农田补划地块。

辽宁庄河抽水蓄能电站在项目可行性研究阶段前期，于 2019 年 9 月开展了永久基本农田等建设征地敏感对象和环境敏感因素的排查工作，通过内业初步排查、现场调查及资料收集、内业分析、主管部门核实，于 2019 年 11 月提出排查报告。根据市自然资源局提供的材料，建设征地范围内涉及永久基本农田，大部分位于水库淹没影响区，少部分位于下水库永久占地、临时占地区域。2019 年 11 月，市自然资源局出具《关于庄河市抽水蓄能电站建设征地范围内基本农田情况说明函》，承诺按照相关政策完成上报审批。在经过枢纽布置格局比选、正常蓄水位选择、施工总布置规划优化，并通过咨询审查后，受地理位置及地质条件等自然因素和永久基本农田分布情况限制，建设征地范围内仍有 803 亩永久基本农田不可避让。2020 年 9 月，市自然资源局编制了《辽宁庄河抽水蓄能电站土地利用总体规划修改方案暨永久基本农田补划方案》，省自然资源厅组织专家进行了评审论证，认为该项目用地占用耕地和永久基本农田合理，补划永久基本农田数量不减少、质量有提高。在 2020 年 11 月省水利厅审核同意的移民安置规划报告中，专门计列了永久基本农田的耕地开垦费。2020 年 12 月，自然资源部对省自然资源厅上报的《关于辽宁庄河抽水蓄能电站工程项目用地预审初审意见的报告》进行了审查，并以《自然资源部办公厅关于辽宁庄河抽水蓄能电站工程建设用地预审意见的复函》，原则同意通过用地预审。2020 年 12 月 28 日，该项目通过大连市发展改革委核准。在 2022 年开展的“三区三线”划定工作中，省发展改革委《关于“三区三线”划定成果重大项目的确认函》中确认庄河抽水蓄能电站属于国家级重大项目，省“三区三线”划定专班将庄河抽水蓄能电站涉及的原永久基本农田保护范围内的耕地，调出了永久基本农田范围。

3. 保护林地

各类建设项目不得使用Ⅰ级保护林地。临时使用林地原则上不得使用乔木林地，建设项目配套的取土场等不得使用Ⅱ级保护林地中的有林地，不得使用一级国家级公益林地，不得使用重点国有林区内Ⅲ级以上保护林地中的有林地。省级以上重大建设项目，确需使用林地但不符合林地保护利用规划的，先调整林地保护利用规划，再办理建设项目使用林地手续。

山西浑源抽水蓄能电站建设征地移民安置规划大纲编制阶段，建设征地涉及Ⅰ级保护林地 26 亩（包括国有和集体林地），渣场涉及Ⅱ级保护林地的有林地 200 亩。对于涉及的国有林场Ⅰ级保护林地 25 亩，省林草局复函同意四个小班在林地年度变更调查中重新规划。对于涉及的村集体Ⅰ级保护林地小班，县政府批复同意县林业局对该小班林地保护等级进行调整。对于拦沙库水面局部进入省级自然保护区实验区涉及的Ⅰ级保护林地，自然保护区管理局、电站筹建处、县政府签订补偿协议，就项目竣工后拦沙库水面局部进入山西恒山省级自然保护区实验区 4.5 亩的情况，支付保护管理和资源监测补偿费用。对于渣场涉及的Ⅱ级保护林地中的有林地，县政府出具书面意见，在林地一张图中，重新调整规划涉及林地的保护等级和范围。

4. 矿产资源

《国土资源部关于进一步做好建设项目压覆重要矿产资源审批管理工作的通知》(国土资发〔2010〕137号)规定，建设项目选址前，建设单位应向省级国土资源行政主管部门查询拟建项目所在地区的矿产资源规划、矿产资源分布和矿业权设置情况。不压覆重要矿产资源的，由省级国土资源行政主管部门出具未压覆重要矿产资源的证明。《自然资源办公厅关于矿产资源储量评审备案管理若干事项的通知》(自然资办发〔2020〕26号)规定，建设项目压覆重要矿产，建设单位应当申请压覆重要矿产资源储量评审备案，提交矿产资源储量评审备案申请、矿产资源储量信息表和建设项目压覆重要矿产资源评估报告。

根据《国土资源部关于进一步做好建设项目压覆重要矿产资源审批管理工作的通知》(国土资发〔2010〕137号)的规定，建设项目压覆已设置矿业权矿产资源的，新的土地使用权人还应同时与矿业权人签订协议，协议应包括矿业权人同意放弃被压覆矿区范围及相关补偿内容。补偿的范围原则上应包括：①矿业权人被压覆资源储量在当前市场条件下所应缴的价款(无偿取得的除外)；②所压覆的矿产资源分担的勘查投资、已建的开采设施投入和搬迁相应设施等直接损失。

NB/T 10605—2021《水电工程建设征地企业处理规划设计规范》规定，企业的矿业权处理应主要根据证照有效期、勘查面积、资源储量，分别提出至处理水平年的探矿权和采矿权处理方案。处理水平年到期和失效的矿业权不应补偿。处理水平年后仍有效的探矿权，应分析至处理水平年压覆的未勘查面积、已探明的可开采资源总储量、压覆的资源储量，确定处理方案。处理水平年后仍有效的采矿权，应在可开采资源储量、已开采资源储量的基础上，根据采矿企业的实际生产能力、生产条件综合分析确定至处理水平年影响的压覆储量，确定处理方案。

5. 基本草原

《国家林业和草原局关于印发〈草原征占用审核审批管理规范〉的通知》(林草规〔2020〕2号)规定，工程建设应当不占或者少占草原。原则上不得占用生态保护红线内的草原。除省级以上政府和部门批准同意的建设项目以外，不得占用基本草原。征收、征用或者使用草原 $70hm^2$ 及其以下的，由省级林业和草原主管部门审核，超过 $70hm^2$ 的，由国家林业和草原局审核，其中2021年2月1日～2023年2月1日委托省级林业和草原主管部门审核(占用东北、内蒙古重点国有林区林地的除外)。

6. 军事设施

军事设施是指国家直接用于军事目的的建筑、场地和设备，军事设施保护区域包括军事禁区、军事管理区、作战工程安全保护范围等。建设项目应当避开军事设施，确实不能避开，需要将军事设施拆除、迁建或者改作民用的，应履行批准程序。在作战工程安全保护范围内，禁止开山采石、采矿、爆破，禁止采伐林木；修筑建筑物、构筑物、道路和进行农田水利基本建设，应当征得作战工程管理单位的上级主管军事机关和当地军事设施保护委员会同意，并不得影响作战工程的安全保密和使用效能。

7. 敏感对象排查要求

(1) 切实做好抽水蓄能电站选点阶段、预可行性研究和可行性研究设计阶段的敏感对象排查工作，做到早发现、早避让。

在选点规划阶段，向地方政府提供初拟的比选站址排查范围，由主管部门提供排查范围内敏感对象的有关资料。

在预可行性研究阶段，向地方政府提供初步拟定的排查范围，到主管部门收集“三区三线”(根据城镇空间、农业空间、生态空间三种类型的空间，分别对应划定的城镇开发边界、永久基本农田保护、生态保护红线三条控制线)划定成果等相关资料，进行必要的现场了解，由县级人民政府或主管部门出具排查范围内是否涉及文物古迹(含长城)、永久基本农田、保护林地、矿产资源、基本草原、军事设施等敏感对象的书面意见，必要时向市级或省级主管部门核实确认。

可行性研究阶段，在三大专题报告方案比选阶段，向地方政府有关部门提供枢纽布置格局、正常蓄水位、施工总布置比选方案的最新建设征地范围，到县级以上主管部门补充收集资料，并在主管部门的参与下进行现场核实，落实建设征地范围及排查范围涉及的敏感对象情况，由县级政府或主管部门出具书面意见，并按规定由市级或省级行业主管部门确认。

(2) 及时委托有资质的单位开展有关调查、勘测等工作。进入可行性研究阶段以后，对可能存在重要敏感对象的抽水蓄能电站项目，建议建设单位及时委托有资质的专业单位，提前开展文物古迹调查、压覆矿产资源调查，土地勘测定界、使用林地可行性研究报告编制等工作。

(3) 敏感对象排查结果由地方政府出具书面意见。在预可行性研究阶段、可行性研究的三大专题报告编制阶段，由县级以上人民政府或行业主管部门出具书面意见，明确推荐方案建设征地范围不涉及敏感对象的具体内容，涉及敏感对象的基本情况。

(4) 及时采取处理措施。对于排查到的重要敏感对象，在电站站址选择、枢纽布置格局、正常蓄水位、施工总布置方案比选时，应主动避让，在同等技术经济情况下，优先选择不涉及敏感对象或对敏感对象影响最小的方案。无法避让的，按规定及时履行程序。

(二) 建设征地处理范围界定

电站建设征地处理范围包括枢纽工程建设区和水库淹没影响区。移民安置迁建、复建和新建项目用地范围应执行国家和有关省级人民政府政策文件以及相关技术标准的规定。抽水蓄能电站建设征地范围的组成、界定方法与常规电站存在显著差别。

1. 枢纽工程建设区

枢纽工程建设区分为永久占地区和临时用地区。永久占地区包括上下水库枢纽工程建筑物、上下水库连接道路、场内永久交通设施、开关站、进/出水口、发电厂房、现场运行管理营地等；临时用地区包括取土场、渣场、施工生产生活设施、建设期管理营地、场内临时交通道路等。

土石坝坝后压坡体具有增加坝坡稳定性，增强大坝安全，保障枢纽工程正常运行的作用，一般纳入枢纽工程建设区。备用料场不宜纳入枢纽工程建设区。

对外交通、现场运行管理营地、施工供电和供水工程用地范围按照枢纽工程施工总布置方案、地方相关规划和用地取得方式分析确定。

《自然资源部关于规范临时用地管理的通知》(自然资规〔2021〕2号) 规定，临时用地应坚持“用多少、批多少、占多少、恢复多少”，尽量不占或者少占耕地。拌和站等难以恢复原种植条件的不得以临时用地方式占用耕地和永久基本农田，可以建设用地方式或者临时占用未利用地方式使用土地。临时用地确需占用永久基本农田的，必须能够恢复原种植条件。临时用地使用期限不超过四年；《国家林业和草原局关于印发〈建设项目使用林地审核审批管理规范〉的通知》(林资规〔2021〕5号) 规定，临时使用的林地在批准期限届满后需要继续使用的，经原审批机关批准可以延续使用，每次延续使用时间不超过2年，累计延续使用时间不得超过项目建设工期。

《自然资源部关于规范和完善砂石开采管理的通知》(自然资发〔2023〕57号) 规定，建设项目应按照节约集约原则动用砂石，在自然资源部门批准的建设项目用地（不含临时用地）范围内，因工程施工产生的砂石料可直接用于该工程建设，不办理采矿许可证。

2. 水库淹没影响区

水库淹没影响区包括水库淹没区和水库影响区。其中水库淹没区包括水库正常蓄水位以下的淹没区域、以及水库正常蓄水位以上受水库影响的临时淹没区域。与常规电站相比，抽水蓄能电站水库淹没影响区具有以下显著特点：①水库淹没区包括上水库淹没区和下水库淹没区，在多泥沙地区的一些电站，下水库还包括蓄能专用库和拦沙库；②在临时淹没区域方面，很多新建上、下水库属于人工开挖围填筑坝形成的封闭型水库，或没有常年天然径流入库或径流很小，不需要计算回水，且没有通航要求，安全超高不需要考虑船行波影响；③新建河道型水库一般建在河流支流或支沟上，大部分集雨面积较小、回水长度较短、回水影响不显著；④在水库影响区方面，抽水蓄能电站对水库防渗要求高，全库盆防渗水库的水库淹没区与枢纽工程建设区高度重叠，滑坡、坍岸、浸没等影响区纳入枢纽工程建设区处理，一般不纳入水库影响区；⑤枢纽工程建设区与水库淹没区重叠部分，应纳入水库淹没区，可按用地时序要求与枢纽工程建设区一并先行处理；⑥一些抽水蓄能电站利用已建水库作为上、下水库，需要妥善处理抽水蓄能电站对已建水库的影响。

(1) 人工水库。很多抽水蓄能电站的上、下水库是利用沟谷河岸或山顶洼地，人工开挖围填筑坝形成的全库盆防渗封闭型水库（如张河湾上水库、呼和浩特上水库、西龙池上水库和下水库等）；或在沟内拦沟筑坝不全库盆防渗，但没有常年天然径流入库或径流很小的水库（如文登、丰宁、尚志、敦化上水库等）。

上述人工水库不需要计算回水，耕地的安全超高计算值一般低于0.5m，居民点的安全超高计算值一般低于1.0m。对于与枢纽工程建设区重叠的人工水库，淹没处理高程只要不超过枢纽工程建设区的边界线，不会增加建设征地数量，安全超高的取值具有一定的灵活性。如张河湾上水库为全库盆防渗，正常蓄水位810m，其淹没影响处理范围为上水库库盆（含上水库库盆围填筑坝占地）；丰宁上水库采用拦沟筑坝，不全库防渗，其安全超高值采用1.0m（林地除外）。

即将于2023年11月实施的NB/T 11173—2023《抽水蓄能电站建设征地移民安置规划设计规范》规定，对于集雨面积较小、回水长度较短、回水影响不显著的水库，人口、耕地和园地、房屋及附属建筑物、专项设施等处理范围，可在正常蓄水位基础上加2m确定。该规定主要适用于与枢纽工程建设区重叠的人工水库，对于重叠区以外的河道型水库淹没处理范围，宜按NB/T 10338—2019《水电工程建设征地处理范围界定规范》执行。

（2）拦沙库。我国华北和西北地区河流上泥沙问题往往比较严重，在多泥沙河川或溪流上修建下水库时，要因地制宜采取泥沙工程措施，已建工程通常是修建拦沙坝和泄洪排沙洞，形成拦沙库和蓄能专用下水库。对于拦沙库的淹没处理范围界定方法，在移民专业的技术标准中没有专门的规定，在实际工作中，一般根据其是否承担抽水蓄能电站水库的蓄水补水功能，分为以下几种情况：

1）按正常蓄水位或最高蓄水位分析确定淹没处理范围。一些抽水蓄能电站的拦沙库除了发挥拦沙作用外，还承担补水功能，拦沙库在汛期通过泄洪排沙洞敞泄，在非汛期需要蓄水到最高蓄水位，并向蓄能专用库补水，一般按照正常蓄水位或最高蓄水位分析确定淹没处理范围。如山西浑源、河北丰宁等抽水蓄能项目。

浑源下水库包括蓄能专用库和拦沙库。拦沙坝位于拦河坝上游约1.8km处，拦沙坝坝顶高程1397m，中间溢流坝段堰顶高程为1389m，拦沙坝设置1条补水钢管，其中心线高程1379m。电站初期蓄水或正常运行期补水阶段，首先将拦沙库水位蓄至1379m高程以上，然后当下水库水位低于拦沙库水位时，拦沙库所蓄水量通过拦沙坝补水管自流进入下水库。主汛期，拦沙库空库敞泄排沙，蓄能专用库不补水。非汛期拦沙库蓄水向蓄能专用库补水，控制拦沙库最高蓄水位不超过1389m。电站可行性研究阶段拦沙库耕地征收线采用拦沙库最高蓄水位1389m+0.5m安全超高接5年一遇洪水回水线，林地、草地及其他土地征收线采用拦沙库最高蓄水位1389m。

丰宁抽水蓄能电站利用滦河干流上已建成的丰宁水电站水库作为下水库。由于泥沙淤积较严重，在原丰宁水库库尾设置拦沙坝，形成拦沙库和蓄能专用库两部分。蓄能专用库由拦河坝和拦沙坝围筑形成，正常蓄水位为1061m，死水位1042m。拦沙库建筑物包括拦沙坝、泄洪排沙洞以及拦沙库溢洪道。拦沙坝坝顶高程1065m，拦沙库溢洪道连通拦沙库和蓄能专用库，为宽顶堰，设置五孔，其中四孔堰顶高程1061m，为无闸门控制自由溢流，另外一孔为满足下水库补水及初期蓄水的要求，堰顶高程采用1056m，设置两道闸门，当需要补水时，开启闸门，补水自流至蓄能专用库。汛期，丰宁拦沙库的泄洪排沙洞敞泄，据该条件调洪可推求汛期5年一遇和20年一遇洪水水面线；非汛期，拦沙库的泄洪排沙洞下闸蓄水，非汛期洪水起调水位为拦沙库正常蓄水位1061m。丰宁拦沙库回水考虑20年泥沙淤积影响，水库水面线采用汛期洪水回水水面线和非汛期水库回水水面线的外包线。拦沙库淹没处理范围如下：①耕地、园地征收线，正常蓄水位1061m加0.5m安全超高接5年一遇洪水回水线；②居民迁移线，正常蓄水位1061m加1m安全超高接20年一遇洪水回水线；③林地、草地及未利用地征收线，按正常蓄水位确定。丰宁拦沙库水库洪水回水末端为设计洪水回水水面线与同频率天然洪水水面线差值为0.3m处的计算断面，回水末端上游的淹没范围，采用水平延伸至与天然河道多年平均流量相交处确定。

2）根据坝前常水位或排沙洞底板高程分析确定淹没处理范围。一些抽水蓄能电站的拦沙库常年不蓄水，泄洪排沙洞全年敞泄，天然洪水入库后，通过泄洪排沙洞全部排入下游河道，一般可按照拦沙坝坝前常水位或泄洪排沙洞底板高程确定淹没范围。对于只涉及林地草地和未利用地的项目，可不计算回水，林地草地淹没处理范围按照坝前常水位确定，如重庆栗子湾等项目；对于涉及耕地园地、人口房屋和专业项目的，一般根据考虑泥沙淤积后的回水成果，分析确定各淹没对象的处理范围，如内蒙古芝瑞等项目。

重庆栗子湾抽水蓄能电站下水库设置拦沙库，根据拦沙坝及泄洪排沙洞运行方式，泄洪排沙洞一般敞泄，来水由泄洪排沙洞排至下水库大坝下游河道，拦沙坝坝前不蓄水。泄洪排沙洞底板高程428m，按照拦沙坝坝址多年平均流量和泄洪排沙洞水位流量关系曲线，拦沙库库区常水位428.5m。拦沙库仅涉及林地、未利用地，淹没处理范围按照拦沙坝建坝后常水位428.5m确定。

芝瑞抽水蓄能电站下水库针对百岔河含沙量大的特点，设置拦沙坝，将下水库分隔为拦沙库和蓄能专用库。蓄能专用库专职发电，正常蓄水位1129m，死水位1103m，由拦河坝和拦沙坝围筑形成。拦沙库的拦沙坝坝顶高程1133m，在左岸设置两条泄洪排沙洞，进口底板高程1114m；补水泵站布置在拦沙坝左岸坝头上游71m处，采用集水廊道方式取水，通过自流方式引入沉沙池中沉沙后进入泵房，向蓄能专用库补水。拦沙库常年不蓄水，泄洪排沙洞全年敞泄，天然洪水通过泄洪排沙洞直接排入下游河道，拦沙坝前常年水位1114m。

芝瑞拦沙库的水库淹没区为坝前回水不显著地段安全超高区域及常水位以上受回水影响的淹没区域构成。考虑20年泥沙淤积和风浪影响等因素，拦沙库的水库淹没处理范围为：①林地、草地及未利用地征收线，按拦沙坝坝前常年水位1114m确定；②耕（园）地征收线，按拦沙坝坝前常年水位1114m加0.5m安全超高接5年一遇洪水外包线确定；③居民迁移线，输变电设施、一般通信设施处理线，按拦沙坝坝前常年水位1114m加1.0m安全超高，接20年一遇洪水外包线确定。

（3）水库影响区。水库影响区应综合考虑产生的因素，对水库蓄水引起的滑坡、塌岸、浸没、变形库岸、内涝、水库渗漏等地质灾害需要处理的区域，根据水库影响区地质评价成果，在分析影响对象重要性和受危害程度基础上分别界定；对失去基本生产生活条件的库周、孤岛等其他受水库蓄水影响需要处理的区域，按不同影响成因和影响对象的损失情况综合分析确定。

在水库蓄水引起的地质灾害区域方面，若抽水蓄能电站水库淹没区与枢纽工程建设区高度重叠，重叠区域的滑坡、坍岸、浸没等影响区一般纳入枢纽工程建设区处理，但对重叠区域以外的淹没区，由于抽水蓄能电站水位变动大，需要重视。

由于抽水蓄能电站的特点，一些项目征地范围碎片化产生的问题较为突出。对于失去基本生产生活条件的库周、孤岛等其他需要处理的区域，如果确属工程建设影响，通过工程措施难以解决基本生产生活条件，或者代价过大，在综合对比分析的基础上，经各方同意，可以依法依规对位于水库淹没线以上的零星住户等纳入水库影响区进行处理。如河北抚宁抽水蓄能电站下水库，淹没线以上有4处成片种植的果树和经济林木，在下水库蓄水以后，其生产道路将被切断，且周围山体峻峭，修建生产耕作道路难度极大，经各方同意，对下水库淹没线以上恢复交通困难的4处共计47.8亩成片种植的果树和经济林木，规划采取计列林木补偿费和土地补偿补助费的方式进行一次性补偿处理。河南鲁山抽水蓄能电站上水库，征地范围内村组大部分人口已作为搬迁人口后靠分散安置，建设征地范围外仅剩零星人口，其生活设施大部分已被淹没或占用，生产生活不便，各方同意对其纳入线外扩迁区处理，但线外扩迁区实物只计列人口房屋、附属设施、零星树木等个人财产。湖南木旺溪抽水蓄能电站上水库，人口迁移线上剩余零星住户2户11人，其周边区域无人居住，受工程建设征地影响，形成断头路，且由于工程管理需要，无法利用上水库施工道路出行，上水库库周亦不具备复建条件，经征求项目业主、县人民政府以及移民意愿，规划将其纳入影响区，对其人口和房屋进行处理。

3. 水库淹没区与枢纽工程建设区的重叠区域

很多抽水蓄能电站的水库淹没区与枢纽工程建设区高度重叠，这是抽水蓄能电站的显著特点。对于重叠区域是纳入水库淹没区，还是纳入枢纽工程建设区，应按照有利于推进工程建设的原则确定。我国不同时期的政策和技术标准规定有变化，早期的部分工程纳入水库淹没区，后来是纳入枢纽工程建设区，目前的技术标准规定统一纳入水库淹没区。

DL/T 5064—1996《水电工程水库淹没处理规划设计规范》对重叠区的归属没有明确规定，在实际工作中，河北张河湾、山西西龙池、内蒙古呼和浩特、吉林敦化等抽水蓄能电站，将重叠区域纳入水库淹没区处理。考虑到枢纽工程建设区的土地需要提前使用、人口需要提前搬迁等因素，DL/T 5064—2007《水电工程建设征地移民安置规划设计规范》规定，水库淹没影响区与枢纽工程建设区的重叠部分应计入枢纽工程建设区，该规范发布实施以后建设的山东文登、沂蒙等抽水蓄能电站，重叠区域纳入枢纽工程建设区处理。在GB/T 21010—2007《土地利用现状分类》中，水库水面归属为建设用地。

2016年国土资源部、国家发展改革委、水利部和国家能源局联合发布的《关于加大用地政策支持力度促进大中型水利水电工程建设的意见》（国土资规〔2016〕1号）明确规定："实行水库水面用地差别化政策。水利水电项目用地报批时，水库水面按建设用地办理农用地转用和土地征收审批手续。涉及农用地转用的，不占用土地利用总体规划确定的建设用地规模和年度用地计划指标"。该项政策有利于减少建设用地指标、优化水电站工程用地审批手续，同时GB/T 21010—2017《土地利用现状分类》已将水库水面由建设用地调整为农用地。考虑到枢纽工程建设区和水库淹没区重叠部分计入枢纽工程建设区会占用地方建设用地指标，不利于推进相关工程建设工作，NB/T 10338—2019《水电工程建设征地处理范围界定规范》明确规定：枢纽工程建设区与水库淹没区重叠部分，应纳入水库淹没区，可按用地时序要求归入枢纽工程建设区先行处理。

《自然资源部关于积极做好用地用海要素保障的通知》（自然资发〔2022〕129号）要求简化建设项目规划用地审批、缩小用地预审范围，水利水电项目涉及的淹没区用地不需申请办理用地预审，直接申请办理农用地转用和土地征收。《自然资源部办公厅关于以"三调"成果为基础做好建设用地审查报批地类认定的通知》（自然资源办函〔2022〕411号）规定，新建水利水电工程中水库淹没影响区形成的水库水面，不办理农用地转用手续，但应按照《自然资源部　农业农村部　国家林业和草原局关于严格耕地用途管制有关问题的通知》（自然资发〔2021〕166号）有关耕地"进出平衡"的要求，补足同等数量、同等质量的可以长期稳定利用的耕地面积。

由于水库淹没区用地属于农用地，不需要申请办理用地预审，不需要办理农用地转用手续，不占用地方建设用地指标，同时，考虑到枢纽工程建设区的土地需要提前使用、人口需要提前搬迁，目前在实际工作中，抽水蓄能电站枢纽工程建设区与水库淹没区重叠部分的实物指标，都纳入水库淹没区进行汇总计算，但按用地时序要求归入枢纽工程建设区先行处理，如人口提前搬迁，土地提前征收使用。

4. 征地范围变化处理

在抽水蓄能电站设计中，若在可行性研究阶段三大专题报告审查以后对施工总布置又进行了优化调整，对于征地范围变化的处理，一般采取以下几种方式：

（1）在移民安置规划大纲中处理。这种方式适用于在停建通告发布后，在实物指标调查过程中因施工总布置优化调整引起的征地范围变化。移民安置规划大纲可以按照优化后的征地范围编制、审查、报批。

（2）在移民安置规划中处理。对于在省级人民政府批复移民安置规划大纲以后，在项目核准前确需优化施工总布置、调整征地范围的项目，可以在移民安置规划报告编制期间，对变化范围内的实物指标进行补充调查、公示确认，在移民安置规划报告中单列章节，对比分析施工总布置优化后，征地范围、实物指标、移民安置任务、规划方案与移民安置规划大纲的区别，纳入移民安置规划报告一起进行审查、审核。

（3）在可行性研究报告中处理。近年来一些抽水蓄能项目为加快核准进度，按照预可行性研究阶段推荐方案的征地范围，发布了停建通告，完成了移民安置规划大纲并经省级人民政府批复，且在电站可行性研究报告审查之前，完成了移民安置规划报告并通过了省级移民主管部门审核，项目得到了省级发展改革委的核准。对于这些项目，在完成三大专题报告审查后，需要根据审定的建设征地范围，对实物指标进行复核调查、公示确认，并对移民安置规划进行修编，作为电站可行性研究报告的一个篇章，在可行性研究报告审查时，一并进行技术审查，必要时，再履行省级移民管理部门规定的程序。

（4）按照设计变更进行处理。对于抽水蓄能电站核准以后进行的施工布置优化调整，如果涉及征地范围调整，需要按照重大设计方案变更进行处理，履行设计变更程序。在施工布置优化履行设计变更程序后，经地方政府、项目法人、移民综合监理、移民综合设代协商一致，并经上级移民管理机构同意后，编制设计变更报告，并进行审查。

由于移民工作的特殊性，施工总布置调整后，需要对变化后的实物指标进行补充调查公示确认，这不仅会增加移民工作参与各方的工作量，还容易引发社会矛盾，有的还需要重新报批用地。因此，在可行性研究阶段三大专题报告审查后，要尽量减少征地范围的变化，确需变化的，也需要严格控制在政策规定的范围内，并按规定履行相应审批程序。

1）履行规定的用地审批程序。《自然资源部关于积极做好用地用海要素保障的通知》（自然资发〔2022〕129号）要求，项目建设方案调整，调整后的项目用地总面积、耕地和永久基本农田规模均不超原批准规模，或者项目用地总面积和耕地超原规模、但调整部分未超出省级人民政府土地征收批准权限的，报省级人民政府批准；调整后的项目用地涉及调增永久基本农田，或征收耕地超过35hm²、其他土地超过70hm²，应当报国务院批准。《自然资源部等7部门关于加强用地审批前期工作积极推进基础设施项目建设的通知》（自然资发〔2022〕130号）规定，用地预审批复后，申报农用地转用和土地征收占用耕地或永久基本农田规模和区位与用地预审时相比，规模调增或区位变化比例超过10%的，从严审查；均未发生变化或规模调减区位未变且总用地规模（不含迁复建工程和安置用地）不超用地预审批复规模的，不再重复审查。

2）移民安置规划报告修编，报移民主管部门审查。如河南鲁山抽水蓄能电站，于2013年列入国家能源局发布的《水电发展“十三五”规划（2016—2020年）》重点开工项目，初拟装机容量1200MW，2017年8月完成预可行性研究报告；2020年12月移民安置规划大纲通过省水利厅审查，并由省人民政府批复；2021年1月，省水利厅对移民安置规划报告进行审查，并下发准予行政许可决定书；2021年7月，省发展改革委员会核准批复该项目。2021年8月，项目可行性研究阶段的三大专题报告审查意见同意装机容量推荐1300MW方案，鉴于此，按照国家及省政府相关规定编制了项目变更报告，申请项目核准容量变更。2022年4月，省发展改革委员会对项目核准变更进行了批复，同意该项目总装机容量变更。2022年8月，项目机构向省移民办公室提出电站建设征地移民安置规划修编报告申请，设计单位编制完成移民安置规划修编报告，8月中旬省水利厅组织对移民安置规划修编报告进行了审查。

5. 利用已建水库的建设征地处理范围界定

抽水蓄能电站利用已建水库作为上、下水库时，在建设征地处理方面，需要特别关注抽水蓄能电站建设后是否增加已建水库的建设征地范围，同时需要注意新旧防洪标准、水利工程与水电工程征地范围界定的区别，原有水库遗留问题处理等。已建水库淹没区处理范围的界定，一般采取以下方式：

（1）使用已建水库，原水库建设征地范围不纳入水库淹没区处理范围。对于库容较大的已建水库，抽水蓄能电站使用库容占比不大，不改变已建水库的正常蓄水位等主要特征参数，已建水库原有主要功能基本不受影响，已建水库的原建设征地范围一般不纳入水库淹没区处理范围。已建水库的安全运行维护管理责任主体，仍然属于原权属单位。如山东潍坊、安徽琅琊山、浙江泰顺等抽水蓄能电站。

山东潍坊抽水蓄能电站下水库利用已建嵩山水库，嵩山水库正常蓄水位289m，调节库容4186万m³，工程于1970年1月竣工蓄水，2009年实施除险加固。抽水蓄能电站发电专用库容占用嵩山水库约19%的调节库容，仅对灌溉用水稍有影响，对其他用水基本没有影响，地方政府和水利部门对嵩山水库的功能进行了调整。下水库正常蓄水位维持原嵩山水库正常蓄水位289m不变，通过回水复核分析并经审查，抽水蓄能电站下水库耕（园）地征收线高程和居民迁移线高程与嵩山水库除险加固工程的淹没处理高程一致。抽水蓄能电站的建设，没有增加嵩山水库的淹没影响范围，原嵩山水库建设征地范围不纳入抽水蓄能电站水库淹没区处理范围，同时县政府出具函件承诺自行处理已建水库的有关遗留问题。

安徽琅琊山抽水蓄能电站下水库利用已建的城西水库，正常蓄水位29m，与原水库保持一致。抽水蓄能电站建成后需要占用城西水库的部分库容，影响原有的供水和灌溉能力，需要由邻近的沙河集水库向城西水库补水，沙河集水库正常蓄水位抬高3m，由37.5m提高到40.5m，并对现有大坝进行加高加固。提高水位淹没沙河集水库的主要实物指标涉及2镇4个行政村（含4个国营场队）、52个组，涉及耕地5661亩，搬迁人口456户1993人，房屋51179m²。增加淹没补偿静态投资1.47亿元。已建的城西水库不纳入琅琊山抽水蓄能电站水库淹没处理范围，琅琊山抽水蓄能电站按23.7%的比例分摊城西水库的折现费用3600万元，并按35.5%的比例分摊沙河集水库抬高正常蓄水位而增加的淹没补偿费用5212.87万元（含税费的静态投资），两项合计8812.87万元，列入建设征地移民安置补偿费用。

（2）租赁已建水库，原水库建设征地范围不纳入水库淹没区处理范围。已建水库的租赁费用计入抽水蓄能电站发电成本。已建水库的安全运行维护管理责任主体，仍然属于原权属单位。如北京十三陵、河南五岳等抽水蓄能电站。

北京十三陵抽水蓄能电站利用已建的十三陵水库作为下水库，电站所需库容占十三陵水库有效库容的三分之一，枯水年下水库需要由白河堡水库补水，补水渠工程已由北京市基本建成。抽水蓄能电站建成发电后，分摊的补水费用为十三陵水库年运行费、白河堡水库补水水费，以及十三陵补水渠工程年运行费等各项费用的三分之一。抽水蓄能电站每年所支付的补水费用，计入发电成本。

河南五岳抽水蓄能电站下水库利用已建成的五岳水库，该水库建于20世纪70年代，2016年12月除险加固工程通过蓄水验收，正常蓄水位为89.184m，当年征地范围未考虑回水影响。五岳抽水蓄能电站下水库的正常蓄水位与五岳水库相同，采取租赁方式运作。五岳水库正常蓄水位89.184m高程以下不属于五岳抽水蓄能电站建设征地范围，抽水蓄能电站下水库淹没处理范围仅考虑正常蓄水位以上的回水淹没区。抽水蓄能电站建设单位与县政府、五岳水库管理局签订了55年的水库租赁协议，每年向已建水库权属单位支付租赁费（含灌溉补偿费）。

(3) 征收已建水库，水库原建设征地范围纳入水库淹没区处理范围。当已建水库的库容较小时，抽水蓄能电站建设对已建水库原有主要功能影响很大，需对已建水库进行整体征收或收回，使用权和安全运行维护管理责任主体变更为抽水蓄能电站，已建水库原建设征地范围和抬高正常蓄水位新增的用地，一般纳入抽水蓄能电站水库淹没区建设征地处理范围，原水库作为电站建设用地或水库水面进行处理。如河北丰宁、重庆栗子湾、湖北大悟等抽水蓄能电站。

河北丰宁抽水蓄能电站下水库由蓄能专用库和拦沙库组成，总库容7615万m^3，由原丰宁水电站水库加高改建而成。与原水库相比，抽水蓄能电站下水库正常蓄水位提高11m，由1050m抬升至1061m；拦河坝坝顶高程加高11.5m，由1054.5m加高到1066.0m。原丰宁水电站装机容量20MW，总库容7199万m^3，多年平均发电量2980万kWh。抽水蓄能电站项目法人与原电站权属单位签订产权交易合同，通过资产收购的方式，对原丰宁水电站进行一次性补偿处理。

（三）实物指标调查

抽水蓄能电站建设征地面积一般为3500～6500亩，其中建设用地以枢纽工程建设区永久占地（考虑与水库淹没区重叠）为主，约占到项目总用地的3/4；土地类型以林地为主，占总用地面积的一半以上，其次为耕地、草地，其余为园地、其他土地等。同时，用地区域范围相对集中，在规划布局时需要注意规避敏感对象并尽量减少对周边居民的影响。抽水蓄能电站建设征地涉及移民数量相对较少，一般不超过1000人。另外建设征地主要涉及交通、电力电信、企事业单位，基本不涉及城镇，实物指标类型和数量相对较少、影响程度相对较小。

随着地方基础设施和城镇化建设的进行，各地基本都形成了一系列的征地拆迁实施办法和补偿补助标准，抽水蓄能电站建设大多围绕用电负荷中心建设，一般紧邻经济相对发达的区域，在建设征地过程中，当地干部和居民不可避免地会将抽水蓄能项目建设征地补偿处理与地方其他项目征地拆迁政策进行对比和参考，为了更加顺利地推进抽水蓄能项目建设征地补偿工作的实施、维护社会稳定、减少不必要的误会，实物指标调查细则中实物指标的分类应尽可能与地方正在实施的补偿政策和实施案例进行衔接，特别是地上附着物的分类、规格和标准。

随着三维、无人机、遥感等技术以及数字化和信息化技术的不断进步，新型测量技术和数据整合技术得到日新月异的发展，水电工程建设征地实物指标调查内容、调查方式以及数据统计处理方式也会发生更新和变革，为更好地保障实物指标调查成果的准确性和提高工作效率，实物指标调查也需要积极探索和引入新技术和新方法。

（四）移民安置总体规划

移民安置总体规划是编制移民安置规划大纲的基础，其主要内容包括分析确定移民安置规划设计水平年、移民安置任务、移民安置规划目标和标准、移民工程建设规模和标准、移民安置环境容量和移民安置去向、移民安置方式，研究减少征地损失的措施，协调移民安置各项目间关系，分析拟定移民安置方案，并进行移民生产生活水平评价、预测等。

多数抽水蓄能电站的移民数量有限，且邻近负荷中心，地区经济相对发达，移民安置总体规划一般结合区域经济情况选择不同的安置方式。在负荷中心附近的项目，搬迁安置通常选择集中安置，分散安置较少，而服务特定电源的项目常采取分散的搬迁安置方式。生产安置方式一般选择自行安置

（主要为自行二三产业安置）方式，以减少对土地的依赖。在专业项目方面，受影响指标量较小的工程项目，一般不进行初步设计，可采取典型设计和类比扩大单位指标法计算补偿费用。

移民安置总体规划编制时应特别注意以下问题：

（1）规划设计水平年的确定。常规水电工程移民安置规划设计水平年以工程下闸蓄水时间为规划设计水平年，由于抽水蓄能电站建设征地大多以枢纽工程建设场地为主，且与水库淹没区重叠部分要求与枢纽工程建设区提前处理，一般在项目开工建设时就要求完成征地和移民搬迁，移民安置规划设计水平年采用下闸蓄水年一般不能满足移民安置进度要求。为了更好地适应抽水蓄能电站移民安置实际情况，设计规范中采取以枢纽工程建设所需用地时间及施工进度计划中的开工年作为计算截止年，将计算截止年作为移民安置规划的重要节点进行管理和控制。与常规水电工程相同，规划目标同样预测至规划设计水平年，不同于移民安置任务一般计算到搬迁截止年。

（2）环境容量分析。环境容量分析包括生产安置环境容量分析和搬迁安置环境容量分析，是分析确定安置方案是否成立的保障，主要采取定性和定量相结合，定量分析为主的方法。定性分析方法主要有意见汇集法和决策偏好法，定量分析方法有综合指数法、最小值法或目标与影响法（O&I 法）。抽水蓄能电站建设征地涉及区域一般人均耕地面积较少、农业安置难度较大，生产安置方式一般选择自行安置方式，因此，生产安置环境容量分析主要采用最小值法。自行安置方式虽然很好地解决了移民对土地产出价值的诉求，但同时也使移民失去了传统的生产资料，对地方劳动力的生产就业产生影响，因此，生产安置环境容量需要分析就业容量。对自行安置进行环境容量计算，主要通过分析安置区范围内的二三产业发展规划及劳动力就业实际情况，了解和测算可用于生产安置的就业空间，并考虑一定的供养系数，分析确定二三产业环境容量。

（五）农村移民安置规划设计

农村移民安置规划分为生产安置规划和搬迁安置规划。

一些抽水蓄能电站站址邻近经济发达区域，且建设征地一般涉及人口较少，部分项目试行留地安置方式，该种安置方式适合于经济发达、二三产业市场活跃，区域经济发展程度较高的地区。根据建设征地区域周边经济发展水平情况，预留部分建设用地用于市场开发，通过土地收益用于安置的方式，生产安置资金需根据征收土地补偿费用情况和生产安置规划资金进行资金平衡分析，对土地补偿补助资金不足以满足生产安置需要的，计列生产安置措施补助费。

搬迁安置规划集中居民点时，应注意人均建设用地标准和宅基地面积之间的相互关系。新址规划用地面积应以 GB 50188《镇规划标准》规定的人均建设用地标准进行控制，在总平面布局中宅基地应执行省级人民政府关于农村宅基地的相关标准。当该两个用地标准计算确定的用地规模产生冲突时，应结合移民现状用地实际情况，并在与地方政府协商的基础上分析确定用地面积。对于需要调高人均建设用地标准的，一般不宜超过上一级标准；需要调低宅基地面积标准的，结合地方宅基地实际批准标准，由乡级、县级人民政府协调确定。另外，根据最新移民安置规划设计要求，搬迁安置规划也应注意宅基地面积的平衡，即集中居民点新址宅基地总面积小于建设征地影响的宅基地总面积的，其差值部分应予以补偿。

鉴于抽水蓄能电站建设征地涉及城镇情况较少，即使项目建设征地对城镇建成区产生影响，一般也仅影响部分居民房屋或基础设施。因此，对城镇的影响处理一般仅针对影响的具体对象，按照专业项目、企事业单位或参照农村移民安置规划进行处理，一般不需要按照城镇迁建规划开展相应规划设计工作。

（六）专业项目处理规划设计

抽水蓄能电站建设征地涉及的专业项目主要包括交通运输工程、水电水利工程、电力工程、电信工程、广播电视工程等专项设施，以及防护工程、文物古迹、矿产资源及其他项目等。在建设征地移民工作中，专业项目处理的核心内容是确定处理方式和处理原则，提出合理的规划标准。专业项目的具体设计工作，执行相应行业的技术标准。

1. 处理方式

专业项目处理方式主要可分为复（改）建、一次性补偿、防护、新建四种类型，其中前两种最为常见，见表 5-3-1。

表 5-3-1 专业项目处理方式典型案例一览表

序号	处理方式	适用情况	典型案例
1	复（改）建	需要恢复的专业项目	沂蒙抽水蓄能电站交通复建工程、尚志抽水蓄能电站 S209 省道复建工程、潍坊抽水蓄能电站嵩山蜜桃灌溉工程复建、乌海抽水蓄能电站乌海凯洁燃气有限责任公司燃气管道复建
2	一次性补偿	不需要恢复或难以恢复的专业项目	失去服务对象的道路、电力、电信、灌溉、供水等工程，多数抽水蓄能电站会涉及，一般为低等级/等外的道路、线路或村内设施。
3	防护	具备防护条件的重要影响对象	丰宁抽水蓄能电站库周耕地防护工程、庄河抽水蓄能电站下水库库尾农田及房屋防护工程
4	新建	移民安置需要新增设的专业项目	沂蒙抽水蓄能电站移民安置点外部供水工程

2. 处理原则

（1）“三原”原则。建设征地影响专业项目的复建或改建，应遵循国家有关强制性规定和原规模、原标准或者恢复原功能的原则（简称“三原”原则），其中“恢复原功能”为核心原则，对“原规模”和“原标准”的把握则根据项目类型、实际情况等有所侧重。对于交通运输、电力、电信、广播电视等工程，受复建前后工程建设条件变化，很难维持原规模，因此一般按“原标准”进行控制，主要技术指标包括路面/路基宽度、路面结构、设计时速、线路等级、导线/光缆规格、基站覆盖半径等；对于水泵站、水电站、变电站等项目，复建后可以恢复原规模的，一般按“原规模”进行控制，具体技术指标包括流量、装机、容量等。对于安置区的供水工程，除了保障移民人口的供水需要，还需要兼顾安置区居民用水需求。

（2）协调性原则。在实际应用中，专业项目处理在遵循“三原”原则之外，还需要符合国家有关强制性规定，并与地方发展规划、行业技术标准、相关行业主管部门要求、移民生产生活水平规划目标等进行衔接协调。

3. 规划标准

（1）复改建项目标准。专业项目处理规划标准一般按照建设征地前各项技术经济指标进行确定；但现状标准低于国家和省级有关强制性规定的，应执行国家和省级标准下限；移民设计规范规定，“对于已列入省级以上近期发展规划、经省级以上主管部门批准，确需提高标准或扩大规模，且建设工期匹配、地方资金来源落实的移民安置专业项目，合理的分摊资金可计入水电工程建设征地移民安置补偿费用”。实际工作中，不仅仅省级以上近期发展规划中会有该类矛盾，因行业技术标准更新、现有专业项目部分指标达不到备案等级、地方因环保或提级等原因单独印发文件提高某项技术指标的，也存在移民安置规划中需要提高标准的情况，上述情况在规划标准确定时，需要相关方协商明确资金分摊方案。

如尚志抽水蓄能电站建设征地涉及 S209 省道，现状为三级公路，根据《黑龙江省省道网规划（2015 年—2030 年）》“到 2030 年，普通省道全部建成二级及以上公路”的要求，经市人民政府确认，S209 省道按二级公路标准设计、按三级公路标准复建方案计列补偿费用，提高标准增加的投资（约占二级公路标准总概算 10.14%），由地方人民政府承担。

邢台抽水蓄能电站建设征地涉及的部分道路，原路面型式为土路面、碎石路面、水泥路面，鉴于市人民政府办公室在项目规划前已发布“关于新建或改造道路建设使用柏油路面的通知”，在移民安置规划中，涉及道路的复改建标准提高至柏油路面，经协商，增加的投资由业主承担。

（2）防护工程规划标准。针对具备防护条件的重要影响对象，应选择不低于相应水库淹没处理标准或现状防洪标准，并结合地形、地质条件提出防护方案。如庄河抽水蓄能电站可行性研究阶段通过在蛤蜊河 23＋600～25＋200 段设置防浪墙，同时右岸结合电站对外交通工程共同形成对蛤蜊河两岸农田及房屋的防护，防护后高程满足 20 年一遇的防洪需要。蛤蜊河防洪堤加高后，蒿房桥桥面高程将低于防洪堤堤顶高程，为保证防洪堤加高后的防护效果，对蒿房桥一并进行加高处理。

（3）新建专业项目。对移民安置需新增设的专业项目，应结合原有专业项目复建、改建规划和移民安置区专业项目现状水平，按照有利生产、方便生活、经济合理、满足移民安置需要的原则，合理确定其建设标准和规模。

（七）机关和企业事业单位处理规划设计

抽水蓄能电站建设征地涉及的企业多为林场、矿山、漂流公司，涉及机关事业单位较少，多为学校、气象站等。虽然抽水蓄能电站涉及的企业多为小型企业，但由于企业资产调查和补偿费用计算专业性较强，且涉及平等市场主体的切身利益，是抽水蓄能电站移民工作的难点之一。机关和企事业单位处理的主要工作内容包括拟定处理方案，开展分项处理设计。

1. 处理方案

包括确定基准年和处理水平年，分析影响程度，确定处理方式，明确处理项目、标准和规模，提出处理措施。其中重点内容是确定以下处理方式：

（1）防护处理。进行技术经济论证后，对具备防护条件的机关企事业单位，优先采取防护处理方式。

（2）一次性补偿。适用于丧失生产经营所需资源的采矿业等资源型企业、不具备恢复生产条件的漂流等旅游服务企业，经主管部门批准的不需要迁建的事业单位。如辽宁庄河、安徽霍山、湖北远安等抽水蓄能项目涉及的漂流旅游企业。

（3）迁建处理。适用于非资源性企业，机关和事业单位。如山东潍坊抽水蓄能电站涉及的酱菜厂、山西浑源抽水蓄能电站涉及的种羊场等。

2. 分项处理设计

分项处理设计主要对大中型迁建和防护企事业单位进行设计，计算处理费用，必要时开展补偿评估。抽水蓄能电站很少涉及大中型企事业单位，分项处理设计的重点是处理费用计算。企业处理设计要特别注意迁建企业与一次性补偿企业在费用计算方法上的区别，企业的普通房屋、附属建筑物、零星树木均采用建设征地区的统一单价，专用房屋、专用构筑物均采用重置价，但在土地、基础设施、设备、存货、停产停工损失等项目补偿费用计算方面，两种处理方式存在较大差别，见表 5-3-2。

表 5-3-2　　企业补偿费用计算方法对比表

序号	补偿项目	迁建企业补偿费用计算方法	一次性补偿企业补偿费用计算方法
1	原址用地补偿	（原址面积－规划新址面积）×原址单价	原址面积×原址单价
2	内部基础设施补偿	根据调查数量，按典型设计成果计列或类比计算	按调查数量类比计算，并考虑成新率
3	普通房屋、附属建筑物、零星树木	采用建设征地区统一价格	采用建设征地区统一价格
4	专用房屋、专用构筑物	重置费用－变现价值＋变现费用	重置费用×成新率－变现价值＋变现费用
5	设备处理费用	不可搬迁设备的重置费用－变现价值＋变现费用＋可搬迁设备的拆迁损失、搬迁运输、安装调试、联合试运转费用	设备现值－变现价值＋变现费用
6	存货处理费用	搬迁处理	账面成本价或现值－变现价值＋变现费用
7	停产停工损失	计列	不计列
8	人员搬迁补助	计列	计列。员工安置由原企业负责

辽宁庄河抽水蓄能电站建设征地涉及 1 家漂流公司，员工 47 人，注册资本 3000 万元。该公司的漂流起点位于建设征地范围外，漂流水道、终点、餐厅、客房等生产经营的主体部分位于电站下水库淹没区内，其他区域已不具备独立生产经营条件，规划采取一次性货币补偿处理，可行性研究阶段主要补偿项目计算方法如下：

1）土地补偿费。该企业位于建设征地区的土地为流转土地，所有权属于农村集体经济组织，其土地补偿费用在农村部分统一计列。

2）基础设施补偿费。按照漂流起点和终点建（构）筑物占地面积，参考移民集中安置点亩均基础设施补偿费计算。

3）普通房屋及附属设施补偿费用。简易房、钢混结构房屋、混合结构房屋、围墙、零星树木等补偿采用全库统一补偿标准。

4）专业主厂房补偿费用。钢棚、小木屋、放船大厅等生产性特殊结构建构筑物补偿标准通过还原设计成果分析计算，并编制补偿单价测算专题报告。

5）机器设备和存货资产补偿费用。漂流船、拖车、柴油发电机、摩托艇、救生衣、侧立伞、快餐桌等，根据每项实物资产的原值、成新率、变现率、变现费用率分别计算。

山东潍坊抽水蓄能电站建设征地涉及酱菜加工企业1家，注册资本100万元，员工6人，可行性研究阶段规划按照迁建方式计算补偿费用、由企业自行择址迁建的方式进行处理，其补偿费用计算方法如下：

1）基础设施补偿费。根据企业现状占地面积，按照基础设施费典型设计成果计列。

2）房屋、附属设施、装修、零星林木补偿费。根据全库统一的补偿价格进行计算。

3）不需安装的可搬迁设备。补偿其运杂费，运杂费＝装卸费用＋运输费用。该厂可搬迁设备主要为独立运行的设备，其处理补偿费用按搬迁运输费计列。

4）存货资产。补偿其搬迁运输费用，包括装卸费用、运输费用。该厂存货资产主要为腌制菜等低值易耗品，按照实物指标调查数量计列搬迁运输费。

5）停产损失。根据停产期间的利润损失和管理人员工资等费用综合分析确定，停产时间按照1个月计算。

3. 企业补偿评估

企业补偿评估是企业处理补偿费用计算的一种方式。企业处理补偿费用的计算，既可以采用由移民安置规划编制单位会同企业权属单位和项目法人联合对企业资产进行现场核查和类比分析计算的方式，也可以采用对企业进行补偿评估的方式。

在企业补偿评估工作中，要特别注意补偿评估与资产评估的区别。补偿评估是结合建设征地企业处理特点提出的企业补偿处理方法，补偿评估虽然借鉴了资产评估的理论和方法，但与资产评估在评估目的、程序、范围、方法等方面均存在很大差异。如企业的普通房屋及构筑物、废置的资产、具备机械动力的车辆、土地、矿产资源、无形资产以及需要进行规划设计的项目不纳入补偿评估范围，实物指标核查的基准日采用“停建通告”下达时间，补偿评估的价格水平年应与移民安置规划报告保持一致。

（1）补偿评估项目。包括企业的设备、存货、生产设施中的专用房屋和专用构筑物、一次性补偿企业的基础设施、迁建处理企业的内部基础设施；对企业的场平工程、迁建处理企业的外部基础设施、停产停业补助宜开展项目设计；企业的用地处理应根据企业处理方式分析确定。

（2）补偿评估方法。采用重置成本法，包括可搬迁重置成本和不可搬迁重置成本。

（3）分项补偿评估费用。按式（5-3-1）计算

$$E = P_r \times R_c - V_e + P_1 \tag{5-3-1}$$

式中 E——补偿评估费用；

P_r——重置成本；

R_c——成新率，对于迁建企业内部基础设施、存货、专用房屋、专用构筑物、设备的成新率宜取100%，对于国家产业政策限令淘汰生产线上的专用房屋和专用构筑物、设备，一次性补偿企业基础设施、专用房屋和专用构筑物、设备，应在分析评估尚可使用年限、已使用年限的基础上确定成新率，%；

V_e——变现价值；

P_1——变现费用。

（4）成新率。采用年限法，按式（5-3-2）计算

$$R_c = \frac{N_0}{N_0 + L} \times 100\% \tag{5-3-2}$$

式中 N_0——处理水平年后的尚可使用年限，取值大于等于零；

L——至处理水平年的已使用年限。

（5）基础设施、生产设施设备尚可使用年限。计算方法如下：

对于符合国家产业政策生产线配套的项目，尚可使用年限按式（5-3-3）计算

$$N_0 = N_j - L \tag{5-3-3}$$

对于国家产业政策限令淘汰生产线配套的项目，尚可使用年限按式（5-3-4）计算

$$N_0 = N_t - N_g \tag{5-3-4}$$

式中 N_j——经济寿命年限；

N_t——国家产业政策限令淘汰年；

N_g——处理水平年。

（八）水库库底清理

库底清理是保证水库运行安全、防止水库以及下游河流水质污染、保护库周及下游人群健康，而在水库蓄水前对水库淹没范围内的生物类活动产物进行清理的行为。库底清理分为一般清理和专项清理，其中一般清理主要包括建筑物清理、构筑物清理、林木清理。专项清理主要包括一般污染源清理、传染性污染源清理、生活垃圾清理、一般工业固体废物清理和危险废物清理。为利用水库水域开发项目而需要进行专门的清理，不纳入水电工程水库库底清理任务。

水库库底清理设计应遵循安全环保、技术可行、经济合理、易于实施的原则。很多抽水蓄能电站的上、下水库通过开挖填筑形成，蓄水之前不需要清理库底，此类水库可不进行库底清理规划及设计工作。但对水库蓄水前仍需要进行库底清理的，清理规划、设计及清理工作，应予以高度重视。

库底清理应在水库淹没区范围内开展，枢纽工程建设区或重叠区的场地准备前的场地清理工作不同于库底清理，其费用不在库底清理中计列。

（九）补偿费用概算

建设征地移民安置补偿费用概（估）算应依据实物指标调查和移民安置规划设计成果，确定项目划分和费用构成，分析基础价格和项目单价，提出概（估）算工程量，编制建设征地移民安置补偿费用。

1. 项目划分

在现行规范中，抽水蓄能电站建设征地移民安置补偿费用概算的项目划分与常规电站移民补偿费用的项目划分是一致的，包括农村部分、城镇部分、专业项目部分、独立机关和企事业单位、水库库底清理、独立费用。其中农村部分和城镇部分的概算项目包括土地征收、土地征用、房屋及附属建筑物、其他地上附着物、搬迁补助、新址建设、机关和企事业单位、个体工商户和其他项目。

在2022年以前审查的抽水蓄能项目中，移民安置补偿费用概算的一级项目划分还包括环境保护和水土保持费用，不包括独立机关和企事业单位。根据《中华人民共和国环境保护法》和NB/T 35060—2015《水电工程移民安置环境保护设计规范》等要求，环境保护和水土保持工程与移民工程实行同时设计、同时施工、同时投产使用，是移民工程建设的组成部分，同时考虑相关行业概算编制规定要求，为满足移民工程费用统计的完整性，2022年6月实施的NB/T 10877—2021《水电工程建设征地移民安置补偿费用概（估）算编制规范》将移民工程环境保护和水土保持费用，分别纳入居民点及城镇迁建新址建设、专业项目迁复建、独立机关和企事业单位迁建等相应移民工程中计列，不再作为移民安置补偿费用概算的一级项目。

抽水蓄能电站建设征地移民安置补偿费用的项目划分与构成，与常规电站相比，存在区别。抽水蓄能电站建设征地涉及城市集镇的很少，个别项目涉及城镇处理内容的，也仅影响少量居民房屋或部分基础设施，还没有发现因抽水蓄能电站建设，需要对城市集镇进行整体搬迁的案例。即将于2023年11月实施的NB/T 11173—2023《抽水蓄能电站建设征地移民安置规划设计规范》对抽水蓄能电站的移民概算项目划分为项目用地、搬迁安置、专业项目处理、机关和企事业单位、水库库底清理、独立费用和预备费。其中农村部分、城镇部分调整为项目用地和搬迁安置，项目用地费用包括征收、收回和征用土地补偿费用，建设期租赁用地费用，生产安置措施补助费用，农村宅基地处理费用等；搬迁安置费用包括房屋及附属建筑物补偿补助费用、其他地上附着物补偿费用、搬迁补助费用、新址建设费用、个体工商户补偿费用、建房困难户补助费用、移民安置激励措施补助费用、风貌建设补助费用、新增殡葬设施补助费用、坟墓迁移补偿费用等。

2. 项目单价

补偿补助费用的基础价格，可根据县级以上价格行政主管部门公布的价格，结合建设征地区的实际情况分析确定。没有公布的，一般根据采集的资料分析确定。工程项目费用的基础价格，需要执行工程项目所在地和行业的规定。没有规定的，执行水电工程的规定。

主要项目单价编制应符合下列要求：

（1）征收或收回土地补偿费用执行建设征地区的区片综合地价。

（2）房屋、装修、附属建筑物、其他地上附着物补偿单价、搬迁补助费单价一般执行县级以上政府主管部门规定。没有规定的，房屋按照规划安置地同等结构房屋重置成本典型设计成果分析编制。装修、附属建筑物，可采取典型设计或类比法分析确定。其他地上附着物可采用类比综合单位指标或扩大单位指标编制。搬迁补助单价和其他项目补偿补助费结合移民搬迁规划设计成果、项目实际情况和移民安置规划分析编制。

（3）工程项目费用单价按照行业规定编制。没有规定的，按照水电工程规定分析确定。抽水蓄能电站涉及的工程项目规模较小或等级较低，可采用类比综合单价分析确定。

3. 实物量和工程量

私人所有的居民住宅房屋及附属建筑物、房屋装修、零星树木，以实物指标调查成果为基础推算至规划设计水平年，土地、集体和国家所有的房屋及附属建筑物等其他项目，采用实物指标调查成果；工程项目工程量以实物指标调查成果为基础，按照移民安置规划设计成果分析确定。

4. 补偿费用计算

补偿补助类项目根据调查或推算的实物量指标，按照相应项目的补偿单价计算。居民点、专业项目、防护工程等工程建设项目补偿费用，开展了规划设计的，根据相应工程规划设计工程量，按相应行业工程概算编制办法和定额分别计算。对于规模较小、相对简单或等级较低的工程，可采取类比法或进行典型设计计算相应补偿费用。

对于抽水蓄能电站，需要关注 NB/T 10877—2021《水电工程建设征地移民安置补偿费用概（估）算编制规范》中增加的其他补偿补助费用计算方法，小水电站补偿费用的多种测算方法等。

（1）其他项目补偿补助费用。近年来，为了妥善安置移民，加快移民搬迁进度，保障移民的基本权利，根据民法典、土地管理法等政策法规的要求，结合工程实践，NB/T 10877—2021《水电工程建设征地移民安置补偿费用概（估）算编制规范》增加了农村宅基地处理费用、移民安置激励措施补助和风貌建设补助等项目；随着国家殡葬改革的要求，增加了新增殡葬设施项目；考虑到受场地条件和实施时间限制，部分移民居民点新址的房屋基础工程费用，超出房屋补偿单价包含的常规基础费用，增加了新址房屋超深基础补助项目。

在抽水蓄能电站移民补偿费用概算工作中，需要正确理解有关项目的特定含义和计算方法，并注意收集项目所在地的有关征地拆迁政策，根据蓄能电站的具体情况，合理计列。

1）生产安置措施补助费。对生产安置费用不能满足生产安置规划需要的农村集体经济组织，经生产安置规划投资平衡分析计算，可以计列该项补助费用。按式（5-3-5）计算

$$S_b = \sum (S_g - S_a)_j \tag{5-3-5}$$

式中 S_b——生产安置措施补助费用；

S_g——第 j 计算单元生产安置规划费用，计算单元宜以农村集体经济组织为单元；

S_a——第 j 计算单元可用于生产安置的费用。

2）建房困难户补助费。对获得的房屋补偿费不足以修建基本用房的建房困难户给予的建房补助费用。按下式计算：

$$B_c = \sum (BH \times CP \times NP - FH)_n \tag{5-3-6}$$

式中 B_c——建房困难户补助费用，元；

BH——人均基本用房面积，应执行省级人民政府规定，没有规定的，可根据同区域类似项目的情况，结合安置区的实际情况分析确定，m^2；

CP——人均基本用房所对应房屋结构的补偿费单价，元/（m^2·人）；

NP——第 n 户建房困难移民户移民人数，应采用规划设计基准年该移民户人口指标调查成果，人；

FH——第 n 户建房困难户住房补偿费用，按照规划设计基准年该移民户住房实物量和相应的补偿费单价计算，元。

3）公共服务设施增容补助费。移民迁入安置地后需要对安置地的义务教育、卫生防疫和其他公共服务设施进行改造扩容的补助费用。按移民安置规划确定的规划设计水平年增容补助人口乘以相应公益性项目增容补助费单价计算。公共服务设施补助费用应与建设征地范围内对应的卫生室（站）、村委会、文化活动、社区服务、义务教育、集贸市场等公共服务设施补偿费用进行费用平衡分析，对公共服务设施补助费用高于补偿费用的，应按规划费用计列。

4）新址房屋超深基础补助费。对在新址区建设超出房屋补偿单价所含常规基础的房屋基础工程计列的补助费用。该项补助费根据规划设计成果计列，一般统筹用于新址移民新建房屋基础超出房屋补偿单价所含正常基础范围相关问题的处理，房屋基础形式一般与居民点和城镇迁建新址的场地条件、移民房屋规划等密切相关，结合近几年工程实践，该项补助费用一般按照居民点规划布局，采取模拟设计方法或类比法计算。

5）农村宅基地处理费。以农村集体经济组织为计算单元，对迁入居民点的农村移民，其建设征地范围内的原址宅基地面积，超出迁入居民点新址规划宅基地面积的，按照国家和省级人民政府有关规定计算超出面积的补偿费用。按照式（5-3-7）计算

$$CB=\sum(Y_j-J_j)\times P_j \tag{5-3-7}$$

式中 CB——农村宅基地处理费用，元；

Y_j——第 j 计算单元迁入居民点农村移民对应的建设征地范围内原址宅基地面积，计算单元应以农村集体经济组织为单元，亩；

J_j——第 j 计算单元迁入居民点的农村移民规划新址宅基地面积，亩；

P_j——第 j 计算单元农村移民建设征地范围内原址宅基地补偿单价，元/亩。

6）移民安置激励措施补助费。为鼓励移民加快搬迁进度，必要时计列的移民安置激励措施补助费用，根据国家和省级的相关规定计算。

7）风貌建设补助费。根据地区建筑特点，结合居民点和迁建城市、集镇风貌建设规划，以县为单位测算，统筹用于居民点和迁建城市、集镇建筑风貌建设的补助费用。该项费用以县为单位，按不超过迁入居民点、迁建城镇的移民住房和行政机关及企事业单位办公用房补偿费用总额的10%计算。该项费用主要统筹用于城镇和居民点新址移民新建居住房屋的风貌打造，以实物指标调查的移民住房、企事业单位办公用房的补偿费用作为补助费用的计算基础。

8）抗震节能措施补助费用。对于安置地建设房屋有抗震、节能等特殊规定的，按照典型设计成果计算该补助费用。

9）不可搬迁设施补偿费用。对实物指标调查时已经存在，但难以统一纳入调查而未予计列的不可搬迁设施，按房屋补偿费用总额2%计列不可搬迁设施补偿费用。

10）矿业权处理费。建设项目压覆矿业权或矿产资源需补偿的相关权益费用。

11）新增殡葬设施补偿费。应结合实物指标和移民安置规划设计成果分析确定。

（2）小水电站补偿。抽水蓄能电站涉及的小水电站较多，且影响的情况比较复杂，需根据影响的具体情况和相关方意见，综合分析确定处理方式，合理计列补偿费用。一般可以分为按装机容量或净利润折现进行一次性补偿、复建补偿、电量损失补偿等方式。

1）完全丧失发电功能难以改建的小水电站，计列一次性补偿费用。位于抽水蓄能电站建设征地区的水电站一般为规模较小的非骨干水电站，对地方电网影响不大，且一般没有经济合理的复建条件。对于受工程建设影响完全丧失发电功能，以及难以改建的水电站，应采用一次性补偿的方式，其中多数按照装机容量的重置价计算补偿费用，如文登、阜平抽水蓄能电站；部分项目对水电站剩余寿命期

内发电量净利润损失进行折现补偿。

山东文登蓄能电站下水库正常蓄水位淹没1座小水电站的厂房，装机容量160kW，没有复建的条件和意义，可行性研究阶段规划对该电站进行一次性货币补偿处理；河北阜平抽水蓄能电站影响一座引水式电站的引水设施等水工建筑物、发电设备、厂房，以及员工宿舍、办公区等配套房屋、基础设施等，电站装机容量640kW，可行性研究阶段规划按照装机容量进行一次性补偿。两电站的员工均由企业自行安置。

湖北远安宝华寺抽水蓄能电站影响一座引水式电站，员工6人，装机容量700kW，设计年发电量328万kWh。抽水蓄能电站下水库投入运营后，将会截断该电站发电引水渠道，电站无法正常发电，可行性研究阶段规划采用一次性货币补偿的方式进行处理，按照规划水平年后电站剩余寿命期损失的电量引起的净利润损失进行折现后计列经济补偿，并考虑小水电站应向劳动者支付的经济补偿，其中员工经济补偿按平均工作12年，每年补偿1个月工资计列。

2）影响部分设施设备可以改造的小水电站，计列复建改造费用和资产损失补偿。一些抽水蓄能电站建设征地影响小水电站的部分设备设施，对发电水头或水量有一定的影响，经改造后，机组可以正常发电，可在符合有关行业规划、政策规定，且经济合理的前提下，根据影响程度开展改建措施设计，并对发电水头或水量减少产生的资产损失进行补偿处理。

湖北平坦原抽水蓄能电站建设征地涉及的一座小水电站装机容量7500kW，抽水蓄能电站下水库大坝施工期间，该电站引水渠道无法引水，影响发电；抽水蓄能电站建成后，下水库将淹没该电站的重力引水坝、部分引水渠和取水口。可行性研究阶段规划复建该电站的引水建筑物，同时，将该电站损失的区间流量转换为损失的装机，按单位千瓦费用对其进行补偿。

3）只影响发电量的水电站，计列电量损失补偿。一些抽水蓄能电站建设征地不涉及小水电的设施设备，但受抽水蓄能电站施工、蓄水、运行期间的用水等影响，下游附近小水电站的发电量减少，一般采取计列电量损失的补偿方式。

安徽霍山抽水蓄能电站影响一座引水式电站，装机容量630kW，电站取水口拦河坝（堰坝）位于厂房所在河流上游。抽水蓄能电站施工用水减少该小水电站发电量6.69万kWh，电站蓄水减少发电量为59.30万kWh，运行期约减少该电站设计多年平均年发电量的29.8%。经和小水电权属人、行业主管部门沟通，可行性研究阶段规划对其发电量损失进行一次性货币补偿。施工期和蓄水期的发电量损失按照上网电价扣除成本进行货币补偿；正常运行期按照29.8%的年发电量损失折算的装机损失量进行补偿。

5. 独立费用

独立费用包括项目建设管理费、移民安置实施阶段科研和综合设计费、其他税费。

（1）项目建设管理费。项目建设管理费包括建设单位管理费、移民安置规划配合工作费、实施管理费、技术培训费、移民安置监督评估费、咨询服务费、项目技术经济评审费和建设征地移民安置验收费。

建设单位管理费的使用范围：建设单位用于测设永久界桩、项目核准所需文件的准备，包括开展土地勘测定界、使用林地可行性研究、林木砍伐作业、地质灾害评估、文物影响评价、矿产压覆评估等工作及相应的报告，组织参与移民安置规划大纲和移民安置规划工作并完善所需的手续，办理相关征地手续以及其他管理性费用的支出。

移民安置规划配合工作费：属于《大中型水利水电工程建设征地补偿和移民安置条例》（2006年修订）和DL/T 5064—2007《水电工程建设征地移民安置规划设计规范》发布实施后新增项目，包括地方人民政府及有关部门开展以下工作的费用：停建通告宣贯；实物指标调查配合协调；必要时在可行性研究阶段将土地分解到承包户等实物指标分解费用；实物指标公示；确定移民安置区、分配安置任务、移民安置去向；按规定征求意见及必要的听证；配合编制移民安置规划大纲、移民安置规划设计以及有关程序性工作等。

（2）移民安置实施阶段科研和综合设计费。建设征地移民安置补偿费用中计列的科研和综合设计费，属于移民安置实施阶段的费用，不包括可行性研究阶段以前的建设征地移民安置规划设计等费用，也不包括实施阶段的移民现场设代费用。可行性研究阶段以前的移民安置规划设计费用和实施阶段的移民现场设代费用，在电站工程概算中统一计列，这是因为《工程勘察设计收费标准》（2002年修订本）发布以后，《大中型水利水电工程建设征地补偿和移民安置条例》（2006年修订）和DL/T 5064—2007《水电工程建设征地移民安置规划设计规范》对移民安置规划设计提出了更高要求，设计工作量大幅增加，在DL/T 5064—2007《水电工程建设征地移民安置规划设计规范》中，增列移民安置实施阶段科研和综合设计费，以部分解决按照《工程勘察设计收费标准》（2002年修订本）计列的设计费用不能满足移民安置规划设计工作需要的问题。

（3）部分抽水蓄能电站的项目建设管理费和移民安置科研设计费通过协商解决。一些抽水蓄能电站的上下水库，建设在国有未利用地上，有关法规规定“大中型水利水电工程使用未确定给单位或者个人使用的国有未利用地，不予补偿”，部分抽水蓄能电站的建设征地直接费用很少，个别项目甚至为零，按常规水电站费率标准计列的建设单位管理费、移民安置规划配合工作费、实施管理费、技术培训费、移民安置监督评估费、咨询服务费、项目技术经济评审费、建设征地移民安置验收费、综合设计费很低，不足以开展相应工作；同时，一些项目由于征地范围变化较多，实物指标调查等重复工作量较大。很多以直接费用为基数计算的项目建设管理费、科研和综合设计费等独立费用，不能满足移民工作的需要，需要有关各方协商解决。即将于2023年11月实施的NB/T 11173—2023《抽水蓄能电站建设征地移民安置规划设计规范》规定，项目建设管理费、科研和综合设计费不能满足实际工作需要的，可以根据相关工作量测算，通过协商确定。

（4）其他税费。其他税费主要是指项目法人根据国家和项目所在省级人民政府政策法规规定，需要缴纳的水电工程建设征地相关税费，包括耕地占用税、耕地开垦费、森林植被恢复费、草原植被恢复费、被征地农民社会保障费用和其他有关税费等。其他税费不属于基本预备费的计费基数。

据不完全统计，在抽水蓄能电站建设征地移民安置补偿费用中，有关税费的平均占比接近30%，部分项目超过50%，概算中需要重点关注国家和所在地的有关税费政策标准，特别是有关减免和加征政策，依法依规合理计算。

1）耕地占用税。计税面积为永久占地区的全部农用地，临时用地缴纳的耕地占用税，在耕地按规定复垦后全额退还，一般不纳入概算。占用永久基本农田的，加按150%征收。学校、幼儿园、社会福利机构、医疗机构占用耕地，免征耕地占用税。铁路线路、公路线路、飞机场跑道、停机坪、港口、航道、水利工程占用耕地，减按2元/m^2征收；农村居民批准搬迁的，新建自用住宅占用耕地不超过原宅基地面积的部分，免征耕地占用税。

2）耕地开垦费。安置移民生产生活新开发耕地以及工程施工整理复垦新增加的耕地，可用于耕地占补平衡。水利水电工程建设占用25°以上、纳入退耕还林计划的陡坡耕地，不计入须补充耕地范围。永久基本农田按照当地耕地标准的两倍缴费。跨市州、跨省域补充耕地的，需要缴纳补充耕地指标费，部分地方最高可达80万元/亩。

3）森林植被恢复费。对农村居民按规定标准建设住宅，农村集体经济组织修建乡村道路、学校、幼儿园、敬老院、福利院、卫生院等社会公益项目以及保障性安居工程，免征森林植被恢复费。国家和省级公益林按2倍征收。

4）草原植被恢复费。执行省级行政区规定的标准。

5）社会保障费。该项费用由政府、被征地农村集体经济组织和参加被征地农民基本生活保障的个人三方出资构成，纳入概算的被征地农民社会保障费用是指需用地单位承担的社会保障费用部分，具体计算执行省级人民政府的相关规定。经请示人力资源和社会保障部，并向省政府备案，从2022年开始，河北等省的大中型水利水电工程建设征地暂不收取社会保障费。

6）征地统筹费。根据《重庆市财政局 重庆市规划自然资源局关于调整征地统筹标准有关事项的通知》（渝财建〔2020〕307号）规定，该市近期核准的个别抽水蓄能电站，按照经营性用地和其他用地的标准，计列了该项费用。

二、移民安置实施

（一）移民综合设计

移民综合设计是移民安置实施阶段以批准的移民安置规划为基本依据，统筹协调移民安置规划的后续设计技术标准和要求，进行移民安置方案的整体与局部、移民安置区的总体与单项、移民安置项目之间的技术衔接和单项设计技术标准控制，编制综合设计文件和开展现场技术服务等工作的总称。

移民综合设计为移民实施机构和相关责任单位提供技术支持，为移民安置规划按审定方案和标准实施提供技术服务，为实施中的变更提供技术论证和归口管理服务，与移民单项工程设计和主体工程设代存在较大区别。移民单项工程设计负责开展移民工程的施工图设计及设代服务。

抽水蓄能电站大部分移民工作集中在枢纽工程建设区，需在工程筹建期或工程截流前完成大部分工作。电站核准后，项目法人和地方政府需要及时委托综合设计单位进场开展工作，抽水蓄能移民综合设计的重点是移民安置实施计划的编制，规划符合性检查，补偿费用分解和设计变更技术管理。

1. 移民安置实施计划的编制

抽水蓄能电站在正式开工进场前，一般就需要完成近70%的征地工作，大量移民工作基本上集中在实施阶段的第一年。为保障主体工程按时开工，移民综合设计需要重点研究编制开工进场前的实施计划，并做好枢纽工程建设区和工程截流前（或主体工程开工前）的年度实施计划编制。

2. 规划符合性检查

抽水蓄能电站一般涉及农村部分、专业项目、企事业单位，需重点关注农村部分与专业项目之间的技术衔接，特别是集中居民点的移民工程设计。移民综合设计需要做好事前控制、过程控制和事后控制。事前控制，主要在补偿补助兑付、移民工程设计，设计成果编制之前提供技术指导，协助实施方明确项目的方案、标准、规模和主要技术指标，提出与审定规划一致的目标和技术要求。过程控制，主要跟踪阶段性设计成果，以控制项目可行性和必要性，实现项目审定目标和相关技术指标。主要对实施方提供的中间设计成果或实施方案进行技术指导，协助实施方按照既定的项目方案、标准、规模和主要技术指标完成设计，避免出现偏差。事后控制，主要对完成成果的符合性进行检查并提出意见，在项目规划、设计、实施完成后，以可行性研究审定的规划或设计变更为基础，对有关成果进行对比分析，提出意见。

3. 补偿费用分解和调整

在抽水蓄能项目可行性研究阶段，土地调查一般分解到最小集体经济组织，大部分没有分解到户，因此，在实施阶段，需要关注土地费用测算分解。移民综合设计进场后，按照各组的土地指标将土地补偿费和安置补助费分解到村民小组；在地方政府将土地分解到户后，以农户为单位，按照分解细化的土地面积，将地上附着物补偿费、安置补助费、林木补偿费等分解到各户。

抽水蓄能电站的生产安置方式一般为农业安置和自行安置，其中农业安置的农村集体土地补偿费主要用于后靠移民修田造地、低产田改造、兴建水利，外迁移民在安置区的生产安置费用，自行安置移民的生产安置费用，如有剩余再由集体确定费用用途。如果是农业安置，应按照生产安置费用平衡方案，以村民小组为单位明确费用具体去向，包括土地调整费用、土地开发整理费用、配套生产设施建设费用、生产安置后剩余费用。自行安置应结合主要的安置方式，按照省、市的相关规定落实安置标准，按淹没数量、或人均数将安置费用分解到村组，并明确剩余土地费用。

配合费用调整应复核基础价格，政策调整和物价波动往往对基础价格产生较大的影响，在移民安置过程中，综合设计应及时掌握物价波动信息和相关政策情况。针对物价和相关政策的重大变化，移民主管部门和业主应组织相关各方，协商明确需执行的相关政策、物价水平和工作安排，综合设计单位按照明确的事宜分析测算补偿补助项目和移民工程类项目价格和费用。

4. 设计变更技术管理

设计变更技术管理内容包括设计变更类型判别、设计变更申请确认。审核同意的设计变更是拨付移民资金的依据，是调整相应工作计划和资金计划的依据，也是移民实施机构组织实施的依据。

当因政策改变、客观环境改变、移民主观意愿改变、涉及地区与移民相关的总体规划方案改变导致设计变更时，实施责任单位以书面形式、或提请会议协调等形式提出设计变更申请。综合设计在判别设计变更类型前，应以政策法规、审定规划、各方前期协调成果为依据，明确是否属于设计变更。综合设计应结合实际，对照审核的移民安置规划成果予以分析，并以书面形式在协商过程中说明申请是否可列为设计变更，变更是否符合客观实际、与规划的衔接性等。

设计变更分为一般设计变更和重大设计变更。移民安置重大设计变更的界定范围一般为：征地范围调整及重要实物指标的较大变化；移民安置方案与移民安置进度的重大变化；城镇迁建和专项处理方案重大变化。

（二）移民综合监理

在移民安置实施阶段，移民综合监理主要职责是及时发现、报告和协调处理相关问题，对移民安置实施进行质量控制、进度控制和资金监督；对移民安置项目规划调整和设计变更进行监督；对移民安置信息管理进行监督检查管理，对相关合同备案与履约情况进行检查管理；对移民安置实施工作进行现场协调。

1. 进度控制

移民综合监理按照事前预警、事中控制、事后处理和综合平衡的原则，以枢纽工程建设总体进度计划为依据，协助制定移民安置总体进度计划和年度计划，对移民安置实施综合进度进行有效控制。组织有关单位研究提出关键线路和控制性节点，并对其实施情况及时进行检查，对进度明显滞后的项目提出整改意见并督促相关单位限期整改，对进度严重滞后的，及时报告并对整改情况进行监督检查；协助移民管理机构编制移民安置年度计划及年度调整计划，对移民安置年度计划执行情况进行跟踪检查与监督，并提出综合监理意见。移民综合监理进度控制流程如图 5-3-1 所示。

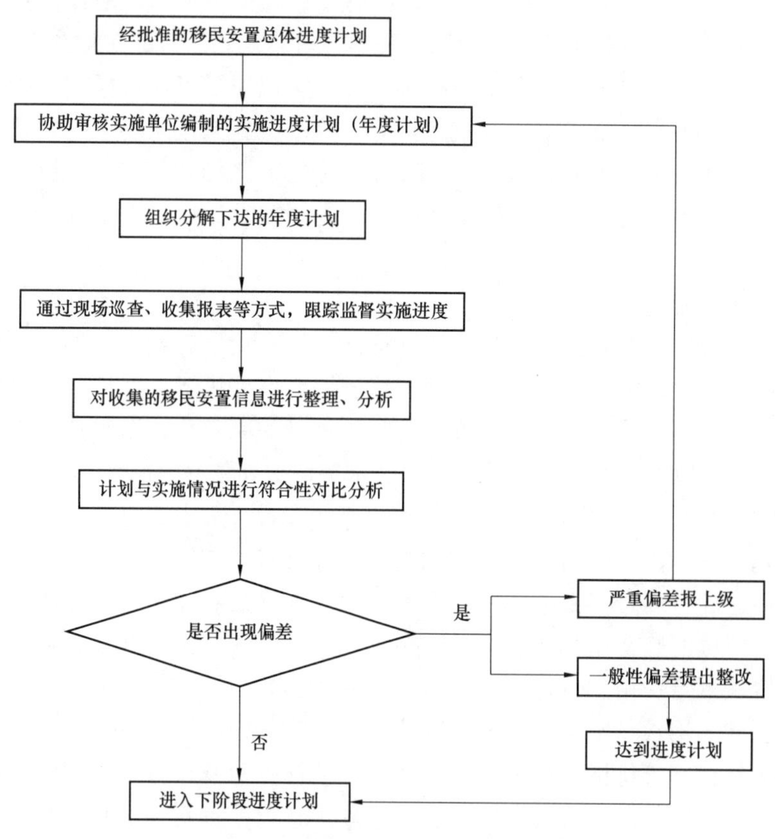

图 5-3-1 移民综合监理进度控制流程图

2. 质量控制

移民综合监理按照质量第一、预防为主的原则，对移民安置总体质量和移民单项工程建设质量进行监督检查，及时发现并处理移民安置实施过程中的有关质量问题，对不符合移民安置规划和行业规范要求的项目，发出整改或停工通知，对重大质量问题、安全事故、质量事故及时向委托方报告，对整改或处理情况进行监督检查；参与移民安置重要的专项、单项工程验收，参与移民安置验收，包括阶段性验收、竣工验收，并提出综合监理意见或报告；对可能危及移民生命财产安全的情况，及时要求实施方采取防范措施，通知当地人民政府，并提出综合监理意见报告委托方；协助移民管理机构做好移民政策宣传和社会稳定等工作。移民综合监理质量控制流程如图 5-3-2 所示。

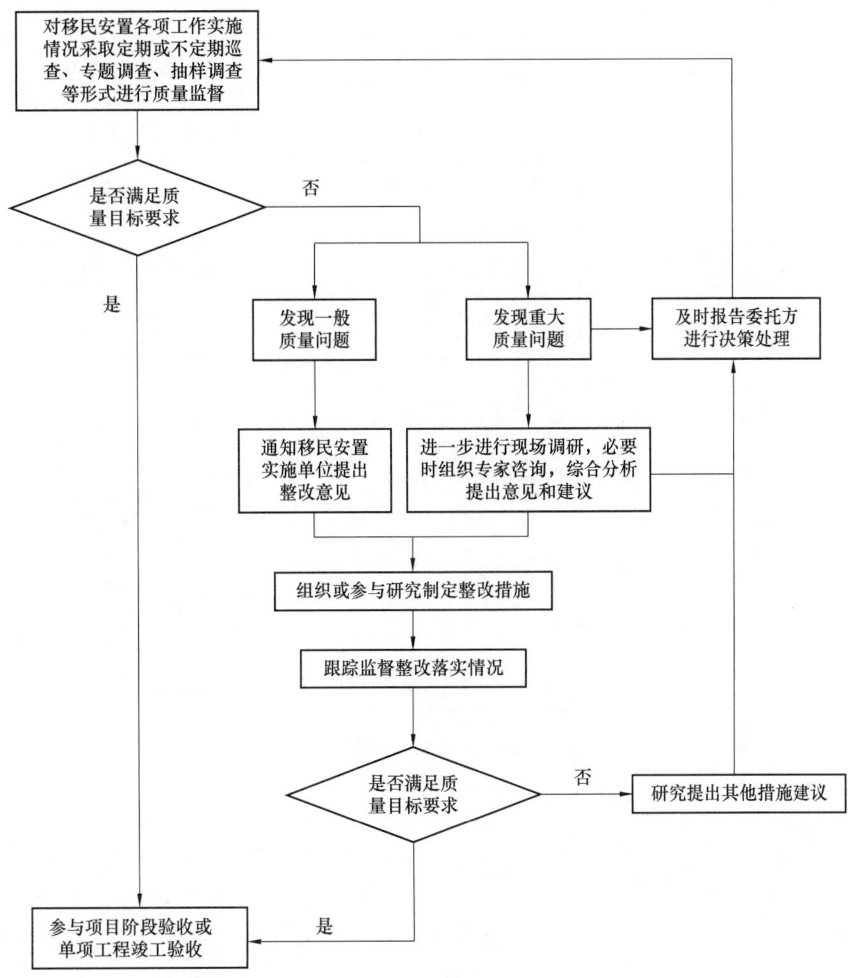

图 5-3-2　移民综合监理质量控制流程图

3. 资金监督

移民综合监理按照依法依规、专款专用的原则，跟踪检查移民安置年度计划资金拨付及使用情况，监督移民安置实施单位按照审批规划和概算使用资金，对资金使用不符合移民规划和计划的，及时通知实施方改正，对问题严重的及时报告委托方，定期检查整改的落实情况；对移民管理机构移民资金的拨款申请，进行审核并签署意见；审核移民管理机构报送的移民安置资金报表和统计报表，并签署意见；对移民资金拨付和使用效果提出综合监理意见；建立移民资金使用台账，配合审计稽查单位开展有关工作。移民综合监理移民资金监督流程如图 5-3-3 所示。

4. 设计变更监督

移民综合监理按照依法依规、科学求实、先批准后实施的原则，商移民综合设计对移民安置项目规划调整和设计变更进行界定，参与对变更项目的合规性、合理性、可行性进行初步论证，并提出综合监理意见；参与规划调整和设计变更审查，并监督检查变更实施情况。

5. 信息管理

移民综合监理对移民安置实施单位信息的采集、分析处理、传递、归档等管理工作进行监督检查，指导并协助移民安置实施单位建立健全信息管理制度，同时做好移民综合监理项目部的信息管理工作。

6. 合同管理

移民综合监理对移民安置协议、移民安置责任书、补偿补助及移民安置合同等进行合同备案和履约情况检查，指导并协助移民安置实施单位做好合同管理工作，同时做好移民综合监理项目部的信息管理工作。

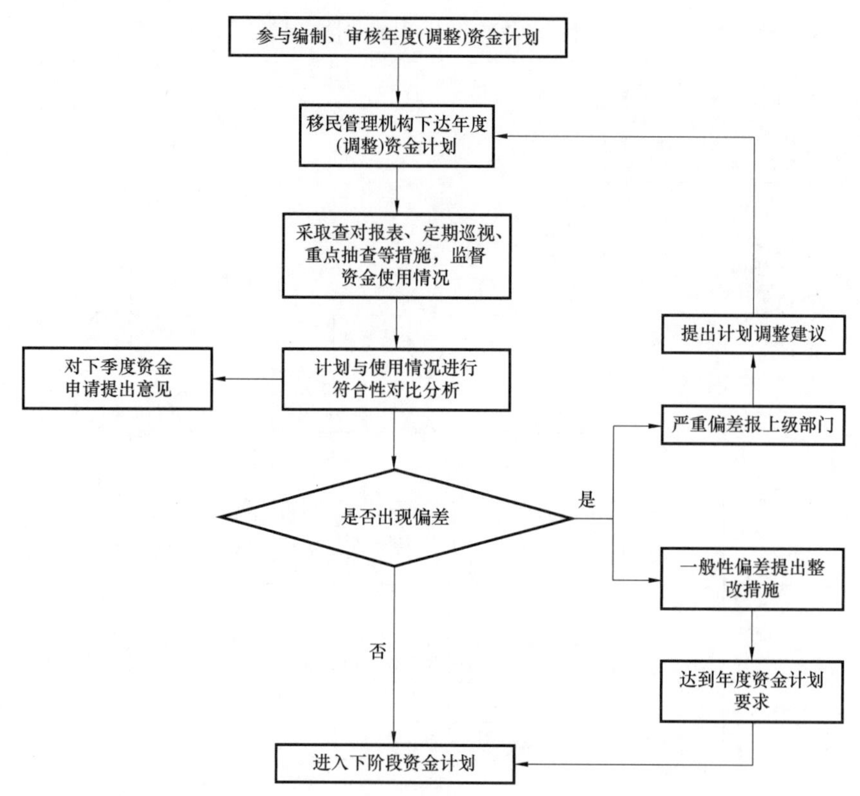

图 5-3-3 移民综合监理移民资金监督流程图

7. 工作协调

移民综合监理定期组织召开监理例会，协调处理移民安置实施过程中的重大问题；根据工作实际情况需要，及时组织召开监理工作例会，及时、公正、合理地做好各有关方面的协调工作；参加有关移民安置实施工作的例会，如移民安置进度计划拟定、规划设计方案审查、工程检查及验收等活动，积极协助地方政府协调、处理移民安置过程中出现的问题。移民综合监理例会工作流程如图 5-3-4 所示。

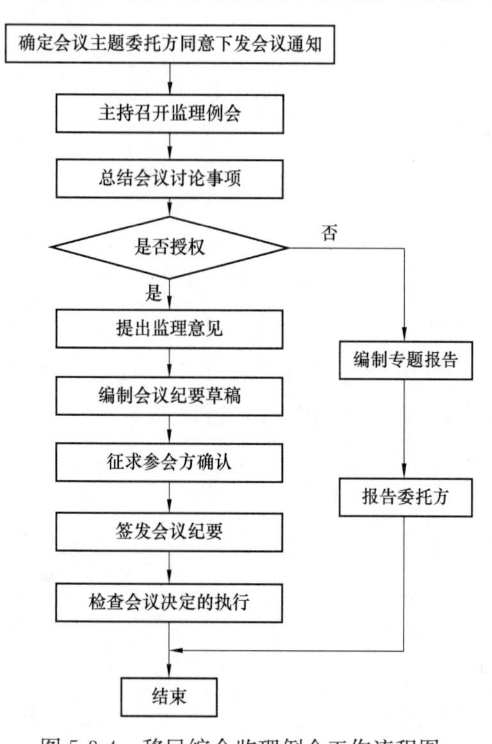

图 5-3-4 移民综合监理例会工作流程图

8. 参与验收

移民综合监理参与移民安置重要的专项、单项工程验收，提出综合监理意见；参与移民安置阶段性和竣工验收，提出移民安置综合监理工作报告。

9. 移民综合监理成果

移民综合监理应定期报送移民安置实施情况、移民综合监理工作意见和报告，全面、客观、准确地反映移民安置实施情况。具体包括监理简报、月报、季报、年报、监理专题报告、监理工作报告、监理年度总结报告和监理工作总结报告等；有关移民安置实施工作的审核、建议、会议协调、通知、问题报告、请示事宜等内容的监理文件和便函；各类统计报表、监理日志、记录文件。

（三）移民独立评估

在移民安置实施阶段，移民独立评估工作应在建立指标体系和选择样本的基础上，对移民安置生产生活水平恢复、建设征地涉及区域经济发展状况和实施管理工作等进行分析评价，提出评估结论。有关要求如下：

(1) 指标体系建立及样本选择。移民独立评估应根据工程特点、移民安置规划和评估任务，在评价指标因素集中筛选出评价指标并分类汇总，分层构建评价指标体系。移民独立评估应采用分层多阶不等概率抽样（PPS）的方法选取一定数量的移民样本。

（2）移民生产生活水平恢复分析。包括收支水平、住房条件、生产与就业、基础设施条件、社区服务水平、民族习俗习惯、区域社会环境适应性分析等。在移民搬迁安置前进行样本户的本底调查，至工程竣工移民专项验收结束进行跟踪调查，逐年评价其生产生活水平恢复情况。

（3）建设征地涉及区域经济发展状况分析。包括专项设施迁（复）建功能恢复、经济发展情况分析等。在移民搬迁安置前进行样本户的本底调查，至电站工程竣工移民专项验收结束进行跟踪调查，逐年评价建设征地涉及区域经济发展状况。

（4）实施管理工作。运用文献法、访谈法等，对进度管理、资金管理、质量管理和移民动态信息管理等内容进行分析评价。

（5）移民独立评估成果。定期报送独立评估报告，全面、客观、准确地反映评估对象的进展与变化。具体包括本底调查报告、年度调查报告、工作报告（简报）、专题评估报告、验收报告、总结报告等。

（四）移民后期扶持

国家实行开发性移民方针，采取前期补偿、补助与后期扶持相结合的办法，使移民生活达到或者超过原有水平。

移民后期扶持工作包括后期扶持人口核定、扶持标准、扶持期限、扶持方式。其中后期扶持人口核定是核心，以批复的移民安置规划为依据，纳入扶持范围的搬迁安置人口享受每人每年补助600元的扶持，生产安置人口指标由县级人民政府统一安排项目扶持。

移民后期扶持目前仍作为移民安置规划大纲、移民安置规划报告中一个章节，但不再进行规划设计，实施阶段由当地政府具体实施。

（五）移民安置验收

移民安置验收包括阶段性验收和竣工验收，其中阶段性验收有截流验收、分期蓄水验收。抽水蓄能电站移民安置验收包括截流验收、蓄水验收、竣工验收，无分期蓄水验收，但蓄水验收分为上水库蓄水验收、下水库蓄水验收，上、下水库蓄水移民工作内容一般已包含在工程截流中，个别项目会有上水库蓄水验收。

抽水蓄能电站移民工程单项验收是移民安置专项验收中竣工验收的前置条件，移民安置专项验收是工程验收的前置条件。

抽水蓄能项目按照具体内容开展验收，验收工作由政府移民主管部门组织验收，移民综合设计、移民综合监理、移民独立评估单位编制验收工作报告并参与验收。移民安置验收主要依据国家有关法律法规和行业技术标准，省级人民政府有关政策规定，建设征地移民安置规划设计文件及相关批复文件，建设征地移民安置规划调整、设计变更文件及相关批文，签订的移民安置协议，审查批准的移民安置实施阶段工程截流或工程蓄水移民安置规划设计文件。

在验收过程中，移民综合设计单位应提供建设征地移民安置设计工作报告，移民安置实施阶段按规定确认的设代函、综合设计联系单、综合设计变更通知、度汛设计文件、库底清理设计文件、专题设计文件以及工程截流、蓄水移民安置规划设计等综合设计文件。移民综合监理、移民独立评估单位提供工作报告。

移民综合设计单位工作报告应重点从验收范围、验收内容方面阐述，并从移民综合设计角度对验收提出意见；移民综合监理单位工作报告应根据移民综合设计工作报告，从移民安置进度、移民安置资金、移民安置质量等方面提出移民综合监理意见；移民独立评估工作报告应提出移民独立评估意见。

目前，部分抽水蓄能电站移民安置验收按照水利项目移民专项验收开展，没有按照NB/T 35013—2013《水电工程建设征地移民安置验收规程》开展验收工作，已完成竣工移民安置验收的抽水蓄能电站很少，移民专项验收存在的问题多为资金、档案、设计变更等问题。

抽水蓄能电站阶段性验收的重点工作在截流验收，达到截流验收标准时，移民工作基本上完成70%以上，截流验收的移民安置任务比较重，需提前明确验收范围和验收内容。

阶段性验收应重点关注实物指标落实情况、农村移民安置规划实施完成情况、专业项目处理规划实施完成情况、移民安置档案建设及管理情况。竣工验收应重点关注移民安置竣工验收的基本条件、移民资金审计、移民工程移交、移民档案验收、遗留问题处理等。

（六）移民安置后评价

移民安置后评价应根据移民安置规划和实施时的社会发展水平和移民安置政策，对抽水蓄能电站建设征地移民安置规划、移民安置实施、移民安置效果等进行评价。移民安置后评价宜在建设征地移民安置竣工验收后适时开展。承担移民安置后评价的机构应从参加过同一项目建设征地移民安置规划设计、监理、评估等业务的技术服务机构之外选择。项目后评价一般按三个层次组织实施，即项目法人的自我评价、项目行业的评价、计划部门（或主要投资方）的评价。

第四节 建设征地移民有关问题和建议

（1）重视敏感对象排查，做好与“三区三线”的衔接工作。敏感对象排查是一个动态过程，需要尽早发现、及时避让，确实难以避让的，需要按照规定提出处理措施并履行有关程序，在抽水蓄能项目选点、预可行性研究、可行性研究“三大专题报告”编制等阶段，都需要重视敏感对象排查工作。近年来，一些抽水蓄能项目因文物古迹、矿产资源、保护林地、永久基本农田等建设征地敏感对象排查不到位、处理不及时，导致库址变化、重复设计、对项目入规和核准造成重大影响。

应进一步加强征地区域敏感对象资料的收集工作，开展必要的现场排查，并由地方政府出具敏感对象排查的书面意见，特别要关注地面没有明显标志的文物古迹、矿产资源、永久基本农田等。同时，做好与自然资源、文物保护、林草、矿产等部门的沟通协调，做好与“三区三线”划定及相关规划的衔接，加强抽水蓄能项目站址资源的保护，为抽水蓄能预留发展空间。

（2）加大“三大专题报告”的工作力度，尽量减少建设征地范围变化。项目可行性研究阶段“三大专题报告”，包括枢纽布置格局比选报告、正常蓄水位专题报告和施工总布置规划专题报告及其审查意见，是省级人民政府发布停建通告、开展实物指标调查和移民安置规划设计的主要依据。一些项目由于时间紧，工作深度不够或进度滞后，建设征地范围难以准确确定，后期调整较多，对停建通告发布、建设征地实物指标调查、移民安置规划和实施工作影响较大。

应进一步重视“三大专题报告”的编制工作，保障必要的工作深度。衔接“三区三线”划定成果，避让耕地和永久基本农田保护红线、生态保护红线，根据停建通告、土地预审要求，尽快确定重要技术指标，特别是停建通告、土地预审、移民安置规划、社会稳定风险评估等抽水蓄能项目核准前置要件需要明确的主要工程技术参数，如装机容量、上下水库正常蓄水位、建设征地范围坐标和建设征地面积等，尽量避免建设征地范围变化。

（3）适应新形势要求和不同项目特点，把握好项目核准前的工作深度。当前，为抢抓战略机遇、加快推进抽水蓄能项目建设，加快国家规划重点实施项目的核准，一些地方要求在完成预可行性研究报告审查后，提前启动移民工作，在开展项目可行性研究阶段“三大专题报告”编制的同时，启动项目停建通告申请、实物指标调查、移民安置规划大纲和规划报告编制以及审核、报批工作。

对于项目可行性研究阶段“三大专题报告”没有完成审查，项目核准之前设计工作时间紧迫的项目，应以保障移民安置规划大纲和规划报告内容合规完整为前提，做好相关工作：①在省级人民政府停建通告发布之前，可以先由县级人民政府下达暂缓建设的通告，提前开展实物指标摸底调查，土地调查可以暂时调查到行政村；②移民集中居民点和交通、电力等工程项目，在移民安置规划大纲中可以暂按规划方案的深度控制、移民安置规划报告可以暂时做到工可深度，项目“三大专题报告”审查后继续深化完善；③在项目可行性研究报告编制阶段，根据移民技术标准和省级主管部门要求，复核建设征地范围、实物指标、移民安置方案、开展工程项目初步设计，复核征地移民补偿费用。

（4）加大移民政策宣传力度，依法依规妥善做好移民工作。移民工作政策性强、程序性要求高。抽水蓄能电站建设征地移民安置执行国务院《大中型水利水电工程建设征地补偿和移民安置条例》，执行前期补偿补助、后期扶持相结合的移民政策，与其他建设项目征地拆迁相比，在管理体制机制、法规政策、技术标准、补偿安置等方面，具有显著的特点；同时，水电工程建设征地执行水电移民政策和技术标准，在行业主管部门、阶段划分、技术标准体系、验收主体、程序要求等方面，也与水利工程存在一定差异。

很多项目所在地的地方政府缺乏水电工程移民工作经验，多数干部群众对水电工程移民政策、技术标准、工作程序不熟悉，在抽水蓄能电站移民工作过程中，有关方面容易发生意见分歧，影响移民工作的正常开展。在抽水蓄能电站建设征地移民安置规划设计和实施过程中，需要进一步做好移民政策和技术标准的宣传培训工作，使移民干部和群众知晓和熟悉水电工程移民政策规定，依法依规开展移民工作；同时，在不违反水电工程移民政策的前提下，尽量做好与当地市政交通等建设项目征地拆迁政策和乡村振兴规划的衔接，妥善做好移民安置工作，推动移民收益与电站开发利益共享，提高移民后续发展能力，促进当地经济社会高质量发展。

(5) 贯彻实施抽水蓄能电站移民设计规范，适时开展移民安置竣工验收和后评价工作。抽水蓄能电站建设征地范围相对集中，淹没区与枢纽区高度重叠，部分电站征地涉及永久基本农田、生态红线等敏感对象，移民安置多采取自行安置方式，与常规水电工程移民安置思路和方法有明显差异；同时抽水蓄能电站征地移民也不同于市政、交通工程征地拆迁，不可采取简单补偿处理的方式。

抽水蓄能电站建设征地移民安置规划设计，目前主要执行 NB/T 10798—2021《水电工程建设征地移民安置技术通则》、NB/T 10876—2021《水电工程建设征地移民安置规划设计规范》等通用技术标准。2022 年，国家能源局将《抽水蓄能电站建设征地移民安置规划设计规范》列入能源领域行业标准制定计划，2023 年 5 月 26 日，国家能源局发布了该规范，标准编号 NB/T 11173—2023，将于 2023 年 11 月 26 日实施。建议做好该规范的宣传贯彻和推广应用等工作。

目前，不少抽水蓄能电站还没有开展移民安置竣工验收，抽水蓄能电站建设征地移民安置后评价工作尚属空白。2019 年，国家能源局将《水电工程建设征地移民安置后评价导则》列入能源领域行业标准制定计划，2023 年 5 月 26 日，国家能源局发布了该导则，标准编号 NB/T 11180—2023，将于 2023 年 11 月 26 日实施。应加强抽水蓄能电站移民安置竣工验收工作，适时开展移民安置后评价。

第六章　工程地质勘察

第一节　抽水蓄能电站工程地质主要特点

抽水蓄能电站对工程地质条件要求及工程地质问题的评价，较常规水电站有一定的特殊性。与常规水电站相比较，抽水蓄能电站一般具有水库库容较小、对防渗及固体径流防控要求较高、水库水位变幅较大且频繁、水库和坝体布置紧凑、库盆开挖和筑坝要求挖填平衡、上下水库水位高差大、输水发电系统压力管道内水压力大、地下厂房系统洞室群布置复杂且埋深大等特点。因此，抽水蓄能电站对站址的选择、工程地质条件及工程地质问题的勘察评价有其特定的要求，主要有如下几方面特点：

（1）抽水蓄能电站站址选择较常规水电站范围更广泛，站址选点规划受河川径流限制相对较少，而是在某个区域进行，可选择范围相对较大。抽水蓄能电站作为可再生能源的重要配套设施，站址选择首先满足电力系统对蓄能电站建设必要性的要求，多数站址位于区域电网负荷中心周边。在抽水蓄能电站站址选择时，除了工程区地形地质条件外，还需考虑地质环境、补水水源条件等因素。

工程地质条件是站址技术经济比选的基本因素之一，站址选择应优先考虑地震烈度较低、区域构造稳定性较好区域，如受条件限制也可选择区域稳定性一般区域，但是重要建筑物等需避开活动性断裂的影响，并应符合相关规程规范的要求。另外，站址选择应避开大型滑坡、大规模崩塌体、泥石流等不良地质现象发育区域。选择工程地质条件较好的站址，对于加快工程施工进度、降低工程造价、保证电站安全运行等具有重要意义。

抽水蓄能电站多位于中心城市周边，站址选择对地质环境影响有更严格的要求，如北京十三陵、安徽琅琊山、山东泰安、广东深圳、山东潍坊等抽水蓄能电站，根据地方政府环境要求，电站建设后将成为一个新的风景区，不允许由于电站建设破坏当地的环境和旅游资源，更不能由此而引发地质灾害。

随着我国新兴能源的大规模开发利用，抽水蓄能电站的配置由过去单一的侧重于用电负荷中心逐步向用电负荷中心、能源基地、送出端和落地端等多方面发展，在一定程度上也在改变抽水蓄能电站建设前期的选址模式。

（2）抽水蓄能电站枢纽建筑物主要由上水库、下水库及输水发电系统等建筑物组成。规划站址的地形条件，要求上、下两个水库之间的高差比较大、距高比较为适宜。抽水蓄能电站对地形条件的特殊要求是区别于常规水电站的重要特征之一。

（3）抽水蓄能电站上水库库址均位于地势比较高的区域，多数上水库修建在山顶或沟首部位，地形地质条件需满足库坝线布置的要求，有利于水库成库和筑坝。由于上水库库水是消耗电能从下水库提取的，水库渗漏实际上就是电能的损失，因此上水库防渗较常规水库有更严格的要求。依据水文地质条件，可建议选择局部库岸段垂直帷幕防渗或全库盆防渗面板防渗等防渗型式。

受站址地形条件的制约，有些上水库是通过库盆开挖、沟谷或垭口筑坝形成的。这种类型的上水库库盆开挖后的周边分水岭往往比较单薄，水库渗漏、库岸内外边坡稳定等问题比较突出。同时这类上水库多为当地材料坝，首先考虑库盆岩石开挖区作为天然建材筑坝石料场，应注意研究库盆开挖石料作为筑坝料的可行性。

上水库一般库容较小，水库运行周期短，一般24h内就完成一次抽水-发电的循环过程，库水位快速升降，变幅较大，使库岸边坡处于水位频繁变动的工作环境中。对于透水边坡，动水压力对边坡稳定影响很大。

（4）抽水蓄能电站下水库库址位于地势较低区域，要求具备满足电站运行的有效库容和水源条件，相比常规水电站水库，抽水蓄能电站下水库一般要求的有效库容要小很多，可优先考虑利用天然水域或已建水库作为下水库的可行性，或在其附近修建蓄能电站的专用下水库。修建在天然河流上的下水库对入库固体径流量的限制比较严格，一般不允许有较大体积的塌滑和泥石流进入库区。修建在多泥沙河流上的下水库往往还需要修建拦沙坝和排沙设施，以减少进入水库的固体径流量。下水库也可以修建在天然河流两岸滩地或支流冲沟内，通过开挖库容筑坝成库，这种类型下水库的工程地质问题类同于同种类型上水库，往往存在水库渗漏、边坡稳定等工程地质问题。

（5）抽水蓄能电站的发电厂房一般较常规水电站布置高程低，厂房及输水系统多数为地下工程，要求上、下水库之间岩体有一定的完整性，具备修建大型地下洞室的工程地质条件。同时，还需考虑上、下水库渗漏对地下工程的影响。

（6）抽水蓄能电站上、下水库之间地形高差大的站址，电站额定水头高，压力管道承受较大内水压力，对围岩及山体稳定均有不利影响。同时，蓄能电站的地下厂房多深埋于山体地下水位之下，地下厂房、输水系统隧洞等地下建筑物的围岩与衬砌都将承受较大的外水压力，这对洞室围岩和衬砌的安全稳定造成影响，需要采取排水措施。对于高水头压力管道，为了降低工程造价，越来越多的蓄能电站工程需要研究利用围岩承担内水压力，简化衬砌型式，从而对高压管道段勘察精度及其围岩质量评价提出更高的要求。

（7）我国抽水蓄能电站资源，在自然条件、地区分布上有一定的差异性。在东北地区，资源点主要分布在小兴安岭、长白山、张广才岭等山区，其地形、地质特点是沟谷地形相对高差较大，山体自然边坡不甚陡峻，沟谷地形比较宽缓，多数地区有较大范围的花岗岩等岩浆岩分布，地震烈度一般小于6度。降水较多，地表植被好，森林茂密，沟谷内直至沟源部位多有数量不等的地表径流，地下水埋藏较浅，一般为数十米。因此在东北地区进行蓄能电站资源点选择时，应在花岗岩地区优先考虑上水库周边地下分水岭较高的库坝址作为站址，立足于上水库不做全库盆防渗。

在华北地区，资源点主要分布在太行山、燕山、阴山山脉等山区，其地形地质条件复杂多样，比较干旱少雨，除了大型河流外，一般中小型冲沟内较少有常年地表径流，植被较少，基岩裸露较多，一般地下水埋深较大。因此在华北地区能找到上水库库盆防渗条件比较简单的站址较为困难，但可选择岩浆岩地区上水库周边山体较雄厚的站址，上水库可作局部防渗处理，减少工程造价。

在华东地区，资源点主要分布在中低山及丘陵区，相对高差较小，降水比较丰富，一般冲沟内均有常年地表径流，植被较好，对于岩层透水性弱的地区，地下水埋深较浅。因此在华东地区进行蓄能电站选址时，应优先考虑地形相对高差较大的站址。

在西南地区，资源点主要分布在高原和山地为主的地区，沟谷深切，地形起伏大，新构造运动复杂，滑坡、崩塌、泥石流等不良地质现象发育，该区域一般降水丰富、地表植被发育，可溶岩广泛分布。资源点选择时应充分考虑活动性断裂的影响、不良地质现象的影响，以及岩溶问题的影响。

西北地区面积广阔，地貌类型复杂多样，山地、高原、沙漠与盆地相间分布，山川纵横，地势西高东低。区内新构造运动强烈，滑坡、崩塌、泥石流等不良地质现象发育。区内降雨量少、蒸发量大，河流泥沙含量普遍较大。资源点选择时应充分考虑活动性断裂的影响、不良地质现象的影响、固体径流的影响等。

基于上述的抽水蓄能电站诸多工程地质特点，各个站址的地理环境条件和地形地质条件不尽相同，对选定的站址需要查明其工程地质条件、评价工程地质问题。为工程建筑物的合理布置提供地质资料。

第二节　工程地质勘察内容概述

抽水蓄能电站的工程地质勘察需按工程设计不同阶段的工作深度要求分别进行，各阶段勘察内容及方法概述如下。

一、规划选点阶段

在抽水蓄能电站勘测设计过程中，规划选点设计阶段勘察工作非常重要。在这个阶段应尽可能收集有关区域地质和地震地质资料，包括区域内的 1∶50000～1∶5000 地形图，1∶250000/1∶200000/1∶50000 区域地质、地震目录、地震区划资料和邻近区工程地震安全性评价成果，编绘区域构造与地震震中分布图，按现行国家标准 GB 18306《中国地震动参数区划图》确定站址地震动参数。对勘察场地，在搜集、分析区域地质资料基础上，结合航片、卫片解译，查证区域地层特征、地质构造格局、区域水文地质条件、地形条件和某些不良物理地质条件。了解对工程建设可能有影响的重大工程地质问题，如区域构造稳定性、水库渗漏、山体稳定、边坡稳定、严重滑坡和泥石流等不良地质现象等。还应进行天然建筑材料的普查工作，最终应通过地质测绘和编写勘察报告，对工程区做出定性的分析并给出初步结论。

为了取得有效的工程地质资料，在规划选点阶段勘察经费有限的情况下，应尽可能地进行地面地质工作和轻型勘探工作，以掌握地层岩性特征、断裂带的分布、山体与岸坡的稳定性等，不要漏掉重要的工程地质问题。地面地质工作以地质测绘为主，范围应包括各比选站址的水库区、坝址区、输水发电系统沿线，水库区的工程地质测绘范围宜扩大至分水岭及邻谷。库坝区工程地质测绘比例尺可选用 1∶10000～1∶5000，输水发电系统可选用 1∶50000～1∶10000，输水发电系统测绘范围应包括线路两侧各约 1km 地带，可溶岩地区可适当加宽。对上、下水库坝址和输水发电系统，应有代表性勘探剖面。

工程地质工作要密切配合蓄能电站的规划，在多个站点的比选过程中，依据收集到的地质资料和现场查勘、地质测绘以及获得的工程地质及水文地质资料，对各个规划站址进行工程地质条件比选和工程地质问题分析，重点对站址的断层活动性、地震安全性、大型不良物理地质现象等进行判别，并对水库渗漏、库岸稳定、坝基稳定、地下洞室围岩稳定等工程地质问题提出初步评价意见，对拟推荐近期开发站址提出地质建议。对近期开发站址，除工程地质测绘、必要的物探和轻型勘探外，尚应布置适量的钻孔等重型勘探，坝址区钻孔不宜少于 3 个。以获取比较可靠的工程地质及水文地质资料，保证推荐站址工程地质条件的勘察精度。对各比较站址需进行天然建筑材料料场普查，并分析利用库盆开挖石料及洞挖料等的可行性。

二、预可行性研究阶段

预可行性研究阶段的工程地质勘察，要求进行库址工程地质条件比选，并初步查明站址工程地质条件，对主要工程地质问题作出初步评价。

本阶段需要进行区域构造稳定性研究，委托地震专业部门对工程场地的地震安全性作出评价，提出工程使用期限内不同超越概率水平下场址地震动参数，地震安评成果需经国家或省级地震主管部门审批。同时明确近场区区域性断裂是否具有活动性及其对工程有无影响。进行区域构造稳定性分级和地震地质灾害评价。对工程区应进行 1∶5000～1∶2000 精度的地形图测量，并进行相应比例尺的工程地质测绘工作，合理布置岩土体室内和现场试验。

根据设计初拟的各库（坝）址方案，对各库（坝）址工程地质条件进行比选。库（坝）址比选工程地质勘察一般以地质测绘、钻探和物探为主，坝址及水库单薄分水岭及垭口地段布置钻孔。

初步查明推荐库址上、下水库的成库条件和筑坝条件，包括水库渗漏、库岸稳定、固体径流和坝基稳定及渗漏条件等。在水库周边分水岭垭口地段重点布置勘探钻孔，库周钻孔宜进行地下水位长期观测，可溶岩区在地表布置高密度电法或大地电磁法测线，孔内进行电视录像，初步查明水库周边地下水分水岭形态、是否存在渗漏通道、分水岭岩体的透水性。库岸稳定勘察结合库内开挖设计、渗透剖面布置钻孔，开挖边坡较高或地质条件复杂时，宜布置勘探平洞。当固体径流、岩溶等问题对工程影响较大时，宜开展专题研究。各坝址以坝轴线、趾板线等作为主要勘探线，斜坡坝基应沿最大坡降方向布置勘探剖面，挖填式环库筑坝坝基勘察应结合库内料场、岸坡和防渗体地基综合布置勘察工作。坝基和坝肩需布置钻孔和探洞，存在缓倾角结构面的可采取竖井、孔内电视，初步查明筑坝的工程地质条件。基岩钻孔均应作压水试验。对水库的防渗方案提出初步地质意见和建议。

对于输水发电系统工程，通过地质测绘和必要的勘探，结合水工建筑物的布置要求，初步查明上、下水库进/出水口、各输水系统线路和地下厂房等的工程地质条件，初步比选地下厂房位置及其轴线方向，对电站的首部、中部、尾部开发方式提出工程地质意见和建议。沿输水发电系统可布置物探剖面，探测隐伏不良地质体发育情况。进出水口地段可布置钻孔。在设计初步确定的地下厂房部位应布置深钻孔至厂房洞室底板以下，孔内进行高压压水试验和地应力测试。

必要时需研究厂房长勘探洞洞口、洞线的布置及其开挖实施时段，为下阶段的详细勘探作好准备。当厂房勘探洞较长，前期工作周期较紧张时，可能需要在预可行性研究阶段开始地下厂房长探洞的开挖施工。

本阶段应对天然建筑材料进行初查。优先选择上、下水库库内石料场，初步研究工程开挖石料作为天然建筑材料的可行性。

三、可行性研究阶段

可行性研究阶段工程地质勘察是在预可行性研究阶段初步选定的站址工程设计方案基础上进行的。查明水库及建筑物区的工程地质条件，论证上、下水库的成库条件，比选坝址、坝线和坝型，选择厂房位置及其轴线方向，论证厂房、输水系统围岩及上、下水库进/出水口边坡稳定性。对水库及建筑物工程地质问题有明确的结论。评价上、下水库的渗漏条件和建议水库防渗措施、边坡稳定条件及建议加固措施、坝基和坝肩的稳定性及建议工程处理措施。依据地下厂房的长勘探洞以及厂房区钻孔、岩石（体）试验等工程地质勘察成果，确定厂房位置和洞室长轴轴线方向，评价围岩稳定性和建议围岩支护型式。通过围岩工程地质特性勘察和钻孔高压压水渗透试验等，评价高压管道和高压岔管围岩承担内水压力的能力，对压力管道的衬砌型式，如钢筋混凝土衬砌或钢板衬砌，提出工程地质意见和建议。

1. 可行性研究阶段工程地质勘察内容

（1）对场地区域构造稳定性及地震动参数进行复核。

（2）查明上水库的工程地质条件。评价水库垂向和侧向渗漏条件，建议库盆防渗类型。对全库盆防渗水库，评价防渗面板地基的不均匀变形问题；评价库盆内外边坡稳定性及建议加固措施；查明坝址工程地质条件，选择坝轴线，评价坝基、坝肩岩体稳定性及渗透性。

（3）查明电站厂房及输水系统的工程地质条件。对于地下厂房，通过开挖厂房长勘探平洞及轴向探洞、钻孔等，对电站厂房洞室位置及其轴线方向、输水线路布置方案等进行工程地质条件比选；对地下厂房洞室群的围岩稳定性、压力隧洞围岩在高水头压力作用下的渗透稳定性等主要工程地质问题作出分析评价。

（4）查明下水库的工程地质条件。评价水库渗漏、库岸稳定、水库浸没、固体径流等工程地质问题；查明拦河坝和拦沙坝坝址以及泄水建筑物的工程地质条件，选择坝轴线，评价坝基、坝肩及边坡岩体稳定性及渗透性。

（5）天然建筑材料详查。包括上、下水库库盆及地下洞室岩石开挖区作为筑坝石料的勘察和试验研究。

2. 可行性研究阶段工程地质勘察方法

（1）可行性研究阶段对上、下水库及输水发电系统枢纽布置方案进行 1∶1000～1∶500 比例尺的地形图测量。

（2）水库区工程地质测绘比例尺可采用 1∶5000～1∶1000，水库边坡、库底、单薄分水岭垭口、库岸风化带、卸荷带、断裂带、岩溶通道及强透水岩层等均应布置勘探工作，勘探点间距 50～100m。上水库库岸钻孔应达到库底高程以下 10～30m，对于邻谷切割较深的分水岭钻孔，孔深应达到地下水位以下 20～50m，对覆盖层普遍覆盖的水库，宜重点进行物探、坑槽、浅井、竖井及钻孔等勘探工作。对于面板全库防渗的水库，应利用钻孔查明库盆防渗面板地基的工程地质条件。

（3）坝址区工程地质测绘比例尺可采用 1∶1000～1∶500，坝轴线、趾板线等主要勘探线，应布置平洞和钻孔。钻孔深度根据坝型、坝高来确定，符合有关规程规范要求，且一般应达到弱风化带及以下。防渗帷幕线钻孔深度应达到相对隔水层以下 10～15m。库坝区的地下水露头及勘探钻孔，应进行泉水流量和地下水位长期观测，观测时间不小于一个水文年。

（4）输水发电系统工程地质测绘比例尺可采用1∶2000，洞口、高边坡等局部地段可采用1∶1000～1∶500。地下厂房主探洞一般沿输水系统尾水隧洞轴线方向布置，洞口高程宜高于下水库正常蓄水位，底板高程宜高于厂房顶拱30～50m，底板坡度宜以自流排水为原则，平洞深度应穿过高压岔管部位。选定厂房位置后，沿初选厂房轴线布置支洞，支洞长度穿过厂房端墙不小于50m。在平洞内厂房轴线及岔管部位布置钻孔，其间距不大于50m，深度应深入建筑物底板以下10～30m。在探洞内进行岩体变形试验、岩体直剪试验、混凝土与岩体接触面直剪试验、洞壁弹性波测试、地温、有害气体和放射性测试等，在钻孔内进行地应力测试（至少采用两种方法）、高压压水试验、孔间CT测试、孔内电视等。

（5）对工程所需天然建筑材料进行详查。当利用库盆开挖石料作为筑坝料时，应按石料场的勘察要求进行详查，并配合进行挖填平衡分析，勘察储量系数最小可取1.2，必要时选择备用料场。

典型抽水蓄能电站工程地质勘察工作量汇总见表6-2-1。

表6-2-1　　典型抽水蓄能电站工程地质勘察工作量汇总表

工程名称		西龙池		琅琊山		天荒坪		丰宁	
专业	单位	工作内容	工作量	工作内容	工作量	工作内容	工作量	工作内容	工作量
地质	km^2	1∶10000 工程地质测绘	52.47	1∶10000 工程地质测绘	42			1∶10000 工程地质测绘	32
	km^2	1∶5000 工程地质测绘		1∶5000 工程地质测绘	31.39	1∶5000 工程地质测绘	6.5	1∶5000 工程地质测绘	34.82
	km^2	1∶2000 工程地质测绘	33.20		25.84	1∶2000 工程地质测绘	2.1	1∶2000 工程地质测绘	65.09
	km^2	1∶1000 工程地质测绘	9.35		6.76	1∶1000 工程地质测绘	2.41	1∶1000 工程地质测绘	24.99
	km^2	1∶500 工程地质测绘	1.02					1∶500 工程地质测绘	4.85
	km^2	1∶200 工程地质测绘	0.15						
	m	实测地质剖面	9250.0					实测地质 剖面（km）	10.7
	m/条	实测地质剖面 （水平距）	38248/52		2500				
勘探	m/孔	钻孔	8972.02/115	钻孔	8777.87/127	钻孔	10446.73/186	钻孔	12492/134
	m/个	平洞	4942/44	平洞	1335.6/23	平洞、井	2685.95/40	平洞	4470/30
	m/个	竖井	458/30	竖井	135.03			竖井	30/1
	m^3/个	探槽（坑）	39217.82/281	探槽（坑）	8040	槽、坑探	22558.95	探槽（坑）	33430
	段	压水	1267		1252			压水	2544
物探		地震浅层折射 （m/标点）	26041/9236	声波测井 （m/孔）	3286/47	电法剖面 （m/条）	4422.5/11	综合测井 （m/孔）	10585/109
		地震浅层反射 （m/标点）	2500/2321	综合测井 （m/孔）	11067/28	地震穿透波 （m/标点）	4196/6418	平洞弹性波 测试（m/个）	4261/30
		面波勘探 （m/标点）	3352/1122	声波透视 （对/点）	80/2417	综合测井 （m/孔）	195.1/6	地面地震波 剖面（km/条）	10.812/81
		地震波透射 层析成像CT （对/标点）	6/2559	电磁波对穿CT （条/点）	9/2519			EH-4测试 （km/条）	17.2/7
		平洞弹性波测试 （m/标点）	3988/4348	电磁波跨孔对穿 CT（m/对）	2000/20				
		综合测井 （m/标点）	5329/1725	平洞地震波 测试（m/洞）	1079/洞				
		竖井弹性波测试 （m/标点）	1412/2263	钻孔地震波 测试（m/孔）	210/孔				

续表

工程名称		西龙池		琅琊山		天荒坪		丰宁	
专业	单位	工作内容	工作量	工作内容	工作量	工作内容	工作量	工作内容	工作量
物探		薄层及岩组弹性波测试（m/标点）	168/865	岩溶调查地震剖面（km/条）	3.2/7				
				岩溶调查EH4电法剖面（km/条）	3.2/7				
试验		室内岩土物理力学试验（组）	317		65	钻孔压（注）水（段）	1651	室内岩土物理力学试验（组）	60
	组	岩矿鉴定及化学分析	339		33	岩土室内物理力学性质	349	岩矿鉴定及化学分析	38
	组	大型野外现场试验	187		49	土的室内管涌	18	大型野外现场试验	21
		水质分析（组）	31		21	风化土现场载荷（点/组）	6/2	水质分析（组）	14
		地下水长期观测（孔）	28		20	岩/岩、岩/混凝土室内、现场抗剪断（组）	9	地下水长期观测（孔）	57
	组	地应力测试	9		6	岩体静弹模	4	地应力测试	38
		渗水试验（组）	4	高压压水试验（孔）	2	地应力（组）	12		
		测年（组）	55	示踪及连通试验（次）	17	地下厂房模型洞收敛（孔）	13		
		回弹仪测试（点/组）	1729/173		49	磨片鉴定、黏土矿物X光差热分析（组）	262		
	段	重Ⅱ动力触探试验	298						

四、招标设计阶段

本阶段勘察工作主要是为了满足抽水蓄能电站工程招标标书编制而进行的。在可行性研究勘察成果的基础上，复核前期勘察的地质资料和结论，针对存在的专门性工程地质问题进行专门性勘察工作。同时对场区公路、补水供水工程、渣场、业主营地、施工辅助工程等前期勘察工作不足的场地地基进行必要补充勘察，地质测绘比例尺可采用1∶1000～1∶500，以钻探为主，配合坑槽、浅井、试验等。

专门性工程地质问题勘察应在前期勘察成果的基础上，根据工程的具体情况确定。必要时应对下列问题进行复核性勘察评价：

（1）对于采用防渗面板全库防渗的水库，应复核水库边坡稳定性和防渗面板地基的不均匀变形问题，复核库区开挖料用作堆石坝筑坝料的质量和储量。

（2）对于采取垂直防渗帷幕进行库区防渗的上水库，应复核防渗帷幕的范围和深度是否满足水库防渗的要求。

（3）对于不作专门性防渗处理的上水库，应复核水库的封闭条件及库岸稳定性。

（4）对于地下厂房洞室群，应复核围岩的稳定性及支护措施对围岩地质条件的适应性。

（5）对于采取钢筋混凝土衬砌的高压管道及岔管，应复核围岩的变形特性、围岩在高内水压力作用下的劈裂问题和渗透稳定性。

(6) 配合招标书的编制，提供各分标工程和设计优化调整所需的工程地质资料。

五、施工详图设计阶段

施工详图设计阶段主要勘察目的是结合施工地质工作，检验前期勘察的地质资料与结论。必要时进行专门性勘探、物探、测试及试验等勘察，重点论证特殊性工程地质问题。该阶段工程地质工作主要包括下列内容：

(1) 在施工过程中，发现上、下水库区前期勘察未揭示的渗漏通道，如透水性断裂、溶洞、风化带、卸荷带等，需要进一步查明并提出防渗处理措施建议。

(2) 在上、下水库库盆开挖过程中，发现前期勘察未曾揭示的影响岸坡稳定的软弱结构面时，需要对岸坡岩体稳定性进行复核或专项勘察。

(3) 在坝基和防渗面板地基开挖过程中，发现前期勘察未揭示的软弱岩体或泥化结构面时，应对地基稳定进行复核，并提出处理措施建议。

(4) 在地下工程开挖过程中，发现影响围岩稳定的工程地质问题时，应及时分析研究加固措施。

(5) 水库区开挖料用于筑坝时，如施工过程中发现地质条件与前期勘察有明显差异，应复核开挖筑坝料的质量、储量，必要时勘察第二料场。

本阶段勘察工作主要是通过对工程开挖面的地质巡视、编录、素描、实测、摄影、录像等手段，记录和测绘所揭示的地质现象，以及水库蓄水过程中发生的地质现象，检验复核前期勘察地质资料与结论，全过程进行动态地质分析，及时反馈经修正或核定的地质资料，预测预报可能出现的地质问题。对出现的专门性工程地质问题进行必要的勘察，提出工程处理措施建议。工程地质测绘比例尺宜选用1：1000～1：200，素描编录比例尺宜选用1：200～1：50。

地质预报以书面形式向项目建设有关单位提出；紧急情况时，可先作口头预报，但应及时以书面形式进行确认。对出现的专门性工程地质问题进行补充勘察和评价，并提出专题报告。参加与地质相关的工程验收，并提出地质意见和建议；单项工程（标段）施工结束时，编写单项工程（标段）验收地质说明书；工程度汛、截流、蓄水、机组起动验收以及工程安全鉴定时，提供相应的地质资料和意见。

施工地质工作期间，填写施工地质巡视卡或施工地质日志，记载有关施工地质事项，特别是地质条件变化、异常情况和工程重大事项，以及工程处理要求和实施结果；及时整编施工地质原始资料，包括施工地质编录资料，与项目业主、设计、监理、施工单位的来往文函等。

第三节 上水库工程地质

一、上水库地形地质条件

抽水蓄能电站上水库库址选择，原则上要求库坝区无大型区域性断裂通过，选择在区域构造比较稳定的地块上。应避开对电站工程有重大影响的滑坡、泥石流等不良物理地质现象发育区。

抽水蓄能电站上水库地形地貌特征对站址选择和电站建设有重要的影响。电站的装机规模在很大程度上取决于上水库的蓄水位和有效库容。上水库一般包括以下几种地形地貌类型：

(1) 沟谷或洼地容积和范围较大，天然地形条件能基本满足抽水蓄能电站对上水库有效库容的要求，仅在沟内筑坝就可以形成满足电站运行要求的水库。这种类型的上水库，如果库周边分水岭比较雄厚，地下分水岭多数高于水库正常蓄水位，岩体透水性微弱，水库不需要进行全面防渗处理，为比较理想的修建上水库地形地质条件。如广州、敦化、丰宁等抽水蓄能电站，就是利用天然沟谷筑坝形成的上水库。

(2) 沟谷或洼地容积和范围有限，需要开挖库区山体以满足抽水蓄能电站的有效库容。这类地貌形态的上水库可以考虑利用库盆开挖石料作为筑坝材料，尽可能做到挖填平衡，不必另设料场，又减少弃渣，是降低工程造价的有效办法，又有利于环境保护。这类上水库如果库周边分水岭比较雄厚，岩体透水性微弱，也可以考虑不作全库盆防渗。这类上水库还需注意开挖边坡的稳定性，如果作全库盆防渗面板，则库盆开挖边坡还可能受面板地基要求的限制。如北京十三陵抽水蓄能电站上水库，就是在沟谷的靠近源头部位，由于天然库容不够，利用库盆开挖石料筑坝形成上水库。

（3）山顶台坪地貌，没有或很少天然库容，基本上为完全的人工水库。这类上水库有一些缺点，如土石方开挖量和坝体填筑量较大，多数需要做全库盆防渗处理，投资较大，工期较长。这类水库往往坝轴线过长，坝基容易产生不均匀变形。如张河湾抽水蓄能电站，就是利用山顶台坪通过开挖和三面筑坝围挡，形成上水库。

二、上水库主要工程地质问题

（一）水库渗漏问题

抽水蓄能电站上水库库址地势较高，库周地下分水岭多低于水库正常蓄水位，更易产生水库渗漏问题。上水库渗漏，按渗漏介质类型分类见表 6-3-1，按渗漏途径分类见表 6-3-2，按渗漏范围分类见表 6-3-3。

表 6-3-1　上水库渗漏按渗漏介质类型分类

地下水类型		主要特征
孔隙型		发生于松散覆盖层或全强风化层，渗漏量大
裂隙型	构造带型渗漏	主要沿连通库内、外透水层和断层带渗漏
	基岩裂隙型渗漏	发生于裂隙发育岩体中
管道型		主要发生于岩溶地区

表 6-3-2　上水库渗漏按渗漏途径分类

渗流途径	主要特征
水平渗流	主要沿库岸单薄分水岭、断层、裂隙密集带等发生水平方向邻谷渗漏
垂直渗流	多发生于悬挂式水库库底，地下水埋藏深，沿垂直方向产生渗漏
水平加垂直渗流	悬挂型水库，地下水位低于库底高程，存在低邻谷及透水地层

表 6-3-3　上水库渗漏按渗漏范围分类

渗漏类型	主要特征
全库渗漏型	多为悬挂型水库，存在低邻谷，或岩溶强发育，库底及库岸均存在较严重渗漏问题
局部渗漏型	水库库底相对隔水层埋深较浅，库周地下分水岭多数地段高于水库正常蓄水位，只有局部地形垭口地段地下水位低于正常蓄水位
无渗漏型	库周地下分水岭高于水库正常蓄水位，水库封闭条件好

根据水文地质条件及其水库渗漏问题的严重程度，一般可将上水库划分为三种类型：

（1）第一类上水库。成库条件好，有一定量的天然径流入库；库岸周边地下分水岭一般高于水库正常蓄水位，而且岩体透水性微弱；只需要作简单的防渗处理即可形成上水库，如敦化、丰宁、文登等抽水蓄能电站。

（2）第二类上水库。成库条件中等，没有或仅有很少量天然径流入库；库岸周边有多于 50％地段的地下分水岭高于水库正常蓄水位，岩体透水性较微弱，但存在透水构造带、岩溶等地质缺陷；需要做局部或半库盆防渗处理，如琅琊山、泰安等抽水蓄能电站。

（3）第三类上水库。成库条件差，无天然径流入库；库岸周边多于 50％地段的地下分水岭低于水库正常蓄水位，岩体透水性较强；需要对全库盆进行防渗处理，如十三陵、张河湾、天荒坪、西龙池、宜兴、呼和浩特、沂蒙等抽水蓄能电站。

根据工程经验，上水库的渗漏量大小往往受地形、地层岩性及地质构造影响，对于上述不同渗漏类型的上水库，可根据具体的工程地质和水文地质条件，采取全库盆防渗、半库盆防渗以及局部垂直或水平防渗等工程措施。

上水库的渗漏条件和防渗型式对电站地下厂房位置的选择有一定程度的影响。如果地下厂房位置靠近上水库，则必须查明上水库向地下厂房洞室的渗漏问题。特别是对于采取局部防渗的上水库，若上水库与厂房洞室之间岩体存在张性裂隙等透水结构面，形成水库和地下洞室之间的渗漏通道，则需要作特别的防渗处理，或使厂房地下洞室远离上水库，增大上水库与地下厂房洞室间的渗径，减小或避免上水库向厂房地下洞室的渗漏量。

（二）库岸边坡稳定问题

抽水蓄能电站上水库水位升降频繁、变幅大，水位变幅带内边坡岩体动水压力变化条件复杂，容易造成边坡失稳；而上水库库容通常较小，因此库岸边坡稳定性较常规水电站水库边坡有更高的要求，边坡稳定问题是上水库重要的工程地质问题之一。

人工开挖的库盆容易造成边坡失稳，如十三陵抽水蓄能电站的上水库，由于存在缓倾向库盆内的泥化结构面，在库盆开挖施工过程中，泥化结构面暴露于边坡上，造成约一半范围的库岸边坡存在失稳问题，通过采取工程措施才使边坡达到稳定要求。对于全库盆防渗的上水库，库岸边坡作为防渗面板的地基，必须满足稳定要求。

上水库的库外边坡稳定问题也应引起足够的重视，因为上水库往往位于靠近山顶部位，一般库外边坡陡于库内边坡，若有缓倾向库外的软弱结构面发育，则库外边坡的稳定问题就必须引起高度的重视，并进行专门性的工程地质勘察。

对于采取局部防渗措施的上水库，库内处于库水位变幅带内的岩、土质岸坡，岩、土体将在天然状态和饱和状态之间、干湿状态之间周期性变化，破坏了库岸边坡原有的自然平衡条件，易引起边坡变形及稳定性的变化，导致库岸产生坍塌及滑坡等工程地质问题，需进行专项勘察论证边坡稳定性。

（三）防渗面板地基不均匀变形问题

上水库采用全库盆防渗时，应注意防渗面板地基的勘察和处理。国内外的工程实例均提供了这方面的经验教训。

对岩基内分布的破碎带、断层、软弱夹层、岩溶洞穴以及地基岩土体变形特性有明显差别的地层，应做适当加固或置换处理。美国西尼卡抽水蓄能电站，上水库围堤成库，沥青混凝土面板建于砂岩、砂页岩互层地基上，由于砂页岩地基的断层当初未作处理，面板曾经发生过严重的渗漏，后加以处理和修补。天荒坪抽水蓄能电站上水库，在第二次充水过程中，发现库底渗漏，检查发现东北侧库盆中部距进水口截水墙约40～60m处，沥青混凝土防渗面板上共有8条裂缝。根据沿裂缝开挖槽探揭示，在流纹质角砾熔岩岩基中，发育NNW和NNE向的陡倾角裂隙，全风化岩土体的渗透系数、变形模量及标贯承载力等指标十分离散，库底面板的3～8号裂缝，其下均与基岩裂隙相连。工程修复中重点解决了地基不均一变形问题，并修复了防渗面板。德国的格莱姆斯抽水蓄能电站上水库，库底存在大面积的岩溶空隙，为了防止防渗面板开裂，对地基深挖2m，岩石经破碎、整平后碾压密实，其上修建防渗面板衬砌，自1964年建成投运，工作正常。西龙池抽水蓄能电站上水库基岩为碳酸盐岩，岩层倾角平缓，其中第6层白云岩呈薄层状，分布于开挖后的库盆边坡上，厚度10m左右，风化强烈，岩体的变形模量非常低，约为其上下厚层灰岩变形模量的10%以下，岩体变形差异性大，工程施工中采取了置换措施。对于库底灰岩中的溶洞、溶蚀宽缝等，通过地质雷达探测，对埋深小于2m的洞、隙充填堆积物进行混凝土置换处理。通过上述措施，解决了西龙池上水库沥青混凝土防渗面板地基不均匀变形问题。十三陵抽水蓄能电站上水库采用钢筋混凝土面板防渗，库岸人工开挖边坡坡比1∶1.5，基岩主要为安山岩。岩体中构造十分发育，全、强、弱、微风化岩体均有分布，特别是沿开挖边坡有宽度1～5m的断层带分布，以中缓倾角倾向坡内，此开挖边坡作为钢筋混凝土防渗面板地基。通过现场岩体原位变形试验，岩体的变形模量有数十至数百倍的差异，针对这种工程地质条件的面板地基，对大型断层带和全风化岩体采取深挖1～2m，然后回填素混凝土的办法，提高面板基础强度，保证地基的差异性变形在设计允许范围内。经过多年运行的考验，防渗面板未因地基不均匀变形而开裂。

（四）坝址工程地质问题

上水库由于较少或没有天然径流，所以筑坝条件较河流上的常规水电站要简单一些，而且坝高一般不大。但是，由于坝址所处地势较高，沟谷纵坡较陡，两坝肩山体往往比较单薄，构造相对发育，岩体风化强烈。

由于上水库坝区地形条件不同，坝体可能是堵截沟谷或垭口，也可能是沿库岸围堤形成上水库。坝基的工程地质问题与常规水电站相似，主要是坝基岩体的抗滑稳定、力学强度、变形模量、渗透稳定、建基面的确定以及坝型对坝基的适宜性等问题。

根据已有工程实例，上水库往往更适合修建当地材料坝。特别是对于需要开挖有效库容的上水库，通过挖填平衡，经济上也有利。上水库坝体填筑料由于受到库区料源的局限，有时石料成分较为复杂，因此在坝体填筑时需要根据石渣料的质量情况提出相应的工程措施。

修建于沟源部位的上水库坝址，往往沟谷纵坡坡度较大，大坝需修建在斜坡地基上，如宜兴抽水蓄能电站上水库。特别是当坝基存在软弱结构面时，坝基结构面、坝体与建基面等均存在易滑动变形等不稳定条件，需作专门勘察论证。

三、上水库工程地质勘察

上水库的工程地质勘察首先必须满足水力发电工程地质勘察规范的要求，另外应根据不同渗漏类型的特点，有针对性地开展工程地质和水文地质勘察工作，并在勘察过程中根据发现的新问题，及时补充调整勘察项目。地质勘察工作应遵循分步实施、动态管理的原则。在工程招标及施工详图阶段，针对工程开挖后所揭示的地质条件，复核和修正前期勘察成果，并采取相应的工程处理措施。如出现前期未发现的工程地质问题，则必须进行专门的补充工程地质勘察工作。针对不同渗漏类型上水库的工程地质问题，突出重点地进行工程地质勘察。

（一）水库渗漏问题勘察

上水库渗漏问题的工程地质勘察工作，应从抽水蓄能电站规划选点阶段就给予足够的重视，尽可能选择库周边地下分水岭较高、岩体透水性较弱、库盆防渗条件比较简单的库址作为上水库。经过规划选点初步选定的上水库需要通过进一步的工程地质勘察，查明其渗漏类型，并提出工程防渗措施建议。在预可行性研究阶段，应在库周边分水岭的垭口部位及其坝址地段布置必要的勘察钻孔，目的是初步查明上水库的渗漏条件和建坝条件，初步确定水库的防渗型式，为可行性研究阶段的详细工程地质勘察打下基础。

上水库渗漏范围可分为全库盆渗漏和局部地段渗漏两种类型；渗漏通道也可分为两种，一是构造、风化型渗漏（低邻谷裂隙网络型渗漏、裂隙密集带、断层破碎带、全强风化带等集中渗漏）；二是岩溶管道型渗漏。要查明上水库的基本渗漏型式，首先需要进行地面地质测绘，通过水文地质的野外调查，可取得水库渗漏条件的定性分析资料，对渗漏条件作出分析评价。上水库渗漏问题勘察方法主要为地表地质测绘结合重型勘探（洞探、钻探）、水文地质试验、地下水位长期观测及地球物理勘探等。工程区三维渗流场分析计算也是评价渗漏问题的有效和实用方法。

1. 局部地段渗漏的工程地质勘察

丰宁抽水蓄能电站上水库为山间谷地，库区三面环地表分水岭，地形坡度较平缓，沟谷较宽阔，由Ⅰ、Ⅱ、Ⅲ号三条冲沟形成相对封闭的水库区地貌。库周分水岭长度约 8.8km，控制流域面积 4.4km^2，在地势上，分水岭高程总体上由东南向西北逐渐增高，山体厚度也逐渐变大。库区四周分水岭除局部哑口地段外，高程一般 1555～1719m，比正常蓄水位 1505m 高 50～214m。其中Ⅰ号沟垭口最低，地面高程为 1522m，比正常蓄水位高出 17m。库区分水岭外侧均有邻谷发育，西侧、南侧分水岭外坡为滦河左岸坡，发育有众多冲沟。东侧分水岭外为一大冲沟，沟底高程一般为 1300～1580m。北侧分水岭外有一冲沟，与Ⅲ号沟互为对顶沟。

上水库区地表大面积被第四系坡残积、洪积、崩积物覆盖，基岩出露较少，岩性主要为侏罗系张家口组火山岩，包括灰窑子沟单元（J_3Za）、水泉沟单元（J_3Zb）。另外工程区零星分布变质闪长岩和辉绿岩脉。岩性主要包括灰紫色、灰白色流纹岩、熔凝灰岩、凝灰熔岩、凝灰岩夹薄层粗安岩等。

上水库库区断层按走向可分为 NNW、NWW、NNE 和 NE 向四组，出露的断层主要有 F_3、f_{201}、f_{216}、f_{218} 等，以陡倾角为主，断层带宽度 0.3～3.0m，断层主要由断层泥、碎裂岩、碎粉岩、碎块岩等组成，另外在上水库东、南侧分水岭部位出露有 2 条裂隙密集带，宽度 5～13m。

上水库水文地质条件勘察主要布置于坝址区、环库分水岭的垭口、库底支沟及断裂发育部位，布置了大量的钻孔和压水试验工作，据钻孔压水试验资料，上水库区弱透水岩体占总压水段数的 54.97%，微透水岩体占 40.72%，中等透水仅占 4.03%，断层带透水率一般为 3.58～5.69Lu，属于弱透水。根据地下水位长期观测资料，历年最低地下水位为 4 月底左右，结合泉水点及平洞地下水位的观测情况，沟底地下水位埋深一般 0～4m，两岸坝肩和库周分水岭地下水位埋深较大，一般 27～63m，最大埋深可达 116.74m（ZK263）。坝址区地下水水力坡降左岸为 16%～25%，右岸 18%～25%。

三条冲沟沟底地下水位变幅一般为 2～3m，地下水位相对比较稳定，主要受降雨影响，当丰水年时，沟底常形成地表径流，枯水年时，流量很小；坝址及库周地下水位变幅一般为 3～10m，水位变幅不大，主要随降水量而变化。

上水库环库地下水分水岭与地形分水岭位置基本一致，其中库周地下分水岭低于正常蓄水位的库周长度为 2236m，占库周总长的 28.7%，主要分布在Ⅰ、Ⅱ号沟脑及水道系统通过水库分水岭部位即 BC、DE 和 FG 三段，如图 6-3-1 所示，需进行防渗处理。

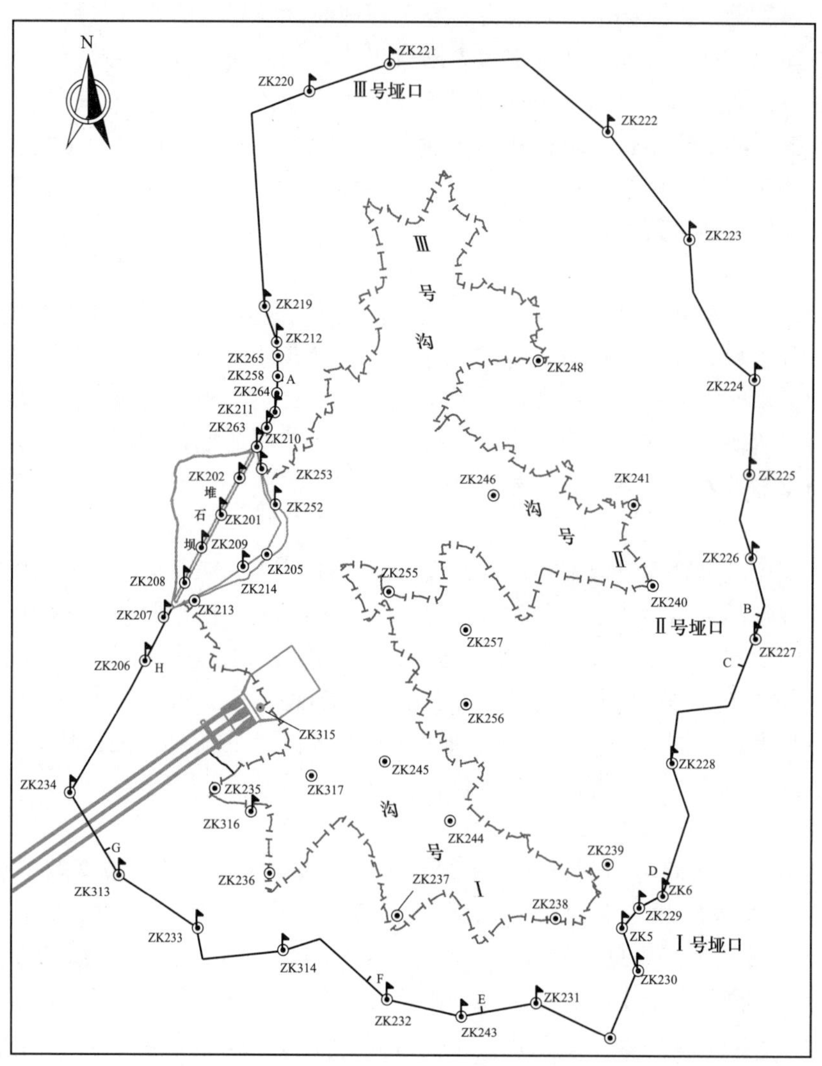

图 6-3-1 丰宁抽水蓄能电站上水库库区渗漏分析示意图

(1) Ⅰ号沟垭口分水岭。为图 6-3-1 中 DE 段，该段防渗长度为 1034m。该段分水岭大部分地下水位高于 1Lu 界线，防渗标准按 1Lu 控制，局部地下水位低于 1Lu 界线的防渗帷幕按与地下水位相接控制。该段因受地形条件等限制，防渗帷幕在灌浆廊道内进行施工，防渗深度 95～110m。

(2) Ⅱ号沟垭口分水岭。为图 6-3-1 中 BC 段，该段防渗长度为 184m，分水岭地下水位低于正常蓄水位。施工中先导孔揭示，此处岩体透水率多低于 1Lu，因此取消了此处的帷幕灌浆。但由于此处地下水位低于正常蓄水位，因此在分水岭处及上、下游共设置了 3 个水位观测升压计，水库蓄水后应加强此处观测，发现问题，及时处理。

(3) 水道系统通过库岸分水岭部位。为图 6-3-1 中 FG 段，该段防渗长度超过 1000m，分水岭地下水位低于正常蓄水位，防渗标准按防渗帷幕与地下水位相接控制。

根据上水库蓄水后运行情况分析，采取的防渗措施有效，水库渗漏量较小，满足设计要求。

2. 构造型渗漏的工程地质勘察

构造型渗漏中的裂隙性渗漏多发生在单薄分水岭、垭口部位，从地形条件分析，这些部位处在正常蓄水位高程的山体厚度多较其他部位单薄，地下水渗径较短，加之地下水坡降较大，因此容易产生集中渗漏，如泰安抽水蓄能电站上水库，有关工程地质勘察情况介绍如下。

泰安上水库右岸坝前500m库岸（横岭）段，北东向裂隙密集带横穿分水岭（横岭），具有典型的裂隙性渗漏特征；贯穿上水库库盆底部和坝基的F_1断层，其渗漏主要沿断层破碎带的走向产生，具有典型的断裂型渗漏特征。

上水库建于天然冲沟内，左岸山体雄厚，右岸山体单薄，如图6-3-2所示，坝前500m范围内在正常蓄水位410m时，局部山体宽度仅90m。岩性主要为太古界混合花岗岩。地下水为基岩裂隙水，在断层及裂隙密集带内储存和运移，受构造控制呈带状，带间水力联系较弱。工程区内未见地下水相对隔水岩体。岩体受NEE、NE向断层及裂隙密集带切割，呈条块状。规模较大的断层及裂隙密集带透水性较强，野外连通试验测得其渗透系数$K=6.0\sim6.5$m/d；规模较小者，据探洞出水情况分析计算，其渗透系数$K=0.4$m/d；而其间的岩体为微～弱透水，$K\leqslant0.05$m/d。

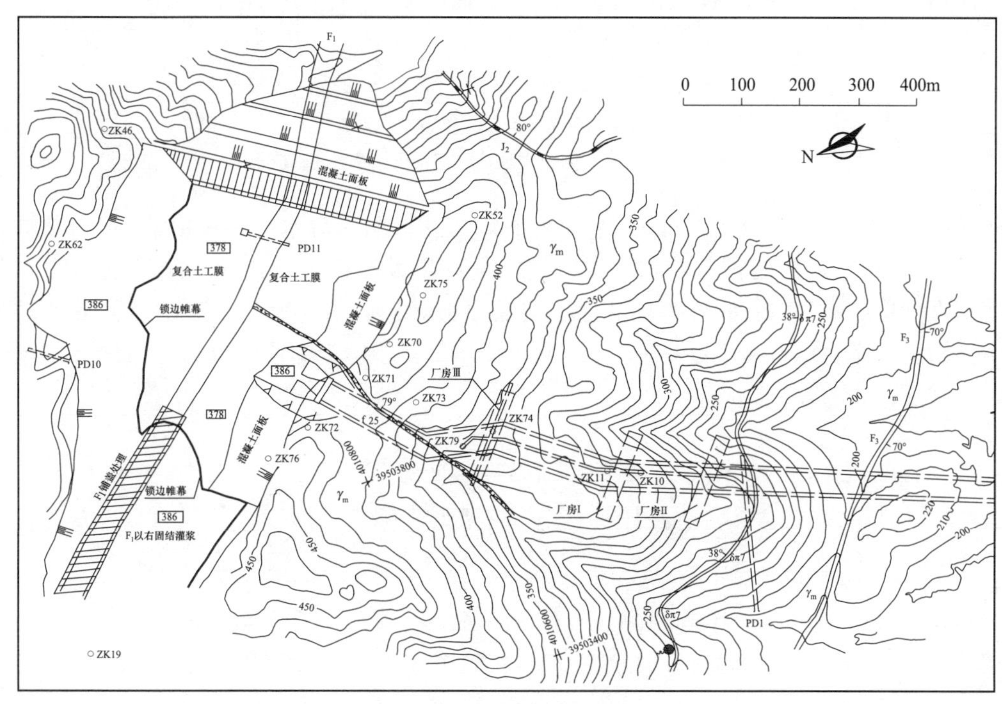

图6-3-2 泰安上水库及厂房区地质平面图

上水库右岸山体（横岭）内NEE、NE向张扭性断层及裂隙密集带发育，切割深，基岩裂隙水赋存于构造带内，呈斜列带状或束状分布，带间岩体相对完整，水力联系微弱，地下水沿断层及裂隙密集带渗流。

上水库右岸山体内原存在一较低的地下水分水岭，埋深30～60m。分水岭下游侧厂房勘探平洞PD1的开挖，打穿了具有相对隔水作用的岩脉δπ7，平洞疏排了山体内的地下水，右岸坝前500m范围内的6个长观孔观测结果显示：右岸山脊的地下水位一般接近或低于上水库对应的沟底高程，原有的地下水分水岭已被完全破坏。上水库蓄水后，库水将沿山体内NEE、NE向断层及裂隙密集带发生渗漏，尤以坝前500m范围单薄山体为甚。

F_1是上水库沿主沟发育的一条主要断层，通过坝基。断层带宽约30～50m，带内侵入有闪长岩脉（δπ）及辉绿岩脉（Nπ），沿倾向可分为：①断层带，由断层泥、糜棱岩、角砾岩组成，宽度2～6m；②断层破碎岩带，由块径3～12cm为主的碎裂岩组成，挤压紧密，宽度27～48m；③影响带，由块状裂隙岩体组成，上、下盘总宽约20m，如图6-3-3所示。

对断层组成物质进行了物理力学性质、颗粒分析、黏土矿物化学成分分析，现场抗剪、变形试验及室内外渗透破坏试验。经研究认为，断层带本身透水性微弱，渗透系数0.04m/d，可视为相对隔水岩体，但其影响带渗透系数达1.08m/d，透水性较强，会产生渗漏。断层夹泥的破坏比降室内外试验值为 3.75～8.0，虽然断层泥含量较高，主要成分为亲水矿物蒙脱石、伊利石，但断层泥在较高围压下形成，天然密度高，渗透性差（$K=1\times10^{-5}\sim1\times10^{-8}$cm/s）。毛细水孔隙处于封闭状态，限制了夹泥的充分吸水饱和及地下水渗流的物理化学作用对夹泥成分的改造，断层泥可保持天然的物理状态和较高的力学强度，在高围压状态下，蓄水后断层带夹泥的物理力学指标恶化的可能性较小，因此产生渗透破坏的可能性不大。由于 F_1 断层带的透水性具有明显的各向异性，即沿垂直断层面方向具隔水性，而顺断层面方向仍具有较大的透水性，因此对 F_1 断层在坝基出露部位仍进行了防渗处理。

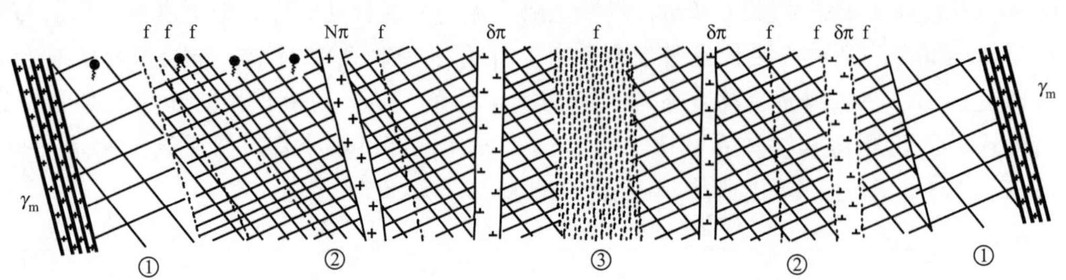

图 6-3-3 泰安平洞 PD11 内 F_1 断裂结构分带与地下水关系图

①—断裂影响带；②—断裂碎裂岩带；③—断裂断层带；γ_m—混合花岗岩；

Nπ—辉绿岩脉；δπ—闪长岩脉；f—小断层；❢—线状流水

根据泰安抽水蓄能电站工程地质和水文地质特征，上水库右岸分水岭存在沿 NEE 向裂隙性的集中渗漏通道，及沿 F_1 断层走向的坝基渗漏。在查清渗漏问题的基础上，比较了全库盆防渗、半库盆防渗、分水岭垂直帷幕加库盆内斜向帷幕等防渗方案后，最终采取了右库盆半库防渗方案，即西库岸采用钢筋混凝土面板、库底填石碾压覆盖土工膜，东库岸沿 F_1 断层用锁边帷幕封闭，向库尾延伸与西库岸相接的防渗型式，如图 6-3-4 所示。

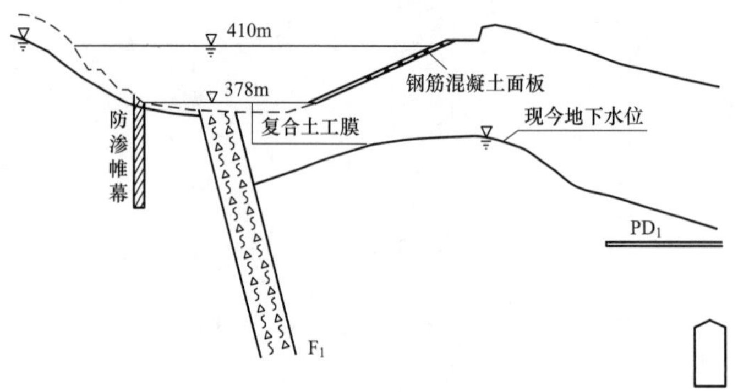

图 6-3-4 泰安防渗方式剖面示意图

3. 岩溶管道型渗漏的工程地质研究

在岩溶发育的碳酸盐岩地区修建上水库，在查明岩溶水文地质条件的情况下，可根据上水库的岩溶渗漏条件，选择水库的防渗型式。可以采取全库盆防渗，如西龙池蓄能电站上水库，也可以采取局部防渗，如琅琊山抽水蓄能电站上水库。以下介绍琅琊山抽水蓄能电站上水库岩溶渗漏问题研究实例。

琅琊山为方圆 6～8km 的孤立山丘区，主峰小丰山高 317m。总体地形地貌为“五梁六沟”。六沟为龙华寺、大狼洼、小浪洼、双泉眼、棺材洼、蒋家洼。东南侧发育有龙华寺、大狼洼、小浪洼三条冲沟，在冲沟交汇处筑坝形成上水库，上水库西南岸山体雄厚（分水岭高程 220～250m），副坝处存在低矮垭口（高程 157m）。

工程区主要有寒武系琅琊山组（$Ln^{1\sim2}$）薄层极薄层灰岩、车水桶组（$C^{1\sim3}$）中厚层灰岩及奥陶系（O_{1S}）中厚层灰岩，其中 C^2 及 O_{1S} 为易溶岩层，$Ln^{1\sim2}$ 为难溶岩层。

工程区位于紧密褶皱区，其间发育有①号向斜、②号背斜、③号向斜和④号背斜。轴线走向为 NE45°，岩层倾角大于 70°，挤压紧密。主坝坝基位于②号背斜琅琊山组地层内，副坝—龙华寺分水岭一线为③号向斜，为 C^2 沿向斜轴地层出露地带，岩溶发育。受 NW-SE 向挤压应力的作用，产生了一系列 NW 向张性断层，如 F_{15}、F_1 等。

该地区岩溶属于丘岗平原岩溶亚区河间地块岩溶。车水桶组中段（C^2）厚层质纯灰岩岩石易受溶蚀，在副坝部位 F_1 上盘为岩溶最发育区，分布有较大型地下洞穴、落水洞，而琅琊山组岩溶不发育，偶见小型溶洞。

工程区的地下水类型包括基岩裂隙水、基岩岩溶水和第四系孔隙水。副坝区岩溶水向城西水库方向（NE 向）排泄，龙华寺分水岭岩溶水向红花桥水库方向（SW 向）排泄。岩溶水赋存在 C^2 地层中，其中副坝区、龙华寺区为岩溶地下水最发育的地段。

鉴于地下岩溶发育复杂，对其发育规律的研究采取了多种手段和方法，除常规的工程地质测绘外，还进行了钻探、洞探、物探（包括地质雷达、电磁波 CT、可控源大地电磁 EH4 测试等）及试验（连通性试验、示踪试验）等工作。

首先进行了详细的地质调查工作，尤其对地表及地下（掏挖后）各种单体岩溶形态、组合形态、分布规律进行分析，以寻求岩溶发育的规律。在上水库库区调查中发现，地表岩溶呈条带状分布，因此将地表岩溶划分成三个大区，第一区位于主坝下游侧的①号向斜核部；第二区位于副坝至龙华寺一线的③号向斜核部；第三区位于库尾的大丰山倒转向斜核部。其中的二区又划分成三个亚区，分别为副坝区、库盆区、龙华寺区，其中副坝和龙华寺区构成上水库岩溶渗漏的主要通道。副坝区地表溶洞群共发现溶洞、落水洞 93 个。地表及地下岩溶主要顺层面和追踪 NW 向断裂面发育，岩溶总体展布方向均为顺层向（NE－SW）。洞体狭长，多为缝隙式洞穴型，宽度一般为 1～2m，局部 3～5m。溶洞在高程约 120m 以下一般为黏土充填，少部分为土夹碎石或粗砂，其上部见有水体。

完成可行性研究工作之前，在龙华寺分水岭共布置了 7 个勘探钻孔，其中 ZK211 孔水位约为 160m，比水库正常蓄水位低 11.8m，致使沿龙华寺分水岭是否存在水库渗漏成为尚待查明的工程地质问题。其后围绕 ZK211 孔水位较低问题，对 ZK211 及其附近的 ZK27、ZK238 三孔进行了加深，并对整个分水岭开展了 5 斜 4 直共计 9 孔（ZK307～ZK315）的普查钻探工作，其间进行了电磁波 CT、EH4 等物探测试工作。从钻孔水位资料看，有 ZK211、ZK308、ZK313 等 8 个孔的水位低于上水库正常蓄水位，ZK211 孔附近发现了宽约 110m 的地下水凹槽，如图 6-3-5 所示，因此进行了 f_{39} 断层以北地段岩溶发育地层的防渗处理（简称龙华寺Ⅰ期）。EH4 测试成果同时表明，不但在 ZK211 附近存在低阻异常区，在 ZK214 附近（120～20m 高程）也存在一个低阻异常区，便将 ZK214 孔由原来的 110m 加深到 210m。加深后，ZK214 的地下水位由原来的最小 187.5m 高程降为最小 171.28m，略低于水库正常蓄水位。据此又进行了龙华寺勘探洞（兼灌浆洞）Ⅱ期施工，勘探表明，岩溶相对较发育，形式为溶洞和溶蚀裂隙。在龙华寺Ⅱ期探洞内共发现 15 个半充填溶洞，且二期的溶洞规模要比Ⅰ期大。溶蚀现象主要发育在 F_{11} 断层影响带以北。因此龙华寺 F_{11}～f_{39} 之间也需要进行防渗处理。

针对上水库尤其是龙华寺分水岭可能存在库水外渗的问题，进行了长周期、大规模的综合观测，包括 ICP 多种示踪剂同步示踪、单孔稀释法、环境同位素、水质水化学分析方法和地下温度场等。这些方法的采用，对上水库的岩溶渗漏分析大有裨益，尤其是同位素示踪试验，找到了龙华寺分水岭渗漏的直接证据，从 ZK211、ZK307 和 ZK308 投放的示踪剂，在库外泉 301 以及库外地下水地表汇集处均检测到。在小狼洼分水岭库内 ZK8 孔投放示踪剂，在库外泉 16 检测到，最大流速为 1.2m/h，比流速为 7.3m/(d・m)，其渗漏类型为溶隙流。

副坝区共进行了 29 个溶洞的连通试验，试验表明，岩溶均具有良好的连通性，地表所发现的岩溶洞穴在地下均相互连通，经过岩溶洞穴汇集到一个或几个岩溶管道集中排泄到库外，证明副坝区渗漏型式为岩溶管道流。通过各期工程地质勘察工作和综合分析，得出琅琊山上水库渗漏类型为：副坝、龙华寺分水岭二部位以岩溶洞穴管道型渗漏为主；主坝坝基、进/出水口段、小狼洼分水岭以溶隙型渗漏为主；大狼洼山体雄厚、地下水位高于正常蓄水位，不存在渗漏问题；另外，横穿上水库的十余条 NW 向断层，也不存在沿断裂向库外渗漏的可能性。据此提出了防渗处理方案：上水库沿小狼洼分水岭（底高程 120m）→副坝坝基（底高程 30m）→进/出水口（底高程穿过 F_{15} 断层）→主坝坝基（底高程趾板以下 40m）→韭菜洼分水岭（底高程 140m）→龙华寺分水岭（底高程 80m），形成环绕半库的垂直防渗体系，并辅之岩溶强烈发育区（副坝区）的溶洞回填、黏土铺盖等综合防渗处理措施。

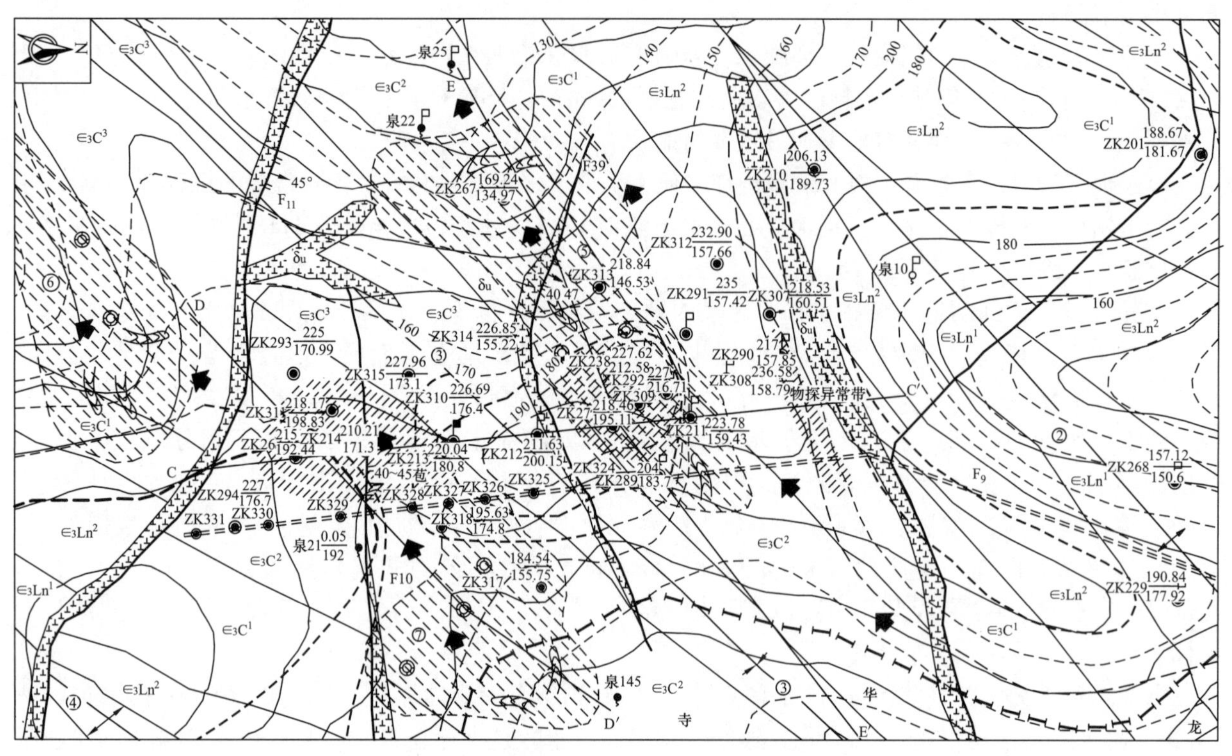

图 6-3-5 琅琊山龙华寺分水岭平面地质图

∈₃C² —车水桶组中段厚层灰岩；③—向斜轴线；f39—断层及其编号；—地下水流向；—勘探平洞兼灌浆洞；zk229 190.84/177.92—钻孔及其编号

由于岩溶发育程度、规模的多变性及随机性的影响，加之帷幕灌浆的方式、方法所固有的局限性，蓄水期及运行期加强地下水位动态观测是非常重要的。琅琊山上水库监测网布置的原则为：①监测库水顺岩层走向的渗漏情况；②监测库水顺断裂构造的渗漏情况；③泉水观测，对比蓄水前后的泉水流量变化，找出可能渗漏的部位；④监测帷幕灌浆质量和效果。必要时进行补强处理，避免在帷幕范围内出现大的渗漏问题，确保电站正常运行。

根据对上水库建成蓄水后的库周边地下水位观测资料分析，认为上水库蓄水对副坝、大狼洼、小狼洼、龙华寺分水岭的地下水位和泉水流量变化没有直接影响，大气降水仍是影响地下水位和泉水流量变化的主要因素。

4. 垂直渗漏型的工程地质勘察

在山顶台坪地区修建上水库，周边为深切沟谷，地下水埋深较深，低于库底高程，岩体透水率较大，大气降水渗入地层以垂直运动为主，水库存在较为严重的垂直渗漏问题，如张河湾抽水蓄能电站上水库，有关工程地质勘察情况介绍如下。

张河湾上水库所在的老爷庙台坪为古夷平面，呈北东-南西向不规则的条形展布，东、北、西三面受沟谷深切，地形陡峻。台坪南北长约 2000m，东西宽 250～700m。台坪的总体地势东北高，西南低，地面高程 740～846m。台坪东、西两侧为陡壁，高度达 50～60m。西侧由于西沟、西南沟及其支沟下切，最深达 130m，台缘曲折，地形复杂，如图 6-3-6 所示。

张河湾上水库地层由寒武系馒头组与长城系大红峪组组成，二者呈平行不整合接触。台坪范围为单斜岩层，褶曲平缓，岩层产状 NW350°～NE10°SE（SW）∠6～10°，局部倾角 14°。上水库位于区域性大断层 F7 与 F8 之间的相对完整岩体上，受区域大断层的影响，发育有次一级的断层 9 条，按走向可分为近南北、近东西和北东向三组，均为陡倾角断层，破碎带宽度小于 1.0m，主要由碎裂岩组成。上水库周边为深切沟谷，排泄条件较好，无地表水体分布。地下水类型为基岩裂隙水，全靠天然降水补给，大气降水渗入地层以垂直运动为主。为查明上水库库区的地下水位及岩体透水性，在库区布置了大量的钻孔（见图6-3-6），孔深50～300m不等，孔内进行压水试验和地下水位长期观测。钻孔压水试验资料表明，岩体透水性极不均一，在50m深度范围内垂直分带规律不明显，岩体以弱透水和中等透水为主，钻探过程中多数钻孔不返水，岩体渗透性强，渗透系数可达0.2～3m/d，反映地基岩体中没有明显的相对隔水层。据钻孔ZK1观测资料，地下水埋深284m，地下水位高程为523.76m，与压力管道竖井段的开挖资料所揭露的地下水位一致。库区其他钻孔未揭示到地下水位，说明上水库库区地下水位埋藏深度大，远低于库底高程，岩体中没有明显的相对隔水层，上水库库盆地基存在严重的垂直渗漏问题。因此，上水库采用了沥青混凝土面板全库盆防渗。

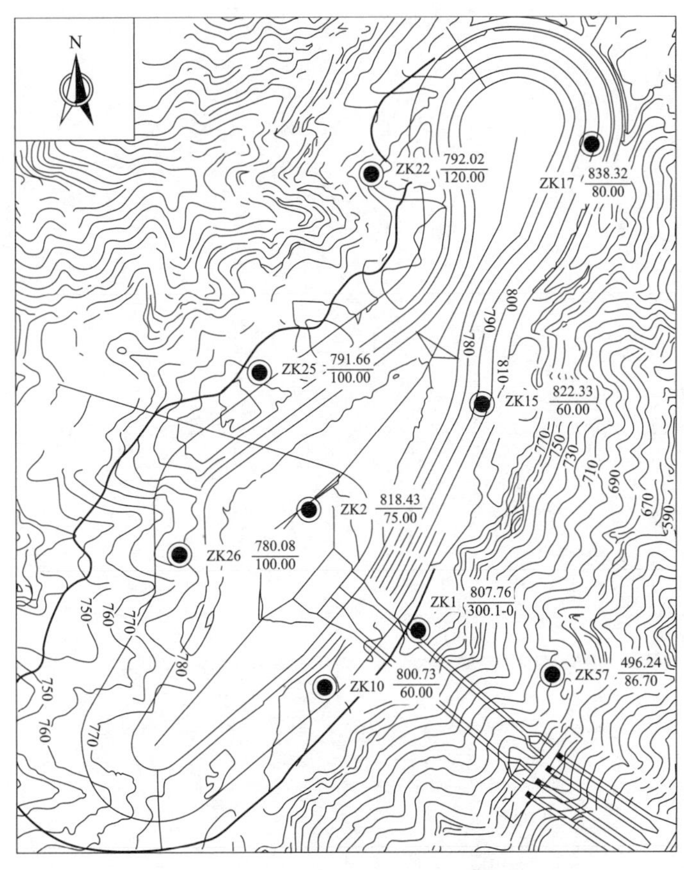

图6-3-6 张河湾上水库钻探布置图

（二）库岸边坡稳定问题勘察

上水库库岸边坡分库内和库外边坡，稳定问题包括几方面内容，一是自然边坡的稳定性，二是工程边坡的稳定性，个别工程还存在水位变幅带边坡稳定性问题。

1. 上水库自然边坡稳定性勘察

（1）库内自然边坡。以冲洪积层、残坡积及风化带构成的土质边坡，受上水库水位升降频繁、变幅较大的影响，在动水情况下，岸坡内的动水压力作用破坏机理较为简单。勘察一般需要考虑岸坡的水下休止角、水下稳定坡角，以及浸水对软弱层面强度的影响、孔隙水压力等，并对滑坡方量进行必要的计算，提出工程处理措施，如挖除、拦挡、护坡等。

对于岩质边坡，动水压力对其影响较弱，但地下水的长期浸润作用，对边坡稳定影响较大，尤其是水库正常蓄水位以下的边坡。库水浸润的长期作用会导致软弱结构面（尤其是泥化夹层、断层泥等）的物理力学指标进一步降低，易产生边坡失稳，对这类问题必须引起高度重视。

（2）库外自然边坡。十三陵抽水蓄能电站上水库西外坡，原始地形为一单薄分水岭，库盆开挖过程中被夷平。库盆外侧自然边坡为25°～35°，内坡以1∶1.5开挖后，酷似一座天然堤坝。库盆开挖过程中发现西坡岩体内有倾向库外的f_{207}、f_{212}等缓倾角断层分布，其泥化结构面构成了坡体滑移变形的潜在滑动面，存在发生变形破坏的可能性，可能发生滑动的边坡长度约为450m。对此进行了1∶500工程地质测绘，地勘竖井10个、总进尺375m，以及针对软化（泥化）结构面专门的试验研究，包括矿物鉴定、化学成分分析、抗剪强度、变形模量等。查明了结构面（f_{212}、f_{207}、$f_{\xi\pi}$等）的分布，通过室内外试验表明，断层泥的基本特性为黏粒含量高、亲水性强、水稳性差、透水性弱、具片状结构、遇水极易泥（软）化、可塑性大、抗剪强度低。基于以上特性结合地质经验判断，给出力学参数$c=20\sim30$kPa、$\phi=12°$，进行边坡稳定分析计算。综合分析认为，西外坡岩体存在浅层滑动（见图6-3-7）和深层滑动（见图6-3-8）的可能性。通过上述的工程地质勘察，选择了预应力锚索抗滑桩加固处理方案，从工程地质角度分析，预应力锚索与抗滑桩联合使用，对控制桩体的倾倒变形有良好的效果。

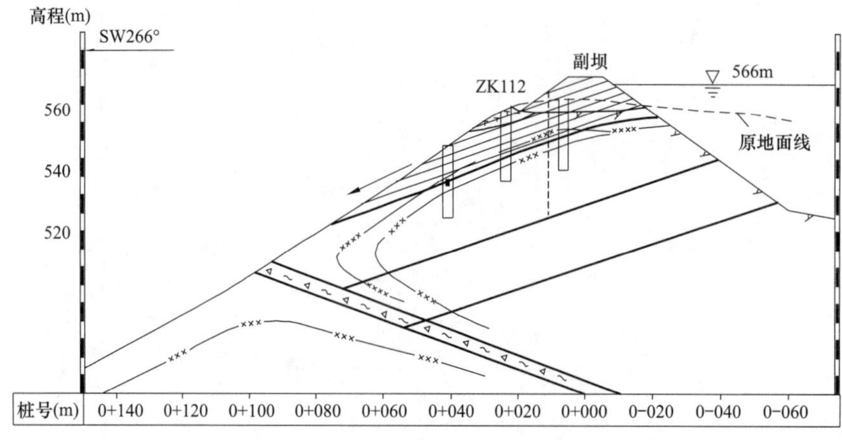

图6-3-7 浅层滑动示意图

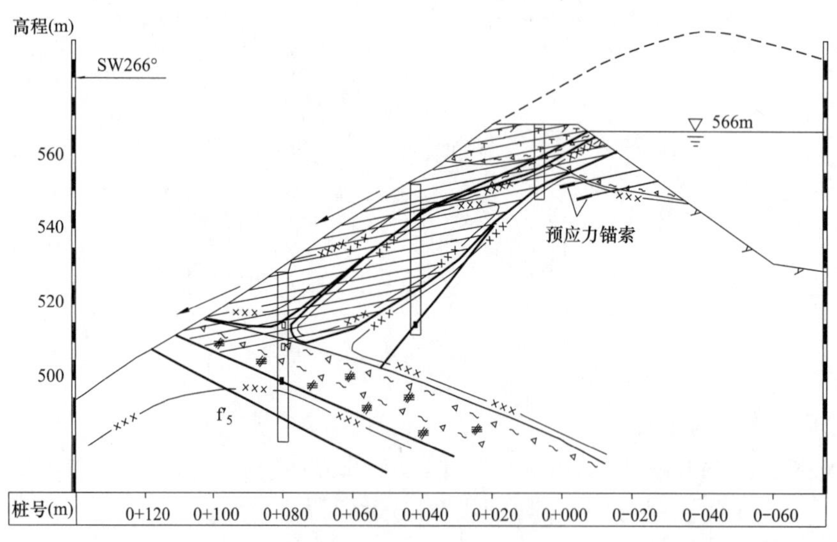

图6-3-8 深层滑动示意图

张河湾上水库山体为一高悬台坪，地面狭窄，东、西两侧台缘陡壁高达50～60m，受卸荷、风化、构造等内外营力作用，岩体强度已经弱化。台坪周边存在20～60m宽强卸荷带。台缘边坡在库区西北侧（A区）、西侧（B区）、东南侧（C区）和东北侧（D区）四个区均有冲沟深切，沟内断裂发育，沟谷两侧边坡岩体卸荷强烈，岩石较破碎，对坝基及外侧边坡稳定不利。此外东侧台缘上陡崖还存在有Ⅴ、Ⅵ、Ⅶ号潜在崩塌体。其中Ⅴ号潜在崩塌体位于下水库进/出水口和地面开关站的上方，Ⅶ号潜在崩塌体处于基础处理D区附近，距坝轴线较近，存在较大安全隐患。其中A区库外边坡的稳定性较为典型，其位于上水库台坪西北侧西沟内，桩号K1＋620～K1＋805.678，西沟下切深度约130m，沟头向台坪内部延伸，使台坪宽度缩窄到250m。沟两侧边坡陡峻，坡度达70°以上。

该区基岩大部分为长城系石英砂岩，只在冲沟两侧坡顶及沟头处出露有寒武系砂泥岩夹泥灰岩。沟内发育断层 F_{18}，产状为走向近 EW、倾向 S、倾角 85°，断层破碎带宽 0.6～1.5m，主要由碎裂岩、碎粉岩和断层角砾岩组成。该区地势较低，台缘曲折，由于岩层倾向坡外，众多软弱夹层在陡壁上出露，强卸荷带宽 50～60m，有部分坝基坐落于强卸荷带上，存在地基不均匀变形和坝基深层抗滑稳定问题。为此在施工过程中对此区域采取了预应力锚索和回填开挖石渣的加固处理措施。锚索采用 1500kN 无黏结预应力锚索，共计 59 根，下倾 30°，长度 34～64m，穿过软弱夹层 R_{d3-3} 或强卸荷带，如图 6-3-9 所示，后期监测数据表明，经采取工程加固措施后，本段库外边坡处于稳定状态。

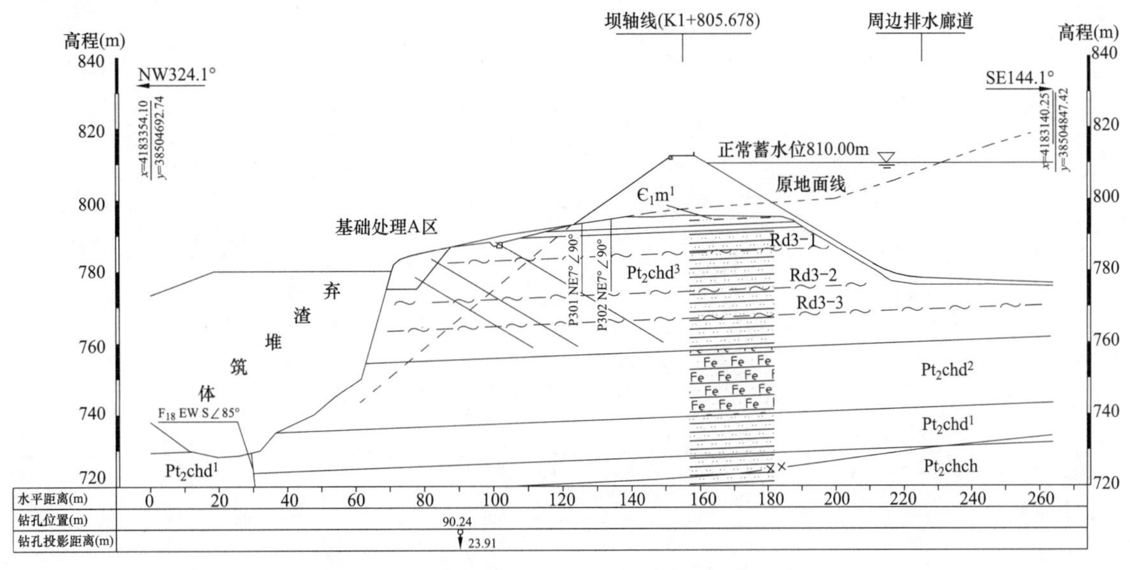

图 6-3-9　张河湾上水库 A 区边坡处理示意

2. 上水库工程边坡稳定性勘察

上水库工程边坡多形成于库盆开挖后的内边坡、进/出水口段的高陡边坡，这类边坡在自然状态下是稳定的（或不存在），但在工程开挖后出现不稳定并可能对工程形成一定的危害。需要进行必要的工程地质勘察，了解地形地貌特征、地层岩性、地质构造，尤其是软弱结构面、水文地质特征，对边坡稳定性进行分析，并尽可能及早提出工程处理措施。

西龙池抽水蓄能电站上水库在库盆开挖过程中，第六层白云岩环库盆分布，上覆的岩体（第七层灰岩及第八层白云岩）厚度大于 25m。竖井及钻孔勘探表明，该层岩体风化比较严重，大部分呈全强风化状态，在力学特性上表现为全强风化的白云岩与其间夹杂的弱风化心石、上覆第七层灰岩及下伏第五层灰岩的变形模量差异很大，第六层全强风化白云岩变形模量试验值最低为 2～3MPa，最高也仅为 13MPa，与上覆、下伏的灰岩变形模量相差达 3500～500 倍。因此，存在库盆边坡变形稳定问题，变形量过大将导致面板拉裂，因此对该部位向内开挖 2m，用碎石水泥混合料进行置换处理。

十三陵抽水蓄能电站上水库库盆以 1∶1.5 的坡比大体积开挖，一般挖深约 10～15m 不等，库岸坡高 37m。由于岩体破碎结构松散，缓倾角断层泥软化结构面抗剪强度低（ϕ=10°～12°），且分布广泛，所以整个库盆长度（1135m）范围内，约有 75%的边坡岩体产生了大体积滑坡、塌滑、蠕动变形或潜在有可能发生滑动变形破坏的泥化结构面地段。北岸自然地形为近东西向山梁，在山梁南侧开挖构成库盆北岸岸坡和库盆边坡。库盆周缘坡度为 1∶1.5，库顶以上坡度为 1∶0.7～1∶1.5。在开挖过程中，北岸山体沿断层面产生滑坡体滑动位移。该滑坡体的体态随着库盆的开挖，有着不同的变化。在整个开挖过程中先后沿 f_{206} 断层形成Ⅰ～Ⅳ级滑坡。f_{206} 断层始终构成滑坡体的滑床。开挖成型后，留在库盆北岸和库缘的滑坡体，其东侧为 f_{206} 断层、西侧为 f_{214} 断层，北侧为山梁北坡自然地形处的砾岩与安山岩交界带（见图 6-3-10）。临空侧为库盆、滑床为 f_{206} 断层。滑坡体为顶宽 50～90m、长 100～150m，深（厚）10～40m 的四面体，体积约 18 万 m^3。滑坡体大体上由以下三种物质组成：①表层残坡积土石和全强风化层；②弱-微风化安山岩；③断层破碎岩。为研究滑动面的抗剪强度，对断层面的泥取样作了室内试验。试验成果及反演计算表明，f_{206} 断层面的抗剪强度指标 $\phi=10°\sim14°$、$c=10$kPa 接近于实际情况。由于环境条件的限制，滑坡体没有彻底根治，只是在滑坡体范围内改为 1∶1.5 的坡比削坡开挖，坡顶出现拉裂缝，以左行斜列贯通山梁延伸至北坡，总体方向为 NW330°～350°。裂缝张开宽度大多为 5～8cm，宽者达 10cm 以上。最终形成以 f_{206} 断层为滑床，西界为 f_{214} 断层带的大型滑坡体。对此滑坡的工程处理措施有：滑坡顶部岩体卸载挖除；锚索加抗滑桩加固；坡面护理及排水，防止地表水下渗恶化滑坡体稳定性；另外，还在开挖断面外侧周缘作排水沟防止地表水渗入滑坡体。

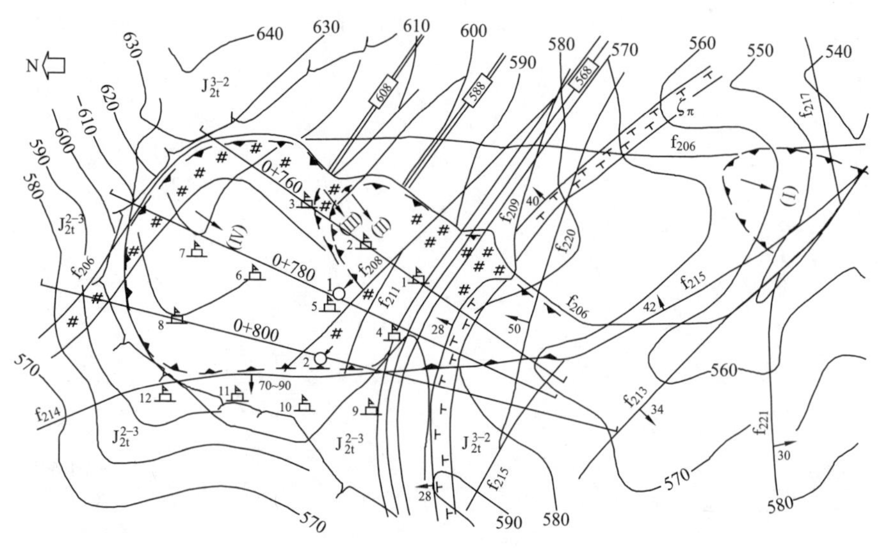

图 6-3-10 十三陵抽水蓄能电站上水库岸坡滑坡工程地质图

图例 —砾岩与安山岩界线；—正长斑岩岩脉及产状；—断层产状及破碎带；—滑坡及滑坡级数；—开挖轮廓线；—马道及高程；—测斜仪孔；—地表位移观测标点

3. 上水库水位变幅区边坡稳定性勘察

对于采取局部防渗方案的上水库，利用除工程开挖边坡以外的自然边坡作为库岸边坡，尤其是自然边坡为土质或全强风化带时，水位变幅区的库岸稳定性需进行必要的工程地质勘察论证。奉新抽水蓄能电站上水库左、右岸覆盖较厚，局部全强风化带埋深较深，因此进行了专项勘察研究、稳定性估算和工程处理措施。

上水库区为狭长型水库，正常蓄水位 780m，死水位 751m，柳源溪沟底高程 701.2～780m，蓄水后运行水位升降波动幅度大，水位变化带达 29m 左右，最大水深达 79m。两岸山体雄厚，地形较完整，冲沟不发育；基岩岩性为黑云母二长花岗岩，仅进/出水口山坡及右岸坝后便道边坡局部有基岩出露，呈全～强风化，其余多为第四系残坡积覆盖，主要为砂质黏土，厚度一般 1～10m，局部达到 25m。库岸岩体风化较深，左岸全风化和强风化上段埋深一般 2～29m，其中分水岭沿线一般 18～29m；右岸全风化和强风化上段埋深一般 13～31m，以 F_1 断层附近风化最深，为 22～31m。

上水库左库岸长度约 1.35km，右库岸长度约 1.10km，山脊高程均在 880m 以上。库岸小型浅蚀冲沟较发育，右岸中段～库尾发育有烂草湖冲沟和 1 号冲沟。根据上水库库区工程地质测绘和钻探、洞探成果，结合岸坡的地形地貌、覆盖层和全风化层厚度及性质的差异、稳定性估算结果、库内石料场布置等，将库岸划分为 6 个库岸段，其中左库岸 3 段，右库岸 2 段及库尾 2 段，各库段分布位置如图 6-3-11 所示。

根据库岸分区，对天然状态下的土质岸坡稳定进行分析，计算方法选择简化 Bishop 法、Spencer 法、Morgenstern-Price（M-P）法，主要计算参数见表 6-3-4，计算层位为残坡积层、全风化层和强风化上段。

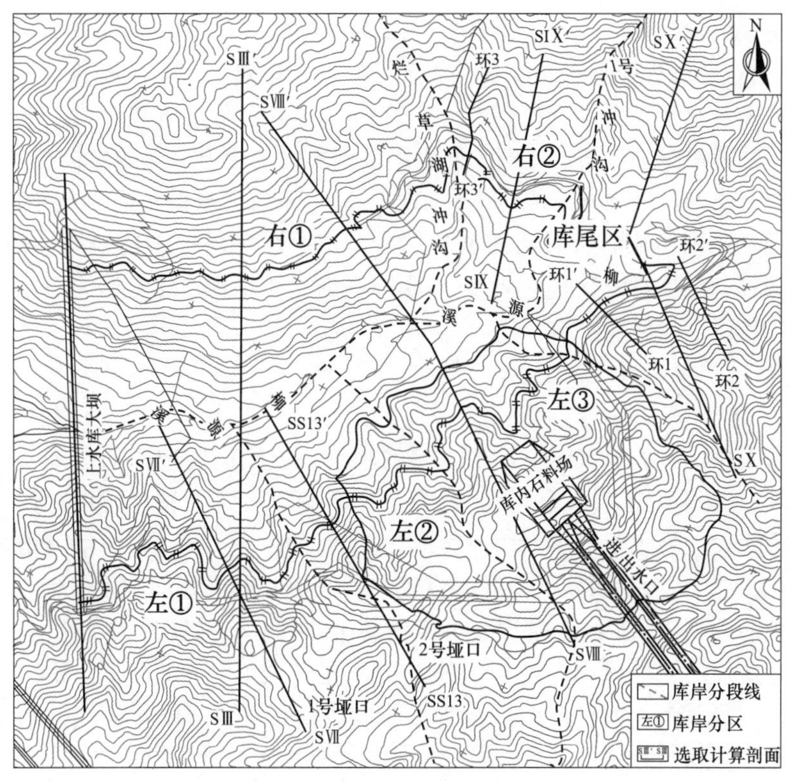

图 6-3-11 奉新上水库库岸分区

表 6-3-4　　库岸土质边坡稳定性计算参数取值表

土层	容重			饱和固结快剪	
	干	湿	饱和	凝聚力 c	内摩擦角 φ
	kN/m³			kPa	(°)
残坡积砂质黏土	15.90	18.90	20.05	19～20	23～24
全风化	16.50	19.60	20.44	23～24	27～28
强风化上段	17.30	19.70	20.85	22～24	29～30

综合分析，上水库库岸以土质岸坡为主，自然边坡天然工况下安全系数为 1.128～1.768，满足各库岸段边坡安全系数要求，自然岸坡稳定；经计算自然边坡在天然＋暴雨工况下，安全系数为 1.051～1.606，同样满足各库岸段相应边坡安全系数要求，岸坡稳定。在水位骤降工况下，左①区和右①区库岸边坡不稳定，安全系数不满足要求，潜在失稳区域主要为水位变幅区的覆盖层和全风化岩体，需进行工程处理。左①区该库岸段坡度总体较大，地形起伏，局部较陡，边坡稳定性较差，拟对陡坡处采取削坡处理，开挖坡比 1∶2.5，开挖后的土质边坡采用 40cm 厚干砌块石护坡。右①区岸坡为覆盖层及全风化层组成的土质边坡，受库水影响库岸稳定性较差，拟对陡坡处进行回填石渣碾压夯实处理，坡比 1∶2.5～1∶3.0，坡顶高程 787.00m，在 760.00m、735.00m 高程设 3.0m 宽马道。回填石渣边坡采用 C20 混凝土网格梁及 40cm 厚干砌块石护坡。

（三）防渗面板地基不均匀变形问题勘察

抽水蓄能电站水库采取全库盆防渗时，防渗面板多为沥青混凝土面板或钢筋混凝土面板，面板地基要求库岸边坡规整，一般均为人工开挖边坡，应注意防渗面板地基的不均匀变形问题。

地基不均匀变形主要是库盆范围分布有力学性状较周围岩体相差较大的软弱地层、断层破碎带、不同类型的风化带、厚度较大的松散堆积物及溶洞等，这些软弱岩土体与相邻岩体变形特性相差很大，作为防渗面板地基，在水压作用下产生不均匀变形。一般需对软弱岩土体进行置换或加固处理。

如西龙池抽水蓄能电站上水库，在库盆开挖过程中，第六层白云岩环库盆分布，上覆的岩体（第七层灰岩及第八层白云岩）厚度大于 25m，该层岩体风化比较严重，大部分呈全强风化状态，在力学特性上表现为全强风化的白云岩与其间夹杂的弱风化心石和上覆第七层灰岩及下伏第五层灰岩的变形模量差异很大，第六层全强风化白云岩变形模量试验值最低值为 2～3MPa，最高值也仅为 13MPa，与上覆、下伏的灰岩变形模量相差达3500～500倍。因此存在库盆边坡面板地基不均匀变形问题，因此对该部位进行开挖2m，并进行碎石水泥混合料的置换处理。西龙池上水库面板地基还存在溶洞，下水库面板地基有寒武系基岩及晚更新世洪积碎石土，这些都是引起面板地基不均匀变形的因素，施工期均采取了相应的工程处理措施，电站运行期未发生因地基不均匀变形引起的面板破坏。

一般在工程地质测绘的基础上开展地质勘察工作。通过采取必要的地质勘察手段，如钻探、竖井、坑槽探等，查明全强风化带、软弱岩层及大型断层带、深厚覆盖层等不良地质体的分布位置和范围，并通过岩土体变形试验（包括室内及原位试验），取得各类岩体物理力学参数，分析地基不同类型岩土体的力学差异性，并建议工程处理措施。

（四）坝址工程地质问题勘察

1. 坝址勘察

与常规水电站水库相比，抽水蓄能电站上水库的坝址、坝线位置选择的范围一般较小。一种情况是在冲沟内选择坝址，这类坝址的坝线位置在冲沟上下游尚有一定的选择范围。如琅琊山上水库，前期勘察比选了两条坝线，上坝线于琅琊山组难溶岩地层，下坝线位于车水桶组易溶岩地层内，两坝线距离约420m，经综合比较认为，虽然下坝线库容较大，但坝基岩溶处理难度较大，工程费用高，因此选择了相对容易处理的上坝线。另一种情况，如张河湾上水库，有效库容为720万m^3，上水库为天然的台坪地形条件，需要开挖围堤成库，由于山体三面临空，地形狭窄，因此坝线（环库长约1900m，环库总长约2800m）选择基本无调整余地，虽然存在构造断裂发育、风化较强、卸荷严重和众多软弱夹层等对坝基抗滑稳定不利的情况，但难以规避，主要靠采用工程处理措施来保证大坝安全。

2. 斜坡坝基

修建于沟源部位的上水库坝址，往往沟谷纵坡坡度较大，大坝修建在斜坡地基上，如宜兴抽水蓄能电站上水库。特别是当坝基存在软弱结构面时，坝基结构面、坝体与建基面之间以及坝体本身等均存在易滑动变形等不稳定条件，需作专门勘察论证。

宜兴抽水蓄能电站上水库主坝坝基沿沟谷纵坡坡度在20°以上，局部超过30°。岩层为石英砂岩夹泥质粉砂岩和粉砂质泥岩，层面产状向下游缓倾，倾角10°～15°。坝轴线处最大坝高75m，原设计贴坡式堆石坝，坝脚至坝顶最大高差达285m。后改为在面板坝坝轴线下游水平距离135.5m处，建一座最大高度达45.9m的混凝土重力挡墙。挡墙墙趾至大坝坝顶的最大高差为138.2m，减少了约一半。因此，斜坡地基抗滑稳定问题成为坝基的主要工程地质问题。坝基开挖后，建基面局部残留的软弱岩层ST9，其工程性能尚好，不构成浅层滑动的边界条件，坝基产生浅层滑动的可能性小，据前期堆石料与基岩面间的大型直剪试验成果，堆石料与基岩面的抗剪强度均小于堆石体本身的强度，坝基浅层滑移面即为堆石料与基岩的接触面。为此，坝基开挖自上而下分为7～10个台阶，增加了坝基面的起伏程度，提高了堆石体在斜坡岩面的稳定性，如图6-3-12所示。坝基岩层缓倾下游，基岩内发育ST9、ST10、

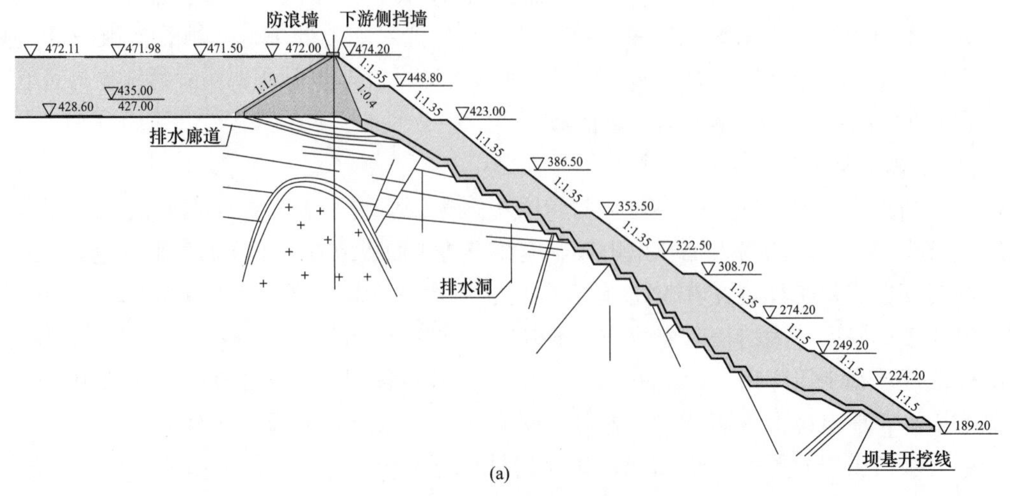

图6-3-12 宜兴上水库坝体剖面图（一）

(a) 优化前体型；(b) 优化后体型

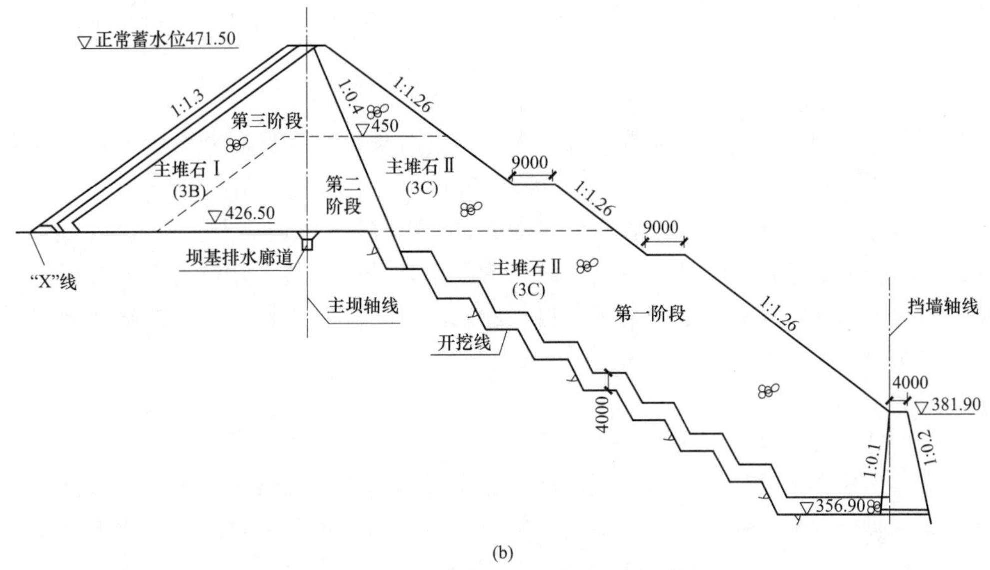

图 6-3-12 宜兴上水库坝体剖面图（二）

（a）优化前体型；（b）优化后体型

ST21 等软弱岩层，且其沿上、下界面发育有构造型软弱夹层和层面节理分布。经前期勘探揭示，软弱夹层沿层面充填岩片、岩屑，局部泥化，厚度 1～2cm，经统计，该类缓倾结构面的连通率为 32.1%～41.9%。坝基地形纵向坡度陡峻，形成天然的临空面，NW～NWW 向断层及岩脉构成侧向切割面，与缓倾结构面相组合，具备产生深层滑动的边界条件。通过加强坝基排水、堆石体坡面浆砌石护坡及下游设置了重力挡墙等工程措施，提高了坝基的抗滑稳定性。

第四节 下水库工程地质

一、下水库地形地质条件

（一）下水库主要类型及其工程地质特点

根据国内外已建和在建的大型抽水蓄能电站站址的自然条件，下水库一般可划分为以下四种类型：

（1）利用已有水库改建的下水库。该类型水库通常要改变原水库的运行方式，需查明与蓄能电站设计相关的工程地质问题，并对改扩建工程进行专门的工程地质勘察。应注意收集已建水库的工程地质资料，重点查明改建工程建筑物的工程地质条件及存在的工程地质问题，如拦河坝的稳定、渗漏，溢洪道的适应性和水库的浸没、库岸稳定等问题。

张河湾抽水蓄能电站利用已建张河湾水库作为下水库，拦河坝在原坝体上续建加高而成。前期勘察过程中，坝址区主要针对已建浆砌石重力坝坝体质量、坝基抗滑稳定、坝基变形、坝基和绕坝渗漏等问题进行勘察及评价；库区主要针对水库渗漏及库岸稳定等问题进行勘察及评价。

（2）在高山峡谷河川溪流上修建的下水库。该类型水库有时具有坝高较高、库容较小，水位日变幅大的特点。例如，天荒坪抽水蓄能电站，下水库坝高 96m，水位变幅为 49.5m；日本的大河内抽水蓄能电站，下水库坝高 102m，水位变幅达 50m。

（3）在大型冲沟、山间盆地、山前平原等非河流地段修建的下水库。该类型水库由于缺乏天然径流，一般需从相邻区域寻找水源引入。例如，西龙池抽水蓄能电站，下水库选择在滹沱河左岸的大龙池沟，高出河床 176m。沟内无永久性天然补给水源，需要从滹沱河段家庄泉群水源区取水引入下水库。在非河流地段修建的下水库，水库渗漏及高边坡稳定问题可能更加突出，有的支沟存在固体径流问题。有时需要进行全库盆的防渗处理，其库坝区勘察内容类似于上水库。

（4）利用湖泊、大海等天然水体作为下水库。例如，美国的拉丁顿抽水蓄能电站，下水库是密执安湖；意大利的德里奥湖抽水蓄能电站，下水库是马季奥内湖；日本的冲绳抽水蓄能电站，下水库是日本冲绳岛的大海。利用天然水体作为下水库时，应查明其成因，论证在水位频繁变化影响下，可能诱发的地质灾害。查明电站进/出水口地段及围堰的工程地质条件，有时还需查明可能发生塌岸和泥石流的情况。

（二）下水库地形地质条件

抽水蓄能电站下水库为电站运行提供水源，水库须具备满足电站运行的有效库容及损失水量的补充要求。优良的下水库宜具备如下几方面的地形地质条件：

（1）下水库的地形条件要符合蓄能电站水工建筑物布置的要求：①要与上水库之间水平距离较近，且上下水库之间有较大的落差；②满足电站有效库容要求，否则需人工开挖有效库容以弥补不足。如呼和浩特抽水蓄能电站下水库，由于拦河坝与拦沙坝之间天然库容不够，采取挖除河床覆盖层和开挖左岸库岸的办法扩大水库库容。

（2）下水库的水源要有保证，最好是沟谷的天然径流能够满足电站的补水要求，或者有技术上可行、经济上合理的补充水源和引水线路可供选择。

（3）下水库自然封闭条件较好，不存在古河道、岩溶溶洞或地下暗河、连通库内外的大型区域性张性断裂带、岩体强烈深厚风化带等水库渗漏通道。最好是周边地下分水岭高于水库正常蓄水位，则水库防渗问题就比较简单，对于坝肩及低矮垭口局部地段，地下水位可能低于正常蓄水位，可作局部防渗处理。

（4）下水库库岸边坡稳定性好，避免有规模较大的滑坡、崩塌体等分布于库岸。特别是对于有工程开挖边坡的下水库库岸，边坡稳定问题应特别引起注意。

（5）下水库的上游河谷及其两岸大型冲沟内固体径流量大小，也是评价下水库自然条件优劣的主要因素之一。不能有大型泥石流对水库有效库容造成重大影响，对于泥沙含量较大的河流沟谷，可修建拦沙坝和泄洪排沙洞进行工程治理。

（6）坝址处河谷较窄，河床覆盖层较浅，两岸基岩出露较好，坝基、坝肩基岩不存在抗滑稳定和渗透稳定问题。对于局部的工程地质问题，可通过工程措施加以处理。

二、下水库主要工程地质问题

（一）水库渗漏问题

对于上述不同类型的下水库，其渗漏条件不尽相同。对于第（1）类下水库，在不改变原水库运行条件（即不抬高原已建水库正常蓄水位）的情况下与第（4）类下水库一样，一般不易产生严重的水库渗漏问题。对于第（2）类下水库，有一定的天然径流入库，当库岸的地下水位高于水库正常蓄水位时，一般不存在水库渗漏问题。第（3）类下水库位于非河流地段，缺乏天然径流，库周地下水位可能低于水库正常蓄水位，水库渗漏问题比较严重，需重点勘察研究水库渗漏问题和防渗措施。

十三陵抽水蓄能电站利用原十三陵水库为下水库，其水源不足部分需从白河堡水库引水，电站运行时要求下水库的水位保持在87m高程以上。该水库位于燕山山脉向华北平原过渡地带，为一山间盆地，勘察资料表明，其左、右两岸及水库大坝均不存在渗漏问题，但库尾存在从大宫门古河道向库外渗漏的问题，如图6-4-1所示。为保证电站运行时下水库所必需的水位，库尾防渗墙的设置深度是关键。如果将防渗墙打穿覆盖层（60m）置于基岩上，自然可解决渗漏问题，但造价高，施工难度大。通过钻孔、物探、水文地质综合勘察，查明了十三陵水库库盆内的冲积层具有明显的三元结构，如图6-4-2所示，即上、下部均为砂砾石层（各厚约20m），中部为黏土、粉质黏土层（厚14～20m）。经抽水试验，三层的渗透系数分别为$K=100$m/d、0.001m/d、40m/d。经过充分论证该黏土层在库盆内普遍存在且连续分布，可作为隔水层。针对大宫门古河道的渗漏问题，在库尾半壁山至蟒山之间设库尾堤坝下接地下防渗墙，与覆盖层中的黏土层相连接。

沂蒙抽水蓄能电站下水库为新建，位于薛庄河右岸的鲁峪沟内，坝址位于沟口上游约700m的沟谷处。两岸山体雄厚，不存在深切邻谷，基岩透水性较弱，地表水、地下水均补给河水，库区分水岭高程、地下水位和相对不透水岩体（$q<1$Lu）高程均高于水库正常蓄水位，库区不存在渗漏问题。下水库自2020年7月蓄水至正常蓄水位以来，未发生水库渗漏问题。

（二）库岸边坡稳定问题

为了选取高水头、大落差的优越站址，下水库往往选在高山峡谷地段、断陷盆地周边或两构造单元之间低洼地区，地质构造比较复杂。库岸边坡岩体受构造断裂切割，并在卸荷、风化等地质应力的长期作用下，局部岩体可能产生失稳。因此，下水库高边坡的稳定，成为抽水蓄能电站比较突出的工程地质问题之一。

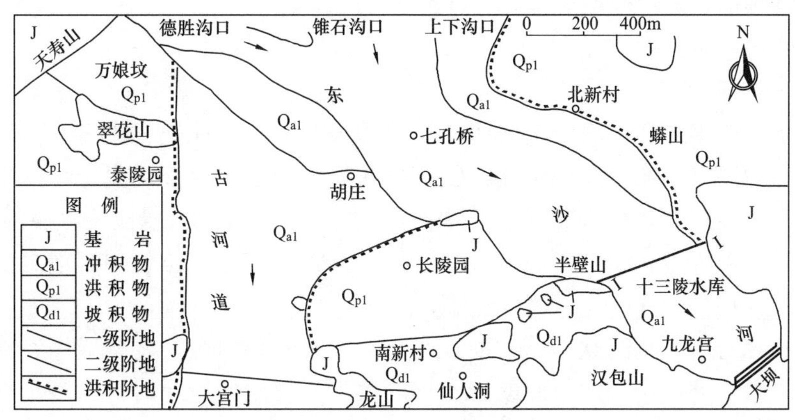

图 6-4-1 十三陵盆地地质图

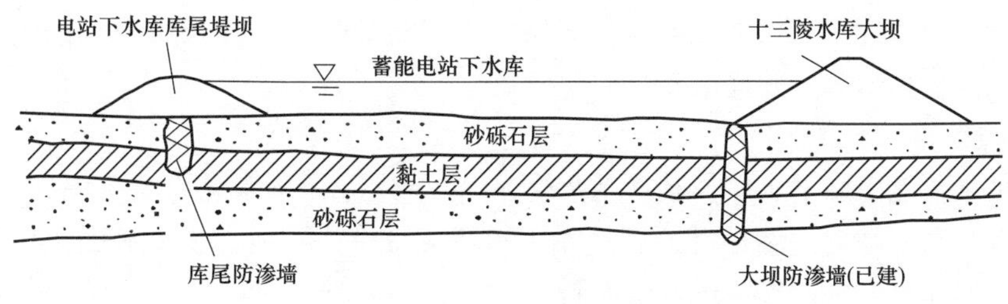

图 6-4-2 库尾防渗墙及黏土层利用示意图

张河湾下水库进/出水口的后缘陡崖边坡，岩体在重力作下产生卸荷现象，主要表现为平行于岸坡的裂隙张开宽达数十厘米，向下延伸数米至十余米。通过弹性波测试，岩体纵波波速 v_P 值低于 2800m/s，属于强卸荷带，其水平深度达 20～40m，卸荷由边坡向山体内部逐渐减弱。卸荷岩体与下伏缓倾角结构面组合，形成潜在的不稳定危岩，对电站出线场和进/出水口建筑物安全构成潜在威胁。因此，工程施工初期，对危岩采取了开挖减载、锚固等处理措施。

西龙池下水库进/出水口的后缘边坡地形复杂、陡峻，呈陡缓相间的“梯坎”状，岩层倾角平缓，边坡整体稳定性较好，仅局部存在分离体和卸荷岩体，高悬于库盆之上形成危岩体。经调查，库区共分布 31 块不稳定危岩体，若其崩塌将直接影响下水库的运行安全。因此，施工期针对不稳定危岩体进行了工程处理，对规模相对较小的危岩体予以挖除；对规模较大的危岩体，考虑其施工难度和处理的必要性，采取了部分减载挖除、对主要残留危岩体设置变形监测等综合措施，确保危岩体的稳定及其变形处于监控之中，不至于因残留岩体的瞬时失稳影响工程安全。

（三）水库固体径流问题

一般来讲，抽水蓄能电站的上、下水库较常规水电站水库有效库容小，因此，不允许有大量固体径流侵占有效库容。同时，高水头的抽水蓄能电站允许的过机泥沙含量很低。因此，防止固体径流的悬移质对水轮机产生磨蚀，是抽水蓄能电站下水库的又一重要工程地质问题。

下水库产生固体径流的基本条件大致有三个：①下水库流域范围内有丰富的固体物源，主要是冲、洪积物，崩、坡积物，全、强风化带，大滑坡等松散堆积体；②流经区地势陡峻，沟谷纵向坡度较陡；③在水库流域区可能突发集中暴雨引起泥石流等地质灾害。

我国华北地处干旱、半干旱地区，植被稀少，水土流失较为严重；地壳经多次升降运动，在河谷两岸遗留多级松散介质堆积阶地；年降雨量集中，往往形成山洪暴发，造成泥石流等。在这些地区修建下水库，应对固体径流物源进行详细勘察，并采取有效的防护措施。

河北省张河湾抽水蓄能电站下水库位于甘陶河干流河曲部位，河流发源于山西高原，水土流失较为严重。水库沿岸遗留三级河流堆积阶地。年降雨量集中在 7、8 月，来沙量占全年沙量的 90%。最大年沙量达 1100 万 t，为减少洪水泥沙从下水库进/出水口前通过，在拦河坝上游 2.2km 河湾处，设置了一座高 38.65m 的透水拦沙坝，同时利用河湾右岸垭口扩挖成排沙明渠，使携带大量泥沙的洪水通过排沙明渠直接导到拦河坝前，从拦河坝泄水底孔排出下水库。

（四）坝址工程地质问题

1. 坝基和坝肩稳定问题

抽水蓄能电站下水库坝基和坝肩稳定问题，与常规水电站水库坝址相比没有本质的区别。土石坝的稳定问题在上水库中已有叙述，此处论述混凝土坝的稳定问题。对于混凝土坝，坝基抗滑稳定破坏形式可分为表层滑移、浅层滑移和深层滑移三种，主要取决于混凝土与岩体接触面的抗剪（断）强度、岩体中软弱结构面的抗剪强度和各结构面的性状、组合形式及其空间位置。而坝肩稳定的边界条件取决于岩体中的滑移面、切割面和临空面的组合体。

当坝基或坝肩存在有缓倾角的软弱结构面，并与陡倾角断裂组合，将构成潜在滑动体。如果在坝址下游遇到深沟槽、溢流冲刷坑或横河向易于变形的大断裂或软弱岩层时，混凝土坝存在抗滑稳定问题。缓倾角的软弱结构面对坝基和坝肩抗滑稳定极为不利，地质勘察中必须重点查明软弱夹层及软弱岩层、缓倾角断裂或层间错动带、蚀变带、古剥蚀面、风化夹层及不整合面等的分布范围、产状、厚度、物质组成和物理力学性质。根据缓倾角软弱结构面与陡倾角断裂面及临空面的组合关系，分析坝基（肩）可能产生的滑移形式，并提出安全处理措施。

2. 坝基及绕坝渗漏问题

不同类型的抽水蓄能电站下水库，其坝基及绕坝渗漏问题各有其特点。对于有足够水源的下水库，防渗要求相对较低。对于缺乏天然径流的下水库，特别是需要从异地引入水源的下水库，与上水库一样防渗要求很高，对库盆及坝肩均需进行全面防渗。

例如，张河湾下水库坝址区为变质安山岩，透水性受风化作用及断裂构造影响较大。已建坝体与建基岩体接触部位透水率可达 6～13Lu，坝基弱风化岩体透水率一般 1～5Lu，河床坝基透水率小于 1Lu 的相对隔水岩体埋深约 20～35m，存在坝基渗漏问题。

左坝肩岩体风化较强烈，断层较发育，岩石较破碎，上、下游侧均有冲沟切割，坝肩岩体较单薄，岩体透水性较强，透水率小于 1Lu 的相对隔水岩体埋深约 65～115m，透水率小于 3Lu 的相对隔水岩体埋深约 35～60m，经地下水位长期观测发现，左坝肩存在绕坝渗漏问题。

右岸坝肩有顺河向的 F_{305} 断层通过，其破碎带宽达 10m，沿断层带在地表形成对顶沟，连通库内外。右坝头至 F_{305} 之间地下水位低于正常蓄水位；透水率小于 1Lu 的相对隔水岩体埋深约 35～85m；透水率小于 3Lu 的相对隔水岩体埋深约 15～65m。存在坝肩渗漏问题。

对坝基及绕坝渗漏问题采用帷幕灌浆处理。对保证发电水位 471m 以下坝段帷幕深度按透水率 1Lu，高程 471m 以上两岸岩体按透水率 3Lu 来控制。河床坝基防渗帷幕最低高程为 385.5m，向两岸逐步抬升，左坝肩帷幕向山体内延伸 124m 左右，右岸帷幕穿过 F_{305} 断层至桩号 0～100.00m 处，基本上与地下水位及相对不透水岩体相接。

3. 深厚覆盖层上建坝的工程地质问题

在覆盖层上建坝，地基必须有足够的承载力，不均匀沉降变形不得超过允许值，地基渗透稳定性等基本要求应予保证。

通过地质勘察，查明河床基岩面的埋深、起伏状况；查明覆盖层的成因、分层厚度、物质组成、颗粒成分及其物理力学性质；重点摸清软土层、湿陷性黄土以及可液化砂土层的厚度、分布和工程特性。选择均匀而密实的砂卵石层或硬土层作为优良的天然地基，避开深槽、陡坎部位，分析评价各种不良地基土对工程的影响，并提出切实可行的处理措施建议。

西龙池抽水蓄能电站下水库位于滹沱河左岸大龙池沟内，为大型洪积扇，如图 6-4-3 所示。沟口地形开阔、坡降相对较小，有利于崩坡积、洪积物的堆积，在经过长期的侵蚀堆积作用下，沉积了深厚的第四系洪积物及崩坡积物，厚度一般为 20～50m，最厚可达 100m，如图 6-4-4 所示，并且分布范围较广。

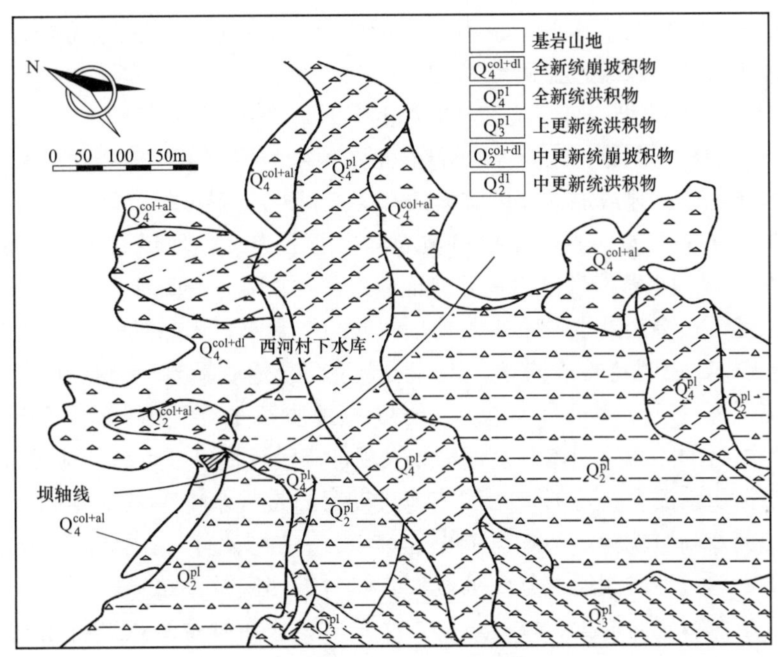

图 6-4-3　西龙池下水库区覆盖层分布示意图

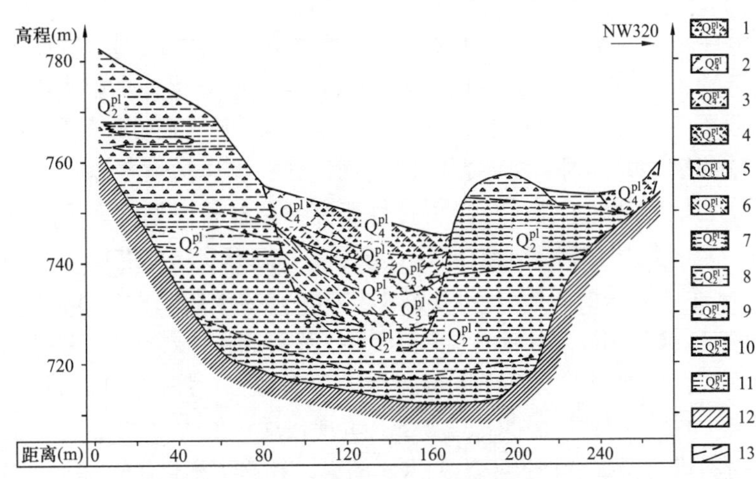

图 6-4-4　西龙池下水库坝轴线第四系剖面示意图

1—洪积碎石土；2—胶结较差的洪积碎石土；3—胶结中等的洪积碎石土；4—胶结较差的洪积碎石土；5—胶结中等的洪积碎石土；6—胶结较好的洪积碎石土；7—胶结中等的洪积碎石土；8—胶结较好的洪积碎石土；9—胶结较差的洪积碎石土；10—胶结中等的洪积碎石土、夹碎石；11—胶结较好的洪积碎石土；12—基岩；13—第四系岩性分界线

下水库库盆及大坝若建基于基岩上，沟内覆盖层需全部挖除，开挖量达 418 万 m^3，而坝体要填筑 707 万 m^3，工程量浩大，工期较长。所以在覆盖层上建库筑坝减少工程量、缩短工期是技术关键，为此对覆盖层进行了综合勘探和大量的试验工作。勘探结果表明：下水库沉积的大面积不同时代、不同成因的第四系覆盖层，以洪积物为主，主要由大块石、漂石、碎石土组成并夹有粉质土的透镜体。在三度空间上的分布极不连续、极不均匀，但结构较为密实，碎、块石层透镜体的颗粒间呈连续的紧密状接触，且有不同程度的石灰华胶结。深厚覆盖层中，早期洪积物的工程地质特征，如颗粒级配、物理特性、弹性波特性、抗剪强度特性、承载特性、压缩变形特性、渗透特性和应力应变特性等，均优于一般河床沉积的砂砾石，与堆石坝堆石基本相当，可以满足百米堆石坝筑坝地基的稳定要求。因此，将表层洪积物清除后，可直接在覆盖层上填筑堆石坝。

三、下水库工程地质勘察

下水库的工程地质勘察工作，应按照勘察程序和勘察阶段逐步加深，采用综合勘探手段，由宏观到微观，循序渐进、逐步深入，围绕库、坝主要工程地质问题开展工作。不同类型的下水库其勘察重点也不同。

（1）对于利用已建水库作为下水库，虽不需选择坝线、确定坝型，但也需要补充地质勘察。首先必须在收集已有水库工程地质及运行监测资料的基础上，充分论证原水库及主要建筑物是否满足抽水蓄能电站的运行条件。重点查明：①原坝体的质量及坝基稳定问题；②坝基渗漏和绕坝渗漏问题；③水库水位抬高后库区的浸没问题；④在水位变幅大而频繁的情况下，库岸边坡稳定问题；⑤水库大坝、泄洪设施等建筑物的改扩建或加固处理方案的有关工程地质问题。

例如，张河湾抽水蓄能电站，原水库拦河坝为浆砌石重力坝，坝顶高程 466.65m，库容 2300 万 m^3。经论证，水库要满足抽水蓄能发电用水并保证原水库的功能，必须加高大坝，增大库容。经调查，张河湾水库拦河坝已经历过多次洪水考验，尤其是“96.8”洪水，入库洪峰流量达 5010m^3/s，漫坝水深约 5m，大坝安全无恙，说明其质量较好。此后又通过综合地质勘察（包括地质测绘、钻孔、平洞、竖井、物探、原位测试等），详细查明了新老坝基的工程地质条件和主要工程地质问题，验证了在原坝体基础上续建加高是可行的，为原坝体质量评价和大坝加高设计提供了可靠的地质依据。

（2）对于在天然河川溪流上新建的下水库，地质勘察与常规水电站基本相同。该类下水库流域多属山区峡谷，水库渗漏及高边坡稳定问题可能更加突出，有的支沟存在固体径流问题，其库坝区勘察内容类似于上水库。可通过地质测绘，分区分段调查，对近坝区及建筑物附近可能产生滑坡和泥石流的部位，结合钻孔、平洞或竖井勘探、取样试验，必要时还应布置观测点进行动态监测。当需要修建拦沙坝时，对拦沙坝坝址应进行相应的地质勘察工作。本类水库还应查明水库放空、泄洪工程等建筑物的工程地质条件。

（3）对于利用河谷岸边冲沟或支沟、山间盆地、山前平原等非河流地段修建的下水库，与上水库相类似，由于缺乏永久性天然径流，一般需从相邻区域寻找水源进行补水，水库渗漏、库岸稳定、固体径流等问题需要引起关注，并且需对补水水源及其引水线路进行专门性地质勘察工作。

西龙池下水库在前期勘察中，围绕深厚覆盖层利用优化、库岸边坡稳定性分析、危岩和固体径流物源调查等，进行了全面地质勘察工作。从预可行性研究到招标阶段期间，下水库主要完成的勘测工作量有：1/10000～1/500 不同比例尺的地质测绘；勘探钻孔 44 个，总进尺 3283m；勘探平洞 16 条，总深度 2141m；竖井 14 个，总深度 222m；坑槽探 12503m^3；物探测试 2 万个标准点；野外大型承载试验 26 组；野外大型剪切试验 32 组，室内动三轴试验 8 组及其他各种岩（土）物理力学性质试验。通过前期各阶段勘测工作，较全面地查明了库坝区覆盖层的分布范围、厚度、成因类型、物质组成、形成时代、结构特征和水文工程地质特性，对在覆盖层上筑坝建库可能存在的不良工程地质问题和对拟开挖的覆盖层作为筑坝材料进行了综合评价，为下水库的设计和施工提供了可靠而详实的地质资料。

西龙池下水库运行补水水源，受制于下水库附近的滹沱河泥沙含量过大和环境影响，不能在河道取水，只能另寻水源，前期勘察过程针对补水水源进行了论证，最终选取了下水库附近的段家庄泉群作为补水水源。从预可行性研究到招标阶段期间，围绕泉水的成因、类型、分布、流量、水质等，进行了全面水文地质勘察工作，主要完成的勘测工作量有：1/10000～1/1000 不同比例尺的地质测绘；大口径钻孔 3 个，总进尺 150.97m；坑槽探 1066m^3；抽水试验 11 段；泉水流量长期观测 34 点，河水流量断面观测 5 点。通过勘察，较全面地查明了泉水水文地质特征，对利用泉水作为运行水源的可行性提供了可靠的地质依据。

（4）对于利用湖泊、大海等天然水体作为下水库，一般渗漏问题不突出，水源相对比较丰富，不需筑坝，即便筑坝也只是很矮的堤坝。例如，英国迪诺威克抽水蓄能电站的下水库，是利用莱恩贝利斯湖扩大而成，仅在莱恩贝利斯湖出口处筑一座 4m 高的堆石坝，有效库容为 700 万 m^3。

天然湖泊周边及沿海一带，大多属剥蚀堆积型地貌，地势低矮，坡度平缓，难以找到抽水蓄能电站所具有的水头高，距高比小的站址。只有在内陆湖泊（构造断陷盆地）周边，或海湾附近的陡岸顶部有平整台面或洼地处，才有可能成为优良抽水蓄能电站的站址。这是在规划选址阶段就应该解决的问题。

对该类水库应重点查明进/出水口的工程地质条件。可通过地质测绘、物探测试和轻型钻探等手段，查明电站进/出水口的水下地形，淤积厚度、岸坡松散堆积物的分布、岩体风化、卸荷程度、断裂构造发育情况，尤其是可能发生塌岸和泥石流等不良地质现象。

第五节　发电厂房系统工程地质

抽水蓄能电站厂房类型有地下式厂房、半地下式厂房（竖井式）和地面厂房。相比常规水电站，抽水蓄能电站厂房的建基高程低。抽水蓄能电站地面厂房的工程地质要求与常规水电站相同，但抽水蓄能电站大多采用地下式厂房或半地下式厂房，而在大型抽水蓄能电站中主要采用地下式厂房。因此以下侧重介绍地下厂房洞室群的工程地质。

地下厂房按照在输水系统中的布置位置，分为首部、中部和尾部厂房三种布置方式。地下厂房洞室群一般由主厂房洞、主变压器洞、尾闸洞、尾水调压洞及其他隧洞等（母线洞、出线洞、交通洞、通风兼安全洞、排水廊道等）组成。厂房位置的选择对抽水蓄能电站的建设有较大影响，地下厂房的施工往往处于电站施工总进度的关键线路上，工程地质条件优越的厂房位置对缩短施工工期及降低工程造价都有重要意义。

一、地下厂房洞室群工程地质条件

抽水蓄能电站地下厂房洞室群一般埋深比较大，沿输水线路厂房位置选择范围相对较大。发电厂房洞室较常规水电站布置高程低，一般低于下水库死水位数十米，要求洞室周围一定范围内的岩体相对完整，具备修建大型地下洞室群的工程地质条件，同时还需考虑上、下水库渗漏对地下工程的影响。

地下厂房地表地形一般应比较完整，避开沟谷、起伏较大等负地形地带。洞顶及傍山侧向应有足够的山体厚度。应尽量选择围岩条件好的地段布置地下厂房系统，同时应尽量避开软弱岩（夹）层和区域断裂、断层破碎带、蚀变带等规模较大的构造；对于层状岩体，应尽量使顶拱位于厚层均质岩体内。地下厂房洞室群应避开地下水活动强的部位，特别是地下水与地表水相连通的情况。

地应力对洞室围岩稳定影响较大，容易产生岩爆或大变形。高地应力区最大水平主应力 σ_H 的方向与地下厂房轴线方向应保持较小的夹角。

在选点规划和预可行性研究阶段，可以依据岩质类型和岩石结构类型或岩体完整程度等因素对洞室群围岩进行初步分类；在可行性研究阶段需对围岩进行详细分类，依据地下厂房长勘探平洞揭示的厂区地质条件，按 GB 50287《水力发电工程地质勘察规范》的相关规定进行评价。

二、地下厂房位置及其轴线方向的选择

（一）选择地下厂房位置

地下厂房的位置既要满足水工建筑物布置的要求，又要充分利用优良的地质条件。选择厂房位置的基本原则是避免主厂房洞、主变压器洞等主要地下洞室与较大断层构造交切，并尽量减少构造对厂房上下游其他洞室围岩稳定的不利影响。通过厂房区长勘探平洞的工程地质分段和工程地质单元的划分，把厂房洞室群选在断裂发育程度相对最低，岩体完整程度较好的地质单元内。通过与具有可比性的其他地质单元的比较，最后选出合适的厂房位置方案。

如西龙池抽水蓄能电站，厂房位置选择受工程区主干断裂 F_{112}、F_{118} 所控制，受两条主干断裂的影响，厂区发育有次一级的断层和张性断裂带（见图 6-5-1），表现为张扭性，尤以张性断层带 P_5 规模较大，对地下厂房位置的选择制约性较大。F_{112} 位于厂房东侧，距左端墙 8.0～25.0m；F_{118} 位于厂房西侧，距厂房右端墙 42.0～55.0m，在此构造单元内，通过若干方案比较，最后选在两条较大断层之间岩体相对完整、岩溶发育较弱的相对隔水层地块内。

丰宁抽水蓄能电站地下厂房安装 12 台机组，长度 414m、宽 25m、高 54.5m，是目前世界最大的抽水蓄能电站地下厂房。厂房位置的选择，首先是根据厂房长探洞 PD1（1661m）的勘探成果，将勘探范围内的区域划分为 4 个工程地质单元，在此基础上，从地形、结构面、地应力等因素，结合输水系统地形地质条件，对地下厂房首部、中部和尾部三种布置方式进行比较，认为中部方案较优，中部方案又选择了两个位置进行比较（即桩号 1＋240m 和桩号 1＋380m），并最终选择了中部右侧 1＋240m 处的地下洞室群方案。该方案位于第三工程地质单元（见图 6-5-2），地下厂房受断层 f_{376}、f_{363}、f_{350} 和节理密集带 J304 围限，厂房中部有断层 f_{375} 通过。施工期断层 f_{376}、f_{350}、f_{375} 均有揭示，采取了有针对

性的加强支护措施，厂房整体稳定。

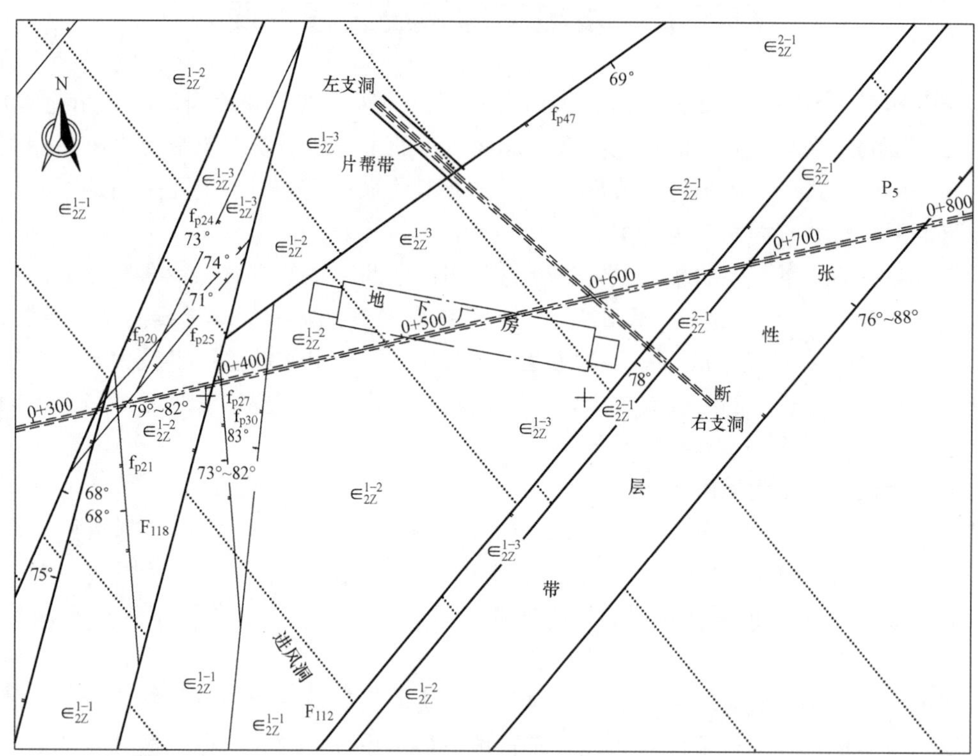

图 6-5-1　西龙池 717.5m 高程地下厂房位置图

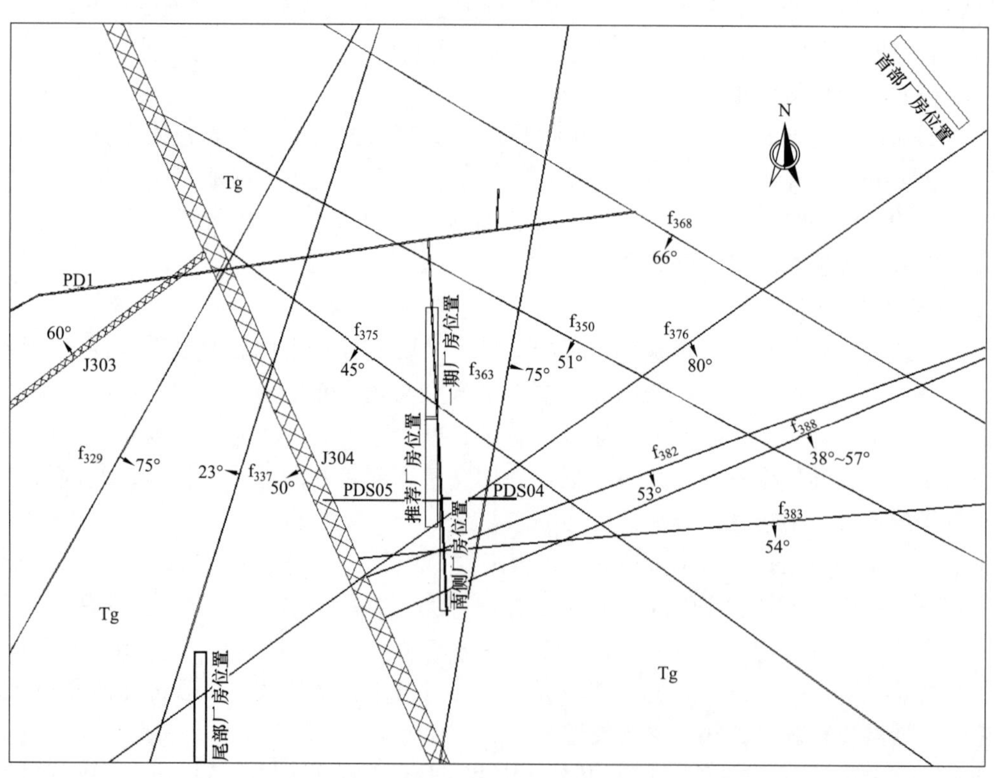

图 6-5-2　丰宁抽水蓄能电站厂房顶拱高程平切图

十三陵抽水蓄能电站地下厂房位置的选择经历了一个复杂的过程，不同勘测设计阶段有不同的侧重点。规划阶段实际上是选择站址地理位置；可行性阶段（原）在砾岩、灰岩、安山岩三个方案中比选，主要考虑岩性、构造发育程度、岩体完整性、水文地质条件、岩石强度等因素；初步设计阶段（原）在确定的砾岩体内，又经过两次调整，主要考虑了控制性断层的影响和岩体的完整性因素；技施设计阶段（原）由于在开挖后对地质条件有新的认识，对厂房的具体位置再一次进行了调整。

选择地下厂房的位置是对各种工程地质因素综合比较的过程，是建立在查明建筑物区工程地质条件的基础上。选择时除应满足对地形地质条件的要求外，还应充分注意到厂房位置是否有向上下游、左右侧（如丰宁地下厂房）调整的空间；同时还要考虑水道系统对厂房位置的适应性，如混凝土岔管对地应力及地质条件要求较高，有时会影响厂房位置的选择。

（二）选择地下厂房轴线方向

地下厂房轴线方向的选择，是在选定厂房位置的基础上，综合考虑主要结构面走向、地应力方向研究确定。

地下厂房轴线宜与主要结构面走向呈大角度相交；厂房洞室的长轴方向宜与围岩最大水平主应力方向平行或小锐角相交，高地应力区时夹角应小于30°。对于主应力与主要结构面二者不能兼顾时，需作具体分析：在高地应力区或围岩强度应力比较小时，厂房轴线的选择可主要考虑地应力因素，这样有利于洞室开挖时的围岩应力较均匀分布，减少发生岩爆的概率和避免围岩发生大变形；在中低地应力区，可以主要考虑优势结构面的影响。

国内部分抽水蓄能电站地下厂房轴线与地应力最大水平主应力和主要结构面走向的夹角见表6-5-1。

表6-5-1　部分工程地下厂房轴线与地应力最大水平主应力和主要结构面走向的夹角

工程名称	厂房轴线方向（°）	地应力最大水平主应力			主要结构面	
		量级（MPa）	方向（°）	与轴线夹角（°）	方向（°）	与轴线夹角（°）
十三陵	NW280	17.5	NW305	25	NE30～45	55～70
西龙池	NW280	12.0	NE55	45	NE15～40	60～85
张河湾	NE40	5.5	NE70	30	NW355	45
丰宁	SN0	12～18	NE79.5	79.5	NE40，NW300	40～60
文登	NE65	9.3～17.7	NW285	40	NW270～295	35～51
呼和浩特	NE15	16	NE55	40	NE65，NW335	40～50
琅琊山	NW280	7～10	NE88	12	NE50	60
芝瑞	NE53	8.5～13	NE58～73	5～20	NW320～350	63～87
清原	NW295	7.8～15	NE65～SE96	19～45	NE60～80	35～55
浑源	NW275	16～25	NE42～76	25	NE60	35
沂蒙	近SN	9.7～19.3	NE52～72	65～75	NE30～45	30～45
庄河	NE32	8.3～14	NE81	50	NW320～350	50
尚志	NW330	7.9～12.3	NE65.2	85	NWW/NNE	40
抚宁	NE45	6.7～16	NE28～64	0～19	NW330～359	45～75
仙居	NW340	10～15	NE63	83	NE50～70	70～90
洪屏	NW312.5	7.65	NW308	2.5	NE65	67.5
清远	NE5	12～16	NW359	6	NE85	80
天荒坪	NW330	15～20	NW359	29	NE15	45
荒沟	NW331	5～10	NE89	61	NW350	19

丰宁抽水蓄能电站地下厂房轴线方向与地应力最大水平主应力及主要结构面走向夹角关系如图6-5-3所示。厂房轴线最终选择轴线方向为SN向，基本位于NW、NE两组结构面的角平分线上，保持较大锐角相交。由于厂区最大主应力属于中等量级，并且与中间主应力量值相差较小，故轴线选择时主要考虑结构面走向影响因素，最终选择的轴线方向与地应力最大水平主应力方向接近垂直。施工期地下厂房开挖时，主厂房洞和主变压器洞均产生了较大变形，其不利影响因素很多，地应力只是其中之一。

三、地下厂房主要工程地质问题

（一）洞室围岩稳定问题

地下厂房围岩分类应按国家现行技术标准GB 50287《水力发电工程地质勘察规范》的有关规定进行。洞室群围岩稳定性评价应分部位进行，特别是规模较大的洞室，可以从洞室群的赋存地质环境、围岩类别、关键块体等方面进行整体和局部稳定性评价。高地应力区或岩石强度应力比较小时，还应预测洞室群发生岩爆的可能性。

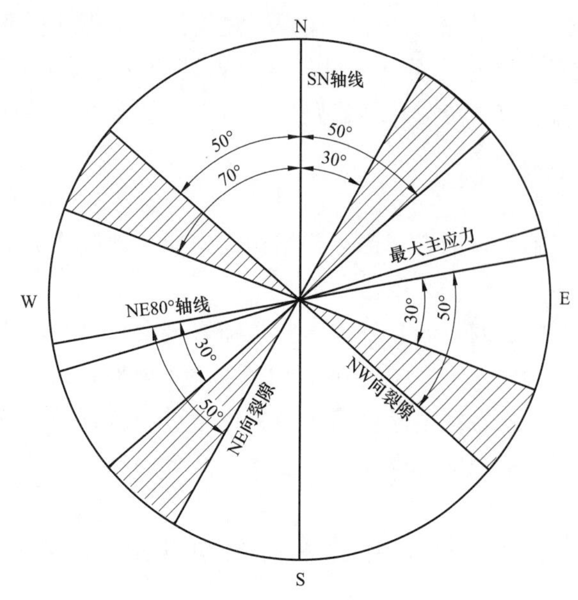

图 6-5-3 丰宁地下厂房轴线方向（正 SN）与地应力最大水平主应力及结构面夹角关系

主厂房洞与主变压器洞通常是地下厂房洞室群中两个平行布置的高边墙大跨度洞室，规模较大，围岩稳定问题突出。洞室顶拱、边墙以及两洞室之间的岩柱体，若变形量超过允许范围，围岩也会失稳。围岩稳定问题在洞室的不同部位和洞室的交叉口有着不同表现形式。

地下厂房的开挖，改变了原始的渗流场，产生了地下水降落漏斗，使地下水渗透坡降变陡，动水压力加大，渗透破坏作用增强，造成原本可以自稳的岩体失稳，甚至会引起突水、突泥乃至较大的塌方等现象。因此还必须重视地下水活动对洞室围岩稳定性的影响。

（1）顶拱。顶拱的破坏形式主要为掉块、塌方、冒顶等。顶拱的围岩稳定问题主要表现在地下厂房的成拱条件，这是厂房能否成立的关键问题之一。岩性、结构面的组合情况及其与顶拱关系是研究重点，特别是贯通性结构面和缓倾角结构面。还需分析研究地应力及地下水的活动性。

如西龙池抽水蓄能电站，根据厂房长勘探平洞资料分析，拟定的地下厂房系统避开了 F_{112}、F_{114}、F_{118} 断层和 P_5 张性断裂带等规模较大的构造破碎带的影响，岩体相对较完整，洞室群整体稳定性较好。厂房顶拱岩体呈互层状，细层很薄，纹理发育，岩层平缓，加上 NE 向裂隙水活动影响，易于发生弯曲和折断，可能出现的主要破坏形式为塌顶和结构面组合的块体滑塌。顶拱开挖时，平缓层状岩体在顶拱形成类似平行叠合梁结构，其支点在两侧拱座，由于岩层层间结合力差，岩层在重力作用下向下弯曲（相当于向斜核部），首先是叠合梁中性面以下，即最下部一层岩层张裂，进而向中性面发展，而形成塌落体（见图 6-5-4）。此外，还有裂隙组合形成的人字形楔体在顶拱出现，由于断层规模较小，对顶拱稳定影响不大。为防止产生大范围的岩体脱顶、弯曲和折断，采取在厂房顶拱中导洞开挖时及时完成对穿预应力锚索，辅以喷钢纤维混凝土和锚杆及时跟进，随机锁边预应力锚杆等措施，保证了顶拱开挖的顺利完成。

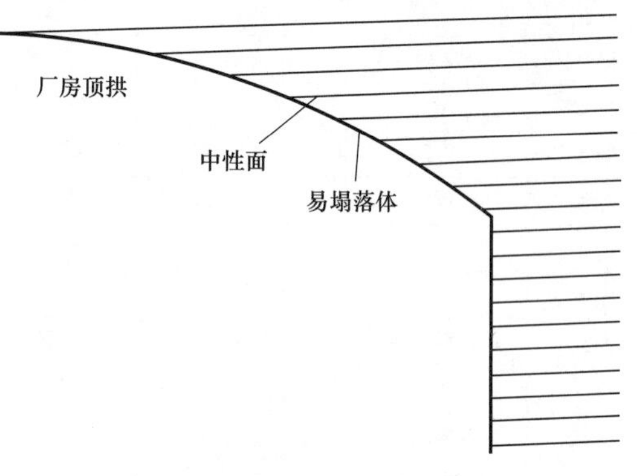

图 6-5-4 极薄层岩体形成类叠合梁示意图

（2）边墙。边墙破坏形式主要为滑出、板裂。影响边墙稳定性的因素是结构面与边墙的组合情况，尤其是贯通性的中～缓倾角结构面的组合，形成大小不等、形状各异的不稳定结构体。地下厂房的边墙与诸多隧洞相交，其交叉部位由于应力集中，常发生岩体卸荷与结构面切割共同作用，岩体稳定性较差。

如十三陵抽水蓄能电站，厂房及主变压器室均为大跨度高边墙地下洞室，厂房边墙高 40m 左右，两洞室之间岩柱宽约 34m，并有多条小隧洞与之相交。洞室开挖使围岩产生收敛变形，并在一定范围内产生岩体内部位移，岩体受拉应力作用产生张裂隙。特别是围岩中发育一组与主厂房纵轴线小角度相交的（近 E-W 向）陡倾角长大裂隙，使围岩形成条板状（或似条板状）地质结构体，产生高边墙的板裂破坏。厂房及主变压器室开挖基本结束时，在两洞室之间的交通洞和母线洞衬砌混凝土中，产生了与厂房边墙近于平行的张裂缝，尤以交通洞的裂缝最为严重（见图 6-5-5），有些裂缝贯穿整个断面，表明厂房和主变压器室之间岩柱体发生了很大程度的板裂化。针对上述情况，在系统锚喷支护的基础上，对厂房和主变压器室之间的岩柱体增加了较长的随机预应力锚索和 6 根对穿锚索（1200kN）。补强锚固处理后，经长时间观测，裂缝未见发展，厂房下游高边墙岩体变形已趋于稳定。

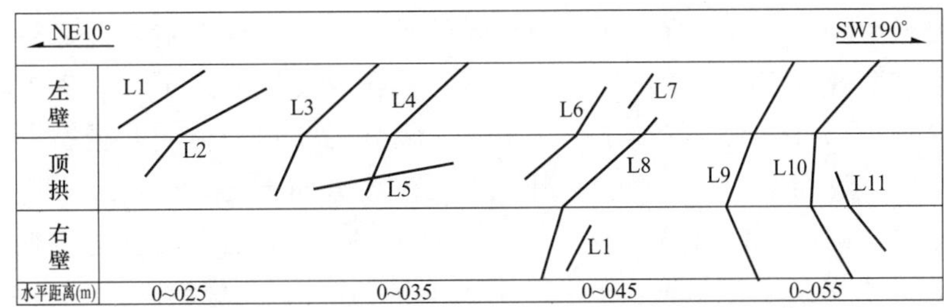

图 6-5-5 十三陵蓄能电站厂房-主变压器室之间交通洞混凝土裂缝分布示意图

(3) 端墙。地下厂房轴线方向都力求与构造结构面、原生结构面保持较大的夹角关系，因此端墙势必和上述结构面呈较小夹角，在开挖过程中极易产生板裂、倾倒等破坏。对此种情况应予以重视。

(4) 岩壁吊车梁。岩壁吊车梁是地下厂房广泛采用的结构型式，岩壁吊车梁的原理是利用一定长度的注浆长锚杆，把钢筋混凝土梁固定在岩壁上。由于岩壁是主要的受力体，岩石本身的强度、构造发育情况、开挖后卸荷及开挖控制爆破的效果等都会影响岩壁的承载能力，所以岩壁的岩体质量和稳定性是岩壁吊车梁的关键因素之一。岩锚梁层的开挖是地下厂房开挖的关键环节之一，岩体质量和稳定性直接影响岩壁吊车梁岩台的成型质量，为保证岩台成型效果，开挖前应进行详细的地质预报，岩体条件差的岩壁吊车梁段建议采取预锚固、预灌浆等超前支护措施。

由于岩壁吊车梁的理论分析和设计方法还不完善，早期的一些工程通过开挖模型试验洞，进行吊车梁岩台开挖工艺试验和锚杆拉拔试验等模拟验证，如琅琊山抽水蓄能电站。通过多年工程实践，目前国内岩壁吊车梁的设计和施工均积累了较为丰富的经验，已不再专门开挖模型试验洞进行有关试验和验证。

(5) 围岩变形影响。在施工阶段，主厂房洞和主变压器洞开挖后，破坏了原有的应力状态，岩体中应力重新分布，局部产生应力集中，围岩产生较大变形，使衬砌产生裂缝，甚至造成局部破坏脱落。对围岩产生的较大变形应认真分析其产生的力学地质机理，为加强支护措施和指导后续开挖支护以及地下洞室群的安全评价提供地质基础。

丰宁抽水蓄能电站主厂房洞第Ⅲ层开挖完成后，顶拱喷混凝土层中发现裂缝 39 处，主要集中在拱脚部位。后续排查发现主厂房洞、主变压器洞顶拱喷混凝土层开裂仍有发展，最终共发现裂缝 162 处。围岩变形监测成果显示，主厂房洞最大变形超过 100mm，主变压器洞最大变形超过 80mm。基于地下厂房系统的工程地质条件，分析认为对如此大规模的地下厂房洞室群，围岩的整体强度和刚度略显不足，导致开挖期间和开挖后会产生较大的变形。围岩变形原因主要是岩体内长大裂隙发育，部分岩体及结构面蚀变较强烈，在不利地应力作用下（最大水平主应力方向和轴线方向接近垂直），出现明显的裂隙张开变形及蚀变岩体变形，且达到围岩变形收敛和稳定的时间会较长。地质建议通过系统加强支护来限制变形，确保围岩的稳定。通过对主厂房洞和主变压器洞采用系统锚索、对穿锚索和混凝土附壁墙等加强支护措施，对导致围岩产生较大变形的不稳定块体采取有针对性的加强支护措施后，主厂房洞和主变压器洞的围岩变形趋于收敛并最终变形稳定。

（二）地下厂房洞室涌水问题

地下厂房多位于地下水位以下，厂房开挖改变了原始的渗流场，形成地下水降落漏斗，随着厂房的下挖，水力坡降增大，水流运动速度加快，地下水向地下厂房基坑集中。洞室涌水对地下厂房的影响有两个方面，一是地下水对岩体的软化作用使岩石强度和结构面的抗剪强度降低，影响围岩的稳定性；二是增加施工期排水难度，影响施工工期。工程实践证明，地下水对围岩稳定影响的大小，不仅与地下水本身活动有关，而且与围岩岩质、岩体结构、岩体完整性有关。一般来说，地下水对坚硬的块状结构岩体影响较小，对碎裂结构和散体结构的岩体危害较大。故需查明地下水的埋藏条件、类型、活动特点及岩体的渗透性，并分析评价地下水涌水的可能性及最大和稳定涌水量，做好施工期排水。

地下厂房涌水量可采用 NB/T 10073《抽水蓄能电站工程地质勘察规程》附录相关公式计算。

四、地下厂房工程地质勘察

根据地下厂房的型式及勘察阶段的不同，勘察方法也有所不同。在规划阶段，以工程地质测绘为主，辅以物探及少量轻型勘探。预可行性研究阶段，地下洞室沿线应布置钻探，初步查明沿线地下水分布情况，对代表性方案或拟定的地下厂房，应布置深孔至厂房底板以下，并进行岩体地应力等的综合测试。可行性研究阶段，对拟推荐的地下厂房方案，需要沿水道线方向布置长勘探平洞，平洞洞长要通过地下厂房至高压岔管部位，并在平洞中开挖厂房轴线方向支洞，查明地下厂房洞室群的工程地质条件，包括岩性分布、构造发育情况、岩石（体）的物理力学特性、岩体透水性、地应力、岩体的变形特征、围岩的放射性及有害气体等。应对围岩详细分类并评价其稳定性。

（一）厂房探洞、轴线支洞的布置原则

（1）厂房勘探洞进口位置根据地形条件确定，洞口选择在边坡稳定地段，位于下水库大坝上游岸坡时，高程宜高于下水库正常蓄水位。探洞底板高于厂房顶拱 30～50m 为宜，有时受地形条件制约，探洞位置较高时，建议探洞距厂房顶拱最大距离小于 1.5 倍厂房洞室高度。

（2）厂房探洞轴线宜结合尾水隧洞轴线布置，探洞长度应穿过高压岔管部位。对于特定的地形条件，也可以布置为斜洞，如琅琊山抽水蓄能电站。

（3）厂房轴线方向的支洞一般与主勘探洞正交或大角度相交，长度需超过厂房两端墙各不少于 50m。必要时，还须布置岔管支洞和构造追踪支洞。

（4）厂房探洞的横断面尺寸在满足地质编录的情况下，还应便于施工通行、排风设备布设，一般洞径为 2.2～2.5m。底板坡度宜自流排水原则布置。

（5）厂房勘探洞的布置宜与水工建筑物结合，以便后期利用，如作为排水洞、排烟洞等，条件允许时也可把探洞直接开挖至厂房深度范围，后期扩挖成通风洞。

（二）钻孔的布置原则

（1）厂房区钻孔多布置在厂房轴线平洞和岔管部位平洞内。厂房两端墙及中部应布置钻孔，钻孔间距应小于 50m，钻孔深度应深入建筑物底板以下 10～30m。钻孔结构需满足孔内试验、测试的要求。地表钻孔与平洞内钻孔在高程上应衔接。岩层倾角平缓、岩性复杂或软弱结构面发育时，可布置竖井代替钻孔至厂房顶拱高程以下一定深度。

（2）高压岔管部位应布置钻孔，主变压器洞位置宜布置钻孔。

（三）试验项目及试验点的布置

（1）现场变形试验和现场抗剪试验。在厂房勘探洞内专门开挖的试验洞内进行，试验洞的开挖以最小扰动为原则。试验点的选择应具有代表性，并尽量涵盖各种类别的岩体和结构面。

（2）地应力测试。应在厂房部位探洞和钻孔内布置地应力测试，测试方法不宜少于两种。测试孔及测试点的选择应具有代表性，能反映厂区地应力场特征。

（3）高压压水试验。布置在高压岔管部位，最大试验压力一般不应小于试验部位高压管道最大内水压力的 1.2 倍。

（4）物探测试。应在探洞洞壁表面或风钻孔之间进行岩体弹性波测试。宜在厂房轴线钻孔内进行孔内电视和 CT 测试。

（5）室内物理力学性质试验。探洞及钻孔内应取样进行岩石室内物理力学性质试验，取样应具有代表性。

（6）地下水水质分析。探洞及钻孔内应取地下水（若有）进行水质分析。

五、半地下式厂房

已建抽水蓄能电站的半地下式厂房主要为竖井式，布置型式介于地面厂房和地下厂房之间，由地面和地下两部分组成。地面部分与常规的地面厂房类似，一般布置有安装场、副厂房、变电站等；地下部分或全部在岩石中开挖竖井而成，或下半部在岩石中开挖竖井、上半部采用混凝土井式结构周边回填土而成，一般将主机及必需的附属设备布置在地下。

半地下式厂房厂址受地形条件的制约，多为尾部开发方式，一般距下水库较近，所以厂房区库水倒灌渗漏问题较为突出。

理想的地形地质条件是坡度适中，尽量避开高陡的自然边坡和地表水汇集区；竖井与下水库之间有较为宽厚的山体，岩石坚硬，岩层中没有或少见软弱岩（夹）层、强透水岩层及岩溶渗漏通道，岩体较完整，岩体结构较紧密，厂区无断层交汇及向斜构造；厂房的后边坡尽量避开风化、卸荷强烈的高陡自然边坡，同时要注意岩层及主要断层、裂隙密集带的产状及其组合对输水隧洞、厂房竖井和上下游山坡开挖稳定性的影响。

（一）半地下厂房主要工程地质问题

半地下式厂房的主要工程地质问题包括厂房周围工程边坡稳定、竖井围岩稳定、涌水等。

1. 边坡稳定问题

半地下厂房由于厂房面积较大，厂址多位于斜坡地形，存在开挖边坡稳定问题，属于一般性工程地质问题，多采用常规方法进行勘察、分析计算和评价。

2. 围岩稳定问题

半地下式厂房的竖井井壁通常采用圆筒形，在形状上更有利于自身的稳定。其稳定问题与地下厂房围岩稳定有一定差异，竖井式结构不存在顶拱围岩稳定问题，主要问题是井壁和井壁开孔段的围岩稳定。

（1）井壁围岩稳定。竖井围岩稳定与围岩岩质特性、岩体结构、地下水等相关。对沉积岩而言，对井壁稳定较为有利的是近水平的厚层、中厚层坚硬岩，不夹或少夹软弱岩（夹）层，地下水活动微弱。只存在构造结构面不利组合形成的棱体或块体，为潜在不稳定体；中等倾角岩层以最大倾角倾向井内一侧的岩体有滑出倾向，其余部分的井壁稳定条件一般较好；陡倾角岩层除构造结构面不利组合的块体和顺层掉块外，整体稳定性良好。处理措施多以随机锚杆为主，必要时挂网喷混凝土。

（2）井壁开孔段围岩稳定。此种稳定问题有开孔隧洞轴线垂直岩层走向和平行岩层走向两种情况。

1）隧洞轴线与岩层走向垂直或大角度相交。近水平岩层的隧洞洞壁，洞底部围岩稳定性好，但顶拱岩层受结构面或开挖影响，其连续性遭到破坏而发生脱落甚至塌方，开挖时应注意及时喷锚支护。对于陡倾角岩层与隧洞轴线垂直或大角度相交时，围岩稳定性较好，仅有局部结构体不稳定，但易于处理。

2）隧洞轴线与岩层走向平行或小角度相交时，洞壁围岩稳定性受岩层倾向倾角影响，一侧边墙稳定性相对较好，而另一侧边墙稳定性较差。顶拱受走向结构面切割易产生三角形棱体失稳，这种棱体常沿隧洞轴线呈条带状延伸，危害性较大，施工中多采用长锚杆喷混凝土处理，块体较大时有时采用锚索或预应力锚索加固。另外，井壁开洞时，在井、洞交汇处，由于应力集中，常发生岩体卸荷，与结构面切割共同作用，岩体稳定性较差，要注意及时锁口支护，必要时，可用预应力锚索加固。对块状结构岩浆岩而言，其岩性单一，岩石坚硬，各向同性较好。在对结构面进行产状分组、规模分级、性状分类研究的基础上进行围岩初步分类，再根据地下水活动状态及地应力的量级和方向，进一步进行详细围岩分类，为井壁围岩和井壁开洞段的洞体围岩整体稳定性及结构体稳定性综合分析评价提供地质资料，并提出相应的支护处理措施。就半地下竖井式厂房井壁开孔（洞）段围岩稳定性而言，岩浆岩比沉积岩地下洞室工程地质问题相对简单、稳定性好。

3. 半地下式厂房洞室涌水问题

半地下式厂房一般距下水库较近，当利用已建水库作下水库时，在厂房开挖过程中，会产生下水库库水回灌，随着竖井下挖，地下水水力坡降加大、渗流流速加大，渗透破坏也随之增强，严重影响井壁的稳定。因此，竖井开挖前，要查明厂房区的水文地质结构，划分水文地质单元，特别是厂房区与下水库之间的水文地质单元，调查下水库的补给、径流、排泄特点及岩体的透水性，分析估算最大和稳定涌水量。在初步判定稳定涌水量后，为设计提供水文地质参数，并提出防渗方案建议。防渗的原则一般为：在稳定涌水量不大的情况下，一般在厂房竖井外围布置排水廊道，结合排水孔汇集到集水井；在稳定涌水量较大或地下水稳定涌水量存在增加的不确定因素时，宜采用防渗帷幕加排水的措施，防渗帷幕的深度及范围根据勘探资料确定。

（二）半地下厂房工程地质勘察

（1）厂房。半地下式厂房勘察的内容与地下厂房相似，主要是厂房外部边坡环境和厂房内部的岩体质量。在初步查明工程地质条件及问题的基础上，确定拟定的厂址后，在厂房的纵剖面（沿水道水流方向）、横剖面（竖井内机组排列方向）上布置钻孔，了解地层岩性及地质构造、岩石风化、卸荷程度，并进行水文地质试验，了解岩体的透水性。此外，还需进行岩石（体）物理力学性质试验，确定厂房竖井以上地面建筑物建基面的承载力，提供相应的地质参数，提出地基处理措施的建议。综合分析边坡和厂房竖井的勘探资料，了解厂房竖井、边坡的地下水位，绘制水文地质剖面图，分析库水回灌的可能性。必要时，可在钻孔中进行抽水试验，取得渗透系数，为厂房竖井涌水量估算提供较可靠的资料，并确定防渗帷幕深度及范围。

（2）边坡。应在地质测绘的基础上，布置适量的钻探和洞探工作对潜在不稳定边坡进行勘察，深度以穿过假想的滑动面 10～20m 为宜。调查内容包括边坡的地层结构、岩性及分布、构造发育程度、地下水水位及活动情况等。试验项目的选择要根据边坡的类型确定，不论是土质边坡还是岩质边坡，均需要了解其基本的物理力学性质，提出适当的开挖坡比和加固处理措施。体积较大、对厂房有直接威胁的处于临界稳定状况的边坡，应进行变形观测。要避免或减少发生边坡失稳，应配合施工设计，研究开挖方式、开挖程序、排水措施、爆破方法、坡脚采空破坏和开挖坡高度与坡比。

（3）试验及测试。厂房内部的勘察、测试项目，可根据厂址所处的工程地质环境及地形地质条件有选择地进行。

第六节 输水系统工程地质

抽水蓄能电站输水系统的布置，取决于站址地形地质条件及工程开发方式的要求。上、下水库位置一经选定，输水系统的布置范围就基本确定了。输水系统各建筑物的具体布置，则与上、下水库进/出水口位置、地下厂房位置和沿线山体的地形地质条件密切相关。输水系统工程地质勘察，就是要选择地形、地质条件较优的输水线路和查明输水系统沿线的工程地质条件和工程地质问题，为确定输水隧洞线路的布置方案和高压管道的衬砌型式提供地质依据。高压岔管在输水系统中的布置，应根据地形地质、地下厂房布置及水力条件等因素确定。当高压管道隧洞围岩满足以下条件时，可采用钢筋混凝土衬砌：①地质条件良好，围岩以Ⅰ、Ⅱ类为主（Ⅲ类围岩采用钢筋混凝土衬砌的，需进行论证并对工程作专门的处理措施），岔管位置处在地下厂房围岩开挖爆破影响范围以外；②高压管道上部、侧向具有足够能承受内水压力的岩体覆盖；③应确保岔管位置处围岩初始最小主应力大于该处设计水头的 1.2～1.5 倍。

抽水蓄能电站的主要特点之一就是压力管道承受较高的内水压力，一般在 3～7MPa。压力管道围岩在高压水作用下的渗透稳定性，是输水系统隧洞采用钢筋混凝土衬砌时需要解决的重点工程地质问题之一。

一、输水系统工程地质条件

输水系统主要由以下建筑物组成：①上水库进/出水口及上平段低压隧洞（含闸门井、调压井）；②高压隧洞，包括上、下斜（竖）井及中平段，当水头不高时（小于 300m）一般不设中平段；③高压隧洞下平段（又称厂前平段），包括下平段主隧洞、岔管隧洞和高压支管隧洞；④尾水隧洞（低压隧洞）及下水库进/出水口，包括尾水闸门井、调压井（若设置时）、尾水平段、尾水上斜段、下水库进/出水口。输水系统各建筑物位置的初步选择，一般是依据地形地质条件的宏观判断和适应枢纽布置的总体要求。

上、下水库进/出水口位置选择，一般希望地面坡度陡峻一些，若坡度过缓，则开挖工程量较大。如选在陡壁下，则应避开岩体崩塌、岩体严重卸荷等不良地段。山体应较完整，沟谷不发育，避开地表径流汇水区。地质条件要求所处位置岩石风化较弱，岩体较完整，岩层产状与断裂组合对洞口边坡不会产生稳定问题，并尽量避开断层破碎带和交会带。下水库若利用已建工程，进/出水口位置选择还要考虑围堰的布置和施工条件。

引水系统上平段和尾水隧洞段均为低压洞室，要求山体较完整，隧洞洞顶及侧向有足够的山体厚度，具备成洞条件。一般的经验要求洞顶岩体厚度满足三倍洞径，但许多工程的实践证明，如岩体完整性好，施工方法得当，即使上覆岩体厚度不到三倍洞径，围岩也是稳定的。根据目前工程经验，低压隧洞最小上覆岩体厚度可以参照表 6-6-1 确定。

表 6-6-1　　低压隧洞最小上覆岩体厚度

岩体完整性	上覆岩体最小厚度
完整岩体～较完整岩体	(1.0～1.5)B
完整性差的岩体	(1.5～2.0)B
较破碎岩体～破碎岩体	(2.0～3.0)B

注　B 为隧洞开挖洞径。

高压管道对地形地质条件的要求较低压隧洞有所不同，它对地形地质条件的要求不仅是上覆岩体的厚度，而且要考虑围岩地应力水平、对内水压力的承载能力和高压水渗透特性。

二、输水系统线路选择

输水系统线路的选择与电站站址的地形地质条件密切相关，从规划阶段开始以及以后的各个阶段，都需要密切结合站址条件和厂房位置选择等开展相应地质勘察工作。

规划阶段，在充分收集初选站址已有地质资料的基础上，进行现场踏勘，不遗漏可能的站址。与此同时，初步选择相应的输水系统线路，并宏观了解各线路的工程地质条件，分析可能存在的主要工程地质问题，初步论证对各开发方式的适应性，推荐近期工程站址的输水系统线路方案。

预可行性研究阶段，在规划选点推荐的工程站址上，对枢纽工程各组合开发方式进行比选，初步查明代表性枢纽方案输水系统工程地质条件和工程地质问题，并评价其对开发方案的适应性。

可行性研究阶段，是在预可行性研究阶段的基础上进行勘察，查明拟推荐的输水系统沿线的工程地质条件，分析评价沿线隧洞围岩的稳定性及高压隧洞和岔管高压水渗透围岩稳定问题。

招标设计阶段的勘察是在可行性研究阶段已选定的输水系统线路上，对前期勘察未涉及的隧洞系统建筑物和可行性研究勘察中需要进一步查明的工程地质问题进行补充性的勘察，完善可行性研究阶段的勘察成果，以满足工程招标标书文件对工程地质资料的要求。同时要复核钢筋混凝土衬砌的高压隧洞及岔管围岩的变形特征和承受内水高压的渗透稳定性。

随着上述各阶段工程地质勘察的逐步深入，站址区的工程地质条件愈加明朗和主要工程地质问题不断被揭露和查明，这时输水系统线路才最终确定下来。

需要说明的是，输水系统线路选择除遵循各个勘察阶段循序渐进的一般程序外，当输水系统线路处在不同岩石类别地区时，所研究的工程地质条件和关注的工程地质问题的侧重点也有所差别。当处在岩浆岩及相应的变质岩地区时，宜重点关注沿线有无大的构造破碎带及蚀变带发育；当处在沉积岩地区时，要重点关注岩层产状（特别是岩层倾角）、岩体结构类型、构造破碎带及岩溶发育情况等。

西龙池抽水蓄能电站输水系统位于西河～耿家庄宽缓背斜的轴部附近，岩层近水平，倾角 3°～10°，工程区构造发育的主要方向为 NE30°～NE60°，主要发育有 4 组裂隙，产状为：①NE5°～30°SE∠70°～80°；②NE30°～50°SE∠70°～88°；③NE50°～60°SE∠70°～89°；④NW330°～360°SW∠70°～85°。以第②组裂隙最为发育。综合考虑地形、地质、枢纽布置等条件，选取东线、直线和西线三个方案进行比较。

直线布置方案管线走向与站址区主要构造线走向基本平行，且岩层层面与陡倾的构造、裂隙和开挖临空面很容易形成不稳定块体，对围岩稳定非常不利。西线方案在平面上沿山脊布置，在满足地形条件下，高压管道难以避开断层密集带。东线方案高压管道走向与 P_5 张性断裂带、F_{112} 等构造夹角皆大于 30°，与工程区发育的裂隙夹角较大，围岩稳定条件较好，故选择东线方案布置。

可行性研究阶段勘察中发现，厂区发育的宽达 35m 的 P_5 张性断层带依据产状推测有可能向上部延伸到中平段或上斜井下部或下斜井上部，对输水系统布置影响很大。综合考虑认为，P_5 处在上斜井下部或下斜井上部是最不利的，置于中平段则影响降至最小。鉴于 P_5 对输水系统布置的重要性，招标设计阶段在中平段专门布置了一条长 400m 的探洞，查明 P_5 的延伸情况、规模，使高差近 700m 的输水系统地质勘察做到上、中、下三层立体有效控制，工程地质条件基本查明，从而使得输水系统总体布置更加适合地质条件。

三、输水系统主要工程地质问题

（一）进/出水口边坡及洞脸边坡稳定问题

大多数抽水蓄能电站的上、下水库进/出水口采用侧式布置，需要对自然边坡进行工程开挖，存在工程边坡稳定性问题。工程建成后，进/出水口为双向水流，而且水位变化剧烈。这种水位频繁变化使进/出水口附近的岩体一时受浮托或受压，一时又卸荷受拉，特别是裂隙发育的岩体，节理裂隙中软弱结构面的强度将明显削弱，可能使岩体发生变形、位移乃至失稳。工程地质勘察工作要查明进/出水口处的地形地貌、地层岩性、岩体结构、岩体透水性、地质构造等。也有的工程进/出水口受地形等条件的制约，采用竖井式，如西龙池抽水蓄能电站，下水库位于上水库的西侧，进/出水口只能布置在上水库右岸，从库底高程计算，上覆山体厚度不足 50m，且右岸西侧外坡为陡壁，山体单薄，若采用侧式进/出水口，高压管道上覆山体厚度不能满足要求，且引水洞将处于地质条件较差的 O_{2s}^{2-2} 软岩层中，故选择库底竖井式进/出水口。竖井式进/出水口的围岩稳定问题主要是井口和井壁，因此，要求进/出水口应尽可能选择在库底岩体较完整的地段，且距挡水坝上游坡脚和库岸坡脚有一定的距离，防止水流对坡脚的淘刷破坏。

（二）隧洞围岩稳定问题

输水系统一般采用地下隧洞的布置型式，国内外只有极少数工程采用地面管道引水的布置型式。输水系统的上平段、高压隧洞段和尾水洞段等地下隧洞遇断层破碎带、裂隙密集带、结构面的组合切割及地下水等因素时，都有可能产生诸如塌方、掉块等围岩失稳问题，塌方严重时甚至会造成工期延误。相对而言，引水上平段和尾水洞段均为低压隧洞，对地形地质条件的要求相对较低，上覆和侧向山体厚度满足成洞要求即可。而高压隧洞段因承受的内、外水压力较大，且多采用斜井或竖井的布置方式。斜（竖）井隧洞长，施工难度大，围岩稳定问题特别是中、陡倾角断层破碎带倾向下游时，稳定问题更加突出。如十三陵抽水蓄能电站 2 号高压斜井导井开挖时，揭露出 F_{20} 断层，由数条小规模断层组成，断层倾向下游，倾角 80°～90°，破碎带宽度约 100～120m，沿压力隧洞轴线斜距达 180～200m，加之沿断层破碎带的滞水，形成储水构造带，当导井挖穿该储水带后，产生突水、泥屑流和大体积塌方，如图 6-6-1 所示。

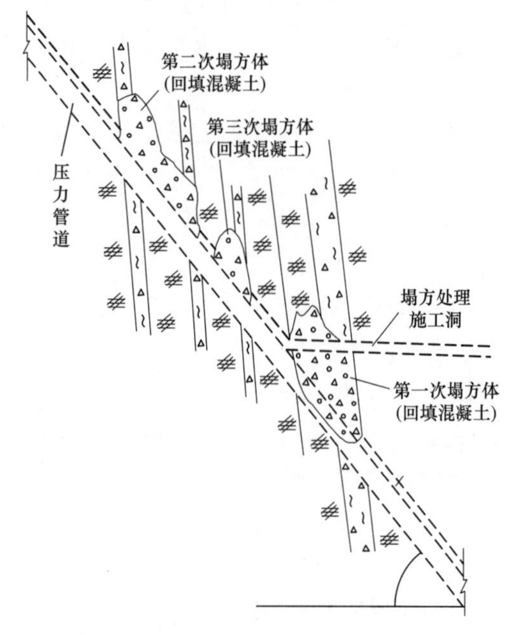

图 6-6-1　十三陵工程 F_{20} 塌方

输水系统下平段的高压岔管水头最大，对围岩稳定要求更高，因此需查明其岩体质量、断裂构造、水文地质、渗透性和地应力的量级及方向。这不仅关系到围岩稳定问题，同时还决定着岔管衬砌型式的选择。

（三）输水系统洞室地下水问题

地下水按含水层空隙性质不同可分为孔隙水、裂隙水和岩溶水。抽水蓄能电站地下工程涉及的地下水主要为裂隙水。裂隙水是指储存在基岩（沉积岩、岩浆岩、变质岩）裂隙中的地下水。岩体中裂隙是地下水运移、储存的场所。裂隙发育程度和力学性质影响并控制地下水的分布和富集。在裂隙尤其是张性裂隙发育的范围含水丰富，而在裂隙不发育的范围含水甚少。所以即使在同一构造单元或同一水文地质单元内，基岩的透水性和富水性可能也存在很大的差异，造成基岩地下水的不均一性。

由于构造裂隙的力学性质不同，其水文地质特性也有较大的差异。一般张性裂隙张开程度和连通性比较好，所以沿张性裂隙发育方向导水性强、地下水水力联系好，常成为地下水的主要径流带（或通道）。而压性或扭性裂隙多呈微张或闭合状，沿此方向裂隙导水性差，水力联系也差。所以基岩裂隙型地下水的导水性呈现出明显的各向异性。以上基岩裂隙水的特征经常出现在相距很近的钻孔中，主要表现为地下水位不统一，水量差异很大。在抽水蓄能电站输水系统勘探中就有类似的情况出现。

按裂隙水的埋藏分布特征，可将裂隙水分为面状裂隙水、层状裂隙水和脉状裂隙水。三种裂隙水在抽水蓄能电站地质勘察中常见或多见。

(1) 面状裂隙水。主要分布于各类基岩的表层或表部卸荷、风化带中。其水量随岩性、地形的不同而发生变化，例如砂岩、页岩分布的地区，其中以砂岩为主的地段比以页岩为主的地段地下水量要多出几倍，而且越靠近河谷水量则逐渐增加。卸荷、风化带裂隙水分布的下限取决于卸荷、风化带的深度，由于各地区的岩石卸荷、风化程度不同，其卸荷、风化带的下部界线差异甚大。

(2) 脉状裂隙水。脉状裂隙水埋藏于构造断裂中，沿断裂带呈带状或脉状分布。其分布长度和深度远大于宽度，且有一定的方向性。脉状含水带可以切穿数个不同时代、不同岩性的地层，可通过不同的构造部位，致使含水带各部位地下水贫富不均以及埋藏深浅变化很大，因而同一含水带中地下水的分布具有不均匀性。断裂带通过脆性岩石时，通常是强含水带；断裂带通过塑性岩石时，则多形成微弱含水带或起隔水作用。脉状含水带地下水补给源较远，循环深度较大，水量、水位较稳定，一般具有统一的水面，自身形成一个统一的系统，它与周围岩石裂隙中的地下水有比较弱的水力联系。

如在十三陵抽水蓄能电站地质勘察中，在大约200m深的地方裂隙中还有次生泥充填，这说明岩体卸荷带的深度很大，地下水分布于卸荷带中，且受断裂脉状含水带的控制，呈明显的阶梯状展布，如图6-6-2所示。可以看出，输水系统由上水库向下游，上平段先遇到F_3断层，过了上水库外坡向下游，上斜段又遇到F_{20}断层；过了F_{20}后，又遇到东西向裂隙密集带组成的破碎带，再向下游岩体才变好。地下厂房选择在较好的岩体中。输水系统沿线的地下水位并不是通常的随地形的高低平缓变化，地下水位线受构造控制是不连续的，在F_3断层上游侧上水库库底地下水位大约为470～480m；过了F_3地下水位有一个跌落，降为400～420m，F_3是一个隔水断层；F_{20}也是一个隔水断层，2号压力管道在施工开挖时揭穿该断层时，发生突水突泥现象，受其阻隔的地下水位降为300m左右；裂隙密集带下游侧的完整岩体有阻水作用，其中的地下水位降低为120m左右，与厂房部位的地下水位相当；地下厂房至下水库之间岩体中地下水位随地形变化比较平缓。可以看出地下厂房位于非卸荷岩体内，洞室围岩中地下水不丰富，有利于地下工程的施工和围岩稳定。十三陵电站输水系统沿线的地下水是典型的构造、卸荷、风化带的脉状裂隙水。

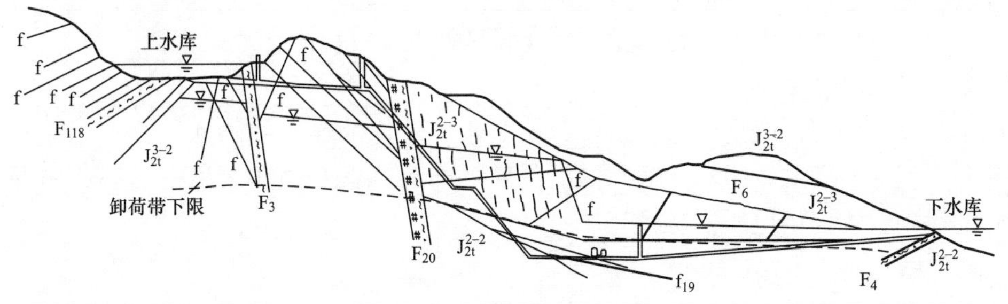

图6-6-2 十三陵电站输水系统地质剖面图

(3) 层状裂隙水。层状裂隙水为聚集于成岩裂隙和区域构造中的裂隙水，其埋藏和分布一般与岩层的分布一致，有一定的成层性。由于裂隙的交织构成地下水运动和储存的网状通道。层状裂隙水在不同的部位和不同的方向上，因裂隙的密度、张开程度和连通性有差异，其透水性和涌水水量仍有较大的差别，具有不均一的特点。层状裂隙水埋藏和分布受岩层产状的控制。

西龙池抽水蓄能电站输水系统位于西河一耿家庄宽缓背斜的核部，区域地下水经核部向西侧的向斜核部汇集。输水系统自上而下穿过奥陶系上马家沟组、下马家沟组、亮甲山组、冶里组，寒武系凤山组、长山组、崮山组、张夏组地层，其中上马家沟组、下马家沟组、冶里组、凤山组、崮山组为可溶岩和易溶岩，为相对含水层。而亮甲山组、长山组、张夏组为难溶岩和不溶岩，构成相对隔水层，岩溶相对不发育。在相对隔水层顶板以上见有少量地下水，共有三层：①上部上马家沟组、下马家沟组的层间地下水，水位在1200m左右；②中部冶里组、凤山组的层间地下水，水位在930m左右；③下部崮山组的层间地下水，其水位在840m左右。以上三个层间地下水受层间相对隔水层控制，彼此不相沟通。水道系统穿过上述上、中、下三层层间地下水及相对隔水层，而地下厂房则布置在最低的透水性很弱的张夏组岩层中。该层地下水构成工程区最低的地下水面，地下水位为716～719m，如图6-6-3所示。

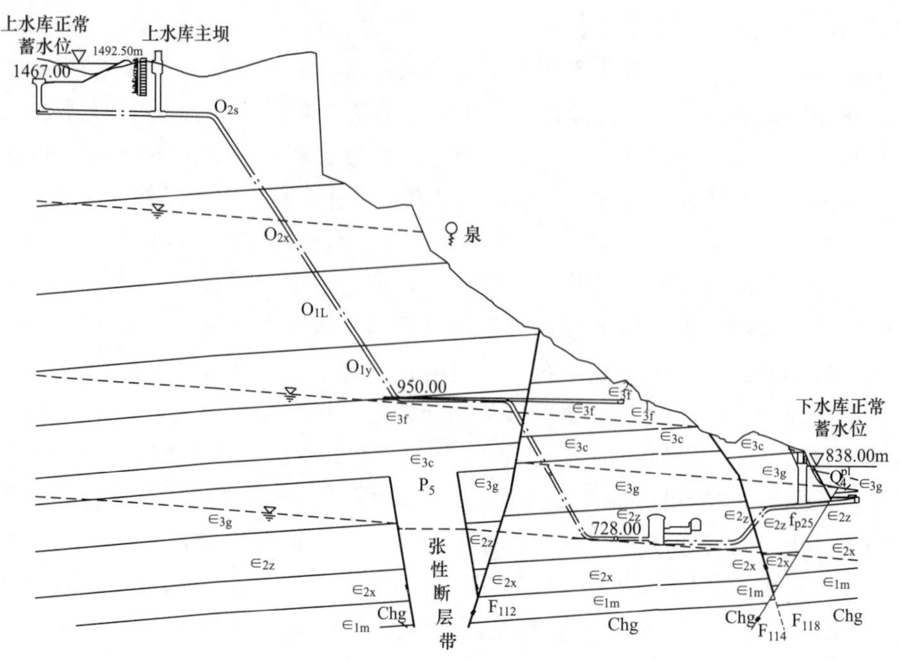

图 6-6-3 西龙池抽水蓄能电站输水系统地质剖面图

综合以上三类裂隙水的埋藏分布特征分析，输水系统隧洞开挖时，无疑要对三种裂隙水有不同程度、不同方式的击穿，这时隧洞中有的洞段（或局部）围岩将可能出现潮湿、渗水、滴水、线状流水乃至涌水的现象，同时可能也有一些洞段没有地下水。其中有地下水洞段围岩对于有压隧洞来说肯定是漏水的；而对于无地下水洞段围岩中的构造，其在天然状态下可能有阻水作用，但在隧洞高内水压力的作用下，也存在发生水力劈裂的可能性，需要通过现场高压压水试验加以验证。输水系统的下平段和岔管部位所承受的内水压力最大，若采用钢筋混凝土衬砌型式，则要求具有Ⅰ～Ⅱ类围岩的工程地质特性，并要求在下平段和岔管部位进行地应力测试和高压压水试验，预测最小主应力和围岩阻水构造在高压水作用下是否发生水力劈裂问题，为隧洞衬砌设计提供水文地质资料。

四、输水系统工程地质勘察

输水系统工程地质勘察，就是要选择地形、地质条件较优的输水线路和最终查明输水系统沿线的工程地质条件和工程地质问题，为确定输水隧洞线路的布置方案和高压管道（竖井或斜井及下平段厂前高压岔管）的衬砌型式提供地质依据。

（一）勘察方法

在工程规划和预可行性研究阶段，输水系统的勘测工作主要结合区域地质和地形地貌条件作宏观的定性判断，以工程地质测绘为主，辅以物探和少量的钻孔勘探工作，了解和初步查明各比较方案各建筑物的工程地质条件和主要工程地质问题。在可行性研究阶段，上、下水库坝区的位置初步确定，输水系统上、下水库进/出水口的位置也初步拟定，但沿线各建筑物的布置还要视地下厂房位置及其轴线方向进行组合方案比较确定。输水系统工程地质勘察工作的布置应遵循以下原则：

（1）上、下水库的进/出水口应有钻孔和平洞控制，平洞深度宜穿过弱风化带，钻孔宜深入到建筑物底板以下一定深度。低压隧洞段（上平段及尾水洞段）可根据地形地质条件和上覆岩体厚度，布置适当的控制性钻孔，当隧洞与铁路、公路及其他建筑物立体交叉时，宜布置适当的勘探工作。下水库利用已建水库时，对其进/出水口围堰亦应布置适当的钻孔，查明围堰的工程地质条件及工程地质问题，对改、扩建工程进行专门性工程地质勘察。

（2）井式建筑物，如尾水闸门井、调压井、进/出水口闸门井，勘探以钻孔为主或竖井（必要时），其深度以进入隧洞底板以下 1.5 倍洞径为宜。

（3）利用地下厂房长探洞查明输水系统的工程地质问题。探洞长度宜达到高压岔管部位，其布置高程宜在厂房顶拱以上 30～50m。

（4）高压隧洞或岔管段应布置深孔，孔内选择有代表性的试验段，进行高压压水试验，测试岩体的渗透性和结构面劈裂压力，试验压力宜为钻孔部位高压隧洞内水压力的1.2～1.5倍；进行岩体地应力测试，了解地应力随深度的变化情况。在抽水蓄能电站工程质勘察中，深孔钻探是对地形高差大的输水系统进行勘探的有效手段之一，在大型抽水蓄能电站中，一般均进行深孔钻探。

西龙池抽水蓄能电站地形高差约700m，山坡陡峻，自上而下呈陡缓相间的台阶状，高压管道沿线地形为凸出的鼻梁状，勘探工作难度极大。尽管如此，可行性研究勘察中为查明输水系统的地层岩性、地下水位、地应力状况等条件，分别在上水库闸门井、高压管道中平段布置了两个300m的深孔，从铅直方向全面揭示了水道系统沿线各岩层的岩性、风化、完整性、地下水状况及岩溶发育程度等。

敦化抽水蓄能电站上、下水库地形高差近800m，工程区森林覆盖率极高，输水线路长，上、下水库之间无路通行，设备、物资均需人工搬运，勘探工作难度极大。可行性研究阶段为了查明输水系统沿线的工程地质条件，在高压管道上斜井、中平段、下斜井及高压岔管等部位共布置6个深钻孔，孔深260～615m，从铅直方向全面揭示了水道系统沿线各岩层的岩性、风化、完整性、地下水状况及岩体蚀变等。

（5）输水系统的勘探孔应分段做压水试验和地应力测试，测试各类岩体的透水性及岩体的初始地应力，并进行物探测井和必要的地下水位长期观测。在中、缓倾角的沉积岩地区，必要时作分层地下水位长期观测。

（6）利用输水系统的钻孔、平洞或竖井，取有代表性的岩样，进行室内岩石物理力学性质试验，在有条件的建筑物部位开展必要的现场岩体变形试验。

（7）招标阶段应对前期勘察成果进行必要的复核工作。在招标阶段或工程筹建期，对于高水头（高差一般大于300m）的输水系统复式斜井或竖井布置方案，若存在遗留的工程地质问题时，有条件最好开挖中平段探洞。

（二）专门性工程地质问题的测试与试验

1. 地应力测试

地应力测试是输水系统工程地质勘察中必须开展的一项工作，西龙池、张河湾、琅琊山、泰安、天荒坪、宜兴、敦化、阳江等工程都结合深孔钻探开展了地应力测试。地应力测试的布置原则一般是位于拟定的岔管或下平段，但测试的方法和测试组数有差异。常见的测试方法有二维水压致裂法、三维水压致裂法、应力解除法、压磁法，及孔径应力法、深孔三向法、声发射凯塞效应法等。不同的测试方法，测试结果存在一定的差异。综合国内抽水蓄能电站工程，绝大部分采用了技术较成熟的水压致裂法，NB/T 10072《抽水蓄能电站设计规范》要求应在高压管道钻孔内采用水压致裂法测试岩体地应力。

2. 高压水渗透试验

（1）针对钢筋混凝土衬砌设计的高压隧洞岩体高压水渗透试验，目前已初步取得以下经验：

1）高压水渗透作用尺寸效应不明显，因此可以用钻孔代替洞室进行试验。

2）钻孔试验段必须有足够长度。

3）试验压力必须高于电站运行水头压力。

4）进行循环加荷试验是必要的，以揭示岩体所能承受的最大压力，同时了解高压水对岩体的侵蚀性。

（2）通过高压压水试验，可以重点取得以下基本参数和资料：

1）了解较完整岩体在高压水作用下的岩体渗透稳定临界劈裂压力。

2）了解裂隙岩体在高压水作用下裂隙扩张临界压力。

3）掌握岩体的高压透水率，以确定隧洞衬砌型式和是否需要对围岩进行灌浆并确定灌浆压力等。

4）了解岩体渗透稳定的极限水力坡降，为两条隧洞间距的确定以及隧洞至断裂带或临空面之间岩体的防渗处理等提供设计依据。

（3）岩体高压水渗透破坏机理浅析。

1）从工程实践和试验研究两方面的大量事实都已证明，地下隧洞岩体在高压水的作用下，存在一个使岩体产生大量渗漏或渗透破坏的极限水力坡降 i_0，当实际水力坡降 $i>i_0$ 时，岩体将发生大量渗漏甚至遭受渗透破坏；当 $i<i_0$ 时，隧洞围岩渗透是稳定的。

2）从岩体力学角度分析，隧洞围岩在内水压力作用下，在隧洞周边产生环向拉应力，当环向拉应力大于岩石抗拉强度与最小主应力值之和时，洞壁周边岩石将产生水力劈裂。而对于裂隙岩体，高压水直接进入洞壁裂隙中，只要内水压力高于围岩初始最小主应力，裂隙就会发生扩张。这一点已得到钻孔高压压水试验的证实。

3）从地下水动力学的角度分析，高压水在有裂隙的岩体中运移时，总要受到岩体的阻力作用，使作用水头逐渐衰减。但岩体的阻力作用是有限的，当实际高压水渗透力大于岩体的这种阻力时，岩体就会产生大量漏水或渗透破坏。

4）岩体渗透破坏的结果主要表现为完整岩体劈裂、裂隙岩体中结构面扩张以及松散软弱物质的冲刷和冲蚀等。

（4）高压水渗透试验实例。

1）工程地质概况。某抽水蓄能电站拟装机容量1000MW，可利用水头387m。厂房及输水系统隧洞洞室埋深450～500m。压力隧洞为竖井加平洞的布置方案，设计采用钢筋混凝土衬砌。工程区基岩为单一岩性的片麻状花岗岩，岩体较为完整。主要断层和裂隙的发育方向为NEE或NWW向，以张扭性陡倾角断裂为主。F_{142} 断层分布于压力竖井下游侧，井壁～断层间距20～100m。花岗岩体中构造裂隙比较稀疏，岩体结构以巨块状为主。工程区地应力测试成果见表6-6-2。针对高压隧洞拟按钢筋混凝土衬砌方案设计，以及高倾角的 F_{142} 断层对压力竖井高压水渗透的影响，在钻孔内进行地应力测试后，接着作了钻孔内高压压水试验。

表6-6-2　　某抽水蓄能电站工程实测地应力成果表

地应力名称	实测应力值（MPa）	地应力方向（°）	倾角（°）
最大主应力 σ_1	11.79	NW292	22
中间主应力 σ_2	8.06	NE74	−64
最小主应力 σ_3	5.89	NE17	−11

注　表中“—”表示俯角。

2）试验方法及技术要求。钻孔高压压水试验在高压隧洞段探洞内的3个钻孔中进行（单孔试验），共计11个试验段。试验段选取不同类型岩体，即完整岩体和裂隙岩体，裂隙岩体又细分为微小闭合裂隙和张性裂隙两种，试段长约5m。试验压力一般为5～10MPa，最大达12.51MPa，压力梯级为0.5～1.5MPa。为研究岩体高压水渗透的时间效应，试验采用快速、中速、慢速三种方法：每试验段快速历时30～50min；中速历时120～180min；慢速历时240～480min。其中两个试段作了单一压力长时间压水试验。

3）试验成果。钻孔高压压水试验成果统计于表6-6-3。

表6-6-3　　某抽水蓄能电站工程岩体高压压水试验成果统计表

试段岩体状况	试验方法	试段编号	试段孔深（m）	试验压力（MPa）	稳定流量（L/min）	透水率（Lu）	备注
完整	快速	ZK29-2	49.5～54.4	3.51	0	0	推断岩石破裂压力约为10MPa，其极限渗透坡降为18.18
				6.51	2.0	0.01	
				9.51	1.0	0.00	
	中速	ZK29-2	49.5～54.4	4.51	0.6	0.02	
				8.51	1.0	0.02	
				12.51	15.0	0.22	
		ZK27-4	99.6～14.5	5.0	0	0	分析岩石破裂压力大于12MPa
				10.0	2.0	0.04	
				11.0	2.5	0.05	
				12.0	3.0	0.05	
	慢速	ZK27-3	75.5～80.4	7.3	0.5	0.01	p-Q 曲线 $p=10.3$MPa有明显拐点，说明岩体开始发生破裂
				9.8	1.5	0.03	
				10.26	4.5	0.08	
				11.26	6.0	0.10	
				12.26	8.5	0.14	
		ZK28-2	61.3～66.2	5.62	2.0	0.07	试验中最大流量7.6L/min

续表

试段岩体状况	试验方法	试段编号	试段孔深（m）	试验压力（MPa）	稳定流量（L/min）	透水率（Lu）	备注
微小闭合裂隙	慢速	ZK29-1	38.7～44.0	1.41～4.41	2.4～14.6	0.10～0.62	试验时间延长流量增大
	快速	ZK27-1	29.1～34.0	3.31	0	0	岩体透水性弱
				6.31	2.0	0.06	
				9.31	5.0	0.11	
	中速	ZK27-2	66.1～71.0	2.62	0	0	试验压力 9.62MPa 连续加压 20min，流量由 5.5 骤升为 15.4L/min，其极限渗透坡降为 13.55
				5.62	0.4	0.01	
				6.62	0.8	0.02	
				9.62	15.4	0.32	
张性裂隙	中速	ZK29-3	69.8～75.1	1.71	11.2	1.22	有张性裂隙发育的岩体，渗流量与试验压力成正比
				2.71	15.0	1.03	
				3.71	18.0	0.91	
		ZK29-4	92.1～97.5	1.42	10.8	1.42	
				1.92	12.6	1.23	
				2.42	17.0	1.31	
	慢速	ZK28-1	34.5～39.4	3.86	15.0	0.79	与探洞内裂隙连通出水

4）试验成果分析。

a. 完整的Ⅰ～Ⅱ类围岩洞段：岩体破裂压力约为 10MPa，围岩可以承受压力隧洞的内水压力，其高压渗透变形在弹性范围内，岩体透水率很小。

b. 裂隙发育的Ⅲ类围岩洞段：围岩在内水压力的作用下，渗漏量相对较大，个别有充填物的结构面容易产生冲蚀破坏，岩体渗水量会进一步增大。特别是压力竖井约 320m 高程以下段，与 F_{142} 断层之间岩柱体厚度为 20～50m，实际水力坡降可能大于临界坡降，产生管道内水向 F_{142} 断层渗漏。因此需重点作好高压固结灌浆处理。

c. 断裂破碎带Ⅳ～Ⅴ类围岩（F_{142} 等）洞段：F_{142} 断层带结构较松散，破碎带宽度 0.5～1.5m，影响带 3～5m，从压力隧洞下平段切过。断层与竖井之间岩体中发育走向近 EW 向和 NE30°～NE40°两组结构面。F_{142} 断层及其影响洞段的围岩不能承受管道内水压力的作用，将产生较大的渗漏量以及渗透破坏和岩体变形破坏。所以对 F_{142} 断层带影响洞段的围岩应作好工程处理。

3. 岩体原位变形试验

抽水蓄能电站的高压隧洞和岔管在运行过程中都将承受较高的内水压力，如西龙池抽水蓄能电站压力管道最大内水压力达 1015m，天荒坪和广州抽水蓄能分别达到 810m 和 704.5m。围岩分担内水压力的比例与围岩的质量密切相关。

评价隧洞围岩质量好坏的一个常用指标是岩体的变形模量，因此在输水系统可行性研究阶段的勘察中，应利用有关的勘探平洞，充分分析和认真设计试验洞的方向、尺寸及开挖方法等，确保与输水系统相关岩体的现场岩体变形试验取得可靠成果。试点的选择应包括各种主要岩性、不同完整程度的岩体。试验加压方向应考虑到岩体的各向异性，加压方向宜包括水平和垂直两种，以便测定岩体的各向异性参数。

4. 岩溶高压隧洞地质雷达探测

对处于岩溶地质环境中的输水系统隧洞，前期勘察一般因隧洞埋藏较深等客观条件制约，很难勘察清楚隧洞沿线围岩的岩溶发育情况。施工期在隧洞衬砌前宜利用地质雷达对隧洞围岩的岩溶发育情况进行探查，查明岩溶发育的位置、规模、深度、地下水及充填物状况等，并对工程有影响的岩溶现象进行一定量的钻探或开挖验证，为工程处理提供依据。

5. 大地电磁勘探

前期勘察中由于覆盖层及植被覆盖等客观条件制约，很难通过常规的测绘勘察清楚隧洞沿线的断层、破碎带等隐伏构造的发育情况。前期勘察阶段可利用大地电磁勘探对隧洞沿线的断层、破碎带等构造发育情况进行探查，初步查明构造发育的位置、规模、产状及地下水情况等，经过其他勘察手段进行验证，为工程处理提供依据。

第七节 天然建筑材料

一、料场选择原则

抽水蓄能电站所需天然建筑材料主要有堆石料、混凝土骨料、沥青混凝土骨料、防渗土料等。考虑到抽水蓄能电站的工程特点，为了进一步减少征地范围，减轻对自然环境的影响，降低工程造价，天然建筑材料的选择应以优先利用库内开挖料及洞挖料，尽量做到挖填平衡为原则，并配合设计开展必要的筑坝材料试验和挖填平衡研究。

料源选择时，尤其是水库需要开挖以增加有效库容的工程，首先应考虑库盆开挖料的利用问题，尽量做到挖填平衡，既增加了有效库容，又解决了料源问题，而且运距较短，比较经济。已蓄水发电的一些抽水蓄能电站，在库内开挖料储量不满足工程需求时采用了在死水位以上扩大岸坡开挖范围或在死水位以下深挖取料然后弃渣回填的方式，取得了一定的经济效益，敦化、西龙池、琅琊山等上水库就是采用这种做法。正在施工或开展勘测设计的一些抽水蓄能电站也是以上述原则开展勘察设计工作。

抽水蓄能电站库盆开挖石料的储量系数最小可取 1.2，但储量系数小于 1.5 时，一般需考虑库外建筑材料料源。库盆开挖石料的储量系数及什么情况下考虑备用料源，是一个值得研究的课题。

二、库内开挖料及洞挖料勘察

抽水蓄能电站天然建筑材料的工程地质勘察内容与常规电站类似，库内开挖料及洞挖料的勘察，均需满足天然建筑材料料场勘察的技术要求。虽然库内天然建筑材料勘察的内容和常规电站料场的勘察内容基本一致，但在勘察方法等方面也有其特殊性，需要进行重点研究。

库内天然建筑材料主要是人工库盆的开挖岩石或为增加库容而挖除的部分山体。建筑材料取自库内，所以其勘察工作可以同库坝区地质测绘、勘探及试验结合进行，统筹考虑库岸边坡、库周垭口及库内料场的勘察工作。洞挖料的勘察，可结合洞室勘察工作进行。

库内开挖料、洞挖料等渣料不同于一般料场的建筑材料，尤其是人工库盆及洞室的开挖料，其岩性可能是多种的，风化程度不一。因此，库内天然建筑材料及洞挖料的试验工作，除分别进行各种开挖料的物理力学性质试验外，还需与设计配合研究各种性状料源混合料的物理力学性质，堆石料与垫层、堆石与大坝地基抗剪强度等的现场试验。

(1) 敦化抽水蓄能电站上水库库内料场勘察。敦化上水库建于天然冲沟樱桃沟沟源部位，为北、西、南三面环山的洼地，水库周边分水岭由三个山包、两个垭口围成。在正常蓄水位 1391m 时，环库山体的厚度为 650～1570m，较为雄厚，水库采用局部防渗型式。库区岩性单一，均为二长花岗岩，地表为第四系冲洪积砂卵砾石、残坡积土及孤石。上水库区料场位于库内南侧的进/出水口山梁部位，同时兼顾开挖有效库容。

在进行上水库前期勘察总体布置时，统筹考虑了库岸边坡、库周防渗、进出水口及库内料场的勘察工作，地质测绘、试验及物探工作，特别是钻孔勘探布置进行了有机结合，如图 6-7-1 和图 6-7-2 所示。按照料场勘察规范对库内料场进行了详勘，网格状布置了 3 条勘探线，共计 10 孔，其中钻孔 ZK821、ZK828、ZK820 兼顾了库岸边坡、进出水口及库周防渗勘察，做到了一孔多用。既缩短了勘察时间，又节约了勘察费用，取得了较好的技术经济效果。

依据设计要求开挖底高程以 1370m 为界，利用平行断面计算，该料场覆盖层的储量为 31.0 万 m^3，全风化层的储量为 101.2 万 m^3，强风化层的储量为 43.7 万 m^3，弱风化层的储量为 17.6 万 m^3，合计开挖总量为 248.2 万 m^3。该料场具备扩大开采范围的地形地质条件。上水库库区料场均为二长花岗岩，各项试验结果表明强风化及以下岩石满足堆石料原岩的质量技术指标要求，由强风化、弱风化、微风化或新鲜花岗岩混合组成的料源可用于堆石坝坝体主要部位。

上水库筑坝料大部分取自库内料场和进/出水口开挖石料，少量取自洞挖料。从施工期开挖验证看，勘察成果较为准确可信，料场开挖揭露地质条件与前期勘查结果基本相符，基本做到了挖填平衡。上水库料源较好地满足了工程施工需要。

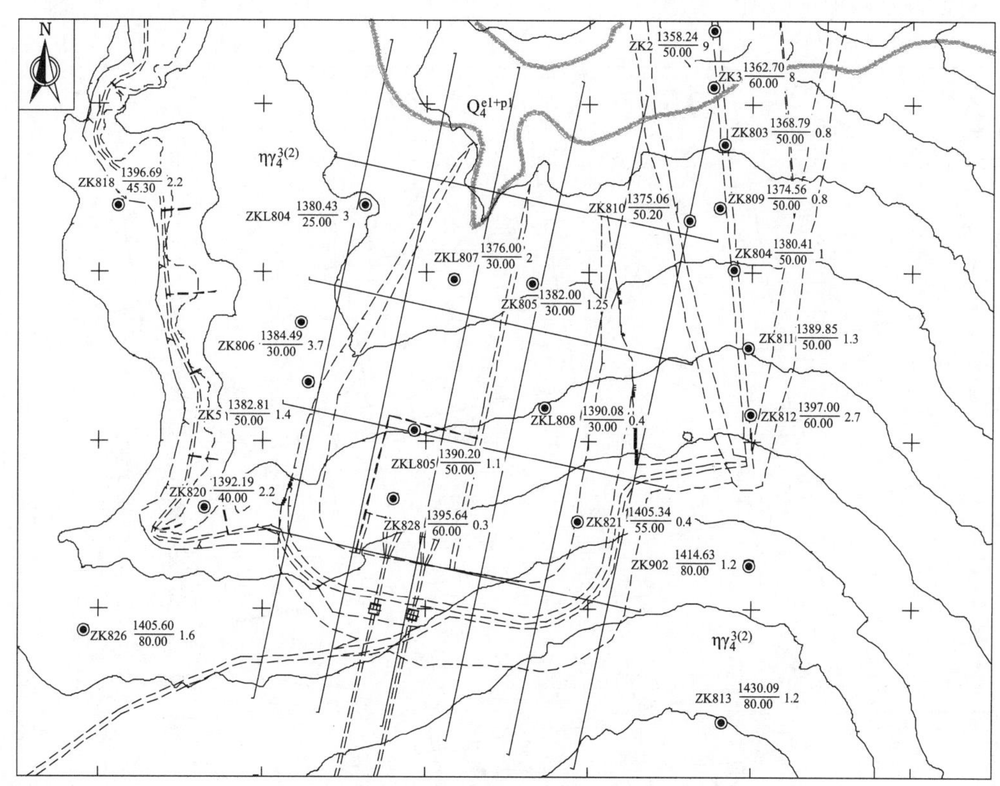

图 6-7-1 敦化上水库库区料场勘探布置图

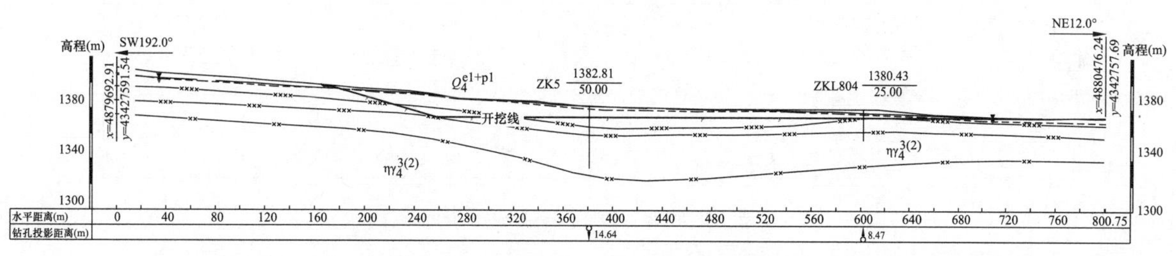

图 6-7-2 敦化上水库库区料场剖面图

(2) 西龙池抽水蓄能电站上水库库内料场勘察。西龙池上水库位于西闪虎沟源头，为峰顶夷平面，是工程区地势最高点。库岸由五个浑圆状山包和四个垭口组成，山体坡度较缓。上水库高悬于沟谷之上，库岸山体总体较单薄，特别是在垭口外侧，发育有低于库底高程的深切沟谷；库区基岩为上马家沟组呈“互层”状的厚层灰岩和泥质白云岩，岩溶发育，上水库存在产生渗漏的地形地质条件，采取全库盆沥青混凝土面板防渗型式。上水库因库容的要求，需进行库盆开挖，开挖石渣作为筑坝堆石料。

在进行上水库前期勘察总体布置时，统筹考虑了库岸边坡、库周地下水位、进出水口及库内料场的勘察因素，布置了工程地质测绘、试验及物探等工作，特别是勘探钻孔的布置进行了有机结合，如图 6-7-3 所示。按照料场勘察规范对库内料场进行了详勘，网格状布置了 8 条勘探线，钻孔 17 个，竖井 5 个，其中 ZK97-34、ZK97-35、ZK97-36、ZK97-37、ZK97-38、ZK97-39、ZK97-40 等钻孔兼顾了库岸边坡、进出水口及库周地下水位勘察，做到了一孔多用。既缩短了勘察时间，又节约了勘察费用，取得了较好的技术经济效果。

前期为了论证库盆开挖料的质量和储量进行了大量的勘探试验工作，试验结果表明：弱风化灰岩干容重大于或等于 27.0kN/m³，其物理力学指标可满足筑坝料技术要求；弱风化白云岩干容重大于或等于 24.5kN/m³，其物理力学指标基本满足筑坝料技术要求，虽然个别试样软化系数偏低，但其饱和抗压强度仍在 40MPa 以上。上水库库盆开挖料（灰岩及白云岩）属于硬岩范畴，工程特性较好，就筑坝料而言，可以满足面板堆石坝的要求。

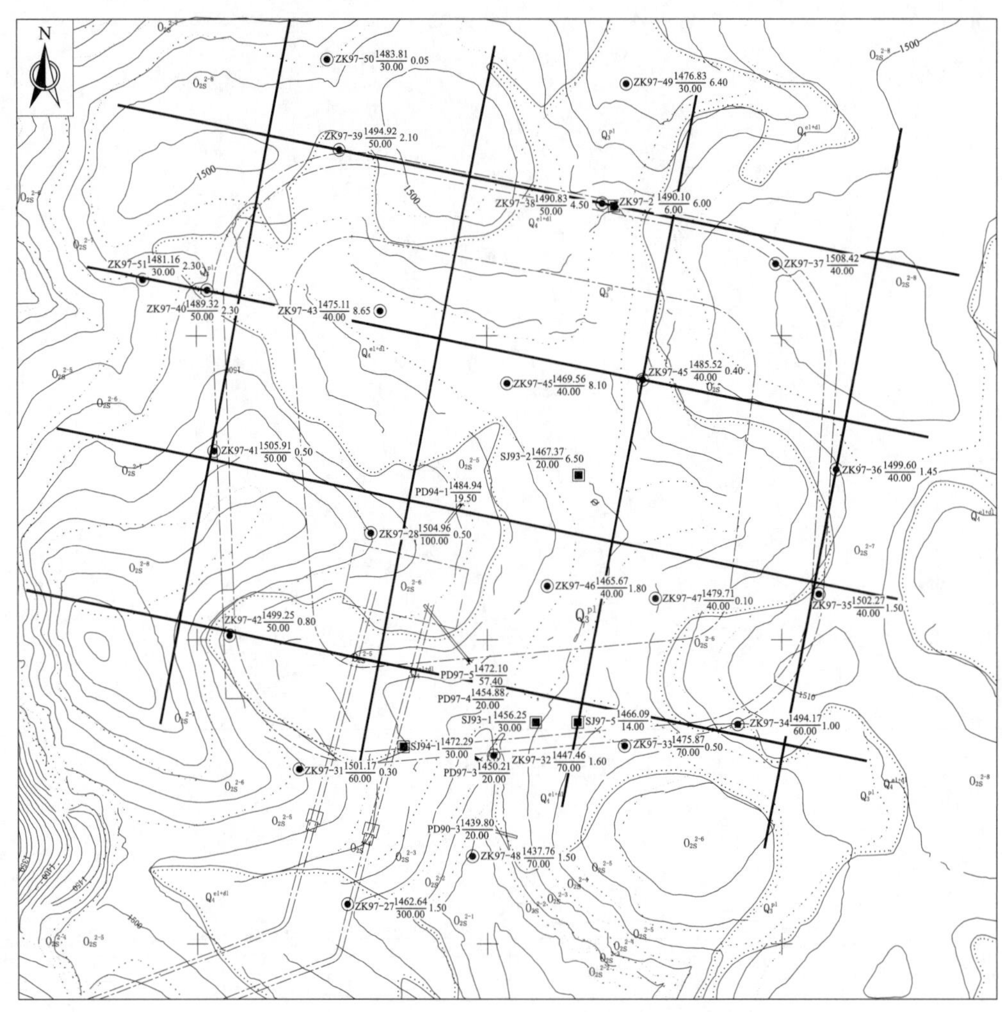

图 6-7-3 西龙池上水库库区料场勘探布置图

料场清除表部覆盖层和全风化带后，并剔除溶蚀宽缝泥夹碎石的影响，采用平行断面法计算，料场开挖可利用石渣为 $161.43\times10^4\mathrm{m}^3$，满足设计需用量 $146.76\times10^4\mathrm{m}^3$ 的要求，但安全余度不大。实际开挖填筑过程中，主坝、两个副坝、过渡层料、垫层料均利用库盆开挖料，实现了挖填平衡，填筑过程中的试验指标满足设计要求。

（3）敦化抽水蓄能电站下水库库内料场勘察。敦化下水库布置于东北岔河源头区，在河段收窄处拦河筑坝形成下水库。下水库库区范围内河谷断面形态呈不对称的宽缓 V 字形，河流河曲发育，两岸山体总体雄厚、完整，山体走向与河流平行，与河床最小相对高差大于 200m，无低矮邻谷及垭口分布。库区岩性单一，均为花岗闪长岩，地表为第四系冲洪积层和残坡积层。下水库区料场位于库内一突出山梁部位，同时具有开挖有效库容要求。

在进行下水库前期勘察总体布置时，统筹考虑了库岸边坡、库内料场的勘察工作，地质测绘、试验及物探工作，特别是钻孔勘探布置进行了有机结合，如图 6-7-4 和图 6-7-5 所示。按照料场勘察规范对库内料场进行了详勘，网格状布置了 3 条勘探线，共计 9 孔，其中钻孔 ZKL815、ZKL816 兼顾了库岸边坡稳定性的勘察，做到了一孔多用。既缩短了勘察时间，又节约了勘察费用，取得了较好的技术经济效果。

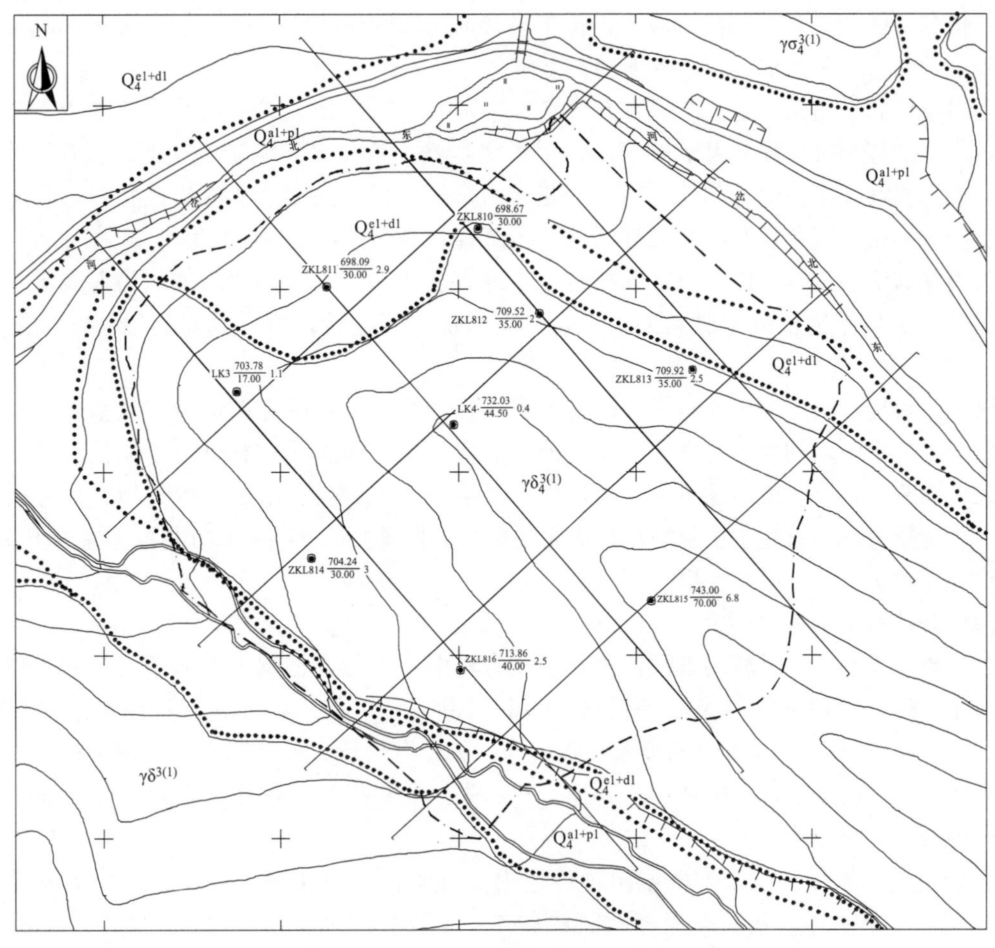

图 6-7-4 敦化下水库库区料场勘探布置图

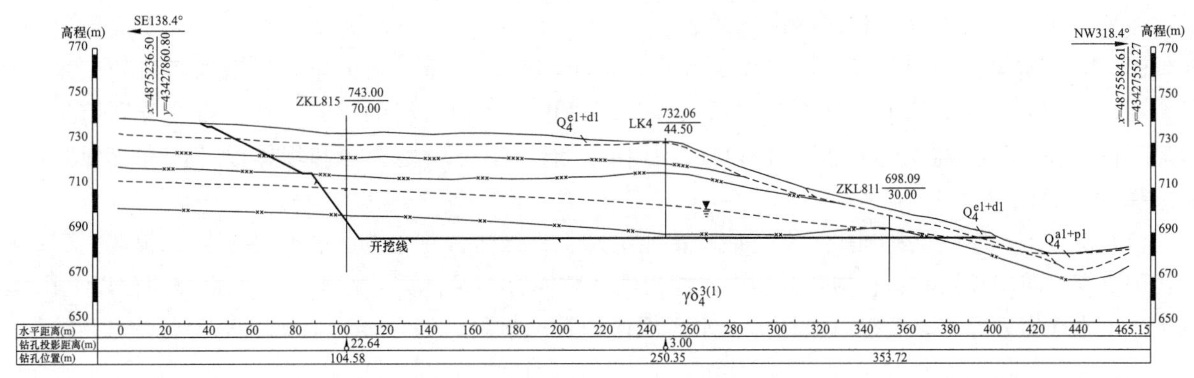

图 6-7-5 敦化下水库库区料场剖面图

利用平行断面法，对下水库库区料场各风化程度的料源进行计算。以开挖至高程 688m 计，该料场无用层的储量为 26.75 万 m^3，全风化层的储量为 18.53 万 m^3，强风化层的储量为 23.54 万 m^3，弱风化层的储量为 83.04 万 m^3，微新风化层的储量为 60.37 万 m^3。下水库库区料场均为花岗闪长岩，强～微风化岩石经试验结果表明均满足作为堆石料原岩的质量要求。由强风化、弱风化、微风化或新鲜花岗岩混合组成的料源质量好，用于堆石坝坝体。

施工过程中复核填坝料使用量情况，根据现场堆存量以及料场剩余开采量计算，发现存在缺口 65 万 m^3，结合现场实际情况对料场开挖方案进行调整，将开挖区底高程降低 10.5m，原设计开挖底部高程是 689m，底高程降为 678.5m，调整后计算料场实际储量总计 169.5 万 m^3。下水库筑坝料大部分取自库内料场，少量取自洞挖料，下水库料源较好地满足了工程施工需要。

（4）敦化抽水蓄能电站地下洞室开挖料勘察。敦化地下洞室开挖料包括地下厂房系统和水道系统两部分，开挖洞渣料主要有二长花岗岩、正长花岗岩、花岗闪长岩。前期勘察主要在厂房及水道系统工作的基础上，结合料源要求，开展各项勘察工作。

地下厂房系统和水道系统地下洞室石方开挖总量为106.3万m^3，全部为弱风化及以下岩石。岩石试验表明，岩石的饱和抗压强度大于40MPa，干密度大于2.4g/cm^3，满足混凝土人工骨料及坝体填筑料的要求。地下洞室开挖料中的二长花岗岩及花岗闪长岩岩相法判断为非碱活性骨料，高压管道下平段的正长花岗岩岩相法判断具有潜在碱硅活性，砂浆棒快速法14天膨胀率为0.17%，28天膨胀率为0.38%，为潜在碱活性骨料。地下洞室开挖料中，绝大多数为正长花岗岩，如作为混凝土骨料，需采取一定措施才能满足作为混凝土骨料的需要，势必增加工程造价，因此优先利用洞室开挖料作为上坝料。

项目开工建设后，由于下水库料场开挖受林木砍伐制约，为了研究验证地下硐室开挖料能否作为混凝土骨料，委托中国水利水电科学研究院对地下洞室正长花岗岩洞挖料进行了碱活性复核。复核结果认定正长花岗岩骨料为非碱活性骨料，可以作为混凝土人工骨料。由于洞挖料绝大部分属于弱风化以下岩石，料源质量好，故施工中将洞挖料优先用于人工骨料。地下洞室石方开挖总量为106.3万m^3，储量约为设计需要量两倍，满足要求。

三、库内开挖料及洞挖料评价

抽水蓄能电站天然建筑材料的工程评价方法与常规电站类似，根据天然建筑材料的岩性、风化程度及试验成果，评价库内开挖料及洞挖料的质量和可利用性，储量计算和质量评价按现行行业标准NB/T 10235《水电工程天然建筑材料勘察规程》的有关规定执行。虽然库内天然建筑材料及洞挖料的评价方法和常规电站料场的评价方法类似，但在全、强风化料工程特性研究及利用等方面还有其特殊性，需要开展重点研究工作。

抽水蓄能电站上水库多位于沟源或山顶洼地内，岩体临空面相对较多，卸荷风化较强，且有些部位的开挖料，受上水库建基面高程等限制，常有一定数量的全、强风化料；另外，上水库地形起伏变化较大，库内天然建筑材料的取料结果也存在较大差异。库内天然建筑材料的质量一般都不是很好，其物理力学性质指标不能完全满足现行规范要求，如岩石强度和软化系数低、细颗粒的含量偏高及形状不良等，有部分料严格按规范要求是不能用的，势必形成大量弃料。上水库选择当地材料坝时，需研究利用全、强风化石料作为筑坝料的可能性，对全、强风化料应增加必要的试验工作量。为减少弃料，在大坝的设计上采取适当措施，再根据各种石料的试验指标，将其分别填筑于坝体的不同部位，以提高库内天然建筑材料的利用率。地质配合坝型选择和坝体设计，进行坝体填筑料选择的相关试验。

(1) 文登上水库风化料利用。文登抽水蓄能电站工程区岩性主要为元古代晋宁期二长花岗岩及中生代印支期石英二长岩和正长岩，其中上水库天然有效库容不足，需开挖水库区死水位高程以上山体，以扩大上水库有效库容，开挖石渣作为上水库坝体的筑坝材料。经计算，上水库库区土石总开挖量约为593万m^3，其中覆盖层储量为89.5万m^3，全风化带储量约为78.2万m^3，强风化带为137.6万m^3，弱风化带及以下岩体约为287.7万m^3。上水库筑坝堆石料总计需要约473万m^3，因此仅利用弱风化带及以下岩体总储量不足，需要考虑利用全、强风化带软岩料。

为研究全、强风化料的可利用性，除进行了堆石料常规的比重、固结、直剪、三轴压缩及渗透试验外，针对全、强风化料的特点还进行了耐崩解性试验、压缩试验，以及采用固结试验原理，进行湿化变形试验等。相对于弱风化料，全、强风化料最大干密度相对较小，但经充分振动压实后可以达到较大的干密度；与弱风化料相比，全、强风化料抗剪指标差别不明显；强风化料天然状态下的压缩模量尚可，见表6-7-1。本着充分利用库内开挖料及因地制宜设计堆石坝的原则，可以将全、强风化堆石料填置于坝体下游浸润线以上的区域，以达到挖填平衡和减少弃渣的目的。

文登上水库钢筋混凝土面板堆石坝坝高101m，坝体填筑料取自库盆内开挖料场，苇夼沟料场为备用料场。为充分利用库盆开挖全、强风化料，解决料源相对紧张、优质料源不足的问题，尽量避免开采备用料场，减少征地移民、缩短项目工期、节省工程投资，下游堆石区采用全、强风化料软岩筑坝技术，软岩用量占比达39%。坝体工程监测资料表明，坝体变形、稳定性等均满足设计要求。

表 6-7-1　　　　文登上水库全风化、强风化堆石料质量综合评价表

<table>
<tr><th colspan="3">室内试验项目</th><th>试验指标</th><th>评价</th></tr>
<tr><td rowspan="4">干密度
(g/cm³)</td><td colspan="2">弱风化</td><td>2.12</td><td rowspan="4">弱风化料为根据设计级配得到的干密度，而强风化料、混合料及全风化料为振动法得到的最大干密度，可以看出，仍小于相同部位的弱风化料</td></tr>
<tr><td colspan="2">强风化料</td><td>2.11</td></tr>
<tr><td colspan="2">全强混合料</td><td>2.11</td></tr>
<tr><td colspan="2">全风化料</td><td>1.89</td></tr>
<tr><td rowspan="8">直剪试验
(饱和)</td><td rowspan="2">弱风化</td><td>黏聚力 c(kPa)</td><td>56.5</td><td rowspan="8">(1) 弱风化料本身的摩擦系数 f=0.80，要高于全、强风化料及其混合料的抗剪强度，表现为风化程度越强抗剪强度值越低。
(2) 硬岩堆石料与基岩面之间的摩擦系数 f=0.67，除全风化摩擦系数稍低外，其余风化料摩擦系数均要高于堆石料与基岩之间的摩擦系数，即软岩料的抗剪强度尚可</td></tr>
<tr><td>摩擦系数 f</td><td>0.80</td></tr>
<tr><td rowspan="2">强风化</td><td>黏聚力 c(kPa)</td><td>51.5</td></tr>
<tr><td>摩擦系数 f</td><td>0.73</td></tr>
<tr><td rowspan="2">全、强混合料</td><td>黏聚力 c(kPa)</td><td>64.8</td></tr>
<tr><td>摩擦系数 f</td><td>0.71</td></tr>
<tr><td rowspan="2">全风化料</td><td>黏聚力 c(kPa)</td><td>31.4</td></tr>
<tr><td>摩擦系数 f</td><td>0.66</td></tr>
<tr><td rowspan="8">三轴压缩
试验</td><td rowspan="2">弱风化</td><td>黏聚力 c(kPa)</td><td>103</td><td rowspan="8">(1) 总体表现为风化越强其黏聚力 c 越低；内摩擦角 φ 总体上随着风化强度的增强而降低，但差别不大，均在 35°以上。
(2) 主堆石料、过渡料及次堆石料在较小的围压（200～400MPa）下应力应变曲线表现为应力软化型，即体积变形特点为先压缩后膨胀，其余围压下一直被压缩。
(3) 软岩料与垫层料体积变形特点则均为应力软化型</td></tr>
<tr><td>内摩擦角 φ(°)</td><td>36.3</td></tr>
<tr><td rowspan="2">强风化</td><td>黏聚力 c(kPa)</td><td>63～71</td></tr>
<tr><td>内摩擦角 φ(°)</td><td>36.3～36.8</td></tr>
<tr><td rowspan="2">全、强混合料</td><td>黏聚力 c(kPa)</td><td>58</td></tr>
<tr><td>内摩擦角 φ(°)</td><td>36.1</td></tr>
<tr><td rowspan="2">全风化料</td><td>黏聚力 c(kPa)</td><td>58</td></tr>
<tr><td>内摩擦角 φ(°)</td><td>35.7</td></tr>
<tr><td rowspan="8">固结试验
压缩模量
(MPa)</td><td rowspan="2">弱风化</td><td>天然</td><td>152.9</td><td rowspan="8">(1) 同压力差下的压缩模量从大到小依次为弱风化料、强风化料、混合料、全风化料。
(2) 同压力差下压缩模量天然状态大于饱和状态，说明试料浸水后岩块软化，抗压强度降低。
(3) 强风化料天然状态下压缩模量尚可，而混合料及全风化料均较低</td></tr>
<tr><td>饱和</td><td>90</td></tr>
<tr><td rowspan="2">强风化</td><td>天然</td><td>85.6</td></tr>
<tr><td>饱和</td><td>75</td></tr>
<tr><td rowspan="2">全强混合料</td><td>天然</td><td>58</td></tr>
<tr><td>饱和</td><td>57.7</td></tr>
<tr><td rowspan="2">全风化料</td><td>天然</td><td>51.3</td></tr>
<tr><td>饱和</td><td>44.9</td></tr>
<tr><td>湿化变形</td><td colspan="2">强风化</td><td><0.35</td><td>软岩料在压实过程中，变形具有一定的反复性，但影响不大，洒水碾压即可消除影响</td></tr>
<tr><td>渗透系数</td><td colspan="2">弱风化</td><td>3×10⁻¹</td><td>强风化料相对于弱风化料排水性较差，另外强风化料碾压过程中将出现板结层，因此水平向透水率大于垂直向</td></tr>
</table>

注　表中的固结试验压缩模量均为最大压力下的压缩模量。

(2) 十三陵上水库风化料利用。十三陵抽水蓄能电站上水库，面板堆石坝最大坝高 75m，上游坝坡 1∶1.5，下游坝坡 1∶1.75，坝体分为主堆石区和次堆石区。库盆区开挖石料中，全、强、弱、微风化料均有分布。对开挖石料场沿平行坝轴线和垂直坝轴线两个方向进行勘察，并剖切地质剖面图，剖面间距 50m，据此进行石料场的工程地质分区，指导工程开挖和坝体填筑。勘察过程中对不同风化类型的石料进行取样试验，坝体填筑料石料试验成果列于表 6-7-2。

表 6-7-2　　　　十三陵上水库坝体填筑料石料试验成果表

安山岩石料试样特征	比重	孔隙度(%)	最大干容重(g/cm³)	最小干容重(g/cm³)	凝聚力 c(MPa)	内摩擦角 φ(°)	渗透系数 k(cm/s)
全风化	2.71	27.4	1.97	1.47	0.08	30.3	1.9×10^{-4}
强风化	2.74	26.7	2.06	1.49	0.10	40.1	4.8×10^{-2}
全风化 15%+弱风化 85%	2.77	25.4	2.07	1.48	0.66	42.3	3.4×10^{-2}

续表

安山岩石料试样特征	比重	孔隙度(%)	最大干容重(g/cm^3)	最小干容重(g/cm^3)	凝聚力 c(MPa)	内摩擦角 ϕ(°)	渗透系数 k(cm/s)
全风化 30%+弱风化 70%	2.76	24.5	2.09	1.49	0.09	39.4	9.8×10^{-4}
弱风化	2.79	23.8	2.09	1.49	0.03	41	4.0×10^{-2}

试验成果表明，作为筑坝石渣料，在保证有70%以上坚硬岩石作为骨架石料的条件下，允许掺杂小于30%的全强风化石料。坝体工程监测资料表明，采用此类筑坝料除施工期坝体沉降量较大外，其他变形稳定性等均满足要求。

第七章　抽水蓄能电站布置

第一节　概　　述

一、抽水蓄能电站类型

抽水蓄能电站按其上水库储存水能的发电用途不同可分为纯抽水蓄能电站和混合式抽水蓄能电站。纯抽水蓄能电站上水库储存的水能仅用于抽水蓄能机组发电，电站厂房内仅安装有抽水蓄能机组；混合式抽水蓄能电站上水库储存的水能一般是主要用于常规水电机组的发电，通常是结合常规水电站新建、改扩建，加装抽水蓄能机组，两种机组可安装在同一厂房内，也可分开。

截至 2022 年底，我国已建和在建抽水蓄能电站共 131 座，主要为纯抽水蓄能电站，见表 1-1-1 和表 1-1-2。混合式抽水蓄能电站共 10 座，其中 8 座为 2005 年之前建成，合计装机容量 845MW，占已建投产容量的 1.86%；之后仅 2022 年新核准 2 座混合式抽水蓄能电站，为潘口（298MW）和两河口（1200MW）抽水蓄能电站，约占在建装机容量的 1.40%。已建大型抽水蓄能电站（装机容量大于或等于 300MW）中，除白山混合式抽水蓄能电站（300MW）外，其余均为纯抽水蓄能电站。已建混合式抽水蓄能电站几乎都是中小型抽水蓄能电站，除羊卓雍湖抽水蓄能电站外，其余额定水头也都小于 100m。纯抽水蓄能电站几乎全为大型工程，且绝大多数装机容量在 1200MW 以上，机组额定水头大于 300m；已建纯抽水蓄能电站中，仅溪口（80MW）、沙河（100MW）、回龙（120MW）3 座电站为中型工程，且为 2005 年之前建成；在建纯抽水蓄能电站中，仅 2022 年新核准的魏家冲（298MW）为中型工程，其余均为大型抽水蓄能电站。

（一）纯抽水蓄能电站

我国所建的抽水蓄能电站绝大多数属于纯抽水蓄能电站，电站用水一般只是一天内水体在上、下水库之间的循环往复，除蒸发和渗漏损失外，没有其他水量消耗。纯抽水蓄能电站要求有足够的库容来蓄存循环发电水量，上、下水库型式多样，在山区、江河梯级、湖泊甚至地下均可修建，不同型式上、下水库组合具有不同特点，构成了不同类型的抽水蓄能电站格局。由于不需要大量水源，纯抽水蓄能电站一般选择在靠近负荷中心或新能源基地附近，以减少电站在送受电时输电线路的电能损失和有利于新能源消纳。

纯抽水蓄能电站主要利用上、下水库之间的自然高差开凿引水道引水获得水头，电站设计水头多在 200m 以上，由于机组吸出高度较大，故绝大多数都采用地下厂房，如十三陵、广州、天荒坪、泰安、西龙池、张河湾等抽水蓄能电站。十三陵抽水蓄能电站布置如图 7-1-1 和图 7-1-2 所示，该电站以十三陵水库为下水库，在距下水库 2120m 的山顶沟脑处修建上水库，在上、下水库之间的山体中开凿引水道，形成 480m 落差，装机容量 4×200MW。

（二）混合式抽水蓄能电站

混合式抽水蓄能电站一般上水库有较大的天然入库径流，通常结合常规水电站新建、改建或扩建，加装抽水蓄能机组而成。它的发电方式分为两部分，一部分为天然径流发电，另一部分为抽水蓄能发电。我国早期建设的岗南、密云、潘家口、响洪甸、白山等抽水蓄能电站就属于混合式。它们共同的特点是上水库都是大中型综合利用水库，原来水电站的运行方式多为“以水定电”，不能满足电力系统的调峰需要，增设抽水蓄能机组后，改变了电站的运行方式，既满足了综合利用部门的用水要求，又提高了电站的调峰能力。

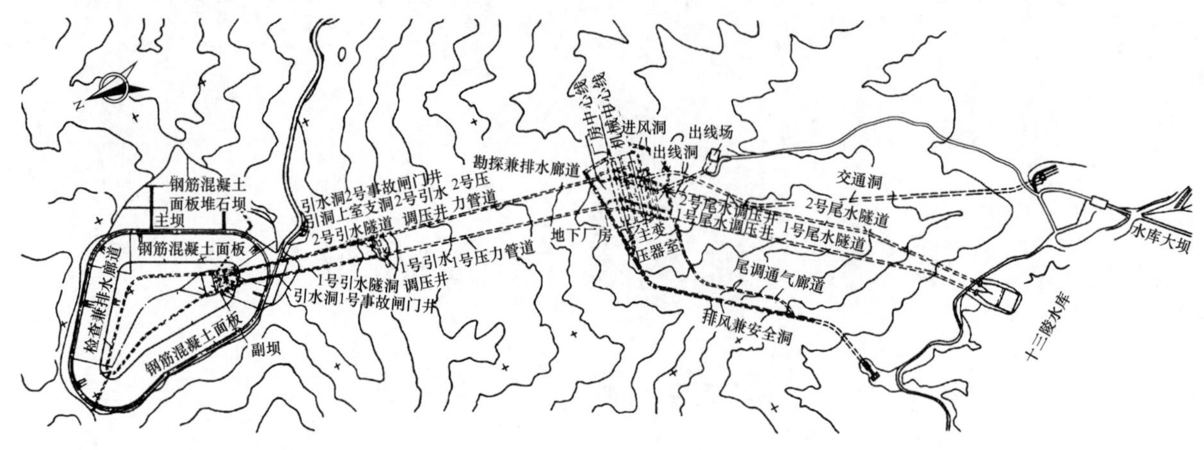

图 7-1-1 十三陵抽水蓄能电站枢纽平面布置图

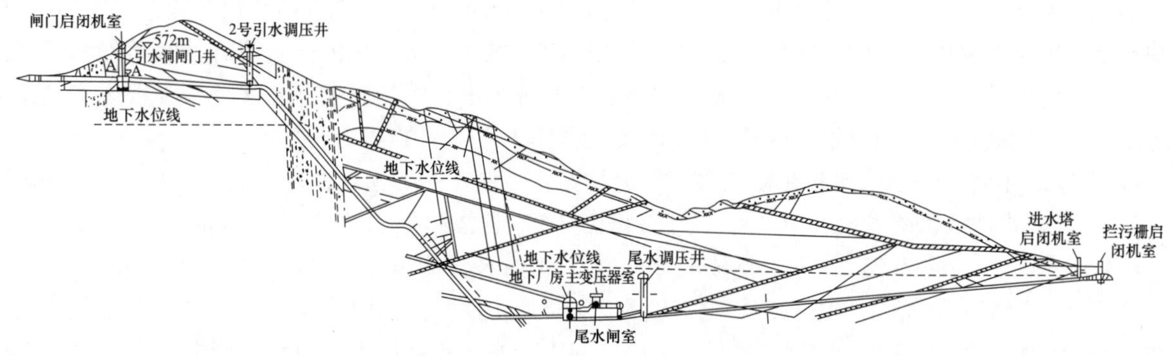

图 7-1-2 十三陵抽水蓄能电站剖面图

国内混合式抽水蓄能电站大多利用已建水库，通过筑坝壅水方式来集中水头，新建、改建或扩建抽水蓄能机组，水头一般不高，从几十米到 100m 左右。抽水蓄能机组和常规机组通常安装在一个厂房内，也可分开布置在两个厂房内。

如潘家口水利枢纽是在滦河干流上修建了上、下两座水库，并相应修建了两座水电站（见图 7-1-3）。上水库电站为混合式抽水蓄能电站，利用已建潘家口水库，其抽水发电利用的是坝体壅高的水头，额定水头 71.6m。采用坝后式地面厂房，安装 3 台 90MW 抽水蓄能机组和一台 150MW 常规水力发电机组，两种机组布置在同一厂房内，安装高程不同。下水库电站安装 2 台容量为 5MW 的贯流式机组。潘家口水电站采用抽水蓄能机组与常规机组混合开发方式，有如下优点：①可避免电站在枯水时段或不需要供水时出力受阻甚至停机，把季节性电站变为可靠的调峰电站；②常规机组与抽水蓄能机组互为补充，可增加尖峰电量，提高抽水蓄能机组的综合效率；③由于增设抽水蓄能机组，改善了电站在系统中的作用，经济效益及社会效益大幅度提高。

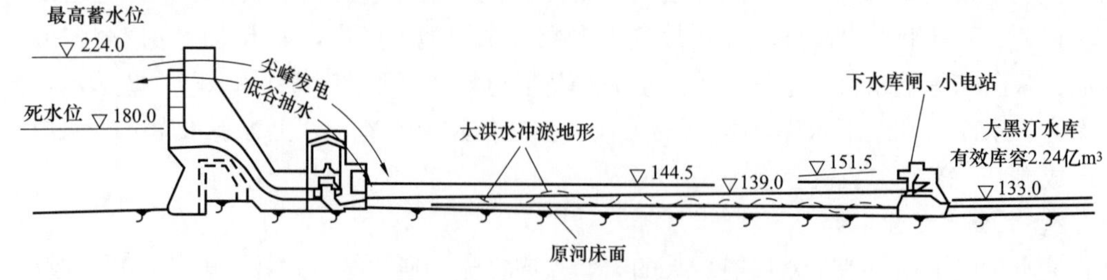

图 7-1-3 潘家口抽水蓄能电站示意图

又如响洪甸抽水蓄能电站，利用已建的响洪甸水库作上水库，在上水库大坝下游 8.8km 的河道上建坝形成下水库（见图 7-1-4）。常规电站和蓄能电站分开布置。其中常规电站为已建工程，布置在上水库大坝的右岸，通过大坝壅水来集中水头，安装 4 台单机容量 10MW 机组；抽水蓄能电站为新建工程，布置在上水库大坝的左岸，利用河湾天然落差，裁弯取直获得另一部分水头。抽水蓄能电站采用尾部地下厂房布置，安装 2 台单机容量 40MW 抽水蓄能机组，引水洞为一洞二机，尾水洞为一机一洞。下水库的小电站为河床式电站，安装 1 台 5MW 的贯流式机组。扩建抽水蓄能电站有如下优点：①通过上、下水库的调蓄，在非灌溉期和灌溉用水量较小时，抽水蓄能机组抽水供蓄能和常规机组发电调峰，使原半年发电半年停产的常规机组变成全年发电的调峰容量；②由于常规和抽水蓄能机组联合运行发电的流量增大，可使得灌溉放水全部用于发电，同时可利用汛期弃水发电；③抽水蓄能电站为水库增加了泄水能力，避免泄洪隧洞为放灌溉水而频繁运行，有利于水库的防洪调度，改善了运行管理条件。

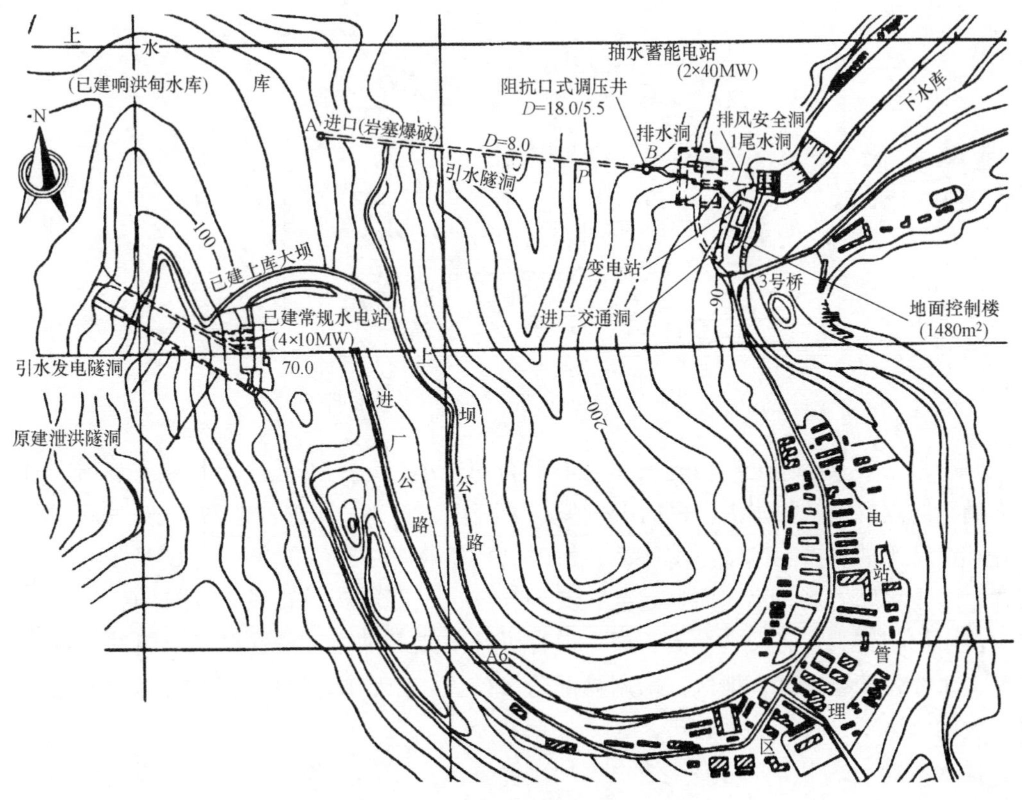

图 7-1-4　响洪甸抽水蓄能电站示意图

混合式抽水蓄能电站采用引水式开发的比较少见，法国大屋抽水蓄能电站是一个典型实例。该电站位于法国阿尔卑斯山的欧达尔河上，总装机容量 1800MW。其上、下水库均筑坝形成，上水库有天然径流，机组除按抽水蓄能方式运行外，还按常规水电站方式发电。电站总体布置是由一条 7.1km 长的引水隧洞，分成 3 条平行布置的高压管道，通过岔管连接 12 台机组，在同一地点不同高程设置了地面和地下两个厂房，分别安装 4 台 153MW 常规冲击式机组和 8 台 153MW 的 4 级可逆式水泵水轮机组。两个厂房高差约 70m，之间通过交通竖井连接。其中两条管道分别与地面厂房一台机组和地下厂房 3 台机组连接，另一条管道与地面厂房 2 台机组和地下厂房 2 台机组连接，枢纽布置复杂而紧凑。大屋抽水蓄能电站布置如图 7-1-5 和图 7-1-6 所示。

二、主体工程组成

抽水蓄能电站主体工程一般包括上水库、下水库、输水系统、电站厂房系统、开关站、出线场、交通工程，有些电站还包括拦排沙工程、补水工程和生态泄放工程等。

1. 上、下水库

上、下水库一般由挡水建筑物和泄水建筑物组成，有防沙和检修要求的上、下水库还包括拦排沙设施和放空设施。抽水蓄能电站上、下水库泄水建筑物的布置，除应按常规水电站解决洪水对水工建筑物的安全问题外，还应分析天然洪水与发电流量遭遇的影响及所需泄水建筑物的布置。

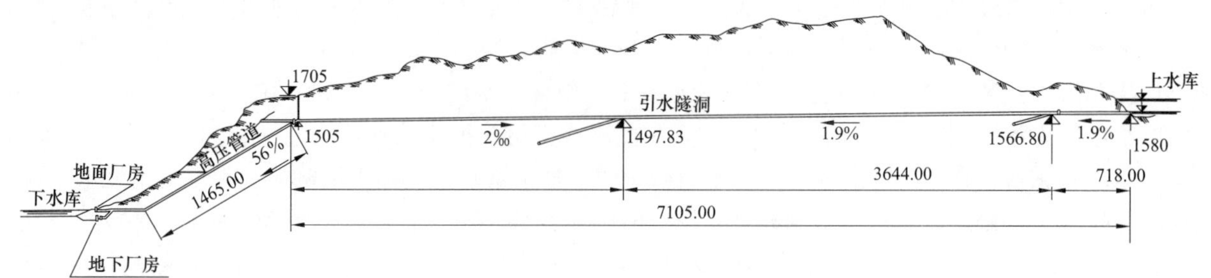

图 7-1-5　大屋抽水蓄能电站纵剖面图

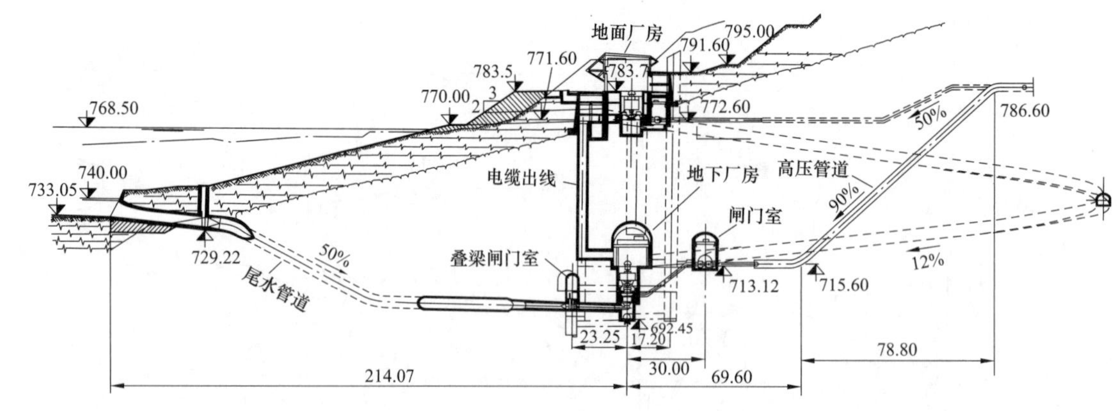

图 7-1-6　大屋抽水蓄能电站厂房纵剖面图

纯抽水蓄能电站上水库无天然径流入库或集水面积较小时，一般可不设泄洪建筑物，通过坝顶和库岸加高来满足防洪要求。如国内已建的十三陵、天荒坪、宜兴、张河湾、西龙池、白莲河、蒲石河、黑麋峰、呼和浩特等抽水蓄能电站上水库都未设泄洪建筑物，坝顶和库顶的高程考虑了库内 24h 降雨洪量的储存。若上水库控制的集水面积较大，安全起见也可能需要设置泄水建筑物。如广州抽水蓄能电站上水库集水面积较大，有天然径流入库，设置了开敞式溢洪道。设置放空设施的如琅琊山抽水蓄能电站，其上水库位于岩溶发育地区，采用局部防渗措施，结合施工导流和放空水库的需要，在左岸靠近沟底部位的坝体下设置了放水底孔。

混合式抽水蓄能电站由于其落差一般由大坝壅高，故上水库大坝一般较高，库容较大，而下水库大坝通常较小。上水库一般都设有相当规模的泄水建筑物，如密云、潘家口、响洪甸、白山等抽水蓄能电站。若上水库的洪水宣泄至下水库，则下水库也需设置相应泄水建筑物，如潘家口抽水蓄能电站下水库按 3 级建筑物设计，最大泄洪流量 28200m^3/s，为此设了 20 孔宽 12m、高 11.5m 的泄洪闸。作为一座专门为抽水蓄能电站建设的下水库，需要宣泄如此大的洪水流量，在世界上也罕见。

2. 输水系统及厂房系统

输水系统一般由上水库进/出水口、引水隧洞、引水调压室、高压管道、尾水调压室、尾水隧洞、下水库进/出水口等组成。上、下水库进/出水口型式以采用侧式为多，也有采用竖井式的，如西龙池、沂蒙上水库进/出水口。引水隧洞和尾水隧洞为有压隧洞，多采用混凝土衬砌。高压管道在立面布置上有竖井、斜井以及竖井与斜井相结合等型式，在平面布置上可分为单管单机、一管二机和一管多机等型式。高压管道及岔管部分可采用钢板衬砌或钢筋混凝土衬砌（在厂房前一定范围内通常仍采用钢板衬砌），视水头高低、埋藏深度和围岩条件的好坏而定。调压室可设引水调压室或尾水调压室，亦可能均设，视引水、尾水输水系统长度及调保计算成果而定。

厂房系统采用地下厂房为多，一般包括主厂房、副厂房、主变压器室、开关站及出线场，以及母线洞、出线洞、进厂交通洞、通风洞、排水廊道等附属洞室组成。主厂房、副厂房、主变压器室等常布置于地下，开关站布置于地面或地下洞室内都有，出线场通常设置在地面。

3. 交通工程

抽水蓄能电站包含上、下两个有一定距离和高差的水库，还有一套复杂的地下洞室群，故连接上、下水库及电站各洞室之间的交通也是枢纽布置中不可缺少的部分。

4. 拦排沙工程

在多泥沙河川上修建上、下水库时，其工程布置应因地制宜采取防沙和拦沙措施，以控制电站进/出水口前淤积和过机泥沙含量，改善机组的运行条件。因此凡在多泥沙河流修建的抽水蓄能电站，必须对泥沙问题予以高度重视，根据泥沙具体条件，通过拦排沙工程或主汛期停机避沙运行等措施妥善解决泥沙入库和泥沙过机问题。

在建筑物布置上采用拦排沙等工程措施的抽水蓄能电站有张河湾、呼和浩特、丰宁等抽水蓄能电站。张河湾抽水蓄能电站下水库在距主坝1.8km处设拦沙潜坝，在拦沙坝上游垭口处设明渠，汛期的洪水泥沙可直接输至坝前排泄到下游。呼和浩特抽水蓄能电站下水库工程由拦河坝、拦沙坝和泄洪排沙洞组成，将下水库分隔成拦沙库和蓄能电站专用下水库，拦沙库及泄洪洞负责拦洪排沙，蓄能电站专用下水库专职发电，彻底解决泥沙问题。同样，丰宁抽水蓄能电站利用滦河干流上已建成的丰宁水库加高后作为下水库，现状条件下泥沙淤积严重，通过在原丰宁水库库尾设置拦沙坝，将原丰宁水库分成拦沙库和蓄能专用下水库两部分，并在拦沙坝上游设泄洪排沙洞，将上游洪水和来沙排向下游，可使30年一遇的洪水不进入蓄能专用下水库，解决常遇的泥沙问题。

蒲石河抽水蓄能电站采用避沙运行方式。其下水库位于鸭绿江右岸支流蒲石河干流下游。汛期洪水时泥沙含量较大，实测最大含沙量19.0kg/m^3。多年平均含沙量为0.587kg/m^3，流域输沙过程与洪水过程相应，但沙量较洪量更为集中，输沙量主要集中在几场大洪水过程中的几天内。除较大洪水过程期间外，河流清澈，含沙量很小。根据蒲石河沙峰历时非常短的特点，为减少机组磨蚀，采取沙峰时暂时停止从下水库抽水的运用方式。为保证50年有效使用期上、下水库的有效库容，每一次洪水过程先降低到死水位运行，洪水退后再蓄至正常蓄水位。

5. 补水工程

抽水蓄能电站所需水量应满足电站在上、下水库间循环用水的水量，以及水库和水道渗漏及蒸发水量损失，否则应修建必要的补水工程。如西龙池抽水蓄能电站上、下水库均为人工开挖填筑而成的封闭型水库，无天然径流补给，下水库设有专门的补水设施。下水库补水水源为位于滹沱河内的段家庄泉水，经两级泵站提水至下水库，设计流量0.23m^3/s，总扬程202m。又如呼和浩特抽水蓄能电站地处干旱地区，上水库完全由人工开挖围堤形成，没有天然径流；下水库位于哈拉沁沟，由于拦沙要求上游设有拦沙坝，与下游拦河坝一起组成完全封闭的下水库，哈拉沁沟地表天然径流也无法直接进入下水库。故设置补水设施，补水水源为哈拉沁沟径流和上游哈拉沁水库泄放水，通过拦沙坝内的埋管，将拦沙蓄水库中水以自流方式补给下水库。

6. 生态泄放工程

当电站初期蓄水和运行期拦蓄水对大坝下河道天然径流产生一定影响时，上、下水库建筑物布置应考虑泄放生态流量等环境保护措施。抽水蓄能电站的生态流量需求，一般根据维持大坝下游河段水生生态系统稳定性和河道水环境质量所需的水量等确定。在建的辽宁清原抽水蓄能电站下水库位于浑河右岸支流树基沟河内，为满足初期蓄水及运行期对下游生态用水需求，在下水库泄洪放空洞进水口右侧布置生态流量阀门，沿泄洪放空洞的洞身衬砌和消力池边墙埋设生态流量泄放管，利用泄洪放空洞向下游泄放生态流量。生态流量泄放管采用直径325mm的钢管，泄放生态流量不小于0.088m^3/s。

三、工程总布置

工程总布置要将各单项水工建筑物按照其功能统一协调，合理布置，组合成电站枢纽。应按照各勘测设计阶段要求的工作深度，力求在全面掌握水文气象、泥沙、地形、工程地质及水文地质、施工、环境等条件，以及满足电站运行要求的基础上，组合成若干个枢纽布置比较方案，通过技术、经济、环境和社会因素的综合比较，最终确定工程总布置。

（一）上、下水库库址优选和布置

有上、下两个水库是抽水蓄能电站区别于常规水电站最显著的特点之一。作为抽水蓄能电站存储水量的工程设施，上、下水库对抽水蓄能电站站址选择以及工程枢纽布置格局有着举足轻重的影响。上、下水库的库址确定以后，输水系统和厂房系统建筑物布置范围也就基本确定了。上、下水库布置的优劣对工程投资影响较大，据国内部分已建和在建抽水蓄能电站统计，上、下水库投资占枢纽建筑物投资的比例为6%～35%，说明不同工程地形、地质等条件的差别可导致投资变幅达29%，突显上、下水库选择对电站经济性的影响之大。因此，进行抽水蓄能电站工程总布置时，抓住上、下水库自然条件和优化工程布置是最为关键的一环。

选择上、下水库位置时，要着眼于满足建造足够库容需求的地形条件、良好的库区工程地质和水文地质条件以及上、下水库之间的自然地形高差的利用等。

（二）电站开发方式比选及厂区建筑物布置

我国抽水蓄能电站多采用地下式或半地下式（竖井式）厂房，地面式厂房较少。半地下式厂房和地面厂房多布置在水道系统的尾部，地下厂房可布置在尾部，也可布置在首部和中部。地下厂房的位置选择直接影响到厂房及水道系统的布置、施工工期和投资，因此选择何种布置方式非常重要。特别是在一些岩性、构造等地质条件复杂地区，地下厂房方案在技术上是否存在重大影响问题关系到整个工程布局的合理性和经济性，因此要把电站厂房厂址选择放在与上、下水库库址选择同等重要的地位，在选点规划阶段就应给予重点关注，避免站址出现颠覆性重大技术问题。

在满足工程总布置的前提下，地下厂房位置的选择一般应以选定的机型、装机容量和机组台数为基础，根据地形地质条件，与上、下水库衔接的水流条件，综合考虑出线场位置、施工条件以及电站运行管理方面的要求，合理拟定首部、中部及尾部布置方案，进行技术经济综合比选来确定。考虑到高压电缆长度对工程造价的明显影响，出线场位置宜靠近主变压器和开关站。厂区地面各种建筑物和设施应选择地基及边坡稳定地段，且避开冲沟口等不利地形，否则应对山洪、泥石流等采取预防措施。

一般情况下各工程地下厂房系统单位千瓦投资差别不大，但地下厂房系统往往是控制整个电站建设工期的关键线路，因此，对影响发电工期的在关键线路上的通风洞或交通洞等辅助洞室的长度也要加以关注。

（三）输水系统布置

输水系统是连接上、下水库之间的水流通道，抽水蓄能电站输水系统设计要考虑不同于常规电站的双向水流的特点。在确定输水系统的布置时，应紧密结合工程地形地质、工程布置、施工、电站主要任务、运行等条件，经综合技术经济比较后确定。

在进行输水系统布置时，要重视对上、下水库之间输水系统沿线地形地质条件的认识，兼顾好距高比和高压管道衬砌型式的关系。抽水蓄能电站距高比（L/H）指标，是反映上、下水库之间水平距离范围内形成的高差关系。如果L/H比值较小，水道系统短，可能不一定设置调压室，对提高蓄能电站快速响应能力是有利的，因此一般宜选择上、下水库间水平距离较短的方案。以往抽水蓄能选点规划时比较在意缩短输水系统的长度，倾向于选择距高比（L/H）较小的方案，认为投资会省，事实上距高比并不能确切反映整个工程的经济性。据国内部分已建和在建抽水蓄能电站统计，高压管道衬砌型式对输水系统的投资影响可能比L/H更大。以呼和浩特和惠州抽水蓄能电站为例，两者额定水头基本相同，分别为521m和517.4m。惠州电站输水系统长度为4472m，几乎是呼和浩特电站输水系统长度2331m的一倍。但呼和浩特电站单位容量输水系统投资为429元/kW，是惠州电站321元/kW的1.33倍。主要原因是惠州电站高压管道主管为钢筋混凝土衬砌，而呼和浩特电站高压管道全部为钢衬，仅钢衬就需214元/kW。因此在输水系统线路选择与布置时，对高压管道可否采用钢筋混凝土衬砌应重点关注，选择地质条件好、可采用混凝土衬砌的站址，与距高比因素同等重要，甚至是更加重要。

（四）工程布置与自然环境关系

绿水青山就是金山银山，统筹工程建设开发和生态环境保护是我国一项基本国策，随着人们环境保护意识的提高，环境影响越来越成为工程布置中的一个极其重要的影响因素。我国已建的响水涧抽水蓄能电站基于工程与环境和谐的设计理念，对下水库设计方案做了大调整，包括：调整水库体形，使现有水系不改变；提高下水库死水位，提高库底开挖高程，减少弃渣；调整弃土场位置，尽可能保留现有湿地等。吉林敦化抽水蓄能电站工程建设涉及黄泥河自然保护区实验区，建设期通过对重点保护植物采取就地和迁地保护、陆生生态修复、加强生态环境监测和管理等措施，尽量减少对保护区生态环境的影响。德国金谷抽水蓄能电站下水库设上下游两道坝，两坝之间为电站下水库，副坝上游为外库，设外库可以避免泥沙进入下水库，更主要的是考虑环境保护的需要，避免因抽水蓄能电站水位日循环运行使外库水位变幅过大和过于频繁，而影响植被的生长。日本京极抽水蓄能电站宁可将上水库设在湿地范围外的山顶台地，增加挖填工程量和投资，也要保护湿地和珍稀动植物。

第二节　上、下水库布置

一、上、下水库工作特点

抽水蓄能电站为了完成其抽水-发电循环，必须要有上、下两个水库。由于抽水蓄能电站的水库担负的任务与常规水电站的水库有所不同，故有其不同的工作特点。

1. 水库水位变幅大而且升降频繁

水库水位变幅大而且升降频繁是抽水蓄能电站最显著的工作特点。一般来说，与装机容量相同的常规水电站相比，抽水蓄能电站的水库库容要小得多。混合式抽水蓄能电站通常上水库大、下水库小；而纯抽水蓄能电站则下水库大、上水库小，或者两个库容相当。抽水蓄能电站在电网中承担调峰填谷任务，发电或抽水的流量都很大，使得水库的水位变幅及变化速率快。水库水位日变幅 10～20m 是经常发生的，日变幅超过 30m 甚至 40m 也不罕见。水库水位变动速率较快，一般达 5～8m/h，有的水库甚至达到 8～10m/h，这样大的水位变动速率在常规水电站是不会发生的。如天荒坪抽水蓄能电站下水库最大工作水深 49.5m，其中日循环的水位变幅 43.5m，抽水时下水库水位降速为 8.85m/h；呼和浩特抽水蓄能电站上水库最大工作水深 37m，发电时水位降速为 7.5m/h，下水库最大工作水深 45m，抽水时水位降速为 8.9m/h。

抽水蓄能电站采用日调节的居多，根据电网的调度要求，选择单循环或双循环的运行方式，某些电站 24h 内会进行多次短历时的抽水和发电。发电和抽水工况的频繁交替，导致库水位升降频繁。

2. 水库的防渗要求高

纯抽水蓄能电站上水库的库容一般不大，通过降雨、径流的补水量也不是很多，其水量主要从下水库抽送上去，水量非常宝贵。水库因渗漏、蒸发等原因造成的水量损失，将增加充水和补水的费用，减少电站的发电量，降低电站的综合效率，因此上水库防渗要求很高。

抽水蓄能电站下水库库盆防渗要求一般低于上水库，但下水库储存足够的水量是电站维持运行的基本保障。若下水库渗漏量过大，或者下水库补水水源匮乏，则可能影响到电站的正常运行，此时下水库采用较高的防渗标准也是需要的。

抽水蓄能电站对水库有严格的防渗要求，水库的渗流控制设计应做到：保证坝体和岸坡稳定，力求渗水不恶化工程区天然的水文地质条件，不危及地下洞室、库外侧山坡及下游山坡的安全及正常运行；限制或消除库水位骤降在防渗体后产生的反向压力，不产生渗透破坏和集中渗漏；对电站循环效率无明显影响。但由于每个抽水蓄能电站本身的渗漏条件、补水条件等的不同，防渗标准也不尽相同。

对于全库防渗，多采用沥青混凝土面板全库防渗。对于沥青混凝土全库防渗的水库，日本水利沥青工程设计基准要求日渗漏量不大于 0.5‰的总库容，德国惯用的控制标准为日渗漏量不大于 0.2‰的总库容。国内外已建成的上水库，无论选用沥青混凝土面板，还是钢筋混凝土面板防渗型式，只要工程质量好，日渗漏量都可控制在不大于 0.2‰～0.5‰的总库容范围内。表 7-2-1 为国内外部分无天然径流补给、全库防渗或局部防渗的上水库渗流控制工程实例。

对于水库局部防渗，一般采取对坝体和坝基进行防渗，以及对库岸垭口及断层、裂隙密集带进行局部防渗处理，防渗控制标准根据各自条件（有无天然径流补给）确定。桐柏抽水蓄能电站上水库采用垂直帷幕防渗，防渗控制标准 3Lu，实测渗漏量仅 1.75L/s；琅琊山抽水蓄能电站上水库地层褶皱强烈，向斜与背斜的轴部岩体破碎，岩溶发育程度高，采用垂直水泥灌浆帷幕防渗方案，并对溶洞和地质构造带进行专门处理，实测渗漏量 28.79L/s，日渗漏量占总库容的 0.142‰，在岩溶地区取得了很好的防渗效果。据不完全统计，局部防渗的水库日渗漏量不超过总库容 1/2000 的可占到 80％以上。

表 7-2-1　　国内外部分上水库实际达到的渗流控制值

序号	工程名称	国别	建成年份	防渗型式	总库容（万 m^3）	实测最大渗漏量（L/s）	日渗漏量占总库容比例（‰）	备注
1	瑞本勒特	德国	1994	沥青混凝土	150	无滴水≈0.1	≤0.2	全库防渗；改建后
2	沼原	日本	1974	沥青混凝土	433.6	无滴水	≤0.2	全库防渗
3	特洛夫山	爱尔兰	1973	沥青混凝土	230（有效库容）	6	0.23	全库防渗
4	张河湾	中国	2009	沥青混凝土	780	1.46	0.016	全库防渗；进/出水口处混凝土结构有渗漏水
5	西龙池	中国	2009	沥青混凝土	469	4.63	0.085	全库防渗；进/出水口处混凝土结构有渗漏水
6	呼和浩特	中国	2013	沥青混凝土	680	3.43	0.043	全库防渗
7	十三陵	中国	1995	钢筋混凝土	445	14.16	0.28	全库防渗；冬季曾出现的最大值
8	宜兴	中国	2008	钢筋混凝土	538	14	0.228	全库防渗
9	宝泉	中国	2009	沥青混凝土＋库底黏土	826	2.8	0.029	全库防渗
10	泰安	中国	2006	钢筋混凝土＋库底土工膜	1108	20～30	0.192	局部防渗
11	桐柏	中国	2006	坝基及坝肩	1062（调节库容）	1.75	0.014	局部防渗
12	琅琊山	中国	2006	灌浆帷幕＋库底黏土铺填＋溶洞混凝土回填	1238（调节库容）	28.79	0.142	局部防渗

3. 需设置完善的排水系统

由于地下水或防渗结构局部裂缝引起漏水等原因，防渗面板后的坝体或库岸的浸润线可能较高。在库水位骤降时，浸润线不会很快随之降低，此时防渗面板受到的反向水压力可能使库岸及库底的防渗结构抬起而损坏。另外，地下水位抬高和库水位的骤降常是促发库岸边坡失稳破坏的主要诱因，因此，抽水蓄能电站必须设置完善的排水系统。

抽水蓄能电站的排水系统设置与常规水电站是有区别的，常规水电站坝体防渗结构后面的垫层料要求半透水，压实后渗透系数宜为 $1\times10^{-3}\sim1\times10^{-4}$cm/s，能够在防渗结构破坏情况下起辅助防渗作用；而抽水蓄能电站坝体或库盆防渗结构后面的垫层料要求能自由排水，压实后渗透系数宜为 $1\times10^{-1}\sim1\times10^{-2}$cm/s。上、下水库排水系统设置须能适应水位频繁升降，消除或有效控制坝体、岸坡、库底、防渗面板下的孔隙水压力，确保建筑物的稳定。尤其是寒冷或严寒地区的水库，必须设置完善的排水系统降低地下水位，防止岸坡的冻胀破坏，保证防渗结构的安全。

4. 重视库水位较低时的流态

为了充分利用库容蓄能，抽水蓄能电站水库的死水位往往定得比较低，接近库底高程。由于上、下水库进/出水口均为双向水流。在接近死水位时电站仍有可能按全部出力运行，此时在进/出水口附近局部将出现较大的流速，这种现象在出流时比进流时更为严重，因为出流时从水道出来的水流流束不易充分扩散，其流速比进流时更大，一般可达 2m/s，甚至更高。如库底材料的抗冲性能不佳，就容易发生冲刷。

进/出水口的水力条件不仅与进/出水口扩散段体型有关，还受来流和边界条件影响，与附近的地形或库盆形状密切相关。设计时应保证出流时水流均匀扩散，水头损失小；进流时各级水位下进/出水口附近不产生吸气漩涡和其他有害漩涡；进/出水口附近库内水流流态良好，无有害的回流或环流出现，水位波动小。为解决好这个问题，需要将进/出水口的布置与库底的防护结合起来一并考虑。首先是通过进/出水口的渐变扩散段降低流速，其次进/出水口附近往往也做得低于水库库底，形成一个“前池”，降低进/出水口前的流速。同时，在进/出水口附近宜用抗冲材料加以保护。

二、上、下水库组合类型

抽水蓄能电站上、下水库是成对组合出现的，水库典型的组合型式有以下几类。

（1）上、下水库均为新建水库。

抽水蓄能电站中有很多是利用有利地形新建上、下水库，形成目标单一的专用水库，如广州、天荒坪、西龙池、惠州、呼和浩特、文登、沂蒙、敦化等抽水蓄能电站，国内这种组合最多。西龙池电站的上、下水库无天然径流补给，皆为新建人工水库。上水库位于沟脑部位，库周由5个山包、4个垭口围成，库内侧山体坡度较缓，沟底平坦，具备布置库盆的天然地形条件，库盆采用开挖筑坝形成。考虑当时机组制造水平及防泥沙要求，下水库不是直接布置在滹沱河上，而是采用岸边库，布置在滹沱河左岸龙池沟沟脑部位，高出滹沱河床约180m，库区覆盖层深厚，冲沟发育，采用开挖、筑坝拦沟成库。这种类型的水库组合，避开了利用已有水库时对原有水库的改扩建投入以及复杂的综合利用矛盾，可以充分选择地形地质条件好的站址。这种类型抽水蓄能电站近些年采用较多，因为站址可选择余地较大，当上、下水库地形地质条件等有利时，投资并不一定比利用现有水库的抽水蓄能电站高。

（2）上、下水库，一个利用已建水库，另一个为新建水库。

通常是利用已建水库作为抽水蓄能电站下水库，在旁边高山上新建上水库。国内抽水蓄能电站中这类组合较多，如十三陵、张河湾、丰宁、泰安、宜兴、白莲河、桐柏、潍坊等抽水蓄能电站。如张河湾抽水蓄能电站，下水库利用未完建的张河湾水库加高续建而成，上水库位于山顶台坪，为新建人工水库，通过开挖筑坝围库形成；十三陵抽水蓄能电站，下水库利用已建十三陵水库，上水库建在山顶沟脑处，为新建人工水库。桐柏抽水蓄能电站，下水库为新建人工水库，上水库则利用已建桐柏水库改建而成。

利用已建水库、天然湖泊作为抽水蓄能电站的下水库或上水库，通常可以节约新建水库的费用，水源也有保证，对于环境的不利影响也较小，且在大多数情况下还能够节省工程投资，加快施工进度。如白莲河抽水蓄能电站，下水库利用已建的白莲河水库，地形地质条件也有利。但利用已建水库作为下水库时，须注意下水库作为抽水蓄能电站运行，可能涉及原水库综合利用任务的调整、运行调度、经济补偿、已有大坝工程等级提高及加高加固、施工期对原水库运行的影响等问题，因此在进行工程布置时，一定要因地制宜，统筹考虑。

（3）上、下水库均利用河流上已建梯级水库。

利用河流上已建的上、下游梯级水库作为抽水蓄能电站的上、下水库，另外再增建抽水蓄能输水发电系统，构成抽水蓄能电站。混合式抽水蓄能电站常采用这类组合，如白山、天堂、寸塘口、两河口等抽水蓄能电站。此类抽水蓄能电站，一般利用水头不高，但水量容易保证，且由于不需要新建上、下水库，在一定程度上节省了投资。

天堂抽水蓄能电站利用已建天堂梯级电站中的一级电站水库作上水库，二级电站水库作下水库，工程布置中主要考虑原有水利工程的制约和抽水蓄能电站本身的要求，从水工角度讲是一个改建项目，需新建工程相对较少，不需要太大投入。西藏羊湖抽水蓄能电站为一特例，它以羊卓雍湖作为上水库，直接利用雅鲁藏布江为下水库，不建挡水建筑物，也可归于这类组合。

（4）其他类型。

抽水蓄能电站水库组合型式除以上传统型式外，近期还开展了其他新类型的研究，包括利用废弃矿坑矿洞、大海作为下水库。

利用废弃矿坑矿洞作为抽蓄电站水库还正在研究中，此种类型抽水蓄能电站有助于废弃矿洞的资源再利用和生态治理恢复，具有很大的生态和经济意义。利用废弃矿坑矿洞作为抽水蓄能电站水库，其关键技术问题包括废弃矿坑矿洞地质灾害调查和治理、废弃矿坑边坡稳定性分析与评价、建筑物地基的适宜性评价和安全改造措施、地下水运移规律及渗控措施研究等。

海水抽水蓄能电站是一种新的抽水蓄能电站型式，主要有以下特点：①利用大海作为下水库，节省土地资源；②水源充足，不受补水水量的限制；③下水库水位变化由潮位差引起，使得机组水头/扬程变化幅度相对较小，有利于设计水泵水轮机和提高其运行效率；④海水抽水蓄能电站因装机规模相对较小、水头较低，还需要采取防腐等特殊保护措施，其建设成本一般较高。

国内已建及在建的抽水蓄能电站上、下水库组合实例见表 7-2-2。

表 7-2-2　　国内已建及在建部分抽水蓄能电站水库组合一览表

序号	电站名称	建设地点	电站类型	装机容量（MW）	投入运行时间	上水库	下水库	组合类型
1	广州一期	广州	纯蓄能	4×300	1993	新建水库	新建水库	(1)
2	广州二期	广州	纯蓄能	4×300	1999	新建水库	新建水库	(1)
3	溪口	浙江	纯蓄能	2×40	1997	新建水库	新建水库	(1)
4	天荒坪	浙江	纯蓄能	6×300	1998	新建水库	新建水库	(1)
5	回龙	河南	纯蓄能	2×60	2005	新建水库	新建水库	(1)
6	西龙池	山西	纯蓄能	4×300	2008	新建水库	新建水库	(1)
7	黑麋峰	湖南	纯蓄能	4×300	2009	新建水库	新建水库	(1)
8	惠州	广东	纯蓄能	8×300	2009	新建水库	新建水库	(1)
9	蒲石河	辽宁	纯蓄能	4×300	2012	新建水库	新建水库	(1)
10	呼和浩特	内蒙古	纯蓄能	4×300	2012	新建水库	新建水库	(1)
11	敦化	吉林	纯蓄能	4×350	2021	新建水库	新建水库	(1)
12	沂蒙	山东	纯蓄能	4×300	2021	新建水库	新建水库	(1)
13	文登	山东	纯蓄能	6×300	2022	新建水库	新建水库	(1)
14	清原	辽宁	纯蓄能	6×300	在建	新建水库	新建水库	(1)
15	芝瑞	内蒙古	纯蓄能	4×300	在建	新建水库	新建水库	(1)
16	十三陵	北京	纯蓄能	4×200	1997	新建水库	十三陵水库	(2)
17	沙河	江苏	纯蓄能	2×50	2001	新建水库	沙河水库	(2)
18	泰安	山东	纯蓄能	4×250	2006	新建水库	大河水库改建	(2)
19	琅琊山	安徽	纯蓄能	4×150	2006	新建水库	城西水库	(2)
20	宜兴	江苏	纯蓄能	4×250	2007	新建水库	会坞水库	(2)
21	白莲河	湖北	纯蓄能	4×300	2009	新建水库	白莲河水库	(2)
22	张河湾	河北	纯蓄能	4×250	2008	新建水库	张河湾水库续建	(2)
23	宝泉	河南	纯蓄能	4×300	2009	新建水库	宝泉水库	(2)
24	丰宁	河北	纯蓄能	12×300	2021	新建水库	丰宁水电站水库	(2)
25	岗南	河北	混合式	1×11	1968	岗南水库	新建水库	(2)
26	密云	北京	混合式	2×11	1973	密云水库	新建水库	(2)
27	潘家口	河北	混合式	3×90	1992	潘家口水库	新建水库	(2)
28	响洪甸	安徽	混合式	2×40	2000	响洪甸水库	新建水库	(2)
29	桐柏	浙江	纯蓄能	4×300	2006	桐柏水库改建	新建水库	(2)
30	羊卓雍湖	西藏	混合式	4×22.5	1997	羊卓雍湖	雅鲁藏布江	(3)
31	天堂	湖北	混合式	2×35	2001	天堂一级站水库	天堂二级站水库	(3)
32	白山	吉林	混合式	2×150	2006	白山水库	红石水库	(3)

三、上、下水库布置基本原则

上、下水库的布置要因地制宜，根据工程区的水文、气象、泥沙、地形、地质等自然条件，考虑建筑物组成、防渗要求、水位频繁升降、水库内外边坡稳定、施工条件、寒冷地区冰情对建筑物的影响、与环境的整体协调等因素，结合输水系统和厂房系统建筑物的布置以及电站运行要求，经过枢纽方案的技术、经济、环境和社会综合比较，择优选取。上、下水库布置的基本原则如下：

（1）上、下水库要成对研究。

通常情况下，利用已建水库作上水库或下水库，可节省投资，通常成为选择站址时首先考虑的方案。但上、下两个水库需形成必要的自然高差，具有一定的库容和防渗条件，因此必须成对加以研究。例如，张河湾抽水蓄能电站，下水库利用已建的张河湾水库，而上水库为山顶台坪，地形地质条件较差，需大量开挖填筑围堤才能形成上水库，全库盆还需沥青混凝土面板防渗，因此单位容量静态投资达到 4307 元/kW；与利用已建会坞水库为下水库的宜兴抽水蓄能电站同为我国当时单位容量静态投资最高的抽水蓄能电站。故在工程设计的前期阶段，要对上、下水库是否利用已建水库、天然湖泊等作出明确规划，而且要将上、下水库成对进行研究，并考虑整个枢纽布置的合理性，综合比较进行选择。

（2）上水库防渗条件要好。

上水库的防渗要求高是抽水蓄能电站特点之一，而上水库往往建于山顶或沟源部位，周边分水比较单薄、岩体渗透性较强，防渗工程量较大。水库的防渗范围根据地形地质条件确定，有全面防渗的，也有局部防渗的。新建水库是否需要全库防渗对工程投资影响很大。有时为了充分利用水头，将上水库布置于山顶沟脑上，似乎可以减少些库容，但地下水位比正常蓄水位低得多，岩石风化严重，节理裂隙发育，防渗工程量大增，甚至需全库盆防渗。水库按防渗型式一般可分为沥青混凝土面板、钢筋混凝土面板、黏土铺盖、帷幕灌浆、土工膜等单一型式防渗，或上述几种防渗型式的组合，全库防渗时以沥青混凝土面板为多。水库防渗型式应根据地形、地质、气温、施工、材料等条件，考虑渗漏水对建筑物、库岸稳定的危害和对电站循环效率系数的影响，通过技术经济比较后综合选定。

（3）合理利用两水库间自然高差。

要合理利用上、下两水库间自然地形条件，获得必要的落差。通常认为，最理想的是高山天然湖泊，或适宜筑坝的高山峡谷直接加以利用或改造成上水库。在满足机组研发设计要求的一定水头范围内，两水库间高差越大，利用水头越高，工程造价越低，电站效益越显著。如十三陵抽水蓄能电站以原十三陵水库为下水库，在其左岸山后的沟内兴建上水库，两水库间水平距离约2km，集中天然落差440m以上；广州抽水蓄能电站上、下水库均利用天然库盆，两水库间水平距离约3km，集中天然落差500m以上。两电站都是充分利用上、下水库间自然高差，而不是通过抬高坝体来获得水头，因此经济指标较好。

（4）有一定的库容和合理的水位变幅。

与常规水电站需要大量的水源和较长期的调节性能不同，抽水蓄能电站的水量可以反复使用，只需少量的水源补充渗漏和蒸发损失，一般日调节抽水蓄能电站所需要库容相对较小。由于上水库一般没有天然径流或天然径流很小，为提高电站运行灵活性与可靠性，对有条件的水库尽可能预留大一些的备用库容，同时弥补因渗漏、蒸发而引起的水量损失。但库容也并非无限制地大，调节库容的确定需要考虑电网调峰的需要，也要顾及地形与地质条件，否则不仅会增加工程造价，还会增加工程处理的难度，甚至影响工程的安全。

当天然库容不能满足需要时，应考虑利用开挖增加部分库容，而开挖石渣应尽量利用作堆石坝填筑料，做到挖填平衡。这样既可满足库容要求，又可节省投资，还有利于环境保护。

当水头变幅过大时，将使抽水蓄能可逆式机组运行不稳定，运行效率急剧降低。故进行上、下水库布置时，应将其水位变幅控制在合理范围内。上、下水库水位变幅的确定还要考虑库水位频繁升降带来的库岸边坡及坝体的稳定问题，必要时需采取工程措施进行处理。

（5）泄洪设施布置。

上、下水库泄水建筑物布置，除应按常规水电站解决洪水对水工建筑物的安全问题外，尚应分析天然洪水与电站发电或抽水流量遭遇的影响，合理选择所需泄水建筑物的类型和布置。

国内已建抽水蓄能电站上水库流域面积通常较小，洪峰流量均较小，大多数电站不设泄洪设施，利用加大正常蓄水位以上坝体超高来蓄存洪量。但当流域面积较大或暴雨集中、入库天然洪量大时，可考虑设置泄洪设施。如广东清远抽水蓄能电站上水库，由1座主坝和6座副坝组成，设置竖井式泄洪洞坝顶高程由设计洪水位控制，较不设置泄洪建筑物坝顶高程可降低0.45m，有利于减少投资，因而设置了泄洪设施。

对抽水蓄能电站下水库，根据水库位置及成库条件，可分为两种情况研究是否设置泄洪设施：

1）对于下水库独立封闭库情况，如拦河坝上游设置拦沙坝，使得拦沙库与抽水蓄能水库完全分隔，下水库无库外天然洪水入库；又如下水库本身修建于邻近主河道的冲沟、阶地等处，不在主河道上，没有外水汇入等。此时天然洪水不进入下水库内，不存在发电水量与天然洪量相互叠加的问题，下水库可不设专门的泄洪设施，仅布置放空设施，放掉多余的降雨即可。

2）对于下水库建于天然河道、存在上游天然洪水入库的情况，下水库设计时均应考虑发电流量与天然洪水的叠加问题，应设置必要的泄洪设施。

在进行泄洪建筑物布置时，应兼顾两个方面：①应本着发电不加重下游防洪负担的原则，确保水库下泄最大流量不大于本次天然洪水洪峰流量，避免发电流量与洪水叠加形成“人造洪峰”；②在满足防洪需要的前提下应尽量减少对发电的影响，尽可能提高机组利用率。泄洪建筑物通常采用底孔与表孔相结合的布置方式。底孔通常采用泄洪底孔或泄洪（放空）洞，具有较好的控泄能力，可根据天然来水情况，在水库低水位时也能及时泄放掉入库洪水，尽量减少入库洪水占用电站正常发电的调节库容，避免发电水量与天然洪水叠加形成人造洪水；表孔通常采用表孔溢流坝或溢洪道，具有较强的超泄能力，满足防洪安全的泄洪需求。

（6）注意拦排沙建筑物的布置。

多泥沙河流上修建的下水库，需十分重视泥沙的防治。如果必须设拦排沙设施，从选址开始，下水库枢纽布置就要考虑拦排沙建筑物的位置。国内已建抽水蓄能电站防泥沙工程措施主要为新建拦沙坝和泄洪排沙洞，形成拦沙库和蓄能专用下水库，如呼和浩特下水库、丰宁下水库等；岸边库也是一种可选的避沙措施，如西龙池下水库。

（7）重视渗漏对岸坡稳定的影响。

抽水蓄能电站水库渗漏造成的危害比一般常规水电站要大，因其库水位变化急剧、频繁，水库渗漏将恶化原始水文地质条件，引起坝体和库坡失稳的可能性比常规电站要大。故抽水蓄能电站水库的防渗尤其是无天然径流的上水库防渗非常关键。在进行上、下水库布置时，应对水库的渗漏及由于渗漏对相邻建筑物的影响进行论证，分析水文地质条件及岩层和断裂带的透水性，以及形成库坝渗漏的主要途径及其渗漏量。当渗漏对岸坡稳定、地下洞室围岩稳定存在不利影响时，应采取相应的工程措施。如张河湾抽水蓄能电站上水库由于基础存在多层缓倾角软弱夹层，夹层的饱和抗剪强度较低，是上水库基础稳定的控制条件。为避免渗水进入夹层，上水库采用简化复式断面的沥青混凝土面板进行全库盆防渗。宝泉抽水蓄能电站上水库为寒武系灰岩地层，属中等透水岩层，库区存在 5 条张性断层，均切穿上水库库盆，存在较为严重的渗漏问题，上水库采用了黏土铺盖护底＋沥青混凝土面板护坡的全面防渗措施。

（8）重视工程与环境的和谐。

环境保护是我国的基本国策，随着社会的发展，人们生活水平的提高，工程建设中的环境保护问题越来越受到各方面的重视，其内涵也从工程建设造成各种污染的防治扩展到工程与环境和谐、绿色发展、生态文明等范畴。因此，在站址规划和上、下水库布置时，要特别注意环境保护方面的要求，在排查清楚工程影响范围内的各类环境敏感因素基础上进行工程布置，避开国家公园、自然保护区、风景名胜区等环境敏感点，落实生态红线管控要求。

（9）水库放空的要求。

水电工程应具备水库应急放空能力和水库检修放空能力。水库应急放空应保证壅水建筑物和主要泄水建筑物的安全，满足社会公共安全应急处置的要求，避免重大次生灾害发生；水库检修放空应保证工程安全，避免次生灾害发生和对社会、环境的不利影响，并兼顾工程效益。水库放空设计应根据工程特点及安全要求，确定工程的放空能力，参与放空的过水建筑物、设施设备及布置方案，运行方式和技术要求等。抽水蓄能电站有上下两个水库，需要检修放空时，水体可在两水库间转换达到腾空检修水库的要求，应急放空时上水库水体可通过输水系统放至下水库，再通过下水库放至下游，下水库放空方式与常规水电站水库类似。

第三节 厂房系统布置

一、厂房型式

抽水蓄能电站厂房按电站开发方式、结构型式及布置的不同，分为地面式厂房（坝后、岸边）、半地下式厂房和地下式厂房。由表 7-3-1 中所列国内外近些年修建的 50 余座抽水蓄能电站可见，随着抽水蓄能电站装机容量、额定水头、机组转速的不断提高，目前绝大多数抽水蓄能电站采用的是地下式厂房，现将不同结构型式的厂房简述如下。

表 7-3-1 国内外部分抽水蓄能电站厂房参数表

序号	电站名称	国家	投入运行年代	装机容量（MW）	水头（m）	吸出高度（m）	调压室		水道与厂房夹角		厂房位置	厂房型式
							上游	下游	上游	下游		
1	岗南	中国	1968	1×11	47	−3.5	无	—	—	—	—	地面式
2	密云	中国	1973	2×11	70	−3.5	无	—	—	—	—	地面式
3	奥吉野	日本	1978	6×201	475	−69.93	有	无	90°	—	尾部	地下式
4	玉原	日本	1982	4×300	518	−65	有	无	约 85°	90°	尾部	地下式
5	奇奥塔斯	意大利	1982	8×148	1048	−49	有	有	90°	90°	尾部	地下式
6	蒙特齐克	法国	1982	4×230	419.1	—	无	有	90°	90°	中部	地下式
7	明湖	中国台湾	1985	4×250	309	—	有	无	90°	90°	尾部	地下式
8	巴斯康蒂	美国	1986	6×380	329	−19.8	有	—	90°	—	—	地面式
9	普列生扎诺	意大利	1987	4×250	491	—	有	—	90°	90°	—	半地下式
10	今市	日本	1988	3×350	524	−70	有	有	约 70°	约 60°	中偏尾	地下式
11	索拉里诺	意大利	1989	4×125	495	—	—	—	—	—	—	地下式
12	潘家口	中国	1991	3×90	85	−9.4	—	—	90°	—	—	地面式
13	明潭	中国台湾	1992	6×270	380	−81	有	无	90°	90°	尾部	地下式
14	十三陵	中国	1995	4×200	430	−56	有	有	90°	60°	中部	地下式
15	落基山	美国	1995	3×253.3	186.7	—	无	—	90°	—	—	地面式
16	锡亚比舍	伊朗	1996	4×250	505	—	有	无	—	—	尾部	地下式
17	奥清津二期	日本	1996	2×300	470	−64.4	有	有	—	—	—	半地下式
18	羊卓雍湖	中国	1997	4×22.5	816	—	有	—	90°	90°	—	地面式
19	溪口	中国	1997	2×40	240	−23	有	无	65°	90°	—	半地下式
20	天荒坪	中国	1998	6×300	526	−70	无	无	64°	78.8°	尾部	地下式
21	广蓄二期	中国	1999	4×300	—	−67	有	有	65°	90°	中部	地下式
22	天堂	中国	2000	2×35	43	−9	无	—	90°	60°	—	地面式
23	响洪甸	中国	2000	2×40	45	−10	有	无	90°	90°	尾部	地下式
24	拉姆它昆	泰国	2000	4×250	397	—	无	有	90°	90°	首部	地下式
25	葛野川	日本	2001	4×400	714	−98	有	有	90°	90°	中部	地下式
26	沙河	中国	2002	2×50	97.7	−27	无	无	约 75°	82°	—	半地下式
27	金谷	德国	2003	4×265	301.65	—	闸门井兼	无	—	—	偏尾部	地下式
28	桐柏	中国	2005	4×300	244	−58	无	无	65°	90°	尾部	地下式
29	泰安	中国	2006	4×250	225	−53	无	有	65°	90°	首部	地下式
30	琅琊山	中国	2007	4×150	126	−32	无	有	80°	59°	首部	地下式
31	宜兴	中国	2008	4×250	363	−60	闸门井兼	有	65°	90°	偏首部	地下式
32	张河湾	中国	2008	4×250	305	−48	无	无	90°	83°	尾部	地下式
33	西龙池	中国	2008	4×300	640	−75	无	无	65°	65°	尾部	地下式
34	宝泉	中国	2009	4×300	500	−70	无	无	45°	90°	中部	地下式
35	惠州	中国	2009	8×300	501	−70	有	有	65°	90°	中偏下	地下式
36	白莲河	中国	2009	4×300	196	−50	有	无	90°	90°	尾部	地下式
37	呼和浩特	中国	2014	4×300	521	−75	有	无	90°	90°	尾部	地下式
38	神流川	日本	2016	6×470	653	−103	有	有	90°	90°	中部	地下式
39	敦化	中国	2021	4×350	655	−94	有	有	80°	90°	中部	地下式
40	沂蒙	中国	2021	4×300	375	−72	无	有	70°	70°	首部	地下式
41	丰宁	中国	2021	12×360	425	−75	有	有	90°	70°	中部	地下式
42	阳江	中国	2022	6×400	653	−100	有	有	65°	90°	中部	地下式
43	梅州	中国	2022	4×300	400	−68	无	有	90°	90°	中部	地下式
44	文登	中国	在建	6×300	471	−75	无	有	90°	90°	中部	地下式
45	清原	中国	在建	6×300	390	−75	有	有	90°	90°	中部	地下式
46	抚宁	中国	在建	4×300	445	−75	有	无	90°	90°	尾部	地下式

续表

序号	电站名称	国家	投入运行年代	装机容量（MW）	水头（m）	吸出高度（m）	调压室		水道与厂房夹角		厂房位置	厂房型式
							上游	下游	上游	下游		
47	芝瑞	中国	在建	4×300	443	−75	有	无	90°	64°	尾部	地下式
48	浑源	中国	在建	4×375	649	−104	无	有	65°	64°	中部	地下式
49	易县	中国	在建	4×300	354	−75	有	有	69°	90°	中部	地下式
50	尚义	中国	在建	4×350	449	−75	无	有	73°	90°	中部	地下式
51	乌海	中国	在建	4×300	411	−75	有	有	70°	70°	中部	地下式

（一）地下式厂房

随着抽水蓄能电站高水头、高转速、大容量机组的不断发展，纯抽水蓄能电站越来越多。除布置上的原因外，由于电站水头的增大，吸出高度绝对值很大（一般在−70～−60m，日本神流川抽水蓄能电站高达−104m），因而机组安装高程很低，为了克服上浮力及渗流对厂房的作用，且充分利用围岩特性，国内外近年建设的大型抽水蓄能电站大部分采用地下厂房。地下厂房布置应与枢纽布置总体协调，洞室群应布置在地质条件较好地段，以具备良好成洞条件，充分利用岩体的自稳能力。主要洞室群一般布置在Ⅲ类及以上围岩为主的岩体内，避开区域地质断裂，岩石强度应力比不小于 2.5。

（二）地面式厂房

抽水蓄能电站的地面式厂房一般修建在下水库岸边，与常规水电站厂房的不同之处在于下水库水位变幅大，淹没深度较大，机组安装高程较低，因此厂房开挖量较大，边坡普遍较高，同时需要浇筑大量的混凝土以抗衡浮托力。另外，厂房外部围护结构位于水下，需要设置有效的防渗和排水措施，防止外水内渗。再者，由于上述原因，施工复杂。我国地面厂房主要应用在中小型混合式抽水蓄能电站，如岗南、密云、羊卓雍湖、天堂等抽水蓄能电站，潘家口抽水蓄能电站为坝后式厂房。2022 年新核准的甘肃玉门抽水蓄能电站，装机容量 1200MW，是我国目前仅有的大型抽水蓄能电站采用地面厂房方案。由于拟布置地下厂房洞室群的围岩为微泥晶灰岩，夹层状、互层状分布，完整性较差，中硬岩夹软岩，围岩强度应力比小于 2，围岩分类Ⅴ类为 64.2%，Ⅳ类为 35.8%，围岩稳定、大变形问题较突出，岩锚梁难以成型，故最终选定地面厂房，如图 7-3-1 所示。

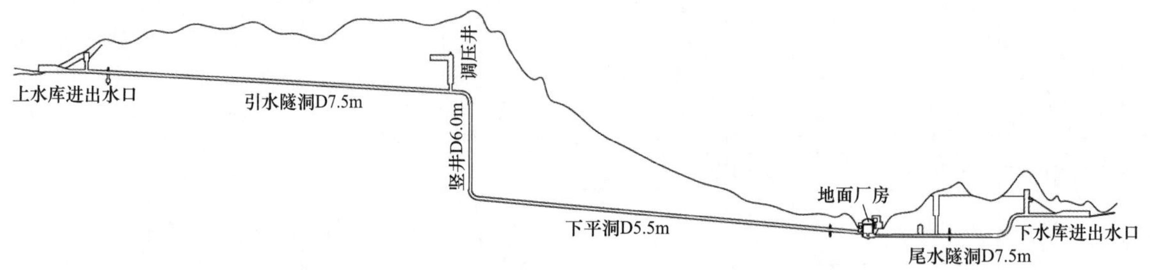

图 7-3-1　甘肃玉门抽水蓄能电站输水发电系统纵剖面图

（三）半地下式厂房

对于厂房布置在下水库附近的抽水蓄能电站，地形和地质构造适宜时，可以修建槽式或竖井式半地下抽水蓄能电站厂房。槽式半地下厂房是利用岩石表层开挖成圆形或槽形基坑加设顶板形成厂房，其内部可设桥式吊车，也可利用活动式顶板孔洞由外部吊车进行机组安装和检修，普林汉姆吉尔鲍电站即为该种型式。竖井式半地下厂房的地下部分是在岩石中开挖出来的圆形竖井，主机设备布置于竖井内，在竖井顶部修建地面厂房和变电站等，卡拉扬电站和路丁顿电站即为该种型式。在国外抽水蓄能电站的建设中，半地下式厂房应用较多，而国内目前建成的半地下式抽水蓄能电站厂房只有溪口（见图 7-3-2）和沙河抽水蓄能电站，装机规模也不大。半地下式厂房布置介于地面厂房和地下厂房之间，厂址要求选择在岩石条件较好的区域，竖井式厂房多为单井或双井布置，但井内一般最多布置两台机组，布置受限、运行维护不便利，适用于装机规模小且机组台数较少的抽水蓄能电站。

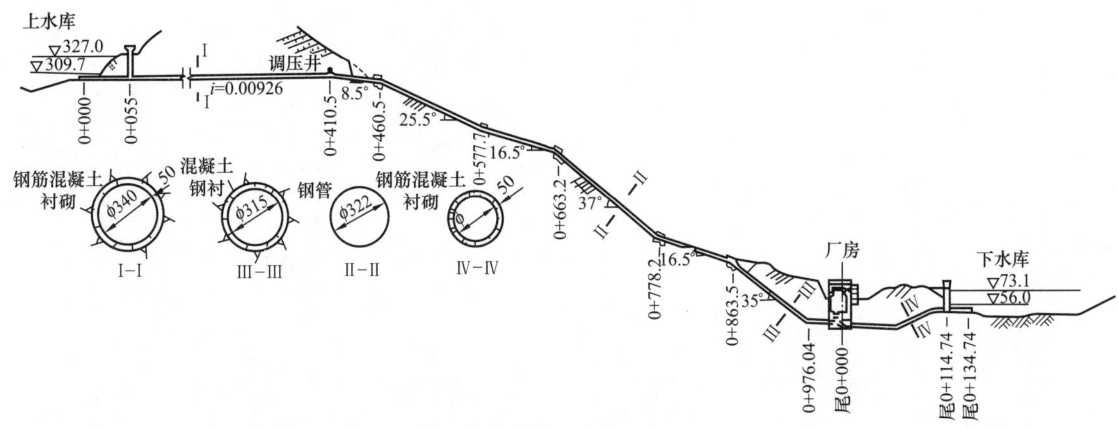

图 7-3-2 溪口抽水蓄能电站引水系统纵剖面图

二、厂房位置选择

厂房位置选择通常根据工程总体布置、地形地质条件、结合高压管道及其他附属洞室的布置、机电设备运行的要求，以及施工条件和环境保护等因素，拟定几个方案，进行技术、经济、环境、社会等综合比较后择优选定。

根据厂房在输水系统中的位置可分为尾部式、中部式、首部式三种布置型式。当厂房位置靠近下水库布置时称尾部式，其特点是压力引水道较长，常设有引水调压井，而尾水隧洞较短；当厂房位置靠近上水库布置时称首部式，它的压力引水道较短而尾水隧洞较长，常设有尾水调压井；当厂房布置在输水系统中部时称中部式，常同时设有引水和尾水调压井。

（一）尾部式

由于抽水蓄能电站进厂交通、出线系统多位于下水库附近，当输水系统尾部具有合适的地形、地质条件时，厂房宜优先选用尾部式布置。因为大型抽水蓄能电站，厂房及输水系统往往是控制工期的关键线路，采用尾部式地下厂房布置型式，可减少通风洞、交通洞等长度，能很快进入地下洞室群开挖施工而缩短发电工期；高压电缆线路短，节省投资；便于运行管理。我国的呼和浩特、西龙池、白莲河、芝瑞等抽水蓄能电站均采用尾部式地下厂房。

呼和浩特抽水蓄能电站输水系统和地下厂房布置在哈拉沁沟左岸，厂区岩性主要为斜长角闪岩和片麻状黑云母花岗岩，岩体较完整，以Ⅱ、Ⅲ类为主。上、下水库之间的水平距离 2050m，高差 550m，距高比 3.8，地形条件相对较好。在选择厂房位置时，重点对中部式和尾部式地下厂房进行了比较（见表 7-3-2），尾部式地下厂房方案，地质条件较好，便于施工布置，工程投资少，最终选定尾部式地下厂房（见图 7-3-3 和图 7-3-4）。

表 7-3-2　　呼和浩特抽水蓄能电站厂房位置比较表

位置	中部式地下厂房	尾部式地下厂房	结论
地质条件	厂房、主变压器室受规模较大的断层 f_{62}、f_{64}、f_6 及 J_9 裂隙密集带等断裂的切割，局部洞段围岩稳定性差。$f_{6\text{-}3}$ 断层切过高压管道上斜段，f_{62} 断层切过高压支管和高压岔管的局部洞段，对高压水渗透有影响段长度约 30m	厂房、主变压器室受规模中等～较小的断裂切割，主要为Ⅱ～Ⅲ类围岩，局部岩体完整性差，透水性微弱。f_{62}、f_{57}、$f_{6\text{-}3}$ 断层切过高压管道，对高压水渗透有影响段长度约 60m，尾水洞段断层较发育	尾部好
水工建筑物布置	引水系统采用一管二机布置方式，尾水系统采用一机二管布置方式，引水道正进/正出布置，设引水、尾水调压室，高压管道采用地下埋藏式斜井布置，出线采用平洞加竖井方案，较尾部方案出线洞长增加 134m，增加电梯一部，同时增加长 1200m 的交通公路一条	引水系统采用一管二机布置方式，尾水系统采用一机一管布置方式，引水道正进/正出布置，设引水调压室，高压管道采用地下埋藏式斜井布置，出线采用平洞加竖井方案	尾部好
机电布置	SF_6 管道母线较尾部长 402m	—	尾部好
施工布置	施工支洞较长，设置两个调压室，增加施工干扰	因尾水隧洞及附属洞室短，具备较快进洞施工高压管道和尾水斜洞的条件	尾部好
工程投资	比尾部方案投资多 3088 万元	—	尾部好

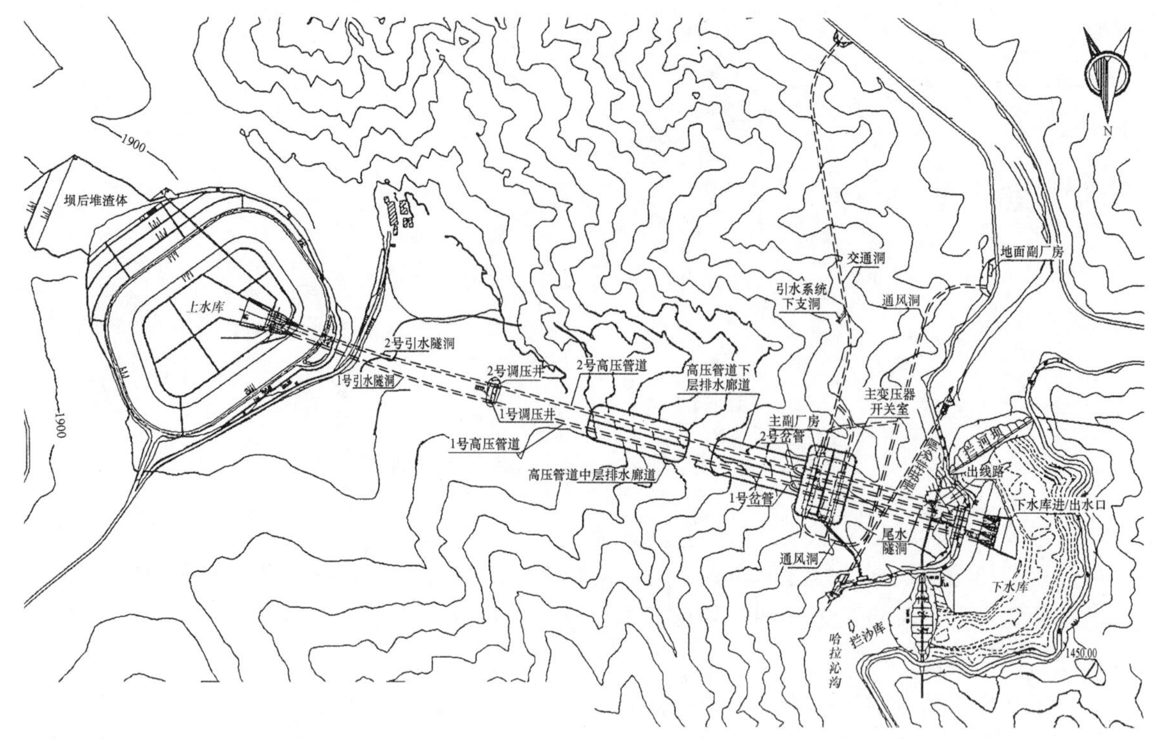

图 7-3-3 呼和浩特抽水蓄能电站枢纽总平面布置图

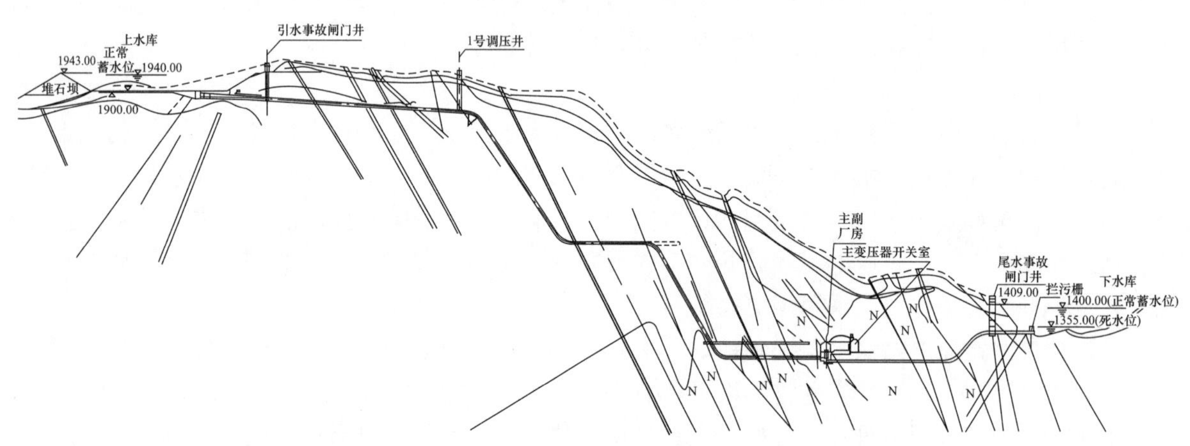

图 7-3-4 呼和浩特抽水蓄能电站输水系统纵剖面图

(二) 中部式

当输水系统尾部工程地质条件不佳或洞室群顶部岩体厚度不满足要求，而中部有合适的地形地质条件时，厂房可选用中部式布置。我国的十三陵、广州、惠州及张河湾、宝泉等抽水蓄能电站均采用中部式地下厂房。

张河湾抽水蓄能电站上、下水库进/出水口之间水平距离约 570m，额定水头 305m，距高比为 1.87，指标较优越。根据地形、地质条件和枢纽布置要求，进行了首部、中部和尾部地下厂房方案比较。首部厂房方案，高压管道长度较短，厂房上游边墙距高压管道竖井仅 80m，经分析厂房受到两条断层破碎带和三条断层影响，岩体完整性差，属Ⅲ类，对厂房洞室的稳定不利，此方案尾水洞长约 350m，需要设置尾水调压室和尾水闸门，工程布置复杂；中部厂房方案，厂房距高压竖井中心 240m，厂房处围岩较完整，以Ⅱ类围岩为主，尾水洞长度约 180m，不需要设置调压室，工程布置较简单；尾部厂房方案，地形条件只能布置半地下竖井式厂房，厂房附属洞室及尾水洞较短，运行条件好，但厂房距下水库较近，岸坡岩石较破碎，张开裂隙发育，防渗难度大；厂房竖井存在高边坡稳定问题；加之厂房上部陡崖存在裂隙带，对厂房运行安全不利。经综合比较，推荐中部厂房布置方案。

宝泉抽水蓄能电站地下厂房位于花岗片麻岩、黑云母斜长片麻岩内，岩体稳定单一，构造、节理不发育，上、下水库间水平距离约 1970m，相对高差约 528m，距高比约为 3.73。由于地质条件优越，采用首部、中部和尾部开发方式均是可行的，但从地形上看，电站出线方向只能位于下水库附近，所以以引水道长度不设调压室为限，使厂房位置尽量下移，重点对中部和尾部布置方案进行综合比较，见表 7-3-3，最终推荐中部式地下厂房方案（见图 7-3-5 和图 7-3-6）。这种布置型式压力引水道长度适中，水头损失较小，机组调节性能较好，施工工期较为合理。在厂房位置选择时，当地质条件及水力学调保计算满足要求，中部式地下厂房上下游都可不设调压室时，这种布置型式具有一定的优势，如宝泉抽水蓄能电站。但引水调压室、尾水调压室的设置与否并不应成为采用中部式布置方案的控制因素，因为抽水蓄能电站建成后，往往要成为电网调度的有效管理工具，设计中不宜仅为了节省投资而取消调压室，而给机组开停机设置繁琐的程序，降低抽水蓄能电站的调度灵活性。

表 7-3-3　　宝泉抽水蓄能电站厂房位置比较表

位置	中部式地下厂房	尾部式地下厂房	结论
布置条件	引水隧洞、尾水隧洞及岔管均采用钢筋混凝土衬砌，未设引水、尾水调压室，引水道采用斜井，引水管斜向进厂	引水隧洞、尾水隧洞及岔管均采用钢筋混凝土衬砌，设引水调压室	中部式好
地质条件	岩石新鲜、完整，没有断层通过，仅有 4 组主要节理，走向分别为 40°～50°NW，0°～20°SE，70°～80°NW，270°～290°SW，均为陡倾角，其与厂房轴线方向 NW39°的夹角均较大，厂址为Ⅰ类围岩	尾部厂房受断层的影响，处于两个断层区 f_{39}～f_{44}、f_{31}～f_{38} 的中间，厂房轴线与 4 组节理的夹角（走向为 275°～315°、315°～330°、170°～190°、30°～60°）较中部方案小	中部式好
地下水条件	在地质探洞内观察，中部厂房位置渗水很少	在地质探洞内观察，尾部厂房位置沿断层及节理有明显地下水渗出，水量较大	中部式好
运行条件	主变压器室到开关站距离较远，高压电缆斜洞长 433m，需另设 2 号交通洞和竖井与之连接	主变压器室到开关站距离仅为 100m 的平洞加 102m 的竖井，运行管理相对方便	尾部式好

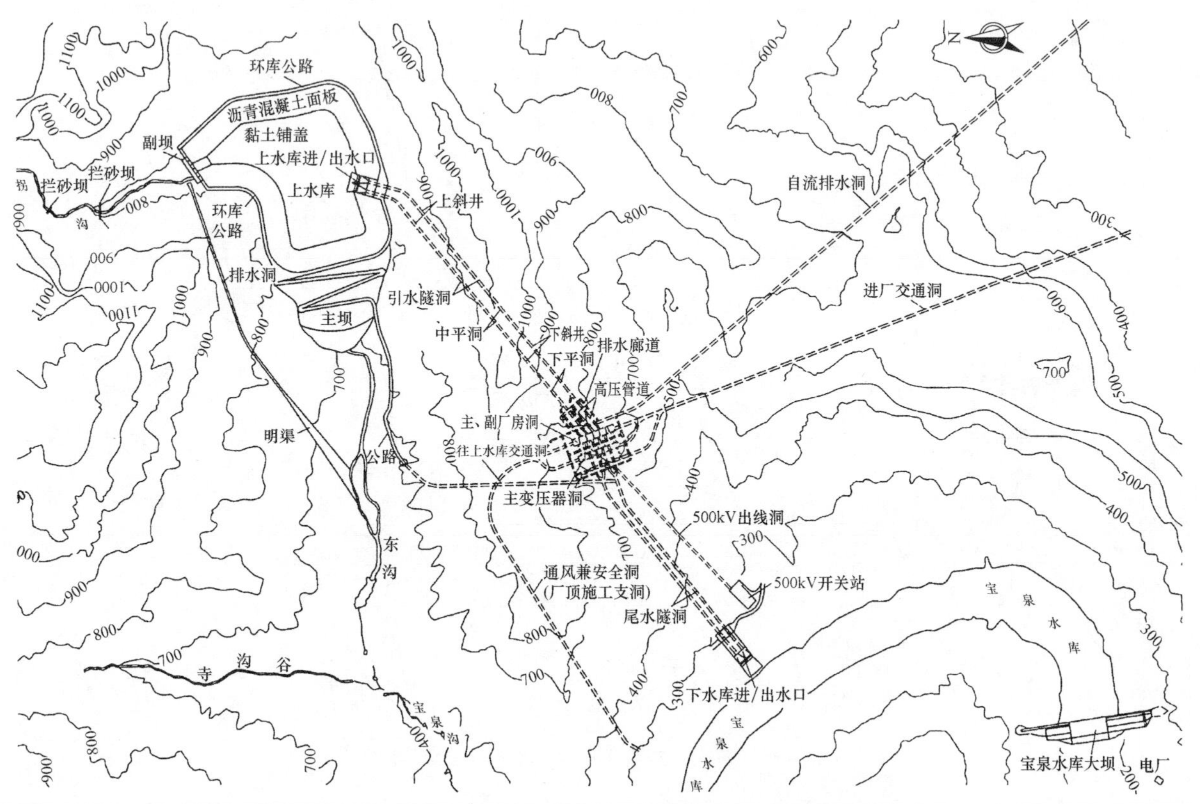

图 7-3-5　宝泉抽水蓄能电站枢纽总平面布置图

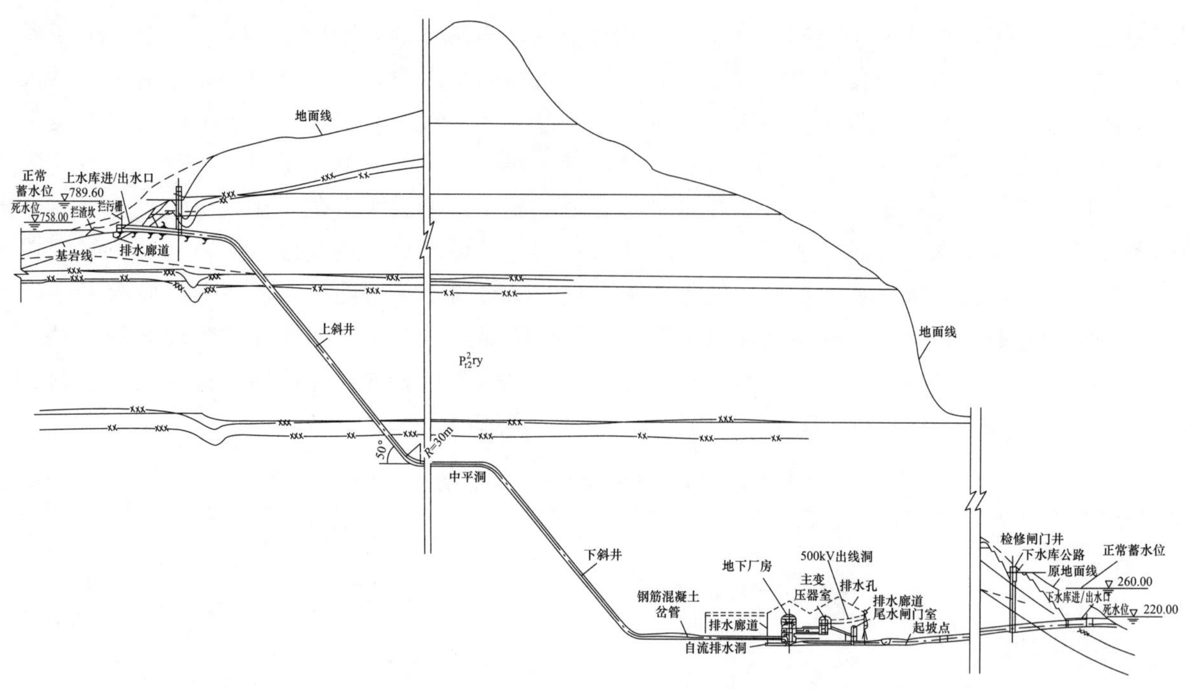

图 7-3-6 宝泉抽水蓄能电站输水系统纵剖面图

（三）首部式

当尾部式和中部式厂房布置有困难，而首部式地下厂房经地质勘探工作（通常需做长勘探洞）证实，引水系统首部地形、地质条件较为优越，可较好地布置主厂房和其他附属洞室；具有布置对外交通，如交通洞、通风洞、出线洞等的有利地形条件，不致因厂房位置在首部而过多增加这些洞室的长度而影响总工期；上水库渗漏不致过多恶化地下厂房周围的水文地质条件或者厂房具有可靠的防、排水措施。在具备上述条件的情况下，可参与开发方式的综合比较。我国泰安（见图 7-3-7 和图 7-3-8）、琅琊山、蒲石河等抽水蓄能电站均采用首部开发方式。

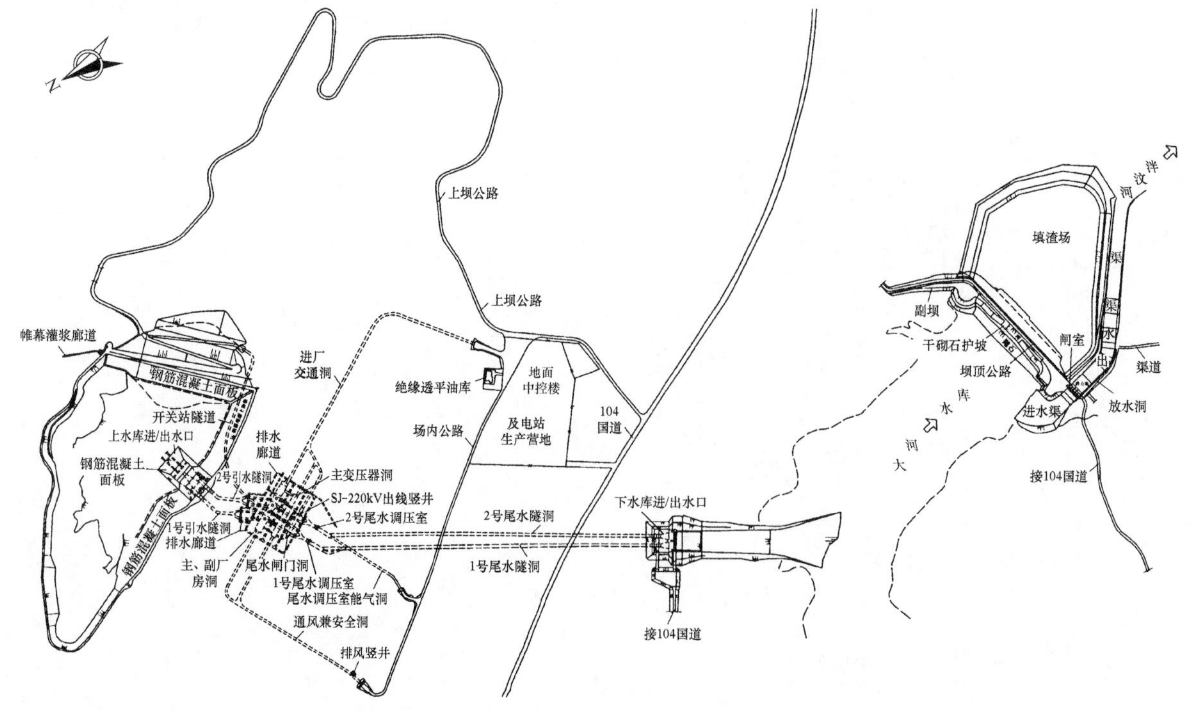

图 7-3-7 泰安抽水蓄能电站枢纽总平面布置图

泰安抽水蓄能电站输水系统和地下厂房深埋于上水库右岸横岭山体内，沿线岩性为混合花岗岩，岩石坚硬，岩体较完整，以Ⅱ、Ⅲ类为主。上、下水库之间的相对高差约 230m，水平距离约 2000m，距高比 8.7，由于地形条件限制，输水系统中后段沿线山体覆盖层较薄，且尾部有 104 国道、京沪公路和 F_4 区域性大断层通过，难于布置地下厂房。而首部围岩条件较优越，经分析研究选择首部地下厂房。这种布置型式，由于上水库进/出水口与引水岔管的水平距离较短（仅约 200m），只能采用引水竖井布置型式，使管道较长；另外，由于地下厂房距上水库较近，地下水位高于厂房顶拱，特别是引水系统工程区存在较强透水性的北东向裂隙密集带和断层破碎带，上水库蓄水后有可能成为向厂房渗漏的主要通道，因此必须加强地下洞室群的防渗、排水和围岩支护措施（对于岩溶发育的地层和上水库不采用全库防渗时更应如此）。除对上水库横岭进行全封闭防渗处理外，还在地下厂房四周设有三层排水廊道，形成系统的灌浆帷幕和排水幕。

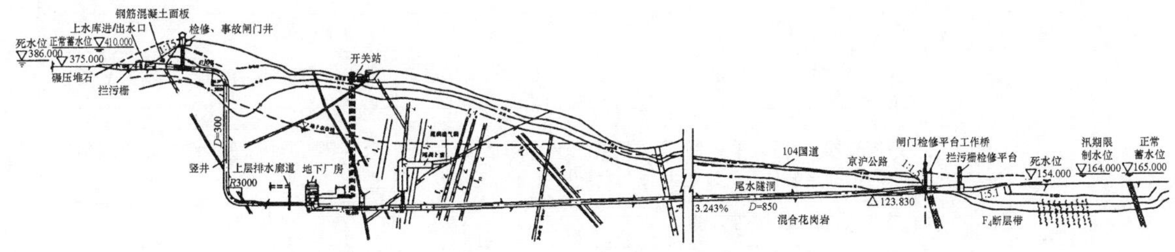

图 7-3-8　泰安抽水蓄能电站输水系统纵剖面图

三、厂房平面位置及纵轴线方向选择

（一）地下厂房平面位置选择

地下厂房平面位置应尽量选择地质条件较优、洞室围岩稳定较有利的区域，尽可能避开规模较大的断层和节理密集带及地下水丰富的地区，并兼顾枢纽布置的协调。

十三陵抽水蓄能电站地下厂房位于十三陵下水库左岸山体内，地下厂房处于单一的复成分砾岩岩体内，厂房顶拱以上岩体厚度约 220～255m。十三陵厂区地应力低，主要以自重应力为主，其对主厂房位置的选择不起控制作用，而影响地下厂房位置的主要因素是厂区断裂构造的分布。在初步设计阶段中，根据平洞、钻孔勘探及岩石物理力学参数资料，在厂房区附近，西侧为 F_4 断层（即灰岩与砾岩之间的不整合接触带）、东侧为 F_{42} 断层、北侧为 f_2 断裂带，这几条断层控制了厂房位置选择的边界，厂房即在这几条断层之间选择，厂房纵轴线方向为 SW265°。随着厂房顶拱中导洞的开挖，对原选定厂址地质情况的逐步揭露，发现原设计方案的厂房西段发育有较大的 f_1、f_3、f_9 等断层，岩体破碎，渗水严重，边墙顶拱大约 50%以上为Ⅳ、Ⅴ类围岩，属不稳定岩体，为此将厂房位置进行调整。

经过多种方案的分析比选，选出 B 方案（原初步设计厂房轴线东移 120m）和 C 方案（原初步设计厂房轴线东移 135m、南移 30m，轴线沿顺时针偏转 15°），见表 7-3-4。从表中看出，B 方案顶拱基本避开了几条 NE 向大断层的影响。但有近厂轴向缓倾角断层 f_{20} 在顶拱切过，影响顶拱西部 50m 的稳定，边墙有 f_{16}～f_{19} 断层带及 f_{20} 切过，部分地段边墙稳定性较差，但此方案主变室基本无大断层通过，稳定性较好。C 方案地下厂房基本避开了西端较大断层带，厂房纵轴线与 NE 向的主要大断层保持了较大的夹角（70°左右）。顶拱段除在东部 30m 有 f_{30} 通过稳定性较差外，其余均在Ⅱ类围岩中，稳定性良好。边墙除北边墙有 f_{20} 通过外，无其他大断层通过。经综合分析，C 方案地质条件最好，1992 年十三陵工程地下厂房按此方案开挖完毕，整个施工过程较顺利。

表 7-3-4　十三陵抽水蓄能电站地下厂房各布置方案工程地质条件综合比较表

<table>
<tr><th>部位</th><th colspan="2">项目</th><th>方案 A：原初步设计方案，轴线 SW265°</th><th>方案 B：东移 120m 方案，轴线 SW265°</th><th>方案 C：东移 135m，南移 30m，轴线沿顺时针旋转 15°（SW280°）</th><th>优选</th></tr>
<tr><td rowspan="3">地下厂房</td><td rowspan="3">断层</td><td>总条数</td><td>>11</td><td>12</td><td>11</td><td>C</td></tr>
<tr><td>北东组大断裂带</td><td>过 f_1、f_3、f_9、f_{16}、f_{19} 断裂带</td><td>过 f_{16}、f_{19} 断裂带</td><td>过 f_{30} 断层</td><td>C</td></tr>
<tr><td>近轴向断层</td><td>过 f_1、f_{18}、f_{20} 断层</td><td>过 f_{20} 断层</td><td>过 f_{20} 断层</td><td>C</td></tr>
</table>

续表

部位	项目		方案 A：原初步设计方案，轴线 SW265°	方案 B：东移 120m 方案，轴线 SW265°	方案 C：东移 135m，南移 30m，轴线沿顺时针旋转 15°（SW280°）	优选
地下厂房	顶拱	北东组大断裂带	过 f_1、f_3、f_9、f_{16}、f_{19} 断裂带	基本无	过 f_{30} 断层	B
		近轴向断层	过 f_{18}、f_{20} 断层	过 f_{20} 断层	无	C
		围岩分类	Ⅳ～Ⅴ类围岩占 53%，其余为Ⅲ类	Ⅳ类围岩占 30%，其余为Ⅱ类，少数Ⅲ类	Ⅳ～Ⅴ类围岩占 15%，其余为Ⅱ类	C
	边墙	北东组大断裂带	过 f_1、f_3、f_9、f_{16}、f_{19} 断裂带	过 f_{16}、f_{19} 断裂带	无	C
		近轴向断层	过 f_1、f_{18} 断层	过 f_{20} 断层	过 f_{20} 断层	C
		围岩分类	Ⅳ～Ⅴ类围岩＞50%，其余为Ⅲ类	Ⅳ、Ⅴ类围岩占 10%，Ⅲ类 40%，Ⅱ类 50%	大部分为Ⅱ类围岩，Ⅳ、Ⅴ类占 10%	C
	围岩稳定性评价		边墙顶拱 50%以上，洞段均属不稳定岩体	顶拱 30%、边墙 40%洞段为稳定性差岩体	顶拱 20%洞段不稳定，边墙稳定性好	C
主变压器室	切割大断裂		过 f_{16}、f_{19} 断裂带，过 f_{20} 断层	东端被 f_{30} 切一角	过 f_{30} 断层	B
	围岩分类		Ⅳ～Ⅴ类围岩占 35%，Ⅲ类 40%，Ⅱ类 25%	Ⅳ～Ⅴ类围岩占 10%，其余为Ⅱ类	Ⅳ～Ⅴ类围岩占 20%，其余为Ⅱ类	B
	围岩稳定性评价		35%洞段为不稳定岩体，稳定性差	东端顶拱稳定性差，其余较好	洞室中段稳定性差，其余较好	B
方案比较			很差	一般	较好	C

（二）地下厂房轴线方向选择

地下厂房轴线方向是在选定厂房位置的基础上，根据地质构造、地应力场及枢纽布置等方面因素综合研究确定。

一般情况下地下厂房主洞室纵轴线走向，宜与围岩主要构造薄弱面（断层、节理、裂隙、层面等）呈较大交角，同时兼顾次要构造弱面的影响；宜与最大主应力水平投影方向呈较小夹角（如 10°～30°）。当地质构造与地应力难以兼顾时，应区分主次。一般当地应力与岩体抗压强度比值较小时，应以地质构造为主；当厂房埋深大，或处于高地应力区时，地应力对厂房位置选择的影响就会加大，甚至成为控制因素。

上述原则应根据工程条件具体分析，例如，一般情况洞室端墙的围岩稳定较边墙的围岩稳定有利，岩层层面走向宜与厂房主洞室纵轴线走向呈较大交角，但当遇到陡倾角薄层岩层时，这样可能对端墙的围岩稳定非常不利，需兼顾洞室边墙及端墙的围岩稳定；当水平最大与最小地应力差值较小时，无论地应力大小，其对主洞室纵轴线走向选择的影响都很小；在地形和地质条件允许的情况下，厂房位置和轴线宜尽可能满足输水线路布置要求，尽量缩短输水线路。如果地形、地质条件使厂房轴线方向调整很困难时，则以合理厂房轴线选择为主。由于输水线路一般较长，厂房位置及纵轴线的局部调整对水道走向影响较小，也可采用水道与厂房斜交来调整。

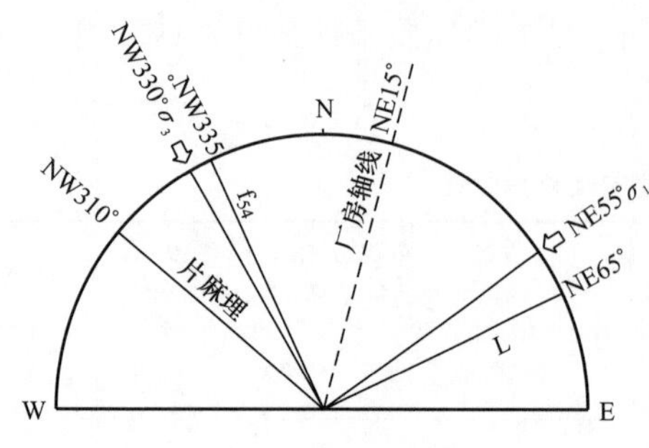

图 7-3-9 厂房轴线与地应力、节理、片麻理的关系

呼和浩特抽水蓄能电站地下厂房区基岩为侵入岩，主要有花岗岩和角闪岩两种岩性，二者主要以混熔接触，均为块状岩体。地下厂房轴线考虑地质条件，结合水工布置上的要求，选定 NE15°（见图 7-3-9），理由如下：

（1）从水工布置考虑厂房轴线以大致 NE15°平行山坡的走向布置为好，这样厂房轴线与水道轴线近正交，输水系统布置比较顺畅。

（2）厂房轴线方向选择应考虑与 NW 向小断层、NE 向长大裂隙两组主要构造断裂面以及片麻理发育方向（NW310°）保持相对较大的夹角，使其对厂房稳定性的影响降至最低。NE15°轴线基本为两组结构面走向的角平分线。

(3) 厂房区地应力最大主压应力 σ_1 方向为 NE50°～60°，厂房轴线应与其保持相对较小的夹角，但考虑地应力量级属中等，对厂房轴线方向选择不起控制性作用。NE15°轴线与地应力最大主压应力 σ_1 方向夹角约 40°。

四、地下厂房洞室群布置

地下厂房洞室群一般包括主副厂房、主变压器洞、母线洞、交通洞、通风兼安全洞、出线洞、排风洞、排水廊道、自流排水洞等。

(一) 一般布置要求

主机间、安装间、副厂房一般一字形布置。副厂房应布置在主机间一端，靠近副厂房的机组应为首台发电机组。安装间可放在主机间一端，也可放在主机间中间，应结合地质条件和机组台数综合考虑。

主变压器一般另设主变压器洞布置，通常布置在主厂房下游侧，两洞间的距离应控制在 1.5～2.0 倍的开挖洞径。两洞太近，对围岩稳定不利，过远则增加母线的长度。

早期的地下厂房有单独设阀室的先例，单独设阀室可减小主厂房的开挖跨度，减小球阀破坏对机组的影响，但需另外开挖洞室，设置球阀和吊装设备，导致工程量和投资的增加，随着工程建设经验的积累，目前一般都将球阀布置在主厂房内，不再单独设阀室。单独设置球阀室目前一般应用在低水头大容量机组的地下厂房洞室群中，主要是为了减小主厂房跨度。

附属洞室主要采用城门洞型，竖井一般采用圆形断面，主要附属洞室布置应考虑下列要求：

(1) 交通洞在满足永久运行期运维要求外，还需注意满足钢岔管和钢管运输要求。

(2) 通风兼安全洞需满足厂房进风及厂房顶拱开挖施工的要求，如果通风兼有排风功能，则应满足厂房进风＋排风的要求。

(3) 排风洞常见布置方式有排风平洞、排风平洞加排风竖井，应尽量靠近主洞室，且尽量减小洞室长度。

(4) 出线洞主要布置方式有出线平洞、出线平洞加出线竖井以及与通风兼出线洞等，出线洞在满足电缆敷设及运维要求外，还应满足通、排风及消防要求。出线竖井高度不宜超过 300m，如需超过 300m，应分级布置。出线斜洞坡度不宜大于 30°。

(5) 排水廊道应环绕主厂房和主变压器洞布置，一般设置三层，第一层在厂房顶拱附近，便于向厂房顶拱长排水孔；第二层在厂房发电机层，第三层在厂房蜗壳层以下。如具备合适地形条件，应设置自流排水洞，西龙池、敦化、浑源等地下厂房均设置有自流排水洞，其中敦化自流排水洞与渗漏排水井相连，其起始点底板高程为 580.00m，洞口高程为 568m，高差 12m，坡度为 0.4%。起始点至与下层排水廊道连接处断面尺寸为 4m×4m，其余段为 2.5m×3m，总长 2884m。

(二) 洞室埋藏深度

地下厂房的埋藏深度主要受工程地质条件和机组安装高程的限制。从岩体特性分析，通常厂房埋藏越深，岩体风化程度越轻，对地下洞室的稳定越有利。但埋藏很深并不能排除地质构造对岩体稳定的影响。从受力条件分析，若大跨度地下厂房顶部岩体太薄，顶部构造弱面切割使顶拱成洞条件较差。但也并不是越深越好，埋藏过深的地下厂房，地应力很大，施工中易发生应力集中剪压破坏或岩爆现象。我国 NB 35011—2016《水电站厂房设计规范》中要求洞室群上覆岩体厚度，不宜小于最大洞室开挖宽度的 2 倍。印度设计手册建议，岩石覆盖厚度为宽度的 2～3 倍，且不少于 10m。而挪威工程经验认为，在坚硬岩石地区，厂房宽度为 20m 时，在理论最大破碎区以上，有 5m 以上完好的岩层即可。

(三) 洞室间距选择

地下厂房洞室群各洞室之间的岩体应保持足够的厚度，其厚度应根据岩石强度应力比、岩层产状、洞室规模及施工方法等因素综合分析确定：

(1) 岩石强度应力比大于 7 时，宜取相邻洞室平均开挖跨度的 1～1.5 倍和较大洞室开挖高度的 0.5～0.6 倍的较大值。

(2) 岩石强度应力在 4～7 时，宜取相邻洞室平均开挖跨度的 1.5～2 倍和较大洞室开挖高度的 0.6～0.7 倍的较大值。

(3) 岩石强度应力小于 4 时，宜取相邻洞室平均开挖跨度的 2～2.5 倍和较大洞室开挖高度的 0.7～

0.8倍。

上、下层洞室之间岩石厚度，不宜小于小洞室开挖宽度的1～2倍，当两洞轴线平面投影的夹角较小时，上、下层洞室之间的岩体厚度宜大于下层洞室开挖宽度的1倍，且不小于5m。

（四）适应TBM施工的交通洞和通风洞布置

目前TBM已广泛应用于市政隧道、交通隧道、水利行业中长引水隧洞、常规水电站长引水隧洞等工程中。抽水蓄能电站交通洞、通风洞均用于连通厂房与厂外地面，两隧洞断面相差不大，可适用于TBM施工，通过调整交通洞、通风洞的布置，使TBM掘进可由通风洞洞口进、经地下厂房后由交通洞洞口出，如抚宁抽水蓄能电站的通风洞、交通洞就采用了TBM施工技术。

交通洞开挖断面尺寸受断面形状、初期支护和永久衬砌厚度影响，还需要满足运行期交通要求，以及施工期大件运输、TBM掘进和出渣等要求。通风洞开挖断面尺寸受支护厚度影响，还需要满足地下洞室群通风面积要求。抚宁抽水蓄能电站地下厂房通风面积需要45m^2，交通洞、通风洞TBM开挖断面主要受交通洞大件运输尺寸控制。

抚宁抽水蓄能电站为适应TBM施工，通风洞进厂房之前的平面转弯半径采用90m，其余洞段转弯半径采用100m，纵坡全部采用2.44%；交通洞平面转弯半径全部采用100m，转弯段纵坡采用3%，其余洞段最大纵坡为6.6%；TBM设备沿纵向穿越地下厂房，通风洞末端高程145.8m，交通洞末端高程131.0m，坡度采用9.02%。通风洞长度为1194.1m，厂房长度164m，交通洞长度为868.6m，采用TBM施工的隧洞总长度为2226.7m。主变压器交通洞和主变压器通风洞等支洞长度不变，采用常规钻爆法进行施工。抚宁抽水蓄能电站通风洞、交通洞的TBM施工布置如图7-3-10所示，TBM施工始发洞、接收洞断面如图7-3-11和图7-3-12所示。

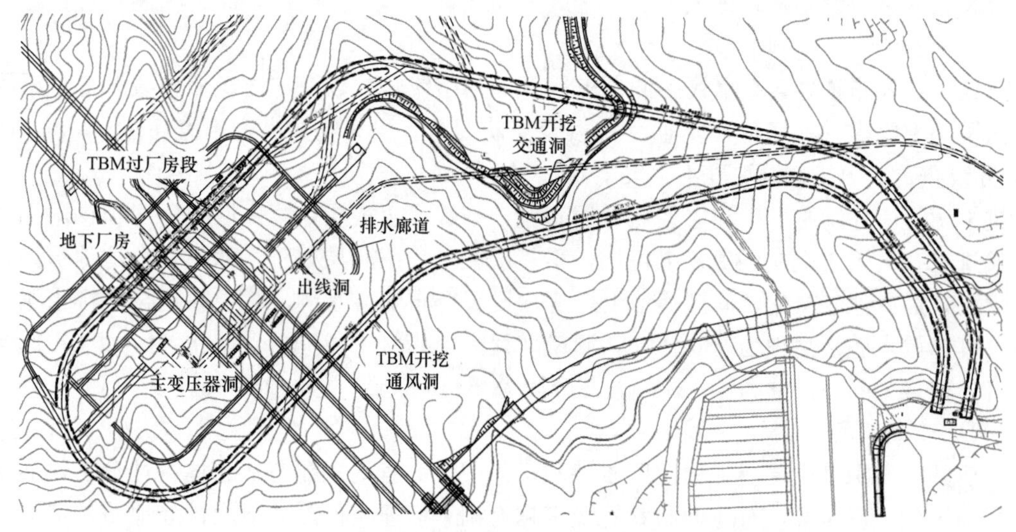

图7-3-10 抚宁TBM施工交通洞、通风洞洞线布置图

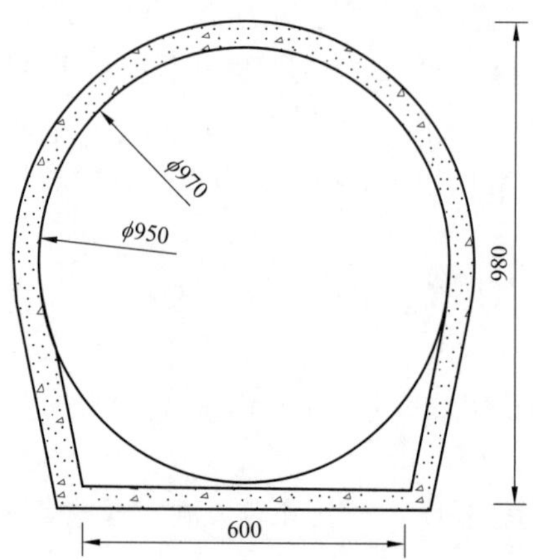

图7-3-11 抚宁TBM施工始发洞室成洞断面图

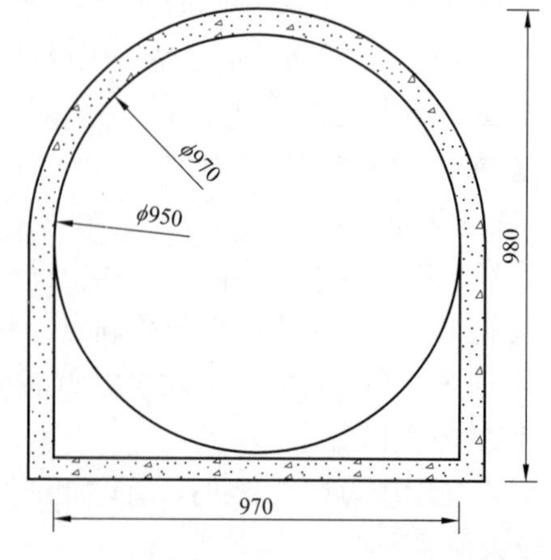

图7-3-12 抚宁TBM施工接收洞室成洞断面图

（五）适应 TBM 施工的地下厂房排水廊道布置

地下厂房排水廊道多设置为上、中、下三层，为适应 TBM 施工，可将不同层的排水廊道联通，目前文登、抚宁等项目排水廊道均采用 TBM 方式进行开挖。

文登抽水蓄能电站根据排水廊道总体布置以及 TBM 施工的要求，将排水廊道布置为螺旋状，即地下厂房中、下层排水廊道采用环形布置连接，布置成螺旋状。螺旋状排水廊道转弯半径采用 30m，洞室断面为直径 3.5m 的圆形。厂房排水廊道设置直线段始发段和组装段，其中组装段利用原有的 5 号排水廊道（扩挖），始发段洞室轴线与施工支洞轴线夹角 18°，长度为 8m。中、下层排水廊道开挖总长 1447.8m，平均坡度为 2.1%，如图 7-3-13 和图 7-3-14 所示。

地下厂房交通洞与主变压器交通洞部位的回字形洞室布置，为 TBM 施工提供了便利的通道。利用交通洞和主变压器交通支洞之间的 5 号排水廊道作为组装段和渣体临时储存、二次倒运的通道，圆满解决了需要在排水廊道洞内开挖组装段的问题；5 号排水廊道断面大，洞室直线段较长，也为 TBM 设备的维修和检修提供了便利；结合回字形洞室布置的方案，将 5 号排水廊道作为 TBM 开挖期的施工通道，不会影响其余洞室的施工通道，提高了洞室利用率。

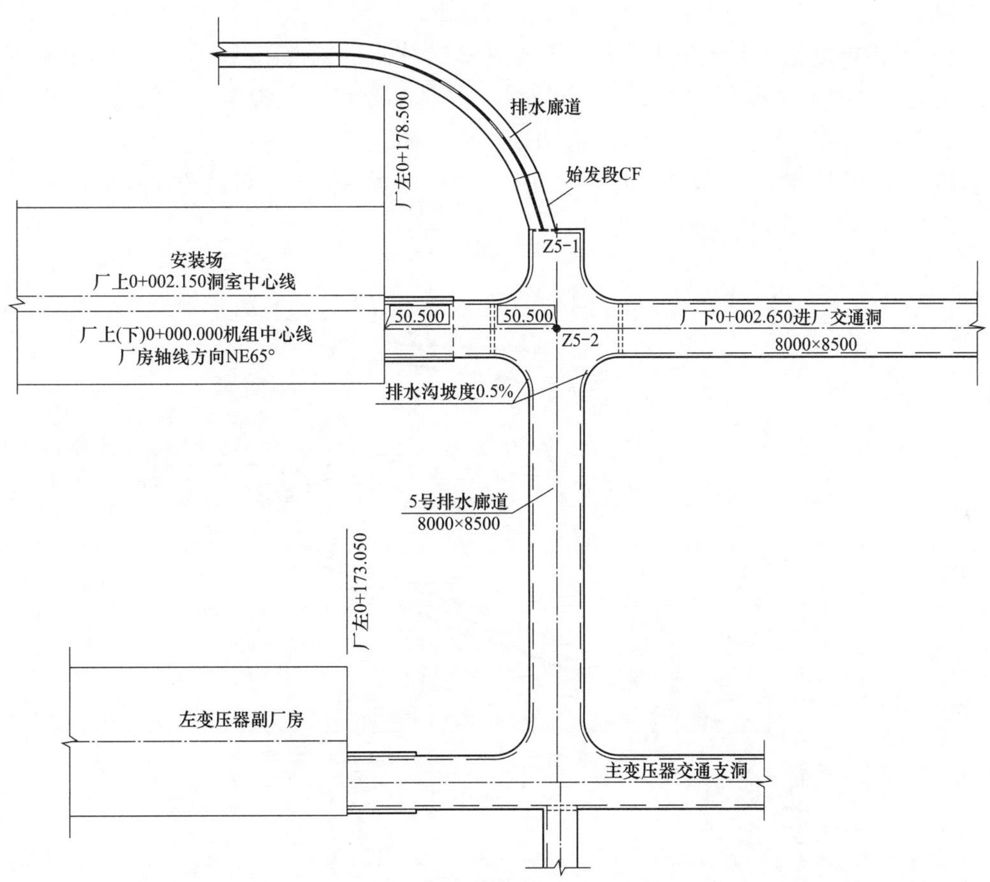

图 7-3-13　文登地下厂房排水廊道 TBM 始发段和组装段布置图

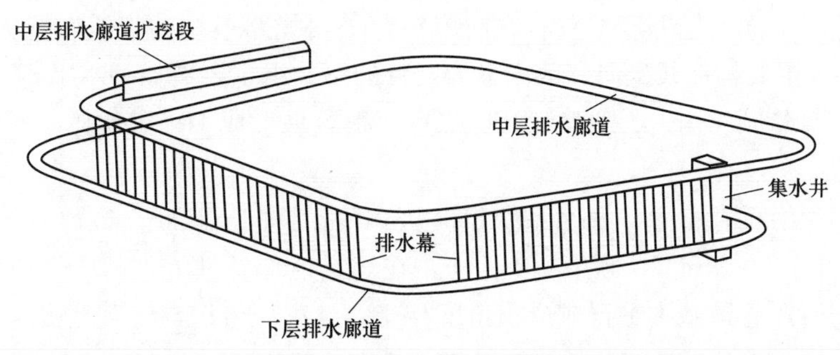

图 7-3-14　文登地下厂房排水廊道三维示意图

第四节 输水系统布置

抽水蓄能电站，尤其是高水头抽水蓄能电站，输水系统以埋藏式布置方式为主。

一、输水系统线路的选择

输水系统线路选择是否合理，对电站的经济性、安全稳定运行影响比较大。在进行输水系统线路选择时，应综合考虑地形、地质、水力特性、枢纽总体布置、施工、运行等因素。输水系统线路理论上应选择线路较短的直线，但要注意不利工程地质和水文地质条件的影响，如避开地下水丰富地区，与主要地质结构面成大角度相交，压力管道上覆岩石要有足够的厚度，在高应力区，还应考虑地应力的影响等。当上、下水库相距较远，即输水系统距高比较大，需设置调压井时，线路选择时应兼顾调压井的位置。尤其对于高水头、大 HD 值（水头与管径乘积）的高压钢管，设置调压井、减少高压钢管的长度往往是经济的，有时甚至对枢纽布置方案有较大的影响。综合考虑上述因素后，实际上多数工程输水系统在平面上多呈折线布置。以下以西龙池抽水蓄能电站输水系统线路比选为例说明选择线路时应注意的问题。

西龙池抽水蓄能电站输水系统位于西河～耿家庄宽缓背斜的轴部附近，岩层基本水平，倾角 3°～10°，工程区构造发育的主要方向为 NE30°～NE60°，主要发育有 4 组裂隙，产状为：①NE5°～30°SE∠70°～80°；②NE30°～50°SE∠70°～88°；③NE50°～60°SE∠70°～89°；④NW330°～360°SE∠70°～85°。以第②组裂隙最为发育。综合考虑地形、地质、枢纽布置等条件，可供选择线路有 3 条，即东线、直线和西线三个方案，如图 7-4-1 所示。

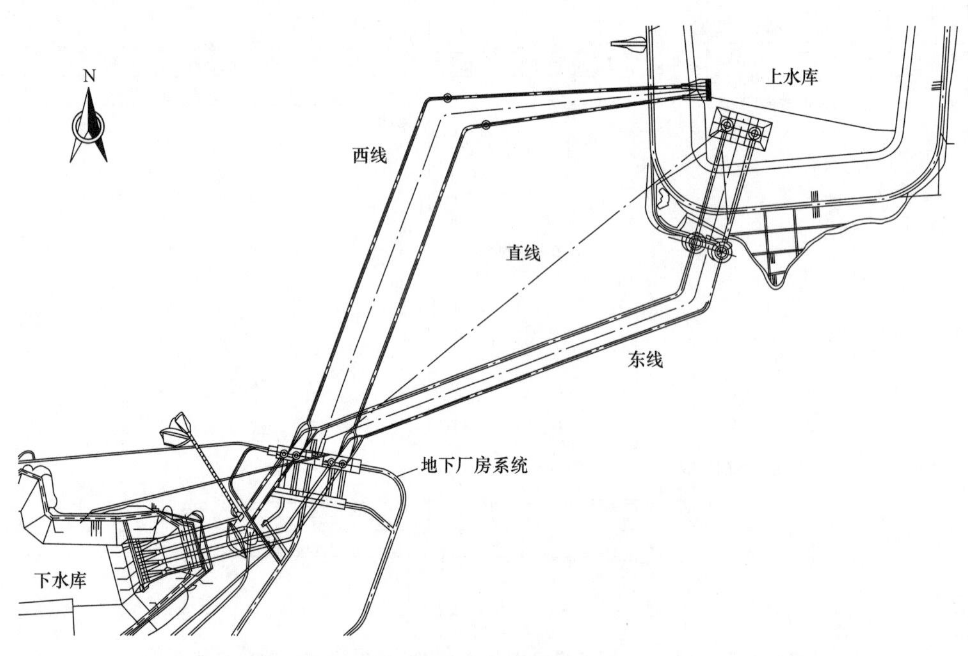

图 7-4-1 西龙池抽水蓄能电站输水系统线路方案选择示意图

由于上、下水库在平面上呈 NE54°左右方向展布，采用线路最短的直线布置方案时，管线走向为 NE50°左右，与站址区主要构造线走向、区内最为发育的第 2 组主要裂隙基本平行或成 10°～20°的小角度相交，且岩层层面与陡倾的构造、裂隙和开挖临空面很容易形成不稳定块体，对围岩稳定非常不利。所以直线方案不可取。

西线方案在平面上沿山脊布置，输水系统走向从 NE85°折向 NE26°。高压管道部分位于断层密集带中，断层走向为 NE20°～NE40°、倾角 70°～80°，在满足地形条件下，高压管道难以避开这些断层。在平面和立面上都与高压管道基本平行或成小角度相交，且高压管道与工程区发育的第 1、2 组主要裂隙基本平行，围岩稳定问题比较突出。输水系统的惯性时间常数 T_w=2.0s 左右，可不设置调压井，但增加了高压管道长度，高压管道 HD 值高达 3500m·m 以上。这种高水头、大 HD 值的高压管道造价比较高，经过综合比较后，发现设置上游调压井方案比不设调压井方案经济，因此以设置调压井方案与东线方案进行综合技术经济比较。

东线方案线路走向从NE15.5°折向NE70°。高压管道部分走向NE70°与P_5张性断裂带、F_{112}等构造夹角皆大于30°，与工程区发育的裂隙夹角也较大，围岩稳定条件较好。输水系统T_w=2.0s左右，不需设置调压井。经综合比较后，东线方案投资虽与西线方案相当，但围岩稳定条件比较好，工程布置简单，最终采用东线方案线路布置。施工过程中，输水系统围岩稳定条件较好，基本没有出现围岩失稳情况。

二、供水方式选择

电站供水方式可分为一管一机、一管两机和一管四（或三）机等方式。

（1）一管一机供水布置方式结构简单，运行方式灵活。当一条管道损坏或检修时，只需一台机组停止工作，其他机组可照常运行。此种供水方式输水系统土建工程量较大，因而造价较高。一管一机供水方式多适用于电站引用流量较大，水头较低，高压管道长度较短的首部布置方案，如琅琊山、响水涧等抽水蓄能电站。

（2）一管四（或三）机供水布置方式，一般投资较省，但当主管损坏或检修时，电站全部机组将停机，运行不够灵活。这种供水布置方式主管*HD*值（水头与管径乘积）往往较大，多适用于地质条件好，采用钢筋混凝土衬砌的电站，如广州、天荒坪、惠州、梅州等抽水蓄能电站。

（3）一管两机供水布置方式优缺点介于上述两者之间，适用范围较广，钢筋混凝土或钢板衬砌压力管道都有应用。采用这种布置方式的抽水蓄能电站最多，如十三陵、桐柏、张河湾、西龙池、宝泉、蒲石河、呼和浩特、敦化、沂蒙、丰宁等抽水蓄能电站。

西龙池抽水蓄能电站设计水头640m，根据电站地质条件，高压管道需采用钢板衬砌。在保证电能损失基本相等基础上，对一管四机、一管两机、一管一机3个方案进行比较。一管四机方案的投资最少，但管径大，水道系统最大*HD*值为5300m·m，钢管最大厚度达83mm（HT-80高强钢），已超过当时世界最高水平，加工制造和现场安装都很困难，技术可行性较差。另外，电站运行灵活性较差，也不利于提前发电。一管一机方案管径小，钢管最大厚度为44mm，制造、安装容易，且不设岔管，运行灵活，但工程量大，工程造价高。一管两机方案最大*HD*值为3552m·m，钢衬厚度为40～60mm。类比国外工程，如日本的今市和蛇尾川电站的最大钢衬厚度都已达到62～64mm。所以无论从制造加工、现场安装条件来说，一管两机方案在技术上是可行的；较一管一机方案投资省；运行灵活性适中。因此，选择一管两机方案。

梅州抽水蓄能电站额定水头400m，根据电站地质条件，高压管道采用钢筋混凝土衬砌。在选定输水发电线路，并确定地下厂房中部开发方式后，对一管一机、一管两机、一管四机三个供水方式进行了比较。电站输水线路较长，若采用单管单机布置，虽然结构尺寸小，但明显不经济。在方案比较时，重点比较了一管四机、一管两机以及引水系统一管两机与尾水系统一管四机相组合的三种供水方式：

1）从工程量和静态投资比较，一管四机方案最少，一管两机方案最高，组合方案处于一管四机、一管两机方案之间。

2）从引水隧洞水工结构安全方面考虑，一管两机方案在防渗处理方面较一管四机方案更需谨慎，需防止两条引水主管间岩体的水力劈裂破坏与渗透破坏。

3）从水力过渡过程干扰方面考虑，一管四机方案水力过渡过程可能发生一台机组甩负荷对同一输水系统的其他三台正常运行机组产生水力干扰；而一管两机方案的一台机组甩负荷仅会对同一输水系统的另一台正常运行机组产生水力干扰。相对而言，一管四机方案工况复杂，一管两机方案略优于一管四机方案。

4）从施工进度上来看，由于隧洞开挖不处于整个工程施工关键线路上，三个方案的总工期基本相同。

5）从运行管理角度来看，对于球阀上游的引水主洞或尾闸室下游的尾水主洞一旦出现问题需要检修，一管四机方案会影响全厂四台机组，一管两机方案只影响两台机组，但从已投产的广州一期、二期、惠州、深圳、清远等抽水蓄能电站来看，输水系统土建工程事故极为罕见。

综合工程布置、调节保证计算、工程量及投资、施工要求和运行管理等各方面因素，梅州抽水蓄能电站供水方式最终选择一管四机方案。

需要特别注意的是，由于高压管道承受内水压力较高，相邻两管间宜保持合理的间距，或采取相应的对策措施。避免出现当一条管道运行另一条管道施工或放空时，钢筋混凝土衬砌压力管道出现水力劈裂或钢板衬砌压力管道出现外压失稳。

三、高压管道立面布置与衬砌型式

（一）立面布置

输水系统中引水隧洞与尾水隧洞在立面布置上变化范围较小，高压管道的布置是重点，其占水道系统投资比例大，且布置型式较多，尤其是衬砌型式对投资影响较大。地下高压管道立面布置型式有竖井、斜井以及竖井与斜井结合的布置方式。主要应根据地形、地质及施工条件，经技术经济综合比较后确定。

高压钢管采用斜井布置较多，因为钢管受岩石覆盖厚度的限制较少，而钢管造价很高，斜井布置钢管总长度较短，尤其是造价最高的下平段长度可缩短，对减少投资有利。此外，斜井布置的引水高压管道总长度相对较短、水头损失较小，对水道系统水力过渡过程和机组调节保证也有利。斜井的坡度应根据水道系统布置要求、工程地质条件、施工条件综合考虑确定。为便于利用重力溜渣，斜井的坡度在42°～53°，以48°～51°居多。当斜井较长时，如果地形、地质条件允许，可设置中平段以减少下平段长度，也可增加工作面，加快施工进度。如西龙池抽水蓄能电站钢管斜井段高差达682m，就增设中平段（见图7-4-2）。同时，将陡倾向下游的 P_5 张性断裂带从中平段通过，改善斜管段围岩稳定条件。当然，由于设置中平段增加了两个弯段的水头损失，但对于水头较高的抽水蓄能电站来讲，这点水头损失是非常有限的，对电站综合效率影响非常小。对于首部厂房布置的情况，若进/出水口与厂房水平距离较近，不便于布置斜井时，钢管也有采用竖井布置的，如张河湾抽水蓄能电站。

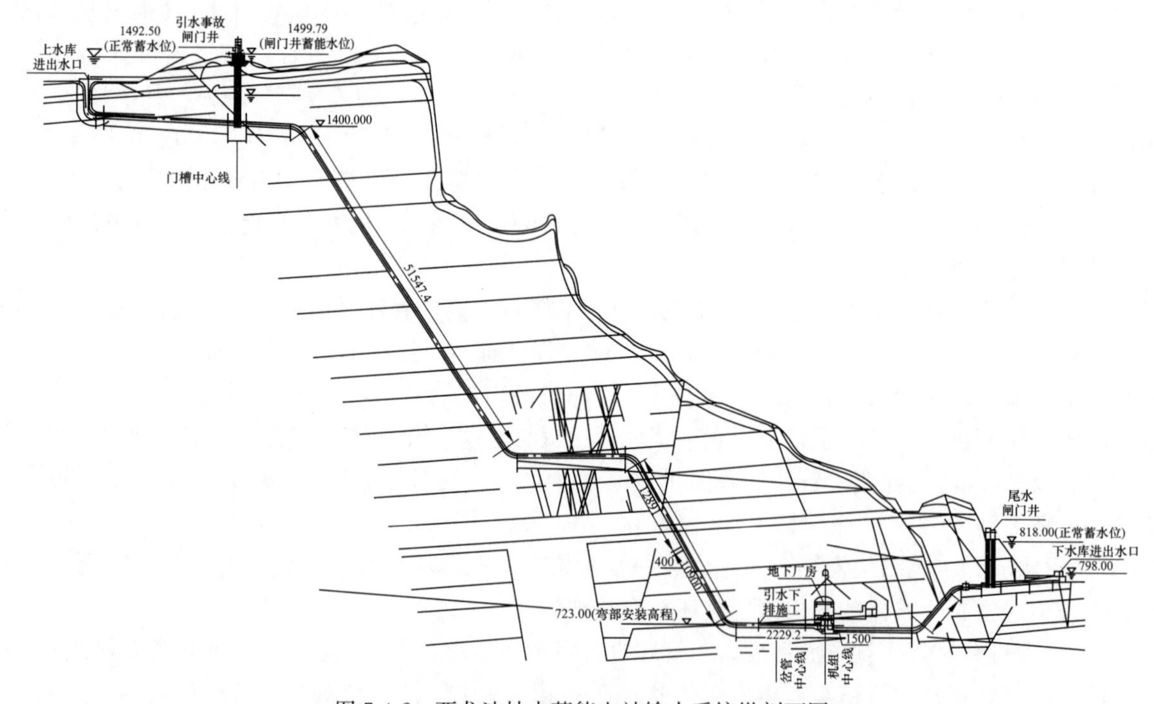

图7-4-2 西龙池抽水蓄能电站输水系统纵剖面图

钢筋混凝土衬砌采用竖井布置方式较多，因为钢筋混凝土衬砌对围岩覆盖厚度及质量要求较高，竖井布置较易满足要求，而且，竖井施工通常也较斜井容易。竖井布置方式高压管道总长较斜井布置要长，尤其是压力最高的下平段较长。由于钢筋混凝土衬砌主要靠围岩承担内水压力，内水压力的高低对混凝土衬砌经济指标影响不像钢板衬砌那么大，这种布置方式往往比钢衬斜井式经济。如英国的迪诺威克抽水蓄能电站高压管道为钢筋混凝土衬砌，就采用直径10m、高443m的竖井（见图7-4-3）。我国回龙抽水蓄能电站钢筋混凝土衬砌竖井直径3.5m、高381m。

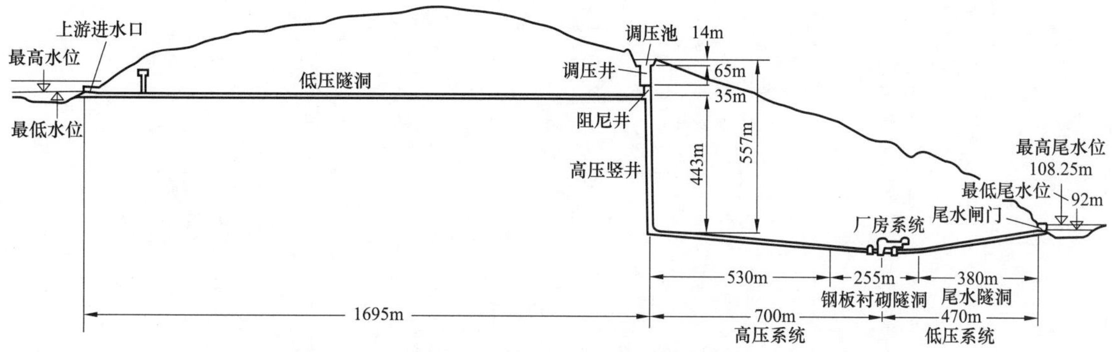

图 7-4-3 迪诺威克抽水蓄能电站输水系统纵剖面示意图

广东阳江抽水蓄能电站，额定水头 653m，根据电站的地质条件，高压管道采用钢筋混凝土衬砌，供水方式采用一管三机。在确定了输水线路和厂房位置的基础上，立面布置对方案一（一级竖井＋一级斜井）、方案二（两级斜井）、方案三（两级竖井）三个方案进行了技术经济比较。由于竖井方案比斜井方案的管道长，相对于两级斜井方案，一级竖井＋一级斜井方案的压力管道长度增加 152m，两级竖井方案的压力管道长度增加 309m，工程量相应增加。但是竖井相对斜井，高压管道围岩覆盖厚度大，施工容易控制，施工速度快；设计在可行性研究阶段推荐一级竖井加一级斜井方案，在施工详图阶段，为了加快施工进度，采用定向纠偏钻机设备进行竖井导孔施工，立面布置调整为两级竖井方案，两级竖井深度分别为 382m 和 385m，如图 7-4-4 所示。

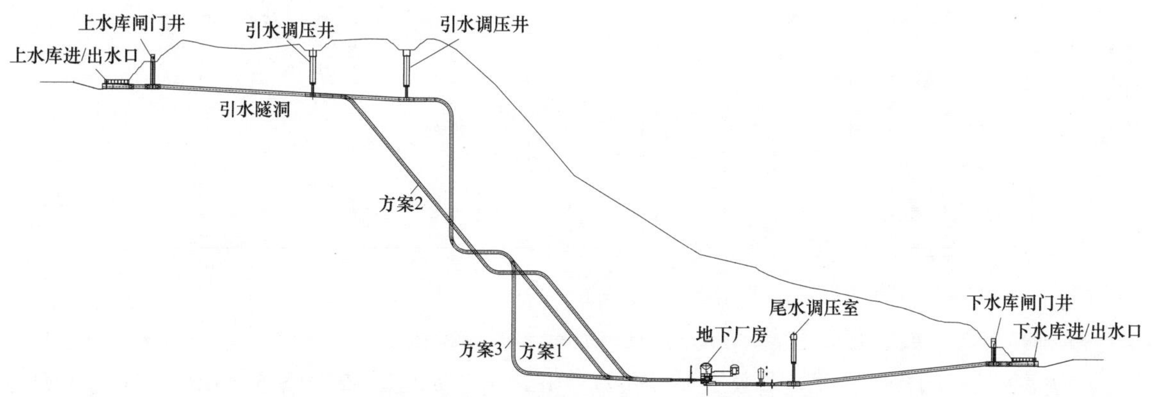

图 7-4-4 阳江抽水蓄能电站高压管道立面布置型式方案比较示意图

美国有些抽水蓄能电站，如落基山抽水蓄能电站，不设上平段，从上水库竖井式进/出水口就接直径 10.7m、高 172.8m 的钢筋混凝土竖井，直至下平段（见图 7-4-5）。

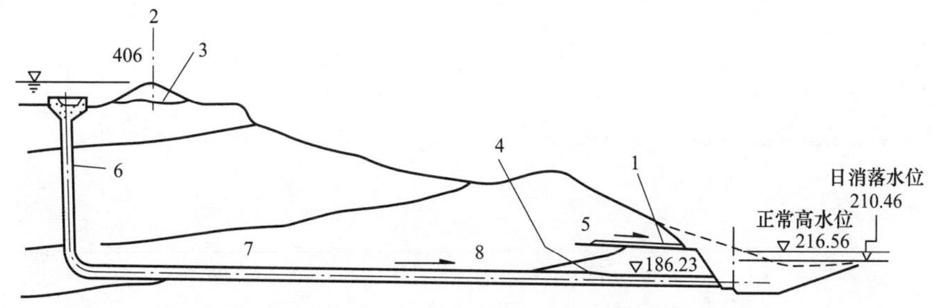

图 7-4-5 落基山抽水蓄能电站输水系统纵剖面示意图

1—勘探排水洞；2—上游水库土石坝；3—原地面线；4—钢板衬砌压力钢管；5—2%坡度；6—混凝土衬砌竖井；7—混凝土衬砌隧洞；8—1.5%坡度

高压管道的立面布置应因地制宜地选择最优方案。如日本的奥美浓抽水蓄能电站高压管道采用竖井和斜井结合的布置方式（见图 7-4-6）。高压管道全部为钢衬，钢管直径 6.1～2.0m，最大设计水头 770m。最初的方案是全长斜井布置，但根据对工程布置及渗漏等的研究结果，最后采用上部竖井、下部斜井的布置，使围岩分担内压的范围扩大，以达到经济的目的。

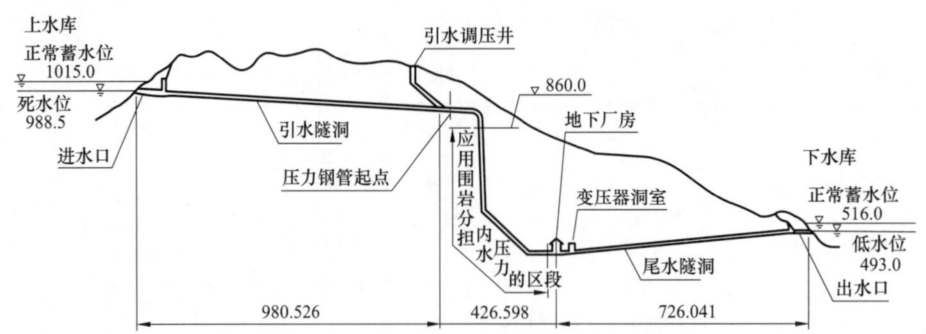

图 7-4-6　奥美浓抽水蓄能电站输水纵剖面示意图

（二）钢筋混凝土衬砌

1. 岩石覆盖厚度

抽水蓄能电站往往容易选择到地质条件较好的站址，因此高压管道采用钢筋混凝土衬砌也较多。钢筋混凝土衬砌高压管道对岩石覆盖厚度有严格的要求，必须满足应力条件，即高压管道沿线各点的最大静水压力应小于围岩的最小主压应力，以免发生水力劈裂。初步布置时可根据挪威准则或雪山准则作初步判断。

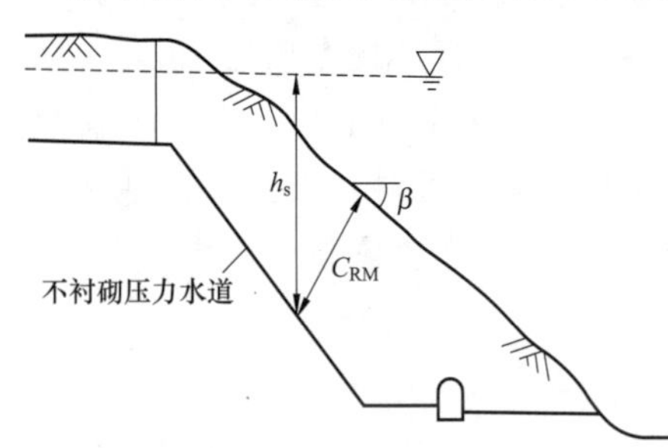

图 7-4-7　挪威准则示意图

（1）挪威准则。岩石覆盖厚度要求见图 7-4-7，即

$$C_{RM}=\frac{Fh_s\gamma_w}{\gamma_R\cos\beta} \tag{7-4-1}$$

式中　C_{RM}——不包括全、强风化厚度的岩体最小覆盖厚度，m；

h_s——洞内水静水压力水头，m；

γ_w——水的容重，N/mm^3；

γ_R——岩石容重，N/mm^3；

β——河谷岸边边坡倾角，当 $\beta>60°$时取 60°；

F——经验系数，宜取 1.3～1.5，地质条件较差时宜取高值。

C_{RM} 为完整岩石的覆盖厚度，覆盖层厚度不计算在内。当水道系统线路位于山脊，两侧发育有较深冲沟时，考虑到应力释放因素，在应用挪威准则时应去除凸出的山梁，对地形等高线适当修正。修正方法可参见图 7-4-8。

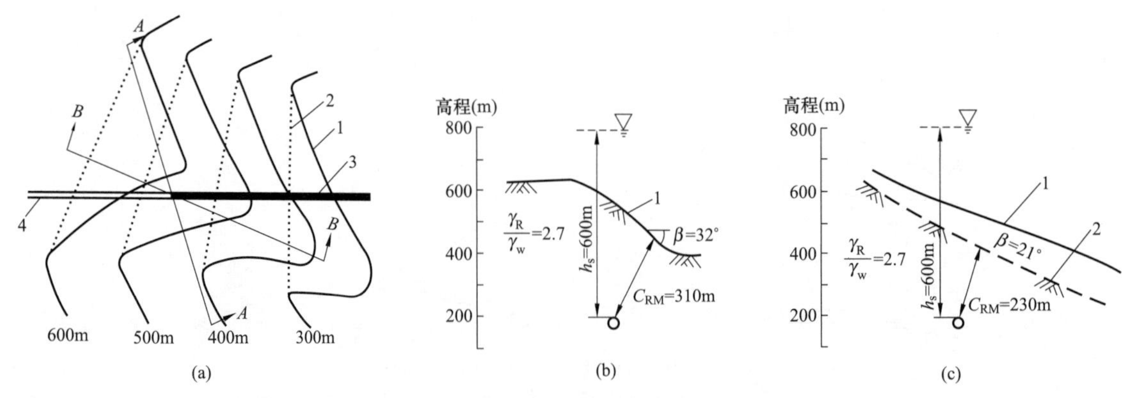

图 7-4-8　地形修正示意图

(a) 平面图；(b) A-A 剖面图；(c) B-B 剖面图

1—实际等高线和地面线；2—修正后的等高线和地面线；3—钢衬段；4—不衬砌段

（2）雪山准则。雪山准则是澳大利亚雪山工程公司建议的准则，岩石覆盖厚度要求如图 7-4-9 所示。

垂直方向岩覆最小厚度

$$C_{RV}=\frac{h_s\gamma_w}{\gamma_R} \tag{7-4-2}$$

水平方向岩覆最小厚度

$$C_{RH}=2C_{RV} \tag{7-4-3}$$

（3）应力条件。挪威准则或雪山准则是建立在工程经验基础上的，只能供初步判断。随着设计阶段深入，应根据地形地质条件、地应力测试成果，进行地应力场回归分析，按应力条件最终确定垂直和侧向最小覆盖层厚度。

（4）渗漏条件。混凝土衬砌除满足应力条件外，还应同时满足渗漏条件，即输水系统渗漏量应在经济允许范围内，同时渗水不会严重恶化围岩水文地质条件，危及工程安全。在水资源缺乏地区，尤其是高水头抽水蓄能电站更应关注此条件。

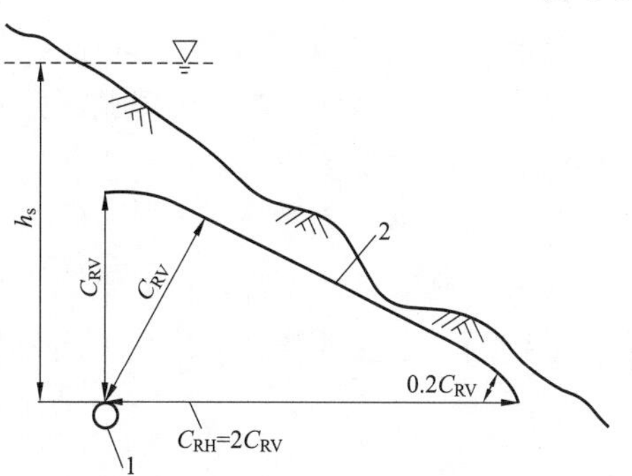

图 7-4-9 雪山准则示意图

1—不衬砌压力水道；2—最小岩石覆盖面；C_{RV}—垂直方向覆盖厚；C_{RH}—水平方向覆盖厚

2. 厂房前钢衬段长度

为避免钢筋混凝土衬砌高压管道渗水影响地下厂房围岩稳定，靠近厂房部位的高压管道，即使岩石覆盖厚度满足要求，也要采用钢板衬砌。确定钢衬段起始点位置应考虑的主要因素有：不满足应力条件的部位；地下厂房围岩塑性区边界；控制由混凝土衬砌末端内水外渗至厂房的水力梯度。表 7-4-1 列举国内外部分抽水蓄能电站的统计资料，从中反映各工程采用水力梯度控制值各不相同，显然，这与围岩的地质条件和工程经验有关。

表 7-4-1　国内外采用钢筋混凝土衬砌高压管道钢衬长度统计

电站	装机容量（MW）	设计水头 H(m)	岔管最大静水头 H_{max}(m)	钢衬支管长度 L(m)	水力梯度 $i=H_{max}/L$	围岩地质
迪诺威克	6×300	542	601	164	3.66	板岩
科威尔达	4×300	465		257	1.69*	片麻岩
赫尔姆斯	3×350	531	577	152	3.8	花岗岩
巴斯康蒂	6×350	390		326	1.2*	砂页岩
巴德溪	4×309	365		122	2.99*	片麻岩
洛基山	3×280	213	246	143	1.72	灰岩
天荒坪	6×300	610	680	258	2.64	凝灰岩
广蓄一期	4×300	535	611	150	4.07	花岗岩
广蓄二期	4×300	535	611	150	4.07	花岗岩

* 设计水头值的水力梯度，比最大水力梯度偏小。

根据对广州二期抽水蓄能电站高压管道围岩中埋设渗压计监测资料的分析（见图 7-4-10），当渗流水力梯度小于 5 时，渗透压力几乎损失殆尽，基本不会对地下厂房造成影响。根据广州抽水蓄能电站的经验，控制水力梯度在 4.0 左右，从运行情况验证是合适的。

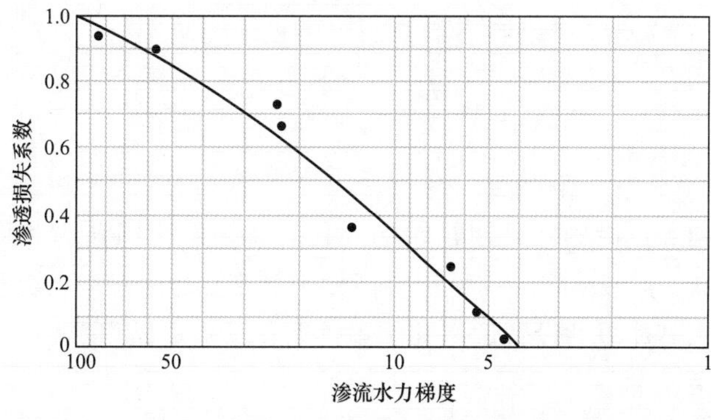

图 7-4-10 广蓄二期渗流水力梯度与渗透损失系数关系曲线

（三）高压钢管

当混凝土衬砌高压管道岩石覆盖厚度不满足应力条件要求的部位，应采用钢板衬砌。钢板衬砌对围岩覆盖厚度要求相对较低，根据 NB/T 35056—2015《水电站压力钢管设计规范》有关规定，当考虑围岩与钢衬联合作用时，岩石覆盖厚度应不小于 6 倍开挖半径，同时覆盖厚度还应满足围岩分担内水压力的上抬准则。若不考虑围岩分担内水压力，岩石覆盖厚度要求还可降低。

（四）设置调压井的初步判断

抽水蓄能电站是否需要设置调压井及设置条件应结合抽水蓄能电站的特点，以下从调节保证和调节性能两方面的初步分析，抽水蓄能电站调压井的设置条件应较常规水电站更严格。

1. 从调节保证角度分析

在初步判断是否需要设置上游调压井时，可以根据导叶关闭时间 T_s 和高压管道中水锤压力允许值来近似判断。一般常规水电站水头低于 200m，高压管道水锤类型是末相水锤，其简化公式为

$$h_m=\frac{2\sigma}{2-\sigma} \tag{7-4-4}$$

$$\sigma=\frac{\sum Lv}{gH_0T_s} \tag{7-4-5}$$

式中 h_m——末项水锤压力相对值；

σ——水击特性系数；

L——高压管段长度，m；

v——管段内的平均流速，m/s；

g——重力加速度，m/s^2；

H_0——管道内恒定流水头，m；

T_s——导叶有效关闭时间，s。

根据式（7-4-4）和式（7-4-5），惯性时间常数 T_w 可表示为

$$T_w=\frac{\sum Lv}{gH_0}=\frac{2T_sh_m}{2+h_m} \tag{7-4-6}$$

抽水蓄能电站最高水锤压力一般是由水轮机甩负荷工况控制，过渡过程计算与常规电站没有本质区别。从经济条件考虑，抽水蓄能电站的水头宜在 400～600m，对于高水头电站，水道系统水锤类型往往是第一相水锤，其简化公式为

$$\mu=\frac{av}{2gH_0} \tag{7-4-7}$$

$$h_1=\frac{2\sigma}{1+\mu\tau_0-\sigma} \tag{7-4-8}$$

式中 h_1——第一相水锤压力相对值；

τ_0——导叶相对开度；

a——水锤波波速，m/s；

μ——管道特性参数。

根据式（7-4-5）和式（7-4-8），惯性时间常数 T_w 可表示为

$$T_w=\frac{\sum Lv}{gH_0}=\frac{h_1(1+\mu\tau_0)T_s}{2+h_1} \tag{7-4-9}$$

当 $\mu\tau_0<1$ 时，水锤压力为第一相水锤；当 $\mu\tau_0>1$ 时，水锤压力为末相水锤。当 $\mu\tau_0=1$ 时第一相水锤压力与末相水锤压力相等。设导叶关闭时间相同，若要控制水锤压力相同，不同水锤类型所要求的水道系统惯性时间常数 T_w 并不相同，第一相水锤要求的 T_w 要比末相水锤要求的 T_w 小。也就是说，为控制水锤压力升高，抽水蓄能电站设置调压井的条件要比常规电站更严格。

2. 从抽水蓄能电站调节性能分析

为更好地完成调峰、调频、调相及事故备用等任务，希望抽水蓄能电站对电网负荷变化有优良的

快速响应能力。抽水蓄能电站快速响应能力除取决于机组和控制设备参数，也与水道系统布置有关，在前期设计中就应予以关注。目前对于抽水蓄能电站调节性能要求仍按 NB/T 35021—2014《水电站调压室设计规范》中水道系统的惯性时间常数 T_w 和机组加速时间常数 T_a 的关系来判断，从日本和我国大型抽水蓄能电站的统计可以看出，抽水蓄能电站仅满足"调速性能较好"是不够的，至少需满足"调速性能良好"的要求。对快速响应能力有更高要求时，T_a/T_w 最好大于 5。即，为满足抽水蓄能电站对快速响应能力的更高要求，抽水蓄能电站设置调压井的条件要比常规水电站严格得多。

四、适应 TBM 施工的输水系统布置

目前国内输水系统的引水压力管道斜井主要采用反井钻法施工，爬罐法施工因工作面环境条件差和安全风险大，已很少采用。反井钻法和爬罐法受施工设备性能条件限制，挖掘工作长度一般不超过 400m，因此引水压力管道斜井布置中，一般通过增加中平段，把斜井长度控制在 400m 以内；此外，还需在引水中平段增加施工支洞以及通往施工支洞的连接道路，额外增加施工费用。

引水压力管道斜井采用 TBM 施工，可改善掘进工作面环境条件和降低安全风险，突破施工挖掘长度的限制，可不设中平段，省去相应中平段的施工支洞以及施工连接道路。斜井 TBM 施工技术已经在日本、瑞士等抽水蓄能电站引水斜井施工中应用，我国河南洛宁抽水蓄能电站引水系统斜井也首次尝试采用 TBM 施工，相关应用工程实例见表 7-4-2。

表 7-4-2　　抽水蓄能电站引水系统斜井采用 TBM 掘进工程实例

序号	国家	工程名称	斜井倾角（°）	斜井长度（m）	斜井直径（m）	导井直径（m）	TBM 掘进方式	备注
1	日本	下乡	37	485	5.8	3.3	自下而上开挖导井，然后自上而下采用 TBM 扩挖	上斜井，1979 年
2	日本	神流川	48	935	6.6		自下而上全断面钻进，平均开挖速度为 70m/月，最大开挖速度为 115.5m/月	一洞二机斜井
3	日本	盐原	52.5	438		2.3	自下而上开挖导井	
4	日本	葛野川	52.5	745	7	2.7	采用 TBM 自下而上开挖导井，然后自上而下用 TBM 全断面扩挖	
5	日本	小丸川		900	6.1	2.7	导井开挖及扩挖都采用 TBM 施工	
6	瑞士	Limmern	43	1010	5.2			撑靴式 TBM
7	瑞士	大迪克桑斯	30	400	11		采用 Lovat 的 TBM 自上而下全断面开挖	
8	中国	洛宁	36.2	928	7.2		全断面	

引水压力管道斜井采用 TBM 施工时，主要有两种布置方案。一种是调整斜井立面布置，以适应现有较为成熟的 TBM 设备施工，将引水压力管道的上、下斜井和中平段调整为一级斜井布置，开挖断面进行统一，采用自下而上开挖，在下平洞设置组装和始发洞室，上平洞设置接收洞室；另一种是采用可变径的 TBM 设备施工，引水系统的平、立面布置不变，斜井角度和开挖直径保持不变，TBM 从下斜井掘进到中平洞变径后再进行中平洞和上斜井开挖。

引水斜井依靠自重溜渣的临界倾角为 28°，大于 28°倾角时，渣料具备自溜条件，小于 26°时，渣料不具备自溜条件，需采取辅助措施。对于采用 TBM 施工的抽水蓄能电站斜井部位，推荐斜井设计倾角大于 30°。抽水蓄能引水斜井采用 TBM 施工，当斜井较长且上、下两段衬砌型式不同时，建议保留中部施工支洞，作为钢衬、混凝土回填、混凝土衬砌的施工通道，同时为下部钢衬施工与上部混凝土衬砌施工同时开展，提供条件。采用 TBM 施工斜井的工法有：①导井 TBM（自下而上）＋钻爆法扩挖（自上而下）；②导井 TBM（自下而上）＋扩挖 TBM（自上而下）；③全断面开挖 TBM。

第八章　上、下水库

第一节　上、下水库设计

抽水蓄能电站上、下水库具有水位变幅大，而且升降频繁、水库防渗要求高、进/出水口为双向水流等特点。水库防渗型式的选择、防渗结构后部的排水系统设计、水库内外边坡的稳定分析等与常规水电站存在着明显的区别，下面按水库类型的不同逐一加以阐述。

一、利用江河上的已建水库

抽水蓄能电站进行枢纽布置时，往往会考虑利用已建水库作为电站的下（上）水库，或同时利用两个已建水库作为电站的上、下水库。如潘家口、响洪甸、桐柏等抽水蓄能电站利用已建水库作上水库，另外新建一个下水库；十三陵、泰安、张河湾、宝泉、琅琊山、仙居、丰宁、潍坊等抽水蓄能电站利用已建水库作下水库，而在附近高处利用有利地形开挖筑坝新建一个上水库；天堂、白山等抽水蓄能电站则利用两个已建水库分别作上、下水库。

利用已建水库作抽水蓄能电站水库，既有很多有利的条件可以利用，同时也受到已有条件的制约，涉及原水库综合利用任务的调整、运行调度方式的改变、经济赔偿、施工期对原水库运行的影响等。抽水蓄能电站通常所需调节库容较小，但装机规模较大，其库坝设计标准一般要高于已建库坝。设计时要因地制宜，妥善解决抽水蓄能电站与已建水库工程设计标准、质量和综合利用等方面存在的矛盾。

首先应根据抽水蓄能电站的装机容量和运行要求，在已建水库总库容中划出抽水蓄能电站发电所需的调节库容；然后按照 NB/T 11012《水电工程等级划分及洪水标准》的规定，确定抽水蓄能电站相应的工程等别、建筑物级别、洪水和抗震设计标准，以此为依据复核原有水工建筑物顶部高程、结构整体稳定、泄洪能力、边坡抗滑稳定等的安全性；复核已建水库的渗漏指标。再针对已建水库存在的问题采取相应的处理措施，如进行库盆防渗，建筑物加高、加固、改建、扩建等。

十三陵抽水蓄能电站下水库利用 1958 年建成的十三陵水库，坝址以上集水面积约 223km^2，多年平均年径流量为 1880 万 m^3，需要解决库尾大宫门古河道渗漏通道问题和连续枯水年蒸发渗漏的补水问题。采用从白河堡水库引水补给和库尾堵漏相结合的工程措施，并在距大坝上游 2.8km 处的库尾设挡水堤，挡水堤在平、丰水年淹没于库水位以下，枯水年起到挡库水外流的作用，保证十三陵水库作为抽水蓄能电站下水库的库容要求。

响洪甸抽水蓄能电站利用响洪甸水库作为上水库。响洪甸水库承担为淮河干流蓄洪调峰及淠河的防洪任务，是以防洪、灌溉为主兼有发电效益的综合型水库，水库控制流域面积为 1400km^2，库容为 26.32 亿 m^3，灌溉面积为 44 万 hm^2，最大灌溉用水量为 300m^3/s。原常规水电机组按灌溉要求用水量发电，4 台 10MW 机组最大发电过流量仅 100m^3/s，每年为满足灌溉用水不经水轮机的泄水量达到 2.8 亿 m^3。为此在下游河道筑坝形成下水库，安装两台 40MW 抽水蓄能机组，改建为混合式抽水蓄能电站。

宜兴抽水蓄能电站下水库利用已建的会坞水库。会坞水库为地方灌溉用小水库，均质土坝，坝高 15m。作为抽水蓄能电站下水库需加高 29m，将坝改为黏土心墙堆石坝，原土坝作为下游堆石体的一部分，但对坝体下游排水起阻水作用，将会抬高坝体浸润线，为此在坝体上开挖两道排水通道，下部回填透水性良好的堆石料进行处理。

泰安抽水蓄能电站下水库利用1960年建成的大河水库，坝址控制流域面积为84.53km^2，多年平均年径流量为1913万m^3。主坝高22m、长460m，副坝高13m、长313m，为均质土坝。该水库原为地方灌溉、防洪水库，改建为抽水蓄能电站下水库后，正常蓄水位需抬高1m，坝体相应加高加宽，且将溢洪道重新改建。

桐柏抽水蓄能电站上水库利用已建的桐柏电站水库，原主坝、副坝为均质土坝，最大坝高37.15m，上游坝坡1∶3～1∶2，下游坝坡1∶2.5～1∶2。均质土坝可以继续使用，但原有上游坝坡不能满足建筑物级别提高后的稳定要求，采用在原上游坡加反滤层和过渡层，再在其上填筑石料的加固方法，加固后的上游坝坡1∶4～1∶3.2，主坝下游坝坡下部放缓到1∶2.6。已建自由溢流式溢洪道改建为由闸门控制的溢洪道。

张河湾抽水蓄能电站下水库利用已有的张河湾水库续建加高而成。原尚未完建的张河湾水库拦河坝为浆砌石重力坝，原设计坝顶高程为496.65m，坝顶长425m。1980年停建时只达到466.65m高程，顶宽24.6m，坝顶长300m，最大坝高54m，上游坡1∶0.1，下游坡1∶0.7，坝体下部为120号水泥砂浆砌块石，上部为100号水泥砂浆砌块石，石料为坚固的石英砂岩。续建的拦河坝正常运用洪水标准不变，非常运用洪水标准提高到1000年一遇，采用混凝土重力坝，沿原坝轴线加高，坝顶高程为490m，顶宽12.53m，坝顶长430m，最大坝高77.35m，正常蓄水位为488m，死水位为464m。张河湾下水库拦河坝上游立视和典型横剖面如图8-1-1所示。

琅琊山抽水蓄能电站下水库利用已建的城西水库。原城西水库由主坝、副坝、泄洪闸、非常溢洪道、放水涵洞和供水泵房等主要建筑物组成。在城西水库中设抽水蓄能电站专用调节库容为1100万m^3，相应水位为22.00～25.00m，其中抽水蓄能电站死水位为22.00m、下水库保证发电水位为25.00m。城西水库主、副坝均为均质土坝。经复核城西水库各建筑物满足抽水蓄能电站安全要求，不需加固和改扩建，抽水蓄能电站以尾水明渠与水库相接。

仙居抽水蓄能电站下水库直接利用2003年已建成的下岸水库。下岸水库坝址处控制流域面积为257km^2，多年平均径流量为2.6亿m^3。工程总库容为1.35亿m^3，具有多年调节性能。原水库工程等别为二等，主要建筑物大坝、表孔溢洪道等为2级建筑物。下岸电站装机容量为2×800kW，为引水式。可行性研究阶段经复核下岸水库大坝可提高为1级建筑物，并增建泄放洞。因已建引水发电建筑物等级与本抽水蓄能电站无直接关系，故仍维持原设计和建设标准。下岸水库大坝为常态混凝土中厚拱坝，泄洪建筑物采用表孔溢流道，集中布置在坝顶河床段，堰顶高程为204.00m。作为抽水蓄能电站的下水库正常蓄水位维持原设计不变，死水位由172.0m调整为178.0m。为解决工程投入运行后水位低于204m时的洪水与发电流量和台汛期洪水叠加问题，在下岸水库右岸增设一条泄放洞，泄放洞全长791m，直径为7.4m，由进口引水渠、事故检修闸门、有压隧洞段、工作闸门段、无压隧洞段、出口消能组成。

潍坊抽水蓄能电站下水库利用已建嵩山水库，水库于1970年1月竣工，2010年完成了工程的除险加固竣工验收。原嵩山水库以防洪、灌溉为主，兼有养殖、发电；正常蓄水位以下库容为4587万m^3，坝址处多年平均径流量为2634万m^3。枢纽主要建筑物由大坝、溢洪道及放水洞组成；水库枢纽工程等别为三等；主要建筑物级别为3级，次要建筑物为4级，临时建筑物为5级。潍坊抽水蓄能电站装机容量为1200MW，工程等别为一等，永久性主要建筑物为1级建筑物，永久性次要建筑物为3级建筑物，临时性建筑物为4级建筑物。经复核，原嵩山水库大坝需加高1m，大坝上、下游坝坡、渗透满足稳定要求；溢洪道稳定性及泄流能力满足要求，只对进水段及出水渠进行处理；放水洞结构稳定和泄放能力均能满足要求，不需要进行改建。大坝改建采用对坝顶部位及土心墙进行加高，拆除现有坝顶公路及上游侧防浪墙，在坝顶上游侧设置新的混凝土防浪墙，墙顶高程为294.70m，底高程为292.00m，下游侧设置L形混凝土挡墙；心墙顶高程拆除至292.15m后回填壤土至292.50m，高于校核洪水位0.3m；高程292.50m以上回填碎石至高程293.19m。潍坊下水库改建前后典型横剖面图如图8-1-2所示。

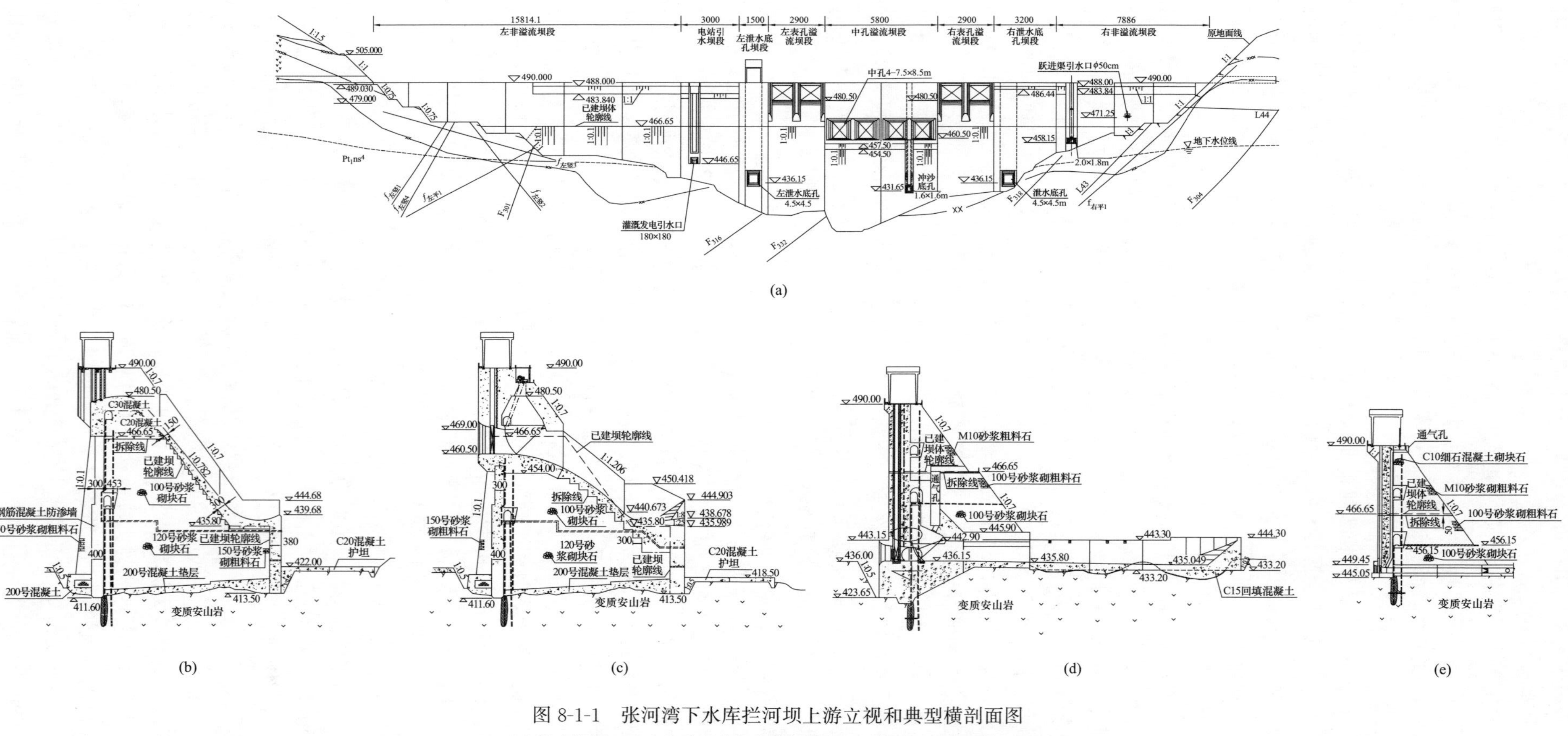

图 8-1-1　张河湾下水库拦河坝上游立视和典型横剖面图

（a）上游立视图；（b）左表孔溢流坝段横剖面图；（c）中孔溢流坝段横剖面图；

（d）左泄水底孔坝段横剖面图；（e）非溢流坝段电站进水口横剖面图

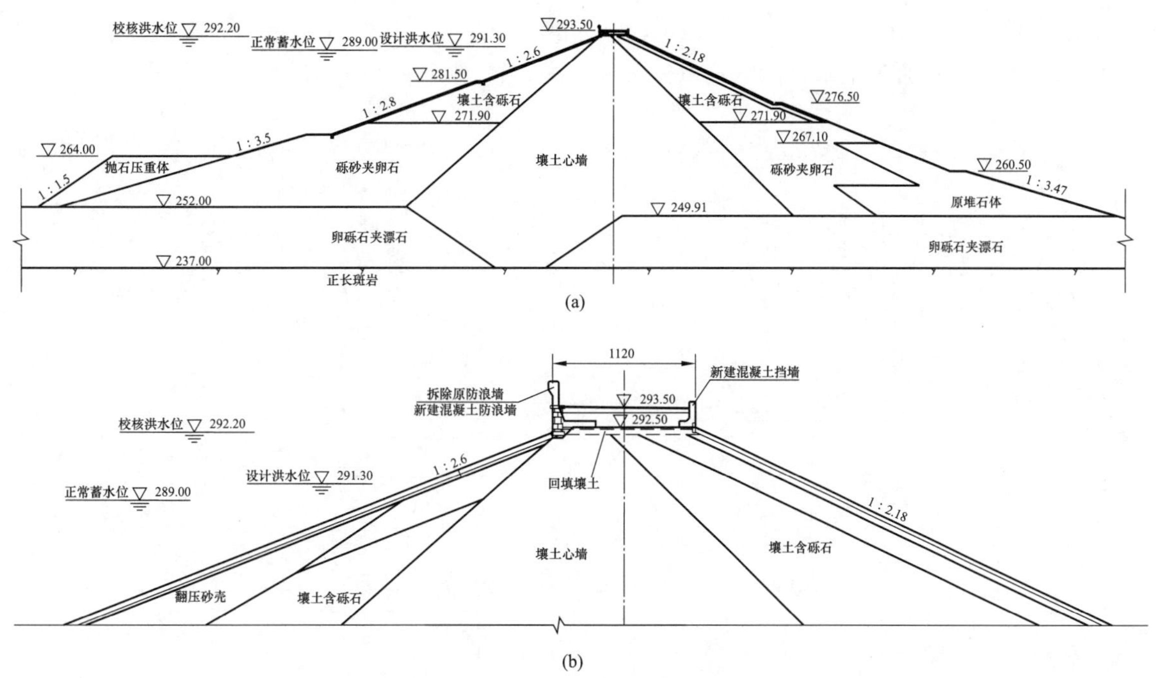

图 8-1-2 潍坊下水库改建前后典型横剖面图

（a）坝体横剖面图；（b）坝顶结构剖面图

工程实践表明，利用已建水库作抽水蓄能电站下水库或上水库时，已建水库均存在各自的问题，应针对具体问题加以解决。一般应分析研究：

（1）已建水库利用的可行性。

（2）确定抽水蓄能电站的工程等别、洪水标准，复核已建水库的工程等别、洪水标准是否满足要求。

（3）对已建水库库容及枯水年的水量分配进行重新规划，一般需增设抽水蓄能电站的调节库容和调整特征水位。

（4）确定补水方案。

（5）各建筑物的安全复核和加固。

（6）管理体制及有关费用的分摊等，应建立制度保证在枯水年份不破坏抽水蓄能电站正常的运行条件。

二、利用天然湖泊

天然湖泊也可用作抽水蓄能电站的上、下水库，如我国西藏羊卓雍湖抽水蓄能电站上水库利用羊卓雍湖；美国路丁顿抽水蓄能电站下水库利用密执安湖，赫尔姆斯电站上、下水库均利用湖泊；意大利德里奥湖和法达多抽水蓄能电站也利用天然湖泊作上、下水库。一般说来，湖泊水位变化对抽水蓄能电站运行有着直接影响，应重点研究水位的变化规律，合理拟定抽水蓄能电站的正常运用水位。

考虑到生态环境，利用天然湖泊作为抽水蓄能电站的水库，设计时要注意尽量不消耗湖泊的水量，上、下水库间的水量交换不会引起湖泊水质的不利变化。另外，由于天然封闭的湖水一般富含多种元素，要注意某些元素对钢材、机组的腐蚀作用。

羊卓雍湖抽水蓄能电站上水库利用的羊卓雍湖，为天然高原封闭湖泊，水量来自流域降水和冰川，流域面积为 6100km^2，湖面面积为 620km^2，一般水深 30m，最深处达 60m，储水量约 150 亿 m^3，可利用库容为 55 亿 m^3，多年平均入湖径流量为 9.54 亿 m^3。经调查，近 100 年来湖水位保持在 4440m 左右，湖水位年际变幅 4.28m，年内变幅仅 1.23m，处于相对稳定状态。水量消耗主要是自然蒸发，二者趋于平衡。湖水中硫酸根离子、氯离子对钢材的腐蚀性较强，给电站的运行管理、维护检修增加不少困难。

羊卓雍湖抽水蓄能电站下水库为雅鲁藏布江，不设拦河坝，也可归入此类型。雅鲁藏布江水量丰沛，在电站厂址区最枯流量为 100m^3/s，江水位经常保持在 3597m 左右，江水面变幅仅为 3.7m。雅鲁藏布江下水库抽水枢纽由引渠、前池、低扬程泵房和沉沙池组成，低扬程泵房布置在距江边取水口10m远的台地上。羊卓雍湖抽水蓄能电站枢纽布置如图8-1-3所示。

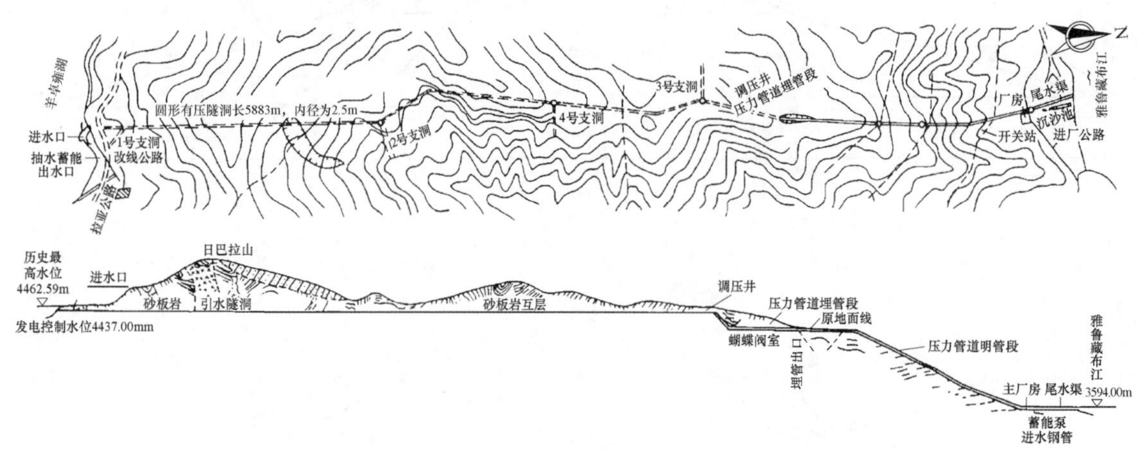

图8-1-3 羊卓雍湖抽水蓄能电站枢纽布置图

三、新建人工水库

新建人工水库一般有两类：一类是直接利用天然河道作为库盆，拦河筑坝形成的天然河道型水库；另一类是利用自然地形主要通过开挖围坝形成的人工水库。

天然河道型水库是常见的一种水库类型，与常规水电站的水库类似，常规水电站扩建为混合式抽水蓄能电站的下水库也经常采用，如密云、潘家口、响洪甸等抽水蓄能电站。其建筑物设置应考虑该河段任务，有些承担防洪任务，有些承担向下游供水任务，有些可能上述任务均兼顾。一般情况所需闸坝不高、库容不大，应注意河道地质条件，拟定合理的防渗措施。

密云混合式抽水蓄能电站上水库为位于北京市东北部潮白河的密云水库，该水库主要承担北京市城市居民及工农业用水，4台单机容量18.7MW的常规水力发电机组只有在需要供水时才能发电。为了使电站能够按京津唐电网调峰要求运行，在下游河道建成总库容503万m^3的下水库，电站安装2台单机容量11MW的抽水蓄能机组，这样便可在下游不需供水时也能发电。

响洪甸抽水蓄能电站在已建的响洪甸水库拦河坝下游建设混凝土重力坝，最大坝高16m，利用约8.8km的河槽形成440万m^3的下水库。其特点是水面窄，正常蓄水位时水面宽度一般为200～300m；水深小，拦河坝前库水最大深度约10m，越向上游水深越小，低水位运行时，出水口下游因原河道的过水断面不满足发电和抽水进出水流的要求，采用扩大断面开挖明渠以连接水库深水区的处理措施。

利用自然地形开挖围坝新建人工水库，一般水库集水面积较小，无足够天然径流汇入。如十三陵、张河湾、西龙池、呼和浩特、敦化、丰宁、沂蒙、文登等抽水蓄能电站的上水库均建在山顶上，西龙池、沂蒙抽水蓄能电站下水库均建在支沟内。西龙池抽水蓄能电站枢纽布置如图8-1-4所示，敦化抽水蓄能电站枢纽布置如图8-1-5所示。

由于人工水库主要通过开挖围坝形成，其设计与常规水电站有所区别，包括坝体和库盆部分。根据已建工程的经验，选择库盆防渗型式是关键，直接影响电站综合效率和投资。挡水建筑物结构设计中常会遇到利用库盆和地下洞室等的开挖料筑坝，在较陡的沟谷纵坡地基上、在深厚覆盖层地基上建坝等诸多问题，以下分别予以讨论。

（一）库盆防渗型式

抽水蓄能电站除了大坝本身防渗以外，库区防渗同样重要。水库渗漏将恶化山体原始水文地质条件，应核算水库内外边坡及坝基的稳定性，论证水库渗漏对相邻建筑物的影响，并采取相应的工程措施。对库岸的单薄分水岭、垭口、断裂发育段应做重点分析。

张河湾抽水蓄能电站上水库由于基础存在多层缓倾角软弱夹层，夹层的饱和抗剪强度较低，是堆石坝基础深层抗滑稳定的控制条件，为避免渗水进入夹层，采用沥青混凝土复式断面全库防渗。

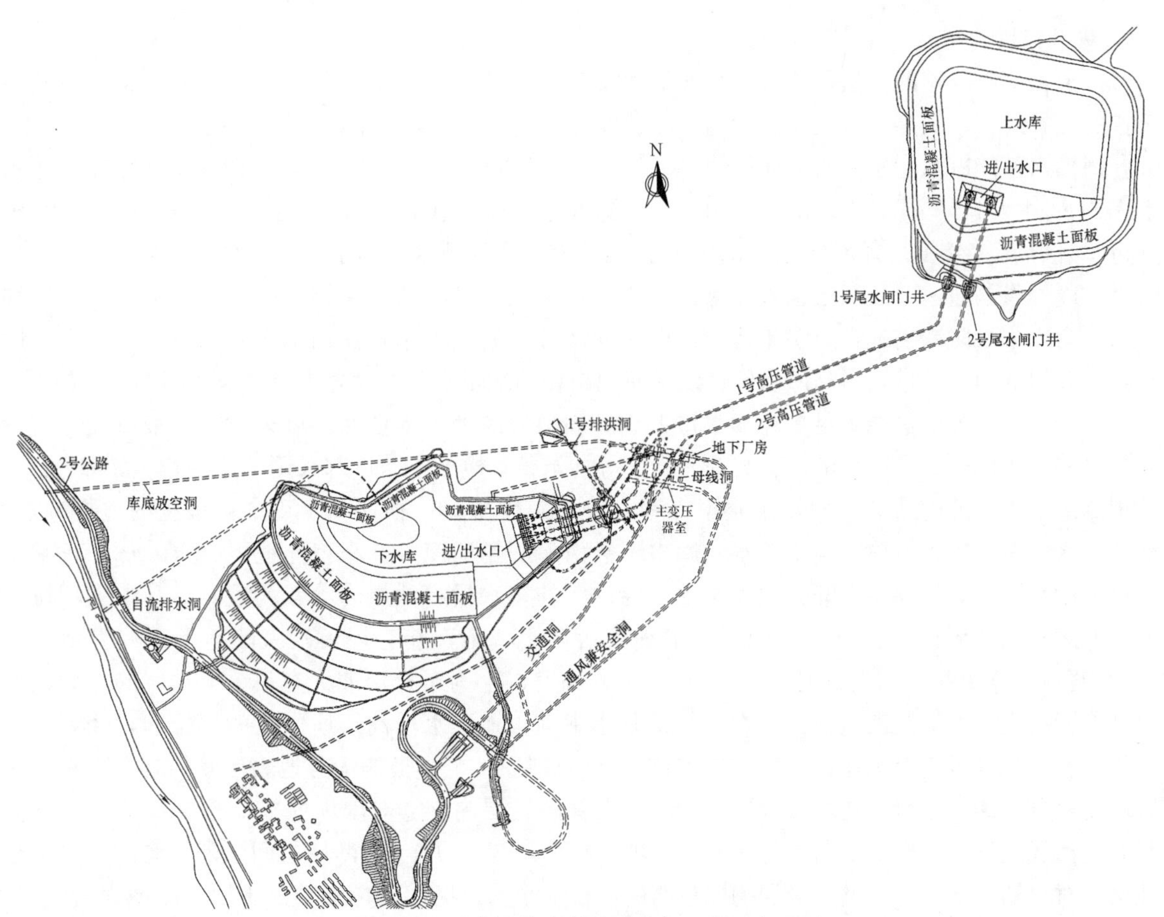

图 8-1-4 西龙池抽水蓄能电站枢纽平面布置图

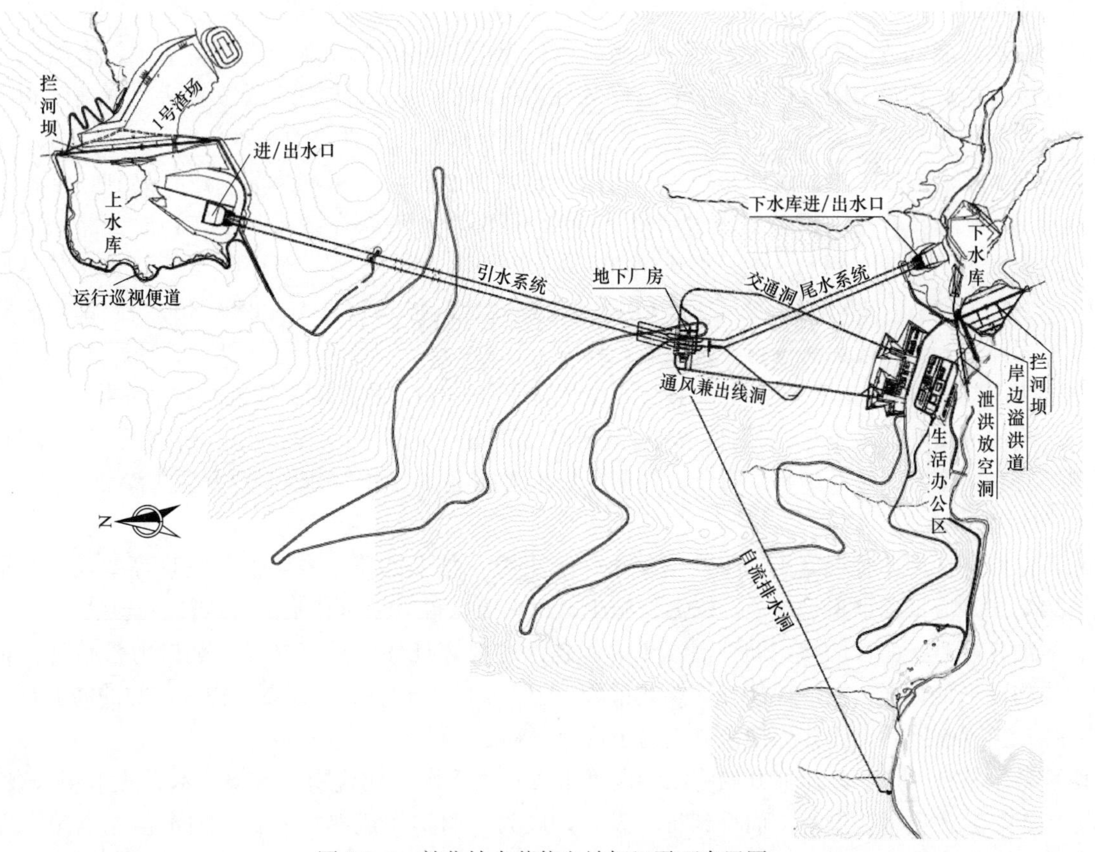

图 8-1-5 敦化抽水蓄能电站枢纽平面布置图

宝泉抽水蓄能电站上水库为寒武系灰岩地层，属中等透水岩层，库区存在 5 条张性断层，均切穿库盆，存在较严重的渗漏问题，采用黏土铺盖护底、沥青混凝土面板护坡的全库防渗措施。

1. 防渗范围确定

(1) 上水库有足够的天然径流或上水库虽然没有天然径流（或者天然径流量很小），但水库建在高山环抱的山谷地带，最高库水位低于库周山岭的地下水位时，库盆可不设防渗措施。

广州抽水蓄能电站上水库流域面积约 5km^2，只有 0.2m^3/s 的天然径流，经调查水库在正常蓄水位以下无向库外大量渗漏之虑，故库区未设防渗措施。吉林敦化抽水蓄能电站上水库流域面积为 2.4km^2，上水库多年平均径流量为 123 万 m^3。经调查库周地下水位高于正常蓄水位，水库在正常蓄水位时无向库外渗漏通道，故库区也未设防渗措施。意大利埃多洛抽水蓄能电站上水库阿维奥湖库周均为高山，全库未设防渗措施，经多年运行证明不向库外渗漏。日本神流川抽水蓄能电站上、下水库都建在高山环抱的山谷地带，最高库水位远低于库周山岭的地下水位，库盆没有采取专门的防渗措施。

(2) 当绝大部分库盆能满足最高库水位低于库周山岭的地下水位时，可只对库区采取局部防渗措施。如泰安、琅琊山、丰宁、清原、文登、尚义等抽水蓄能电站上水库都采用了这种防渗处理方式。

琅琊山抽水蓄能电站上水库左岸龙华寺和大狼洼山体雄厚，存在高于正常蓄水位的地下分水岭，库底地下水埋藏很浅，岩体完整不透水，库水不会由库底排向库外。小狼洼地下分水岭低于正常蓄水位，存在库水外渗的裂隙型渗漏。副坝至龙华寺一线的车水桶组地层岩溶较为发育，其中副坝垭口地段的岩溶发育尤为强烈，共发现不同规模的地表溶洞 102 个，并有规模较大的地下洞穴型溶洞，在 120m 高程以下均为黏土、土石混合物充填，120m 高程以上为半充填或无充填。上水库的渗漏以岩溶管道型渗漏为主，防渗范围包括：①帷幕线从龙华寺沟头地下水位高于库水位的部位起，经钢筋混凝土面板堆石主坝趾板、上水库进/出水口、混凝土重力副坝，至小狼洼沟首地表出露的具有阻水作用的岩脉墙止，幕底伸入相对不透水层以下或岩溶不发育的岩层内；②对副坝坝基及 90、115、140m 高程灌浆洞防渗线上开挖揭露的溶洞进行掏挖并回填混凝土；③副坝至 F_1 断层之间强烈发育的车水桶组灰岩地层，对出露的溶坑、溶槽及溶洞掏挖封堵后，在水平辅助防渗区内铺填黏土以封闭地表岩体裂隙。琅琊山抽水蓄能电站是在岩溶发育区修建局部防渗的上水库，属国内首次，蓄水后渗漏较小，防渗措施是非常成功的。

丰宁抽水蓄能电站上水库库区大部分分水岭山体雄厚，地下水位高于正常蓄水位。渗漏段主要分布在坝址区，Ⅰ、Ⅱ号沟脑及水道系统通过库区分水岭部位。需要防渗的区域包括大坝基础和两岸坝肩的绕坝渗漏区域与库岸区Ⅰ、Ⅱ号垭口，以及水道与分水岭交叉部位地下水位低于正常蓄水位处。

文登抽水蓄能电站上水库南库岸地下水位低于正常蓄水位，采用帷幕灌浆进行处理。帷幕的防渗标准为 3Lu，帷幕要求伸入相对不透水层以下 5m。南库岸帷幕灌浆钻孔布置在环库公路路面上，两排，排距为 1.5m，孔距为 2m。桩号坝 0+000.000（环库 1+542.837）至环库 1+255.927 帷幕底高程为 570m，桩号环库 1+255.927 至环库 1+092.837 渐变成高程 623.60m；由于环库公路部分路基坐落在全风化岩体上，此路段无法进行帷幕灌浆，环库 1+373.802～环库 1+542.837、环库 1+209.594～环库 1+112.335 段做防渗墙，厚 80cm，伸入全风化下 1～2m，防渗墙底部进行帷幕灌浆。

(3) 当库周山岭的地下水位较低，库盆基岩透水率较大时，须对全库进行防渗处理。如西龙池、张河湾、宜兴、宝泉、呼和浩特、沂蒙、溧阳等抽水蓄能电站上水库均采用全库盆防渗型式。

2. 防渗型式选择

水库防渗可选用沥青混凝土、钢筋混凝土、土工膜、黏土铺盖、岩体帷幕灌浆等型式，或采取综合性防渗型式。应根据地形、地质、气温、施工、材料等条件，通过技术经济比较后选用。

(1) 沥青混凝土面板防渗：沥青混凝土的优越性主要表现在：具有黏弹性和应力松弛特性，适应基础不均匀变形能力强；防渗性能好，渗透系数小于 1×10^{-8}cm/s；不存在结构缝之类的薄弱环节，自愈能力强；出现裂缝后，维修方便简单，易于快速修补。

西欧各国从 20 世纪 30 年代开始将沥青混凝土技术用于水工建筑物。该项技术近几十年来在材料、设备、施工工艺、质量控制等方面得到很大发展，成为一门实用成熟技术，在抽水蓄能电站水库的全库盆防渗工程中应用最为广泛。

(2) 钢筋混凝土面板防渗：钢筋混凝土面板属于刚性结构，适应地基不均匀变形能力差，用于抽水蓄能电站上水库全库盆防渗时，需采取减少地基不均匀性及调整面板分缝位置来减少同一面板的沉陷差等措施；其次，受温度、干缩等影响容易产生裂缝。面板分块多，需设置较多永久缝，缝间易形成渗漏通道，其渗漏量一般较沥青混凝土面板大，尤其是早期建设的钢筋混凝土面板甚至高一个数量级，有的钢筋混凝土面板最终改成沥青混凝土面板。如德国 1955 年修建的瑞本勒特抽水蓄能电站上水库，坝面及库岸采用素混凝土面板防渗，面板裂缝和接缝都漏水，最大渗漏量达 37L/s，经几次修复效果仍不理想，1993 年改建为全库沥青混凝土面板防渗。

钢筋混凝土面板堆石坝填筑和面板的施工，我国已有成熟的施工技术和经验。由于振动碾薄层碾压使堆石更密实而变形减少，以及随着面板混凝土性能的改进、接缝止水结构和材料的日趋完善，钢筋混凝土面板的渗漏量也大为减少。十三陵、宜兴抽水蓄能电站上水库均采用了全库钢筋混凝土面板防渗。

（3）黏土铺盖全库防渗利用高山或台地上沉积的黏性土作为库盆防渗料，在有这种地形、地质条件下是较好的防渗方案。俄国扎戈尔和法国大屋抽水蓄能电站库盆均采用天然冰碛土防渗，美国路丁顿抽水蓄能电站上水库以黏土铺盖防渗。黏土铺盖设计与常规水电站软基铺盖设计基本相同，结合抽水蓄能电站水库水位骤降的特点，设计中要注意：①黏土防渗层应满足防渗和渗透稳定要求。②防渗黏土层的下游侧设置自由排水反滤层，改善防渗层后的反向压力。③按照实际反向动水压力作用设计稳定边坡。④在黏土防渗层表面设计防冲、防冻、防干裂保护层。

扎戈尔抽水蓄能电站上水库利用冰碛土挖填围坝，围坝第一期工程总长约 5km，总库容为 2987 万 m^3，正常蓄水位为 266.5m，死水位为 257.5m，工作深度为 9m，形成狭长碟形的上水库。坝基设置砂砾混合料水平排水设施。由于缺乏反滤层级配料，上游护坡采用 20cm 厚钢筋混凝土板，每隔 40m 设一条温度沉降缝，分块尺寸约 6m×10m，主要起防冲刷作用，缝间设 2.5cm 厚防腐板，运行期破坏较多。为防止迎水面护坡板在反向水压作用下浮起，采用 80～100cm 深的整体钢筋混凝土齿墙稳定护坡。采用 1∶3.5 边坡，并在护坡内设减压排水设施。

（4）综合性防渗措施。同一水库采用两种或两种以上的防渗材料形成综合性防渗措施，针对具体工程和不同渗漏通道，给予合理的处理。在选择综合性防渗方案时应进行全面的分析对比，对不同材料的施工设备、施工干扰对工期的影响，对防渗体系中不同材料接合部的防渗可靠性等进行仔细研究，合理选择衬护防渗方案。

我国泰安、溧阳抽水蓄能电站上水库采用“库坡钢筋混凝土＋库底土工膜”，宝泉抽水蓄能电站上水库采用“库坡沥青混凝土＋库底黏土铺盖”，句容抽水蓄能电站上水库采用“库坡沥青混凝土＋库底土工膜”，镇安、阜康抽水蓄能电站上水库采用“库坡钢筋混凝土＋库底沥青混凝土”的型式。表 8-1-1 为国内外部分抽水蓄能电站库盆综合性防渗型式的工程实例。

表 8-1-1　　国内外部分抽水蓄能电站库盆综合性防渗型式的工程实例

序号	电站名称	水库防渗型式
1	宝泉	上水库全库盆防渗，库坡采用沥青混凝土面板防渗，库底采用黏土铺盖防渗
2	西龙池	下水库全库盆防渗，库坡采用钢筋混凝土面板和沥青混凝土面板防渗，库底采用沥青混凝土面板防渗
3	溧阳	上水库全库盆防渗，库坡采用钢筋混凝土面板防渗，库底采用 HDPE（高密度聚乙烯）土工膜防渗
4	句容	上水库全库盆防渗，库坡采用沥青混凝土面板防渗，库底采用 TPO（热塑性聚烯烃类）土工膜防渗
5	阜康	上水库全库盆防渗，库坡采用钢筋混凝土面板防渗，库底采用沥青混凝土面板防渗
6	镇安	上水库全库盆防渗，库坡采用钢筋混凝土面板防渗，库底采用沥青混凝土面板防渗
7	琅琊山	上水库局部防渗，在库岸渗漏段加设局部灌浆帷幕，防渗线上溶洞掏挖并回填混凝土，副坝区库底采用水平黏土铺填辅助防渗
8	泰安	上水库局部防渗，右岸钢筋混凝土面板和大坝面板相接，库底采用土工膜水平防渗，左半库盆与库底设垂直防渗帷幕
9	瑞本勒特（德国）	上水库全库防渗，1991 年改建前，库坡和坝坡采用混凝土面板防渗，库底面采用三层玻璃纤维沥青油毡防渗。改建后全库采用沥青混凝土面板防渗（厚 8cm）

此外，日本冲绳本岛海水抽水蓄能电站还采用过防水性能好的 EPDM（乙烯丙烯聚丁二烯单体）橡胶板衬砌防渗。

从国内外工程实践来看，抽水蓄能电站上水库全库防渗采用沥青混凝土面板居多，且绝大多数是成功的。钢筋混凝土面板早期应用效果不好，十三陵抽水蓄能电站开创了成功的先例，关键是做好接缝的止水，减少地基不均匀沉陷和防止混凝土温度裂缝，减少面板基础对面板的约束而导致的裂缝。在库盆地质条件差、地基变形较大时，沥青混凝土面板更具有优越性，但对于地基变形较小的库盆，钢筋混凝土面板防渗方案也是可行的。

3. 防渗层下卧地基处理

抽水蓄能电站采用库盆全面防渗时，应注意防渗层下卧地基的处理，对库盆岩基内分布的破碎带、断层、软弱夹层、岩溶溶洞及变形特性有明显差别的地层应做适当处理，以减少地基的不均匀沉陷，避免防渗层破坏产生集中渗漏。不能认为沥青混凝土是柔性材料而忽视基础的不均匀沉陷问题，国内外的工程实例均提供了这方面的经验教训。

天荒坪抽水蓄能电站上水库，在第二次充水过程中，发现库底渗漏，检查发现东北侧库盆中部距进/出水口截水墙 40～60m，沥青混凝土底板上共有 8 条裂缝。从沿裂缝开挖的槽探看，流纹质角砾熔凝灰岩发育 NNW 和 NNE 向的陡倾角裂隙，全风化岩（土）体的渗漏性和变模、标贯等指标十分离散。底板贯穿性的 3～8 号裂缝，其下均与基岩裂隙相连，因此修复中重点解决地基的不均匀问题，并修复防渗层。

美国塞尼卡抽水蓄能电站上水库围坝成库，沥青混凝土防渗层建基在夹有若干页岩薄层的平卧砂岩上，砂岩垂直节理张开，有些宽达 10m，部分被松散的易冲蚀砂充填。覆盖层厚度为 0.6～6m，由下伏砂岩风化产生的粉质土等构成。1969 年 4 月首次蓄水至水深约 9m 时，观测到 $0.71m^3/s$ 的渗流量。将水库放空后发现坝基覆盖层沉陷，造成库底沥青混凝土面板开裂，渗水引起覆盖层管涌，细颗粒被带入砂岩的张开节理中。面板下出现大量的空穴和沟槽，最大者约长 30m、宽 2.4m，造成沥青混凝土面板断裂，并掉入空穴中。进行了大范围的基础处理，包括挖除底板下全部覆盖层，填充岩基中宽的节理裂隙，以及铺设级配良好的反滤料，并修补面板。

德国格莱姆斯抽水蓄能电站上水库库底存在大面积的岩溶溶隙，为了防止沥青混凝土面板开裂，对地基深挖 2m，岩石经破碎、整平后碾压密实，其上修建沥青混凝土面板防渗。自 1964 年建成投运，工作正常，其不透水性和地基处理的有效性得到验证。

溧阳上水库在首台机组甩 50%负荷完成 12h 后，监控系统发现水库水位存在异常消落现象，立即采取放空水库措施进入库底检查，发现 1 处集中渗漏点位于 1 号进/出水塔南侧边缘，土工膜被撕裂破口，长约 1.2m，原有护面混凝土预制块被冲走；库底前池区域存在较大沉降变形和不均匀沉降变形现象。分析认为，发生集中渗漏的原因主要是不均匀沉降作用导致的土工膜撕裂破坏。尤其在塔基南侧边缘，沉降梯度最大。因沉降变形过大导致土工膜下部脱空，在承受高水头作用后土工膜发生悬链胀拉破坏。处理措施是在上水库前池回填区，采取充填灌浆以控制基础的不均匀沉降变形。在塔周外圈设置隆起、塔间设置砂梗以延长土工膜的方式增强其适应基础变形的能力，经过处理保证了下卧基础和运行期水流流态复杂处的土工膜防渗效果。

4. 渗流计算

为掌握工程初始渗流场和施工期、运行期以及检修期的渗流情况，使提出的渗流控制设计方案满足各种运行条件的要求，宜根据地形、工程地质及水文地质的勘探资料，进行工程区三维渗流计算。受基本资料可靠性和计算手段的限制，建议对渗流场进行不同介质渗透系数的敏感性分析，通过对建筑物安全和电站综合效率影响的分析，确定适宜的工程措施。

（1）初始渗流场计算重点在于按照渗流逸出边界、主要断裂构造、岩体和岩溶渗透性等，确定工程区渗流场合理的边界、分区，利用钻孔压水试验及地下水位观测成果，反演分析确定各分区和各种介质的渗透主方向与渗透参数。

（2）施工期渗流场计算是在初始渗流场计算基础上，研究施工开挖过程中水道系统和地下厂房区的地下渗流场的变化，计算地下洞室的渗流量。

（3）运行期渗流场计算应按照电站变化的补排关系，计算水库蓄水情况下不同防渗型式各部位的渗流量，用于水库的防渗设计；分析输水系统蓄水运用期等工况下水道沿线的外水压力及渗透稳定，便于输水系统的渗流稳定分析与结构设计；研究地下厂区不同排水方案下的渗流场、渗透流量等，以指导地下厂房洞室的排水设计与围岩稳定分析。

(4) 检修期渗流场计算应按电站输水系统可能发生的放空及再次充水条件，研究山体的渗流场变化，提出输水系统的渗流量、钢管的外水压力和充放水控制措施等。

(5) 不均质地层的渗流场分析，其计算参数的确定和所取得的计算成果都难以准确，有条件时可利用施工阶段实测渗流数据加以验证或进行反演分析。在工程应用中，应考虑有关因素适当留有裕度。

(6) 受沟谷地形条件限制，土石坝坝体渗流具有明显的三维性，在填坝料源缺乏或利用风化软岩等分区筑坝时，应对三维渗流的影响进行估算，核定筑坝材料分区边界和排水措施。

(二) 主要坝型和坝线

1. 以堆石坝为主要坝型

抽水蓄能电站水库坝型应根据库容、水文、气象、地形地质、当地材料、抗震设计标准、泄洪、拦排沙、施工、运行等情况，经技术经济综合比较后选定。

结合水库地形地质条件，直接利用库盆开挖的土石料填筑当地材料坝，是当今抽水蓄能电站采用坝型的一种趋势。为扩大调节库容、改善进/出水口水流流态、满足全库防渗衬砌平顺等要求，库盆往往需进行大量开挖。再加上地下洞室开挖，弃渣量常达数百万方，考虑经济性及环境保护的需要，以挖填平衡原则选择当地材料坝为宜。我国的抽水蓄能电站上水库坝型尤以混凝土面板堆石坝和沥青混凝土面板堆石坝（全库防渗）为多，如广州、十三陵、溪口、琅琊山、泰安、宜兴、抚宁、清原等抽水蓄能电站上水库，均采用混凝土面板堆石坝；张河湾、西龙池、呼和浩特、沂蒙、句容、易县、潍坊、浑源、庄河、牛首山、乌海等抽水蓄能电站上水库，结合库盆防渗采用沥青混凝土面板堆石坝。考虑严寒气候对防渗体的影响，敦化抽水蓄能电站上、下水库均采用沥青混凝土心墙堆石坝。宜兴抽水蓄能电站下水库利用已建的会坞水库加高，将大坝改为黏土心墙堆石坝。丰宁抽水蓄能电站拦沙坝采用复合土工膜防渗心墙堆石坝。国外则以黏土心墙堆石坝和沥青混凝土面板堆石坝为多。下水库流域面积相对较大，相应泄洪规模也大，选择混凝土坝的多些。广州、惠州、蒲石河、呼和浩特、梅州、周宁、尚义、浑源、庄河等抽水蓄能电站下水库都选择混凝土重力坝。

2. 坝线选择

抽水蓄能电站水库坝线选择与常规水电站相似，条件允许时，坝线尽量选择直线。当受坝基地形地质条件限制，或为满足调节库容需要，可选择折线或外鼓曲线。前者如琅琊山抽水蓄能电站上水库，坝轴线由三段折线组成，从左岸到右岸各段长分别为 25.06、345.26、294.68m，琅琊山抽水蓄能电站上水库钢筋混凝土面板堆石坝平面布置图如图 8-1-6 所示。沂蒙抽水蓄能电站下水库，为避开右岸支沟，右坝肩坝轴线向上游折转约 52°，沂蒙抽水蓄能电站下水库钢筋混凝土面板堆石坝平面布置图如图 8-1-7 所示。后者如英国迪诺威克抽水蓄能电站上水库，为得到尽量大的库容，将沥青混凝土面板堆石坝坝轴线设计成曲线，英国迪诺威克上水库沥青混凝土面板堆石坝平面布置图如图 8-1-8 所示。

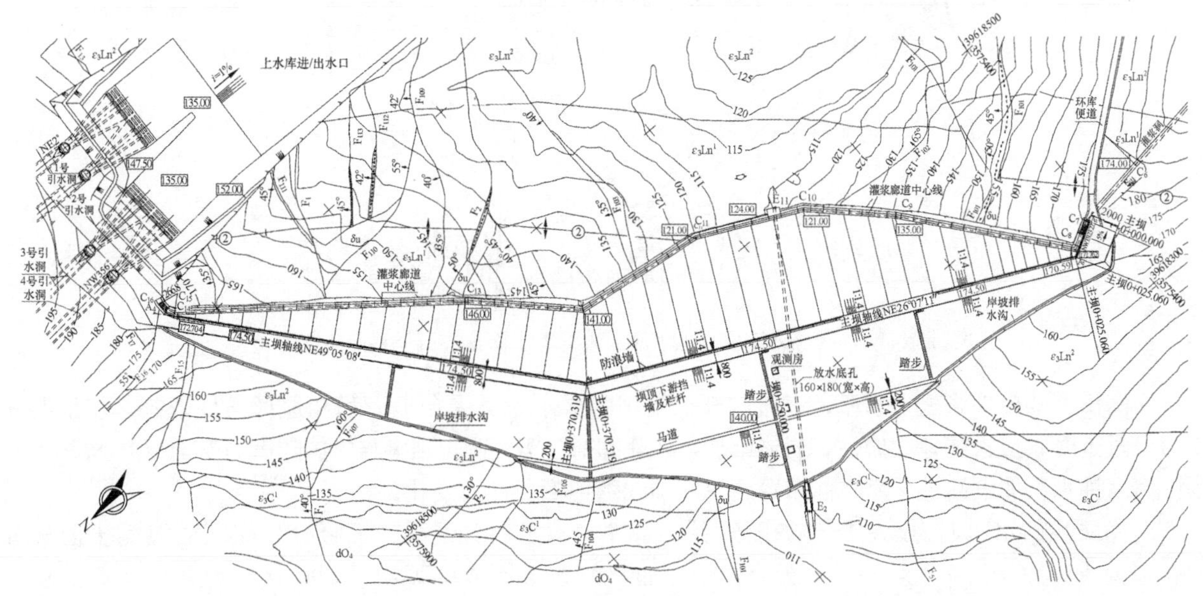

图 8-1-6 琅琊山抽水蓄能电站上水库钢筋混凝土面板堆石坝平面布置图

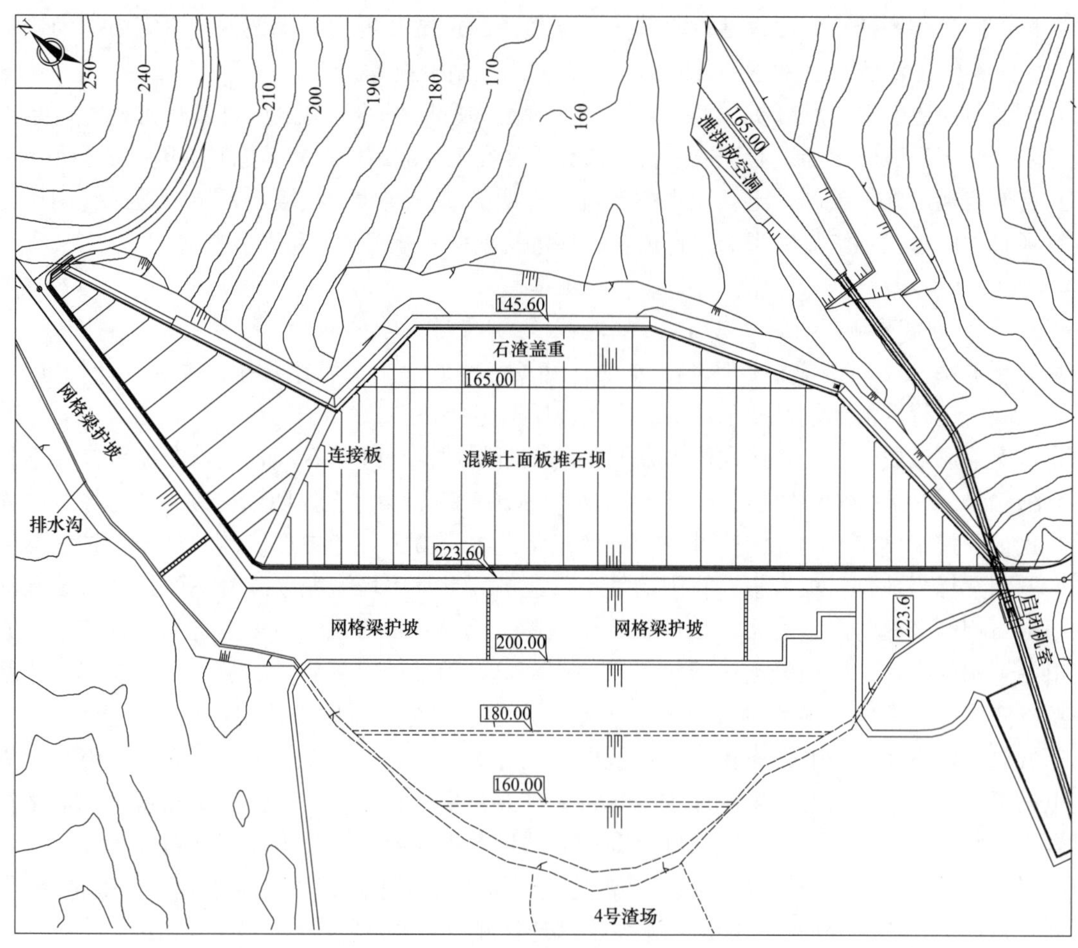

图 8-1-7　沂蒙抽水蓄能电站下水库钢筋混凝土面板堆石坝平面布置图

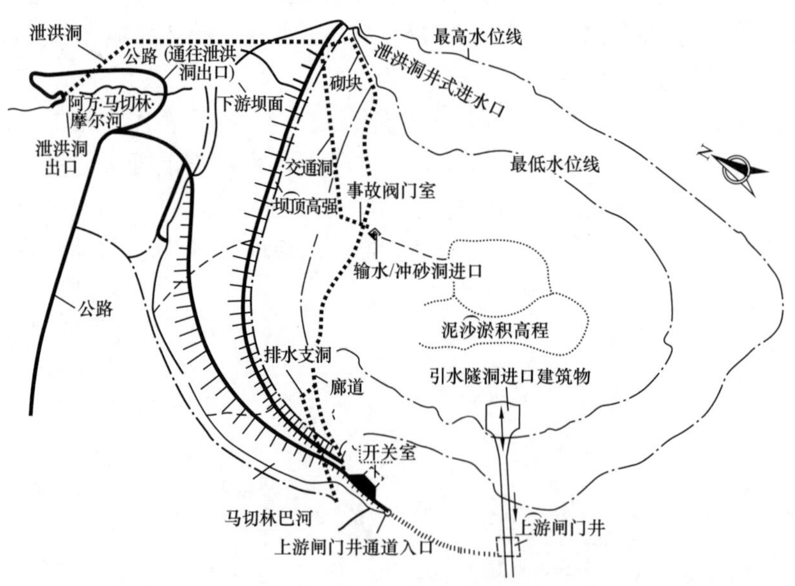

图 8-1-8　英国迪诺威克上水库沥青混凝土面板堆石坝平面布置图

在高山顶的台坪修建上水库，多通过开挖筑坝围成水库。受台地面积和地形条件限制，坝址距陡崖边缘过近时，应根据地层岩性、岩体结构、风化卸荷带等，确定坝脚与山体陡崖的安全距离。图 8-1-9 为张河湾抽水蓄能电站上水库平面布置图，坝轴线随地形条件而变化。

全库防渗的水库，为改善防渗护面的受力条件，满足沥青混凝土面板分条碾压或混凝土面板分缝构造要求，库岸宜平顺，在转弯处宜以一定曲率的扇形面或圆弧面平顺连接。为减少钢筋混凝土面板无轨滑模施工和沥青混凝土面板沥青摊铺的难度，曲率半径一般要求不小于 30m。面板转弯处均采用圆弧面连接，张河湾抽水蓄能电站沥青混凝土面板防渗上水库库（坝）顶中心线圆弧半径为56～185m。

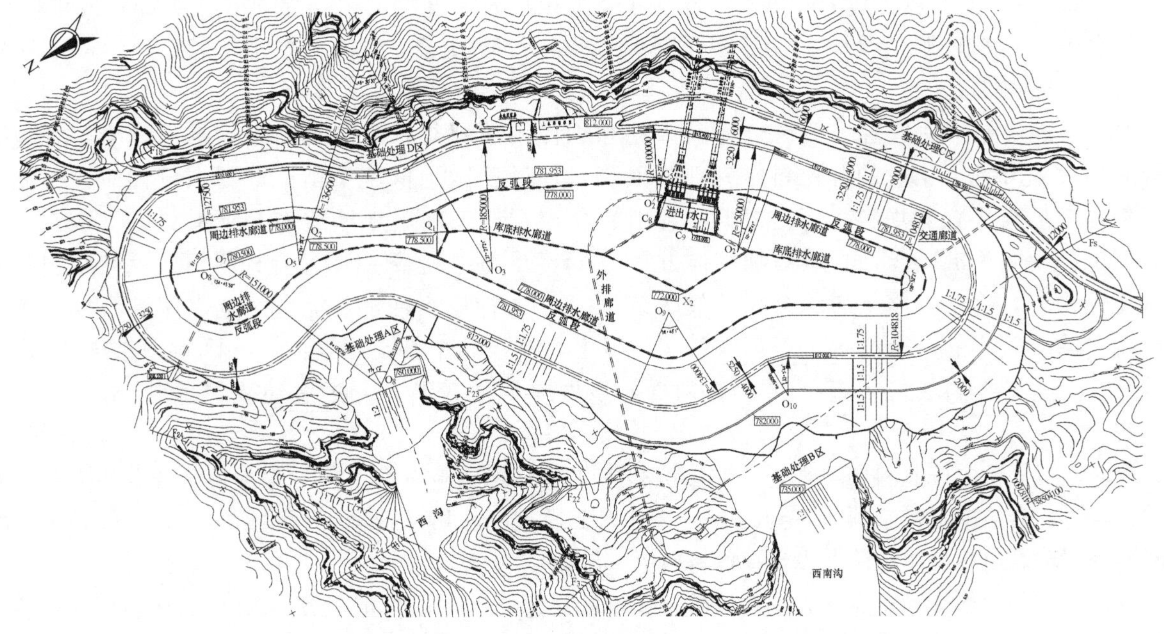

图 8-1-9 张河湾抽水蓄能电站上水库平面布置图

（三）陡倾地基处理

在陡倾沟谷地基上建坝是抽水蓄能电站上水库建坝的特点之一，具有普遍性。在斜坡地基上筑土石坝，尤其当地基存在软弱结构面时，对坝体稳定和变形控制均不利，应对坝体、坝基的稳定性做专门分析论证。通常应将坝基开挖成台阶状，并着重试验和分析以下内容：①进行堆石料本身、堆石料沿倾斜地基接触面及地基下存在的软弱结构面的抗剪强度试验，分析堆石坝坝坡、坝体沿建基面和沿地基内缓倾角软弱夹层的深层抗滑稳定，通常地基下软弱结构面是控制因素。②分段研究土石坝施工期和蓄水期坝体稳定及变形，分析坝体变形对上游防渗面板的影响。③必要时对堆石坝体进行“变形离心模型试验”，复核对坝体整体稳定性和变形的影响。十三陵和宜兴抽水蓄能电站上水库的堆石坝均修筑在斜坡地基上，极具代表性。

十三陵抽水蓄能电站上水库主坝是国内第一座在斜坡地基上填筑的混凝土面板堆石坝，坝基为倾向下游 1∶4 的斜坡，岩层为强风化安山岩，坝轴线处最大坝高 75m，坝顶与坝趾的高差为 118m，于 1993 年 9 月填筑完成，1995 年 8 月开始分段蓄水，坝基监测数据稳定，运行正常。

宜兴抽水蓄能电站上水库主坝坝基面向下游倾角在 20°以上，局部超过 30°。岩层为石英砂岩夹泥质粉砂岩和粉砂质泥岩，层面产状向下游缓倾，倾角为 10～15°。坝轴线处最大坝高 75m，在面板坝下游贴坡堆石体中部平行于坝轴线建一座最大高度达 45.9m 的混凝土重力挡墙。坝轴线至下游挡墙轴线的水平距离为 135.5m，挡墙墙趾至坝顶最大高差达 138.2m。堆石料主要为砂岩夹泥岩，泥岩含量相对较多。

（四）深厚覆盖层地基处理

对于深厚覆盖层地基建坝，主要处理好由于物质组成、覆盖层深度、结构、分层、架空等导致的基础不均匀沉降、坝基承载力、坝基渗漏、渗透变形、地震液化等问题。

丰宁抽水蓄能电站拦沙坝，坝址区淤泥质土厚度为 4～8m，下伏砂卵砾石层厚为 21～24m，不能作为拦沙坝坝基。对基础淤泥质土采取振冲桩处理，布置范围为上下游坡脚以外各 20m。振冲桩按梅花形布置，间排距均为 1.5m，其中淤泥层桩深 9m。河床基础属于强透水，采用混凝土防渗墙进行防渗处理，墙厚 80cm，伸入基岩 1m。

西龙池下水库库底、坝基及局部库岸底部覆盖了深厚的第四系崩坡积和洪积物，厚度一般为 20.0～50.0m，最大可达 100.0m 之多，并且分布范围较大。覆盖层全部挖除工程量大，工期较长。通过对覆盖层受荷后对高面板堆石坝的渗流稳定、抗滑稳定及应力应变影响计算分析，确定了深厚覆盖层利用范围：主堆石区 Q_4^{pl} 全部挖除，Q_2^{pl}、Q_3^{pl} 洪积物清除表层 1～2m 的坡积土夹碎石或耕植土；次堆石区的坝基清除 4m 以上的表层 Q_4^{pl} 洪积物，Q_2^{pl} 及 Q_3^{pl} 洪积物清除表层 1～2m 的坡积土夹碎石或耕植土。对库底面板下软硬基础分界处，采用放缓开挖坡比，进行过渡处理，要求开挖面坡比缓于 1∶4～1∶3。

（五）坝料分区

抽水蓄能电站水库库容一般通过库盆开挖和坝体围填获得，为减小占地，扩大库容，强调要充分利用库盆和地下工程的开挖料作为坝体填筑料，尽量做到挖填平衡。堆石坝设计时，不是先设定坝体断面再去查勘坝料，而是根据可利用的开挖石料来确定坝体断面及坝料分区。十三陵抽水蓄能电站上水库混凝土面板堆石坝坝体方量为 255 万 m^3，全部由库盆开挖料填筑，其中包括大量风化安山岩，为此，将下游综合坝坡放缓至 1∶1.8。神流川抽水蓄能电站上水库堆石坝三个采石料场，除了较小的一个料场位于正常蓄水位以上，其余两个都在库盆内，一个料场结合进/出水口的开挖，另一个料场位于进/出水口的对面，该处原河道较窄，开挖后还改善了进/出水口水流的流态。

在前期工作中应按照料场的规划，加强拟利用开挖料的试验研究。若对库盆料源的分布质量与数量未查清楚，会给施工带来预料不到的变化，影响工程进度。从堆石坝工程建设实践，实际建成的坝体断面分区和填筑料品质与前期设计往往有较大差别。

设计要贯彻“尽量利用库盆开挖料填筑坝体”的思想，即“以料定坝坡”。即使软弱、风化严重的岩石也尽量用作上坝料，宁可放缓坝坡，要按开挖料的数量和质量来进行坝的断面和填筑分区设计。过去片面追求坝体断面最小而采用较陡的坝坡，对坝料提出很高的要求，弃库盆开挖料不用，另找石料场，现在逐渐认识到坝体填筑方量最小的方案不一定是最经济的方案，对保护环境也不利。日本抽水蓄能电站的坝坡往往较缓，有时还将弃渣堆在坝趾，既可作为压重，对坝稳定有利，又减少弃渣的运距。神流川抽水蓄能电站上水库黏土心墙堆石坝，坝高 136m，心墙黏土料中掺入库区 3 个料场废弃的 C_L 级风化岩，反滤层用 C_L 级石料和崩积土，部分弃渣直接堆放在坝趾，堆渣高度达 35m。京极抽水蓄能电站上水库沥青混凝土面板堆石坝，坝高 22.6m，上、下游坝坡均为 1∶2.5，上水库库盆开挖弃渣近 400 万 m^3，为坝体填筑量的 3.2 倍，全部堆放在坝背面，弃渣场顶面高程仅比坝顶低 5.4m，下游坡为 1∶3。德国金谷抽水蓄能电站上水库仅挖弃 60cm 厚的腐殖土，库盆开挖 588 万 m^3，满足填筑 557 万 m^3 的需要，达到挖填平衡，弃料很少，在坝料选择和基础要求方面也给出了很多启发。

施工组织设计时要处理好开挖和填筑之间的关系，统筹规划堆、弃渣场，根据开挖料和开采料的品质，安排采、供、弃渣规划，根据材料的性质安排用于不同的部位；考虑开挖料储存、回采运输条件，协调挖填进度、创造直接上坝条件，尽量避免坝料的二次倒运和污染。规划过程中要考虑勘探方法及精度、施工开采条件的制约和运输损耗等因素，选择合适的土石方利用率，对采用的坝料设计指标和坝体分区适当留有余地。

库盆开挖料利用过程中经常遇到按照开挖顺序所获得石料质量与填筑顺序要求获得的石料质量不相符的问题，填筑部位需要好料时，恰恰挖出的料多为强风化料或是软岩。设计应及时跟踪堆石坝料场开采和料源情况、坝料碾压试验成果及坝体填筑进度，不断优化堆石坝坝坡及坝体分区设计。

利用风化岩、软岩筑坝的技术与常规水电站建坝技术相同，应遵循相应设计规范的规定。软岩堆石料在压实和受力过程中将有明显的颗粒破碎和细化的过程，应以压实后的级配所反映的力学性质为依据进行复核。抽水蓄能电站堆石坝一般都将软岩用于下游堆石区浸润线以上部分。

十三陵抽水蓄能电站上水库，钢筋混凝土面板堆石坝全部采用库盆开挖料填筑，下游堆石Ⅰ区用了大量风化安山岩料，饱和抗压强度的最小值为 11MPa，十三陵上水库主坝填筑分区典型断面如图 8-1-10 所示。

琅琊山抽水蓄能电站上水库主坝为钢筋混凝土面板堆石坝，在库内石料场、上水库引水明渠和下水库出口明渠开挖料不足的情况下，下游 3C 堆石区利用了级配偏细的地下洞室渣料，琅琊山上水库主坝填筑分区典型断面如图 8-1-11 所示。

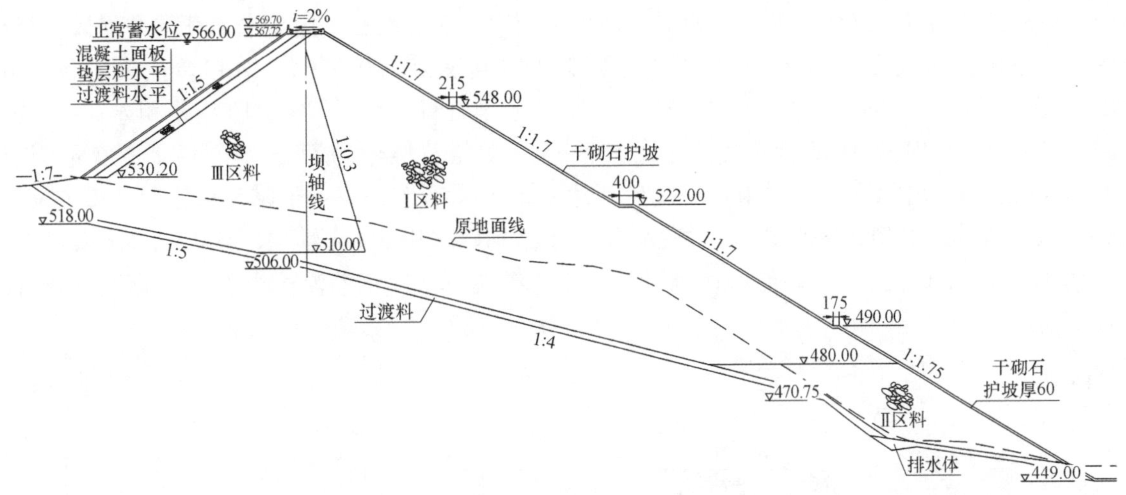

图 8-1-10　十三陵上水库主坝填筑分区典型断面图

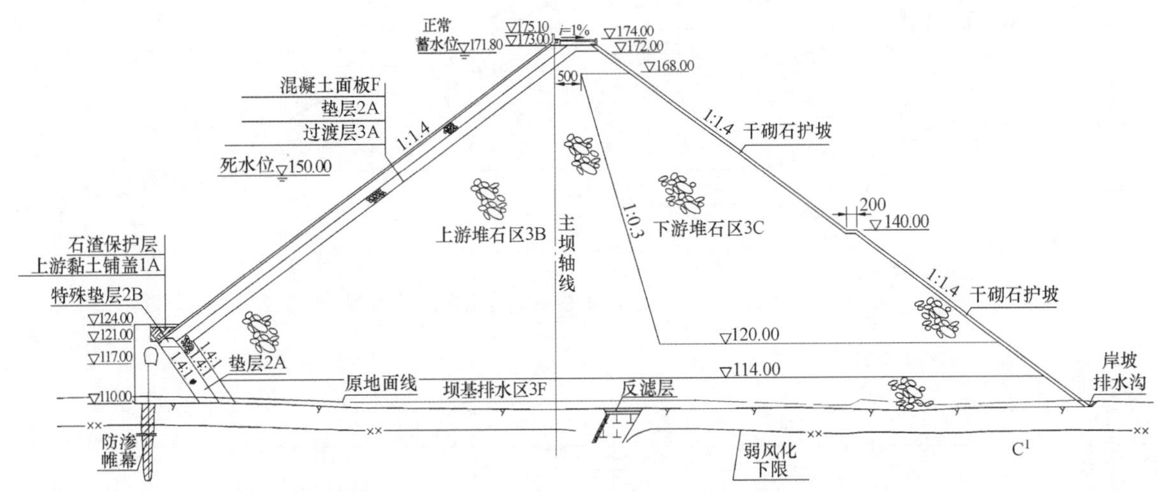

图 8-1-11　琅琊山上水库主坝填筑分区典型断面图

宜兴抽水蓄能电站上水库，钢筋混凝土面板坝坝体堆石料源为上水库库盆开挖的五通组石英岩状砂岩夹粉砂质泥岩和茅山组岩屑石英砂岩夹粉砂质泥岩。其中泥岩夹在砂岩中呈薄层状，难以分离，在坝料中含量控制为10%～15%。弱风化五通组石英岩状砂岩干抗压强度为187MPa，饱和抗压强度为83MPa，软化系数为0.44。弱风化茅山组岩屑石英砂岩干抗压强度为142MPa，饱和抗压强度为54MPa，软化系数为0.41，仍属硬岩。弱风化粉砂质泥岩干抗压强度为86MPa，饱和抗压强度为22MPa，软化系数为0.35，属软岩，但试验表明不具浸水崩解性。

文登抽水蓄能电站上水库，在保证钢筋混凝土面板坝坝体稳定和应力变形满足规范要求的基础上，为尽可能减少库区开挖弃渣、减小补充料场规模，采用库区开挖的全强风化料作为下游3C区堆石料的填筑料，全风化料呈风化砂状。为防止从3C区渗入3B区的水带入风化砂阻塞3B区的排水通畅性，在3C堆石区与3B堆石区之间设置土工布，3C区每隔20m设置厚2m的3A区堆石排水带以增强3C区的排水性，排水带上部包裹土工布，坝顶下第一级马道上部边坡设置厚12m的土工格栅以增强下游坡稳定。对于3C区堆石料采用压实度0.95（重型击实）及“含砾量-最大干密度关系曲线（平均线）”作为设计控制指标，文登上水库主坝填筑分区典型断面如图8-1-12所示。

绩溪抽水蓄能电站下水库，钢筋混凝土面板坝最大坝高59.10m，坝顶长443.69m。坝体填筑材料从上往下分成垫层区、特殊垫层区、过渡区、上游堆石区、上下游堆石料交叠填筑区、下游堆石区，以及大坝上游辅助防渗区。大坝下游堆石区295m以下设置下游排水带。下游堆石区以1：0.5边坡倾向上游，在上下游堆石区交叠区、下游堆石区与底部排水带之间分别设水平宽度和厚度为2.0m过渡料。上游堆石区和堆石排水区填筑采用上水库开采的新鲜或弱微风化粉砂岩，饱和弹性模量为2.13×

10^4MPa。为充分利用下水库开挖料，提高开挖料的利用率，下游堆石采用下水库开挖的强风化粗粒花岗岩填筑，强风化粗粒花岗岩饱和单轴抗压强度平均值仅为 5.07MPa，饱和弹性模量仅 0.06×10^4MPa，软化系数为 0.59，吸水率为 1.58%。上、下游堆石料的岩石饱和弹性模量相差 35.5 倍，为了协调两者变形，在坝体中部设变形过渡区，采用 1 层上游堆石料与 2 层下游堆石料交叠填筑。设计对下游堆石区软岩料提出的指标要求为：压实后孔隙率小于等于 20.8%、干密度大于等于 2.05g/cm³。现场碾压试验表明，在填筑最优含水率情况下，14t 振动碾采用 35cm 铺层厚度，或 20t 振动碾采用 45cm 铺层厚度，碾压 6 遍以上均能够达到设计要求。绩溪下水库钢筋混凝土面板堆石坝典型断面如图 8-1-13 所示。

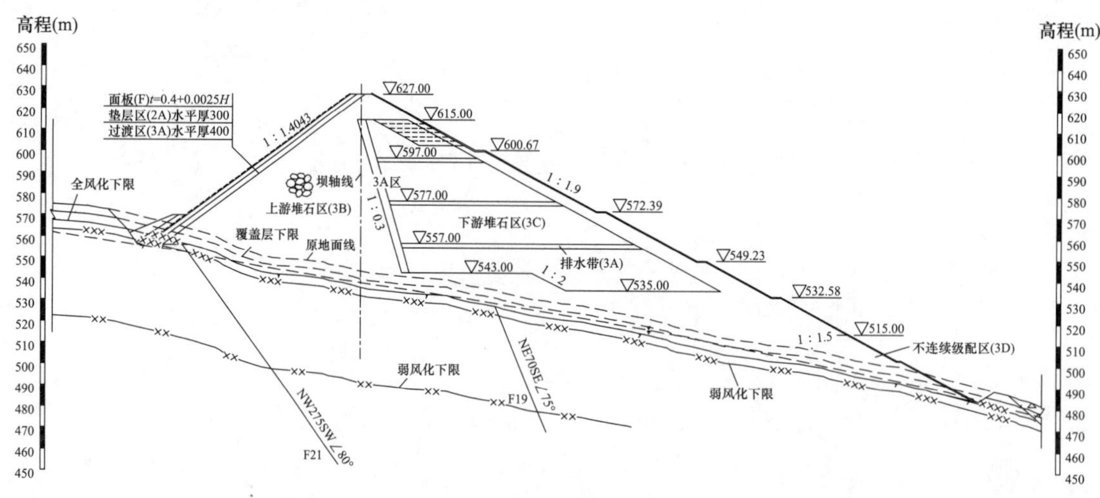

图 8-1-12　文登上水库主坝填筑分区典型断面图

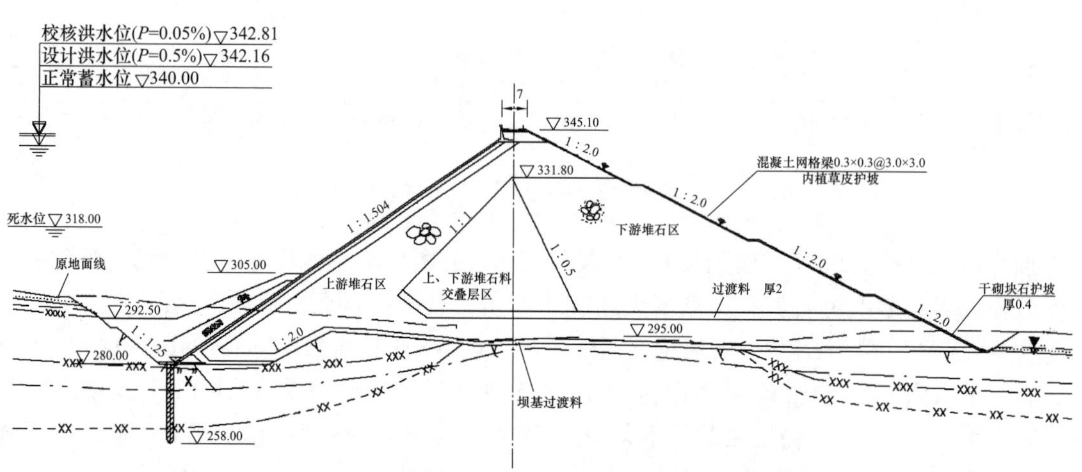

图 8-1-13　绩溪下水库钢筋混凝土面板堆石坝典型断面图

海南琼中抽水蓄能电站上水库，由 1 座主坝、2 座副坝组成，主、副坝均为沥青混凝土心墙坝。在设计过程中，对开挖料进行了全面室内试验，根据坝料的不同性能，确定坝体断面和坝料分区，同时对坝体反滤和排水进行详细的设计。在施工过程中，充分结合开挖料的类型及开挖的时间进度，开展坝体断面、坝料分区等优化设计，在满足坝体稳定、坝体应力应变的条件下，最大程度地利用开挖料，并尽量减少坝体开挖料的二次转运。坝体填筑料分区，从上游至下游依次为干砌块石护坡、碎石垫层、上游全强风化料区、上游过渡区、沥青混凝土心墙、下游过渡区、下游全强风化料区和下游坝面草皮护坡，心墙上、下游过渡层水平宽度均为 2.0m。另外，下游坝基清坡后设 0.5m 厚的中砂反滤层，反滤层与全强风化料间设 2.0m 厚碎石层，作为下游坝体排水体。上、下游全强风化料采用上水库进/出水口、溢洪道及库岸防护等建筑物开挖土石料。全风化料碾压后强度指标要求干容重不小于 1.68t/m³，强风化料碾压后强度指标要求干容重不小于 1.91t/m³。琼中上水库主坝填筑分区典型断面如图 8-1-14 所示。

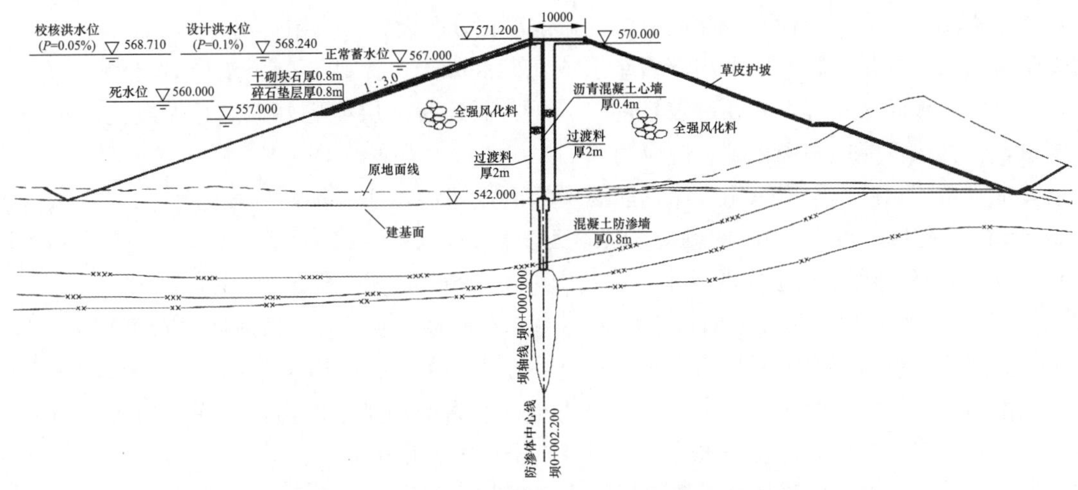

图 8-1-14　琼中上水库主坝填筑分区典型断面图

丰宁下水库拦沙坝为土工膜心墙坝，筑坝材料分区从上游到下游分为上游大块石护坡、上游堆石区、上游过渡层、上游细砂层、土工膜（防渗墙）、下游细砂层、下游过渡层、下游堆石区、下游大块石护坡。拦沙坝堆石料采用工程开挖石料，丰宁下水库拦沙坝填筑分区典型断面如图 8-1-15 所示。

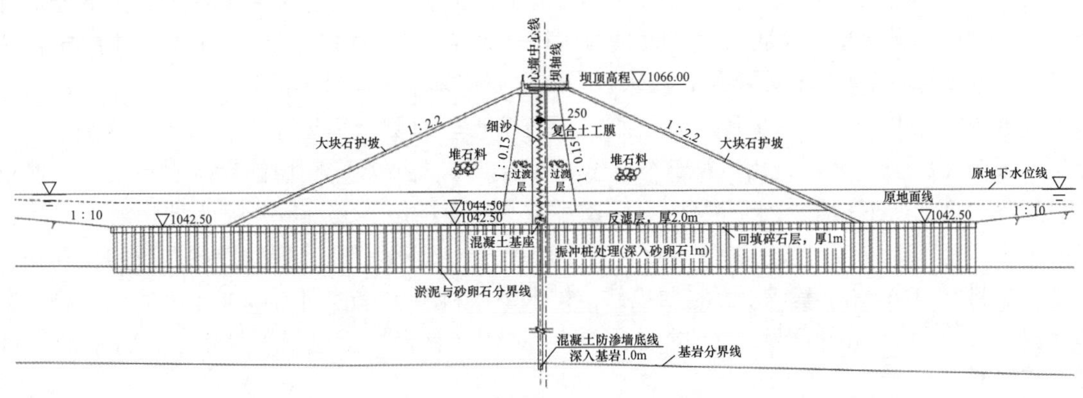

图 8-1-15　丰宁下水库拦沙坝填筑分区典型断面图

（六）排水设计

抽水蓄能电站水库水位的频繁快速升降容易形成水位骤降工况，使防渗面板后形成反向水压力，易造成面板破坏。因此，抽水蓄能电站水库排水设计比常规水电站更为重要，上、下水库排水系统设置须能适应水位频繁升降，消除或有效控制坝体、岸坡、库底、防渗面板下的孔隙水压力，确保建筑物的稳定和安全。国内外抽水蓄能电站上、下水库设计，特别是全库防渗的水库一般都设置了十分完备的排水系统。

上、下水库应根据工程的具体条件，在不同部位设置相应的排水设施。排水设施包括坝体和坝基排水、岸坡排水、库底排水及检查排水廊道等。排水系统的设计排水能力应根据地质、地形条件和水工布置进行估算，应计入通过防渗层的各项渗漏量和不通过防渗层的周围山体地下涌水量。渗流量和涌水量应通过分析计算确定。考虑到地下涌水分析的难度及资料的可靠程度，开挖施工中应做好现场测试工作，为设计或补充完善设计提供可靠的资料。

排水系统各汇流断面的排水能力应按汇流叠加量计算。排水一般应不使防渗面板产生具有反向压力的自由流动，其排水料渗透系数通常为 $1\times10^{-2}\sim1\times10^{-1}$cm/s，通过计算确定排水纵坡、排水层厚度及排水管的数量和布置等。为避免面板渗漏在库水位骤降时在面板后产生反向渗压及冬季冻胀破坏，面板下应设置能自由排水的垫层，渗透系数宜大于 1×10^{-2}cm/s。对地下涌水引入排水系统的暗沟和管路，应设置透水性大且级配良好的反滤料过渡。对排水系统泄水量的安全系数，应考虑地形、地质、渗漏量分析的可靠性程度和排水淤堵的影响因素等，建议采用 2.0 以上。对全库盆防渗的水库，应设平铺排水、检查廊道，为便于检查渗漏通道位置，排水宜分区设置，集中排出。

库岸防渗面板下的排水料一般采用碎石垫层或无砂混凝土。无砂混凝土垫层对混凝土面板的约束作用较强，可能导致面板裂缝，只在岸坡较陡时采用；而碎石垫层能更好地满足混凝土防渗护面变形协调的要求，在抽水蓄能电站中得到普遍应用。

十三陵抽水蓄能电站上水库采用全库钢筋混凝土面板防渗，库（坝）内坡为1∶1.5，坝基填筑厚度不小于2m的过渡料，小于5mm的颗粒含量不大于20%，渗透系数大于1×10^{-3}cm/s。利用坝体上游厚1.66m的垫层作为坝坡面板下的排水层，其中小于5mm的颗粒含量为10%～20%，小于0.1mm的颗粒含量不大于5%；岩坡面板下的排水层采用厚0.3m的无砂混凝土；库底面板下部采用厚0.5m的碎石排水垫层。排水料的渗透系数均大于1×10^{-2}cm/s。在库底周边设总长约1600m的排水兼检查廊道，在东南侧主坝下游和西北部库顶各设一个进出口。为增加排水能力，在库底周边还布设一周塑料排水花管，并在碎石垫层底部设排水管，均直接与排水廊道相接。

宜兴抽水蓄能电站上水库采用全库钢筋混凝土面板防渗，库坡为1∶1.4，坝内坡为1∶1.3，将库盆排水系统与坝排水系统完全分开，分主坝、副坝、库盆三区：①主坝坝坡面板下设厚1.22m的垫层排水；在坝基填筑厚4m的过渡料；沟底排水层区小于25mm的细颗粒含量控制在10%内；大坝和岸坡接触面设排水沟；沿主坝轴线建基面设置一条坝基排水廊道；在坝轴线上游40m至重力挡墙轴线间布置5条平行于坝轴线的坝基排水洞，位于380m至310m高程之间，并设总长3293m垂直于坝轴线的坝基排水支洞。②副坝共设4条不同高程的排水廊道和排水洞。③库岸和库底防渗面板下分别有多孔混凝土排水层和碎石排水层。库底按常规设置网状排水系统，并在西库岸至南库岸山体内布置一道半环形、长约610m的环库库岸排水平洞，渗水经西库岸底部排水平洞排出库外。

天荒坪抽水蓄能电站上水库采用沥青混凝土面板防渗，西侧全强风化岩体（土）库坡为1∶2.4，其余部位库坡为1∶2，排水系统由以下部分组成：①坝坡、岸坡及库底均铺设排水垫层料，要求碾压后排水垫层料表面的变形模量大于35MPa，渗透系数大于5×10^{-2}cm/s，并喷洒乳化沥青。岸坡全强风化岩体（土）基础部位排水垫层料厚60cm，下铺30～50cm反滤料；岩基排水垫层料厚90cm。库底岩基排水垫层料厚60cm，土基或土石料回填部位排水垫层料厚40cm，下铺20cm厚的反滤料。②库底排水垫层料下设直径20cm、间距25m的复合PVC/REP（复合聚氯乙烯）排水管，将水汇入排水廊道、排水交通洞。

沂蒙抽水蓄能电站上水库采用沥青混凝土面板全库防渗，排水系统由碎石排水垫层和排水检查廊道两部分组成。在堆石坝段，堆石过渡层与沥青混凝土面板间铺水平宽3m的碎石排水垫层；在库岸岩坡段，岩坡与沥青混凝土面板之间铺厚0.6m的碎石排水垫层；在库底基岩面与沥青混凝土面板之间铺厚0.6m的碎石排水垫层。垫层料采用透水料，渗透系数不小于1×10^{-2}cm/s，同时在库底垫层中增加PVC排水短管，把渗漏水集中汇集到库底排水廊道，以便排走沥青混凝土面板下部的渗漏水。排水检查廊道沿库底周圈、库底南北向、库底东西向及进/出水口周圈布置，以便排出渗水和监测渗水情况，其中库底周圈排水检查廊道长1566m，库底南北向交通检查廊道长400m；外排廊道分别设置在两坝肩，总长843m；进/出水口周圈廊道长232m。排水检查廊道断面为城门洞形，宽1.5m，高2.0m。渗漏水最终汇集到外排廊道，排到下游渣场排水沟。

（七）岸坡设计

抽水蓄能电站库水位变化急剧、频繁，在水位快速下降时可能引起塌岸和影响电站运行和水库库容，应采取相应的工程措施。例如蒲石河抽水蓄能电站上水库，部分岸坡上部为0.8～2.0m的壤土夹碎块石，下部为厚0.8～3.2m的花岗岩风化砂，易崩解。为防止库水位骤降导致岸坡土石下滑，对水位变动区的库岸进行全面清理，并采用干砌石护坡加以保护。但干砌石护坡冬季易受冰拔破坏，根据东北地区水库运行情况，在岸坡缓于1∶3的情况下，干砌石护坡一般可不会因冰拔破坏。敦化抽水蓄能电站上水库，库岸为花岗岩全风化岩体（砂状），易崩解，但上水库库岸边坡均缓于1∶10，工作水深18m，库岸岸坡未设置专门防护措施，目前上水库已正常运行近2年，岸坡未出现塌滑现象。沂蒙抽水蓄能电站下水库，库尾及左岸边坡206高程以上坡度较缓，且为全强风化岩体和覆盖层，为防止库水位骤降导致库岸坍塌，在正常蓄水位220m以下采用清除腐殖土、表面平整后大块石护坡，坡度不陡于1∶2，目前下水库已正常运行2年多，岸坡稳定。

（八）泄水建筑物设计

当水库集水面积较大，暴雨形成洪峰流量较大时，上、下水库都应设置泄水建筑物，如溢洪道、泄洪洞、放空洞（孔）等。国内外部分抽水蓄能电站上水库泄洪建筑物工程实例见表8-1-2。

表8-1-2　　国内外部分抽水蓄能电站上水库泄洪建筑物工程实例

序号	电站名称	集水面积(km^2)	设计洪峰流量(m^3/s)	校核洪峰流量(m^3/s)	下泄流量(m^3/s)	泄洪建筑物
1	广蓄一期	5			259	侧槽式陡坡溢洪道
2	宝泉	6.0	246（$p=1\%$）	366（$p=0.1\%$）	175.9（$p=1\%$） 277.6（$p=0.1\%$）	侧槽式溢洪道
3	琅琊山	1.97	73（$p=1\%$）	127（$p=0.05\%$）	6.91（$p=1\%$） 6.92（$p=0.05\%$）	主坝底部设放水底孔，进口采用内径0.6m钢管
4	泰安	1.432	97.3（$p=0.5\%$）	208（$p=0.1\%$）	17.86（$p=0.5\%$） 17.89（$p=0.1\%$）	泄洪放空洞（兼导流），进口采用内径1m钢管
5	桐柏	6.7	150（$p=0.5\%$）	208（$p=0.1\%$）		闸门控制溢洪道2孔，每孔净宽6m
6	惠州	5.22	174（$p=0.2\%$）	211（$p=0.02\%$）	129.61 （$p=0.2\%$）	主坝中间设开敞溢洪道3孔，每孔宽为10m；底部设放水底孔，进口采用内径为1.4m钢管
7	琼中	5.41	186（$p=1\%$）	250（$p=0.05\%$）	45（$p=1\%$） 74（$p=0.05\%$）	竖井式溢洪道
8	迪诺威克（英国）	0.8			5	泄洪洞
9	普列森扎诺（意大利）	3.9	164		84	溢洪道3孔，每孔净宽15m
10	大屋（法国）	50			50	底孔泄洪洞和溢洪道
11	蒙特齐克（法国）	16			67	溢洪道，泄量为$40m^3/s$；泄水底孔采用内径1.5m钢管，泄量$27m^3/s$
12	新高濑川（日本）	131			1400	开敞式溢洪道1孔，宽15m
13	奥吉野（日本）				238.7	溢洪道泄量为$230m^3/s$，排水道泄量为$8.7m^3/s$
14	本川（日本）	2.35			307	左岸溢洪道，泄量为$230m^3/s$；左右岸各设一输水洞，最大泄量为$77m^3/s$
15	葛野川（日本）	6.7			332.22	侧槽式溢洪道泄量为$300m^3/s$，泄流设备泄量为$30m^3/s$，分层取水设施泄量为$2m^3/s$，左岸迂回水道泄量为$0.22m^3/s$
16	神流川（日本）	6.2			280.44	侧槽式溢洪道泄量为$280m^3/s$，排雨水分流水道泄量为$0.44m^3/s$（相当于旬平均流量）
17	小丸川（日本）	1.7			113	侧槽式溢洪道
18	夏赫比谢（伊朗）				250	泄洪洞泄量为$80m^3/s$，内径为2.95m；溢洪道泄量$170m^3/s$
19	锡亚比舍（伊朗）				170	侧槽式溢洪道1孔，宽7m

相当多的人工开挖和填筑相结合形成的上、下水库，集水面积小，无常年天然径流入库，暴雨形成的洪量也不大，可通过在库内蓄洪加以解决，而不设专门的泄洪建筑物。国内已建的十三陵、天荒坪、宜兴、张河湾、西龙池、白莲河、蒲石河、黑麋峰、呼和浩特、敦化、沂蒙、文登抽水蓄能电站，

在建的尚义、抚宁、易县、潍坊、浑源、乌海等抽水蓄能电站上水库都未设泄洪建筑物，在水库洪水位和坝顶高程确定时考虑了储存校核洪水标准下 24h 暴雨的洪量。

抽水蓄能电站上水库存在因机组过量抽水导致超蓄而漫坝的风险，美国汤姆索克抽水蓄能电站在 2005 年 12 月 14 日，曾因抽水超蓄导致上水库库水漫顶而溃坝。考虑到电站运行中可能发生过量抽水造成上水库超蓄，一旦水位过高而漫坝，就会危及堤坝的安全，国外有设置水工建筑物来辅助解决水库超蓄的例子。美国巴斯康蒂、塞尼卡和落基山抽水蓄能电站除了机组安装水位限制开关外，在上水库均布置了自溃式非常溢洪道以避免土石坝漫顶。巴斯康蒂抽水蓄能电站非常溢洪道自溃坝高 3m，长 1013.6m，坝顶高程 1013.6m，当水库水位达到 1012.8m 高程时，水流通过一个 15cm 直径的波纹钢管进入自溃坝内，引起坝体冲刷垮塌而溢流，自溃坝上游侧设置叠梁门，用于溢流后封闭缺口。塞尼卡抽水蓄能电站投运后非常溢洪道只用过一次。我国 NB/T 10072《抽水蓄能电站设计规范》规定，对于抽水蓄能电站抽水运行工况可能造成上水库超蓄的问题，通过在上水库布设防止水库超蓄的水位监测设施和相应的机电控制措施来解决。

对于有天然洪水入库的下水库，在泄洪建筑物设计中应针对抽水蓄能电站每天抽水和发电循环运行的运行特点，特别重视分析天然洪水与抽水蓄能机组发电流量叠加的情况。入库的洪水应及时下泄，避免洪水侵占发电调节库容影响电站正常发电；同时，要考虑机组发电流量与洪水流量叠加的影响，库水位不应超过设计允许的洪水位，避免漫坝；此外，泄水建筑物的最大下泄流量不应超过本次天然洪水的最大洪峰流量，避免下游出现“人造洪峰”，造成额外的防洪压力。

桐柏抽水蓄能电站 4 台机组满发流量约 $570m^3/s$，大于下水库坝址 1000 年一遇洪峰流量，而下水库库容有限，调蓄洪水能力较弱。不仅在坝体右岸设置开敞式溢洪道，还在死水位以下设置一泄放洞，其主要任务是在洪水到来时随时将入库洪水排至下游使之不侵占有效库容，最大限度使水库下泄洪水不超过天然洪水。

（九）拦排沙设施

多泥沙河流上的抽水蓄能电站水库，泥沙对抽水蓄能电站的危害较常规水电大，主要表现在：泥沙淤积可能损失调节库容，直接影响死水位选择；过机泥沙含量高会对抽水蓄能机组尤其是高水头机组造成严重的磨损；目前机组技术供水系统一般从尾水管取水，过高的泥沙含量会对机组滤水设备和冷却水系统密封装置带来严重影响。故需从枢纽布置、防沙、拦沙及排沙建筑物设计、电站运行方式等方面，因地制宜采取综合防沙措施。根据河流水沙特性、结合地形地质条件，常见的工程措施是设置拦沙坝和泄洪设施，使洪水完全不进入蓄能专用库，或使小洪水不进入蓄能专用库，超过一定标准的洪水进入蓄能专用库。

张河湾抽水蓄能电站下水库利用河湾地形，在距主坝 1.8km 设拦沙潜坝，在拦沙坝上游垭口设排沙明渠，排沙明渠联通至拦河坝上游，汛期通过排沙明渠输水沙至拦河坝前通过排沙底孔排走，如图 8-1-16 所示。

呼和浩特抽水蓄能电站下水库所在的哈拉沁沟内多年平均含沙量达 $7.9kg/m^3$，设拦沙坝将下水库分隔成拦沙蓄水库和蓄能专用下水库。在拦沙坝上游左岸布置 1 条泄洪排沙洞，拦沙坝与泄洪排沙洞联合拦沙泄洪，含沙水流完全不进入蓄能专用下水库，所有洪水均通过泄洪排沙洞下泄至蓄能专用下水库的拦河坝下游河道。芝瑞抽水蓄能电站下水库所在河流多年平均悬移质含沙量为 $2.81kg/m^3$，也采用类似的拦排沙布置方案，洪水完全不进入下水库。

西龙池抽水蓄能电站下水库原规划布置在滹沱河上，滹沱河多年平均含沙量达 $17.5kg/m^3$，故将下水库移至其支沟——龙池沟内，与原河道浑水彻底隔开。

丰宁抽水蓄能电站下水库坝址多年平均悬移质含沙量为 $9.43kg/m^3$，在库尾设置拦沙坝，将水库分成拦沙库和蓄能专用下水库两部分。拦排沙设施包括拦沙坝、泄洪排沙洞、拦沙库溢洪道和导沙明渠等。拦沙库溢洪道连通拦沙库和蓄能专用库。当洪水不超过 30 年一遇时，拦沙坝拦挡洪水，通过泄洪排沙洞泄洪，洪水不进入蓄能专用库库；当洪水超过 30 年一遇时，部分洪水通过拦沙库溢洪道进入蓄能专用库，拦沙库溢洪道和泄洪排沙洞联合运行可下泄 2000 年一遇校核洪水。为增加拦沙库排沙效果，在拦沙坝上游左岸山梁处设置一宽 30m 的导沙明渠，上游来水可通过明渠直接流至泄洪排沙洞进口，减缓拦沙库“S”湾河段的淤积。蓄能专用库补水期安排在非汛期，通过开启拦沙库溢洪道的泄洪补水闸，由拦沙库自流向蓄能专用库补水，如图 8-1-17 所示。

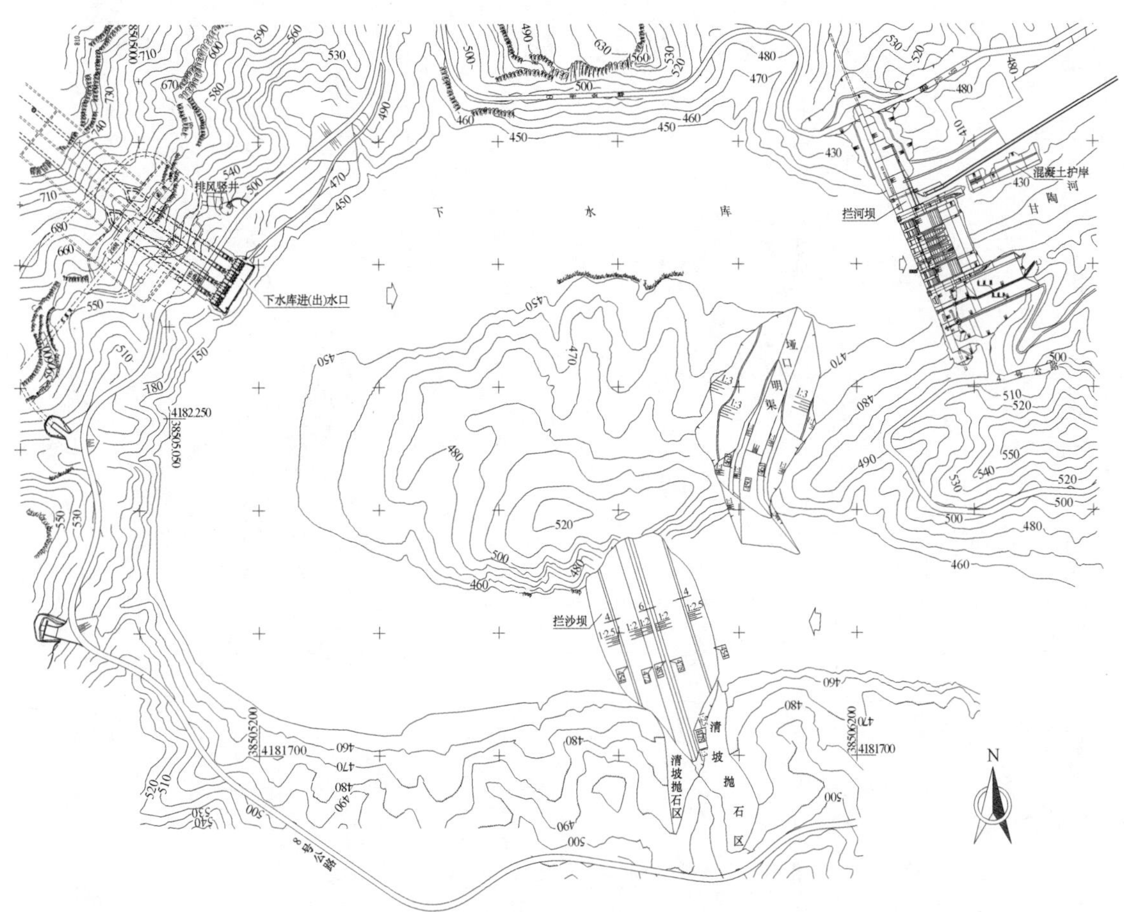

图 8-1-16　张河湾抽水蓄能电站下水库平面布置图

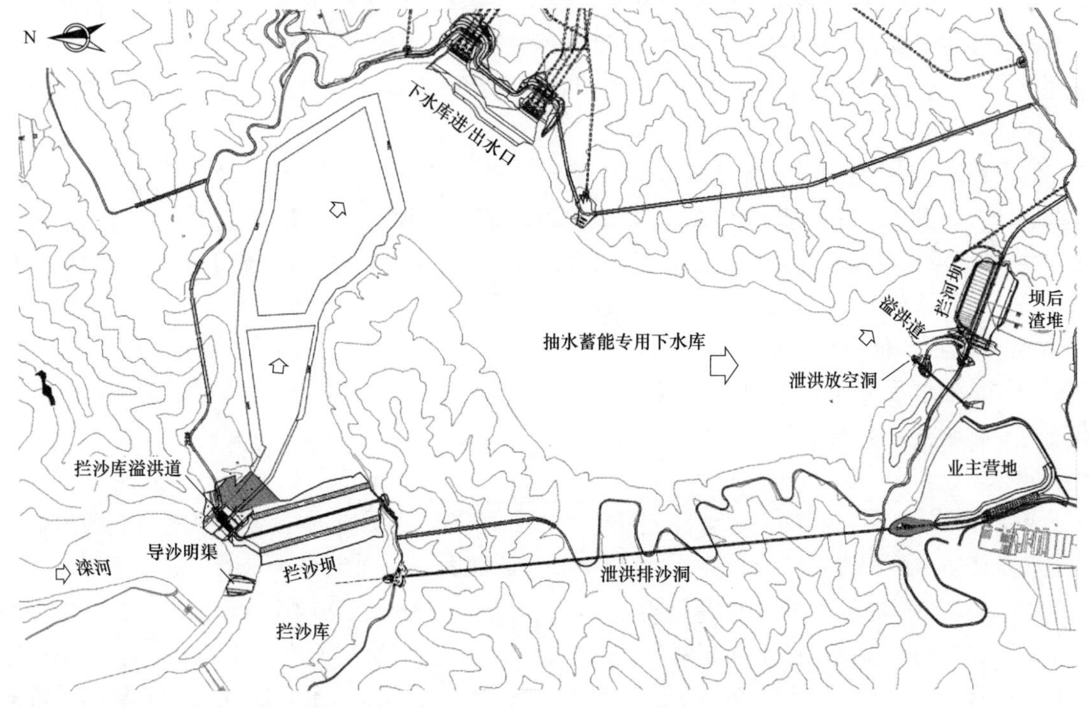

图 8-1-17　丰宁抽水蓄能电站下水库平面布置图

尚义抽水蓄能电站下水库坝址平均含沙量为 22.6kg/m^3，拦沙坝位于拦河坝上游约 1km 处，采用碾压混凝土重力坝。拦沙坝主要作用为拦洪挡沙，通过设置在拦沙坝上游右岸的泄洪排沙洞泄洪，可保证 30 年一遇的洪水不进入蓄能专用库，超过 30 年一遇的洪水有部分进入蓄能专用库，如图 8-1-18 所示。

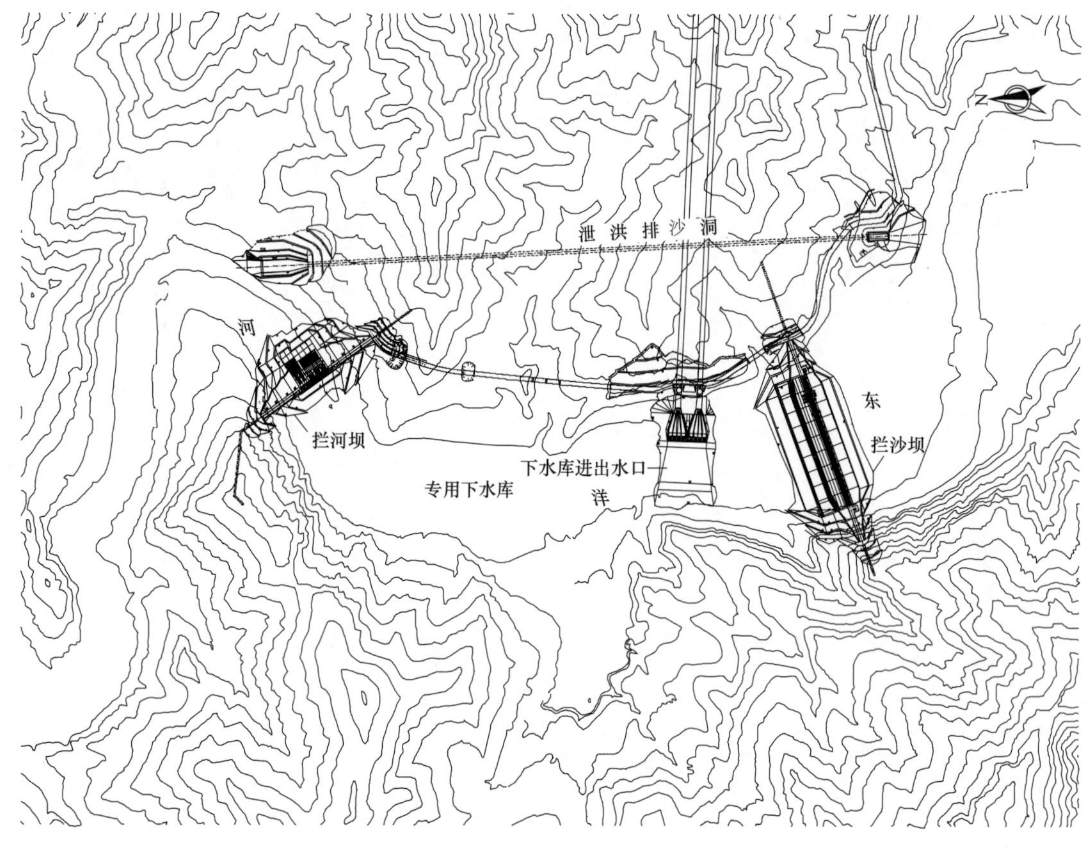

图 8-1-18　尚义抽水蓄能电站下水库平面布置图

浑源抽水蓄能电站下水库坝址处多年平均含沙量约 45.0kg/m^3，利用红岭村下游凌云口峪上一个天然弯道建库，在拦河坝上游约 1.6km 处设置拦沙坝，采用碾压混凝土重力坝坝型。拦沙坝主要作用为拦洪挡沙，通过布置在上游左岸山体内的泄洪排沙洞泄洪，可保证 20 年一遇的洪水不进入蓄能专用库，超过 20 年一遇的洪水有部分洪水通过拦沙坝溢流表孔进入蓄能专用库，再由蓄能专用库拦河坝底孔和表孔泄放到下游。

镇安抽水蓄能电站下水库多年平均含沙量为 1.06kg/m^3，汛期（6～10 月）平均含沙量为 1.42kg/m^3。在下水库坝址上游约 2.0km 处设置拦沙坝，坝上设溢流堰，坝前设 1 孔泄洪排沙洞（1 号泄洪排沙洞），拦沙坝和泄洪排沙洞联合挡沙泄洪，可保证 20 年一遇的洪水不进入蓄能下水库，超过 20 年一遇的洪水有部分进入蓄能下水库，通过下水库坝址处的 2 号泄洪排沙洞泄洪。

（十）补（充）水和放空设施

水源条件是抽水蓄能电站选址应考虑的因素之一，特别是位于干旱地区的抽水蓄能电站，对水源问题应进行专题研究，必要时应设置补水设施。

1. 补水水源

上、下水库设计应尽量利用自然条件，修建引水工程将其他溪流的径流集中使用。桐柏抽水蓄能电站上水库直接集水面积为 6.7km^2，跨流域引水后，流域面积增加到 60.9km^2，多年平均年径流量可达到 5390 万 m^3。黑麋峰抽水蓄能电站上水库集水面积为 1.12km^2，从湖溪冲水库引水后流域面积扩大为 11.2km^2。文登抽水蓄能电站下水库紧邻上游昆嵛山水库，在初期蓄水及运行期枯水年需从昆嵛山水库补水，正常运行年份区间多年平均来水量约 189 万 m^3，无须昆嵛山水库补水。沂蒙抽水蓄能电站上、下水库坝址以上流域面积分别为 0.33km^2 和 2.67km^2，多年平均径流量为 75.4 万 m^2，初期蓄水及运行期补水均需从下游石岚水库补水。美国落基山抽水蓄能电站下水库流域面积仅 12.2km^2，为弥补水量不足，不是在主水库增加备用库容，而是建 5 座坝，通过形成两座辅助水库来调节补水量，具体布置如图 8-1-19 所示，这样可使水头尽可能增加，同样的库容可发出更多的电量。

在特殊地形条件下，一个抽水蓄能电站可不止一个上水库或下水库。意大利奇奥塔斯和洛维娜两个上水库、两条引水系统、同一地下厂房、共用尾水系统和一个皮阿斯特拉下水库。奇奥塔斯上水库—下水库抽水蓄能电站，安装 8 台单机容量 148MW 四级可逆式机组，洛维娜上水库—下水库抽水蓄能电站，安装 1 台单机容量 134MW 的三机式机组，9 台机组处于同一厂房内，前者较后者水头高 400m，既节约投资，又方便运行。在阿尔卑斯山地区类似的工程实例较多，其经验可以借鉴。

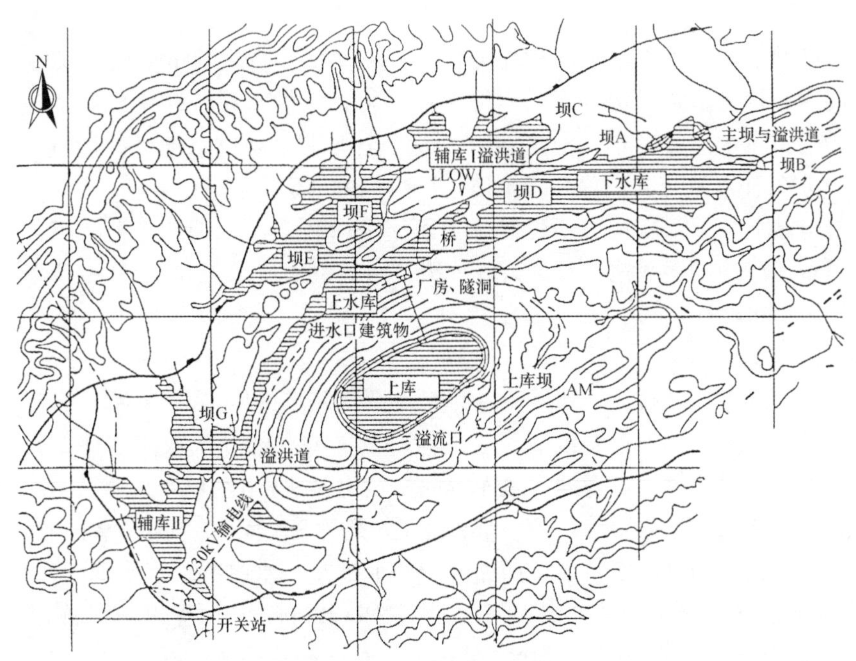

图 8-1-19 美国落基山抽水蓄能电站枢纽平面图

抽水蓄能电站上水库从下水库补水的费用很高，应充分利用有利地形和溪流，收集天然径流，尽可能将可用的水源利用，以补充蒸发、渗漏损失。琅琊山上水库采用局部防渗，山坡雨水通过设在库顶公路靠山侧的排水沟收集，经沉沙池沉淀后通过公路路面下埋管汇入上水库。敦化上水库库周设置排水沟收集雨水，经沉沙池沉淀后通过埋管汇入上水库。在水源匮乏地区，为节约能源，还可考虑将上水库渗漏水集中回收。

2. 补（充）水设施布置

抽水蓄能电站上水库一般先建成，便于收集天然径流和雨量以满足死库容和发电调试的要求，当蓄水时间较短，收集水量不能满足初次充水需要时，应考虑从下水库供给。如天荒坪、十三陵、西龙池等电站利用临时的施工供水系统向上水库初期充水。琅琊山抽水蓄能电站第一台机组调试发电之前所需的上水库水量利用施工供水系统充水，余下的水量在机组调试时由机组抽到上水库。水库一般存在放空检修后的回蓄水问题，为避免重复建设，初期充水的水源和充蓄设施宜加以保留。

西龙池抽水蓄能电站上、下水库均为人工开挖填筑而成，无天然径流补给。由于滹沱河水含沙量很高，下水库补水水源采用滹沱河河床内的段家庄泉水，经两级泵站提水至下水库，设计流量为 0.23m^3/s，总扬程为 202m；上水库初期蓄水利用施工期供水系统，取水点为清水河坪上勘探洞中的泉水，流量为 0.1m^3/s，经六级泵站提水至上水库，总扬程为 860m。

宜兴抽水蓄能电站补水水源取自与团氿乃至太湖相连通的潢潼河，补水工程包括一级补水泵站、二级补水泵站、输水管线和蓄水池等设施。一级补水泵站设计流量为 0.42m^3/s；二级补水泵站设计流量为 0.28m^3/s，运行期最高总扬程为 42.95m，最低总扬程为 16.15m；输水管线总长约 3150m，管道内径 0.6m；蓄水池距二级补水泵站 6m，总容量为 2746m^3。

呼和浩特抽水蓄能电站上水库完全由人工开挖填筑形成，没有天然径流；下水库位于哈拉沁沟，由拦沙坝和拦河坝组成完全封闭的下水库，哈拉沁沟地表天然径流也无法直接进入下水库。补水水源取自上游哈拉沁水库，拦沙库内的水通过拦沙坝内埋管以自流方式补给下水库。

丰宁抽水蓄能电站上水库拦沟筑坝形成，天然径流很少，下水库设置拦沙坝后形成蓄能专用库和拦沙库，考虑泥沙影响，天然径流不直接进入蓄能专用库，需要通过拦沙库向蓄能专用库补水。经研究，该电站补水时间应尽可能不安排在汛期，一方面汛期入库径流含沙量大，汛期补水将会有大量悬移质泥沙进入下水库，对机组运行不利；另一方面，汛期补水将可能影响拦沙库排沙效果。丰宁下水库补水安排在每年汛前和汛末两次补水，并尽量在电站下水库低水位运行时补水，可通过补水闸自流补水。

沂蒙抽水蓄能电站上、下水库集水面积均分别为 0.33km^2 和 2.67km^2。施工期用水、初期蓄水和永久运行期补水的水源均为下游石岚水库。运行期补水与施工供水系统相结合，通过石岚水库取水泵站（一级）取水，沿石岚水库库岸布设输水管道，最终至上水库高位水池，共设置 5 级泵站。补水管道总长约 8.5km，永久补水系统共设置 3 级泵站，1～4 级水池。

乌海抽水蓄能电站上、下水库均为沥青混凝土面板全库防渗，无天然径流入库。补水水源为位于下游的黄河，通过黄河岸边的蓄水池补水，设置一级泵站，引用流量为 0.5m^3/s。为减少泥沙入库，补水安排在汛前和汛末补水两次。

3. 放空设施

根据国内外已建抽水蓄能电站运行的经验，为修复遭受破坏的水工建筑物，可能需要将水库放空。例如天荒坪抽水蓄能电站上水库为沥青混凝土裂缝修补的需要，曾 5 次放空水库。另外多沙河流上的下水库，泥沙的长期淤积可能侵占过多的有效库容或淤堵电站进/出水口，也需要放水排沙。因此每个工程应根据泥沙条件和建筑物检修要求，考虑是否在上、下水库设置放空和回蓄充水设施。

上、下水库要尽量避免同时放空，以免增加回蓄的水量及补水时间。上水库死水位至进/出水口之间的库容，一般可通过机组向下水库放水。上水库进/出水口底板高程以下的库容，可通过放水孔（洞）来完成。当此部分库容较小时，也可用水泵排水。对于补水困难的抽水蓄能电站，应有计划对上水库进行放空检查，可在下水库内预留足够库容，存储上水库死库容的水量。

琅琊山抽水蓄能电站上水库灰岩中岩溶发育，为便于运行期查找和处理渗漏点，在堆石主坝下部设置放水底孔来放空上水库，并承担宣泄大于 20 年一遇洪水的任务。泰安上水库设置的放空洞兼顾施工导流和汛期泄洪。惠州抽水蓄能电站上、下水库大坝均设有放水底孔，可用来预泄大于调节库容的多余水量，保证一般情况下不形成人工洪水，避免与下游小型水库调度上的矛盾。美国巴斯康蒂抽水蓄能电站上水库在施工导流洞内布置一条泄水管，用来向下游供水，必要时还可用来放空上水库进/出水口底板高程以下的库容。

乌海抽水蓄能电站下水库为沥青混凝土面板全库盆防渗，在进/出水口侧墙布设应急放空管，放空时或紧急情况下可将库水泄放至库外的排洪洞内。西龙池、丰宁、敦化、文登、沂蒙、清原、抚宁等抽水蓄能电站下水库，均设置了泄洪放空洞，可放空库水。

（十一）建筑物抗冰冻措施

对于寒冷和严寒地区的日调节抽水蓄能电站，由于水位升降，冬天每天就可能经历一次冻融循环，年冻融循环次数比常规水电站多，冻融破坏的威胁大大增加。因此，对寒冷和严寒地区的抽水蓄能电站，应分析气温与水库冰冻的变化规律，预测水库的冰情，从工程布置、电站运行方式、结构型式和材料性能、施工工艺方面采取抗冰冻综合措施。

1. 机组调度遵循冬季运行方式

影响寒冷地区抽水蓄能电站水库冰冻的因素有气温、风向、风速、库水温度、水流流态及机组运行调度等。除机组运行调度外，其他自然因素不是人力所能左右的。冬季运行观测资料表明，一般抽水蓄能电站冬季每天有一定数量机组投入运行，每天往复水流运动不中断，是阻止冰盖形成或减薄冰盖厚度最为经济和有效的措施。

北京十三陵抽水蓄能电站上水库为钢筋混凝土面板全库防渗，电站在 1995 年 12 月 24 日～1996 年 2 月 8 日机组消缺期间，上水库水位长时间保持不动，库面全部封冻，冰盖最大厚度达 50cm。但在正常运行期，只要保证至少有一台机组每天抽水、发电两个循环，即夜间至次日凌晨抽水 6～7h，次日上午发电4～5h，下午抽水2～3h，前夜发电4～5h，每天共运行16～20h，上水库就不会形成冰盖。这与苏联基辅抽水蓄能电站冬季运行经验一致，另外比较过基辅抽水蓄能电站每日单循环及双循环运行方式，双循环运行方式减少了上水库引水渠中冰的厚度。

山西西龙池抽水蓄能电站上水库为沥青混凝土面板全库防渗，在2012～2013年冬季进行了冬季运行方案的试验运行，结果表明日均运行次数不少于1.48台次、日均运行时间不少于4.1台时的冬季运行方案，上、下水库一般不会形成完整冰盖，对电站运行不会产生明显影响。

辽宁蒲石河抽水蓄能电站上水库为拦沟筑坝成库，电站在2012～2013年冬季大多是2～4台机组运行，冬季抽水时间多在午夜至第二天清晨，一般抽水5～11h，发电时间为上午8～9时和下午16～17时，一般发电5～12h，水位日变幅为3.1～21m。上水库在库周边形成最大厚度3.1cm，宽30～40m的薄冰—碎冰带，薄冰带内为整体冰盖，不会对电站运行产生影响。

吉林敦化抽水蓄能电站上水库为拦沟筑坝成库，电站1～3号机组于2021年投入运行，冬季可保证1台机组每天进行抽水发电循环运行，上水库形成完整冰盖，但在库区边缘随水位频繁升降存在一定宽度的碎冰带，该区域在机组运行时为水与冰的混合液面，机组停机后会形成薄冰，未对机组运行造成影响。

2. 水库库形设计利于减轻冰情

抽水蓄能电站上、下水库进/出水口均为双向水流，研究表明，在一定的低温条件和运行方式下，水流紊动作用使进/出水口附近存在一个不结冰或冰盖厚度减薄的区域。十三陵抽水蓄能电站观测资料表明，上水库正常蓄水位对应的库面面积为15.8万m^2，没有冰盖出现。下水库进/出水口前形成不结冰区面积有20.4万m^2，相当于下水库库面面积的7.9%。基辅抽水蓄能电站上水库库中冰盖与岸坡分开，随水位起落，冰盖厚度约0.5m；引水渠及岸坡处流速增加，且沿长度和宽度方向流速分布不同，冰的冻结和融解程度不同，使沿上水库长度和宽度方向冰盖厚度分布不均，靠近引水渠及岸坡处，厚度减薄。故在进行库盆形状设计时，应尽量使水流的紊动范围能波及整个库面，对减轻冰情有利。

具有深式（或较深式）进水口的大中型水电站很少受到冰块堵塞，但要注意冰花下潜的可能性，国内外的大量冰花下潜临界流速观测成果都比较接近，为0.6～0.7m/s。因此，抽水蓄能电站的进/出水口布置时还要考虑防冰花下潜的需要。

3. 建筑物混凝土及表面采用抗冰冻措施

影响混凝土冻融破坏的因素较多，要改变气温、冻结的速度、冻融的循环次数、湿润条件、日照状况等外部条件很困难，重点应着眼于混凝土内部条件的改善，主要包括混凝土的含气量、气泡性质（气泡的平均直径和间距系数）、混凝土配合比、水灰比、用水量、水泥、骨料品种和其他原材料的性质等。在同等自然条件下，抽水蓄能电站混凝土抗冻标号应高于常规水电站混凝土抗冻标号。其次，可考虑在混凝土表面设置辅助防渗材料或保温保湿材料，以提高混凝土防渗性能，提高混凝土表层温度，减少干缩，减少裂缝的产生和控制裂缝发展的规模，从而减轻冻融破坏。如丰宁抽水蓄能电站上、下水库，在钢筋混凝土面板水位变动区涂刷了一层聚脲涂料。

4. 可选择冰冻对防渗体影响小的坝型

冰冻对大坝安全的影响主要是大坝的防渗体，可考虑选择合适的坝型避免冰冻对防渗体的影响。敦化抽水蓄能电站上、下水库均采用沥青混凝土心墙堆石坝，将防渗体置于坝体中部，运行期心墙温度监测显示，心墙最低温度均高于0℃，有效规避了严寒气候和冰冻对防渗体的影响。

（十二）上水库地震作用放大效应

抽水蓄能电站上水库地势高、库周常有陡峭的临空面甚至多面临空、水库高悬于山顶，当发生地震时，上水库相对下水库的地震作用放大效应如何，在我国早期的大型抽水蓄能电站勘测设计时是比较关注的问题，但迄今为止国内外尚没有可供分析的工程实例。

西龙池、张河湾、板桥峪、呼和浩特抽水蓄能电站当初设计时曾开展过高山动力反应测试，当上、下水库的相对高差为287～685m时，上水库相对下水库的基岩水平峰值加速度水平分量放大比例可达到1.74～2.2。说明山体振动时，地形高差对地面运动有明显的放大作用。因此在高山顶部修建上水库时，应根据地形条件、沟谷及悬崖临空面的分布、岩性及断裂构造产状等条件，分析地震作用放大效应。NB/T 10072《抽水蓄能电站设计规范》中规定，在同时具备下列条件时，宜考虑地震的放大效应，进行高山动力反应测试：①工程区地震动峰值加速度为 0.1g 及以上；②上水库位于孤立的山峰顶部；③上、下水库高差大于 400m。目前的大型抽水蓄能电站勘测设计，场地基本地震烈度为Ⅶ度及以上时，通常都开展专门的场地地震安全性评价，若上水库位于高差较大的孤立山峰顶部、山体单薄，可要求评价机构进行专门研究，单独提出上水库的场地地震动参数，作为上水库建筑物抗震设计的依据。

第二节 钢筋混凝土面板防渗

我国抽水蓄能电站上水库或下水库采用钢筋混凝土面板坝的工程较多，按防渗的范围可划分为全库和局部（如坝坡）防渗两种类型。无论何种防渗范围类型，其运行状况、受力、结构型式及在设计中考虑的因素基本相同。国内外部分抽水蓄能电站水库混凝土面板防渗工程实例见表 8-2-1。从表 8-2-1 可知，自 20 世纪 90 年代以来，随着十三陵抽水蓄能电站上水库采用混凝土面板全库防渗工程成功建成和正常运行，越来越多的抽水蓄能电站选用混凝土面板作为上、下水库的防渗设施。混凝土面板防渗技术具有防渗可靠、施工简单、施工工艺和质量控制技术成熟、采用常规机械设备施工、经济上有利等优点。

表 8-2-1 国内外部分抽水蓄能电站水库混凝土面板防渗工程实例

序号	工程名称	所在地（国家）	总库容/调节库容（万 m^3）	消落水深（m）	防渗部位	面板厚度（m）	防渗面积（m^2）	投入运行年份	备注
1	拉告施上水库	（法国）	—/200	38	全库	0.3（等厚）	100000	1975 年	
2	瑞本勒特上水库	（联邦德国）	—/150	15.4	坝、库坡	0.2（等厚）		1955 年	库底采用沥青混凝土防渗，库坡混凝土面板运行 25 年后采用沥青混凝土修复
3	卡宾克里克上水库	（美国）	200/168	27	坝坡	顶：0.3；底：0.455		1966 年	
4	十三陵上水库	北京	445/422	35	全库	0.3（等厚）	175000	1995 年	
5	宜兴上水库	江苏	530.7/507.3	41.9	全库	0.3（等厚）	223000	2008 年	
6	西龙池下水库	山西	494.2/421.5	40	岩坡区库坡	0.4（等厚）	67200	2008 年	岩坡区坡比为 1：0.75，面板与库底周圈排水廊道连接
7	广州上水库	广东	2575/2×850	19.8	坝坡	$0.3+0.003H$ 最大 0.5		1993 年	一期、二期的调节库容均为 850 万 m^3
8	天荒坪下水库	浙江	859.56/802.08	49.5	坝坡	$0.3+0.0024H$	20800	1998 年	
9	桐柏下水库	浙江	1289.73/—	31.17	坝坡	顶：0.3；底：0.5	39010	2005 年	
10	泰安上水库	山东	1147/80	24	坝、库坡	0.3（等厚）	46000	2006 年	
11	琅琊山上水库	安徽	1804/1238	21.8	坝坡	0.4（等厚）	30970	2007 年	
12	蒲石河上水库	辽宁	1238/1094	32	坝坡	$0.3+0.003H$		2012 年	

续表

序号	工程名称	所在地（国家）	总库容/调节库容（万 m^3）	消落水深（m）	防渗部位	面板厚度（m）	防渗面积（m^2）	投入运行年份	备注
13	仙居上水库	浙江	1294/909	42	坝坡	$0.3+0.003H$		2015 年	
14	沂蒙下水库	山东	1064.40/878.22	30	坝坡	$0.3+0.0035H$	420000	2020 年	
15	丰宁上水库	河北	4506/4020	35	坝坡	$0.4+0.003H$	7.09	2021 年	
16	文登下水库	山东	1109/1014	26	坝坡	0.4（等厚）	22800	2021 年	
17	清原上水库	辽宁	1522/1214	30	坝坡	$0.4+0.0025H$	40100	在建	
18	清原下水库	辽宁	1708/1443	21	坝坡	0.4（等厚）	23700	在建	

一、抽水蓄能电站对混凝土面板的特殊要求

抽水蓄能电站水库的运行条件有别于常规水电站水库，尤其是高水头、大容量、库容较小的日调节纯抽水蓄能电站水库，其区别更为明显，对混凝土防渗面板有一些特殊要求。

（1）抽水蓄能电站水库水位升降频繁、涨落速度快（最大可达 7～9m/h），水位消落深度大（一般为 20～35m，最大可达 45～50m），混凝土防渗面板需满足以下两个方面的要求：

1）稳定安全：如果渗水不能及时地排除，将在面板后形成反向水压力，而面板为薄板结构，当库水位急速降落时，容易造成面板在反向水压力的作用下浮起或破坏。因此，必须在面板后设置完善、可靠的排水设施，及时排除渗漏水，消除面板后反向水压力，以确保防渗面板结构的稳定安全。

2）抗冻、耐久性：由于抽水蓄能电站水库水位每天至少有一个涨落循环，混凝土面板受外界气温变化的影响较大，特别是位于寒冷和严寒地区的抽水蓄能电站水库，防渗面板经受冻融循环的次数比常规面板坝要多很多，面板抗冻性往往成为其结构设计控制性因素之一。因此，要求抽水蓄能电站水库的混凝土面板有足够的抗冻性和耐久性，以适应外界气温变化对其的不利影响。

（2）抽水蓄能电站水库，特别是上水库，一般都没有天然径流或天然径流很小，因渗漏、蒸发等原因造成水库水量的损失，将减少电站的发电量和增加补水的费用，降低电站的综合效率，因此，对水库的防渗要求较高。尤其是采用全库盆混凝土面板防渗面积较大的工程，在混凝土面板防渗及止水系统设计和施工方面，更应做到精心设计、精心施工，减少漏水量。

（3）抽水蓄能电站上水库常布置于山顶台地或沟脑，地下水位通常较低、岩体透水性强，往往需要全库防渗。岩体因岩性或风化程度不同、受断裂构造影响等，库盆地基在库水作用下将产生不均匀变形，而混凝土面板为刚性结构，其适应地基不均匀变形的能力较差，这就要求根据开挖揭示的地基条件对混凝土面板进行合理的分缝，以适应基础的不均匀变形；或采取有效的基础处理措施，减少地基的不均匀变形，避免混凝土面板结构因基础不均匀沉降而破坏。

二、混凝土面板结构型式

1. 坝坡采用混凝土面板防渗

抽水蓄能电站上、下水库仅在坝坡区设置混凝土面板防渗的面板结构，与常规混凝土面板坝基本相同，即在坝坡碎石垫层上设置混凝土面板，并设置趾板与基础连接，趾板与面板之间设周边缝，通过止水结构连接，起承上启下的作用，在趾板上进行基础固结和帷幕灌浆，形成整个坝体防渗体系。趾板与面板连接的结构型式如图 8-2-1 所示。抽水蓄能电站水库要求混凝土面板下卧垫层的排水能力更大一些，避免水库水位骤降时造成面板方向水压力破坏。新近建成的丰宁抽水蓄能电站上水库、清原抽水蓄能电站下水库、沂蒙抽水蓄能电站下水库等坝坡，均采用了混凝土面板防渗。

2. 全库盆采用混凝土面板防渗

采用全库盆混凝土面板防渗的抽水蓄能电站水库工程，库（坝）坡面板与库底面板之间通常采用连接板衔接，不必设置趾板与基岩连接。连接板主要起过渡衔接作用，其结构型式如图 8-2-2 所示。

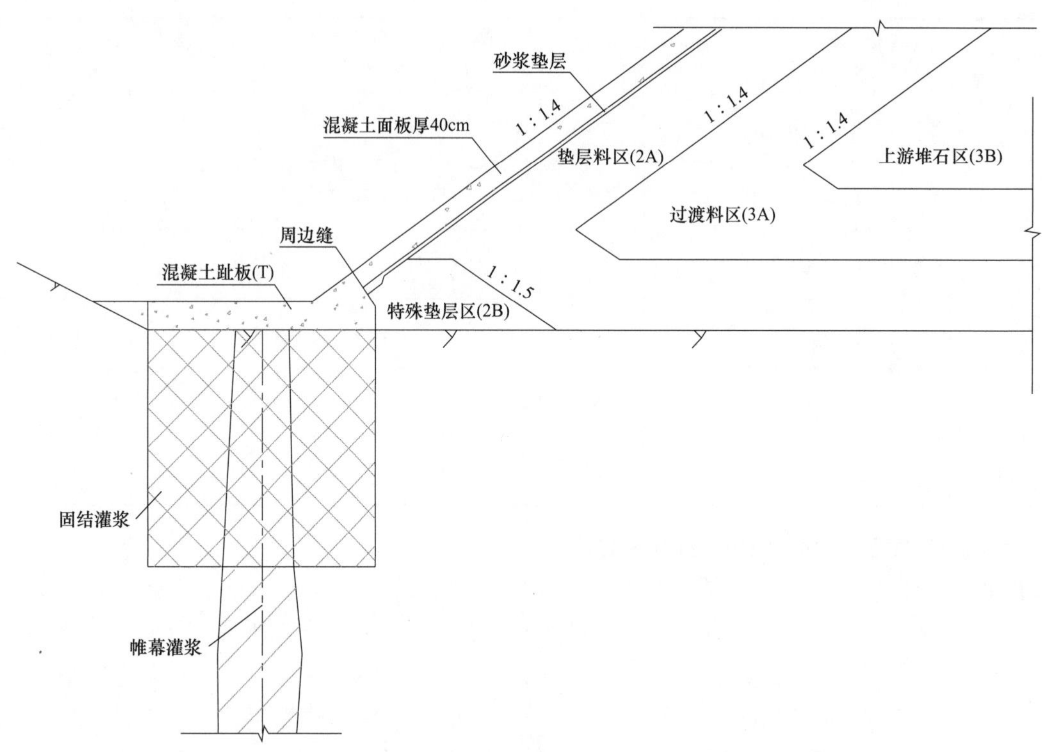

图 8-2-1　趾板与面板连接的结构型式

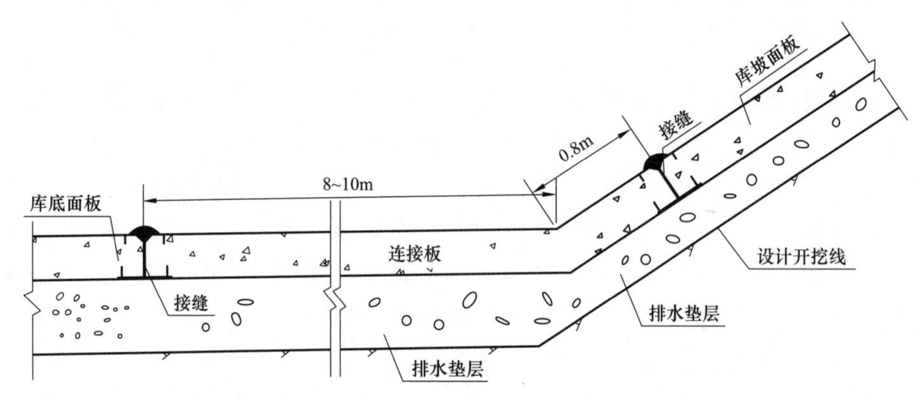

图 8-2-2　连接板的结构型式

库（坝）坡面板在垫层摩阻力作用下能维持自身的稳定，连接板基本不受坡面混凝土面板传来的推力，因此，连接板可以坐落于堆石填筑体或排水垫层上。若将连接板置于基岩上，即与常规混凝土面板坝趾板的结构型式基本相同，则应在坡脚处混凝土趾板下设置排水管，以排除库（坝）坡混凝土面板后的渗水。采用这种结构型式的排水系统设计比较复杂，且排水不够顺畅。为了给库（坝）坡面板滑模施工提供一个起始工作面，连接板顺库（坝）坡面上翘一定距离，通常为 80cm 左右，形成折线断面。连接板的宽度可与库（坝）坡面板一致，这样可减少面板止水的“丁”字接头数量，连接板库底部分板长度一般为 10m 左右。已建成的十三陵抽水蓄能电站上水库混凝土面板即采用此种连接板，经多年监测，运行正常。

混凝土面板下必须设置排水垫层，及时将面板的渗漏水排出。抽水蓄能电站水库全库防渗的混凝土面板通常采用“混凝土防渗面板－排水垫层－基础岩体（或坝体堆石体）”的结构型式。排水垫层的厚度根据排水能力要求计算确定，并应满足施工最小厚度要求。坝坡区与库底区排水垫层应优先选用级配碎石填筑；岩石库坡开挖坡度缓于 1∶1.7，也可考虑选用级配碎石铺筑，但岩石库坡开挖坡度陡于 1∶1.7 时，一般采用无砂混凝土排水垫层。无砂混凝土排水垫层对面板的约束作用较强，易引起面板开裂，需加强防裂措施。

三、混凝土面板结构

（一）面板混凝土性能

混凝土防渗面板应具有足够的强度、抗渗性、抗冻性、较好的抗裂性和耐久性。抽水蓄能电站水库的混凝土防渗面板运行条件较常规水电工程恶劣，因此，对面板混凝土性能的要求应适当提高。

（1）强度等级。一般情况下，混凝土抗压强度决定其抗拉强度，而抗拉强度高的混凝土，其抗裂性和耐久性也较好，因此，抽水蓄能电站水库混凝土面板的强度等级不应低于 C25，1 级坝和特高坝不应低于 C30，以满足抗裂和耐久性方面的要求。

（2）抗渗等级。应根据面板的作用水头大小确定，由于混凝土面板厚度较薄，承受的水力梯度大，其抗渗等级不宜低于 W8。

（3）抗冻性。由于库水位每天频繁升降的不利运行条件，抽水蓄能电站面板混凝土的抗冻性要求较高，抗冻等级不应低于 F100，有些寒冷及严寒地区工程面板混凝土的抗冻等级要求达到 F300 甚至 F400 以上。

（4）抗裂性。混凝土的抗拉强度和极限拉伸率是面板抗裂的关键性指标，提高混凝土自身的抗裂能力，对防止或减少面板裂缝有十分重要的作用。目前国内混凝土面板坝规范对面板混凝土的抗裂指标没有明确的规定和要求，根据已建混凝土面板坝工程的经验，一般建议面板混凝土的抗裂性指标应达到表 8-2-2 中的值。

表 8-2-2　面板混凝土的抗裂性指标

坝高（m）	混凝土极限拉伸率（$\times 10^{-4}$）
<50	≥0.85
50～100	≥0.95
>100	≥1.0

（二）混凝土面板厚度

混凝土面板厚度可根据作用于其上的水头大小确定，面板承受的水力梯度一般不超过 200；考虑施工条件以及便于在其内布置钢筋和止水的结构要求，面板的最小厚度应不小于 30cm。对于采用全库防渗的混凝土面板，为方便施工，最大作用水头在 60m 时，一般可以采用 30～40cm 的等厚面板。对于作用水头较大的工程，混凝土面板厚度可按与常规面板坝设计相同的公式确定：

$$t = 0.3 + \alpha H \tag{8-2-1}$$

式中 t——混凝土面板厚度，m；

α——系数，一般为 0.0035～0.002；

H——计算断面到面板顶部的垂直距离，m。

特高坝、严寒地区及地震设计烈度Ⅷ度及以上的面板坝，可适当增加面板最小厚度。

（三）混凝土面板分缝

混凝土面板为刚性结构，需分缝以适应干缩、温度应力和基础不均匀沉降变形，避免有害裂缝的产生。对于采用混凝土面板全库防渗的抽水蓄能电站水库工程，一般库（坝）高度不超过 80m，库（坝）坡混凝土面板可以不设水平缝，仅设置垂直缝。库（坝）坡面板及库底面板与连接板之间、填筑区边缘以及面板与进/出水口建筑物接缝处设置周边缝。库底面板也应结合地基基础条件进行合理的分缝。

对混凝土面板的分缝间距，应综合考虑施工条件、温度应力和基础约束、基础介质和基础变形等因素后确定，库（坝）坡受压区的面板一般垂直缝间距为 12～16m；受拉区适当减小，一般为受压区面板宽度的 1/2～2/3。库底混凝土面板分缝宽度可与库（坝）坡混凝土面板宽度相同，长度为 20～30m。十三陵抽水蓄能电站上水库库（坝）坡面板垂直缝间距为 16m，在主坝两岸受拉区减少到 8～10m，在主、副坝填筑区边界以及进/出水口边缘等变形较大部位设置周边缝，十三陵抽水蓄能电站上水库混凝土面板分缝图如图 8-2-3 所示。

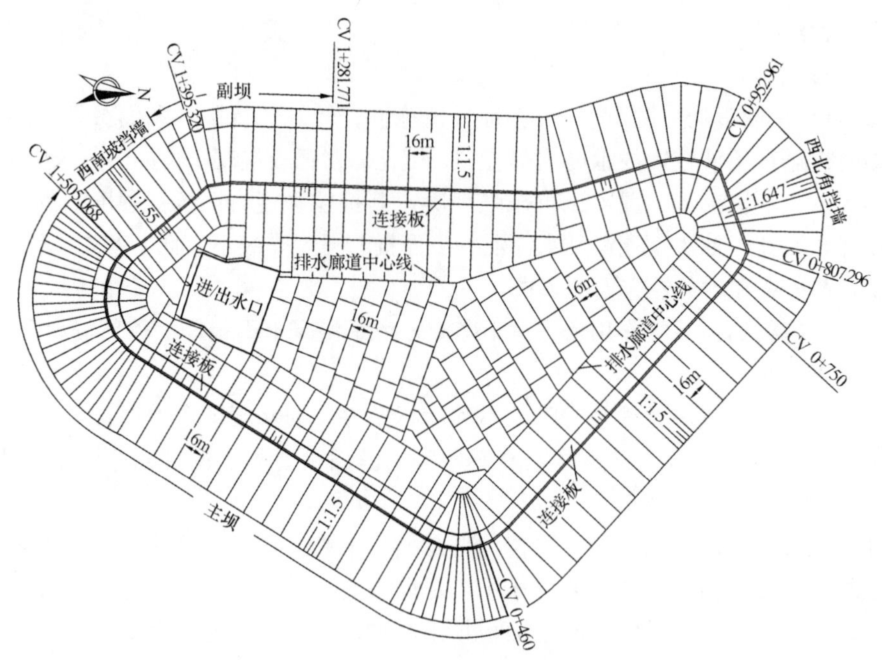

图 8-2-3　十三陵抽水蓄能电站上水库混凝土面板分缝图

对于采用全库混凝土面板防渗的工程，一般其防渗面积和接缝止水的工程量均较大，如十三陵和宜兴抽水蓄能电站的上水库，其混凝土面板防渗面积分别为 17.5 万 m^2 和 18.0 万 m^2，各种结构缝总长分别约 2.13 万 m 和 2.19 万 m。已建工程的运行经验表明，接缝止水是混凝土面板防渗体系的薄弱环节，即使做到精心设计、精心施工，也难免存在一些质量缺陷，造成渗漏。因此，分缝设计时，在满足温度应力及基础变形的条件下，尽量使分缝尺寸大一些，这样可减少接缝止水的长度，不仅能减小接缝止水的施工难度和造价，也可提高整个面板防渗体系的可靠性。

对于仅在大坝坝坡区采用混凝土面板防渗的工程，坝坡混凝土面板分缝设计可参照常规水电工作混凝土面板坝的分缝原则。面板垂直缝间距宜为 12～16m，陡岸坡上的垂直缝以及岸坡变化较大部位的垂直缝间距可适当减小。垂直缝在距周边缝法线方向 1.0m 左右，垂直缝应垂直于周边缝布置成折线形式。清原抽水蓄能电站下水库混凝土面板分缝如图 8-2-4 所示。

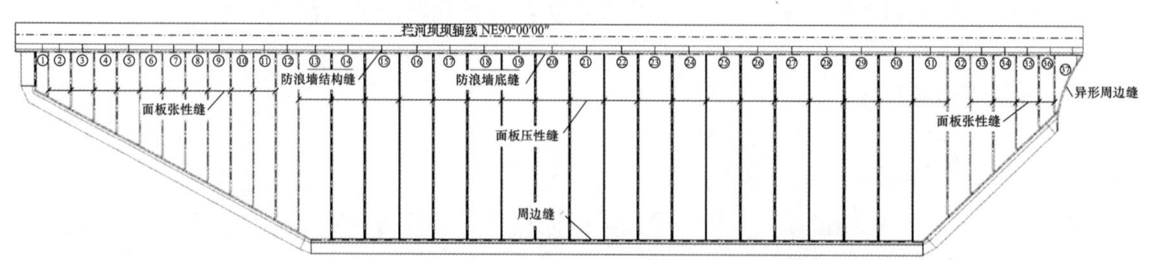

图 8-2-4　清原抽水蓄能电站下水库混凝土面板分缝

（四）混凝土面板配筋

混凝土面板是传力结构，根据国内、外面板坝应力、应变的观测资料，除面板顶端和周边缝附近存在小面积、随时间消失的微小拉应变外，大部分面板处于双向受压状态，最大应变值约 400×10^{-6}，而在逐渐加荷（长期荷载）情况下，混凝土允许的压应变为 3000×10^{-6} 左右，抽水蓄能电站面板坝通常为中高坝，面板混凝土挤压破坏问题不突出。面板在法向水压力作用下，由于基础不均匀沉陷，将产生拉应力，此外，混凝土散热降温、干缩以及外界温度变化均有可能使面板出现裂缝，面板配筋的目的主要是起限裂作用。

抽水蓄能电站水库混凝土面板配筋原则与常规混凝土面板坝工程基本相同，即面板可采用单层双向或双层双向配置钢筋，各向配筋率宜为 0.3%～0.5%。由于抽水蓄能电站水库的混凝土防渗面板运行条件比较不利，建议其配筋率可比常规面板坝面板的配筋率有适当的提高，受拉区面板单向配筋率宜为0.45%～0.5%，受压区面板单向配筋率宜为0.35%～0.4%。高坝的压性垂直缝、周边缝、水平缝以及邻近周边缝的垂直缝两侧宜配置抗挤压钢筋，并设置拉筋或封闭箍筋。

（五）混凝土面板的施工和养护

抽水蓄能电站水库库（坝）坡混凝土面板的施工与常规面板坝工程基本相同，均可采用无轨滑模进行。对于采用全库防渗的抽水蓄能电站水库，考虑库顶公路连接顺畅，库岸边坡一般采用圆弧连接，存在曲面段混凝土面板施工的问题。库坡曲面段混凝土面板可按3块共面的面板为一组，布置成上宽下窄的梯形面，将曲面段裁弯取直，便于滑模在同一个平面内平行移动。无轨滑模可采用长度可调的可变折叠滑模，其基本结构与直线段滑模相同，一般由6m长的基本模板和若干块1m长的短模板组装而成。滑模滑升过程中，随着仓面的变宽，以1m长模板为单位逐步加宽仓内模板，同时向外调节该端钢丝绳的牵引位置。滑模滑升时，滑模与已浇混凝土板的搭接长度应控制适当，搭接太少，容易掉下仓面而造成事故；搭接超过30cm，滑模被抬高，造成新浇混凝土覆盖已浇面板，形成错台，给表面止水施工带来困难。

浇筑面板混凝土时，应严格控制混凝土入仓坍落度和滑升速度，溜槽入口处混凝土的坍落度应满足施工要求，宜控制在3～10cm，滑升速度控制在1.5～2.0m/h，滑模一次最大行程宜小于30cm。

混凝土面板浇筑脱模后，应立即进行养护，混凝土二次抹面后，及时铺盖一层塑料薄膜，初凝后覆盖保温被，养护期间在坝顶利用带孔的软管对塑料薄膜下部混凝土进行流水养护，保持混凝土表面处于湿润状态，直到水库蓄水。寒冷地区面板混凝土还应进行有效的表面保温。

四、混凝土面板止水

（一）止水构造型式

仅在坝坡区采用混凝土面板防渗的抽水蓄能电站水库，其面板止水构造型式可参照常规面板坝混凝土面板止水构造进行设计。全库防渗的抽水蓄能电站水库混凝土面板止水构造型式与常规面板坝的型式略有区别，但仍可划分为周边缝、受压缝、受拉缝等结构型式。

（1）周边缝。由于周边缝位于填筑区、进/出水口等其他建筑物的边缘，其变形通常是三维的，即沿垂直缝面方向张开、沿板厚方向沉降及沿缝面方向剪切。周边缝的构造设计是以估计的周边缝变形量为基础，结合地形条件和已建类似工程的经验进行，以满足大变形和复杂变形条件下的止水要求。根据工程的重要性，周边缝可设两道或三道止水。设两道止水的构造型式一般为底部铜止水片＋顶部塑性填料表层止水。设三道止水时，在面板中部增设PVC止水片或橡胶止水带。如果面板厚度较薄，无法保证止水周围混凝土的浇筑质量时，应将周边缝附近面板做局部加厚处理，如十三陵抽水蓄能电站上水库主坝区周边缝，由于30cm厚混凝土面板内设置三道止水，中层止水与底部止水的间距较小，现场工艺试验表明，振捣不实，存在蜂窝、麻面现象，无法保证止水的效果。正式施工时将周边缝处面板加厚至50cm，并在5m范围内渐变至30cm。周边缝表层止水塑性填料的截面积应根据周边缝在蓄水后可能张开的宽度进行设计，一般要求做成弧形凸体，塑性填料的断面面积宜为接缝设计张开充填填料断面面积的2.0～2.5倍，以保证周边缝的止水效果。

（2）受拉缝。受拉缝布置在坝肩及库坡曲面段。结合工程经验及计算成果，可采用底部铜止水＋顶部塑性填料表层止水的构造型式，其表层止水塑性填料的截面积也应根据受拉缝在蓄水后可能拉开的宽度进行设计，一般要求做成弧形凸体，塑性填料的断面面积宜为接缝设计张开充填填料断面面积的2.0～2.5倍，以保证接缝的止水效果。

（3）受压缝。坝体中部、库岸开挖区及库底混凝土面板的接缝均为受压缝，可采用底部铜止水＋顶部塑性填料的表层止水的构造型式。由于受压缝一般没有大的变形，表层止水塑性填料无须做成弧形凸体，通常与面板齐平。

（4）面板分期施工水平缝。宜在面板分期施工水平缝顶部设一道塑性材料止水及保护盖片，两端与面板垂直缝、周边缝表面止水结构连接。面板永久水平缝止水结构参照该高程周边缝设置，并与垂直缝、周边缝止水形成封闭系统。

（5）防浪墙底部水平缝。其止水结构可参照该高程周边缝设置，缝顶、缝底部止水应和面板垂直缝相对应的止水连接。

（二）铜止水

由于紫铜带具有良好的耐蚀性和延展性，强度较低，易于加工成型，常用作水工建筑物的止水材料。铜止水片宜选用软态的纯铜带加工，其抗拉强度不应小于205MPa，伸长率不应小于30%，当剪切位移较大时，铜止水片的断面尺寸应符合DL/T 5215《水工建筑物止水带技术规范》的有关规定。

混凝土防渗面板的底部止水铜片，厚度一般选用1～1.2mm，主要有D、F和W三种类型，通常使用铜卷材，根据设计形状和尺寸在现场用专用机械压制成型。D形适用于趾板结构缝、防浪墙结构缝，F形适用于面板与趾板间的周边缝，V形适用于防浪墙底缝，面板之间结构缝的底部止水均使用W形铜止水。铜止水片的形状和尺寸可参照图8-2-5，图中的d_{max}为面板混凝土骨料的最大粒径，面板混凝土通常采用二级配，其d_{max}一般为40mm。铜止水片鼻端顶部空腔内应放置实心橡胶棒或尼龙棒，以维持其体形，并用泡沫塑料将空腔塞满，防止在浇筑过程中砂浆进入，使空腔处不能自由变形。

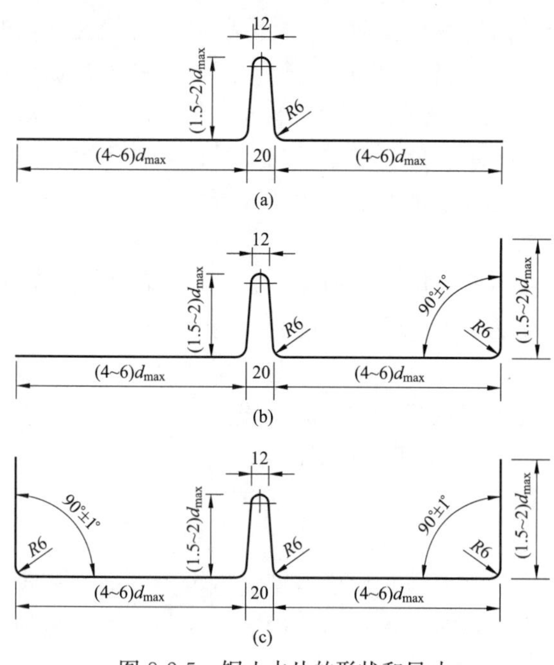

图8-2-5 铜止水片的形状和尺寸

（a）D形止水片；（b）F形止水片；（c）W形止水片

铜止水片的连接一般采用对缝焊或搭接焊，焊接工艺应采用黄铜焊条气焊。对缝焊接时，应采用单面双层焊道焊缝，必要时可在焊接后再增焊与止水片形状相同的贴片，对称焊接在接缝两侧的止水片上，贴片宽度不小于60mm。搭接焊接应采用双面焊接，搭接长度不小于20mm。有关试验研究表明，铜止水的焊缝对止水效果有较大的影响，特别是面板接缝产生变形的情况下，将大大降低其止水效果。为解决铜止水片焊缝多、焊缝质量不易保证而成众多薄弱环节的问题，国内外目前均采用铜卷材，在现场用专用挤压成型机加工，就地长条安放，以大大减少焊缝量。

无论是常规混凝土面板坝工程，还是全库防渗的抽水蓄能电站水库工程，铜止水片均存在数量不等的“丁”字或“十”字接头，要求适应各块混凝土面板在各个方向的变形。早期工程中对铜止水片的“十”字和“丁”字形接头通常的处理办法是把一条W形铜止水的侧翼切开，与另一条搭接焊接，同时把另一条W形止水铜片的中腹堵死，这样就限制了另一个方向的拉伸和错动变形，当面板在两个方向上都存在较大位移时，止水铜片将在另一方向发生拉伸或剪切破坏。通过大量的工艺试验，十三陵抽水蓄能电站上水库混凝土面板铜止水的“丁”和“十”字形接头采用工厂整体冲压成型，如图8-2-6所示。该项技术是采用多套模具将比铜止水片厚0.2～0.3mm的铜板经多次反复冲压和退火处理，冲压成设计所需的“十”字和“丁”字形接头形状。经测厚、探伤测试，变形较大的鼻子、翼缘部位虽超深拉伸达60～100mm，其厚度仍满足要求，无裂纹、孔洞等缺陷。对加工件取样进行硬度、拉伸及杯突试验，各项指标与加工前母材的指标基本一致。由于应用该项技术生产的铜止水能适应接缝的三向变形，避免了以往采用焊接加工可能造成的质量缺陷，止水效果好，已在后续的琅琊山抽水蓄能电站上水库主坝、洪家渡、水布垭等工程中得到了推广应用，图8-2-7为琅琊山抽水蓄能电站上水库主坝混凝土面板铜止水“丁”字形整体接头照片。目前大多混凝土面板坝工程异型接头大都采用这种冲压成型技术，异型接头宜在工厂整体冲压成型并做退火处理，成型后的接头不应有裂纹或孔洞等缺陷，若局部减薄，其最小厚度不小于设计厚度。清原抽水蓄能电站下水库铜片止水异型接头型式如图8-2-8所示，V形与D形止水铜片接头照片如图8-2-9所示。

（三）橡胶止水带和聚氯乙烯止水带

橡胶和聚氯乙烯止水带是弹性材料，具有较大的拉伸变形性能和良好的止水效果，是水工建筑物结构缝常用的止水材料，在混凝土面板坝工程中一般用作周边缝等的中部止水。橡胶和聚氯乙烯止水带的厚度一般为6～12mm，宽度一般为250～370mm，可根据作用水头和接缝张开值大小选用。当作用水头及接缝张开值大时，应选用厚度及宽度较大的止水带。

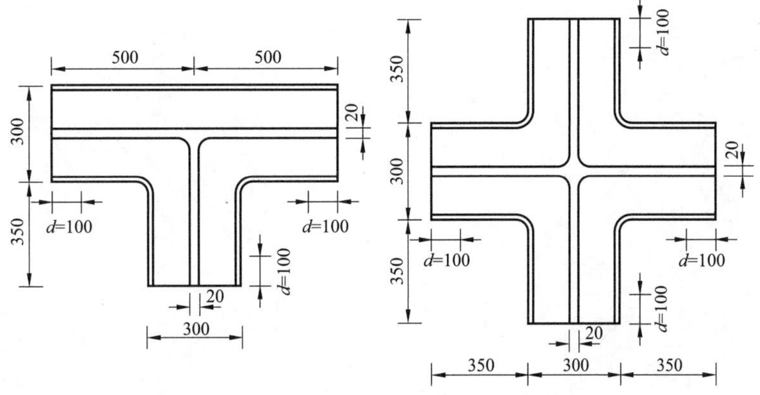

图 8-2-6 十三陵上水库铜止水“丁”和“十”整体冲压接头

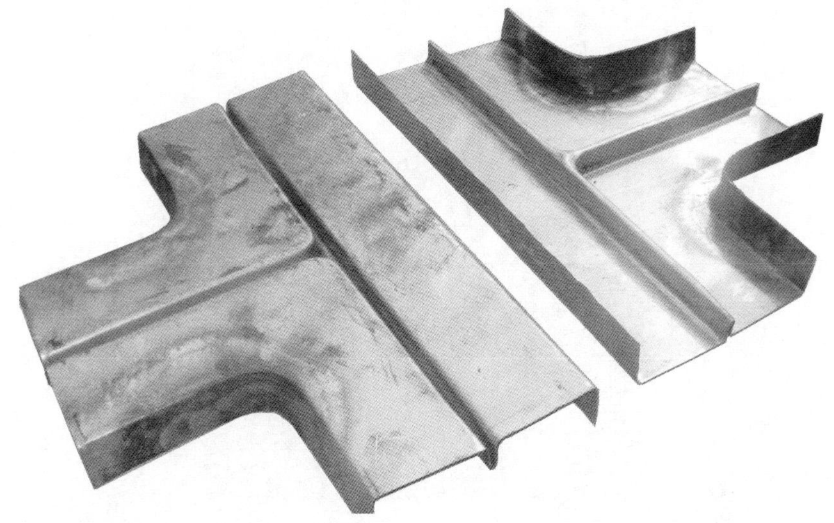

图 8-2-7 琅琊山上水库铜止水“丁”字形整体冲压成型接头

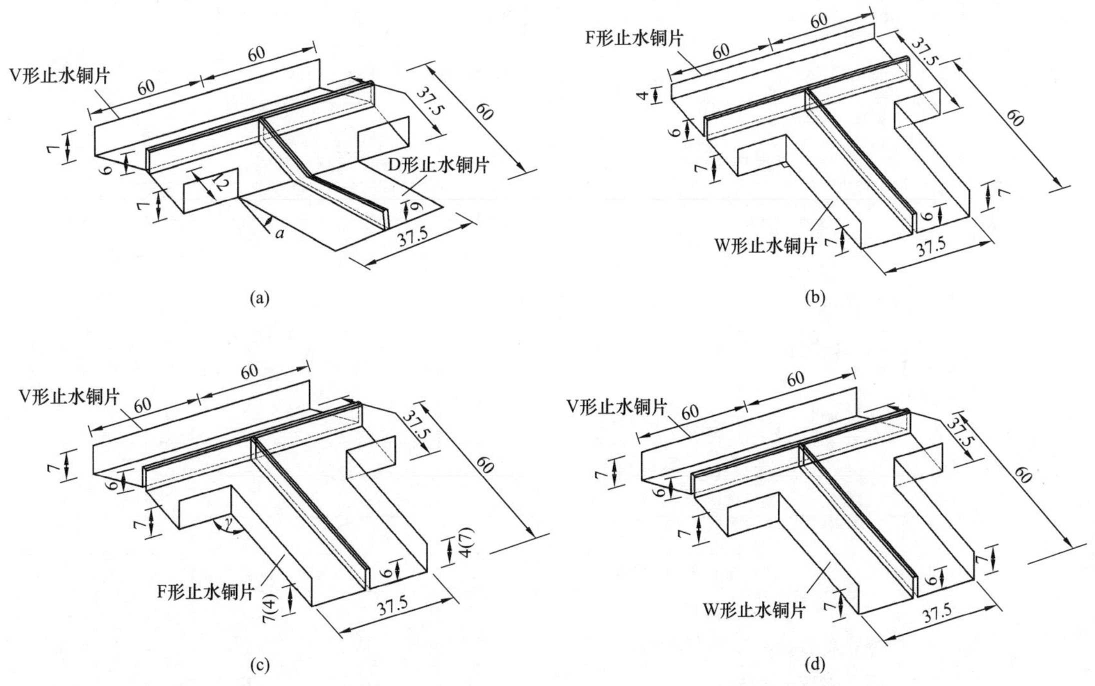

图 8-2-8 清原抽水蓄能电站下水库铜片止水异型接头型式（一）

（a）防浪墙水平缝与结构缝止水接头；（b）周边缝与面板垂直缝止水接头；

（c）防浪墙水平缝与周边缝止水接头；（d）防浪墙水平缝与面板垂直缝止水接头

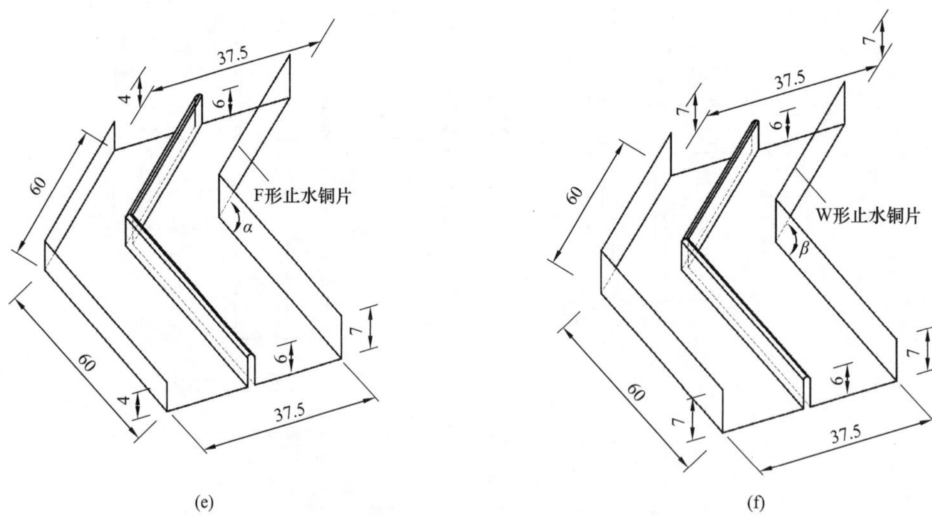

图 8-2-8 清原抽水蓄能电站下水库铜片止水异型接头型式（二）

（e）周边缝转弯段止水接头；（f）面板垂直缝转弯段止水接头

图 8-2-9 清原抽水蓄能电站下水库 V 形与 D 形止水铜片接头

用于混凝土防渗面板接缝的橡胶止水带性能要求见表 8-2-3，聚氯乙烯止水带的物理力学性能要求见表 8-2-4。

表 8-2-3　　橡胶止水带的性能

<table>
<tr><th>序号</th><th colspan="4">项目</th><th>B</th><th>J</th></tr>
<tr><td>1</td><td colspan="4">硬度（邵尔 A）</td><td>60°±5°</td><td>60°±5°</td></tr>
<tr><td>2</td><td colspan="4">拉伸强度（MPa）</td><td>≥15</td><td>≥10</td></tr>
<tr><td>3</td><td colspan="4">扯断延伸率（%）</td><td>≥380</td><td>≥300</td></tr>
<tr><td rowspan="2">4</td><td colspan="2" rowspan="2">压缩永久变形（%）</td><td colspan="2">70℃、24h</td><td>≤35</td><td>≤35</td></tr>
<tr><td colspan="2">28℃、168h</td><td>≤20</td><td>≤20</td></tr>
<tr><td>5</td><td colspan="4">撕裂强度（kN/m）</td><td>≥30</td><td>≥25</td></tr>
<tr><td>6</td><td colspan="4">脆性温度（℃）</td><td>≤−45</td><td>≤−40</td></tr>
<tr><td rowspan="6">7</td><td rowspan="6">热空气老化</td><td rowspan="3">70℃、168h</td><td colspan="2">硬度（邵尔 A）</td><td>≤+8°</td><td></td></tr>
<tr><td colspan="2">拉伸强度（MPa）</td><td>≥12</td><td></td></tr>
<tr><td colspan="2">扯断延伸率（%）</td><td>≥300</td><td></td></tr>
<tr><td rowspan="3">100℃、168h</td><td colspan="2">硬度（邵尔 A）</td><td></td><td>≤+8°</td></tr>
<tr><td colspan="2">拉伸强度（MPa）</td><td></td><td>≥9</td></tr>
<tr><td colspan="2">扯断延伸率（%）</td><td></td><td>≥250</td></tr>
<tr><td>8</td><td colspan="4">臭氧老化 50pphm：20%、48h</td><td>2 级</td><td>0 级</td></tr>
<tr><td>9</td><td colspan="4">橡胶与金属黏合</td><td colspan="2">断在弹性体内</td></tr>
</table>

注 1.“橡胶与金属黏合项”仅适用于带有钢边的止水带。

2. 若有其他的特殊需要时，可由供需双方协议适当增加检测项目，如根据用户需求酌情考核霉菌试验，其防霉性能应等于或高于 2 级。

3. B 表示适用于变形缝用止水带，J 表示适用于有特殊耐老化要求的接缝止水带。

表 8-2-4　　聚氯乙烯止水带的物理力学性能

<table>
<tr><th>序号</th><th colspan="2">项目</th><th>单位</th><th>指标</th><th>试验方法</th></tr>
<tr><td>1</td><td colspan="2">硬度（邵尔 A）</td><td></td><td>≥65℃</td><td>GB/T 2411《塑料和硬橡胶　使用硬度计测定压痕硬度（邵氏硬度）》</td></tr>
<tr><td>2</td><td colspan="2">拉伸强度</td><td>MPa</td><td>≥14</td><td rowspan="2">GB/T 1040.2《塑料　拉伸性能的测定　第2部分：模塑和挤塑塑料的试验条件》
Ⅱ型试件</td></tr>
<tr><td>3</td><td colspan="2">扯断伸长率</td><td>%</td><td>≥300</td></tr>
<tr><td>4</td><td colspan="2">低温弯折</td><td>℃</td><td>≤−20</td><td>GB/T 18173.1《高分子防水材料　第1部分：片材》
试件厚度 2mm</td></tr>
<tr><td rowspan="2">5</td><td rowspan="2">热空气老化，70℃，168h</td><td>拉伸强度</td><td>MPa</td><td>≥12</td><td rowspan="2">GB/T 1040.2《塑料　拉伸性能的测定　第2部分：模塑和挤塑塑料的试验条件》
Ⅱ型试件</td></tr>
<tr><td>扯断伸长率</td><td>%</td><td>≥280</td></tr>
<tr><td rowspan="2">6</td><td rowspan="2">耐碱性 10%$Ca(OH)_2$ 常温，(23±2)℃×168h</td><td>拉伸强度保持率</td><td>%</td><td>≥80</td><td rowspan="2">GB/T 1690《硫化橡胶或热塑性橡胶　耐液体试验方法》</td></tr>
<tr><td>扯断伸长率保持率</td><td>%</td><td>≥80</td></tr>
</table>

注　出厂检验项目为项目 1、2、3，型式检验项目为所有项目，有特殊要求时还可增加其他检测项目。

（四）表层嵌缝止水材料

混凝土面板接缝表层止水一般由塑性嵌缝止水材料和表面保护盖板组成。保护盖板用于塑性嵌缝止水材料表面，起密封和保护作用，并均匀传递水压力；塑性嵌缝填料在水压力作用下，发挥填缝止水作用。

1. 塑性嵌缝止水材料

随着混凝土面板坝的发展，国内、外对嵌缝止水材料进行了大量试验研究，先后开发了几种性能优良的嵌缝止水材料。以丁基橡胶等高分子材料为主要原料生产的塑性密封材料，在水压力作用下，能由嵌缝位置挤入接缝中，发挥填缝止水作用。国内常用的面板嵌缝止水材料有 GB 和 SR 止水材料，在严寒地区的面板堆石坝，GB 止水材料运用较多。嵌缝止水材料技术性能指标要求见表 8-2-5。

表 8-2-5　　嵌缝止水材料技术性能指标要求

<table>
<tr><th colspan="3">测试项目及测试条件</th><th>单位</th><th>指标要求</th></tr>
<tr><td rowspan="3">浸泡质量损失率（常温，3600h）</td><td colspan="2">水</td><td>%</td><td>≤2</td></tr>
<tr><td colspan="2">饱和氢氧化钙溶液</td><td>%</td><td>≤2</td></tr>
<tr><td colspan="2">10%氯化钠溶液</td><td>%</td><td>≤2</td></tr>
<tr><td rowspan="8">拉伸黏结性能</td><td rowspan="2">常温（干燥）</td><td>断裂伸长率</td><td>%</td><td>≥125</td></tr>
<tr><td>黏结性能</td><td>—</td><td>不破坏</td></tr>
<tr><td rowspan="2">常温（浸泡）</td><td>断裂伸长率</td><td>%</td><td>≥125</td></tr>
<tr><td>黏结性能</td><td>—</td><td>不破坏</td></tr>
<tr><td rowspan="2">低温（干燥）</td><td>断裂伸长率</td><td>%</td><td>≥50</td></tr>
<tr><td>黏结性能</td><td>—</td><td>不破坏</td></tr>
<tr><td rowspan="2">300 次冻融循环</td><td>断裂伸长率</td><td>%</td><td>≥125</td></tr>
<tr><td>黏结性能</td><td>—</td><td>不破坏</td></tr>
<tr><td>密度</td><td colspan="2">23℃±2℃</td><td>g/cm^3</td><td>≥1.15</td></tr>
<tr><td>流淌值</td><td colspan="2">下垂度</td><td>mm</td><td>≤2</td></tr>
<tr><td colspan="3">流动止水长度</td><td>mm</td><td>≥130，≥150
（坝高超过 100m）</td></tr>
<tr><td>针入度</td><td colspan="2"></td><td>0.1mm</td><td>≥80</td></tr>
</table>

2. 表层保护盖板

目前多采用柔性防水卷材作为防护盖板，常用的有三元乙丙橡胶板等耐老化性能好的高分子防水材料，通过锚固的方式与面板连接，该结构型式依靠自身的强度和变形适应能力发挥止水作用。三元乙丙加筋无炭黑橡胶板物理力学指标要求见表 8-2-6。此结构型式的周边缝缝口是曲折多变的，存在多个 T 形接头和或 L 形折角，尤其是顶部与防浪墙底缝间存在折角，缝口呈现为非平面的空间形态，须根据现场变化段实际角度定做防护盖板接头，再将直线段防护盖板与这些接头相连，施工质量难以保证。在严寒地区，冬季结冰对这种表层保护盖板结构影响显著，冰冻对表层保护盖板锚固系统和对盖板本身均有破坏作用，止水系统耐久性差。

表 8-2-6　　三元乙丙加筋无炭黑橡胶板物理力学指标要求

项目		指标要求
断裂拉伸强度（常温）（MPa）		≥8
扯断伸长率（常温）（%）		≥450
撕裂强度（kN/m）		≥25
脆性温度（℃）		≤−40
耐热空气老化（80℃×168h）	拉伸强度保持率（%）	≥80
	扯断伸长率保持率（%）	≥70
	伸长率达到100%时	外观无裂纹
臭氧老化（500pphm，伸长率40%，40℃×168h，静态）		外观无裂纹
抗渗性（MPa）		≥1.0

针对三元乙丙橡胶板作为保护盖板，表层结构存在施工困难、耐久性差等问题，近期工程较多采用手刮聚脲为保护盖板，聚脲厚度一般为4mm，如沂蒙下水库、清原下水库等。在塑性嵌缝材料施工完成后，沿两侧混凝土面板表面涂刷聚脲专用界面剂，涂刷均匀、无漏涂，界面剂涂刷宽度要大于聚脲涂刷范围。待潮湿型界面剂表干后（黏手不拉丝），在塑性嵌缝材料和两侧混凝土面板表面刮涂聚脲，聚脲与混凝土之间的接触宽度应大于20cm，涂刷第一遍聚脲后，等聚脲表干，再涂刷第二遍聚脲，并马上粘贴一层胎基布，胎基布与混凝土面的搭接长度为10～20cm，但小于聚脲的宽度。聚脲表干后再涂刷第三遍、第四遍聚脲，并在第四遍聚脲表面粘贴第二层胎基布，聚脲表干后再涂刷第五遍聚脲，直至涂层厚度不小于4mm。手刮聚脲（Ⅰ型）技术指标见表8-2-7，沂蒙下水库和清原下水库混凝土面板接缝表面聚脲盖板施工后形象见图8-2-10。

表 8-2-7　　手刮聚脲（Ⅰ型）技术指标

项目	性能要求
黏度（MPa·s）	≥3000
固含量（%）	≥80
表干时间（h）	≤4
拉伸强度（MPa），28天	≥15
断裂伸长率（%）	≥300
黏结强度（MPa）	<2.5
撕裂强度（N/mm）	≥40
硬度（邵尔A）	≥50
不透水性（0.4MPa×2h）	不透水
吸水率（%）	<5

(a)

(b)

图 8-2-10　混凝土面板接缝表面聚脲盖板施工后形象

（a）沂蒙下水库面板；（b）清原下水库面板

五、混凝土面板渗水量估算和排水设计

（一）设置排水的必要性

国内外已建面板坝工程的混凝土面板均存在不同程度的裂缝，抽水蓄能电站水库的混凝土面板也不例外，加之接缝止水结构的施工不能保证百分之百的可靠和其他因素的影响，混凝土面板均有不同程度的漏水。如果混凝土面板的渗水不能及时排除，当水库水位急速降落时，将在其后形成反向水压力，而导致面板破坏。

以30cm厚的库底面板为例，面板自重 $W=2.4\times0.3=0.72\mathrm{t/m^2}$，当其后渗漏水水位降落速度比库水位慢时，只要高出库水位0.72m以上，库底面板将在渗水反压力作用下浮起，危及水库防渗结构的安全。因此，作好面板后的排水设计，是保证抽水蓄能电站水库安全运行的重要环节之一。

（二）排水设计准则及面板渗水量估算

抽水蓄能电站混凝土面板的排水设计准则是面板后排水垫层的排水能力必须大于面板渗水量。

通过库底混凝土面板的渗漏量可按达西定律进行估算，其计算公式为

$$Q=K\frac{H}{\delta}A \tag{8-2-2}$$

式中 Q——通过混凝土面板的渗漏量，$\mathrm{m^3/s}$；

K——混凝土面板的综合渗透系数，m/s；

H——作用水头，m；

δ——混凝土面板厚度，m；

A——混凝土面板防渗面积，$\mathrm{m^2}$。

若库（坝）坡采用变厚度面板，面板厚度一般可用公式 $\delta=\delta_0+\alpha h$ 表示，则沿库（坝）坡单米宽的混凝土面板渗水量可用以下公式计算：

$$q=\frac{K}{\sin\beta}\int_0^H\frac{h-z}{\delta_0+\alpha h}\mathrm{d}h \tag{8-2-3}$$

式中 q——通过库（坝）坡单米宽混凝土面板的渗漏量，$\mathrm{m^3/s}$；

K——混凝土面板的综合渗透系数，m/s；

H——库（坝）坡上作用的最大水头，m；

δ_0——库水位处的混凝土面板厚度，m；

h——计算高程与面板顶部高程之差，m；

z——面板顶部高程与水库水位之差，m；

α——面板变厚比例系数；

β——库（坝）坡与水平面的夹角，(°)。

当采用等厚混凝土面板时，式（8-2-3）可简化为

$$q=K\frac{H^2}{2\delta\sin\beta} \tag{8-2-4}$$

对于完好的混凝土试块，其渗透系数可达 $10^{-10}\sim10^{-9}$cm/s量级。工程经验表明，由于混凝土面板都不同程度地存在着细小的裂缝，接缝止水也有渗漏，防渗面板的实际综合渗透系数比混凝土本身的渗透系数大得多。《第十六届国际大坝会议论文集》中“估算通过堆石坝上游混凝土面板的渗漏”一文据混凝土面板坝实测渗漏量，反算出混凝土面板的综合渗透系数在 $6.8\times10^{-7}\sim2.27\times10^{-6}$cm/s（可能包括坝基的渗漏）。根据1996～2000年十三陵抽水蓄能电站上水库混凝土面板渗漏量实测值反算出其综合渗透系数在 $3.61\times10^{-8}\sim9.09\times10^{-8}$cm/s，并随蓄水时间的增长有逐渐减小的趋势。因此，在进行抽水蓄能电站的排水设计时，建议混凝土面板的综合渗透系数取 $1\times10^{-7}\sim1\times10^{-6}$cm/s。

（三）排水设计

排水设计应根据混凝土面板估算的渗漏量进行排水计算，最终确定排水系统的布置和设计。

根据达西定律，保证混凝土面板后不产生反向压力，通过单米宽排水垫层的渗漏排水量可按下式计算：

$$q_p = KDJ = KD\sin\beta \tag{8-2-5}$$

式中：q_p——通过斜坡单宽米排水垫层的渗漏排水量，m^3/s；

K——排水垫层的渗透系数，m/s；

D——排水垫层厚度，m；

J——通过排水垫层的水力坡降；

β——排水垫层底坡面与水平面的夹角，(°)。

对于坝坡上的混凝土面板渗水可通过其后的垫层区排泄，并通过坝基排水层排向库外。排水层的厚度一般由施工碾压条件和排水能力要求计算确定，并应满足施工最小厚度要求。水平宽度一般为2～3m，当混凝土面板的综合渗透系数为$1\times10^{-7}\sim1\times10^{-6}$cm/s时，只要垫层料的渗透系数不小于$1\times10^{-3}$cm/s就能满足上述排水准则的要求。抽水蓄能电站面板坝的垫层料渗透系数宜为$1\times10^{-3}\sim1\times10^{-2}$cm/s，寒冷地区的抽水蓄能电站面板坝可使排水垫层的渗透系数为10^{-2}cm/s量级。建议严格控制粒径小于0.075mm和小于5mm细颗粒含量。一般要求粒径小于0.075mm的颗粒含量不大于5%，小于5mm的颗粒含量控制在25%～35%。

采用全库盆混凝土面板防渗的抽水蓄能电站水库工程，应在面板后设置级配碎石或无砂混凝土排水层，将库盆内的面板渗水排向库底，并在库底设置排水管网及排水廊道，收集整个库盆的渗水，集中排向库外。如果岩石库岸开挖坡度缓于1∶1.7，可考虑选用级配碎石填筑排水垫层，开挖坡度陡于1∶1.7时，一般采用无砂混凝土排水垫层。无砂混凝土是一种具有多孔的、强透水的混凝土材料，该材料具有一定的强度，可在较陡的斜坡上采用无轨滑模施工，施工工艺简单，通过合理的配比设计，其渗透系数可大于1×10^{-2}cm/s，是一种比较理想的排水垫层材料。无砂混凝土排水垫层对面板的约束作用较强，易引起面板开裂，需加强防裂措施。库坡排水层的厚度，除按排水准则进行设计外，还应满足施工的要求，当采用无砂混凝土时，应不小于30cm；而采用级配碎石时，级配同坝坡垫层区要求，厚度也应满足水平碾压及斜坡碾压时的施工最小宽度和厚度要求。如十三陵上水库库坡无砂混凝土排水层的厚度为30cm，泰安上水库库坡级配碎石排水垫层的厚度为80cm。根据已建工程的经验，只要选择的无砂混凝土配合比合适或控制好级配碎石中小于5mm细颗粒以及小于0.075mm料的含量，排水垫层的渗透系数一般均可大于1×10^{-2}cm/s，其设计渗透系数可取1×10^{-2}cm/s。

为便于库底排水顺畅，一般将库底开挖成倾向廊道的斜坡面，并设置级配碎石排水垫层，厚度为50cm左右。如库底排水垫层的排水能力通过计算分析不能满足排水准则的要求，可在排水垫层内增设排水管网系统。排水管网采用排水花管或无砂混凝土透水管，间距为20～30m，并与排水廊道连通，将渗水排入廊道内，集中排向库外。十三陵电站上水库库盆共分为8个排水区域，主、副坝上游为水平宽度为3m的碎石排水垫层，岩坡区库坡设置厚度为30cm的无砂混凝土排水垫层，库底设置50cm的碎石排水垫层，并在排水垫层内设置内径15cm的硬质塑料花管，间距为20～30m，将面板渗水直接排入库底排水廊道内，再集中排向主坝下游排水沟，上水库排水系统布置如图8-2-11所示。

对库坡无砂混凝土排水垫层，可采用无轨滑模进行施工，施工方法基本与混凝土面板相同。无砂混凝土排水垫层在振捣时，应选用小功率的振捣器或用人工插捣，防止浆液下沉而堵塞无砂混凝土孔隙，使排水垫层的排水作用失效。

（四）渗漏控制

抽水蓄能电站水库渗漏量的控制，目前还没有一个统一的标准，但应遵循以下原则进行渗漏控制设计：①力求不恶化工程区的天然水文地质条件，以免对库坡稳定、输水系统及地下厂房的安全造成较严重的影响。②限制或消除防渗面板后产生的反向压力，当库水位骤降时保证防渗面板的安全。③对电站循环效率系数不造成明显的影响。几座已建成混凝土面板全库防渗工程实际达到的渗漏控制值见表8-2-8，国外早期建设的工程，由于当时混凝土面板技术的限制，渗漏量均较大。20世纪90年代建设的十三陵抽水蓄能电站上水库，混凝土面板全库防渗很成功，其日渗漏量基本可控制在不大于0.5‰的总库容范围以内。

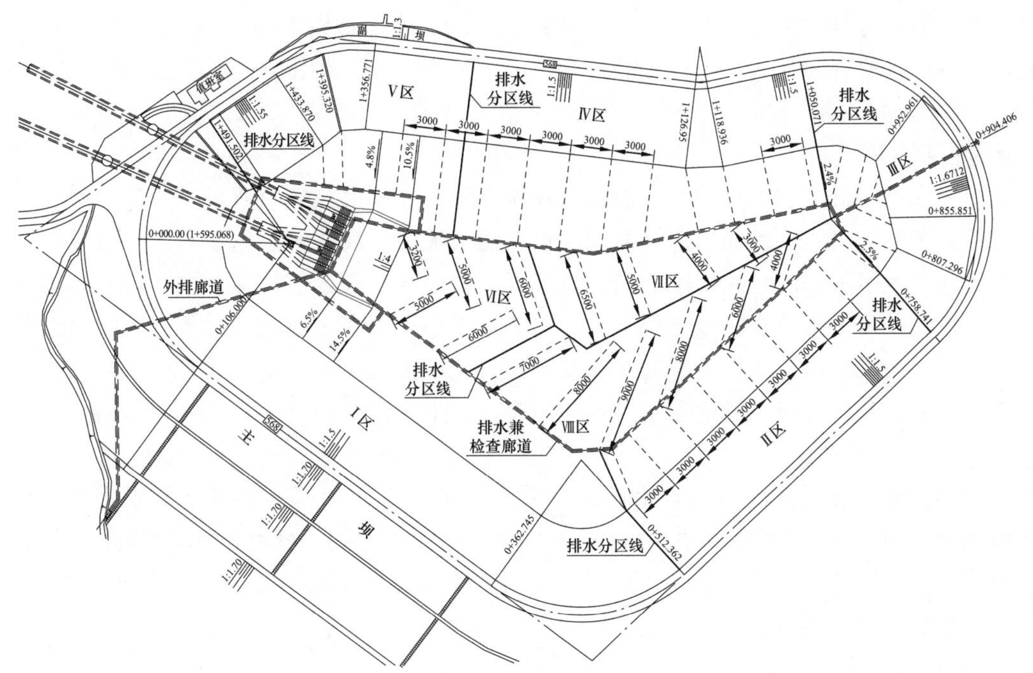

图 8-2-11　十三陵抽水蓄能电站上水库排水系统布置图

表 8-2-8　　几座已建成混凝土面板全库防渗工程实际达到的渗漏控制值

序号	工程名称	国别	建成年份	上水库总库容（万 m^3）	实测最大渗漏量（L/s）	日渗漏量占总库容的比例（‰）	备注
1	瑞本勒特	德国	1955 年	150	37	2.13	未改建前
2	拉告施	法国	1975 年	200	100	4.32	
3	十三陵	中国	1995 年	445	14.16	0.28	冬季曾出现的最大值
4	宜兴	中国	2008 年	538	14	0.23	

六、面板防裂技术措施及裂缝处理

（一）裂缝机理及特点

混凝土面板裂缝可分为两类：①结构性裂缝，是由于坝体（基础）不均匀变形（沉降）而引起的，一般裂缝宽度较大，且绝大多数为贯穿性裂缝；②收缩裂缝，是由于混凝土自身因素（配料特性及配合比等）、施工因素（浇筑工艺，浇筑季节，温、湿度变化及养护措施等）而造成干燥收缩和降温冷缩，包括受到底部垫层的约束，当由此诱发的拉应力超过面板混凝土的抗拉强度或拉应变超过混凝土的极限拉伸值时，就产生收缩裂缝。

目前，混凝土面板堆石坝面板结构性裂缝主要在 200m 级的高坝上容易产生，如 187m 高的阿瓜密尔和 178m 的天生桥一级面板坝，都曾因坝体不均匀变形而产生结构性裂缝，而在坝高 100m 以下的面板坝工程中还比较少见。对于抽水蓄能电站工程的上、下水库，其坝高一般在 100m 以内，如按正常的设计和施工，坝坡面板产生结构性裂缝的可能性较少，但对于全库盆采用混凝土面板防渗的工程，往往由于岩性和风化程度等不同，如基础处理不当，可能产生结构性裂缝。如十三陵抽水蓄能电站上水库库盆西北角的 SR45 号面板，其基础上部为岩基、下部为边坡加固处理回填的 150 号混凝土，第一次放空检查时在混凝土和基岩的接触边界上发现了一条结构性贯穿裂缝，缝宽 0.75mm、长 6.6m。

抽水蓄能电站混凝土面板堆石坝与常规电站混凝土面板堆石坝的面板裂缝特征和分布规律基本相同，主要表现为收缩裂缝。从大量已建常规混凝土面板堆石坝工程来看，面板收缩裂缝的形态基本上是水平向分布和发展，缝宽随温度、湿度变化，一般在混凝土浇筑后不久出现，并在越冬后有所发展，多数为缝宽小于 0.2～0.3mm 的浅表微细裂缝，但也有贯穿性裂缝。对于全库盆防渗的抽水蓄能电站水库，由于严酷的运行条件和岩石库坡的约束较强，出现的面板收缩裂缝往往比常规混凝土面板堆石坝工程要严重得多，但裂缝开展的特点和规律仍与常规面板坝工程相同。如十三陵抽水蓄能电站上水库蓄水前的混凝土面板检查发现，大于 0.2mm 裂缝 136 条，总长 1194m；小于 0.2mm 的裂缝总长 2775m。裂缝主要有以下特点：

（1）基本为水平向开展，大多数为浅面细微收缩裂缝，并未贯穿整个面板。

（2）大多分布于库（坝）坡面板上，库底面板和连接板由于尺寸较小，基本没有出现裂缝。

（3）由于基础约束和侧向约束作用不同，岩坡区的库坡面板裂缝多于坝坡区，曲面段多于直线段。同为岩坡区的面板，由于西坡在面板垫层下设置“二布六涂”柔性防渗层，裂缝比北坡和西南坡少。

（4）库（坝）坡跳仓浇筑的面板裂缝少或没有，夹仓浇筑的面板裂缝相对较多。

（5）养护时间短和在防裂不利的季节浇筑的混凝土面板细微裂缝较多，个别板块甚至出现了龟裂现象。

面板收缩性裂缝一般不会严重影响水库的渗漏量，也不至于引起坝体或垫层发生渗透变形问题，但将对面板混凝土的耐久性造成一定影响，加剧混凝土的渗透溶蚀、冻融破坏、钢筋锈蚀等过程，严重的可能导致整个防渗体系失效，影响工程正常运行。因此，抽水蓄能电站的混凝土面板尤其要重视抗裂研究，采取必要的防裂措施。

（二）防裂技术措施

1. 防止面板结构性裂缝的措施

面板结构性裂缝主要由基础不均匀变形引起。对预计不均匀变形较大的部位，应与面板分缝结合起来统筹考虑，必要时对基础进行控制开挖及置换，使得填筑体与岩基边界线规则，并设置面板结构缝，以适应其不均匀变形。

2. 减少面板收缩裂缝的措施

大量的试验研究和工程实践经验表明，可以采取一系列改善混凝土性能和工程技术的措施避免或减少面板收缩裂缝。针对面板混凝土开裂机理，防裂技术措施主要包括两个方面：①增强混凝土自身的抗裂能力，如优选混凝土原材料和配合比、掺加各种外加剂和掺合料，达到高强低弹、减小干缩，减少水泥用量和用水量以降低混凝土水化热和温升，采用纤维混凝土和高性能混凝土，铺设限裂钢筋等。②减小环境因素对混凝土的破坏力，如选择适宜的浇筑时机、适当的温控措施、及时进行保温保湿养护、采用补偿收缩混凝土减小收缩应力及基础垫层的约束等。

（1）优选混凝土原材料和配合比。优选混凝土原材料和配合比的主要目的是减小混凝土干缩变形，提高混凝土的抗拉强度和极限拉伸率等抗裂性指标。

面板混凝土所用水泥应选择低发热量、自身体积变化为微膨胀型或非收缩型的，骨料应选择线膨胀系数小的，以减小混凝土的自身收缩。

掺粉煤灰可以改善面板混凝土施工和易性、减少水泥用量，从而减小用水量和水化热，减少浇筑初期温度裂缝发生的可能性。但掺加粉煤灰后面板混凝土的初期抗拉强度有所降低，其初期抗裂能力减弱，更有可能形成早期裂缝。试验表明，掺加适量的粉煤灰不会使混凝土早期强度降低太多，混凝土质量较好，可提高其抗裂能力。

掺高效减水剂可减少用水量 20%以上，增加混凝土的密实性，减少温度及干缩裂缝。掺引气剂可在混凝土中引发大量微小气泡，提高混凝土的抗渗性、抗冻性和耐久性。一般情况下，各种外加剂可以复合使用，以提高面板混凝土的抗裂能力。

在混凝土中掺加适量的高分子材料纤维，可以抑制早期裂缝的形成和发展，降低混凝土的弹性模量，提高混凝土的极限拉伸率、抗冻等级，改善抗渗性和耐久性。如琅琊山上水库面板混凝土中掺加 0.9kg/m^3 的聚丙烯腈纤维（长度为 12mm），混凝土 28 天的极限拉伸率提高约 18%。目前市场上生产厂家较多，主要有聚丙烯、聚乙烯醇等纤维品种可供选择。清原下水库面板混凝土的配合比，针对聚丙烯和聚乙烯醇纤维做了抗裂对比试验，试验表明，聚丙烯纤维在掺量为 0.6kg/m^3 时混凝土抗裂性等级即可达到Ⅰ级，聚乙烯醇纤维掺量为 0.9kg/m^3 时混凝土的抗裂性等级也可达到Ⅰ级。

(2) 减小基础约束。减少基础的约束作用是解决面板温度应力问题最有效的措施之一。

十三陵抽水蓄能电站上水库，在岩坡区西坡和北坡面板后的无砂混凝土垫层下分别设置基础防渗层（两布六涂，布为无纺布，涂指喷涂氯丁胶乳沥青，无纺布的作用是提高整体涂层韧性，增加涂层厚度）和减小约束层（三涂），以减小基础对面板的约束。从运行情况看，设置三涂约束层的北坡区面板比没有设置涂层的岩坡区面板出现的裂缝少，设置柔性基础层的西坡区面板裂缝更少。基础防渗层所用的氯丁胶乳沥青为JL-90A厚浆型，分六次喷涂，用料量6kg/m^2。选用二层80g/m^{2}规格以涤纶棉为主的化纤无纺布，要求平直无褶，幅宽1.3m，搭接长5～15cm，二层铺布纵缝间错茬30～50cm，横缝间错茬100cm。结构采用二布六涂的型式，即一次喷涂底料，二次喷料铺布，三次纯喷料，四次喷料铺布，五次纯喷料，六次喷料撒砂。每次喷涂前，检查前次喷涂料是否破乳，待破乳后方可再次喷涂，上水库基础防渗以及减小约束层结构图如图8-2-12所示。

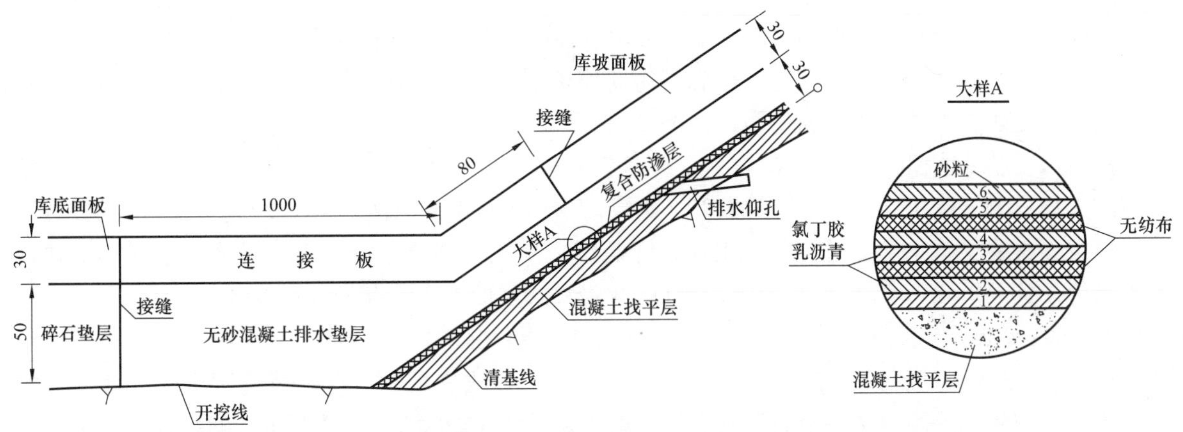

图8-2-12 十三陵抽水蓄能电站上水库基础防渗以及减小约束层结构图

泰安抽水蓄能电站上水库库盆西侧岩坡区改用80cm厚的碎石排水垫层，通过加水碾压，在1∶1.5库坡上铺筑成功，是减小基础对混凝土面板约束的有效技术措施。

对于堆石坝坝坡混凝土面板防渗工程，需降低面板的底面和侧面约束，减少面板与垫层料间的摩擦，且面板的基础表面尽量光滑平整，避免存在起伏差，嵌入垫层的架立筋尽量在浇筑混凝土之前割断，避免混凝土浇筑后插筋对面板的约束。对于面板侧模需要保证平直，在垂直缝设计一定宽度，具有抗压缩能力和具有弹性的结构型式。对于面板下部的砂浆垫层、挤压边墙等需控制其材料强度，减少对面板的约束；并对砂浆垫层、挤压边墙沿面板垂直缝进行切缝处理后，表层喷涂乳化沥青，形成“两油两砂”的隔离层，以减少砂浆垫层和挤压边墙对面板的约束。如丰宁上水库采用翻模固坡，要求其28天抗压强度为3～5MPa，其渗透系数应比垫层料小1个数量级，并在固坡砂浆表面喷涂乳化沥青，形成“两油两砂”的隔离层。清原下水库采用挤压边墙，要求其28天抗压强度小于5MPa，抗压弹性模量小于8000MPa，在挤压边墙表面再涂刷3mm厚的乳化沥青，清原下水库面板坝挤压边墙施工后的外观见图8-2-13。

图8-2-13 清原下水库面板坝挤压边墙施工后的外观

(3) 选择适宜的时段浇筑。实践表明，混凝土面板选择春秋温度较低、湿度较大的时段浇筑，可有效地减少裂缝的产生。对于采用全库混凝土面板防渗的抽水蓄能电站水库工程，往往因其防渗面积大，施工工期较长，必要时应增加滑模数量和面板混凝土的拌和能力或与工程其他部位混凝土施工错开，以保证面板混凝土的浇筑尽量安排在适宜的时段进行。

(4) 温控措施。虽然面板为薄板结构，散热容易，但在降温时也容易产生细微的温度裂缝，这些温度裂缝进一步发展，即可形成较大、较长的面板裂缝。因此，应采取适当的温控措施，如减少水泥用量，降低混凝土的入仓温度等，以减小混凝土的最高温度，减小降温时的温度应力，避免或减少面板早期温度裂缝。

（5）保温、保湿养护。由于混凝土在硬化过程中初期抗拉强度较低，受混凝土干缩、温度应力的作用，极易产生早期收缩和温度裂缝。因此，应加强混凝土面板的养护措施，使面板表面始终保持湿润状态，以减少混凝土干缩；并对面板混凝土进行保温，避免寒潮来临时产生温度裂缝。面板混凝土出模后应及时覆盖，保温保湿，直到水库蓄水或至少90天。寒冷地区面板混凝土还应进行有效的表面保温。如丰宁抽水蓄能电站上水库，面板混凝土在浇筑初抹后，表面涂刷减水剂并覆盖塑料薄膜，初凝后，拆除薄膜改用土工布覆盖并进行洒水养护，直至水库蓄水前采取保温保湿措施。面板混凝土在冬季低温季节来临前需进行冬季保温防护，采用在面板混凝土表面粘贴10cm厚度的挤塑苯板进行保温。

此外，有的工程由于设置面板表层止水，需要干燥作业面，往往忽视了对混凝土面板的养护，而使其产生较为严重的裂缝。如琅琊山电站上水库主坝面板于2005年3月开始浇筑，到5月18日除右坝头44号面板外，其余的43块全部浇筑完成，初期养护工作做得较好，面板没有出现裂缝。6～7月进行表层止水施工时，养护工作受到削弱，2005年8月12日首先在两块面板发现有裂缝产生，至2005年12月4日，共19块面板出现60条裂缝，裂缝总长899m，宽度为0.05～0.25mm，经钻孔取芯检查和超声波无损检测（随机抽测了24条裂缝），除一条深度为116mm外，其余均属贯穿性裂缝。因此，应特别重视面板表层止水施工时的养护工作，除表层止水施工部位接缝两侧条带揭开，采用加热、机械风干措施使缝面干燥，其余部位的面板均应保持正常的养护工作，直至水库蓄水。

（三）裂缝处理

处理面板裂缝前，应对裂缝进行测量、统计和分类，一般按是否贯穿及裂缝宽度分为如下三种类型：①贯穿性裂缝，是指贯穿整个混凝土面板厚度的裂缝，一般缝宽大于0.5mm的裂缝可认为是贯穿性裂缝；②缝宽小于0.2mm或0.3mm的裂缝，主要为表浅、细微的收缩裂缝；③缝宽在上述两者之间的非贯穿性裂缝。应针对裂缝的不同类型，采用相应的处理措施，常用的处理措施有：

（1）对缝宽小于0.2mm或0.3mm的裂缝，一般仅进行表面处理，直接在表面粘贴柔性材料（GB或SR）防渗盖片或复合止水带，有的工程涂刷增韧环氧涂料。如十三陵抽水蓄能电站上水库面板对缝宽小于0.2mm的裂缝采用聚氨酯进行表面涂抹处理，直观检查表明，涂膜与混凝土之间黏接牢固，封闭严密，无起鼓、脱落、开裂翘边等缺陷存在。经放空检查，裂缝表面处理效果很好，未见有聚氨酯脱开或剥蚀等现象出现。

（2）对缝宽大于0.2mm或0.3mm、小于0.5mm的非贯穿性裂缝，首先对裂缝进行化学灌浆，然后进行表面处理。化灌材料可采用环氧类弹性灌浆材料，要求可灌性好，其性能一般应满足如下要求：抗压强度大于40MPa，抗拉强度大于5MPa，抗折强度大于7MPa，黏结强度大于2MPa。

（3）对贯穿性裂缝以及缝宽大于0.5mm的裂缝，首先进行化灌，然后沿缝凿槽，嵌填柔性填料（GB或SR），最后进行缝面封闭处理。有的工程对缝宽小于0.5mm的贯穿性裂缝不进行沿缝凿槽、嵌填柔性填料处理，仅进行化灌和缝面封闭处理。

由于抽水蓄能电站水库的运行条件十分严酷，裂缝对混凝土面板冻融破坏、耐久性影响较大，对处理裂缝的要求应更为严格。因此建议对抽水蓄能电站混凝土面板的裂缝，无论其大小，均应进行逐条分类处理。裂缝处理的时机一般应选择在裂缝张开最大时进行，以保证处理后的裂缝不会因为冬季低温时再度张开和发展。工程经验表明，面板裂缝经处理后，渗漏量大都较小，防渗效果良好。

七、寒冷地区混凝土面板的抗冻措施

（一）概述

目前，国内、外在寒冷地区已成功兴建了一批混凝土面板堆石坝工程，其面板混凝土的抗冻设计指标一般为F250～F400，个别工程在混凝土面板设置了特殊的防冻涂层。已有七八座工程投运达30～40年，其中美国考尔赖特抽水蓄能电站已运行了60多年，据有关资料，这些工程的混凝土面板运行良好，寒冷地区部分已建钢筋混凝土面坝工程实例见表8-2-9。我国近些年在严寒地区修建的抽水蓄能电站采用混凝土面板防渗的工程也较多，如丰宁、荒沟、清原等抽水蓄能电站。

表 8-2-9　寒冷地区部分已建钢筋混凝土面板坝工程实例

工程名称	地区	最大坝高（m）	坝顶高程（m）	自然条件	面板厚度（m）	各向含筋率（%）	混凝土			水泥		水灰比	混凝土坍落度（cm）	外加剂	垫层料渗透系数（cm/s）	运行情况	完工日期	备注
							强度	抗冻	抗渗	等级	种类							
关门山	中国辽宁	58.5	380	最低气温－37.9℃，最冷月均气温－14.3℃，结冰期为11月至次年3月，库冰厚0.75m，河心冰厚1.67m	0.3＋0.003H	0.4	R_{28}250	D250	S8	525	大坝水泥	0.5	3～5	松香热聚合物0.1‰，木钙0.25%	＞1×10^{-2}（实测）	供水工程。经冬季运行，未发现任何冰冻破坏现象	1988年	
小干沟	中国青海	55	3260	最低气温－33.6℃，年均气温4℃	0.3～0.5	0.56	R_{28}300	D250	S8	525	大坝水泥	0.4	5～7	引气剂0.07‰，减水剂1%	1×10^{-3}～1×10^{-2}	设碎石排水，面板运行正常	1990年	
查龙	中国西藏	38.4	4388	最低气温－41.2℃，最冷月均气温－13.8℃，年均气温－1.9℃，结冰期为10月至次年4月，结冰厚度约1.0m	0.4（等厚）	0.45	R_{28}300	D350	S8	525	普通硅酸盐	0.4	5～7	引气剂，含气量4%左右	1×10^{-3}～1×10^{-2}	发电工程。面板无剥蚀现象	1995年	面板涂黑色改性沥青材料
十三陵	中国北京	75	568	最低气温－19.6℃，最冷月均气温－4.1℃	0.3（等厚）	0.52	R_{28}250	D300	S8	525	普通硅酸盐	0.44	5～7	引气剂，含气量5%～6.5%		抽水蓄能上池，面板运行正常	1995年	
丰宁一级	中国河北	39.8	1054.5	最低气温－35.8℃，最冷月均气温－18.1℃，年均气温1.3℃，结冰期为10月至次年4月，最大河心冰厚1.0m	0.3（等厚）	0.5	C25	F300	W8	525	硅酸盐		5～7		≈1×10^{-3}	经冬季运行，情况良好	2002年	
奥塔迪斯2号	加拿大北部	55	90	年均气温1.6℃，冬季最低－38℃，昼夜最大温差28℃	0.3＋0.003H	0.5岸边0.45	R_{28}275 R_{28} 240水下						5～8	引气剂，含气量4%～7%		发电工程。面板无剥蚀现象。也未发现裂缝和漏水	1978年	
卡宾溪	美国洛基山区	76	3660	最高气温26.7℃，最低气温－40℃，冬季岸冰厚3.7m，中部冰厚1.2m	0.3＋0.002H	0.6						0.47				抽水蓄能上水库，面板轻微擦伤，未发现冰压力破坏，也没有其他冻害	1967年	

续表

工程名称	地区	最大坝高（m）	坝顶高程（m）	自然条件	面板厚度（m）	各向含筋率（%）	混凝土			水泥		水灰比	混凝土坍落度（cm）	外加剂	垫层料渗透系数（cm/s）	运行情况	完工日期	备注
							强度	抗冻	抗渗	等级	种类							
考尔赖特	美国加州	98	2500	冰冻期6个月，年均气温12.2℃，冬季最低气温－40℃，库水位变化频繁，库冰厚度不大	0.3+0.0067H	0.5										抽水蓄能上水库。抛填式混凝土堆石坝。面板未发生轻微擦伤、冻融破坏或冰压力破坏	1958年	
格里拉斯	哥伦比亚安第斯山区	127	300	冬季最低气温－20℃	0.3+0.0037H	0.4										供水工程。砾石填筑面板坝。运行多年，情况良好，未发现冻破坏	1978年	
泰洛湖（恐怖湖）	美国阿拉斯加	59	381	最低气温－36℃，封冻期为9月中至次年4月中，该地区雪厚13m	0.3+0.003H	0.4										发电工程。运行性能良好，未发生面板开裂或其他冰冻破坏情况	1985年	
新芳草地	美国加州	79		冬季最低气温－30℃	0.3+0.003H	0.4										抽水蓄能上水库。运行正常	1989年	
黑泉	中国青海	123.5	2894.5	最低气温－33.1℃，年均气温2.8℃	0.3～0.66	纵0.4 横0.3	C30	F250	W8			0.4	4～6		1×10^{-4}～1×10^{-3}		1999年	
白杨河	中国新疆	37	1712	年均气温5～6℃，最大冻土深1.8m	0.3+0.003H	0.5	C20	F300	W6			0.55	＜3		1×10^{-4}～1×10^{-3}		1991年	
山口	中国新疆	40.5	627	最低气温－44.8℃，年均气温4.2℃，冰厚0.6～1.3m	0.3（等厚）	纵0.4 横0.34	C25	F300	W8	525	普通硅酸盐	0.35～0.4		含气量4%～6%				面板贴1cm黑色橡胶板
吉林台一级	中国新疆	157	1425.8	最低气温－39.9℃，最大冻土深0.82m，封冻期为12月上旬至次年3月下旬	0.3+0.0033H	纵0.5 横0.4	C30	F300	W12	525	普通硅酸盐	＜0.45	3～7	0.9kg/m^3聚丙烯纤维			2006年	
乌鲁瓦提	中国新疆	133	1965.8		0.3+0.003H	纵0.5 横河床0.4 坝肩0.5	R28250	D250	S12	425	硅酸盐						2002年	

续表

工程名称	地区	最大坝高（m）	坝顶高程（m）	自然条件	面板厚度（m）	各向含筋率（%）	混凝土			水泥		水灰比	混凝土坍落度（cm）	外加剂	垫层料渗透系数（cm/s）	运行情况	完工日期	备注
							强度	抗冻	抗渗	等级	种类							
卡浪吉尔	中国新疆	61.5	1007.5		0.3（等厚）	纵 0.43 横 0.34	C30	F300	W10								2002 年	
小山	中国吉林	86.3	685.3	严寒	0.3+0.003068H	纵 0.45 横 0.37	C30	F300	W8	525	硅酸盐	0.39					1997 年	水位变化区
莲花	中国黑龙江	271.8	225.8	最低气温－45.2℃，年均气温 3.2℃	0.3+0.003H	纵 0.5 横 0.4	C30	F300	W8	525	硅酸盐			含气量 4%～6%			1997 年	水位变化区
荒沟	中国黑龙江	80.0	656.60	极端最低气温－45.2℃，冬季多年平均气温－11℃，最大河心冰厚 1.65m	0.4+0.003H	纵 0.5 横 0.4	C35	F400	W10	425	中热硅酸盐水泥	0.32	5～7	0.6kg/m^3 聚丙烯纤维	$>1\times10^{-2}$	经冬季运行，情况良好	2021 年	面板表面喷涂 2mm 聚脲
丰宁	中国河北	120.3	1510.3	最低气温－35.8℃，最冷月均气温－18.1℃，最大河心冰厚 1.0m	0.4+0.003H	0.4	C30	F400	W12	525	硅酸盐		3～6		$>1\times10^{-2}$	经冬季运行，情况良好	2021 年	面板表面喷涂 2mm 聚脲
清原	中国辽宁	89.2	729.2	最低气温－39.7℃，最冷月均气温－14.6℃，最大河心冰厚 1.0m	0.4+0.0025H	纵 0.5 横 0.4	C30	F400	W12	425	中热硅酸盐水泥	0.38	5～7	0.6kg/m^3 聚丙烯纤维	$>1\times10^{-2}$			面板表面喷涂 2mm 聚脲

（二）抗冻指标的确定

抽水蓄能电站水库水位每天一般存在 1～2 次水位升降循环，混凝土面板经受的冻融循环次数比常规水电站高得多，特别是寒冷和严寒地区抽水蓄能电站工程，抗冻等级往往是面板混凝土配合比设计的控制性指标，按现行 NB/T 35024《水工建筑物抗冰冻设计规范》和 DL/T 5057《水工混凝土结构设计规范》确定的混凝土抗冻等级偏低。因此，在抽水蓄能电站混凝土面板抗冻设计时，宜对水库所在地冬季日平均气温低于 0℃及低于－3℃的天数、冬季的负积温等资料进行统计分析，预测电站冬季运行时上、下水库冰冻情况，以及每年冬季混凝土面板可能的冻融循环次数，以最终确定面板混凝土的抗冻等级。

交通部一航局科研所同南京水科院根据多年的试验研究，曾总结出混凝土抗冻能力的估算公式。我国港工混凝土抗冻指标基本上是依据这种方法确定的，抽水蓄能电站水库面板混凝土的抗冻等级也可参考，其公式为

$$F=\frac{N \cdot M}{S} \tag{8-2-6}$$

式中 F——混凝土抗冻等级；

N——混凝土使用年限，年；

M——混凝土一年中遭受的天然冻融循环次数；

S——室内一次冻融循环相当于天然条件下的冻融循环次数。

由于室内外的条件、试件大小及测量方法等的不同，有学者提出了不同的 S 值。苏联 B. Г. 斯克拉姆塔耶夫提出室内冻融循环 1～2 次，约与大气中一年内的冻融效果相当；美国韦赛依认为室内 1 次冻融循环约等于 40～50 次天然冻融循环作用；而 C. B. 谢斯托扑洛夫则主张室内 1 次冻融循环相当于 10～15 次天然冻融循环。交通部一航局科研所通过调查后认为，混凝土的抗冻等级越高，使用年限越长，则 S 值越大，混凝土使用年限与室内外冻融循环次数的关系见表 8-2-10。

表 8-2-10　　混凝土使用年限与室内外冻融循环次数的关系

推算基础	混凝土抗冻等级	天津新港		大连湾	
		使用年限（年）	室内冻融次数：天然冻融次数	使用年限（年）	室内冻融次数：天然冻融次数
换算值	F100	4	1：4	2	1：2
	F200	14	1：8	10	1：6
	F300	32	1：12	27	1：8
	F400		1：16	37	1：11

注 1. 室内的人工冻融试验按海水浸没冻 4h、融 4h，为一次冻融循环；
2. “使用年限”指该建筑物自建成至必须进行第一次大修的总年限。

采用上述方法对我国北方两座抽水蓄能电站面板混凝土抗冻性进行分析，如工程设计年限按 50 年、冻融循环按 1～1.5 次/d 计，面板混凝土的抗冻等级要求将达到 F400 以上，高于现行规范对面板混凝土的抗冻指标要求，我国北方地区抽水蓄能电站面板混凝土要求的抗冻性分析表见表 8-2-11。

值得注意的是，由于室内一次冻融与天然冻融次数之比值目前还缺乏在抽水蓄能电站水库淡水中的测试资料，按上述方法分析计算面板混凝土的抗冻指标，可作为确定面板混凝土抗冻等级的重要参考，还应综合考虑按规范要求、工程建设期间能达到的技术及施工水平、经济性等因素，进行综合分析、评判后最终确定。

表 8-2-11　　我国北方地区抽水蓄能电站面板混凝土要求的抗冻性分析表

项目	单位	十三陵上水库	清原上水库	备注
最冷月平均气温	℃	－4.1	－14.6	
所属地区		寒冷地区	严寒地区	
极端最低气温	℃	－19.6	－39.7	
年日平均气温低于 0℃的平均天数	天	93		十三陵上水库数据：按昌平站 1955～1980 年气象资料与上水库专用气象站相关资料进行统计分析
年日平均气温低于－3℃的平均天数	天	62	107	

续表

项目	单位	十三陵上水库	清原上水库	备注
日平均水位涨落次数	次	1.5	1.5	
年平均冻融循环次数	次	139.5	196	
设计基准期	年	50	50	
设计基准期内冻融循环总次数	次	6975	9800	
室内一次冻融与天然冻融次数之比		18	18	考虑海水破坏能力比淡水大，故在淡水中之比值可略大于海水中的测试值
按公式（8-2-6）换算需要的室内抗冻次数	次	388	544	如1天按2个冻融循环考虑，则十三陵将达到517次
按水电工程设计规范确定的抗冻指标		F300	F400	
设计最终选用抗冻指标		F300	F400	综合考虑建设期间能达到的技术及施工水平、经济合理性等因素确定

（三）冻融破坏机理及主要影响因素

冻融破坏机理是由于混凝土内超出水化反应所需的剩余水分挥发等作用而形成混凝土内部毛细孔，当温度降到0℃时，进入毛细孔内的水开始结冰，体积膨胀而产生冻胀作用，导致混凝土强度和弹性模量降低以及产生表层剥蚀等破坏，影响混凝土的耐久性。

混凝土内部毛细孔的数量、孔径及空间分布是混凝土冻融破坏的内因，可以在混凝土配合比设计时控制水灰比、掺加引气剂等，减少混凝土内毛细孔的数量和孔径，改变其空间分布状态，从而提高混凝土的抗冻性。

水进入毛细孔和温度降到冰点是混凝土冻融破坏的外因。对于某一工程而言，除非采取专门的保温措施，温度能否降到0℃主要取决于工程所在地的气象条件。另外，可采取一些表面封闭措施，阻止或减少水进入混凝土内的毛细孔，减轻面板混凝土的冻融破坏。

综上所述，面板混凝土的防冻融破坏措施主要为优选混凝土的配合比以及采取一些防水、保温措施。

（四）防冻融破坏的措施

1. 优选混凝土配合比

（1）优选原材料。水泥品种及质量、骨料的品质及其抗冻性对混凝土的抗冻性影响较大，对于抗冻要求高的抽水蓄能电站面板混凝土，所用水泥应选择普通硅酸盐水泥和纯熟料硅酸盐水泥，骨料应选择坚固性和抗冻性高的砂石骨料。

（2）减小水灰比。减小水灰比可减少混凝土超出水化反应所需的剩余水分及毛细孔隙，提高混凝土的密实性，有效提高混凝土的抗冻性。一般情况下，水灰比越小，其抗冻性越高。NB/T 10871《混凝土面板堆石坝设计规范》要求寒冷及严寒地区的面板混凝土的水灰比小于0.45。我国北方寒冷和严寒地区的面板混凝土一般采用0.4～0.45，有的工程为提高面板混凝土抗冻性能，采用更低的水灰比，如清原抽水蓄能电站采用0.38。

（3）掺外加剂。掺加高效减水剂可有效减少用水量和减小水灰比，改善混凝土的和易性，提高混凝土的抗冻性。大量的试验表明，掺加引气剂是提高面板混凝土抗冻性最为有效的技术措施之一。混凝土拌和物的含气量一般应控制在4%～7%，且要求产生的气泡多而细小，并分布均匀。对于抗冻性要求较高的工程，含气量应取上限值，如清原抽水蓄能电站面板混凝土拌和物的含气量达到6%。

（4）掺粉煤灰。掺加优质粉煤灰以替代部分砂，也可以改善混凝土拌和物的和易性，从而减少用水量和水灰比，提高面板混凝土的抗冻性能。清原抽水蓄能电站面板混凝土粉煤灰掺量为20%。

（5）掺纤维。如前所述，在面板混凝土内掺加化学纤维或钢纤维，不但可以提高混凝土的抗裂性，同时也使混凝土的抗冻性能得到改善。如洪家渡等工程的面板采用聚丙烯纤维，水布垭、琅琊山等工程的面板采用聚丙烯腈纤维，龙首二级等工程的面板采用钢纤维。这些工程的试验资料均表明，掺加纤维对面板混凝土抗冻性能有不同程度的提高。清原抽水蓄能电站面板混凝土抗冻试验结果表明，掺用纤维后混凝土的抗冻性能均能达到F400的抗冻设计要求；与未掺纤维配比方案相比，400次冻融循环后混凝土的质量损失率较低、动弹性模量保留值较大，混凝土抗冻性能良好。

2. 增设表层防水、保温材料

在混凝土面板表面增设防水、保温涂层，防止库水进入混凝土的毛细孔内而产生冻胀作用，对避免或减少混凝土的冻融破坏十分有效，国内已有好几个工程采取这项措施，实践表明防冻效果较好。近期严寒地区抽水蓄能电站面板堆石坝，采用面板表面喷涂聚脲提高面板的抗冻融破坏能力，如丰宁抽水蓄能电站上水库，在大坝面板表面喷涂2mm双组分聚脲进行防护，并在冬季水位变化区的面板、趾板表面及表层止水表面涂刷防冰拔面漆，面漆厚度不小于50μm。

八、混凝土面板的基础处理

（一）全库盆混凝土面板基础处理

采用混凝土面板全库防渗的抽水蓄能电站水库工程，一般都存在着基础介质不均一的问题，其基础介质有填筑体、库坡及库底基岩、断层破碎带及软弱带等；同为基岩地基，由于岩性及风化程度不同，其变形模量也存在差异。在库水压力的作用下，这种地基介质的不均匀性必将导致地基的不均匀变形。混凝土面板为刚性结构，过大的不均匀变形将使面板出现结构性的贯穿裂缝，导致大量渗漏，危及工程安全。

基础处理应结合混凝土面板分缝统筹考虑，在填筑体与岩石基础边界、规模较大的断层、软弱破碎带边缘适当进行控制开挖，使边界线尽量规则，并回填垫层料；在边界处混凝土面板相应设置沉降、变形缝，以适应基础不均匀变形。对于基岩内的小断层，可采用挖槽做混凝土塞的措施处理。

十三陵抽水蓄能电站上水库为减小主、副坝坝坡区交界线部位面板的不均匀变形，对两坝头的岸坡采取控制开挖措施：桩号垂直0+460～0+370及0－090～0+000区域分别为主坝左、右坝肩控制开挖区，其中桩号垂直0－090～0－060以及0+460～0+420为过渡区，开挖厚度由1.087m渐变至6.664m（十三陵抽水蓄能电站上水库主坝两坝肩控制开挖图见图8-2-14）；为使副坝与库坡面板规则接缝，副坝557.9m高程以上副坝基上游面坝基开挖成规则形状，十三陵抽水蓄能电站上水库副坝基及两

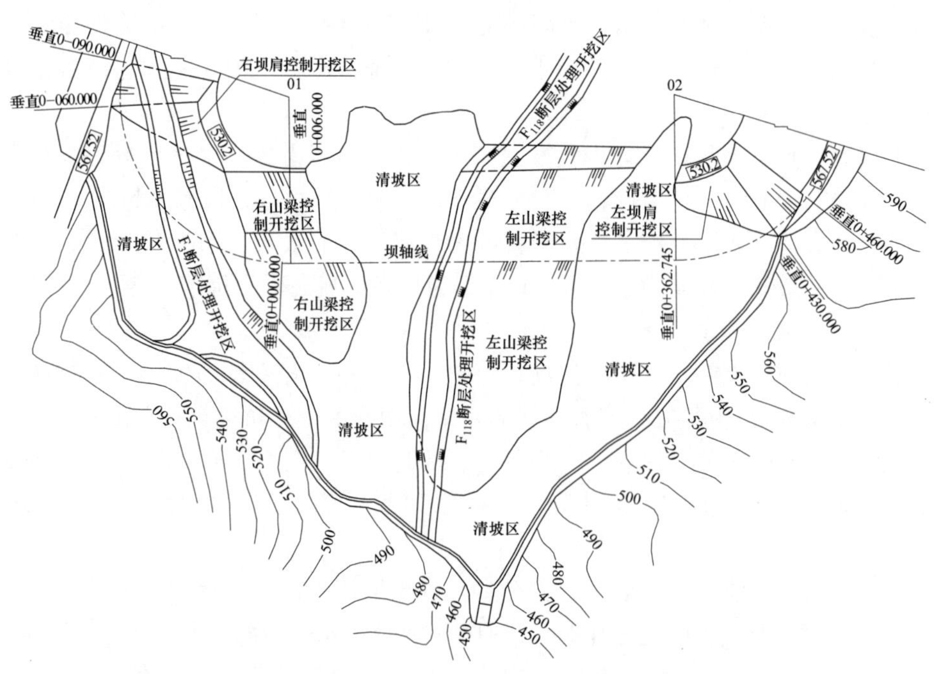

图8-2-14 十三陵抽水蓄能电站上水库主坝两坝肩控制开挖图

坝肩控制开挖图如图 8-2-15 所示。主、副坝坝肩控制开挖后采用垫层料或过渡料回填，使面板变形为由小到大均匀过渡，保证相邻面板的相对位移控制在允许范围内。

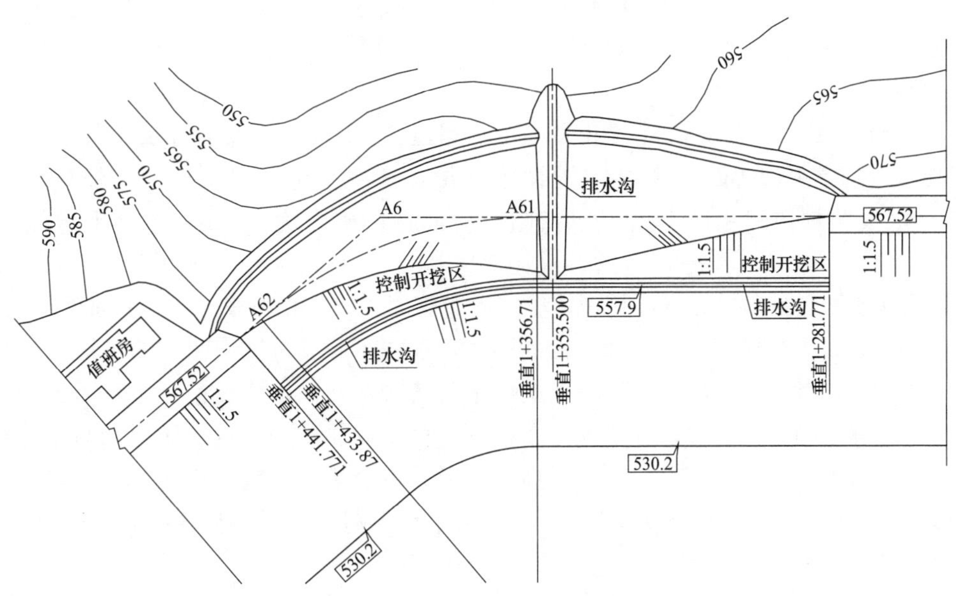

图 8-2-15　十三陵抽水蓄能电站上水库副坝基及两坝肩控制开挖图

（二）堆石坝坡混凝土面板基础处理

对于堆石坝坡采用混凝土面板防渗的抽水蓄能电站，面板下部基础为坝体填筑的垫层区，其施工工艺方法和坡面保护措施与常规水电工程类似，可采用削坡压实、翻模砂浆固坡、挤压边墙及摊压护一体化工艺等技术。不同的垫层区坡面固坡保护措施，对面板的约束和受力变形都有一定影响，应做好相应处理措施。

1. 翻模砂浆固坡

利用已形成的下层垫层料和砂浆固坡的承载能力来固定上层施工模板。模板靠拉筋固定，拉筋焊接在打入下层垫层料的钢筋地锚上，在模板与垫层料之间的缝隙中灌注砂浆。振动碾碾压时，利用模板对砂浆及垫层料的挤压作用和振动碾的振捣作用，使模板下面垫层料和砂浆达到密实，垫层料碾压和砂浆固坡施工同时完成。

由于模板支立的精度较高，固定较牢固，可为固坡砂浆和垫层料提供可靠的侧向约束，模板的变位很小，从而保证砂浆固坡的表面平整度偏差小，实现精细化施工。模板为特别设计、制作，上下两层模板之间具有连接结构，上层模板所承受的荷载能够传到下层模板，从而提高翻模结构的承载能力并能随意调整角度，提高工效，保证施工进度。

该工艺模板下部的三角形区域，振动碾不易靠近，较难碾压密实，后期易形成脱空，会对面板造成不利影响，故后期应对此部位进行检测和处理，以保证面板基础均匀。对于面板下部的砂浆垫层需控制其材料强度，减少对面板的约束；并对砂浆垫层沿面板垂直缝进行切缝处理，表层喷涂乳化沥青，形成“两油两砂”的隔离层，以减少砂浆垫层对面板的约束。如丰宁上水库面板坝采用翻模固坡，要求其 28 天抗压强度为 3～5MPa，渗透系数应比垫层料小 1 个数量级，并在固坡砂浆表面喷涂乳化沥青，形成“两油两砂”的隔离层。荒沟、沂蒙等抽水蓄能电站的面板坝也采用类似工艺方法。

2. 碾压砂浆固坡

碾压水泥砂浆固坡是在垫层坡面上摊铺水泥砂浆，然后用振动碾压实的方法。水泥砂浆配合比一般经试验确定，砂浆设计强度为 5MPa，渗透系数 $K \leqslant i \times 10^{-4}$cm/s（$i$ 表示可以是 1～9 中的某一个数字）。砂浆稠度宜控制在 1～2cm，现场可采用简易方法评定，即手握成团、稍触即散的状态。

固坡砂浆在坝坡上经碾压密实后，与垫层料紧密结合，砂浆凝结后形成变形模量高、整体性强的面板基础。砂浆固坡护面作为面板基础在力学上具有合理的过渡性能，并可以为面板施工提供一个平整、坚实的作业面。砂浆固坡护面对混凝土面板的约束性小，还可在砂浆表面喷涂乳化沥青进一步减少对面板的约束，对于减少面板混凝土硬化过程中的收缩裂缝很有利；砂浆固坡与混凝土面板不宜产生脱空，对面板蓄水后的受力变形也有利。

3. 挤压边墙

挤压边墙是将水泥、砂石混合料（最大粒径不超过 20mm）、外加剂等加水拌和均匀，采用边墙挤压机挤压成型工艺施工而成的墙体。断面为梯形，高度与垫层料每层压实厚度一致，通常为 40cm；上游侧坡度与坝体垫层区上游坝坡相同，顶部宽度确定为 10cm，边墙下游侧坡度一般采用 8∶1。

挤压式边墙属于即时性防护方案，随坝体填筑同时施工，该防护方案施工工序简单，施工干扰小，以水平碾压代替斜坡碾压，提高了施工安全性的同时，加快了施工进度。汛期施工可以较好地抵抗降水对垫层坡面的冲刷，有利于度汛，且整个上游面平整美观。在面板浇筑前，对挤压边墙沿面板垂直缝进行切缝处理，并涂刷乳化沥青，以减少对面板的约束。需注意的是，挤压边墙与垫层结合部位不易碾压密实，挤压边墙刚度大，运行期堆石料坝体变形后也易于与垫层区产生脱空。清原抽水蓄能电站下水库面板坝采用挤压边墙，要求其 28 天抗压强度小于 5MPa，抗压弹性模量小于 8000MPa，在挤压边墙表面涂刷 3mm 厚的乳化沥青。

第三节 沥青混凝土面板防渗

沥青混凝土面板因其防渗性能好、适应基础变形能力较强、施工及维修简单、能抵抗酸碱侵蚀等特点，在国内外抽水蓄能电站水库防渗中得到广泛应用，特别是抽水蓄能电站水库采用全库盆防渗时更为普遍。据不完全统计，世界已建成的沥青混凝土防渗面板工程达 300 多项。我国已建成的沥青混凝土面板防渗工程有 39 个，其中抽水蓄能电站全库盆采用沥青混凝土面板防渗的有 5 个，包括天荒坪上水库，防渗面积为 28.5 万 m^2；张河湾上水库，防渗面积为 34.5 万 m^2；西龙池上水库，防渗面积为 21.57 万 m^2；呼和浩特上水库，防渗面积为 24.48 万 m^2；沂蒙上水库，防渗面积为 32.2 万 m^2。我国已建抽水蓄能电站中，部分采用沥青混凝土面板防渗的有西龙池下水库库坡和库底，防渗面积为 11.08 万 m^2；宝泉上水库库坡，防渗面积为 17.5 万 m^2。我国在建的抽水蓄能电站中，采用沥青混凝土面板全库盆防渗的有潍坊上水库，防渗面积为 34.82 万 m^2；易县上水库，防渗面积为 30.4 万 m^2；芝瑞上水库，防渗面积为 27.56 万 m^2；庄河上水库，防渗面积为 40.44 万 m^2；乌海上水库和下水库，防渗面积分别为 37.10 万 m^2 和 31 万 m^2；浑源上水库，防渗面积为 23.50 万 m^2。我国在建的抽水蓄能电站中，部分采用沥青混凝土面板防渗的有阜康上水库库底，防渗面积为 13.5 万 m^2；镇安上水库库底，防渗面积为 30 万 m^2；句容上水库库坡，防渗面积为 22.97 万 m^2。20 世纪 80 年代以后国内外部分抽水蓄能电站水库沥青混凝土面板防渗工程实例见表 8-3-1。

一、沥青混凝土面板布置与结构型式

（一）沥青混凝土面板布置

我国抽水蓄能电站采用全库沥青混凝土面板防渗的工程有天荒坪、张河湾、西龙池、呼和浩特、沂蒙、潍坊、芝瑞、易县、庄河、浑源、乌海等，已建的天荒坪、西龙池、宝泉、呼和浩特、沂蒙抽水蓄能电站水库布置图如图 8-3-1～图 8-3-6 所示，张河湾抽水蓄能电站上水库布置如图 8-1-9 所示。也有采用沥青混凝土面板与钢筋混凝土面板或其他防渗结构混合防渗的布置型式，由于沥青混凝土面板斜坡施工需有较缓的坡度，出于地形条件及高边坡稳定的需要，西龙池下水库库底与坝坡（1∶2）采用沥青混凝土面板，库岸（1∶0.75）采用混凝土面板防渗。宝泉上水库库岸和坝坡坡度均为 1∶1.7，采用沥青混凝土面板防渗，库底利用黏土铺盖防渗。沥青混凝土和其他防渗衬砌型式的连接，通常是通过混凝土趾板（廊道）结构。

表 8-3-1　　20 世纪 80 年代以后国内外部分抽水蓄能电站水库沥青混凝土面板防渗工程实例

序号	项目	国家	完工年份	库容（万 m^3）	坝高（m）	坝顶宽（m）	坝坡 上（下）游	工作水深（m）	面板面积（万 m^2）	面板总厚度（cm）
1	蒙特济克	法国	1982 年	2000	30～57	7～8		12		S：14
2	埃多洛	意大利	1983 年	133.4			1∶25（1∶2）	12.8		S：16；B：相似
3	迪诺威克	英国	1983 年	700	69		1∶2（1∶2）	34		S：>14
4	普列生扎诺	意大利	1987 年	600	20	5.0	1∶2（1∶1.5）	8.55		S：18；B：18
5	盐原	日本	1994 年	1190（760）	90.5	10	1∶2.0（1∶2.0）	23	3.7	37
6	金谷上水库， 下水库大坝	德国	2001 年	1500	26	5.0	1∶1.6（1∶1.6）	24.70	S：19.1；B：40.7	S：19.0；B：15 S：35.0（复式断面）
7	拉姆它昆	泰国	2001 年	990（960）	50	10	1∶2.0（1∶2.5）	40	S：18.5；B：16.6	S：25；B：17
8	小丸川	日本	2005 年	620（560）	65.5	15	1∶2.5（1∶2.0）	28.0	S：19；B：11	S：30；B：28
9	京极	日本	2006 年	440（412）	22.6	15	1∶2.5（1∶2.5）	45	S：15.6；B：2.08	S：36.2；B：36.2
10	天荒坪	中国	1997 年	885	45	10	S：1∶2.0～1∶2.4 B：18	42.2	28.5	S：20；B：18
11	西龙池上水库，下水库	中国	2007 年 2008 年	468.97 494.2	55 97	10 10	1∶2（1∶1.75） 1∶2（1∶1.75）	25 40	S：11.39；B：10.18 S：6.845；B：4.035	S：20；B：20 S：20；B：20
12	张河湾	中国	2007 年	770	57	8	1∶1.75（1∶1.5）	31	S：20；B：13.7	S：26.2，B：28.2
13	宝泉	中国	2007 年	730	94	10	1∶1.7（1∶1.5）	31.6	S16.6	S：20.2
14	呼和浩特	中国	2015 年	638	70	10	1∶1.75（1∶1.6）	37	S：14.37；B：10.11	S：18.2；B：18.2
15	沂蒙	中国	2021 年	809	116.8	10	1∶1.7（1∶1.5）	35	S：14.37；B：10.11	S：20.2；B：20.2
16	易县	中国	在建	802	90.5	10	1∶1.75（1∶1.5）	30	S：16.17；B：18.42	S：20.2；B：20.2
17	芝瑞	中国	在建	703	73	10	1∶1.75（1∶2）	40	S：15.12；B：12.44	S：20.2；B：20.2
18	潍坊	中国	在建	800	151.5	10	1∶1.75（1∶1.4）	30	S：16.46；B：18.36	S：20.2；B：20.2
19	庄河	中国	在建	981	119.61	10	1∶1.75（1∶1.4）	34	S+B：40.44	S：20.2；B：20.2
20	乌海上水库，下水库	中国	在建	831 788	45 76	10 10	1∶1.75（1∶1.7）	29 38	S+B：37.10 S+B：31.00	S：20.2；B：20.2
21	浑源	中国	在建	620.86	103	10	1∶1.75（1∶1.5）	40	S+B：23.50	S：20.2；B：20.2

注　表中项目名称一栏内，除注明为下水库外，其余均是上水库。表中“( )”表示有效库容；“S”表示库（坝）坡；“B”表示库底。

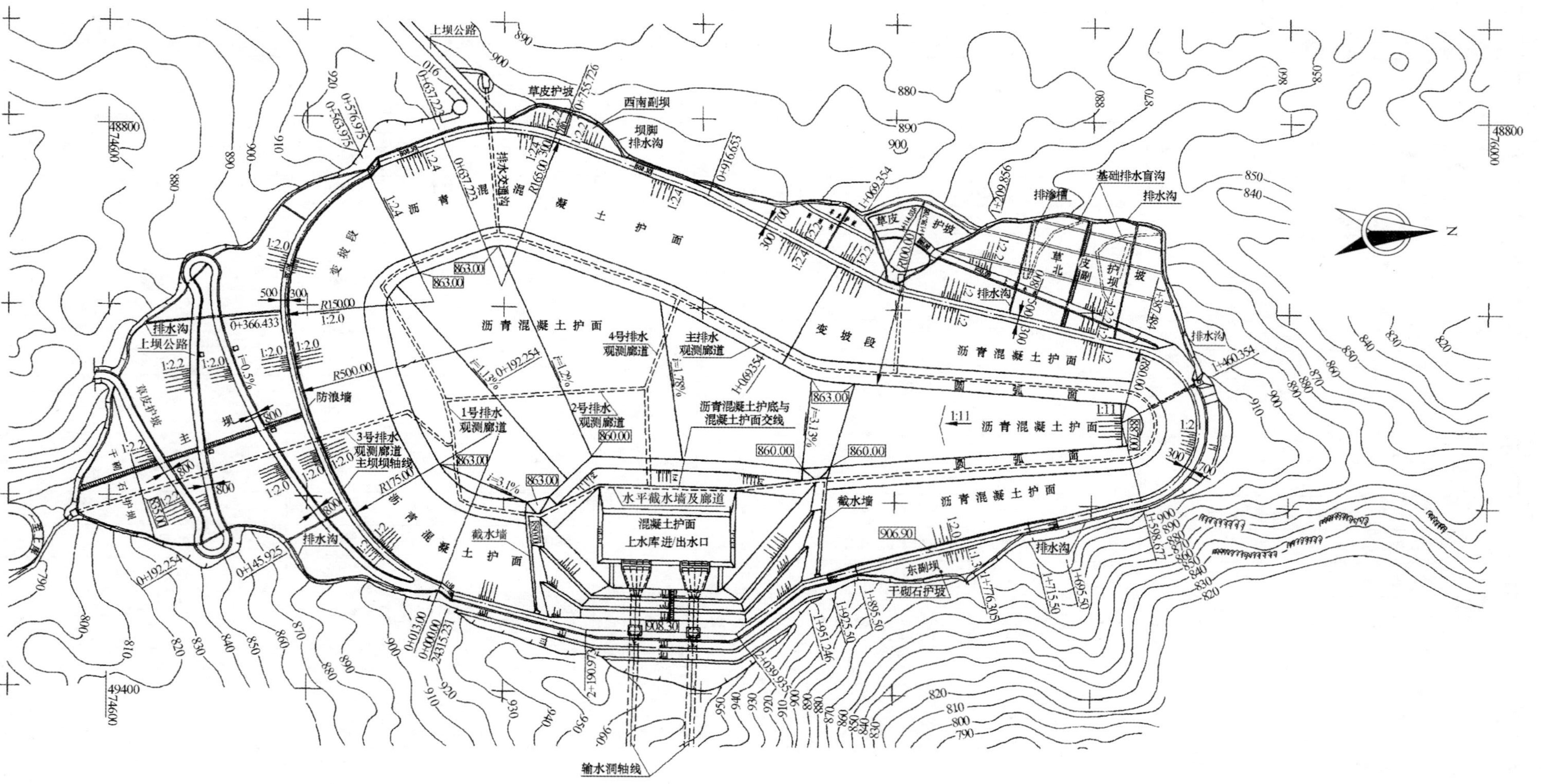

图 8-3-1 天荒坪抽水蓄能电站上水库布置图

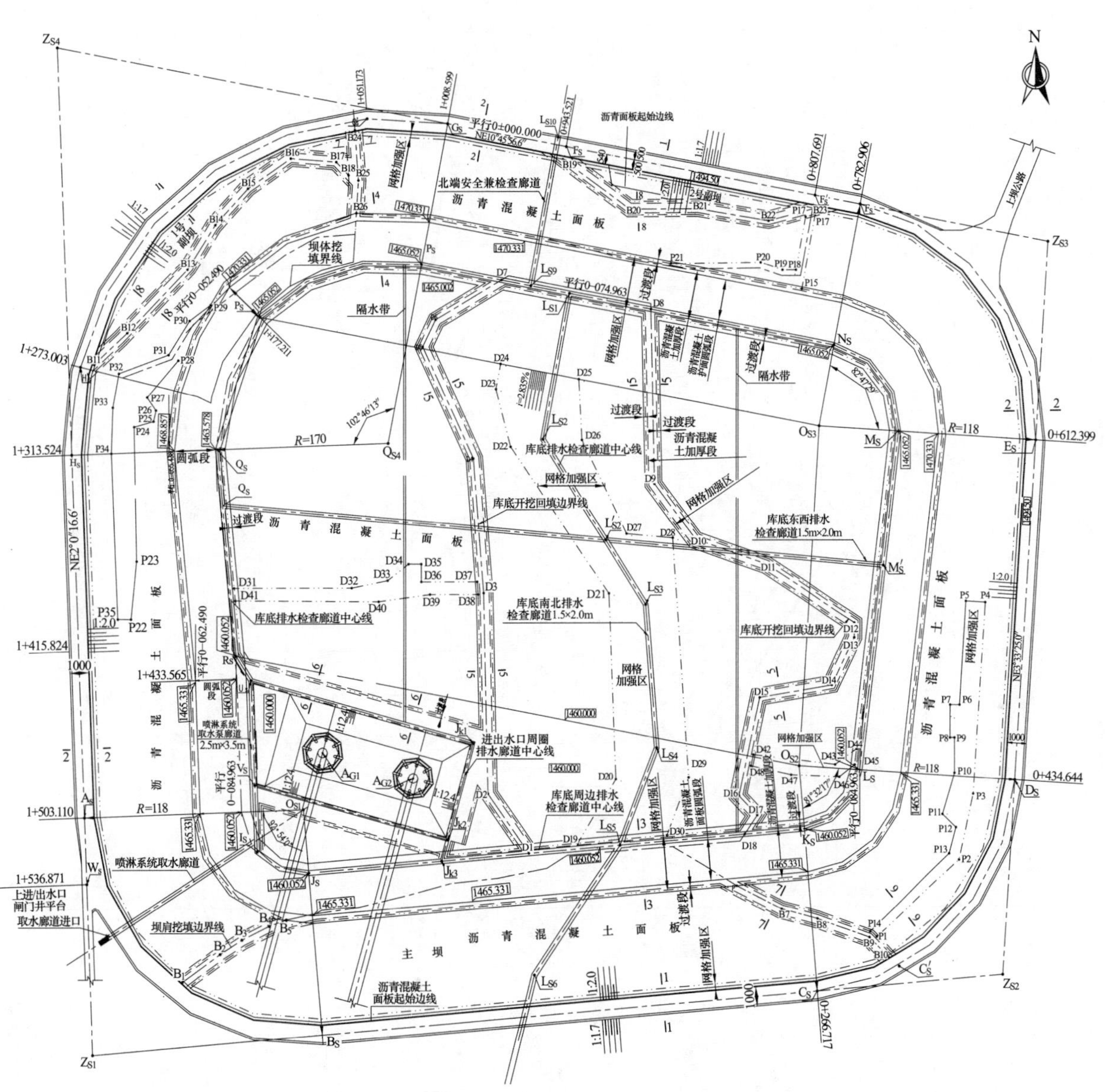

图 8-3-2 西龙池抽水蓄能电站上水库布置图

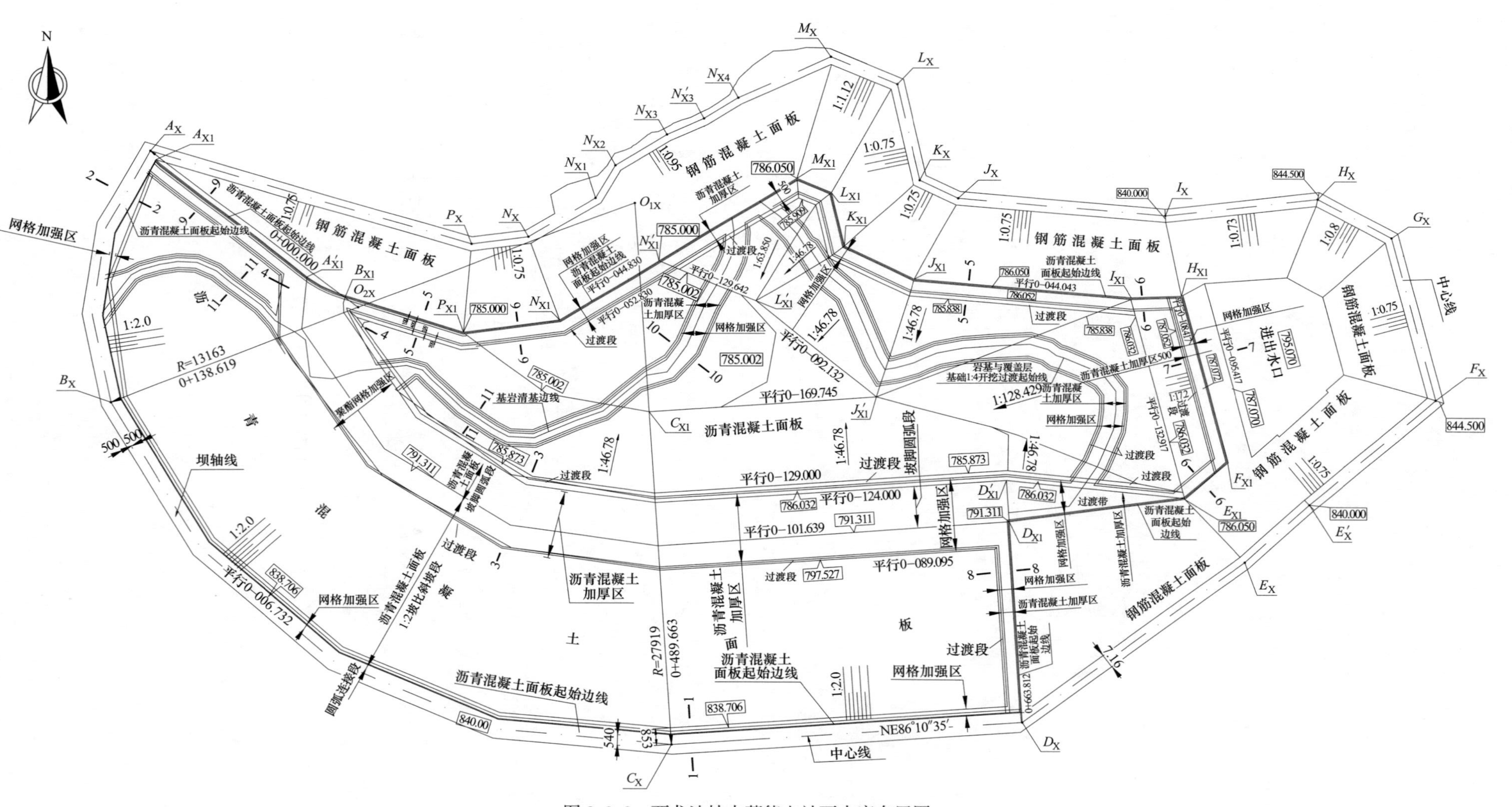

图 8-3-3　西龙池抽水蓄能电站下水库布置图

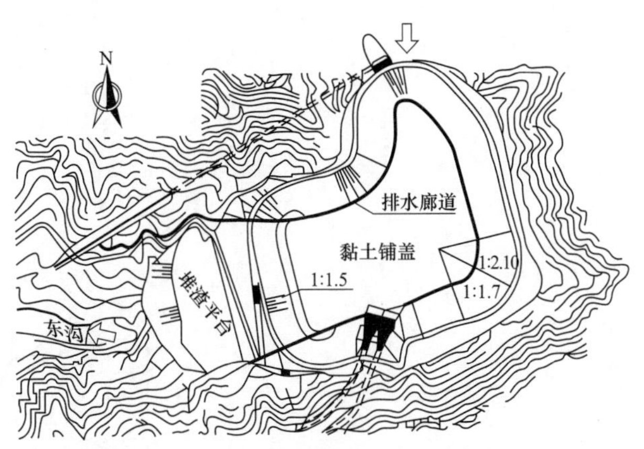

图 8-3-4 宝泉抽水蓄能电站上水库布置图

(二) 沥青混凝土面板结构型式

沥青混凝土防渗面板的典型断面结构型式可分为复式结构和简式结构。在实际工程中，还采用了一种简化的复式结构型式。选择哪种结构型式主要根据工程的地形、地质、气象及承受水头等条件，必须保证防渗结构的安全性。随着碾压机械设备的发展，除高地震区或渗漏对建筑物安全有重大影响的工程外，近些年建成的工程大都采用简式断面。无论何种沥青混凝土结构型式及其下部为何种基础，面板下部的垫层均采用调整变形和排水效果都较好的碎石排水垫层。

(1) 复式断面结构。沥青混凝土防渗面板典型的复式断面结构型式从外至内由封闭层、上防渗层、排水层、下防渗层、整平胶结层组成。图 8-3-7 为日本近些年建成两个抽水蓄能电站采用的复式结构沥青混凝土面板，其整平胶结层的材料略有差别，京极电站整平胶结层采用的是水工泡沫沥青混合物。

(2) 简式断面结构。沥青混凝土防渗面板典型的简式断面结构型式由封闭层、防渗层、整平胶结层组成。我国近些年来建成的天荒坪上水库、西龙池上水库和下水库、宝泉上水库、呼和浩特上水库和沂蒙上水库沥青混凝土面板防渗工程，均采用简式断面结构。图 8-3-8 为西龙池上水库沥青混凝土面板断面结构图，其库底和坡面断面结构型式相同，但使用的沥青原材料有所区别，库底为普通沥青，库坡考虑抗冻需要，采用改性沥青。

(3) 简化的复式断面结构。简化的复式断面结构由封闭层、防渗层、排水层、整平胶结防渗层组成。与复式结构不同之处，是将整平胶结层与下防渗层合并，其渗透系数介于两者之间，例如日本小丸川电站要求其渗透系数为 1×10^{-4}cm/s，我国张河湾上水库要求其渗透系数为 1×10^{-5}cm/s，日本小丸川电站库底沥青混凝土面板简化复式结构图、张河湾上水库简化复式沥青混凝土面板结构图如图 8-3-9 和图 8-3-10 所示。

二、沥青混凝土面板结构

(一) 面板坡度

1. 坝体和库岸面板坡度

考虑施工方便和蓄水后结构受力条件较好，抽水蓄能电站沥青混凝土面板上游坡通常采用单一坡度。

NB/T 11015《土石坝沥青混凝土面板和心墙设计规范》规定，沥青混凝土面板的坡比宜不陡于 1∶1.7。SL 501《土石坝沥青混凝土面板和心墙设计规范》也规定，沥青混凝土面板的坡比，除满足填筑体自身稳定外，根据目前施工水平，从面板摊铺机械的施工效果和操作人员安全考虑，宜不陡于 1∶1.7。从目前相关规范和工程实践来看，沥青混凝土面板的坡比主要是考虑摊铺碾压机械和施工人员行走，以及斜坡碎石垫层施工质量需要而设定的。图 8-3-11 为国内外沥青混凝土面板堆石坝上游坡坡度统计图。可见在统计的坝高范围内，面板坡度与坝高无关。面板坡度集中在 1∶1.7 和 1.75、1∶2、1∶2.5，后两种坡度由坝体自身稳定需要所定，沥青混凝土面板常用的坡度为 1∶1.7 或 1.75。据统计，已建的 300 余座沥青混凝土面板坝中，坡度缓于 1∶1.7 的占 80%以上。现代沥青混凝土面板自身稳定性可以通过调整配合比来改善，专用施工设备也已大量生产，对边坡坡度的要求已有所降低。但高稳定性的沥青混凝土通常会降低沥青混凝土柔性指标或增加费用，因此，对具体的工程，应通过技术经济比较确定其库、坝边坡坡度。

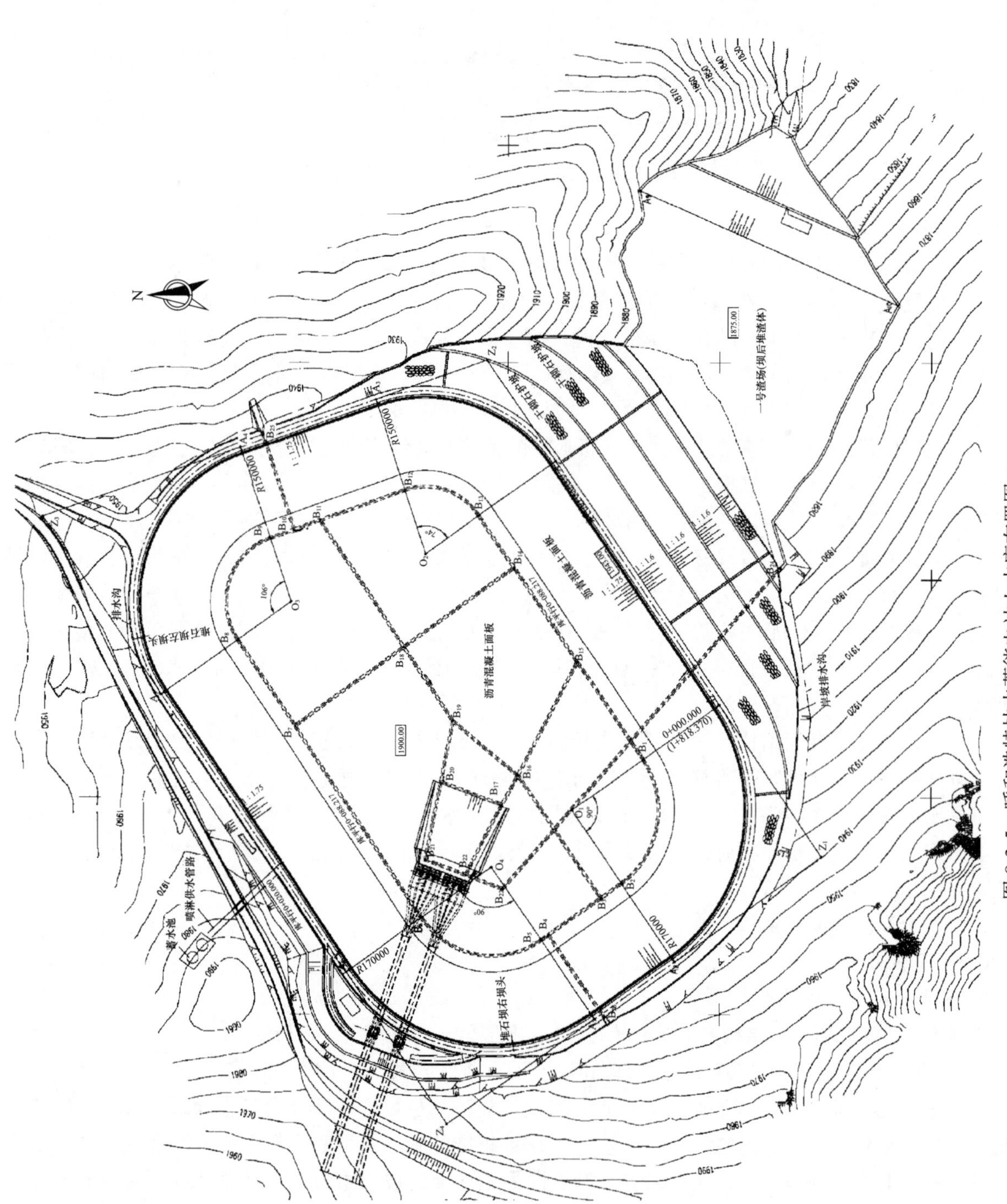

图 8-3-5 呼和浩特抽水蓄能电站上水库布置图

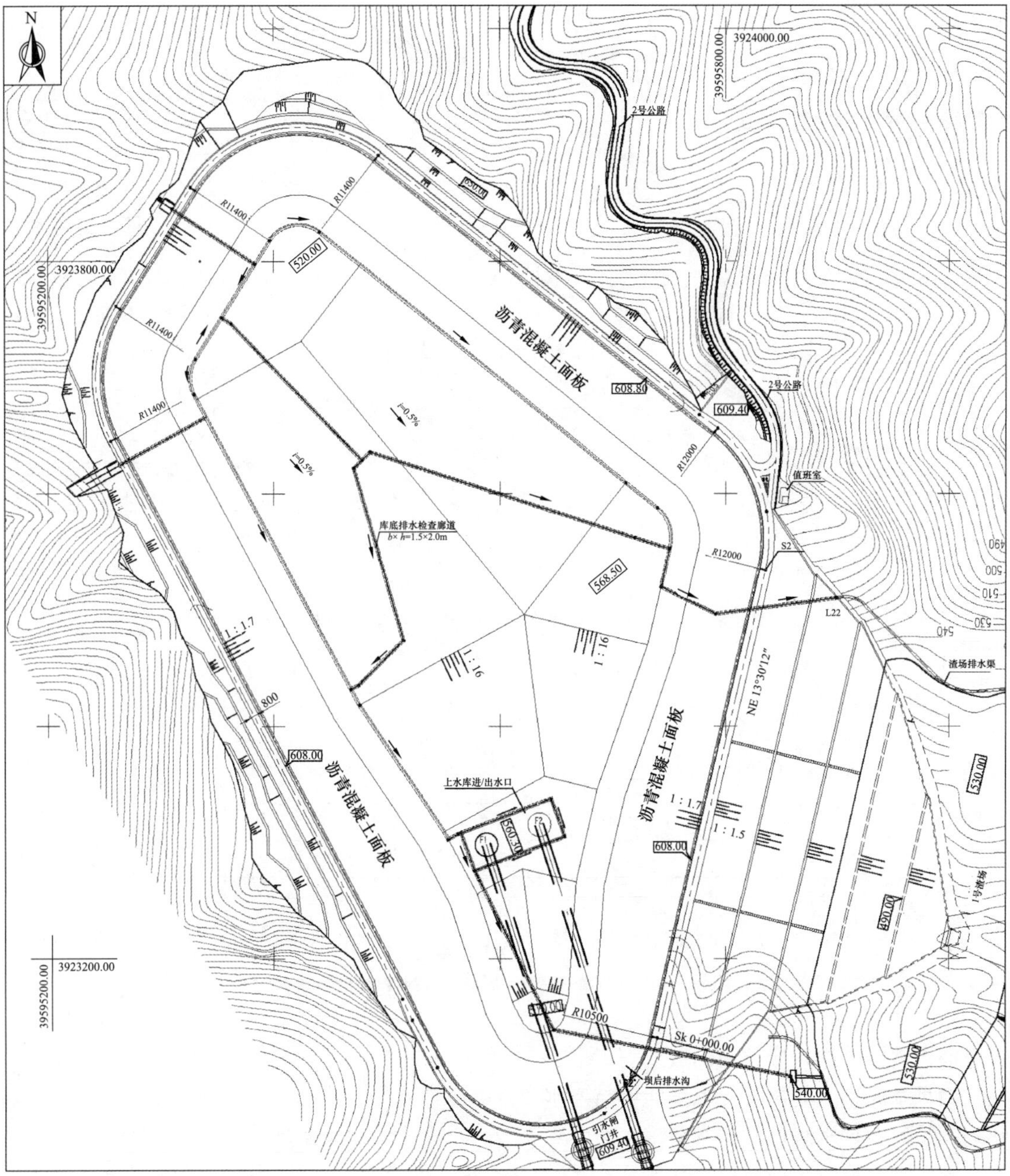

图 8-3-6 沂蒙抽水蓄能电站上水库布置图

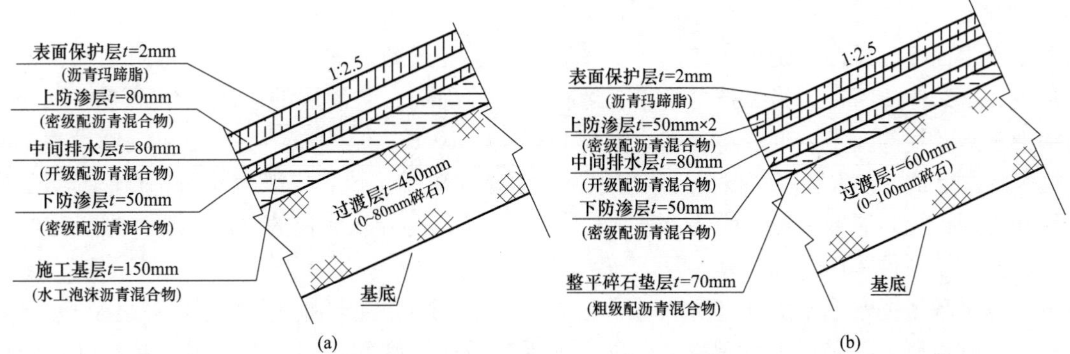

图 8-3-7 日本近些年建成两个抽水蓄能电站采用的复式结构沥青混凝土面板结构图

(a) 京极工程；(b) 小丸川工程

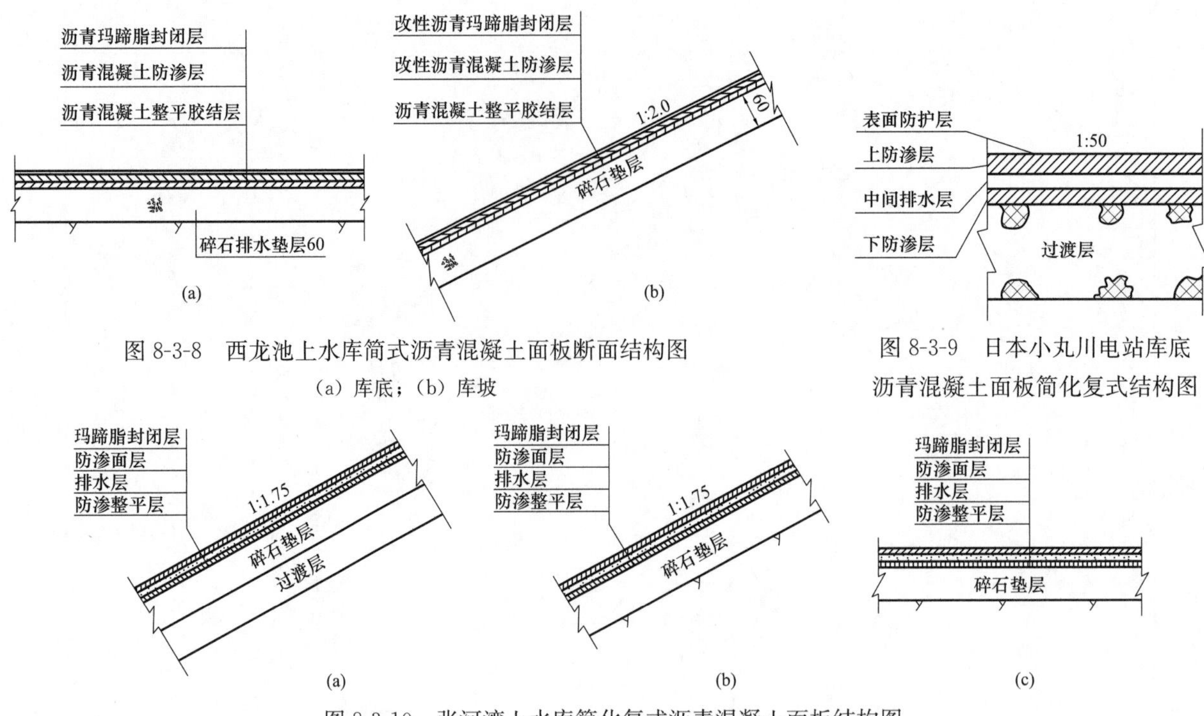

图 8-3-8　西龙池上水库简式沥青混凝土面板断面结构图

(a) 库底；(b) 库坡

图 8-3-9　日本小丸川电站库底沥青混凝土面板简化复式结构图

图 8-3-10　张河湾上水库简化复式沥青混凝土面板结构图

(a) 坝坡；(b) 库岸；(c) 库底

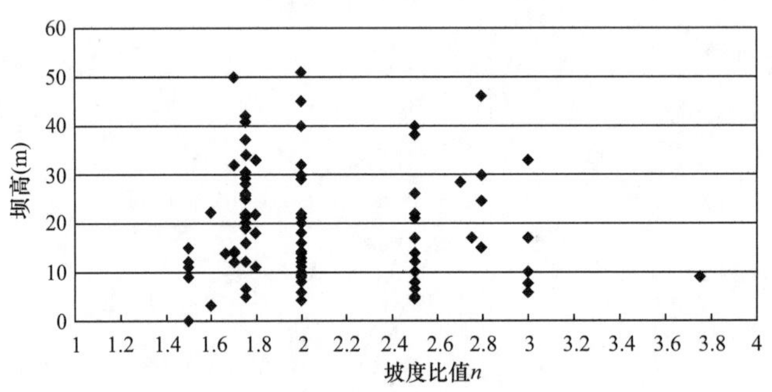

图 8-3-11　国内外沥青混凝土面板堆石坝上游坡坡度统计图

2. 库底面板坡度

一般抽水蓄能电站库底面板的坡度需考虑：

(1) 满足水库排水的需要，保证能够将库水放空，不滞水。

(2) 满足碎石排水垫层的排水要求。

(3) 满足沥青混凝土面板机械化施工的要求，根据工程经验，沥青混凝土摊铺机自行行驶的坡度不应超过 12%。

(二) 沥青混凝土面板厚度

1. 总厚度

沥青混凝土面板的总厚度是指防渗层、整平胶结层、复式断面的排水层和封闭层之和。各层厚度应根据荷载、填筑体的特征、施工技术水平、运行条件等确定。防渗层的厚度主要是考虑承受的水压力、防渗性和耐久性的要求，近些年建成的工程大多采用 10cm；整平胶结层考虑单层铺设，一般选择 5～10cm；复式断面的排水层厚度根据排水要求并考虑单层施工需要，一般为 6～10cm；封闭层作用主要是减缓防渗层老化，厚度一般采用 2mm。迄今为止，沥青混凝土面板的厚度主要根据工程经验并考虑施工方法和施工条件等因素确定。

西龙池等工程根据水库水头确定防渗层厚度（同时以允许渗漏量和耐久性所需厚度复核），根据排水需要确定排水层厚度，采用工程经验类比确定整平胶结层厚度和封闭层的厚度，然后确定沥青混凝土面板的总厚度。

2. 上防渗层厚度

上防渗层指简式沥青混凝土面板的防渗层或复式沥青混凝土面板的上防渗层。防渗层的厚度主要是根据承受的水压力、防渗性能和耐久性要求确定，近些年建成的工程大多采用 10cm。

（1）满足水力梯度所需厚度。水泥混凝土面板的水力梯度通常为 100～200，而沥青混凝土防渗层的水力梯度通常为 300～600，有时甚至达到 800，可见沥青混凝土防渗层能承受很高的水力梯度。在充分压实的条件下，沥青混凝土防渗层的孔隙率一般为 2%～4%，当孔隙率小于 1×3%时，渗透系数通常小于 1×10^{-8}cm/s。因此，沥青混凝土防渗层的厚度可较薄。防渗层的厚度一般可按下列经验公式估算：

$$h = C + \frac{H}{25} \tag{8-3-1}$$

式中 h——防渗层的厚度，cm；

C——与骨料质量和形状有关的常数，一般情况下可取 $C=7$，对近似正方形的、完全过筛、级配连续且矿物特性稳定的骨料，常数 C 可取 5；

H——作用在面板的最大水头，m。

可见，即使面板作用水头 H 为 100m，按此式计算的防渗层厚度 h 也仅为 10～11cm。对抽水蓄能电站来说，尤其是位于严寒地区的工程，因其日水位变幅大，气温低，运行条件较为恶劣，宜适当增加防渗层厚度。

（2）允许渗漏量所需厚度。碾压密实的沥青混凝土防渗层几乎不渗水，国内工程设计时通常按照渗透系数为 1×10^{-8}cm/s 测算渗漏量，因此上防渗层厚度设计主要是考虑满足水力梯度所需厚度和参考同类工程而定。

（3）耐久性所需厚度。我国目前尚无这方面的标准，日本水利沥青工程设计基准规定，耐久性所需厚度应大于 6cm。此外，需考虑现场施工条件，如施工层较薄，因其散热快，难以有效压实，可能引起摊铺碾压质量问题，故一般要求其最小厚度应有 6～7cm。考虑条带之间接头部位施工质量，碾压面板的一次摊铺碾压厚度应在 5～10cm。还应从施工进度和经济等方面综合考虑，确定防渗面板的厚度。

3. 排水层厚度

NB/T 11015《土石坝沥青混凝土面板和心墙设计规范》规定，沥青混凝土面板复式断面结构排水层厚度由防渗面层的渗水量作为排水层的排水量来确定，排水安全系数 F_s 一般可取 1.3 左右。

4. 封闭层厚度

沥青玛蹄脂封闭层的厚度一般不大于 2mm，用量为 2.5～3.5kg/m^2，可采用喷洒或涂刷方式。过去有些工程使用沥青刮板施工封闭层，施工精度不高，局部会形成厚层，当外界气温高时出现流淌现象。考虑到提高防渗层抗老化和冬季起到保温作用，封闭层厚度也不宜太薄。在寒冷地区沥青混凝土防渗工程，封闭层的厚度以 2mm 为宜，必要时可以采用稠度较大的改性沥青或掺入纤维、加喷淋系统等措施来防止其流淌。

（三）加厚层

在沥青混凝土防渗面板弯曲部位、面板与混凝土结构连接处、基础不均匀变形部位，拉应变都较大。为了提高这些部位面板的抗变形能力，通常在这些部位的一定范围内增加 5cm 厚的沥青混凝土加厚层，并在加厚层与防渗层之间增设聚酯网格。图 8-3-12 为张河湾上水库面板接头处加厚层和加筋网布置。图 8-3-13 为西龙池上水库沥青混凝土面板加厚层结构。图 8-3-14 为沂蒙上水库沥青混凝土面板库坡与库底反弧段加厚层结构。

（四）排水垫层

在沥青混凝土面板与填筑体或岩石基础之间需设置级配碎石或卵砾石的排水垫层（简称为垫层），其设计原则除考虑整平、支承、排水、粒径过渡、防冻胀外，还有一项非常重要的作用，即调整基础不均匀变形。因此，除对其模量、平整度及渗透性等提出要求外，对厚度也有要求。

1. 变形模量指标

垫层的变形模量主要考虑沥青混凝土面板适应变形的能力和面板施工时摊铺机械行走的要求。从面板的变形和受力方面考虑，一般希望垫层模量尽量高，可减少面板变形，但沥青混凝土的变形和蠕变性能好，就面板本身而言，更重要的是减小沥青混凝土面板的不均匀变形。因此垫层的变形模量应考虑与基础和相邻部位的变形模量相协调，尽可能使面板有一个相对均匀的基础。

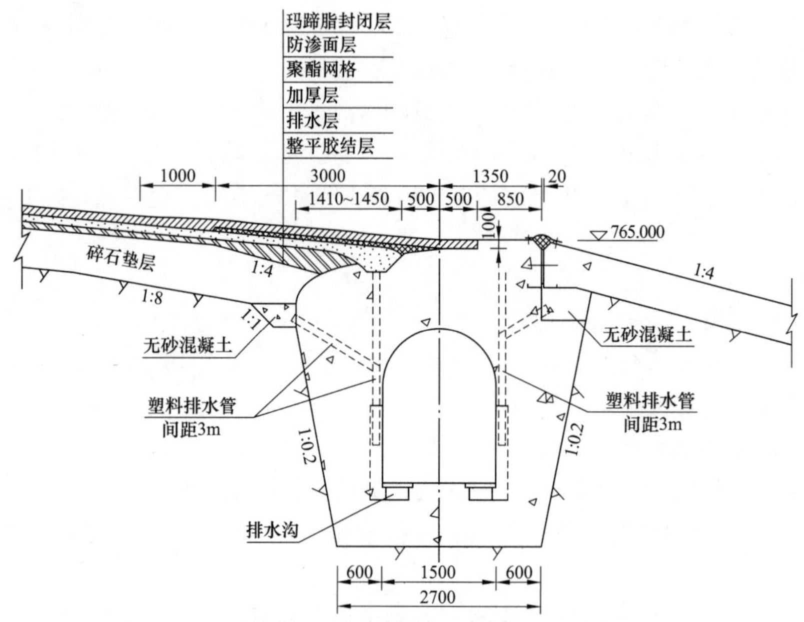

图 8-3-12　张河湾上水库面板接头处加厚层和加筋网布置

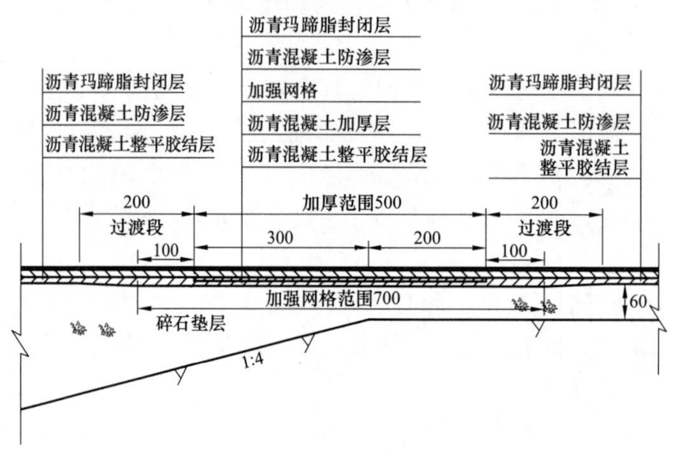

图 8-3-13　西龙池上水库库底沥青混凝土面板加厚层结构图

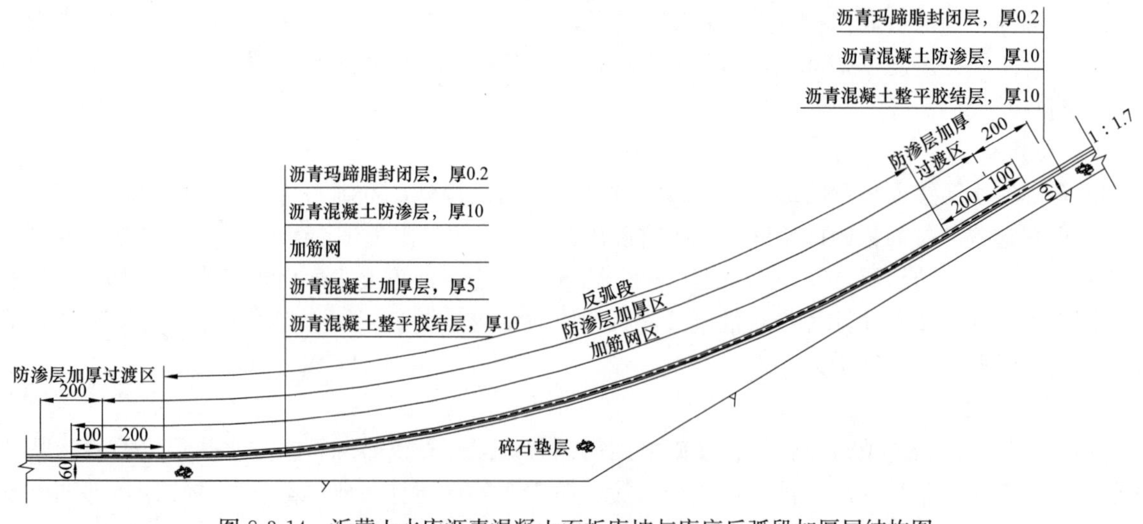

图 8-3-14　沂蒙上水库沥青混凝土面板库坡与库底反弧段加厚层结构图

根据工程经验，垫层变形模量大于 35MPa 时，可满足目前大型摊铺机械施工行走的要求。目前国内所建的抽水蓄能电站工程，如天荒坪、张河湾、西龙池、宝泉、呼蓄、沂蒙等，均以此作为垫层变形模量的控制要求，但实际施工压实后，位于堆石坝体或岩基上的垫层变形模量均可达到 40MPa 以上。天荒坪抽水蓄能电站上水库建于软基上，库底垫层的变形模量较低，最终控制为不小于 35MPa。西龙池、张河湾、呼蓄抽水蓄能电站上水库，库盆均为岩石基础，库底垫层的最小变形模量均在

50MPa，堆石坝坝坡上的垫层最小变形模量在40MPa。

2. 平整度指标

为保证面板摊铺施工质量，并为沥青面板整平胶结层提供一个良好的基础，一般对碎石垫层表面凹凸度要求为：坝坡或库坡上，3m直尺范围内最低点与最高点的高差要求小于4cm；库底部位，3m直尺范围内最低点与最高点的高差要求小于3cm。

3. 渗透性指标及排水设计

沥青混凝土简式结构面板下垫层排水能力需大于沥青混凝土面板的渗水量，以保证面板的安全运行。碎石垫层排水能力的计算与式（8-2-5）相同。库盆沥青混凝土复式结构面板下垫层排水能力按排泄基础内地下渗水考虑。碎石垫层要做好反滤与集中排水，级配也要符合反滤及渗透稳定性要求。

为了解和及时控制面板渗漏，排水垫层内通常设置隔水带，将渗水进行有效的分区；同时为加快排水，在库底排水垫层内设置排水管网，图8-3-15为西龙池上水库库底排水系统布置图。

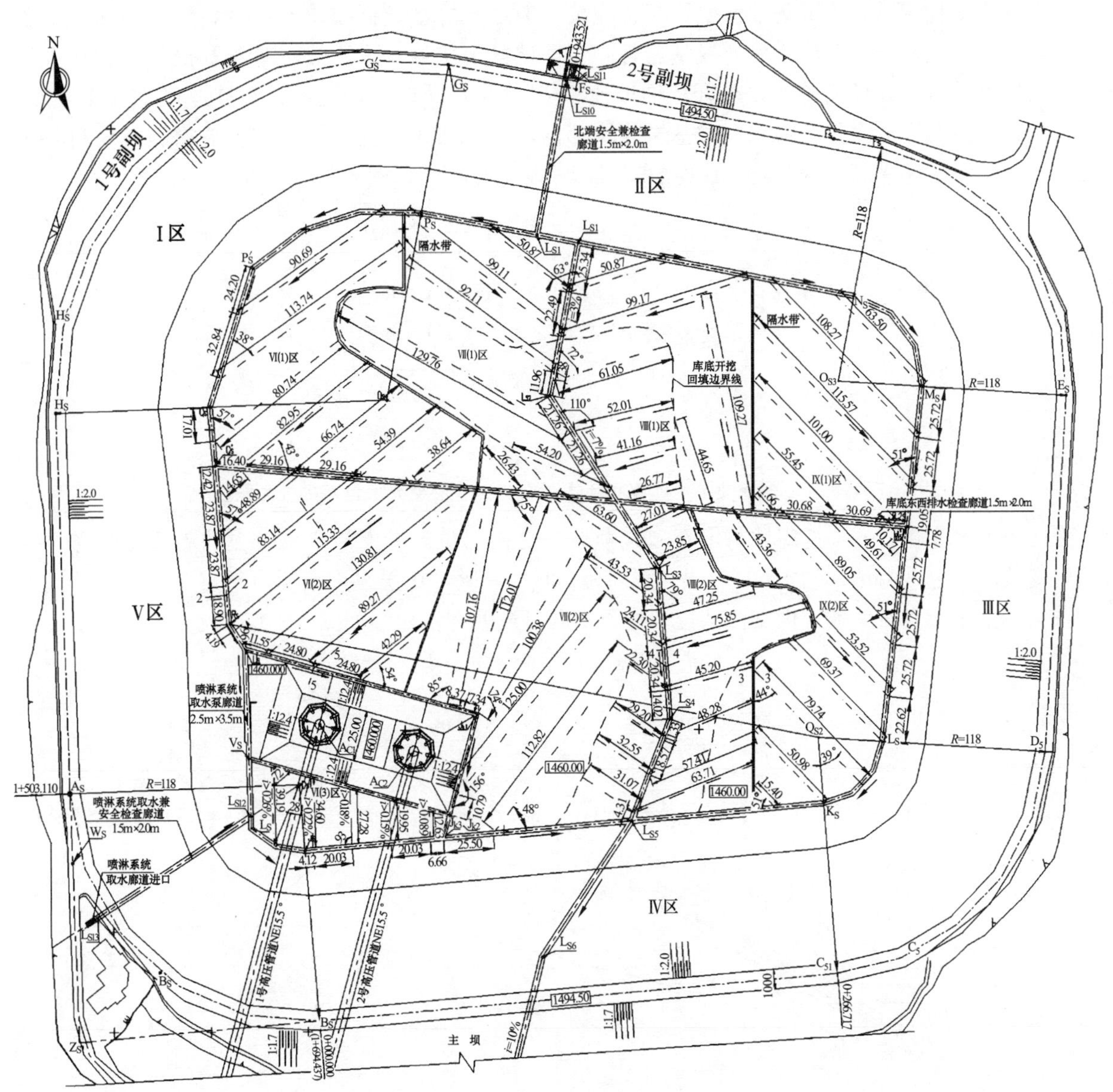

图8-3-15 西龙池上水库库底排水系统布置图

4. 级配与厚度

一般碎石或卵砾石垫层料应级配良好，最大粒径一般不宜超过80mm，小于5mm的颗粒含量宜为25%～40%，可取合理优良级配的较小值，小于0.075mm的颗粒含量不应超过8%。

沥青混凝土下卧垫层的厚度除满足排水要求外，还应考虑减少基础不均匀沉陷对沥青混凝土面板的影响。中等高度土石坝的垫层厚度一般不小于50cm（垂直坡面），高坝、易产生基础不均匀沉陷及一些重要的工程可适当加厚。有资料指出：当土质基础的变形模量低于20MPa或相邻基础变形模量相差2倍以上时应加大垫层厚度。西龙池抽水蓄能电站下水库库底大部分基础为碎石土覆盖层，变形模量为18～130MPa，局部存在土质透镜体和架空层，为适应基础不均匀沉陷，将垫层厚度加大至100与200cm，并进行置换和过渡处理。垫层厚度还应综合考虑施工方法和冻结深度等因素后确定。

（五）基础开挖要求

抽水蓄能电站多建于沟谷中，地质条件复杂，软硬基础都有，厚度与变形模量均存在较大差异，易造成地基不均匀沉陷，进而可能引起沥青混凝土面板由于应变过大而开裂。根据试验可知，一般常温下防渗面板沥青混凝土的允许应变在0.5%左右，寒冷地区冬季沥青混凝土的允许应变更可能降至0.1%或更小。为消除或缓解由于基础变形模量差异较大引起面板开裂，需对沥青混凝土面板基础面的开挖提出控制要求。

西龙池下水库坝下的基础存在深厚覆盖层及基岩陡坎，分析覆盖层各分区的工程特性及其对防渗面板安全的影响程度后，确定基础开挖原则：除按一般堆石坝基础面要求开挖外，对库底面板下软硬基础分界处，即基岩与覆盖层分界处或基岩与碎石回填区衔接处，采用放缓基岩开挖坡比和加大碎石排水垫层厚度的过渡处理措施，要求开挖面坡比小于1∶4，同时将岩基部位垫层厚度加大至100cm，覆盖层上部垫层厚度加大至200cm；对基岩陡坎部位，采用加大开挖范围或贴补置换高弹模材料进行过渡，西龙池下水库库底陡坎基岩与覆盖层交界部位基础处理图如图8-3-16所示。

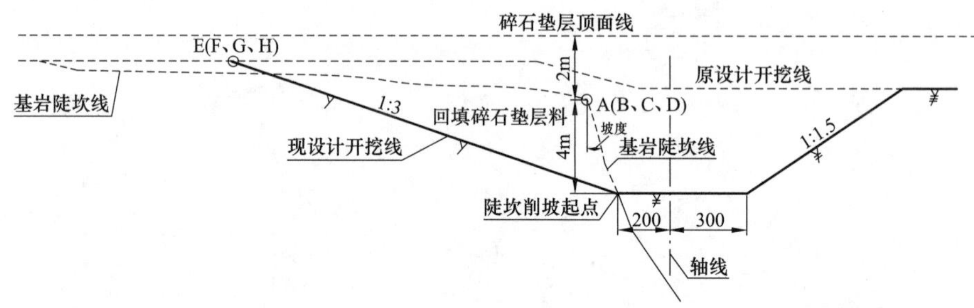

图8-3-16 西龙池下水库库底陡坎基岩与覆盖层交界部位基础处理图

张河湾上水库在岩石开挖库坡与堆石填筑坝坡的交接部位，考虑易产生较大的不均匀变形，对基岩采用变坡度开挖，由正常的1∶1.75先变为1∶4坡比，通过垫层厚度渐变进行过渡，减小不均匀变形，张河湾上水库岩石库坡挖填交接部位开挖及垫层过渡处理示意图如图8-3-17所示。

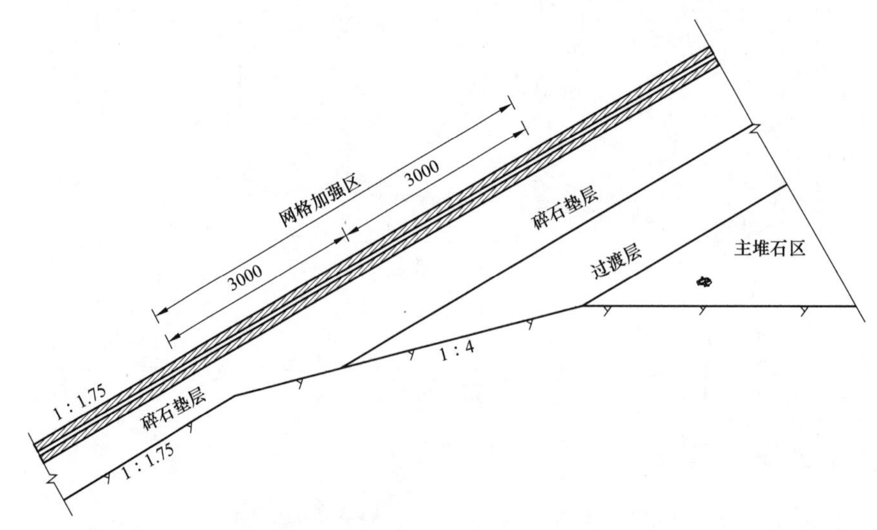

图8-3-17 张河湾上水库岩石库坡挖填交接部位开挖及垫层过渡处理示意图

沂蒙上水库库尾库岸边坡在开挖过程中发现一条挤压破碎带，产状310°SW∠80°，带内为黑云角闪片岩，灰绿色～深灰色，云母含量高，岩质软弱，易风化，遇水软化。库岸边坡范围采用混凝土塞（C15F50）换填方式进行处理，邻库侧最小开挖高度不小于1m，混凝土塞与开挖面设锚筋连接，沂蒙上水库库坡挤压破碎带基础处理图如图8-3-18所示。

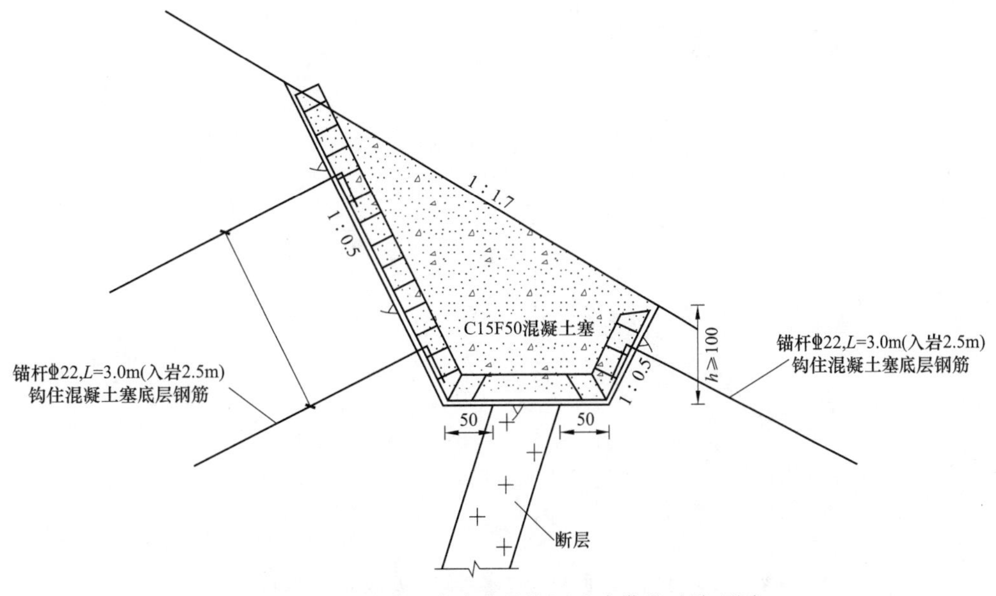

图 8-3-18 沂蒙上水库库坡挤压破碎带基础处理图

（六）沥青混凝土与混凝土刚性建筑物的连接型式

抽水蓄能电站沥青混凝土面板与防浪墙、进/出水口周圈廊道、库底廊道、周边廊道等的连接均属于沥青混凝土面板与混凝土刚性结构的连接。该处是抽水蓄能电站沥青混凝土面板易发生渗漏的部位。对连接型式应重点研究，并确保施工质量。

刚性的混凝土建筑物，大部分坐落在基岩上，基本不发生沉陷变形，而相邻的填筑体都有较大的变形。接头型式要能适应此沉陷差，而不产生渗漏。目前常用柔性扩大式接头、滑动式接头（改进的柔性扩大式接头），其次还有转动式接头等。

通常为防止接头部位沥青混凝土面板被拉裂，一是加厚邻近刚性建筑物部位的上防渗层；二是在防渗层和整平层中间加设楔形体柔性扩大接头，铺筑沥青砂浆或沥青橡胶。沥青砂浆或沥青橡胶变形模量与沥青混凝土差异较大，水荷载作用下易产生较大压缩变形，故张河湾和沂蒙上水库采用铺筑防渗层沥青混合料。日本盐原上水库八汐坝趾板复式断面接头图、张河湾上水库简化复式面板与进水塔闸门井混凝土结构接头图、西龙池上水库沥青混凝土简式面板与廊道接头图、呼和浩特上水库坝坡沥青混凝土面板与坝顶结构接头图、沂蒙上水库沥青混凝土面板与进出水口廊道接头图、国外某工程设有可伸缩止水带的沥青混凝土面板与混凝土接头图如图 8-3-19～图 8-3-24 所示。张河湾上水库简化复式面板与廊道的接头见图 8-3-12。另外，国外早期工程在接头处还设有可伸缩的止水带（见图 8-3-24）。

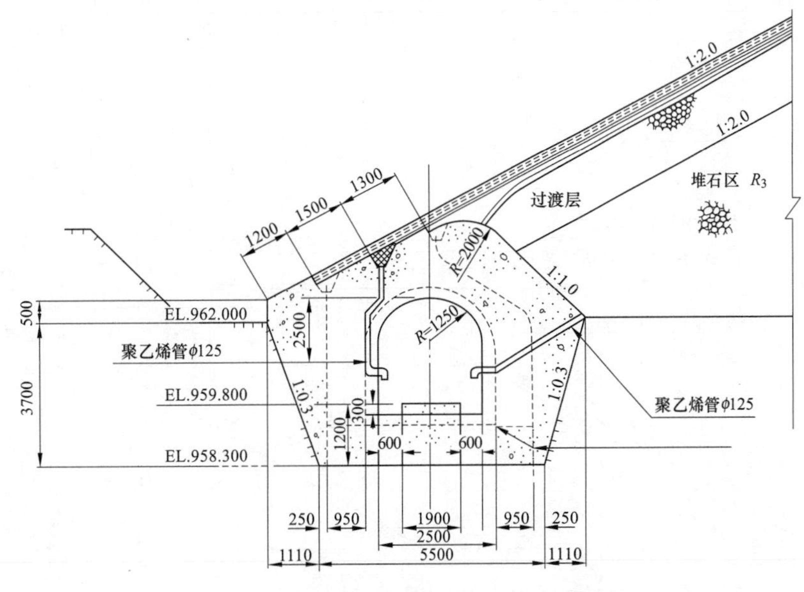

图 8-3-19 日本盐原上水库八汐坝趾板复式断面接头图

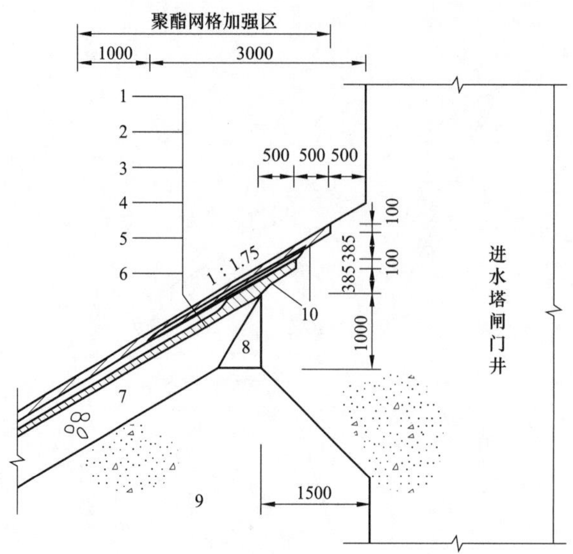

图 8-3-20 张河湾上水库简化复式面板与进水塔闸门井混凝土结构接头图（单位：mm）

1—封闭层；2—防渗层；3—聚酯网格；4—加强层；5—排水层；6—整平胶结防渗层；

7—碎石垫层；8—素混凝土；9—回填混凝土；10—塑性止水材料涂层

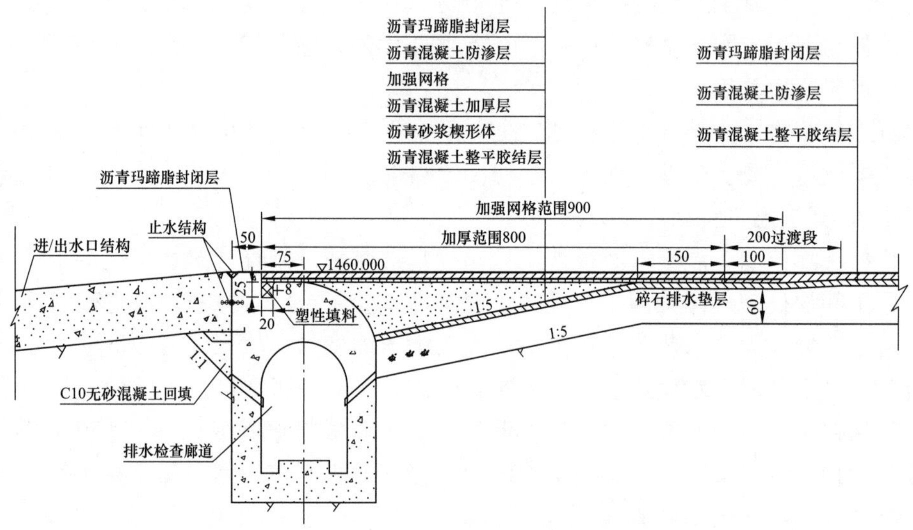

图 8-3-21 西龙池上水库沥青混凝土简式面板与廊道接头图

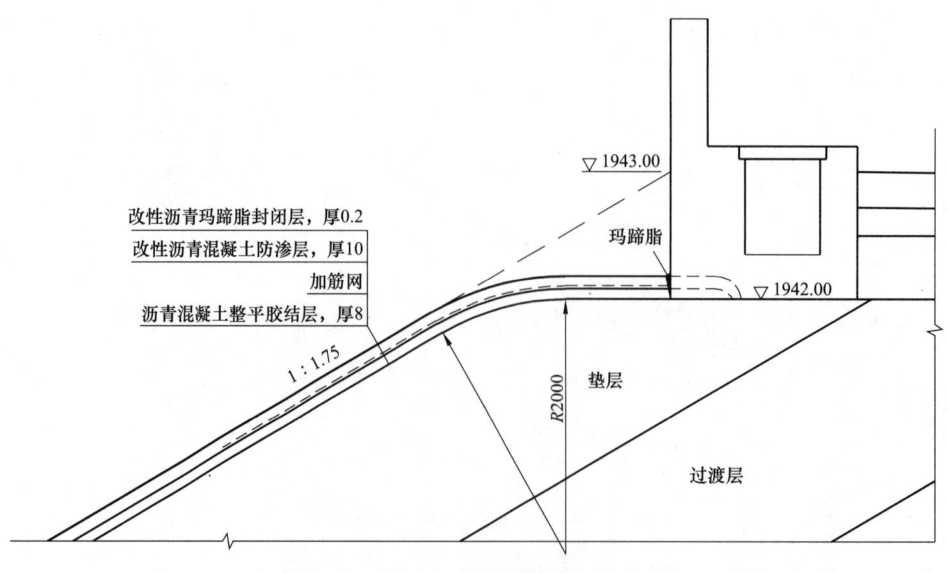

图 8-3-22 呼和浩特上水库坝坡沥青混凝土面板与坝顶结构接头图

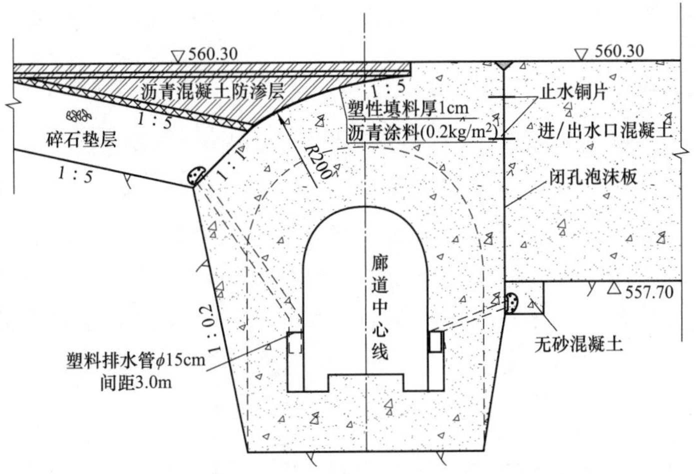

图 8-3-23 沂蒙上水库沥青混凝土面板与进出水口廊道接头图

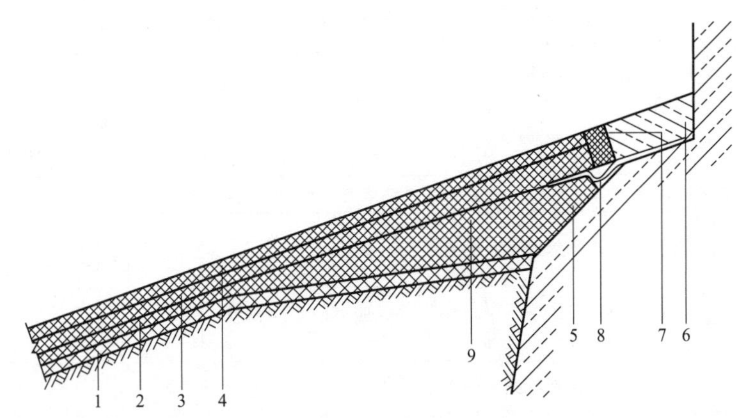

图 8-3-24 国外某工程设有可伸缩止水带的沥青混凝土面板与混凝土接头图

1—基础层；2—防渗层；3—加强织物；4—保护层；5—涂抹黏结层；6—混凝土保护层；7—接缝灌浆；8—可伸缩元件；9—沥青混凝土楔块

沥青混凝土面板与刚性建筑物的滑动式接头，是在沥青混凝土防渗层与刚性建筑物的接触面涂抹（或粘贴）一定厚度的黏结层，在面板因水压力作用或下卧垫层发生沉降变形时，接触面上的黏结层允许产生一定的剪切变形，从而避免防渗层开裂或接触面处漏水。滑动接头采用的黏结材料也有多种，国外多采用 Igas、沥青玛蹄脂等。从天荒坪抽水蓄能电站上水库使用情况看，因现场施工温度高，Igas 易流淌，使接头黏结层变薄，起到滑动的作用不明显。沥青玛蹄脂在高温和斜坡上施工也易于流淌，其黏结厚度不易保证。张河湾、西龙池、宝泉抽水蓄能电站均改用北京水利水电科学院结构材料研究所开发研制的 BGB 材料（橡胶类材料，片材厚约 6mm），配合乳化沥青或 SK 专用黏结剂使用。从室内试验和现场施工情况看，该黏结材料的黏结和适应变形的性能较好，工程蓄水后运行至今已 15 余年，情况良好，未发现接头处有明显渗漏问题。实际上，无论采用何种型式的接头或何种黏结材料，其接头适应基础变形的能力终究是有限的。因此，最关键的问题是提高刚性建筑物附近填筑体的压实度，最大限度地降低其与刚性建筑物的沉陷差，以减少接头部位沥青混凝土面板的应变量。

（七）不同坡向面板的曲面连接

因受地形限制，抽水蓄能电站库盆的库坡由多个平面和曲面组成，为便于坡面、底面沥青混凝土面板的机械施工铺筑，尽量减少人工摊铺的面积，一般曲面均采用正扇形曲面和反弧形曲面。从已建工程看，立面反弧段曲率半径有 15、25、30m 不等。国内近几年用于斜坡面上的沥青混凝土摊铺机，最小曲率半径常采用 20～30m，轻型沥青混凝土面板斜坡摊铺机，可适应最小曲率半径为 5m。通过有限元计算分析可知，全库防渗的抽水蓄能电站的防渗面板受水荷载后，一般面板最大应变均发生在面板平面或立面圆弧连接段。因此，扩大反弧半径可降低沥青混凝土面板的最大应变，如天荒坪电站上水库库坡原设计立面反弧半径为 30m，后调整为 50m；西龙池电站上水库西北坡，原设计平面弧段转弯半径为 118m，后调整为 170m。因此，曲面的最小曲率半径设计应考虑面板应力应变的要求和摊铺机摊铺的需要。

三、沥青混凝土性能要求与材料选择

沥青混凝土材料的选择是沥青混凝土面板设计的重要内容，也是关键之一。为此，首先需明确沥青混凝土面板各层的作用，根据各自要发挥的作用，提出相应的性能要求，然后选择能满足性能要求的合适材料。例如，上防渗层的作用是防止水库渗漏，要求其有良好的防渗性。要防渗性好，除材料渗透系数小之外，还要求不能出现裂缝。一是变形适应性要好，当地基发生不均匀变形时不会出现结构性裂缝；二是低温抗裂性要好，在寒冷地区不会冻裂。上防渗层在面板的上部，在高温下斜坡面板易软化而变形，故对耐流淌性也提出要求。至于耐久性则是对任何结构普遍应有的要求。表 8-3-2 列出了抽水蓄能电站沥青混凝土防渗面板及垫层的作用和主要性能要求。

表 8-3-2　抽水蓄能电站沥青混凝土防渗面板及垫层的作用和主要性能要求表

名称	材料	各层的作用	性能要求
封闭层	沥青玛蹄脂	封闭防渗层表面缺陷，减少空气、水、紫外线引起防渗层的老化，起到保护防渗层的作用，防止防渗层因冰雪滑落而磨损	变形适应性、耐流淌性、低温抗裂性、耐久性、耐磨性
上防渗层	密级配沥青混凝土	防止水库渗漏	防渗性、变形适应性、耐流淌性、低温抗裂性、浸水稳定性、耐久性
排水层	开级配沥青混凝土	搜集上防渗层的渗水，将渗水导入排水廊道排走	渗透性、浸水稳定性、耐久性
下防渗层	密级配沥青混凝土	防止坝体或地基的渗水	防渗性、变形适应性、浸水稳定性、耐久性
整平胶结层	粗级配沥青混凝土	越冬时保护垫层；作为防渗面层施工的基础；减少下防渗层厚度的偏差	变形性能、浸水稳定性、耐久性
垫层	级配碎石	作为整平胶结层施工的基础；确保坝体至面板结构的连续性；调整基础不均匀变形；排除坝体或地基的渗水	渗透性、变形性能、耐久性

（一）沥青混凝土面板性能要求

抽水蓄能电站沥青混凝土防渗面板的性能要求是根据建筑物的功能和所处的环境来决定的，各个工程应根据各自的地形、地质、气象等自然条件，结合枢纽布置、水库运行要求等，因地制宜地对沥青混凝土面板结构各层分别提出具体的性能要求。以下重点叙述上防渗层的性能要求。

1. 抗渗性

水库渗漏直接威胁水工建筑物的安全，可能引起库岸滑坡、坝基或水库基础的深层抗滑稳定等问题。对于无径流的抽水蓄能电站上水库，其渗漏损失也是直接的电能损失。因此，要求沥青混凝土面板应具有良好的抗渗性能。

（1）水库允许渗漏量。每个水库允许渗漏量应结合水库的具体条件通过技术经济比较确定，水头高的电站，抽水到上水库的费用高，对上水库防渗要求就应提高。目前关于抽水蓄能电站水库允许渗漏量还没有统一的标准。日本水利沥青混凝土工程设计规范规定日渗漏量不超过总库容的 1/2000；在沥青混凝土防渗面板工程施工中，一般承包商承诺的渗漏量标准为不大于 $0.1\text{L}/(1000\text{m}^2 \cdot \text{s})$，但这与下卧层的情况密切相关。我国新修订的沥青混凝土面板和心墙设计规范中，建议对抽水蓄能电站水库允许日渗漏量可取总库容的 1/10000～1/5000。

国外沥青混凝土面板工程的实测渗水量都很小。我国天荒坪抽水蓄能电站上水库蓄水运行 10 年后，其稳定的渗漏量为 5～6L/s，日渗漏量相当于水库总库容的 1/17000，且其中相当一部分水还是库底泉眼渗水及进/出水口侧的山体渗水；呼和浩特抽水蓄能电站上水库蓄水运行 9 年，其稳定渗漏量为 5～6L/s，日渗漏量也相当于水库总库容的 1/17000；沂蒙抽水蓄能电站上水库蓄水运行 2 年，其稳定渗漏量为 3.5L/s，日渗漏量相当于水库总库容的 1/29000。

（2）沥青混凝土的抗渗性指标。沥青混凝土的抗渗性指标为渗透系数，但渗透系数与孔隙率相关。

渗透系数是通过渗透试验测得的，孔隙率是通过表观密度和理论密度计算得到的。渗透试验耗时比较长，且试验结果离散性较大。一般国外工程对沥青混凝土的防渗性能指标均按单一的孔隙率来控制，我国目前是按渗透系数和孔隙率双重控制的。

沥青混凝土各层的作用不同，对抗渗性有不同要求。防渗层沥青混凝土，一般要求孔隙率不大于3%，渗透系数不大于1×10^{-8}cm/s。现场检验和室内试验表明，密级配沥青混凝土防渗层，当沥青含量为6%～8%，且碾压后的孔隙率小于3%，其渗透系数均可达到1×10^{-8}cm/s以下。

排水层沥青混凝土采用开级配，即级配不连续的骨料，并减少沥青用量至3%～4%，碾压后的孔隙率大于等于15%，其渗透系数一般可达1×10^{-2}～1×10^{-1}cm/s量级或更大。

简式结构整平胶结层的沥青含量一般为4%～5%，碾压后的孔隙率为10%～15%，渗透系数可达1×10^{-4}～1×10^{-3}cm/s。简化复式结构整平胶结防渗层的沥青用量在5%～7%，碾压后的孔隙率在4%～5%，渗透系数在1×10^{-8}～1×10^{-5}cm/s。

2. 变形适应性

抽水蓄能电站上水库多建于沟谷或山顶部位，地形起伏大，库盆中开挖和填筑的接触带长、面积大；地质条件复杂，岩石风化强烈、多断层破碎带、基础软弱风化带可能相继出现，其基础变形模量高低差别很大；堆石坝体往往使用软岩及风化岩石，变形模量低，与基岩接触带在水荷载作用下沉陷差较大。为保证水荷载作用下基础不均匀沉陷不会引起面板裂缝，要求沥青混凝土面板具有良好的变形适应性。

（1）变形适应性指标的选择。

1）圆盘柔性试验。西方国家大都仅采用Van Asbeck圆盘柔性试验来评价沥青混凝土面板变形性能。该试验一般要求试件在发生1/10的挠度变形条件下仍不透水。图8-3-25为圆盘试验设备及试件示意图。

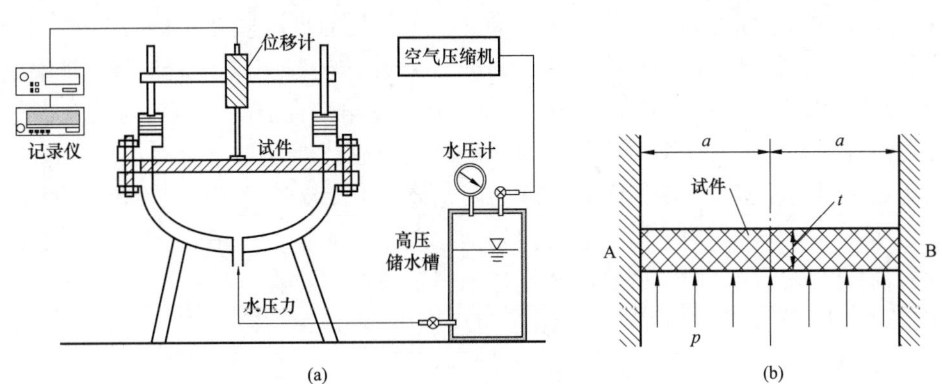

图8-3-25 圆盘试验设备及试件示意图

（a）圆盘试验设备图；（b）试件示意图

圆盘试件中心的应变由下列公式计算：

$$\sigma_t = \frac{3p}{8t^2}[(1+\nu)a^2-(1+3\nu)r^2]$$

$$\sigma_r = \frac{3p}{8t^2}[(1+\nu)a^2-(3+\nu)r^2]$$

$$\varepsilon_t = \frac{1}{E}(\sigma_t-\nu\sigma_t)$$

$$\varepsilon_r = \frac{1}{E}(\sigma_r-\nu\sigma_t)$$

$$W = \frac{3(1-\nu^2)p}{16E_t^3}(a^2-r^2)^2$$

$$\delta = W(r=0) = \frac{3(1-\nu^2)p}{16E_t^3}a^4$$

$$\varepsilon_t(r=0) = \varepsilon_t(r=0) = \frac{2\delta_t}{a^2}$$

式中 σ_t，ε_t——板环向应力、周边变形；

σ_r，ε_r——径向应力、径向变形；

p——均布荷载；

E——弹性系数；

ν——泊松比；

t——板厚度；

a——板半径；

ω——半径 r 处的变形；

δ——板的最大变形。

圆盘柔性试验评价方法很难与工程设计的技术指标要求建立联系，所有工程，不论规模大小、地形地质条件差别，都采用同一指标，显然不够合理。

2）应变指标。西龙池抽水蓄能电站沥青混凝土面板的计算分析表明，采用不同的面板应力-应变计算模型和面板材料参数对抽水蓄能电站面板挠度和面板顺坡向应变计算结果影响不大，但对面板的应力分布有较大影响。说明面板的应力除与坝体堆石料的变形特性有关外，还取决于面板本身所采用的计算模型及其参数。鉴于沥青混凝土的力学性能不仅与温度和应变速率相关，还有流变特性，目前沥青混凝土面板的应力计算还缺乏可靠而简便的方法，致使材料的强度指标（应力）还难以成为评价面板安全性的可靠依据。故我国和日本等国家均采用应变指标来控制沥青混凝土的配合比设计和评价面板的安全性。而对于蓄能电站水工沥青混凝土的力学性能研究，一般采用小梁弯曲试验和直接拉伸试验测取沥青混凝土极限应变，作为沥青混凝土适应基础变形能力的基本力学指标。

（2）变形适应性控制指标的确定。为确定沥青混凝土面板的极限应变指标，应进行沥青混凝土防渗结构的有限元分析，求得最大拉应变，考虑一定安全系数后就可提出对沥青混凝土极限应变的要求。

1）弯曲和拉伸极限应变。根据有限元分析，抽水蓄能电站沥青混凝土面板的受力状态可分为弯曲受拉和轴向受拉两种状态，选取极限应变指标时也应有所区别。西龙池下水库位于深厚覆盖层上，大坝与库盆均采用沥青混凝土面板防渗，图 8-3-26 为西龙池下水库反弧段面板沿厚度顺坡向应变分布图，显示沥青混凝土面板在水荷载作用下沿板厚方向轴向拉应变分布情况。图 8-3-27 为西龙池下水库库底有土质透镜体时面板沿厚度顺坡向应变分布图，显示当覆盖层中存在土质透镜体时沥青混凝土面板在水荷载作用下沿板厚方向轴向拉应变分布的情况，反映基础不均匀沉降下沥青混凝土面板的受力变形状态。

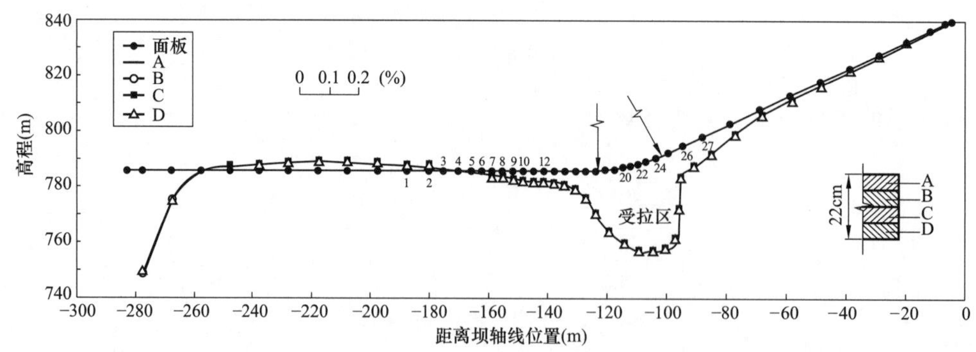

图 8-3-26 西龙池下水库反弧段面板沿厚度顺坡向应变分布图（%）

由图 8-3-26 可见，一般均匀基础条件下，无论是库底水平段、坝坡倾斜直线段顺坡向应变基本处于均匀受力状态，即使反弧段面板顺坡向应变也基本处于均匀受拉状态；最大拉应变出现在反弧段中部。图 8-3-27 反映出反弧段面板顺坡向应变仍基本处于均匀受拉状态。因此，反弧段的沥青混凝土设计应以单向拉伸应变为控制。由图 8-3-27 可见，在土质透镜体及其附近，局部库底沥青混凝土面板沿厚度方向所受的拉应变不同，即出现偏心受拉或偏心受压状态。因此，库底或库岸存在不均匀基础时，其沥青混凝土设计应以弯曲拉应变为控制。

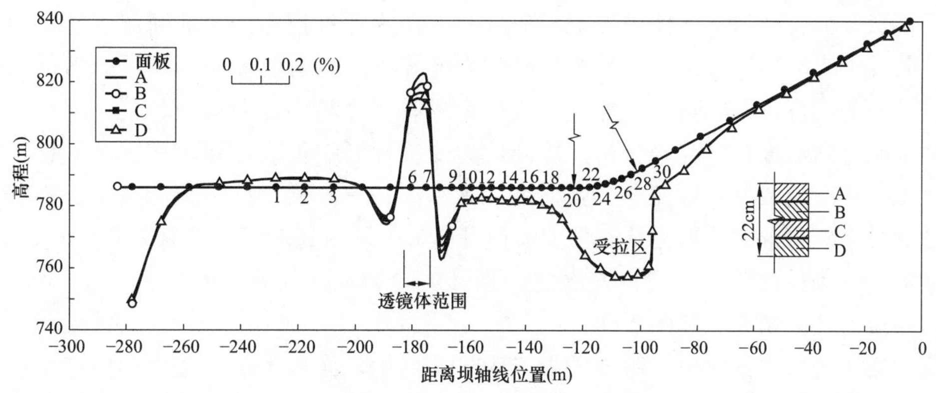

图 8-3-27 西龙池下水库库底有土质透镜体时面板沿厚度顺坡向应变分布图（%）

2）应变和变形。图 8-3-28 为西龙池下水库主堆石坝沥青混凝土面板的变形与应变，显示西龙池下水库主坝坝踵位于基岩情况下沥青混凝土面板挠度和顺坡向应变变化情况，面板因蓄水产生的挠度在坝坡中偏下部位最大，而坝踵附近受岩石基础约束，面板挠度很小。而顺坡向应变与挠度的分布并不对应，挠度最大处，挠度较均匀，拉应变很小；而近坝踵处，面板挠度很小，但挠度变化大，出现最大拉应变。说明挠度（变形）不能作为沥青混凝土面板破坏的指标，应以拉应变为面板破坏的控制指标。

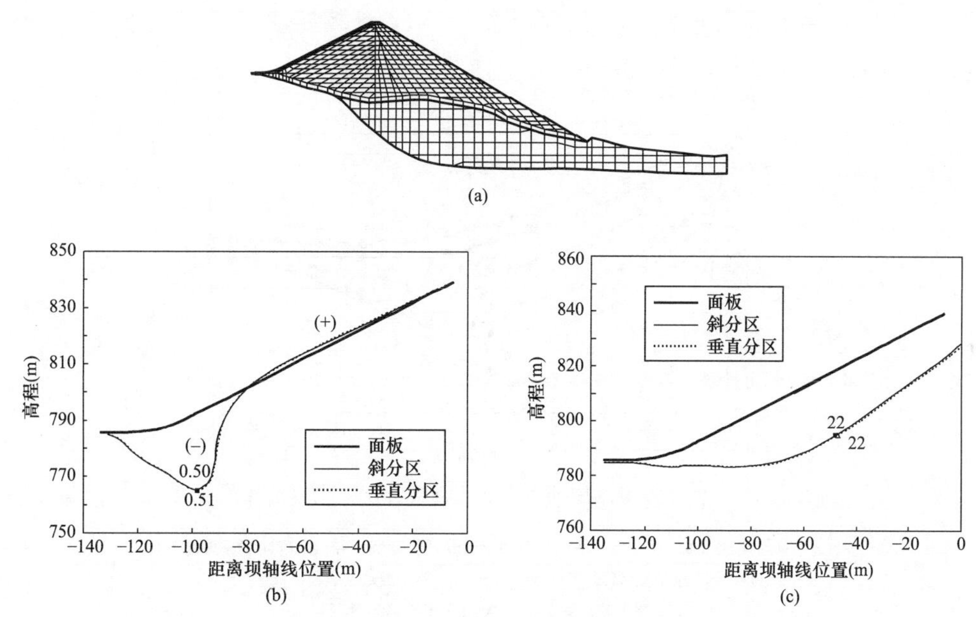

图 8-3-28 西龙池下水库主堆石坝沥青混凝土面板的变形与应变

（a）西龙池下水库主堆石坝横剖面计算简图；

（b）蓄水时面板挠度分布图；（c）蓄水时面板应变分布图

3. 低温抗裂性

冬季沥青混凝土面板易因温度降低而开裂，这在我国北方地区已建成的工程中不乏先例，如北京的半城子水库沥青混凝土面板开裂相当严重。抽水蓄能电站水库水位每天一般存在 1～2 次升降循环，面板经受的温降速率与频次比常规水电站高得多，故抽水蓄能电站沥青混凝土面板设计中更应高度重视低温开裂问题。

影响沥青混凝土面板产生低温开裂的因素很多，如极端最低气温、降温速度、低温的持续时间、沥青品种、材料的配合比、施工质量等。根据国外道路沥青混凝土研究和北京勘测设计研究院开展的《碾压式沥青混凝土面板防渗技术》（原国家电力公司科技项目 SPKJ006－06）研究成果，通过沥青混凝土约束试件冻断试验，可用四个指标来评价沥青混凝土的低温抗裂性能，即冻断温度、冻断应力、转折点温度和曲线斜率。其中，①转折点温度，该指标得出的结果与沥青混合料实际性能相差较大。

②曲线斜率不能反映混合料的实际使用性能，故均不宜作为评价指标。③冻断温度能反映混合料的低温抗裂性能，其受沥青品种影响很大，受级配类型影响较小。说明要提高沥青混合料的低温抗裂性必须选择低温性能好的沥青。④冻断应力能一定程度地反映混合料的低温抗裂性能，但它不能单独作为评价指标，而应与冻断温度结合起来分析。冻断应力受级配影响很大，孔隙率大小直接决定了冻断应力的大小。根据上述研究成果，西龙池、张河湾、呼和浩特、沂蒙等抽水蓄能电站沥青混凝土面板均以冻断温度作为控制沥青混凝土低温抗裂性能的设计指标。同时还考虑了面板各层的设计温度的确定、室内试验与实际工程条件的差别、试验方法的差别（试验为一维问题，而面板为二维问题）等因素，故在确定冻断温度时还应留有一定的余度。

由于沥青混凝土为感温性材料，防渗面板又为多层结构，面板各层的温度会随库水位变动以及日照条件等而变化，因此设计时不能直接把外界最低气温作为设计温度。日本北海道地区的京极抽水蓄能电站沥青混凝土面板设计中首次通过考虑面板热传导特性来确定面板各层的设计温度。北京勘测设计研究院在十三陵和西龙池抽水蓄能电站沥青混凝土设计中，也采用变温度场计算和黏弹性无限嵌固板应力分析方法进行了沥青混凝土面板的低温抗裂计算分析。西龙池上水库根据当地最低温度时的日温度变化记录及试验所得的沥青混凝土热工参数，计算出沥青混凝土面板各层温度的变化，西龙池上水库沥青混凝土面板各层模拟温度计算成果见图 8-3-29。由图可见，冬季防渗层表面最低温度将比外界最低气温高 7℃左右，各层温度出现有规律的时滞，最低温度的作用时间也较短。说明封闭层沥青玛蹄脂除有保护表面的功能外，还有保温效果。故对封闭层也应提出冻断温度指标，以防其在低温下开裂、脱落。日本京极抽水蓄能电站冬季最低气温－25℃，计算防渗层最低温度－18℃，确定设计温度－20℃，与西龙池电站计算成果结论相近。

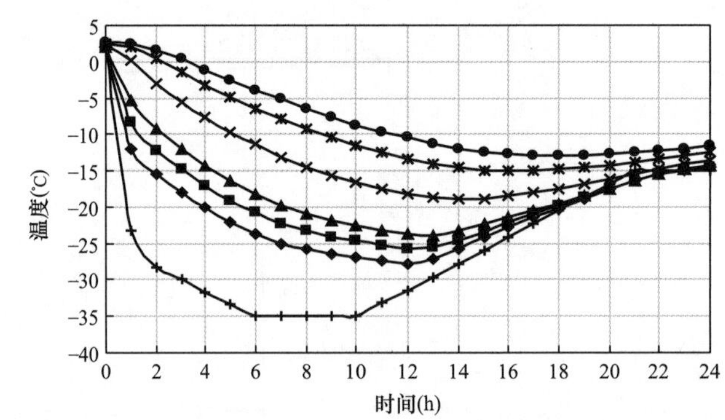

图 8-3-29　西龙池上水库沥青混凝土面板各层模拟温度计算成果

—M1封闭层表面下2mm; —F1防渗层表面下2cm; —F2防渗层表面下4cm;
—F3防渗层表面下10cm; —Z1整平胶结层表面下6cm;
—Z2整平胶结层表面下10cm; —Q1外界气温

4. 斜坡热稳定性

抽水蓄能电站的上、下水库水位变幅大，且频繁。当水位降落时，暴露在空气中的沥青混凝土面板受到日光暴晒，由于沥青混凝土吸热性强，我国大部分地区暴露在阳光直射之下沥青混凝土表面温度可达 60～70℃，有可能使建在斜坡上的沥青混凝土面板的某些部位产生流动变形等破坏，因此要求面板具有高气温时不流淌的能力。

斜坡热稳定试验采用的设计温度是根据夏季气温与倾斜沥青混凝土面板表面因太阳辐射热的升高值推算出来的，一般可达 1.6～1.8 倍的极端最高气温。

沥青混凝土的高温稳定性采用斜坡流淌试验来判别。斜坡流淌试验基本思路是经过长时间的恒温，如 48h，看试件的流淌值是否稳定，以此作为沥青混凝土高温稳定性的评定标准。但各国斜坡流淌试验方法尚不统一，我国 NB/T 11015《土石坝沥青混凝土面板和心墙设计规范》规定防渗层斜坡流淌值不大于 0.8mm，对应试验方法为：采用马歇尔试件，在 1∶1.7 或按设计坡度，70℃，48h 测得的斜坡流淌值。表 8-3-3 给出了已建抽水蓄能电站防渗层斜坡流淌控制指标表。

表 8-3-3　　　　已建抽水蓄能电站防渗层斜坡流淌控制指标表

工程名称	配合比编号	级配指数 r 和细骨料率	矿粉用量小于0.075mm（%）	沥青用量（%）（占沥青混凝土的比例）	斜坡流淌值（1/10mm）	说明
日本沼原上水库	ND-1	小于等于2.5mm颗粒含量占55%～62.5%	12.7	8.5	10	沥青8.6%，试件 $D=10$cm，$h=6.4$cm，1∶1.5，60℃，2h后流淌值不变
	ND-2		10.4	8.5	12	
	ND-3		7.8	8.5	24	
泰国拉姆它昆上水库			10	7.2	1.4	1h后收敛
天荒坪上水库		小于等于2mm颗粒含量占52%	15	6.8	1∶2，70℃，<50	试验为20cm×20cm的方块（Van Asbeck方法）
					1∶2，60℃，<15	
西龙池上水库	改性沥青	小于等于2.36mm颗粒含量占52%（43.9%）	11.5（6.9）	7.5	1∶2，70℃，<0.8mm	马歇尔试件
					1∶2，70℃，<2mm	试验为20cm×20cm的方块（Van Asbeck方法）
张河湾上水库		小于等于2mm颗粒含量占52%	9	8	1∶1.75，70℃，<0.8mm	马歇尔试件
					1∶1.75，70℃，<2mm	试验为20cm×20cm的方块（Van Asbeck方法）
宝泉上水库			11.3	7.0	1∶1.7，70℃，<0.8mm	马歇尔试件
呼和浩特上水库	改性沥青		11	6.8	1∶1.75，70℃，<0.8mm	马歇尔试件
沂蒙上水库	改性沥青	小于等于0.15mm颗粒含量小于等于3%	9.0	7.0	1∶1.7，70℃，<0.8mm	马歇尔试件

事实上，沥青混凝土面板终碾温度不低于90℃，在烈日下施工的沥青混凝土的温度远高于试件60℃或70℃的温度。应该说，如果配合比试验时热稳定性有问题，在施工时就应该流淌了。因此，目前工程实践中，沥青混凝土马歇尔试件斜坡流淌值指标的检测多作为沥青混合料的室内配合比检测控制指标，但不作为碾压后面板现场检测的控制指标。有资料表明现场芯样试验测试的斜坡流淌值，一般均比马歇尔试件采用同种方法的斜坡流淌值要大，如西龙池工程上水库改性沥青混凝土防渗层的马歇尔试件斜坡流淌值小于0.8mm，但现场芯样的斜坡流淌值均大于此值，约为2mm。

抽水蓄能电站沥青混凝土防渗面板的热稳定要求和柔性、低温抗裂性要求是一对矛盾体。后者希望沥青含量高些，而前者要求沥青含量低些。因而，斜坡流淌值指标是沥青混凝土配合比设计中沥青用量上限的重要控制因素。

5. 水稳定性

沥青混凝土防渗面板长期浸泡在水中，由于水的作用易使沥青和骨料分离和老化。因此要求骨料和面板混合料应有好的抗水剥落稳定能力。评价沥青混凝土的水稳定性指标有水稳定系数、残留稳定度。

6. 施工特性

反映沥青混凝土施工性能的指标是和易性和可压实性，施工性能一般与混合料的沥青含量、配合比、施工温度等有关。

沥青混凝土对温度敏感性很强，天气、施工条件的变化会直接影响到沥青混凝土的性能。因此，设计时需考虑面板结构型式，力求简单，以满足现代化设备施工的要求；同时应考虑各结构层的控制指标便于现场控制，并在现有试验手段下有较高的准确性。

7. 耐老化性

沥青混凝土在施工和运行过程中，由于沥青的老化，使沥青混凝土强度或变形性能降低，导致结构破坏，从而影响沥青混凝土的耐久性。沥青的老化主要源自施工加热拌和时（可达160～180℃）的老化，运行期的老化作用影响很有限。抽水蓄能电站因水位降落频繁、承受水压重复荷载，且面板长年受冻融作用，防渗要求高，故要求面板抗老化能力更强。因此，在许多工程上进行了冻融试验、重复弯曲试验等，研究其耐久性。此外有的工程，如日本的八汐坝还在坝址附近，按照与坝体相同的坡度、方向和高程，布置了沥青混凝土试件，暴露10年，确认对气象作用的耐久性。

日本沼原水库采用全库盆沥青混凝土面板防渗，运行30年期间曾数次放空水库进行全面检查，其结果表明：表面保护层受紫外线、氧和水的作用老化，即使外部环境影响小的低高程部位的表面保护层，也同样发生了老化现象。但面板本体未见老化现象，面板完全不渗水。说明表面保护层对保护面板起着重要作用，封闭层的抗老化性能非常重要。

8. 沥青混凝土面板各结构层技术指标汇总

综合上述要求，对抽水蓄能电站沥青混凝土防渗层及其他各层的性能要求可归纳如下：

（1）防渗层。防渗层的沥青混凝土，一般要求孔隙率不大于3%；渗透系数不大于1×10^{-8}cm/s；水稳定系数不小于0.85；斜坡流淌值不大于0.8mm；低温不开裂，并满足设计提出的强度和柔性要求。粗骨料最大粒径可取铺筑层厚的1/5～1/3。部分已建抽水蓄能电站沥青混凝土面板防渗层的设计技术指标汇总见表8-3-4。

（2）排水层。排水层的沥青混凝土，要求渗透系数不小于1×10^{-1}cm/s；孔隙率在20%～30%；热稳定系数不大于4.5。部分已建抽水蓄能电站排水层沥青混凝土的设计技术指标汇总见表8-3-5。

（3）整平胶结层。整平胶结层的沥青混凝土，一般要求渗透系数在1×10^{-4}～1×10^{-3}cm/s；孔隙率在10%～15%；热稳定系数不大于4.5。粗骨料最大粒径可取铺筑层的1/3～1/2。部分已建抽水蓄能电站整平胶结层沥青混凝土的设计技术指标汇总见表8-3-6。

（4）封闭层。封闭层应与防渗面层黏结牢固，高温（70℃）不流淌，低温（－25℃）不脆裂、不卷边，并易于涂刷或喷洒，涂刷量为2.5～3.5kg/m^2。部分已建抽水蓄能电站封闭层设计技术指标汇总见表8-3-7。

（二）沥青混凝土材料选择

第一，明确了沥青混凝土面板各结构分层对沥青混凝土性能要求及具体控制指标后，就要努力去选择合适的材料和配合比。但由于性能要求的多样性，且有些性能要求对材料要求是有矛盾的。例如，增加沥青混合料的沥青用量，抗渗性、柔性和耐久性都会提高，但对斜坡稳定不利。又如，经过仔细调整骨料级配，可使混合料聚结力增大，但其施工性能不一定良好。因此，要找到满足所有性能要求的材料难度很大，有时几乎是不可能的，必须综合分析，予以协调平衡。

第二，由于沥青混凝土具有黏弹性材料特性，比较特殊，目前对沥青混凝土性能、影响沥青混凝土性能的主要因素、各种材料与沥青混凝土性能之间的关系等研究得都很不够，没有完善的科学理论来指导实践，几乎每个工程都是在探索。因此，目前沥青混凝土工程还主要是建立在经验的基础上。

第三，影响沥青混凝土性能最主要的材料是沥青，而沥青是一种由碳氢化合物及非金属衍生物组成的非常复杂的材料，其分子量变化范围从500至25000，就可以差到50倍。不同地域，甚至同一地域不同时间生产的沥青，其成分和性能都有差别。另外，因沥青混凝土的黏弹性特性，力学性能与温度、加荷速率、历时等密切相关，要充分掌握它的规律难度也很大。

总之，沥青混凝土结构目前还处于经验设计阶段，这里介绍的材料选择也只能是简略和定性的，每个工程都需要去试验、去探索。

1. 沥青

沥青的材料性能对沥青混凝土性能影响最大。

表 8-3-4　　部分已建抽水蓄能电站沥青混凝土面板防渗层设计技术指标汇总

序号	项目		单位	天荒坪上水库	西龙池		张河湾上水库	宝泉上水库	呼和浩特上水库	沂蒙上水库
					上水库斜坡及反弧段	上水库库底下水库全部				
1	沥青含量		%	6.9	7.5	7.5	7.5	7.0	7.3	7.06
2	毛体积密度（表干法）		g/cm^3		>2.35	>2.35	>2.30	>2.30	实测	实测
3	孔隙率		%	≤3.0	≤3.0	≤3.0	≤3.0	≤3.0	≤3.0	≤3.0
4	渗透系数		cm/s	$\leq 1\times10^{-8}$	$\leq 1\times10^{-8}$	$\leq 1\times10^{-8}$	$\leq 1\times10^{-8}$	$\leq 1\times10^{-8}$	$\leq 1\times10^{-8}$	$\leq 1\times10^{-8}$
5	斜坡流淌值	马歇尔试件：70℃，48h（坡比）	mm	≤0.8（1∶2.0）	≤0.8（1∶2.0）	≤0.8（1∶2.0）	≤2.0（1∶1.75）	≤0.8（1∶1.70）	≤0.8（1∶1.75）	≤0.8（1∶1.75）
		Van Asbeck 试件：坡比 1∶2，70℃ 坡比 1∶2，60℃		≤5.0 ≤1.5	≤5.0 ≤1.5	≤5.0 ≤1.5				
6	马歇尔稳定度（60℃）		N		>5000	>5000				
7	马歇尔流值		1/100cm		≥80	≥80	水稳定性大于等于 90	水稳定性大于等于 90	水稳定性大于等于 90	水稳定性大于等于 90
8	柔性挠度（圆盘试验）	25℃	%	≥10（不漏水）	≥10（不漏水）	≥10（不漏水）	≥10（不漏水）	≥10（不漏水）	≥10（不漏水）	≥10（不漏水）
		5℃		≥2.5（不漏水）	≥2.5（不漏水）	≥2.5（不漏水）	≥2.5（不漏水，2℃）	≥2.5（不漏水，2℃）	≥2.5（不漏水，2℃）	≥2.5（不漏水，2℃）
9	弯曲应变	2℃（5℃）试验速率 0.5mm/min	%		≥3	≥2.25	≥2.0	≥2.0	≥2.5	≥2.5
10	拉伸应变	2℃ 应变速率 0.34mm/min	%		≥1.5	≥1.0	≥0.8	≥0.8	≥1.0	≥1.0
11	设计冻断温度		℃		≤−38	≤−35	≤−35	≤−30	≤−45	≤−25
12	膨胀		%		<1.0	<1.0	<1.0	<1.0	<1.0	<1.0

表 8-3-5　　部分已建抽水蓄能电站排水层沥青混凝土设计技术指标汇总

序号	项目	单位	张河湾上水库	拉姆它昆上水库
1	密度（体积法）	g/cm^3	>1.90	2.148
2	孔隙率	%	≥16.0	15.919
3	渗透系数	cm/s	≥1×10^{-1}	4.88×10^{-2} 以下
4	热稳定系数		≤4.5	马歇尔流值 3.15
5	沥青含量	%	4.0	4.0

注　拉姆它昆上水库的数值为施工配合比试验结果。

表 8-3-6　　部分已建抽水蓄能电站整平胶结层沥青混凝土设计技术指标汇总

序号	项目	单位	西龙池上、下水库	张河湾上水库	拉姆它昆上水库	宝泉上水库	呼和浩特上水库	沂蒙上水库
			整平胶结层	整平胶结防渗层	整平胶结防渗层	整平胶结层	整平胶结层	整平胶结层
1	毛体积密度	g/cm^3	>2.1	>2.20（表干法）	2.385	>2.20（体积法）	实测	实测
2	孔隙率	%	10～14	≤5.0	4.92	10～14	10～15	10～15
3	渗透系数	cm/s	1×10^{-4}～5×10^{-3}	≤5×10^{-5}	5.24×10^{-5}	1×10^{-4}～1×10^{-2}	1×10^{-4}～1×10^{-2}	1×10^{-4}～1×10^{-2}
4	斜坡流淌值 1∶2（1∶1.75），70℃，48h	mm	≤5（马歇尔试件） ≤1.5（Van Asbeck）	≤1.5	马歇尔流值 3.08			
5	水稳定性	%	≥85（孔隙率约 14%）	≥85（孔隙率约 6%）		≥85	≥85	≥85
6	热稳定性		≤4.5			≤4.5	≤4.5	≤4.5
7	沥青含量	%	4	5	5	4.0	4.0	4.1

注　斜坡流淌试验采用马歇尔试件；拉姆它昆上水库的数值为施工配合比试验结果。

表 8-3-7　　部分已建抽水蓄能电站封闭层设计技术指标汇总

序号	项目	单位	天荒坪上水库	西龙池上水库	张河湾上水库	宝泉上水库	呼和浩特上水库	沂蒙上水库
1	密度	g/cm^3		>2.1	>2.1		实测	实测
2	软化点	℃		≥90	≥90			≥70
3	冻裂温度	℃		≤−40	≤−40	≤−25	≤−45	≤−25
4	斜坡流淌值	mm		≤0.6	≤0.6	不流淌	不流淌	不流淌
5	配合比（沥青/掺料）	%	库底 B80，30∶70 斜坡 B45，30∶70	库底普通沥青，30∶70 斜坡改性沥青，30∶70	库底普通沥青，30∶70 斜坡改性沥青，30∶70	库底改性沥青，37∶63 斜坡改性沥青，37∶63	库底改性沥青，30∶70 斜坡改性沥青，30∶70	库底改性沥青，30∶70 斜坡改性沥青，30∶70

（1）抗渗性。沥青混凝土面板的渗透系数取决于沥青用量、骨料的级配、压实的程度等。

（2）变形适应性。沥青混凝土适应变形的能力与沥青品质、沥青含量、混合料的配合比、温度、变形速度、应力量级、施工等因素有关。

沥青针入度、延度等指标是沥青影响沥青混凝土适应变形的能力最关键的指标。延度的本质是沥青的流变性，是试件在特定温度条件，外力作用时变形性能的指标，它较客观地反映了沥青材料的变形能力和抗裂性能。由于抽水蓄能电站常建于复杂的地质条件和恶劣的环境气温下，因此对沥青延度的要求一般高于公路沥青混凝土和常规水电工程沥青混凝土。已建抽水蓄能电站工程均对沥青原材料的高、低温延度进行了严格的规定，部分已建抽水蓄能电站沥青混凝土防渗面板的沥青技术指标要求见表 8-3-8。

表 8-3-8　　部分已建抽水蓄能电站沥青混凝土防渗面板的沥青技术指标要求

序号	检验项目		单位	张河湾上水库			天荒坪上水库		蛇尾川上水库		西龙池上水库		呼和浩特上水库		沂蒙上水库	
				防渗层	排水层	整平胶结防渗层	防渗层	整平胶结层	防渗层	整平胶结层	防渗层 1*	防渗层 2	防渗层*	整平胶结层	防渗层*	整平胶结层
1	针入度（25℃）100g，5s		1/10mm	70～90	70～90	70～90	70～100	70～100	60～80	60～80	≥80	≥80	≥100	80～100	60～80	60～80
2	软化点（环球法）		℃	45～52	45～52	45～52	45～49	45～49	44～52	44～52	≥50	45～52	≥45	45～52	≥55	48～55
3	延度	15℃（5cm/min）	cm	≥150	≥150	≥150	≥150		≥100		≥150	≥150	≥100	≥100	实测	≥150
		4℃（1cm/min） 7℃（1cm/min） 5℃（1cm/min） 5℃（5cm/min）	cm	≥15	≥15	≥15	≥10		针入度指数 $PI=-0.88$		≥40	≥10	≥70	≥20	≥30	≥10
4	脆点		℃	<−10	<−10	<−10	<−10	<−10			<−20	<−10	<−22	<−12	<−10	<−10
5	含蜡量（裂解蒸馏法）		%	≤2.0	≤2.0	≤2.0	≤2	≤2			≤2	≤2.0	≤2	≤2	≤2	≤2
6	密度（25℃）		g/cm^3	≥1.0	≥1.0	≥1.0	≥1.0	≥1.0	>1.0	>1.0			实测	实测	实测	实测
7	溶解度（三氯乙烯）		%	≥99	≥99	≥99	≥99	≥99	≥99	≥99	≥99	≥99	≥99	≥99		
8	含灰量（质量百分比）		%	≤0.5	≤0.5	≤0.5	≤0.5	≤0.5			≤0.5	≤0.5				
9	闪点		℃	>230	>230	>230	>230	>230	>260	>260	>230	>230	>230	>230	>230	>260
10	薄膜加热试验后	质量损失	%	≤1.0	≤1.0	≤1.0	≤1.5	≤1.5			≤1.0		≤1.0	≤0.3	≤1.0	≤0.2
11		软化点升高	℃	≤5	≤5	≤5	≤5	≤5			≤5	≤5	≤5	≤5	≤5	≤5
12		针入度比	%	≥65	≥65	≥65	≥70	≥70			≥55	≥68	≥50	≥70	≥60	≥68
13		脆点	℃	≤−8	≤−8	≤−8	≤−8	≤−8	<0.6	<0.6	≤−18	<0.6	≤−19			
14		延度 15℃（5cm/min） 25℃（5cm/min）	cm	≥100	≥100	≥100	≥100 ≥100				≥150	≥150	≥80	≥100	实测	≥80
		延度 4℃（1cm/min） 7℃（1cm/min） 5℃（1cm/min） 5℃（5cm/min）	cm	≥8	≥8	≥2	≥2				≥25	≥7	≥30	≥8	≥20	≥4

* 西龙池上水库防渗层 1 为改性沥青，防渗层 2 为普通沥青；呼和浩特上水库和沂蒙上水库防渗层为改性沥青。

(3) 低温抗裂性。评价沥青的低温抗裂性能指标主要有沥青的针入度、延度、脆点。根据公路沥青及沥青混凝土研究经验，对沥青标号（一般用针入度代表）的选择，应考虑气候分区：南方温暖地区针入度可适当低些，如选 60～80；寒冷地区针入度可高些，如用 70～90；严寒地区针入度可提高到 100。我国华北地区的西龙池和张河湾抽水蓄能电站，对沥青低温延度控制指标规定为 4℃的延度不小于 10cm，拉伸速度为 5cm/min，薄膜烘箱后不低于 8cm。

在对西龙池工程在进行了大量的低温冻断试验后，得出结论如下：冻断温度这项指标与沥青含量关系不大，主要与沥青品质以及沥青的含蜡量有关。一般沥青拌制的混凝土，其室内试验冻断温度最低约在－33℃；低温性能较好的，如克拉玛依 80 号沥青的室内试验冻断温度在－33～－38℃。由于西龙池上水库极端最低温度为－34.5℃，考虑太阳辐射热后面板的最高温度约为 70℃，其工作温度已经超过了一般沥青的工作温度范围，最低温度也低于普通沥青的冻断温度，故其上水库库盆部位采用了掺加聚合物的改性沥青混凝土。

改性沥青是在基质沥青中掺加橡胶、树脂、高分子聚合物、磨细的橡胶粉或者其他材料等外掺剂（改性剂）制成的沥青结合料，从而使沥青或沥青混凝土的性能得以改善。狭义上的改性沥青一般指聚合物改性沥青。聚合物改性沥青按照参加改性剂的种类，一般分为三类：①橡胶类，多采用苯乙烯含量为 30%的适合在寒冷条件下使用的丁苯橡胶（SBR）；②树脂类，多采用聚乙烯（PE）、乙烯-醋酸乙烯共聚物（EVA）等热塑性树脂；③热塑性橡胶类，多采用苯乙烯-丁二烯-苯乙烯嵌段共聚物（SBS）。我国公路改性沥青路面施工技术规范中选择了 SBS、SBR、PE、EVA 四种改性剂，并提出了相应的指标规定。

在选择和使用改性沥青时，需特别注意改性沥青的相容性和稳定性。改性沥青的相容性指聚合物能否充分分散在沥青中，相容性好才能真正发挥改性作用。改性沥青的稳定性有两个含义，一是物理稳定性，即在热储存过程中聚合物颗粒与沥青不发生分离或离析；二是化学稳定性，即在热储存过程中随时间的增加，改性沥青性能没有明显的变化。改性沥青的相容性和稳定性，都需要通过基质沥青和聚合物间配伍性试验，以及加入适当的助剂实现。苏联比较寒冷地区采用的水工改性沥青混凝土面板，主要是丁苯橡胶（SBR）类，适应温度达到－50℃。西龙池上水库沥青混凝土面板在试验初期也曾进行过 SBR 类产品的试验，但因为其分散性不好，而最终推荐使用了 SBS 类聚合物改性沥青。

目前国际上还没有通用的改性沥青标准。美国和加拿大评价改性沥青时基本采用美国战略性公路研究计划技术要求，并附加了弹性恢复和稳定性（或称离析）试验的标准；其他国家基本沿用原沥青标准体系，再附加一些聚合物的性能指标，如弹性恢复、黏度、韧性等要求，以及我国原来的 JTJ 036《公路改性沥青路面施工技术规范》中的聚合物改性沥青技术要求。西龙池抽水蓄能电站在上水库防渗层改性沥青混凝土设计时，参考原来的 JTJ 036《公路改性沥青路面施工技术规范》并根据该工程的防渗、变形、气象条件，对其中一些参数进行了修改。呼和浩特抽水蓄能电站上水库，由于极端最低气温为－41.8℃，面板防渗层设计抗冻断温度要求为－45℃，普通石油沥青难以满足，故采用了公路 I-A 级 SBS 改性沥青。两个工程的改性沥青技术要求见表 8-3-8。

(4) 斜坡热稳定性。影响沥青混凝土高温变形稳定能力的沥青技术指标主要是沥青的软化点以及含蜡量。抽水蓄能电站沥青混凝土面板在斜坡上抗流淌性要求沥青有较高的软化点，对于 90～70 号沥青，其软化点宜不低于 47℃，含蜡量不超过 2%。若软化点低，为满足热稳定要求，在沥青混凝土的配合比中，势必减少沥青用量，这样将影响沥青混凝土的抗渗性、低温抗裂性能和适应基础变形的能力。提出软化点的严格要求，也是对沥青温度敏感性的严格控制。国内外已建沥青混凝土防渗面板沥青的软化点一般在 47～50℃，改性沥青的软化点可更高些，如我国西龙池抽水蓄能电站上水库使用的改性沥青的软化点大于 70℃，呼和浩特抽水蓄能电站上水库使用的改性沥青的软化点大于 65℃。

众多的普通沥青有“软化点虽高，但高温稳定性并不好”的特点。沥青中蜡的熔点一般在 30～100℃，沥青的软化点一般在 40～55℃，这正是大部分蜡的结晶融化成液体的阶段，蜡将吸收一部分溶解热，从而使沥青试样的温度上升速率滞后于试验水温的增高，造成试验测试的软化点比实际值偏高，所以还需严格控制沥青中的含蜡量。

有的工程为了寻求防渗面板有好的适应基础变形的性能，加大了沥青用量，为解决面板的热稳定问题，往往在其混合料中掺加人造纤维或矿物纤维。西龙池抽水蓄能工程室的研究成果表明：沥青混凝土中掺入0.3%左右的纤维，可改善沥青混凝土的高温稳定性能，但掺量过大，会影响沥青混凝土的柔性。封闭层沥青玛蹄脂中掺入了7%～8%的海泡石矿物纤维以提高其热稳定性。我国水工沥青混凝土对使用纤维还没有统一的标准，JTG F40《公路沥青路面施工技术规范》对木质素纤维提出了质量技术要求可作参考，另外也可参考美国各州公路与运输工作者协会标准对木质素纤维和矿物纤维的技术要求。

为解决面板的热稳定问题，有的工程还采用浅色涂层以减少太阳辐射热，如我国近些年完工的河南南谷洞沥青混凝土面板修复加固工程，采用白色涂层封闭层；另外，也有工程在夏季采用物理降温的措施，以降低面板表面温度，如天荒坪工程上水库，在其库周设置了约2000个雾化喷嘴，作用明显。

（5）耐久性。沥青混凝土抗老化性能指标与沥青品质、施工工艺有关。评价沥青耐老化性能的试验主要有薄膜加热试验（普通沥青）、旋转薄膜加热试验（改性沥青）、蒸发损失试验（普通沥青）、旋转蒸发损失试验（改性沥青）等，主要评价指标有：试验前后的品质损失、针入度比、软化点升高、脆点、延度等。由于原油及其加工工艺的不同，沥青质量有很大差别。劣质沥青老化速度快，优质沥青老化速度慢。

2. 骨料

沥青混凝土的矿料是骨料和填料的统称，作为沥青混凝土的主要组成部分，对沥青混凝土的性质有着重要影响。骨料包括粗骨料（粒径大于2.36mm）和细骨料（粒径在0.075～2.36mm），骨料占沥青混凝土组成约80%。研究防渗面板沥青混凝土骨料的性质一般包括级配、形状、表面特性、硬度、耐久性、热稳定性、沥青吸收性及黏附性等。这些性质中，骨料和沥青的黏附性，在沥青混凝土防渗面板中显得尤为重要。黏附性取决于骨料的性质和沥青的性质，碱性骨料通常比酸性骨料黏附性好。表8-3-9为交通部“八五”国家科技攻关专题矿料黏附性试验成果，从中可看出石灰岩和沥青的黏附性最好。

表8-3-9　交通部“八五”国家科技攻关专题矿料黏附性试验成果

试验方法	石料品种	沥青产地						
		欢喜岭	克拉玛依	辽河	单家寺	茂名	兰炼	胜利
水煮法等级（级）	花岗岩	2	2	4	1	2	3	1
	片麻岩	2	3	5	2	4	5	3
	石灰岩	5	5	5	5	5	5	5
水浸法剥落率（%）	花岗岩	55	50	65	60	55	65	70
	片麻岩	20	15	20	20	35	45	70
	石灰岩	5	5	5	5	15	10	15

注　通常要求骨料对沥青的黏附性等级（水煮法）不小于4级。

（1）粗骨料。粗骨料一般要求采用碱性岩石（石灰岩、白云岩等）破碎加工，要求选用洁净、坚硬、耐久、均匀的岩石。当采用未经破碎的天然卵砾石时，其用量不宜超过粗骨料用量的一半；当采用酸性碎石料时，应采取增强骨料与沥青黏附性的措施，并经试验研究论证。NB/T 11015《土石坝沥青混凝土面板和心墙设计规范》对粗骨料的技术要求见表8-3-10。

表8-3-10　NB/T 11015《土石坝沥青混凝土面板和心墙设计规范》对粗骨料的技术要求

序号	项目	单位	指标	说明
1	表观密度	g/cm^3	≥2.6	
2	与沥青的黏附力	级	≥4	水煮法
3	针片状颗粒含量	%	≤25	颗粒最大、最小尺寸比大于3
4	压碎值	%	≤30	压力400kN
5	吸水率	%	≤2	
6	含泥量	%	≤0.5	
7	耐久性	%	≤12	硫酸钠干湿循环5次的质量损失

1）岩石的酸碱性。岩石酸碱性取决于其化学成分。碱性岩石化学成分以钙、镁等为主，与沥青黏附性能较好，如石灰岩、大理岩、白云岩、安山岩等。酸性岩石石料化学成分以硅、铝等亲水性矿物为主，与沥青黏附性能较差，如花岗岩、花岗斑岩、石英岩、砂岩、片麻岩、角闪岩等。岩石酸碱性常见判别方法有矿物分析法、碱度模数法、碱值评定法等。岩石酸碱性常见判别方法见表 8-3-11。DL/T 5362《水工沥青混凝土试验规程》列入了骨料碱值的试验方法，碱值 Ca＞0.7 为碱性岩石。部分岩石的碱值测定结果见表 8-3-12。

表 8-3-11　　岩石酸碱性常见判别方法

矿物分析法	SiO_2 含量（%）	＜45	45～52	52～65	＞65
	酸碱性评定	超碱性	碱性	中性	酸性
碱度模数法	碱度模数 M=(CaO+MgO+FeO)/SiO_2		＞1	0.6～1	＜0.6
	酸碱性评定		碱性	中性	酸性
碱值评定法	碱值 Ca	＞0.8	0.7～0.8	0.6～0.7	＜0.6
	等级标准	良好	合格	不合格	极差

表 8-3-12　　部分岩石碱值的测定结果

石料类别	石灰岩	安山岩	玄武岩	片麻岩	花岗岩（黑）	砂岩	花岗岩（红）
碱值 Ca	0.97	0.71	0.64	0.62	0.57	0.55	0.54
SiO_2 含量（%）	1	—	—	69	72	—	—

2）粗骨料的质地和表面。表观密度和吸水率是骨料的综合指标，石质坚硬致密、吸水率小的骨料，耐久性一般较好。骨料破碎面应粗糙，才能吸附较多的沥青结合料；破碎面过于光滑，会使沥青膜的厚度变薄，影响沥青混凝土的耐久性，配合比设计也不能达到满意的效果。未经破碎的天然卵砾石，表面一般很光滑，外形浑圆，骨料的内摩擦角也较小，形成的沥青膜很薄，故不宜采用。

3）骨料与沥青的黏附性。骨料与沥青的黏附性指标是我国特有的，国外一般只要求沥青混凝土满足水稳定性指标即可。骨料与沥青的黏附性试验方法有水煮法和水浸法，以沸水或热水对骨料表面沥青膜的剥离面积比例来评定其黏附等级，具体方法可参见 DL/T 5362《水工沥青混凝土试验规程》。粗骨料与沥青的黏附性等级分为 5 级，越大越好。

碱性骨料与沥青的黏附性好，一般均可达到 4 级以上；而酸性骨料一般低于 4 级。因此，水工沥青混凝土的骨料应优先考虑采用碱性骨料；若因料源限制选用酸性骨料，则应采取增强骨料与沥青黏附性的措施，如掺加消石灰、普通硅酸盐水泥、抗剥落剂等。据日本沼原抽水蓄能电站室内研究成果，消石灰中的氧化钙含量应大于 65%，掺量应控制在 5%以下，如果掺量过大，会使沥青混凝土的柔性变差。沂蒙上水库防渗层施工时，周围 100km 范围内无碱性骨料可采购，故采用上水库开挖的片麻岩作为防渗层沥青混凝土骨料，为提高骨料和沥青之间的黏附力，在京博 SBS（I-C）改性沥青中掺加 0.8%中水科 SK-A 抗剥落剂，增强骨料和沥青之间的黏附力，经过水煮法测试，沥青和粗骨料之间的黏附等级可达 5 级。

4）骨料的形状。针片状颗粒会使骨料的表面积增大、受力易破碎、骨料的咬合力和内摩擦角降低等，对沥青混凝土的性能产生一定的不利影响，因此，应限制针片状骨料的含量。

在沥青混凝土工程中，“针片状”骨料的检测规定是“最大尺寸与最小尺寸之比大于 3”，即长厚比大于 3，这与水工水泥混凝土规定不同。DL/T 5151《水工混凝土砂石骨料试验规程》的检测方法，将骨料长宽比大于 3 定义为“针状”，将宽厚比大于 3 定义为“片状”，两者合起来为骨料的针片状。对比试验表明，上述两种不同的检测方法结果相差 2～3 倍。沥青混凝土粗骨料要求“针片状”含量不大于 25%，实际上与水泥混凝土规定要求“针状和片状”之和不超过 10%基本相同。

5）骨料的压碎值。压碎值反映粗骨料的抗破碎能力。沥青混凝土的压碎值试验方法与水泥混凝土的方法不同，具体见 DL/T 5362《水工沥青混凝土试验规程》。沥青混凝土粗骨料压碎值要求不大于 30%，与水泥混凝土方法要求的 20%基本相当。

6）骨料的耐久性。公路行业称作坚固性，DL/T 5362《水工沥青混凝土试验规程》称作坚固性试验。通过测定骨料对硫酸钠饱和溶液结晶膨胀破坏作用的抵抗能力，间接评定粗骨料的坚固性，以骨料质量损失百分率作为指标。

（2）细骨料。细骨料可选用人工砂、天然砂等。人工砂可单独使用或与天然砂混合使用。细骨料应质地坚硬、新鲜，不因加热而引起性质变化。NB/T 11015《土石坝沥青混凝土面板和心墙设计规范》对细骨料的技术要求见表 8-3-13。

表 8-3-13　　NB/T 11015《土石坝沥青混凝土面板和心墙设计规范》对细骨料的技术要求

序号	项目	单位	指标	说明
1	表观密度	g/cm^3	≥2.55	
2	吸水率	%	≤2	
3	水稳定等级	级	≥6	碳酸钠溶液煮沸 1min
4	耐久性	%	≤15	硫酸钠干湿循环 5 次的重量损失
5	有机质及泥土含量	%	≤2	

1）细骨料品种及质地。人工砂是指专用制砂机生产的细骨料，它粗糙、洁净、棱角性好，与沥青的黏附性好，对沥青混凝土的强度、变形和稳定性（高温稳定性、水稳定性）有好处，因此应作为细骨料的首选。

天然砂通常级配良好，颗粒呈浑圆状，一般含酸性矿物和泥质较多，与沥青黏附性较差，使用太多对沥青混凝土高温稳定性不利；但天然砂掺配到人工砂中，可改善沥青混合料的施工压实性能，因而在实际工程中经常掺配一定比例的天然砂。NB/T 11015《土石坝沥青混凝土面板和心墙设计规范》建议天然砂用量不宜超过细骨料的 50%，不建议细骨料完全使用天然砂。

石屑是人工粗骨料破碎时通过 4.75mm 或 2.36mm 的筛下部分，它与专用机制砂生产的人工砂有本质不同。石屑是石料破碎过程中表面剥落或撞下的棱角、细粉，虽然棱角性较好，但粉尘含量多，强度很低，扁片状含量比例大，且施工性能差，不易压实，因此国外公路标准大都限制石屑，而推荐采用人工机制砂。我国原 JTJ 032《公路沥青路面施工技术规范》规定石屑的用量不宜超过细骨料总量的 50%，后修订的 JTG F40《公路沥青路面施工技术规范》对石屑的质量提出了新的要求，并且要求石屑中小于 0.075mm 的含量不得超过 10%。水工沥青混凝土若部分利用石屑，可参考 JTG F40《公路沥青路面施工技术规范》的质量要求。

2）含泥量。细骨料中的含泥量是指粒径小于 0.075mm 的部分。对于天然砂，应严格控制。关于将人工砂中小于 0.075mm 的部分也称为“含泥量”一直有争论，这部分一般是石粉而非泥土。但沥青混凝土矿料中，粒径小于 0.075mm 的“填料”，是指采用专用机械磨细的矿粉，其细度和磨圆度与水泥相差无几。因此，人工砂中粒径小于 0.075mm 的“石粉”与“填料”的质量是有本质不同，也应严格控制。JTG F40《公路沥青路面施工技术规范》规定，“高速公路和一级公路”的沥青混凝土细骨料中，粒径小于 0.075mm 的含量不大于 3%。

3）水稳定等级。水稳定等级是利用煮沸的碳酸钠溶液，测定粒径 0.60～0.15mm 的细骨料与沥青的黏附能力，分为 10 级，等级越大越好，具体方法见 DL/T 5362《水工沥青混凝土试验规程》。国外一般不测定细骨料的水稳定等级，我国公路现行规范也无此项要求。我国 20 年来的测试经验表明，此方法有时难以区分出细骨料差别，而且水稳定等级一般都在 6～8 级或以上。

4）耐久性。细骨料的坚固性试验针对粒径大于 0.3mm 的部分进行，具体方法见 DL/T 5362《水工沥青混凝土试验规程》。公路 JTG F40《公路沥青路面施工技术规范》规定，细骨料的坚固性试验根据需要进行。

（3）填料。填料是粒径小于 0.075mm 的矿物质粉末，也称作矿粉。由于其颗粒极细，具有极大的比表面积（一般为 2500～5000cm^2/g），占矿料总表面积的 90%～95%，因此，填料比粗细骨料具有大得多的表面能。填料在沥青混合料中既起填充作用，又起增加黏结力作用，填料与沥青组成沥青胶结料，成为沥青-填料相，对沥青混凝土的施工性、黏-弹-塑性及耐久性，有着重要影响。NB/T 11015《土石坝沥青混凝土面板和心墙设计规范》对填料的技术要求见表 8-3-14。

表 8-3-14　　NB/T 11015《土石坝沥青混凝土面板和心墙设计规范》对填料的技术要求

序号	项目		单位	指标
1	表观密度		g/m^3	≥2.5
2	亲水系数			≤1.0
3	含水率		%	≤0.5
4	细度	<0.6mm	%	100
		<0.15mm		>90
		<0.075mm		>85

亲水系数是评定填料与沥青结合能力的指标。分别测定填料在水中和煤油中的沉淀物体积，以二者比值作为亲水系数，具体方法见 DL/T 5362《水工沥青混凝土试验规程》。在工程实践中，国内外绝大多数沥青混凝土防渗工程使用灰岩粉末作填充料，其次是水泥，也有使用水泥熟料、滑石粉及粉煤灰等作填充料的。

1）石灰岩粉与白云岩粉。在使用石灰岩或白云岩作骨料的沥青混凝土防渗工程中，使用同种原岩加工矿粉作为填料，不仅使骨料与填料具有同一物理、化学性质，而且比使用其他矿质材料作填充料具有更为优良的正配性。目前完建的沥青混凝土工程均采用碱性骨料加工过程中产生的石屑加以利用作为填料。

2）水泥、水泥熟料。水泥和水泥熟料是一种烧结粉磨材料，一些工程也用其作填料。粉磨的水泥熟料优于水泥，这是因为水泥是由水泥熟料与石膏及其他材料混合磨制而成，成分相对复杂。

3）粉煤灰。粉煤灰是一种烧结矿物材料，其物理、化学性质证明其可作为沥青混凝土填料。由于粉煤灰颗粒具有一定的微孔结构，对沥青有选择性吸附和渗入作用，能显著提高沥青与矿料的黏附力，使沥青混合料沥青用量增加、热稳定性提高，和易性与可压实性相对降低，应进行针对分析和适当处理，国内外均有使用粉煤灰作为填料的工程实例。

4）滑石粉。滑石粉是一种憎水材料，是一种优良的填充材料，但滑石粉资源短缺，价格昂贵，这也是工程中一般多采用灰岩或白云岩磨细的矿粉作为填料的主要原因。

四、沥青混凝土配合比设计

国内水工沥青混凝土的配合比设计多年来仍沿用半经验的方法进行，一般是先根据工程各沥青混凝土结构层的使用要求，参考类似工程的配合比，大致选定配合比参数，然后再进行级配设计和沥青混凝土性能试验。确定配合比的原则为：所选配合比应满足沥青混凝土各项设计技术指标要求，并应有良好的施工性能。

沥青混凝土的矿料粒径分级与常规混凝土的骨料粒径分级有所区别。沥青混凝土面板采用的矿料包括骨料和填料。骨料又以 2.36mm（方孔筛）为界线，分为粗骨料、细骨料（即称砂），粗骨料的最大粒径根据面板的功能需要及配合比试验情况确定，一般为 13～25mm。填料由小于 0.075mm 的颗粒组成。

配合比设计的目的是确定粗骨料、细骨料、矿粉和沥青相互配合的比例。沥青混凝土配合比应根据具体工程的沥青混凝土技术要求进行设计，如抗渗性能、变形性能、热稳定性能、低温抗裂性能等。配合比设计一般是在合理选择原材料的基础上，先利用混合料的马歇尔击实试件，检测沥青混凝土基本性能，如孔隙率、渗透系数、斜坡流淌值等，初选配合比；在初选配合比的基础上，再进一步进行特殊性能的试验，如小梁弯曲、直接拉伸、低温冻断等，通过比较优化，选定配合比。

（一）级配设计

变化材料的组成比例可得到密级配、开级配、沥青砂浆、沥青玛蹄脂等。骨料的级配可按级配指数法选定，也可按经验或已建工程的经验选用。级配指数法为计算矿料筛孔为 d_i 的筛上总通过率 P_i（重量百分数）。即：

$$P_i = P_{0.075} + (100 - p_{0.075}) \frac{d_i^r - 0.075^r}{D_{max}^r - 0.075^r} \tag{8-3-2}$$

式中　D_{max}——骨料的最大粒径，mm，对于防渗层可取 10～15mm，排水层宜不大于 25mm，整平胶结层宜不大于 20mm。

$P_{0.075}$——可用矿粉用量，是在 0.075mm 筛孔筛上的总通过率（%）；矿粉用量占沥青混凝土总重的比例：防渗层为 10%～15%，排水层为 3%～7%，整平胶结层为 4%～9%。

r——级配指数，一般可取 0.25～0.4。

d_i——筛孔尺寸，mm，以往我国水电工程多采用圆孔筛的筛孔尺寸进行矿料级配的设计，近年来由于国际工程及国内其他行业的试验标准多用方孔筛，工程实践中粉碎加工设备和拌和设备所使用的筛具尺寸也多为方孔。因此，建议选用方孔筛。

式（8-3-2）中，固定 r 值，即保持骨料级配恒定，可任意调整 $P_{0.075}$，即调整填料含量。固定 $P_{0.075}$，即保持填料用量恒定，改变 r 值可任意调整骨料级配，当 D_{max}、r、$P_{0.075}$ 均确定时，矿料级配即确定。

北京勘测设计研究院承担的《碾压式沥青混凝土面板防渗技术》研究（原国家电力公司科技项目 SPKJ006－06），就配合比参数 r、$P_{0.075}$、B（沥青含量）对沥青混凝土基本性能指标的影响进行了系统试验，初步规律如下：

（1）级配指数 r 和矿粉用量 $P_{0.075}$ 一定时，随沥青用量 B 增加，表观密度、孔隙率和渗透系数减小；斜坡流淌值和马歇尔稳定度试验中的流值增大；马歇尔稳定度则呈山峰状变化，在某一沥青用量时出现最大值。

（2）沥青用量 B 和矿粉用量 $P_{0.075}$ 一定时，随级配指数 r 增大，表观密度增大而孔隙率、渗透系数减小；斜坡流淌值和马歇尔稳定度试验中的流值增大。

（3）沥青用量 B 和级配指数 r 一定时，随矿粉用量 $P_{0.075}$ 增大，孔隙率和渗透系数增大，斜坡流淌值和马歇尔稳定度试验中的流值也增大，但斜坡流淌值和马歇尔稳定度试验中的流值变化中有一转折点，即 $P_{0.075}$ 小于此值，斜坡流淌值和流值变化较小；而 $P_{0.075}$ 大于此值，斜坡流淌值和流值迅速增大。

根据经验，防渗层沥青混凝土的骨料级配应尽可能采用连续级配，这样可使骨料能较好地结合而孔隙较少；骨料的最大粒径，从碾压作业方面考虑，应不大于铺设层厚的 1/3；最佳沥青用量主要根据孔隙率和流值来确定，即沥青用量变化时，孔隙率和流值变化小而稳定。

（二）配合比性能试验

一般配合比的性能试验划分为两个阶段，即初步配合比（基本性能）试验和配合比功能验证试验。抽水蓄能电站的沥青混凝土，特别是防渗层沥青混凝土，首先要进行初步配合比试验，以满足其基本性能要求，如抗渗性能、高温抗斜坡流淌性能、抗低温性能（冻断试验）和水稳定性能等。最终选定配合比时，还需进行功能验证试验，包括对变形的适应性、弯曲（拉伸）试验、压缩试验和剪切试验、抗渗性、坡面稳定性及其他试验等。面板沥青混凝土配合比可参考表 8-3-15。

表 8-3-15　面板沥青混凝土配合比选择参考范围

序号	种类	沥青含量（%）	填料用量（%）	骨料最大直径（mm）	级配指数 r	沥青质量
1	防渗层	7～8.5	10～16	16～19	0.24～0.28	70 号或 90 号水工沥青、道路沥青或改性沥青
2	整平胶结层	4～5	6～10	19	0.7～0.9	70 号或 90 号道路沥青、水工沥青
3	排水层	3～4	3～3.5	26.5	0.8～1	70 号或 90 号道路沥青、水工沥青
4	封闭层	沥青：填料＝(30～40)：(60～70)				50 号水工沥青或改性沥青
5	沥青砂浆	12～16	15～20	2.36 或 4.75	—	70 号或 90 号道路沥青、水工沥青

五、现场摊铺试验及施工配合比的确定

施工配合比一般通过以下步骤确定：①室内设计配合比。根据设计技术要求，在前期设计建议的配合比及原材料基础上，根据工程区条件，参考其他工程经验选取相应的沥青混凝土原材料，通过试验确定 2～3 个室内设计配合比。②场外摊铺试验配合比。对确定的 2～3 个室内配合比进行敏感性试验，选择配合比参数有一定波动时，试验结果也能满足设计要求的配合比用于沥青混凝土场外摊铺试验，通过场外摊铺试验对室内设计配合比进行验证、调整后，选择确定生产配合比，并提出原材料、混合料拌和温度及时间工艺参数。③场内生产性摊铺试验配合比。通过场内生产性摊铺试验对沥青混

凝土生产配合比进行验证、调整，确定施工配合比，并进一步对混合料拌和温度及时间工艺参数进行验证。施工配合比一旦确定就不能随意更改；如生产过程中矿料级配发生变化，应及时调整配合比；如沥青和矿料品质发生变化，需要重新进行配合比设计及试验。

呼和浩特抽水蓄能电站地处严寒地区，上水库极端最低气温为－41.8℃，高低温差最大达77°，对沥青混凝土面板的高温抗斜坡流淌性能、低温抗裂性能要求很高，二者要求相互制约，是沥青混凝土面板防渗技术的一大难题。对碾压后的防渗层提出的技术要求见表8-3-16。

表 8-3-16　　对碾压后的防渗层提出的技术要求

<table>
<tr><th>序号</th><th colspan="2">项目</th><th>单位</th><th>技术指标</th><th>备注</th></tr>
<tr><td>1</td><td colspan="2">密度</td><td>g/cm³</td><td>实测</td><td></td></tr>
<tr><td rowspan="2">2</td><td colspan="2" rowspan="2">孔隙率</td><td rowspan="2">%</td><td>≤2</td><td>马歇尔试件（室内成型）</td></tr>
<tr><td>≤3</td><td>现场芯样或无损检测</td></tr>
<tr><td>3</td><td colspan="2">渗透系数</td><td>cm/s</td><td>≤1×10⁻⁸</td><td></td></tr>
<tr><td>4</td><td colspan="2">水稳定系数</td><td></td><td>≥0.9</td><td>孔隙率约3%时</td></tr>
<tr><td>5</td><td colspan="2">斜坡流淌值
（1∶1.75，70℃，48h）</td><td>mm</td><td>≤0.8</td><td>马歇尔试件（室内成型）</td></tr>
<tr><td>6</td><td colspan="2">冻断温度</td><td>℃</td><td>≤－45（平均值）</td><td>检测的最高值应不高于－43℃</td></tr>
<tr><td>7</td><td>弯曲应变</td><td>2℃，变形速率0.5mm/min</td><td>%</td><td>≥2.5</td><td></td></tr>
<tr><td>8</td><td>拉伸应变</td><td>2℃，变形速率0.34mm/min</td><td>%</td><td>≥1.0</td><td></td></tr>
<tr><td rowspan="2">9</td><td rowspan="2">柔性试验
（圆盘试验）</td><td>25℃</td><td>%</td><td>≥10（不漏水）</td><td></td></tr>
<tr><td>2℃</td><td>%</td><td>≥2.5（不漏水）</td><td></td></tr>
</table>

根据对防渗层的设计技术要求，鉴于防渗层冻断温度低，防渗层室内配合比设计试验时采用中水科现场生产的5♯* 水工改性沥青，并用进场的盘锦中油辽河沥青有限公司5♯水工SBS1-A改性沥青进行了对比试验，两种水工改性沥青15℃延度都不满足要求，其余指标满足要求。改性沥青性能试验成果见表8-3-17。

表 8-3-17　　改性沥青性能试验成果表

<table>
<tr><th>序号</th><th colspan="2">项目</th><th>单位</th><th>技术要求</th><th>中水科改性沥青5♯*</th><th>盘锦改性沥青5♯</th></tr>
<tr><td>1</td><td colspan="2">针入度（25℃，100g，5s）</td><td>1/10mm</td><td>>100</td><td>121</td><td>118</td></tr>
<tr><td>2</td><td colspan="2">针入度指数 PI</td><td>—</td><td>≥－1.2</td><td>2.1</td><td>3.9</td></tr>
<tr><td>3</td><td colspan="2">延度（5℃，5cm/min）</td><td>cm</td><td>≥70</td><td>74</td><td>80</td></tr>
<tr><td>4</td><td colspan="2">延度（15℃，5cm/min）</td><td>cm</td><td>≥100</td><td>79</td><td>85</td></tr>
<tr><td>5</td><td colspan="2">延度（4℃，1cm/min）</td><td>cm</td><td>—</td><td>—</td><td>—</td></tr>
<tr><td>6</td><td colspan="2">软化点（环球法）</td><td>℃</td><td>≥45</td><td>66</td><td>65</td></tr>
<tr><td>7</td><td colspan="2">运动黏度（135℃）</td><td>Pas</td><td>≤3</td><td>1.852</td><td>1.803</td></tr>
<tr><td>8</td><td colspan="2">脆点</td><td>℃</td><td>≤－22</td><td>－26</td><td>－25</td></tr>
<tr><td>9</td><td colspan="2">闪点（开口法）</td><td>℃</td><td>≥230</td><td>280</td><td>282</td></tr>
<tr><td>10</td><td colspan="2">密度（25℃）</td><td>g/cm³</td><td>实测</td><td>1.003</td><td>1.000</td></tr>
<tr><td>11</td><td colspan="2">溶解度（三氯乙烯）</td><td>%</td><td>≥99</td><td>99.8</td><td>99.8</td></tr>
<tr><td>12</td><td colspan="2">弹性恢复（25℃）</td><td>%</td><td>≥55</td><td>99</td><td>99</td></tr>
<tr><td>13</td><td colspan="2">离析，48h软化点差</td><td>℃</td><td>≤2.5</td><td>0.4</td><td>0.2</td></tr>
<tr><td>14</td><td colspan="2">基质沥青含蜡量（裂解法）</td><td>%</td><td>≤2</td><td>1.4</td><td>1.4</td></tr>
<tr><td>15</td><td rowspan="6">薄膜烘箱后</td><td>质量变化</td><td>%</td><td>≤1.0</td><td>－0.5</td><td>－0.5</td></tr>
<tr><td>16</td><td>软化点升高</td><td>℃</td><td>≤5</td><td>－3.5</td><td>－4.5</td></tr>
<tr><td>17</td><td>针入度比（25℃）</td><td>%</td><td>≥50</td><td>107</td><td>109</td></tr>
<tr><td>18</td><td>脆点</td><td>℃</td><td>≤－19</td><td><－28</td><td>－28</td></tr>
<tr><td>19</td><td>延度（5℃，5cm/min）</td><td>cm</td><td>≥30</td><td>80</td><td>65</td></tr>
<tr><td>20</td><td>延度（15℃，5cm/min）</td><td>cm</td><td>≥80</td><td>70</td><td>69</td></tr>
</table>

通过对现场矿料的分析研究，粗骨料采用电站下水库砂石加工系统生产的大理岩人工碎石破碎而成。细骨料采用电站下水库砂石加工系统生产的大理岩人工砂及附近料场天然砂进行掺配。填料采用水泥厂石灰石矿粉。为进行敏感性分析，把基准配合比作为 1＃配合比，拟出了其他 4 组配合比进行敏感性试验。敏感性试验要求拟定防渗层配合比的优选原则是：在满足密度、孔隙率和斜坡流淌值的条件下，冻断温度低于－45℃。敏感性试验时采用 5＃* 水工改性沥青，通过试验选择孔隙率、渗透系数及斜坡流淌值均满足设计要求，且在配合比参数波动时，试验结果也能满足设计要求的 6 号配合比见表 8-3-18。对 6＃配合比采用 5＃和 5＃* 两种水工改性沥青进行了全项试验，6 号配合比全项性能检测结果见表 8-3-19。

表 8-3-18　　防渗层 6 号配合比

配合比编号	各筛孔（mm）通过率（%）										沥青含量（%）
	16	13.2	9.5	4.75	2.36	1.18	0.6	0.3	0.15	0.075	
6（基准配合比）	100	96.6	89.3	65.4	50.0	37.2	27.2	17.6	14.2	11.0	7.3

表 8-3-19　　6 号配合比全项性能检测结果

序号	项目		单位	技术要求	检测结果	
					5＃* 改性沥青	5＃改性沥青
1	密度		g/cm^3	实测	2.438	2.427
2	孔隙率		%	≤2（马歇尔）	0.98	1.41
				≤3（芯样）	—	—
3	渗透系数		cm/s	$\leqslant 1\times 10^{-8}$	不渗	不渗
4	水稳定系数		—	≥0.9	0.96	0.95
5	斜坡流淌值（1∶1.75，70℃，48h）		mm	≤0.8	0.270	0.200
6	冻断温度		℃	≤－45（平均值）	－47.7	－44.8
				≤－43（最高值）	－45.8	－43.2
7	弯曲应变	2℃，变形速率 0.5mm/min	%	≥2.5	7.82	6.62
8	拉伸应变	2℃，变形速率 0.34mm/min	%	≥1.0	1.76	1.60
9	柔性试验（圆盘试验）	25℃	%	≥10（不漏水）	≥10（不漏水）	≥10（不漏水）
		2℃	%	≥2.5（不漏水）	≥2.5（不漏水）	≥2.5（不漏水）

利用上述防渗层配合比，沥青采用 5＃和 5＃* 两种水工改性沥青，进行了场外两次平地摊铺试验、三次斜坡摊铺试验，试验检测成果表明：出机口取料室内成型试件的检测结果，除 5＃水工改性沥青试件冻断温度平均值为－44.5℃、不满足要求的小于等于－45℃外，其余都满足要求。经过现场摊铺试验选择防渗层生产配合比为：沥青含量 7.3%（油石比 7.9%），骨料最大粒径 16mm，矿粉用量为矿料总用量的 11%，天然砂掺用量即占矿料总量的 33%。

国内已建部分抽水蓄能电站沥青混凝土施工配合比汇总见表 8-3-20。

表 8-3-20　　国内已建部分抽水蓄能电站沥青混凝土施工配合比汇总

项目	张河湾上水库		西龙池上水库		呼和浩特上水库		沂蒙上水库	
	整平防渗胶结层	防渗层	整平胶结层	防渗层	整平胶结层	防渗层	整平胶结层	防渗层
沥青含量（%）	5	8	4	7.5	4	7.3	4.1	7.1
填料用量（%）	10	9	1.9	6.9	6.5	11	7	9
骨料最大直径（mm）	16	13.2	19	16	19	16	19	16

第四节 其他防渗型式

抽水蓄能电站库盆除主要采用沥青混凝土面板和钢筋混凝土面板防渗型式外，黏土铺盖、土工膜防渗以及垂直帷幕等防渗型式也常被采用，用于库盆局部区域的防渗处理。

一、黏土铺盖防渗

黏土料具有渗透系数小和自愈性好的优点，常用作土石坝的坝体防渗材料，当工程区附近有足够黏土料源时，也可用于抽水蓄能电站水库的库底铺盖。河南宝泉抽水蓄能电站上水库库区内发育有7条较大的断层，其中5条为张性断层，从库区中部延伸至坝下，渗漏问题突出，如不做防渗处理，估算上水库总的渗漏量将达3000～50000m^3/d。采用沥青混凝土护坡、黏土护底防渗方案，库底黏土铺盖厚为5m，并在黏土铺盖下做好反滤，以防止黏土铺盖破坏，宝泉上水库库底黏土铺盖结构图及其与库坡防渗体接头结构图如图8-4-1和图8-4-2所示。安徽琅琊山抽水蓄能电站上水库副坝上游库区内岩溶发育，分布有溶洞、落水洞102个，为防止岩溶渗漏采用以掏挖回填混凝土和帷幕灌浆为主的处理措施，并采用黏土铺盖辅助防渗，以延长渗径，减轻副坝基防渗帷幕的压力，取得了较好的防渗效果。句容抽水蓄能电站下水库采用库底黏土铺盖和库周沥青混凝土面板的综合防渗方案。库底黏土铺盖厚2.5m，铺盖下部设置了40cm厚的反滤料或无纺土工布（300g/m^2），保证黏土铺盖不发生渗透破坏，句容下水库库底黏土铺盖结构图如图8-4-3所示。句容下水库库底黏土铺盖与库坡防渗体接头结构图如图8-4-4所示。

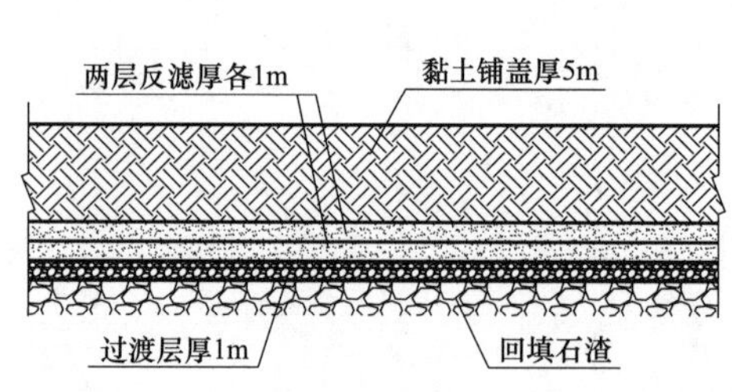

图8-4-1 宝泉上水库库底黏土铺盖结构图

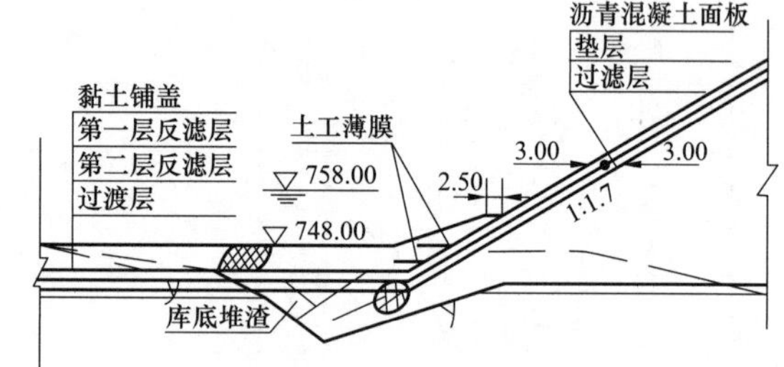

图8-4-2 宝泉上水库库底黏土铺盖与库坡防渗体接头结构图

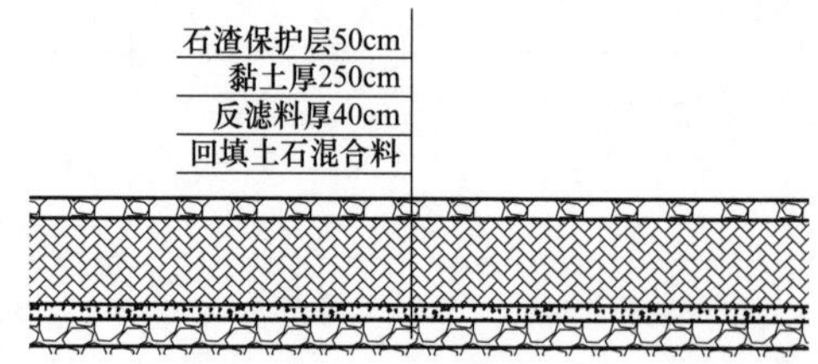

图8-4-3 句容下水库库底黏土铺盖结构图

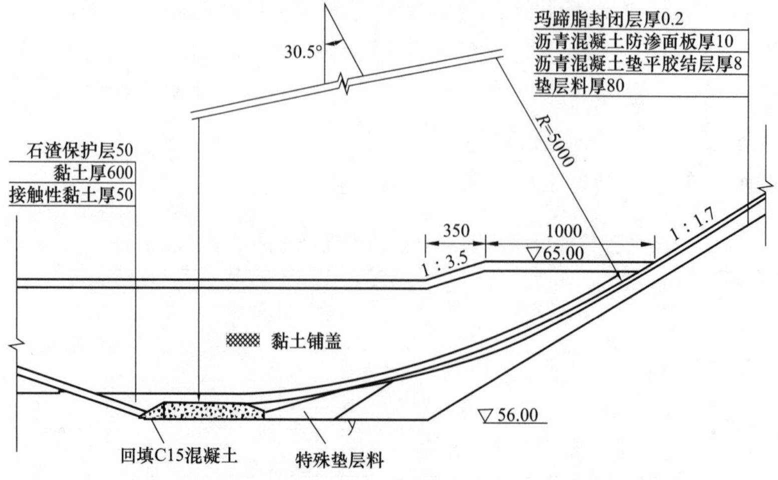

图8-4-4 句容下水库库底黏土铺盖与库坡防渗体接头结构图

黏土铺盖土料的质量技术指标按有关技术规程规范执行。宝泉铺盖黏土压实度不小于98%，渗透系数不大于1×10^{-6}cm/s，最大粒径50mm，5～50mm粒径含量小于20%。句容下水库铺盖黏土大于5mm颗粒含量不超过30%，0.075mm以下的颗粒含量不应小于15%，且小于0.005mm颗粒含量不小于8%。

黏土铺盖的厚度由通过铺盖本身的水力比降确定，其水力比降应小于铺盖黏土料的允许水力比降。虽然黏性土料室内管涌试验的水力破坏比降很大，但考虑到填土的不均匀性，实践中采用的允许水力比降都较小。对于良好压实的填土，其允许水力比降一般取值范围为：轻壤土3～4，壤土4～6，黏土5～10。

铺盖的范围应超过透水层的范围，周边应与相对不透水层或库区其他防渗结构可靠连接，防止绕渗。另外，铺盖与透水层之间应按反滤原则设计，采取反滤措施防止铺盖黏土料颗粒在水力作用下被带走，而产生塌陷破坏。

由于抽水蓄能电站水库水位在运行过程中降落速度快，如果铺盖下透水层的渗透系数不够大，铺盖下反向孔隙水压力不能及时得到消散，黏土铺盖也会在反向孔隙水压力作用下被击穿而发生破坏，而失去防渗作用。因此，设计时应对基础透水层的排水能力进行估算，不能满足要求时，应在基础内设置排水设施，将渗漏水及时排出，以保证黏土铺盖的整体性和有效性。如宝泉抽水蓄能电站上水库在黏土铺盖下过渡层内设置排水管，将渗漏水排入库底排水廊道内，再集中排出库外。

二、土工膜防渗

土工膜具有渗透系数小、适应基础变形能力强、施工速度快以及造价低的优点，近年来在低水头水利堤坝防渗工程中得到了推广应用。由于抽水蓄能电站水库具有其特殊的运行要求和工作条件，采用土工膜防渗的工程实例还较少，目前，仅在日本今市抽水蓄能电站上水库、以色列K抽水蓄能电站和我国泰安、溧阳、洪屏、句容等抽水蓄能电站上水库库盆防渗中得到应用。

今市抽水蓄能电站上水库是在相对比较平坦的库底部位采用土工膜防渗，最大作用水头40m，选用PVC土工膜，而在较陡的斜坡部位采用混凝土或橡胶-沥青混合材料防渗，库底土工膜的铺设面积为19.5万m^2，膜厚1.5mm。工程于1990年蓄水，蓄水后，对渗漏、地下水及基础沉降进行了监测，没有发现异常现象，运行状况良好。

我国泰安抽水蓄能电站上水库位于泰山西麓樱桃沟，水库右岸横岭裂隙密集带发育，顺沟发育一条60～70m宽的F_1大断层，为解决库水通过裂隙密集带和F_1断层的渗漏问题，采用钢筋混凝土面板和土工膜综合防渗方案，即坝体上游面和右岸岸坡采用钢筋混凝土面板防渗，库底采用土工膜防渗，土工膜面积为17.7万m^2，承压作用水头为36m，水库蓄水后其防渗效果较好。

以色列K抽水蓄能电站上水库为均质土坝，最大坝高30m，全库盆采用PVC外露复合土工膜防渗。土工膜厚2mm，混纺了500g/m^2的无纺土工布。测试得到该土工膜峰值抗拉强度大于等于22kN/m，极限拉伸率大于等于250%。

溧阳抽水蓄能电站上水库位于龙潭林场伍员山工区，上水库库周分水岭整体上较单薄，岩体内断层及节理裂隙密集发育，且发育有小断层穿越分水岭，易形成库水外渗的集中通道，上水库渗漏问题突出，采用全库防渗方案：库周防渗采用钢筋混凝土面板，库底防渗采用土工膜。库底防渗总面积约25万m^2，采用厚1.5mm、幅宽8m的HDPE土工膜防渗。土工膜最大工作水头51m，土工膜防渗面积及工作水头为目前国内已建抽水蓄能电站之最。在水库蓄水初期的2016年7月中旬，曾因上水库1号进出水口塔周南侧回填区不均匀沉降变形过大，导致土工膜撕裂破坏而发生库盆渗漏，当时最大渗漏量约1.5m^3/s，遂放空水库进行处理，此次渗漏历时约一周，为局部单点渗漏，未对大坝及整个库盆防渗体系造成安全危害，经处理并恢复蓄水运行后，上水库运行正常。

江苏省句容抽水蓄能电站上水库位于仑山主峰西南侧大哨沟的沟源坳地，上水库沥青混凝土面板堆石坝最大坝高182.3m，库底采用土工膜防渗、库岸采用沥青混凝土面板防渗。库底土工膜为1.5mmTPO复合土工膜+500g/m^2无纺土工布，最大工作水头31m。

（一）选材

目前市场上的土工膜品种和生产厂家较多，各种厚度规格也较为齐全，可供选择的范围较大。按使用的原材料划分主要有聚丙烯膜（PP）、聚乙烯膜（PE）、高密度聚乙烯膜（HDPE）、聚酯膜（PET）和聚氯乙烯膜（PVC）等，但水电工程中宜选用合成树脂类的聚乙烯膜（PE）、高密度聚乙烯膜（HDPE）和聚氯乙烯膜（PVC）等，其渗透系数均可达 $1\times10^{-13}\sim1\times10^{-11}$cm/s 量级。土工膜材料的施工性能和耐久性往往关系到土工膜防渗工程的成败，是选材的关键之一。用于水库库底、坝（岸）坡等铺设与焊接条件较好的防渗层材料，可选择聚乙烯（PE）、聚氯乙烯（PVC）、氯磺化聚乙烯（CSPE）等土工膜。对于厚度较厚（超过 1.0mm）的聚乙烯复合土工膜，因复合加热时边道易产生变形，不易保证焊接质量，应谨慎采用。由于各厂家同一类产品的性能差别较大，在选材时应综合考虑其温度适应指标、可焊接性、耐久性和抗老化能力、耐环境应力开裂能力、抗刺破能力、施工性能以及实际工程应用情况等因素，慎重选择。土工膜性能指标执行 GB/T 17643《土工合成材料　聚乙烯土工膜》有关规定。土工膜应用过程中按其功用要求应进行必要的性能特性检测试验，土工膜性能特性检测项目参见表 8-4-1。

表 8-4-1　　土工膜性能特性检测项目

检测项目	防渗级别		
	1级	2级	3级、4级
单位面积质量	√	●	—
厚度	√	√	√
拉伸强度	√	√	●
断裂伸长率	√	√	●
撕裂强度	√	●	●
胀破强度	√	●	—
顶破强度	●	—	—
刺破强度	√	●	—
渗透系数	●	●	—
抗渗强度	√	√	—
抗老化性	√	●	—
抗化学腐蚀性	●	●	●
摩擦强度	●	●	—
耐水压力	√	●	—

注　“√”为必测项目；“●”为根据工程具体需要确定的检测项目；“—”为不需要测定项目。

（二）防渗结构型式

由于土工膜的抗刺破能力较差，应防止被基础中带尖锐棱角的碎石刺破。为此，除要求在铺设过程中做到精心施工、加强保护外，还应在土工膜防渗层结构设计和选材时，将这个弱点作为一个关键性因素加以考虑。除选择抗拉、抗刺破性能好的土工膜材料外，还应增设必要的保护措施，例如设置保护层，利用无纺土工织物抗刺破能力强和抗拉强度高的优点，一般将土工膜与无纺土工织物一起使用，或在工厂将无纺土工织物与土工膜复合，形成复合土工膜。

水电工程土工膜防渗结构型式一般选择单层防渗，在防渗层所需要的土工膜材料很厚或对渗漏有极其严格要求时可采用双层防渗或组合防渗型式，双层防渗结构的两层土工膜之间应设置排水层。单层防渗结构包括下支持层、土工膜防渗层、上保护层，对于堆石体（坝体）和库底填渣基础，下支持层应包括下垫层和过渡层，垫层、过渡层以及基础土层间要按反滤原则进行细心设计，防止渗水将膜下细颗粒带走而导致土工膜破坏。上保护层宜由上垫层和保护层组成，以防止或减少不利环境因素，包括光照老化、流水、冰冻、动物损伤、施工期坠物、风吹覆等影响。

洪屏上水库南库底采用土工膜铺盖。土工膜为 1.5mm 厚的 HDPE 膜，防渗面积 6.15 万 m^2，土工膜防渗结构为下支持层（黏土）、两布一膜、土工砂袋压覆，周边与混凝土齿墙连接，库底土工膜防渗结构型式如图 8-4-5 所示。

溧阳上水库库底土工膜防渗结构层由表及下依次为：点状及线状压护预制块（8.5kg/块）、长丝土工布（500g/m^2）、HDPE 土工膜（厚 1.5mm）、三维复合排水网（1300g/m^2），其下为 10cm 厚砂垫层、40cm厚碎石垫层和1.3m厚过渡层。土工膜自身采用双规焊缝焊接，在各接头处增设直径25cm圆形补片加强，库底土工膜防渗结构型式如图8-4-6所示。

句容上水库土工膜防渗结构层由表及下依次为：砂袋压覆（间距150cm×150cm）、土工布（500g/m²）、HDPE土工膜（厚1.5mm）、土工布（500g/m²）、土工席垫（厚0.6cm）、下支持层（10cm厚中细砂垫层、40cm厚碎石垫层和1.6m厚过渡层）。在施工过程中将两布一膜调整为TPO复合土工膜+土工布（500g/m²），库底土工膜防渗结构型式如图8-4-7所示。

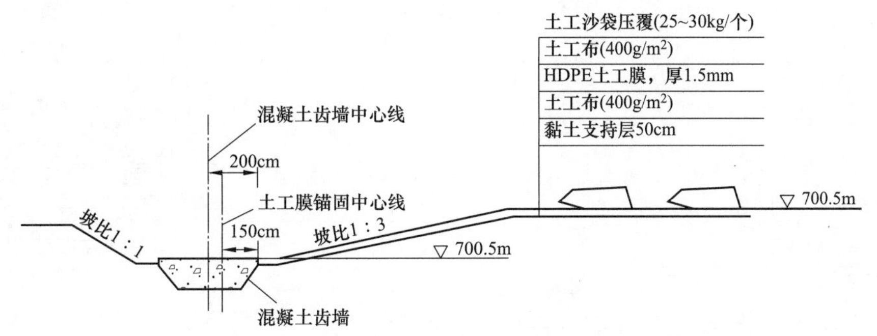

图8-4-5 洪屏上水库库底土工膜防渗结构型式

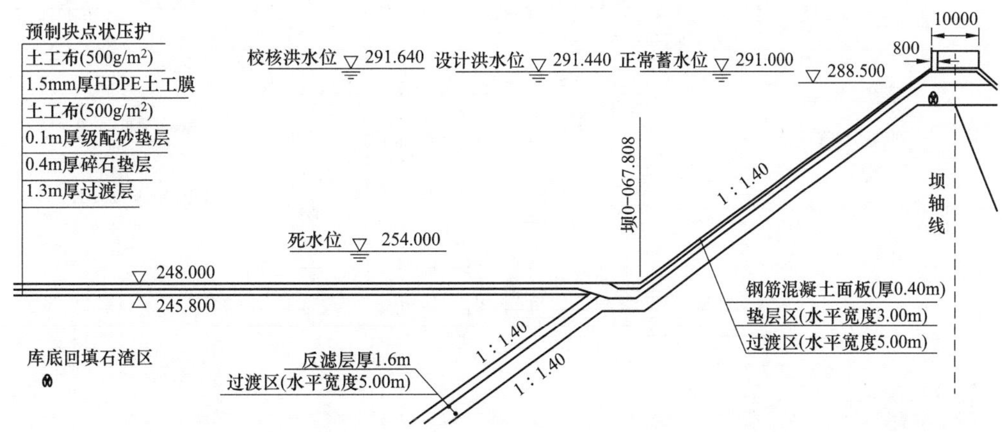

图8-4-6 溧阳上水库库底土工膜防渗结构型式

（三）接缝处理

土工膜防渗的接缝处理包括膜与膜之间、膜与周围建筑物之间的接缝处理。膜与膜之间的接缝处理方式主要有黏接和焊接两种方式。焊接接缝质量可靠，国内已研发出专用设备，并已制定了严格的质量检测措施，已经在国内大多数工程中广泛应用。土工膜的焊接接缝一般采用双道焊缝，以便于进行真空检测，确保焊接的可靠性。复合土工膜幅宽两端边道需预留80～100mm的光膜，以进行连接（焊接、黏接）施工，对于厚度较厚（超过1mm）的聚乙烯复合土工膜，因加热时边道易产生变形，不易保证焊接质量，应谨慎采用。同一区域宜选用同一种材质的土工膜。膜与膜连接时，膜厚度不宜差别过大。土工膜与地基、混凝土刚性结构之间的接缝可采取嵌固、螺栓锚固、预埋件焊接或压覆连接，防渗结构连接方式可参见NB/T 35027—2014《水电工程土工膜防渗技术规范》附录D。土工膜防渗体结构的关键点在于与周边刚性结构的可靠连接必须做好，否则易引起渗漏。

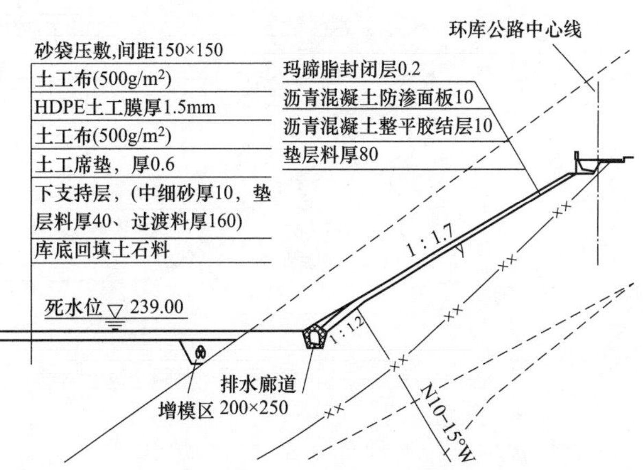

图8-4-7 句容上水库库底土工膜防渗结构型式

泰安抽水蓄能电站上水库土工膜与周边廊道和连接板混凝土之间的接缝采用机械锚固型式，其细部结构采用两道止水，一道是土工膜与混凝土通过机械锚固压紧止水，二道是以柔性材料辅助防渗措施周边连接止水。溧阳上水库库底土工膜与进/出水口塔体、周边混凝土面板及连接板、库底排水廊道和库底锚固板等混凝土结构连接锚固，溧阳上水库进/出水口处土工膜锚固、上水库主坝面板与连接处土工膜锚固、上水库库底锚固沟处土工膜连接如图 8-4-8～图 8-4-10 所示。洪屏上水库南库底采用土工膜铺盖，土工膜与周边齿墙以及南库岸趾板、西南副坝趾板、进/出水口前池等采用螺栓、角钢等进行机械锚固，上水库土工膜与周边混凝土锚固结构如图 8-4-11 所示。

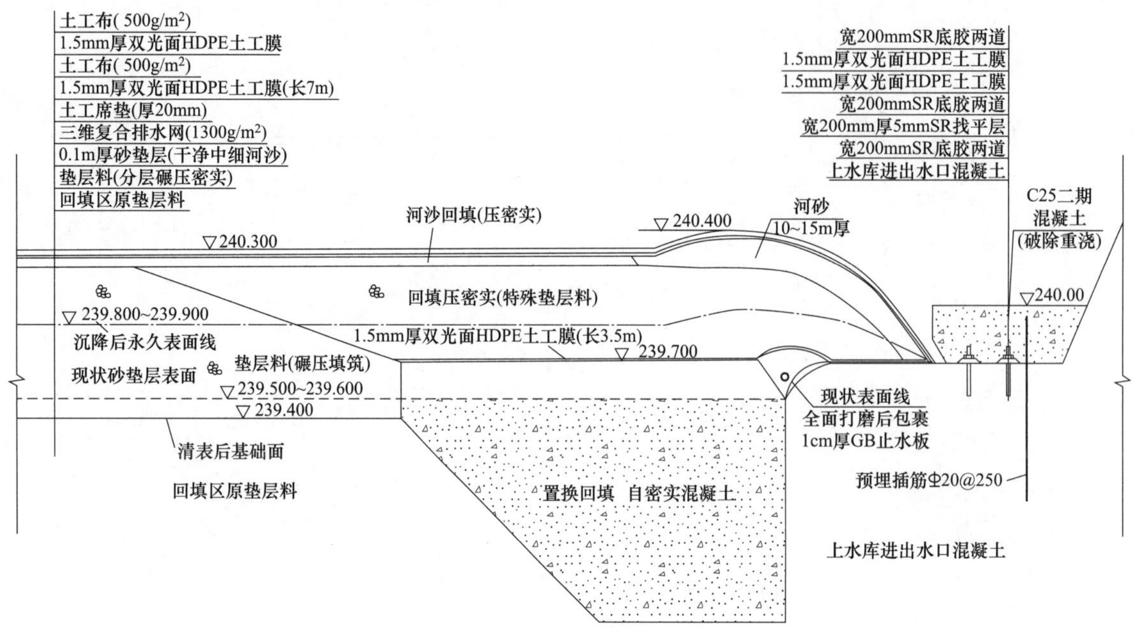

图 8-4-8 溧阳上水库进/出水口处土工膜锚固

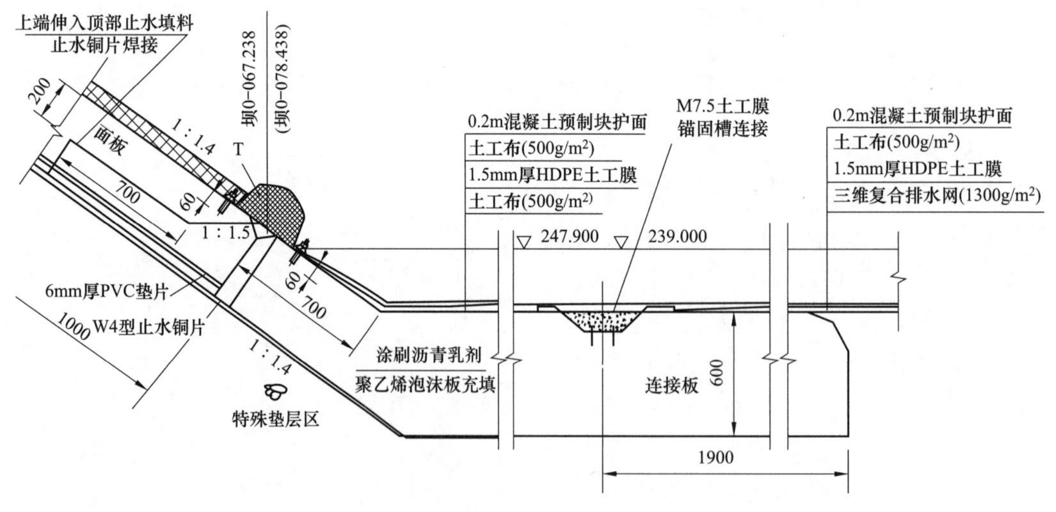

图 8-4-9 溧阳上水库主坝面板与连接板处土工膜锚固

（四）排水与排气设计

有排水要求的土工膜防渗工程，膜下支持层级配应满足排水能力和水力计算的要求，在支持层排水能力不足时，可采用碎石盲沟、土工排水管、无砂混凝土管、复合排水网、土工织物等引流。水库库底土工膜防渗层下设置的排水体系，应通过廊道等排水通道引至坝下。膜下排水结构一般兼有排气功能，水电工程土工膜防渗结构不宜采用止回阀排气结构。

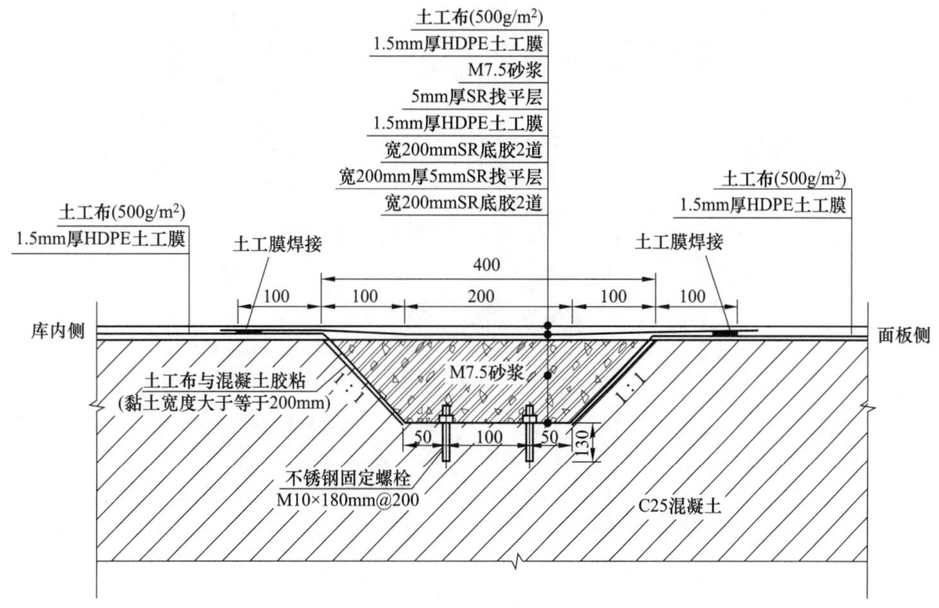

图 8-4-10 溧阳上水库库底锚固沟处土工膜连接

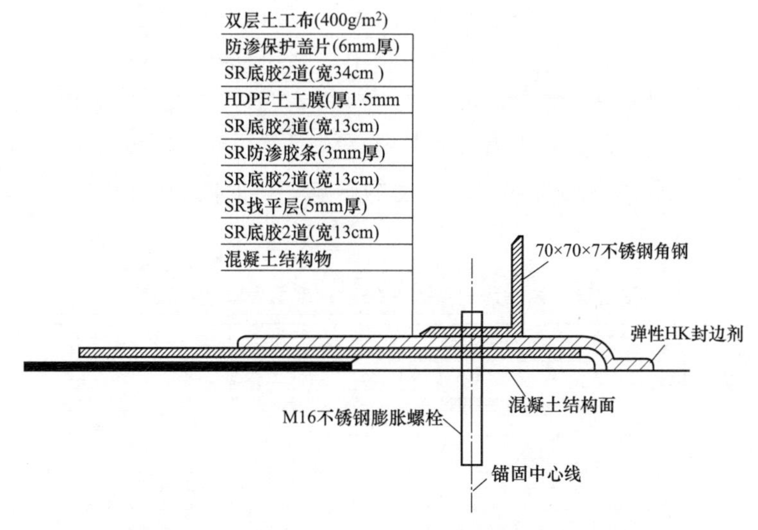

图 8-4-11 洪屏上水库土工膜与周边混凝土锚固结构

以色列 K 抽水蓄能电站上水库库盆边坡上使用了 TENAX HD401 土工网格作为排水排气层，该材料厚度 6mm，包含了一层 3D 排水网格和一层 150g/m^2 的土工布。库底设置了 30cm 厚的二级配碎石层作为排水排气层，土工膜直接铺设在碾压整平的碎石层上。

溧阳上水库库底土工膜的渗漏水，通过其下设的三维复合排水网进行水平收集，并通过埋设在紧挨库底排水廊道或连接板处的 D250 塑料排水盲管汇集，由库底排水廊道边壁预留的 D300 排水孔直接排入渗水廊道。而穿过三维复合排水网继续下渗的渗漏水，在经过其下碎石垫层、过渡层、石渣回填体后，最终由大坝底部排水区汇集到坝脚外量水堰集水坑。

句容土工膜下部设置 PE 硬质排水管，直径 90mm，间距 3m，引入库底排水观测廊道排水沟内，句容上水库土工膜排水布置如图 8-4-12 所示。

（五）土工膜防渗耐久性

由于土工膜的原料为高分子聚合物，存在易老化的弱点，因而关于使用年限的耐久性问题始终是人们所顾虑的首要问题。经过国内、外大量的工程实践和测试分析，土工膜的耐久性与温度、日照时数以及太阳辐射量密切相关，一般情况下温度越高力学性能衰减就越快，反之，就越慢；埋在土内或在水下，在有较好覆盖保护下的土工膜其老化速度将缓慢得多。

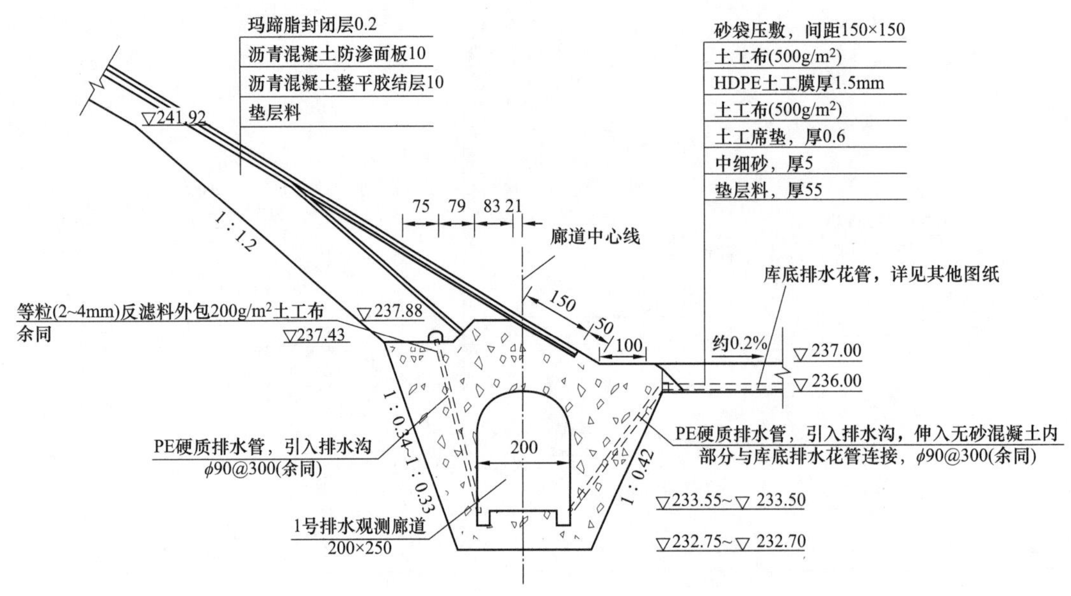

图 8-4-12　句容上水库土工膜排水布置

对于设置保护层的土工膜及土工合成材料，通过室内、外试验和跟踪工程实例长达 14 年的观测结果，建立土工膜耐久性的理论模型，推算出当保护层厚 40cm 以上时，土工膜及土工合成材料至少有 50 年的使用期；若保护严密，初始强度达 500N/5cm 以上，则其使用年限可达 100 年以上。

水对紫外线辐射有一定的吸收和散射作用，有关研究人员在某游泳池清水内对紫外线辐射的衰减规律进行了测试，水深 2m 以下，紫外线辐射强度即衰减到零，测试结果见表 8-4-2。因此，在抽水蓄能电站水库库底使用的土工膜基本不受紫外线辐射的影响，在加保护的情况下，土工膜的使用年限会更长。

表 8-4-2　　某游泳池内清水对紫外线辐射强度的影响测试结果

水深（m）	2001 年 12 月 26 日测试		2002 年 4 月 9 日测试	
	平均辐射强度（$\mu W/cm^2$）	辐射残余率（%）	平均辐射强度（$\mu W/cm^2$）	辐射残余率（%）
0.00	410.24	100.00	945.65	100.00
−0.25			220.39	23.31
−0.30	124.10	30.25		
−0.50			53.06	5.61
−0.60	52.45	12.79		
−0.75			42.17	4.46
−1.00			5.44	0.58
−1.05	16.33	3.98		
−1.25			0.00	0.00
−1.55	3.33	0.81		
−2.00	0.00	0		

以色列 K 抽水蓄能电站上水库土工膜使用了特殊的增塑剂及防紫外线表面涂层，土工膜在外漏情况下抗紫外线能力和抗老化性能也得到了极大的提高，按照 ASTM 规程在交替干湿循环过程中，其加速老化测试满足要求，使用寿命可以达到 40 年以上。考虑到土工膜在使用中下垫层总是存在尖角，所以增加土工膜厚度能够提高其抗老化能力，从而提高耐久性。日本今市抽水蓄能电站土工膜膜厚为 2mm，以色列 K 抽水蓄能电站和我国泰安、溧阳、洪屏、句容抽水蓄能电站土工膜膜厚为 1.5mm。

目前，采用土工膜防渗工程的运行时间都较短，最长的也只有 10～20 年。而影响土工膜耐久性的因素较多且复杂，土工膜防渗的耐久性还有待实际工程长期运行的检验。

三、灌浆帷幕及防渗墙防渗

灌浆帷幕是最常采用的岩基防渗处理措施，对于抽水蓄能电站，若仅需对大坝坝基和坝肩进行防渗处理时，与常规水电工程一样，其坝基渗漏和绕坝渗漏防渗处理也常设置灌浆帷幕，其设计、施工及主要技术要求等与常规水电工程基本相同，在此不再赘述，本部分将重点讨论抽水蓄能电站上、下水库库岸局部防渗处理问题。

有些抽水蓄能电站上、下水库的成库条件较好，库岸大部分地段山体雄厚，地下水位分水岭高于水库正常蓄水位，或库岸大部分地段为相对不透水岩体，仅在局部单薄分水岭、断裂构造、裂隙密集带和岩溶等地段存在岩体透水性较强、具有集中渗漏带等情况，因而存在库岸局部渗漏问题，需采用灌浆帷幕进行库岸局部防渗处理，有关工程实例见表 8-4-3。

表 8-4-3　　采用灌浆帷幕进行库岸局部防渗处理的工程实例

工程名称	帷幕防渗标准	排数，排距（m）	孔距（m）	帷幕深度（m）	灌浆孔总长（万 m）	帷幕防渗面积（万 m^2）	建成年份	备注
沙河上水库	≤1Lu						2002 年	F_{11} 和 f_{71} 断层、北库岸及主副坝两端设灌浆帷幕，北库岸垭口加截水墙
琅琊山上水库	≤1Lu	2～3 排，0.75～1.5	2.5	32～140	12.49	15.49	2005 年	副坝垭口到龙华寺一带车水桶组灰岩地层岩溶发育，为岩溶渗漏，一般为双排孔，副坝垭口岩溶特别发育部位为三排孔。琅琊山组地层岩溶不甚发育，为裂隙型渗漏，布置主、副双排孔
泰安上水库	≤3Lu	2 排，1.5	3.0	20～60			2005 年	混凝土面板堆石坝趾板及土工膜周边廊道的锁边帷幕
白莲河上水库							2009 年	低缓分水岭及垭口处设灌浆帷幕及防渗墙，共长 813m
蒲石河上水库	≤3Lu	1 排	2.0	30～40			2012 年	库盆基本不防渗，仅左坝肩延伸 200m，右坝肩延伸 150m 设灌浆帷幕
呼和浩特下水库	≤1Lu	1 排	2.0	40～60	3.59	4.59	2015 年	左岸全部及右岸单薄分水岭 303m 范围设灌浆帷幕
清远上水库	≤3Lu	1 排	1.5		1.96		2016 年	除北库岸外，其余库岸几乎都设灌浆帷幕及防渗墙，库岸帷幕线长 1590m，主副坝基帷幕线长 1215m
深圳上水库	≤3Lu	1 排	2.0				2018 年	库周约 2500m 范围（约占库周总长的 82%）设灌浆帷幕及防渗墙
丰宁上水库	≤3Lu	1 排	2.0/1.5	10～80	16.39	12.83	2021 年	上水库库区分大部分水岭山体雄厚，渗漏段主要分布在坝址区及Ⅰ、Ⅱ号沟脑及输水系统通过库区分水岭部位
清原上水库	≤3Lu	1 排	2.0	10～60	4.35	8.71	在建	左坝肩延伸 1079m，右坝肩延伸 1020m 设灌浆帷幕，库岸在全风化部位设防渗墙防渗
文登上水库	≤3Lu	2 排，1.5	2.0	40～60	3，92	4.59	在建	南库岸采用防渗墙＋防渗帷幕
尚义上水库	≤3Lu	2～3 排，0.75～1.5	2.0	20～110	4.33	4.38	在建	库盆开挖区发育岩脉 βμ1、βμ2、βμ2-1 三条岩脉，岩脉影响范围设三排帷幕，库盆北岸垭口做垂直帷幕防渗

帷幕的防渗标准一般通过库区渗漏量估算、电站综合效益影响分析，并考虑电站的水源情况等诸多因素，经多方案的技术经济比较后确定。对于防渗要求高、水源缺乏和渗漏对电站综合效益影响大的抽水蓄能电站水库，宜采用较高的帷幕防渗标准，例如 1Lu。由于抽水蓄能电站水库的水量十分宝贵，建议一般情况帷幕防渗标准以 3Lu 为宜。

值得一提的是，水库库岸渗漏不仅造成水库水量的损失，降低电站的综合效益，往往会因水库蓄水造成库岸山体水文地质条件的改变而导致库岸边坡稳定问题，因此，在设置防渗帷幕进行防渗处理的同时，还应考虑在帷幕后设置排水，以降低库岸山体的地下水位，以保证库岸边坡的稳定。

对于全风化层较厚、清除成本高或难度大的库岸渗漏部位，一般采用防渗墙和帷幕灌浆的方式进行防渗处理。辽宁清原上水库库岸全风化层较厚，采用了防渗墙对全风化层进行防渗处理，防渗墙伸入强风化岩石内 1m，在防渗墙下进行帷幕灌浆，防渗墙厚为 60cm，混凝土采用 C20W10F50，清原上水库库岸防渗墙＋帷幕灌浆防渗布置图如图 8-4-13 所示。

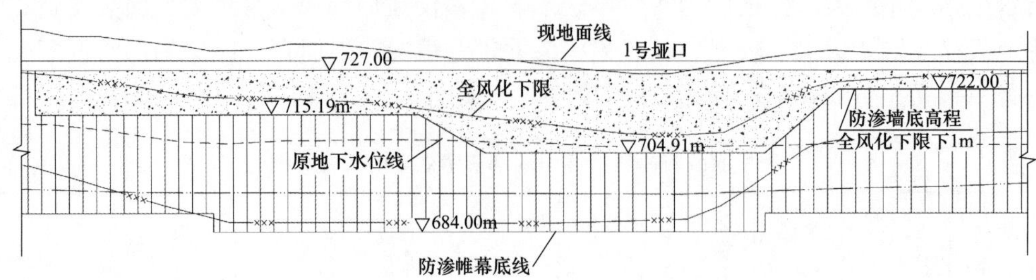

图 8-4-13　清原上水库库岸防渗墙＋帷幕灌浆防渗布置图

第九章　输水系统水力设计

输水系统的水力设计，包括过流建筑物的体型和断面尺寸的选择、运行工况的确定、各项水头损失的计算、调压室涌波计算、水击压力计算等。

第一节　进/出水口水力设计

抽水蓄能电站具有发电、抽水两种运行工况，进/出水口水流呈双向流动。例如，对于下水库进/出水口而言，发电时为出流，抽水时为进流，而对上水库进/出水口则相反。

抽水蓄能电站的进/出水口通常有侧式（见图 9-1-1）和竖井式（见图 9-1-2）两种，以侧式进/出水口应用较多，近些年竖井式进/出水口应用数量逐渐增多。侧式进/出水口通常设置在水库岸边；竖井式进/出水口设置在水库内。

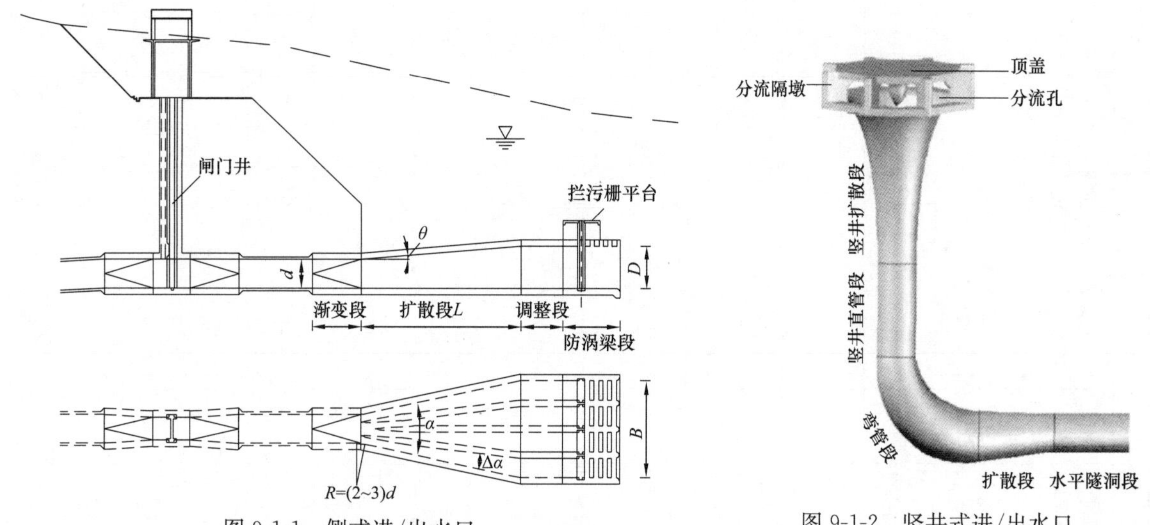

图 9-1-1　侧式进/出水口

图 9-1-2　竖井式进/出水口

进/出水口水流的主要特点是，水流在两个方向流动时流速均应分布均匀，满足拦污栅的过流要求，水头损失小。出流时，要把具有 4～6m/s 的隧洞来流，通过扩散段等的调整，使出流均匀、不产生负流速；进流时，各级运行水位下进/出水口不产生有害的漩涡，附近库内水流流态好，无有害的回流或环流出现，水面波动小。

我国在抽水蓄能电站进/出水口水力设计方面结合工程建设积累了丰富的经验；而随着流体力学数值模拟技术的应用，又从理论层面上把这一领域的设计研究向前推进。

一、侧式进/出水口水力设计

侧式进/出水口一般由防涡梁段、调整段、扩散段、渐变段组成。表 9-1-1 为国内部分抽水蓄能电站侧式进/出水口有关参数。防涡梁段长度一般与孔口高度接近，调整段取扩散段长度的 40%，渐变段取隧洞直径的 1～2 倍。

表 9-1-1 国内部分抽水蓄能电站侧式进/出水口有关参数

名称	管道布置参数				拦污栅					扩散段布置		调整段长度(m)	水头损失系数		拦污栅断面最大流速/平均流速 v_{max}/v_{av}	孔道流量分布不均性(%)	防涡梁
	布置	底坡(%)	直径(m)	单机流量(m^3/s)	平均流速(m/s)	尺寸(m)	过栅流速(m/s)	水平扩散角(°)	长度(m)	顶板扩张角(°)	流道	隔墙首部布置		出流	进流			根数，梁高，间隔(m)
十三陵下水库	一洞二机	0	5.2	53.8 2台107.6	5.06	4—4.5×6.67	0.896	34.0	36.1	6.54	3隔墙 4孔	三隔墙 齐平	10	0.33	0.26	1.5	2.3	3根， 2.0，1.3
天荒坪上水库	一洞三机	9	7.0	67.4 3台202.2	5.25	4—5×10	1.01	39.8	28.7	5.97	3隔墙 4孔	中隔墙 缩短	0	0.33	0.25	1.9	8.8	3根， 1.5，1.3
天荒坪下水库	一洞一机	0 前有弯道	4.4	67.4	4.43	2—4.8×7	1.0	21.93	17.4	8.5	1隔墙 2孔	隔墙略后退	0	0.43	0.31	3.17	—	3根
宜兴上水库	一洞二机	10	6.0	80.78 2台161.56	5.72	4—5×9	0.898	36.68	29.0	5.71	3隔墙 4孔	中隔墙 短0.5d	0	0.476	0.184	1.22～2.01	36	3根， 2.0，1.3
宜兴下水库	一洞二机	4.3	7.2	80.78 2台161.56	3.97	4—4.5×10.8	0.83	34.6	30.0	6.83	3隔墙 4孔	中隔墙缩短 0.65d	0	0.43	0.15	1.31～2.01	12.6	3根， 2.0，1.4
沙河上水库	一洞二机	8.0	6.5	120.2	3.62	4—4×9.75	0.771	27.87	27.0	6.86	3隔墙 4孔	三隔墙齐平	0	0.419	0.184	1.2～1.57	32	3根， 2.0，1.3
西龙池下水库	一洞一机	8.55	4.3	54.18	3.73	3—4.5×6.5	0.617	26.12	25.0	5.03	2隔墙 3孔	0.35∶0.3 ∶0.35	10.0	0.33	0.23	1.3～1.58	12	3根， 1.5，1.2
宝泉上水库	一洞二机	0	6.5	70 2×70	4.22	4—5.0×8.5	0.82	34.38	41.0	2.86	3隔墙 4孔	中隔墙缩短	11.0	0.33	0.21	1.8	27.0	2根， 2.0，1.0
蒲石河上水库	一洞四机	0	11.0	460.0	4.84	4—7.5×16	0.96	34.36	39.4	7.23	3隔墙 4孔	中隔墙延长 两孔4流道	0	0.67	0.21	2.34～2.38	—	5根， 1.0，1.0
呼和浩特上水库	一洞二机	6.1	6.2	66.2 2台132.4	4.39	4—4.7×9	0.78	29.4	32.0	5.00	3隔墙 4孔	中隔墙缩短 0.4d	0	0.325	0.167	1.29～1.58	15～21	4根， 1.5，1.2
荒沟下水库	一洞二机	0	7.5	87.9 4×87.9	3.98	2—5.5×10	0.8	32.65	35.0	2.02	3隔墙 4孔	中隔墙缩短	0	0.43	0.32	1.14～1.5	11～15	7根， 1.5，1.0
敦化下水库	一洞二机	0	6.2	62.4 2×62.4	4.13	4—5.5×7.3	0.78	34.71	32.0	1.97	3隔墙 4孔	中隔墙缩短 0.5d	15.9	0.345	0.226	1.26～1.38	21～28	4根， 1.5，1.0
清原上水库	一洞二机	0	7.2	88.4 2×88.4	4.34	4—6.3×8.7	0.81	34.27	36.0	2.39	3隔墙 4孔	中隔墙缩短 0.42d	14.5	0.335	0.194	1.49～1.68	18～19	4根， 2.0，1.2
易县下水库	一洞二机	0	7.8	97.4 2×97.4	4.08	4—6.2×12	0.65	29.64	40.0	5.99	3隔墙 4孔	中隔墙缩短 0.38d	16.0	0.282	0.189	1.36～1.93	24～26	4根， 1.5，1.2
芝瑞下水库	一洞一机	0	4.6	77.8	3.16	3—5.4×8.5	0.68	25.18	30.0	5.52	2隔墙 3孔	中隔墙缩短 0.53d	15.0	0.393	0.186	1.49～1.78	5～17	4根， 2.0，1.2

（一）扩散段体型设计

1. 扩散段长度

设置扩散段旨在使隧洞来流经扩散调整后的流速分布达到拦污栅的水力设计要求。理论上扩散段是水平和竖向都扩张的一个空间结构，矩形截面渐扩管如图9-1-3所示。从工程设计角度来说，一个良好的扩散段，在出流时应使拦污栅处断面的流速分布较均匀、无负流速，且水头损失小。影响扩散段水流的因素有水平和垂直扩张角、分流隔墙，以及进、出流的边界条件等。根据国内外29个工程资料统计表明，有20个工程集中在$L/d=4\sim5$的范围内（d为扩散段前的隧洞洞径，如图9-1-1所示），占总数的2/3强，与之相对应的$A_1/A_0=4\sim5.5$。设$v_0=5\text{m/s}$，而过栅流速为1.0m/s，其L/d在4～5.5。

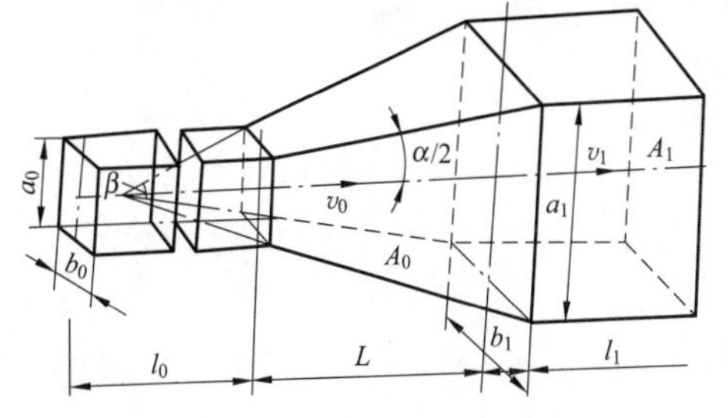

图9-1-3 矩形截面渐扩管

2. 顶板扩张角θ的选择

从水流运动特性来看，扩散段内的流动属于有压缓流的扩散阻力问题，且就如图9-1-1所示的工程布置而论，显然与如图9-1-3所示的矩形断面渐扩管的流动相类似，是一个三维的扩散流动。图9-1-3中的扩张角$\alpha/2$相当于图9-1-1中的θ。根据有关研究，在雷诺数$Re>4\times10^5$时，矩形渐扩管最佳特性为$\alpha=6°\sim10°$（相当于图9-1-1中的$\theta=3°\sim5°$），水头损失系数$\zeta_g=0.18\sim0.28$（水头损失系数又称阻力系数），$A_1/A_0=4$，$L/d=5.7\sim9.4$。“最佳特性”的物理含义是：“为了将管道的小截面过渡到大截面（流体的动能转化为压力能）而且做到尽量减小全压损失，安装平顺扩散的管道——渐扩管。在渐扩管中，当扩张角小于一定值时，随着截面面积的增大其平均流速降低。相对于小（初始）截面上速度的渐扩管的总阻力系数，要比相同长度、横截面等于渐扩管初始截面的等截面的阻力系数小”。对实际抽水蓄能电站进/出水口而言，由于受工程布置条件制约，扩散段很难符合上述“最佳特性”的要求，特别是分流隔墙的存在会导致水头损失增加，水头损失系数要较之为大是必然的。这样，抽水蓄能电站侧式进/出水口的水力设计研究，是在满足工程布置要求和具有分流隔墙条件下，优化给出具有较小水头损失系数的扩散段体型。

表9-1-2为根据《抽水蓄能电站进/出水口水力设计》❶一文计算出的扩散段顶板扩张角θ及有关参数。由该表可见，除个别工程之外，大多数工程其$2°\leqslant\theta<6°$。表9-1-1的资料表明，如果除去中隔墙延长将扩散段一分为二的几个工程，其余大多为$2°<\theta<7°$。表明了一般情况下θ在3°～5°的范围内选择是可取的。

表9-1-2 日本若干工程进/出水口有关参数

编号	1	2	3	4	5	6	7	8	9	10	11
θ(°)	5.77	5.71	5.14	2.99	0	1.22	9.01	2.73	3.33	3.64	2.94
过栅流速（m/s）	0.92	0.9	0.78	0.83	1.3	0.89	0.64	0.9	0.96	0.7	1.11
水平扩散角α(°)	45	32	37	32	30	42	25	33	37	28	30
v_{max}/v_{av}	2.93	2.8	3.33	2.79	2.46	2.02	3.13	3.4	1.6	3.14	2.25

胡去劣的研究❷表明，隧洞来流底坡的大小对进/出水口顶板扩张角的选择是有影响的。试验时依托工程的隧洞底坡$i=0.0433$（相当于2.48°）、顶板扩张角$\theta=6.83°$，两者相差$\Delta\theta=4.4°$，水流在顶部没有产生分离。据此分析得出不出现分离的临界扩散角$\theta_k=4.1°\sim5.1°$。这个值是合理的，与上述分析相一致。

3. 平面扩散角α的合理选择

通常认为扩散段内每孔流道的最大扩散角（$\Delta\alpha$）以不超过10°为宜。此乃来自无分流隔墙的平面有

❶ 福原华一，电力土木（日），1979。

❷ 《抽水蓄能电站进/出水口优化布置试验研究》，南京水利科学研究院，2001。

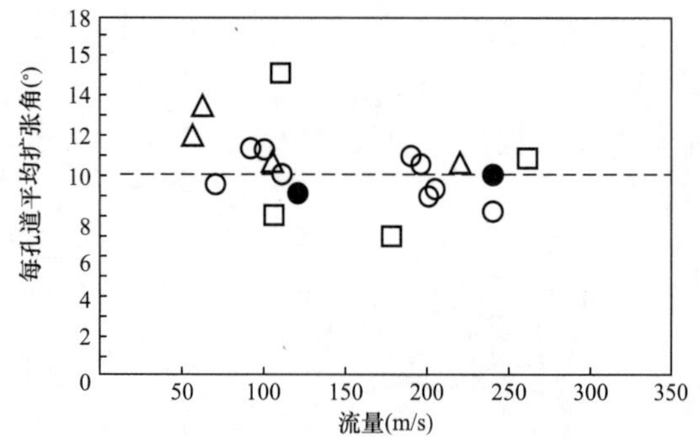

图 9-1-4 日本部分电站扩散段水平扩张角成果综合图

●—原设计；○—4 孔道；△—3 孔道；□—2 孔道

压扩散段的试验成果。对于实际工程的进/出水口而言，分流隔墙的起点位于来流对称处，而扩散段长度 L/d 为 4～5，在水流不致发生分离的范围之内，况且有分流隔墙的导流作用，因此，每孔流道的扩散角 $\Delta\alpha$ 大于 10°应是允许的。图 9-1-4 为日本部分电站扩散段水平扩张角成果综合图。该图所示的 18 个点据中，单孔流道的扩散角 $\Delta\alpha$ 大于等于 10°的有 12 个，占 63%，最大者为 15°，大于等于 11°的有 5 个点，占 26.3%。

日本神流川抽水蓄能电站上水库进/出水口修改设计方案的单孔流道的扩散角 $\Delta\alpha=11.25°$，实验表明水流没有产生分离。由于采用 $\Delta\alpha=11.25°$，4 孔流道的扩散段的水平扩散角达 45°，扩散段长度由原来的 44.5m 缩短至 22.9m，节省了工程量。事实上，由于分流隔墙的存在约束了扩散水流，有利于防止水流产生分离；虽然加大了局部阻力，但缩短了扩散段长度，减小了水流的沿程损失，两者相抵，总的水头损失变化不大。

根据表 9-1-1 的数据资料，国内抽水蓄能电站扩散段水平扩散角多在 25°～40°，国内部分电站扩散段水平扩张角成果综合图见 9-1-5。该图所示的 15 个点据中，单孔流道的扩散角 $\Delta\alpha$ 的范围在 7.0°～11.0°。其中单孔流道的扩散角 $\Delta\alpha\geqslant 8°$ 的有 12 个，占 80%，最大者为 11.0°；小于 8°的有 3 个，占 20%；8°～10°的有 11 个，占 73%。由此可见，国内 $\Delta\alpha$ 多在 8°～10°选择。

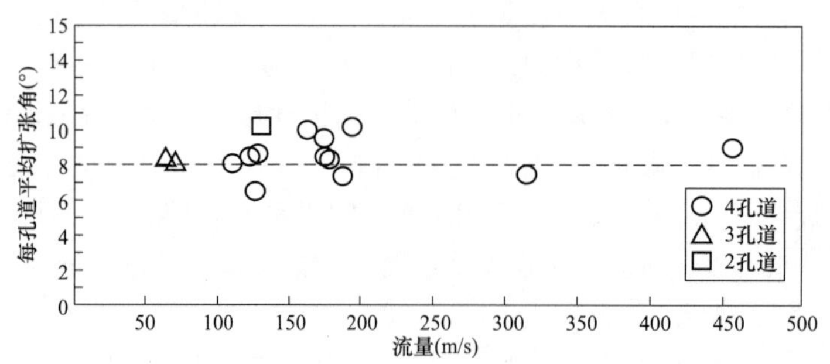

图 9-1-5 国内部分电站扩散段水平扩张角成果综合图

4. 分流隔墙的布置

分流隔墙的布置是否得当是影响水头损失系数大小和流速分布均匀性的关键因素。除应适当选择隔墙头部形状和合理的竖向扩张角度外，更在于分流隔墙在首部的合理布置。扩散段起始断面常与来流管道尺寸相同，通常宽度不大，三或二隔墙只能在这样窄的范围内布置，既要避免过分拥挤，又要起到有效均匀分流作用。

(1) 扩散段内分流隔墙的数目。布置时以每孔流道的平面扩散角 $8°\leqslant\Delta\alpha<10°$ 为宜。工程实例表明，当隧洞直径大于 5m 时，一般采用三条分流隔墙；反之，多采用两条分流隔墙，个别采用一条分流隔墙。

(2) 分流隔墙头部形状以尖型或渐缩式小圆头为宜。这是适应减少水头损失和避免在首部布置上过于拥挤所需要的。此外，在扩散段起始处两侧边墙连接处须修圆，如图 9-1-1 所示。

(3) 分流隔墙在扩散段首部的合理配置。受来流条件，特别是流速分布影响，而流速分布与布置条件（如有无弯道、底坡、断面变化、门槽等）和边界层发展有关，这正是难以做到使流量在各孔流道达到均匀分配的根源。根据现有的研究成果，对于二隔墙三孔道的布置，中间孔道宽应占 30%，两边孔道占 70%；对于常见的三隔墙四孔流道的布置，宜采用中间两孔占总宽的 44%，两边孔占 56%为宜，或者说单一中间孔道宽度 b_c 与相邻边孔宽 b_s 之比 $b_c/b_s\approx 0.785$。这可作为初拟尺寸的参考依据。应当指出，上述流道间的宽度比是就隔墙首部间的距离而言，由于隔墙有一定厚度，且在平面上收缩布置，实际的流道间最小间距可能在首部后的某一位置。注意调整这一间距对改善各流道间的流量比例会更有利。其次，三个隔墙在首部的布置，可能有两种情况：

1）当上游隧洞直径较大（例如 10m 左右或更大）时，通常从扩散段前检修门（或事故检修门）的尺寸考虑，可将闸门分为两孔，这样闸孔中墩自然延长到扩散段内将其一分为二。若中墩两侧孔道仍需加设隔墙，就成为单个隔墙的布置问题。

2）对于常见的扩散段内三隔墙四流道布置，沙河进/出水口试验中就隔墙在首部七种布置方案的对比试验结果认为，中间隔墙在首部适当后退形成凹形布置最优，见沙河电站各试验方案分流墩形状与布置图（图 9-1-6）中的方案七。中间隔墙缩短的程度 $f/d\approx0.5$，f 为中间隔墙相对两边隔墙的后退距离，d 为扩散段前隧洞洞径。

这种布置的特点是，避免三隔墙齐平于首部形成拥挤，不利分流，并使局部水头损失加大。呈凹形布置有利于各孔道分流量均匀。当然，其前提是中、边孔在入口处的宽度比例必须适当。

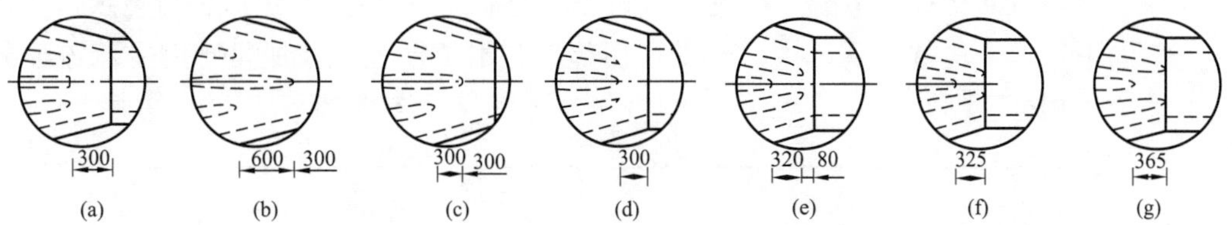

图 9-1-6　沙河电站各试验方案分流墩形状与布置图

（a）方案一；（b）方案二；（c）方案三；（d）方案四；（e）方案五；（f）方案六；（g）方案七

（二）拦污栅过栅流速及流速分布

图 9-1-7 日本部分工程进/出水口拦污栅进流流速的统计图。在 18 个数据中超过 1m/s 的有 3 个，最大者新高濑川为 1.7m/s，其次今市为 1.3m/s，最小者为 0.4m/s。新高濑川进/出水口曾进行模型试验，工程运行后没有漩涡等问题的发生。

从表 9-1-1 来看，过栅流速几乎均小于 1.0m/s，且部分小于 0.8m/s。我国水电站进水口设计规范建议过栅流速取 0.8～1.2m/s，抽水蓄能电站进/出水口的平均过栅流速不宜大于 1.0m/s。

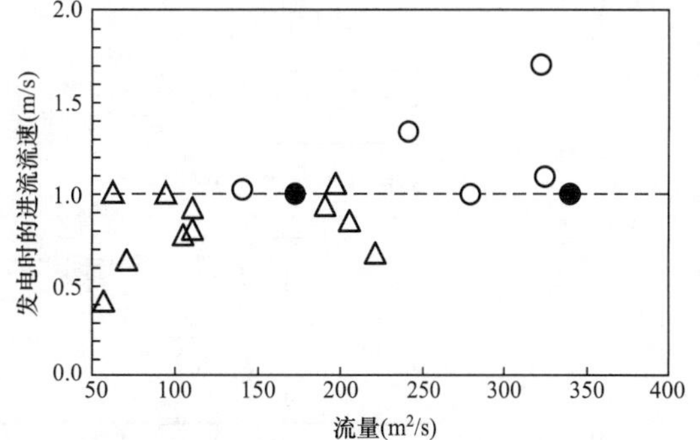

图 9-1-7　日本部分工程进/出水口拦污栅进流流速的统计图

●—神流川工程设计；○—东京电力公司工程；△—其他工程

拦污栅水力设计主要是考虑过栅水头损失和振动两方面的问题。拦污栅局部损失系数为

$$\zeta=\beta\left(\frac{d}{b}\right)^{4/3}\sin\alpha \tag{9-1-1}$$

式中　b——栅条间距；

d——栅条宽度；

α——拦污栅倾角；

β——栅条形状系数（前后方形为 2.42，半圆形为 1.67，流线型为 0.76）。

设过栅流速为 1.0m/s，相应的流速水头为 0.05m，设若 $\alpha=90°$，当 $d/b=0.1$ 时，方形栅条 $\zeta=0.113$，水头损失 $h_f=0.006$m；即使取 $d/b=0.5$ 时，$\zeta=0.96$，$h_f=0.048$m。可见在正常情况下，过栅水头损失可忽略不计。

拦污栅的水头损失只有在栅上挂污堵塞时才体现出来，而这又是个很难定量估算的问题，故而才会有栅前后按几米的水压差来设计的经验数据，栅前后的水压差表征水头损失。有些抽水蓄能电站的上、下水库为人工开挖围筑而成，相对于天然河道来说，污物来源要少得多，因此，有的工程不设拦污栅，而仅设置了与叠梁闸门共用的栅槽。从这个意义上来说，对污物来源少的抽水蓄能电站进/出水口，适当提高过栅流速是可取的。日本神流川电站上水库进/出水口的过栅流速从原设计的 0.74m/s 提高到 1.43m/s，试验得到的最大流速 $v_{max}=4.3$m/s。

拦污栅断面最大流速与平均流速之比 v_{max}/v_{av} 的控制问题是抽水蓄能电站进/出水口与常规水电站

进水口在水力特性上最明显的区别之处。表 9-1-2 中列出了日本 11 个工程进/出水口的资料，其 v_{max}/v_{av} 的平均值为 2.714，大于 2.5 的约占 2/3。表 9-1-1 所列国内部分工程的资料，其 v_{max}/v_{av} 最大者为 3.17，最小者为 1.22，多在 1.3～2.0 的范围内。

现有文献中对 v_{max}/v_{av} 的要求并不一致，有 1.5、2.0、2.25、2.5 等不同的取值。其中 2.25 为 Sell 于 1971 年提出的。有学者提出拦污栅的设计流速应考虑流速分布不均匀性，建议取 2.5m/s。表 9-1-1 中列出的国内已建工程 v_{max}/v_{av} 的平均值为 1.77，目前均运行良好。

v_{max}/v_{av} 的物理意义是表征过栅水流的集中程度，以及由此而产生的对拦污栅的局部冲击问题。图 9-1-8 为荒沟抽水蓄能电站进/出水口拦污栅流速分布，以及将拦污栅划分为四个象限的出流量所占的百分比。由图 9-1-8 可见，在同一个扩散段内，相邻两孔流道水流分布的均匀程度不同，第 2 孔道的主流明显从拦污栅上方流出，显示出流动的复杂性。日本奥清津抽水蓄能电站在 1978 年投运后的第 7 年、10 年、12 年相继三次检查拦污栅，发现有不同程度的损坏，运行 15 年后进行更换。拦污栅受损伤情况的分布见图 9-1-9。检查发现，拦污栅受损伤部位与水工模型试验所呈现的主流流速分布状况（见图 9-1-10）大体相符。

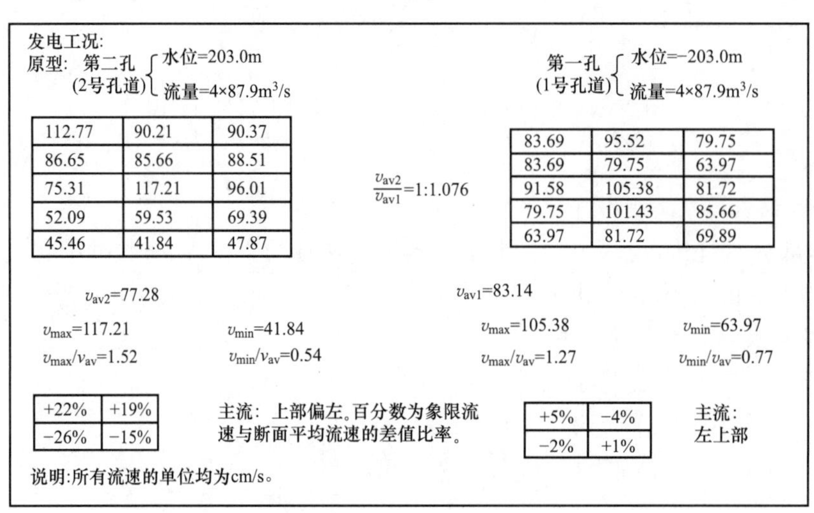

图 9-1-8 荒沟抽水蓄能电站进/出水口拦污栅流速分布

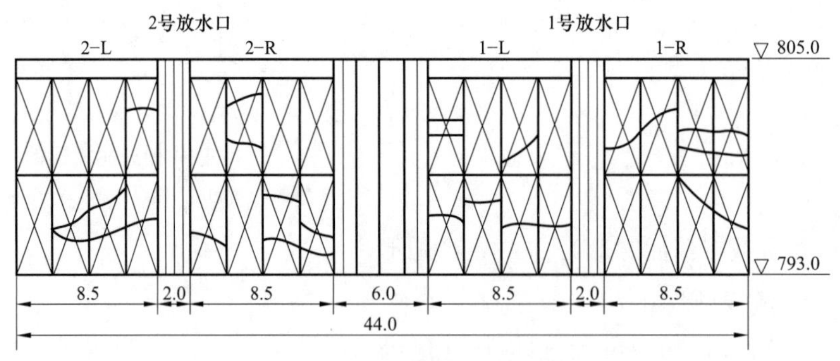

图 9-1-9 拦污栅受损伤情况的分布

奥清津抽水蓄能电站进/出水口水工模型试验得到的 $v_{max}\approx 2.4$m/s，修复更换拦污栅时，拦污栅按 $v_{max}=4.5$m/s 设计，为模型实测最大值的 1.9 倍。可见，就拦污栅设计而论，v_{max}/v_{av} 取值还包含拦污栅抗震设计的安全储备问题，包括需考虑进/出水口水流往复运动，引起金属结构的疲劳，以及锈蚀、试验误差等因素。于是问题归结为满足拦污栅抗震安全要求条件下设计流速的选择问题。

天荒坪抽水蓄能电站下水库进/出水口拦污栅按 $v_{max}=3.07$m/s 进行抗震设计，日本奥清津蓄能电站拦污栅修复更换按 4.5m/s 设计，日本神流川蓄能电站拦污栅按 5m/s 设计。参照前述分析，建议抽水蓄能电站进/出水口拦污栅设计流速可在 2.5～5m/s 的范围选用，视工程规模、布置条件（如来流隧洞是否有弯道、隧洞底坡的大小、扩散段顶板扩张角、拦污栅尺寸）等合理选用。

（三）防涡设计

由于抽水蓄能电站发电、抽水工况转换频繁，水库水位变幅大，如何避免发生有害的漩涡，是研究进/出水口水力设计颇受关注的问题之一。

尽管人们对漩涡有不同的分类标准，但串通吸气漩涡是有害的，且必须防止，这是人们的共识。但由于影响漩涡发生、发展的因素很多，诸如进/出水口前来流方向和流速分布、环流强度、体形尺寸，库岸地形及进/出水口与相邻建筑物的形状、孔口淹没深度等；且由于模型试验存在缩尺影响，使得通过试验做出准确预报的可能性大为降低。正是由于问题复杂性和不确定性，迄今孔口淹没深度的确定尚只能依靠经验公式进行估算。

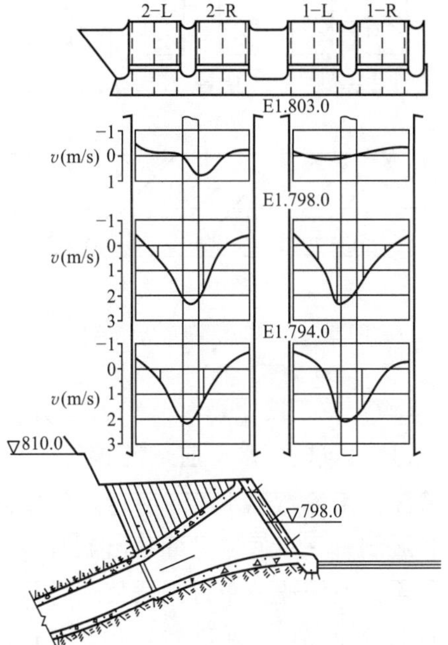

图 9-1-10 水工模型试验所呈现的主流流速分布状况

防止串通吸气漩涡的最小淹没深度，以戈登公式的应用较为普遍，进水口淹没深度示意图如图 9-1-11 所示。

$$S=Kvh^{1/2} \tag{9-1-2}$$

可化为

$$S/h=3.13KF_r \tag{9-1-3}$$

式中 F_r——弗劳德数，$F_r=v/\sqrt{gh}$；

K——与进水口几何形状有关的系数（进水口设计良好和水流对称时取 0.55，边界复杂和侧向进流时取 0.73）。

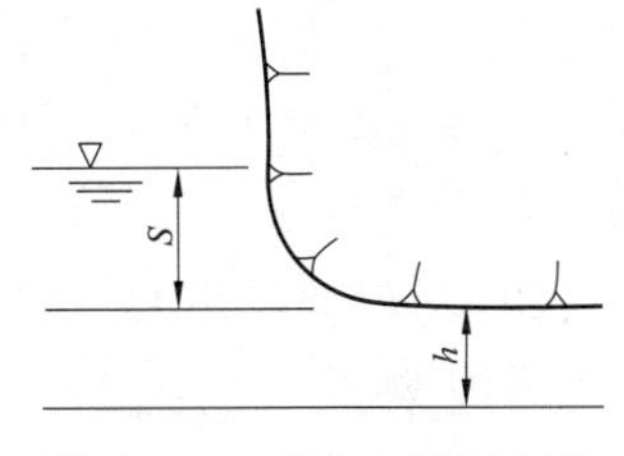

图 9-1-11 进水口淹没深度示意图

因此，式（9-1-3）可表为

$$S/h=(1.7\sim 2.3)F_r \tag{9-1-4}$$

为分析方便，设取 $S/h=2F_r$。根据对国内外 22 个进/出水口的资料分析，得出 F_r 的范围为 0.51～0.56，取平均值 0.54，则 $S/h=1.08$，这可用来粗估 S 值。

出于电站运行安全可靠的考虑，通常在进/出水口上方设防涡设施。从防涡有效性来说，以设置能随库水位浮动的格栅式浮排为最佳，但由于结构较为复杂，加之易受漂浮物的影响，因此通常采用防涡梁。迄今对防涡梁的根数、间距及高度的研究并不充分，表 9-1-3 为日本 11 个工程进/出水口防涡梁的资料，国内部分工程资料见表 9-1-1。

表 9-1-3　　日本 11 个工程进/出水口防涡梁资料

编号		1	2	3	4	5	6	7	8	9	10	11
隧洞流速（m/s）		5.84	5.81	5.59	6.24	4.95	6.14	5.84	3.91	5.59	5.55	4.95
过栅流速（m/s）		0.92	0.9	0.78	0.83	1.3	0.89	0.64	0.9	0.96	0.7	1.11
防涡梁	高（m）	2.0	1.0	1.5	1.0	1.5	1.5		1.0	1.5	1.0	1.5
	宽（m）	1.0	0.8	1.0	0.8	1.2	1.0		0.8	1.0	0.8	1.2
	间距（m）	1.0	0.4	1.0	0.6	0.8	0.8		0.4	0.8	0.5	0.8
	根数（根）	2	5	6	6	4	2		5	4	5	3

由表 9-1-1 和表 9-1-3 可见，梁高在 1～2m 不等，国内工程以高 2m 和 1.5m 者居多，可与调整段顶板同高；梁净跨度一般为孔口宽度；梁宽在 0.8～1.2m，变化不大，但梁的间距在 0.4～1.4m，国内工程以 1.0～1.4m 居多。而梁的根数相差更大，最少者 2 根，多者 6 根或 7 根。考虑到漩涡在进/出水口上方是游移的，根数太少（例如 2 根），其效果值得怀疑。因为一旦产生串通吸气漩涡很容易从防涡梁前方潜入。其次，防涡梁的间距若偏大，漩涡有可能从梁间潜入；间距若缩小，漩涡有可能从梁前方潜入。

综上所述，防涡梁的数目应不少于 3 根，宜选用 4～5 根，流量大的进/出水口宜选多根数；防涡梁

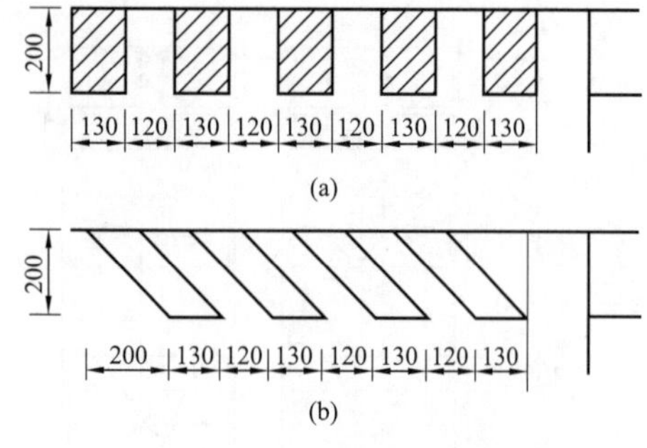

图 9-1-12 防涡梁布置示意图

(a) 矩形；(b) 平行四边形

的间距以 0.5～1.2m 为宜，梁高以不小于 1.0m 为宜。当然，最终设计应以模型试验为准，梁在结构上必须满足设计要求。

此外，防涡梁有矩形和平行四边形两种型式，其示意图如图 9-1-12 所示。目前国内主要的抽水蓄能电站防涡梁均采用矩形。张东的研究❶认为，采用矩形防涡梁，增加对漩涡的干扰，使之频繁消失，但很快又重新形成漩涡。采用平行四边形防涡梁，断面形状（倾角在 45°）顺应水流方向，使进水口水流更加顺畅，同时增大了对进口上方水流的阻力，可有效抑制强漩涡的发生，防涡效果更好。

（四）布置设计需要注意的几个问题

(1) 当进/出水口前来流隧洞有弯段时，消除弯道水流对扩散段流速分布不均匀性的影响十分值得关注。来流弯道水流对有压扩散段内流速分布和各孔道流量分配的影响不容忽视，尤其当垂直弯道后隧洞有一定底坡呈仰角出流时。解决问题途径有：①在弯道与扩散段间尽可能布置适当长度的直洞段，使流速分布得到调整；②尽量减小来流隧洞的底坡，避免大角度的仰角出流；③扩散段内中间的分流隔墙应从起始处后退布置，以避免扩散段入口处水流拥挤；④渐变段不宜采用平面收缩式布置，宜采用与洞径相同的等宽、等高布置。当来流隧洞有水平弯道时，主要靠调整扩散段起始处分流隔墙的间距，使各孔道的分流量尽量均匀。图 9-1-13 为神流川下水库进/出水口孔道流量分配。该进/出水口前有一半径 $R=300$m 的水平弯道，原设计按常规的分流隔墙间距布置，各孔道流量分配很不均匀；按水平弯道横向流速分布状况调整分流隔墙的间距后，使孔道流量分配均匀性得到明显改善。

(2) 在扩散段末接一段水平顶板整流段的布置是值得推荐的（见图 9-1-14）。平顶整流段的作用在于适当减小扩散段长度，即在顶板水流尚未产生分离之前就使之进入起梳整作用的平直段，在该段内不存在扩散段内的压力递增现象，从而起到消除局部负流速，达到平顺水流、调整流速分布的目的。事实上也等于减小了有效扩张角，使得真实的扩张角，即点 A 和点 C 之间连线的扩张角，小于 AB 间的 θ 值。整流段长度宜取扩散段长度的 40%左右，即 $l/L=0.4$（见图 9-1-14）。

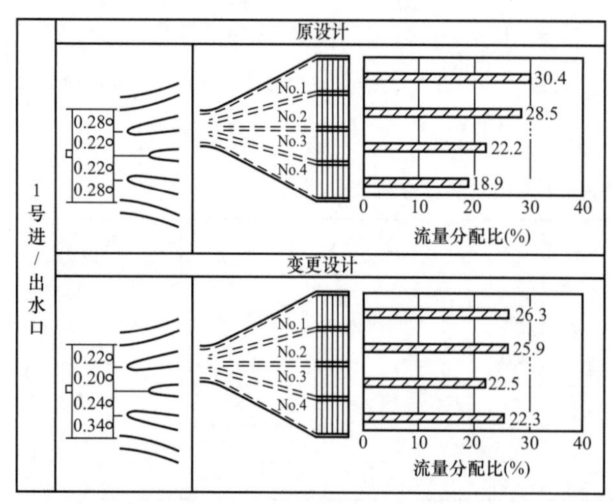

图 9-1-13 神流川下水库进/出水口孔道流量分配

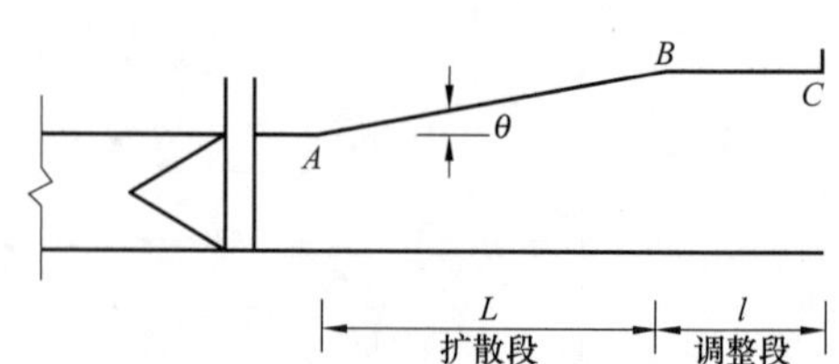

图 9-1-14 带整流段的侧式进/出水口

(3) 当进/出水口前的来流管道底坡较陡（尤其是坡比大于 1∶10）时，其对扩散段末口门断面流速分布的影响，特别是口门顶部可能出现负流速问题，值得重视和研究。这是因为水流在扩散段内受边界约束呈有压扩散流动，一个适宜的顶板扩张角使顶部不产生负流速。当水流至扩散段末端口门处顶部突然失去约束，这时口门上部流线突然由受边界约束的有压流改变成受重力作用的明渠流动，出

❶ 《抽水蓄能电站进（出）水口水力学问题研究》，中国水利科学研究院，2003。

流底坡越大（陡），变成明流后水体所受重力在倾斜底板方向的分量越大，这个分力阻止水流沿原有边界继续有效扩散，导致原本受边界约束的来流上部流线失去约束后开始坦化，向下受底板的制约则坦化程度越来越小，加之口门处的突然扩散作用，可能是造成有压扩散段末端口门处顶部易出现负流速的主要原因。显然，若来流为水平管道出流，那么只要顶板扩张角适当，在口门处流线坦化和突然扩散的影响要比大坡度的倾斜出流弱得多，从而不易产生负流速。

张河湾抽水蓄能电站下水库进/出水口底板坡度较大（19°），模型试验中发现：在发电工况下，各孔口中间流道的顶部普遍存在负向流速，左右两侧流道的顶部也存在量值较小的负流速；发电工况下各流道的流速不均匀系数与抽水工况下各流道的分流系数均不满足设计要求。模型试验优化发现：在扩散段底板上增设整流坎并适当减小扩散段顶板扩张角，可有效改善发电工况下各流道拦污栅断面底部流速过大、顶部流速过小并有负流速的缺陷。经优化后提出的推荐方案，一方面有效消除了流道顶部的负流速，同时也明显改善了流速分布以及各流道之间的分流系数，各项水力学指标满足设计要求。张河湾抽水蓄能电站下水库进/出水口纵剖面图如 9-1-15 所示。

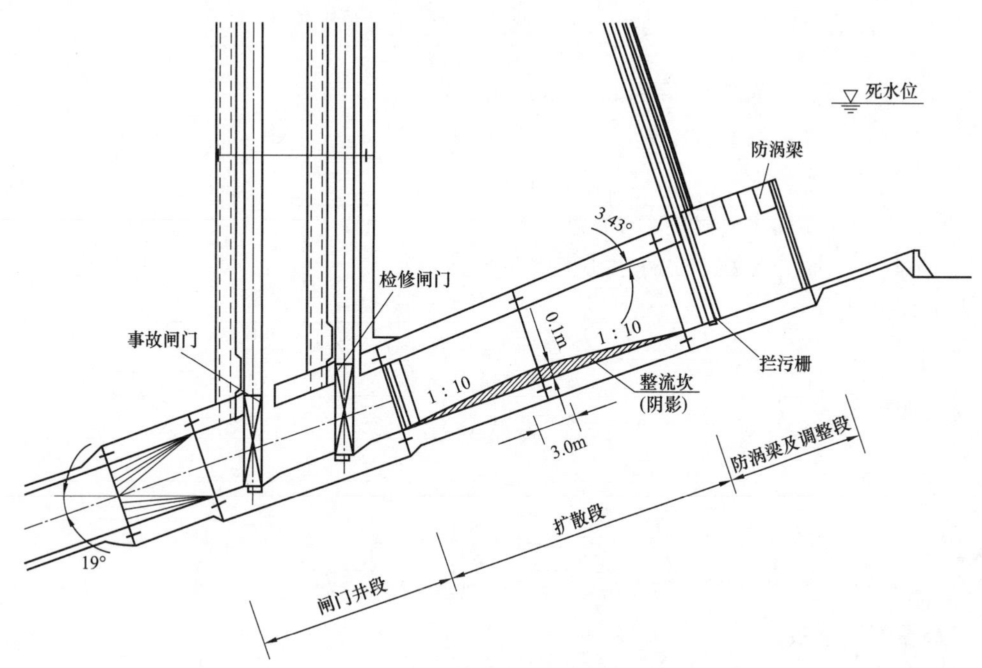

图 9-1-15　张河湾抽水蓄能电站下水库进/出水口纵剖面图

（4）进/出水口扩散段可以做成平顶。侧式进/出水的扩散段，通常多布置成顶部（单向）扩张式，也有采用顶、底板双向扩张式布置，目的在于通过扩散段纵、横向的扩张，在一定长度后布置拦污栅处流速有所降低。日本神流川抽水蓄能电站下水库进/出水口优化设计的研究成果见表 9-1-4。通过试验研究和计算分析，提高了过栅设计流速（即扩散段末端断面流速），使 1 号进/出水口的长度缩短了 24%，扩散段末端宽度减少了 22%。而顶板都是水平的，即扩散段高度均为 8.2m（1 号）。这种修改布置的特点是把一个三维的扩散段简化成二维结构，工程布置得以简化。从水头损失的角度来说不会带来什么明显影响，只是拦污栅设计为满足抗震安全系数的要求，将栅条刚结支承的间距由原设计的 525mm，缩小至 350mm。

表 9-1-4　　日本神流川抽水蓄能电站下水库进/出水口优化设计的研究成果

进/出水口编号	隧洞直径 (m)	原设计扩散段				修改采用扩散段			
		L(m)	B(m)	D(m)	v_{out}/v_{in}	L(m)	B(m)	D(m)	v_{out}/v_{in}
1号	8.2	47	43.6	8.2	1.0/0.75	35.5	33.8	8.2	1.34/0.94
2号	6.1	32.5	29	6.1	1.1/0.78	25.5	23.8	6.1	1.44/1.02

注　L 为扩散段长度；B 为扩散段末端宽度；D 为扩散段末端高度；v_{out}、v_{in} 为扩散段末端断面的出流和进流流速。

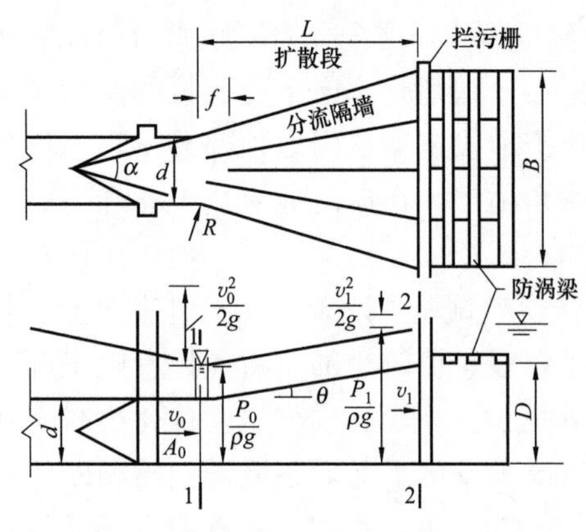

图 9-1-16　侧式进/出水口布置简图

（五）水头损失系数

侧式进/出水口由扩散段及其末端的拦污栅和防涡梁组成，如图 9-1-15 所示。在扩散段内由分流隔墙分成几孔流道，其孔数视工程规模和扩散段的平面扩散角而异。从流体运动的角度来说，侧式进/出水口属渐扩管（出流）或渐缩管（进流）。对于给定的进/出水口，其水头损失大小是出流（渐扩流动）时大于进流（渐缩流动）时。上水库进/出水口的抽水工况与下水库进/出水口的发电工况，都属于渐扩管出流流动，对于确定进/出水口体型和水头损失大小起关键作用的是这种出流流动。

侧式进/出水口布置简图如图 9-1-16 所示，列断面 1-1 和 2-2 间的能量方程：

$$\frac{P_0}{\gamma}+\frac{v_0^2}{2g}=\frac{P_1}{\gamma}+\frac{\alpha v_1^2}{2g}+h_f \tag{9-1-5}$$

式中　P_0/γ，P_1/γ——分别为断面 1-1 和 2-2 的压力；

α——动能系数；

h_f——水头损失，$h_f=\zeta_g v_0^2/2g$；

v_0，v_1——断面 1-1 和 2-2 的流速；

ζ_g——阻力系数，也称水头损失系数。

根据图 9-1-16 可得

$$A_0=d^2,\ A_1=B\times D$$

且按连续方程可得

$$v_1^2=v_0^2\left(\frac{A_0}{A_1}\right)^2$$

于是可得

$$\frac{\frac{P_1}{\gamma}-\frac{P_0}{\gamma}}{v_0^2/2g}=\left[1-\frac{A_0^2}{A_1^2}-\zeta_g\right]=\eta_g \tag{9-1-6}$$

式中　η_g——静压恢复系数。

从式（9-1-6）可得

$$\zeta_g=1-\frac{A_0^2}{A_1^2}-\eta_g \tag{9-1-7}$$

当 $A_0/A_1=1$ 时，有 $\zeta_g=-\eta_g$，即为等断面管道均匀流动的情况。上述推导中均假设断面流速分布系数 $\alpha=1.0$。从式（9-1-7）不难看出，$\zeta_g=f(A_0^2/A_1^2,\ \eta_g)$，而 A_0/A_1 事实上隐含着扩散段长度 L、顶板（或包括底板）扩张角 θ，以及 d/D、d/B 等因素，当然也应包括扩散段内分流隔墙所形成的阻力因素。ζ_g 值通常由模型试验确定，表 9-1-5 为现有文献中常见的一些工程进/出水口的 ζ_g 值，表 9-1-1 中为近些年来国内抽水蓄能有关工程的 ζ_g 值。

表 9-1-5　现有文献中常见的一些工程进/出水口的 ζ_g 值

库别	电站名称	水头损失系数 ζ_g		备注
		进流	出流	
上水库	戴维斯	0.3	0.8	
	北田山	0.6	0.4	
	卡姆洛	0.235	0.36	包括 91m 隧洞和 55°的弯段
	广州	0.19	0.39	
	敦化	0.19	0.27	

续表

库别	电站名称	水头损失系数 ζ_g		备注
		进流	出流	
下水库	迪诺威克	0.23	0.45	
	大平	0.19	0.19	
	卡姆洛	0.155	0.22	
	广州	0.2	0.39	
	易县	0.189	0.282	

由表 9-1-1 和表 9-1-5 可见，ζ_g 值差别很大，以出流工况而论，最大者达 0.8，最小者 0.19，个别的进、出流的 ζ_g 值接近甚至相等，十分可疑。导致 ζ_g 值明显差异的原因有以下几个方面。

（1）计算 ζ_g 所取断面位置不同。如图 9-1-16 所示，进/出水口的局部水头损失计算，能量方程的断面为 1-1 和 2-2 断面，或者 2-2 断面位于进/出水口之后的水库中，计算的水头损失主要为扩散段。但在试验中有不少是包括从来流隧洞末端到圆变方渐变段，以及门槽、闸门井段、闸门井后的直段等处的水头损失，有的工程甚至有二道门槽。

（2）扩散段内各孔流道分流量不均匀对 ζ_g 有一定影响。我们收集了如表 9-1-6 所示的若干工程试验资料，经论证，这些进/出水口都无负流速出现。由表可见相邻的中孔与边孔（或反之）的过流量之比 K 越大，ζ_g 值越大。一般情况下，当 $k<1.1$ 时可认为是良好的侧式进/出口布置；进/出水口 ζ_g 达到 0.4 左右可认为是合宜的。

（3）此外，还有试验中测量精度和模型比尺等方面的影响。

表 9-1-6　　流量不均匀系数 K 与 ζ_g 的关系

序号	ζ_g	K	$\theta(°)$	备注
1	0.34～0.35	1.06	4.01	十三陵电站上水库进/出水口试验
2	0.33～0.36	—	4.74	十三陵电站下水库进/出水口试验
3	0.43	1.13	2.02	荒沟电站下水库进/出水口试验
4	0.44	1.14	5	响洪甸电站下水库进/出水口试验
5	0.42	1.31	2.3	沙河电站上水库进/出水口试验
6	0.44	1.31	6.1	琅琊山电站上水库进/出水口试验
7	0.55	1.95	2.3	沙河电站上水库进/出水口原方案试验
8	0.67	2.38	7.23	蒲石河电站上水库进/出水口试验
9	0.27	1.21	1.97	敦化电站下水库进/出水口试验
10	0.335	1.23	2.39	清原电站上水库进/出水口试验
11	0.282	1.38	5.99	易县电站下水库进/出水口试验

二、竖井式进/出水口水力设计

竖井式进/出水口由隧洞段、隧洞与弯管起始断面间的连接扩散段、弯管段、竖井直管段、竖井扩散段、顶盖、分流隔墩及拦污栅等组成，大多应用于采用全库防渗的上水库进/出水口。近年来随着国内抽水蓄能电站建设项目的增多，竖井式进/出水口的应用也越来越多。表 9-1-7 为近年来国内部分抽水蓄能电站竖井式进/出水口实例及有关参数。

表 9-1-7　　近年来国内部分抽水蓄能电站竖井式进/出水口实例及有关参数

编号	工程名称	装机容量（MW）	竖井式进/出水口型式	发电流量（m^3/s）	分流墩个数（个）	D_0（m）	D_s（m）	D_e（m）	R（m）	D（m）	d（m）	v_e（m/s）	分流孔口高（m）	投产年份
1	西龙池上水库	4×300	肘管式	2×56.25	8	22.3	6.89	5.2	11.5	—	5.2	5.3	3.5	2008 年
2	溧阳上水库	6×250	肘管式	3×113.2	8	36.78	12.38	9.2	20.35	—	9.2	5.01	7.0	2017 年
3	沂蒙上水库	4×300	肘管式	2×91.9	10	28.8	9.01	6.8	15.0	—	6.8	5.06	3.9	2021 年

续表

编号	工程名称	装机容量(MW)	竖井式进/出水口型式	发电流量(m^3/s)	分流墩个数(个)	D_0(m)	D_s(m)	D_e(m)	R(m)	D(m)	d(m)	v_e(m/s)	分流孔口高(m)	投产年份
4	易县上水库	4×300	S弯管式	2×97.4	10	29.7		—	15.0	7.8	7.8	4.08	3.9	在建
5	芝瑞上水库	4×300	S弯管式	2×77.8	8	26.54		—	11.92	6.2	6.2	5.15	3.4	在建
6	潍坊上水库	4×300	S弯管式	2×101.5	10	32.2		—	15.38	8.0	7.0	4.04	4.0	在建

注 D_0 为竖井式进水口顶盖直径；D_e 为肘管型竖井式进/出水口弯段进口内径；D_s 为肘管型竖井式进/出水口弯段出口内径；D 为S弯管型竖井式进/出水口S弯管段内径；R 为竖井式进水口弯管段（S弯管段）中心轴线半径；d 为竖井式进水口后接水平隧洞段内径；v_e 为肘管型竖井式进/出水口弯段进口流速；参见图9-1-18和图9-1-19。

（一）体型设计

竖井式进/出水口的水力设计，在于解决好出流工况下，来自弯管垂直向上的水流主流向上直冲顶盖，然后折向四周布置的孔口流出，有部分水体沿孔口扩散段向四周扩散，遇扩散段边界条件的改变，局部产生水流与边界分离。流经弯管的水流作为来流条件，受弯道水流离心力的影响，主流偏向弯管外侧，流速分布不均匀，欲将其调整得均匀，则需要相当长的竖井直管段，在实际工程中常难以做到，于是便形成平面上的偏流，即出流流量集中由部分孔口流出，其余孔口出流量较少；另一方面，在出流孔口的垂线流速分布上，呈现上部流速大，底部出现负流速。其结果不仅增大了实际过栅流速和水头损失，并导致库内流态紊乱，水面波动剧烈，库底若有泥沙也可能随负流速带入竖井内。图9-1-17为某抽水蓄能电站单圆弧（内径相等）弯管竖井式进/出水口出流时的流速分布。由图可见，由于来流出现偏流导致各孔出流量很不均匀，顶部最大点流速相当于断面平均流速的6.5倍，同时下部出现负流速。为此，首先力求使各孔口出流量分布比较均匀，就必须克服竖井向上水流流速分布的不均匀性。

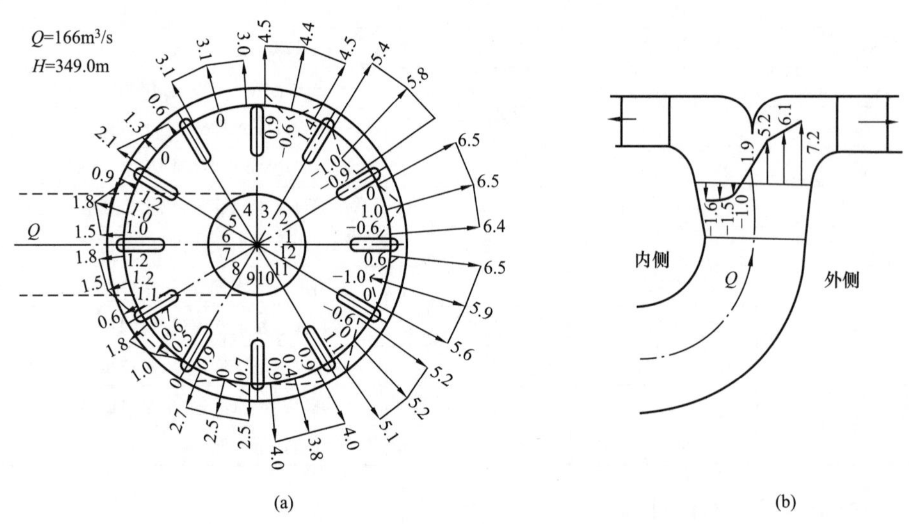

图9-1-17 单圆弧弯管竖井式进/出水口出流时的流速分布

(a) 各孔口出流平面流速分布；(b) 扩散段竖向流速分布

—— —表流速；---- —底流速

为解决出流不均的水力学问题，根据竖井式进/出水口竖直管段和弯管段的型式不同分为两种类型：肘管型和S弯管型。肘管型竖井式进/出水口由顶盖、分流隔墩及拦污栅、竖井扩散段、竖井直管段、弯管段、扩散段、水平隧洞段等组成，如图9-1-18所示。S弯管型由顶盖、分流隔墩及拦污栅、竖井扩散段、竖井直管段、S弯管段、扩散段（$D>d$ 时）、水平隧洞段等组成，如图9-1-19所示。

1. 肘管型的体型设计

（1）顶盖。为防止进流时出现有害漩涡，起到相当于侧式进/出水口防涡梁的作用，在顶部通常设置直径为 D_0 的顶盖。D_0 的尺寸依流量、直径 D_e 及过栅流速等条件，经综合比较确定。在出流时与分流墩共同作用，将水流沿水平方向均匀扩散。顶盖底部中间部位设置 1 个倒锥体，倒锥体体型目前没有统一的设计，山东沂蒙上水库进/出水口倒锥体体型见 9-1-20 所示。

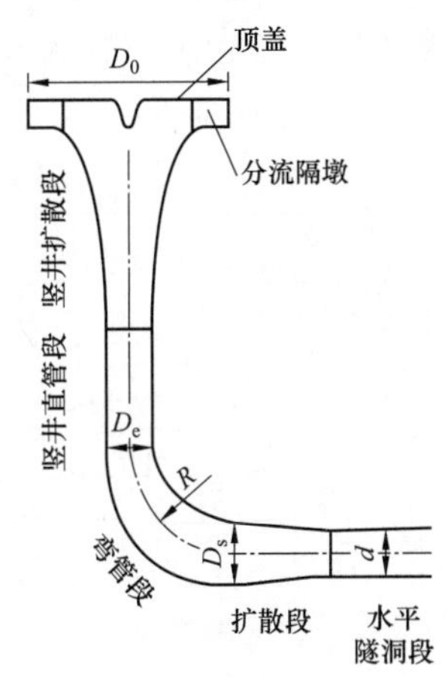

图 9-1-18 肘管型竖井式进/出水口

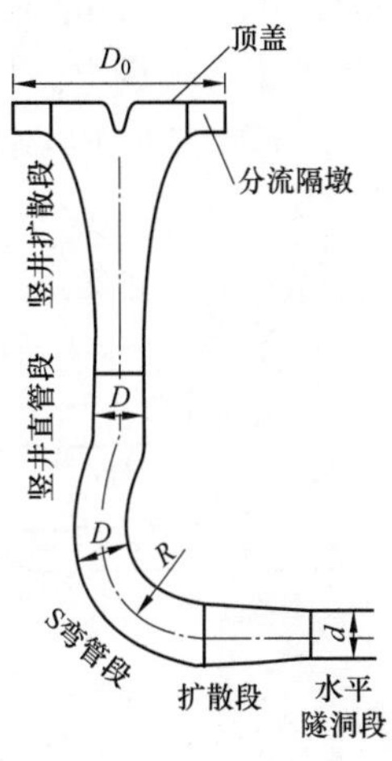

图 9-1-19 S 弯管型竖井式进/出水口

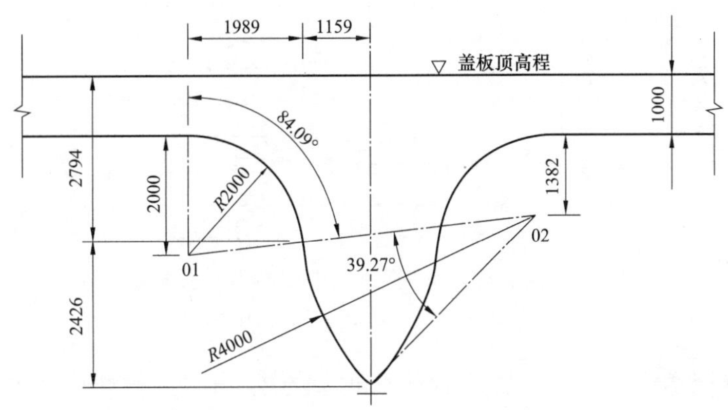

图 9-1-20 山东沂蒙上水库进/出水口倒锥体体型

(2) 分流隔墩。分流隔墩将水流在各孔口均匀分配并沿着水平方向扩散或汇集，在结构上支撑顶盖重量。从国内几个工程实践看，分流隔墩数量基本为 8 个或 10 个。经研究对于机组额定流量较大的电站，采用 10 个分流墩时各流道的流量更加均匀。

(3) 竖井扩散段。将水流在立面上均匀扩散，扩散段宜采用 1/4 椭圆形曲线，长短轴之比宜在 4～6 的范围内选取。

(4) 竖井直管段。调整进流或出流流态，使得进入扩散段或弯管段的水流平顺，出流时水流不脱壁。肘管式直管段不宜小于 2～3 倍的隧洞段直径。

(5) 弯管段。根据国内外的研究成果，为使出流时水流经过弯道后不致产生严重分离，力求上部各出口出流均匀，弯管段采用先扩散后收缩的纺锤体体形弯管。它对弯管末端的流速分布均匀化会有良好的效果。弯管半径 R 宜取 2～3 倍的隧洞段直径，其末端断面直径 $D_e \geqslant d$。

(6) 扩散段。宜在来流管道（d）与弯道起始断面（D_s）间采用扩散段，其长度大于或等于 D_s，该段的单侧扩散角 $3° < \alpha_t < 7°$。这种布置旨在降低弯管段进口流速，削弱弯管段水流离心力的强度。

(7) 水平隧洞段。隧洞段宜设置为水平，长度宜不小于 5 倍的洞径。

西龙池抽水蓄能上水库在国内首次采用竖井式进/出水口，当初设计时进行了较深入的物理模型和数学模型研究。图 9-1-21 为三种弯道段体型图，其中图 9-1-21(a) 为单圆弧（等直径）弯管，即 $A_e/A_s=1.0$，图 9-1-21(b) 弯管Ⅰ为 $A_e/A_s=0.64$，图 9-1-21(c) 弯管Ⅱ为 $A_e/A_s=0.59$；其中 A_e 为直径 D_e 处的面积，A_s 为直径 D_s 处的面积。试验得到的出流时的进/出水口损失系数，弯管Ⅰ布置为 0.53（其中弯管部分为 0.21），弯管Ⅱ布置为 0.64（其中弯管部分为 0.31）。进流时前者为 0.51（其中弯管部分为 0.36），后者为 0.53（其中弯管部分为 0.39），各孔口流量分配较均匀。分析表明，就出流而论，单就弯管以上的进/出水口来看，两者的损失系数分别为0.32（弯管Ⅰ）和0.33（弯管Ⅱ），两者几近相同，主要差别在于弯管损失系数，前者为0.21，后者为0.31。弯管Ⅱ布置其弯管部分损失系数的增大，恰好说明$A_e/A_s=0.59$的肘型弯管使该处水头损失加大，显示出通过弯道的水流扩散、掺混后才使得流速分布得到了有效调整。从各孔口出流流量分布来看，弯管Ⅰ布置为6.9%～20.3%（平均应为每孔占12.5%），而弯管Ⅱ布置则为9.4%～15.2%，改善十分明显。

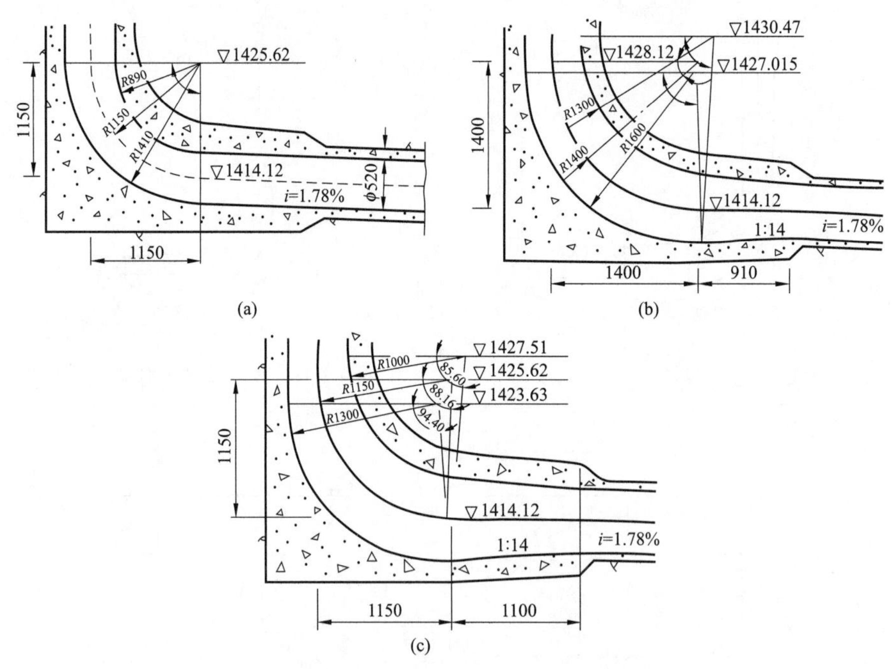

图9-1-21 西龙池电站上水库竖井式进/出水口三种弯管段体型图

（a）等直径弯管；（b）弯管Ⅰ；（c）弯管Ⅱ

应用二维k-ε双方程紊流模型对三种弯管体型布置的进/出水口的计算结果展示于图9-1-22。由图9-1-22可见，其中图9-1-22(a)为单圆弧（等直径）弯管，流经弯道的水流在凸侧（内测）已出现分离，至喇叭口上部流速分布仍未调整好；图9-1-22(b)弯管Ⅰ的弯道处流速分布状况虽较单圆弧弯管有所改进，但均匀性仍稍差，故而有前述各孔出流量不均匀的结果。而图9-1-22(c)中$A_e/A_s=0.59$的弯管Ⅱ布置，在弯管末端其流速分布就比较均匀，至喇叭口处各孔出流流量分配已达9.4%～15.2%。

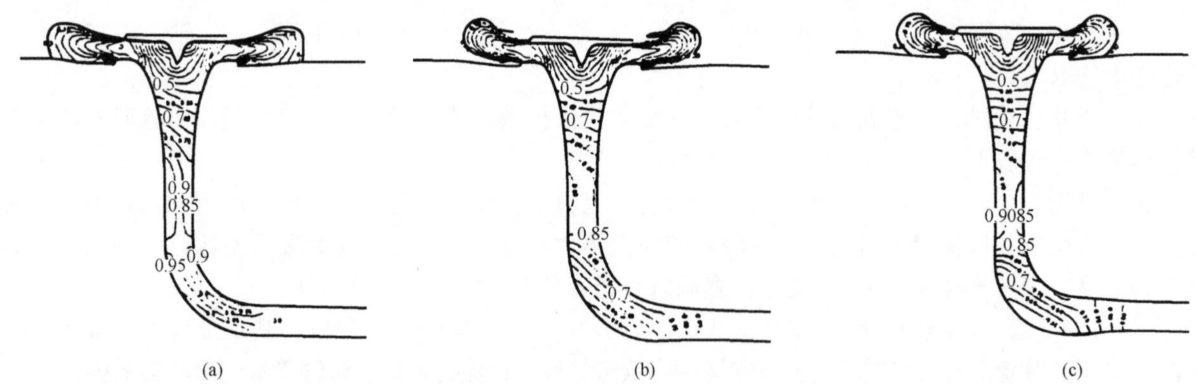

图9-1-22 应用二维k-ε模型对三种弯管体型布置的进/出水口的计算结果

（a）等直径弯管；（b）弯管Ⅰ；（c）弯管Ⅱ

图9-1-23为碧敬寺抽水蓄能电站竖井式进/出水口水工模型试验成果图，其中$A_e/A_s=0.57$。试验表明，在该布置条件下，各孔出流分配基本均匀，且无负流速出现。

2. S弯管型的体型设计

S弯管型进/出水口的顶盖、分流墩、竖井扩散段、扩散段（$D>d$时）、隧洞段与肘管型进/出水口的体型设计相同，主要区别是弯管段的体型不同，且竖井直管段较短、$D=d$ 时无扩散段。这种型式的竖井式进/出水口目前已在在建抽水蓄能电站中应用，尚未建成投运，结合数值模拟和物理模型试验成果对其简要介绍。

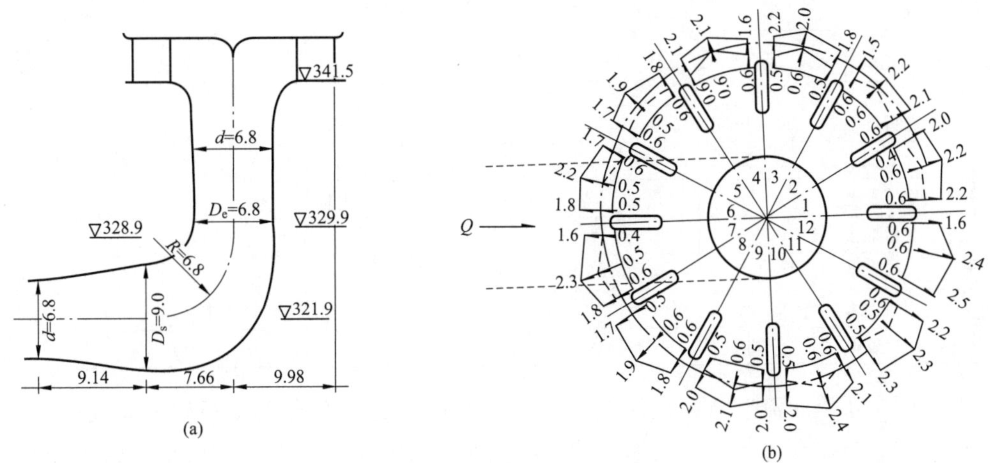

图 9-1-23　碧敬寺抽水蓄能电站竖井式进/出水口水工模型试验成果图
(a) 剖面体型图；(b) 出流流速分布图
---- —底流速；—— —表流速

(1) 直管段。S弯管型竖直管段较短，一般为 50%～100%的管径长度，其内径一般与弯管内径相同。

(2) S弯弯管段。S弯弯管的内径相同，由正反两个圆弧弯与水平渐变段、竖向直管段连接而成。圆弧半径 R 约 2 倍的弯管内径，大圆心角约 115°、小圆心角约 25°；其内径 D 大于或等于隧洞内径 d，S弯管段放大示意图如图 9-1-24 所示。

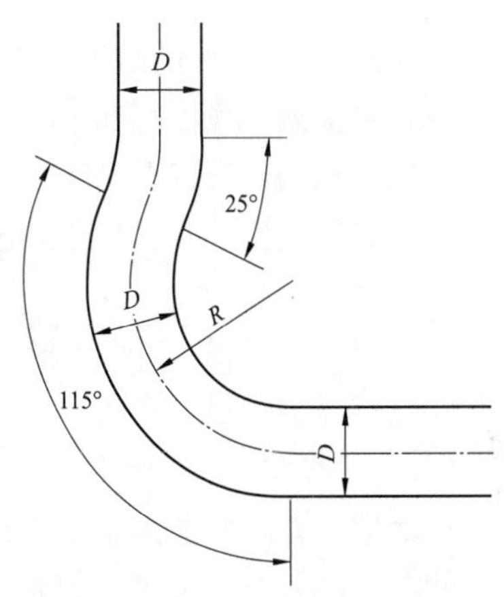

图 9-1-24　S弯管段放大示意图

图 9-1-25 为某抽水蓄能电站 S弯管布置出流流速等值线图，由图 9-1-25 可见，出口流速分布均匀，底部负流速基本消除，水力学模型试验验证的结果基本与计算一致，流态较好。

(二) 拦污栅过栅流速及流速分布

从国内几个工程竖井式进/出水口模型试验情况看，过栅流速平均值大多小于 1.2m/s，最大值小于 2.32m/s；流速不均匀系数均小于 2；部分项目孔口底部存在反向流速，但反向流速距离底板较近，反向流速范围较小。国内部分抽水蓄能电站竖井式进/出水口过栅流速模型试验成果统计见表 9-1-8。

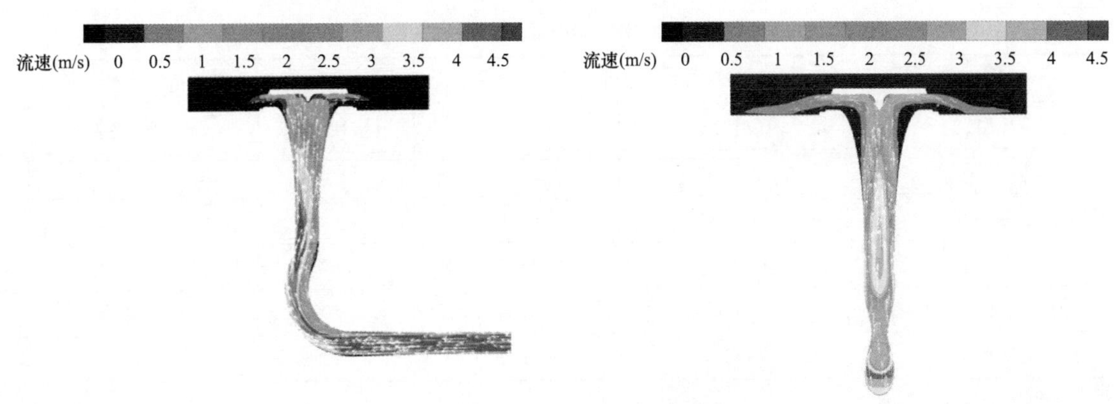

图 9-1-25　S弯管布置出流流速等值线图

表 9-1-8　　国内部分抽水蓄能电站竖井式进/出水口过栅流速模型试验成果统计

编号	工程名称	工况	水头损失系数	平均流速 (m^3/s)	最大流速 (m^3/s)	流速不均匀系数	最大反向流速 (m^3/s)	最大反向流速距底板高度	备注
1	西龙池上水库	双机抽水	0.64	0.35～1.21	2.32		−0.59	0.5m 内	水工模型试验
2		双机发电	0.53	0.43～0.77	1.05				
3	沂蒙上水库	双机抽水	0.594	0.63～0.85	2.02	1.98～2.27	−0.07	1.0m 内	水工模型试验
4		双机发电	0.439	0.67～0.71	0.81	1.13～1.15			
5	芝瑞上水库	双机抽水	0.560	0.41～0.49	1.54		−0.21	0.6m 内	水工模型试验
6		双机发电	0.488	0.62～0.67	0.82	1.16～1.23			
7	潍坊上水库	双机抽水	0.543	0.40～0.42	1.42		−0.19	0.7m 内	水工模型试验
8		双机发电	0.428	0.64～0.68	0.89	1.2～1.38			
9	易县上水库	双机抽水	0.292	0.05～1.19		1.55	无反向流速		水工模型试验
10		双机发电	0.337	0.17～1.19		1.99			

当拦污栅断面存在反向流速时，拦污栅的相应部位将会受到方向相反的动水荷载作用。因此，拦污栅可能会处于超载与振动等条件下工作，情况严重时，可能发生变形甚至破坏。由于竖井式进/出水口反向流速范围及数值均较小，目前尚未发现对拦污栅正常工作产生明显影响，可以满足工程正常运行要求。西龙池抽水蓄能电站自 2008 年建成投产以来，运行状况良好，未发现拦污栅振动破坏等问题。

（三）防涡设计

竖井式进/出水口的防涡主要依靠顶盖，进流时顶盖起到相当于侧式进/出水口防涡梁的作用，防止出现有害漩涡；顶盖底部中间部位设置一个倒锥体，出流时起到分流的作用，将水流导向水平方向均匀扩散。根据国内若干工程水工模型试验情况看，在满足淹没水深的情况下，竖井式进/出水口不会产生有害的吸气型漩涡。竖井式进/出水口淹没深度可采用戈登公式计算，见式（9-1-2）～式（9-1-4）。

（四）水头损失系数

从国内若干工程水工模型试验情况看，竖井式进/出水口双机抽水工况水头损失多在 0.54～0.64，双机发电工况水头损失多在 0.42～0.53。

（五）肘管型、S 弯管型竖井式进/出水口比较

从芝瑞、潍坊抽水蓄能电站上水库的模型试验情况看，在抽水工况和发电工况下，肘管型和 S 弯管型的水头损失系数属同一水平，拦污栅断面平均流速和最大流速等指标基本处于同一量级，流量分配不均匀程度相当；抽水工况下，肘管型和 S 弯管型底板反向流速区高度基本相同，最大负流速相当；发电工况下，肘管型和 S 弯管型的流速不均匀系数相当。从水力设计的角度看，两个体型各项水力特性均处于同一个水平。

芝瑞和潍坊上水库竖井式进/出水口的肘管型与 S 弯管型试验结果对比分别见表 9-1-9 和表 9-1-10。

表 9-1-9　　芝瑞上水库竖井式进/出水口的肘管型与 S 弯管型试验结果对比

试验工况	2 号双机抽水		2 号双机发电	
体型	肘管型	S 弯管型	肘管型	S 弯管型
水头损失系数	0.556	0.560	0.482	0.488
反向流速区占比（%）	17.6	17.65	—	—
平均流速（m/s）	0.39～0.46	0.41～0.49	0.61～0.65	0.62～0.67
最大流速（m/s）	1.67	1.54	0.79	0.82
最大负流速（m/s）	−0.15	−0.21	—	—
流量分配（%）	11.38～13.59	11.47～13.63	11.99～12.94	12.00～12.95
流量不均匀程度（%）	0.02～8.95	0.13～9.05	0.00～4.08	0.56～4.00

表 9-1-10　　　　潍坊上水库竖井式进/出水口的肘管型与 S 弯管型试验结果对比

试验工况	2 号双机抽水		2 号双机发电	
体型	肘管型	S 弯管型	肘管型	S 弯管型
水头损失系数	0.535	0.543	0.420	0.428
反向流速区占比（%）	17.5	17.5	—	—
平均流速（m/s）	0.32～0.34	0.40～0.42	0.63～0.68	0.64～0.68
最大流速（m/s）	1.34	1.42	0.94	0.89
最大负流速（m/s）	−0.18	−0.19	—	—
流速不均匀系数	—	—	1.23～1.45	1.20～1.38
流量分配（%）	9.78～10.49	9.71～10.36	9.60～10.37	9.69～10.32
流量不均匀程度（%）	0.50～4.90	1.10～3.60	0.70～3.70	0.30～3.20

肘管型和 S 弯管型进/出水口体型，主要差异表现在“立面与平面”相联转弯处，即弯管段。肘管型弯管段采用先扩散后收缩的纺锤体型式，体型较复杂。西龙池、沂蒙抽水蓄能电站上水库竖井式进/出水口均采用肘管型弯管段，实际施工时立模较复杂、施工不便。S 弯管型弯管段由正反两个圆弧弯组成，内径相同，体型较简单。经数值分析和模型试验验证，S 弯管型与肘管型水力条件相当。S 弯管型施工立模相对简单、施工较方便，适宜推广。

三、进/出水口数值模拟分析与水工模型试验

近年来，在抽水蓄能电站进/出水口体型设计过程中，数值模拟分析和水工模型试验均发挥了积极的作用。一般工程多在可行性研究阶段进行数值模拟分析计算，招标和施工详图阶段必要时进行水工模型试验。

（一）数值模拟分析

1. 数学模型及计算方法

标准 k-ε 双方程紊流模型，是由 Launder Spalding 于 1972 年提出的基于求解紊动动能 k 的输运方程和紊动能量耗散率 ε 的输运方程而建立起来的半经验紊流模型，其中 k 的输运方程是由精确方程推导而出的，ε 的输运方程则是在理论推导和试验基础上得到的半理论半经验公式。标准 k-ε 双方程紊流模型在广泛的实际应用中得到了检验，已经被证明是较成功的紊流模型。

模型求解采用有限体积法，二阶迎风格式，压力与速度耦合采用压力校正法；离散方程的求解采用 GMRES 法、TDMA 法等。

2. 计算要求

进/出水口为双向过流，水库水位在电站运行过程中变化频繁，且变幅较大，进/出水口处边界条件一般较为复杂，因此对进/出水口体型的要求更严格。通过数值模拟计算分析，可方便地优化进/出水口体型，推荐一个在双向水流条件下水力条件较优的进/出水口；同时可给出推荐进/出水口体型的水头损失系数及控制工况下的流速分布、流态。优化后的进/出水口体型，一般应满足如下要求：

（1）进流时，不产生有害的漩涡运动，特别是吸气漩涡。

（2）出流时，水流扩散均匀，孔间流量分配合理，各孔间流量相差不大于 10%，各孔流速不均匀系数（过栅最大流速与过栅平均流速的比值）应小于 2，宜小于 1.6，且不宜产生反向流速，以免引起拦污栅的振动及破坏。

（3）库（渠）内水流流态良好，水面波动小，库（渠）底及岸坡不发生冲刷，表面涡流强度低或无涡流。

（4）各级水位下进/出水流时水头损失均较小，避免影响电站运行效率。

3. 工程实例

侧式进出/水口与竖井式进/出水口的水力学数值模拟在计算原理、要求、工况、内容方面基本相同。敦化抽水蓄能电站可行性研究阶段下水库侧式进出/水口的水力学数值模拟计算情况如下。

（1）计算区域。选择下水库进/出水口前缘外侧（下水库内正前方和左、右两侧）约 300m 至后缘尾水隧洞 100m 范围内，模拟地形、建筑物布置及体型等，建立三维模型。

（2）计算工况。在正常蓄水位、死水位情况下，按抽水和发电两种工况，分别考虑单机、双机组合情况。

（3）计算内容。针对进出/水口原设计体型，计算各种工况下的水头损失、流速分布、流量分配、流态。

（4）体型优化。计算表明，原进出/水口设计体型出流工况下，拦污栅断面上部出现反向流速，不均匀系数偏大，不满足设计要求，需优化体型。在原方案基础上，分别从孔口数、扩散段长度、顶板高度、孔口宽度、分流墩长度等方面进行调整，拟定了11个比较方案，分别进行计算。经过计算，方案11在发电（出流）工况下，进/出水口拦污栅断面上部无反向流速，各孔口流量分配均匀，流速不均匀系数小于2，水头损失系数与类似工程相当，为最优方案。敦化抽水蓄能电站下水库进/出水口水力学数值模拟主要方案参数一览表见表9-1-11。

表9-1-11　　敦化抽水蓄能电站下水库进/出水口水力学数值模拟主要方案参数一览表

工况	体型	孔口数（个）	顶板扩张角（°）	拦污栅处最大流速（m/s）	拦污栅处不均匀系数	各孔口流量分配（%）
双机抽水	原方案	4	4.82	1.76	2.05～2.43	22.54～27.67
	优化方案1	4	4.82	1.49	1.80～2.13	22.75～27.21
	优化方案4	4	2	0.96	1.43～1.62	24.05～25.73
	优化方案8	4	3	1.46	1.86～2.47	22.52～27.03
	优化方案10	3	3	1.19	1.46～1.72	24.73～40.86
	优化方案11	3	3	1.25	1.58～1.85	35.78～31.42

（二）水工模型试验

为便于比较，仍以敦化抽水蓄能电站下水库进/出水口为例进行介绍。敦化抽水蓄能电站招标阶段下水库进/出水口水工模型试验情况如下，试验遵循水工模型试验规程的规定。

1. 试验内容

（1）测定各工况下进/出水口的水头损失及水头损失系数，其中进/出水口和隧洞段（含闸门井）分开测试。

（2）测定各工况下进/出水口的流速分布及各孔流量分配，以拦污栅部位为重点。

（3）测定各工况下尾水明渠的流速分布。重点关注死水位抽水工况拦沙坎坎顶流速分布。

（4）测定各工况下尾水明渠及进/出水口的环流和漩涡。

（5）分析试验成果，优化进/出水口体型，直至满足水力设计要求；对推荐方案进行全面试验。

2. 模型设计和制作

（1）模型设计。按重力相似准则设计，采用正态模型，几何比尺选取$\lambda_L=31$，相应水力要素比尺公式分别为

$$\lambda_v=\frac{v_p}{v_m}=\lambda_L^{\frac{1}{2}},\quad \lambda_Q=\frac{Q_p}{Q_m}=\lambda_L^{\frac{5}{2}},\quad \lambda_n=\frac{n_p}{n_m}=\lambda_L^{\frac{1}{6}}$$

式中　λ_L——为模型几何比尺；

λ_v——为流速比尺；

λ_Q——流量比尺；

λ_n——糙率比尺；

Q——流量；

v——流速；

n——糙率。

下标p表示原型，下标m表示模型。混凝土糙率在0.012～0.016，要求模型糙率$n_m=0.0068$～0.0090，有机玻璃糙率为0.0075～0.0085，与原型糙率基本相似。

为消除模型缩尺因素的影响，进行试验时，加大流量对漩涡运动进行补充观察。本试验根据模型试验

条件加大模型流量至1.5～2.5倍的设计流量，此时雷诺数 Re 及韦伯数 We 均满足相应临界值的要求。

国内部分抽水蓄能电站进/出水口模型试验模型几何比尺见表9-1-12，从表中看出模型几何比尺一般为30～35。

表9-1-12　国内部分抽水蓄能电站进/出水口模型试验模型几何比尺

序号	项目	模型几何比尺 λ_L	序号	项目	模型几何比尺 λ_L
1	敦化下水库进/出水口（侧式）	31	7	沂蒙上水库进/出水口（井式）	34
2	丰宁上水库进/出水口（侧式）	35	8	沂蒙下水库进/出水口（侧式）	31.67
3	抚宁上水库进/出水口（侧式）	35	9	易县上水库进/出水口（井式）	34
4	抚宁下水库进/出水口（侧式）	33.33	10	易县下水库进/出水口（侧式）	34
5	潍坊下水库进/出水口（侧式）	35	11	芝瑞上水库进/出水口（井式）	35
6	文登上水库进/出水口（侧式）	34	12	芝瑞下水库进/出水口（侧式）	35

（2）模型制作。模型模拟部分尾水隧洞（模拟长度124m，相当于20倍隧洞洞径）、尾水检修闸门井、进/出水口段、尾水明渠段及部分水库（开挖边线外200m）。库区按实际地形模拟，采用水泥砂浆抹面。进/出水口及输水系统等均采用有机玻璃加工制作。

3. 试验工况

模型试验工况与数值计算基本类似，敦化抽水蓄能电站下水库进/出水口水工模型试验见表9-1-13。

表9-1-13　敦化抽水蓄能电站下水库进/出水口水工模型试验工况

工况	水位	进/出水口位置		测试内容					
		1号进/出水口	2号进/出水口	进/出水口			引水明渠		进/出水口
		运行机组数（台）	运行机组数（台）	流速分布	流态	水头损失	流速分布	流态	
抽水	死水位	2	2	√	√	√	√	√	√
		2	0	√	√	√	√	√	√
		1	1	√	√	√	√	√	√
		0	2	√	√	√	√	√	√
	正常蓄水位	2	2	√	√	√	√	√	√
		2	0	√	√	√	√	√	√
		1	1	√	√	√	√	√	√
发电	死水位	2	2	√	√	√	√	√	
		2	0	√	√	√	√	√	
		1	1	√	√	√	√	√	
	正常蓄水位	2	2	√	√	√	√	√	
		2	0	√	√	√	√	√	
		1	1	√	√	√	√	√	

4. 试验成果

根据数值模拟分析优化推荐的体型制作模型。试验发现，在死水位时拦污栅断面出现有害漩涡。为此，将进/出水口调整段的顶板和其相邻防涡梁间的距离进行微调，形成了试验推荐方案。推荐方案试验表明，进/出水口水头损失合理；抽水工况进流时，水流均匀进入各分孔，拦污栅处流速分布较均匀，各分孔流量分配合理，且不产生有害漩涡；发电工况出流时，各分孔水流均匀扩散，拦污栅处流速分布较均匀，各分孔流量分配合理，且不产生反向流速。

（三）数值模拟分析与水工模型试验成果比较

长期以来，复杂紊流场的研究均以物理模型试验为重要手段，它既可以论证水工建筑物布置的合理性，又可以预测原型可能发生的现象。随着计算分析方法和计算机的发展，模型试验的一些功能已可以被数值模拟技术代替，但数值模拟计算结果仍需通过模型试验来补充和验证。

进/出水口水流流态复杂，利用数值模拟手段研究进/出水口水流特性具有很好的潜力。高学平[1]等采用 k-ε 紊流模型对某抽水蓄能电站侧式进/出水口水流运动进行数值模拟分析，研究了进/出水口水头损失和孔口附近流态，数值模拟与模型试验结果基本吻合，水头损失系数计算值与试验值比较如图 9-1-26 所示，进出水口流速分布计算值与实测值比较如图 9-1-27 所示。

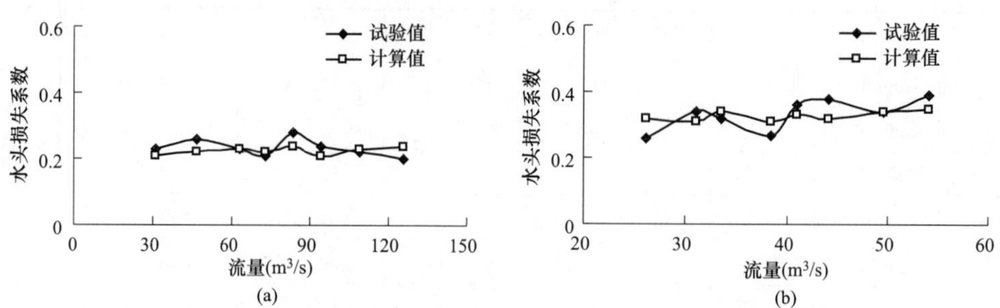

图 9-1-26 某抽水蓄能电站进/出水口水头损失系数计算值与试验值比较

(a) 单机抽水，库水位 838.0m；(b) 单机发电，库水位 838.0m

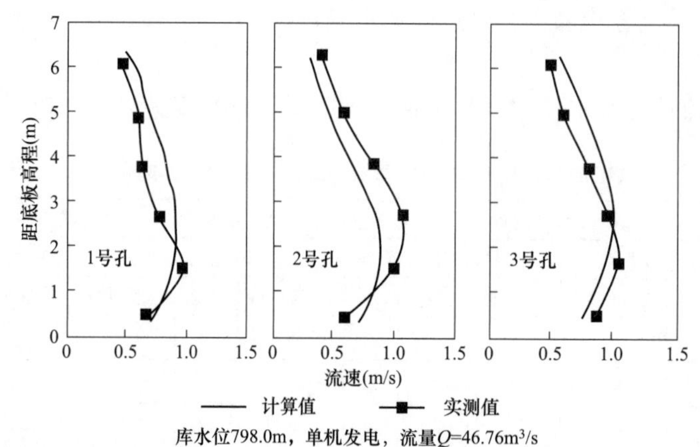

图 9-1-27 某抽水蓄能电站进/出水口流速分布计算值与实测值比较

敦化抽水蓄能电站下水库进/出水口可行性研究阶段数值模拟分析与招标阶段模型试验成果对比表见表 9-1-14。从表中看出，数值模拟与模型试验结果基本吻合，但数值模拟计算结果大部分小于水工模型试验成果，二者均能满足进/出水口水力设计要求。敦化抽水蓄能电站在招标阶段，根据水工模型试验成果调整了下水库进/出水口体型。

表 9-1-14 敦化抽水蓄能电站下水库进/出水口可行性研究阶段数值模拟分析与招标段模型试验成果对比表

机组运行工况	双机抽水		双机发电	
研究方法	数值计算	模型试验	数值计算	模型试验
水头损失系数	0.162～0.164	0.226	0.254～0.267	0.345
反向流速	无反向流速			
平均流速（m/s）	0.49～0.70	0.70～0.85	0.73～0.80	0.68～0.85
最大流速（m/s）	0.80	1.14		1.14
各孔流速不均匀系数	1.12～1.14	1.26～1.38	1.51～1.58	1.15～1.35
流量分配（%）	21.40～28.88	22.52～27.50	24.20～26.26	22.56～27.58
进/出水口漩涡	—	—	无漩涡	无有害漩涡

注 试验和计算涉及多个水位工况，表中数据为一个范围。

---

[1] 高学平，叶飞，宋慧芳，侧式进/出水口水流运动三维数值模拟，天津大学学报，2006（5）.

第二节 岔管水力设计

当抽水蓄能电站引水系统或尾水系统较长时，通常布置为一管多机或多机一洞的型式，在主管和支管衔接部位需设置岔管。就岔管布置而言，通常可归纳为对称Y形布置和卜形布置，分别如图9-2-1和图9-2-2所示。对称Y形岔管多用于一管两机布置，但也有经两次分岔后用于一管三机或一管四机布置的。如日本神流川抽水蓄能电站，1号水道在引水调压室段分岔成2条高压管道，以48°的倾角向下至厂房前又各分成2条支管，向4台机组供水，两者均采用对称Y形岔管。卜形岔管常用于一管两机、一管三机或一管四机布置方式。岔管处水流流态复杂，但属高压力、低流速状态下的紊动掺混，不存在空化问题，设计时在于合理选择体形以求减少水头损失。

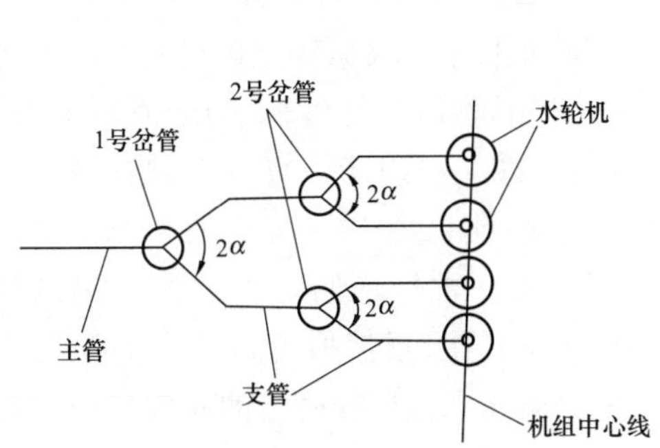

图9-2-1 对称Y形布置

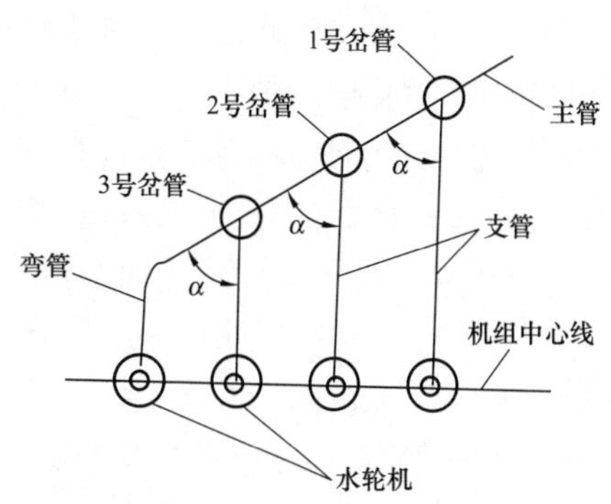

图9-2-2 卜形布置

抽水蓄能电站岔管体形设计应使其在发电和抽水两种工况下，即双向水流条件下具有良好的流态、较小的水头损失，同时，也应使岔管在结构上合理，应力分布均匀。抽水蓄能电站输水系统岔管根据所用材料可分为钢岔管和钢筋混凝土岔管。钢岔管应尽量采用对称布置，尤其是高水头大 *HD* 值（水头与管径的乘积）的钢岔管；当总体布置上采用对称布置有困难时，可通过变锥局部调整主、支管管轴方向，将岔管布置成对称形式，通过弯管或渐变锥管与主支管连接，钢岔管非对称、对称布置方案分别如图9-2-3和图9-2-4所示。采用钢筋混凝土岔管部位的地质条件应满足最小覆盖厚度准则、最小地应力准则和渗透稳定准则要求，当不能同时满足这些要求时，应采用钢岔管。

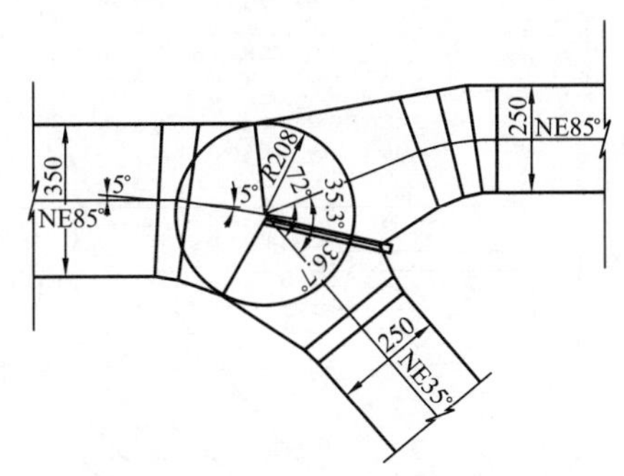

图9-2-3 钢岔管非对称布置方案

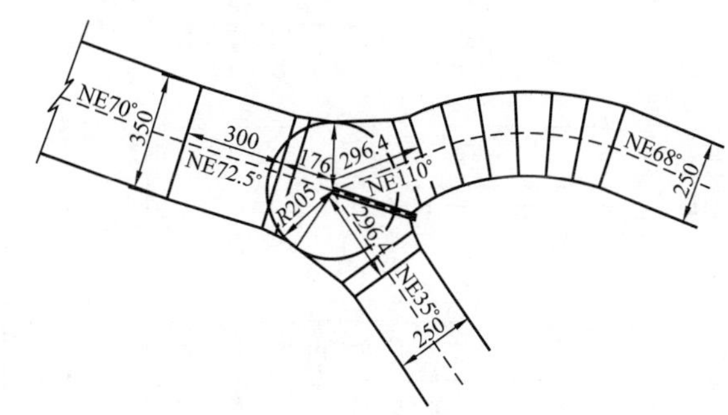

图9-2-4 钢岔管对称布置方案

一、岔管水头损失系数

表征岔管三通水流的参数主要是分岔角 α、支主管断面比、流量比、流速比、岔尖局部体形，以及水流的双向流动等。流经三通分岔的水流发生转弯、局部分离漩涡、收缩、扩散等紊动掺混冲击导致全压损失。水流在掺混过程中不同速度的质点间发生动量交换，促使流速场逐渐趋于均匀。

根据动量原理，在分流情况下，岔管水头损失系数的通用表达式为

$$K_2 = A'\left[1 + (v_2/v_m)^2 - 2\frac{v_2}{v_m}\cos\alpha\right] - K_2(v_2/v_m)^2 \tag{9-2-1}$$

且有

$$K_2 = \Delta P_i / v_m^2 / 2g \tag{9-2-2}$$

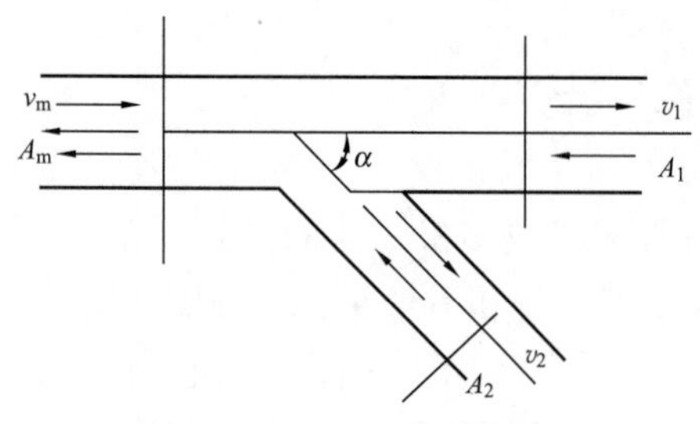

图 9-2-5 岔管流动示意图

A_m—主管断面面积；A_1、A_2—支管断面面积；v_1—支管 1 的断面平均流速

式中 ΔP_i——所研究的两断面间的管段流体阻力的全压力总损失，即所求的总的水头损失 h_f 值；

v_m——主管的断面平均流速；

v_2——支管 2 的断面平均流速；

α——分岔角；

A'——系数。

岔管流动示意图见图 9-2-5。

关于岔管和三通的通用性水力试验成果，以 Thoma（1931 年）、Gardol（1957 年）和 Willamson（1973 年）这三个成果比较系统全面，具有代表性。图 9-2-6 为三个试验成果的比较，可见 K_2-Q_2/Q_m 的变化趋势一致，只是数值上略有差异，估计是试验条件的差异和试验误差所致。Thoma 和 Gardol 的成果为手册和规范所引用。Willamson 的成果为美国垦务局 1992 年设计标准所推荐。根据韩立的研究[1]，经岔管试验资料验证，认为 Willamson 的成果与试验资料符合良好，且应用便利。图 9-2-7 为分流时水头损失系数。图 9-2-8～图 9-2-11 为合流时水头损失系数。图 9-2-7 中的曲线⑦可用于计算分流时直线贯通支管的过境损失系数 K_1（$K_1 = \Delta P_1 / v_m^2/2g$），而合流时水头损失系数见图 9-2-11。

非对称岔管支管与主管连接处常采用具有不同角度的锥形过渡段（见图 9-2-12）。美国垦务局设计标准《输水系统》（1992.9）第 11 章水力设计总则指出，采用锥形过渡段连接其水头损失约相当于普通直接圆筒型连接的 1/3，而连接处拐角修圆，也是减少分离使水流更加稳定的有效措施。若两者同时采用当然效果最佳。按照常规，锥管段的扩散（或收缩）角应小于 7°。《抽水蓄能电站岔管水力设计问题》根据国内的工程试验资料，给出锥角修正系数 K 与半锥角 θ 的经验关系式为

$$K = 1 - 0.09\theta \tag{9-2-3}$$

$$K = \frac{K_{2,\theta}}{K_{2,0}}$$

式中 $K_{2,\theta}$——半锥角为 θ 角时的 K_2 值；

$K_{2,0}$——$\theta = 0°$时的 K_2 值。

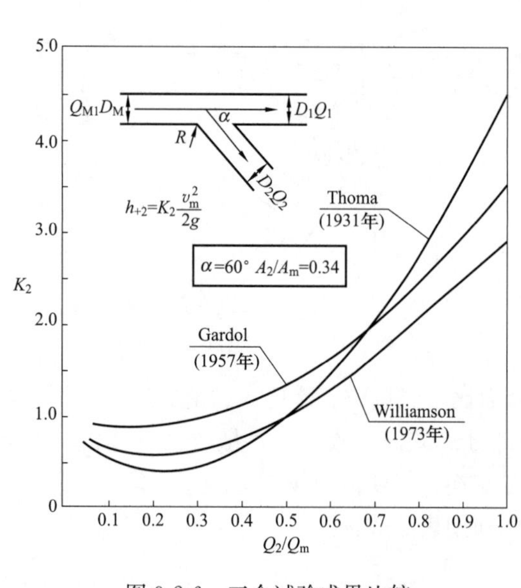

图 9-2-6 三个试验成果比较

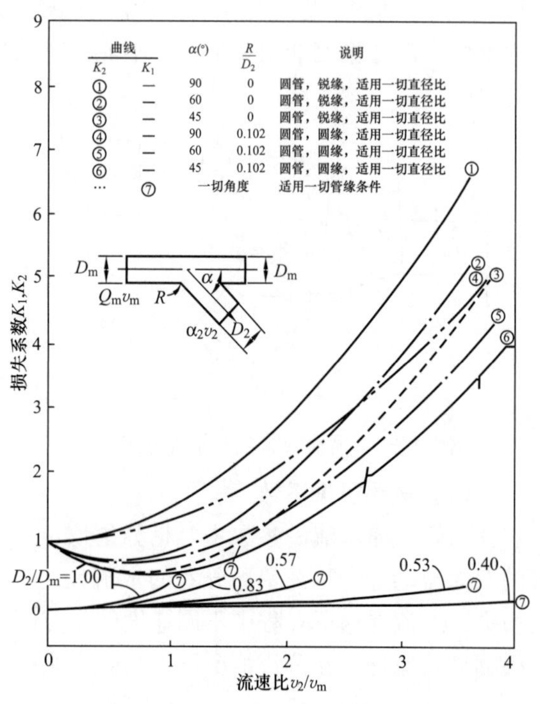

图 9-2-7 分流时水头损失系数

[1] 《抽水蓄能电站岔管水力设计问题》，水利水电勘测设计，2000。

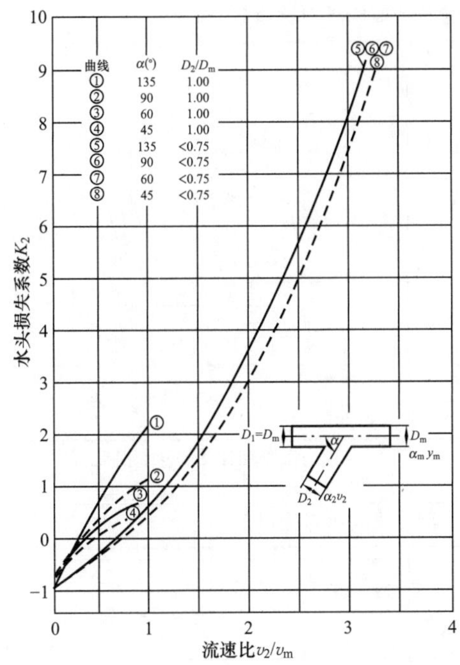

图 9-2-8 合流时水头损失系数（圆管，锐缘）

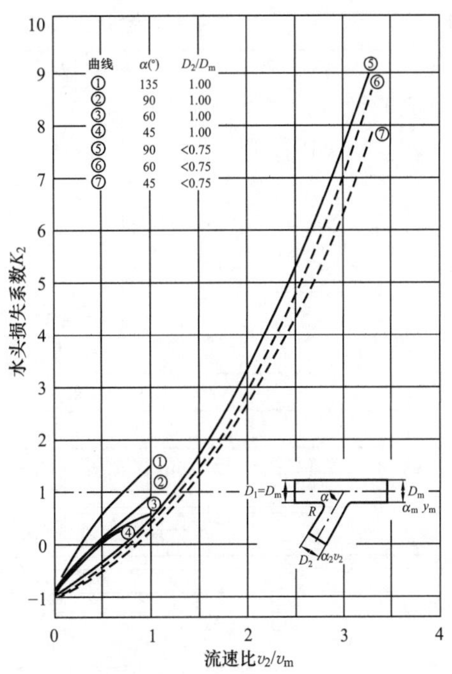

图 9-2-9 合流时水头损失系数（圆管，圆缘）

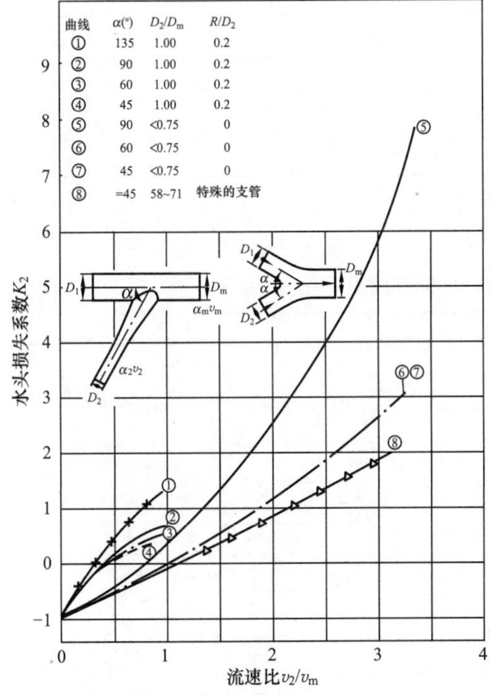

图 9-2-10 合流时水头损失系数（圆锥状支管）

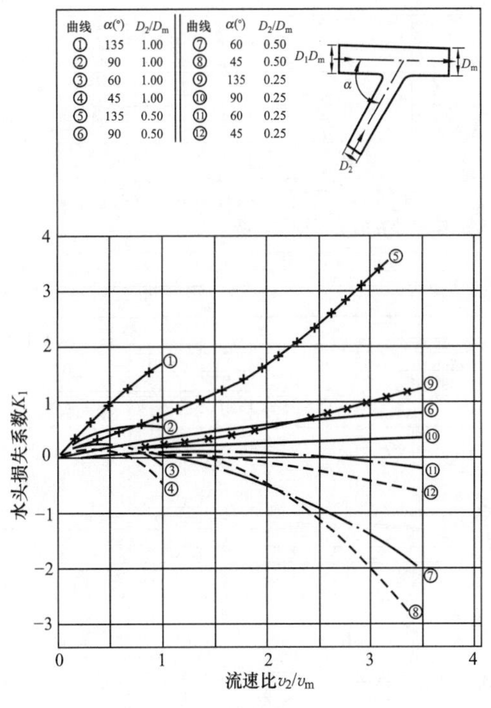

图 9-2-11 合流时水头损失系数（圆管，锐缘和圆缘）

式（9-2-3）表明，半锥角 θ 每增加 1°，水头损失系数（与 $\theta=0°$时比较）减少约 9%。《抽水蓄能电站岔管水力设计问题》给出了用 Willason 图表与式（9-2-3）相结合对试验资料的验证结果，认为是满意的。广蓄一期岔管水头损失系数试验与计算成果对比（1）（2）及板桥峪岔管水头损失系数试验与计算成果对比见表 9-2-1～表 9-2-3。

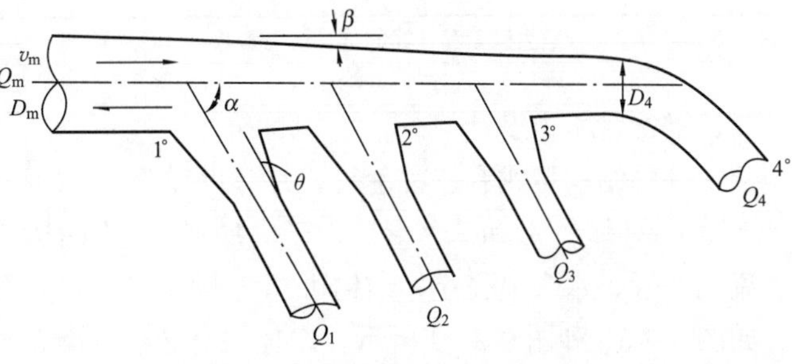

图 9-2-12 一管多机岔管示意图

表 9-2-1 广蓄一期岔管水头损失系数试验与计算成果对比（1）

组别及工况		岔管号及锥管角			备注
		4号	3号	2号	
		$\theta=7°$	$\theta=7°$	$\theta=7°$	
B—1 发电工况	$K_{2,T}$	0.504	0.7	2.26	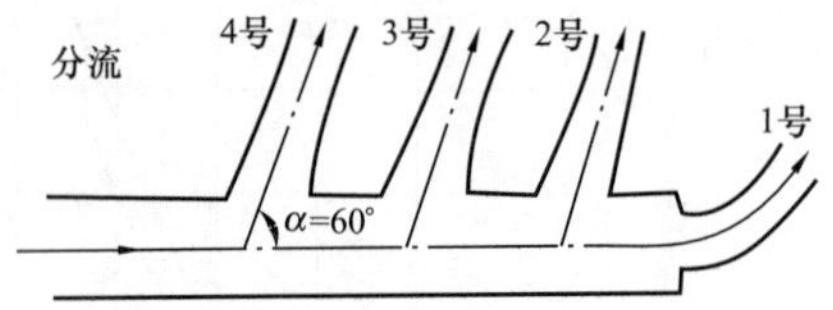
	$K_{2,C}$	0.50	0.8	1.54	
B—1 抽水工况	$K_{2,T}$	0.59	1.51	2.35	简图同上，合流
	$K_{2,C}$	0.59	1.10	2.50	

注 分岔角 $\alpha=60°$，主管直径 $D_0=8.5\text{m}$，支管直径 $D_2=3.5\text{m}$；$K_{2,T}$、$K_{2,C}$ 分别为试验和计算的岔管损失系数。

表 9-2-2 广蓄一期岔管水头损失系数试验与计算成果对比（2）

组别及工况		岔管号及锥管角			备注
		4号	3号	2号	
		$\theta=0°$	$\theta=0°$	$\theta=0°$	
A—1 发电工况	$K_{2,T}$	1.12	1.38	1.14	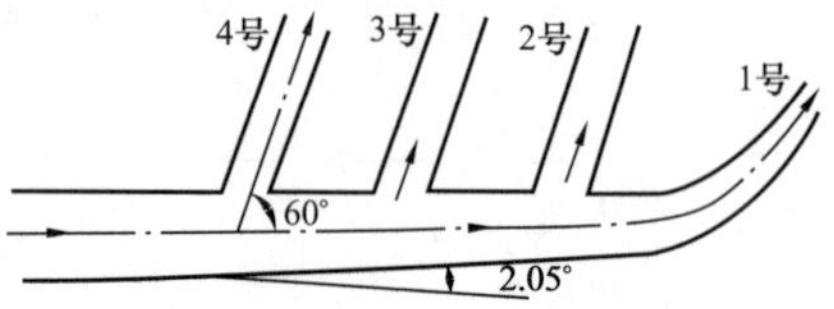
	$K_{2,C}$	1.2	1.15	0.95	
A—1 抽水工况	$K_{2,T}$	0.95	1.12	1.56	简图同上，合流
	$K_{2,C}$	1.5	1.3	1.0	

注 分岔角 $\alpha=60°$，主管直径在 62.845m 长度范围内由 $D_0=8.0\text{m}$ 渐缩至 $D_0=D_2=3.5\text{m}$，单侧收缩角 2.05°。$K_{2,T}$、$K_{2,C}$ 分别为试验和计算的岔管损失系数。

表 9-2-3 板桥峪岔管水头损失系数试验与计算成果对比

组别及工况		岔管号及锥管角			备注
		1号	2号	3号	
		$\theta=6.49°$	$\theta=6.67°$	$\theta=3.42°$	
发电	$K_{2,T}$	1.16	0.64	0.82	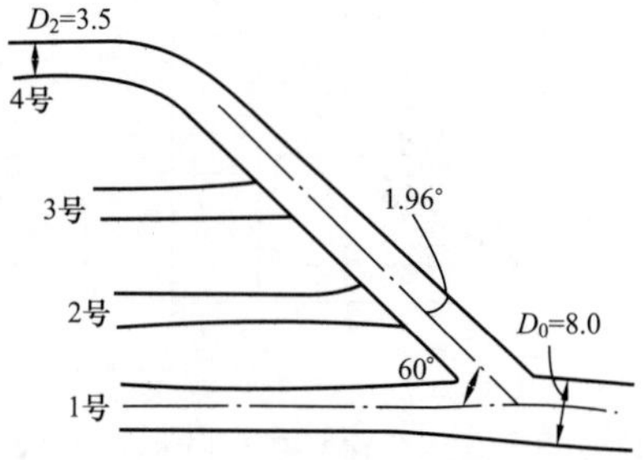
	$K_{2,C}$	1.0	0.48	0.69	
抽水	$K_{2,T}$	0.426	0.69	0.82	
	$K_{2,C}$	0.60	0.69	0.82	

注 $K_{2,T}$、$K_{2,C}$ 分别为试验和计算的岔管损失系数。

二、钢岔管水力设计

钢岔管的结构型式有三梁岔管、月牙肋岔管、球形岔管、无梁岔管和贴边岔管等，布置型式有对称Y形、非对称Y形和三岔形。由于内加强月牙肋钢岔管具有受力明确合理、设计方便、抽水发电双向水流流态好、水头损失小、结构可靠、制作安装容易等特点，在国内外抽水蓄能电站中得到广泛应用。如图 9-2-13 和图 9-2-14 所示，内加强月牙肋岔管的结构特点是，主管为扩大的渐变圆锥，支管为渐变收缩圆锥，主管与支管公切于一个假想球，两支锥相贯线处的不平衡力由月牙形加强肋承担。下面就月牙肋岔管水力设计有关问题加以阐述。

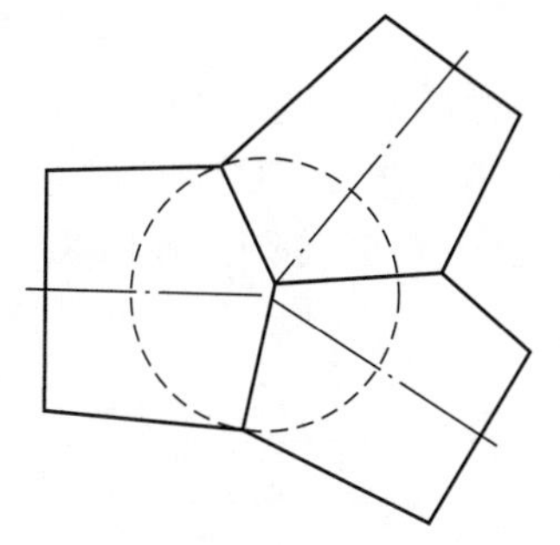

图 9-2-13 内加强月牙肋岔管平面示意图

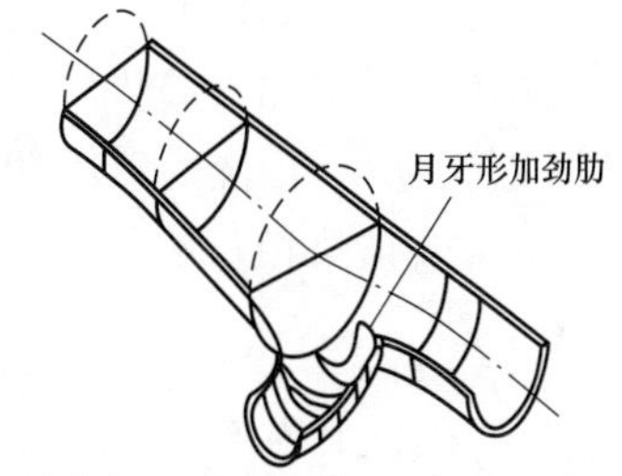

图 9-2-14 月牙形加劲肋岔管三维示意图

（一）钢岔管体形设计

1. 分岔角的合理选择

分岔角 α 是岔管重要体形参数之一。从理论上讲，分岔角越小水流流态越好且能量损失也越小，但两支锥相贯的面积增加，使肋板处不平衡力也随之增大，造成肋板宽度和厚度的增加，从而给岔管的结构设计、制作安装造成困难；而且，因肋板宽度和厚度的增加，使水流流线弯曲，产生涡流和死水区增大，对岔管水头损失也会产生不利的影响。分岔角越大水流易与管壁脱离，形成涡流和死水区，使能量损失相应增大，但两支管相贯的面积较小，肋板处不平衡力较小，使肋板宽度和厚度减小，岔管的结构设计、制作安装相对容易。并且因肋板宽度的减少，使涡流和死水区减少，对减少岔管水头损失有利。因此，内加强月牙肋岔管分岔角的选择应综合考虑水力特性和结构特性的影响。

北京勘测设计研究院于 2004 年完成的《内加强月牙肋岔管技术研究报告》，通过 $\alpha=55°$、75°、90°三种角度的比较，给出岔管分岔角与水头损失系数的关系，如图 9-2-15 所示。可以看到，当 $\alpha \geqslant 75°$后，损失系数明显增大。日本葛野川抽水蓄能电站的岔管研究也得出类似的关系，葛野川抽水蓄能电站岔管分岔角与水头损失系数的关系，如图 9-2-16 所示。

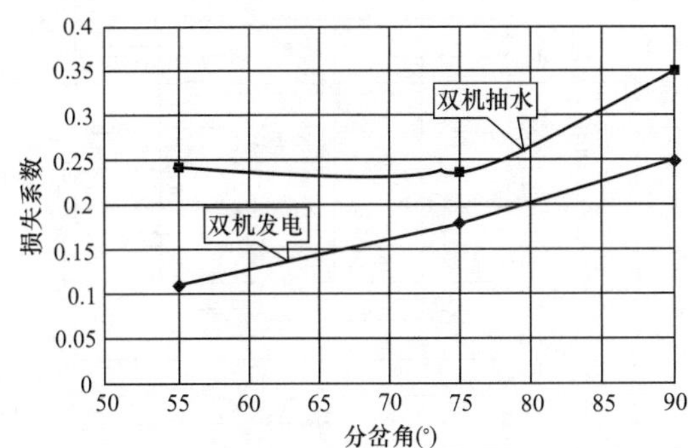

图 9-2-15 岔管分岔角与水头损失系数关系图

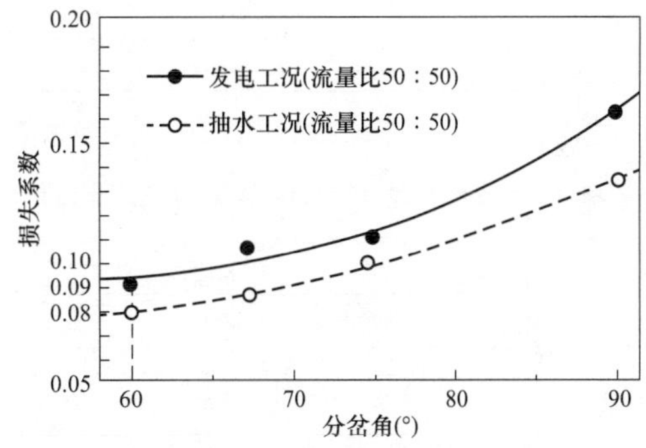

图 9-2-16 葛野川抽水蓄能电站岔管分岔角与水头损失系数的关系

由此可见，从水力特性方面考虑分岔角不宜过大，以小于 80°为宜，最好小于 75°。从图 9-2-17 的工程实例来看，钢岔管分岔角多在 55°～90°，非对称 Y 形钢岔管分岔角宜为 55°～70°；对称 Y 形钢岔管分岔角宜为 65°～80°。

2. 岔管扩大率的选择

扩大率是指内加强月牙肋岔管最大公切球半径与相邻主管半径的比值。扩大率和锥顶角是确定岔管体形的重要参数，这两个参数是相互制约和影响的。

为减少岔管的水头损失，通常采用加大岔管中心处的断面面积来降低流速，以减小因分流、合流引起的水头损失。但在岔管分岔角和长度不变时，扩大率增加，虽可降低岔管中心处断面的平均流速，减少岔管合流和分流的水头损失，但若管身扩大率过大，则主、支锥锥顶角过大，使流线易与管壁脱离而产生涡流，使水头损失反而急剧增加。因此，存在一个较优的扩大率。

日本本川电站岔管采用对称内加强月牙肋钢岔管，主管内径为 6m，两支管直径均为 4.3m，分岔角为 78.96°。为研究扩大率对岔管水力特性的影响，在保持岔管总长度不变条件下，对采用变锥体形

（见图 9-2-13），即管身有折角岔管，扩大率分别为 115％、120％、125％三种体形方案进行水力模型试验（比尺为 1∶3）。试验结果如图 9-2-18～图 9-2-19 所示，由图 9-2-18 可见，发电工况随扩大率增大，岔管水头损失系数总体上呈增加的趋势，尤其是双机同时发电工况；扩大率分别为 115％和 120％的两方案水头损失系数相差不大。由图 9-2-19 可见，抽水工况扩大率在 115％时水头损失较小，在双机同时抽水工况下三个方案水头损失相差不大。

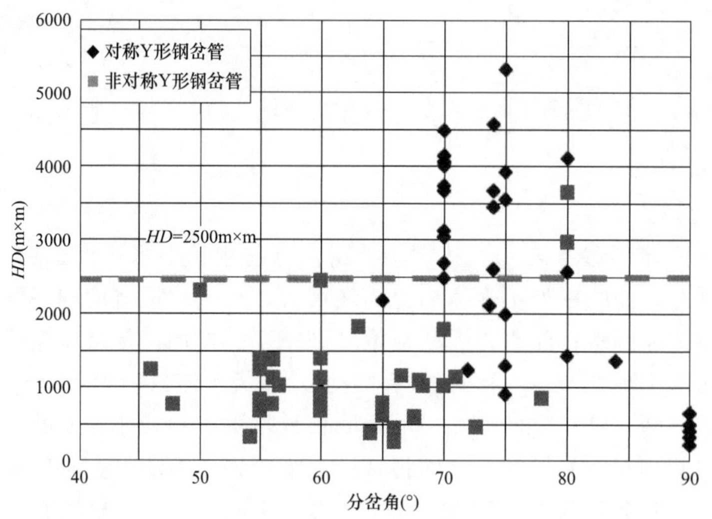

图 9-2-17　部分电站工程不同 HD 值的月牙肋钢岔管分岔角

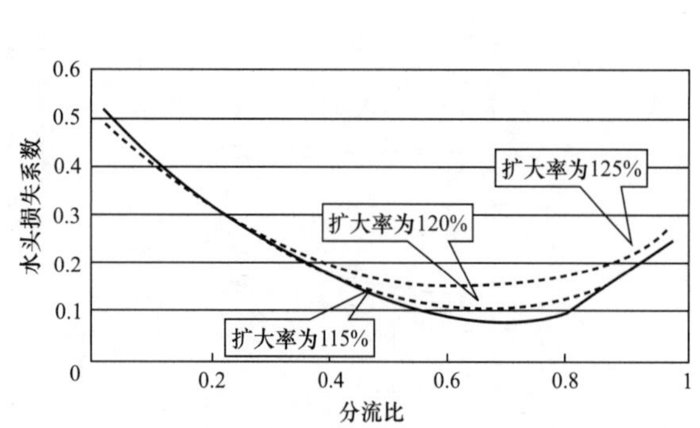

图 9-2-18　日本本川电站岔管发电工况分流比与水头损失系数关系曲线

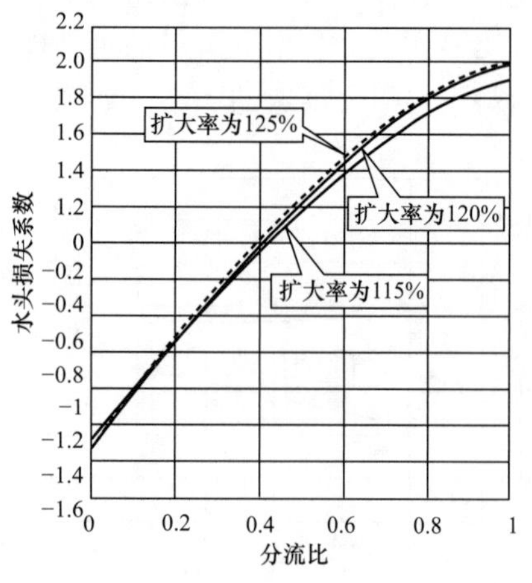

图 9-2-19　日本本川电站岔管抽水工况分流比与水头损失系数关系曲线

由此可见，扩大率在 115％～120％是比较理想的。扩大率对岔管水力特性的影响是通过各主、支锥锥顶角以及管身折角来体现的。在岔管体形设计时，应综合考虑锥顶角、管壁折角和扩大率的影响，不能只将扩大率取值在合理范围，而不考虑主支管节距，使主、支锥顶角及管身折角过大，造成流线与管壁分离，使岔管的水头损失过大。同时扩大率取值还应考虑结构特性的影响，尽可能减少管壁应力集中。表 9-2-4 为部分工程月牙肋岔管的扩大率，资料表明月牙肋岔管的扩大率在 110％～120％的范围内。

表 9-2-4　　部分工程月牙肋岔管的扩大率

工程名称	今市	盐原	葛野川	奥矢作（Ⅰ）	本川	十三陵	宜兴	张河湾
扩大率	1.2	1.144	1.15	1.15	1.15	1.12	1.121	1.115
工程名称	西龙池	呼和浩特	敦化	丰宁	沂蒙	文登	清原	
扩大率	1.17	1.13	1.18	1.15	1.14	1.12	1.133	

3. 肋宽比的选择

肋宽比β是指肋板腰部断面宽度B_T（肋板内缘至肋板与管壳中面相贯线间的宽度）与肋板和管壳中面相贯线水平投影长度a之比，岔管内部加强肋板示意图见图9-2-20。肋宽比大，则肋板宽度大，肋板对水流影响相对较大；肋宽比小，则肋板宽度小，肋板对水流影响相对较小。从水力条件看，加强肋应尽可能平行主管水流布置，并按流量分配比例分割主管面积，以减少加强肋对水流的阻力，改善流态。

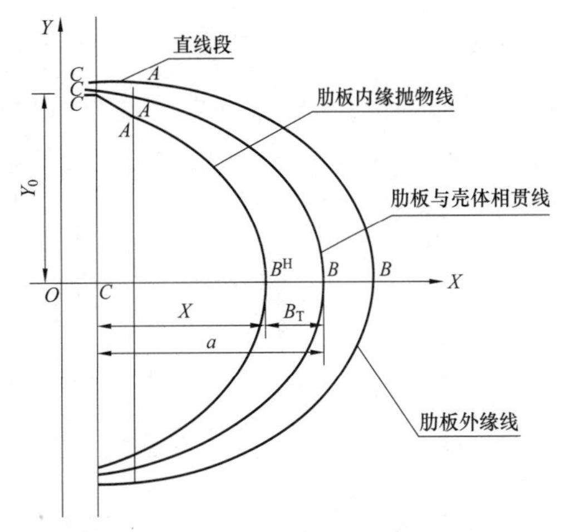

图9-2-20 岔管内部加强肋板示意图

为说明肋宽比β对岔管水力特性的影响，西龙池抽水蓄能电站通过水工模型试验进行了较全面的研究。以分岔角75°为例，如图9-2-21所示，在双机发电工况下，当肋宽比$\beta<0.2$时，岔管水头损失系数K_2随肋宽比β的增加而增大；当$\beta>0.2$时，岔管水头损失系数K_2随肋宽比β的增加有减少趋势。在双机抽水运行时，当肋宽比$\beta<0.25$时，水头损失系数K_2随肋宽比β的增加而减少；当$\beta>0.25$时，岔管水头损失系数K_2随肋宽比β的增加而增大。如图9-2-22所示，在单机发电工况下，岔管水头损失系数K_2随肋宽比β的增加而呈单调递增趋势。单机抽水工况，当$\beta<0.3$时，岔管水头损失系数K_2随肋宽比β的增加而减少；当$\beta>0.3$时，岔管水头损失系数K_2随肋宽比β的增加而增大。

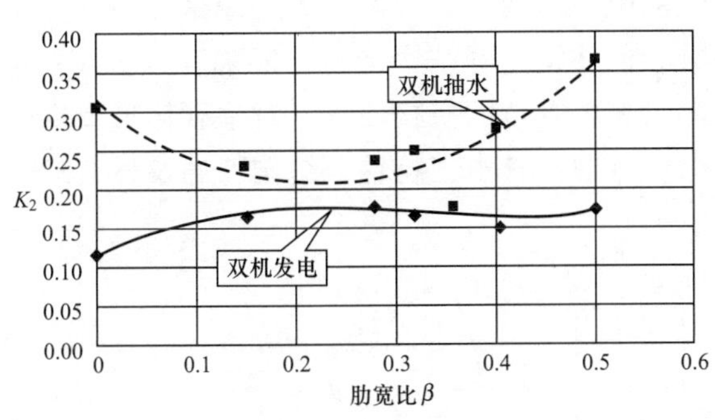

图9-2-21 75°对称岔管2号支管双机运行时肋宽比与水头损失关系

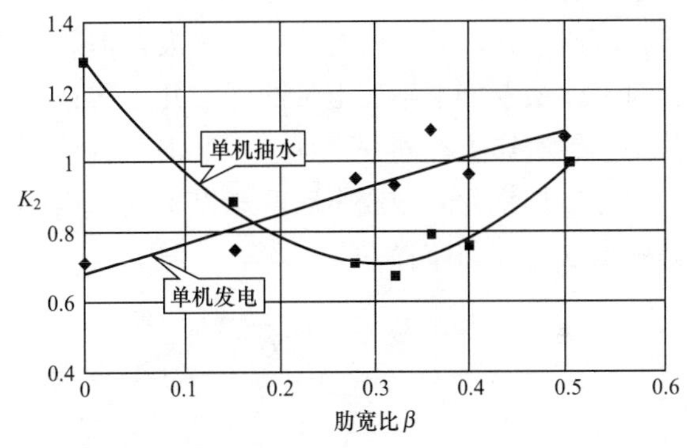

图9-2-22 75°对称岔管2号支管单机运行时肋宽比与水头损失关系

从岔管结构特性分析，肋宽比β宜在0.2～0.5。对于对称布置的岔管，肋宽比在0.2～0.5变化时，对双机发电工况岔管水头损失影响并不大。在单机发电工况下，由于引用流量较小，水头损失绝对值并不大。在抽水工况下，不论单机还是双机抽水，只有当肋板宽度比较适中，即$\beta=0.25\sim0.35$时，肋板才具有较好导流作用，岔管的水头损失才最小。因此，在岔管结构允许的前提下，肋宽比控制在0.25～0.35是比较合适的。

图9-2-23的工程统计资料表明，钢岔管的肋宽比皆在0.2～0.5，多在0.25～0.45，非对称Y形钢岔管的肋宽比集中在0.30～0.45；对称Y形钢岔管的肋宽比集中在0.25～0.35，与上述研究成果一致。

4. 支、主管分流比与损失系数的变化关系

分流比是指通过支管的流量（Q_i，$i=1$，2）与主管流量Q_m之比，即分流比$n=Q_i/Q_m$。大量的试验研究表明，在分流时，水头损失系数与n的关系为一下凹曲线（见图9-2-18），并且在$n=0.5$附近损失系数出现最小值；而合流时为一单调增加的上凸曲线（见图9-2-19），并且当分流比较小时水头损失系数为负值，这是因为两支管分流量相差较大时，分流量大的一侧支管水流流速高，会对分流量小的一侧支管的水流起到加速作用所致。

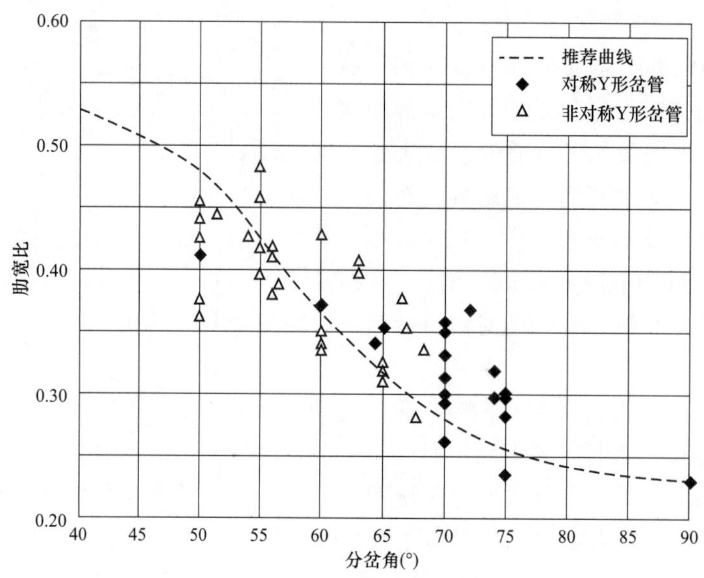

图 9-2-23 不同工程钢岔管肋宽比与分岔角关系图

5. 岔管立面布置对水头损失系数的影响

受岔管扩大率和主支管变径的影响，岔管前后的底板高程不在一个平面上，由此带来的是电站压力钢管放空时岔管处会有积水，给检查维修带来不便。图 9-2-24 为日本小丸川抽水蓄能电站月牙肋岔管上下对称与管底水平两种体形的比较，水头损失的比较结果见表 9-2-5。由该表可见，管底为水平的岔管，其水头损失系数较对称布置略大，但就水头损失的绝对值而言，两者相差为厘米级。这样小的差异对高水头蓄能电站发电量的影响几乎可以忽略不计。但从钢岔管结构受力特征来看，岔管主管与支管中心线宜布置在同一高程上，且钢岔管体形为了满足相邻管节的拼接要求，对岔管体形要求较严格，尤其卜形钢岔管做成平底就难以实现。因此，应综合考虑岔管水力特性、结构特性及运行检修条件等确定岔管立面布置。

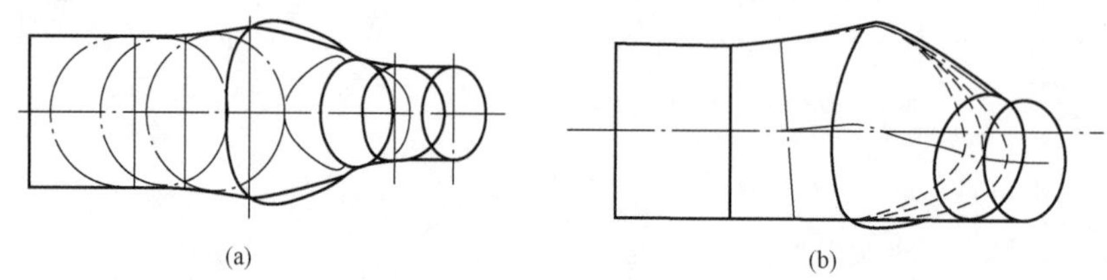

图 9-2-24 日本小丸川抽水蓄能电站月牙肋岔管两种体形比较

(a) 内加强式（上下对称）；(b) 内加强式（管底水平）

表 9-2-5 日本小丸川抽水蓄能电站月牙肋岔管水头损失比较结果

项目			发电工况				抽水工况			
			2 台机运行		1 台运行		2 台机运行		1 台机运行	
			损失系数	损失水头	损失系数	损失水头	损失系数	损失水头	损失系数	损失水头
条件	主管流量	$Q(m^3/s)$	111.0		55.5		88.4		44.2	
	主管动水压力	$H_v(m)$	4.402		1.081		2.792		0.698	
情况 1	上下对称	内加肋	0.063	0.278	0.247	0.271	0.087	0.241	0.468	0.331
情况 2		内外部加肋	0.065	0.288	0.375	0.413	0.104	0.286	0.524	0.361
情况 3	管底水平	内加肋	0.072	0.318	0.22	0.242	0.086	0.24	0.444	0.331
情况 4		内外部加肋	0.079	0.349	0.336	0.369	0.103	0.285	0.428	0.299

（二）钢岔管体形工程实例

国内部分已建和在建工程大型钢岔管体形主要参数见表 9-2-6，部分工程钢岔管水头损失系数见表 9-2-7。从表 9-2-6 中看出，这些电站均采用对称 Y 形月牙肋钢岔管，分岔角在 70°～75°（多采用

70°），肋宽比多在 0.30～0.35。从表 9-2-7 中看出，由于岔管前后管道布置不同、试验所取管道长度的差异等，水头损失系数有较大差别，范围在 0.08～3.1，一管三机较一管两机的水头损失系数大得多；当岔管前后管道布置、试验所取管道长度基本相同时，水头损失系数相当，如呼和浩特与清原。同时，对称 Y 形月牙肋钢岔管单机运行工况单管较双机运行工况单管的水头损失系数大。

表 9-2-6　　国内部分已建和在建工程大型钢岔管体形主要参数表

工程名称	布置/型式	设计水头（m）	*HD* 值（m·m）	分岔角（°）	主管直径（mm）	支管直径（mm）	肋宽比
十三陵	对称 Y 形/月牙肋	684	2600	74	3.8	2.7	0.34
西龙池	对称 Y 形/月牙肋	1015	3553	74.6	3.5	2.5	0.30
张河湾	对称 Y 形/月牙肋	515	2678	70	5.2	3.6	0.335
呼和浩特	对称 Y 形/月牙肋	900	4140	70	4.6	3.2	0.35
丰宁	对称 Y 形/月牙肋	762	3658	74	4.8	3.4	0.33
沂蒙	对称 Y 形/月牙肋	678	3659	70	5.4	3.8	0.347
敦化	对称 Y 形/月牙肋	1176	4469	70	3.8	2.7	0.35
文登	对称 Y 形/月牙肋	819	4095	70	5.0	3.3	0.32
清原	对称 Y 形/月牙肋	718	3877	70	5.4	3.8	0.31
尚义	对称 Y 形/月牙肋	799	3997	70	5.0	3.4	0.33
浑源	对称 Y 形/月牙肋	1128	4600	70	4.0	2.8	0.35
潍坊	对称 Y 形/月牙肋	598	3469	70	5.8	4.0	0.29
抚宁	对称 Y 形/月牙肋	557	3743	74	4.8	3.4	0.331
易县	对称 Y 形/月牙肋	656	3344	70	5.2	3.6	0.31
宜兴	对称 Y 形/月牙肋	650	3120	70	4.8	3.4	
洪屏	对称 Y 形/月牙肋	850	3740	70	4.4	3.0	
溧阳	对称 Y 形/月牙肋	475	3325	70	7.0	5.7/4.0	3.5
		475	2707.5	70	5.7	4.0	3.0
仙居	对称 Y 形/月牙肋	784	3920	75	5.0		
绩溪	对称 Y 形/月牙肋	1012	4048	70	4.0		
蟠龙	对称 Y 形/月牙肋	800	4000	70	5.0	3.4	0.281

表 9-2-7　　国内部分工程钢岔管水头损失系数表

工程名称				呼和浩特	丰宁	清原	西龙池	蟠龙	溧阳
岔管型式				对称 Y 形	对称 Y 形	对称 Y 形	对称 Y 形	对称 Y 形	对称 Y 形
分岔方式				1→2	1→2	1→2	1→2	1→2	1→3
分岔角				70°	74°	70°	75°	70°	70°
水头损失系数	发电	双机/三机	1 号	0.116	0.098	0.080	0.25	0.257	0.284
			2 号	0.116	0.289	0.081	0.178	0.258	0.306
			3 号	—	—	—	—	—	0.358
		单机	1 号	0.636	0.560	0.674	1.102		1.542
			2 号	—	1.319	—	1.057		2.153
			3 号	—	—	—	—	—	3.079
	抽水	双机/三机	1 号	0.146	0.072	0.095	0.34	0.277	−0.055
			2 号	0.146	0.313	0.096	0.235	0.278	0.469
			3 号	—	—	—	—	—	0.621
		单机	1 号	0.809	0.502	0.735	1.32		1.917
			2 号	—	1.360	—	0.766		1.996
			3 号	—	—	—	—	—	3.016
备注					2 号支管设弯管		1 号支管设弯管		主管与 2 号支管对齐

三、混凝土岔管水力设计

混凝土岔管在平面布置上通常采用两种型式，即一管两机的平面对称 Y 形布置和一管多机的卜形分岔布置，钢筋混凝土岔管布置型式如图 9-2-25 所示。

当引水或者尾水系统采用一管两机、岔管段支管平面布置对称时，应采用对称 Y 形岔管，其优点是有利于水流的分流和合流、水头损失小，结构对称、受力均匀，同时方便施工；当引水或者尾水系统采用一管多机、岔管段支管平面布置无法对称时，应采用卜形岔管。

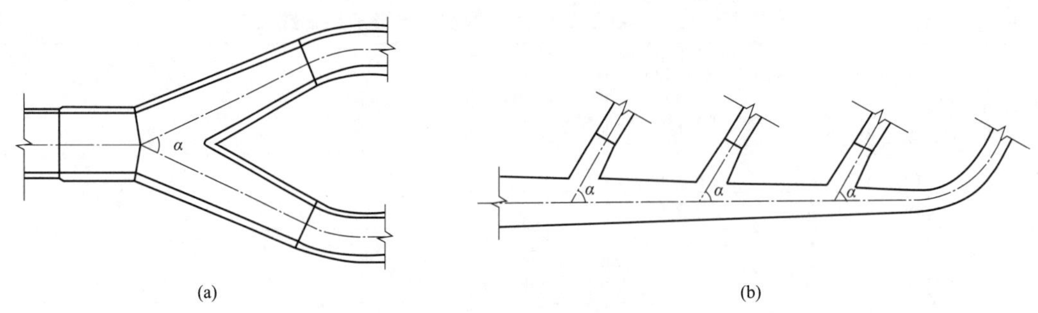

图 9-2-25 钢筋混凝土岔管布置型式

(a) 对称 Y 形；(b) 非对称卜形

(一) 混凝土岔管体形设计

1. 分岔角的合理选择

岔管分岔角 α 越大，岔管处的水头损失越大，反之则减小；但分岔角过小会导致岔管锐角区过长，这将导致开挖松动区过大，运行过程中易被破坏，且结构上易产生应力集中，对结构受力不利。根据工程经验，建议钢筋混凝土岔管分岔角范围在 45°～60°选取，当分岔角不在这个范围内时，可以将岔管前主管或岔管后支管适当调节方向，从而将岔管的分岔角调整在合理的范围内。国内部分已建抽水蓄能电站钢筋混凝土岔管分岔角统计见表 9-2-8。

表 9-2-8 国内部分已建抽水蓄能电站钢筋混凝土岔管分岔角统计

工程名称	部位	岔管处设计水头（m）	分岔方式	分岔角 α（°）	布置型式
广蓄	引水	790	2×1→4	60	卜形
惠州	引水	740	2×1→4	60	卜形
天荒坪	引水	800	2×1→3	60	卜形
泰安	引水	370	2×1→2	50	对称 Y 形
桐柏	引水	395	2×1→2	55	卜形
宝泉	引水	800	2×1→2	45	卜形
仙游	引水	644	2×1→2	55	卜形
丰宁	尾水	114	3×1→2	60	卜形
清原	尾水	122	3×1→2	55	卜形
敦化	尾水	147	2×1→2	60	卜形
沂蒙	尾水	134	2×1→2	60	非对称 Y 形
文登	尾水	122	3×1→2	60	卜形

2. 主锥管体形设计

对于非对称岔管，即常见的一管多机布置，主锥管断面面积沿分流方向一般有保持不变和适当收缩两种布置型式，二者各有优缺点。主锥管断面面积保持不变时，各支管在主管段上的相贯线均相同，结构体形较为简单，但主管沿程流速变化、土建投资均较大；主锥管断面沿分流方向适当收缩时，岔管采用一个变内径的圆锥主管与支管相接，各支管在主管段上的相贯线均不同，结构体形相对复杂，主管沿程流速较均匀，不会形成明显的加速或减速，土建投资较小。惠州抽水蓄能电站岔管布置型式为并列的三个分岔角为 60°的卜形岔管，针对岔管体形拟定了 6 个方案进行比较，各方案岔管结构平面图如图 9-2-26 所示。各方案岔管发电、抽水工况水头损失计算结果汇总见表 9-2-9。

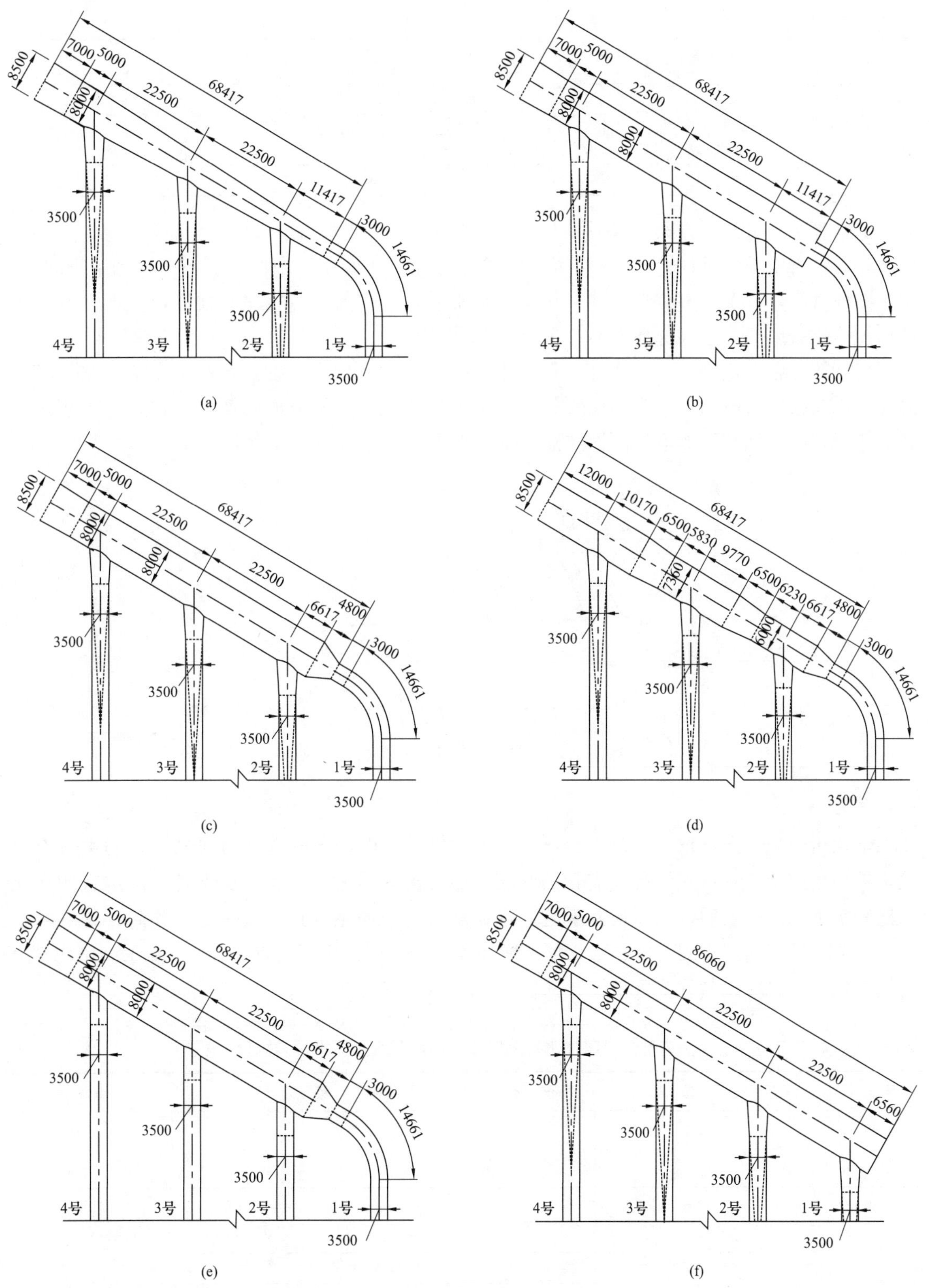

图 9-2-26 各方案岔管结构平面图

(a) 方案 1；(b) 方案 2；(c) 方案 3；(d) 方案 4；(e) 方案 5；(f) 方案 6

表 9-2-9　　　各方案岔管发电、抽水工况水头损失计算结果汇总表

方案类型		方案 1	方案 2	方案 3	方案 4	方案 5	方案 6
发电工况水头损失（m）	1 号机	0.99	0.672	0.26	0.313	0.571	0.88
	2 号机	1.769	0.534	0.534	0.515	1.025	0.534
	3 号机	2.114	0.788	0.788	0.723	1.263	0.789
	4 号机	1.481	1.237	1.218	0.871	1.334	1.386

续表

方案类型		方案 1	方案 2	方案 3	方案 4	方案 5	方案 6
抽水工况水头损失（m）	1 号机	3.229	2.807	2.899	2.028	2.973	3.261
	2 号机	3.255	1.555	1.555	1.981	2.567	1.548
	3 号机	2.067	1.122	1.122	1.621	2.204	1.116
	4 号机	0.746	1.003	0.625	1.095	1.577	1.219

从以上计算结果可知，方案 1 水头损失最大，方案 2、3、4 水头损失相对较小；方案 2 主管末端为突变过渡，对岔管水力学条件会产生不利影响；方案 4 岔管主管由三段圆柱管与三段圆锥管间隔组成，支管位于圆柱管上，三个岔管体形尺寸、相贯线均不同，结构复杂；相比较而言，方案 3 水头损失较小，结构体形比较简单，最终选择方案 3 作为岔管推荐体形。

不同岔管体形各有优缺点，应结合工程具体情况选用，比如广州抽水蓄能电站工作水头较高，岔管段的局部水头损失占电站总水头的比例较小，更多地考虑了结构方面的影响，选择了主管段为一渐缩锥管的体形，广州抽水蓄能电站岔管结构平面图如图 9-2-27 所示。

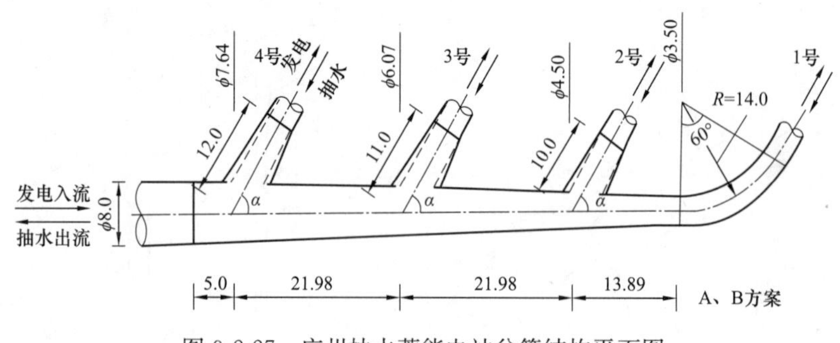

图 9-2-27 广州抽水蓄能电站岔管结构平面图

3. 支锥管体形设计

支锥锥顶角越大，岔管越短；锥顶角越小，岔管越长。锥顶角的选择与通过岔管的水流方向和流速有关，锥顶角的变化对从主管流向支管的水流（即分流）不敏感，而对从支管流向主管的水流（即合流）比较敏感。试验表明，锥顶角大于 7°，水流从支管流向主管且超过一定流速时，易发生水流脱离边壁、主流与管壁间出现回流区、水头损失增加等问题，因此锥顶角宜在 5°～7°取值。国内部分已建抽水蓄能电站钢筋混凝土岔管锥顶角统计见表 9-2-10。

表 9-2-10　　国内部分已建抽水蓄能电站钢筋混凝土岔管锥顶角统计

工程名称	部位	分岔方式	锥顶角（°）	布置型式
广州	引水	1→4	7/5/2.4	卜形
阳江	引水	1→3	4、3	卜形
宜兴	尾水	1→2	3.3	卜形
丰宁	尾水	1→2	5.27	卜形
清原	尾水	1→2	4.62	卜形
敦化	尾水	1→2	3.52	卜形
沂蒙	尾水	1→2	5.8	非对称 Y 形
文登	尾水	1→2	4.29	卜形

4. 分岔处体形设计

无论是对称 Y 形岔管还是卜形岔管，两条支锥管之间的相贯线、主管与支锥管之间的相贯线处均会产生应力集中，长期运行易使混凝土脱落。为保证岔管的长久运行，应对相贯线处做修圆处理。修圆对水流条件改善意义不大，主要对结构有利，但修圆的半径不宜过大，应避免导致锥管扩散角扩大。

5. 岔管立面布置

钢筋混凝土岔管若采用平底布置方式，其主、支管底部高程相等，可以自流排水，无须另设一套专用排水管阀系统。立面上若采用上、下对称布置的钢筋混凝土岔管，其主、支管轴线在同一水平面，由于主、支管管径不同，会导致主管底高程低于支管底高程，不利于施工和运行检修时洞内排水，需抽水或在主管底部另外布置一套专用排水管阀系统，排除主管底部积水。因此无特殊情况，建议钢筋混凝土岔管采用平底布置方式。

岔管主支管中心线在同一高程或平底布置时，相贯线会分别为平面曲线或空间曲线。空间曲线的三维坐标可通过数值分析或三维作图方法求出，但从工程实际应用角度考虑，必要性不大。现场实际立模时，只要将主、支锥管的起点、方向、锥顶角准确定位，相贯线即可近似获得，即使采用平面曲线替代空间曲线，对结构和水力条件造成的影响也是微乎其微，可忽略不计。

（二）混凝土岔管体形工程实例

国内外部分抽水蓄能电站钢筋混凝土岔管主要参数见表 9-2-11，部分工程混凝土岔管水头损失系数见表 9-2-12。从表 9-2-11 和表 9-2-12 看出，国内钢筋混凝土岔管分岔角在 45°～60°，一管两机分岔角在 45°～55°，一管三机和一管四机分岔角均为 60°。由表 9-2-12 可见，由于分岔方式、分岔角、锥顶角的不同，流速控制断面选取的差异及运行方式的不同等，水头损失系数有较大差别，范围在 0.091～3.581，一管四机较一管三机和一管两机的水头损失系数大得多。同时，单机运行工况单管较多机运行工况单管的水头损失系数大。

表 9-2-11　　国内外部分抽水蓄能电站钢筋混凝土岔管主要参数表

序号	工程名称	国家	装机容量（MW）	岔管静水头（m）	岔管设计水头（m）	分岔方式	分岔角（°）	主/支洞内径（m）	衬砌厚度（m）
1	迪诺维克	英国	6×300	542		1→6	46	9.5/3.8	1
2	蒙特齐克	法国	4×230	423		2×1→2	90	5.3/3.8	0.4/0.75
3	赫尔姆斯	美国	3×351	531		1→3		8.2/3.5	0.69
4	巴斯康蒂	美国	6×380	390		3×1→2	40	8.6/5.5	0.6
5	洛基山	美国	3×282	213		1→3		10.7/5.8	
6	腊孔山	美国	4×350	310		1→2→4		11/7.4	
7	北田山	美国	4×257	248		1→4		9.45	
8	广州	中国	8×300	610	790	2×1→4	60	8.0/3.5	0.6
9	惠州	中国	8×300	624	740	2×1→4	60	8.5/3.5	0.6
10	天荒坪	中国	6×300	680	800	2×1→3	60	7/3.2	0.6
11	泰安	中国	4×250	309	370	2×1→2	50	8/4.8	0.8
12	桐柏	中国	4×300	344	395	2×1→2	55	9/5.5	0.7
13	宝泉	中国	4×300	640	800	2×1→2	45	6.5/3.5	0.7
14	仙游	中国	4×300	541.4	644	2×1→2	55	6.5/3.8	

表 9-2-12　　部分工程混凝土岔管水头损失系数表

工程名称	清原尾水	宜兴尾水	广州尾水主岔	广州尾水次岔	文登引水	阳江引水	天荒坪引水	惠州引水
岔管型式	卜形	卜形	卜形	卜形	卜形	卜形	卜形	卜形
分岔方式	1→2	1→2	1→2	1→2	1→3	1→3	1→3	1→4
主管直径（m）	7.2	7.2	8.0	5.6	8.1		7.0	8.5
支管直径（m）	5.1	5.0	5.6	4.0	3.6		3.2	3.5
分岔角（°）	55	55	45	45	60	60	60	60

续表

工程名称				清原尾水	宜兴尾水	广州尾水主岔	广州尾水次岔	文登引水	阳江引水	天荒坪引水	惠州引水
水头损失系数	发电	双机/三机/四机	1号	0.261	0.30	0.75	0.60	0.091	0.393	0.31	0.581
			2号	0.191	0.25	0.45	0.95	0.391	0.181	0.40	1.194
			3号	—	—	—	—	0.490	0.653	0.17	1.762
			4号	—	—	—	—	—	—	—	2.723
		单机	1号	0.894	0.99	0.69	0.11	0.122		0.23	
			2号	0.778	0.97	0.16	0.64	0.220		0.18	
			3号	—	—	—	—	0.305		0.15	
	抽水	双机/三机/四机	1号	0.362	0.33	0.52	0.27	0.196	0.557	−0.39	3.581
			2号	0.097	0.50	0.10	0.92	0.364	0.666	−0.47	1.921
			3号	—	—	—	—	0.614	0.900	−0.18	1.386
			4号	—	—	—	—	—	—	—	0.772
		单机	1号	0.603	2.29	0.40	0.20	0.197		−0.26	
			2号	0.367	2.06	0.11	0.38	0.284		−0.35	
			3号	—	—	—	—	0.410		−0.19	
备注				主管与2号支管对齐	主管与1号支管对齐	主管与2号支管对齐	主管与1号支管对齐	主管与1号支管对齐	主管与2号支管对齐	主管与3号支管对齐	主管与3号支管对齐
				均为总水头损失系数							

注 广州尾水岔管、文登是相对于支管流速的损失系数，其余是相对于主管流速的损失系数。

四、岔管数值模拟分析与水工模型试验

随着国内一些大型抽水蓄能电站岔管的兴建，通过水工模型试验对岔管分流与合流的水力学研究日趋成熟，同时数值模拟分析也已经成为研究流体力学各种物理现象的重要手段。部分研究成果表明，当两支管对称分流时（$n=0.5$），损失系数为0.1左右；而山口哲（《奥多多良木电站扩建工程压力钢管施工报告》，水门铁管，No.201）所提供的外加强三梁岔管的K_2值，在$n=0.5$时仅为0.075。这些值远小于NB/T 10391—2020《水工隧洞设计规范》和NB/T 35021—2014《水电站调压室设计规范》中给出的$K_2=0.5\sim0.75$。因此，对于重要的工程应通过水工模型试验或流体数值模拟计算确定其K_2与n的关系。

（一）数值模拟分析

抽水蓄能电站岔管具有发电、抽水双向水流的特点，水力学条件较为复杂，合理的岔管体形能够使得水流平顺、分流均匀、水头损失小、避免或减少涡流，在可行性研究阶段可针对岔管段进行水力学数值模拟计算，以验证设计体形的合理性及优化岔管体形。

1. 数学模型及计算方法

参见本章第一节“三、进/出水口数值模拟分析与水工模型试验”中的相关内容。

2. 计算要求

（1）岔管上下游直管段模拟范围不小于10倍管径，尾水岔管模拟范围宜含尾水事故闸门槽、尾水调压室等。

（2）给出不同工况下岔管水头损失及系数、流速分布、内水压力分布、流态等。

（3）分析影响岔管水力特性的因素，针对存在的问题，优化岔管体形；优化可针对分岔角、肋宽比、主管段型式及断面尺寸、锥管段长度及收缩角、弯管段体形等进行。

（4）对优化后的体形进行不同工况下的水力学数值模拟计算，给出岔管内水流流速与分布曲线、管内流线分布图、水压力分布曲线、不同工况下的水头损失及系数等。

3. 工程实例

以辽宁清原抽水蓄能电站尾水卜形钢筋混凝土岔管为例，简要说明模型范围、计算工况、数值模拟分析优化内容及计算结果。

（1）计算区域。尾水混凝土岔管计算区域、计算模型分别如图9-2-28和图9-2-29所示。计算区域

自 1 号和 2 号尾水事故闸门室上游 51m 断面至尾水调压室下游 72m 断面，即包括 1 号尾水支管、2 号尾水支管、尾水事故闸门室、岔管、尾水调压室、1 号尾水隧洞。

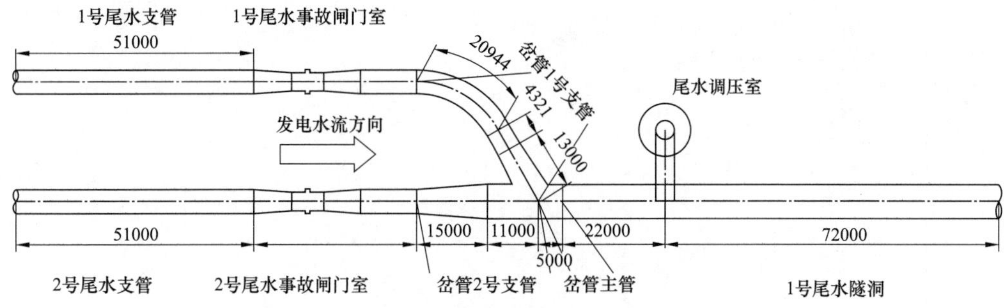

图 9-2-28　尾水混凝土岔管计算区域（单位：mm）

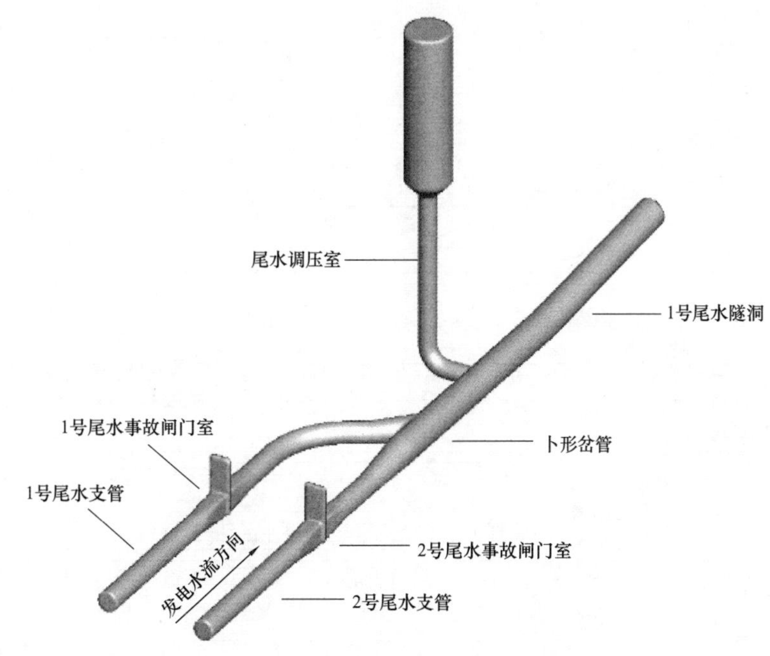

图 9-2-29　尾水混凝土岔管计算模型

（2）计算工况。计算工况分为发电工况和抽水工况，数值模拟计算工况见表 9-2-13。

表 9-2-13　　**数值模拟计算工况**

运行工况	1 号机组	2 号机组	备注
发电	√	√	双机运行
	√		单机运行
		√	
抽水	√	√	双机运行
	√		单机运行
		√	

（3）体形优化。

1）原设计体形数值模拟计算。尾水卜形钢筋混凝土岔管原设计体形如图 9-2-30 所示，主管管径为 7.2m，支管管径为 5.1m，两条支管长度分别为 26m 和 38.265m，其中渐缩管长度分别为 15.0m 和 13.0m，管径为 7.2～5.1m，分岔角为 60°。

通过对原设计体形的数值模拟计算可知，在发电工况下，1 号机组单机运行时，由于分岔角的影响，1 号支管内的水流进入岔管主管后，顺水流方向主流靠近右侧，使得左侧形成较大范围的回流区域；在抽水工况下，双机运行时，水流在岔管处流向重新调整，受到分岔角影响，岔管主管内的水流进入1号支管后，顺水流方向主流靠近左侧，使得1号支管右侧形成一定范围的回流区域。岔管原设计体形需要优化。

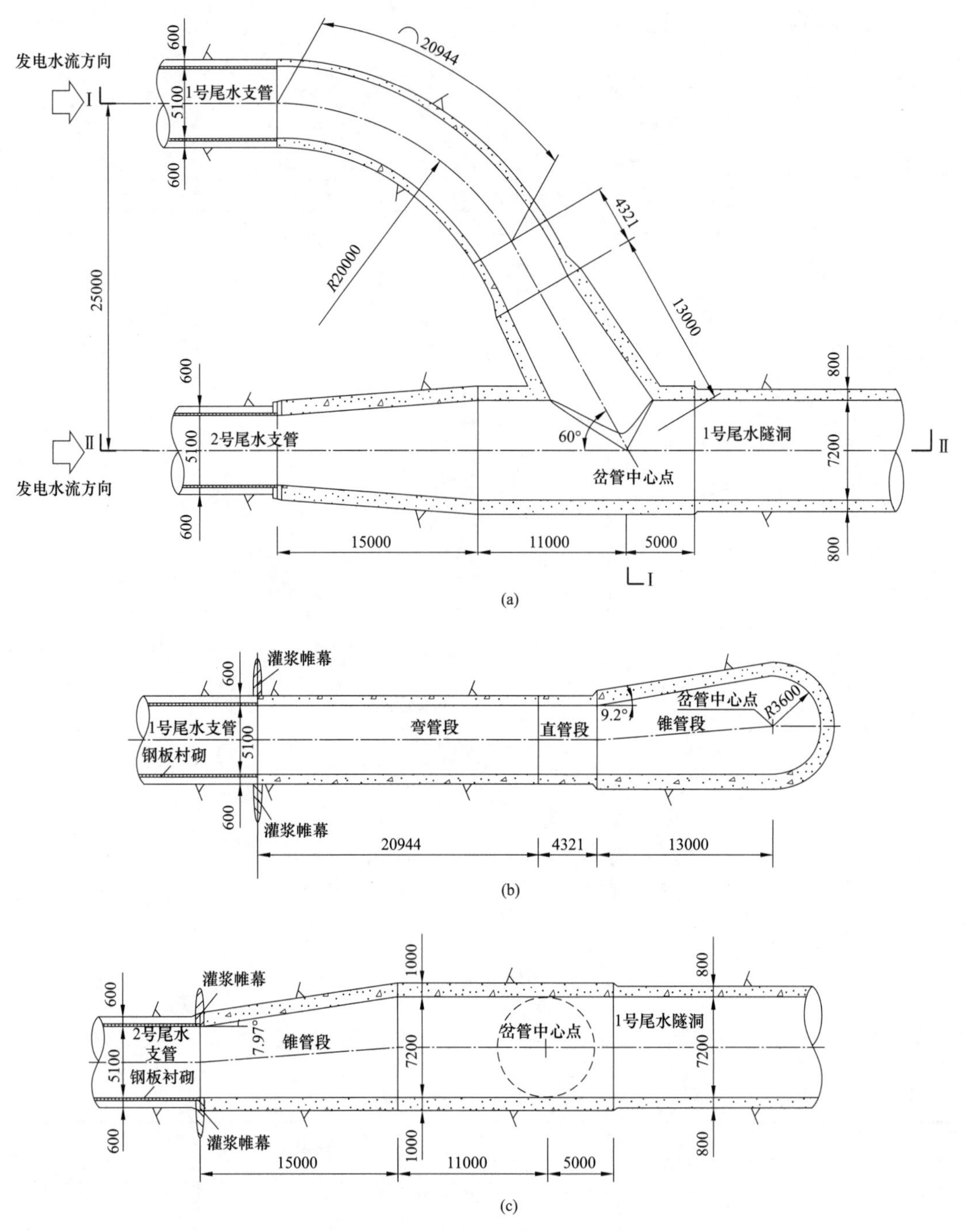

图 9-2-30　尾水卜形钢筋混凝土岔管原设计体形（单位：mm）

(a) 平面图；(b) Ⅰ-Ⅰ剖面图；(c) Ⅱ-Ⅱ剖面图

2）调整分岔角的岔管体形优化。鉴于原设计体形1号支管在发电、抽水工况下均存在一定范围的回流区域，在原设计体形的基础上，改变分岔角度、调整弯管段布置，分别对分岔角 α 为 55°、58°、60°、64°、67°、70°的情况进行研究，调整分岔角的岔管体形平面示意图如图 9-2-31 所示。

通过对不同分岔角的水力学数值模拟计算可知，在发电工况下，双机运行及1号机组单机运行时，由于分岔角的影响，1号支管内的水流进入岔管主管后，顺水流方向主流靠近右侧，使得左侧形成一定范围的低流速区域。当分岔角为 55°时，岔管主管内没有形成回流；但随着分岔角的增加（55°～70°），汇流处的主流逐渐偏向右侧，使得左侧逐渐形成一定范围的回流区域，从而造成1号支管水头损失系数增大。发电工况下的不同分岔角岔管水头损失系数计算结果见表 9-2-14。

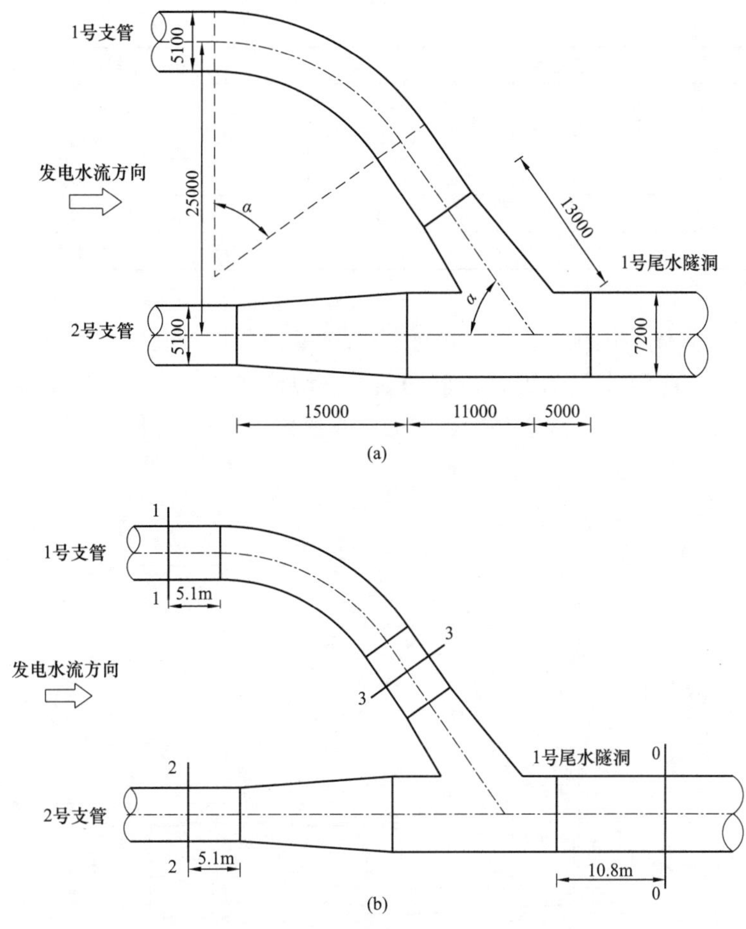

图 9-2-31　调整分岔角的岔管体形平面示意图

(a) 岔管分岔角 α 示意图；(b) 岔管水头损失计算断面图

表 9-2-14　　不同分岔角岔管水头损失系数计算结果（发电工况）

分岔角 α	双机运行			1 号机组单机运行		2 号机组单机运行
	$\xi_{2\text{-}0}$	$\xi_{3\text{-}0}$	$\xi_{1\text{-}3}$	$\xi_{3\text{-}0}$	$\xi_{1\text{-}3}$	$\xi_{2\text{-}0}$
55°	0.200	0.260	0.105	0.915	0.104	0.811
58°	0.194	0.285	0.105	0.952	0.105	0.798
60°（设计体形）	0.190	0.300	0.099	1.015	0.099	0.782
64°	0.195	0.339	0.121	0.981	0.112	0.807
67°	0.207	0.371	0.114	1.260	0.114	0.807
70°	0.203	0.391	0.130	1.335	0.121	0.827

注　$\xi_{i\text{-}j}$ 表示 i-i 断面与 j-j 断面间的水头损失系数。

在抽水工况下，双机运行及 1 号机组单机运行时，在岔管处流向重新调整，受到分岔角影响，岔管主管内的水流进入岔管 1 号支管后，顺水流方向主流靠近左侧，使得 1 号支管右侧形成一定范围的低流速区。当分岔角为 55°时，岔管 1 号支管内没有形成回流；但随着分岔角的增加（55°～70°），1 号支管右侧的流动分离程度会逐渐增强，并形成一定范围的回流，从而造成 1 号支管水头损失系数增大。抽水工况下的不同分岔角岔管水头损失系数计算结果见表 9-2-15。根据以上计算情况，岔管分岔角推荐采用 55°。

表 9-2-15　　不同分岔角岔管水头损失系数计算结果（抽水工况）

分岔角 α	双机运行			1 号机组单机运行		2 号机组单机运行
	$\xi_{0\text{-}2}$	$\xi_{0\text{-}3}$	$\xi_{3\text{-}1}$	$\xi_{0\text{-}3}$	$\xi_{3\text{-}1}$	$\xi_{0\text{-}2}$
55°	0.113	0.364	0.130	0.626	0.129	0.440
58°	0.109	0.382	0.118	0.699	0.124	0.406

续表

分岔角 α	双机运行			1号机组单机运行		2号机组单机运行
	$\xi_{0\text{-}2}$	$\xi_{0\text{-}3}$	$\xi_{3\text{-}1}$	$\xi_{0\text{-}3}$	$\xi_{3\text{-}1}$	$\xi_{0\text{-}2}$
60°（设计体形）	0.106	0.393	0.128	0.643	0.138	0.395
64°	0.103	0.413	0.122	0.733	0.131	0.389
67°	0.114	0.424	0.135	0.756	0.130	0.361
70°	0.107	0.486	0.145	0.750	0.136	0.384

注　$\xi_{i\text{-}j}$ 表示 $i\text{-}i$ 断面与 $j\text{-}j$ 断面间的水头损失系数。

3）调整渐缩段的岔管体形优化。为了进一步分析渐缩段长度变化对岔管水头损失、流态、漩涡、压力分布的影响，在推荐的55°分岔角优化体形基础上，调整岔管1号支管的渐缩段长度 L_1 和2号支管的渐缩段长度 L_2，分别对四种不同渐缩段长度的岔管优化体形进行研究，岔管分岔角55°的渐缩段体形优化方案示意如图9-2-32所示。

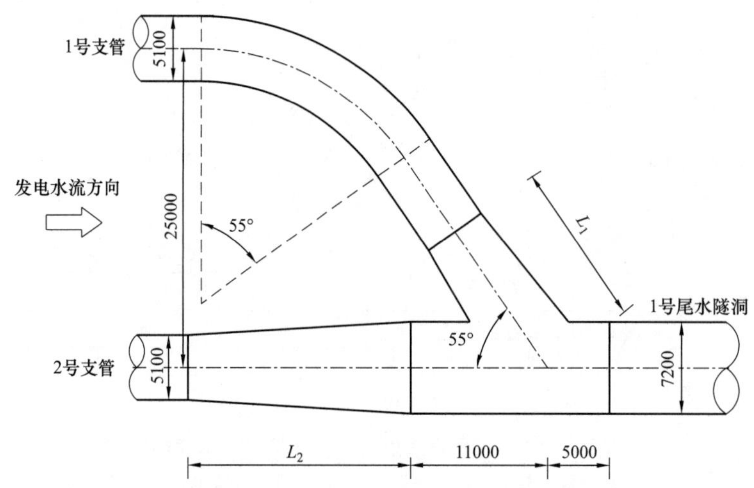

图9-2-32　岔管分岔角55°的渐缩段体形优化方案示意图

通过对不同渐缩段长度的水力学数值模拟计算可知，在抽水工况、发电工况下，不同的渐缩段体形对岔管内水流流态及压力分布影响较小。发电工况、抽水工况不同渐缩段岔管水头损失系数分别见表9-2-16和表9-2-17。随着2号支管渐缩段长度 L_2 增加，2号支管的水头损失系数降低较为明显，1号支管渐缩段长度 L_1 增加对水头损失影响不大，水头损失系数并不随 L_1 的增加呈降低趋势，发电工况下 $L_1=13\text{m}$ 时，水头损失系数相对较小。因此，1号支管渐缩段长度 L_1 维持13m不变，2号支管渐缩段长度 L_2 适当延长至18m。

表9-2-16　发电工况不同渐缩段岔管水头损失系数

渐缩段长度	双机运行			1号单机运行		2号单机运行
	$\xi_{2\text{-}0}$	$\xi_{3\text{-}0}$	$\xi_{1\text{-}3}$	$\xi_{3\text{-}0}$	$\xi_{1\text{-}3}$	$\xi_{2\text{-}0}$
$L_1=11\text{m}$，$L_2=15\text{m}$	0.203	0.292	0.107	0.990	0.102	0.823
$L_1=13\text{m}$，$L_2=15\text{m}$（分岔角优化体形）	0.200	0.260	0.105	0.915	0.104	0.811
$L_1=15\text{m}$，$L_2=15\text{m}$	0.208	0.272	0.116	0.936	0.111	0.840
$L_1=13\text{m}$，$L_2=12\text{m}$	0.225	0.265	0.102	0.927	0.108	0.919
$L_1=13\text{m}$，$L_2=18\text{m}$	0.191	0.261	0.109	0.894	0.106	0.778

注　$\xi_{i\text{-}j}$ 表示 $i\text{-}i$ 断面与 $j\text{-}j$ 断面间的水头损失系数。

表9-2-17　抽水工况不同渐缩段岔管水头损失系数

渐缩段长度	双机运行			1号单机运行		2号单机运行
	$\xi_{0\text{-}2}$	$\xi_{0\text{-}3}$	$\xi_{3\text{-}1}$	$\xi_{0\text{-}3}$	$\xi_{3\text{-}1}$	$\xi_{0\text{-}2}$
$L_1=11\text{m}$，$L_2=15\text{m}$	0.127	0.360	0.132	0.575	0.128	0.406

续表

渐缩段长度	双机运行			1号单机运行		2号单机运行
	ξ_{0-2}	ξ_{0-3}	ξ_{3-1}	ξ_{0-3}	ξ_{3-1}	ξ_{0-2}
$L_1=13$m，$L_2=15$m（分岔角优化体形）	0.113	0.364	0.130	0.626	0.129	0.440
$L_1=15$m，$L_2=15$m	0.118	0.378	0.117	0.519	0.142	0.389
$L_1=13$m，$L_2=12$m	0.142	0.362	0.126	0.575	0.123	0.474
$L_1=13$m，$L_2=18$m	0.097	0.362	0.135	0.603	0.124	0.367

注 ξ_{i-j} 表示 i-i 断面与 j-j 断面间的水头损失系数。

4）推荐体形岔管数值模拟计算。通过以上优化，推荐体形在原设计体形的基础上对分岔角进行调整，由原设计体形的60°调整为55°，1号支管的渐缩段长度仍为13m，2号支管的渐缩段延长至18m，岔管推荐体形如图9-2-33所示。对应1号支管锥顶角是4.62°，2号支管锥顶角为3.34°。

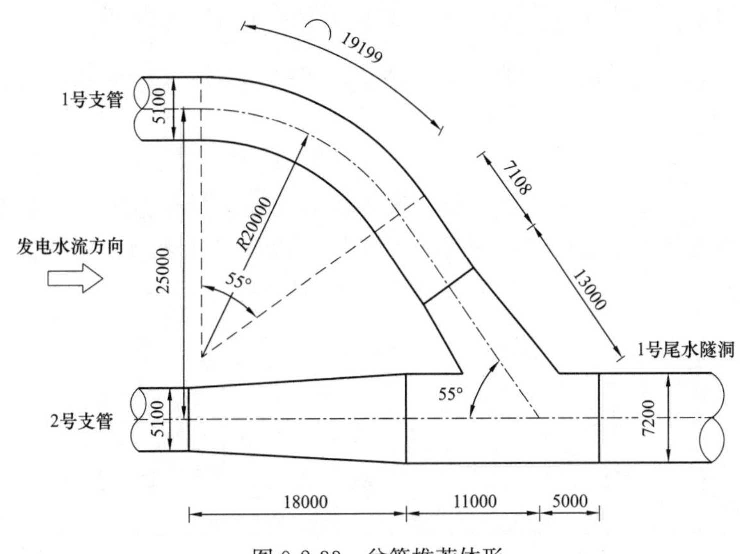

图9-2-33 岔管推荐体形

通过对推荐体形岔管数值模拟计算可知，在发电、抽水工况下，推荐体形的岔管水头损失低于原设计体形，原设计体形和推荐体形岔管水头损失系数对比表见表9-2-18。在发电、抽水工况下，相比原设计体形，管内流态较为良好，均无回流区域形成，两支管内流态基本对称，流态稳定。

表9-2-18 原设计体形和推荐体形岔管水头损失系数对比表

工况		双机发电		单机发电		双机抽水		单机抽水	
		1号支管	2号支管	1号支管	2号支管	1号支管	2号支管	1号支管	2号支管
损失系数	原设计体形	0.300	0.190	1.015	0.782	0.393	0.106	0.643	0.395
	推荐体形	0.261	0.191	0.894	0.778	0.362	0.097	0.603	0.367

（二）水工模型试验

对于布置、体形复杂的岔管，为寻求在双向水流作用下流态和结构受力均较佳的体形，招标和施工详图阶段可针对岔管做局部水工模型试验，在前期水力学数值模拟分析优化体形的基础上进一步验证设计体形的合理性。

1. 试验内容

（1）测定各种工况组合的岔管水头损失和流速，并给出双向水头损失系数。

（2）测定各种工况下岔管主要断面的流速分布及相对压差，并描述流态。

（3）观测各种工况下岔管的水流流态，有无水流分离现象以及产生负压空蚀的危险，不允许出现明显漩涡、逆流、顶部气囊。

（4）根据岔管的流态及水头损失情况，判断设计体形岔管分岔角、扩大率、肋宽比、锥管收缩角和锥管长度等是否合适，并提出修改意见，必要时需进行岔管优化体形的模型试验。

2. 模型设计和制作

(1) 模型设计。抽水蓄能电站岔管局部模型为有压系统，应按欧拉（Euler）相似准则设计，即

$$E_u = \frac{\Delta p_p}{\rho_p v_p^2} = \frac{\Delta p_m}{\rho_m v_m^2} \tag{9-2-4}$$

式中 Δp_p、Δp_m——分别为原型、模型的压强差；

v_p、v_m——分别为原型、模型的流速；

ρ_p、ρ_m——分别为原型、模型流体的密度。

模型比尺通常采用 1∶25～1∶20，也可根据工程布置具体情况选择略大或略小的比尺。压力比尺 $\lambda_{p/\rho}$ 按米水柱计时，$\lambda_{p/\rho}=\lambda_L$，$\lambda_L$ 为模型几何比尺，其他水力要素比尺公式见本章第一节“三、进/出水口数值模拟分析与水工模型试验”中相关内容。

为了保持模型中岔管部分的水流结构与原型的相似，除满足上述相似关系外，还必须满足模型雷诺数（Reynolds）相似条件，即 $Re=\frac{vD}{\nu}>10^5$，其中 v 为流速、D 为管径、ν 为运动黏性系数。

(2) 模型制作。岔管模型采用有机玻璃材料制作，其糙率与原型糙率基本相似。岔管上下游直管段模拟范围不小于 10 倍管径。

3. 工程实例

以呼和浩特抽水蓄能电站引水钢岔管为例，简要说明模型比尺及范围、试验工况、试验内容及试验结果。呼和浩特抽水蓄能电站引水钢岔管采用对称 Y 形内加强月牙肋型钢岔管，主管管径为 4.6m，支管管径为 3.2m，分岔角为 70°，引水钢岔管体形图如图 9-2-34 所示。

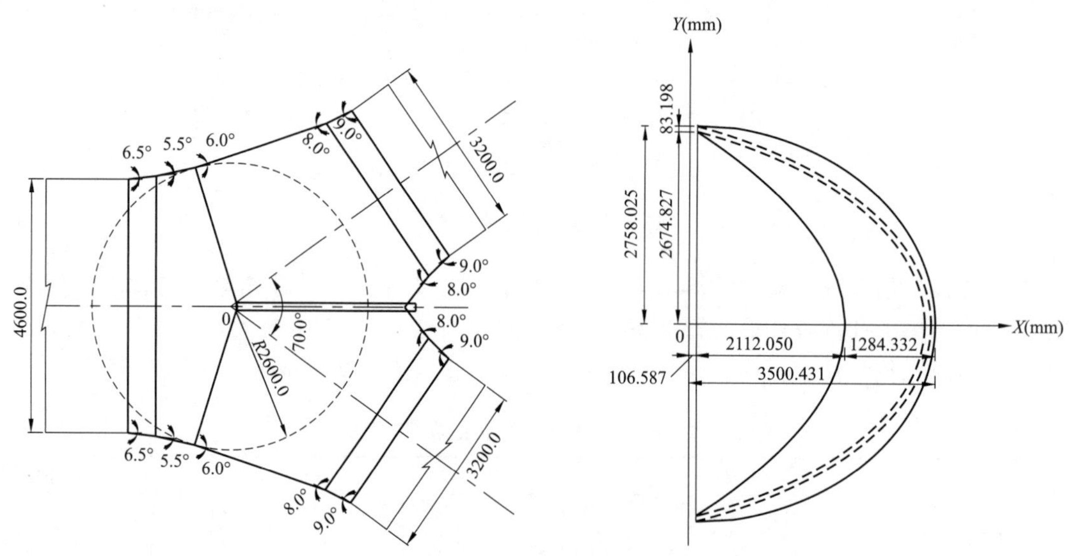

图 9-2-34 引水钢岔管体形图

(1) 模型比尺及范围。为减小流态不相似对水力特性的影响，呼和浩特电站引水钢岔管采用 1∶16.43 的大比尺水工模型。模拟范围包括岔管前主管段（不小于 50m）、岔管段、岔管后全部支管段。

(2) 试验工况。针对不同肋宽比和不同分流比分别进行发电和抽水工况试验，不同肋宽比比较试验工况、不同分流比比较试验工况分别见表 9-2-19 和表 9-2-20。

表 9-2-19 不同肋宽比比较试验工况

工况		水头损失及系数	涡流	顶部气囊	管路流量分流比
发电工况	1 号机组发电，2 号机组停机	√	√	√	
	两台机组同时发电	√	√	√	√
抽水工况	1 号机组抽水，2 号机组停机	√	√	√	
	两台机组同时抽水	√	√	√	√

表 9-2-20　　不同分流比比较试验工况

机组组合工况	水头损失及系数	涡流	顶部气囊
两台机组同时发电	√	√	√
两台机组同时抽水	√	√	√

（3）试验成果。

1）不同肋宽比水工模型试验。为分析岔管肋宽比对岔管水头损失和流态等的影响，针对不同肋宽比进行了水工模型试验，岔管段水头损失系数试验结果见表 9-2-21。

表 9-2-21　　岔管段水头损失系数试验结果（不同肋宽比）

肋宽比	单机运行		双机运行	
	单机发电工况	单机抽水工况	双机发电工况	双机抽水工况
0.50	0.7728	0.8543	0.0956	0.1492
0.40	0.6519	0.7770	0.1472	0.1671
0.38	0.7319	0.8421	0.1385	0.1466
0.35	0.6359	0.8087	0.1161	0.1455
0.33	0.5913	0.8148	0.1093	0.1710
0.30	0.5380	0.8194	0.1106	0.1549
0.25	0.4259	0.7777	0.0935	0.1299

试验结果表明，在单机、双机运行工况下，钢岔管顶部无气囊出现，水流流态正常。在单机运行工况下，选择量值小的肋宽比更有利于减小岔管段的水头损失；在双机运行工况下，岔管段的水头损失系数与肋宽比的关系曲线大体呈现两端低、中间高的上凸曲线关系，从尽量减小岔管段水头损失的角度出发，肋宽比宜取 0.25～0.3。岔管段水头损失系数与肋宽比的关系曲线如图 9-2-35 所示。综合考虑水力学特性和结构受力，钢岔管最终体形肋宽比取值为 0.35。

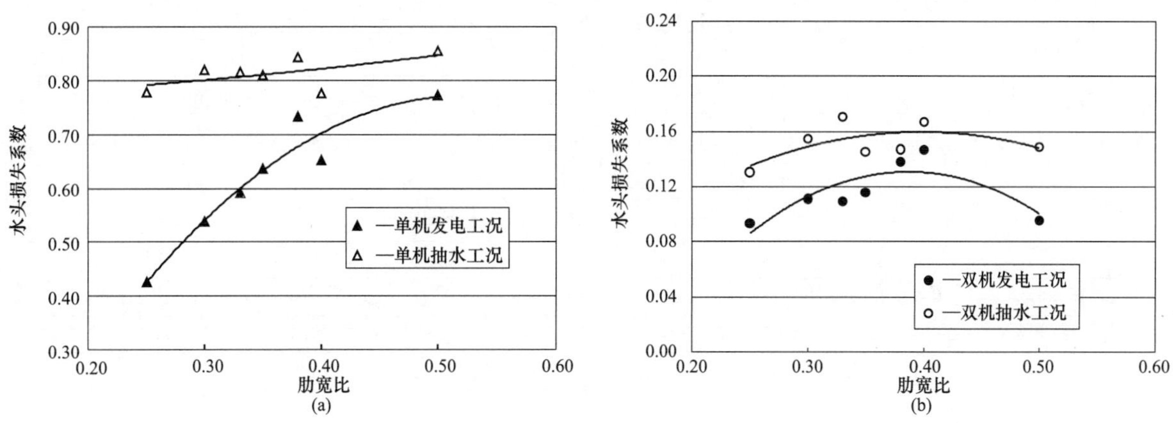

图 9-2-35　岔管段水头损失系数与肋宽比的关系曲线

（a）单机运行工况；（b）双机运行工况

2）不同分流比水工模型试验。岔管段独特的水流结构决定了其水头损失系数不仅取决于肋宽比等细部结构尺寸，而且与两个支管之间的分流比例也有一定关系。不同分流比条件下岔管段局部水头损失系数的试验结果见表 9-2-22。

表 9-2-22　　岔管段局部水头损失系数试验结果（不同分流比）

分流比	发电工况	分流比	抽水工况
1.000	0.6359	1.000	0.8087
0.657	0.1004	0.654	0.4195
0.627	0.1163	0.621	0.4696
0.564	0.1184	0.554	0.2520

续表

分流比	发电工况	分流比	抽水工况
0.505	0.1198	0.507	0.1688
0.502	0.1105	0.505	0.1799
0.498	0.1209	0.495	0.1152
0.495	0.1128	0.493	0.0217
0.436	0.1224	0.446	0.0435
0.373	0.1635	0.379	−0.1113
0.343	0.1569	0.346	−0.0872

试验结果表明，发电工况下岔管水头损失系数与分流比的关系曲线大体上符合下凹曲线的变化规律，分流比为0.5～0.55时，水头损失系数相对较小；抽水工况下岔管水头损失系数与分流比大体上符合正相关关系，分流比越小，水头损失也越小，当分流比低于0.42～0.43时，水头损失系数开始变为负值，这意味着受另一侧支管水流加速的影响，岔管局部区域内有逆向流动的水流结构产生。岔管段水头损失系数与分流比的关系曲线如图9-2-36所示。

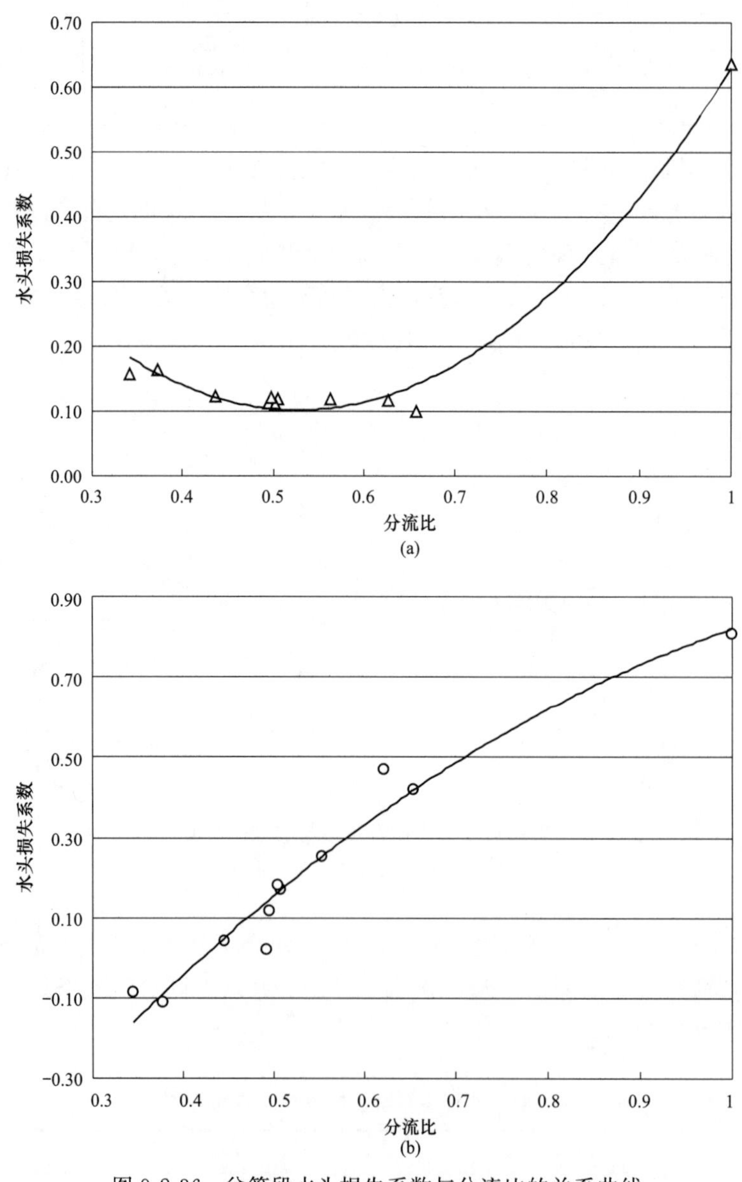

图9-2-36 岔管段水头损失系数与分流比的关系曲线

（a）发电工况；（b）抽水工况

（三）数值模拟分析与水工模型试验成果比较

近年来国内外对岔管的流态水动力学仿真进行了大量研究，结果表明选用合适的数学模型和计算边界，水动力学仿真方法反映的水流运动规律与物理模型吻合，水头损失的变化规律与物理模型试验成果相似，采用通用的大型流体动力学仿真软件对岔管水力学问题进行数值模拟分析计算，可与水工模型试验结果互相验证，甚至可以替代物理模型试验。图 9-2-37 为日本水门铁管协会研究组（《高压钢岔管的流体数值模拟》，水门铁管，N0.206）相关的内加强月牙肋岔管（$\alpha=60°$）数值模拟分析计算与水力模型试验成果比较，图 9-2-38 和图 9-2-39 为北京勘测设计研究院（《内加强月牙肋岔管技术研究报告》，2004）的相关成果。由此可见，数值模拟分析计算与水工模型试验成果规律一致，数值相近。

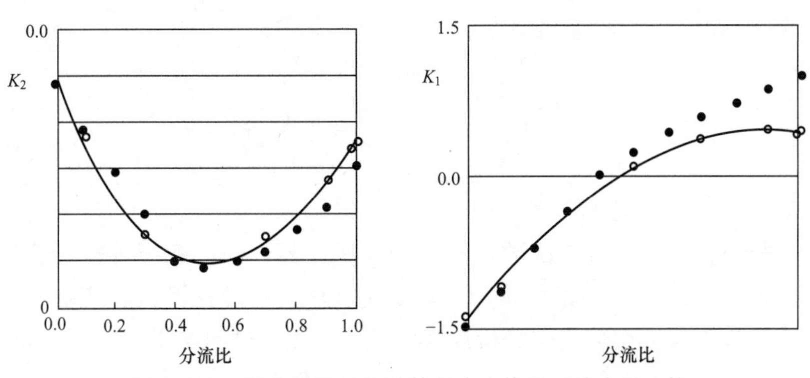

图 9-2-37 数值模拟分析计算与水力模型试验成果比较

○—支管（计算）；●—支管（试验）；K_1—抽水工况水头损失系数；K_2—发电工况水头损失系数

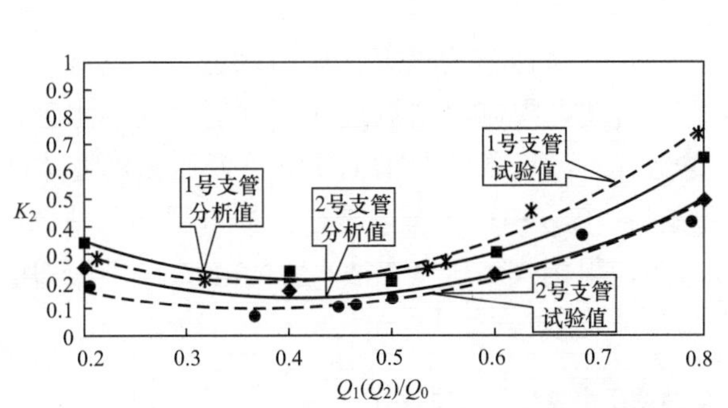

图 9-2-38 发电工况分流比与水头损失系数 K_2 关系曲线

Q_1、Q_2—1 号、2 号支管的流量；Q_0—主管流量

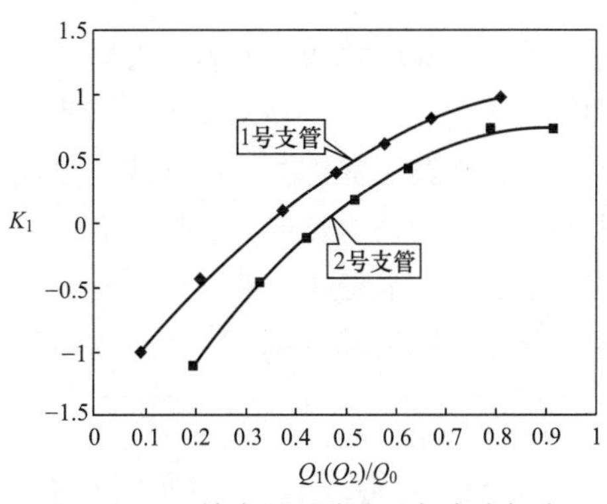

图 9-2-39 抽水工况分流比与水头损失系数 K_1 关系曲线

呼和浩特抽水蓄能电站钢岔管水头损失系数数值分析计算值与试验值比较见表 9-2-23，从表 9-2-23 中可看出，数值模拟计算的水头损失系数值小于水工模型试验值；文登电站引水卜形混凝土岔管水头损失系数数值模拟计算值与试验值比较见表 9-2-24，从表 9-2-24 中可以看出，数值模拟计算的水头损失系数值大部分也小于水工模型试验值。

表 9-2-23　呼和浩特抽水蓄能电站钢岔管水头损失系数数值分析计算值与试验值比较表

数值类型	发电				抽水			
	双机		单机		双机		单机	
	1号	2号	1号	2号	1号	2号	1号	2号
试验值	0.1161	0.1161	0.6359	—	0.1455	0.1455	0.8087	—
计算值	0.091	0.091	0.585	—	0.076	0.076	0.761	—

表 9-2-24　文登电站引水卜形混凝土岔管水头损失系数数值模拟计算值与试验值比较表

运行工况		发电工况		抽水工况	
		试验值	计算值	试验值	计算值
三机运行	1号	0.091	0.101	0.196	0.195
	2号	0.391	0.353	0.364	0.354
	3号	0.490	0.485	0.614	0.653

续表

运行工况		发电工况		抽水工况	
		试验值	计算值	试验值	计算值
双机运行	1号	0.113	0.099	0.225	0.211
	2号	0.233	0.222	0.257	0.183
双机运行	1号	0.116	0.099	0.211	0.210
	3号	0.335	0.343	0.388	0.381
双机运行	2号	0.368	0.338	0.332	0.334
	3号	0.450	0.419	0.567	0.632
单机运行	1号	0.122	0.099	0.197	0.197
	2号	0.220	0.165	0.284	0.204
	3号	0.305	0.309	0.410	0.398

注 表中水头损失系数对应的速度水头为支管断面的速度水头。

通过以上对比分析可知，选用合适的数学模型和计算边界，数值模拟分析计算反映的水流运动规律与物理模型试验相似，数值分析计算水头损失的变化规律与物理模型试验相似，但较物理模型试验略小，多数情况下水头损失系数数值模拟分析计算值较水工模型试验结果小10%～30%。

第三节 调压室水力设计

一、抽水蓄能电站调压室的常用类型

NB/T 35021—2014《水电站调压室设计规范》指出，调压室为设置在压力水道上，具有下列功能的建筑物：①由调压室自由水面（或气垫层）反射水击波，限制水击波进入压力引（尾）水道，以满足机组调节保证的技术要求。②改善机组在负荷变化时的运行条件及供电质量。调压室的基本类型有简单式、阻抗式、水室式、溢流式、差动式、气垫式等。表9-3-1为国内外部分抽水蓄能电站调压室类型及有关参数，阻抗式占82.6%，其他型式占17.4%。阻抗式调压室在抽水蓄能电站工程中应用较多，为常用类型。

表9-3-1 国内外部分抽水蓄能电站调压室类型及有关参数

工程名称	型式	额定水头(m)	隧洞			阻抗孔/长连接管		调压室		备注
			长度 L (m)	洞径 d_0 (m)	断面积 A_0 (m^2)	直径 d_s (m)	面积 S (m^2)	大井直径 D_r（上室：直径或宽×长）(m)	总高度 T（上室高度）(m)	
埃多洛（意大利）	阻抗式	1265.6	8125.6	5.4	22.89	2.9	6.61	18	105	尾调
羊卓雍湖	差动式	816	5883	2.5	4.91	2.5	4.91	11	77	引调
葛野川（日本）	阻抗式（上室）	714	3166	8.2	52.81			10（10×87）	101.9（13）	引调
葛野川（日本）	阻抗式（上室）	714	3203	8.2	52.81			10（10×57）	133.8（13）	尾调
敦化	阻抗式	655	853.677	6.2	30.19	4	12.57	10	96.46	引调
敦化	阻抗式（上室）	655	1268.4	6.2	30.19	4	12.57	10（10.5×35）	151.44（13）	尾调
阳江一期	阻抗式	653	1462	7.4	43.01	4.5	15.90	14	142	尾调
神流川（日本）	阻抗式	653	2444.83	8.2	52.78	4.6	16.61	17	104.4	引调
神流川（日本）	阻抗式	653	2474.85	6.1	29.21	3.3	8.55	12	102.95	尾调
绩溪	阻抗式（上室）	600	544.6	6	28.27	3	7.07	10（7×40）	85（7）	引调

续表

工程名称	型式	额定水头（m）	隧洞			阻抗孔/长连接管		调压室		备注
			长度 L（m）	洞径 d_0（m）	断面积 A_0（m^2）	直径 d_s（m）	面积 S（m^2）	大井直径 D_T（上室：直径或宽×长）（m）	总高度 T（上室高度）（m）	
绩溪	阻抗式（上室）	600	1041.85	6	28.27	3.5	9.62	11（7×30）	141（7）	尾调
厦门	阻抗式（上室）	545	1518.9	6.8	36.32	4	12.57	12（14.6×33.5）	152.2（9.1）	尾调
洪屏	阻抗式（上室）	540	480	6	28.27	4	12.57	9（7×40）	57.51（7.4）	引调
洪屏	阻抗式（上室）	540	1123	6.5	33.18	4.5	15.90	11（7×40）	98.9（9）	尾调
呼和浩特	阻抗式（上室）	521	574	6.2	30.19	4.3	14.52	9（9×25）	95.2（12）	引调
惠州A厂	阻抗式	517.4	3122	8.5	56.75	5.3	22.06	16	173	引调
惠州A厂	阻抗式	517.4	1371	8.5	56.75	5.3	22.06	16	117	尾调
文登	阻抗式（上室）	471	1354	6.8	36.32	4.6	16.62	10	128.1	尾调
十三陵	阻抗式（上、下室）	450	390.9	5.2	21.24	3.7	10.75	7（15）	78.4（10）	引调
十三陵	阻抗式（上室）	450	884.3	5.2	21.24	3.7	10.75	8（8×65）	81.3（9）	尾调
尚义	阻抗式（上室）	449	947.984	7.8	47.78	4.6	16.62	13（20）	105.6（10）	引调
尚义	阻抗式（上室）	449	3267.86	7.8	47.78	4.1	13.20	14（14.8×52.1）	137.9（15.8）	尾调
芝瑞	阻抗式（上室）	443	943.79	6.2	30.19	4	12.57	10（18）	132.6（15.25）	引调
丰宁	阻抗式（上室）	425	939.99	7	38.48	4	12.57	10（18）	120.1（16）	引调
丰宁	阻抗式（上室）	425	728.979	7	38.48	4.3	14.52	10（10.8×50）	111.9（12.7）	尾调
荒沟	阻抗式	410	1334	6.7	35.26	4.5	15.90	20	77.65	引调
荒沟	阻抗式	410	1048	6.7	35.26	4.5	15.90	20	114	尾调
深圳	阻抗式（上室）	406	1570.8	9.3	67.93	6.3	31.17	28	118	引调
清原	阻抗式（上室）	390	1303	7.2	40.72	4.2	13.85	11（18）	116.7（13.5）	引调
清原	阻抗式（上室）	390	906	7.2	40.72	4.4	15.21	11（11.8×52）	123.1（12.5）	尾调
回龙	阻抗式	379	980.56	3.2	8.04			16	80.3	尾调
沂蒙	阻抗式（上室）	375	1538	7.6	45.36	4.8	18.10	12（13×52.8）	126.5（14）	尾调
明湖	阻抗式（上室）	361.5	2380.6	7	38.47	3.2	8.04	12	86	引调
潍坊	阻抗式（上室）	326	547/562	8.4	55.42	5	19.63	15	121.9	尾调
新高濑川（日本）	阻抗式	230	2622	6.9	37.40	4	12.56	15	98	引调

续表

工程名称	型式	额定水头(m)	隧洞			阻抗孔/长连接管		调压室		备注
			长度 L(m)	洞径 d_0(m)	断面积 A_0(m^2)	直径 d_s(m)	面积 S(m^2)	大井直径 D_r(上室：直径或宽×长)(m)	总高度 T(上室高度)(m)	
泰安	阻抗式	225	1387	8.5	56.75	5	19.63	17	61.65	尾调
白莲河	阻抗式	195	1064	9	63.62	5	19.63	9～11	65	引调
琅琊山	阻抗式	126	901.81	8.8	60.82	3.5	9.62	18.6	93.25	尾调
佛子岭	溢流式	54.2	1566	12	113.10	—	—	40×10.2	32.62	尾调
响洪甸	阻抗式	45	459.4	8	50.27	5.5	23.76	18	66	引调

注 上室断面包括圆形和城门洞形，相应的直径和宽×长均为单个上室的平面净尺寸；引调指引水调压室，尾调指尾水调压室。

二、阻抗式调压室水力设计

（一）阻抗式调压室水力设计的基本要求

阻抗式调压室通常由大井、阻抗孔、上（下）室组成。阻抗式调压室大井尺寸应满足托马稳定断面面积的要求，托马稳定断面面积按 NB/T 35021—2014《水电站调压室设计规范》中 5.1 的相关公式进行计算。抽水蓄能电站承担调峰、调频及事故备用等功能，调压室大井断面不宜小于托马稳定断面面积。对于低水头、大流量的水电站，调压室实际断面面积常大于公式计算的托马临界稳定断面面积较多。上室主要是为降低大井内最高涌波，可结合地形地质条件，通过涌波水量等体积换算确定上室断面面积，上室底板高程宜选择正常蓄水位高程及以上。

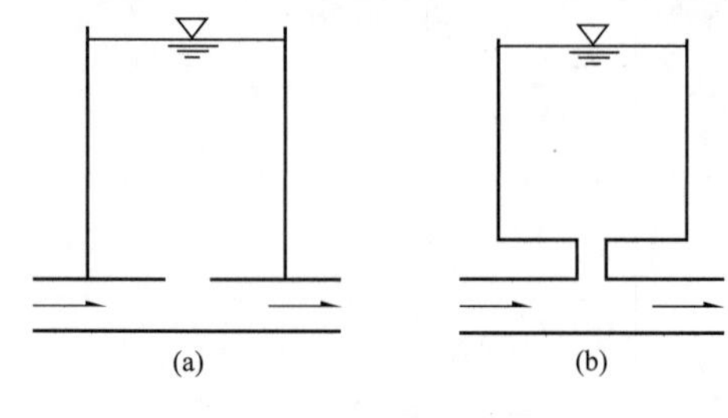

图 9-3-1 阻抗式调压室
(a) 隔板孔口；(b) 连接（阻抗）管式

阻抗孔型式通常有隔板孔口和连接（阻抗）管式两种，阻抗式调压室如图 9-3-1 所示。对于抽水蓄能电站，由于机组安装高程低，有时在尾水调压室底部设置适当高度的连接管与尾水隧洞相接，用以提高调压室底板高程，减少调压室的工程量。

阻抗式调压室设计中的重要问题是选择合理的阻抗孔尺寸，使其具有合适的损失系数，以满足下列基本要求：

(1) 调压室内的最高、最低涌波都在适宜的范围之内，压力管道传来的水击波在调压室处有稳定充分的反射。调压室处压力管道的水压力，不宜大于调压室出现最高涌波水位时的水压力，或不宜低于最低涌波水位时的水压力。

(2) 设置阻抗后对压力管道末端的水击压力影响不大。

(3) 尽可能地抑制调压室的水位波动幅度，并加速其衰减。

(4) 调压室最高涌波水位以上的安全超高不宜小于 1.0m；调压室最低涌波水位与调压室处压力水道顶部之间的安全高度不应小于 2～3m，或压力水道全线洞顶处的最小压力，在最不利的运行条件下，不宜小于 2m，并且调压室底板应留有不小于 1.0m 的安全水深。

根据表 9-3-1，调压室阻抗孔面积与底部压力水道断面面积比值多为 25%～50%、大井面积与底部压力水道断面面积比值多在 2～5、上室面积与大井面积比值多为 2.5～5、大井直径与阻抗孔孔径比值多在 2～4。调压室的阻抗孔、大井和上室尺寸应根据水力计算确定。

（二）调压室的水流状况

抽水蓄能电站有发电和抽水两种工况，调压室在水力过渡过程中可归纳为 12 种水流状况，见表 9-3-2。表 9-3-2 中水流状况（1）和（7）为机组稳定运行，压力管道水流只有通过阻抗孔的过境水头损失。水流状况（2）、（8）、（3）、（9）为水流全部流入和流出调压室的情况。水流状况（4）、（10）、（5）、（11）为调压室水位上升和下降时的情况。而（6）和（12）则为上下游合流和分流的状况。欲求得各种工况下的水头损失系数，可通过局部水工模型试验，或利用有关研究成果通过计算求得。

表 9-3-2　　　　抽水蓄能电站调压室可能出现的水流状况

工况	流向	
	发电方向	抽水方向
机组稳定运行	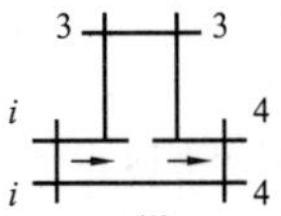 (1)	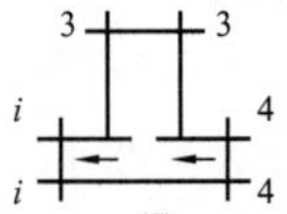 (7)
水流全部流入调压室	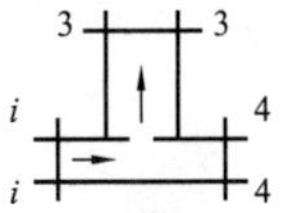 (2)	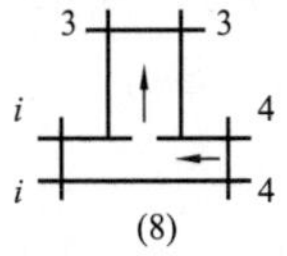 (8)
水流全部流出调压室	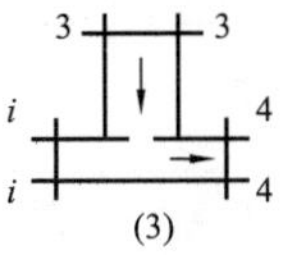 (3)	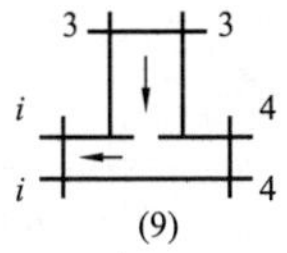 (9)
调压室水位上升	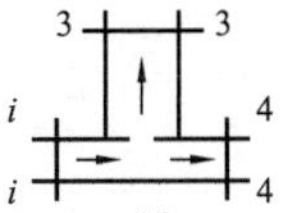 (4)	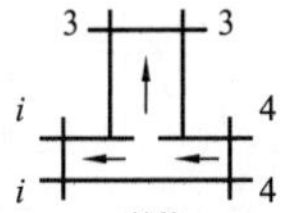 (10)
调压室水位下降	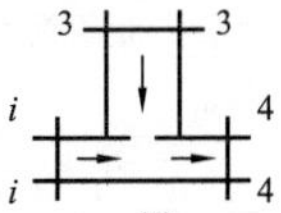 (5)	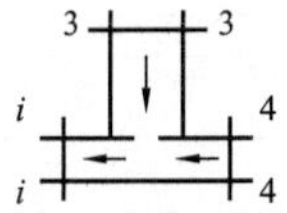 (11)
上下游合流、分流	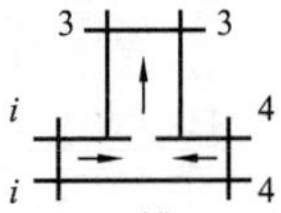 (6)	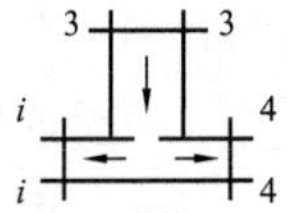 (12)

注　$i=1$，2，表示支洞上的断面，当无支洞时 $i=1$，即为 1-1 断面。

（三）调压室涌波计算工况

NB/T 35021—2014《水电站调压室设计规范》列出了调压室涌波计算的一般规定，具体如下：

1. 引水调压室

（1）最高涌波水位计算工况。计算最高涌波时，压力引水道的糙率取可能的最小值。

设计工况：上水库正常蓄水位时，考虑一次偶发事件或设备故障的工况。

校核工况：上水库最高发电水位时，考虑一次偶发事件或设备故障的工况；上水库正常蓄水位时，考虑二次偶发事件或设备故障叠加的工况。

（2）最低涌波水位计算工况。计算最低涌波时，压力引水道的糙率取可能的最大值。

设计工况：上水库最低发电水位时，考虑一次偶发事件或设备故障的工况。

校核工况：上水库最低发电水位时，考虑三次偶发事件或设备故障叠加的工况。

2. 尾水调压室

（1）最高涌波水位计算工况。计算最高涌波时，压力尾水道的糙率取可能的最大值。

设计工况：下水库设计洪水位时，考虑一次偶发事件或设备故障的工况。

校核工况：下水库校核洪水位时，考虑二次偶发事件或设备故障叠加的工况；下水库设计洪水位时，考虑三次偶发事件或设备故障叠加的工况。

（2）最低涌波水位计算工况。计算最低涌波时，压力尾水道的糙率取可能的最小值。

设计工况：共用同一调压室的全部、部分机组在满负荷发电及相应下游水位时，考虑一次偶发事件或设备故障的工况。

校核工况：共用同一调压室的全部及部分机组在满负荷发电及相应下游水位时，考虑二次偶发事件或设备故障叠加的工况。

3. 部分工程调压室最高与最低涌波水位工况实例

国内部分抽水蓄能电站调压室最高与最低涌波水位工况实例分别见表 9-3-3 和表 9-3-4。

表 9-3-3　国内部分抽水蓄能电站调压室最高涌波工况及涌波高度汇总表　单位：m

工程名称	部位	工况	水位	涌波高度	备注
丰宁	引水调压室	上水库正常蓄水位 1505m，下水库死水位 1042m，两台机组同时起动，增至满负荷，当流入引水调压室流量最大时，同时甩满负荷，导叶正常关闭	1514.5	9.5	设计报告
荒沟	引水调压室	上水库正常蓄水位 652.5m，下水库死水位 203m，一台机组额定负荷运行，另一台机组起动增至额定负荷，在流入引水调压室流量最大时，两台机组突甩负荷，导叶正常关闭	660.3	7.8	研究机构计算
敦化	引水调压室	上水库正常蓄水位 1391m，下水库死水位 690m，两台机组起动，增至满负荷，在流入引水调压室流量最大时两台机组突甩负荷，导叶正常关闭	1412.1	21.1	设计报告
绩溪	引水调压室	上水库校核洪水位 963.69m，相应下水库水位 320.12m，两台机组额定负荷运行，突甩负荷，导叶正常关闭	967.98	4.29	厂家计算
洪屏	引水调压室	上水库校核洪水位 735.45m，额定水头，一台机组满负荷运行，一台机组增至满负荷，在流入引水调压室流量最大时突甩负荷，导叶正常关闭	750	14.55	厂家计算
天池	引水调压室	上水库正常蓄水位 1063.00m，下水库死水位 510.00m（最大静水头 553.00m），一台机组正常发电运行，另一台机组起动增至满负荷后，在流入引水调压室流量最大时，两台机组突甩全负荷，导叶正常关闭	1097.09	34.09	设计报告
白莲河	引水调压室	上水库校核洪水位 309m，额定水头 195m，1、3 号机组甩全负荷，当流入调压室流量最大时 2、4 号机组甩负荷，导叶关闭	321.84	12.84	项目总结报告
呼蓄	引水调压室	上水库正常蓄水位 1940m，下水库死水位 1355m，两台机组同时起动，增至满负荷，当流入调压室流量最大时两台机组同时甩满负荷，导叶同时关闭	1949.734	9.734	高校计算
句容	引水调压室	上水库正常蓄水位 267m，下水库死水位 65m，两台机组正常运行，一台机组甩负荷，延时 10s 另一台机组甩负荷，导叶正常关闭	275.2	8.2	厂家计算
洛林	引水调压室	上水库正常蓄水位 1230.00m，下水库死水位 588.00m，一台机组额定负荷运行，另一台机组从空载增至额定负荷，在流入上游闸门井流量最大时刻，两台机组突甩负荷，导叶紧急关闭	1252.8	22.8	厂家计算
洛林	尾水调压室	下水库设计洪水位 620.24m，最小水头，同一水力单元两台机组同时甩负荷，在流入尾水调压室流量最大时，一台机组从空载增至相应水头最大输出功率运行	633.72	13.48	厂家计算
丰宁	尾水调压室	上水库死水位 1460m，下水库正常蓄水位 1061m，最小扬程，抽水断电，导叶全拒	1074.6	13.6	设计报告

续表

工程名称	部位	工况	水位	涌波高度	备注
荒沟	尾水调压室	上水库死水位634m，下水库校核水位225.9m，额定负荷，突甩负荷，导叶正常关闭	238.25	12.35	研究机构计算
敦化	尾水调压室	上水库死水位1373m，下水库正常蓄水位717m，两台机组抽水起动，在上游调压室水位最低时抽水断电，导叶全拒	732.38	15.38	设计报告
沂蒙	尾水调压室	上水库死水位571m，下水库正常蓄水位220m，两台机组同时起动，增至最大负荷	228.319	8.319	设计报告
绩溪	尾水调压室	上水库死水位921m，下水库校核洪水位342.81m，最小扬程，抽水断电，导叶全拒	353.45	10.64	厂家计算
洪屏	尾水调压室	上水库死水位716m，下水库校核洪水位181m，最低扬程，最大抽水流量抽水时断电，导叶全拒	193.8	12.8	厂家计算
仙居	尾水调压室	上水库死水位641m，下水库校核水位213.87m，一台正常抽水，一台起动，在尾水调压室流入流量最大时两台机组抽水断电导叶全拒	219.18	5.31	厂家计算
仙游	尾水调压室	上水库死水位715.00m，下水库正常蓄水位294m，一台机组正常运行，另一台机组起动，在流入尾水调压室流量最大的时刻，两台机组抽水断电，机组导叶全拒	314.21	20.21	设计报告
梅州	尾水调压室	上水库死水位782.00m，下水库正常蓄水位413.5m，同一水力单元两台机组中的一台机组正常抽水运行，另一台机组正常起动抽水，在起动开始后调压室达到最高涌波的最不利时刻突然断电，导叶正常关闭	430.16	16.66	设计报告
清远	尾水调压室	下水库校核水位142.45m，上水库死水位587m，一台机组抽水起动，达到最大流量后，在进入尾水调压室流量最大时突然断电，导叶全部拒动	150.48	8.03	高校计算
琼中	尾水调压室	下水库水位正常蓄水位253m，上水库死水位560m，一台机组抽水运行动，另外两台机组起动抽水，达到最大流量后，在进入尾水调压室流量最大时突然断电，导叶全部拒动	280.24	27.24	厂家计算

表 9-3-4　国内部分抽水蓄能电站调压室最低涌波工况及涌波高度汇总表　单位：m

工程名称	部位	工况	水位	高度	备注
丰宁	引水调压室	上水库死水位1460m，下水库正常蓄水位1061m，两台机组抽水起动，在流出引水调压室流量最大时抽水断电，导叶全拒	1416.1	43.9	设计报告
荒沟	引水调压室	上水库死水位634m，下水库设计洪水位220.58m，一台机组抽水运行，另一台机组起动抽水，在流入尾水调压室流量最大时，两台机组同时断电，导叶全部拒动	621.43	12.57	研究机构计算
敦化	引水调压室	上水库死水位1373m，下水库正常蓄水位717m，两台机组抽水起动，在流入尾水调压室流量最大时抽水断电，导叶全拒	1338	35	设计报告
绩溪	引水调压室	上水库死水位921m，下水库正常蓄水位340m，两台机组抽水起动，在流入尾水调压室流量最大时抽水断电，导叶全拒	901.59	19.41	厂家计算
洪屏	引水调压室	上水库死水位716m，下水库校核洪水位181m，最低扬程，最大抽水流量抽水时断电，导叶全拒	693	23	厂家计算
天池	引水调压室	上水库死水位1020.00m，下水库正常蓄水位537.50m，一台机组正常运行，另一台机组抽水起动，在流出引水调压室流量最大时突然断电，导叶全部拒动	961.21	58.79	设计报告
白莲河	引水调压室	上水库死水位291m，最小扬程189.76m，4台机组起动，达到最大抽水流量后，在流出调压室流量最大时断电，4台机组导叶拒动	272.29	18.71	项目总结报告
呼蓄	引水调压室	上水库死水位1903m，下水库正常蓄水位1400m，两台机组抽水相继起动，当流出调压室水位流量最大时，两台机组同时断电，导叶拒动	1879.079	23.921	高校计算

续表

工程名称	部位	工况	水位	高度	备注
句容	引水调压室	上水库死水位 239m，下水库正常蓄水位 81m，一台机组正常运行，另一台机组正常起动抽水，在流出上室调压室流量最大时抽水断电，导叶全拒	220.2	18.8	厂家计算
洛林	引水调压室	上水库死水位 1204.00m，下水库正常蓄水位 620.00m，同一水力单元两台机组同时甩相应水头最大负荷，在流出引水调压室流量最大时，一台机组从空载增至相应水头最大输出功率	1180.8	23.2	厂家计算
洛林	尾水调压室	上水库正常蓄水位 1230.00m，下水库死水位 588.00m，同一水力单元的两台机组由一台增至两台，流出尾水调压室的流量最大时，两台机组同时甩负荷，导叶紧急关闭	570.22	17.78	厂家计算
丰宁	尾水调压室	上水库正常蓄水位 1505m，下水库死水位 1042m，两台机组同时起动，增至满负荷，当流入引水调压室流量最大时，同时甩满负荷，导叶正常关闭	1015.8	26.2	设计报告
荒沟	尾水调压室	上水库正常蓄水位 625m，下水库死水位 203m，一台机组额定负荷运行，另一台机组起动增至额定负荷，在流出尾水调压室流量最大时，两台机组突甩负荷，导叶正常关闭	192.48	10.52	研究机构计算
敦化	尾水调压室	上水库正常蓄水位 1391m，下水库死水位 690m，两台机组起动，增至满负荷，在流出尾水调压室流量最大时突甩负荷，导叶正常关闭	659.53	30.47	设计报告
沂蒙	尾水调压室	上水库正常蓄水位 606m，下水库死水位 190m，两台机组额定负荷运行，突甩负荷，导叶关闭	167.094	22.906	设计报告
绩溪	尾水调压室	上水库正常蓄水位 961m，下水库死水位 318m，两台机组起动，增至满负荷，在流出尾水调压室流量最大时突甩负荷，导叶正常关闭	297.77	20.23	厂家计算
洪屏	尾水调压室	上水库校核洪水位 735.45m，下水库死水位 163m，额定负荷运行，突甩负荷，导叶正常关闭	147.7	15.3	厂家计算
仙居	尾水调压室	上水库正常蓄水位 675m，下水库死水位 178m，两台机组发电，额定负荷运行，在尾水调压室流出流量最大时突甩负荷，导叶正常关闭	155.12	22.88	厂家计算
仙游	尾水调压室	上水库正常蓄水位 741m，下水库死水位 266m，一台机组正常运行，一台机组增负荷，在流出尾水调压室流量最大的时刻，两台机组同时甩负荷，机组导叶正常关闭	251.1	14.9	设计报告
梅州	尾水调压室	上水库正常蓄水位 815.5m，下水库死水位 383.00m，同一水力单元一台机组正常运行，另一台机组起动增至额定负荷，在流出调压室流量最大的时刻，两台机组突甩负荷，导叶正常关闭	368.64	14.36	设计报告
清远	尾水调压室	下水库死水位 108m，上水库正常水位 612.5m，1 号机组发电起动增至满负荷后，在流出尾水调压室流量最大时，丢弃全部负荷，导叶紧急关闭	95.8	12.2	高校计算
琼中	尾水调压室	下水库死水位 239m，上水库水位 566m，2、3 号机组正常运行，1 号机突增满负荷，在流出尾水调压室流量最大时（62s），丢弃全部负荷	224.3	14.7	厂家计算

从表 9-3-3 和表 9-3-4 可知：

（1）引水调压室最高涌波高度为 4.09～34.09m，多发生在上水库为最高水位、下水库为死水位，两台机组同时起动增至满负荷或一台机组额定负荷运行、另一台机组起动增至满负荷，当流入引水调压室流量最大时，同时甩满负荷，导叶正常关闭。

（2）引水调压室最低涌波高度为 12.57～58.79m，多发生在上水库为死水位、下水库为最高水位，两台机组抽水起动或一台机组抽水运行、另一台机组起动抽水，在流出引水调压室流量最大时抽水断电，导叶全拒。

（3）尾水调压室最高涌波高度为 5.31～27.24m，多发生在下水库为最高水位、上水库为死水位，最小扬程，两台机组抽水或一台机组抽水运行、另一台机组起动抽水，在流入尾水调压室流量最大时抽水断电，导叶全拒。

（4）尾水调压室最低涌波高度为 10.52～30.47m，多发生在下水库为死水位、上水库最高水位，两台机组同时起动增至满负荷或一台机组额定负荷运行、另一台机组起动增至满负荷，当流出尾水调压室流量最大时，同时甩满负荷，导叶正常关闭。

（四）阻抗式调压室主要特征尺度的相关关系

如前所述，设计阻抗式调压室应满足四项基本要求。根据相似理论，满足这些要求的调压室主要尺度，即阻抗孔直径 d_s 和相应的面积 A_s，大井直径 D_T，以及隧洞断面积 A_0 之间应存在相互协调的关系。利用所收集的满足上述要求的工程资料，点绘 A_s/A_0 与 D_T/d_s 的关系图见图 9-3-2，可作为设计时初拟尺寸的参考。

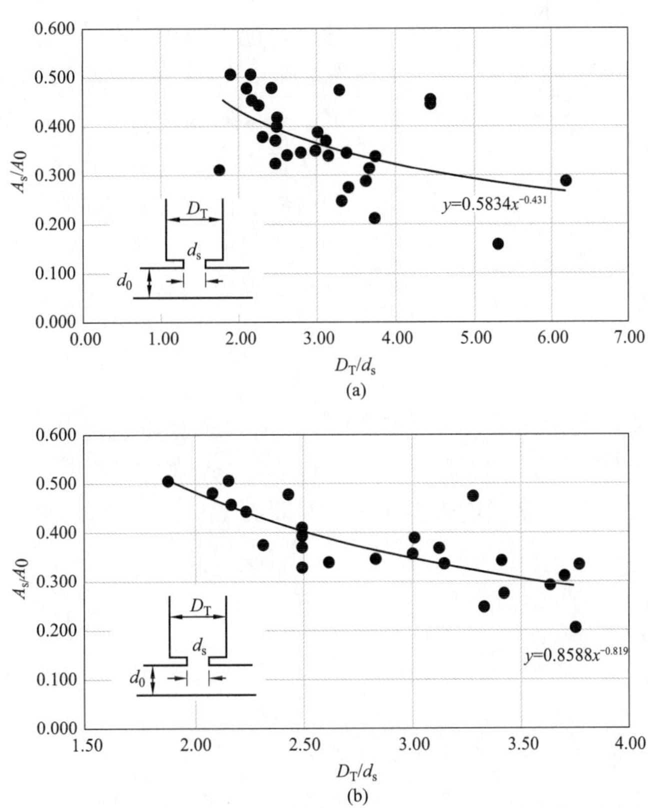

图 9-3-2 A_s/A_0 与 D_T/d_s 的关系图

(a) D_T/d_s 在 1.8～7 的统计曲线；(b) D_T/d_s 在 2～4 的统计曲线

三、阻抗孔水头损失计算

水流通过阻抗孔的水头损失 h_c 的表达式为

$$h_c=\frac{1}{2g}\left(\frac{Q}{\varphi S}\right)^2 \tag{9-3-1}$$

式中 Q——通过阻抗孔的流量，相当于表 9-3-2 中（2）和（8）两种水流状况；

S——阻抗孔的面积（见图 9-3-2 中的 A_s）；

φ——水流全部流入阻抗调压室时的流量系数，可用 φ_{in} 表示。

利用满足上述基本要求的有关工程的阻抗孔的试验资料，绘出 φ_{in} 与 d_s/D_T 的关系如图 9-3-3 所示，图中绘有突然扩大水头损失的理论关系曲线，可见 d_s/D_T 是主要变量。一般建议取 $\varphi=0.6$～0.85 是合理的。图 9-3-3 可供初选 φ_{in} 时的参考。但应指出，对于全部流出调压室的流况，由于流经阻抗孔（管）为较高流速的射流，流入隧洞后受隧洞底板（在较短的距离之内）的约束形成洞内水平轴旋滚的水流，压力场发生变化，通常会出现 $\varphi_{out}>\varphi_{in}$ 的结果。对于较为典型（不带岔管的）的布置，$\varphi_{out}/\varphi_{in}$ 为 1.2 左右。φ 受边界条件影响明显，较为复杂的布置其 φ_{out} 宜通过试验确定。

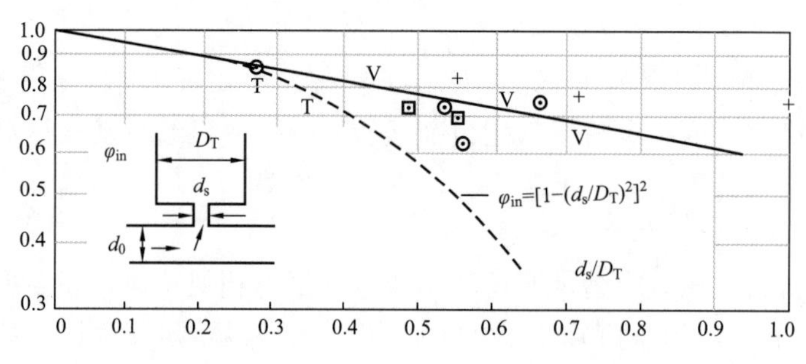

图 9-3-3 阻抗孔 φ_{in} 与 d_s/D_T 的关系

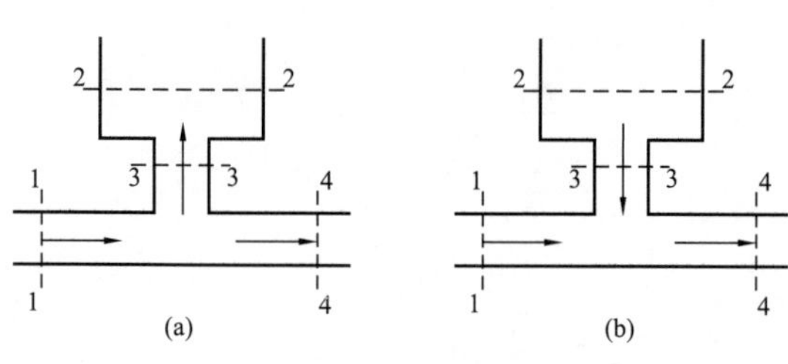

图 9-3-4 调压室典型流态示意图

(a) 水流流进调压室；(b) 水流流出调压室

图 9-3-4 为调压室典型流态示意图。事实上，调压室水流流动可视为 90°岔管的流动。当水流流进调压室时，部分水流经主洞转 90°进入阻抗孔（管），同时，另一部分水流继续向下游形成流经阻抗孔的过境水头损失；反之亦然，显示了与经典水力学物理图案的区别。但可认为阻抗孔水头损失 h_c 是由 T 形岔管的水头损失 h_b，断面急骤变化（突扩和突缩）的局部损失 h_s，以及阻抗孔（管）的摩阻损失 h_f 三部分组成，即

$$h_c=\eta(h_b+h_s)+h_f \tag{9-3-2}$$

式中 η——修正系数，表示所论流动与经典水力学物理图案差异带来的影响。

摩阻损失 h_f 可用满宁公式计算，对于隔板式阻抗孔或短连接管式布置，可以忽略不计。

按照 Gtardel 的研究，分流（水流进入调压室）时断面 1-1 至 3-3 间的水头损失为

$$h_{b13}=H_1-H_3=K_{13}v_1^2/2g \tag{9-3-3}$$

式中 H_1，H_3——断面 1-1 和 3-3 处的总水头；

v_1——为断面 1-1 的平均流速。

水头损失系数 K_{13} 为

$$K_{13}=0.95(1-q_{31})^2+q_{31}^2\left[1.3\cot\frac{180-\theta}{2}-0.3+\left(\frac{0.4-0.1A_r}{A_r^2}\right)\left(1-0.9\sqrt{\frac{r}{A_r}}\right)\right]+0.4q_{31}(1-q_{31})\left(1+\frac{1}{A_r}\right)\cot\frac{180-\theta}{2} \tag{9-3-4}$$

$$q_{31}=Q_3/Q_1$$

$$A_r=A_3/A_1$$

式中 q_{31}——分流时的流量比；

Q_1——隧洞中的总流量；

Q_3——流入调压室的流量；

θ——两分流支管（阻抗孔与其下隧洞）轴线之间的夹角，对所研究的布置（见图 9-3-4），$\theta=90°$；

A_r——阻抗孔（管）与输水隧洞的面积比；

A_3，A_1——断面 3-3 和 1-1 的断面面积；

r——支管（阻抗孔）与干管（隧洞）连接处的修圆半径。

水流经阻抗孔（管）断面 3-3 至大井属于突然扩大，水头损失为

$$H_{s32}=H_3-H_2=K_{32}v_3^2/2g \tag{9-3-5}$$

损失系数为

$$K_{32}=[1-(D_3/D_2)^2]^2 \tag{9-3-6}$$

式中 D_3——阻抗孔（管）的直径（见图 9-3-2 中的 d_s）；

D_2——调压室大井直径（见图 9-3-2 中的 D_T）；

v_3——阻抗孔（管）的平均流速。

根据连续方程可有 $v_3=Q_3/A_3=q_{31}A_1v_1/A_3$，这里 $q_{31}=Q_3/Q_1$，$Q_1=A_1v_1$，于是有

$$h_{13}=h_{b13}+h_{s32}=K_{12}v_1^2/2g=[K_{13}+K_{32}q_{31}^2(A_1/A_3)^2]v_1^2/2g \tag{9-3-7}$$

按式（9-3-2）还应乘上修正系数 η。

同理，对于水流流出调压室的合流工况，见图 9-3-4(b)，则断面 3-3 和 4-4 间的水头损失为

$$h_{b34}=H_3-H_4=K_{34}v_4^2/2g \tag{9-3-8}$$

而水流由调压室大井经阻抗孔（管）流出时，断面 2-2 和 3-3 间突然缩小的局部水头损失为

$$H_{s32}=K_{23}v_4^2/2g \tag{9-3-9}$$

合流时断面 3-3 和 4-4 间的水头损失系数为

$$K_{34}=-0.92(1-q_{34})^2-q_{34}^2\left[(1.2-\sqrt{r})\left(\frac{\cos\theta}{A_r}-1\right)+0.8\left(1-\frac{1}{A_r^2}\right)-\frac{(1-A_r)\cos\theta}{A_r}\right]+(2-A_r)q_{34}(1-q_{34}) \tag{9-3-10}$$

$$q_{34}=Q_3/Q_4$$

有压管道突然扩大和缩小的局部损失系数可按图 9-3-5 查取，图 9-3-5 中 A_s 为有压管道小断面面积；A_L 为有压管道大断面面积。

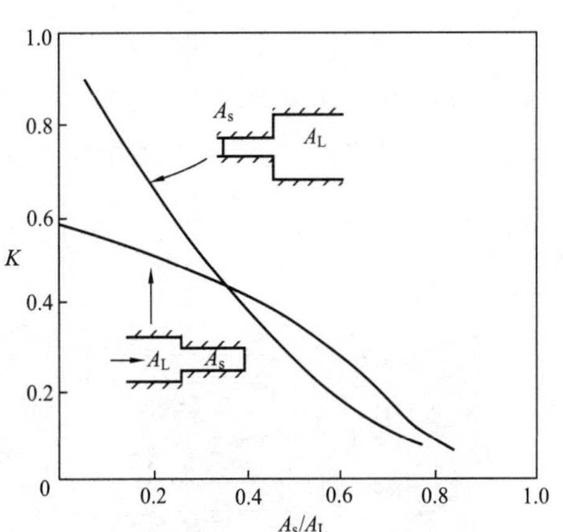

图 9-3-5 有压管道突然扩大和缩小局部水头损失系数 K

根据日本奥清津第二抽水蓄能电站的研究（《奥清津第二抽水蓄能电站调压室和水击压力研究》，电力土木，No. 265，1996 年 9 月），分流和合流两种情况下的水头修正系数 η 可由图 9-3-6 查取。该图是以 $\psi=(d_s/D_T)^2$，即阻抗孔面积与调压室大井面积之比为参数，以阻抗孔（管）的长度 l 与 d_s 之比为变量的。根据图 9-3-3，通常 d_s/D_T 在 0.3～0.7，其 ψ 为 0.1～0.5，对于出流情况，其 η 为 1.15 左右，而合流时为 1.12 左右。根据试验研究和原型观测，表明上述方法的计算结果令人满意。

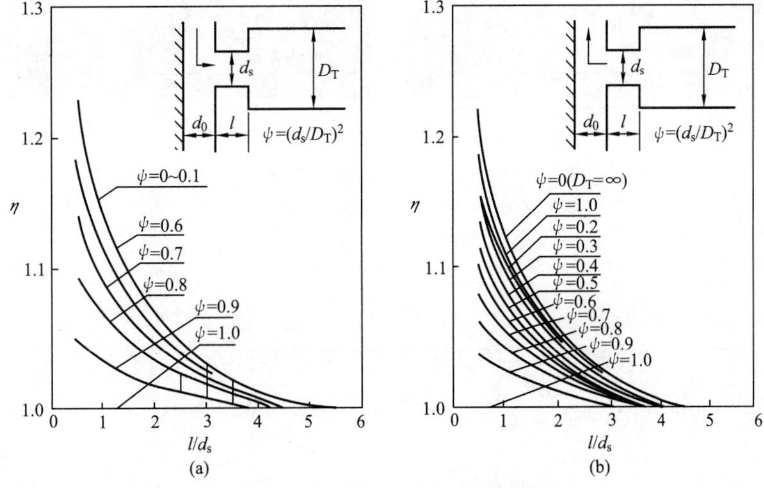

图 9-3-6 水头损失修正系数

（a）水流进入调压室；（b）水流从调压室流出

四、调压室水工模型试验

通过调压室水工模型试验，优化调压室体形尺寸，保证所有工况水力稳定，水流条件好；优化阻抗孔尺寸，使调压室底部隧洞的内水压力满足与涌波水位的关系要求。本节主要结合呼和浩特抽水蓄

能电站引水调压室的局部水工模型试验情况做简要介绍，呼和浩特抽水蓄能电站可行性研究阶段调压室布置在引水隧洞的正上方，施工详图阶段调压室布置调整到引水隧洞的一侧。

（一）试验内容

（1）测定水流进、出调压室阻抗孔的阻抗损失系数。

（2）测定调压室底部局部水头损失系数。

（3）观测调压室内及其底部水流流态。

（4）分析试验成果，优化阻抗孔尺寸和调压室体型，满足各种运行工况要求。

（二）模型设计和制作

1. 模型设计

按重力相似准则设计，采用正态模型，模型几何比尺一般为 1∶30～1∶25，部分抽水蓄能电站调压室水工模型几何比尺见表 9-3-5。

表 9-3-5　　部分抽水蓄能电站调压室水工模型几何比尺

工程名称	呼和浩特	文登	十三陵	琅琊山	备注
长度比尺 λ_1	25	27	30	30	

2. 模型制作

模型应模拟整个调压室，以及上、下游侧压力水道。压力水道各侧长度应不小于 10 倍洞径，以消除辅助管道对调压室流态的影响。调压室和压力管道宜选用有机玻璃加工制作；为适应长管道变形，在适当部位设置伸缩节和活动支承。图 9-3-7 和图 9-3-8 分别为呼和浩特抽水蓄能电站引水调压室可行性研究阶段水工试验模型（位于隧洞上方）、引水调压室施工详图阶段水工试验模型（位于隧洞一侧）。

(a)

(b)

图 9-3-7　呼和浩特抽水蓄能电站引水调压室可行性研究阶段水工试验模型（位于隧洞上方）

（a）调压室水工模型全景；（b）调压室水工模型底部

3. 试验工况

试验内容包括发电和抽水两种运行工况下，机组正常稳定运行时水流流经调压室底部的水头损失系数，以及在机组增荷和弃荷工况下，调压室水位上升及下降时的水头损失系数，涵盖了调压室水力过渡过程中可能出现的流态的水头损失系数，试验水流状况见表 9-3-2。

4. 试验成果

（1）阻抗孔尺寸试验。根据水工模型试验得到不同阻抗孔口直径方案对应的阻抗系数，分别进行过渡过程仿真计算，在满足上述控制条件基础上选择较优方案。

呼和浩特引水调压室拟定了 3.5、3.9、4.3m 三个阻抗孔尺寸方案，进行水工模型试验，选定 6 个比较典型的工况进行了过渡过程仿真计算，各方案引水调压室阻抗孔口直径的选择验算见表 9-3-6。表 9-3-6 中，各工况的水位与机组运行状态组合情况如下：

(a)

(b)

图 9-3-8 呼和浩特抽水蓄能电站引水调压室施工详图阶段水工试验模型（位于隧洞一侧）
（a）调压室水工模型全景；（b）调压室水工模型底部

1）工况 1：上水库水位 1940m，下水库水位 1355m，两台机组满负荷发电，同时甩全负荷，两台机组导叶均按选定规律正常关闭。

2）工况 2：上水库水位 1920m，下水库水位 1377m，两台机组满负荷发电，同时甩全负荷，两台机组导叶均按选定规律正常关闭。

3）工况 3：上水库水位 1903m，下水库水位 1400m，两台机组满负荷发电，同时甩全负荷，两台机组导叶均按选定规律正常关闭。

4）工况 4：上水库水位 1903m，下水库水位 1400m，两台机组满功率抽水，同时断电，两台机组导叶均按选定规律正常关闭。

5）工况 5：上水库水位 1903m，下水库水位 1400m，两台机组满功率抽水，同时断电，一台机组导叶按选定规律正常关闭，另一台机组导叶拒动。

6）工况 6：上水库水位 1903m，下水库水位 1400m，两台机组满功率抽水，同时断电，两台机组导叶均拒动。

表 9-3-6　　各方案引水调压室阻抗孔口直径的选择验算　　单位：m

工况		方案								
		阻抗孔口直径 3.5m			阻抗孔口直径 3.9m			阻抗孔口直径 4.3m		
		室底引水洞压力	调压室涌浪	调压室底板压差	室底引水洞压力	调压室涌波	调压室底板压差	室底引水洞压力	调压室涌波	调压室底板压差
工况 1	最大值	1957.72	1945.13	15.89	1953.55	1946.28	11.16	1950.89	1947.01	8.41
	最小值	1932.94	1932.94	−1.41	1931.02	1931.02	−1.26	1929.71	1929.71	−1.10
工况 2	最大值	1945.78	1934.46	19.96	1941.07	1936.10	13.97	1938.08	1937.13	10.40
	最小值	1911.14	1911.14	−2.46	1909.13	1909.13	−1.72	1907.76	1907.76	−1.67
工况 3	最大值	1927.44	1917.42	18.67	1923.01	1919.01	13.14	1920.82	1919.91	9.86
	最小值	1894.15	1894.15	−1.82	1892.18	1892.18	−1.59	1890.91	1890.91	−1.51
工况 4	最大值	1912.57	1912.51	9.29	1915.20	1915.17	7.31	1917.23	1917.21	6.08
	最小值	1882.87	1882.97	−12.37	1881.21	1881.22	−8.32	1880.14	1880.14	−5.01
工况 5	最大值	1913.36	1912.93	12.26	1915.97	1915.70	10.33	1918.02	1917.58	8.54
	最小值	1880.21	1880.48	−12.65	1878.46	1878.47	−8.49	1877.27	1877.27	−5.06

续表

工况		方案								
		阻抗孔口直径 3.5m			阻抗孔口直径 3.9m			阻抗孔口直径 4.3m		
		室底引水洞压力	调压室涌浪	调压室底板压差	室底引水洞压力	调压室涌波	调压室底板压差	室底引水洞压力	调压室涌波	调压室底板压差
工况 6	最大值	1912.78	1912.61	15.94	1915.58	1915.50	13.47	1918.03	1917.98	11.40
	最小值	1877.30	1877.82	−12.96	1875.53	1875.55	−8.69	1874.18	1874.19	−5.09

注 调压室底板压差定义为某一时刻调压室底部节点的最大测压管水头减去对应时刻的调压室涌波值，以向上为正。

从表 9-3-6 可看出：①三个方案上室调压室最高涌波和最低涌波发生的工况一致，三个阻抗孔口直径方案均满足要求。②调压室涌波水位和调压室底部隧洞测压管水头之间会存在一定的差别。③发电工况，阻抗孔孔口直径增大，调压室最高涌波水位逐渐增大，底部最大测压管水头逐渐减小，最低涌波与底部最小测压管水头相等；抽水工况，调压室最高涌波水位和底部最大测压管水头比较接近，最低涌波水位和底部最小测压管水头基本相等，阻抗孔直径较小时存在一定的差别。④三个方案调压室的水位波动幅度都是随时间衰减的，调压室的大波动是稳定的。当阻抗孔口直径采用 4.3m 时，过渡过程计算结果最接近孔口选择控制条件，呼和浩特引水调压室阻抗孔尺寸采用了 4.3m。

（2）调压室水头损失特性。根据机组正常运行和发生过渡过程时压力管道和调压室中水流状态的特点，调压室的水头损失有两种情况：

1）恒定流时水头损失系数大小与流量无关而只与水流方向有关。表 9-3-7 给出了机组正常稳定发电和抽水运行时，水流通过调压室底部的水头损失系数，以及在单机发电、抽水运行以及双机发电、抽水运行时，水流流经引水调压室底部时的水头损失。表 9-3-8 给出了压力管道水流全部流入和流出调压室时的水头损失系数。

表 9-3-7　稳定水流流经调压室底部时的水头损失系数

编号	试验工况	水头损失系数	单机运行（发电 ΔH_{12} 或抽水 ΔH_{21}）				两台机组运行（发电 ΔH_{12} 或抽水 ΔH_{21}）			
			流量		水头损失（cm）		流量		水头损失（cm）	
			原型（m^3/s）	模型（L/s）	原型	模型	原型（m^3/s）	模型（L/s）	原型	模型
1	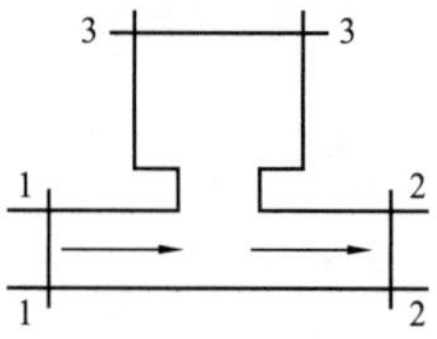	$\xi_{12}=0.170$	57.84	18.51	3.18	0.13	115.68	37.02	12.73	0.51
			64.08	20.51	3.91	0.16	128.16	41.02	15.63	0.63
			66.01	21.12	4.15	0.17	132.02	42.24	16.59	0.66
2	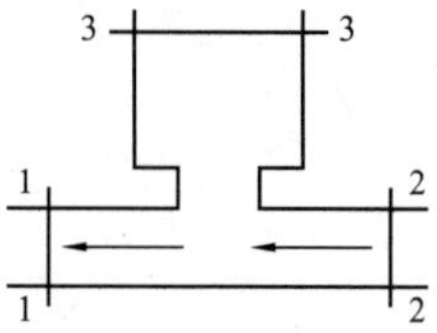	$\xi_{21}=0.085$	41.70	13.34	1.44	0.06	83.40	26.68	5.75	0.23
			55.10	17.63	2.51	0.10	110.20	35.26	10.04	0.40

注 $\xi_{12}=\dfrac{\Delta H_{12}}{v_1^2/2g}$；$\xi_{21}=\dfrac{\Delta H_{21}}{v_2^2/2g}$。

表 9-3-8　压力管道水流全部流入与流出调压室时的水头损失系数

编号	试验工况	水头损失系数	说明
1	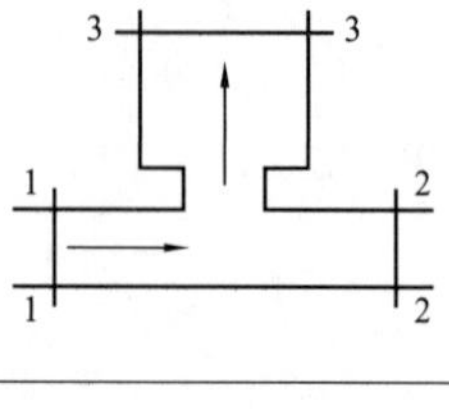	$\xi_{13}=5.888$	$\xi_{13}=\dfrac{H_1-H_3}{v_1^2/2g}$

续表

编号	试验工况	水头损失系数	说明
2	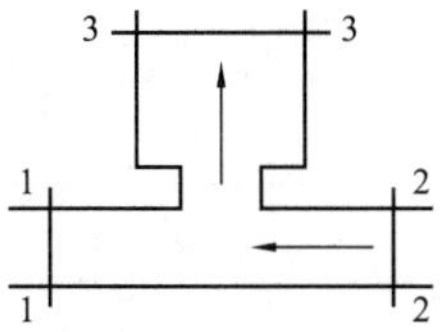	$\xi_{23}=3.695$	$\xi_{23}=\dfrac{H_2-H_3}{v_2^2/2g}$
3	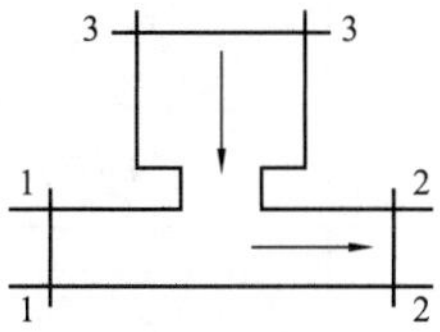	$\xi_{32}=4.307$	$\xi_{32}=\dfrac{H_3-H_2}{v_2^2/2g}$
4	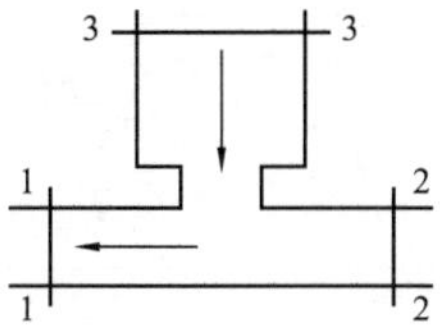	$\xi_{31}=6.998$	$\xi_{31}=\dfrac{H_3-H_1}{v_1^2/2g}$

2）机组负荷变化或工况转换过程中非恒定流状态的调压室水头损失系数，其大小既与流量比 $q_{ij}=Q_i/Q_j$ 有关（分母 Q_j 为总流量，分子 Q_i 为分流量），又与调压室中的水流状态相关。表 9-3-9 和表 9-3-10 给出机组发生过渡过程期间，调压室中水位上升和下降时，各种流态的水头损失系数与流量比的关系。不同流态下使用不同断面的流速计算特征流速水头是为了避免计算水头损失系数时出现分母为零的情况。

表 9-3-9　　调压室水位上升时的水头损失系数与流量比关系

编号	试验工况	水头损失系数	说明
1	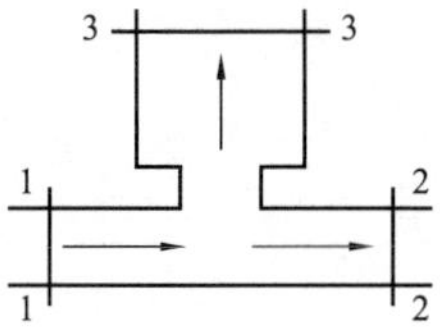	$\xi_{12}=0.531q_{21}^2-0.713q_{21}+0.345$	$\xi_{12}=\dfrac{H_1-H_2}{v_1^2/2g}$ $q_{21}=Q_2/Q_1$
		$\xi_{13}=5.564q_{31}^2-0.441q_{31}+0.830$	$\xi_{13}=\dfrac{H_1-H_3}{v_1^2/2g}$ $q_{31}=Q_3/Q_1$
2	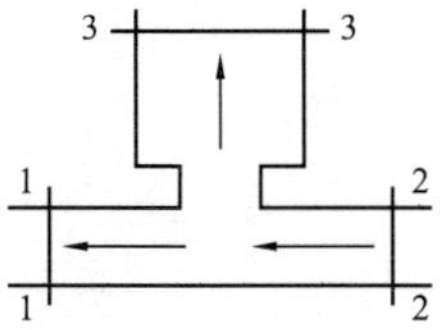	$\xi_{21}=0.109q_{12}^2-0.445q_{12}+0.419$	$\xi_{21}=\dfrac{H_2-H_1}{v_2^2/2g}$ $q_{12}=Q_1/Q_2$
		$\xi_{23}=3.262q_{32}^2-0.059q_{32}+0.537$	$\xi_{23}=\dfrac{H_2-H_3}{v_2^2/2g}$ $q_{32}=Q_3/Q_2$
3	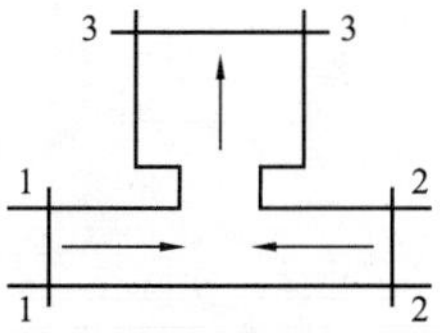	$\xi_{13}=2.971q_{13}^2-2.821q_{13}+26.10$	$\xi_{13}=\dfrac{H_1-H_3}{v_3^2/2g}$ $q_{13}=Q_1/Q_3$
		$\xi_{23}=5.688q_{23}^2-1.248q_{23}+24.90$	$\xi_{23}=\dfrac{H_2-H_3}{v_3^2/2g}$ $q_{23}=Q_2/Q_3$

表 9-3-10　　调压室水位下降时的水头损失系数与流量比关系

标号	试验工况	水头损失系数	说明
1	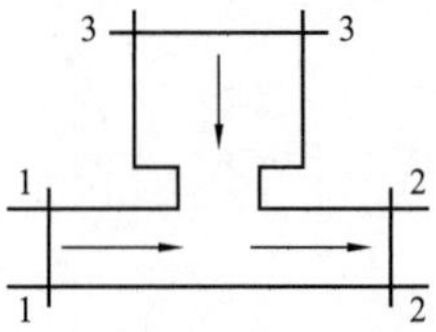	$\xi_{12}=-0.865q_{12}^2+0.877q_{12}+0.083$	$\xi_{12}=\dfrac{H_1-H_2}{v_2^2/2g}$ $q_{12}=Q_1/Q_2$
		$\xi_{32}=5.699q_{32}^2-0.942q_{32}-0.368$	$\xi_{32}=\dfrac{H_3-H_2}{v_2^2/2g}$ $q_{32}=Q_3/Q_2$
2	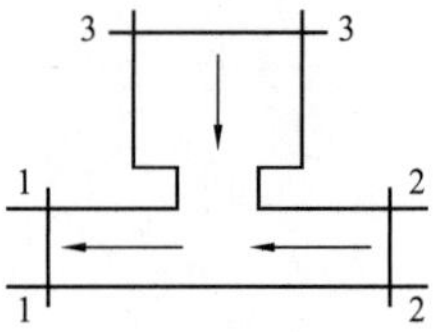	$\xi_{21}=-4.215q_{21}^2+4.794q_{21}-0.453$	$\xi_{21}=\dfrac{H_2-H_1}{v_1^2/2g}$ $q_{21}=Q_2/Q_1$
		$\xi_{31}=5.262q_{31}^2+2.008q_{31}-0.522$	$\xi_{31}=\dfrac{H_3-H_1}{v_1^2/2g}$ $q_{31}=Q_3/Q_1$
3	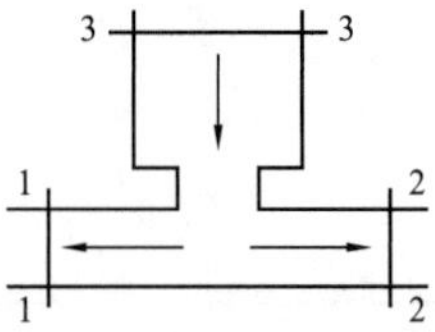	$\xi_{31}=13.74q_{13}^2-14.72q_{13}+33.13$	$\xi_{31}=\dfrac{H_3-H_1}{v_3^2/2g}$ $q_{13}=Q_1/Q_3$
		$\xi_{32}=-5.337q_{23}^2+5.5q_{23}+33.89$	$\xi_{32}=\dfrac{H_3-H_2}{v_3^2/2g}$ $q_{23}=Q_2/Q_3$

（3）水流流态。试验过程中，不同试验工况下对流态分别进行了观测。当共用同一座调压室的两台机组以不同的流量稳定发电或抽水运行时，调压室内水位均很平稳，其底部流道水流平顺，没有出现涡流。

第十章　输水系统及金属结构

第一节　输 水 系 统 设 计

一、进/出水口

（一）进/出水口主要特点和基本要求

1. 抽水蓄能电站进/出水口的主要特点

（1）在发电、抽水两种工况下，抽水蓄能电站进/出水口内水流方向相反，具有双向过流的特点。

（2）抽水蓄能电站隧洞流速多在3.5～5.5m/s，拦污栅断面流速一般在1.0m/s左右，需通过扩散段进行流速转换。为保持水流分布均匀，扩散段内需设置多个分流墩以形成多个过流孔道。

（3）抽水蓄能电站水库的水位变幅一般较大，进/出水口的作用水头、水下固体边界条件变化较大。

（4）闸门井在水力过渡工况下可能出现涌浪，闸门检修平台高程除满足防洪要求外，还应考虑涌浪的影响；闸门井在一定条件下可兼作调压室。

2. 抽水蓄能电站进/出水口的基本要求

（1）进流时无有害漩涡产生。

（2）出流时水流扩散均匀，不会导致拦污栅产生振动破坏。

（3）出流时水流扩散均匀，水流不会对库岸产生冲刷。

（4）水头损失较小。

（二）进/出水口主要型式

1. 侧式进/出水口

侧式进/出水口一般布置在水库岸边，主要特点：①输水道相对较短，但对坝体施工可能有一定干扰；②闸门、隧洞结构所受内水压力较低；③水流沿接近水平方向流动，进流一般比较平顺，出流时受扩散角度的限制，流速不易降低，易发生流速分布不均甚至出现顶部或底部负流速，但出流流速分布较易调整；④扩散段长度不宜太长、拦污栅断面不可能太大，从而使过栅流速相对较高，防涡设计要求较高；⑤水流流向变化小，水头损失一般较小。

侧式进/出水口根据闸门井的位置可分为侧向竖井式、侧向岸坡式、侧向岸塔式。侧向竖井式闸门置于岸边开挖的竖井内，国内外许多抽水蓄能电站进/出水口采用此种型式。侧向岸坡式闸门倾斜布置在岸坡上，斜坡上布置闸门槽，闸门通过启闭机沿闸门槽上下滑动。侧向岸塔式闸门布置于混凝土塔体内，可作为岸坡挡护结构。三种型式分别以敦化上水库进/出水口、天荒坪下水库进/出水口、十三陵下水库进/出水口为例，其布置如图10-1-1～图10-1-3所示。

2. 竖井式进/出水口

竖井式进/出水口引水道竖向进入水库，通常布置在上水库，主要特点：①离库岸有一定距离，对坝体施工基本无干扰，但引水隧洞长度相对增长；②闸门、隧洞结构所受内水压力较高；③进流一般比较平顺，出流流速分布受竖井段高度、弯段型式影响，易出现偏流与底部负流速，流速分布不易调整均匀，对减少拦污栅振动较不利；④水流沿四周进出，过水断面大，平均流速小，防涡要求较易满足；⑤水流流向变化大，水头损失一般较大。选择足够的竖井高度、合理的弯段型式，避免弯段产生偏流或脱离、消除过栅底部负流速并使过栅流速较为均匀，是这种型式进/出水口设计的关键。

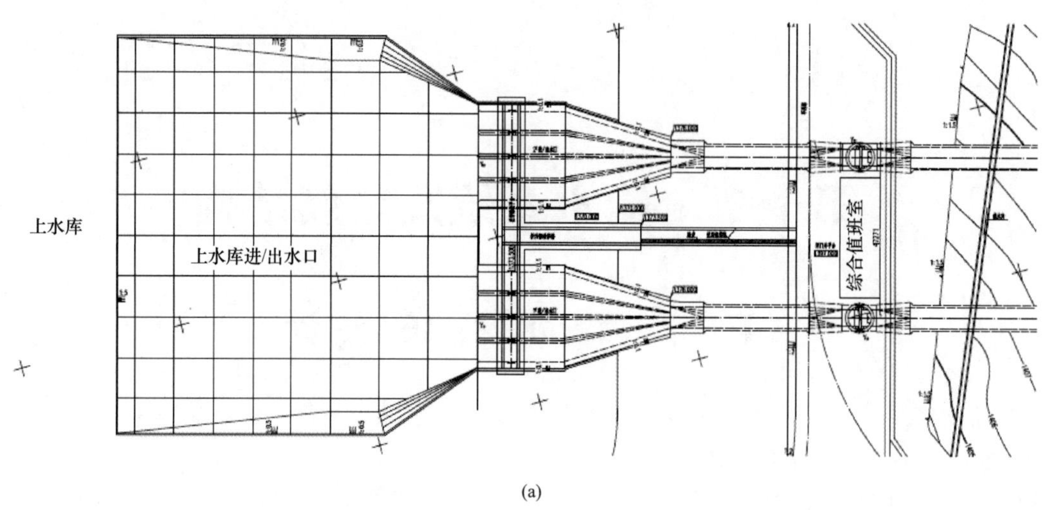

(a)

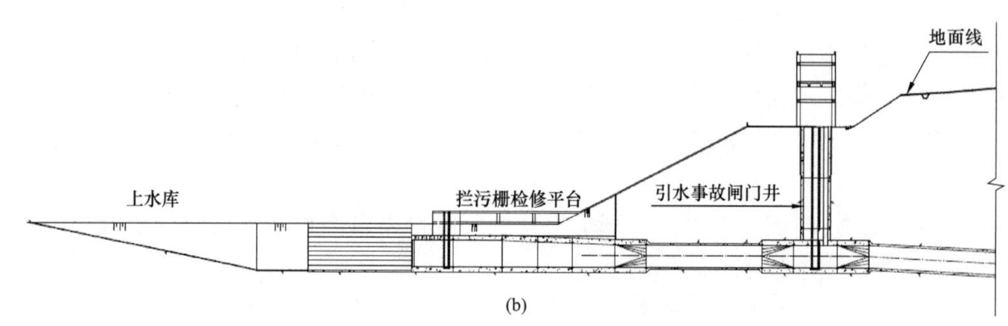

(b)

图 10-1-1 敦化上水库侧式进/出水口（侧向竖井式）

（a）进/出水口平面图；（b）进/出水口剖面图

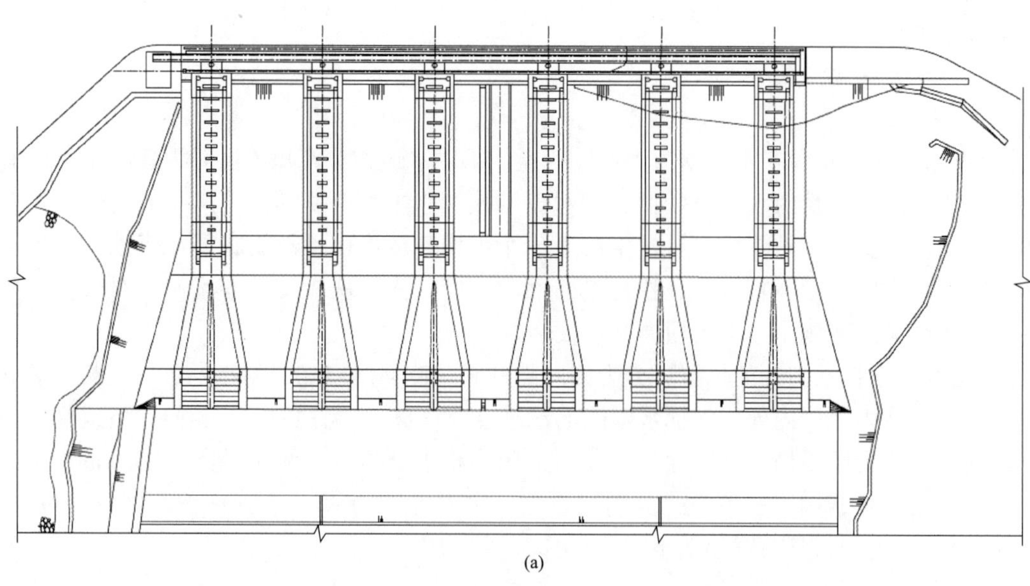

(a)

图 10-1-2 天荒坪下水库侧式进/出水口（侧向岸坡式）（一）

（a）进/出水口平面图

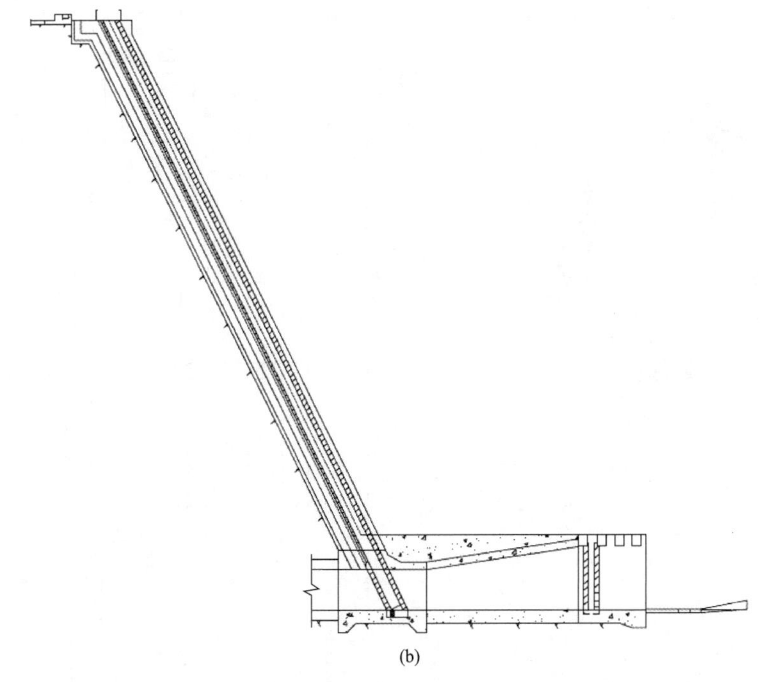

图 10-1-2　天荒坪下水库侧式进/出水口（侧向岸坡式）（二）
（b）进/出水口剖面图

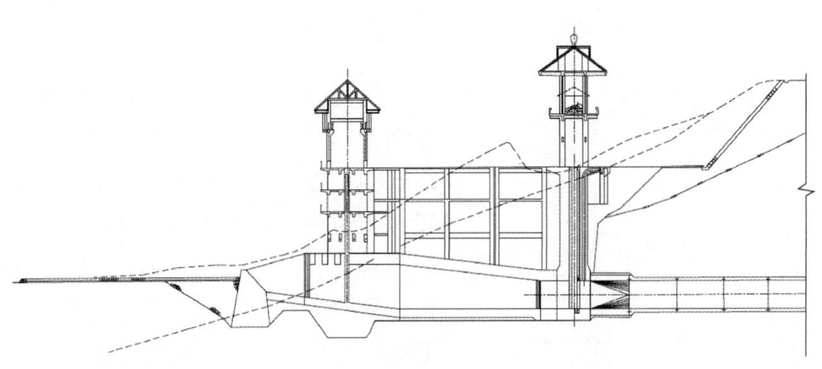

图 10-1-3　十三陵下水库侧式进/出水口（侧向岸塔式）

目前国内竖井式进/出水口大多采用盖板式。拐弯体型常见为两种型式，分别以西龙池上水库竖井进/出水口（变直径弯段）和易县上水库竖井进/出水口（等直径弯段）为例，其布置如图 10-1-4 和图 10-1-5 所示。

（三）进/出水口组成

1. 侧式进/出水口组成

明渠段：布置在进/出水口的最前端，用于改善进出水流条件，使水流顺畅地流入、流出。

拦沙坎与进/出水口前池：拦沙坎顶高程应高于设计淤沙高程，以防泥沙进入输水道内。进/出水口前一般设有前池，用于拦挡滚石、沉沙及便于施工期排水等。

防涡梁段：侧式进/出水口大多设置防涡梁，以防止进流时产生的吸气漩涡进入隧洞内。

调整段：位于防涡梁段与扩散段之间，顶板平行底板，有助于消除顶面负流速。

扩散段：扩散段体型是侧式进/出水口水力设计的关键。进流时，流速逐渐增大；出流时，流速逐渐减小。扩散段内常布置多个分流墩，增大水平扩散角，降低流速，并避免水流脱离固体边界。

拦污栅段启闭检修排架及平台：在扩散段孔口最大处，多设有拦污栅。抽水蓄能电站的上水库，大多没有天然来流，基本无污物，常不设或设较矮的拦污栅启闭排架，拦污栅的检修可结合上水库的放空检修进行。抽水蓄能电站的下水库，有污物来源时，必须设置拦污栅启闭机排架、拦污栅清污及检修平台；无污物来源时，可不设或设较矮的拦污栅启闭排架及平台。拦污栅一般有垂直启闭及倾斜启闭两种方式，启闭机排架的布置也随之有所不同。

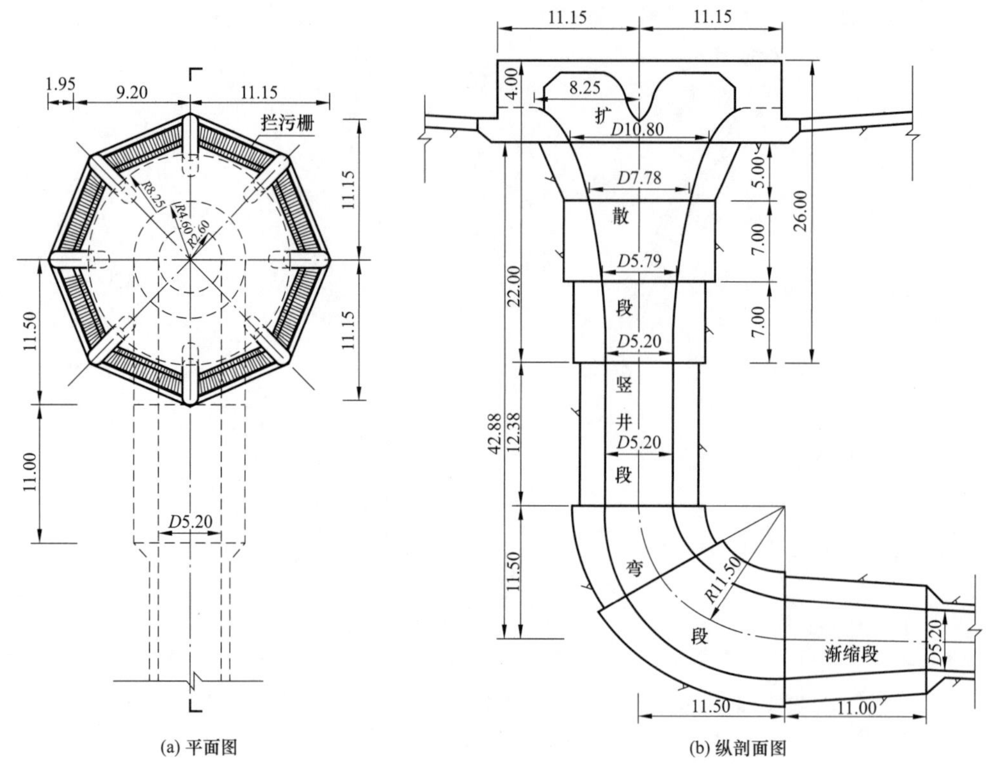

(a) 平面图　(b) 纵剖面图

图 10-1-4　西龙池上水库竖井式进/出水口（变直径弯段）

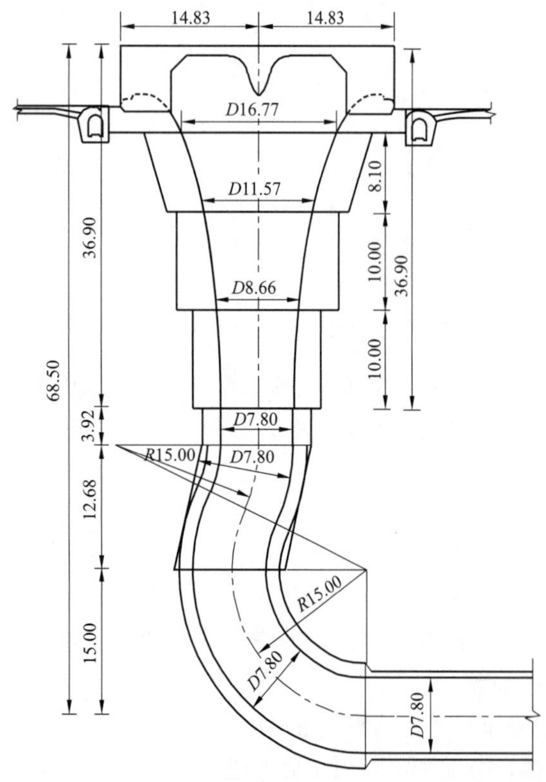

图 10-1-5　易县上水库竖井式进/出水口（等直径弯段）

闸门段：它是进/出水口的重要组成部分，内设检修闸门、事故闸门、通气孔。该段通常布置成进水塔或闸门井，当其布置在地面上时，称为进水塔；布置在山体内时，称为闸门井。其断面形状有圆形与矩形两种，仅设事故闸门时可采用圆形断面；事故闸门、检修闸门均设时多采用矩形断面。除考虑布置需要外，还应考虑围岩的地质条件。

闸门启闭机排架及启闭机房：在进水塔或闸门井顶部，设置启闭机排架及启闭机房，形成操作平台，放置卷扬式启闭机，并作为工作场所。

渐变段：渐变段是进/出水口与输水隧洞的连接段，其长度一般为隧洞直径的 1.5～2.0 倍。

隧洞段：当闸门段与扩散段相距较远时，设置隧洞段。根据其长度可采用矩形断面或圆形断面。

交通桥：进水塔及库内拦污栅启闭机架与坝体或岸坡间设置的交通桥。

上述建筑物中的调整段、渐变段、隧洞段、交通桥、排架等，应根据具体布置确定是否设置。

2. 竖井式进/出水口组成

国内竖井式进/出水口多采用盖板式，其组成如下：

扩散段：该段由盖板、水平径向分流墩、底板、喇叭口组成。根据流量的大小和孔口拦污栅设置要求，用径向分流墩在圆周方向分成 4～12 个孔口。该段是井式进/出水口水力设计关键点之一。

竖井段：扩散段与弯段间的连接段，一般应有适当高度。

弯段：将竖井段与缓倾角的输水道相连接，该段也是井式进/出水口水力设计关键点之一。

其他组成部分尚有：隧洞段、闸门段、渐变段、闸门启闭机排架及启闭机房。这些建筑物与侧式进/出水口相同。

开敞式竖井进/出水口除无扩散段的盖板外，其余与盖板式组成相同。其顶部也可设成格栅，如法国雷文（Revin）抽水蓄能电站的竖井式进/出水口。

竖井式进/出水口宜加盖板，尽量避免采用开敞式。开敞式竖井进/出水口比侧式与盖板式竖井进/出水口的漩涡问题要严重得多，即使淹没深度较大时，多数开敞式竖井进/出水口仍存在吸气漩涡。美国金祖抽水蓄能电站竖井式进/出水口，采用开敞式时，当淹没水深较低，模型中出现吸气漩涡；在其顶部设置一个直径 30m 的顶盖后，漩涡即消失。我国碧敬寺抽水蓄能电站竖井式进/出水口的水工模型试验中，进行了有无盖板的试验，有盖板比无盖板的防涡效果好得多。

塔式竖井进/出水口主要是在竖井式进/出水扩散段之上设置闸门塔，塔内设有闸门（筒阀或平板闸门）和启闭机。闸门塔通过交通桥与库岸（或大坝）连接。闸门塔布置在扩散段之上的主要原因是：弯段直接与倾角较大的引水道相接，竖井段一般较深，闸门段不便于设在引水道上，否则闸门井深度较大（约在百米以上）。如卢森堡维安登抽水蓄能电站，引水道倾角为 25.65°；爱尔兰特罗夫山抽水蓄能电站，引水道倾角为 28°；联邦德国的新考琴沃克抽水蓄能电站，引水道倾角为 23°，进水塔内设置筒阀。新考琴沃克抽水蓄能电站塔式竖井进/出水口如图 10-1-6 所示。塔式竖井进/出水口主要组成为闸门塔、扩散段、竖井段、弯段、交通桥。

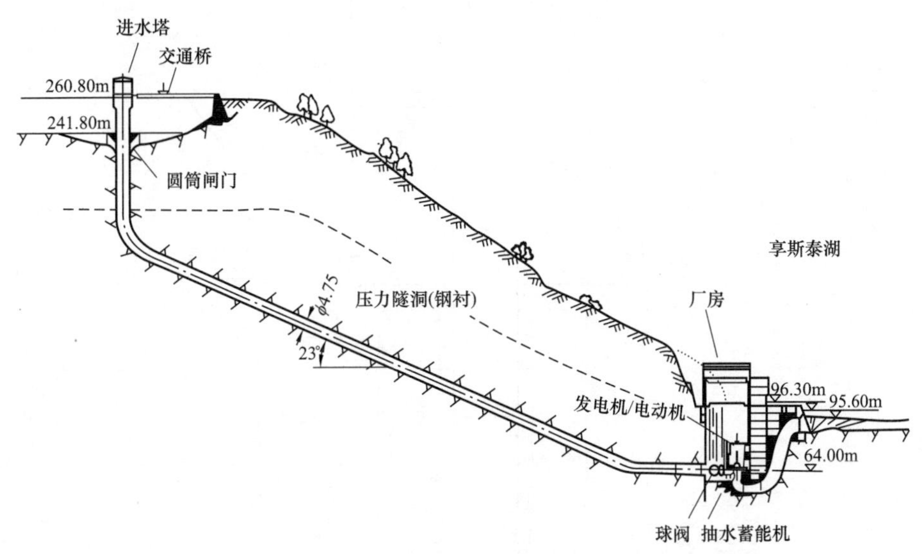

图 10-1-6　新考琴沃克抽水蓄能电站塔式竖井进/出水口

溧阳抽水蓄能电站上水库进/出水口采用塔式竖井进/出水口，2 个进/出水口单独布置，沿每个进出水口四周分割成 8 个孔口，每孔设一道平板事故闸门，2 个进/出水口共设置 16 孔 16 扇平板事故闸门，如图 10-1-7 所示。

（四）进/出水口布置

1. 位置选择

进/出水口位置需根据枢纽布置、地形地质条件、水流流态、施工条件、工程造价等方面综合确定。进/出水口位置选择，主要是选择进/出口段与闸门段的位置，一般原则如下：

（1）进/出水口位置选择应服从并服务于枢纽及输水系统的布置，以使输水系统布置顺畅、线路短等。

（2）进/出水口区应选在地形适宜、地质条件较好的地段，保证基岩有足够的承载能力、较易进洞及成洞、开挖边坡稳定或易于处理、开挖量小。

（3）进/出水流条件好。进出水口流态受固体边界影响较大，位置应选在地形（或其他建筑物）对流态没有干扰或干扰小的地方。进/出水口前固体边界宜对称。

（4）经济合理。必要时应进行技术经济比较。

（5）施工条件好，与其他建筑物相互干扰少。

2. 方案选择

进/出水口布置方案选择，一般包括如下内容：

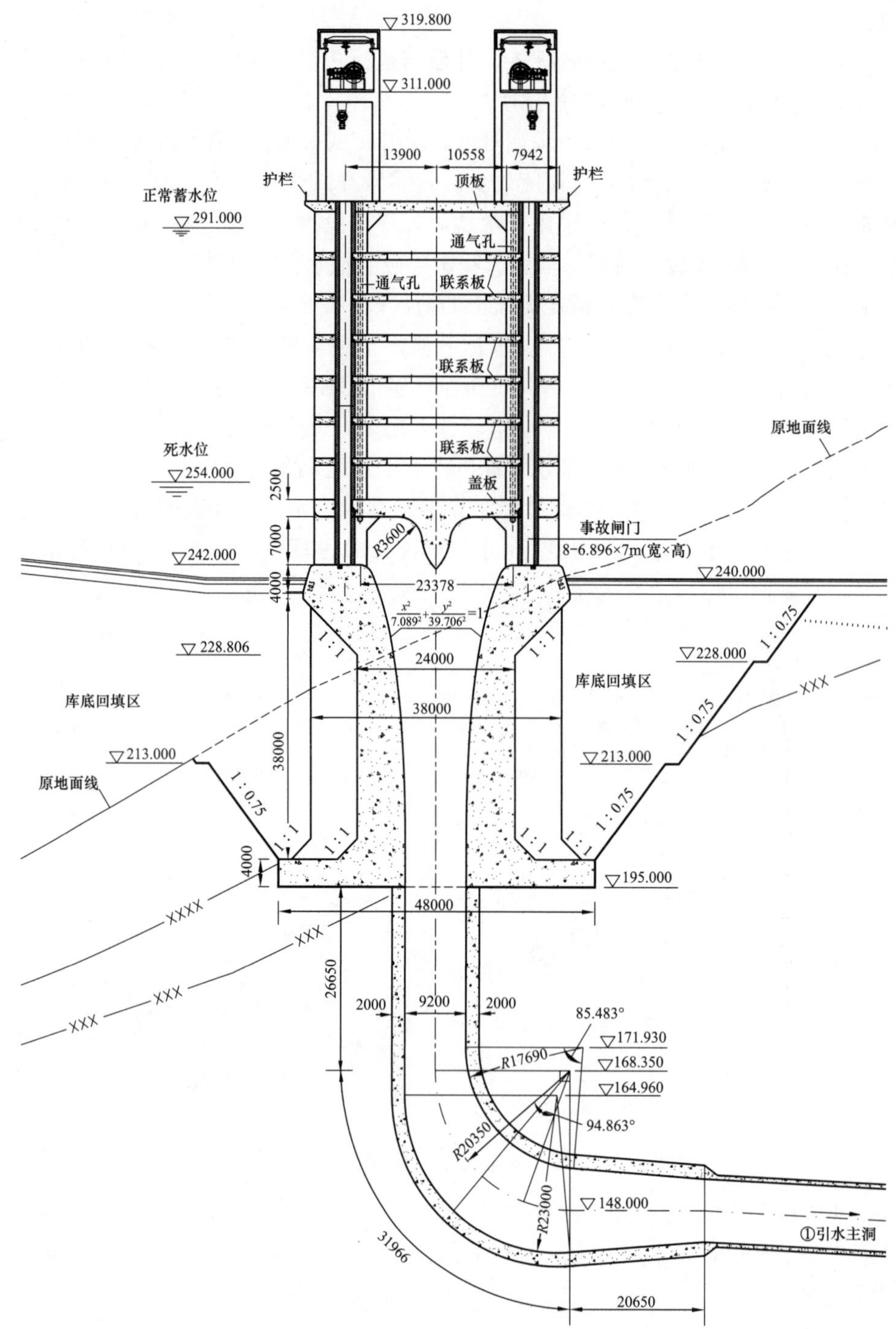

图 10-1-7　溧阳抽水蓄能电站上水库塔式竖井进/出水口

（1）进/出水口型式选择。根据水库库形、地形、地质、建筑物布置、水流进/出条件等因素选择，若侧式、竖井式均适于布置，应经比较择优选择进/出水口型式。

侧式进/出水口离岸边较近，出流时流速分布易于均匀，水头损失小，适用于引水道（或尾水道）近似水平方向进入水库，水库岸边具有较好的地形、地质条件。竖井式进/出水口离岸边较远，与坝体施工干扰较小，出流时流速分布不易均匀，水头损失较大；引水洞段较长，闸门井较高，工程量增加。两种型式各有优缺点，一般而言，侧式进/出水口投资较低，可优先考虑。对于上覆岩体厚度较小或处于软弱围岩地带时，竖井式进/出水口能较好地适应。

西龙池抽水蓄能电站上水库，若采用侧式进/出水口，进/出水口和隧洞位于软岩岩层中，其中软弱夹层发育；需穿过坝基，易引起坝体不均匀沉陷，不利于防渗面板安全和隧洞围岩稳定；隧洞上覆岩体厚度较小，有 70m 长的隧洞段不能满足上覆岩体厚度要求。采用竖井式进/出水口时，进/出水口和隧洞上覆岩体较厚，竖井垂直岩层布置，使隧洞位于埋藏深的较好的岩层中，对坝体无影响，隧洞围岩稳定条件好。

（2）闸门段型式选择。闸门段主要有三种典型布置方式，即竖井式（闸门段布置在地下）、塔式（闸门段垂直布置在地面上）、岸坡式（闸门段倾斜布置在岩坡上）。

塔式进/出水口闸门置于混凝土塔形结构内，紧靠岸坡布置，对岸坡的地质条件要求不高，要求塔基坐落在比较良好的基岩上，以防止产生不均匀沉降。岸坡式进出水口闸门根据岸坡地形呈倾斜布置，运行上不太方便。

闸门竖井式在抽水蓄能电站中应用较广。十三陵电站上水库和张河湾、琅琊山、呼和浩特、敦化、丰宁电站的上水库与下水库进/出水口等，根据结构（包括金属结构）抗冰防冻、结构抗震、运行管理、工程投资的比较，闸门段均采用竖井式。

抽水蓄能电站输水系统闸门段因距上水库或下水库具有一定的距离，且具有自由水面，在水力过渡工况下闸门井内均有不同程度的涌浪，这是需要特别注意的。当扩散段布置在库内，闸门井布置在库岸山体内时，二者距离较长，涌浪高度更高。水力过渡过程计算时应模拟闸门井，以取得闸门井涌浪值。部分抽水蓄能电站闸门井的涌浪高度及拦污栅槽与闸门槽距离见表 10-1-1。

表 10-1-1　　部分抽水蓄能电站闸门井的涌浪高度及拦污栅槽与闸门槽距离　　单位：m

序号	工程名称		涌浪高度	拦污栅槽与闸门槽距离	备注
1	琅琊山	上水库	2.9	46.2	
		下水库	1.43	57.5	
2	张河湾	上水库	2.0	55.9	
		下水库	5.24	36.6	事故闸门槽处
3	西龙池	上水库	7.29	210.3	
		下水库	3.47	93.0	事故闸门槽处
4	呼和浩特	上水库	4.11	153.0	
		下水库	8.97	97.7	事故闸门槽处
5	泰安	上水库	4.4	约 81.3	
		下水库	3.8	约 71.2	

注　涌浪高度指涌浪高程与正常蓄水位之差。

（3）尾水事故门布置方式选择。国内尾水事故门主要有下述布置方式：①尾水事故门独设一室，位于主变压器洞下游侧的尾水支管段；②尾水事故门（及检修闸门）布置在尾水隧洞末端，靠近下水库进/出水口处。

多数抽水蓄能电站在厂房下游侧设尾水闸门室，有利于尾水隧洞出事故时保护厂房安全，也可缩短机组检修时放空尾水管的时间，如十三陵、广州、天荒坪、宝泉等。

当尾水洞长度较短时，也可将尾水事故门及检修闸门布置在尾水隧洞末端闸门井内，如张河湾、桐柏、西龙池、黑麋峰和呼和浩特等抽水蓄能电站。响水涧抽水蓄能电站在尾水出口处设事故闸门，检修闸门则采用与下游进/出水口拦污栅共槽的布置型式。国内也有将尾水事故闸门室布置在尾水调压室内的，如琅琊山抽水蓄能电站。

（4）大洞径引水（或尾水）系统的闸门井布置。当采用一管多机时，引水或尾水隧洞的洞径均较大，为便于布置，一般将闸门井一分为二，井内中间隔墙兼作分流墩。广州抽水蓄能电站及蒲石河抽水蓄能电站的引水和尾水隧洞的洞径分别达 9m 和 11.5m，均采用一洞两闸的布置方式。

（5）侧式进/出水口扩散段的布置。

1）进/出水口扩散段倾斜与水平两种布置方式的选择。扩散段一般采用水平或近于水平布置（坡度小于等于 10%）。张河湾抽水蓄能电站下水库进/出水口，由于尾水隧洞较短，受库岸地形、泥沙淤积高程、机组安装高程的限制，进/出水口底坡采用19°倾角。

2）进/出水口扩散段布置在地面、地下或是半地下。由于进/出水口扩散段一般长度、宽度均较大，宜布置为地面式，有利于进洞段围岩稳定，便于施工，进度也较快。当受条件限制时，可采用地下式、半地下式，如张河湾抽水蓄能电站，下水库进/出水口因库岸地形陡，利用现有水库，受岩埂式围堰内施工场地范围狭小的限制而采用地下式；上水库进/出水口因受库形狭窄的限制采用半地下式。

3. 确定进/出水口底板高程

影响进/出水口底板高程确定的主要因素有：

(1) 水库死水位。由水库特征水位选择确定。

(2) 淹没深度。该深度由进/出水口的防涡设计确定。

(3) 扩散段最大孔口高度。该高度由进/出水口的扩散段水力设计确定。

(4) 闸门井（或塔）内最低涌浪水位。最低涌浪水位通过水力过渡过程计算确定。

(5) 隧洞弯段最小内水压力应满足不小于2m水头的要求。这个控制点一般出现在引水或尾水隧洞的上弯段。

(6) 淤沙高程。进/出水口底板高程宜高于淤沙高程，否则应设拦沙坎。

4. 确定拦沙坎顶部与前池底部高程

拦沙坎顶高程一般高于淤沙高程1.5m以上，且坎前流速应低于泥沙起动流速。如十三陵和张河湾抽水蓄能电站下水库进/出水口拦沙坎顶高程分别比淤沙高程高1.5、3.5m。

前池或引渠底部高程一般低于进/出水口底板高程1.0～2.0m，用于拦挡滚石、沉沙及便于施工期排水等。如十三陵上水库进/出水口为2.0m；琅琊山上、下水库进/出水口引渠分别为1.0m和1.5m；张河湾上水库进/出水口为1.5m。

（五）进/出水口体形尺寸拟定

进/出水口的体形可通过水力数值模拟计算进行方案比较选择。大型或重要工程宜通过水工模型试验确定。

1. 拟定扩散段体形尺寸的经验公式

进/出水口设计时，隧洞直径已经拟定。根据国内抽水蓄能电站27个进/出水口的资料，采用回归分析方法，求得隧洞直径与扩散段结构尺寸之间的经验公式如下：

(1) 扩散段末端孔口高度计算如下：

$$H=0.608+1.374D \tag{10-1-1}$$

式中 H——扩散段末端孔口高度，m；

D——隧洞直径，m。

统计回归分析的相关系数为0.971。

(2) 扩散段末端孔口面积计算如下：

$$A=17.305+3.92D^2 \tag{10-1-2}$$

式中 A——扩散段末端孔口面积（不包括分流墩断面积），m²；

D——隧洞直径，m。

统计回归分析的相关系数为0.956。

(3) 扩散段长度计算如下：

$$L=3.58+4.289D \tag{10-1-3}$$

式中 L——扩散段长度（不包括调整段），m；

D——隧洞直径，m。

统计回归分析的相关系数为0.902。

(4) 孔口宽度计算如下：

$$B_j=A/H \tag{10-1-4}$$

$$b_j=B_j/n \tag{10-1-5}$$

$$B_z = B_j + (n-1)b$$

式中 B_j——孔口的总净宽，m；

b_j——单孔净宽，m；

b——每个隔墩的宽度，m；

B_z——孔口的总宽，包括隔墩宽，m；

n——过流孔道数，一般为 3 或 4 个。

（5）纵向扩散角计算如下：

$$\alpha = \arctan[(H-D)/L] \tag{10-1-6}$$

式中 α——纵向扩散角，(°)。

（6）水平扩散角计算如下：

$$\beta = 2\arctan[(B_z-D)/2L] \tag{10-1-7}$$

式中 β——纵向扩散角，(°)；

D——扩散前矩形段的宽度，即隧洞直径或闸门井井座宽度，m。

2. 进出水口体形尺寸工程实例

表 10-1-2 和表 10-1-3 分别为日本和我国抽水蓄能电站侧式进/出水口体形尺寸的工程实例。

表 10-1-2　日本抽水蓄能电站侧式进/出水口体形工程实例

电站名称		隧洞	扩散段				防涡梁段				H/d	L/d
		d (m)	L (m)	H (m)	N×B (m)	θ (°)	h (m)	b (m)	s (m)	n		
上水库	大平	5.2	20.8	7.3	4×4.5	45	2.0	1.0	1.0	2	1.4	4
	玉原	5.5	22	9 (7.7)	4×4.25	32	1.0	0.8	0.4	5	1.6 (1.4)	4
	奥矢作（Ⅰ）	7.3	30	10	3×10	37	1.5	1.0	1.0	6	1.4	4.1
	南原	7.2	44	11.5 (9.5)	3×10.8	32	1.0	0.8	0.6	6	1.6 (1.3)	6.1
	本川	6	20	6	3×6	30	1.5	1.2	0.8	4	1.0	3.3
	第二沼泽	7.2	37.5	8	4×8.75	42	1.5	1.0	0.8	3	1.1	5.2
下水库	大平	5.2	35.3	10.8	2×9	25	无				2.1	6.8
	玉原	6.7	21	7.7 (6)	3×6.67	33	1.0	0.8	0.4	5	1.2 (0.9)	3.1
	奥矢作（Ⅱ）	7.3	29.2	9	6×4.5	37	1.5	1.0	0.8	4	1.23	4
	南原	5.4	33	8.7 (7.5)	3×6.9	28	1.0	0.8	0.5	5	1.6 (1.4)	6.1
	本川	6	19.5	7	3×6	30	1.5	1.2	0.8	3	1.17	3.3

注　表中 d 为隧洞直径；L 为扩散长度；H 为拦污栅扩散段孔口高；N 为水流孔道数；B 为扩散段拦污栅孔口宽；θ 为水平扩散角；h、b、s、n 分别为防涡梁的高度、宽度、间距、根数。

（1）过栅平均流速。部分国家的抽水蓄能电站进/出水口过栅平均流速见表 10-1-4。从表可以看出，过栅平均流速控制在 0.8～1.2m/s 为宜。

（2）纵向扩散角。国内进/出水口纵向扩散多采用顶板单侧扩散，扩散角范围为 3°～7°。泰安抽水蓄能电站采用双侧扩散，顶板、底板的扩散角分别为 4.8°和 3.0°。扩散段顶部易出现负流速。为消除顶部负流速，十三陵抽水蓄能电站在扩散段末段设置调整段，其长度为扩散段长度的 40%，效果很好。张河湾抽水蓄能电站下水库进/出水口，在扩散段底板增加局部过流小坎消除顶部负流速。

表 10-1-3　　我国抽水蓄能电站侧式进/出水口体形尺寸的工程实例

电站名称		隧洞	扩散段						调整段	防涡梁段				H/d	L/d
		d（m）	L（m）	H（m）	$N\times B$（m）	θ（°）	α_1（°）	α_2（°）	l（m）	h（m）	b（m）	s（m）	n		
上水库进/出水口	十三陵	5.2	25.84	7.4	4×4.2	34	4.87	0	10.0	2.0	1.2	1.3	3	1.423	4.969
	广州一期	9.0	53.9	13	4×7.5	34.4		0	—	2.5	1.8	1.4	3	1.444	6
	广州二期	9.0	43.45	13	4×7.5	34.4		0	—	2.5	1.8	1.4	3	1.444	4.83
	天荒坪	7.0	36	10	4×5.0	34.88	6.29	0	—	1.5	1.0	1.2	3	1.429	
	张河湾	6.5	31.5	9.5	4×5.0	33.06	5.44	0	12.4	2.0	1.3	1.2	3	1.462	4.846
	泰安	7.5	38.4	15.5	4×6.5	34.13	4.8	3.0	12.35				3	2.067	5.12
	宝泉	6.5	30	8.5	4×5	34.38	2.86	0	11.0	2.0	1.5		2	1.308	4.615
	蒲石河	11.5	51.11	16	4×7.5	26.03	5.03	0	—	1.0	0.5	1.5	5	1.391	4.444
	桐柏	9.0	36.4	13.5	4×5.5	28.8	7	0	—	1.5	1.2	1.0	5	1.5	4.044
	呼和浩特	6.2	32	9.0	4×4.7	29.42	5	0	13.0	2.0	1.2	1.3	3	1.452	5.16
	琅琊山	6.0	25	9.0	3×6.0	29.99	6.28	0*	—	1.5	1.1	1.0	3	1.5	4.667
	丰宁	7.0	38	10	4×5.0	25.5	4.51	0	12	2.0	1.2	1.2	4	1.428	5.428
	敦化	6.2	32	7.3	4×5.0	34.71	2.0	0	14	1.2	1.5	1.0	3	1.18	5.16
	绩溪	6.0	34.5	9.0	3×5.5	24.21	4.97	0	0	1.5	1.0	1.0	4	1.5	5.75
	长龙山	6.0	34.5	9.0	3×5.5	24.054	4.97	0	0	1.5	1.0	1.0	4	1.5	5.75
下水库进/出水口	十三陵	5.2	27	7.06	4×4.5	34	6.54	0	10	2.0	1.2	1.3	3	1.358	5.192
	广州一期	9.0	53.9	13	4×7.5	34.4		0	—	2.5	1.8	1.4	3	1.444	
	广州二期	9.0	43.45	13	4×7.5	34.4		0	—	2.5	1.8	1.4	3	1.444	4.83
	天荒坪	4.4	25	7	2×4.8	21.1	8.5	0	—	1.5	1.0	1.1	3	1.591	
	张河湾	5.0	25.0	7.5	3×4.2	23.72	5.71	0*	—	2.0	1.3	1.2	3	1.5	5.0
	泰安	7.5	38.4	15.5	4×6.5	34.13	4.8	3.0	12.35					2.067	5.12
	宝泉	6.5	36.14	9.0	4×5.0	27.91	2.8	0	7.0	2.0	1.5		2	1.385	5.56
	蒲石河	11.5	51.11	16.0	4×7.5	26.03	5.03	0	—	1.0	0.5	1.5	5	1.217	4.765
	桐柏	7.0	28.5	10.5	3×5.0	23.4	7	0	—	1.2	1.0	0.9	4	1.5	4.071
	呼和浩特	5.0	25	7.0	3×4.0	22.18	4.57	0	7.7	2.0	1.2	1.3	3	1.4	5.0
	琅琊山	8.1	32	10.5	4×6.0	35.36	4.09	0	—	2.0	1.6	1.4	3	1.296	3.951
	西龙池	4.3	25	6.5	3×4.5	26.12	5.03	0	10	1.5	1.0	1.2	3	1.512	5.814
	丰宁	7.0	38	10	4×5.0	25.5	4.51	0	12	2.0	1.2	1.2	4	1.428	5.428
	沂蒙	7.6	37.5	9.6	4×6.0	30.72	3.1	2	14.9	1.5	1.2	1.0	3	1.263	4.934

注　表中各工程的设计阶段有所不同。d 为隧洞直径；L 为扩散段长度；H 为拦污栅扩散段孔口高；N 为水流孔道数；B 为扩散段拦污栅处孔口宽；θ 为水平扩散角；α_1 为顶板纵向扩散角；α_2 为底板纵向扩散角（0°表示底板水平；0* 表示底板虽不是水平，但不扩散）；l 为调整段长度；h、b、s、n 分别为防涡梁的高度、宽度、间距、根数。

表 10-1-4　　过栅平均流速　　单位：m/s

国名	中国	日本	苏联	美国
过栅流速	0.8～1.0	0.9～1.2	0.7～0.8	1.2～3.0

（3）进/出水口与隧洞段的纵坡。若进/出水口前隧洞段有一定纵坡，而进/出水口扩散段底板仍为水平时，会出现底部流速小甚至出现负流速的现象。从水力学角度考虑，进/水口底板与隧洞段的坡度差宜小于5%。张河湾抽水蓄能电站坡度差为10%，扩散段中孔底部出现负流速；呼和浩特抽水蓄能电站坡度差为6.06%，出现底部流速减小的现象，特别是中孔底部。综合可知，进/出水口与隧洞段坡度相同时，顶部易出现负流速；二者坡度差较大时，底部易出现负流速。由此推论，扩散段顶底部与隧洞的扩张角都要控制，不宜太大。但进/出水口与隧洞段底部有适当的坡度差可能是有利的，可以均化进/出水口的流速分布，建议坡度差可选用3%～5%。

（4）平面扩散角。福原华一统计日本抽水蓄能电站11个侧式进/出水口的资料表明：一般分成2～4孔，总扩散角为25°～45°，扩散段长度为3.1d～6.8d（d为管道直径），见表10-1-2。据我国抽水蓄能电站侧式进/出水口的统计，一般分成3～4孔，总扩散角为27°～35°，扩散段长度为4d～5.2d，见表10-1-3。

3. 日本神流川抽水蓄能电站上水库进/出水口的优化

日本神流川抽水蓄能电站上水库进/出水口，通过水工模型试验，将设计平均过栅流速由1.0m/s提高到1.7m/s。根据发电时不产生吸气漩涡的要求，原设计平均过栅流速采用1.0m/s，进行扩散段的设计。1号、2号进/出水口原设计体形参数见表10-1-5。

表 10-1-5　　1号、2号进/出水口原设计体形参数

项目	扩散段长度（m）	拦污栅孔口总宽度（m）	拦污栅孔口高度（m）	拦污栅孔口个数（个）	水平扩散角（°）	防涡梁尺寸			
						长度（m）	根数（个）	梁高（m）	梁间距（m）
1号	44.5	42.6	12.2	4	39.6	10.7	5	1.5	0.8
2号	24.0	23.6	12.0	4	35.8	10.6	5	1.5	0.8

以1号进/出水口为例，试验比较了平均过栅流速分别为1.7、1.5、1.3m/s，以及加大1.5倍的流速（2.55、2.25、1.95m/s）；5根防涡梁间距分别为0.8、0.6、0.5、0.4m，4根防涡梁间距分别为0.6、0.5、0.4m等各种布置型式。试验表明，发电工况，当设5根防涡梁，梁间距为0.5m，进水流速达到1.7m/s时，只出现无水面凹陷的游移漩涡；当设4根防涡梁，梁间距为0.4m，进水流速达到1.5m/s时，出现无水面凹陷的游动漩涡。从降低造价的观点出发，选用流速1.7m/s更经济。

抽水工况试验表明，平均流速1.7m/s时的水平扩散角达45°，未见水流分离和回流出现，扩散基本均匀；水头损失与原设计大体一致；利用数值分析技术优化，使出口流速分布更均匀，不恶化拦污栅振动条件。优化后的1号、2号进/出水口设计体形参数见表10-1-6。该电站将设计平均过栅流速由1.0m/s提高到1.7m/s，孔道立面平均扩散角由小于10°提高到11.25°，进流流态和出流分布均能满足要求，节约了投资，值得借鉴。

表 10-1-6　　优化后的1号、2号进/出水口优化后设计体形参数

项目	扩散段长度（m）	拦污栅孔口总宽度（m）	拦污栅孔口高度（m）	拦污栅孔口个数（个）	水平扩散角（°）	防涡梁尺寸			
						长（m）	根数（个）	梁高（m）	梁间距（m）
1号	22.9	28.5	9.9	4	44.9	8.95	5	1.0	0.5
2号	15.4	20.0	7.7	4	45.0	7.4	4	1.0	0.5

（六）进水塔稳定验算

进水塔视具体情况进行整体稳定分析，内容包括抗滑稳定验算、抗倾覆稳定验算、塔基应力计算。塔基应力计算时，塔基面承受的最大垂直正应力应小于塔基容许压应力；最小垂直正应力应大于零。抗滑稳定验算方法可参照NB/T 35026《混凝土重力坝设计规范》的规定执行；抗倾覆稳定验算、塔基应力计算方法参照NB/T 10858《水电站进水口设计规范》的规定执行。

（七）进/出水口结构计算

（1）侧式进/出水口扩散段、调整段。扩散段、调整段为多孔箱形闭合框架结构，内力计算方法较多。可假定地基反力，按箱形闭合框架进行结构计算；假定底板以上框架固定在底板上，先计算上部框架，底板按弹性地基梁计算；或采用弹性地基上框架结构计算。随着计算技术的提高，目前多采用MIDAS、ANSYS有限元法计算。

配筋计算按NB/T 11011《水工混凝土结构设计规范》的计算方法计算。裂缝计算时，地面结构按NB/T 11011《水工混凝土结构设计规范》的计算方法计算，地下结构按NB/T 10391—2020《水工隧洞设计规范》的计算方法计算。

（2）竖井式进/出水口水平扩散段。竖井式进/出水口的扩散段由墩体、盖板、底板、喇叭口组成。墩体、盖板、底板常布置为一个整体结构，如西龙池上水库竖井式进/出水口水平扩散段，采用有限元法进行结构计算，计算时应考虑盖板顶、底水头差。

（3）闸门井井身与闸门塔塔身。闸门井井身采用圆形结构时，结构、配筋计算可参照NB/T 10391—2020《水工隧洞设计规范》的规定执行；矩形结构的井身，可利用对称性采用结构力学法计算，或采用有限元法计算。进水塔塔身一般四周无约束，按闭合框架结构计算。计算外水压力时，外水荷载考虑折减系数，参照GB/T 51394《水工建筑物荷载标准》采用。

（4）闸门井井座与闸门塔塔座。闸门井井座可采用变位法或角变位移法计算杆端内力；用初参数法或铁摩辛柯公式计算边墙、底板任一点内力。进水塔塔座按框架结构，采用结构力学方法计算内力，或采用有限元法计算。

（5）拦污栅排架与闸门启闭机排架。排架按结构力学方法计算内力，也可按现有工民建计算程序PKPM进行计算。

二、输水隧洞

（一）输水隧洞布置

输水隧洞是抽水蓄能电站输水系统的重要组成部分，一般可分为引水隧洞、高压隧洞（高压管道）、尾水隧洞。本节只介绍引水隧洞和尾水隧洞。

水工隧洞的高、低压界限通常采用100m水头分界。引水隧洞、尾水隧洞一般为低压隧洞。但随着抽水蓄能电站向大容量、高水头方向发展，机组吸出高度增大，安装高程降低，尾水隧洞也出现最大静水头超过100m的工程实例，如呼和浩特为127m、天荒坪为126m、西龙池为122m。深圳抽水蓄能电站引水隧洞最大静水头达128.8m，敦化抽水蓄能电站尾水隧洞最大静水头约129m，惠州抽水蓄能电站引水隧洞最大静水头更高达172m。

抽水蓄能电站隧洞洞线布置在枢纽布置中统一考虑。洞线平面上力求平顺且较短，但由于地质、地形条件限制，往往布置成折线，如西龙池尾水隧洞平面转折角达40°26′，1号、2号尾水隧洞将平面弯段与斜井下弯段结合布置成空间弯管。

引水、尾水隧洞的纵向坡度应根据布置需要确定，满足洞顶围岩覆盖厚度、洞顶最小压力、施工机械性能、地质条件等要求，如上弯段的高程（洞顶最小压力不小于2m水头）、闸门井或进/出水口底板高程（闸门井最低涌浪高于隧洞顶2～3m、进/出水口淹没深度满足要求）、机组安装高程、地下洞室布置等。部分工程的隧洞纵向坡度统计见表10-1-7，可以看出，除斜井外，引水、尾水隧洞的坡度多小于10%。

表10-1-7　部分工程的隧洞纵向坡度统计

序号	工程名称	引水隧洞（%）	尾水隧洞（%）	备注
1	十三陵	1号8.48，2号9.53	1号6.19，2号5.86	已建
2	琅琊山	6.0	1号3.13，2号3.03	已建
3	广州一期	6.116	事故门下游233m为0，5.766	已建
4	泰安	10	3.24，8（连接进/出水口段）	已建
5	天荒坪	—	下平0，斜井60°，上平0	已建

续表

序号	工程名称	引水隧洞（%）	尾水隧洞（%）	备注
6	桐柏	10	下平 0.5，斜井 50°，上平 0	已建
7	张河湾	10.0	下平 0，斜井 19°	已建
8	西龙池	1 号 6.091，2 号 5.733	下平 0，斜井 50°，上平 8.55	已建
9	宝泉	10	9.5	已建
10	宜兴	10	3.31	已建
11	敦化	5	8.0	已建
12	丰宁	6 号 5.875	6 号 8.665	已建
13	沂蒙	—	4.61	已建
14	阳江	5	7.88	已建
15	长龙山	10	下平 1.0，斜井 50°，上平 10.0	已建
16	绩溪	4.6	10.5	在建

尾水隧洞近厂房段，受地下洞室群影响，多采用水平布置，如天荒坪、张河湾、西龙池等抽水蓄能电站。无地下洞室群限制时可布置有纵向坡度，如沙河、响洪甸等抽水蓄能电站。当厂房采用首、中部布置时，尾水隧洞的坡度相对较缓；当厂房采用尾部方式布置时，高水头大容量蓄能机组由于吸出高度深、尾水隧洞长度相对较短，常采用斜井布置，如西龙池、呼和浩特、天荒坪、桐柏等抽水蓄能电站。尾水隧洞设置斜井段时，为满足尾水隧洞上弯段洞顶最小压力要求，斜井段往往需要靠近尾水闸门井布置。尾水隧洞上弯段距事故闸门槽中心线的距离，呼和浩特为 18.3m、桐柏为 20m、响水涧约 24m、西龙池为 38.6～46.8m、白莲河约 73m。

（二）输水隧洞衬砌型式

国内外抽水蓄能电站隧洞的衬砌一般有混凝土衬砌、钢筋混凝土衬砌、钢板衬砌等。衬砌型式的确定，需根据工程地形条件、地质条件、内水压力大小、施工条件、对其他建筑物的影响、工程造价综合分析确定。抽水蓄能电站引水、尾水隧洞大多数采用钢筋混凝土衬砌。

1. 钢板衬砌

当遇到如下情况时，引水、尾水隧洞可采用全部或局部钢板衬砌。

（1）围岩地质条件差，为防止渗漏恶化地质条件影响上水库安全。十三陵抽水蓄能电站，在上水库进/出水口～引水闸门井间的隧洞段，位于上水库岸坡下，受断层切割，围岩属Ⅳ类。为防止引水隧洞内水外渗对上水库岸坡、混凝土面板产生不利影响，减少内水外渗水量，采用钢板衬砌。宜兴抽水蓄能电站，岩体较破碎完整性差，围岩多属Ⅳ类，进/出水口伸入库内，为避免在内水作用下围岩渗漏及渗透稳定问题，引水隧洞全部采用钢衬。

（2）围岩地质条件差，地下水位低，为减少渗漏量。西龙池抽水蓄能电站上、下水库均为人工库，无天然径流补给，且下水库为悬库，高于河床 180m 左右，补水费用较高，同时地下水位埋藏较深，引水隧洞、尾水隧洞为$Ⅲ_b$类围岩，引水隧洞岩溶较发育、尾水隧洞构造较发育，围岩渗漏条件好，为减少外渗水量，采用钢板衬砌。又如日本奥清津抽水蓄能电站引水隧洞，由于地下水位低于隧洞高程，且围岩破碎，为减少渗漏量，大部分采用钢衬。

（3）围岩地质条件差，内水压力大，为减少渗漏量。呼和浩特抽水蓄能电站尾水隧洞，洞径 5m，最大静水压力 127m，计及水击压力时最大内水压力 190m，对尾水隧洞而言，静水压力、内水压力均较大。靠近厂房洞段断层规模较小，岩石新鲜较完整，围岩以Ⅱ、Ⅲ类为主；中部洞段有规模较大断层切割，围岩为Ⅲ、Ⅳ～Ⅴ类，间隔分布，围岩透水条件好。这两个洞段选用钢板衬砌，以适应围岩地质条件差、内水压力大的要求，减少外渗水量。

（4）防止渗漏影响厂房安全。抽水蓄能电站地下厂房埋深较大，防渗要求高。尾水隧洞起始段与主厂房、母线洞、主变压器室、尾水事故闸室（若有）距离较近，为防止内水外渗危及厂房洞室群安全，尾水隧洞均在厂房下游一定范围内采用钢板衬砌。如十三陵抽水蓄能电站，自机组尾水管～尾水调压室的尾水支管全部采用钢板衬砌。琅琊山抽水蓄能电站，3 号和 4 号尾水支管在尾水管下游 30m 范围内采用钢板衬砌、1 号和 2 号尾水支管全部采用钢板衬砌（考虑了渗水对岩脉的不利影响）；张河湾抽水蓄能电站尾水隧洞，自尾水管至厂房下游排水廊道采用钢板衬砌，钢衬范围与厂房排水廊道排水孔幕一起，构成对地下洞室的防渗网。天荒坪抽水蓄能电站尾水隧洞，尾水管出口至尾水闸门洞下游14m采用钢衬，长约96m。阳江抽水蓄能电站尾水隧洞，尾水管出口至尾水闸门洞下游22.65m采用钢衬，长104.55m。敦化抽水蓄能电站尾水隧洞，尾水管出口至尾水闸门洞下游16.1m采用钢衬，长约111.5m。

NB/T 10072—2018《抽水蓄能电站设计规范》的6.4.7规定，钢筋混凝土高压隧洞与地下厂房之间的钢衬长度，一般不宜小于最大静水压力水头的1/4～1/3。通常尾水隧洞起始段与主厂房、母线洞、主变压器室、尾水事故闸室（若有）距离较近，因此建议尾水钢衬末段距地下厂房的距离不宜小于最大作用水头的1/2；同时，尾水钢衬末段距主变压器室、事故闸室等洞室距离建议不小于20m，且应满足水力梯度不大于7～10。尾水钢衬范围，最终应根据地下洞室群的布置、地质条件、内水压力等因素综合考虑确定，既防止渗漏影响厂房安全，又避免出现水力劈裂。部分抽水蓄能电站尾水洞钢衬长度统计见表10-1-8。

表10-1-8　部分抽水蓄能电站尾水洞钢衬长度统计　单位：m

序号	工程名称	尾水洞最大静水头	厂房下游钢衬长度
1	迪诺威克（英国）	—	69
2	本川（日本）	—	100
3	广州一期	85.09	75.5
4	十三陵	65.35	116～127
5	张河湾	78.9	72
6	琅琊山	45.4	30/101～113
7	桐柏	72.85	40～60
8	泰安	72.4	60
9	敦化	129.14	111.5
10	呼和浩特	127	324.24
11	沂蒙	111	120
12	丰宁	102.7	140.725
13	长龙山	127.6	110.5
14	阳江	115.8	104.55

（5）地质条件差，为防止渗水影响山体稳定。为防止隧洞渗水降低山体构造面的岩体物理力学参数，不利于山坡稳定，采用钢板衬砌，防止内水外渗。如十三陵抽水蓄能电站，在引水调压室上游60m范围内采用钢衬；又如伊朗锡亚比舍抽水蓄能电站引水隧洞，在地质条件较差的部位采用钢板衬砌，以防隧洞漏水引起锡亚比舍村附近发生大规模滑坡。

2. 其他特殊衬砌

国外抽水蓄能电站引水隧洞有采用素混凝土衬砌，带防渗薄膜层混凝土衬砌，以及玻璃纤维强化塑料（FRP）管衬砌。

（1）素混凝土衬砌。英国迪诺威克抽水蓄能电站，引水隧洞直径为10.5m，尾水隧洞直径为8.25m，均采用素混凝土衬砌，为减小外水压力，隧洞内布置系统排水孔。伊朗锡亚比舍抽水蓄能电站引水隧洞，直径为5.7m，衬砌厚50cm，除断层和软弱岩层外，均采用素混凝土衬砌，只配构造钢筋，在隧洞周边进行高压固结灌浆，灌浆孔深2.5m。

（2）带防渗薄膜层混凝土衬砌。在混凝土衬砌和围岩之间增加一层防渗材料，通常用薄钢衬或者聚氯乙烯（PVC）加聚丙烯织物的止水薄层材料，这是一种既能防止内水外渗又相对钢衬经济的方案。这类衬砌在奥地利等国家用得较多，如奥地利库泰抽水蓄能电站的压力隧洞，在斜井下弯道前后的共400m长度的隧洞段，采用了混凝土加止水薄膜的衬砌方式；该高压隧洞内径为4.0m，混凝土衬砌厚40cm，止水薄膜由3mm的PVC加上400g/m^{2}的聚丙烯织物层组成。奥地利的霍斯林抽水蓄能电站的高压管道采用了薄钢板加混凝土衬砌。

（3）玻璃纤维强化塑料（FRP）管。日本冲绳海水抽水蓄能电站采用玻璃纤维强化塑料（FRP）

管。这种材料的管道具有优良的抗海水腐蚀性，比带涂层的钢管更难附着海洋生物。FRP管外回填粉煤灰水泥浆，这种回填料流动性好、不易离析、不需要振捣。该电站尾水隧洞采用钢筋混凝土衬砌，但钢筋涂以环氧树脂防腐蚀。

（三）输水隧洞断面形状与尺寸

1. 隧洞断面形状

抽水蓄能电站的引水、尾水隧洞为有压隧洞，目前国内这类隧洞的断面形状均采用圆形断面。当洞径较小，或为施工方便、安装钢管、埋设管路的需要，隧洞的开挖形状可采用底板水平的玛蹄形断面。如张河湾抽水蓄能电站尾水隧洞，内径为5m，衬砌（回填）混凝土厚0.5m，为便于埋设机组技术供水与排水管道、安装钢管，开挖形状采用底板水平宽度为4.6m的玛蹄形断面。混凝土衬砌（或回填）厚度一般采用0.5～0.6m。地质条件较差时，可适当加厚。

2. 隧洞断面尺寸的拟定

抽水蓄能电站的输水系统管线长，各段设计水头相差大，为达到经济合理的目的，一般采用不同管径组合，即变径。国内引水隧洞、尾水隧洞一般采用单一管径；尾水支管一般可采用与尾水隧洞流速相等的方式确定管径，因机组调节保证要求，有的工程尾水支管与尾水隧洞的流速不一致，且相差较大。

（1）工程类比初拟洞径。选择管径，实质上是选择管内流速。工程类比法即参考国内外类似工程，初拟经济流速，根据设计引用流量确定洞径。抽水蓄能电站水头一般比常规电站高，经济流速比同等规模常规电站要大，且衬砌型式对经济流速的影响较大。统计表明，混凝土及钢筋混凝土衬砌的隧洞，引水、尾水隧洞经济流速为3～5m/s，高压隧洞经济流速为4～7m/s；钢衬管道经济流速更大，一般在5～11m/s。

表10-1-9是国内外部分抽水蓄能电站引水隧洞、尾水隧洞的流速统计表，可以看出，引水隧洞的流速多在4.2～5.5m/s，平均值约为5.0m/s；尾水隧洞的流速多在3.5～5.3m/s，平均值约为4.5m/s；同一工程，尾水隧洞的流速一般小于等于引水隧洞的流速。抽水蓄能电站输水系统的流速，与调节保证计算和机组运行稳定要求有关。有时为满足调节保证（如蜗壳最大压力、尾水管最小压力）、机组快速响应、机组运行稳定等要求，需要增大洞径，以降低流速。

表10-1-9　国内外部分抽水蓄能电站引水隧洞、尾水隧洞的流速统计

序号	国家	工程名称	机组设计水头（m）	单机最大引用流量（m^3/s）	引水隧洞	尾水隧洞	备注
					洞径（m）/流速（m/s）	洞径（m）/流速（m/s）	
1	中国	广州一期	535	72.88	8.5/5.14	9.0/4.58	已建
2	中国	天荒坪	532	66.42	7.0/5.178	4.4/4.37	已建
3	中国	桐柏	239	135.3	9.0/4.56	7.0/3.77	已建
4	中国	泰安	220	132.2	8.5/4.659	8.5/4.659	已建
5	中国	十三陵	430	53.8	5.2/5.06	5.2/5.06	已建
6	中国	张河湾	305	96.97	—	5.0/4.94	已建
7	中国	西龙池	624	55.88	4.7/6.44	4.3/3.85	已建
8	中国	宝泉	500	70.89	6.5/4.273	4.5/4.45	已建
9	中国	呼和浩特	521	66.5	6.2/4.45	5.0/3.42	已建
10	中国	敦化	655	62.43	6.2/4.14	6.2/4.14	已建
11	中国	丰宁	425	81	7/4.21	7/4.21	已建
12	中国	沂蒙	375	91.6	6.8/5.04	7.6/4.04	已建
13	中国	长龙山	710	59.65	6.0/4.22	6.0/4.22	已建
14	英国	迪诺威克	517.9	65	10.5/4.5	8.25/2.43	已建
15	美国	巴斯康蒂	356.5	132	8.6/4.54		已建
16	美国	腊孔山	286	131	11/5.5	10.6/5.94	已建
17	日本	新高濑川	229	161	8.0/6.446	6.4/5	已建
18	日本	奥吉野	505	48	5.3/6.53	3.1/6.36	已建

续表

序号	国家	工程名称	机组设计水头(m)	单机最大引用流量(m^3/s)	引水隧洞	尾水隧洞	备注
					洞径(m)/流速(m/s)	洞径(m)/流速(m/s)	
19	日本	沼原	478	57.5	6.3/5.53		已建
20	日本	本川	528.4	70	6.0/4.95	6.0/4.95	已建
21	日本	奥矢第一	161	78	7.3/5.591	7.3/5.591	已建
22	法国	蒙特齐克	416.6	62.8		8.5/4.427	已建

(2) 水头损失百分率。抽水蓄能电站的输水系统中，高压管道承受的内水压力较大，单位长度投资较大；引水、尾水隧洞承受的内水压力较小，单位长度投资较小。因此，在满足过渡过程要求的情况下，在相同的水头损失时，可适当提高高压管道的流速，降低引水隧洞、尾水隧洞的流速，以降低工程造价，获得最经济的管径组合。由于抽水蓄能电站的设计水头较高，管线较长，其水头损失可能比常规电站大。美国土木工程学会《土木工程导则》第五卷指出：对一个引用水头为300m的抽水蓄能电站，水头损失达12～15m是可以接受的，即水头损失百分率可达4%～5%。国内部分抽水蓄能电站发电工况设计水头损失百分率统计见表10-1-10，可以看出，水头损失百分率多在3%以下。

表10-1-10　国内部分抽水蓄能电站发电工况设计水头损失百分率统计　　单位：%

工程名称	十三陵	天荒坪	桐柏	泰安	张河湾	西龙池	宝泉	响水涧	蒲石河	呼和浩特	敦化	沂蒙
水头损失率	4.05	2.0	1.88	4.29	2.78	3.3	2.55	2.52	2.44	2.38	3.0	2.96

(四) 输水隧洞结构计算

(1) 引水、尾水隧洞采用钢筋混凝土衬砌时，结构、配筋、裂缝宽度计算按NB/T 10391—2020《水工隧洞设计规范》的规定执行。必要时可采用有限元法计算。

(2) 引水、尾水隧洞采用钢板衬砌时，结构计算按NB/T 35056—2015《水电站压力钢管设计规范》的规定执行。

我国部分抽水蓄能电站引水与尾水隧洞配筋情况见表10-1-11。

表10-1-11　我国部分抽水蓄能电站引水与尾水隧洞的配筋情况　　单位：m

工程名称	引水隧洞				尾水隧洞			
	管径	衬厚	静水头	配筋	管径	衬厚	静水头	配筋
十三陵	5.2	0.6	71	双Φ25@20	5.2	0.5	72	Φ16@20
琅琊山	6.0	0.5	40	双Φ22@20	8.8	0.6	44	双Φ25@20
张河湾	—	—	—	—	5.0	0.5	69	双Φ16@20
广州一期	9.0	0.4	76	Φ20@20	9.0	0.4	87.4	Φ20@20

三、调压室

抽水蓄能电站主要任务是在电网中承担调峰、填谷、调频、调相、储能及事故备用等任务，这需要电站对电网负荷变化具有迅速响应的能力。水泵水轮机组转速调节的稳定性主要受到输水系统的布置、流速、机组特性等的影响。根据性能要求，在输水系统上设置调压室，以减小水击压力的传播，达到改善机组运行状况和快速响应能力的目的。

(一) 调压室设置

调压室根据其位置的不同分为引水调压室和尾水调压室。

1. 引水调压室设置

抽水蓄能电站是否设置引水调压室主要基于两个方面来考虑：一是基于输水系统的水力特性初步判别，并通过过渡过程计算分析进一步验证；二是基于机组特性的初步判别。

(1) 基于水道水力特性的初步判别，即通过计算压力水道中水流惯性时间常数T_w来判断。

$$T_w=\frac{\sum L_i v_i}{gH_p}>[T_w] \tag{10-1-8}$$

式中 T_w——压力管道中水流惯性时间常数，s；

L_i——压力管道及蜗壳各段的长度，m；

v_i——各管段内相应的平均流速，m/s；

g——重力加速度，m/s²；

H_p——设计水头，m；

$[T_w]$——T_w 的允许值，一般取 2～4s。

（2）基于机组特性的初步判别，有公式法和查图法两种方式。公式法的初步判别条件如下：

$$T_{w1}\leqslant-\sqrt{\frac{9}{64}T_a^2-\frac{7}{5}T_a+\frac{784}{25}}+\frac{3}{8}T_a+\frac{24}{5} \tag{10-1-9}$$

$$T_a=\frac{GD^2n^2}{365P} \tag{10-1-10}$$

式中 T_{w1}——上下游自由水面间压力水道中水流惯性时间常数，s；

T_a——机组加速时间常数，s；

GD^2——机组的飞轮力矩，kg·m²；

n——机组的额定转速，r/min；

P——机组的额定出力，W。

水流惯性时间常数 T_{w1} 应按式（10-1-8）计算。不满足式（10-1-9）时，可用查图法按图 10-1-8 进行初步判别。图 10-1-8 为 T_{w1}、T_a 与机组调速性能关系图，判别条件：当处在①区时，可不设引水调压室；处在③区时，应设置引水调压室；处在②区时，应详细研究设置引水调压室的必要性。

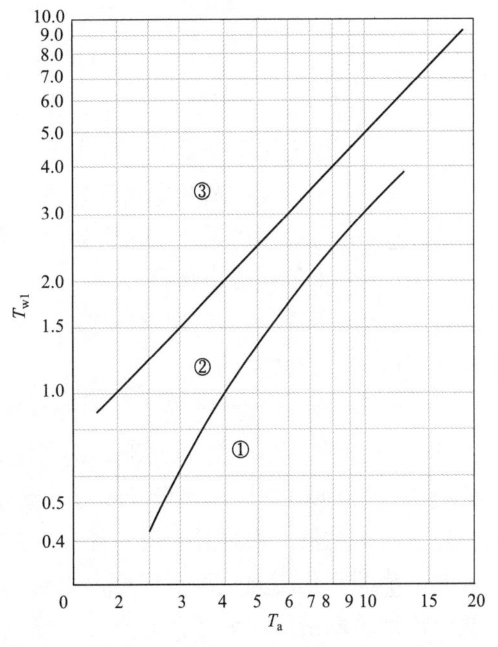

图 10-1-8 T_{w1}、T_a 与机组调速性能关系图

通过部分抽水蓄能电站 T_w、T_a 与机组调速性能关系统计图（见图 10-1-9）可以看出，抽水蓄能电站对电站调节性能要求比常规水电站更严格。由于对抽水蓄能电站在电网负荷变化时的快速响应能力有较高要求，抽水蓄能电站至少要满足“调速性能好”的要求。由图 10-1-9 可以看出，抽水蓄能电站的 T_w 值在 1.5～2.5s，调速性能要求高的抽水蓄能电站，T_w 大都小于 2s，且 $T_a/T_w>5$。美国《水电工程规划设计土木工程导则 第五卷抽水蓄能和潮汐电站》中指出，对电站调节稳定性来讲，$T_m/T_w=5$ 是下限，要想获得良好的调节能力，T_m/T_w 的比值应为 8$\left(T_m=\frac{W_R^2n^2}{1.6\times10^6\times H_P}\right.$，$T_m$ 为机组加速时间常数，W_R 为转动惯量，H_P 为设计水头$\left.\right)$。

英国迪诺威克抽水蓄能电站，不设引水调压室时，其 T_w 在 2s 左右，但为了取得更好的快速响应能力，仍增设引水调压室，使 T_w 减少到 1.5s。该电站以反应迅速著称，能在 10s 内使机组由空转增荷到 1300MW，或 15s 内达到最大出力 1800MW，也能在 90s 内从水泵满载抽水转换到满载发电。这种快速响应对电力系统的应急是十分重要的，如不设置引水调压室是难以实现的。

T_w 和 T_a/T_w 取值应根据电站在电力系统比重分析确定，若电站占电力系统比重较小的，则可不受以上条件限制。如天堂抽水蓄能电站（2×35MW），$T_w=3.3$s、$T_a/T_w=2.55$，但不设调压室。主要考虑若设调压室增加的投资占整个土建工程投资的 12%，费用增加明显；且其装机容量占电力系统的比重仅为 0.8%，通过过渡过程分析，不设调压室是可行的，目前该电站运行正常。

2. 尾水调压室设置

尾水调压室是否设置是以尾水管内不产生液柱分离为控制条件，NB/T 35021—2014《水电站调压室设计规范》中给出了是否需要设置尾水调压室的判定条件，抽水蓄能电站可按下式做初步判断：

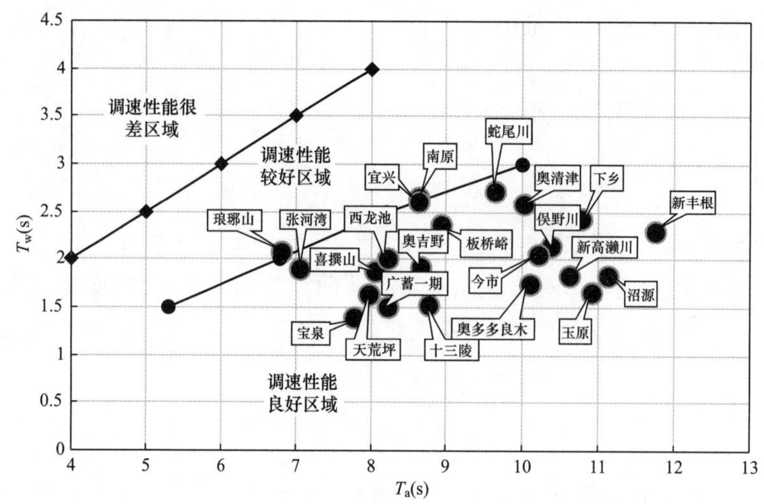

图 10-1-9 部分抽水蓄能电站 T_w、T_a 与机组调速性能关系统计图

$$T_{ws}=\frac{\sum L_{wi}v_i}{g(-H_s)}$$

式中 T_{ws}——压力尾水道及尾水管水流惯性时间常数，s；

L_{wi}——压力尾水道及尾水管各段的长度，m；

v_i——压力尾水道及尾水管各段的平均流速，m/s；

H_s——水轮机吸出高程，m。

当 $T_{ws}\leqslant 4$s 时，可不设尾水调压室；$T_{ws}\geqslant 6$s 时，应设尾水调压室；4s$\leqslant T_{ws}\leqslant$6s 时，应详细研究设置尾水调压室的必要性。

最终应通过水力过渡过程计算进行验证，考虑涡流引起的压力下降与计算误差等不利影响后，尾水管进口处的最大真空度不大于 8m 水柱，可不设尾水调压室，高海拔地区应做高程修正。NB/T 35021—2014《水电站调压室设计规范》规定的尾水管内的最大真空度不宜大于 8m 水柱，为一般水电站经验值的平均值。根据日本对水柱分离的过渡过程模型试验的研究结论，即使水泵－水轮机的出口压力大于水的汽化压力，准水柱分离仍会出现。因此，在设计高水头电站尾水隧洞时，应留有适当的余度，特别是取消尾水调压室时更应做仔细研究。

随着抽水蓄能电站的不断发展，电站水头越来越高、吸出高度越来越深，使得厂房埋深很大，尾水调压室工程量很大。为降低工程造价，日本近些年来开展了长尾水隧洞取消调压室可能性的研究。表 10-1-12 为长尾水隧洞抽水蓄能电站不设尾水调压室的工程实例。表中 $T_{ws}=Lv/[g(-H_s)]$，Lv 为尾水隧洞长度和水流平均流速的乘积，H_s 为吸出高度，T_{ws} 值大表明水泵水轮机尾水管中水柱分离的可能性高。这些电站 T_{ws} 在 4～5.9，因此可认为水泵水轮机甩负荷时尾水管不出现水柱分离的判别条件是 $T_{ws}\leqslant 6$s，建议如果 $T_{ws}>4$s 就需要进行详细研究。日本日立公司根据日本抽水蓄能电站实践经验，提出了判别是否需要设尾水调压室的经验曲线，见图 10-1-10，与上述判别条件相似。

表 10-1-12　　长尾水隧洞抽水蓄能电站不设尾水调压室的工程实例

电站	最大流量 Q(m^3/s)	隧洞长度 L(m)	隧洞平均直径 D(m)	Lv (m·m/s)	吸出高度 H_s(m)	T_{ws} (s)
沼原	57.5	498	3.7	2650	−46	5.87
新丰根	393	341	9.3	1980	−36	5.62
新高濑川	161	315	6.4	1640	−31	5.44
奥清津	132	402	5.2	2490	−53	4.79
宝泉	140.5	830	8	2274	−70	3.31
西龙池	93.02	423	4.3	2710	−75	3.68
呼和浩特	67	452	5	1542	−75	2.1
黑麋峰	118	452	6	1886	−50	3.85

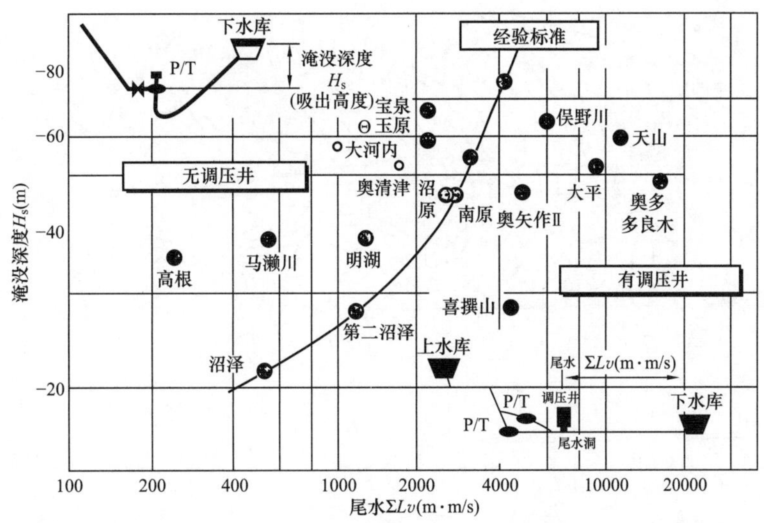

图 10-1-10 判别不设尾水调压室的经验曲线

河南宝泉抽水蓄能电站，尾水隧洞长约 830m。对尾水管内不发生液柱分离条件的初步判别，当尾水隧洞直径为 7m 时，可以满足不设尾水调压室条件。经过输水系统及机组大波动过渡过程计算、尾水隧洞直径变化对尾水管进口最小水击压力的影响分析验证，最终确定取尾水隧洞直径 8m，不设尾水调压室，可以满足机组稳定运行的要求。由表 10-1-12 可知，其 $T_{ws}=3.3s<4s$，由图 10-1-10 可以看出，宝泉抽水蓄能电站位于可以不设尾水调压室的区域。

为避免水轮机空蚀，近年来蓄能电站的吸出高度 H_s 有加大的趋势，这对取消尾水调压室较有利。但取消尾水调压室后仍应核算电站的调节性能，使电站仍具有良好的快速响应能力，满足电力系统灵活运行的要求。

（二）调压室布置

1. 引水调压室布置

引水调压室位于厂房上游侧的引水道上，并应尽量靠近厂房，以减小水击波向引水隧洞的传播，其位置根据压力管道布置、地形、地质条件及水力过渡过程计算结果分析确定。除气垫式调压室外，受地形条件限制，引水调压室一般布置于压力管道上弯段上游地形较高处。这种布置方式应用最多，如十三陵蓄能电站。为尽量靠近厂房，又受地形、地质条件限制，惠州抽水蓄能电站引调布置在上平段末端（惠州抽水蓄能电站引水系统示意图见图 10-1-11），使调压室高度达 182m。

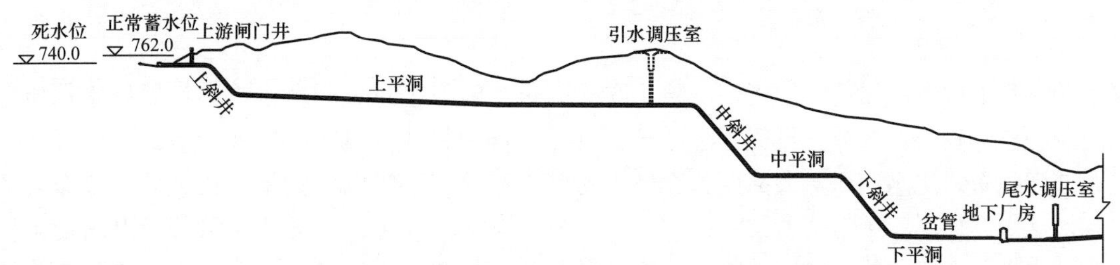

图 10-1-11 惠州抽水蓄能电站引水系统示意图

因抽水蓄能电站水头较高，其引水调压室大都埋于地下，根据地形地质条件、上覆岩体的厚度，确定其上室是露天开敞还是埋于地下。若地形高度不满足要求或地质条件较差，可由底部隧洞引出连接洞将竖井引至地形或地质条件较好的区域，如法国的拉高斯，日本的本川、奥吉野（日本奥吉野抽水蓄能电站输水系统布置示意图见图 10-1-12）等抽水蓄能电站；也可根据具体情况选择布置半地下式或地面式调压室，如丰宁抽水蓄能电站采用半地下室，半地下调压室通常建议调压室处的地面高程不宜低于水库正常蓄水位。丰宁抽水蓄能电站 6 号引水系统纵剖面示意图见图 10-1-13。

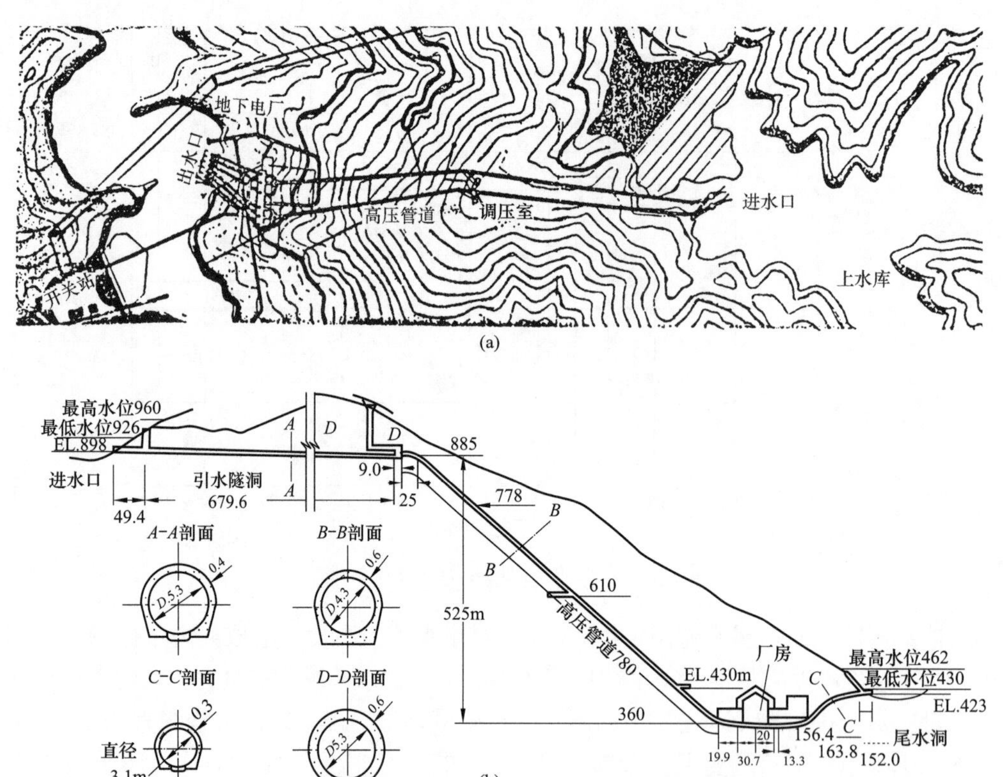

图 10-1-12 日本奥吉野抽水蓄能电站输水系统布置示意图

（a）平面布置图；（b）水道纵剖面图

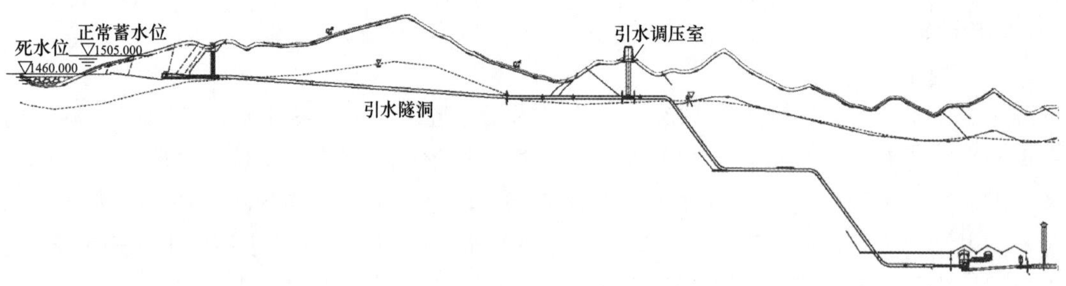

图 10-1-13 丰宁抽水蓄能电站 6 号引水系统纵剖面示意图

2. 尾水调压室布置

尾水调压室的位置均靠近水轮机，以防止在丢弃负荷时产生过大的负水击。设置尾水调压室的电站尾水隧洞一般均较长，为节省投资尾水隧洞大都是一洞两机或一洞多机的布置方式。同样，为减少工程量，节省投资，尾水调压室大都设置在尾水岔管下游的尾水隧洞主洞上，这种调压室布置的结构型式也相对简单，广州、十三陵、泰安、宜兴、惠州、丰宁、敦化、沂蒙等抽水蓄能电站均采用这种布置。为减少调压室竖井施工对尾水隧洞等施工的干扰，加快施工进度，可采用水平连接管将竖井引至尾水隧洞旁侧，避开主管，如惠州抽水蓄能电站引水和尾水调压室（布置见图 10-1-14）。尾水调压室也可设在尾水岔管处，结构相对集中，节省工程量，如十三陵抽水蓄能电站的尾水调压室（布置见图 10-1-15）。琅琊山抽水蓄能电站的尾水调压室（布置见图 10-1-16）、日本大平电站的尾水调压室均是设在两条尾水支洞交汇处，且井内布置尾水事故闸门。日本的今市电站尾水调压室，布置在三条尾水支洞的交汇处。

尾水调压室上室根据地形、地质条件可设置为圆形竖井或城门洞形的长洞。由于尾水调压室大多为地下洞室，有通气的要求，为节省开挖量，尾水调压室上室大多布置为城门洞型式的长廊与电站通风洞相接。下室多为圆形或近似圆形断面的长洞。尾水调压室通风洞可以由地面公路接专门设置的交通兼通风洞，也可由地下厂房附属洞室（如主厂房通风洞）分出支洞，到达尾水调压室顶部。

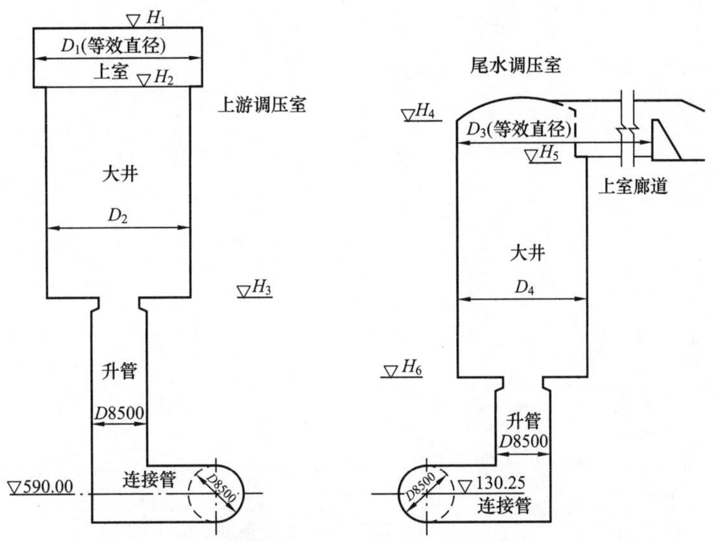

图 10-1-14 惠州抽水蓄能电站引水、尾水调压室布置图

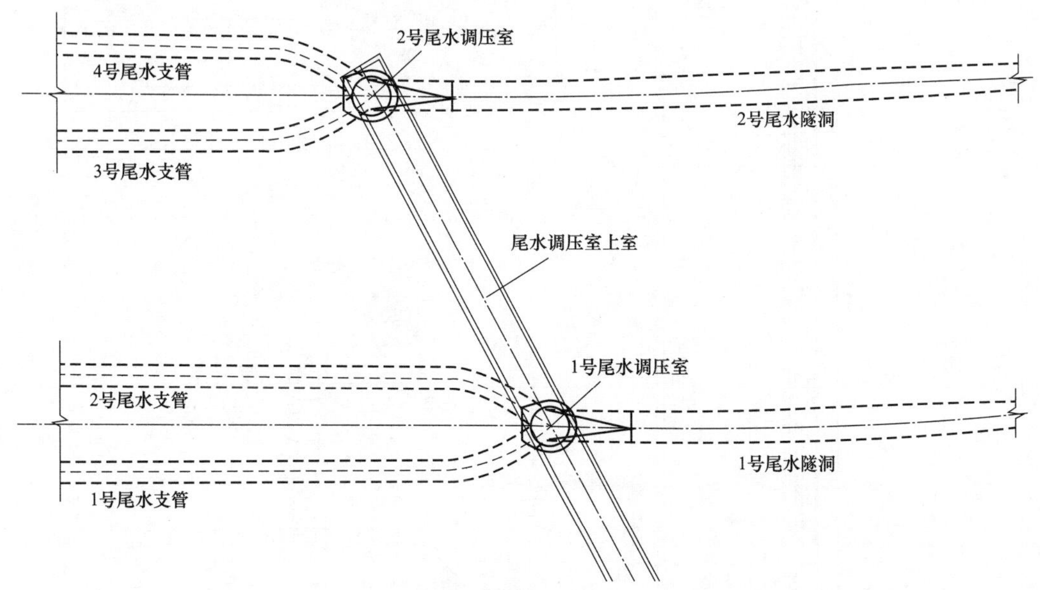

图 10-1-15 十三陵抽水蓄能电站尾水调压室平面布置图

个别电站虽然未布设专门的调压室结构物，但是利用输水系统上的闸门井或加高引水竖井至地面起到调节水击压力的作用。如西龙池抽水蓄能电站的引水闸门井，将上部结构扩大，以满足甩负荷时井内水位上升的要求；桐柏抽水蓄能电站引水道及尾水道均未设调压室，利用上、下水库闸门井兼作调压室；宜兴抽水蓄能电站、沂蒙抽水蓄能电站的上水库事故检修闸门井兼有调压室功能；回龙抽水蓄能电站利用引水竖井顶部施工导井扩挖后作为调压室。西龙池抽水蓄能电站引水闸门井兼作调压室见图 10-1-17。

（三）调压室型式

抽水蓄能电站调压室的结构型式有差动式、阻抗式等，随着抽水蓄能电站的不断发展，采用阻抗式调压室结构的越来越多，而差动式调压室已很少用。阻抗式调压室结构简单，且阻抗也可以有效地削减调压室内的水位波动振幅，从而减小调压室的高度，减少工程量及投资。

日本抽水蓄能电站调压室结构型式统计见表 10-1-13。由表 10-1-13 可以看出，日本抽水蓄能电站中差动式调压室只在早期工程中应用，目前大多采用阻抗式或阻抗加水室式调压室。我国高水头大容量抽水蓄能电站，无论是引水调压室还是尾水调压室，也都是采用阻抗式或阻抗加水室式调压室，我国部分抽水蓄能电站阻抗式调压室结构型式及主要尺寸统计见表 10-1-14。

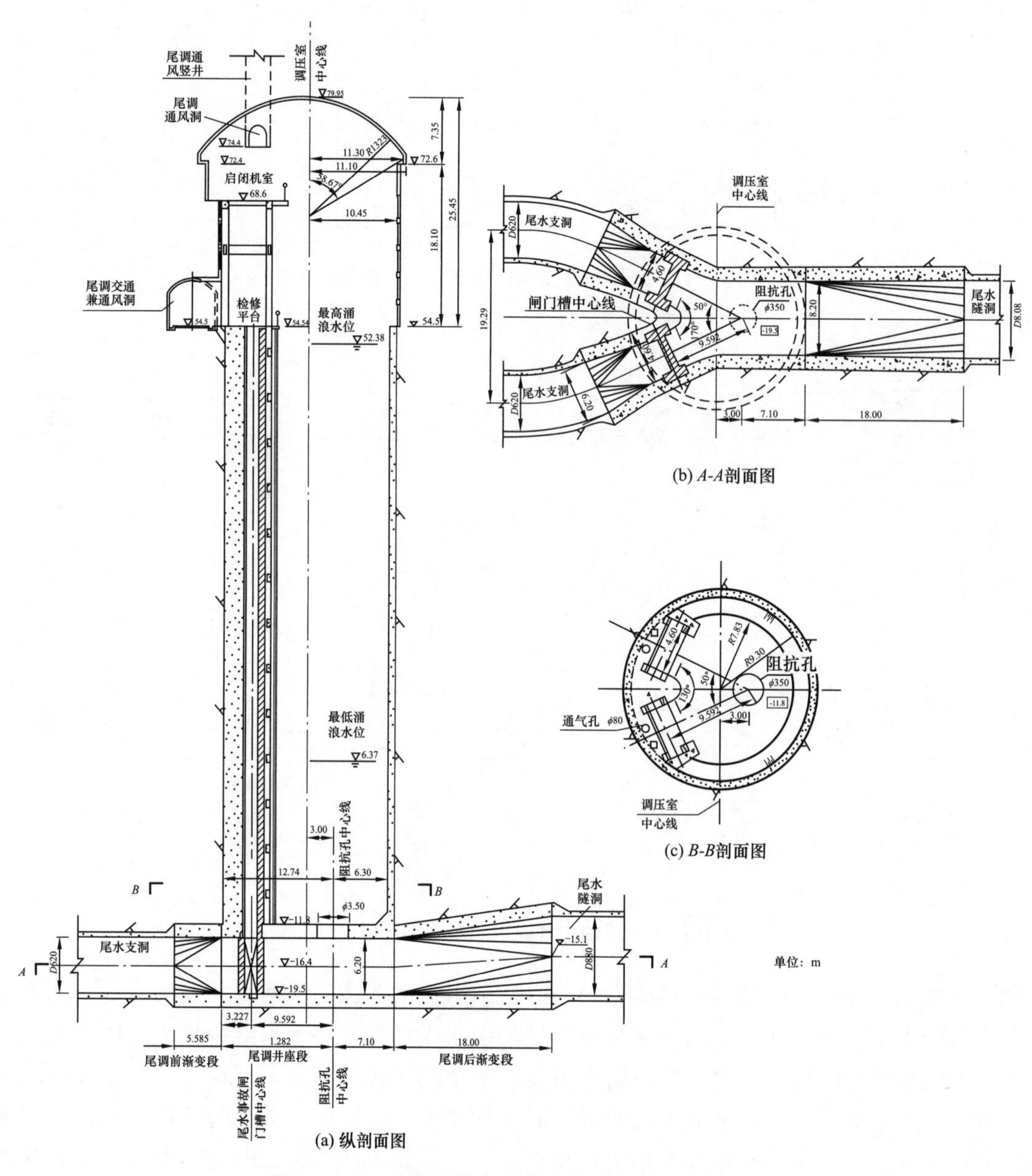

图 10-1-16　琅琊山抽水蓄能电站尾水调压室布置图
(a) 纵剖面图；(b) A-A 剖面图；(c) B-B 剖面图

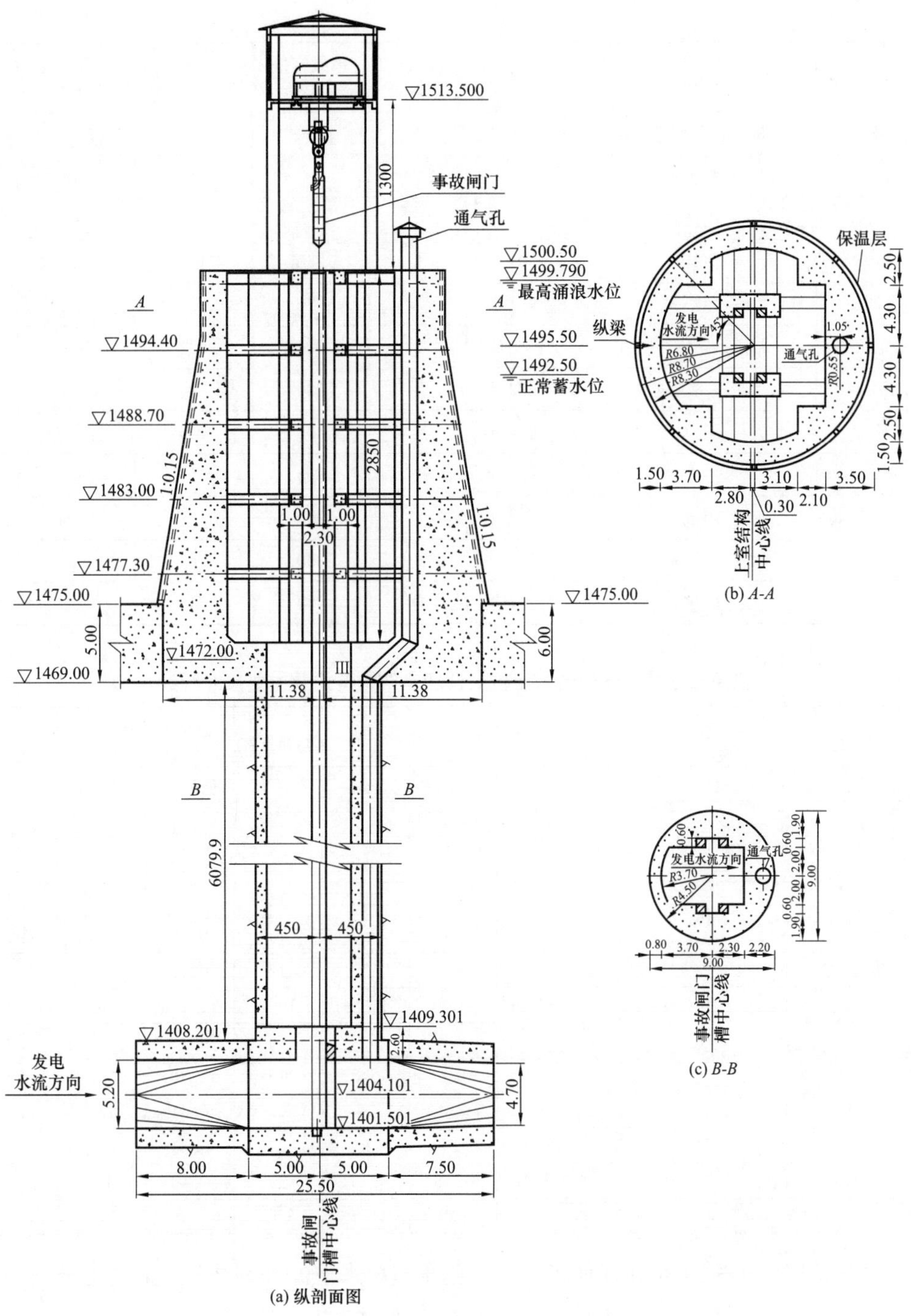

图 10-1-17 西龙池抽水蓄能电站引水闸门井兼作调压室

(a) 总剖面图；(b) A-A 剖面图；(c) B-B 剖面图

表 10-1-13　　日本抽水蓄能电站调压室结构型式统计

电站名称	结构型式	建成年代	台数(台)	单机容量(MW)	设计水头(m)	最大扬程(m)	引用流量(m^3/s)
喜撰山尾调	带上室阻抗式	1970 年	2	233	219	230	248
新丰根引调	带上、下室阻抗式	1972 年	5	225	203	245	645
沼原引调	带上、下室阻抗式	1973 年	3	225	517	528	172.5
奥多多良木引调、尾调	阻抗式	1974 年	4	303	416	423.9	376
大平尾调	差动式	1975 年	2	250	490	545	124
南原引调	阻抗式	1976 年	2	310	294	340	254

续表

电站名称	结构型式	建成年代	台数（台）	单机容量（MW）	设计水头（m）	最大扬程（m）	引用流量（m^3/s）
奥清津引调	带上、下室阻抗式	1978 年	4	250	470	512	260
第二沼泽引调	阻抗式	1981 年	2	230	214	214	250
奥矢作第一引调	阻抗式	1981 年	3	105	161	182	234
奥矢作第二引调	阻抗式	1981 年	3	260	414.5	441	234
新高濑川引调	阻抗式	1981 年	4	320	229	264	644
本川引调、尾调	带上、下室阻抗式	1982 年	2	300	528	567	140
玉原引调	带下室阻抗式	1982 年	4	300	518	549	276
侯野川引调	阻抗式	1986 年	4	300	489	569	300
天山引调	差动式	1986 年	2	300	511	604	140
下乡引调	阻抗式	1988 年	4	250	387	415	314
奥美浓引调	阻抗式	1993 年	6	300	485.75	520	250
蛇尾川引调	阻抗式	1994 年	3	300	338	362	324

表 10-1-14　　我国部分抽水蓄能电站阻抗式调压室结构型式及主要尺寸统计

工程名称	建成年代	台数（台）	单机容量（MW）	设计水头（m）	引用流量（m^3/s）	隧洞主管直径（m）	阻抗孔直径（m）	大井直径（m）	阻抗/隧洞面积比	大井/隧洞面积比	备注
十三陵引调	1997 年	4	200	430	107.6	5.2	3.7	7	0.51	1.8	带上、下室
十三陵尾调						5.2	3.7	8	0.51	2.4	带上室
广州一期引调	1994 年	4	300	496.02	274.92	8.5	6.3	14	0.55	2.7	带上室、连接管
广州一期尾调						8.0	4.0	14	0.25	3.1	带上室、连接管
泰安尾调	2006 年	4	250	225	263.8	8.5	5	17	0.35	4.0	带上室、连接管
琅琊山尾调	2007 年	4	150	126	271.8	8.8	5.93 槽孔	16.2	0.45	3.4	内设事故门
惠州引调	2011 年	8	300	517.4	264.8	8.5	5.3	16	0.39	3.5	带上室、连接管
惠州尾调						8.5	5.3	16	0.39	3.5	带上室、连接管
宜兴尾调	2008 年	4	250	363	157	7.2	4.6	10	0.41	1.9	带上室、连接管
白莲河引调	2010 年	4	300	195	352.2	9	5	22	0.31	6.0	
蒲石河尾调	2012 年	4	300	308	222.66	11.5	7.5	20	0.43	3.0	
呼和浩特引调	2014 年	4	300	513	134	6.2	4.2	9	0.46	2.1	带上室

调压室阻抗孔的大小应能满足在任何工况下，调压室内水位波动都能稳定，并且衰减迅速的要求；且底部隧洞的压力在任何时候均不大于调压室出现最高涌浪水位的压力，同时也不低于最低涌浪水位的压力，据此确定阻抗孔尺寸。根据国内外已建抽水蓄能电站的经验，阻抗孔面积为隧洞面积的 25%～50%。初拟阻抗孔尺寸，可按 NB/T 35021—2014《水电站调压室设计规范》附录 B 中图 B3.2 初步判断其大小并进行调整，最终的调压室的体形及尺寸应通过水力过渡过程计算验证。

阻抗孔可以在调压室大井底板隧洞顶部直接开孔，也可以由连接管连接大井。十三陵引水调压室、尾水调压室均为在隧洞顶部直接开孔形成阻抗孔。若最低涌浪水位距隧洞顶部距离较高，宜采用连接管连接底部隧洞和大井，以减少调压室的开挖量及支护量。

我国抽水蓄能电站调压室大都是阻抗式，如十三陵、广州、惠州、宜兴、泰安、呼和浩特等电站。根据输水系统布置及水力特性的要求，可增加上室和（或）下室。如十三陵、泰安、宜兴等电站的尾水调压室，广州电站的引水调压室、惠州电站的引水和尾水调压室均为带上室的阻抗式。带上、下室的调压室结构，需要通过工程量比较确定是设置上、下室还是增加大井面积。十三陵抽水蓄能电站引水调压室（见图 10-1-18）及日本的沼原、新丰根、今市、玉原等抽水蓄能电站的引水调压室均为阻抗带上、下室的型式。

（四）钢板护衬调压室

调压室大都采用钢筋混凝土衬砌型式，也有采用钢板衬护结构型式的，如十三陵抽水蓄能电站引水调压室原设计为钢筋混凝土衬砌，后因周围岩石地质条件较差，为防止混凝土衬砌开裂内水外渗引起围岩的不稳定，考虑工程永久的安全，在施工阶段改为钢板衬砌。我国台湾明湖抽水蓄能电站2号引水调压室、日本奥清津第二电站引水调压室及下乡电站引水调压室同样也为钢板衬护结构。十三陵抽水蓄能电站引水调压室钢衬装配图、交叉段钢衬装配图分别见图10-1-19、图10-1-20。

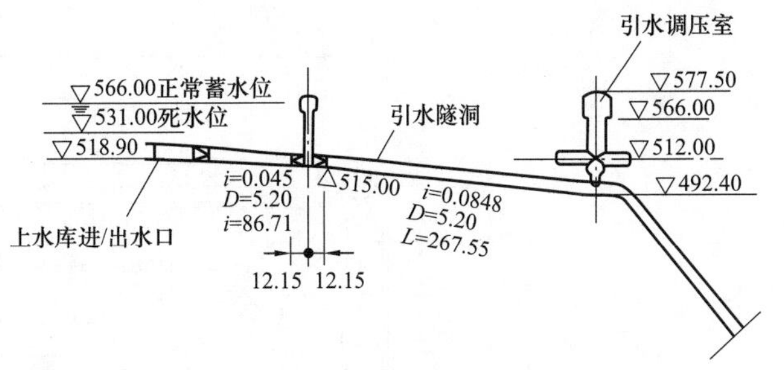

图10-1-18　十三陵抽水蓄能电站引水调压室

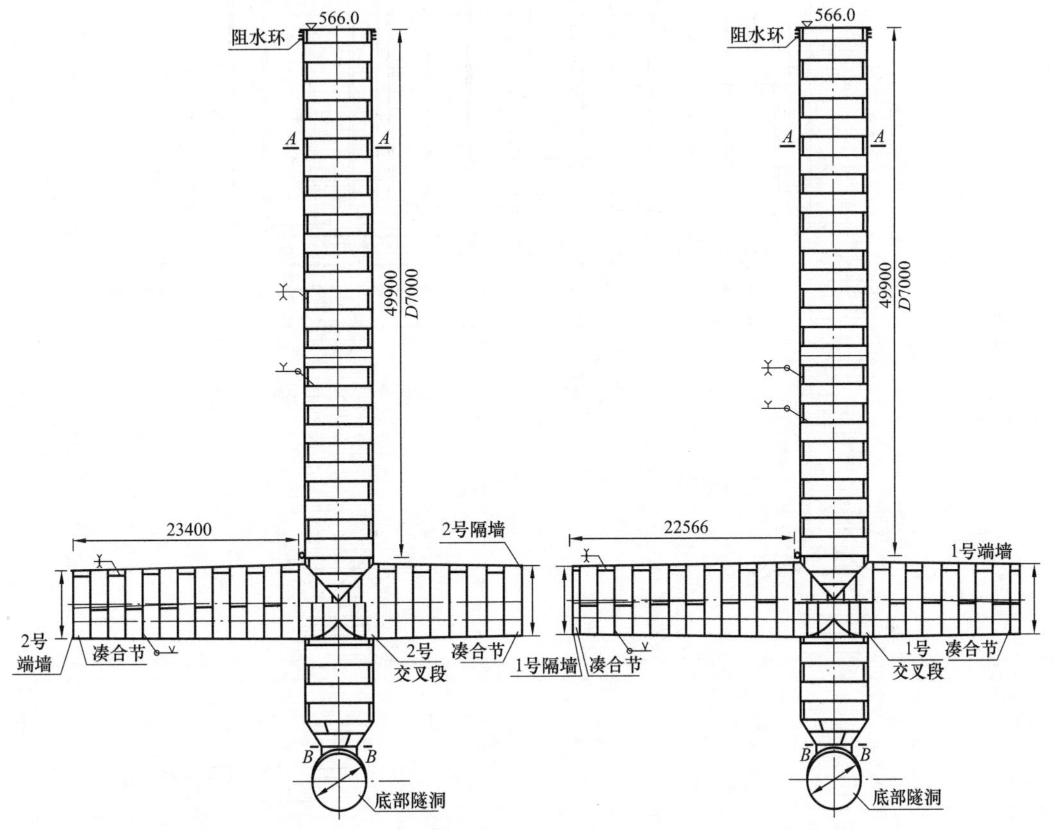

图10-1-19　十三陵抽水蓄能电站引水调压室钢衬装配图

（五）气垫式调压室

气垫式调压室适合埋藏深、围岩承载力高且渗透性小的场合（见图10-1-21）。这种型式在挪威应用最早也最多，我国抽水蓄能电站曾作过探讨但还没有采用的。气垫式调压室的主要要求是所处位置的岩石条件完整、最小地应力大于气垫室内最大气压，否则，就可能发生劈裂、漏气，使气垫室失去作用不能工作。气垫室位置的正常地下水位应高于最高室内气压所相应的水头位置，以使气垫室内的气体很少外漏。

气垫式调压室的主要优点是经济，省掉了常规调压室下部很长的斜井或竖井及常规布置调压室常有的山坡明挖。在较好的地质条件下，气垫式调压室也可以采取不衬砌，由围岩承担全部内压力，节省工程量及造价，且缩短了工期。

气垫式调压室布置上比较自由，可以在任何地方选择比较有利的地区和方向布置。可以安设在离厂房较近的地方，对水击波的反射比较有利，因此减少水击压力，增加调压稳定性，这对电站的运行是有利的。气垫式调压室对地质条件要求较高，因此地质勘探工作要求高。

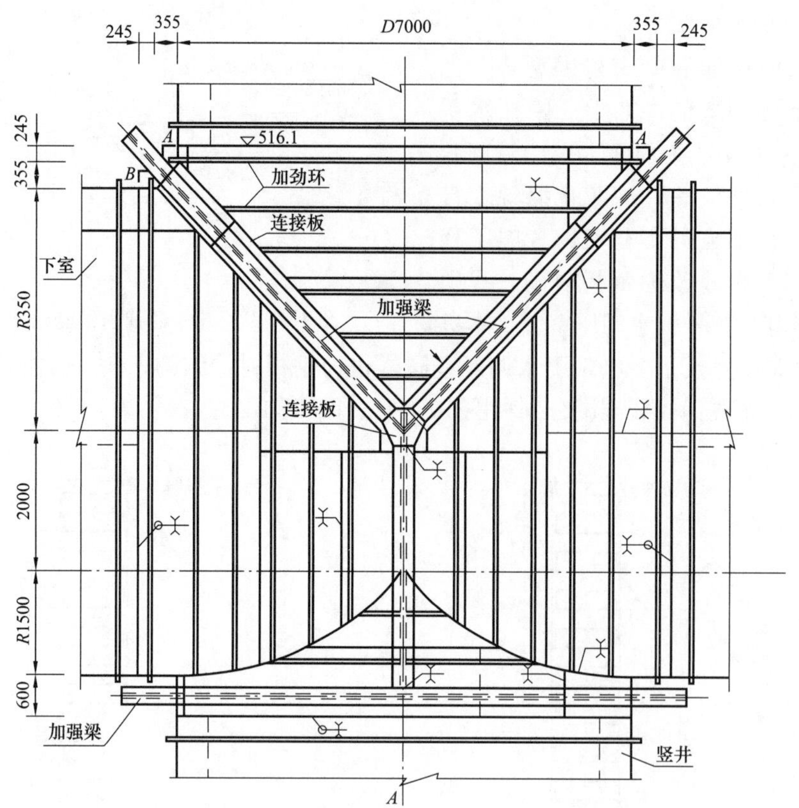

图 10-1-20 十三陵抽水蓄能电站引水调压室交叉段钢衬装配图

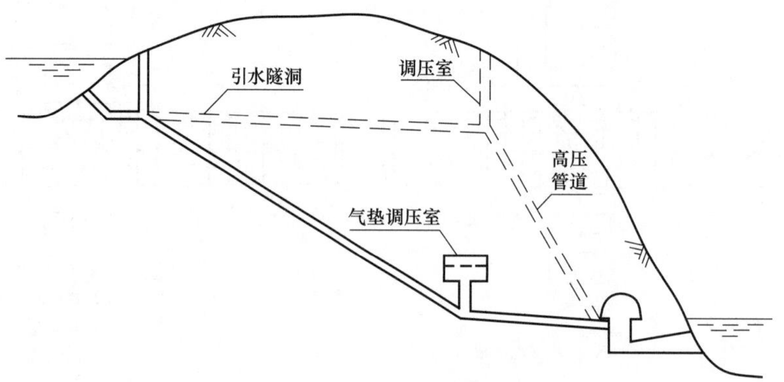

图 10-1-21 气垫式调压室布置示意图

气垫式调压室的缺点是体积比常规调压室大，洞挖量多。在停机检修后重新充水时要用空气压缩机向室内充气，由于充气量较大，一般需要 3～4 天或者更多，会影响发电。

气垫式调压室维护、检修工作较少，运行可靠，只要不漏水漏气，一般不需要维修。

（六）水力学计算

抽水蓄能电站调压室的水力计算与常规电站调压室相同，均需要进行设置条件判断及稳定断面、水头损失、涌浪等的计算，主要的不同之处是增加了水泵工况。涌浪的计算方法可以是图解法、规范查表法及应用水泵水轮机特性曲线进行水力过渡过程分析计算。根据计算结果调整输水系统布置，确定最终的调压室结构尺寸。

引水调压室的稳定断面面积 F，可按下列公式计算。

$$F = KF_{\mathrm{TH}} \tag{10-1-11}$$

$$F_{\mathrm{TH}} = \frac{Lf}{2g\left(\alpha + \dfrac{1}{2g}\right)(H_0 - h_{\mathrm{w0}} - 3h_{\mathrm{wm}})} \tag{10-1-12}$$

$$\alpha=\frac{h_{w0}}{v^2} \tag{10-1-13}$$

式中 F——引水调压室的稳定断面面积，m^2；

F_{TH}——托马临界稳定断面面积，m^2；

L——压力引水道（自水库至调压室）长度，m；

f——压力引水道断面面积，m^2；

H_0——发电最小毛水头，即对应上下游最小水位差、机组发出最大输出功率时的毛水头，m；

α——自水库至调压室水头损失系数（包括局部水头损失与沿程水头损失），在无连接管时用 α 代替 $\alpha+\frac{1}{2g}$；

v——压力引水道平均流速，m/s；

h_{w0}——压力引水道水头损失，m；

h_{wm}——调压室下游高压管道总水头损失（包括高压管道和尾水延伸管道水头损失），m；

K——系数，一般可采用1.0～1.1。

尾水调压室的稳定断面面积 F，可按下列公式计算。

$$F=KF_{TH} \tag{10-1-14}$$

$$F_{TH}=\frac{L_w f}{2g\alpha(H_0-h_{w0}-3h_{wm})} \tag{10-1-15}$$

$$\alpha=\frac{h_{w0}}{v^2} \tag{10-1-16}$$

式中 F_{TH}——托马临界稳定断面面积，m^2；

L_w——压力尾水道长度，m；

f——压力尾水道断面面积，m^2；

H_0——发电最小毛水头，m；

α——尾水调压室至下游河道或水库水头损失系数（包括局部水头损失与沿程水头损失）；

v——压力尾水道平均流速，m/s；

h_{w0}——压力尾水道水头损失，m；

h_{wm}——尾水调压室上游管道总水头损失（包括高压管道和尾水延伸管道水头损失），m；

K——系数，一般可采用1.0～1.1。

对于引水、尾水均设置调压室的情况，调压室的稳定断面面积应考虑小波动工况下水力共振问题及快速收敛问题。

为了保证电站在电网中的快速响应能力及可靠性，过渡过程计算工况的选择很关键，应考虑各种可能的不利工况进行计算。不同电站因输水系统布置不同、调压室型式不同、机组特性不同，最不利工况也不尽相同。如琅琊山抽水蓄能电站考虑了可能存在超出力130%，张河湾抽水蓄能电站考虑了可能存在超出力110%的工况，据此两台机进行了超出力发电甩全负荷、导叶正常关闭工况计算，该工况控制了蜗壳进口处的最大压力升高、机组最大转速、引水闸门井的顶部高程，也控制了尾水管进口最小压力水头。

四、尾水事故闸门室

抽水蓄能电站的机组吸出高度大，安装高程很低，下水库水位变幅大，厂房埋深大。厂房内各种引水管路多连接在尾水管，为防止管路发生故障时水淹厂房，同时也为了缩短机组检修排水时间，抽水蓄能电站均在尾水系统设置事故闸门，其布置主要考虑厂房的安全性和经济性。

（一）尾水事故闸门布置方式

1. 国内多机一洞的尾水事故闸门布置

当电站采用首部或中部开发方式时，尾水隧洞较长，往往采用多机一洞布置，设置尾水岔管和尾水调压室，此时应在尾水支管的适当位置布置一道尾水事故闸门。

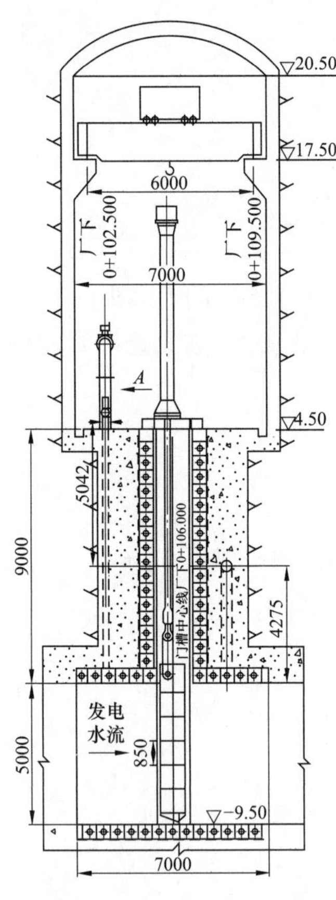

图 10-1-22　宜兴抽水蓄能电站尾水闸门室布置示意图

国内抽水蓄能电站尾水事故闸门多布置在厂房主洞室群与尾水调压室之间的尾水支管上，专设一座尾水闸门室。其优点是离厂房位置较近，闭门迅速，有利于保护厂房安全；闸门及启闭设备与其他建筑物和设备没有干扰；水流平顺，闸门不受涌波直接冲击。其缺点是土建工程量大，闸门顶盖始终承受较大的内水压力，密封性要求高。我国十三陵、广州（一期和二期）、泰安、宜兴、惠州（一期和二期）等均采用这种布置方式。图 10-1-22 为宜兴抽水蓄能电站尾水闸门室布置示意图。

国内也有将尾水事故闸门布置在尾水调压室内的。如琅琊山抽水蓄能电站，尾水调压室布置在尾水支管与尾水隧洞的交叉处（即尾水岔管处），事故闸门布置在尾水调压室上游井身侧的尾水支管末段，闸门悬挂在调压室最高涌浪以上。这种布置的优点是土建工程量小，闸门不受涌波直接冲击；缺点是启闭机安装高程与闸门悬挂高程高，闭门的时间较长。

尾水隧洞采用多机一洞布置时，除了在尾水闸门室设置的尾水事故闸门外，还应在下水库进/出水口设置一道检修闸门，以便将尾水隧洞与下水库隔开，为尾水隧洞和尾水事故闸门的检修创造条件。检修闸门布置在闸门井或闸门塔内。

2. 国外多机一洞的尾水事故闸门布置

国外多机一洞尾水事故闸门布置的位置型式较多。综合起来有下述五种型式，前两种与我国情况相同，后三种我国目前没有采用的工程实例，列出供参考。

（1）布置在专设的尾水闸室中。如日本葛野川与神流川、泰国拉姆它昆等抽水蓄能电站。这几个电站由于不设主变压器室，尾水闸室中心线距机组中心线的距离较近，葛野川为 51m、神流川为 50.7m、拉姆它昆仅为 34.5m。

（2）布置在尾水调压室内。如美国的腊孔山、日本的小丸川等抽水蓄能电站。

（3）布置在厂房尾水管出口处。如法国蒙特齐克、意大利达洛罗、爱尔兰特罗夫山、德国的金谷、伊朗的锡亚比舍等抽水蓄能电站均在尾水管出口处设翻板闸门。其优点是闭门迅速，机组事故或检修时排、充水量最少，操作管理方便。其缺点是厂房内布置闸门及启闭设备需要场地，厂房跨度增加，下部结构布置复杂。伊朗锡亚比舍抽水蓄能电站尾水闸门布置示意图见图 10-1-23。

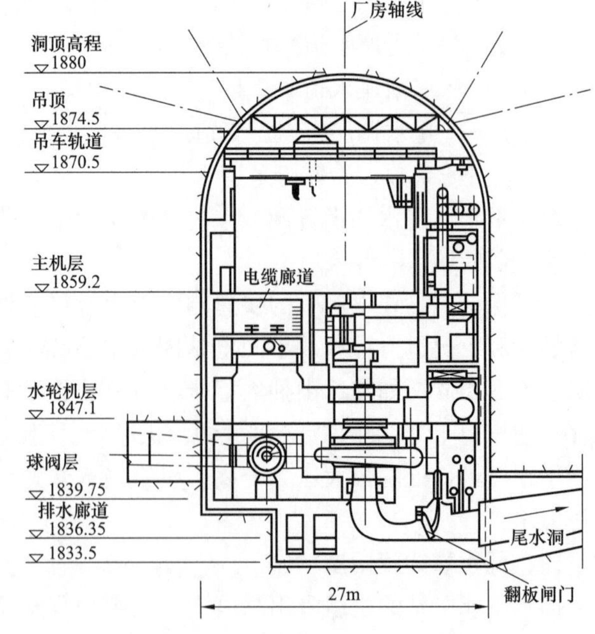

图 10-1-23　伊朗锡亚比舍抽水蓄能电站尾水闸门布置示意图

（4）布置在主变压器洞正下方并与主变压器洞相通。如日本的新丰根、卢森堡的维安登等抽水蓄能电站。其优点是闸门迅速，机组事故或检修时排、充水量较少。其缺点是闸门和主变压器交错布置，运行管理略显不便，在主变压器室下增加闸门井后，洞室开挖高度增加。日本新丰根抽水蓄能电站尾水闸门布置示意图见图 10-1-24。

（5）布置在母线洞下方，单设一室。如日本今市、意大利奇奥塔斯等抽水蓄能电站。其优点是闭门迅速，机组事故或检修时排、充水量较少，单独布置运行方便；缺点是闸门单设一室工程量较大，与母线洞间岩体较单薄。意大利奇奥塔斯抽水蓄能电站尾水闸门布置示意图见图 10-1-25。

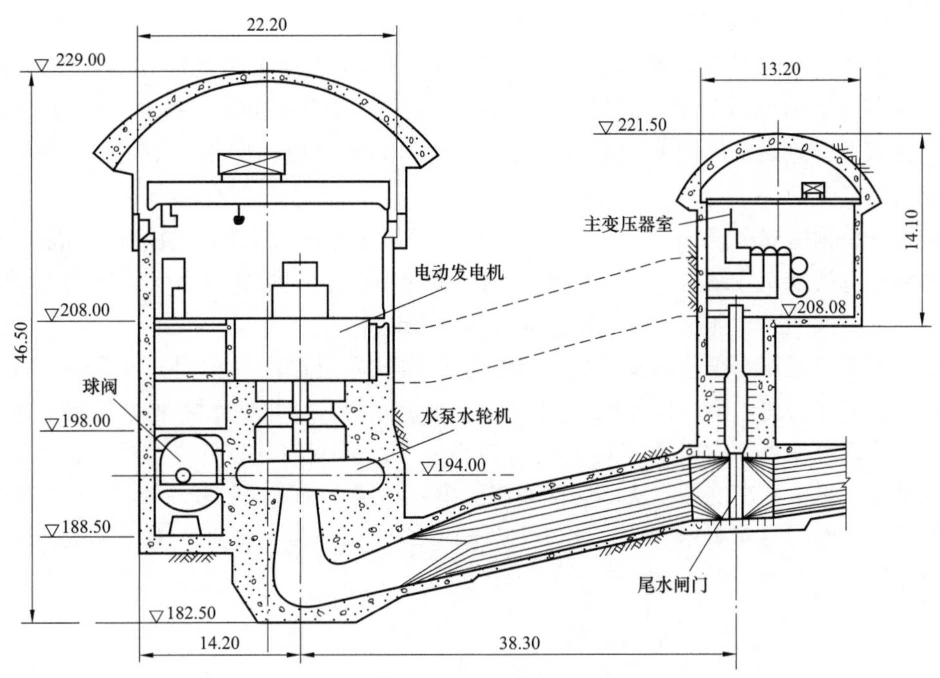

图 10-1-24 日本新丰根抽水蓄能电站尾水闸门布置示意图

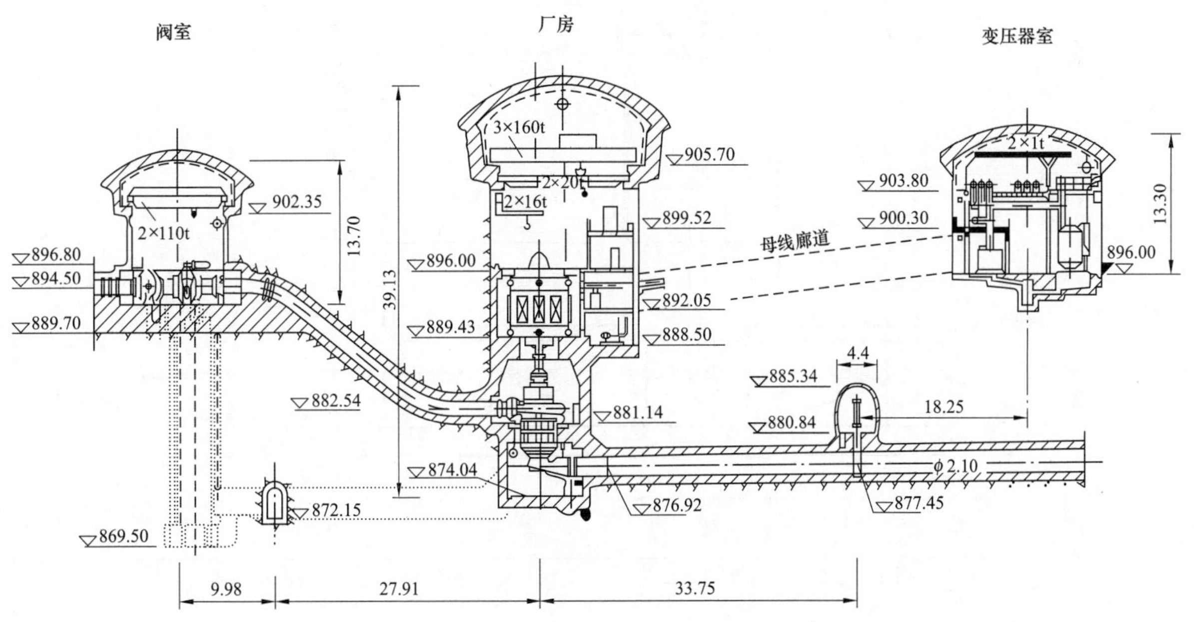

图 10-1-25 意大利奇奥塔斯抽水蓄能电站尾水闸门布置示意图

3. 一机一洞的尾水事故闸门布置

当电站采用尾部开发方式时，尾水隧洞较短，采用一机一洞布置，一般将尾水事故闸门与检修闸门一并设置在下水库进/出水口闸门井或闸门塔中，以节省投资。如张河湾（尾水隧洞长约 167m）、响水涧（尾水隧洞长约 320m）、西龙池（尾水隧洞长约 362m）、呼和浩特（尾水隧洞长约 470m）等抽水蓄能电站，均采用这种布置方式。电站采用尾部开发方式时，国内也有在厂房下游专设事故闸室的实例，如天荒坪（尾水隧洞长约 247m）抽水蓄能电站。两种布置方式都能满足电站安全运行需要，各有优缺点。

（1）尾水事故闸门室与检修闸门一并设置在下水库进/出水口闸门井。具有检修周期较短，操作较简单，运行维护方便，安装精度要求易达到，投资相对较低等优点；但机组事故时闭门时间相对较长，设备运行可能受冬季气温影响较大。

（2）尾水事故闸门室单独布置在主变压器洞下游。机组检修时，闸门可立即关闭，需要的排水时间较短，检修排水系统容量较小，设备运行不受冬季气温影响；但闸门井顶盖耐高压及密封性要求高；设备安装精度要求严，维护检修较困难，投资较大。

（二）尾水事故闸门室布置型式

布置在尾水事故闸室的闸门为高压闸阀式平面闸门，采用液压启闭机启闭，闸室顶部设检修桥机。

尾水事故闸室均采用城门洞型。支护型式一般有两种，即钢筋混凝土衬砌或喷锚支护。十三陵、宜兴抽水蓄能电站由于地质条件较差，采用钢筋混凝土衬砌；其他如广州、惠州、蒲石河、敦化等抽水蓄能电站采用喷锚支护。

桥机轨道梁的结构型式有三种：十三陵、宜兴抽水蓄能电站的大梁均与边墙钢筋混凝土连为一体；广州一期抽水蓄能电站采用柱结构架设；广州二期、敦化等抽水蓄能电站采用岩壁吊车梁，此时岩壁吊车梁以上的闸室宽度加大，如广州二期顶拱净宽为 6.2m。

十三陵抽水蓄能电站尾水事故闸室的底板高程与厂房发电机层高程相同，闸门井较高，工程量较大，利用厂房交通洞作为尾水事故闸室的交通洞，交通较方便。广州抽水蓄能电站尾水事故闸室的底板高程与机组安装高程相当（一期高出 1.6m、二期低 0.5m），闸门井较低，工程量较小，事故闸门室交通洞与引水系统下平段施工支洞（从厂房交通洞引出）相接，交通洞较长。图 10-1-26 为广州抽水蓄能电站（二期）尾水闸门室布置示意图。尾水事故闸室应注意通风、排水、安全疏散通道的布置。国内抽水蓄能电站尾水事故闸室相关尺寸见表 10-1-15。

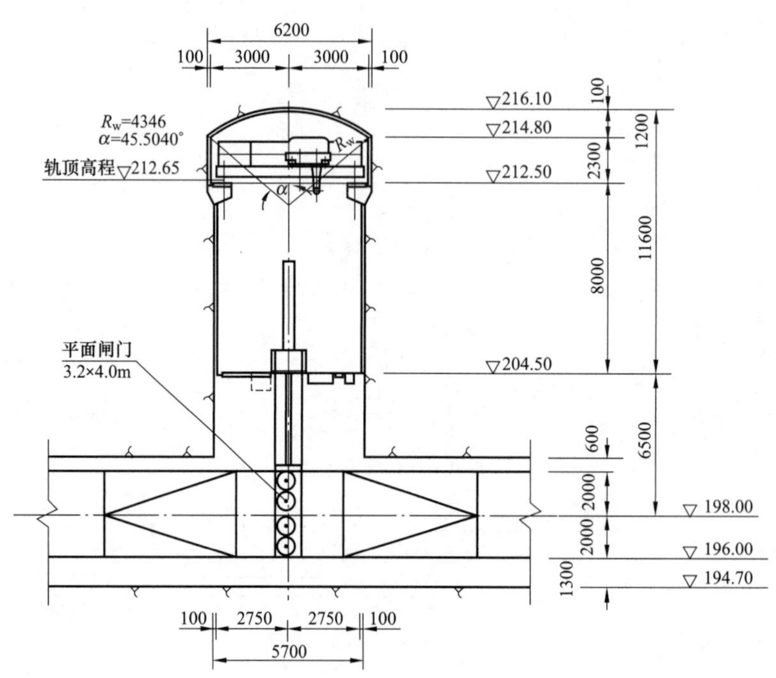

图 10-1-26 广州抽水蓄能电站（二期）尾水闸门室布置示意图

表 10-1-15 国内抽水蓄能电站尾水事故闸室相关尺寸一览表 单位：m

工程名称	闸门孔口尺寸（宽×高）	闸门井		闸室尺寸（长×宽×高）	备注
		隧洞顶～油压泵层高	油压泵层～闸室底板		
十三陵	2.9×3.7	4.6	9.7	111.3×8×13.3	已建
广州Ⅰ	3.2×4.0	4.5	0	81.2×6.2×11.4	已建
广州Ⅱ	3.2×4.0	4.5	0	79.1×5.7×11.6	已建
宜兴	4.0×5.0	9	0	3.2×7×17.5	已建
惠州	3.2×4.0	—	0	84.5×5.7×12.8	已建
蒲石河	3.2×5.0	6.7	11	3.2×10.5×18.4	已建
敦化	3.7×4.6	7.84	0	100×9.1×25	已建
丰宁	3.6×4.6	8.4	0	190.1×10.9×21	已建
沂蒙	4×5	9	0	145.6×10.9×20.5	已建
文登	3.5×4.4	8.6	0	181×9.9×19.8	在建

续表

工程名称	闸门孔口尺寸（宽×高）	闸门井		闸室尺寸（长×宽×高）	备注
		隧洞顶～油压泵层高	油压泵层～闸室底板		
清原	4×5.1	8.9	0	194.95×8.5×20	在建
易县	4.2×5.4	9.3	0	140×10.9×20.5	在建
尚义	4.2×5.4	9.6	0	141.8×10.9×22	在建
潍坊	5×6.2	10.8	0	147.5×10.9×22	在建

第二节　高压管道结构

目前抽水蓄能电站高压管道的结构衬砌型式主要有钢筋混凝土衬砌、钢板衬砌、钢纤维混凝土衬砌。

钢筋混凝土衬砌：根据其功用的不同分为不承载和承载两种，不承载主要是为了保护围岩表面、减少水头损失或提高隧洞防渗能力，承载是为了加固围岩，单独或与围岩及初期支护共同承担荷载。

钢板衬砌：钢板作为主要的承力结构，对于地下埋藏式钢管，其外围回填混凝土仅起传力作用。

钢纤维混凝土衬砌：用于钢筋混凝土衬砌结构中，水头不高，需要较好防渗能力的特殊地段。

各种衬砌型式的适用条件，主要从地形地质条件、水头、经济性、施工难度等方面予以考虑，本节重点介绍抽水蓄能电站高压管道中应用最广泛的钢筋混凝土衬砌、钢板衬砌。

一、钢筋混凝土衬砌

钢筋混凝土衬砌的作用：①使管道表面平整，减少糙率和水头损失；②承受围岩压力，或与围岩共同承受外水、内水压力及其他荷载；③为高压固结灌浆提供表面封闭层；④减少内水外渗。

（一）混凝土衬砌一般原则

1. 混凝土衬砌适用条件

钢筋混凝土衬砌在地下高压管道设计中，一般常用的设计判断条件有围岩类别条件、最小覆盖厚度准则、最小地应力准则、围岩渗透准则、水文地质条件等。

（1）围岩类别。高压管道沿线围岩以Ⅱ、Ⅲ类为主，是高压管道能否采用钢筋混凝土衬砌型式的先决条件。根据国内已建抽水蓄能电站采用混凝土衬砌的高压隧洞（水头大于100m）的统计结果，高压隧洞沿线Ⅱ类及以上围岩类别占比在70%以上占大多数，围岩类别的好坏直接决定其承载高压管道内水压力的能力，对是否能够采用混凝土衬砌具有决定性的作用。根据NB/T 10391—2020《水工隧洞设计规范》中9.1.3，围岩以Ⅱ、Ⅲ类为主，围岩条件满足该规范第4.1.4条1、2、3款要求的高压隧洞，经技术经济论证，可采用钢筋混凝土衬砌型式。

（2）最小覆盖厚度准则。最小覆盖厚度准则是一个基于上抬理论的经验准则，它不考虑地质构造、围岩渗透等因素，因此，在地质勘探资料及地应力测定成果不充分的情况下，它是确定不衬砌（或透水衬砌）管线布置的重要依据。有压隧洞岩体最小覆盖厚度示意图如图10-2-1所示，计算公式如下：

$$C_{RM}=\frac{h_s\gamma_w F}{\gamma_R\cos\alpha}$$

式中　C_{RM}——岩体最小覆盖厚度（不包括全、强风化厚度），m；

h_s——洞内静水压力水头，m；

γ_w——水的重度，N/m³；

γ_R——岩石重度，N/m³；

α——河谷岸坡边坡倾角，$\alpha>60°$时，取$\alpha=60°$；

F——经验系数，一般取1.30～1.50，地质条件较差时宜取高值。

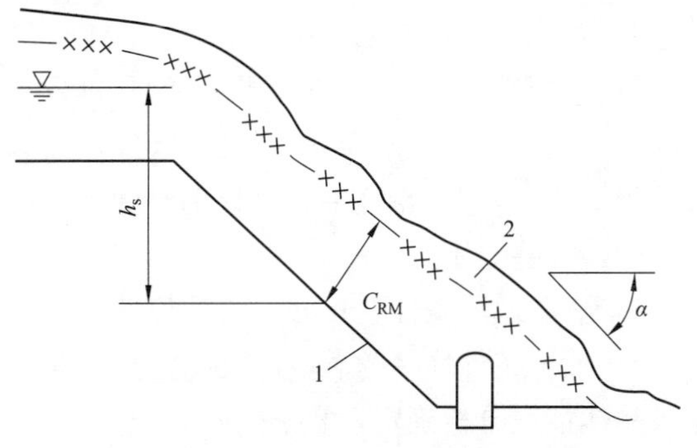

图10-2-1　有压隧洞岩体最小覆盖厚度示意图

1—有压隧洞；2—全强风化岩层

最小覆盖厚度准则实际上是一个半经验性的准则，它仅仅是为地下高压管道的洞线布置和初步判断提供一个快捷的方法，并没有考虑具体的岩体构造、节理、地质缺陷等的影响。最终的判断还需要结合地应力测试、地质情况分析等进行。

（3）最小地应力准则。最小地应力准则是围岩承载的核心准则。根据工程经验，在内水压力超过100m水头后，钢筋混凝土衬砌就已经开始产生裂缝，此时钢筋混凝土衬砌就变成透水结构，围岩将直接承受高压水的作用。对于高压管道而言，隧洞沿线初始最小地应力的大小决定了围岩是否有足够的预压应力来承担内水压力、防止围岩发生水力劈裂，确保隧洞的安全运行。因此，围岩承载准则中最小地应力准则是最关键的判断准则，是对围岩承载能力的定量判断。水压力高的重要工程应该进行工程区山体地应力测试，获得一定数量的地应力测量值，并配合地应力场有限元反演回归分析，确保压力隧洞沿线的围岩最小地应力大于最大静水压力。围岩最小地应力准则相对于内水压力还要有一定的安全余地，安全系数一般在1.2～1.3以上。

（4）围岩渗透准则。围岩渗透准则是对最小地应力准则的补充完善。无论最小地应力准则还是最小覆盖厚度准则都没有考虑围岩的抗渗性。不同岩性的岩体抗渗性不同，即使是同一种岩性的围岩，因节理、裂隙的发育程度不同，抗渗性也不同。围岩渗透准则的原理是要求检验岩体及裂隙的渗透性能，是否满足渗透稳定要求，即内水外渗量不随时间持续增加或突然增加。渗透准则判别标准一般包括两个方面内容：一是根据相关规范和工程经验，在设计内水压力作用下隧洞沿线围岩的平均透水率$q \leqslant 2Lu$，经灌浆后的围岩透水率$q \leqslant 1Lu$；二是根据以往工程经验，Ⅱ类硬质围岩长期稳定渗透水力梯度一般控制不大于10～15。

（5）水文地质条件。抽水蓄能电站高压管道是否采用钢筋混凝土衬砌，归根结底是一个技术经济比较问题。我国南方地区雨量充沛，水文地质条件良好，高压管道采用钢筋混凝土衬砌，高压管道内水外渗的渗漏量可通过天然来水进行补充，不存在额外的投资。但北方地区多干旱少雨，水文地质条件较差，高压管道采用钢筋混凝土衬砌，高压管道内水外渗的渗漏量大多需通过额外的措施进行补水，每年都要增加额外的费用。

高压管道选择混凝土衬砌时，要加大对高压管道沿线水文地质条件的分析，在满足优良的地质条件、最小覆盖厚度准则、最小地应力准则、围岩渗透准则的条件下，还需考虑高压管道渗漏量对电站运行的经济性影响。

2. 断面型式

钢筋混凝土衬砌结构一般有圆形有压隧洞、圆形无压隧洞、圆拱直墙形、马蹄形及其他型式的隧洞。圆形隧洞在内水压力作用下，受力分布均匀，不存在应力集中部位，高压管道大多为高压隧洞，故大多采用圆形断面。

3. 衬砌厚度及分缝原则

（1）衬砌厚度。按照NB/T 10391—2020《水工隧洞设计规范》，钢筋混凝土衬砌厚度宜根据构造要求，并结合施工方法经计算分析确定，初选时可取内径的1/16～1/12。单层钢筋混凝土衬砌厚度不宜小于0.3m，双层钢筋混凝土衬砌厚度不宜小于0.4m。

（2）分缝原则。

1）隧洞地质条件变化处、洞径与进出口建筑物连接处及可能产生较大相对变形处应设置变形缝。

2）围岩条件均一的洞段可仅设置施工缝。施工缝间距可根据施工方法、混凝土浇筑能力及气温变化等具体情况分析确定，宜采用6～12m。

3）钢筋混凝土衬砌与钢板衬砌连接处不应分缝。钢板衬砌伸入钢筋混凝土段应有不少于1.0m的搭接长度，连接处应设置阻水措施。

（二）计算方法

若高压管道围岩的岩石质量好，衬砌开裂后，内水外渗不致危及围岩及相邻建筑物的安全时，可假定围岩承受绝大部分的内水压力，其数值可通过有限元分析或变形协调条件推导的公式求得。钢筋的作用主要是限制混凝土裂缝开展宽度，同时只承受部分的内水压力，即按限裂设计。通常采用的计算方法为结构力学法和有限元分析。

1. 混凝土衬砌结构设计基本原则

按 GB 50199《水利水电工程结构可靠性设计统一标准》的规定，确定水工隧洞衬砌结构采用概率极限状态设计原则，按分项系数设计表达式进行设计。根据一般水工建筑物或结构构件承载能力极限状态大体分为持久状况、短暂状况、偶然状况三种不同性质的状态进行设计，设计时需采用不同的设计表达方式以及与之相应的分项系数。

(1) 进行承载能力极限状态设计时，持久状况或短暂状况应采用基本组合，基本组合应由永久作用效应和可变作用效应组合而成；偶然设计状况应采用偶然组合，偶然组合应由永久作用效应、可变作用效应及偶然作用效应组合而成。每一种偶然组合应只考虑一个偶然作用。

(2) 正常使用极限状态设计应采用标准组合或标准组合并考虑长期作用的影响。

2. 结构力学法考虑高压管道混凝土衬砌开裂的计算方法

(1) Ⅰ、Ⅱ类围岩中的高压管道，直径小于 6m 时，只按内水压力作用的衬砌静力计算公式计算钢筋面积，钢筋面积 S 不得小于衬砌最小配筋率。计算出钢筋应力 σ_s 后，再按《水工隧洞设计规范》复核混凝土裂缝开展宽度。

(2) Ⅰ、Ⅱ类围岩中的高压管道直径大于 6m 或通过Ⅲ、Ⅳ类围岩的高压管道，计算内水压力作用下钢筋截面积和其他荷载作用下钢筋截面积，最后叠加。其值不得小于衬砌结构的最小配筋率。校核钢筋应力，根据应力复核混凝土衬砌裂缝开裂宽度。

(3) 用变形协调及弹性力学公式，结合钢筋混凝土限裂计算，确定钢筋面积。

3. 有限元法结构分析

有限元法将衬砌与围岩当作一个整体来研究，可以充分考虑衬砌和围岩的联合承载，还可模拟钢筋和混凝土的组合作用。对于规模较大的高压隧洞，推荐优先考虑有限元法计算。高压隧洞采用常规的线弹性有限元法计算时，会存在衬砌刚度考虑偏大、围岩分担荷载偏小、衬砌配筋偏大的问题；采用考虑衬砌开裂的非线性有限元法，虽计算工作量更大，但其应力和配筋计算时衬砌本构关系一致性较好，更切合实际。

(1) 计算假定。

1) 围岩为均匀介质，采用 Drucker-Prager 材料模型模拟围岩。

2) 衬砌与围岩之间无缝隙，两者在边界上保持位移连续条件。

3) 不考虑温度和地震影响。

(2) 适用条件。有限元法可以模拟围岩初始地应力及开挖造成的二次应力场的影响，能够体现围岩中节理、裂隙、断层等地质构造的影响以及围岩和衬砌的弹塑性性质，还可以进行渗流场和应力场的耦合作用，更能充分体现围岩和衬砌的实际受力及变形情况。适用于各种断面型式的隧洞计算，尤其对高压隧洞的计算更符合实际。

(3) 计算。

1) 按径向不小于 5 倍洞径距离建立计算模型，对模型左右侧、底部施加法向约束。

2) 将内水、外水压力等荷载施加在混凝土衬砌上，求出混凝土衬砌单元的主拉应力值。

3) 若衬砌单元的主拉应力值大于混凝土的极限抗拉强度，则认为混凝土已开裂。

4) 用各向异性材料单元输入混凝土开裂的单元，其中与裂缝垂直方向的混凝土弹模取一较小的值，计算出在内水压力作用下钢筋单元应力及围岩应力值。

5) 用最大的钢筋单元应力值计算裂缝开展宽度，此缝宽应在允许值内，否则加大配筋重算。

6) 计算围岩的地应力（通过模型边界加荷的办法实现，此时混凝土衬砌应输入一个很小弹模，以视无地应力作用在衬砌上）。

7) 地应力与内水压力在围岩所引起的应力叠加，若叠加后仍为压应力，则内水压力不会产生围岩的水力致裂现象。

4. 工程实例

(1) 广州二期抽水蓄能电站。广州二期抽水蓄能电站高压隧洞的最大静水头为 610m，考虑水锤压力后，最大设计水头为 725m，混凝土衬砌隧洞洞径为 8.0～8.5m，衬砌厚度为 60cm，采用 300 号混凝土。

二期工程高压隧洞位于地下 80～550m 深的燕山三期中粗粒黑云母花岗岩中，整个高压隧洞沿线山体地形起伏变化不大。隧洞大部分覆盖厚度与对应内水压力之比为 0.8～0.85，侧向围岩厚度远大于垂直厚度，因此，具有足够的埋深条件，岩体重力能够承受全部内水压力，满足抗抬理论要求。整个高压隧洞Ⅰ、Ⅱ类围岩占 83.2%，Ⅲ、Ⅳ围岩占 16.8%。两条较大的断层 F_{145}、F_2 分别在中平洞、下平洞通过，地下裂隙水较丰富。

二期工程高压隧洞采用非均质、任意主渗方向的三维各向异性渗流有限元模型，模拟大直径、高内压的钢筋混凝土衬砌隧洞，通过应力场和渗流场的耦合计算出混凝土衬砌及钢筋应力，确定混凝土开裂后的裂缝开展宽度范围。内水压力取静水头 610m，外水头边界按一期工程 8、9 点渗压计的读数 121m 和 256m 作用在模型相应高程的位置上，地质条件按Ⅱ、Ⅲ类围岩考虑，并根据由室内试验获得的渗透系数随应力大小而变化的关系式，即考虑应力场对渗流场的影响，经过渗流场和应力场的耦合计算得到以下结果。

1）在内水压力作用下，得到渗透压力等势线。当把内水压力全部按渗透体积力考虑，无水锤作用时，计算得到的钢筋应力远小于将内水压力作为面力处理时的钢筋应力。根据这一计算得到的钢筋应力，按《水工混凝土结构设计规范》计算混凝土裂缝宽度，均满足设计要求的限裂宽度。

2）在外水压力作用下计算得到的混凝土衬砌及钢筋应力，混凝土应力远小于其抗压强度。

广州蓄能电站二期工程高压隧洞衬砌配筋：全部采用单层配筋，下平洞环向 Φ 25@12.5，纵向 Φ 16@20。

(2) 天荒坪抽水蓄能电站。天荒坪抽水蓄能电站高压管道所在部位Ⅰ、Ⅱ类围岩占 80%以上，岩石最小覆盖比约为 0.5，采用钢筋混凝土薄衬砌，设计厚度为 50～60cm。配筋按限裂要求计算确定。输水隧洞圆形断面部分按《水工隧洞设计规范》单筋混凝土允许开裂计算配筋量，按限裂 0.2mm 校核。斜井的倾角为 58°，钢筋混凝土衬砌本身就是透水衬砌，不设贯穿衬砌的减压孔。斜井衬砌在高程 510m 施工支洞以上厚为 0.4m，构造配筋（后因施工原因改为衬厚 0.5m），在高程 510m 施工支洞以下厚 0.60m，也按构造配筋，但应核算裂缝宽度是否超过 0.2mm，如超过，则按限裂设计加大配筋量。限裂计算时不考虑水锤压力。

天荒坪抽水蓄能电站高压管道的上平段及上弯段配置 Φ 25@20 的环向钢筋和 Φ 16@30 的纵向钢筋，斜井配置 Φ 25@20 和 Φ 28@20 的环向钢筋及 Φ 22@25 的纵向钢筋。整个斜井衬砌不分结构缝，对滑模施工有利。

(3) 泰安抽水蓄能电站。泰安抽水蓄能电站高压管道为竖井式布置，由上平段、竖井、下平段组成。1 号引水隧洞总长 358.5m，2 号引水隧洞总长 354.9m，1 号、2 号竖井高度分别为 259m、262m。衬砌厚度为 60cm。混凝土性能指标：260.4m 高程以上 C25W8F50，260.4m 高程以下 C25W10F50。根据隧洞的实际运行条件和实践经验，泰安高压管道衬砌计算分两段进行，静水压力小于 150m 段按面力理论计算配筋；大于 150m 水头段按体力法公式进行计算，并按正常使用极限状态计算裂缝宽度。

最终采用的衬砌配筋：260.4m 高程以上环向 Φ 25@20，纵向 Φ 22@20；260.4m 高程以下环向 Φ 25@15，纵向 Φ 22@20，钢筋净保护层厚度为 8cm。

(4) 阳江抽水蓄能电站。阳江抽水蓄能电站高压管道为双竖井布置方式，由上竖井、中平洞、下竖井、下平洞组成，洞径为 7.5m，总长为 1459.8m，设计静水头为 70.8～798.7m。高压管道沿线Ⅰ～Ⅱ类围岩约占 85%，断层影响带约占 15%，为Ⅲ类围岩夹少量Ⅳ类围岩，围岩稳定条件好。高压隧洞围岩地应力场的最小主应力大于洞内静水头，安全系数为 1.16～2.14。岩体裂隙的水力劈裂压力值为 12～15MPa，裂隙岩体抵抗高水头压力作用的能力强。通过高压压水试验表明，高压隧洞段Ⅰ～Ⅱ类围岩在 8.0～10.0MPa 压力作用下岩体透水率为 0～0.33Lu，渗透性微弱，围岩具有较好的抗渗透性能，渗透稳定性好。断层破碎带、裂隙密集带为Ⅲ～Ⅳ类围岩，试验最大压力 1.0～3.0MPa，高压水头作用下渗流量大，渗透性较强，围岩抗渗透性能弱，会发生渗透破坏，渗透稳定性差。混凝土衬砌采用限裂设计，用有限元法进行计算，并按正常使用极限状态计算裂缝宽度。

最终采用的衬砌配筋：环向 2×Φ 28@10，单层配筋。

国内部分抽水蓄能电站钢筋混凝土高压管道配筋参数见表 10-2-1。

表 10-2-1 国内部分抽水蓄能电站钢筋混凝土高压管道配筋参数

电站名称	类型	最大静水头（m）	内径（m）	衬砌厚度（m）	环向配筋（mm）	
					Ⅰ～Ⅱ类围岩	Ⅲ类围岩
广州	两级斜井	610	8.5	0.6	25@150	25@125
惠州	三级斜井	624	8.5	0.6	25@125	28@125
清远	一竖一斜	570	9.2	0.6	28@125	28@100
深圳	两级斜井	531	9.5	0.6	28@125	28@100
琼中	两级斜井	384	8.4	0.8	25@167 双	25@167 双
梅州	两级竖井	470	9～10	0.6	28@125 双	32@150 双
阳江	两级竖井	799	7.5	0.8	2×28@100	2×28@100

（三）灌浆和防渗排水

1. 灌浆

为保证混凝土和围岩联合受力，对于平洞段钢筋混凝土衬砌的顶部，必须进行回填灌浆。回填灌浆的范围，一般在顶拱中心角 90°～120°，其目的在于填补顶拱由于混凝土浇筑不密实而留下的空隙。故其灌浆孔深均以打穿混凝土遇到空腔为准，若无空腔时则伸入岩石 5cm 以上。

对于承受高水头作用的高压管道，一般情况下均应进行系统高压固结灌浆。高压固结灌浆，除了起到加固围岩、降低围岩的渗透系数作用外，同时对混凝土衬砌形成一定的预压应力，将钢筋应力限制在一定的范围内，使在内水压力作用下的混凝土衬砌的裂缝开展宽度得到控制。

此外，对高压管道围岩应力释放区的高压固结灌浆，将使管道围岩的地应力得到调整，起到加强围岩与混凝土衬砌的联合作用。高压灌浆产生的对混凝土衬砌及灌浆区围岩的预压应力作用，以及有利的地应力调整，增加了高压管道的安全度。

对穿越断层的高压管道，更应做好对管道周围断层区域的固结灌浆，以提高该区域围岩的整体性及抗渗性。固结灌浆是加固穿越断层区域的高压管道的主要工程措施，增大混凝土衬砌厚度及增加配筋量与固结灌浆相比为次要工程措施。十三陵抽水蓄能电站运行 10 年后例行放空检查发现，引水隧洞共有 13 条裂缝，裂缝宽度均小于 0.2mm。而 1 号尾水隧洞存在 75 条裂缝，其中有 19 条裂缝的宽度大于 0.2mm，最大裂缝宽度为 0.8mm 左右，且大部分裂缝为贯穿性裂缝；2 号尾水隧洞普查长度为 875m，共发现环向裂缝 38 条，纵向裂缝 80 条，裂缝总长度约 1200m。环向裂缝长 626.12m，宽度在 0.2～0.8mm，大部分宽度在 0.5mm 左右；宽度大于 0.2mm 的纵向裂缝共 47 条，总长为 337.08m，裂缝深度较深，部分已贯穿衬砌。引水隧洞和尾水隧洞同为钢筋混凝土衬砌，二者承受的内水压力均在 0.6MPa 左右，引水隧洞的围岩以$Ⅲ_b$和Ⅳ类为主，尾水隧洞围岩以Ⅱ、$Ⅲ_a$为主，尾水隧洞岩石条件好于引水隧洞，两条洞段均进行了固结灌浆，引水隧洞的固结灌浆压力为 1.0～1.4MPa，尾水隧洞为 0.5MPa，由此可见提高固结灌浆压力对于限制裂缝具有明显的效果。

对高水头、大洞径的高压管道的固结灌浆，一般宜分两步，即浅孔低压固结灌浆及深孔高压固结灌浆。浅孔低压固结灌浆的目的有三点：一是处理混凝土与岩石之间的接触缝隙，使之接触紧密；二是加固因爆破而产生的岩石松动圈；三是为深孔高压固结灌浆提供较为坚固的塞位。其压力为 1～2MPa，孔深 2～3m（包括混凝土衬砌厚）。浅孔固结灌浆，排间、排内不分序，但应从底拱孔先开灌。宜将本区段孔全部钻好再开灌，以利于排气及浆液扩散。灌浆过程中如发生串浆现象则不堵塞串浆孔，而把主灌孔移至串浆孔施灌，若多孔串浆则联灌。深孔高压灌浆，按排间分序，排内分序，即分奇数孔及偶数孔，从底拱灌至顶拱。最大灌浆压力一般为静水头的 1.2～1.5 倍。通常根据高压管道承受的内水压力、围岩的最小主应力和围岩类别综合确定固结灌浆的最大压力。

随着对高压隧洞设计施工经验的积累和原型观测的分析，对于完整性好、渗透系数小的Ⅰ、Ⅱ类围岩洞段，灌浆孔的深度有减小趋势。广州抽水蓄能电站二期高压隧洞的灌浆有水泥灌浆和化学灌浆两种，水泥灌浆借鉴一期工程的经验，根据Ⅰ、Ⅱ类围岩吸浆量少、爆破松动圈小的实际情况，把入岩孔深调整为 2.5m，排距 3m；Ⅲ、Ⅳ类围岩孔深为 5m，排距 3m。化学灌浆仅在下平洞大断层 F_2 处有渗水的洞段进行。

国内部分抽水蓄能电站钢筋混凝土高压管道固结灌浆主要参数见表 10-2-2。天荒坪抽水蓄能电站钢筋混凝土高压管道固结灌浆压力分布如图 10-2-2 所示。

表 10-2-2　　国内部分抽水蓄能电站钢筋混凝土高压管道固结灌浆主要参数

序号	电站名称	管道设计最大水头（m）	静水头（m）	最大灌浆压力（MPa）
1	广州一期	725	610	6.1
2	广州二期	725	610	6.5
3	天荒坪	870	680	9.0
4	泰安	400	309	5.0
5	惠州	750	627	7.5
6	宝泉	800	640	8.0
7	阳江	1108	799	8.0
8	长龙山	670	452	6.0

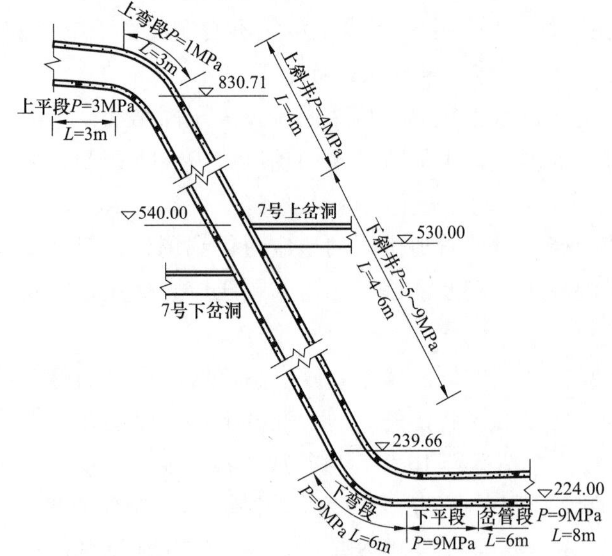

图 10-2-2　天荒坪抽水蓄能电站钢筋混凝土高压管道固结灌浆压力分布图

P—灌浆压力；L—钻孔深度

2. 防渗与排水

钢筋混凝土衬砌高压管道的防渗与排水设计，应根据管道沿线围岩的工程地质、水文地质、设计条件，采用堵（如衬砌、灌浆）、截（设置防渗帷幕）、排（排水廊道、排水孔）等综合措施，以改善衬砌结构和围岩的工作条件。

对于混凝土衬砌段，防渗主要靠围岩和衬砌外的高压深孔固结灌浆，由于这种结构型式属于透水衬砌，通常不设降低外水压力的排水措施，而是考虑管道的放空需要在不同的施工支洞位置布置有放空用的排水设施；而对于混凝土衬砌的支洞封堵部位通常要考虑堵的措施，即支洞封堵部位不仅要满足稳定要求，还需进行接触灌浆，堵头的长度要满足最小水力梯度的要求。

截水措施，通常用于钢板衬砌与混凝土衬砌相连接部位，在钢板衬砌的起始管节上布置 3 道帷幕灌浆孔，帷幕的有效宽度为 3～4m，主要目的是阻止内水外渗，减小钢衬外水压力，避免钢板衬砌段管道的破坏。排水措施，主要是对钢筋混凝土衬砌段与厂房之间的钢板衬砌段而言，钢筋混凝土衬砌在高水头的长期作用下，内水外渗形成一个稳定的渗流场，在钢板衬砌段会形成较高的外水压力，直接威胁钢板衬砌段的稳定，为了有效地降低外水压力，一般是在钢板衬砌段的上方布置排水洞，并在排水洞内布置排水孔，排水孔布置的范围为全部的钢板衬砌段。同时在钢管外侧布置紧贴管壁的直接排水系统，通过管路将直接作用在钢管外壁的渗水排入厂房集水系统。但应注意围岩可承受的水力梯度，防止高压水内水外渗。在排水洞和排水孔布置时，一定要注意和主洞的距离，防止因水力梯度较大而形成水力劈裂，导致渗透破坏。

二、钢板衬砌

（一）钢板衬砌一般原则

1. 钢板衬砌适用条件

钢板衬砌为不透水结构、过流糙率小、耐久性强、过水流速大等优点，因此钢板衬砌大多应用在抽水蓄能电站高压管道中。

由于抽水蓄能电站的机组受水泵工况运行限制，吸出高度绝对值较大，机组安装高程一般较低，电站大多采用地下厂房布置方式，对于工程水源不足、地质条件差或渗漏量较大的高压管道大多采用地下埋藏式压力钢管衬砌型式，仅有少数受地形条件等因素限制的电站采用了局部露天明管的布置方式。

对于露天明管，钢管所有的荷载全部由钢管承担，而对于地下埋藏式压力钢管，则根据围岩覆盖厚度的不同，考虑围岩分担部分内水压力。通常埋藏式压力钢管均考虑钢板、混凝土和围岩联合受力，共同承担内水压力；而外水压力则考虑由钢板全部承担。露天明管在抽水蓄能电站应用较少，本文重点对埋藏式钢管的工程应用进行介绍。

2. 钢板材质要求

目前应用在抽水蓄能电站的钢板按照品种主要为碳素钢、低合金钢、调质高强钢、低焊接裂纹敏感性高强钢，上述钢材具有良好的韧性、伸长率、低温抗冲击能力、可焊性，能够适应抽水蓄能电站水位升降频繁的水头变化作用。按照钢板抗拉强度分为500MPa级、600MPa级、800MPa级和1000MPa级，其中600MPa级、800MPa级和1000MPa级钢板为高强钢板（标准屈服强度下限值大于等于450N/mm^2，且抗拉强度下限值大于等于570N/mm^2）。

由于钢板超过一定厚度后，钢板焊接后接头部位的焊接残余应力较大，会引起钢板的脆化、硬化、裂纹等现象，需要通过焊后热处理来消除残余应力，但钢板热处理工艺较为复杂，一般的钢管加工厂不具备热处理能力，故根据钢板特性，一般500MPa级钢板结构厚度超过38mm就需要改为600MPa级钢板，600MPa级钢板结构厚度超过46mm就需要改为800MPa级钢板。目前我国抽水蓄能电站压力钢管还没有1000MPa级钢板的应用实例，高压管道采用800MPa级钢板的最大厚度为66mm，钢岔管采用800MPa级钢板的最大厚度为70mm。

随着高水头大容量抽水蓄能电站的发展，800MPa级钢板应用厚度逐渐在加大，若钢板厚度加大至80mm以上，则800MPa级钢板的各方面性能会急剧下降，因此亟须开展1000MPa级钢板的应用研究。世界上最早采用1000MPa级钢板的电站是瑞士的克罗森-狄克桑斯水电站，采用的钢种为S890QL和SUMITEN950。日本最早采用1000MPa级钢板的是神流川抽水蓄能电站，其后是小丸川抽水蓄能电站。神流川电站*HD*值（水头与管径的乘积）已达4238m·m，采用1000MPa级钢板的最大厚度为62mm；小丸川电站高压管道最大设计内水压力高达1050m（10.3MPa），采用1000MPa级钢板的最大厚度为66mm。近年来，国内也已经开展1000级高强钢研发工作，并在工程中少量应用，只是还未进入批量生产的阶段。

（二）地下埋藏式压力钢管设计

1. 设计原则与基本假定

（1）内水压力原则上由钢板、混凝土、围岩三者共同承担。

（2）钢衬与围岩之间的混凝土存在径向裂缝，不承担环向拉应力，仅将部分内压从钢衬传给围岩，同时自身产生压缩。

（3）所有材料都在弹性阶段工作，围岩为各向同性材料且在开挖后已充分变形。

（4）全部外压由钢管承担。

（5）不计钢管自重，管内水重、地震力等。

（6）轴向应力一般不大，可忽略。

（7）对于Ⅰ类、Ⅱ类和Ⅲ类围岩，高压管道应充分考虑围岩分担。对于Ⅳ～Ⅴ类可不考虑围岩分担，或考虑围岩分担，但分担率不大于15%。

（8）原则上500MPa级钢板最大厚度为38mm，600MPa级钢板最大厚度为46mm，在600MPa级钢板厚度大于46mm时采用800MPa级钢板。

（9）厂房上游边墙上游6～10m支管段按厂内明管设计；厂房上游边墙上游6～30m支管段按埋管不考虑围岩分担设计；厂房上游墙上游30m至引水岔管范围的支管段按埋管设计。

（10）与检修通道相交叉的钢管段按露天明管设计；与施工支洞封堵段交叉的钢管段按埋管不考虑围岩分担设计。

2. 计算方法

当覆盖岩层厚度满足规范要求时，可根据围岩物理力学指标，容许围岩承担部分内水压力。计算方法按NB/T 35056—2015《水电站压力钢管设计规范》附录B的结构分析方法进行计算。

（1）荷载组合。

管内满水时：内水压力；

管内无水时：外压。

(2) 高压管道设计内水压力。由于抽水蓄能电站机组起停频繁，工况组合复杂，高压管道内的水锤作用力大。计算内水压力时，一般都是根据电站机组的特性曲线、调速器参数、机组关闭规律等通过不同工况下的过渡过程计算确定的蜗壳进口前的最大内水压力调节保证值，以此值作为高压管道压力钢管末端的内水压力标准值。压力管道沿线内水压力则按沿程线性分布来确定。当布置有引水调压室时，靠近调压室部位的内水压力取值，应是调压室最高涌浪水位对应的底部隧洞的最大内水压力与沿程线性分布内水压力值两者之大值。在项目前期设计阶段，根据工程经验，高压管道内水压力标准值可取 1.4 倍最大静水压力。

(3) 围岩参数。在设计中如何应用围岩物理力学参数，则是一个集经验、经济、安全于一体的综合性问题。

根据日本文献统计，在 11 座钢管道中，其围岩弹性模量（部分为变形模量），有 8 个工程以平板荷载试验的结果为计算依据。而对所得试验值的评价，以最小值或以下值作为设计值的有 5 个工程，取平均值与最小值之间的有 3 个工程，按不同部位取最小值或平均值的有 1 个工程，取比该部位更差的围岩等级处的试验平均值的有 2 个工程。所有数据均考虑了安全系数，纵观这 11 座钢管设计采用的弹性模量值，最大者仅为 7.5GPa，可见设计者的安全意识。关于塑性变形系数，尽管这些工程试验结果差别较大，但大多采用 0.5，地质条件差的采用 1.0（由平板荷载试验直接求变形模量的 4 个工程除外）。

对于十三陵抽水蓄能电站压力管道，选择了 2 个具有代表性的典型地段进行原位缩尺模型水压试验，此前，在该部位还进行了平板荷载试验。受具体条件限制，本管道未进行其他辅助试验，管道沿线参数是依地质现场调查结果类比而选用的。十三陵抽水蓄能电站钢管围岩物理特性试验成果及设计取值见表 10-2-3。

表 10-2-3　十三陵抽水蓄能电站钢管围岩物理特性试验成果及设计取值

试验洞编号		Ⅰ	Ⅱ
位置		电站厂房上游探洞内	压力管道中部支洞内
岩性		侏罗系安山岩（块状构造）	复成分砾岩（f2 张裂带内，平行设置）
围岩类别		Ⅲa	Ⅲb、Ⅳ、Ⅴ
弹性模量（GPa）	测试结果	平板荷载试验 31.7	平板荷载试验 8.6～16.7 破碎带 0.4～0.65
		平洞水压试验 14.4～18.2	平洞水压试验 3～8.9
	设计取值	6	Ⅲb5，Ⅳ2，Ⅴ0
塑性变形系数	测试结果	平板荷载试验 0.36	平板荷载试验 0.458～0.6 破碎带 1.24
		平洞水压试验（塑性变形很小）	平洞水压试验 0.49～0.52
	设计取值	0.5	0.5

(4) 初始缝隙。包括通水降温缝隙和施工缝隙。

1) 通水降温缝隙。原则上应取安装时钢管温度与通水后的最低水温之差。但前者与地温、混凝土水化热温升及施工期洞内通风情况有关，难以准确确定。在日本大多估计通水温降为 15～20℃。十三陵钢管设计系按多年平均气温与最低水温之差，近似选用了 15℃。实测温差表明，此值偏小，适宜数值尚待进一步分析研究。但对于埋置深度很大的钢管，无疑还需考虑到地温梯度。

2) 施工缝隙。因施工不良而造成的缝隙，其数值因施工方法、施工质量和施工部位而异。十三陵压力钢管原位模型水压试验测得充水前钢管与混凝土间的缝隙值，中部和底部为 0～0.1mm，顶部为 0.265mm。混凝土与围岩间的缝隙平均值为 0.19mm。为此在计算中取等代温降 10℃作为施工缝隙值（0.23～0.32mm）。

十三陵压力钢管上述两项合计为等代温降 25℃（缝隙值 0.57～0.78mm）。实际上，由于十三陵压力钢管外侧采用了添加 UEA 膨胀剂的混凝土回填，因此，施工缝隙值很小，据充水期原型观测显示，多数测点钢管与混凝土间隙为 0，少数顶部或底部间隙达 0.5mm 左右，最大值为 0.54mm，说明设计综合取值尚偏于安全。实际施工中，由于混凝土自身的收缩和混凝土施工措施不当等原因，在水平段钢管的底部会存在局部的脱空，通常都是通过接触灌浆处理。即使采用接触灌浆，仍然有局部脱空存在，致使管壁外围存在不均匀缝隙，在结构设计中需予以考虑。

（5）外水压力。埋藏式压力钢管的抗外压稳定分析主要包括计算公式选取、设计外压值确定、排水措施等几个方面。关于计算公式，我国 NB/T 35056—2015《水电站压力钢管设计规范》已有明确推荐，且在“编写说明”中，对选取理由做了详述，不再赘述。现仅就其他问题叙述如下：作用于压力钢管的外压，有山体渗透水压力、施工时的流态混凝土压力和灌浆压力。钢管必须能承受这些因素引起的可能最大外压。

1）浇筑混凝土时，所造成的外压与浇筑速度有关，对大 *HD*（水头与管径乘积）钢管而言，因受运输条件的限制，其速度不可能很快（十三陵钢管外层混凝土浇筑速度约为 15m/d）。即使按 10m 段长的液态混凝土计，其形成的压力也只有 0.2MPa 左右。

2）钢板与混凝土间的接触灌浆一般多采用 0.1～0.2MPa。混凝土与围岩间空隙的回填灌浆压力一般取 0.5MPa 左右。为了强化与改善开挖松弛区及围岩性状而进行的固结灌浆压力，则需视设计者的意图及具体条件确定，可达 1～2MPa。但从日本 11 座考虑围岩分担的大 *HD* 钢管来看，其中 7 座未做固结灌浆，1 座局部做固结灌浆，3 座进行了固结灌浆，而在实际设计中并未考虑其改善围岩弹性模量的效果。

3）由上可见，对大 *HD* 钢管而言，除特殊情况外，控制外压稳定的主要因素是山体渗透水压力。确定山体渗透水压力数值是较复杂的问题，因为，天然地下水位与工程区的地形、地质、水文地质及气象条件密切相关，还常随着季节而变化。修建水库和水道可能使地下水位抬高；开挖隧洞和排水洞、设置排水系统又会降低地下水位，影响因素很多，难以定量分析，因而，只有因地制宜，近似确定。国外工程设计外压取值实例见表 10-2-4。

表 10-2-4　　国外工程设计外压取值实例

设计外水压力取值		工程实例	主要思路
采用钢管中心至上水库蓄水位的水头		日本喜撰山（管壁排水） 日本读书第二 日本池原上段钢管	管段距水库近 沿管壁外侧发生轴向渗流的可能性
采用相当于管顶覆盖厚度的水头		加拿大 Kemano 加拿大 Bersimis 法国 Roselend La Bathee 日本奥吉野（无排水） 日本奥多多良木（无排水）	地下水位抬升的极限
		日本玉原（管壁排水和岩壁排水） 日本奥矢作第二（同上）	长期使用排水设施可能恶化
采用比例折减管顶覆盖厚度的水头	50%	日本沼原（岩壁排水） 中国十三陵（岩壁排水和排水洞）	考虑排水效果。即使排水失效，地下水位达到地面，管壁抗外压稳定安全系数仍大于 1
	30%	日本今市（岩壁排水和管壁排水） 日本新高濑川（同上）	考虑排水效果。采用电模拟法测定
全管采用固定外压值	0.5MPa	卢森堡 Vianden	试验洞实测最大值为 1.47N/cm^2
	0.4MPa	日本下乡（岩壁排水和排水洞） 日本新丰根（管壁排水）	考虑排水效果
采用等于 50% 内水压力的外压		秘鲁 Huinco	考虑排水系统作用
不专门考虑外水压力		巴西 Cubatao（原计划设管壁排水）	实际无排水，而增厚钢衬
运用勘测期推测地下水位		我国的一些引水式电站	管道距水库较远，渗水不会引起地下水位上抬

日本喜撰山水电站两条压力管道，一条设置管外排水管，一条不设，采用孔隙水压力计测定渗透水压力，实测孔隙水压力见表 10-2-5。该管道围岩紧密，进行了回填灌浆和接触灌浆，实测的孔隙水压力与该处的管内静水头相比是较小的。

表 10-2-5 日本喜撰山水电站实测孔隙水压力 单位：kgf/cm²

测点		①	②	③	④	平均	管内静水压
1号管	A		0.96		0.71	0.84	21.0
	C	1.30		0.84	0.72	0.95	21.4
	D	1.31	0.07	0.41	0.79	0.64	22.1
	E	0.01	0.21	0.44	1.16	0.46	22.4
	B		1.02		0.04	0.53	22.7
2号管		1.23	1.42	1.11	1.12	1.22	22.0

注 1号管设排水管，2号管没有设排水管；测点①、④在上45°位置，②、③在下45°位置。

日本读书第二电站，在管外埋设孔隙水压力计，大约在一年后，测定最大外水头不超过4.5m，而按库水位设计的外水头为94m。

瑞士Newdatz电站，进行地下水位观测，运行4年后，在三叠纪地层部分地下水位恢复到修建管道前的状态。

澳大利亚Tumut1、Tumut2电站，运行5年后测得地下水位均大大低于修建前水位。

十三陵抽水蓄能电站压力管道，运行10年后实测地下水位大大低于原始地下水位。

由上可见，实测地下水位结果极不一致，难以定量分析。设计者只能采用偏于安全的数值，并拟定可靠的排水措施，以利于提高钢管的抗外压稳定安全裕度。

广州抽水蓄能电站一期钢衬段外水压力取值：厂内明管段按一个大气压作为设计外压，尾水钢支管和引水钢支管的埋管段均按洞顶覆盖岩层厚度折减20%作为外水压力。

天荒坪抽水蓄能电站压力钢管外水压力按地下水位线至排水廊道折减0.3计、排水廊道至钢管顶部按全水头计算。抗外压安全系数为2.0。采用计算外水压力＝地下外水压力＋ΔP（钢管内外允许气压差），ΔP取值为0.1MPa。

泰安抽水蓄能电站外水压力取值采用下述三种情况的最大值作为设计值：施工期外水压力、运行期外水压力、检修期外水压力。考虑检修期一洞检修另一洞运行的情况下，检修侧钢衬的外压或者两洞同时放空检修情况下的瞬时外压，以及在钢衬上方设置排水廊道后山体外压折减等因素，设计外水压力值取116.21m水头。

西龙池抽水蓄能电站压力钢管外水取值：根据三维渗流场计算分析结果，结合实际地形地质条件、水文地质条件及排水洞的布置分部位确定外水压力，中平段以上外水压力控制值取0.5MPa，其余部位按0.6MPa控制。电站运行10年的监测数据显示，除高压管道上斜井部位渗压计渗压水头较高为43.57m外，其余部位渗压水头均较小。

需要注意的是，钢板衬砌是不透水的，混凝土毕竟是透水性材料，只是渗透系数小而已。水工隧洞设计规范中关于外水压力的折减系数不适用于钢管衬砌。钢管外水压力折减系数的选用主要与排水措施相匹配。

（6）应力分析。

1）计算方法。当钢衬段围岩覆盖厚度满足NB/T 35056—2015《水电站压力钢管设计规范》附录B.1.2要求时，可根据围岩物理力学指标，容许围岩承担部分内水压力。由于围岩的未知因素很多，或者存在局部不良地质条件，难以确保符合理论计算状态，设计时宜限制围岩对内水压力的分担率，一般原则是“即使围岩实际未分担内水压力，由内水压力引起的钢管应力也不能超过钢材的屈服点”，即所谓的“明管控制准则”。对处于厂房围岩松弛区内和施工支洞影响范围内的钢管，应降低围岩分担率限值，或取为零。

应力分析一般应遵照NB/T 35056—2015《水电站压力钢管设计规范》附录B执行，也可参考附录A。当管径较大，围岩很不均匀时，宜辅以有限单元法分析。由于岩体并不是各向同性的完全弹性体，而且，通常都呈现塑性变形、蠕变等非线性性状。此外，在钢管与混凝土衬砌间因管内通水降温、混凝土收缩、岩体及混凝土塑性变形以及施工因素等产生的间隙，如何在计算中反映这些因素，则是围岩分担内水压理论处理中的重要问题。在进行内水压力作用下的应力分析时，应注意围岩的弹性模量及塑性变形系数和缝隙值的选取。为了有效且安全地利用围岩分担内水压力，必须充分掌握围岩物理力学特性（尤其是弹性模量和塑性变形系数），对于大型压力管道除应进行必要的地质勘探外，还应进行原位试验。

2）初始缝隙。埋藏式压力钢管结构由钢管、混凝土衬圈和围岩组成，如图 10-2-3 所示。从缝隙分布位置划分，钢管与混凝土衬圈之间存在缝隙 δ_{21}，混凝土衬圈与围岩之间存在缝隙 δ_{22}。

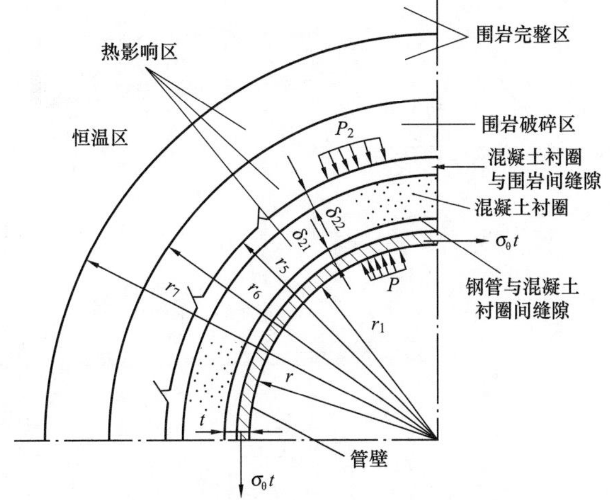

图 10-2-3　埋藏式压力钢管结构缝隙分布简图

从缝隙形成原因上分析，主要为施工缝隙、钢管冷缩缝隙、围岩冷缩缝隙。施工缝隙 δ_b 由混凝土和灌浆浆液收缩及施工不良造成，其数值大小主要取决于施工质量；钢管冷缩缝隙 δ_s 原则上应取安装时钢管温度与通水后的最低水温之差，前者与地温、混凝土水化热温升及施工期洞内通风情况有关；围岩冷缩缝隙 δ_r 是管道投入运行后，水温低于围岩原始温度，围岩降温冷缩形成的缝隙。

3）结构分析。目前压力钢管应力分析均是基于厚壁圆筒变形相容原理，NB/T 35056—2015《水电站压力钢管设计规范》附录 B 中内压作用下的钢管最小环向正应力 $\sigma_{\theta 1}$ 计算公式为：

$$\sigma_{\theta 1}=\frac{pr+1000K_{01}\delta_{s2}}{t+\dfrac{1000K_{01}r}{E_{s2}}}$$

式中　t——钢管管壁厚度，mm；

p——内水压力设计值，N/mm²；

r——钢管内半径，mm；

δ_{s2}——最高水温情况下的钢管冷缩缝隙值，mm；

E_{s2}——平面应变问题的钢材弹性模量，N/mm²；

K_{01}——围岩单位抗力系数最大可能值，N/mm³。

钢管与围岩共同承受内水压力情况下，钢管壁厚 t 的计算公式为

$$t=\frac{pr}{\sigma_R}+1000K_0\left(\frac{\delta_2}{\sigma_R}-\frac{r}{E_{s2}}\right)$$

钢管单独承受内水压力情况下，钢管壁厚 t 的计算公式为

$$t=\frac{pr}{\sigma_R}$$

式中　t——钢管管壁厚度，mm；

σ_R——钢管结构构件的抗力限值，N/mm²；

K_0——围岩单位抗力系数较小值，N/mm³。

4）抗外压稳定分析。地下埋管的抗外压稳定分析包括光面管、加劲环、环间管壁的抗外压稳定分析，计算公式在 NB/T 35056—2015《水电站压力钢管设计规范》附录 B 中已有明确推荐，不再赘述。

3. 压力钢管工程实例

（1）西龙池抽水蓄能电站压力钢管。西龙池引水系统压力钢管 *HD*（水头与管径乘积）值为 3552.5m·m，使用日本进口钢板，西龙池引水系统压力钢管布置图如图 10-2-4 所示。高压管道均采用钢板衬砌，钢板外回填 C15 微膨胀混凝土，厚 60cm。

压力钢管最大设计内水压力为 10.15MPa。压力钢管的结构设计考虑钢板、混凝土和围岩联合承受内水压力，限制围岩对内水压力的分担率不大于 45%；施工支洞与压力钢管交叉部位、断层及其影响带、厂房塑性区等部位不考虑围岩分担，但采用埋管允许应力；设置进人孔部位、厂房开挖边线上游 15m 范围内按露天明管设计。上斜井高程 1203.395m 以上采用 510MPa 级的 SUMTEN510-TMC 钢板，

厚度为 16～34mm；上斜井高程 961.386m 以上采用 600MPa 级的 SUMTEN610-TMC 钢板，厚度为 24～38mm；中平段及以下全部采用 800MPa 级的 SUMTEN780 钢板，厚度为 36～60mm。

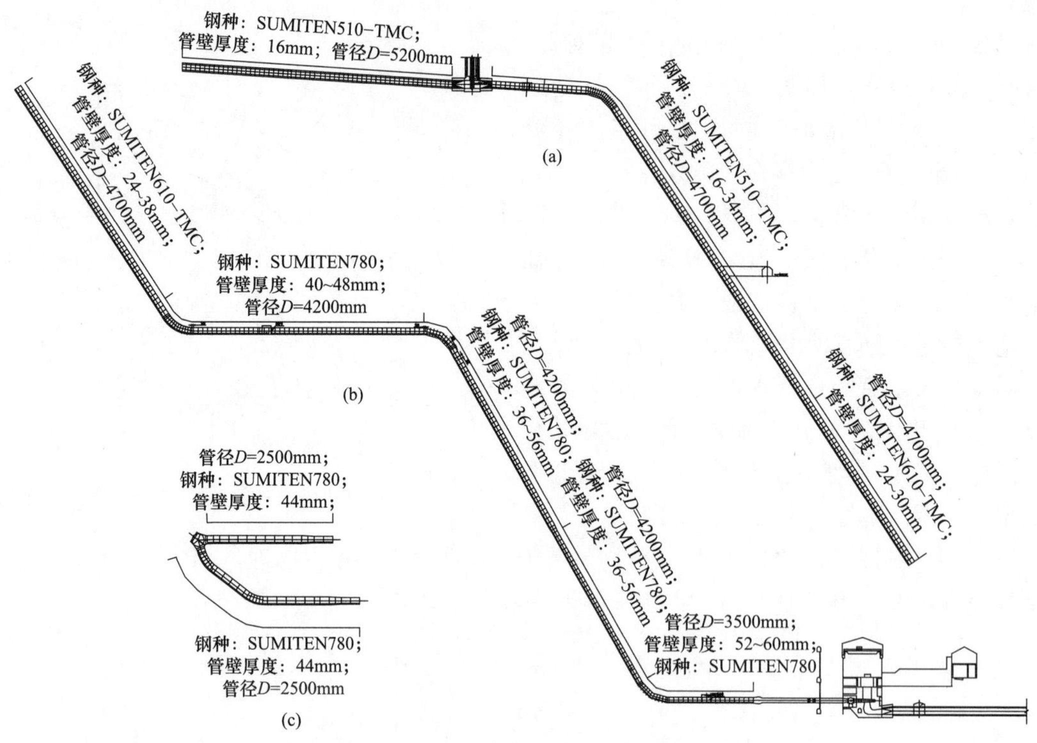

图 10-2-4　西龙池引水系统压力钢管布置图

(a) 1 号压力钢管上段立面；(b) 1 号压力钢管下段立面；(c) 1 号、2 号高压支管平面

设计外水压力取值参考渗流场计算分析成果，并结合西龙池水道系统地下水的分布特点，参考类似工程确定。外水压力全部由钢板承担。根据外水压力的不同，上斜井 SUMTEN510-TMC 钢板衬砌段设有加劲环，加劲环高 150mm，厚 24mm，间距 1m。

(2) 敦化抽水蓄能电站压力钢管。敦化抽水蓄能电站额定水头 655m，高压管道下平段最大 HD（水头与管径乘积）值为 4469m·m，1 号、2 号高压管道长度分别为 2198.5m 和 2157.2m。高压管道均采用钢板衬砌，斜井段回填 C25W6F50 自密实混凝土，平段回填 C20W6F50 普通混凝土，厚度 60cm。敦化引水系统高压管道纵剖面如图 10-2-5 所示。

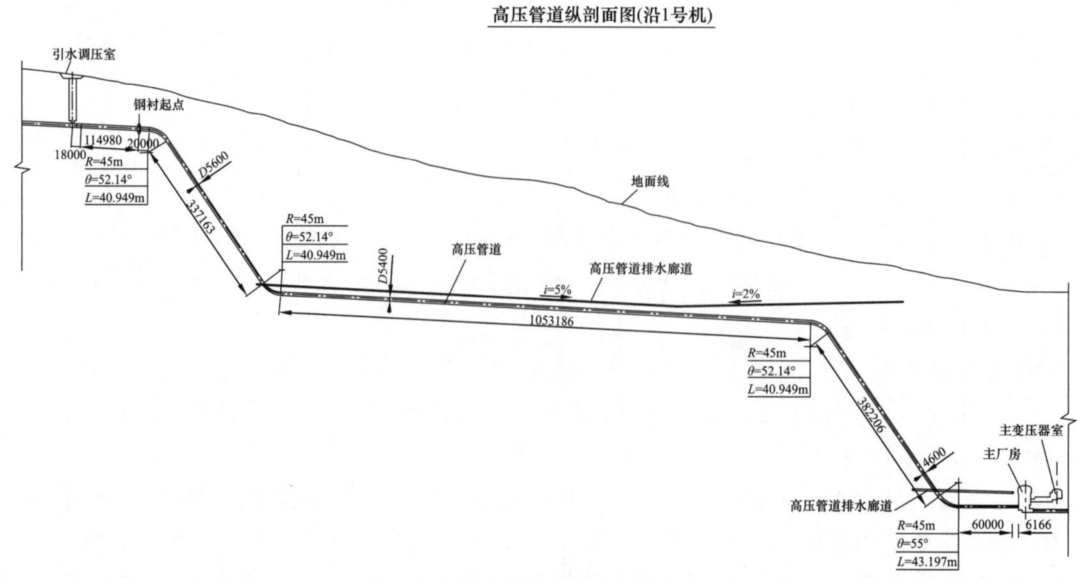

图 10-2-5　敦化引水系统高压管道纵剖面图

压力钢管最大设计内水压力为11.54MPa。压力钢管的结构设计考虑钢板、混凝土和围岩联合承受内水压力，限制围岩对内水压力的分担率不大于40%；施工支洞与压力钢管交叉部位、断层及其影响带、厂房塑性区等部位不考虑围岩分担，但采用埋管允许应力；进人孔部位按明管设计，厂房开挖边线上游15m范围内按厂内明管设计。上斜井及以上采用500MPa级的Q345R钢板，厚度为18～38mm；高程在721.352m以上采用600MPa级的JH610CFD钢板，厚度为32～50mm；其他全部采用800MPa级的WSD690E钢板，厚度为36～66mm。

设计外水压力按两种方法分别计算，取大值。一种方法是按照围岩覆盖厚度的50%作为外水压力水头的取值；另外一种方法是以排水廊道底板高程为基准进行计算，排水廊道底板以上部分按天然地下水位线至廊道底板水头的60%取值，排水廊道底板以下部分取廊道底板至钢管中心线的高差，两者之和为钢管外水压力水头的取值。最终以两种方法计算结果的大值作为设计外水压力值。外水压力全部由钢管承担。根据外水压力的不同，钢衬段均设有加劲环，加劲环高150mm，厚24/26mm，间距在0.75～3m。

（三）回填混凝土

回填混凝土只起到压力传递作用，本身不承担环向拉应力。根据国内已建成运行的抽水蓄能电站经验，回填混凝土标号大多为C20混凝土，考虑到混凝土自身的收缩变形，大多数工程在回填混凝土中均添加了微膨胀剂，以减小钢衬与回填混凝土间的缝隙值，少数电站在斜井中采用了自密实混凝土。国内部分已建抽水蓄能电站压力钢管回填混凝土见表10-2-6。

表10-2-6　　国内部分已建抽水蓄能电站压力钢管回填混凝土

工程项目	钢衬段洞径（m）	混凝土厚度（m）	回填混凝土标号	
			竖井/斜井	平段
天荒坪	3.2	0.6		普通混凝土C20
桐柏	5.5	0.6		普通混凝土C20
泰安	4.8	0.6		普通混凝土C20W8
宜兴	6.0～3.4	0.6	微膨胀混凝土C20	微膨胀混凝土C20
张河湾	6.4～3.6	0.6	微膨胀混凝土C15	微膨胀混凝土C15
西龙池	4.7～2.5	0.6	微膨胀混凝土C15	微膨胀混凝土C15
宝泉	3.5	0.6		普通混凝土C25W12
蒲石河	5	0.8		普通混凝土C20W6
呼和浩特	6.4～3.2	0.6	微膨胀混凝土C15W6F50	微膨胀混凝土C15W6F50
洪屏	5.2～2.1	0.6	自密实混凝土C25F50	普通混凝土C20F50
敦化	5.6～2.7	0.6	自密实混凝土C25W6F50	普通混凝土C20W6F50

（四）灌浆

埋藏式压力钢管的灌浆，包括回填灌浆、接触灌浆、固结灌浆、帷幕灌浆四项。前两项的目的是将浆液灌入围岩和混凝土之间的空隙及钢管与混凝土之间的空腔，使结构与围岩形成整体，可靠地将内水压力传递给围岩。固结灌浆的目的，是将浆液灌入围岩松弛区和裂隙，以改善围岩性状。帷幕灌浆是在钢板衬砌段与混凝土衬砌段的连接处形成连续的阻水帷幕，以降低钢板衬砌段的外水压力。

1. 回填灌浆

回填灌浆一般只在压力钢管平段实施。在斜井和竖井中，因较容易将混凝土回填密实，所以无此必要。回填灌浆的施工方法，有预留灌浆孔和外设纵向管路系统灌注两种。我国以往多采用预留灌浆孔法，但因此方法存在后期封堵困难和占用直线工期等问题，尤其在高强钢板上开设灌浆孔，封堵时还会产生焊接裂纹，更是一个新增的疑难问题。纵向管路系统灌注法，可以避免上述问题，但对灌浆效果尚缺乏直接的检查手段，只能依靠严格的施工管理来保证，这是此方法的不足之处。

十三陵抽水蓄能电站钢管的中平段、下平段均为高强钢板，采用了预设纵向管路灌浆系统。“系统”以混凝土浇筑段为单元，每个单元一般分为三个小区，各设ϕ40mm灌浆管和排气回浆管一套，管路平行布置于隧洞的上部，出口选择在洞顶的相对最高点。灌注以逐区后退的方式进行，灌浆压力为0.4MPa，以回浆管口冒浆后，延续灌浆5min为结束条件，经过端面检查和少量原型观测，说明灌浆的质量和效果是好的。需说明的是，十三陵抽水蓄能电站钢管回填灌浆浆液中也掺入了UEA膨胀剂，掺量为胶凝剂总量的10%。

2. 接触灌浆

接触灌浆的目的是充填钢管与混凝土之间的缝隙。问题是缝隙并非均匀分布，脱空位置难以预料，无法预先设置灌浆孔，而需临时开孔（一个进浆，一个排气）就更加大了封堵的困难。况且经敲击检查呈鼓声的区域，钻孔后有时也灌不进浆液，反而增加了安全隐患。因此，应慎重考虑接触灌浆的取舍。当采用焊接性能良好、延伸率较高的钢板时，可以考虑设置接触灌浆孔；对于焊接裂纹敏感性较高的钢板，应考虑采用管外预设管路进行灌浆。

传统的接触灌浆一般是采用无缝钢管或硬质塑料管，在钢管底部表面设有交错布置的灌浆孔，灌浆管之间浆液不连通，灌浆效果还需进一步提高。随着灌浆工艺的发展，部分项目接触灌浆采用了可重复灌浆管路，灌浆管分为内、外两层，内层管路设有交错布置的出浆孔，外层设有单向开关作用的发泡材料，防止砂浆堵塞出浆孔。灌浆时，浆液可压缩发泡材料并均匀注入混凝土与钢管间的缝隙内，灌浆结束后，如灌浆效果不理想，可以重复进行灌浆，灌浆效果较传统管路有一定的优势。

接触灌浆虽然能够提高钢管与回填混凝土之间的密实度，但施工中也存在着一定的安全隐患。经调查，日本11座电站埋藏式压力钢管中就有10座未进行接触灌浆。十三陵电站钢管因采用膨胀混凝土回填，也省略了这一工序，效果良好。

3. 固结灌浆

固结灌浆的目的是加固岩体，提高围岩分担率。从日本实测资料看，实施固结灌浆效果是明显的。日本今市抽水蓄能电站，在岩面喷混凝土后进行低压（0.3～0.5MPa）固结灌浆，灌浆后变形模量为灌浆前的1.5倍；喜撰山抽水蓄能电站，采取在回填混凝土后用预留灌浆孔灌注的方法实施，经通水时量测，在进行接触灌浆和固结灌浆的部位，围岩分担率为0.63～0.74；而只进行接触灌浆的部位，围岩分担率为0.56～0.67。木曾抽水蓄能电站经高压灌浆（50%～100%的设计内水压）后，围岩的弹性模量由4GPa提高到10GPa，由此可见固结灌浆的效果。尽管有这些实例，日本在实际设计中并未对固结灌浆改善围岩的效果加以考虑，而只是作为一种安全裕度。另据上述日本11座埋藏式压力钢管资料统计，其中也只有4座做了固结灌浆，其余7座未做，主要是考虑高强钢灌浆孔的封堵费用和工期以及围岩弹性模量取值的相对准确程度等。同样，十三陵抽水蓄能电站压力钢管也未进行固结灌浆。

4. 帷幕灌浆

帷幕灌浆作为截水措施，通常用于钢板衬砌段与混凝土衬砌段相连接部位，一般在钢板衬砌的起始管节上布置3道帷幕灌浆孔，帷幕的有效宽度为3～4m，主要目的是阻止混凝土衬砌渗水进入到钢管外部，减小钢衬外水压力，避免钢板衬砌段管道的破坏。

（五）排水系统

埋藏式压力钢管，考虑围岩分担部分内水压力后，钢衬厚度减薄，管壁厚度有可能受控于抗外压稳定，因此，设置排水措施，减小作用于钢管上的外水压力成为最有效的措施。至于排水效果，则要结合实际充分考虑岩体渗流的特点以进行分析。排水的设计除借鉴已建工程实例外，还宜进行有排水的渗流场分析。

压力钢管降低外水压力的排水措施通常分为直接排水系统和间接排水系统。直接排水系统是指在钢管外壁布置的排水措施，间接排水措施是指在距钢管一定距离为降低钢管外地下水位而布置的排水洞或排水孔等措施。直接排水系统布置在钢管外壁，直接将钢管外侧的渗水排出，对降低钢管外水压力最有效，但由于施工、混凝土及岩石的含钙物质析出等造成堵塞可能使排水失效，又不易修复，通常只将其作为安全储备。间接排水利用已有的施工支洞或开设专用的排水洞，在洞壁布置排水孔以达到降低钢管周围地下水位的目的，是目前普遍采用的钢管外排水措施。下面介绍几个工程排水布置实例。

1. 十三陵抽水蓄能电站压力钢管排水系统

十三陵抽水蓄能电站压力管道沿线地质条件复杂，采用了管道岩壁排水系统和排水洞综合排水措施，其压力钢管排水系统布置图如图10-2-6所示。

排水洞主要是利用勘探洞和施工支洞改建而成，共有4条。其中两条处于厂房顶部高程，控制下平段地下水位；一条处于管道中部高程，在其末端还布设了三个深30m的排水钻孔，方向平行于上斜

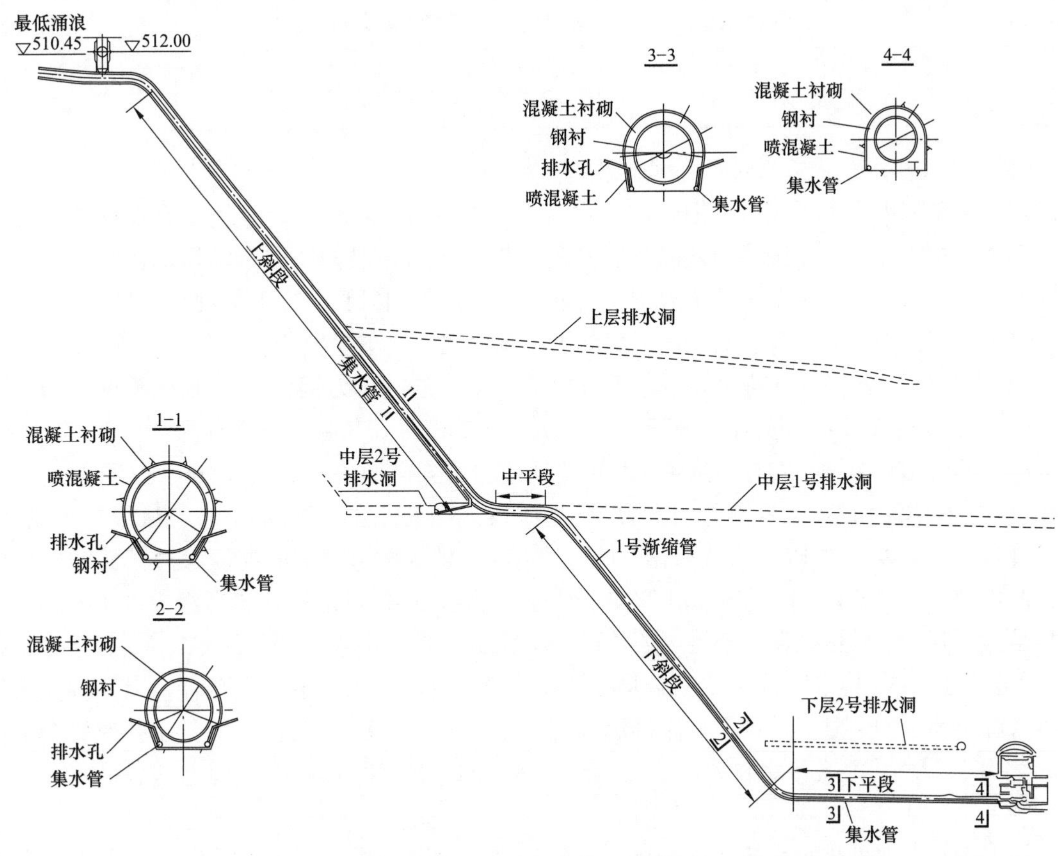

图 10-2-6　十三陵抽水蓄能电站压力钢管排水系统布置图

段轴线，因此，这一排水洞向上控制了上斜井下段，向下控制了下斜井地下水位；最上一层排水洞位于上斜井中部，可控制上斜井范围地下水位。

岩壁排水系统，系沿钢管洞底两侧，各埋设 DN159 排水主管一条，岩壁排水钻孔设于岩壁中下部，排距 5m，孔深 1.5m，孔径 ϕ 在 38～45mm，由插入钻孔的 ϕ32mm 硬质聚乙烯管与主管相连，深入孔内的花管用无纺布包裹作为反滤层。此系统以中平段为界，分为两个独立单元，上部集水排入中部排水洞，下部集水排入厂房排水沟。

根据十三陵水道系统上、中、下三层排水洞排水流量统计，从 1999 年到 2004 年监测排水流量有逐年减少的趋势，可能与华北地区连续旱年有关。1 号、2 号高压管道下平段直接排水流量监测成果表明，压力管道所设排水措施仍能起到较好的作用。从本工程运行后观测的地下水位变化情况表明，十三陵压力钢管排水系统的作用是明显的，十三陵抽水蓄能电站水道系统排水流量实测统计表，十三陵抽水蓄能电站 1 号、2 号压力钢管下平段排水流量表分别见表 10-2-7 和表 10-2-8。

表 10-2-7　　十三陵抽水蓄能电站水道系统排水流量实测统计表　　单位：L/min

观测时间	中支洞 214.5m 高程 2 号水道观测部位流量		下层排水洞 60m 高程观测部位流量			上层排水洞 300～330m 高程观测部位流量
	1 号	2 号	1 号	2 号	3 号	
1999 年	3.6～0.75	30～21	2.0～1.0	15.0～7.2	13.2～7.2	9.0～0
2000 年	1.0～0.36	27.6～15.6	1.2～0.4	9.0～4.3	10.2～4.2	16.0～0
2001 年	0.75～0.32	21.6～15.6	0.8～0.16	5.4～3.66	4.56～2.76	8.4～0
2002 年	0.42～0.17	20.4～13.2	0.16～0.07	4.14～2.64	3.0～1.8	2.9～0
2003 年	0.25～0.095	16.8～12.6	0.085～0.04	3.66～3.0	1.92～1.2	约 0
2004 年	0.14～0.09	15.0～12.0	0.06～0.04	3.66～0.47	1.68～0.2	3.9～0
2005 年	0.8～1.14	15.9～12.9	0.03～0.08	3.3～1.56	1.2～0.5	4.8～0
平均	1.04～0.37	21.0～14.7	0.63～0.25	6.31～3.26	5.11～2.55	7.5～0

表 10-2-8　　十三陵抽水蓄能电站 1 号、2 号压力钢管下平段排水流量表　　单位：L/min

日期	1999 年 6 月～1999 年 12 月	2000 年 1 月～2000 年 12 月	2002 年 1 月～2002 年 12 月	2002 年 1 月～2002 年 12 月
流量	822～318	564～132	558～222	486～180

2. 天荒坪抽水蓄能电站压力钢管的排水系统

天荒坪抽水蓄能电站下平段压力钢管的排水共布置了两套系统，一套系统由设在钢管上方约 35m 处的排水廊道和排水孔组成，主要为截断岔管和斜井混凝土衬砌段向压力钢管段的渗水，降低钢管区岩体的地下水位；另一套系统布置在压力钢管壁外表面，排除钢衬和混凝土接触面上渗水。

（1）排水廊道。在压力钢管起始端至厂房上游墙壁之间，共布置了 A1、A2、A3 和 A4 4 条横向排水廊道，B1、B2 和 B3 3 条纵向排水廊道（天荒坪抽水蓄能电站压力钢管排水布置图见图 10-2-7），开挖断面一般为 3.0m×3.2m（宽×高）城门洞形，除 A4 廊道外，其余廊道高程为 257.7～261.7m，覆盖着整个压力钢管布置范围。在排水廊道 A1 布置朝向岔管方向仰角 5°、@6.0m、孔深 30～40m 的排水孔。在 A1 排水廊道和 B1、B2 和 B3 排水廊道上游段，布置了@6.0m 向下、与法线交角成 20°、钻入压力钢管布置平面以下约 10m 的排水孔。此外，在 A1 排水廊道顶部的高压渗透试验洞布置朝向岔管方向、仰角为 65°、孔深 10m 的排水孔和向下钻通 A1 排水洞的排水孔，二者组成排水孔幕。这些排水措施都是为了降低岔管区和压力钢管区岩体的地下水位，减少渗入厂房的渗水。A3 廊道底板排水孔钻通 A4 排水廊道，A4 排水廊道的底板排水孔伸入厂房底部，组成一道排水孔幕，以拦截流入厂房的渗水，所有廊道渗水均通过竖井排入自流排水廊道。在施工中，A1 廊道向下游排水孔改为向下与法线成 8°，2000 年 2 月因个别孔渗水较大，予以全部封堵。B1、B2 和 B3 排水廊道上游段排水孔改为垂直向下。

（2）压力钢管管壁外排水系统。每条压力钢管均设置管壁外排水系统：沿压力钢管走向设 4 根外排水管，分别位于压力钢管横断面的 45°、135°、225°和 315°，每隔 6.0m 设一排水孔。4 根管壁外排水管均通向厂内自流排水洞。HT80 压力钢管段则采取 U 形环向排水槽，间距为 6.0m，在压力钢管四角的 U 形槽处用纵向排水管连通并通向自流排水洞。

3. 日本葛野川抽水蓄能电站压力钢管的排水系统

日本葛野川抽水蓄能电站压力钢管设置了两套排水系统：岩体与混凝土间的间接排水系统和钢管与混凝土之间的直接排水系统，两套排水系统互为备用。直接排水系统包括每单位管段（上斜段为 6m，中平段为 9m，下斜段为 12m）设置的环向排水管和 4 条纵向排水管。日本葛野川抽水蓄能电站压力钢管排水系统结构如图 10-2-8 所示。

（六）防腐设计

压力钢管的防腐蚀直接影响到压力钢管的使用年限，因此必须对钢管内壁的涂装过程进行严格的过程控制，包括钢材的表面预处理、涂装材料的采购、材料试验、防腐涂层系列的选用、涂层喷涂、涂层检查等。

根据国内外工程经验，钢管内壁涂刷自养护底漆和面漆，防腐蚀涂层推荐厚度为 800μm，分两层喷涂，每层漆膜厚度为总膜厚的一半。钢管外壁采用均匀涂刷一层黏结牢固、不起粉尘的水泥浆防护。

（七）800MPa 级高强钢的应用

随着我国抽水蓄能电站压力钢管向高水头大 *HD* 值发展的趋势，高强度钢板得到了广泛的应用。已建的十三陵、天荒坪、张河湾、西龙池、呼和浩特、宝泉、仙居、敦化等均采用了抗拉强度为 800MPa 级的钢板，800MPa 级钢板在国内抽水蓄能电站压力钢管的使用情况见表 10-2-9。日本 HT80（800MPa 级）高强钢板具有良好的应用业绩，在我国早期抽水蓄能工程的高水头压力钢管上使用较多，如十三陵、天荒坪、西龙池等，张河湾抽水蓄能电站采用的是欧洲钢板。随着我国冶金技术水平的逐步提高，国产 800MPa 级钢板逐渐大规模应用于抽水蓄能电站中，如呼蓄、宝泉、仙居、敦化等，其中敦化压力钢管、高压钢岔管实现了钢材、焊材完全国产化制造。

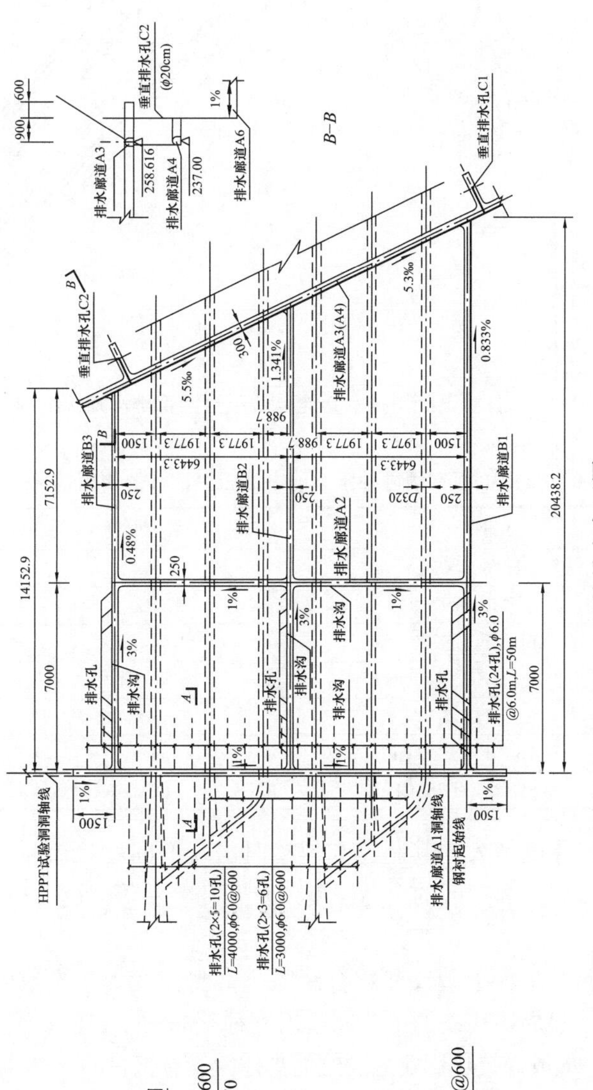

图 10-2-7 天荒坪抽水蓄能电站压力钢管排水布置图

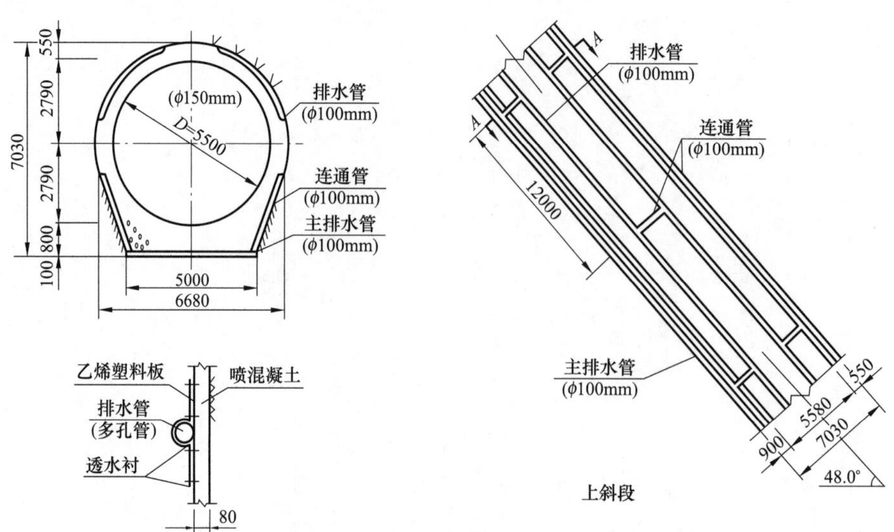

图 10-2-8　日本葛野川抽水蓄能电站压力钢管排水系统结构

表 10-2-9　　800MPa 级钢板在国内抽水蓄能电站压力钢管的使用情况　　单位：mm

项目名称	钢种	最大厚度	项目状况
十三陵	SHY685NS-F	52	已建
天荒坪	SUMITEN780	42	已建
西龙池	SUMITEN780	60	已建
张河湾	S690QL1/SHY695NS-F	44/44	已建
宝泉	WH80Q	48	已建
仙居	SG780CFE/B780CF	54/60	已建
敦化	WSD690E/B780CF	66/70	已建

通常，钢材的强度越高、厚度越大，其制造和焊接时出现的问题也就越多。诸如焊接裂纹、熔合区脆化、消除应力退火的副作用、焊接区的疲劳强度以及开孔禁忌等问题，应予高度重视。

1. 焊接裂纹

高强度钢焊接时的特殊问题是焊接裂纹和熔合区脆化。当存在焊接裂纹时，会增大结构物脆性破坏的可能性。因此，采用不引起焊接裂纹的工艺和适用钢种是非常重要的。

（1）焊接热影响区裂纹。形成焊接热影响区裂纹的具体因素有钢材的化学成分、熔敷金属中的氢及结构物的约束等项。在已知这些因素的具体数值情况下，关键的问题是如何预热才能防止裂纹的发生。

日本住友钢铁公司以数百种斜 Y 形坡口开裂试验的结果为依据，引出含有上述有关参数在内的裂纹敏感性系数 P_c，P_c 值与防止裂纹发生的预热温度 t 的关系式为

$$P_c = P_{CM} + H/60 + d/600$$

$$t = 1440P_c - 392$$

式中　P_c——裂纹敏感性系数，%

P_{CM}——焊接裂纹敏感性系数，%；

d——试件的厚度，mm；

H——熔敷金属的扩散氢含量，$cm^3/100g$；

t——预热温度，℃。

此外，还给出了结构物的裂纹敏感性系数 P_W 与局部预热温度的关系，可供参考。

$$P_W = P_{CM} + H/60 + K/40000$$

式中　P_W——结构物裂纹敏感性系数，%；

K——结构物的拘束度，在 500～3300kgf/mm^2。

针对具体材料的预热温度实例见表 10-2-10。应当注意到，过度的预热不仅加重了焊工的疲劳程度，

而且还会扩大热影响区的范围，使钢材性能发生不利的变化，因而要针对不同的焊接条件，选择合适的预热温度。

表 10-2-10　　具体材料的预热温度实例

材料	熔敷金属的含氢量 H ($cm^3/100g$)	拘束度	$d=25mm$	$d=38mm$	$d=50mm$
HT490 ($P_{CM}=0.23\%$)	4.0	中 ($K=40t$) 小 ($K=10t$)	0～60℃ 不预热	85～110℃ 0～50℃	120～140℃ 40～70℃
HT780 ($P_{CM}=0.29\%$)	1.7	中 ($K=40t$) 小 ($K=10t$)	70～110℃ 25～70℃	125～150℃ 70～100℃	150～170℃ 90～110℃

注　加热宽度为 20cm，平均温升速度为 0.2℃/s。

（2）层状撕裂。层状撕裂易发生在板厚方向受较大的焊接应变的T形接头和角接头。裂纹发生在焊接区的下方，在焊接热影响区的外侧和母材区也能见到。发生层状撕裂的主要原因是板厚方向的延性、焊缝构造和焊接工艺等方面的问题。防止层状撕裂的措施主要是采用部分熔深的对称双面焊、选择适宜的坡口角度、使用较低强度的焊接材料等。当然，对材料的特性也应注意，它与板厚方向收缩率 ϕ_z 有关，视接头种类之不同，要求为 10%～25%，容易发生层状撕裂的接头示例及各种接头防止层状撕裂所需 ϕ_z 值的标准分别见图 10-2-9 和表 10-2-11。

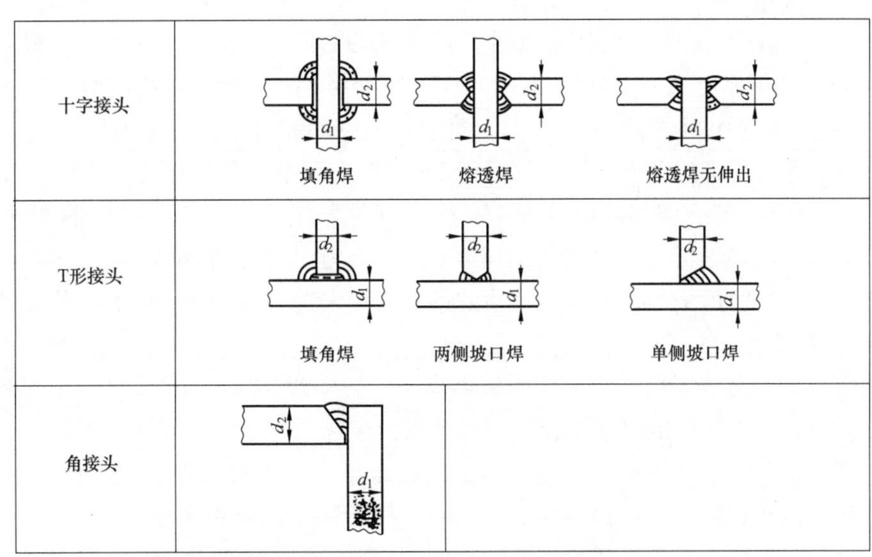

图 10-2-9　容易发生层状撕裂的接头示例

d_1—可能发生层状撕裂的钢板厚度；d_2—安装在其上的钢板厚度

表 10-2-11　　各种接头防止层状撕裂所需 ϕ_z 值的标准（WES3008-1990）

接头种类		ϕ_z（板厚方向断面收缩率）
十字接头	填角焊	15%
	熔透焊	15% ($R_f \leqslant 40t_2$)
	熔透焊无伸出	25% ($40t_2 < R_f \leqslant 70t_2$)
		25%*
T形接头	填角焊	10%
	两侧坡口焊	15%
	单侧坡口焊	25%
角接头		10% ($t_1 \leqslant 25$)
		20% ($t_1 > 25$)

* 气割端面上见到深 2mm 以下的微小裂纹情况除外；R_f 为接头的拘束度。

（3）熔敷金属的横向裂纹。熔敷金属的横向裂纹不一定出现在表面，因此，要给予注意。对横向裂纹发生有较大影响的因素有熔敷金属的强度、扩散氢含量，以及预热温度、线能量等。为防止横向裂纹的发生，要注意选择与母材相匹配的焊接材料并控制其吸湿条件。据日本方面经验，当熔敷金属

的扩散氢含量为 $2cm^3/100g$，熔敷金属的强度为 800MPa，焊接线能量为 35～50kJ/cm 时，采用预热温度 100℃就可防止横向裂纹的发生。

2. 焊接熔合区脆化

一般把高强钢焊接时因热影响区毗邻熔合线的区域发生的脆化现象，称为焊接熔合区脆化。这一区域被加热到熔点，它由加热奥氏体（γ）高温区的物质所构成。这种物质具有极其粗大的晶粒，随着晶粒的粗大化和晶内组织中上贝氏体的出现，其缺口韧性明显降低。上述焊接熔合区的材质恶化就更加助长本已存在于焊接结构物上的脆性破坏可能性（焊接区的变形、残余应力及其他应力集中等因素）。为了防止熔合区的脆化，需要限制焊接线能量。

日本 HT80 钢在焊接线能量大于 35kJ/cm 以后，临界转变温度显著提高。而 HT60 钢则受线能量影响较小，可见对于 HT80 钢，更需严格控制线能量。日本神户制钢所对十三陵抽水蓄能电站压力钢管用 SHY685NS 钢板的焊接推荐线能量小于 40kJ/cm。

3. 应力消除退火

对于调质钢，不能进行高于钢的回火温度的应力消除退火（SR 处理）。若降低退火温度、延长其保持时间进行退火，则视钢种之不同，不仅会降低焊接区的强度，还会出现由回火脆化和二次析出所造成的冲击性能恶化现象，不仅达不到应力消除退火的目的，反而使焊接区性能恶化。因此，对可否进行应力消除退火及其条件的选定，应十分慎重。

十三陵抽水蓄能电站月牙肋内加强钢岔管，最大 *HD* 为 2880m · m，管壳厚度为 62mm，使用 SHY685NS-F 钢板；肋板厚度为 124mm，为 SUMITEN780Z 钢板，肋板与壳间焊接条件复杂，拘束度大，对外招标时招标文件提出了消除应力（SR）要求，但德国和日本的投标商均未响应。日本投标商提出，在严格焊接工艺和管理的条件下，无须进行 SR 处理，仍可保证焊接接头质量，且在日本，同样条件下均不进行 SR 处理。该岔管最终由日本三菱重工神户造船厂承造，不进行 SR 处理。但安排了水压试验，以验证设计及明确钢板和焊接接头的可靠性，同时也可起到消除某种残余应力的作用。张河湾、西龙池、呼蓄、敦化、沂蒙等抽水蓄能电站的钢岔管均未进行消除残余应力的热处理。

4. 焊接区的疲劳强度

对焊接结构而言，疲劳破坏是一种常见的破坏形式。影响焊接区疲劳强度的是焊缝加强区的应力集中、焊接残余应力、热影响区的材质变化、焊接金属的组织与强度以及焊接缺陷等综合因素。

试验表明，随着钢材强度的提高，其应力集中系数也增大，而且高强度钢在疲劳时的缺口敏感性要比低碳钢大。对于低碳钢即使应力集中系数达到 3，疲劳强度的降低率也只有 2；但 800MPa 级钢，应力集中系数和疲劳强度降低率则达到了相等的程度。因此，在采用高强钢时，应注意疲劳破坏问题。应力集中系数与缺口敏感性系数的关系见图 10-2-10。

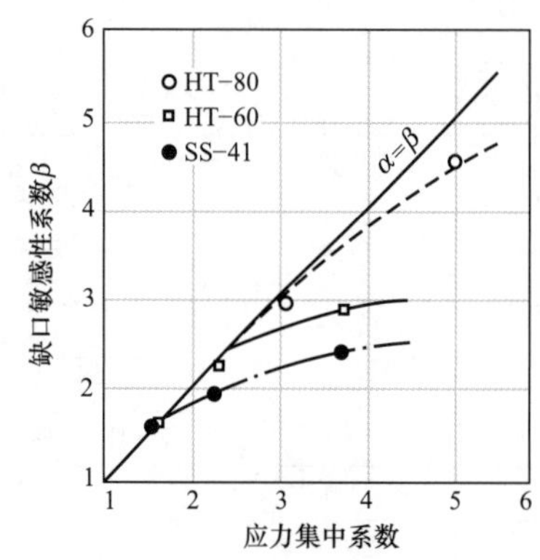

图 10-2-10　应力集中系数与缺口敏感性系数的关系

对抽水蓄能电站而言，由于机组运行工况转换多，造成钢管中的压力变化、水流方向变化引起的推力变化以及水泵工况下压力脉动等，与常规水电站相比，使压力钢管处于更苛刻的疲劳条件下。但是，考虑到压力钢管设计时所采用的水锤压力出现的概率极小；在工况转换时，通过合理运行操作，可以减轻水锤压力；在钢管制造时又能严格控制焊接工艺，防止缺陷发生，那么使用 HT80 高强钢，其焊接区疲劳是没有什么问题的。日本沼原（HT70 钢）和大平（HT80 钢）两抽水蓄能电站所做焊接接头疲劳试验证实了这一论点。由于现已披露的此类资料很少，因此对于抽水蓄能电站焊接钢管的疲劳问题尚待进一步探讨。

5. 高强钢管管壁开孔问题

以往因地下埋管外侧灌浆的需要，往往在管壁上开灌浆孔，灌浆后再焊死堵塞。而对于高强钢而言，这种方式是不可取的，因为它将成为结构破坏的根源。从前述的影响焊接裂纹发生的三种因素来看，可做如下分析：

（1）一般灌浆孔直径约在 70mm，其封堵焊缝的长度较短，故冷却速度快，外侧湿混凝土更加大了冷却速度，因而会使材质变硬、变脆。此外，封闭短焊缝的拘束也大。

(2) 预热和焊接温度的上升，会使外侧混凝土开裂和渗水汽化，并从液态的熔敷金属中冲出。无限供给的水蒸气，使焊接处于极高的水蒸气分压环境中，大大提高了熔敷金属中的扩散性含氢量。

这些情况对于裂纹敏感性系数偏高的钢材都是极不利的。试以SM570钢种为例，设定预热温度为100℃（高于此值将发生汽化，而汽化又将夺走热量），拘束度取为$K=70d$（d为板厚），P_{CM}取为规范标准值，熔敷金属的含氢量设为$6cm^3/100g$，应用本节前述公式计算P_W，得知，对于SM570钢板，其不产生裂纹的最大使用厚度仅为25mm。而从日本采用SM570钢并设置灌浆孔的奥矢作、新高濑、天山三座电站压力钢管的实例来看，它们设置灌浆孔段的最大管壁厚度依次为23、19、16mm，预热温度为65～70℃，在焊死堵头后，用渗液探伤检查，发现焊接部位有10%～15%出现表面裂纹，后经核查发现，其熔敷金属含氢量大于$6cm^3/100g$，预热温度与板厚和熔敷金属含氢量的关系如图10-2-11所示。由上可见，当采用SM570钢，特别是用SHY685钢制造地下埋管时，不应开设灌浆孔，而应改为管外管路灌浆系统进行回填灌浆。

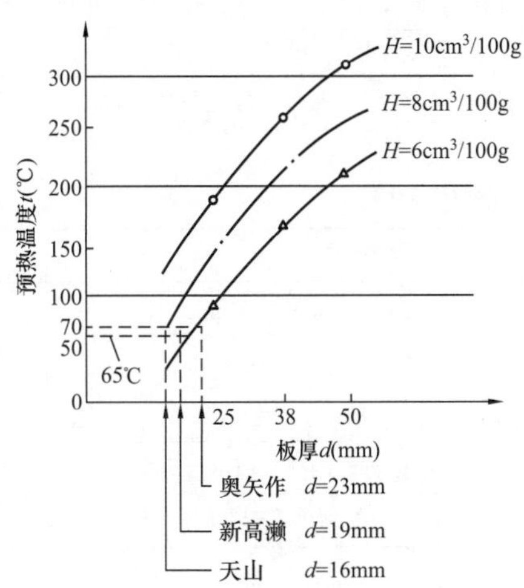

图10-2-11 预热温度与板厚和熔敷金属含氢量的关系

6. 800MPa级钢板焊接工艺参数

涉及高强钢使用的问题尚多，但通过十三陵抽水蓄能电站、西龙池抽水蓄能电站和张河湾抽水蓄能电站压力管道的制造与安装，说明只要严格控制焊接工艺，高强调质钢并非难以制御。800MPa级钢板焊接工艺参数见表10-2-12。

表10-2-12 800MPa级钢板焊接工艺参数

焊接方法	板厚（mm）	预热温度（℃）	层间温度（℃）	线能量（kJ/cm）		后热
				F、H、OH	V	
手工电弧焊	$d \leqslant 50$	125	125～200	≤25	≤40	160℃×2h
	$d>50$	125	125～200			
埋弧自动焊	$d \leqslant 50$	125	125～200	≤40	—	160℃×2h
	$d>50$	125	125～200			

注 F、H、OH、V表示不同的焊接姿势，F为俯焊，H为平焊，OH为仰焊，V为立焊。

（八）1000MPa级高强钢的应用

随着高水头大容量抽水蓄能电站的发展，压力钢管采用钢板的级别也在逐步提高，1000MPa级钢板已开始应用。最早采用此级别钢板的电站是瑞士的克罗森-狄克桑斯水电站，采用的钢种为S890QL和SUMITEN950。日本最早采用HT100（1000MPa级）钢板的是神流川抽水蓄能电站，而后是小丸川抽水蓄能电站。神流川抽水蓄能电站*HD*值已达4238m·m，采用HT100钢板的最大厚度为62mm；小丸川抽水蓄能电站高压管道最大设计内水压力高达1050m（10.3MPa），采用HT100钢板的最大厚度为66mm。

1. 钢材性能

日本HT100高强钢除了保证其必需的高强性能外，结合水电站压力钢管的实际使用条件，要求钢材具有良好的韧性和优异的焊接性能。基于此，提出以下要求：对于脆性破坏，要求母材在许用应力作用下有停止脆性破坏传播的功能，且焊缝在许用应力作用下不发生脆性破坏；对于韧性，要求母材应具有0℃时停止脆性裂纹扩展的功能，焊接区在0℃时不发生脆性破坏。同时要求HT100钢材焊接性能和HT80基本相似。

日本HT100规定的性能如下：钢板的化学成分规定见表10-2-13，钢板的力学性质规定见表10-2-14，焊缝的力学性质规定见表10-2-15。

表 10-2-13　　日本 HT100 钢板的化学成分规定

板厚 d(mm)	C(%)	P(%)	S(%)	C_{eq}(1)(%)	P_{CM}(2)(%)
$d\leqslant 50$	≤0.14	≤0.010	≤0.005	≤0.59	≤0.29
$50<d\leqslant 100$				≤0.62	≤0.33
$100<d\leqslant 200$				≤0.71	≤0.36

注　碳当量 C_{eq} 与焊接裂纹敏感性系数 P_{CM} 分别由下式计算：$C_{eq}=C+Mn/6+Si/24+Ni/40+Cr/5+Mo/4+V/14$（%）。$P_{CM}=C+Si/30+Mn/20+Cu/20+Ni/60+Cr/20+Mo/15+V/10+5B$（%）。

表 10-2-14　　日本 HT100 钢板的力学性质规定

板厚 d(mm)	$d\leqslant 50$	$50<d\leqslant 75$	$75<d\leqslant 100$	$100<d\leqslant 200$
0.2%屈服强度（N/mm^2）	885 以上		865 以上	
拉伸强度（N/mm^2）	950～1130			930～1110
延伸率（%）*	12 以上			
厚度方向的拉延值（%）	25 以上			
断裂面临界温度 vTrs	−55℃以下	−60℃以下		
吸收能 vET	−55℃	−60℃		
	47J 以上			

* 采用 JIS No. 4 试样。

表 10-2-15　　日本 HT100 钢板焊缝的力学性质规定

板厚 d(mm)	$d\leqslant 100$	$100<d\leqslant 200$
拉伸强度（N/mm^2）	950 以上	930 以上
断裂面临界温度 vTrs	−10℃以下	−15℃以下
吸收能 vET	−10℃	−15℃
	47J 以上	

2. 焊接施工规程

与一般的软钢相比，高强度钢材由于添加了各种合金元素和进行了淬火回火等热处理，具有较高的强度和优异的韧性。另外，焊接的热循环对缺口敏感性的影响较大，为在焊接时不损害钢材的特性，施工上有若干限制。施工时如不能满足这些条件，就会随着焊接裂纹形成和韧性等降低，经受焊接残余应力的影响，有产生脆性破坏的可能性。因此，在使用高强度钢材的压力钢管施工时，除以下基本条件外，尚应充分考虑焊接方法的细节，确保焊缝质量良好。对于 HT100 钢焊接施工法应从适应作业环境的方法中选择，通过焊接工艺评定确定。一般需进行如下试验：

（1）焊接性确认试验。Y 形坡口焊接裂纹试验、U 形坡口焊接裂纹试验、多层焊接裂纹试验（埋弧焊）。

（2）焊缝性能试验。焊缝拉伸试验、焊缝侧弯曲试验、焊缝夏比 V 形缺口冲击试验、焊缝硬度试验。

焊接材料应是适合母材材质、焊接方法及施工条件，且经焊接施工法试验确认合格的材料。焊接应由经技能确认的焊接技术员进行。预热温度、焊道间温度及后热条件应考虑钢的化学成分、焊接材料、焊接热量、焊接方法和作业环境等加以确定，日本 HT100 钢板预热温度和焊道间温度要求见表 10-2-16。

表 10-2-16　　日本 HT100 钢板预热温度和焊道间温度要求

焊接方法	板厚 d(mm)	预热温度（℃）	焊道间温度（℃）
手工电弧焊	$d\leqslant 50$	100 以上	100～230
	$50<d\leqslant 200$	125 以上	125～230
埋弧焊	$d\leqslant 50$	100 以上	100～230
	$50<d\leqslant 200$	125 以上	125～230
MAG 焊	$d\leqslant 50$	80 以上	80～230
	$50<d\leqslant 200$	100 以上	100～230
TIG 焊	$d\leqslant 50$	80 以上	80～230
	$50<d\leqslant 200$	100 以上	100～230

焊缝的平均焊接输入热量和各焊道的最大输入热量应考虑焊接材料、焊接方法和作业环境确定，日本 HT100 钢板焊接输入热量要求见表 10-2-17。

表 10-2-17　　日本 HT100 钢板焊接输入热量要求　　单位：J/cm

各焊道的最大输入热量	平均焊接输入热量
50000 以下	45000 以下

对于 HT100 钢，从防止脆性破坏看，对焊接区进行应力消除退火（焊后热处理），与 SHY 685NS-F 的情况一样，改善效果不大，而在焊缝缝边有产生焊后热处理裂纹的危险，因此规定原则上不进行。此外，原则上也不进行应力消除退火处理。

随着我国钢铁制造业技术的快速发展，1000MPa 级高强度水电工程用钢板目前已由南京南钢钢铁联合有限公司、首钢集团有限公司等厂家研制成功，正在进行各项试验，以推广应用到高压管道钢板衬砌中。国产 1000MPa 级钢板的化学成分见表 10-2-18，钢板的力学性质规定见表 10-2-19。

表 10-2-18　　国产 1000MPa 级钢板化学成分规定

钢板厚度（mm）	化学成分（质量分数,%）												
	C	Si	Mn	Ni	Cr	Mo	Ti	Nb	V	Cu	B	P	S
6～50	≤0.12	≤0.40	0.70～1.50	0.80～2.00					0.06				
50～80	≤0.14	≤0.40	0.70～1.50	1.00～2.50	0.7	0.7	0.05	0.05	0.06	0.5	0.004	0.018	0.008
80～150	≤0.15	≤0.40	0.70～1.50	1.20～3.00					0.08				

表 10-2-19　　国产 1000MPa 级钢板的力学性质规定

钢板厚度（mm）	拉伸试验			180°弯曲试验
	屈服强度（MPa）	抗拉强度（MPa）	断后伸长率（%）	弯曲压头直径 D $b=2a$
6～50	≥890	940～1140		
50～80	≥880	930～1130	≥14	$D=3a$
80～150	≥860	920～1120		

注　a 为试样厚度，b 为弯曲试样宽度。

第三节　岔　　管

一、岔管的类型

岔管是采用一管多机供水布置方式的重要组成部分，根据所采用材料不同，可分为钢筋混凝土岔管和钢岔管。

抽水蓄能电站站址选择的制约因素相对较少，容易选择地质条件适宜的站址。而钢筋混凝土岔管充分利用围岩的承载能力，内水压力主要由围岩承担，是一种较经济的衬砌型式，故采用钢筋混凝土岔管的抽水蓄能电站较多，如广州、天荒坪、惠州、阳江等抽水蓄能电站。国内部分抽水蓄能电站大型钢筋混凝土岔管特性表见表 10-3-1。由于主要依靠围岩承担内水压力，地质条件好时，钢筋混凝土岔管最大 HD（水头与管径乘积）值可达 6000m·m 左右。惠州抽水蓄能电站，岔管主管直径为 8.0m，设计内水压力水头为 770m，HD 值已达 6160m·m；阳江钢筋混凝土岔管，设计内水压力水头为 1090m，HD 值更是达到 8066m·m。从一定意义上讲钢筋混凝土岔管实际上是一种平整过流面衬砌，但是对围岩条件要求较高。

表 10-3-1　　国内部分抽水蓄能电站大型钢筋混凝土岔管特性表

电站	岔管型式	分岔角（°）	设计水头（m）	主管管径（m）	支管管径（m）	HD 值（m·m）	衬砌厚度（cm）	配筋	最大灌浆压力（MPa）
广州	卜形	60	725	8	3.5	5800	60	Φ36@17	6.5
天荒坪	卜形	60	800	7	3.2	5600	60	Φ32@15	9

续表

电站	岔管型式	分岔角(°)	设计水头(m)	主管管径(m)	支管管径(m)	HD 值(m·m)	衬砌厚度(cm)	配筋	最大灌浆压力(MPa)
桐柏	卜形	53	405	9	5.5	3645		Φ28@20	5.2
宝泉	卜形	55	800	6.5	4.5		60		6.3
蒲石河	卜形	60	470	8.1	5	3807	60		
惠州	卜形	60	770	8	3.5	6160	60		
泰安	对称Y形	50	370	8	4.8	2960	80		
仙游	Y形	55	644	6.5	3.8	4186			
梅州	卜形	60	730	6.4	4.0	4672	60	双层Φ36@20	6.5
阳江	卜形	60	1090	7.4	3.0	8066	60		10.0

当围岩地质条件较差或覆盖层不足，不适合采用钢筋混凝土岔管时，往往采用钢岔管。钢岔管从结构型式上可分为：球形岔管、三梁岔管、贴边岔管、无梁岔管、内加强月牙肋岔管（简称月牙肋岔管，也称为E-W岔管）等。大型抽水蓄能电站采用的钢岔管型式主要有三梁岔管、球形岔管和月牙肋岔管，此三种型式岔管的体形示意分别如图10-3-1～图10-3-3所示。国内外部分已建抽水蓄能电站钢岔管特性表见表10-3-2。钢岔管类型比较表见表10-3-3。

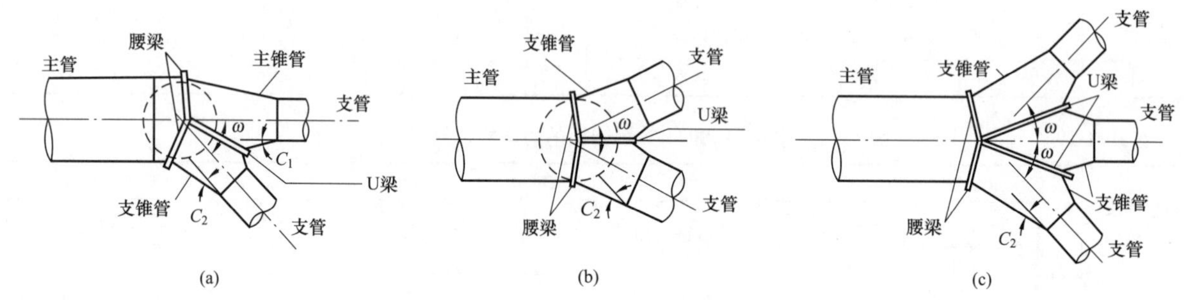

图 10-3-1 三梁岔管示意图

（a）非对称Y形；（b）Y形；（c）三岔形

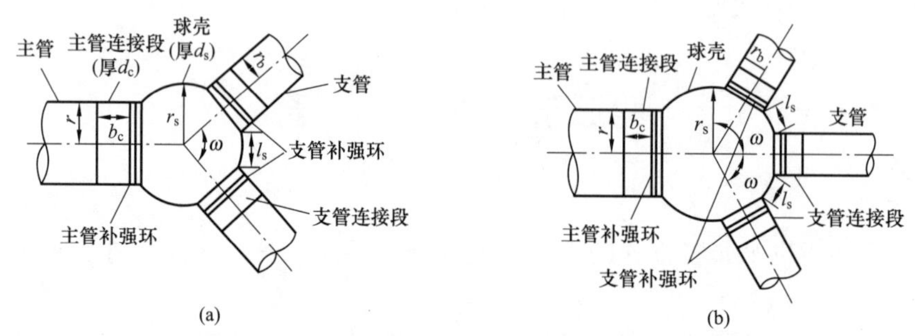

图 10-3-2 球形岔管示意图

（a）Y形；（b）三岔形

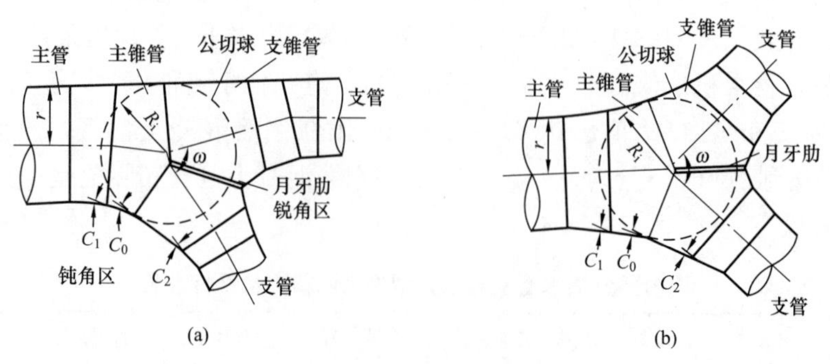

图 10-3-3 月牙肋岔管示意图

（a）非对称Y形；（b）Y形

表 10-3-2　　国内外部分已建抽水蓄能电站钢岔管特性表

电站名	岔管型式	*HD* 值 (m·m)	设计内压 *H*(m)	假想球径 (m)	主管径 (m)	支管径 (m)	分岔角 (°)	钢材	岔管壁厚 (mm)	主管壁厚 (mm)	肋板厚 (mm)
葛野川	E-W	4720	1180	4.6	4.0	2.85	60	SHY685NS	92	89，80	
神流川	E-W	4238	986		4.3	3	60	HT100	75		
今市	E-W	4565	830	6.6	5.5	4.5 3.2	74	HT80	100	57，77	200
奥美浓	E-W	4235	770	6.6	5.5	2.8		HT80	88	63	175
茶依拉	E-W	4047	1065		3.8			HT80	93		
奥吉野	球形	3582	833	7.0	4.3	2.7		HT80	46，78	50	325
俣野川	Y 球形	3465	825	5.05	4.2	3.0		HT80	83	59	
玉原	球形	3431	817		4.2	2.9	90	HT80	70，80	58	310
小丸川	E-W	3424	878		3.9	2.7	70	HT100			
奥矢作第二	球形	3322	604		5.5	3.2		HT80	67	56	
蛇尾川	E-W	3212	584	1.15	5.5	4.8	80	HT80	78	62	
奥多多良木	球形	3048	622	6.8	4.9	3.45	90	SM58Q	50	47	
奥清津	球形	2620	655	6.2	4.0	3.1		HT80	45	45	
下乡	E-W	2559	609		4.2	2.9	64	SM58Q	80	49	150
本川	E-W	2096	446	5.7	4.7	3.5	90	HT60	65，55，70	65	140
第二沼泽	三梁	2009	335		6.0	4.2	90	SM58Q	48	48	
奥矢作第一	E-W	1781	274	7.8	6.5	5.2		SM58Q	60	50	125
沼源	球形	819	130	9.6	6.3	3.6	60	SM58Q		18	
天山	球形			6.2	5.5	4.0	90	SM41C	20，30	20	
十三陵	E-W	2599	684	4.2	3.8	2.7	74	HT80	62	50	124
宜兴	E-W	3120	650	5.44	4.8	3.4	70	P500M	60		100
西龙池	E-W	3552	1015	4.1	3.5	2.5	75	SHY685NS	56	50	
张河湾	E-W	2704	520	5.8	5.2	3.6	70	SHY685NS	52	48	120
呼和浩特	E-W	4160	904.3	5.2	4.6	3.2	70	B780CF	70	70	140
敦化	E-W	4469	1176	4.5	3.8	2.7	70	HD780CF	70	66	140

表 10-3-3　　钢岔管型式比较表

项目	三梁式岔管	球形岔管	内加强月牙肋岔管
加强型式	外部加强 （U形梁、圆环梁）	外部加强 （加强环）	内部加强 （月牙肋）
结构设计考虑的方法	超静定	超静定	静定
非对称分岔的适应性	困难	容易	比较容易
应力分布	分布不均，局部应力偏大	分布均匀，较理想，但补强环附近易出现二次应力	分布比较均匀
水流条件	一般比较良好，但主管与支管连接处有涡流，对于非对称性较强的岔管，侧向支管的水头损失较大	由于过流断面急剧扩大，流况不好，但采用合适的整流板，其流况可与三梁式岔管相近	流态良好，尤其对非对称情况，流态比其他型式的更好，水头损失也小
制作、运输、安装	容易	较困难	容易
外径尺寸	1.3～1.6*D*	1.3～1.6*D*	1.1～1.3*D*
经济性	一般	一般	经济

注　*D* 为主管直径。

二、钢筋混凝土岔管

钢筋混凝土岔管对围岩条件要求较高，一般为Ⅱ类围岩，围岩除要满足应力条件外，还应满足渗漏条件。应力条件是指岔管部位最小主压应力不小于岔管设计静水压力。应力条件是避免围岩发生水力劈裂，保证岔管安全稳定运行的必要条件。渗漏条件是指岔管部位的渗漏量应控制在经济允许范围内，同时渗水不会对岔管及其相邻建筑物安全运行造成危害。当水源较紧张、电站水头较高时，补水有困难且代价较高时，更需要考虑渗漏条件。

（一）钢筋混凝土岔管布置

1. 岔管位置的选择

钢筋混凝土岔管可行的必要条件是岩石完整，同时满足应力条件和渗漏条件，对围岩地形、地质、水文地质等条件要求较高。要想满足应力条件和渗漏条件，钢筋混凝土岔管埋藏一般较深，地质勘探工作量往往较大，在取得较全面地质、水文地质资料的基础上，结合枢纽总布置，合理选择岔管位置。使岔管部位有足够的上覆岩体厚度，满足应力条件，围岩岩体坚硬、完整，且有较小渗透性，同时渗水不对围岩地质条件造成不利影响。对于大 *HD* 值岔管，由于岔管承受很高的内水压力，钢筋混凝土岔管位置对地质条件的要求比地下厂房还高。如选择广州抽水蓄能电站厂房位置时，要优先满足高压岔管的要求。

2. 岔管布置

抽水蓄能电站输水系统岔管存在正反向水流，即分流与合流，岔管的布置和体形设计要综合考虑机组不同运行工况组合情况下的水力学条件。选择流态好、局部水头损失相对较小的方案，同时还应考虑结构合理、施工运行方便等因素。

岔管平面布置可采用对称 Y 形和卜形，当输水系统采用一管多机供水方式时，钢筋混凝土岔管采用卜形布置为多。当输水系统采用多管多机供水方式时，主管间距除满足结构要求外，还应考虑有合理的水力梯度。避免当一条洞运行另一条洞施工，或一条洞运行另一条洞放空检修时，高压水从一条洞向另一条洞渗透，出现水力劈裂。

在立面布置上，岔管主管与支管轴线可布置在同一平面内，上、下对称布置，体形简单，便于设计与施工，但不利于检修时洞内排水，需设置专用的排水管阀系统，广州抽水蓄能电站一期岔管就采用了这种布置型式，如图 10-3-4(a) 所示。岔管主管与支管轴线也可不布置在同一平面内，而将主、支管底部布置在同一高程，形成立面体形不对称的平底岔管，广州电站二期、天荒坪、惠州等抽水蓄能电站岔管皆采用此种布置方式，如图 10-3-4(b) 所示。平底岔管可自流进行检修排水，不仅可省去专门用于检修排水的管阀系统，而且能缩短排水时间，增加检修的有效工时。但是，平底岔管体形相对复杂，施工模板、布筋相对也复杂些。

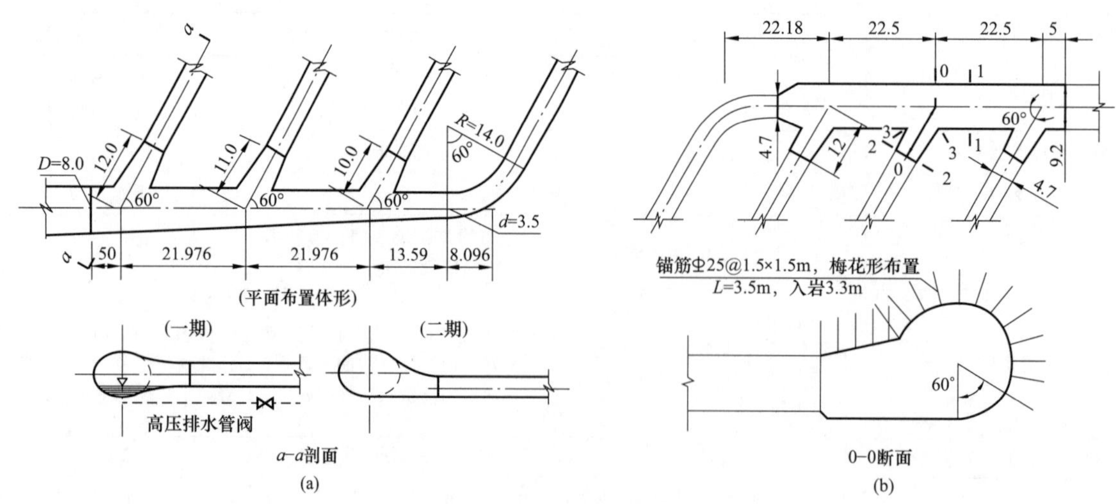

图 10-3-4 钢筋混凝土岔管体形示意图

(a) 广州电站一、二期钢筋混凝土岔管体形示意图；(b) 惠州电站钢筋混凝土岔管体形示意图

（二）钢筋混凝土岔管结构设计

1. 结构计算方法

采用钢筋混凝土岔管的首要条件是满足应力条件，以免产生水力劈裂。在对岔管进行结构分析前，

应在地应力测试基础上，对岔管位置围岩地应力场进行分析，复核围岩最小主压应力是否大于岔管的设计静水压力，如果不满足应力条件，应对岔管位置进行调整或采用钢岔管。

钢筋混凝土岔管承受内水压力的结构计算可近似按多层厚壁圆筒来分析，在内水压力作用下，假定混凝土衬砌已开裂，开裂后只沿径向产生压缩变形，传递径向压应力，同时假定围岩与混凝土均满足线性变形规律。通过变形协调条件，可确定围岩、钢筋、混凝土内水压力的分担比例。围岩分担内水压力 P_r 可按下式近似计算（钢筋混凝土岔管计算示意图见图 10-3-5）。

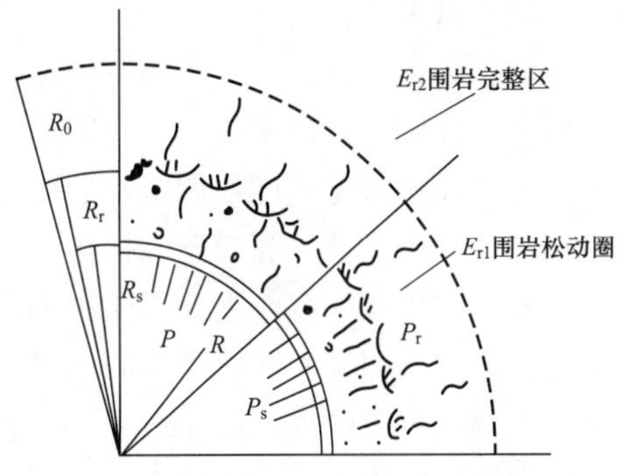

图 10-3-5　钢筋混凝土岔管计算示意图

$$P_r = P \cdot R_s \frac{\dfrac{R}{A_s \cdot E_s} - \dfrac{1}{E_c}\ln\left(\dfrac{R_r}{R_s}\right)}{\dfrac{R_r R_s}{A_s E_s} - \dfrac{R_r}{E_c}\ln\left(\dfrac{R_r}{R_s}\right) + \dfrac{R_r}{E_{r1}}\ln\left(\dfrac{R_0}{R_s}\right) + \dfrac{R_r}{E_{r2}}(1+\mu)}$$

$$P_s = P - P_r$$

式中　P——内水压力，MPa；

P_r——围岩分担的内水压力，MPa；

P_s——钢筋混凝土衬砌承担的内水压力；

R——衬砌内半径，m；

R_s——受力钢筋半径，m；

R_0——围岩松动圈半径，m；

R_r——开挖半径，m；

A_s——每米长度管道配筋面积，m^2；

E_c——混凝土弹性模量，MPa；

E_s——钢材的弹性模量，MPa；

E_{r2}——完整围岩的弹性模量，MPa；

E_{r1}——松动围岩的弹性模量，MPa；

μ——围岩的泊松比。

2. 混凝土裂缝宽度计算

按不承载混凝土衬砌设计的岔管，钢筋配置宜按工程类别和构造要求确定。按承载混凝土衬砌设计的岔管，应按承载能力极限状态进行配筋设计，并按正常极限状态进行裂缝宽度验算。裂缝宽度允许值按 NB/T 11011《水工混凝土结构设计规范》的有关规定执行。

3. 有限元分析

岔管是典型的空间结构，按厚壁圆筒方法计算只能是一种近似的模拟。目前，大多数抽水蓄能电站采用有限元进行钢筋混凝土岔管结构分析，但有关计算模型及材料参数的选取还有待完善。

4. 灌浆压力

由于钢筋混凝土岔管按限裂设计，混凝土衬砌应视为不承受切向拉应力只传递径向压应力的混凝土垫层。为减少高压内水外渗对地下厂房、下游山坡及引水钢支管的不利影响，进行高压灌浆是必要的。同时也可以提高围岩承载能力，减少混凝土裂缝宽度。岔管灌浆后围岩透水率不应大于 1Lu；灌浆压力宜取静水压力的 1.2～1.5 倍，并应小于围岩最小主应力。天荒坪抽水蓄能电站钢筋混凝土岔管灌浆压力采用最大静水压力的 1.5 倍，广州抽水蓄能电站钢筋混凝土岔管灌浆压力则采用最大静水压力。

5. 抗外压结构分析

钢筋混凝土岔管抗外压结构分析尚没有比较成熟的方法，基本还处于经验设计阶段。

(1) 外水压力。钢筋混凝土岔管按限裂设计，将产生内水外渗。外水压力不仅与地下水位有关，还与内水外渗有关。如广州一期电站钢筋混凝土岔管，外水压力设计水头假定是按地下水位控制，考虑0.5的折减系数。但是，运行监测发现外水压力与地下水位无明显的联系，反而与隧洞充水、放空时的内水压力的变化相关，只是有所滞后。广州二期电站钢筋混凝土岔管外水压力设计水头假定按内水外渗条件控制，以内水放空时可能出现的外压大于内压的压差作为外水压力的设计水头，并在放空过程中控制内水放空速度，严格控制压差不超过假定值。

(2) 抗外压失稳计算模型。按传统的设计方法，假定外水压力完全由混凝土衬砌承受，这种假定过于安全，衬砌厚度需较大。广州一期电站钢筋混凝土岔管的设计，按美国哈扎公司的经验，假定衬砌厚度的围岩与衬砌共同承受均布的外压。在三维有限元分析时，则将紧靠衬砌的围岩单元弹性模量降低（取为围岩弹性模量的1/50），以此来近似模拟衬砌与围岩不完全结合的影响。究竟围岩在外压作用下能发挥多大作用目前还无定论，英国的Dinorwic（迪诺威克）电站钢筋混凝土岔管的抗外压设计，假定以灌浆深度范围内的围岩与衬砌一起承受外压。

三、钢岔管

（一）岔管布置

岔管布置应根据地形、地质条件、厂房及输水系统布置、岔管水力条件、经济等因素综合考虑确定。岔管主支管中心线一般应位于同一平面内，以便岔管的体形设计。岔管典型布置可归结为以下三种方式：

(1) 卜形布置，即支管均位于主管中心线的同一侧，如图10-3-6所示。

(2) 对称Y形布置，如图10-3-7所示。

(3) 三岔形布置，即一根主管分岔成三根支管，如图10-3-8所示。

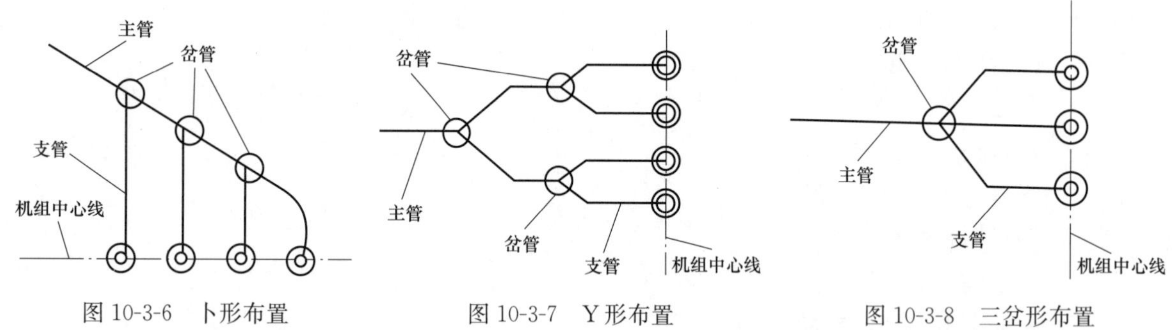

图10-3-6 卜形布置　　图10-3-7 Y形布置　　图10-3-8 三岔形布置

抽水蓄能电站设计水头较高，岔管*HD*值一般较大，由于月牙肋岔管具有受力明确合理、设计方便、水流流态好、水头损失小、结构可靠、制作安装容易、几何尺寸较小等特点，在国内外大中型抽水蓄能电站地下埋管中得到广泛的应用。本节重点讨论月牙肋岔管。

月牙肋岔管应尽量采用对称布置，使其具有较好的受力条件和水力特性。对于中低水头*HD*值不大的岔管，不对称布置除使壳体和肋板厚度有所增大、钢材用量有所增加外，不会带来其他影响。然而，对高水头大*HD*值岔管则不然，不对称布置使肋板和钝角区产生较大侧向弯曲，应力分布不均匀，难以充分发挥材料强度，造成壳体及肋板厚度较大，使本来制造、安装难度就很大的岔管制作、安装更加困难，技术可行性可能会成为制约因素。如果在总体布置上岔管采用对称布置不顺畅，可以通过变锥局部调整主、支管轴线方向，将岔管布置成对称形式，通过弯管或渐变锥管与主支管连接。根据Ruus对岔管水头损失研究成果及日本本川电站试验成果可知，岔管与弯管结合布置的水头损失增加很少，小于岔管与弯管两者水头损失之和。另外，由增加弯管产生的损失与电站水头之比是非常小的，对电能影响可以忽略不计。而从结构方面上看，却较大程度地改善了受力条件，壳体和肋板厚度大大减薄。这不仅节约了工程量，而且给施工制造降低了难度，增加了技术可行性。

例如西龙池抽水蓄能电站，从输水系统总体布置来看（布置示意图见图10-3-9），岔管采用非对称Y形是比较顺畅的，不对称岔管方案如图10-3-10所示。主管直径为3.5m，两支管直径为2.5m，岔管两支管轴线夹角为50°，为减少岔管不对称性，在主锥前通过两节圆锥过渡，将分岔角增大到72°。岔管设计内水压力为10.15MPa，*HD*值为3552.5m·m。明管状态下主锥最大壁厚需82mm，肋板最大厚度需180mm。钝角区内侧环向应力为348.6MPa，外侧为198.9MPa，肋板最大截面处内侧左边正应力为 277.1MPa，右边为 367.5MPa，均存在很大的侧向弯曲。优化为对称 Y 形布置后，基本不存在侧向弯曲，而水头损失增加非常有限，使主锥最大壁厚减少到 68mm，肋板最大厚度减少到 150mm 西龙池抽水蓄能电站对称岔管布置方案见图 10-3-11。

图 10-3-9 西龙池抽水蓄能电站输水系统总体布置示意图

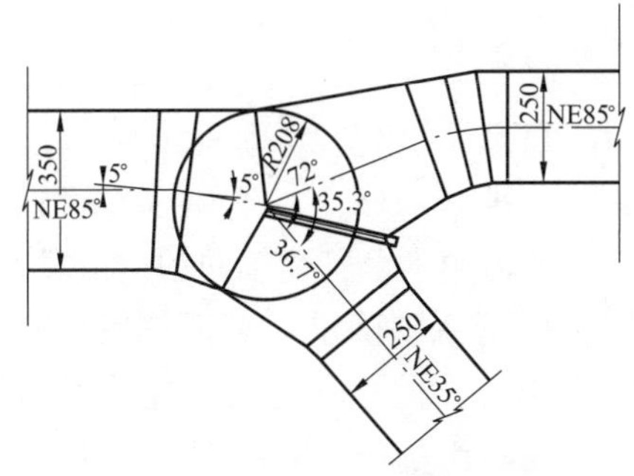

图 10-3-10 西龙池抽水蓄能电站不对称岔管方案

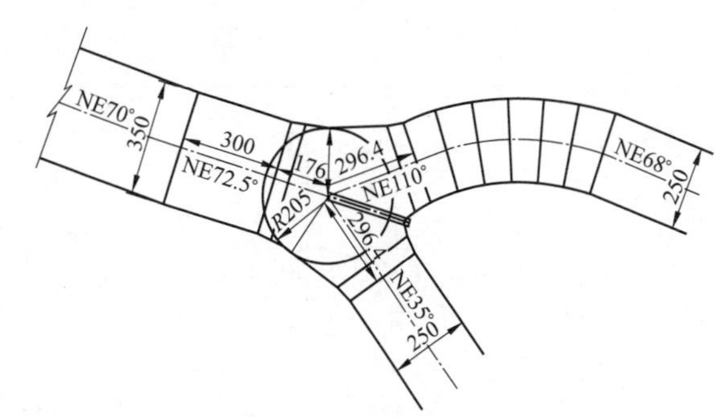

图 10-3-11 西龙池抽水蓄能电站对称岔管布置方案

日本今市抽水蓄能电站输水系统采用一管三机供水方式，主管内径为 5.5m，支管内径分别为 4.5m 和 3.2m，设计内水压力为 8.4MPa，*HD* 值达到 4565m·m。尽管两支管管径不同，为避免过大侧向弯曲，仍采用对称 Y 形岔管，今市岔管示意图如图 10-3-12 所示。由于两支管夹角 60°，较小，在主锥前通过不对称圆锥过渡，使分岔角达到 74°。支岔锥通过两个圆锥段过渡，与直径 3.2m 的支管相连接。

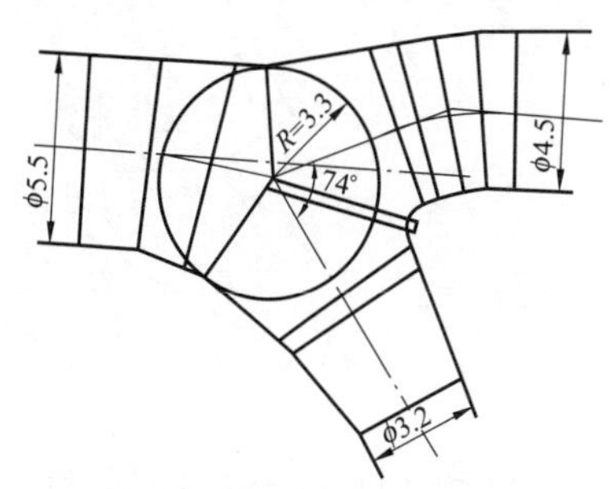

图 10-3-12 今市岔管示意图

（二）月牙肋岔管结构分析

1. 月牙肋岔管受力特点

内加强月牙肋岔管主管为扩大渐变的圆锥，支管为收缩渐变的圆锥，主、支锥公切于一假想球，两支锥相贯的不平衡力由月牙形加强肋承担。月牙肋岔管肋板刚度较小，可随管壳产生一些变形，所以管壳次应力较小，大部分呈膜应力状态。管壳厚度主要由折角点应力集中控制。折角点应力可由该点环向应力（膜应力）乘以该处的应力集中系数所得，应力集中系数如图 10-3-13 所示。对于大型岔管，应通过三维有限元结构分析确定管壳厚度。由图 10-3-13 可见有两种不同折角，一是 A 点，二是 B 点，分别令其折角为 β_0、β_i，则该两点不同的形状系数 K_0、K_i 为

$$K_0=\sqrt{\frac{R}{d_0}}\sin\beta_0$$

$$K_i=\sqrt{\frac{R}{d_i}}\sin\beta_i$$

式中 R——公切球半径；

d_0、d_i——分别为 A、B 两点的板厚。

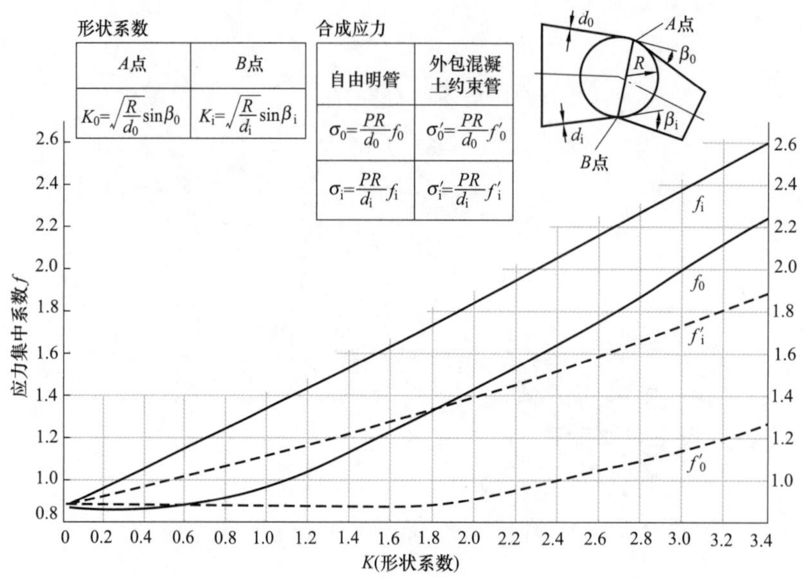

图 10-3-13 应力集中系数

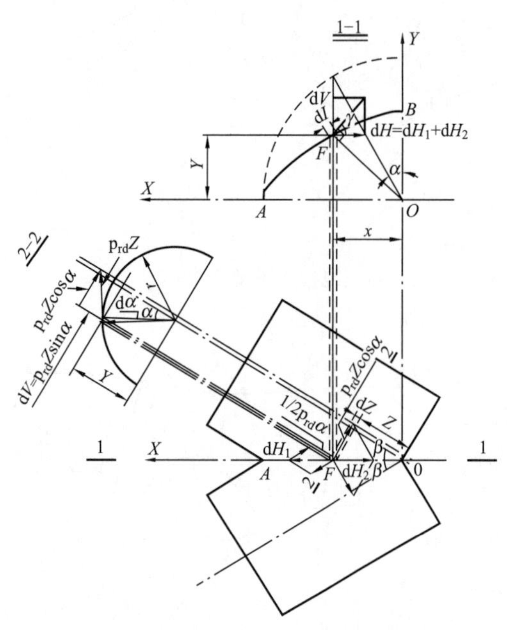

图 10-3-14 对称圆柱形岔管计算简图

根据 K_0、K_i 可从图 10-3-13 中查出应力集中系数 f_0、f_i 或 f_0'、f_i'。其中，f_0、f_i 适用于岔管轴向能自由伸缩情况，f_0'、f_i'适用于岔管受轴向约束情况。

月牙肋宽度按以下原则确定：确定作用于两条支管相贯线上合力的大小和方向，合力的作用线垂直月牙肋的断面，并令其通过断面的中心，使月牙肋各个截面处于轴心受拉状态。肋板宽度可用解析法计算，也可采用作图法求解。为说明月牙肋岔管的受力特点，下面介绍解析法求解肋板宽度的方法。

解析法确定肋板宽度是基于对称圆筒形岔管，在水压试验工况下，忽略肋板对壳体的约束，假定管壁在破口处仍维持膜应力状态，并将此力传至肋板上，使肋板各截面的形心与两支管传递合力的作用点重合的假设下确定的。在进行肋板应力计算时，不考虑管壁的影响。对称圆柱形岔管计算简图如图 10-3-14 所示。

作用在肋板任一截面上的垂直方向分力 V 为

$$V=p_r^2\cot\beta\sin^2\alpha$$

水平分力 H 及作用在肋板上任一截面上合力 R 为

$$R=\sqrt{V^2+H^2}=p_r^2\cot\beta\sin\alpha\sqrt{\sin^2\beta+\cos^2\beta\sin^2\alpha}$$

$$H=p_r^2\cos\beta\sin\alpha\cos\alpha$$

合力 R 与水平分力夹角 γ 为

$$\tan\gamma=V/H=\tan\alpha/\sin\beta=X/Y$$

$$\gamma=\angle\mathrm{BOF}(1\text{-}1\ \text{剖面中})$$

合力 R 方向总是和连接坐标原点 O 与合力作用点 F 的直线垂直。在肋板最大截面处水平分力 $H_{\pi/2}=0$，即剪力为 0。

合力作用点距原点 O 的距离 I 为

$$I = r\sin\beta \frac{1 + 2/3\cot\beta\sin^2\alpha}{\sqrt{\sin^2\beta + \cos^2\beta\sin^2\alpha}}$$

最大肋宽处（$\alpha=\pi/2$），合力作用点距坐标原点 O 的距离为

$$I_{\pi/2} = r\sin\beta(1 + 2/3\cot^2\beta)$$

岔管最大肋宽 B 以肋板最大截面形心与其合力作用点重合为原则确定，按下式计算

$$B = 2\left(\frac{r}{\sin\alpha} - I_{\pi/2}\right) = \frac{2}{3} r\cos\beta \cdot \cot\beta$$

肋板最大宽度处，水平分力 $H=0$，月牙肋厚度 S 可由下式求得

$$S = V/(B\sigma_R)$$

式中 σ_R——材料抗力。

月牙肋应力按与管壳应力相等原则确定时，月牙肋厚度按下式确定

$$S = \frac{d\sqrt{3}}{\cos\beta}$$

式中 d——管壳厚度。

当支锥为圆锥时，应采用下述方法对上式进行修正

$$S' = K\frac{d\sqrt{3}}{\cos\beta}$$

式中 K——圆锥形支管的修正系数。

当 $\varepsilon=0$（圆筒形）时，$K=1.0$；当 $\varepsilon\geqslant10°$时，$K=0.95$；当 $\varepsilon<10°$时，K 可用直线内插（ε 为支锥的半锥顶角）。

2. 内加强月牙肋岔管体形优化

（1）应力控制标准。根据月牙肋岔管受力特点，可分为管壳部位的膜应力、局部膜应力、峰值应力和加强肋的应力。依据岔管不同部位应力是否有自限能力和自限程度的不同，来区分应力的控制要求。膜应力是根据与内水压力平衡确定的，不具有自限性；局部膜应力是在内水压力作用下，因不同壳体连接处母线的不连续，为满足变形协调关系产生的膜应力，局部膜应力具有一定的自限性，即一旦超载时，材料将产生少量的局部塑性变形，缓解产生边缘应力的连续条件；峰值应力是由于母线折角部位为满足变形协调所产生的局部膜应力与弯曲应力的叠加结果，峰值应力有很大的自限性；加强肋的应力为一次弯曲应力，不允许发生屈服应变。对于月牙肋岔管而言，母线转折引起的应力集中包含了局部膜应力，这种具有一定自限能力的应力分量既不同于膜应力，又不同于包含弯曲应力分量的峰值应力。比较美国 ASME《锅炉及压力容器规范》Ⅷ-2 对应力控制的标准，对膜应力、局部膜应力和峰值应力的不同限制值，在岔管设计时应对局部膜应力给予特别的关注。关于岔管各部位的抗力限值在 NB/T 35110—2018《水电站地下埋藏式月牙肋钢岔管设计规范》中有明确的规定，不再赘述。

（2）岔管体形设计。岔管体形设计，应根据 NB/T 35056—2015《水电站压力钢管设计规范》推荐的结构力学方法，以及类比已建工程，初步拟定岔管体形。对于大型岔管还应进行三维有限元结分析，进一步优化岔管体形。岔管体形优化应以岔管质量最小为目标，调整体形参数，使管壳折角点应力分布尽可能均匀。

图 10-3-15 及表 10-3-4 为西龙池抽水蓄能电站岔管明管状态下的最优体形和西龙池抽水蓄能电站岔管体形优化成果——管壳上各母线转折处应力。经充分的体形优化后，管壳折角点局部膜应力分布比较均匀，最大与最小应力相差不足 16%。

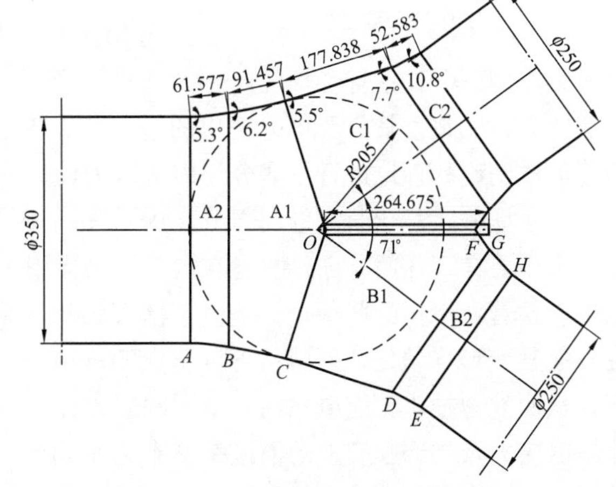

图 10-3-15　西龙池抽水蓄能电站岔管明管状态下最优体形

3. 埋藏式月牙肋岔管围岩分担内水压力结构分析

以往国内外埋藏式钢岔管几乎都按明管设计，围岩分担内水压力仅作为一种安全储备，这不仅是由于岔管距厂房较近，按明管设计较安全。更主要是没有一种适当的设计理论、方法，以及成功的经验。对于大 *HD* 岔管考虑围岩分担内水压力，减小钢板厚度的意义不仅仅在于节约钢材用量，更重要的是降低岔管制安难度。以往有些工程也不同程度地考虑围岩分担内水压力的潜力，如渔子溪一级电站三梁岔管，设计考虑岔管位置围岩地质条件较好，假定围岩分担 15%～30%的内水压力，这一经验被纳入原 SD 144—1985《水电站压力钢管设计规范（试行）》附编写说明，通过提高 10%～30%允许应力的方法来间接地反映围岩分担内水压力的作用。

表 10-3-4　　西龙池抽水蓄能电站岔管体形优化成果——管壳上各母线转折处应力　　单位：MPa

应力	管壳局部环向应力									
	A 左	*A* 右	*B* 左	*B* 右	*C* 左	*C* 右	*D* 左	*D* 右	*E* 左	*E* 右
管外壁应力	277.6	296.6	322.9	323.6	362.1	360.4	309.1	350.0	352.0	373.8
局部薄膜应力	336.0	346.2	370.0	370.3	388.7	390.6	341.2	358.9	349.1	363.6
管内壁应力	396.6	398.0	419.2	419.0	417.0	422.4	375.3	369.4	347.0	354.0

在岔管的实际运行状态下，内水压力是通过变形协调，实现围岩与钢岔管共同分担的。通过对湖南的花木桥电站三梁岔管、西洱河二级电站的无梁岔管、十三陵抽水蓄能电站内加强月牙肋岔管，以及日本的奥美浓、奥矢作第一抽水蓄能电站内加强月牙肋岔管等原型观测资料进行分析，发现岔管应力并不高，比明岔管状态有限元计算及水压试验的应力水平低得多，证明围岩分担内水压力的作用明显。

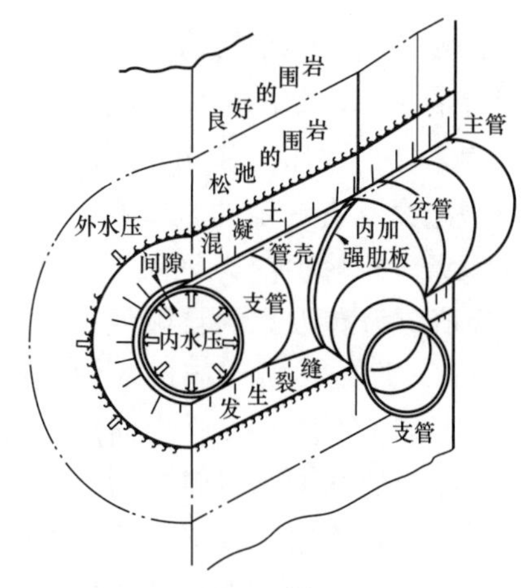

图 10-3-16　岔管考虑围岩分担内水压力的概念图

在 20 世纪 80 年代末，日本奥美浓抽水蓄能电站首先尝试按围岩分担内水压力设计岔管，其内加强月牙肋岔管最大 *HD* 值为 4108.5m·m，主管内径 5.5m，由于是首次尝试，缺乏经验，设计时 1 号岔管围岩分担率限制在 15%以下。而原型观测结果表明，围岩分担率远大于 15%。西龙池抽水蓄能电站岔管 *HD* 值达 3552.5m·m，远超过当时国内已建同类工程规模，在世界上也位于前列，如按明管设计，管壳和肋板厚度较厚，使岔管制造、安装难度加大。为此，又开展了考虑围岩分担内水压力的研究。

（1）岔管围岩分担内水压力的基本概念。埋藏式钢管的变位是均匀的，围岩分担内水压力的设计，可按无限域轴对称多重组合圆筒问题进行结构分析。然而，埋藏式岔管则不同，考虑围岩分担内水压力时（概念图见图 10-3-16），存在如下问题：①在内水压力作用下，在岔管各部位产生的变形，是不均匀的；②加强肋板约束了管壳的变位；③存在局部二次应力；④在岔管位置接近厂房的情况下，不能将围岩视作无限体。因此，对于钢岔管，尚没有像圆管那样明确的理论进行围岩分担内水压力设计的实例。

（2）埋藏式月牙肋岔管围岩分担内水压力规律。在埋藏式月牙肋岔管实际运行中，围岩与岔管联合受力主要体现在两方面：一是在内水压力作用下，和地下埋藏式圆管一样，围岩分担部分内水压力，减少钢岔管所承担的荷载；二是由于岔管结构变形是不均匀的，受到围岩的约束作用，限制了岔管变位，使其变形均匀化，消减岔管折角点的峰值应力，使岔管应力分布均匀化，便于材料强度的充分发挥。从西龙池抽水蓄能电站岔管不同围岩弹性抗力系数 K 和缝隙值 Δ 的分析成果可以看出，岔管折角点峰值应力及局部膜应力的消减率基本为平均围岩分担率的两倍，管壳折角点局部膜应力和应力峰值消减程度远大于岔管的平均围岩分担率。西龙池抽水蓄能电站埋藏式岔管管壳折角点应力消减与平均围岩分担率分析见表 10-3-5。

表 10-3-5　　西龙池抽水蓄能电站埋藏式岔管管壳折角点应力消减与平均围岩分担率分析

方案	K=10MPa/cm Δ=0.1cm	K=10MPa/cm Δ=0.2cm	K=5MPa/cm Δ=0.1cm	K=5MPa/cm Δ=0.2cm	K=10MPa/cm ΔSP=0.1cm ΔSZ=0.2cm
岔管折角点应力峰值消减率（%）	54.3	37.6	44.1	31.4	38.8
岔管折角点局部膜应力消减率（%）	50.0	32	39.2	25.4	36.8
平均围岩分担率（%）	29.82	14.33	21.14	10.94	18.77

注　岔管折角点应力峰值消减率=（明管折角点应力峰值－埋藏式岔管折角点应力峰值）/明管折角点应力峰值。岔管折角点局部膜应力消减率=（明管折角点局部应力－埋藏式岔管折角点局部应力）/明管折角点局部膜应力。

从西龙池、张河湾、宜兴等抽水蓄能电站钢岔管对围岩分担规律分析，以及西龙池现场结构模型试验、原型观测资料分析成果可知，当岔管体形确定后，影响埋藏式岔管应力状态的主要参数有围岩弹性抗力系数和缝隙值。围岩弹性抗力系数和缝隙值对岔管变位和应力状态的影响规律如下：

1）围岩弹性抗力系数对钢岔管变位的影响。地下埋藏式岔管在运行工况下，岔管顶点向外变位较明管状态减小，腰线部位由明管状态时的向内变位转为向外变位，数值与顶点变位趋近。岔管变位趋于均匀的程度与围岩弹性抗力系数和缝隙值有关。西龙池抽水蓄能电站、宜兴抽水蓄能电站、张河湾抽水蓄能电站钢岔管变位与围岩抗力关系见图 10-3-17～图 10-3-19。

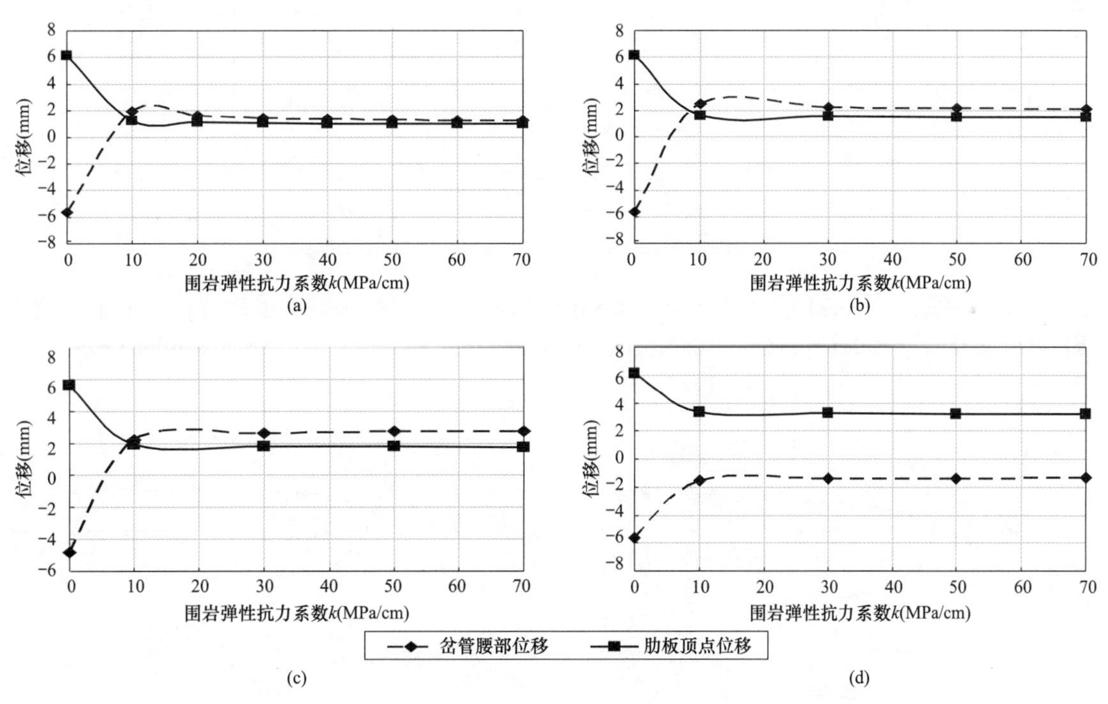

图 10-3-17　西龙池抽水蓄能电站钢岔管变位与围岩抗力关系

（a）缝隙值 Δ=0.1cm；（b）缝隙值 Δ=0.2cm；（c）缝隙值 Δ=0.3cm；（d）缝隙值 Δ=0.5cm

从不同工程岔管变位与围岩弹性抗力系数 K 的关系分析，具有相同规律，弹性抗力系数 K 对变位的影响存在一个拐点，此值可称为临界抗力系数 K_{cr}。当围岩弹性抗力系数小于 K_{cr} 时，围岩弹性抗力系数对岔管变位影响非常明显；而当围岩弹性抗力系数大于 K_{cr} 后，围岩弹性抗力对岔管变位影响并不大。

2）缝隙对钢岔管变位的影响。钢岔管与混凝土间缝隙值 Δ 的大小对钢岔管变位的影响是很敏感的，随缝隙值的增大，岔管顶点变位与腰线变位不均匀程度加大，当缝隙值继续增大时，岔管变位将逐渐接近明管状态。以西龙池岔管为例，当缝隙值 Δ 为 $24.4\times10^{-4}R_0$（R_0 为岔管公切球半径）即 5mm 时，岔管变位状态接近明管，张河湾岔管也具有同样的规律，埋藏式月牙肋钢岔管变位与缝隙值

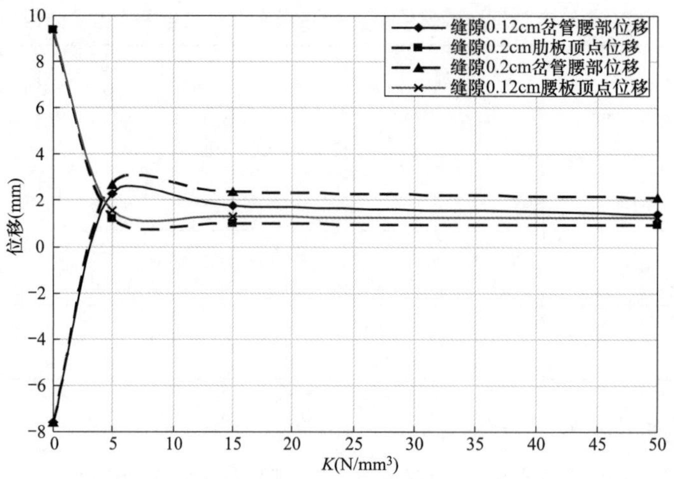

图 10-3-18　宜兴抽水蓄能电站钢岔管变位与围岩抗力关系

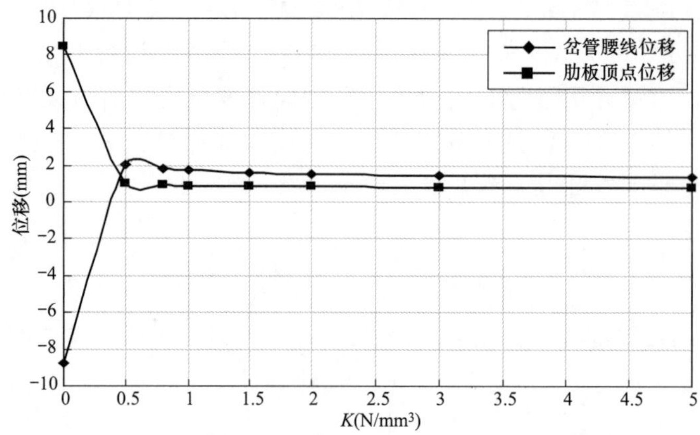

图 10-3-19　张河湾抽水蓄能电站钢岔管变位与围岩抗力关系

关系如图 10-3-20 所示。通过围岩弹性抗力系数和缝隙值对岔管变位的影响规律分析，地下埋藏式岔管围岩的主要作用是对岔管变位的约束，使其变位趋于均匀。

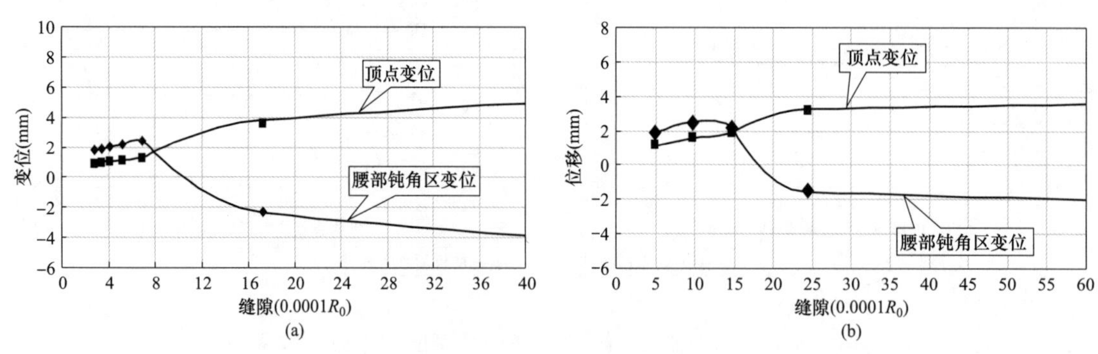

图 10-3-20　埋藏式月牙肋钢岔管变位与缝隙值关系

(a) 西龙池钢岔管，$K=10$MPa/cm；(b) 张河湾钢岔管，$K=5$MPa/cm

3）围岩弹性抗力系数对钢岔管的应力状态的影响。围岩弹性抗力系数 K 对地下埋藏式钢岔管的应力状态的影响与其对变位影响规律基本相同，呈非线性关系。当围岩弹性抗力系数 K 小于临界值 K_{cr} 时，围岩弹性抗力系数 K 对岔管围岩分担内水压力作用的影响是很明显的，随着围岩弹性抗力系数 K 的增加，岔管折角点及肋板应力明显减少；而当围岩弹性抗力系数大于临界值 K_{cr} 时，围岩弹性抗力系数 K 对岔管围岩分担作用的影响并不大，岔管控制点局部环向应力与围岩弹性抗力关系如图 10-3-21 所示，图中局部膜应力为相对值，为埋管状态下局部膜应力与明管状态下相应部位局部膜应力之比，钢岔管控制点位置示意图如图 10-3-22 所示。

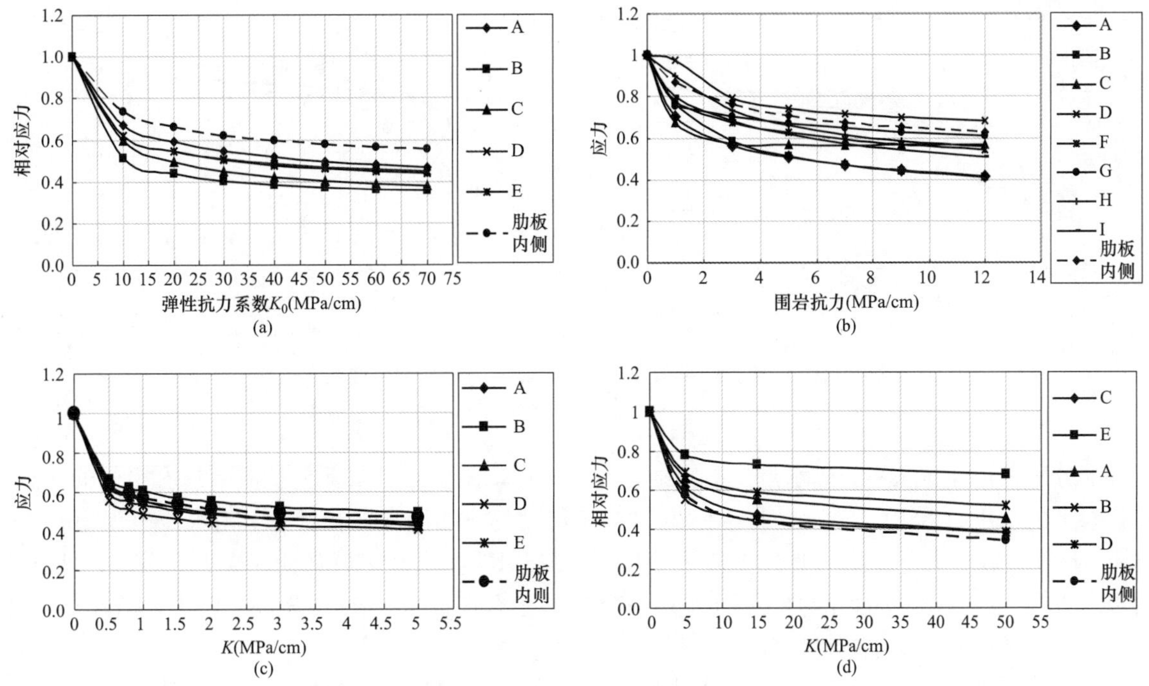

图 10-3-21 岔管控制点局部环向应力与围岩弹性抗力关系

(a) 西龙池岔管，Δ=1mm；(b) 引子渡岔管，Δ=2mm；

(c) 张河湾岔管，Δ=1.2mm；(d) 宜兴岔管，Δ=1.2mm

4）缝隙对岔管的应力状态的影响。钢岔管与混凝土间缝隙值Δ的大小对地下埋藏式岔管的应力状态的影响也十分敏感，岔管应力随缝隙值的增大而增大，当缝隙值大于一定数值时，岔管受力状态逐渐接近明管状态。此时缝隙值的大小对岔管应力状态基本没有影响，钢岔管折角点环向局部膜应力与缝隙值关系如图 10-3-23 所示，不同工程的岔管规律基本相同。

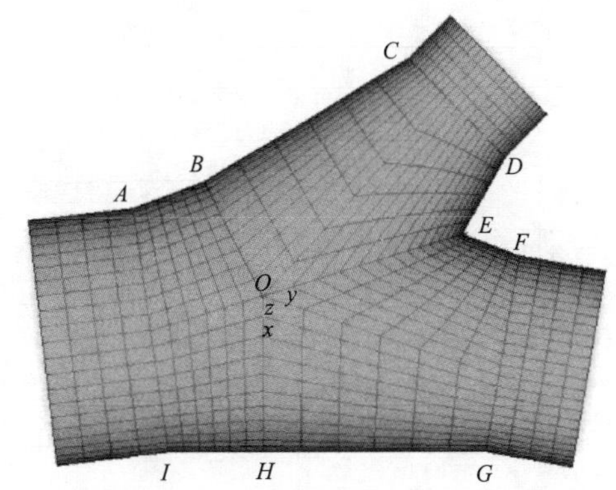

图 10-3-22 钢岔管控制点位置示意图

5）埋藏式钢岔管现场结构模型试验。西龙池抽水蓄能电站埋藏式钢岔管为国内第一个采用围岩分担内水压力的设计，为验证设计的合理性及准确选择设计基本参数，模拟现场施工条件、施工工艺，进行了 1：2.5 的现场结构模型试验。西龙池抽水蓄能电站岔管现场结构模型试验构造示意图及照片见图 10-3-24。为确定埋藏式岔管的受力特点、岔管与围岩联合作用的效果，分别进行明管和埋管状态下的水压试验。试验观测项目主要有内水压力及水温、管壁应力和应变、岔管变形、缝隙值、混凝土应变及温度、回填混凝土微膨胀效

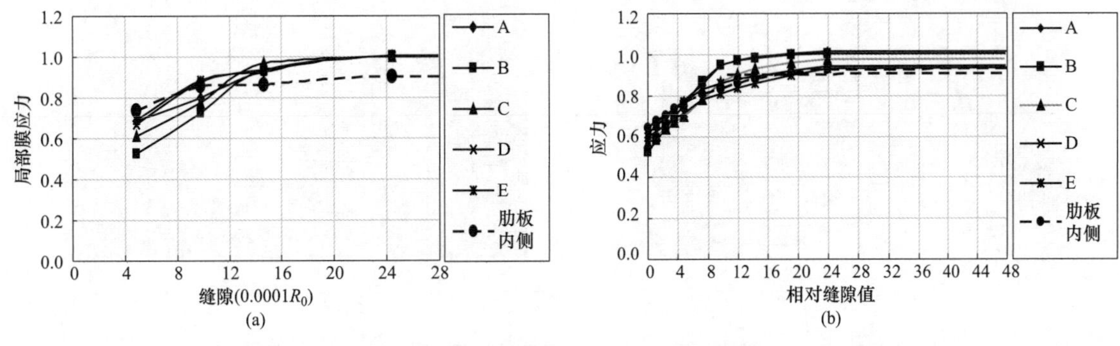

图 10-3-23 钢岔管折角点环向局部膜应力与缝隙值关系（一）

(a) 西龙池岔管，K=10MPa/cm；(b) 十三陵岔管，K=10MPa/cm

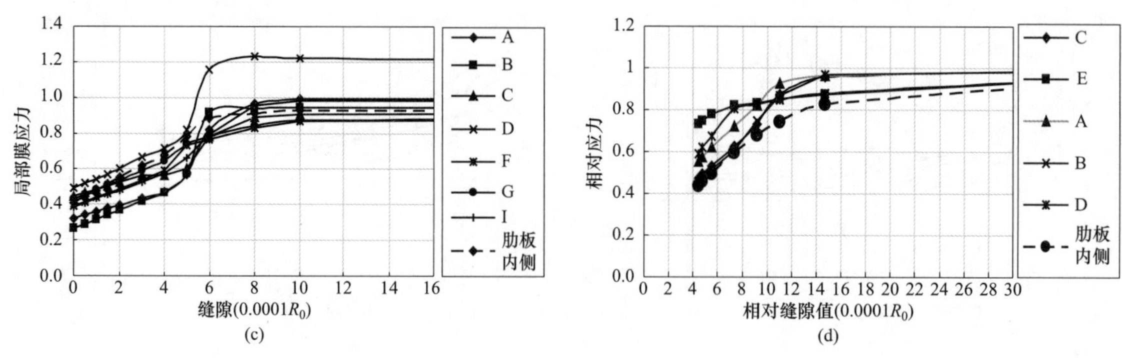

图 10-3-23　钢岔管折角点环向局部膜应力与缝隙值关系（二）

（c）引子渡 1 号岔管，K=10MPa/cm；（d）宜兴岔管，K=15MPa/cm

果、各部分压力传递、压力与进水量。本次试验十分成功，试验与有限元分析成果具有很好的一致性。明管状态下内水压力为 10.15MPa 时，沿 CD 环向膜应力的分布图；埋管状态下内水压力为 10.15MPa 时，沿 CD 环向膜应力分布图；明管状态下压力为 10.15MPa 时，沿 CO 环向膜应力分布图；埋管状态下内水压力为 10.15MPa 时，沿 CO 环向膜应力分布图见图 10-3-25～图 10-3-28。图中 CD、CO 是指岔管主支锥腰线部位和主支锥相贯线部位，具体位置见图 10-3-15。

西龙池抽水蓄能电站岔管按传统的明管设计，采用 800MPa 级钢板制造，管壳最大厚度仍需 68mm，肋板需 150mm。考虑围岩与岔管联合作用后，岔管管壳最大厚度可减少至 56mm，肋板减少至 120mm，大大降低了制作安装难度，有利于工程的安全；岔管质量可减少 22%，节约了工程投资。

(a)

(b)　　(c)

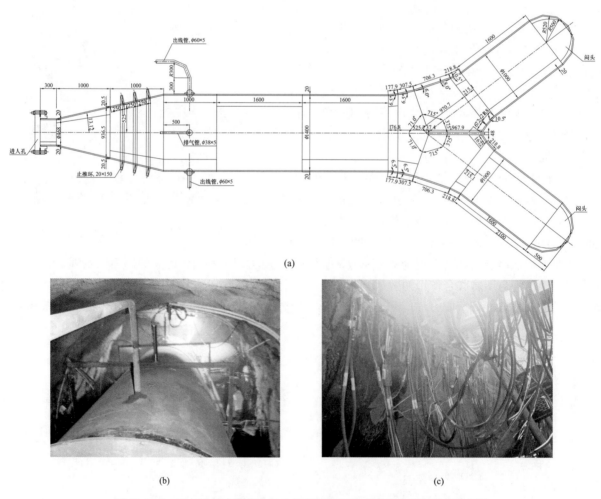

图 10-3-24　西龙池抽水蓄能电站岔管现场结构模型试验构造示意图及照片

（a）岔管现场结构模型试验构造示意图；（b）模型岔管安装就位后全貌；

（c）模型岔管腰线附近测缝计、钢板计、应变片安装完成后全貌

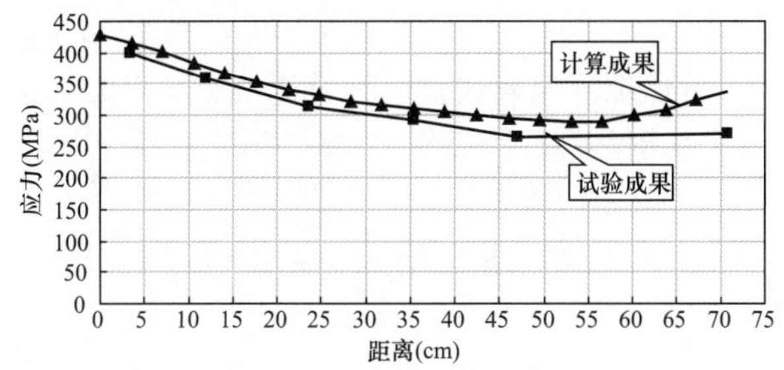

图 10-3-25 明管状态下内水压力为 10.15MPa 时，沿 CD 环向膜应力的分布图

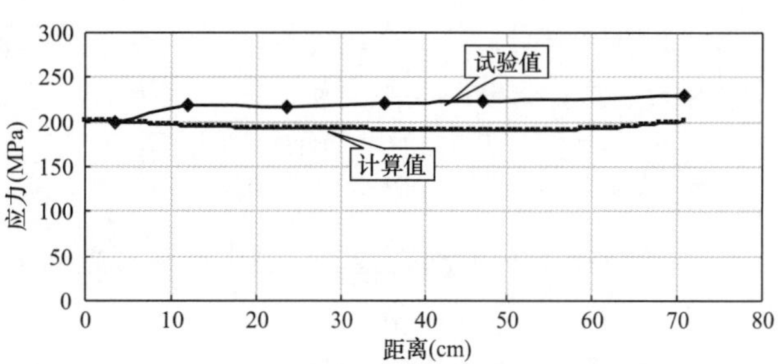

图 10-3-26 埋管状态下内水压力为 10.15MPa 时，沿 CD 环向膜应力分布图

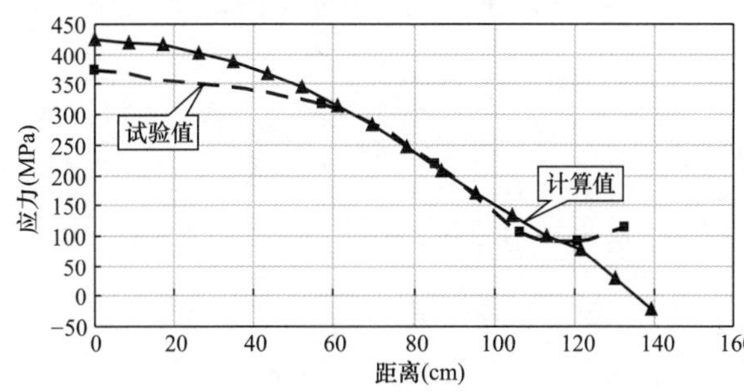

图 10-3-27 明管状态下压力为 10.15MPa 时，沿 CO 环向膜应力分布图

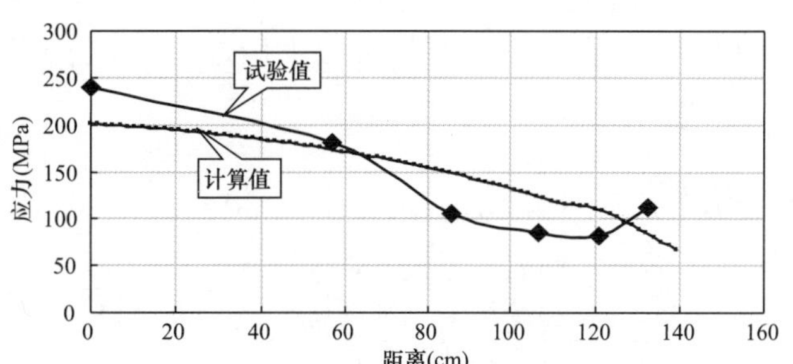

图 10-3-28 埋管状态下内水压力为 10.15MPa 时，沿 CO 环向膜应力分布图

(3) 结构设计原则。

1) 以三维有限元法为基础进行埋藏式岔管设计。埋藏式岔管结构复杂，不同介质间存在着缝隙，存在非线性接触问题，难以采用解析法进行结构分析。有限元方法具有较好的适用性，能够较好地模拟围岩约束作用和缝隙值对岔管与围岩联合作用的影响，具有较好精度，能够较好满足设计要求。

2) 明管准则。对于埋藏式岔管，当位置、体形、结构尺寸确定后，岔管与围岩联合作用的效果及应力状态，主要取决于岔管与外混凝土及混凝土与围岩总缝隙值的大小及分布。缝隙值的大小对埋藏式岔管应力状态影响是非常敏感的，然而影响缝隙值大小的因素很多，而且不确定性较大。其中回填混凝土及灌浆质量是对缝隙的大小及分布的主要影响因素。出于工程安全考虑，在 Q/HYDOCHINA008—2011《埋藏式月牙肋岔管设计导则》中，首次提出"明管准则"，即在不考虑围岩联合作用条件下，按正常运行工况计算的钢岔管的局部膜应力＋弯曲应力及肋板的最大应力不大于其钢材的屈服强度。采用这一准则后，即使回填混凝土及灌浆质量出现较严重质量问题时，岔管仍能安全工作，同时也避免了因设计方法的误差而使岔管应力过大，进而危及岔管的安全的可能。

在 20 世纪末，埋藏式岔管开始系统考虑围岩分担内水压力设计，由于当时原型观测成果比较少，工程经验不足，为安全起见，在西龙池等抽水蓄能电站钢岔管的设计和 Q/HYDOCHINA008—2011《埋藏式月牙肋岔管设计导则》中，均对围岩分担率采取了"双控制"，即"明管准则"和"限制平均围岩分担率不超过 30%，局部膜应力的最大应力消减率不超过 45%"。通过对近年来的大量工程实践和原型观测成果分析，对岔管围岩分担规律逐步有了较明确的认识。

当围岩条件较好时，岔管的管壁厚由明管准则控制；围岩条件较差时，岔管的管壁由联合承载工况控制。根据呼和浩特抽水蓄能电站岔管的计算分析可知，当 K_0 小于 10MPa/cm 时，钢岔管管壁厚度将由联合承载工况控制，而 K_0 大于 10MPa/cm 时将由"明管准则"控制，采用"明管准则"确定的管壁厚度后，即使弹性抗力系数达到 100MPa/cm 时，平均围岩分担率也不会超过 45%。根据西龙池的计算分析可知，当 K_0 小于 20MPa/cm 时，钢岔管管壁厚度将由联合承载工况控制；而大于 20MPa/cm 时将由"明管准则"控制，即使弹性抗力系数达到 100MPa/cm 时，按"明管准则"确定的管壁厚度计算的平均围岩分担率也不会超过 40%。张河湾抽水蓄能电站岔管，当 K_0 小于 10MPa/cm 时，钢岔管管壁厚度将由联合承载工况控制；而大于 10MPa/cm 时将由"明管准则"控制。即使弹性抗力系数达到 100MPa/cm 时，按明管准则确定的管壁厚度计算的平均围岩分担率也不会超过 50%。

以上研究说明：岔管在进行设计时，考虑围岩联合作用，取消围岩分担率限值，满足“明管准则”所确定的钢岔管管壁厚度不会使得平均围岩分担率过大，可使地下埋藏式钢岔管设计具有一定的安全度。因此，在 NB/T 35110—2018《水电站地下埋藏式月牙肋钢岔管设计规范》中取消了围岩分担率的限制。

3）钢岔管洞段的围岩变形压力由洞室开挖时的支护和回填混凝土共同承担，钢岔管不承担围岩变形压力。

（4）埋藏式岔管设计参数选取。

1）围岩参数的选取。岔管与围岩联合作用是通过变形协调实现岔管与围岩共同分担内水压力的。围岩弹性抗力除了受岩性、构造等地质条件影响外，还受洞室开挖过程中所产生围岩松动圈的影响。故在围岩弹性抗力系数取值时应考虑爆破松动圈对弹性抗力的降低作用，可采用多重圆筒理论导出的下列公式，估算钻爆法开挖的隧洞围岩的等值变形模量。

$$\frac{1}{D'}=\frac{1}{D}+(1-\mu)\frac{1}{D_{\mathrm{b}}}\ln\frac{r+L_{\mathrm{b}}}{r}$$

式中 D'——等值变形模量，$\mathrm{N/mm^3}$；

D——围岩变形模量，$\mathrm{N/mm^3}$；

D_{b}——爆破所致松弛区围岩的变形模量，$\mathrm{N/mm^3}$；

μ——基岩部位的泊松比；

r——隧洞的开挖半径，m；

L_{b}——计算的爆破松弛区的深度，m。

其中，爆破松弛区的变形模量 D_{b} 可由下式计算

$$D_{\mathrm{b}}=\frac{v_{\mathrm{b}}^2}{v^2}D$$

式中 v_{b}——松弛区围岩的弹性波速，m/s；

v——围岩部位的弹性波速，m/s。

岔管围岩开挖面上的弹性抗力 k 可由下式求得

$$k=\frac{100k_0}{R}$$

$$k_0=\frac{D'}{100(1+\mu)}$$

式中 k_0——单位弹性抗力系数，$\mathrm{N/m^3}$；

μ——围岩泊松比；

R——开挖半径，cm。

2）缝隙值的选取。缝隙值对岔管与围岩联合作用影响很大，根据对已建工程的统计，地下埋管缝隙与半径之比一般不超过 4×10^{-4}。日本奥美浓电站岔管设计考虑与围岩的联合作用，从其对外围混凝土应变观测成果推算，缝隙值与主管半径之比为（0～4）$\times10^{-4}$，平均为 2.5×10^{-4}，从围岩变位推算为（0～3.6）$\times10^{-4}$。

西龙池岔管现场结构模型试验，模型比尺为 1∶2.5，HD 值为 1421m·m，岔管外回填混凝土施工工艺、回填灌浆等基本模拟原型，通过对其缝隙观测及多途径测试分析，模型岔管垂直缝隙大于水平缝隙，平均缝隙为 $3.0\times10^{-4}R_0$（R_0 为岔管公切球半径），考虑到岔管实际运行过程中，缝隙值受水温、围岩蠕变等因素的影响比岔管模型试验大得多，通过计算分析，岔管运行期间，平均缝隙值可达 $4.1\times10^{-4}R_0$。为安全计，岔管设计水平缝隙按 1mm（相当于 $4.9\times10^{-4}R_0$），垂直方向按 2mm（相当于 $9.8\times10^{-4}R_0$）考虑。

十三陵抽水蓄能电站岔管按明管设计，原型观测设计未布置测缝计，通过对钢板计观测资料分析，当有限元计算应力水平与原型观测应力水平相当时，平均缝隙值为（3.6～4.2）$\times10^{-4}R_0$。

呼和浩特抽水蓄能电站岔管按埋藏式岔管设计，设计采用的缝隙值为 1.5mm，相当于 5.8×10^{-4}

公切球半径。通过对原型观测成果分析，实测最大缝隙值为0.46mm，相当$1.8\times10^{-4}R_0$。

由于岔管体型复杂，影响外围混凝土回填质量的因素较多，且埋藏式岔管考虑围岩分担内水压力的设计尚处于探索阶段，因此出于安全考虑，缝隙值选取以不小于$4.0\times10^{-4}R_0$为宜。

（5）设计步骤。

1）方案初拟。埋藏式岔管结构分析是以三维有限法为基础的，为便于有限元结构分析，可按与岔管公切球直径相同的埋藏式圆柱管计算岔管平均围岩分担率，再根据钢岔管所分担的内水压力，按明岔管初步估算管壁厚度和肋板厚度。

2）以三维有限元法为基础，进行体型优化。

3）围岩弹性抗力和缝隙值对岔管应力状态影响是比较敏感的，在设计过程中，进行必要的敏感性分析。合理拟定围岩弹性抗力和缝隙值。

4）进行抗外压稳定复核。月牙肋钢岔管承受均布外压荷载（外水压力、灌浆压力等），其抗外压稳定可近似按直径与月牙肋岔管公切球直径相等的圆柱管进行复核。

第四节 拦污栅、闸门和启闭机

一、抽水蓄能电站拦污栅、闸门和启闭机的特点

与常规水电站相比，抽水蓄能电站拦污栅、闸门和启闭机的布置既有相同之处，又有其特殊要求。相同之处是这些金属结构设备设置在电站引水、尾水建筑物之中，其功能主要是为了保护引水道、尾水道、厂房和机组的安全运行，便于相关设备的检修维护。特殊要求是由抽水蓄能电站枢纽布置和运行工况所决定的，主要有以下几点：

（1）抽水蓄能电站上、下水库的水位高差大，厂房多位于山体内并采用地下布置，机组受吸出高度限制，安装高程很低。抽水蓄能电站的这种枢纽布置特点带来的最突出问题就是如何保证厂房免受水淹的威胁。因此，要求上水库进/出水口以及机组尾水或下水库进/出水口等部位的闸门及其启闭机运行安全可靠，而且启闭机的电控系统应能与全厂计算机监控系统联网，一旦计算机监控系统检测到某部位出现事故，需截断上水库或下水库的来水时，启闭机应能立即投入运行，实现远方自动操作闸门关闭孔口，避免事故扩大。

（2）抽水蓄能电站有发电和抽水两种运行工况，引水道和尾水道存在双向水流。这种运行工况对拦污栅、闸门和启闭机来说，存在如下两个方面的问题：

1）布置在上、下水库进/出水口处的拦污栅存在双向过流。发电工况下的上水库进/出水口拦污栅和抽水工况下的下水库进/出水口拦污栅处于进流运行状态，进流运行状态与常规水电站进水口拦污栅的运行状态相似。但发电工况下的下水库进/出水口拦污栅和抽水工况下的上水库进/出水口拦污栅处于出流运行状态，由于上、下水库进/出水口建筑物受到流道水流条件、扩散段体型（扩散角、长度、断面等变化）、出水口条件（岸边地形、孔口尺寸、水位变幅）等诸多因素的影响和限制，要想实现水流在出流工况下扩散均匀并不容易。因此，对于设置在上、下水库进/出水口前沿处的拦污栅来说，应着重分析和研究出流工况下的水流分布状态及其影响，并采用必要的措施防止拦污栅产生有害振动。

2）上水库进/出水口事故闸门和尾水事故闸门异常坠落。上水库进/出水口事故闸门虽然从布置和功能方面来看，与常规电站进水口事故闸门或快速闸门基本相同，但由于电站运行存在抽水工况，防止闸门异常坠落的问题尤其重要。对于常规电站来说，进水口事故闸门或快速闸门若发生异常坠落，其结果仅是造成电站停机，不会产生灾难性事故。而当抽水蓄能电站在抽水工况运行时，若上水库进/出水口事故闸门发生异常坠落，造成封堵孔口，则机组和高压管道将承受额外的高压，如果这种事故未能很快得到有效处理，可能造成事故闸门损坏，或者高压管道爆裂，或者机组遭受破坏，甚至水淹厂房。

机组尾水设置的事故闸门，与常规电站的尾水检修闸门相比，无论是布置型式还是功能要求均有较大的差别。设置尾水事故闸门的目的是当与尾水管连接的技术供排水管路或阀门发生爆裂事故时，能够及时动水闭门，截断下水库来水，防止水淹厂房。为此，该事故闸门平时悬挂在孔口上方处于时

刻待命的工作状态。事故闸门的这种布置和工况要求带来的另外一个问题就是防止闸门在发电工况状态下异常坠落。若机组在发电工况下，该事故闸门发生异常坠落封堵了尾水管出口，或者闸门遭受破坏，或者厂房内设置的各种技术供排水管路、阀门发生爆裂，或者机组顶盖遭受破坏造成“抬机”事故，如果事故得不到及时和有效处理，水淹厂房这种灾难性事故将难以避免。

由此来看，上水库进/出水口事故闸门以及尾水事故闸门是保证厂房安全的重要保护设备，必须要安全可靠。

二、上、下水库进/出水口拦污栅及其启闭机

（一）拦污栅布置一般原则

同常规水电站一样，为保证机组的正常运行，避免污物进入机组，上、下水库进/出水口一般应设置一道拦污栅，由于抽水蓄能电站的抽水和发电工况转换时，水流流向相反，对拦污栅本体有自动清污的作用，污物滞留在拦污栅上较少见，拦污栅没有必要设置清污设备，只是需考虑设置起吊设备用于拦污栅的检修。个别工程结合工程布置和上、下水库污物源及运行管理实际情况未设置拦污栅。从上、下水库的形成特点来看，有下面几种设置情况：

（1）上水库或下水库为人工开挖而成，且无天然来流，无污物源，也无高坡滚石和泥石流等不安全因素的存在，这种情况下是可不设置拦污栅的，但目前大部分抽水蓄能电站均设有拦污栅，设置的目的主要是考虑拦截非自然污物或者说是异物进入机组。国内已建抽水蓄能电站中仅溧阳上水库进/出水口未设置拦污栅，其原因是采用井式进/出水口，在进/出水口处设置了事故闸门，难以再设置拦污栅。国外早期的法国雷文、日本喜撰山抽水蓄能电站上水库进/出水口未设置拦污栅。因此，在这种情况下是否设置拦污栅要结合工程布置及后期运行管理实际情况研究确定。

若设置拦污栅，可考虑不设置专用的永久起吊设备，拦污栅的检修可结合上、下水库放空时段采用临时起吊设备起吊进行维修。

（2）利用天然河道或湖泊修建的抽水蓄能电站上水库或下水库，其进/出水口均设置拦污栅，并结合水工建筑物的布置、拦污栅的检修维护要求，合理配置起吊设备。由于设置永久起吊设备，拦污栅检修平台高程需设置在水库运行最高水位以上，要在拦污栅顶部防涡梁上设置高排架，高排架给施工带来一定难度，影响施工进度。目前对于大部分工程，只是把拦污栅检修平台设置在水库运行最低水位以上，不设置永久的起吊设备，拦污栅的检修和维护采用临时起吊设备起吊，检修平台至库顶的交通采用临时道路或在岸边设置滑轨的办法。

（3）利用已建水库作为上水库或下水库，或者是上水库或下水库为综合利用水库，进/出水口应设置拦污栅，拦污栅起吊设备的布置需根据原有水库调度运行情况综合研判。拦污栅检修平台设置在水库最高水位以上采用永久起吊设备起吊，这样不受原水库的运行影响，应优先考虑；若水库低水位运行时长，也可考虑降低拦污栅的检修平台采用临时起吊设备起吊。

（二）拦污栅运行工况及破坏实例

抽水蓄能电站上、下水库进/出水口拦污栅存在双向过流，而且过栅局部流速较大，尤其是出流工况下很难实现扩散均匀，当某孔拦污栅，或者某扇拦污栅的局部遭受较大流速冲击时，就会在栅叶梁格和栅条尾部出现交替的漩涡脱落，由漩涡脱落而产生横向推力和顺向曳引力，使构件乃至整扇栅叶产生流激振动，当这种交变的漩涡脱落的扰动频率（或称卡门涡列频率）与拦污栅栅叶及栅条的自振频率相近时，就会导致整扇栅叶或其部分构件（如栅条）发生共振，最终造成栅条乃至拦污栅疲劳破坏。

抽水蓄能电站建设初期，由于对此问题认识不足，曾出现过一些电站拦污栅遭受破坏的事例：

（1）1979 年 Behring 介绍了美国 8 座抽水蓄能电站拦污栅事故的情况（当时美国有 15 座抽水蓄能电站），美国几座抽水蓄能电站拦污栅振动破坏实例见表 10-4-1。8 座电站当中有 7 座的拦污栅布置在尾水管后面，只有一座是布置在上水库进/出水口部位。一般地面式厂房拦污栅直接布置在尾水管后，拦污栅破坏都发生在尾水管出口下部的外侧，并集中在机组旋转方向出流的一边。拦污栅遭破坏的都是垂直栅条，有的被水流冲击而弯曲变形，有的被拉断，更多的是疲劳破坏。

（2）日本奥清津抽水蓄能电站下水库拦污栅的破坏状况。该电站于 1978 年投运，相继三次检查拦污栅（相隔 7 年、10 年、12 年），发现有不同程度的损坏，运行 15 年后进行更换。

表 10-4-1 美国几座抽水蓄能电站拦污栅振动破坏实例

序号	位置	破坏情况	破坏原因
1	尾水拦污栅	栅条下落不明，破坏集中于底部、尾水管外犄角处	振动及材料金属特性不良
2	尾水拦污栅	整扇拦污栅被冲走，先是泄水道混凝土中的锚固螺栓被拔出，荷载转移到支承柱上，柱被破坏，最后栅叶被冲走	振动
3	尾水拦污栅	1 号机组拦污栅：严重破坏，整扇拦污栅一分为二 2 号机组拦污栅：导桩靴下落不明 3 号机组拦污栅：地脚螺栓松动	振动
4	尾水拦污栅	1 号机组拦污栅：36 根栅条下落不明 2 号机组拦污栅：垂直槽形导轨梁严重磨损，整扇栅叶出现垂向振动	垂向振型基频与干扰频率非常接近，因共振而引起的干扰频率与栅叶顺流向四阶频率非常接近
5	尾水拦污栅	栅条丢失、断裂	
6	上水库拦污栅	1 号机组拦污栅：栅条下落不明 2 号机组拦污栅：栅条丢失，断裂	振动
7	尾水拦污栅	栅条断裂，丢失	振动
8	尾水拦污栅	栅条断裂，丢失	振动与焊接不良

该工程下水库进/出水口分成四孔，拦污栅孔口尺寸为 8.5m×12m（宽×高，下同）。栅条间设有间隔环，用带螺母的螺杆紧固。其损伤情况大体有三种：①间隔环脱落、损伤；②螺杆、螺母损伤；③U 形螺栓损伤。1 号进/出水口拦污栅的螺杆、螺母松动，主要集中在中墩的左侧部，与间隔环的损伤处一致。2 号进/出水口拦污栅螺杆、螺母的松动，虽在中墩两侧较显著，但间隔环未见脱落。检查发现，拦污栅受损伤部位与水工模型试验所呈现的水流主流流速分布状况基本对应，分析认为拦污栅的损伤是由于发电时水流在进/出水口扩散不充分，扩散不均匀水流的主流近乎射流状态直接冲击拦污栅而造成的。

1994 年 4 月趁奥清津抽水蓄能电站二期下水库进/出水口施工，库水位较低时，进行了拦污栅的更新。采用扁钢焊接式结构，栅条厚度从 12mm 改为 19mm，栅条连接从直径为 25mm 圆杆改为 19mm×125mm 的扁钢，间距也从 450mm 减为 400mm，以加强拦污栅整体的刚度和栅条的刚度。

（3）美国史密斯山抽水蓄能电站上水库进/出水口拦污栅的破坏状况。该电站上水库进/出水口拦污栅的栅条大部分脱落，栅叶也偏离孔口而被压坏。究其原因，流速过大（实测高压管道的流速为 4.5m/s，局部过栅最大流速为 5.5～6m/s），栅条断面单薄（原栅条厚 9.52mm，宽 76.2mm），栅叶刚度较差。后期将原来的固定式拦污栅改为流线型的活动式拦污栅，增设起吊设备，并限定抽水前先将拦污栅提出孔口，以避免水流冲击。

（4）日本新成羽川抽水蓄能电站下水库进/出水口拦污栅的破坏状况。该电站下水库进/出水口拦污栅孔口尺寸为 5.22m×19.6m，原设计栅条厚度为 9mm，宽度为 100mm，最大过栅流速按 3～4m/s 考虑。运行后发现，栅条在焊接处及焊缝邻近部位出现龟裂、错位、断裂等情况达 60 处，测得这些破坏部位的最大流速，当水轮机出力为全出力时高达 8m/s，当水轮机出力为 1/4 全出力时也达 5m/s。拦污栅改造时按上、中、下三节分别改用厚 19、22、25mm 的栅条，用连接板代替圆杆，并在栅叶中部竖向增加一根 9mm×90mm×150mm 槽钢，使栅叶质量由 22t 增加到 60t，提高了拦污栅的整体刚度和栅条的刚度。

上述实例表明，上、下水库进/出水口拦污栅遭受损坏的原因主要是流激振动所致。其激励源主要有两个：一是栅条尾部交替出现的漩涡脱落所产生的干扰频率，这个干扰频率随着过栅流速的增加而增大，导致栅条不稳定地诱发振动。二是水轮机工况运行下产生的不稳定波动的干扰频率，属外致激励的范畴。前者在大多数进/出水口都有可能出现，其破坏形式主要是栅条疲劳损伤，栅叶整体共振的可能性不大。因为局部高流速水股作用面积不大，流速绝对值不高，所产生的激励能量一般不致使整个栅叶产生强烈共振，至今尚未见到这方面的实例报道，奥清津抽水蓄能电站的原型观测也说明了这一道理。而后者对于地面式厂房尾水拦污栅较常见，由于拦污栅位于机组尾水管末端，出机组的水流未经过一定距离的流道调整，仍处于紊流状态下过栅，流激振动对栅体损坏的可能性极大。

以上拦污栅破坏事例大都发生在栅条焊接处及焊缝邻近部位，究其原因，可能由于材质不佳，焊接质量不好，以及存在焊接残余应力与变形等现象，当拦污栅产生共振时，加快了材料的疲劳损坏，促使焊缝及焊接热影响区裂缝的形成、发展和断裂。因此，应使用具有耐低温、冲击韧性和焊接性能良好的钢材作为拦污栅的材料，并确保焊接质量。

由此可见，抽水蓄能电站拦污栅的设计，不仅有与常规电站相类似的地方，要满足其强度和刚度的要求，更重要的还要考虑因不良水流流态而引起的流激振动，把防止发生振动作为拦污栅设计的控制条件，并在拦污栅的材质、焊接工艺、结构型式及布置上采取相应措施，以满足双向过流工况的要求。

从20世纪80年代十三陵抽水蓄能电站设计开始，国内科研、设计人员对拦污栅从过栅水流流态、拦污栅的结构特性以及计算方法，进行了不同程度的模型试验研究和实践，并在宝泉抽水蓄能电站进行了拦污栅的原型观测。目前国内拦污栅采用不小于5m的设计水位差进行设计，加强了拦污栅结构强度；支承型式采用螺旋顶紧装置（十三陵、张河湾等抽水蓄能电站）、楔形滑块（琅琊山、深圳、琼中、沂蒙、文登等抽水蓄能电站）、橡胶垫组合滑块（天荒坪、宝泉、仙居、仙游等抽水蓄能电站）等多种型式，有效增强了拦污栅的抗震性能。经过多年的运行，我国已建抽水蓄能电站未发现有拦污栅损坏的现象。

（三）拦污栅流激振动分析

1. 干扰频率的确定

拦污栅流激振动是典型的水弹性（流固耦合）问题，属钝体绕流类，是一种非恒定流，它与过栅水流、栅体结构及其耦合特性密切相关，其典型流动特征是钝体后存在脱体漩涡——卡门涡列，可用斯特罗哈数来描述。脱体漩涡产生的干扰频率计算公式为

$$f = S_r \frac{v}{d} \tag{10-4-1}$$

式中 f——脱体漩涡的干扰频率，Hz；

S_r——斯特罗哈数；

d——栅条断面厚度，mm；

v——过栅流速，m/s。

斯特罗哈数与栅条的形状及排列状况有关，图10-4-1为不同形状栅条的 S_r 值。中国水科院“抽水蓄能电站拦污栅流激振动试验研究”成果认为：前后缘为半圆形的 $S_r=0.27$，但当栅条的宽厚比大于10时，S_r 为0.19；矩形前后缘宽厚比大于4时，$S_r=0.19\sim0.20$；宽厚比为4时，$S_r=0.14\sim0.16$。流线型栅条的断面尺寸见图10-4-2。如图10-4-2的前后有倒角接近流线型E8、F8、G8形状栅条的 S_r 分别为0.35、0.30、0.33。该研究认为采用接近流线型栅条既有较好的振动响应特性，又有较好的阻

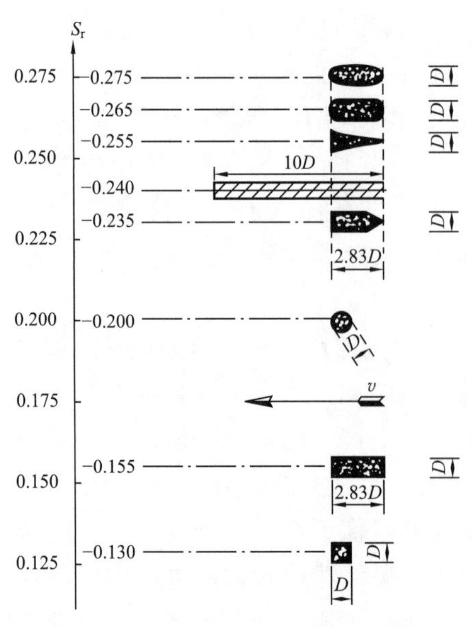

图10-4-1 不同形状栅条的 S_r 值

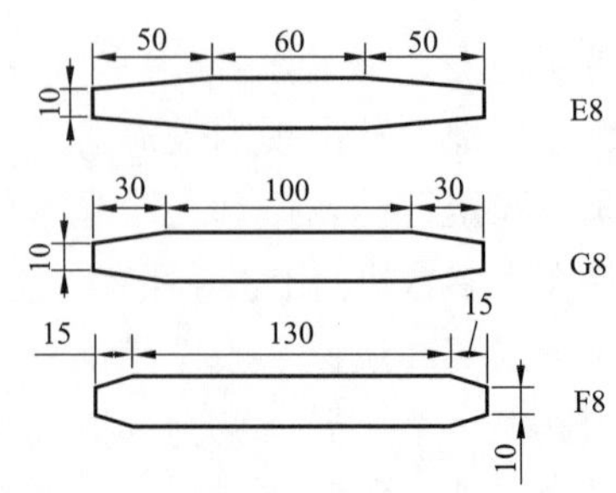

图10-4-2 流线型栅条的断面尺寸

力特性，推荐优先采用。在实际工程设计时，将栅条的双向迎水面设计为近似流线型会增加栅条制造加工费用，因此，已建工程栅条大多采用矩形断面。

过栅流速一般应选实测最大过栅净流速，无实测资料时可取平均过栅流速的 2.25～2.5 倍。由于原型实测资料很少，一般多为模型试验资料，考虑到试验和实际的偏差，设计计算采用的过栅流速宜将试验值乘以一定的系数。如十三陵抽水蓄能电站下水库拦污栅试验最大过栅流速 v_{max} 为 1.78m/s，平均过栅流速为 1.28m/s，v_{max}/v 为 1.5，拦污栅设计过栅流速取 4.5m/s；西龙池抽水蓄能电站上水库进/出水口在两台机组抽水时，最大正向流速为 2.32m/s，正向流速平均值为 0.35～1.21m/s，拦污栅振动计算时取最大正向流速的 2 倍（v=4.64m/s）进行计算；日本神流川抽水蓄能电站平均过栅流速为 1.7m/s，最大过栅流速为 4.3m/s，v_{max}/v 为 2.52，拦污栅的设计过栅流速取 5m/s；日本奥清津抽水蓄能电站下水库进/出水口拦污栅更换后，设计过栅流速取 5m/s，为最大流速 2.4m/s 的 2.1 倍。参照前述分析，抽水蓄能电站进/出水口拦污栅设计流速一般可在 2.5～5m/s 选用，视工程规模、布置条件（如来流隧洞是否有弯道、隧洞底坡的大小、扩散段顶板扩张角、拦污栅尺寸）等合理选用。美国巴斯康蒂抽水蓄能电站为地面式厂房，尾水管拦污栅离机组很近，经模型试验实测，在额定流量时过栅流速分布较均匀，最高流速达 4.7m/s，在导叶大开度或小开度时，过栅流速分布很不均匀，最大流速分别达到 9.4m/s 和 7.8m/s，设计拦污栅时把 6m×6m 的拦污栅分为三节，每节又分为三区，按 9.1、6.7、4.3m/s 三种流速设计。离机组近的拦污栅设计流速应根据进/出水口水工模型试验最大过栅流速研究选用。

应用时，根据选定的栅条形状对应的 S_r 值和设计过栅流速，按式（10-4-1）可求得干扰频率 f 值。

对来自水泵水轮机尾水管出流波动的干扰频率及其对拦污栅的作用，迄今研究成果较少。随着抽水蓄能电站的迅速发展，低水头混合式抽水蓄能机组会增多，多采用地面式厂房，此类电站的下水库进/出水口离机组很近，拦污栅的抗震设计应给予重视，有关文献建议水轮机产生的干扰频率表达式为

$$f_{t,p}=nN_p \tag{10-4-2}$$

式中 $f_{t,p}$——干扰频率，Hz；

n——机组转频，r/s；

N_p——转轮叶片数。

根据美国 Bathcont 的模型试验资料，在模型拦污栅上所测到的水流压力脉动具有 100、355、860Hz 三个频率高峰，分别相当于转速频率的 6、21、51 倍，前两者可能是 7 个转轮叶片和 20 个导叶叶片引起的，后者应为某一谐波。通过对国内某抽水蓄能电站机组模型试验测出的尾水管扩散段出口干扰频率与机组转频之比为 8.99，转轮的叶片数为 9，与式（10-4-2）的计算值基本吻合。因此，当尾水拦污栅距机组较近时，在没有条件获得可靠的真机模型试验资料的条件下，可按式（10-4-2）估算机组产生的干扰频率值。设计时应参考已建工程经验，采取合理有效的结构措施。

2. 自振频率计算

对于单根栅条弯曲振动的固有频率 f_n，可按下式估算。

$$f_n=\frac{\alpha}{2\pi}\sqrt{\frac{EJg}{WL^3}} \tag{10-4-3}$$

式中 f_n——单根栅条弯曲振动的固有频率，Hz；

α——固端系数；

E——弹性模量，N/mm²；

J——栅条横截面的惯性矩，mm⁴；

g——重力加速，mm/s²；

W——栅条在水中的有效重量，N；

L——栅条横向支承的间距，mm。

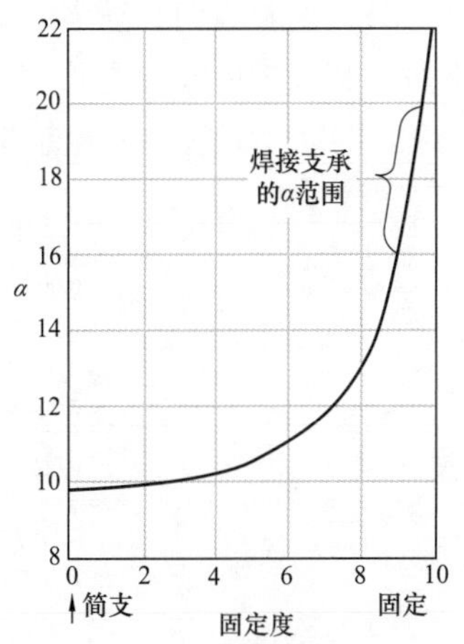

图 10-4-3 α 与端部约束的关系

用式（10-4-3）求算 f_n 时，应合理选择符合端部约束条件的 α 值和尽可能准确地确定 W 值。两端简支时 α 为 9.87，两端固定时 α 为 22.0，一端固定另一端自由时 α 为 3.516。图 10-4-3 给出了 α 与端部约束的关

系。图中显示了焊接支承的 α 取值范围。但实际上，栅条的支承条件往往既非固定，又非完全简支；而且栅条是作为整体栅叶中的一个构件，其自振特性必然会与单独状况下有所不同，例如天荒坪抽水蓄能电站，在栅叶整体结构中测得栅条 $f_n=113\text{Hz}$（刚性支承），而单根栅条时 f_n 为 265Hz。

再者就是栅条在水中振动时流体附加质量的计算问题，有不少学者进行过探讨，但直到目前为止，人们还只能利用附加质量系数进行估算。在拦污栅振动问题中，常用下式计算有效重量

$$W=V\left(\gamma+\frac{B}{d}\gamma_w\right) \tag{10-4-4}$$

$$V=Ldh$$

式中 W——栅条在水中的有效重量，N；

γ——栅条材料容重，N/mm^3；

γ_w——水的容重，N/mm^3；

V——栅条支点间体积，mm^3；

B——栅条净间距，mm；

L——栅条跨度，mm；

d——栅条断面厚度，mm；

h——栅条断面高度，mm。

式（10-4-4）是一个相当近似的公式，有待深入分析。

整扇栅叶自振特性可按三维有限元动力模型进行计算。中国水科院对拦污栅水弹性流激振动问题进行了深入研究，将拦污栅作为整体结构，考虑栅条与联系件之间的动力耦联、和水体的耦联影响，并且认为，式（10-4-3）计算整扇栅叶自振特性误差较大。根据需要且有条件时，对自振频率进行有限元动力分析或流固耦合计算是可取的；但对单根栅条估算固有频率采用式（10-4-3）也是可以的。

3. 关于共振问题

拦污栅周围的流体运动是三维非恒定流，流场中既有大尺度的脱体漩涡，又有小尺度的湍流运动，流动结构复杂。栅条共振不仅取决于拦污栅处的流速，而且还取决于横梁（作为栅条的支承）的间距、栅条之间的连接方式、栅条形状以及栅条间距等。

从工程应用上来看，以下几点可供应用参考：

（1）当栅条间距与栅条厚度之比大于 4 时，栅条间无干扰。通常栅条厚 20mm 左右，间距在 100mm 以上，可以满足这个条件，故可按单根栅条的振动进行分析。

（2）栅条前缘形状是影响栅条振动强弱的最主要因素，控制栅叶前缘水流的状况可以改变栅叶的振动特性。图 10-4-4 为 E8 和 S8 两种栅条的振动特性曲线。纵坐标 A/d 为表征栅条振动大小的无量纲参数，其中 A 为栅条位移的均方根，d 为栅条厚度；横坐标 v/fd 表征不同栅条的振动响应，其中 v 为来流平均流速，f 为栅条在静水中的自振频率。S8 表示栅条前后缘为方形，厚 20mm，其长度为 160mm，长宽比为 8；而 E8 表示厚 20mm 的栅条，长 160mm，其前后缘有 1∶10 的倒角（见图 10-4-2）。试验表明，随着倒角长度的增加，栅条在高流速区的振动值逐渐减小，当倒角达到 1∶10（E8），其响应曲线与方形（S8）栅条基本一致。半圆形前缘的栅条振动最大，方形和流线型（倒角）前缘的振动相对较小，且越接近流线型（E8），其振动越小。

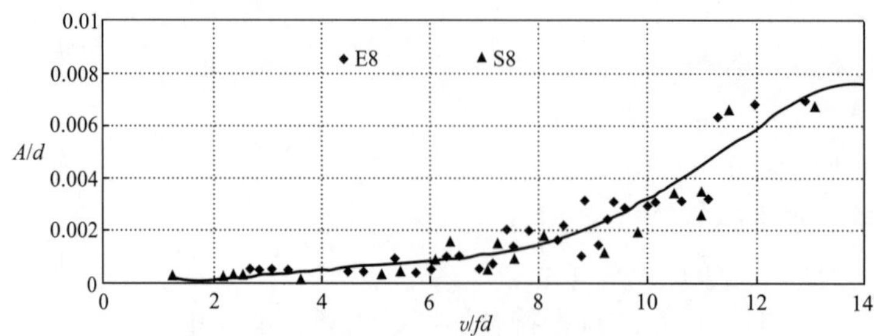

图 10-4-4 E8 和 S8 两种栅条的振动特性曲线

(3) 当栅条长宽比大于 7 时，振动较小。

(4) 从抗震设计的角度来说，应使栅条或整扇栅叶的自振频率远离干扰频率，以避免构件出现破坏性共振。日本闸门钢管技术规范认为当 f_n/f 等于 1.538～0.847 时，为共振区，为了避开这个共振区，可加大栅格的自振频率 f_n，使得 $f_n/f \geqslant 1.67$。考虑到斯特罗哈数及其他数值的精度，设计上通常采用 $S_r=0.2$、$f_n/f \geqslant 2.5$。这一设计方法是指导设计的一种理论原则，列入了钢闸门设计规范，拦污栅的设计均按此进行，经过国内工程多年的实践，未发现有拦污栅损坏的报告，但是缺乏原型观测数据，不足以证明设计的可靠性，从这个意义来说，还有待补充和完善。

(四) 拦污栅支承和结构型式

为了增强抽水蓄能电站拦污栅抗震性能，需关注拦污栅的支承和结构型式。

1. 拦污栅的支承型式

在国外，有些抽水蓄能电站设置固定式拦污栅，用地脚螺栓将栅叶固定在栅槽内，提高了拦污栅抗震性能。但对于利用天然河流或湖泊修建而成的上、下水库，并且无放空条件时，拦污栅采用此型式存在维修困难、清污不便利、出现事故后更难修补等问题。有些抽水蓄能电站设置活动式拦污栅，如史密斯山等电站，在发电时提起下水库拦污栅，抽水时则提起上水库拦污栅，以防止因拦污栅振动而产生破坏，这样操作运行比较复杂，只适用于中小型工程。

天荒坪抽水蓄能电站拦污栅流激振动试验和计算分析结果表明，栅叶整体结构顺水流向的最低频率 f_n，刚性支承时为 50Hz，橡胶垫支承时为 38.5Hz。表明拦污栅支承条件对栅叶整体结构的自振频率有一定影响，支承越强，整体结构的基频值越大。从抗震角度考虑，拦污栅采用刚性支承为宜。

十三陵抽水蓄能电站在初步设计时曾设想将栅槽采用一种 V 形栅槽，配以多支点的 V 形支承滑块式拦污栅、移动式启闭机，期望起到既相对固定又可活动的目的。在施工设计时，发现拦污栅的启闭力很难确定，或者大得惊人；若在零配合状态下，滑块和栅槽的制造、安装精度要求相当高，不仅造价高，而且难以实现。最终设计采用螺旋顶紧方案，即在栅叶边柱及侧面设螺旋顶紧装置，安装时，将栅叶与栅槽顶紧，拦污栅运行时可以达到相对固定的状态；需要检修时松开螺旋顶紧装置，使拦污栅能顺利提出孔口。电站运行 10 多年来，未有拦污栅振动损坏的报告。但这种方案仍存在一定的局限性，十三陵抽水蓄能电站的上水库为人造库盆，其建筑物本身需要维修，具有放空时段，拦污栅的维护可以与上水库的维护安排在同时段进行。但若下水库为常年有水的水库，无放空机会，拦污栅的维修需要检修平台，因此拆卸螺旋顶紧装置需要水下作业，极为困难。因此，对于上、下水库有放空检修机会，污物不多的工程，采用螺旋顶紧装置方案才是合理可行的，建设费用也较低。

天堂抽水蓄能电站下水库拦污栅也设置了正向和侧向双向顶紧装置，用机械方法把栅体固定在栅槽内，但同时在拦污栅的下水库侧设置了一道检修闸门。关闭检修闸门，可实现拦污栅无水条件下的维修。拦污栅于 2000 年 8 月投入运行，经原型观察，未见异常振动和声响。这种设计方案适用于小型抽水蓄能电站拦污栅，但大、中型抽水蓄能电站拦污栅数量较多，而且孔口尺寸较大，在拦污栅前设置检修闸门，工程投资较大。

琅琊山抽水蓄能电站拦污栅创新采用楔形槽配工程塑料合金滑块的支承型式，以求达到既能紧固拦污栅，必要时又能将其提起的目的。该工程塑料合金材料代号为 MGE，其对不锈钢的设计最大静摩系数为 0.08～0.10，抗压强度为 85MPa，弹性模量为 256MPa，线膨胀系数为 $8\times10^{-5}\sim10\times10^{-5}$ (1/K)，吸水率仅为 0.03%。利用该材料低吸水率（免除吸水后产生膨胀带来的困扰）、低摩擦系数的和合适的弹性模量，设计时通过控制其压缩量，计算出拦污栅的起吊力，保证起吊力在可控范围内。经过有限元分析，采用 MGE 材料，拦污栅栅体结构顺水流方向基频约 26.8Hz；采用刚性支承时基频约 30.2Hz；采用橡胶支承时基频约 18.2Hz。MGE 材料比橡胶支承的栅体自振频率有明显改进，而比刚性支承降低不多，可见，采用 MGE 材料在降低摩阻力的同时也有利于增强拦污栅的抗震性能。拦污栅设计最大压缩量为 2.5mm，为保证压缩量，栅槽的安装精度比常规栅槽要求稍高，需要对栅槽实际安装尺寸进行复测，然后采取在拦污栅滑块下加设调整垫片等措施。后续多个电站的拦污栅也采用了这种支承型式，如呼和浩特抽水蓄能电站、丰宁抽水蓄能电站等。实际使用过程中，该种支承型式对支承滑块材质性能特别是弹性模量控制要求高，且安装过程控制比较复杂，是否达到设计要求的压缩量监测难度大。

天荒坪等抽水蓄能电站拦污栅采用橡胶垫块预压，使栅叶与栅槽处于撑紧状态，许多电站采用这种支承型式，经过多年的运行未有破坏报告，该种型式对安装精度要求相对较低，但橡胶老化程度对支承的影响有待研究。

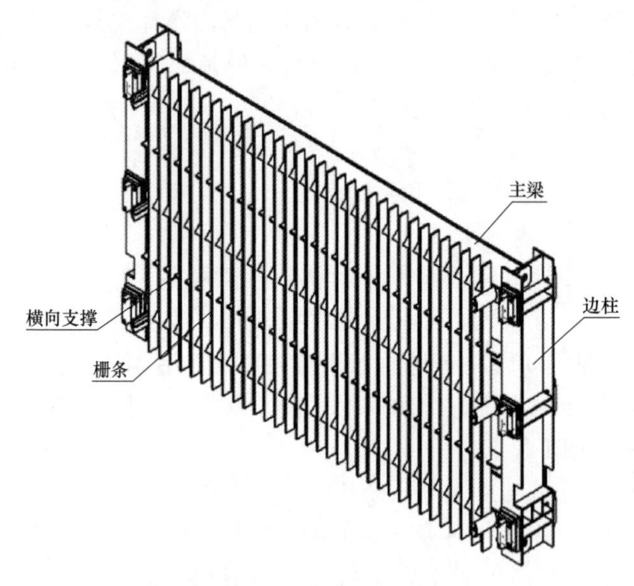

图 10-4-5　拦污栅的主梁、边柱、栅条和横向支撑的结构简图

2. 拦污栅的结构型式

活动式拦污栅栅叶结构型式与常规水电站的拦污栅基本一样，主要由主梁、边柱、栅条、横向支承等组成。但也有与常规拦污栅不同之处，即为了适应双向水流的工况，降低水流阻力，提高抗震动性能，拦污栅主梁双向迎水面设计为近似流线型；实际工程中，栅条一般采用矩形截面；栅条的厚度根据抗震计算和强度计算而定，并应考虑锈蚀厚度适当加厚；栅条宽厚比宜大于 7。

我国拦污栅结构一般采用焊接式结构，图 10-4-5 为拦污栅的主梁、边柱、栅条和横向支撑的结构简图，栅条焊接在主梁及横向支承上。日本拦污栅栅条型式采用“螺杆串联式”（见图 10-4-6）和扁钢焊接固定的“扁钢焊接式”两种（见图 10-4-7）。1985 年左右，自奥清津等抽水蓄能电站螺杆串联式拦污栅受损之后，出于抑制振动破坏的考虑，目前多采用扁钢焊接式结构。这种结构尚无有关受损伤的报道。“扁钢焊接式”拦污栅整体的刚度较螺杆串联式大，是扁钢焊接式的优点。

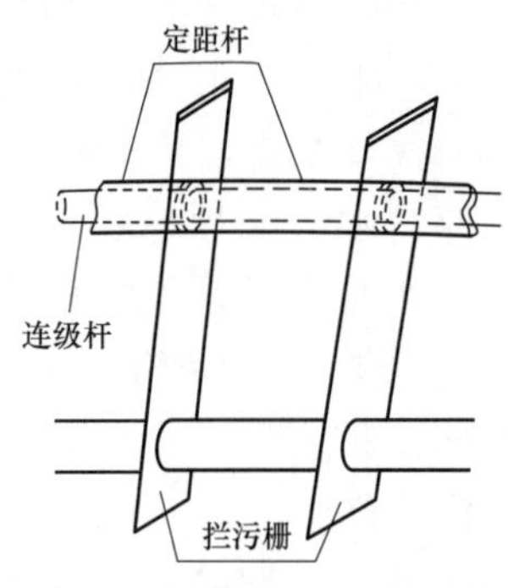

图 10-4-6　螺杆串联式栅条

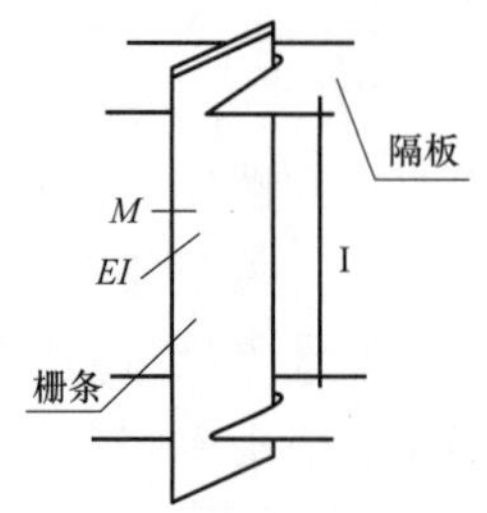

图 10-4-7　扁钢焊接式栅条

竖井式进/出水口一般设置固定式拦污栅。固定拦污栅的主要部分由埋于混凝土中的主梁和可拆卸的栅片单元结构组成。西龙池抽水蓄能电站上水库竖井式进/出水口位于主坝右岸坝肩前方的水库底部，淹没于死水位之下，八个孔口辐射形分布，孔顶有 1m 厚的八角形盖板，孔口倾斜，斜度为 1∶0.3，呈梯形。该电站上水库为人工开挖填筑而成，沥青混凝土面板全库防渗，上水库可通过输水系统放空，故设置固定式拦污栅（西龙池抽水蓄能电站上水库进/出水口拦污栅见图 10-4-8）。拦污栅设在倾斜孔口上，在孔口的上、中、下部位埋设三根固定式横梁，横梁之间设置可拆卸的栅片单元构件，栅片单元构件均采用不锈钢钢板、栅片用螺栓与横梁连接。

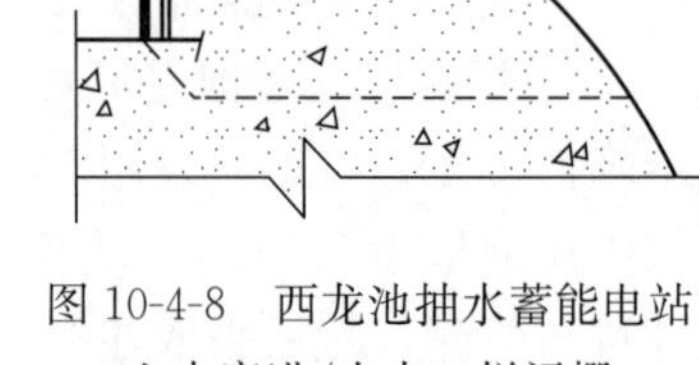

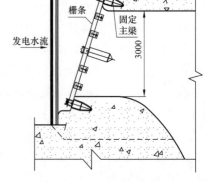

图 10-4-8　西龙池抽水蓄能电站上水库进/出水口拦污栅

（五）启闭机

拦污栅的起吊设备应结合拦污栅在上、下水库建筑物中的布置而定。当拦污栅布置在库中，且无

须设置高排架检修平台，拦污栅的检修时段可与水库的维护时段结合的工程，其拦污栅一般可采用临时起吊设备起吊。当拦污栅布置在岸边或者需要设置专用的高排架检修平台的工程，其拦污栅一般采用移动式启闭机来起吊，例如，采用台车式启闭机或门式启闭机。用于起吊拦污栅的启闭设备与常规启闭设备的要求相同。

三、上水库进/出水口闸门及启闭机

（一）上水库进/出水口闸门及启闭机的布置

抽水蓄能电站上水库至机组间所设置的闸门是根据机组、引水隧洞及高压管道的安全保护和检修要求而确定的。大部分抽水蓄能电站机组上游侧一般都设置进水阀，无须闸门保护，只存在进水阀本身检修的问题。引水隧洞和高压管道是否需要闸门保护，视地质条件、衬护型式及维修条件等而定。若引水隧洞和高压管道（埋管）无快速保护要求，可不设快速闸门，在上水库进/出水口之后的上平段设置一道平面事故闸门；若高压管道采用明管，应设置一道快速闸门和一道检修闸门；若引水隧洞和高压管道的地质条件良好，衬护可靠，也可仅设置一道检修闸门。设置事故闸门与设置检修闸门相比，闸门本身工程量相差甚微，只是要相应增加闸门的启闭力，启闭机的规模有所加大，但提高了电站运行的安全可靠性，通常是合理的。国内抽水蓄能电站除天荒坪抽水蓄能电站上水库进/出水口处设置快速闸门外，其他各电站均在上水库进/出水口处设置一道平面事故闸门。

国外抽水蓄能电站也有设置两道闸门或不设置闸门的实例，如英国的克鲁昌坝后式电站，进/出水口布置了一道快速闸门和一道检修闸门；英国的迪诺维克电站、德国金谷电站上水库进/出水口设置了一道事故闸门和一道检修闸门；法国的雷文、日本的沼原和奥矢作电站，进口未设闸门；日本的大平、玉原、奥清津等电站，虽然高压管道还有一段明管，也未设闸门来保护，由此反映出对高压钢管安全可靠性的认可。另外，不设置闸门的抽水蓄能电站，其机组进水阀、引水隧洞及高压管道的检修应能与上水库放空维护同时段进行，而且上水库和引水隧洞的充水设施应另行设置。

国内已建的抽水蓄能电站引水系统常采用一洞两机或一洞多机的布置型式（仅琅琊山抽水蓄能电站采用一洞一机），在引水隧洞设置一道事故闸门，该闸门的功能是当高压管道、机组进水阀或机组检修时，闸门闭门挡上水库来水；当机组进水阀或高压管道等出现事故时，该闸门能动水闭门截断水流，可防止事故的进一步扩大。闸门型式采用平面滑动闸门，平时悬吊于闸门井涌浪水位以上的闸门门槽中，随时可以动水闭门，启闭设备采用固定卷扬式启闭机。

也有人曾提出为防止水淹厂房，该闸门应采用快速闸门。对于这个问题，根据某抽水蓄能电站厂房及输水系统的布置进行了引水事故闸门防水淹厂房的分析，对于引水系统可能引发事故的情况有压力钢管爆裂、球阀爆裂、球阀及导叶无法关闭、球阀旁通管（阀）爆裂、钢管排水管（阀）爆裂，这些情况的发生可造成厂房内设备的损坏及水淹厂房的事故。其中水流进入厂房的可能通道为球阀旁通管、钢管排水管、压力钢管、球阀等部位，有关情况分析如下。

（1）球阀旁通管（阀）和钢管排水管（阀）爆裂情况。球阀前与压力钢管相连的有球阀旁通管（阀）和压力钢管排水管（阀），这两根管道上第一道阀门或第一道阀门之前的管路出现破裂、断裂时，引水管道的水将会全部进入厂房，以其中一根较大的管道完全断裂来计算水淹厂房情况：考虑其中较大管路（阀）（DN250）完全断裂的情况下，流量约 3.2m^3/s，约 116min 淹到水轮机层地面高程，约 253min 淹到母线层地面高程。不考虑闸门的关闭时间影响，仅引水道系统的积水 69780m^3 全部进入厂房，可淹至母线层地面高程以上约 3.9m 处。若进水口采用快速闸门，在 2min 内闭门，增加约 384m^3 水量进入厂房后，母线层水位多上升 0.08m；若进水口采用事故闸门 15min 闭门，除原引水道内水体外，增加约 2880m^3 水量，水位多上升 0.52m。此种模拟事故情况下，仅引水道的水体 69780m^3 已可淹至母线层地面高程以上约 3.9m 处，很多设备已损坏，进水口设置快速闸门或事故闸门对厂房的淹没损失差别不大。

（2）球阀（DN2500）或压力钢管爆裂情况。当球阀或压力钢管等出现爆裂的事故时，水流会迅速进入厂房将造成水淹厂房的事故。考虑一个球阀（DN2500）或压力钢管爆裂的情况下，流量约 80m^3/s，即使设置快速闸门在 2min 内闭门，除原引水道内水体外，会增加约 9600m^3 水体进入厂房，此时已淹至发电机层地面高程，快速闸门也失去了保护的意义。在这种事故情况下，由于出水流量大、水头高、

水流的冲击力大，对厂房的冲击相当大，关州水电站事故也说明主管破裂后对厂房结构的破坏是毁灭性的，即使设置快速闸门，此时能否保证闸门自动关闭的正常操作也难以预料。

从以上分析可知，在（1）、（2）两种事故情况下，仅引水道水体已可使厂房分别淹没至母线层地面高程以上 3.9m 或发电机层地面，已造成水淹厂房的事故，闸门的闭门时间长短已不是很重要，只是反映事故扩大的不同程度。就事故发生的概率来看，由于球阀的设计安全系数较高，破坏的概率很小，正常设计中均不考虑其爆裂的可能。为确保厂房安全，防止水淹厂房，其重点应关注球阀及其附属管路、压力钢管及其附属管路的安全可靠性。因此，对于一洞两机或一洞多机的引水系统设置快速闸门防止水淹厂房的必要性不大。随着固定卷扬式启闭机变频电动机的应用发展，在孔口以上部分采用较高的闭门速度，孔口内采用慢速，可大幅度减少闭门时间，避免事故进一步扩大，NB/T 10072—2018《抽水蓄能电站设计规范》推荐在机组、管道和厂房无事故闭门时间要求时，引水事故闸门的闭门时间宜控制在 30min 以内。

上水库进/出水口通常有侧式和竖井式两种，侧式进/出水口的闸门通常设置在扩散段与引水隧洞结合处的上平段部位，采用平面闸门。该闸门的结构型式、启闭机的布置与常规水电站基本相同。不同的是由于引水道较长，闸门井水位的波动较大，闸门停挂的位置和闸门检修平台的设置高程应该考虑涌浪的影响。有的电站为了更有效地保护水道和厂房，对闸门的闭门时间提出具体要求，同时要求通过计算机监控能够在远方自动进行动水闭门操作。为了防止闸门井内产生的涌浪冲击闸门，进而造成闸门异常坠落，平时将闸门悬挂在最高涌浪水位以上是一种好办法，启闭机宜采用高扬程固定卷扬式启闭机。竖井式进/出水口的闸门有的设置在进/出水口处，如德国霍恩堡电站上水库竖井式进/出水口，设置圆筒形快速闸门，由多吊点液压启闭机启闭；法国雷文电站上水库竖井式进/出水口周围也设置检修闸门门槽；国内溧阳抽水蓄能电站上水库竖井式进/出水口处每个进/出水口设置 8 扇事故闸门，采用固定卷扬式启闭机启闭。国内西龙池、沂蒙、芝瑞、潍坊、易县等抽水蓄能电站上水库进/出水口闸门设置在竖井进/出水口下游侧的引水隧洞上平段处，采用平面事故闸门，与侧式进/出水口闸门井布置类似，采用这种布置可避免闸门设置在进/出水口处带来的诸多麻烦，但与设置在进/出水口处的闸门相比，闸门设计水头比较高，所需的启闭机持住力较大，启闭机的额定容量大，扬程较高。

对于有两条或两条以上引水隧洞的抽水蓄能电站，考虑到事故闸门门槽、进/出水口扩散段至事故闸门井段的水工建筑物出现事故检修时段较长的情况，为避免长时间放空上水库，减少发电损失，可以将进/出水口拦污栅栅槽设计为可以放入检修叠梁闸门的门槽型式，一旦某条引水隧洞上述部位发生事故可放置叠梁闸门挡水维修，其余引水隧洞还可以在一定条件下运行。早期设计如十三陵、张河湾、琅琊山等抽水蓄能电站的上水库进/出水口拦污栅栅槽均设置成与检修闸门门槽共用的型式。由于引水隧洞的流速较低，水工建筑物、事故门槽损坏的概率是很低的，设置检修门槽增加了水工建筑物工程量，这种设置应根据抽水蓄能电站在电网系统中的作用和相关水工建筑物的设计条件而定。

（二）防止上水库进/出水口事故闸门异常坠落

对上水库进/出水口事故闸门，平时无论是将闸门悬挂在孔口上方，还是悬挂在闸门井中最高涌浪水位以上，一旦出现事故，均要求尽快动水闭门，防止事故扩大。这种工作方式需要特别注意防止闸门异常坠落，目前避免闸门异常坠落的主要措施如下：

（1）闸门设置自动锁定装置。抽水蓄能电站事故闸门均需受电站计算机监控系统监控，并且能实现远方自动闭门，因此其锁定装置应能够达到自动操作且锁定装置的电控系统须纳入启闭机的电控系统中去，而且应相互联锁。十三陵电站上水库进/出水口事故闸门增设了这种锁定装置。

（2）加强固定卷扬式启闭机制动装置或液压启闭机自动提升功能的可靠性。上水库进/出水口处所设置的事故闸门一般都采用平面闸门，启闭机采用固定卷扬式为多，也有少数工程采用液压启闭机。

1）采用固定卷扬式启闭机启闭时，应设置两套可靠的制动器，一套为工作制动器，另一套为安全制动器。

2）采用液压启闭机启闭时，应设置两套油泵电动机组，其中一套作为备用。另外，液压启闭机还应设置可靠的、精度满足要求的闸门开度检测装置和闸门全开/全关位置行程开关。当闸门因油缸密封泄漏由上极限位置下降到某一规定位置时，液压系统应能自动投入运行，将闸门提升恢复到全开位置；

若自动回升失败，闸门继续下降，则液压系统将投入备用油泵电动机组提升闸门，同时在远方控制室及现地控制柜发出声光报警信号；若闸门继续下降，在远方控制室及现地控制柜均发出声光报警报信号，并将信号引至计算机监控系统，使机组紧急停机，避免事故扩大。

(3) 加强启闭机电气控制系统操作的可靠性。启闭机的电气控制系统除按上述设置声光报警信号外，还应在闸门的远方控制室设置避免误操作的装置，如操作时给出提示信息，发出报警信号等。

（三）启闭机

上水库进/出水口事故闸门的启闭时间无特殊要求时，一般采用高扬程固定卷扬式启闭机。对于上水库进/出水口需设置快速闸门的工程，其启闭机可采用液压启闭机加拉杆，即闸门通过拉杆与液压启闭机下吊头连接，被悬挂在孔口上方。采用这种布置型式可实现闸门在数分钟内快速关闭孔口。但由于机组运行工况转换频繁所引起的水位波动，容易引起闸门的摆动，闸门和拉杆的吊耳及吊轴有可能由于疲劳而遭受破坏，造成闸门异常坠落事故。同时多节拉杆装拆麻烦，闸门检修工作量大，操作周期长，所以此种布置方式很少采用。

高扬程固定卷扬式启闭机有以下几个特点：

(1) 卷扬装置。启闭机扬程一般在40m以上，其卷扬装置的钢丝绳在卷筒上采用折线绳槽多层缠绕（多在3层以上），层间过渡处应设置导升垫环，层间返回角不宜过大，以避免钢丝绳返回时跳槽，但此角度也不能过小，避免钢丝绳的返回分力过小而产生叠绕。根据以往工程经验，钢丝绳返回角控制在0.5°～1.5°比较合适。虽然加工折线绳槽技术比螺旋线绳槽复杂，但是国内很多专业制造厂都具备这种加工能力，技术比较成熟。西龙池抽水蓄能电站上水库进/出水口3200kN固定卷扬式启闭机应用折线绳槽技术最高缠绕层数已达5层。

(2) 安全保护装置。

1) 荷载显示及超载保护装置。启闭机应设置荷载显示及超载保护装置，该装置应具有荷载显示、声光报警、超载控制等功能。当起升荷载达到额定值的95%时，应发出预警信号；达到额定值的100%～110%时，应具有红灯警报显示及蜂鸣音响报警功能，并自动切断电气控制回路，启闭机停止运行以避免事故，在事故闭门过程中，超载应不受限。

2) 高度显示装置。启闭机应设置起升高度显示装置，该装置应具有全扬程显示和预定位置限制等功能。需要强调的是，高度显示装置中的检测元件应保证在断电情况下不丢失数据信号，来电后仍能显示原有闸门开度，因此该检测元件应采用绝对型编码器。起升高度显示装置的显示仪应采用数据通信方式与电站计算机监控系统进行传递，接口应满足现场总成的连接要求，如有必要，应提供通信协议转换器。

3) 位置限制开关。如前所述，启闭机除应设置上、下极限位置和充水阀充水开度位置限制开关外，同时还应具有至少两个位置开度预置功能，即闸门产生自动降落（出现事故情况）的报警位置和自动停止机组运行位置的控制开关。高度显示装置及位置限制开关一般均为定型产品，通常将这两种功能合二为一做成一套产品，这样布置比较简单，结构紧凑。设计时应提出具体的产品订货技术要求，特别应提出开度的预置位置和数量。

4) 制动器。启闭机应设置工作制动器和安全制动器，工作制动器和安全制动器的上闸和松闸设有时间差。工作制动器装设在减速器输入轴上，可采用柱面结构型式，此种型式多采用电力液压块式制动器，也可采用电力液压盘式制动器。电力液压块式制动器具有结构简单、安全可靠、价格便宜等优点，但该种制动器只能设置在减速器输入端。液压盘式制动器具有散热性能好、制动反应快、安全可靠等优点，减速器输入端和卷筒装置上均可设置，目前大部分工作制动器采用此种型式。之前的水电工程，安全制动器设置位置有的在减速器输入端另一侧，采用电力液压块式制动器或电力液压盘式制动器；有的在卷筒装置上，采用液压盘式制动器。NB/T 10341.1—2019《水电工程启闭机设计规范 第1部分：固定卷扬式启闭机设计规范》中2.0.6对安全制动器的定义为“在卷筒装置上设置的起到制动作用的机械常闭式制动器”，因此目前水电工程中安全制动器设置在卷筒的尾端，采用盘式制动器，这种设置避开了减速器等机械传动系统的不安全因素，其安全可靠度更高，但价格较贵。

张河湾、西龙池、琅琊山等抽水蓄能电站进水口事故闸门启闭机的工作和安全制动器均采用块式制动器，设置在减速器输入端的两侧；宝泉、宜兴等抽水蓄能电站启闭机的工作制动器采用块式制动器，安全制动器采用盘式制动器设置在卷筒的尾端；桐柏、文登、沂蒙抽水蓄能电站则是工作和安全制动器均采用了盘式制动器，工作制动器设置在减速器输入端，安全制动器设置在卷筒尾端。

5）电气控制。电气控制应按现地和远方两种控制方式设置，现地控制柜应设有“现地/远方”切换开关，“现地”模式时，由现地控制柜手动或自动控制闸门的升、降、停，并显示闸门开度，启、闭状态，荷载，过载报警信号及有关电气量；“远方”模式时，则接收计算机监控系统的闭门控制信号，实现远方自动闭门控制。启闭机控制系统 PLC（可编程逻辑控制器）至少应提供两个数字通信接口，一个作为编程调试接口，另一个用于与电站计算机监控系统进行通信。启闭机控制系统应提供启闭机控制系统侧的通信接口、光电转换装置和通信协议转换器等设备，并应满足电站计算机监控系统对通信接口及通信协议等的要求。对于涉及安全运行的重要信息、控制命令和事故信号还需通过硬布线 I/O 直接接入电站计算机监控系统的 LCU（现地控制单元）。

四、尾水闸门及启闭机

抽水蓄能电站机组安装高程很低，特别是地下厂房的洞室群位于最低处，不仅厂房周围的地下水向厂房渗漏，需要可靠的排水措施，更需要重视的是一旦机组或者技术供水系统设备出现事故，如何防止下水库来水倒灌厂房。尾水闸门的性质及运行要求应根据厂房的布置及排水设备的设置情况而定。

2000 年国内某抽水蓄能电站曾因为技术供水系统的阀门（$D=350$mm）爆裂，出现过水淹厂房的事故，而恰恰该电站尾水闸门为静水启闭的检修闸门，不能动水关闭到底槛，造成了事故的扩大。设置事故闸门与设置静水启闭的检修闸门相比，主要在于启闭机的规模略大一些，增加一些投资。所以国内抽水蓄能电站尾水闸门几乎都采用能够动水闭门的事故闸门。该尾水事故闸门的作用是在机组检修时拦挡下水库来水，当机组、供水系统设备及尾水水道出现事故时，能动水下门截断下水库来水，保护机组，避免水淹厂房等恶性事故的发生。

（一）尾水闸门的布置

尾水事故闸门的布置根据尾水道的长短和洞机组合方式不同而异，通常有四种位置，即布置在机组尾水管出口、尾水支管中部适当位置、尾水调压室（井）内和尾水隧洞出口。前三种主要适用于长尾水系统（该尾水系统通常设有尾水调压室），两机或多机共用一条长尾水隧洞的工程中，尾水事故闸门一般都设置在机组尾水管出口或尾水支管中部，也有将其设置在尾水调压室（井）内的，另外在尾水隧洞出口再设置一道检修闸门，为检修尾水建筑物和尾水事故闸门时挡水之用。最后一种主要用于短尾水系统，每台机组设置单独的尾水隧洞通至下水库，在尾水隧洞出口处设置一道事故闸门，为给事故闸门及启闭机提供检修条件，在事故闸门的下水库侧还设置一道检修闸门，为事故闸门检修时挡水。

国内外部分抽水蓄能电站尾水事故闸门的布置位置统计表见表 10-4-2、表 10-4-3。

表 10-4-2　国内部分抽水蓄能电站尾水事故闸门布置位置统计表

电站名称	厂房型式	尾水事故闸门位置				投入运行时间
		尾水管出口	尾水支洞中	尾水调压室（井）内	尾水洞出口	
广州一期	地下、中部布置		*			1993 年 6 月
十三陵	地下、中部布置		*			1995 年 12 月
天荒坪	地下、尾部布置		*			1998 年 9 月
广州二期	地下、中部布置		*			1999 年 4 月
天堂	地面、尾部布置	*				2000 年 12 月
桐柏	地下、尾部布置		*			2005 年 12 月
泰安	地下、中部布置		*			2006 年 5 月
琅琊山	地下、中部布置			*		2007 年 1 月
张河湾	地下、尾部布置				*	2008 年 7 月
宜兴	地下、中部布置		*			2008 年 5 月
宝泉	地下、中部布置		*			2009 年 6 月
西龙池	地下、尾部布置				*	2008 年 12 月
呼和浩特	地下、尾部布置				*	2014 年 11 月

注　表中 * 表示在此位置设有尾水事故闸门。

表 10-4-3　　国外部分抽水蓄能电站尾水事故闸门布置位置统计表

电站名称	厂房型式	尾水事故闸门位置				投入运行时间
		尾水管出口	尾水支洞中	尾水调压（室）井内	尾水洞出口	
意大利普列森扎诺	井式半地下、尾部布置				*	1990 年
意大利埃多洛	地下、尾部布置		*			1983 年
意大利法达多	地下		*			1972 年
意大利圣菲拉诺	地下		*			1973 年
意大利索拉里诺	地下		*			1989 年
日本新高濑川	地下、尾部布置				*	1979 年
日本奥美浓	地下、中部布置		*			1995 年
日本沼原	地下、尾部布置				*	1973 年
日本奥吉野	地下、尾部布置				*	1978 年
日本本川	地下、中部布置		*			1982 年
日本奥清津Ⅱ	地下、中部布置				*	1996 年
日本葛野川	地下、中部布置		*			1999 年
日本新丰根	地下		*			1972 年
日本玉原	地下		*			1982 年
日本大平	地下、中部布置			*		1975 年
日本喜撰山	地下			*		1970 年
日本今市	地下、中部布置		*			1988 年
日本神流川	地下、中部布置		*			2006 年
日本小丸川	地下、中部布置			*		2007 年
日本京极	地下、中部布置			*		2004 年
美国腊孔山	地下、中部布置			*		1979 年
美国巴斯康蒂	地面封闭、尾部布置	*				1986 年
美国赫尔姆斯	地下		*			1984 年
美国北田山	地下			*		1973 年
美国落基山	地面式	*				1995 年
英国迪诺维克	地下、尾部布置		*			1982 年
英国可鲁昌	地下			*		1966 年
法国蒙特齐克	地下、中部布置	*				1982 年
法国大屋	地下、尾部布置		*			1985 年
法国上比索特	地下		*			1987 年
德国伦克豪森	井式半地下、尾部布置	*				1969 年
德国萨欣根	地下、中部布置	*				1967 年
德国金谷	地下	* 翻板闸门		*		2003 年
比利时沽三桥	地下	*				1979 年
卢森堡维昂登	地下		*			1963 年
奥地利罗东德Ⅱ	井式半地下、尾部布置				*	1976 年
西班牙拉莫拉	地下、尾部布置		*			
伊朗锡亚比舍	地下中部	* 翻板闸门				1996 年
泰国拉姆它昆	地下中部		*			2000 年

注 1. 表中 * 表示在此位置设有尾水闸门。有关资料中尾水闸门的布置位置比较明确，在此仅表示闸门设置的位置。
2. 地下厂房机组尾水管出口或尾水支洞中大部分设置高压闸阀式闸门，由液压启闭机操作，一般在尾水洞出口再设一道检修闸门。
3. 表内的“尾水洞出口”栏专指尾水系统为一机一洞的单元式布置。

（1）尾水事故闸门布置在厂房内机组尾水管出口处。采用这种布置，当机组及技术供水系统设备发生事故，可立即关闭闸门，截断下水库来水，防止水淹厂房；当机组检修时，也可关闭这道闸门，减少机组检修时的排水量以及闸门平压的充水量。但是，这种布置需要在厂房内为闸门及其启闭机提供必要的位置，增加了地下厂房结构的复杂性；因为门槽距机组出水口很近，所以对机组效率有一定影响；由于该种布置多数采用高压闸阀式闸门，对闸门腰箱顶盖不仅要求耐高压而且要求密封严密，维修相当麻烦。采用这种布置的有法国蒙特齐克、比利时沽三桥、日本奥清津等抽水蓄能电站。1996年投入运行的伊朗锡亚比舍抽水蓄能电站尾水闸门布置在尾水管出口（见图10-1-23），采用的是翻板式检修闸门，其地下厂房设有自流排水洞，该闸门只是在机组检修时下闸拦挡下水库来水。

（2）尾水事故闸门布置在厂房下游的主变压器室下部或单独的闸室。采用这种布置，基本上与上述（1）类同，但简化了厂房下部结构，也不必占用厂房空间，在尾水支洞处设置的闸门门槽，比在尾水管出口设置的闸门门槽距离机组较远，对机组效率的影响相对小一些。另外，这种布置经短距离廊道可通主变压器室及厂房发电机层平台，设备运输等条件也得以改善。但是，这种布置同样要求闸门腰箱顶盖具有耐高压和良好的密封性能，维修工作也比较麻烦。当机组台数较多时，尾水闸门布置在主变压器室或主变压器洞下部专用闸室会增加开挖量，对围岩稳定不利。如果主变压器室下部闸室不贯通，闸门及启闭机所用检修起吊设备很难共用，造成检修起吊设备的浪费。另外，可能造成尾水闸门与机电设备相互干扰，对运行管理不利。因此，大多数工程都采用在主变压器室下游侧单独布置一个贯通的尾水闸门室，以此来消除与主变压器室同室布置所带来的弊端。采用单独布置一个贯通的尾水闸门室的国内外工程实例较多，如日本的神流川、泰国的拉姆它昆等电站，国内十三陵、广州、宜兴、泰安、宝泉、敦化、丰宁等抽水蓄能电站。图10-4-9为丰宁抽水蓄能电站尾水事故闸门布置。

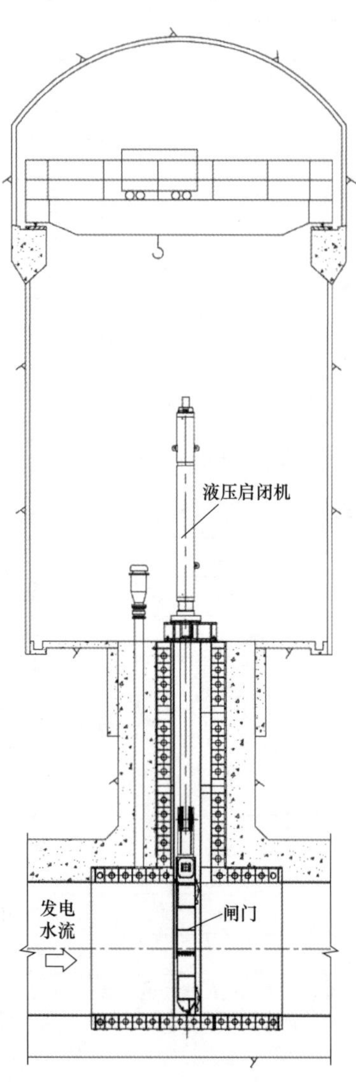

图10-4-9　丰宁抽水蓄能电站尾水事故闸门布置

（3）尾水事故闸门布置在尾水调压室（井）内。采用这种布置方式，虽然不需要单独开挖尾水闸门室（井），土建工程投资节省一些，设备运输维修也比较方便；但却增加了调压室（井）本身结构的复杂性。由于尾水闸门距离机组较远，机组检修时需要排出的水量也较大。尤其要注意，由于调压室（井）水位波动较大，闸门的停放位置和稳定问题需要重视。如果采取的技术措施不当，闸门因涌浪影响有可能漂浮或异常坠落。日本某电站尾水调压室内的闸门，就曾出现闸门浮起和充水阀螺栓被剪断的事故；我国福建龙亭水电站，也发生过闸门浮起以致影响正常运行的情况。究其原因主要是尾水调压室（井）涌浪水位一般比正常尾水位高较多，启闭机的安装平台高程需高于最高涌浪水位，这就加大了启闭机与孔口之间的高差。若想在较短时间内关闭孔口，以往只能依靠拉杆将闸门停放在孔口上方，尽量减少闸门停放位置与底槛的距离，以满足快速闭门的要求。这样，闸门的门体处于调压室（井）的水体中，难免遭受涌浪冲击。国外工程采用这种布置型式实例有法国的克鲁昌、日本的大平、美国的腊孔山等抽水蓄能电站。有些电站标明是检修闸门，但有些则未标明，未标明的可能是能够动水闭门、静水启门而无快速要求的事故闸门。

随着固定卷扬式启闭机技术的发展，高扬程启闭机已普遍使用，最高启闭扬程已达100多m。另外，启闭机的控制技术发展很快，电气变频调速和机械调速的技术已趋于成熟，这就使设置在调压室（井）内的闸门停放在最高涌浪水面以上，并能在规定的时间内快速闭门挡水成为可能。国内琅琊山抽水蓄能电站尾水闸门就设置在调压室中（见图10-4-10），启闭机为高扬程固定卷扬式启闭机（$H=75$m），机械传动系统采用安全可靠、技术性能优良并且维护简单的星轮减速器实现变速运行，在孔口范围以上仅为闸门自重荷载工况下进行快速闭门运行；

当闸门进入孔口范围内，在荷载逐渐增大的工况下进行慢速运行。全行程闭门时间为15min，满足厂房免遭水淹的时间要求。

(4) 尾水事故闸门布置在尾水隧洞出口（下水库进/出水口）处。对于无尾水调压室（井）的短尾水系统工程，尾水管与下水库进/出水口的距离较短，将尾水事故闸门布置在下水库进/出水口处的闸门井内，这样可使水工建筑物结构简单，闸门及启闭机的运输、安装和维护检修都较方便，只要能够满足事故工况下闭门时间的要求，这种布置无疑是比较经济的。

国内张河湾抽水蓄能电站尾水事故闸门的闭门时间是在假定事故（如 $D=300$mm 管道爆裂）的前提下，根据厂房允许淹没的进水量（即厂房未设置机电设备的地层空间容水量）及排水设备的额定排水量，并结合闸门布置位置和尾水闸门至厂房之间水道中的允许淹没高程以上水体因素计算出为15min。尾水事故闸门设在下水库进/出水口闸门井内（见图 10-4-11），平时闸门由固定卷扬式启闭机悬吊在闸门井上部。当出现事故时，可在启闭机室现地操作，也可在中控室通过计算机监控系统自动闭门。固定卷扬式启闭机采用双速电动机，闭门速度最高可达 5m/min，最低闭门速度为 2.5m/min，能满足 15min 闭门要求。为了给该事故闸门提供检修的条件，在其下水库侧设置了一道检修闸门。

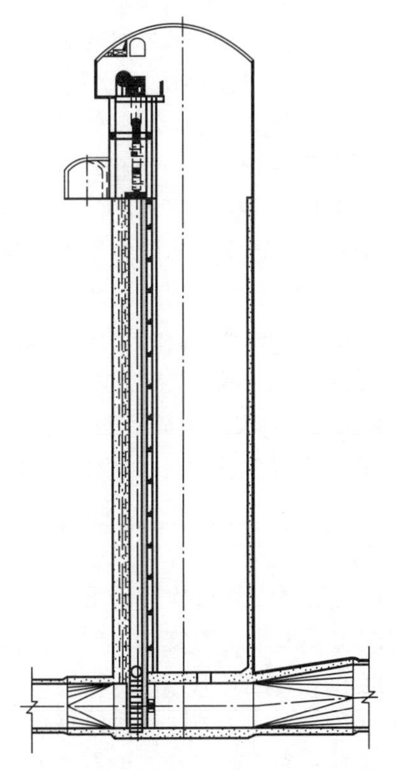

图 10-4-10 琅琊山抽水蓄能电站尾水闸门布置

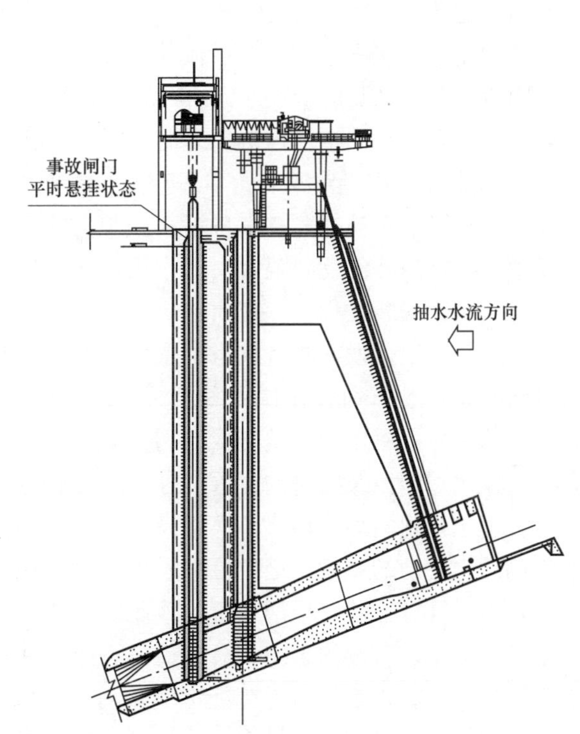

图 10-4-11 张河湾电站尾水事故闸门布置

(二) 尾水事故闸门结构

布置在尾水调压室（井）或下水库进/出水口闸门井内的尾水事故闸门及门槽结构型式，与常规电站的事故闸门及门槽相同，闸门的设计水头一般按下水库正常蓄水位确定。

布置在机组尾水管出口、尾水支洞中的尾水事故闸门，通常采用高压闸阀式的结构型式。由于抽水蓄能电站长尾水系统一般都设置有尾水调压室（井），当机组台数较多时，往往采用两台机（或两台以上）共用一个调压室（井），这就有可能出现当一台机组检修、尾水事故闸门挡水时，另一台（或多台）机组正在运行时出现增负荷或甩负荷等情况，这时尾水事故闸门及门槽壳体、腰箱顶盖（液压启闭机基座）将承受较大的水击压力作用。另外，平时事故闸门悬吊在腰箱中时，受机组运行产生的涡流冲击和压力脉动的影响，可能会产生振动。

为保证止水的严密，高压闸阀式闸门及门槽壳体的制造安装精度要求较常规闸门高，早期的闸阀门孔口尺寸较小，如十三陵抽水蓄能电站尾水闸门为 2.9m×3.3m，广州一期抽水蓄能电站尾水闸门为 3.2m×4.0m，均为整体制造运输。但小孔口尺寸限制输水系统设计，到宝泉、宜兴等抽水蓄能电站时，尾水闸门孔口尺寸已有所突破，宝泉尾水闸门孔口尺寸为3.6m×4.4m（设计水头达145m），宜兴尾水闸门孔口尺寸为4m×5m，均分成两节制造，运至工地后用螺栓拼接成整体。随着国内闸门水封材料和支承材料的不断改进，抗老化、低摩擦、高承载能力的新材料不断出现，加之金属结构设备制造水平的不断提高，高压闸阀式闸门的孔口尺寸、设计水头达到更高水平。目前，尾水闸阀式事故闸门孔口尺寸最大为白莲河电站6m×7.4m，敦化电站尾水事故闸门门槽设计水头达200m，绩溪电站尾水事故闸门的设计水头已到190m，闸门的设计水头已处于世界先进水平。

高压闸阀式尾水事故闸门运行过程中偶有损坏情况，卢森堡维昂登抽水蓄能电站尾水事故闸门采用液压启闭机操作，设计时为减少启闭力，采用了平面滚轮闸门，运行后不久观察到闸门有严重的垂直振动和横向振动，滚轮遭到破坏，闸门吊杆（因启闭机安装高程偏高，吊杆偏长）因振动疲劳而破坏，致使闸门异常坠落。广蓄B厂尾水闸门自1999年4月投产以来发现存在的缺陷：①门叶摆动及振动：机组运行时尾闸门叶摆动及振动较大。当机组运行时，在尾闸室能听到由压力脉动引起闸门的摆动和振动声，特别是在机组工况的转换过程中门叶和液压机振动尤为明显。②平压拍门缺陷：1999年11月，发现5号机组尾闸门叶右边拍门漏水严重，随后发现6号机组尾闸门叶上的拍门已脱落，同样导致尾水管无法排空。③门叶开度指示失效：2000年4月至6月，7号、8号机尾闸相继出现门叶位置指示杆与门叶连接处脱离，使指示杆无法反映门叶的实际位置，使尾闸与进水球阀之间的液压闭锁及门叶下滑自动复位功能失效。④门叶限位块脱落：2002年4月，发现7号机组尾闸门叶限位块脱落。⑤液压启闭机活塞杆轴封漏水：2007年12月，发现5号机组尾闸液压启闭机活塞杆与门叶处轴封大量漏水，漏水主要是轴封固定环与盖板的把合螺栓3根已经断裂，其余3根螺栓与螺母有松动现象，造成密封失效。⑥液压启闭机活塞杆与门叶连接处漏水：2010年5月，发现7号机组尾水闸门液压启闭机活塞杆与门叶连接处水箱焊缝有大量漏水。⑦门叶反向拱形弹簧板断裂：部分门叶反向拱形弹簧板存在断裂现象，使得门叶的反向限位失去作用，从而造成门叶摆动厉害，进而使得侧向滑块受到冲击而变形。部分电站在安装过程中发现问题：尾水闸门机组调试阶段，采用拱形弹簧板的反向支承多次断裂；尾水闸门门槽顶盖发现制造缺陷，充水过程中漏水；尾水闸门门槽连接焊缝漏水，顶盖出现渗水，尾水闸门充排水系统中的止回阀在机组运行中出现响动；尾水闸门底水封和侧水封在安装过程中漏水等。

因此目前来看，尾水闸门故障大部分是由于门叶在尾水管中的压力脉动作用下产生的摆动所致，以及高水头作用下闸门及门槽的漏水。对闸阀式闸门的设计应注意：

（1）合理选择闸门结构型式。采用高压闸阀式闸门，闸门长期悬吊在腰箱中，受机组运行时产生涡流冲击和压力脉动的影响，维护检修时需拆除液压启闭机后再将闸门吊出孔口检修。闸门要求结构简单可靠，检修维护方便。早期为避免液压启闭机制造困难，闸阀门多采用定轮支承，如十三陵、广州抽水蓄能等电站，后续的惠州、清远、蒲石河等抽水蓄能电站也采用定轮支承，这些闸门的面板和顶止水、侧止水、底止水均布置在厂房侧，闸门底缘迎水面（下水库侧）部分用钢板封闭成导流板，这种型式的闸门启闭力较小。目前大部分电站尾水事故闸门采用滑动支承，闸门的面板布置在迎水面（下水库侧），顶、侧止水布置在厂房侧，部分利用水柱闭门，这样布置动水闭门水流条件好，而且滑动支承闸门结构相对简单，在门槽内停放的抗震性能好一些，且维护要求相对较低，只是启闭机的容量偏大，在液压启闭机技术已经很成熟的条件下，不再成为问题。液压启闭机容量大，油缸与活塞杆的刚度相对较大，更能适应由于闸门停放在门槽内带来的振动问题，抑振性能好。

对于门体结构的材料，应选用冲击韧性高，热脆性、冷脆性低的细晶粒的钢板；由于高压闸阀式闸门门叶所用钢板较厚，焊缝较密，焊接热量集中，制造时应严格执行成熟的焊接工艺，焊接前焊件要预热，避免形成裂纹；焊接后、机加工前要消除内应力，以保证结构尺寸的稳定性。

（2）闸门止水装置应适应高水头运行工况。高水头闸门的止水效果与水封材质、止水型式、止水条件均有关系，必要时，应进行试验研究确定。固定水封螺栓间距应不大于100mm，水封尾部应设有挡板，避免高水头作用下水封被挤出。

（3）门槽顶盖应确保安全可靠。由于启闭机安装高程低于下水库正常蓄水位和调压室（井）最低涌浪水位较多，因此，对高压闸阀式闸门的腰箱顶盖（液压启闭机底座）要求能够耐高压而且密封性能良好，确保安全可靠。顶盖与底座的连接螺栓应按预压螺栓设计，避免顶盖承受水压后脱开，造成漏水。顶盖上进人孔、液压启闭机底座、排气阀等密封应严密。

（4）防止门槽壳体在外水压作用下失稳变形。高压闸阀式闸门的门槽为一个封闭的壳体，安装高程与机组蜗壳相当，因此设计时应考虑放空状态门槽壳体在外水压作用下失稳的问题。一般情况下，外水压采用与尾水支管相同的数据进行稳定核算。

（5）设置泄压装置。在设计闸门时，要考虑该闸门万一承受上水库侧的水压力时应能够自动泄压。虽然在操作规程和电气控制设计中均考虑了该闸门在启闭过程中和挡水状态时，机组的进水阀均应处于关闭状态，避免上水库的水压作用在该闸门上。但是万一进水阀出现不能关闭到位等事故，致使该闸门直接承受来自上水库的水压力，就有可能造成闸门破坏，或者厂房中的技术供水系统管路和阀门遭受破坏。因此，设计时应考虑必要的自动泄压措施，如广州抽水蓄能电站一期和二期工程的尾水闸门由法国设计，采用的是高压闸阀式闸门，在门体中设置了一种类似拍门的泄压装置，即当厂房侧的水压力大于下水库侧水压力时，该装置自动打开，消除厂房侧过高水压力，同时反向支承采用拱形弹簧板，在反向水压的作用下，弹簧板压缩，使闸门可朝下水库侧移动，起到泄压作用。十三陵抽水蓄能电站尾水事故闸门自动泄压措施相对比较简单，即将门体上部反向支承滑块表面与门槽反轨表面之间的间隙设计为5mm，控制门体上部不出现过大的移动，以保护液压启闭机活塞杆不产生过大的弯曲，而将门体的下部反向支承滑块表面与门槽反轨表面之间的间隙设计为15mm，当门体承受来自上水库的水压力时，使门体的下部朝下水库侧移动15mm，而门体的上水库侧水封与水封座板间至少出现10mm的间隙可以泄压。敦化、丰宁、沂蒙等抽水电站尾水事故闸门采用反向弹簧板泄压，同时在充排水系统管路上设置止回阀，当闸门承受上水库水压时，止回阀开启泄压。根据已建工程经验，反向弹簧板支承板对制造工艺尤其是热处理工艺要求较高，需关注其制造质量；设置在管路中的止回阀在运行过程中多有发生响动，设置的必要性有待探讨；广蓄B厂拍门出现问题后，改造为弹性压缩反轮，最大压缩量为40mm，该装置减小了门叶受到压力脉动时的振动，后续清远、梅州等抽水蓄能电站也采用了这种结构型式。图10-4-12为反向弹簧板支承。图10-4-13为改造后的弹性反轮。

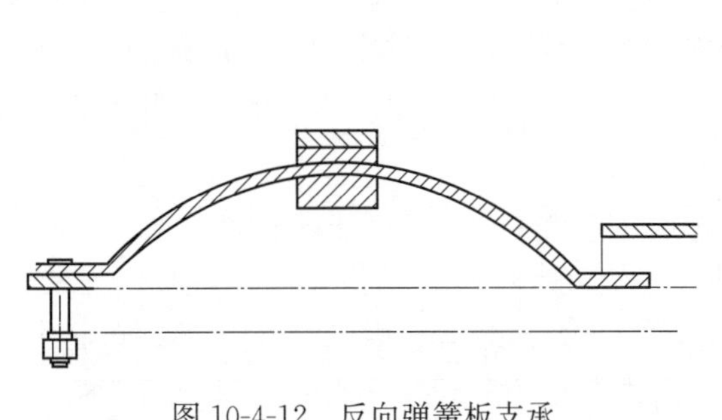

图10-4-12　反向弹簧板支承

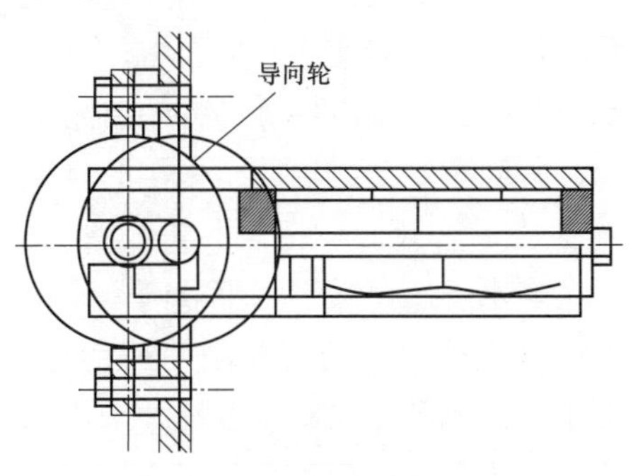

图10-4-13　改造后的弹性反轮

（6）门槽设置自动充排气系统。尾水事故闸门的操作方式为动水闭门，静水启门，充水平压方式一般采用旁通管。在闸门启闭、闸门充水平压、尾水管充排水时需要充排气；机组运行时，在水泵工况起动或机组转向调相工况运行时，需向转轮室及尾水锥管注入压缩空气，这部分空气可能随水压波动进入尾水事故闸门门槽顶部，需要及时排出，否则高压水气混合体对停放在门槽内的闸门、门槽顶盖以及启闭机等产生不利影响，甚至出现疲劳破坏。因此，在闸门厂房侧流道顶板处设通气管或自动充、排气阀，在门槽腰箱顶盖上设自动排气阀。十三陵抽水蓄能电站尾水事故闸门采用的自然通排气，与常规闸门一样设置通气管，通气管的出口在尾水调压室最高涌浪水位以上，这样设置的通气管，免去了设置充排气阀等设备，在有条件的情况下不失为最优选择。目前，闸阀式尾水事故闸门均采用高速自动充排气阀。

另外，旁通阀充水时，阀后为高速水流，易引起阀门振动，清远抽水蓄能电站尾水事故闸门旁通阀采用的是DN300mm电动蝶阀，在出口管内焊接DN80mm的锥孔节流孔板，通过设置这一节流孔板，将过阀流速降低至出口的7%（约4m/s），有效改善了阀门的工作条件，这种方式值得借鉴。

（7）设置闸门自动锁定装置。目前闸门自动锁定装置有两种设置方法，一种是设置在闸门顶部的专用锁定结构，在门叶顶部设置挂钩，门槽顶盖上设置锁定装置，当闸门全开时，锁定装置投入运行，闸门异常下滑由锁定轴锁定闸门；当闸门正常闭门时，锁定装置退出工作状态。另一种锁定设置在液压启闭机油缸中，在油缸上部设置机械锁定装置，锁定活塞杆，从而把闸门锁定在全开位置。

（三）启闭机

尾水事故闸门启闭机的型式主要取决于尾水事故闸门的布置方案。

1. 布置在尾水调压室（井）内和尾水隧洞出口的启闭机

布置在尾水调压室（井）内和尾水隧洞出口的事故闸门一般采用高扬程固定卷扬式启闭机，其卷扬装置和安全保护装置与前述上水库进/出水口事故闸门的固定卷扬式启闭机基本相同。但由于要求布置在尾水调压室和尾水隧洞出口的事故闸门闭门时间较短，一般在10～15min，如果采用单一速度的启闭机，将造成电动机规模很大，机械传动系统的规模也很大，很不经济。如果启闭机采用变速运行，即在孔口以上扬程范围仅为闸门自重工况下快速闭门，而当闸门降落至孔口范围内，负荷逐渐增大至最大持住力工况下慢速闭门，并满足规定的闭门时间，电动机的功率将会减小很多，启闭机的规模也会大大减小。因此，启闭机采用变速闭门运行是一种技术可行且经济合理的技术方案。国内在建的抽水蓄能电站安装的高扬程固定卷扬式启闭机在闭门速度方面采用了如下几种变速方案：

（1）变频调速方案。即通过变频器改变电动机电源频率实现对电动机进行无级变速的控制，从而达到调整启闭机运行速度的目的。目前固定卷扬式启闭机基本都采用这种型式。

（2）星轮调速器方案。即通过一种星轮调速器改变启闭机机械传动系统的传动比，进而改变卷扬装置的转速达到调整启闭机运行速度的目的。整个传动系统简单，传动效率高，承载能力强，传动平稳、噪声低。星轮调速器本身采用了可预期寿命设计，使用寿命长、降低维修量，在预期寿命内，可达到免维修的效果，适用于尾水调压室（井）这类潮湿的环境条件。琅琊山抽水蓄能电站尾水事故闸门布置在尾水调压室内，采用2500kN高扬程固定卷扬式启闭机启闭，其最大扬程为75m，闭门总时间要求小于15min。该启闭机选用的是星轮调速器封闭传动方案，闭门速度采用快速为6.68m/min，慢速为1.6m/min。快速闭门扬程为66m，慢速闭门扬程为7m，闭门总时间满足运行要求。

（3）双速电动机调速方案。即通过改变电动机磁极的倍数而改变电动机转速。目前电动机磁极倍数多为双倍，故采用双速电动机较多。这种调速方案最为简单，仅配备双速电动机即可，造价最便宜，但调速范围有限，适用于中等扬程的启闭机。张河湾抽水蓄能电站尾水隧洞出口事故闸门要求在15min之内关闭，其固定卷扬式启闭机采用的是双速电动机，闭门速度最高可达5m/min，最低为2.5m/min。

2. 布置在尾水管出口、尾水事故闸门室的启闭机

布置在尾水管出口或尾水事故闸门室的闸门常采用高压闸阀式，启闭机采用液压启闭机。液压启闭机的容量是根据关闭闸门时闸门的持住力确定的。十三陵、广州一期和二期、泰安、宝泉、宜兴、敦化、丰宁、沂蒙等抽水蓄能电站均采用该种方案。液压启闭机的型式为固定式，安装在尾水门槽顶盖上部，通过法兰与门槽顶盖固定连接，法兰间设置密封系统。该密封系统的密封压力应考虑门槽承受的最大内水压力（含流道产生的水击压力），并保证在此压力下不渗漏水。

由于尾水闸门长期悬挂在流道，机组在发电或抽水过程中，流道内的水流流态并不稳定，会产生一定的脉动水压力，这种脉动水压力可能导致闸门产生悬挂振动，而闸门悬挂振动又引起其上部启闭机油缸产生强迫振动。某电站投入运行后发现闸门及其启闭机油缸均存在振动问题，闸门振动幅度较小，而油缸的振动幅度较大且非常强烈。对油缸进行了振动检测，检测结果表明启闭机油缸振动主要频域为2.69～2.79Hz，与实测尾水脉动压力主要频域1.19～2.89Hz基本吻合，故判定尾水水流脉动是引起闸门启闭机油缸振动的主要原因。减振处理方案为在启闭机油缸上端采取限位减振措施，即在闸门油缸的上部设置一个检修平台，该平台中间预留一圆孔保证油缸顶部自由穿过，圆孔周边连接一套活动约束机构以便对油缸顶部进行水平径向约束。采取该减振措施后，大大增加了启闭机油缸的刚度，其前三阶自振频率范围提升到15.09～48.39Hz，其中第一阶自振频率提高到15.09Hz，油缸振动位移和振动加速度明显减小，机组空负荷运行时尾水事故闸门启闭机油缸振动由原来的大幅振动变为微幅振动，取得了很好的减振效果。因此，在设计液压启闭机特别是行程较大的油缸时，应对可能发生的振动予以关注，使闸门油缸的自振频率与水流脉动频率不在同一范围，以免产生共振。

液压泵站的设置，有采用一套液压泵站控制一支液压缸的“一控一”方式，也有采用一套液压泵

站控制多支液压缸的“一控多”方式。“一控多”方式每支液压缸采用独立的液压控制阀组及其现地PLC控制单元操作，为使一台启闭机检修时，不影响其他几台启闭机正常工作，泵站系统公用元器件如油箱、泵旁电磁溢流阀等设置备份。因尾水闸门室处于地下洞室，采用“一控多”方式，液压系统集中在一个室内，对液压控制设备的通风除湿较为便利，也是多数抽水蓄能电站采用的方式。

为防止液压启闭机吊头与闸门吊耳意外脱开造成闸门异常坠落引发事故，在闸门腰箱顶盖上设置有闸门从全开位置异常坠落时的监测装置，该装置用螺栓安装在闸门门槽顶盖上，信号直接取自于闸门，闸门异常坠落时，监测装置位置开关动作，远方控制室及现地控制柜发出声光报警，并将信号引至计算机监控系统，机组及进水阀紧急关闭。在实际运行中，某电站的闸门异常坠落监测装置发生过中心轴卡涩、零部件脱落进入流道等故障，发生漏水事件。究其原因有：①水下部分设置的配重块等零部件较多，流道内水流波动引起损坏，导致监测装置部件脱落，引起孔洞冒水。②监测装置运行时动作不平稳，易卡涩。后对闸门异常坠落监测装置进行了改造，将监测装置配重块的位置由水下改为水上，完善了其导杆、密封圈；另外，为避免因外力因素导致的位置开关误动作，还新增位置开关有机玻璃板保护罩。

尾水事故闸门液压启闭机电气控制方面有下列要求：

（1）自动回升及紧急停机控制。当闸门因液压启闭机中的密封和管接头等泄漏由全开位置下降到预定值时，液压系统自动投入运行，将闸门提升恢复到全开位置，同时在远方控制室及现地控制柜均发出声光报警信号；若闸门继续下降至预定的紧急停止机组运行位置时，除在远方控制室及现地控制柜均发出声光报警信号外，由电站计算机监控系统判断并下达紧急停机指令，避免酿成重大事故。

（2）与机组进水阀闭锁。为了避免尾水闸门承受来自上水库的水压，液压启闭机须与机组进水阀之间进行操作闭锁，并应能实现下述功能：

1）只有当机组主阀全关后，尾水闸门才能操作；

2）只有当尾水闸门全开后，机组主阀才能操作；

3）当尾水闸门非正常降落时，机组主阀必须能立即提前先于尾水闸门关闭。

闭锁方式有两种，一种是电气闭锁：液压启闭机的电气控制回路与机组进水阀电气控制回路之间进行操作闭锁，除由PLC软件实现以外，还应通过电气硬布线实现。另一种是液压闭锁，除由PLC软件实现以外，机组进水阀液压回路与液压启闭机液压回路之间进行闭锁操作。

（3）启闭机除了能在现地控制柜上进行自动/分步控制外，现地控制柜上还应留有启闭状态、闸门开度、油压过高、油压过低、油位过高、油位过低、油温过高、滤油器堵塞、控制设备故障、电源故障等远方控制所需信号的开关量、模拟量输出接口，以及机组主阀全开、全关状态信号的输入接口。

五、拦污栅、闸门及启闭机冬季运行的防护

为保证位于严寒地区的抽水蓄能电站在冬季正常运行，对于上、下水库进/出水口拦污栅、闸门及启闭机等设备，除了应结合当地环境条件按照规定选择有关零部件的材质外，还应根据设备的工作条件、在水工建筑物中的位置及冬季运行工况等具体情况，采取必要的防冰冻和保温措施。

（1）上、下水库进/出水口拦污栅。国内在严寒地区已建的常规水电站多年运行的情况表明，大型水电站深式进水口拦污栅，不会被冰凌、冰块堵塞。有一定库容的中小型水电站，只要拦污栅在最低运行水位以下2～3m，也不会被冰凌、冰块堵塞。抽水蓄能电站上、下水库进/出水口拦污栅一般都位于最低运行水位以下，因此一般不用考虑防冰冻措施。

（2）上、下水库进/出水口闸门及启闭机。抽水蓄能电站的上、下水库进/出水口闸门井，根据岸坡地形，有的布置在山体内；有的布置在上、下水库中，四周均被水面包围。由于抽水蓄能电站按照电网要求调度，冬季每天也会有一定数量机组投运，存在往返水流。工程实践证明寒冷地区抽水蓄能电站按照冬季运行规定运行，利用电站抽水发电往复水流运动，是阻止上、下水库冰盖形成或减薄冰盖厚度最为经济和有效的措施。位于低纬度高海拔地区，布置在山体内的闸门井，只需对其顶部采取一定的保温措施，便能保证闸门正常运行。对于布置在上、下水库中的闸门井，可考虑以下几种防冰冻的技术措施：

1）电热法：该方法利用电加热元件将电能转化成热能，热能通过介质传递给门槽埋件钢板，然后由埋件钢板传导给其表面的水或冰，以达到防冻目的，比较有代表性的电加热元件有热缆和电热板两种。

2）循环热油法：该方法利用低压油泵使热油在门槽埋件冰盖范围内循环，以达到防冻目的。考虑到混凝土耐热强度，油温以不超过60℃为宜。这种方法的优点是安全可靠，热效率高，并便于闸门运行的集中控制或自动控制。缺点是需增设专用的油泵和油箱设备，增加了油管安装的工程量。

3）新的防冻材料：苏联格鲁吉亚的沙茨赫尼西水电站，在溢流渠壁的混凝土表面和钢闸门挡水面上贴一层含硅的有机化合物和某些导电掺合料（金属、金属盐、炭黑、石墨）组成的一种混合物。这是一种低温半导体材料，当通入15V电压时，温度能升高至60～70℃，该电站在冬季－22℃温度下仍未结冰。

4）对冬季需要运行的启闭机采用封闭的启闭机室，室内采用取暖措施，所有窗户采用双层玻璃密封，门和窗户的外面可采用挂棉帘等保温措施。如果闸门室连同启闭机室一起采用保温措施，闸门井顶部水面保持不结冰，就可保证闸门冬季正常运行。但应注意设置通气的进/出口，并应在通气进/出口设置能自动双向开启的门，以便满足流道和门槽补、排气的要求。

六、新技术应用

（一）金属结构设备状态在线监测与分析诊断技术

抽水蓄能电站金属结构设备的稳定运行，是保证电站安全运行的重要条件。抽水蓄能电站上、下水库进/出水口拦污栅承受双向水流，易产生振动，有必要实时掌握拦污栅的运行状态；上、下水库进/出水口事故闸门、尾闸事故闸门长期处于待命状态，尤其是闸阀式尾水闸门，长期悬吊在腰箱中，检修与维护不便，且机组运行产生的涡流冲击和压力脉动有可能会引发闸门振动，曾有工程尾水闸门及启闭机发生较严重的振动，影响到设备的安全运行；根据抽水蓄能电站水库的运行调度，为适应小流量的泄放，泄水系统的金属结构设备小开度运行工况为常态。工程建成后，金属结构设备经历各种工况运行，出现各类微观缺陷和不稳定的动态响应，产生疲劳、磨损、变形、裂纹和卡阻现象，缺陷和故障是随机和突发性的，难以被巡视和定期检测观察判断。为提高设备运行安全可靠性，开展金属结构设备运行状态的在线监测并进行分析诊断是很有必要的。

在线监测系统可实时自动监测、监控闸门和启闭机的运行数据，并通过信息传输与处理，实现对闸门结构静应力、动应力、振动响应、运行姿态、支铰轴承运行状态等的实时在线监测和故障预警、报警，实现对启闭机运行状态的实时监测及提前判断出基础故障和机械部分早期故障等。在决策系统支持下，可制定优化调度闸门和启闭机的运行方式，为工程管理运行安全提供技术性支持。金属结构设备在线监测系统的构成如图10-4-14。目前，常规水电站中的金属结构设备在线监测系统已经被广泛应用，抽水蓄能电站泄洪系统闸门及启闭机也开始应用，尾闸室顶盖螺栓的在线监测技术也日趋成熟，但对于长期位于水下的进/出水口拦污栅和闸阀式尾水闸门的在线监测尚有待进一步的研究。

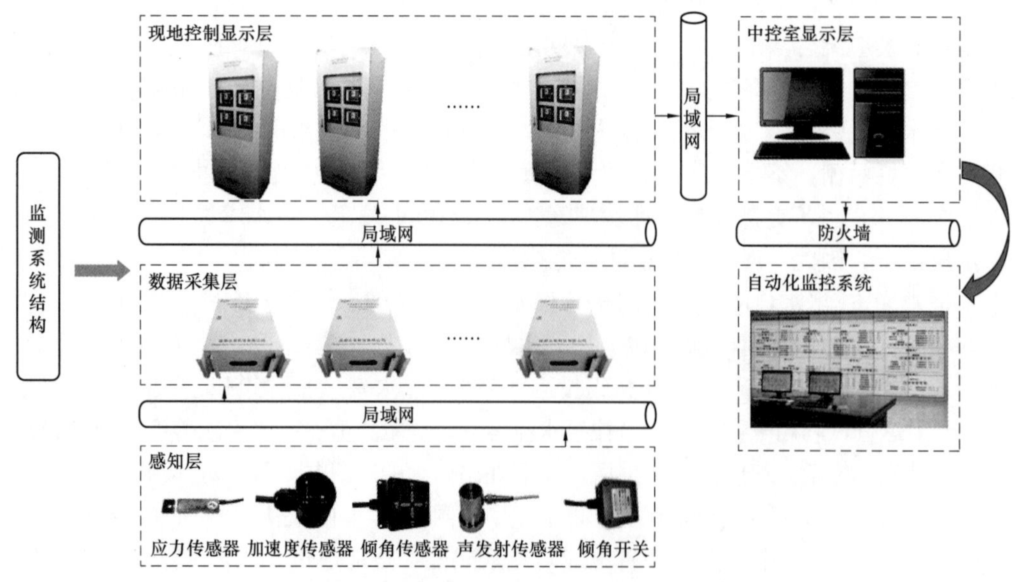

图10-4-14 金属结构设备在线监测系统的构成

（二）无电应急操作技术

无电应急操作是指在启闭机出现电源供应故障、电气元件损坏、电气控制系统失效、电动机故障，以及液压元件损坏等异常情况而无法正常操作时，利用无电应急液控操作装置，达到关闭或开启闸门的目的。该装置有两种类型，一种为卷扬式启闭机无电应急操作装置；另一种为液压启闭机无电应急操作装置。无电应急液控操作装置在常规水电站泄洪系统金属结构设计中得到了较为广泛的应用，近年来结合抽水蓄能电站事故闸门高扬程固定卷扬式启闭机的运行特点和要求，一种闭门速度快、可远程操作的无电应急液控操作装置已开始使用，对于进一步提高抽水蓄能电站事故闸门卷扬式启闭机运行的可靠性具有积极意义。

第十一章　抽水蓄能电站厂房

第一节　厂区和厂房布置

一、厂区枢纽建筑物

抽水蓄能电站绝大多数采用的是地下厂房，其地下洞室群的布置及厂区建筑物的组成基本上同常规水电站，布置时主要考虑适应地形地质条件、枢纽总体布置、施工条件、运行管理，满足机电设备布置和使用功能，保证工程安全可靠、管理和维护方便，同时考虑经济合理性。

地下厂房厂区枢纽建筑物主要由主厂房［包括主机间、安装间（场）、副厂房］、主变压器室、开关站以及附属洞室（如交通洞、通风洞、出线洞、排风洞、排水洞等）等组成，地下洞室群空间纵横交错，规模庞大，图 11-1-1 为西龙池抽水蓄能电站地下洞室三维效果图。

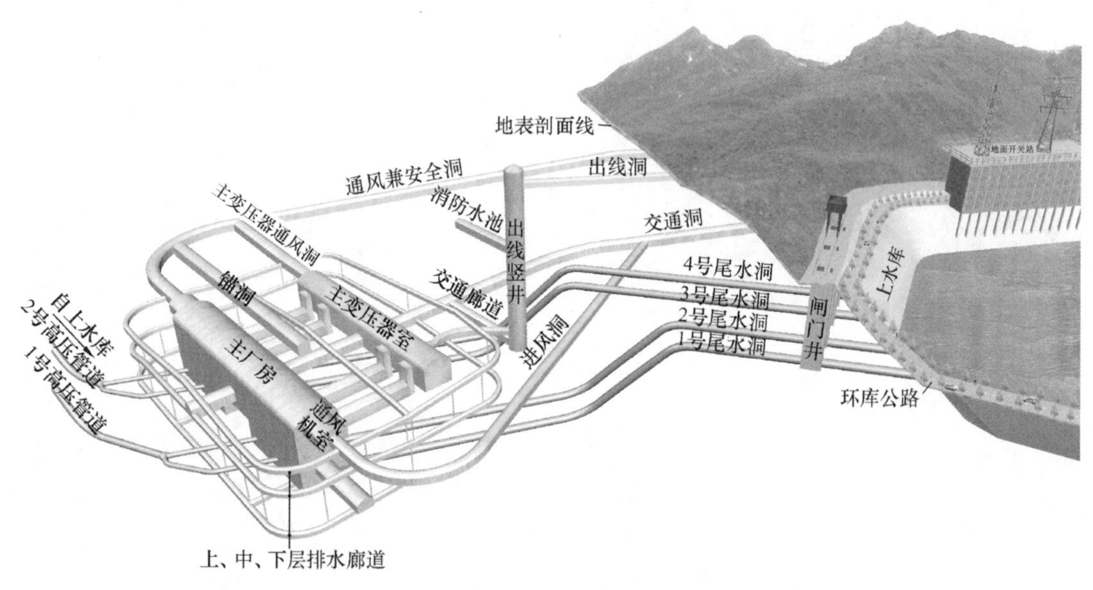

图 11-1-1　西龙池抽水蓄能电站地下洞室三维效果图

二、厂区枢纽布置

水电站厂房是抽水蓄能电站的心脏，厂区枢纽布置实际上是围绕电站厂房为中心展开的。厂区布置的主要任务就是要充分利用厂区的地形地质条件，并考虑枢纽布置、施工条件、运行管理，合理布置地下厂房系统各洞室的相对位置、纵轴线方向及与输水管道之间的关系；充分考虑地下厂房洞室群围岩稳定条件，合理确定各洞室之间的距离。如果有进水阀室、尾水闸门室、尾水调压室，应注意研究进水阀室、主厂房、主变压器室、尾水闸门室、尾水调压室之间的关系。不但要考虑洞室的围岩稳定，而且要研究施工程序和工期。地下厂房附属洞室是厂房重要的辅助建筑物，虽然规模不大，但不可忽视，如通风洞和交通洞施工位于施工总进度的关键线路上，直接影响发电工期。在设计时应考虑施工通道与永久交通的综合利用，考虑地下和地面之间附属通道的关系等。

抽水蓄能电站地下洞室根据工程装机规模、设备布置、运行管理、工程投资等因素，大多采用单座厂房的布置，此种布置型式适用于机组台数不多（通常不超过 6 台）的情况，具有厂房长度短、土建工程量省、机电设备投资少及运行管理方便等特点。如果由于工程建设规模大，机组台数多，地下厂房长度过长，且具备分期建设的地形、地质条件，也可采用两个地下厂房分期开发的方式，可避免施工安装相互干扰，简化通风和消防设施的布置。此种布置型式适用于装机规模和工程投资较大的电站，可减少前期一次性投资过大的压力。在枢纽布置上还可以较为灵活地根据地质条件调整建筑物的位置，如我国惠州抽水蓄能电站 8 台机组分设两座厂房，每座厂房两端分别设安装间和副厂房，各设一条通风洞、高压电缆洞，共用一条交通洞、自流排水洞，开关站合并布置等，其厂区枢纽布置如图 11-1-2 所示。这种 8 台机组共用一个开关站的布置方式比分设两个开关站节约了土建工程量、少占地，少开公路；部分电器设备可互为共用，如可少设一套载流设备及通信设备，两厂无须架设联络线路，采用气体绝缘金属封闭开关设备（GIS）即可过渡等。类似按两座厂房布置的其他电站还有广州（8×300MW）抽水蓄能电站、日本神流川抽水蓄能电站（6×470MW）等。随着抽水蓄能电站的发展，一些多机组电站也采用了单座厂房的布置型式，如目前世界装机规模最大的丰宁抽水蓄能电站（12×300MW），12 台机组安装在同一座厂房内，安装场设在厂房中部，交通洞从厂房中部进入安装场。

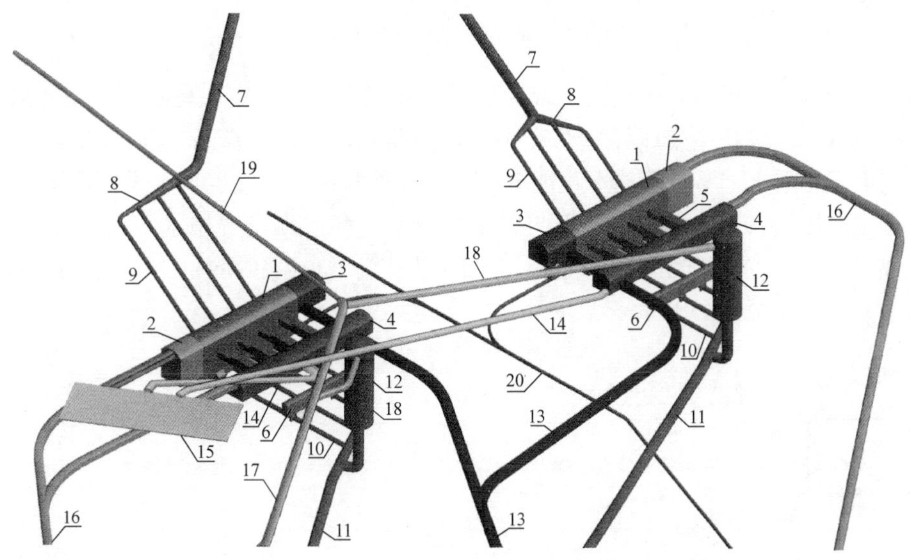

图 11-1-2　惠州抽水蓄能电站厂区枢纽布置

1—主厂房；2—副厂房；3—安装场；4—主变压器室；5—母线洞；6—尾水闸门廊道；7—高压管道；8—高压岔管；9—支管；10—尾水管洞；11—尾水隧洞；12—尾水调压井；13—交通洞；14—高压电缆洞；15—地面开关站；16—通风洞；17、18、19—通气兼交通洞；20—自流排水洞

抽水蓄能电站地下厂区枢纽并不需要将全部建筑物都布置在地下，这样不但工期长、投资高，而且地下的生产运行条件也往往较地面差。根据发电机组、主变压器和开关站之间的相对位置来划分，可以将主变压器和开关站布置在地面，也可以将两者布置在地下，或者将主变压器布置在地下，而将开关站布置在地面。以下讨论各种布置的特点。

（一）地下主洞室群布置

抽水蓄能电站地下厂房区主要有四大洞室：主厂房、主变压器室、尾水闸门室和尾水调压室，地下开关站通常和主变压器室合为一个洞室。地下厂房布置要优先考虑这些主要洞室的位置选择，即根据厂区地形、地质条件，研究确定主要洞室合适的位置及它们的组合。

对于尾部式厂房及部分中部式厂房没有尾水调压室；尾水闸门室可以布置在厂房下游，也可布置在下水库进/出水口处；主变压器室通常布置在主厂房下游单独洞室内，也有和主厂房同在一个洞室。根据四大洞室的布置，主要可分为四类：一室式、两室式、三室式和四室式。

主厂房、主变压器室、尾水闸门室、尾水调压室分别布置在四个相对独立的洞室内，就构成四室式布置。在首部与中部式厂房中，这类布置最常见，如：广州、十三陵、泰安、宜兴、惠州、蒲石河等抽水蓄能电站。

三室式布置主要见于没有尾水调压室的尾部式厂房及部分中部式厂房，主厂房、主变压器室、尾水闸门室三个洞室并列布置，如天荒坪、白莲河、宝泉（宝泉抽水蓄能电站引水系统剖面图见图 11-1-3）等抽水蓄能电站。日本流行将主厂房和主变压器室合于一个洞室，因此，主厂房（主变压器室）、尾水闸门室、尾水调压室并列的三室式布置在首部与中部式厂房中较为常见，如葛野川、神流川等抽水蓄能电站。

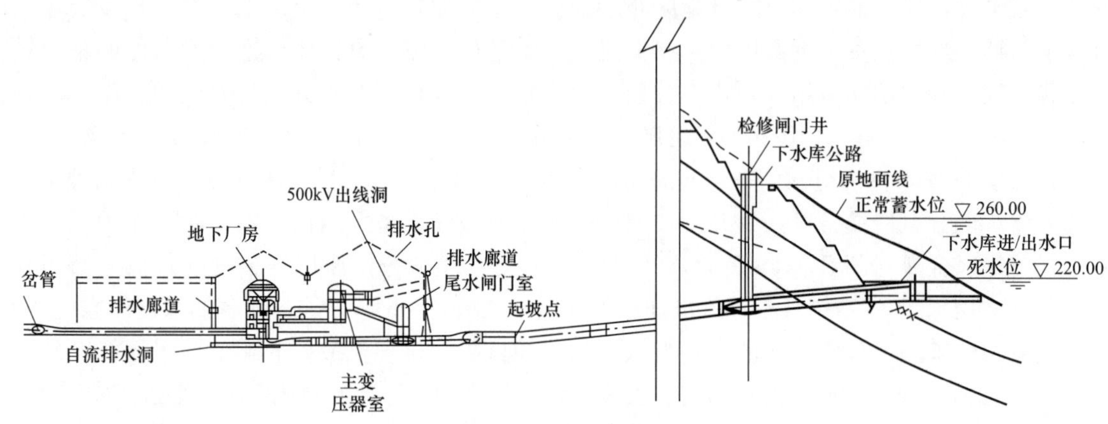

图 11-1-3 宝泉抽水蓄能电站引水系统剖面图

两室式布置，较常见于尾水洞较短的尾部式厂房，没有尾水调压室，尾水闸门室布置在下水库进/出水口处，厂区只有主厂房和主变压器室两个洞室，如西龙池、呼和浩特、张河湾（张河湾抽水蓄能电站引水系统剖面图见图 11-1-4）等抽水蓄能电站。另一种两室式布置也见于无须设尾水调压室的尾部式厂房，机组和主变压器共用一个洞室，而与之平行的另一洞室内布置尾水闸门，如日本的下乡等抽水蓄能电站。或将机组与主变压器合于一室，尾水闸门置于尾水调压室内，如我国琅琊山（琅琊山抽水蓄能电站引水系统剖面图见图 11-1-5）、日本下乡等电站。

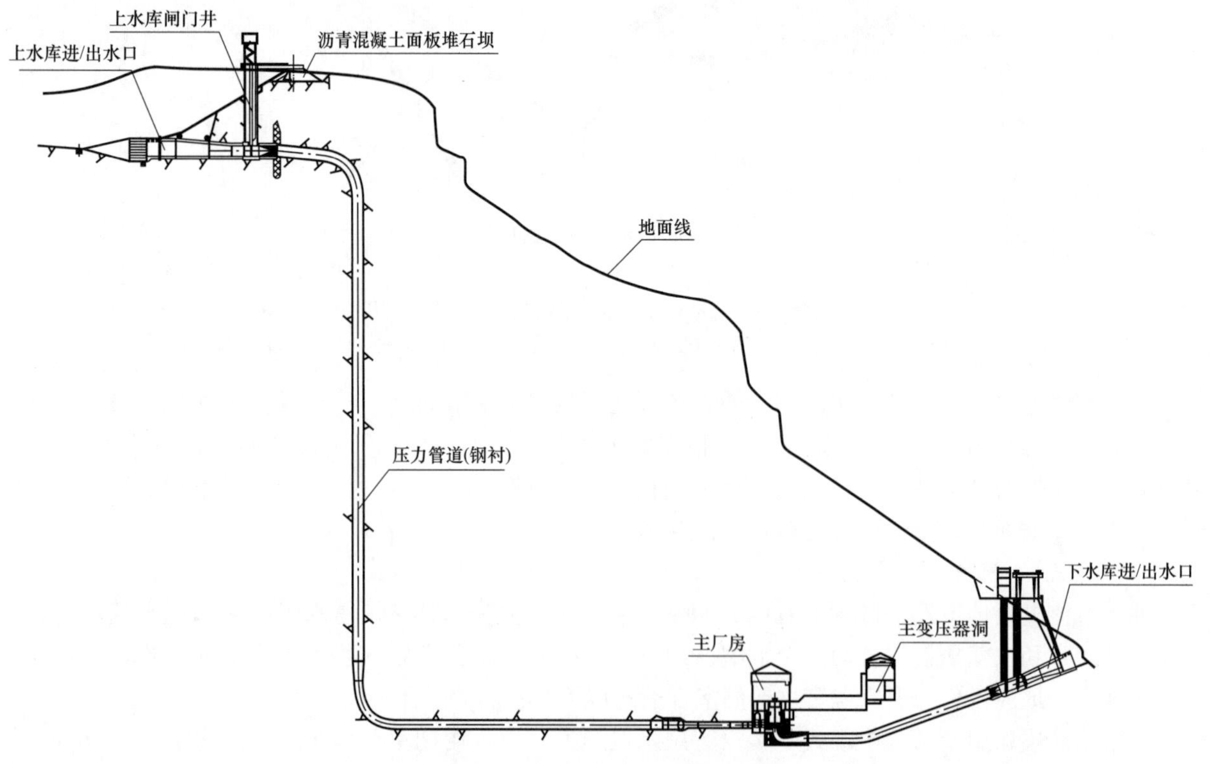

图 11-1-4 张河湾抽水蓄能电站引水系统剖面图（两室式）

一室式布置较常见于尾水洞较短的尾部式电站，没有尾水调压室，尾水闸门室布置在下水库进/出水口处，而将发电机组、主变压器布置在一起，如日本的盐原、大河内（大河内抽水蓄能电站引水系

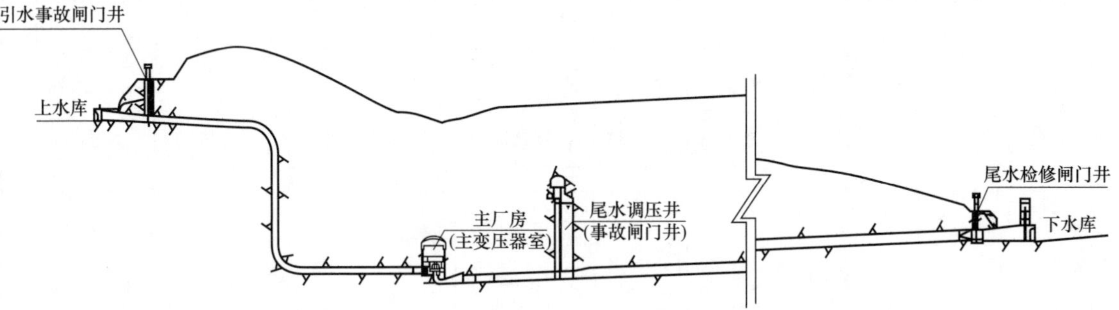

图 11-1-5 琅琊山抽水蓄能电站引水系统剖面图（两室式）

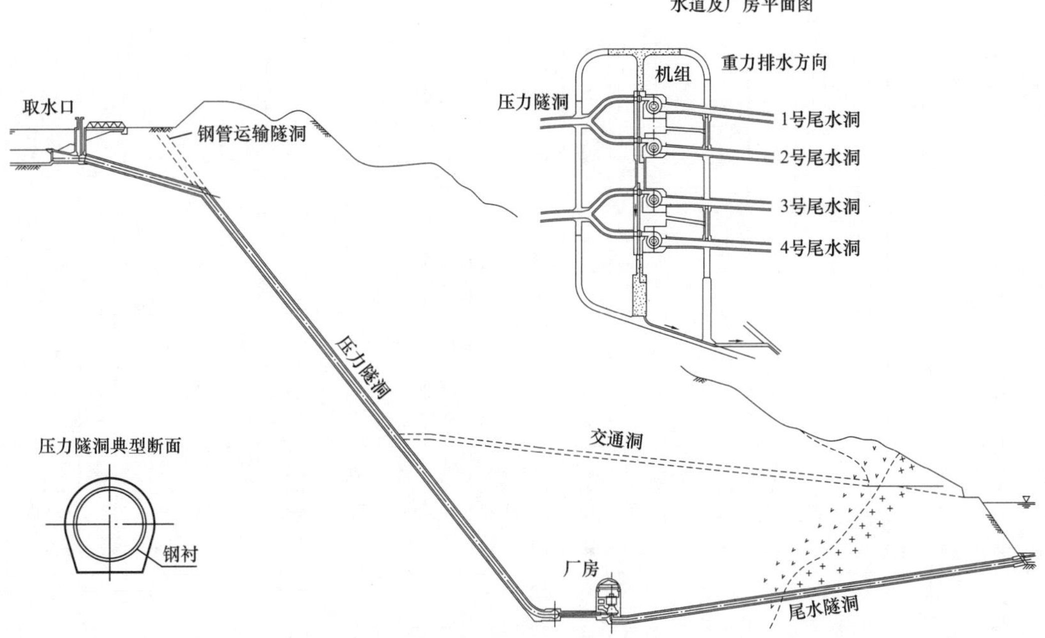

图 11-1-6 大河内抽水蓄能电站引水系统剖面图（一室式）

统剖面图见图 11-1-6）等抽水蓄能电站。

主厂房、主变压器室和尾水调压室（尾水闸门室较小，影响也较小）几大洞室依次平行排列，这不仅是机电设备和运行管理上的需要，也符合结构优化的原则，主变压器洞因高度较小，将其布置在中间，可以增加洞室之间岩柱的稳定。

主厂房、主变压器洞与尾水调压室三大洞室之间的距离，主要是根据地质条件、洞室规模及施工方法等因素综合分析确定，应有利于围岩稳定和满足机电设备布置要求。地下厂房洞室群位置一般均选择地质条件较好、岩体强度高的地方。国内的抽水蓄能电站，其主厂房跨度大于 20m 时，洞室之间岩柱厚度与洞室的平均开挖跨度的比值大多为 1.5～2.0，洞室之间岩柱厚度与较大洞室开挖高度的比值大多为 0.5～0.8。在地下工程布置中，主厂房与主变压器室之间距离过小，虽然可缩短母线洞长度，但对厂房的围岩稳定不利；如果距离过大，虽然对厂房围岩稳定有利，而且可方便机电和通风附属设备布置，但增加了母线洞和母线长度，相应增加工程投资。因此进行三大洞室布置时，需进行必要的三维有限元围岩稳定分析和技术经济比较，最后确定合理的洞室间距。地下洞室间距与平均开挖跨度关系图见图 11-1-7。

国内部分已建抽水蓄能电站主要洞室布置及尺寸见表 11-1-1。

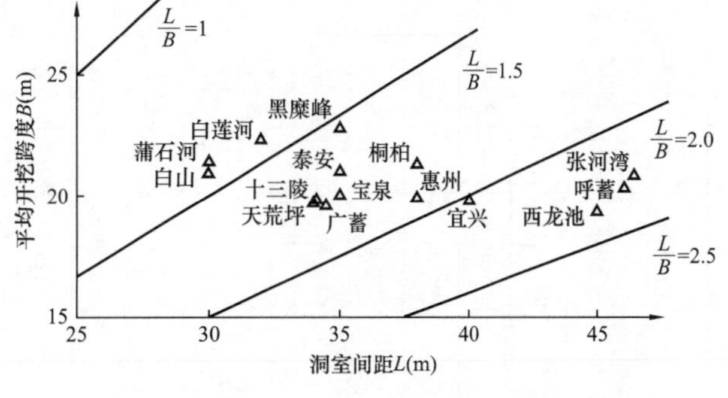

图 11-1-7 地下洞室间距与平均开挖跨度关系图

表 11-1-1　　国内部分已建抽水蓄能电站主要洞室布置及尺寸

编号	电站名称	电站类型	装机容量（MW）	主要洞室位置及控制尺寸							
				主厂房	开挖尺寸（m）	主变压器室	开挖尺寸（m）	球阀室	开挖尺寸（m）	尾闸室	开关站
1	广蓄一期	纯蓄能	4×300	地下式	146.5×21×44.5	主厂房下游	138×17×27.4	无	—	主变压器室下游	地下主变压器室内
2	广蓄二期	纯蓄能	4×300	地下式	146.5×21×47.6	主厂房下游	138×17×17.6	无	—	主变压器室下游	地面户内 GIS
3	十三陵	纯蓄能	4×200	地下式	145×23×46.6	主厂房下游	136×16.5×25.7	无	—	主变压器室下游	地下主变压器室内
4	天荒坪	纯蓄能	6×300	地下式	200×21×46	主厂房下游	166×17×21	无	—	主变压器室下游	地面户内 GIS
5	响洪甸	混合式	2×40	地下式	69×21×48.2	地面		无	—	无	地面开关站
6	白山	混合式	2×150	地下式	95×21.7×50.6	主厂房下游	65.1×20×15	无	—	无	地面
7	桐柏	纯蓄能	4×300	地下式	182.7×24.5×53	主厂房下游	144.15×18×21.45	无	—	无	地面户内 GIS
8	泰安	纯蓄能	4×250	地下式	180×24.5×51.3	主厂房下游	164×17.5×18.4	无	—	主变压器室下游	地面户内 GIS
9	琅琊山	纯蓄能	4×150	地下式	156.7×21.5×46.17	主厂房端部	24.1×21.05×20.07	无	—	与尾调结合	地面户外 GIS
10	宜兴	纯蓄能	4×250	地下式	155.3×22×52.4	主厂房下游	134.65×17.5×20.7	无	—	主变压器室下游	地面户内 GIS
11	张河湾	纯蓄能	4×250	地下式	151.6×23.8×50	主厂房下游	117.39×17.8×28.8	无	—	无	地下主变压器室内
12	西龙池	纯蓄能	4×300	地下式	164.5×22.25×49	主厂房下游	130.9×16.4×17.5	无	—	无	地面户内 GIS
13	宝泉	纯蓄能	4×300	地下式	147×22×47.3	主厂房下游	134×18×19.8	无	—	主变压器室下游	地面户内 GIS
14	惠州	纯蓄能	8×300	地下式	154.5×21.5×48.25	主厂房下游	131.5×18.15×18.95	无	—	主变压器室下游	地面户内 GIS
15	黑麋峰	纯蓄能	4×300	地下式	136×25.5×57.2	主厂房下游	131×20×19.5	无	—	无	地面户内 GIS
16	白莲河	纯蓄能	4×300	地下式	146.7×21.85×50.9	主厂房下游	134.4×19.7×19.43	有	106.4×10.9×28.2	主变压器室下游	地面户内 GIS
17	蒲石河	纯蓄能	4×300	地下式	161.8×22.7×54.1	主厂房下游	131.45×20×23.7	无	—	主变压器室下游	地面户内 GIS
18	呼和浩特	纯蓄能	4×300	地下式	152×23.5×50	主厂房下游	121×17×33.5	无	—	无	地下主变压器室内
19	敦化	纯蓄能	4×350	地下式	158×25×55	主厂房下游	143×21×22	无	—	主变压器室下游	地面户内 GIS
20	沂蒙	纯蓄能	4×300	地下式	173.0×25.5×54.5	主厂房下游	179.55×21×22	无	—	主变压器室下游	地面户内 GIS
21	丰宁	纯蓄能	12×300	地下式	414×25×54.5	主厂房下游	450.5×21×22.5	无	—	主变压器室下游	地面户内 GIS
22	文登	纯蓄能	6×300	地下式	214.5×25×53.5	主厂房下游	226.5×21×22	无	—	主变压器室下游	地面户内 GIS
23	溪口	纯蓄能	2×40	半地下	竖井内径 25.2m，高度 31.5m	地面		无	—	无	地面
24	沙河	纯蓄能	2×50	半地下	竖井内径 29m，高度 40.5m	地面		无	—	无	地面

（二）主变压器布置

主变压器靠近发电机布置，可以缩短发电机至主变压器间母线的长度，减少电能损耗，降低土建工程量，因此大多数抽水蓄能电站将主变压器布置在地下。为便于运输、安装和检修，主变压器室的底板高程一般与安装场地面同高，有利于主变压器进入安装场检修。随着设备制造技术的进步，目前主变压器大多已不再运至厂房安装场检修，但为方便运维管理，主变压器室的底板高程仍与安装场地面同高。主变压器布置在地面的工程较少，国内仅有响洪甸、溪口和沙河三个中型抽水蓄能电站，这里主要对布置在地下的主变压器室与主厂房的相对位置进行讨论。

（1）主变压器布置在单独洞室内。当地质条件和地下洞室群无特殊要求时，可优先考虑采用主变压器室布置在厂房下游侧，并与主厂房平行布置的方案。这种布置每台机组的低压母线均较短，电缆联系方便，主变压器、母线都有专门的单独洞室，设备布置清晰，防火、防爆易满足要求。此布置型式在国内外的抽水蓄能电站实例中最为常见，如西龙池、惠州、张河湾、宝泉、敦化、丰宁、沂蒙、文登等抽水蓄能电站。将主变压器室布置在主厂房下游侧，主要有以下优点：首先，主变压器室底板与下部尾水管洞之间岩体厚度比主变压器室设在厂房上游侧时，主变压器室底板与高压管道之间岩体厚度要大，一般为15～18m，且尾水管洞内水压力较高压管道也低得多，岩体的稳定和安全易于得到保证。其次，从厂区整体布置分析，主变压器室布置在厂房下游侧有利于进厂交通洞和主变压器运输洞的布置，也有利于机组母线出线布置，避免主变压器室布置在厂房上游侧时，母线与厂房上游侧球（蝶）阀吊运的干扰。再者，下游主变压器室方案对出线洞布置较为有利，当厂房上部地形条件是倾向厂房下游方向时，可缩短出线洞的长度，且有利于地面开关站和出线场的布置。

（2）主变压器布置在主机间两端或一端。当地质条件较差、机组台数一般不多于四台时，可采用分裂式变压器，将主变压器布置在主机间两端或一端，我国琅琊山抽水蓄能电站就采用此种形式布置。琅琊山地下洞室群地质条件较差，以Ⅲ类围岩为主，受断裂构造等影响，布置两条平行的洞室有困难，对围岩稳定不利。通过优化地下洞室群布置和电气主接线等机电设备的布置，采用“两机一变”的接线方式，将主变压器布置在主厂房两端（厂房纵剖面图见图11-1-8）。具体布置如下：地下厂房内自右至左依次布置1号主变压器室、1号和2号主机间、安装场、3号和4号主机间和2号主变压器室，主机间和安装场开挖尺寸为132.56m×21.5m×46.17m（长×宽×高），1号、2号主变压器室开挖尺寸均为12.05m×21.5m×20.17m。该种布置方式在国内抽水蓄能电站还是第一次采用，此布置减少了专门的主变压器洞和母线洞且变压器紧靠主机间，机电设备布置相对比较集中。其缺点是主厂房洞室需加长，出线布置复杂，特别是母线需在发电机层敷设，影响该层辅助设备的布置，对机组安装检修时吊装设备会有一定的干扰，由于主变压器与机组只一墙之隔，对变压器的防爆要求高。此种布置型式在日本较为常见，如葛野川、神流川一期等抽水蓄能电站。采用主变压器布置在主机间一端布置型式的有联邦德国瓦尔德克Ⅱ级、日本今市（厂房纵剖面图见图11-1-9）等抽水蓄能电站。如果机组台数较多，主厂房本身较长，则离主变压器越远的机组，其母线就越长，此布置方案并不一定有利。

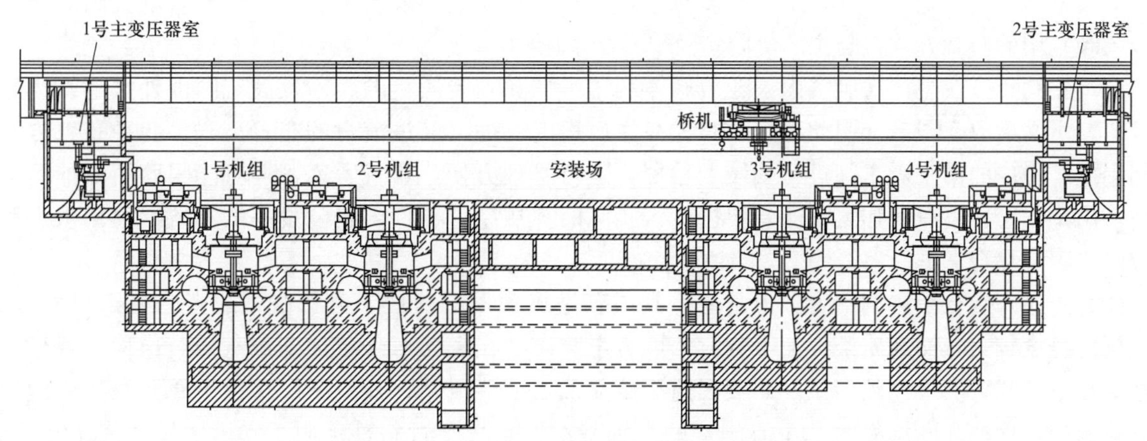

图11-1-8 琅琊山抽水蓄能电站厂房纵剖面图

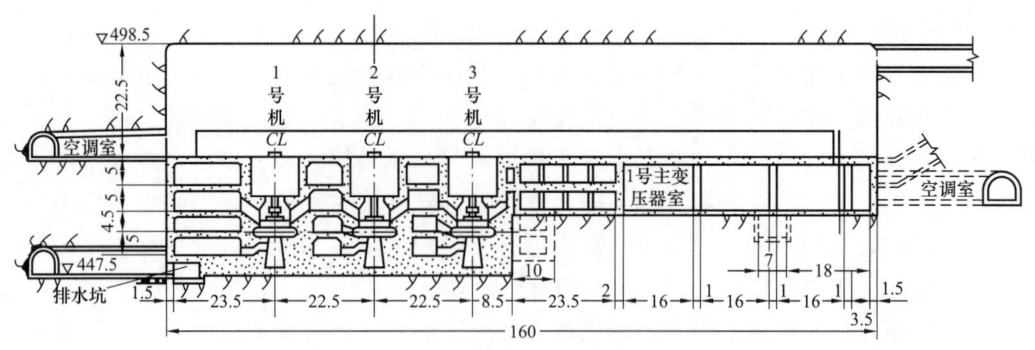

图 11-1-9　日本今市抽水蓄能电站厂房纵剖面图

(3) 主变压器与主机间布置在同一跨度的洞室内。为了机电设备维护检修方便、运行安全可靠，厂房布置时采取水力机械与发电机设备分开布置的原则，同时为避免母线洞（或电缆洞）与压力管道的干扰，发电机的引出母线多从厂房下游侧引出，所以布置在主厂房内的主变压器大多也布置在厂房下游侧。波兰勃拉布卡-扎尔抽水蓄能电站就采用这种布置方式（横剖面见图 11-1-10），其厂房开挖断面 120m×27m×40m（长×宽×高），厂内安装 4 台容量 125MW 的蓄能机组。该电站设计水头 420m，引用流量 35m^3/s。

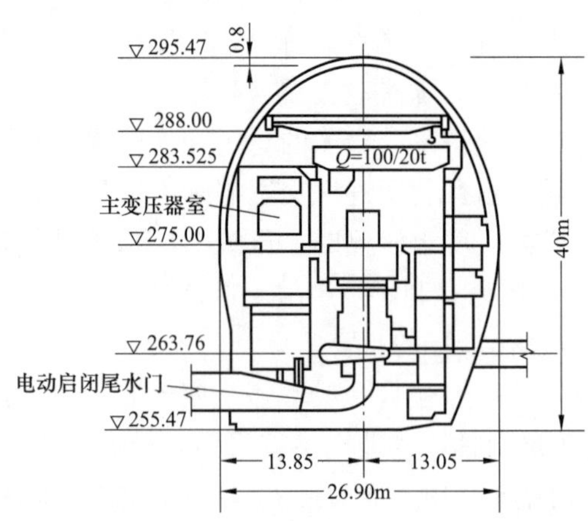

图 11-1-10　勃拉布卡-扎尔抽水蓄能电站地下厂房横剖面

为保证大跨度地下厂房围岩的稳定，厂房横剖面采用椭圆形，厂房平面两端部布置成圆弧形。厂房顶部及边墙采用导洞跳槽施工开挖，并紧跟开挖工作面喷锚支护，最后再浇筑 80cm 厚的钢筋混凝土衬砌。这种布置方式，主机和主变压器对应，布置集中紧凑，运行维护方便，并且可以利用主厂房的吊车组装和检修主变压器。但是增加了主厂房的跨度，因此对主厂房的地质条件要求较高，另外，施工工作面狭小，工程量集中，土建和机电安装存在一定的施工干扰，高压母线布置在发电机层时，对机组安装检修时吊装设备会有一定的干扰，同时增加了主变压器的防火防爆要求。这种布置型式在我国目前还没有应用的实例。

（三）主阀布置

主阀的型式有蝴蝶阀、球形阀等，其主要作用是当电站引水系统采用一管多机布置时，当某台机组出现严重漏水或需要检修时，可利用支管上的主阀对其进行关闭；另外当机组或机电设备发生意外事故时，为防止机组出现飞逸转速，则需关闭主阀，迅速切断输水管道水流。抽水蓄能电站大部分都是高水头电站，而且绝大多数采用一管多机布置型式，基本上都采用机组前支管上装设主阀的安全措施。主阀常用的布置方式有与主厂房同室及单独洞室两种。

(1) 主阀布置在主厂房洞室内。随着阀体制造水平和安装质量的不断提高，国内外水电站运行情况表明，主阀事故率很低。因此将主阀布置在主厂房内成为目前最流行的布置型式。此种布置方式可以利用主厂房内的吊车对主阀进行安装及检修，运行管理方便，布置紧凑，但可能因此而增加厂房的宽度，吊车的跨度也有所加大，这要根据厂区实际的地质条件、厂内机电设备的布置、高压引水道进厂方向等因素综合考虑。

(2) 主阀布置在单独洞室内。为避免主阀或管道爆裂对厂房的不利影响，或者当机组尺寸较大，使主厂房跨度较大，而地质条件又不利时，可将主阀布置在主厂房外单独的洞室内。这种布置型式在抽水蓄能电站建设的早期较多见。如英国迪诺威克抽水蓄能电站，其地下厂房位于寒武系板岩地层构成的背斜内，褶曲和断层发育，主要洞室的纵轴基本上垂直于背斜轴走向，其厂房尺寸为 179.2m×23.5m×51.3m（长×宽×高）。为减小主厂房跨度，主阀布置在主厂房上游侧专门的廊道中，廊道尺寸为 147m×8.1m×18.6m（长×宽×高），其中布置 6 台直径为 2.5m 的主阀，专门设有桥式起重机或电动葫芦，供安装和检修之需，主阀室内还需要布置交通和通风系统，为排除事故时的水流还需设置排水洞等排水措施，因此布置上比较复杂，且增加不少投资（厂房横剖面见图 11-1-11）。国内采用这种布置方式的电站有白莲河、羊卓雍湖抽水蓄能电站等。

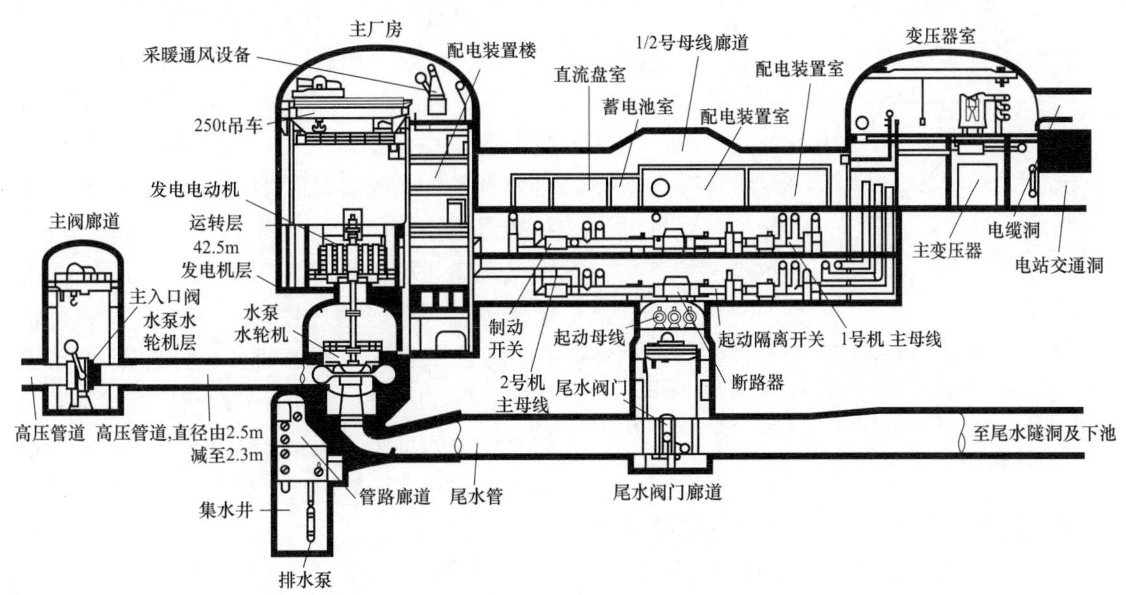

图 11-1-11　迪诺威克抽水蓄能电站厂房横剖面

（四）母线洞布置

当主变压器室布置在主厂房下游侧时，通常通过母线洞连接发电机与主变压器，母线洞与主厂房、主变压器洞正交连通，一机一洞，断面多采用城门洞形，在接主厂房一端可采用局部减小断面的方式以利于洞室稳定。母线洞内除布置母线外，还布置有发电机断路器、换相隔离开关、电制动开关柜、TV 及避雷器柜、励磁变压器柜、SFC（静止变频起动装置）电源侧限流电抗器等设备。随着国内抽水蓄能电站建设的发展，大容量变速机组已开始应用于抽水蓄能电站，母线洞内设备较定速抽水蓄能机组有所增加，母线洞尺寸和结构型式也会相应调整，如丰宁抽水蓄能电站变速机组的母线洞分两层布置。

（五）出线系统布置

根据主变压器、开关站、出线场之间的位置，为便于巡视和及时处理事故，出线系统可采用出线平洞、出线竖井、出线竖井加平洞、出线斜洞等布置方式。其断面尺寸应满足敷设电缆或管道母线、通风及交通（楼梯、电梯）等方面的要求。当出线场水平方向距离地下洞室较远时，如高差不大，宜采用出线平洞，此种布置虽电缆或管道母线略长，但施工及运行维护方便；如高差略大，可采用出线斜洞，斜洞坡度不宜大于 30°，以方便检修维护人员的进出，此种布置土建工程量小、敷设电缆及管道母线长度短，但施工略困难。当出线场位于地下洞室顶部附近的地表时，宜采用出线竖井或出线竖井加平洞方式，出线竖井高度不宜大于 300m；如因地形条件限制，确需超过 300m 情况下，可考虑分级布置。出线竖井通常采用圆形断面或矩形圆角断面，主要考虑其围岩受力条件好，便于施工，但圆弧段敷设电缆或管道母线的难度稍大。

（六）开关站布置

开关站的布置与枢纽的整体布置相关，其型式选择取决于地形地质条件、气象条件、电气设备选型和布置等，可布置在地下，也可布置在地面上。

1. 开关站布置在地面

当地表有合适的平台或较缓地形时，可采用地面开敞式开关站或地面 GIS 组合式开关站。采用开敞式开关站，其占用面积大，边坡开挖处理工程量相对较大，户外高压开关设备故障率相对高一些，所需运行维护费用比采用 GIS 布置方案高，可靠性反而比采用 GIS 低，但由于电气设备可采用常规设备，所以投资较省。早期建设的抽水蓄能电站地下厂房开关站大多采用地面开敞式。如响洪甸抽水蓄

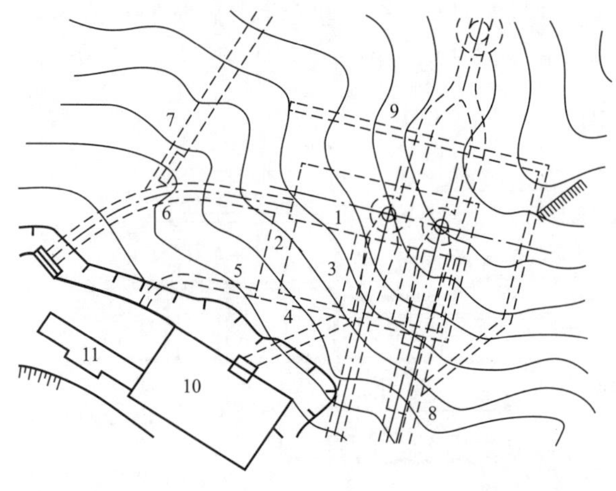

图 11-1-12 响洪甸抽水蓄能电站户外式主变压器和开关站

1—主厂房；2—副厂房；3—母线洞；4—母线廊道；5—电缆洞；6—进厂交通洞；7—施工支洞；8—通风洞；9—排水廊道；10—升压开关站；11—控制楼

能电站（户外式主变压器和开关站见图 11-1-12），在控制楼与进/出水口之间布置 220kV 的户外式主变压器和开关站，总平面尺寸（长×宽）为 50m×37m，地面高程 75.50m，开关站内主要布置两台高压开关设备，设有一回 220kV 出线。

GIS 地面组合式开关站占用面积小，边坡开挖处理工程量相对较小，由于目前 SF_6 封闭式组合电器的质量整体较好且可靠性高，设备投运后维护量较小，所需运行维护费用也相对较低，但电气设备投资较地面开敞式开关站高。国内抽水蓄能电站大多采用户内 GIS 组合式开关布置方式（见表 11-1-1）。琅琊山抽水蓄能电站（GIS 开关站布置见图 11-1-13），其开关站布置在地面，根据电站所处地的自然环境，采用户外 GIS 组合式开关，这种布置省去了地面建筑物及桥机，同时开关站面积仅为 36.65×26m，较户内 GIS 相对要小，节省投资。

总之，开关站布置在地面，与地下工程施工干扰少，可以减少洞挖，对地下洞室的围岩稳定有利，而且能加快施工进度、节省投资，已建抽水蓄能电站大多采用地面户内 GIS 开关站，且一般布置在下水库管理区道路旁的缓坡地面上。但地面开关站距离主变压器远，布置上不紧凑，运行管理上有些分散。

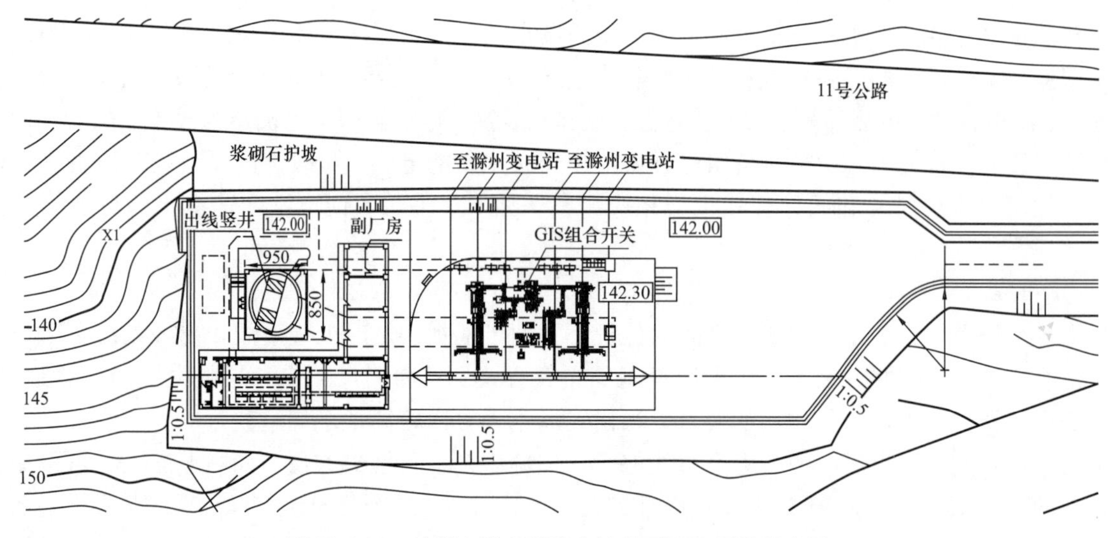

图 11-1-13 琅琊山抽水蓄能电站地面 GIS 开关站布置

2. 开关站布置在地下

当地表没有合适的场地布置开关站，或出线距离较远及地面开关站受滚石、崩塌等不利自然条件的威胁时，可将开关站布置在地下。特别是近年来随着 SF_6 全封闭组合电器和高压电缆制造技术的发展，使开关站场地和高度大为缩小，弥补了开关站布置在地下的缺陷。地下式开关站大多数将 GIS 开关站布置在主变压器室的上层，与主变压器室同宽，为方便电缆敷设，在两层之间设有电缆层。此种布置方式紧凑、检修维护方便，可减少从变压器到开关站高压电缆或高压母线的长度，从而节省机电设备投资，但同时该种布置方式增加了地下洞室群的规模，不利于围岩的稳定，增加土建工程投资。如呼和浩特抽水蓄能电站（地下主变压器开关站布置见图 11-1-14），由于受上水库附近电视差转台和地震台限制，如选取地面式开关站，其出线洞总长度比地下开关站方案要长 536m，导致出线洞的土建开挖量及高压电缆的投资明显增大，最终采用地下 GIS 组合式开关站。

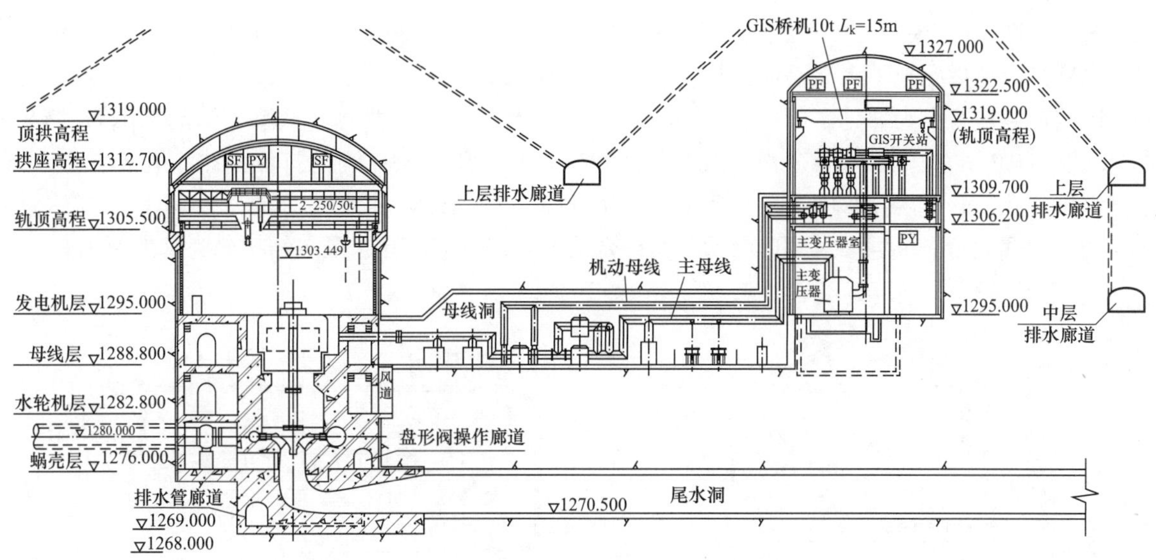

图 11-1-14 呼和浩特抽水蓄能电站地下主变压器开关站布置

（七）排风系统布置

地下厂房洞室群埋深大，洞室长，洞室群布置错综复杂，空气对流条件差，自然通风效果不佳，因此大多采用机械通风方式，如机械进排风，机械进风、自然排风，自然进风、机械排风等。通风系统的布置应使各作业区温度、湿度适宜，气流组织恰当，没有死角涡流区，风速均匀等。通风、排风系统应各自独立，主厂房与主变压器室通风、排风系统应各成体系。由于主厂房、主变压器室、尾水闸门室等洞室规模大，需分多层开挖，施工时间长达 1.5～2.5 年，地下厂房在设备投运后永久运行期的运行条件对通风的要求较高，结合地下厂房永久运行期的通风排烟要求及地下洞室群施工期的通风、排烟要求，近期已建的抽水蓄能电站一般在主洞室顶拱附近增设排风竖井或排风洞，采用机械排风，排风机房设在地下或地面，取得了较好的排风效果。排风竖井出口或地面排风机房宜远离地面开关站。

（八）排水系统布置

地下厂房系统深埋于山体之中，无论是布置在首部、中部或尾部，难免有地下水通过结构面、裂隙及溶蚀裂隙向地下洞室渗漏，故需要布置排水系统。特别是采用首部布置的地下厂房，直接受上水库渗水的影响，必须采取可靠的防渗排水措施。对于尾部式地下厂房，也应研究下水库渗漏对厂房的影响。地下洞室群所处围岩渗流条件很复杂，厂区排水系统的最佳布置应结合地层、岩性、构造的渗透特点及必要的现场监测成果有针对性设置，避免主观的均匀布置。排水系统布设宜在前期工作的基础上，结合施工期开挖出现的新情况，进行动态设计，使排水系统更有效而经济。地下厂房防渗排水设计遵循“以排为主、排防结合，厂外排水为主、厂内排水为辅”的原则，在具备条件时应优先设置自流排水洞。地下洞室排水系统一般包括厂前（后）截水、厂区排水及厂内排水三部分。

1. 厂前（后）截水

为防止渗流进入厂房洞室而影响围岩稳定和机电设备正常运行，相邻于厂房上游的高压管道段应采用钢板衬砌，由于钢板衬砌抵抗外水压力的能力有限，国内外钢管屈曲破坏事故屡见不鲜，如 1985 年美国 Bath County 抽水蓄能电站的压力钢管发生了屈曲破坏。要减小因钢筋混凝土衬砌高压管道内水外渗对地下厂房围岩稳定的不利影响，规范要求厂房前应设置一定长度的钢板衬砌段，并在钢管首部进行环向高压帷幕灌浆和设阻水环。此外，在钢管上部应设排水洞，如西龙池、张河湾、宜兴、泰安等抽水蓄能电站。

距离上水库或下水库较近的地下厂房，若具有稳定的水源补给、地下水较丰富、地下水位较高，应在其渗透前缘适当位置设置防渗帷幕，防渗帷幕可采用全封闭式或半封闭式，防渗帷幕也可设在排水廊道的外侧。

2. 厂区排水

厂区排水系统一般由纵横向两层或三层布置的排水廊道组成（天荒坪抽水蓄能电站厂区上、下层排水系统布置图见图 11-1-15），为有效排除发电机层以下厂房上游壁的渗水，最好能在高压钢管以下设一层排水廊道。考虑到地下水渗漏通道情况复杂，排水廊道距离厂房不宜太远，但又要减少对厂房应力场的影响，一般距离为邻近主体洞室跨度的 1.0～1.5 倍。为了增强排水效果，除局部围岩破碎等不稳定地段需衬砌外，其他排水廊道均不做混凝土衬砌，并且还采取在洞内打深浅排水孔、在上下层廊道之间设排水孔幕、上层排水廊道向厂房顶拱方向打倾斜排水孔等措施，形成“封闭性”排水体系。排水孔的方向和倾角应根据渗水构造产状及其组合情况确定，应以穿越最多结构面为基本原则。

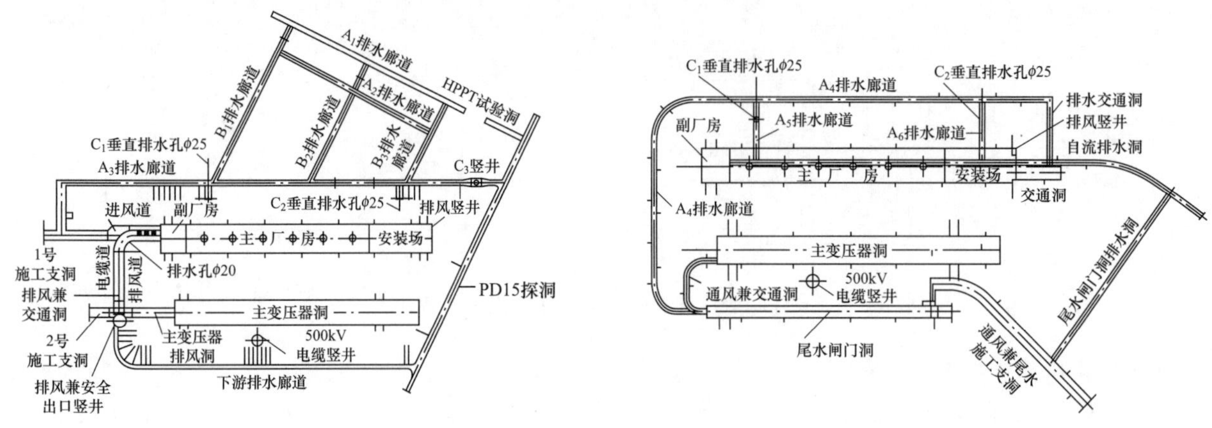

图 11-1-15　天荒坪抽水蓄能电站厂区上、下层排水系统布置图

3. 厂内排水

由于地下洞室围岩渗漏水规律性较差，为减少厂房洞室顶拱和边墙在施工期和运行期的渗水、滴水现象发生，有必要设置厂内排水系统。一般在洞室周边按一定的孔距、孔向布设 4～6m 深的浅排水孔，用来降低地下水渗透压力，并采用纵横交错的排水明、暗槽或排水明、暗管等方式将水引走，排水管多采用多孔塑料花管。由于在厂房开挖轮廓面上设置排水孔的措施常常出现排水效果不理想的情况，还需要根据现场情况设置一定量的随机排水孔。近些年，人们尝试将系统排水孔改为随机排水孔，如广州抽水蓄能电站二期厂房。为保证运行期间机电设备的安全和运行的稳定性，西龙池、张河湾等工程采用裂隙渗漏水堵缝、引排等措施也取得了较好的排水效果。另外，厂内设置防潮隔墙也很重要，当边墙发生渗水时，不会直接影响设备运行和厂内美观，并且还可以利用防潮隔墙与岩壁之间的空腔布置风道。

厂房区域的渗漏水、检修排水、事故排水，最终均需通过排水设施将水排至地表。目前厂房排水方式通常采用水泵排水或利用自流排水洞自流排水。由于地下厂房埋藏较深，受地形条件限制和投资因素影响，以往工程采用泵送排水方式的较多。近年来在地形条件许可的前提下，采用自流排水的电站越来越多，如惠州抽水蓄能电站采用自流排水洞，洞长 $L=4406$m，但其排水能力（最大排水流量为 8.78m^3/s）较泵排方案（最大排水流量为 1.44m^3/s）大得多，使电站运行安全可靠度大大提高；另外，自流排水洞如果提前施工，可作为地下洞室群施工期自流排水系统，大大节约施工期排水费用。国内采用自流排水洞的抽水蓄能电站还有宝泉、天荒坪、西龙池、清远、敦化等，清远抽水蓄能电站自流排水洞长达 4790m。溧阳抽水蓄能电站在厂房顶拱高程以上增加了一条自流排水洞，厂区渗漏集水井内渗漏水和检修排水通过泵抽排至自流排水洞再自流至下水库周边的排水渠。

（九）其他附属洞室布置

地下厂房除了主厂房、主变压器室、调压室等主洞室外，还需根据交通、出线、通风等要求，布置若干附属洞室（国内部分抽水蓄能电站附属洞室尺寸见表 11-1-2），其空间纵横交错，使地下厂房系统形成一组洞室群。从岩石力学角度来看，地下洞室群削弱了岩体的完整性，对洞室围岩的稳定造成不利影响，因此应本着洞室长度尽可能短、一条洞肩负多项功能、尽量利用前期勘测探洞和施工支洞等原则进行合理布置。

当地下厂房垂直方向距地表较深、水平方向距地表较远时，为安全起见，地下主厂房应有两条通道通至地表。由于水平运输通道较垂直的竖井或斜井运输效率高，对运行有利，因此在厂区布置时，运输通道应尽可能采用水平通道，其断面尺寸应满足大件运输及两辆车同时通行的要求，纵向坡度应满足施工和永久运行需要，交通洞最大纵坡一般不应大于8%，平均纵坡不宜大于6%。各个附属洞室宜从不同的高程进入主厂房，为主厂房开挖创造比较多的工作面，对施工和运行期的通风也有利。

表 11-1-2　　国内部分抽水蓄能电站附属洞室尺寸

编号	电站名称	装机容量(MW)	主要附属洞室长度（m）			
			交通洞	通风洞	出线电缆洞	自流排水洞
1	广州一期	4×300	1663	1097	423	—
2	广州二期	4×300	1289	1027	486	—
3	十三陵	4×200	1033	788	232（平洞）/173.8（竖井）	—
4	天荒坪	6×300	695.7			1624
5	白山	2×150	665	120	190（斜洞）	—
6	桐柏	4×300	570.5	337.9	338.7（斜洞）	6120
7	泰安	4×250	1019	831	16.8（平洞）/230.6（竖井）	
8	琅琊山	4×150	758.9	602.2	14（平洞）/139.5（竖井）	
9	宜兴	4×250	1628.2	1358.2	667.6（平洞）	上层自流排水
10	张河湾	4×250	888.5	715.7	28.4（平洞）/60（竖井）	
11	西龙池	4×300	772.9	1026.8	317.5（平洞）/120（竖井）	1232.7
12	宝泉	4×300	1970.5	1215	686.7（平洞）/70（竖井）	2295
13	惠州	8×300	1805	1832	411/673（斜洞）	4406
14	黑麋峰	4×300	996.5	240		939
15	白莲河	4×300	751	与交通洞合		
16	蒲石河	4×300	1013	929.2	393（平洞）	
17	仙游	4×300	1050	998	328（斜洞）	
18	呼和浩特	4×300	1116	1012	327（斜洞）	—
19	敦化	4×350	1568	1223	1260（平洞）	2884
20	沂蒙	4×300	1777	1270	594（平洞）/164（竖井）	—
21	丰宁	12×300	1445	1146.2	426.3（平洞）/163.2（竖井）	—
22	文登	6×300	1420	1938	448.4（平洞）/265.1（竖井）	—

附属洞室的洞口位置应结合枢纽整体布置、施工条件、洞口建筑物位置（如开关站、副厂房）等，选择在山体较厚、地形坡度较陡、无不良地质情况（如滑坡、崩塌、泥石流等）的地段，并考虑洪水和泄洪雨雾的影响，以便于安全进洞。对于寒冷和严寒地区的抽水蓄能电站，地下厂房系统各露天洞口及洞口段应考虑采取防结冰措施。随着施工技术的进步及生态环保意识的增强，越来越多的电站交通洞或通风兼安全洞洞口采取管棚或小导管等强支护手段、早进洞、减少边坡开挖高度、减少对自然环境影响的设计理念。

（十）地下洞室群的综合利用

因地下厂房是从山体中开挖出来的地下空间，其布局合理性直接关系着地下洞室围岩的稳定性和支护型式的选择，以及工程量和工程造价。因此，厂内主要机电设备应紧凑布置，在满足机电、通风、结构等方面要求的前提下，应争取充分利用地下厂房空间，尽量做到一洞多用。如响洪甸抽水蓄能电站地下厂房施工期的两个主要出渣洞，在运行期一个作为电站的主要交通通道，即进厂交通洞；另一个则作为地下厂房通风的进风口，即通风洞。前期工程勘探平硐在运行期则作为事故排烟洞。引水主洞施工期的交通运输洞，在运行期间则布置了透平油库和施工支洞的渗漏集水井及其引排设施。另外利用副厂房、母线洞、母线廊道、电缆洞和出线洞等顶拱作排风道。西龙池抽水蓄能电站（装机容量为4×300MW）排水廊道除作为拦截地下水、降低厂房周边地下水位外，还兼作地下洞室通风、防火、事故排烟、观测电缆走线通道的作用，另外还便于厂房边墙对穿预应力锚索的锚固端施工，增加了支护的可靠性；同时还作为预埋厂房安全监测仪器的施工通道，便于收集全过程的围岩变形监测数据。总之，厂区布置应力求做到布局合理，运行管理方便。

（十一）TBM施工对地下厂房洞室布置要求

目前，在公路、铁路及水利工程的长隧洞开挖中已广泛应用全断面岩石隧道掘进机（简称TBM），为降低安全风险、节约劳动力、加快施工进度，抽水蓄能电站建设中也逐步开始引入TBM设备，实现隧洞开挖工程的全机械化施工，例如文登、洛宁抽水蓄能电站的排水廊道，抚宁、乌海抽水蓄能电站的通风洞和交通洞等。为满足TBM施工条件，最大化利用机械设备，在TBM开挖隧洞的设计中通常以电站运行需求为基础，结合TBM设备性能综合考虑洞室布置以及隧洞坡度、转弯半径等因素。目前已采用TBM施工的抽水蓄能电站交通洞、通风洞，最大纵坡为9%，最小转弯半径约为90m。

三、厂房布置

厂房布置应根据机电设备的布置、设备的安装检修及运行，并结合水工结构的布置要求，统筹考虑。抽水蓄能电站多采用地下式厂房、立轴单级可逆混流式机组。由于水泵水轮机组转速高、双向运转、起动运行频繁、需要专门起动设施等特点，其厂房布置与常规水电站厂房有较显著的差别，如机组安装高程较低，防水防渗要求高，集水井及水泵容量较大，防火、防淹难度大，电气辅助设备较多等。本节主要讨论由于抽水蓄能电站的特殊运行工况要求，对地下厂房布置的影响。

（一）主机间布置

1. 主洞室断面形状的选择

地下厂房轮廓体形和尺寸主要根据地质条件、厂内布置以及围岩的应力状态，并考虑施工方法统筹确定。但由于地下水电站厂房的工程地质条件不同，机电设备及布置方式较多，即使是同样机组型号的地下厂房，其轮廓尺寸及体形也各异。大型抽水蓄能电站主厂房大部分采用城门洞形或曲线形，其中曲线体形包括马蹄形、椭圆形和卵形等断面形状，其优点是周边应力分布均匀，特别在软弱岩层和地质构造较复杂的岩体中采用这种断面较多，如日本葛野川和神流川（厂房横剖面图见图11-1-16）抽水蓄能电站地下厂房，为解决高地应力条件下地下厂房围岩稳定问题，厂房横剖面采用卵形。国内地下厂房多采用城门洞形，顶拱大多采用三心圆以便顶拱与边墙平顺连接，其优点是断面受力条件较好，松弛区范围小，施工开挖方便，便于布置岩壁吊车梁，空间利用充分；其缺点是拱座部位存在一定的应力集中现象，并且高而平直的边墙稳定性较差，需采取较多的支护措施。

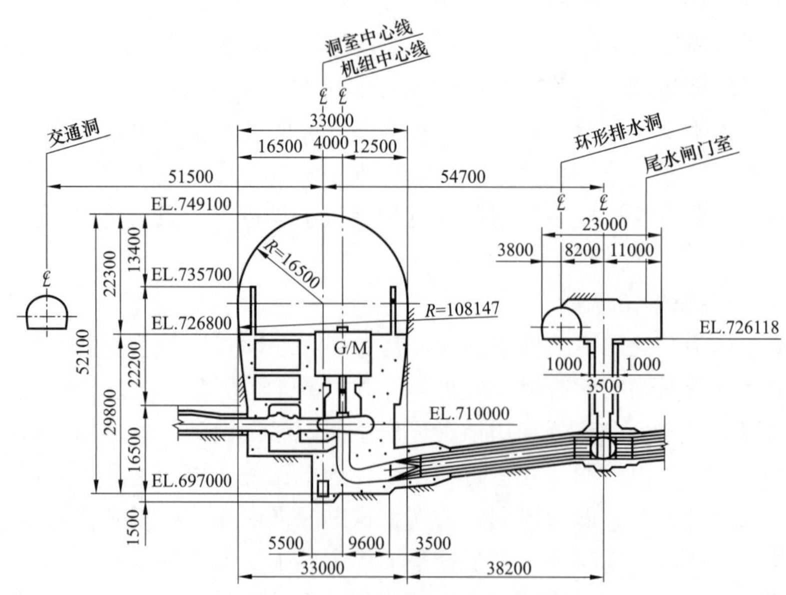

图11-1-16 神流川抽水蓄能电站厂房横剖面图

2. 主洞室控制尺寸的选择

地下厂房轮廓尺寸主要包括厂房高度、宽度和长度。抽水蓄能电站地下厂房控制尺寸的确定原则与常规电站相差不大，但抽水蓄能电站特殊的运行工况要求对厂房控制尺寸的选择会产生一定的影响。如水泵水轮机的淹没深度往往很大，对厂房的总高度影响虽然不大，但由于地下厂房埋深加大，使得交通、通风、出线等附属洞室的工程量增加。其次，抽水蓄能电站厂房的最大宽度一般由水轮机层决定，主要控制尺寸是水泵水轮机尺寸、机墩厚度、机墩外的运行通道和消防通道宽度（一般为1～1.5m），再加上布置调速器、油压设备、推力外循环等设备所需的宽度。但当球阀或蝶阀布置于主洞室内，或采用岩壁吊车梁作为吊车的支承结构时，厂房的跨度选择会受影响。

根据电站水头的不同，使得机组段长度受蜗壳平面尺寸或定子尺寸控制。当电站水头不是太高，机组引用流量较大时，主厂房机组段长度主要受蜗壳平面尺寸、蜗壳外包混凝土厚度、机电设备布置、交通等因素控制。对抽水蓄能电站的金属蜗壳，如采用充水加压浇筑蜗壳外围混凝土，还需考虑安装和拆卸闷头和充水加压设备所需要的空间。对水头高的抽水蓄能电站，单机引用流量小的时候，机组段长度由定子尺寸或发电机层机组周围电气设备布置、交通、混凝土结构厚度等因素决定。

引水系统压力支管轴线与厂房纵轴线之间夹角不同也对厂房尺寸有一定影响。当夹角为直角，即压力管道垂直进厂时，厂房跨度相对较大，机组段长度较小；当夹角为锐角，即压力管道斜向进厂时，厂房跨度相对较小，机组段长度较大。

3. 机组拆卸方式对厂房布置的影响

水泵水轮机转轮拆卸方式有上、中、下拆三种方式（见图11-1-17）。广州电站一期为下拆，广州二期和天荒坪电站为中拆，十三陵电站采用的是上拆。就水工结构而言，采用上拆方式对厂内的布置和结构比较有利，机墩、尾水管外包混凝土结构完整。中、下拆方式优点是节省检修时间（2～3周）；缺点是对机墩或尾水管外包混凝土结构削弱较大，厂房整体刚度降低，不利于结构稳定，同时为将转轮吊至安装场，除了在水轮机层和发电机层楼板上留有吊物孔外，还需在机墩或尾水管处留出通道，从而加大了机组间距以及厂房总长度，增加工程量和投资。下拆和上拆一样不需要中间轴，轴系简化，并可采用半伞式和顶盖上推力轴承布置。下拆的尾水管局部为明管，对减振和抗噪不利。

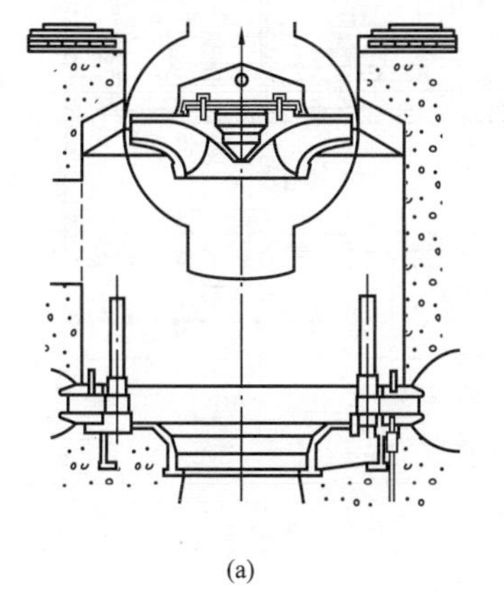
(a)

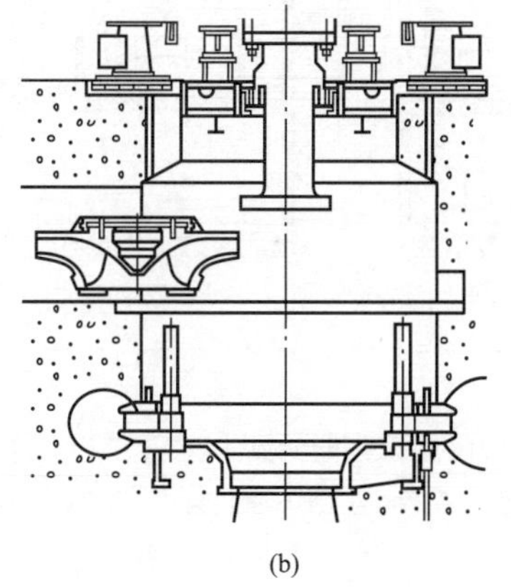
(b)

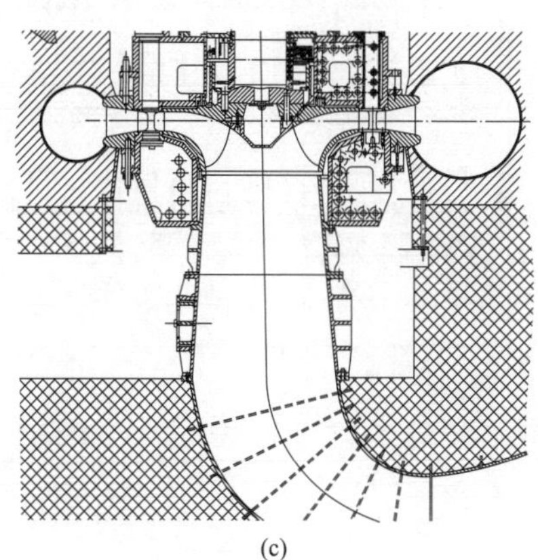
(c)

图11-1-17 水泵水轮机转轮拆卸方式

(a) 上拆；(b) 中拆；(c) 下拆

4. 可逆式机组起动方式对厂房布置的影响

目前抽水蓄能机组水泵工况起动大多采用静态变频器（SFC）起动为主、机组背靠背起动为辅的方式。为布置变频起动设备，如输入输出开关、输入输出变压器、控制柜、整流柜、逆变柜、直流电抗器及SFC冷却水系统等，需要相应增加厂房的面积，国内部分抽水蓄能电站起动设备布置情况表见表11-1-3。我国早期建成的大型抽水蓄能电厂，为了缓解因SFC起动而产生的谐波问题，还曾装设过谐波滤波器，为此要占用更大的空间，如广州和十三陵抽水蓄能电站的滤波器就分别占用面积$70m^2$和$112m^2$。同时为布置发电电动机起动回路的其他设备，如换向开关（PRT）、起动隔离开关等，还需要加大厂房的尺寸。张河湾抽水蓄能电站此两开关布置在母线洞，使母线洞加长，需增加起动母线，导致母线洞加高。琅琊山、十三陵抽水蓄能电站SFC起动设备布置图分别见图11-1-18、图11-1-19。

表 11-1-3 国内部分抽水蓄能电站起动设备布置情况表

电站名称	十三陵	琅琊山	张河湾	西龙池
装机容量（MW）	4×200	4×150	4×250	4×300
机组起动方式	变频起动为主、背靠背起动为辅	变频起动为主、背靠背起动为辅	变频起动为主、背靠背起动为辅	变频起动为主、背靠背起动为辅
变频起动设备的布置	整流器、逆变器布置于主变压器室端部副厂房 56.5m 高程，占地面积 148m²；交流、直流电抗器室布置于主变压器室端部副厂房 52.4m 高程，占地面积 260m²；谐波滤波器室布置于主变压器室端部副厂房 56.5m 高程，占地面积 112m²	输入输出开关、控制柜、整流柜、逆变柜布置于安装场下副厂房－2.2m 高程，占用面积 133m²；输入输出变压器布置于安装场下副厂房－6.6m 高程，占用面积 47m²；限流电抗器布置于主机间母线层 1 号、4 号机端部，占用面积约 2×30m²	输入输出开关、控制柜、整流柜、逆变柜布置于主变压器附属用房 436.7m 高程，占用面积 255m²；输入输出变压器布置于主变压器附属用房 430.7m 高程，占用面积 110m²；限流电抗器布置于主变压器附属用房 436.7m 高程，占用面积约 2×65m²	输入输出开关、控制柜、整流柜、逆变柜布置于主变压器室 748.5m 高程，占用面积 150m²；输入输出变压器布置于主变压器室 738.0m 高程，占用面积 110m²；限流电抗器布置于主变压器室 744.25m 高程，占用面积约 60m²
换向开关布置	布置于每条母线洞 35.95m 高程，占地面积约 4×16m²	布置于发电机层 2.5m 高程每台机组旁，占地面积约 4×20m²	布置于每条母线洞 425.1m 高程，占地面积约 4×20m²	布置于每条母线洞 731.7m 高程，占地面积约 4×20m²

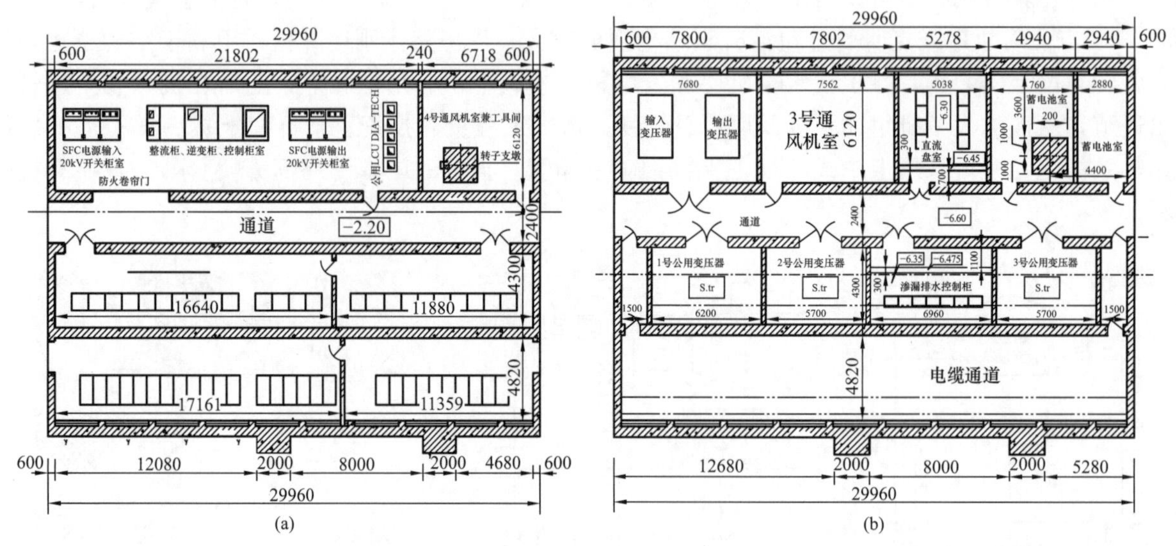

图 11-1-18 琅琊山抽水蓄能电站 SFC 起动设备布置图

（a）母线层（高程－2.20m）；（b）水轮机层（高程－6.60m）

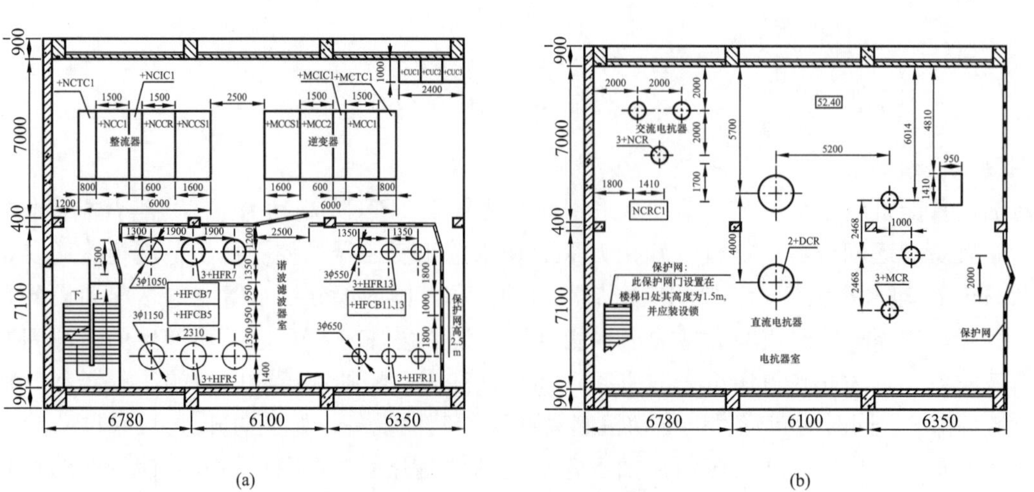

图 11-1-19 十三陵抽水蓄能电站 SFC 起动设备布置图

（a）高程 56.50m；（b）高程 52.90m

5. 可逆式水泵水轮机对厂房布置的影响

混流式水泵水轮机的转轮，特别是高水头抽水蓄能电站的转轮，其外形十分扁平，进口直径与出口直径的比率为1.4∶1～2.0∶1，而导叶高度仅为转轮进口直径的10%以下。相对于同水头的常规混流式水轮机转轮其进口直径大1.4～1.3倍，因此机坑直径较常规混流式水轮机机坑直径略大。另外由于顶盖和底环在水泵工况下要承受很大的水压力，同时为了降低厂房高度，部分抽水蓄能机组的推力轴承和水轮机导轴承都支承在顶盖上，因而要求顶盖和底环具有很大的刚度和强度，以使变形和应力减至最小。因此，这两部件大多采用箱形结构，其厚度可达到导叶高度的4～5倍。

6. 其他辅助设备对厂房布置的影响

抽水蓄能机组的吸出高度较大，机组安装高程可在尾水位以下达70～80m，也就是在电站所有管道和阀门经常处于0.7～0.8MPa以上的压力作用下，任何破裂都有可能造成厂房淹没，其损失将不可估量。所以除选用足够强度的管道和阀件，装设足够容量的排水泵之外，条件允许时，集水井的容积宜留有裕度，如能布置自流排水洞则更好。

由于抽水蓄能机组起动频繁、工况转换多、控制复杂等，使得电气辅助设备较多。如蓄电池室、低压供水设备、空气压缩机的容量和数量等均有所增加，导致附属面积增加20%～30%。另外因空气压缩机振动荷载和噪声较大，对厂房结构有一定的不利影响，建议尽量将空气压缩机室布置于基岩上，如琅琊山高压空气压缩机室布置于施工支洞内，占用面积60m^2（布置图见图11-1-20)；西龙池高低压空气压缩机室布置于副厂房底层，占用面积240m^2（布置图见图11-1-21)。

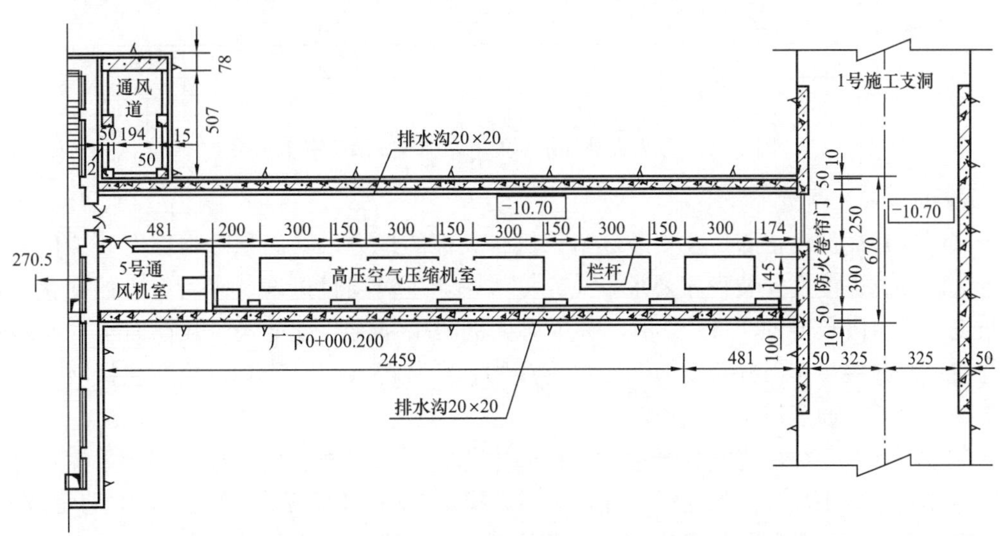

图11-1-20 琅琊山抽水蓄能电站空气压缩机室布置图

7. 厂房抗震结构对布置的影响

地下厂房的结构布置应与厂房机电设备布置结合在一起进行，除考虑常规地下厂房在结构方面的要求外，还由于抽水蓄能电站过渡过程复杂；高水头机组的体积相对较小，吸收振动的能力较差；机组流道内的水流流速高，撞击过流部件的动量大，导致厂房结构的振动较严重。由于主阀布置在厂房上游侧，通常可采用蜗壳外包混凝土靠厂房下游侧布置，使混凝土与岩壁紧密接触，将振动能量传给围岩，充分利用围岩的巨大刚度。如我国天荒坪、西龙池、沂蒙、文登等抽水蓄能电站，日本的奥吉野、葛野川、神流川等电站均是采用这种布置型式。厂房土建结构采用高刚度设计，是日本高水头抽水蓄能电站常采用的方法，如神流川抽水蓄能电站厂房各层楼板厚1m，风罩厚2.5m，机墩厚4.5m，两个机组段间不分缝，中间设两个2m×2m的混凝土柱。蜗壳外包混凝土最小厚度约3.5m，蜗壳外不设弹性垫层，浇混凝土时不打压等，这种布置简单合理，是结构抗震的有效措施。广州二期电站借鉴广州一期电站厂房刚度较小，振动较大的经验教训，为减小厂房支承结构的振动，采用了以下措施：①一台机组一个结构缝；②发电机层、中间层、水泵水轮机层、蜗壳层楼板厚度分别增加为0.6、0.5、0.6、1m，梁柱截面均相应增大；③上下游边墙改用混凝土墙，紧贴岩壁浇筑，墙厚分别为0.85m和1m；④转轮拆卸孔周边加强等。从运行的情况来看，厂房结构的振动明显减小。

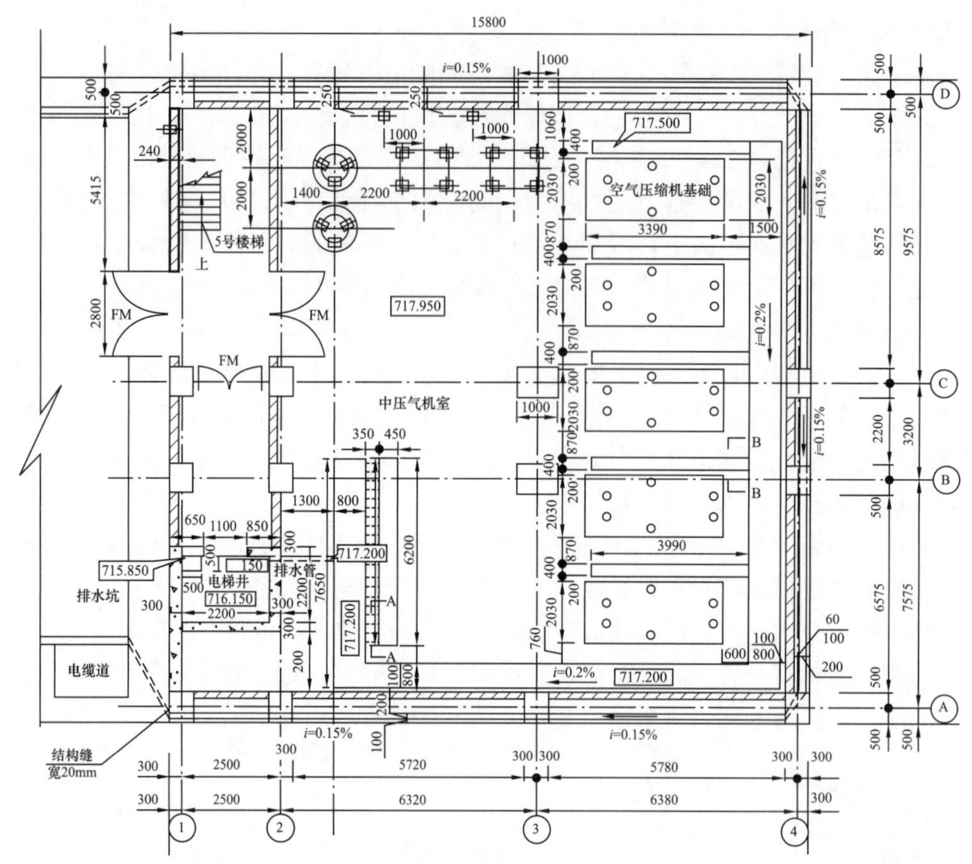

图 11-1-21 西龙池抽水蓄能电站空气压缩机室布置图

（二）安装场（间）布置

安装场（间）是进厂设备卸货及安装、检修机组大件的地方，其面积除根据安装工位的要求确定外，还要考虑施工总进度及安装程序要求，应充分考虑业主对项目进度要求所带来的变化。通常安装场（间）长度为机组段长度的 1.5～2 倍，采用与主机间相邻的布置型式。其地面与发电层采用同高程，为了与主厂房共用吊车，其跨度应与主厂房相同。安装场（间）通常设置在主机间一端或布置在主机间中部，与对外交通通道直接相连。

当地质条件不利时，往往将安装场设在主机间中部，可保留安装场下部的部分岩体，对厂房高边墙有一定支撑作用，减小高边墙的连续长度，对围岩稳定有利。但下部岩体开挖时，将形成两个基坑，对施工出渣有些影响。日本葛野川等许多抽水蓄能电站、泰国拉姆它昆抽水蓄能电站（厂房纵剖面图见图 11-1-22），国内的西龙池、十三陵、琅琊山、丰宁等抽水蓄能电站均采用此布置型式。

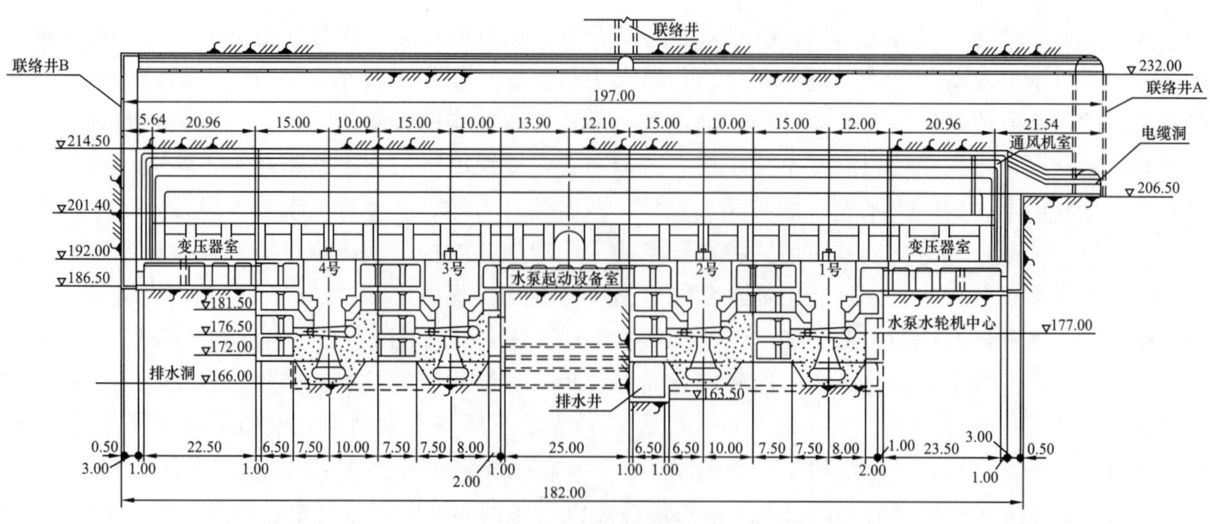

图 11-1-22 泰国拉姆它昆抽水蓄能电站厂房纵剖面图

若安装场设在主机间一端，则布置紧凑，施工安装期间场地利用率较高，且一般情况下纵轴线方向较中部安装场方案短，工程量稍小；另外，进厂交通可采用端部进入，能避免从上、下游进厂对高边墙造成的不利影响，但安装首台机组时，吊运距离及临时交通线路长，我国大多数抽水蓄能电站采用此布置型式。

安装场下部不设副厂房，可以提前施工形成安装场（间）地面平台，进行机组组装，有利于施工期安装场的边墙稳定。另外，安装机组荷载较大（通常可达 10～20kN/m^2），使安装场下部结构受力复杂，还可能遇到混凝土龄期不够就需安装大件而提前承载的问题。安装场下部设副厂房还有排水、通风不畅等问题，尤其是安装场设在主机间中部时，安装场下部不设副厂房可更好发挥对边墙的支撑作用。因此，有条件时大型电站地下厂房尽量避免安装场下部布置副厂房结构。

另外由于发电工期的要求，离安装场最近的一台机组在施工期经常作为设备组装的临时场地，施工期荷载较大，为结构安全起见，建议在设计时要充分考虑机组安装进度要求，布置好机电设备组装摆放工位，适当加大安装场的尺寸。

（三）副厂房布置

副厂房是各种辅助设备布置和运行人员工作的场所，由生产副厂房和办公用副厂房组成。布置原则是运行管理方便和最大限度地利用一切可以利用的空间，尽量减少不必要的房间面积，以节省投资。

根据《水电站厂房设计规范》中规定的“集中与分散相结合，地面与地下相结合，尽量减少地下洞室”的原则，可以采用将其全部布置在地面或全部布置在地下的方式，也可以一部分布置在地面、一部分布置在地下。当由于地形陡峻，水平方向的洞口及主厂房顶部地表没有合适的场地布置副厂房，或地面副厂房受滚石、崩塌等影响，处理工程量较大时，一般将生产副厂房布置在地下紧靠主机间的洞室内，这样运行管理方便；当开关站布置在地面时，也可将生产副厂房布置在地面，这样通风、采光、办公条件等均较好，地表与地下施工干扰少，可以减少洞挖，加快施工进度。由于地下副厂房受主机间机组运行的影响，其结构振动是难以避免的，尤其是副厂房内的中控室、电气试验室及办公用副厂房，是电站运行值班人员的主要工作与活动场所，振动的有害影响较大。大型抽水蓄能电站地下厂房大多数将中控室、电气试验室及办公用副厂房等对噪声、振动较敏感的房间布置在地面副厂房内；地下副厂房内主要布置电气设备和临时操作间，形成无人值班（或少人值守）的地下厂房，对副厂房的振动控制标准也可适当降低。

副厂房的布置应“以人为本”，综合考虑机电设备布置、通风、卫生等要求，合理布置各房间及电梯、卫生间等。根据设备的摆放情况，生产副厂房楼面的均布活荷载通常为 4～10kN/m^2，有的房间需要做设备基础，以承受设备运行过程中的动力荷载，有的房间根据机电盘柜的布置，板上需设连续的孔洞，因此副厂房的布置应在保证结构安全的前提下，满足电站生产需要。对承受荷载较大，且设备有动力作用的房间应尽量布置在副厂房底层，使荷载直接传递至基岩上，如高压空气压缩机室、油罐室等；其次楼盖肋型结构的梁格布置尽量布置成等距，房间布置时应尽量与柱网结构布置相协调，若有困难时，则房间的隔墙下需布置支承梁；板上开孔应避开梁、柱结构，有孔洞削弱的楼板周围需要有相应的加强措施等。

（四）厂内交通布置

厂内交通布置主要指主机间、安装场、副厂房各层之间的水平向交通和竖向交通布置。抽水蓄能电站由于大部分在厂房上游侧布置有球阀或蝶阀，为减小厂房机组支承结构的振动，厂房布置通常采用机组中心线尽可能往下游靠的布置型式，将蜗壳外围混凝土紧贴下游岩壁，因此水轮机层以上各层在厂房上、下游侧布置有水平向通道，以下各层往往只有厂房上游侧设水平向通道，通道的宽度应满足设备安装、运行、维护的需要，一般不应小于 1.5m。同时在主机间布置楼梯，以做竖向交通，从发电机层经母线层、水轮机层到达蜗壳层，通过楼梯还可至蜗壳进人门、尾水管进人门等处。发电机层至水轮机层楼梯由于平时使用频繁，所以坡度要缓，宽度不宜太窄，要考虑便于检修人员携带一些轻便工具上下，净宽至少为 1.2m。从运行的角度出发，大中型抽水蓄能电站最好每个机组段设一个楼梯，楼梯布置尽量相同；副厂房的楼梯可按一般民用建筑考虑，若副厂房高度超过 25m，需考虑设置电梯，以方便运行人员管理。另外注意要留有通往吊车梁以及吊顶的通道等。总之厂房的交通布置是否合理，直接影响到运行的方便与否，应尽量考虑得周到一些。

第二节　地下洞室群围岩稳定

抽水蓄能电站输水发电系统通常布置在地下岩体内，洞室群交错，围岩稳定成为关键技术问题之一。随着抽水蓄能电站建设和岩体力学的发展，洞室围岩变形破坏机理逐渐被工程设计人员掌握，日益完善的围岩分类方法和三维有限元数值分析手段为洞室的开挖支护设计提供了理论依据，围岩监测技术也使信息化施工成为可能，使支护设计更加合理、安全、经济。

一、地下洞室围岩稳定影响因素

地下洞室开挖后，改变了原来天然岩体中的应力平衡状态。在初始应力场的作用下，洞周围岩应力重新分布，围岩向洞内变形，甚至出现失稳破坏形态。地下洞室稳定性主要由围岩的应力、变形大小决定，而围岩的应力、变形主要受自然地质因素和工程因素的制约。

（一）影响围岩稳定的自然地质因素

影响围岩稳定的自然地质因素主要包括岩性与岩体结构特征、结构面性质和空间组合、岩体的物理力学性质、围岩的初始应力场、地下水状况等。

（1）岩体结构特征。岩体并不全是各向同性均质的连续介质，而是有节理、裂隙、软弱夹层和断层破碎带等结构面切割的地质体。常见的岩体结构类型主要有块状结构、层状结构、碎裂结构和松散结构。岩体结构类型不同，表现为地下洞室围岩变形的发展过程和破坏特征也不相同。表 11-2-1 为常见的岩体结构类型及其基本特征。

表 11-2-1　　常见的岩体结构类型及其基本特征

岩体结构		地质类型	基本特征	破坏机制	变形过程	稳定性评价
类型	亚类					
块状结构	整体	巨厚层及完整岩体，节理稀少	均一连续体	岩爆，劈裂	瞬时能量释放	良好
	块状	厚层及块状岩体，节理一般发育	均一裂隙体	块体塌滑，开裂	与岩爆同时发生，或因爆破被逐块松动，突然塌方	良好
	裂隙块状	中厚层及块状岩体，节理交叉切割，裂隙发育	均一裂隙体或多裂隙块体	块体塌滑	突然发生，与爆破松动有关	较好
层状结构	互层	软弱相间的砂页岩、灰页岩等互层岩体	强各向异性岩体	顺层滑移，岩层弯曲	稳定变形一周至三个月，失稳变形数日至数十日	一般
	间（夹）层	硬层间夹软层	各向异性岩体及夹层体	顺层滑动，塌落	稳定变形数日至十余日，有时长达一月	一般
	薄层	薄层及片状岩体，如片岩、千枚岩等	横向各向同性体	顺层滑动，表层弯曲，剥裂	稳定变形及发展变形十天至一月	一般
	软层	均一软弱沉积岩体，如页岩、黏土岩等	横向各向同性体	塑性变形及剪切破坏	变形阶段长达数月或更长	较差
碎裂结构	镶嵌	均一坚硬岩体的压碎带、劈理带、破碎岩体	均一碎块体	松动崩塌	稳定变形及发展变形阶段很短，一般数日	较差
	碎裂	均一岩体的破碎岩，裂隙张开，有夹泥	弱各向异性碎块夹泥体	松动崩塌，塑性变形，剪切破坏	变形阶段长达三月至半年	差
	层间碎裂	层状岩体的破碎岩，层面及裂隙张开、有夹泥	各向异性层状夹泥体	松动塌方，塑性变形，剪切破坏	变形阶段长达三月至半年	差
松散结构	松散	岩体破碎成大小不等的碎块、岩屑和团组	均一散粒体（似连续）	松动剪切破坏	变形阶段长达一月至三月	很差
	松软	由岩块、泥团、岩屑、岩粉及碎块组成岩体	均一软弱体（似连续）	塑性变形，剪切破坏（膨胀）	变形阶段长达三月至一年以上	很差

（2）地应力。地应力是岩体在天然条件下赋存的内应力，又称为天然应力、初始应力。地应力场与岩体自重、构造运动、成岩作用和温度等有关。当在岩体中开挖洞室后，岩体中原有的地应力平衡

状态遭到破坏，经过应力调整，在围岩中形成新的应力场，称为二次应力场。在岩体结构及其力学性质一定的条件下，地应力状态常是决定地下洞室围岩稳定性的重要因素。

(3) 地下水。地下洞室在施工过程和运行期间遇到的塌方和破坏事故，往往与地下水活动有关。当在地下水位以下或有裂隙水的情况下开挖时，形成的地下洞室将成为地下水的排泄通道。地下水沿裂隙面渗出的过程中，围岩受到动水压力作用，并降低了岩体及结构面的力学性能，易在不利的地质结构，如断层、风化破碎带等部位引起塌方。

(二) 影响围岩稳定的人为因素

其主要包括洞室群布置、洞室轴线方位、洞室形状和大小；施工中采用的开挖方法、步序；支护结构的类型、时机等。

天然条件下，岩体处于平衡状态，只有在开挖洞室后，破坏了这种平衡状态，才有可能出现洞室围岩的变形和破坏现象。因此，开挖洞室的工程活动是引起围岩变形、破坏的直接原因。一般需注意以下工程因素的影响：

(1) 上覆岩体厚度。洞室顶部以上的岩体厚度或傍山洞室靠边坡一侧的岩体厚度，应根据岩体完整性程度、风化程度、地应力大小、地下水活动情况、洞室规模及施工条件等因素综合分析确定。主洞室顶部岩体厚度不宜小于洞室开挖宽度的2倍。

(2) 洞室轴线方向。在满足枢纽总布置要求的前提下，洞室纵轴线宜与岩层层面走向、主要构造断裂面及软弱带的走向保持较大夹角，并宜与最大水平主地应力方向保持较小夹角。在引水管道或尾水管道采用斜向进厂时，夹角不宜小于60°。

(3) 洞室断面形状及尺寸。洞室断面形状不同引起围岩松弛的程度也不同，选择围岩应力分布比较均匀的洞形，可以避免过大的应力集中，如卵形、马蹄形。洞室断面尺寸对围岩稳定也有一定影响，高度、跨度大的洞室，在围岩中引起应力变化和出现变形的范围也较大。

(4) 洞室间距与布置。适当的洞室间距，可以使相邻洞室间的塑性区不连通，避免变形破坏。因此各洞室之间的岩体应保持足够的厚度，应根据地质条件、洞室规模及施工方法等因素综合分析确定厚度。岩石强度应力比大于7时，洞室间距宜取相邻洞室平均开挖跨度的1.0～1.5倍和较大洞室开挖高度的50%～60%的较大值；岩石强度应力比在4.0～7.0时，洞室间距宜取相邻洞室平均开挖跨度的1.5～2.0倍和较大洞室开挖高度的60%～70%的较大值；岩石强度应力比小于4时，洞室间距宜取相邻洞室平均开挖跨度的2.0～2.5倍和较大洞室开挖高度的70%～80%的较大值。岩石强度应力比小于2.5的极高地应力区不宜修建地下厂房。上下层洞室之间的岩体厚度宜大于下层洞室开挖宽度的1.0倍，且不小于5.0m。在复杂地质条件的围岩中，为改善洞室围岩稳定状态，安装间宜布置于主机间中部。

(5) 开挖步序。大型地下洞室大多采用分步开挖程序，实践证明，分步开挖过程中，洞室断面不断扩大，作业面沿洞轴线方向不断向前推进，在形成洞室过程中，围岩中的应力不断调整并出现相应的变形，不同的开挖步序，围岩中的应力与变形也不同。一般应遵循“先洞后墙、自上而下”，避免过度扰动和洞室之间的施工干扰。

(6) 支护结构型式。不同的支护结构型式提供给围岩的支护抗力不同，对围岩变形的控制程度不同。需根据围岩和地下水状况、围岩分类、结构面性质和发育情况，并考虑支护结构型式的适应性、经济性、施工可能性等，综合确定支护结构型式。

(7) 支护时机。现代支护结构原理的基本观点是充分发挥围岩自承载能力，支护应适时。支护过早，支护结构就要承受很大的形变压力，将是不经济的；支护过迟，围岩会过度松弛而导致失稳，将是不安全的。一般说来，围岩稳定性较好时可以在开挖完一段时间之后再做支护，围岩稳定性较差时，为防止塌滑，在开挖前后应及时支护。

二、地下厂房开挖分层与步序

抽水蓄能电站地下厂房洞室规模较大，并且主变压器洞一般平行布置在厂房下游，离主厂房较近，两洞室之间又有母线洞相连，形成复杂的大型洞室群。洞室群的开挖分层、开挖步序对洞室群围岩稳定有较大影响。

（一）开挖分层

地下厂房需依据围岩物理力学指标、岩体分类等地质条件，通过工程类比或三维有限元计算，分析不同开挖分层及分层高度对洞室围岩稳定的影响，结合施工布置需要，综合确定开挖分层。目前国内抽水蓄能电站地下厂房开挖跨度一般为20～25m居多，高度为50m左右，长度超过100m，由于洞室规模大，均采用分层分步钻爆法开挖，通常分6～7层进行开挖，层高一般为4～8m，高地应力地区一般取小值。对于复杂地质条件下的地下厂房，宜减少层高增加层数，日本地下厂房开挖层高一般控制在3m左右。

洞室开挖分层主要考虑三个因素：首先，洞室开挖分层要满足洞室围岩稳定的要求，合理确定开挖高度。地下厂房因分层多次爆破，使地应力多次释放，对洞室围岩稳定影响较大。在厂房中下部开挖时，上部边墙已积累一定变形，如果开挖层高较高，临空面突增较大，会造成边墙应力集中，围岩变形过大，甚至发生失稳破坏。所以要通过工程类比、围岩稳定分析，合理选择开挖层高。其次，要考虑施工通道的布置。通常厂房顶拱开挖利用通风洞作为施工、出渣通道，中部开挖利用交通洞进行施工，下部开挖利用引水或尾水洞与施工支洞相连作为施工通道。所以开挖分层高度要考虑这些施工通道的布置高程，各开挖层底板应能与施工通道底板平顺相接。另外，要考虑施工机械的作业要求。每层开挖后，要进行该层的出渣、支护施工和下一层的预裂爆破，开挖分层高度应满足多臂液压凿岩台车等施工机械的作业要求。综上所述，在厂房开挖前，需根据工程地质条件、施工通道布置、施工机械选择，类比相似工程，初拟开挖分层，进行围岩稳定三维有限元计算分析，根据计算的围岩变形和应力变化值，确定开挖分层高度。

（二）开挖步序

为了减轻对围岩的扰动，控制围岩变形，避免失稳破坏，必须合理确定洞室开挖步序。

（1）厂房洞室顶拱开挖。大跨度洞室顶拱开挖可采用中导洞先行开挖，两侧跟进扩挖的施工方案，如琅琊山、西龙池、桐柏等地下厂房；也可以采用两侧导洞先进，后拆中间岩柱方案，如宜兴地下厂房。同时，开挖步序与厂房顶拱支护方案应相匹配。根据数值分析和工程经验，采用边导洞开挖方案，在两侧导洞开挖完后，中间岩柱因应力过分集中，在爆破岩柱时会引起拱顶的变形突增，厂房顶拱的破坏区、围岩应力扰动和洞周位移比采用中导洞开挖方案大。图11-2-1为琅琊山抽水蓄能电站厂房顶拱开挖步序。

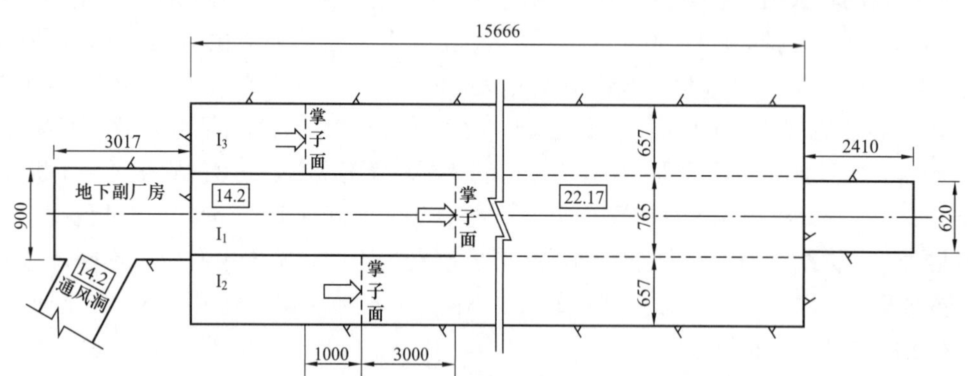

图11-2-1 琅琊山抽水蓄能电站厂房顶拱开挖步序

（2）相邻平行洞室错时开挖。主厂房与主变压器洞相互平行时，若两洞室同时开挖，围岩向两个临空面同时释放能量，洞室中间岩柱的塑性区易贯通，形成裂缝。因此，两平行洞室宜错时开挖，即相邻洞室同高程岩体宜错开开挖时间，先开挖完成一个洞室某高程岩体，支护后再开挖另一洞室相应高程岩体。

（3）交叉洞室开挖。对于交叉洞室，一般先开挖小洞室，释放一部分应力，并做好锁口支护，再进行大洞室该部位开挖，这样可以减小大洞室边墙的围岩变形，利于稳定。对于主厂房与主变压器洞之间的母线洞，应先从主变压器洞侧进行母线洞的开挖，母线洞开挖完成后再进行主厂房相应部位的边墙开挖，即所谓应“先洞后墙”原则。

（4）大型地下厂房洞室立体开挖。对于大型地下厂房洞室，为加快施工进度，有的工程采取立体开挖，即同时对厂房上部和下部岩体进行开挖，预留中部岩体最后进行爆破拆除。但该种开挖方式在拆除中部岩体时，使边墙短时间内失去中间支撑，迅速形成高边墙，围岩变位突增，对边墙围岩稳定不利。因此需结合工程地质条件、围岩稳定分析和工程措施等进行充分论证后，方可采用立体开挖。

由于各工程的地质条件与建筑物布置不同，洞室群的开挖应结合工程具体情况具体分析。图 11-2-2 为张河湾抽水蓄能电站厂房洞室群开挖分层及施工步序图。

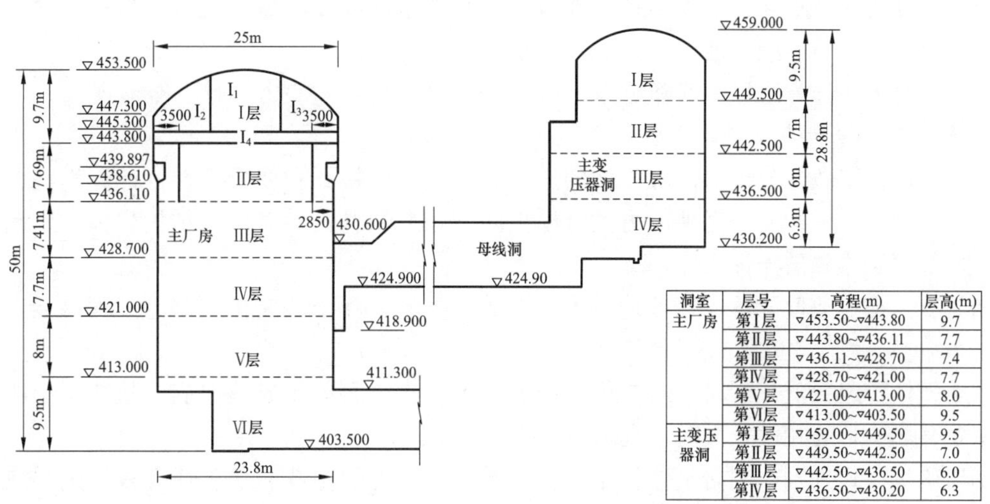

洞室	层号	高程(m)	层高(m)
主厂房	第Ⅰ层	▽453.50~▽443.80	9.7
	第Ⅱ层	▽443.80~▽436.11	7.7
	第Ⅲ层	▽436.11~▽428.70	7.4
	第Ⅳ层	▽428.70~▽421.00	7.7
	第Ⅴ层	▽421.00~▽413.00	8.0
	第Ⅵ层	▽413.00~▽403.50	9.5
主变压器洞	第Ⅰ层	▽459.00~▽449.50	9.5
	第Ⅱ层	▽449.50~▽442.50	7.0
	第Ⅲ层	▽442.50~▽436.50	6.0
	第Ⅳ层	▽436.50~▽430.20	6.3

图 11-2-2 张河湾抽水蓄能电站厂房洞室群开挖分层及施工步序图

（三）岩壁吊车梁开挖

岩壁吊车梁适用于整体围岩类别为Ⅲ类及以上的稳定围岩地下厂房，局部Ⅳ类或Ⅴ类围岩经过缺陷处理后仍可采用岩壁吊车梁。岩壁吊车梁部位的开挖应采用控制爆破技术并预留保护层开挖。岩壁吊车梁部位岩体质量较差时，在岩台斜面开挖前，宜完成斜面以下边墙系统锚喷支护，必要时在岩台下 1m 处可增设一排锁边锚杆预加固，以保证岩台的成形。边墙喷混凝土时，与岩壁吊车梁接触的岩面应予以保护，防止混凝土喷到该岩面上。

厂房下层爆破开挖应在岩壁吊车梁混凝土达到设计强度等级后进行。在下层及邻近洞室爆破开挖时，应进行控制爆破。爆破对岩壁吊车梁产生的质点振动速度不宜大于 70mm/s。

三、地下洞室围岩稳定分析

（一）围岩稳定分析方法

围岩稳定分析方法包括地质分析法、数值分析法、监测分析法和反馈分析法等方法，可根据洞室跨度和围岩类别选择几种方法进行定性和定量的综合分析评判。对围岩稳定进行初步分析判断时，宜首先采用地质分析法和工程类比法。

对于大型地下洞室，需通过数学建模，建立一个整体的洞室模型，模拟地下洞室开挖、支护过程中的岩体力学状态，为判断地下洞室系统支护设计合理性提供依据。弹塑性力学、流变学及岩石力学等现代力学和计算机技术的发展，较好地解决了支护结构计算中数学和力学上的困难，使理论分析设计法有了很大进展。近年来，国内外迅速发展起来有限元法、边界元法及离散元法等数值解法，建立了可模拟围岩弹塑性、黏弹塑性及岩体节理面等的大型计算程序。这些理论都是以支护与围岩共同作用为前提的，比较符合地下工程的力学原理。其中有限单元法是一种发展最快的数值分析方法，已经成为分析地下工程围岩稳定和支护结构强度计算的有力工具。

（二）地应力场反演

围岩稳定数值分析应根据地应力测试成果进行地应力场反演。地下厂房区范围内地应力测点数量不宜少于 6 个，当主体洞室最大跨度小于 25m 时，地应力测点数量可适当减小，但不应少于 3 个。进行地应力场反演时，应对地应力测试成果进行全面的量化分析和甄别，进行正交检验，剔除明显不合理地应力测点数据。厂区地应力场反演分析宜采用三维数值模型，计算模型宜根据厂区地应力水平合理概化，模型应包括已揭示的所有二级结构面、主要三级结构面，并反映地形、地貌特征。

厂区地应力场反演成果应与实测成果进行校验分析，可采用显著性检验或复相关系数法，三个方向的正应力计算值和实测值之差宜控制在实测值的±20%。

（三）地下洞室围岩整体稳定数值分析

1. 模型选用和边界条件

地下厂房洞室围岩稳定整体稳定数值分析，应根据围岩性质和地应力条件选择合适的力学模型：硬岩宜采用弹脆性或弹脆塑性力学模型；中硬岩宜采用弹塑性或弹脆塑性力学模型；软岩或具有流变性质的围岩，或高地应力下的中硬岩，宜采用黏弹塑性力学模型。

边界条件：有限元计算边界一般确定为3～5倍开挖跨度并在垂直方向计算至地表。

2. 围岩稳定数值分析应模拟的主要因素

（1）围岩整体稳定数值分析应反映岩体的岩类分区、结构特征和变形特性。计算模型应反映计算区域已揭示的三级以上结构面，高地应力区宜模拟四级以上结构面；对层状结构岩体，应反映其各向异性；宜模拟节理岩体和破碎带岩体。

（2）围岩整体稳定数值分析应模拟地应力场、支护方案、开挖与支护顺序等工程因素，宜考虑地下水影响。

（3）围岩整体稳定数值分析时，断层可采用实体单元、截面单元或其他能反映断层影响的方法模拟；若断层及其影响带的宽度较大时，宜采用实体单元模拟。

（4）围岩破坏模式判别。围岩整体稳定数值分析时，围岩的塑性剪切破坏宜根据围岩应力状态和强度条件，采用莫尔-库仑屈服准则、德鲁克-普朗克强度准则、基于莫尔-库仑屈服准则的修正准则、霍克-布朗屈服准则等进行判别；围岩的拉裂破坏可根据岩体抗拉强度进行判别，当围岩任一方向拉应力超过岩体抗拉强度时，则围岩进入拉损破坏。

3. 影响围岩稳定数值分析成果可靠性的因素

有限元法作为一种广泛应用的数值解法，其计算的准确性与精度是不用怀疑的，然而应用于地下工程中，计算结果往往与实际有一定差距，因而目前工程界认为，用有限元法计算锚喷支护，在定性上是可以信赖的，但在定量上只能作为设计的参考依据。一般来说，有限元法获得的围岩稳定计算成果的可靠性，取决于下述6个因素：

（1）岩体力学参数取值的可靠性和准确度。由于围岩地质因素非常复杂，计算参数选择往往有很强的综合性。

（2）围岩力学模型选用的正确性。计算时应根据围岩性质选用合适的力学模型，通常坚硬完整围岩可采用弹性力学模型计算，软弱围岩、高地应力围岩宜采用弹塑性力学模型计算，有流变性质的围岩宜采用黏弹塑性力学模型计算。

（3）有限元的单元划分和非线性计算的收敛情况。由于单元类型选择和网格划分对计算精度、储存量大小及运算时间均有影响，因而需根据工程实际需要，尽量选择合适的单元类型、大小、形状和疏密程度。

（4）计算范围选取的合理性。在岩体中开挖洞室，应力重分布的范围是有限的，实际和理论分析表明，对于地下洞室开挖后的应力应变，仅在洞室周围距洞室中心点3～5倍洞室开挖跨度（或高度）的范围内存在影响，所以有限元计算边界一般确定为3～5倍开挖跨度。

（5）边界条件和初始应力模拟的准确性。计算时，需对计算边界的位移条件和初始地应力进行模拟，模拟的仿真性、准确性对计算成果有一定影响。

（6）支护措施的模拟。各种支护型式的正确模拟，支护与岩体的关系，尤其是支护对岩体力学性能的改善作用的模拟，还是正在探讨的课题。

同时，由于开挖及支护将会导致一定范围内围岩应力状态发生变化，形成新的平衡状态，因而计算分析围岩稳定和支护受力状态，必须模拟岩体卸荷过程、开挖施工步骤和支护过程。另外，对于抽水蓄能电站地下厂房一般轴线很长，当地质条件变化不大时，通常可视作平面应变问题，进行二维有限元计算，分析开挖步序、支护结构与围岩稳定的敏感性，提出推荐支护参数再进行三维有限元计算，可使计算工作量大大减少。

（四）块体稳定分析

抽水蓄能电站地下厂房大多数地质条件较好，围岩为坚硬岩体，主厂房与主变压器洞等洞室为大跨度高边墙，岩体沿节理、裂隙等构造面的滑动往往是主要破坏形式。可采用块体极限平衡理论分析岩体构造弱面的抗滑稳定性。

块体理论假定岩石为不连续介质，块体是指由各类结构面和临空面切割形成的岩体，根据块体与临空面的组合关系可分为无限块体和有限块体，其中有限块体又可分为不可动块体与可动块体两种类型。在可动块体中，有的块体在工程作用力和自重作用下，即使滑动面上的抗剪强度为零仍能保持稳定性；而有的块体在工程作用力与自重作用下，当滑动面上的抗剪强度小于某一值时可能失稳，一旦滑面上的抗剪强度不足以抵抗滑动力时，必然形成失稳的块体。块体理论中将这类块体称之为关键块体，工程研究主要内容就是研究洞室开挖临空面上的关键块体的分布、规模、滑动方式及提供锚固的设计参数等。

块体稳定分析应考虑持久状况、短暂状况和偶然状况等设计状况，应考虑基本组合和偶然组合两种最不利荷载组合情况。

块体稳定分析时，支护力应按下列原则考虑：①支护力按增加的抗滑力考虑；②块体上已有的洞室系统锚杆、系统锚索支护力的50%可计入块体既有支护力；③对预应力锚索，应考虑群锚的相互干扰作用。

加固块体的锚杆、锚索所产生的支护力，应根据实际布置情况按下列方法确定：①悬吊型块体的加固锚杆、锚索宜布置为铅直向或近铅直向，计算支护力时应投影至铅直向。②滑移型块体的加固宜采用预应力锚杆和锚索，预应力锚杆和锚索宜根据块体的滑动方向和施工条件等因素确定；非预应力锚杆宜布置为拉剪锚杆。

（五）围岩稳定判别标准

围岩整体稳定性应采用多种方法从定性和定量两方面进行综合性评判，局部块体稳定性宜采用定量方式进行评判。

如何根据有限元计算结果合理判断围岩的稳定性也是当前尚未解决的一个问题，目前采用的判断围岩稳定性方法有如下三种：①超载系数法：将外荷载乘以系数 K 值，并逐步增大 K 值进行反复计算，直到计算不能收敛为止，即认为围岩失稳，K 值为安全系数。②材料安全储备法：将材料的主要强度特征值，如 C（黏聚力）、f（摩擦系数）乘以系数 K 值，逐步降低 K 值进行反复计算，直到计算不能收敛为止，即认为围岩失稳，$1/K$ 就是安全度。③经验类比法：将计算得到的洞壁位移值或塑性区范围与按类似工程经验所得的围岩失稳时的允许位移值或允许塑性区大小进行对比，由此确定围岩稳定性的安全度。

围岩稳定性评价重点或控制性指标可参考表 11-2-2。表 11-2-2 中洞室周边允许位移相对值（%）控制标准为 GB 50086《岩土锚杆与喷射混凝土支护工程技术规范》推荐值，适用于Ⅲ、Ⅳ和Ⅴ类围岩中跨度分别不大于 20、15、10m，高跨比为 0.8～1.2 的地下洞室。考虑到抽水蓄能电站地下厂房跨度大、边墙高的特点，应根据向洞内收敛位移、收敛比、收敛速率、洞室跨度、高跨比等指标，进行综合分析评判，以及对工程类别进行修正。

表 11-2-2　　围岩稳定性评价重点或控制性指标

类型与方法		评价方法	评价重点或控制性指标
类型	评价方式		
整体稳定性	定性评价	工程地质法	从岩质特性、岩体结构、地下水和岩体应力状态四方面，通过围岩工程地质分类，对围岩整体稳定性进行综合分析评价，重点研究中陡倾角结构面对高边墙、端墙和缓倾角结构面对顶拱围岩稳定性的不利影响
		工程类比法	根据岩体围岩类别、围岩主要工程地质特征（岩体状态、结构面特征、岩石单轴饱和抗压强度、质量指标和地下水活动状态）、洞室规模和尺寸、类似工程的支护型式与参数等进行综合类比分析。选择相应支护型式与参数，并对围岩整体稳定性进行综合分析评价

续表

<table>
<tr><th colspan="2">类型与方法</th><th rowspan="2">评价方法</th><th colspan="4" rowspan="2">评价重点或控制性指标</th></tr>
<tr><th>类型</th><th>评价方式</th></tr>
<tr><td rowspan="5">整体稳定性</td><td rowspan="5">定量评价</td><td></td><td>围岩应力—强度判据</td><td>围岩塑性区或松弛区判据</td><td>模型试验判据</td><td>洞周围岩位移判据</td></tr>
<tr><td>数值分析法</td><td rowspan="4">考虑二次应力作用时，在洞周压应力集中部位：当围岩强度应力比值大于4.0时，围岩稳定；小于4.0而大于2.0时围岩稳定性差；小于2.0时围岩不稳定</td><td rowspan="4">支护条件下围岩满足：相邻洞室间岩柱塑性区或松弛区未贯通、洞周塑性区或松弛区深度不大于洞室跨度的50%～60%时，围岩整体稳定</td><td rowspan="4">无支护时，围岩超载系数大于等于1.6，或有支护时，围岩超载系数大于等于2.0，围岩整体稳定</td><td rowspan="4">洞室周边允许位移相对值　单位：m<table><tr><th rowspan="2">围岩类别</th><th colspan="3">洞室埋深</th></tr><tr><th><50</th><th>50～300</th><th>>300</th></tr><tr><td>Ⅲ</td><td>0.10～0.30</td><td>0.20～0.50</td><td>0.40～1.20</td></tr><tr><td>Ⅳ</td><td>0.15～0.50</td><td>0.40～1.20</td><td>0.80～2.00</td></tr><tr><td>Ⅴ</td><td>0.20～0.80</td><td>0.60～1.60</td><td>1.00～3.00</td></tr></table>注意：（1）脆性围岩取表中较小值。对塑性围岩则取表中较大值。
（2）表中数据应根据向洞内收敛位移、收敛比、收敛速率、洞室跨度、高跨比等指标进行综合分析评判和工程类比进行修正</td></tr>
<tr><td>模型试验法</td></tr>
<tr><td>现场监控法</td></tr>
<tr><td>反馈分析法</td></tr>
<tr><td>局部稳定性</td><td>定量评价</td><td>极限平衡法</td><td colspan="4">块体稳定安全系数应满足：
（1）滑移型 $K\geqslant1.80$。
（2）悬吊型 $K\geqslant2.00$</td></tr>
</table>

注　表中整体稳定定量评价方法与适应性评价指标配套使用，不完全一一对应。

四、地下洞室支护设计

（一）支护设计理论

地下工程支护理论的发展至今已有百余年的历史，大致可分为三个发展阶段：

（1）20世纪20年代以前，主要是古典的压力理论阶段。这类理论认为，作用在支护结构上的压力是其上覆岩层的重量 γH（γ 是岩层容重，H 是埋深），其代表有海姆、朗肯和金尼克理论。

（2）20世纪20年代至50年代，主要是松散体塌落拱理论阶段。这类理论认为，当地下工程埋藏深度较大时，作用在支护结构上的压力不是上覆岩层重量，而只是围岩塌落拱内的松动岩体重量，其代表有泰沙基和普氏理论。

（3）20世纪50年代前后发展起来支护与围岩共同起作用的现代支护理论。这种理论认为岩体不仅会对支护结构产生荷载，同时它本身又是一种承载体，围岩是承载的主体，支护是加固和稳定围岩的手段，支护与围岩共同承载维持洞室稳定。允许围岩有适度变形，通过支护调节，控制围岩不出现有害松动，以最大限度地发挥围岩自承能力，使工程安全、经济和施工方便。

充分发挥围岩自承载能力是现代支护理论的一个基本观点。国际上广泛采用的新奥地利隧道设计施工方法，就是基于支护与围岩共同作用的现代支护设计理论。一方面要求采用快速支护、紧跟作业面支护、预先支护等手段限制围岩进入松动，以保持围岩的自承力；另一方面又要求采用分次支护、柔性支护等手段允许一定范围的围岩进入塑性状态，以充分发挥围岩的自承载能力。

（二）支护结构类型

支护结构的作用在于保持洞室断面的使用净空，防止岩质变差，承受可能出现的各种荷载，保证结构安全。有些支护还要求向围岩提供足够的抗力，维持围岩的稳定。按支护的作用机理，目前采用的支护结构类型大致可归纳为三类，见表11-2-3。

表11-2-3　　支护结构类型

分类	说明
柔性支护结构	柔性支护结构既能及时地进行支护，限制围岩过大变形而出现的松动，又允许围岩出现一定的变形，同时还能根据围岩的变化情况及时调整参数。锚喷支护是一种主要的柔性支护类型，目前在工程中广泛应用
刚性支护结构	刚性支护结构通常具有足够大的刚性和断面尺寸，一般用来承受强大的松动地压。刚性支护通常采用现浇混凝土衬砌，和围岩保持紧密接触，提供支护抗力
复合式支护结构	复合式支护结构是柔性支护与刚性支护的组合支护结构，初期支护一般采用锚喷支护，然后再现浇混凝土衬砌。复合式支护结构中的初期支护和最终支护一般都是承载结构

地下洞室应根据围岩地质条件、洞室断面型式和大小及施工方法，通过工程类比和围岩稳定分析选择合适的支护型式。应优先采用喷混凝土、钢筋网、锚杆、锚索等一种或几种组合而成的柔性支护。当单独使用柔性支护难以满足围岩稳定要求时，宜采用柔性支护与钢筋混凝土衬砌组合的复合式支护。Ⅳ～Ⅴ类围岩宜采用钢筋混凝土衬砌型式的刚性支护或复合式支护。

（三）支护设计流程

支护设计是一个动态过程。随着计算、监测及施工管理水平的提高，大型地下洞室逐渐采用信息化开挖支护设计思路，按照“地质勘察—设计—施工—监测—反馈—调整支护参数—施工”的设计流程，根据各设计阶段对围岩特性的了解深度及施工中观测的情况，及时修正支护设计，使支护方案更加适合地质条件且更合理、更经济。图 11-2-3 为地下厂房洞室开挖支护设计流程。

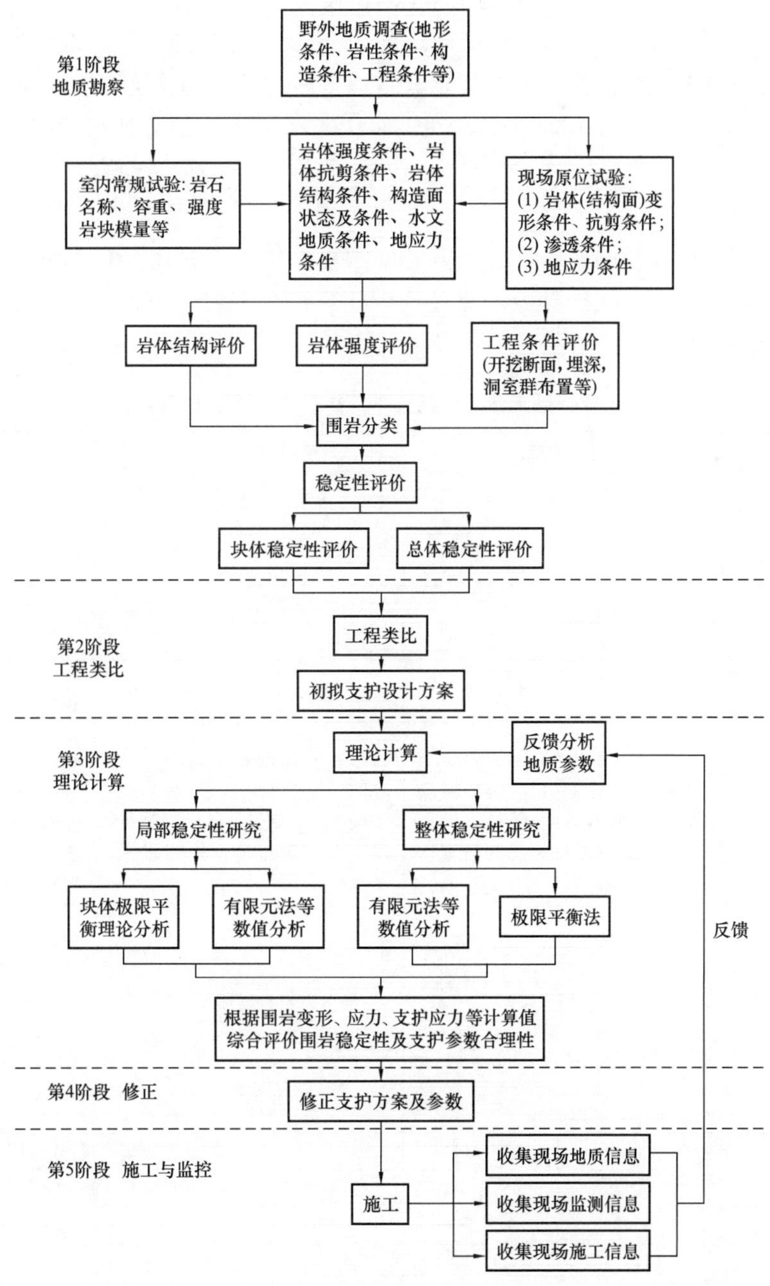

图 11-2-3　地下厂房洞室开挖支护设计流程

（四）支护设计方法

随着岩石力学的发展，近年来围岩稳定分析和支护设计方法取得很大进展。由于自然岩体的复杂性，因此目前支护设计仍然是按半经验半理论的方法进行设计，基本方法主要有两种：以经验为依据的工程类比法和以计算为依据的理论分析法。至今地下工程支护结构设计还是以工程类比法为主，辅以理论分析法。近年来，由于监测技术、计算技术和岩石力学的互相渗透，以监测为手段的信息化设计法也有了很大发展。

1. 工程类比法

工程类比法通常有直接类比法和间接类比法两种。直接类比法一般是以围岩的岩体强度和岩体完整性、地下水影响程度、洞室埋深、地应力、洞室形状与尺寸、施工方法等为参照因素，将设计的工程与上述条件类似的已建工程进行对比，由此初步确定锚喷支护的类型与参数。间接类比法一般是根据现行锚喷支护技术规范、围岩分类法，按其围岩分类及推荐的支护参数表，确定拟建工程的支护类型和参数。各锚喷支护设计规范推荐的支护参数表是基于大量锚喷工程的实践，以工程实例为依据，并经过综合分析，主要按围岩类别与洞跨给出相应支护类型与参数。

在Ⅲ～Ⅳ类围岩中修建跨度大于20m的洞室，GB 50086《岩土锚杆与喷射混凝土支护工程技术规范》给出洞室高跨比小于1.2的Ⅲ类围岩中洞室跨度35m以内的支护类型和设计参数，现行行业规范未提出相应的锚喷支护参数建议值，而抽水蓄能电站地下厂房跨度通常大于20m，高跨比远大于1.2，如修建在Ⅲ～Ⅳ类围岩中，主要采用直接类比法。表11-2-4为国内部分抽水蓄能电站地下厂房洞室支护设计参数。

2. 理论分析法

地下洞室围岩稳定分析涉及两方面计算内容，即洞室整体围岩稳定分析和局部不稳定岩体稳定分析。对于初步拟定的支护方案、支护参数，通过分析计算进行调整。关于围岩稳定分析内容详见本节“三、地下洞室围岩稳定分析”。

表 11-2-4 国内部分抽水蓄能电站地下厂房洞室支护设计参数

工程名称		张河湾抽水蓄能电站		琅琊山抽水蓄能电站		西龙池抽水蓄能电站	
装机容量（MW）		4×250		4×150		4×300	
垂直埋深（m）		100～170		150		300	
最大地应力（MPa）		5.50～13.37		9～11		6.0～12.0	
水平主地应力方向		NE60°～79°		NE70°～SE110°		NE50°～60°	
主要节理裂隙或岩层产状		节理裂隙 NW345°～NE10°		岩层 NE45°～50°/NW∠80°～85°		岩层 NW290°～340°/NE∠4°～10°	
岩性		主要为变质安山岩，厂区主要断层有 fp_{30}、fp_{33} 两条断层带，带宽0.10～0.80m，充填石英脉，有锈蚀，局部最宽达1.5m		主要为薄层夹中厚层灰岩，局部有燕山期侵入花岗闪长斑岩蚀变带，宽3～15m，横贯厂房上、下游边墙，并在顶拱、底板局部出露		厂房顶拱及边墙围岩为张夏组（∈$_{2z}$）互层状成生的似极薄层—薄层状灰岩、中厚层—厚层鲕状灰岩与似极薄层—薄层状紫红色钙质石英粉砂岩，底板为互层状的薄层状灰岩、中厚层—厚层鲕状灰岩与厚层泥质柱状灰岩，均呈微风化至新鲜状态	
岩体	围岩分类	Ⅱ类为主		Ⅲ类为主，局部Ⅳ～Ⅴ类		Ⅲa～Ⅲc类	
	E(GPa)/C(MPa)/C'(MPa)	平行28，垂直20/0/0.70		平行5～6，垂直6～8/0.75/0.9		平行7～15，垂直3～10/0/4～10	
	$\delta_a/\phi/\phi'$(°)	210/43		50～60/40/40～43		70～100/35～42	
主体洞室尺寸	主体洞室	主厂房	主变压器室	主厂房	主变压器室	主厂房	主变压器室
	跨度 B(m)	25/23.8	17.8	23.1/21.5	21.5	23.5/22.25	16.4
	高度 H(m)	50.8	28.80	46.17	20.07	49	17.5
	长度（m）	151.55	117.39	132.6	2×12.03	149.3	130.9
	相邻洞室净距 L(m)	46.15		主厂房、主变压器室布置在同一洞室		44.5	
	L/B_{max}	1.82	1.94	—		1.91	2.74
	L/H_{max}	0.90	0.91	—		0.92	2.57
	洞室型式（f、R）	圆拱直墙（1∶4、15.7m）		圆拱直墙（1∶4、14.445m）		圆拱直墙（1∶4、15m）	

续表

工程名称			张河湾抽水蓄能电站		琅琊山抽水蓄能电站		西龙池抽水蓄能电站	
厂房纵轴线方位角			NE40°		NW285°		NW280°	
引水洞方式/直径 D(m)/Q(m^3)/v(m^3/s)			双机单管，D=6.4、Q=95.12、v=5.91		单机单管，D=7.0、Q=135.9、v=4.81		双机单管，D=5.2、Q=54.18、v=5.102	
尾水洞方式/直径 D(m)			一机一洞，马蹄形/D=5m		两机一洞，圆形/D=10.4m		一机一洞，马蹄形	
支护参数	喷混凝土	顶拱	C20，15cm（Φ8@20）	C20，15cm（Φ8@20）	C20，18cm（Φ8@20）	C20，18cm（Φ8@20）	喷钢纤维混凝土，20cm	喷钢纤维混凝土，15cm
		边墙	C20，15cm（Φ8@20）	C20，15cm（Φ8@20）	C20，18cm（Φ8@20）	C20，18cm（Φ8@20）	C20，20cm（Φ8@20）	C20，15cm（Φ8@20）
	锚杆	顶拱	Φ25 L4/6m @1.5m	Φ25 L3/5m @1.5m	Φ25 L5/7m @1.5m	Φ25 L5/7m @1.5m	预应力树脂锚杆 Φ32 L4.8/7.2m@1.5m	树脂锚杆 Φ28 L5/7m@1.5m
		边墙	上游Φ25 L5/7 @1.5 下游Φ25 L4/6 @1.5	上游Φ25 L4/6 @1.5 下游Φ25 L3/5 @1.5	Φ25 L5/7 @1.5	Φ25 L5/7@1.5	Φ32L7/9m@1.5m	砂浆锚杆 Φ28L5/7m@1.5m
	锚索	顶拱	T1600 L20～25		T600～1000 L20	T600～1000 L20	T1600～2000 L20	T1600，L15
		边墙			T1000 L15～20	T1000 L15～20	T1600～2000 L20	
最大位移	计算（mm）	顶拱	8.3	1.8	4.5	未进行计算	16.9	16.6
		边墙	上游：9.6 下游：9.6	上游：3.5 下游：4.2	上游：29.3 下游：32.7	未进行计算	上游：58.1 下游：73.7	上游 19.1 下游：30.0
	实测（mm）	顶拱	3.48	1.72	3.58	无	17.81	8.59
		边墙	上游：5.31 下游：7.3	上游：1.54 下游：1.62	上游：7.84 下游：11.24	无	6.63	2.91
拉损范围	计算（m）	顶拱	1～4 局部 8.5	1～2	6～7	未进行计算	1～2	1
		边墙	上游：6～7 局部 15 下游：6～7 局部 16	上游：3～6 下游：3～4	7～9	未进行计算	4～8	1～3
计算模型			三维非线性弹塑性有限元		三维非线性弹塑性有限元		三维非线性弹塑性有限元	

3. 信息化设计法

信息化设计法是近些年发展起来的一种以现场监测为手段的信息化设计施工技术。原理主要是通过现场监测获得关于稳定性和支护系统工作状态的数据，然后根据监测数据，通过反分析运算和预测分析，对支护设计作出修正，使之符合实际情况，在满足围岩稳定安全的前提下使支护更加合理化。这一过程可称为信息化设计或监控设计。信息化设计是将勘测、设计、监测、施工管理融于一体的综合系统工程，不是简单“按图施工”，而是要在施工过程中根据监测信息不断修正、完善支护设计，使设计过程与施工过程紧密结合为一个过程。

信息化设计通常包含两个阶段：初始设计阶段和修正设计阶段。初始设计一般应用前面述及的工程类比法和理论计算方法进行。修正设计则应根据现场监测所得数据，进行反分析而得到修正的设计参数，应用于施工。

信息化设计内容包括现场监测、信息传输与处理、监测数据反馈分析三个方面。

（1）现场监测包括选择监测项目、监测手段、监测方法及测点布置等内容。通过监测取得地下洞室开挖过程中岩体变位、围岩松动范围、锚杆和预应力锚索应力、地下水压力等信息，这是信息化设计的基础。为了使分析能反映现场施工的实际情况，还必须收集相关的地质和施工信息，如岩性、地质构造、开挖体形、每次放炮进尺、炮孔布置等。日本大河内抽水蓄能电站在监测现场地质条件时，除表示岩层、地质构造外，还用3m×3m的网络将各个点的巴顿Q值表示在厂房三维图中，并根据施工过程中收集的信息，不断补充和修正地质信息。

(2) 信息传输与处理。大量数据的处理、反分析和预测分析都需要在尽可能短的时间内完成，才能及时调整支护布置，同时又不影响施工的正常进行，因此，要将现场收集的各项监测信息快速传递给设计和施工管理部门。现场量测数据是随时间和空间变化的，具有时间效应和空间效应，所以要及时地利用变化曲线关系图，绘制监测数据随时间的变化规律，或者绘制监测数据与距离之间的关系曲线，便于进行分析。

(3) 监测数据反馈分析。一般有定性反馈与定量反馈。①定性反馈是根据人们的经验以及理论上的推理所获得的一些准则，直接通过监测数据与这些准则的比较而反馈于设计与施工。工程实践中，首先要根据经验和计算成果建立洞室安全控制标准，再将监测值与管理标准值进行对比，评价围岩的安全性，决定是否需要调整支护布置。②定量反馈作为阶段性监测管理，地下洞室每层开挖完成后，要利用监测数据进行反分析。根据反分析得到的岩体及地质构造的特性、地应力等成果再进行正分析。据此对以后各层开挖时围岩的稳定性做出预测，包括失稳区的位置、大小及其破坏形式，并计算需要的支护抗力，与原设计值进行比较，判断是否需要对支护方案及施工程序等做出必要的调整，有时还需对管理标准做出相应的修改。图11-2-4为地下洞室分层开挖支护位移反分析及围岩稳定分析流程图。

目前，抽水蓄能电站地下洞室的信息化支护设计迅速发展。我国近些年进行的抽水蓄能电站地下洞室支护设计，十分重视利用围岩稳定监测资料指导设计和施工，但是反分析成果尚不能恰当、及时地指导设计和施工。由于信息化设计需要有较完备的测试仪器和大量的监测工作，并且反馈理论和反馈计算方法还不完善，监测数据的分析和反馈计算成果的判断仍然依赖于人们的经验，所以信息化设计还有待于不断发展和完善。

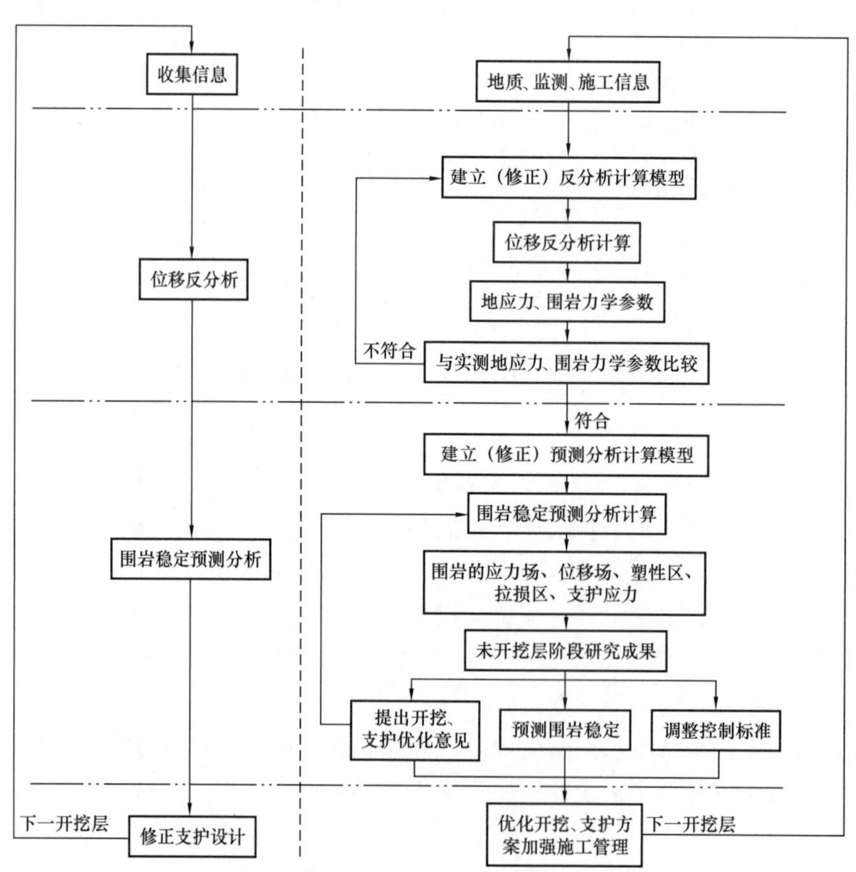

图11-2-4 地下洞室分层开挖支护位移反分析及围岩稳定分析流程图

综上所述，根据地下工程的特点和当前的技术水平，现代支护原理主张凭借现场监控测试手段，指导设计和施工，并由此确定最佳的支护结构型式、参数和最佳的施工方法与施工时机。因此，地下洞室开挖支护设计要综合采用工程类比法、理论分析法、信息化设计等方法。首先，采用工程类比法确定支护型式，初步拟定支护参数；再根据工程实际情况，选择合适的理论模型进行洞室围岩稳定性分析，验算初拟的支护参数是否合理；施工开挖过程中在现场进行必要而有效的现场监测，根据监测资料和现场的地质详查结果、施工信息进行必要的反分析，修正计算模型中采用的地质参数，并依据反分析结果进行后续开挖稳定性预测，调整支护参数以适合现场实际情况。

（五）特殊部位局部加强支护设计

（1）交叉洞口的加强支护。洞室交叉口的受力状态是十分恶劣的，一般有如下问题：由于交叉口临空面多，在开挖过程中，超挖较严重，甚至出现塌块；由于交叉口应力高度集中，在未及时进行锁口处理的情况下，会出现岩壁崩裂。根据工程经验，交叉洞口需采取加强支护措施。通常在交叉洞室开挖轮廓线以外40～60cm，按1m间距，设1～2排锁口锚杆后再进行开挖；如果围岩较破碎，交叉口一般采用钢筋混凝土衬砌；对于与厂房等大型洞室交叉的小洞室，在岔口处永久支护型式通常采用刚性支护与锚喷支护结合的复合式支护。在位于厂房边墙的母线洞等洞室的施工中，一般应优先开挖母线洞等小洞室，并对小洞室1～1.5倍跨度洞段加强支护后再开挖大洞室；在不具备优先开挖小洞室的条件时，开挖小洞室前除要做好锁口锚杆支护外，开挖时应严格控制周边孔的装药量，以减少对围岩的影响；在母线洞等洞室距岩壁吊车梁底部较近时，为减少母线洞开挖对岩壁吊车梁的影响，应先开挖进入母线洞进口数米并对其进行支护后，再进行岩壁吊车梁的混凝土浇筑。

（2）断层处理。在地下洞室开挖过程中遇到比较发育的断层或裂隙密集带时，为确保施工及运行安全，除重视临时支护时机外，在永久支护施工时，需进行重点加固。首先将断层内淤泥等清除干净，当夹泥较深时，宜清除一定深度，后用喷混凝土回填，并加密钢筋网；然后利用较密而长的砂浆锚杆或预应力锚杆将断层上、下盘岩体尽量连接在一起，以防止沿断层面的相对位移。图11-2-5为地下洞室断层处理示意图。

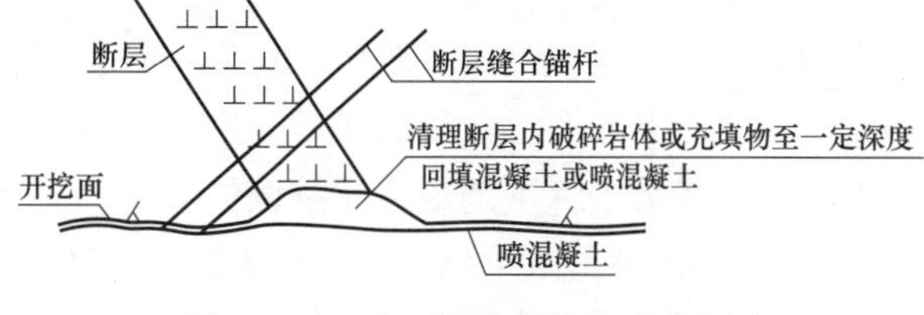

图11-2-5　地下洞室断层处理示意图

（六）支护设计需要注意的问题

1. 不同围岩类别支护时机

根据弹塑性理论分析，地下洞室顶拱开挖后由于初始应力场的作用，顶拱发生向下的变位，在岩石尚未破坏前，随变位的增加，维持洞室稳定所需支护力逐渐减小。如果支护太刚则不能充分发挥围岩自身的承载作用，如果支护太柔则会导致围岩松散，失去承载能力，而导致支护结构承受荷载明显增加。一般来说，稳定性较好的岩体可以在开挖完成一段时间后再做支护；稳定性较差的，在开挖后应及时支护。支护时机的掌握根据现场监测信息确定。

支护与开挖的间隔时间、间隔距离及施工程序，应根据围岩类别、支护类型、爆破参数等因素确定。应在围岩出现有害松弛变形前支护完成。稳定性差的围岩（软岩）应做预支护，开挖后初期支护应紧跟工作面。支护时机的确定与围岩类别有关，Ⅱ类围岩锚喷支护滞后开挖掌子面10～15m，Ⅲ类围岩锚喷支护滞后开挖掌子面5～10m，Ⅳ、Ⅴ类围岩必须紧跟掌子面及早支护、必要时超前支护；预应力锚索支护滞后开挖掌子面不宜超过30m。

2. 母线洞衬砌施工时机

大部分抽水蓄能电站母线洞布置于地下厂房和主变压器洞之间，应采用先洞后墙法开挖，并对洞口1～1.5倍洞径段进行加强支护。相邻两母线洞之间的岩墙或岩柱，应根据地质情况确定支护措施。相邻母线洞的开挖程序，宜采取间隔开挖，及时支护。相邻洞室开挖时，前后开挖作业面应错开30m以上，并在先开挖的洞室完成初期支护后再开挖相邻洞室。

若围岩条件较差，母线洞开挖完成初期支护后，应及时完成二次衬砌；若围岩条件较好，则可以在主厂房洞室开挖至下部后再进行衬砌，这样可以避免由于主厂房洞围岩变形引起母线洞衬砌混凝土开裂。

3. 锚索设计张拉力

锚索设计张拉力应根据设置部位、岩体应力和变形状况确定，宜为锚索承载力设计值的60%～90%。对高地应力区、高边墙等后期变形较大部位，设计张拉力应取较小值；对局部不稳定块体，设计张拉力应取较大值。

4. 合理利用附属洞室布置对穿锚索

对于厂房顶拱位于水平岩层、缓倾角裂隙发育或者地质条件复杂的围岩中时，洞室顶拱开挖后在竖向地应力的作用下，顶拱围岩会出现滑塌现象，围岩变形也会相对较大，通常在顶拱上部布置廊道，在廊道内提前施工锚索孔，在厂房中导洞开挖，以及边顶拱扩挖过程中及时安装锚索，完成顶拱对穿锚索施工。

西龙池抽水蓄能地下厂房顶拱位于水平薄层岩层中，因岩层间结合力较差，洞室顶拱开挖后在竖向地应力的作用下，出现的主要破坏形式为沿层间脱落、塌顶和结构面组合的块体滑塌。厂房顶拱开挖前，将地质探洞扩挖成锚洞，提前完成顶拱部位3排对穿锚索孔的施工，在厂房顶拱中导洞开挖过程中，及时安装完成顶拱对穿锚索的施工。

溧阳抽水蓄能电站地下厂房围岩主要为中～厚层岩屑石英砂岩夹少量泥质粉砂岩、粉砂质泥岩。岩体断裂构造发育。厂区断层多，节理裂隙发育，且部分断层规模大，性状差，围岩质量总体较差，且地下水丰富。地下厂房洞室从上至下共布置四层排水廊道，顶层廊道高程布置在距离顶拱以上25m位置，利用廊道先行对主厂房和主变压器洞顶拱预应力锚索孔施工。第二、三、四层排水廊道布置，除考虑有较好施工通道提前施工排水廊道外，还兼顾厂房边墙对穿锚索的布置，对穿锚索施工尽量在廊道内进行，减少对厂房施工影响。

5. 利用附属洞室预埋监测仪器

实测的地下厂房洞室围岩变形量与监测仪器的埋设时机关系密切，及时埋设监测仪器可以较为准确地监测围岩的初始变形量，通常可利用厂房顶拱锚洞或排水廊道提前埋设监测仪器。

五、特殊地质条件下的锚喷支护设计实例

（一）水平薄层围岩中地下厂房洞室顶拱的支护设计

本部分以西龙池抽水蓄能电站地下厂房顶拱围岩稳定及开挖支护措施研究为实例，介绍在水平薄层围岩地质条件下大跨度地下厂房顶拱锚喷支护设计研究思路、方法和技术路线。

1. 工程地质条件

西龙池抽水蓄能电站地下厂房洞室群位于靠近下水库的山体中，厂房上覆岩体厚度为165～330m。厂房系统主要洞室为主副厂房、主变压器室，两洞平行布置，主厂房开挖尺寸为149.3m×23.5m×49m；主变压器室开挖尺寸为130.9m×16.4m×17.5m，净距为44.5m，轴线方向为NW280°。主厂房采用岩壁吊车梁型式。

地下厂房洞室群位于寒武系张夏组、崮山组下段的岩层中，依据岩性不同又分为若干小层。鲕状灰岩为厚层状结构，泥质柱状灰岩为块状结构，泥质条带状灰岩、钙质石英粉砂岩等均为似极薄层～薄层状结构，构造发育部位为层状碎裂结构或散体结构。围岩岩体结构以互层状和薄层状结构为主，岩层产状NW290°～340°NE∠4°～10°。因岩层产状平缓，且层间结合力弱，对顶拱的稳定很不利。在开挖2m×2m勘探平洞时，就出现过顶拱塌落现象。

洞室系统位于F_{112}和F_{118}断层之间相对较完整的岩体内，受上述两组断裂的影响，厂区次一级的断层、张性断层带较为发育，洞室围岩以Ⅲb～Ⅲa类为主。厂区属中等地应力场，最大水平地应力为12MPa，岩体饱和抗压强度为40～60MPa，强度与应力比值仅为3.3～5。垂直层面方向变形模量为6～10GPa，平行层面方向变形模量为9～15GPa。岩层间轴向抗拉强度较低，一般为0.1～0.4MPa，个别试样在岩样加工或水中浸泡时即沿纹理破裂，抗拉强度趋近于0。

2. 支护设计

厂房顶拱位于水平薄层岩层中，因岩层间结合力较差，洞室顶拱开挖后在竖向地应力的作用下，出现的主要破坏形式为沿层间脱落、塌顶和结构面组合的块体滑塌。因此，在水平薄层围岩中建造大跨度地下厂房顶拱稳定是设计的关键，顶拱的支护方案、支护时机是研究的主要课题。

根据新奥法原理和水平薄层状围岩的破坏形式，首先在布置上顶拱曲线采用三心圆，减小拱座部位的应力集中。其次对顶拱采取主动支护措施，防止围岩层间脱开，充分发挥围岩自身的支撑作用。厂房顶拱支护方案：①利用顶拱以上 28.5m 处的地质探洞，在顶拱开挖前扩挖成 5m×5m 的锚洞，完成顶拱中部 3 排 2000kN 对穿锚索孔的施工，在中导洞开挖过程中，及时安装完成 2000kN 对穿锚索；顶拱另外 4 排 1600kN 内锚锚索在厂房顶拱扩挖时及时安装；排距均为 4.5m。根据监测资料对穿锚索应力基本趋于稳定。②系统预应力锚杆，规格 $\phi32$，长度为 4.8～7.2m，间、排距为 1.5m。③顶拱喷 20cm 厚钢纤维混凝土。据开挖揭露的地质情况及监测资料，局部范围内设置了混凝土钢筋肋拱、随机锚索、随机锚杆等加强支护措施（西龙池地下厂房顶拱支护设计图见图 11-2-6）。

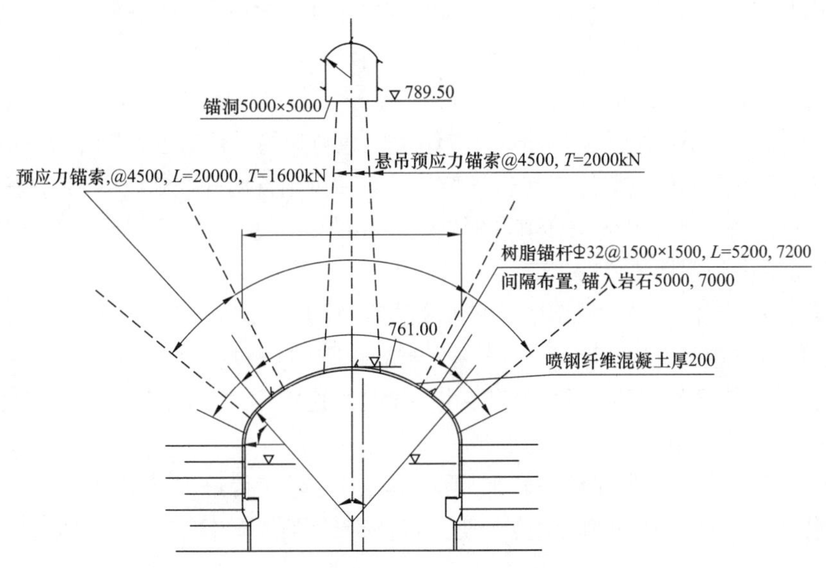

图 11-2-6　西龙池地下厂房顶拱支护设计图

3. 顶拱开挖方案

水平薄层状围岩中，顶拱的开挖方案至关重要，通过三维仿真模拟分析，较差的地质条件采用中导洞方案优于边导洞方案；对穿锚索施工也需要采用中导洞开挖方案。顶拱预埋监测资料证明了该方案的合理性。

东风电站顶拱开挖的实际监测，也说明较差地质条件下宜采用中导洞方案。东风水电站厂房顶拱层开挖高度为 8.8m，宽为 21.7m。原设计主厂房及主变压器洞顶拱均采用两侧导洞开挖，后开挖中间岩柱，但在主变压器洞顶拱开挖过程中发现，两侧导洞开挖完后，中间岩柱应力过分集中，已达屈服极限，不仅不能达到支撑围岩作用，反而在爆破岩柱时引起拱顶的变形突增（下沉达 3.42mm）。另一方面双侧导洞开挖后扩挖中部时，顶拱轮廓线与两边已成的轮廓线衔接部位的三角体造孔困难，易形成超欠挖明显变化的轮廓，影响光面爆破的质量，又因壁面岩石局部产生应力集中，发生掉块影响施工安全。大型施工机械在导洞内无足够回旋余地。因此，在主厂房顶拱开挖时，改为中导洞掘进，后分边扩挖，这样在中导洞开挖时可适当加大导洞尺寸，使之满足施工机械的操作空间要求，而两侧扩挖时，施工速度可以加快，光面爆破质量也易于保证。此外，因围岩条件较差，日本地下厂房顶拱一般均采用中导洞施工方案。

4. 安装场位置的确定

厂区围岩以Ⅲb～Ⅲa 类为主，最大水平主应力为 12MPa，其与围岩饱和抗压强度之比仅为 1∶5～1∶3.3。为此，对厂房安装场位置进行了分析论证。

据工程经验，在类似工程地质条件下，安装场一般位于厂房中间，主要是有利于洞室围岩稳定。如日本葛野川、神流川、奥吉野、奥多多良木、大河内、新高濑川等抽水蓄能电站，泰国拉姆它昆、南非德拉肯斯堡抽水蓄能电站、中国十三陵等抽水蓄能电站类似地质条件的地下厂房，为利于围岩稳定，安装场均位于厂房中部。

理论分析证明安装场位于厂房中部可有效改善厂房围岩的应力、变位、松弛区范围等条件。根据工程经验，安装场位于中部可减少边墙变位10%～20%。根据计算分析，西龙池抽水蓄能电站安装场位于中部，使边墙拉损区、塑性区有明显改善，局部塑性区可减小10m左右；变位可减少9%～11%。实际开挖证实安装场位于中部有效地改善了洞室围岩稳定状态。

5. 监测成果

（1）监测断面布置。为反映洞室开挖过程中围岩变位的实际情况，顶拱除布置了包含预埋多点位移计（利用锚洞在厂房顶拱开挖前完成仪器安装）的4个系统监测断面外，在厂左段围岩相对较差的部位，增加了5个多点位移计监测断面，厂右预埋多点位移计断面间距约20m，厂左预埋多点位移计断面间距约10m。借助于排水廊道，边墙处还设置了预埋的监测仪器。

（2）顶拱变形特点。2005年12月24日主厂房开挖工作基本完成，当时厂房顶拱预埋多点位移计最大累计变形值为16.27mm（测点M6-1-1，位于厂左0＋064.00）。主厂房顶拱厂右0＋053.00～厂左0＋040.00变形值范围6.58～10.03mm，厂左0＋040.00～厂左0＋077.50变形值范围12.45～16.27mm，变形规律与地质条件相适应。根据统计，中导洞开挖结束后观测到的位移值占到累计位移的39%；扩挖一侧顶拱时观测到的位移值占到累计位移的11%；扩挖另一侧顶拱到首层开挖结束观测到的位移值占到累计位移的37%；首层开挖结束后观测到的位移值占到累计位移的87%；随着厂房下部的开挖，顶拱无明显的回弹；后期开挖位移值占到累计位移的13%。

（3）开挖进尺与围岩变位关系。根据中导洞预埋的监测仪器，当开挖掌子面尚未到达监测断面时，该断面就已经发生变位，占总变位的15%～20%，西龙池地下厂房开挖进尺与围岩变位关系如图11-2-7所示。当监测断面距开挖掌子面2.5～3倍洞跨时（中导洞开挖跨度约9m多），围岩变位趋于稳定，监测断面的变形基本不再受以后开挖进尺的影响。

根据模型试验洞资料分析，如对洞顶施加预应力，则可以使得最大变形减小16%左右；更重要的作用是预应力锚索改变了模型洞的空间效应，使围岩特别是洞顶围岩稳定的时间提前。

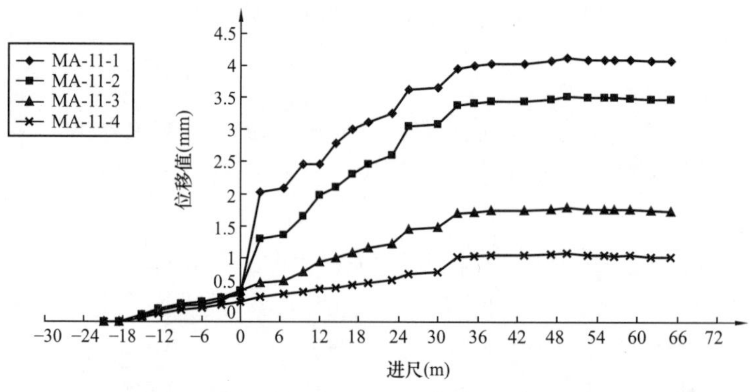

图11-2-7　西龙池地下厂房开挖进尺与围岩变位关系

6. 支护时机

根据弹塑性理论分析，地下洞室顶拱开挖后由于初始应力场的作用，顶拱发生向下的变位，在岩石尚未破坏前，随变位的增加，维持洞室稳定所需支护力逐渐减小。如果支护太刚则不能充分发挥围岩自身的承载作用，如果支护太柔则会导致围岩松散，失去承载能力，而导致支护结构承受荷载明显增加。

根据水平薄层状围岩的特点，主张尽早采取支护措施，主要是防止岩石层间脱开。设计要求在中导洞开挖时，系统锚杆、首层喷钢纤维混凝土与开挖掌子面的距离控制在10m范围内；锚索安装与开挖掌子面的距离控制在30m范围内；开挖采用中导洞领进，导洞开挖领先两侧扩挖的距离应小于30m。

由于施工设备等影响，实际施工中导洞开挖时，锚杆支护、首层喷混凝土滞后于开挖掌子面30m以上，锚索安装滞后于开挖掌子面50m以上；在中导洞开挖、系统锚杆、首层喷混凝土、锚索等支护完成后依次扩挖上、下游侧顶拱，两侧锚杆支护、首层喷混凝土、锚索基本能按照设计要求跟进；最后完成全拱喷混凝土至设计厚度。

7. 支护参数的动态控制

(1) 变位控制。在开挖支护过程中，尝试采用设计→施工→监测→反分析计算预测→调整设计→指导施工这样的设计施工程序。即根据工程的围岩特点和理论分析成果，对顶拱开挖过程中的允许变位最大值分级提出控制要求。根据监测成果，在每一层开挖后均进行了围岩稳定的正反分析，并对下层的开挖变位、应力等进行了预测。监测资料表明，洞室的变位在设计控制范围内。

(2) 局部滑塌处理。洞室开挖后，局部由于支护不及时、层间结合力比较弱，水平层状岩体在顶拱形成类似平行叠合梁的结构，岩层在重力作用下下弯。首先，最下部一层岩层张裂，进而向中性面发展，而形成塌落体，根据这一规律，现场及时采用锁边预应力锚杆及/或局部锚索加固。

(二) 地下厂房大范围Ⅳ～Ⅴ类岩体支护措施

本部分以安徽琅琊山抽水蓄能电站地下厂房蚀变闪长玢岩岩脉段的支护设计为实例，介绍大范围Ⅳ～Ⅴ类岩体大跨度地下洞室的支护设计思路和方法。

1. 工程地质条件

琅琊山抽水蓄能电站地下厂房洞室布置在靠近上水库的山体内，开挖尺寸为156.66m×21.5m×46.17m（长×宽×高），上覆岩体厚度约150m。由于地质条件较差，为利于围岩稳定，对洞室群布置进行了优化。取消了主变压器洞，将主变压器布置在厂房两端，缩小了洞室群规模，并将安装场布置在厂房中部，缩短了连续高边墙的长度。地下厂房洞室群布置三维效果图如图11-2-8所示。

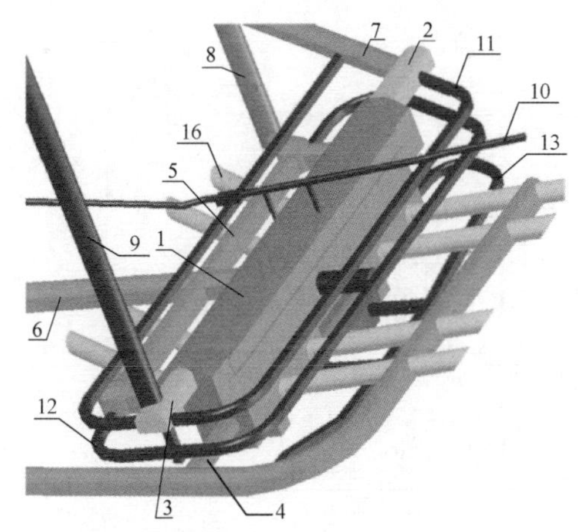

序号	洞室名称	洞室尺寸（长×宽×高，m）
1	主厂房	156.66×21.5 (23.1)×46.17
2	1号副厂房	30.07×9.00×7.87
3	2号副厂房	14.80×8.20×7.97
4	高压空气压缩机室	31.05×6.70×4.80
5	主变压器运输洞	188.60×5.20×6.50
6	交通洞	758.87×8.0×7.5 (6.5)
7	通风洞	602.19×7.5×5.5
8	出线竖井	D=7.0，H=140.10
9	排风竖井	D=7.0，H=172.34
10	事故排烟洞	277.879×1.60×1.80
11	上层排水廊道	485.8×2.50×3.00
12	中层排水廊道	351.7×2.50×3.00
13	下层排水廊道	270.9×2.50×3.00

图11-2-8 地下厂房洞室群布置三维效果图

地下厂房洞室位于陡倾角层状结构的Ⅲ类围岩、局部Ⅳ～Ⅴ类围岩内。厂区地层岩性主要为薄层夹中厚层灰岩，局部有燕山期侵入的花岗闪长斑岩蚀变带。岩层产状为NE45°～50°/NW∠80°～85°。岩体饱和抗压强度为15～45MPa。垂直层面方向变形模量为5～6GPa，平行层面方向变形模量为6～8GPa。地下水类型为基岩裂隙水，岩体属极微透水性。厂区地应力最大主应力值为9.0～11.0MPa，方向NE70°～SE110°近水平，最小主应力值为3.5～5.0MPa，方向接近于竖直。厂房纵轴线方向为NW285°，与岩层走向夹角约60°，与地应力最大主应力方向夹角约15°。厂区主要发育NW、NWW及NE向三组裂隙，各组裂隙相互切割，岩体呈碎裂结构。

地下厂房开挖后，在1、2号机组段揭露出发育极不规律的花岗闪长斑岩蚀变带（见图11-2-9和图11-2-10），整体上顺层侵入，呈NE向展布，宽为3～15m，横贯厂房上、下游边墙，并在顶拱、底板局部及1、2号尾水管洞均有较大范围出露。蚀变岩内裂隙较发育，结构面大多有方解石膜，部分充填已严重蚀变的岩石碎屑，裂隙面遇水后凝聚力下降。蚀变岩遇水或受潮后有不同程度的膨胀、崩解、泥化，蚀变程度很不均一。蚀变程度不同的蚀变岩，力学指标有较大差异，琅琊山地下厂房蚀变岩物理力学参数值见表11-2-5。

2. 蚀变岩段支护设计

埋藏在山体中的蚀变岩在天然应力状态下是稳定的，施工过程中外界条件的变化导致蚀变岩承载能力降低。因此处理蚀变岩的重要原则是“采取工程措施，充分发挥蚀变岩在原始干燥条件下的自承载能力”。蚀变岩所含的蒙脱石、高岭石等矿物受潮、吸水膨胀后表现出强度降低、易膨胀、崩解、泥化的特性，会发生变形破坏，因此开挖扰动后要及时喷混凝土封闭开挖面，做好蚀变岩范围内防、排水工作，减少蚀变岩与空气、水接触。另外，地下洞室开挖后，初始应力状态从三维向二维转变，岩层内储存的变形能将使蚀变岩产生变形破坏，因此需通过工程措施保持蚀变岩处于与开挖前相近的应力约束状态，如采用预应力锚索、锚杆锚固顶拱钢筋肋、边墙混凝土等，主动约束蚀变岩变形，减小其应力释放。

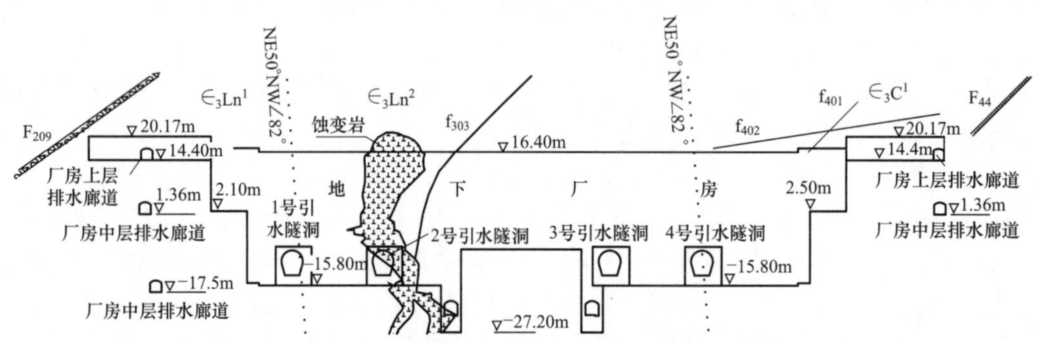

图 11-2-9 琅琊山抽水蓄能电站厂房洞室上游边墙地质剖面图

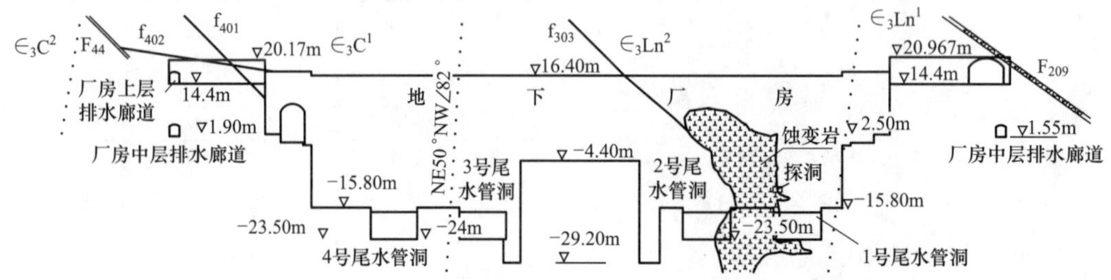

图 11-2-10 琅琊山抽水蓄能电站厂房洞室下游边墙地质剖面图

表 11-2-5　　琅琊山地下厂房蚀变岩物理力学参数值

项目	轻微蚀变	中等蚀变	严重蚀变
天然含水率（%）	2.54	2.85	3.14
饱和含水率（%）	1.62	2.34	4.45
孔隙率（%）	4.08	6.55	10.25
膨胀力（体积不变）(kPa)	11～18	18～28	28～38
软化系数	0.7～0.8	0.7	0.4
抗压强度（MPa）	50～60	30～40	10～20
弹性模量（GPa）	8～10	4	1
变形模量（GPa）	6～8	1	0.5

琅琊山地下厂房蚀变岩支护设计及工程措施研究按照“勘察→设计→施工→监测→反馈→优化设计”的动态研究思路，伴随着工程实践，不断深入认识、完善设计方案。首先通过一系列勘探试验工作查清蚀变岩的工程地质特性，掌握蚀变岩变形破坏的力学机制和控制因素，有针对性地确定蚀变岩支护及处理原则；再根据建筑物各部位结构稳定、承载能力要求，综合考虑施工方法、施工工期等因素，拟定支护方案、结构措施、支护时机，开展相关的计算分析论证工作，合理确定工程措施；在实施过程中，加强围岩监测，进行位移反分析和围岩稳定预测分析，对工程措施进行不断优化。在维持厂房洞室开挖尺寸以及吊车梁承载结构不变的条件下，对 1、2 号机组段蚀变岩段的顶拱、吊车梁基础、边墙、厂房与尾水管交叉口、基础等部位进行了特殊处理。

(1) 顶拱处理。厂房上游侧约 1/3 拱周范围内有蚀变岩出露，导致顶拱围岩自承载能力降低，难以形成稳定的岩石承载拱，因此对厂房顶拱采取“喷钢纤维结合钢筋肋拱、锚索”的处理方案，约束顶拱变形，并利用钢筋肋拱的拱效应，使上游蚀变岩与下游灰岩联合形成承载拱圈。具体支护参数为：顶拱喷射 35～55cm 变厚度喷钢纤维混凝土，布置 $\phi 28$ 的砂浆锚杆，并在上游蚀变岩出露部位增设 2～3 排预应力锚索，间距 1.5m 设置两层 $\phi 28$ 钢筋肋拱，钢筋肋拱通过锚杆及预应力锚索进行锚固，蚀变岩顶拱处理、钢筋肋拱示意图如图 11-2-11 所示。

(2) 岩壁吊车梁基础处理。岩壁吊车梁是通过岩台悬吊锚杆、梁体与岩石接触面的摩擦力将吊车荷载传到岩壁，利用稳定围岩的承载能力承受吊车荷载。而蚀变岩强度低，易软化，不宜作为岩壁吊车梁基础，通过对岩壁吊车梁基础进行置换、锚固处理，形成与岩壁吊车梁设计假定相仿的稳定基础，满足岩壁吊车梁的承载要求。具体处理方案为：将吊车梁基座局部扩挖成岩台，及时进行锚喷支护，再浇筑基座混凝土，待混凝土达到 70%强度后，进行对穿和内锚式锚索施工，最后浇筑吊车梁混凝土，蚀变岩段岩壁吊车梁基础处理如图 11-2-12 所示。

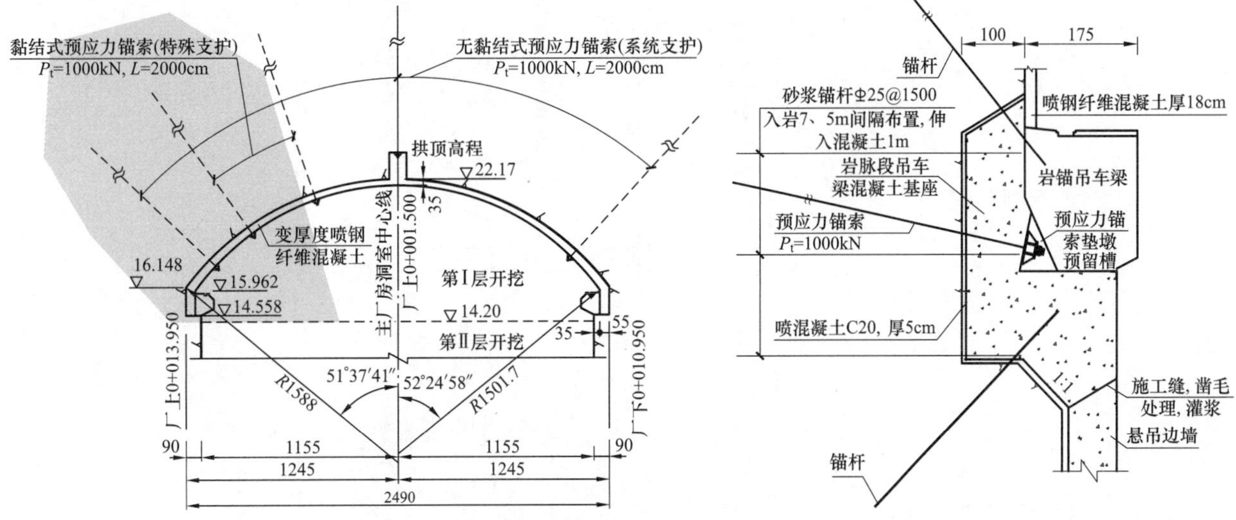

图 11-2-11　蚀变岩顶拱处理、钢筋肋拱示意图

图 11-2-12　蚀变岩段岩壁吊车梁基础处理

(3) 边墙采用“悬吊法”施工，临时支护与永久结构相结合。琅琊山电站地下厂房边墙高 32.2m，分六层开挖，为了在开挖后及时对蚀变岩进行封闭，并保持天然状态下围岩互相挤压的三维约束状态。施工时从上到下逐层开挖逐层采用钢筋混凝土锚板置换蚀变岩，用锚杆（索）锚固悬空混凝土板，限制围岩变形，抵抗蚀变岩膨胀力。该墙在运行期作为厂房边墙，支撑楼板，实现临时支护与永久结构相结合，减少了蚀变岩处理对工期的影响。具体方案为：蚀变岩段边墙扩挖 30cm，将混凝土墙厚度由原设计的 60cm 厚调整为 90cm 厚，施工期作为蚀变岩段置换锚板，每开挖一层布置 1～2 排预应力锚索锚固混凝土板。施工时从上到下逐层开挖、逐层置换，为保证上、下开挖层混凝土板结合紧密，施工缝向下倾斜，预留灌浆管，后期进行灌浆处理，并在各层楼板高程预留楼板插筋，后期与楼板混凝土连接，作为厂房结构边墙，蚀变岩边墙、底板处理如图 11-2-13 所示。

(4) 采取立体支护，提前处理尾水管与厂房边墙的交叉段。该交叉口位于底板高程，应在第六层进行开挖。考虑到尾水管洞开挖断面宽度约 13m，1、2 号尾水管洞之间的岩柱厚约 9m，并全部为蚀变岩，如果主厂房开挖后再挖尾水洞，下游边墙蚀变岩将失去双向约束，极易发生塑性破坏。因此，在厂房第五层开挖前，对该交叉口进行了专门处理：在下游边墙下游 5m 范围内，将 1、2 号尾水管支洞底板和中部蚀变岩岩体进行混凝土置换，顶拱改用圆弧形钢筋混凝土顶拱衬砌，一侧支撑在 1、2 号尾水管之间的混凝土中墩，另一侧支撑在灰岩拱座上，1、2 号尾水管交叉口处理图如图 11-2-14 所示。当厂房进行第五层开挖时，厂内蚀变岩曾发生塌方，落入第六层出渣洞，但经过提前支护处理的厂房下游边墙与尾水管交叉段完好无损。

(5) 基础蚀变岩处理，采用箱形结构增强基础刚度，适应灰岩与蚀变岩两种岩性基础。抽水蓄能电站可逆式机组运行工况复杂，对机组的安装精度、厂房基础变形控制要求很高。本工程厂房 1、2 号机组段基础岩性不均一，灰岩与蚀变岩相间，基础处理难度大。为避免灰岩与蚀变岩不同岩性基础产生不均匀沉降，影响 1、2 号机组运行的稳定性，用混凝土置换两尾水管之间的半岛型岩体（全部为蚀变岩），采用混凝土底板、尾水管外包混凝土和蝶阀层楼板联合形成整体箱型结构，并且1、2号机组段不设结构缝，提高基础整体刚度，共同承受厂房上部荷载。施工时，基础开挖完毕后，先及时浇筑30cm厚素混凝土封闭蚀变岩，再分层浇筑混凝土底板。

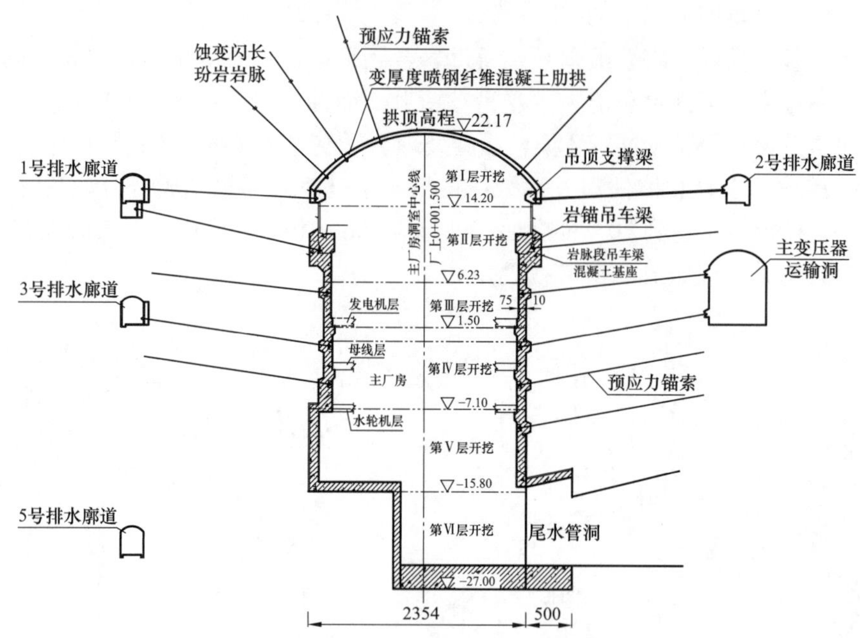

图 11-2-13　蚀变岩边墙、底板处理

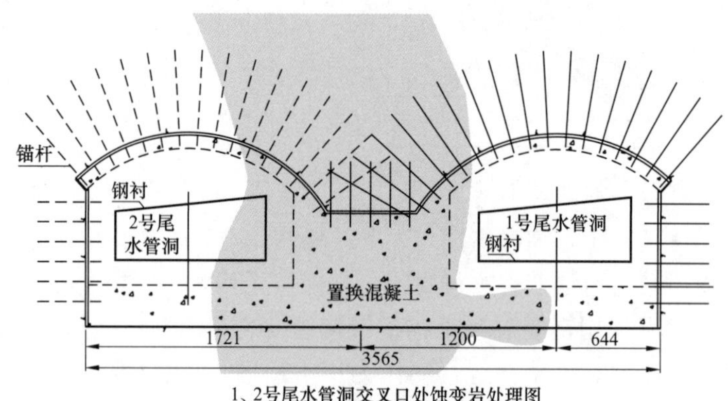

图 11-2-14　尾水管交叉口处理图

3. 监测成果

地下厂房洞室在蚀变岩段设置了一个监测断面。监测资料表明：①地下厂房洞室开挖完成时，蚀变岩段顶拱最大变形为3.58mm，上游边墙最大变形为7.84mm，下游边墙最大变形为11.24mm。②至电站1号机组投入商业运行时，蚀变岩段顶拱最大变形为4.41mm，上游边墙最大变形为9.86mm，下游边墙最大变形为13.53mm。顶拱及边墙位移，锚索、锚杆应力均在控制标准内，并趋于稳定。③岩锚吊车梁经过桥机超载试验和吊运转子的检验，悬吊锚杆应力和围岩变形均较小，满足要求。④1、2号机组投入运行后，蚀变岩处理基础处最大钢筋应力为110MPa，最大位移为0.048mm，小于计算允许值，说明厂房基础的处理是成功的，能够满足机电设备运行的要求。

（三）复杂地质条件抽水蓄能电站地下厂房的支护设计

本部分以江苏溧阳抽水蓄能电站地下厂房支护设计为实例，介绍复杂地质条件下地下厂房的支护设计和动态设计在工程中的应用。

1. 工程地质条件

溧阳抽水蓄能电站地下厂房洞室布置在靠近上水库的山体内，上覆岩体厚度为230～260m。厂房内安装6台单机容量为250MW的可逆式水轮发电机组。厂房系统主要洞室为主副厂房、主变压器室和尾闸洞三大洞室平行布置格局，洞室间距分别为45m和30.15m。主厂房开挖尺寸为219.90m×

23.50m×55.50m（长×宽×高），岩壁吊车梁以上跨度 25.0m，纵轴线方向为 NW340°。主厂房采用岩壁吊车梁型式。

地下厂房区以厚层石英砂岩为主，断层及节理裂隙十分发育，F_{54} 断层横跨厂区，破碎带 0.4～1.5m，影响带 2～8m，上盘岩层呈缓倾角分布。另有 10 多条宽 0.12～4.0m 的断层发育，岩体以镶嵌碎裂结构为主，部分为层状或块状结构。主厂房洞室围岩类别：Ⅲ类 45%、Ⅳ类 52%、Ⅴ类 3%。厂区地应力量级较低，最大平面主应力为 4.3～6.3MPa。厂区地质条件复杂。

厂区地下水主要是基岩裂隙水，地下水受大气降水补给，以泉水型式向冲沟排泄。厂区主要洞室位于③岩脉及 F_{10} 断层交汇带以西，③岩脉及 F_{10} 断层则属于阻水体，厂区岩体则属于统一的裂隙含水体，十分发育的节理裂隙及断层组成了较好的储水空间和透水网络，沿断层及张开裂隙透水性强。

2. 支护设计

（1）地下主厂房系统支护设计方案。针对溧阳地下厂房洞室围岩以镶嵌碎裂结构为主，为快速约束围岩变形，主厂房顶拱采取柔性支护设计方案，即采用“系统砂浆锚杆＋钢筋拱肋＋喷钢纤维混凝土＋系统锚索”的联合柔性支护型式。采用钢纤维混凝土取代挂网喷混凝土，利用系统锚索和锚杆把钢筋拱肋与钢纤维混凝土形成的一个柔性“板”紧贴顶拱围岩，并适应围岩变形，这种柔性支护既充分发挥围岩自身的承载作用，施工又比较简单和快捷。边墙围岩因无法形成拱效应，主厂房边墙采取刚性支护设计方案。岩壁吊车梁至发电机层之间上下游边墙设置附壁墙（柱），即采用“系统砂浆锚杆＋挂网喷混凝土＋系统锚索＋岩壁吊车梁附壁墙（柱）”的刚性联合支护型式。施工期将附壁柱改为附壁墙结构。地下厂房支护示意图如图 11-2-15 所示。

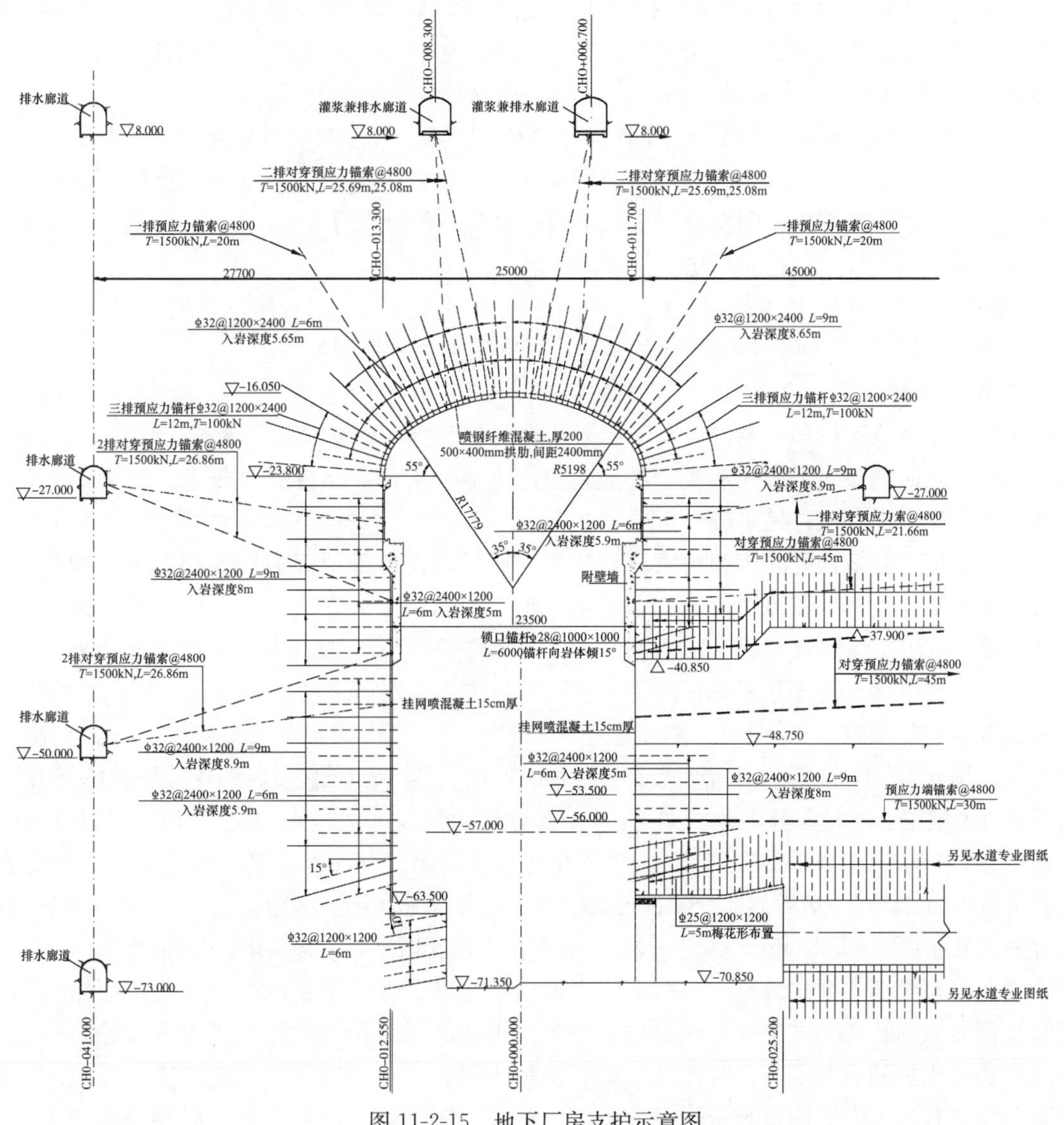

图 11-2-15　地下厂房支护示意图

（2）开挖支护设计采取的超前排水措施。针对溧阳的水文地质条件，主厂房开挖方案采取“排水先行”措施，充分利用厂房周边排水廊道进行超前排水和采取深井降水、打超前排水孔等措施共同超前降低地下水水位。故在施工期间，主厂房、主变压器洞掌子面及洞壁的地下水出露点少，流量小，以滴水至潮湿为主，部分沿断层和节理裂隙有少量的渗水。

（3）利用排水廊道进行超前支护和尽早安装监测仪器。厂房周边排水廊道布置上考虑一洞多用。在主厂房和主变压器洞顶拱开挖前，先利用厂顶的排水廊道对主厂房和主变压器洞顶拱进行预固结灌浆加固，故施工期厂房顶拱层的开挖未出现大的塌方现象；同时厂房顶拱及边墙的预应力锚索尽量设计为与廊道间的对穿锚索，这样可提前从廊道侧施工锚索孔，为预应力锚索及时张拉锁定创造条件；并利用排水廊道尽早安装监测仪器，以取得变形初始值和进行全程监控。

（4）采取超前勘探措施。一方面通过提前开挖排水廊道，超前摸清地下厂房的围岩条件；另一方面在顶拱导洞通过 F_{54} 断层前先打 2m×2m 超前小导洞，摸清 F_{54} 断层情况，制定确实可行的施工方案等。

（5）采取有效的洞室分层开挖支护方案。主厂房开挖程序上采取“薄层开挖，随层支护”的原则。主厂房共分八层开挖，中间各层开挖又分两小层开挖，顶拱层采用两侧边导洞错开前进，中墩跟进开挖的施工程序，及时形成承载拱，快速有效地控制顶拱破碎岩体的变形；主厂房第Ⅷ层通过尾水支洞进入，提前完成开挖支护，并对机坑两侧的岩埂进行加强支护；同时，机坑岩埂内的检修排水管道廊道也提前完成开挖支护。上述施工方案有效地保证了厂房的开挖安全。

（6）地下厂房洞室的主要加固处理措施。

1）针对主厂房顶拱 F_{54} 断层处理措施。F_{54} 断层及影响带在厂房顶拱范围内出露，导致该部位顶拱围岩的自承载能力降低，设计方案中除系统预应力锚索外，对“喷钢纤维混凝土＋钢筋肋拱”的组合锚固处理方案进行了加强处理：①拱肋间距由 2.4m 调整为 1.2m，拱肋钢筋采用双层钢筋。②系统锚杆长度 $L=6/9$m 调整为 $L=7.5/9$m。③拱肋之间采用钢纤维混凝土喷平。

2）主厂房边墙（含岩锚吊车梁）F_{54} 断层部位的处理措施。F_{54} 断层及影响带力学指标低，岩体破碎，其变形多为塑性变形，自承载能力低，自稳能力差。因此，采取了固结灌浆措施，岩壁吊车梁以下至发电机层采用附壁墙结构，附壁墙利用系统预应力锚杆和预应力锚索，对 F_{54} 断层及影响带施加主动约束，减小其应力释放，以控制厂房高边墙的变形。

3）尾水管部位 F_{54} 断层处理措施。F_{54} 穿过 4 号与 5 号尾水管之间岩体，因此，在 4 号与 5 号尾水管之间边墙布置 5 根 $T=1000$kN@3.6m 的预应力对穿锚索进行加固处理。

3. 动态设计应用

动态设计法是在施工过程中通过对监测数据及时跟踪分析，对围岩稳定状态和支护效果做出判断，并根据反馈信息及时调整施工程序和支护参数，预防事故及险情，指导安全施工。溧阳地下厂房在厂房开挖过程中，动态设计法得到了较好运用。

（1）边墙预应力锚索锁定吨位和锚索设计吨位的调整。在地下厂房边墙Ⅱ层开挖过程中，通过监测数据发现由于地质原因导致边墙围岩变形较大，预应力锚索应力增长值较快的特点。及时将厂房上游边墙 MSS2、MSS3、MSS4 三排预应力锚索和下游边墙 MSX2 一排 1500kN 预应力锚索的锁定吨位降低，由原来的 1200kN 调整为 850kN；并将主厂房与主变压器洞之间的 MSX3、MSX4 两排 1500kN 预应力对穿锚索吨位调整为 2000kN，锁定吨位为 1500kN。

（2）主厂房 CZ0＋143.125 监测断面数据异常情况处理。主厂房下游侧边墙开挖过程中从 2012 年 9 月开始，测值持续增大，从 9 月 4 日至 12 月 20 日该部位累计变形 36.96mm，变形速率达 0.342mm/d，日最大变形量为 1.37mm/d（11 月 29 日），位移变化速率持续超过设计警戒值 0.2mm/d。针对监测数据，原因主要是由于围岩破碎，破碎岩体受开挖爆破影响大，反复扰动引起多次应力调整，加剧围岩变形。因此，及时采取了在 CZ0＋153.00m～CZ0＋127.00m 的范围内新增预应力锚索进行加固处理。

（3）岩壁吊车梁结构型式调整。根据主厂房第Ⅲ层开挖揭露的围岩情况和主厂房边墙变形监测数据分析及溧阳复杂的特殊地质条件，考虑岩壁吊车梁附壁墙既可作为岩壁吊车梁安全稳定措施，又可作为厂房高边墙支护的有效手段，对提高厂房岩壁吊车梁和厂房高边墙的稳定安全十分有利，故将岩壁吊车梁附壁墙柱结合方案调整为全附壁墙方案。附壁墙随开挖分层从上往下随层浇筑施工，利用系统锚杆、系统锚索与岩壁吊车梁附壁墙的联合作用，形成一个刚性支撑墙体，以约束围岩变形。

（4）主厂房和主变压器洞下游拱脚喷层开裂、脱落情况的处理。主厂房第Ⅳ层开挖结束后，主厂房下游拱脚桩号 CZ0＋140.000～CZ0＋160.000 局部出现喷层开裂、掉块的情况。从桩号 CZ0＋143.500 监测断面的监测数据分析来看，变形量无异常突变。经综合分析后认为，该区域喷混凝土出现开裂、掉块现象，应为岩体破碎引发浅层应力变形所致。为防止主厂房后续开挖，该部位围岩出现失稳的可能。对主厂房下游桩号 CZ0＋127.000～CZ0＋161.000 的拱脚小圆弧范围的围岩进行了如下加固处理：①首先对围岩进行固结灌浆处理；②固结灌浆完成后即进行挂钢筋网喷混凝土处理，在进行挂网喷混凝土之前，需对开裂和起壳的喷层凿除干净；③增加一排预应力锚索和三排预应力锚杆，并在新增的预应力锚索位置增加一道纵向钢筋拱肋。上述处理措施在主厂房第Ⅴ层开挖前处理结束。主厂房于 2013 年 12 月底全部开挖支护结束。2014 年 4 月中旬在利用网架结构对厂房顶拱进行巡视检查时发现，厂房上述范围下游拱脚局部又出现少量的混凝土喷层开裂、脱落的现象，但喷层脱落面积均较小，监测数据也未见异常。分析认为还是由于主厂房在后续Ⅴ～Ⅶ层开挖过程中围岩应力释放引起的围岩表面变形所致。鉴于厂房围岩变形已收敛，加之第一次已对此范围的围岩进行了加固处理，因此，利用网架结构平台对局部出现喷层开裂和脱落的部位进行喷层清除后，重新进行了挂网喷混凝土处理。经重新处理后再未见开裂等异常情况。

同样主变压器洞在开挖支护完成后，巡视发现主变压器洞下游桩号 CZ0＋053.500～CZ0＋085.000 的范围内拱脚处局部也出现喷混凝土剥落和开裂现象，根据对下游边墙监测数据分析，尽管变形已基本呈现收敛的趋势，但暂未完全收敛。分析认为还是由于主变压器洞下游拱脚围岩应力释放引起的围岩表面变形所致。对主变压器洞下游拱脚及边墙进行了如下加固处理：①首先对开裂和起壳的喷层混凝土进行凿除，并对凿除部位挂网喷混凝土。②新增预应力锚索和预应力锚杆进行加固。③在主变压器洞下游边墙增设预应力锚索进行加固。经过处理后的主变压器洞下游拱脚及边墙围岩未见异常。

4. 监测成果

地下厂房开挖完成时，厂房顶拱围岩变形最大值为 20.71mm（CZ0＋143.125 断面），一般为 15mm 左右；边墙围岩累计变形最大值为 112.81mm（CZ0＋143.125 断面），其余部位边墙变形量在 0.25～40.78mm；系统锚索按设计荷载的 60％锁定，预应力锚索超设计值的占 18％。围岩月变形速率在 0.1mm 以内；锚索月变幅值在 5kN 以内。岩壁吊车梁锚杆施工期应力大部分在 200MPa 以内，超 300MPa 的锚杆占 15％，锚杆应力月最大变幅为 4.67MPa。且岩壁吊车梁在施工期转子吊装和荷载试验监测数据显示结合缝变化在 0.2mm 以内，锚杆应力变化均在 3MPa 以内。目前，地下厂房已投产运行六年多，通过对监测成果分析和运行情况表明，地下厂房洞室围岩变形已收敛，厂房整体安全稳定。

第三节 地下厂房结构设计

抽水蓄能电站地下厂房结构布置需综合考虑洞室围岩稳定、厂房内部布置、机电设备型式、电站投产运行等要求，根据各工程特点因地制宜进行设计。

地下厂房结构设计主要包括两方面内容：地下洞室群围岩稳定分析及支护设计和厂房内部结构设计。本章第二节已讲述了地下洞室群围岩稳定分析及支护设计，本节重点介绍安装立轴可逆式机组的抽水蓄能电站地下厂房内部结构设计。

一、地下厂房结构设计内容与设计原则

（一）设计内容与方法

地下厂房结构设计首先要进行结构布置，再对各构件进行结构计算分析。进行结构布置设计时，先参考已建成的类似厂房，初选结构型式，初估各构件的尺寸，并针对工程具体设计条件进行调整，然后根据结构计算的成果对结构布置、构件尺寸进行修改，使最终确定的厂房结构满足强度、变形、裂缝、刚度等要求。厂房结构的一般构件可只进行静力计算；但对直接承受设备振动荷载的构件，如发电机支撑结构等，还应进行动力计算。一般结构可按结构力学法计算，对于复杂结构，除用结构力学法简化计算外，宜采用有限元法进行模拟计算分析，必要时可用结构模型试验验证。

（二）设计原则

地下厂房内部结构大多是现浇钢筋混凝土结构，应以 GB 50199《水利水电工程结构可靠性设计统一标准》、NB/T 35011《水电站厂房设计规范》、NB/T 10072《抽水蓄能电站设计规范》、NB/T 11011《水工混凝土结构设计规范》、NB/T 35079《地下厂房岩壁吊车梁设计规范》等现行技术规范为依据，按概率极限状态设计原则进行设计。

根据承载能力极限状态及正常使用极限状态的要求，厂房所有结构构件均应进行承载能力计算；对需要抗震设防的结构，尚应进行结构的抗震承载能力计算。对使用上需要控制变形的结构构件，如吊车梁、厂房构架等，应进行变形验算。

二、地下厂房结构布置

抽水蓄能电站地下厂房与常规水电站地下厂房相比，其结构布置有较多相似之处，但是，抽水蓄能机组安装及运行方式的特殊性（如双向转动、频繁起动等）使其厂房结构布置与常规水电站又有所差异。

（一）结构布置需要考虑的因素

地下厂房结构布置应与厂房布置相结合，统筹考虑各种设计条件和要求，进行综合设计。一般来说，厂房结构布置需考虑的因素是：

（1）工程地质条件。在地下厂房结构布置初期，首先要根据工程地质条件，确定地下厂房开挖断面型式、支护型式、吊车梁型式以及基础处理型式。地下厂房采用的开挖断面通常有直墙曲拱（城门洞形）、马蹄形、椭圆形、卵形等型式；支护有柔性、刚性或复合式等型式；吊车梁可采用柱式支撑或岩壁式（无柱），这些结构型式的选择主要依据工程地质条件。在较好的地质条件下（Ⅲ类及以上围岩），地下厂房多选择直墙曲拱断面、锚喷支护和岩壁吊车梁，利于厂房内部空间利用和结构布置。在较差的地质条件下，为满足围岩稳定要求，多选用曲线型断面、复合式衬砌和柱式吊车梁，其中钢筋混凝土衬砌可兼作厂房楼板支撑结构。另外，受地质条件控制，厂房基础型式也有所不同。

（2）发电电动机型式。立式发电电动机的竖向支承是靠推力轴承将力传到机架上，根据推力轴承的位置和导轴承的多少，立式机组可分为悬式和伞式。国内抽水蓄能电站中，广州、天荒坪电站采用悬式，十三陵、琅琊山电站等采用半伞式（立式水轮发电机组安装结构型式见图 11-3-1）。由于发电电动机型式的不同，对厂房高度、支撑结构型式、强度、刚度要求也不同，在进行结构布置与设计时要结合机组设备特点，确定合理的布置和构造，保证机组安全运行。

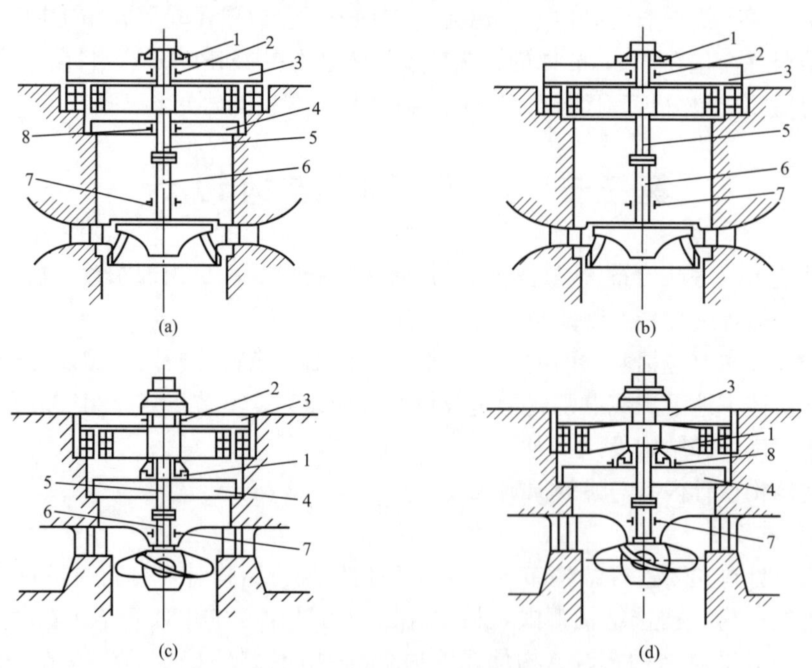

图 11-3-1　立式水轮发电机组安装结构型式

（a）三导悬式；（b）二导悬式；（c）二导半伞式；（d）二导全伞式

1—发电机推力轴承；2—发电机上导轴承；3—发电机上机架；4—发电机下机架；

5—发电机转轴；6—水轮机转轴；7—水轮机导轴承；8—发电机下导轴承

（3）水泵水轮机转轮拆卸方式。抽水蓄能立式机组转轮有上拆、中拆、下拆三种拆卸方式，随着拆卸方式的不同，厂房结构布置、埋件的安装顺序与混凝土浇筑步骤也有所不同。转轮下拆方式要求底环与部分尾水锥管是可拆卸的，不埋入混凝土（下拆机组厂房布置图见图 11-3-2），在厂房尾水锥管下应布设下拆廊道，并且根据各电站的具体布置确定是否需要设置吊转轮的吊物孔，广州一期电站采用下拆方式。转轮中拆方式要求尾水管和底环均埋入混凝土，机组设一段中间轴可以拆卸，在水轮机层机墩侧向开孔（布置图见图 11-3-3），但机墩上开孔尺寸较大，如广州二期电站厂房机墩侧向开孔为 6.0m×2.3m（宽×高），天荒坪电站机墩侧向开孔为 5.9m×2.4m，对结构刚度、强度有所削弱，需采取结构加强措施。上拆方式与常规水电站相同，目前应用也较普遍，十三陵、潘家口、响洪甸、张河湾、西龙池、敦化、丰宁、沂蒙、文登抽水蓄能电站均采用上拆方式。厂房结构应按机组转轮拆卸方式做出相应布置。

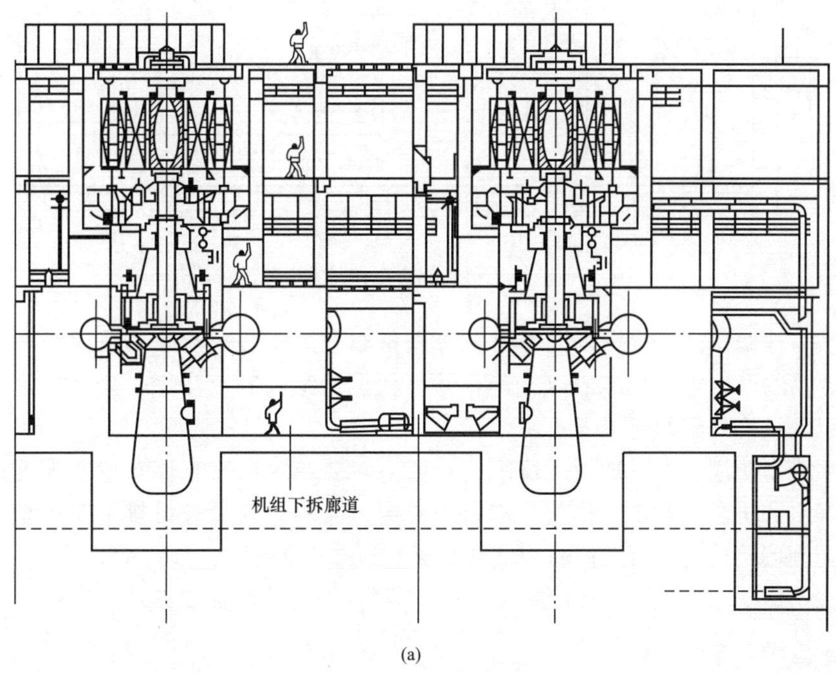

(a)

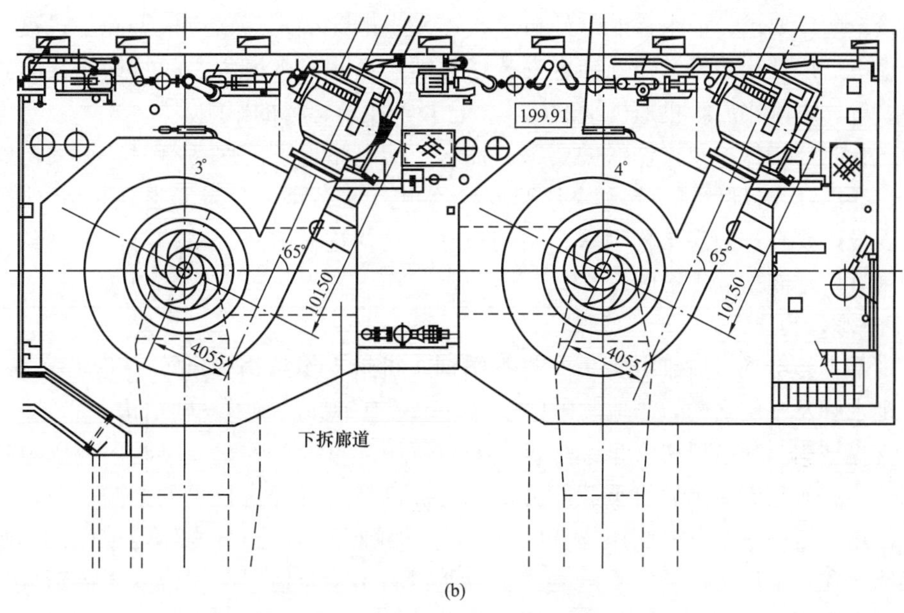

(b)

图 11-3-2　下拆机组厂房布置图

（a）下拆机组厂房纵剖面；（b）下拆机组厂房蜗壳层平面

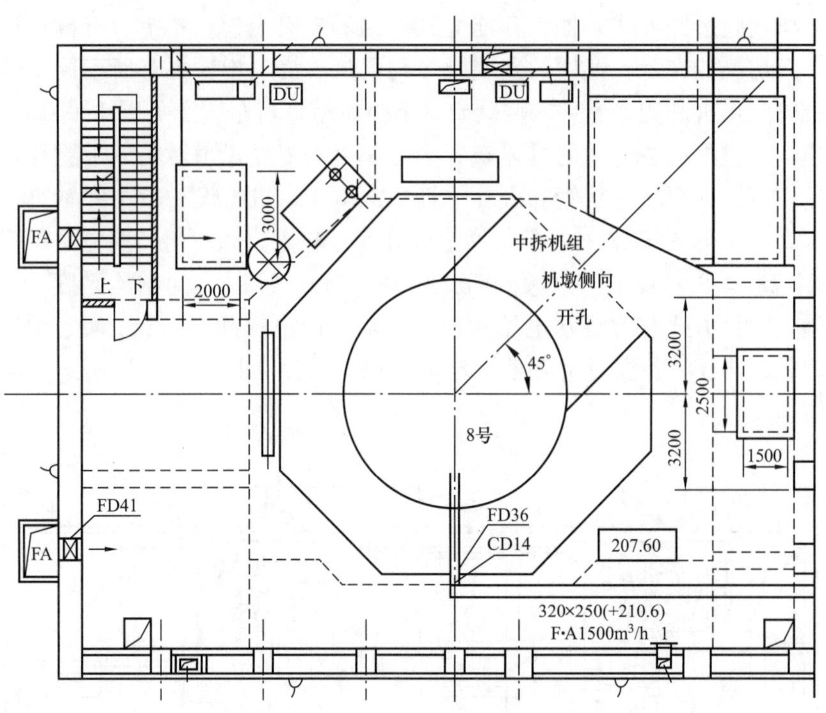

图 11-3-3 中拆机组机墩侧向开孔布置图

(4) 设备安装、检修条件。根据机电、通风等设备布置、安装、检修、吊运要求，厂房结构需相应布置设备基础、吊物孔、电缆孔或通风孔等，并且根据机组的安装步序，合理确定厂房一、二期混凝土结构分界线以及结构之间的连接方式。

(5) 地下洞室排水防潮要求。地下厂房结构布置时，要结合厂房总体布置，根据设备运行湿度要求、洞室围岩渗漏水和机组渗漏水的排放要求，布置通风除湿设备及进行排水泵选型，设置相应的排水沟、集水井、防潮墙等设施，有条件时应优先布置自流排水洞。

(6) 厂房防火防爆要求。地下厂房应根据 GB 50872《水电工程设计防火规范》要求进行消防设计，同时应根据防火分区的需要进行结构布置，设置防火墙、防火门、孔洞防火盖板等，并对主变压器室等特殊设备房间设置防爆墙。

(7) 电站投产顺序要求。抽水蓄能电站机组投产发电顺序确定后，应根据施工进度、机电设备安装要求，进行地下厂房结构布置，合理确定安装场等结构尺寸、机组段之间结构连接方式以及附属建筑物的结构型式等，以减小后续投产机组的施工对已投产机组运行的影响。

(8) 电站运行时环境保护及人体保健要求。抽水蓄能电站地下厂房运行时，振动与噪声应控制在 NB/T 35011《水电站厂房设计规范》和 NB 35074《水电工程劳动安全与工业卫生设计规范》规定的标准内。根据此要求，要合理确定结构型式、结构尺寸、结构连接方式、结构与围岩的约束条件，以及厂房各层、主副厂房之间的隔声措施等。

(二) 地下厂房结构组成

地下厂房内部主要结构可以细分为吊车支撑结构、机组支撑结构（风罩、机墩）、板梁柱（或墙）结构、蜗壳、尾水管及基础结构，当地质条件较差时，还有钢筋混凝土衬砌结构。

(1) 吊车支撑结构。地下厂房吊车梁是机电安装所用起重设备的承载结构，我国早期的地下厂房吊车梁多采用梁柱式，随着对围岩自承载能力认识的提高和工程开挖技术的进步，目前岩壁吊车梁在工程中被大量使用。岩壁吊车梁是利用锚杆的抗拉拔力和地下厂房边壁岩体与壁座的摩擦力，将钢筋混凝土吊车梁锚固在地下厂房边壁完整的岩体上，使得吊车梁与地下厂房边壁岩体形成一个牢固的整体。它的最大优点是不必设柱，可减少厂房跨度 1～3m 以上，并且在开挖厂房下部及浇注混凝土作业时都能用吊车起吊，加快施工进度，具有受力情况好，结构构造简单，减少工程量等一系列优点。

(2) 机组支撑结构。抽水蓄能机组具有双向转动、起停频繁，转速高、起停瞬间冲击荷载较大等特点，因此机组支撑多采用圆筒式结构。风罩与机墩内部为圆形的水轮发电机井，外部呈圆形或八角形，由于水轮机顶盖一般分瓣吊装，下机架基础处内径一般受转轮吊装直径控制，下机架基础以下内径常大于下机架基础处内径，使得下机架基础形成连续环形牛腿结构（机组支撑结构示意图见图 11-3-4）。圆筒式机墩、风罩的优点是受压及受扭性能均较好，刚性大，一般为少筋混凝土，用钢较省。其缺点是水轮发电机井内狭小，水轮机的安装、检修、维护较为不便。在进行高水头、大容量、高转速可逆式机组的厂房设计中，对厂房支撑结构的抗震性能、机墩基础切向和径向刚度应给予足够的重视。支撑结构承受机组、楼板等传来的较大荷载（包括水力、机械和电磁等方面产生的振动荷载），同时，机墩又与各楼层、风罩、蜗壳及尾水管等相互连接成整体，成为复杂的空间组合结构，在机组运行的各工况下，结构应满足规定的安全要求。

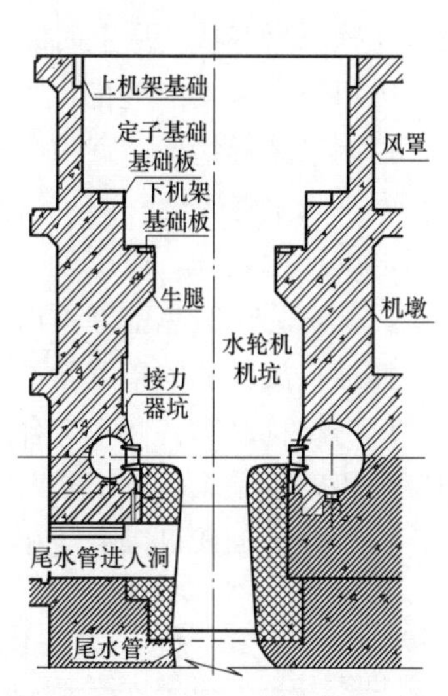

图 11-3-4　机组支撑结构示意图

（3）楼板及其支撑结构。抽水蓄能电站地下厂房楼板主要有现浇钢筋混凝土肋形梁板结构和现浇钢筋混凝土无梁厚板结构两种型式。各层楼板与机组支撑结构现浇成整体结构，因此选择楼板结构型式不仅要考虑结构强度要求，更要重点考虑整体结构抗震、减振的要求。最早的广州抽水蓄能电站一期厂房采用现浇钢筋混凝土肋形结构，楼板较薄，运行后振感较强。广州抽水蓄能电站二期厂房设计时增加了楼板厚度。天荒坪、惠州、宝泉等蓄能电站厂房均采用中厚板的现浇钢筋混凝土肋形结构。日本抽水蓄能电站以及国内的十三陵、琅琊山、张河湾、西龙池、敦化、丰宁、沂蒙、文登等抽水蓄能电站地下厂房则采用无梁厚板结构，楼板厚度一般为 0.75～1m，在机组段之间、孔洞周边设置加强暗梁，暗梁高度与楼板厚度相同，提高了厂房结构的整体刚度。无梁厚板结构还具有减少模板，便于施工，方便管路和电缆沿板底敷设，加大楼层净空等优点。厂房楼板已较少采用薄板肋形梁结构，普遍采用无梁厚板结构或中厚板肋形梁板结构。

楼板的支撑结构主要是框架柱。出于结构整体抗震考虑，抽水蓄能电站厂房在发电机层以下的上游侧和下游侧，结构柱之间多设置钢筋混凝土墙与各层楼板刚性连接，有些工程还将围岩支护锚杆外伸至混凝土边墙内，利于将厂房振动向围岩内弥散，提高厂房整体结构抗震性能。

（4）蜗壳外围混凝土。大型水轮机金属蜗壳埋置方式有三种：①设置弹性垫层；②不设弹性垫层，充水预压浇筑蜗壳外围混凝土；③不设弹性垫层，不加预压浇筑蜗壳外围混凝土（即直埋蜗壳）。充水预压是在蜗壳内加一定预压水头下浇筑蜗壳外围混凝土，其优点在于：①相对于设置弹性垫层的蜗壳，机组运行时，钢蜗壳能贴紧外围混凝土，使座环、蜗壳与大体积混凝土结合较好，增加了机组的刚性，也增加了其抗疲劳性能，并可依靠外围混凝土减少蜗壳及座环的扭转变形，抑制或减小机组的振动，有利于机组稳定性；②相对于直埋蜗壳，能尽量多利用钢蜗壳本身的强度，能减少内水压力向外围混凝土的传递，能减少外围混凝土的尺寸和配筋量。所以，目前国内高水头、大容量抽水蓄能电站从抗震考虑，广泛采用充水预压浇筑蜗壳外围混凝土方式。

（5）尾水管外围混凝土。尾水管结构一般分成三个部分：锥管段、肘管段、扩散段。大型抽水蓄能电站尾水管一般采用钢衬。尾水管外围混凝土结构的厂房以内部分位于厂房一期混凝土范围内，即厂房结构的最下部，承受厂房的绝大部分荷载和水压荷载，并起厂房基础作用。尾水管外围混凝土的厂房以外部分，一般在扩散段内，与尾水洞相连。

（6）基础。根据地勘成果和试验资料，地下厂房需要选择合适的基础结构型式满足承载力、变形控制、防渗等要求，目前普遍采用筏板基础。当厂房地基发育有软弱结构面、断层破碎带或地基为易风化、泥化的岩石时，应采取专门的处理措施使结构基础满足电站运行要求，并有效防止在地下水长期作用下地基岩石性质恶化。

（三）地下厂房结构构造

1. 永久性结构缝设置

抽水蓄能电站地下厂房结构的混凝土尺寸较大，结构型式比较复杂，荷载大小不一。当机组台数较多时，需沿厂房长度方向（纵向）设置永久性的伸缩－沉降缝以适应温度变化、混凝土收缩和厂房坐落在软弱岩基或断层上时的不均匀沉降，将厂房分成若干结构独立的区段。

机组段永久变形缝的间距，主要取决于地基特性、机组容量、结构型式、气候条件、施工程序、温度控制措施等情况，宜为20～30m，经论证后可放宽到40～50m。由于结构型式和荷载的差别，在建基面高程上有突变、两者结构或应力情况差异较大的部位均需设置沉降缝，如主机间与安装场、主机间与副厂房之间，以避免两个不同性质的建筑物因地基应力相差太大而引起裂缝。当厂房处于软岩的情况下，为了避免基础不均匀沉陷而需加强厂房的整体性，一般在主机间不设永久伸缩缝。

伸缩－沉降缝的布置除了要考虑结构平面尺寸、地基及荷载等因素，还要结合结构型式、厂房布置、厂房结构动力特性来综合确定。对于板梁结构，多采用一机一缝的分缝型式（布置图见图11-3-5），即每个机组段是个独立结构，在缝两侧一般布置双柱，广州、天荒坪抽水蓄能电站厂房即采用此种型式，这种分缝型式可以避免相邻机组段的振动传递。

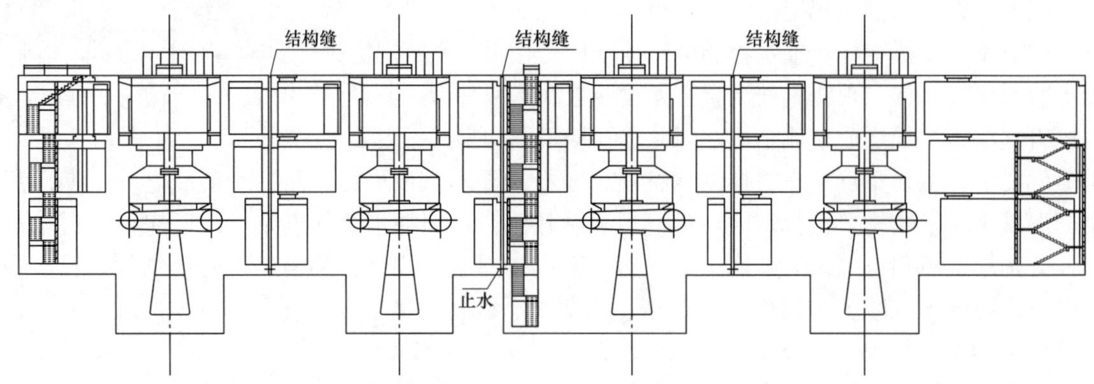

图11-3-5　一机一缝厂房布置图

对于厚板结构，采用一机一缝和两机一缝的均有。两机一缝结构即两个机组段作为一个整体结构（布置图见图11-3-6），国内十三陵、张河湾电站及日本的下乡、玉原等电站均采用此种型式。另外，当采用两台或者两台以上机组共用一台变压器，并且主变压器室布置在厂房两侧或者中间时，为减少一些机电设备布置及封闭母线安装的跨缝处理，分缝设置时应慎重考虑，但采用两机一缝结构具备一定优势，日本葛野川、神流川等抽水蓄能电站均属此类。

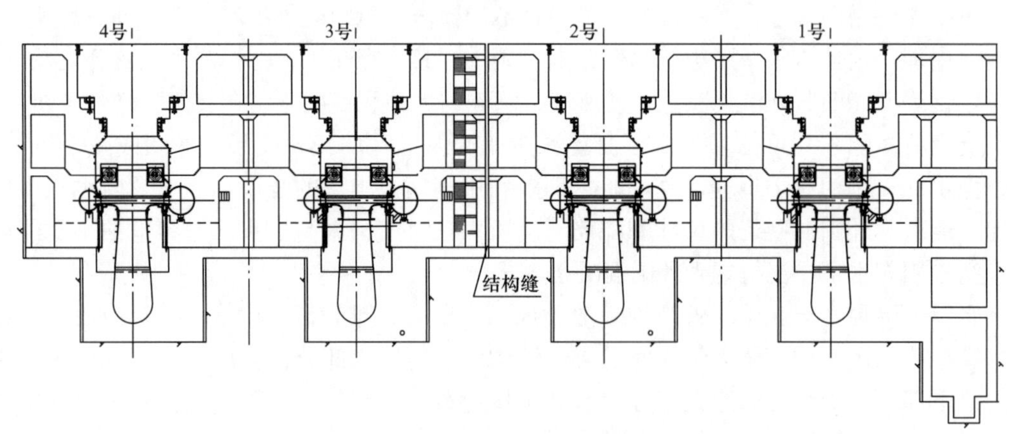

图11-3-6　两机一缝厂房布置图

厂房的永久伸缩－沉降缝应做成贯通式，即由基础底面起，分缝一直通至厂房顶部，当采用岩壁吊车梁时，一般通至发电机层顶面。为切断相邻结构段的振动传递途径，永久缝一般还需按隔振缝设计。缝宽一般取2cm，缝间填充隔振材料，通常使用2cm厚闭孔泡沫板作为填充材料。

2. 一、二期混凝土划分

由于机电设备安装的要求，厂房混凝土一般都要分两期浇筑，一、二期混凝土的划分应由工程具体情况确定。在一般情况下，为了满足机组安装和埋件的要求而需留作二期浇筑的混凝土有尾水管直锥段外围混凝土、蜗壳外围混凝土、机墩、风罩以及与之相连的部分、楼层板梁、厂房边墙以及结构柱等；其余如尾水管肘管段、厂房底板等属一期混凝土，可先行浇筑。

在划分一、二期混凝土时应满足以下要求：

（1）机电设备埋件的需要和设备安装的要求，例如蜗壳的周边应留有安装净空。

（2）二期混凝土的形状和尺寸除满足埋件和安装的需要外，还要兼顾二期混凝土结构的整体性及其与一期混凝土的整体结合等。

3. 浇筑分层分块

浇筑分层分块大小和施工缝位置的决定，要考虑结构型式、尺寸，结合施工程序、进度以及减少温度收缩应力的要求等因素，主要原则如下：

（1）混凝土的分层分块应使施工程序方便合理，有利于减少混凝土温度应力和干缩应力。

（2）浇筑分层分块形成的施工缝不能影响结构受力条件和整体性的要求，避免在结构应力较大的地方分缝。浇筑块的几何形状要避免锐角和薄片。

（3）各浇筑层的施工缝应符合错缝的原则，避免上、下层垂直缝贯通，影响结构的整体性和不透水性。

（4）蜗壳及尾水管外围混凝土几何形状复杂，埋件比较集中，所以浇筑块高度不宜超过 3～4m，并且为避免使蜗壳、尾水管移位或侧倾，应均匀对称下料。

4. 止水

地下厂房存在围岩渗漏水，凡是与围岩直接接触的混凝土结构，如厂房边墙、底板等，其永久性伸缩缝或临时施工缝，均应设置可靠的止水。

（四）结构布置实例

各工程具有不同的设计条件，因此结构布置型式各不相同，很难标准化或定型。本节介绍两种典型的结构布置型式的工程实例。

（1）山西西龙池抽水蓄能电站地下厂房。电站位于山西省五台县境内，总装机容量为 1200MW，安装 4 台 300MW 竖轴单级混流可逆式水泵水轮机和发电电动机组。电站额定发电水头 640m。工程等别为一等，规模属大（1）型。主厂房开挖尺寸（长×宽×高）149.3m×22.25m（吊车梁以上 23.5m）×49m。主变压器室平行布置在主厂房下游 44.5m 处，开挖尺寸为（长×宽×高）130.9m×16.4m×17.5m。

地下厂房内呈一字形布置，自右至左依次为 1～2 号机组段、安装场、3～4 号机组段、副厂房。机组段为“一机一缝”，发电机层以下由现浇混凝土厚板、混凝土边墙和机组大体积混凝土支撑结构组成，发电机层以上为岩壁吊车梁、结构柱系统。图 11-3-7 为西龙池抽水蓄能电站厂房横剖面图。

（2）浙江桐柏抽水蓄能电站。电站装设 4 台 300MW 的竖轴混流可逆式水泵水轮机和发电电动机组。主副厂房洞室内安装场、机组段、副厂房呈一字形布置，洞长 182.7m，下部宽 24.5m，上部宽 25.9m，最大洞高 56m。主厂房总长 110.3m，厂房设岩壁吊车梁。楼面为中厚度板加设梁型式，上下游设立结构柱。机组段之间设立永久性结构缝。主变压器室平行布置在主厂房下游。图 11-3-8 所示为桐柏抽水蓄能电站厂房横剖面图。

三、结构静力设计

（一）一般要求

（1）厂房各部位混凝土除满足强度要求外，还应根据所处环境、使用条件、地区气候等具体情况分别提出抗渗等耐久性要求。

（2）对直接承受动荷载作用的结构，在进行静力计算时应考虑动力系数，其动力作用只考虑传至直接承受动力荷载的结构，其他结构计算时可不考虑。

（3）地下结构的震害比地面结构轻，因此，《水电工程水工建筑物抗震设计规范》规定：对设计烈度为 9 度的地下结构或设计烈度为 8 度的Ⅰ级地下结构，应验算建筑物和围岩的抗震安全和稳定性。

（4）抽水蓄能电站厂房结构复杂，机组运行工况较多，结构设计宜建立厂房整体结构三维有限元模型，进行静力计算，并根据应力计算结果选配钢筋。

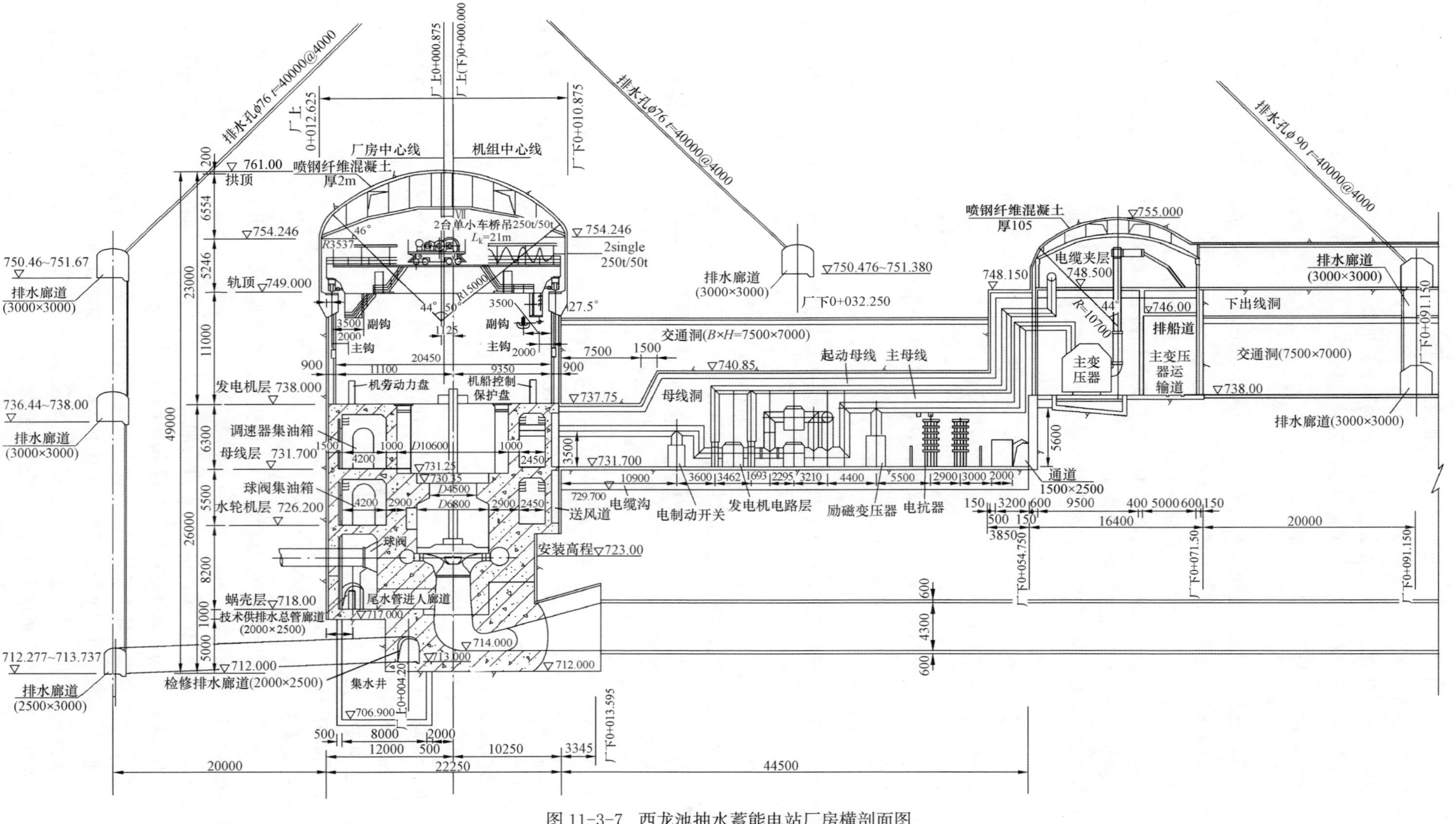

图 11-3-7 西龙池抽水蓄能电站厂房横剖面图

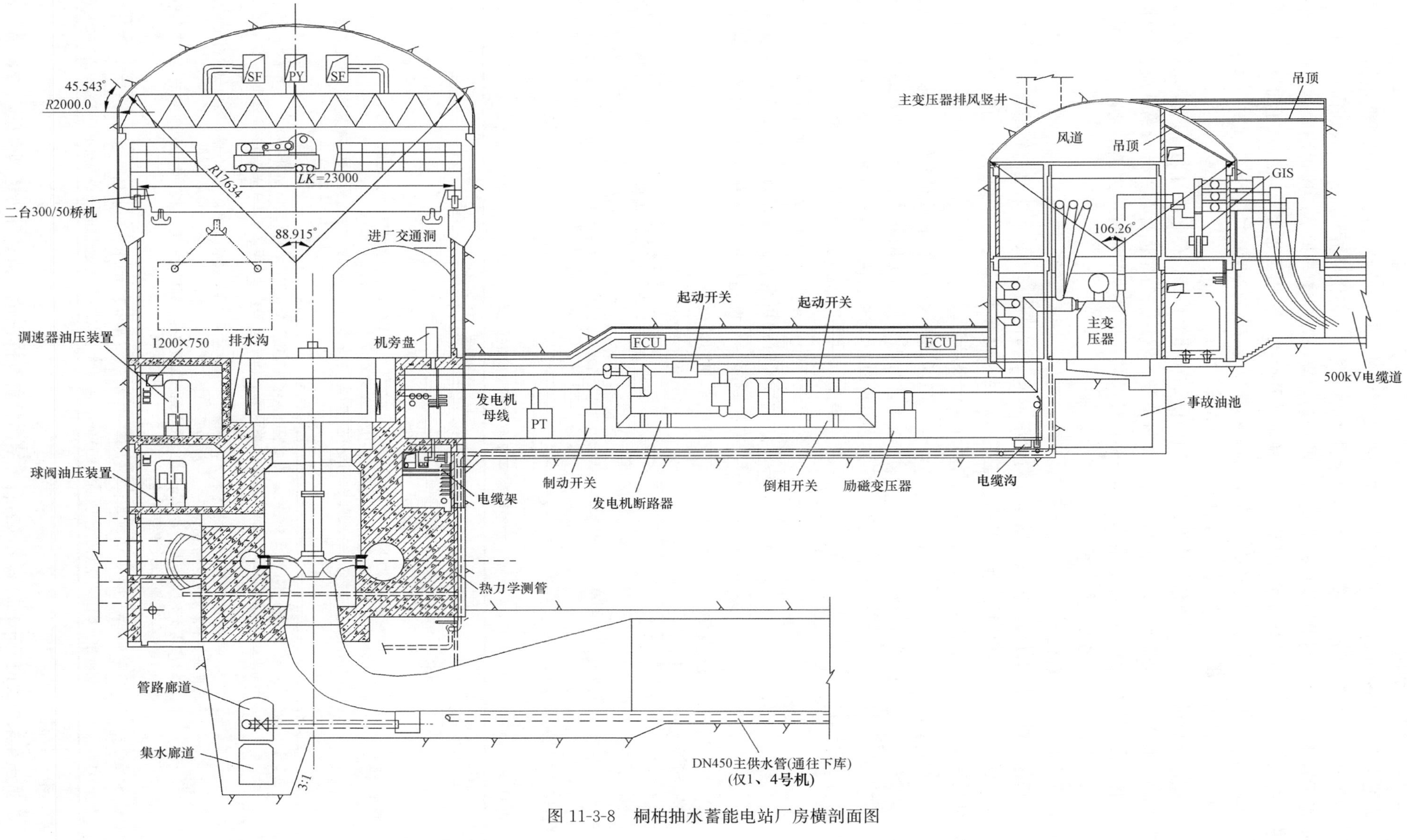

图 11-3-8　桐柏抽水蓄能电站厂房横剖面图

（二）岩壁吊车梁设计

岩壁吊车梁是一种既经济又安全的新型吊车支撑结构，已被广泛应用于抽水蓄能电站地下厂房。岩壁吊车梁是利用锚杆的抗拉拔力和混凝土与岩壁的摩擦力，将钢筋混凝土吊车梁锚固在地下厂房边墙的稳定岩体上，充分利用围岩的承载能力，使钢筋混凝土吊车梁与地下厂房边墙岩体形成一个承载结构。因此，岩壁吊车梁必须建筑在边墙围岩稳定的基础上，多用于Ⅲ类及以上较好围岩，要求岩体饱和抗压强度大于30MPa，变形模量宜大于8GPa，摩擦系数 $\tan\varphi$ 不小于1。对于地下厂房局部Ⅳ类或Ⅴ类围岩，对其进行缺陷处理后仍可考虑采用岩壁吊车梁。

岩壁吊车梁设计内容主要包括体型设计、锚固设计和配筋设计。体形设计与锚固设计具有较强的关联性，首先要依据经验初拟几组体型参数和锚杆倾角，然后进行锚固计算，分析锚杆应力对体型参数、锚杆倾角变化的敏感性，确定吊车梁体型和锚杆倾角，使计算的锚杆应力满足要求，再确定锚杆直径、长度和间距等，最后进行配筋设计。

1. 设计状况及荷载组合

岩壁吊车梁承受的外力主要包括吊车竖向轮压、水平横向刹车力、吊车梁与钢轨自重、吊车梁上部结构传递的荷载等，还要计算洞室开挖边墙变形对吊车梁产生的作用。为了便于用静力法计算，通常不计吊车梁下排锚杆加固力、围岩铅直面与吊车梁的黏结力。

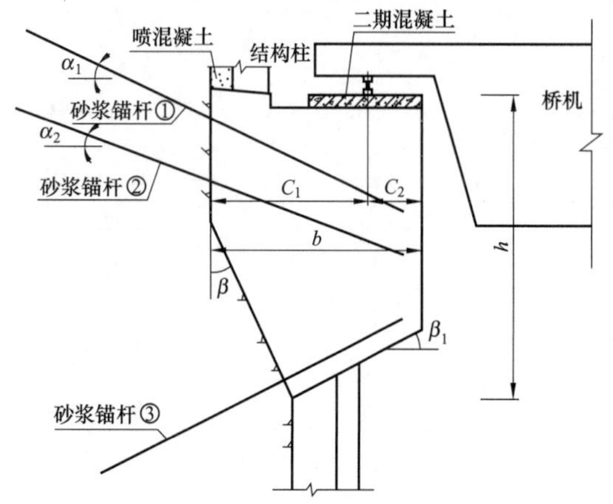

图 11-3-9 岩壁吊车梁的基本断面图

结构设计应按岩壁吊车梁承载能力极限状态设计，可不进行正常使用极限状态设计。按承载能力极限状态设计时，应考虑持久和短暂两种设计状况。持久设计状况，一般选取设计开挖断面、起吊设计最大件时的可变作用；短暂设计状况选取设计开挖断面、吊车超载试验时的可变作用。设计开挖断面包括设计标准开挖断面、允许超挖值开挖断面和允许岩壁角变化值开挖断面的情况。

2. 体形设计

岩壁吊车梁的基本断面如图11-3-9所示，基本尺寸包括梁体顶面宽度 b，梁体高度 h，岩壁角 β，梁体底面倾角 β_1 等。根据已建工程经验，吊车梁体形设计需考虑的因素见表11-3-1。

表 11-3-1　吊车梁体形设计需考虑的因素

项目	设计考虑因素及工程经验
梁体顶面宽度 b	梁体顶面宽度主要由两部分组成： （1）轨道中心线到洞室边墙开挖面的距离 C_1，包括吊车梁以上岩壁喷混凝土厚度、吊车梁上部构造柱宽度（或防潮隔墙内空间净宽与防潮墙厚度）、桥机端部至梁上构造柱（或防潮墙）的最小距离（必要时应考虑人行道的宽度）、桥机端部至轨道中心线的最小距离等。 （2）轨道中心线至吊车梁外边缘的最小距离 C_2，一般取30～50cm；根据资料统计，梁体顶面宽度多为1.6～2.1m
梁体高度 h	为满足抗剪要求，并避免在梁体内配置过多水平箍筋及弯起钢筋，应满足 a/h 小于0.3，其中 a 为竖向轮压作用点至岩壁吊车梁下部岩壁边缘的水平距离。岩壁吊车梁外缘高度不应小于 $h/3$，且不宜小于500mm
岩壁角 β	（1）岩壁角 β 对锚杆应力影响较大，应综合考虑岩层、主要构造及节理裂隙的影响，在确保岩台面开挖成形保证率不低于80%的情况下，一般为20°～40°。 （2）β 等于90°时，是岩台式吊车梁，吊车梁将力直接传递到岩石壁上，此种型式吊车梁需要增加厂房宽度，并且90°台座较难成形，较少采用
梁体底面倾角 β_1	在吊车荷载作用下，为使梁体具备足够的抗剪强度，梁体底面倾角 β_1 不宜太大，多数工程采用30°～45°
岩壁宽度	岩壁吊车梁的岩壁宽度宜为600～900mm，还宜满足0.25～0.35h，当岩壁斜面抗剪断参数偏低时取大值

3. 锚固设计

岩壁吊车梁主要由悬吊锚杆和梁底岩台将结构自重及桥机轮压荷载等传递到洞壁围岩，锚固设计就是确定悬吊锚杆的设计参数。已建工程采用不同设计方法，如刚体平衡法、力矢多边形法、有限元法、格栅梁法等，某些工程还采用模型试验研究其承载机理。但从总体上讲，目前岩壁吊车梁设计还处于经验设计阶段，计算方法不能精确地分析其实际受力状况，计算理论有待于完善。

（1）锚杆参数。除锚杆直径由结构计算确定外，岩壁吊车梁其他锚杆参数主要包括锚杆倾角、锚杆间距和锚杆长度，设计时需考虑的因素见表 11-3-2。国内部分抽水蓄能电站地下厂房岩壁吊车梁参数见表 11-3-3。图 11-3-10 为琅琊山抽水蓄能电站地下厂房岩壁吊车梁锚杆布置图。

表 11-3-2　　吊车梁锚杆参数设计考虑因素

项目	设计考虑因素及工程经验
锚杆倾角	（1）上排受拉锚杆的倾角一般取 15°～25°，下排受拉锚杆的倾角一般比上排锚杆的倾角小 5°～10°。 （2）锚杆倾角应结合地质条件通过多方案计算结果综合比较确定，锚杆倾角应与岩层层面（层状岩体）及比较发育的结构面有一定的交角。 （3）当吊车梁高度和岩壁角确定后，锚杆的拉力随锚杆倾角的增大而增大
锚杆间距	（1）为便于施工且改善岩壁梁锚杆锚固段围岩的受力条件，锚杆间距一般不小于 700mm。 （2）当一排锚杆不能满足要求时，可布置成两排，上、下排锚杆孔口的竖向距离一般为 250～400mm，上下排锚杆间的孔间距离不宜小于 500mm，且应错开布置
锚杆长度	（1）目前国内多借鉴经验公式和工程经验确定锚杆长度，对一般大、中型工程的岩壁吊车梁，吊车梁锚杆锚入岩体长度常用 6～8m。 （2）NB/T 35079《地下厂房岩壁吊车梁设计规范》规定岩壁吊车梁的受拉锚杆入岩深度应穿过围岩爆破松弛区，锚入稳定岩体内的锚固长度可按计算和工程类比确定，并不小于该部位系统锚杆的深度

表 11-3-3　　国内部分抽水蓄能电站地下厂房岩壁吊车梁参数

工程名称	吊车吨位	岩壁梁结构（宽×高，m）	壁座角 β(°)	锚杆参数
广州	2×200t/50t/10t/，1×30t/5t	1.6×2.3	20	上锚杆：Φ36@0.7m、深 7.5m、倾角 25° 中锚杆：Φ36@0.7m、深 7.5m、倾角 15° 下锚杆：Φ32@0.7m、深 6m、倾角 20°
天荒坪	2×250t	1.95×2.4	22.5	上锚杆：Φ36@ 0.75m、深 8m、倾角 27.5° 中锚杆：Φ36@ 0.75m、深 8m、倾角 22.5° 下锚杆：Φ32@ 0.75m、深 6m、倾角 26.565°
桐柏	2×300t	1.9×2.7	30	上锚杆：Φ36@0.75m、深 10m、倾角 27.5° 中锚杆：Φ36@0.75m、深 10m、倾角 22.5° 下锚杆：Φ36@0.75m、深 6m、倾角 33.69°
泰安	2×250t/50t	1.8×2.6	27	上锚杆：Φ36@0.7m、深 9.9m、倾角 27° 中锚杆：Φ36@ 0.7m、深 9.8m、倾角 22° 下锚杆：Φ32@ 0.7m、深 7.25m、倾角 28.6°
琅琊山	2×160t	1.75×2.42	25	上锚杆：Φ36@0.75m、深 8m、倾角 25° 中锚杆：Φ36@0.75m、深 8m、倾角 20° 下锚杆：Φ28@0.75m、深 6m、倾角 26.57°
宜兴	2×250t/5t	1.95×2.5	27.2	上锚杆：Φ36@0.7m、深 8m、倾角 27.5° 中锚杆：Φ36@ 0.7m、深 8m、倾角 20° 下锚杆：Φ36@ 0.7m、深 6m、倾角 33.69°
张河湾	2×250t/50t	1.65×2.42	25	上锚杆：Φ36@0.75m、深 8m、倾角 25° 中锚杆：Φ36@0.75m、深 8m、倾角 20° 下锚杆：Φ28@0.75m、深 6m、倾角 35°
西龙池	2×250t/50t	1.75×2.25	27.5	上锚杆：Φ36@0.75m、深 8m、倾角 25° 中锚杆：Φ36@0.75m、深 8m、倾角 20° 下锚杆：Φ28@0.75m、深 6m、倾角 24°
呼和浩特	2×250t/50t	1.65×2.48	27	上锚杆：Φ32@0.75m、深 8m、倾角 25° 中锚杆：Φ32@0.75m、深 8m、倾角 20° 中锚杆：Φ28@1.5m、深 7m、水平 下锚杆：Φ28@0.75m、深 6m、倾角 35°

续表

工程名称	吊车吨位	岩壁梁结构（宽×高，m）	壁座角β(°)	锚杆参数
敦化	2×275t/50t/10t	1.65×2.53	30	上锚杆：Φ36@0.75m、深8m、倾角25° 中锚杆：Φ36@0.75m、深8m、倾角20° 下锚杆：Φ28@0.75m、深6m、倾角35°
丰宁	3×320t/50t	1.65×2.51	30	上锚杆：Φ36@0.75m、深10.3m、倾角25° 中锚杆：Φ36@0.75m、深10.3m、倾角20° 下锚杆：Φ28@0.75m、深7.4m、倾角35°
沂蒙	2×275t/50t	1.9×2.51	30	上锚杆：Φ36@0.75m、深8m、倾角25° 中锚杆：Φ36@0.75m、深8m、倾角20° 下锚杆：Φ28@0.75m、深6m、倾角31.3°
文登	2×250t/50t	1.65×2.51	30	上锚杆：Φ36@0.75m、深8m、倾角25° 中锚杆：Φ36@0.75m、深8m、倾角20° 下锚杆：Φ28@0.75m、深6m、倾角35°

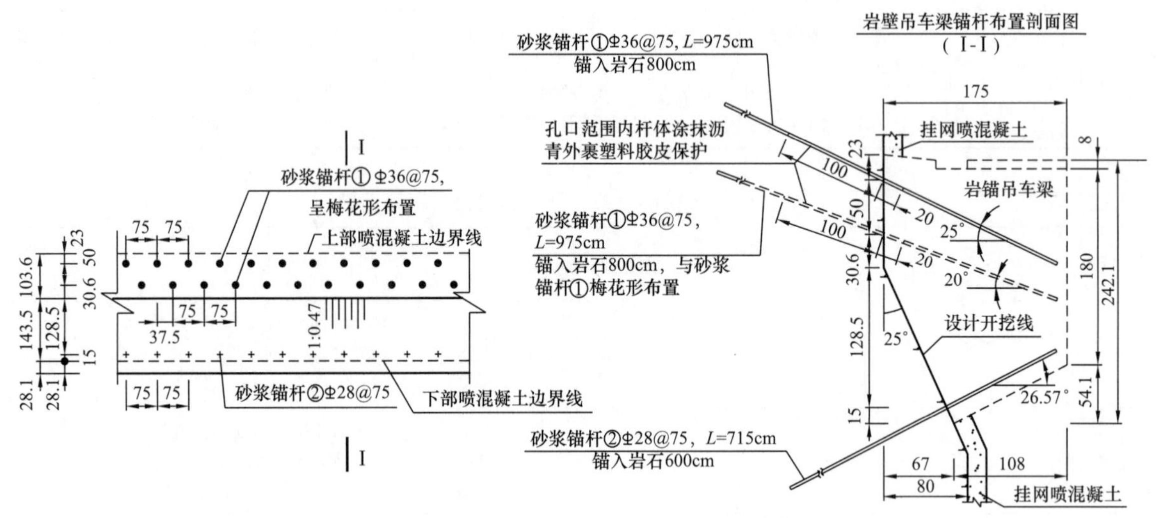

图 11-3-10 琅琊山抽水蓄能电站地下厂房岩壁吊车梁锚杆布置图（单位：cm）

（2）刚体极限平衡法计算悬吊锚杆应力。刚体极限平衡法是以受压锚杆与基座交点为原点，通过悬吊锚杆拉力、吊车轮压等外力对原点建立力矩平衡方程，计算所需的悬吊锚杆加固力。计算时选取单位梁长，不考虑吊车梁纵向影响，不计混凝土与围岩之间的黏结力，也不考虑悬吊锚杆的抗剪作用。表 11-3-4 为部分工程岩壁吊车梁现场荷载试验实测悬吊锚杆应力值。根据工程实测资料，岩壁吊车梁悬吊锚杆应力主要由两部分构成，第一部分为锚杆支护应力，是在洞室开挖过程中，边墙围岩变形和围岩应力释放使岩壁吊车梁悬吊锚杆产生支护应力，该部分应力与围岩地质构造、初始地应力场、洞室规模、吊车梁自重和开挖支护情况有关，是悬吊锚杆应力中的主要部分，即表中的悬吊锚杆应力初始值。第二部分为吊车轮压产生的应力，是在吊车运行或起吊重物时，吊车荷载通过岩壁吊车梁使悬吊锚杆产生的拉应力，即表中的吊车设计荷载下悬吊锚杆应力净增值，该部分应力一般不大，与锚杆支护应力比较，为次要部分。根据上述分析，岩壁吊车梁悬吊锚杆应力由两部分组成，而刚体极限平衡法仅能考虑其中第二部分吊车轮压产生的应力，且该部分计算值较实测值大许多，说明刚体极限平衡法尚不能确切反映岩壁吊车梁的实际受力状态。究其原因，刚体极限平衡法忽略了悬吊锚杆应力的主要部分——洞室开挖变形引起的锚杆支护应力，只计算了吊车轮压产生的锚杆拉力；此外，该方法的一些基本假定不尽合理，如不计混凝土与围岩之间的黏结力等，使悬吊锚杆拉力计算值相比实测值大很多。综上所述，刚体平衡法虽被广泛应用于岩壁吊车梁锚固设计，但该设计理论还需完善优化。但因该方法设计成果偏于保守，没有危及工程安全，在无更完善的设计方法之前仍被使用。

表 11-3-4　　部分工程岩壁吊车梁的现场荷载试验实测悬吊锚杆应力值

工程项目	悬吊锚杆部位		悬吊锚杆应力初始值(MPa)	吊车设计荷载下悬吊锚杆应力测值(MPa)	吊车设计荷载下悬吊锚杆应力净增值(MPa)	说明
琅琊山	混凝土内	上排锚杆	31.67	32.39	0.72	厂左 0+094.720 下游侧观测断面
		下排锚杆	24.79	24.73	−0.06	
	岩石内	上排锚杆	19.39	21.90	2.51	
		下排锚杆	53.47	53.42	−0.05	
张河湾	混凝土内	上排锚杆	−0.62	−0.49	0.13	厂左 0+002.000 上游侧观测断面
		下排锚杆	6.70	7.24	0.54	
	岩石内	上排锚杆	58.54	62.41	3.87	
		下排锚杆	33.54	35.98	2.44	
呼和浩特	岩石内	上排锚杆	295.55	295.45	−0.1	
		下排锚杆	149.31	149.12	−0.19	
沂蒙	混凝土内	上排锚杆	−0.59	−0.33	0.26	
	岩石内	上排锚杆	20.95	21.32	0.37	
		下排锚杆	−2.09	−2.27	−0.18	
丰宁（一期）	岩石内	上排锚杆	344.37	350.73	6.36	厂左 0+48 下游侧
		下排锚杆	145.12	148.47	3.35	厂左 0+175.5 上游侧
丰宁（二期）	岩石内	上排锚杆	210.08	211.15	1.07	厂左 0+294 上游侧
		下排锚杆	2.65	4.46	1.81	厂左 0+342 下游侧
文登	岩石内	上排锚杆	190.17	189.61	−0.56	厂左 0+000.250 下游侧
		下排锚杆	71.21	71.71	0.5	厂左 0+086.500 上游侧

（3）三维有限元法。由于刚体极限平衡法计算理论的缺陷，以及计算技术的发展，越来越多的工程采用三维非线性有限元法数值模拟岩壁吊车梁的受力状态，对岩壁梁混凝土、受力锚杆及岩壁梁洞室一定范围的围岩（考虑主要结构面、初始应力场和洞室开挖的影响）进行三维整体有限元计算分析，求出锚杆内力（支护应力和吊车荷载引起的应力）、岩锚吊车梁混凝土和岩体（包括交界面）应力，并满足强度要求。同时还可依据梁体断面混凝土应力进行梁体配筋设计。这样，一方面可以考虑围岩的岩体情况、主要地质构造、初始地应力场、洞室的跨度、高度、模拟洞室的分期开挖、支护和运行加载情况。另一方面还可避免刚体平衡计算法中较难准确确定的每米长度设计轮压，以及难以考虑的岩锚吊车梁侧向刚度对计算的影响，可以较真实地模拟实际情况，并能确定梁体配筋设计。但目前有限元分析中假定吊车梁混凝土与围岩连成一体，计算的悬吊锚杆应力可能偏小。原型观测反映出因吊车梁混凝土温降和干缩及施工等原因，某些工程吊车梁混凝土与围岩间存在缝隙，例如广州一期和二期电站测到最大缝隙分别为 0.8mm 和 0.9mm，东风水电站岩壁吊车梁承载试验时测得梁体与岩壁开裂裂缝最大增加 2mm。在有限元分析中如何反映梁体与岩壁间可能出现的缝隙，以确保岩壁吊车梁的安全，还有待研究。其次，原型观测和有限元分析都表明悬吊锚杆应力主要是洞室开挖变形引起的锚杆支护应力。但厂房中已布置有系统锚杆以保证厂房边墙的稳定，应探讨采取措施使悬吊锚杆不参与承担支护应力的合理性和可行性。

4. 配筋设计

岩壁吊车梁处于空间工作状态，其承受荷载的情况属于双向受弯、受剪同时又受扭的构件，受力非常复杂，宜采用三维有限元计算其在各种工况下的应力状况，也可将其简化成平面问题进行计算，横向配筋按壁式连续牛腿设计，纵向配筋近似简化为矩形截面的弹性地基梁作用于弹性地基（岩石边墙）上进行设计。图 11-3-11 为琅琊山抽水蓄能电站地下厂房岩壁吊车梁配筋图。

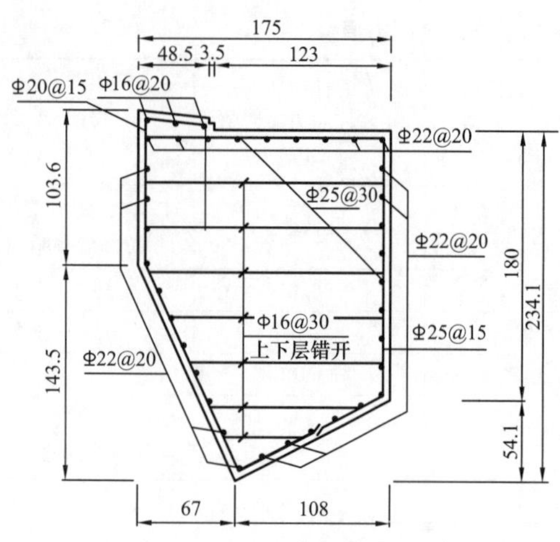

图 11-3-11 琅琊山抽水蓄能电站地下厂房岩壁吊车梁配筋图

5. 构造设计

(1) 伸缩缝。为使岩壁吊车梁更好地适应围岩变形，避免因围岩过大的不均匀变形引起梁内混凝土及悬吊锚杆产生较大的次生应力，在地质条件差异较大处需设置伸缩缝。伸缩缝缝宽一般为 2cm，缝内充填聚氨酯泡沫塑料或闭孔泡沫板，并设一道橡胶止水。

(2) 施工缝。为有效释放温度应力，岩壁吊车梁还应根据温控要求及施工浇筑能力设置临时施工缝，岩壁吊车梁混凝土浇筑段长度宜小于 12m，最大不宜超过 16m，施工时宜采用跳仓浇筑。为保证临时施工缝间剪力有效传递，除纵向钢筋跨缝连接外，缝面应凿毛处理，设置键槽（施工缝键槽体形详图见图 11-3-12），槽深一般为 25cm，键槽面积约为梁体横截面的 25%，并设置接缝插筋。

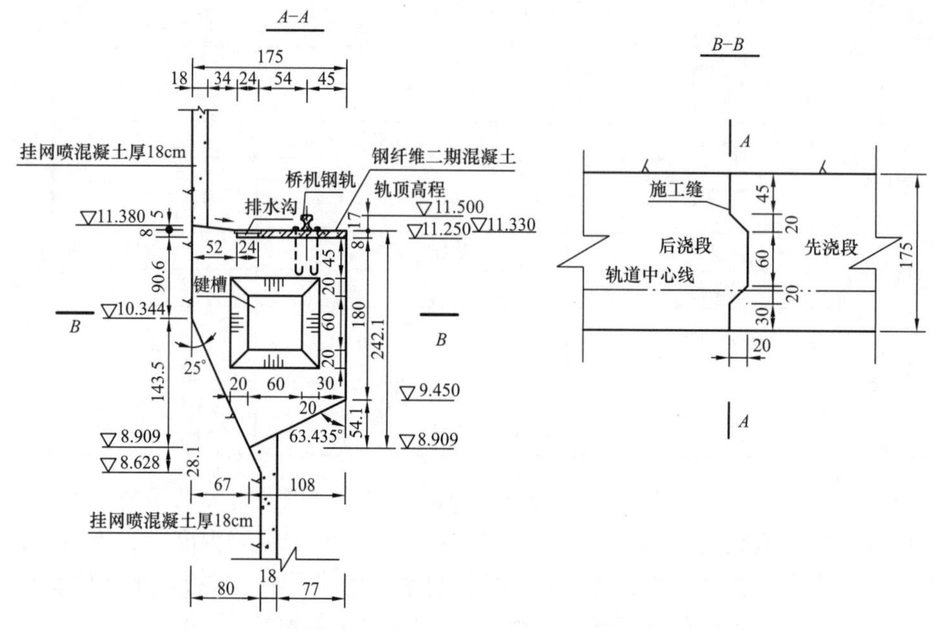

图 11-3-12 施工缝键槽体形详图

(3) 温控措施。岩壁吊车梁混凝土一般采用二级配 C25 混凝土，水泥用量大，水化热高，为避免温度应力引起混凝土裂缝，宜采用中热水泥、掺加粉煤灰等掺合料，并采取温控措施，一般混凝土入仓温度控制在 18℃以下，梁体混凝土水化热内外温差宜控制在 20°以内，效果较好。

(4) 排水。为防止岩石渗水进入缝中使锚杆锈蚀，需在吊车梁顶沿长度方向设置排水沟，用于收集梁体以上的围岩渗漏水，并在梁体内预埋排水管将排水沟中的渗水引至下部排水沟。图 11-3-13 为琅琊山抽水蓄能电站岩壁吊车梁的排水构造详图。

(5) 受拉锚杆交界面处理。受拉锚杆最大拉应变（力）发生在岩壁梁与岩壁交界面附近，沿锚杆向岩体内延伸，锚杆的拉应力迅速衰减。而交界面附近为围岩松动区，承载能力低，为了将受拉锚杆锚入稳定岩体，希望将锚杆的拉力尽量传到围岩深部，因此，工程中一般将第一、二排受拉锚杆在吊车梁交界面靠围岩一侧 1～2m 涂抹沥青。

6. 特殊处理

(1) 岩壁吊车梁过交通洞、母线洞口处理。工程中常遇到交通洞、母线洞正交厂房下游侧岩壁吊车梁，洞室开挖对岩壁围岩稳定有一定影响，并且当洞顶高程较高时，使岩壁不能承力。在工程设计中，一方面，应尽量降低下部洞顶高程，使吊车梁底距洞顶有足够的岩体厚度；另一方面，应在开挖母线洞洞脸时，做好洞口周边的锁口支护，开挖时严格控制周边孔的装药量；最后，应充分利用交叉洞口锁口衬砌及厂房防潮构造柱对吊车梁起支承作用。

（2）施工偏差处理。吊车梁岩壁超挖或岩壁角的减小，对岩壁吊车梁的安全影响较大，需要配置附加抗剪锚杆及加补岩台混凝土。施工中，应选择合理的爆破方法及参数，严格控制超挖，保证岩壁成形精度，减小锚杆孔位及倾角施工误差。

（3）断层破碎带处理。岩壁吊车梁是在边墙稳定的前提下设计的，因此必须保证边墙岩体的稳定，当遇到不良地质条件情况，如断层、软弱破碎带或不稳定楔形体等，应采取相应的工程措施加固，以确保岩体作为岩壁吊车梁基础的可靠性。

7. 荷载试验

对于围岩较差、重要的或支撑大吨位桥机的岩壁吊车梁，应进行现场承载试验，检验其承载能力及工作状况。岩壁吊车梁现场荷载试验宜结合桥机的荷载试验同期进行。岩壁吊车梁现场试验应分级进行，静载试验要求加载到桥机额定起重量的125%，动载试验要求加载到桥机额定起重量的110%。应在安装场位置进行静载试验，并限制吊重位于桥机的跨中位置；应按照桥机吊重位于桥机的跨中→上游侧极限位置→下游侧极限位置的顺序，在桥机大车的上下游方向全行程范围内进行动载试验。试验时可按照桥机额定起重量的50%、75%、90%、100%、110%逐级加荷，静载超载加至125%。桥机在起吊每级荷载时，分别行走至每一个观测断面，观测吊重位于桥机上、下游侧极限位置和跨中位置时的岩壁吊车梁位移、锚杆应力、混凝土与岩壁间缝隙及压应力等项目，并对观测数据进行分析，当岩壁吊车梁满足安全要求后方可进行下一级加载试验。

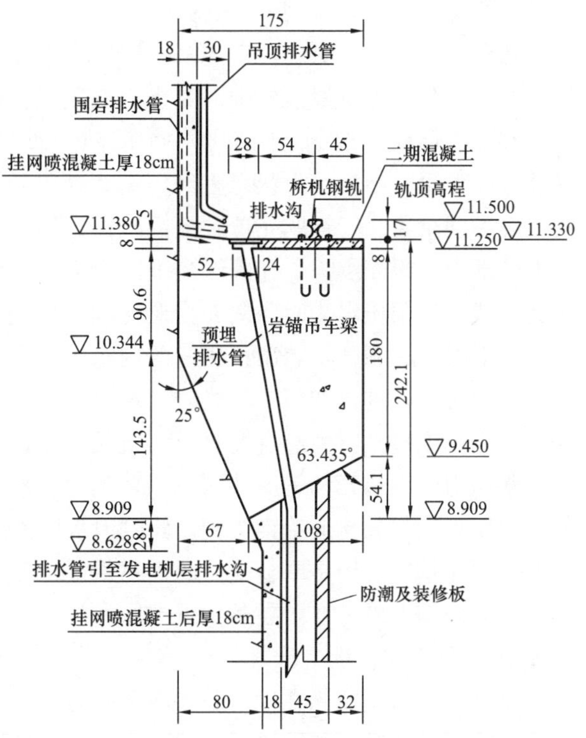

图 11-3-13 琅琊山抽水蓄能电站岩壁吊车梁的排水构造详图

（三）尾水管外围混凝土结构静力设计

高水头大容量抽水蓄能电站的尾水管多采用钢衬，结构设计时可考虑钢衬与混凝土结构联合受力。由于尾水管体型复杂、内水压力较大，宜对其外围混凝土进行三维有限元计算。锥管段四周为大体积混凝土，一般按构造进行配筋。肘管段与扩散段厂内部分一般可简化为平面问题考虑，即沿水流方向分区切若干剖面，按平面框架，采用结构力学方法进行内力计算。扩散段厂房下游边墙以外部分（厂外），可按水工隧洞进行结构设计。

由于尾水管外围混凝土浇筑空间狭小，不利于振捣，并且受温降及混凝土干缩作用的影响，在尾水管外围混凝土顶部与围岩的接触面会出现空腔，应预埋回填灌浆管，在混凝土达到70%强度后进行回填灌浆。尾水管钢衬底面与混凝土间也易出现空腔，需在空洞部位钻孔进行接触灌浆。

（四）蜗壳外围混凝土结构静力设计

大型水轮机钢蜗壳外围混凝土结构型式通常有三种：①金属蜗壳与外围混凝土之间设有弹性垫层。②不设弹性垫层，充水预压浇筑蜗壳外围混凝土。③不设弹性垫层，不加预压浇筑蜗壳外围混凝土。抽水蓄能电站一般水头高、内水压力大，目前制造的钢蜗壳都是按承受全部设计内水压设计的。大多数日本抽水蓄能电站采用第三种蜗壳结构型式，钢蜗壳外围混凝土厚度大多在3m以上。我国抽水蓄能电站普遍采用第二种蜗壳结构型式。如广州、十三陵、天荒坪、泰安、琅琊山、西龙池、呼和浩特、敦化、丰宁、沂蒙等电站，此种结构型式可调整钢蜗壳和外围混凝土分担内水压力的比例，既可利用蜗壳外围混凝土对蜗壳的约束作用，减少厂房结构振动；又可尽量发挥钢蜗壳的承载能力，减少混凝土配筋，也利于优化蜗壳外围混凝土结构体形，从而方便厂房布置，减小地下洞室跨度，利于围岩稳定。

1. 充水预压蜗壳结构的工作原理

充水预压蜗壳，是对已经安装好的钢蜗壳施加一定水头的内水压力进行预压，使钢蜗壳发生弹性变形，并在此预压力下浇筑外围混凝土，待混凝土凝固后撤销钢蜗壳内部的水压力，钢蜗壳收缩，在钢蜗壳和外围钢筋混凝土之间形成一个间隙，通常称为保压间隙。机组运行时，内水压力由低至高，蜗壳及外围混凝土结构受力状态将经历钢蜗壳单独受力、钢蜗壳与混凝土联合受力、钢蜗壳与钢筋联合受力等不同阶段。①钢蜗壳单独受力阶段：当工作水头低于预压水头，蜗壳变形小于保压间隙，内水压力全部由钢蜗壳承担，外围混凝土不受力。②钢蜗壳与混凝土联合受力阶段：当内水压力继续升高，达到或超过预压水头时，蜗壳变形达到保压间隙，钢蜗壳与外围混凝土贴紧，由于钢蜗壳的刚度小于外围混凝土的刚度，超出预压值的内水压力大部分传给外围混凝土，外围混凝土处于弹性或开裂前的弹塑性阶段，进入弹塑性阶段时变形大幅增加。③钢蜗壳与钢筋联合受力阶段：当内水压进一步升高，在蜗壳混凝土应力超过混凝土的抗拉强度时，蜗壳外围混凝土开裂，开裂处混凝土不再承受拉力，内水压力由钢蜗壳和钢筋共同承担，钢蜗壳应力呈现一个跳跃阶段，将第二阶段由外围混凝土承担的内水压力大部分传递给钢蜗壳，此时内水压力由钢蜗壳和钢筋（大致）按面积比分担。

充水预压蜗壳结构是联合受力的钢衬钢筋混凝土结构，其工作原理要求钢衬在材料的弹性范围内工作，蜗壳外围混凝土在限裂条件下工作。

2. 充水预压压力设定原则

充水预压压力宜控制在机组最大静水头的50%～100%，具体工程确定充水预压压力时建议考虑以下原则，既可发挥蜗壳外围混凝土的抗震作用，又可在保证结构安全可靠的前提下，减少配筋量。

（1）抗震条件：要保证外围混凝土能嵌固约束钢蜗壳，有效吸收机组振动，则钢蜗壳与混凝土处于联合受力阶段最有利。首先，要求充水预压压力应小于蜗壳运行的最小静水压力水头（并有一定裕度，例如折减0.8左右），否则在最小压力水头运行时，钢蜗壳将处于单独受力阶段，外围混凝土就不能嵌固和约束蜗壳。其次，也不宜直接进入钢蜗壳与钢筋联合受力阶段，那时外围混凝土结构裂缝过多、过宽，刚度降低，对钢蜗壳的嵌固约束作用也会降低。即要求蜗壳设计总内水压力扣除由钢衬独立承担的预压水压力后，剩余水压力由钢衬和混凝土联合承担，其中由混凝土承担的那一部分水压力不宜过高，如能控制混凝土应力不大于混凝土抗拉强度最好。

（2）经济条件：由于蜗壳钢衬是按最大水头压力和明管条件设计的，因此选择预压压力时，应适当增加钢衬所分担的内水压力份额，而减少外围混凝土分担的内水压力，可以减少混凝土配筋。

广蓄一期工程蜗壳预压水头与最大静水头比例为44.2%，现场检查发现混凝土有贯穿裂缝。广蓄二期工程此比例提高至73.6%，增加了蜗壳钢衬承担的内水压力份额，减少了混凝土配筋，裂缝也有所减少。表11-3-5为国内采用蜗壳充水预压的工程实例。

表11-3-5　国内采用蜗壳充水预压的工程实例

电站名称	单机容量（MW）	蜗壳最大静水头 H_{max}(m)	蜗壳最小静水头 H_{min}(m)	预压水头 h(m)	h/H_{max}(%)	h/H_{min} (%)
广蓄一期	300	611	592	270	44.2	45.6
广蓄二期	300	611	592	450	73.6	76.0
十三陵	200	537	502	265	49.3	52.8
天荒坪	300	680	638	540	79.4	84.6
桐柏	300	344	324	210	61.0	64.8
琅琊山	150	181.8	160	85	46.8	53.1
张河湾	250	394	363	200	50.8	55.1
西龙池	300	769.5	744	539	70.0	72.4
呼和浩特	300	660	623	330	50.0	53.0
敦化	350	795	777	580	73.0	74.6
沂蒙	300	488	453	335	68.6	74.0
丰宁	300	538	493	375	69.7	76.1
文登	300	590	550	413	70.0	75.1

3. 荷载分析

钢蜗壳与外围钢筋混凝土组成的蜗壳结构，是一种复合材料结构，一个非对称形状特殊的结构，不仅承受具有一定变幅的静水压力和动水压力，还要承受水轮发电机组等固定设备的重量和检修时存在的活荷载、结构自重、机墩及风罩传来的荷载、水轮机层地面活荷载等，其中内水压力仍为其主要荷载。抽水蓄能电站地下厂房内的蜗壳外围混凝土静力计算，可不计算外水压力和温度作用。金属蜗壳采用充水预压浇筑混凝土，超过预压水头之后的水压力由外围混凝土分担的比例需要通过模型试验或有限元计算确定，目前还缺乏实测资料。

4. 结构计算与配筋

蜗壳外围混凝土为一空间受力结构，内力计算常用平面框架、环形板筒和有限元等基本方法。随着计算技术的发展，工程设计更多采用有限元或边界元法进行结构计算，但平面框架法仍是设计人员常用的一种简化的设计方法，沿蜗壳中心线径向切取若干单位宽度的截面，按平面Γ形框架进行内力计算。所取的截面一般为0°、90°、180°包角线等处，Γ形框架横梁（顶板）可假定为铰支于水轮机座环上，立柱（侧墙）的底端可假定为固定于大体积混凝土顶面。图11-3-14为某抽水蓄能电站蜗壳外围混凝土平面图及结构计算简图。按平面框架法的内力计算结果，水平横梁按受弯构件配筋，立柱按偏心受压构件配筋，水平向和蜗向按构造配筋。

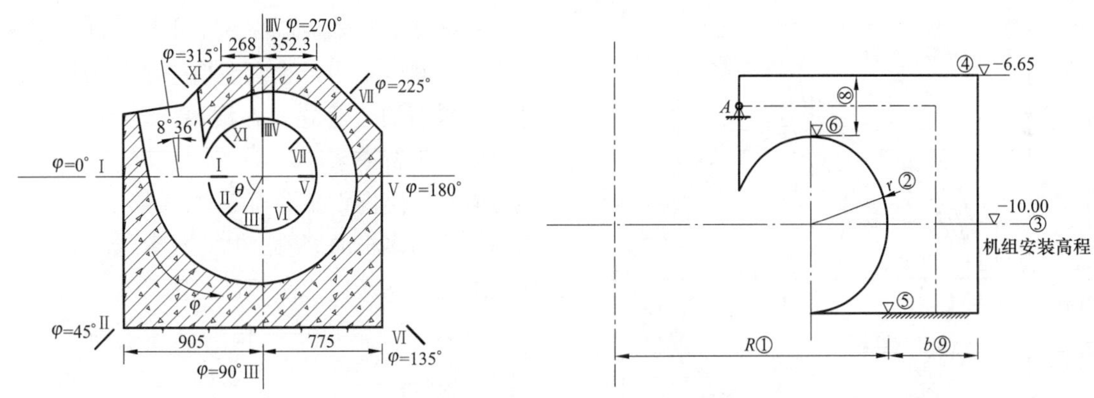

图 11-3-14 某抽水蓄能电站蜗壳外围混凝土平面图及结构计算简图

抽水蓄能电站蜗壳外围混凝土大都按照"抗裂"原则，采用线弹性方法计算混凝土内应力，再按拉应力图形进行配筋，这种设计方法导致钢筋用量过多，同时也没有阻止结构的局部开裂，如广州、天荒坪、十三陵抽水蓄能电站的蜗壳外围混凝土在进口段均有裂缝产生。由于混凝土开裂前钢筋应力较低，开裂后再按拉应力图形配筋则不适宜。目前抽水蓄能电站的钢蜗壳都已按明管承受全水头设计，蜗壳外围混凝土的作用主要为了限制钢蜗壳的振动、作为上部结构的基础，以及保护钢蜗壳等，蜗壳混凝土的配筋可按"限裂设计"，并在裂缝宽度较大的外围混凝土外侧适当加强配筋。表11-3-6为部分抽水蓄能电站蜗壳外围混凝土体形及配筋参数，图11-3-15为通常采用的蜗壳外围混凝土配筋示意图。

表 11-3-6　　部分抽水蓄能电站蜗壳外围混凝土体形及配筋参数

工程项目	外轮廓尺寸（纵×横，cm）	外围混凝土最小厚度（cm）	外围混凝土高度（cm）	混凝土强度等级	外围混凝土配筋（mm）		蜗壳外围配筋（mm）	
					竖直方向	水平方向	环向	蜗向
十三陵	1300×1260	186	630	C25	外层Φ30@200 内层Φ25@200	外层Φ22@300 内层Φ22@200	外层Φ30@143 内层Φ30@143	外层Φ25@200 内层Φ25@200
琅琊山	1680×1520	145	820	C25	外层Φ28@150 内层Φ28@150	外层Φ25@200 内层Φ25@200	外、中、内层均为Φ32@150	外、中、内层均为Φ25@200
张河湾	1520×1540	169	750	C25	外层Φ28@170 内层Φ28@170	外层Φ25@200 内层Φ25@200	外、中、内层均为Φ36@150	外、中、内层均为Φ25@200

续表

工程项目	外轮廓尺寸（纵×横，cm）	外围混凝土最小厚度（cm）	外围混凝土高度（cm）	混凝土强度等级	外围混凝土配筋（mm）		蜗壳外围配筋（mm）	
					竖直方向	水平方向	环向	蜗向
西龙池	1600×1575	153	820	C25	外层Φ32@200 中层Φ25@200 内层Φ25@200	外层Φ28@200 中层Φ25@200 内层Φ25@200	外层Φ32@150 中层Φ36@150 内层Φ36@150	外、中、内层均为Φ25@200
敦化	1820×1700	233	525	C25	外层Φ32@200 中层Φ25@200 内层Φ25@200	外层Φ28@200 中层Φ25@200 内层Φ25@200	外、中、内层均为Φ36@200	外、中、内层均为Φ25@200
沂蒙	1792×1715	228	850	C30	外层Φ28@200 内层Φ28@200	外层Φ25@200 内层Φ25@200	外、中、内层均为Φ36@150	外、中、内层均为Φ28@200
丰宁	1670×1550	223	850	C30	外层Φ28@200 内层Φ28@200	外层Φ22@200 内层Φ22@200	外、中、内层均为Φ36@150	外、中、内层均为Φ28@200
文登	1600×1720	220	850	C25	外层Φ28@200 内层Φ28@200	外层Φ22@200 内层Φ22@200	外层Φ32@150 中层Φ36@150 内层Φ36@150	外、中、内层均为Φ25@200

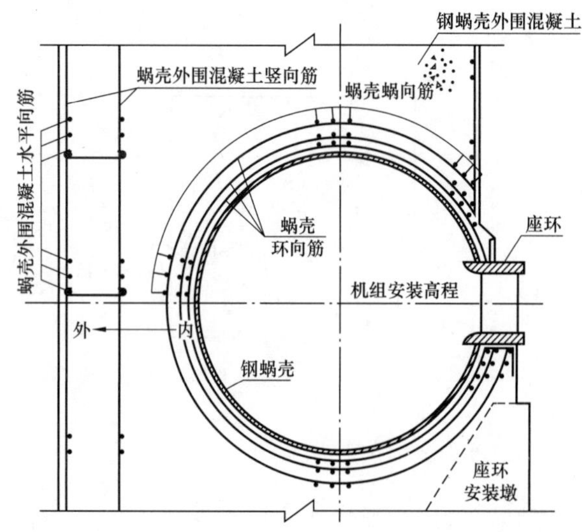

图 11-3-15 通常采用的蜗壳外围混凝土配筋示意图

5. 蜗壳与尾水锥管阴角部位的灌浆设计

从蜗壳下圆部最低高程至座环底部高程的阴角部位的空间较狭小，难以浇捣密实。需在该部位混凝土中预埋灌浆管路，在混凝土达到70%设计强度之后，进行灌浆。

灌浆管路埋设主要有三种方式：①一种是沿蜗壳蜗向均布多根灌浆管，每根灌浆管一端位于蜗壳顶板附近，一端伸入阴角部位座环高程附近，灌浆时，沿蜗向逐根进浆，相邻灌浆管兼作排气管。②在阴角处靠近钢蜗壳下表面，分别沿蜗向布设两套环向灌浆管路，灌浆主管上设支管。③利用机组厂家在座环底板上的预留孔进行灌浆，由于该孔对座环结构有一定影响，灌浆完成后还要进行封孔补强处理，因此灌浆孔数量较少，一般与前述灌浆方式结合使用。

（五）机墩结构静力设计

机墩是发电机组的支承结构，承受着机组传来的巨大荷载，必须具有足够的强度、刚度、稳定性和耐久性。机墩结构型式应根据发电机型式、机组特性及厂房结构布置等因素综合选择，工程中多采用圆筒式机墩，因为其刚度大、抗扭和抗震性能好，施工也较为方便。

1. 荷载

一般情况下，机墩承受的作用有竖向静荷载、竖向动荷载、水平动荷载、扭矩等，机墩上的作用及作用组合如表 11-3-7 所示。

表 11-3-7 机墩上的作用及作用组合

极限状态	设计状况	作用组合	计算情况	作用与作用效应							
				竖向静荷载	竖向动荷载	温度作用	水平动荷载			扭矩	
							正常	飞逸	短路	正常	短路
承载能力极限状态	持久状况	基本组合	正常运行	√	√	√	√	—	—	√	—
	短暂状况		机组飞逸	√	√	√	—	√	—	—	—
	偶然状况	偶然组合	半数磁极短路	√	√	—	—	—	√	—	√

续表

极限状态	设计状况	作用组合	计算情况	作用与作用效应							
				竖向静荷载	竖向动荷载	温度作用	水平动荷载			扭矩	
							正常	飞逸	短路	正常	短路
正常使用极限状态	持久状态	标准组合	正常运行	√	√	√	√	—	—	√	—
	短暂状态		机组飞逸	√	√	√	—	√	—	—	—

作用在机墩上的荷载，其大小、部位与发电机的支承方式、结构及传力方式有关。悬式发电机的静荷和动荷载均通过上部的推力轴承传至上机架，再通过定子传给机墩。伞式发电机的静荷通过定子传给机墩，动荷载则由下机架传到机墩；推力轴承安装在水轮机顶盖上的伞式发电机，机墩只承受静荷，而动荷载通过水轮机顶盖传至水轮机固定导叶座环。

在机墩结构设计时，发电机厂家将提供机组作用在定子基础、下机架基础、上机架基础的荷载数值、方向及荷载产生原因，不同型式机组以及不同的生产厂家所考虑的荷载产生因素也有所不同，此处分别列举一个欧洲厂家和一个日本厂家的荷载资料。

表 11-3-8 为奥地利 VATECH HYDRO 公司制造的琅琊山抽水蓄能电站机墩机组基础荷载表，机墩机组基础荷载示意图见图 11-3-16。该机组为半伞式机组，额定出力 154MW，额定水头 126m，额定转速 230.8r/min，转轮直径 4.62m。该电站上机架没有支撑在风罩上，而是支撑在发电机定子上，由定子传至定子基础（机墩）。表 11-3-9 为琅琊山抽水蓄能电站机墩各层基础板荷载产生原因，图 11-3-17 为机墩各层基础板布置及荷载示意图。

表 11-3-8　　琅琊山抽水蓄能电站机墩机组基础荷载表

荷载工况	定子基础				下机架基础			
	V_1 静　动	H_1 静　动	M_1 静　动	T_1 静　动	V_2 静　动	H_2 静　动	M_2 静　动	T_2 静　动
静止	+0.0 +2038.8 +0.0	+0.0 +0.0 +0.0	+0.0 +0.0 +0.0	+0.0 +0.0 +0.0	+0.0 +4435.5 +0.0	+0.0 +0.0 +0.0	+0.0 +0.0 +0.0	+0.0 +0.0 +0.0
满负荷运行	+0.0 +2038.8 +0.0	−70.6 −74.6 +70.6	+205.6 +192.5 −208.2	+0.0 +6234.4 −0.0	+0.0 +6535.5 +0.0	+176.4 +168.9 −178.0	+255.8 +244.9 −258.1	+0.0 +0.0 +0.0
甩负荷运行	+0.0 +2038.8 +0.0	−51.4 +20.0 +51.3	+273.5 +523.0 −273.7	+0.0 +0.0 +0.0	+0.0 +7535.5 −0.0	+212.5 +320.7 −212.6	+308.1 +465.0 −308.3	+0.0 +0.0 +0.0
两相短路	+0.0 +2038.8 +0.0	−70.6 −74.6 +70.6	+205.6 +192.5 −208.2	+52742 +6234.4 −52742	+0.0 +6535.5 +0.0	+176.4 +168.9 −178.0	+255.8 +244.9 −258.1	+0.0 +0.0 +0.0
半数磁极短路	+0.0 +2038.8 +0.0	−946.3 +20.0 +945.1	+2075.1 +523.0 −2083.8	+0.0 +0.0 +0.0	+0.0 +7535.5 −0.0	+1983.0 +320.7 −1987.0	+0.0 +0.0 +0.0	+0.0 +2038.8 +0.0
机械制动	+0.0 +2038.8 +0.0	+1.1 +0.0 −1.1	+3.2 +0 −3.2	+0.0 +0.0 +0.0	+0.0 +4435.5 −0.0	+1.3 +0 −1.3	+1.9 +0 −1.9	+0.0 +301.8 +0.0
地震荷载作用	+203.9 +2038.8 +203.9	+553.0 −74.6 −552.9	+1498.0 +192.5 −1498.8	+0.0 +6234.4 −0.0	+443.5 +6535.5 −443.5	+176.4 +168.9 −178.0	+255.8 +244.9 −258.1	+0.0 +0.0 +0.0

注　荷载符号表示意义如图 11-3-16 所示。

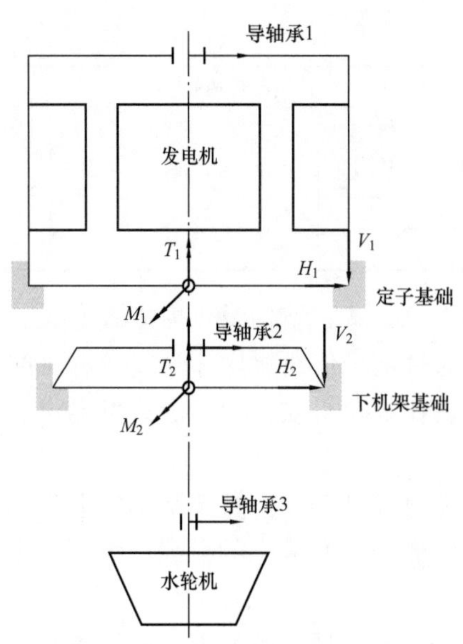

轴承及各基础面合力（箭头所指方向为正）

导轴承荷载（kN）：

导轴承 1——发电机上导轴承；

导轴承 2——发电机下导轴承；

导轴承 3——水轮机导轴承。

基础竖直向荷载（kN）：

V_1——定子基础面竖直向荷载；

V_2——下机架基础面竖直向荷载。

基础水平向荷载（kN）：

H_1——定子基础面水平向荷载；

H_2——下机架基础面水平向荷载。

绕水平轴的弯矩（kN·m，顺时针为正）：

M_1——定子基础面弯矩；

M_2——下机架基础面弯矩。

绕竖直轴扭矩（kN·m，顺时针为正）：

T_1——定子基础面弯矩；

T_2——下机架基础面弯矩。

图 11-3-16 琅琊山抽水蓄能电站机墩机组基础荷载示意图

表 11-3-9 琅琊山抽水蓄能电站机墩各层基础板荷载产生原因

工况	荷载情况	定子基础	下机架基础
静止	定子和上机架重量	F_1（静）	
	水轮发电机转动部分及下机架重量		F_2（静）
满负荷运行	定子和上机架重量	F_1（静）	
	静不平衡磁性力 径向水推力	F_1（静）、F_3（静） F_5（静）	F_2（静）、F_4（静） F_6（静）
	水轮发电机转动部分及下机架重量		F_2（静）
	水轮机轴向推力		F_2（静）
	运行工况额定扭矩	F_3（静）	
	摩擦力	F_5（静）	F_6（静）
	动不平衡磁性力 不平衡机械力 动径向水推力	F_1（动） F_3（动） F_5（动）	F_2（动） F_4（动） F_6（动）
甩负荷运行	定子和上机架重量	F_1（静）	
	静不平衡磁性力 径向水推力	F_1（静）、F_3（静） F_5（静）	F_2（静）、F_4（静） F_6（静）
	水轮发电机转动部分及下机架重量		F_2（静）
	水轮机轴向推力		F_2（静）
	摩擦力	F_5（静）	F_6（静）
	动不平衡磁性力 不平衡机械力	F_1（动）、F_3（动） F_5（动）	F_2（动）、F_4（动） F_6（动）
两相短路	定子和上机架重量	F_1（静）	
	静不平衡磁性力 径向水推力	F_1（静）、F_3（静） F_5（静）	F_2（静）、F_4（静） F_6（静）
	水轮发电机转动部分及下机架重量		F_2（静）
	水轮机轴向推力		F_2（静）
	摩擦力	F_5（静）	F_6（静）
	动不平衡磁性力 不平衡机械力 动径向水推力	F_1（动） F_3（动） F_5（动）	F_2（动） F_4（动） F_6（动）
	瞬时扭矩	F_3（动）	

续表

工况	荷载情况	定子基础	下机架基础
半数磁极短路	定子和上机架重量	F_1（静）	
	径向水推力	F_1（静） F_3（静） F_5（静）	F_2（静） F_4（静） F_6（静）
	水轮发电机转动部分及下机架重量		F_2（静）
	水轮机轴向推力		F_2（静）
	不平衡机械力	F_1（动）	
机械制动	定子和上机架重量	F_1（静）	
	水轮发电机转动部分及下机架重量		F_2（静）
	刹车力		F_4（静）
	摩擦力	F_5（静）	F_6（静）
	不平衡机械力	F_1（动）	
地震荷载	定子和上机架重量	F_1（静）	
	静不平衡磁性力 径向水推力	F_1（静）、F_3（静） F_5（静）	F_2（静）、F_4（静） F_6（静）
	水轮发电机转动部分及下机架重量		F_2（静）
	水轮机轴向推力		F_2（静）
	运行工况额定扭矩	F_3（静）	
	摩擦力	F_5（静）	F_6（静）
	动不平衡磁性力 不平衡机械力 动径向水推力 水平向地震力	F_1（动） F_3（动） F_5（动）	F_2（动） F_4（动） F_6（动）
	竖直向地震力	F_1（动）	F_2（动）

注 荷载符号表示意义如图 11-3-17 所示。

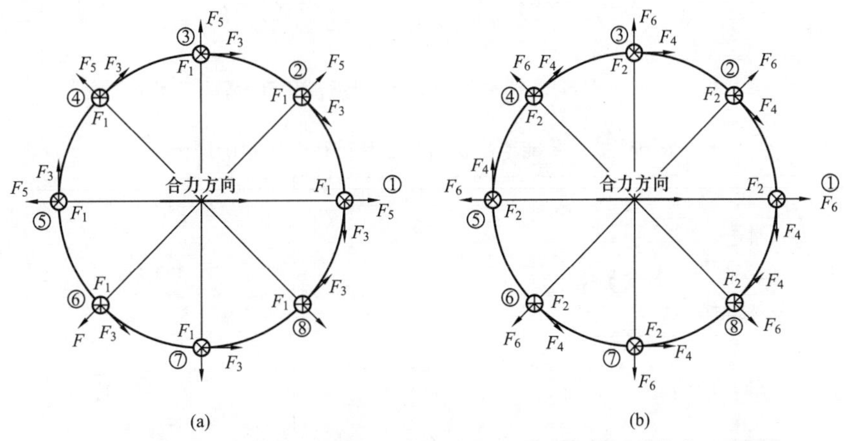

图 11-3-17 琅琊山抽水蓄能电站机墩各层基础板布置及荷载示意图

(a) 定子基础板布置及荷载示意图；(b) 下机架基础板布置及荷载示意图

表 11-3-10 列举了日本 Voith Fuji 公司制造的张河湾抽水蓄能电站机墩机组基础荷载，机墩机组基础荷载示意图见图 11-3-18。表 11-3-11 为机墩各层基础荷载产生的原因。该机组为半伞式机组，额定出力 268MW，额定水头 305m，机组额定转速 333r/min，转轮直径 4.6m。

表 11-3-10　　张河湾抽水蓄能电站机墩机组基础荷载

工况	定子基础			下机架基础			上机架基础
	V_1	H_1	T_1	V_2	H_2	T_2	H_3
静止	静：3102	热：558	0	静：4890	热：7860	0	静：1920 热：7260

续表

工况	定子基础			下机架基础			上机架基础
	V_1	H_1	T_1	V_2	H_2	T_2	H_3
满负荷运行	静：3102	振动：±456 热：558	动：±2100	静：456 动：+6312	动：±102 振动：±324 热：7860	动：±72	静：1920 动：±30 振动：±252 热：7260
甩负荷运行	静：3102	振动：±456 热：558	动：±2100	静：456 动：+10572	动：±480 振动：±426 热：7860	0	静：1920 动：±132 振动：±330 热：7260
单相短路引起的扭矩			冲击：±17550				
半数磁极短路		冲击：±1200			冲击：±678		冲击：±528
推力轴承破坏引起的扭矩						动：±696	
地震荷载	动：±312	动：±540		动：±492	动：±498		动：±405

注 1. 总的地震荷载=地震荷载+正常运行条件下的最大荷载。
2. 荷载符号表示意义如图 11-3-18 所示。

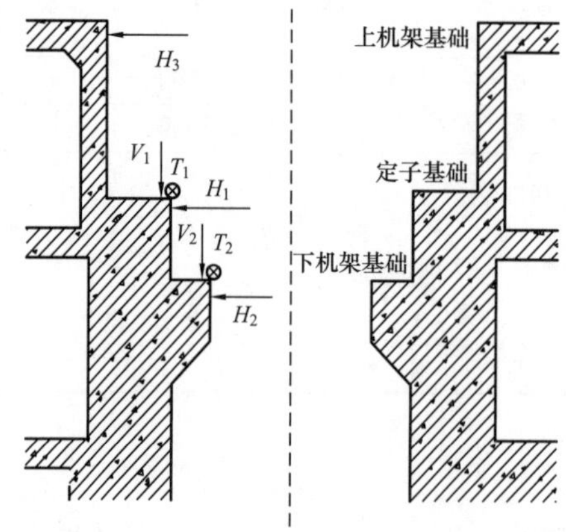

图 11-3-18 张河湾抽水蓄能电站机墩机组基础荷载示意图

表 11-3-11 张河湾抽水蓄能电站机墩各层基础荷载产生的原因

工况	荷载情况	定子基础总荷载	下机架基础总荷载	上机架基础总荷载
静止	发电机定子重量	V_1（静荷载）	—	—
	水轮发电机转动部分及下机架重量	—	V_2（静荷载）	—
	上机架预加荷载	—	—	H_3（静荷载）
	热膨胀（发生在机组停止运行后）	H_1（静荷载）	H_2（静荷载）	H_3（静荷载）
满负荷运行	发电机定子重量	V_1（静荷载）	—	—
	下机架重量	—	V_2（静荷载）	—
	水推力及水轮发电机转动部分重量	—	V_2（动荷载）	—
	热膨胀	H_1（静荷载）	H_2（静荷载）	H_3（静荷载）
	上机架预加荷载	—	—	H_3（静荷载）
	径向水推力	—	H_2（动荷载）	H_3（动荷载）
	不平衡机械力	—	H_2（振动荷载）	H_3（振动荷载）
	不平衡磁性力	H_1（振动荷载）	H_2（振动荷载）	H_3（振动荷载）
	最大荷载作用下的扭矩	T_1（动荷载）	—	—
	刹车扭矩	—	T_2（动荷载）	—
甩负荷运行	发电机定子重量	V_1（静荷载）	—	—
	下机架荷载	—	V_2（静荷载）	—
	水推力	—	V_2（动荷载）	—
	热膨胀力	H_1（静荷载）	H_2（静荷载）	H_3（静荷载）

续表

工况	荷载情况	定子基础总荷载	下机架基础总荷载	上机架基础总荷载
甩负荷运行	上机架预加荷载	—	—	H_3（静荷载）
	径向推力	—	H_2（动荷载）	H_3（动荷载）
	不平衡机械力	—	H_2（动荷载）	H_3（动荷载）
	不平衡磁性力	H_1（动荷载）	H_2（动荷载）	H_3（动荷载）
	最大荷载作用下的扭矩	T_1（动荷载）	—	—
单相短路引起的扭矩		T_1（冲击荷载）	—	—
半数磁极短路		H_1（冲击荷载）	H_2（冲击荷载）	H_3（冲击荷载）
推力轴承破坏引起的扭矩		—	T_2（冲击荷载）	—
地震荷载		V_1（动荷载）、H_1（动荷载）	V_2（动荷载）、H_2（动荷载）	H_3（动荷载）

注 荷载符号表示意义如图 11-3-18 所示。

2. 机墩应力三维有限元法计算

由于机墩结构与荷载的复杂性常采用有限单元法进行分析，建立机墩、风罩、楼板、边墙整体结构计算模型，模拟围岩及蜗壳大体积混凝土对结构的约束，计算结构位移和应力，三维有限元更能确切反映结构整体性和特殊部位的应力集中。可通过切取截面的方式表示各部位各剖面应力分布情况，如机墩定子基础面、下机架基础面、上机架基础面、机墩进人廊道高程面等剖面。图 11-3-19 所示为某抽水蓄能电站机墩正常运行状况下定子基础面应力分布图。

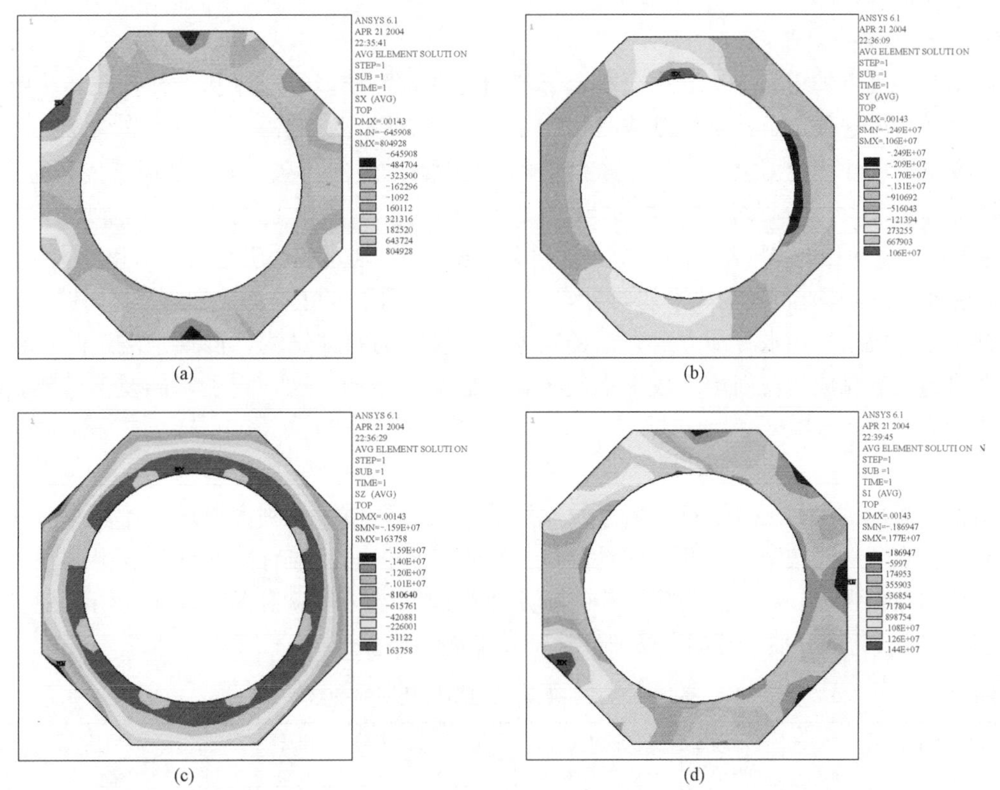

图 11-3-19 某抽水蓄能电站机墩正常运行状况下定子基础面应力分布图

(a) 径向正应力分布图；(b) 环向正应力分布图；(c) 竖向正应力分布图；(d) 最大主应力分布图

3. 按结构力学方法复核机墩应力

一般把机墩看作是上端自由（忽略楼板刚度），底端固定于水轮机层大块体混凝土的圆筒结构。静力复核计算首先要判别机墩类型，判别高、矮机墩类型的公式如下：

$$\beta=\sqrt[4]{\frac{3(1-\mu^2)}{r_0^2h^2}} \tag{11-3-1}$$

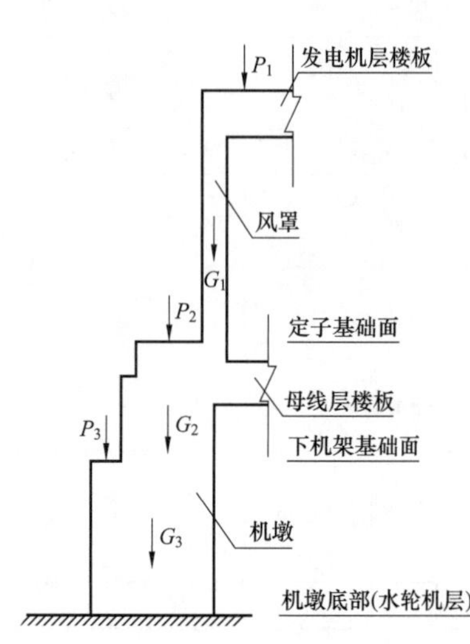

图 11-3-20 机墩结构计算简图

式中 β——机墩高矮类型判别参数；

μ——混凝土泊松比；

r_0——机墩平均半径；

h——圆筒壁厚。

当机墩较矮，即筒身高度 $L\leqslant\pi/\beta$ 时，可近似地按下端固定，上端自由的单宽截条受弯压构件计算，即将所有的垂直荷载和弯矩转化为对底部截面中心的弯矩和轴向力；当机墩较高，筒壁相对较薄，即筒身高度 $L\geqslant\pi/\beta$ 时，可近似地按无限长薄壁圆筒计算，即将全部垂直荷载转化为顶部中心的单位周长弯矩和轴力。图 11-3-20 为机墩结构计算简图。

在进行静力计算时，作用于机墩的楼板荷载、风罩自重及机组荷载可假定均布在机墩顶部，并换算成相当圆筒中心圆周的荷载。静力计算中机墩承受的动荷载需乘以动力系数。

机墩所受荷载很多，结构体型复杂，静力计算需分别进行正应力及径、切向剪应力计算。机墩正应力可沿圆筒中心周长截取单位宽度按偏心受压柱计算。剪应力需分别计算扭矩作用产生的剪应力、水平离心力引起的剪应力和扭矩振幅引起的剪应力。机墩由于布置的需要，往往在筒壁上开孔或开槽，因此还需验算孔口应力。

有的电站在机墩处设有较大的接力器坑，对机墩结构有所削弱，削弱后断面体形近似于牛腿，可按壁式连续牛腿进行计算。

4. 定子、下机架基础计算

某些抽水蓄能机组采用风冷却方式，在定子基础处会布置较多的通风孔，开孔破坏了定子基础沿环向的整体性，所以这种定子基础可看成是一个个独立的支墩，它们沿环向对称布置，其高度、水平截面形状由发电机尺寸和受力大小决定。静力计算时需考虑的竖向荷载一般包括风罩传来的荷载、混凝土自重、设备自重等，水平荷载包括正常扭矩产生的切向水平力、三相短路扭矩产生的切向水平力、正常运转时质量偏心产生的径向水平离心力、由正常到飞逸转速瞬间质量偏心引起的切向和径向水平力、发电机转子半数磁极短路时引起的径向水平切向力等。计算内容主要包括正应力、切向及径向劈裂力。

某些抽水蓄能机组采用水冷却方式，定子及下机架基础为整体结构，混凝土浇筑时预留安装槽或螺栓孔，待机组安装完成后再回填无收缩混凝土，形成整体结构。这种定子基础及下机架基础，需复核局部承压能力。

5. 配筋

机墩结构应满足机组在正常运行、短路及飞逸等工况时的强度和刚度要求。计算中应仔细分析其体型与荷载的特点，一般按结构力学方法计算成果配筋，再根据三维有限元计算成果调整布筋并加强应力集中部位的结构强度，经工程类比，最终确定机墩配筋，同时应根据工程实际情况配置必要的构造钢筋。表 11-3-12 为部分抽水蓄能电站机墩体形及配筋参数。

表 11-3-12 部分抽水蓄能电站机墩体形及配筋参数

工程项目	外轮廓尺寸(cm)	内轮廓尺寸(cm)	最小厚度(cm)	高度(cm)	混凝土强度等级	外侧钢筋(mm)		内侧钢筋(mm)	
						竖直向	水平向	竖直向	水平向
十三陵	圆形 ϕ1120	ϕ552.5 最小 ϕ390	接力器坑 拐角 130	527	C25	外层Φ30@200 内层Φ30@200	外层Φ25@300 内层Φ25@300	Φ30@200	Φ25@300
琅琊山	正八边形内 切圆 ϕ1200	ϕ700 最小 ϕ660	接力器坑 拐角 55	474	C25	外层Φ28@200 内层Φ28@200	外层Φ28@200 内层Φ28@200	外层Φ28@200 内层Φ28@200	外层Φ28@200 内层Φ28@200
张河湾	八边形 1310×1260	ϕ710 最小 ϕ490	接力器坑 处 243	658	C25	外层Φ32@200 内层Φ28@200	外层Φ25@200 内层Φ25@200	Φ32@200	Φ25@200

续表

工程项目	外轮廓尺寸(cm)	内轮廓尺寸(cm)	最小厚度(cm)	高度(cm)	混凝土强度等级	外侧钢筋(mm)		内侧钢筋(mm)	
						竖直向	水平向	竖直向	水平向
西龙池	平面马蹄形 ϕ1260	ϕ680 最小 ϕ450	接力器坑处 190	505	C25	外层Φ28@200 内层Φ28@200	外层Φ28@200 内层Φ28@200	外层Φ28@200 内层Φ28@200	外层Φ28@200 内层Φ28@200
敦化	圆形 ϕ1320	圆形 ϕ720	接力器坑拐角 159	525	C25	外层Φ28@200 内层Φ28@200	外层Φ28@200 内层Φ28@200	外层Φ28@200 内层Φ28@200	外层Φ28@200 内层Φ28@200
丰宁	正八边形内切圆 ϕ1300	ϕ690 最小 ϕ495	接力器坑处 190	645	C30	外层Φ28@200 内层Φ28@200	外层Φ28@200 内层Φ28@200	外层Φ28@200 内层Φ28@200	外层Φ28@200 内层Φ28@200
沂蒙	正八边形内切圆 ϕ1350	ϕ750	接力器坑拐角 178	600	C30	外层Φ28@200 内层Φ28@200	外层Φ28@200 内层Φ28@200	外层Φ28@200 内层Φ28@200	外层Φ28@200 内层Φ28@200
文登	正八边形内切圆 ϕ1300	ϕ720 最小 ϕ495	接力器坑拐角 150	550	C30	外层Φ28@200 内层Φ28@200	外层Φ28@200 内层Φ28@200	外层Φ28@200 内层Φ28@200	外层Φ28@200 内层Φ28@200

（六）风罩结构静力设计

发电机风罩一般为钢筋混凝土薄壁圆筒结构，当圆筒半径与圆筒壁厚之比大于10，并且高度较大时，可假定按有限长薄壁圆筒公式计算。当开孔较多且尺寸较大，破坏圆筒整体性时，则可取单宽竖条，与发电机层楼板一起，按Γ形框架计算，但环向要适当加强。

1. 荷载及荷载组合

风罩承受的荷载主要有自重、发电机层楼板传来的荷载、发电机上机架千斤顶水平推力、温度作用等。温度作用包括均匀温升（温降）和内外温差两部分。某些抽水蓄能电站的发电机上机架支承在定子上，其荷载不作用在风罩上，计算时可不考虑上机架千斤顶推力。有的发电机上机架千斤顶支承在发电机层楼板上，在计算风罩内力时，千斤顶推力应予以折减。

2. 结构计算及配筋

风罩下部与机墩大体积混凝土相连，顶部与发电机层楼板整体浇筑，计算中假定风罩底部为固端，顶部视为铰接。内力计算按整体圆筒进行，配筋计算取单宽进行。图11-3-21为风罩结构计算简图。

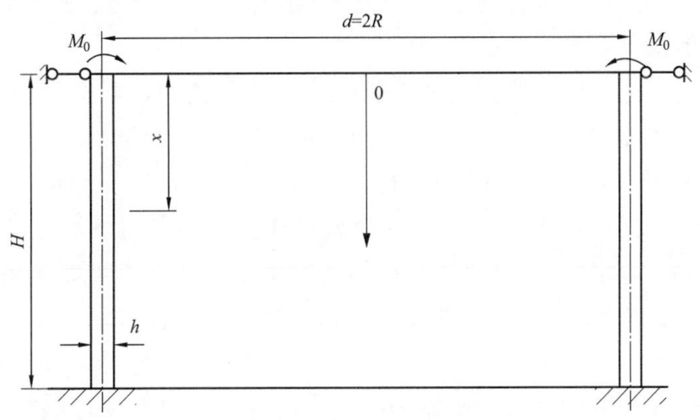

图11-3-21 风罩结构计算简图

风罩内力计算主要包括竖向弯矩、环向弯矩、水平法向切力和环向轴力。风罩的配筋包括竖向与环向两个方向，竖向配筋计算沿周长取单宽竖条按受压构件计算，风罩环向配筋计算沿风罩高度方向截取单宽1m高的圆筒，按偏心受压构件进行配筋计算。另外还需进行截面剪力复核与裂缝开展宽度验算。表11-3-13为部分抽水蓄能电站风罩体形及配筋参数。风罩圆筒上的较小开孔应按构造要求配置附加钢筋，较大开孔处应参考剪力墙的开孔构造措施在孔周配置暗框架，当风罩圆筒外轮廓为正八边形时，在角点部位宜按结构柱进行配筋。

（七）楼面及边墙（柱）结构静力设计

主厂房楼面主要有发电机层、母线层、水轮机层、蜗壳（或称蝶阀、球阀）层，有些电站根据设备布置和减振需要，在发电机层与母线层之间或机组安装高程附近设置夹层。主厂房楼面具有荷载大、孔洞多、结构布置不规则等特点，内力计算较一般肋形结构复杂。国内已建抽水蓄能电站楼面主要结

表 11-3-13　　部分抽水蓄能电站风罩体形及配筋参数

工程项目	外轮廓尺寸（cm）	内轮廓尺寸（cm）	最小厚度（cm）	高度（cm）	混凝土强度等级	外侧钢筋（mm）		内侧钢筋（mm）	
						纵向	环向	纵向	环向
十三陵	圆形 ϕ1120	ϕ920	100	350	C25	Φ28@200	Φ22@200	双层Φ28@200	双层Φ22@200
琅琊山	正八边形内切圆 ϕ1250	ϕ1150	50	356	C25	外层Φ28@150 内层Φ22@150	外层Φ25@200 内层Φ22@200	外层Φ28@150 内层Φ22@150	外层Φ25@200 内层Φ22@200
张河湾	圆形 ϕ1260	ϕ1060	100	402	C25	Φ28@200	Φ25@200	Φ28@200	Φ25@200
西龙池	圆形 ϕ1260	ϕ1060	100	575	C25	外层Φ28@150 内层Φ22@150	外层Φ28@150 内层Φ22@150	外层Φ28@150 内层Φ22@150	外层Φ28@150 内层Φ22@150
敦化	圆形 ϕ1250	ϕ1050	100	505	C25	外层Φ28@200 内层Φ28@200	外层Φ25@200	外层Φ28@200 内层Φ25@200	外层Φ25@200
丰宁	正八边形内切圆 ϕ1300	ϕ1100	100	600	C30	Φ28@200	Φ25@200	Φ28@200	Φ25@200
沂蒙	正八边形内切圆 ϕ1320	ϕ1120	100	650	C25	Φ28@200	Φ25@200	外层Φ28@200 内层Φ28@200	外层Φ25@200 内层Φ25@200
文登	圆形 ϕ1300	ϕ1100	100	5000	C30	Φ28@200	Φ25@200	双层Φ28@200	双层Φ25@200

构型式有两种：中厚度板梁结构及厚板暗梁结构。中厚度板梁的楼面结构型式可按照肋形梁板结构进行静力设计，厚板暗梁的楼面结构型式可按照无梁楼盖进行静力设计。

主厂房结构柱及边墙作为楼面支撑结构，可与楼面梁、风罩、机墩组合成平面框架进行内力计算和配筋设计。

四、结构动力设计

（一）振动产生的主要原因

水电站厂房振动问题十分复杂，原因众多，彼此交织。根据水泵水轮机与发电电动机同轴连接和水泵水轮机以水为原动力的特点，振动的原因一般来说主要是由于水力、机械和电磁三个方面引起的，其中最主要的且最难以解决的是水力振动。

（1）水力振动。引起水力振动的原因通常有：①水力不平衡力，如在低负荷运行时，水泵水轮机水流条件极为不利，形成水流脱流以及不对称的水流作用力矩等。②转轮入口（水泵工况为出口）处压力脉动，如在水泵工况下小流量区，转轮进口产生回流，使转轮叶片与进口水流产生撞击等。③尾水管压力脉动，主要是低频涡带，同时存在中频和高频成分。④卡门涡，当叶片出口边形状不好时，水流就会在后形成卡门涡。⑤水泵水轮机转轮与顶盖之间间隙较长，使得转轮在旋转过程中产生倾斜，导致水体引起主轴的摆动或振动。十三陵抽水蓄能电站为防止这种振动发生，在顶盖上开有补气孔，并且在顶盖与尾水管之间安装有平衡管。⑥压力管道中污物的存在使得球阀密封操作系统损坏，由此引起管道内的水压振荡。十三陵抽水蓄能电站为防止发生这种振动，在球阀密封环的压力水源上装有两套过滤器，通过定期切换与检查以保证水源的清洁。

（2）机械振动。机械振动主要是由于水泵水轮机和发电电动机的结构不良或制造、安装质量较差造成的。如机组轴线不正，导轴承安装缺陷、推力轴承缺陷、发电电动机转子和水泵水轮机转轮质量不平衡、机组转动部分与静止部分摩擦等，都会造成机组的振动。机械振动与负荷的关系不大，水轮机在空载低速下运行时，也常产生振动。由电动发电机转子质量不平衡所引起的振动与负荷无关，但振动将随着转速的增加而加大。

（3）电磁振动。电磁振动主要是由于电动发电机设计不合理或制造、安装质量不良所产生的电磁力造成的。电磁振动按照振动频率的不同，可分为转频振动和极频振动。转频振动的振动频率等于转速频率和它的整数倍，产生转频振动的原因有转子横截面不圆、转子和定子不同心、转子动静力不平衡等，这些都会产生不均衡磁拉力，引起机组的振动和摆动。产生极频振动的主要原因是：定子不圆、机座合缝不好、定子并联支路内环流产生的磁动势、负序电流引起的反转磁动势等。

抽水蓄能机组主要振源频率特性见表 11-3-14。

表 11-3-14 抽水蓄能机组主要振源频率特性

振动型式	振源	频率计算公式	备注
水力振动	尾水管内低频压力脉动（小流量和高转速区出现）	$f=0.1f_n$	f_n——转频
	尾水管内典型低频涡带	$f=(0.25\sim0.4)f_n$	
	尾水管内接近转频的涡带	$f=(0.8\sim1.2)f_n$	
	尾水管内中频率压力脉动	$f=(1.8\sim3.6)f_n$	
	尾水管内高频率压力脉动	$f=(3.6\sim6)f_n$	
	蜗壳中的不均匀流场	$f=Z_r\cdot f_n\cdot k$	f_n——转频； Z_r——转轮叶片数； k——1、2、3 等
	导叶后的不均匀流场	$f=Z_g\cdot f_n$	f_n——转频； Z_g——导叶数
	卡门涡	$f=C\omega/D$	C——系数，0.18～0.2； ω——叶片出口边缘的相对流速； D——叶片出口边缘的厚度
机械振动	转频	$f=f_n$	f_n——转频或飞逸转频
	倍频	$f=k\cdot f_n$	f_n——转频或飞逸转频； k——1、2、3 等
电磁振动	转频振动	$f=k\cdot f_n$	f_n——转频或飞逸转频； k——1、2、3 等
	倍频振动	$f=50k$	k——1、2、3 等

（二）振动控制标准

目前关于水电站厂房振动控制标准，国内外尚无统一的规定。通常主要从振动对建筑物结构、仪器设备及人体影响三方面加以评估。

1. 按结构承载要求建立振动控制标准

在 NB/T 35011《水电站厂房设计规范》中，对机墩的频率和振幅提出的控制标准为：

（1）机墩共振校核。机墩自振频率与强迫振动频率之差与自振频率的比值应大于 20%，或强迫振动频率与自振频率之差和机墩强迫振动频率的比值应大于 20%，以防共振。

（2）机墩强迫振动的振幅应满足：竖向振幅在标准组合时不大于 0.15mm，水平横向与扭转振幅之和在标准组合时不大于 0.2mm。

2. 按仪器设备要求建立振动控制标准

振动对布置在楼板上的仪器设备的影响，目前尚无可遵循的水电站厂房结构振动允许值和定量评价准则。GB 50040《动力机器基础设计标准》中规定了动力机械基础允许振动速度的下限为 5mm/s。对于低转速电机基础的动力计算，在转速低于 500r/min 时，基础顶面以振动线位移 0.16mm 作为控制限值，这一标准基本与水电站厂房设计规范对机墩的规定一致，可参考使用。

3. 按劳动安全与工业卫生要求建立振动控制标准

目前水电行业对人体保健尚无明确的振动控制标准。对于长期有人操作的工作场所，如副厂房的振动，一般参照 NB 35074《水电工程劳动安全与工业卫生设计规范》，根据振动对人体的影响，控制振动的加速度和噪声。而对于无人值班、少人值守的动力车间，如主厂房，一般可适当降低标准。以前国内有设计单位也曾参照原 GB/T 13442《人体全身振动暴露的舒适性降低界限和评价准则》、原 GB/T 13441《人体全身振动环境的测量规范》、ISO 2631《人体承受全身振动评价指南》等，按人体保健要求提出振动控制标准进行了尝试。

4. 电站厂房结构振动控制标准实例

根据厂房结构和设备的实际情况以及运行的实际状态，各设计单位在抽水蓄能电站地下厂房设计中拟定了不同的振动控制标准。如天荒坪抽水蓄能电站按正常运行（按 8h 工作考虑）和飞逸期（按

16、25min考虑）的振动界限（以竖向均方加速度表示）作为评价依据；桐柏抽水蓄能电站按正常运行（按8h工作考虑）和飞逸期的振动界限（以竖向、水平向均方加速度表示）作为评价依据，厂房振动控制评估标准实例如表11-3-15所示。

表11-3-15　　厂房振动控制评估标准实例

评估项目	天荒坪	桐柏	张河湾	西龙池
最低自振频率	不小于18Hz	不小于10.1Hz	不小于12Hz	—
最大垂直位移（mm）	0.1	0.1	0.1（长期组合） 0.15（短期组合）	0.1（长期组合） 0.15（短期组合）
最大水平位移（mm）	0.15	0.15	0.15（长期组合） 0.2（短期组合）	0.15（长期组合） 0.2（短期组合）
运行期均方加速度（mm/s^2）	z 轴 101.59	z 轴 98.00，x、y 轴 70.8	—	—
飞逸期均方加速度（mm/s^2）	z 轴 952.38（16min）、z 轴 571.43（25min）	z 轴 310.00，x、y 轴 223.9	—	—

（三）结构动力设计

1. 结构动力计算方法

目前，国内外对厂房结构的振动问题主要是研究水电站主厂房振动及其向副厂房的振动传递，结构计算主要采用理论分析和数值计算等方法。理论分析法是采用拟静力法处理动力计算问题，对风罩、机墩和蜗壳外围钢筋混凝土结构采取沿圆周切取单位宽度而对结构进行动力计算。主要假定机墩的振动为单自由度体系，在计算动力系数和自振频率中假定无阻尼作用，在计算振幅时假定为有阻尼作用，NB 35011《水电站厂房设计规范》附录中也推荐采用此法。蜗壳、机墩、风罩和楼板梁等是一个空间结构，取其中某一结构按平面进行分析，所得结果显然难以反映实际情况。近些年来，随着计算机的迅速发展，采用三维有限元数值计算对厂房进行动力分析得到广泛应用。用数值计算的方法研究结构振动问题，就是用数值方法求解结构的特征值问题和瞬态场问题，具体来说就是求解结构的自振频率和振型以及结构在动力荷载作用下的动态反应。计算整体结构的自振频率是建立在多自由度无阻尼振动体系上的，通常采用模态求解方法。计算机墩组合结构的响应（动位移和动应力）是建立在多自由度有阻尼振动体系上的，通常采用拟静力法或谐响应求解方法。国内几座抽水蓄能电站厂房三维有限元动力计算情况和主要成果见表11-3-16。

2. 结构动力特性影响因素分析

表11-3-16基本涵盖了目前抽水蓄能电站厂房结构遇到的常用结构型式，包括两机一缝和一机一缝、上中下三种水泵水轮机拆卸方式所对应的结构布置方案、常规梁板柱和连续边墙厚板结构等。据此，可对主厂房机组支承结构动力特性影响因素分析如下：

（1）计算模型。表11-3-16中各电站厂房结构动力分析先后采用过三种计算模型：①考虑部分下部大体积混凝土，包括风罩、机墩、板梁柱结构系统，至蜗壳外围混凝土下部。②考虑整个机组段，包括风罩、机墩、板梁柱、蜗壳外围混凝土结构系统等，高度从发电机层到尾水管底部。③除考虑模型二的整个机组段混凝土外，还考虑了外围的部分围岩。根据马震岳、董毓新的研究（《水电站机组及厂房振动的研究与治理》中国水利水电出版社）及国内几座电站厂房的动力计算结果来看，第一种模型计算高度较小，结构自振频率最高，如广州抽水蓄能电站二期、天荒坪抽水蓄能电站1号机组段的两层结构模型，结构计算自振基频大于30Hz；第二种整体结构模型接近于实际结构，如十三陵、张河湾、西龙池电站方案二、琅琊山电站方案二等，其结构计算自振基频范围在12～20Hz。通过十三陵抽水蓄能电站实测结果与计算结果的对比分析，说明忽略厂房上部结构，直接建立厂房下部结构模型（从发电机层楼板至尾水管底板）是合理的，比较符合实际；第三种计算模型把围岩当作厂房结构的一部分参与计算，由于岩石的弹性模量相对于混凝土结构较低，弹性作用突出，使厂房自振频率降低，如西龙池电站方案一和琅琊山电站方案一的结构计算自振基频均小于10Hz，计算结果表现出混凝土支承结构对围岩的相对振动，采用该种模型计算还有待于进一步研究。

表 11-3-16 国内几座抽水蓄能电站厂房三维有限元动力计算情况和主要成果

电站		广州二期	天荒坪		十三陵	张河湾	西龙池	琅琊山
装机容量（MW）		4×300	6×300		4×200	4×250	4×300	4×150
转速（r/min）	额定	500	500		500	333.3	500	230.8
	飞逸	720	720		725	535	725	355
额定水头（m）			526		430	305	640	136
计算采用程序		—	Super SAP/93		SAP-5	ANSYS	ANSYS	ANSYS
计算模型	选取范围	一个机组段	一个机组段（4号）	一个机组段（1号）	一个机组段（1号）	两个机组段（1、2号）	一个机组段（4号）	两个机组段（3、4号）
		蜗壳层200.8m至发电机层219.05m高程	蜗壳层以上	机墩底部以上	尾水管底板至发电机层	尾水管▽403.10m高程至发电机层▽430.70m高程	尾水管▽712.00高程至发电机层▽738.00	尾水管▽−24.00m高程至发电机层▽2.50m高程
	边界处理	方案一：各层楼板在上、下游侧为三向固定约束，左右两侧考虑上、下游向（z向）约束。 方案二：各层楼板在上下游侧纵向和横向（x向和z向）为固定约束，竖向（y向）为自由，左右两侧考虑上下游向（z向）约束	①厂房楼板和上、下游岩体连接处有y向位移约束；②厂房楼板和上、下游岩体连接处有x向黏结力；③蜗壳底部为x、y、z三方向约束；④蜗壳和机墩与下游基岩连接处有y向位移约束	①厂房及楼板和上下游岩层连接处有水平链杆支承；②机墩底部为固结；③立柱部位简化为z向垂直链杆	底部20.3m为固定边界，左侧边x方向固定约束，对称边界	上、下游侧，各层楼板与边墙之间为刚性连接。发电机层至蜗壳层底板范围内边墙与围岩之间考虑为弹性支撑，蜗壳层底板以下的所有结构与围岩之间均按刚性连接处理，尾水管端部的混凝土结构按刚性连接处理	方案一：厂房上、下游侧及尾水管底板以下各取2倍厂房宽度左右的围岩，各层楼板和边墙间为固结。 方案二：混凝土底板底面固定，各层楼板和边墙间为固结，考虑上下游侧围岩的弹性影响	方案一：厂房上、下游侧及尾水管底板（▽−24.00）以下各取3倍厂房宽度左右（约65m）的围岩。 方案二：底部固定约束，上、下游边墙考虑横向弹性支撑，右端墙▽−7.1m以上自由边界，以下为弹性支撑，左端墙▽−0.1m以上自由边界，以下为弹性支撑
计算内容	刚度	√				√	√	√
	强度	√	√		√	√	√	√
	共振	√	√		√	√	√	√
	反应	√	√		√	√	√	√
机墩组合结构计算频率（Hz）	一阶	32.29/31.49	21.584	34.14	11.39	18.37	9.46/16.39	9.68/16.78
	二阶	37.51/33.38	25.022	41.79	14.55	18.40	9.94/16.52	9.83/19.37
	三阶	41.45/37.08	26.331	46.71	15.32	18.44	10.29/16.74	10.36/20.75
	四阶	47.42/37.85	28.573	47.39	22.90	18.48	10.38/17.00	10.96/22.90
	五阶	49.29/41.44	29.093	48.86	25.02	18.71	10.53/17.71	11.24/23.49

续表

电站		广州二期	天荒坪	十三陵	张河湾	西龙池	琅琊山
主要振源计算频率（Hz）	额定转速	8.33	8.33	8.33	5.555	8.33	3.85
	飞逸转速	12.0	12.0	12.08	8.92	12.5	6
	转轮叶片数及频率	9	9	7	9	7	7
		74.97	74.97	58.31	50	58.33	26.95
	活动导叶数及频率	24	24	16	24	20	24
		199.92	199.92	133.28	133.32	166.67	92.4
最大计算振动位移（mm）	机墩竖向	0.143/0.150			0.0439		0.0494
	机墩水平+扭转	0.050/0.052			0.0965		0.0409
	楼板	0.08/0.08		竖向：0.0015 x：0.0017 y：0.0032	竖向：0.0428		竖向：0.0126
	其他	0.149/0.158	0.012/0.011				
最大加速度（gal）			7.05				
实测自振频率（Hz）			23.89（4号机）	12.3（2号机）			
实测激振力频率（Hz）		75、150、225	74.97、216、1.2	117.5、4、8、2.5			
实测位移（mm）				竖向：0.014～0.058 x：0.019～0.059 y：0.018～0.056			

注 表中机墩组合结构计算频率“*/*”两端数字表示的分别是边界条件不同的方案一、方案二的计算频率。

（2）边界条件。计算结果表明，边界约束条件不同，对厂房结构频率、振型，以及位移、加速度等动力响应都存在着根本性的影响，且较为类似（具体见表 11-3-17、表 11-3-18）。边界约束越强，厂房的刚度越大，结构自振频率越高，相应的振型也更表现为厂房结构的局部振动（主要是楼板），楼板和筒体结构动力响应相应较小。相反，如果结构的边界约束减弱，则厂房的刚度减小，结构自振频率降低，就会使楼板和筒体结构的动力响应在某些方向增大，甚至成倍增长。同样边界条件对楼板的局部振动频率也有较大的影响，其规律与整体结构相同。所以合理的边界模拟方法对正确地反映结构的自振特性和动力响应有重要影响。

表 11-3-17　　主厂房结构上拆方案不同边界条件的自振频率　　单位：Hz

阶数	1	2	3	4	5	6	7	8	9	10
楼板全截面与牛腿之间完全固结在一起	14.55	15.41	18.18	21.54	22.53	23.54	24.63	25.52	27.44	28.41
楼板底部与牛腿完全固结在一起	12.48	13.40	16.14	18.27	20.09	21.33	21.72	22.85	23.52	24.44
在楼板的全截面上，牛腿约束了楼板的上下游方向位移	6.55	14.59	15.38	16.04	18.08	19.40	21.51	22.47	23.66	25.37
牛腿约束了楼板底部的上下游方向位移	6.50	12.34	13.37	14.76	16.43	18.13	19.08	20.16	21.55	22.18

表 11-3-18　　主厂房上拆方案不同边界条件下的位移、加速度最大值

约束条件	响应部位	位移最大值（$\times10^{-6}$m）				加速度最大值（m/s^2）			
		总位移	左右方向	上下游方向	竖向	加速度合成	左右方向	上下游方向	竖向
楼板底部与牛腿完全固结在一起	楼板	12.1	9.5	4.0	11.1	0.033	0.026	0.011	0.030
	机墩	3.7	3.5	0.6	2.2	0.010	0.010	0.002	0.006
牛腿约束了楼板底部的上下游方向位移	楼板	85.9	70.6	16.5	51.8	0.235	0.193	0.045	0.142
	机墩	33.1	30.5	1.2	15.5	0.090	0.084	0.004	0.042

（3）机组段不同连接方式。比较两机一缝和一机一缝模型可以发现，两种模型的各阶自振频率基本相同，且两者的振型均以楼板振型为主。说明无论两机一缝还是一机一缝，都不改变楼板与机墩刚度相差较大的客观情况。比较两机一缝和一机一缝模型对应结点的位移值和加速度值可以发现，虽然一机一缝模型楼板的位移、加速度合成值略小于两机一缝模型，但两种模型楼板的动力响应量值相当且在同一数量级。但是一机一缝模型机墩的最大位移、最大加速度均大于两机一缝模型对应的最大位移、最大加速度，且量值大 5～10 倍（两机一缝与一机一缝机墩位移、加速度最大值见表 11-3-19），说明机组段之间不分缝时机墩的刚度比机组之间分缝时的刚度大，即通过楼板，一台机组的机墩帮助另一台机组的机墩承受了一部分荷载，因此机组间采用不分缝的型式有助于提高机墩的刚度。当楼板采用厚板，且边墙采用连续混凝土墙的结构型式时，两机一缝结构型式机墩的刚度提高更明显。

表 11-3-19　　两机一缝与一机一缝机墩位移、加速度最大值

模型	响应部位	位移最大值（$\times10^{-6}$m）				加速度最大值（m/s^2）			
		总位移	左右方向	上下游方向	竖向	加速度合成	左右方向	上下游方向	竖向
一机一缝	楼板	12.1	9.5	4.0	11.1	0.033	0.026	0.011	0.030
	机墩	3.7	3.5	0.6	2.2	0.010	0.010	0.002	0.006
两机一缝	楼板	15.6	1.5	3.8	15.5	0.043	0.004	0.010	0.043
	机墩	0.6	0.4	0.2	0.5	0.002	0.001	—	0.001

注　约束条件为楼板底部与牛腿完全固结在一起。

（4）水轮机转轮拆卸方式。在结构边界条件、机组段连接方式、楼板结构型式等相同的前提下，上、中、下拆方案对厂房结构自振频率和共振复核的影响不显著，上拆结构的厂房自振频率仅比中拆、下拆略高，且三种方案楼板部分的振型都较相似。这是由于楼板与主结构刚度相差较大，楼板的振型位移有相对独立性，在主结构上开孔，虽然对主结构刚度有一定影响，但并不改变主结构刚度远大于楼板刚度这个局面。但上、中、下拆方案对厂房结构动力响应的影响是十分明显的（机组不同拆卸方案的位移、加速度最大值见表11-3-20），对于厂房振感最为强烈的楼板而言，其竖向位移、竖向加速度远大于机墩，且中拆方案楼板的竖向位移、竖向加速度比上、下拆方案大一倍。

表11-3-20　　机组不同拆卸方案的位移、加速度最大值

模型	响应部位	位移最大值（$\times10^{-6}$m）				加速度最大值（m/s^2）			
		总位移	左右方向	上下游方向	竖向	加速度合成	左右方向	上下游方向	竖向
上拆方案	楼板	12.1	9.5	4.0	11.1	0.033	0.026	0.011	0.030
	机墩	3.7	3.5	0.6	2.2	0.010	0.010	0.002	0.006
中拆方案	楼板	24.9	4.2	8.5	24.4	0.068	0.011	0.023	0.067
	机墩								
下拆方案	楼板	12.6	10.1	4.2	11.4	0.035	0.028	0.012	0.031
	机墩	4.0	3.9	0.6	2.1	0.011	0.011	0.002	0.006

注　约束条件为楼板底部与牛腿完全固结在一起，一机一缝结构。

（5）楼板结构型式。为了进行合理比较，板梁结构与厚板结构楼板的比较是在静力荷载下具有相同刚度的前提下进行的。厚板结构和板梁结构方案的结构自振频率见表11-3-21，由表11-3-21可以看出，在相同边界约束条件下，厚板结构的频率略高于板梁结构的频率，这对于避频是有利的。因此，在抽水蓄能电站的厂房设计中采用厚板结构是合理的，孔洞边可采用暗梁加强的方式。

表11-3-21　　厚板结构和板梁结构方案的结构自振频率　　单位：Hz

阶数	1	2	3	4	5	6	7	8	9	10
厚板结构	12.48	13.40	16.14	18.27	20.09	21.33	21.72	22.85	23.52	24.44
板梁结构	10.280	11.126	14.251	14.808	16.002	16.721	17.043	17.435	17.624	17.951

注　约束条件为楼板底部与牛腿完全固结在一起。

3. 结构动力优化方向

主厂房混凝土结构振动的消减一般有两条途径，一是改变结构的自振频率，从而避开与机组振源的共振区，降低动力放大系数；二是增加结构的刚度，提高其抗震强度，降低振动幅度，控制其在允许范围内。据此，结构优化及抗震措施研究的基本思路是：改变厂房楼板的自由振动频率，避开共振区；增加结构的阻尼，吸收振动能量，消减振幅值。

（1）充分利用围岩的刚度加强边界约束。抽水蓄能电站的地下厂房，无论从整体动力特性或是楼板等局部构件的振动方面分析，边界约束条件越强，对厂房结构越有利。因此充分利用周围岩体的巨大刚度，增加混凝土结构与围岩的连接，把振动力引向岩体而消弭，是抽水蓄能电站厂房动力优化设计的最重要原则之一。工程中可采用的措施是在与围岩接触的墙、楼板、柱范围内增设锚筋，或在楼板、柱范围内将围岩局部槽挖，槽挖范围内回填混凝土。如广蓄二期厂房为了增强主厂房整体结构的刚度和改善抗震特性，要求混凝土边墙紧贴岩壁浇筑，并在上、下游岩壁各高程的楼板厚度范围内各增设两排连接锚杆；天荒坪电站采取上下游柱与岩壁黏结，梁柱断面加大，增加水平支承等，以加强混凝土边墙或柱与岩壁的连接和边界约束。另外为充分利用围岩的巨大刚度，天荒坪电站采用蜗壳外包混凝土下游侧靠墙布置，取消管道廊道，管路采用埋设的方式，引至水轮机层，且在中间层设2.4m的厚板，由此将振荡力传给围岩。利用围岩和混凝土的质量，提供巨大的动力刚度，限制和吸纳机组振动，是改善厂房结构抗震性能简单而有效的措施。

（2）机组段的分缝型式的选择。机组段采用一机一缝或两机一缝的结构型式均有成功的工程实例，究竟采用何种型式或何种型式更优，需要结合工程实际情况综合比较确定。一机一缝布置型式的结构受力明确，动力分析简单，在抽水蓄能电站运行工况复杂，起、停频繁的情况下，避开了机组之间相互影响和两个机组段结构物之间产生的相互作用。当主厂房结构采用普通梁板结构、上下游周边采用柱作为竖向支撑时，即使采用两机一缝，相邻机墩组合结构间的刚度增强作用较有限，因此建议每个机组段独立，使结构受力状态和边界条件较为明确。两机一缝的布置型式，多用于主变压器室布置在主厂房两端的一字形布置，避免电气设备跨缝问题，施工方便，利于电缆桥架的布置，被国内外普遍采用。主厂房结构采用厚板，且边墙采用连续混凝土墙的结构型式时，采用两机一缝较一机一缝的厂房结构刚度有明显提高，对抗震有利，可考虑采用两机一缝的结构布置方式。

（3）水轮机转轮拆卸方式的选择。机组转轮的拆卸方式一般是由机组设备供应厂家确定，土建结构针对其进行不同的结构设计。国内抽水蓄能电站中，各种拆卸方式均有采用。上、中、下三种拆卸方式对结构的影响主要表现为结构开孔部位和大小不同。从结构静力学考虑，可以通过对拆卸孔洞周边局部加强的方式来改善孔洞周边应力集中及孔顶中部位移偏大的现象，这完全可以解决结构的承载能力问题。从结构动力学考虑，在结构边界条件、机组段连接方式、楼板结构型式等相同的前提下，上、中、下拆方案对结构自振频率的影响不大，但不同开孔方式对厂房结构动力响应的影响是明显的，从"直接作用看模态，间接作用看响应"的抗震设计原则来说，采用上拆方式对厂房结构抗震是有利的。

（4）楼板结构型式的选择。通过楼板结构型式和边界约束条件对厂房整体抗震性能的研究，可见楼板采用梁板结构或单一厚板结构各有利弊。对于板梁结构的厂房，楼板设梁、柱对组合结构的自振频率影响较大，因为楼板布置梁柱后相对于无梁楼板（薄板）增加了刚度，抑制了楼板的低频振动，对提高结构的自振频率非常有效。但增大梁柱截面尺寸，对改善机墩组合结构的动力特性意义不大，因为振源通过机墩传来，增大梁柱截面尺寸对增加机墩整体刚度作用不明显，关键还是增加约束条件，因此梁、柱截面的设计以适宜为原则。厂房各层楼板采用厚板结构不仅有利于施工，方便电缆的敷设，而且在静力荷载下具有与板梁结构相同刚度的前提下，其频率略高于板梁结构的频率，这对提高机墩组合结构的整体刚度、防止共振的发生是有效的，在抽水蓄能电站的厂房设计中采用厚板结构是合理的。目前在主机间的结构设计中有采用厚板的趋势，建议厚板与边墙之间增强联结，即厚板与边墙一起浇筑，使它们形成整体。但设计中采用多厚的楼板合适还值得研究，在满足刚度要求的前提下，减薄楼板厚度可以增加有效空间，且减小竖直支承结构的尺寸。经过初步分析计算，楼板厚度一般采用75～80cm为宜。

（四）机墩刚度复核

机组制造厂家往往对机墩组合结构各主要基础部位的刚度有一定的要求，水工混凝土结构必须满足其要求，以保证机组设备的安全稳定运行。刚度的定义是指使结构发生单位位移时所施加的力，机墩结构的刚度包括水平刚度、竖向刚度和环向刚度等，由于机墩结构多为大体积混凝土结构，且电动发电机主要基础部位采用环形结构支承，其竖向刚度和环向刚度均较大，因此一般不作为重点分析，而水平向刚度相对较薄弱，对机墩组合结构整体刚度影响较大，因此一般均作为重点分析的对象。对机组机墩组合结构刚度的复核，通常采用两种方法，一种是采用国际上惯用的动力超载法进行"拟静力"动力影响初步判断，另一种则是通过三维有限元方法进行动力刚度或静力刚度的详细计算分析。

1. 组合结构刚度初步判断

由于动荷载的作用是随机的，因此在初步判断机墩组合结构刚度时，可根据所拟定的组合结构体形尺寸，采用动力超载法进行"拟静力"动力影响初步判断，即按下列经验公式进行判断：

$$m_F \geqslant 5\times m \tag{11-3-2}$$

$$N_e \geqslant 1.2\times Z_r\times N_0 \tag{11-3-3}$$

$$m = m_w + m_{sp} + m_r + 1/2 m_{sh}$$

式中 m_F——机墩组合结构混凝土基础的质量，MN·s²/m；

m——振荡体质量，MN·s²/m；

m_w——蜗壳内转动水体质量，MN·s²/m；

m_{sp}——蜗壳质量，MN·s²/m；

m_r——水轮机转轮质量，MN·s²/m；

m_{sh}——水轮机大轴质量，MN·s²/m；

Z_r——转轮叶片数，个；

N_0——机组转速，r/min；

N_e——机墩组合结构混凝土基础的自振频率，min^{-1}。

机墩组合结构混凝土基础的自振频率 N_e 可按下式估算

$$N_e = \frac{60}{2\pi}\sqrt{\frac{C}{m}} \tag{11-3-4}$$

基础弹簧常数 C 可按下式计算：

$$C = \frac{E_{dync} \times A_{sp}}{2 \times d} \tag{11-3-5}$$

式中 C——基础弹簧常数，MN/m；

E_{dync}——混凝土的动弹模，MN/m²；

A_{sp}——蜗壳的水平投影面积，m²；

d——承担蜗壳内水压的外围混凝土厚度，m。

当满足式（11-3-2）时，说明结构基础整体质量满足要求。当满足式（11-3-3）时，说明结构满足抗震要求。

以广蓄二期工程为例，按照上述公式进行计算，得出如下结果：

$m_F = 4.193\text{MN}\cdot\text{s}^2/\text{m} > 5\times m = 5\times 0.4811 = 2.4055\text{MN}\cdot\text{s}^2/\text{m}$

$N_e = 6455\text{min}^{-1} > 1.2\times Z_r \times N_0 = 1.2\times 9\times 500 = 5400\text{min}^{-1}$（额定转速时）

$N_e = 6455\text{min}^{-1} < 1.2\times Z_r \times N_0 = 1.2\times 9\times 725 = 7830\text{min}^{-1}$（飞逸转速时）

$Z_r \times N_0 = 9\times 725 = 6525\text{min}^{-1}$

初步判断结果表明，机墩有较高刚度，共振复核也满足要求，但在飞逸转速下共振频率错开度不足20%，尚需进一步研究论证。

2. 三维有限元计算

由于式（11-3-2）～式（11-3-5）为初步估算的经验公式，对于高水头、大容量、高转速、双向运转的抽水蓄能机组，其机墩组合结构的刚度问题，还必须通过三维有限元方法进行校核。

如张河湾抽水蓄能电站机墩组合结构，机电厂家要求上机架水平刚度为6.867MN/mm，下机架水平刚度为25MN/mm，即分别在6.867、25MN水平力作用下，上机架和下机架的最大水平位移不超过1mm。采用三维有限元复核刚度如下：张河湾抽水蓄能电站上机架基础和下机架基础均有6个基础板，支承由发电机上机架和下机架传来的机组荷载。考虑到作用荷载的分布不平衡、荷载偏心及荷载向量可旋转等因素，假设6个基础板只有4个承受水平荷载，其中2个基础板各承担1/3荷载，另外2个基础板各承担1/6荷载，因此当荷载向量水平旋转一周时，便有工况Ⅰ～工况Ⅵ的6种荷载工况组合。不同荷载工况上、下机架基础荷载作用情况图如图11-3-22所示。静力刚度计算采用拟静力法，动力刚度计算采用谐响应法，不同荷载工况下上机架、下机架基础沿力的作用方向最大位移如表11-3-22所示。

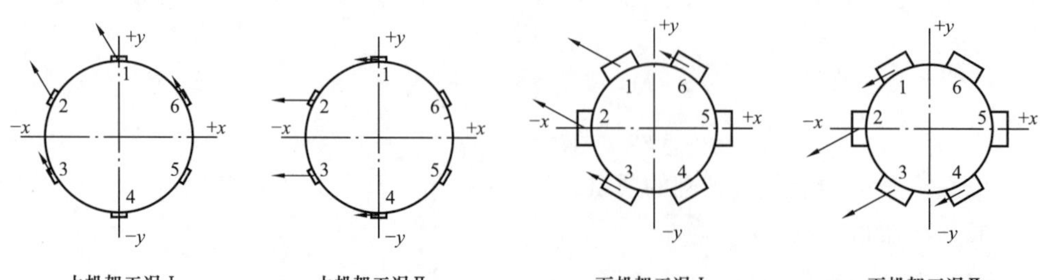

图11-3-22 不同荷载工况上、下机架基础荷载作用情况图

表 11-3-22　　不同荷载工况下上机架、下机架基础沿力的作用方向最大位移

项次	频率（Hz）	工况Ⅰ（mm）	工况Ⅱ（mm）	工况Ⅲ（mm）	工况Ⅳ（mm）	工况Ⅴ（mm）	工况Ⅵ（mm）
上机架基础	0（静力）	0.284	0.435	0.251	0.240	0.248	0.322
	5.555（转频）	0.230	0.352	0.205	0.199	0.197	0.260
	8.92（飞逸转速频率）	0.236	0.364	0.210	0.203	0.203	0.266
	27（共振频率）	0.372	0.925	0.356	0.291	0.599	0.477
	50（电磁振动频率）	0.331	0.269	0.292	0.184	0.155	0.167
下机架基础	0（静力）	0.854	0.849	0.791	0.806	0.846	0.827
	5.555（转频）	0.665	0.660	0.617	0.626	0.657	0.643
	8.92（飞逸转速频率）	0.673	0.669	0.621	0.633	0.665	0.648
	26（共振频率）	1.000	0.717	0.730	0.701	0.991	0.782
	50（电磁振动频率）	0.360	0.413	0.408	0.429	0.420	0.444

计算结果表明：

（1）各工况下上机架基础、下机架基础水平刚度均能满足要求。

（2）厂房对机组轴系统的支承约束作用，实际上是在动态运行中产生的，是动刚度的概念。当上、下机架激励荷载频率分别出现共振频率时，动态刚度低于静态刚度（动态位移大于静态位移），但当上、下机架激励荷载频率为转频、飞逸转速频率或电磁振动频率时，动态刚度明显高于静态刚度（动态位移小于静态位移）。因此，建议在机墩结构刚强度设计中，应考虑动态效应。

（3）上、下机架基础在考虑简谐荷载的频率为转频、飞逸转速频率、共振频率的情况下，其最大位移结果与静力刚度计算结果的趋势是一致的，但当简谐荷载的频率为电磁振动频率时，其最大值发生的工况产生了一定的变化，说明动态刚度与荷载频率存在相关性。

（4）支承结构刚度的复核表明，厂房并非轴对称结构，其纵向刚度小于横向刚度，除结构型式和尺寸的因素外，上、下游方向围岩的支撑作用也不可忽视。

（五）对厂房结构振动研究的探讨

抽水蓄能电站由于水泵水轮机组转速高、双向运转、起停运行频繁等特点，因机组摆动或水力脉动而导致的厂房支承结构振动问题较为复杂。虽然目前国内外对其已做了大量的研究工作，但仍有一些问题值得探讨和研究。

（1）计算模型的选取。对于抽水蓄能电站，受地形条件和机组安装高程的限制，绝大多数为地下厂房。地下厂房模拟中地基范围的选取问题（即周围围岩的选取范围）对计算结果有一定的影响。对于静力问题，地基选取得越大，越有利于得到正确结果；但对于动力问题，如果地基选取太大，则地基的振动会影响厂房结构自身的振动分析（如计算出的厂房楼板动位移偏大），且由于厂房混凝土结构的刚度较大，与将岩石作用简化成弹性连杆或不考虑岩石的计算情况比较，所得到的振型额外出现了许多厂房的整体振型，类似于船体在海洋中的晃动。虽然机组运行时所产生的振源不大可能引起这些整体振动，但它也属于地下式厂房可能发生的一种振动型式，当有其他振源产生（比如地震）时，有可能激起此种型式的振动，因此也不能忽略这些频率。

（2）荷载的施加。对一个具体的工程来讲，哪一种荷载是引起厂房振动最主要的原因，要具体分析。目前的分析都集中在解决机组本身的问题，而对于土建结构工程师所关心的，在现有大型机组普遍存在水力振动的情况下，如何描述机组水力激振力的特性并将其表达为厂房振动的动荷载施加在混凝土结构上，目前在水电站厂房设计规范中还没有具体考虑，国内在有限元计算中考虑水力振动荷载的尝试也很少，故其影响还有待研究。另外，模拟尾水管涡带压力脉动也是厂房结构抗震设计的难点，目前尚无定论。

（3）频率分析。机械力荷载、电磁力荷载的频率较明确，但水力脉动荷载的频率却十分复杂多变，尤其是水力脉动荷载不仅有高、中、低各种频率的成分，而且是随运行情况和工况改变而变化的，所以不可能去找到最佳的结构固有频率来适应多变的荷载频率。但可以发现，三种荷载的共同特点是机组的转频都起到重要作用，所以结构基频避开机组转频这一传统的做法仍然是最有效的频率设计方法。

第四节　抽水蓄能电站的地面厂房和半地下式厂房

一、地面厂房

抽水蓄能电站的地面厂房一般修建在下水库岸边，与常规水电站厂房的不同之处在于机组安装高程较低，淹没深度较大，因此增加了厂房的开挖量，同时需要浇筑大量的混凝土，以抗衡浮托力。另外，厂房围墙位于水下，需要设置有效的防渗和排水结构，防止外水内渗。

欧美国家抽水蓄能电站采用地面厂房的工程很多，规模较大。如美国的巴斯康蒂抽水蓄能电站（装机容量为2280MW），采用地面厂房，最大淹没深度为60.7m；美国的路丁顿电站（装机容量为1658MW）、布龙赫姆-吉保电站（装机容量为1200MW）、费尔菲尔德电站（装机容量为568MW）则采用半露天式地面厂房。苏联的凯夏尔电站，安装8台200MW的机组，最大淹没深度为36.3m。我国已建大中型抽水蓄能电站中采用地面厂房的工程不多，只有羊卓雍湖（4×22.5MW）和天堂（2×35MW）抽水蓄能电站，规模不大。现以美国的巴斯康蒂抽水蓄能电站为例，说明抽水蓄能电站地面厂房的特点。

巴斯康蒂抽水蓄能电站位于美国的弗吉尼亚州，地面厂房内安装6台380MW机组，总装机容量为2280MW，1985年开始运行。

1. 地面厂房的布置和结构

巴斯康蒂抽水蓄能电站地面厂房布置如图11-4-1所示。由于机组安装高程的要求，厂房全部位于下水库最高运行水位以下，四周为混凝土结构。安装场、进厂公路和开关站设在与厂顶齐平的地面。厂顶高出下水库最高运行水位1.5m，不设天窗，形成畅通无阻的厂顶区，便于厂内设备的运输以及尾水闸门、开关站的安装和检修。

2. 抗浮和防渗设施

由于巴斯康蒂抽水蓄能电站机组安装高程较低，淹没深度较大，形成深开挖和高厂房，地面厂房需要足够的重量来抗衡浮力，抗浮是设计的关键问题，因厂房抗浮稳定的安全系数不小于1.25，厂房建筑共浇筑约50万m^3混凝土才满足了抗浮要求。同时，厂房内部的支撑结构也需要加强，在发电机层和母线层，楼板厚度为1.5m，用以支撑边墙，承受下游静水压力。

厂房周围与水体接触的混凝土结构要求有可靠的防渗设施，才能保证厂内干燥，具有良好的运行环境。该电站采用以下防渗措施：

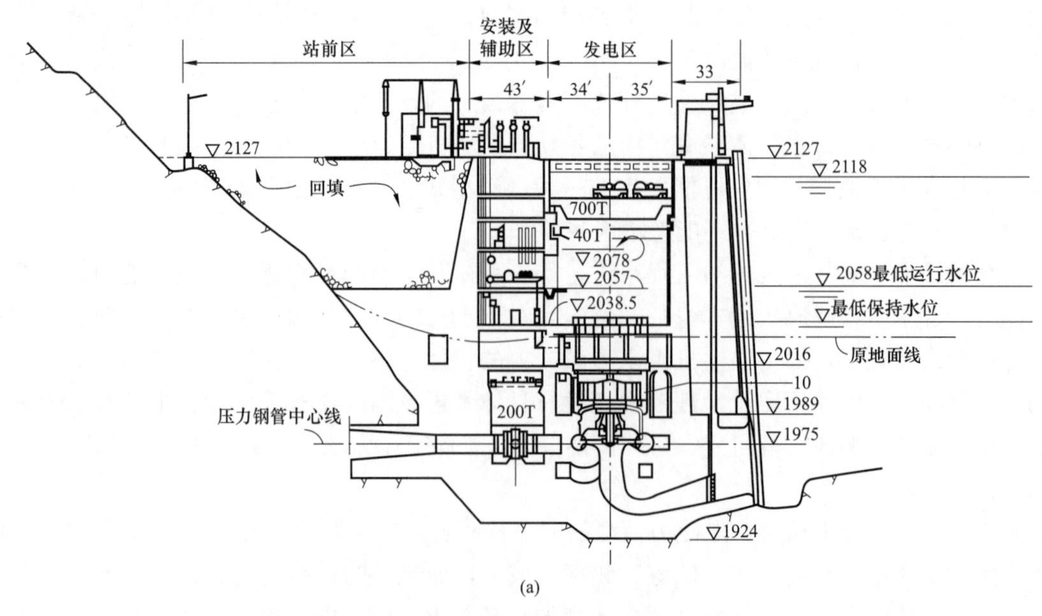

图11-4-1　巴斯康蒂抽水蓄能电站地面厂房布置图（一）

（a）横剖面图

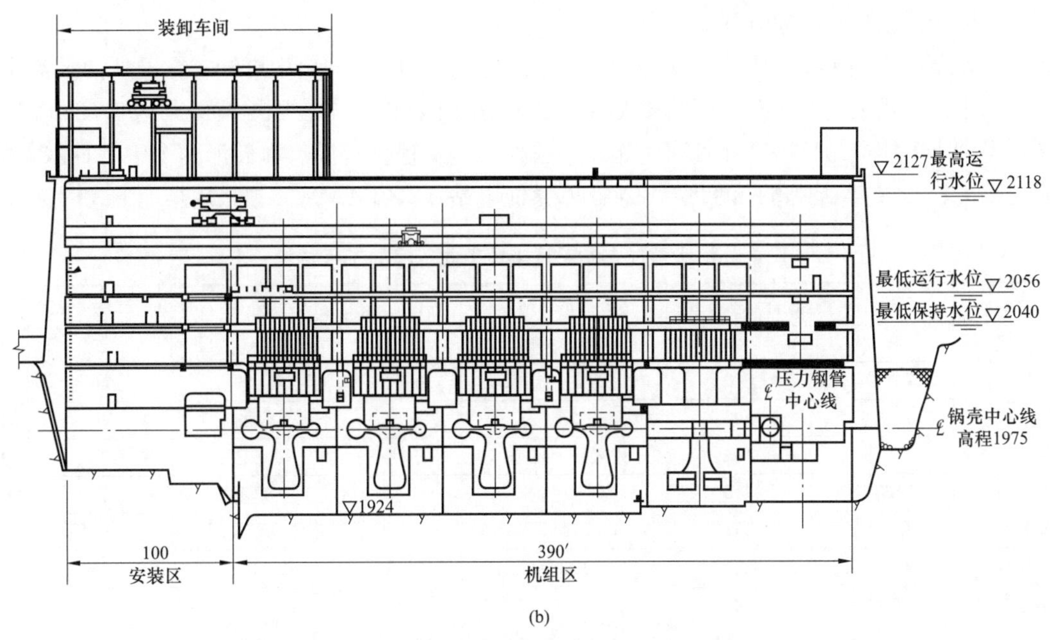

(b)

图 11-4-1　巴斯康蒂抽水蓄能电站地面厂房布置图（二）

（b）纵剖面图

（1）空心墙：将混凝土块、砖或预制板砌在迎水外墙的内侧，两墙之间留 10～15cm 的间隙，间隙底部设排水沟。

（2）排水暗沟：在最低高程的基础板和廊道底板设置排水暗沟，防止渗水通过基础板和底板渗出。

（3）抗裂设计：厂房外部的钢筋混凝土结构，要控制其变形和裂缝宽度。

二、半地下式厂房

（一）半地下式厂房的布置特点和适用范围

1. 布置特点

对于厂房布置在下水库附近的抽水蓄能电站，当淹没深度较大不适宜修建地面厂房时，可选择半地下式厂房。半地下式厂房介于地面厂房和地下厂房之间，由地面和地下两部分组成。地面部分与常规的地面厂房相同，一般有安装场、副厂房、变电站等。地下部分或在岩石中开挖而成，或在软岩中开挖后回填而成，一般将主机及必需的附属设备布置在地下。

2. 结构型式

抽水蓄能电站的半地下式厂房分为竖井式和沟槽式两种。竖井式厂房的地下部分是在岩石中开挖出来的圆形或椭圆形竖井，主机设备布置于竖井内，在竖井顶部修建地面厂房和变电站等。沟槽式厂房与竖井式厂房的布置型式相近，不同之处在于沟槽式厂房的地下部分是明挖的圆形或槽形基坑，基坑四周设置混凝土结构，而后回填至基坑顶部高程。如果基岩出露高程低于厂顶，则形成竖井式和沟槽式相结合的组合式结构。

与沟槽式厂房相比，竖井式厂房的开挖量小，井壁衬砌可直接锚固到四周的围岩上，衬砌厚度可减薄，因此更加经济。

3. 适用范围

半地下式厂房适用于各种地基条件。在岩石条件较好的厂址，可修建竖井式厂房。竖井式厂房多为单井或双井，每个井内最多布置两台机组。对低水头、多台机组且基础为软基的电站，可选择沟槽式厂房。如果淹没较深，基岩出露高程不足时，可选择竖井式和沟槽式相结合的组合式结构。

与地下厂房相比较，半地下式厂房的优点在于内外交通便利，通风条件优越，可大大减少地下洞挖的工程量，经济合理。与地面厂房相比较，适用于更大的淹没深度，四周的岩石和回填可有效地抵御上浮力的作用。但是，由于半地下式厂房竖井内空间狭小，淹没深度较大，因此存在噪声、防潮、防渗和排水等问题，需在设计和施工中很好地解决。

（二）国内外半地下式厂房的布置

国内外抽水蓄能电站采用半地下式厂房的工程特性见表 11-4-1。从表中可知，在国外抽水蓄能电站的建设中，应用半地下式厂房的较多，南斯拉夫特什尔达勃抽水蓄能电站装机规模最大达 6×200MW，澳大利亚维文霍爱抽水蓄能电站厂房竖井最深达 95m。国内已建工程仅有溪口和沙河两个中型抽水蓄能电站，装机规模也不大；2022 年新核准的湖北魏家冲抽水蓄能电站（2×149MW）拟采用半地下式厂房型式。

表 11-4-1　国内外抽水蓄能电站采用半地下式厂房的工程特性

电站名称	国名	设计水头（m）	装机容量（MW）	井数（个）	竖井外径（m）	竖井深（m）	投产年份
黑又川Ⅱ级	日本	80	1×19=19	1			1964 年
朗浩逊	联邦德国	272	2×70=140	1	29	40	1968 年
维安旦Ⅱ级	卢森堡	292	1×215=215	1	23	40	1973 年
佛尔斯	英国	185	2×150=300	2	21	50	1974 年
朗盖勃洛采里廷	联邦德国	315	2×80=160	1	38×35	40	1976 年
罗丹德Ⅱ级	奥地利	357	1×270=270	1	22	50	1977 年
兹优尔尼克	南斯拉夫	355	1×100=100	1	17	65	
特什尔达勃	南斯拉夫	380	6×200=1200	6	25	76	
什依拉	法国	261	2×250=500	2	22	70	1979 年
斯津勃拉斯	南非	286	4×45=180	2	20	46	1980 年
柯泰依	奥地利	440	2×148=296	1	30	80	1980 年
卡拉扬	菲律宾	286	2×150=300	2	38×35	40	1982 年
维文霍爱	澳大利亚	117	2×250=500	2	15	95	1984 年
姆台洛	波兰	262	3×250=750	3	25	63	1986 年
溪口	中国	276	2×40=80	1	27.1	31.5	1997 年
沙河	中国	123	2×50=100	1	31	38	2002 年

1. 溪口抽水蓄能电站

溪口抽水蓄能电站是国内建设的第一座半地下圆形竖井式厂房，最大开挖深度为 31.5m，开挖直径为 27.2m，安装两台 40MW 的机组，溪口抽水蓄能电站半地下式厂房布置图如图 11-4-2 所示。

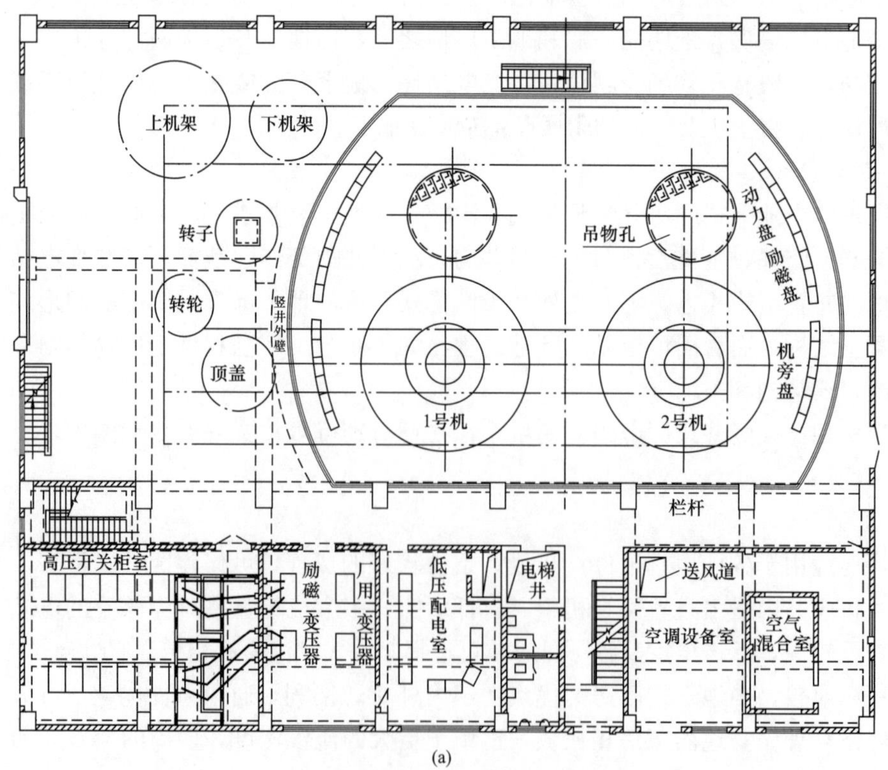

图 11-4-2　溪口抽水蓄能电站半地下式厂房布置图（一）

(a) 安装层平面图

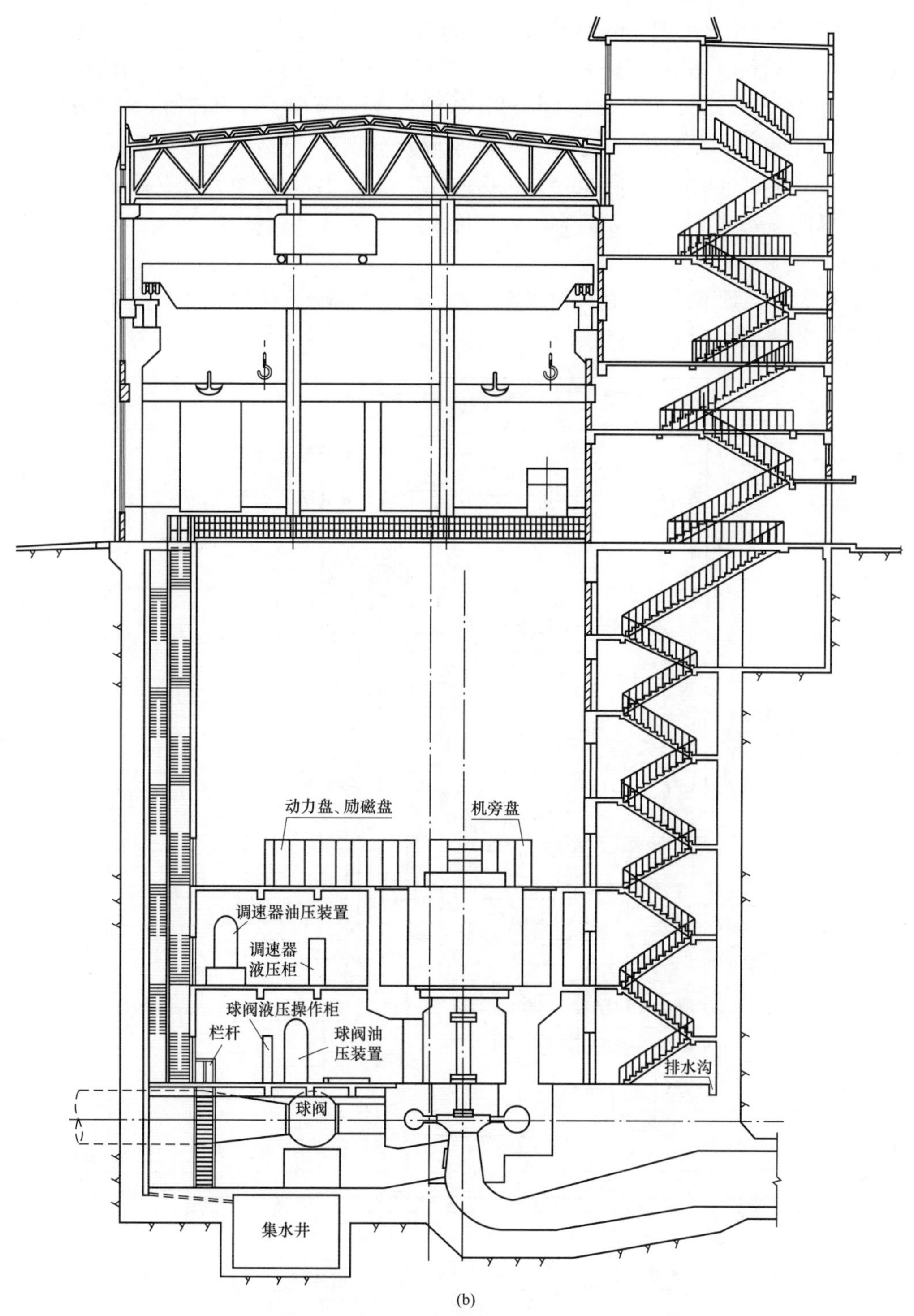

图 11-4-2　溪口抽水蓄能电站半地下式厂房布置图（二）
（b）横剖面

地面以下厂房为圆形竖井结构，竖井围岩属Ⅱ类，为灰紫色砾岩，中等强度，断裂构造不发育。井壁为混凝土衬砌，厚度为 1.0m，并进行了水平方向的固结灌浆。沿井壁环向分布了五层排水孔，通过三条竖管将围岩渗漏水排至厂房底部的集水井。

竖井内直径为 25.2m，分为四层：球阀层、水轮机层、发电机下层和发电机层。球阀层主要布置球阀、检修排水系统、蜗壳人孔通道等，底部为集水井。水轮机层安装有工业技术供水系统等。中间层布置调速器、油压系统及电制动装置等。发电机层布置机旁盘柜，距主厂房地面高差为 15.3m。

为有效的排除聚集在竖井内的热量和潮湿，井内通风采用机械制冷分层季节性空调方式，基本为直流式系统运行，副厂房采用机械排风系统。

地面以上厂房为长方形，宽 21.7m，长 42.8m，高 16.9m。安装场长 12m，布置在厂房的一端，与进厂公路相通。副厂房布置在厂房的下游侧，宽 9.6m。110kV 升压开关站布置在副厂房的右侧，宽 28.6m，长 53.5m，建筑面积为 168.5m^2，站内布置 2 台 50MVA 升压变压器以及 SF_6 断路器、隔离开关、互感器等。

当两台机组同时运行时，球阀层和水泵水轮机层噪声分别达 90.2dB 和 93.1dB，中间层和发电机层噪声也达 86.6dB 和 83.9dB，在封闭的竖井机房内产生很强的混响。虽在井壁贴吸声板，在水车室、尾水进人门、电梯间等处设隔声门、消声器，噪声仍较高。

2. 沙河抽水蓄能电站

沙河抽水蓄能电站半地下式厂房是国内规模最大的，地下部分为竖井式，安装两台 50MW 的机组，其半地下式厂房布置图如图 11-4-3 所示。

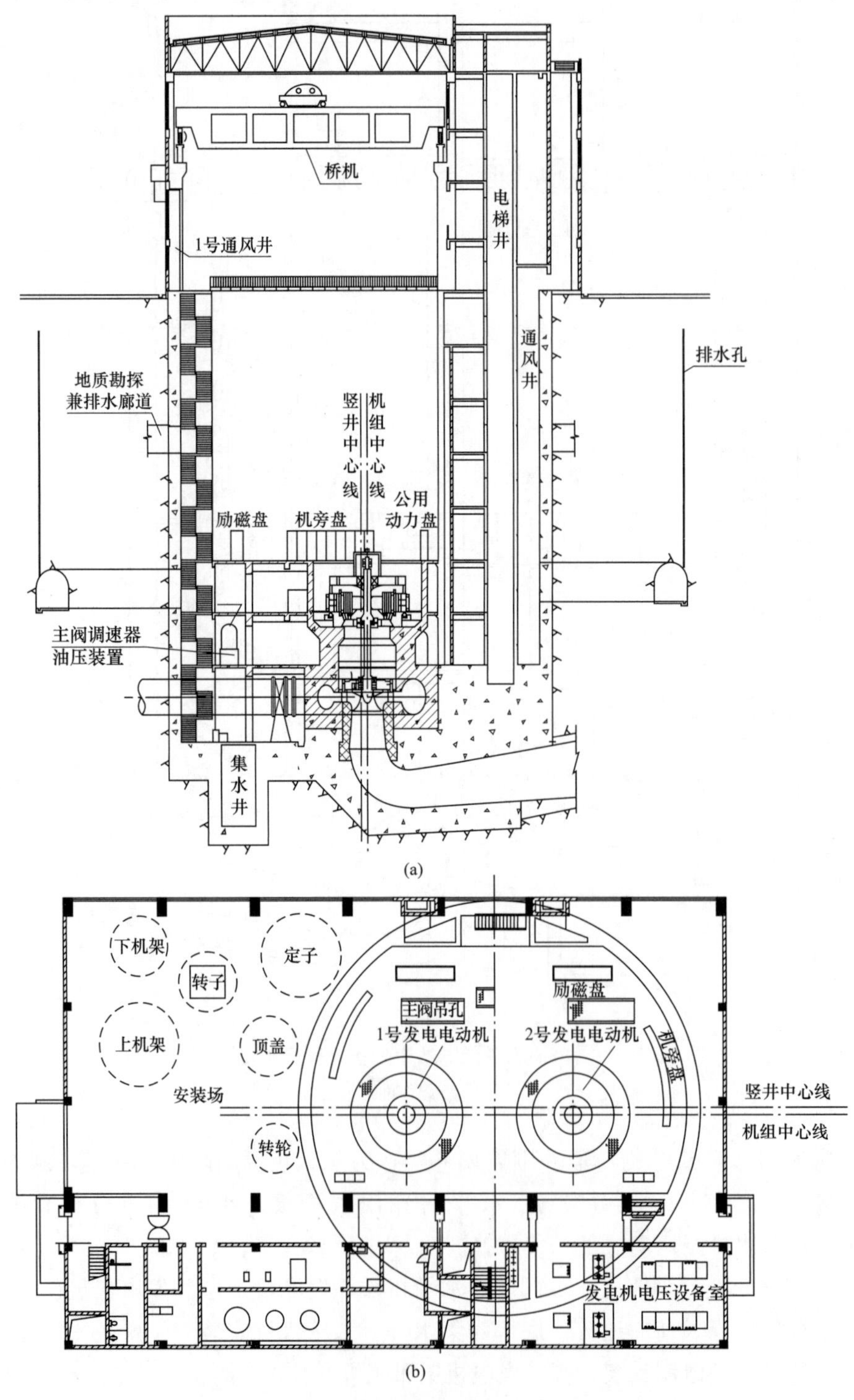

图 11-4-3 沙河抽水蓄能电站半地下式厂房布置图

(a) 横剖面；(b) 安装层平面图

地面以下竖井位于熔结凝灰岩内，圆筒形结构，内径为29m，竖井总高38m。井壁采用喷锚支护和混凝土衬砌相结合的复合支护结构，混凝土衬砌厚度1m。竖井内主厂房共四层：蜗壳层、水泵水轮机层、中间层和发电机层。机墩、风罩采用圆筒形结构，水泵水轮机层以下为大体积混凝土。竖井上游侧设有通风井及楼梯，下游侧为副厂房、电缆井、通风井、电梯井及楼梯。为防止竖井周围岩体的地下水渗入竖井内，在竖井外侧8m处布置一个环向排水廊道，并设置排水孔，形成排水幕，以阻止地下水渗入竖井。地下水通过排水孔进入排水廊道，最终汇入厂房底部的渗漏集水井。竖井内不设防潮墙，井壁表面布置铝塑穿孔板，与井壁间设置隔水吸音垫层。竖井内安装了通风和空调系统，在蜗壳层和水泵水轮机层各设一台除湿机。

电站地面以上厂房采用框架结构，布置有安装场和副厂房，屋面采用钢桁架、预制钢筋混凝土屋面板。安装场布置在竖井北侧，与进厂公路相连。副厂房位于下游侧，布置有中控室、通信室、透平油库、发电机电压开关设备、静止变频装置、高压开关柜、低压开关柜等。变电站紧靠地面副厂房布置，设有2台主变压器、一回220kV出线。

3. 卡拉扬抽水蓄能电站

菲律宾的卡拉扬抽水蓄能电站是菲律宾的第一座抽水蓄能电站，一期工程装有两台150MW的机组。根据电站的地形、地质及机组安装高程的要求，比较了地下式厂房和半露天竖井式厂房两种厂房布置方案，由于地下式厂房的设备、土建投资分别比半露天竖井式厂房多6.6%和100%，因此采用半露天竖井式厂房。

厂房竖井断面为椭圆形，长短轴（净空尺寸）分别为36m和31m，竖井深42.5m，上部穿过具有高度渗透性的冲积层，下部则处在岩石层中。卡拉扬抽水蓄能电站厂房布置如图11-4-4所示。

厂房顶部位于地面，设有轻质屋顶，墙内侧衬有铝板。230kV的开关站建在主厂房竖井北约100m处的室外，副厂房建在主厂房与开关站之间，控制楼设在开关站与尾水渠之间，楼内设有控制室、变电站的辅助电气设备以及所有管理办公室。

从厂房底层至地面一共分为九层，各层间交通靠电梯和楼梯联络。最底层是全厂检修排水、渗漏排水泵房；第二层为球阀层；第三层为水轮机层，上游侧布置球阀油压装置和机组调速器，下游侧布置发电机推力轴承外循环系统；第四层为发电机下层，下游侧布置发电机引出线路电气设备；第五层为发电机层，主要布置电站厂用变压器和发电机引出线设备；第六层为临时中控室；第七、八层为电缆层；第九层为地面层，布置主变压器和安装间。

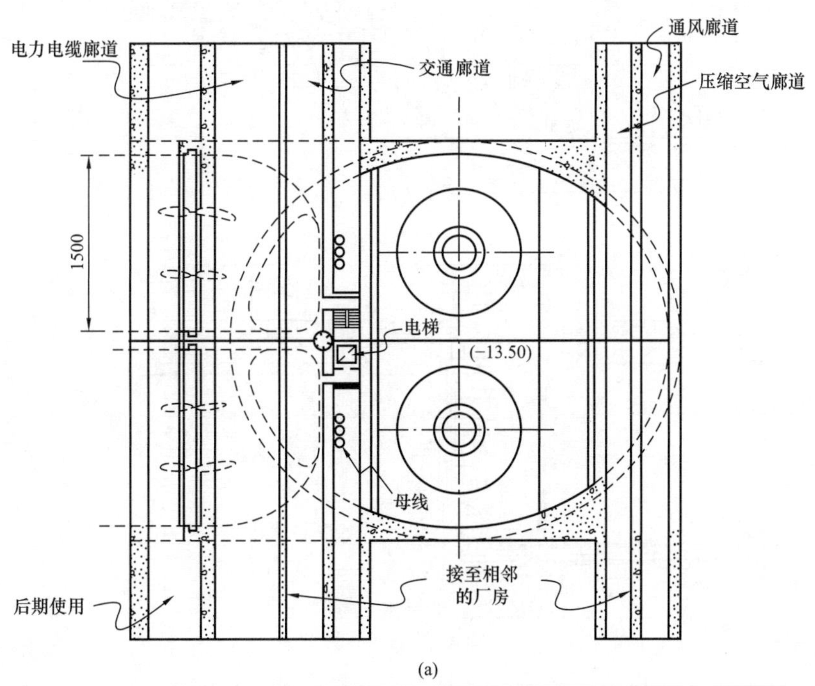

图11-4-4 卡拉扬抽水蓄能电站厂房布置图（一）

（a）平面图

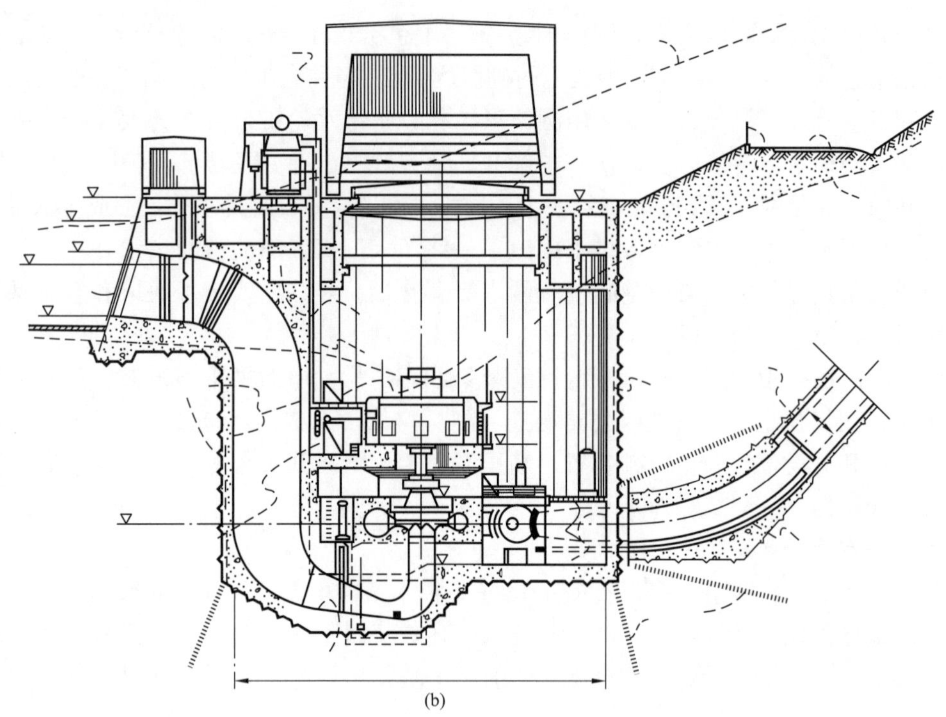

(b)

图 11-4-4 卡拉扬抽水蓄能电站厂房布置图（二）

(b) 剖面图

4. 罗丹德Ⅱ级电站

奥地利的罗丹德Ⅱ级电站建于 1977 年，厂房地下部分为圆筒形结构，外径为 22m，安装一台 270MW 的机组，机组引水管道与尾水管道成 90°夹角，其半地下式厂房布置如图 11-4-5 所示。由于机组的安装要求厂房总高 50m，但几乎一半位于覆盖层内，因此采用了竖井式和沟槽式相结合的组合式半地下厂房。位于基岩内的为竖井结构，高于基岩部分的厂房仍为圆筒形，四周围墙为 80cm 的混凝土结构，井壁为 75cm 的混凝土衬砌，围墙与衬砌之间设置 5mm 厚的钢板防渗。

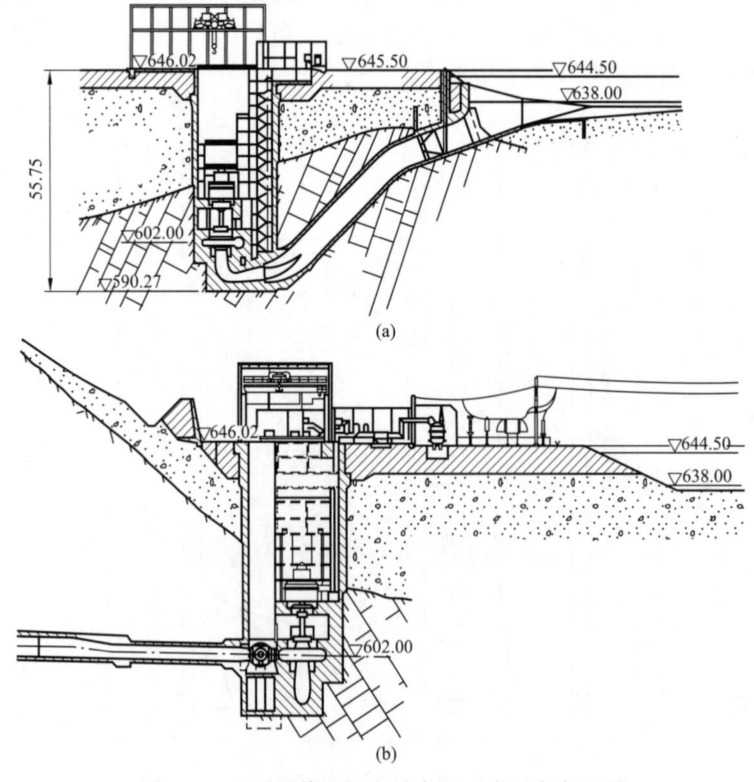

图 11-4-5 罗丹德Ⅱ级电站半地下式厂房布置图

(a) 尾水纵剖面；(b) 引水纵剖面

第十二章　工程建筑物安全监测

第一节　监测目的、原则及应具备的资料

一、监测目的

抽水蓄能电站工程监测的目的与常规水电站基本一致，均以安全监测为主，同时指导施工和为工程提供监测信息，是为施工期、运行初期和正常运行期及时掌握工程建筑物运行工作状态，保证建筑物安全运行的重要措施，也是验证设计、检查施工质量和掌握工程建筑物各物理量变化过程与规律的有效手段。一般情况下其监测目的包括：

（1）掌握工程运行状况，为各种工况下的工程性态评价，以及在施工期、运行初期和正常运行期对工程安全的连续评价提供所需的监测数据资料，及时掌握其监测物理量的变化信息和工程建筑物及地质体的工作状态。

（2）验证与调整工程设计，在施工期随施工过程所取得的监测资料，有助于工程设计的验证与调整。通过工程原型实测数据与理论计算及试验预计的工程特性指标的对比分析，便于掌握工程设计的合理程度，进而调整工程设计，同时为反分析、敏感性分析等提供依据，如坝体填（浇）筑控制指标、坝顶超高、洞室围岩支护参数、边坡加固及降水工程措施等。

（3）评价工程的安全性，指导施工及改进施工技术，对可能危及工程安全的初期或发展过程中的险情及未来性态做出预测预报，以便及时采取相应的工程措施。

（4）动态监控工程运行期的工作性态，指导工程运行管理与维护，保证工程经济安全运行。

（5）促进工程技术进步，实测数据是一定条件下受各种因素作用其工程建筑物工作性态的综合反映，因此，可通过类似或同类工程实测数据的比较分析与理论研究，进一步完善和促进工程技术进步，为设计和施工积累技术资料及经验，使工程建设更趋于安全经济合理。

二、监测原则

根据枢纽工程规模、建筑物等级、布置与结构型式、地质条件和工程特点等，并依据相关规范确立监测原则，一般情况下包括：

（1）根据工程的特点和关键性技术问题，有针对性地选择监测项目和工程部位，具体结合工程地质条件、建筑物布置、结构型式及施工方式等进行监测，通过代表性监测及辅助监测设施，能够系统、全面、及时地监控工程的工作状况。

（2）各监测设施的布置应密切结合工程具体条件，既能较全面地反映工程的工作状态，满足规范规定、施工和运行期不同侧重监测需要的目的要求，又具有针对性，监测重点突出、目的明确。对于相关监测项目应统筹安排，配合设置，宜选择地质、结构受力条件复杂或具有代表性的部位设置监测断面进行集中监测，可采用多种手段和方式，以便相互补充、校核与验证。

（3）监测项目应根据规范规定，建筑物等级、重要性、理论计算、试验成果及温度控制等方面的要求，重点加强变形、渗流和应力应变监测。对于不良工程地质和水文地质条件，工程薄弱环节或关

键结构，采用新材料、新结构、新的设计理论和方法或新工艺以及工程建设中需要加以监控或验证的构筑物，宜设置相应的监测项目。

（4）监测仪器设备的选择，要考虑可靠、耐久、经济、实用，技术性能指标满足工程的实际需要，所采用的监测方式、方法应技术成熟、便于操作与管理，在尽可能减少其测量方式种类的同时，有利于监测自动化系统的实施，且具备人工测读条件。

（5）监测仪器设备的安装及观测应保证其时效性，原则上与主体建筑物同时设计、同时施工、同时投入观测使用，满足在不同工程阶段和工况下均能获得必要的监测成果，以及满足工程的实际需要。

（6）监测仪器设备的安装及观测应严格按规程规范和设计要求进行，相关监测项目力求同时观测，以便于观测数据的对比、统计分析与相互验证。应针对工程不同阶段的目的要求，突出观测及资料分析的重点，对于观测发现的异常应立即复测，做到观测连续、数据可靠，能够准确反映工程的工作性态，并及时整理分析与上报。

（7）应保证在恶劣气候、环境条件下仍能进行必要项目的观测，必要时可设置专门的监测设施，如观测站（房）、观测廊道、施工及观测便道等。

（8）工程巡视检查应与仪器监测相结合，为工程施工和运行安全发挥应有的作用。

三、监测应具备的资料

（一）上、下水库

上、下水库工程安全监测，应掌握拟建工程的水文泥沙、工程地质、建筑物设计与施工资料等，上、下水库工程监测所需资料见表 12-1-1。

表 12-1-1　　上、下水库工程监测所需资料

序号	类别	需具备资料
1	水文、泥沙	（1）气象； （2）径流； （3）洪水； （4）泥沙； （5）冰情； （6）水库蒸发增损等
2	工程地质	（1）区域地质与地震； （2）工程区地质条件： 1）基本地质条件； 2）岩体地应力和压水试验； 3）岩石（体）物理力学参数。 （3）主要工程地质问题及评价： 1）工程地质条件评价； 2）渗漏问题； 3）坝基（肩）稳定问题； 4）库岸及开挖边坡稳定问题； 5）库区塌岸及水库浸没问题。 （4）相关的地质图表等
3	建筑物设计与施工	（1）工程布置及建筑物： 1）工程等级及设计安全标准； 2）枢纽布置； 3）上水库建筑物设计； 4）下水库建筑物设计； 5）防渗及排水设计； 6）库区开挖及边坡防护； 7）坝体及坝基应力变形计算分析； 8）坝体及库岸边坡稳定计算分析； 9）坝体及坝基渗流计算分析； 10）坝体温度场计算分析； 11）泄洪消能计算； 12）主要结构计算。 （2）相关试验研究、筑坝料设计及水工模型试验成果等。 （3）相关的建筑物设计图表等。

续表

序号	类别	需具备资料
3	建筑物设计与施工	(4) 施工组织设计: 1) 工程施工特点; 2) 施工导流; 3) 上水库施工; 4) 下水库施工; 5) 施工总布置; 6) 施工总进度。 (5) 相关的施工组织设计图表等

(二) 输水和厂房系统

输水和厂房系统工程安全监测，应掌握工程地质、建筑物设计与施工资料等，输水和厂房系统工程监测所需资料见表 12-1-2。

表 12-1-2　输水和厂房系统工程监测所需资料

序号	类别	需具备资料
1	工程地质	(1) 输水系统工程地质条件: 1) 基本地质条件; 2) 围岩分类; 3) 围岩物理力学参数。 (2) 输水系统主要工程地质问题及评价: 1) 边坡稳定问题; 2) 围岩稳定问题; 3) 外水压力问题。 (3) 厂房系统工程地质条件: 1) 基本地质条件; 2) 围岩分类; 3) 围岩物理力学参数。 (4) 厂房系统主要工程地质问题及评价: 1) 围岩稳定分析; 2) 地下水环境及涌水问题; 3) 地应力及岩爆问题; 4) 厂房系统其他建筑物地质条件。 (5) 相关的地质图表等
2	建筑物设计与施工	(1) 输水系统建筑物设计: 1) 输水系统布置; 2) 衬砌型式; 3) 支护及灌浆; 4) 排水措施; 5) 衬砌结构计算; 6) 渗流场分析。 (2) 厂房系统建筑物设计: 1) 厂区建筑物布置; 2) 厂房布置及主要结构; 3) 主变压器洞布置及主要结构; 4) 洞室群支护; 5) 洞室群防渗排水系统; 6) 洞室围岩应力变形计算分析; 7) 渗流场计算分析; 8) 主要结构计算; 9) 地面开关站。 (3) 相关的建筑物设计图表等。 (4) 施工组织设计: 1) 工程施工特点; 2) 地下系统工程施工; 3) 施工支洞布置; 4) 施工程序和施工方法; 5) 施工进度。 (5) 相关的施工组织设计图表等

需要指出的是：

（1）在工程安全监测设计和仪器设备安装埋设前，应熟悉上述资料，以便结合工程特点与监测目的要求，按规范规定和上述原则设置必要的监测项目，确定监测部位进行监测布置，建立所布置测点与获取物理量的相关关系；监测仪器设备安装埋设，应依据工程施工过程的具体情况（如开挖、钻孔揭露地质条件、地下水变化，边坡、围岩支护措施及效果，土建施工程序和方法的调整等），对测点布置、监测方式、技术指标等进行动态调整。

（2）工程安全监测数据资料分析，应结合建筑物的工况、相关地质条件、施工信息、环境量等进行综合分析。同时，还应注意对土建施工形象、相邻建筑物及洞室施工等各边界条件影响的信息收集，才能综合各相关因素取得符合工程实际、真实反映工程建筑物工作性态、有价值的分析成果。

第二节 上、下水库工程安全监测

抽水蓄能电站上水库工程一般是采用挖填建坝围库，大多为面板堆石坝，其天然条件使得坝体可能具有坝基深覆盖层、坝基为倾向下游的斜坡面和劣质料筑坝等特点，并根据库区水文和工程地质条件而采用全库或局部防渗型式。下水库工程多数利用天然河流建坝成库，或利用已建水库。当不宜在天然河床修建下水库时，亦有如同上水库型式直接修建下水库，自天然河流引水至库内，该方式修建的下水库其坝型、布置、防渗和排水结构型式等一般视地形、地质条件而定，与上水库类同，其工程特点、关键技术问题及相应的监测设施与上水库一致。

根据上、下水库的运行特点，不仅需要监控渗流的渗透压力及可能的渗透破坏，还应加强上、下水库渗流量的监测。渗流量是综合表征水库防渗结构工作性态的重要指标，宜结合结构排水分区监测渗流量。在北方寒冷地区修建的上、下水库，其冰冻影响与巡视检查均为工程安全的特殊监测项目。此外，需更重视上水库高山地形条件的地震放大效应，对上水库工程建筑物和库区进行强震动监测。

作为大坝工程监控物理量值动态定量分析基础的变形、应力应变和渗流监测，具有互为关联的整体性。一般将上、下水库工程变形、渗流作为重点必测项目，结构应力、应变为辅测项目，再有针对性地设置专项监测及环境量监测等。监测仪器的布设应达到在整体上监控工程实际运行状况的目的，形成系统完整的安全监测系统。其监测项目主要包括建筑物和库岸边坡的表面变形、内部变形、应力、应变、渗流、地震强震及环境量监测等。

一、表面变形监测

水工建筑物表面的变形监测，需在建筑物周边设置稳定的基准点和相对稳定的工作基点，建立表面变形监测控制网，在建筑物及边坡表面设置测点。随着测绘技术的发展，较为成熟的表面变形监测方式有四种，一是人工测量监测；二是利用全站仪的测点目标自动搜寻测量功能，在基准点固定设置全站仪，对测点目标进行自动测量，即全站仪自动化（或半自动）监测；三是采用全球卫星定位技术，通过高精度短边静态定位测量，在基准点和测点固定设置（或移动搬站）全球卫星定位系统（GNSS）接收机，对测点目标进行自动（或移动搬站）测量，建立 GNSS 自动化监测；四是上述三种测量方式的组合监测型式。

对于采用非全库防渗型式的水库，其监测与常规水电站大坝工程基本一致，大多具备设置变形监测控制网的地形和地质条件，相对较易实施，宜采用人工测量或全站仪自动化监测系统对坝体和库岸边坡表面测点进行监测。

对于采用混凝土面板全库防渗的上、下水库工程，需对坝体和库岸周边边坡进行表面变形监测。设置满足规范规定和监测使用条件要求的表面变形监测控制网一般难度较大，可采用人工与全站仪自动测量或全球卫星定位系统相结合的监测方式。

（一）人工测量监测

库区地形、地质环境具备设置表面变形监测控制网的条件，监测网能够覆盖布置表面变形测点的观测，保证现场观测条件满足规范规定的精度要求时，可采用此方法，如十三陵、天荒坪、宜兴、蒲石河、呼蓄、溧阳、仙居、绩溪、敦化、沂蒙、丰宁、文登、蟠龙等抽水蓄能电站。

十三陵抽水蓄能电站上水库的表面变形监测（见图 12-2-1），建立了三角测量和水准测量Ⅰ等控制网，共设置平面基准点 4 个，水准基准点 1 组（3 个水准点），平面网工作基点 4 个，水准网工作基点 2 个。平面基准点 TN1、TN2 和水准基准点组均设置在距库区 1km 以外的主坝下游岸坡稳定岩体上，工作基点可利用基准点进行校测，且基准点亦作为工作基点使用。对于坝体下游坡面及库顶设置的表面变形测点，其水平位移采用边、角交会法进行监测，竖向位移采用精密水准法进行监测。由于地形条件限制，部分测点的竖向位移无法采用精密水准测量方法进行监测，为保证监测精度，对库岸边坡、库内面板表面测点及坝体下游坡面、库顶部分测点采用了三维边角交会法进行监测，取得了较好的效果。

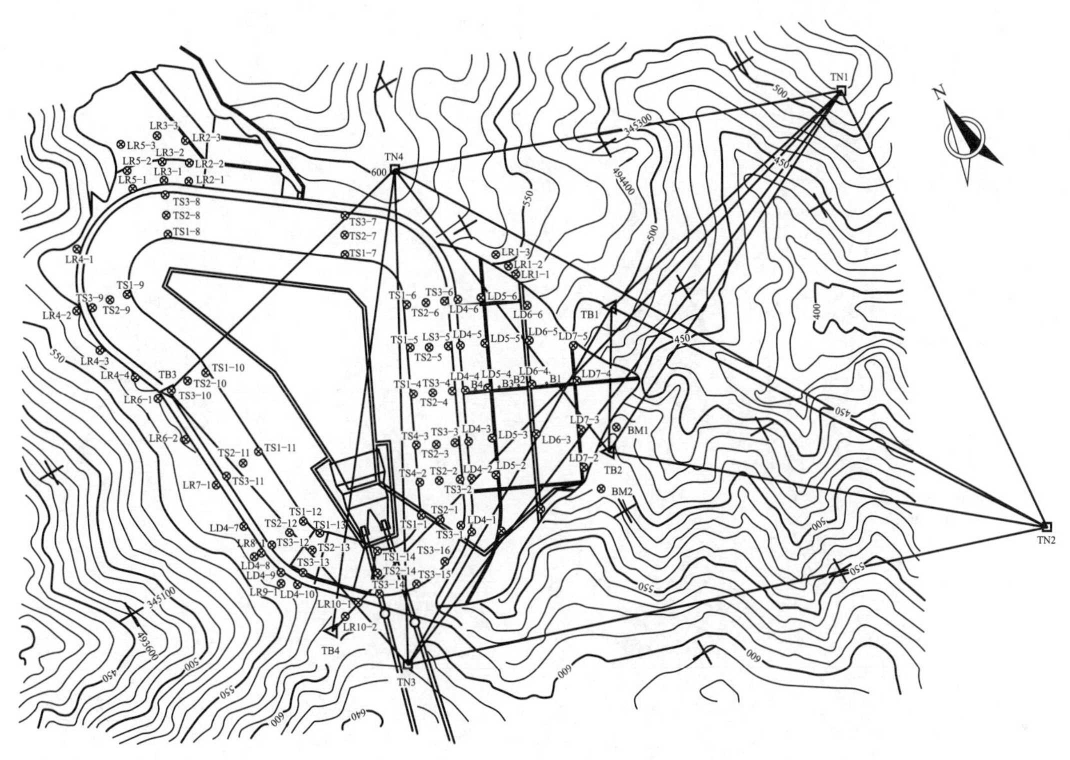

图 12-2-1　十三陵抽水蓄能电站上水库表面变形监测布置图

TN—平面基准点；TB—平面工作基点；BM—水准工作基点

丰宁抽水蓄能电站上水库表面变形监测控制网（见图 12-2-2），建立了专二级水平位移监测控制网和二等垂直位移监测控制网。水平位移监测控制网由库周 6 个基准点（TN1～TN6）和坝下游 2 个工作基准点（TB1、TB2）组成专二级边角网；垂直位移监测控制网在上水库面板堆石坝东南方向距大坝 1.5km 处布设一组水准基准点（SBM1、SBM2、SBM3），均设在新鲜基岩上，水准基准点之间定期用单一水准路线联测，作为水准基准点间的检核，另在堆石坝两端各设置一个水准工作基点 BM9、BM10，沿库周水准路线布置 9 个水准工作基点（BM1～BM8、BM11），其中 5 个水准工作基点（BM1、BM3、BM5、BM9、BM11）分别结合平面监测控制网点（TN1、TN3、TN2、TN6、TB1）设置，将相应的平面控制网点联测进入水准线路，上水库水准线路为一个水准基准点 SBM1 和 11 个水准工作基点（BM1～BM11）组成的一条闭合水准路线。上水库表面变形测点水平及垂直位移采用三维边角交会法观测，部分距离工作基点较近的测点可按三维极坐标法观测。

（二）全站仪自动（或半自动）测量监测

对坝体测点相对集中区域宜采用全站仪自动监测，对于库周其他测点需辅以人工半自动测量监测。全站仪自动监测应设置两个固定基准点或工作基点。

在西龙池抽水蓄能电站下水库表面变形监测中，由于地形、地质条件复杂，坝基为深厚覆盖层，库岸边坡高陡且有危岩分布，其表面变形是重要监测内容之一。按规范规定和工程安全监测的需要设置表面变形测点，覆盖范围广、数量多、位置分散，部分测点位于难于攀登的边坡和危岩表面。因工作基点和测点之间距离远、高差大，观测条件差，且受气候和人为因素等影响，采用全人工测量方式难以取得准确可靠的观测数据。综合以上因素，采用全站仪自动与人工半自动相结合的监测方案，其下水库表面变形监测布置见图 12-2-3。

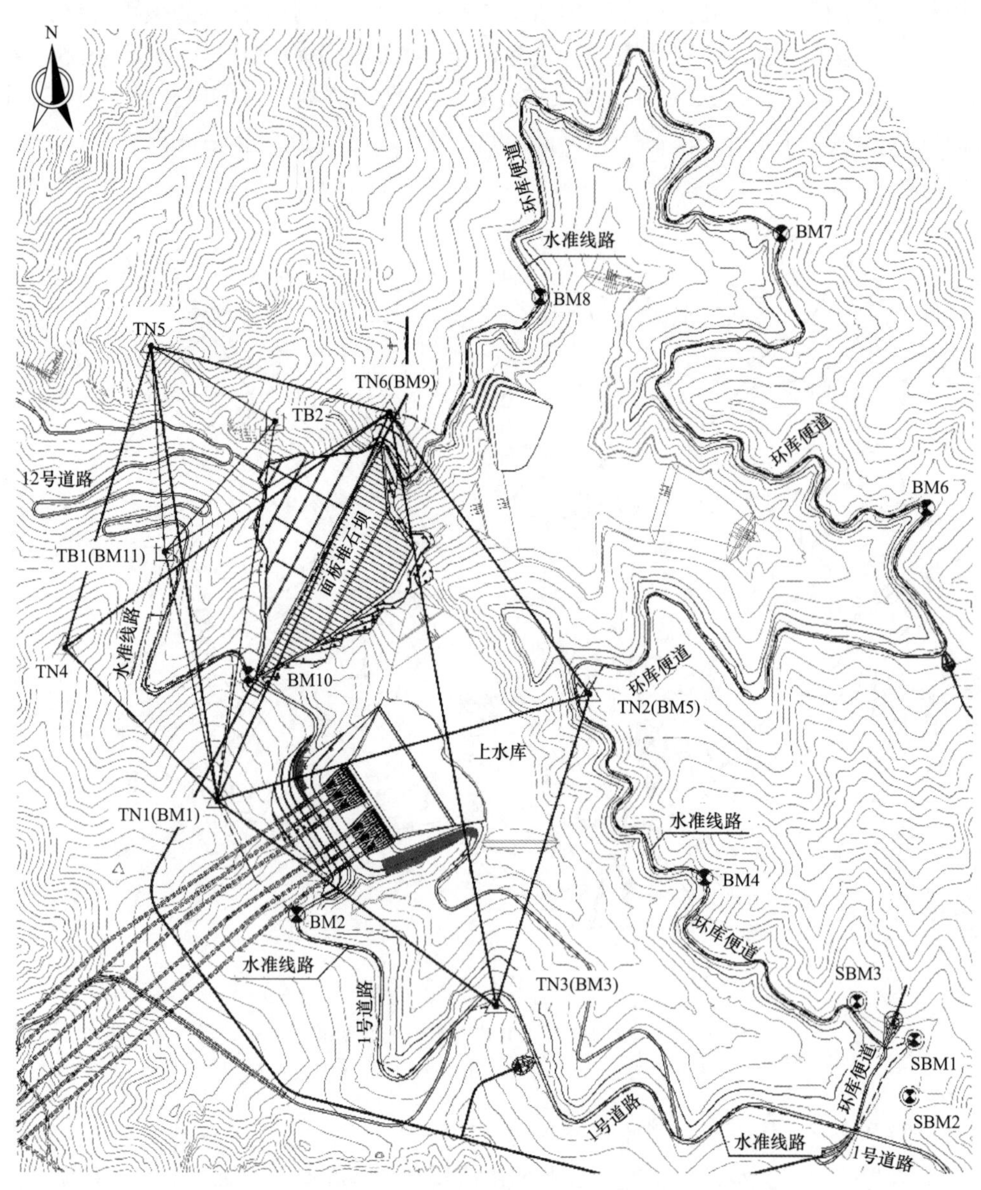

图 12-2-2 丰宁抽水蓄能电站上水库表面变形监测控制网布置图

TN—平面基准点；TB—平面工作基点；SBM—水准基准点；BM—水准工作基点

该系统的全自动三维边角交会监测利用两个基准点（TN1、TN2）作为控制测站，将具有自动观测功能的全站仪固定安置在控制测站上。可按设定的测点观测方案，实施自动观测、外业观测数据的动态检核与传输、观测数据的计算处理，整个自动观测过程无须人工干预，并可实施远程控制。同时，为提高监测精度及成果的可靠性，利用校准基点坐标信息，在保证控制点点位坐标不发生变化或其坐标变化量能够被完全掌控的前提下，对校准基点和测点同时实时观测，以校准基点的坐标和高程变化作为校准依据，实施对测点坐标、高程监测成果的必要修正，这种自校准的数据处理方式，对解决监测点相对分散，且测点距固定测站测距较长的不利条件具有针对性。半自动三维监测与上述全自动方式相类似，只是由于受地形条件等制约而采用流动搬站方式进行观测，不考虑自校准数据处理，节省了数据传输及全站仪供电系统。

利用全站仪的目标自动识别系统即 ATR（自动目标识别）方式进行测量，由于其望远镜不需要人工聚焦或精确照准目标，测量的速度明显加快，较常规方式测量速度平均提高 1 倍，其监测精度不依赖于有经验、高水平的测量员，可对坝体及坝肩部位测点进行 24h 全天候连续观测。其变形监测自动化机载及后处理软件，具有原始数据、处理结果、精度信息等数据的储存与管理功能，可供调用与查询，对数据进行检验与分析，加快了监测成果的信息化反馈，提高了工作效率，从而能够较好地达到安全监测的目的。

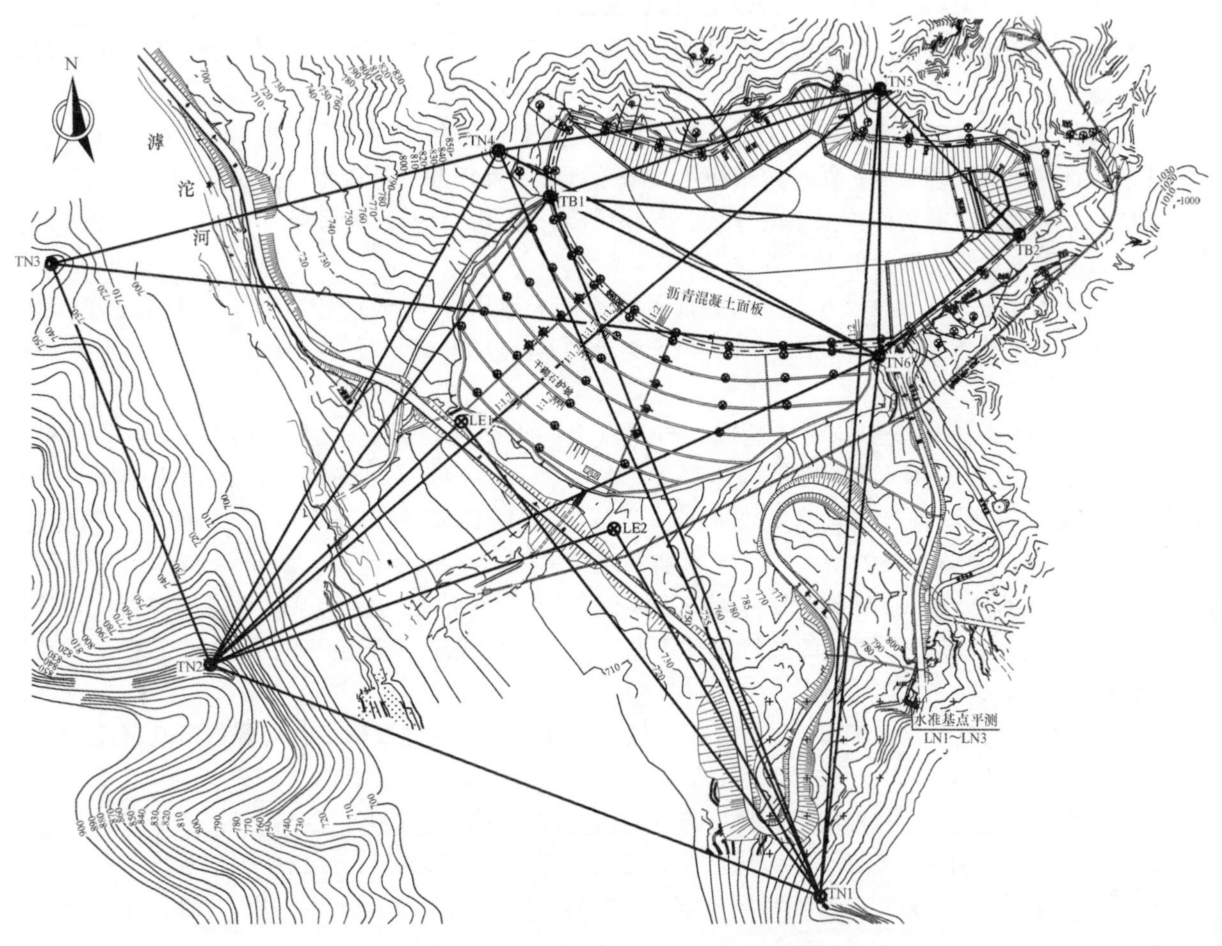

图 12-2-3　西龙池抽水蓄能电站下水库表面变形监测布置图

TN—基准点；TB—工作基点；LE—校准点；LN—水准基准点

该系统工作基点网的观测采用边角网测量方法，以基准点作为固定基准，按经典平差方法获得工作基点的平面坐标，为满足测点全自动及半自动三维监测对控制点高程精度的要求，按一等水准测量获取工作基点的准确高程。水准基准点设置在下水库靠左岸山体水准基点平洞内，平洞分内外两室，内室设置 2 个水准基点，外室设置 1 个水准基点，水准基准点平行洞轴线直线布置，作为下水库表面变形高程测量的基准。

（三）全球卫星定位自动测量监测

对于库周地质条件差、地形平坦的上水库工程表面变形监测，由于无法找到稳定有利的制高控制位置，采用上述方法有时难以建立表面变形监测控制网。但其良好的对空条件保证了 GNSS 接收机能够收集到高质量的卫星数据，同时在距上水库一定范围内可以找到稳定基准，所以，宜采用全 GNSS 进行自动测量监测，一般无须辅以人工测量监测方式。全球卫星定位自动测量监测宜设置两个固定 GNSS 接收机的控制基准点。

GNSS 表面变形监测是建立在其高精度短边静态定位测量基础上的，其设备主要包括 GNSS 接收机、数据传输通信系统、中央控制装置硬件、数据采集处理分析及信息管理软件。主要有以下特点：

（1）基准点与测点之间无须地表通视。可直接建立基准点与测点之间的变形监测关系，无须再设置其间的工作基点，使得基准点和测点位置的选择更加灵活。

（2）测量精度高。根据近年多个混凝土坝、土石坝、滑坡体表面变形监测成果，在具备良好的收星条件下，其 2h GNSS（双频）观测数据解算测点的水平和竖向位移（三维）精度优于±1.5mm；6h GNSS 观测数据解算测点的水平和竖向位移（三维）精度可优于±1.0mm，数据响应时间小于 10min。

(3) 观测时间短。采用 GNSS 系统进行测点的变形监测，对于全自动固定测点，多数测点系统反应时间为 1h 以内（即从每台 GNSS 接收机传输数据开始，到处理、分析、变形显示为止），所测变形测点的观测时间同步，其测点的三维位移能够同步测出。对于人工搬站测点，多数测点约 1.5h 可得出变形值。

(4) 操作简便、自动化程度高。GNSS 测量可实现自动化监测。对于固定测点，安装 GNSS 接收机后实现表面变形的自动监测；对于搬站测点，测量员的主要任务只是在测点强制对中基座上安置并开关接收机，而其他观测工作如卫星的捕获、跟踪观测、记录、计算分析和统计等均由软、硬件设备自动完成，并可减少人为测量的误差。

(5) 全天候作业。常规测量方式所用的仪器设备是基于几何光学原理工作，故不能在黑夜、雨、雾、雪、大风等气象条件下正常观测，而 GNSS 测量则基本不受外界气候条件的影响，可在任何时间进行连续观测。

(6) 虽然 GNSS 表面变形监测的基准点与测点之间无须地表通视，但基准点和测点与卫星之间的信号传输受地形条件及建筑物结构体形等影响，使得各测点 GNSS 接收机天线所能接收到的卫星信号的数量不等。测点接收卫星数量多、分布均匀（PDOP-几何强度因子）、解算时间合理，则监测精度高，反之监测误差增大，甚至不能满足工程安全监测的需要。对于基准点和重要的固定 GNSS 接收机的测点，原则上接收机天线高度仰角 15°以上范围内宜无地形及构筑物遮挡，其他如搬站测点的监测，其测点周围的边界条件可适当放宽，而通过观测解算时间的适当延长来满足监测精度要求。

(7) GNSS 表面变形监测工程建设投资相对较大，监测运行管理费用低，可降低劳动强度及提高效率。

张河湾抽水蓄能电站上水库地形、地质条件复杂，按常规测量监测方式，其基准点和工作基点只能设置在重力卸荷带和库区变形影响区域，造成监测工程表面变形困难；并由于坝体和库岸的弯段较多，难以满足通视和测点最终的监测精度要求，其后的工程监测管理也极为不便。为此，采用全球定位系统对上水库工程表面变形进行监测。

西龙池抽水蓄能电站上水库位于工程区最高点，采用开挖筑坝成库，库区地形开阔，地质条件较差。西龙池抽水蓄能电站上水库 GNSS 表面变形监测布置见图 12-2-4。在上水库东南岸和东北岸岩坡上设置 2 个基准点（TN1、TN2），距坝体和库岸均有一定的距离，观测使用条件好，GNSS 接收机天线高度仰角 8°以上范围内无遮挡。每个基准点均设置坚固稳定的混凝土观测墩，墩顶设置不锈钢强制对中装置，固定安装 GNSS 接收机（天线）进行全天候连续监测，并设有 GNSS 天线保护罩等。上水库工程共设置表面变形测点 63 个，其中在坝体和库岸变形重点监控部位共设置 5 个连续运行监测点（LD2-2、LD13-2、ST7-1、ST17-1、ST19-1），均位于库顶部位，亦设置观测墩固定安装 GNSS 接收机进行全天候连续不间断监测。其余测点利用 3 台 GNSS 接收机进行人工定期搬站监测。

对于全天候不间断监测的 2 个基准点和 5 个连续运行测点，其数据经传输光纤引至上水库监测室内，观测数据的采集、传输、处理分析等工作，均在无人值守的情况下完成。基准点及连续运行测点上的 GNSS 接收机工作时，在监测室内即可掌握每台 GNSS 接收机的工作状况并进行各种参数的设置，如截止高度角、采样间隔等。伪距、载波相位等观测值和广播星历信息均自动存储在接收机的内存中，并可按在监测室设置的时间间隔自动将上述数据传回进行处理。同时，一旦出现异常情况，将实时提供报警信息。对于其余间断性定期监测测点采集的数据，存入数据库中进行处理分析。西龙池抽水蓄能电站上水库基准点与典型表面变形测点精度见表 12-2-1。

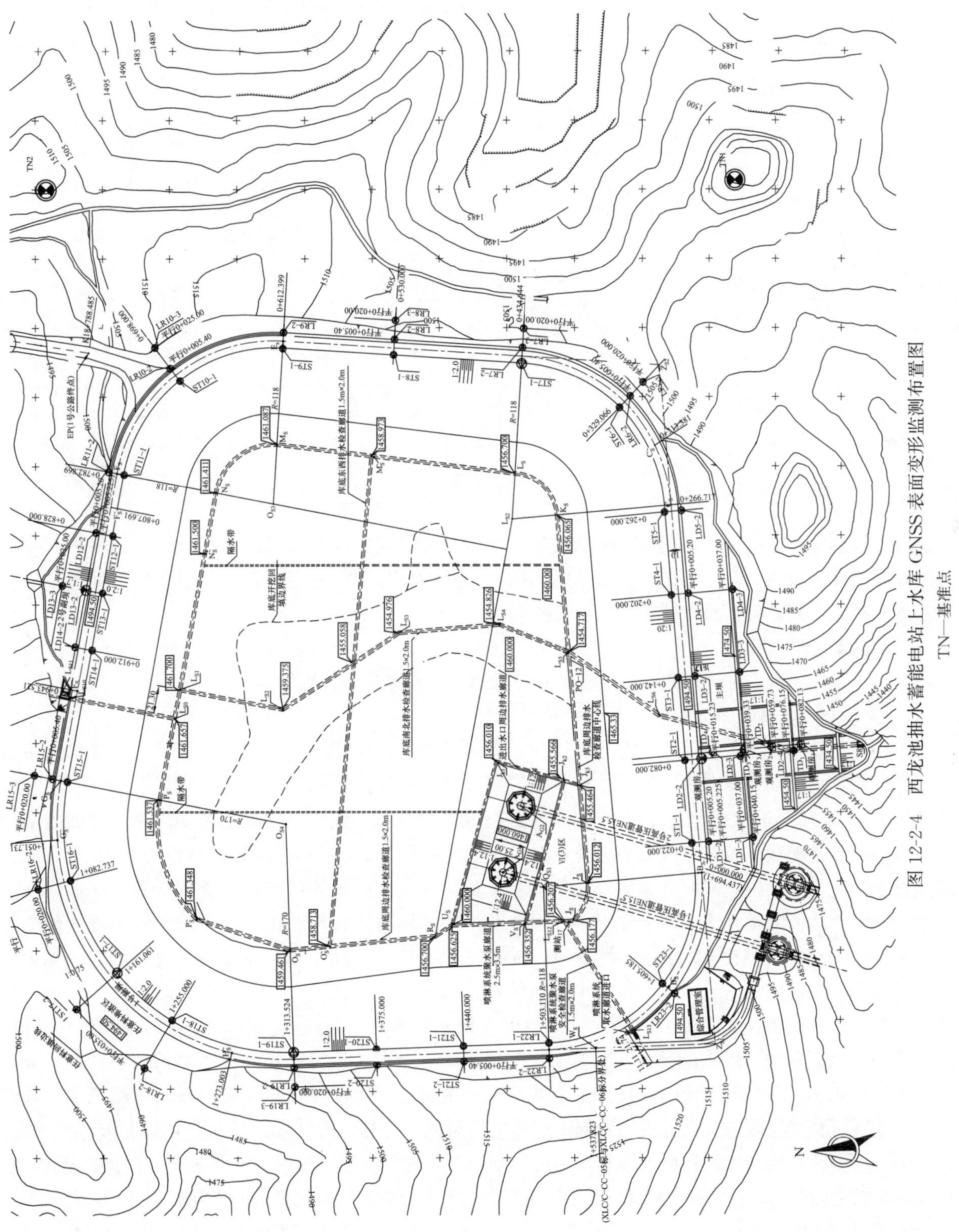

图 12-2-4 西龙池抽水蓄能电站上水库 GNSS 表面变形监测布置图

TN—基准点

表 12-2-1　　西龙池抽水蓄能电站上水库基准点与典型表面变形测点精度　　单位：mm

点类型	点名	1h 解算			2h 解算			4h 解算			6h 解算		
		南北向	东西向	垂直	南北向	东西向	垂直	南北向	东西向	垂直	南北向	东西向	垂直
基准点	TN1	0.8	1.1	2.3	0.5	0.7	1.7	0.5	0.5	1.5	0.5	0.5	1.3
	TN2	0.9	1.2	2.3	0.7	0.9	1.8	0.6	0.6	1.2	0.6	0.5	1.4
坝顶	LD2-2	0.5	0.4	1.4	0.5	0.3	1.0						
	D13-2	0.6	0.5	0.9	0.5	0.2	0.7						
下游坝坡及马道	LD4-3	0.4	0.8	2.0	0.2	0.6	3.3						
	LD2-4	1.4	2.0	3.0	0.9	1.6	0.5						
	LD1-3	0.6	0.3	1.9	0.3	0.3	1.7						
坝坡面观测房	TD1	1.7	1.7	3.2	0.8	0.8	2.2	0.9	0.7	1.8	0.5	0.6	1.9
	TD3	1.4	1.5	2.9	1.5	1.5	2.6	1.7	1.2	2.9			
库顶以上边坡	LR7-3	0.5	0.5	0.7	0.2	0.2	0.7						
库顶边坡坡脚	LR8-2	0.4	0.6	4.0	0.1	0.7	1.3						
	LR21-2	0.7	2.7	3.8	0.7	1.0	0.4						
库顶防浪墙	LD17-2	0.4	0.5	1.9	0.2	0.4	1.9						
	ST8-1	0.7	0.6	2.1	0.7	0.7	2.2						
	ST21-1	0.5	0.6	1.0	0.4	0.3	0.4						
	T19-1	0.6	0.4	1.0	0.4	0.2	0.3						
	ST7-1	0.9	0.7	1.9	0.4	0.5	1.3	0.2	0.3	1.0	0.2	0.3	0.8

应重视抽水蓄能电站上、下水库库岸边坡的变形与稳定监测，尤其应注意在施工期尽早建立变形监测控制网点的观测墩，一是在完全投入使用前有一定的自身变形稳定期，二是便于施工期为坝体内部变形监测提供其绝对位移计算的表面监测基准。

二、内部变形监测

上、下水库工程内部变形监测主要包括坝体及坝基、库岸边坡变形监测。

（一）坝体及坝基变形监测

坝体内部位移监测宜采用水管式沉降仪和引张线式水平位移计，一般成组布置联合构成水平垂直位移计，在坝体内部分层布置，尽量使测点在同一垂线上，以便计算其间的压缩变形模量（土层竖向荷载应力/土层竖向累计压缩率）。该方式的优点是可将位移测点置于坝轴线上游侧，并直至面板基础垫层。其缺点是随坝体填筑进行安装埋设，在一定层厚条件下将丢失部分观测位移；其测点绝对位移需通过表面变形监测控制网测得观测房的位移来求取，因此，测点的观测精度受控于表面变形的观测精度。同时，为监测整个施工碾压过程中，坝体及坝基随堆石体填筑的位移，宜结合水平垂直位移计在坝顶下游侧靠坝顶位置设置沉降、测斜管，尤其适用于软基筑坝，其测管自坝基直至坝顶。原则上在坝基垫层填筑前钻孔安装测管，并随坝体填筑进行测管的接长连接和观测。由于测管深入基岩一定深度，其观测和位移计算均始于坝基，可采用沉降仪和测斜仪直接进行坝体及坝基的绝对位移监测。该方式的优点是随坝体填筑过程可以完整地观测施工期直至永久运行期坝体及坝基的位移变形；缺点是难于监测坝体上游主堆石区的位移变形，并存在一定施工干扰，测管周围级配料人工填筑施工较复杂。如何保证测量管及管外沉降板与管周围坝体填筑料同步位移，安装埋设质量是该监测方式的关键，近年来，部分高坝创新性地在面板堆石坝上游主堆石区设置沉降管，自坝基至面板下竖直安装测管，然后弧形转折沿面板基础安装测管至坝顶，采用沉降仪对竖直测管段坝体及坝基的沉降进行监测。此方式近期已不乏成功实例，主要是处理好测管的弧形转折和沉降仪侧头的配重与坝体上游坡比之间的关系。

以目前国内外面板堆石坝的筑坝技术水平，一般坝体沉降量为坝高的 0.5%～1.0%，蓄水期的坝顶沉降量约为坝高的 0.1%。抽水蓄能电站上水库坝体大多利用开挖料筑坝，其坝体沉降量有可能超出上述范围，如十三陵上水库主坝采用库盆开挖的软岩劣质料筑坝（主要用于次堆石区），1995 年 8 月上水库蓄水前，坝体沉降量相当于坝高的 1.13%，1995 年 8 月 3 日开始充水，1997 年 6 月 12 日上水库蓄水至正常高水位，截至 2000 年底的坝体沉降量为坝高的 1.26%。一般当每年的沉降量小于 0.02%H

（坝高），可认为坝体沉降结束，通常是在施工完成加全荷载之后的24～30个月。西龙池抽水蓄能电站下水库坝体内部变形监测布置见图12-2-5，文登抽水蓄能电站上水库坝体内部监测平面和监测典型横剖面布置见图12-2-6、图12-2-7。

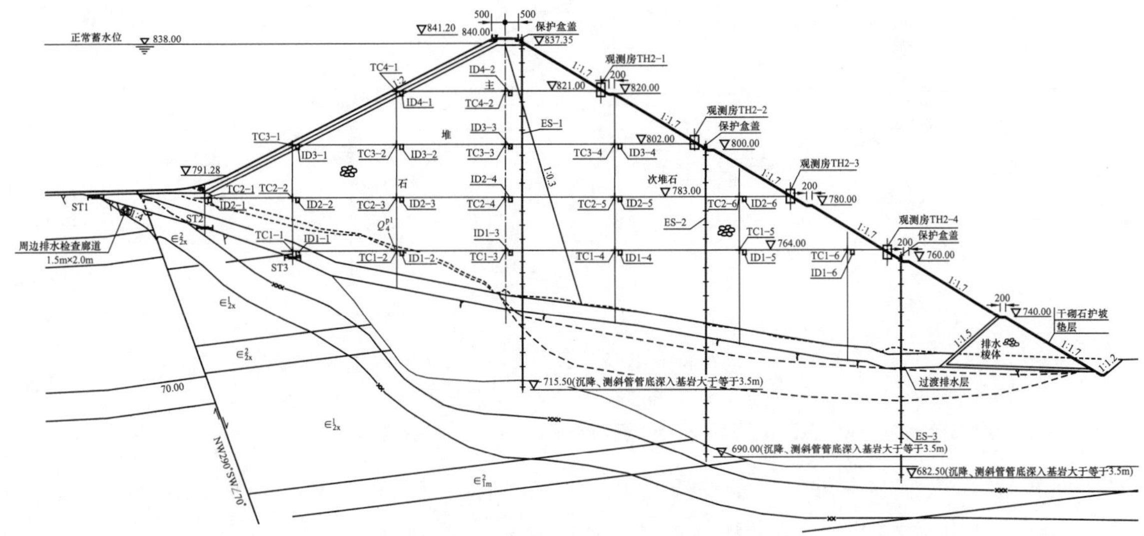

图12-2-5　西龙池抽水蓄能电站下水库坝体内部变形监测布置图

TC—沉降测点；ID—水平位移测点；ES—沉降、测斜管；ST—位移计

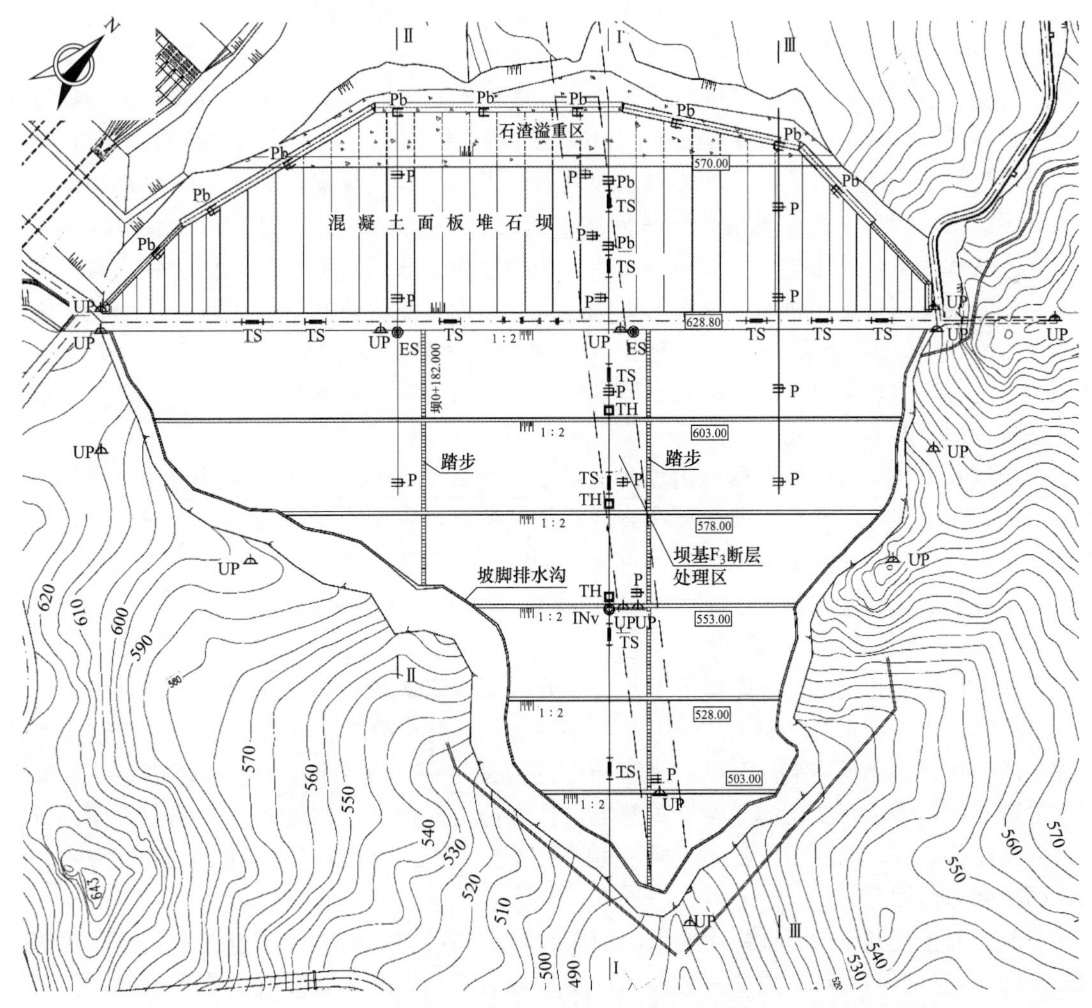

图12-2-6　文登抽水蓄能电站上水库坝体内部监测平面布置图

TH—坝坡面观测房；ES—沉降测斜管；INv—垂直测斜管；TS—土体位移计；UP—测压管；Pb—面板下孔隙水压力计；P—坝基孔隙水压力计

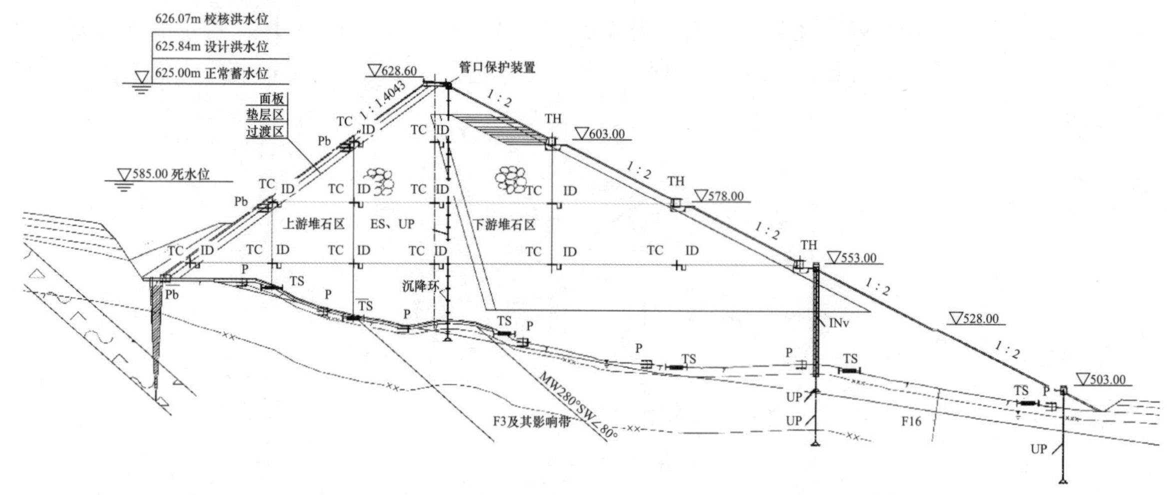

图 12-2-7　文登抽水蓄能电站上水库坝体内部监测典型横剖面图

TH—坝坡面观测房；ES—沉降测斜管；INv—垂直测斜管；TS—土体位移计；UP—测压管；Pb—面板下孔隙水压力计；P—坝基孔隙水压力计

对于坝基为倾向下游的斜坡面，需进行坝体沿坝基面的相对位移监测，一般采用大量程位移计监测，应至少选择坝体最大横断面在岩基与坝基过渡层之间设置测点，沿上、下游方向构成监测断面，每断面不应少于三个测点。对于V形山谷坝体左、右岸边坡陡峻的高坝，坝体变形使得靠两岸部位堆石体沿坝轴线方向和竖向的剪切位移较大，此类工程宜进行坝体沿岸坡基岩面的相对位移监测，其监测方式与坝基斜坡面相同，一般在岸坡设置监测断面，其测点沿高程布置。

（二）库岸边坡变形监测

库岸边坡的变形与稳定监测，除在边坡设置表面变形测点外，需布置多点位移计和测斜仪等进行内部变形监测，同时结合边坡加固处理措施，相应进行锚索锚固力、锚杆应力及抗滑桩结构受力监测，并辅以测压管进行地下水监测等。多点位移计和测斜仪需保证其最深锚点和测斜管底部均深入潜在滑裂面以下一定深度，多点位移计直接观测沿仪器轴向的位移及速率，测斜仪可观测边坡的主滑方向、滑裂面位置及变形速率，可选择活动和固定测斜仪两种监测方式。活动式测斜仪沿管长自管底进行人工监测，其测值精度受重复性和人为因素的影响较大，但设置多个测斜管时工程费用较低；固定测斜仪沿管长设置测点，其测点间距一般不宜超过5m，测斜仪固定安装在测斜管内，受外部环境及人为因素影响小，可进行连续和实现自动化监测，但设置多个测斜管时工程费用相对较高。因此，应根据工程不同条件选择适当的监测方式。

对于直接危及工程安全运行的重点边坡、边坡后缘拉裂缝的库岸边坡，或有成形探洞可利用时，宜考虑采用铟钢丝位移计、滑动测微计及在裂缝两侧设置锚点安装位移计等方式进行位移监测。铟钢丝位移计可在探洞内对潜在滑裂面位移进行直接监测，滑动测微计方式的优点是监测精度高、敏感性强；在已有拉裂缝之间设置位移计是较直观、简便的监测库岸边坡变形的方式之一。

（三）新老坝体结合部位变形监测

抽水蓄能电站可能利用已有水库作为下水库，有时需要对老坝进行加高处理，应在新、老坝体结合处设置必要的监测。如张河湾抽水蓄能电站下水库利用已建的张河湾水库，大坝由原浆砌石拦河坝加高续建而成，在新、老坝体结合面设置测缝计进行接缝变形监测；丰宁抽水蓄能电站下水库大坝利用原钢筋混凝土面板砂砾石坝在坝后贴坡填筑堆石体加高改建而成，在新、老坝体结合面设置土体位移计进行剪切位移监测，同时在新、老面板之间的水平缝设置二向测缝计进行接缝变形监测。

三、面板变形监测

钢筋混凝土面板变形包括面板挠曲变形、面板与其下垫层料之间的脱空及面板接缝位移等。对于沥青混凝土面板，鉴于其材料黏弹性特性及适应变形能力等一般难以直接进行变形监测，但可加强面板基础的位移变形监测。

（一）面板挠曲变形监测

钢筋混凝土面板的挠曲变形宜采用单点式电平仪、倾斜仪、倾角计等，并结合坝体内部靠面板基础的水平、竖向位移计测点进行监测。工程经验表明，采用面板下测斜管活动测斜仪的方式，由于活动测斜仪在测斜管内的沿程观测累计误差、温度及人为因素等影响，少见取得准确、完整、可靠的监测结果。面板挠曲变形监测一般沿坡向在面板表面间隔设置测点，通过其在面板产生的角位移进行监测。

近年有一种以 MEMS 传感器为核心敏感元件的柔性测斜仪（又名阵列式位移计、多维度变形测量系统），它由内置微电子机械式（MEMS）加速度计，长度 30cm、50cm 或 100cm 的测量单元（杆件）连续串接而成，可以连续、准确地测量整条测线的三维变形，系统精度优于±1.5mm/32m，监测数据通过采集套件在现场自动采集，或安装数据采集装置自动采集后通过有线或无线远传至监控计算机。柔性测斜仪为面板挠曲变形监测提供了一种高效、准确的监测手段，可将其如链条一样贴合埋设在面板底部，自动获取面板沿测线的连续挠曲变形。

（二）面板脱空变形监测

选择坝体面板最大板块等部位，在面板混凝土与挤压边墙或垫层料之间沿坡向布置测点，采用大量程位移计进行面板脱空变形监测。

（三）面板接缝位移监测

钢筋混凝土面板坝面板接缝位移监测与常规水电站相同，不再赘述。

对于采用钢筋混凝土面板进行全库防渗的库岸和库底，采用单向测缝计监测面板的接缝变形，对于基础地质条件或结构可能存在不均匀沉降的部位，必要时可采用两向测缝计监测面板的接缝变形，其布置取决于面板分缝及基础地质条件等。库顶水平缝宜进行接缝位移监测。

钢筋混凝土面板全库防渗的库底面板与电站进/出水口结构周边连接板受力条件复杂，需加强其接缝变形监测，一般沿进/出水口结构与连接板接缝周边设置单向测缝计。

四、渗流监测

（一）坝体及坝基渗流

为监测坝体及坝基渗流及可能形成浸润线的分布情况，沿坝基沟底上、下游方向布置孔隙水压力计，考虑坝体和坝基渗流监测的重要性和永久性要求，一般需设置 2～3 个监测断面，如只设置一个监测断面，则不宜少于 5 个测点。

抽水蓄能电站采用全、强风化等劣质料填筑次堆石区时，应注意在次堆石区坝基过渡层基面沿上、下游方向断面上至少设置 3 个测点，监测坝体及坝基渗流的水面线是否低于坝基过渡层顶面。

对于高坝或覆盖层软基筑坝，尽可能在坝顶下游侧沿横断面设置测压管进行监测，管底均应深入坝基覆盖层以下基岩，原则上将基岩作为渗透稳定状态的相对隔水层，对其以上的渗透压力及其变化进行监测。

为监测趾板帷幕灌浆的防渗效果，了解周边缝附近面板下的渗透压力分布情况，宜在周边缝三向测缝计相对应的面板下垫层料底部设置孔隙水压力计测点，并结合缝间位移变形，监测其相应部位渗透压力和周边缝止水结构的防渗效果。

（二）库岸边坡渗流监测

上、下水库全库防渗或局部防渗工程，库水和地表水下渗在一定程度上将改变库区的水文地质条件，其岩体内的水环境是上水库安全监测的重要内容之一。需在库顶下游侧设置测压管，其进水管段应深入死水位以及库底高程以下，以监测库岸边坡岩体渗流和地下水分布。

（三）面板基础渗流监测

对于全库混凝土面板防渗工程，应结合基础地质条件、结构受力复杂部位、不同区域基岩的渗透性能，以及库底开挖和回填体型等，选择代表性断面和可能的集水部位，在库盆面板下垫层基础面设置相应孔隙水压力计测点，监测库坡和库底面板基础的渗透压力和分布，以及面板的防渗效果。

当上、下水库采用分布式光纤监测面板温度时，应尽可能利用同一条光缆，采用加温改变渗流温度环境的方式，同时监测面板集中渗流；或在面板基础独立布设光缆监测面板的渗流。

对于库底面板与电站进/出水口结构周边连接部位，应结合接缝位移监测沿接触周边在面板垫层基础设置测点，采用孔隙水压力计进行渗透压力监测。

（四）渗流量监测

渗流量是综合表征挡水建筑物及基础防渗工作性态的重要指标。全库混凝土面板防渗工程渗流量监测，包括坝体下游坡脚汇集渗流引渠和库底排水检查廊道排水沟等。首先需在坝体下游坡脚引渠和排水检查廊道出口排水沟内设置量水堰，监测坝体及坝基、库岸和库底面板渗流汇集的总渗漏量。同时，为有利于面板下碎石垫层排水及检查不同区域面板的渗漏情况，在岩坡和库底面板下利用混凝土隔墙根据库盆结构体型进行排水分区处理，在库底排水检查廊道各排水分区汇集渗流排水沟末端，分别设置量水堰，监测不同区域面板渗流的汇集渗流量。

对于坝后堆渣的大坝，堆渣体覆盖坝脚且堆渣体底部设有排水体、涵管、廊道等排水设施与坝基排水设施连通，可在堆渣体后设置量水堰。

五、应力、应变及温度监测

坝体应力、应变及温度监测主要包括土压力监测，混凝土面板应力、应变及温度监测。

（一）土压力监测

随着筑坝技术的发展，一般无须监测坝体堆石体内的土压力。接触土压力是指堆石体与混凝土、基岩面或圬工建筑物接触面上的土压力，接触土压力监测测点应沿刚性界面布置，一般按土压力分布，在最大土压力、受力情况复杂、地质条件差或结构薄弱等部位设置测点。

对于利用已有水库将老坝加高的土石坝，宜对新、老坝体结合面的土压力进行监测。

（二）混凝土面板应力、应变及温度监测

混凝土面板应力、应变监测与常规水电站相同，不再赘述。

面板温度采用埋入式温度计监测，测点应结合库水位运行特点布置。全库防渗混凝土面板的温度监测，应考虑季节气温、日照角度、库水升降等对面板温度的影响，并考虑兼测库水温作用，在不同朝向的代表性部位设置2～3个监测断面，一般每个断面在正常蓄水位以上布设1～2个测点，死水位以下至库底布设1～2个测点，在水位变动区的测点加密布置。

面板温度亦可采用分布式光纤测温技术进行监测，该方式的优点是随埋入光缆路径进行沿程监测，其测量仪对光纤温度的取样间隔可小于1.0m，并可连续监测，使获取的温度信息密度大为增加。抽水蓄能电站库水位升降频繁，面板温度与大气温度、库水位、水温等密切相关。地处北方寒冷地区的电站存在冬季库水结冰问题，加强面板温度监测，有利于分析研究钢筋混凝土面板防渗结构在库水位升降变幅范围内的冻融，尤其是全库面板防渗工程可采用光纤测温方式监测面板温度。分布式光纤测温的缺点是当光缆需跨越钢筋混凝土或沥青混凝土面板不同板块或不连续摊铺条块时，敷设光缆空间定位的现场测绘和测量仪沿程定位，现场施工复杂，施工干扰较大，与常规温度计监测方式比较工程费用较高。

六、强震动监测

考虑高山地震动力反应影响，应加强上水库坝体和库岸边坡的地震强震动监测，采用工程数字地震仪自动测记其地震动力加速度变化的瞬时过程。

地震仪拾震器的测点应布置在坝体最大断面、坝顶、下游坡面及坡脚部位，上、下游方向构成监测断面。一般将坝顶测点设置在坝体下游侧靠坝顶位置，坡面测点宜结合马道布置，坡脚测点（自由场）置于稳定基岩上，以便与坝体和库岸边坡测点进行对比分析。库岸边坡测点应结合库周地形、地质条件及地震危害对主体建筑物安全的影响程度等，有针对性地布置，可置于库顶部位、库顶以上边坡或结合进/出水口闸门井结构设置。地震强震接收记录仪等宜直接固定安装在上水库监测室内。

工程地震强震动监测测点一般采用空间三分向拾震器。对于工程规模较小的坝体监测，或震动位移及损坏方式明确的建筑物测点，亦有仅设置水平单分向拾震器的工程实例。

七、环境量监测

抽水蓄能电站环境量监测主要包括库水位、气温、水温、风速、风向及降水等。对于库水位监测，应采取水尺与电测水位计相结合的方式，以利于作为建筑物工作边界条件的库水位与其他仪器观测同步。对严寒地区的水库，宜结合环境量监测和电站运行进行冰情监测。冰情监测项目可包括冰情目测、冰情图测绘、冰厚测量、冰情对水工建筑物的影响、气温、水温、风向风速、天气状况等，并应搜集电站运行相关资料。

第三节 输水系统工程安全监测

抽水蓄能电站输水系统上、下水库进/出水口、引水隧洞、尾水隧洞及调压井的安全监测内容与常规水电站类同，不再赘述，本节重点介绍有抽水蓄能电站特点的输水系统工程安全监测。

一、施工期围岩变形与稳定监测

输水系统施工期围岩变形与稳定监测包括内空收敛、内部位移及支护结构的监测，应紧跟开挖掌子面安装并观测测点。选择不良地质段等代表性部位设置监测断面，并根据现场情况设置随机监测点。

二、压力管道衬砌结构监测

（一）钢筋混凝土衬砌结构监测

钢筋混凝土衬砌结构的监测断面宜结合围岩监测一同设置，根据具体的围岩地质条件、支护结构和地下水环境，采用钢筋应力计、测缝计及孔隙水压力计，对衬砌结构钢筋应力、衬砌与围岩接缝位移和衬砌围岩部位的渗透压力进行监测，必要时进行混凝土应力、应变监测。其测点宜按轴对称布置，测缝计测点宜设置在顶拱位置，以利于监测顶部混凝土浇筑与回填灌浆的施工质量；孔隙水压力计监测内水外渗及衬砌结构外部水环境的影响与变化。钢筋混凝土衬砌结构典型断面监测布置见图 12-3-1。

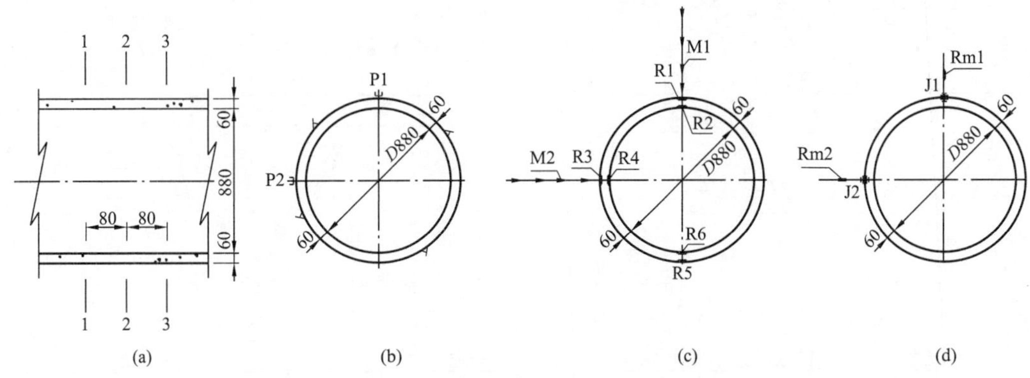

图 12-3-1 钢筋混凝土衬砌结构典型断面监测布置图

（a）水道中心线纵剖面；（b）剖面 1-1；（c）剖面 2-2；（d）剖面 3-3

R—钢筋应力计；J—测缝计；P—孔隙水压力计；M—多点位移计；Rm—锚杆应力计

（二）钢衬结构监测

对于抽水蓄能电站输水系统压力管道钢衬结构，需布置钢板计、测缝计、压应力计和孔隙水压力计，分别监测钢衬钢板应力、钢衬与回填混凝土和回填混凝土与围岩之间的缝隙值、回填混凝土与围岩接触压应力、钢衬外水压力及排水效果。应选取有代表性的监测断面，关键观测项目应有冗余布置，以便于对比分析与验证。钢板计、测缝计和压应力测点宜按轴对称布置，钢板计宜进行环向钢板应力监测；测缝计宜在顶拱回填混凝土与围岩间、底部钢衬与回填混凝土之间设置测点；压应力计测点一般设置在围岩表面，可直接监测并定量分析围岩分担的内水压力，并可为施工期回填灌浆质量评判提供定量依据；孔隙水压力计需在近围岩表面及钢衬与回填混凝土接触位置设置测点，但需注意采取必要的措施保证不被回填混凝土和灌浆施工所阻塞。回填混凝土环向和径向应变监测值不宜直接换算混凝土应力，可在代表性部位适当设置。西龙池抽水蓄能电站压力管道钢衬结构典型断面监测布置见图 12-3-2。

三、岔管衬砌结构监测

岔管结构主要有钢岔管和钢筋混凝土岔管两种型式。对于钢筋混凝土岔管应根据结构计算，主要进行衬砌结构钢筋应力、衬砌与围岩接缝位移及渗透压力监测；对于钢岔管，需重点进行钢衬钢板应力、钢衬与回填混凝土和回填混凝土与围岩之间的缝隙值、围岩压应力和外水压力监测，相应进行回填混凝土环向和径向应变监测。

对于钢岔管应根据结构计算，按岔管段结构整体考虑并设置监测断面。钢板计重点布置在主支管、相贯线、腰线折角点及肋板，可根据需要设置轴向和环向钢板计，必要时可考虑进行肋旁管的钢板应力监测；测缝计及应变计测点按主支管、相贯线设置断面进行集中监测；压应力计测点宜在对应岔管腰线及顶底部围岩表面设置测点；孔隙水压力计测点的设置原则与上述钢衬结构相同。西龙池抽水蓄能电站高压钢岔管监测布置见图 12-3-3，沂蒙抽水蓄能电站高压钢岔管监测布置见图 12-3-4。

四、调压井结构监测

对于调压井结构，重点监测其阻抗孔部位及底部结构钢筋应力。需监测调压井涌浪水位，必要时

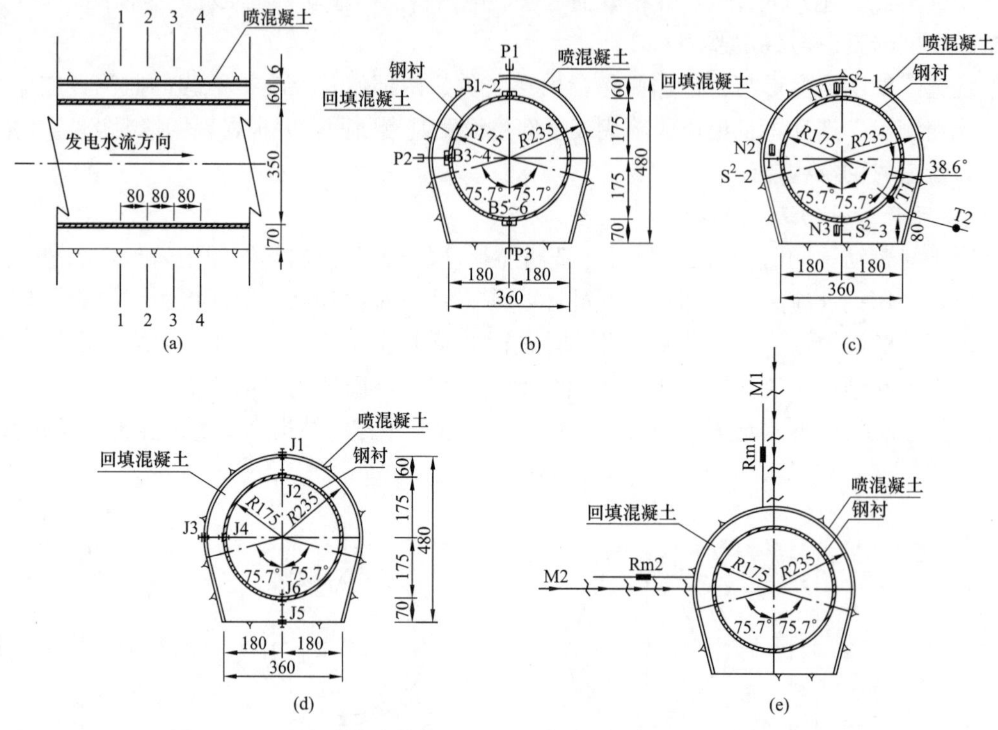

图 12-3-2　西龙池抽水蓄能电站压力管道钢衬典型断面监测布置图

（a）水道中心线纵剖面；（b）剖面 1-1；（c）剖面 2-2；（d）剖面 3-3；（e）剖面 4-4

B—钢板计；J—测缝计；P—孔隙水压力计；M—多点位移计；Rm—锚杆应力计；S^2—二向应变计；N—无应力计；T—温度计

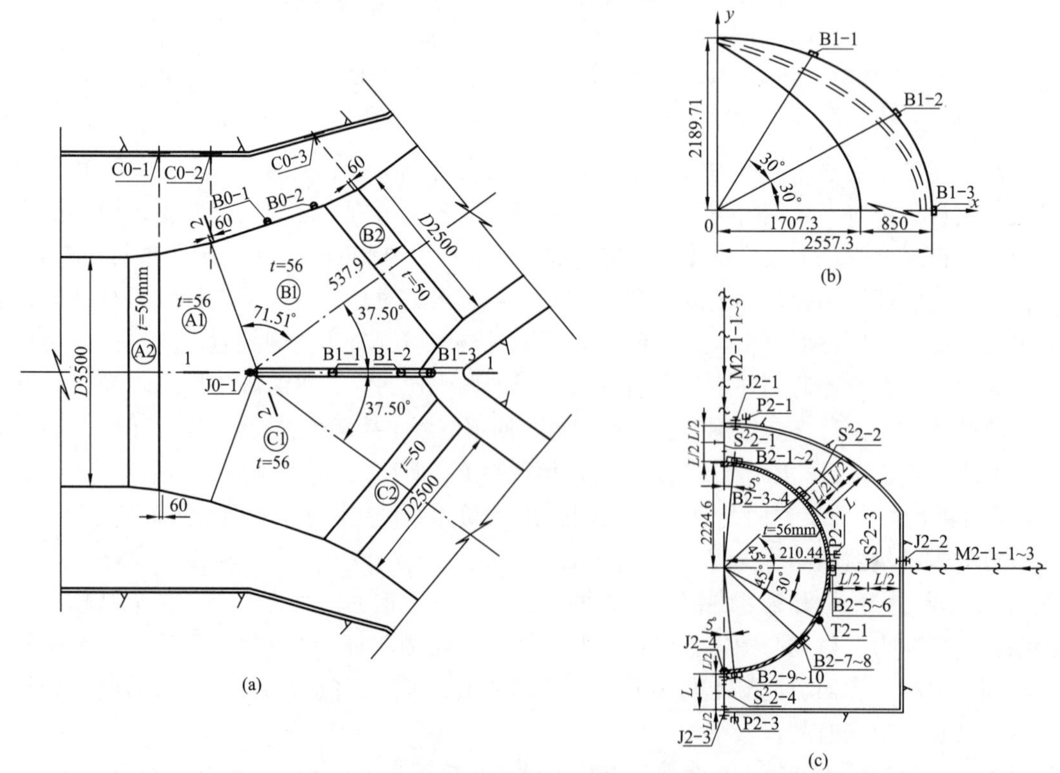

图 12-3-3　西龙池抽水蓄能电站高压钢岔管监测布置图

（a）岔管监测平面布置图；（b）剖面 1-1 肋板；（c）剖面 2-2

B—钢板计；J—测缝计；P—孔隙水压力计；M—多点位移计；S^2—二向应变计；C—压应力计；T—温度计

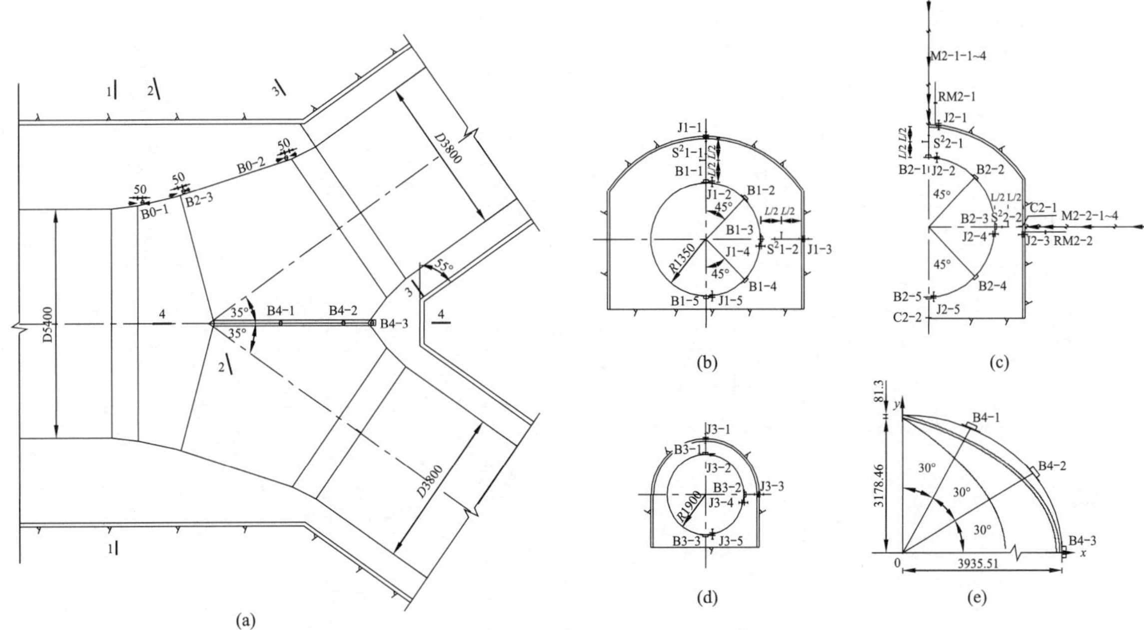

图 12-3-4 沂蒙抽水蓄能电站高压钢岔管监测布置图

(a) 岔管监测平面布置图；(b) 剖面 1-1 主管；(c) 剖面 2-2；(d) 剖面 3-3 支管；(e) 剖面 4-4 肋板

B—钢板计；J—测缝计；P—孔隙水压力计；M—多点位移计；RM—锚杆应力计；S^2—二向应变计；C—压应力计

可进行调压井下部结构的涌浪水压力监测。琅琊山抽水蓄能电站调压井结构监测布置见图 12-3-5。对于塔式调压井结构，地面以上除必要的静力结构监测外，需沿高程设置振动测点监测其结构动力反应，并宜在近调压井地面、顶部和塔身结构表面设置不少于 3 个的三分向测点。同时，可根据需要沿高程在结构表面设置倾角计测点，进行塔身的倾斜监测。

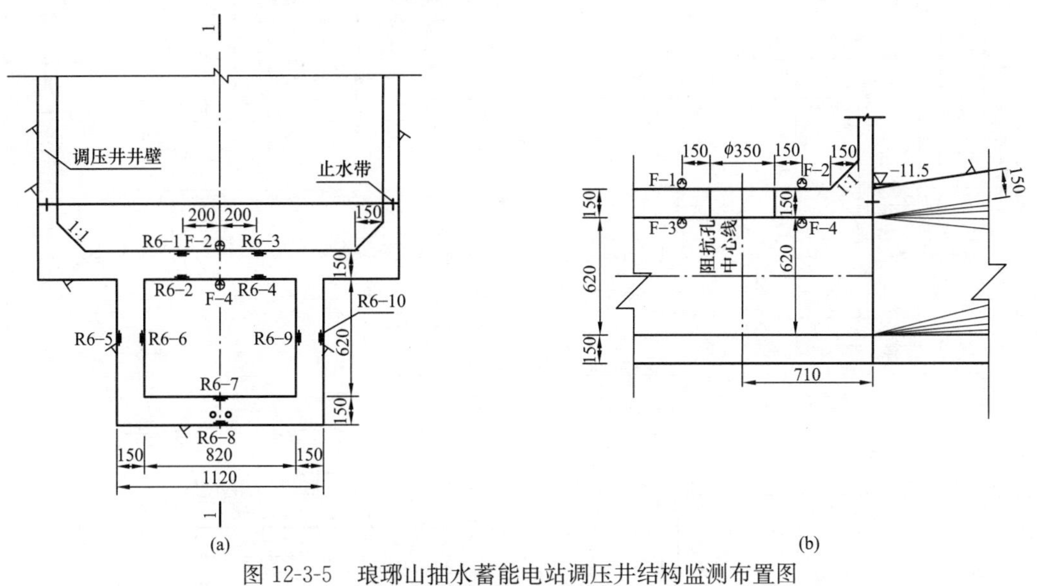

图 12-3-5 琅琊山抽水蓄能电站调压井结构监测布置图

(a) 监测剖面布置图；(b) 剖面 1-1

R—钢筋应力计；F—水压力计（底座）

五、进/出水口水力学监测

对于抽水蓄能电站上、下水库的进/出水口，无论侧式或竖井式，必要时可在其过水断面适当位置沿高程设置皮托管式差压流速仪测点，监测抽水和发电两种工况双向水流运动情况下进/出水口部位的流速分布。对竖井式进/出水口，宜在竖井段靠喇叭口适当位置，设置超声波测流监测断面，监测流量和过水断面流速分布，并可同时在竖井弯段后设置监测断面，监测进/出水口段的水头损失。如竖井式进/出水口的过流断面沿高程存在负流速分布，可能导致拦污栅振动，宜进行其流速分布监测。西龙池抽水蓄能电站上水库竖井式进/出水口水力学监测布置见图 12-3-6。对于侧式进/出水口，亦可在渐变段后适当位置设置超声波测流断面进行监测。

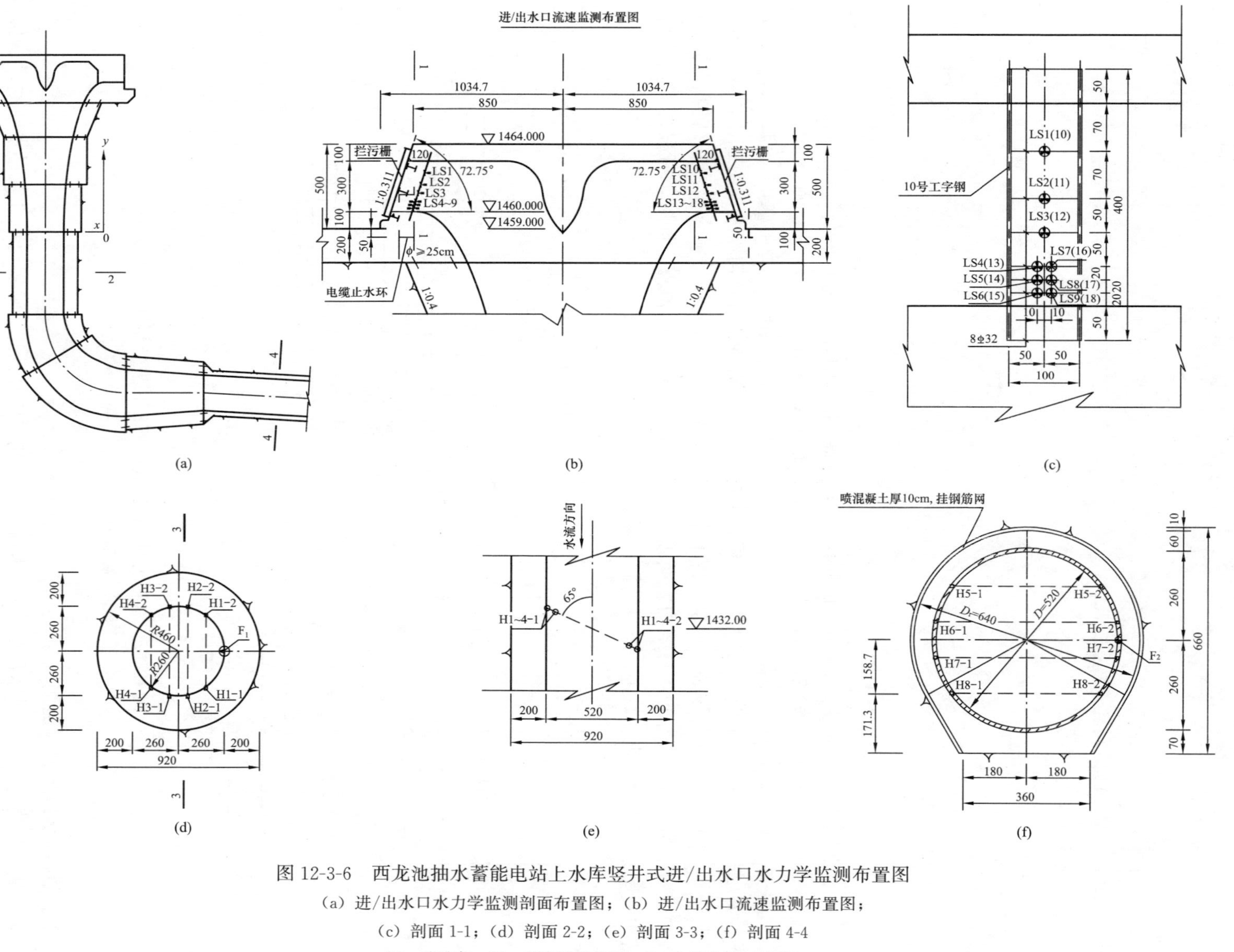

图 12-3-6　西龙池抽水蓄能电站上水库竖井式进/出水口水力学监测布置图

（a）进/出水口水力学监测剖面布置图；（b）进/出水口流速监测布置图；

（c）剖面 1-1；（d）剖面 2-2；（e）剖面 3-3；（f）剖面 4-4

LS—流速仪；H—超声波换能器；F—水压力计（底座）

第四节　地下厂房工程安全监测

地下厂房工程主要由主、副厂房，主变压器室及母线洞、交通洞、通风洞、出线洞等组成。它是修建在天然岩体内的大型工程建筑物，围岩通常存在各种地质构造面组合，并处于一定地应力场中，工程安全在很大程度上取决于围岩本身的力学特性、自稳能力及其支护后的综合特性。由于抽水蓄能电站地下洞室跨度大，围岩地质条件复杂，应考虑多种监测项目和手段，以利于对比分析。地下厂房工程具有施工期和运行期安全监测的明显特点，并重点加强围岩的变形与稳定监测。

施工期地下厂房安全监测主要包括围岩变形、围岩松动范围、爆破影响、支护结构的工作性态、地下水环境等。监测目的主要围绕施工过程和施工期间的工程安全，随工程施工进展，及时反馈，以便根据工程具体情况调整及修改设计支护参数，指导施工。

运行期地下厂房为保证安全监测的信息量，对于厂房围岩除收敛变形、围岩松动范围、爆破影响以外的监测项目，原则上均应延续到运行期监测。运行期地下厂房安全监测还包括主要为工程永久运行安全而设置的岩壁吊车梁、吊顶支座梁、机组支撑结构及振动、渗流汇流量等，其监测目的是保证地下厂房工程的运行安全，为工程提供定量的安全监测信息反馈。

地下厂房工程安全监测应建立在洞室围岩地质条件、开挖方式及步序、围岩变形与稳定分析、相关结构与渗流计算等基础上，其监测布置的合理性取决于掌握上述工程信息的程度。地下厂房工程应以施工期安全监测为主，施工期监测又以洞室围岩的变形与稳定和支护结构的工作状态为重点。

对于洞室围岩监测需重视其时空关系和关键部位的监控，随洞室开挖与支护，其空间和支护结构随时间变化，所监测物理量均为某一特定边界条件下取得的。为准确掌握围岩的变形过程及绝对或接近于绝对位移值，地下厂房围岩变形监测需要保证其在洞室空间分布和随时间变化的连续性，即通过对施工历时的全过程监测来准确掌握围岩的变形与稳定，以及支护结构的工作状况。

地下厂房施工期和运行期工程安全监测，是一个系统监测的不同阶段，对于大部分监测项目并没有严格的界限，只是安全监测的侧重点和时段不同，因此，一般是作为一个整体并结合关键部位的监控进行系统化的统筹布置，其中施工期监测除已达到其目的而无须延续到运行期或被结构物覆盖无法观测外，大多均延续到运行期安全监测。地下厂房工程监测以仪器监测为主，并辅以人工巡视检查。

一、围岩变形监测

地下厂房围岩变形包括收敛变形、内部变形和松动范围监测，要尽可能设置集中监测断面。对于主、副厂房及主变压器室等大型洞室，应根据洞室围岩变形与稳定分析、开挖方式及步序、地质条件等，选择代表性部位设置主、辅监测断面，必要时可增设临时监测断面。监测断面应按工程需求合理布置，应注意时空关系，考虑表面与深部结合、重点与一般结合、局部与整体结合，使断面与测点能控制整个洞室围岩的各关键部位，监控洞室围岩的稳定与安全。

（一）收敛变形监测

在地下洞室围岩表面安装收敛测点，采用收敛计监测围岩内空收敛变形，是围岩变形常规、简便、直观、可靠的监测手段之一。地下厂房洞室应随开挖加强施工期监测，与内部变形比较，需同时结合辅助监测断面并根据地质条件等布置相对较多的监测断面，以满足施工期围岩安全监测的需要，收敛测点一般紧跟开挖掌子面进行安装并观测。由于主、副厂房及主变压器洞室较大，当挖至下层时常规收敛计现场观测难度增大，随着监测技术的发展，宜在测点设置收敛棱镜，采用全站仪监测地下厂房围岩内空收敛变形。

（二）内部变形监测

地下厂房洞室围岩内部变形一般采用多点位移计监测，在监测断面顶拱、拱座和上、下游侧岩壁沿不同高程设置测点，上、下游侧岩壁宜按等高程设置。

在主、副厂房及主变压器室布置主、辅监测断面测点时，应注意兼顾岩壁吊车梁部位的围岩位移监测，尤其是吊车梁与母线洞、交通洞、通风洞相交部位，以及可能存在安全隐患或局部位移失稳的部位，宜结合辅助监测断面或设置专门、临时测点进行监测。一般在厂房及主变压器室两侧端墙中心线位置沿高程设置测点。当地应力较大，其围岩浅、深层劈裂主要由施工开挖地应力释放引起的洞室，需注意设置位移测点监测的方向性。

地下厂房洞室围岩变形监测应随施工进展紧跟开挖掌子面安装并观测，以尽可能减小掌子面开挖至仪器安装前所丢失的围岩变形值。尽可能利用早期开挖完成的附属洞室，如厂房勘探洞、锚洞和排水洞等作为监测辅助洞室，通过辅助洞提前预埋多点位移计，以期随主洞室开挖取得围岩完整的全位移及过程数据。在工程建设工序及工期安排上，对于锚洞及排水洞需提前施工，保证在洞室开挖至测点 2 倍洞宽以前预埋并观测。丰宁抽水蓄能电站地下厂房围岩监测平面布置、典型剖面布置见图 12-4-1 和图 12-4-2，尽可能利用辅助洞（排水廊道）提前预埋多点位移计。西龙池抽水蓄能电站地下厂房围岩监测布置见图 12-4-3，利用洞顶勘探洞作为锚洞提前预埋多点位移计，进行围岩内部变形监测。

（三）围岩松动范围监测

在主、副厂房宜结合主监测断面，采用钻孔声波法、地质雷达等监测围岩爆破松动范围，为评价围岩的稳定性和优化支护措施提供依据。

二、围岩支护结构监测

（一）锚杆应力监测

洞室围岩采用系统锚杆和随机锚杆支护时，一般在主监测断面选择系统锚杆设置测点构成锚杆应力监测断面，宜对应多点位移计设置测点，并考虑随机锚杆监测。围岩锚杆应力监测的数量应根据实际需要确定，为监测锚杆应力分布，一根锚杆一般设置 1～3 个测点。

洞室围岩条件较差或者断层部位采用预应力锚杆支护时，应设置预应力锚杆应力计，随预应力锚杆施工在外锚固端球形垫圈与螺母之间安装预应力锚杆应力计进行锚杆锚固力监测。

（二）锚索锚固力监测

通常在预应力锚索外锚固端设置锚索测力计监测锚索锚固力，宜对应围岩变形、锚杆应力监测的主监测断面布置测点，以便进行综合分析。对于重要部位的预应力锚索，如利用厂顶锚洞设置的吊顶锚索，宜加密测点监测。对于洞室之间的对穿预应力锚索，锚索测力计宜设置在张拉侧锚垫板与锚板之间。

三、岩壁吊车梁及吊顶支座梁监测

地下厂房岩壁吊车梁及吊顶支座梁应沿上、下游方向设置监测断面，对于岩壁吊车梁一般需进行锚杆应力、钢筋应力、与岩壁接缝位移及相应围岩变形等监测；对于吊顶支座梁可进行锚杆应力、与岩壁接缝位移监测，其断面位置应考虑围岩地质条件和主辅监测断面、机组安装、厂房洞室与母线洞交叉口处等重点部位的监测。

（一）岩壁吊车梁

丰宁抽水蓄能电站地下厂房岩壁吊车梁监测布置见图 12-4-4。

1. 锚杆应力监测

岩壁吊车梁监测断面的上倾受拉锚杆和下倾受压锚杆的锚杆应力采用锚杆应力计进行监测。对于上倾锚杆每根沿不同深度宜设置 3 个测点，监测沿孔深方向的锚杆应力及分布，下倾锚杆测点可适当减少。

2. 钢筋应力监测

岩壁吊车梁的钢筋应力采用钢筋应力计进行监测，宜在梁体纵向和环向钢筋上分别设置测点。其钢筋应力计可兼做施工期混凝土温度测点，亦可单独设置温度计进行监测。同时，如有必要可在梁体内设置应变计组及相应无应力计进行混凝土应力应变监测，一般设置二向应变计组，其方向分别与梁体纵、横向钢筋平行，并使其与监测钢筋在同一受力层内。

3. 接缝位移监测

梁体与岩壁接缝位移采用测缝计进行监测，对竖向受拉缝应沿不同高程设置 2 个测点，并宜在壁座靠近竖向缝位置设置 1 个测点，以监测其梁体承载工作过程可能出现的缝间开合度。同时，如有必要可在壁座沿斜坡面设置压应力计测点，采用板式压应力计监测岩壁吊车梁壁座的压应力及分布，用于岩壁吊车梁的受力分析。

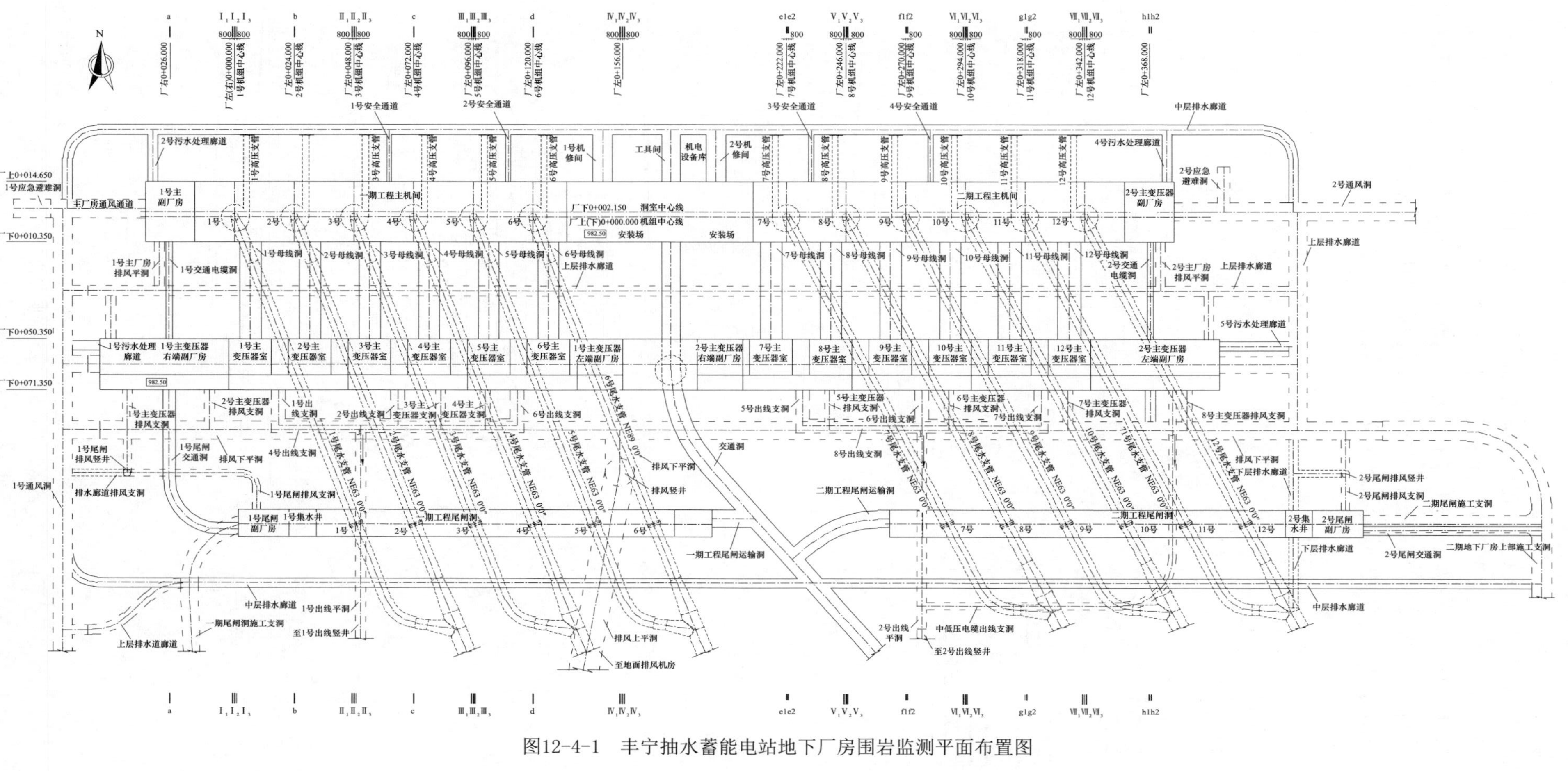

图12-4-1 丰宁抽水蓄能电站地下厂房围岩监测平面布置图

4. 围岩变形监测

为监测岩壁吊车梁部位围岩变形，在厂房围岩变形主、辅及临时监测断面上的围岩变形测点布置宜兼顾吊车梁部位，或另行设置多点位移计进行监测。同时，对于软岩和地质构造影响可能存在流变性特征或受地应力影响以及Ⅲ类以下围岩范围较大时，其围岩内空收敛变形过大易导致岩壁吊车梁顶两侧轨道之间的缩轨，在必要时可结合吊车梁承载试验进行梁体位移监测，一般采取在梁体上设置棱片作为测点，采用全站仪进行岩壁吊车梁相对位移监测。

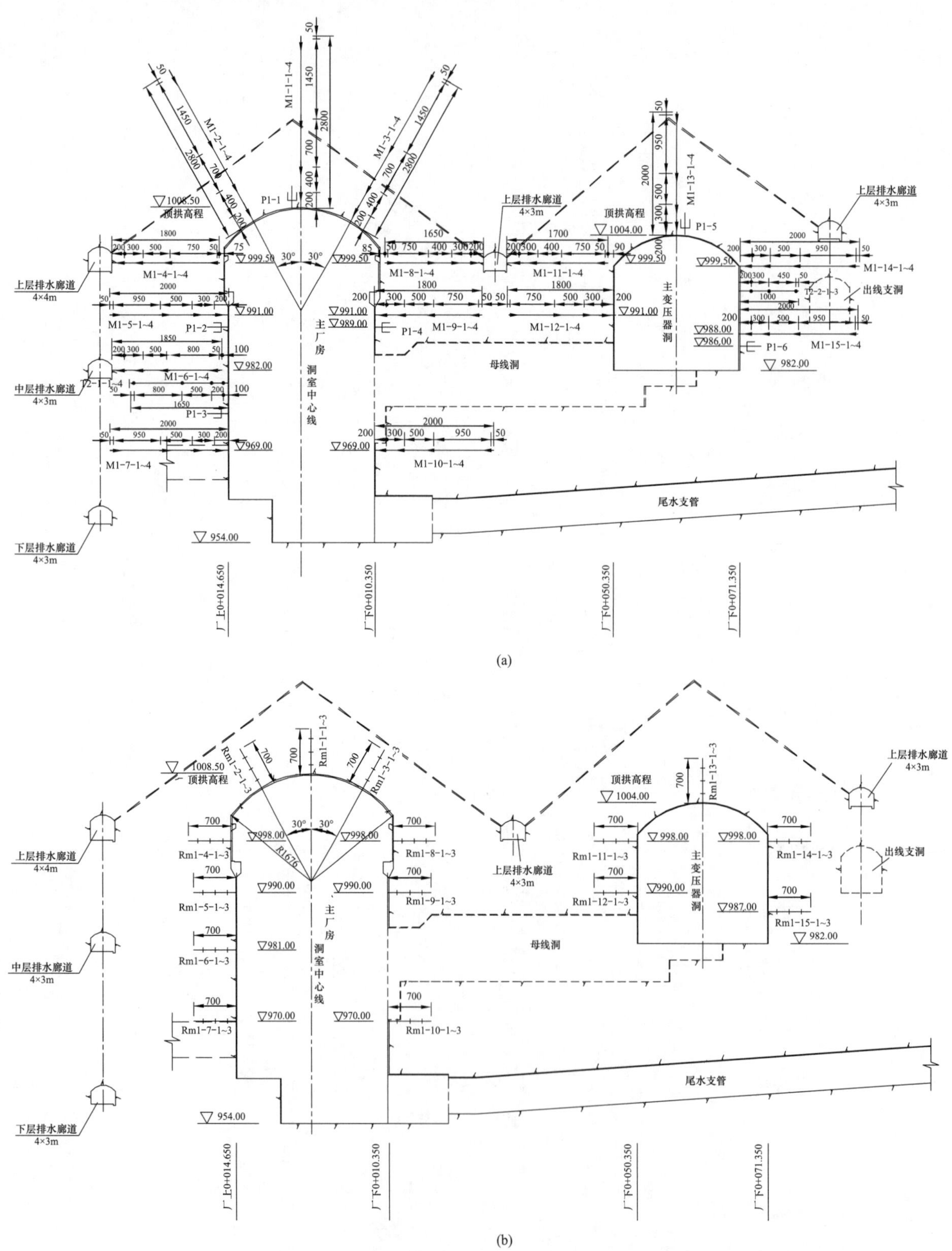

图 12-4-2　丰宁抽水蓄能电站地下厂房围岩监测典型剖面布置图（一）

（a）剖面Ⅰ$_1$-Ⅰ$_1$；（b）剖面Ⅰ$_2$-Ⅰ$_2$

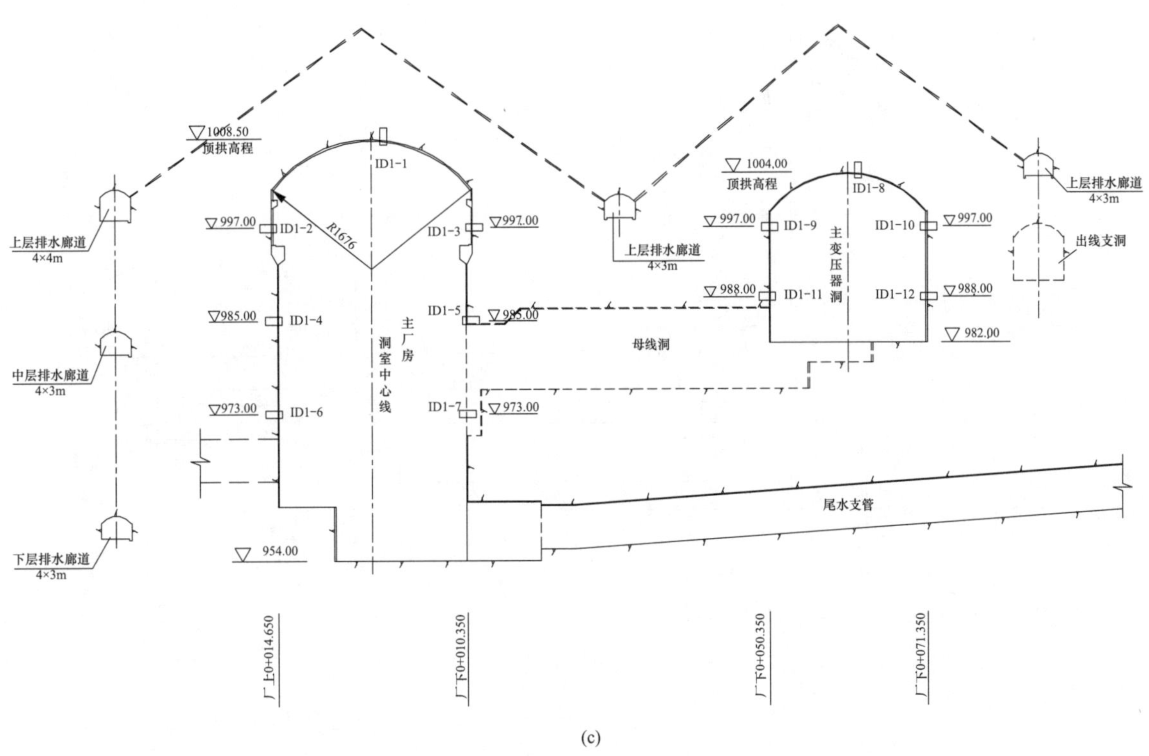

(c)

图 12-4-2 丰宁抽水蓄能电站地下厂房围岩监测典型剖面布置图（二）

(c) 剖面 I_3-I_3

M—多点位移计；ID—收敛测点；Rm—锚杆应力计；P—孔隙水压力计；T—电测温度计

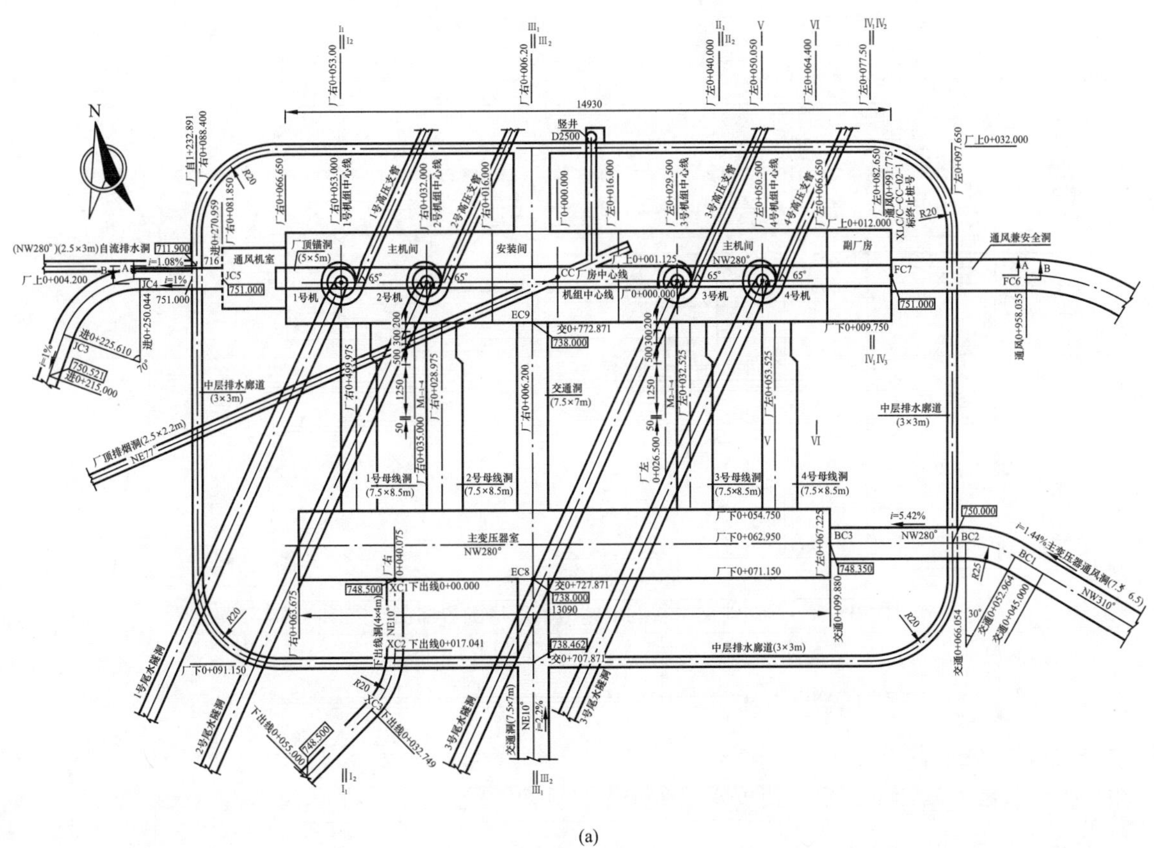

(a)

图 12-4-3 西龙池抽水蓄能电站地下厂房围岩监测布置图（一）

(a) 监测平面布置图

M—多点位移计；ID—收敛测点；R—锚杆应力计；D^P—锚索测力计；P—孔隙水压力计；T—温度计

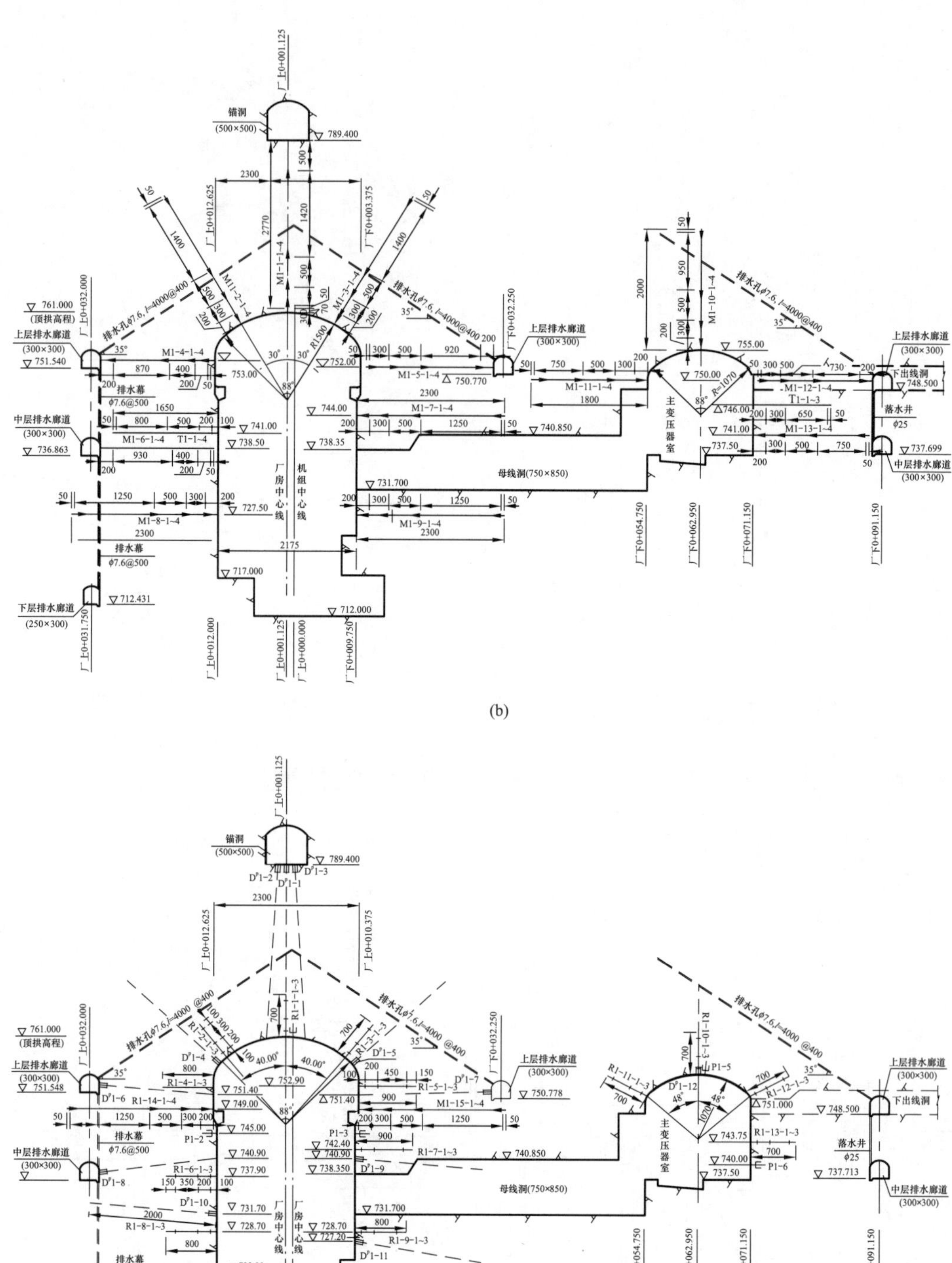

图 12-4-3　西龙池抽水蓄能电站地下厂房围岩监测布置图（二）

(b) 剖面 I_1-I_1；(c) 剖面 I_2-I_2

M—多点位移计；ID—收敛测点；R—锚杆应力计；D^P—锚索测力计；P—孔隙水压力计；T—温度计

（二）吊顶支座梁监测

潍坊抽水蓄能电站地下厂房吊顶支座梁监测布置见图 12-4-5。

1. 锚杆应力监测

吊顶支座梁监测断面的上倾受拉锚杆和下倾受压锚杆的锚杆应力采用锚杆应力计进行监测。对于上倾锚杆每根沿不同深度设置 1～3 个测点，监测沿孔深方向的锚杆应力及分布，可适当减少或不设下倾锚杆测点。

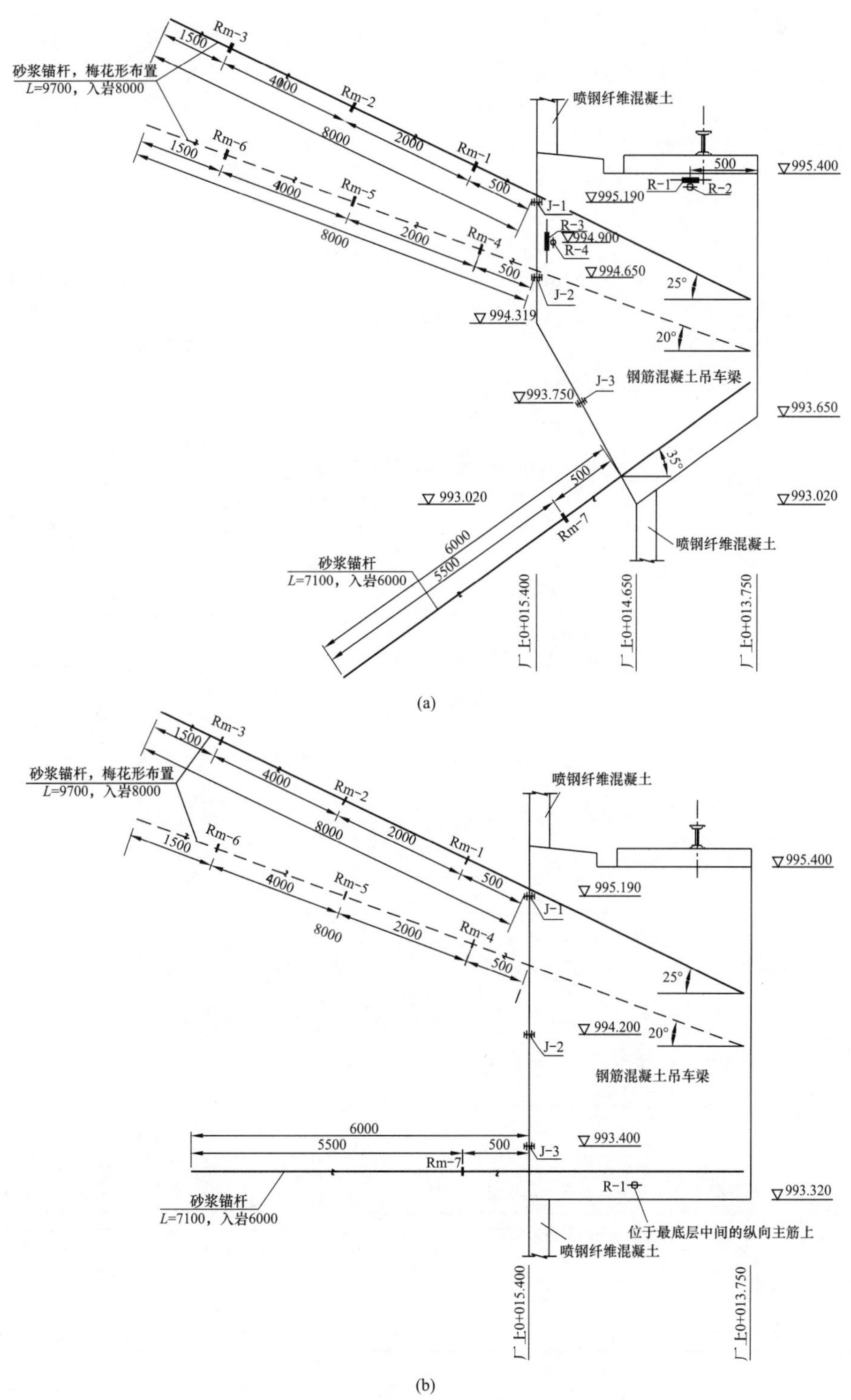

图 12-4-4 丰宁抽水蓄能电站地下厂房岩壁吊车梁监测布置图

（a）标准断面；（b）非标准断面

Rm—锚杆应力计；R—钢筋应力计；J—测缝计

2. 接缝位移监测

梁体与岩壁接缝位移采用测缝计进行监测，对竖向受拉缝应沿不同高程设置 2 个测点，以监测其梁体承载可能出现的缝间开合度。

四、爆破振动监测

地下厂房洞室开挖施工期爆破振动监测，主要包括洞室分层开挖围岩振动影响和洞室开挖施工爆破对岩壁吊车梁的振动影响监测：①监控爆破不要引起围岩和岩壁吊车梁振动破坏，控制围岩松动范围及对岩壁吊车梁混凝土的影响，岩壁吊车梁混凝土质点振动速度应控制在 10cm/s 以内。②为洞室开挖爆破参数的合理调整提供定量的依据。一般进行振动速度及振动位移监测，西龙池抽水蓄能电站地下厂房洞室开挖施工爆破围岩振动和岩壁吊车梁振动监测布置见图 12-4-6、图 12-4-7。

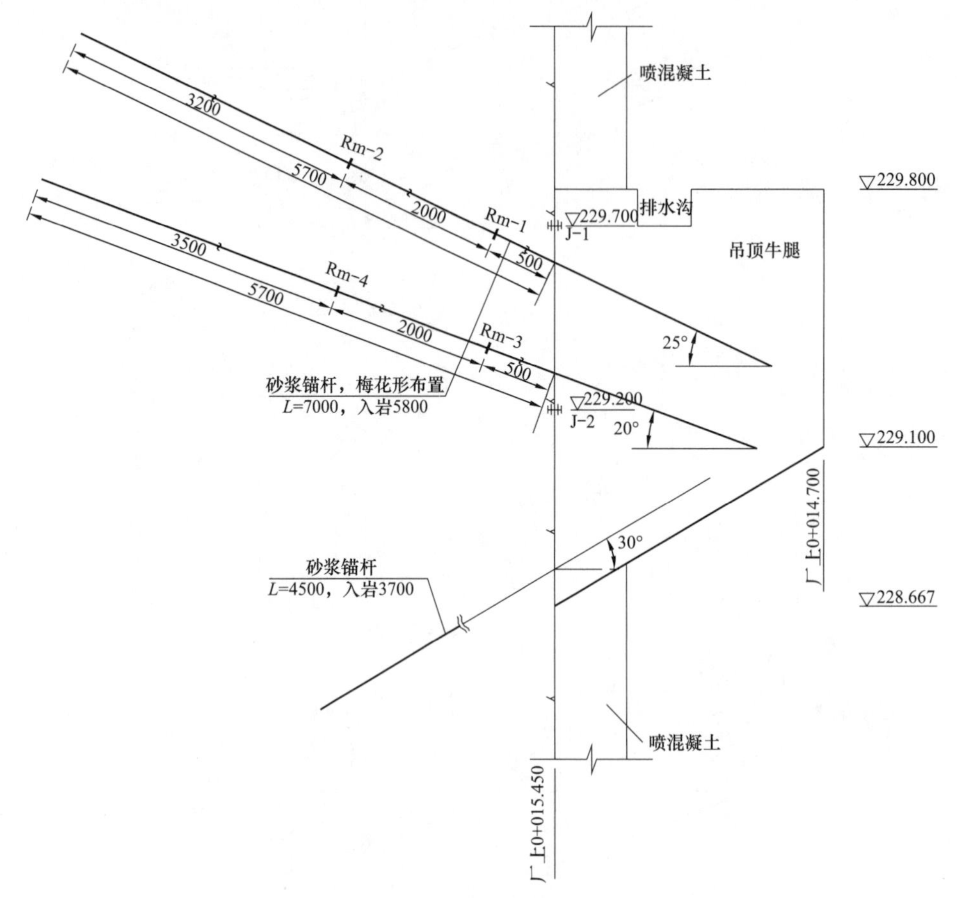

图 12-4-5　潍坊抽水蓄能电站地下厂房吊顶支座梁监测布置图

Rm—锚杆应力计；J—测缝计

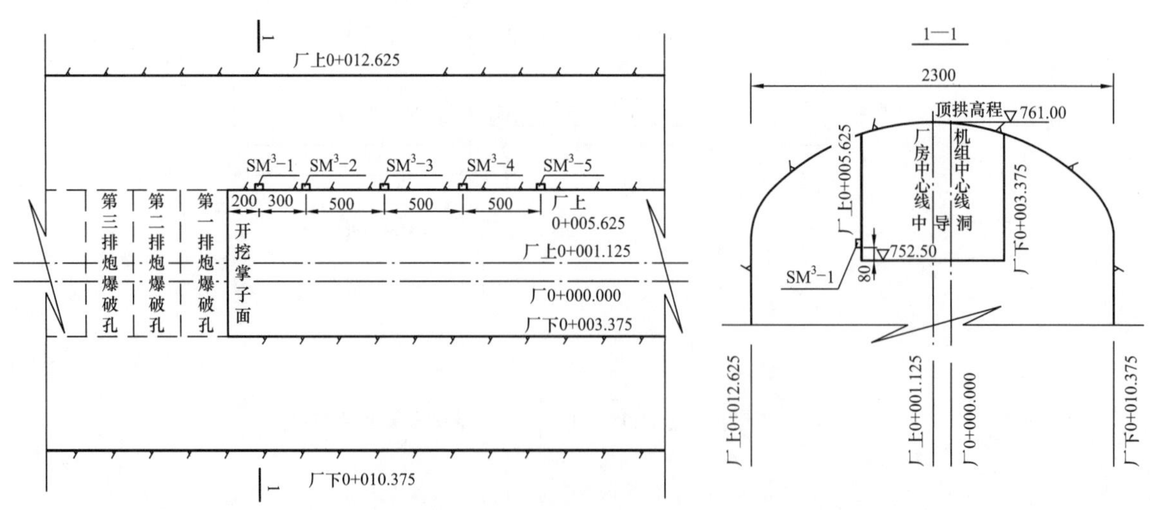

图 12-4-6　西龙池抽水蓄能电站地下厂房洞室开挖施工爆破围岩振动监测布置图

SM^3—三分向振动速度测点

五、渗流监测

地下厂房渗流监测主要包括围岩及基础渗透压力和渗流量，渗透压力采用孔隙水压力计、测压管监测，渗流量采用量水堰监测。

（一）渗透压力监测

围岩渗透压力的监测，宜根据厂房、主变压器洞布置、水文和工程地质条件及排水系统措施等，结合主、辅监测断面在洞室上、下游侧壁及机组支撑结构基岩，分别设置孔隙水压力计，同时可在厂房和主变压器洞端墙岩壁设置测点。当地下厂房排水系统离开挖面较远时，可结合具体工程设施在排水廊道内设置测管观测点。尤其对具有丰富地下水及高水头压力的地下厂房工程，应加强围岩渗透压力监测，有利于检查及检验防渗和排水系统的工作效能，保证施工期及运行期的厂房的安全。

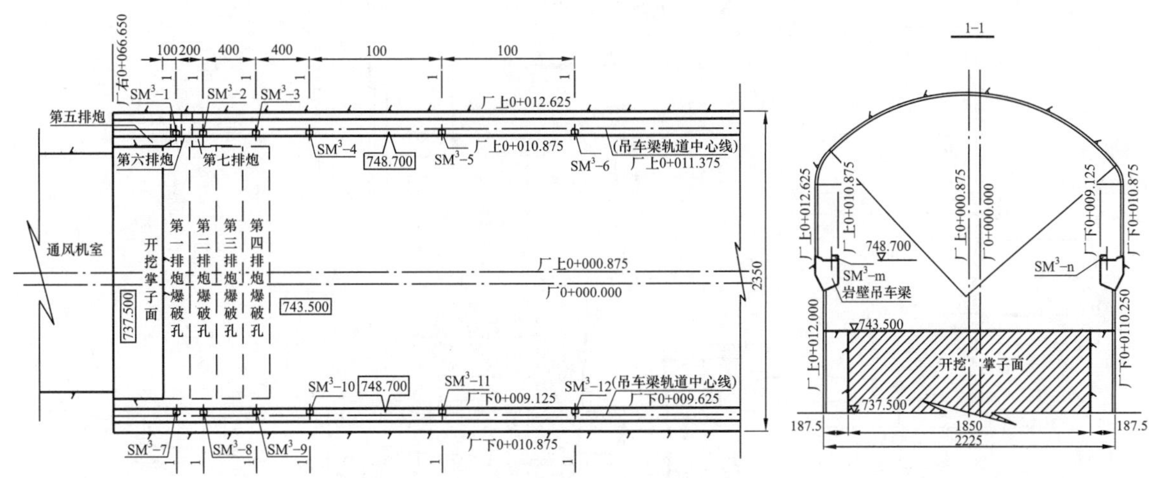

图 12-4-7 西龙池抽水蓄能电站地下厂房洞室开挖施工爆破岩壁吊车梁振动监测布置图

SM^3—三分向振动速度测点

(二) 渗流量监测

地下厂房围岩和机组渗水的监测，应结合地下厂房排水系统布置及结构，如上、中、下层排水廊道及集水井的布置，尽可能按不同区域排水分区，分别在其渗流汇集排水沟内设置量水堰进行监测。在条件允许时宜分别设置量水堰进行围岩和机组渗水的监测。

六、厂房机组支撑结构监测

(一) 结构应力应变监测

对于厂房机组支撑结构，主要监测其钢筋应力。一般在尾水管底板、肘管上下游侧，蜗壳进口段、下游侧及厂房中心线方向蜗壳周围，厂房上、下游侧和中心线方向基墩内、风罩楼板结构等设置测点，必要时可设置少量混凝土应变计组及无应力计。

对于高水头抽水蓄能电站机组，宜监测其蜗壳钢板应力，必要时监测蜗壳与外围混凝土的缝隙值。通常采用钢板应力计和测缝计监测。张河湾抽水蓄能电站机组结构中心线横剖面监测布置见图 12-4-8，文登抽水蓄能电站机组结构中心线横剖面监测布置见图 12-4-9。

(二) 结构振动监测

抽水蓄能机组支撑结构振动监测宜沿高程设置空间三分向拾振器测点，可在靠机组结构底部、水轮机层、机墩、风罩或发电机层楼板结构表面布置测点，对其振动速度、位移、加速度及振幅、频率进行监测。丰宁抽水蓄能电站厂房机组结构振动监测布置见图 12-4-10。同时为配合厂房结构振动监测及理论分析并作为其边界条件之一，应在厂房机组支撑结构与围岩接触缝间，沿上、下游侧壁及基础设置测缝计测点，并在机组段结构缝间沿高程设置测点，进行相应接缝位移监测。

七、通风洞、交通洞监测

通风洞、交通洞等附属洞室监测包括围岩收敛变形、内部变形、锚杆应力、钢筋应力及渗透压力监测，测点应紧跟开挖掌子面安装并观测。选择代表性或围岩条件较差部位设置监测断面，并根据现场情况设置随机监测点。

(一) 收敛变形监测

围岩收敛变形采用收敛计监测，在监测断面顶拱、两侧边墙的上部和下部分别设置收敛测点。

(二) 内部变形监测

围岩内部变形采用多点位移计监测，在监测断面顶拱及边墙分别设置测点。

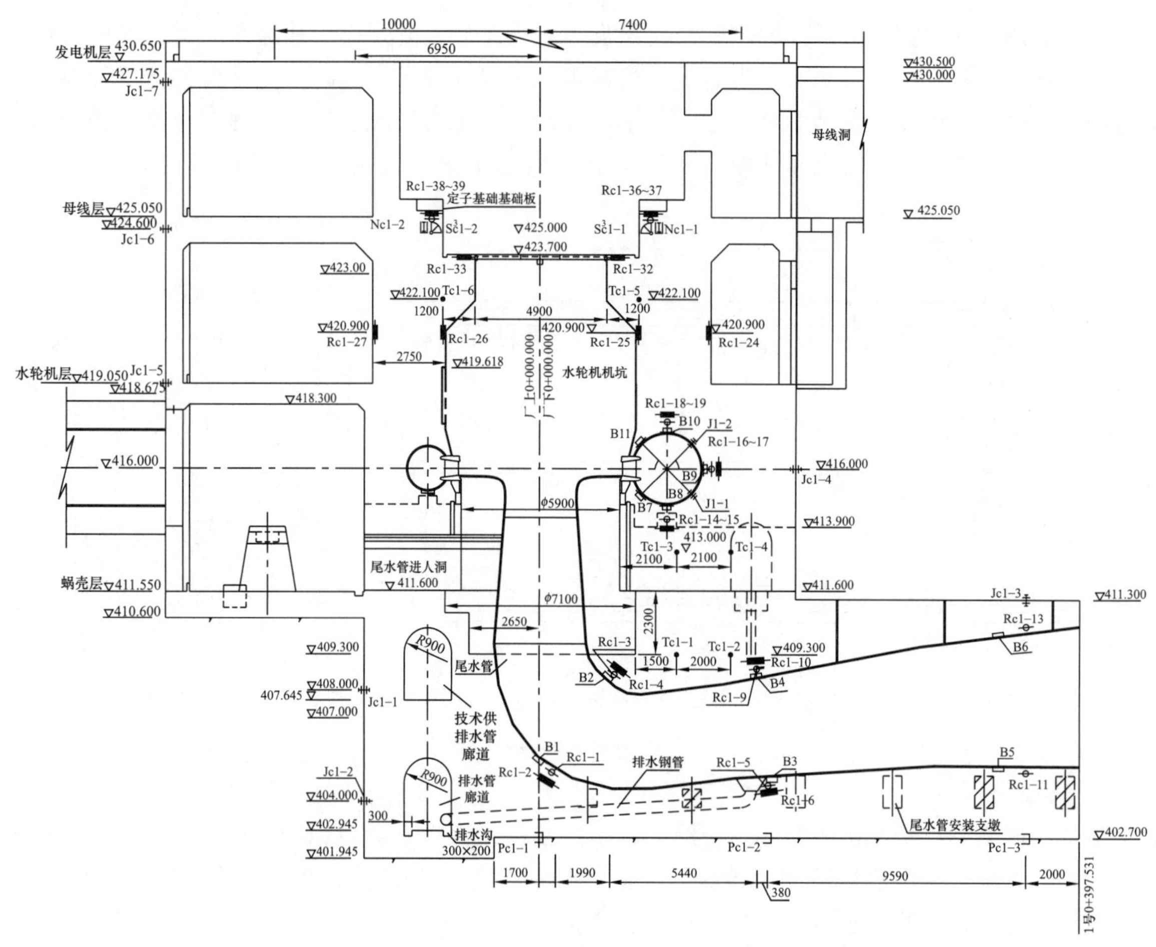

图 12-4-8 张河湾抽水蓄能电站机组结构中心线横剖面监测布置图

R—钢筋应力计；J—测缝计；B—钢板计；P—孔隙水压力计；S^3—三向应变计；N—无应力计

（三）钢筋应力监测

衬砌结构钢筋应力采用钢筋应力计监测，在监测断面衬砌顶拱及边墙沿环向内、外侧结构钢筋分别设置测点。

（四）锚杆应力监测

围岩支护锚杆应力采用锚杆应力计监测，在监测断面顶拱及边墙分别设置测点。

（五）渗透压力监测

围岩渗透压力采用孔隙水压力计监测。在监测断面顶拱及边墙钻孔安装孔隙水压力计。

八、隧洞 TBM 施工监测

（一）TBM 施工方法

抽水蓄能电站地下洞室群施工通常采用钻爆法，钻爆法施工技术成熟，适用性强、灵活简便，采用钻爆法隧洞施工的平均月开挖进度一般可达 70～100m。

隧洞 TBM（全断面岩石隧道掘进机）施工通常用于稳定性良好、中～厚埋深、中～高强度的岩体中掘进长大型隧道，适用于山岭隧道硬岩的连续掘进，能同时完成破岩、出渣及支护作业等，比传统的钻爆法施工具有较高的掘进效率，其掘进速度为常规钻爆法的 4～10 倍。隧洞 TBM 施工的基本工作原理是通过主轴传递的强大推力和扭矩，使刀盘紧压岩面旋转，由刀盘上均匀分布的盘形滚刀切削岩石破岩，通过出渣系统自动出渣，达到连续掘进成洞的目的。

（二）围岩监测项目及布置

隧洞 TBM 施工比常规钻爆法对围岩的振扰动较小，有利于围岩稳定，对于围岩监测项目及布置可适当减少，其监测设施多在阶段性洞挖后进行安装与观测，应结合地质条件等设置及选择合理的监测时机。抚宁抽水蓄能电站交通洞、通风洞 TBM 施工监测布置见图 12-4-11～图 12-4-13。

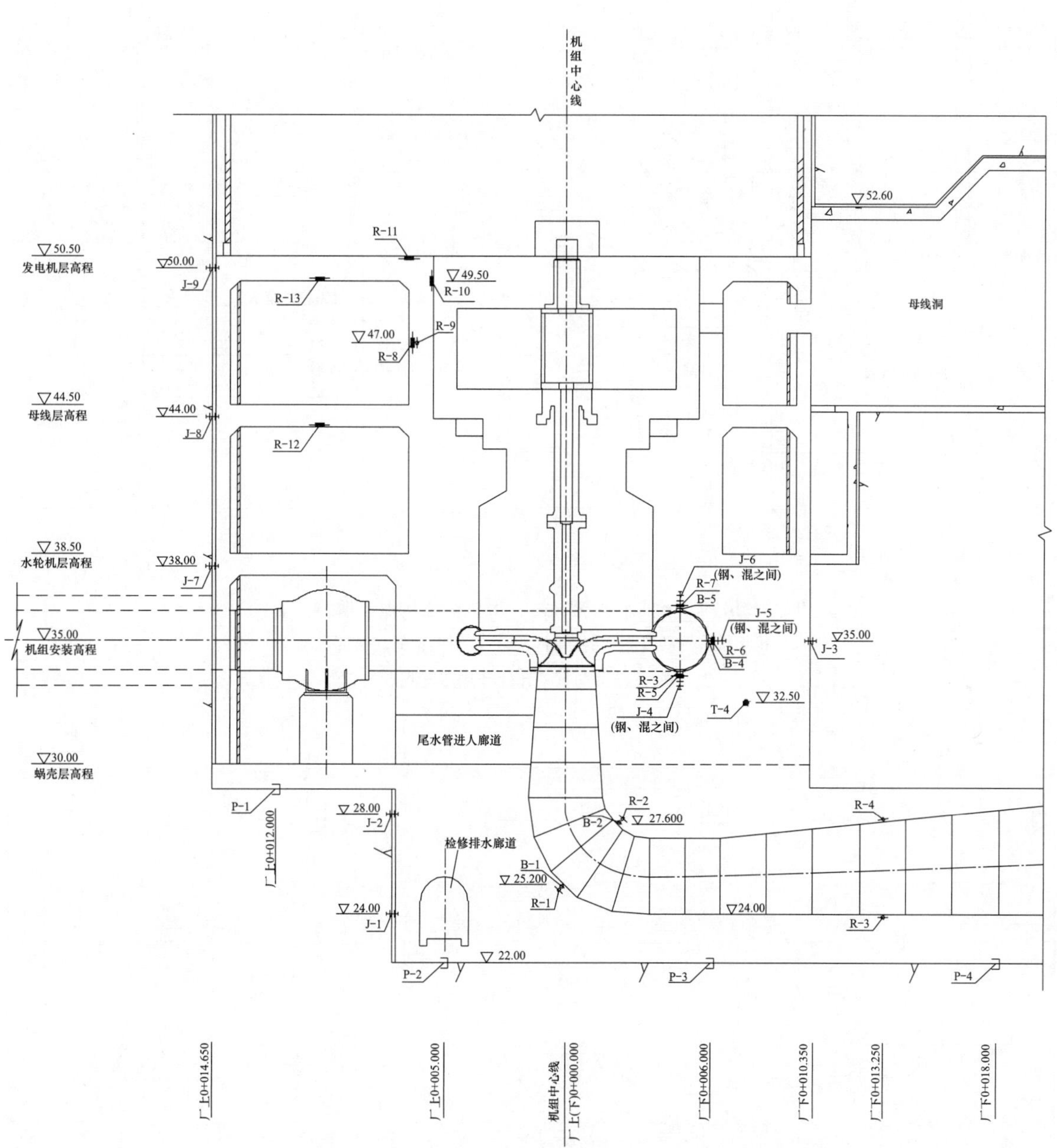

图 12-4-9 文登抽水蓄能电站机组结构中心线横剖面监测布置图

R—钢筋应力计；J—测缝计；B—钢板计；P—孔隙水压力计；T—温度计

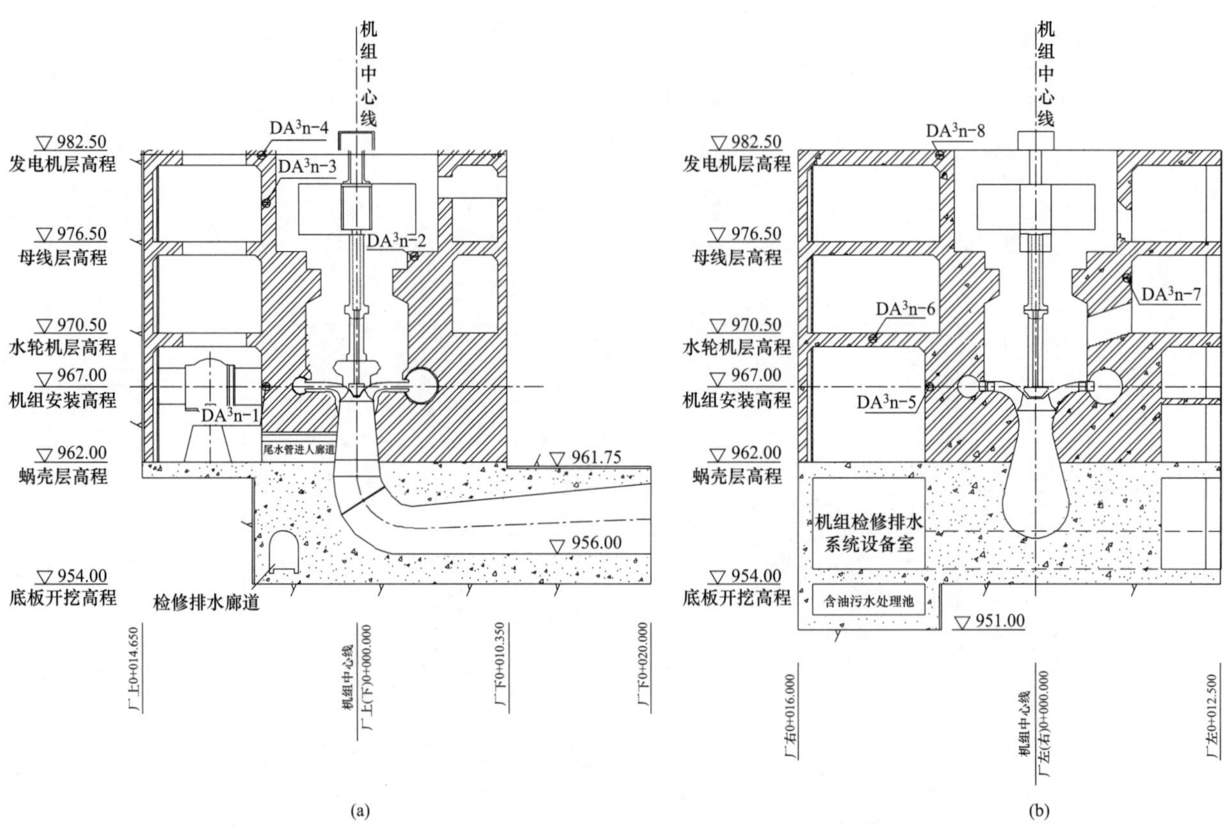

图 12-4-10　丰宁抽水蓄能电站厂房机组结构振动监测布置图

（a）机组结构振动监测横剖面图；（b）机组结构振动监测纵剖面图

DA^3—三分向振动速度和加速度测点

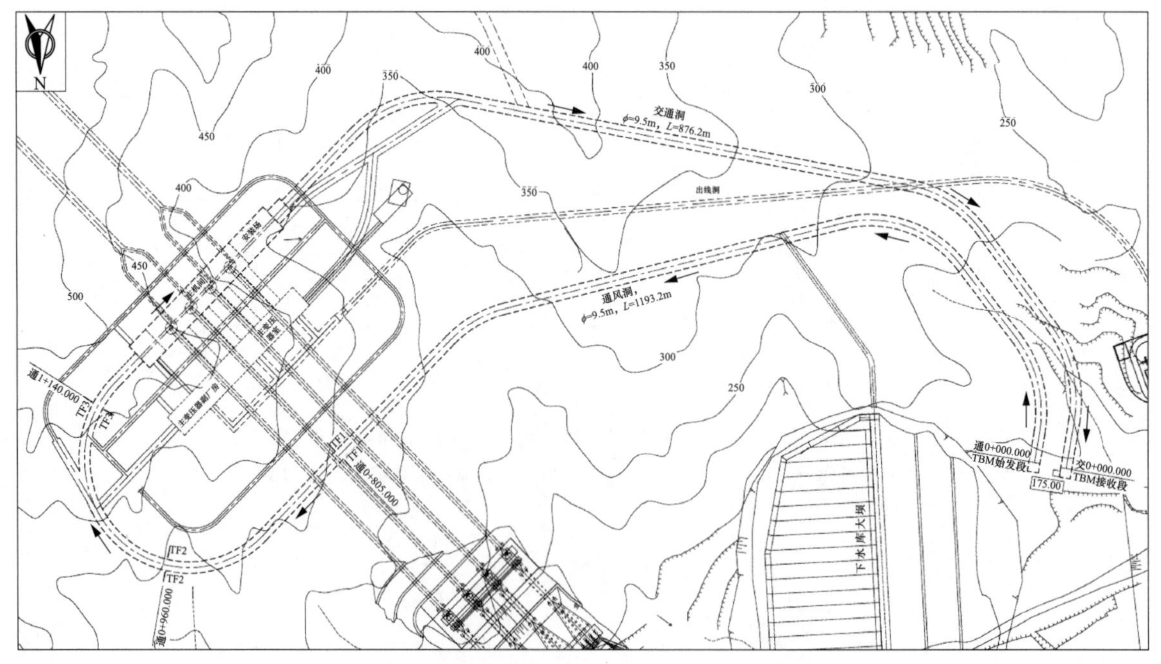

图 12-4-11　抚宁抽水蓄能电站交通洞、通风洞 TBM 施工监测平面布置图

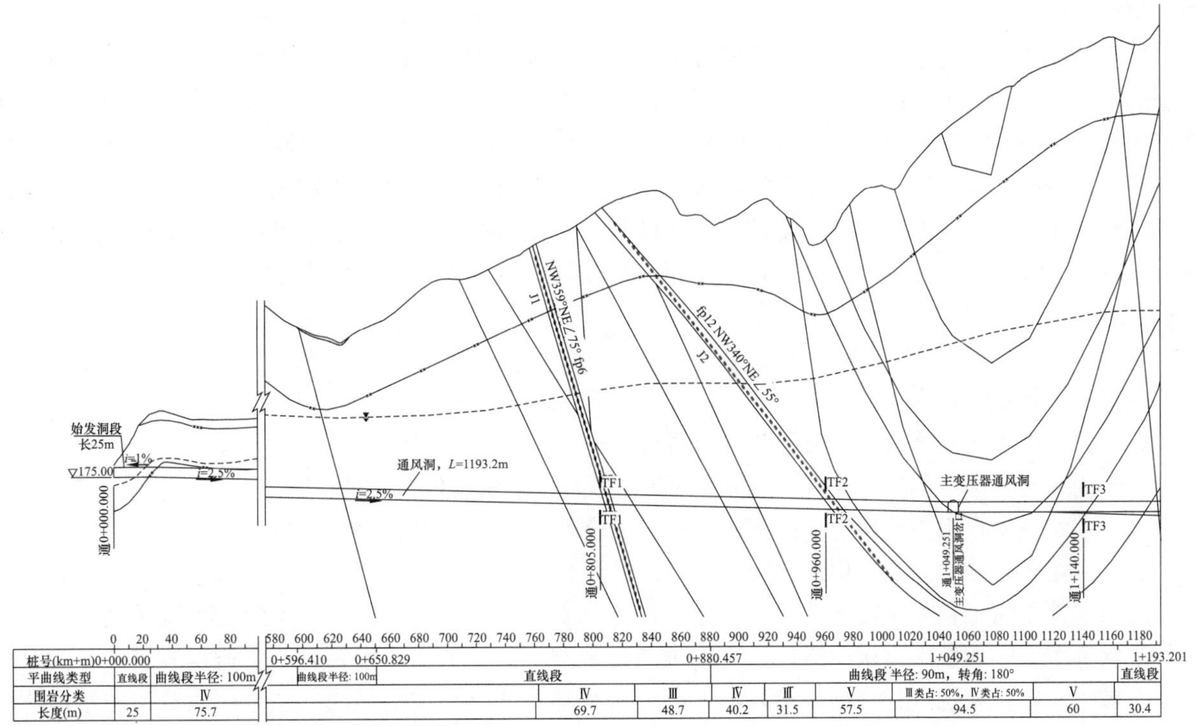

图 12-4-12　抚宁抽水蓄能电站交通洞、通风洞 TBM 施工监测纵剖面图

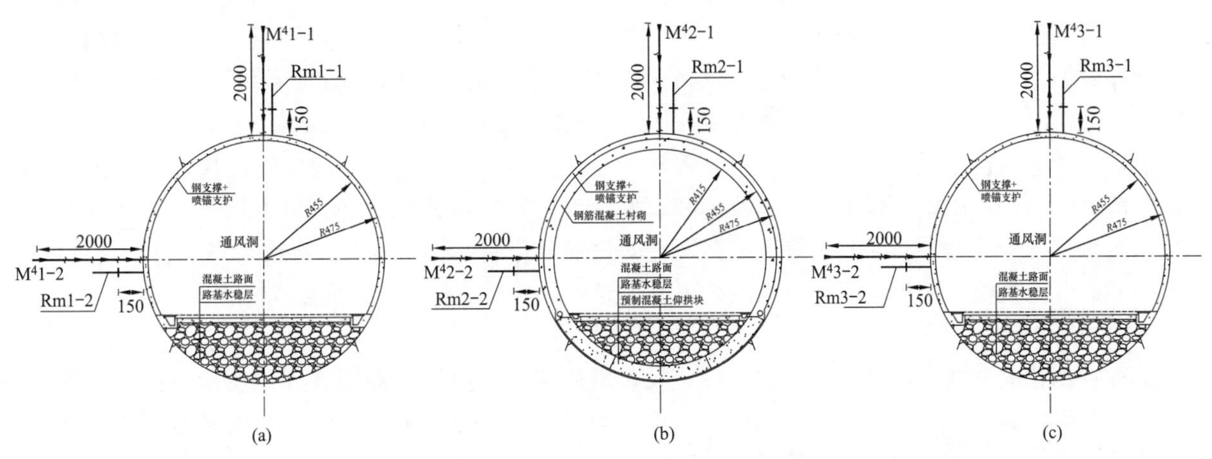

图 12-4-13　抚宁抽水蓄能电站交通洞、通风洞 TBM 施工监测纵剖面图

（a）剖面 TF1-TF1；（b）剖面 TF2-TF2；（c）剖面 TF3-TF3

M—多点位移计；Rm—锚杆应力计

第五节　自动化安全监测系统

抽水蓄能电站主体工程建筑物布置分散，工程安全监测仪器设备数量多，监测系统相对复杂，为满足工程安全监测、电站及监测信息管理的需要，通常应建立自动化安全监测系统。抽水蓄能电站自动化安全监测系统需结合工程实际构建，主要内容包括：确定接入系统的监测项目，监测站、监测管理站和监测管理中心站的设置，通信网络、系统供电及防雷配置等；同时根据工程特点和电站运行管理的需要，提出自动化安全监测系统的功能和性能、软硬件、安装调试、考核验收及运行维护等要求。

一、系统构建

自动化安全监测近年来多采用分布式系统，分布式系统前端的采集单元按监测站分散于工程各个部位，可使已埋入监测仪器的电缆尽可能短，采集单元至监测管理站和监测管理中心站监控计算机采用光缆进行数字信号传输，因此具有系统布置灵活、信号传输距离长、系统运行可靠性高、观测速度快、精度高的技术特点，其技术性能优于过往的集中式和混合式自动化安全监测系统。

抽水蓄能电站自动化安全监测宜采用分布式二级管理的构建方案。即按主体建筑物布置将自动化安全监测系统划分为上水库、下水库和地下厂房三个数据采集子系统（输水系统可就近划归于三个子系统中），对应建立三个监测管理站，实现各子系统内监测仪器的数据采集与管理；三个子系统再组成上一级管理网络，建立监测管理中心站，对整个工程安全监测进行自动化数据采集、计算分析与监控管理工作。这种构建方案可有效控制整个系统的现场通信网络规模，各子系统可以独立运行，互不干扰，子系统又受监测管理中心控制，各种操作均可在监测管理中心远程实现，直至每支仪器数据的采集与管理。

（一）接入系统的监测项目

依据有关规定和技术规范，接入自动化安全监测系统的监测项目主要原则为：

（1）为监视大坝安全运行而设置的监测项目。

（2）需要进行高准确度、高频次监测而用人工观测难以胜任的监测项目。

（3）监测点所在部位的环境条件不允许或不可能用人工方式进行观测的监测项目。

（4）拟纳入自动化监测的项目已有成熟的、可供选用的监测仪器设备。

抽水蓄能电站工程安全监测设施，从建立自动化安全监测系统的角度可大致分为五种情况：一是上、下水库工程表面变形监测设施，如为人工测量观测方式，则不能接入自动化监测系统，如为全站仪或全球卫星定位系统进行自动测量监测，则可自成独立的自动监测系统；二是在建筑物和地质体内随工程施工已安装埋设的监测仪器，或经过改造增加仪器传感器转换为电信号输出的监测设施（如测压管、量水堰等），在技术上均具备接入自动化监测系统的条件；三是施工期临时安全监测和试验研究的阶段性监测设施，如隧洞衬砌前的围岩变形与稳定监测、厂房及主变压器围岩收敛变形监测、岩壁吊车梁爆破振动监测、厂房机组振动结构监测等；四是已自成独立的自动监测系统，如环境量监测、地震强震动监测等；五是特殊专项监测设施，如进/出水口水力学监测、冰情监测等。

抽水蓄能电站自动化安全监测系统主要针对的是随工程施工已安装埋设的监测仪器以及经过改造增加的监测仪器，对于施工期临时安全监测和试验研究的阶段性监测非必要可不接入自动化安全监测系统；对于特殊专项监测非必要一般也不接入自动化安全监测系统；对于已自成独立的自动监测系统、人工观测以及巡视检查结果均通过自动或人工方式录入自动化安全监测系统数据库。

（二）监测站

工程自动化安全监测系统的前端监测站，大多沿用施工期监测仪器安装埋设所设置的测站或进行适当的整合后作为系统监测站，在系统监测站安置自动数据采集单元。监测站所配置数据采集单元的数量，根据接入该监测站的仪器传感器数量确定。

1. 监测站的分布

工程施工期监测电缆敷设与监测站设置，一般是统筹考虑了方便后期建立自动化安全监测系统的需求与防护要求，并顾及其系统通信和监测站所需设置的供电线路等。

上、下水库工程的监测站，一般设置在坝顶和库顶电缆沟或防浪墙、全库防渗工程的库底廊道、边坡道路坡脚、坝下游坡面观测房及上下水库的专用监测室、混凝土坝的坝体廊道、左右岸灌浆平洞等位置。

地下厂房系统工程的监测站，考虑洞室开挖的施工干扰、监测电缆敷设的便利与保护等，通常在洞室围岩与岩体各层排水廊道之间设置监测电缆引线孔，将围岩和岩壁吊车梁等监测仪器电缆最大限度地通过多个引线孔就近敷设至排水廊道，在各层排水廊道内设置监测站；机组支撑结构监测电缆一般可就近集中引至厂房母线层上游侧，在适当位置设置监测站；同时，对于距离副厂房监测室较近的监测仪器电缆也可直接引至副厂房监测室内设置的监测站。

输水系统工程的监测站，一般设置在进/出水口闸门井启闭机室、地下厂房中层或下层排水廊道、压力管道排水洞、尾水闸门启闭机室以及施工支洞封堵段外等。

2. 采集单元配置

在监测站设置采集单元需根据引至该站各类仪器传感器的数量进行配置，各监测站内不同仪器类型的数量是确定采集单元模块配置的基础。近年来，工程自动化安全监测系统前端的采集单元采用模块化的叠加结构，采集单元内其数据采集模块以8通道为基础，叠加形成了常用的8、16、32通道的采集单元，通常1个通道接入1支仪器传感器，但监测仪器类型主要包括振弦式、差动电阻式及标准电信号输出等，其输出芯线数及测读方式不同，因此，原则上每个8通道的数据采集模块可接入8支同类型的仪器传感器，如单从采集单元装置内置结构紧凑、缩小体形、降低成本的角度出发，使同一数据采集模块混接不同类型的仪器传感器在技术上是可行的。每个采集单元装置均由机箱、数据采集模块、电源模块、防潮除湿部件、雷击保护组件、接线端子组件等构成。

在对引入监测站拟纳入工程自动化安全监测系统不同类型仪器传感器的数量进行统计后，通常按8、16、32通道的采集单元进行合理配置，确定各监测站内不同通道采集单元装置的数量。

对于在地下工程和室内设置的监测站，一般利用采集单元装置的机箱直接进行壁挂或落地安置；对于监测站露天安置采集单元需考虑恶劣自然环境的影响，除考虑降水、高低温、雷击、防潮、人为因素等防护外，大多采用再设置标准测站箱的方式进行双重保护，即先壁挂或落地牢固安装标准测站箱，再将采集单元固定在其内，箱内空间可充填防护材料、安置控温防潮和接地防雷装置等，整体满足电气设备外壳防护等级不低于IP56的规定。监测站内设置标准测站箱的结构尺寸据安置采集单元装置的大小和数量确定，一般为1～4台，一个监测站可由多个标准测站箱组成。

（三）监测管理站和监测管理中心站

1. 监测管理站

抽水蓄能电站宜在上、下水库和地下厂房或地面副厂房分别设置监测室，对于上、下水库应将监测室置于建筑物的一层，以利于自动化安全监测系统通信网络、供电线路等的敷设，通常利用各主体建筑物的三个监测室各设置一个监测管理站，建立三个监测数据采集子系统，实现各子系统内监测仪器的数据采集与管理。如将监测管理中心站置于电站副厂房或下水库，则可将相应监测管理站子系统直接并入监测管理中心站，减少监测管理站的设置。

监测管理站设置采集计算机、采集软件及相关外部设备等，具备稳定可靠的电源和接地，监测管理站可对子系统内监测站各采集单元相应的监测仪器进行自动观测，建立与监测管理中心站监控管理计算机的网络通信。

2. 监测管理中心站

监测管理中心站可置于工程区上、下水库和地下厂房的任一监测管理站，通常设置在电厂营地或市区办公区。监测管理中心站机房设置监控管理计算机、采集和信息管理软件及相关外部设备等，是整个工程自动化安全监测系统的中枢，通过指令各监测管理站子系统进行整个工程的自动化安全监测。监测管理中心站应具备与厂内、上级或行业管理单位等进行监测数据与信息共享、报送的功能。

（四）通信网络

1. 现场通信网络

采集子系统的通信网络即为现场通信网络，一个监测管理站和若干个监测站可形成一个采集子系统，包括监测站之间、监测站与监测管理站（或监测管理中心站）之间的通信。其通信介质可以是光纤、双绞线和无线等，应采用EIA-RS-485/422A、以太网（TCP/IP）、移动通信、Wi-Fi等符合国际标准的网络技术构建。自动化安全监测系统的网络拓扑一般采用以监测管理中心站为中心的星形结构，根据工程具体情况也可采用总线形、环形和树形结构。

工程安全监测自动化系统现场通信网络介质多采用单模光纤，与金属芯线相比，优点是信号传输距离长、速率高、抗干扰能力强等，应采用不少于四芯的单模铠装通信光缆。为构建自愈环形通信网络，典型自愈星环通信网络拓扑结构示意图见图12-5-1。现场通信网络光缆敷设有两种方式，一是自监测管理站开始，敷设四芯光缆连接各监测站后，另一端能够绕回到监测管理站，这种情况的自愈环网络利用光缆中的两芯构建，条件具备时是首选方案，自愈环网光缆敷设方式一见图12-5-2；二是自监测管理站开始，敷设四芯光缆连接各监测站后，到最远端的一个监测站终止，不再或不能绕回到监测管理站，这种情况的自愈环网络利用光缆中的四芯构建，即“两去两回”，自愈环网光缆敷设方式二见图12-5-3。

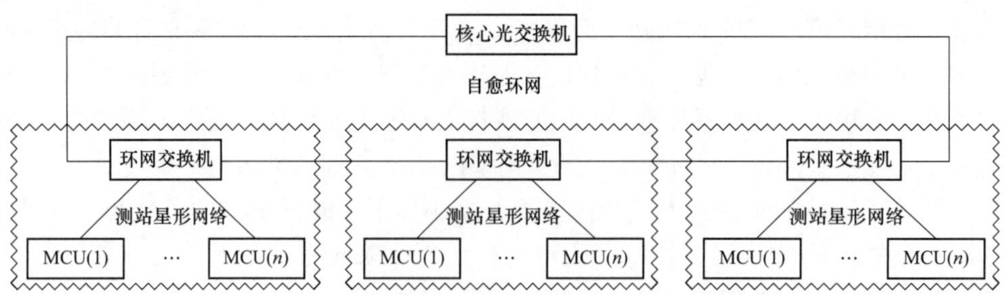

图 12-5-1 典型自愈星环通信网络拓扑结构示意图

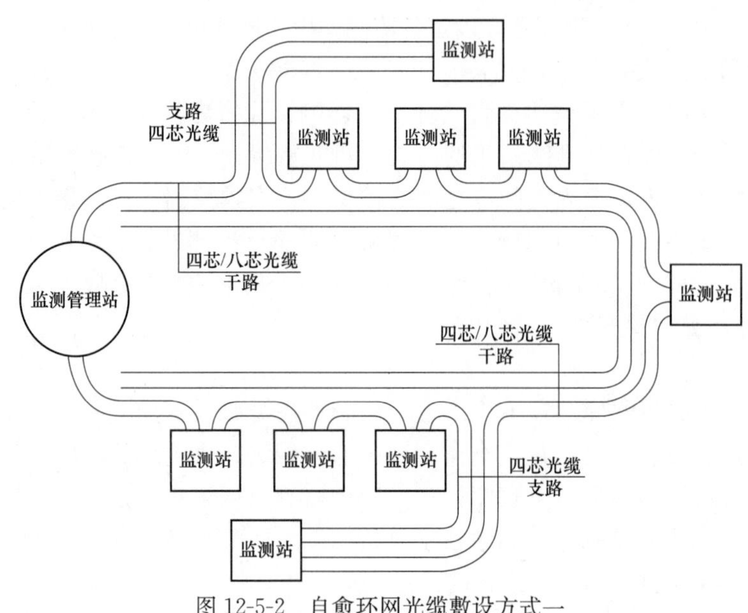

图 12-5-2 自愈环网光缆敷设方式一

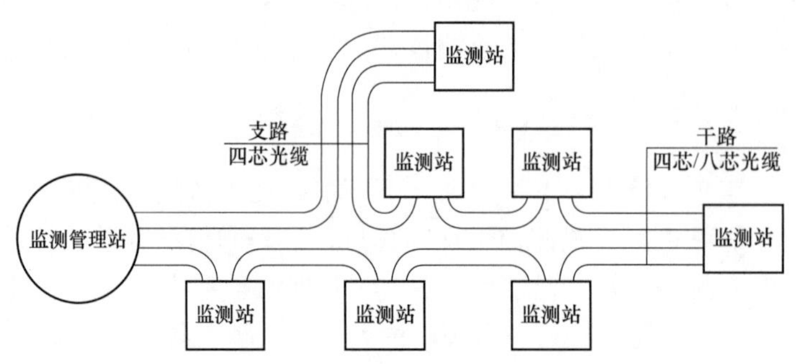

图 12-5-3 自愈环网光缆敷设方式二

一个现场通信网络根据监测站分布情况，可以构建多个自愈环形通信网络，并可在监测站位置或自愈环通信光纤的适当位置，采用四芯单模通信光缆延展自愈环网络，具体在自愈环两芯通信光纤的接头处，将其左侧两芯和右侧两芯分别与引出支路延展四芯单模通信光缆的“两去”和“两回”分别熔接，即采用“手拉手”的熔接方式，通过四芯单模通信光缆延展出自愈环网络形式上的“支路”，将相对孤立的监测站接入自愈环网络。对于个别孤立监测站难以敷设光缆的数据通信，可采用无线传输方式。

自愈环网络一般采用工业环网自愈光端机，自动化安全监测系统通常采用以太网自愈光端机或串口 485 自愈光端机，前者对应 TCI/IP 协议的通信网络，需要采集装置自带 RJ45 接口或通过串口服务器转换为 RJ45 接口，通过交换机建立监测站星形连接后通过自愈光端机接入自愈环网络，或者直接采用带交换功能的光端机建立监测站星形连接接入自愈环网络；后者将监测站采集装置通过 485 总线接入串口 485 自愈光端机，然后接入自愈环网络。

2. 监测管理站和监测管理中心站的通信网络

监测管理站之间及监测管理站与监测管理中心站之间的网络通信，宜采用局域网连接，通信介质采用光纤；当监测管理中心站距离工程区的监测管理站较远时，其通信连接也可采用广域网。自动化安全监测系统应具备与系统外局域网和广域网连接的接口，与外网连接时应配置硬件防火墙，以满足与厂内、上级或行业管理单位等进行监测数据与信息的共享和报送要求。为实施工程自动化安全监测系统，在建立厂用通信敷设光缆时，应统筹考虑上水库、地下厂房、下水库监测管理站之间及与监测管理中心站的网络通信需求，为自动化安全监测系统预留两芯或四芯通信光纤，或单独敷设专用的四芯单模铠装通信光缆。

（五）系统供电及防雷

1. 系统供电

工程自动化安全监测系统的监测站、监测管理站和监测管理中心站均需具备稳定的电源供电。在工程区的系统供电电源宜采用双回路专线供电。对于个别孤立的监测站设置采集单元的供电，可采用太阳能等现地电源供电。

工程区的系统供电电源，一般自就近的二次交流盘柜采用专线引入相应的监测管理站和监测管理中心站，并设置配电箱，然后自监测管理站或监测管理中心站的配电箱再引至各监测站，其供电线路与现场通信网络线缆同路径同步敷设。

2. 系统防雷

工程安全监测仪器和自动化安全监测系统的设备，其露天环境下的监测站采集单元、金属连接、系统供电和通信网络金属芯线等的防雷保护，以往工程实例及经验表明，对于抽水蓄能电站，尤其位于高处的上水库工程，这是必须考虑的突出技术问题。

雷电通过直击或感应的方式对监测仪器和系统设备造成电气损坏，由于监测仪器和系统设备多位于建筑物内或依附于其表面，在工程区受直击雷电损坏的概率极小，主要需对雷电感应及雷电侵入波损坏进行防护。通常采用防雷器或浪涌保护器、等电位连接和接地、电磁屏蔽、合理布线等防护措施。

对于监测站采集单元露天引入的电源电缆设置电源防雷器、隔离稳压装置。对于监测仪器电缆、通信电缆露天接入采集单元应设置防雷装置，屏蔽层应做等电位连接并接地，以及采用继电器保护电路，在不测量时切断沿电缆电磁干扰的入口。一般监测站数据采集单元、配电箱、标准测站箱等系统设备的接地均进行等电位连接，经接地端子就近接入系统/工程共用等电位接地网。一般监测站接地电阻不大于 10Ω，监测管理站、监测管理中心站接地电阻不大于 4Ω，强雷击区监测站接地电阻不应大于 4Ω。露天环境下的电源电缆、监测仪器电缆、通信电缆均采用热镀锌钢管进行屏蔽保护，且应将电源电缆与监测仪器电缆、通信电缆分开穿管敷设，以避免电源电缆的电磁干扰影响，钢管的接长连接采用焊接方式或管箍连接后再采用热镀锌扁钢焊接，并将保护钢管以多点焊接方式接入系统/工程共用等电位接地网。

二、系统技术要求

（一）系统总体功能要求

抽水蓄能电站工程自动化安全监测系统的总体功能与常规水电站基本一致，主要包括采集功能、显示功能、操作功能、掉电保护功能、数据通信功能、网络安全防护功能、自检功能、人工输入数据功能及系统防护功能等。

（二）系统性能要求

抽水蓄能电站工程自动化安全监测系统的性能要求与常规水电站基本一致，主要包括供电电源、环境条件、数据采集性能、准确度、可靠性、扩展性及安全性等。

（三）监测数据采集软件

抽水蓄能电站自动化安全监测系统的数据采集软件，应具有可视化中文用户界面，能方便地修改系统设置、设备参数及运行方式，选择监测的频次和监测对象；具有对采集数据库进行管理的功能；具有图形、报表输出及格式编辑功能；具有系统自检、自诊断功能；可提供远程通信、远程辅助维护服务支持；具有自动报警功能；具有运行日志、故障日志记录功能等。

（四）工程安全监测信息管理软件

抽水蓄能电站自动化安全监测系统的信息管理软件，应具有系统管理、在线监测、信息录入、数据计算和可靠性检验、数据库管理（监测数据存储、编辑、查询、统计、导出与备份等）、图表制作、离线分析、测值预报、资料整编、预警和超限报警及信息推送、安全信息管理（工程基本信息、安全监测基本信息、日常监测信息、巡视检查信息、工程管理信息、防洪度汛信息、工程运行维护信息、安全监测管理信息)、日志管理、数据交换、输出等功能，软件应提供中文交互界面。

三、系统考核

自动化安全监测系统联机运行后，系统功能和技术指标应满足有关规范规定及相关技术要求，系统时钟应满足在规定的运行周期内，系统设备月最大计时误差小于 3min。

(一) 系统运行的稳定性

(1) 试运行期监测数据的连续性、周期性好，无系统性偏移，能反映工程监测对象的变化规律。

(2) 自动采集数据与对应时间的人工监测数据比较，变化规律基本一致，变幅相近。

(3) 选取工作正常的传感器，在被监测物理量基本不变的条件下，系统数据采集单元连续 15 次采集数据的中误差 σ 应达到监测仪器的技术指标要求。

短期重复测试中误差 σ 用贝塞尔公式计算，具体如下：

$$\sigma=\sqrt{\frac{\sum_{i=1}^{n}(x_i-\overline{x})^2}{n-1}}$$

式中 x_i——第 i 次测读数据；

$\overline{x}$——n 次实测数据的算术平均值；

n——连续测读次数。

(二) 系统运行的可靠性

(1) 系统平均无故障时间（MTBF）大于 6300h。平均无故障工作时间（MTBF）是指两次相邻故障间的正常工作时间（短时间可恢复的不计）。故障定义：数据采集单元不能正常工作，造成所控制的单个或多个测点测值异常或停测，称采集单元发生故障。

在一年考核期内，平均无故障时间可按下式计算：

$$\mathrm{MTBF}=\left(\sum_{i=1}^{n}\frac{t_i}{1+r_i}\right)\Big/n$$

式中 t_i——考核期内，第 i 个测点或采集单元的正常工作时数；

r_i——考核期内，第 i 个测点或采集单元出现的故障次数；

n——系统内测点或数据采集单元总数。

(2) 系统自动采集数据缺失率不应大于 3%。数据缺失率（FR）指在考核期内未能测得的有效数据个数与应测得的数据个数之比。错误测值或超过一定误差范围的测值均属无效数据。对于因监测仪器损坏且无法修复或更换而造成的数据缺失，以及系统受不可抗力及非系统本身原因造成的数据缺失，不计入应测数据个数。统计时计数时段长度根据实际监测需要取 1 天、2 天或 1 周，最长不得大于 1 周。

数据缺失率（FR）按下式计算：

$$\mathrm{FR}=\frac{\mathrm{NF}_i}{\mathrm{NM}_i}\times 100\%$$

式中 NF_i——缺失数据个数；

NM_i——应测得的数据个数。

(三) 系统比测指标

系统实测数据与同时同条件人工比测数据偏差 δ 保持基本稳定，无趋势性漂移。与人工比测数据对比结果是 $\delta \leqslant 2\sigma$。

人工比测一般采用过程线比较法进行对比，过程线比较是分别选取某测点在试运行期间内相同次数、相同时间的系列自动化测值和人工测值，分别绘出自动化测值和人工测值过程线，进行规律性和测值变化幅度的比较。

第六节 地下洞室开挖安全监测信息管理与应用

工程安全监测的目的是通过及时获取准确、完整的监测资料，监控水工建筑物安全，掌握运行规律，反馈设计，指导施工和运行。工程安全监测信息量庞大，需要依靠信息管理系统进行管理。系统管理的信息一般包括基本信息、日常监测信息、管理信息、系统操作日志等，其中日常监测信息一般包括监测点的原始测值、计算公式及参数、计算中间成果和最终成果、监测报告和图表等。高坝大库的信息管理系统还要具备在线信息检查、在线安全状况综合评判、问题管控、信息推送等在线监控功能。

本节主要以地下洞室围岩安全监测为例，阐述工程安全监测的信息化管理方法。

一、监测资料的整理和数据处理

现场监控量测的各类数据均应及时整理，并绘制时态曲线（例如位移-时间关系曲线，监测数据-距离关系曲线），以及时掌握监测数据的时间效应和空间效应。

由于各种可预见或不可预见的原因，如监测条件、测试人员等因素，现场监测所得的原始数据往往呈现一定离散性，使散点图上下波动，应用中必须进行数学处理，以某一函数式来表示，进而获得能较准确反映实际情况的关系曲线，找出监测数据随时间或空间变化的规律性，并可推算出监测曲线的发展趋势，为反馈设计和评价围岩稳定性提供信息。

数据处理的方法主要以数值计算中的回归分析、插值计算和拟合等方法为主。

（一）数据的回归分析

在多数地下洞室围岩监测项目中，所测数据大多数都是反映两个变量之间的关系，故在这类问题的回归分析中，通常包括一元线性回归和一元非线性回归两种情况。

1. 一元线性回归

由于许多非线性回归问题可以转换为一元线性回归问题，因此，一元线性回归是回归分析的基础。一元线性回归是研究被测物理量随时间呈线性变化的规律，其函数表达式为

$$y = a + bx$$

式中 x——时间，天；

y——速度（亦可为位移，mm），mm/d；

a、b——由实测资料确定的参数。

需要用最小二乘法原理进行回归分析。

2. 一元非线性回归

在地下洞室围岩监测项目中，两个变量之间多数呈非线性关系，如何选择出恰当类型的曲线进行一元非线性回归分析，可按下述步骤进行：

(1) 选择能代表两变量 x 与 y 之间内在关系的函数类型。首先是要从散点图的分布特征、变化特点、是否具有收敛性等进行选择，其次还要借鉴以往经验。

(2) 求出两变量 x 与 y 相关函数中的未知参数。欲求非线性函数关系中的未知参数，首先把非线性的函数关系变换成线性函数关系，然后按线性函数求出未知参数，再由参数变换式求得选定曲线函数的未知参数，从而得到曲线函数回归方程。

(3) 经过剩余标准离差分析，若精度不够理想时，则可另选一种曲线函数按照上述步骤重新分析。

地下洞室监测数据回归分析常用的几种函数形式可参见《岩土工程试验监测手册》（林宗元主编，辽宁科学技术出版社，1994）。

通常一些软件程序本身能在多种函数中自动选择回归精度高的函数，绘出回归函数曲线。

（二）插值计算和试验数据拟合

由于监测时间是间断的，且时间间隔又不同，监测到的物理量是离散数据的集合。绘制连续的过程曲线时，需要对监测数据的中间值进行处理，可采用二次样条函数和贝赛尔函数来拟合中间值。

在进行插值和拟合时，在软件程序中普遍应用二次曲线拟合，保证各测点间的一阶导数连续。

（三）最终位移值的确定

最终位移值又称计算总位移值，计算方法有二倍时变位法和回归分析法。二倍时变位法适用于在初期监测中，即可确定收敛位移的计算总位移量；而回归分析法则要求至少应在 1.0～1.5 个月的连续测试之后进行。回归分析所用函数式见前述，此处仅介绍二倍时变位法的计算公式，具体如下：

$$u = s_{\mathrm{i}}^2/(2s_{\mathrm{i}} - s_{\mathrm{k}})$$

式中　u——预测最终总收敛位移量；

s_i、s_k——分别为 L_i、L_k 时收敛位移值，（L_i、L_k 分别为监测断面与掌子面距离，且 $L_k=2L_i$）。

二、地下洞室围岩稳定判别标准

地下洞室围岩安全判别主要依据围岩位移值及其速率，此外，也有根据锚杆应力值大小评价围岩稳定性的。

（一）利用变形资料评价围岩稳定的标准

目前，根据围岩变形资料评价围岩稳定的方法有允许最大变形量评价法和位移速率变化评价法，这两种方法实质为单项指标评价法，此外，还有综合指标评价法。

1. 允许最大变形量围岩稳定标准

该方法认为围岩实际变形量超过或等于允许的最大变形量时，围岩处于破坏状态。所以在实际监测时，若发现监测值接近“最大变形量”时，就应考虑采取加固措施或修改设计参数，以加强支护。

不少国家对地下洞室围岩的“允许变形量”作出了明确的规定。GB 50086《岩土锚杆与喷射混凝土支护工程技术规范》对允许变形量的规定是以相对收敛量给出的（隧洞、洞室周边允许位移收敛量见表 12-6-1），在洞径已知的情况下，即可换算出洞周允许最大收敛量。

表 12-6-1　　隧洞、洞室周边允许位移收敛量　　单位：%

洞室埋深（m）	<50	50～300	300～500
Ⅲ类围岩	0.10～0.30	0.20～0.50	0.40～1.20
Ⅳ类围岩	0.15～0.50	0.40～1.20	0.80～2.00
Ⅴ类围岩	0.20～0.80	0.60～1.60	1.00～3.00

注　1. 洞周相对收敛量是指两测点间实测位移累计值与两测点间距离之比，或拱顶位移实测值与隧道宽度之比。
2. 脆性围岩取小值，塑性围岩取大值。
3. 本表适用高跨比为 0.8～1.2、埋深小于 500m，且其跨度分别不大于 20m（Ⅲ类围岩）、15m（Ⅳ类围岩）和 10m（Ⅴ类围岩）的隧洞洞室工程。否则应根据工程类比，对隧洞、洞室周边允许相对收敛值进行修正。

2. 根据变形速率评价围岩稳定标准

我国铁道部门对围岩的变形速率多数规定为小于等于 0.1mm/d，少数为小于等于 0.1～0.2mm/d。

美国某些工程对位移速率的规定：第一天的位移量应小于允许变形量的 1/5～1/4（2.54～3.18mm），第一周内平均每天的位移量应小于允许位移量的 1/20（约 0.63mm）。

日本隧道技术协会编制的《新奥法量测规则》中提出，遇到下列情况应采取相应措施：

（1）位移速率保持一定或处于加速状态时。

（2）根据平均位移速率推求的位移值超过允许值时。

（3）没有扩洞情况下，在单对数坐标系中的位移-时间关系图中出现拐点时。

3. 综合指标评价法及标准

随着人们对围岩及支护结构稳定性认识的深入，发现用单指标评价围岩稳定性不够准确，而用综合指标评价法较为可靠。GB 50086《岩土锚杆与喷射混凝土支护工程技术规范》对二次支护时间的确定及险情预报的规定，实质上都是采用多项指标综合评判的结果，如对险情预报的规定就同时考虑了位移增长速率情况、喷射混凝土表面状况、相对收敛量及支护结构受力状况四项指标。

又如日本第二沼泽抽水蓄能电站地下厂房对围岩达破坏极限状态的规定是：最大位移量为 40mm，位移速度为 0.4mm/d。

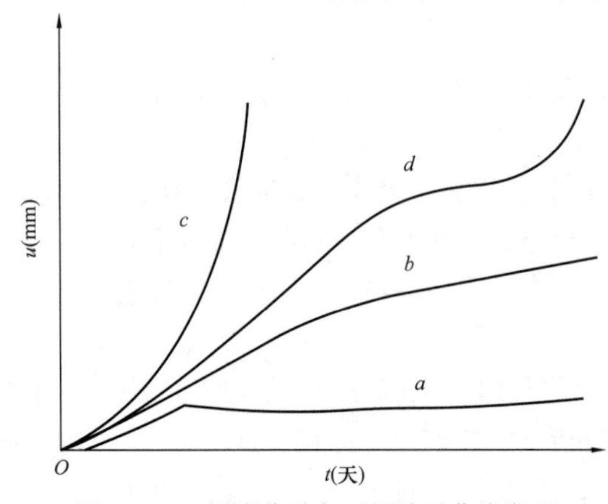

图 12-6-1　围岩位移与时间关系曲线类型

4. 根据围岩位移与时间关系曲线的类型与特征，判断其稳定性

典型的位移与时间关系曲线有四种类型，围岩位移与时间关系曲线类型如图 12-6-1 所示。图中的 a 线表明岩体是稳定的；b 线表明岩体有可能失去稳定；c 线则说明岩体很快就会失去稳定；d 线表明岩体经过变形

积累，最终失去稳定。当曲线属于 d、c 类型时，一定要及时发出险情预报，并应及时进行支护（或加强支护），支护后仍要定期监测。

（二）依据锚杆应力值评价围岩稳定性

锚杆应力实测值是检验地下洞室围岩支护效果的主要依据之一。通常情况下，锚杆实测应力值应小于设计允许值。当锚杆实测应力值小于等于设计允许值时，围岩支护是安全的；当实测应力值大于锚杆屈服强度时，应加强支护措施。

（三）大型地下厂房围岩稳定性判断的综合图法

由于抽水蓄能电站地下厂房高度通常都大于45m，因此需要分6～7层开挖。其开挖特点是：除需对每层沿水平方向向前推进之外，还需垂直向下（分层）推进。据此特点，经过分析研究，提出了围岩稳定性判断和预测的综合图法。

该法需将围岩允许最大位移值、警戒线标准（最大允许位移值的70%），三维弹塑性有限元分层位移计算结果及现场实测位移值综合在一个坐标图内（随厂房开挖逐次完成）。然后，利用允许位移值及警戒值作为稳定判别及预报标准，利用三维弹塑性有限元分层计算位移值及曲线特征来预测位移的发展趋势。若实测结果与曲线趋势相比发生异常，则分别从以下三个方面分析原因：地质条件是否发生变化；施工参数（如开挖厚度）是否发生变化；结构是否处在特殊部位（如母线洞与地下厂房立体交叉附近）。排除没有发生变化的因素，找出发生变化的因素，然后针对变化的因素，采取相应的措施。实践表明，这是个快速有效地判断和预测地下厂房围岩稳定性的方法。

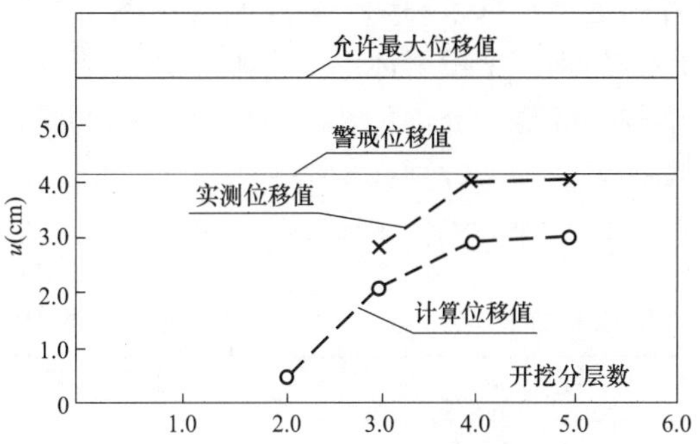

图 12-6-2 十三陵抽水蓄能电站地下厂房的围岩稳定判断综合图法实测图

图12-6-2为十三陵抽水蓄能电站地下厂房的围岩稳定判断综合图法实测图，监测点位于0m+33m桩号断面下游边墙47.5m高程处，计算位移值为三维弹塑性有限元方法计算成果。从该图可知，实测位移值大于计算位移值。经分析，发现该部位施工参数改变较大，后及时发出异常情况报告，采取了相应工程措施。

三、地下洞室信息化设计施工管理系统

地下洞室信息化设计施工管理系统流程见图12-6-3。

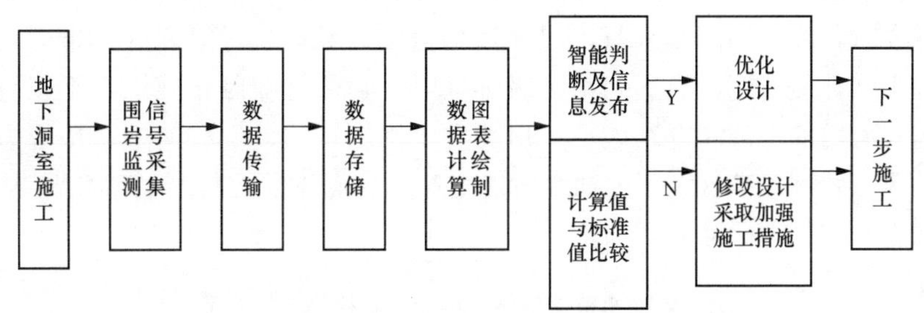

图 12-6-3 地下洞室信息化设计施工管理系统流程图

（一）数据采集

抽水蓄能电站地下洞室通常采用钻爆法开挖，受施工期地下洞室频繁爆破环境条件所限，围岩量测数据在施工期通常采用人工采集的方式；必要时待监测电缆引至不受施工干扰或破坏的地点后，或施工完成后工程竣工前期，也可采用自动化采集方式。

（二）数据传输

受地下洞室开挖进度、爆破、通信、供电等条件限制，施工期监测数据传输通常是人工采集后，再导入计算机进行处理。随着我国通信技术和手段的发展，水电监测行业可选的通信手段也逐渐丰富，使施工期自动化采集成为可能，山东潍坊抽水蓄能电站正在尝试施工期采用物联网技术进行监测数据自动化采集和传输处理。

大多数抽水蓄能电站在大规模施工活动基本结束后，均会建立电站的安全监测自动化系统，以实现监测数据的自动采集与传输。

（三）数据处理

地下洞室围岩监测项目一般包括围岩位移收敛、围岩内部位移、围岩渗透压力、渗流量、锚杆应力、锚索锚固力、围岩温度等。

监测数据采集后应及时进行处理分析。施工期监测数据处理一般均采用专用的数据管理软件进行日常监测数据处理，完成监测数据的自动计算，生成常用的图表及报告。

监测数据采集处理的同时，还应搜集相关的施工信息和地质信息等，以便进行数据分析，以及数据异常时查找原因。

安全监测自动化系统投运后，监测数据处理通过信息管理软件自动完成。

（四）智能判断

智能判断的实质是：各项实时监测的物理量与适合该地下洞室的管理标准的比较及进一步判断。因此，适合该地下洞室的管理标准的制定成为关键。如何将国家和行业的相关围岩稳定标准转化为具体工程管理标准，主要应依据工程具体地质条件、围岩类别、设计工程师经验及有限元数值计算结果综合确定。建议采用如下程序制定具体工程的管理标准：先依据国标的围岩稳定判别标准及该地下工程围岩类别、上覆岩体厚及有限元分析结果，确定工程不同类别围岩最大允许位移值标准，再将不同类别围岩的最大允许位移值乘以70%作为警戒值，一旦围岩位移达到该值，就应暂停施工，分析原因，在确认不需修改管理标准情况下，应采取补强措施。

依据上述原则，十三陵抽水蓄能电站地下厂房围岩稳定判断标准如表12-6-2所示。

表12-6-2　　十三陵抽水蓄能电站地下厂房围岩稳定判断标准　　单位：%

围岩类别	警戒值	最大允许位移值
Ⅲ	0.35	0.5
Ⅳ	0.84	1.2
Ⅴ	1.04	1.6

依据抽水蓄能电站地下厂房需分层开挖的特点，此处提出的综合图法可对每个监测断面的每个监测点（主要指边墙监测点）进行控制。

日本许多抽水蓄能电站地下厂房围岩监测均建立了管理标准，它们将管理标准分为三个等级，并规定超过第一级标准时，施工仍继续进行，但要增加监测次数；超过第二级标准时，开挖要暂停，同时增加监测次数并实施补强措施；当达到第三级标准时，必须立即停止施工，迅速研究采取强有力的工程措施。如日本大河内抽水蓄能电站地下厂房建立了围岩位移、位移速率、预应力锚索轴向力及塑性区范围等项目的施工管理标准（大河内抽水蓄能电站厂房施工监控标准的确定见表12-6-3），但从该表尚看不出不同围岩类别管理标准的区别。

表12-6-3　　大河内抽水蓄能电站厂房施工监控标准的确定

<table>
<tr><td colspan="2" rowspan="2">项目</td><td>标准1</td><td>标准2</td><td>标准3</td><td rowspan="2">数据计算方法</td><td rowspan="2">监测频率</td></tr>
<tr><td>根据分析结果推算最大值</td><td>处于标准1与3之间</td><td>与预应力锚杆或岩体破坏有关的值</td></tr>
<tr><td rowspan="6">监测</td><td rowspan="2">岩石位移（mm）</td><td>10</td><td>20</td><td>30</td><td rowspan="2">位移计设置后洞壁面10m区间的相对位移</td><td rowspan="4">每天</td></tr>
<tr><td>有限元分析的最大值</td><td>根据预应力锚杆轴向力进行反算</td><td>根据预应力锚杆轴向力进行反算</td></tr>
<tr><td rowspan="2">净空位移（mm）</td><td>20</td><td>40</td><td>60</td><td rowspan="2">用测量仪测量</td></tr>
<tr><td>岩石位移×2</td><td>岩石位移×2</td><td>岩石位移×2</td></tr>
<tr><td rowspan="2">预应力锚杆轴向力（t/根）</td><td>62</td><td>84</td><td>100</td><td rowspan="2">用预应力测力计测量</td><td rowspan="2">每天</td></tr>
<tr><td>根据岩石位移进行反算</td><td>预应力锚杆的屈服强度</td><td>预应力锚杆的抗拉强度</td></tr>
</table>

续表

项目		标准 1	标准 2	标准 3	数据计算方法	监测频率
		根据分析结果推算最大值	处于标准 1 与 3 之间	与预应力锚杆或岩体破坏有关的值		
监测	位移速度（mm/d）	0.15	0.25	0.40	根据岩石位移计算，但应除去爆破位移	每天
		已建电站工程的实况	已建电站工程的实况	已建电站工程的实况		
	塑性区范围（m）	3	5	6	根据监测值的反分析，算出最后阶段的塑性区	每一开挖台阶
		有限元分析的最大值	需要补强区	按不损害锚杆的长度		
措施	开挖	按计划	暂停	停止		
	监测	增加频率	增加频率	增加频率		
	补强措施	无	实施	实施		

四、地下厂房监测工程实例及监测成果在工程中的应用

（一）工程实例

为便于分析比较，现将若干抽水蓄能电站地下厂房围岩位移监测结果、国内抽水蓄能电站地下厂房锚杆应力监测结果汇总于表 12-6-4 和表 12-6-5 中，可以看出：

（1）地下厂房边墙围岩位移比顶拱围岩位移大。边墙围岩位移平均值变化范围为 1.3～45.2mm；顶拱围岩位移平均值变化范围为 0.5～44.9mm。但也有顶拱围岩位移大于边墙围岩位移的工程实例，如我国山西西龙池和泰国拉姆塔昆抽水蓄能电站地下厂房，西龙池地下厂房顶拱围岩位移平均值为 5.8mm，边墙围岩位移平均值为 2.3mm，顶拱围岩位移是边墙的 2.5 倍，这可能与厂房围岩为缓倾角薄层灰岩有关。

（2）地下厂房边墙锚杆应力普遍比顶拱大。边墙锚杆应力平均值 σ_{av} 为 45～167MPa，顶拱锚杆应力平均值 σ_{av} 为 9～97MPa。

（3）将实测锚杆应力与锚杆屈服强度的比值 σ_{av}/σ_y 称为工程锚杆应力发挥度（简称锚杆出力），顶拱锚杆应力发挥度平均为 3%～31%；边墙锚杆应力发挥度平均为 15%～58%，可见锚杆支护参数均有优化的余地。

（4）测值大于 310MPa 的监测锚杆，虽然数量不多，仅占监测锚杆的 0%～15%，平均约为 7%；但应引起重视，应分析原因并采取措施。

（5）地下厂房围岩位移大小，既与岩体力学参数（如变形模量、抗压强度），岩体结构、产状、环境条件（如地应力）等自然条件有关，同时还和地下厂房规模、开挖爆破施工方法、支护措施等人为因素有关。故对于围岩变形预估、支护参数设计，应综合分析每个地下厂房的具体情况，并随施工进程动态地不断优化。

（二）监测成果在工程中的应用

1. 及时预报险情

依据监测成果，综合运用前述围岩稳定评判指标或依据围岩位移与时间关系曲线特点，可对围岩是否出现险情进行预报。十三陵抽水蓄能电站地下厂房在施工开挖期，依据上述准则，对围岩稳定进行了 6 次险情预报，收到了很好社会和经济效果。

2. 评价围岩稳定性

实践表明，监测简报在多数情况下，是给出围岩稳定评价的。当围岩位移和速率是前述围岩稳定判断值的 70%以下时，均应认为围岩是稳定的。十三陵抽水蓄能电站地下厂房系统共发出监测简报 136 期，其中仅 6 期为险情预报，其余皆为正常简报。

3. 合理确定后期支护的时机

采用两次支护的地下工程，后期支护的施工，应在同时达到下列三项标准时进行：

（1）隧洞周边水平收敛速度小于 0.2mm/d；拱顶或底板垂直位移速度小于 0.1mm/d。

表 12-6-4　若干抽水蓄能电站地下厂房围岩位移监测结果汇总

工程名称	围岩岩性	岩层产状	围岩类别	洞宽(m)	埋深(m)	地应力 σ_1 (MPa)	岩体饱和抗压强度 R_w(MPa)	岩体变形模量 E_0(GPa)	顶拱位移(mm)			拱脚位移(mm)			边墙位移(mm)			端墙位移(mm)		
									最大	最小	平均	最大	最小	平均	最大	最小	平均	最大	最小	平均
十三陵(中国)	复成分砾岩	NE40°～45° SE∠20°～45°	Ⅱ～Ⅲ为主	23.0	270.0	15.0	59.0	18.0	15.2	1.0	8.1	14.3	0.5	4.5	40.5	5.8	18.8			
宜兴(中国)	岩屑砂岩夹薄层泥质粉砂岩	N50°～70°W NW∠20°～28°	Ⅲ～Ⅳ为主	22.0	277～377	8.1～16.0	27～56	7.0～5.0	17.2	2.1	5.3				37.6	4.6	12.2	21.2	7.3	13.7
泰安(中国)			Ⅱ类为主	25.0					1.3	0	0.5				17.1	0.4	8.2			
琅琊山(中国)	薄层条带灰岩、闪长岩脉中厚层条带灰岩互层	NE40°～45°NE ∠80°～85°	Ⅲ～Ⅳ为主	21.0	150	9.0～11.0	30～50	6.0～10	4.3	0.6	1.7	5.7	0.6	2.1	13.4	1.9	6.6	4.9	2.4	3.8
西龙池(中国)	鲕状灰岩、粉砂岩、薄层灰岩	NW∠330°NE ∠5°～8°	Ⅲ为主	22.9	170～334	12.0	55～156	6～15	16.1	1.1	5.8	2.45	0.2	1.3	5.0	0.9	2.3	4.9	1.8	2.6
张河湾(中国)	变质安山岩	SN W∠50°	Ⅱ类为主	23.8	110～130	5.5～13.4	175	49.2～61.8	2.6	0.5	1.3	2.67	0.2	1.5	6.6	0.4	2.1			
广州(中国)	中粗粒黑云母花岗岩		Ⅰ、Ⅱ为主	21.0	405	12.2		20.0	6.2	−0.7	1.6				8.6	0.1	1.3	40.1		
天荒坪(中国)	含砾流纹质熔凝灰岩		Ⅰ～Ⅱ类为主	21.0～22.4	160～200		120.5	10～30	7.3		2.8	17.4	1.2	9.60	28.9	5.3	19.5			
呼和浩特(中国)	斜长角闪岩片麻状黑云母花岗岩	块状、次块状结构	Ⅱ～Ⅲ类为主	23.5	200～240	6.91～20.0	100.0～110.0	6.0～30.0	6.39	−8.40	0.45	15.54	−2.74	1.80	21.14	−3.48	3.35	14.24	0	2.63
敦化(中国)	正长花岗岩	块状、次块状结构	Ⅱ类为主	25	400	7.0～16.0	69.80～178.30	15.0～20.0	2.51	−6.35	0.32	8.37	−0.27	2.60	28.56	−0.88	6.82	6.86	−13.17	2.06
沂蒙(中国)	片麻状闪长岩、花岗闪长岩	块状、次块状结构	Ⅱ类为主	27	445	4.87～19.30	68.9～234.0	31.2～68.3	6.16	−20.24	0.63	2.24	−1.48	0.05	17.19	−3.21	2.37	2.78	−1.76	0.45
丰宁(中国)	中粗粒花岗岩	块状、次块状结构	Ⅲ类为主	25	250～330	12.0～18.0	70.0～80.0	8.0～10.0	61.79	−19.35	8.60	86.73	−4.89	19.00	92.64	−7.15	34.17	32.47	−1.51	10.01

续表

工程名称	围岩岩性	岩层产状	围岩类别	洞宽(m)	埋深(m)	地应力 σ_1 (MPa)	岩体饱和抗压强度 R_w(MPa)	岩体变形模量 E_0(GPa)	顶拱位移(mm)			拱脚位移(mm)			边墙位移(mm)			端墙位移(mm)		
									最大	最小	平均	最大	最小	平均	最大	最小	平均	最大	最小	平均
绩溪（中国）	似斑状花岗岩	块状、次块状结构	Ⅱ～Ⅲ类为主	24.5	300～400	12.25～13.11	80.0～120.0	8.0～18.0	3.35	−0.41	0.88	0.91	−0.5	0.02	19.06	−24.8	3.31			
明潭（中国台湾）	砂岩、粉砂岩互层	NE39° SE∠35°		22.7	300	7.0	41～166	2.3～5.1	70.0	5.0	42.7				96.0	16.0	45.2			
葛野川（日本）	砂岩、泥岩混合层	EW N∠60°～80°	CH为主，CM～CL	34.0	520	14.5	36～250	4.1	24.0						56.0	12.0	32.0			
喜撰山（日本）	燧石、砂质黏土板岩、黏土板岩	N60°W SW∠60°～80°		25.6	250	2.5		2.0～7.0	16.0	2.0	9.5				44.0	7.0	24.5			
奥多多良木（日本）	流纹岩、石英斑岩、辉缘岩	NW20°～70° NE∠60°～80°	B～CH	24.9	200	10		5～10	1.2	0.1	0.5				27.2	0.1	12.6			
今市（日本）	硅质砂岩、角砾岩、砂板岩互层	EW N∠50°	CH～B	33.5	400	12.3～16.0		18.0	29.0	0.9	6.3				43.1	1.1	11.4			
奥吉野（日本）	页岩、砂岩	NE80° NW∠40°	CH～CM	20.1	200	6.4	3.8～12.9	13～20	17.0						22.0	1.0	7.1			
拉姆它昆（泰国）	粉砂岩、砂岩	L10°/∠10°		25.0			35～73	5.0～10.0	51.6	33.4	44.9				49.0	8.0	24.8			
瓦尔德克Ⅱ号（德国）	板岩、杂砂岩	SE110°～130° NE∠30°～40°		33.5					20.0	15.0	17.5				12.0	10.00	11.0			

表 12-6-5　　国内抽水蓄能电站地下厂房锚杆应力监测结果汇总

工程名称		十三陵	宜兴	西龙池	张河湾	泰安	琅琊山
顶拱锚杆应力（MPa）	最大值	139	179	219	133	14	59
	最小值	3	−6	4	6	1	12
	平均值 σ_{av}	71	78	97	51	9	28
σ_{av}/σ_y（%）		23	25	31	16	3	9
边墙锚杆应力（MPa）	最大值	347	357	241	346	367	268
	最小值	3	11	9	27	4	4
	平均值 σ_{av}	148	120	45	113	167	113
σ_{av}/σ_y（%）		58	39	15	36	54	36
观测锚杆数		22	30	46	34	20	45
＞310MPa 锚杆数		1	2	0	2	3	0
＞155MPa 锚杆数		10	8	7	5	6	10
＞310MPa 数/总数（%）		5	7	0	6	15	0
＞155MPa 数/总数（%）		45	27	15	15	30	22

（2）隧洞周边水平收敛速度，以及拱顶或底板垂直位移速度明显下降。

（3）隧洞位移相对值已达到总相对位移值的 90%以上。

4. 调整施工方法，改变施工程序及支护时机

当预测围岩将可能失稳时，此时除立即采取补强措施外，还应调整施工方法，改变施工程序和支护时机。必要时应立即停止开挖，进行施工处理。

5. 验证建筑物安全度

通过对各监测项目实测值和设计允许值综合对比分析，可验证建筑物安全度。如某工程围岩锚杆应力实测值为 150MPa，设计允许值为 270MPa，则其锚杆应力发挥度为 56%，表明安全余度较大。

6. 优化调整设计参数

经现场地质观察评定，认为在较大范围内围岩稳定性较好，同时实测位移时远小于预计值，而且稳定速度快，此时，可适当减小支护参数。反之，对可能出现失稳地段，则应增加支护参数。

第十三章　水泵水轮机

第一节　水泵水轮机型式与发展

一、水泵水轮机型式

抽水蓄能电站的关键设备是抽水蓄能机组，抽水蓄能机组可分为四机式、三机式和两机式等。

1. 四机式机组

四机式机组应用较早，由专用的抽水机组单元和发电机组单元组合而成，发电单元的“水轮机＋发电机”与抽水单元的“水泵＋电动机”两套设备完全独立设置，其水道系统与输变电设备可根据不同情况共用或单独设置，这种结构型式的机组称为四机式机组。在这种抽水蓄能电站中，水轮机和水泵两者可以采用完全不同的参数设计，使其运行效率高，随时可以进行工况转换，电网调节、检修和维护灵活。但这种机组设置除土建费用增加外，机组和附属设备数量增多，运行维护工作量大，成本高。

2. 三机式机组

由于电机本身具有可逆性，同一电机在电动机工况和发电机工况运行，都具有很高的运行效率，所以，由一台发电电动机和与其连接在同一根轴系上的一台水轮机和一台水泵就构成典型的三机式机组。按布置方式，三机式机组分卧轴和竖轴两种型式。卧轴机组的发电电动机布置在水轮机和水泵之间，而竖轴机组的水泵则安装在整个机组最下部。

大型三机式机组一般采用竖轴布置方式。水轮机和水泵可以布置在发电电动机的下方，水泵安装位置较水轮机低；也可以分开布置，水轮机设在发电电动机上方，水泵设在发电电动机下方。第一种布置方式的机组转动部分的轴系较长，水轮机和水泵轴之间采用联轴器连接。第二种布置方式的机组运行时转动部分的轴系较短，水轮机和发电电动机大轴间采用刚性连接，发电电动机与水泵轴之间采用联轴器连接。水轮机工况运行时，联轴器分开，水泵停机；水泵运行时，联轴器闭合，水轮机采用压缩空气将转轮室的水位压低或排水，使转轮在空气中运行。由于联轴器的本身有能量损失，不同运行工况下，联轴器工作状态不同，且需要压缩空气系统辅助运行，会降低机组的整体运行效率，运行调节较为复杂。

三机式机组的综合效率比可逆式机组高，主要是由于三机式机组的水轮机和水泵及其通流部件的水力设计和结构设计彼此独立，在相应工况下三机式机组的效率可以达到水轮机和水泵各自的较高水平，虽然联轴器对机组的效率有所影响，但总体上来看三机式机组的综合效率比可逆式机组略高。三机式机组的另外一个优点是起动非常方便和迅速，由于水轮机工况和水泵工况旋转方向一致，机组在水泵工况起动时，起动由水轮机带动，且不必将水泵室内的水压出水泵通流部件，加速了水泵工况的起动过程，简化了电气起动设备，改善了电机工作条件。另外，在三机式蓄能机组水泵工况时，水轮机也可发电运行，此时通过调节水轮机出力，实现水泵工况对入力的调节（见图 13-1-1），其中比较典型的代表为奥地利的 Kops Ⅱ 抽水蓄能电站，该电站装设 3 套单机容量为 150MW 的三机式抽水蓄能机组，发电电动机布置在中间，水轮机布置在电动机上面，为冲击式水轮机，水泵布置在发电电动机下面，为三级离心泵。机组在发电工况下功率调节范围为 0～150MW，水泵工况下输入功率也可在 0～－150MW 调节，首台机组于 2008 年 9 月投运。

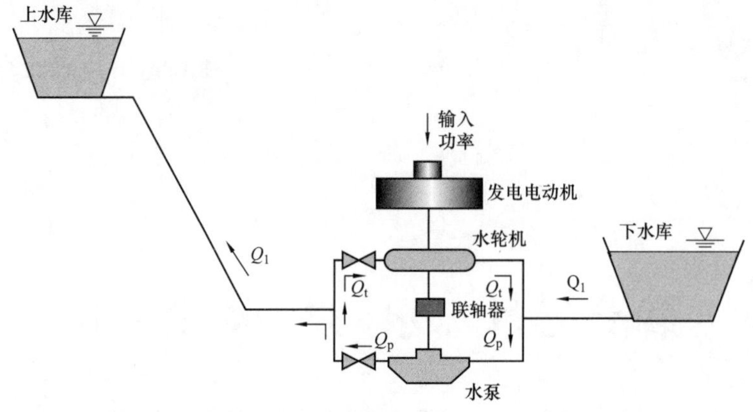

图 13-1-1 三机式抽水蓄能机组水泵工况入力调节示意图

水泵工况入力调节时：$Q_p = Q_1 + Q_t$。Q_p 为水泵流量；Q_1 为向上水库充水流量；Q_t 为水轮机流量，可从 0～Q_p 调节，相应输入功率随水轮机流量变化而变化；当大于 Q_p 时，即系统要求发电时，机组脱开联轴器，水泵不运行。由于水泵可以做成多级式，使水泵能达到很高的扬程，而水轮机在不同的水头段也可以采用不同的机型，因此，三机式机组理论上可以适用不同水头段的抽水蓄能电站。如三机式机组可以采用混流式水轮机配两级或多级离心泵，或者用冲击式水轮机配多级泵。我国羊卓雍湖抽水蓄能电站装设的三机式机组就包括一台 3 喷嘴的冲击式水轮机，水轮机额定水头为 816m，额定出力为 23MW；水泵采用 6 级离心泵，其最大流量为 2.0m^3/s，输入功率为 19MW。因为机组是垂直排列的，所以高度较高，羊卓雍湖电站机组的全部高度达 23.4m。

当然，三机式机组的缺点同样明显。首先，三机式机组的总体设备造价要比单级可逆式机组高；其次，装有混流式水轮机的机组在水泵工况运行时，需要通过压缩空气来压低水轮机转轮室内的水位，压水系统的投资与运行费用较高；最后，三机式机组轴系太长，轴系稳定性设计及机组布置复杂，单机容量不宜太大；另外，三机式机组会增加土建的投资。

3. 可逆式水泵水轮机

除冲击式水轮机外，其余水力机械都有可逆特性，当找出两种工况下都能保持较高效率运行的水力设计方法后，由电机（电动—发电机）+可逆式水力机械（水泵—水轮机）组成的两机式机组得到广泛的应用，机组在一个方向旋转时发电，向另一方向旋转时抽水。这就构成了两机式机组，称为可逆式水泵水轮发电机组。由于该种结构类型的机组具有机组尺寸小、结构简单、造价低、土建工程量小等优点，已成为现代抽水蓄能电站采用的主要机型，国内外近些年所投运的机组几乎都是两机式机组。但可逆式水泵水轮机也有明显不足，虽然机组能在水泵和水轮机两种工况下运行，但为了兼顾两种工况运行的特点，两种工况下运行的效率均不能达到该工况下机组按单独运行设计时的效率水平。

可逆式水泵水轮机的工作水头范围与反击式水轮机的工作水头范围相一致，随着应用水头的不同，水泵水轮机可以采用混流可逆式、斜流可逆式、贯流可逆式机组。

（1）混流可逆式水泵水轮机。混流可逆式水泵水轮机水流沿径向进入转轮，然后基本上沿轴向自转轮流出。转轮形状类似水泵，单级转轮适用水头一般为 50～800m，超过 800m 水头时一般采用两个或两个以上转轮串联组成多级式。混流可逆式水泵水轮机的结构简单，适用的水头范围广，因此是应用最多的机型。

（2）斜流可逆式水泵水轮机。斜流式水泵水轮机水流流经转轮叶片时倾斜于轴线某一角度。适用水头 30～140m，桨叶可调节，与混流可逆式水泵水轮机相比平均效率高，可以调节水泵输水量，水泵起动力矩小。缺点是结构复杂，造价高，与混流式相比，其适用水头范围较窄，应用比较少。

（3）贯流式水泵水轮机。贯流式水泵水轮机是流道呈直线状的卧轴水泵水轮机。适用水头 3～

20m，主要用于潮汐抽水蓄能电站，除要求机组具有单向发电、抽水功能外，有时还要求具有双向发电、双向抽水和双向泄水等六种功能。

二、可逆式水泵水轮机技术发展

近年来，抽水蓄能电站机组的设计与制造广泛运用了新技术和新设计理念，可逆式水泵水轮机技术取得较大发展。

（一）高水头化

随着技术的发展，单级混流可逆式水泵水轮机使用水头越来越高，目前单级可逆式机组的应用水头已超过常规水轮机。20世纪70年代以前，单级混流可逆式水泵水轮机最高扬程在400m。1973年，世界上水泵水轮机的最高扬程首次突破500m（日本沼原抽水蓄能电站，最大扬程528m），之后水头500m容量300MW级的水泵水轮机不断制造出来。20世纪80年代初投运的南斯拉夫巴吉纳·巴斯塔抽水蓄能电站水轮机工况最大发电水头达到600m，水泵工况最大扬程为621.3m。1994年投运的保加利亚茶拉抽水蓄能电站最大水头为677m，水轮机最大出力216MW，水泵工况最大扬程701m，转速600r/min。20世纪90年代后期至今，国内抽水蓄能电站建设得到快速的发展，其中500～600m级水头段机组已在我国大量投运，包括十三陵、广州一期和二期、天荒坪、清远、仙居、仙游、宝泉、惠州、呼和浩特、洪屏、绩溪等抽水蓄能电站。在已建抽水蓄能电站中，日本葛野川抽水蓄能电站单级可逆式水泵水轮机运用水头最高，最大毛水头为751m，水泵工况最大扬程为778m，单机出力为400MW，转速为500r/min。葛野川投产后，随之一批700m级的抽水蓄能电站相继投运，包括日本的神流川（最大扬程728m）和小丸川（最大扬程714m）、瑞士的Lintal（最大扬程715m），以及我国的西龙池（最大扬程703m）、敦化（最大扬程712m）、长龙山（最大扬程764m）、阳江（最大扬程706m）等抽水蓄能电站。目前，国内已核准建设的浙江天台抽水蓄能电站水泵工况最高扬程达到777m，单机容量为425MW，机组参数处于世界前列。

在单机容量相同的情况下，抽水蓄能电站利用水头越高，需要的流量越小，上水库、下水库和大坝等土建工程量减小，输水系统和厂房系统的尺寸相对较小，投资降低。对于相同容量的机组，水头越高，转速越高，转轮直径就越小，例如单机容量同为300MW的水泵水轮机，500m水头段转轮直径只有300m水头段的机组的80%左右。抛开机组设备制造难度因素，相应厂房系统尺寸和机组设备尺寸减小，电站总体投资降低。

在高水头、大容量、高转速水泵水轮机技术的发展上，日本厂商相对发展较早。如日本沼原抽水蓄能电站机组，由日立公司提供，巴吉纳·巴斯塔电站及茶拉电站的机组均由东芝公司提供。葛野川电站1号机组由日立公司提供，2号机组由三菱公司提供，3号、4号变速机组由东芝公司提供。我国西龙池抽水蓄能电站水泵水轮机由日立—东芝公司提供，发电电动机由东芝—三菱公司提供。在近十年的抽水蓄能发展中，我国自主化的高水头、大容量、高转速水泵水轮机技术得到了快速的发展，近期投运的长龙山1～4号机（单机容量350MW）、敦化（单机容量350MW）和阳江（单机容量400MW）等抽水蓄能电站装设的一批700m级大容量抽水蓄能机组均实现了自主设计和制造，机组性能达到了国际先进水平。

单级水泵水轮机最高扬程的发展状况如图13-1-2所示，可以看出，随着时间的推移，单级水泵水轮机应用的水头呈上升趋势，但到目前为止，由于受到结构强度的限制，单级混流可逆式水泵水轮机水泵工况最大扬程800m已经达到应用的上限。

当水头进一步提高时，需采用多级可逆式水泵水轮机机组。20世纪80年代投运的法国比索尔特抽水蓄能电站，首次采用了五级可逆式水泵水轮机，最大发电水头为930m。1982年投运的意大利埃多罗蓄能电站的五级可逆式水泵水轮机，最大发电水头为1256m。

（二）高转速化

在电站应用水头不断提高的同时，水泵水轮机也在向高比转速方向发展。比转速是表征水轮机、水泵等水力机械的一个重要综合参数。和常规水电机组一样，水头越高比转速越小，混流可逆式水泵水轮机的比转速一般用水泵工况最低扬程的比转速$n_{sp}=n\cdot Q_{max}^{0.5}\cdot H^{-0.75}$来表示。用比速系数$K=n_{sp}\cdot H^{0.75}$来衡量比转速水平和水泵水轮机的设计制造水平。关于比转速和比速系数，在本章第二节中做详细介绍。

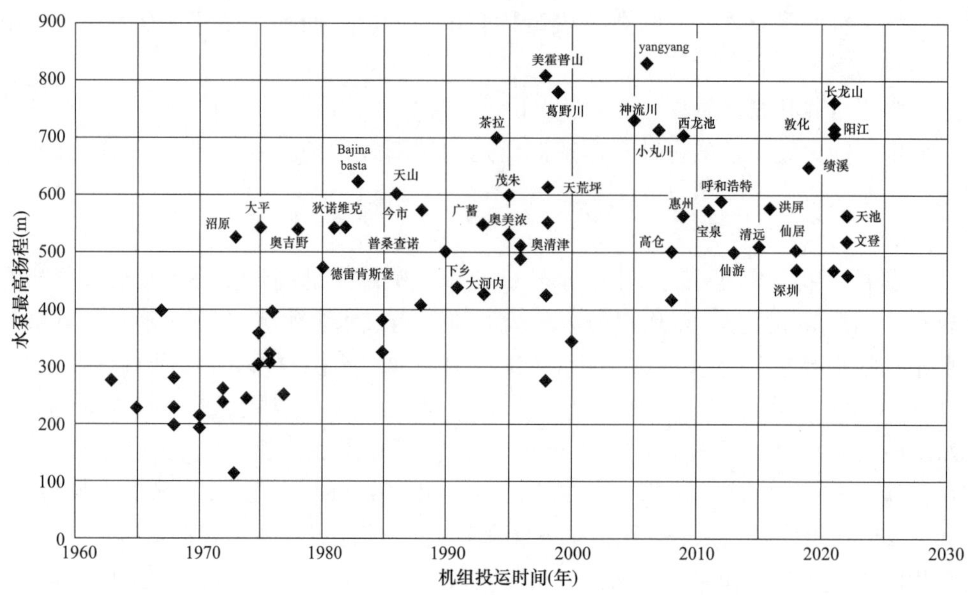

图 13-1-2 单级水泵水轮机最高扬程的发展状况

水泵工况比速系数 K 处于逐年提高的趋势（水轮机工况比转速与水轮机有效水头发展状况、水泵工况比转速与水泵最高扬程发展状况见图 13-1-3 和图 13-1-4），20 世纪 60 年代 K 值在 1500～2400；70 年代设计制造的 500m 水头段水泵水轮机 K 值达 2500～3200，其比转速在 25（大平电站）～33（波罗莫卡扎尔电站）；而 80 年代设计制造的 500m 水头段水泵水轮机 K 值已达 2900～3500（狄诺维克电站），其中巴吉纳・巴斯塔水泵水轮机，最大扬程达 621.3m，仍采用 70 年代适用于 500m 段机组的比转速 27，其 K 值为 2990；保加利亚茶拉的水泵水轮机最高扬程为 701m，其比转速为 26.44，相当于 500m 段机组的比转速，其 K 值为 3260。十三陵电站的水泵水轮机比速系数 K 值为 3300，与其他 80 年代中后期投运的电站机组比速系数 K 值水平相当。天荒坪抽水蓄能电站水泵水轮机比速系数 K 值为 3827，达到了较高的水平；而广州一期的比速系数 K 值为 3874，接近预测的单机混流可逆式水泵水轮机组的比速系数 K 值上限为 4000，处于较高水平。西龙池抽水蓄能电站机组比速系数 $K=3395$，与茶拉电站相当。2021 年首台机组投运的长龙山和敦化抽水蓄能电站机组的比速系数 K 接近 3500，阳江抽水蓄能电站机组的比速系数为 3855。

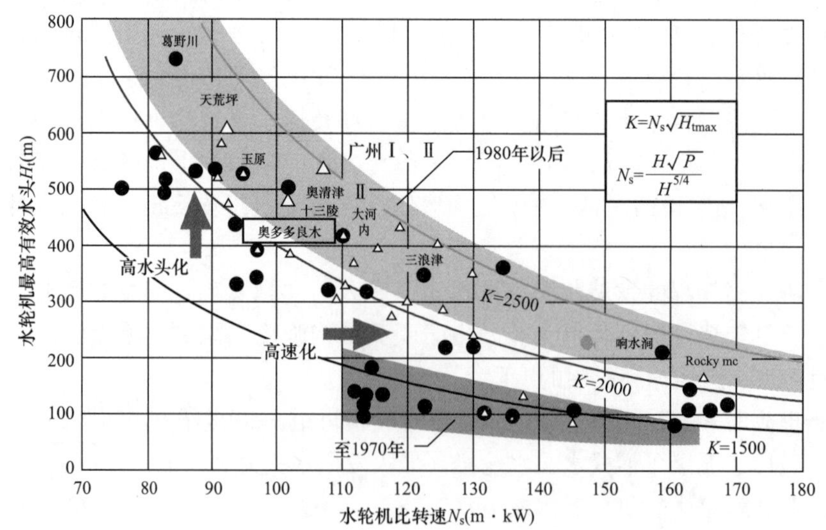

图 13-1-3 水轮机工况比转速与水轮机有效水头发展状况

（三）大容量化

在大规模电力系统中，希望建一些大容量的抽水蓄能电站，以满足较大的调峰能力要求。与增加机组台数相比，增加单机容量可以降低电站机组设备造价，简化电站操作程序，减少厂房投资，其综

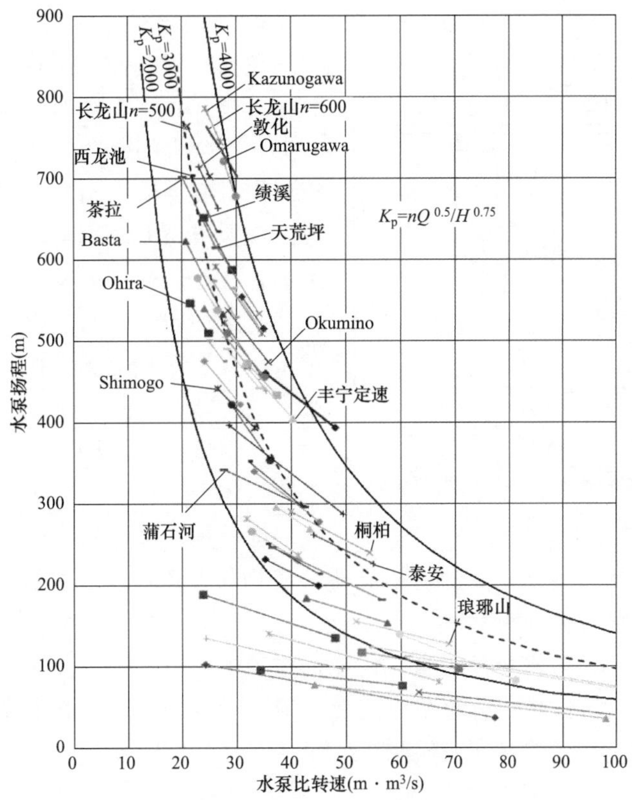

图 13-1-4 水泵工况比转速与水泵最高扬程发展状况

合经济效益较好。自 20 世纪 70 年代以来，可逆混流式水泵水轮机单机容量有明显的增加趋势，50 年代最大出力仅为 90MW（美国海瓦西蓄能电站）；60 年代投运的汤姆逊电站为 220MW；70 年代投运的腊孔山电站为 400MW；80 年代投运的巴斯康蒂电站水轮机的最大出力为 457MW（水头范围 323～390m），水泵最大入力为 420MW。日本 1999 年投运的葛野川抽水蓄能电站水泵工况最大入力为 412MW。目前单机容量在 300MW 级的单级可逆水泵水轮机，国内外制造商均有比较成熟的技术。随着仙居、敦化、长龙山、阳江等一批单机容量在 350MW 及以上的电站的成功投运，国内制造商的设计、加工制造能力已达国际先进水平，其中已投运的阳江抽水蓄能电站单机容量为 400MW，在建的天台抽水蓄能电站单机容量为 425MW，目前已完成水泵水轮机的模型验收试验。

（四）高性能化

随着机组向高水头、高转速、大容量方向发展，机组强度、材料疲劳损害和振动噪声水平随之加大。为了从整体上实现机组的最优，目前各个成熟的生产商在机组设计中从蜗壳到尾水管所有流体设计都应用了流体分析技术（CFD），给出流道形状和计算条件后，在很短时间内就能得出压力和速度分布。可以针对蜗壳、座环及固定导叶、活动导叶、转轮、尾水管进行全流道的解析。在实际设计中，通过反复流体解析可确定叶片和流道的形状、预测机组的效率、空蚀水平。通过模型试验来修改和验证，达到高性能化。

在结构设计中，需要对主要部件进行三维 CAD 设计。例如，转轮固有振动频率的计算、座环与顶盖间密封部位因起动和停机引发间隙变化的预测、固定导叶的强度计算、顶盖的强度计算与变形分析、埋件部分水压引发变形的预测、进水阀应力与变形的解析等，同时实现了结构合理化与钢板厚度等的最优化。

（五）高可靠性

除对机组进行模型试验以外，早期由于对超高水头、高转速机组无真机运行资料和设计经验，为测量机组在高速、高压条件下所使用的主要部件的性能，部分厂商还进行了实物大小或者缩小模型试验，验证其性能、强度可靠性及耐久性等。目前，随着高水头、高转速机组设计经验的丰富和运行资料的完善，实物或缩小模型试验已不再采用。

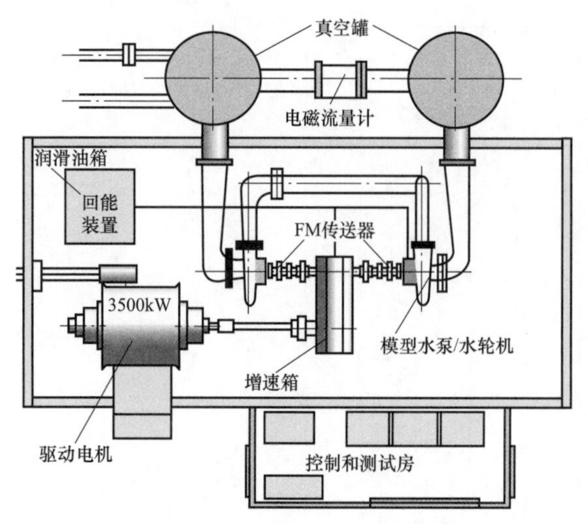

图 13-1-5　真实水头试验装置

1. 真实扬程试验

超高扬程时，加振模式和频率一旦与转轮的固有振动模式和水中固有振动频率相一致，就会引发共振，产生大的变动应力。转轮的累计损害中因运行状态下变动应力引发的损害最大，因此有必要让额定转速下激振频率与转轮在水中的固有振动频率远离，降低转轮的变动应力。但是，转轮在水中的振动受附加质量的影响是复杂的，日本在高水头电站采用真实落差、真实扬程模型进行了试验（真实水头试验装置见图 13-1-5）。

模型试验可以同时满足叶栅干涉、加振力、频率等流体力学特性的相似条件，以及水中振动物体的附加质量、水中共振这样的振动力学特性的相似条件。试验用的模型转轮用与实物相同的材质制造，实物与过流面、非过流面都完全相似，所以具有与模型比尺成比例的水中固有振动频率。

查明了转轮的共振频率，为避开影响水力性能的过流面，只要改变上冠、下环的刚性及转轮背压室的间隙就可以实现。起动、停机、甩负荷时的变动应力及反复出现的次数等均可测定，实现了综合性的疲劳强度评价，并确定转轮的容许缺陷尺寸。

2. 调相漏气试验

若超高扬程水泵水轮机的吸出高度低于−100m，则调相运行时尾水管内压入空气的压力将为大气压的 10 倍以上。混入水中的气泡就会随之出现在尾水管下并产生二次回流，经过尾水管肘管逃逸到尾水渠中，从而形成漏气。一旦漏气量超过了空气压缩机所能提供的补气量，就无法实现长时间调相运行。

对于各种各样的尾水管形状，可用气液双相流动解析计算水中的气泡动向，并进行漏气量的相对评价。可采用与实际吸出高度相当的空气压力驱动转轮，进行调相漏气模型试验，找出漏气少的尾水管体形（机组调相漏气量实验示意图见图 13-1-6）。

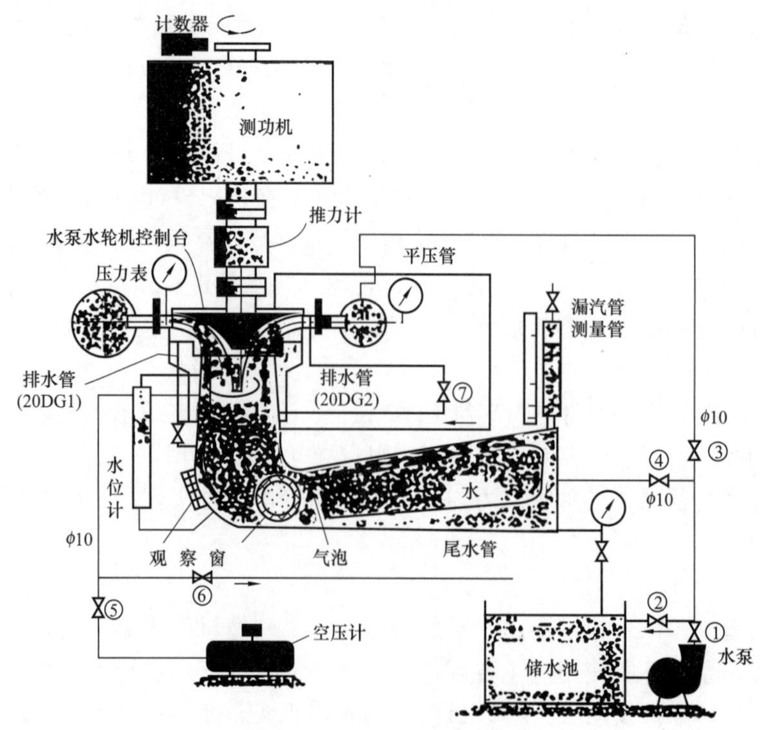

图 13-1-6　机组调相漏气量实验示意图

第二节　水泵水轮机工作特点及其主要参数

衡量水泵水轮机的性能指标和常规水轮机基本一样，包括功率、效率、空化性能和运行稳定性等主要参数。水泵水轮机有两种相反的运行工况，故同一转轮这些参数各有两套数值。

一、水泵水轮机工作特点

由于水泵水轮机在水泵工况和水轮机工况运行时使用同一转轮，两种工况相互关联，单独去改变水泵或水轮机工况的运行特性是非常困难的，不可能使水轮机和水泵同时在各自最优效率范围内运行。为了满足机组在两种工况均有良好的运行特性，只能通过参数选择，使其在水泵和水轮机工况各自相对合理的范围内运行。水泵水轮机在水泵工况和水轮机工况运行时，均无法达到各自的最优工况。水泵工况和水轮机工况运行范围如图 13-2-1 所示。

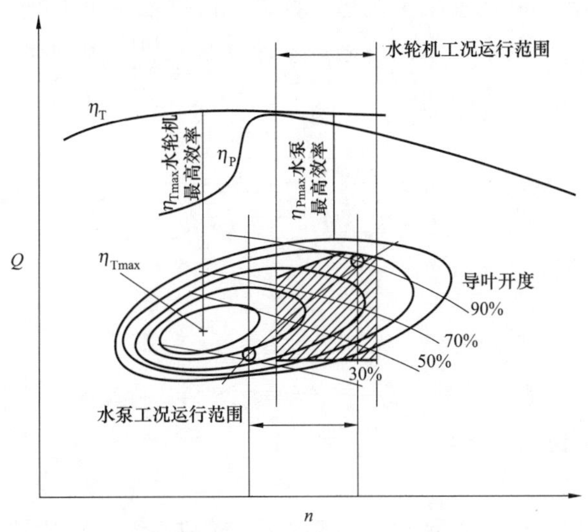

图 13-2-1　水泵工况和水轮机工况运行范围

水泵入力一定时，随着扬程升高，水泵流量减少，当流量减少到一定程度，转轮中水流流态会发生改变，由稳定流态向非稳定流态转变，如图 13-2-2 所示，转轮中产生二次回流，机组的振动与噪声随之增加。

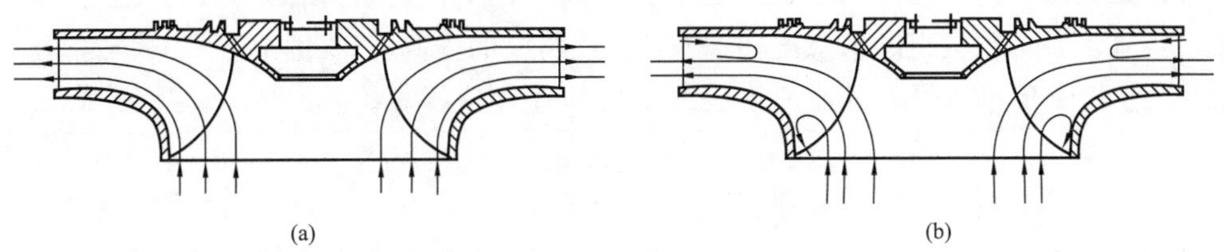

图 13-2-2　水泵工况下转轮中流态变化

（a）稳定流态；（b）非稳定流态

二、比转速

（一）比转速与比速系数

1. 比转速

比转速是反映机组参数水平和经济性的一项综合参数。在相同水头下，比转速的高低，反映了机组参数的技术水平和经济性。随着科技的进步，水泵水轮机比转速也逐步提高。但比转速的提高也受到许多因素的制约，如效率水平、空化性能和运行稳定性等。

在水泵水轮机中，水轮机工况比转速 n_{st} 和水泵工况比转速 n_{sp} 分别定义如下：

水轮机工况比转速 n_{st} 为

$$n_{st}=n\cdot P^{0.5}/H_t^{1.25} \tag{13-2-1}$$

式中　n——机组额定转速，r/min；

H_t——水轮机工况额定水头，m；

P——水轮机工况额定输出功率，kW。

水泵工况比转速 n_{sp} 为

$$n_{sp}=n\cdot Q^{0.5}/H_p^{0.75} \tag{13-2-2}$$

式中 H_p——水泵工况最优效率点扬程，m；

Q——水泵工况最优效率点流量，m^3/s。

为避免使用单位不一致引起混乱，通常在水泵比转速 n_{sp} 后注明（m·m^3/s），在水轮机比转速 n_{st} 后注明（m·kW）。显然，括号内的单位是一种说明，而不是比转速的量纲。

应该指出，以上的比转速是水泵水轮机在水泵和水轮机两种工况下各自最优效率点的比转速值。而如前所述，两种工况的最高效率点并不发生在同一点上，所以在机组选型或机械设计中如决定使用单一转速的水泵水轮机，则不可能选到能同时满足两种工况均为最优的转速。因水泵工况高效率区较窄，效率变化急剧，一般应首先满足水泵工况运行要求，这样水轮机工况的运行范围就将在某种程度上偏离最优点。因此，对单转速的水泵水轮机来说，计算水轮机工况的比转速没有多大实际意义，只有在和其他机型方案进行比较时才有用处。

2. 比速系数

为了衡量机组的高速性，通常引入比速系数 K，且

$$K=n_{sp}\cdot H^{0.75}=n\cdot Q^{0.5} \tag{13-2-3}$$

式中 n_{sp}——水泵工况比转速，m·m^3/s；

H——水泵工况扬程，m；

n——水泵工况转速，r/min；

Q——水泵工况流量，m^3/s。

（二）不同比转速水泵水轮机特性差异

1. 比转速和水头

图 13-1-4 为一些 800m 扬程以下的混流可逆式水泵水轮机水泵工况比转速 n_{sp} 与水泵扬程 H_p 的关系曲线。可以看出：①随着电站扬程（水头）的提高，水泵工况比转速 n_{sp} 降低；②200～800m 水头段的混流可逆式水泵水轮机的水泵比转速 n_{sp} 的范围一般在 25～45；③随着技术发展，代表机组设计制造水平的比速系数 K 值在逐步提高。

随着比转速的提高，机组尺寸和土建工程量相应减少，工程造价降低。因此，近年来 500～600m 水头段混流可逆式水泵水轮机组的水泵比转速 n_{sp} 有较明显的提高。20 世纪 80 年代后，比转速 n_{sp} 已从 26～28 提高到 30～36 的水平，其比速系数 K 值水平也相应提高。

2. 比转速和转轮尺寸的关系

高水头水泵水轮机转轮形状像个扁平的盘子，转轮进口（水轮机方向）高度较常规水轮机要小，随着水头（扬程）增大，比转速降低，转轮进口高度越小，转轮将变得更加扁平，流道随之变得狭长。水泵比转速 n_{sp} 和转轮进口高度 b_2/转轮高压边直径 D_1 的关系统计曲线如图 13-2-3 所示，可见：随着比转速降低，这个比值将变小。

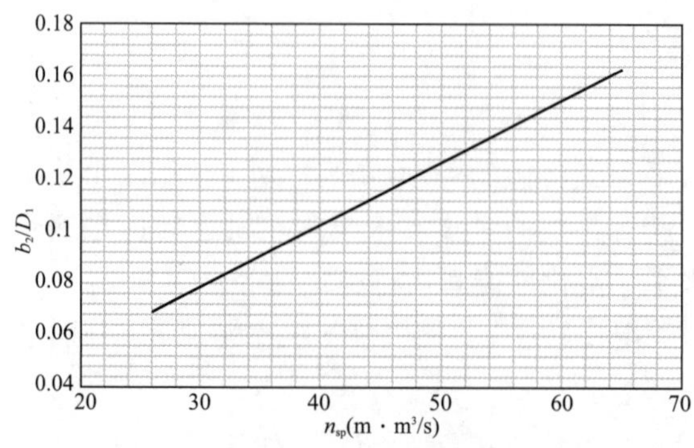

图 13-2-3 水泵比转速 n_{sp} 和转轮进口高度 b_2/转轮高压边直径 D_1 的关系统计曲线

转轮进口高度的降低，不但使水力损失增加，而且不利于叶片铸造、焊接及打磨，使得保证叶型准确度、焊接质量及日后维修的难度都增加。已运行多年的日本沼原抽水蓄能电站水泵水轮机的最高扬程为 528m，比转速 n_{sp}=27，转轮直径为 4.95m，转轮进口高度仅为 300mm。天荒坪抽水蓄能电站机组最高扬程为 605m，比转速 n_{sp}=31.2，转轮直径为 4.08m，转轮进口高度降低到 262mm。西龙池抽水蓄能电站机组最高扬程为 703m，比转速 n_{sp}=27.1，转轮直径为 4.27m，转轮进口高度则降低到 284mm。通常认为，当转轮进口尺寸小于 240mm 时，转轮的制造会变得相当困难，因此，进行机组选型设计时，要充分考虑到转轮进口高度。

表 13-2-1 为国内部分抽水蓄能电站的比转速、转轮进口高度与转轮直径。随着比转速的降低，转轮进口高度随之下降。

表 13-2-1　　国内部分蓄能电站水泵比转速、转轮进口高度与转轮直径

电站名称	琅琊山	泰安	张河湾	宜兴	十三陵	天荒坪	西龙池	长龙山（500r/min）	长龙山（600r/min）	阳江
比转速 n_{sp}（m·m³/s）	56	51.3	36.3	34.3	33.05	31.2	27.1	25.3	30.1	30.1
转轮高压边直径 D_1（mm）	4725	4530	4610	4380	3719	4080	4270	4292	3650	4240
转轮进口高度 b_2（mm）	771	574	496	450	330	262	284	305	255	316
比值（b_2/D_1）	0.16	0.13	0.11	0.10	0.09	0.06	0.07	0.071	0.699	0.075

3. 比转速对效率的影响

如上所述，随着比转速降低，流道内流速增高，水力损失将增大，同时转轮外侧摩擦损失和迷宫损失也随之增加，机组的总效率将下降。图 13-2-4 为水泵水轮机比转速与最高效率变化的一般关系。当比转速 n_{sp}=35～45，可望获得较高的效率。高于和低于这个比转速，效率都将有所下降，当比转速降到 n_{sp}=25 时，最高效率下降 5%左右。

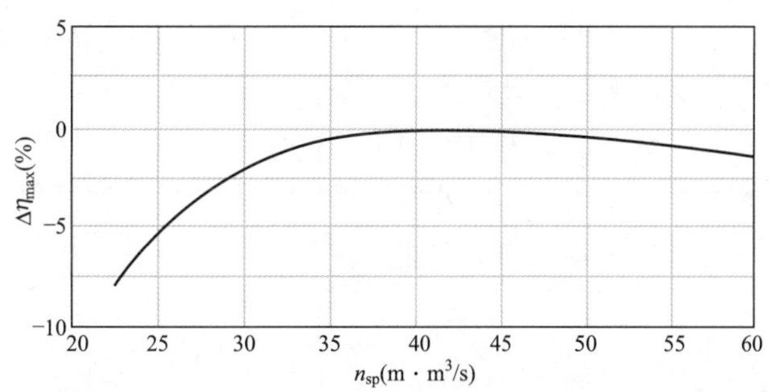

图 13-2-4　水泵水轮机比转速与最高效率变化的一般关系

因此，新的发展方向是在提高水泵水轮机应用水头的同时，通过改进设计来提高水泵水轮机的比转速，以求获得更好的性能。提高水泵水轮机的比转速的直接途径是提高其转速，但随着转速的提高，水泵水轮机的空化性能将恶化，为保证机组运行安全，需要有很大的淹没深度，机组参数选择时应进行综合考虑。

三、空化特性与吸出高度选择

水泵工况空化过程是水泵水轮机空化与空蚀的关键，是影响转轮设计和机组选型的重要因素。

（一）水泵水轮机空化的特点

水泵水轮机与水轮机或水泵一样，空化主要有三个类型，即翼型空化、空腔空化、间隙空化。其中翼型空化主要由叶片背面的负压及叶片正、负大冲角引起；空腔空化通常发生在水轮机非设计工况下，由尾水管涡带中心地带的真空引起；间隙空化是由于水流通过较小的通道或间隙引起的局部流速增高，压力降低而引起的。在通常的水流条件下，具有决定性影响的是翼型空化和空腔空化。

水泵工况下的空化系数主要取决于水泵工况进口以后翼型以及泵工况出口流道（如蜗壳、导水机构等）。其空化相对比较复杂，在高扬程和低扬程工况均出现空化，在低扬程运行时，低压区出现在叶片的压力面；在高扬程运行时，低压区出现在负压面。

水轮机工况的空化系数主要取决于翼型及水轮机出口流道，如尾水管形状等。在水轮机工况下，由于翼型空化中由冲角引起的空化发生在翼型头部，而最低压力的空化主要发生在叶片负压面背面出水边处，即翼型的尾部，通常水轮机工况下的空化出现于低水头运行工况，压力下降区出现于水轮机进口靠下环侧。两种工况机组空化特点如图 13-2-5 所示。

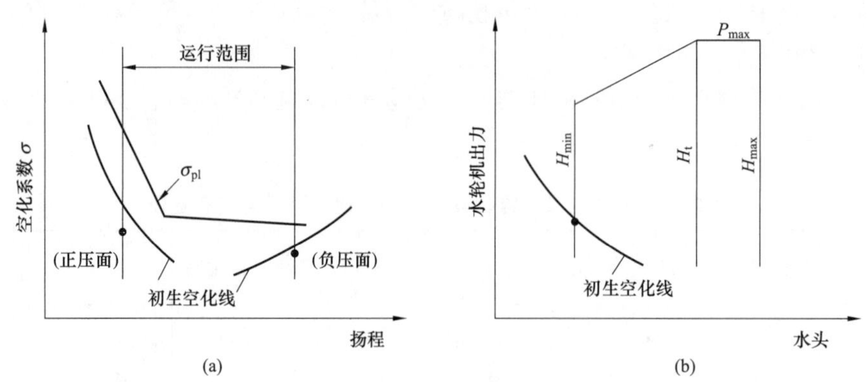

图 13-2-5　两种工况机组空化特点

(a) 水泵运行工况；(b) 水轮机运行工况

虽然水泵水轮机的空化在水泵和水轮机运行工况均可能发生，但一般认为如果能满足水泵运行工况的空化要求也能满足水轮机运行工况的空化要求，即水泵工况的空化性能要比水轮机工况空化性能差，水泵运行工况是影响机组选型与转轮叶片设计的重要因素，因此水泵水轮机的空化通常的情况下主要取决于水泵工况。

（二）水泵水轮机空化系数的确定

水泵工况下，在下水库水面、泵入口处建立能量方程

$$Z_o+P_o/\gamma+v_o^2/2g=Z_s+P_s/\gamma+v_s^2/2g+\sum h_{os} \tag{13-2-4}$$

式中　Z_o、Z_s——分别为下水库水面及泵入口处至尾水管底板的高度；

v_o、v_s——分别为下水库水面及泵入口处的平均流速；

P_o、P_s——分别为下水库水面和泵入口处压力；

$\sum h_{os}$——下水库液面至泵入口处的水力损失；

γ——水的容重。

假定水泵工况下 $P_o=P_a$，$v_o=0$，$Z_o-Z_s=H_s$，且$\sum h_{os}\approx 0$，则式（13-2-4）可变为

$$P_s/\gamma+v_s^2/2g=P_a/\gamma-H_s \tag{13-2-5}$$

有效空化余量（装置的空化余量）：有效空化余量定义为水流自下水库经尾水管到达水泵进口处所余的高于汽化压力能头（P_a/γ）的那部分能量——有效的净正吸入水头（NPSH），则 H_s 为

$$-H_s=(P_s/\gamma-P_a/\gamma)+v_s^2/2g \tag{13-2-6}$$

式中　P_a——水流在运行工况温度下的汽化压力。

为确切地表示转轮的空化性能，引入空化系数 σ（托马系数），为

$$\sigma=\Delta h_r/H \tag{13-2-7}$$

由式（13-2-7）可知空化系数 σ 是一个无量纲量，它仅与水泵—水轮机叶轮的几何形状、水流绕型的流态有关，即仅与水泵—水轮机的结构及工况有关，而与扬程无关，它确切地表现了某确定的水泵—水轮机在某确定工况下泵工况的空化性能。

直接计算 Δh_r 是非常困难的，通常引用一些经验数据，可以得到以下计算公式

$$\Delta h_r=\lambda_2(v_1^2/2g)+\lambda_1(W_1^2/2g) \tag{13-2-8}$$

式中　W_1——叶轮进口处相对流速；

v_1——叶轮进口处绝对流速；

λ_1——水流绕叶片头部引起的压降系数（叶栅空化系数），一般在无冲击入流情况下 $\lambda_1=0.2\sim0.4$；

λ_2——绝对流速变化及水力损失引起的压降系数，通常 $\lambda_2=1.0\sim1.4$。

对于水轮机工况：

$$\sigma=1/H(\lambda W_2^2/2g)+\eta_s(v_2^2/2g) \tag{13-2-9}$$

式中 W_2——水轮机出口处相对流速；

v_2——水轮机出口处绝对流速；

λ——叶栅空蚀系数，通常为 0.05～0.15；

η_s——尾水管恢复系数，通常为 0.6～0.7。

（三）空化系数的测定

水泵的空化实验通常在封闭的模型实验台上进行，在一定的转速下，对不同的扬程及流量工况，进行空化实验，试验中不断加大尾水箱中的真空度，即不断减少对应 H_s，直至水泵叶片最低压力点的水流汽化，随着气泡增多，将引起机组特性（效率、扬程、功率等）的改变，并据此选取相应的临界空化系数。

按 IEC 60193《水轮机、蓄能泵和水泵水轮机 模型验收试验》的有关规定定义的临界空化系数 σ_c 取值为：与所规定的空化开始状态有关的空化系数，例如规定能量下降值，即能量工况点的效率水平线与效率急剧下降线的切线交点处的空化系数。但对效率下降的选择国内外尚无统一规定，各公司根据自身实际经验自主确定，国内招标文件中一般定义临界空化系数为随着吸出高度的进一步减小，机组外特性（如效率、扬程、功率等）发生明显改变时的空化系数，如将随着吸出高度的减少，效率下降 1%时的点作为一个控制点等。

初生空化系数 σ_i 的确定：采用闪频光源在水泵水轮机转轮的低压边叶片进口进行观测，当转轮叶片表面开始出现可见气泡时的空化系数称为初生空化系数 σ_i。水泵工况观测仅适用于小于最优流量工况的叶片进口吸力面初生空化判定，大流量区的叶片进口压力面初生空化系数则采用噪声法进行确定。在目前的招标文件中，一般对模型的初生空化系数定义为随着吸出高度减小至少在转轮的两个叶片表面开始出现第一个可见气泡时所对应的空化系数。

1. 比转速

转轮的空化系数与比转速成正比，随着比转速的增大，转轮的空化系数也增大。对于相同运行水头和功率的水泵水轮机来说，随着比转速的增加，水泵水轮机尺寸减小，转速增加。一般认为水力机械空蚀破坏程度与流速的 6 次方成正比，因此，当比转速提高到一定程度，水泵工况运行范围的确定不仅要考虑到两种工况下效率的变化，还要受到空化性能的限制。

图 13-2-6 为比转速与空化系数的统计关系，从图可以看出，随着比转速的提高，转轮空化性能变差。各统计公式在高比转速段差别较大，但在低比转速段一致性比较好。

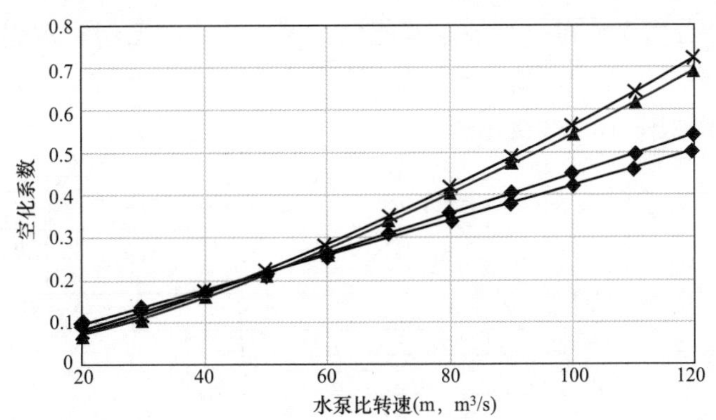

图 13-2-6 比转速与空化系数的统计关系

—▲—北京勘测设计院（1978～1985 年）；—◆—清华大学（1954～1984 年）；—◆—（美）R. S. Stelzer；—×—（苏联）斯捷潘诺夫

2. 水头及其变幅

对于不同比转速的水泵水轮机，总的趋势是运行水头较高的水泵水轮机空蚀强度较大，一般认为空蚀强度与水头的 3 次方成正比。对于高水头的水泵水轮机，在空化系数选择时要求机组在整个运行水头范围内均不发生空化。电站吸出高度与水头、比速系数 K 之间的关系如图 13-2-7 所示。对于同一水泵水轮机，泵工况流量在偏离其最优运行点后，在叶片的正压面和负压面均可能产生空化，在最小流量和最大流量点较为严重。一般对于水头变幅较大的电站，空化系数相应较大。

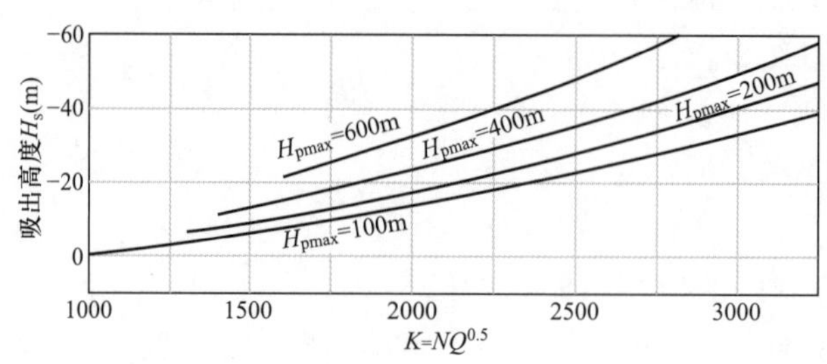

图 13-2-7 电站吸出高度与水头、比速系数 K 之间的关系

（四）吸出高度选择

如前所述，由于水泵工况由最低负压引起的空化系数要高于水轮机工况，水泵工况比水轮机工况更容易发生空化，所以机组吸出高度主要取决于水泵工况的空化性能。吸出高度是以泵工况限制来计算的，通常情况下吸出高度只要在水泵工况下得到满足，水轮机工况下就没有问题，但对于高水头水泵水轮机，小流量的水轮机工况也有可能出现较大的空化系数。

一般采用以下公式计算吸出高度 H_s。

$$H_s = H_a - H_v - \sigma_{pl} \cdot H_p \tag{13-2-10}$$

式中 H_a——大气压力；

H_v——水的汽化压力；

H_p——水泵扬程；

σ_{pl}——电站空化系数。

由于水泵水轮机在上、下水库水位变化之中运行，在不同的水位下，实际运行水头所需要的吸出高度随水头变化而变化。为了保证在所有运行水头范围内，电站装置空化系数大于初生空化系数，应该计算在整个运行水头范围内的有效淹没深度。通常在最小扬程和最大扬程时出现淹没深度不够。由于空化系数随着比转速增大而增大，在电站参数选择中，高比转速机组在低水头工况下运行时，可以允许一定空化发生。这是因为水头低，其空化破坏能力较小，但机组在这些工况的运行时间应该尽可能少。对于高水头蓄能电站，吸出高度的选择应保证在整个运行水头段，机组不会发生空化，参数选择时还应该留有一定的裕度。

对于有较长尾水管的电站，在机组甩负荷时尾水管内形成负压，当该负压接近于绝对真空时就会产生水柱分离，这种水柱分离现象在一些抽水蓄能电站模型试验时已经被观察到，因此选择吸出高度 H_s 值时应把避免发生水柱分离作为判断标准。除了计算外，在预估水柱分离还主要考虑以下两个因素（过渡过程仿真计算示意图如图 13-2-8 所示）。

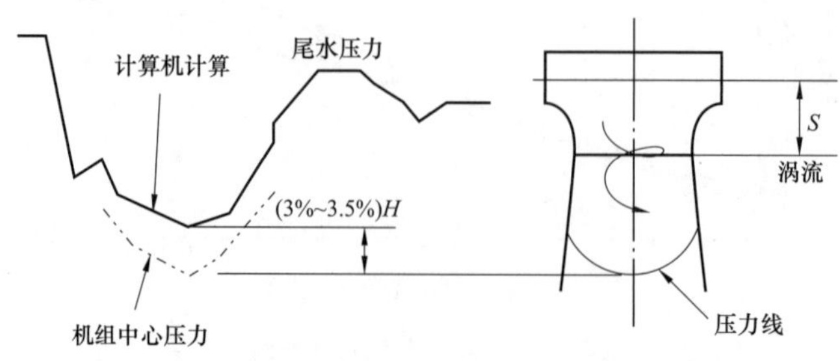

图 13-2-8 过渡过程仿真计算示意图

（1）过渡过程计算中未包括尾水管涡流引起压力降低，通过模型试验和现场试验发现涡流引起的压力降低为 2％～3.5％ H（H 为过渡过程中尾水管出现最低压力时刻的机组运行水头）。因此在过渡过程计算结果中要加上涡流引起的尾水管压力降低值。

(2) 水柱分离发生在转轮底部，因此在计算尾水管最低压力时还应考虑转轮中心到转轮叶片底部的高度 S。

在取得机组的模型特性曲线时，可以依据水泵工况真机与模型换算关系，求得与真机各工况点相对应的扬程与流量，根据模型转轮的 NPSH～Q 计算出对应真机不同扬程下真机必需的 NPSH，如不能满足要求，则可降低导叶中心高程（机组安装高程），直至各扬程全部满足此要求为止，此时导叶的中心高程即为实际所需要的导叶中心高程。

对于一个具体电站项目，由于机组的吸出高度决定着机组安装高程以及厂房开挖深度，这些数据对于水工结构的影响至关重要，但目前项目建设过程中，机组招标和取得模型特性曲线的时间要晚于厂房开挖，时间上相互矛盾。因此，在实际的工程设计中，要求在没有具体模型特性曲线的情况下预估吸出高度值或电站装置空化系数，往往采用一些统计公式对电站吸出高度进行计算，并通过采用相类似电站转轮参数进行水力过渡过程仿真计算进行比较，在电站可行性研究阶段初步确定吸出高度。对于多泥沙电站，考虑到转轮空化和泥沙磨损的双重影响，吸出高度选择时应留有一定的余量。

四、水头特性

机组运行时输水道等存在水力损失，在毛水头相同的情况下，可逆式机组水泵工况扬程为

$$H_p = H_o + \sum h_p \tag{13-2-11}$$

水轮机工况净水头为

$$H_t = H_o - \sum h_t \tag{13-2-12}$$

式中 H_p——水泵扬程，m；

H_t——水轮机水头，m；

H_o——毛水头（扬程），m；

$\sum h_p$、$\sum h_t$——水泵、水轮机两种工况输水道等的水头损失。

由式（13-2-11）和式（13-2-12）可得

$$H_p = H_t + \sum (h_p + h_t) \tag{13-2-13}$$

此关系说明在相同毛水头条件下，水泵扬程比水轮机净水头大$\sum (h_p + h_t)$。

五、力特性

在水泵水轮机设计和选择时，主要考虑三方面的力特性，即轴向水推力、径向水推力、导叶水力矩。

1. 轴向水推力

轴向水推力主要由转轮外侧高压面和低压面上存在的水压差所引起，除机组本身重量之外，影响轴向水推力大小的主要因素有：

(1) 转轮外缘和迷宫环上间隙大小、顶盖与转轮之间以及转轮与下环之间的间隙与形状。

(2) 机组运行工况：机组运行工况不同，转轮两侧水压力分布发生变化，引起轴向水推力也变化。

(3) 转轮上平衡孔的位置与布置等。

为了减少水泵水轮机在稳定工况及过渡过程中的轴向水推力，除仔细研究计算各部件的间隙与布置位置外，还应在转轮上设置机组平压管。一般情况下，机组只设内均压管，有些厂家在机组结构设计中采用了两套均压管（双平压管的设计见图 13-2-9），外均压管将转轮上冠外缘与转轮下环的空腔相连，内均压管将转轮上冠的内圈与尾水管的上部相连，均压管可在不增加漏损的情况下显著降低水推力，均压管上可设置调节阀以调节水推力的大小及主轴密封前的压力。

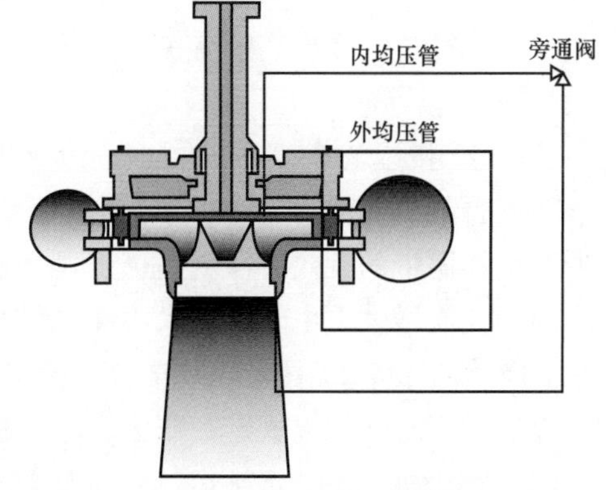

图 13-2-9 双平压管的设计

对于立式机组，正常情况下水推力向下，但部分工况中可能出现向上的水推力。图 13-2-10 为日本大平电站现场轴向水推力试验结果，可见机组水泵工况起动排气造压过程中和水泵工况断电的过程中，会出现较大的向上水推力。但机

组旋转部件的重力方向向下且大于向上的水推力，机组所受总的轴向力仍向下，没有出现抬机现象。

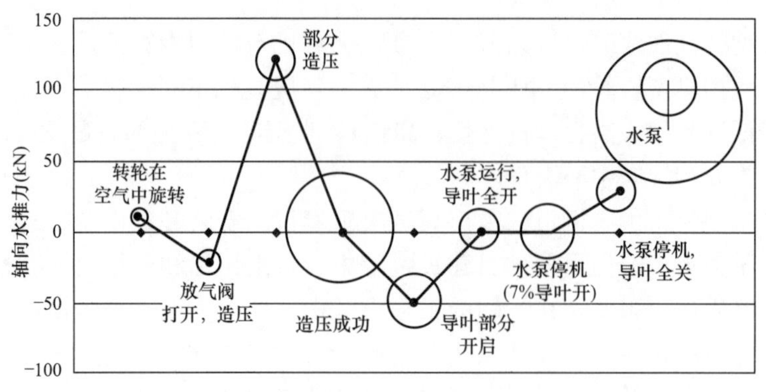

图 13-2-10 日本大平电站现场轴向水推力试验结果

2. 径向水推力

由于转轮周围的水压脉动、转轮止漏环间隙中的流量变化和作用在叶片上不均匀作用力等会导致产生径向水推力。水泵运行时，由于转轮中压力分布比水轮机工况更加不均匀，而产生较大的径向水推力，此径向水推力随运行工况而改变大小，且有一定的随机性。试验表明，在水轮机运行工况中，水轮机空载和甩负荷过程中产生的径向力最大，水泵工况运行时机组压水起动过程和水泵断电工况径向力最大。

3. 导叶水力矩

导叶水力矩直接影响水泵水轮机的结构设计和操作控制系统的设计，其变化规律对机组的稳定性有一定的影响。

常规机的导叶设计，除要求满足水流条件外，还要求作用在导叶上的力矩最小和具有自关闭趋势。水泵水轮机是双向的，它要求在水轮机和水泵两种工况下，导叶的设计都能满足这些要求，且尽量使两种工况下的最大力矩相接近。模型验收时应根据这些要求来检查导叶力矩试验曲线。

常规机导叶力矩的自关闭趋势范围较大，水泵水轮机两种工况下的导叶自关闭趋势范围都较小，随着导叶开度增加，逐渐由自关闭趋势变为自开启趋势。

六、水泵水轮机运行稳定性

（一）水泵水轮机运行不稳定区域

水泵水轮机在正常运行工况下，希望将机组振动和噪声等指标控制在一定的范围之内，但在不同的水头运行范围，水泵水轮机特有的水力现象使机组出现一些无法避免的不稳定运行区域。

1. 水轮机工况中不稳定运行区

对于混流式水泵水轮机的发电工况，在整个运行过程中不稳定区域和常规水轮机相似，一般出现在部分负荷（额定负荷 50%以下）工况、低水头工况。

（1）水轮机部分负荷运行。由于尾水管涡带作用引起低频压力脉动，机组噪声与振动增加。尾水管涡带与比转速、吸出高度有关，其频率（f）范围一般按下式进行计算：

$$f=n/(2\sim5) \tag{13-2-14}$$

式中 n——机组转速。

除了引起机组振动与噪声外，这个低频的压力脉动有时会引起机组出力的波动。在常规水电站中，减少尾水管涡带的有效手段就是进行尾水管补气，补气量随机组流量增加而增加，补气压力随着机组埋深的加大而增大。由于在抽水蓄能电站中机组埋深很大，使机组补气相当困难。此时要求机组尽可能在 50%额定负荷以上运行，或缩短在 50%额定负荷以下运行的时间。一般在招标文件中，常将在此负荷段的运行时间加以规定，作为转轮考核的条件之一。

（2）水轮机工况低水头运行。在水泵水轮机整个运行水头范围内，转轮叶片进口边会产生高频压力脉动，从而使机组产生有害的振动与噪声。特别对于低比转速（高水头）机组，水轮机工况低水头运行的不稳定和“S”形特点可能造成机组起动困难甚至无法并网，这一点在机组水力设计和模型验收过程中应引起高度重视。从国内 20 世纪末几个高水头蓄能机组的模型验收来看，水轮机工况低水头运行时的“S”形特点都比较明显，个别电站机组采用加装独立导叶控制装置予以改善并网稳定性。目前，国内各厂家经过深入研究均取得了技术上的突破，通过水力开发可以做到低水头空载运行时远离“S”区。

2. 水泵运行工况不稳定运行区

机组在水泵工况运行时，一般存在两个不稳定的运行工况。

(1) 高扬程工况。随着水泵扬程增加，抽水量减少，转轮中的流态由稳态变为紊态，导致二次回流产生，即驼峰区。转轮叶片在水泵进口方向发生空化，效率下降，机组振动和噪声增加。在水力设计时，应该尽量避免机组在这个范围内运行，如果无法避免，就应该让机组在这个范围内运行的时间减少，同时，水泵工况最高扬程确定时，应该将二次回流发生点的扬程留出一定余量，这个余量一般不小于 2%，此余量计算时应考虑电网频率变化对机组抽水量的影响（见图 13-2-11)。

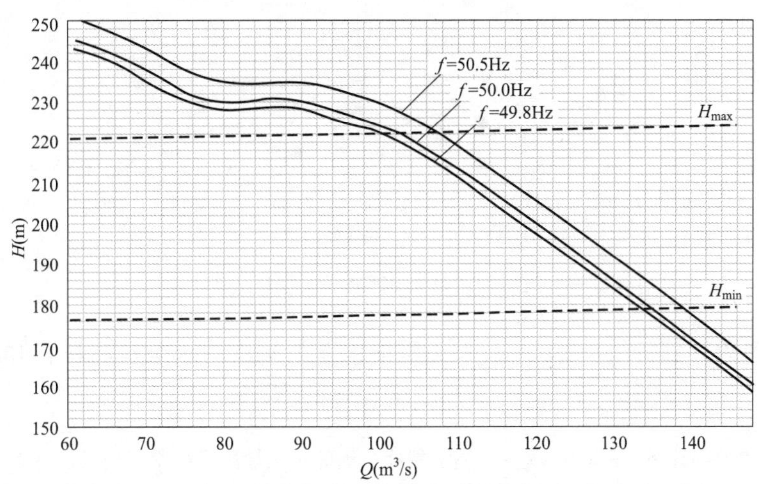

图 13-2-11　电网频率变化对水泵特性的影响

(2) 极限低扬程工况。在这个工况运行，转轮叶片水泵工况进口正压面将产生空蚀，机组的压力脉动、振动与噪声水平明显提高。通常情况下，可以通过调节导叶开度或进水阀开度来控制机组流量和入力、改善空化和机组脉动状况。此工况的运行情况在机组模型验收过程中应该充分重视，特别是在抽水蓄能电站上水库无天然来水，要求机组首次以水泵工况起动向上水库充水时，相应工况下的各项参数均应在模型试验中加以体现。

(二) 水头变幅对机组稳定性的影响

对于水泵水轮机选择，水头变幅同样是一个重要的参数，对单级混流可逆式水泵水轮机，当单机容量、机组转速等参数确定后，可用水泵最大扬程（H_{pmax}）和水轮机最小水头（H_{tmin}）之比值（H_{pmax}/H_{tmin}）来初步判断水泵水轮机是否稳定运行。如果电站的 H_{pmax}/H_{tmin} 比值大，就会出现有些工作点效率偏低较多。和常规水轮机一样，如水轮机工作点偏离最优工况区较多，则会引起机组振动、噪声增加等不稳定现象。对于这个变化幅度的确定，一般有以下几种经验假定：

(1) 瑞士 E. W 公司建议最大水头变幅一般不宜超过 1.2，最大不能超过 1.4。

(2) 美国垦务局 R. S. Stelzer 建议单转速水泵水轮机水泵工况扬程变幅见表 13-2-2。

表 13-2-2　美国垦务局 R. S. Stelzer 建议单转速水泵水轮机水泵工况扬程变幅

水泵比转速 n_{sp}（m·m³/s）	<29	30～39	40～68	>68
水轮机比转速 n_{st}（m·kW）	<105	110～140	140～250	>250
H_{pmax}/H_{tmin}	1.16	1.28	1.5	1.85

(3) NB/T 10072《抽水蓄能电站设计规范》中建议单转速可逆式混流水泵水轮机水头变幅与水轮机工况比转速关系见表 13-2-3。

表 13-2-3　　NB/T 10072《抽水蓄能电站设计规范》中建议单转速可逆式混流水泵水轮机水头变幅与水轮机工况比转速关系

n_{st}（m·kW）	<90	90～120	120～200	200～250
H_{pmax}/H_{tmin}	<1.15	≤1.25	≤1.35	≤1.45

国内外学者对水头变化与机组稳定之间的关系做过统计分析，提出机组水头变化范围与稳定运行区域的建议图（见图 13-2-12），由图可见，随着电站水头增加，机组稳定所要求的水头变幅变小。虽然机组的稳定运行除水头变幅外，还有多方面的原因，但此曲线反映出一定的规律性，在电站设计与机组参数确定时，为保证机组有一个良好的运行工况，应尽可能减少机组的水头变幅。

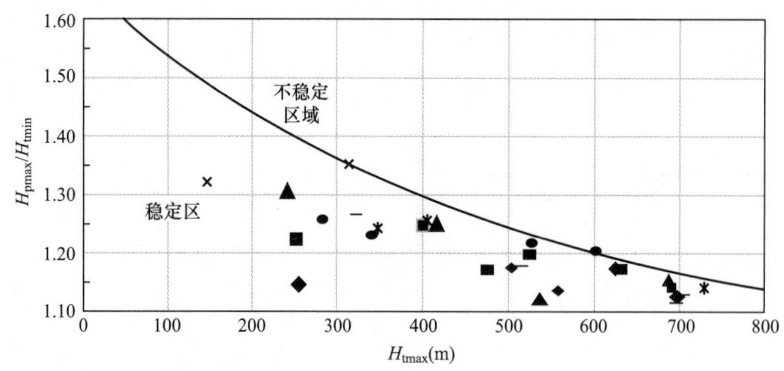

图 13-2-12　机组稳定性与水头变幅（H_{pmax}/H_{tmin}）关系

表 13-2-4 列出国内外部分 400～600m 水头段抽水蓄能机组的水泵最高扬程和水轮机最小水头的比值。

表 13-2-4　　国内外部分 400～600m 水头段抽水蓄能机组的水泵最高扬程和水轮机最小水头的比值

电站	单机容量（MW）	转速（r/min）	水头范围（m）	扬程范围（m）	H_{pmax}/H_{tmin}
十三陵	200	500	475/418	489/440	1.170
广州一期	300	500	536/496	550/514	1.109
天荒坪	300	500	607/512	615/532	1.201
广州二期	300	500	536/494	553/514	1.119
西龙池	300	500	687.7/611.6	703/634	1.149
惠州	300	500	554.3/501	566.12/514.25	1.130
宝泉	300	500	565/485	575/500	1.185
呼和浩特	300	500	580/491	591/508	1.204
茶拉	200	600	676.8/578	701/613-4	1.213
本川	300	400	557.4/507.1	576/532.1	1.136
今市	350	428.6	539.5/492	573/528	1.165
玉原	300	428.6	524.3/467	559.2/505.1	1.197
沼原	250	375	500/422	528/458	1.251
大平	250	400	512/470	545/509	1.16
敦化	350	500	693/630	712/661	1.13
长龙山	350	500	750.3/680	764.2/701.9	1.124
阳江	400	500	693.1/629.07	706/646.6	1.122
天台	425	500	761.5/699.1	777/719.8	1.111

在实现碳达峰碳中和目标、构建新型电力系统的背景下，我国抽水蓄能电站建设迎来快速发展的阶段。目前抽水蓄能电站建设的业主方、设计单位等均呈现多元化，如何在工程建设的前期合理确定抽水蓄能电站的水头变幅，涉及工程建设方案合理性、机组制造难度、设备运行稳定性、工程造价、收益等各方面的问题，引起行业普遍关注。水电水利规划设计总院在与参建各方共同研讨的基础上，提出了水头变幅的参考性建议，水泵水轮机最高扬程 H_{pmax} 与水头变幅对应关系建议值见表 13-2-5。

表 13-2-5　　水泵水轮机最高扬程 H_{pmax} 与水头变幅对应关系建议值

H_{pmax}（m）	100	150	200	250	300	350	400	450	500	550	600	650	700	750	800
n_{st}（m·kW）	180～250	180～230	160～200	120～180	100～170	100～150	100～140	90～130	90～130	90～120	90～120	90～110	80～100	80～100	70～90
H_{pmax}/H_{tmin}（≤）	1.45	1.4	1.35	1.32	1.29	1.26	1.23	1.21	1.19	1.18	1.16	1.15	1.125	1.115	1.08

（三）水泵水轮机的压力脉动

压力脉动是衡量水泵水轮机性能的一个重要指标。水轮机工况部分负荷时尾水管涡带将引起压力脉动，水泵工况转轮出口和导叶进口之间因水流撞击也会产生压力脉动。一般在水轮机工况的部分负荷和超负荷区域，由于导叶开度减小或增大，转轮出口水流方向的改变，形成较大的漩涡，在尾水管产生涡带，导致压力脉动值上升；水泵工况的高扬程小流量和低扬程大流量时，转轮出口水流对导叶的撞击会加剧，并产生脱流，引起压力脉动的增大。

一般水泵水轮机选择高比转速时，压力脉动值会加大。导叶和转轮之间的压力脉动幅值则与比转速关系不太大，主要取决于转轮的水力设计和带负荷情况。

为了测量水压脉动，一般将压力传感器设在蜗壳进口、导叶与转轮间、顶盖、尾水管进口、锥管、肘管等处。

目前压力脉动基本分析采用时域分析和频谱分析。时域分析方法可以得到压力信号的平均值、最大最小值、峰值的平均值等。频谱分析方法可得到压力脉动的频率成分，分析哪些频率成分对压力脉动有主要影响，进而分析造成压力脉动的原因，并能进一步预测压力脉动对过流部件造成的疲劳损伤。

1. 水轮机工况压力脉动

在水轮机最优工况及其附近区域的压力脉动振幅最小，在导叶小开度低单位转速至大开度高单位转速之间存在有一个无涡区。在小开度高单位转速区由于水流角比转轮叶片进口角要小，使叶片头部压力面开始脱流，从而产生空蚀造成水流不稳定。在大开度低单位转速区由于水流角偏向径向，使叶片头部负压面脱流而空蚀，也造成水流不稳定。在达到飞逸转速附近时，水轮机效率急剧降低，转轮室内压力脉动急剧增加。

2. 水泵工况压力脉动

水泵工况压力脉动主要来源于转轮出口水流对导叶的冲撞和小流量下的进口回流。在最优工况及其附近区域运行时，冲撞最小，压力脉动振幅最小；如果流量增加，冲撞加大，导叶压力面产生脱流，压力脉动增大；如果流量减小，冲撞也加大，导叶吸力面产生脱流，压力脉动也增大；当流量减小到一定数值时，转轮进口处将发生回流，引起振动，这种振动传到出口与冲撞叠加一起，可能导致强烈的振动。在模型试验中可以发现，导叶和转轮之间的压力脉动最大，蜗壳的压力脉动次之，尾水管内的压力脉动最小。

3. 模型与原型压力脉动

一般在机组模型试验过程中，压力脉动的测定是一项重要内容。近年来国内外水力专家对混流式水轮机的压力脉动换算进行了深入的研究，IEC 62882 *Hydraulic Machines-Francis Turbine Pressure Fluctuation Transposition* 也于2020发布实施，但是对于抽水蓄能电站，由于机组运行工况要复杂得多，压力脉动影响因素众多，模型压力脉动值换算为真机的压力脉动值还需进一步深入研究。造成模型与真机压力脉动之间的差别的主要因素有：

（1）模型尾水管压力脉动试验时的空化系数条件与真机不同。模型试验时的空化系数是以水轮机中心为基准设定的，因此，模型机试验时的尾水管下部的空化系数与真机情况会产生差异，造成涡带形状不同于真机。

（2）压力脉动会受到引水系统特性的影响，当真机涡带脉动频率与引水系统（压力钢管）的振动频率相接近时，就会发生共振。这种现象在模型试验中是很难得到验证的，也是模型与真机的测试值不同之处。

但从一些水泵水轮机模型试验和真机的测试情况来看，一般模型试验压力脉动严重的水泵水轮机，其真机也出现较高的压力脉动。对于具体工程，最终结果是要求真机水泵水轮机的稳定运行，所以对于压力脉动的检查建议以真机为准，但也不应放弃对于模型压力脉动的检查与验收。

为了确保电站水泵水轮机的压力脉动值满足可靠运行要求，宜在机组招标文件中规定压力脉动值的上限，并通过合同条款对供货商进行约束，要求制造厂控制压力脉动值，做到：①保持模型和原型严格的几何相似；②在模型试验过程中仔细测量压力脉动分布情况，并与机组各部件和电站厂房结构的固有频率进行共振分析。

（四）水泵水轮机的“S”形特性

1.“S”特性产生的原因

水泵水轮机在水轮机水头和导叶固定时，随着单位转速的增加，转轮对水流的阻滞作用增加，单位流量减小，在 Q_{11}-n_{11} 曲线上形成一条向下弯曲的曲线。常规水轮机不同开度的 Q_{11}-n_{11} 曲线与飞逸曲线（$M_{11}=0$）的交角较大，故常规水轮机在飞逸时容易保持稳定。而水泵水轮机不同开度的 Q_{11}-n_{11} 与飞逸曲线（$M_{11}=0$）交角较小，等开度曲线急速向下弯曲，常规水轮机与水泵水轮机“S”形比较如图 13-2-13 所示。

在一定区域内，随着 n_{11} 的增大，水泵水轮机 Q_{11} 急速下降，部分区域和 n_{11} 方向几乎垂直，甚至向 n_{11} 方向减少，总的就形成了一个方向弯曲的“S”形，这样，某转速下对应同一条等开度线同时可能出现 3 个不同的流量值，分别分布在水轮机工况、水轮机制动工况和反水泵工况，这样当机组在此区域运行时，一个小的 n_{11} 变化将可导致 Q_{11} 的大幅度变化。

同时，水泵水轮机不同导叶开度的 Q_{11}-n_{11} 曲线的“S”特性差别明显，如图 13-2-14 所示，导叶开度越大，“S”特性越明显，所以说不同水头下特性是不一样的。水头越低，n_{11} 越大，空载工况点向右移动，越靠近“S”区。在机组从零开度逐渐开到空载开度时，机组即处于该开度下的飞逸状态。当水头较高的时候由于 n_{11} 较小，空载点偏离“S”区比较远，机组能在规定的时间内顺利地并网，随着功率给定值的增加，导叶开度迅速增大，脱离“S”区域。而当水头较低时，机组空载开度较大，空载点离“S”区较近，机组有可能受到影响进入反水泵工况，从而导致机组在网频附近上下波动，并网困难，而一旦进入反水泵工况，机组将从电网吸收有功反向抽水，甚至出现水泵方向流量。这就是高水头（低比转速）机组在水轮机工况低水头区域运行时容易进入“S”区的原因。

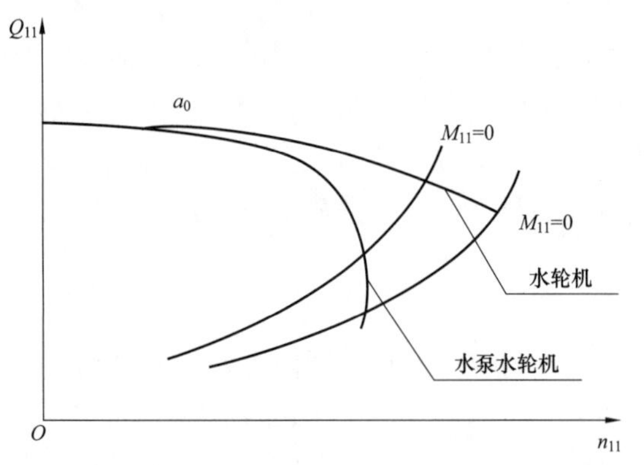

图 13-2-13　常规水轮机与水泵水轮机“S”形比较

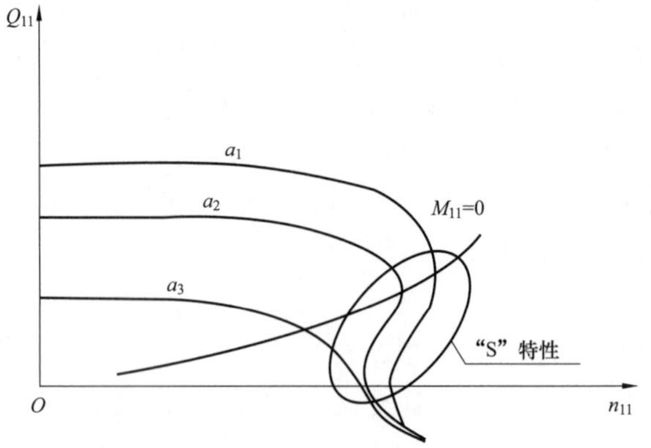

图 13-2-14　不同导叶开度“S”形特点

2.“S”问题的解决措施

“S”区的存在，给机组低水头稳定性及过渡过程特性带来严重的影响，首先应在转轮的水力设计时给予充分重视，应尽量避免机组运行时进入“S”区，同时在过渡过程工况时不宜进入“S”区太深，尤其是大导叶开度下。目前从各工程的实际情况来看，随着水力设计技术的进步，基本能保证空载工况下 S 区的安全裕量，保证机组运行安全，若出现无法避免的情况，也可采取改善措施。通常采取的措施主要有以下几种：

（1）调速器增加压力反馈回路。在调速器系统增加一个水压反馈回路，给调速器一个导叶相反的补偿指令。但当频率不稳定时，由于PID调速器（按偏差的比例、积分和微分进行控制的调速器）的速动性能难以满足，加压力反馈回路无法解决此问题。法国蒙特奇克机组在频率52Hz以下空载并网转速摆动均属低频范围，增设压力反馈以后空载并网和甩负荷转速均稳定。印度比拉电站机组在频率52Hz（104%额定转速）以下，空载转速摆动约为0.06Hz（低频），增加压力反馈有效。但当频率为52.5Hz时，空载转速摆动频率为0.27Hz（0.27Hz为中频，是导叶大开度时“S”区滞后作用引起的），实践表明对频率不稳定采用压力反馈无法解决，所以该电站在频率超过52Hz时采用球阀节流控制解决空载不稳定问题。

（2）进水阀节流控制。球阀局部开启，增加水道水力损失，改变水道的H-Q特性，加大导叶开度，使空载转速摆动趋于稳定。该方法在技术上是可行的，但球阀局部开启振动较大，过流表面出现空蚀可能性加大。

（3）导叶非同步预开启。两个或多个对称的导叶比其余处于同步位置的导叶多开一定的角度以增加流量，其他同步导叶开到一个较小的开度，使特性曲线在区域内的等开度形状有了一定改善，从而提高稳定性能。这是目前国内外比较常用的一种预开导叶方法（某抽水蓄能电站增加的对称不同步导叶接力器见图13-2-15）。天荒坪、琅琊山等机组解决低水头并网问题就采用了该方法。通过真机试验证明，采用一对或多对导叶非同步预开启对改善低水头空载稳定性、解决无法并网的问题效果明显。但由于该方法预打开的不同步导叶破坏了转轮室的水力平衡，在导叶非同步投运期间机组的振动与噪声明显增加，机组的振动增加。

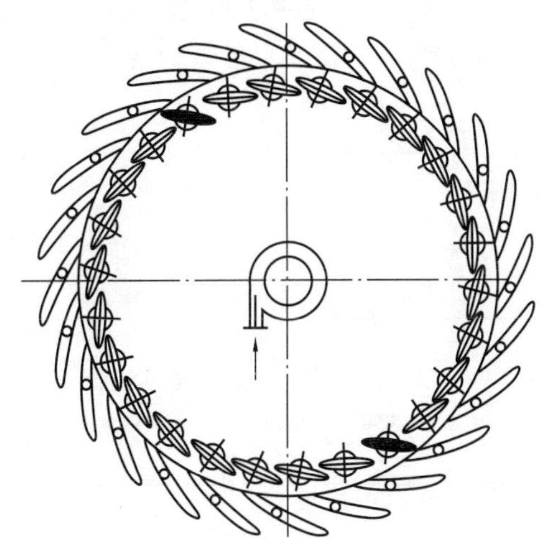

图13-2-15　某抽水蓄能电站增加的对称不同步导叶接力器

第三节　水泵水轮机模型验收

由于水泵水轮机是抽水蓄能电站中的关键设备，转轮的研发需要同时兼顾水泵工况和水轮机工况，难度大，到目前为止也没有一套成熟可用的转轮型谱，每个抽水蓄能电站的水力设计均需要根据电站的具体参数进行水力研发。因此，水泵水轮机模型试验成为水泵水轮机生产过程中的一个重要环节，其不仅涉及水泵水轮机性能参数、设计和供货周期等，还是电站机组长期稳定运行和收益的保障。

一、模型验收的主要项目

根据不同项目要求，对机组模型试验内容的关注点有所不同，但一般情况下，以下这些内容应该包含在试验范围之内。

（1）水轮机、水泵效率试验。

（2）水轮机出力、水泵入力试验。

（3）水轮机、水泵工况空化试验。

（4）飞逸特性试验。

（5）导叶水力矩测定。

（6）水轮机工况和水泵工况各测压点的压力脉动测定。

（7）四象限全特性试验。

（8）水推力及径向力试验。

（9）蜗壳差压、尾水管差压试验（用于水轮机工况和水泵工况流量测量，以及原型的指数试验）。

（10）水泵工况下水泵从零转速到 1.02 倍额定转速时的零流量扬程及输入功率测定。

（11）水轮机异常低水头试验、水泵工况异常低扬程试验。

除上述试验项目外，一般还应做流态观察试验及流道尺寸检查等。

二、对模型试验的一般要求

（一）试验标准

试验标准包括 IEC 60193《水轮机、蓄能泵和水泵水轮机　模型验收试验》、GB/T 15613《水轮机、蓄能泵和水泵水轮机模型验收试验》等。

（二）试验台综合误差

试验台的综合误差是根据各测量传感器的标定结果，通过计算得到的数值。目前招标文件一般要求为±0.25%，而将中标制造厂商提出的试验台综合误差作为合同保证值。在模型验收试验过程中，如果综合误差超过合同保证值，试验结果应视为无效，需要重新试验。

另外，在水泵水轮机招标采购时，一般会在合同中规定关于效率低于保证值的罚款条款，效率违约罚款的计量通常以 0.1%为单位，小于试验台的精度。为了避免在模型验收试验过程中双方产生误会和争议，应在水泵水轮机采购合同中给予明确的规定。部分国内外模型试验台参数见表 13-3-1。

表 13-3-1　　部分国内外模型试验台参数

模型	试验最大水头（m）	试验最大流量（m^3/s）	试验最大扬程（m）	模型转轮直径（mm）	测功电机功率（kW）	测功电机最大转速（r/min）	型式	流量率定	综合误差（%）
东芝 No.1	80	1.0	150	200/400	600	2500	开/闭	称重法	0.3
GE TP3	150	0.9	150	300/500	360	2400	开/闭	称重法	0.2
水科院 TP1	150	2.2	150	250/500	540	2600	开/闭	称重法	0.2
东电 DF150	150	1.5	150	250/500	500	2500	开/闭	称重法	0.25
哈电 T2	150	2	150	250/500	500	2500	开/闭	称重法	0.2

（三）试验台水头和试验水头

由于受试验台电机容量的限制，模型试验不会在试验台最大试验水头条件下进行。水轮机工况一般是定水头、变转速试验；而水泵工况一般是定转速、变扬程试验。应针对水轮机工况和水泵工况正常运行范围提出试验水头的要求，就目前试验台的水平而言，60m 左右的试验水头要求是比较合适的，而对于其他特性试验可以采用更低的试验水头。根据一些制造厂商的经验，当试验水头达到 40～60m 时，就可保证效率模拟达到足够的精度。

（四）模型水泵水轮机要求

模型水泵水轮机应与原型水泵水轮机全流道几何相似，即蜗壳进口水力测量断面到尾水管出口水力测量断面的全部流道范围内相似。同时要求转轮止漏环间隙不得小于原型水泵水轮机的相似尺寸。模型水泵水轮机的尺寸偏差不得大于 IEC 60193《水轮机、蓄能泵和水泵水轮机　模型验收试验》有关规定的容许偏差的较小值。

混流式水泵水轮机转轮公称直径为水轮机工况出口直径。受试验台条件限制，模型转轮直径不能够任意增大。特别对于低比转速水泵水轮机，在具有同样出口直径的情况下，水泵水轮机转轮水轮机工况进口直径大于常规水轮机转轮进口直径。根据目前的加工制造和试验水平，水泵水轮机模型转轮出口直径一般在 250～400mm，最大不宜超过 600mm；IEC 规定的模型转轮公称直径不小于 250mm。

一般要求在模型水泵水轮机的适当位置设置观察装置，并采用透明材料加工水泵水轮机模型锥管，以便从外部和内窥镜观察转轮叶片出口的空化和尾水管涡带发生的情况并进行拍照和录像。

三、模型试验过程

（1）所有效率试验应在无空化和电站装置空化系数条件下进行。全部能量特性试验在整个运行水头范围内，从模型导水叶全关位置至最大位置（不小于110%导叶开度），导叶开度间隔不大于模型最大导叶开度5%的各种导叶开度条件下完成。

（2）水泵最大入力保证值试验应在水泵工况最小扬程条件下进行，并考虑系统频率变化的影响，计算结果应考虑模型与原型之间可能出现偏差的修正。

（3）按预计水泵水轮机全部运行范围可能出现的水头、尾水位、负荷变化情况进行空化试验。水泵工况还应在合同规定频率变化范围内进行空化试验。测出给定的每个不同运行条件相对应的临界空化系数、初生空化系数的空化曲线。电站装置在正常运行条件下空化系数应大于初生空化系数。对于初生空化的判断标准，应在合同中加以规定，一般以在2个叶片上出现可视气泡为准。

（4）飞逸转速试验应在整个运行水头范围和全部导叶开度范围内，并在电站装置空化系数下进行，以求得水泵水轮机飞逸特性。

（5）导叶水力矩应在蜗壳的不同象限内，总数不少于4个有代表性的导叶上，从0→110%和110%→0开度范围内测定。试验时应在一个导叶脱离操作机构的情况下，测定该导叶和其相邻导叶的水力矩。

（6）压力脉动测定应在水泵水轮机全部运行扬程和水头范围，以及入力、出力、流量范围内及电站装置空蚀系数下进行，测定与水流不稳定或尾水管涡带有关的蜗壳、转轮与导叶之间、顶盖与转轮之间及尾水管压力脉动。由于模型与原型压力脉动测量之间存在的差异，模型试验的压力脉动测量评价一直是双方的争执焦点。根据现有的条件，在水泵水轮机采购合同中应明确，压力脉动以原型压力脉动测量为准。测量结果以混频或分频值为准，并在幅值中明确置信度标准（如为混频峰—峰值，97%置信度）。对于压力脉动测量位置应给予明确规定，测压孔布置应位于能测量压力脉动幅值最大的位置，脉动情况应用示波仪记录下来，并应在水泵水轮机模型特性曲线上标明等幅值压力脉动线。

（7）水推力测定应在各种工况运行范围内最不利工况下进行，对模型机径向和轴向水推力进行测定，以确定原型水泵水轮机最大水推力保证值。在大部分试验台上都可以进行水推力试验，但各个试验台所采用静压轴承和测量方法的不同，水推力的试验结果，尤其是径向水推力的试验结果会有比较大的差异，由此一般在合同规定提供模型与原型径向水推力的计算与分析。

（8）模型水泵水轮机全特性试验应绘制导叶开度从0到5%及在导叶开度10%～110%的范围内每隔10%开度的四象限特性曲线。

（9）针对上水库首次充水情况，水泵水轮机拟在减小导叶开度的情况下进行水泵工况异常最低扬程试验，确定原型水泵水轮机水泵工况起动所允许的最低扬程，在此扬程下，水泵工况起动不会对机组产生有害振动。此试验应包括空化、压力脉动及水泵入力测量。

第四节　水泵水轮机初步选型

一、水泵水轮机的选型原则

抽水蓄能电站装机容量确定后，单机容量和机组台数的选择应考虑以下因素：

（1）电力系统对抽水蓄能电站机组运行方式、事故备用和机组大修的要求，以及单机容量占电网工作容量的比重和电气主接线型式。

（2）电站枢纽布置条件、施工工期。

（3）上、下水库的调节特性，水头、扬程、流量特性与运行方式。

（4）机组设备制造能力、技术水平及参数合理匹配。

（5）过机泥沙特性。

（6）电站对外交通运输条件。

（7）其他特殊技术要求。

在进行机型选择和参数计算时，要综合比较，合理地确定水泵水轮机的基本参数。应在分析研究上述因素的基础上，拟定不同的单机容量方案，经技术经济比较选定，一般情况下机组台数不宜少于两台。

二、机组型式和单机容量选择

（一）机组型式选择

抽水蓄能电站的机型选择，应根据电站水头（扬程）、运行特点及设计制造水平等方面，经技术经济比较后确定，要求长期运行稳定，综合效率高。

如果电站的水轮机工况和水泵工况的运行参数相差很大或电站有专门要求，则应考虑组合式水泵水轮机的适用性。如前所述，当水头/扬程高于 800m 时，单级水泵水轮机的效率已有明显降低，且转轮的结构应力很大，机械制造也有一定困难，宜选用组合式机组（三机式）或多级式水泵水轮机。当水头/扬程为 50～800m 时，宜选用单级混流可逆式水泵水轮机；当水头/扬程低于 50m 时，宜根据实际情况，通过技术经济比较选择混流式水泵水轮机、轴流式水泵水轮机或贯流式水泵水轮机。

对于纯抽水蓄能电站，多数应考虑使用可逆式水泵水轮机；而对于高水头或超高水头蓄能电站，应比较单级或多级可逆式水泵水轮机。我国近期投运和在建的所有水头范围在 100～800m 的抽水蓄能电站，均选择了单级混流可逆式水泵水轮机。

美国 GE（原法国 Alstom）公司提出了各种水头范围可逆式水泵水轮机机型选择范围图谱，GE 公司建议的不同水头机型选择如图 13-4-1 所示。

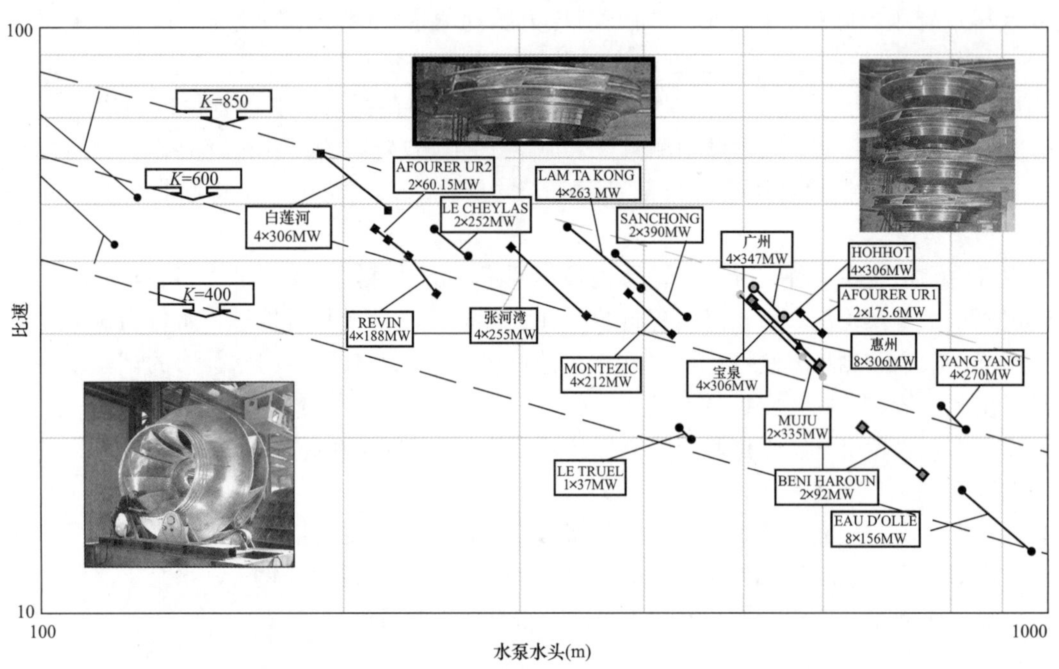

图 13-4-1 GE公司建议的不同水头机型选择

（二）单机容量范围确定

目前国内已建的阳江抽水蓄能电站机组单机容量最大为 400MW，在建的浙江天台抽水蓄能电站单机容量已达 425MW；国外单机容量已经超过 450MW，其中日本的神流川水轮机工况最大出力为 482MW。随着国内自主开发和抽水蓄能机组国产化的成熟和技术进步，国内生产厂家已承担起抽水蓄能电站机组供货的主力，生产制造技术水平可满足国内抽水蓄能电站建设需要。

图 13-4-2 为目前国内外主要抽水蓄能电站水轮机最大出力和水泵工况最大扬程的统计分析，曲线范围代表了单机容量发展受到的技术限制。一般情况下单机容量应在图中限制线范围内选取，其中：

（1）限制线①为受到转速限制的限制线。

（2）限制线②为受到水头限制的限制线，主要取决于机组结构强度和特性两方面，目前单级水泵水轮机的最大运用水头不超过 800m。

（3）限制线③为受容量限制的限制线，取决于发电电动机的强度和冷却条件。

（4）限制线④为受到转轮限制的限制线，取决于转轮制造界限与运输界限，在水头降低和容量增加的同时，机组尺寸将增大，特别是转轮尺寸的增加，对于运输和制造都提出较高的要求。

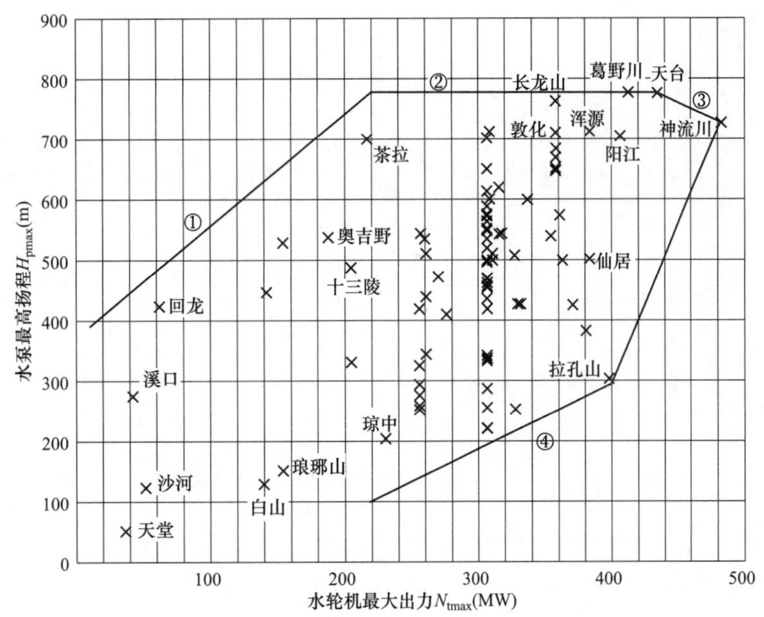

图 13-4-2　目前水泵水轮机单机容量目前制造界限

（三）额定水头的选择

1. 目前额定水头选择现状

机组额定水头的确定要考虑抽水蓄能电站在电网中的作用和运行方式。额定水头的提高对电网运行的影响有两方面：①额定水头提高使机组的受阻容量增加，在水头降到额定水头以下时发不出满出力；②额定水头提高使机组部分负荷运行效率有所提高。如果机组大部分时间运行在部分负荷，则额定水头提高会使电站的综合效率提高，电站长期运行的动态经济效益将会有所提高。

在确定额定水头时，要综合考虑上、下水库水位与库容关系曲线，电力系统对电站担负的调峰与填谷容量和时间要求，电站和事故备用容量及时间要求，水量平衡以及机组运行稳定性等因素。有观点认为抽水蓄能电站的最小水头就是机组的额定水头，即机组在任何水头下都应发出满出力，但这种观点值得商榷。

抽水蓄能机组额定水头选择与常规水轮机不同，特别是与低水头河床式电站相差更大。低水头河床式电站在洪水期泄洪时，电站发电水头大幅度下降，仍要求机组能发出保证出力。如以此要求抽水蓄能电站的机组，则会造成机组参数极不合理。

日调节抽水蓄能电站，上、下水库水位在运行过程中总是在变化。日本将上水库处于最高水位，下水库处于最低水位，全部机组持续满负荷发电运行 1～1.5h 的上、下水库水位作为基准水位。水轮机工况额定水头为上、下水库基准水位差再减去水道水头损失值。法国电力公司曾表示水轮机工况额定水头可按上下水库水体重心水头作为额定静水头来考虑。根据对国外 102 座抽水蓄能电站的统计，有 66 座电站的额定水头高于算术平均水头，17 座电站额定水头与算术平均水头相同，19 座电站额定水头略低于算术平均水头，而略低于算术平均水头的电站都是水头变幅较小的电站。

统计国内外抽水蓄能电站的额定水头和最小水头之差与最大水头和最小水头之差的比值$(H_{tr}-H_{tmin})/(H_{tmax}-H_{tmin})$，此比值一般在 0.5 以上，最大者可达到 0.9。日本一般对机组稳定运行考虑较多，额定水头选择较高，此比值一般大于 0.5。图 13-4-3 是日本日立公司对一些抽水蓄能电站额定水头的统计，可以看出，随着电站水头提高，水头变幅变小，额定水头越靠近高水头侧。

2. 额定水头选择对机组运行特性的影响

水泵水轮机的转轮特性首先由水泵工况确定，当机组的模型综合特性曲线确定后，额定水头的提高主要是影响水轮机的工作点。从水轮机模型综合特性曲线上可以看出，随着额定水头的提高，水轮机运行范围从额定水头到最小水头这一工作范围均向最高效率点方向偏移。如额定水头偏低，为保证发出额定出力，导叶开度相对较大，使水轮机工况远离最优区运行，效率显著下降。

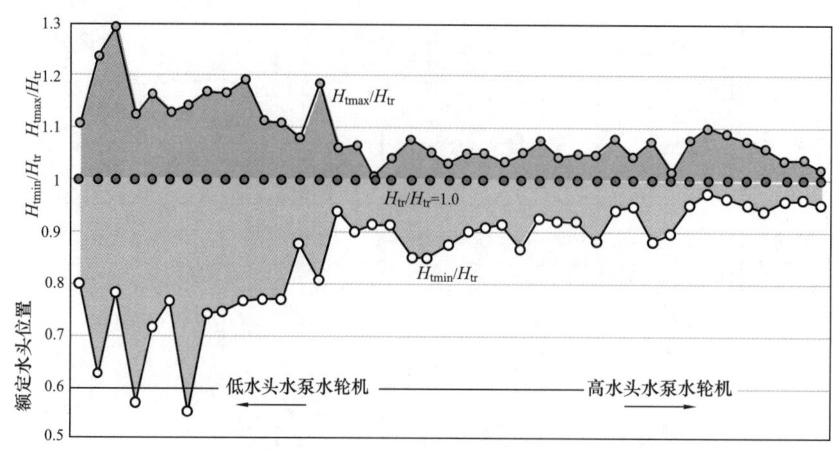

图 13-4-3　日本日立公司额定水头统计曲线

额定水头提高会使水轮机受阻容量增加，以西龙池抽水蓄能电站为例，根据制造厂家提供的转轮特性曲线分析，当水轮机额定水头为 624m 时，最小水头出力为 293MW，为机组额定出力的 95.87%；额定水头为 632m 时，最小水头出力为 288.84MW，为机组额定出力的 94.36%；额定水头为 640m 时，最小水头出力为 281.61MW，为机组额定出力的 92%。但随着额定水头由 624m 提高到 632m 和 640m，水轮机额定水头效率分别提高了 0.6%和 1%，最小水头效率分别提高了 0.6%和 0.9%。天荒坪抽水蓄能电站，当额定水头选为 526m 时，机组效率只有 87.6%，与最高水头效率 92.2%相差 4.6%。如额定水头提高至 545m，额定水头的效率将为 89.9%，其经济效益是可观的。由此可以看出，选择更高的额定水头，各个水头下的最优效率点向小出力方向偏移，也就是机组发部分出力时效率相对有所提高。

另外，机组稳定性问题的发生，大多数情况是由机组过流部件水流压力脉动而引起，这是水力机械产生振动的重要原因之一。从模型曲线可以看出，越是偏离最优设计工况，机组压力脉动幅值越大。当机组的额定水头提高时，机组在额定点发额定出力时导叶开度相对较小，转轮出口水流分布均匀，在最优单位转速时水流为法向出口，压力脉动最小。但如果水泵水轮机实际的运行水头比最优工况水头低，水轮机的单位转速比最优单位转速大，此时转轮出口有正的速度矩，会产生尾水管涡带。当水轮机在低水头工况运行时，导叶开度进一步减小，尾水管的压力脉动加大。提高水轮机的额定水头后，水轮机工作点向最优单位转速方向偏移，这可以降低水轮机在最小水头运行时尾水管振动大的危险性。所以从机组运行稳定性来看，在一定范围内提高额定水头对提高机组运行稳定性有好处。

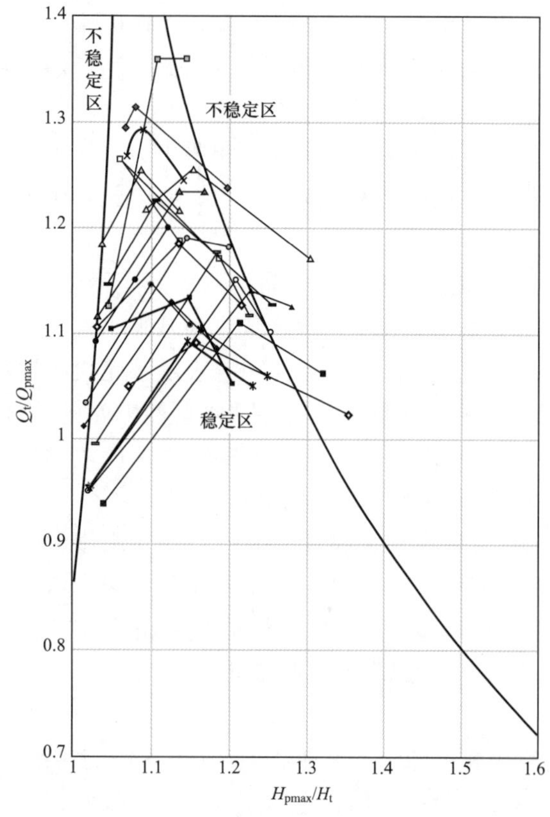

图 13-4-4　水泵水轮机稳定运行范围

国外一些公司通过对已建抽水蓄能电站进行统计，提出一个机组水头范围与稳定运行区域的建议图，水泵水轮机稳定运行范围如图 13-4-4 所示。图 13-4-4 中 H_{pmax}/H_t 为水泵水轮机最大扬程与发电水头之比、Q_t/Q_{pmax} 为发电流量与最大抽水流量之比。从国内建成投入运行的十三陵抽水蓄能电站的运行情况分析，上水库水位降低到死水位的概率非常小，水位大部分时间在平均水位至正常蓄水位之间变化。所以，提高额定水头引起的容量受阻情况在机组实际运行中并没有计算出的那么大。

三、主要特性参数选择

与常规水轮机不同，国内外制造商对水泵水轮机都还没有成形的型谱系列，对于不同电站机组选型，常规水轮机的设计方法在项目设计前期不能完全适应水泵水轮机设计。水泵水轮机的水力设计一般以水泵工况性能进行设计，再对水轮机工况进行校核，故在水泵水轮机选型时考虑的因素更加复杂，单纯从水轮机工况进行机组选型偏差较大。国内外水泵水轮机的初步选型设计广泛采用了统计方法，即根据已建类似电站参数和统计曲线，初步确定机组参数作为招标条件进行设备招标。招标定厂后，机组设备承包商再根据具体电站条件进行详细的水力设计，并通过机组的模型试验，最终完成转轮设计和机组结构设计。下面简要介绍在初步设计时机组主要参数的选择过程。

（一）设计基本假定及初始条件

1. 确定各特征参数

（1）水头（扬程）。上、下水库水位是抽水蓄能电站主要设备选择的必要参数，根据上、下水库水位变化，考虑输水系统流道损失后可以确定电站的净水头（扬程）。用 H_z、H_t 和 H_p 分别代表毛水头、水轮机水头和水泵工况扬程（m）。

（2）流量。用 Q_t 和 Q_p 分别代表水轮机工况和水泵工况流量（m^3/s）。

（3）出力（入力）。用 N_t 和 N_p 分别代表水轮机出力和水泵工况入力（kW）。

（4）效率。用 η_t 和 η_p 分别代表水轮机和水泵工况效率，η_G 表示电机效率。

在以上参数中用下标 max、min 和 r 区分最大、最小和额定等不同工况。

2. 流道损失

计算流道水头损失时，引进损失系数 K_f，并用下式计算损失水头

$$h_f = K_f Q^2 \tag{13-4-1}$$

式中 h_f——流道损失，m；

K_f——流道损失系数。

3. 机组出力与入力基本计算

水轮机出力为

$$N_t = 9.81 Q_t H_t \eta_t \tag{13-4-2}$$

水泵入力为

$$N_p = 9.81 Q_p H_p / \eta_p \tag{13-4-3}$$

（二）水泵-水轮机的容量平衡

为了充分利用发电电动机的容量，在水泵水轮机参数选择时，应尽可能使发电工况的电机容量（kVA）与抽水工况的电机容量相等，包括以下两个方面。

1. 发电电动机容量平衡

发电电动机容量平衡，即为

$$N_G / \cos\theta_G = N_M / \cos\theta_M \tag{13-4-4}$$

式中 N_M——水泵工况电机最大输入功率，kW；

N_G——发电工况电机额定输出功率，kW；

$\cos\theta_M$——抽水工况电机额定功率因素，一般取 0.9～1；

$\cos\theta_G$——发电工况电机额定功率因素，一般取 0.85～0.9。

2. 水轮机工况输出功率和水泵工况最大输入功率平衡

转轮的设计应使水轮机工况额定功率 N_{tr} 与水泵工况最大输入功率 N_{Pmax} 按下式匹配，以满足发电电动机的容量的要求。

$$N_{tr} = N_G / \eta_G \tag{13-4-5}$$

$$N_{Pmax} = N_M \eta_M \tag{13-4-6}$$

式中 η_G——发电机额定工况效率，一般取 0.96～0.98；

η_M——最大输入功率时电动机效率，一般取 0.96～0.98；

N_{Pmax}——水泵工况下水泵最大输入力，kW；

N_{tr}——额定水头下的水轮机额定出力，kW。

由式（13-4-4）～式（13-4-6）三式联解可得到

$$N_{tr}=N_{Pmax}(\cos\theta_G/\cos\theta_M\eta_M\eta_G) \tag{13-4-7}$$

式（13-4-7）就是水泵-水轮机工况额定出力与水泵工况最大入力之间的容量平衡公式。如果 $\cos\theta_M=1$，则为

$$N_{tr}=(\cos\theta_G/\eta_M\eta_G)\cdot N_{Pmax} \tag{13-4-8}$$

20世纪60年代以前，由于转轮研究和设计技术不成熟等原因，一些机组容量不平衡。随着技术的发展，在无特殊原因下，目前一般均按满足容量平衡设计。为了防止水泵工况下发电电动机过载，应留有安全裕量（一般取0.95～0.97），即电动机额定容量应略大于水泵工况所需的最大容量。

（三）没有机组特性情况下的估算（方法一）

1. 水轮机工况参数估算

（1）发电机及水轮机效率初步拟定。参照已投运的机组，初步拟定机组效率，目前发电电动机的效率一般在0.98～0.985，水泵水轮机的水轮机工况效率在0.89～0.91，在具体计算时，可以根据情况分别拟定在最大水头、额定水头和最小水头的效率，水泵工况效率可按0.92估算。

（2）水轮机最大水头出力工况参数估算。如果系统没有超出力的要求，水轮机最大水头出力即为额定出力 N_{tmax}，即

$$N_{tmax}=N_{tr}=N_G/\eta_G \tag{13-4-9}$$

式中 N_G——发电工况电机额定输出功率，kW；

η_G——发电机效率。

水轮机最大水头 H_{tmax} 为

$$H_{tmax}=H_{zmax}-K_fQ_{Htmax}^2 \tag{13-4-10}$$

式中 H_{zmax}——水泵水轮机最大毛水头或最大毛扬程，m；

K_f——水轮机工况的输水系统水头损失系数。

水轮机最大水头流量 Q_{Htmax} 通过下式计算为

$$Q_{Htmax}=N_{tmax}/(9.81\eta_tH_{tmax}) \tag{13-4-11}$$

由式（13-4-9）～式（13-4-11），可计算得到水轮机工况最大水头和流量 H_{tmax}、Q_{Htmax}。

（3）水轮机额定工况。由于水轮机额定出力 N_{tr}、额定水头 H_{tr} 已经确定，额定水头流量 Q_{tr} 按下式进行计算

$$Q_{tr}=N_{tr}/(9.81\eta_tH_{tr}) \tag{13-4-12}$$

（4）水轮机最小水头的最大出力工况：

水轮机最小水头 H_{tmin} 为

$$H_{tmin}=H_{zmin}-K_fQ_{Htmin}^2 \tag{13-4-13}$$

式中 H_{zmin}——水泵水轮机最小毛水头或最小毛扬程，m。

水轮机最小水头流量 Q_{Htmin} 是导叶全开时的流量。在初步计算阶段可按单位流量与额定点单位流量相等来估算。则有

$$Q_{Htmin}=Q_{tr}(H_{tmin}/H_{tr})^{0.5} \tag{13-4-14}$$

水轮机最小水头的最大出力 N_{Htmin} 为

$$N_{Htmin}=9.81Q_{Htmin}H_{tmin}\eta_t \tag{13-4-15}$$

由式（13-4-13）～式（13-4-15），可计算得到水轮机工况最小水头和流量 H_{tmax}、Q_{Htmin}。

2. 水泵工况参数估算

（1）水泵工况最大入力计算。按电机容量平衡原则，发电机视在功率约等于电动机视在功率，考虑频率变化范围及模型换算至真机的偏差，计算水泵工况50Hz时最大入力应留有一定余量，目前一般按水泵工况电动机预留3%～5%的裕量来考虑。

（2）水泵最小扬程工况。一般情况下，水泵工况最大入力发生在水泵最小扬程工况。以水泵最

小扬程工况的入力 N_{Hpmin} 作为水泵工况参数估算的基础，分别计算最小扬程工况流量 Q_{Hpmin} 和最小扬程 H_{pmin}。

$$Q_{Hpmin}=N_{Hpmin}\eta_p/(9.81H_{pmin}) \tag{13-4-16}$$

$$H_{pmin}=H_{zmin}+K_q Q^2_{Hpmin} \tag{13-4-17}$$

3. 比转速估算与机组转速确定

（1）水泵比转速。一般水泵比转速 n_{sp} 采用表 13-4-1 中公式进行初步估算，由于这些公式来源于不同的机组厂家，加上统计时间不同，计算值相差较多，在实际选择时，可和相似电站参数水平进行比较后初定比转速。

表 13-4-1　　水泵比转速 n_{sp} 常用计算公式

来源	公式
北京勘测设计研究院（1978～1985 年）	$n_{sp}=1714H_p^{-0.6565}$
清华大学（1954～1984 年）	$n_{sp}=(171-0.128H_p)/3.65(H_p>250m)$
塞尔沃（1971～1977 年）	$n_{sp}=564.5H_p^{-0.48}$
深栖俊（1970 年）	$n_{sp}=4000/(H_p+30)+20$
东芝公司	$n_{sp}=3000H_p^{-0.75}$
东芝公司（最大）	$n_{sp}=4000H_p^{-0.75}$
富士公司（最大）	$n_{sp}=856H_p^{-0.5}$
R. S. stelzer（1977 年最大）	$n_{sp}=750H_p^{-0.5}$

在初步估算出水泵工况比转速后，按下式估算水泵工况比速系数 K_p。

$$K_p=n_{sp}H^{0.75}_{pmin} \tag{13-4-18}$$

计算出 K_p 值后，应与已建类似参数电站进行比较，当 K_p 值超过类似电站的最高水平时，应就参数的合理性和制造可行性进行仔细论证与分析。

（2）水轮机比转速。同样，可以根据表 13-4-2 中常用公式估算水轮机比转速 n_{st}，具体处理方式和水泵工况比转速相同。如前所述，水轮机的比转速计算实际意义不大，但可作为方案比选时的参考。

表 13-4-2　　水轮机比转速 n_{st} 常用计算公式

来源	公式	来源	公式
北京勘测设计研究院（1978～1985 年）	$n_{st}=6860H_t^{-0.6874}$	塞尔沃（1971～1977 年）	$n_{st}=1825H_t^{-0.481}$
清华大学（1954～1984 年）	$n_{st}=148-0.0972H_t$	（日）深栖俊	$n_{st}=20000/(H_t+20)+50$

水轮机工况比速系数 K_t 为

$$K_t=n_{st}H_t^{0.5} \tag{13-4-19}$$

（3）机组转速。分别用水轮机工况和水泵工况计算出的比转速，根据以下公式计算同步转速范围：

$$n=n_{st}H_t^{1.25}/N_t^{0.5} \tag{13-4-20}$$

$$n=n_{sp}H^{0.75}_{pmin}/Q^{0.5} \tag{13-4-21}$$

根据式（13-4-20）和式（13-4-21）分别计算出水轮机工况和水泵工况的转速 n，选取同步转速。具体计算时，可选取不同同步转速进行方案比较，并进行水泵工况和水轮机工况下参数的计算。当确定一个同步转速 n 后，就可计算此转速下的水泵工况和水轮机工况比转速 n_{sp}、n_{st}，并再次与类似电站进行比较。在转速选择时同时考虑发电电动机的同步转速，磁极数必须满足

$$n=120f/P \tag{13-4-22}$$

式中 f——频率，50Hz；

P——磁对数。

4. 转轮直径

转轮高压边（水泵工况的出水边）直径 D_1 为

$$D_1=84.6K_{u1p}H_p^{0.5}/n \tag{13-4-23}$$

式中 D_1——转轮高压边的直径，m；

K_{ulp}——水泵工况转轮高压侧圆周流速系数；

H_p——水泵工况的扬程，m。

$$D_2=D_1(D_2/D_1) \tag{13-4-24}$$

式中 D_2——转轮低压边的直径，m。

K_{ulp}、D_2/D_1 的取值与 n_{sp} 有关，水泵比转速与 K_{ulp}、D_2/D_1 的关系可参考图 13-4-5 进行选取。

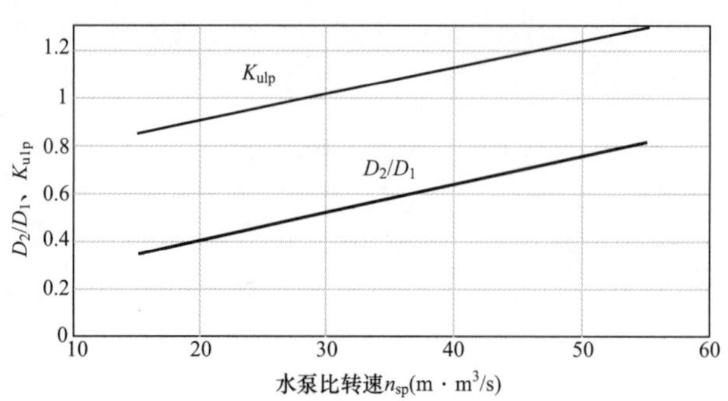

图 13-4-5 水泵比转速与 K_{ulp}、D_2/D_1 的关系

5. 吸出高度选择

抽水蓄能机组的吸出高度不仅影响机组的空化性能，还影响机组运行稳定性及过渡过程中尾水管最小压力等参数。而根据我国工程建设实际情况，机组设备的招标时间往往较土建施工晚，所以在机组招标前如何初步确定吸出高度，确定厂房位置和水道系统布置成为问题的关键。常用空蚀系数 σ_p 计算公式见表 13-4-3。具体计算时，可参考表 13-4-3，并结合输水发电系统过渡过程计算结果等因素进行选择，并应留有裕量。

表 13-4-3 常用空蚀系数 σ_p 计算公式

来源	公式
北京勘测设计研究院（1978～1985 年）	$\sigma_p=4.81\times10^{-3}n_{sp}^{0.971}$
清华大学（1954～1984 年）	$\sigma_p=-0.0325+0.00131\times3.65n_{sp}$
东芝公司	$10-(1+H_{pmax}/1200)\times K_p^{4/3}/10^3$
R. S. Stelzer	临界空蚀系数：$\sigma_p=1.17\times10^{-3}n_{sp}^{4/3}$
R. S. Stelzer	初生空蚀系数：$\sigma_p=1.37\times10^{-3}n_{sp}^{4/3}$
斯捷潘诺夫	$\sigma_p=1.21\times10^{-3}n_{sp}^{4/3}$

同样，由于公式来源于不同的公司，统计的时间不同，以上统计公式的计算差别还是比较大的，一般情况下可根据计算的结果参考类似电站参数后初步确定。

由于水泵水轮机在上、下水库之间工作，机组运行时其上、下水库水位处于不断变化之中。因此在不同运行工况下，吸出高度与工作水头间的关系也是变化的，对于水头（扬程）变幅范围较大的电站，水泵水轮机在低水头工况、高水头小流量工况和最高最低扬程工况运行时，往往偏离最优运行工况较多，应留有足够的余量。同时还应利用现有相似电站模型试验空化系数，复核最高扬程和最小扬程下空化系数和吸出高度。

综合国内抽水蓄能电站建设情况，除按上表进行吸出高度计算外，在可行性研究阶段，还要利用相关计算软件进行水力过渡过程仿真计算（利用相近水头段的模型特性参数）。从目前已建和在建抽水蓄能电站的吸出高度选定分析，吸出高度的最终的选择取决于过渡过程仿真计算成果，部分电站水力过渡过程仿真计算确定的吸出高度小于公式计算值。

（四）没有机组特性情况下的估算（方法二）

在可行性研究阶段或无模型特性曲线时，也可参考下述方法快速估算单级单速混流式水泵水轮机的主要参数。从水轮机工况入手，即根据水轮机工况额定水头 H_{tr}，初步选取水轮机额定工况下的比转速 n_{st}，然后根据统计公式计算单位流量 Q_{11}、直径 D_1（转轮高压侧直径）、单位转速 n_{11}、转速 n，并

选取同步转速 n_o，当确定同步转速后，再重新计算水轮机额定工况比转速 n_{st}、单位流量 Q_{11}、直径 D_{11}、吸出高度 H_s 等。具体步骤如下：

（1）根据水轮机额定水头 H_r 查图 13-4-6 中的统计曲线，初步选取水轮机工况额定水头下的比转速 n_{st}。

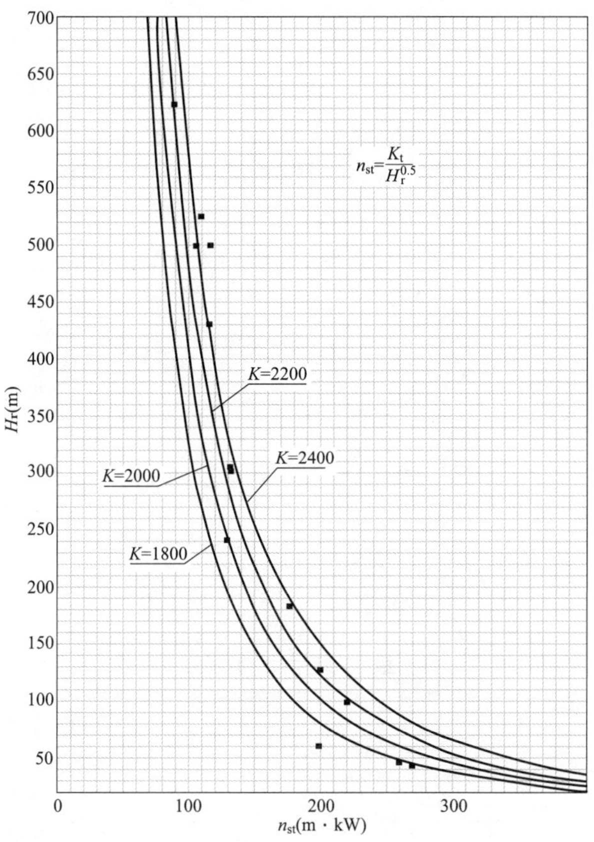

图 13-4-6 H_r-n_{st} 关系曲线

水轮机比转速选择时，$H_{tr}\geqslant400$m，可在 $K=2400$ 曲线上选取 n_{st}；100m$<H_{tr}<$400m 时可在 $K=2200$ 曲线上选取 n_{st}；$H_{tr}<$100m 时可在 $K=2000$ 或 $K=1800$ 曲线上选取 n_{st}。

（2）根据以下统计公式，初步计算单位流量 Q_{11} 和转轮高压侧直径 D_1 为

$$Q_{11}=0.003n_{st}-0.15 \tag{13-4-25}$$

$$D_1=[N_r/(8.82Q_{11}H_{tr}^{1.5})]^{0.5} \tag{13-4-26}$$

式中 N_r、H_{tr}——分别为水轮机额定功率和额定水头，kW、m。

（3）根据以下统计公式，初步计算单位转速 n_{11} 和选取同步转速 n 为

$$n_{11}=78.5+0.09187n_{st} \tag{13-4-27}$$

$$n=n_{11}N_r^{0.5}/D_1 \tag{13-4-28}$$

根据计算的转速 n 选取同步转速 n_o，同步转速的选择原则同上，满足发电机磁极对数的要求，并可选取高一档和低一档的两个同步转速，然后进行方案比较。

（4）根据选取的同步转速 n 重新计算水轮机额定工况比转速 n_{st}。

（5）将 n_{st} 代入式（13-4-25）重新计算 Q_{11}，将 Q_{11} 代入式（13-4-26）计算转轮直径 D_1。

（6）机组吸出高度的选择。在快速估算时，机组吸出高度可按下式估算

$$H_s=9.5-(0.0017n_{st}^{0.955}-0.008)H_{tmax} \tag{13-4-29}$$

考虑到计算的误差较大，应将估算值与类似电站的吸出高度比较和分析，并向有关厂家咨询，最终选取合理的吸出高度 H_s。

上述 n、n_{st}、D_1、H_s 即为初步计算的最终参数。

（五）主要结构尺寸选取

抽水蓄能电站混流式水泵水轮机机组主要尺寸可用下述统计公式求取，以供初步设计时决定厂房

建筑物尺寸之用，蜗壳尺寸计算示意图如图 13-4-7 所示。

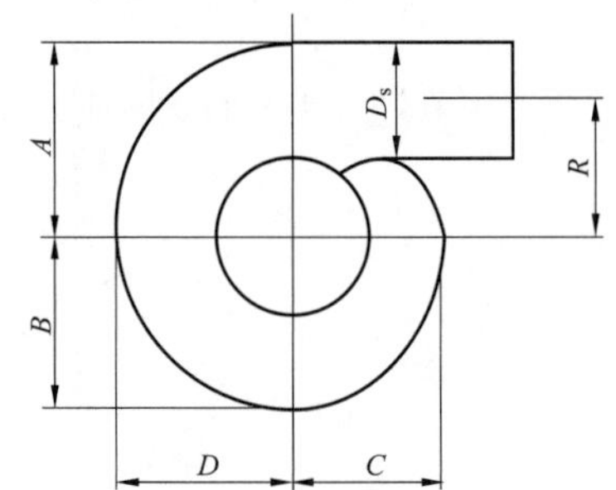

图 13-4-7　蜗壳尺寸计算示意图

1. 蜗壳尺寸计算

(1) 蜗壳进口直径 D_s 为

$$D_s=(0.19+9.71\times10^{-3}n_{sp})\times D_1 \tag{13-4-30}$$

或

$$D_s=[4Q_{tmax}/(\pi v_s)]^{0.5} \tag{13-4-31}$$

式中　Q_{tmax}——水轮机工况最大流量；

v_s——蜗壳进口流速。

H 为与 Q_{tmax} 相应的水头：

1) 当 $H\leqslant100$m 时，$v_s=0.092H$。

2) 当 100m$<H\leqslant250$m 时，$v_s=-2.27\times10^{-4}\times H^2+0.12H-0.53$。

3) 当 $H>250$m 时，$v_s=-1.5\times10^{-5}\times H^2+0.0192H+11.39$。

(2) 蜗壳进口中心与机组中心距 R 的计算。

1) 当 $n_{sp}>43$ 时，R 为

$$R=(0.84+0.00501n_{sp})\times D_1 \tag{13-4-32}$$

2) 当 $n_{sp}\leqslant43$ 时，R 为

$$R=1.054\times D_1 \tag{13-4-33}$$

(3) 蜗壳其他尺寸。蜗壳其他尺寸可按表 13-4-4 中公式估算。

表 13-4-4　　蜗壳尺寸计算表

位置	代号	计算公式
蜗壳$+x$方向	A	$A=(0.972+9.87\times10^{-3}n_{sp})D_1$
蜗壳$-x$方向	B	$B=(0.94+6.26\times10^{-3}n_{sp})D_1$
蜗壳$+y$方向	C	$C=(0.948+3.76\times10^{-3}n_{sp})D_1$
蜗壳$-y$方向	D	$D=(0.964+8.14\times10^{-3}n_{sp})D_1$

2. 尾水管尺寸计算

尾水管计算尺寸示意图如图 13-4-8 所示，尾水管尺寸可按表 13-4-5 中公式估算。

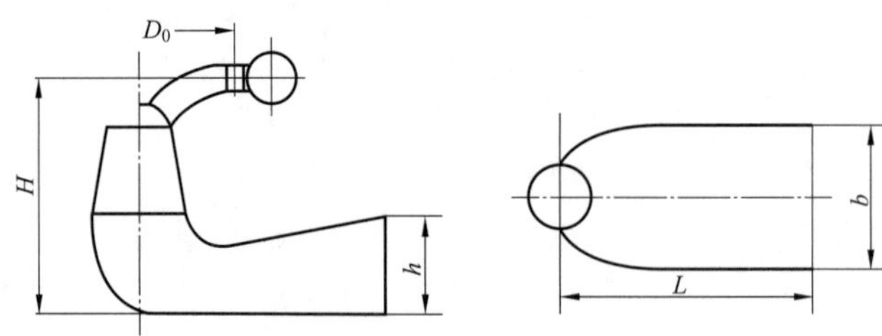

图 13-4-8　尾水管计算尺寸示意图

表 13-4-5　　尾水管尺寸计算表

位置	代号	计算公式
导叶中心圆直径	D_0	$D_0=(1.11+1.91\times10^{-3}n_{sp})D_1$
安装高程至尾水管底板高	H	$H=(1.42+1.1\times10^{-2}n_{sp})D_1$
机组中心到尾出口	L	$L=(2.73+1.85\times10^{-2}n_{sp})D_1$
尾水管出口宽	b	$b=(-0.083+3.76\times10^{-2}n_{sp})D_1$
尾水管出口高	h	$h=(0.55+5.95\times10^{-3}n_{sp})D_1$

(六) 初步选型计算说明

以上两种方法，都是建立在对已建抽水蓄能电站机组参数统计分析的基础上进行的，各个电站的具体情况千差万别，每一个统计公式都不能完全准确表达与电站有关的具体信息，但作为项目前期参

数预估和进行厂房布置配合是能满足要求的。当主机合同生效且模型试验完成后，应对模型曲线进行评估和分析。当模型验收试验合格后，可获得准确的模型曲线，应进行复核计算（包括过渡过程计算等），检查转轮直径、转速、吸出高度、运行范围、效率等，必要时应与厂家协商，适当修改，以获得最佳参数。

无论用什么方法进行计算，总体应遵循以下规则：

（1）参数水平不宜过高，机组运行的稳定性应放在首位，特别是水头高、水头变幅较大或泥沙含量较多的电站，更应重点考虑。一般在项目前期就应和潜在的供货商进行技术交流，共同讨论参数的选择。

（2）吸出高度选择应留有一定的裕量，并应满足输水发电系统过渡过程的要求。

（3）在最终确定制造厂后，应根据最终设计参数重新进行复核计算。

第五节　机组拆装方式和主要结构

一、机组的拆装方式

这里所指的机组拆装方式，主要是指转轮、顶盖、水导轴承、导水机构等水轮机活动部件吊出机坑的方式，一般有上拆、中拆和下拆三种方式可供选择。

上拆方式：水泵水轮机顶盖、控制环、轴承和转轮等活动部件均从发电电动机定子中心孔吊出。对于大多数混流式水泵水轮机而言，其顶盖直径一般小于定子内径，上述活动部件检修时可以通过发电电动机定子中心孔吊出，国内十三陵、响洪甸、潘家口、琅琊山、张河湾、西龙池、泰安、宜兴、桐柏、呼和浩特、阳江、长龙山、敦化等绝大多数抽水蓄能电站均采用此拆卸方式。上拆方式厂房布置较简单，但检修水轮机时需先将发电机转子吊出机坑，总体检修周期较长。但通过已运行的上拆电站调查，随着检修技术的提高，发电机转子吊出与重新安装所花费的时间占总体检修工期的比例并不是很大。

中拆方式：水泵水轮机顶盖、转轮等重大部件通过水轮机机墩边壁开孔移出机坑，再利用厂房内设置的专用吊运通道吊出。此拆卸方式需要在水轮机和发电机之间设置中间轴，并使用水轮机机坑的滑动式吊车拆除水导、主轴密封、导叶操作机构、顶盖、转轮等部件，通过滑动推车移至厂房专用吊运通道。国内采用中拆方式的有天荒坪、广州二期、溪口、惠州、宝泉等抽水蓄能电站。中拆机组示意图如图 13-5-1 所示。

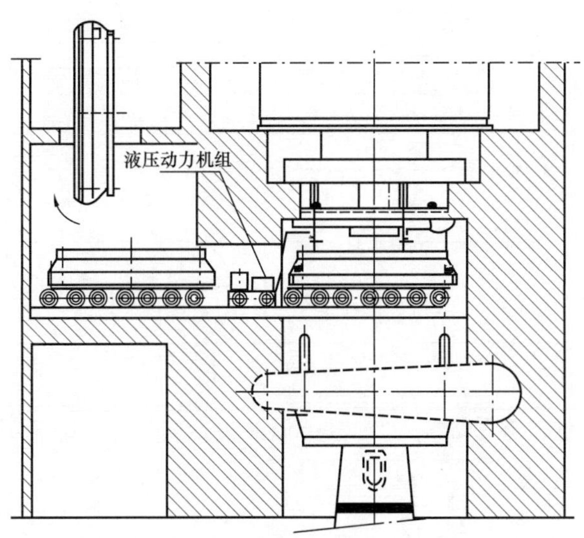

图 13-5-1　中拆机组示意图

下拆方式：水轮机下部设置允许拆除并侧向移走尾水锥管的空间，利用相应空间可以方便地检查并在需要的时候修理转轮、导叶轴承等易损件，并在拆除底环后拆装转轮，如广州蓄能电站一期是典型的下拆机组。下拆机组示意图如图 13-5-2 所示。

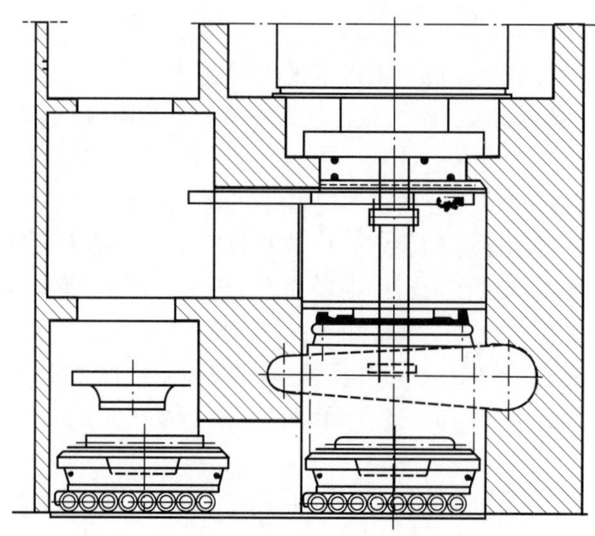

图 13-5-2 下拆机组示意图

中拆和下拆方式，转轮拆卸方便，适用于转轮检修周期较短的抽水蓄能电站（如过机泥沙含量较多的电站）。中拆方式顶盖可以整体制造，强度和刚度好，但水工建筑物设计较复杂，需在水轮机机坑边留较大的运输孔，设中间轴，厂房高度增加；下拆方式水工建筑物设计复杂，由于尾水锥管周边没有混凝土，机组噪声和振动大。法国奈尔皮克水轮机制造厂工程师认为，下拆方案适应的水头宜为550m 以下，最好不大于 500m。

有些电站采用联合拆除法，如韩国青松抽水蓄能电站机组采用上下拆方式，不设置中间轴，由于运输条件的限制，顶盖和底环均分为两半。只考虑转轮及底环从下拆廊道拆出，主轴和顶盖只能通过上拆方式吊出。其主要目的是在不拆发电电动机的前提下对水泵水轮机转轮进行大修。转轮拆装方式的比较见表 13-5-1。

表 13-5-1　　转轮拆装方式的比较

比较内容		上拆方式	中拆方式	下拆方式
厂房尺寸	发电机与水轮机间尺寸	同	同	同
	水轮机间尺寸	小	中	小
	拆卸用吊物孔	—	与进水阀共用	单独开孔
	尾水管高度	小	小	高
拆卸方式	发电机是否需要拆卸	要	部分要	部分要
	主轴中心是否开孔	否	要	要
	转轮拆装时间	长	中	短
主要拆卸工具		主轴、转轮吊装工具，顶盖吊装工具	主轴吊装工具、中间轴吊装工具、顶盖吊装工具、转轮吊装工具、搬运用滑车（包括架设地面轨道，运控制环、顶盖及转轮）	主轴吊装工具、搬运用滑车（包括架设地面轨道，运尾水直管、底环及转轮）、底环架台、转轮架台

二、水泵水轮机主要结构

水泵水轮机主要结构部件基本和常规水轮机类似，包括转轮、主轴、顶盖、座环、泄流环、导轴承、主轴密封及尾水管等。

（一）转轮

高水头水泵水轮机转轮形状随着水头增高而变得更加扁平，和盘子效应一样，这会引起转轮上下冠叶片的振动。东芝公司 1980 年通过真机测量发现这种振动效应比转轮叶片和导叶之间的振动还要明显。如果对转轮设计不进行充分考虑，转轮自振频率太靠近水力激振频率，共振就可能发生，从而导致转轮的疲劳损害。

转轮在水中固有频率 f_{nw} 为

$$f_{nw}=f_{na}\times R_f \quad (13\text{-}5\text{-}1)$$

式中 f_{nw}——转轮在水中的振动频率；

f_{na}——转轮在空气中的振动频率；

R_f——水中与空气中固有频率的下降率，由经验数据得出（见图 13-5-3）。

水力激振频率 f_r 为

$$f_r=n\times Z_g$$

式中 n——机组转速；

Z_g——导叶数。

国外有的主机技术条件中规定水中固有频率 f_{nw} 与激振频率 f_r 之差应不小于 10%。即

$$R=|f_{nw}/f_r-1|>10\% \quad (13\text{-}5\text{-}2)$$

转轮一般采用铸焊结构。要求材料有良好的抗空化及抗磨损性能，并要求材料应保证在机组检修期间，能在机坑内常温条件下完成转轮的补焊工作。由于泄水锥脱落的事件较多，对于双向旋转的水泵水轮机转轮要求泄水锥采用与转轮相同的材料，并直接焊接到转轮上。

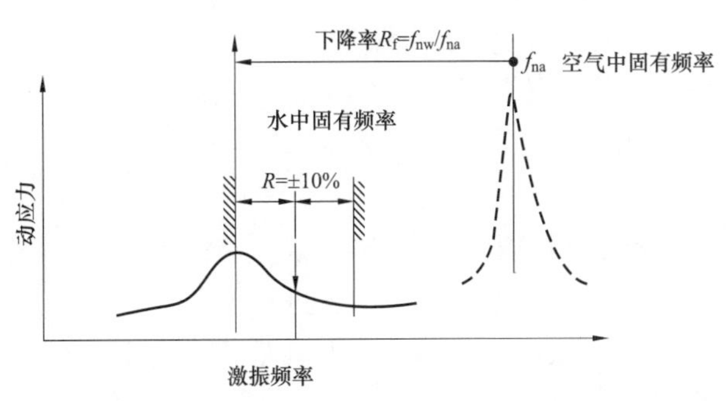

图 13-5-3 转轮固有频率确定

由于水泵水轮机流道较常规水轮机要长，现场焊接和热处理难度大，在转轮设计时应充分考虑到电站大件运输条件，使转轮尽量能够整体运输，这一点在机组初步参数确定时应引起高度重视。

（二）主轴

主轴在结构上与常规水轮机并没有太多区别，要求主轴应具有足够的强度和刚度，能够承受在电站最不利工况条件下可能产生的作用在主轴上的扭矩、轴向力和水平力。主轴长度设计应考虑主轴与转轮组装后，利用配套吊具能由厂内桥式起重机顺利地吊装。另外，如水泵水轮机和发电电动机分别由两个厂家制造，招标文件应明确水泵水轮机轴和发电电动机轴连接法兰的设计、制造负责方。如果条件允许，最好能在厂内进行联轴同镗法兰联轴螺栓孔，如条件不具备，应要求两制造商采用相同的模板进行加工，以确保主轴在现场的可靠连接。

（三）主轴密封

主轴密封分为工作密封和检修密封。检修密封布置在工作密封以下，以便在不排除尾水管内水的情况下拆卸和更换工作密封。工作密封有静压式端面密封和径向式密封两种。静压式端面密封具有密封副磨损量较小、漏水量较小、主轴上不需要设不锈钢衬套等优点，是目前抽水蓄能机组上采用较多的密封形式。径向式密封结构在日本的许多水泵水轮机上使用，国内采用该型式密封的有西龙池、仙居、清远等抽水蓄能电站，其密封副磨损量要比静压式端面密封稍大，但密封块依靠外部弹簧的弹力，使密封块内表面紧贴在主轴的不锈钢衬套上，并可根据磨损量自动补偿以保持密封性能（典型径向密封布置图见图 13-5-4）。

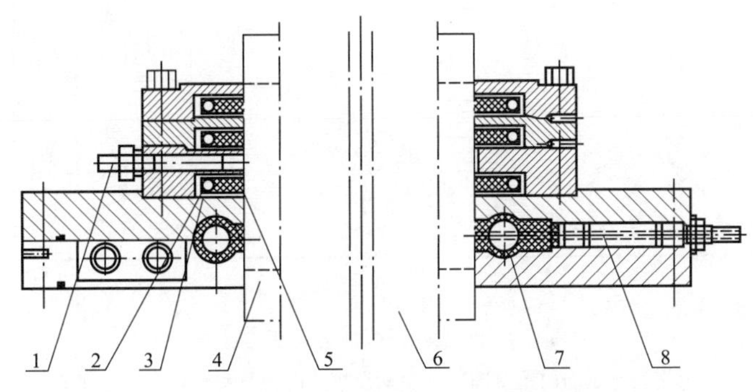

图 13-5-4 典型径向密封布置图

1—压力水管；2—弹簧；3—托块；4—主轴衬套；5—扇形密封块；6—主轴；7—检修密封；8—压力气管

（四）水导轴承

水导轴承瓦应采用受热变形小的优质锻钢制造，能够承受水泵水轮机运行中出现的最大径向作用力。水泵水轮机导轴承结构设计上应尽可能地靠近转轮，并且不拆导轴承就能维修和更换主轴密封部件；导轴承应允许主轴轴向移动。当水泵水轮机主轴与发电电动机轴解联后，应允许主轴沿轴线下移，转轮能坐放在泄流环上。

由于水泵水轮机埋深较常规水轮机大，采用尾水系统取水进行轴承冷却润滑时，冷却器的设计压力应充分考虑到系统的最大压力，此压力还应考虑到过渡过程中可能出现的瞬时最大压力上升。

（五）座环和蜗壳

对座环和蜗壳的结构要求与常规水轮机类似，如果条件允许，座环与蜗壳应在工厂一起焊接，尽可能减少运输的分瓣数。座环和蜗壳设计时，应充分考虑到混凝土浇筑、灌浆、排气孔等要求，保证蜗壳能够不与混凝土联合受力，而单独承受各种运行工况下可能发生的最大水压力与试验压力。

1. 保压浇筑混凝土

为检验蜗壳安装与焊接质量，保证座环和蜗壳在各种运行条件下能安全工作，在现场蜗壳安装完成后，一般需通过水压试验进行验证。水压试验压力为 1.5 倍最大工作压力，蜗壳、座环等部件结合面上应无任何漏水。压力试验时，由安装在座环内侧的专用的试验封堵环、蜗壳进口的试验闷头和蜗壳组成一个密闭的试压系统，利用高压泵向蜗壳充水，在规定的试验程序下进行压力试验（见图 13-5-5）。

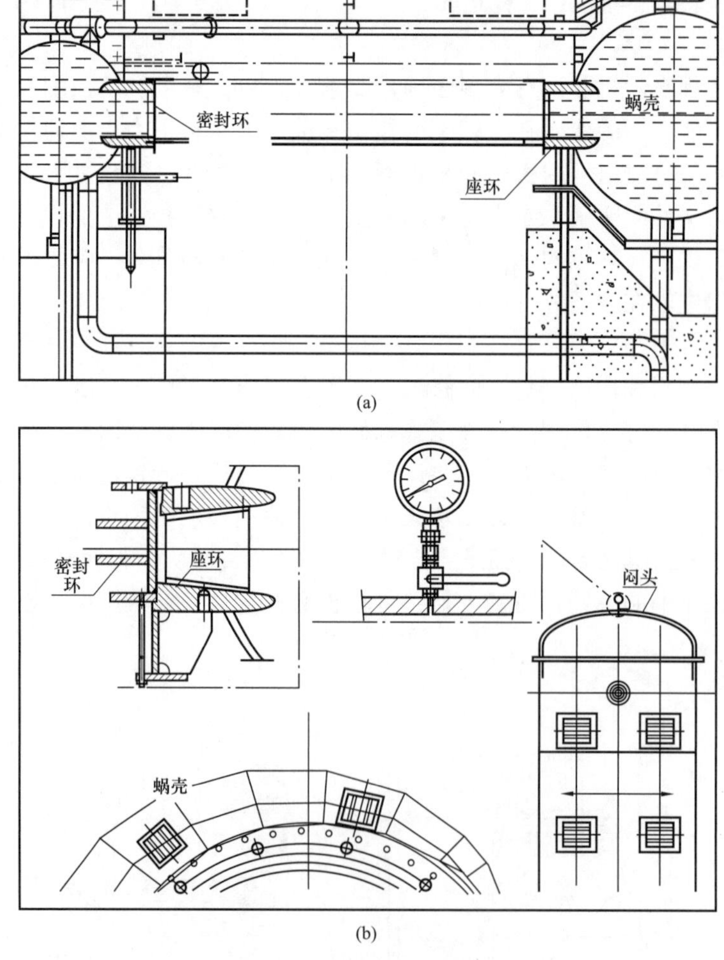

图 13-5-5　蜗壳打压布置示意图

（a）蜗壳打压剖面示意图；（b）蜗壳打压闷头及密封环布置示意图

蜗壳不设弹性垫层情况下，国内抽水蓄能电站采用蜗壳保压下浇筑混凝土，蜗壳内压力一般为蜗壳最大静水压力的 50%。当电站有多台机组同时进行安装时，在机组订货时可订两套封堵装置，包括封堵环和蜗壳进口闷头，以保证安装进度要求。

2. 浮动式尾水锥管

KV公司生产的大多数中、高水头抽水蓄能机组，都采用了自由浮动的尾水锥管，尾水锥管周围的混凝土中设一个壁龛形通道。底环和尾水管不埋入混凝土中。在尾水锥管上设一个伸缩节，它的作用在于拆卸尾水锥管并防止垂直荷载从水轮机传到下部结构。所以水轮机基础不支撑在尾水锥管或混凝土上。基础环按承受全部荷载设计，仅支撑在座环上。顶盖和基础环的所有垂直荷载将传到座环连接的法兰上。该公司提供的水轮机转轮的上、下迷宫环几乎处于同一直径上，这样作用在顶盖和底环的垂直分力是相等的，可以认为座环受力是平衡的。

采用不受约束的尾水锥管，其主要原因在于应用了等荷载原则。此种设计还有下列优点：

(1) 如果混凝土结构中有了所需的孔洞，拆除尾水锥管对转轮进行检查和维修就有了方便的通道，为水轮机的下拆创造了条件。

(2) 尾水锥管周围留出的空间允许进人对导叶密封和底环下导叶轴承进行维修。水轮机的设计最好还应允许在不拆卸顶盖、底环的情况下，也能对导叶轴承进行维修。

(3) 允许对蜗壳和座环的焊接部位进行检查，这对承受由于频繁起停引起的疲劳应力的蜗壳来说是很重要的。

(4) 水轮机尾水锥管和基础环周围的辅助管道不必埋入混凝土中。需要在充气条件下运行的水泵水轮机，需要一些额外连接，如进气管、尾水管水位控制设备、转轮密封供水管、转轮密封温度传感器和排水管等。通道的形成对这些设备和管道的安装与维护提供了方便。

(六) 顶盖

顶盖由钢板焊接制造，应具有足够的刚度和强度，能在各种工作条件下安全工作。顶盖上应均匀分布适当数量的减压孔和均压装置，以减小转轮与顶盖之间的水压力，减小轴向水推力。和常规水轮机不同的是顶盖上应设置适当数量的排气孔，以便水泵起动完成或调相完毕时能将转轮室中的空气排走，顶盖适当位置还应设水泵起动时的造压指示器。

上拆机组顶盖的分瓣数应与机坑高度一同考虑，和常规水轮机一样，顶盖不具备直接从水轮机机坑吊出条件时，水轮机坑设计应考虑分瓣顶盖吊运方式和空间，保证顶盖起吊、分拆、翻身和吊运的空间，当机坑高度对顶盖在机坑内组合有影响时，一般可以采用两种方式。

(1) 吊装方式一。其特点是先插入一半导叶，吊装一半顶盖，再将另一半顶盖吊入机坑并暂时放置于另一半顶盖之上，再装入另一半导叶，然后总体起吊顶盖进行组合。图13-5-6是方式一——分瓣顶盖的起吊程序示意图。

(2) 吊装方式二。先将分瓣顶盖吊入机坑，顶盖组合后固定于机坑顶部，随后通过顶盖中心孔吊入导叶，再落下顶盖。

无论采用何种方式进行吊装，机坑高度都应能满足顶盖的组装和整体起吊的要求，以及顶盖起吊后下部空间能满足导叶等部件安装的空间。

(七) 底环和泄流环

和常规水轮机不同，为消除水泵水轮机在压水转动时形成的水环和振动，有的厂家在泄流环和底环上设置适当数量的导叶漏水及止漏环冷却水等的排水管（机组水环排水示意图见图13-5-7）。实践证明，在机组下环排水时，排水管的振动相当大，甚至出现过排水管被振裂的情况，所以在进行机组布置时应使阀门两端的管道尽可能短，并在安装时将管路和阀门可靠固定。由于上述缺点，目前国内新建抽水蓄能电站基本上取消了该排水管，并在蜗壳顶部设置排水管，使高速水环通过导叶间隙流向蜗壳，再通过专门设置在蜗壳顶部的排水管将水环控制合适的高度。

(八) 导叶和导水机构

和常规水轮机一样，导水机构由活动导叶、导叶轴承、导叶操作控制机构、导叶最大开度限位装置、剪断销装置和防导叶自由转动的摩擦装置等组成。与常规水轮机不同的是，导叶过流表面型线应适合水轮机和水泵两工况的水流流态（带控制环的导水机构示意图见图13-5-8）。

当水轮机低水头工况进入“S”区存在并网困难时，国内较普遍的解决方法是采用单导叶接力器，在机组起动过程中，通过预先开启一对式多对单导叶接力器，能有效减少振动和提高并网速度（呼和浩特抽水蓄能机组单导叶接力器见图 13-5-9）。

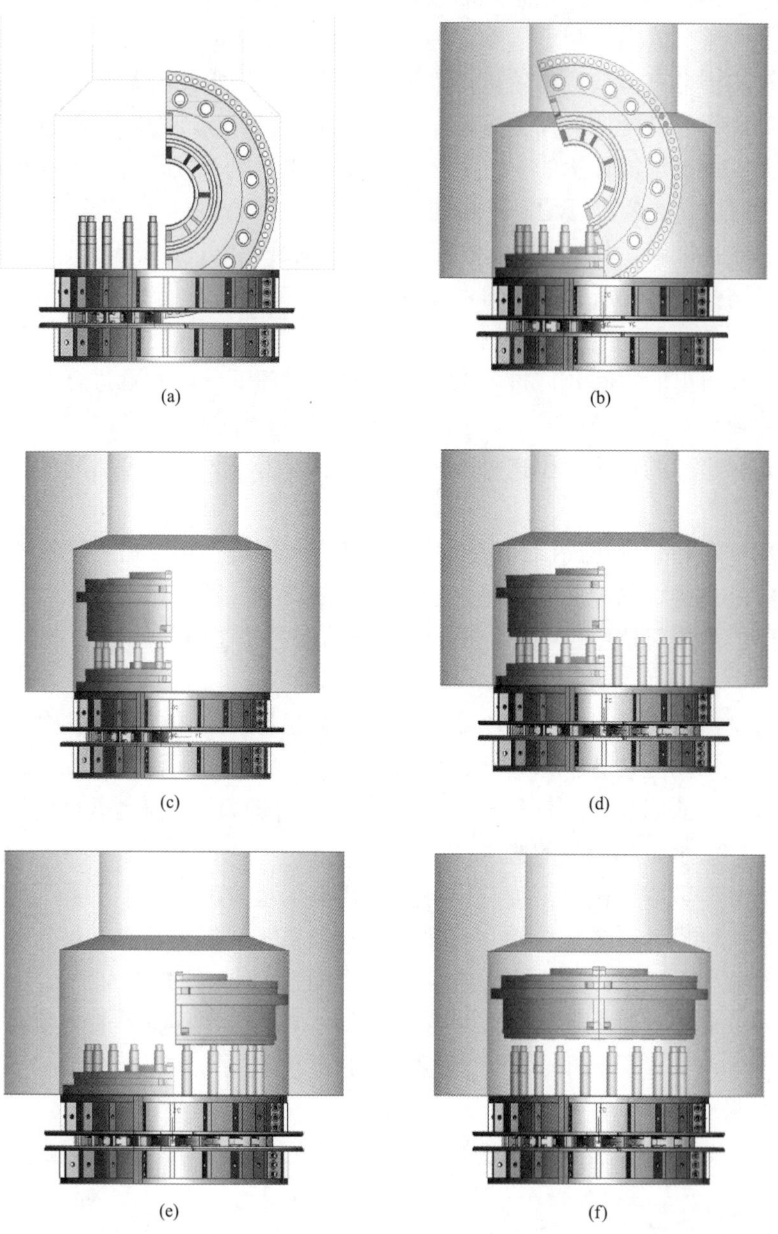

图 13-5-6　分瓣顶盖的起吊程序示意图

（a）第 1 步：装入一半导叶，吊装一半顶盖；（b）第 2 步：吊入另一半顶盖；（c）第 3 步：将一半顶盖放在另一半之上；（d）第 4 步：装入另一半导叶；（e）第 5 步：另一半顶盖移到导叶上；（f）第 6 步：总体起吊顶盖组合

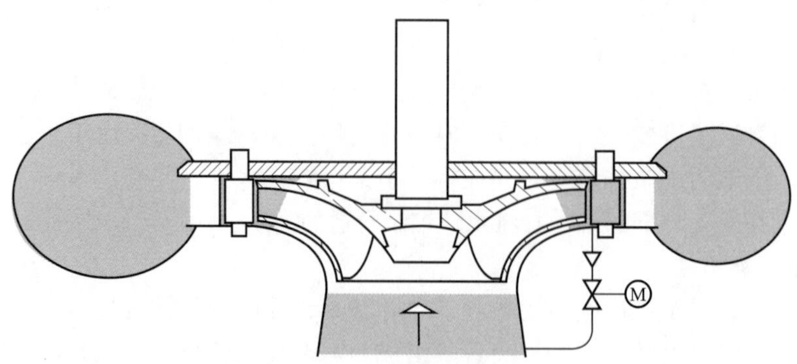

图 13-5-7　机组水环排水示意图

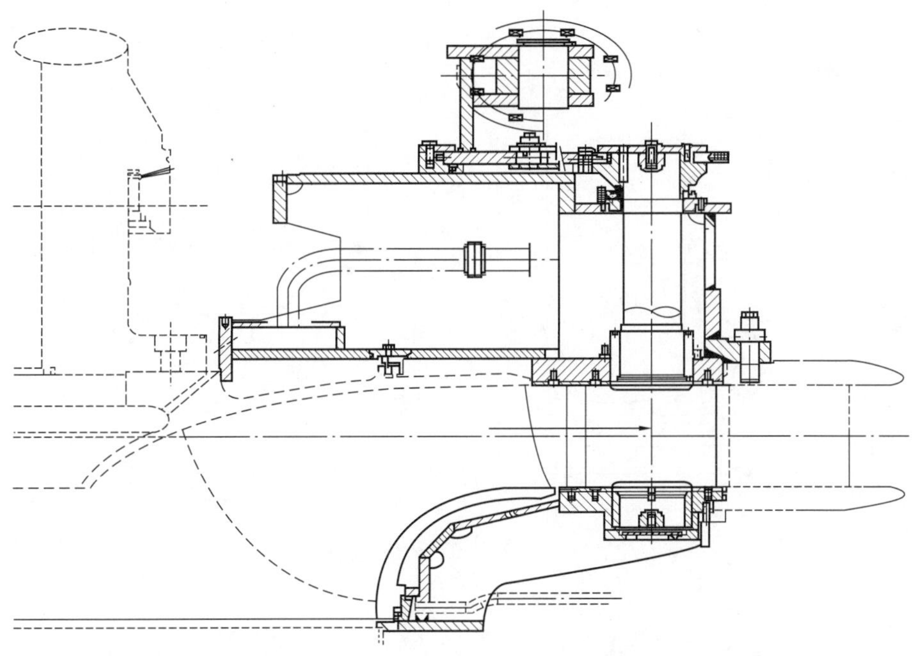

图 13-5-8　带控制环的导水机构示意图

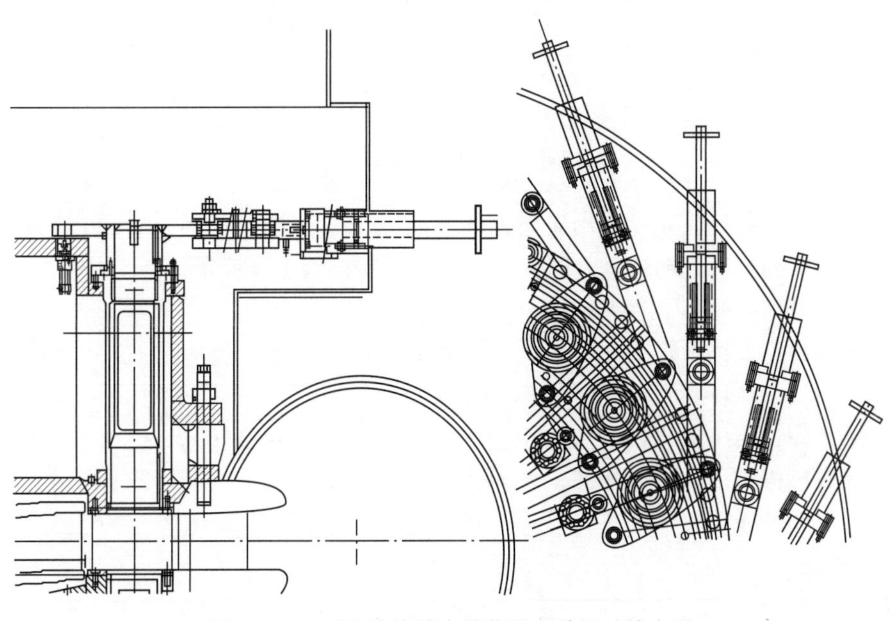

图 13-5-9　呼和浩特抽水蓄能机组单导叶接力器

第六节　调　相　压　水

目前，抽水蓄能电站在世界范围内得到广泛的应用，调相压水系统作为水泵水轮机最重要的辅助设备系统之一，其能否可靠、稳定运行是抽水蓄能电站能否发挥其正常功能的关键系统之一。

调相压水主要指机组在发电工况调相、抽水工况调相或水泵起动时，通过向转轮室充压力空气，将转轮室的水位压低至转轮下方一定距离，使转轮维持在空气中旋转的过程。压力的主要目的为降低调相运行时转轮在水中搅动的功耗或水泵启时 SFC（固定变频起动装置）拖动机组至额定转速并网时的拖动功率。调相压水系统设备主要由中压空气压缩机、调相压水储气罐、阀门、管路及其附件组成(调相压水系统示意图见图 13-6-1)。

（一）调相压水储气罐容量设计

调相压气时，在进水阀和导叶关闭的情况下，应使转轮室内的水位压低至转轮下方，并使尾水管内的水位维持在合理的位置，避免机组在调相运行或水泵工况起动时转轮在水中旋转形成水环，造成机组入力增大和机组的振动加剧。

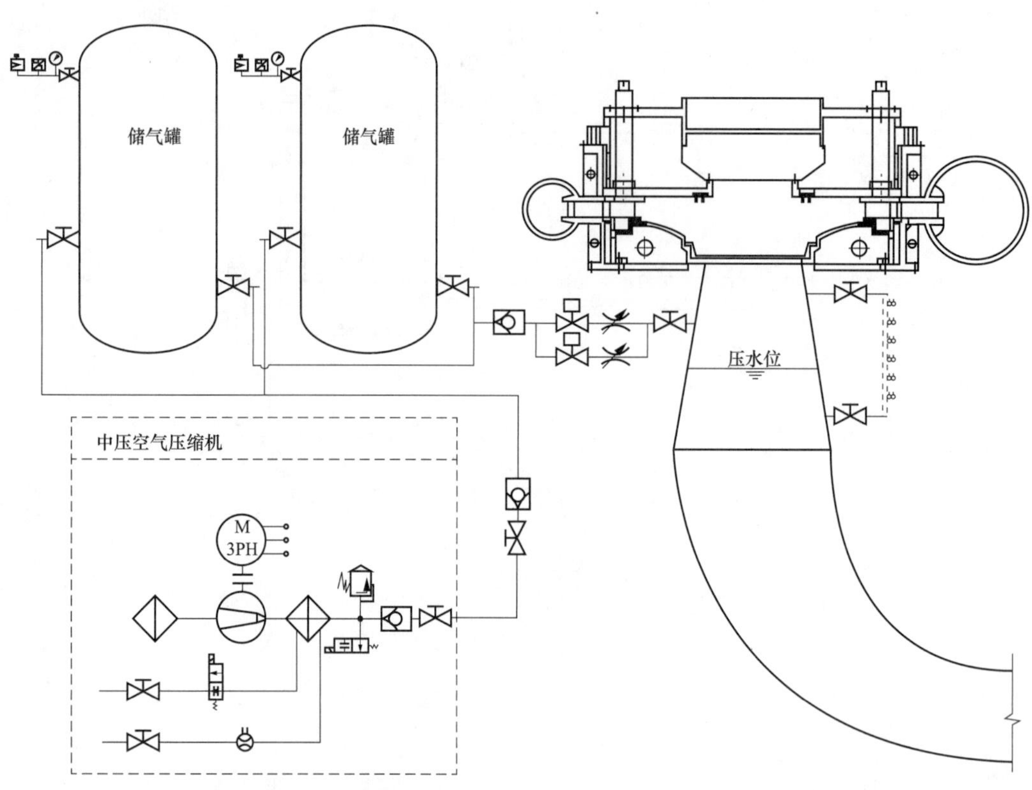

图 13-6-1　调相压水系统示意图

调相压水系统容量的设计应先计算出转轮室压水后充气总容积，根据充气总容积计算出储气罐容积，选定储气罐；再根据储气罐的恢复时间，选定空气压缩机的工作容量。

1. 转轮室充气总容积

充气总容积由转轮室及尾水管两部分充气容积组成。机组调相运行时，宜将水位压低至转轮下方70%～100%的尾水管进口直径处，一般可控制在转轮下方 1.5～2.0m 位置处。由于不同机组的结构尺寸和性能参数并不相同，其压低水位的限值也不尽相同，尤其是对高转速、埋深较大的机组，应合理选择压水深度，可经过模型试验进行验证。

根据机组流道尺寸及压水深度可计算出转轮室和尾水管内充气总容积。

2. 储气罐总容积

抽水蓄能电站机组调相压水储气罐一般按单元方式配置，即 1 台机组设置一套调相压水储气罐，储气罐的大小应根据现场布置空间的情况具体分析，可以单罐设置，也可以设置 2 个储气罐，即每个储气罐的容量为单台机组所需储气罐容量的一半。

储气罐总容积的计算条件：空气压缩机不起动、全部储气罐压力保持在正常工作压力下限值到允许最低压力值之间能够完成两次压水操作。储气罐（总）容积 V_r 可采用下述经验公式计算。

$$V_r=\frac{(p_d+1)^{\frac{1}{n}}}{(p_r+1)^{\frac{1}{n}}-(p_r'+1)^{\frac{1}{n}}}V_d(N+\alpha) \tag{13-6-1}$$

式中　V_r——储气罐总容积，m^3；

p_d——尾水管内的空气压力，kgf/cm^2；

p_r——开始压水后储气罐内的压力，即储气罐正常工作压力下限值，kgf/cm^2；

p_r'——完成 1 次压水操作后储气罐压力，即储气罐内允许最低压力，kgf/cm^2（取 $p_r'=p_d+3$，使储气罐内允许最低压力比尾水管内最大压力高 $3kgf/cm^2$）；

V_d——压低水面后，转轮室和尾水管内充气容积，m^3；

n——多变指数，取 $n=1.2$；

N——需压低水面的水泵水轮机台数，一般取机组台数，台；

α——备用的压水操作次数，单元方式配置储气罐，α 取 1。

根据上述公式，可计算出每台机组压水储气罐的容积。在具体储气罐选用时，可根据储气罐的布置及厂房空间的大小，决定采用单储气罐布置或多储气罐布置。

（二）空气压缩机容量设计

调相压水系统中的空气压缩机应具有两个功能，一是满足储气罐压水后在一定的时间内恢复压力，二是满足机组在调相压水过程中漏气量的补充。所以在压缩机总容量的设计中，要综合考虑上述两种工况，分别计算出其生产率，并按生产率较大的工况进行设备选型。下面将按总容量计算法分别计算两种工况下的空气压缩机生产率。

1. 规定时间内恢复储气罐压力的空气压缩机生产率

$$Q_{c1}=\frac{v_r(p_r-p_{r'n})}{T} \tag{13-6-2}$$

式中 Q_{c1}——换算到大气压下的空气压缩机生产率，m^3/min；

T——在完成全部水泵水轮机压水操作后，全部储气罐为下次压水操作所需的压力恢复时间，一般取 60～120min；

$p_{r'n}$——全部水泵水轮机完成压水操作后储气罐的压力（表压）；一般储气罐按单元方式与机组配置，故 $p_{r'n}=p_r'$，kgf/cm^2。

2. 补充漏气量所需要的空气压缩机生产率

$$Q_{c2}=\beta V_d(p_d+1)N \tag{13-6-3}$$

式中 Q_{c2}——换算到大气压下的空气压缩机生产率，m^3/min。

β——漏气量所占压低水面后转轮室和尾水管内充气容积 V_d 的百分比，它随主轴密封形式不同而各异，并且即使是形式相同也互有差值，因而按密封形式不同参考调查所得平均值后选取。对盘根箱密封 $\beta=1\%\sim2\%$；对填料箱密封 $\beta=4\%\sim5\%$。

p_d——尾水管内的空气压力，kgf/cm^2。

N——需维持压低水面的水泵水轮机台数，一般取装机台数。

3. 电站所需的空气压缩机总生产率

$$Q_c=\max(Q_{c1},Q_{c2}) \tag{13-6-4}$$

式中 Q_c——电站所需空气压缩机总生产率，m^3/min。

Q_c 按 Q_{c1} 和 Q_{c2} 的大值选取，并参照空气压缩机的技术规格确定设置台数及每台空气压缩机的生产率。

（三）设备选用的注意事项

1. 空气压缩机和储气罐的配置

目前绝大部分抽水蓄能电站机组台数一般为 4、6 台。在配置调相压水系统设备时，4 台机组方案一般配置 5 台空气压缩机；每台机组配置 2 台压水储气罐，布置在每台机组的机墩边；空气压缩机出口配置 1 台中间储气罐，起到平压和稳压的作用。采用 6 台机组方案时，配置 6 台空气压缩机，每台机组配置 2 台压水储气罐，布置在每台机组的机墩边；空气压缩机出口配置 1 台中间储气罐，起到平压和稳压的作用。

2. 调相压水系统的压力等级

调相压水储气罐属压力容器，根据压力等级可划分为低压、中压、高压和超高压四个等级，当压力大于等于 0.1MPa，且小于 1.6MPa 时，为低压容器；当压力大于等于 1.6MPa，且小于 10MPa 时，为中压容器；当压力大于等于 10MPa，且小于 100MPa 时，为高压容器；当压力大于等于 100MPa 时，为超高压容器。抽水蓄能机组每次调相压水的容量是固定的，由于压力 p 值和容积 V 值成反比，故压力越高，储气罐的所需的容积越小，就越方便布置。综合考虑抽水蓄能电站的特点及电站调速器和进水阀油压装置等其他压缩空气用户的要求，目前国内抽水蓄能电站设计中，机组调相压水储气罐一般按 8MPa 的工作压力设计，空气压缩机的压力按 8～8.5MPa 选取。

3. 设备材质选用

调相压水储气罐的容积按机组 2 次充气压水总容量设计，但并非按连续 2 次压水考虑；实际使用时，若 1 次压水不成功，应进行各项检查，并将故障排除后再压水起动。在排除故障的过程中，空气压缩机已起动为储气罐进行补气。

储气罐压水时，由于在极短的时间内为机组充气，将使储气罐和压气管道的温度骤降，故在材料的选取上，应注意温度对储气罐及其后面连接的阀门、充气管路和管件的影响。目前，充气管路、阀门及管件一般采用抗低温性能较好的不锈钢材质，储气罐一般采用低温性能较好的压力容器用钢。

第七节 进 水 阀

一、进水阀类型及选择

（一）进水阀类型及作用

进水阀是装设在水泵水轮机蜗壳前用于截断水流的阀门，其主要作用为在机组停机时关闭以切断水流，以及在机组运行时作为防止机组飞逸事故扩大和防止管路破裂事故扩大的后备保护措施，同时对抽水蓄能电站来说，其水头一般比较高，停机时关闭球阀将减小机组漏水量及导叶间隙空蚀，将有效提高电站综合效率及部件寿命。

进水阀主要有蝴蝶阀和球阀两种。一般来说，进水阀的最大静水头在 250m 以下时选用蝴蝶阀，最大静水头在 250m 及以上时选用球阀。目前虽然国内厂家已设计制造的蝴蝶阀最大公称直径达到 7.5m，但由于国内中低水头大容量抽水蓄能电站投资相对较大，应用蝴蝶阀的抽水蓄能电站还不多，主要有白山抽水蓄能电站（蝴蝶阀公称直径 DN4200，设计压力 180m 水头）、琅琊山抽水蓄能电站（DN4100，设计压力 2.35MPa）等。根据抽水蓄能电站特点，进水球阀在蓄能电站中的应用较为广泛，设计压力覆盖 3.0～12MPa，其中公称直径最大的为白莲河抽水蓄能电站，其直径达到 3.5m，设计压力为 3.23MPa；已投运的设计压力最高的进水球阀为长龙山抽水蓄能电站进水阀，其公称直径为 2.1m，设计压力为 12MPa。表 13-7-1 为国内外典型的大型蝴蝶阀统计表，表 13-7-2 为国内外部分抽水蓄能电站大中型进水球阀统计表。

表 13-7-1 国内外典型的大型蝴蝶阀统计表

序号	项目（工程）名称	项目所在地	蝴蝶阀型号	公称直径（mm）	最大静水头（m）	供货时间
1	塔贝拉水电站	巴基斯坦	PDF141-WY-750	7500	141	制造中
2	朱利诺水电站	坦桑尼亚	PDF128-WY-635	6350	128	2022 年
3	芦庵滩水电站	中国	PDF71-WY-600	6000	71	2017 年
4	卡里巴南岸水电站	津巴布韦	PDF113-WY-578	5780	113	2017 年
5	GOKTAS 1 水电站	土耳其	PDF40-WY-550	5500	40	2013 年
6	AKINCI 水电站	土耳其	PDF40-WY-550	5500	40	2017 年
7	卡尔河水电站	伊朗	PDF107-WY-530	5300	107	1997 年
8	苏利曼水电站	伊朗	PDF151-WY-530	5300	151	1997 年
9	丰满二级水电站	中国	PDF75-WY-530	5300	71.5	1991 年
10	明哥桥水电站	阿塞拜疆	PDF67-WY-530	5300	67	2010 年
11	卡仑Ⅲ水电站	伊朗	PDF192-WY-520	5200	192	1997 年
12	龙江水电站	中国	PDF91-WY-520	5200	91	2009 年
13	布尔津山口水电站	中国	PDF80-WY-520	5200	80	2012 年
14	直孔水电站	中国	PDF42-WY-510	5100	42	2005 年
15	恰甫其海水电站	中国	PDF92-WY-500	5000	92	2005 年
16	金龙潭水电站	中国	PDF57-WY-500	5000	57	2005 年
17	硕曲河洞松水电站	中国	PDF77-WY-500（调压井后阀门）	5000	77	2010 年

续表

序号	项目（工程）名称	项目所在地	蝴蝶阀型号	公称直径（mm）	最大静水头（m）	供货时间
18	古城水电站	中国	PDF60-WY-500	5000	60	2012 年
19	BAGISTAS Ⅰ水电站	土耳其	PDF54-WY-500	5000	54	2012 年
20	卡仑Ⅰ水电站	伊朗	PDF165-WY-500	5000	165	1993 年
21	响洪甸水电站	中国	PDF80-WY-450	4500	80	2000 年
22	白山水电站	中国	PDF152-WY-420	4200	152	2004 年
23	琅琊山抽水蓄能电站	中国	PDF181.8-WY-410	4100	181.8	2004 年

表 13-7-2　　国内外部分抽水蓄能电站大中型进水球阀统计表

序号	工程名称	项目所在地	公称直径 *D*（m）	最大静水头（m）	设计压力（m 水头）	投运时间
1	神流川	日本	2.3	817	1079	2005 年
2	阳江	中国	2.27	798.7	1125	2022 年
3	葛野川	日本	2.1	861	1200	1999 年
4	长龙山	中国	2.1	853	1200	2021 年
5	敦化	中国	2.1	795	1160	2021 年
6	洛宁	中国	2.2	732	1019	在建
7	西龙池	中国	2	769.5	1015	2008 年
8	仙居	中国	2.6	562	784	2016 年
9	Bajina Basta	南斯拉夫	2.2	664	900	1980 年
10	绩溪	中国	2	728	1101	2019 年
11	缙云	中国	2	713	1030	在建
12	天荒坪	中国	2	680.2	887	1998 年
13	洪屏	中国	2.1	640	887	2016 年
14	呼和浩特	中国	2	660	900	2014 年
15	宝泉	中国	2	639.6	799	2009 年
16	Chaira	保加利亚	1.7	751.5	1065	1987 年
17	丰宁	中国	2.35	539	755	2021 年
18	惠州	中国	2	627	775	2009 年
19	沂蒙	中国	2.5	489	683	2021 年
20	黑麋峰	中国	2.8	385	499	2009 年
21	桐柏	中国	3.1	344.21	428	2005 年
22	蒲石河	中国	2.7	394	510	2012 年
23	溧阳	中国	3.05	348	475	2017 年
24	五岳	中国	3.1	338	469	在建
25	泰安	中国	3.15	309	398	2005 年
26	白莲河	中国	3.5	267	329	2009 年
27	响水涧	中国	3.3	274.05	359	2011 年
28	句容	中国	3.4	257	374	在建

（二）进水阀的选择

进水阀的类型主要根据应用水头进行选择，蝴蝶阀一般应用于最大静水头 250m 以下的机组，而在这水头之上应用球阀。值得注意的是，抽水蓄能电站一般埋深较大，进水阀背压大，故实际应用中，一般进水阀最大静压达到 250m 水头时也采用球阀，如白莲河抽水蓄能电站，其最大静水头为 217m，但最大静压达到 267m 水头，最终选用球阀。除应用压力范围不同外，蝴蝶阀与球阀的水头损失、漏水量、结构尺寸等也有比较大的差别，见表 13-7-3。

一般来说，进水阀的公称直径应与下游侧蜗壳进口断面直径相匹配，其中由于蝴蝶阀活门会占用过流面积，确定直径时应使蝴蝶阀的过流净面积不小于蜗壳进口断面面积；对于球阀，由于过流断面为全通径结构，球阀的直径一般选择与蜗壳进口直径相同。无论采用蝴蝶阀还是球阀，阀门的设计压力应按不低于输水发电系统过渡过程中在进水阀水平中心线处所产生的最大压力进行取值。

表 13-7-3 蝴蝶阀与球阀比较

项目	蝴蝶阀	球阀
应用水头范围（m）	≤250	≥250
水头损失	较小	接近于零
漏水量	较小	很小
结构尺寸	尺寸较小、结构简单、质量小、操作方便	尺寸较大、结构复杂，质量大、制造工艺复杂
配套设备	伸缩节、空气阀、旁通阀	伸缩节、空气阀、旁通阀
价格	相对便宜	相对较高

二、进水阀主要结构

进水阀主要部件包括阀体、活门与阀轴、密封装置、操作机构等。抽水蓄能电站进水阀部件的结构设计基本与常规水电站进水阀一样，其中蝴蝶阀一般采用卧轴布置方式，活门采用双平板型式，为保证在事故状态下进水蝶阀可靠关闭，有的电站进水蝶阀设置重锤关闭机构，图 13-7-1 为琅琊山抽水蓄能电站重锤式卧轴双平板蝶阀；而对于球阀，一般也采用卧轴布置方式。抽水蓄能电站应用的进水阀与常规水电站应用的进水阀主要区别在于抽水蓄能电站起停机频繁，电站埋深大，进水阀背压较大，故对抽水蓄能电站进水阀设计制造来说，应充分重视阀门密封结构设计及其材料的选择，以及枢轴轴承的疲劳损坏问题。由于抽水蓄能电站一般水头较高，进水蝶阀应用较少，故本部分主要介绍进水球阀的结构。

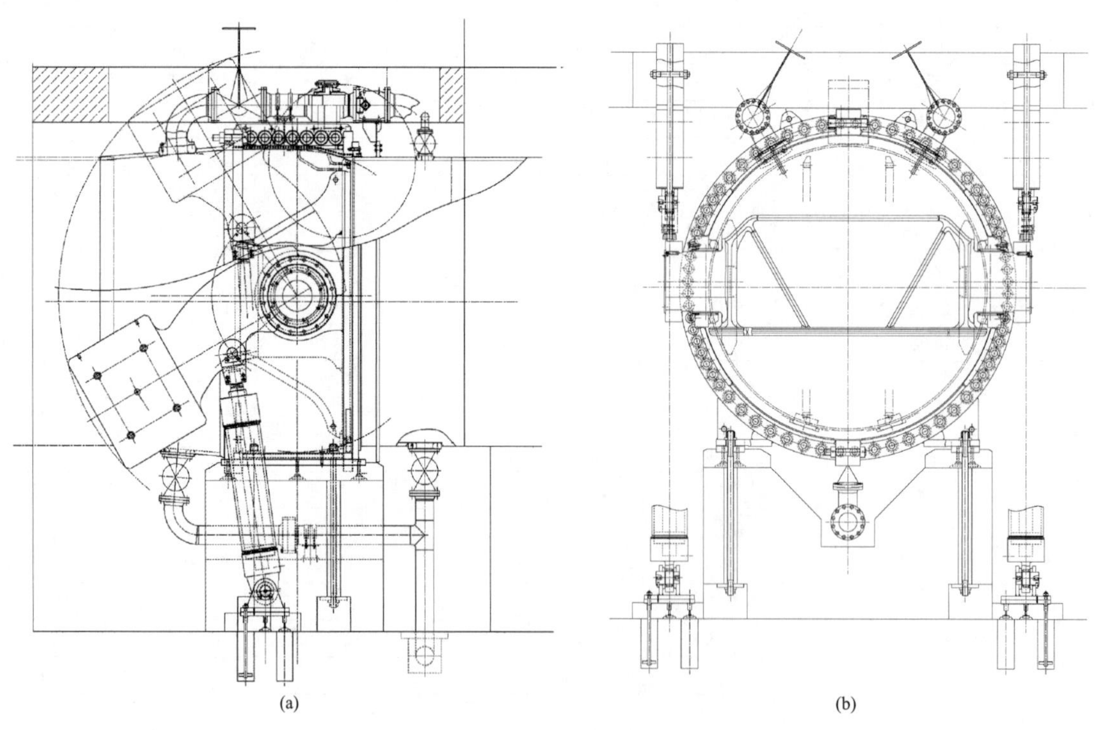

图 13-7-1 琅琊山抽水蓄能电站重锤式卧轴双平板蝶阀
（a）侧向视图；（b）轴向视图

（一）阀体

球阀阀体由铸钢铸造（铸焊）或钢板焊接而成，阀轴和活门为整体结构时，可采用铸钢整体铸造或分别铸造后焊在一起。根据阀体的结构，可分为对称分瓣、非对称分瓣、斜分瓣和整体结构四种；其中国内采用对称分瓣的有西龙池、清远等抽水蓄能电站，采用非对称分瓣的有蒲石河、仙居、溧阳等抽水蓄能电站，采用斜分瓣的有回龙抽水蓄能电站等，而采用整体阀体的有天荒坪、宝泉、白莲河、洪屏等抽水蓄能电站。图 13-7-2 为国内某抽水蓄能电站卧轴进水球阀。

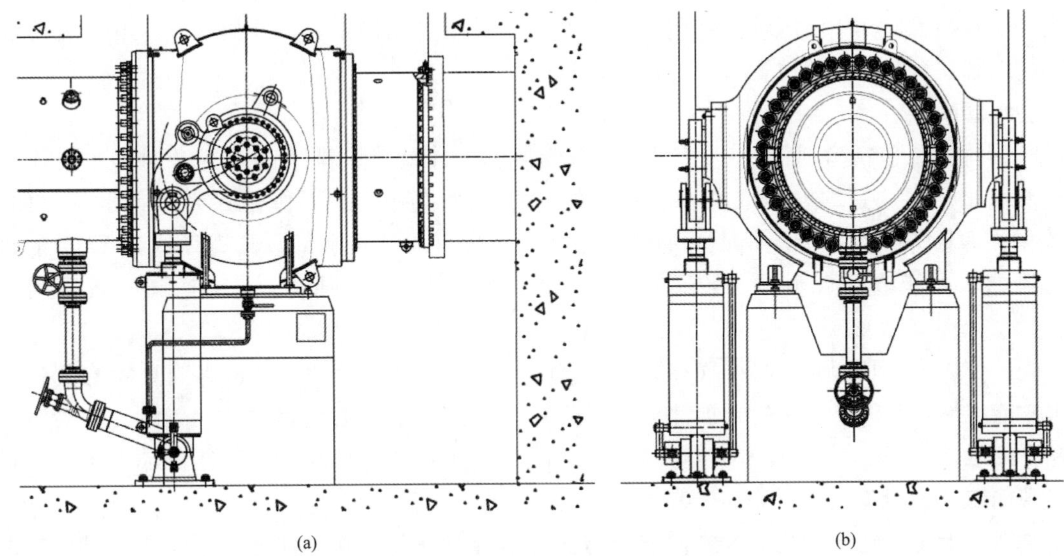

图 13-7-2 国内某抽水蓄水蓄能电站卧轴进水球阀

(a) 球阀侧向视图；(b) 球阀轴向视图

非对称分瓣阀体分瓣面一般位于下游侧，活门与阀轴采用螺栓把合结构，阀体球壳直径相对较大，阀门重量相对更重一些，但该分瓣型阀门制造难度相对较低，把合螺钉受力均匀，主要应用于中低水头电站。与非对称分瓣阀体相比，对称分瓣阀体球阀的活门及阀轴可采用整体结构，阀体尺寸略小，重量相对轻一些，但阀体分瓣面密封橡皮条不能形成整圈，分瓣把合螺栓受力不均匀。该结构在国内应用较多。阀体斜分瓣结构的球阀，主要应用于高水头中小型球阀，斜法兰加工难度较大，抽水蓄能电站中应用较少。整体球阀一般将阀体分瓣铸造后再焊接成整体，阀体刚度相对要好，但制造难度高。该结构主要应用于中高水头球阀。

阀体上下游分别采用法兰与延伸管及伸缩节相连。阀体基础设计成可滑动式结构；有的电站采用基础钢板上涂二硫化钼的方式润滑滑动面，但应用较长时间后滑动面容易生锈导致基础损坏；有的厂家将基础板堆焊铝青铜，使阀体支撑板与基础板间存在硬度差，如有杂质进入滑动面时，只会剐蹭堆焊的铝青铜表面，从而达到改善或解决二硫化钼失效时出现咬死而无法滑动的问题，该种结构设计在清原、溧阳等电站得到应用；另外，有的厂家在基础板上镶嵌聚四氟乙烯板，该材料摩擦系数很小，适应温度范围宽，抗酸抗碱性能强，该结构在绩溪、敦化等电站进水阀基础得到应用。

（二）活门与阀轴

球阀活门通常由铸钢铸造（铸焊）或钢板焊接而成，为圆筒形。活门与阀轴可采用整铸、铸焊和装配式三种型式。由于球阀活门的过水断面与引水钢管等径相通，故其几乎不产生水力损失。钢板焊接结构的活门虽然结构紧凑，重量较轻，但刚性相对较差，焊接易产生变形，装配复杂，高水头蓄能电站应用较少。铸焊结构的活门整体刚度好，可有效控制焊接变形。

（三）密封装置

球阀的密封装置包括工作密封和检修密封。活门下游侧为工作密封，上游侧为检修密封。密封主要由活动密封环、固定密封环、填料盒等组成，其中固定密封环采用螺栓固定在活门上。密封环通常采用不锈钢制造，在阀体上相应的密封导向面也采用不锈钢衬护。密封采用水压操作时，操作水需进行精密过滤，当硬度过高时，还应进行软化处理，以防止密封过度磨损造成密封漏水，甚至有可能导致压力管道系统产生自激振荡。

（四）操作机构

操作机构包括进水阀基础、接力器、连杆机构、锁定装置及附件等。操作机构应有足够的容量，能在最小允许操作油压下和最不利工况下，在全行程范围内平稳地可靠操作。操作介质大多采用油压操作，个别电站也有采用水压操作的，如广州抽水蓄能电站。为使阀体及基础受力均匀，多数抽水蓄能电站采用双接力器操作。操作机构配置有自动操作的液压锁定装置和手动操作的机械锁定装置，以及锁定位置信号装置，其中液压锁定装置能在进水阀全关后自动锁定，而在维修时采用机械锁定装置手动锁定进水阀在全开或全关位置。

三、进水阀附件

进水阀附件主要包括旁通阀、空气阀、上游延伸管、伸缩节、排水阀等。旁通阀主要作用为在进水阀开阀前平压用，有的电站取消设置旁通阀，相应地通过投退工作密封来进行平压，如广州、洪屏、敦化、清原等抽水蓄能电站。旁通阀过水能力应大于导叶漏水量，其直径约为1/10的进水阀直径。由于抽水蓄能电站水头高，旁通阀开启时压差大，且启闭频繁，故旁通阀一般采用液压针型阀。

空气阀的作用为进水阀充水时排气和紧急关闭时补气用，其直径一般为进水阀直径的7%～10%。对于抽水蓄能电站，有的电站在蜗壳顶部设置排气管路以排除水泵工况起动期间或调相运行时由转轮室漏向蜗壳的水及压缩空气，以减小转轮室水环的阻力，此时，进水阀的空气阀的功能可由该排气管路系统实现而取消。

进水阀通过上游侧延伸管及下游侧伸缩节与压力钢管及蜗壳相连。伸缩节用于进水阀的拆装、工作密封在不拆卸进水阀主体的情况下检修和更换，以及压力钢管由于温度及水推力的变化而产生的位移进行补偿的作用。进水阀安装时，一般先将延伸管、进水阀/伸缩节装好后，再根据进水阀中心调整压力钢管中心，此时压力钢管需预留出一节凑合节最后安装。与常规电站一样，在进水阀延伸管的下部、伸缩节（管）的下部及进水阀底部分别设有排水管。由于抽水蓄能电站水头一般较高，压力钢管排水阀一般采用针型阀。

第八节　国内大型抽水蓄能电站机组参数

我国第一批建设的广州一期和二期、十三陵、天荒坪等抽水蓄能电站于2000年之前投产，第二批建设的桐柏、泰安、琅琊山等抽水蓄能电站在2007年底全部投入运行，随后的张河湾、宜兴、西龙池等抽水蓄能电站也于2008年投入运行，上述电站机组等主要设备均从国外引进。

从2004年开始，国内进行了惠州（8×300MW）、宝泉（4×300MW）和白莲河（4×300MW）三个大型抽水蓄能电站机组的统一招标＋技术引进，促进了我国抽水蓄能机组国产化的快速发展。中方厂家以“联合设计、参与开发、消化引进、合作制造”的方式，参加抽水蓄能机组分包设计和制造工作。法国阿尔斯通公司与国内东方电机厂和哈尔滨电机厂组成的联合体中标。其后的黑麋峰（4×300MW）、蒲石河（4×300MW）、呼和浩特（4×300MW）抽水蓄能电站主要机组设备招标模式改为国内技术引进为主，国外技术支持＋共同生产的模式，进一步推进了我国抽水蓄能机组的自主化进程。在完成上述设备进口、技术引进、联合设计生产的阶段后，国内两大主机厂家已基本具备了抽水蓄能机组的设计和加工制造能力，开启了我国自主化抽水蓄能机组的创新与赶超模式。随着响水涧、溧阳、仙居、仙游、深圳、绩溪、敦化、长龙山（1～4号机组）、沂蒙、丰宁（定速）、阳江、梅州、文登等电站先后投产发电，我国抽水蓄能机组自主化设计与制造能力基本涵盖了应用水头200～700m水头段、单机容量从250MW到400MW的机组，并取得了一系列的关键技术突破。

一、国内部分已投运的抽水蓄能电站机组参数

国内部分已投运的抽水蓄能电站水泵水轮机主要参数见表13-8-1。

二、国内部分在建抽水蓄能电站机组参数

国内部分在建的抽水蓄能电站水泵水轮机主要参数见表13-8-2。

三、国内已建抽水蓄能电站典型机组剖面

国内已建抽水蓄能电站的水泵水轮机拆装方式涵盖了上拆、中拆和下拆三种方式。敦化抽水蓄能电站水泵水轮机为上拆（剖面图见图13-8-1），宝泉抽水蓄能电站水泵水轮机为中拆（剖面图见图13-8-2），广州抽水蓄能电站（一期）水泵水轮机为下拆（剖面图见图13-8-3）。

表 13-8-1 国内部分已投运的抽水蓄能电站水泵水轮机主要参数

序号	电站名称	工况	水轮机工况					水泵工况					额定转速 n_r	吸出高度 H_S	最大扬程最小水头比 H_{pmax}/H_{tmin}	投产时间
		参数	水头 H_t	流量 Q_t	出力 N_t	比转速 n_{st}	比速系数 K_t	扬程 H_p	流量 Q_p	入力 N_p	比转速 n_{sp}	比速系数 K_p				
		单位	m	m^3/s	MW	m·kW		m	m^3/s	MW	m·m^3/s		r/min	m		
1	响水涧	最大	219.3	127.6	254	149.3	2211	222.1	104.2	—	44.4	2554	250	−54	1.291	2011年
		额定	190	152.12	254	178.6	2462									
		最小	172.1	142.3	213.5	185.3	2431	178.9	137.7	≤277	60	2935				
2	白莲河	最大	213.7	156.5	306	169.3	2475	222.15	126.9	—	48.9	2814	250	−50	1.246	2009年
		额定	195	177.9	306	189.8	2650									
		最小	178.3	171.2	271.8	200	2671	191	151.3	≤325	59.9	3078				
3	泰安	最大	253	109.9	255.1	150.2	2389	259.6	90.23	247.05	44.1	2852	300	−53	1.222	2006年
		额定	225	128.6	255.1	173.9	2609									
		最小	212.4	121.4	229.4	177.2	2583	223.6	112.36	274	55	3180				
4	桐柏	最大	283.7	117.5	306	142.5	2400	288.3	89.2	269.6	40.5	2834	300	−58	1.252	2006年
		额定	244	143.5	306	172.1	2688									
		最小	230.2	138	277.2	176.2	2673	237.5	105	312	50.8	3073				
5	溧阳	最大	291	96.6	255	126	2149	295	74.3	234	36.3	2584	300	−57	1.296	2017年
		额定	259	110.9	255	145.8	2346									
		最小	227.7	104	203.5	153	2309	237.5	101.6	160	50	3025				
6	黑麋峰	最大	331.5	98.4	306	117.3	2136	337.6	76.38	272.46	33.3	2623	300	−50	1.259	2009年
		额定	295	115.51	306	135.7	2331									
		最小	268.2	110.8	262.8	141.7	2321	276.2	104.43	≤325	45.2	3062				
7	张河湾	最大	341.8	81.5	255	114.5	2117	350.5	61.7	227.6	32.32	2618	333.3	−48	1.239	2007年
		额定	305	94.1	255	132.1	2306									
		最小	282.8	90.4	226.3	136.7	2299	295.8	80.25	249.6	41.86	2986				
8	琼中	最大	328					333.3					375	−54.5	1.111	2017年
		额定	308	75.05	204.1	160.8	2822									
		最小	300					308.8								
9	蒲石河	最大	328	102.6	306.1	132.1	2392	335	79.22	280	37.9	2968	333.3	−64	1.163	2012年
		额定	308	111.36	306.1	142.9	2508									
		最小	288	106.8	275.8	147.5	2503	295	97.14	≤322	46.1	3281				

续表

序号	电站名称	工况	水轮机工况					水泵工况					额定转速 n_r	吸出高度 H_S	最大扬程最小水头比 H_{pmax}/H_{tmin}	投产时间
		参数	水头 H_t	流量 Q_t	出力 N_t	比转速 n_{st}	比速系数 K_t	扬程 H_p	流量 Q_p	入力 N_p	比转速 n_{sp}	比速系数 K_p				
		单位	m	m^3/s	MW	m·kW		m	m^3/s	MW	$m\cdot m^3/s$		r/min	m		
10	金寨	最大	367.9					374.5					333.3	−65	1.232	2022年
		额定	330	104.3	306	131.1	2382									
		最小	303.9					318.2								
11	宜兴	最大	407	75	274	107.4	2166	420	50	225.15	28.58	2652	375	−55	1.221	2008年
		额定	363	78.7	255	119.5	2277									
		最小	344	77.5	233.55	122.3	2269	360	69.5	267.23	37.83	3127				
12	沂蒙	最大	412.1					420.6	60.1		31.3	2907	375	−72	1.231	2021年
		额定	375	91.9	306	125.7	2434									
		最小	341.4					354.7	80		41	3351				
13	清原	最大	421.57	80.9				433.32	60.78		30.78	2923	375	−75	1.19	在建
		额定	387	89.1	306	120.9	2378									
		最小	363.91	86.4				381.47	75.9		37.8	3263				
14	荒沟	最大	444.4	84.1				457	61.68		34.1	3370	428.6	−65	1.13	2021年
		额定	410	76.74	306	128.5	2602									
		最小	404.3	81.84				420.7	67.76		38	3530				
15	深圳	最大	462	73.3	306	110.8	2381	471	57.3		32	3244	428.6	−65	1.16	2017年
		额定	420	83.6	306	124.6	2555									
		最小	406	74.5	269.1			432	68.4		37.4	3545				
16	丰宁一期	最大	458.9	73.9	306	111.6	2391	470	55.5	281.7	31.6	3193	428.6	−75	1.218	2021年
		额定	425	80.7	306	122.9	2533									
		最小	385.9	76.9	260.6	127.9	2513	403	71.4	310	40.3	3622				
17	十三陵	最大	474.8	47.8	204	101.89	2220	488.6	34.3	180.9	28.17	2928	500	−56	1.144	1995年
		额定	430	53.8	204	115.4	2393									
		最小	427.2	53.6	201.9	115.68	2391	440.4	43.7	203.8	34.38	3305				
18	仙游	最大	471.4	71.1				479.4	54.63				428.6	−65	1.163	2013年
		额定	430	79.2	306.1	121.1	2511									
		最小	412.3	76.84				424.3	68.05	309.63	37.82	3536				

续表

序号	电站名称	工况	水轮机工况					水泵工况					额定转速 n_r	吸出高度 H_S	最大扬程最小水头比 H_{pmax}/H_{tmin}	投产时间
		参数	水头 H_t	流量 Q_t	出力 N_t	比转速 n_{st}	比速系数 K_t	扬程 H_p	流量 Q_p	入力 N_p	比转速 n_{sp}	比速系数 K_p				
		单位	m	m^3/s	MW	m·kW		m	m^3/s	MW	$m \cdot m^3/s$		r/min	m		
19	清远	最大	502.7	72.1	326.5			508.7	50.4		28.4	3043	428.6	−66	1.148	2015年
		额定	470	80	326.5	111.9	2426.2									
		最小	443.1	77.8	305.5			454.9	65.3		35.2	3463				
20	文登	最大	510	66.5	306	97.8	2123.1	521	50.4		27.9	3043	428.6	−75	1.192	2022年
		额定	471	73.2	306	108.1	2345									
		最小	437	70.5	270	118.7	2575.3	454	63.9		34.8	3426				
21	广蓄Ⅰ	最大	537.18	62.88	306	107	2480	550.01	52.75	307.33	31.97	3631	500	−70	1.113	1993年
		额定	496.02	67.45	306	118.2	2632.5									
		最小	494	66.41				514.14	63.03	326.08	36.76	3969				
22	广蓄Ⅱ	最大	536	69.62	338	112.7	2609	544.8	50.6	293.76	31.32	3556	500	−70	1.103	1998年
		额定	512	70.72	306	118.9	2690									
		最小	494	68.8	306	118.76	2640	514.5	57.3	308.73	35	3785				
23	宝泉	最大	566	61.5	306	100.2	2384	573.9	43.2	260.5	28	3286	500	−70	1.177	2011年
		额定	510	68.8	306	117	2616	536.9	49.7	279.8	31.6	3525				
		最小	487	62.5	268.6	113.3	2500	497.9	55.2	315.4	35.2	3715				
24	呼蓄	最大	580.4	57.9	306	97.09	2339	590.2	41.5	259.2	26.9	3221	500	−75	1.2	2014年
		额定	521	66.19	306	111.12	2536									
		最小	491.8	63.54	277.55	113.74	2522	507.6	55.27	296.3	34.76	3717				
25	天荒坪	最大	607	56	336.6	96.94	2382	614	43.6	287.5	26.77	3301.5	500	−70	1.199	1998年
		额定	526	67.7	306	109.8	2518	562	52	312.6	31.24	3606				
		最小	511	61.7	275.4	107.7	2437	524.5	57.7	333	34.65	3798				
26	绩溪	最大	637.3	54.1	306	86.4	2181	651.4	40.2	282.3	24.6	3170	500	−85	1.153	2019年
		额定	600	57.8	306	93.1	2281									
		最小	565.1	56.1	278.3	95.7	2276	586	48.76	320	29.3	3491				

续表

序号	电站名称	工况	水轮机工况					水泵工况					额定转速 n_r	吸出高度 H_S	最大扬程最小水头比 H_{pmax}/H_{tmin}	投产时间
		参数	水头 H_t	流量 Q_t	出力 N_t	比转速 n_{st}	比速系数 K_t	扬程 H_p	流量 Q_p	入力 N_p	比转速 n_{sp}	比速系数 K_p				
		单位	m	m^3/s	MW	m·kW		m	m^3/s	MW	$m·m^3/s$		r/min	m		
27	西龙池	最大	687.7	49.4	306	78.5	2060	703	35.6	269	21.9	2983	500	−75	1.149	2008年
		额定	640	54.1	306	85.9	2174	626.9	45.3	307	26.9	3365				
		最小	611.6	52.4	283	87.5	2163	634	46.1	319.6	26.9	3395				
28	阳江	最大	693.07	64.61	406.1			705.52	47.1	353.4			500	−100	1.127	2021年
		额定	653	68.95	406.1											
		最小	629.07	66.86	378.8			646.58	57.19	389.6						
29	敦化	最大	694.3	57.4	357	83.9	2209	712	45.7	350	24.6	3391	500	−94	1.116	2021年
		额定	655	62.43	357	90.2	2307									
		最小	638	61.6	341	93.2	2353	661	51	360.4	27.4	3572				

表 13-8-2　国内部分在建的抽水蓄能电站水泵水轮机主要参数

序号	电站名称	参数	水轮机工况					水泵工况					额定转速 n_r	吸出高度 H_s
			水头 H_t	流量 Q_t	出力 N_t	比转速 n_{st}	比速系数 K_t	扬程 H_p	流量 Q_p	入力 N_p	比转速 n_{sp}	比速系数 K_p		
		单位	m	m^3/s	MW	m·kW	—	m	m^3/s	MW	$m·m^3/s$	—	r/min	m
1	阜康	最大	528	65.4	306			536	48.8	282			428.6	−75
		额定	484	71.6	306	104.5	2298							
		最小	449	69	270			466	61.5	308.4	33.5	3361		
2	尚志	最大	250					256.4					250	−70
		额定	226	153.4	306	157.85	2373							
		最小	205.44					215.1						
3	乌海	最大	447.1	75.9				455.75	56.63	281.3			428.6	−75
		额定	411	83.4	306.1	128.1	2597							
		最小	375					387.8	73.1	320.1	41.9	3663		

续表

序号	电站名称	参数	水轮机工况					水泵工况					额定转速 n_r	吸出高度 H_s
			水头 H_t	流量 Q_t	出力 N_t	比转速 n_{st}	比速系数 K_t	扬程 H_p	流量 Q_p	入力 N_p	比转速 n_{sp}	比速系数 K_p		
		单位	m	m^3/s	MW	m·kW	—	m	m^3/s	MW	$m·m^3/s$	—	r/min	m
4	洛宁	最大	638.66					648.35					500	−90
		额定	604	66.6	357.1	99.8	2453							
		最小	572.53					586.94						
5	芝瑞	最大	484.9					500.8	54.4				428.6	−75
		额定	443	77.8	306	117	2456							
		最小	411.6					433.5	66.5		37	3496		
6	浑垣	最大	699.4					714.1					500	−104
		额定	650	66.2	383	95	2422.034							
		最小	612.9					645.3	55.4	384.3	30	3754		
7	天台	最大	761.5	64.2	433.7			777	50.6	427.4			500	−105
		额定	724	68.1	433.7	87.7	2359							
		最小	699.1	66.9	410.6			719.8	58.5	453.5	27.5	3824		
8	潍坊	最大	358.25	94.7	306			366	70.14				333.3	−70
		额定	326	105.8	306	133.1	2403							
		最小	300.53	101.47	266.25			313	92.31	320	43	3200		
9	尚义	最大	491.73	79.35				501.92	56.02	304.28			428.6	−75
		额定	449	88.15	357	123.9	2625							
		最小	415	76.54				432.02	67.86	351.57	37.3	3535		
10	平江	最大	674.8	59.48				685.4	44.8				500	−95
		额定	640	63.2	357.14	92.825	2348							
		最小	609.2	61.67				631.9	53.7	360	29.1	3664		

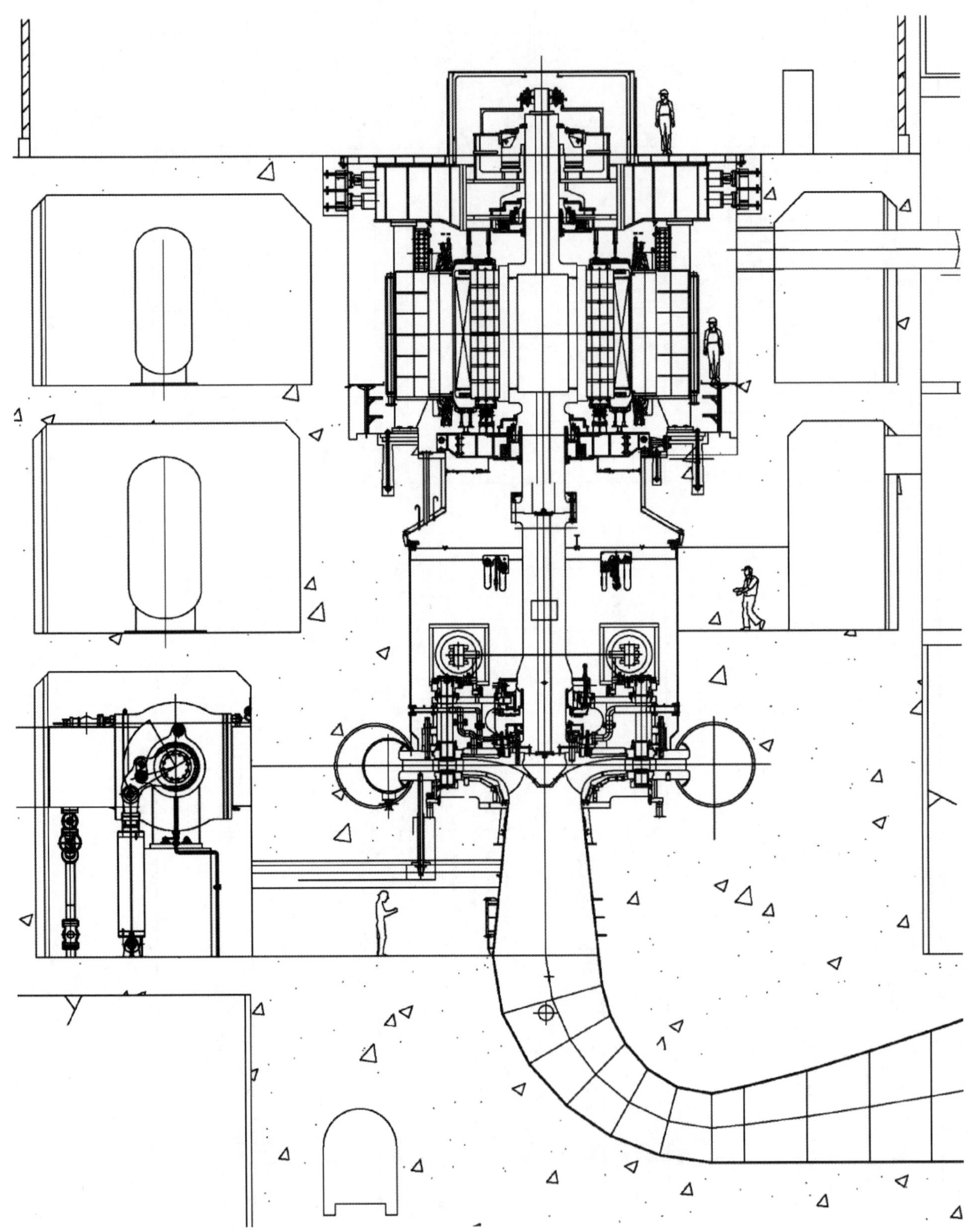

图 13-8-1 敦化抽水蓄能电站机组剖面图（水泵水轮机上拆）

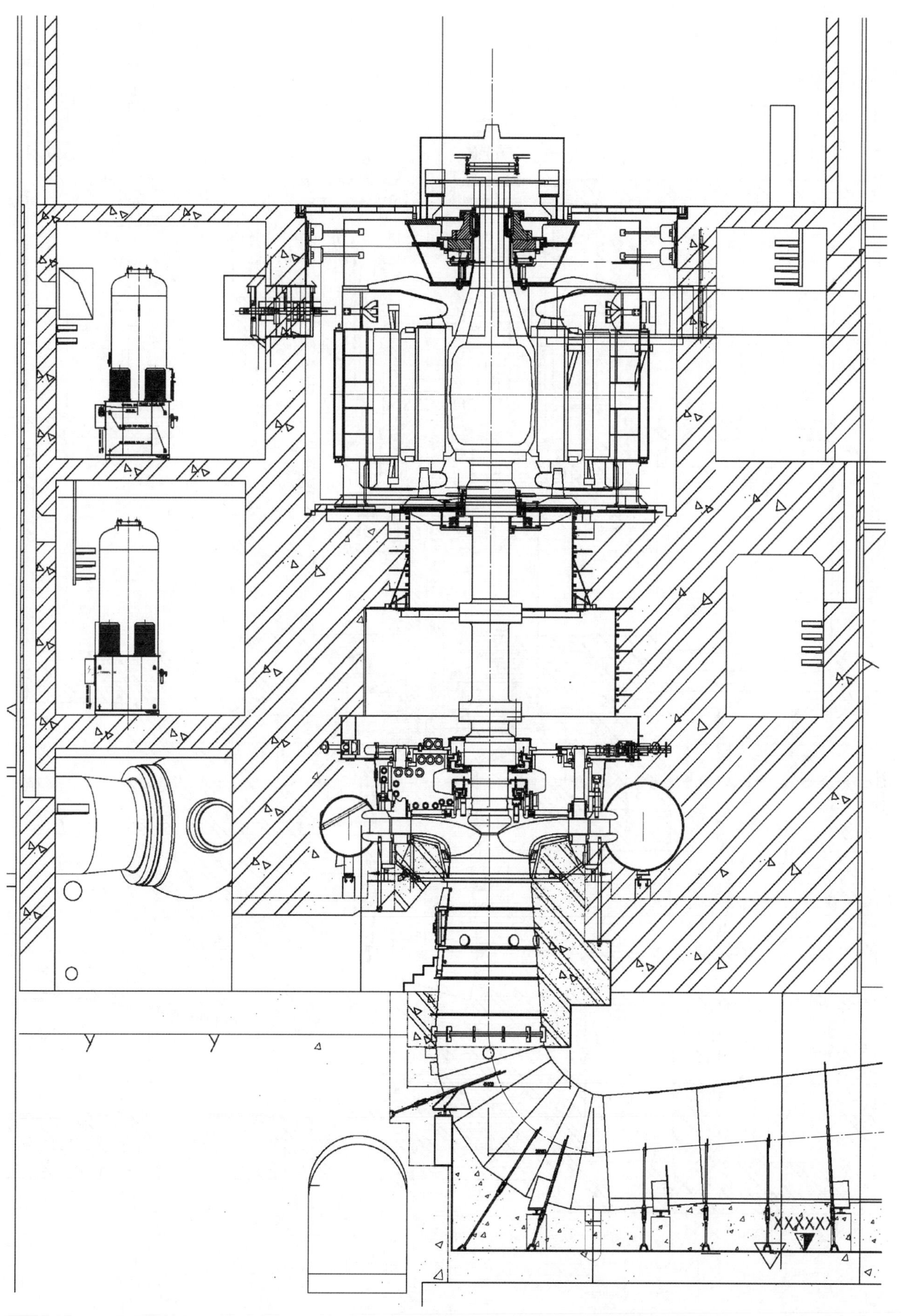

图 13-8-2 宝泉抽水蓄能电站机组剖面图（水泵水轮机中拆）

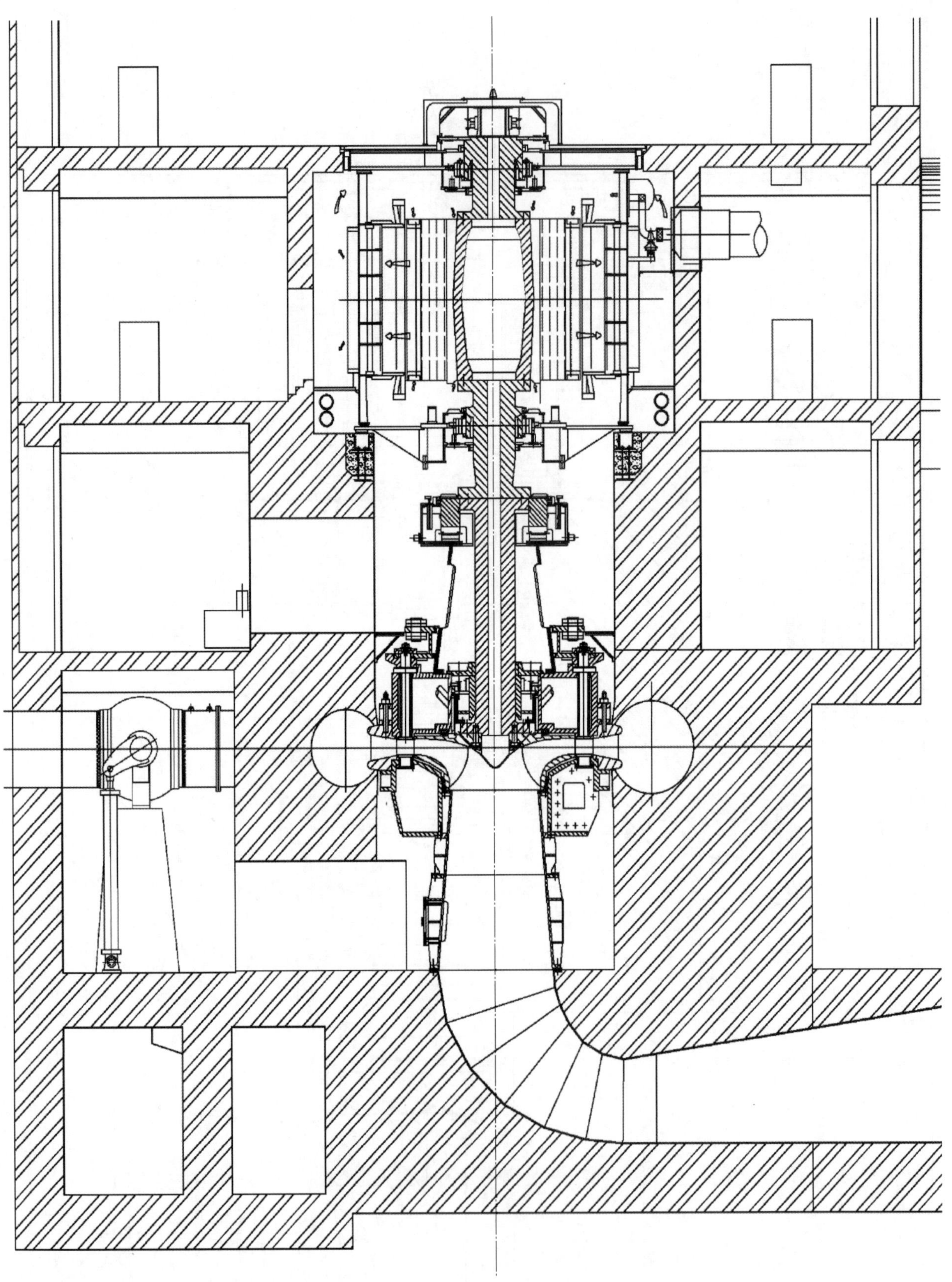

图 13-8-3　广州抽水蓄能电站（一期）机组剖面图（水泵水轮机下拆）

第十四章　发电电动机

目前抽水蓄能电站采用的大容量发电电动机有转速恒定的和转速可调的两种类型。前一种类型发电电动机有功功率在电机处于发电工况时可以调节，处于电动工况时不可调节；后一种类型即变速发电电动机，在电动工况时也可实现有功功率的连续调节，于20世纪80年代开始研发，目前在日本、欧洲等国家有多个工程应用。本章仅叙述转速恒定的发电电动机，变速发电电动机详见第十七章。

第一节　发电电动机特点与发展

一、发电电动机特点

抽水蓄能机组的电机在发电时作为发电机运行，在抽水时作为电动机运行，故称为发电电动机，与常规水轮发电机相比有如下特点。

1. 双向旋转

由于可逆式水泵水轮机作为水轮机运行和作为水泵运行的旋转方向相反，相应的发电电动机也需双向旋转。实现发电电动机双向旋转需要转换相序，通常在发电电动机出口加装换相开关，使发电工况与电动工况相序相反，实现发电电动机正反向旋转；同时发电电动机的通风冷却系统、轴承都要适应双向旋转运行要求，结构设计需重点考虑。

2. 起停频繁

抽水蓄能电站在电力系统中承担调峰填谷、储能、调频调相和紧急事故备用等多种任务，一天之内起停频繁，工况转换频繁，且负荷变化速率快，通常为5MW/s。发电电动机处于这样的运行条件下，旋转部件机械应力幅值大小变化频繁，对疲劳设计要求高；同时由于电机内部冷热变化频繁，绕组热应力及热变形变化频繁，对绝缘设计要求高。

3. 需要专门的起动措施

发电电动机和常规的水轮发电机一样都属于同步电机，作为发电机时利用水流驱动水轮机起动，但作为电动机运行时没有起动力矩，必须依靠其他起动措施将机组从静止状态加速至同步转速附近，再并入电网，进入同步运行状态，所以电动工况需要采用专门的起动措施。

随着电力电子技术的发展，静止变频起动成为成熟、可靠和广泛应用的抽水蓄能机组电动工况起动方式，背靠背同步起动可作为备用起动方式。根据不同的机组台数，上述起动方式的不同组合构成了电站的起动接线，需增设专用起动回路设备，因此抽水蓄能电站电气主接线较常规水电站复杂。

4. 过渡过程复杂

抽水蓄能机组在工况转换过程中要经历各种复杂的水力过渡过程和机械、电气暂态过程。在这些暂态过程中，机组将发生比常规水轮发电机大得多且更加复杂的受力和振动，对整个电机的设计都提出了更为严格的要求。

5. 高转速、大容量、综合难度大

抽水蓄能机组因电站自然条件和水泵水轮机特性决定其转速一般为200～600r/min，较同等容量常规水电机组高得多；作电动机使用时，其输入功率多为200～400MW，容量远超单一功能的电动机。因此，发电电动机单位体积能量密度和旋转部件应力水平都超过了常规水电机组。

发电电动机的设计制造难度系数，通常采用电磁设计和机械设计难度的组合来表示，即综合难度系数=(视在功率×飞逸转速)×10^{-4}，其中视在功率的单位为MVA，飞逸转速的单位为转每分钟（r/min）。三峡、溪洛渡和白鹤滩水电站水轮发电机的综合难度系数分别为11.3、19.4、23.3，而仙居、敦化、阳江、天台抽水蓄能电站发电电动机的综合难度系数分别23.1、28.78、33.4、34.2，国际上目前神流川抽水蓄能电站发电电动机的综合难度系数最高，为36.25。

二、发电电动机发展

（一）国内发电电动机技术发展概况

抽水蓄能发电电动机技术复杂、研制难度大，我国的大型发电电动机发展先后经历了设备引进、技术引进、消化吸收、自主化巩固和自主化提高阶段。

随着我国能源工业快速发展，火电和核电装机容量迅猛增长，要求电力系统必须配备相应的抽水蓄能机组。20世纪80年代后期，我国开始兴建大型抽水蓄能电站，这一时期以引进机组设备为主，先后引进了十三陵、广州抽水蓄能电站一期和二期（分别简称为广蓄Ⅰ期、广蓄Ⅱ期）、天荒坪、桐柏、泰安、瑯琊山、宜兴、张河湾、西龙池等抽水蓄能电站发电电动机，并陆续投运。这一时期引进的发电电动机主要技术参数见表14-1-1。

表14-1-1　机组设备引进阶段的发电电动机主要技术参数

电站名称	结构型式	额定功率 发电工况（MW）/抽水工况（MW）	额定电压（kV）	额定功率因数 发电工况/抽水工况	额定转速/飞逸转速（r/min）	装机台数（台）	第一台机组投运时间
十三陵	半伞式	200/218	13.8	0.9/1.0	500/725	4	1995年
广蓄Ⅰ期	半伞式	300/334	18	0.9/0.975	500/725	4	1993年
天荒坪	悬式	300/336	18	0.9/0.975	500/720	6	1998年
广蓄Ⅱ期	悬式	300/312	18	0.9/0.975	500/725	4	1999年
桐柏	半伞式	300/336	18	0.9/0.975	300/465	4	2005年
泰安	半伞式	250/274	15.75	0.9/0.975	300/460	4	2006年
瑯琊山	半伞式	150/167	15.75	0.9/1.0	230.8/358	4	2007年
宜兴	悬式	250/275	15.75	0.9/0.98	375/562	4	2008年
张河湾	半伞式	250/268	15.75	0.9/0.98	333.3/535	4	2008年
西龙池	半伞式	300/319.6	18	0.9/0.975	500/720	4	2008年

为了适应抽水蓄能电站大规模建设需要，提高我国抽水蓄能机组设备的设计制造能力，2004年起，我国通过技贸结合的方式，引进国外机组设计和制造技术，建设了三个单机容量为300MW的抽水蓄能电站，各电站最后一台机组由国内主机厂供货，其发电电动机主要参数见表14-1-2。

表14-1-2　技术引进阶段的发电电动机主要技术参数

电站名称	发电电动机类型	额定功率 发电工况（MW）/抽水工况（MW）	额定电压（kV）	额定功率因数 发电工况/抽水工况	额定转速/飞逸转速（r/min）	装机台数（台）	第一台机组投运时间
惠州	悬式	300/330	18	0.9/0.95	500/725	8	2009年
宝泉	悬式	300/330	18	0.9/0.95	500/725	4	2009年
白莲河	半伞式	300/325	18	0.9/0.975	250/430	4	2009年

随后很快进入技术消化吸收阶段，又一批单机300MW的抽水蓄能电站相继投产，由国内主机厂作为主机责任方负责机组设备设计和制造，其发电电动机主要参数见表14-1-3。

表 14-1-3　　消化吸收阶段的发电电动机主要技术参数

电站名称	发电电动机类型	额定功率 发电工况（MW）/抽水工况（MW）	额定电压（kV）	额定功率因数 发电工况/抽水工况	额定转速/飞逸转速（r/min）	装机台数（台）	第一台机组投运时间
黑麋峰	半伞式	300/320	18	0.9/0.975	300/465	4	2009 年
蒲石河	半伞式	300/322	18	0.9/0.98	333.3/485	4	2012 年
呼和浩特	悬式	300/320	18	0.9/0.975	500/725	4	2014 年

通过进一步研发和工程实践，我国逐步掌握了抽水蓄能机组设计与制造核心技术。2011 年，国内首台自主研发、设计和制造的安徽响水涧抽水蓄能电站机组正式投入运行。随后，仙游、仙居、溧阳抽水蓄能电站机组投入运行，标志着我国全面掌握了抽水蓄能机组关键技术，实现自主化，其发电电动机主要参数见表 14-1-4。

表 14-1-4　　自主化巩固阶段的发电电动机主要技术参数

电站名称	发电电动机类型	额定功率 发电工况（MW）/抽水工况（MW）	额定电压（kV）	额定功率因数 发电工况/抽水工况	额空转速/飞逸转速（r/min）	装机台数（台）	第一台机组投运时间
响水涧	半伞式	250/277.15	15.75	0.9/0.98	250/375	4	2011 年
仙游	悬式	300/325	15.75	0.9/0.98	428.6/620	4	2013 年
仙居	半伞式	375/413	18	0.9/0.975	375/413	4	2016 年
溧阳	半伞式	250/269	15.75	0.9/0.975	300/450	6	2017 年

随后的绩溪、敦化、长龙山、阳江、天台抽水蓄能电站机组，更代表着我国抽水蓄能机组自主化技术的最新水平，且随着众多机组的投产，我国抽水蓄能机组各项技术日趋成熟，其发电电动机主要参数见表 14-1-5。

表 14-1-5　　自主化提高阶段的发电电动机主要技术参数

电站名称	发电电动机类型	额定功率 发电工况（MW）/抽水工况（MW）	额定电压（kV）	额定功率因数 发电工况/抽水工况	额空转速/飞逸转速（r/min）	装机台数（台）	第一台机组投运时间
深圳	半伞式	300/325	15.75	0.9/0.975	428.6/621.5	4	2017 年
绩溪	悬式	300/322.5	18	0.9/0.975	500/725	6	2019 年
敦化	悬式	350/373	18	0.9/0.975	500/740	4	2021 年
长龙山	悬式	350/374	18	0.9/0.975	500/740	4	2021 年
沂蒙	半伞式	300/325	18	0.9/0.975	375/555	4	2021 年
梅州一期	半伞式	300/325	18	0.9/0.975	375/555	4	2021 年
阳江一期	悬式	400/431	20	0.9/0.975	500/750	3	2021 年
荒沟	半伞式	300/320	18	0.9/0.975	428.6/620	4	2021 年
丰宁	半伞式	300/320	15.75	0.9/0.975	428.6/620	10	2021 年
天台	悬式	425/465	20	0.9/0.975	500/750	4	在建

随着我国抽水蓄能电站的大规模建设，自主化研发的发电电动机已占主导地位，当前我国抽水蓄能主力机组为 300MW 级，单机容量最大达到 425MW。到 2022 年底，我国抽水蓄能电站已建装机容量达到 45490MW，电站机组数量、容量均为世界第一，机组设备技术处于世界先进水平。

（二）国外发电电动机技术发展概况

自 1882 年在瑞士苏黎世建成世界上第一座抽水蓄能电站至今，已过去 140 年。20 世纪 50 年代以后，随着现代化大电网的形成，欧美各国对调峰电源的需求非常迫切，抽水蓄能电站建设得以迅速发展。表 14-1-6 是部分具有代表性的国外发电电动机主要参数。对于发电电动机，目前单机容量最大的是美国巴斯康蒂（Bath County）抽水蓄能电站机组；每极容量最大的是日本神流川抽水蓄能机组，达 43.75MVA/极；额定电压最高的是美国巴斯康蒂（Bath County）抽水蓄能电站机组，20.5kV；推力负荷最大的是美国勒丁顿（Ludington）抽水蓄能电站机组，2200t。

表 14-1-6　　国外部分发电电动机主要技术参数

电站名称	发电电动机类型	发电工况容量(MVA)/抽水工况功率(MW)	额定电压(kV)	额定功率因数发电工况/抽水工况	额定转速/飞逸转速(r/min)	频率(Hz)	电站位置	第一台机组投运时间
巴斯康蒂(Bath County，增容改造)	半伞式	530/480	20.5	0.85/0.85	257.1/—	60	美国	2001年
巴斯康蒂(Bath County)	半伞式	447/458	20.5	0.85/0.85	257.1/—	60	美国	1985年
神流川	半伞式	525/464	18	0.9/0.95	500/755	50	日本	2004年
葛野川	半伞式	475/438	18	0.8/0.95	500/740	50	日本	1993年
今市	半伞式	390/361	15.4	0.9/0.95	428.6/630	50	日本	1988年
木州	半伞式	371/—	—	0.8/—	450/—	60	韩国	1995年
新高濑川	半伞式	367/330	18	0.9/0.9	214/340	50	日本	1997年
盐原	半伞式	360/330	16.5	—	375/—	50	日本	1993年
奥清津Ⅱ	半伞式	345/340	16.5	0.9/1.0	428.6/—	50	日本	1996年
金谷(Goldisthal)	半伞式	331/261	18	—	333/535	50	德国	2002年
三浪津	—	335.6/294.7	20	0.9/1.0	300/—	60	韩国	1981年
玉原	半伞式	335/319	13.2	0.9/0.95	428.6/620	50	日本	1981年
奥多多良木	—	320/314	18	0.95/1.0	300/460	60	日本	1972年
扬河	—	278/—	—	0.9/—	600/—	60	韩国	1996年
帕尔(Palmiet)	—	250/253	16.5	0.8/0.8	300/—	50	南非	1983年
切尔拉(Chaira)	悬式	235/224	19	0.9/0.95	600/912	50	保加利亚	1987年
拉穆埃拉(La Muela)	—	230/230	14.5	0.86/1.0	500/790	50	西班牙	1984年
清平	—	220/220	13.8	0.91/1.0	450/—	60	韩国	1978年

第二节　发电电动机主要参数

一、容量

1. 额定容量

发电电动机的额定容量以发电工况和电动工况的额定容量来表示，它表示两种工况下的机组额定输出/输入能力。

为了充分利用发电电动机的容量，在水泵水轮机参数选择时应遵守使水轮机工况额定容量 S_{Gn} 和水泵工况额定容量 S_{Mn} 尽量平衡的设计原则，即 $S_{Gn}=S_{Mn}$。考虑功率因数，则为

$$P_{Gn}/\cos\varphi_{Gn}=P_{Mn}/(\eta_{Mn}\cos\varphi_{Mn})$$

式中　P_{Gn}——发电工况额定功率；

$\cos\varphi_{Gn}$——发电工况额定功率因数；

P_{Mn}——电动工况额定功率（即水泵水轮机水泵工况时的最大入力）；

$\cos\varphi_{Mn}$——电动工况额定功率因数；

η_{Mn}——电动工况额定效率。

2. 最大容量

对于抽水蓄能电站，其上水库一般径流很小，不存在常规水电站弃水问题，无须提出“最大容量”的要求。“最大容量”概念源于20世纪70年代的美国有关规定提出发电机的最大容量应为额定容量的115%。当时，对于大容量机组还缺乏足够的设计和运行经验，额定运行时B级绝缘温升限制较低(60K)，存在一定裕度，为了避免电站弃水，企图利用温升裕度，在不增加或少增加机组造价前提下，

增加机组容量。这样，同一台机组有两个容量，即额定容量和最大容量。但是，电动机参数、性能、结构、尺寸都是基于额定值设计的，如效率、温升、绝缘寿命、机械应力、热应力、部件结构和尺寸、定子线棒及铜环引线截面、冷却方式等。在不同于额定值运行时，可能发生大小不同的变化，不仅是温升的变化，这自然也会引起机组造价的增加。实际上，设置最大容量，就是增大了额定容量。因此，如果确实需要最大容量，就应该增加单机的额定容量。提出所谓最大容量的要求，容易引起混淆。

3. 功率因数等于 1 的运行问题

为增加额定功率，满足系统调峰、调频或紧急情况需要，有关规程要求发电电动机应允许提高功率因数为 1 运行，以使电动机有功功率等于视在功率。这样，在机组造价增加很少的情况下，增加了系统运行的灵活性。

二、额定功率因数

发电工况和电动工况额定功率因数的确定，主要考虑三个因素：系统的需要和对机组容量、价格以及对上述容量平衡原则的影响。选择时要遵循在满足系统需要的前提下，尽量提高电动机额定功率因数的原则。

一般抽水蓄能电站距负荷中心相对较近，无论在发电工况还是电动工况时，系统都希望电站能提供更多的无功功率，但额定功率因数取得过低会增加发电电动机的价格。综合考虑，对大容量机组可取 0.9～0.95，中等容量机组可取 0.85～0.9。

对电动工况额定功率因数的取值，在满足容量平衡的前提下，尽量和发电工况的额定功率因数取值相等或接近。但做到这点主要与水泵工况所需最大入力的大小有关，即取决于水泵水轮机的设计。

在抽水蓄能电站设计初期，系统在电动工况所需的无功可按包括三部分无功进行计算，即电站主变压器、送电线路和系统本身所需的无功。

三、额定电压

额定电压是一个综合性参数，对电机技术经济指标和发电机电压设备都有影响。对电机，有公式

$$U_n \cdot a = 1.16 P_n / I_s \times 10^3$$

式中 U_n——额定电压，kV；

a——支路数；

P_n——额定功率；

I_s——槽电流。

一定容量的电机，可根据选定的槽电流 I_s 值求得 $U_n \cdot a$ 值。在电磁负荷取值合适的条件下，选择的额定电压越低，电机消耗的绝缘材料和有效材料越少，质量越小，价格也就越便宜。但电压降低可能导致电动机铜环和引线以及发电机电压设备（断路器、换相开关、封闭母线等）价格的增加，甚至会出现选择困难的现象，使其成为额定电压选择的控制因素。因此，选择额定电压，应结合电动机和发电机电压设备具体情况，考虑各种因素，进行综合比较后才能确定。200MW 及以上的大容量、中高速发电电动机，采用的额定电压集中在 13.8～20kV，此取值范围可供选择时参考。

四、短路比和电抗参数

用 X_d、X_d'、X_d''、X_q''、SCR、I_{f0}、I_{fk} 分别表示发电电动机的直轴同步电抗、直轴瞬变电抗、直轴超瞬变电抗、交轴超瞬变电抗、短路比、空载励磁电流、三相稳态短路电流为额定值时励磁电流。

（一）参数的影响和典型值范围

（1）短路比和电抗参数的影响见表 14-2-1。

（2）短路比和电抗参数典型值见表 14-2-2。

（二）参数选择

（1）参数选择的原则。如系统和电站对参数无限制要求，应根据机组本身的技术经济指标确定合理的参数值。有限制要求时，则应综合考虑系统和电站需要以及电机本身技术经济指标，并进行综合的技术经济比较后确定。

（2）对水轮发电机和发电电动机来说，SCR 值一般为 0.9～1.3。通常抽水蓄能电站距负荷中心较

近，为降低电动机造价，可选择比较小的 SCR，如 0.9～1.0。

表 14-2-1　　短路比和电抗参数的影响

参数	影响参数的主要因素	参数对运行的影响	备注
SCR	大→电负荷↓→机组尺寸↑或气隙长度（转子绕组安匝数）↑→机组造价↑	（1）大→X_d↓→静态稳定极限或过载能力↑，电压变化率↓，充电容量↑ （2）小→X_d↑→静态稳定极限或过载能力↓，→电压变化率↑	$SCR=I_{f0}/I_{fk}\approx 1/X_d$
X_d	由所要求的短路比确定，在电磁负荷已定情况下，其值主要决定于气隙长度 l，l↑－SCR↑－X_d↓	X_d↓→功率最大值 P_{max}↑，电压变化率↓，线路充电容量↑	
X'_d	在电磁负荷已定情况下其值主要决定于定子绕组和励磁绕组的漏抗	X'_d↓→动态稳定极限↑	
X''_d，X''_q	X''_d，X''_q值决定于阻尼绕组的结构型式及定子绕组漏抗，改变较困难	（1）影响短路电流大小 （2）X''_q/X''_d↓→不对称短路时的过电压值↓，阻尼作用↑，承受不平衡负荷的能力↑	

表 14-2-2　　短路比和电抗参数典型值

参数	不饱和值	饱和值
X	0.7～1.3	0.63～1.2
X'_d	0.23～0.45	0.2～0.39
X''_d	0.15～0.35	0.15～0.32
X''_q	（1～1.1）X''_d	（1～1.1）X''_d
SCR	0.9～1.3	

（3）由于电动机容量越来越大，电负荷值也越来越大，使得 X'_d也变得很大，特别是水内冷电机，需采取措施尽量降低定子和转子漏抗，如采用浅槽、降低机身高度等。当然，随着系统容量的不断增加，对机组 X'_d要求也在放松，适当大一些也可允许。X'_d的选择，主要取决于系统的要求。

（4）随着系统和电机单机容量的增大，以及目前输配电设备的限制，在电站设计中将提高电机和主变压器电抗作为限制短路电流的措施之一。这点，对抽水蓄能电站来说，更显得重要。因为，与常规水电站相比，抽水蓄能电站可能产生的最大短路电流是在抽水起动期间，短路电流要比常规水电站来得大，大的数值约等于一台机所提供的短路电流。当电机容量很大时，有可能使设备选择发生困难。这时，需要对 X''_d值提出限制要求。

（5）$X''_q/X'_d\approx 1$ 时，可减小不对称短路时的过电压数值，一般为 1～1.1。

第三节　结构型式选择

一、悬式和半伞式的选择

悬式、半伞式和全伞式是立式水轮发电机组的三种结构型式，对于立式发电电动机也是如此。

全伞式机组结构只有下导轴承，机组高度比较低，由于负荷机架在转子下面，跨度也较小，从而减轻了定子和负荷机架的重量。此外，在吊转子时可不拆推力轴承，也是较悬式结构优越之处。但全伞式结构，因推力轴承尺寸大，导致轴承损耗比悬式大，更主要的是全伞式结构用在高速大容量机组时，存在运行稳定问题。与悬式比较，它更适于低转速大容量机组。国内外已建抽水蓄能电站的发电电动机转速几乎没有低于 200r/min 的，故而几乎没有采用全伞式结构的。

悬式机组结构的优点，主要在于径向机械稳定性较好，轴承损耗较小，检修和维护方便。缺点是高度较全伞式的大，负荷机架跨度大、定子机座受力大，因而导致机组重量较大。悬式机组更适于高转速机组采用。国内外抽水蓄能电站 214.3r/min 以上的机组采用悬式结构的占 23%，而 600r/min 及以上机组大多采用悬式结构。

半伞式结构有两种，一种是只有上导轴承，另一种是上、下导轴承均有。后者较前者摆度小，径向机械稳定性好，但在高度上与悬式结构比较，优势不明显。半伞式结构设一个还是设两个导轴承，视上导和下导之间距离，与对临界转速和飞逸转速之比的要求等因素有关。

由于分段轴结构和抽屉式油冷却器的采用，半伞式结构机组吊转子时可不拆推力轴承，不吊转子检修推力轴承以及采用外循环冷却方式等便于维修的措施，使得这种结构适用范围不断扩展。国内外抽水蓄能电站，214.3r/min以上的发电电动机组中有72%是半伞式结构。机组转速400～600r/min的34个电站中有22个采用半伞式结构，只有12个采用悬式结构。可见在高转速大容量的发电电动机组中，半伞式结构得到日益广泛的应用。

对具体工程来说，发电电动机选择半伞式还是悬式结构，应结合机组的容量、转速、结构尺寸，综合考虑运行稳定性、检修维护方便程度、厂房高度、机组技术经济指标等多种因素经过技术经济比较后确定。此外，也可应用$A=D_i/L_t\times n_H$（其中D_i为铁心内径，L_t为铁心长度，n_H为额定转速）值划分三种结构型式的适用范围作为分析时的参考。当$A<0.025$时，多采用悬式结构；$A>0.025$时，采用半伞式结构；$A>0.05$时，采用全伞式结构。

图14-3-1和图14-3-2所示为悬式和半伞式发电电动机的典型结构。

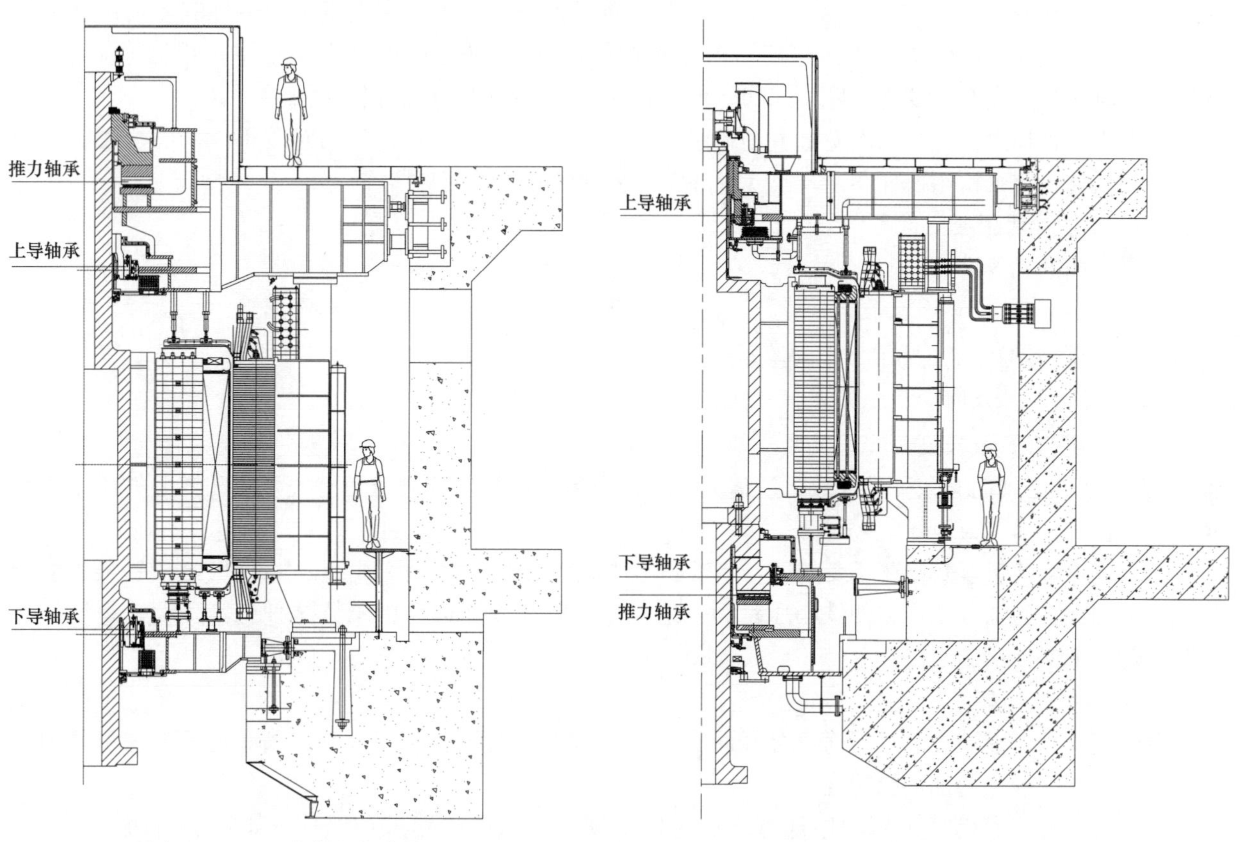

图14-3-1　悬式发电电动机　　图14-3-2　半伞式发电电动机

二、定子结构选择

（一）铁心翘曲

使铁心产生翘曲的力有三种，即机座对铁心热膨胀产生反作用的径向力，转子对定子铁心的磁拉力，以及分瓣定子铁心合缝面由于安装拼合成整圆和铁心热膨胀时受到的挤压力。在三种力作用下，当内部切向应力达到临界值后，铁心冲片就会产生失稳现象，失稳后同时产生波浪形轴向变形，即所谓铁心翘曲现象。这时会使铁心发生强烈振动，磨损定子绕组绝缘，危及机组安全运行。

铁心翘曲的主要原因和所采取的措施有以下几个方面。

1. 铁心热膨胀

随着机组容量越来越大，定子铁心直径也越来越大，铁心和机座间温差产生的径向过盈量也大大增加，同时定子铁心绝缘允许温升的提高又加剧了铁心和机座间的温差，使热膨胀问题更加严重，特别是对低转速大容量机组。如直径 20m 的铁心，温升 50℃时径向热膨胀量将达 11mm，铁心和机座间温差如为 20℃时，半径方向的过盈量将达到 2mm 左右。这还是假定机座可自由膨胀情况下得到的，否则，过盈量更大，铁心受到的径向力和内部切应力也更大。根据计算，如机座完全受到约束不能自由膨胀，即使铁心压紧单位压力增加到 1MPa，铁心仍然会发生翘曲。为了减小热膨胀力，通常采取以下措施：

（1）减小定子机座支承铁心结构的径向刚度，依靠支承结构的弹性变形减小机座对铁心的反作用径向力，以适应铁心热膨胀。如 BBC 公司和西门子公司在伊泰普水电站 700MW 定子机座上采用沿径向倾斜的筋板结构。

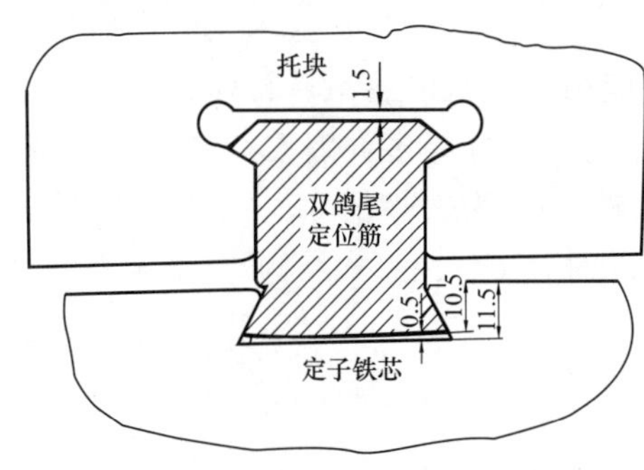

图 14-3-3 定位筋安装图

（2）增加定子铁心径向膨胀的自由度，如国外广泛采用在托块与定位筋之间留有径向间隙，不焊，允许铁心自由移动（见图 14-3-3）。

（3）采用无定子机座的径向和切向弹性梁结构，如西屋公司在大古力 600MW 机组上采用了这种结构。

（4）在机座和基础板之间以及机座和上机架支臂之间加径向销，不约束铁心和机座的热膨胀。

（5）定子铁心与定子机座连接采用弹性鸽尾筋结构，即在双鸽尾定位筋与托块之间增设弹性元件，可在适应铁心热膨胀的同时适当提高定子铁心刚度，达到防止铁心翘曲变形和削弱铁心振动的效果。

一般来说，抽水蓄能电站的发电电动机组采用的转速较高，铁心直径相对较小，铁心热膨胀问题不像常规低速大容量机组那样突出，第二种和第五种是较常用的两种措施。

2. 定子铁心的压紧程度

铁心翘曲的临界应力

$$\sigma=584\sqrt{E\times h/L}$$

式中 σ——铁心翘曲的临界应力，kgf/cm^2；

h——铁心冲片厚度，cm；

L——铁心有效长度，cm；

E——铁心轴向有效弹性模数，E 值大小和铁心单位面积受到的压力有关，即和铁心的压紧程度有关，kgf/cm^2。

据计算，即使机座热膨胀不受约束，当铁心单位面积受的压力下降到 2kgf/cm^2 时定子铁心也会产生翘曲。因此，施加一定压力使铁心压紧到一定程度，并在长期运行中维持这种压紧程度，是使铁心不产生翘曲的必要措施之一。

3. 定子铁心分瓣

分瓣定子铁心在装配和运行时，合缝面受到的挤压力会助长翘曲的形成。采取定子在现场整圆装压下线也是防止铁心翘曲的措施之一。

国内外一些厂家已经采用程序计算方法对定子铁心的翘曲问题进行评估，如阿尔斯通公司采用 Buckling Safety Factor 计算方法利用 MECHDES 程序，计算呼和浩特蓄能发电电动机机组热膨胀力，根据计算，铁心中产生的切向拉应力为 10.3MPa，而铁心的临界应力为 65MPa，安全系数等于 6.31，大于允许的安全系数 5，满足翘曲稳定性要求。

（二）防止铁心松动和减少铁心振动

影响铁心压紧程度，产生铁心松动，引起振动有以下多种因素：

（1）铁心叠装时每层冲片错位。

（2）冲片两面绝缘漆在冷、热状态下的压缩。

（3）冲片毛刺。

（4）冲片厚度不均匀。

（5）冲片平面度。

（6）压紧螺栓、齿压板等铁心夹紧件的结构、尺寸和材质等。

（7）设计压力。

（8）安装时加压过程。

（9）定子分瓣。

（10）磁振动，即由于分数槽绕组磁动势次谐波引起的磁振动。

（11）长期运行时的冲击，包括起动、停机、振动、温度变化、负荷变化、并网、短路故障、工况转换等。

防止铁心松动和减小铁心振动的措施如下：

（1）尽量不采用定子分瓣结构。如前所述，定子铁心分瓣会助长铁心翘曲，同时，由于合缝处附近固定条件较差，受力后容易产生变形和振动，甚至损坏。近二十多年来，低速大容量水轮发电机几乎都采用现场整圆叠压定子铁心，虽然大多数抽水蓄能机组定子铁心直径较小，但因转速高、振动大、启停频繁和工况转换多，也应采用现场整圆叠压的定子铁心。国内已建和在建的抽水蓄能电站的机组除十三陵抽水蓄能电站 200MW 机组外，定子铁心都采用了现场整圆叠压结构。

（2）提高铁心装压质量。铁心装压紧度可用叠压系数 $k=l_{ef}/l_t$（l_{ef} 为铁心有效长度，l_t 为铁心净长度）来衡量。叠压系数一般取 0.95。它与冲片厚度的不均匀性、冲片表面情况、毛刺情况、绝缘漆类型有关，也和压紧部件结构、压力大小、预压方法及次数等因素有关。通常采用以下方法保证铁心压紧质量。

1）改进压紧方法。1MPa 铁心装压压力已足以防止铁心松动，但考虑到压装时还有摩擦力需要克服，运行时的绝缘漆老化收缩，使片间压力减小情况，在实际装压时，一般需将压力提高到 1.2～1.8MPa。但压力不能过高，否则会使绝缘漆或冲片受损。铁心越长，摩擦力越大，需要分段加压。具体机组分段高度和预压次数各厂家有所不同，用户应按厂家规定进行操作。无厂家规定时，表 14-3-1 数值可供参考。考虑到铁心在运行中会产生松动，对铁心，特别是长铁心，应采用分段冷压，最终整体热压，并在铁损试验后热状态下再次压紧。另外，在预压和最后压紧时应用力矩扳手控制压紧力，以保证铁心受力均匀。

表 14-3-1　　预压次数和铁心长度关系

铁心长度 l（mm）	$l\leqslant1000$	$1000<l\leqslant1600$	$1600<l\leqslant2200$	$l>2200$
预压次数（次）	1～2	2～3	3～4	4～5

2）改进压紧部件结构。

a. 机座采用下端为大齿压板的结构。齿压板布置有两种结构，一种上、下端均采用小齿压板结构，另一种是上端为小齿压板，下端为与机座一体的环形大压板结构（见图 14-3-4），下齿压板直接焊在机座大环形板上。后者刚度大，可提高铁心叠压质量。但现场调平、打磨工作量大，对安装进度可能产生影响。

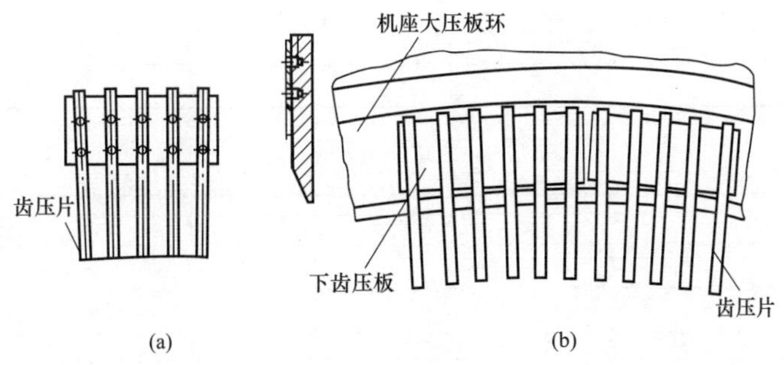

图 14-3-4　大齿压板结构

（a）将齿压片铆在矩形钢板上，组成下齿压板；（b）将下齿压板搭焊于机座大压板环上

b. 采用穿心螺杆。为了更好地压紧铁心，使压力达到设计值，可采用穿心螺杆或拉紧螺杆与穿芯螺杆相结合的办法（见图 14-3-5）。

c. 采用蝶形弹簧（见图 14-3-6）。在拉紧螺杆和穿心螺杆上加装蝶形弹簧，利用碟形弹簧的压缩量和拉紧螺杆或穿心螺杆的伸长量补偿铁心收缩，从而保证铁心在长期运行后不会松动。

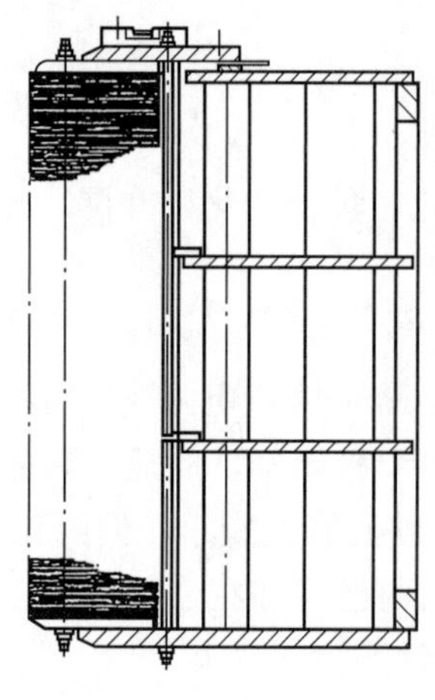

图 14-3-5 穿心螺杆

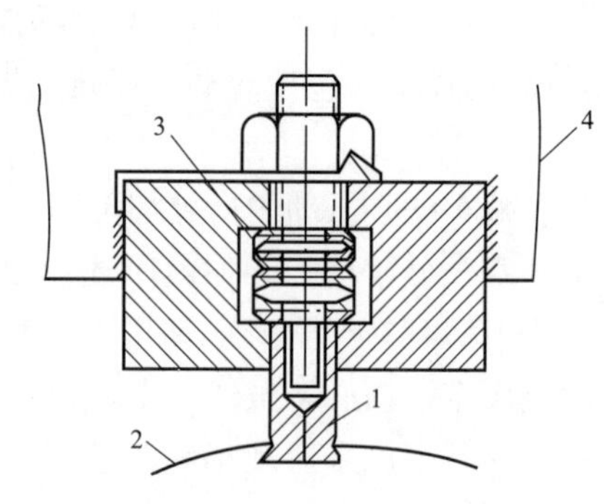

图 14-3-6 弹性铁心结构

1—鸽尾筋；2—定子铁心；3—蝶形弹簧；4—机座

d. 铁心上、下两端采用黏结结构。为防止铁心首、末段齿部的振动和增强刚度，通常在首、末段采用 F 级环氧胶黏结结构。

（三）定子绕组结构

绕组的绝缘结构和性能、绕组的固定结构、绕组的电晕和电腐蚀，以及绕组的环流是定子绕组结构中的几个主要问题。

1. 绕组主绝缘体系

大中型水轮发电机和发电电动机定子线棒的主绝缘，国内大多采用多胶粉云母带连续缠绕多层，外包防晕结构，并加热模压固化“一次成型”，简称为多胶模压体系。该体系 20 世纪 80 年代开发，经运行和不断改进，已广泛应用到天生桥、隔河岩、水口、五强溪、二滩、三峡等大型抽水蓄能电站机组上。近年来，国内制造厂如哈尔滨电机厂在原 F 级桐马环氧粉云母带体系的基础上，对粉云母纸提出更高的技术要求，开发了新型 F 级高电压场强环氧玻璃粉云母带，电气强度继续提高，优化的多胶膜压体系在响水涧、溧阳、敦化、丰宁（一期）、文登等抽水蓄能机组得到了较为广泛的应用。

国外阿尔斯通、西门子、ABB 等厂家采用的是少胶粉母带和 VPI 工艺，简称少胶 VPI 体系。国内主机厂少胶 VPI 绝缘体系的应用也日趋成熟，东方电机厂的 VPI 绝缘体系已广泛应用于仙游、仙居、绩溪、敦化、长龙山、沂蒙、丰宁（二期）、永泰等抽水蓄能机组，哈尔滨电机厂的 VPI 绝缘体系也在深圳、荒沟和阳江抽水蓄能机组中成功应用。两种体系结构和性能对比情况见表 14-3-2～表 14-3-5。

表 14-3-2 绝缘组分

体系	少胶 VPI 体系	多胶模压体系
云母含量（%）	59～65	42～46
树脂含量（%）	27～32	31～38
玻璃补强（%）	8.5～9	21～23

表 14-3-3 电气性能

体系		少胶 VPI 体系	多胶模压体系
工作场强（kV/mm）		3	2.51
介质损耗（4kV,%）		0.6	1
介电常数	23℃	4.6	4.5
	155℃	5	
介质损耗增量（%）		≤0.02	0.25
绝缘电阻率（Ω·m）		$>10^{14}$	
三倍电老化寿命（h）		118	136
击穿场强（kV/mm）		30～40	30～35

表 14-3-4 热 性 能

体系		少胶 VPI 体系	多胶模压体系
耐热指数 t_1（℃）	热失重法	163	157
	抗弯法	170	
导热系数［W/（m·k）］		0.265	0.22
玻璃化转变温度 T_g（℃）		130	86
热膨胀系数（$\times10^{-6}$）		8～10	10
热容［J/（g·℃）］		0.88	

表 14-3-5 机 械 性 能

体系	少胶 VPI 体系	多胶模压体系
RT 弯曲强度（MPa）	297	271
RT 弯曲模量（MPa）	50900	70000
弯曲强度（纵向）（MPa）	322	356
冲击强度（纵向）（kJ/m^2）	91	105

2. 绕组防晕

由于电晕会逐渐腐蚀电动机的主绝缘，从而影响电动机安全运行和寿命，因此需要采取防晕措施。随着单机容量的不断增大，伴随着额定电压不断提高，使得防晕问题日益突出。

（1）防晕结构的成型工艺。对多胶模压体系防晕结构的成型工艺，有涂刷型和一次成型两种。涂刷型工艺是在主绝缘固化成型后，在表面直接涂刷半导体防晕漆并在室温下固化成型，缺点是污染环境和有害操作人员身体健康。一次成型工艺，是在主绝缘固化成形前在主绝缘外包绕半导体防晕带，然后与主绝缘一起模压或浸渍固化成型。其优点是加工时间短，不污染环境，对操作人员健康危害小；缺点是如采用半固化型半导体防晕带，在固化成型过程中主绝缘的胶会浸入防晕层，改变防晕结构参数。两种结构国内各厂都有采用，但一次成型用得较多，而且也是发展方向。涂刷型工艺用于现场检修则更方便、灵活。

对少胶 VPI 体系中的整浸线圈，只能采取一次成型工艺，而对非整浸的线圈可采用涂刷型或一次成型工艺。如西屋公司主绝缘为非整浸型少胶 VPI 体系，防晕结构成型工艺采用的就是涂刷型。

（2）对防晕结构的要求。

1）槽部。

a. 对防晕层材料，要求其具有合适、稳定的线性电阻值，阻值太大和太小都不好。太大，防晕层表面电位和电位梯度高，容易产生电晕和对铁心放电；太小，则会使防晕层电流增大或铁心短路，从而过热，危害铁心和线圈。我国规定电阻值为 $1\times10^2\sim1\times10^5\Omega$，西屋公司规定为 $2\times10^2\sim1\times10^5\Omega$。

b. 防晕层和主绝缘的性能、参数互不影响，且有良好的相容性。

c. 防晕层应具有良好的渗透性，有利于胶浸入主绝缘和主绝缘中气体的排出。

d. 应与铁心接触良好，尽量增加接触点和减小接触点之间的距离。为此，可在线棒和槽壁之间垫半导体层压板，在槽底垫半导体层压板或半导体浸渍涤纶毡等。这些措施对线棒还有机械固定作用。

2）端部。

a. 应有效地均匀端部电场，在一定电压下不起晕和在耐压试验中不放电，不过热。为此，应采用多级防晕结构，包括槽部防晕层的延伸，即低阻层（见图 14-3-7）。

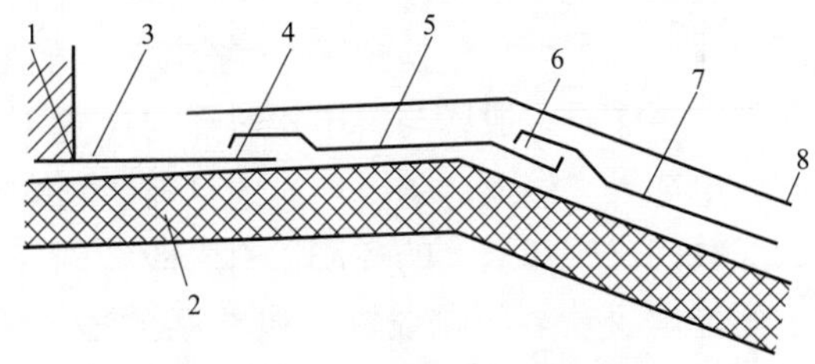

图 14-3-7 定子线圈端部防晕结构示意图

1—定子铁心；2—定子线圈；3—低阻层；4—中低阻搭接层；5—中阻层；6—中高阻搭接层；7—高阻层；8—附加绝缘及覆盖漆

b. 防晕结构电阻率是非线性的，其各级参数和各级防晕层长度可通过计算程序或试验方法确定，表 14-3-6 可作参考。

3. 几种绕组固定结构

（1）槽部固定结构。

1）在槽楔下采用弹性波纹板进行径向固定。

表 14-3-6 防晕层特性参数

额定电压（kV）	防晕层	线性电阻率（Ω·cm）	非线性电阻系数（cm/kV）	防晕层长度（mm）
13.8	低电阻层	10^3～10^5	0	90
	中低阻搭接层			20
	中阻层	10^7～10^9	1.0～1.2	190
15.75	低电阻层	10^3～10^5	0	120～180
	中低阻搭接层			20
	中阻层	10^7～10^9	1.0～1.2	190
18	低阻层	10^3～10^5	0	130～180
	中低阻搭接层			20
	中阻层	10^7～10^9	1.0～1.2	250
20	低阻层	10^3～10^5	0	240～380
	中低阻搭接层			20
	中阻层	10^6～10^7	1.0～1.1	130
	中高阻搭接层			20
	高阻层	10^8～10^9	1.2～1.3	170

注 1. 采用一次成型工艺且使用半固化型半导体防晕带时，应考虑主绝缘和各级之间参数互相影响的问题。
2. 防晕层外还应有两层即附加绝缘和覆盖漆，其作用是利用二者介电常数比主绝缘低以降低附近空气中的场强，从而提高起晕电压。其次，二者的耐电晕、耐电弧和防晕性都好于半导体防晕层。另外，覆盖漆还可覆盖 SiC（调整非线性用）在场致发光下所产生的“青光”即“假电晕”现象。

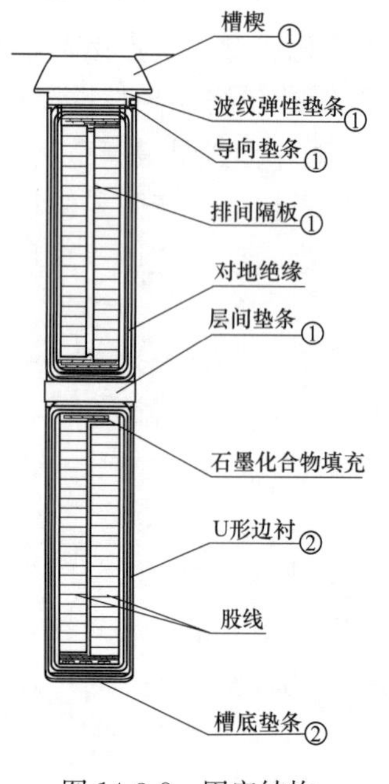

图 14-3-8 固定结构
①—环氧玻形纤维；②—石墨毡垫

2）在线棒表面涂半导体硅橡胶等适形材料，使线棒在槽内可适形固定。

3）在线棒和槽壁及槽底之间采用注入硅胶固定。

4）在线棒和槽之间加半导体槽衬。

5）层间采用涂半导体层的高强度层板进行轴向固定。

6）采用带斜楔的双槽楔。

采用上述（或其他）哪些固定结构，视不同厂家而定。但应要求固定结构能消除绕组在长期运行后出现松动和下沉现象。图 14-3-8 是典型固定结构之一。

（2）端部固定结构。采用绑扎带固定结构，绑扎带经涂环氧树脂固化。线圈端部用绑扎带绑扎在端箍上，在槽口处设热胀型槽口垫块和防止线圈下沉结构（由于振动和线圈自重产生的轴向力导致线圈下沉），在斜边处设热胀型斜边垫块。此外，在固定结构中，还采用涤纶毡或上胶涤纶毡等适形材料，垫在线圈和结构件之间。国外有的厂家采用内部充满玻璃丝的硅化胶管代替玻璃丝，绑扎后再注入树脂胶使胶管膨胀、固化后使其联成一体，取消了槽口垫块和斜边垫块。

4. 换位方法的改进

由于多股导线组成的定子线圈各股导线在槽高方向所占位置不同，它们与横向槽磁通交链情况不同，产生的感应电势也不同，出现股线间的电势差，通过端部连接以后产生了环流。采取罗贝尔换位（360°换位），可消除这些环流。但通常线圈在铁心两端出槽口一段直线段不换位，由于这段股线与转子相对径向位置不变，各股线与定子端部横向及径向漏磁通交链不同，股线间有电势差，因而产生了环流。且漏磁场横向和径向分量在各股线中所产生的电势在回路是叠加的，因而股线间出现相当大的环流，引起股线附加铜损，以致股线过热，绝缘加速老化。而在槽部罗贝耳换位不能解决铁心两端线圈各股线间的磁不平衡问题。有的厂家采用了以下换位方法，以消除这种环流。

（1）线圈在槽部采用小于 360°的不完全换位。

（2）线圈在槽部和出槽口两端的直线部分都采用 360°换位，即所谓加长换位。

（3）线圈在槽部采用 360°加一段空换位。

5. 定子绕组的非常规接线方式

水泵水轮机转速决定发电电动机极数选取，发电电动机极数决定了传统接线方式定子绕组的支路数，支路数的确定还要考虑槽电流等参数的合理性。某一容量的发电电动机，在转速和额定电压确定的条件下，支路数选择范围是固定的。这样，某些发电电动机可能会出现槽电流不合适、性能参数不尽合理、发电机电压回路设备参数选择困难的情况，整个电站系统的经济性变差。如某机组选择428.6r/min转速时，水泵水轮机综合性能最优，发电电动机极数为14，按支路对称条件及槽电流决定了支路数只能选择为7，此时槽电流约为3500A，虽能保证运行安全可靠性，但 X''_d 较低，槽数增多，铁心较长，经济性相对较差。近年来，各制造厂针对该种情况，通过研发和样机试验对定子绕组采用非常规接法，获得槽电流适中、技术性能和经济指标较理想的支路对称的对称绕组，即形成4支路对称绕组，并真机实测了各相电流与各相各支路电流、空载支路电流、负载支路电流，试验结果表明三相电流平衡，空载环流很小，发电电动机各支路电势基本对称，各支路电流幅值相位基本相同。目前该技术已成功应用于荒沟、文登、永泰等抽水蓄能电站发电电动机。

三、转子结构选择

（一）转子支架型式

转子支架主要有四种型式：①中心体通过合缝板与几条支臂（工字形或盒形）相连接的辐射式结构。这种结构水平弯曲刚度小，磁轭浮动时在单边磁拉力和机械不平衡力作用下，可能使磁轭脱离中心，因此，采用这种结构必须进行热打键；②圆盘式结构，它的优点是水平刚度大，使得转子不易偏心，可不进行热打键，允许磁轭在运行中浮动。另外，通风损耗小也是其优点；③中心体和短支臂为一体铸造结构，如十三陵抽水蓄能电站机组（见图14-3-9）；④轴和转子支架合为一体的瓶形轴结构，如惠州、宝泉、呼和浩特抽水蓄能电站机组（见图14-3-10）。

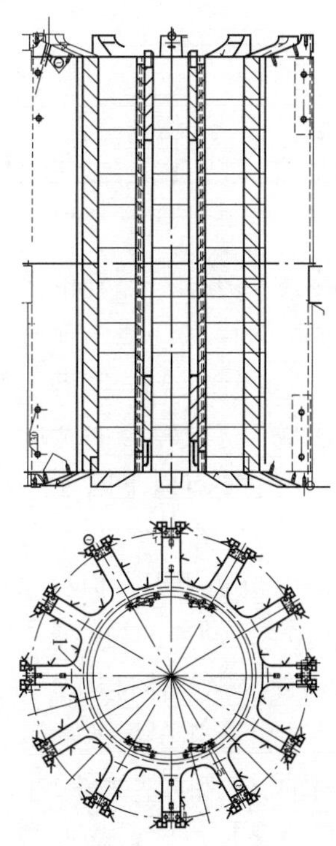

图14-3-9 中心体和短支臂一体铸造的转子支架

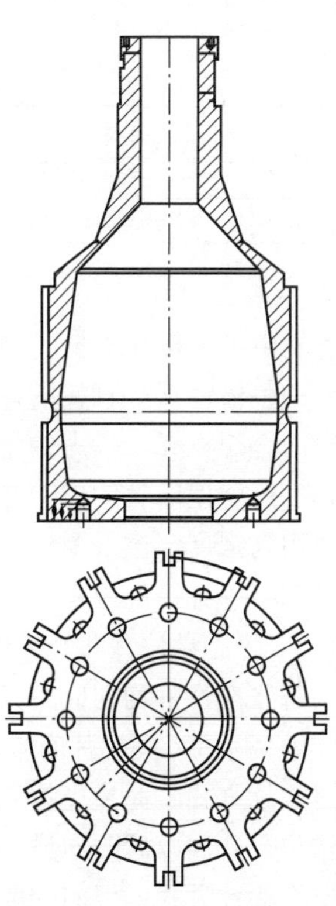

图14-3-10 轴和转子支架合为一体的瓶形轴转子支架

转子支架结构型式应根据机组容量、转速、尺寸和运输条件，并结合机组受力计算结果来选择，不同转子支架结构适应受力的情况不同。如在支架刚度问题上，工字形支臂转子支架在轴向、径向、切向刚度上，比圆盘式支架都小，但不能说圆盘式结构就比支臂式的好，因为转子支架要求的径向刚度不是越大越好，而是适中，也就是说需要的是轴切向刚度大、径向刚度相对小一点的转子支架。因此，采用哪种支架好，或者说哪种支架更合适，还要针对具体机组进行具体分析。比如，定性来说，对转速 500r/min、300MW 机组，采用短支臂整体铸造式结构可能比较合适。

（二）磁轭

1. 磁轭结构型式和材料

磁轭是转子主要受力部件，按飞逸转速下的计算应力不大于材料屈服应力的 74%设计。

磁轭结构型式主要有叠片式和环板式两种（见图 14-3-11）。前者，需要采取结构措施保证其整体性、同心性和圆度，且现场叠片工作量大；后者，正相反。环板式磁轭由于其整体性、同心性和圆度好以及组装方便、快捷的优点，最初在日本的高转速机组以及国内的西龙池和清远发电电动机应用，目前国内厂家在 428.6r/min 转速及以上的机组也广泛采用。环板式磁轭还存在两种型式，一种是厚钢板叠压磁轭，另一种是环形锻件磁轭。前者通常由 60mm 厚左右的环形钢板装配成 300mm 左右高度的磁轭段，每片磁轭钢板都需进行整平或加工处理，然后通过销钉螺栓连接为一个整体，日本机组及西龙池、清远、深圳、绩溪、敦化发电电动机都属于该种型式。而后者每个磁轭段采用一个 300mm 左右的整体锻件，使磁轭结构更为简单，进一步提高了磁轭段的整体刚度；取消了每个磁轭段内部的连接螺栓、销钉和螺栓锁定零件，减少了转动部件连接件的安全隐患；锻件磁轭还避免了环形钢板叠装时的错牙和间隙问题；同时环形锻件还不存在环形钢板通过螺栓把紧消除间隙产生的内应力，因此环形锻件磁轭的安全性、可靠性更高，目前在丰宁、荒沟、文登、阳江等发电电动机中成功应用。

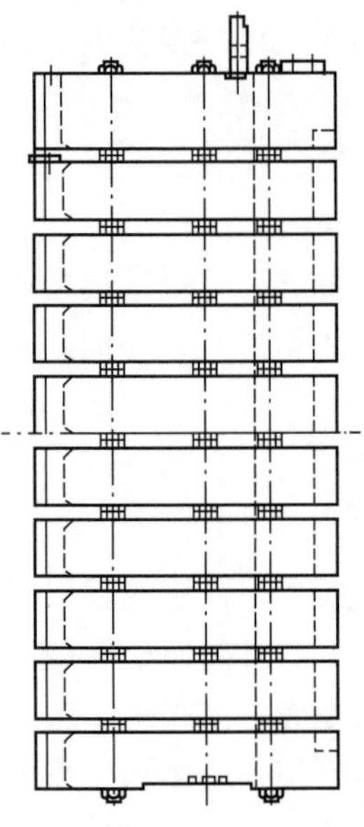

图 14-3-11　环板式磁轭

磁轭结构型式和材料选择时还应考虑不同型式磁极固定方式、所用材料的屈服点和允许的最大圆周速度值，表 14-3-7 可供参考。

表 14-3-7　不同磁轭结构型式的对比

结构型式	磁极固定方式	材料屈服点（MPa）	允许的最大圆周速度（m/s）
叠片式	T 尾或鸽尾	350～480	130～160
环板式	T 尾或鸽尾，梳齿结构	300～360	140～170

2. 扇形叠片磁轭装配

磁轭的重量占发电电动机总重量的 20%～30%，选择不同的叠片方式对磁轭的重量、应力和拉紧螺杆的受力、磁轭的整体性都有直接的影响。另外，因为层间间隙的存在，使磁轭整体性变差，断面应力增大。而不同的叠片方式，应力的增大值是不同的，因此，在磁轭径向宽度已定情况下，叠片方式如果选择不当，有可能使磁轭的应力超过允许值，这时，就不得不将磁轭径向宽度尺寸加大（增大磁轭重量）或者改用高强度钢板（增加成本）。通常采用的叠片方式主要有以下四种方式：

（1）层间按固定某一种错位极距的叠片方式。这种方式又分层间相错 1 个极距、1/2 个极距和 1+1/2 个极距三种。1/2 极距叠法，磁轭纵断面的平均拉应力较一个极距叠法小，但拉紧螺杆所受的剪应力却大一倍，因为每张冲片平均切应力仅由 1/2 个极距内的螺杆承受。冲片的拉应力与 1/2 极距叠法相同，但螺杆的剪应力减小了 1/3，片间接触面积增大了两倍，从而使磁轭整体性提高。

（2）双向反复叠片方式。冲片先按一个方向错开一定极距叠片，叠几层后改向另一方向叠片。接缝先按一个方向错位，几层以后改向另一个方向错位，这有助于提高磁轭的整体性。

（3）变极距错位叠片方式。层间交替采用两种错开不同极距的叠片方式，借此减小应力，增大片间接触面积和增加磁轭整体性。变极距和双向反复叠片两种方式结合使用能获得最理想的效果。

（4）复合冲片叠片方式。为了增加接缝处形成通风隙面积，改善机组通风，一些国外厂家采用几张冲片组合在一起叠的方式，这样，如果三张 3mm 一起叠，就可形成 9mm 的通风隙。

对具体机组的磁轭采用哪种叠片方式，要结合机组容量、转速、磁轭尺寸、磁轭片间切向力的承受方式、磁轭与转子支架的连接结构和分离转速等因素并根据计算结果而定。关于磁轭片间切向力的承受方式，目前，大多数厂家设计时，仍按由拉紧螺杆的剪应力承受计算，这要求拉紧螺杆的孔和螺杆配合紧密，为此，厂家应提供拉刀和预压拉杆，供安装时使用。但国外也有的厂家按拉紧螺杆不承受剪应力设计，螺杆和孔之间留有空隙，所以不需要拉孔和预压螺杆，但要求对磁轭压紧力高，螺杆强度高、直径小、数量多，磁轭的整体性完全依靠冲片间的摩擦力来保持。因此，叠片时需要选择合适的叠片方式，加大层间接触面积。

（三）磁轭与转子支架之间固定结构方式的选择

选择磁轭与转子支架之间的固定结构方式，也可以说是紧量选择或分离转速取值问题，对此，各国有不同的设计原则，见表 14-3-8。

表 14-3-8　　分离转速取值

分离转速	等于分离转速时磁轭与转子支架分离情况	采用国家	备注
1.4～1.5 倍额定转速	磁轭与支架开始完全分离	俄罗斯、日本、中国等	
≥1.0 倍额定转速		德国、美国、瑞士、中国等	
0	起动后磁轭即处于径向浮动	瑞典、日本、加拿大等	浮动式转子

采用浮动式转子，在结构上必须采取措施保持转子的同心性、整体性和圆度。浮动式转子的优点是可以在不吊出磁轭和磁极的情况下，吊出转子支架和轴，便于装拆半伞式机组的推力轴承，并且可减小桥式起重机吨位和起吊高度，以及厂房高度。同时，由于不需要热打键，转子支架受力情况得到改善，安装工作量也大为减少。加拿大 GE 公司设计的美国大古力水电站 600MW 机组采用浮动式转子结构，由于在保持整体性、同心性和圆度上未采取相应措施和磁轭与磁极联结处采用了未限制磁轭冲片切向滑移的结构，结果发生了转子与定子相碰的重大事故。但不能因此否定浮动式转子的应用。大古力机组发生事故的根本原因，主要在于未满足采用浮动式转子的必要前提条件，即必须采取保证转子在运行时（包括正常和非正常运行以及飞逸时）的整体性、同心性和圆度。但低速大容量，特别是特大容量机组，要满足这个前提条件比较困难。而对高转速大容量机组，由于转子重量和直径较小，相对比较容易。因此，国外不少抽水蓄能机组采用浮动式转子，国内天荒坪、西龙池、宜兴及阳江等抽水蓄能电站机组采用的也是浮动式转子。

（四）磁极绕组和阻尼组结构选择中的几个问题

1. 磁极固定方式

磁极一般采用 T 尾或鸽尾固定在磁轭上，根据容量和转速选择单尾或多尾。对强度要求很高的高速机组可采用极身和磁轭铸（锻）成一体，极靴和极身采用梳齿形配合结构，可承受较高离心力。

2. 磁极绕组结构

目前国内外厂家采用的绕组铜排有两种，一种是用矩形和五边形或七边形铜排，但五边形现已用得很少，因其绕制时会引起线圈内侧圆弧转角凸起，需打磨。七边形散热表面积比矩形大 1.8～2 倍，得到广泛应用。

绕组除绕制外也可由四根直铜排拼焊而成一匝，匝匝连接起来构成绕组，匝与匝之间有绝缘。可采用不等宽度的矩形铜排交错排列，形成有凸出线匝的磁极绕组以增大散热面积，如图 14-3-12 所示。

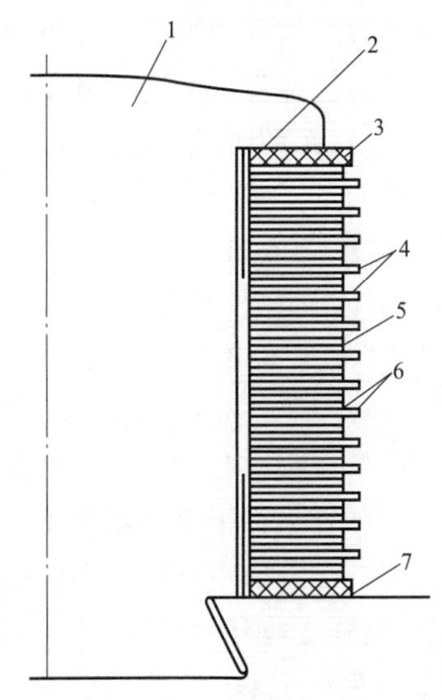

图 14-3-12　有凸出线匝的磁极线圈

1—磁极铁心；2—极身绝缘；3—上托板；4—凸出的线匝；5——般线匝；6—匝间绝缘；7—下托板

3. 磁极绕组固定

为了防止转子旋转时产生的离心力侧向分力导致线圈产生有害变形，对线圈需采取径向固定措施，常用的有撑块结构和围带结构。前者简单，后者比较复杂，但可在不吊出转子情况下吊出磁极，检查磁极线圈或定子线圈。

还有一种结构，就是采用向心式磁极，即极身采用宽度不等的磁极冲片，两个侧面是向心的，在离心力作用下线圈根本不产生侧向分力，从而取消了侧向固定结构，如图 14-3-13 所示。

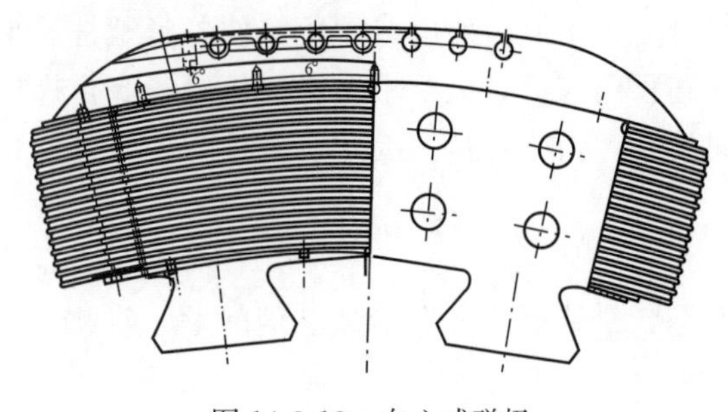

图 14-3-13 向心式磁极

4. 阻尼线圈固定结构

阻尼环固定方式有两种，采用销钉固定在磁极压板上（见图 14-3-14）和用磁极压板凸台固定（见图 14-3-15）。可用 $B=D_i n_r/2P$（其中：D_i 为定子铁心内径，mm；n_r 为飞逸转速；$2P$ 为磁极数）大致确定采用哪种方式，$B\leqslant 0.6\times10^9$ 时，阻尼环不需要加固；$0.6\times10^9<B\leqslant2.1\times10^9$ 时可采用销钉固定；$B>2.1\times10^9$ 时采用压板凸台固定。对高速机组，阻尼环伸出端可利用拉杆固定（见图 14-3-16），具体机组采用哪种方式还要通过详细计算确定。

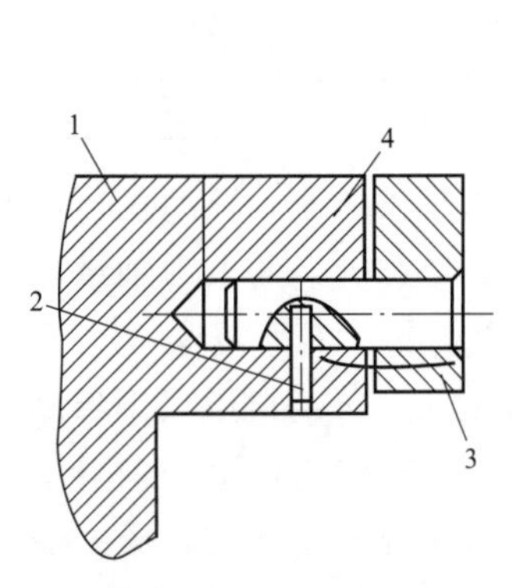

图 14-3-14 阻尼环钢销钉

1—钢销钉；2—固定销；3—阻尼环；4—磁极压板

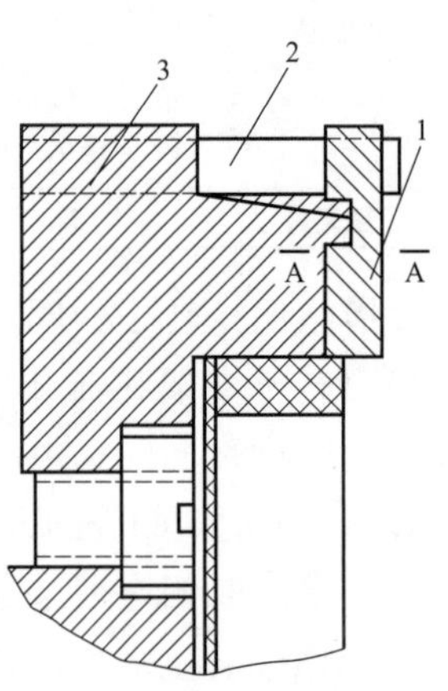

图 14-3-15 阻尼环用磁极压板凸台固定

1—阻尼环；2—阻尼条；3—磁极压板

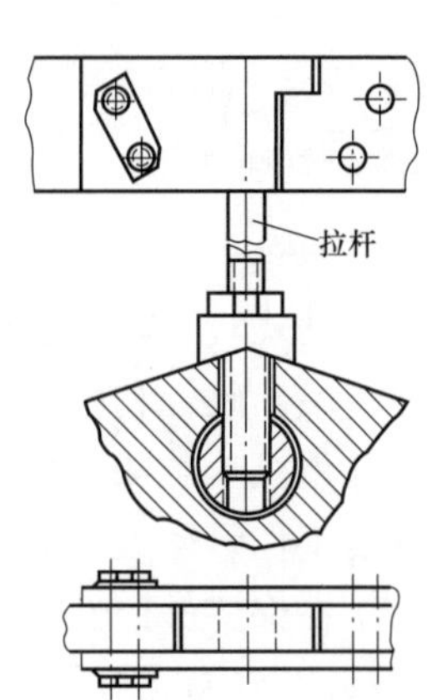

图 14-3-16 阻尼环拉杆结构

四、推力轴承

设计发电电动机的推力轴承时，主要考虑的问题有：

（1）减小轴瓦的力变形和热变形对轴承性能和承载能力的影响。因为，轴承瓦垂直荷载产生的力变形和滑动摩擦引起的热变形，可能会超过油膜厚度，从而大大降低轴承性能。这对大容量、高转速推力轴承尤为重要。

（2）瓦和瓦的支承结构应使机组在两个方向旋转时具有相同的特性，油膜均易形成，且在运行中保持油膜厚度和温度，并使每块瓦的受力均衡。

（3）选择良好的油循环冷却方式，防止瓦过热和最高油膜温度超限，同时减少总的轴承损耗。

（一）瓦的型式选择

瓦的型式主要有两种，即巴氏钨金瓦和塑料瓦。钨金瓦常用的有普通瓦和双层瓦两种结构。普通瓦为 60～120mm 钢胚上加工出鸽尾槽，上面浇筑巴氏合金而成；双层瓦采用 50mm 左右的推力瓦（薄瓦）和托瓦组成，薄瓦沿厚度方向温度变化小、热变形小，托瓦刚度大、机械变形小，双层瓦适用于瓦的尺寸较大、润滑参数较高的推力轴承。有的厂家在钢托瓦和薄瓦之间又增设了冷却沟（见图 14-3-17），进一步减少了热变形和机械变形，因而提高了轴承承载能力，降低了轴承温升。与巴氏合金瓦相比，塑料瓦具有很多优点，如许用面压力和湿度大，瓦温和损耗低，运行可靠性高；安装时，不需刮瓦，机组盘车容易；干摩擦系数小，起动阻力小，不须设高压油顶起装置等。塑料瓦在常规机组已得到广泛应用，在发电电动机上采用也仅是时间问题。

（二）支撑结构选择

1. 刚性支撑

推力轴承由支柱螺钉支承，安装时各瓦面不易调到同一水平，各瓦受力也不易调匀，且调整工作量较大。在运行时，刚性支撑不能均衡各瓦的负荷。但这种支撑结构简单，适用于中小容量机组（见图 14-3-18）。

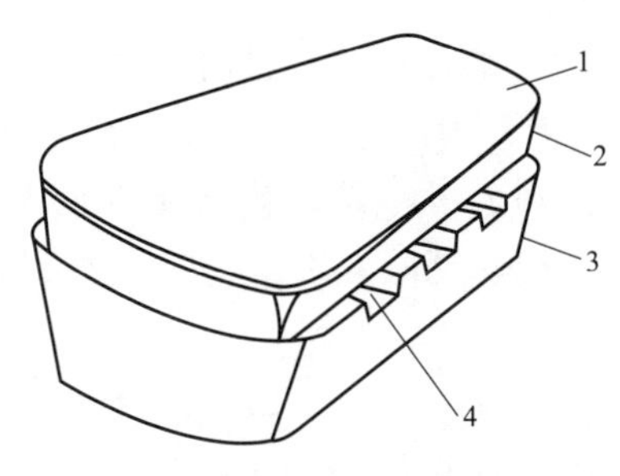

图 14-3-17 双层轴瓦

1—乌金瓦面；2—上层轴瓦；3—托瓦；4—冷却油槽

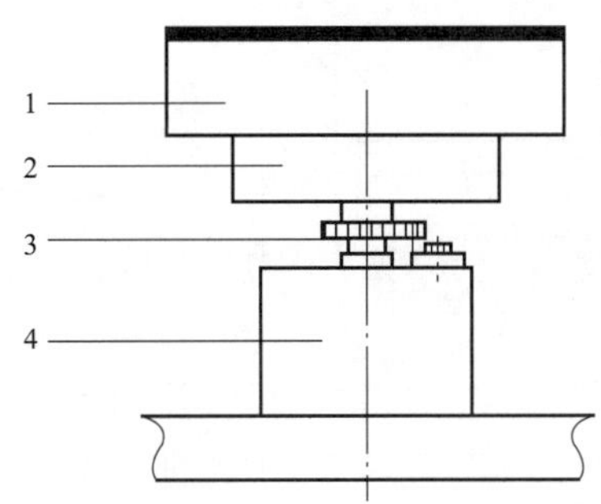

图 14-3-18 刚性支撑（在中小容量机组应用）

1—推力瓦；2—托盘；3—支柱；4—支柱座

随着调整轴瓦受力技术的改进和弹性推力头，增大托盘柔度，加强瓦的冷却等措施的采用，使刚性支撑结构也可应用到大容量机组上（见图 14-3-19）。

常用的刚性支撑结构有支柱螺钉支撑、平衡块支撑、平衡梁支撑（见图 14-3-20）等型式。过去，国内和苏联多采用单点支撑的球头支柱螺钉支撑结构，后来发展平衡块支撑和平衡梁支撑，利用杠杆原理传递不平衡力，使各瓦负荷达到均衡。但结构复杂，需现场调整和刮瓦，安装检修不方便。

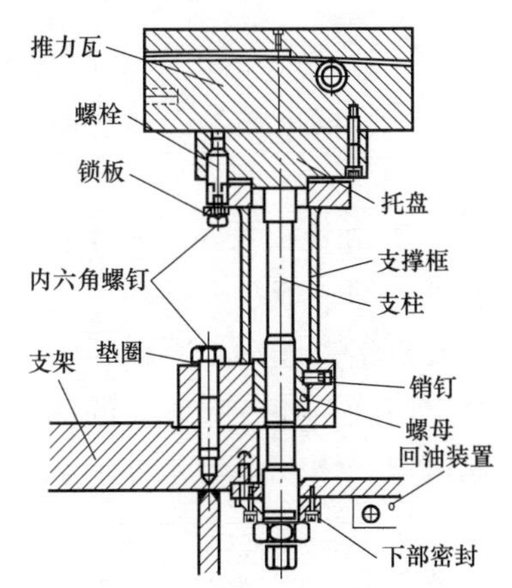

图 14-3-19 刚性支撑（在大容量机组应用）

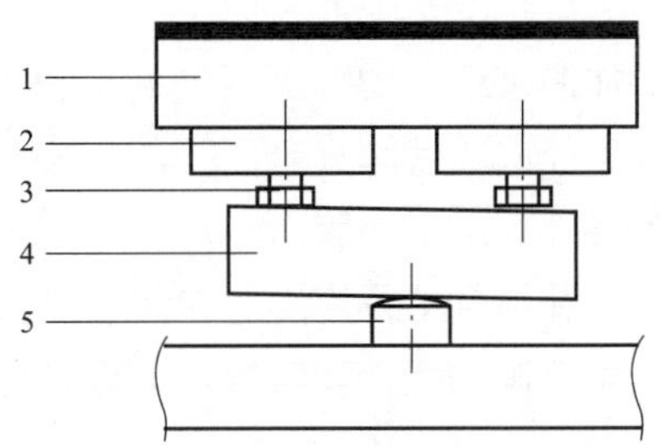

图 14-3-20 平衡梁支撑

1—推力瓦；2—托盘；3—支柱；4—平衡梁；5—平衡梁支柱

此外，单点支撑易使瓦产生机械变形，限制了瓦面积的增加，因而迫使设计者选择较大的平均面压（p）值，使最小油膜厚度减小，从而导致轴承运行可靠性降低。

2. 弹性支撑

弹性支撑可使各瓦受力自动均衡。同时结构简单，维护方便，不需要现场进行受力调整和刮瓦。常用的弹性支撑结构有弹性油箱支撑（见图 14-3-21）、弹性（橡胶）垫支撑（见图 14-3-22）、弹性圆盘支撑（见图 14-3-23）、弹簧簇支撑（见图 14-3-24）等。依支撑点和瓦的接触面积又分为点支撑和面支撑（包括局部面支撑）。面支撑结构对瓦的尺寸限制不大，因此，可使设计者选择较低的 p 值。但弹性圆盘支承等局部面支承，对瓦的长宽比有一定要求，一般为 0.7～1.0。这限制了它在巨型推力轴承上的使用（长宽比往往小于 0.7）。一般而言，如 $p \leqslant 4$MPa 时，可选择弹簧簇等面支承结构。

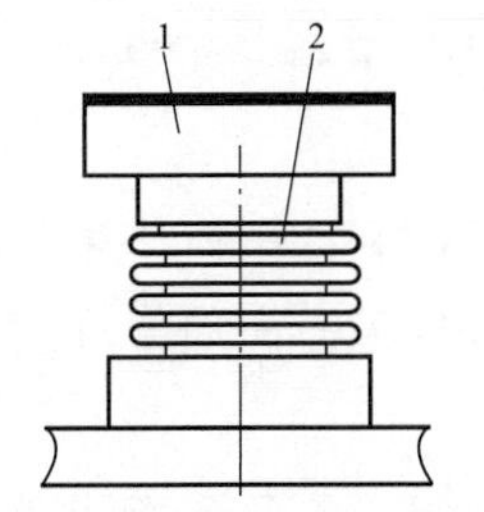

图 14-3-21 弹性油箱支撑

1—推力瓦；2—弹性油箱支撑

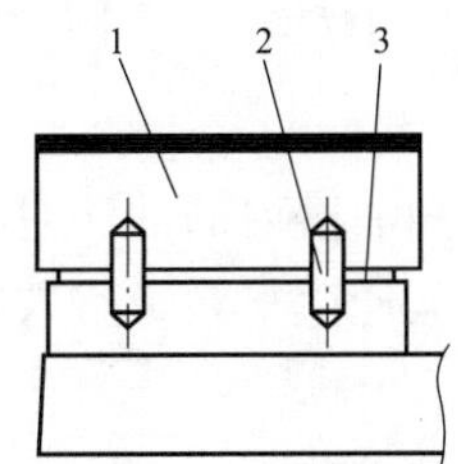

图 14-3-22 弹性橡胶垫支撑

1—推力瓦；2—定位销；3—弹性橡胶垫

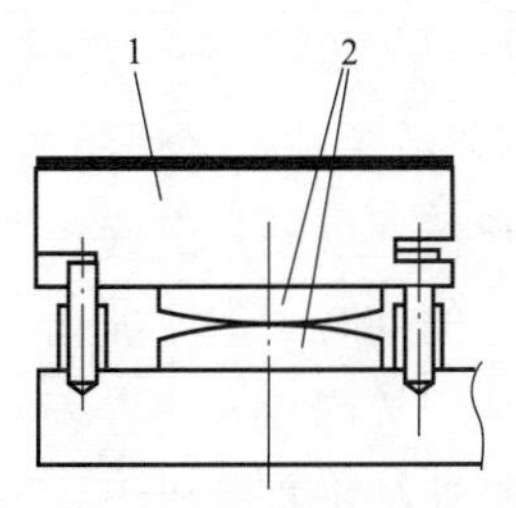

图 14-3-23 弹性圆盘支撑

1—推力瓦；2—弹性圆盘

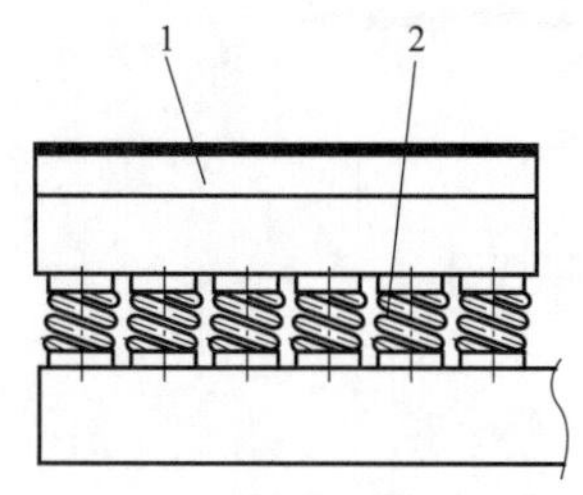

图 14-3-24 弹簧簇支撑
1—推力瓦；2—弹簧簇

3. 选择合适的轴承支撑结构

常规单向旋转发电机推力轴承，支承不位于瓦的几何中心，周向偏心率为0.58～0.6时，具有最佳承载能力，周向偏心率下降到0.5时，承载能力大大降低。而双向旋转的发电电动机，其支承结构需要支承在瓦的几何中心，即采用中心支承方式，虽然刚性支撑和弹性支撑均可用于中心支承，但性能和经济上差异较大。

进出油边油膜厚度比 h_1/h_2 是推力轴承运行的一个重要参数，比值大，意味着轴承容易形成动压润滑的油楔，轴承承载能力大。不同的中心支承，此比值是不同的，不但刚性支撑和弹性支撑不同，即使同一类支撑（刚性支撑或弹性支撑）也不相同。如弹性支撑中的弹簧簇支撑，具有浮动偏心、瓦面变形自动适应等优点，该比值可达2.0～2.6，较接近常规水轮发电机偏心支承推力轴承的最佳值2.5～3.0。目前，国内采用弹簧簇支撑的有十三陵、天荒坪、广州二期、西龙池、仙游、仙居、绩溪、敦化、长龙山、沂蒙、蟠龙、梅州一期、丰宁二期、永泰等抽水蓄能机组。同时，弹性油箱结构也已成功应用于溧阳、深圳、丰宁一期、敦化、荒沟、阳江等抽水蓄能机组。

（三）循环冷却方式选择

水轮发电机推力轴承的循环冷却方式分为内循环和外循环两种，外循环的冷却器放在油槽外面，便于维修，适用于转速高，内部通道狭窄，难于维修的机组以及水质差的电站。内循环冷却器放在油槽内，结构紧凑，附件少，节省厂房布置空间。

外循环冷却方式按其动力不同又分为外加泵外循环（见图14-3-25）和镜板泵外循环（见图14-3-26）。前者，需外加油泵组，增加厂用电负荷和占用厂房布置空间。后者，即镜板泵外循环，由于经过在侧面加工出数个径向或后倾方向圆孔的镜板，起着离心泵作用，只要机组一起动，冷却循环系统即投入运行，不需要外加泵组，因而不需要厂用电，也节省了厂房布置空间。循环冷却方式的选择应基于机组的技术参数并结合工程应用经验综合选择确定，目前抽水蓄能机组采用较多的是外加泵外循环，设备布置和厂用电源也能合理解决，运行安全可靠。

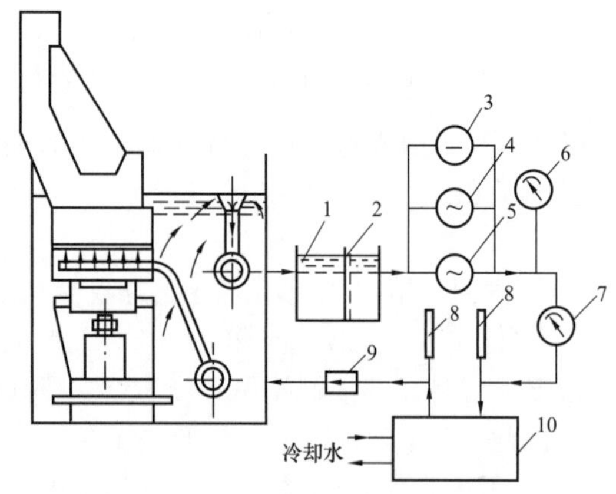

图 14-3-25 外加泵外循环冷却系统
1—回油槽；2—滤网；3—备用直流泵；4—备用交流泵；5—常用交流泵；6—压力表；7—示流继电器；8—温度计；9—单向阀；10—冷却器

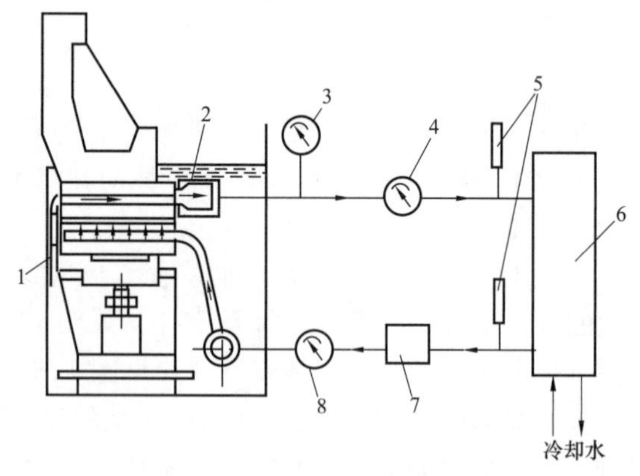

图 14-3-26 镜板泵外循环冷却系统
1—导流圈；2—集油槽；3—压力表；4—流量表；5—温度计；6—冷却器；7—滤油器；8—示流继电器

（四）关于轴承搅拌损耗

轴承搅拌损耗是由旋转部件对油的搅动和油槽内的油流对几何构件的摩擦和撞击所产生。与搅拌损耗产生的同时，油流搅动产生涡流，涡流又产生空穴，空穴吸入空气形成气泡。而油中混气不但增加了损耗，气泡浸入润滑表面，也降低了轴承承载能力。

对高速抽水蓄能机组，搅拌损耗在推力轴承总损耗中所占比例较大，甚至超过润滑表面的摩擦损耗。研究表明搅拌损耗主要和周速及构件几何因素有关，构件结构形状改进以后，搅拌损耗可降低40%左右。因此，搅拌损耗的研究和计算以及轴承周围的结构设计对轴承循环冷却，冷却器容量选择以及搅拌损耗的降低和轴承的安全可靠运行都是至关重要的。

表 14-3-9 列出了国内部分抽水蓄能电站机组容量 150～300MW，转速 200～500r/min 推力轴承的一些主要参数。

表 14-3-9　　国内部分抽水蓄能电站推力轴承主要参数

电站	容量（MVA）	转速（r/min）	推力负荷（kN）	轴瓦外/内径（mm）	瓦数	单位压力（MPa）	周速（m/s）	支持结构型式	损耗（kW）	油膜厚度（mm）	循环冷却方式
十三陵	222	500	4922	2350/1600	16	2.7	61.5	弹簧簇	1118	0.15	外加泵外循环
天荒坪	336	500	5960	1620/712	10	4.2	45.5	弹簧簇	289	0.074	自身泵内循环
桐柏	334	300	8100	2630/1560	16	2.8	41.3	弹性盘	622	0.07	自身泵外循环
琅琊山	167	230.8	6075	2500/1480	16	2.35	30.2	弹性盘	376	0.05	自身泵外循环
宜兴	275	375	6485	1740/790	10	4.0	34.1	弹簧簇	230	0.07	自身泵内循环
张河湾	642	333.3	6420	2400/1300	9	3.3	33.6	弹性盘	626	0.065	自身泵外循环
西龙池	333	500	9450	2220/1200	9	4.2	44.8	弹簧簇	1267	0.05	外加泵外循环
白莲河	334	250	6950	2700/1460	12	2.3	35.34	支柱螺栓	498	0.07	自身泵外循环
响水涧	278	250	7840	2700/1540	12	2.45	27.75	支柱螺栓	380	0.055	自身泵外循环
仙游	334	428.6	7500	2300/1050	12	2.58	37.5	弹簧簇	697	0.07	外加泵外循环
呼和浩特	333	500	6600	2300/1070	12	2.8	42.5	支柱螺栓	626	0.065	外加泵外循环
仙居	417	375	9200	2500/1300	12	3.44	36.3	弹簧簇	1104	0.051	镜板泵外循环
溧阳	278	300	7987	2700/1470	12	2.5	32.7	弹性油箱	551	0.071	外加泵外循环
深圳	334	428.6	7056	2740/1650	12	2.35	49.3	弹性油箱	670	0.083	外加泵外循环
绩溪	333	500	7041	2200/1050	12	2.75	42.5	弹簧簇	1300	0.065	外加泵外循环
敦化（1、2号机）	389	500	8350	2200/1050	12	2.89	43.9	弹簧簇	800	0.06	外加泵外循环
敦化（3、4号机）	389	500	8281	2470/1070	12	2.46	46.3	弹性油箱	895	0.06	外加泵外循环
沂蒙	333	375	8150	2400/1300	12	2.89	35.4	弹簧簇	650	0.061	外加泵外循环
阳江一期	445	500	9310	2470/1070	12	2.76	46.3	弹性油箱	924	0.067	外加泵外循环
荒沟	334	428.6	7448	2740/1650	12	2.48	49.3	弹性油箱	675	0.076	外加泵外循环

续表

电站	容量（MVA）	转速（r/min）	推力负荷（kN）	轴瓦外/内径(mm)	瓦数	单位压力（MPa）	周速（m/s）	支持结构型式	损耗（kW）	油膜厚度（mm）	循环冷却方式
丰宁一期	334	428.6	7252	2740/1650	12	2.41	49.3	弹性油箱	675	0.077	外加泵外循环
丰宁二期	334	428.6	7810	2350/1260	10	2.52	41.4	弹簧簇	713	0.054	外加泵外循环

五、通风冷却方式选择

空冷方式，结构简单、运行可靠、安装和维修简单、成本低，是发电电动机优先选择的冷却方式。而随着通风冷却技术的发展、绝缘技术的进步、防止铁心翘曲措施的完善，这种通风方式在发电机和发电电动机上得到了广泛应用。发电电动机一般采用双路磁轭径向通风方式，但对于高转速的发电电动机，由于转子支架尺寸较小、进风口尺寸受应力控制，要满足需要风量，存在一定困难。因此，少许电站需采用外加电动风机的轴径向通风方式，如广州一期和二期、长龙山 2 台 600r/min 的抽水蓄能机组。但多数电站，如十三陵、天荒坪、泰安、琅琊山、桐柏、宜兴、张河湾、西龙池、惠州、宝泉、白莲河、蒲石河、黑麋峰、呼和浩特直至近年来的响水涧、溧阳、仙游、仙居、深圳、绩溪、敦化、荒沟、沂蒙、丰宁（一期、二期）、长龙山（4 台 500r/min 机组）、阳江等抽水蓄能电站高速机组都成功采用了双路磁轭径向通风方式。其中有的在磁轭上、下两端增加了类似风扇的结构，如十三陵、琅琊山、桐柏、惠州、宝泉、呼和浩特、仙游、仙居、绩溪、敦化、沂蒙、丰宁二期、长龙山（4 台 500r/min）、阳江等抽水蓄能机组；上述其他电站的发电电动机则不设置风扇（见图 14-3-27）。日本葛野川抽水蓄能电站 475MVA、500r/min 发电电动机是目前采用无风扇双路径向通风的转速最高、容量最大的机组。

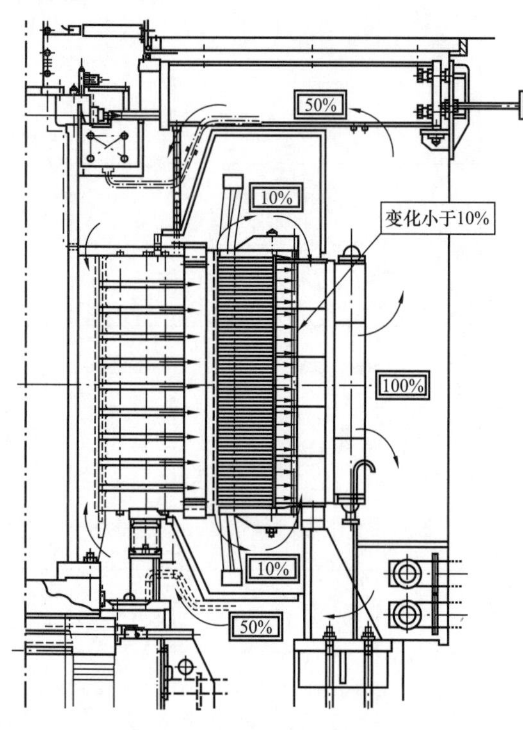

图 14-3-27　无风扇双路磁轭通风方式

随着通风冷却技术的改进和完善，绝缘及防止铁心翘曲技术的进步和发展，发电电动机的冷却方式已不受每极容量的限制，而更注重对电压、支路数和槽电流的匹配、热流密度的分析计算及热负荷的控制。在进行电磁设计方案比较时，对定子绕组，铁心和转子绕组等主要发热部件产生的损耗与其相应结构尺寸进行匹配计算和分析。除了满足电动机各部分温升要求外，良好的发电电动机冷却通风系统设计还应满足以下要求：

（1）安全可靠（无风扇等附件）。

（2）满足冷却需要的总风量并具有最小的风损耗。

（3）风量、风速以及电动机定子和转子的铁心、绕组各部分温度的分布均匀。

（4）安装、维修简单容易。

第四节　抽水蓄能机组抽水工况起动方式

一、起动方式概述

对于多机式抽水蓄能机组，由于抽水和发电的旋转方向一致，可以用水轮机或辅助的小水轮机将机组起动到同步转速，并入系统后，切换水路，使机组转为抽水工况运行。对于两机式的可逆机组，由于抽水和发电的旋转方向不同，必须采取另外的措施来起动机组。

在抽水蓄能技术发展的过程中，曾经和正在采用的可逆式机组起动方式主要有以下几种：①全压起动；②降压起动；③同轴小电动机起动；④变频起动装置启动；⑤背靠背起动。其中前两种为异步起动方式，机组直接（全压），及经阻抗或变压器（半压）并入电网，转子的阻尼条相当于异步电动机的鼠笼条，机组作为异步电动机被驱动加速。转子转速接近于同步转速时，投入励磁，使机组拖入同步。这种方式适用于中小容量机组，如果机组容量大，则并网时对电网和机组自身的冲击都较大。

采用同轴小电动机起动方式时，专用于起动的小电动机与主机同轴连接，小电动机的电源来自厂用电。小电动机将机组拖到同步转速后，机组并网，断开小电动机的电源。这种方式适用于大容量机组，对机组无冲击，对电网影响小。但这种方式增加了机组总高度，影响轴系稳定，并有可能成为确定厂房高度的控制因素。正常运行时小电动机随机组空转，降低机组的效率。此外，小电动机起动用的液态变阻器，增加了厂房布置的难度。这种方式过去在国外采用较多，但新建的抽水蓄能电站已经较少采用，国内则从未使用过。

目前抽水蓄能机组均以变频起动装置作为水泵主要起动方式，并采用背靠背起动为备用起动方式。近些年来，静止变频器设备已逐步实现国产化，并越来越多地在国内抽水蓄能电站中推广使用。

二、变频起动

（一）静态变频起动装置（SFC）简介

SFC 产品的构成原理大同小异。如前所述，如果机组容量大，则必须采取减少冲击的“软”起动方式，最常用的是采用 SFC 起动。SFC 的功能是将工频 50Hz 的输入电压，转化为频率在 0～50Hz 范围可调的输出电压。

机组在起动前，先要在转轮室内充入压缩空气排水，以减少起动过程中的阻力转矩。随着 SFC 输出频率的逐步上升，作为同步电动机的被驱动机组不断加速。待转速达到同步转速时，机组并入电网，断开与 SFC 之间的连接。然后撤除转轮室的压缩空气，注水造压，并依次打开进水阀和导叶，开始抽水。

SFC 也可以用于机组的停机制动，此时 SFC 将机组储存的能量整流、逆变后送回电网。但这项功能在我国应用并不普遍，这是因为抽水蓄能电站的多台机组往往同时停机，用一台 SFC 轮流接到多台机组逆变停机会延长停机时间，同时也加重了 SFC 的工作负担。SFC 还可以用于发电机工况的起动，但为了简化工况转换和减轻 SFC 的工作负担，我国很少采用这种方式。

当电站的上水库没有天然径流，且首次充水不是由施工供水系统充到发电方向调试所需的水位，而是采用可逆机组抽水实现此目标时，就不能在调试初期利用上水库的水调整机组发电机方向的动平衡。在这种情况下，为了弥补上述不足，SFC 应当具备两个方向起动机组的能力。

SFC 采用可编程控制器进行控制，它的继电保护也可用软件集成在可编程控制器中。

（二）SFC 的分类

广义地讲，SFC 可以分为电压源型和电流源型，主要区别为变频装置直流滤波环节是电容还是电感。电压源型受产品容量限制，应用较少。电流源型中又可以分为负载换相式和可关断元件式。目前大中型抽水蓄能电站的 SFC 均采用负载换相式电流源型静止变频装置（load commutated inverter，LCI），逆变器的换相依靠被拖动的同步电机的反电动势实现。

抽水蓄能电站的 SFC 是一种短时工作制的设备，它只在水泵工况起动过程中运行，机组并网后立即退出。它的容量是按照招标时要求的工作和间歇时间来设计的。按照整流器和逆变器的工作电压，SFC 可以分为高－高接线方案和高—低—高接线方案，如图 14-4-1 所示。

图 14-4-1（a）所示的高—低—高接线方案的 SFC 的整流器经降压变压器接到来自电力系统的电源（多为主变压器的低压侧），整流器的输入交流电压低于其电源电压（大多数情况下是主变压器的低压侧电压，即机组端电压）。输出侧经升压变压器接到机组。这种接线方案的 SFC 的整流器和逆变器承受的阳极电压较低，需串联的晶闸管元件数量较少。

图 14-4-1（b）、（c）所示的高—高接线方案的 SFC 的整流器分别经变比为 1 的隔离变压器或电抗器接到其供电电源，整流器的输入交流电压与机组端电压相同。输出侧不接变压器，而是经电抗器输出。高—高接线方案的整流器和逆变器晶闸管元件承受的阳极电压是发电机的额定电压，需串联较多的晶闸管元件。

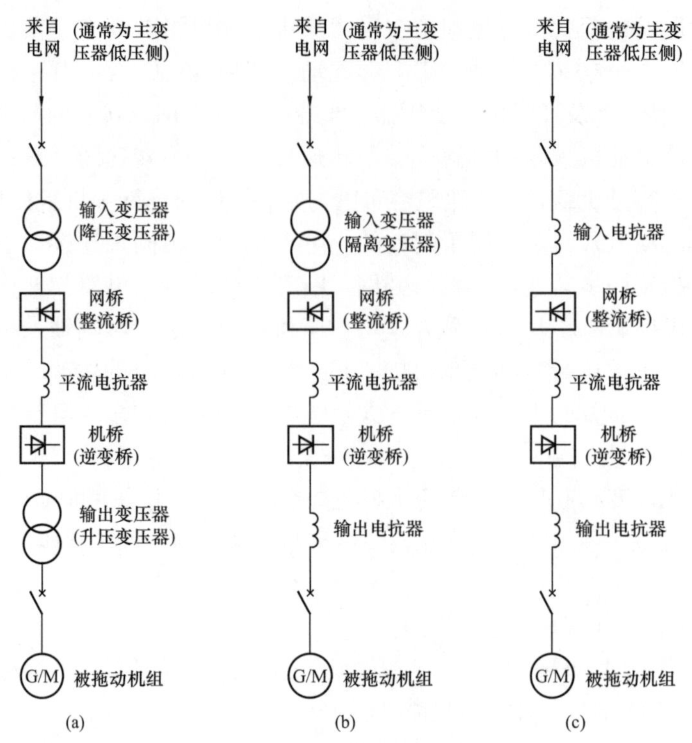

图 14-4-1 SFC 的各种接线方案

(a) 高—低—高接线方案；(b) 高—高接线方案（经隔离变输入）；(c) 高—高接线方案（经电抗器输入）

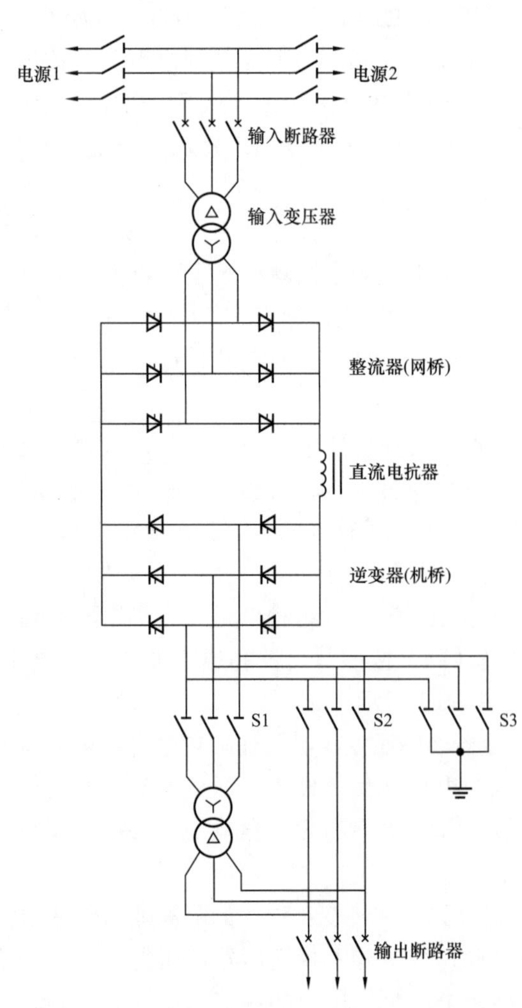

图 14-4-2 SFC 的构成

（三）SFC 起动系统构成

SFC 起动系统一般由输入电抗器、输入变压器、晶闸管整流器、平波电抗器、晶闸管逆变器、输出变压器、输出电抗器等组成，如图 14-4-2 所示。该图为当前采用较多的高—低—高接线方案。

1. 输入变压器

如果采用高—高接线方案，输入变压器采用隔离变压器。如果采用高—低—高接线方案，输入变压器为降压变压器。这台变压器是整流变压器，在一次侧与二次侧之间要设屏蔽层并接地，以减少整流器的谐波对电站和电力系统的干扰。输入变压器可以限制短路电流。如果输入变压器为降压变压器，将使来自系统的电压与整流器的工作电压相适配，减少各桥臂串联的晶闸管元件的数量。输入变压器接线组别多采用 Yd 或 Dy，以大幅度削弱整流器产生的 3 次及阶次为 3 的整数倍的谐波，并减弱其他阶次谐波对电站和电力系统的干扰。工程实践证明，设置输入变压器，对于抑制可能出现的谐波谐振有明显效果。网桥采用 12 脉冲方案时，则采用双二次绕组的输入变压器。这时变压器的接线组别应当是 Ddy，以配合 12 个桥臂的导通脉冲在 360°电空间的均匀分布。如果变压器容量较大，接近干式整流变压器当前制造能力的极限时，输入变压器多采用油浸式。当其容量较小时，也可采用干式变压器。

2. 输入电抗器

有的工程中，SFC 不设输入变压器，而是经由输入电抗器接到晶闸管整流器。输入电抗器可以限制可能发生的短路电流。这种接线属于高—高方案，整流器和逆变器的工作电压较高，且不能阻断3次及阶次为3的整数倍的谐波，也不利于减弱其他阶次谐波对电站和电力系统的干扰。

3. 晶闸管整流器

SFC的晶闸管整流器也称为网桥，为一个或两个三相全控整流器，每个桥含6个桥臂，用于将来自电网的交流电流转换为直流电流。由于采用大功率晶闸管，不需要并联。根据网桥的工作电压和晶闸管的反向电压承受能力，每臂可能由几个晶闸管串联构成，也可能只有一个晶闸管。国外普遍采用一个三相全控整流桥器作为网桥，国内很多工程采用两个三相全控整流桥器串联的方式，可以进一步减少注入到电网的谐波含量。这种方案共有12个桥臂，相应的触发脉冲有12个，所以也称为12脉冲方案。

每个晶闸管有其相关的门极触发单元，用电脉冲触发，信号来自SFC的控制器。控制器将电信号转化为光信号用光纤传输到各晶闸管，再经光电转换装置还原为电脉冲去触发晶闸管。这种方式保证了高电压功率元件与控制元件之间的隔离。晶闸管可以采用水冷却方式或强迫风冷方式。采用水冷却方式时，晶闸管的热量由强迫循环的去离子水带走，去离子水由绝缘性能良好的塑料管路引至冷却器即水/水热交换器，热量随电站冷却水排走。采用强迫风冷方式时，晶闸管的热量由强迫循环的空气带走。

4. 平波电抗器

作为电流源型的SFC，电抗器是必不可少的，它是电流储能型设备，保证了SFC向负载提供稳定的电流。平波电抗器有空气心和铁心两种。

空气心电抗器采用自然风冷却或强迫风冷却，铁心电抗器采用风冷却或水冷却。风冷却空气心电抗器的体积较大，必须独立布置。采用水冷却的电抗器比较紧凑，可以安装在柜内，和SFC的整流柜、逆变柜等组装成一排，节省占地面积。装入柜内的电抗器的水冷却方式与晶闸管的水冷却方式相同，且与其组成统一的冷却系统。

5. 晶闸管逆变器

SFC的晶闸管逆变器也称为机桥，为三相全控逆变器，每个桥含6个桥臂，用于将直流电流转换为频率可调的交流电流。构成、触发方式、冷却方式与整流器相似。

6. 输出变压器

输出变压器使逆变桥的工作电压与机组电压相适配，减少各桥臂串联的晶闸管元件的数量。SFC是一个靠负载电压换相的电流源，确切地讲，输出变压器的功能是把机组电压降为与逆变器适配的工作电压，以保证逆变器的换相。输出变压器从5Hz开始就要投入运行，所以它必须能在低频条件下可靠运行。

7. 输出电抗器

输出电抗器可以限制可能出现的短路电流，与输出变压器方案相比，采用输出电抗器时各桥臂串联的晶闸管元件的数量较多。

8. 旁路开关

当被拖动机组转速低于额定转速的10%时，由于电压和频率都很低，为了避免输出变压器运行在过低频率下，也为使机组得到较大的起动电流，通过旁路开关S2直接与发电电动机绕组相连，当机组转速大于额定转速的10%后，旁路开关S2断开，S1合上，输出变压器接入。

9. 控制器

SFC控制系统的核心是其控制器。由处理单元、存储器单元和各种输入/输出插板构成。

SFC内有一个综合监测系统，用于保护内部元件和相连的外部设备。检测器和传感器不间断地监视着系统内的电流、电压以及冷却系统。检测到事故、故障时，立即或延时关断网桥和机桥，立即或延时跳闸和/或发出报警信号。各种信息通常是经由串行通信传送到全厂的计算机监控系统，但对于机组事故停机、保护跳闸、总故障、控制断路器分合闸，测量机组转速和机端电压等重要信号一般均采用硬接线。

软件的功能包括 SFC 的调节，即根据从 TA、TV 和许多外部设备输入的数据，直接获得或经过计算获得机组的信息，包括当前转速和转子位置等。根据这些信息计算出应采用的控制角的大小，以及应当导通的桥臂，从而控制机组的转速和转矩。控制命令最终转化为经由光缆向每个晶闸管输出的触发信号。软件的功能还包括操作各元件（例如旁路开关的投切）并监视各外部设备（例如发电机断路器 GCB）的状态，与各外部输入/输出（例如起停命令）接口，维修和查找事故、处理报警时显示特定的变量，并经硬接线和串行通信发送和接收信号与指令。

SFC 的继电保护功能也用软件集成在控制器中，有的产品保护范围含输入/输出变压器，有的保护范围则只是从网桥到机桥。

（四）SFC 的运行原理

SFC 运行的关键是成功实现逆变，而逆变成功的关键是按照预定的顺序和时刻实现晶闸管的换相，即一个桥臂晶闸管关断、另一个桥臂晶闸管开通，使电流从前者转移到后者。

开通晶闸管必须同时具备两个条件：一是在阳极和阴极之间施加正向电压；二是在门极施加触发脉冲。

晶闸管一旦开通，门极就失去控制作用，即使触发脉冲已经撤除，只要正向电压存在，晶闸管就会继续导通。要关断晶闸管必须采取以下两条措施之一：一是在阳极和阴极之间施加反向电压；二是关断给晶闸管供电的电流源或电压源。

由于 SFC 逆变器的负载是同步电动机，在转速高于 10%时（各工程取值略有差别，以 10%即 5Hz 者居多，为了叙述的方便，以下均采用 10%和 5Hz），可以利用同步电动机的交流反电动势来关断逆变器中的晶闸管，实现自然换相即同步换相。但是，在起动的初始阶段，当转速低于额定值的 10%时，电动机的反电动势不足以关断逆变器中的晶闸管来换相，此时必须由 SFC 依次向电动机定子各相绕组提供电流脉冲，实现所谓强制换相（即脉冲耦合换相）。

1. 转子位置的识别

无论采用哪种换相方式，控制系统都需要知道转子的位置，以便确定为使转子获得最大的转矩应该通电的定子绕组相别，从而确定应该导通的桥臂。以往采用感应型或光电型轴角传感器来测位，现在主流厂家采用的是通过计算电动机电压矢量来确定转子位置，省去了传感器。以下的分析中均以无传感器的方案为例。为了分析的方便，假定电动机的极对数为 1，电角度与空间角度一致，网桥为一个三相全控桥。这个分析的结果很容易推广到多对极的电动机和网桥为两个三相全控桥的情况。

（1）转子初始位置的识别。起动之初，转子处于静止状态，不能用定转子相对运动的机理来判断转子位置。但是在施加励磁电流的瞬间，电动机定子三相绕组中会感应出电动势，利用这些电动势，可以推算出转子的位置。

施加励磁电流时，定子三相绕组中因互感产生的磁通可以用式（14-4-1）表示，参见图 14-4-3。

$$\left.\begin{aligned}\Phi_U&=MI_f\cos\gamma\\ \Phi_V&=MI_f\cos(\gamma+120°)\\ \Phi_W&=MI_f\cos(\gamma-120°)\end{aligned}\right\}\qquad(14\text{-}4\text{-}1)$$

式中　Φ_U、Φ_V、Φ_W——转子电流在定子三相绕组中产生的磁通；

M——定转子绕组之间的互感；

I_f——转子电流；

γ——转子轴线与 U 相轴线的夹角。

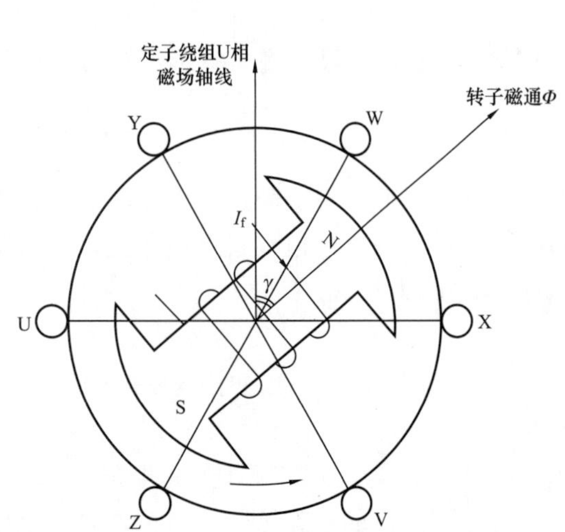

图 14-4-3　同步电动机的 6 个扇形区

转子电流可用式（14-4-2）表示：

$$I_f=\frac{U_f}{R_f}\left(1-e^{-\frac{R_f}{L_f}t}\right)\qquad(14\text{-}4\text{-}2)$$

式中　U_f——施加到转子绕组上的电压；

R_f、L_f——转子绕组的电阻和电感。

定子三相绕组中感应出的电动势可以用式（14-4-3）表示：

$$\left.\begin{aligned}E_{\mathrm{U}}&=-\frac{\mathrm{d}\Phi_{\mathrm{U}}}{\mathrm{d}t}=-\frac{\mathrm{d}}{\mathrm{d}t}(MI_{\mathrm{f}}\cos\gamma)=-M\frac{U_{\mathrm{f}}}{R_{\mathrm{f}}}\cos\gamma\frac{\mathrm{d}}{\mathrm{d}t}\left(1-\mathrm{e}^{-\frac{R_{\mathrm{f}}}{L_{\mathrm{f}}}t}\right)=-M\frac{U_{\mathrm{f}}}{L_{\mathrm{f}}}\cos\gamma\mathrm{e}^{-\frac{R_{\mathrm{f}}}{L_{\mathrm{f}}}t}\\E_{\mathrm{V}}&=-\frac{\mathrm{d}\Phi_{\mathrm{V}}}{\mathrm{d}t}=-M\frac{U_{\mathrm{f}}}{L_{\mathrm{f}}}\cos(\gamma+120°)\mathrm{e}^{-\frac{R_{\mathrm{f}}}{L_{\mathrm{f}}}t}\\E_{\mathrm{W}}&=-\frac{\mathrm{d}\Phi_{\mathrm{W}}}{\mathrm{d}t}=-M\frac{U_{\mathrm{f}}}{L_{\mathrm{f}}}\cos(\gamma-120°)\mathrm{e}^{-\frac{R_{\mathrm{f}}}{L_{\mathrm{f}}}t}\end{aligned}\right\}\tag{14-4-3}$$

定子三相绕组感应电动势的最大值出现在转子绕组施加电压的初瞬间，即 t 为 0 时，见式（14-4-4）。

$$\left.\begin{aligned}E_{\mathrm{U0}}&=-M\frac{U_{\mathrm{f}}}{L_{\mathrm{f}}}\cos\gamma=-k\cos\gamma\\E_{\mathrm{V0}}&=-M\frac{U_{\mathrm{f}}}{L_{\mathrm{f}}}\cos(\gamma+120°)=-k\cos(\gamma+120°)\\E_{\mathrm{W0}}&=-M\frac{U_{\mathrm{f}}}{L_{\mathrm{f}}}\cos(\gamma-120°)=-k\cos(\gamma-120°)\end{aligned}\right\}\tag{14-4-4}$$

式中 E_{U0}、E_{V0}、E_{W0}——定子三相绕组感应电动势的最大值；

k——系数，等于 $MU_{\mathrm{f}}/L_{\mathrm{f}}$。

根据三角函数公式对式（14-4-4）进行求解，得

$$\left.\begin{aligned}\cos\gamma&=-\frac{1}{k}E_{\mathrm{U0}}\\\sin\gamma&=\frac{E_{\mathrm{V0}}-E_{\mathrm{W0}}}{\sqrt{3}k}\\\tan\gamma&=\frac{E_{\mathrm{W0}}-E_{\mathrm{V0}}}{\sqrt{3}E_{\mathrm{U0}}}\\\tan\gamma&=\frac{U_{\mathrm{W0}}-U_{\mathrm{V0}}}{\sqrt{3}U_{\mathrm{U0}}}\\\gamma&=\tan^{-1}\left(\frac{U_{\mathrm{W0}}-U_{\mathrm{V0}}}{\sqrt{3}U_{\mathrm{U0}}}\right)\end{aligned}\right\}\tag{14-4-5}$$

在定子绕组空载的情况下，E_{U0}、E_{V0}、E_{W0} 与 U_{U}、U_{V}、U_{W} 相等，而后者是可以测得的，所以 γ 很容易求得，从而可以确定转子初始位置。采用 $\tan\gamma$ 推算 γ，可以避免电动机参数误差造成的影响。

转子的可能初始位置则有无限多个，但机桥可能的导通桥臂组合只有 6 种。所以，必须将转子的无限多个可能初始位置归并为 6 种，以适应对机桥控制要求。

将电动机定子内的空间划分为 6 个 60°的扇形区，每个扇形区的轴线都是定子某相绕组磁场的轴线，如图 14-4-3 所示，转子必然处于六个扇形区之一。转子绕组施加电流的瞬间，转子处于不同位置时（见图 14-4-4 的 A 行），相应的 γ 值的范围如图 14-4-4 的 B 行所示。反过来讲，可以从 B 行的结果反推出 A 行，即只要测得逆变器三相输出电压，算出 γ 角，便可推断出转子处于六个扇形区中的哪一个，实现了转子初始位置的识别。

（2）频率低于 1Hz 时转子位置的识别。转子开始转动，但频率低于 1Hz（即转子转速低于 2%额定值）时，定子各相绕组感应电动势的幅值很低，尚不能利用后面所述高转速时将要采用的积分法求得转子位置。这时采用的转子位置识别方法为估算法，具体原理如下。转子的运动公式见式（14-4-6）。

$$\left.\begin{aligned}J\frac{\mathrm{d}\omega}{\mathrm{d}t}&=T_{\mathrm{M}}-T_{\mathrm{R}}\\T_{\mathrm{M}}&=CI\Phi\end{aligned}\right\}\tag{14-4-6}$$

式中 J——机组的转动惯量；

ω——转子角速度；

T_M——SFC 提供的驱动力矩；

T_R——机组的阻力矩；

C——常数；

I——定子电流，由 SFC 提供，选择合适的控制角，可以使其为常数；

Φ——转子磁通，由励磁系统提供的电流确定，在此转速范围内为常数，所以 T_M 在此转速范围内为常数。

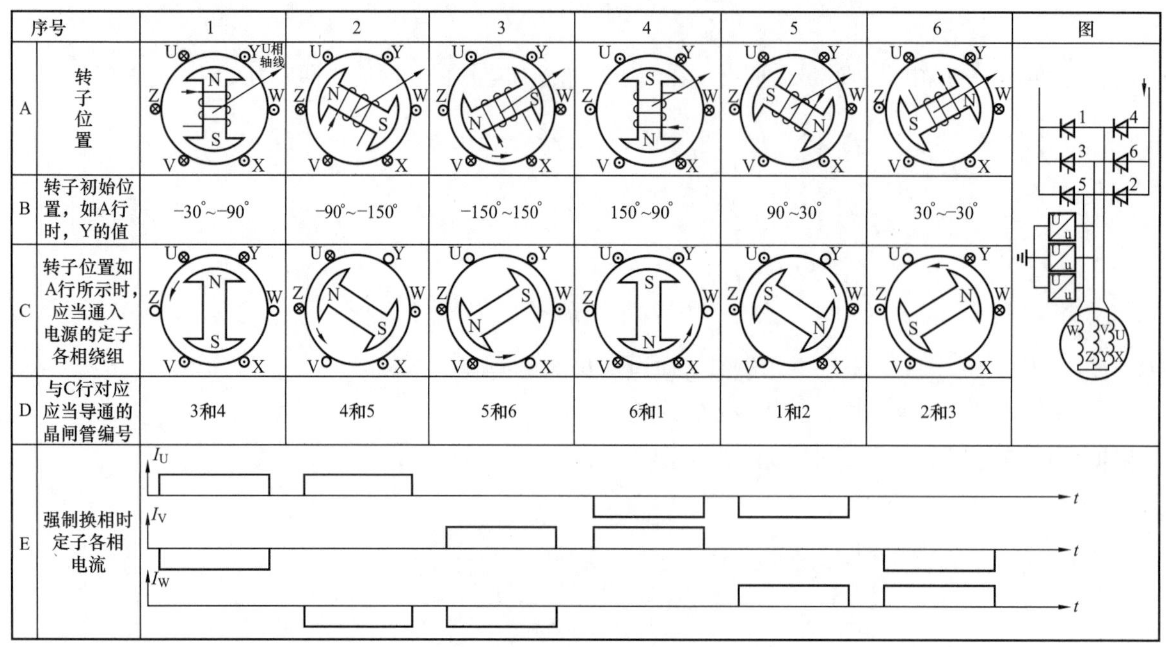

	序号	1	2	3	4	5	6	图
A	转子位置							
B	转子初始位置，如A行时，Y的值	−30°～−90°	−90°～−150°	−150°～150°	150°～90°	90°～30°	30°～−30°	
C	转子位置如A行所示时，应当通入电源的定子各相绕组							
D	与C行对应应当导通的晶闸管编号	3和4	4和5	5和6	6和1	1和2	2和3	
E	强制换相时定子各相电流							

图 14-4-4　同步电动机转子初始位置的确定及强制换相时各相的电流

转速从零到 2%额定值的范围内，可以近似认为 T_R 是常数，从而得到

$$\frac{d\omega}{dt}=\frac{T_M-T_R}{J}=K \tag{14-4-7}$$

$$\omega=Kt \tag{14-4-8}$$

$$\omega=\frac{d\lambda}{dt}=Kt \tag{14-4-9}$$

$$\lambda=K\int t\,dt=\frac{1}{2}Kt^2+\lambda_0 \tag{14-4-10}$$

式中　K——常数；

λ——转子轴线与定子 U 相磁场轴线的夹角；

λ_0——此前算得的转子初始轴线与 U 相磁场轴线的夹角。

根据上述公式，可以估算出转子在转速低于 2%额定值时各时刻的位置。

（3）频率高于 1Hz（即转子转速高于 2%额定值）时转子位置的识别。转速高于 2%额定值时，定子端电压的幅值已经足够大，可以利用更为精确的计算方法实现转子位置的识别。各相绕组端电压是由转子磁场运动产生的，其幅值与当时的转子空间位置直接相关，所以各相绕组端电压幅值的组合能够反映转子的位置。但利用三相坐标系直接推算转子位置并不方便，应当另辟蹊径。

在介绍具体的计算方法之前，先回顾一下矢量分析方法中采用的电动机两相静止坐标系，即 α-β 坐标系。这种坐标系的 α 轴与定子 U 相磁场轴线相重合，β 轴滞后于 α 轴 90°，如图 14-4-5 所示。

从 U-V-W 坐标系转换到 α-β 坐标系的公式为

$$\begin{bmatrix}U_\alpha\\U_\beta\end{bmatrix}=\frac{2}{3}\begin{bmatrix}1&-\frac{1}{2}&-\frac{1}{2}\\0&\frac{\sqrt{3}}{2}&-\frac{\sqrt{3}}{2}\end{bmatrix}\begin{bmatrix}U_U\\U_V\\U_W\end{bmatrix} \tag{14-4-11}$$

$$\begin{bmatrix} I_\alpha \\ I_\beta \end{bmatrix} = \frac{2}{3}\begin{bmatrix} 1 & -\frac{1}{2} & -\frac{1}{2} \\ 0 & \frac{\sqrt{3}}{2} & -\frac{\sqrt{3}}{2} \end{bmatrix}\begin{bmatrix} I_U \\ I_V \\ I_W \end{bmatrix} \tag{14-4-12}$$

式中 U_U、U_V、U_W、I_U、I_V、I_W——分别为U-V-W三相坐标系中的电压、电流；

U_α、U_β、I_α、I_β——分别为α-β两相坐标系中的电压、电流。

在测得U_U、U_V、U_W、I_U、I_V和I_W后，通过变换，很容易获得U_α、U_β、I_α和I_β。

根据$U=E+IR+L\dfrac{dI}{dt}$的基本公式，可以从U_α、U_β、I_α和I_β以及同步电动机的R、L_α（α等效绕组的自感）L_β（β等效绕组的自感）、M（α等效绕组与β等效绕组之间的互感）等参数，根据式（14-4-13）和式（14-4-14）求得E_α和E_β。

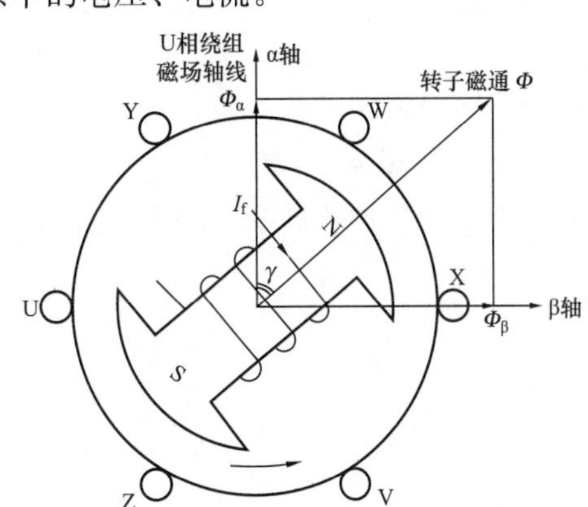

图 14-4-5 同步电机的α-β坐标系

$$E_\alpha = U_\alpha - I_\alpha R - L_\alpha\frac{dI_\alpha}{dt} - M\frac{dI_\beta}{dt} \tag{14-4-13}$$

$$E_\beta = U_\beta - I_\beta R - L_\beta\frac{dI_\beta}{dt} - M\frac{dI_\alpha}{dt} \tag{14-4-14}$$

根据$E=-L\dfrac{d\Phi}{dt}$的基本关系，可以得到

$$\Phi_\alpha = -\frac{1}{L}\int E_\alpha dt \tag{14-4-15}$$

$$\Phi_\beta = -\frac{1}{L}\int E_\beta dt \tag{14-4-16}$$

转子磁场的总磁通Φ为以上两项的矢量和，可由下式求得

$$\dot{\Phi} = \dot{\Phi}_\alpha + \dot{\Phi}_\beta \tag{14-4-17}$$

$$\tan\lambda = \frac{\Phi_\beta}{\Phi_\alpha} \tag{14-4-18}$$

$$\lambda = \tan^{-1}\left(\frac{\Phi_\beta}{\Phi_\alpha}\right) \tag{14-4-19}$$

在α-β坐标系中，λ是Φ的方位角，即转子轴线与α轴或U相轴的夹角，转子位置从而可知，如图14-4-4所示。

2. 换相

获得各个时刻的转子位置信号后，就可以根据此信号确定此刻应该导通的机桥桥臂，并发出相应的触发脉冲。转子位置必然处于6个扇区之一，可能的导通桥臂组合也有6种，这对于以下将要述及的两种换相方式是一样的。

（1）强制换相。前已述及，在起动的初始阶段，转速低于额定值的10%时，电动机的感应反电动势较低，电动机绕组的电阻引起的电压降相对较大，施加到应关断的桥臂上的反向电压不能够关断晶闸管，换相无法自然完成。此时必须由SFC依次向各相绕组提供脉冲，实现所谓强制换相。

为此，控制器应当发出适当的导通脉冲，使晶闸管按预期顺序轮流导通。在从一种导通组合过渡到下一个导通组合时，首先将整流器变为逆变方式，使其直流电流减到零。此时逆变器因无电流供电，所有的晶闸管必然关断。控制器确认直流回路中电流为零后，重新开通整流器，并向下一轮中应当导通的晶闸管发出导通脉冲。导通脉冲的发出时刻是根据转子的当前位置确定的，确定的原则是使转子获得最大的转矩。图14-4-4的C行表示了针对所示转子位置，为获最大转矩，应通入电流的定子各相绕组。D行列出了为获得C行所示的定子各相绕组电流，应当导通的逆变器桥臂。E行则列出了各相电流的波形，电流的间断是整流器强制换相造成的。

不难看出，每个周期中，电路被关断6次，重新开通6次，定子电流和驱动转矩都是断续的。由于转子的惯性，在转矩为零期间，转子会继续转动，并逐步加速。

在转速低时，周期较长，电路的关断和重新开通所需要的转换时间在一个周期内所占比例不大，关断和重新开通得以顺利完成。随着转速的上升，周期变短，在一个周期内要完成6次转换就越来越困难。这种换相方式的频率上限约为8Hz。实际上，在频率达到5Hz后，就采用自然换相了。

（2）自然换相。频率大于5Hz后，电动机的反电动势已经能够使逆变器实现自然换相。导通桥臂的组合与自然换相相同，所以可以借用图14-4-4来说明。按照图中的C行和D行的关系确定的导通桥臂组合，可以使转子获得最大转矩。

图14-4-6说明了控制角为150°时逆变自然换相的过程。为了便于说明原理，本图做了简化，未表示输出变压器。倘若计及输出变压器的影响，电动机的输入电流与逆变器的输出电流之间应有30°的相角差。

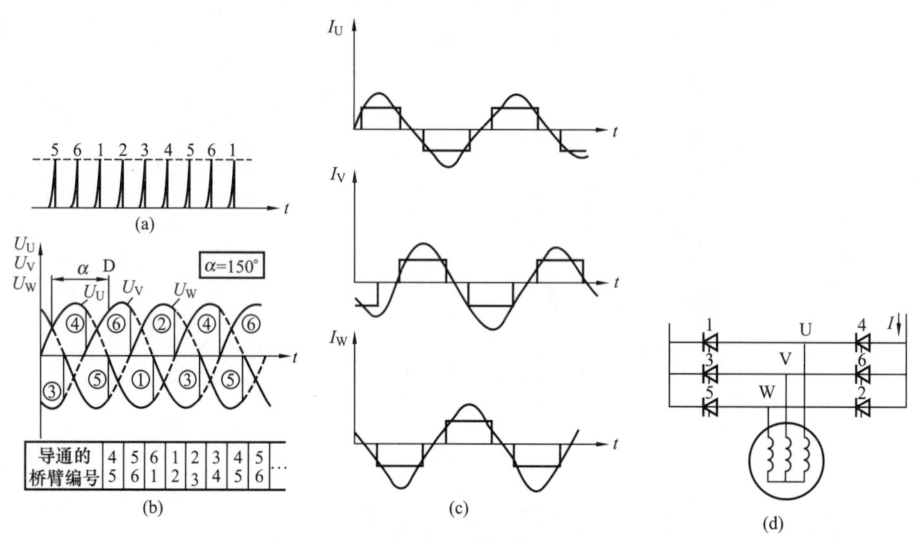

图14-4-6 自然换相的实现

（a）发往各桥臂的触发脉冲；（b）电动机端电压及α=150°各桥臂的导通顺序；

（c）SFC输出至定子三相绕组的电流；（d）逆变器的接线

现举例说明自然换相的过程：在时刻D之前，桥臂5和6导通。桥臂1在时刻D收到触发命令而导通，桥臂1的导通使共阴极的电位与U点的电位相等，桥臂5阴极的电位从而也等同于U的电位。而桥臂5阳极的电位与W点相同。由波形图可以看出，此时$U_u>U_w$，所以桥臂5必然关断，导通组合变成了桥臂1和6，换相完成。

从强制换相到自然换相的转换恰与输出变压器的接入时间吻合，即频率达到5Hz时。此刻将关闭网桥和机桥，断开S1，合上S2，重新开通两个晶闸管桥，以新的方式——自然换相实现逆变输出。

（五）SFC起动过程简述

SFC的控制方式可以是由计算机监控系统（CSCS）远方自动控制，或通过SFC控制器上的按键手动控制。两种方式的选择由SFC控制器上的现地/远方选择按键实现。

只有SFC处于可用状态时，才能投入运行。SFC可用的条件是所有的柜门关闭锁好，所有的控制和动力电源可用并已投入，无报警、无事故。以下以远方自动控制方式为例，介绍SFC的起动步骤。

1. 起动SFC辅助设备

（1）CSCS的机组LCU合上被起动机组的被拖动隔离开关，做好主回路起动准备。

（2）CSCS的起动用LCU（或公用LCU或开关站）向SFC发出“SFC辅助设备起动”的命令，SFC将自动起动辅助设备，如冷却风机（风/水冷却）、冷却单元去离子水泵（水/水冷却）、整流器和逆变器风机或冷却水阀门。

（3）辅助设备起动后，SFC检测到输入/输出变压器风机正常、去离子水流和导电率正常（水/水冷却)、整流器和逆变器的空气温度正常(风/水冷却)后,将发出“SFC 辅助设备已起动”的信号传送至起动用 LCU。

2. SFC 进入准备状态

(1) 在“SFC 辅助设备已起动”后,SFC 向起动用 LCU 发出“投入一次冷却水”的命令,起动用 LCU 打开 SFC 外部的一次冷却水阀门,确保 SFC 有外部冷却水流。

(2) SFC 自动合上输入断路器。

(3) 当 SFC 输入断路器合闸后,SFC 发出“输入断路器已合上”“SFC 已准备好”和“SFC 等待投入令”的信号给起动用 LCU。此时,SFC 进入“备用”状态。

(4) 如果此时起动用 LCU 未发出任何命令给 SFC,SFC 就会保持在“备用”状态。如果起动用 LCU 发出“SFC 投入”的命令给 SFC,那么 SFC 自动合上输出断路器。

(5) 当输出断路器合闸后,SFC 发出“输出断路器已合”信号给起动用 LCU。

(6) 起动用 LCU 向 SFC 发出“选择机组 ($1\sim n$)”的信号,SFC 根据此信号来选定相应机组。

3. SFC 的起动

(1) 选定机组后,SFC 将向相应的机组直接发出“起动励磁”的命令。

(2) 机组的励磁系统向转子绕组施加励磁,电气轴开始建立。

(3) 机组 LCU 向 SFC 发出“励磁已准备好”的反馈信号。

(4) 起动用 LCU 根据实际转速给 SFC 发出“$f>5$Hz”或“$f<5$Hz”的信号。

(5) 根据 $f<5$Hz 或 $f>5$Hz,SFC 将合上隔离开关 S2(将输出变旁路)或合上隔离开关 S1(将输出变接入)。由于启动实际从零转速开始,“$f<5$Hz”必然首先出现,因此隔离开关 S2 将闭合。

(6) 转速设定为额定转速,SFC 开始调节,电流建立起来,机组开始旋转。SFC 以脉冲耦合即强制换相方式控制逆变器晶闸管。

(7)“SFC 已投入”的信号送到起动用 LCU。此信号在 SFC 输出电流的全过程中始终在发送。

(8) 频率达到 5Hz 时,晶闸管桥被暂时闭锁,电流消失。隔离开关 S2 断开,隔离开关 S1 闭合。

(9) 转速将继续上升,$f>5$Hz,SFC 解除脉冲闭锁,重新建立电流回路,SFC 以自然换相方式控制逆变器晶闸管,电动机转速继续上升。

(10) 励磁系统以恒励磁电流方式调节(大致等于额定空载励磁电流),定子电压与机组转速比例上升。

(11) 当转速达到 90%额定值时,励磁切换为自动电压调节。

(12) 当机组转速升到 95%额定转速时,SFC 将向起动用 LCU 发出“SFC 等待并网”的信号。如果频率跟踪选择器在“退出”位置,SFC 将根据同步装置发出的“增速”和“减速”令来调节机组的转速。如果频率跟踪选择器在“投入”位置,SFC 将其测得的电网频率作为频率基准值,并根据频率基准值来调节机组的转速。

(13) 机组一旦满足同步条件,同步装置将会立即合上机组断路器,并发出“GCB 已合”信号至 SFC。

(14) SFC 接收到此信号后,立即将晶闸管桥闭锁,以防止在电网、电动机和 SFC 之间形成环路。

(15) 当 SFC 的电流为零时,SFC 立即自动断开输出断路器,解除电气轴。

(16) 输出断路器断开以后,SFC 将向起动用 LCU 发出“输出断路器已断开”和“SFC 调节已停止”信号。

(17) SFC 自动重新回到备用状态,准备起动另外一台机组。如果没有机组可起动,SFC 将进入停止状态。

SFC 起动过程中参数的变化示于图 14-4-7。

(六) SFC 的保护

SFC 应当配备从输入变压器到输出变压器范围的保护,保护种类见表 14-4-1。保护配置情况如图 14-4-8 所示。表 14-4-1 中 FI-PL (full inverter-pulse locking) 表示将整流桥改为逆变桥,将逆变桥的触发脉冲闭锁。这是关断两个晶闸管桥的最快速有效的手段,完成时间约需 7ms。在正常情况下,如果 FI-PL 和跳断路器命令同时发出，那么 FI-PL 命令总是先执行完毕。

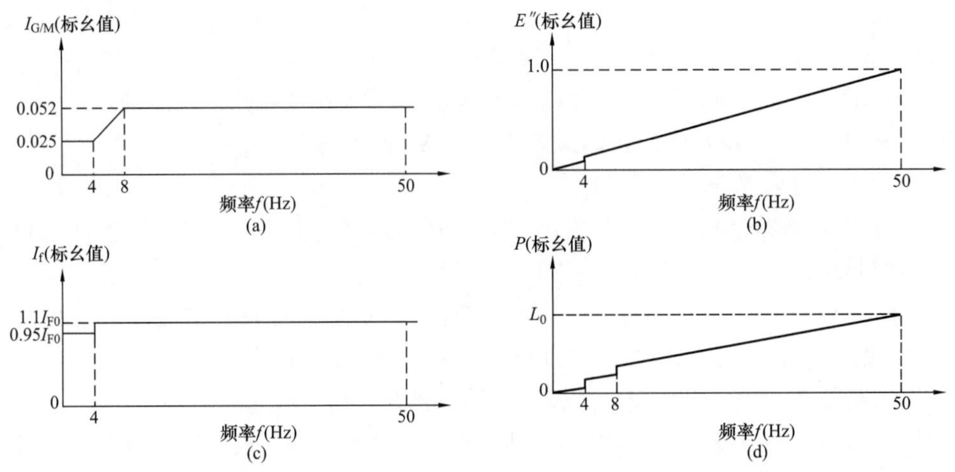

图 14-4-7 SFC 起动过程中参数变化示例

(a) 机组定子电流；(b) 机组电动势；(c) 机组转子电流；(d) SFC 输出功率

表 14-4-1　　SFC 的保护种类

保护种类	代码	反映的故障	动作后果
输入变压器过电流	50T1	输入变压器的内部或外部故障	
低电压	27N	输入变压器的二次绕组电压过低	FI-PL，如果时间短于 3s，报警；长于 3s，跳断路器
网桥功率因数异常	55N	网桥功率因数异常	报警
网桥相位测量故障	78N	TR1 输出接地引起的网桥相位测量信号缺失或数值错误	FI-PL
网桥/机桥过电流	50NM	网桥/机桥的内部或外部故障	FI-PL，跳断路器
网桥过负荷	49	网桥过负荷	延时 FI-PL
网桥电流增长率越限	7N	短路引起的网桥/机桥电流增长率过高	FI-PL，跳断路器
网桥/机桥差动	87S	网桥/机桥范围内的故障	FI-PL
输入变压器差动值	87T1	输入变压器内部故障	FI-PL，跳断路器
输入变压器瓦斯		输入变压器为油浸式时采用	FI-PL，跳断路器
接地故障	59G	回路接地	FI-PL，跳断路器
转子初始位置定位失败		三相电压之和超过定值（理论值为零）	FI-PL
机组过电压	59	磁场回路故障引起的机组过电压	FI-PL，跳断路器
机组过励磁	24	各种原因造成的或低激磁过励磁	FI-PL
机组失磁	40	机组失磁	FI-PL，跳断路器
机组过速	12	转子过速	FI-PL
直流回路闭锁/解锁失败		强制换相方式下，不能关闭网桥或机桥，或不能解除对两个桥的闭锁	跳断路器
电动机起动失败转动	48	SFC 不能将机组从静止状态开始拖动	FI-PL
接触器吸合令未执行		水泵或风扇电动机的接触器未按照命令吸合	FI-PL
开关设备操作令未执行		输入/输出断路器、隔离开关 S1 和 S2 的断开、闭合命令未执行	FI－PL，跳断路器
转速实测值与给定值不一致		转速给定值未被执行	延时 FI-PL
开关设备状态矛盾		发电机断路器、输入/输出断路器、隔离开关 S1 和 S2 的断开状态信号和闭合状态信号同时出现	延时 FI-PL
过负荷	51T2	机组过负荷	延时 FI-PL
输出变压器过电流	50T2	输出变压器的内部或外部故障	FI-PL，跳断路器

续表

保护种类	代码	反映的故障	动作后果
机桥相位测量故障	78M	机桥输出接地引起的机桥相位测量信号缺失或数值错误	FI-PL
机桥功率因数异常	55M	机桥功率因数异常	报警
机桥输出电流增长率越限	7M	输出变压器或机组短路	FI-PL，跳断路器
输出变压器差动	87T2	输出变压器内部故障	FI-PL，跳断路器
低电压	27M	输出变压器的二次绕组电压过低	FI-PL，跳断路器
机组过电流	50M	机组短路	FI-PL，跳断路器
输出变压器瓦斯		输出变压器为油浸式时采用	FI-PL，跳断路器

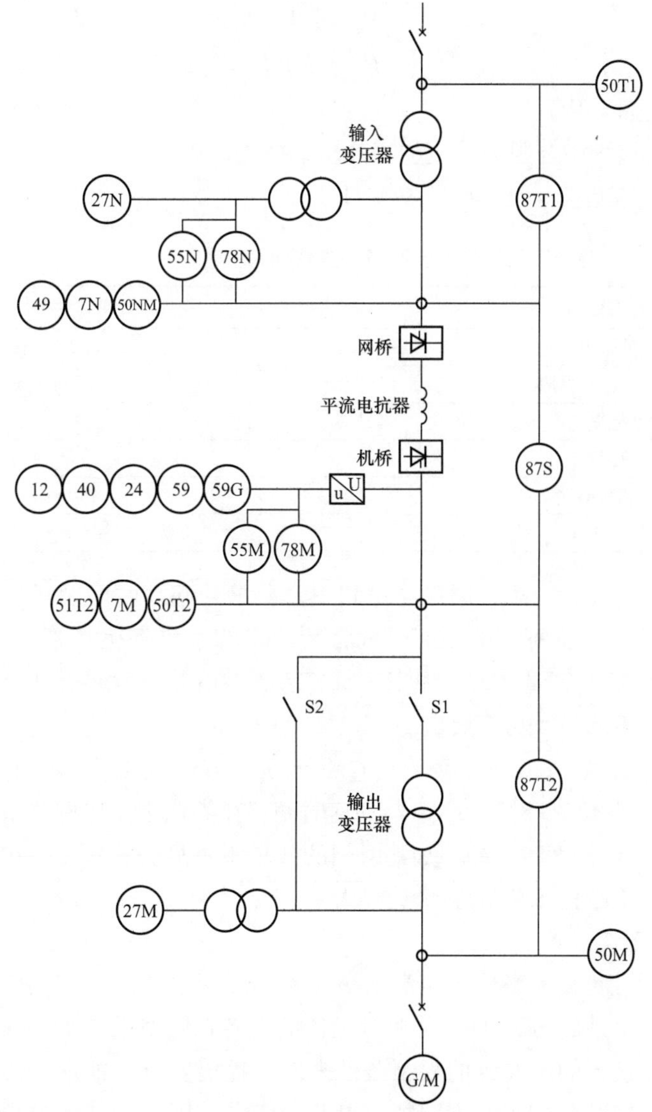

图 14-4-8 SFC的保护配置

（七）SFC的容量估算

SFC起动电机过程中，T_M 和 T_R 与转速的关系见式（14-4-6）和图 14-4-9。式（14-4-6）中的转动惯量 J 的计算式为

$$J=\frac{GD^2}{4g} \tag{14-4-20}$$

式中 GD^2——机组的飞轮转矩，N·m²；

g——重力加速度，m/s²；

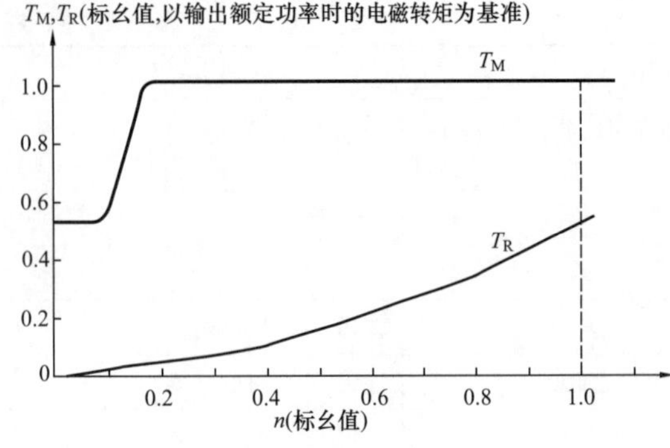

图 14-4-9 转矩随转速的变化曲线

T_M—SFC 的驱动转矩，N·m；T_R—机组的阻力转矩

式（14-4-6）中的 ω 为机组的角速度，单位为 rad/s，与每分钟转数 n 的关系为

$$\omega=\frac{2\pi n}{60} \tag{14-4-21}$$

求解上述微分方程，可得到

$$dt=\frac{1}{T_M-T_R}J\,d\omega \tag{14-4-22}$$

$$t=\int_0^N \frac{1}{T_M-T_R}J\,d\omega=\int_0^N \frac{1}{\dfrac{P_{SFC}-P_R}{\omega}}J\,d\omega \tag{14-4-23}$$

$$P_{SFC}=T_M\times\omega$$

$$P_R=T_R\times\omega$$

式中 P_{SFC}——SFC 的容量，W；

P_R——机组起动过程中与阻力转矩相当的功率损耗，W。

某电站功率损耗 P_R 与转速 n 的关系见表 14-4-2。

表 14-4-2 功率损耗与转速的关系

功率损耗项目	功率损耗 P_R 与转速 n 的关系
转轮在空气中的阻力损耗	$P_1=\alpha n^3$
发电电动机的空气阻力损耗	$P_2=\beta n^3$
推力轴承摩擦损耗	$P_3=\gamma n^{1.5}$
导轴承摩擦损耗	$P_4=\delta n^2$
电动机空载铁损	$P_5=\varepsilon n^2+\kappa n$
总损耗	$P_R=P_1+P_2+P_3+P_4+P_5$

可以看出，机组转速、飞轮力矩、额定容量和用户要求的起动时间及机组各部分损耗均会影响到 SFC 装置的容量选择。起动之前要利用压缩空气将转轮室的水压到尾水管中，使转轮与水脱离接触，以减少损耗，从而减少 SFC 的容量。一般说来，SFC 装置的容量应满足在 4.0～5.0min 内将机组从静止状态加速到同步状态所需的最大功率要求。

求解上述方程，可以获得 P_{SFC}。P_R 是转速的函数，方程的求解需借助专门的程序。P_{SFC} 一般为机组容量（单位同为 MW）的 6%～8%。P_{SFC} 与加速时间存在类似于反比例关系，增大 P_{SFC} 可以缩短加速时间，但 P_{SFC} 增大到一定程度时，缩短加速时间的效果不再显著。所以在电力系统对水泵起动时间没有过高要求的情况下，不必把 SFC 的容量选得太大。

（八）SFC 的谐波问题及对策

SFC 作为电网的非线性负荷，必然产生高次谐波，对厂用电造成一定的污染，对电力系统也有一些影响。但是，抽水蓄能电站的 SFC 是一种短时工作的设备，它对系统的污染和对厂用电的影响是短时的，不应该按照对连续运行的谐波源的限制条件来对它提出要求。抽水蓄能电站设计之初因未能区分抽水蓄能电站与公共电网谐波分布的不同特点以及二者谐波限制标准的差异，对电能质量国家标准的理解不够全面，国内早期的抽水蓄能电站在确定 SFC 的技术条件时，往往提出过于苛刻的要求，造成部分国内抽水蓄能电站的 SFC 均设置了 5、7、11、13、15、17 次等高次谐波滤波器，不仅增加了成本，而且增加了地下洞室的开挖量。还有的电站采用 12 脉冲方案，虽然降低了谐波的影响，但增加了成本。

深入的研究已经证明，采用 6 脉冲方案、不设谐波滤波器的情况下，谐波的影响完全可以限制在允许的范围内。如果要进一步消除抽水蓄能电站的谐波污染，关键是合理选择接线方式，只要接线合理（增大高压厂用变与 SFC 的电气距离、设置输入变压器或隔离变压器等），就不会对系统和厂用电造成影响，高次谐波滤波器可以不设。事实上，欧美和日本大量抽水蓄能电站都采用 6 脉冲方案，且不设滤波器，从来没有因此造成危害。

合理的谐波限制指标应当只针对 SFC 与电站厂用电的连接处提出，而且只提出该点的电压总畸变率 THD。这是因为，不论是理论分析还是工程实践都证明，SFC 对超高压公共系统（220kV 及更高电压的系统）的污染从来就不会超标。唯一应当考察的是 400V 厂用电的谐波，但由于运行方式的多样性，400V 厂用电的谐波很难准确计算。但有一点是清楚的，400V 厂用电的谐波电压总畸变率肯定低于 15.75kV（或 18kV）处的谐波电压畸变率，这是因为在从谐波源向其他电压等级的网络传送时，谐波电压畸变率总是渐次降低的。如果 15.75kV（或 18kV）处的谐波电压畸变率不超标，那么 400V 厂用电的谐波电压畸变率肯定不会超标。国家标准对 400V 公用电网谐波电压限值见表 14-4-3。

表 14-4-3　　国家标准对 400V 公用电网谐波电压限值（相电压）

电网标称电压（kV）		0.4
电压总谐波畸变率 THD（%）		5.0
各次谐波电压含有率（%）	奇次	4.0
	偶次	2.0

事实上，可以将上述指标作为对 SFC 与高压厂用变压器的连接处（15.75kV 或 18kV）的谐波电压畸变率限制指标。考虑到 SFC 谐波的短暂性，根据相关关于短时谐波的规定，必要时，可以将上述指标放宽 50%。如果优化 SFC 和厂用电的接入方式，对抑制谐波的功效十分显著。图 14-4-10 列出了 SFC 和厂用高压变压器的几种接线方案。

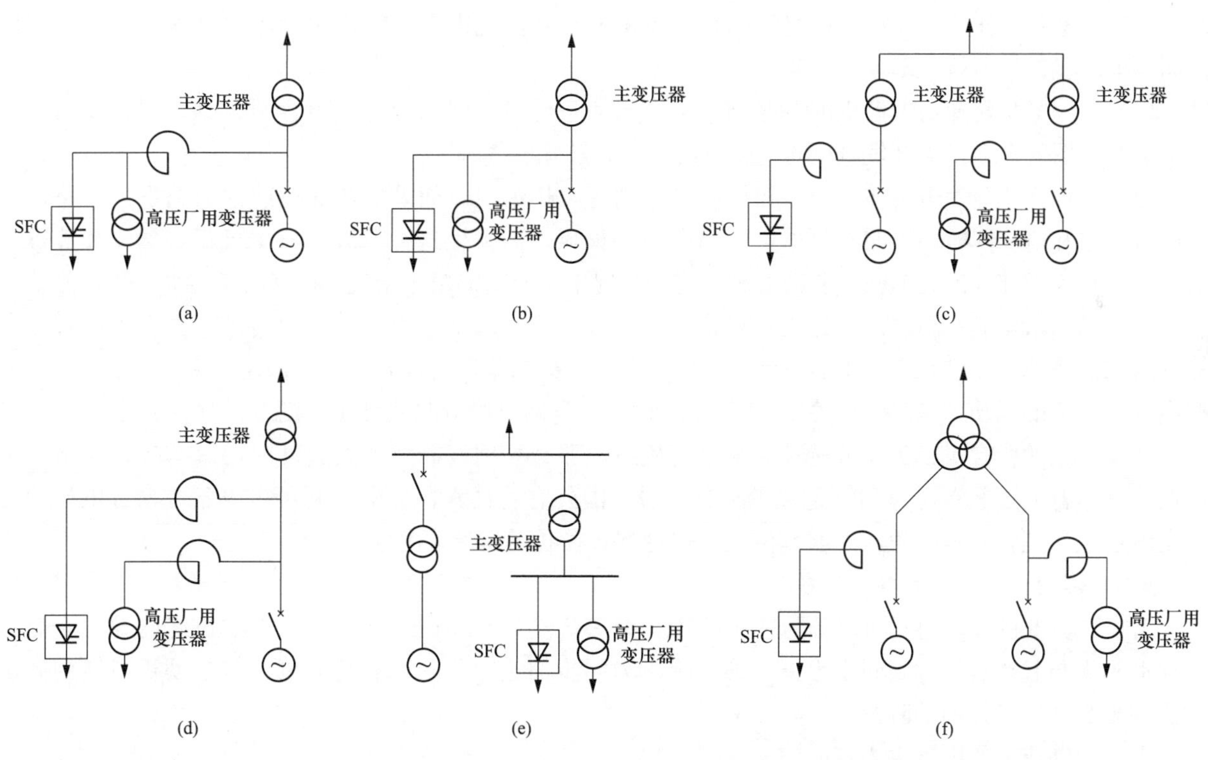

图 14-4-10　SFC 和厂用变压器的几种接线方案

（a）共用电抗器接入；（b）不经电抗器接入；（c）分别接至不同的发电机-变压器组（联合单元）；
（d）分别经电抗器接入；（e）从高压厂用变压器引接；（f）分别接至不同的发电机-变压器组（扩大单元）

分析表明，方案（c）和（f）的谐波源距 400V 厂用电的电气距离最远，对于抑制谐波的功效最佳。但首台发电时，厂用电将完全依赖外来电源，运行会有一些不便。方案（e）的谐波源距 400V 厂用电的电气距离最近，对于抑制谐波最为不利，应慎重采用，必须采用时应考虑设置谐波滤波器。

需要指出的是，方案（a）、（b）抑制谐波的效果虽然不如方案（c）和（f），但也广泛采用，没有出现谐波引起的问题。方案（d）加大了谐波源距 400V 厂用电的电气距离，也解决了首台发电时的厂用电问题。实践表明，近期投产的抽水蓄能电站 SFC 的接线大都采用（c）、（d），运行过程中，也未发生谐波影响问题。

三、背靠背起动

（一）概述

背靠背起动方式也称为同步起动方式，是用一台机组作为发电机，提供频率逐渐升高的电流，另一台待起动机组作为电动机，利用前者输出的变频电流同步地逐渐加速到额定转速。起动母线设置在发电机电压侧的称为低压背靠背起动，设置在主变压器高压侧的称为高压背靠背起动。图 14-4-11 所示为这两种方式的基本接线。

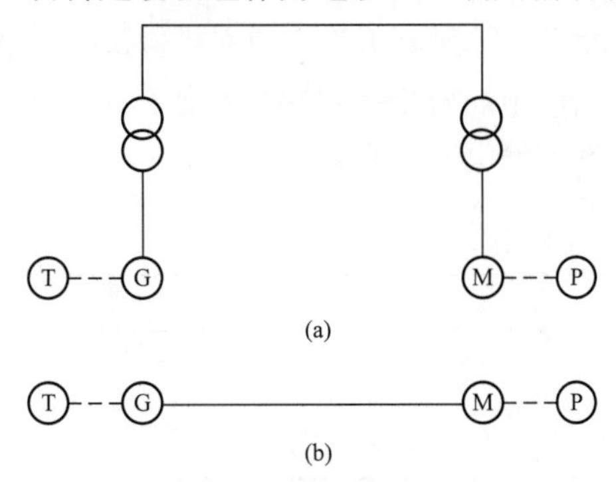

图 14-4-11 背靠背起动示意图

（a）高压背靠背起动；（b）低压背靠背起动

G—发电机；M—电动机；T—水轮机；P—水泵

背靠背起动的主要步骤如下：

（1）打开作为发电机的机组的中性点隔离开关，以避免定子接地保护误动作。

（2）将作为发电机的机组机端的拖动隔离开关合上，被拖动隔离开关打开。

（3）将作为电动机的机组机端的被拖动隔离开关合上，拖动隔离开关打开。

（4）合上作为发电机的机组的断路器，将两台机组连接起来。

（5）给两台机组同时分别施加励磁，建立电气轴，并维持恒励磁电流。

（6）逐渐打开作为发电机的机组的同轴水轮机的导叶，机组由水轮机驱动零起升速，另一台则作为同步电动机被发电机驱动零起升速。

（7）达到同步转速后电动机准备并网，符合同期条件时，同期装置发出合闸命令，同时发出分闸发电机断路器的命令，断开发电机与电动机的连接，解除电气轴。

以上这种方式会使电网在极短时间内同时接到两台机组上。如果恰巧此时起动回路发生短路，由于两台机组和电网同时向短路点供电，短路电流将很大，但发生这种事故的概率极低。尽管如此，有的用户还是希望在并网之前断开驱动电源，这种情况下，有可能由于错过并网条件而导致并网失败。

我国的抽水蓄能机组多采用低压背靠背方式。为了减少起动过程中的阻力转矩，大都采用转轮室充气压水的方式。在转轮室压水的条件下，背靠背起动的功率仅为被起动机组额定功率的 6%～10%或略高（与规定的起动加速时间有关）。背靠背起动不需电网供给电源就可起动机组，对系统无扰动。

如果电站的所有机组都是可逆式抽水蓄能机组，那么采用背靠背方式起动时，总有一台机组无法起动。背靠背方式通常作为 SFC 起动的后备手段。国外有些抽水蓄能电站利用本电站或附近电站的常规发电机组实现背靠背起动，不设 SFC，但这种方式在我国尚未采用过。

（二）影响背靠背方式起动的参数

背靠背方式的起动过程可以分为两个阶段，第一阶段为起动同步阶段，从起动机组的导叶开启到被起动机组与起动机组达到同步为止；第二阶段为同步加速阶段，即被起动机组与起动机组达到同步后直到被起动机组并网的阶段。

影响起动成败的因素主要有：

（1）两机的励磁电流及其比值。背靠背起动过程中，励磁电流的作用在于保持两台机组的同步，励磁电流过小会导致转子磁场过弱，影响两机的同步。理论研究和工程实践都表明，背靠背方式起动过程中，如果两台机参数相同，两台机组的励磁电流宜设为接近额定空载励磁电流。各电站取值不尽相同，最佳的励磁电流应通过试验确定，大致为（0.9～1.3）I_{f0}（I_{f0} 为机组的额定空载励磁电流）。通常起动机组的励磁电流略高于被起动机组的励磁电流。

（2）两台机组的加速转矩。研究表明，背靠背起动过程中两台机组的加速转矩相等，且和起动机组由水轮机输入的轴转矩与被起动机组的机械阻力转矩之差成正比，见式（14-4-24）。

$$T_{accg}=T_{accm}=\frac{1}{h+1}(T_{mg}-T_{resm}) \tag{14-4-24}$$

式中 T_{accg}、T_{accm}——分别为起动机组和被起动机组的加速转矩；

T_{mg}——起动机组水轮机输入的轴转矩；

T_{resm}——被起动机组的阻力转矩；

H——起动机组与被起动机组的转动惯量之比。

当两台机组参数相同时，式（14-4-24）变为

$$T_{accg}=T_{accm}=0.5(T_{mg}-T_{resm}) \tag{14-4-25}$$

T_{mg} 与导叶开启速度和导叶开度有关。日本安昙和水殿两个抽水蓄能电站的导叶开启速度分别为 0.25%/s 和 0.56%/s，导叶开度分别为 25%和 35%。广州抽水蓄能电站 A 厂的试验表明，导叶开启速度为 1%/s～5%/s 时，可以保证起动成功。

每个具体电站背靠背起动过程中的励磁电流以及导叶开启速度和导叶开度的最佳取值要通过试验确定。图 14-4-12 所示为国内某抽水蓄能电站背靠背起动过程中参数的变化。

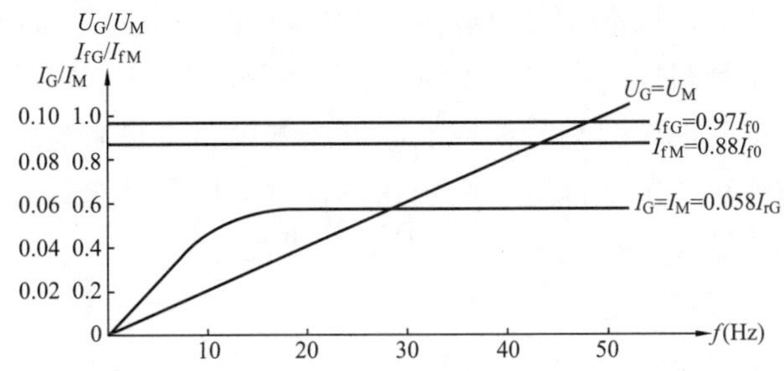

图 14-4-12 国内某抽水蓄能电站背靠背起动过程中参数的变化

（三）背靠背起动过程中的事故停机问题

背靠背起动过程中，如果两台机组内部或连接母线上发生了电气或机械事故，两台机组都应当灭磁、停机、跳闸。由于此时回路中只有起动机组的 GCB 闭合，跳闸也就专指跳起动机组的 GCB。

GCB 是按照额定频率 50Hz 设计的，其开断能力与 50Hz 相对应。背靠背起动过程中，回路电流的频率低于 50Hz，此时开断 GCB 有可能造成 GCB 的损毁。为了解决这个问题，应当首先将两台机组同时灭磁，继而开断 GCB。灭磁后的两台电动机变为极弱励磁（转子铁心的残磁励磁）的同步电动机，甚至可以视之为异步电动机，两台机组虽然仍连接在一起，但电流极小，开断 GCB 就没有危险了。

实现以上过程的困难之处在于，如果事故发生在一台机组内，本机的继电保护或机械保护检测到了，可以按顺序先停机、灭磁，后跳闸；而另外一台机组的保护可能没检测到这个事故（尤其是机组机械事故，不易被其他机组检测到），也就无法按顺序先停机、灭磁、跳闸。此时，发生事故的机组应当将信息发到与其连接的另一台机组，使其按正确顺序完成事故停机。现有的继电保护装置不能承担此项任务，因为每台机组的继电保护只负责本机保护，不能指挥其他机组的事故停机过程。此外，继电保护也不能检测机组的机械事故。

为了解决这个问题，需要设置一套独立的逻辑回路或利用程序软件来实现相应的功能。当背靠背启动过程中任意一台机组发生需要停机的电气或机械事故，通过逻辑回路或程序软件对参与背靠背起动的两台机组进行同时灭磁，再经一定的时延后跳开 GCB 并停机。由此可见，背靠背起动过程中的事故停机过程有别于正常运行时的停机，所以应当设专门的逻辑回路或程序软件执行。

为了确保背靠背起动过程中 GCB 的安全，宜在 GCB 的跳闸回路中设置并联选择回路，在非背靠背模式以及低频允许分闸频率条件下，可以直接跳开断路器，否则将按上述处理执行。

四、全站机组水泵工况起动时间计算

采用变频起动的抽水蓄能电站中，往往以背靠背起动方式为备用。紧急情况下，为了全站机组水泵工况快速起动，同时采用变频起动和背靠背起动，变频起动和背靠背起动过程及相应的时间见表 14-4-4，起动准备包括电气设备操作，转轮室压水，发电电动机起励，背靠背起动时还包括拖动发电机起励。高水头机组停机时球阀已经关闭，启动准备不包括球阀操作；加速是指机组转速自零增至额定转速的过程，同步并网过程只包括机组追踪系统频率和同步合闸的过程，不是从自动准同步装置投入开始；加

载过程从发电电动机并网瞬间开始，包括排水充水，打水造压，开进口主阀和导水叶开启过程，这时机组已并入系统，从系统吸收有功功率，除最后一台机以外，其他机组水泵工况加载不占用起动时间。背靠背起动的拖动发电机，在前一台机组并网后必须制动停机，转速降至零后才能准备起动另一台机组，或被进行水泵工况起动。

表 14-4-4　　机组起动时间

起动方式	变频起动	背靠背起动
起动准备时间	t_1	t_5
加速时间	t_2	t_6
同步并网时间	t_3	t_7
加载时间	t_4	t_8
发电机制动时间		t_9

图 14-4-13 为某抽水蓄能电站机组水泵工况起动时序图。图 14-4-13（a）所示为采用变频装置逐台起动，从第一台机组准备起动至最后一台机组满抽历时 36min；图 14-4-13（b）所示为变频起动和背靠背起动同时使用的情况。由于受电站起动母线以及高压压气设备容量限制，只考虑一拖一的背靠背起动方式，只能同时起动两台机组。第三台机组必须在两台机组压气结束后才能开始压气，全部机组起动完毕历时 25min，这是起动最快的组合方式，其他方式类推。

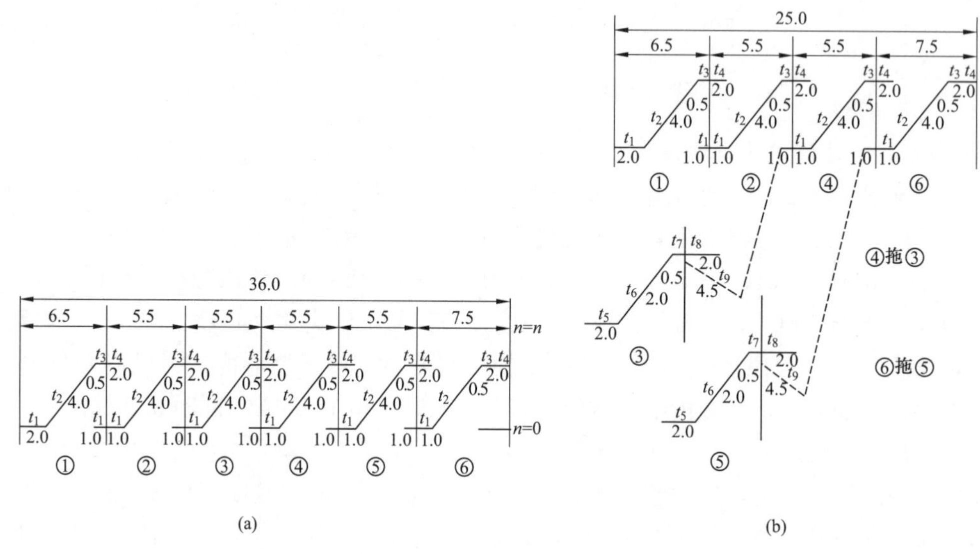

图 14-4-13　全站机组水泵工况起动时间

（a）变频装置逐台起动；（b）变频和背靠背混合起动

第五节　励　磁　系　统

一、抽水蓄能机组励磁系统特点

（一）抽水蓄能机组的运行方式与励磁控制

1. 抽水蓄能机组的运行方式

抽水蓄能机组作为可逆式同步电机，其工作特性可在以 P-Q 为坐标的平面中予以表征，如图 14-5-1 所示。

机组作为发电机运行时，向系统输送有功功率，如果同时发出无功功率则电动机运行在发电机滞相（P-Q 平面的第Ⅰ象限）；机组作为发电机运行时，如果同时吸收无功功率，则电动机运行在发电机进相（第Ⅱ象限）。机组作为电动机运行时，如果同时发出无功功率，机组运行在电动机滞相（第Ⅳ象限）；机组作为电动机运行时，如果同时吸收无功功率，机组运行在电动机进相（第Ⅲ象限）。当系统需要调整功率因数与电网电压时，机组可作为同步调相机运行，向系统输出或吸收无功功率，同时吸收少量的有功功率，此时机组运行在 P-Q 平面的Ⅰ、Ⅱ象限靠近 Q 轴的区域。不同工况下的功率流向见表 14-5-1。

2. 励磁对抽水蓄能机组运行方式的影响

同步电机的功率表达式为

$$\left.\begin{aligned} P &= \sqrt{3}UI\cos\varphi = \frac{EU}{X_d}\sin\theta \\ Q &= \sqrt{3}UI\sin\varphi \end{aligned}\right\} \quad (14\text{-}5\text{-}1)$$

式中 E——同步电机空载电动势；

U——同步电机端电压；

I——定子电流；

θ——转子功率角；

X_d——纵轴同步电抗；

φ——功率因数角；

P——有功功率；

Q——无功功率。

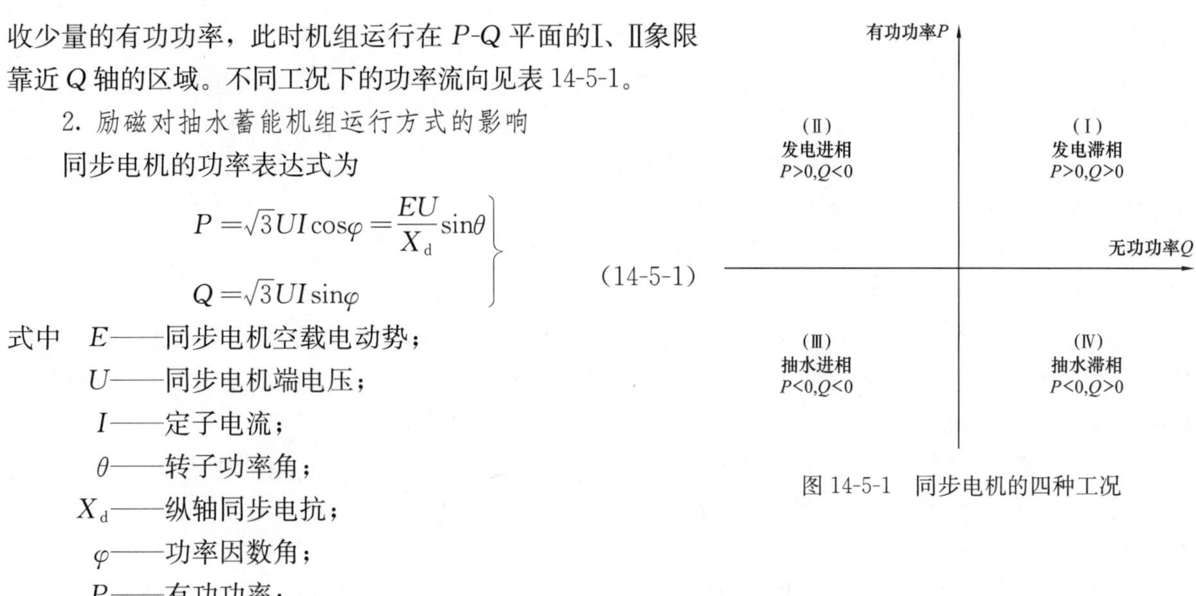

图 14-5-1 同步电机的四种工况

表 14-5-1 同步电机不同工况下的功率流向

励磁	滞相运行（过励磁）		进相运行（欠励磁）	
功率	有功功率	无功功率	有功功率	无功功率
同步发电机	发出	发出	发出	吸收
同步电动机	吸收		吸收	
同步调相机	少量吸收		少量吸收	

抽水蓄能机组有功功率的方向是由水机的工作方式（作为水轮机还是水泵）决定的，有功功率的大小靠调速器调节；无功功率的大小与方向则靠励磁电流调节。同步电机的电动势 E 是励磁电流的函数，改变励磁电流，E 的幅值、E 与 U 的夹角 θ、功率因数 $\cos\varphi$ 都将发生相应的变化，可使同步电机处于“过励磁”和“欠励磁”状态。同步电机不同工况下的向量图如图 14-5-2 所示。图中忽略了 X_d 和 X_q 的差别，电流的方向遵从“发电机惯例”。

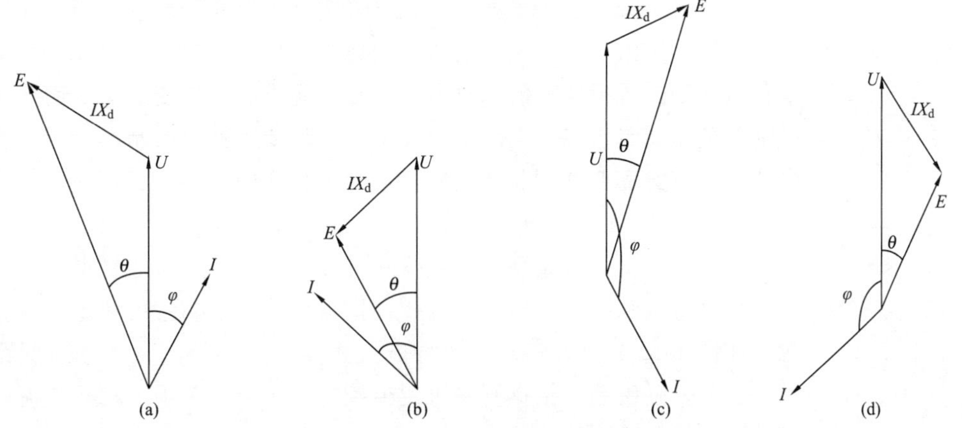

图 14-5-2 同步电机四种工况下的向量图

(a) 发电滞相（$\theta>0$，$90°>\varphi>0°$）；(b) 发电进相（$\theta>0$，$0°>\varphi>-90°$）；(c) 抽水滞相（$\theta<0$，$180°>\varphi>90°$）；(d) 抽水进相（$\theta<0$，$-90°>\varphi>-180°$）

3. 励磁调节器的基本运行方式

励磁调节器的基本运行方式有自动电压调节（AVR）和自动励磁电流调节（AER），后者也被称为“手动调节方式”。无功功率调节（AQR）和功率因数（PFR）调节作为附加调节方式，可以叠加在自动电压调节方式之上。

自动电压调节以发电机机端电压和其设定值的差值作为PI（比例积分）调节器的输入，以脉冲输出控制整流柜的输出电流，从而保持机端电压为恒定值。自动励磁电流调节以发电机励磁电流与其设定值的差值作为P（比例）调节器的输入，以保持励磁电流为恒定值的方式控制发电机的运行。

无功功率调节方式以发电机无功功率和其给定值的差值作为其输入，将此差值转化为AVR定值的增减命令，使其上升或下降，将无功功率保持在某一范围内。功率因数调节方式与之相似。无功功率控制方式和功率因数调节方式只有在机组并网后才可能起作用。

4. 各种调节方式的适用场合

机组作为发电机或调相机并网运行时，一般采用无功功率调节方式。这种情况下，电力系统对抽水蓄能电站的电压控制要求以高压母线电压给定值的方式下达，电站计算机监控系统的AVC功能将这些给定值转化为对每台机组的无功功率给定值，经LCU下达给励磁系统。

机组作为水泵运行时，受其水力机械特性的限制，总是处于满载状态，电动机的有功功率基本上不可调节。蓄能机组作为电动机时额定功率因数很高，无功功率可调范围很小，所以电动机运行时多采用恒功率因数调节方式。

机组采用静止变频器起动时，一般采用自动励磁电流调节方式，励磁电流略小于空载励磁电流。当机组电压升到接近额定值（90%的额定值）时，转为自动电压调节方式，满足同期条件后并网。

机组采用背靠背起动时，两台机组都采用自动励磁电流调节方式，励磁电流略小于空载励磁电流。当机组电压接近额定值（90%的额定值）时，转为自动电压调节方式，满足同期条件后并网。

机组的停机过程中电制动时，为保证短路的定子电流恒定，励磁调节采用自动励磁电流调节方式，将定子电流控制为等于或略小于额定电流。

黑起动包括两部分内容，一是电网不能提供励磁电源情况下，恢复电站厂用电，二是线路充电。在恢复电站厂用电时，电网不能提供励磁电源，励磁系统可以残压起励或借助电站蓄电池以直流起励方式起动，励磁调节采用自动电压或励磁电流调节方式。

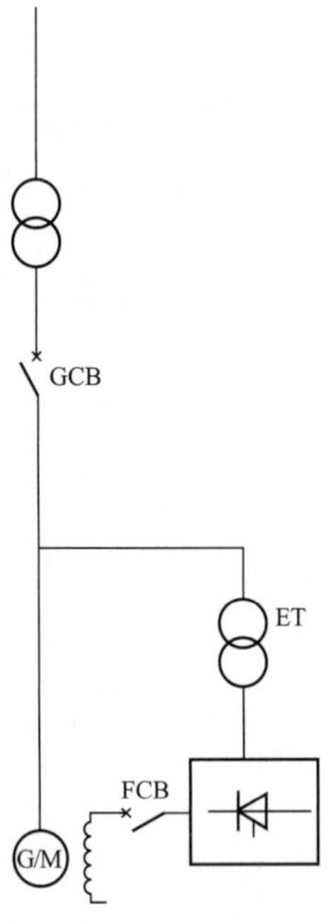

GCB
ET
FCB
G/M

图14-5-3 常规水轮机组的励磁系统接线

（二）抽水蓄能机组励磁系统主回路的选择

当前大中型水电机组大部分采用自并励静止励磁接线方式，如图14-5-3所示。励磁系统主要由励磁变压器，三相全控整流桥、磁场开关、灭磁设备以及励磁调节器等组成。

当抽水蓄能机组作为同步电机起动时，不论采用何种拖动方式，从一开始就要向励磁系统施加励磁电流。如果采用常规自并励系统主回路接线方式，则无从获得励磁电源。为了解决这个问题，需要另设起动变压器（ST），从厂用电获得起动过程中所需的励磁电源。起动完成后，将交流电源切换到接在机端的励磁变压器侧供电。电制动过程中，起动变压器提供制动过程中所需的励磁电源。此方案需要增加起动变压器，两个交流回路要互相切换，接线及控制较为复杂，如图14-5-4（a）所示。

事实上，上述方案现在已很少采用。新建的抽水蓄能机组的励磁变压器大都接在发电机断路器的外侧，这样，机组从起动之初就可从系统侧获得励磁电源，如图14-5-4（b）所示。这种方式无需设置额外的初始励磁回路和起励磁回路设备。励磁系统根据开停机逻辑控制顺序指令采用恒励磁电流调节方式直接控制晶闸管整流桥的输出来实现发电电动机的起励、水泵工况下的同步起动和停机时的电气制动。这种主回路接线简单、设备少，起停和工况转换过程中不需切换励磁功率电源。这种励磁方式还有一个优点：在逆变灭磁过程中，由于晶闸管整流桥作为逆变桥时是负载换相式电流源，负载是电网，电网稳定的三相交流电压可以保证逆变过程顺利完成。其缺点是励磁系统的故障有可能影响到本机组以外设备的安全运行。例如，主接线采用联合单元方式时，励磁系统的故障可能导致相邻机组退出运行。但大型抽水蓄能机组机端都采用离相封闭式配电装置（包括励磁变压器），故障概率极小，而励磁变压器低压侧设备故障可通过在励磁变压器低压侧设备断路器将故障隔离，所以这个缺点并不严重。

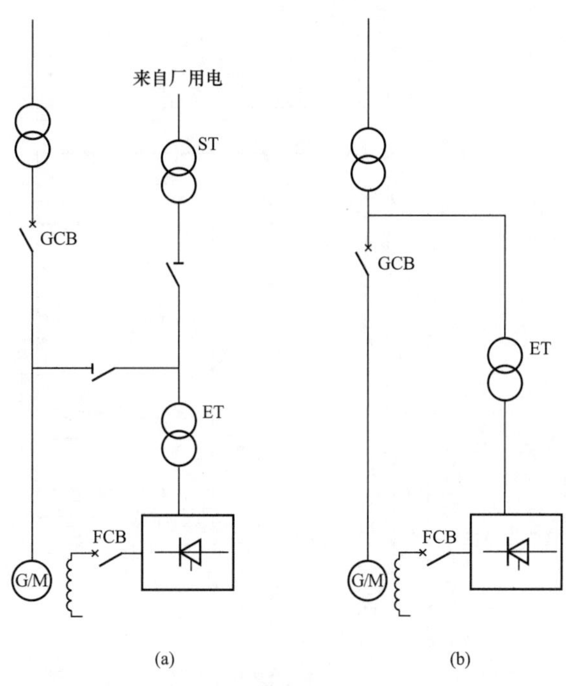

图 14-5-4 抽水蓄能机组的励磁系统接线

（a）方案一；（b）方案二

在机组起动过程中尚未并入电网时，这种励磁方式实际上是他励；在机组正常并网运行时，励磁方式是自并励。

二、抽水蓄能机组的励磁系统工程应用问题

（1）抽水蓄能机组正常停机过程中，一般都采用电制动来缩短机组停机时间。但在投电制动开关前有两种方式投切灭磁开关。一种方式是在闭合电制动开关前，励磁系统灭磁并退出运行，待电制动开关闭合后励磁再投入运行；另一种方式是闭合电制动开关前，灭磁开关分开，待电制动开关闭合后，励磁系统闭合灭磁开关并投入运行。前者优点是减少了灭磁开关分合次数，但有可能出现制动开关闭合时，励磁系统控制错误导致没有正确退出发生发电电动机机端短路隐患。后者优点是保证不会在投电制动开关闭合时，励磁系统没有退出隐患，但灭磁开关动作次数比前者增加一倍。从目前灭磁开关产品技术指标来看，灭磁开关正常分合次数及可靠性非常高，为了保证机组安全可靠运行，机组停机过程中电制动投入程序采用后者更安全。

（2）励磁变压器低压开关柜存在两种布置方式，方式一是布置在励磁柜旁，方式二是布置在励磁变压器旁。方式一，励磁变压器至励磁变压器低压开关之间的连接导体（电缆或浇筑绝缘母线）距离相对较长，励磁变压器差动保护范围不仅包含励磁变压器，而且还包含连接导体。当连接导体发生短路故障时，保护动作将跳主变压器高压侧断路器，造成故障范围扩大而且会影响相邻机组正常运行，扩大事故范围。方式二，励磁变压器至低压侧断路器之间的连接导体距离大大缩短，发生故障概率大大降低。而开关柜至励磁柜之间的连接导体变长，但不包含励磁变压器差动保护范围内，当这段连接导体发生故障时，励磁保护动作跳励磁变压器低压开关柜断路器解除故障，避免了保护动作跳主变压器高压侧断路器以及导致相邻机组停机问题，缩小了跳闸范围。另外，低压开关柜布置在励磁柜旁，在励磁柜检修期间由于开关柜进线带电，有可能出现人员误入低压开关柜的安全隐患，从而导致安全隔离措施复杂。

三、抽水蓄能机组的励磁系统实例

（一）天荒坪抽水蓄能电站励磁系统

1．概述

天荒坪抽水蓄能电站装机容量为 6 台×300MW，抽水蓄能机组采用的起动方式主要有静止变频器 SFC 和背靠背两种同步起动方式。其励磁系统主回路线如图 14-5-5 所示。

励磁系统主要参数如下：

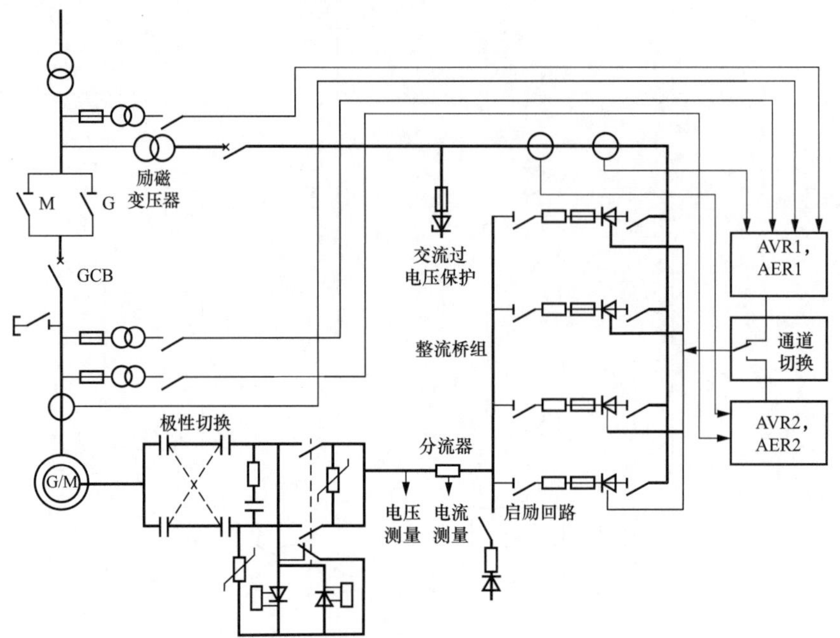

图 14-5-5 天荒坪抽水蓄能电站机组的励磁系统

(1) 励磁变压器额定电压：18kV/0.510kV。

(2) 额定励磁电压：233V。

(3) 额定励磁电流：1764A。

(4) 空载励磁电压：126V。

(5) 空载励磁电充：953A。

(6) 强励顶值电压：583V。

(7) 强励顶值电流：3528A。

(8) 强励时间：20s。

2. 励磁系统的组成

(1) 励磁变压器。由三个环氧浇筑的单相变压器构成，每个单相变压器分别安装于各自封闭的金属柜内。变压器额定容量 3×470kVA，变压比 18/0.51kV、H 级绝缘，采用自然冷却方式，允许温升为 80K。

(2) 功率整流柜。晶闸管整流器由四柜并联构成，按三相全控桥接线。每个整流桥及其附件如快速熔断器、脉冲放大器、套管式均流铁心、阻容吸收电路等设备安装于一个柜体中。每个整流桥由六个反向峰值电压为 2600V 的晶闸管元件构成，每柜可在 45℃环境温度下连续输出 1000A。在每个整流桥直流侧和交流侧均设有隔离开关，便于整流桥的投入和切除。即使一个整流桥退出运行，其余的三个整流桥仍能满足励磁系统的全负载运行。

(3) 起励回路及灭磁装置。正常情况下励磁变压器高压侧有电源，起励电流可直接由整流器提供。当机组需黑起动时，起励电流经起励接触器取自电站直流 220V 系统，起励电流为 140A，起励时间 4s。当起励电流使机端电压升至 5%的发电机额定电压时，晶闸管整流器开始工作，使机组电压上升至额定值。在励磁电流达到 20%的空载励磁电流时，自动断开起励接触器，退出起励回路。

由于抽水蓄能机组起停十分频繁，机组正常停机时先由整流器作逆变运行灭磁，然后直流接触器在无负载的情况下断开，从而提高直流接触器的寿命。在发生电气事故时，不宜实现逆变灭磁，灭磁由灭磁装置完成。灭磁装置由一个带主触头及辅助触头的直流接触器（CEX2000 型）和碳化硅非线性灭磁电阻构成。此直流接触器的最大开断电流为 18000A，最大开断电压为 1500V。非线性电阻允许流过的最大电流为 5000A，此时电阻两端的最大电压为 1100V，可吸收能量 4200kJ。当灭磁装置接到跳闸信号时，直流接触器立即断开励磁电源，同时其辅助触头将非线性电阻接入机组的转子回路，使转子回路快速灭磁。为了提高事故时灭磁的可靠性，此直流接触器装有双跳闸线圈。

（4）过电压保护装置。在整流器的交流侧和直流侧均装设了过电压保护。交流侧采用硒堆过电压限制器，以限制尖峰电压。直流侧过电压保护电路由两个极性相反的晶闸管元件并联构成跨接器，跨接器接通时将灭磁电阻接入。如果直流侧过电压值超过晶闸管触发模块的设定值1500V，则相应的晶闸管元件导通将灭磁电阻接入转子绕组，抑制直流侧过电压。同时相应的监视继电器动作，如过电压在整定时间内仍不消失，保护装置将动作于机组跳闸、停机。

（5）励磁调节器。励磁调节器采用双通道结构，两通道相互独立，每个通道由一套GMR3型数字式励磁调节控制构成，数字调节器可进行自动电压调节（AVR）和自动励磁电流调节（AER）。两个调节通道输出的晶闸管触发脉冲信号经公用的脉冲切换单元、脉冲监视单元和脉冲分配单元，将触发脉冲信号送至四个整流器功率柜。

（6）励磁调节器软件。励磁调节器软件主要包括操作系统、调节器程序以及用于子处理器的子程序。其中运行于主处理器中的调节器程序逻辑可编程软件，采用功能模块语言编程，即利用操作系统所包含的按执行时间最优构成的软件模块进行编程。运行于子处理器中的子程序和运行主处理器中的操作系统则为硬件。操作系统负责输入和输出变换、调节器程序的协调以及调节器串行口的通信，并能提供一些自诊断功能，子程序用在各子处理器中处理相关时间要求非常快速的信息，如晶闸管触发角计算、形成触发脉冲、实测值计算等。

3. 不同运行工况下的励磁调节

天荒坪抽水蓄能机组设有发电、发电调相、水泵、水泵调相等工况。励磁系统除要具备一般常规励磁系统的功能外，还要满足机组水泵工况的同步起动、水泵工况运行和停机电制动的要求。

（1）水泵工况同步起动。在SFC或背靠背起动过程中，励磁调节器运行于自动励磁电流调节方式（AER）。当水泵起动条件具备时（SFC或背靠背起动方式已选定，励磁系统已为机组起动作好准备，机组转速低于1%），通过电站监控系统或励磁现地控制界面发出“励磁投入”命令使磁场断路器闭合。励磁调节器按确定的设定值提供励磁电流，并保持此励磁电流值直至机组转速升至90%的额定转速，然后自动将调节器从自动励磁电流调节方式切换到自动励磁电压调节方式，以准备同步并网。

（2）水泵运行方式。抽水蓄能机组在电力系统中以水泵方式运行时，将使水泵机组尽可能保持在功率因数$\cos\alpha \approx 1$的状态下运行。

（3）停机电制动。电制动时，励磁系统工作于自动励磁电流调节方式。当电制动具备投励磁条件时（如励磁系统无事故和停止命令；机组电制动信号已发出；机组转速大于1%，且小于95%；发电电动机断路器处于断开位置等）通过电站监控系统或励磁柜现地控制面板发出“励磁投入”命令，使机组电制动短路开关和磁场断路器先后闭合，机组进入电制动状态。当机组转速小于1%，电制动过程结束。当机组停止转动时，励磁系统通过内部的发电机电流监测，自动切除励磁电流。

（二）西龙池抽水蓄能电站励磁系统

1. 概述

系统采用静止晶闸管励磁方式，励磁调节器采用冗余的微机型励磁调节器。设备采用东芝的TOSATEX励磁系统。其励磁系统主回路线如图14-5-6所示。

2. 系统设计

（1）励磁系统的组成。励磁系统型式为自并激硅晶闸管整流励磁系统，系统包括励磁变压器、交流断路器柜、硅晶闸管功率柜、灭磁及过电压保护装置柜、励磁调节器控制柜和继电保护装置等部分。

（2）励磁参数：

额定励磁电流：2060A；

额定励磁电压：267.8V。

（3）励磁变压器：

型式：干式，三个单相；

绝缘等级：H；

额定容量：3×620kVA；

额定电压：18kV/570V；

结线组别：Yd1。

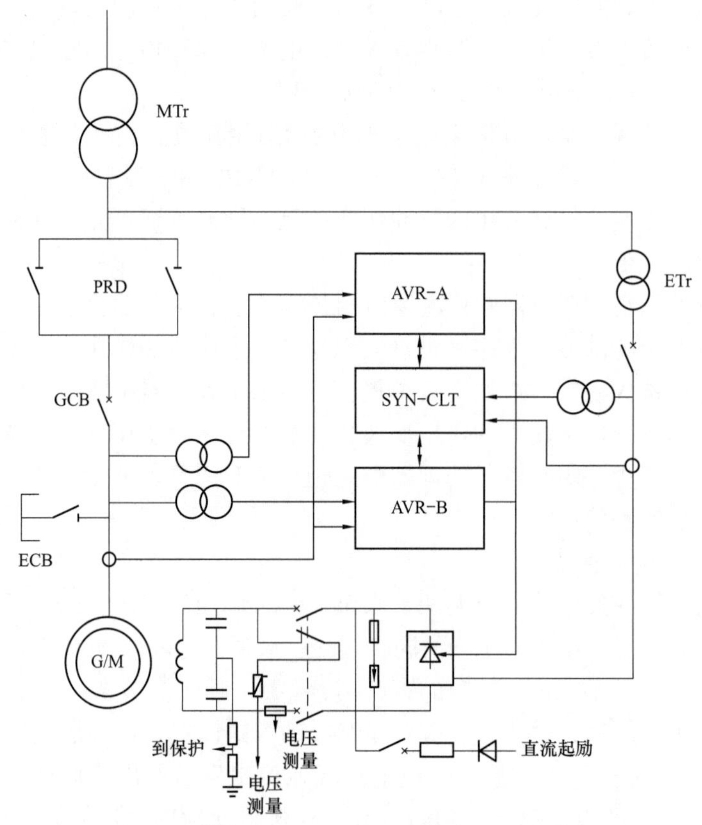

图 14-5-6 西龙池抽水蓄能电站机组的励磁系统主回路线

（4）交流进线柜。交流进线柜设三相交流断路器，用于正常起停及检修时，隔离交流电源。型号为 AT25，额定电流 2500A，额定电压 690V，最大分断电流 50kA。

（5）晶闸管功率柜。功率柜采用三相全控桥式整流电路，并联支路数为 4。若退出 1 支路，保证机组在所有运行方式下连续运行，包括强励在内；若退出 2 支路，保证机组带额定负荷和额定功率因数运行。硅元件采用 XMTC-4 系列产品。

在功率柜的交直流侧均设置过流、过压保护。交直流侧均装有隔离开关，便于整流桥的投退。功率柜采用风扇冷却方式。风扇停运不超过 15min 时，励磁系统可以维持额定工况运行。

（6）励磁调节器。励磁调节器采用独立的双微机自动通道加手动通道构成，励磁系统的顺序逻辑控制也由调节器完成。调节器的工作电源为电站直流系统和柜内交流电源。西龙池抽水蓄能电站采用硬线与机组 LCU 交换信息。

（7）灭磁及过电压保护，励磁系统设带磁场断路器的自动灭磁装置，正常停机采用逆变灭磁，电气事故时磁场断路器在非线性灭磁电阻的配合下进行快速灭磁，磁场断路器采用 AT40FD DC500V-4000A，最大分断能力 40000A；灭磁电阻采用 SiC，9RV6A53 型非线性电阻。

3. 励磁系统操作控制

（1）可在励磁调节柜或中控室对发电电动机电压、无功功率进行控制，选择切换开关装在励磁调节柜上。

（2）可在现地及远方控制磁场断路器。

（3）能自动投切起励回路和励磁调节器。正常情况下，机组的励磁电源来自系统，不存在起励问题，但在系统失电的特殊情况下，需要直流起励。

（4）满足自动同步、手动同步方式并网的要求。

(5) 机组断路器在断开位置时，励磁系统的工作方式为电压调节；机组断路器在闭合位置时，励磁系统的工作方式为无功调节。调节的给定值由 LCU 以增磁/减磁的开入调节方式。

(6) 当线路故障跳闸导致机组转速上升时，调节器应能迅速将机端电压限制到额定值，防止它随转速正比上升。

(7) 停机过程中实施电制动时，励磁系统将按照 LCU 的命令，首先灭磁、励磁回路检测为零、闭合电制动开关，然后重新加励磁。

综上所述可以看出，抽水蓄能机组的励磁系统主设备与常规机组的相同，但运行方式比常规机组复杂得多。

第六节　国内抽水蓄能电站发电电动机工程实例

国内部分已建成的抽水蓄能电站发电电动机剖面图如图 14-6-1～图 14-6-7 所示。

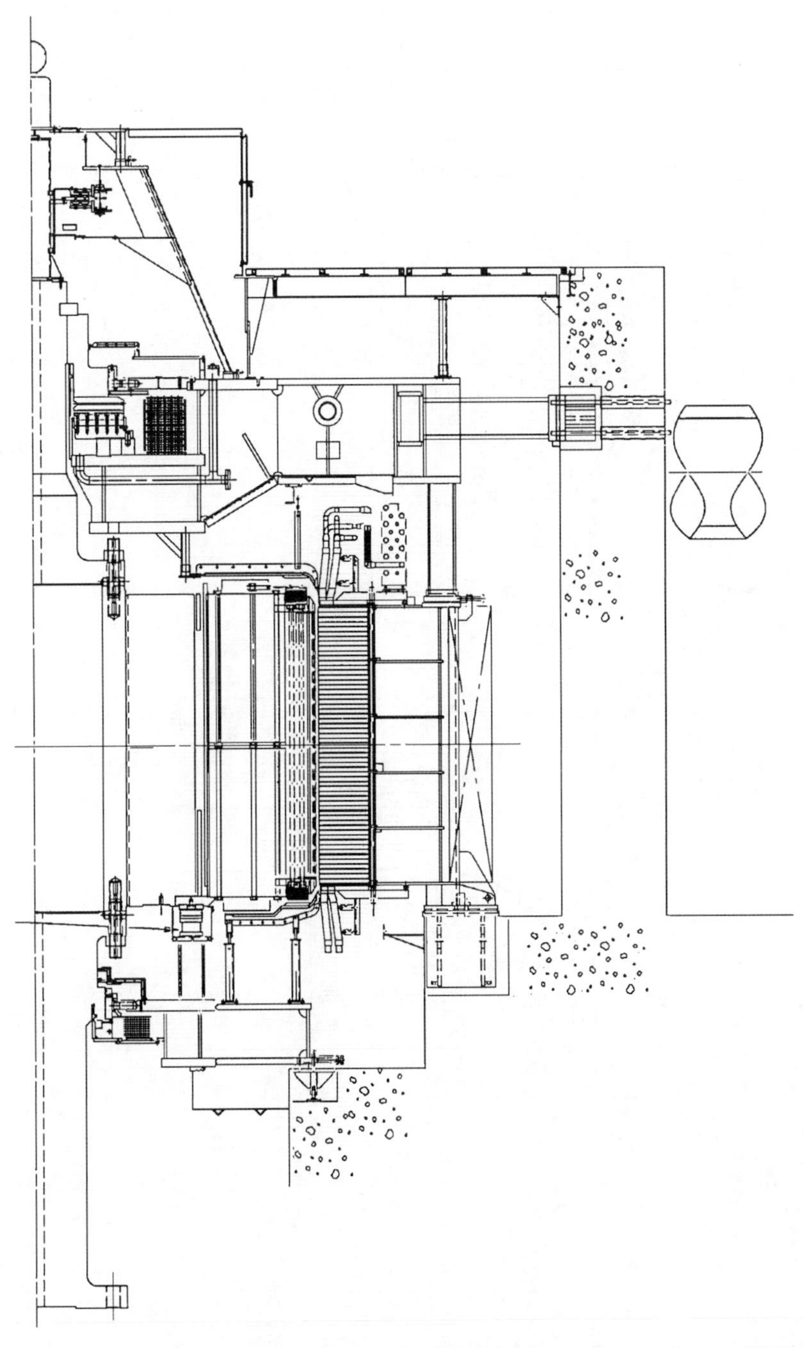

图 14-6-1　宜兴抽水蓄能电站发电电动机剖面图（250MW，375r/min，悬式）

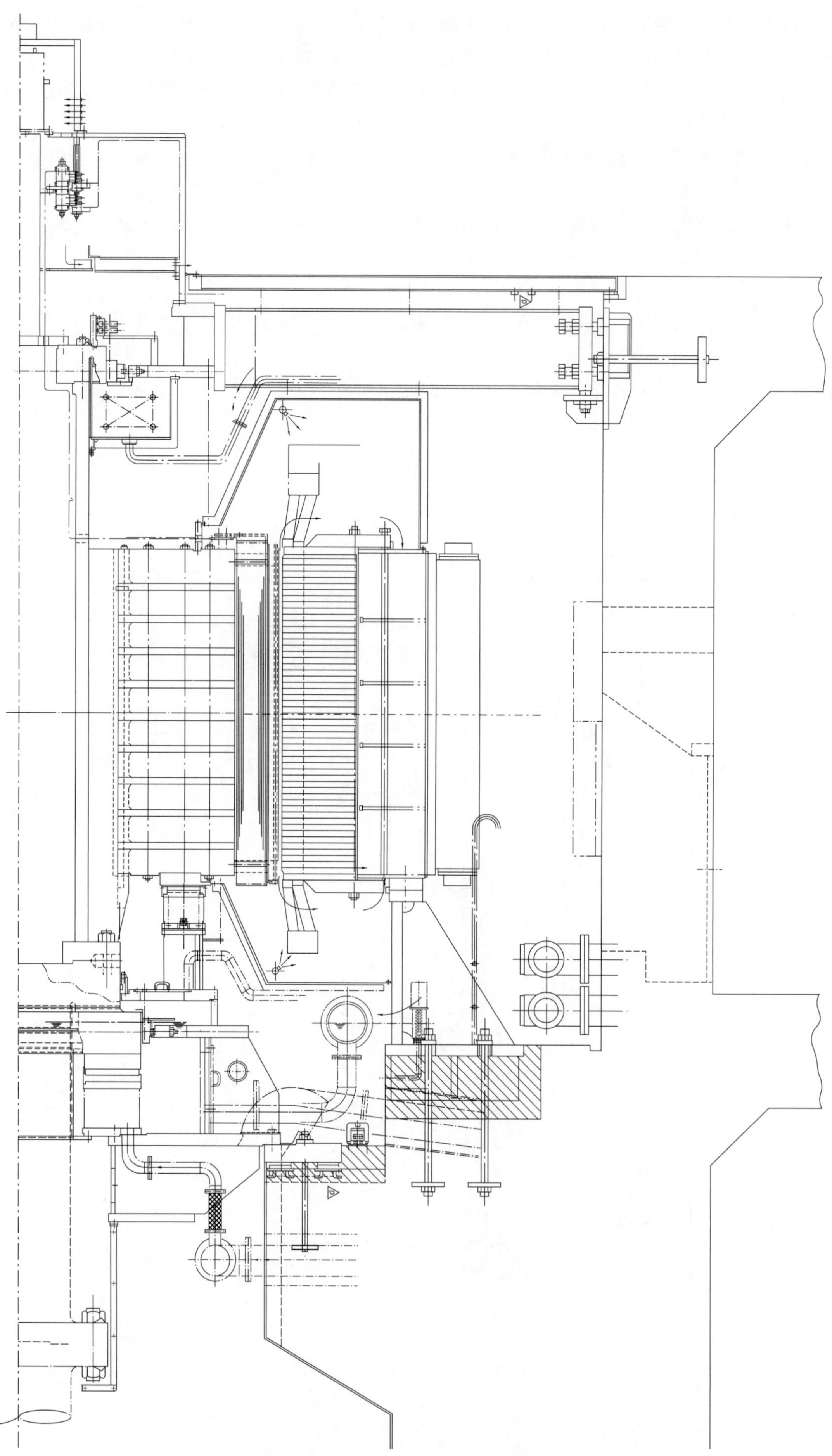

图 14-6-2 西龙池抽水蓄能电站发电电动机剖面图（300MW，500r/min，半伞式）

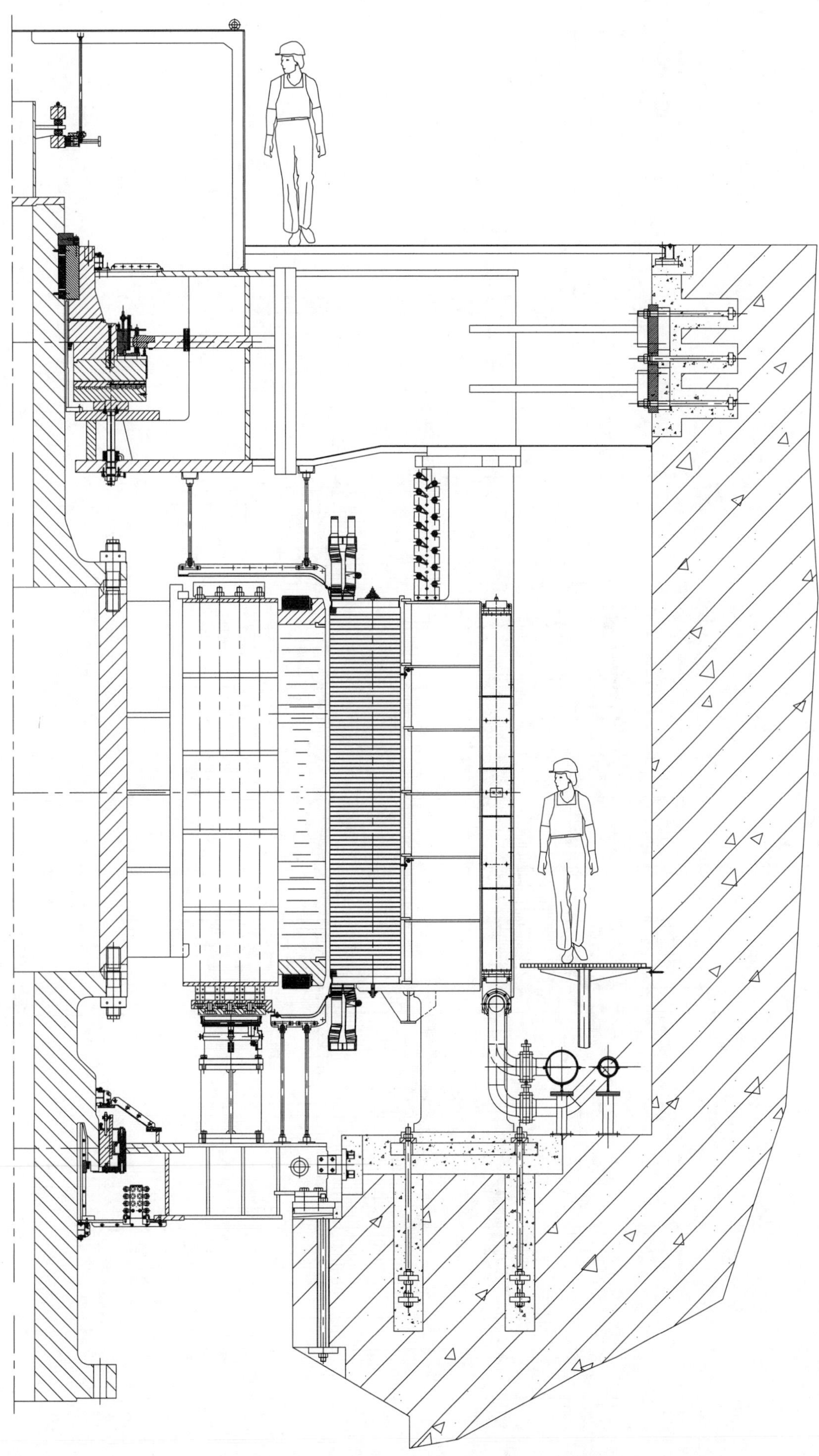

图 14-6-3 仙游抽水蓄能电站发电电动机剖面图（300MW，428.6r/min，悬式）

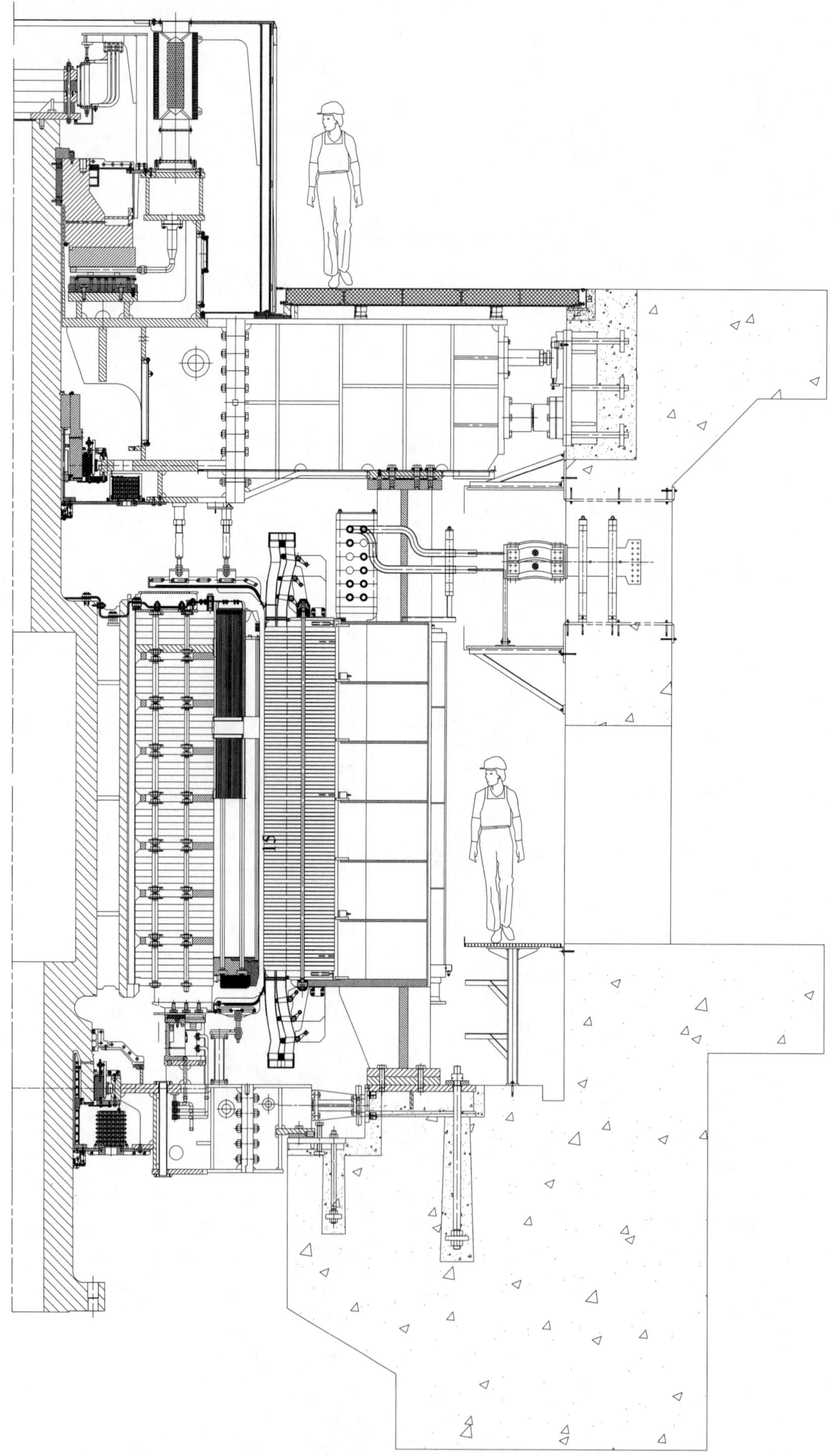

图 14-6-4 敦化抽水蓄能电站发电电动机（1、2 号机组）剖面图（350MW，500r/min，悬式）

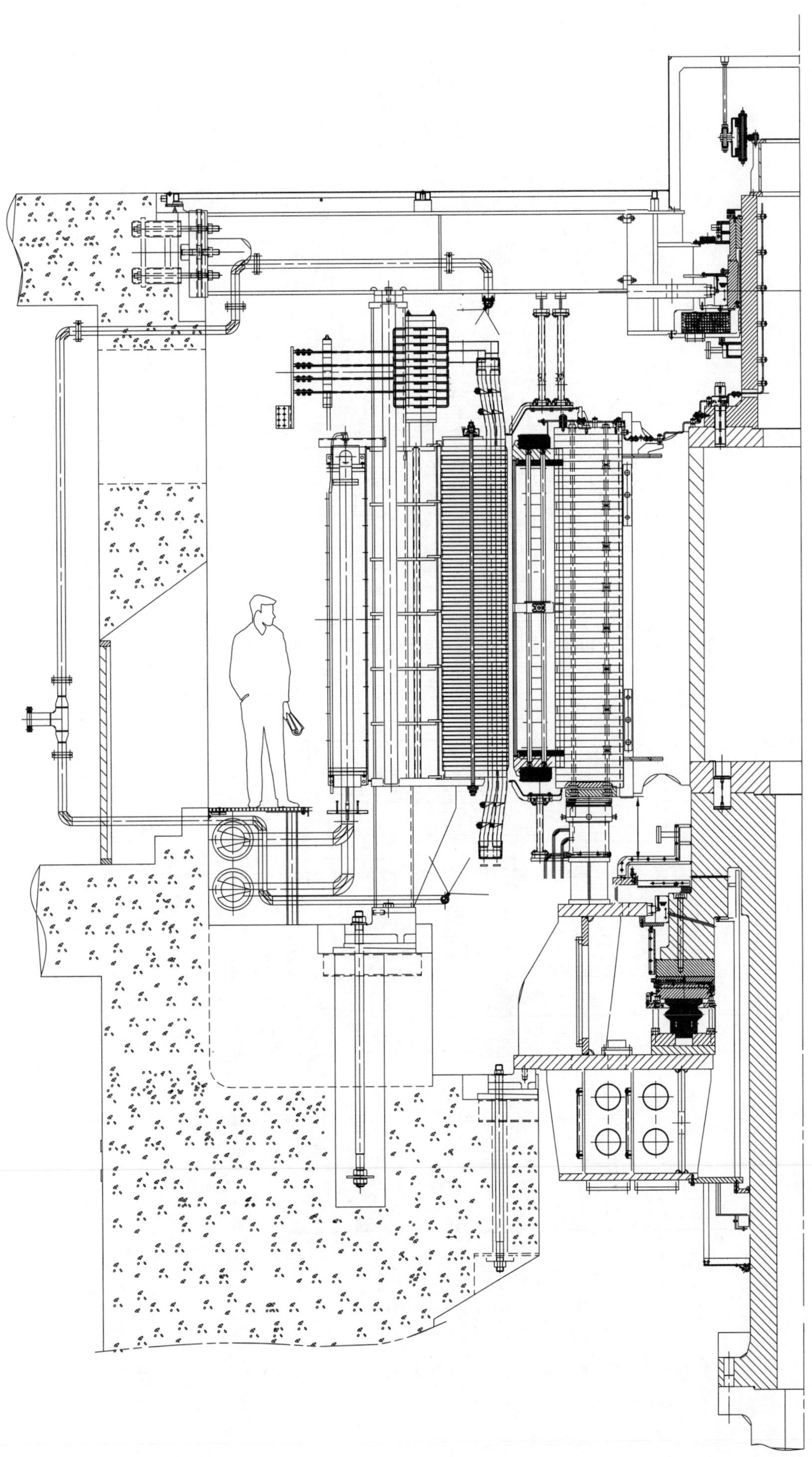

图 14-6-5　荒沟抽水蓄能电站发电电动机剖面图（300MW，428.6r/min，半伞式）

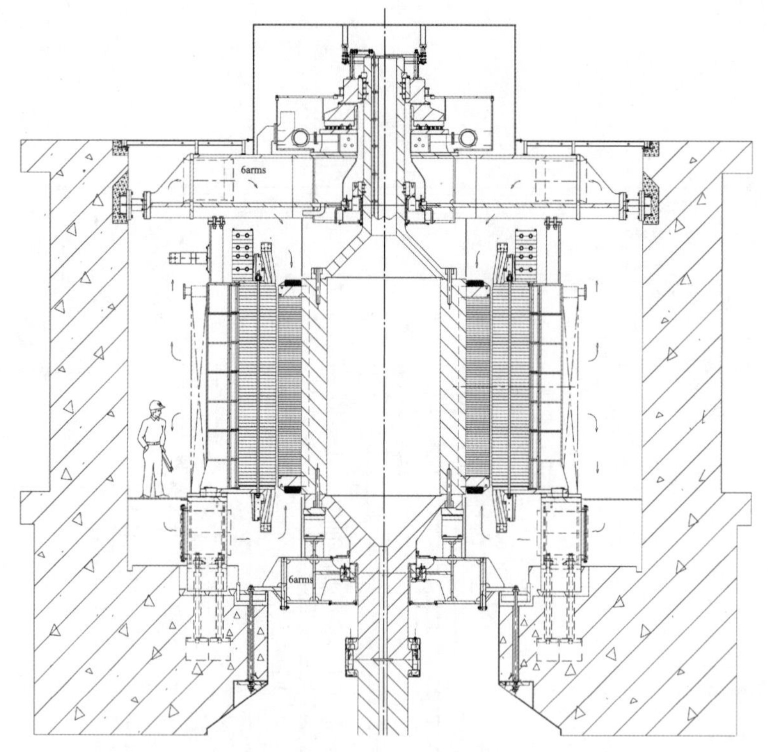

图 14-6-6 长龙山抽水蓄能电站发电电动机剖面图（350MW，600r/min，悬式）

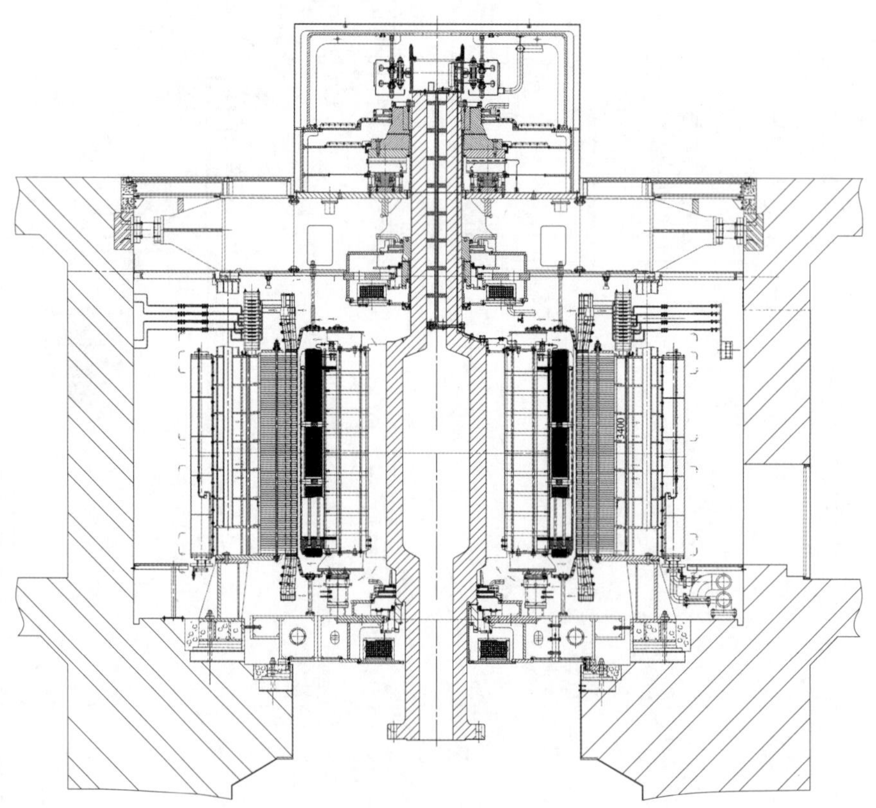

图 14-6-7 阳江抽水蓄能电站发电电动机剖面图（400MW，500r/min，悬式）

第十五章　抽水蓄能电站电气与控制保护

第一节　电 气 主 接 线

一、概述

（一）抽水蓄能电站接入系统特点

（1）为保证电网主环网安全可靠运行，抽水蓄能电站开关站不应作为电力系统的枢纽变电站，不宜有穿越功率通过。为充分发挥抽水蓄能电站在电网中的特殊作用与效益，抽水蓄能电站不承担近区负荷供电。

（2）抽水蓄能电站采用一级电压等级接入电力系统。

（3）抽水蓄能电站作为电力系统的优质调节电源，应视其所在区域的电网结构和潮流分布确定接入系统电压等级，特别是在新能源富集且没有500kV电压等级的地区，应根据抽水蓄能电站位于需调峰填谷的负荷中心还是位于需重点承担储能功能的大型新能源基地确定其接入系统方案。

（4）在满足输送容量、系统稳定和可靠性要求的前提下，对于大型抽水蓄能电站出线电压为750kV时，可采用1回出线；出线电压为500kV时，宜采用2回出线；出线电压为330kV时，可采用2～3回出线；出线电压为220kV及以下时应至少设置2回出线。

（5）电力系统主网架已形成多层紧密环网，抽水蓄能电站不应接入主网架，而是在主网架外以辐射方式接入系统枢纽变电站，以保证主环网安全运行和供电可靠并简化抽水蓄能电站高压侧接线，节省电站投资。

（6）随着风电、光伏等新能源的大量开发，特别是海上风电的大量建设，抽水蓄能电站的接入系统设计还应做好与柔性直流系统、柔性交流系统的接口配合。

（7）对于有特殊要求的电网，抽水蓄能电站应具备黑启动能力和孤网运行能力。

（二）抽水蓄能电站电气主接线的设计特点

（1）电气主接线设计对电站本身和电力系统的安全可靠运行起着十分重要的作用，应根据电站单机容量和台数、出线电压和回路数、系统和电站对主接线可靠性及机组运行方式的要求，并结合枢纽布置和开关站型式等，通过技术经济比较后确定。电气主接线在满足电网对电站运行安全、可靠、灵活要求的前提下应尽量简化，以节省设备投资和土建费用。

（2）电气主接线与机组的起动方式、同步方式、可逆式机组的换相开关设置方式、厂用电源的引接方式等密切相关。与常规水电站相比，抽水蓄能电站的电气主接线既有一定的相似之处，又有其独特之处，其接线型式既有简化的特点，又有复杂的一面。

（3）电气主接线设计与发电电动机、发电机电压回路设备、主变压器、高压引出线、高压配电装置等主要电气设备的容量、台数、型式的选择与布置，电站主要机电设备的继电保护，监控系统设计，厂房布置、枢纽布置以及机电设备和土建投资、环境保护等都密切相关。因此，应重视抽水蓄能电站电气主接线设计。

(4) 电气主接线设计还应兼顾电站远景规划、电力系统具体要求等。

二、发电机变压器组接线

(一) 接线方式

NB/T 10072—2018《抽水蓄能电站设计规范》规定：发电机-变压器组合可采用单元、联合单元或扩大单元接线，具体接线方式应视其在系统总装机容量所占比例以及其在系统调峰容量中所占比例的大小经技术经济比较确定。

抽水蓄能电站多为高水头、大容量、多台数、大埋深，一般为地下厂房。根据电站运行特点，从接线可靠性、调度灵活性、操作运维便利性、主变压器运输条件、低压侧引线连接方式、高压侧引线的布置复杂性、主变压器故障影响范围等因素综合分析，三种发电机-变压器组合型式的特点比较见表15-1-1，接线如图15-1-1～图15-1-3所示。

表15-1-1 发电机-变压器组合方式比较

项目	单元接线	联合单元接线	扩大单元接线			
图示	图15-1-1	图15-1-2	图15-1-3			
变压器型式	三相双绕组	三相双绕组	三相分裂式	单相分裂式	组合三相分裂式	现场组装三相分裂式
单台变压器运输重量	易满足要求	易满足要求	难满足要求	易满足要求	易满足要求	易满足要求
主变压器低压侧引线布置	简单	简单	简单	复杂	简单	简单
离相封闭母线长度	较短	较短	较短	较长	较短	较短
离相封闭母线损耗	较小	较小	较小	较大	较小	较小
主变压器高压侧引线布置	比较简单	较复杂	简单	较复杂	简单	简单
主变压器运行灵活性	灵活	比较灵活	不太灵活	不太灵活	不太灵活	不太灵活
主变压器故障对系统影响	主变压器故障或检修，停1台电动发电机	主变压器故障或检修，停1台电动发电机（短时停2台）	主变压器故障或检修，停2台电动发电机	主变压器故障或检修，停2台电动发电机	主变压器故障或检修，停2台电动发电机	主变压器故障或检修，停2台电动发电机
对高压侧接线影响	较复杂	较简单	简单	简单	简单	简单
投资	最高	较高	最低	较高	较低	较低
设备布置	高、低压侧布置清晰简单	低压侧布置清晰简单，高压侧布置稍复杂	高、低压侧布置清晰简单	高压侧布置简单，低压侧布置复杂	高、低压侧布置清晰简单	高、低压侧布置清晰简单
设备运输	公路与铁路运输均可，一般不受限制	公路与铁路运输均可，一般不受限制	主变压器重量较重，运输困难	公路及铁路运输均可	公路及铁路运输均可	公路及铁路运输均可
对现场施工、装配、试验等条件的要求	不高	不高	不高	不高	稍高	高

(二) 主变压器型式对接线方式的影响

图15-1-1 单元接线

根据抽水蓄能电站在电网中的特殊作用和运行特点，发电机-变压器组合方式应该满足运行灵活可靠，投资和运行费低的要求，除单机容量、装机台数外，电站的出线电压、变压器的不同型式也是关键因素。当单机容量大（如400MW及以上）或装机台数少（如1～2台）时，可考虑单元接线，其他情况应考虑联合单元接线或扩大单元接线。而扩大单元接线又常受变压器型式制约，分为三相双绕组、三相分裂式、单相分裂式、组合分裂式等几种方式。通常抽水蓄能电站距负荷中心近，其运输条件要好于大多数常规水电站，运输的极限重量和尺寸较宽松，重量一般在200～220t。三相分裂式变压器运输重量和尺寸较大，单台容量大于450MVA

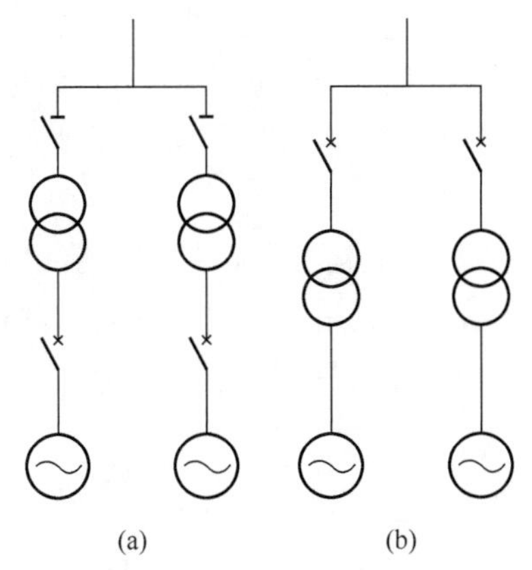

图 15-1-2 联合单元接线

（a）联合单元接线之一；（b）联合单元接线之二

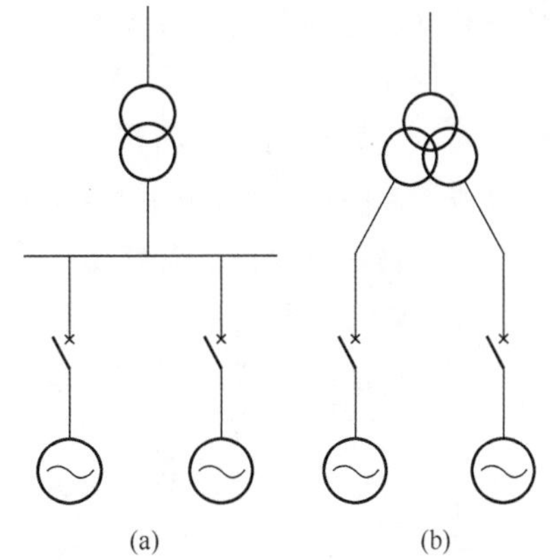

图 15-1-3 扩大单元接线

（a）扩大单元接线之一；（b）扩大单元接线之二

的变压器运输较困难，可采用单相分裂式变压器组和组合三相分裂式以及现场组装三相分裂式变压器。单相分裂式变压器的总造价要高于三相式变压器，且低压侧接线布置复杂、运行不够灵活、操作复杂；三相组合式分裂变压器低压侧母线布置困难，油路系统复杂，后期运行维护困难；现场组装式变压器需要在现场布置专用装配场地，对环境条件、安装工艺及质量控制要求非常严格，并且需要在现场进行干燥处理，组装完成后还要进行出厂试验项目，对于一般抽水蓄能电站来说不易满足。

（三）应用实例

国内单机容量 200～400MW 的抽水蓄能电站发电机-变压器组合采用联合单元接线较多，如天荒坪（6×300MW）、广州Ⅰ期和Ⅱ期（8×300MW）、张河湾（4×250MW）、西龙池（4×300MW）、桐柏（4×300MW）、宜兴（4×250MW）、惠州（8×300MW）、宝泉（4×300MW）、白莲河（4×300MW）、呼和浩特（4×300MW）、仙居（4×375MW）、仙游（4×300MW）、洪屏（4×300MW）、绩溪（6×300MW）、敦化（4×350MW）、丰宁（12×300MW）、沂蒙（4×300MW）、缙云（6×300MW）等抽水蓄能电站。

而国外，如美国、法国、意大利的大中型抽水蓄能电站，特别是日本的抽水蓄能电站，采用扩大单元接线的电站较多，不仅采用双分裂变压器，还有的采用三分裂式变压器。如日本的奥吉野（6×220MW）、奥多多良木（4×320MW）、俣野川（4×316MW）、大河内（4×350MW）、葛野川（4×460MW）、神流川（4×470MW）；美国的巴斯康蒂（6×389MW）、路丁顿（6×325MW）、巴德溪（4×250MW，4 台机组接一台双分裂变压器）；德国赫恩伯格（4×290MVA）；我国安徽琅琊山（4×150MW）、中国台湾明湖（4×265MW）等抽水蓄能电站。

近些年，随着国内抽水蓄能电站单机容量的提高、对机组运行可靠性和灵活性的重视以及主要电气设备国产化带来的成本降低，发电机-变压器组合采用单元接线的大型抽水蓄能电站也越来越多，如广东阳江（3×400MW，远期 6×400MW）、浙江天台（4×425MW）、广东中洞（3×400MW）等抽水蓄能电站。

发电机-变压器组采用不同的接线各有优缺点，关键要结合电站在电网中的作用及其重要程度选取。

三、高压侧接线

（一）接线型式

抽水蓄能电站具有出线回路少、出线电压等级高、无近区负荷供电要求、纯抽水蓄能电站机组全停时无弃水，不会造成电能浪费等特点。因此，高压侧接线的要求应根据其在电网中的特殊作用和特点来选定。

主接线型式的选择还应考虑电站采用计算机监控和微机保护，无人值班（少人值守），以及环境保护、电站经济运行和管理体制的要求。我国大型抽水蓄能电站电气主接线设计的发展已经向典型化、适用化、简单化和多元化方向发展。

NB/T 10072—2018《抽水蓄能电站设计规范》有关条款规定：电气主接线设计应根据电站单机容量和装机台数、出线电压和回路数、输电距离、系统和电站对主接线可靠性及机组运行方式的要求，并结合电站环境条件、枢纽布置和开关站型式等，经技术经济比较确定。”对出线电压 220kV 及以上并采用气体绝缘金属封闭开关设备（GIS）的电站，其升高电压侧的接线，根据不同的可靠性要求，当进出线回路数较少时，可采用角形、桥形、单母线等接线；当进出线回路数较多或有分期建设要求时，可采用单母线分段、双母线、3/2 断路器（一倍半）等接线。

为了满足电站运行的安全性、经济性、灵活性，并节省投资与土建费用，抽水蓄能电站特别是出线电压为 220～750kV 的大型电站的高压侧接线设计，在满足系统对电站接线可靠性要求的情况下，可适当简化。图 15-1-4～图 15-1-8 为抽水蓄能电站应用过的较简单的电气主接线型式。

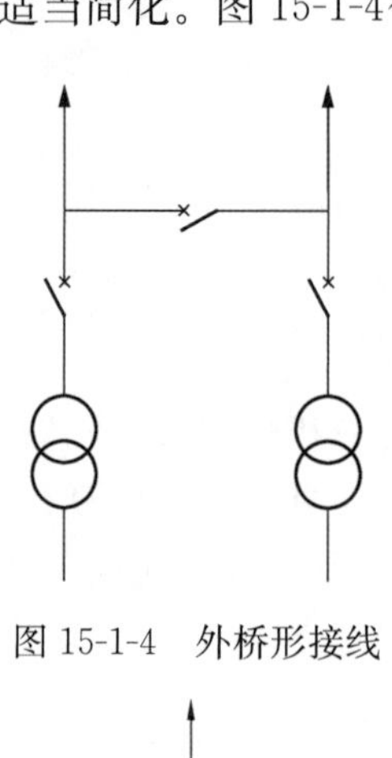

图 15-1-4　外桥形接线

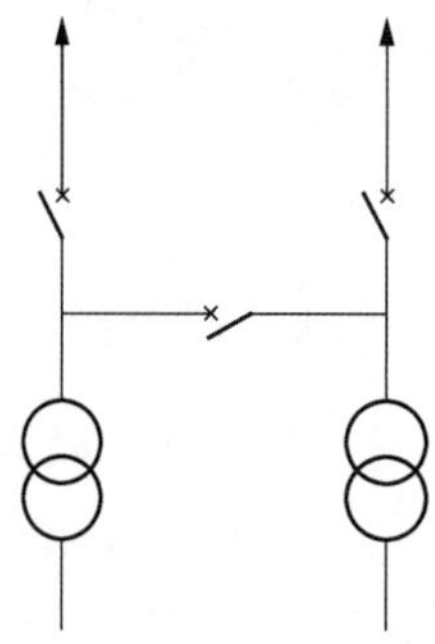

图 15-1-5　内桥形接线

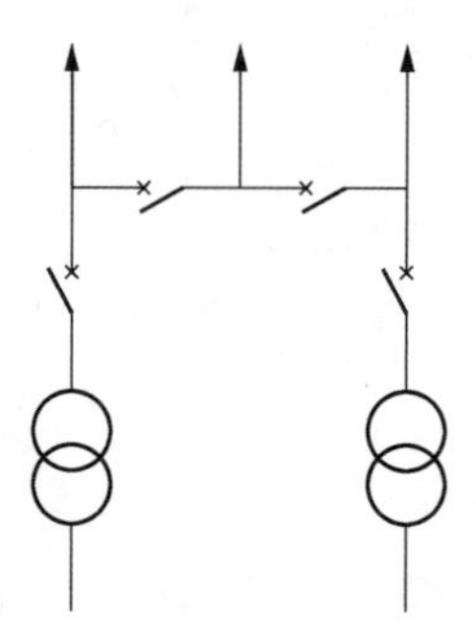

图 15-1-6　双外桥形接线

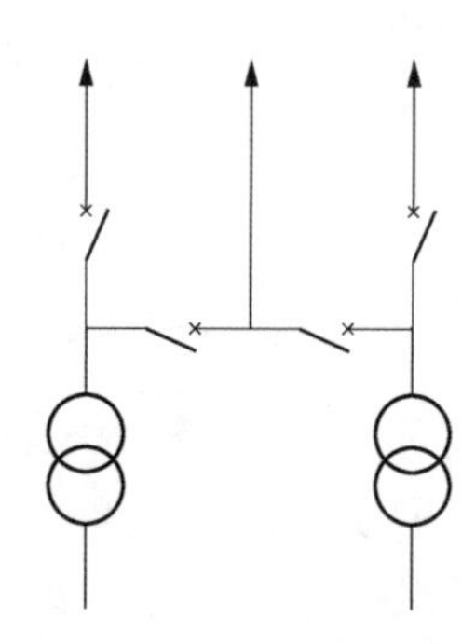

图 15-1-7　双内桥形接线

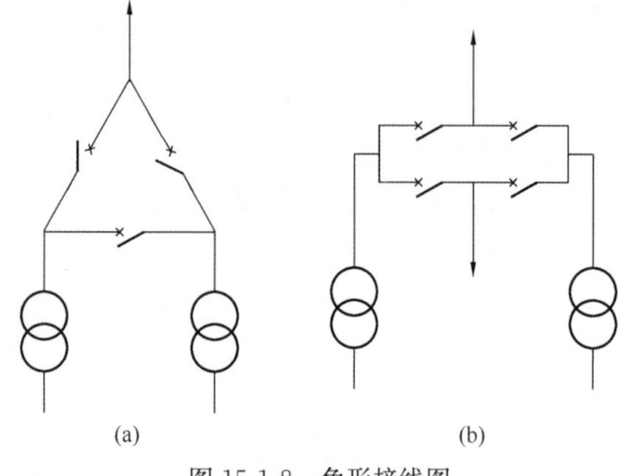

图 15-1-8　角形接线图

(a) 三角形接线；(b) 四角形接线

（二）接线设计原则

为保证抽水蓄能电站在电网中的特殊作用，快速向电网提供备用容量，满足各种不同运行工况要求，高压侧接线应以简单、灵活、方便、故障时切除的容量最少和瞬时故障经切换恢复的容量最大为原则。因此，在设计中应考虑以下特点：为减少元件误操作的机会，尽量提高接线的可靠性；正常运行时断路器检修不中断线路的运行，接线中的断路器、隔离开关的倒闸操作次数尽量少；隔离开关仅作为隔离元件不作为操作元件；检修接地开关仅做检修用，既要满足主要电气设备检修安全要求，又要与断路器、隔离开关做好可靠闭锁；线路侧宜设置快速接地开关，如电力系统无特殊要求且出线不长，无需选择超 B 类产品。

（三）接线可靠性

高压侧接线方式应考虑可靠性的要求，其关键是对全停机事故和限制事故范围如何要求的问题。随着电力系统网架的扩大和可靠性的提高，大型抽水蓄能电站出线电压等级为 750kV 时，出线回路数一般为 1 回；出线电压等级为 500kV 时，出线回路数一般为 1～2 回；出线电压等级为 330kV 或 220kV 时，出线回路数一般为 2～4 回。出线回路数大于 2 回时，在任何故障情况下都不易发生全站停电事故；而当出线 1 回、进线 2 回时，在一元件故障或一元件检修与另一元件故障重叠时，就会切断电站的全部容量，经切换后可恢复电站 1/2 的容量。随着机电设备质量的提高、在线监测及故障诊断系统的大量应用和计划检修工作的持续推进，电站非计划全厂停运的概率极低。因此，从保证抽水蓄能电站高压侧接线可靠性要求看，适当简化高压侧接线亦能够在统筹考虑故障概率的情况下满足电站向电网供电的可靠性要求。

（四）简化接线的必要性

简化高压侧接线可以从两方面进行比选：减少断路器间隔数量和简化主接线逻辑。

(1) 减少断路器间隔数量。减少断路器间隔数量可以降低高压配电装置费用、减少控制保护电缆数量、简化电缆桥架及电缆敷设设计，同时能够简化设备布置、减少占地面积，节约设备投资和土建费用。

（2）简化主接线逻辑及控制保护方式。简化主接线逻辑及控制保护方式有利于电网对电站进行方便、灵活的调度，使正常操作和瞬时切断故障恢复供电方便可靠。电站的继电保护、二次控制接线简单，有利于电站实现无人值班、少人值守的自动化要求。

从对国内外大型抽水蓄能电站的电气主接线统计分析来看：当机组台数为4台及以下、出线回路数不超过2回、出线电压为超高压时，高压侧接线都比较简单。其接线型式主要有：单母线、单母线分段、角形接线（三角、四角、五角）、桥形接线。国外在20世纪80年代前修建的一些抽水蓄能电站由于受电气设备质量的影响，也有用接线复杂的双母线和一倍半方式的。目前，随着抽水蓄能电站装机台数的增多、单机容量的增大和GIS、高压电缆等电气设备价格的降低，在机组台数不少于6台或单机容量不小于400MW的抽水蓄能电站中采用一倍半接线方式的电站越来越多。

（五）应用实例

对于距负荷中心较近、输电线路较短、装机台数不超过2台、单机容量较小（≤100MW）的抽水蓄能电站，采用变压器-线路组接线是比较好的接线方式之一。这种接线最简单，从全厂停机概率和误操作方面考虑，其可靠性满足要求、运行操作简单方便、维护工作量少、运行成本最低。然而，这种接线也有其弊端，当任一断路器故障或检修时，此单元要全部停运。若系统或电站要求在任何情况下均不允许发生此情况时，这种接线就不适用。当然，这种运行要求通常是较少的。如日本的下乡（4×280MW）和奥清津（4×280MW、500kV出线）、美国的北田（4×270MW、345kV出线）和巴德溪电站（4×250MW、500kV出线），德国赫恩伯格电站（4×290MVA、400kV出线）等抽水蓄能电站。

随着国内各大电网系统的发展和总装机容量的不断扩大，单座抽水蓄能电站所占系统容量的比例越来越低。对于总容量在1200MW及以下、输送电压等级为500kV、距负荷中心较近的电站，有些系统要求出线回路数为1回。对于1回超高压出线的抽水蓄能电站，当采用单母线时，为保证线路断路器检修不影响电站运行，也可采用带旁路隔离开关的措施，如国内的呼和浩特抽水蓄能电站（4×300MW）采用带旁路隔离开关的不完全单母线，进线装断路器，出线不装断路器，直接出线。白莲河抽水蓄能电站（4×300MW）采用单母线接线；蒲石河抽水蓄能电站（4×300MW）、敦化抽水蓄能电站（4×350MW）采用三角形接线方式。

进出线回路数为4回时，角形和桥形接线都是较为常用的接线。角形接线方式任一断路器故障或检修时，均不影响全电站容量的送出。国内外都有大量的实例，如国内的广州Ⅰ期和Ⅱ期（8×300MW）、明湖（4×265MW）、西龙池（4×300MW）、沂蒙（4×300MW）等抽水蓄能电站；韩国三浪津（2×295MW）抽水蓄能电站；美国巴斯康蒂（6×346MW）、赫尔姆斯（3×343MW）抽水蓄能电站；日本大河内（4×390MW）、奥多多良木（4×314MW）、奥吉野（6×214MW）抽水蓄能电站。桥形接线方式的使用也非常广泛，如国内的桐柏（4×300MW）、宜兴（4×250MW）、琅琊山（4×150MW）、泰安（4×250MW）、宝泉（4×300MW）等抽水蓄能电站。

进出线回路数为5回时，可以采用不完全单母线分段接线、一倍半接线或五角形接线，如天荒坪抽水蓄能电站500kV侧回路为3进2出，电气主接线选用了不完全单母线三分段接线，任何元件故障都不会引起全厂停电。与单母线接线比较，该接线多1组断路器，设备投资稍大；进出线回路均装有断路器，进线2单元需并联操作2组断路器；继电保护配置较复杂。

随着国家“碳达峰、碳中和”政策的稳步推进和抽水蓄能电站中长期规划的逐步实施，一批装机台数达到6台、单机容量达到300MW、出线回路数达到或超过2回的抽水蓄能电站开始建设。同时，500kV及以上电压等级的高压电气设备技术日趋成熟、运行经验日渐丰富、设备价格大幅降低、控制保护系统的软硬件逐步完善。随着风电、光伏等新能源大批入网，电网对抽水蓄能电站的可靠性、灵活性要求越来越高，电气主接线设计逐步从简化设计向保证可靠性发展，双母线、一倍半等接线型式越来越多。如绩溪（6×300MW，500kV出线2回并预留1回）、长龙山（6×350MW，500kV出线2回）、缙云（6×300MW，500kV出线2回）采用双母线接线；文登（6×300MW，500kV出线2回）、清原（6×300MW，500kV出线2回）、天台（4×425MW，500kV出线2回）采用一倍半接线，丰宁（12×300MW，500kV出线4回）采用一倍半双分段接线。

表 15-1-2 是对国内已建和在建的抽水蓄能电站机组台数、出线回路数和电压等级、电气主接线型式的不完全统计。

表 15-1-2　　国内部分已建在建抽水蓄能电站典型电气主接线统计表

电站名称	机组台数	高压侧进出线回路数，电压等级	发电机-变压器组接线	高压侧接线	备注
十三陵	4	2 进 2 出，220kV	联合单元	联合单元线路组	
广州抽水蓄能 A 厂	4	2 进 2 出，500kV	联合单元	四角形	
广州抽水蓄能 B 厂	4	3 进 2 出，500kV	联合单元	五角形	
天荒坪	6	3 进 2 出，500kV	联合单元	不完全单母线	
桐柏	4	2 进 2 出，500kV	联合单元	内桥	
泰安	4	2 进 2 出，220kV	联合单元	内桥	
琅琊山	4	2 进 2 出，220kV	扩大单元	内桥	
宜兴	4	2 进 2 出，500kV	联合单元	内桥	
张河湾	4	2 进 1 出（远期 2 出），500kV	联合单元	半个四角形	远期四角形
西龙池	4	2 进 2 出（预留 1 回），500kV	联合单元	四角形	
宝泉	4	2 进 1 出，500kV	联合单元	三角形	
惠州 A、B 厂	4+4	4 进 3 出，500kV	联合单元	不完全单母线	
黑麋峰	4	2 进 1 出，500kV	联合单元	单母线	
白莲河	4	2 进 1 出，500kV	联合单元	单母线	
响水涧	4	2 进 2 出，500kV	联合单元	内桥	
蒲石河	4	2 进 1 出，500kV	联合单元	三角形	
仙游	4	2 进 2 出，500kV	联合单元	内桥	
呼和浩特	4	2 进 1 出，500kV	联合单元	不完全单母线+跨条	
清远	4	2 进 2 出（预留 1 回），500kV	联合单元	四角形	
洪屏	4	2 进 3 出，500kV	联合单元	双母线	
仙居	4	2 进 2 出，500kV	联合单元	内桥	
溧阳	6	3 进 2 出，500kV	联合单元	扩大内桥	
深圳	4	2 进 2 出，220kV	联合单元	四角形	
琼中	3	3 进 4 出，220kV	联合单元	双母线	
绩溪	6	3 进 3 出（其中预留一回），500kV	联合单元	双母线	预留一回
敦化	4	2 进 1 出，500kV	联合单元	三角形	
长龙山	6	3 进 2 出，500kV	联合单元	双母线	
沂蒙	4	2 进 2 出，500kV	联合单元	四角形	
阳江	3+3	3 进 2 出，500kV	单元接线	五角形	一、二期
荒沟	4	2 进 2 出，500kV	联合单元	四角形	
丰宁	6+6	6 进 4 出，500kV	联合单元	一倍半双分段	一、二期
金寨	4	2 进 2 出，500kV	联合单元	单母线分段	
文登	6	3 进 2 出，500kV	联合单元	一倍半接线	
镇安	4	2 进 4 出（其中预留 2 回），330kV	联合单元	双母线	
阜康	4	2 进 4 出（其中预留 2 回），220kV	联合单元	单母线分段	
句容	6	3 进 2 出，500kV	联合单元	双母线	
厦门	4	2 进 2 出，500kV	联合单元	四角形	

续表

电站名称	机组台数	高压侧进出线回路数，电压等级	发电机-变压器组接线	高压侧接线	备注
清原	6	3进2出，500kV	联合单元	一倍半接线	
洛宁	4	2进2出，500kV	联合单元	四角形	
缙云	6	3进2出，500kV	联合单元	双母线	
宁海	4	2进2出，500kV	联合单元	单母线分段	
芝瑞	4	2进2出，500kV	联合单元	四角形	
易县	4	2进2出，500kV	联合单元	四角形	
抚宁	4	2进2出，500kV	联合单元	四角形	
潍坊	4	2进2出，500kV	联合单元	四角形	
尚义	4	2进1出，500kV	联合单元	三角形	
天台	4	4进2出，500kV	单元接线	一倍半接线	

综上所述，选择电气主接线组合方式时，在满足可靠性要求的前提下，应结合以下几点综合考虑后确定。

（1）单机容量、联合单元或扩大单元容量占系统总装机容量和系统调峰容量的比例。系统调峰容量是指在设计水平年系统可提供的调峰容量，包括水电（常规及抽水蓄能）和火电机组。

（2）当电站机组台数较多（如4台及以上），出线电压较高（如330、500kV及以上），在满足电站可靠性要求的前提下，发电机-变压器组合方式宜优先采用联合单元接线。单机容量较大（如400MW及以上）时可采用单元接线。

（3）目前，GIS、高压电缆等电气设备价格越来越低，一两个GIS断路器间隔不会对开关站尺寸造成太大影响，因此，选择高压侧接线型式时，应兼顾可靠性、灵活性和电网具体要求。

图15-1-9～图15-1-22为国内外具有代表性抽水蓄能电站的电气主接线简图。

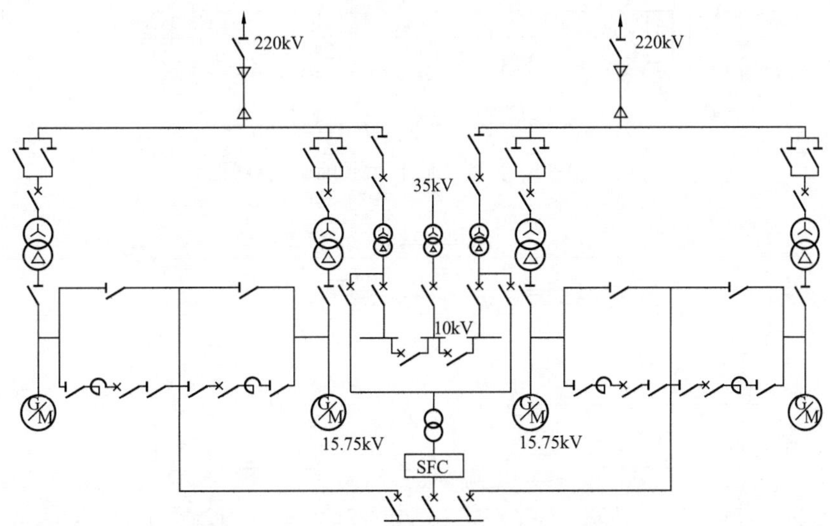

图15-1-9 十三陵抽水蓄能电站主接线图

四、起动回路接线

（一）机组起动方式

抽水蓄能电站可逆式机组在抽水工况起动运行时，其起动方式和起动电源引接方式对电气主接线有直接影响。在工程设计中具体采用何种起动方式应视电站具体情况确定，它直接影响机组结构、厂房布置以及机电设备投资等。随着晶闸管技术的发展，从20世纪90年代开始，变频起动装置占了主导地位。

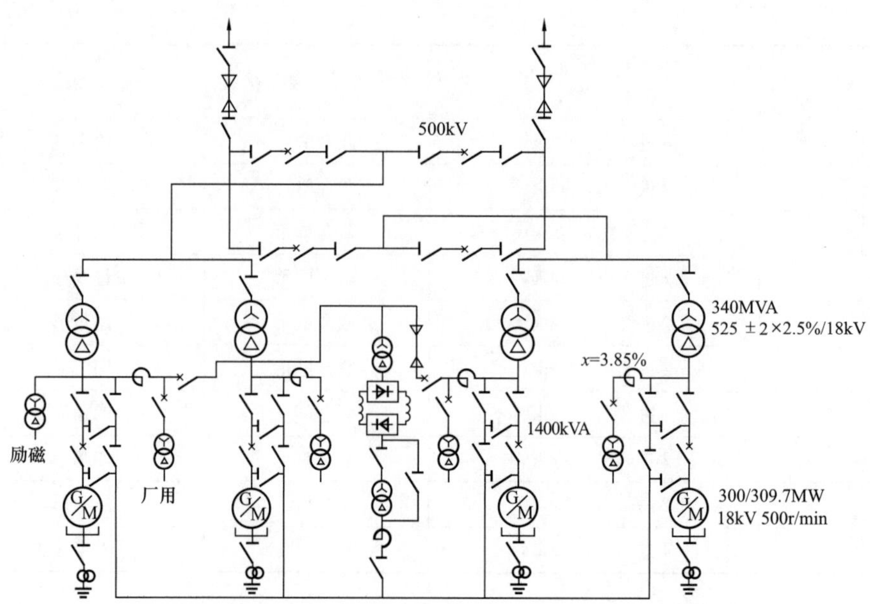

图 15-1-10　广州Ⅰ期抽水蓄能电站主接线图

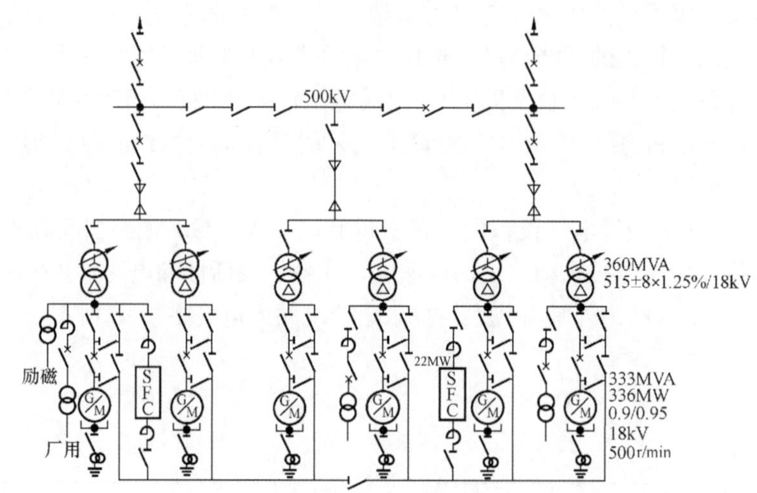

图 15-1-11　天荒坪抽水蓄能电站主接线图

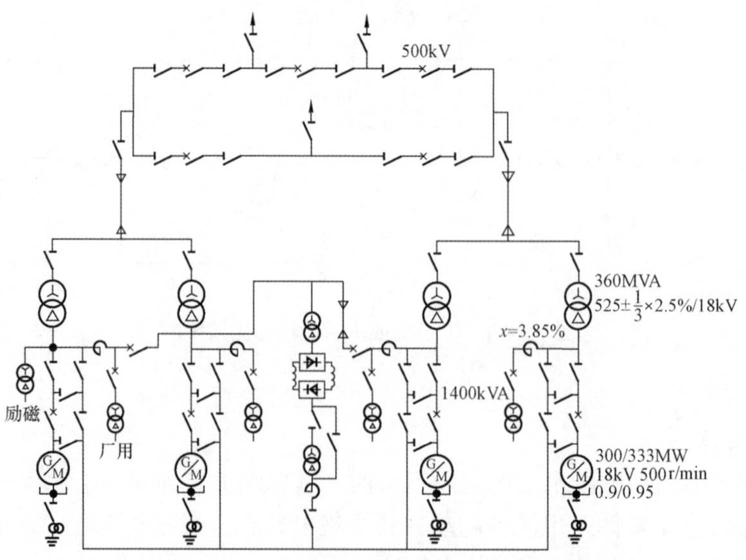

图 15-1-12　广州Ⅱ期抽水蓄能电站主接线图

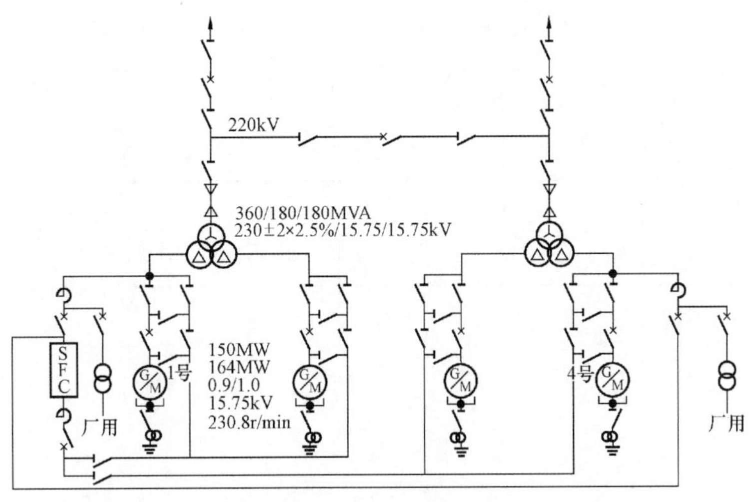

图 15-1-13 琅琊山抽水蓄能电站主接线图

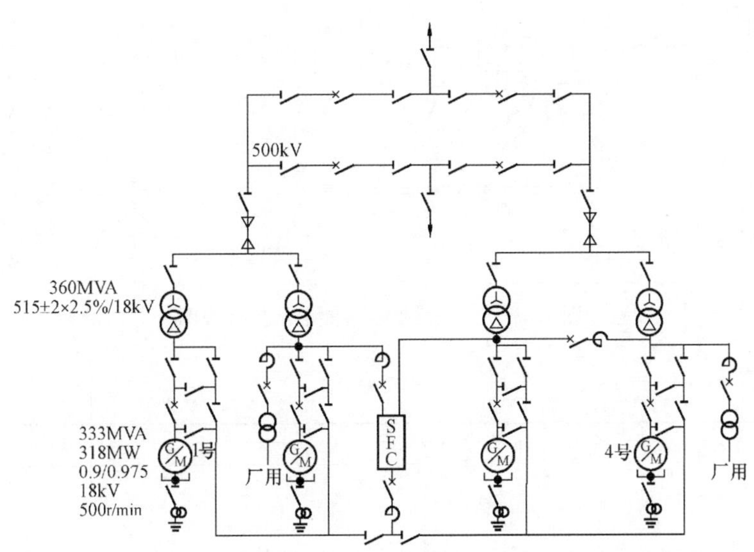

图 15-1-14 西龙池抽水蓄能电站主接线图

机组起动电源的可靠性直接影响到电站起动成功率，故对电源引接方式提出了很高的要求，引接方式应连同厂用电源的引接方式及换相开关的设置经综合比选后确定。因此，抽水蓄能电站电气主接线比常规水电站复杂，这也是抽水蓄能电站电气主接线的特点之一。

（二）早期起动方式

1. 异步起动

异步起动方式接线最简单，但大容量机组起动，对系统和机组本身冲击较大，近些年来已不再采用。

2. 同轴小电机起动

同轴小电机起动方式接线适合于任何容量的机组，但由于会降低机组总效率，同时增加主机高度，对机组稳定运行不利，目前已经不再采用。

（三）同步背靠背起动

同步背靠背起动方式适合于任何容量的机组，其接线方式是利用抽水蓄能电站发电运行的机组作为起动电源，通过起动母线和相应的开关设备拖动被起动的机组抽水。对于纯抽水蓄能电站，同步起动方式接线的缺点是不能将最后一台机组起动作为水泵电动机运行。如果电站的所有机组都是可逆式抽水蓄能机组，那么采用背靠背方式起动时总有一台机组无法起动抽水，因此，背靠背方式通常作为变频起动装置起动的后备手段。

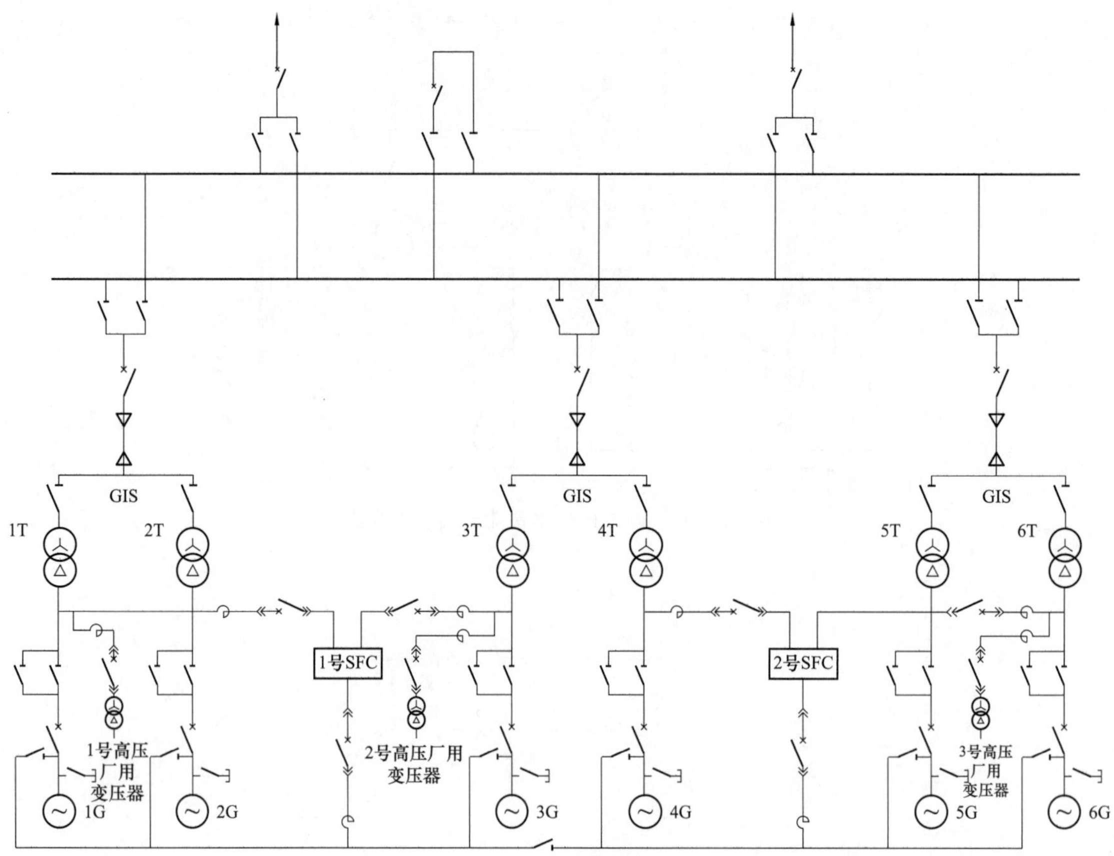

图 15-1-15　绩溪抽水蓄能电站主接线图

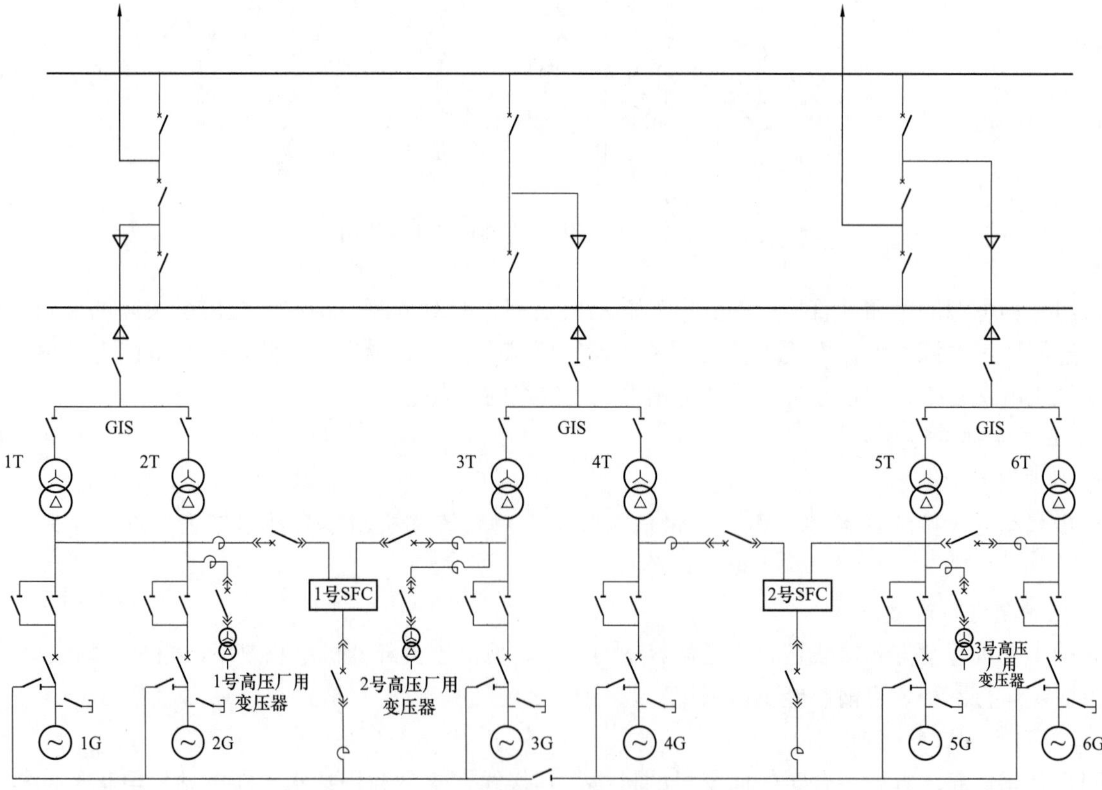

图 15-1-16　文登抽水蓄能电站主接线图

（四）变频起动

变频起动方式是利用晶闸管变频装置产生从零到额定频率值的变频电源，同步地将机组拖动起来。这种起动方式不会对系统和机组造成冲击，运行可靠性高，可以连续起动多台机组，在国内外抽水蓄能电站中已被广泛采用。

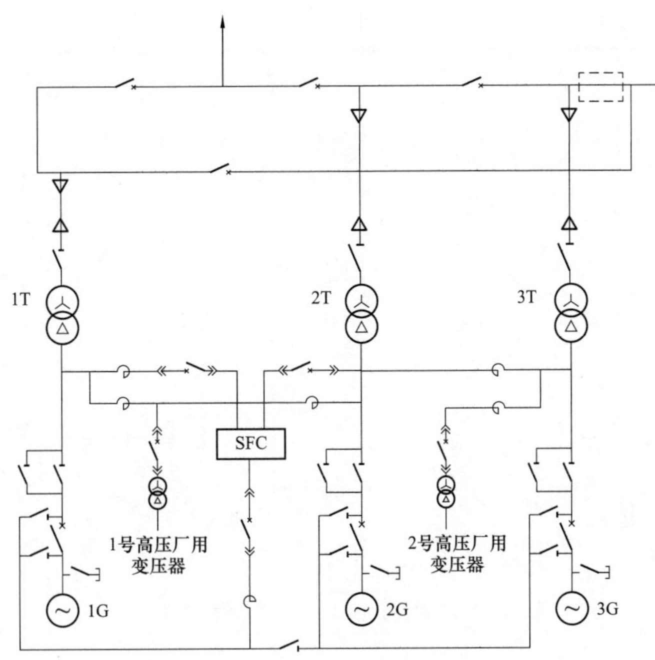

图 15-1-17 阳江抽水蓄能电站主接线图

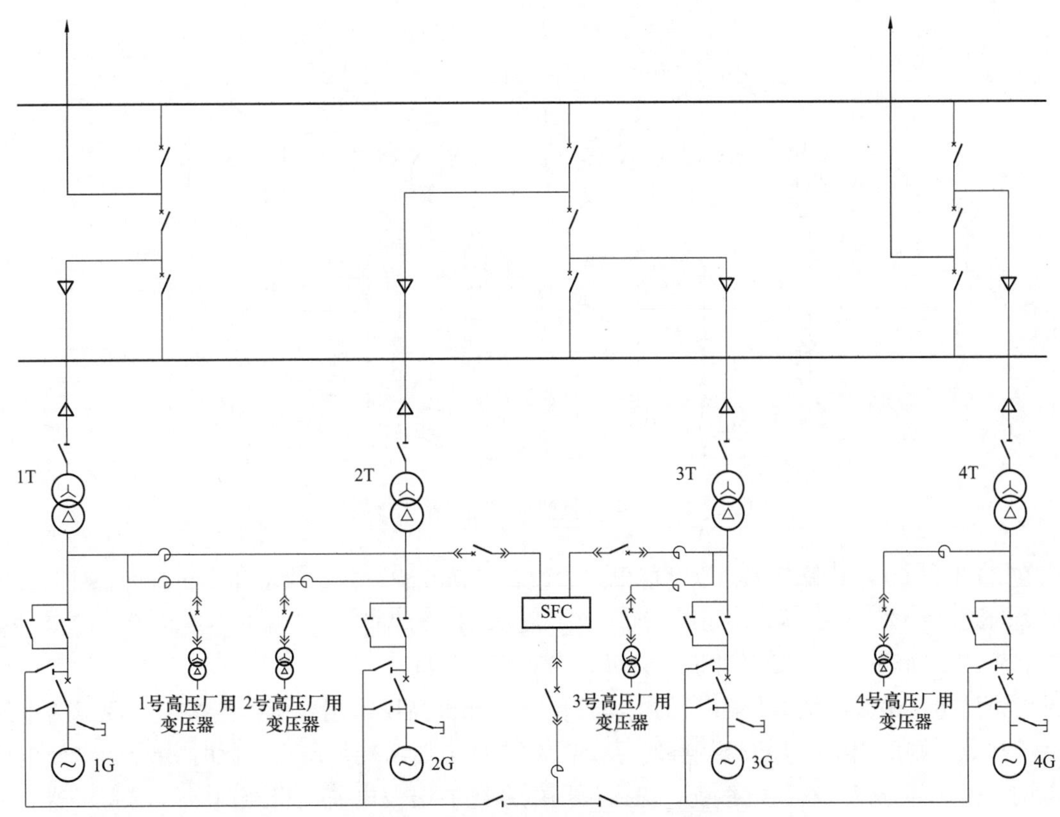

图 15-1-18 天台抽水蓄能电站主接线图

静止变频起动装置（SFC）一般设置两路电源，分别经隔离开关、限流电抗器和输入断路器柜取自不同的主变压器低压侧。SFC 装置额定电压一般不高于 6.6kV，两端分别设置输入、输出变压器与发电机电压设备相连。SFC 输出端经输出断路器柜、限流电抗器、起动母线和起动隔离开关接至每台机的机端，与被起动的机组在电气上互相连接，以保证任一台机组起动和退出。

为便于试验、调试、检修并限制故障范围，起动母线设置分段隔离开关。

国内外已有成熟的制造、运行 SFC 经验。典型接线方式如图 15-1-23 所示。值得注意的是：SFC 投入运行时将产生高次谐波。SFC 输入/输出变压器隔离了具有零序特性的 3 次及其整数倍的高次谐波，但 5、7、11 次等谐波，对电站的运行仍有一定影响。

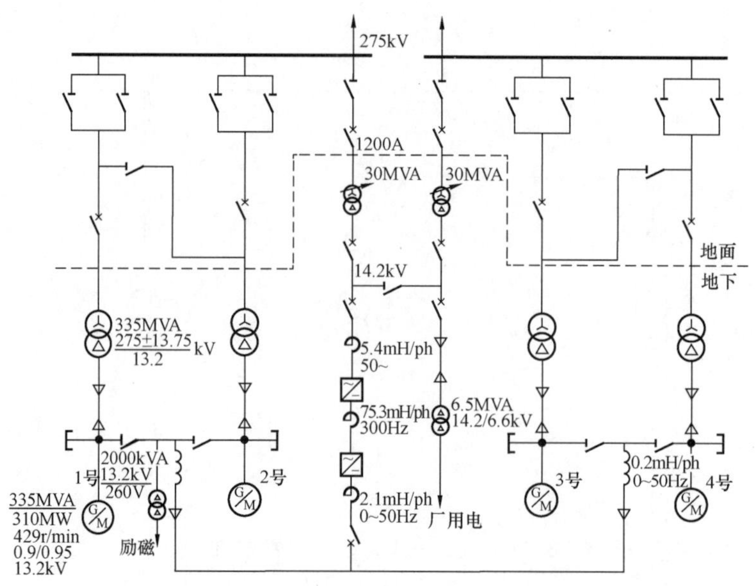

图 15-1-19 玉原抽水蓄能电站主接线图

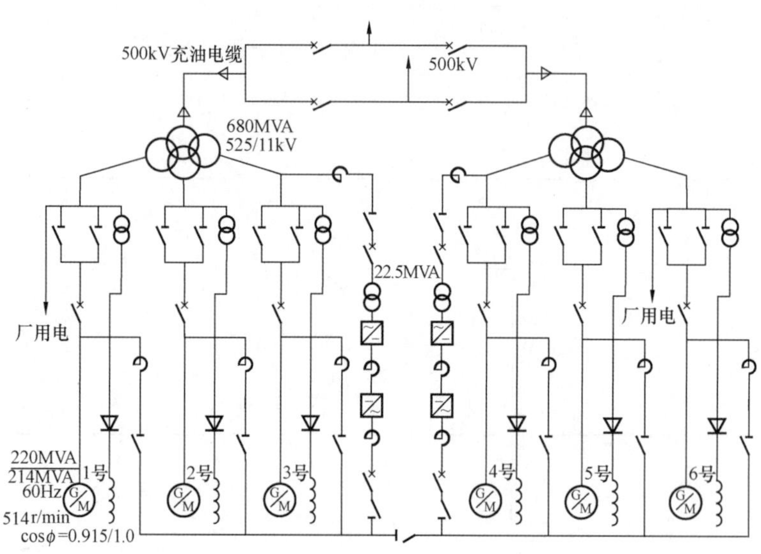

图 15-1-20 奥吉野抽水蓄能电站主接线图

国内在 20 世纪 90 年代修建的抽水蓄能电站中设置了谐波滤波器，除增加了布置面积外，还容易引起过电压等问题，后续工程中不宜再采用。近年来广泛采用 6 脉冲整流/6 脉冲逆变装置、12 脉冲整流/6 脉冲逆变装置或 12 脉冲整流/12 脉冲逆变装置以降低谐波分量。

电站内谐波电压最高的地方是 SFC 的电源连接点，如果高压厂用变压器连接于此而成为电站谐波源的公共连接点，则厂用电受 SFC 影响最大，即厂用电的电压畸变最严重。此时 SFC 的谐波电流大部分流入电网，另一部分流入厂用电系统。流入厂用电系统的谐波电流，将经两级厂用变压器（例如发电机机端电压/10kV 和 10/0.4kV 两级）降压而形成厂用电 0.4kV 母线上的电压畸变。因此，厂用电的电压总畸变率要比 SFC 连接点低，在最严重的情况，即厂用电系统空载，0.4kV 母线上的电压畸变达最大值，等于 SFC 连接处的畸变率。

对 SFC 的谐波限制标准，应注意抽水蓄能电站不同于公共电网，主要是不要影响厂用电设备运行，可以用 SFC 与厂用电会合点的电压总畸变率来考核。合理地改变 SFC 与高压厂用变压器的连接关系可以改善电压总畸变率。当 SFC 与高压厂用变压器分别接于不同的主变压器低压侧时，或分别经电抗器连接于同一主变压器低压侧时，上述的电压总畸变率都在限值以下，变频装置所产生的谐波对厂用负荷不会产生有害影响。为使长期运行时谐波对厂用电系统影响最小且不因一台主变压器故障或检修同时影响变频装置电源和高压厂用电电源，也可采用“变频装置电源和高压厂用电电源分别引自不同的

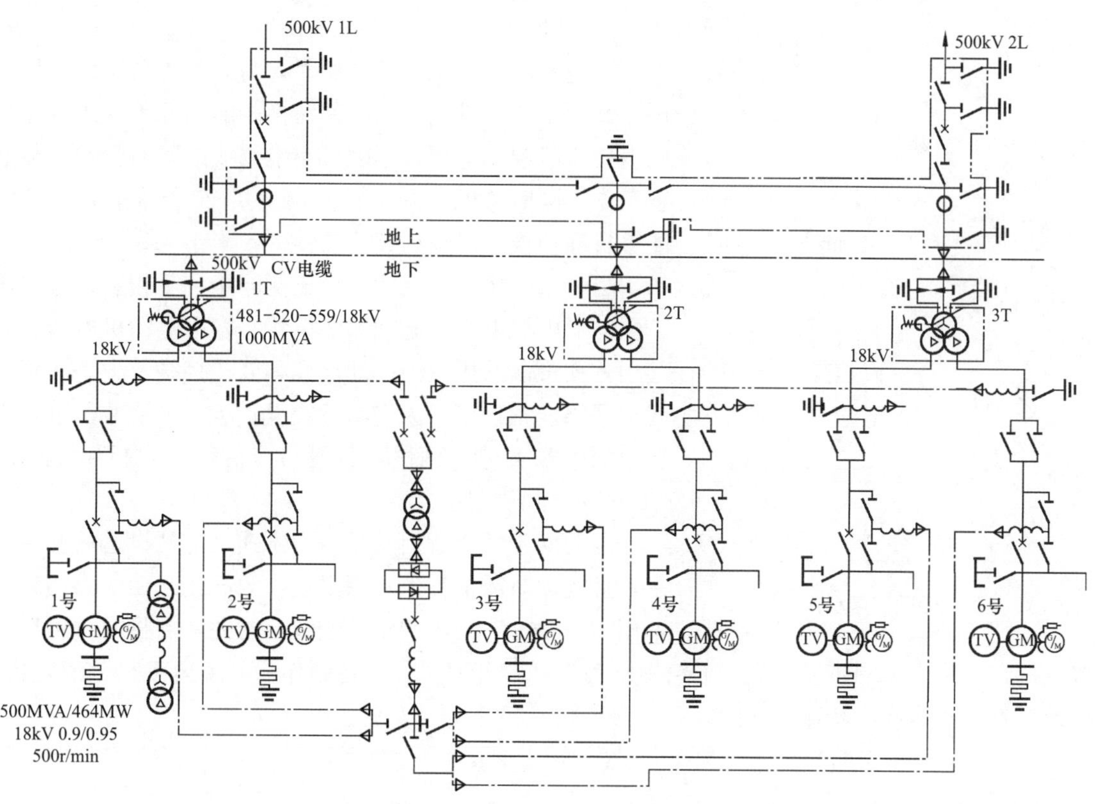

图 15-1-21 神流川抽水蓄能电站主接线图

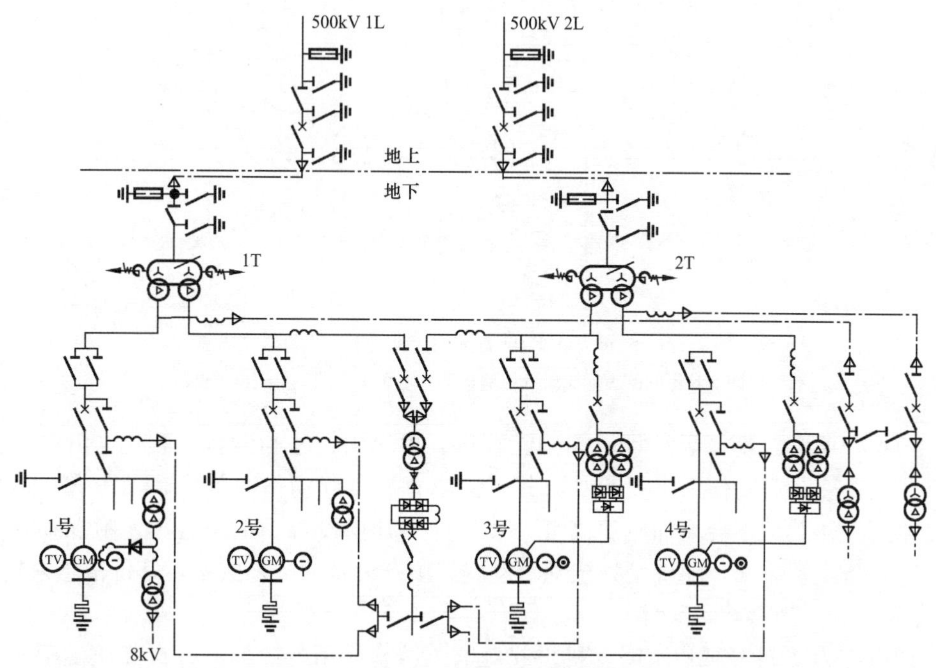

图 15-1-22 葛野川抽水蓄能电站主接线图

主变压器低压侧”的方式，只需解决首台机组发电时厂用电电源引接的问题，目前已有众多成功的工程实例。

两种 SFC 与高压厂用变压器电源引接的接线方式如图 15-1-24 所示。

（五）变频+同步背靠背起动

为了电站机组起动灵活，有利于电网和机组稳定可靠运行，减少全电站机组的系统起动时间，装机 4 台及以下的大中型抽水蓄能电站在主接线设计时普遍采用以晶闸管变频起动方式为主，背靠背同步起动方式为辅的组合方式。

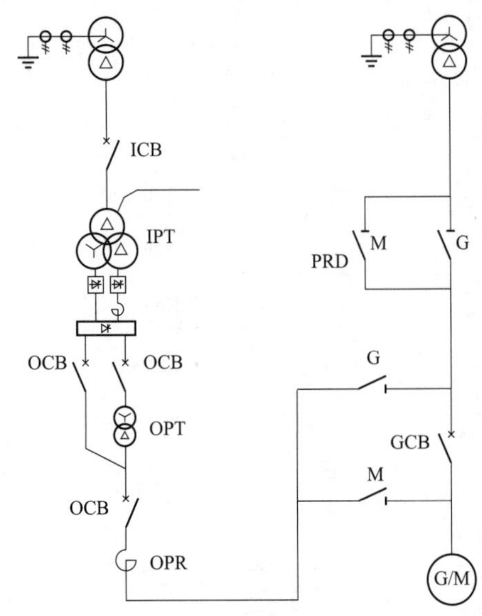

图 15-1-23 变频器起动接线图

1. SFC 电源引自主变压器低压侧

当电站出线电压为超高压时，为有利于高压侧和厂用电源可靠性要求，自发电机电压回路换相隔离开关靠主变压器低压侧引接机组起动电源，不因机组检修或故障而影响变频起动装置工作，同时考虑由两个不同发电机-变压器单元引接电源并能够自动切换，以保证其可靠性。

当电站采用在主变压器低压侧同步，变频装置输出电压等于电动发电机电压，起动母线设置于发电电动机电压侧，两种起动方式可以共用一条起动母线，简化接线及设备布置，降低起动回路设备投资。为提高母线设备运行灵活性，可将起动母线用隔离开关分为两段，每段对应两至三台机组，可以任意"一对一"同步起动。

因为同步背靠背启动是备用方式，电站投运后使用次数不多，且起动时需消耗上水库水量，为简化起动回路接线，也可采用"一对一"同步起动的接线。为此，需将两台机组在机端相连接，一台机组作为同步发电机由水轮机驱动，零起升速；另一台则作为同步电动机被发电机驱动，零起升速，直到达到同步转速后并网。

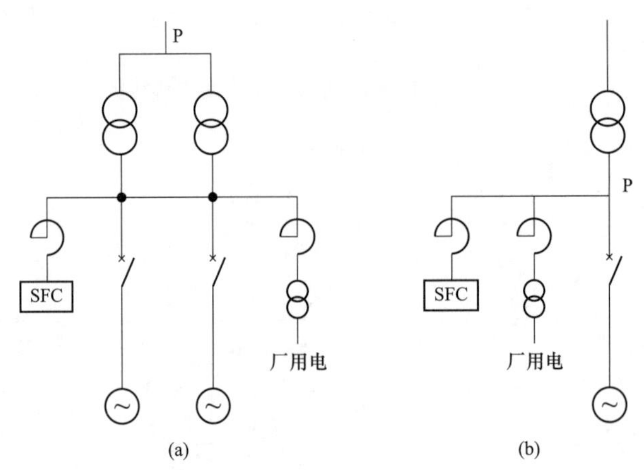

图 15-1-24 两种 SFC 与高压厂用变压器引接的接线方式

(a) 电源引自不同的主变压器低压侧；(b) 电源引自同一主变压器低压侧

十三陵、广蓄一期和二期、天荒坪、桐柏、宝泉、琅琊山、呼和浩特、敦化、沂蒙、深圳等抽水蓄能电站，都是采用变频起动作为主要起动方式，同步背靠背起动作为备用起动方式，运行上积累了丰富的经验。采用变频起动不会增加机组高度，节省厂房开挖投资，正常运行无附加损耗，减少了设备年运行费。在设备投资方面，随着变频技术的发展和国产设备的日趋成熟，其价格越来越低。

2. SFC 电源引自主变压器高压侧

当电站出线电压为 220kV 或以下时，机组起动电源结合厂用电源可一并自高压侧引接，此时由于出线回路数多在 2 回及以上，当全厂机组停运时，从电网倒送电可靠性较高，比较经济，而且换相切换装置设置在高压侧，常规的 GIS 高压隔离开关（2 组）可用于换相切换，易于设备布置。

（六）2 套变频起动装置互为备用

为了减少机组电动工况起动时间、提高机组起动可靠性，近年来，装机 6 台及以上的大中型抽水蓄能电站一般设置 2 套变频起动装置互为备用，不再设置背靠背起动作为第二备用。

绩溪、丰宁、文登、长龙山、清原等抽水蓄能电站，都是采用 2 套变频起动装置互为备用的起动方式。

（七）起动母线的设置

无论是选择同步起动、变频起动，还是同步＋变频起动方式，起动母线设置是必不可少的，这也是抽水蓄能电站电气主接线中一个独特的方面。对于机组容量较小（100MW 及以下）的电站，起动回路的连接可以采用单芯电力电缆、共箱母线或全绝缘浇筑母线；大容量的机组（150MW 以上）则需要采用离相封闭母线。

五、厂用电接线

抽水蓄能电站应满足电网在任何时候、任何紧迫状态下都能及时起动和停止抽水蓄能机组并确保地下厂房的安全。因此，要求抽水蓄能电站的厂用电源必须十分可靠并具有可靠的备用电源，这是抽水蓄能电站电气主接线的特点之一。国内外对抽水蓄能电站的厂用电电源的数量和引接方式、备用电源的设置方式都非常重视。

抽水蓄能电站厂用电与常规水电站相比，具有以下特点：

（1）厂用电负荷较大，厂用电源变压器容量占电站总装机容量的比例较常规水电站要大，一般高压厂用电源变压器的容量占电站总装机容量的 1％～2.5％。

（2）厂用电负荷率较高，除了辅助机械经常运行外，地下厂房通风、照明、排水等负荷也需长期运行，所以负荷率比常规水电高。

（3）对厂用电电源可靠性要求较高，特别是高水头抽水蓄能电站，由于厂房埋深大，厂房排水、通风空调、防火等的安全要求更高，所以对供电可靠性有更高的要求。

（4）输水系统事故闸门启闭机和大坝泄洪设施闸门启闭机的供电可靠性要求高。

（一）厂用电工作电源

1. 电源引接方式和数量

抽水蓄能电站的发电机-变压器组合型式一般采用单元或联合单元接线，且主变压器低压侧均装设发电机断路器，这为厂用电工作电源自主变压器低压侧引接奠定基础。抽水蓄能电站厂用电工作电源引接点应在换相隔离开关与主变压器低压侧之间，电源引接方式及配置如下。

（1）发电机变压器组合方式采用单元接线，装机台数为 2～4 台时，应从 2 台及以上主变压器低压侧引接厂用电工作电源；装机台数为 5 台及以上时，应从 3 台及以上主变压器低压侧引接厂用电工作电源。

（2）发电机变压器组合方式采用扩大单元接线，扩大单元组数量在 2～3 组时，应从 2 组及以上扩大单元引接厂用电工作电源；扩大单元组数量在 4 组及以上时，应从 3 组及以上扩大单元引接厂用电工作电源。

（3）发电机变压器组合方式采用联合单元接线，联合单元组数量在 2～3 组时，应从 2 组及以上联合单元引接厂用电工作电源；联合单元组数量在 4 组及以上时，应从 3 组及以上联合单元引接厂用电工作电源。

2. 厂用电工作电源的引接位置

（1）四台机组的引接方式。四台机组电站仅设置一套 SFC 变频起动装置，SFC 装置两个电源从 1 号和 3 号主变压器低压侧引接。为方便检修，所有主变压器低压侧引接的分支回路均装设隔离开关。两回厂用电工作电源宜分别从两个联合单元的 2 号和 4 号主变压器低压侧引接，也可与 SFC 装置一起从 1 号和 3 号主变压器低压侧引接。

（2）六台机组的引接方式。六台机组电站设置两套 SFC 变频起动装置互为备用，两套 SFC 装置的两个电源分别从 1、3 号和 4、6 号主变压器低压侧引接。三回厂用电工作电源宜从三个联合单元的 2、3、5 号主变压器低压侧引接，也可与 SFC 装置一起从 1、3、6 号主变压器低压侧引接。

3. 首台机组发电对厂用电工作电源投运的要求

为确保首台机组调试时具备可靠的厂用电源（从 2 号主变压器低压侧引接），2 号主变压器及其控制保护系统以及 2 号发电机电压回路设备均应与 1 号主变压器同步安装、试验完成，同时具备受电条件。

抽水蓄能电站当机组发电运行时，由电站内机组发电供厂用电；当机组全停时或抽水工况运行时，由电网倒送供厂用电。

4. 厂用电电源数量

根据 NB/T 35044—2014《水力发电厂厂用电设计规程》有关规定，大型抽水蓄能电站正常运行时，应有三个厂用电源。部分机组停运时至少应有两个厂用电源，全厂机组停运时，应有两个厂用电源。中型抽水蓄能电站正常运行时，应不少于两个厂用电源，部分机组停运时也应有两个厂用电源，全厂机组停运时应有一个厂用电源。

（二）备用电源

除了工作电源间互为备用和系统倒送电外，电站还应设置厂用电备用电源。可采用以下引接方式：

(1) 从地区电网或保留的施工变电站引接。

(2) 从邻近水力发电厂引接。

(3) 高压母线电压等级为 110kV 及以下的电站，可从升高电压侧母线引接。

(4) 从柴油发电机组引接。

（三）应急电源

应急电源一般可由柴油发电机、地方小水电或邻近的水电厂、逆变电源装置提供。在抽水蓄能电站中，应急电源容量选择应考虑以下负荷：

(1) 机组发电工况起动时所必需的高压油减载装置、主轴密封。

(2) 厂内渗漏排水泵、通风设备、应急照明等负荷。

(3) 消防水泵、排烟风机等消防用电负荷。

(4) 其他影响机组及人身、设备、建筑物安全有关的负荷。

上水库、下水库事故闸门应配置一路工作电源以外的应急电源，确保地下厂房出现异常情况时，能满足紧急落门的要求。

供大坝安全度汛或重要泄洪设施的应急电源（柴油发电机组）应单独布置在坝区附近校核洪水位以上高程。

（四）黑启动电源

黑启动电源是电站失去厂用电工作电源和备用电源，电站机组不是靠本站机组或与其连接的电力系统的电源，而是靠另设的供电电源起动，这种供电电源即为黑启动电源。

混合式抽水蓄能电站由于有常规水电机组可正常发电运行，无须设置黑启动电源。对于纯抽水蓄能电站，考虑到其在电网中的特殊作用和地下厂房等特点，为满足黑启动的要求，黑启动电源是必不可少的，通常采用柴油发电机或应急电源装置。

黑启动电源的设置应满足下列要求：

(1) 当接入系统要求抽水蓄能电站具备电力系统黑启动功能时，该抽水蓄能电站应设置黑启动电源。

(2) 黑启动电源宜选用能远方控制快速起动的柴油发电机组，也可专设水轮发电机组。

(3) 黑启动电源容量应满足起动一台机组必需的负荷，包括机组技术供水泵、主变压器冷却装置、机组调速系统油压装置主油泵、发电机高压油顶起油泵、机组轴承润滑油冷却系统、发电机断路器操作电源等开机所需负荷。

抽水蓄能电站厂用应急电源和黑启动电源宜兼用。电源的容量应按应急负荷与黑启动负荷二者的最大值选取，但不考虑黑启动的负荷与应急负荷同时出现。

（五）厂用电电压等级设置

由于高水头抽水蓄能电站机组水泵工况要求有足够的淹没深度，一般地下厂房的通风、空调、排水、照明、消防等厂用负荷较地面厂房要大得多；加之抽水蓄能机组工况转换频繁，辅助机械设备需经常运行，使厂用电负荷率也较常规水电站高；抽水蓄能电站枢纽一般是由上水库、下水库、输水系统、地下厂房、地面开关站或出线场、地面副厂房等组成，使厂用电负荷分布更分散。因此，厂用电系统通常采用二级电压供电，即 10kV（6.3kV）和 0.4kV 较合适。

（六）厂用电系统接地方式

高压厂用电系统中性点接地方式应满足下列要求：

（1）高压厂用电系统的接地电容电流小于10A时，中性点可采用不接地方式，并设置保护动作于信号。

（2）当高压厂用电系统的接地电容电流在10A及以上时，其中性点可采用低电阻接地方式，并设置保护动作于信号和跳闸。采用低电阻接地方式时，接地电阻的选择应使发生单相接地故障时，电阻电流大于电容电流，并且应使保护装置准确且灵敏地动作于跳闸。

六、可靠性评价

抽水蓄能电站在不同运行工况下既是电源又是负荷，由于其在电网中的特殊作用，为保证抽水蓄能电站能够向电网快速提供容量和满足各种不同运行工况要求，电站电气主接线应以可靠、灵活、调度运维方便，故障时切除的最大容量不影响系统稳定运行和瞬时故障经切换恢复的容量最大为原则。

目前国内可靠性计算方法尚不统一，可靠性计算仍难以做出切实可行的结论，计算结果还不能完全用来判断主接线的可靠性，但还是可以对主接线进行横向对比。

（一）主接线可靠性评估要求及原则

抽水蓄能电站主接线可靠性要综合考虑发电和抽水两种运行工况以及电站的多种运行方式，将可靠性指标通过转移（受阻）电量的损失转化为经济性指标。

当电站为发电状态，由于故障而出力不足，不能满足调峰发电时，电站将转为电量受阻。电站在抽水状态，由于故障造成抽水入力不足，电站储存水能不足就无法按计划发电，同样也会带来损失。因此，在主接线可靠性分析中，既要考虑电站发电状态的停电损失，还要考虑抽水状态下的可靠性对发电状态的影响。所以，计及水能情况的发电和抽水状态的总损失电量期望值是反映主接线可靠性的主要指标，是对不同主接线方案进行比较的主要依据。

（二）可靠性计算

可靠性指标通过发电状态和抽水状态的总损失电量造成的损失转换为经济性指标。年电量损失费等于年总损失电量与每千瓦小时电能损失费的乘积。对于每千瓦小时电能的损失费，要考虑由于故障不能在调峰时按调度计划发电，发电量受阻引起的停电损失。另外一项经济指标是年运行费现值。年总可比费用应等于年电量损失费、年设备可比投资折现值、年运行费折现值三项之和。年总可比费用可以综合反映主接线方案的可靠性和经济性，是主接线方案的综合经济指标，对所有的主接线方案，主要就是利用综合经济指标来加以比较选择。

年运行费中的电能损失费不仅要按规划动能经济计算出的发电上网电价和抽水电价计算，电价是一定的；而且也受投资方式和电力系统管理调度等方面的影响，电价是变化的。所以，电能损失费用的计算电价如何取值仍是值得探讨的课题。

在主接线方案比选中，对于年总可比费用相当的主接线方案，再通过其他可靠性指标以及连通性概率指标来进一步比较选取。最终根据可靠性、安全性和经济性综合考虑，确定方案。

第二节 主要电气设备

一、主变压器

抽水蓄能电站主变压器既是升压变压器又是降压变压器，在选择时应考虑以下几个方面：

（1）主变压器容量选择应计算主变压器所连接机组的发电工况容量和电动工况容量。对电动工况还应计及厂用电最大计算负荷、变频起动装置的负荷以及励磁系统所消耗的容量等。如发电机设置最大容量，则应与机组的最大容量相匹配。

（2）接入系统设计中主变压器调压范围的确定应充分考虑机组的调压能力，宜选用无励磁调压变压器；当电力系统需要的调压范围较大时，宜采用增大发电电动机调压范围的方式。只有在采用机组调压方式仍不能满足系统电压水平要求时，才考虑采用带负荷调压分接开关。

（3）抽水蓄能机组起停频繁，厂用电电源大多接在发电机与主变压器低压侧连接的主母线上，为保证厂用电源，主变压器经常不切除而轻载或空载运行，因此，应尽量降低变压器的空载损耗。

（4）变压器需承受正、反向负载潮流的冲击，突加和突卸负荷时间短，突加和突卸负荷均需按额定负荷考虑。

（5）电站运行中分合闸频繁，变压器铁心剩磁较大，励磁涌流较大，发电机甩负荷时变压器同时承受过励磁。

（6）变压器应满足每年至少带长电缆和GIS合、分操作各5次的要求。

（7）变压器应考虑本电站设置的静止变频起动装置运行时的谐波分量影响。

（8）抽水蓄能电站厂房大多布置在地下，在选择变压器冷却器的供水压力时，要充分考虑到机组吸出高度大，埋设深度深的特点，选用能承受高水压的强迫油循环水冷却器；同时还应考虑到冷却器工作水压大于油压的特点，为防止水进入油中，需选用双层管式冷却器，油、水分腔，两腔间留有空隙，并设置泄漏自动报警装置。

二、同步断路器

抽水蓄能电站机组同步开关可以采用 SF_6 断路器或真空断路器，通常大容量机组采用 SF_6 型，中小容量机组可以采用 SF_6 或真空型。

同步断路器一般设在主变压器的低压侧，也可以设置在高压侧。过去，220kV出线的抽水蓄能电站有采用高压同步的。但随着大容量发电机断路器的开发和应用，目前，断路器装设在主变压器低压侧越来越多，即发电机出口断路器。

发电机断路器与一般的输配电高压断路器相比，主要的区别是在电网中所处的位置不同，保护对象不一样，在许多方面要满足发电机电压回路的特殊要求。

（1）从额定值来看，断路器需要具有很大的额定短路电流开断和关合能力，需要具备很大的额定电流承受能力，额定值远远大于同级别的输配电断路器。

（2）从开断性能看，对断路器有开断非对称短路电流的要求，其直流分量衰减时间达150ms。

（3）从机械操作性能看，由于蓄能机组每天都要起动数次，断路器应满足频繁操作的要求，机械开断次数一般要求不低于20000次。

（4）断路器具有较高的关合额定短路电流峰值及开断失步电流等能力。

（5）断路器具有较好的低频开断能力。

（6）从固有瞬态恢复电压方面看，因为发电机断路器的瞬态恢复电压由发电机和主变压器参数决定，而不是由系统决定，所以其瞬态恢复电压上升率（RRRV）取决于发电机和变压器的容量等级，等级越高，RRRV值越大，其数量级为kV/μs。

由此可见，发电机断路器在许多方面与输配电断路器不同。选择发电机断路器时应特别注重短路电流直流分量开断特性和短路电流低频开断特性能否满足机组和系统参数要求，以及是否具备频繁操作的能力。断路器应能在正常运行和整个起动过程中发生故障时，可靠地开断短路电流。对开断直流分量的要求，不但要考虑正常运行发生故障时的直流分量，还应考虑整个起动过程中发生故障时的直流分量。

（一）发电机电压回路的特点

在事故状态下，发电机断路器担负着关合和切断失步电力系统和发生短路故障电力系统的任务，需要关合与开断最高可达180°的失步故障电流或短路故障电流。在发电机电压回路中，发电机和变压器有很低的电阻和很高的电感/电阻比率（L/R），发电机回路的 L/R 比率高于配电回路几倍。L/R 比率的单位时间即直流时间常数决定故障电流直流分量的衰减率，衰减率又决定断路器触头刚分点及其燃弧时间直到完全开断时的电流强度。GB 1984—2014《高压交流断路器》中规定的标准配电回路直流时间常数为45ms；IEC/IEEE 62271-C37-013：2015《高压开关设备和控制设备　第37-013部分：交流发电机断路器》中规定的发电机回路直流时间常数为133ms；GB/T 14824—2021《高压交流发电机断路器》中规定的发电机回路直流时间常数为150ms。在发电机回路中发生短路故障，将会产生一个具有长直流时间常数的大短路电流。所以，装于发电机与主变压器之间的发电机断路器必须具备既能开断源自发电机的短路电流—发电机源短路电流，又能开断源自电力系统的短路电流—系统源短路电流；发电机断路器应具有关合额定短路电流峰值的能力，该电流峰值约为额定短路开断电流有效值的2.74倍。

(1) 系统源故障。当故障点位于发电机断路器的发电机一侧时，为系统源故障。系统源的故障电流来自经过变压器的系统，且电流强度较高，直流时间常数的延长不仅使燃弧期间非对称电流强度增大，也使故障电流的电流零点间隔增长，从而引起开断过程的燃弧时间变长。

(2) 发电机源故障。当故障点位于发电机断路器的变压器一侧时，为发电机源故障。故障电流的强度一般是系统源故障的一半，但直流分量达到最高，在一些情况下可以达到交流分量的1.1～1.35倍。在故障电流第一个半波以后，发电机阻抗增加到较大的“瞬态”电抗值，短路电流的直流分量较大，电流的交流分量比直流分量衰减得更快，使电流完全转移到零轴线的一侧，造成第1个电流过零时间延迟，短路电流将在几个频率甚至更长时间后才出现电流零点的现象。

综上所述，无论发电机回路短路故障发生在何处，都会产生具有长时间常数的大短路电流，系统源故障使直流分量达75%，发电机源故障时的直流分量可超过100%。

(二) 发电机断路器主要优势

(1) 同步操作。发电机断路器为三相机械联动，相间分合闸不同期时间极小，并有足够的能力切断反相电流，非常适于同步时可靠、安全地操作。高压断路器一般为单相机械联动，超高压断路器每相还可能是多断口，在同步操作时，可能会发生单相或两相拒动，从而危及发电机和变压器的运行安全，而且高压断路器切断反相同步电流的能力也有限。

(2) 减少故障范围，增大保护的选择性。发电机断路器可以将发电机和主变压器分开，有利于分别设置保护系统，增大保护的选择性。在发电机内部发生故障时，由于提高了对故障的分辨能力而能在最短时间内切除发电机，可阻止外部向发电机提供故障电流，缩小停机范围，避免事故扩大。当发电机外部发生故障时，快速断开GCB可避免发电机继续提供故障电流，并同时继续维持对厂用电和电站辅助设备供电。

主变压器高压侧的单相或两相短路故障（如单相接地、断路器非同步操作等）会使机组受到过大的机械和热应力，使机组振动，引起金属疲劳和机械损伤，特别是短路电流的负序分量将使发电机转子阻尼绕组在短时间内过热，烧坏转子，该不平衡故障电流在高压断路器断开后依然存在。发电机断路器一般可在60～80ms内切除并保护机组，若无发电机断路器，发电机将持续提供不平衡故障电流，直至灭磁装置经5～20s灭磁后才会消失，此持续时间已大大超过了发电机组的耐受时间，发电机将严重损伤。

当主变压器本身故障时，如绝缘损坏、套管闪络、调压开关碳化、油受潮劣化等，故障电弧电流产生的油汽蒸发会引起变压器油箱内压力升高。该压力的升高与燃弧时间成正比，可能在短短的130～150ms内引起变压器油箱因压力过高而破裂或爆炸起火，而发电机断路器有利于及时断开发电机，限制故障电流，避免事故扩大。因此，不论是在发生操作故障或在系统震荡时，还是在发电机或变压器发生短路故障时，断路器都将提高保护的选择性和解决故障的快速性，从而提高机组运行的安全性和可靠性。

(3) 延长机械寿命，降低故障率。抽水蓄能电站因调峰填谷、调频、调相和工况转换而频繁开停机，每天5～10次，一年可达2000多次。高压侧断路器的机械寿命较短，无故障操作次数一般在5000次，无故障持续运行年限较短，仅为2.74～4.56年。而发电机断路器是专为机组频繁操作开发的，其机械寿命较长，无故障操作次数可达10000～20000次。

(4) 集成化组合装置。发电机断路器装置是具有多种功能的组合式电器，集成了断路器、隔离开关、接地开关、电压互感器、电流互感器、短路连接、保护电容器、避雷器等设备，组合方式还可以自由选择，安装在一个外壳内，体积小，可靠性高，利于布置，非常适合于布置在位置受限制的空间。

(三) 发电机断路器的主要问题

(1) SF_6断路器价格偏高。SF_6断路器对制造工艺要求很高，加工制造成本高，国际上具备生产能力且有成熟运行业绩的厂家不多，国产产品刚刚起步，SF_6发电机断路器价格远高于超高压断路器。从费用考虑，真空断路器可能比SF_6断路器更具有优势。

(2) 真空断路器开断容量偏低。发电机真空断路器采用真空灭弧室，触头材料是影响真空灭弧室性能的一个重要因素，发电机断路器除了要具有优异的导电、导热和机械性能外，在开断大电流时更要具备良好的耐弧、抗熔焊和吸气性能。在选择真空断路器时，应注意了解真空灭弧室在大容量条件下能否满足开断直流分量要求及导流散热能力。

（3）截波过电压。截波电流所产生过电压的大小主要取决于断路器、系统分量及系统各参数。SF_6自吹式发电机断路器的电流截波水平较低，一般不会产生截波过电压。从目前各厂家提供的资料来看，真空断路器截流值在2～5A，极易产生截波过电压和重燃过电压，从而损坏发电机及其他电气设备，因此应采取措施限制截波过电压的陡度及幅值。在选择真空断路器时，除选用低截流水平的断路器外，一般应采用低残压避雷器或氧化锌压敏电阻或阻容吸收装置来限制截波过电压。在选用限制真空断路器截波过电压装置时，应注意正确选择，不可滥用，否则不但起不到保护作用，还有可能引起装置损坏，导致更大的事故发生。

三、换相开关

由于抽水蓄能电站发电工况和抽水工况发电电动机组的旋转方向相反，为保证机组在不同旋转方向电气回路上转换相序的要求，换相开关是可逆式抽水蓄能机组工况转换必不可少的电气设备。该装置可装设在主变压器低压侧的发电机电压回路，也可装设在主变压器的高压侧，不同的装设位置直接关系到机组的同步方式和厂用电源、机组起动电源的引接方式，这是抽水蓄能电站电气主接线的特点之一。

1. 换相开关型式

换相开关可选用隔离开关或断路器，对于单机容量150MW及以上的大型机组一般采用五极式隔离开关与SF_6发电机断路器配套使用。而对于单机容量100MW及以下的中小机组，发电机回路设备选型遇到的主要问题是：布置场地受限，可供选择的合适定型产品少。在保证安全、可靠运行的前提下，设备选择还要考虑布置紧凑、引线最短，利于通风散热、防潮、抗凝露以及防火等因素。因此，当换相开关设置在发电机电压回路时，选用两个断路器的方案也是一个很好的选择，既可以换相、隔离，又可以达到同步的目的，断路器的寿命也可以延长一倍。如国内回龙抽水蓄能电站机组单机容量60MW，选用两台真空断路器组合作为换相和同步开关，其断路器型号为ZN63A-12型，额定电压12kV，额定电流4000A，额定短路电流63kA，分别安装在两面中置式高压开关柜中，通过电气回路实现闭锁。抽出断路器手车作为主回路明显断开点，以便回路设备检修和试验。

2. 低压侧换相

将换相开关设在主变压器低压侧，厂用电从主变压器低压侧换相开关外侧引接，使厂用电相序在机组工况转换时始终与电网相序保持一致。

当换相开关设在发电电动机电压侧时，有装设在发电机断路器靠发电电动机侧和靠主变压器侧之别。从保证发电机断路器完成背靠背同步起动成功后，将起动用的发电机退出和在起动过程中出现故障时，由发电机断路器进行保护这点看虽然都一样，但是，装设在发电电动机侧尚需在主变压器低压侧另装设频繁操作的隔离开关，使得接线复杂，增加了设备和布置面积。因此，换相开关应设置在发电机断路器的靠主变压器侧。机组的同步方式亦在主变压器低压侧。厂用电源和机组起动电源均可由换相开关靠主变压器侧引接，这样厂用电系统无须经换相切换，不受机组发电或抽水工况变化的影响，有利于提高厂用电源可靠性和节省厂用电设备投资，并且可利用专用的三相五极式换相开关设备。

换相开关装设在发电电动机电压回路，不影响电站高压侧接线和布置，节省投资，方便厂用电源和机组起动电源的引接。因此，对于可逆式抽水蓄能机组采用超高压出线时，宜采用该种装设方式接线。

3. 高压侧换相

当换相开关装设在主变压器高压侧时，常与起动电源、厂用电电源的引接及同步方式结合考虑。由于换相开关的操作要与高压断路器配合进行，即操作前必须先跳开高压断路器，使得高压断路器频繁操作而增加了操作次数、降低了使用寿命。这种装设方式，无论采用何种接线型式，都存在此问题，使得高压侧接线可靠性降低，并增加电站超高压出线设备投资和土建费用，只有当出线电压为220kV及以下时较为经济。目前，尚未有专用的高压和超高压换相开关，若采用普通的隔离开关，由于受机械寿命和操作性能限制，远不及上述的低压专用三相五极换相开关机械寿命高和准确可靠，故难以适应抽水蓄能机组运行的需要。

国内外抽水蓄能电站运行实践证明，抽水蓄能机组的换相及同步点设在低压侧或高压侧在技术上都是可行的。高压侧由于采用 SF_6 全封闭组合电器，设备尺寸明显缩小，采用高压侧换相及同步可大大简化母线洞内土建结构和电气设备布置。当高压侧电压为 220kV 及以下时，采用高压侧同步较为经济，高压侧电压为 330kV 及以上时，采用低压同步较为经济。十三陵抽水蓄能电站出线电压 220kV，采用高压侧换相及同步方案。因此，对于出线电压等级为 220kV 及以下的抽水蓄能电站，换相开关可装设在主变压器高压侧。

由于抽水蓄能机组每天起停次数多，换相开关应满足频繁操作要求，机械操作次数至少不应低于 10000 次。

四、电气制动开关

通常，抽水蓄能电站水头高，机组转速高，制动停机是频繁起停的蓄能机组所面对的关键问题。当机组与电网解列后，由于机组转动部件具有较大的转动惯量，在短时间内机组不能自主停下，如果机组长时间处于低速运转状态，对推力轴承极为不利。机械制动所产生的金属粉尘对发电机绕组的污染不仅构成了机组运行安全的一大隐患，更重要的是制动时间长。因此，抽水蓄能机组一般采用电气制动和机械制动联合的方式，当机组转速降到额定转速的 50%时投入电气制动，当转速降到 5%左右时投入机械制动，直至机组停止。

电气制动开关在选择时应考虑到选型和参数的匹配。

1. 制动开关的选型

电气制动开关选型必须合适，否则将影响机组的正常运行，甚至可能危及机组的安全。在停机开始时，发电机仍然按额定转速或略低于额定转速旋转，发电机定子有一定的残压，当短路开关合上时会产生跨越电弧冲击，出现残余短路电流，如采用常规的隔离开关，就可能导致触头损坏。因此，用作短路的隔离开关应配备抗电弧触头和辅助触头，否则就应该采用负荷开关或断路器。操动机构应选用三相机械联动的驱动方式。

2. 选择制动电流

电气制动的制动电流一般以定子额定电流为标准，但为了更好地获得电气制动效果，通过调整励磁电流可以增大定子制动电流，制动电流可以选定在 1.1～1.3 倍额定定子电流。开关的额定电流可以比制动电流略低一些，因为在发电和抽水工况下电气制动持续的过程都很短，一般不会超过 10min。

五、起动回路设备

选择起动回路设备时，除遵守一般设备选择规定外，还应考虑导体和设备的工作制（长期，反复短时）、变频起动和背靠背起动过程中可能发生的最大短路电流。背靠背起动时应按可能发生的最大短路电流计算。

在计算短路电流和选择设备校验条件时，整个电气主接线的正常接线方式不仅要考虑主回路，还要考虑起动回路，应包括正常发电、抽水运行和起动三种工况下的短路故障。而起动工况指的是整个起动过程，即应考虑主起动方式也包括备用起动方式的整个过程中可能发生的最大短路电流。例如，抽水蓄能电站采用变频起动为主，同步起动为备用的情况下，最大短路电流发生在同步起动（背靠背）的并网至发电机断路器跳开的一段时间内，其电流数值包括机组和系统供给的短路电流之和，当机组和系统容量较大时，短路电流将可能达到非常大的数值。如计算出来的短路电流导致设备选择困难时，可采取限制短路电流的措施，如可在起动回路中设置限流电抗器，增加发电电动机直轴超瞬态电抗值和主变压器的阻抗电压值以及采用“无拖动并网”方式等。

所谓“无拖动并网”是指发电机将被拖电动机拖至略高或略低于同步转速时，跳开发电机断路器，使被拖动电动机失去拖动，减速或靠惯性增速至同步转速时并网，完成起动过程。但有可能发生并网不成功，需要再次起动的情况。

起动回路设备额定参数应按短时发热计算，其时间除应考虑几台机组连续起动（有间隔或无间隔）外，还需考虑起动失败所增加的时间，失败次数视机组台数而定。

六、高压配电装置

目前国内大中型抽水蓄能电站的高压配电装置几乎都采用GIS，国外工程大部分也采用GIS。GIS的运行可靠性高、维护工作量少、开关站占地面积少、环境适应性好而且适合于无人值班电站。随着国产GIS设备设计、加工、制造水平的提高和大规模工程应用，GIS设备与敞开式设备的价格差距越来越小，而且多数抽水蓄能电站都位于地形地质条件复杂的山区甚至是风景名胜地区，GIS占地面积少，场地开挖少，可尽量少影响或不影响地貌和旅游资源的开发；在地质条件比较复杂的站址，还可减少敞开式开关站场地开挖量大、形成高边坡而带来的风险；在北方高寒地区和部分高海拔地区，采用GIS设备还可以简化为避免极端低温导致SF_6气体液化所采取的措施；此外，相比敞开式设备来说，GIS设备更适用于地震多发区和重污秽地区。因此，大型抽水蓄能电站宜采用GIS设备。

GIS选型、布置不仅要考虑到元件参数，也要考虑到设备的安装、试验、调试和运行维护，特别是试验所需要的空间。对于全地下式开关站，在布置时应尽可能地预留GIS试验用场地，特别是高度要满足试验套管的布置和电气绝缘距离。对于地面式开关站＋地下联合单元的抽水蓄能电站，地下联合单元GIS室应满足特殊试验变压器（大容量TV）及其试验母线的布置要求以便就近进行GIS绝缘耐压试验。

如果需要经地面GIS出线套管对高压电缆进行耐压试验，则需要征得GIS设备制造商的同意并制定详细可行的试验方案；如果要尽量减少高压电缆试验对GIS设备的影响，应设置单独的高压电缆试验用GIS套管及连接母线。由于抽水蓄能电站地下联合单元GIS既要与主变压器高压侧油/SF_6套管连接，又要与高压电缆终端连接；地面GIS既要与高压电缆终端连接又要满足高压电缆耐压试验套管的接入，应重点研究连接部位及相邻气室的分隔方案以使连接过程中拆装方便和SF_6气体回收最少。

七、高压引出线

目前，国内外绝大多数抽水蓄能电站均为地下式厂房，发电机电压回路额定电流基本都在10000A以上，且设置有发电机断路器、换相隔离开关、电制动开关、励磁变压器、SFC分支回路设备、厂用分支回路设备等，为便于设备布置并减少电能损耗，主变压器一般也布置在地下厂房内。

抽水蓄能电站开关站分为地下和地面两种类型。开关站布置在地下时，引出线回路数少，输送容量大，可靠性要求高，一般可采用气体绝缘金属封闭输电线路（GIL）；开关站布置在地面时，引出线回路数相对较多、输送容量不大，一般采用交联聚乙烯（XLPE）电缆。

（一）XLPE高压电缆

1. 主要类型

按绝缘类型分类，高压电缆从充油电缆＋充油终端逐渐发展为XLPE电缆＋全干式终端的型式。

2. 布置方式

高压电缆主要用于连接地下联合单元GIS和地面户内GIS，敷设路径一般包括出线平洞、出线斜洞和出线竖井。在出线平洞和出线斜洞内，电缆布置在两侧洞壁，洞室中部作为交通通道，出线洞断面尺寸较小，土建结构简单，电缆敷设安装简便。在出线竖井内，电缆布置在单独分隔的专门电缆隔室内，另需设置楼梯间、电梯间、通风道等，布置复杂，断面尺寸较大，结构较复杂，敷设安装难度较高。电站枢纽布置中应结合电缆结构型式，选择合理的电缆敷设路径，并重点关注竖井内敷设的电缆结构、敷设方法和安装固定方式，以保证电缆各结构层稳定而不出现滑脱现象。

3. 单根长度

高压电缆系统中的电缆终端和中间接头是稳定性较薄弱的环节，为保证整个高压电缆系统的运行可靠性，以单根电缆能完成地下GIS联合单元和地面GIS的连接、不设置电缆中间接头为原则。目前，国际上单根电缆长度最大的在新加坡，长约2000m，日本有单根长度1800m的高压电缆多年运行业绩，国内已投运的敦化抽水蓄能电站高压电缆单根长度为1546m，为目前国内已投运的单根最长高压电缆。

如果枢纽布置允许，高压电缆应尽量不设置中间接头，单根最大长度以控制在1500m以内为宜。随着电缆生产厂家研发、生产、试验装备能力的不断提升，后续工程设计中单根电缆长度可以适当增加。

4. 金属套接地方式

为降低处于导体交变磁场中的金属套上感应出的电压，需要对其金属套采取适当的接地措施。金属套接地分一端直接接地、两端直接接地和交叉互联接地三种方式。抽水蓄能电站高压电缆一般采用整根结构，总线路不长，采用地面 GIS 侧直接接地，地下联合单元侧通过金属套绝缘保护器接地的方式。

5. 安装与试验

高压电缆的现场安装和现场试验具有其特殊性和专业性，一般包含在电缆生产厂家的工作范围内。厂家自身应具有相关安装和试验资质或委托有相关资质的单位完成此项工作。鉴于抽水蓄能电站枢纽布置的特点和高压设备布置的限制，高压电缆系统需经过地面 GIS 设备进行交流耐压试验或设置单独的试验套管和试验母线，具体试验方案应与 GIS 生产厂家联合确定。

（二）GIL

1. 主要特点

GIL 输送容量大、绝缘等级高、可靠性高、运维方便；同时，气室容量大、气体回收复杂、气体泄漏在线监测装置布置复杂。GIL 可用于连接地下 GIS 联合单元和地面 GIS 设备，回路数不宜超过 2 回，应用于采用地下 GIS 开关站型式的电站更具优势。

2. 布置方式

抽水蓄能电站 GIL 布置位置一般包括出线平洞、出线斜洞或出线竖井。在出线平洞和出线斜洞内，GIL 布置在两侧洞壁，洞室中部作为交通通道，布置简单，断面尺寸比高压电缆要求高。在出线竖井内，GIL 宜布置在单独的隔间内，另需设置楼梯间、电梯间、通风道等，断面尺寸较大，土建结构较复杂，布置安装难度较高，支撑结构受力计算复杂、强度要求高，母线大容量气室各个部位的温升分布不均，通风散热需重点考虑。GIL 对敷设路径的长度没有特殊要求，可以适用于各种枢纽布置方案。

3. 设备价格

由于 GIL 设备的上述特点、难点，以往抽水蓄能电站采用的 GIL 基本都是进口产品且主要集中在少部分厂家，设备单价一般高出同电压等级和输送容量的高压电缆 5 倍以上。随着 GIL 设备生产厂家越来越多，国产化进程加速，国产产品应用业绩的提高，GIL 设备价格目前已降至同等级高压电缆的 2～3 倍。

4. 在线监测及机械排风

目前，GIL 均采用 SF_6 气体绝缘，存在气体泄漏风险，应设置 SF_6 气体泄漏在线监测装置，监测传感器布置位置广、数量多，传输距离长、线路敷设较复杂。出线洞一般中间无额外出口，机械排风设施布置困难。

八、电流互感器和电压互感器

抽水蓄能电站电流互感器（TA）和电压互感器（TV）配置原则与常规水电站基本相同。国内抽水蓄能电站建设初期由于不能确定 TA、TV 和所有继电保护的频率特性是否适于在低频工况下运行，因此在起动过程中将部分保护闭锁，当机组接近或达到同步转速时才投入运行。近年来，互感器生产厂家大都能保证 TA、TV 和所有继电保护的频率特性适于在低频工况下运行。但若保证电流和电压互感器的精度要求，就要降低互感器二次侧负载的容量，表 15-2-1 列出某生产厂家提供的电流互感器和电压互感器精度、容量及频率之间的关系。随着微机保护在电力系统的广泛应用，由于微机保护的交流回路功耗较常规保护要小很多（极小），因此互感器负载能力的下降不会带来问题。只要采用微机继电保护，频率高于 10Hz 左右时所有保护都能正确动作；在频率低于 10Hz 之前，可以由一个低频特性更佳的过电流保护继电器（次同步过流保护）来保证机组的安全。故在选择互感器时不必过度担心互感器能否适应低频特性问题。

表 15-2-1　　TA、TV 的精度、容量及频率关系

互感器	50Hz		40Hz		30Hz		20Hz		10Hz		5Hz	
	精度	容量（VA）	精度	容量（VA）	精度	容量（VA）	精度	容量（VA）	精度	容量（VA）	精度	容量（VA）
TA1	5P20	30	5P20	24	5P20	18	5P20	12	5P20	6	5P20	3
TA2	0.5FS5	30	0.5FS5	25	0.5FS5	15	0.5FS5	10	0.5FS5	5	0.5FS5	2.5
TV1	3P/6P	50/50	3P/6P	40/40	3P/6P	30/30	3P/6P	20/20	3P/6P	10/10	3P/6P	5/5
TV2	0.5	50	0.5	40	0.5	30	0.5	20	0.5	10	0.5	5

第三节 计算机监控系统

一、抽水蓄能电站计算机监控系统的特点

从功能与结构来看，抽水蓄能电站的计算机监控系统是常规水电站的计算机监控系统的外延。二者既有许多相似之处，也有不少差别。以下扼要分析抽水蓄能电站的计算机监控系统有别于常规水电站的特点。

(1) 被监控设备多。常规水电站的机电设备，例如闸门启闭机、水轮机、发电机、发电机断路器、高压开关设备、厂用电、励磁系统、调速器、继电保护、直流系统、油气水系统等，抽水蓄能电站都具备，但略有不同，例如抽水蓄能电站的机组是水泵水轮机和发电电动机。除此之外，抽水蓄能电站还有一些常规水电站没有的设备，例如静止变频起动装置（SFC）、换相开关等。抽水蓄能电站由于水头高等原因，需装设进水阀，机组停机时需关闭进水阀，以防导叶漏水。

(2) 工况转换复杂。常规水电站的机组一般只有静止与发电两种工况，有的机组有调相工况。如果不计停机方式的多样性（正常停机、电气事故停机、机械事故停机），其工况转换的种类最多只有4种。而抽水蓄能电站的稳定工况有5种之多，常用的工况转换约有14种。如果计及不同的抽水起动方式，工况转换的种类还要多。

(3) 输入/输出量大。由于被监控设备多、工况转换复杂，抽水蓄能电站计算机监控系统的输入/输出量比常规水电站增加很多。根据经验，模拟量测点约比常规水电站多50%，而开关量测点则约为常规电站的两倍多。

(4) 设备控制的横向联系多。常规水电站各机组的控制基本上是互不相关的，各机组的现地控制单元（LCU）之间没有什么信息交流。抽水蓄能电站则不然，背靠背起动过程中，拖动机组与被拖动机组之间需要互相采集对方的状态信息，这些信息是机组进行顺序操作的必要条件。在SFC起动过程中，机组LCU与SFC的LCU之间也需要进行大量的信息交换。

早期的抽水蓄能电站曾经采用硬接线来实现LCU之间的信息交换。随着网络技术的成熟与广泛应用，当前LCU之间的信息交换主要经由网络实现。有些电站在LCU之间建立专用网络，用于交换背靠背起动和SFC起动过程中的信息。

(5) 地下厂房的安全性更突出。大多数抽水蓄能电站的厂房都建在地下，且埋深很大，厂房处于“头顶两盆水”的局面，所以监视地下厂房，避免其被水淹是一个十分重要的问题。通常在厂房最低处设置不少于3套水位信号器，水位较高时，发出报警信号；当同时有2套水位过高时，关停所有运行的机组，关闭上水库和尾水的事故闸门，并起动厂房声光报警。

上水库进水口大都设置事故闸门，长尾水系统在下游侧也要设置事故闸门。在输水系统发生事故时，应当快速落下事故闸门。尾水闸门与进水阀的控制之间需实现联锁，在进水阀开启的情况下不得关闭尾水闸门，尾水闸门关闭的情况下进水阀不得开启。

(6) 上水库、下水库的监视与控制要求高。抽水蓄能电站与常规水电站的水库相比，其上水库、下水库库容较小，连续的发电或抽水会使上水库、下水库的水位发生较大的变化。为了避免上水库、下水库溢出和水位过低，应当监视上水库、下水库的水位。

(7) 被监控设备分布范围广。抽水蓄能电站一般有上水库、下水库、地下厂房、开关站以及地面控制楼（或业主营地综合办公楼）等区域，有条件时可以设置由不同路由构成的环网（或双环网）、星形网（或双星形网）或星环混合网（或双星环混合网）结构型式的监控系统，以保证电站的安全运行。

上水库、下水库等处的LCU距离远、采集量少，如果采用环网，为了不使其故障影响环网的可靠性，通常不将其作为环形拓扑的一个节点，而是从厂内的一台交换机采用星形方式连接到这些LCU。这些LCU的配置通常从简，甚至简化为远程I/O。

(8) 机组起停频繁，硬件可靠性要求高。抽水蓄能电站的“削峰填谷”功能决定了机组起停必然频繁，每天工况变换达五六次，甚至更多。由于抽水工况比较复杂，一般抽水工况起动的成功率比发电工况要低，因此对计算机监控系统的可靠性要求更高。电厂级设备冗余配置，LCU级设备普遍采用

双电源模块、双CPU、双通信模块的冗余方式。

(9) 应用软件功能的特殊性。高坝大库的常规水电站经济运行的主要功能之一是水库优化调度；径流式水电站的水库调节能力很小，只能带基荷，经济运行的主要功能是维持尽可能高的水头。抽水蓄能电站的上水库一般很小，水头较高，长达300m以上，但其抽水发电循环综合效率一般约为75%，因此，抽水蓄能电站的经济调度等应用软件将包括许多新的内容，如降低抽水功耗，提高发电效率，在多台机组抽水的情况下，制定最优的抽水协调方式，以使抽水的总耗能量最小。根据经验，在各机组型号、额定水头和额定水泵扬程相同的情况下，采用等负荷发电和等抽水流量的方式是最经济的。

总之，抽水蓄能电站计算机监控系统与常规水电站的计算机监控系统一样，也应当实现数据采集与处理、安全监视、控制与调整、事件顺序记录、历史数据存储等通用功能。只是因为抽水蓄能电站在功能、水工设施、机电设备方面的特点，各项功能的具体内容比常规水电站要丰富很多。

二、计算机监控系统发展状况

(一) 交换式网络的应用

20世纪70年代以后，局域网（LAN）成为水电厂计算机监控系统网络的主要型式，以太网又在各种局域网中逐渐成为主流。

总线形网络是以太网的基本形态。连接在总线上的设备通过监测总线上传送的信息来检查发给自己的数据。当两个设备想在同一时间内发送数据时，以太网上将发生碰撞现象，但是使用一种载波侦听多重访问/碰撞监测（CSMA/CD）协议可以将碰撞的负面影响降到最低。交换式以太网可以进一步减少碰撞，提高网络系统的带宽利用率，已经成为抽水蓄能电站与常规水电站计算机监控系统中的主流网络。

以太网本质上是一种总线网络，从其逻辑拓扑结构来看，是一条总线。但因其实际网络布线方式的不同，可以构成星形、总线形、环形和星环混合型等不同的物理拓扑结构。为了进一步提高网络的可靠性，可以采用双星形、双总线、双环或双星环混合型网络结构实现网络冗余。图15-3-1～图15-3-5为交换式以太网的常用拓扑图。表15-3-1列举了各种交换式以太网的主要优缺点。

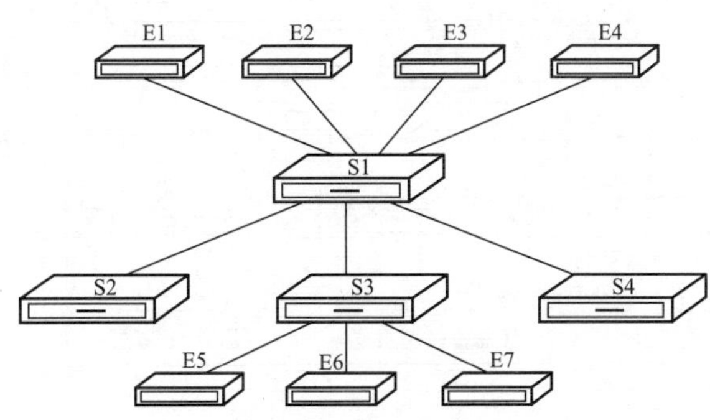

图15-3-1 单星形网络

S1—电站级交换机；S2、S3、S4—LCU交换机；E1、E2、E3、E4—电站级设备（各类工作站等）；E5、E6、E7—LCU的控制器、触摸屏、调速器等（其他交换机所连接设备未示出）

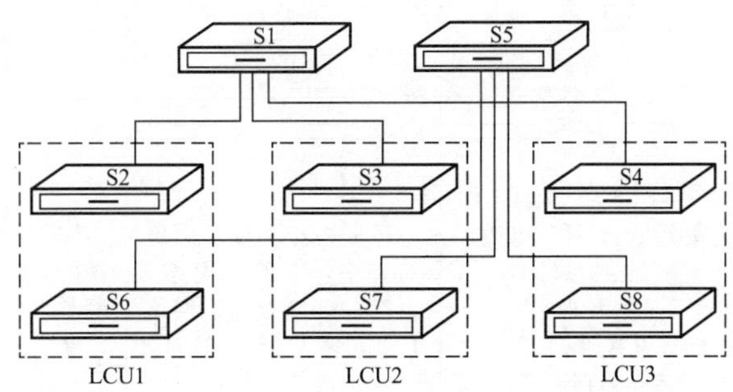

图15-3-2 双星形网络

S1、S5—电站级交换机；S2、S3、S4、S6、S7、S8—LCU交换机（交换机所连接设备未示出）

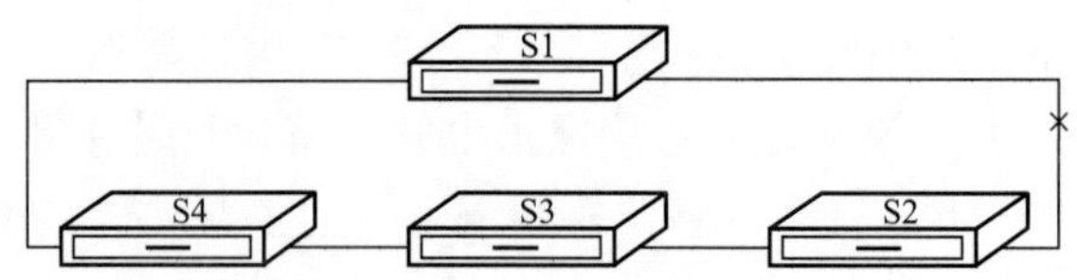

图 15-3-3　单环形网络

S1—电站级交换机；S2、S3、S4—LCU 交换机（交换机所连接设备未示出）

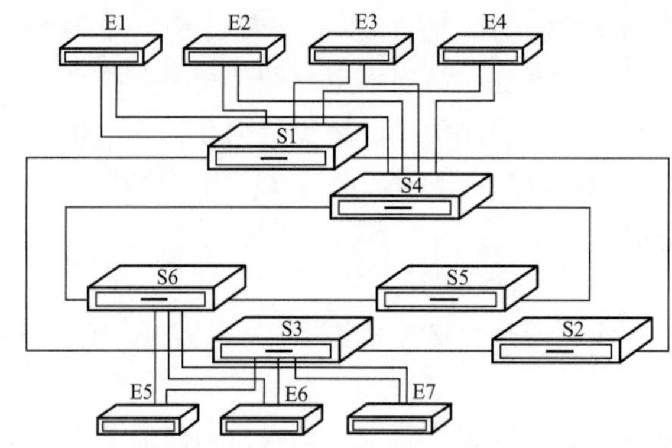

图 15-3-4　双环形网络

S1、S4—电站级交换机；S2、S3、S5、S6—LCU 交换机；E1、E2、E3、E4—电站级设备；
E5、E6、E7—S2 所连接设备（其他交换机所连接设备未示出）

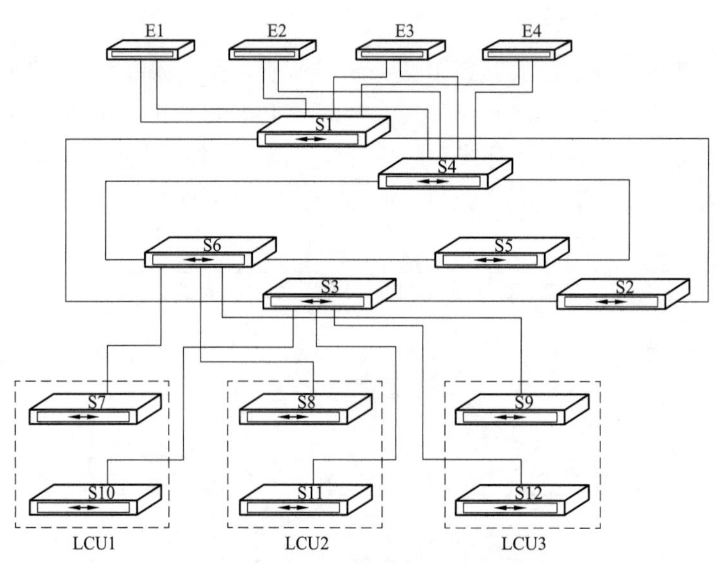

图 15-3-5　双星环混合型网络

S1～S6—电站级交换机；S7～S12—LCU 交换机；E1、E2、E3、E4—电站级设备（其他交换机所连接设备未示出）

表 15-3-1　　各种交换式以太网的优缺点

网络拓扑	单星形	双星形	单环形	双环形	双星环混合型网
拓扑图	图 15-3-1	图 15-3-2	图 15-3-3	图 15-3-4	图 15-3-5
优点	（1）布线简单，管理方便。 （2）直接通过背板交换，交换速度快	（1）网络为冗余式，网络交换机、光纤（电缆）、网卡三处同时故障时，仍可保证通信不中断。 （2）直接通过背板交换，交换速度快	环形拓扑保证了网络的冗余，光纤（电缆）出现一处断点时，网络自动切换为总线方式	网络冗余度高，网络交换机、两处光纤（电缆）、网卡四处同时故障时，仍可保证通信不中断	（1）网络冗余度高，网络交换机、光纤（电缆）、网卡三处同时故障时，仍可保证通信不中断。 （2）较双星形网节省光缆

续表

网络拓扑	单星形	双星形	单环形	双环形	双星环混合型网
缺点	（1）无冗余。 （2）中央交换机风险集中，形成瓶颈	（1）布线复杂，所有的网络设备、光纤（电缆）、网卡均为双份。 （2）冗余靠软件实现，切换时间依赖于程序	（1）冗余度较低，任一交换机的故障都导致与其相接设备的退出。 （2）不相邻的交换机所接设备通信时需经由其他交换机，交换速度低于星形	（1）布线较复杂，所有的网络设备、光纤（电缆）、网卡均为双份。 （2）不相邻的交换机所接设备通信时需经由其他交换机，交换速度低于星形	布线较复杂，所有的网络设备、光纤（电缆）、网卡均为双份
成本	低	最高	最低	高	高

星形以太网在物理上是星形的，但在逻辑上是总线形的，因为中央交换机背板的各端口之间的内部连接为总线方式。

与现已淘汰的令牌环形网不同，交换式环形以太网实质上是按照总线方式工作的，环路上设有逻辑断点，如图 15-3-3 所示的叉号处，当主交换机检测网络为通时，逻辑断点自动断开；当主交换机检测网络为断时，逻辑断点自动愈合。由于交换式环形以太网的成本与交换式总线以太网相差无几，而可靠性却提高很多，因此宏观拓扑为总线形的交换式以太网实际上很少采用。实际采用的网络有时是多层次网络：环形网和星形网的结合或者是多级星形网络，多级星形网络又称为树形网络。

图 15-3-1～图 15-3-5 所列抽水蓄能电站常用的五种网络拓扑，其中 S1、S2 等是交换机（switch），E1、E2 等是交换机所连接的智能设备（intelligent electronic device，IED，简写为 E）。为了画面的清晰，只有图 15-3-1 和图 15-3-4 表示了部分交换机与相关设备的连接。表 15-3-1 对各种网络的优缺点进行了比较。

图 15-3-1 是单星形网络，S1 是星形网的中央交换机，而在 S3、E5、E6、E7 组成的星形网络中，S3 又是中央交换机，所以这个网络也可以看成是树形网络。图 15-3-4 是双环形网络，而 S1（S4）与 E1、E2、E3、E4 又构成了星形网络，所以这个网络也可以看成是混合网络。图 15-3-5 是双星环混合型网络，S1～S6 构成环形网络，S1 与 E1、E2、E3、E4 构成星形网络，S6 与 S7、S8、S9 构成星形网络，总体构成双星环混合网络。

（二）现场总线及其他数据通信技术的应用

传统的水电厂计算机监控系统采集信息和输出命令主要采用并行方式。这种方式的缺点是需要大量的电缆，导致成本提高，安装、维护工作量增加。串行通信提供了解决这一问题的出路。串行通信可以在两个设备之间通过专用的传输线点对点地进行，也可以在多个设备之间通过公用的传输线进行，后一种情况的传输线被称为总线。现场总线则是处于分布式控制系统最底层的用于采集信息和输出命令的总线。广义地讲，水电厂（包括抽水蓄能电站）中可能采用的数据通信技术有如下几种。

1. LCU 与单个被监控设备之间的串行通信

这种方式即点对点的串行通信。如果被监控设备（调速器、励磁和继电保护等辅助设备）是微机化的，那么就有可能利用各自的串行端口（例如 RS232 或 RS485 端口）实现它们与现地控制单元（LCU）之间的串行通信。

2. 远程 I/O

主流厂家生产的能够用作 LCU 的 PLC 或综合控制器，都可以配置远程 I/O 模块。这种方式可以看成是把 LCU 本体上的 I/O 模块移到了被监控设备的近旁，实现并行/串行转换，从而缩短了一对一连接的导线的长度。远程 I/O 与 LCU 本体之间采用监控设备的内部总线实现通信，传输速率高，且不存在协调困难。

3. 现场总线

采用通用型的现场总线，可以将监控设备与被监控设备都接在由现场总线组成的网络上，通过现场总线实现信息采集与控制、调节。这种方式最充分地利用了串行通信的优点，实现了彻底的分布，但被监控设备必须支持现场总线。对于微机化的调速、励磁、继电保护和油、气、水系统的控制设备，这一点不难做到。

现场总线技术是当今自动化领域技术发展的热点。随着控制技术、计算机技术、网络通信技术和信息处理技术的迅速发展，以现场总线为基础的全数字控制技术将逐步取代传统的控制系统，成为21世纪自动控制系统的主流。现场总线技术的发展与应用对实现面向设备的自动化系统起到巨大的推动作用，给传统的控制保护设备、开关电器、自动化元件带来了新的机遇和挑战。能与现场总线连接的智能化的控制保护设备、开关电器、自动化元件在今后将有广阔的发展前景。

按照IEC61158《工业通信网络　现场总线规范》，现场总线的定义是："用于与工业控制或仪表设备（例如，但不限于，变送器、执行器和现地控制器）通信的数字式、串行、多点数据总线"。这个定义将现场总线的几个主要特征做了十分精确而简练的概括。根据这个定义，水电厂的现场总线应是监控设备与现场的被监控设备（例如各类变送器和阀门等执行机构以及调速器、励磁系统和继电保护等设备）之间的公共信息通道。如果说水电厂监控系统的骨干网络是由局域网（包括各种以太网）构成的话，那么现场总线则是置于局域网之下的最底层网络。

2007年颁布的IEC61158 Ed.4第4版《工业通信网络　现场总线规范》规定了20种类型的现场总线。我国自主创新的基于实时以太网的现场总线EPA列在其中。Modbus的扩展版Modbus RTPS（以太网方式）也是其中之一。

事实上，我国已经把Modbus列为工业自动化国家标准（GB/Z 19582—2004《基于Modbus协议的工业自动化网络规范》)。Modbus的支持厂家多、成本低，它通过RS485连接，可连接32个站点，适用于传输距离不很远（不大于1200m），对通信速度要求不高（100kbit/s，对应于1200m）的场合。考虑到Modbus主要用于传送公用设备和辅助设备的异常信号，极少传送与实时控制有关的信号，所以上述缺点影响不大，这就是Modbus在水电站，包括抽水蓄能电站，能够得到广泛应用的原因。

4. 以太网

以太网（ethernet）始于1973年，是一种计算机局域网组网技术。IEEE制定的IEEE 802.3标准给出了以太网的技术标准。它规定了包括物理层的连线、电信号和介质访问层协议的内容。以太网是目前应用最广泛的通信网络之一，它很大程度上取代了其他局域网标准，如令牌环网（token ring）、FDDI和ARCNET。20世纪90年代中期，以太网技术开始进入工业控制领域。在自动化系统中实际采用的是一种以太网与现场总线相结合的综合控制网络，在以太网、TCP/IP、IEC61850协议的基础上，通过网关实现以太网和现场总线之间的互联。

与现场总线相比，以太网具有如下优点：

(1) 软硬件资源丰富，应用广泛，成本低廉。以太网是目前应用最为广泛的网络，有多种软硬件产品可供选择，因此价格较低，甚至低于现场总线的十分之一，随着集成电路的发展，其价格还有下降趋势。

(2) 通信速率高。以太网支持的传输速率包括10Mbit/s、100Mbit/s和1Gbit/s，比目前任何一种现场总线都快。

(3) 以太网支持多种传输介质，包括同轴电缆、双绞线、光缆等，使用户可根据带宽、距离、价格等做多种选择；支持总线形和星形拓扑结构，可扩展性强，同时可采用多种冗余连接方式，提高网络的性能；易于与Internet连接，能将工业控制网络的信息无缝集成，实现生产过程的远程监控、设备管理、软件维护和故障诊断。

近年来，随着以太网通信技术的迅猛发展，LCU与SFC、励磁、调速等单个被监控设备之间也开始逐渐采用以太网接口进行通信，通信协议主要有DL/T860《电力自动化通信网络和系统》系列规约、DL/T634.5104《运动设备及系统 第5-104部分：传输规约采用标准传输协议集的IEC 60870-5-101网络访问》规约、DL/T667《运动设备及系统 第5部分：传输规约第103篇：继电保护设备信息接口配套标准》规约等。

三、计算机监控系统实例

(一) 琅琊山抽水蓄能电站计算机监控系统

琅琊山抽水蓄能电站地下厂房内安装4台单机容量150MW的可逆式水泵水轮机/发电电动机。两台分裂变压器分别与四台机组组成扩大单元接线，将电压从15.75kV升至220kV，分裂变压器的高压侧用干式电缆经出线竖井引至地面敞开式开关站。220kV 开关站采用内桥接线，以两回出线送至 10km 外的滁州变电站。机组、主变压器和计算机监控系统采用奥地利维奥公司的设备。该电站已于 2006 年建成发电。

1. 系统结构

监控系统的主干网络是环形光纤以太网，环上串接了 8 台交换机，其中 2 台连接电站级计算机和外围设备，6 台分别连接六个现地控制单元（LCU）。各 LCU 的控制模块 AK1703、AM1703、AMC1703（作为远程 I/O）、触摸屏以及励磁装置、调速器和机组辅助设备（高压油系统、冷却水、进水阀和调速器油系统）的控制设备等设备均接于交换机上，如图 15-3-6 所示。

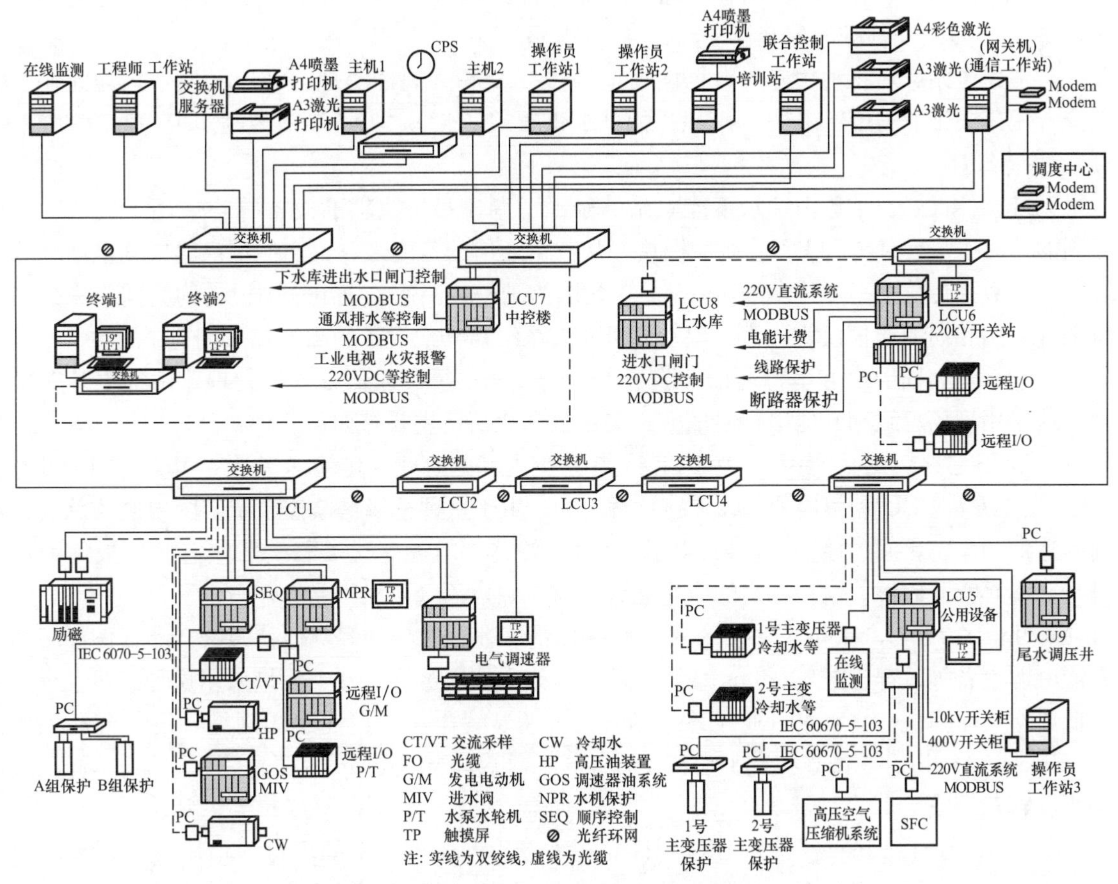

图 15-3-6 琅琊山抽水蓄能电站计算机监控系统

2. 主要设备

（1）网络设备。网络设备采用 9 台 HIRSCHMANN 公司的 MICE 系列交换机。

（2）电厂级设备。电厂级设备包括 11 台适用于高速实时监控的计算机，其中 2 台电厂主计算机采用 UNIX SOLARIX 操作系统的 SUN BLADE 1500 工作站，3 套 PC 机用于操作员工作站，一套 PC 机用于工程师工作站，一套 PC 机用于联合控制工作站，一套 PC 机用于通信工作站，一套 PC 机用于培训系统，两套 PC 机用于厂长终端，PC 机均为 DELL 产品。此外，还有 6 台打印机，一套冗余的 UPS 电源装置，一套 GPS 时钟信号接收和授时装置。在综合楼厂长和总工程师办公室共设有一台交换机和 2 台仅具备监视功能的厂长终端，该交换机和主交换机直接相连。

（3）现地控制级设备。LCU1～6 各设一台交换机，6 台交换机和 2 台主交换机相连形成主干环网；LCU7 通过网络线直接与主交换机相连；LCU8 通过光纤与 6LCU 的交换机相连；LCU9 通过光纤与 LCU5 的交换机相连；地下厂房临时操作员工作站通过光纤与 LCU5 的交换机相连；各 LCU 则以现场总线和串行通信方式与现地被监控设备联接。机组现地控制单元（LCU1～4）布置在机旁，每个单元由四面盘组成，监视和控制对象除机组外，还包括励磁、调速、机组保护和油气水等系统。除了机组保护采用 IEC 60870-5-103《远动设备和系统 第 5-103 部分：传输协议-保护设备信息接口的配套标准》

协议与 LCU 串行通信外，其余设备的通信是经过交换机完成的。

除以上四面盘外，在发电机层以下还布置了机组冷却水控制盘、水泵水轮机现地控制盘（用于调速器油泵控制以及与水泵水轮机相关的温度、流量和压力等信号的测量）和发电电动机现地控制盘（用于发电电动机相关的温度、流量、压力等信号的测量和辅助设备的控制），这些盘均通过交换机与机组 LCU 相连，属于机组 LCU 的一部分。

（4）远程通信。为了实现与省调和网调的通信，在中控室设有专用通信 AK 模块，能够接入两个调度通信通道。一个是 AK 模块＋专用交换机＋路由器的专用数据网通道，规约为 IEC60870-5-104《远动设备和系统 第 5-104 部分：传输协议-使用标准传输轮廓的 IEC 60870-5-101 所列标准的网络存取》；另一个是 AK 模块＋Modem 的直达通道，规约为 IEC 60870-5-101《远动设备和系统 第 5-101 部分：传输协议-基本远动任务的配套标准》。

此外，考虑电站今后将利用专用数据网通道通过 TASE. 2 规约实现与调度的通信，为此在中控室设置两个专用 TASE. 2 通信工作站，可以采用 TASE. 2 和 IEC 60870-5-104 规约实现与调度的通信。

3. 主要特点

（1）系统整体性好。琅琊山抽水蓄能电站的励磁、调速和机组辅助设备等均采用了奥地利维奥公司新研制的“海王星”（NEPTUN）通信模块，从数据通信的角度来看，它们都已集成到电站计算机监控系统之中，数据传输速率可达 100Mbit/s。这是因为励磁、调速、机组辅助设备均为同一家公司的产品，有条件采用相同的通信模块，为实现计算机监控系统与其他设备的高度集成创造了条件。

（2）大量采用远程 I/O 和串行通信。除了上述的“海王星”通信方式外，琅琊山抽水蓄能电站还因地制宜地采用现场总线和其他串行通信方式实现数据通信，主要有如下几种：

1）Ax BUS 总线。这是 SAT 250/SAT 1703 系统内部的总线，传输速率达 4Mb/s 或 16Mb/s。机组和 220kV 开关站 LCU 利用这种总线连接远程 I/O。由于这种总线是监控系统范围内部的总线，不存在不同制造商的设备之间的通信协议协调问题，且传输速率较高。这类总线虽然有时也被称为现场总线，可是并不具有开放性。但在特定的应用场合，这一缺点不会给用户带来不便。

2）Modbus 总线。Modbus 总线是一种广泛采用的工业标准，许多其他公司的产品（例如厂用电盘柜、直流电源设备等）都支持 Modbus 总线，所以琅琊山抽水蓄能电站中大量采用这种总线。全厂公用设备（低压空气压缩机、排水泵、通风系统等）的控制装置由供货厂商组成网络，设一台微机作为上位机，LCU5 以 Modbus 总线连接此上位机。LCU6～8 也分别引出 Modbus 总线，连接各被监控设备，介质采用屏蔽双绞线。

3）IEC 60870-5-103 协议。这是 IEC 制订的一种专用于保护设备的串行通信协议，琅琊山抽水蓄能电站的机组保护、线路保护和母线保护均采用这种通信协议。LCU1～4 采用 IEC 60870-5-103 协议与机组保护设备串行连接；LCU5 采用该协议连接 2 台主变压器的保护设备；LCU6 采用该协议连接线路保护、母线保护、断路器保护等设备，介质均采用屏蔽双绞线。

（3）操作命令和重要信号采用硬接线。操作命令和断路器、隔离开关的位置信号宜采用硬接线与 LCU 直接连接，或经过远程 I/O 连接，以保证操作和闭锁万无一失。琅琊山抽水蓄能电站 220kV 开关站监控方案中，上述命令和信号全部通过远程 I/O 传送。实际上，断路器的操作命令必须通过断路器操作箱，不可能直接用串行方式发送。

（二）清远抽水蓄能电站计算机监控系统

广东清远抽水蓄能电站是一座日调节的纯抽水蓄能电站，装设 4 台单机容量 320MW 的可逆式水泵水轮机/发电电动机。电站以 500kV 一级电压 1 回出线接入电网，并预留 1 回备用；发电电动机与主变压器采用联合单元接线，500kV 电压侧采用四角形接线。输水系统采用一管四机方案，主要建筑物为输水系统、厂房洞室群、500kV 开关站和地面中控楼等。

监控系统按“无人值班”（少人值守）原则设计，采用国内研发的 H9000V4. 0 水电站计算机监控系统，于 2015 年投入运行。

1. 系统结构

监控系统采用分层分布式双环形系统结构，分为厂站级和现地控制单元级，各分系统直接挂在以太网上，系统结构如图15-3-7所示。厂站层布置在地面中控楼，采用多微机结构，设有18套服务器/工作站，实现监控功能；现地控制单元级设10套LCU，能够执行主控级命令或独立完成电厂机组、开关站、公用、上水库、下水库、中控楼设备的监控任务，清远抽水蓄能电站机组LCU结构如图15-3-8所示。电站由南网总调及其备调、广东省中调及其备调进行调度，调峰调频公司集控中心进行监视；监控系统负责实现与调度层接口，传送信息和接收调度指令。

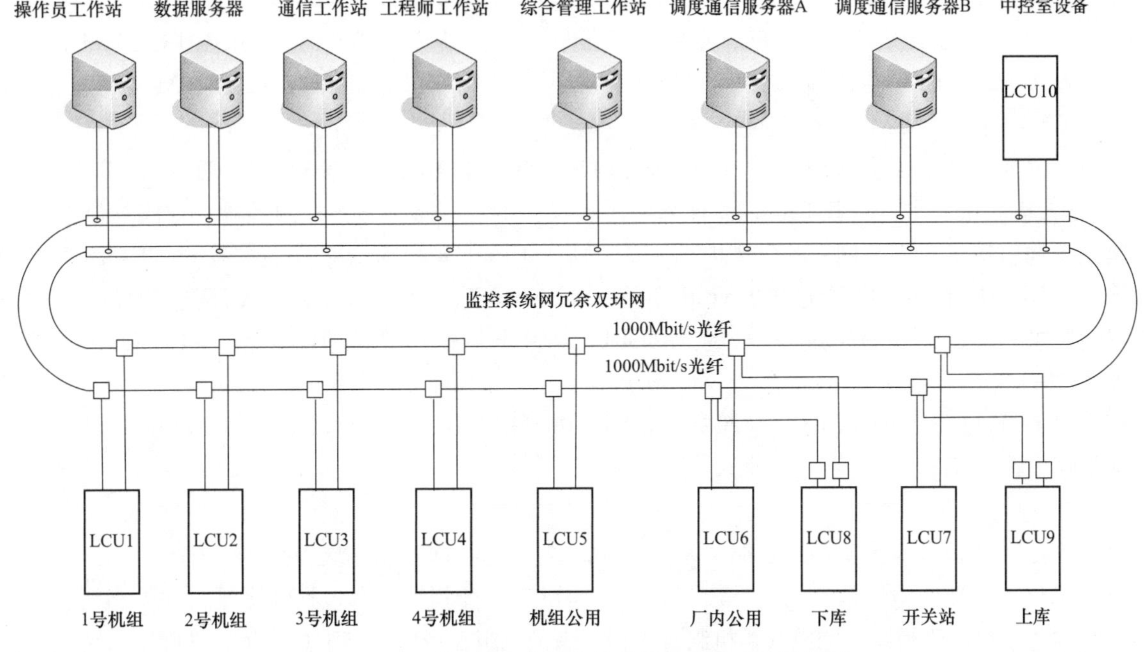

图15-3-7 清远抽水蓄能电站计算机监控系统结构图

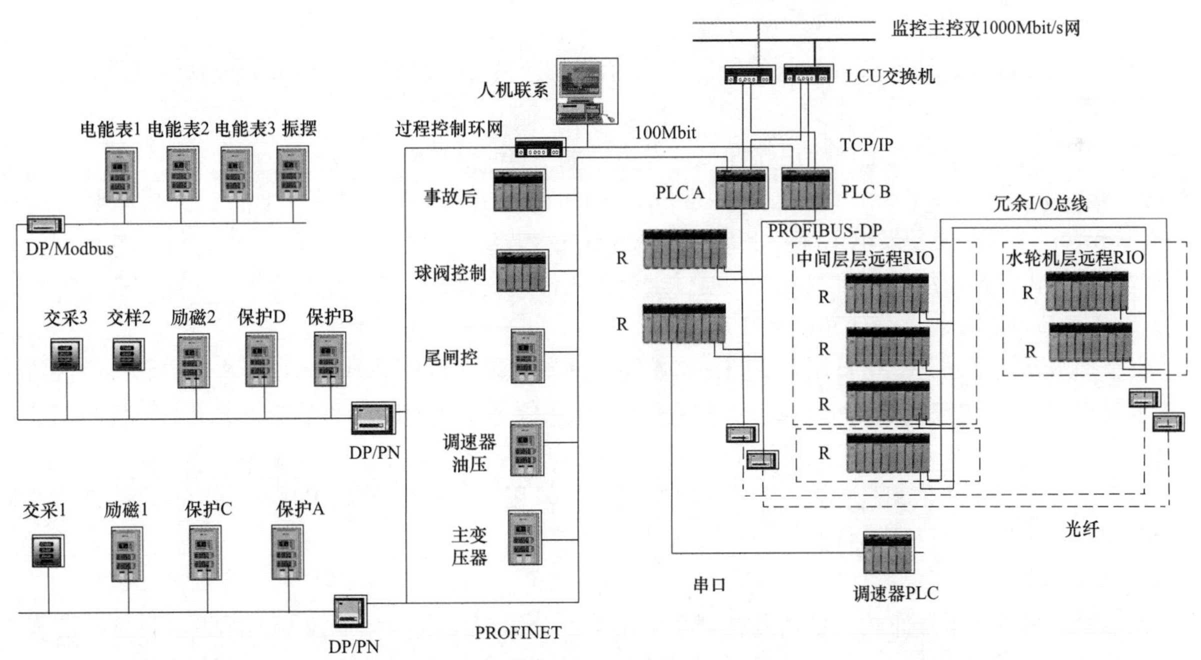

图15-3-8 清远抽水蓄能电站机组LCU结构图

2. 主要设备

(1) 网络设备。2套中控楼主交换机采用赫斯曼MACH4002 48+4G-L3P千兆级交换机主机，4套地下厂房及开关站LCU交换机采用MS4128-L2P，中控室LCU通过中控楼主交换机接入监控网络，其他7套LCU配置16套RS30赫斯曼交换机。

(2) 厂站级设备。厂站层配置18套服务器/工作站，包含2套数据服务器，2套应用服务器，3套操作员工作站，2套工程师/培训服务器，4套调度通信服务器，2套综合管理服务器，1套语音报警工作站，2 套数据库维护服务器。服务器主要采用 HP DL 580 Server 机架式服务器，工作站主要采用 HP Z820 工作站。配置 1 套 HP StorageWorks P2000 G3 存储阵列。配置 1 套 BSS-3 型卫星时钟同步系统，为所有上位机设备、各现地控制单元设备以及厂内各继电保护装置、计量系统、振动、摆度在线监测系统等提供时间同步信号。配置 1 套冗余的不间断电源，为厂站级设备供电。配置 1 套电力二次系统安全防护设备。

（3）现地控制单元级设备。电站共配置 10 套现地 LCU，包含 4 套机组 LCU1～LCU4、1 套机组公用 LCU5、1 套厂内公用 LCU6、1 套开关站 LCU7、1 套上水库 LCU8、1 套下水库 LCU9 和 1 套中控室 LCU10，LCU 以 PLC 为核心。LCU1～LCU7 采用 SIEMENS S7-414-5H＋ET200M 双机热备系统，LCU8～LCU10 采用 SIEMENS S7-414-5 单机热备系统。

机组 LCU1～LCU4 通过 S7-414-5H 两个 CPU 之间组成 100Mbps PROFINET 过程控制网（PN 网），现地人机联系、水机后备 PLC、调速器油压装置、主变压器冷却器控制系统、球阀控制系统、尾闸控制系统均直接接入 PN 网；4 套保护柜、2 套励磁 PLC、3 套交流采样装置通过 PROFIBUS-DP/PN 接入；3 块电能表和振摆系统通过 MODBUS/PROFIBUS-DP 接入；由于机组调速器控制柜的通信高可靠性要求，通过机组 LCU 的 PLC 的 MODBUS 模块与调速器 PLC 实现通信。机组 LCU 内部通信结构如图 15-3-8 所示。

各机组 LCU 还设置了专用于紧急事故停机的水机保护 PLC，在发生水力机械事故时，此专用 PLC 能保证机组安全停机。

3. 主要特点

（1）提出了符合国内大型抽水蓄能电站的高实时性、高可靠性控制流程。

（2）优化了大型抽蓄电站自动化系统与设备的运行安全控制策略，包括程序逻辑和硬布线逻辑。

（3）优化了机组机械跳机和电气跳机组合流程，满足机组在任何状态下均应优先准确执行跳机流程。

（4）研制开发了友好的上位机监控画面，当控制对象发生故障时，能够自动锁定事故画面并自动软拷贝并推出到人机联系上。

（5）首次实现全电站不高于 1ms 的硬件 SOE 信号与所有 LCU 信号不高于 30ms 软件事件分辨记录的组合报警。

（6）首次实现抽水蓄能电站应用软件自动发电控制（automatic generation control，AGC）和抽水联合控制（pumping joint control，PJC），形成完整的组合监控系统高级应用软件包：机组联合控制（joint control，JC），实现发电工况与水泵工况联合优化调度。

（7）计算机监控系统控制流程在工厂通过全流程软件仿真测试。

（三）文登抽水蓄能电站计算机监控系统

文登抽水蓄能电站是一座日调节的纯抽水蓄能电站，装设 6 台单机容量 300MW 的立轴单级混流可逆式水泵水轮机/发电电动机。电站以 500kV 一级电压出线 2 回接入昆嵛变电站。发电电动机与主变压器组合为联合单元接线，500kV 侧 3 进 2 出采用 2 串 3/2 断路器和 1 串双断路器接线型式。

监控系统按“无人值班”（少人值守）原则设计，采用国内研发的 SSJ3000 水电站计算机监控系统，电站于 2023 年 1 月投入运行。

1. 系统结构

监控系统采用分层分布式双星环混合型系统结构，分为厂站级和现地控制单元级，各分系统直接挂在以太网上，系统结构如图 15-3-9 所示。厂站层布置在业主营地综合楼控制室和计算机室，设有 16 套服务器/工作站，实现监控功能；现地控制单元级设 12 套 LCU，能够执行主控级命令或独立完成电厂机组、公用、主变压器洞、开关站、上水库、下水库、综合楼设备的监控任务。电站受华北网调、山东省调、省调备调、威海地调调度，远动信息通过调度通信工作站分别送至华北网调、山东省调、省调备调和威海地调；调度中心通过电站计算机监控系统对电站进行控制和调节。

2. 主要设备

（1）网络设备。2 套综合楼主交换机采用东土 SICOM3028GPT-4GX20GE-H-PW 千兆工业级以太网交换机，2 套地下厂房交换机采用东土 SICOM3028GPT-14GX6GE-LM-PW 千兆工业级以太网交换

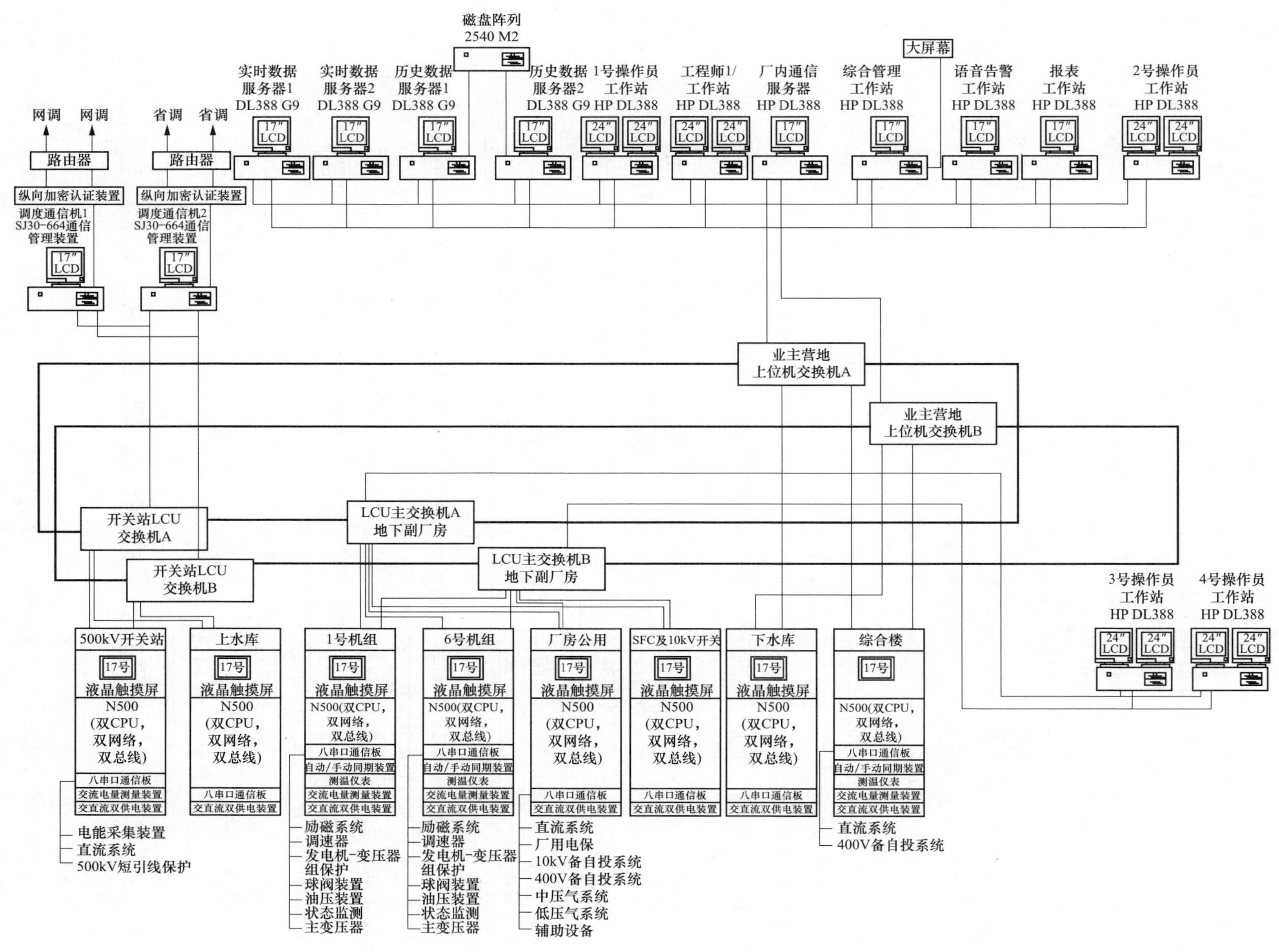

图 15-3-9 文登抽水蓄能电站监控系统结构图

机，2 套开关站交换机采用东土 SICOM3028GPT-6GX12GE-LM-PW 千兆工业级以太网交换机，24 套 LCU 交换机采用东土 SICOM3000A-2GX10T-LM-PW 千兆工业级以太网交换机。

（2）厂站级设备。厂站层配置 15 套服务器/工作站，包含 2 套实时数据服务器，2 套历史数据服务器，4 套操作员工作站，1 套工程师工作站，1 套厂内通信工作站，2 套调度通信工作站，1 套综合管理工作站，1 套语音告警工作站，1 套生产实时系统通信工作站。服务器/工作站主要采用 HPE DL380 Gen10 型机架式服务器。配置 1 套 HPE MSA2050 存储阵列。配置 1 套卫星时钟同步系统，为所有上位机设备、各现地控制单元设备以及厂内各继电保护装置、计量系统、振动、摆度在线监测系统等提供时间同步信号。配置 3 套冗余的不间断电源，为综合楼、地下厂房、开关站的厂站级设备供电。配置 1 套电力二次系统安全防护设备。

（3）现地控制单元级设备。电站共配置 12 套现地 LCU，包含 6 套机组 LCU1～LCU6、1 套厂房公用 LCU7、1 套主变压器洞 LCU8、1 套开关站 LCU9、1 套上水库 LCU10、1 套下水库 LCU11 和 1 套综合楼 LCU12。LCU 采用以国内研制的 N500 系列 PLC 为核心的 SJ600 现地控制单元，均采用双 CPU 模件，并配置冗余控制器和双以太网，机架之间采用以太网连接。

励磁、调速器油压装置、主变压器冷却器控制系统、球阀控制系统、尾闸控制系统、发电机-变压器组保护等均通过 MODBUS-RTU 串口与机组 LCU 通信，调速器电柜通过 Modbus-TCP 以太网口与机组 LCU 通信。文登 500kV 开关站采用智能开关站设计，500kV 系统保护通过 IEC61850 以太网口与开关站 LCU 通信。

各机组 LCU 还设置了专用于紧急事故停机的水机保护 PLC，水机保护 PLC 通过以太网口与主交换机通信，在发生水力机械事故时，此专用 PLC 能保证机组安全停机。

3. 主要特点

（1）采用分层分布式系统结构。系统以双以太网为核心，实现各服务器、工作站功能分散，数据分散处理，有效减少主服务器的负载，降低各个工作站故障对整个系统的影响，从而使整个系统的配置更加合理、可靠。系统中各服务器/工作站处于平等地位，系统后续扩充时不会引起原系统大的变化，为系统后续升级创造条件。

（2）采用双星环混合型网络结构。根据电站设备地理位置特点，在中控室、地下厂房和开关站分别设置主交换机，通过双环形网络连接，各 LCU 通过双星形网络连接当地的双环形网络主交换机。该网络结构既保证了监控系统网络可靠性，又便于组网施工，且维护方便。

（3）采用远程 I/O 和网络通信。在被控设备附件设置远程 I/O，通过工业以太网连接主机架，被控设备信号就近通过硬接线连接远程 I/O，减少控制电缆使用量。电站的调速、500kV 保护系统等支持 Modbus-TCP/IEC61850 网络协议系统，直接通过以太网与 LCU 通信，传输速率高。

（4）采用国产 PLC，双 CPU 双电源四网冗余结构，主机架和扩展 I/O 机架之间通过工业以太网扩展通信，PLC 模件支持在线热插拔更换，安全可靠性高，备品备件采购容易，运行维护方便。

（5）设置专用于紧急事故停机的 PLC，电源和信号均独立与监控系统，当监控系统出现故障，能够保证机组安全停机。

（6）操作命令和重要信号采用硬接线，以保证控制和闭锁的安全可靠性。

第四节 机 组 继 电 保 护

一、概述

抽水蓄能机组在发电机工况下运行时与常规水电机组无异，所以常规水电机组设置的保护，抽水蓄能机组也应当设置。但由于抽水蓄能机组还具有特有的运行方式，因此，还必须考虑由此对保护提出的特殊要求。这些特殊要求包括三类：

（1）增加一些特殊保护，例如电动机工况的低功率保护。

（2）解决换相带来的问题。有些保护是两种工况都需要的，但是由于抽水蓄能机组在发电运行和抽水运行时，机组的相序不同，必须采取措施使接入保护的电压、电流相序始终保持正确。

（3）解决水泵工况起动过程的特殊问题。常规水电机组在起动过程中转速超过90%甚至更高才开始起励，机组大部分时间处于无电流、低电压的状态，所以不必考虑机组起动过程中的电气保护。而抽水蓄能机组在水泵工况起动过程中，机组和连接母线都流过低于工频（又称为次同步）的电流，承受着低于工频的电压。机组在这个过程中应当投入必要的电气保护。

二、抽水蓄能机组的特殊保护

（1）低功率保护。该保护仅在电动机工况投入，用来检测在电动机工况下失去电源或输入功率过低。保护带时限作用于停机。低功率保护在起动过程中应当退出。

（2）低频保护。该保护在电动机工况和调相工况投入，用来检测在上述两种工况下失去电源。电动机方向运行的机组则宜作用于解列灭磁。低频保护在起动过程中应当退出。

（3）低电压保护。该保护在电动机工况和调相工况投入，用来检测在这两种工况下失去电源或机端电压过低，保护带时限动作于停机。

（4）逆功率保护。该保护是一种原动机保护，常规水电机组中只有灯泡式和斜流式等低水头机组采用。因为这类机组在逆功率工况下，低流量的微观水击作用会产生空蚀现象，导致导叶损伤。其他水电机组大都不设此保护。按规程，抽水蓄能机组应装此保护，因为在发电工况下有可能出现深度反水泵运行，从系统吸收有功功率。逆功率保护仅在发电机工况投入，保护作用于解列和灭磁。

（5）相序保护。该保护是用于检测换相开关因故障或误操作导致电动机的电压相序与旋转方向不一致。该保护在两种工况下分别检测机组的正序电压和负序电压，作用于解列和灭磁。

三、换相带来的问题及解决方法

由于抽水蓄能机组在发电运行和抽水运行时，机组的相序不同，因此必须采取措施使接入保护的电压、电流相序始终保持正确。与此相关的保护有差动保护、失磁保护、失步保护、负序过电流保护等。可以采用的方案有如下几种：

（1）发电运行工况和抽水运行工况分别采用独立的保护装置。

（2）两种工况合用一套保护装置，利用换向开关辅助触点切换从互感器输入的电压、电流的相序，以保证在发电运行工况和抽水运行工况下，输入保护的电压、电流相序均为正确。

（3）两种工况合用一套保护装置，利用换向开关辅助触点输入信号作为判断工况的依据，用软件保证在发电运行工况和抽水运行工况下，输入保护的电压、电流相序均为正确。

由于现在大多数抽水蓄能机组采用数字化保护装置，因此最后一种方案是当前的主流方案。

四、机组与主变压器的差动保护区的重叠问题

发电电动机与主变压器的差动保护区必须有重叠部分，否则会造成主保护的死区。即使考虑了二者差动保护的重叠，若重叠部分偏在发电机断路器靠机组侧，当短路发生在机组断路器与电流互感器之间时，仍有可能形成差动保护死区。重叠部分的位置是由与差动保护相关的电流互感器的位置限定的，图15-4-1～图15-4-4列出了抽水蓄能机组与主变压器的差动保护重叠的四种方案。

覆盖机组断路器的差动保护简称大差，不覆盖机组断路器的差动保护简称小差。大差的优点是有助于消除死区，但如果大差范围覆盖换相开关，则工况改变时，电流信号需要换相，小差的优点是电流信号一般不需换相。机组抽水工况的起动过程中，只要频率允许，机组小差即可投入。

图15-4-1和图15-4-2的方案，都是发电电动机大差和小差加主变压器大差和小差，不同之处在于前者换相开关既在发电电动机大差范围内，也在主变压器大差范围内，后者换相开关仅在主变压器大差范围。两种方案不存在差动死区，只要短路发生在发电电动机差动保护和主变压器的差动保护范围内，差动保护都能立即切除相关断路器，断开短路电流的电源。

图15-4-3的方案里，发电电动机两套大差加主变压器大差和小差，保护重叠区覆盖了机组断路器，不存在差动死区。

图15-4-4的方案，差动保护用的电流互感器设置在换相开关内部的换相开关分支上，随着换相开关在不同工况时的切换，发电电动机和变压器的差动保护自动获得与工况相适应的正确相序，差动保护不需另外采取换相措施。但是，这一优点掩盖了一个重要缺点：当短路发生在机组断路器与电流互感器之间时，发电电动机差动保护会动作，跳开GCB，并且立即灭磁、停机。但由于短路点

不在变压器差动保护范围内，高压侧断路器不会跳闸，电力系统将继续通过主变压器向短路点提供短路电流。

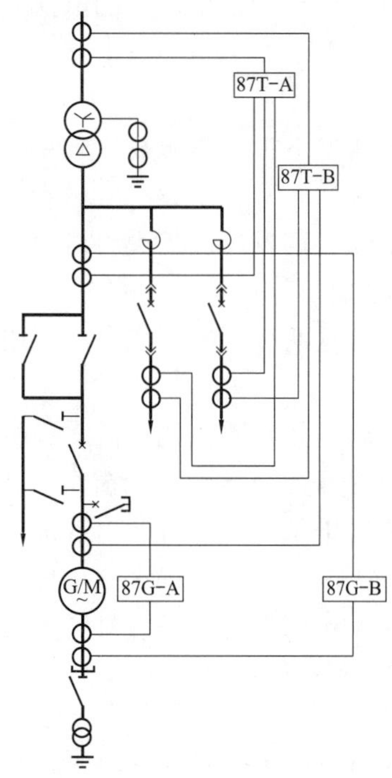

图 15-4-1 发电电动机大差小差加主变压器大差小差（1）

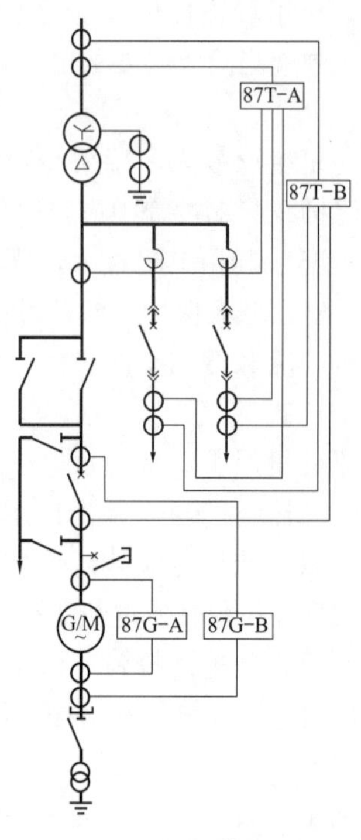

图 15-4-2 发电电动机大差小差加主变压器大差小差（2）

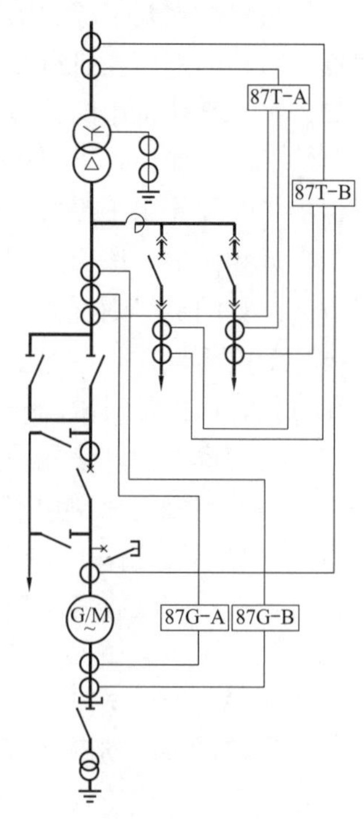

图 15-4-3 发电电动机两套大差加主变压器大差小差

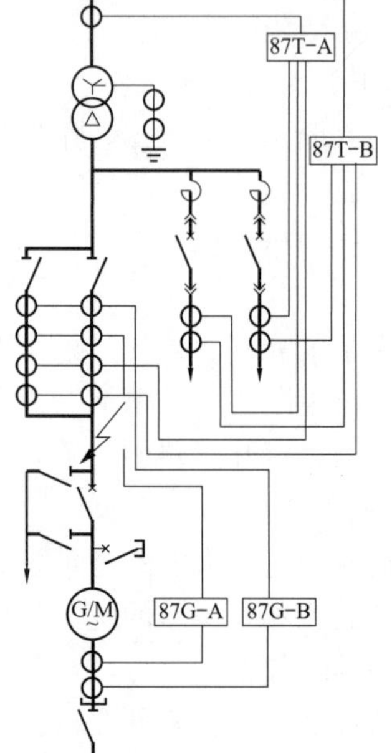

图 15-4-4 发电电动机两套大差加主变压器两套小差

图 15-4-1～图 15-4-3 的方案均不存在死区，可以采用，图 15-4-4 的方案则应避免采用。

五、水泵工况起动过程的特殊问题

（一）互感器和继电器的低频性能

要保证继电保护在低频条件下的正确运行，一方面互感器要能在低频下正确传变，另一方面继电器要能够在低频下正确采样。在模拟式继电器为主的年代，由于生产厂家不能保证各类继电保护的频率特性适于在低频工况下运行，因此不得不在起动过程中将大部分保护闭锁，而在机组接近同步转速时才投入运行。

近年来，由于普遍采用了数字式继电器，采样频率跟踪电流和电压的频率（例如，不论周期长短，每个周期总是采样 16 次），解决了低频下继电器的正确运行问题，各厂家大都能保证频率高于 11Hz（或 10Hz）时各保护的正确动作。根据用户的要求，各互感器生产厂大都能提供互感器在低频工况下的特性曲线或精度保证值。表 15-2-1 给出了一个厂家提供的互感器的精度和容量与频率的关系。由表可以看出，在保证精度的前提下，互感器的容量基本上随工作频率下降而成正比地下降。考虑到数字式继电器交流回路功耗极小，负载能力的下降不会带来问题。但这也提醒我们，互感器的容量选择应当留有余地，以保证在低频下还能有足够的容量。

（二）起动和电制动过程中应当退出的保护

低功率保护、低频保护、失磁保护、失步保护等保护只有在正常运行时才应当投入，机组起动（包括机组作为电动机被拖动和作为发电机拖动其他机组）及电制动过程中需退出。发电电动机各种保护的投退条件及动作后果见表 15-4-1，主变压器各种保护的投退条件及动作后果见表 15-4-2。

表 15-4-1

发电电动机各种保护的投退条件及动作后果

序号	保护装置代号	保护名称	闭锁保护								保护动作时限			保护动作后果											备注
			发电		水泵		电制动		水泵起动					报警	灭磁开关	励磁变压器低压侧 CB	机组 CB	停机	发电机-变压器组高压侧 CB	相邻机组 CB	相邻机组停机	高压厂用变压器压侧 CB	SFCCB 闭锁 SFC 脉冲	消防控制	
			运行	调相	运行	调相	发电	水泵	起动	被起动	0	t_1	t_2												
一		发电电动机保护																							发电运行工况包括黑启动
1	87G/M	纵差动保护					B	B	B	B	T			X	X		X	X						X	“T”表示保护动作时限
2	87G’	纵差动保护					B	B	B	B	T			X	X		X	X						X	
3	87GTD	裂相横差保护					B	B	B	B	T			X	X		X	X							
4	51/27	复合电压过电流保护										T		X	X		X	X							
5	46G/M	负序电流保护（定时限）					B	B	B	B		T		X											
		负序电流保护（反时限）					B	B	B	B				X	X		X	X							
6	51GN	单元件横差保护					B	B			T			X	X		X	X							
7	51/81M	低频过电流保护	B	B	B	B						T		X	X		X	X							
8	81G	低频保护	B				B	B	B	B		T		X	X		X	X							发电机断路器合闸时投入
9	81HG	高频保护										T		X											发电机断路器合闸时投入
10	32G	逆功率保护		B	B	B	B	B	B	B		T		X	X		X	X							
11	37M	低功率保护	B	B		B	B	B	B	B		T		X	X		X	X							
12	40G	失磁保护					B	B	B	B		T		X	X		X	X							

续表

序号	保护装置代号	保护名称	闭锁保护								保护动作时限			保护动作后果											备注
			发电		水泵		电制动		水泵起动					报警	灭磁开关	励磁变压器低压侧 CB	机组 CB	停机	发电机-变压器组高压侧 CB	相邻机组 CB	相邻机组停机	高压厂用变压器压侧 CB	SFCCB 闭锁 SFC 脉冲	消防控制	
			运行	调相	运行	调相	发电	水泵	起动	被起动	0	t_1	t_2												
13	78G	失步保护					B	B	B	B		T		X	X		X	X							
14	49G	定子过负荷保护（电流型）										T		X											
		定子过负荷保护（温度型）												X	X		X	X							
15	59	过电压保护（低定值）											T	X	X		X	X							
		过电压保护（高定值）										T		X	X		X	X							
16	59/81	过励磁保护（低定值）										T		X											并动作于降低励磁电流
		过励磁保护（低定值）											T	X	X		X	X							
		过励磁保护（高定值）										T		X	X		X	X							
		过励磁保护（反时限）										T		X	X		X	X							
17	47	电压相序保护	B	B	B	B	B	B				T		X	X		X	X							发电/电动机起动时投入
18	64S	100%定子接地保护					B	B	B	B		T		X	X		X	X							
19	64R	转子接地保护										T		X											
20	50BF	断路器失灵保护					B	B	B	B		T		X	X		X	X	X	X	X	X	X		

续表

序号	保护装置代号	保护名称	闭锁保护								保护动作时限			保护动作后果											备注
			发电		水泵		电制动		水泵起动					报警	灭磁开关	励磁变压器低压侧 CB	机组 CB	停机	发电机-变压器组高压侧 CB	相邻机组 CB	相邻机组停机	高压厂用变压器压侧 CB	SFCCB 闭锁 SFC 脉冲	消防控制	
			运行	调相	运行	调相	发电	水泵	起动	被起动	0	t_1	t_2												
21	46	电流不平衡保护	B	B	B	B			B	B		T		X	X		X	X							
22	50/27G	突然加电压保护									T			X	X		X	X							
23	27G	低电压保护	B				B	B	B	B		T		X	X		X	X							

注 B表示在此工况下，该保护被闭锁；T表示保护动作出口有延时；X表示保护动作后果的相应设置；0表示瞬时动作；t_1、t_2表示不同的保护动作时限。

表 15-4-2　　主变压器各种保护的投退条件及动作后果

序号	保护装置代号	保护名称	闭锁保护								保护动作时限			保护动作后果											备注
			发电		水泵		电制动		水泵起动					报警	灭磁开关	励磁变压器低压侧 CB	机组 CB	停机	发电机-变压器组高压侧 CB	相邻机组 CB	相邻机组停机	高压厂用变压器压侧 CB	SFCCB 闭锁 SFC 脉冲	消防控制	
			运行	调相	运行	调相	发电	水泵	起动	被起动	0	t_1	t_2												
二		主变压器保护																							
1	87T	纵差动保护									T			X	X		X	X	X	X	X	X	X	X	
2	87T’	纵差动保护							BCT	BCT	T			X	X		X	X	X	X	X	X	X	X	“BCT”表示保护在此工况下闭锁主变压器低压侧相关TA输入
3	51T	复合电压过电流保护										T		X	X		X	X	X	X	X	X	X		
4	51TN	零序电流保护																							

续表

序号	保护装置代号	保护名称	闭锁保护								保护动作时限			保护动作后果											备注
			发电		水泵		电制动		水泵起动					报警	灭磁开关	励磁变压器低压侧 CB	机组 CB	停机	发电机-变压器组高压侧 CB	相邻机组 CB	相邻机组停机	高压厂用变压器压侧 CB	SFCCB 闭锁 SFC 脉冲	消防控制	
			运行	调相	运行	调相	发电	水泵	起动	被起动	0	t_1	t_2												
		零序电流保护											T	X	X		X	X	X	X	X	X	X		
5	59/81T	过励磁保护（低定值）										T		X											
		过励磁保护（低定值）											T	X	X		X	X	X	X	X	X	X		
		过励磁保护（高定值）										T		X	X		X	X	X	X	X	X	X		
		过励磁保护（反时限）										T		X	X		X	X	X	X	X	X	X		
6	64T	主变压器低压侧接地保护										T		X											
7	50ETH	励磁变压器高压侧过流保护										T		X	X	X	X	X							
		励磁变压器高压侧过流保护											T	X	X	X	X	X	X	X	X	X	X		
8	50ETL	励磁变压器低压侧过流保护（低定值）										T		X	X	X	X	X							发信号减励磁
		励磁变压器低压侧过流保护（高定值）									T			X	X		X	X	X	X	X	X	X		
9	80T	重瓦斯保护									T			X	X		X	X	X	X	X	X	X	X	
		轻瓦斯保护									T			X											

续表

序号	保护装置代号	保护名称	闭锁保护											保护动作后果											备注
			发电		水泵		电制动		水泵起动		保护动作时限			报警	灭磁开关	励磁变压器低压侧 CB	机组 CB	停机	发电机-变压器组高压侧 CB	相邻机组 CB	相邻机组停机	高压厂用变压器压侧 CB	SFCCB 闭锁 SFC 脉冲	消防控制	
			运行	调相	运行	调相	发电	水泵	起动	被起动	0	t_1	t_2												
10	23T	温度（绕组及油温）保护（低定值）									T			X											
		温度（绕组及油温）保护（高定值）									T			X	X		X	X	X	X	X	X	X		
11	23ET	温度（绕组及油温）保护（低定值）									T			X											
		温度（绕组及油温）保护（高定值）									T			X	X		X	X	X	X	X	X	X		
12	71T	油位异常保护（油位过低）									T			X											
		油位异常保护（油位过高）									T			X											

注 B表示在此工况下，该保护被闭锁；T表示保护动作出口有延时；X表示保护动作后果相应设置；0表示瞬时动作；t_1、t_1 表示不同的保护动作时限。

六、抽水蓄能机组机电保护配置示例

图 15-4-5 是一个抽水蓄能机组继电保护配置的示例。随着主接线的不同和保护设备的差异，会有很多配置方案，该图给出了一个供参考的典型方案。图中详列了电动机和变压器的后备保护和异常保护。

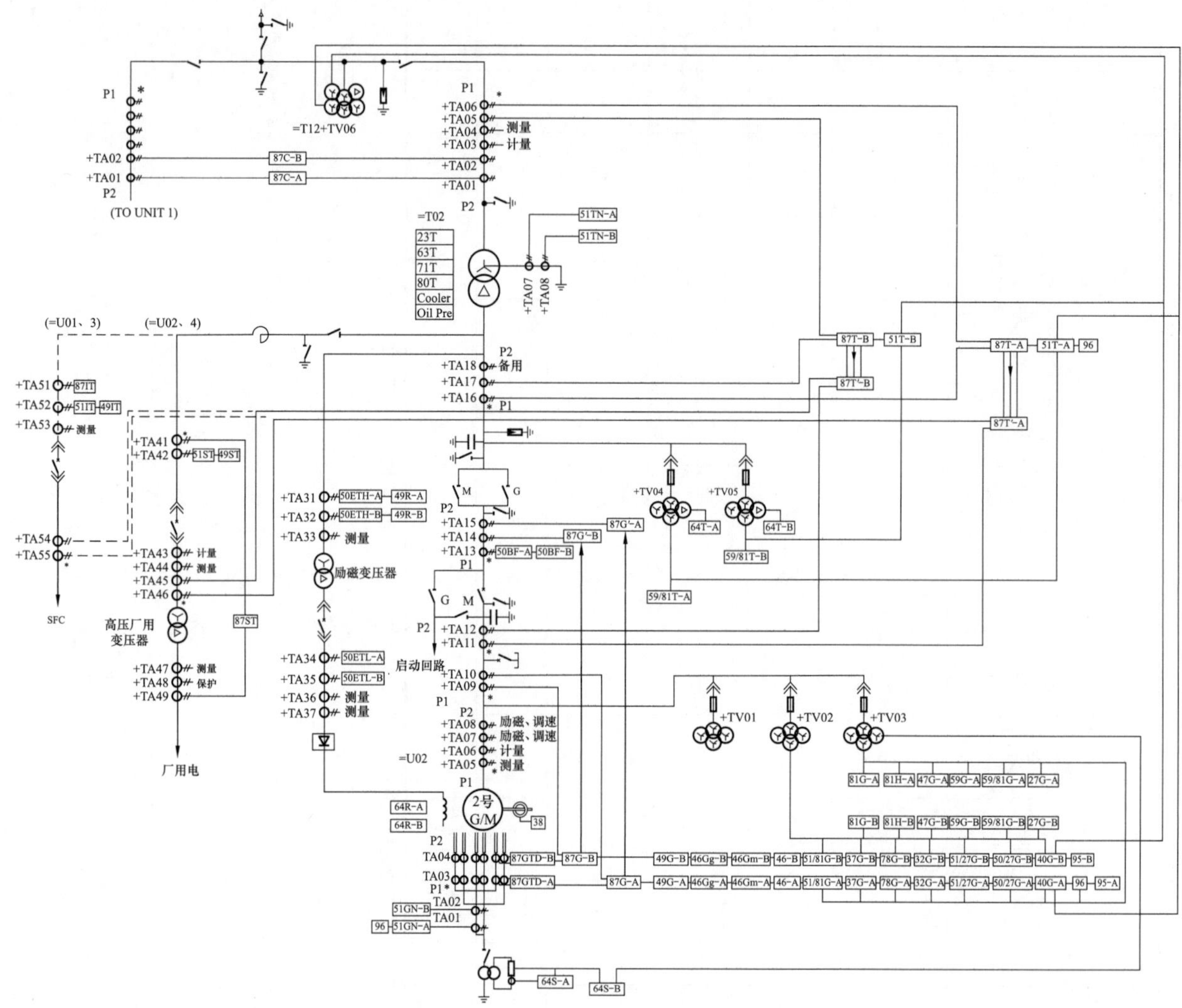

图 15-4-5　抽水蓄能机组继电保护配置示例

七、电动机和主变压器各种保护的投退条件及动作后果

表 15-4-1 和表 15-4-2 分别列出了电动机和主变压器各种保护的投退条件及动作后果，供参考。动作后果以 GB/T 14285—2006《继电保护和安全自动装置技术规程》和 NB/T 35010—2013《水力发电厂继电保护设计规范》为依据。应当指出的是，考虑到水电机组开机的灵活性，为了简化接线（或跳闸矩阵），大多数工程并不完全遵守这些规定，而是将规程规定只解列或只解列和灭磁的事故全都作用于解列、灭磁和停机。

第五节　机组工况转换

一、抽水蓄能电站的电气接线和水力机械特点及其对工况转换的影响

（一）电气接线特点及其对工况转换的影响

1. 电气接线

图 15-5-1 所示为当前国内最常用的抽水蓄能机组电气接线。

2. 换相开关

抽水蓄能电站多采用五极换相开关，G 和 M 分别对应发电和抽水时应当合上的三极。发电、旋转备用、发电方向调相（简称发电调相）、黑启动、线路充电等工况下 G 所对应的三极闭合；抽水、抽水

方向调相（简称抽水调相）等工况下 M 所对应的三极闭合。

励磁、调速器、继电保护都要随着换相开关位置的不同和其他因素改变运行方式，以适应不同工况的要求。

3. 拖动开关 GD 和被拖动开关 MD

抽水蓄能电站都设有起动母线，当机组作为电动机被起动时，不论采用 SFC 还是背靠背方式，都应当合上 MD，从起动母线引入起动电流。当机组达到额定转速、满足同期条件时，合上 GCB，并立即断开 SFC 或同时跳开拖动机的 GCB，然后打开 MD。

当机组作为背靠背方式的拖动机时，则应当合上 GD，将起动电流经过起动母线输到被起动机组。当被起动机组达到并网条件时，发出并网命令，同时断开 GCB，然后打开 GD。

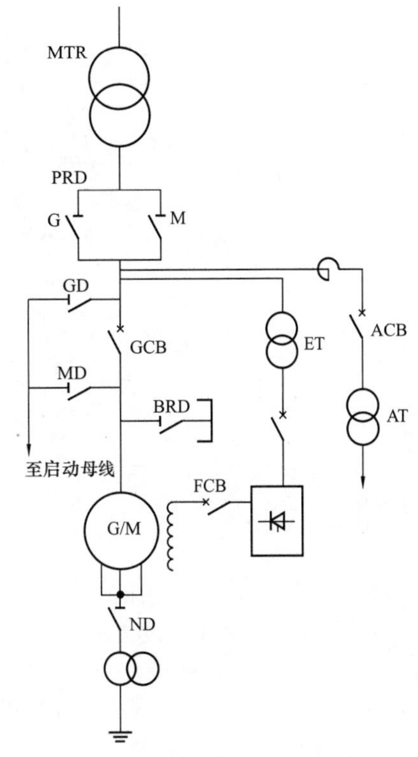

图 15-5-1 抽水蓄能机组的电气接线

ND—中性点接地开关；BRD—停机电制动开关；GCB—发电机断路器；GD—在其他机组背靠背起动、本机组作为拖动机（发电机）时应合的开关，简称拖动开关；MD—本机组作为电动机起动（不论是背靠背起动方式还是 SFC 方式）时应合的开关，简称被拖动开关；ET—励磁变压器；FCB—磁场断路器；ACB—厂用变压器高压侧开关；AT—厂用变压器；PRD—换相开关；MTR—主变压器，高压侧通常为 500kV 或 220kV

4. 电制动

抽水蓄能机组起停频繁，为了使机组尽快回到可用状态，也为了减少机组内的粉尘污染，普遍采用电制动作为主要的停机制动方式。电制动的原理是利用机端短路的短路电流对转子造成的电磁制动转矩来加速停机过程。在转速降到 5%左右时，退出电制动，投入机械制动。大多数情况下，所谓电制动实际上是混合制动。此外，如果电制动中途失败，必须转为机械制动。还应注意，只有在正常停机和机械事故停机时，才可以采用电制动。机组电气事故时，只能采用机械制动。

电制动停机的正常顺序如下：

(1) 机组按正常停机或机械事故停机程序跳开 GCB、灭磁、关闭导叶，转速逐渐下降。

(2) 转速降到 80%～90%时，起动高压减载油泵。

(3) 灭磁完成且转速降到 50%～60%时，合上 BRD。

(4) BRD 合上后，重新加励磁，按励磁电流方式调节，维持定子电流在额定值附近。

(5) 转速降到 5%左右时，起动机械制动，压缩空气顶起制动闸块。

(6) 转速降到 0 时，解除机械制动。

(7) 打开 BRD。

5. 励磁

抽水蓄能机组励磁系统本身的主回路无异于常规机组，但功能远比常规机组的复杂。大多数常规机组的励磁变压器接在 GCB 的内侧，而抽水蓄能机组的励磁变压器多接在 GCB 的外侧，这对抽水工况的起动、电制动都十分方便。

（二）机组水力机械的特点及其对工况转换的影响

1. 机组的水力机械特点

此处仅就工况转换涉及的抽水蓄能机组水力机械特点做简单介绍。图 15-5-2 示出机组中与工况转换有关的部分自动化元件。

2. 充气压水和注水排气

抽水蓄能机组须配备转轮室充气压水阀 DV1、补气阀 DV2、排气阀 AV。在充气压水时，关闭 AV，打开 DV1、DV2。在注水排气时则应关闭 DV1、DV2，打开 AV。水位检测元件 LS 则用于判断

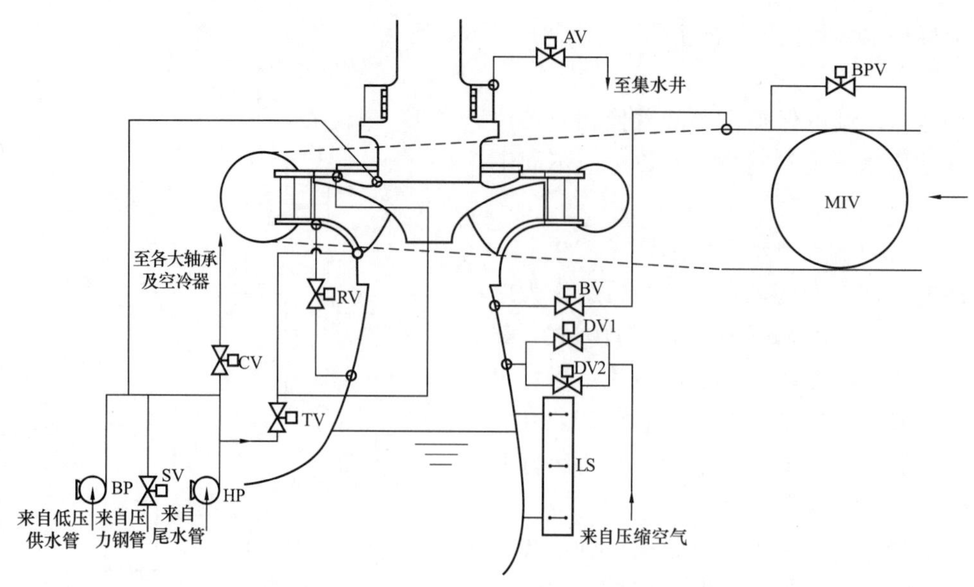

图 15-5-2 抽水蓄能机组的部分自动化元件

MIV—进水阀；BPV—进水阀的旁通阀；DV1—充气压水阀；DV2—补气阀；AV—注水时的排气阀；HP—冷却水泵；CV—冷却水总阀；BP—主轴密封加压泵；SV—主轴密封阀；RV—水环排放阀；TV—转轮上下密封环冷却水阀；BV—连通蜗壳和尾水管的平衡阀；LS—水位检测装置

充气压水时水位是否足够低，使转轮与水脱离了接触；注水排气时判断水位是否足够高，使转轮室完全充满水，使水泵/水轮机能够正常运转。此外，还要设连通蜗壳和尾水管的平衡阀 BV，将漏到蜗壳的空气排到尾水管，以减轻运转时转轮承受的下推力；设水环排放阀 RV，将转轮周边的水环的水排到尾水管，以减少由于摩擦造成的发热。

在注水排气时，关闭 DV1 和 DV2，打开 AV 后，尾水管水面上升，水接触到转轮下缘立即被轮叶刮起，转轮室很快充满水，转矩和转轮室的压力突然增加，轮叶也受到冲击。为了避免这种情况，有的工程在注水排气时还同时打开进水阀的旁通阀 BPV 甚至进水阀 MIV，使注水过程从上下游两个方向进行，这样不仅可以缓解注水过程的冲击，也可以缩短注水过程所需的时间。

以上设置都是为了适应抽水工况起动以及调相运行的需要。实际上，这不完全是抽水蓄能机组特有的要求，具有调相功能的常规水轮机组也应当有类似的配置。但考虑到很多常规水轮机组不具备调相功能，所以可以将其视为抽水蓄能机组水力机械的特点。

3. 非同步接力器和导叶

水泵水轮机要兼顾水泵和水轮机的效率，其特性既不同于常规水轮机，也不同于常规水泵。早期建设的部分抽水蓄能电站，当其作为水轮机旋转达到额定转速时，工况会落入不稳定区，使机组无法平稳并网，如张河湾、蒲石河抽水蓄能电站。为了解决这个问题，机组设立了可以独立于其他导叶而由独立接力器操作的一（两）对导叶，称为非同步接力器和导叶。在发电工况开机时，首先只打开非同步导叶，由于只开一（两）对导叶，机组的特性发生了变化，不再处于不稳定区，得以平稳并网。并网后，非同步导叶参与所有导叶的同步控制。

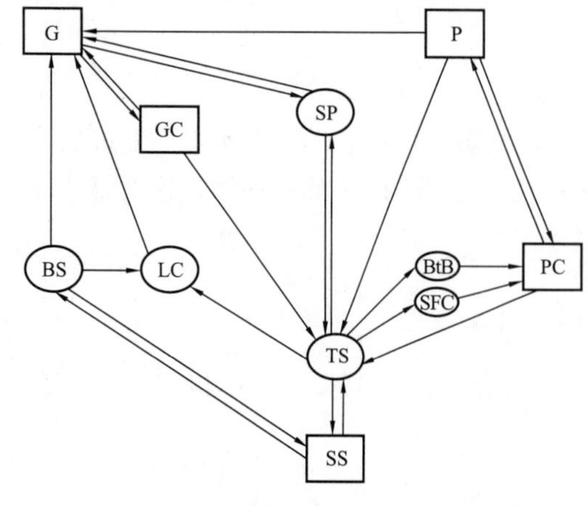

图 15-5-3 抽水蓄能机组的可能工况和工况转换

二、抽水蓄能机组各种工况的特征

抽水蓄能机组具有静止、静止过渡、发电、抽水、发电方向调相（简称发电调相）、抽水方向调相（简称抽水调相）、旋转备用、黑启动、线路充电等工况。其中静止、发电、抽水、发电方向调相、抽水方向调相五种为稳定工况，而抽水和抽水方向调相则是抽水蓄能机组特有的，如图 15-5-3 所示。

各种工况的主要特征如下：

（1）静止（SS）。静止工况下，机组在电气和水力方面都处于隔绝状态，所有辅助设备也都处于停止状态，如图 15-5-4 所示。

（2）静止过渡（TS）。静止过渡工况下，机组在电气和水力方面也处于隔绝状态，但部分辅助设备已经投入运行，例如主轴密封水已经开通，冷却水泵已起动。静止过渡是从静止到各种工况的过渡工况，也是从各种工况到静止的过渡工况。这一工况的设置使得很多转换过程可以经过此工况过渡，而不必回到完全的静止状态，这是因抽水蓄能机组工况转换的特殊性设置的工况，如图 15-5-5 所示。

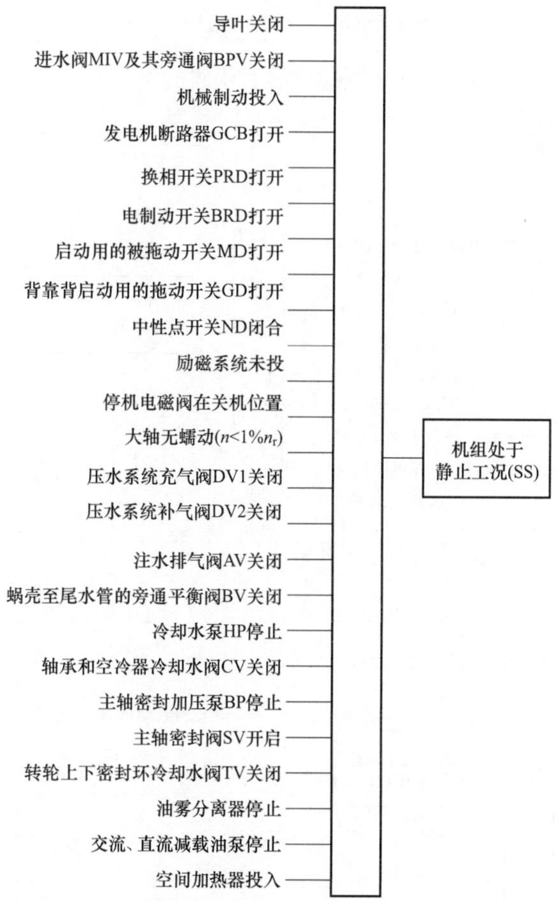

导叶关闭
进水阀MIV及其旁通阀BPV关闭
机械制动投入
发电机断路器GCB打开
换相开关PRD打开
电制动开关BRD打开
启动用的被拖动开关MD打开
背靠背启动用的拖动开关GD打开
中性点开关ND闭合
励磁系统未投
停机电磁阀在关机位置
大轴无蠕动(n<1%nr)
压水系统充气阀DV1关闭
压水系统补气阀DV2关闭
注水排气阀AV关闭
蜗壳至尾水管的旁通平衡阀BV关闭
冷却水泵HP停止
轴承和空冷器冷却水阀CV关闭
主轴密封加压泵BP停止
主轴密封阀SV开启
转轮上下密封环冷却水阀TV关闭
油雾分离器停止
交流、直流减载油泵停止
空间加热器投入
机组处于
静止工况(SS)

图 15-5-4 工况条件：静止

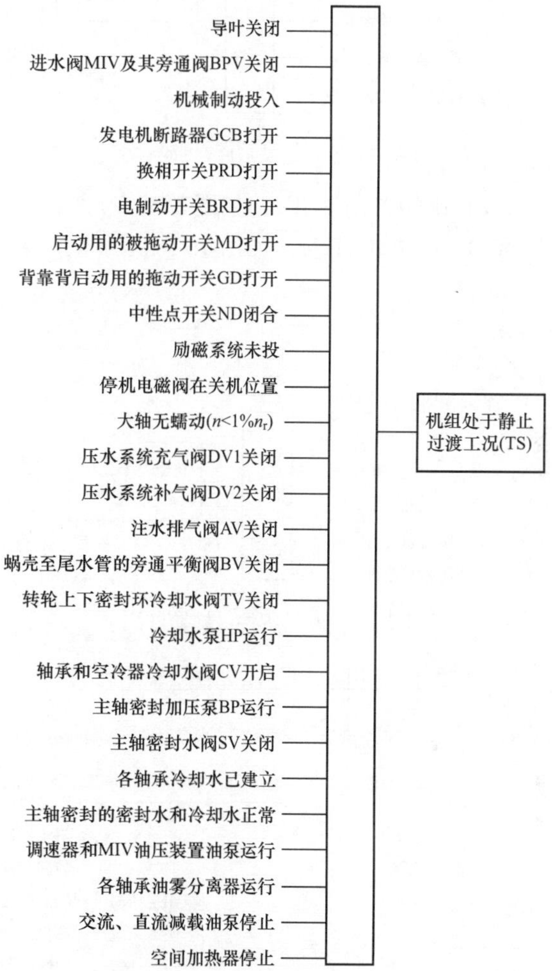

导叶关闭
进水阀MIV及其旁通阀BPV关闭
机械制动投入
发电机断路器GCB打开
换相开关PRD打开
电制动开关BRD打开
启动用的被拖动开关MD打开
背靠背启动用的拖动开关GD打开
中性点开关ND闭合
励磁系统未投
停机电磁阀在关机位置
大轴无蠕动(n<1%nr)
压水系统充气阀DV1关闭
压水系统补气阀DV2关闭
注水排气阀AV关闭
蜗壳至尾水管的旁通平衡阀BV关闭
转轮上下密封环冷却水阀TV关闭
冷却水泵HP运行
轴承和空冷器冷却水阀CV开启
主轴密封加压泵BP运行
主轴密封水阀SV关闭
各轴承冷却水已建立
主轴密封的密封水和冷却水正常
调速器和MIV油压装置油泵运行
各轴承油雾分离器运行
交流、直流减载油泵停止
空间加热器停止
机组处于静止
过渡工况(TS)

图 15-5-5 工况条件：静止过渡

（3）发电（G），如图 15-5-6 所示。

（4）发电方向调相（GC），如图 15-5-7 所示。

（5）抽水（P），如图 15-5-8 所示。

发电机断路器GCB闭合
n>95%nr
定子电压>90%Ur
进水阀MIV开启
转向为发电方向
调速器为水轮机调节方式
机组处于
发电工况(G)

图 15-5-6 工况条件：发电

发电机断路器GCB闭合
n>95%nr
定子电压>90%Ur
进水阀MIV关闭
转向为发电方向
调速器为调相方式
转轮上下密封环冷却水阀TV打开
蜗壳至尾水管的旁通平衡阀BV打开
水环排放阀RV打开
机组处于发电
调相工况(GC)

图 15-5-7 工况条件：发电方向调相

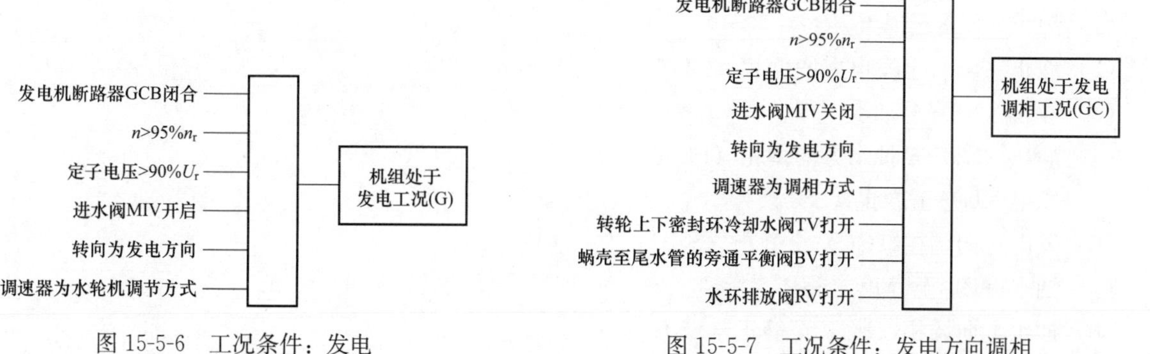

（6）抽水方向调相（PC），如图 15-5-9 所示。

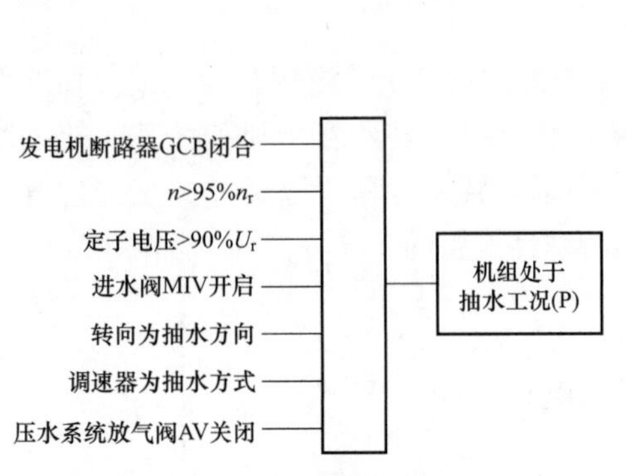

图 15-5-8　工况条件：抽水

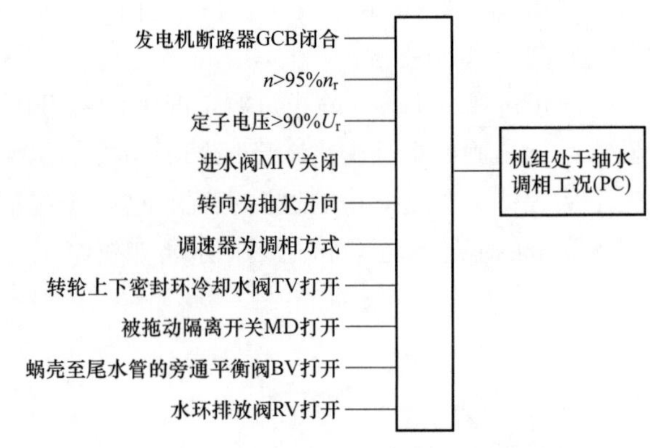

图 15-5-9　工况条件：抽水调相

（7）旋转备用（SP），如图 15-5-10 所示。

（8）黑启动（BS），如图 15-5-11 所示。

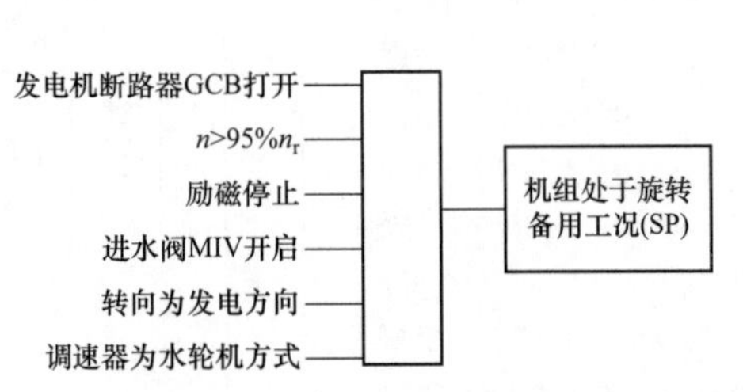

图 15-5-10　工况条件：旋转备用

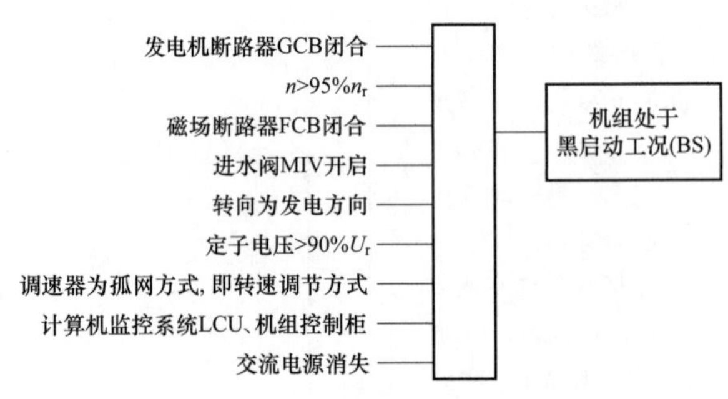

图 15-5-11　工况条件：黑启动

（9）线路充电（LC），如图 15-5-12 所示。

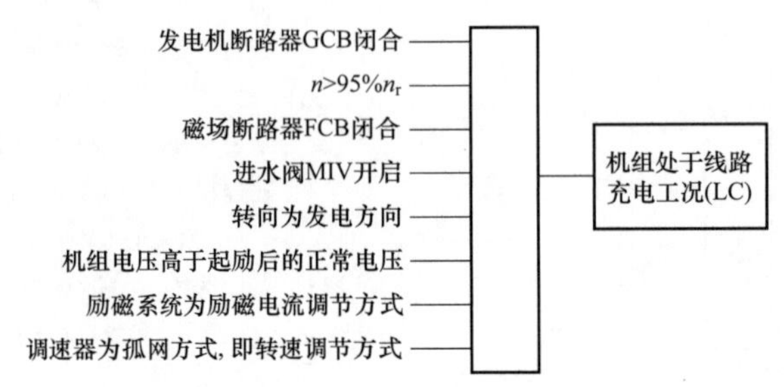

图 15-5-12　工况条件：线路充电

三、机组工况转换

理论上讲，五个稳态工况之间可以实现从任何一个到另外一个的转换。但有些转换是没有实际意义的。实际上用到的主要有以下几种，如图 15-5-3 所示。

（1）静止（SS）至发电（G）。

（2）静止（SS）至发电方向调相（GC）。

（3）静止（SS）至抽水（P）。

（4）静止（SS）至抽水方向调相（PC）。

（5）发电（G）至静止（SS）。

（6）发电方向调相（GC）至静止（SS）。

（7）抽水（P）至静止（SS）。

（8）抽水方向调相（PC）至静止（SS）。

（9）发电（G）至发电方向调相（GC）。

（10）发电方向调相（GC）至发电（G）。

（11）抽水（P）至抽水方向调相（PC）。

（12）抽水方向调相（PC）至抽水（P）。

（13）抽水（P）至发电（G）。

（14）发电（G）至抽水（P）。

实际操作时，只要选定期望达到的目标工况，计算机监控系统就会从机组的当前工况出发，自动选择操作程序，必要时经由 ST、SP 等过渡工况，在完成一系列的操作之后，最终到达目标工况。

黑启动和线路充电也可以选作目标工况，但它们不是稳定工况，最终必然转换为其他工况。

四、机组工况转换所需的时间

图 15-5-13 所示为十三陵抽水蓄能电站工况转换所需的时间，包括各主要分步操作所需的时间，例如导叶全开或全关分别需 30s，球阀全开或全关分别需 60s，同期并列约需 50s。其中球阀半开作为一个记时节点是因为球阀半开后即可以进行下一步操作，而球阀则继续打开，直到全开为止。表 15-5-1 列出了几个抽水蓄能电站工况转换所需的时间，表中沂蒙抽水蓄能电站由于球阀工作密封投退及球阀操作时间超过 80s，且回水排气时间较长，导致部分工况转换时间较长。

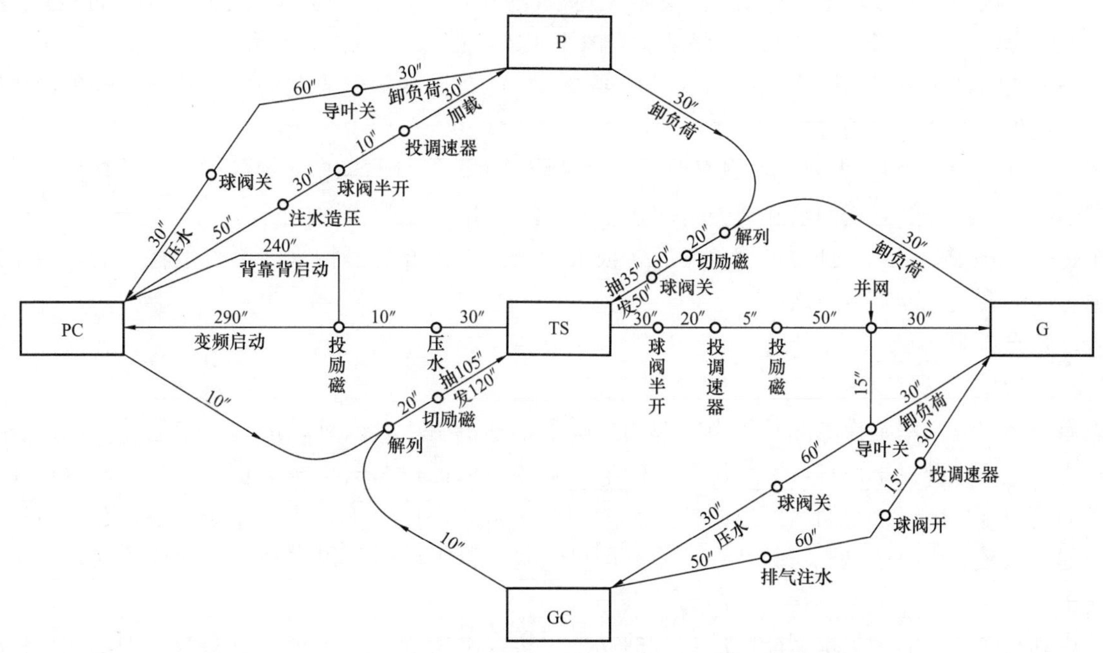

图 15-5-13 十三陵抽水蓄能电站机组工况转换所需时间

表 15-5-1　　抽水蓄能电站机组工况转换所需时间　　（s）

电站名称	茶伊拉（保）	迪诺威克（英）	广州一期	十三陵	张河湾	洪屏	泰安	沂蒙
单机容量（MW）	216	300	300	200	250	300	250	300
设计水头（m）	701	517	500	430	305	540	225	375
转速（r/min）	600	500	500	500	333	500	300	375
起动方式	变频起动	变频起动	变频起动	变频起动	变频起动	变频起动	变频起动	变频起动
静止→发电空载	180	90	95	105	120	124	120	165
发电空载→满发		10	25	30		56		20
静止→抽水调相	320	540	340	330（SFC） 280（B-B）	460（SFC） 360（B-B）	360（SFC） 70	340	358（SFC） 372（BTB）
抽水调相→满抽	140	80	120	120			120	118
静止→发电调相	220			210		230		310
满发→发电调相	100		120	120				
满发→静止	220	370		160	240	397		460
发电空载→静止		360	315			330	280	440

续表

电站名称		茶伊拉（保）	迪诺威克（英）	广州一期	十三陵	张河湾	洪屏	泰安	沂蒙
满发→满抽		600	1020		610（SFC） 560（B-B）				
发电调相→满发		160		420	155				
发电调相→静止		220		420	150		390		510
满抽→抽水调相		100		120	120				
满抽→静止		200	370	240	145	200	300		360
抽水调相→静止		200		370	135		350		470
满抽→满发	正常	660	480	360	280	360	500	480	
	紧急	210	90	150		120	250	120	500

注 SFC为变频起动；B-B为背靠背起动。

五、工况转换实例

以下的流程是以图15-5-1抽水蓄能电站机组电气接线和图15-5-2抽水蓄能机组自动化元件配置为依据绘制的，在当前国内抽水蓄能电站中有一定的典型性。如果电气接线、导水机构设置、自动化元件配置与此不同，转换流程也会有差异。即使上述条件相同，不同工程实现的方式也会有许多差别。

转换流程图是按照IEC 60848《顺序功能表图用GRAFCET规范语言》和IEC 61131-3《可编程控制器 编程语言》中规定的顺序功能图（SFC或GRAFCET）的规定绘制的。它既是对流程的描述手段，也是一种顺控的编程语言。

图15-5-14列出了机组起动的准备条件，图中的附加准备条件与期望实现的目标工况有关。

图15-5-15以SFC方式抽水起动的附加条件为例，列出了相关的附加条件。

图15-5-16～图15-5-26列出了部分工况转换流程，其中大部分是抽水蓄能机组特有的，与常规水电机组相同的转换流程未尽列出。

六、几点说明

（一）黑启动

黑启动指失去厂用工作电源及备用电源的情况下起动机组，以恢复厂用电工作电源及机组设备运行的过程。对于大型机组而言，起动过程中的油压减载对保证机组安全至关重要。为了使机组在失去厂用电的情况下仍能安全起动，国内的抽水蓄能机组大多数都设置了直流油压减载泵，在机组黑启动过程中起动减载。机组一旦成功起动，厂用电即可恢复。机组可以从黑启动工况很快转入发电工况或线路充电工况。

黑启动有时被误解为抽水蓄能电厂特有的功能，实际上常规水电厂也可以实施这项功能。但我国很多常规水电厂不具备这项功能，所以在此加以描述。

（二）线路充电

新投产的线路、大修后的线路或排除故障后的线路在初次送电时，应根据调度的要求，对线路实现零起升压的充电，简称线路充电。线路充电也不是抽水蓄能电厂特有的功能，各种发电厂都应当能够实现线路充电。

（三）从抽水到发电的紧急转换

从抽水至发电的转换方式有两种，正常情况下是先回到静止过渡工况，然后再起动至发电工况。在紧急情况下，为了尽快给电力系统提供急需的电能，可以利用抽水至发电的紧急转换程序，使机组快速转换至发电工况。这个转换流程的特点是没有加机械制动或电制动使机组停止的过程。在抽水工况关导叶至最小开度跳开GCB后，转轮失去抽水方向的原动力。在导叶不完全关闭（机组还要开启非同步导叶）的情况下，来自压力钢管的水压将迫使机组制动减速，瞬间经过零转速后立即改变为水轮机转向，并加速到同步转速，并网发电。

从抽水到发电的紧急转换过程中，机组主轴要承受很大的扭矩，发生很强烈的振动，所以这种转换实际上很少采用。

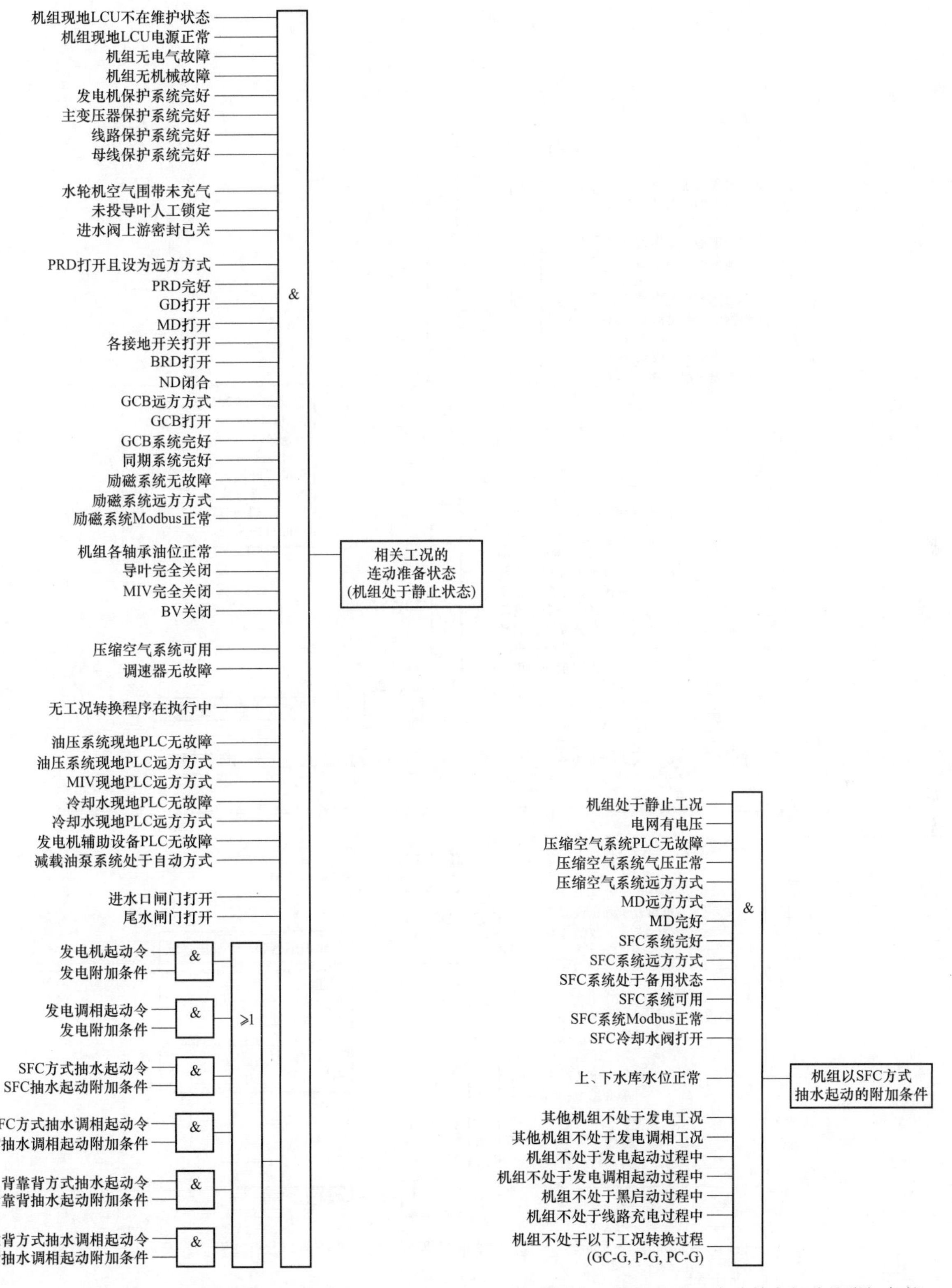

机组现地LCU不在维护状态
机组现地LCU电源正常
机组无电气故障
机组无机械故障
发电机保护系统完好
主变压器保护系统完好
线路保护系统完好
母线保护系统完好
水轮机空气围带未充气
未投导叶人工锁定
进水阀上游密封已关
PRD打开且设为远方方式
PRD完好
GD打开
MD打开
各接地开关打开
BRD打开
ND闭合
GCB远方方式
GCB打开
GCB系统完好
同期系统完好
励磁系统无故障
励磁系统远方方式
励磁系统Modbus正常
机组各轴承油位正常
导叶完全关闭
MIV完全关闭
BV关闭
压缩空气系统可用
调速器无故障
无工况转换程序在执行中
油压系统现地PLC无故障
油压系统现地PLC远方方式
MIV现地PLC远方方式
冷却水现地PLC无故障
冷却水现地PLC远方方式
发电机辅助设备PLC无故障
减载油泵系统处于自动方式
进水口闸门打开
尾水闸门打开
发电机起动令
发电附加条件
发电调相起动令
发电附加条件
SFC方式抽水起动令
SFC抽水起动附加条件
SFC方式抽水调相起动令
SFC抽水调相起动附加条件
背靠背方式抽水起动令
背靠背抽水起动附加条件
背靠背方式抽水调相起动令
背靠背抽水调相起动附加条件
&
≥1
相关工况的
连动准备状态
(机组处于静止状态)
机组处于静止工况
电网有电压
压缩空气系统PLC无故障
压缩空气系统气压正常
压缩空气系统远方方式
MD远方方式
MD完好
SFC系统完好
SFC系统远方方式
SFC系统处于备用状态
SFC系统可用
SFC系统Modbus正常
SFC冷却水阀打开
上、下水库水位正常
其他机组不处于发电工况
其他机组不处于发电调相工况
机组不处于发电起动过程中
机组不处于发电调相起动过程中
机组不处于黑启动过程中
机组不处于线路充电过程中
机组不处于以下工况转换过程
(GC-G, P-G, PC-G)
机组以SFC方式
抽水起动的附加条件

图 15-5-14 机组起动的准备条件

图 15-5-15 机组以 SFC 方式抽水起动的附加条件

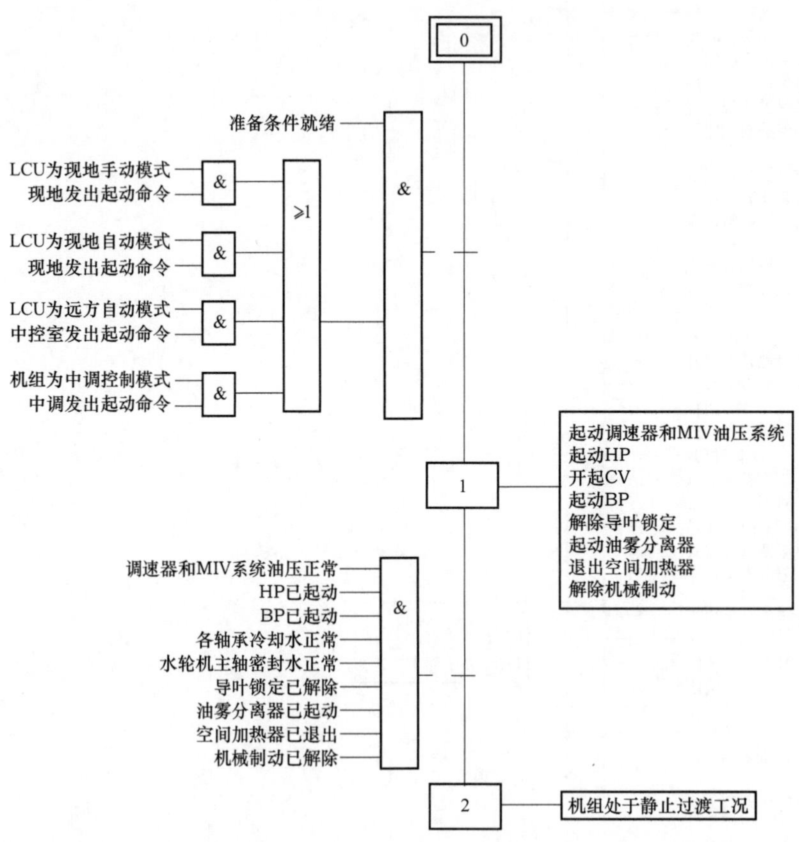

图 15-5-16 工况转换：机组从静止（SS）到静止过渡（TS）的转换流程

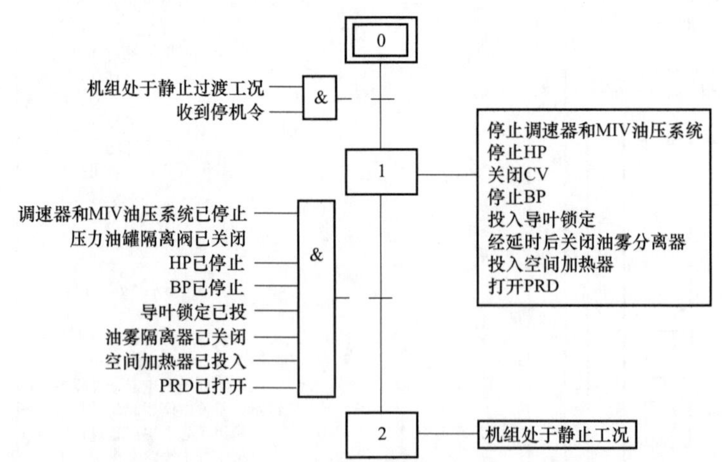

图 15-5-17 工况转换：机组从静止过渡（TS）到静止（SS）的转换流程

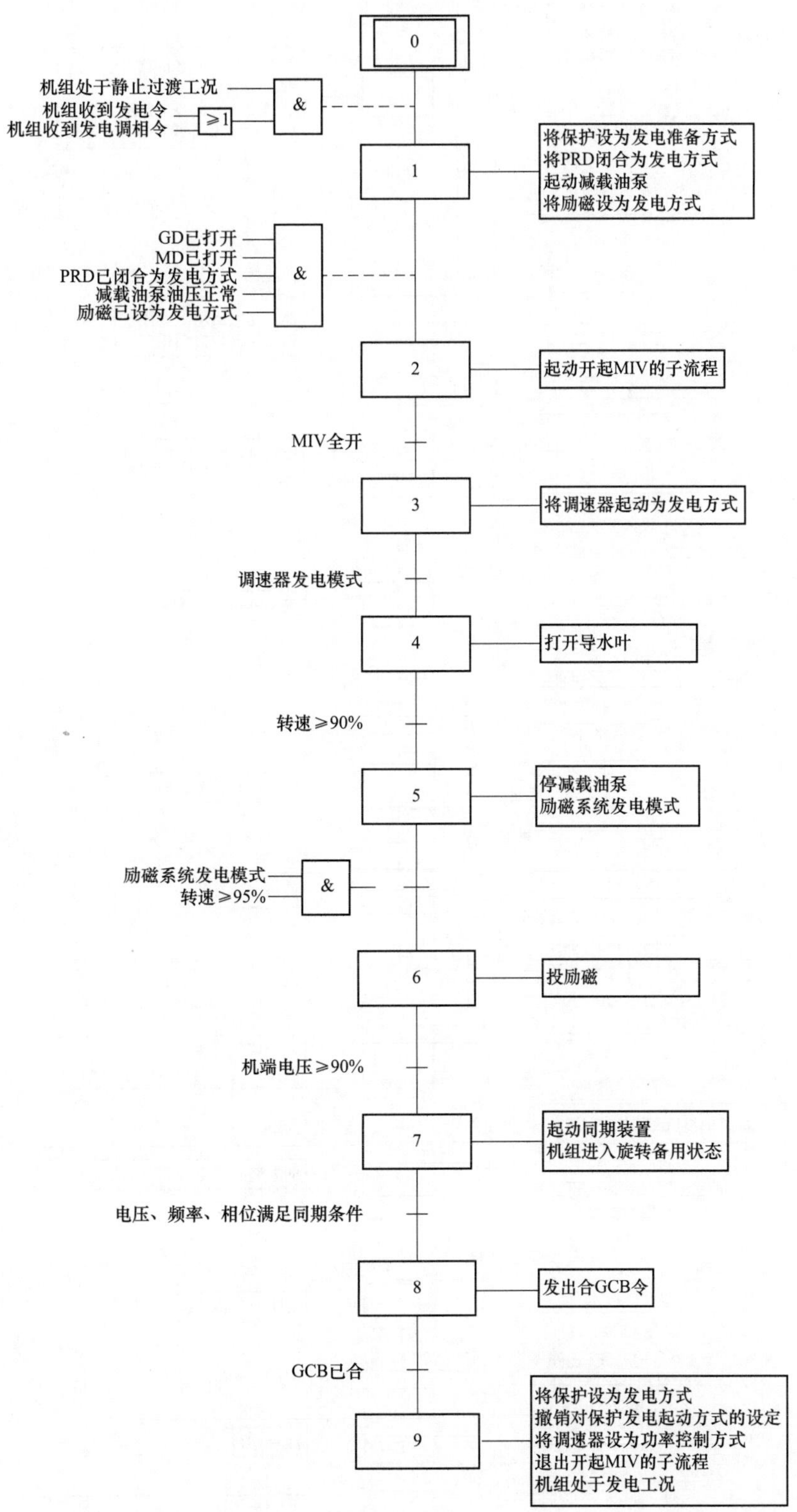

图 15-5-18 工况转换：机组从静止过渡（TS）到发电（G）的转换流程

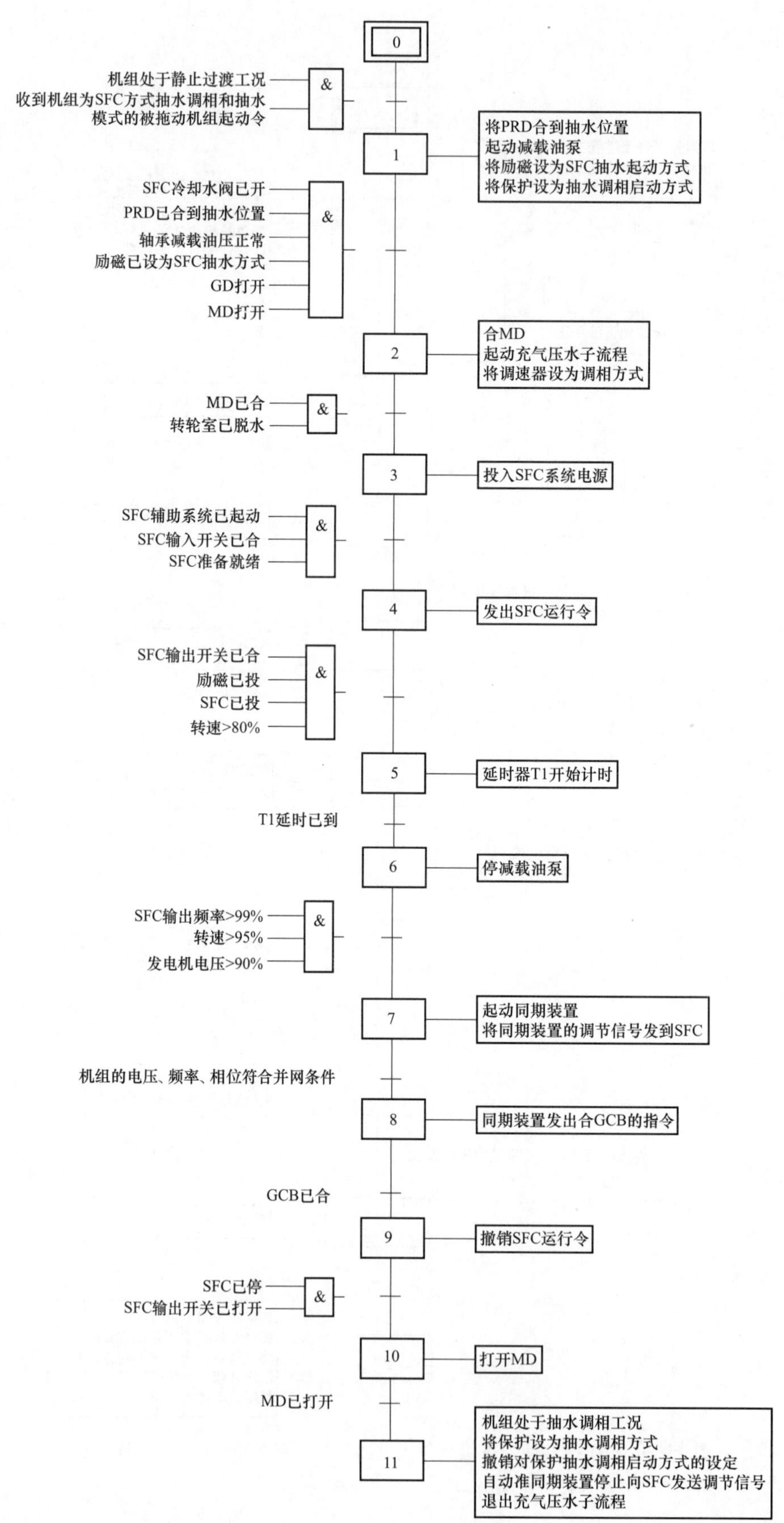

图 15-5-19 工况转换：机组从静止过渡（TS）到 SFC 拖动为抽水调相（PC）的转换流程

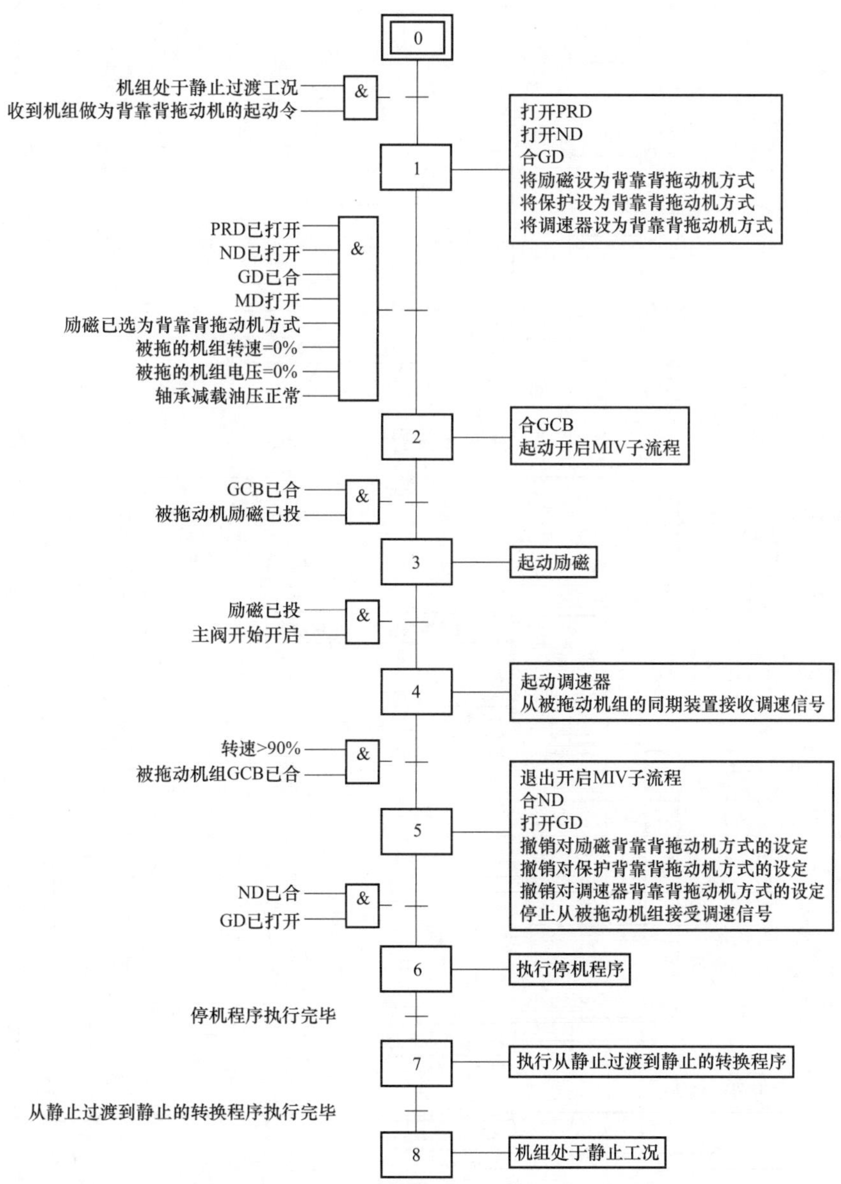

图 15-5-20 工况转换：机组从静止过渡（TS）到背靠背起动的拖动机，最后回到静止（SS）状态的转换流程

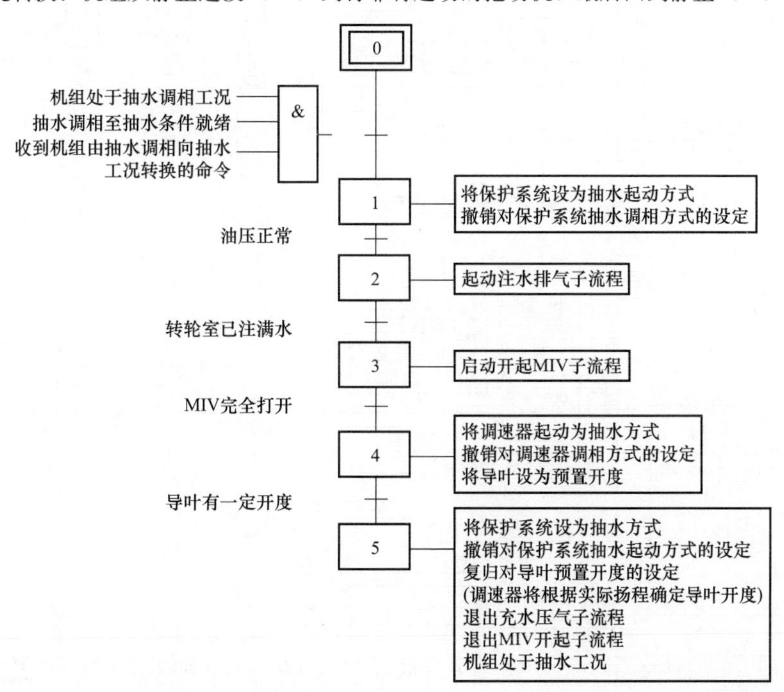

图 15-5-21 工况转换：机组从抽水调相工况（PC）到抽水工况（P）的转换流程

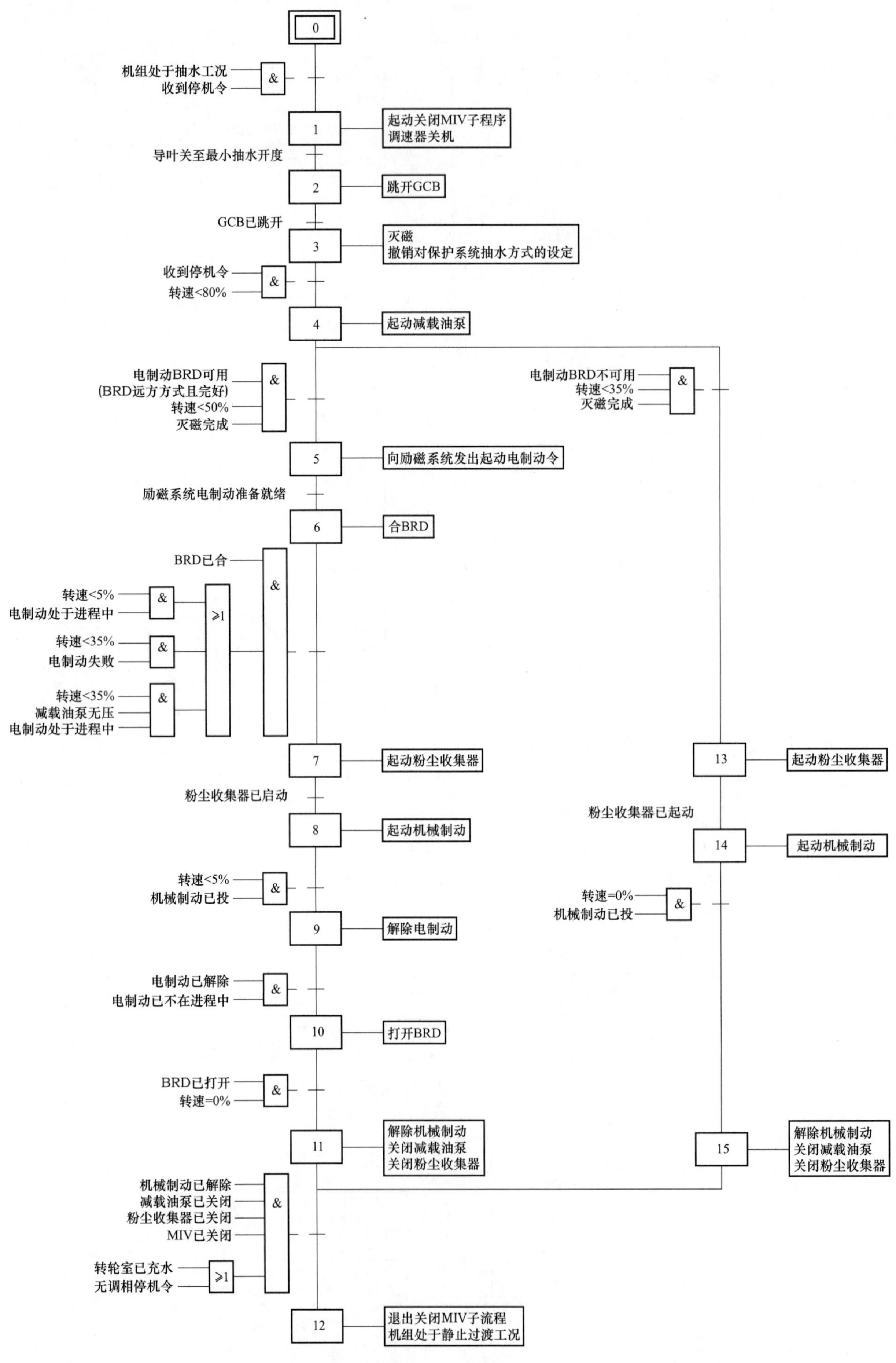

图 15-5-22 工况转换：机组从抽水（P）到静止过渡（TS）的正常停机制动流程

0
MIV开启令
1
打开BPV
BPV已开
2
开启工作密封
工作密封已开启
MIV前后水压平衡
&
3
开启MIV
MIV完全打开
4
关闭BPV
BPV已关
5
MIV开启流程结束

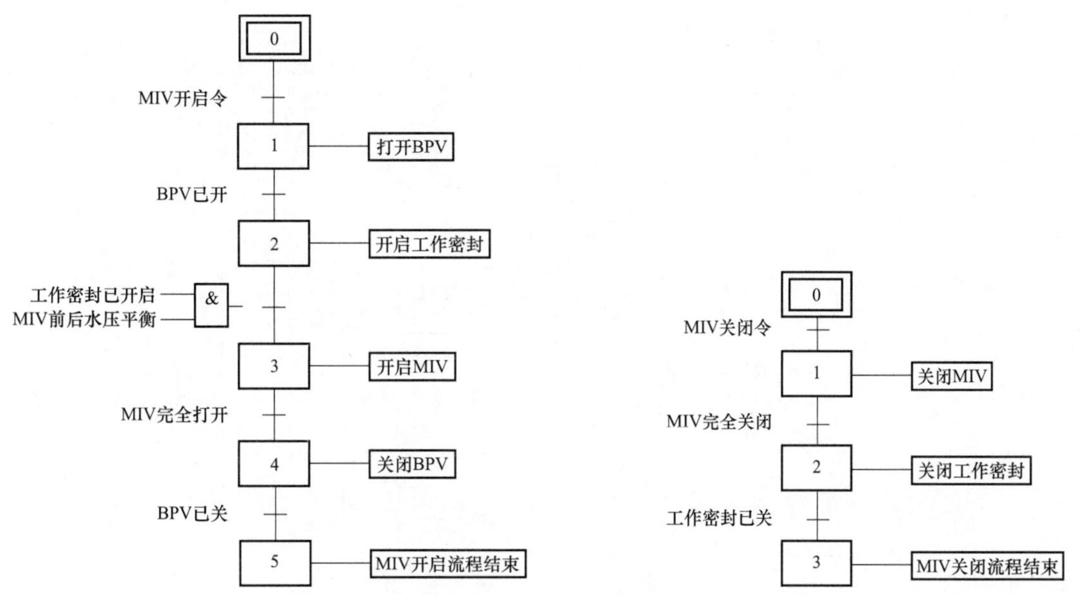

图 15-5-23　工况转换：机组开启进水阀子流程

0
MIV关闭令
1
关闭MIV
MIV完全关闭
2
关闭工作密封
工作密封已关
3
MIV关闭流程结束

图 15-5-24　工况转换：机组关闭进水阀子流程

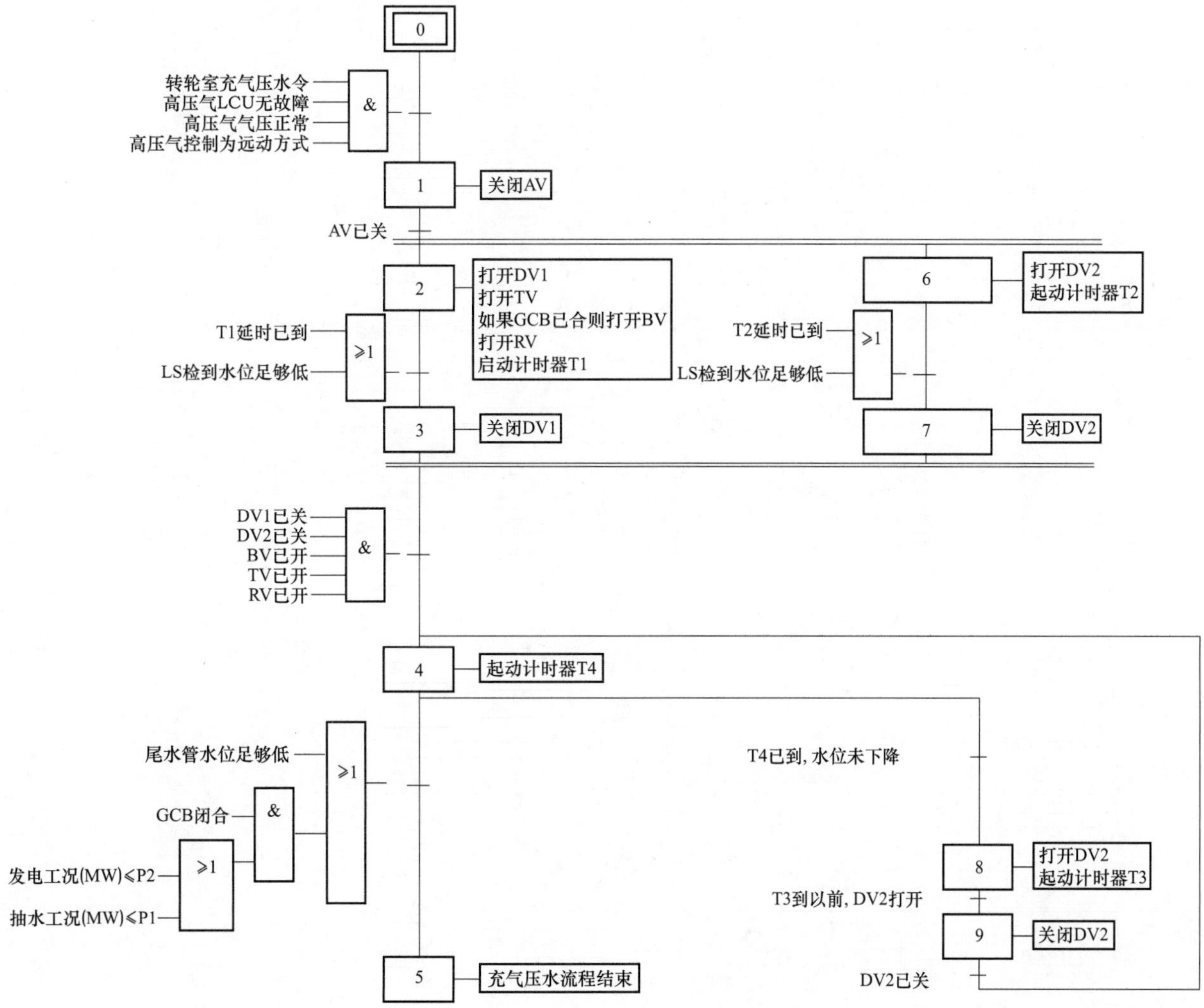

0
转轮室充气压水令
高压气LCU无故障
高压气气压正常
高压气控制为远动方式
&
1
关闭AV
AV已关
2
打开DV1
打开TV
如果GCB已合则打开BV
打开RV
启动计时器T1
T1延时已到
LS检到水位足够低
≥1
3
关闭DV1
6
打开DV2
起动计时器T2
T2延时已到
LS检到水位足够低
≥1
7
关闭DV2
DV1已关
DV2已关
BV已开
TV已开
RV已开
&
4
起动计时器T4
尾水管水位足够低
GCB闭合
发电工况(MW)≤P2
抽水工况(MW)≤P1
≥1
&
≥1
T4已到, 水位未下降
8
打开DV2
起动计时器T3
T3到以前, DV2打开
9
关闭DV2
DV2已关
5
充气压水流程结束

图 15-5-25　工况转换：机组充气压水子流程

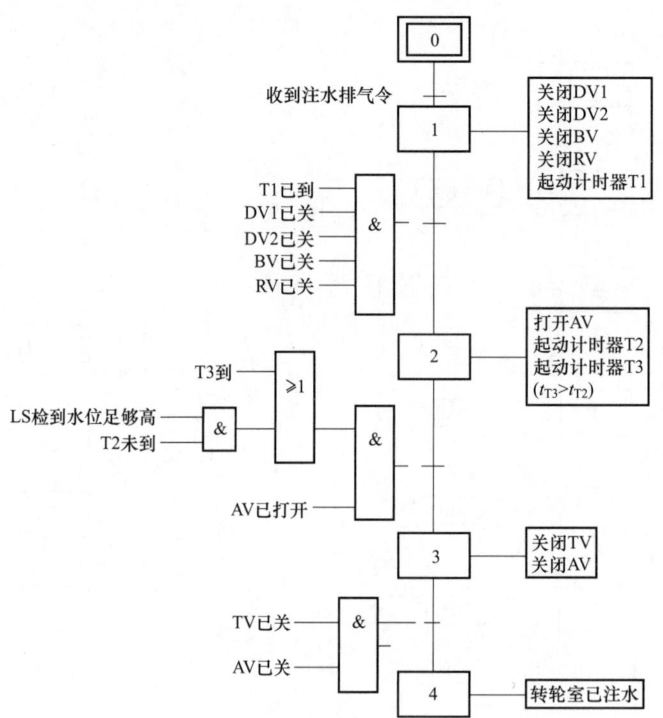

图 15-5-26 工况转换：机组注水排气子流程

第十六章　抽水蓄能电站调节保证

抽水蓄能电站的输水发电系统过渡过程是关系到电站安全与运行稳定的关键因素之一，有时甚至对电站的枢纽布置以及机组主要参数的选择等起着决定性的影响。因此在抽水蓄能电站设计中，水力过渡过程计算与调节保证研究是一项十分重要的工作。

由于水泵水轮机组特性及输水系统较常规水电站复杂，组合工况也较常规电站多，使得抽水蓄能电站的过渡过程较常规水电站要复杂得多，这也是抽水蓄能电站与常规水电站的最大区别之一。国内大型抽水蓄能电站的建设经过三十余年的发展，已建及在建抽水蓄能电站装机规模均位居世界第一，机组制造以及水泵水轮机水力开发、性能的研究均有了长足的进步，同时对抽水蓄能电站输水发电系统调节保证的研究也越来越深入，在总结国内十多座抽水蓄能电站水力过渡过程计算和现场试验的基础上，提出了抽水蓄能电站的调节保证设计要求，并在后续的抽水蓄能电站建设中得到了验证与应用。

第一节　水泵水轮机全特性

一、水泵水轮机全特性曲线

水泵水轮机的水力特性一般不是以综合特性曲线的形式表示，其形式正是水力过渡过程分析所需要的流量特性曲线和力矩特性曲线，也被称为全特性曲线。水泵水轮机的流量特性曲线有 4 个象限，力矩特性曲线占 3 个象限，根据流量 Q、转速 n、水头 H 与力矩 M（或者效率）的正、负、零关系，将其工作状态划分为 8 个区域，分别为水轮机工况区、水轮机制动工况区、反水泵工况区、反水泵制动工况区、反水轮机工况区、反水轮机制动工况区、水泵工况区、水泵制动工况区。

装有可逆式水泵水轮机的抽水蓄能机组，其正常运行工况处于水轮机工况区和水泵工况区；但对于过渡过程，机组有可能经过水轮机工况区、水轮机制动工况区、反水泵工况区、水泵工况区、水泵制动工况区，即在实际工程中实用也就是 5 个工况区。

水泵水轮机全特性曲线表示方法通常采用单位流量 Q_{11}、单位力矩 M_{11} 及单位转速 n_{11} 来表示。图 16-1-1、图 16-1-2 分别为某抽水蓄能电站水泵水轮机的 $Q_{11}\sim n_{11}$ 流量特性曲线和 $M_{11}\sim n_{11}$ 力矩特性曲线。

二、水泵水轮机特性曲线的特点

通过对不同水泵水轮机的全特性分析可以看出，水泵水轮机全特性有着下述的规律与特点：

（1）在水泵工况，大开度等导叶开度曲线汇集成一簇很窄的交叉曲线，说明在此区域水泵流量与导叶开度的关系不大，开度的改变不会造成单位流量及单位力矩很大的变化。在导叶小开度区域，随着导叶开度的减小其流量曲线及力矩曲线则加速分叉，说明此时的导水机构可看作是节流装置，水头损失急剧变化，从而对水泵的流量及力矩产生较大的影响。在水泵实际运行中导叶开度将随着扬程的变化而沿各导叶开度特性曲线的外包络线变化，也即导叶开度最优效率协联线，按此线运行将使得水力损失最小，也即使得水泵在该扬程下的效率最高。此外，随着单位转速的增大，也即水泵扬程的减小，水泵的流量及水力矩将快速增大，所以在水泵及电动机设计时应充分考虑此时水泵的力矩特性，电动机容量应根据可能的正常运行最低扬程工况进行设计，并留有一定的裕量；同时根据导叶小开度

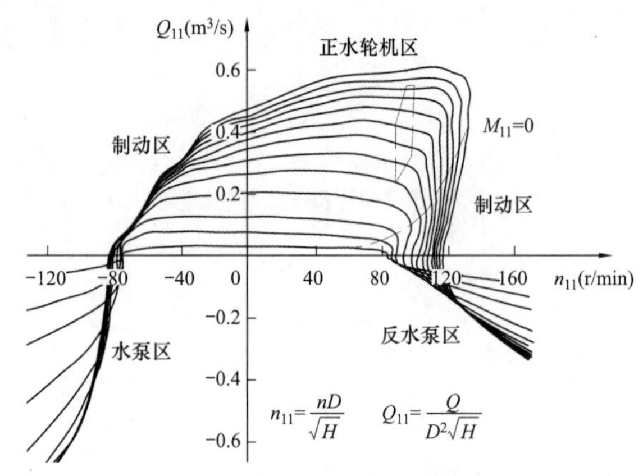

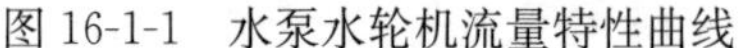
图 16-1-1 水泵水轮机流量特性曲线

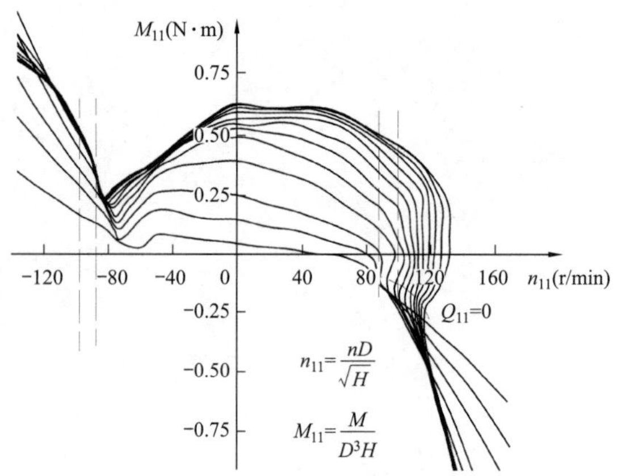

图 16-1-2 水泵水轮机力矩特性曲线

区域力矩分散的特性，在异常低扬程起动时（如初次向上水库异常低扬程充水时）可采取关小导叶开度来限制其水力矩，即限制水泵的入力在一定范围以内。

（2）水泵制动区力矩随单位转速的减小而逐渐增大，其中沿大导叶开度线要比小导叶开度线要明显得多；另外，各导叶开度线与单位转速坐标轴的交点比较集中，表明水泵水轮机水泵的零流量工况点对导叶开度不是十分敏感，随着开度的增大其单位转速绝对值也略有增大，表示零流量扬程随开度增大而略有减小。同时各导叶开度线的切线基本为正斜率，表明随着水泵工况反向流量的增大其制动水力矩不断增大，但水力矩的增速逐渐变缓，同时单位转速减小，转速减小的速度逐渐加快，这主要是机组转动部件及水体有着惯性力矩的抑制作用。由于在该区力矩随着单位转速的减小而增大，尤其是对低比转速的水泵水轮机在大导叶开度断电而导叶拒动时，水力矩有可能达到除正常水泵工况及反水泵工况外的最大值，故在机组设计时应对此过渡工况产生的水力矩进行详细计算；同时由于小导叶开度线较大导叶开度线平缓得多，因此建议在水泵断电时宜快速关闭导叶至小开度。

（3）水轮机工况区不同导叶开度线在小单位转速区较为平缓，并且向零力矩线（飞逸线）方向及向大导叶开度方向逐渐变得密集，并在大单位转速区变化快速加剧。一方面说明机组转速在小单位转速区域对流量的影响不大，流量主要由导叶开度来决定，并且在相同水头下，大开度区导叶开度对流量的影响要小于小开度区导叶开度对流量的影响。同时，不同导叶开度飞逸工况下的流量随开度的减小而减小，且减小的速度逐渐变缓，在小开度区不同导叶开度飞逸工况下的流量变化最小。另一方面在大单位转速区流量变化十分剧烈，沿等导叶开度线单位流量及单位力矩快速下降，说明随着机组转速的上升，离心制动作用迅速加大，使得水轮机方向流量及力矩迅速减小。

（4）水轮机制动区不同导叶开度线变得密集，斜率大，基本上与单位转速坐标轴垂直，在比转速小的机组甚至出现明显的反弯现象，即“S”特征明显，此时等单位转速线与等导叶开度线有两个或两个以上的交点，即同一个转速下对应着多个不同流量的运行工况，从而在飞逸工况下出现不稳定现象，在多个工况间来回摆动。这是由于随着比转速的减小，转轮的流道变得长而窄，转轮内水体的离心力增大，随着转速的上升，当离心力产生的力矩接近和大于水力矩与机组阻力矩之和时，便产生制动力矩，转速开始下降，转速一下降又使得离心力矩减小，当水力矩大于离心力矩与机组阻力矩之和时，机组又开始加速，于是使机组的运行产生来回震荡。另外，“S”特征随着导叶开度的增大而越来越明显，说明随着水头的降低，其空载飞逸越来越靠近或深入“S”区。

（5）反水泵区的等导叶开度线随着单位转速的增大出现交叉，导叶开度对机组的流量及力矩影响不大。反水泵区的流量不大，但随着流量的增加，机组的转速和力矩均快速增加，从而使扬程也快速增加。因此，在事故情况下应尽量避免进入反水泵区太深（如甩负荷时快速关闭导叶，机组有可能进入反水泵工况区）。而对于“S”特征明显的低比转速机组，应对额定水头及最小水头工况下甩负荷导叶拒动时可能进入反水泵工况区而产生的力矩进行详细计算。

（6）不同比转速的水泵水轮机有着不同的特点，如图 16-1-3 和图 16-1-4 所示为比转速 $n_{np}=120$ 的混流式水泵水轮机四象限特性曲线，图 16-1-5 和图 16-1-6 所示为 $n_{sp}=232$ 的斜流式水泵水轮机四象限

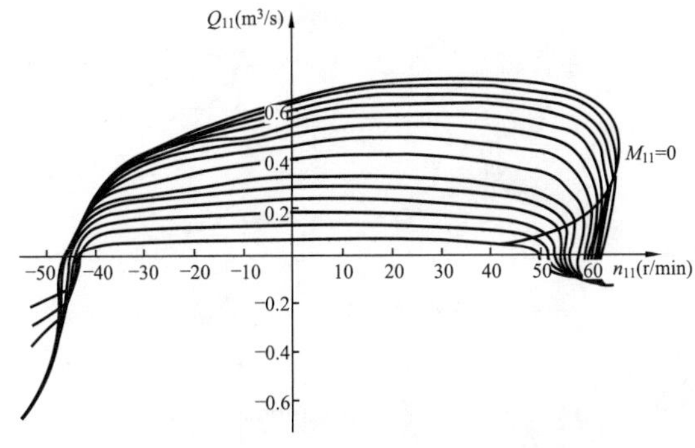

图 16-1-3 比转速 n_{st}=120 的混流式水泵水轮机流量特性曲线

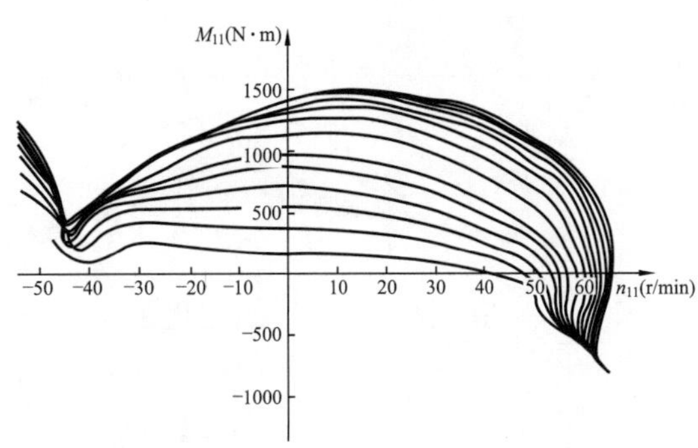

图 16-1-4 比转速 n_{st}=120 的混流式水泵水轮机力矩特性曲线

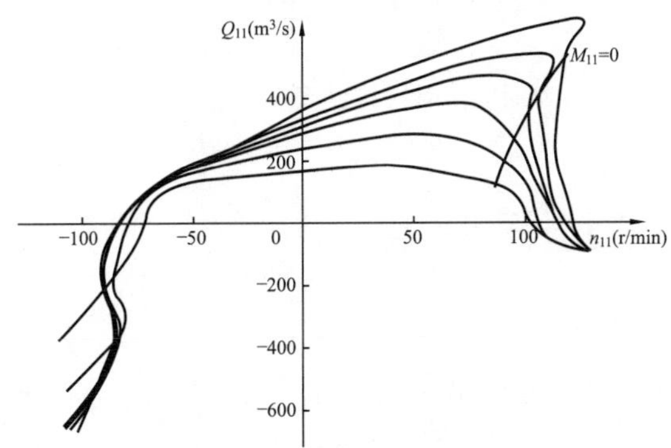

图 16-1-5 n_{st}=232 的斜流式水泵水轮机流量特性曲线

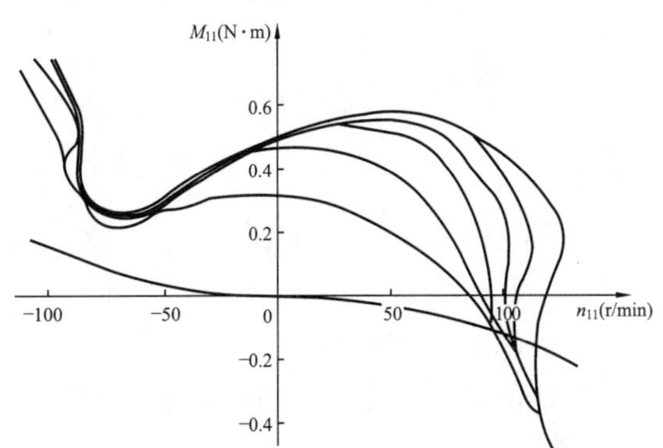

图 16-1-6 n_{st}=232 的斜流式水泵水轮机力矩特性曲线

特性曲线。

综合上述两组曲线及其他各比转速的水泵水轮机特性曲线，不同比转速的水泵水轮机又有着不同的特点：

1）低比转速水泵水轮机“S”区明显；高比转速水泵水轮机“S”区不明显，有的甚至没有“S”区。

2）低比转速水泵水轮机大导叶开度线在正流量区的特性比高比转速水泵水轮机的大导叶开度线平缓。

3）随着比转速的增大，零力矩线（飞逸线）的斜率越来越大。

4）各比转速水泵水轮机流量特性在反水泵工况均较平缓，但高比转速机组的力矩特性较低比转速机组的变化要剧烈得多，也即在等单位转速变化的情况下高比转速机组的反水泵工况力矩变化比低比转速机组的要大得多。

（7）除此之外，水泵水轮机特性还有以下特点：

1）由于水泵水轮机在水轮机及水轮机制动工况的等导叶开度线所特有的形状，当转速超过额定转速不大，流量就开始减小，而在水轮机制动区域内的大部分开度线上，流量减小伴随着转速上升变缓，甚至使转速下降，故在机组甩负荷而导叶拒动时机组转速有可能经过快速上升—升速减慢—速度减小这个过程，在相同的条件下，水泵水轮机的飞逸转速也就大大低于常规水轮机的飞逸转速。

2）在水轮机工况甩负荷，由于转速上升产生的离心效应使流量减小，即使导叶拒动，压力水道系统及蜗壳内的压力也会发生明显上升。图 16-1-7 为某抽水蓄能电站水轮机工况甩满负荷导叶延时关闭时过渡过程实测结果，可以明显地看出由于离心效应及导叶关闭所引起水道系统产生的两个不同的压力升高波，其中由转轮引起的制动效应产生的压力波的压力脉动较导叶关闭产生的压力脉动要大得多，也说明水泵水轮机甩负荷时的压力脉动比常规水轮机的压力脉动要大得多。

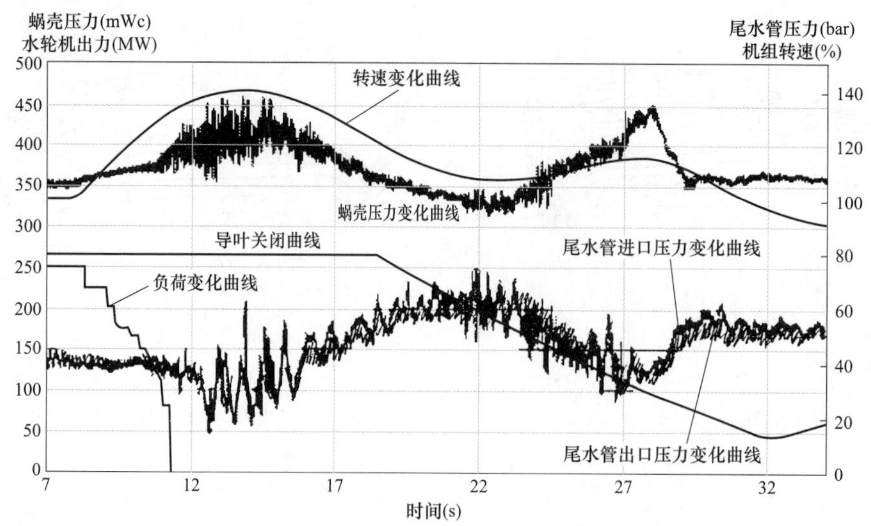

图 16-1-7 某抽水蓄能电站水轮机工况甩满负荷导叶延时关闭时过渡过程实测结果

第二节 水力过渡过程计算

一、水泵水轮机过渡过程

抽水蓄能电站的水道系统均较复杂，同时又要做水泵和水轮机两种工况运行，运行组合工况综合起来更多，再加上抽水蓄能机组的流量特性和力矩特性，故水泵水轮机过渡过程通常比常规水轮机过渡过程要复杂得多。

水泵水轮机正常运行时主要有水轮机工况、水泵工况、水轮机工况调相、水泵工况调相和旋转备用工况，各工况之间的互相转换以及机组在各工况下正常与事故停机等组合成众多的过渡过程工况。抽水蓄能电站过渡过程从大波动、小波动及水力干扰等组合工况进行分析。

1. 水轮机工况甩负荷过程

水轮机工况甩负荷过程通常出现在电网或机组发生故障导致机组紧急停机时，这时导叶关闭或拒动引起水道系统产生水击现象。此时机组运行工况可能在水轮机工况区、水轮机制动工况区及反水泵工况区，其在流量特性曲线中的运行轨迹如图 16-2-1 所示，其中 $A \to B \to C \to D$ 为额定工况甩满负荷时导叶紧急关闭的运行轨迹，$A \to E \to F \to G$ 为相应导叶拒动时的运行轨迹，并在 $E \to G$ 之间沿等导叶开度线上产生振荡。

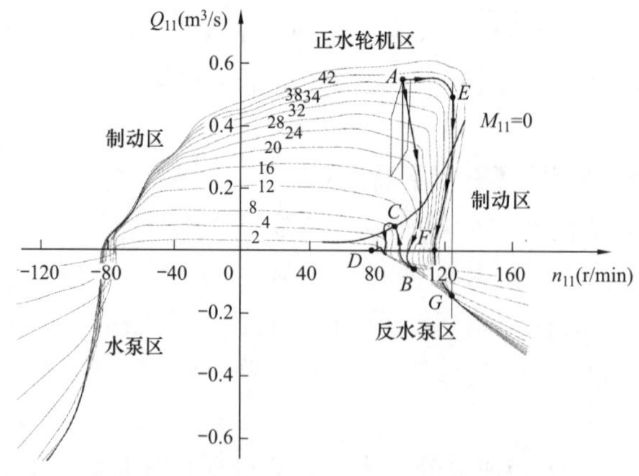

图 16-2-1 水轮机工况甩满负荷机组在四象限特性曲线中的运行轨迹

图 16-2-2 所示为水轮机额定工况甩满负荷导叶拒动过渡过程工况下各参数的典型变化的过程线。由图 16-2-2 可以明显地看出，由于导叶拒动，机组转速快速上升，随着机组转速的快速上升，在机组转轮离心力的作用下、机组流量也随着快速下降，使机组转速上升越来越慢，进而使机组转速下降，

此时由于转轮的制动作用引起的水击压力在蜗壳进口达到最高，同时随着机组转速下降，转轮的制动作用随之减弱，流量开始增加，进而又引起机组转速上升，这样就进入一个压力、流量以及机组转速周而复始地变化循环。因此，在设计时应充分重视包括蜗壳进口压力在内的水道系统压力振荡以及机组流道内的压力振荡。

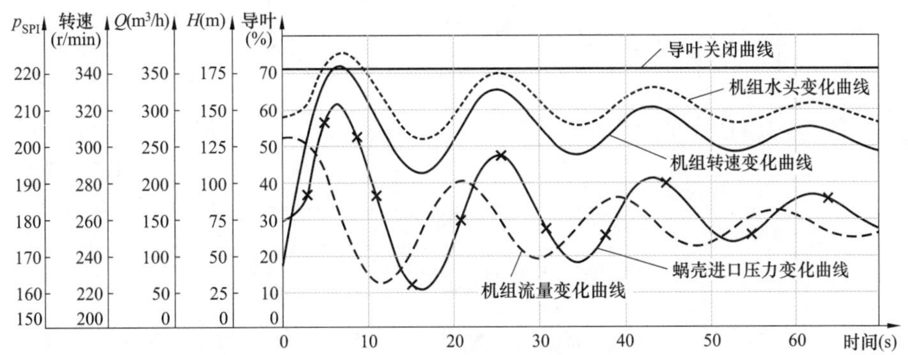

图 16-2-2　水轮机额定工况甩满负荷导叶拒动过渡过程曲线

图 16-2-3 所示为水轮机工况甩满负荷导叶快速关闭过渡过程曲线，图 16-2-4 所示为某抽水蓄能电站水轮机工况甩满负荷时过渡过程实测记录。由图 16-2-3 可以看出，由于甩负荷后导叶迅速关闭，导致流量快速下降，转速快速上升，蜗壳进口压力也快速上升。需要特别指出的是，在甩负荷后因导叶快速关闭引起蜗壳压力上升的同时，由于转轮的离心制动作用也随着转速上升逐渐加强，并使蜗壳进口压力存在着明显的第二个峰值。该峰值可以理解为导叶关闭与转轮自有特性共同作用的结果，其大小与导叶关闭时间有密切关系。

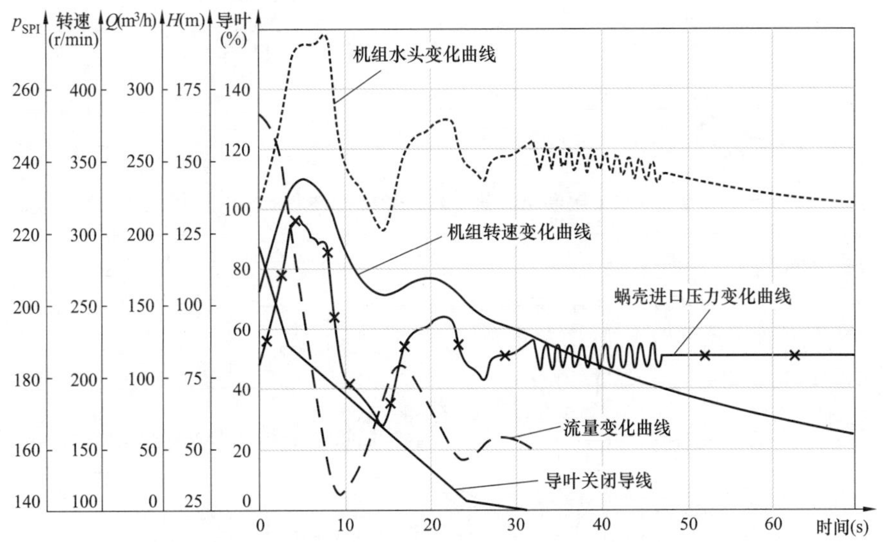

图 16-2-3　水轮机额定工况甩满负荷导叶快速关闭过渡过程曲线

2. 水泵工况断电

在水泵工况断电工况中，同样存在导叶紧急关闭或导叶拒动两种工况。根据机组的力矩特性及流量特性可知，随着导叶开度的减小，水力矩及流量将迅速减小，通常当机组在水泵工况发生断电时导叶开度可迅速关闭至一较小开度。水泵工况断电后机组在四象限特性曲线中运行轨迹如图 16-2-5 中的 $A \rightarrow B \rightarrow C \rightarrow O$ 所示。图 16-2-6 所示为水泵断电后导叶快速关闭机组转速、流量及蜗壳压力的变化曲线，图 16-2-7 所示为水泵断电后导叶快速关闭流道各部位压力变化曲线，图 16-2-8 所示为某抽水蓄能电站水泵工况断电后导叶关闭时过渡过程实测纪录。

水泵工况断电后发生导叶拒动时，过渡过程变化如图 16-2-9 所示，机组将由于失去动力矩很快减速并向反方向加速，机组水轮机方向流量快速增加，并沿着等导叶开度线经过制动区至水轮机区及水

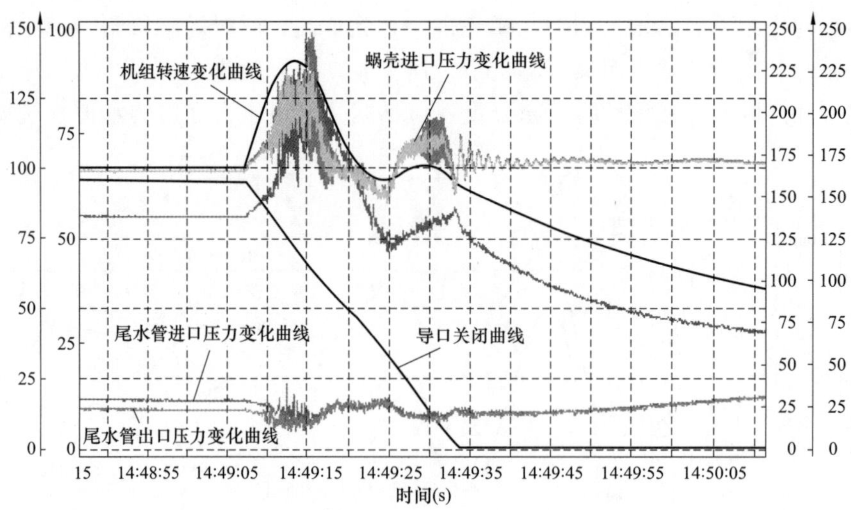

图 16-2-4　某抽水蓄能电站水轮机工况甩满负荷时过渡过程实测记录

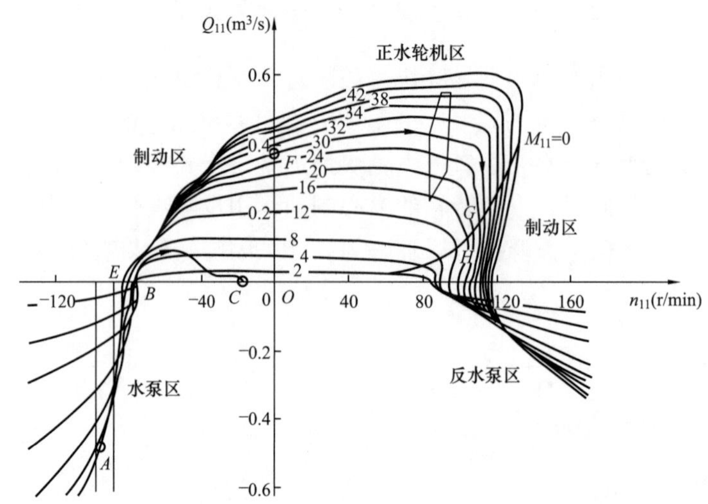

图 16-2-5　水泵工况断电后机组在四象限特性曲线中的运行轨迹

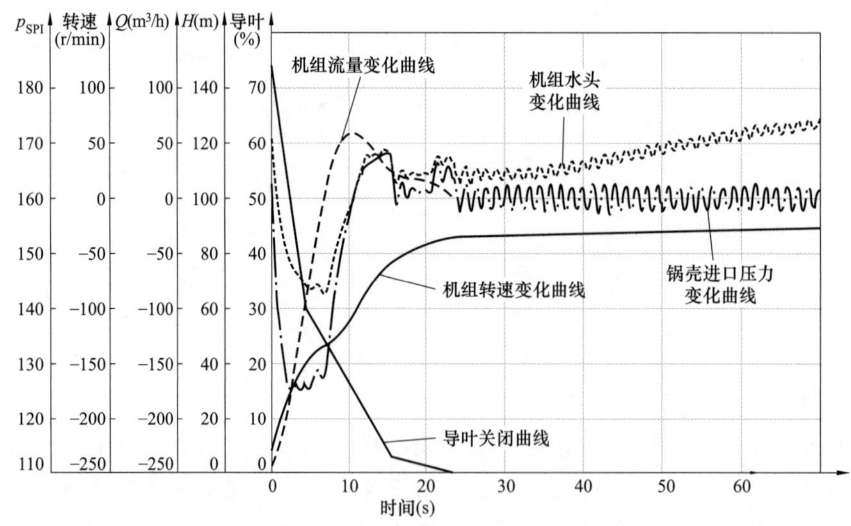

图 16-2-6　水泵断电后导叶快速关闭机组转速、流量及蜗壳压力的变化曲线

轮机制动区，并有可能在水轮机区与反水泵区间振荡，其运行轨迹如图 16-2-5 中 $A \to B \to F \to G \to H$。在此过程中，机组的力矩将达到较高的数值，尤其对于低比转速水泵水轮机在低扬程大导叶开度断电时，有可能达到其正常运行范围内的最大水力矩，因此在机组强度设计时应根据该工况的有关数据进行复核；同时在水泵制动区内由于机组流量为水轮机方向，转速为水泵方向，将产生较大的压力脉动。

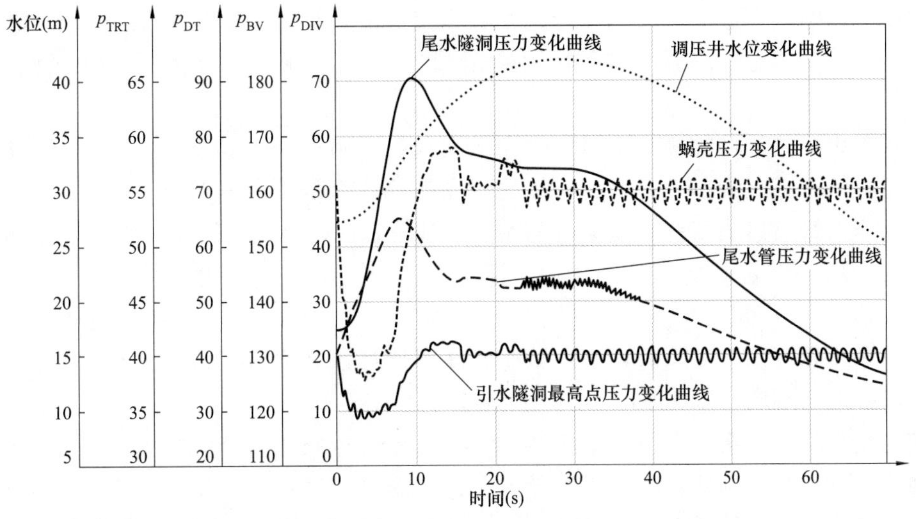

图 16-2-7 水泵断电后导叶快速关闭流道各部位压力变化曲线

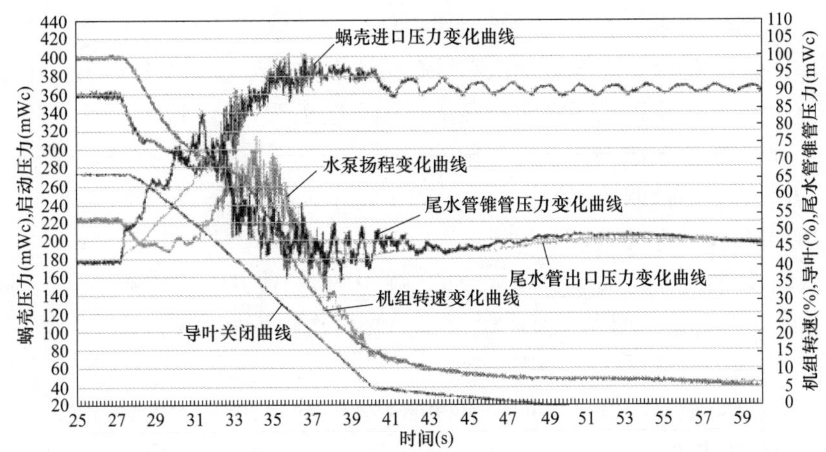

图 16-2-8 某抽水蓄能电站水泵工况断电后导叶关闭时过渡过程实测纪录

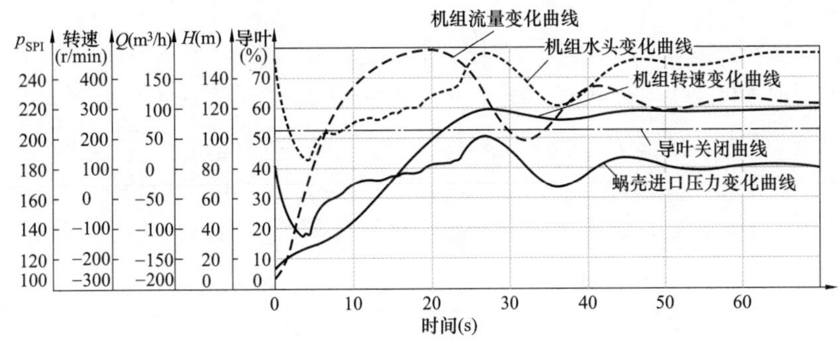

图 16-2-9 水泵工况断电后导叶拒动时过渡过程变化

二、水泵水轮机水力过渡过程计算控制标准

水泵水轮机过渡过程控制的目的是通过对电站过渡过程的研究与分析，预测机组及输水系统在过渡过程中的极值，如机组的最大转速上升、蜗壳及尾水管的最大压力上升和下降、输水系统的最大压力上升和下降、调压井的最高及最低涌波等，根据初步研究分析成果进而优化电站输水系统的设计甚至枢纽的布置方案、机组有关参数以及导叶关闭规律，使电站输水发电系统在各种过渡过程中的各调节保证参数满足规程规范要求，同时为电站安全稳定运行提供指导和依据。

水力过渡过程计算控制值是指根据机组类型、特性参数及在电网中的作用，结合工程布置特点和类似工程实践，在计算前确定的水力过渡过程计算限制值。根据 NB/T 10342《水电站调节保证设计导则》及 NB/T 10878《水力发电厂机电设计规范》，抽水蓄能电站水力过渡过程各计算控制值如下：

(1) 机组甩负荷的蜗壳进口最大压力升高率计算控制值，其基准值为上游正常蓄水位与机组安装高程之差，应满足如下规定：混流可逆式抽水蓄能机组，不宜大于30%，大于30%时应进行技术经济比选。

由于过渡过程中蜗壳进口的最高压力可能在最大水头甩满负荷工况发生，也可能在额定水头甩满负荷时发生，这样两个工况的压力上升率计算的蜗壳初始压力是不同的，反过来说单一的压力上升率是不能准确表达压力管道系统及蜗壳压力升高水平，应用起来不太方便，目前统一规定最高压力上升率时将初始压力换成一固定不变的基准压力，该基准压力为上游正常蓄水位至机组安装高程间的水头差。

(2) 机组甩负荷导叶正常关闭时，最大转速升高率计算控制值宜满足如下规定：混流可逆式抽水蓄能机组最大转速上升率宜小于45%。

(3) 机组甩负荷时，尾水管内的最小压力按海拔高程进行修正后应满足如下规定：对于抽水蓄能电站尾水管最小压力计算控制值，考虑压力脉动和计算误差的修正后，尾水管进口最小压力不宜小于－0.08MPa。若已取得电站的水泵水轮机特性曲线，计算误差修正可适当减小或不进行修正。

(4) 输水系统最小压力控制：当机组突增或突减负荷时，有压输水系统全线各断面最高点处的最小压力不应小于0.02MPa，不得出现负压脱流现象。

(5) 调压室水位控制：抽水蓄能电站调压室最高涌波水位以上的安全超高不宜小于1m；调压室最低涌波水位与调压室处压力引水道顶部之间的安全高度不应小于3m，调压室底板应留有不小于1m的安全水深。除调压室外，输水系统上、下游闸门井在过渡过程中的最高、最低涌波水位也应复核，其控制要求建议按调压室对应的控制要求。

(6) 小波动过渡过程评价标准满足下列规定：

对无调压室的，有压管道系统惯性时间常数值不宜大于4s，进入允许频率变化带宽的调节时间不宜大于24、衰减度宜大于80%、超调量宜小于10%、振荡次数不宜大于2次。允许频率变化带宽宜在－0.4%～＋0.4%范围内。

对有调压室的，主波应满足无调压室的评价标准要求，尾波进入允许频率变化带宽的调节时间不宜大于调压室水位波动周期的一半。

(7) 水力过渡过程水力干扰中，定子过电流倍数与相应的允许过电流时间应符合GB/T 7894《水轮发电机基本技术条件》的有关规定。

水力干扰过渡过程主要评价指标是功率摆动和功率因数角变化。发电机功率是电流与电压之积（电功率），励磁调节使发电机端电压很快稳定，所以功率摆动主要表现为电流随时间的变化。其过电流应满足发电机相应设计规范对定子、转子过流能力和时间要求，定子绕阻过电流倍数（也就是最大功率）与相应的允许过电流时间按表16-2-1确定，并且达到表中允许过电流时间的对应次数平均每年不应超过2次；转子绕组能承受2倍额定励磁电流，空气冷却的发电机允许过电流持续时间为50s，水直接冷却或加强空气冷却的发电机允许过电流持续时间为20s。受干扰机组功率因数角不能超过90°，且其波动过程必须衰减。

表16-2-1　　定子绕组允许过电流倍数与时间关系

定子过电流倍数（定子电流/定子额定电流）	允许持续时间（min）	
	空气冷却定子绕组	水直接冷却定子绕组
1.10	60	
1.15	15	
1.20	6	
1.25	5	
1.30	4	
1.40	3	2
1.50	2	1

三、水泵水轮机过渡过程计算工况

过渡过程控制的主要参数为蜗壳进口最大压力，尾水管最高及最低压力、机组最高转速、输水系统最低压力、调压室最高及最低涌波等参数。上述这些参数的控制主要是通过详细的过渡过程计算，调整水道系统布置，设计参数、调压室参数、调速器参数的优化及机组有关参数如转动惯量及机组安装高程的优化等来实现。对于抽水蓄能电站，根据水泵水轮机的空化特性，要求的吸出高度较大，一般采用地下式厂房；大多数抽水蓄能电站输水系统采用一管多机方案，这样抽水蓄能电站过渡过程计算的组合工况也相对较多。由于不同抽水蓄能电站有着不同的输水系统布置，不同电站的过渡过程计算工况也就不尽相同，以下仅列出一些典型的过渡过程工况。

1. 水轮机工况

T-1：一台机组在额定水头下额定功率运行，甩负荷，导叶紧急关闭。该工况可能出现机组最大转速上升。

T-2：同一水力单元的全部机组在额定水头下额定功率运行，同时甩负荷，导叶紧急关闭。该工况可能出现机组最大转速上升、蜗壳最大压力。

T-3：上水库正常蓄水位或设计洪水位，同一水力单元的全部机组在相应水头最大输出功率运行，同时甩负荷，导叶紧急关闭。该工况可能出现机组蜗壳最大压力、引水调压室最高涌波水位、尾水调压室最低涌波水位。

T-4：下水库正常蓄水位，同一水力单元的全部机组在相应水头最大输出功率运行，同时甩负荷，导叶紧急关闭。该工况可能出现尾水调压室最高涌波水位。

T-5：上水库正常蓄水位或设计洪水位，共用引水调压室的全部 n 台机组由 $n-1$ 台增至 n 台，或全部机组由 2/3 相应水头最大输出功率运行突增至相应水头最大输出功率运行后，引水调压室涌波水位最高时，全部机组同时甩负荷，导叶紧急关闭。该工况可能出现机组最大转速上升、蜗壳最大压力、引水调压室最高涌波水位。

T-6：上水库正常蓄水位或设计洪水位，共用引水调压室的全部 n 台机组由 $n-1$ 台增至 n 台，或全部机组由 2/3 相应水头最大输出功率运行突增至相应水头最大输出功率运行后，流入引水调压室流量最大时，全部机组同时甩负荷，导叶紧急关闭。该工况可能出现机组最大转速上升、蜗壳最大压力、引水调压室最高涌波水位。

T-7：上水库死水位，共用引水调压室全部 n 台机组由 $n-1$ 台增至 n 台，或全部机组由 2/3 相应水头最大输出功率运行同时突增至相应水头最大输出功率运行。该工况可能出现引水系统各断面最高点处的最小压力、引水调压室最低涌波水位。

T-8：下水库死水位，共用尾水调压室的全部 n 台机组由 $n-1$ 台增至 n 台，或全部机组由 2/3 额定输出功率运行突增至相应水头最大输出功率运行后，在尾水调压室涌波水位最低时，同时甩负荷，导叶紧急关闭。该工况可能出现尾水管进口最小压力、尾水调压室最低涌波水位。

T-9：下水库死水位，共用尾水调压室的全部 n 台机组由 $n-1$ 台增至 n 台，或全部机组由 2/3 相应水头最大输出功率运行突增至相应水头最大输出功率运行后，流出尾水调压室的流量最大时，全部机组同时甩负荷，导叶紧急关闭。该工况可能出现尾水管进口最小压力、尾水调压室最低涌波水位。

T-10：上水库死水位，共用引水调压室全部 n 台机组由 $n-1$ 台增至 n 台，或全部机组由 2/3 相应水头最大输出功率运行同时突增至相应水头最大输出功率运行后，流入引水调压室流量最大时，全部机组同时甩负荷，导叶紧急关闭。该工况可能出现引水调压室最低涌波水位。

T-11：下水库正常蓄水位，共用引水调压室全部 n 台机组由 $n-1$ 台增至 n 台，或全部机组由 2/3 相应水头最大输出功率运行同时突增至相应水头最大输出功率运行后，流出尾水调压室流量最大时，全部机组同时甩负荷，导叶紧急关闭。该工况可能出现尾水调压室最高涌波水位。

T-12：最大水头 1 台机组额定功率运行，甩负荷，导叶拒动。该工况可能出现机组最大转速上升。

T-13：同一水力单元的机组在额定水头下额定功率运行，同时甩负荷，其中一台机组导叶拒动，其他机组导叶紧急关闭。该工况可能出现机组最大转速上升。

T-14：上水库正常蓄水位，同水力单元的机组额定功率运行，同时甩负荷，1 台机组分段关闭失灵，导叶直线关闭，其他机组导叶紧急关闭。该工况可能出现机组最大转速上升、蜗壳最大压力。

T-15：下水库死水位，同一水力单元的全部机组同时甩最大负荷，一台机导叶拒动，其余机组导叶紧急关闭。该工况可能出现尾水管进口最小压力。

T-16：上水库最低发电水位，同一水力单元的全部机组同时甩相应水头最大负荷，在流出引水调压室流量最大时，一台机组从空载增至相应水头最大输出功率。该工况可能出现引水调压室最低涌波水位。

T-17：同一水力单元的机组在额定水头下额定功率运行，依次相继甩负荷，导叶紧急关闭。该工况可能出现机组最大转速上升、蜗壳最大压力。

T-18：下水库死水位，共用尾水隧洞或共用尾水调压室相关的机组相继依次甩负荷，导叶紧急关闭。该工况可能出现尾水管进口最小压力。

T-19：下水库设计洪水位，共用尾水调压室的全部机组同时甩负荷，在流入尾水调压室流量最大时，一台机组从空载增至相应水头最大输出功率运行。该工况可能出现尾水调压室最高涌波水位。

2. 水轮机小波动工况

SF-1：额定水头，同一水力单元的机组空载突增 5%额定负荷。

SF-2：额定水头，同一水力单元的机组空载突增 10%额定负荷。

SF-3：额定水头，同一水力单元的机组满负荷突减 5%额定负荷。

SF-4：额定水头，同一水力单元的机组满负荷突减 10%额定负荷。

SF-5：最大水头，同一水力单元的一台机组维持满负荷运行，其余机组均由满负荷突减 10%额定负荷。

SF-6：额定水头，同一水力单元的一台机组维持满负荷运行，其余机组均由满负荷突减 10%额定负荷。

SF-7：最小水头，同一水力单元的一台机组维持最大负荷运行，其余机组均由最大负荷突减 10%额定负荷。

SF-8：最小水头，同一水力单元的一台机组维持最大负荷运行，其余机组均由空载突增 10%额定负荷。

SF-9：最小水头，同一水力单元的机组均空载，一台机组突增 10%额定负荷。

SF-10：额定水头，同一水力单元的机组，一台机 2/3 负荷运行，一台机组空载突增 10%额定负荷。

3. 水泵工况

P-1：上水库死水位，下水库正常蓄水位，同一水力单元的机组全部抽水运行，突然断电，导叶紧急关闭。该工况可能出现引水调压室最低涌波水位、尾水调压室最高涌波水位。

P-2：上水库死水位，下水库正常蓄水位，同一水力单元的全部 n 台机组由 $n-1$ 台抽水增至 n 台，当流出引水调压室的流量达最大时，突然断电，导叶紧急关闭。该工况可能出现引水调压室最低涌波水位。

P-3：上水库死水位，下水库正常蓄水位，同一水力单元的全部 n 台机组由 $n-1$ 台抽水增至 n 台，当流入尾水调压室的流量达最大时突然断电，导叶紧急关闭。该工况可能出现尾水调压室最高涌波水位。

P-4：上水库正常蓄水位，下水库死水位，同一水力单元的机组在最大扬程抽水时，突然断电，导叶紧急关闭。该工况可能出现尾水管进口最小压力。

P-5：水泵工况在最低扬程时，同一水力单元的全部机组同时断电，一台机组导叶拒动，其他机组导叶紧急关闭。该工况可能出现引水系统各断面最高点处的最小压力。

P-6：上水库死水位，下水库正常蓄水位，同一水力单元的全部 n 台机组由 $n-1$ 台抽水增至 n 台，当流出引水调压室的流量达最大时，突然断电，一台机组导叶拒动，其他机组导叶紧急关闭。该工况可能出现引水调压室最低涌波水位。

P-7：下水库正常蓄水位或设计洪水位，共用尾水调压室的全部 n 台机组由 $n-1$ 台抽水增至 n 台，在流入尾水调压室流量最大时突然断电，一台机组导叶拒动，其他机组导叶紧急关闭。该工况可能出现尾水调压室最高涌波水位。

P-8：一台机组极限低扬程水泵抽水，突然断电，导叶紧急关闭。该工况可能出现引水系统各断面最高点处的最小压力。

上述列出一些典型的计算工况，各电站应根据实际可能运行的条件及组合工况进行增减、补充与细化。例如：

（1）在过渡过程计算时，有时候蜗壳最大压力上升或转速上升并不一定是在最大水头工况或额定工况甩满负荷时出现，而是介于这两工况之间的某一个工况，应进行试算查看上述指标的变化趋势，进而确定产生极值的工况。

（2）有研究提出，蜗壳进口最大压力及尾水管进口最小压力出现在甩部分负荷工况，如水轮机工况同一水力单元机组同甩 2/3 额定负荷，导叶紧急关闭工况。

（3）应仔细分析电站实际可能的运行工况，并对可能运行的其他工况进行复核计算，如电站投运初期由于蓄水条件限制使得水轮机额定工况运行时上水库水位可能较正常运行时低（下水库蓄水不足）等，由此建议对各工况应以极值水位工况进行复核。

（4）近年来采用泵工况首次起动向上水库充水的起动方式越来越多，此时需详细计算此工况断电时引水系统最小压力或允许的最大向上充水流量，以满足引水系统最低压力控制要求。

（5）机组检修时，尾水闸门处于关闭状态，需要计算分析同一尾水隧洞的机组水轮机甩负荷或水泵工况断电对检修状态机组尾水事故闸门的影响。

（6）在过渡过程计算时，应对电气过速保护动作及机械过速保护动作工况的过渡过程进行计算分析。

四、导叶关闭规律

抽水蓄能电站机组甩负荷过程中，随着导叶的自动关闭，将使机组转速上升、输水系统压力尤其是蜗壳进口压力及尾水管进口压力将产生剧烈波动。不同的导叶关闭规律会对上述参数产生不同影响，当导叶关闭速度太快时，可能导致引水压力钢管压力过高；当导叶关闭速度太慢时，可能导致机组转速上升过高。在过渡过程计算中需要选择合适的导叶关闭规律，一般导叶关闭规律有直线关闭规律、分段关闭规律和延时关闭规律。

（一）导叶关闭规律对主要调节保证参数的影响

1. 对蜗壳进口压力的影响

蜗壳动水压力由静水压力和动水压力组成，其中静水压力在数值上等于上水库水位与机组安装高程之差，动水压力为在过渡过程中因流道内流态剧烈变化引起的压力波动。蜗壳最大动水压力一般发生在最大水头或额定水头甩满负荷工况。估算水锤压力的计算公式为

$$\zeta=(1.2\sim1.4)\frac{T_w}{T_s}(Q_0-Q_1) \tag{16-2-1}$$

式中 ζ——蜗壳压力上升率；

T_w——压力管道水流惯性时间常数；

T_s——导叶有效关闭时间；

Q_0——水轮机初始相对流量值；

Q_1——水轮机甩负荷后的相对流量值。

由式（16-2-1）可知，导叶有效关闭时间越长，蜗壳动水压力越小。但对于水泵水轮机甩负荷工况，当导叶关闭时间增长到一定时间后，转轮自身特性将引起流量剧烈变化，进而导致蜗壳进口压力不再随导叶关闭时间延长而减小，如某些抽水蓄能电站蜗壳进口最高压力发生在机组甩负荷的导叶拒动工况，此时蜗壳进口压力将在一定范围内振荡，并伴随剧烈的压力脉动。由此，在优化导叶关闭规律及确定蜗壳进口最高压力的同时，需对机组甩负荷导叶拒动工况进行复核。

2. 对尾水管进口压力的影响

按照近似的解析法计算，在非恒定流情况下，尾水管真空度表示为

$$H_B = H_s + V^2/(2g) + \Delta H_B \tag{16-2-2}$$

式中 H_s——尾水管静力真空，仅与机组安装高程和下游水位相关，安装高程在下游水位以上为正，m；

V——尾水管进口流速，m/s；

g——重力加速度，m^2/s；

ΔH_B——尾水管内水压力降低的绝对值，m。

由式（16-2-2）可知，在电站基本参数（机组安装高程、上下游水位、引用流量、管道尺寸等）一定的情况下，H_s 保持不变；近似计算时，尾水管进水管速度水头 $V^2/(2g)$ 为导叶关闭时刻的一半，而尾水管出口绝对流速不大，故流速水头变化引起的真空度不大；但是，机组甩负荷时，尾水管压力下降值 ΔH_B 与过渡过程工况下输水系统最高压力成正比关系，导叶有效关闭时间越短，输水系统最高压力越高，相应尾水管压力下降也越大，故导叶关闭规律对尾水管真空度有很大的影响。

3. 对机组转速变化率的影响

机组甩负荷时，机组转速上升率可按下列公式进行估算：

$$\beta = \sqrt{1 + \frac{365 N_0 T_{S1} f}{n_0^2 GD^2}} - 1 \tag{16-2-3}$$

式中 β——机组转速上升率；

N_0——初始负荷，kW；

T_{s1}——导叶全开关至空载开度的时间，s；

f——考虑水锤压力影响的系数，与管路特性有关；

n_0——机组初始转速，r/min；

GD^2——机组飞轮力矩，$t \cdot m^2$。

从式（16-2-3）可以看出，当机组有效关闭时间 T_s 越长，机组转速上升率将越大。同样，根据水泵水轮机特性，当甩负荷进入“S”区时，机组特性也将对机组转速产生显著的影响，比如在导叶拒动工况，机组转速将在一定范围内周期性振荡。

（二）导叶关闭规律对过渡过程的影响典型案例

已建的抽水蓄能电站导叶关闭规律通常采用的有一段直线关闭、两段拆线关闭，表 16-2-2 为国内部分抽水蓄能电站水轮机工况导叶关闭规律统计表。

表 16-2-2 国内部分抽水蓄能电站水轮机工况导叶关闭规律统计

电站	额定水头（m）	引水系统型式	尾水系统型式	输水系统总长（m）	引水调压井	尾水调压井	关闭规律	关闭时间
敦化	655	一管两机	两机一洞	4720	有	有	两段关闭	东电：23.45s 从 100%关至 65%，22.75s从65%关至0 哈电：2.6s从100%关至76%，37.4s从76%关至0
西龙池	640	一管两机	一机一洞	1752.18	无	无	两段关闭	1.6s从100%关至85%，45.2s从85%关至0
绩溪	600	一管两机	两机一洞	2823.5	有	有	两段关闭	32.2s从100%关至65%，20.8s从65%关至0（额定工况开度为84.5%的最大开度）
天荒坪	526	一管三机	一机一洞	1428	无	无	两段关闭	3.8s从100%关至50%，12s从50%关至0
宝泉	510	一管两机	两机一洞	2293.7	无	无	延时关闭＋球阀参与调节	导叶延时10s后，15s从100%关至0； 进水阀10.6s关至20%，全程50.6s全关
仙居	447	一管两机	两机一洞	2216.1	无	有	两段关闭	第一段3.85s从100%关至58%，第二段33.022从58%至全关

续表

电站	额定水头（m）	引水系统型式	尾水系统型式	输水系统总长（m）	引水调压井	尾水调压井	关闭规律	关闭时间
清远	470	一管四机	四机一洞	2939.341	无	有	两段关闭	2.41s从100%关至76%，57.59从76%关至14%，9.1s从14%关至0
沂蒙	375	一管两机	两机一洞	2824	无	有	两段关闭	4s从100%关至60%，30s从60%关至0
宜兴	363	一管两机	两机一洞	3082.33	有	有	三段关闭	4.5s从100%关至55%，7s从55%关至20%，10s从20%关至0
张河湾	305	一管两机	单管单机	850	无	无	延时关闭	延时10s关闭，15s从100%关至0
白莲河	195	一管两机	两机一洞	1836.985	有	无	直线关闭	35s从100%关至0
蒲石河	308	一管两机	四机一洞	2325	无	有	延时关闭	延时11s关闭，15s从100%关至10%，20s从10%关至0
泰安	225	一管两机	两机一洞	2065.6	无	有	直线关闭	直线关闭，13s从100%关至0
桐柏	244	一管两机	单管单机	1276.36	无	无	直线关闭	直线关闭，22s从100%关至0

由表16-2-2可见，不同抽水蓄能电站采用的导叶关闭规律相差较大，其中敦化采用两个厂家的机组，所采用的导叶关闭规律也不相同，应该说，导叶关闭规律的选择除与电站枢纽布置、单机容量、水头参数、输水系统特性等参数有关外，还与水泵水轮机特性关系密切，在导叶关闭规律的选择时，不同的电站应根据自身特性选取最优导叶关闭规律，其中日本厂家大多选择先快后慢的两段关闭规律，GE（原Alstom）大多选择延时关闭。

下面以某抽水蓄能电站为例，对甩负荷工况分别采用直线快关、直线慢关、先快后慢的分段关、先慢后快的分段关闭规律进行计算机仿真计算。其中，计算工况1为同一水力单元的两台机组在最高水头带额定负荷，两台机同时甩全负荷，导叶正常关闭工况；计算工况2为同一水力单元的两台机组在额定水头带额定负荷，两台机同时甩全负荷，导叶正常关闭。采用不同导叶关闭规律时过渡过程计算结果见表16-2-3。

表16-2-3　采用不同导叶关闭规律时过渡过程计算结果

工况	导叶关闭规律	蜗壳进口最大压力水头（m）	机组最大转速上升率（%）	尾水管进口最小压力水头（m）	最优关闭规律
工况1	直线10s	752.83	35	5.17	
	直线23s	681.77	38.7	38.29	
	分段关闭，第一段5s关至60%开度，总关闭时间35s	652.67	33.5	39.28	★
	分段关闭，第一段20s关至40%开度，总关闭时间35s	698.81	38.2	29.85	
工况2	直线10s	754.75	38	14.19	
	直线23s	650.14	40.8	24.86	
	分段关闭，第一段5s关至60%开度，总关闭时间35s	673.21	34.2	46.43	★
	分段关闭，第一段20s关至40%开度，总关闭时间35s	673.98	40.4	13.81	

注　标注★为最优关闭规律。

由表16-2-3可见，抽水蓄能电站导叶关闭规律对过渡过程的影响比较明显：

（1）其中蜗壳进口最高压力发生在采用直线快关的导叶关闭规律，两个甩负荷工况下蜗壳进口最高压力基本差不多，可以得出此时导叶关闭过渡过程产生的结果起着主导作用，也符合导叶关闭时间越短，蜗壳压力越高的规律。

（2）机组最高转速发生在额定水头甩负荷时导叶采用慢关关闭规律，说明导叶关闭时间越长，机组转速上升率越大。

(3) 尾水管进口最小压力发生在最大水头甩负荷时导叶采用直线快关关闭规律，说明导叶关得越快，尾水管压力下降越大。

综上所述，导叶关闭规律对机组过渡过程工况下调节保证参数有着明显的影响，一般来说，导叶关闭时间越长，蜗壳最大压力越小，尾水管压力下降也越小，而机组转速上升率将增大。但是，对于抽水蓄能电站，机组特性对过渡过程同样起着明显的作用，尤其是进入“S”区时，在相同导叶开度下，机组流量将发生剧烈的变化，这种变化可能导致蜗壳进口产生更高的压力，尾水管进口产生更大的压力下降，同时使机组转速在一定范围内振荡。由此，对抽水蓄能电站过渡过程选择导叶关闭规律时，应充分考虑机组特性的影响，在机组甩负荷过渡过程工况下，对输水系统流量的调节往往是导叶关闭与转轮制动效应的联合作用。

五、水轮机工况过渡过程仿真计算

水泵水轮机过渡过程计算一般采用计算机程序计算，国内外不少高等院校及科研单位已开发出相当成熟的抽水蓄能电站输水发电系统过渡过程计算软件包，目前在国内应用较为广泛的主要有清华大学的《水利水电工程全系统瞬变流仿真计算平台》、河海大学的 SJFZ《水电站水力-机械过渡过程仿真计算通用软件》及 TASA 软件、武汉大学的 TOPsys 软件以及瑞士洛桑工学院和 Power Vision Engineering (PVE) 公司及 Aqua Vision Engineering Sarl (AES) 联合设计开发的 SIMSEN 水力过渡过程计算软件，除此之外，一些厂家如东芝、安德里茨等拥有自己开发的软件。过渡过程计算软件虽然众多，但其计算方法主要还是二维的数值分析方法，随着抽水蓄能建设的发展，各软件也均经过众多工程的验证，计算理论和方法成熟，能够满足工程应用要求。

本节仅列出过渡过程仿真计算的数学模型及求解方法，包括单一特性管道的瞬变计算，异性管串联模型、上下游水压端边界条件、管道分叉点模型、管道与调压井连接处节点、转轮边界等。

(一) 单一特性管的瞬变计算数学模型

对于管道中的瞬变流（一维不定常流动），其连续方程为

$$L_1=v\frac{\partial H}{\partial x}+\frac{\partial H}{\partial t}-v\sin\alpha+\frac{\alpha^2}{g}\frac{\partial v}{\partial x}=0 \tag{16-2-4}$$

相应的运动方程为

$$L_2=g\frac{\partial H}{\partial x}+v\frac{\partial v}{\partial x}+\frac{\partial v}{\partial t}+\frac{fv|v|}{2D}=0 \tag{16-2-5}$$

式中 H——沿程水头，m；

v——水流平均速度，m/s；

g——重力加速度；

f——达西-威斯巴哈摩擦系数；

α——管道中心线与水平线的夹角（对于水平管道，$\alpha=0$）；

D——管道直径，m；

a——水锤波速，m/s。

用特征线法可将上述方程转为如下差分方程：

$$C^+:\quad H_{Pi}=C_P-B_PQ_{Pi} \tag{16-2-6}$$

$$C^-:\quad H_{Pi}=C_M+B_MQ_{Pi} \tag{16-2-7}$$

式中 C_P、B_P、C_M、B_M——时刻 $t-\Delta t$ 的已知量；

i——表示断面位置，即计算断面；

H_{pi}、Q_{pi}——时刻 t 的未知量。

$$C_P=H_{i-1}+BQ_{i-1}\qquad B_P=B+R|Q_{i-1}| \tag{16-2-8}$$

$$C_M=H_{i+1}-BQ_{i+1}\qquad B_M=B+R|Q_{i+1}| \tag{16-2-9}$$

式中 $B=\frac{a}{gA}$，$R=\frac{f\Delta x}{2gDA^2}$，$B$、$R$——为常数；

H_{i-1}、Q_{i-1}、H_{i+1}、Q_{i+1}——分别为时刻 $t-\Delta t$ 的已知量；

$i-1$、$i+1$——表示断面位置，分别为上游断面和下游断面，如图 16-2-10 所示；

A——为管道面积；

Δx——为管道分段长度，满足库朗条件 $\Delta t \leqslant \Delta x/a$。

计算时可用上述方程先计算恒定流的情况，从而获得求解非恒定流所需的初始值。从第二时步开始，边界点（即管道端点）参数将影响内点计算，所以必须引入相应的边界条件方可按上述公式求取任一瞬间管道各节点上的 H、Q 值。

（二）上水库进/出水口节点

图 16-2-11 所示为上水库进/出水口节点。

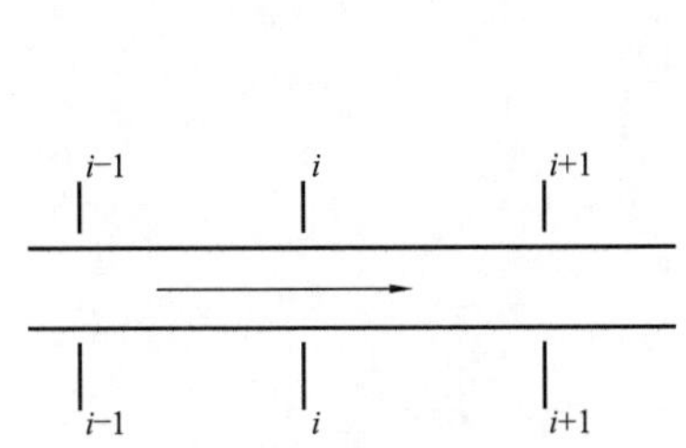

图 16-2-10　有压管道特征网格节点

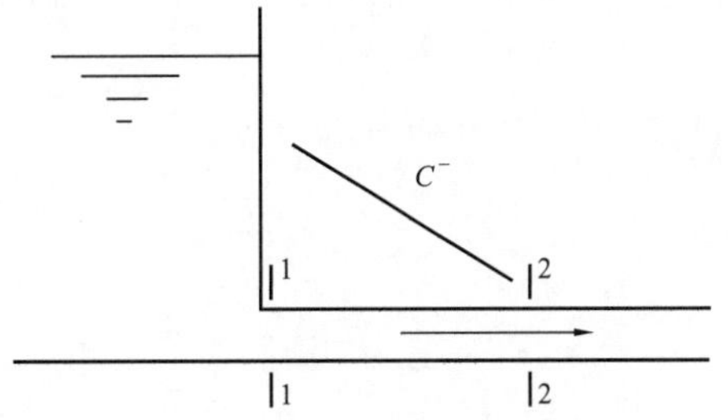

图 16-2-11　上水库进/出水口节点

在机组甩负荷时可认为水库水位不变，则根据式（16-2-7）及式（16-2-9），可得

$$H_{\mathrm{P1}} = C_{\mathrm{m1}} + B_{\mathrm{m1}} Q_{\mathrm{P1}} \tag{16-2-10}$$

$$H_{\mathrm{P1}} = H_{\mathrm{u}} \tag{16-2-11}$$

由式（16-2-10）和式（16-2-11）可得

$$Q_{\mathrm{p1}} = (H_{\mathrm{p1}} - C_{\mathrm{m1}})/B_{\mathrm{m1}} \tag{16-2-12}$$

$$C_{\mathrm{m1}} = H_2 - BQ_2 + RQ_2|Q_2| \tag{16-2-13}$$

$$B_{\mathrm{m1}} = a/gA_1 \tag{16-2-14}$$

式中　H_{u}——上水库水位。

（三）下水库进/出水口节点

图 16-2-12 所示为下水库进/出水口节点，描述该节点各参数的控制方程为

$$H_{\mathrm{Pn}} = C_{\mathrm{pn}} - B_{\mathrm{pn}} Q_{\mathrm{Pn}} \tag{16-2-15}$$

$$H_{\mathrm{Pn}} = H_{\mathrm{d}} \tag{16-2-16}$$

$$Q_{\mathrm{Pn}} = (C_{\mathrm{pn}} - H_{\mathrm{Pn}})/B_{\mathrm{pn}}$$

$$B_{\mathrm{Pn}} = a/gA_{\mathrm{n}}$$

式中　H_{d}——下水库水位。

（四）可逆式机组节点

1. 全特性曲线处理

由于可逆式机组具有发电和抽水两种运行工况，为了避免计算中可能产生的多值问题，故采用 Suter-form 方法对全特性曲线进行处理。

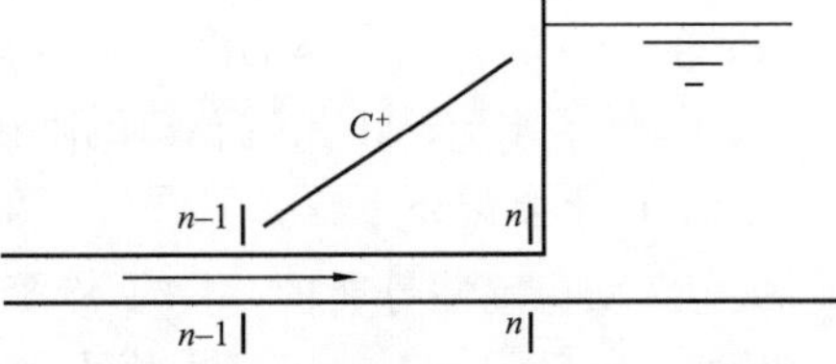

图 16-2-12　下水库进/出水口节点

$$WH(x, y) = \frac{y^2}{(n_{11}/n_{11\mathrm{r}})^2 + (Q_{11}/Q_{11\mathrm{r}})^2} = \frac{h}{\alpha^2 + q^2} y^2 \tag{16-2-17}$$

$$WM(x, y) = \frac{M_{11} + k_1}{M_{11\mathrm{r}}} y = \left(\frac{m}{h} + \frac{k_1}{M_{11\mathrm{r}}}\right) y \tag{16-2-18}$$

$$x = \arctan[(Q_{11}/Q_{11\mathrm{r}} + k_2)/(n_{11}/n_{11\mathrm{r}})] = \arctan[(q + k_2\sqrt{h})/\alpha], \ \alpha \geqslant 0$$

$$x = \pi + \arctan[(Q_{11}/Q_{11\mathrm{r}} + k_2)/(n_{11}/n_{11\mathrm{r}})] = \pi + \arctan[(q + k_2\sqrt{h})/\alpha], \ \alpha < 0$$

式中　h、m、α、q——分别为水头、力矩、转速和流量的无量纲值；

n_{11}、Q_{11}、M_{11}——单位转速、单位流量和单位力矩；

n_{11r}、Q_{11r}、M_{11r}——额定工况下的单位转速、单位流量和单位力矩；

y——导叶相对开度；

k_1、k_2——系数，计算中取 $k_1=1.5$、$k_2=1.0$。

2. 转轮边界水头平衡方程

设转轮上、下边界节点编号为 1 和 2（见图 16-2-13），则结合特征线法可得转轮边界水头平衡方程为

$$h=\frac{C_{P1}-C_{M2}}{H_r}-\frac{(B_{P1}+B_{M2})Q_r}{H_r}q \tag{16-2-19}$$

式中　H_r、Q_r——额定工况转轮工作水头和流量。

3. 机组转动力矩平衡方程

机组转动力矩平衡方程为

$$\alpha=\alpha_0+\Delta t\ \frac{(m+m_0)-(m_g+m_{g0})}{2T_\alpha} \tag{16-2-20}$$

$$T_\alpha=\frac{GD^2\,|n_r|}{374.7M_r} \tag{16-2-21}$$

式中　T_a——机组惯性时间常数；

GD^2——机组转动惯量；

n_r、M_r——额定工况机组转速和动力矩；

m_g——机组转动阻力矩无量纲值；

α_0、m_0、m_{g0}——分别为 α、m、m_g 的前一计算时步的值。

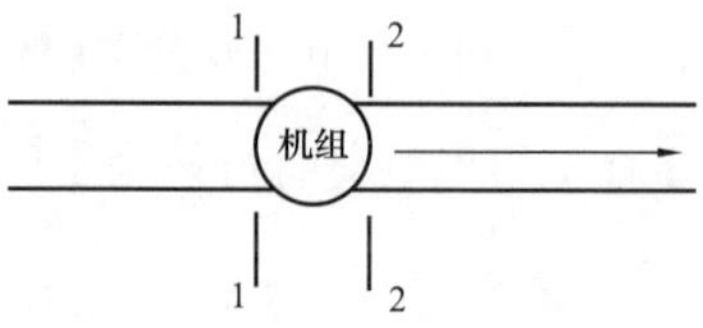

图 16-2-13　机组节点

依据给定的导叶关闭规律 $y=y(t)$，联列解式（16-2-17）～式（16-2-21），即可求解各种工况的瞬态参数 h、m、α、q 等。

（五）引水、尾水游调压室节点

以阻抗式调压室为例，调压室节点如图 16-2-14 所示。

描述调压室节点各参数的控制方程为

$$H_{Pn}=C_{pn}-B_{pn}Q_{Pn} \tag{16-2-22}$$

$$H_{P1}=C_{m1}+B_{m1}Q_{P1} \tag{16-2-23}$$

$$H_{Pn}=H_{P1}=H_P \tag{16-2-24}$$

$$H_P=H_{PS}+R_S|Q_{PS0}|Q_{PS} \tag{16-2-25}$$

$$Q_{Pn}=Q_{P1}+Q_{PS} \tag{16-2-26}$$

式中　H_{PS}——调压室水位；

Q_{PS}——流入调压室的流量，流出时为负；

R_S——水流进出阻抗孔口的阻抗损失系数。

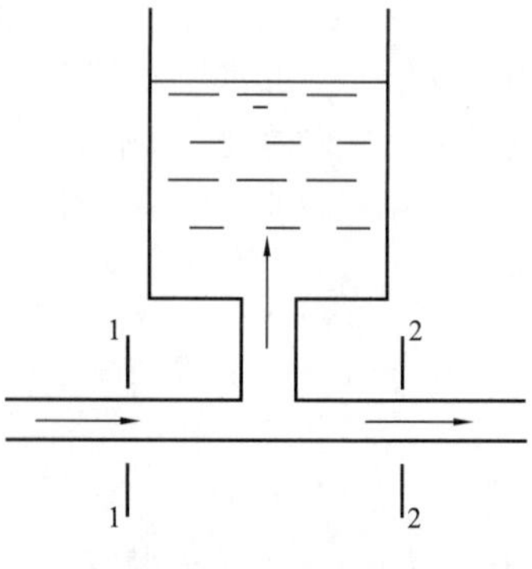

图 16-2-14　调压井节点

（六）调速器微分方程

在小波动稳定性分析时，除了传统的稳定性分析方法（特征分析法）以外，可采用基于特征线法并结合状态方程分析的联合算法，即机组采用状态方程描述其转速变化特性，并且引入状态方程描述的调速器方程，可充分考虑其非线性流量特性和效率特性。因此，小波动计算分析的主要流程可概括为：

（1）采用特征线法计算输水系统管道的水力瞬变，即计算出管道各断面的水头 H 和流量 Q。

（2）依据采用状态方程描述的机组运动方程，计算机组转速变化的相对值 φ。

（3）基于描述调速器的状态方程，计算机组导叶开度变化的相对值 y。

（4）在已知机组 φ 和 y 的条件下，计算机组的过机流量和机组进出口压力水头。

（5）重复上述过程，即可得机组的整个调节过渡过程。

在小波动稳定性分析中，时间步长 Δt 由特征线法的稳定性条件（库朗条件）确定。

采用并联 PID 型调速器模型，即

$$\frac{\mathrm{d}y_1}{\mathrm{d}t}=-\frac{k_P}{T_{y1}}\phi-\frac{1+k_Pb_p}{T_{y1}}y_1+\frac{1}{T_{y1}}x_I+\frac{1}{T_{y1}}x_D \tag{16-2-27}$$

$$\frac{\mathrm{d}\mu}{\mathrm{d}t}=\frac{1}{T_y}y_1-\frac{1}{T_y}\mu \tag{16-2-28}$$

$$\frac{\mathrm{d}x_I}{\mathrm{d}t}=-k_I\phi-k_Ib_py_1 \tag{16-2-29}$$

$$\frac{\mathrm{d}x_D}{\mathrm{d}t}=-\frac{k_D}{T_n}\frac{\mathrm{d}\phi}{\mathrm{d}t}-\frac{k_Db_p}{T_nT_{y1}}[-k_p\phi+x_I+x_D-(1+k_Pb_p)y_1]-\frac{1}{T_n}x_{D1} \tag{16-2-30}$$

式中 y_1、x_I、x_D——均为相对值；

ϕ 和 μ——分别为转速和开度的偏差相对值；

T_n——微分环节时间常数；

k_P、k_I、k_D——分别为比例常数、积分常数和微分常数；

T_y、T_{y1}——均为随动系统常数；

b_p——残留不平衡度。

第三节 调节保证设计与应用

调节保证设计是在保证水电站安全的基础上，通过水力过渡过程分析研究，合理地确定输水发电系统水力过渡过程控制性参数及相应的机组运行条件。设计时一般通过水泵水轮机过渡过程计算研究与分析，来预测机组及水道系统在过渡过程中的极值，如机组的最大转速上升、最大压力上升和下降、水道系统的最大压力上升和下降、调压井的最高及最低涌波等；同时，根据计算成果，也可对电站输水系统的设计甚至枢纽的布置方案进行优化。

但是，在电站建设前期确定输水发电系统布置方案时机组特性还未确定，一般采用相近机组的特性进行计算机仿真计算，这必将引起计算结果与实际值存在一定的偏差；另外，根据水泵水轮机特性，在过渡过程工况下流道内将产生大幅值的压力脉动，尤其是对“S”区特性明显的高水头低比转速水泵水轮机，机组在过渡过程工况经历“S”区时，机组流道内流态剧烈变化，导致蜗壳进口及尾水管出口产生巨幅的压力脉动，在尾水出口甚至出现脱流现象出现压力大幅下降，而目前对这种大幅值的压力脉动还无法进行精确的数值仿真计算。因此，为确保抽水蓄能电站输水发电系统在各种过渡过程中的安全，在抽水蓄能电站各设计阶段随着设计的深入与细化，应开展过渡过程计算机仿真计算的同时，还应对主要计算结果进行一定的修正，提出工程的调节保证设计参数，即电站的调节保证设计值，该值是实际运行中应满足的水力过渡过程限制性参数，输水建筑物和机组设计的基础参数。

一、调节保证设计值的确定

调节保证设计值的取值，应根据工程特点及类似工程经验，在计算机仿真计算成果的基础上进行修正后确定。修正值主要包括两部分，一是计算误差修正，主要是由于计算采用的机组特性参数及输水系统理论设计参数与实际的参数存在偏差引起的，二是在过渡过程产生的压力脉动目前还无法进行准确仿真计算，需根据类似工程经验进行修正。由于目前水力过渡过程仿真计算还不能进行有关压力脉动的准确计算，不同的计算软件也有着不同的计算误差，由此目前国内外对上述修正的取值也就没有统一的标准。

日本有的厂家建议根据不同的控制指标给出不同的裕量值，如对蜗壳进口压力最大值应在计算值的基础上进行压力脉动修正及计算误差修正，其中初始压力的 7%作为压力脉动的修正，而压力上升值的 10%作为计算误差修正；尾水管最低压力应减去初始压力的 3.5%的压力脉动修正值后，再留压力下降值的 10%作为计算误差的修正。而欧洲有的厂家建议蜗壳进口最高压力及尾水管最低压力应考虑压力上升值或下降值的 10%作为计算误差的裕量，再留 7%作为压力脉动。

2018—2019 年，国内行业内专家对抽水蓄能电站过渡过程进行了专项研究，并形成了 NB/T

10342—2019《水电站调节保证设计导则》，其中有关调节保证设计值的取值的规定如下：

（1）抽水蓄能电站蜗壳进口最大压力调节保证设计值取值，宜在水力过渡过程设计工况计算值的基础上，按甩前净水头的5%～7%和压力上升值的5%～10%进行压力脉动和计算误差的修正。

（2）抽水蓄能电站尾水管进口最小压力调节保证设计值取值，宜在水力过渡过程计算值的基础上，按甩前净水头的2%～3.5%和压力下降值的5%～10%进行压力脉动和计算误差的修正，其调节保证设计值取值不应小于－0.08MPa。

（3）抽水蓄能电站尾水管最大压力调节保证设计值取值，宜在水力过渡过程计算值的基础上，按甩前净水头1.5%～3.5%和压力上升值的5%～10%进行压力脉动和计算误差的修正。

（4）机组转速上升率调节保证设计值取值应在其计算值的基础上结合工程经验留有适当裕度后确定。

修正值的取值，计算时已取得水泵水轮机特性曲线的，计算误差修正可适当减小或不进行修正。

二、现场试验反演计算及预测分析

为提高过渡过程仿真计算结果的准确性，将计算结果与现场试验实测数据进行对比分析是提高计算准确性的有效手段。反演分析方法就是利用电站投产后现场实测结果来修正数值计算结果的一种手段。反演计算分析一方面可为现场逐级试验进行预测与评估，同时也可通过计算与试验的对比分析，总结各调节保证参数修正值的取值范围与规律，进一步提高过渡过程计算成果的准确性与可靠性。

（一）反演计算方法及要求

抽水蓄能电站水力过渡过程反演计算前，应先对导叶关闭规律、输水系统水头损失系数、调压井孔口阻抗系数等参数进行复核与校正。水泵水轮机特性曲线应采用实际全特性曲线，机组转动惯量、上水库和下库水位、试验负荷等机组参数与试验条件也应与实际参数保持一致。

结合现场试验开展的反演计算，一般分为试验前预测计算、试验工况反演计算对比分析及主要过渡过程控制工况进行预测与分析。

甩负荷试验的负荷一般是逐级递进的，其中水轮机工况是从单机甩25%、50%、75%、100%额定负荷，再到同一水力单元机组甩50%、75%、100%负荷；水泵工况则是单机水泵断电到同一水力单元机组同时断电。试验前应进行试验工况的预测计算，对机组蜗壳压力、机组转速上升率、尾水管进口压力、闸门井及调压室涌波水位、隧洞（管道）沿线压力等控制参数进行计算分析，初步评估甩负荷试验的安全性。水力干扰试验应进行试验工况的预测计算，对机组蜗壳压力、机组转速上升率、尾水管进口压力、闸门井及调压室涌波水位、隧洞（管道）沿线压力及机组瞬态超出力等控制参数进行计算分析。除首次试验外，应根据上一级试验结果与该工况的计算结果进行对比分析，根据分析成果对下一级试验结果进行预测与评估，评估安全后再进行下一级试验。

甩负荷试验后，应根据试验与计算对比分析成果，对输水发电系统过渡过程控制工况进行反演计算、分析与评估。

（二）反演计算工程实例

国内某抽水蓄能电站装机容量1200MW，上水库正常蓄水位为606m，死水位为571m，下水库正常蓄水位为220m，死水位为190m。输水系统和地下厂房位于上水库、下水库之间的山体内。引水系统采用一管两机的供水方式，压力管道采用钢板衬砌。主要建筑物包括上水库进/出水口、引水事故闸门井、引水隧洞、压力管道、尾水事故闸门室、尾水调压室、尾水隧洞和下水库进/出水口等。沿4号机组总长2832.7m，其中引水系统长度924.5m，尾水系统长度1908.2m。引水支管与尾水支管均与厂房轴线70°斜交。

1. 基本资料

（1）水位资料：

设计洪水位（$p=0.5\%$）：上水库606.44m，下水库220.00m。

设计正常蓄水位：上水库606.00m，下水库220.00m。

死水位：上水库571.00m，下水库190.00m。

（2）水头/扬程：

最大毛水头：416.0m。

最大毛水头：351.0m。

额定水头：375.0m。

（3）机组参数。某抽水蓄能电站机组参数见表 16-3-1。

表 16-3-1　　某抽水蓄能电站机组参数

参数	单位	数量
机组台数	台	4
单机容量	MW	300
额定转速 n_r	r/min	375
最大瞬态飞逸转速 n_f	r/min	543.75
发电电动机飞轮力矩 GD^2	t・m^2	8000
转轮直径 D_2	m	2.43
额定水头 H_r	m	375
水轮机额定出力 N_r	MW	306.1
机组安装高程	m	118.0

（4）水泵水轮机全特性曲线，如图 16-3-1 和图 16-3-2 所示。

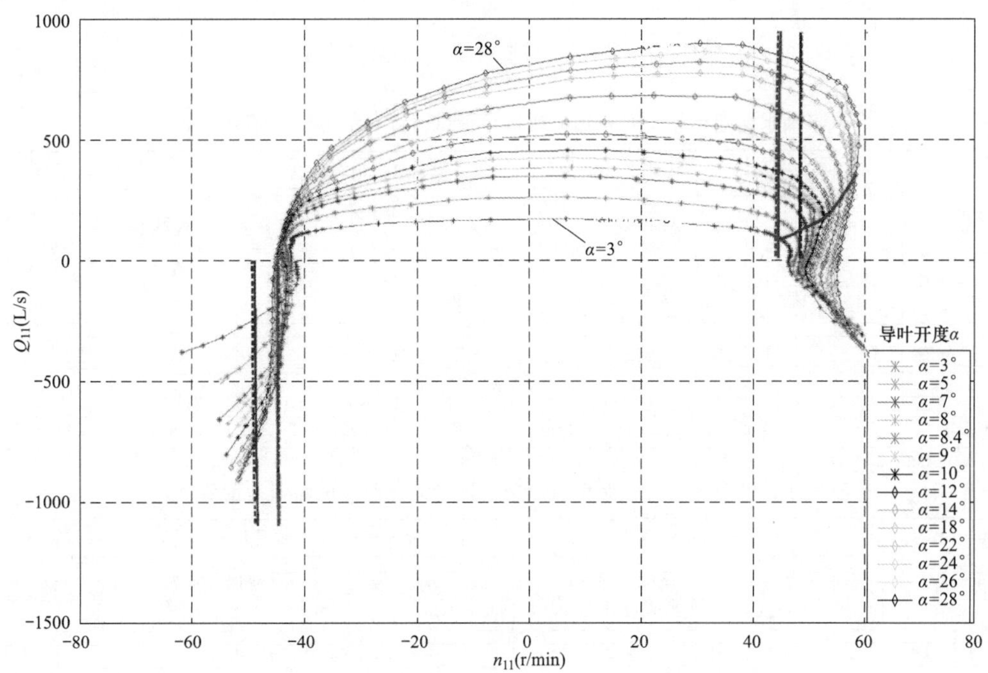

图 16-3-1　机组模型转轮 $n_{11}-Q_{11}$ 曲线

2. 计算结果与实测数据对比

每级负荷试验前均根据实际水位及负荷进行了过渡过程计算机仿真计算，并与试验结果进行了对比分析。通过对比分析认为各级试验是安全的。表 16-3-2 为该抽水蓄能电站 1 号机组单机甩负荷试验计算值与试验值对比表，表 16-3-3 为该抽水蓄能电站 1 号机组单机甩负荷试验计算值与试验值差值统计表。

图 16-3-3～图 16-3-7 为某抽水蓄能电站机组甩负荷试验及水泵工况断电试验时，机组转速、蜗壳进口压力及尾水管进口压力的试验记录与计算曲线对比图。

根据上述计算结果与试验结果的数据与图形对比可知，1 号机组单机甩负荷试验各特征参数的仿真计算值变化趋势基本与试验数据吻合，数据极值与实测极值吻合度好，其中转速极值基本无需修正。

3. 控制性工况反演计算

（1）水轮机甩负荷。根据该电站模型试验后过渡过程计算，下列工况为出现的极值工况：①T1 工况：上水库正常蓄水位 606m，下水库死水位 190m，1 号和 2 号机组额定出力运行，同时甩负荷，导叶

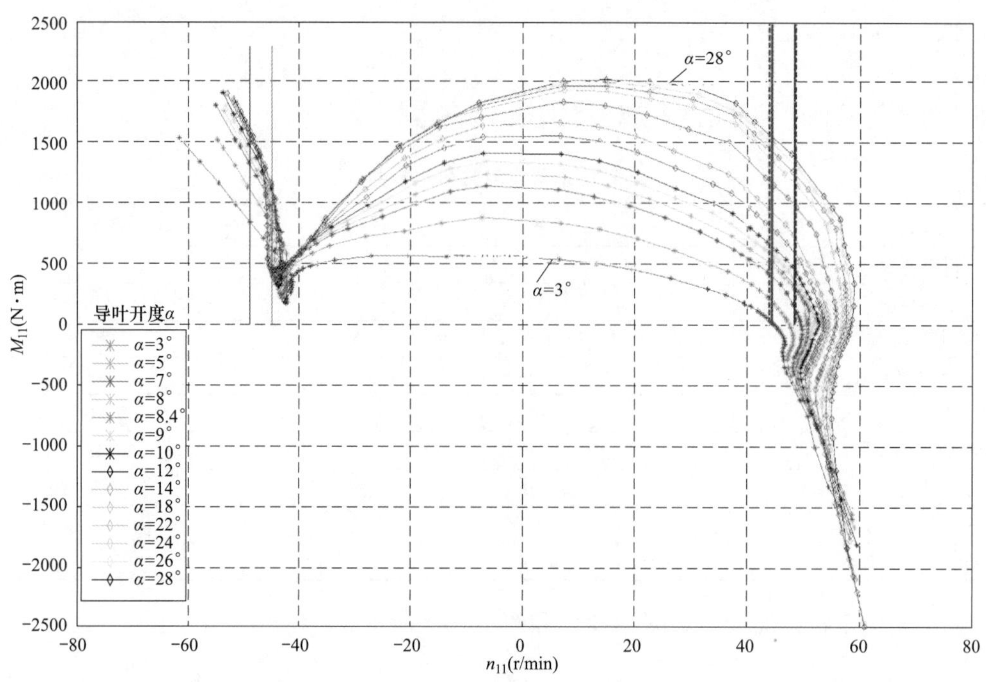

图 16-3-2 机组模型转轮 $n_{11}-M_{11}$ 曲线

表 16-3-2　　某抽水蓄能电站 1 号机组单机甩负荷试验计算值与试验值对比表

工况	上水库水位（m）	下水库水位（m）	转速上升率（%）		蜗壳进口最大压力			尾水管进口最小压力		
			计算值	实测值	计算值	修正后的值	实测值	计算值	修正后的值	实测值
1 号机单甩 25%负荷	583.20	199.60	5.70	5.50	485.03	485.03	485.14	75.73	75.73	71.93
1 号机单甩 50%负荷	583.20	199.60	15.60	14.60	509.28	515.58	520.60	66.81	60.30	63.80
1 号机单甩 75%负荷	585.90	197.70	22.55	24.20	521.11	537.16	538.40	61.66	52.96	51.52
1 号机单甩 100%负荷	585.0	198.8	29.83	30.0	545.03	570.09	555.69	50.36	37.44	41.26
1 号机水泵工况断电	561.0	209.0	不反转	不反转	487.20	505.29	501.10	75.11	62.67	67.40

表 16-3-3　　某抽水蓄能电站 1 号机组单机甩负荷试验计算值与试验值差值统计表

工况	蜗壳进口最大压力		尾水管进口最小压力		机组转速上升率（%）
	差值的绝对值（m）	差值绝对值与最大净水头百分比（%）	差值的绝对值（m）	差值绝对值与最大净水头百分比（%）	差值的绝对值
1 号机单甩 50%负荷	0.11	0.03	3.80	0.99	0.20
1 号机单甩 50%负荷	5.02	1.31	3.50	0.92	1.00
1 号机单甩 75%负荷	1.24	0.32	1.44	0.37	1.65
1 号机单甩 100%负荷	14.40	3.67	3.82	0.97	0.17
1 号机水泵工况断电	4.19	1.18	4.73	1.33	—

正常关闭；②T2 工况：上水库水位 591.6m，下水库水位 206m，额定水头，1 号和 2 号机组额定出力运行，同时甩负荷，导叶正常关闭。此两种工况的初始条件见表 16-3-4。

水轮机甩负荷两种工况的机组调节保证计算极值和修正后的值及说明见表 16-3-5。由表可知：①蜗壳进口最大压力计算值为 591.62m，出现在 T2 工况，修正后的值为 632.1m，小于控制值 683.0m，满足要求。②尾水管出口最大压力计算值为 113.4m，出现在 T2 工况，修正后的值为 127.99m，小于控制值 180.0m，满足要求。③尾水管进口最小压力计算值为 45.79m，出现在 T1 工况，修正后的值为 30.06m，大于控制值 0m，满足要求。④机组转速最大上升率为 34.74%，出现在 T2 工况，小于控制值 45.0%，满足要求。

（2）水力干扰工况。水力干扰试验工况是为了验证发电电动机及其辅助设备电气抗水力干扰冲击能力，即一台机组甩负荷时对另一台机组出力冲击的影响，选择以下两种工况进行水力干扰复核计算：

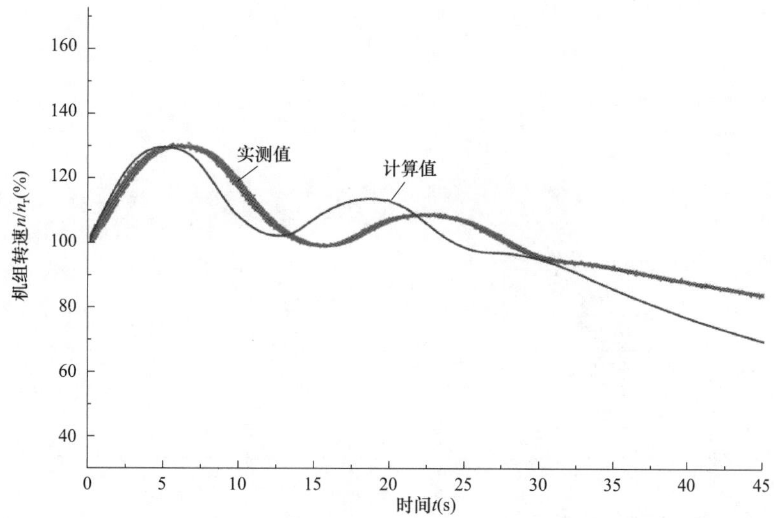

图 16-3-3 1 号机组单用 100%负荷工况机组转速计算曲线与实测录波曲线对比

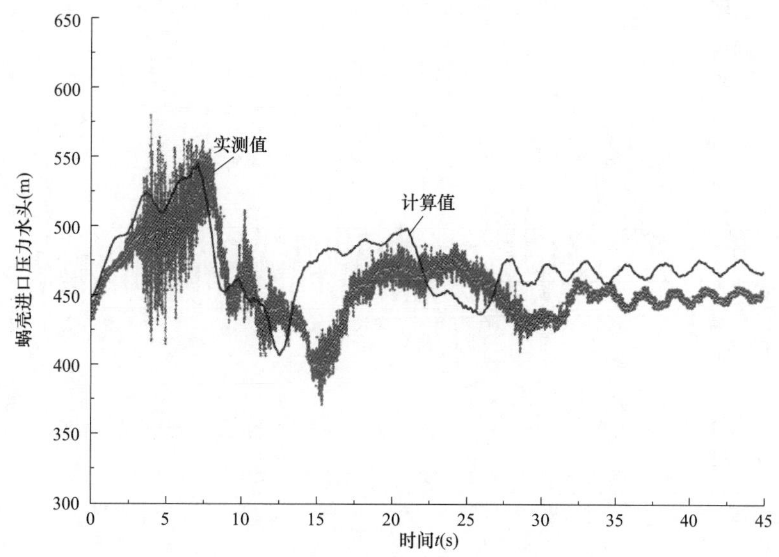

图 16-3-4 1 号机组单用 100%负荷工况蜗壳进口压力计算曲线与实测录波曲线对比

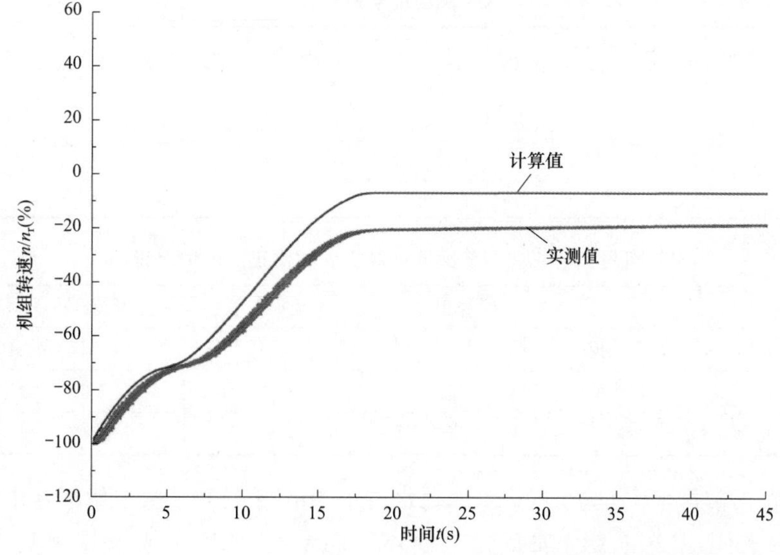

图 16-3-5 1 号机组水泵断电工况转速仿真计算曲线与实测录波曲线对比

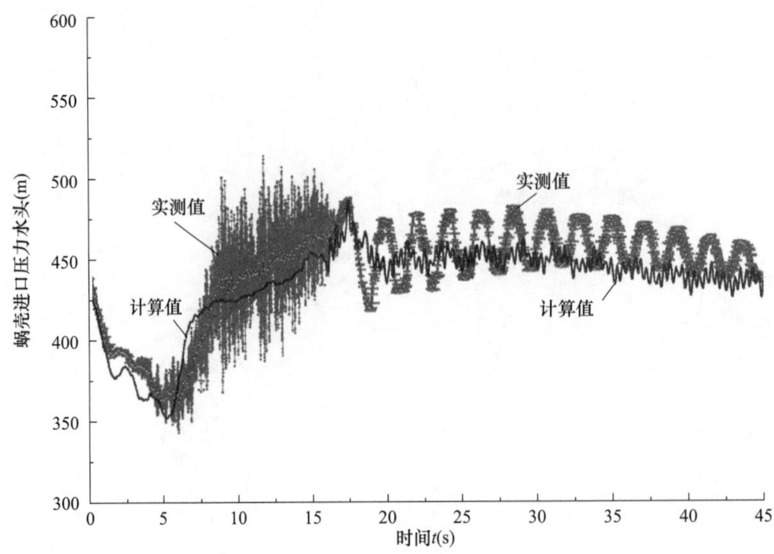

图 16-3-6 1号机组水泵断电工况蜗壳进口压力仿真计算曲线与实测录波曲线对比

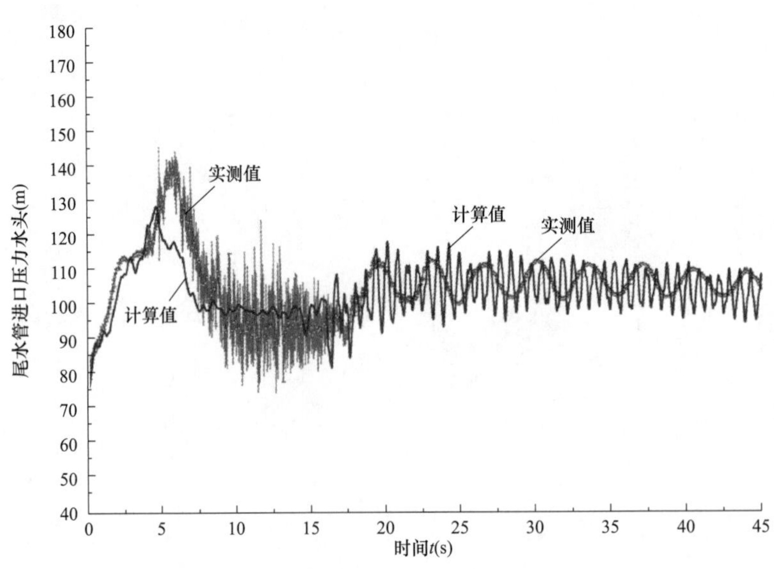

图 16-3-7 1号机组水泵断电工况尾水管进口压力仿真计算曲线与实测录波曲线对比

表 16-3-4 **水轮机工况初始条件**

工况	上游水位（m）	下游水位（m）	机组	净水头（m）	初始流量（m^3/s）	出力（MW）
T1	606.0	190.0	1号机	407.21	82.26	306.1
			2号机	407.25	82.27	306.2
T2	591.6	206.0	1号机	374.92	90.64	306.0
			2号机	374.97	90.65	306.1

表 16-3-5 **水轮机甩负荷工况调节保证计算极值和修正后的值及说明**

参数		计算值	修正后的值	控制值	发生工况
蜗壳进口压力（m）	最大值	591.62	632.10	≤683	T2
尾水管进口压力（m）	最小值	45.79	30.06	≥0	T1
转速最大上升率（%）		34.74	—	≤45	T2

①GR1 工况：上水库正常蓄水位 606m，下水库死水位 190m，1 号和 2 号机组额定出力运行，2 号机组突甩负荷，导叶正常关闭，1 号机组正常运行；②GR2 工况：上水库水位 591.6m，下水库水位 206m，额定水头，1 号和 2 号机组额定出力运行，2 号机组突甩负荷，导叶正常关闭，1 号机组正常运行。

水力干扰两种工况的计算结果见表 16-3-6。由表可知，同一水力单元两台机组同时运行时，一台机甩满负荷时，运行机组最大超出力为 355.87MW，最大向上偏差为 16.26%。

表 16-3-6　　水力干扰工况计算结果

工况	初始出力（MW）	最大出力（MW）	发电时间（s）	最小出力（MW）	发电时间（s）	向上最大偏差（%）	向下最大偏差（%）
GR1	306.02	336.47	1.84	260.28	13.89	9.92	14.97
GR2	306.1	355.87	7.15	255.19	13.36	16.26	16.63

（3）水泵工况断电。根据可能出现的极值情况，选择以下两种工况作为 1 号和 2 号机组同时断电的复核计算工况：①P1 工况：上水库正常蓄水位 606m，下水库死水位 190m，1 号和 2 号机组最大扬程运行，同时断电，导叶正常关闭；②P2 工况：上水库死水位 571m，下水库正常蓄水位 220m，1 号和 2 号机组最小扬程运行，同时断电，导叶正常关闭。此两种工况的初始条件见表 16-3-7。

表 16-3-7　　水泵工况初始条件

工况	上游水位（m）	下游水位（m）	机组	初始净扬程（m）	初始流量（m^3/s）
P1	606.0	190.0	1 号机	420.08	55.94
			2 号机	420.07	55.95
P2	571	220	1 号机	359.29	79.77
			2 号机	359.26	79.79

水泵工况断电两种工况的机组调节保证计算结果见表 16-3-8。由表可知：①蜗壳进口最大压力计算值为 542.93m，出现在 P1 工况，修正后的值为 578.27m，小于控制值 683.0m，满足要求。②尾水管出口最大压力计算值为 145.57m，出现在 P2 工况，修正后的值为 162.13m，小于控制值 180.0m，满足要求。③尾水管进口最小压力计算值为 59.19m，出现在 P1 工况，修正后的值为 44.00m，大于控制值 0m，满足要求。

表 16-3-8　　水泵工况断电调节保证计算极值和修正后的值及说明

参数		计算值	修正后的值	控制值	发生工况
蜗壳进口压力（m）	最大值	542.93	578.27	≤683	P1
尾水管进口压力（m）	最小值	59.19	44	≥0	P1
尾水管进口压力（m）	最大值	145.57	162.13	≤180	P2

第四节　改善调节保证参数的措施

调节保证计算是一个系统工程，影响的因素众多，主要包括输水系统的布置及调压室设置情况、导叶关闭规律、机组设计参数及其特性等，这些因素之间又互相影响。合理选择导叶关闭规律及机组参数可以一定程度上改善调节保证参数，但对抽水蓄能电站来说，机组特性对过渡过程调节保证参数比较敏感，同时一般引水系统及尾水系统均较长，再加上抽水蓄能电站运行组合工况众多，应充分重视输水系统的布置和参数的选择以及调压井的配置等对调节保证计算的影响。

一、输水系统布置与调压室设置

根据 NB/T 35021《水电站调压室设计规范》，设置调压室应在调节保证计算和运行条件分析的基础上，考虑水电站在电力系统中的作用、地形、地质、压力管道布置等因素，进行技术经济比较后确定。

其中设置引水调压室的条件可按下式做初步判别：

$$T_w > [T_w] \tag{16-4-1}$$

$$T_w = \frac{\sum L_i v_i}{g H_p} \tag{16-4-2}$$

式中　T_w——压力管道水流惯性时间常数，s；

L_i——压力水道及蜗壳和尾水管（无尾水调压室时应包括压力尾水道）各分段的长度，m；

v_i——各分段内相应的流速，m/s；

g——重力加速度，m/s^2；

H_p——设计水头，m；

$[T_w]$——T_w 的允许值，一般取 2～4s。

压力管道水流惯性时间常数允许值 $[T_w]$ 的取值随电站在电力系统中的作用而异，当水电站做孤立运行，或机组容量在电力系统中所占的比重超过 50%时宜用小值，当比重小于 10%～20%时可取大值。

设置尾水调压室的条件以尾水管内不产生液柱分离为前提，可按下式作初步判断：

$$T_{ws}=\sum L_{wi}v_i/[g(-H_s)] \tag{16-4-3}$$

式中 T_{ws}——压力尾水道及尾水管水流惯性时间常数，s；

L_{wi}——压力尾水道及尾水管各段的长度，m；

v_i——压力尾水道及尾水管各段的平均流速，m/s；

g——重力加速度，m^2/s；

H_s——吸出高度，m。

当 $T_{ws}\leqslant$4s 时，可不设尾水调压室；$T_{ws}\geqslant$6s 时，应设置尾水调压室；4s$<T_{ws}<$6s 时，应详细研究设置尾水调压室的必要性。

最终通过过渡过程计算，各过渡过程工况下尾水管内的最大真空度不宜大于 8m 水柱。

在设置调压室时应结合过渡过程计算反复调整调压室的设计参数，如调压室的直径、孔口系数，有时甚至需调整调压室的位置。

二、导叶关闭规律选择与优化

通过优化导叶关闭规律来改善调节保证控制参数是最为经济的一种措施，对于抽水蓄能电站来说，由于机组本身具有的制动特性，选择导叶关闭规律宜更多地结合机组特性来确定。

1. 水轮机工况甩负荷导叶关闭规律

在水轮机工况甩负荷时，尤其是对于低比转速水泵水轮机，即使此时导叶拒动，由于机组的制动作用而产生的压力上升也将达到相当高的数值，并附有较大的压力脉动（见图 16-1-7），由此在选择导叶关闭规律时宜充分重视导叶关闭与机组本身制动的联合作用。在图 16-4-1 中，图（a）为 4 种不同的导叶关闭规律，其中 y 为导叶相对开度，等于导叶开度与额定开度之比；图（b）为甩负荷时采用图（a）中 4 种不同导叶关闭规律所对应的过渡过程变化曲线，其中 q 为相对流量，等于过渡过种中机组流量与额定流量之比，p 为蜗壳进口相对压力，等于过渡过程中蜗壳进口压力水头与额定水头之比，从图 16-4-1 可以看出，基本每种导叶关闭规律产生的第一个压力波均有两个峰值，而从图 16-1-17 中则可以更加明显地看到由于机组本身制动作用及导叶关闭作用而产生的两个压力波峰。因此，建议在进行过渡过程计算时宜先进行甩负荷导叶拒动工况的试算，再结合试算结果拟定导叶的关闭规律。

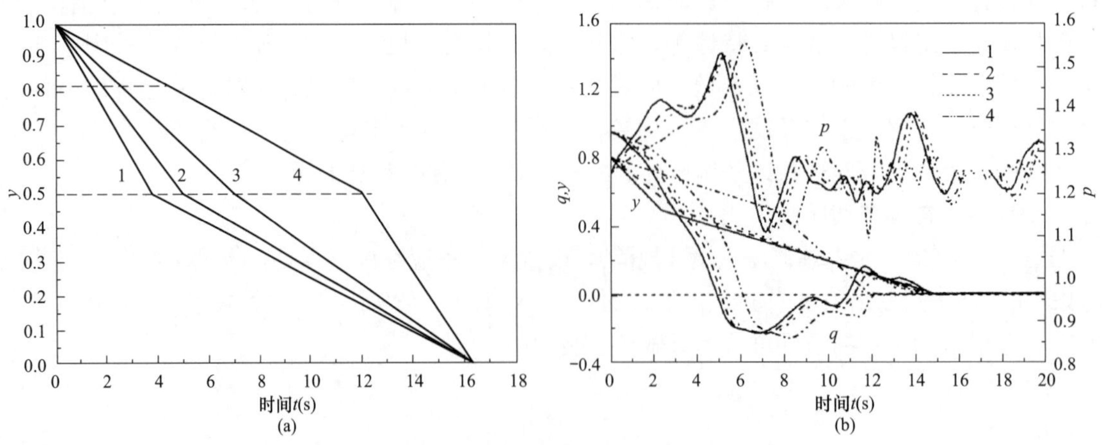

图 16-4-1 不同导叶关闭规律过渡过程变化曲线

（a）导叶关闭规律；（b）机组蜗壳进口压力、流量、导叶相对开度过程线

2. 水泵工况断电导叶关闭规律

在水泵工况断电时，根据水泵特性、机组流量及力矩将快速向水轮机方向增大，尤其是低比转速水泵水轮机在低扬程大导叶开度下断电工况，如果导叶拒动将产生非常高的水力矩及压力脉动。因此，在水泵工况断电直线关闭速率比水轮机工况快，若采用分段关闭时宜快速将导叶关至一较小开度，然后再慢速关闭导叶，以避免机组经过水泵制动区时产生不必要的高压力脉动及高力矩。当然，导叶第一段关闭速度还需注意保证引水系统低压部分管道的压力高于允许值。

三、输水系统及机组设计参数优化

过渡过程中机组转速上升及压力管道系统压力上升主要与机组特性、导叶关闭时间、压力管道特性及机组惯性时间常数等有关。加大管径或减短压力管道长度将使管道特性参数$\sum LV$减小，即各管段长度与管道内水流流速乘积之和减小使压力上升值下降；或增加压力管道壁厚提高压力管道的设计压力，可使在相同$\sum LV$的条件下相应减小导叶关闭时间t_s，使机组转速上升满足要求。当然上述各措施均要求增加投资，应根据电站的实际情况进行技术经济比较后确定。

如果尾水系统压力过低，除可设置尾水调压室及调整尾调设计参数外，还可加大尾水系统的管径、减短尾水系统的长度或增大机组的吸出高度以确保尾水系统不发生水柱分离。由于抽水蓄能电站水泵空化特性要求吸出高度一般均较大，大多数抽水蓄能电站采用地下式厂房布置，故增加吸出高度引起的投资增加不多，加大电站的吸出高度也是蓄能电站用来改善过渡过程中尾水压力过低的主要措施之一。

四、装设调压阀

在机组甩负荷时导叶紧急关闭将导致引水管道流量迅速减小，通过在蜗壳进口装设调压阀旁通管直接向下游泄流以补偿引水管道下泄流量，使引水管道流量变化减缓，可使引水系统水锤压力升高值减小。调压阀的运行方式主要有节水式和耗水式两种。节水式调压阀在机组正常运行时是关闭的，在机组甩负荷和紧急停机时动作；而耗水式调压阀是在正常运行时与导叶协联动作，相比节水式要浪费一部分水能。调压阀一般采用节水式。当采用调压阀时，一般压力升高允许值不高于同类水电站压力升高值的20%。

由于装设调压阀布置不太方便，控制也比较复杂，且国内外生产厂家的业绩基本为小型水电站，阀门运行时振动、噪声等均较大，故大中型抽水蓄能电站一般不采用装设调压阀来限制引水系统最高压力上升。

五、运行控制

对于引水系统一管多机及尾水系统一洞多机的抽水蓄能电站，合理的运行控制可避免一些极端工况的出现。如设置引水调压井或尾水调压井的电站，可以控制同一输水道的机组不在同一时刻起动或增负荷，以尽量避免可能引发的调压井最高涌波或最低涌波；或对一管多机的不同机组采取不同的导叶关闭规律，以避免可能引发的蜗壳最高压力上升或尾水管（洞）的最低压力。

第十七章　变速抽水蓄能技术

第一节　变速抽水蓄能技术概况与发展

在当前的电力系统中，抽水蓄能电站是公认的容量大、寿命长、可靠经济、技术成熟、环境友好、运行灵活的调频、调相和储能电源。传统的抽水蓄能机组一般为转速恒定的机组，在水泵工况只能满负荷抽水，不能进行抽水功率的动态调节。随着电力系统大规模扩展和电源构成变化，对抽水蓄能技术提出了新的要求，如由风电、光伏等间歇性可再生能源的比重加大带来的电网频率调节更快速、更精确的要求，由远距离输电、电网互联带来的电力系统持续工频过电压需要机组进相运行深度吸收无功而不失去稳定的要求等；此外，一些抽水蓄能电站的水头变幅比较大，对抽水蓄能机组技术特性也提出新要求，如某些混合式抽水蓄能电站。国外在二十世纪六七十年代就开始了变速抽水蓄能机组的研发和应用。

根据电机学理论，稳定的机电能量转换必须要求定子、转子旋转磁场相对静止。因此，在交流电机稳定运行时，定子磁场旋转速度 n_1、转子磁场旋转速度 n_2（相对转子）、转子机械转速 n 满足以下关系

$$n_1 = n \pm n_2 \tag{17-1-1}$$

$$n_1 = 60f_1/p \tag{17-1-2}$$

$$n_2 = 60f_2/p \tag{17-1-3}$$

式中　f_1——定子侧绕组供电频率，Hz；

f_2——转子侧绕组供电频率，Hz；

p——电机极对数。

由式（17-1-1）～式（17-1-3）可推出，发电电动机的运行转速主要与供电频率以及电机极对数相关，即

$$n = 60(f_1 \pm f_2)/p \tag{17-1-4}$$

对于变速调节的抽水蓄能机组，发电电动机的变速运行主要采用变极变速和连续变速两类方式。

一、变极变速抽水蓄能机组

针对水头变幅大（最大扬程 H_{pmax} 与最小水头 H_{tmin} 的比值大）的抽水蓄能电站，以往通常采用变极变速抽水蓄能机组技术，即采用两挡转速，以适应所有水头运行范围。变极变速抽水蓄能机组对于水泵水轮机来说，仅是在不同的水头段运行在两个不同的转速，其他与单转速水泵水轮机区别不大。而对于发电电动机，根据式（17-1-4），变极变速机组为同步发电电动机，采用直流励磁的转子侧供电频率 f_2 为 0，在有限的电机极对数中选择两挡即两个极对数 p 对应的转速切换运行，因此也称为双转速抽水蓄能机组。变极变速发电电动机定子侧与电网直接相连，即定子侧供电频率为工频，通过定子、转子绕组物理连接的改变，使得接线改变前后形成不同的极对数，实现发电电动机在两挡不同极对数对应的运行转速之间进行切换。

（一）定子绕组变极

双转速发电电动机的定子绕组变极分为两大类：双绕组变极和单绕组变极。双绕组变极是针对两种不同极对数设计两套绕组，变速运行时定子侧只是切换两套绕组的引线头，每套绕组的内部连接不发生改变；单绕组变极是针对两种不同极对数设计一套定子绕组，同时每相绕组由两段或多段组合构成，在变速切换时绕组的内部连接发生改变。

定子双绕组变极方式接线简单，每相绕组中间不存在抽头，但设计时需要关注以下问题：运行时总存在一套绕组闲置，绕组利用率低；等效的单槽内有效散热面积小，不利于线棒冷却；同槽冷热线棒间易产生相对运动，不利于绕组的槽内固定；单根线棒截面积大，导致绕组端部的空间布置紧张；定子槽较深，定子漏抗加大，引起直轴瞬变电抗增大，影响电机的动态稳定性；定子电枢反应磁动势谐波含量丰富，可能存在次谐波激振；定子绕组用铜量显著增大，电机经济性不佳。

定子单绕组变极方式的定子绕组只设置一套，每相绕组分成若干段，通过改变各段之间的连接来改变极数，主要有移相变极和反接变极两种方式。定子单绕组变极方式绕组利用率高，电机的结构尺寸与单转速方案相当，线棒和定子槽型无须特殊设计，绕组的槽内固定及散热条件良好，但应对以下问题予以关注：不同转速及不同工况下绕组内部的变极开关需要进行切换，绕组连接的可靠性至关重要；定子绕组引出线接头多，结构复杂；定子电枢反应磁动势谐波含量丰富，可能存在次谐波激振。

（二）转子绕组变极

转子绕组变极是通过对磁极物理连接的改变实现，即把磁极绕组分段连接到多个滑环上，切换转子变极开关来重新组合变极后的接线，有丢极法和并极法两种方式。通常采用大小磁极和不等距的磁极布置，小磁极采用小间距布置，将小磁极并极或是丢极后的励磁磁动势波形畸变控制在最小，防止谐波引起的电磁激振。

（三）技术应用状况

双转速发电电动机所采用的变极方式，增加了机组结构的复杂性和电气切换开关，还需重点关注变极前后可能的谐波对电磁参数的影响以及引起的电磁激振，因此也增加了运行的难度和维护的复杂性。变极变速发电电动机在20世纪60年代就已实现工程应用，国内外已投入运行的变极变速发电电动机基本参数详见表17-1-1。综合来看，至今国内外变极变速机组工程不超过10个，额定转速主要有125/142.8、150/166.7、250/273、375/500r/min，额定容量均在100MW以下，多数在55MW及以下，投运后部分机组由于存在设计缺陷和运行故障进行了技术改造，且近20年没有新投产的机组。由此可见，变极变速机组因一般只有两挡转速，主要还是基于电站的水头特性而建设，目的多为解决水头变幅大的问题，抽水工况不能通过入力连续调节参与电网频率自动控制，无法满足电网有功功率和无功功率的快速、精确调节需求；变极变速机组在国内外抽水蓄能领域的技术储备和运行经验相对欠缺，也因为技术的复杂性和应用场景不够广泛而未有更多的工程实例，因此不作为本章变速抽水蓄能机组技术介绍的重点内容。

表17-1-1　　国内外变极变速发电电动机主要技术参数

电站名称	额定容量（MVA）	运行转速（r/min）	变极前后极对数	变速方式	首台机投运年份	所在国家
岗南	15	250/273	24/22	定子单套绕组变极	1968年	中国
密云	15	150/166.7	40/36	定子单套绕组变极	1973年	中国
潘家口	98	125/142.8	48/42	定子双套绕组变极	1992年	中国
响洪甸	55	150/166.7	40/36	定子单套绕组变极	2000年	中国
奥瓦斯平	25	375/500	16/12	定子双套绕组变极	1970年	瑞士
尤克拉	48	375/500	16/12	定子双套绕组变极	1974年	挪威
马尔塔	70	375/500	16/12	定子双套绕组变极	1977年	奥地利

二、连续变速抽水蓄能机组

20世纪90年代起，日本电网从安全稳定运行需求考虑陆续建设投运了一批连续变速抽水蓄能机组，欧洲等国家在充分竞争的电力市场背景下也逐步开始建设部分连续变速抽水蓄能机组。近年来，世界各国积极应对全球气候变化，风电、光伏、核电等可再生能源电源比重越来越大，电网安全稳定运行（尤其是夜间、午间频率控制）变得更为困难，燃煤火电深度调峰带来的经济、环保问题突出，新能源资源利用率正在进一步提高，因此，越来越多地采用连续变速抽水蓄能机组以满足电网运行的要求。

随着电力电子技术的发展，目前连续变速抽水蓄能机组技术有交流励磁变速和全功率变频两种技术路线。变速抽水蓄能机组的优势主要体现在以下方面：

（1）水泵工况入力可调，发电和抽水时都能快速响应电网频率，独立的有功功率和无功功率控制，能实现电站和系统的柔性连接。

（2）水轮机工况输出功率调节范围更大、效率更高、稳定性更优，空化性能得到较大改善，尤其是机组带部分负荷运行工况，并能扩大水泵水轮机运行水头变幅范围。

（3）更强的进相运行能力，全功率变频机组即使在机组停机时也能以静止无功补偿装置（STATCOM）模式运行，交流励磁装置还可代替静止变频起动装置（SFC）进行机组水泵工况起动。

（一）交流励磁变速抽水蓄能机组技术

交流励磁变速抽水蓄能技术采用异步电机配置交流励磁装置。变速发电电动机定子侧接电网，转子采用三相对称分布的励磁绕组，由幅值、频率、相位以及相序任意可调的变频器提供励磁。根据式（17-1-1）～式（17-1-4），当发电电动机的转子绕组通以频率为 f_2 的对称交流电时，电流在电机气隙中会产生一个相对转子旋转的磁场，当转子转速变化时，通过调节转子电流频率控制励磁磁场速度，即可维持定子、转子磁场相对静止，实现不同转速下的恒频发电；同时，通过改变转子频率可达到机组变速的目的，因而就可以方便地调节水泵工况的输入功率，从而更有效地保证电网的稳定运行。

至 2022 年底，交流励磁变速机组在国际上已建和在建电站有 22 个，共 42 台机组，其中 18 个电站共 37 台机组在日本、斯洛文尼亚、德国、法国、瑞士、印度、葡萄牙 7 个国家投运。除日本国内早期的研试机组外，后续的交流励磁变速机组单机容量均在 170MW 以上，其中约 80%的机组单机容量超过了 230MW；日本葛野川变速机组（4 号机）14 个月的累积运行小时数约是定速机组的 5 倍；日本小丸川全部 4 台变速机组是为应对可再生能源快速增长的趋势而建设，目前变速机组的运行次数是大规模可再生能源建设前（2012 年）的 28 倍。国外建设和运行经验表明，交流励磁变速机组技术主要应用于大中容量的抽水蓄能机组，同一电站或同一区域变速机组的调用率远高于定速机组，且随着电源结构的变化，其作用更加凸显。

国内外已建和在建的交流励磁变速抽水蓄能机组工程业绩见表 17-1-2。

（二）全功率变频抽水蓄能机组技术

全功率变频抽水蓄能机组技术采用同步电机配置全容量的变流器。在发电电动机的定子与主变压器之间设置了一个与发电电动机容量相同的变流器。根据式（17-1-4），全功率变频机组为同步发电电动机，采用直流励磁的转子侧频率 f_2 为 0，变速（n 变化）范围内运行时，发电模式下，将发电机发出的变频（f_1 变化）变幅值的交流电，经过变流后变成恒频恒压交流电，进而与电网直接相连；电动模式下，通过改变电动机定子三相磁通的频率（f_1）改变电动机的转速（n），实现机组的变速运行，从而大幅改变输入功率进而快速响应系统频率变化。

至 2022 年底，全功率变频机组仅在瑞士、奥地利和西班牙有 6 个改造升级或新建的项目，单机容量为 45～100MW，其中瑞士 1 台机组和奥地利 2 台机组已投运，主要参与欧洲高度动态电力市场，用于支持德国和奥地利新能源消纳，通过提供调频容量获取最大化经济收益。可见，全功率变频抽水蓄能机组技术主要应用于中小容量的抽水蓄能机组，在欧洲电力系统中是为应对新能源的消纳需求而兴建，同时在发电和抽水工况时都能提供调频容量以获取更高的经济效益。

国外已建和在建的全功率变频抽水蓄能机组工程业绩见表 17-1-3。

（三）国内应用发展概况

目前，国内在建的丰宁抽水蓄能电站 2 台 300MW 交流励磁变速机组为我国首次应用，计划于 2024 年全部投运。2021 年，山东泰安二期、辽宁庄河、广东肇庆浪江、广东惠州中洞抽水蓄能电站，开始了 300MW 级交流励磁变速机组能源领域首台（套）重大技术装备的研制工作，2023 年已进入招标阶段。另外，四川春厂坝水电站小微型全功率变频抽水蓄能机组（5MW）于 2022 年 5 月投运；我国

表 17-1-2 国内已建和在建的交流励磁变速抽水蓄能机组工程业绩表

主机供货商	工程序号	电站名称/机组编号	机组台数	国家	建设方	额定容量（MVA/MW）	转速范围（r/min）	变频器类型-供货商	发电电动机型式	投运时间
东芝公司	1	Yagisawa U2（矢木泽）	1	日本	东京电力公司	85/82	130～156	Cyc-东芝公司	半伞	1990 年
	2	Shibara U3（盐源）	1	日本	东京电力公司	360/330	375±8%	Cyc-东芝公司	半伞	1995 年
	3	CHUJOWAN（中诚湾）	1	日本	冲绳电力公司	26.5（200MJ）	600±15%	Cyc-东芝公司	半伞	1996 年
	4	Okukiyotsu No. 2 U2（奥清津二期）	1	日本	电源开发公司	345/340	428.6±5%	GTO-东芝公司	半伞	1996 年
		技术改造						变频器更新 IEGT-东芝三菱电机产业系统公司		2023 年
	5	Yanbaru sea water（冲绳）	1	日本	电源开发公司	31.5/31.8	450±6%	GTO-东芝公司	半伞	1999 年（2016 年停运）
	6	Kyogoku U1/U2/U3（京极）	3	日本	北海道电力公司	230/230	500±5%	IEGT-东芝三菱电机产业系统公司	半伞	2014 年（U1） 2015 年（U2） 待定（U3）
	7	Kzaunogawa U3/U4（葛野川）	2	日本	东京电力公司	475/460	500±4%	IEGT-东芝三菱电机产业系统公司	半伞	2015 年（U3） 待定（U4）
日立三菱公司	1	Takami U2（高见）	1	日本	北海道电力公司	105/140	231±10%	GTO-HM 公司	半伞	1993 年
	2	Okawachi U3/U4（大河内）	2	日本	关西电力公司	395/388	360±8.3%	Cyc-HM 公司	半伞	1993 年（U4） 1995 年（U3）
		技术改造	—					变频器更新 Cyc-HM 公司		2020 年（U4） 2022 年（U3）
	3	Omarugawa U1/U4（小丸川）	2	日本	九州电力公司	345/330	600±4%	Cyc-HM 公司	半伞	2010 年（U1） 2007 年（U4）
		Omarugawa U2/U3（小丸川）	2			319/330		GCT-HM 公司		2011 年（U2） 2009 年（U3）

续表

主机供货商	工程序号	电站名称/机组编号	机组台数	国家	建设方	额定容量（MVA/MW）	转速范围（r/min）	变频器类型-供货商	发电电动机型式	投运时间
日立三菱公司	4	AVCE	1	斯洛文尼亚	HSE公司	195/180	600±4%	GCT-ABB公司	半伞	2009年
	5	Okutataragi U2/U1（奥多多良木）（变速改造）	2	日本	关西电力公司	350/311.7	300±5%	Cyc-HM公司	半伞	2018年（U2） 2019年（U1）
ANDRITZ公司	1	Goldisthal U1～U2（金谷）	2	德国	Vattenfall联合能源股份	331/265	333 −10/+4%	Cyc-GE公司	顶盖支撑	2004年（U1～U2）
	2	丰宁二期 U11～U12	2	中国	国网新源	333/330	428.6 −7%～6.2%	IEGT-GE公司	悬式	2024年（U11～U12）
	3	HATTA U1～U2	2	阿联酋	DEWA迪拜水电管理局	185/159	300 −5/+5%	IGCT HITACHI-ABB	半伞	2024年（U1～U2）
	4	Limberg Ⅲ U1～U2	2	奥地利	VERBUND	280/240	500 −10/+10%	IEGT-GE公司	半伞	2025年（U1～U2）
GE公司	1	Le Cheylas 一台升级改造	1	法国	EDF	305/267	279−321	IEGT-GE公司	半伞	2016年
	2	Linthal U1～U4	4	瑞士	KLL公司	306/255	500 ±6%	IEGT-GE公司	半伞	2016年（U1～U4）
	3	Nant de Drance SA U1～U6	6	瑞士	AFS联合体	174/157	428.6±7%	IEGT-GE公司	半伞	2018年（U1～U5） 2019年（U6）
	4	Tehri U1～U4	4	印度	Tehri水电开发公司	306/255	230.77±7.5%	IEGT-GE公司	半伞	2019年（U1～U4）
VOITH公司	1	Frades Ⅱ U1～U2	2	葡萄牙	EDP	420/382	375 −6.7/+1.9%	IEGT-GE公司	半伞	2017年3月（U1～U2）
	2	Snowy 2.0U1～U3	3	澳大利亚	Snowy Hydro Ltd.	375/340	500 −9%+6.6%	IGBT-西班牙 Ingeteam公司	悬式	2025年7月（U1） 2025年10月（U2） 2026年5月（U3）

表 17-1-3　　国内已建和在建的全功率变频抽水蓄能机组工程业绩表

工程序号	电站名称/机组编号	机组台数	国家	项目性质（新建/改造）	建设方	额定容量（MVA/MW）	转速范围（r/min）	发电电动机供货商	水泵水轮机供货商	变频器类型-供货商	投运时间
1	Grimsel 2 U1	1	瑞士	变频器更换	KWO	100/100	600～750	Escher Wyss	Escher Wyss	PCS 8000（3L-ANPC） HITACHI-ABB	2013 年
2	Malta Oberstufe U1/U2	2	奥地利	整机更换	Verbund	80/80	224～560	GE	ANDRITZ	Hydro SFC Light（M3C） HITACHI-ABB	2021 年/ 2022 年
3	Kuhtai 2 U1/U2	2	奥地利	新建	TIWAG	95/95	343～479	ANDRITZ	ANDRITZ	Hydro SFC Light（M3C） HITACHI-ABB	2026 年
4	Kaprun/Limberg U1/U2	2	奥地利	整机更换	Verbund	85MVA	G：480～660 P：560～725	Voith	Litostroj	MV7000（3L） GE PC	2021 年/ 2022 年
5	Reißeck 2+ U1	1	奥地利	新建	Verbund	50MVA	G：175～475 P：225～550	GE	GE	MV7000（3L） GE PC	2024 年
6	ChiraSoria U1～U6	6	西班牙	新建	Red electrica de espana sociedad anonima	44MVA/ 37.4MW	450～795	GE	GE	5L+MMC GE PC	2026 年

第一个“100MW 级全功率变频抽水蓄能技术应用研究项目”也于 2022 年 11 月完成，并同期完成了潘家口蓄能电厂抽水蓄能机组全功率变频技术应用可行性研究。交流励磁变速机组技术和全功率变频机组技术在我国正有序开展研发和应用。

（四）技术应用前景

在全面推进“双碳”战略目标的大背景下，我国正加快构建以新能源为主体的新型电力系统，风电、光伏等新能源发展迅速，在电力系统中的占比越来越大。风电、光伏出力具有随机性、间歇性的特点，大规模的新能源并网对电网的安全稳定运行带来前所未有的挑战。连续变速的抽水蓄能机组技术以其多方面的优越性能，不仅有利于电网运行的稳定性和可靠性、提高电能质量，有利于机组的稳定运行和提高发电效率、延长检修周期，也日益成为支撑高比例新能源消纳的有效手段。连续变速抽水蓄能机组对我国电力系统的发展和“双碳”目标的实现，都具有非常重要和长远的意义。

第二节　交流励磁变速抽水蓄能技术

一、基本原理与系统设计

（一）交流励磁变速抽水蓄能技术特点

交流励磁变速抽水蓄能技术采用异步电机配置交流励磁装置，广泛应用于大中容量抽水蓄能机组，主要技术特点如下：

（1）交流励磁发电电动机为异步电机，相比定速机组和全功率变频机组的同步电机，电磁设计和结构设计更加复杂。发电电动机需要在各关键设备协调设计过程中寻求电磁、机械、通风冷却、制造工艺、可靠性等综合性能优良的选型和设计。

（2）交流励磁变频器容量仅为电机容量的 15%～30%，变频器容量小、总体损耗不大。

（3）交流励磁变速机组的调速范围、运行范围会受水力设计的限制。调速范围与运行范围需由水头、转速、水力设计、发电电动机选型设计、变频器选型设计、设备投资等综合评估确定。

（4）交流励磁变速机组与常规定速机组类似，需配置发电电动机出口断路器、换相开关、机组起动/制动开关（定子短路开关）以及起动压水系统设备等。

（5）交流励磁变速机组需要压水起动。水泵工况起动方式可选择采用交流励磁系统自起动，也可选用变频起动或背靠背起动方式。起动时间通常为 150～300s。

（6）具有低电压穿越能力，需优化变频器选型和斩波单元设计。

（7）对于交流励磁变速机组，其励磁系统不仅承担发电电动机励磁功能，而且还需控制机组转速，全功率变频机组的励磁功能等同于定速机组，因此交流励磁变速机组的控制系统更加复杂。

（8）相比同电站定速机组，交流励磁变速机组可不改变厂房的跨度、机坑尺寸以及水泵水轮机高度，通常发电电动机高度和发电机层起吊高度需要根据机组设计相应增加。

（9）交流励磁变速机组需要设置机组同步并网控制。

（二）交流励磁变速抽水蓄能机组原理及构成

抽水蓄能交流励磁变速机组与定速机组不同之处在于转子绕组是三相对称分布式交流绕组。交流励磁变速机组在次同步或超同步运行时，在转子绕组中会产生转差功率，其转差功率由电网经交流励磁回路输出到转子绕组或经交流励磁回路反馈到电网。由于交流励磁变速机组定子绕组和转子绕组都由交流电源供电，而且能向电网馈电，故又称为双馈电机。交流励磁变速抽水蓄能机组的原理性结构如图 17-2-1 所示。

机组在运行时，通入转子绕组的三相交流电源，在转子周边会产生相对于转子本体的旋转磁场，旋转速度为 n_2。定子连接电网，在机组的气隙中形成一个旋转磁场，这个旋转速度 n_1 称为同步转速。n_1 和 n_2 分别与电力系统频率 f_1 和变流器输出电压的频率 f_2 成正比。

机组同步转速 n_1、电力系统频率 f_1 与极对数 p 关系为

$$n_1 = 60f_1/p \tag{17-2-1}$$

三相对称转子绕组通入的频率为 f_2 的三相对称电流，所产生旋转磁场相对于转子本身的旋转速度

n_2 为

$$n_2=60f_2/p \tag{17-2-2}$$

由于转子的机械转速为 n，因此呈现在气隙中的旋转磁场的转速是其机械转速 n 与转子旋转磁场转速 n_2 的叠加，叠加后的转速等于同步转速 n_1，即

$$n_1=n\pm n_2 \tag{17-2-3}$$

由于 n_1 为同步速度与电力系统频率成正比且为恒定值，要维持式（17-2-3），只要调整 n_2 就可以改变转子机械转速 n。

根据交流励磁变速机组转差率 $s=(n_1-n)/n_1$，可以得出 $f_2=sf_1$。

由式（17-2-3）可知，交流励磁变速机组可有以下三种运行状态：

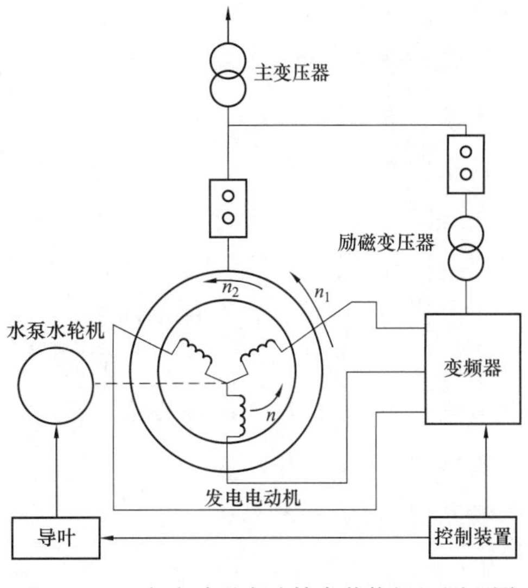

图 17-2-1　交流励磁变速抽水蓄能机组原理图

（1）亚同步运行状态：在此种状态下 $n<n_1$，通入转子绕组电流产生的旋转磁场转速 n_2 与转子的转速方向相同，因此有 $n+n_2=n_1$。

（2）超同步运行状态：在此种状态下 $n>n_1$，改变通入转子绕组的频率的电流相序，则其所产生的旋转磁场的转速 n_2 与转子的转速 n 方向相反，因此有 $n-n_2=n_1$。

（3）同步运行状态：在此种状态下 $n=n_1$，转差频率等于 0，也即通入转子绕组的电流为直流电流，与普通的同步电机一样。

交流励磁变速机组采用在转子绕组中通入三相低频交流电源，通过控制励磁电压的幅值、频率、相位和相序实现对机组发电及抽水过程的运行控制。由于变速机组励磁控制的自由度增加，发电和抽水工况均具有较快的频率响应速度，独立的有功功率、无功功率及转速控制，使得机组不仅在抽水工况功率可调，而且保证机组在发电工况始终运行在机组的最佳工况点，提高机组效率、延长水泵水轮机寿命。相比定速机组，变速机组具有抑制电网扰动的快速响应能力，能够更好地满足电网灵活调节的要求。

（三）交流励磁变速机组运行状态和功率流动关系

设机组电磁转矩为 T_s，机械转矩为 T_m，根据 $T_s=T_m$，再忽略机组的各种损耗，可以得出电磁功率 P_s、机械功率（轴功率）P_m 以及转差功率 P_r 之间关系，$P_m=(1-s)P_s$、$P_r=sP_s$。通过对交流励磁变速机组等值电路以及相应的向量图分析，可确定各运行工况下功率的流动方向。图 17-2-2 所示为电动机惯例等值电路。同样，对于发电机惯例等值电路以及相应的向量图，也可以按照相同方法进行分析。

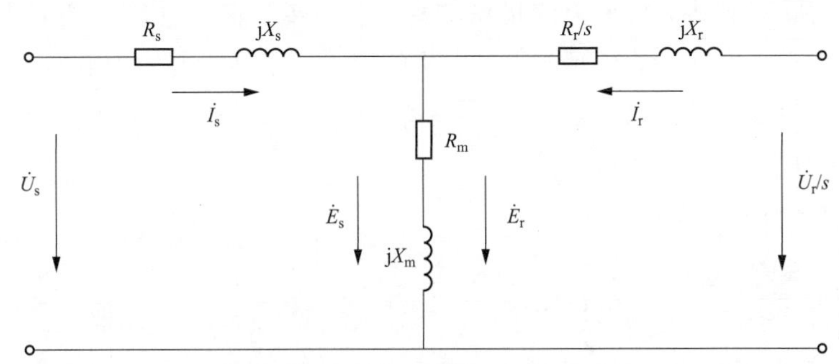

图 17-2-2　电动机惯例等值电路图

$\dot{E}_r$—转子不转时的开路相电动势；$\dot{U}_r/s$—转子回路串入的附加电动势；R_r—转子一相电阻；

X_r—转子一相在转差频率时的漏电抗；s—转差率；$\sum\dot{E}_r$—串入附加电动势后合成电动势，$\sum\dot{E}_r=s\dot{E}_r\pm\dot{U}_r$

为了便于分析，假设外加电压 $\dot{U}_r$ 与转子感应电动势 $s\dot{E}_r$ 只存在同相或反相的关系，在分析功率流动时只考虑有功功率。

（1）亚同步抽水（$0<s<1$）。亚同步抽水工况向量图如图 17-2-3 所示，由此可以得出机组的功率

流动关系，其中：

电磁功率 $P_s=3U_sI_s\cos\varphi>0$；

机械功率 $P_m=(1-s)P_s>0$；

转差功率 $P_r=sP_s>0$。

在亚同步电动运行状态时，输入到机组定子侧的电磁功率 P_s 一部分变为机械功率 P_m 由机组大轴上输出给负载，另一部分则变为转差功率 P_r 通过变频器回馈电网。此时电磁转矩为拖动转矩。此种情况下，电机的定子功率高于电网功率。

(2) 亚同步发电（$0<s<1$）。亚同步发电工况向量图如图 17-2-4 所示，其中：

电磁功率 $P_s=3U_sI_s\cos\varphi<0$；

机械功率 $P_m=(1-s)P_s<0$；

转差功率 $P_r=sP_s<0$。

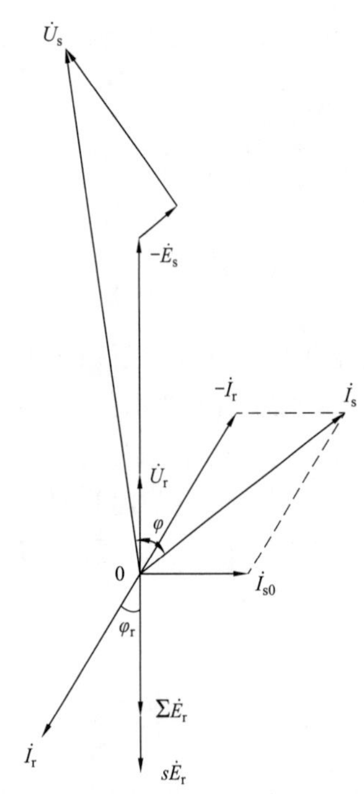

图 17-2-3　亚同步抽水工况向量图

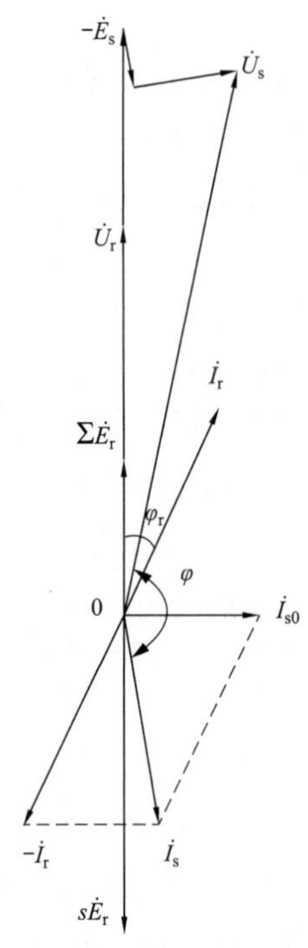

图 17-2-4　亚同步发电工况向量图

在亚同步发电运行状态时，电机轴上的机械功率 P_m 和转子输入的转差功率 P_r 都以电磁功率 P_s 的型式送到定子侧，再送入电网。此种情况下，电机的定子功率高于传输到电网的功率。

(3) 超同步抽水（$s<0$）。超同步抽水工况向量图如图 17-2-5 所示，其中：

电磁功率 $P_s=3U_sI_s\cos\varphi>0$；

机械功率 $P_m=(1-s)P_s>0$；

转差功率 $P_r=sP_s<0$。

在超同步电动运行状态时，电网通过定子向电机输入电磁功率 P_s，还通过交流励磁回路向机组输入转差功率 P_r，然后都以机械功率 P_m 的型式由电动机轴上输出给负载此时电机产生拖动转矩。此种情况下，电机的定子功率低于电网功率。

(4) 超同步发电（$s<0$）。超同步发电工况向量图如图 17-2-6 所示，其中：

电磁功率 $P_s=3U_sI_s\cos\varphi<0$；

机械功率 $P_m=(1-s)P_s<0$；

转差功率 $P_r=sP_s>0$。

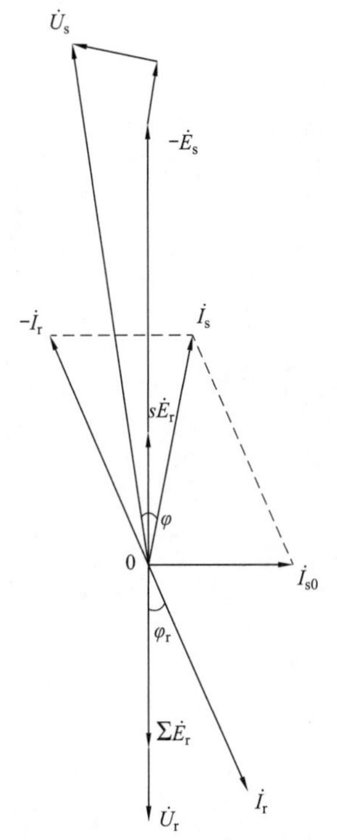

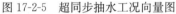

图 17-2-5 超同步抽水工况向量图

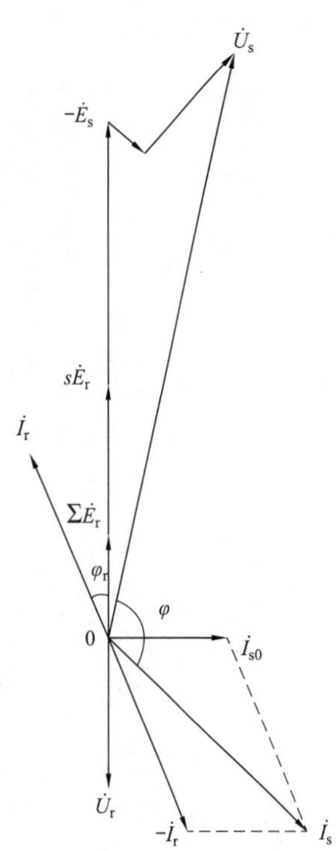

图 17-2-6 超同步发电工况向量图

在超同步发电运行状态时，由转轮输入机组的机械功率 P_m，一部分转化为转差功率 P_r，通过交流励磁回路回馈电网；一部分转化为电磁功率 P_s，由定子侧送入电网。此种情况下，电机的定子功率低于传输到电网的功率。

从上面分析可以画出交流励磁变速机组 4 种运行状态时的有功功率流动，如图 17-2-7 所示。因此，对于变速机组，一般以主变压器低压侧功率 P_e 测量值作为电机轴功率，无需计及转子功率。

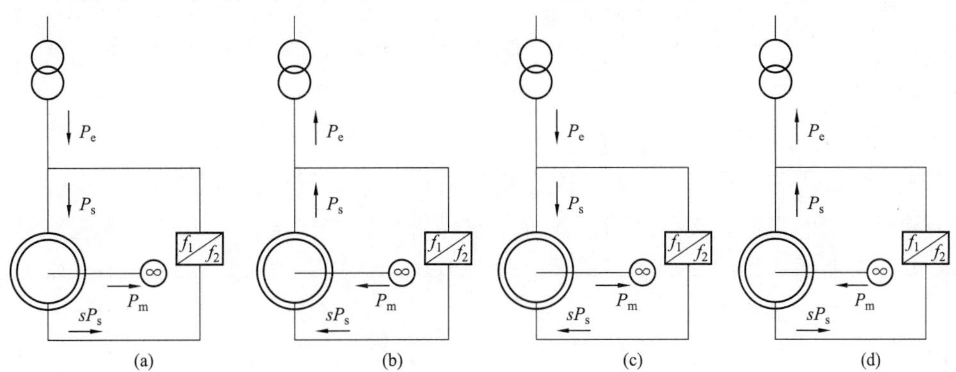

图 17-2-7 有功功率流动图

(a) 亚同步抽水 ($0<s<1$)；(b) 亚同步发电 ($0<s<1$)；(c) 超同步抽水 ($s<0$)；(d) 超同步发电 ($s<0$)

(四) 主要设备协调设计和选型

交流励磁变速机组的关键设备包括水泵水轮机、发电电动机和交流励磁系统设备，主要设计流程如图 17-2-8 所示，主要技术参数和选型的关键要素分述如下。

1. 水泵水轮机水泵工况运行范围

水泵工况下实现较大的运行范围是变速机组的主要目标之一。虽然运行范围的最主要限制来自水泵水轮机的水力设计，但转速变化范围会直接影响运行范围。发电电动机设计的主要目标是在选择可用的变频器电压的同时尽可能少地限制水力运行范围。更高转速变化范围的较高转子电压可能仅略微增大运行范围，但仅在最低水头范围下增大。通过提高转子电压扩大变速范围将增大变频器投资，可能仅能略微改善较低水头下的运行范围。因此，水泵水轮机水泵工况运行范围应结合变频器电压、电流等主要参数选择和造价进行综合评估。

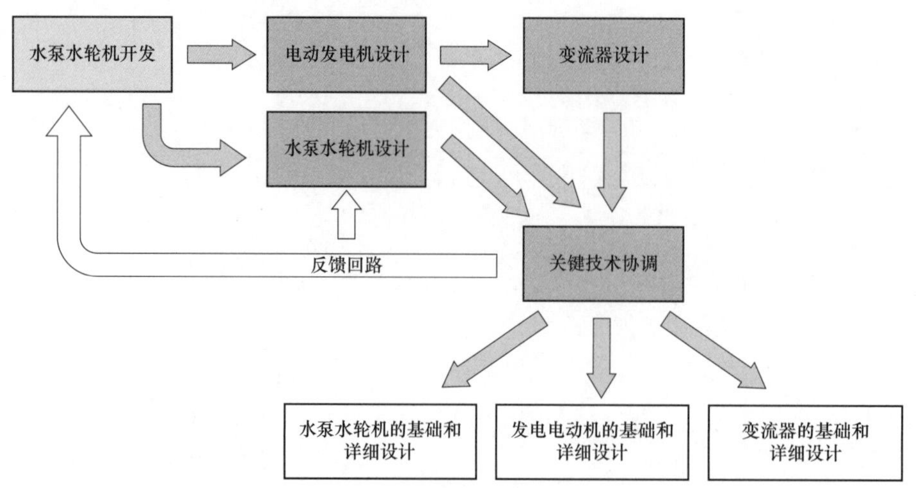

图 17-2-8 变速机组各关键设备协调设计关系图

2. 发电电动机设计和变频器的选择

发电电动机定子电压选择与定速机组相同，但转子电压的选择涉及关键部件转子绕组和集电装置。较高的电压会产生较低的电流，集电环的电刷数量会减少，但是集电环的绝缘设计和安全性需要重点关注；而较低的电压会产生较大的电流，转子和集电环的绝缘设计难度降低，但电刷数量多带来的布置设计相对困难，且通风设计和碳刷运行温湿度控制需要重点解决。

水泵工况下的起动时间和故障穿越（FRT）能力是需要实现的进一步技术要求，对变频器的设计也有很大影响。在相同的电机设计时，更高的变频器电压可缩短起动时间。目前国外的变频器有3.3kV 和 6.6kV 两挡，发电电动机与变频器的设计密切相关。从目前工程案例看，对相同主要参数的发电电动机，有变频器 3.3kV/转子 2 支路、变频器 6.6kV/转子 1 支路、变频器 6.6kV/转子 2 支路等不同设计方案。因此应综合评估机组水泵工况起动方式（SFC 起动或自起动）、起动时间、起动转矩、是否设置起动升压变压器、是否增加切换开关、转子结构的复杂性和可靠性以及变频器的选型和造价等进行综合评估。

3. 交流变频器馈电的转子绝缘系统寿命

与同步电机相比，因为交流励磁变速机组运行目前还没有大量统计数据可用于正确评估交流变频器馈电的转子绝缘系统的寿命。转子绝缘系统除了机械应力，主绝缘中的电场、电压波形的 du/dt 和绕组的工作温度是寿命的主要影响因素。因此，转子电压的选择、绝缘系统合适的电压水平及防晕设计是变速发电电动机的关键技术。

综上所述，交流励磁变速水泵水轮机、发电电动机和交流励磁系统设备主要技术参数和选型需基于项目基本条件以及电力系统对电站的要求，对以上各方面因素从技术和经济两方面进行综合分析评估后确定。

（五）电气主接线

含交流励磁变速机组的抽水蓄能电站电气主接线与全部定速机组的抽水蓄能电站电气主接线主要差别在于起动接线，其他如发电电动机-变压器组和高压侧接线的选择方法基本类同。变速机组抽水工况的起动方式可采用定速机组常用的变频起动为主用、背靠背起动为备用的方式或交流励磁装置起动方式（也称自起动）两种。变频起动和背靠背起动都有多台机组共用的变频起动装置和起动母线，机组发电工况机组和附属设备是单元化的，但是电动工况机组和附属设备不是单元化的，接线和控制相对复杂；交流励磁装置起动自起动方式，无论是发电还是抽水工况都是单元化的。图 17-2-9 为日本葛野川抽水蓄能电站的电气主接线图，1、2 号机组为定速机组，3、4 号机组为变速机组，四台机组共用一套变频起动装置，并采用背靠背起动方式作为备用，且建设过程中对定速机组起动变速机组、变速机组起动变速机组都进行了专项试验，起动安全可靠。图 17-2-10 为瑞士 Linthal 抽水蓄能电站的电气主接线图，4 台机组全部为变速机组，均采用交流励磁装置自起动方式，全厂机组和附属设备都属于单元化配置，没有共用起动设备。

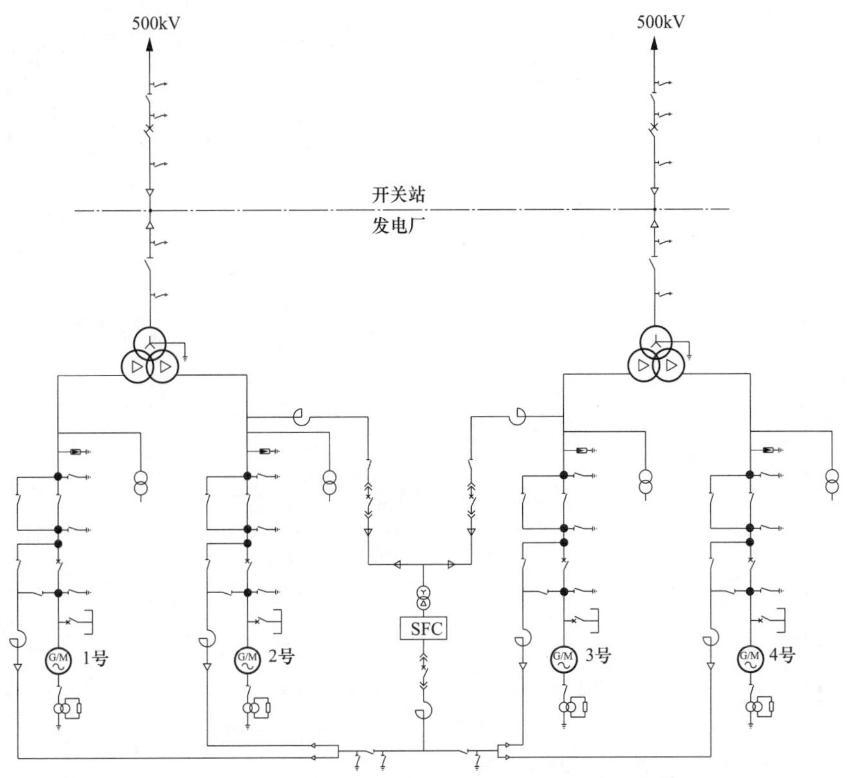

图 17-2-9　日本葛野川抽水蓄能电站电气主接线图

我国未来抽水蓄能电站建设中，装机台数也会存在 2、3、4、6、8 台或 12 台等多种方案，各电站变速机组的配置台数将根据电力系统发展的需求，即结合电站接入电力系统设计要求对相应抽水蓄能电站进行论证。电站电气主接线（含起动接线）的设计，需结合总装机台数、定速和变速机组的组合配置、变速机组调速范围和水泵工况入力调节范围、发电电动机电磁设计和结构设计的合理性、交流励磁装置的选型和造价、厂房设备布置的合理性以及综合投资等，进行综合比选确定。值得一提的是，虽然交流励磁装置自起动对单台机组来说是一种简便的起动方式，但变频起动为主用、背靠背起动为备用的起动方式对于变速机组也是成熟和可靠的。变速机组自起动不是必需的，设计选型时需要同步考虑变速机组及交流励磁回路的设计复杂性、维护工作量和投资等问题。

（六）黑启动设计

定速抽水蓄能机组在电力系统中可以承担黑启动任务，我国电力系统中抽水蓄能机组黑启动已有成熟的经验，在水电厂工作电源和备用电源失去的情况下，通常通过应急电源柴油发电机供电一台机组的自用电负荷，起动机组发电，并带动电力系统内其他机组，逐步恢复电力系统运行。

国外有一些变速机组项目要求实现黑启动。总体来说，起动水轮机旋转的程序与定速机组基本一致，另外就是起动发电机定子励磁的自供电，即需要交流充电功率。根据了解的工程经验，交流励磁系统负荷最大可能达到 1000kW；另需考虑机组黑启动时变频器是否设置滤波器以确保谐波控制在允许范围内；还需落实交流励磁系统需要为孤岛运行、线路充电和高压侧同步实施额外的控制模式。因此，变速机组黑启动是可行的，但实施起来要比定速机组所需的交流电源容量大，系统设计也更复杂。

根据以上分析和国外工程经验，由于电力系统内还配置有大量的定速抽水蓄能机组，为提高电站或机组建设运行的经济性和可靠性，原则上建议如下：

(1) 对于定速机组和变速机组混合装机的电站，由定速机组承担黑启动任务。

(2) 对于纯变速机组电站，如所在同一区域电网内还设有其他定速机组电站，则由近区的定速机组电站承担黑启动任务。

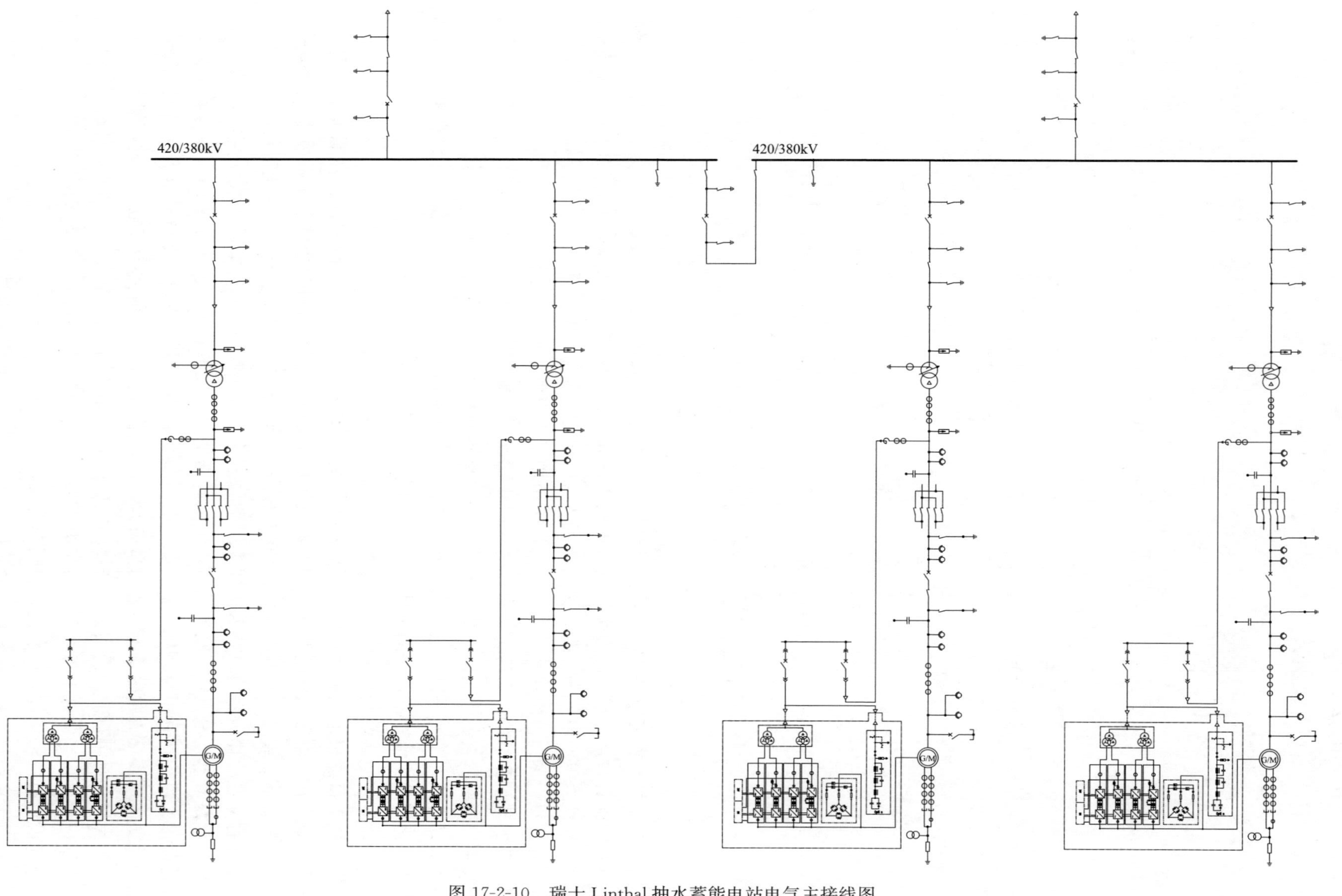

图 17-2-10 瑞士 Linthal 抽水蓄能电站电气主接线图

(3) 如一个区域电网中仅设有纯变速机组抽水蓄能电站，且电力系统要求其承担黑启动任务时，则应对变速机组的主机及其附属设备和配套设备、黑启动电源、直流系统及控制系统等实施满足黑启动功能相应的设计。

二、水泵水轮机

(一) 变速水泵水轮机的原理

1. 水轮机工况原理

对于可逆式水泵水轮机的水力开发设计，一般以水泵工况设计为基础，在保证水泵主要性能参数的前提下，再根据水轮机工况进行复核优化。因此，水泵工况一般运行在最优区或最优区附近，而水轮机工况将在偏离其最优区的高单位转速区运行。如果采用变速水泵水轮机，由于机组转速的变化，机组实际运行工况点将发生偏移，具体变化关系为

$$n_{11}=nD/\sqrt{H} \tag{17-2-4}$$

$$Q_{11}=\frac{Q}{D^2\sqrt{H}} \tag{17-2-5}$$

式中 n_{11}——单位转速，r/min；

n——机组转速，r/min；

D——转轮直径，m；

H——水头，m；

Q_{11}——单位流量，m^3/s；

Q——机组流量，m^3/s。

图 17-2-11 为变速可逆式水泵水轮机工作特性，其中 A-B-C-D-E 虚线范围为水轮机工况定速运行范围。当转速发生变化时，机组实际运行工况点将发生偏移，根据可逆式水泵水轮机特点，水轮机工况一般在高于最优单位转速区运行，所以通常采用降低机组转速，使其运行工况点向最优区方向平移。图 17-2-11 中 A′-B′-C′-D′-E′为机组转速降低后的可运行范围。

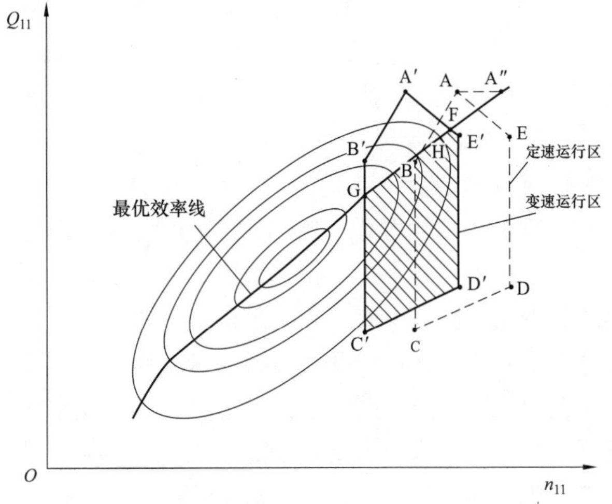

图 17-2-11 变速可逆式水泵水轮机工况工作特性

2. 水泵工况原理

根据水泵水轮机特性，水泵工况的流量、扬程、入力与机组转速有如下关系

$$H=\frac{\psi_1}{2g}\left(\frac{\pi Dn}{60}\right)^2 \tag{17-2-6}$$

$$Q=\varphi_1\left(\frac{\pi D^2}{4}\times\frac{\pi Dn}{60}\right) \tag{17-2-7}$$

$$P=\lambda_1\rho\,\frac{\pi}{8}D^2\left(\frac{\pi Dn}{60}\right)^3 \tag{17-2-8}$$

式中 ψ_1——压力系数；

g——重力加速度，m/s^2；

D——转轮直径，m；

n——机组转速，r/min；

H——水泵扬程，m；

Q——水泵流量，m/s^3；

φ_1——流量系数；

λ_1——功率系数；

P——水泵入力，kW。

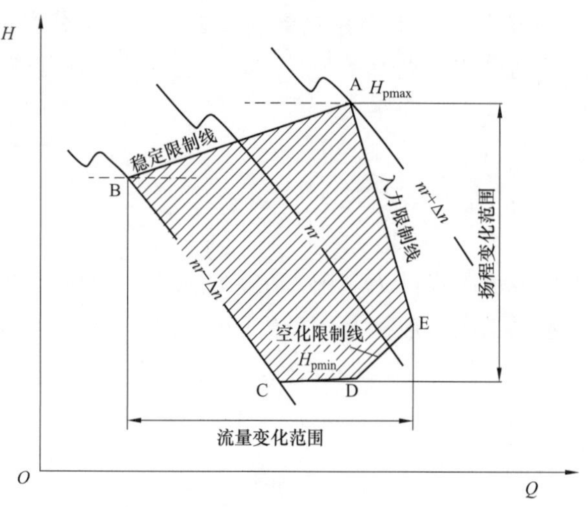

图 17-2-12　水泵工况运行扬程-流量工作特性图

n_r—额定转速；Δn—转速变化值

当一台水泵水轮机在水泵工况变速运行时，其流量与机组转速成正比，扬程与转速的二次方成正比，而水泵入力与转速的三次方成正比。由此，随着机组转速的增大或减小，水泵工况下流量、扬程和入力将相应增大或减小。图 17-2-12 为水泵工况运行扬程-流量工作特性图。

从图 17-2-12 中可以看出，转速升高时，扬程-流量特性向高扬程、大流量方向平移；当转速降低时，扬程-流量特性向低扬程、小流量方向平移。但是，根据水泵扬程-流量特性，在高扬程时存在二次回流不稳定区，所以当转速降低时，在高扬程区还会受到水泵稳定特性限制（如图 17-2-12 中 A-B 限制线）；同时由于水泵入力与转速的三次方成正比，一般水泵工况在最低扬程入力最大，如果转速增加较大，势必要大大地增加机组容量和变频容量，这是不经济的。由此当机组转速升高时，水泵扬程特性还受水泵最大入力限制（如图中 17-2-12 中 A-E 限制线）。另外，水泵低扬程区流量大，容易产生叶片正面脱流，空化性能变差，故在低扬程区还受到空化特性的限制（图 17-2-12 中 D-E 限制线）。C-D 为电站物理扬程限制。所以在实际运行中，水泵将在 A-B-C-D-E-A 范围内运行，即变速水泵运行范围由定速水泵的特性曲线上运行变为一个区域内运行。

（二）变速水泵水轮机特点

1. 机组适应的水头变幅

水轮机和水泵均有一定的适应的水头/扬程运行范围，超过该运行范围，将导致机组的运行不稳定，尤其对可逆式水泵水轮机来说，机组是以满足水泵工况主要性能为基础设计的，水轮机工况往往偏离其最优工况。因此，为满足机组稳定运行，可逆式水泵水轮机稳定运行范围较同水头段常规水轮机的要窄一些。而对于变速运行的水泵水轮机来说，由于机组可以通过对转速的调节，一方面可使机组水轮机工况运行范围向最优区平移，从而使水轮机工况能在更宽的水头范围内稳定运行；另一方面，水泵工况可通过升速提高水泵的最高运行扬程，也可降速适应更小的最低扬程，即在水泵工况下，水泵水轮机变速运行时其适应的扬程范围也将变得更为宽广。

对于同一座抽水蓄能电站，变速水泵水轮机允许的水头变幅范围扩大，可以增加电站上水库、下水库的工作水深，从而可减少水库工程量和工程投资。

2. 机组效率

由于转速的调节，水轮机运行范围整体向水轮机最优工况靠近，机组加权平均效率将明显提高，尤其是低水头工况及部分负荷工况增加明显。同时，机组转速调节范围越大，低水头工况及部分负荷工况效率提高越多。图 17-2-13 为某制造商提供的水轮机工况效率与转速变化关系图。

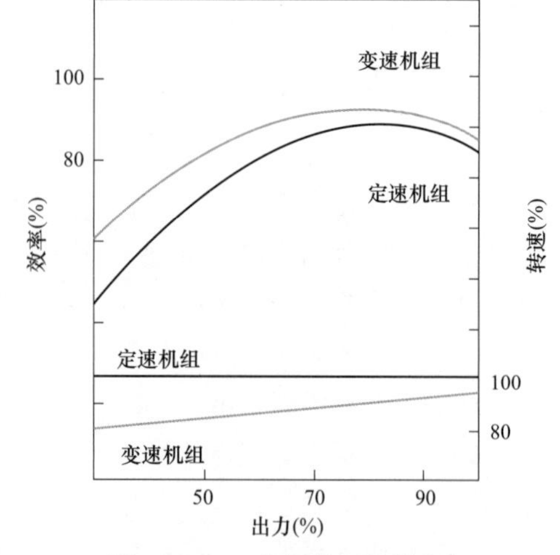

图 17-2-13　水轮机工况效率与转速变化关系图

从图 17-2-13 可以看出，当水轮机工况转速降低时，在部分负荷区效率增加较多。从图 17-2-11 中可以看出，变速方案的运行范围 A″-F-G 最优线及 F-G-C′-D′-E-F 内的机组效率明显比定转速方案运行范围 A-B-C-D-E 内的效率要高，水轮机工况加权平均效率也将明显提高。

3. 机组稳定性能

水轮机工况稳定性能主要是部分负荷稳定性、低水头大负荷工况的稳定性以及空载稳定性、水泵工况主要是高扬程工况运行稳定性。

(1) 水轮机工况运行稳定性。对于水轮机工况，由于定转速机组一般在偏离最优工况的高单位转速区域运行，因此在低负荷区和低水头、大负荷工况两个区域运行稳定性问题显得更为突出，这主要是偏离最优工况较远，部分负荷运行时有可能产生叶道涡，而低水头大负荷工况则有可能产生叶片正面脱流。如机组降低转速运行，将使机组向低单位转速区域平移，使机组部分负荷区域远离不稳定区，机组压力脉动尤其是部分负荷的压力脉动将大大减小，将有效改善机组的稳定运行性能。根据有关资料，日本某电站在 0～300MW 出力范围内，变速机组的振幅约为定速机组的 50%。

一般来说，定转速混流可逆式水泵水轮机稳定运行范围为 50%～100%最大保证负荷，而对变速机组，通过运行范围的变化，部分负荷稳定性得到改善。根据制造厂经验，变速机组水轮机工况稳定运行范围可达到 35%～100%最大保证负荷。如果转速变幅够大，水轮机工况运行稳定范围能达到 30%最大保证负荷。

另外，对于中高水头可逆式水泵水轮机特性，在低水头区域存在“S”特性，即在低水头空载时，水轮机有可能进入反水泵区，造成机组流量、转速的摆动，使得并网困难。如果低水头小开度工况区位于“S”区的水泵水轮机采用变速机组，则可利用变速使机组以低于额定转速并网，使得相应水头下空载单位转速降低，以避开“S”区快速并网。

总体来说，采用变速机组，通过降低转速运行，可以有效改善机组水轮机工况的稳定性，增大水轮机工况运行范围。其中，随着机组部分负荷运行稳定性的提高，水轮机相关部位压力脉动减小，机组振动相应减小，这样有利于机组的长期可靠运行，甚至延长机组寿命。

(2) 水泵工况运行稳定性。水泵工况的扬程-流量关系曲线是在各相应扬程下达到最优效率的基础上的该扬程下最优导叶开度包络线，所以在运行范围内水泵工况的运行稳定性一般比较容易得到保证。当然，随着扬程的增大，或扬程的降低，也存在不稳定现象。在水泵高扬程工况，一般存在二次回流区，如图 17-2-14 所示。

从图 17-2-14 可知，当水泵工况降低转速运行时，水泵将沿着低转速高扬程特性曲线运行，即实际运行工况点向二次回流区靠近，容易产生高扬程区域不稳定，造成流量和入力摆动。该工况下可以通过设定转速变化范围来加以限制。同样，在低扬程增大转速运行时，运行工况点将沿着高转速扬程特性曲线运行，在对应扬程下流量增大，水泵入口水流撞击加剧，容易产生叶片正面脱流进而产生空化。该工况也需通过减小转速变化范围来加以限制。

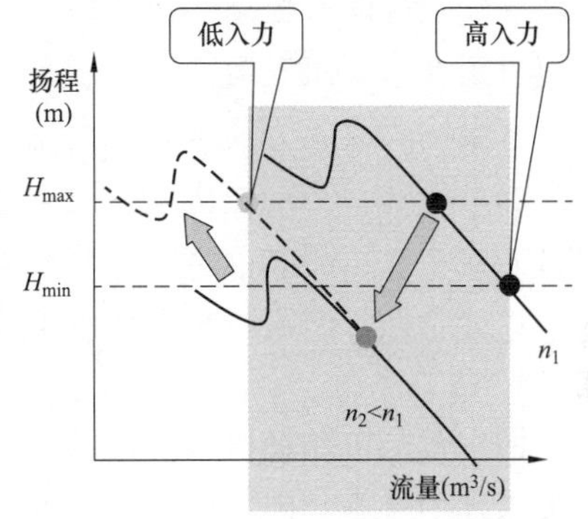

图 17-2-14 水泵高扬程特性曲线

总体来说，变速机组水泵工况稳定性能没有明显的改变，在高扬程范围及低扬程范围变转速运行时，可通过选择合理的变速范围使水泵在稳定范围内运行。

4. 机组空化性能

随着机组转速的降低，水轮机运行范围向最优工况平移，相应空化系数变小，即水轮机工况整体空化性能提高。相对于水轮机工况，水泵工况一般空化性能要差。当水泵在低扬程转速升高或高扬程转速降低时，工况点向高空化系数区平移，水泵空化性能变差。其中由于水泵高扬程区降低转速运行时存在驼峰区稳定性问题已经受到运行限制。而在水泵低扬程高转速工况，需要选择合适的转速调节范围，设置空化性能限制线，使得水泵工况低扬程运行时不发生空蚀。

综上所述，对于变速机组，水轮机工况空化性能得到较大的改善，尤其是在机组带部分负荷运行工况；而在水泵工况可通过选择合理的变速范围确保水泵的空化性能。

5. 机组功率调节功能

变速机组水泵工况的入力与转速的三次方成正比，即当转速升高 10%时，理论上水泵入力相应增大 33.1%；当转速降低 10%时，水泵入力相应减小 27.1%。这一点对电网调节和电站运行来说显得非常有意义。一方面，可以使机组具有自动跟踪电网频率调节水泵输入功率的功能，为电力系统提供相应的频率自动控制容量，从而达到提高电力系统供电质量的作用；另一方面，通过降低转速运行，可以大大减小水泵入力，即当水泵起动时，减小对电网的冲击。当然，正如图 17-2-14 所示，水泵工况实际变速范围是受到高扬程驼峰区稳定性、水泵空化性能及机组最大容量所限制的，相应水泵入力变化也将受到一定限制。

变速机组不仅水泵工况能够调节入力，而且与定转速机组水轮机工况相比，其功率调节的速度远远快于定转速机组，有制造厂表明，变速机组水泵工况功率调节可达到20MW/0.1s。

（三）变速水泵水轮机工程设计

1. 变速水泵水轮机的设计

水泵水轮机设计主要包含水力研发、刚强度计算及结构设计等方面。在水力研发方面由于变速机组与定速机组特性及运行方式完全不同，变速机组水力研发需结合电站动能参数、发电电动机及交流励磁系统设计方案，对转速变化范围、入力调节范围、空化性能、驼峰区余量、机组容量、流量、效率、压力脉动及吸出高度等多个因素进行综合考虑，综合寻优，最终确定与电站运行条件相匹配的水力方案。在刚强度计算方面，变速机组各部件需在常规开停机的基础上，还需考虑机组转速变化、功率变化时对机组强度及疲劳计算带来的影响，除此之外，水泵水轮机结构设计上变速机组与定速机组基本一致。

2. 配套的附属设备

抽水蓄能电站附属设备包括进水阀油压装置、调速器油压装置及起重设备等。与定转速水泵水轮机相比，变速机组的附属设备的方案设计、运维方式均基本相同。机组采用变速机组后，发电电动机转子结构型式与定速机组变化较大，转子重量较定速机组转子略重。故变速机组进行起重设备起重量确定时，需考虑变速机组转子结构变化及重量增加的因素，对主桥式起重机起重量进行适当增加。

3. 调节保证设计

根据变速机组运行特性，在水轮机工况运行时，多为降速运行，且运行出力较定速相差不大，运行效率较定速略有提高，故变速机组水轮机工况流量较定速略低，对过渡过程计算结果影响不大。而变速机组在水泵工况运行时，水泵入力及转速均较定速机组有一定的变化，但在机组容量相同的情况下，水泵的最大入力及水泵最大流量基本一致，故水泵工况变速运行时对过渡过程计算结果也影响有限。综上所述，当定速机组变速运行时，两者的过渡过程的计算结果将差不多，相应的调节保证设计也将变化不大。当然，水泵水轮机的特性是抽水蓄能电站输水发电系统调节保证设计的关键影响因素之一，详细设计时需特别关注机组特性对过渡过程计算造成的影响。

4. 辅机系统

抽水蓄能电站辅机系统包括油气水等系统。对于变速机组，其辅机各系统设计原理、运行方式及运维管理均基本相同，没有本质变化。其中排水系统、气系统、油系统及消防系统均与定速机组辅机系统设计一致，仅技术供水系统由于增加了交流励磁系统的冷却而稍有不同。

5. 厂房布置

变转速机组主要辅机系统设备及主机附属设备与定速机组基本一致，水机设备布置方案相差不大。当然，采用变速机组，可适当增加吸出高度以满足水泵入力调节范围的需要。

三、发电电动机

（一）电磁设计

交流励磁发电电动机的运行方式既不同于异步电机也不同于同步电机，其电磁设计除了对容量、电抗、温升、损耗、振动、波形、励磁参数、时间常数、过渡过程等进行综合比选外，还有以下主要方面。

1. 交流励磁系统的相关性

变速发电电动机特有的交流励磁系统，不仅在正常运行工况保证机组运行在控制范围内，也用来起动（若采用）和制动机组，同时在电网出现某些事故时还需保证机组的稳定性，所有这些要求都会影响到交流励磁系统容量、电压等参数的选择以及设备的配置和布置。通常发电电动机和交流励磁系统设计需结合进行复杂的仿真模拟，其结果会关系整个机组的性能、可靠性和安全性。

2. 不同运行点

变速发电电动机性能计算，不能像常规同步机组一样只考虑定子容量和功率因数。变速机组效率为基于不同转速、不同运行点的损耗，因此应针对不同运行点计算损耗和效率。

由于机械损耗和通风风量也取决于转速，因此也需要针对不同运行点核算冷却系统的性能。

双馈电机的定子和转子回路需要单独分析不同的运行点，例如最大定子功率与转速关系密切而不仅取决于水轮机最大输出。设计中应分别检查不同运行点，一个完整的检查过程包括几个不同设计循环过程，包括水力机械的设计。

3. 气隙的选择

传统同步发电机，由于受静态稳定性的限制，一般其同步电抗不能太大，因而气隙不能太小，但对于交流励磁发电电动机，由于不存在静态稳定性问题，气隙的选择可不考虑其对受静态稳定性的影响，但交流励磁发电电动机在定子输出一定时，励磁容量与励磁电抗 X_m 有关，建立气隙磁场所消耗的无功功率 Q'_{qx} 为

$$Q'_{qx}=I_m^2X_m=E_1^2/X_m \tag{17-2-9}$$

式中 I_m——励磁电流；

E_1——定子侧的感应电势。

当忽略定子漏阻抗时，$E_1\approx U_1$，因而有

$$Q'_{qx}=U_1^2/X_m \tag{17-2-10}$$

式中 U_1——定子侧的电压。

当气隙较大时，励磁电抗 X_m 较小，Q'_{qx}较大，其励磁容量也将增大，传统同步电机励磁容量一般为额定容量的2%左右，而交流励磁发电电动机的励磁容量在转速变化较大时可高达额定容量的20%～30%，为尽可能地降低其励磁容量，交流励磁发电电动机应减小气隙长度，但气隙也不能过小，否则磁导齿谐波所产生的附加损耗又将增大，所以对于交流励磁发电电动机应在不影响效率和制造工艺能达到的前提下，尽可能减小气隙长度。如某抽水蓄能电站定速机组的气隙为39mm，变速机组的气隙为15mm。

4. 谐波引起的电磁激振

传统同步发电电动机，由于只有定子侧开槽，为防止电机振动，设计时主要考虑抑制转子高次谐波与齿谐波作用产生的高频激振，以及定子磁动势谐波作用引起2倍供电频率的激振。对于交流励磁发电电动机，由于定子、转子侧的开槽都会产生相应的磁导齿谐波，气隙中的谐波分量更为丰富，相互作用会产生不同特性的激振力波分量。

电磁力波分量也是关于空间和时间的函数，作用于定子铁心时产生形变引起振动，在计算电磁振动时主要考虑节点对数不为零的力波分量。故在定子、转子槽数选择时，除满足电磁性能外，还应满足磁场谐波作用产生的主要激振力波频率远离相同节点对数的结构固有频率，以避免电机振动。

5. 定子铁心内径和长度

对于变速抽水蓄能发电电动机，在进行电磁方案选择时，发电电动机的最大圆周线速度直接影响电机定子铁心内径（D_i）的选取，而发电电机转子冲片材料性能和绕组端部固定结构又直接制约发电电动机圆周线速度的选择。最大圆周线速度与转子线棒的端部尺寸决定了端部支撑的设计制造难度，在进行电磁设计及决定主要尺寸时需充分考虑。

变速发电电机铁心长度直接影响机组的稳定性和制造工艺、安装以及运输等，电磁设计时，它的选取又与电机的通风冷却系统及冷却方式直接相关，铁心越长通风的均匀性以及线棒轴向温差越难控制。对于同一电站，变速范围为7%的变速电机铁心长度，比定速电机长约15%。因此，变速发电电动机铁心长度的设计应进行适度控制。

6. 定子绕组和转子绕组选择

变速发电电动机定子绕组的支路数和槽数选择原则，基本与定速发电电动机相同。通常交流励磁发电电动机定子绕组趋向于较低的气隙磁密，目的是有助于降低转子和励磁系统的成本。

转子绕组选择也包括绕组类型、转子电压、转子电流、转子槽数、每极每相槽数和并联支路数。转子绕组一般也选用对称3相2层条式绕组，这种类型的绕组有很高可靠性，因为其主绝缘就是其匝间绝缘，介电负荷、电压基波和高次谐波都仅仅作用于主绝缘上。转子电压等级需与变频器相匹配，目

前国外运行的变速机组对应的变频器多为3.3kV和6.6kV等级，而转子额定电压的选择又决定了转子绕组绝缘系统的选择，转子额定电流又决定了转子绕组的通风散热设计，电压和电流的选择又影响槽数和支路数的选择，且支路数的选择还与转子线圈端部的结构设计密切相关。

7. 参数的有限元计算

参数的计算可以采用有限元仿真软件为平台，在分析计算过程中考虑铁心饱和、转子旋转、材料的非线性特质以及电机内的电、磁、力及运动等多种物理场间复杂的耦合作用，更客观地再现电机运行状态，以提高计算结果的可靠性、确保结果的高精度，为电机设计参数的选择、优化提供重要依据。如采用有限元计算验证磁通密度及空载时和额定负载时转子电流，可展示转子拉紧螺杆是否绝缘对磁场的影响。

（二）结构型式和主要部件

交流励磁变速发电电动机和凸极定速同步发电电动机的结构差别如图17-2-15所示，定子、推力轴承和导轴承、上下机架以及辅助设备等方面两者的区别不大，其主要差别体现在绕线式转子、交流集电系统。本节仅针对区别较大的部件进行阐述。

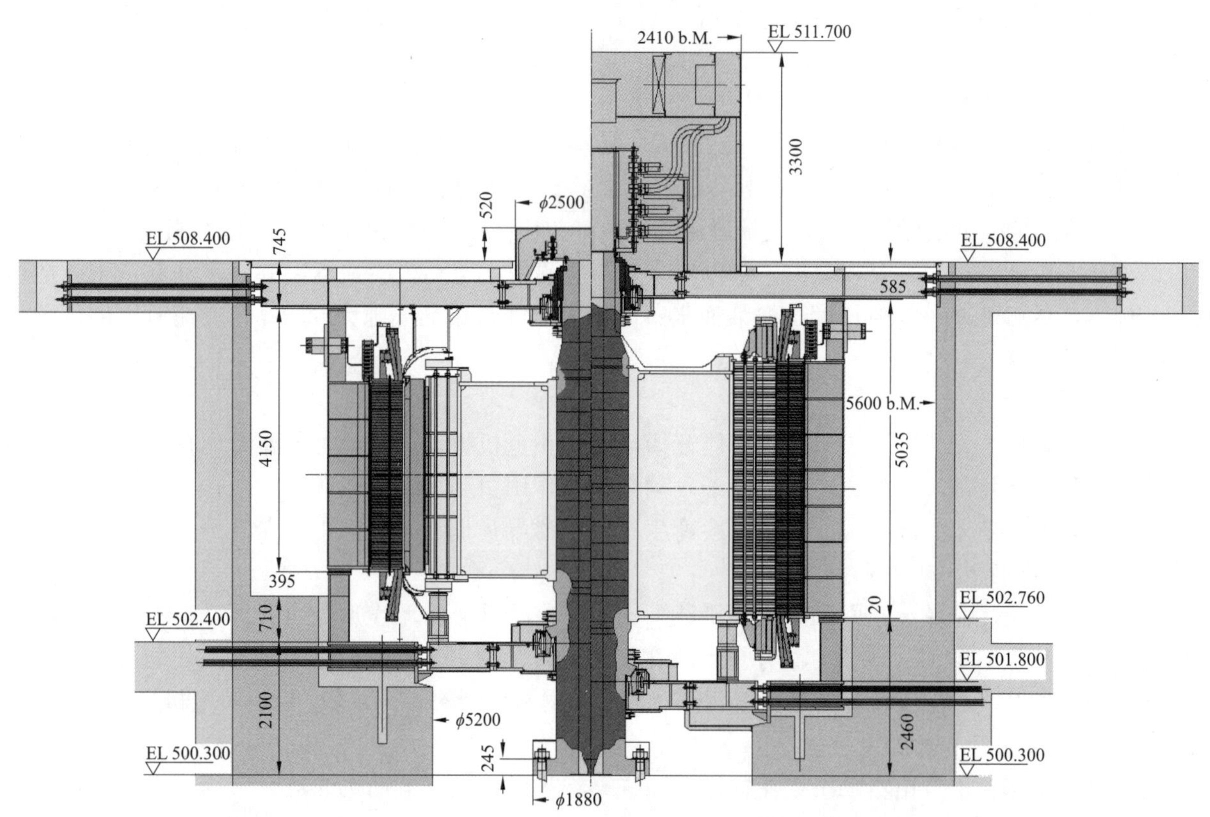

图17-2-15 定速（中心线左侧）与变速（中心线右侧）发电电动机结构对比图

1. 结构型式

定速抽水蓄能机组根据转速不同多采用半伞式或悬式结构，并设置上、下导轴承。变速发电电动机的结构型式选择时，除了参照定速机组结构型式的选择原则，确保机组在各种工况下安全稳定运行，还应兼顾以下方面。

（1）因同一电站通常变速机组比定速机组轴系更长，特别是悬式机组，结构设计时应兼顾轴系稳定性和径向机械稳定性。

（2）基于绕线式转子，定子和转子任一线棒的检修和拆装都必须将转子吊出机坑，因此应全面提高变速发电电动机定子和转子的安全性和可靠性。特别对于悬式机组，在吊出转子的同时需要拆装推力轴承和上导轴承、上机架和集电装置，且回装推力轴承需要重新调整轴系，检修和维护工作量大、技术要求高。

（3）对于高转速变速发电电动机，如选择半伞式结构，推力轴承在转子下部，还应结合转子线圈端部固定结构，对推力轴承检修和维护的空间、制动器的布置以及通风面积进行多方面协调和优选设计。

由表 17-1-2 所知，国外在建和已投运的变速发电电动机除极少数采用悬式结构外，多数采用半伞式结构，尤其是高转速、大容量的日本葛野川抽水蓄能电站（460MW、500±4% r/min)、日本小丸川抽水蓄能电站（330MW、600±4% r/min）和瑞士的 Linthal 抽水蓄能电站（255MW、500±6% r/min）变速发电电动机，也都采用半伞式结构，转子拆装时无需拆装推力轴承，这是变速发电电动机的一个很大的便利，但是转子下端部的布置、轴承的检修空间以及通风系统的合理性都需要在工程中有效解决。因此，变速发电电动机的结构型式选择相比定速机组更为复杂，是一项涉及多部件运行安全性和检修维护便利性的综合性关键技术。

2. 转子

变速发电电动机绕线式转子装配由转子支架、转子铁心、三相交流绕组、绕组固定系统和制动环等构成。

转子支架既要支撑转子铁心和绕组，又在旋转时提供空气流量压头。转子尺寸的设计不仅要考虑电气需要，还要考虑调节保证要求气轮力矩 GD^2 以及拆除下机架的需要。同时考虑到转子绕组端部固定装置既要适应线棒端部的轴向热膨胀以及离心力作用下的径向位移，又要保证结构的稳定。因此，转子的动平衡配重块需要精细化设计，防止产生振动。转子应带制动环，制动环为分块结构，便于拆除更换。

为了减小磁场引起的涡流损耗，转子铁心的材料目前有两种选择，一种是 0.5～0.65mm 高强度等级低损耗导磁硅钢片，冲片两面刷有 F 级绝缘漆或是相同性能的其他材料；另一种是 1.6～2.0mm 高强度钢板叠装，因为实际运行时旋转磁场相对转子为转差速度，在转子铁心表面感应涡流的交变磁场频率为低频（通常不超过 5Hz)，引起的附加损耗发热程度可以忽略，所以也不进行涂漆。转子铁心材料选择需满足其屈服强度能够承受飞逸工况下的离心力，同时还应该满足机组起停和转速变化循环的抗疲劳性能。工程设计的疲劳计算时采用的基础条件举例说明如下：机组起停周期次数按 50 年×365 天×10 次/d 计算，按 182500 次计；速度变化循环周期按 50 年×365 天×24h×2 循环/h 计算，按 1000000 次计。因此对铁心材料必须严格进行静力强度计算和疲劳强度计算，应计算转子铁心材料在低频运行工况下的损耗值，对于硅钢片材料还建议开展必要的疲劳试验和片间的短路试验。

转子绕组的支路数选择时既要考虑电、磁负荷范围，还需考虑转子侧电压等级与变频器的协调，更要注重不同支路方案转子绕组端部固定结构的安全性、可靠性和检修维护便利性以及转子绕组端部的通风性能。

转子线棒的槽内固定，通常采用在定子绕组验证过的半导体槽衬绕包结构，但由于转子绕组需承受巨大的径向离心力，因此槽内固定时不应设置弹性波纹板，高强度楔下垫条定于槽内给线棒施加稳定的压力，以承受各种离心力和电磁力。

转子绕组绝缘系统设计时需考虑暂态运行、绕组三相短路、电压波形毛刺以及变频器正常运行、起停操作以及故障条件下转子过电压最大有效值等因素综合确定。

对于绕组端部的固定，目前国外变速机组已经应用的方式主要有以下五种。

（1）绕组端部径向螺栓固定结构方式一。转子铁心两端延伸至转子绕组的长度，通过穿过转子线棒间隙的径向螺栓来固定转子绕组端部，以承受机组最高转速下的离心力。这些径向螺栓通过镶在转子铁心延伸部分的 T 尾键固定，通过径向机械安全系统防止螺栓松动，T 尾键还允许轴向热膨胀。铁心延伸部分叠压完成后和转子轭部作为整体压紧。延伸部分同样设有通风沟，旋转的径向风沟提供冷风气流冷却定转子绕组端部。线圈端部固定结构检查维修方便，更换线棒只需局部作业，操作简单，但固定结构零部件相对较多，可靠性需要经过模型和真机验证。此类固定结构如图 17-2-16 所示。

（2）绕组端部径向螺栓固定结构方式二。离心力由锻造的内圆环支撑，转子绕组端部通过纤维复合板固定结构和径向非磁性钢螺栓固定至内圆环上。伸出段的支撑结构还可以轴向滑动允许热膨胀，使线棒承受最小的应力，且通风效果好，通风损耗低。线圈端部固定结构检查维修方便，更换线棒只需局部作业，操作简单，但固定结构零部件相对较多，可靠性需要经过模型和真机验证。此类固定结构如图 17-2-17 所示。

图 17-2-16　绕组端部径向螺栓固定结构方式一

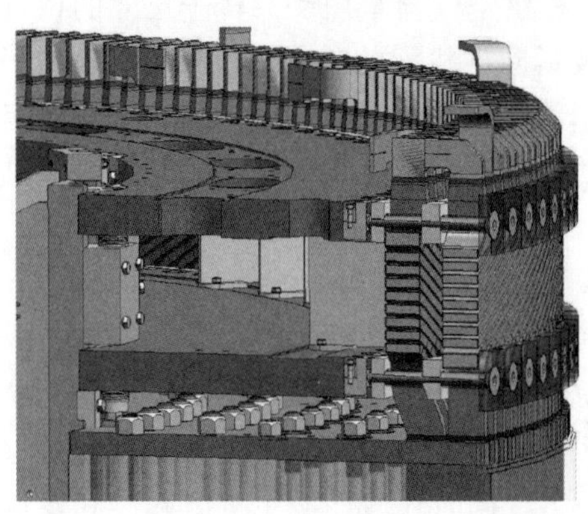

图 17-2-17　绕组端部径向螺栓固定结构方式二

（3）绕组端部 U 形螺栓固定结构。U 形螺栓从转子绕组的端部外周侧穿入，并固定于绕组端部内侧的支撑环上，通过拧紧螺母施加预紧力，直至其值等效飞逸工况下离心力。该支撑结构简单，不需要整个包住线圈端部。特点如下：不限制螺栓合理弯曲引起的线圈热膨胀，使线圈不受热膨胀影响；保证径向有效通风散热效果；组装方便、不需要特殊专用工具，组装工期短；线圈端部固定结构检查维修方便、更换线棒只需局部作业，操作简单，但固定结构零部件相对较多，可靠性需要经过模型和真机验证。此类固定结构如图 17-2-18 所示。

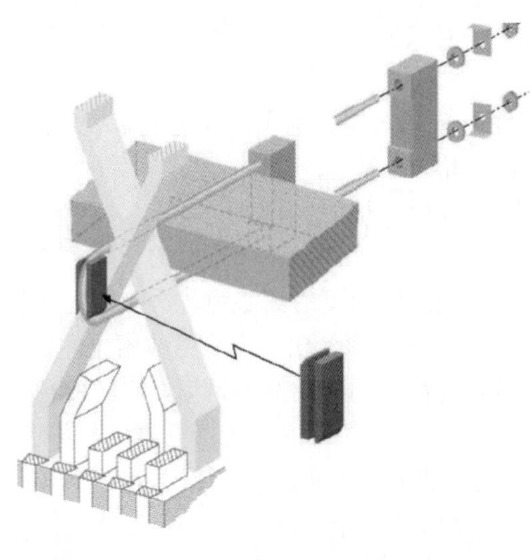

图 17-2-18　绕组端部 U 形螺栓固定结构

（4）绕组端部金属护环固定结构。转子线圈上下端部各设置一个金属支撑外护环，采用热套方式，对绕组端部施加一定的预紧力，其设计与汽轮发电机非磁性金属护环相似，绕组端部上下端部内侧还各设置一个内支撑环，内环的膨胀取决于转子磁轭部分的离心力，最终形成内环、绕组端部斜边区域及外环间的紧密接触。护环结构转子线圈端部的通风采用空气引导部件铝制空心垫块。护环结构免去了单根线棒固定方式数量众多的组装零部件，可靠性更容易保证，且由于其整体部件的特点，可以缩短现场转子装配工期，但发电电动机转子结构尺寸较大，使得其选材制造难度增加，同时如果单根线棒故障，护环需整体拆装。此类固定结构如图 17-2-19 所示。

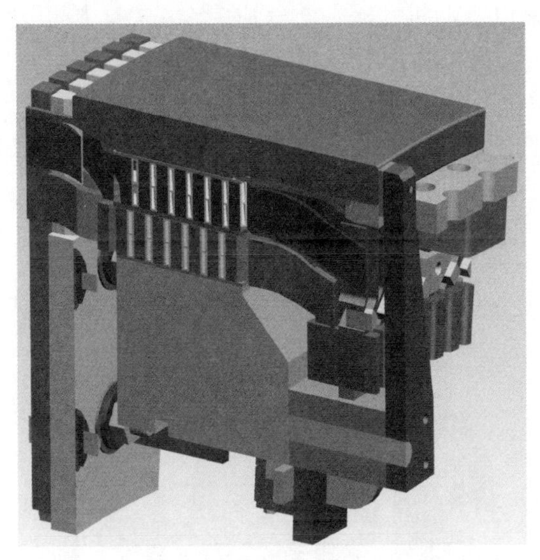

图 17-2-19 绕组端部金属护环固定结构

（5）绕组端部采用内支撑环加高强度纤维绑带结构。支撑环通过紧固螺栓固定在转子铁心两侧，同时采用高强度绑扎带在预紧力条件下绕制成型固化后将线棒端部牢固地固定在支撑环上。由于密度低，自身重量产生的离心力较小，使得此种方式在固定结构的强度方面存在巨大的优势。随着材料制造技术的发展，目前已有多种纤维带的强度等级能够在变速发电电动机中应用，其中聚酰胺纤维带的抗拉强度可达到 1400MPa。另外，绑扎带的弹性模量小，整个结构的形变较其他方式要大，同时由于绑扎了整个转子绕组的端部，对线棒端部的通风散热会产生一定影响，需要特殊考虑措施。此种结构现场组装时需要大型专用工具，安装工艺要求高，且一旦线棒出现故障，绑带结构也需要整体拆装。此类固定结构如图 17-2-20 所示。

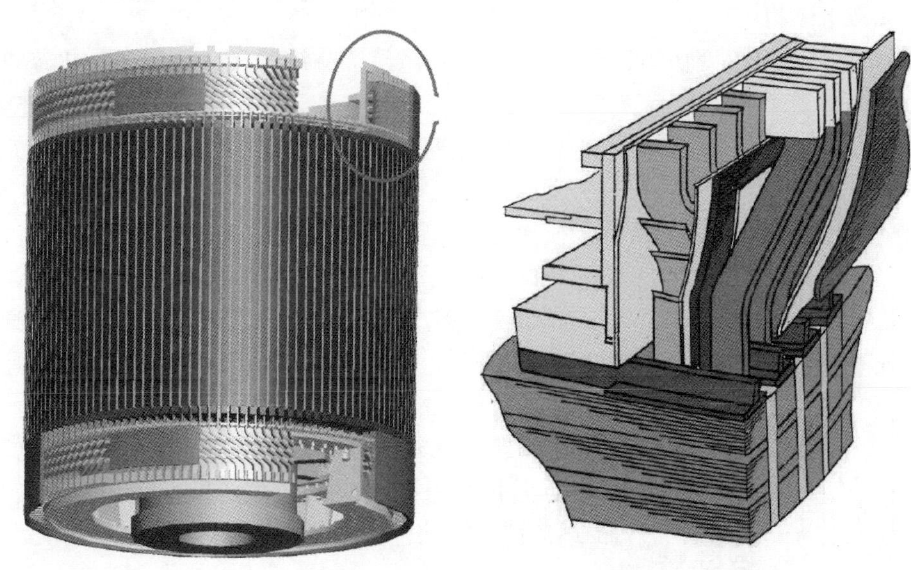

图 17-2-20 绕组端部采用内支撑环加高强度纤维绑带结构

3. 交流集电系统

由于转子采用交流励磁，根据国外工程经验，交流励磁集电装置电压范围均为 3～6kV，电流范围为 3000～9000A。应对集电装置进行机械、电、热和流体力学的计算和分析。集电系统至少采用三相三环结构，励磁电流大的时候，每相也可能两环，并带电刷和刷握，各环轴向交错布置并进行绝缘设计，防止在更换、调整电刷时造成环间爬电引起短路。由于励磁电流幅值较大，每相集电环配置的电刷个数较多，整体尺寸大，需优化电刷的布置设计，还应研究详细的装配和加工方案。多数厂家会进行 1∶1 模型试验，包括机械试验和电气试验。应合理设计集电环通风系统，通常可使碳刷运行在 60～90℃的最佳温度范围内且集电环的冷却空气与发电电动机的冷却空气应完全分离，确保发电电动机不被碳粉污染。集电环室内还应设置碳粉吸收装置。为了延长电刷的使用寿命，必要时应加装加湿系统，如有的碳刷要求运行在 3～25g（水）/m^3（空气）的范围内，而加湿系统可使碳刷运行在 8～15g（水）/m^3（空气）的最佳空气湿度范围内。优选的碳刷并保持在上述良好的通风和加湿条件下，使用寿命可达 7000h。交流集电装置、碳粉吸收及加湿装置如图 17-2-21 所示。

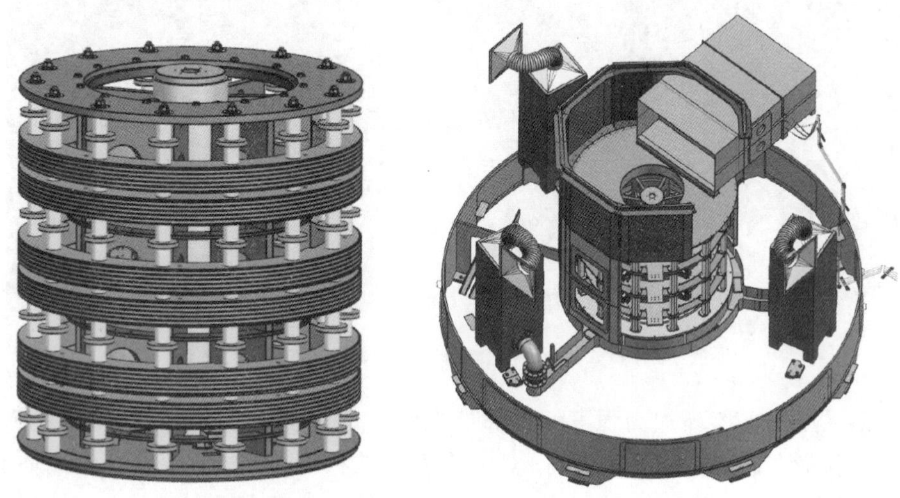

图 17-2-21　交流集电装置、碳粉吸收及加湿装置

四、交流励磁

(一) 概述

交流励磁系统不仅可以完成机组无功功率控制，而且还可以完成机组转速的控制。通过对交流励磁系统输出三相电压幅值、频率、相位和相序的控制，可以充分发挥交流励磁变速机组的优越性能。

(二) 交流励磁系统构成

交流励磁系统一般由励磁变压器、变频器（变频装置）、跨接器（过电压保护装置）等组成，如图 17-2-22 虚线框所示。

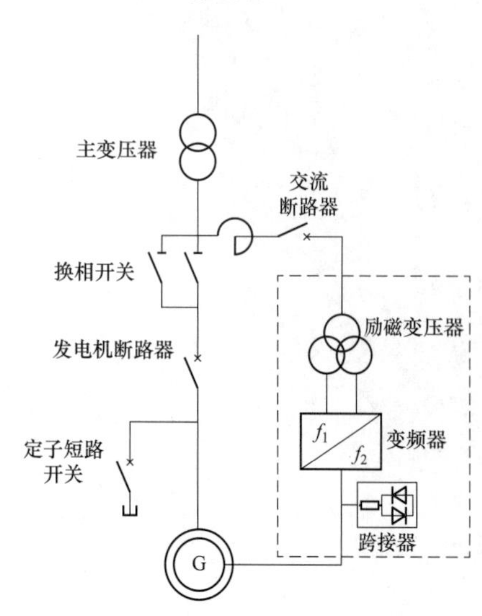

图 17-2-22　交流励磁系统构成图

(1) 励磁变压器为整流降压变压器。不仅实现系统的电压与变频器的工作电压相适配，而且可以大幅度削弱整流器产生的 3 次及阶次为 3 的整数倍的谐波，并减弱其他阶次谐波对电站和电力系统的干扰。

(2) 变频器用来提供转子绕组三相交流电源。通过控制变频器机侧电源幅值、频率、相位以及相序，可实现变速机组超越定速机组的运行性能。

(3) 跨接器为防止转子侧过电压而设置的过电压保护设备。用于防止由于电网或发电电动机等发生故障引起的转子侧过电压而损坏变频器等设备的保护装置。

(三) 变频器

1. 变频器分类

变频器是变速机组重要的组成部分。变频器以有无中间直流环节可分为两大类：有直流环节的，称作交-直-交变频器；无直流环节的，称作交-交变频器。

交-直-交变频器先通过交-直变换器（又称整流器）把固定频率和电压的交流电网电压变换成直流，再通过直-交变换器（又称逆变器）把直流变换为频率和电压都可调的交流输出电压，两次变流。

交-交直接变频器不经过直流，直接把固定频率和电压的交流电网电压变换成频率和电压都可调的交流输出电压，一次变流。

由于整流器和逆变器中的电力电子器件都工作在开关状态，交-直-交变频器中间直流母线两端的电流或电压不是平滑的直流，必须在直流回路中接入储能环节（滤波元件），才能把电压或电流滤平。如果中间直流储能元件是大电容，直流母线电压被滤平，这种变频器为交-直-交电压型变频器。如果中间直流储能元件是大电感，直流母线电流被滤平，这种变频器为交-直-交电流型变频器。

交-交变频器也有两种：晶闸管交-交变频器和矩阵式交-交变频器。晶闸管交-交变频器基于晶闸管移相控制，又称循环变换器（cyclo-converter，CC），它的输出频率小于或等于 20Hz。矩阵式变频器（matrix converter，MC）是基于全控器件 PWM 调制的交-交直接变频器，能不经中间直流环节，把固定电压和频率的交流输入电压变换为电压和频率均可调的交流输出电压。

2. 变频器类型

变频器按照类型分为电流型变频器和电压型变频器。

电流型变频器多为交-直-交电流型变频器。晶闸管负载自然换相变频器均采用交-直-交电流型变频器，其缺点：低频转动脉动大、电网侧电流谐波大以及功率因数差等原因，使得应用于变速机组受到限制，在抽水蓄能电站多用于机组抽水工况起动。而 PWM 调制的交-直-交电流型变频器由于有高的谐波失真和较小的操作灵活性、产品制造厂家少、体积大、价格高，也不建议选用这种变频器。目前变速机组中的变频器多采用电压型变频器。

电压型变频器按照电平数目分，四象限功率双向流动中压大功率变频器主要可分为以下类型：

（1）两电平变频器（two-level converter）。

（2）三电平变频器：

三电平中点钳位变频器（3-level neutral point clamped converter，3L-NPC）；

三电平中点可控变频器（3-level neutral point piloted converter，3L-NPP）。

（3）五电平变频器：

五电平有源变频器（5-level active NPC，5L-ANPC）；

五电平 NPP 嵌套变频器（5-level NPP Nested，5L-NPP）。

（4）模块化多电平变频器（modular multilevel converter，MMC）。

（5）矩阵式模块化多电平变频器（matrix modular multilevel converter，M3C）。

现有拓扑可以分为集中式直流电容器类型和分散式直流电容器类型。集中式直流电容器拓扑通常在公共直流母线（neutral point clamped，NPC 或 neutral point piloted，NPP）中具有唯一的电容器。但是，另一种类型将集中式直流电容器分成许多电容器，并将它们分别放置在子模块（submodules，SM）中。由半桥（half-bridge，HB）逆变器或全桥（full-bridge，FB）逆变器和分散式电容器构建的子模块以级联方式连接在一起以生成交流电压，即 MMC。

考虑到抽蓄电站在变速机组应用中，变频器需要连接 3.3～18kV 的交流电压，传统的两电平变频器并不适合在该应用场景之中应用。主要原因：①必须采用大量串联高压大功率开关器件将输出电压提高至中压，从而引起串联器件带来均压问题，为解决此问题需要使用繁琐的阻容均压电路，进而导致损耗增大也不太可靠；②输出电压的 du/dt 较高，会导致电机绕组过电压及轴电流问题，给电机带来严重伤害；③较大的交流电流谐波且频率低影响电机工作等。

（四）中压大功率变频器

应用于变速机组的变频器电压通常在中压 3.3～18kV 范围，属于中压大功率变频器。所选变频器既要匹配变速机组转子电压（交流励磁变速机组）或定子电压（全功率变频机组），还要考虑不同应用环境下的可靠性以及高性价比。考虑到抽水蓄能电站变速机组运行特点，本章仅讨论功率流动是双向的中压变频器。

1. 晶闸管负载自然换相的交-直-交电流型变频器

晶闸管负载自然换相的交-直-交电流型变频调速（load-commutated inverter，LCI）又称无换向器电机调速。晶闸管额定电压高、电流大、导通管压降小、自然换向开关损耗小、技术成熟、便宜，这些特点使得这种变频器适用于特大功率（可达 70MW 或更大）、中高电压（可达 10kV 或更高）、中高速（600r/min 以上）场景的同步电机调速系统。LCI 在大型风机、泵、压缩机等设备中得到了广泛应用，近年来随电压型中压变频器的发展，受到很大挑战。

LCI 主电路如图 17-2-23 所示，图中变频器机侧 UI 是晶闸管负载自然换相电流型逆变器，网侧 UR 是晶闸管电源自然换相的可控整流器，中间 L 是直流平波电抗器（储能元件），负载 MS 是同步发电电动机。由于中间直流回路及直流储能元件为电感，因此是交-直-交电流型变频器。

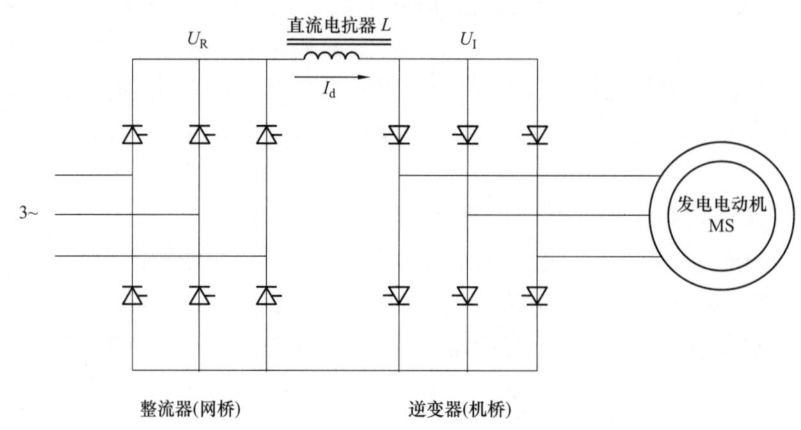

图 17-2-23　LCI 主电路

LCI 受挑战的主要原因是晶闸管自然换相带来的谐波和功率因数问题：

（1）逆变器侧。①输出电流为 120°方波，谐波电流使发电电动机损耗增加，转矩脉动大。低速时谐波频率降低，低频转矩脉动会造成转速波动；②负载自然换相要求发电电动机工作在超前功率因数区，变频器容量大，过载能力低；③负载自然换相要求发电电动机特殊设计，如定子绕组漏感小，发电电动机短粗、转动惯量大等。

（2）整流器侧。移相控制的网侧功率因数与直流电压成比例，随发电电动机转速下降，发电电动机电压和中间直流电压下降，网侧功率因数也下降。电源自然换相，网侧电流谐波大，功率越大对电网影响越大。由于功率因数差和谐波大，要求装设庞大的电网无功补偿和谐波吸收装置，设备多、占地非常大、维护麻烦、电抗器发热和损耗大。

另外，中间直流回路的储能电抗器体积大、重、价高、发热和损耗大（与电压型变频器中的储能电容器相比）。更重要的是，LCI 功率流向反转流程相对复杂，并不适合抽水蓄能机组这种需要双向功率流动且换相频繁的应用场景。

总而言之，晶闸管负载自然换相的 LCI 并不适合抽水蓄能电站交流励磁变速机组和全功率变频机组的应用。

2. 电压型三电平有源变频器

电压型三电平变频器主要有中点钳位拓扑和中点可控拓扑，一般采用中压元器件达到大功率输出。

（1）电压型中点钳位三电平变频器（3L-NPC）。3L-NPC 是应用最广泛的中压变频器之一，国内外众多知名厂商都有这类产品。3L-NPC 采用高压大功率开关器件 IGBT、IGCT 或 IEGT。电压型中点钳位三电平变频器拓扑结构如图 17-2-24 所示。

通过对每相支路桥臂中电力电子开关器件的控制，可以使相支路输出端获得三种不同的电平（相对于直流电源中点 0）："+"电平（$+U_{dc}/2$），"0"电平（0），"−"电平（$-U_{dc}/2$）。因此，每个相支路交流输入端的 PWM 方波电压有三个电平，所以称为三电平变频器。3L-NPC 变频器由连接在直流母线中的两个 NPC 组成。NPC 拓扑结构使用连接到公共直流母线中性点的二极管来钳位电压，以产生 3 电平并降低高压大功率开关器件的耐受电压。

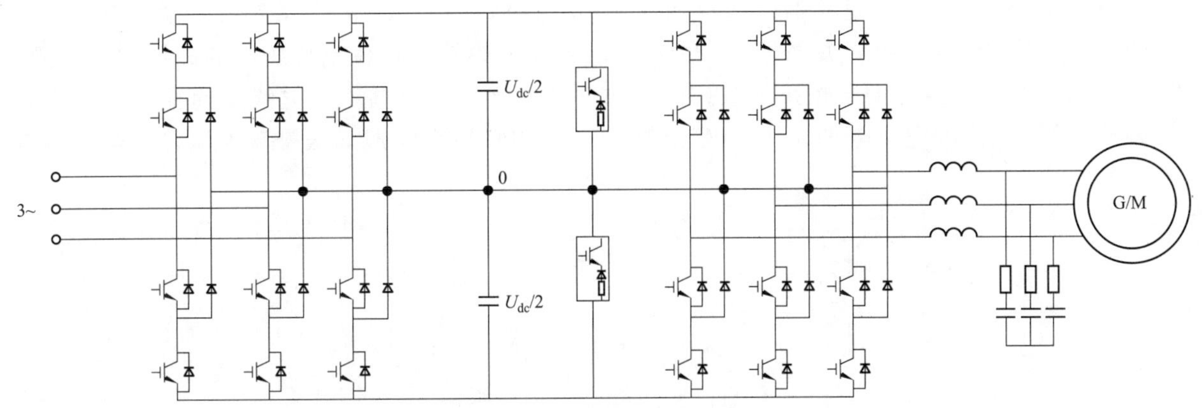

图 17-2-24 3L-NPC 变频器拓扑图

3L-NPC 变频器的特点及问题：①输出电压在使用 4.5kV 大功率开关器件只有 3.3kV（使用 6.5kV 大功率开关器件可输出 4.16kV），目前变频器输出电压可以做到满足 6.6kV。应用于 13.8kV 或更高电压等级的发电机出口主回路时，需要加入输入输出变压器以匹配电压等级；②如不采用输入输出变压器，3L-NPC 变频器桥臂需要每个高压大功率开关器件承担 $U_{dc}/2$。因此，对于 13.8kV 交流系统，一个桥臂必须串联使用多个高压大功率开关器件；③输出电压的 du/dt 虽比两电平小（相对输出电压而言），但如果应用于 10kV 以上电压等级时仍较大，要求使用特殊发电电动机（提高绕组绝缘和防轴电流措施）和高电压等级电缆，提高了整体设计难度和要求；④生成的相电压三电平波形包含大谐波分量，3L-NPC 变频器的网侧电流谐波仍较大，需要大滤波器等措施才能满足谐波要求；⑤高压大功率开关器件开关频率高，从而导致较高开关功率损耗；⑥任何高压大功率开关器件故障都会使设备停止运行，从而导致整体可靠性和可用性降低。

（2）电压型中点可控三电平变频器（3L-NPP）。电压型中点可控三电平变频器（3L-NPP）是在其 3L-NPC 变频器基础上开发的中压变频器，用高压大功率开关器件替代了原来的钳位二极管，其优点是相对于 3L-NPC 变频器每个高压大功率开关器件需要承担 $U_{dc}/2$，在电压型中点可控 3L-NPP 变频器中每个高压大功率开关器件只承担 $U_{dc}/4$，提高了高压大功率开关器件的电流输出能力，将变频器功率密度提升 50%。3L-NPP 变频器拓扑如图 17-2-25 所示。

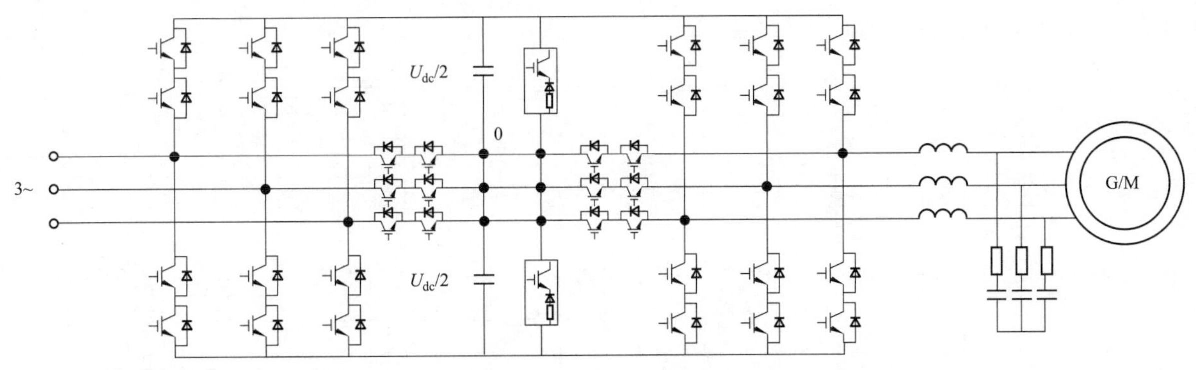

图 17-2-25 3L-NPP 变频器拓扑图

随着 3L-NPP 变频器拓扑和大功率器件串联技术的成熟应用，结合 3L-NPP 变频器拓扑和大功率器件串联技术的优点，开发了最高串联 6 个高压大功率开关器件的三电平变频器，其输出电压最高达到 9.9kV，而且由于串联高压大功率开关器件的数量可以为 2～6 个的任意数量，变频器的电压输出在 3.3～9.9kV 多级可调，同时也实现了功率元器件 $N+1$ 冗余功能。

3. 电压型五电平有源变频器

为了进一步提高输出电压、减少谐波及增加输出电平数，提出了五电平拓扑的多电平变频器。在早期高压大功率开关器件出现之前，市场上出现了采用悬浮电容的多电平变频器。为更好地发挥五电平变频器性能，提出了五电平有源变频器。

（1）电压型五电平有源变频器（5L-ANPC）。5L-ANPC 拓扑结构将钳位二极管替换为基于 NPC 的高压大功率开关器件，并添加了一个额外的直流电容器来钳位电压中心的高压大功率开关器件。5L-ANPC 的改进有助于拓扑分散高压大功率开关器件中公共直流总线上的直流电压应力，并在交流侧产生更多的电压电平。与 NPC 相似，5L-ANPC 可以生成 5 级交流电压，如图 17-2-26 所示。

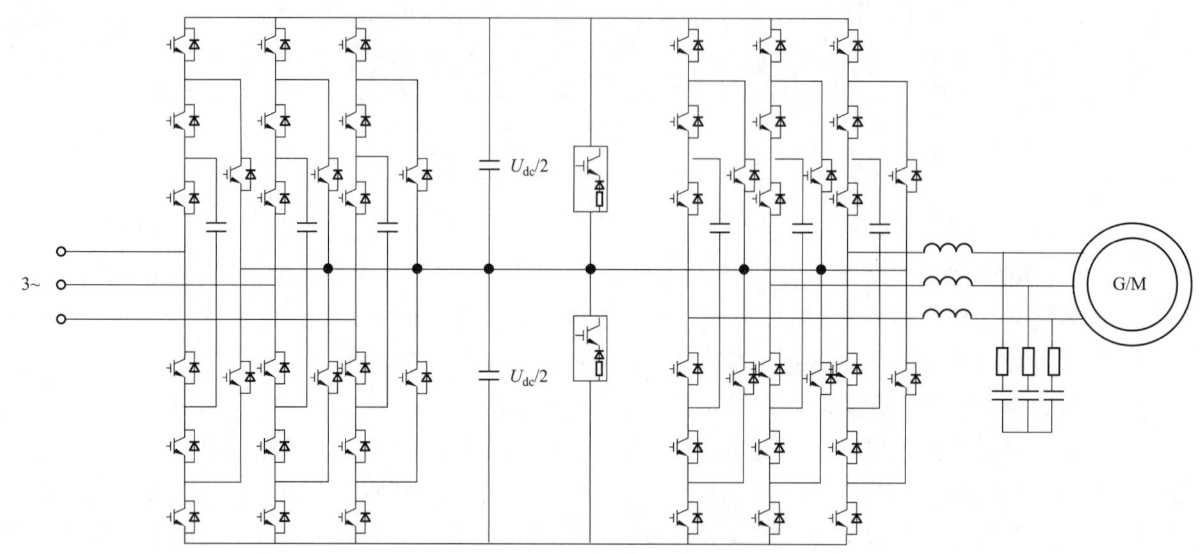

图 17-2-26　5L-ANPC 拓扑图

5L-ANPC 中压变频的特点及问题：①输出电压依然偏低，可达到 6～6.9kV，对于应用于全功率变频机组依然需要加入输入输出变压器以匹配发电机出口电压等级；②相电压电平数从 3 增至 5，改善输出电压波形，相对于三电平变频器降低了 du/dt，但在工程应用中仍需要滤波器才能满足谐波要求；③开关频率仍高，进而导致较高功率损耗；④任何高压大功率开关器件故障都会使机组停止运行，从而导致整体可靠性和可用性降低。

（2）电压型五电平 NPP 嵌套有源变频器（5L-NPP Nested）

相对于 5L-ANPC 的拓扑，厂家开发出了采用两个三电平 NPP 相嵌套的拓扑结构，生成 5 级交流电压的（5L-NPP Nested），如图 17-2-27 所示。

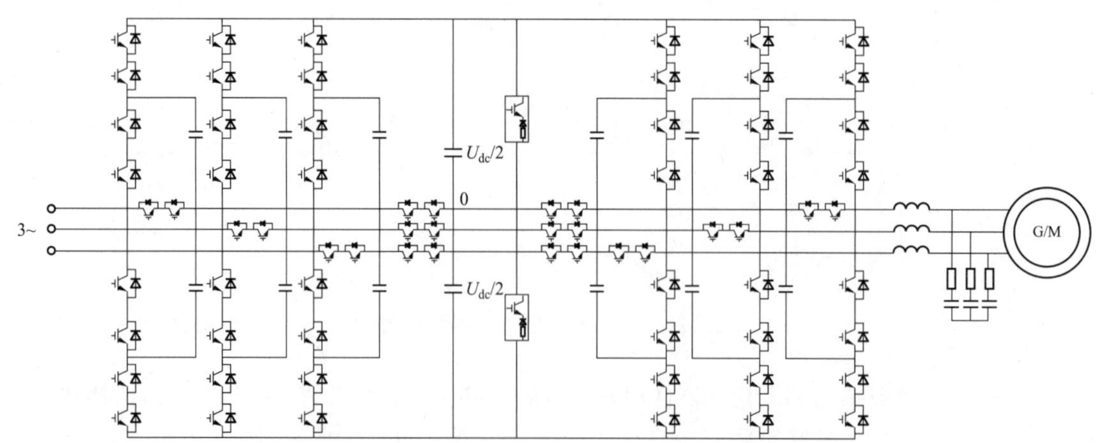

图 17-2-27　5L-NPP Nested 拓扑图

基于以上的拓扑结构，开发了用 IGBT 的 6.6kV 五电平变频器（中小功率应用）和基于 IEGT（大功率）的五电平变频器，最高输出电压 13.8kV，并满足功率双向流动的需求。

4. 模块化多电平变频器（MMC）

基于模块化多电平拓扑的背靠背交-交变频器是由两个 MMC 模块与公共直流母线相连组成，如

图 17-2-28 所示。

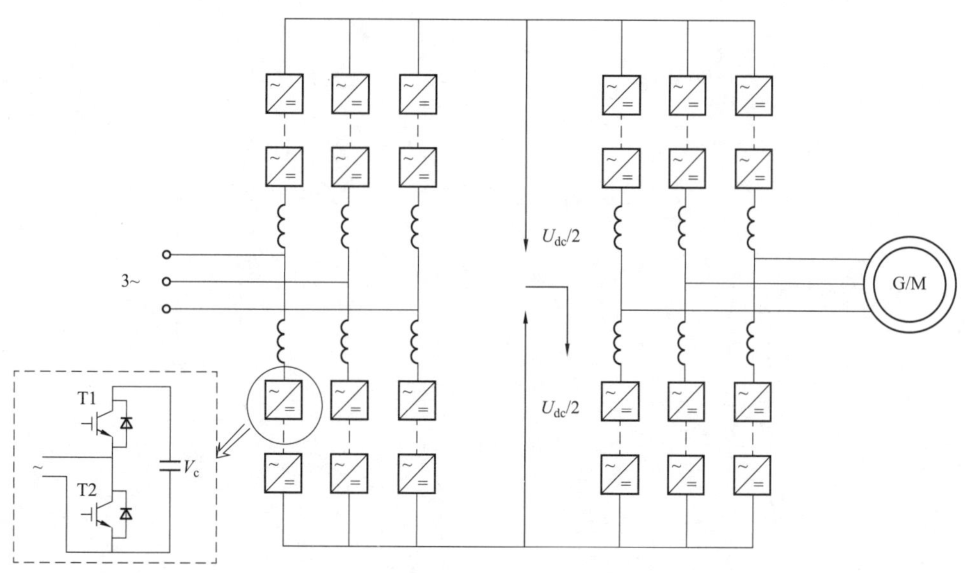

图 17-2-28 基于模块化多电平拓扑的背靠背交-交变频器拓扑图

每个 MMC 由六个桥臂（三个上臂和三个下臂）组成。每个桥臂由多个半桥（half-bridge，HB）子模块（submodules，SM）和一个串联的桥臂电抗器组成。半桥子模块由单相（两个高压大功率开关器件）和一个直流电容器构成。

到目前为止，MMC 拓扑已广泛用于柔性高压直流工程。在中压变频应用中，MMC 具有以下优点和缺点：①MMC 是模块化设计的，每个 MMC 模块需要接近 30 个半桥子模块（每个子模块电压应力为 1kV）才能用于 13.8kV 应用；②相电压的多电平设计（大于 21 电平）只需要很小的高频滤波器或不需要高频滤波器；③低开关频率，从而导致低开关功率损耗；④故障单元可以旁路，冗余设计可以使可靠性升高；⑤模块化子模块使设计、安装和运行更简单了；⑥与三电平和五电平相比，MMC 需要更多的高压大功率开关器件，从而导致了更高的控制要求。

5. 矩阵式模块化多电平变频器（M3C）

矩阵式模块化多电平变频器（modular multilevel matrix converter，M3C）是基于全控器件 PWM 调制的交-交直接变频器，能不经中间直流环节，把固定电压和频率的交流输入电压变换为电压和频率均可调的交流输出电压，可以实现交-交直接转换。

模块化多电平矩阵变流器是一种新型高电压、大容量、组合式、多电平交-交变流器，电路结构如图 17-2-29 所示。M3C 具有的模块化结构，使得该变流器可以通过增加级联数量达到数百兆瓦甚至更高容量的功率变换能力，能够满足新型可调速抽水蓄能电站的超大容量电能变换需求。同时，M3C 具有功率因数高、电流谐波小、能量可双向流动、输入输出频率任意可调等突出优点，不仅可以省去庞大的滤波装置，还可以同时提供无功补偿功能。

它被某些人认为是理想变频器，其特点是：输出电压和输入电流均为正弦波；不管输出负载的功率因数是多少，网侧功率因数都等于 1；允许功率双方向流动；没有庞大的直流储能电容元件；一次变换，效率高。

矩阵式模块化多电平变频器拓扑图如图 17-2-29 所示，拓扑结构由 9 个桥臂和 6 个电抗器组成。与 MMC 不同，M3C 必须采用全桥子模块（full-bridge submodules，FB SM）。每个全桥子模块由四个高压大功率开关器件和一个电容器构成，如图 17-2-29 中左下角局部放大图所示，它们可以产生 $+V_c$、$-V_c$ 和 0 三个电压输出。

M3C 变频器拓扑具有以下特性：①与模块化设计的 MMC 类似，M3C 拓扑结构具有多电平输出，开关频率低，可靠性高；②交-交直接变换，效率高；③与拥有 12 个桥臂的 MMC 相比，仅有 9 个桥臂可以实现交-交转换；④难点在于该拓扑需要全桥子模块，并且需要比 MMC 更复杂的控制；⑤M3C 类

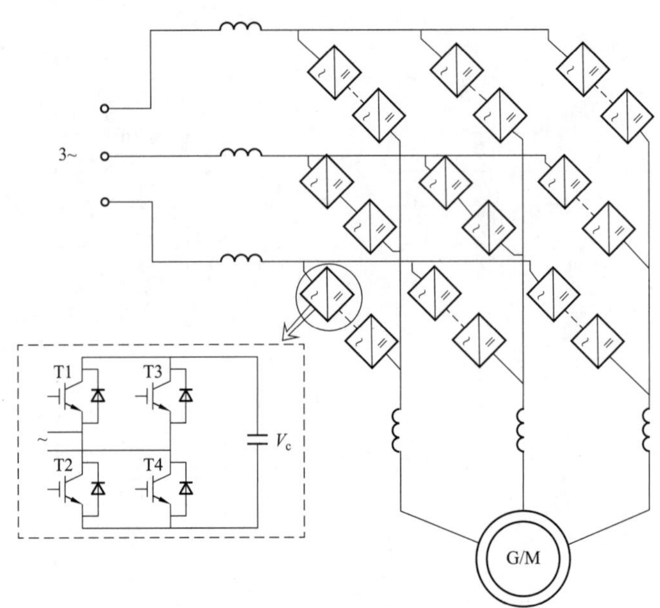

图 17-2-29　矩阵式模块化多电平变频器拓扑图

型变频器无法实现输入输出侧同频，所以针对 50Hz 电网的机组频率通常在 37.5Hz 以下；⑥理想输出频率在 33Hz 附近效率最高。

（五）交流励磁变速机组变频器选择

交-直-交电流型变频器多用于晶闸管负载自然换相变频器。其缺点：低频转动脉动大、电网侧电流谐波大以及功率因数差等原因，使得应用于交流励磁系统变速机组受到限制。而 PWM 调制的交-直-交电流型变频器由于产品制造厂家少、体积大、价格高，也不建议选用这种变频器。目前交流励磁变速机组中的交流励磁系统多采用交-直-交电压型变频器。

交-直-交电压型变频器从拓扑结构分为：两电平、三电平、五电平以及多电平变频器。两电平变频器多用于低压小功率传动设备。中压变频器不用两电平变频器的原因：①开关器件必须多个串联，造成串联器件均压困难，损耗大，可靠性降低；②电流谐波大，影响传动设备运行性能以及可靠性；③du/dt 增大，导致转子绕组端部过电压而损坏绝缘，长久运行会给机组带来严重伤害，而且还会带来轴电压和轴电流问题。为此，中压变频器多采用三电平、五电平以及多电平变频器。对于交流励磁变速机组，转子三相绕组工作电压设计一般在 3kV 左右，最高不超过 6kV，基于转子三相绕组工作电压、变频器的复杂性以及经济性，目前交流励磁系统变频器均采用三电平电压型变频器。

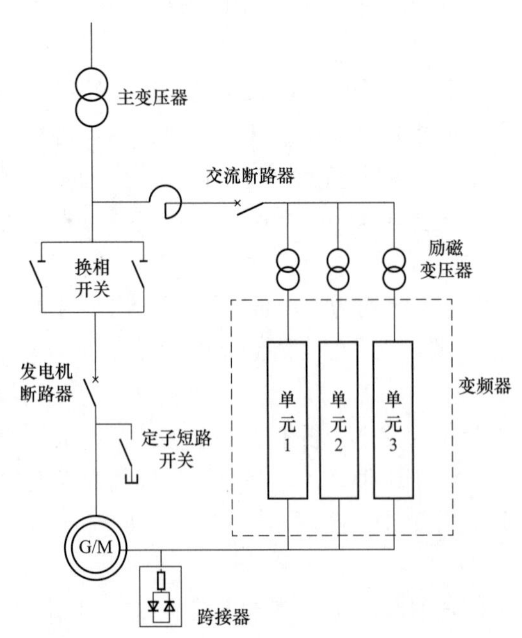

图 17-2-30　交流励磁装置并联图

（六）交流励磁系统变频器冗余配置

变速机组交流励磁系统容量大小主要由变速机组转速变化范围来决定。对于大容量（一般大于 200MW）的变速机组一般都采用交流励磁变速机组，相应交流励磁系统需要的容量一般在 30MVA 左右。实现大容量的交流励磁系统通常需要由多个变频器单元并联。交流励磁装置并联图如图 17-2-30 所示。

交流励磁系统变频器单元并联是否采用冗余设计，需要考虑如下情况。

1. 冗余配置

冗余配置有三种方式：

（1）方式 1：在单元网侧和机侧装设断路器，如

图 17-2-31 所示。在某一个单元发生某些故障时保护动作瞬时切除故障单元，保证交流励磁系统持续工作，维持机组正常运行。由于交流励磁变速机组正常运行时，单元机侧的工作频率一般在不大于－5～5Hz（频率范围取决于机组转速变化范围），同时工作电压在 3.3kV 或 6.6kV 内，电流在几千安培。目前来说，这种低频、高电压以及大电流的三相断路器选型很困难，即使有这样的产品，除价格高外，整个交流励磁系统设备的尺寸也会增大。

（2）方式 2：在单元网侧和机侧装设隔离开关，所有单元投入运行，如图 17-2-32 所示。在某一个单元发生故障时，保护动作瞬时停机。待通过操作隔离开关退出故障单元后，重新投入机组运行。

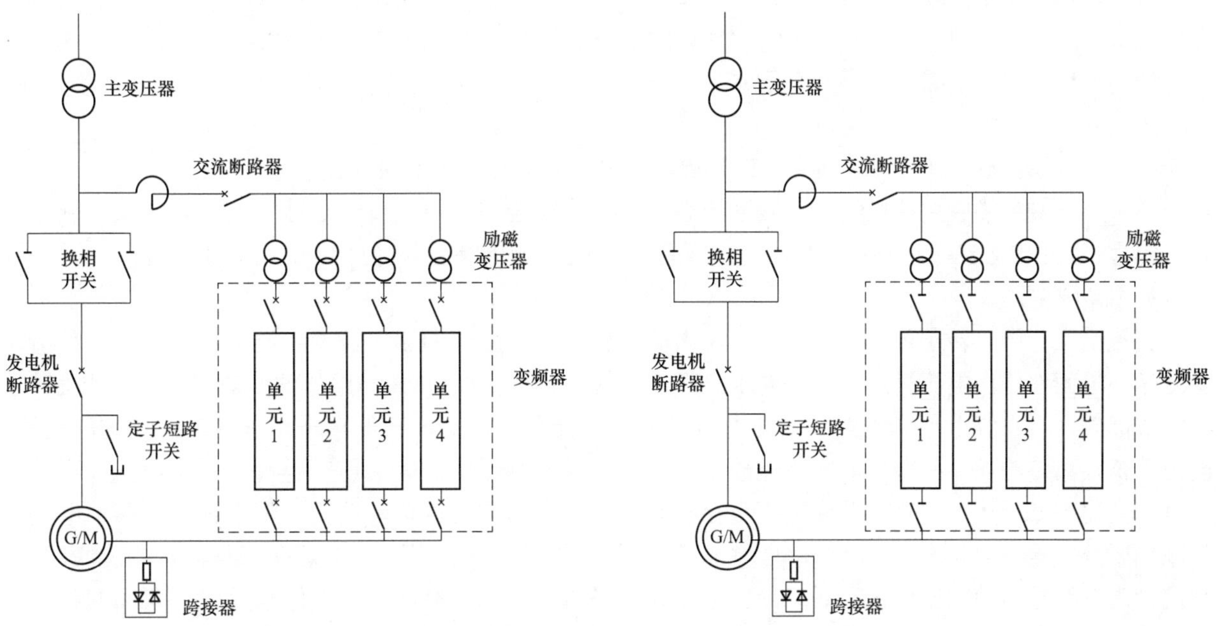

图 17-2-31 交流励磁装置带断路器冗余配置图　　图 17-2-32 交流励磁装置带隔离开关冗余配置图

（3）方式 3：在单元网侧和机侧装设隔离开关，其中一个单元退出运行，如图 17-2-32 所示。在投入运行的某一个单元发生故障时，保护动作瞬时停机。通过操作隔离开关退出故障单元，投入备用单元，重新投入机组运行。

2. 非冗余配置

交流励磁系统容量按照实际容量配置，在单元网侧和机侧不装任何开关，如图 17-2-30 所示。在某一个单元发生故障时，保护动作瞬时停机。对故障单元进行维修，直至故障单元故障排除，交流励磁系统工作正常，重新投入机组运行。

从以上可以看出，当交流励磁系统中某一个单元发生故障时，冗余配置的方式 1 可实现机组不停机运行，而方式 2 和方式 3 以及非冗余配置需要停机。

由于单元机侧断路器选择困难，目前冗余配置的方式 1 还无法实现；在排除故障单元使机组快速投入运行方面，方式 2 和方式 3 要快于非冗余配置；采用方式 2，励磁系统发生故障而导致停机的概率大于方式 3 和非冗余配置；采用方式 3，励磁系统发生故障的概率与非冗余配置相同，但是励磁系统所配置的变频器利用率较低。总之，方式 3 以及非冗余的配置对机组运行的可靠性相同，而方式 2 的可靠性低于方式 3 和非冗余配置。

对于励磁系统采用冗余配置方式 2、方式 3 以及非冗余的配置，在任意一个单元故障时机组都需要停机。相反由于冗余配置引起变频器单元以及相关设备数量增加，导致了需要提供更大的设备布置空间以及更高的费用。虽说励磁系统冗余配置方式 2 和方式 3 恢复励磁系统正常工作时间要比非冗余配置短，但由于抽水蓄能电站承担电网调峰、填谷以及事故备用等任务，机组需要频繁进行启/停以及工况转换，会为机组停机维修提供一些时间。综合考虑，交流励磁系统变频器配置采用非冗余配置（即不采用冗余配置）更合适。只要提高产品质量、加强自诊断能力、储备足够的备品备件以及便于维护更换器件的工具及布置设计，还是可以进一步缩短故障排查、处理以及修复时间。

（七）交流励磁系统谐波分析及措施

1. 网侧谐波

作为交流励磁变速抽水蓄能机组来说，励磁系统是其重要的组成部分。相对定速蓄能机组，交流励磁变速机组的励磁容量要大得多（在机组容量 300MVA，变速范围额定转速 10%，一般在 30MW 左右）。变频器是交流励磁系统的一部分，机组运行期间在变频器的网侧和机侧会产生高次谐波，对厂用电以及发电电动机造成一定的污染，对电力系统也有一些影响。由于交流励磁系统属于长期运行设备，减小谐波对其他设备影响的措施是必须考虑的。

（1）在本书第十四章第四节“二、变频起动”的“（八）SFC 的谐波问题及对策”中，已经对 SFC 和厂用电的接入方式减小谐波对厂用电的影响做了详细分析，其中图 14-4-10 中的（c）和（d）接线方案对抑制谐波对厂用电和电力系统的影响功效十分显著。交流励磁变速机组的励磁系统电源接入点，采用图 14-4-10 中的（c）和（d）接线方案。

（2）变频器控制采用 PWM 特定谐波消除法，可以有效降低或消除低频谐波。

（3）对于交流励磁变速机组，励磁系统容量较大，一般需要两台及以上独立变频器并联来满足励磁系统容量，如图 17-2-30 所示。对各变频器的控制采用 PWM 调制相位移相，可减小谐波。

2. 机侧谐波

交流励磁系统给转子供电时，变频器输出的电压是一串脉宽调制方波或台阶波，它们的前后沿非常陡峭，进而在输出电压波形中出现电压尖峰，即电压变化率 du/dt。当电压波传输到发电电动机转子绕组端部时，会在绕组端部产生很大的电压峰值，这种电压峰值长期加在绕组端部会损坏它的绝缘。同时，长距离传输导体的寄生电容的充放电流，会流过变频器中的电力电子器件，带来电流冲击；由于电压变化率 du/dt 的出现，共模电压也会有陡峭前后沿的方波或台阶波，会带来轴电压和轴电流的问题。要减小电压变化率 du/dt，一是增加变频器电平（如三电平等），二是在变频器机侧装滤波器。交流励磁系统输出的电压变化率 du/dt 的大小，除考虑成本外，最终应由发电电动机厂家和变频器厂家相互配合来确定。

（八）交流励磁系统控制

根据电机学磁链定向矢量控制技术对磁通电流和转矩电流的完全解耦，可实现对交流励磁机组的有效控制。目前，实现上述控制所采用的技术是脉宽调制（PWM）技术。交流励磁系统变频器的常用控制策略是使用磁链定向矢量控制。通过测量值（电流、电压或转速）计算出发电电动机的磁场情况，作为相对于发电电动机坐标系的旋转矢量，继而将电流和电压分成两个矢量分量，一个在磁通矢量的相同方向（q 轴），另一个与磁通矢量垂直方向（d 轴）。这种分离导致实际电流 I_q 仅与磁链幅值和无功功率有关，实际电流 I_d 仅与转矩和有功功率有关。两者控制相互独立，互不干扰。

变频器内部的电流控制器将实际电流分量（I_d，I_q）与相应的设定值（I_{dref}，I_{qref}）进行比较。比较后的分量在控制器中产生对应的电压设定值分量（V_d，V_q），然后作为适当的脉宽调制作用于开关器件。U、Q 和 n 为电压、无功功率和转速，$I_{定子}$、$I_{转子}$ 分别为定子、转子电流，如图 17-2-33 所示。

1. 转速控制

变速机组的主要任务之一就是控制和调节机组的转速，其转速的控制精度和可靠性直接影响变速机组的性能发挥，为此，用于测量机组转速的传感器一般采用高分辨率测量传感器，并且冗余配置。机组转速变化是通过控制作用在机组上的转矩大小实现的，因此，机组转矩控制是机组转速控制的实质和关键。

作为变速机组，其主要特性为转矩-转速特性，在加（减）速和调速过程中都满足基本方程式（17-2-11）。

$$T_e - T_L = J\frac{dn}{dt} \tag{17-2-11}$$

式中 T_e——发电电动机电磁转矩；

T_L——负载转矩；

J——转动惯量；

n——机组转速。

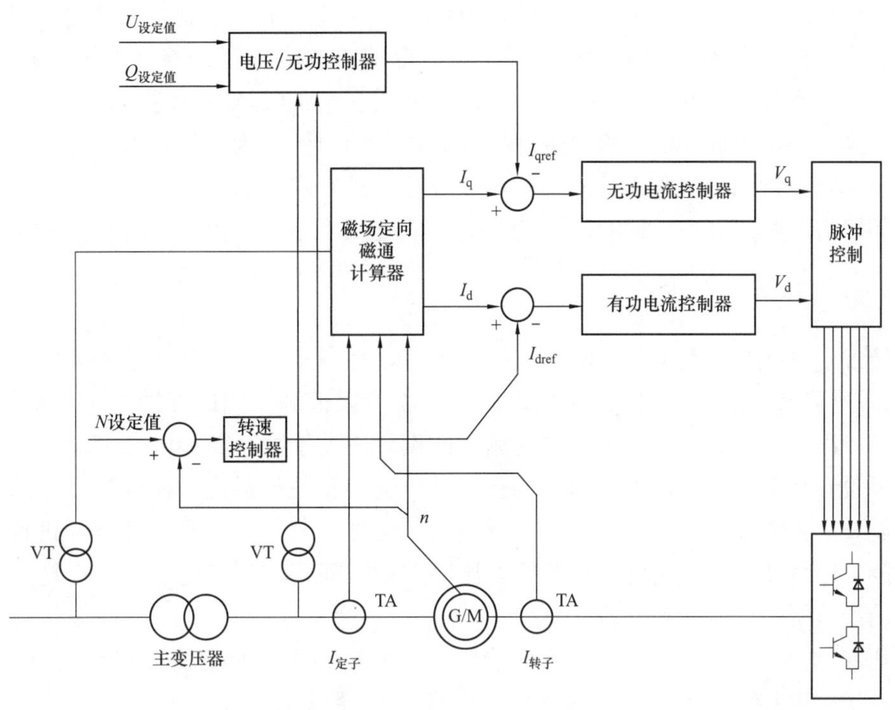

图 17-2-33 交流励磁控制示意图

由电机学可知，任何发电电动机产生电磁转矩的原理本质上都是机组定子和转子两个磁场相互作用的结果。交流励磁变速机组电磁转矩的控制是通过对交流励磁电流分量 I_d 的控制实现的。转速控制简化框图如图 17-2-34 所示。

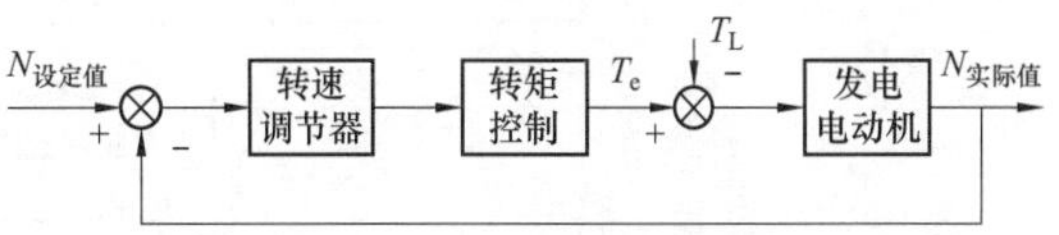

图 17-2-34 转速控制简化框图

由式（17-2-11）可知，机组转速变化是由水泵水轮机转矩 T_L 和电磁转矩 T_e 共同作用的结果。当电磁转矩改变时，会导致机组转速改变，并且转速调节器将相应地做出反应来改变电磁转矩设定值，直至机组转速达到设定转速，此时电磁转矩等于负载转矩，即机组转速没有变化，稳定运行。

在交流励磁变速机组转速控制中，交流励磁存在两种控制方式，即他控式和自控式。交流励磁变速机组在稳定运行时，须满足式（17-2-12）。

$$\Delta w = w_s - w_r \tag{17-2-12}$$

式中 w_s——定子绕组的电压角频率；

w_r——转子角频率；

Δw——转子绕组的电压角频率，即转差频率。

（1）他控式。他控式方式又称同步工作方式。由于定子电压频率恒定，w_s 为常数。使得式（17-2-12）成立的方式之一是满足下述控制：

$$w_r = f(\Delta w) \tag{17-2-13}$$

即转子绕组中的电压频率被强制改变时，转子转速才会发生变化。这种控制方式在交流变速机组突加负载或转速快速调节情况下，电网比较容易产生振荡。

（2）自控式。采用自控式的交流励磁变速机组又称为异步工作方式。在保持 w_s 为不变且式（17-2-12）成立的另一种表达方式是

$$\Delta w = f(w_r) \tag{17-2-14}$$

即转子转速改变时，转子绕组电压频率也随之做相应改变。这种控制方式的优点是：过载能力和抗干扰能力比较强；消除了机组转速失步问题；对系统有良好的快速响应；提高了机组与电网运行的稳定性，可最大限度地发挥交流励磁变速机组的优势。

目前交流励磁系统中变频器控制器的控制方式采用的是自控式。

2. 无功功率/电压

交流励磁变速机组除完成机组转速调节外，还承担变速机组励磁控制。如前面所述，通过合理的控制策略，完成通过控制直轴 I_q 完成对机组无功功率 Q 或机端电压 U 的控制，如图 17-2-33 所示。不同于定速机组励磁只能改变励磁电压幅值大小，交流励磁还增加了励磁相位控制。

由于增加了励磁控制的自由度，使励磁磁场相对转子的位置成为可控，超高压长线轻载时，交流励磁变速机组可深度吸收无功功率而不失去稳定，因此它具有解决电站因无功过剩而出现的持续工频过电压，并不需要附加其他设备，就能使电站在优化的电压下运行，提高了设备运行的安全性，减少了能量损失。

3. 故障穿越

当电力系统发生事故或扰动引起并网点电压波动时，在一定的电压波动范围和时间间隔内，变速机组能够保证不脱网连续运行。要保证在规定的电压跌落幅值和持续时间曲线下，机组不脱网运行，电压跌落幅值和持续时间值的大小直接影响变频器的设计。关于抽水蓄能电站变速机组低电压穿越标准，目前我国还没有相关规定。日本和德国目前也没有查到相关的标准。在国外已建的抽水蓄能变速机组对故障穿越要求是通过与当地电力系统一道讨论，为了达到一个合理、经济的设计目标，来确定故障消除的时间，以尽量缩短变速机组承载低电压穿越的时间要求，以构成在这个规定时间内系统电压降低到允许值变速机组仍能够运行的一个系统。

（1）低电压穿越。图 17-2-35 所示为瑞士某抽水蓄能电站交流励磁变速机组的低电压穿越要求。图 17-2-36 所示为丰宁抽水蓄能电站交流励磁变速机组电压穿越要求。

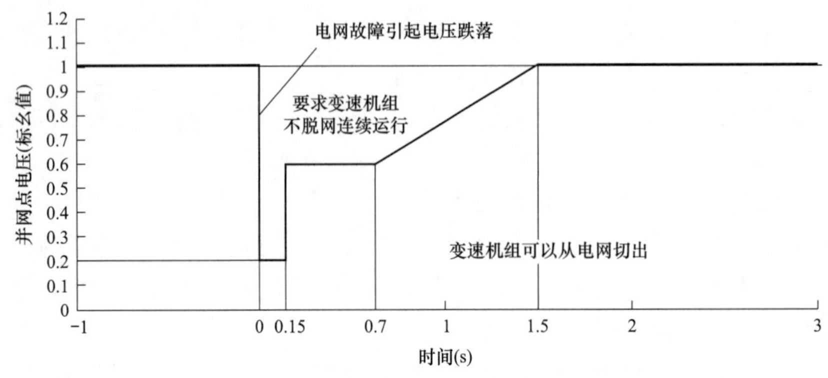

图 17-2-35　瑞士某抽水蓄能电站交流励磁变速机组低电压穿越曲线

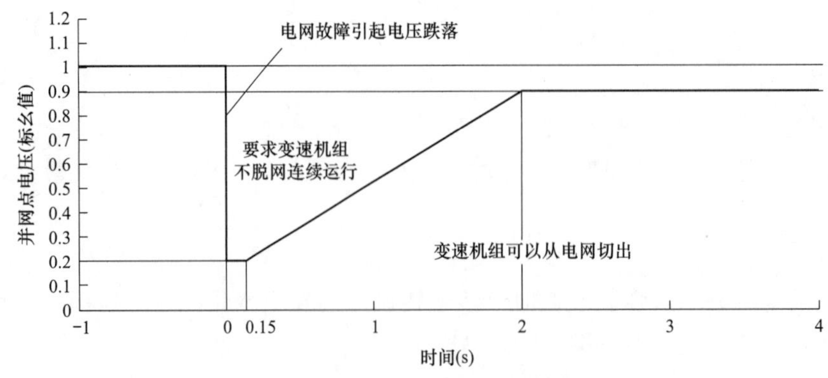

图 17-2-36　丰宁抽水蓄能电站交流励磁变速机组低电压穿越曲线

（2）高电压穿越。电网电压出现瞬时大于规定的电压时，要求交流励磁变速机组必须保持连续运行不脱网。并从电网吸收一定的无功功率，直到电网恢复正常。丰宁抽水蓄能电站交流励磁变速机组过电压穿越曲线如图 17-2-37 所示。

（3）动态无功电流。电网故障时，电网电压跌落大于 20%时，应能实时跟踪并网点电压的变化，向电网注入额外的无功电流。图 17-2-38 为丰宁抽水蓄能电站定子动态无功电流能力要求。

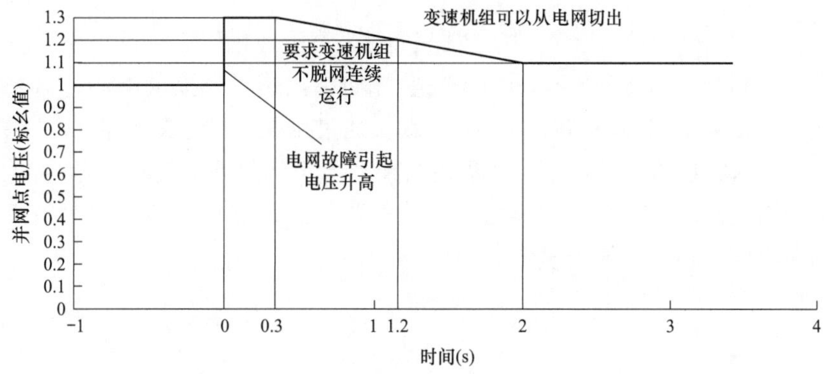

图 17-2-37 丰宁抽水蓄能电站交流励磁变速机组高电压穿越曲线

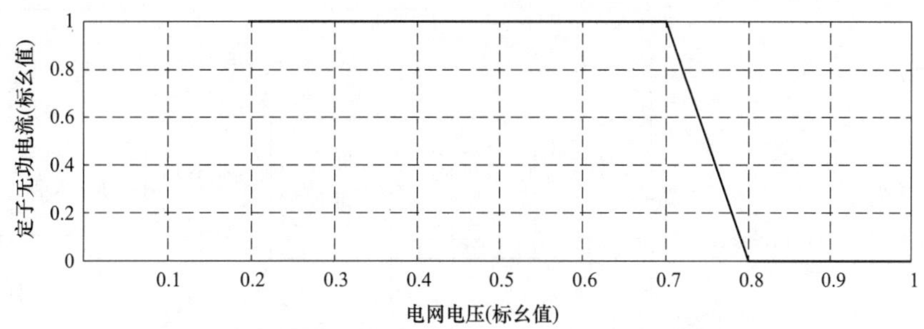

图 17-2-38 丰宁抽水蓄能电站交流励磁变速机组定子动态无功电流

五、控制和保护

（一）控制及测量

1. 综合控制器

交流励磁变速机组转子采用的是三相对称分布励磁绕组，其励磁电压的幅值、频率、相位和相序为可变的对称交流电。通过调节励磁电压幅值、频率、相位和相序来控制发电机励磁磁场大小、相对转子本体的位置和机组的转速。因而交流励磁变速机组要比定速机组的控制复杂。对于交流励磁变速机组的控制需要配置一套综合控制器（也称协联控制器），根据给定的功率结合变速机组水泵水轮机特性曲线，完成对应的水头下的导叶开度、机组转速等多变量的控制，实现变速机组的性能发挥。为了保证变速机组运行的可靠性，综合控制器采用冗余配置。交流励磁变速机组综合控制器通用框图如图 17-2-39 所示。

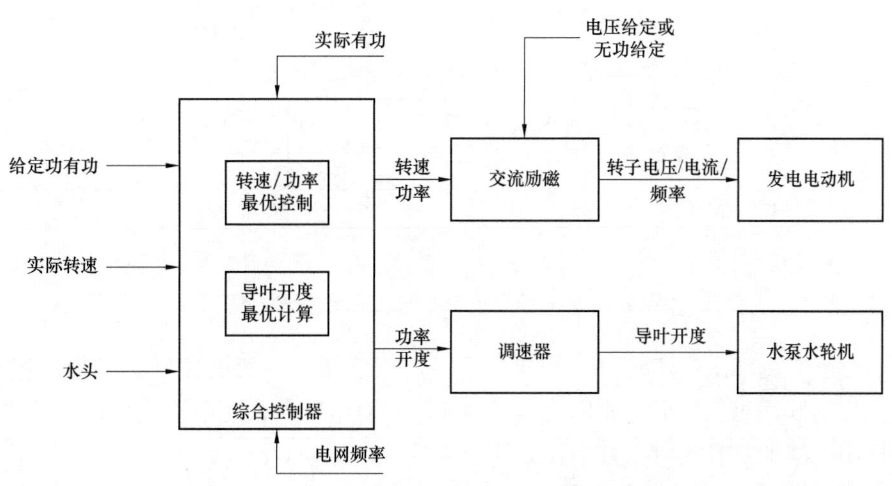

图 17-2-39 交流励磁变速机组综合控制器通用框图

（1）综合控制器控制功能。交流励磁变速机组的转速控制和有功功率控制，不同运行工况的控制逻辑不同，分述如下。

1）发电工况。交流励磁变速机组综合控制器发电工况框图如图 17-2-40 所示。变速机组有功功率的控制，是通过综合控制器根据电网给定的功率与实际功率比较后，提供给调速器来完成有功功率的输出。而机组转速，是根据给定功率结合当前电站水头通过水泵水轮机特性曲线，综合控制器输出给定转速到交流励磁系统来控制机组的转速，实现机组在当前条件限制下的稳定运行以及最优效率运行。另外，通过综合控制器的控制输出，变速机组可以消除调速器调节有功功率时水轮机出现的反调现象以及实现变速机组对电网有功功率的快速响应。

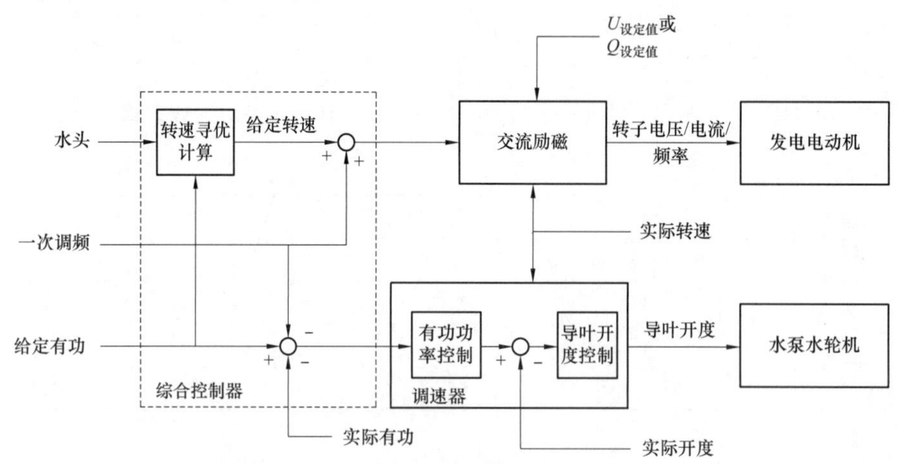

图 17-2-40　交流励磁变速机组综合控制器发电工况框图

2）抽水工况。交流励磁变速机组综合控制器抽水工况逻辑框图如图 17-2-41 所示。变速机组有功功率的控制，是根据电网给定的功率与实际功率比较后，结合当前电站水头以及水泵水轮机特性曲线，通过综合控制器输出给定转速到交流励磁来控制机组的转速，进而实现机组有功功率的控制。同时综合控制器根据给定功率、电站水头以及水泵水轮机特性曲线，输出给定导叶开度至调速器，完成机组在当前条件下的导叶最优开度。

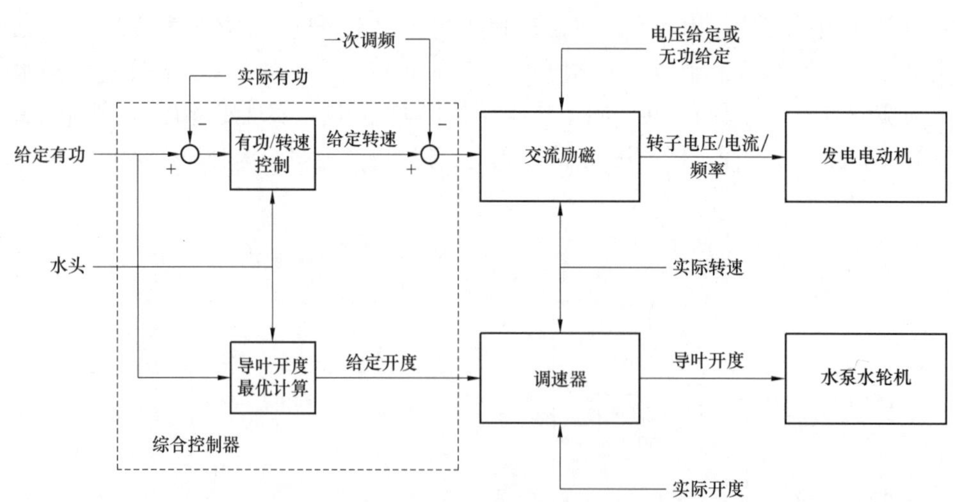

图 17-2-41　综合控制器抽水工况逻辑框图

可以看出，由于交流励磁变速机组被控变量多，控制复杂，一般的控制会考虑设置协调交流励磁和调速器的综合控制器，充分发挥变速机组运行性能以及对电网的快速响应能力。

（2）综合控制器的配置方式可以有多种方式。

方式 a：独立配置，如图 17-2-39～图 17-2-41 所示。

方式 b：综合控制器功能模块移到调速器控制器中，如图 17-2-42 所示。

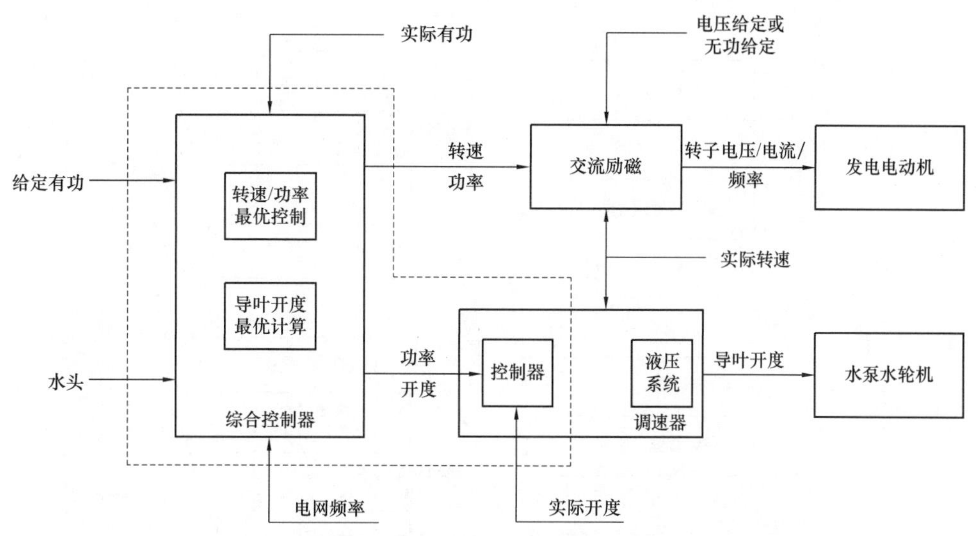

图 17-2-42　变流励磁变速机组综合控制器布置位置框图

方式 c：调速器电调功能移到综合控制器中，如图 17-2-42 所示。调速器电调部分归并到综合控制器中，调速器部分只包含机械液压部分。

不论综合控制器如何配置，都要保证交流励磁变速机组安全稳定运行以及满足电网的要求。方式 a：优点是配置一个独立装置，与调速器和交流励磁装置相互独立，缺点是独立综合控制器与调速器之间需要连接电缆，电气量（如输入到电网的功率等）重复采集，两者都要查询水力特性曲线关系等。方式 b：把综合控制器的功能移到调速器电调柜的控制器中，节省了综合控制器独立装置，解决了方式 a 的缺点；缺点是调速器制造厂要对变速机组的控制要求要有充分了解。方式 c：优点同方式 b，缺点是设计综合控制器的厂家需要对调速器的功能有深入了解，并且对调速器的整个性能的出厂试验以及型式认证都带来了麻烦和不确定性。从以上分析来看，综合控制器配置采用方式 a 和方式 b 更为合适，具体选用方式 a 或方式 b 可根据制造厂家经验、业绩以及工程要求来最终选定。在建的丰宁抽水蓄能电站变速机组综合控制器配置采用的是方式 b。

2. 交流励磁变速机组起动方式

交流励磁变速机组主要分为发电工况和抽水工况。机组抽水工况起动是在水泵水轮机压水条件下进行的，可采用 SFC 为主用、背靠背为备用的方式或采用交流励磁装置方式起动（自起动）。采用 SFC 或背靠背起动变速机组类似定速机组的起动控制流程。交流励磁装置作为起动电源实现变速机组在抽水工况的自起动有两种方式。

方式一：交流励磁装置直接起动。交流励磁装置起动变速机组时，不需要额外配置起动装置（如 SFC 等），首先变频器预充电完成，闭合交流断路器（ACB）①，闭合定子短路开关（SCB）②，按照异步电机原理完成机组起动，机组转速达到同步条件的最低转速，转子通过变频器去磁，分定子短路开关（SCB）②，满足同步条件闭合发电机断路器（GCB）③，直至并网，机组抽水工况起动完成。交流励磁变速机组自起动单线图，如图 17-2-43 所示，交流励磁变速机组的交流励磁装置自起动流程图，如图 17-2-44 所示。

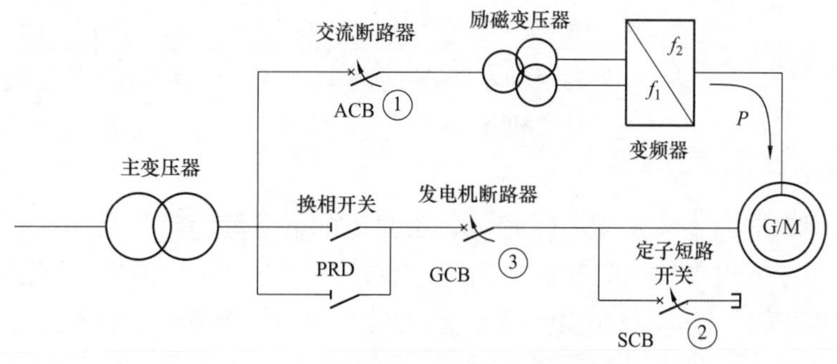

图 17-2-43　交流励磁变速机组自起动单线图

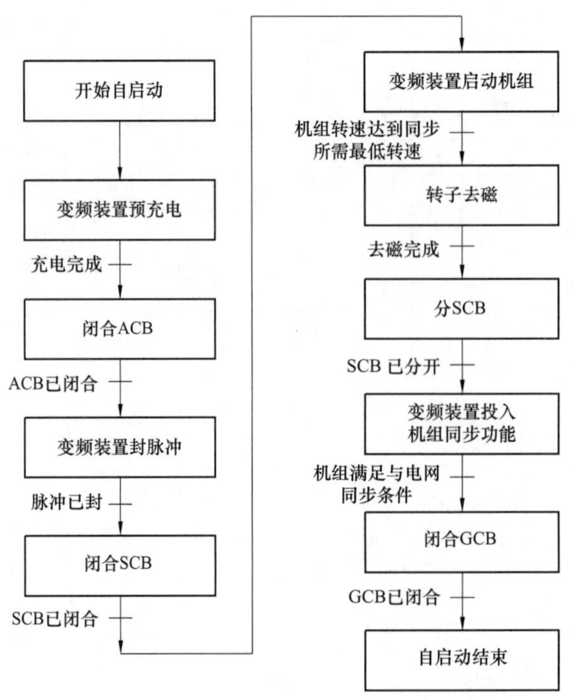

图 17-2-44 交流励磁装置自起动流程图

方式二：交流励磁装置采用升压变压器起动。

利用方式一实现机组自起动，对变速机组一次主接线和二次接线以及控制来说都简单。既节省额外的设备和布置空间，又提高机组运行的可靠性，可充分发挥交流励磁变速机组的优势。但是由于各种原因，如转子电压和转子电流的大小、发电电动机设计参数（包括电阻、电抗、变比等）的影响以及交流励磁装置电压和电流输出能力限制，可能无法利用方式一在规定的时间内完成变速机组的自起动。要想在规定的时间内实现变速机组自起动一个有效的方法，就是采用在交流励磁装置机侧至机组集电环之间，串一台起动变压器及相关开关（CB1、CB2-1 和 CB2-2）的方式来完成，如图 17-2-45 所示。

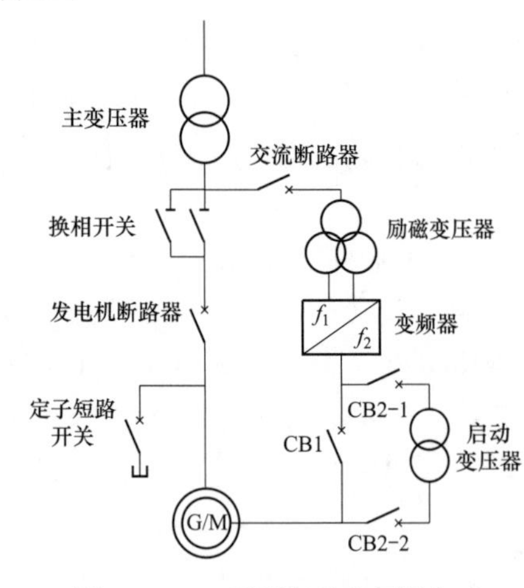

图 17-2-45 采用起动变压器方式自起动单线图

对于既有定速机组又有交流励磁变速机组的抽水蓄能电站，变速机组为了自起动而采用起动变压器方式，即在变频器机侧与机组集电环之间增加了设备（起动变压器及相关开关）。这种方式不仅增加了设备和布置设备需要的空间，而且发生故障的概率也相应的增加，会大大降低变速机组运行的可靠性。相反，电站本身还配有用于定速机组在抽水工况时起动的 SFC 及背靠背起动功能，完全可以代替采用起动变压器实现的自起动，这种采用 SFC 装置及背靠背实现交流励磁变速机组抽水工况的起动，在完成抽水工况起动到并网整个过程时间来看，要比定速机组时间短。虽说主接线以及二次接线较复杂，但是相对于采用起动变压器方式的自起动来说，采用 SFC 及背靠背实现变速机组抽水工况的起动，在不会大幅度增加额外费用情况下，对变速机组的安全稳定运行更好。

3. 交流励磁变速机组测量点

交流励磁变速机组在非同步转速下运行时，会在变速机组交流励磁回路中流过由转子绕组产生的转差功率。转差功率等于发电电动机端部输出/输入功率与机组转差率的乘积。机组轴功率决定了机组向电网输出/输入有功功率的大小，通过电气测量获得轴功率值的测量点，交流励磁变速机组不同于定速机组。在忽略发电电动机、母线以及励磁系统设备等损耗条件下，定速机组获得轴功率的测量点在发电电动机机端，如图 17-2-46 所示测量点 1；交流励磁变速机组获得轴功率的测量点在主变压器低压侧至交流励磁电源接入点之间，如图 17-2-47 所示测量点 2。

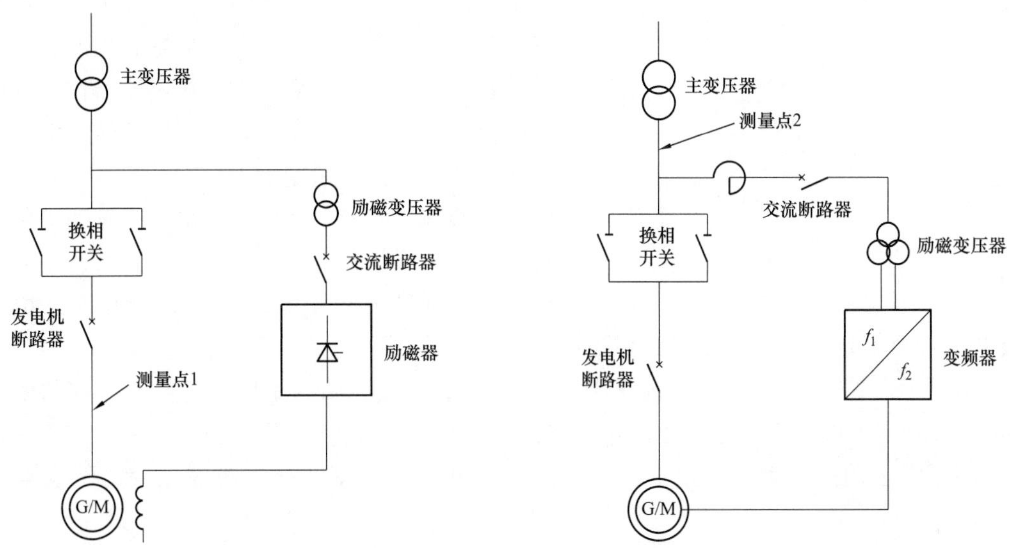

图 17-2-46　定速机组轴功率测量点　　图 17-2-47　交流励磁变速机组轴功率测量点

在对交流励磁变速机组控制过程中，水泵水轮机水力特性曲线中的水头、机组转速以及导叶开度等都与轴功率有联系。特别是调速器以及综合控制器对变速机组的控制，需要通过水力特性曲线，再根据电气测量得到的轴功率来控制导叶开度以及机组转速。因此，通过电气测量准确获得轴功率非常重要。图 17-2-47 所示的测量点 2 可保证准确获得机组轴功率。同样，电网需要考核交流励磁变速机组的电能计量以及监控机组功率等测量值都在测量点 2 完成。

4. 有功功率控制

（1）有功功率快速响应。机组对给定功率的快速响应是电网对机组性能考核的一个重要指标。抽水蓄能电站定速机组在水轮机工况，由于水力特性以及导叶动作滞后等原因，发电电动机输出功率比给定功率设定值的响应要滞后，特别是水泵水轮机导叶开度增大时，会出现功率反调现象，即出现输出有功功率比初始有功功率短时降低，如图 17-2-48（a）所示。变速机组通过改变机组的转速所引起的机组转动部件动能释放及合适的控制策略，可以获得良好的有功功率响应，如图 17-2-48（b）所示。

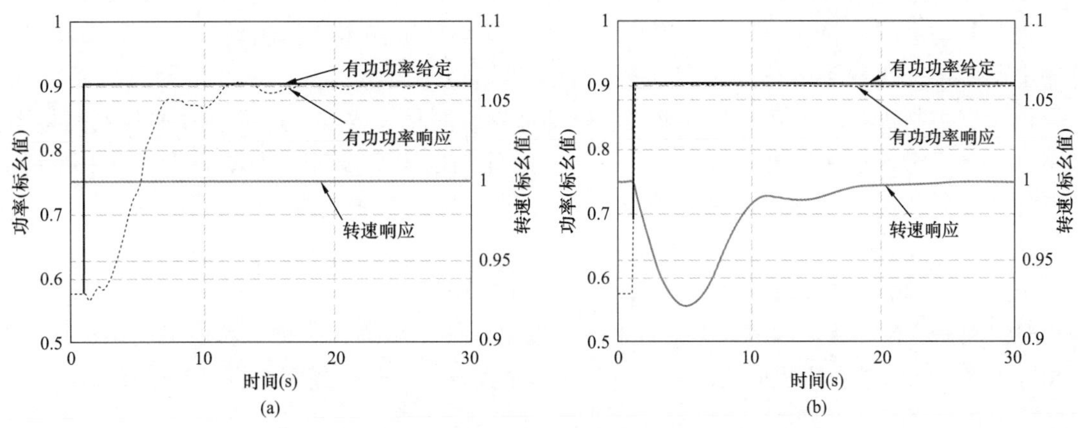

图 17-2-48　定速和变速抽水蓄能机组功率响应对比

（a）定速机组功率响应；（b）变速机组功率响应

（2）有功功率-频率（P-f）响应（一次调频）。机组对电网频率偏差的功率调节能力，是电网对电厂机组有功功率频率响应考核重要指标。对于定速机组，有功功率-频率（P-f）响应只能在发电工况实现。相反，变速机组不仅在发电工况可实现，而且在抽水工况也可实现有功功率-频率（P-f）响应，如图 17-2-49 所示。图中发电工况调节速率 S_1 和抽水工况调节速率 S_2 可以不相等，可根据实际情况进行设置。

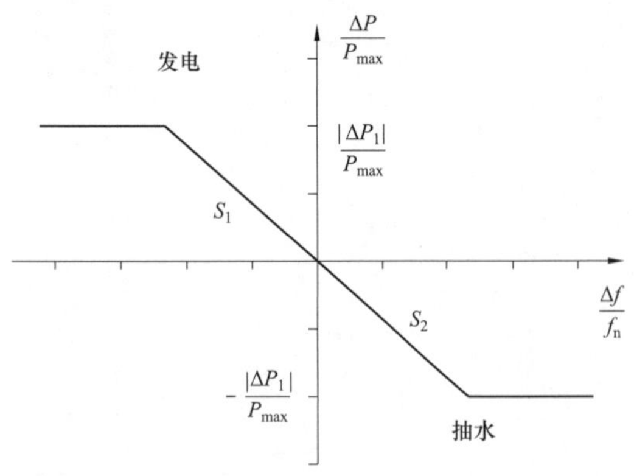

图 17-2-49　有功功率-频率（P-f）响应特性要求

机组转动部件存储的动能作为中间功率源，在改变机组转速时充分利用其动能的释放或吸收，可有效提升机组的有功功率-频率（P-f）响应速度。

在发电工况下，变速机组在调速器控制导叶开度的基础上，通过控制机组转速实现机组转动部件动能的释放或吸收，来弥补水轮机工况下水力系统功率响应缓慢以及反调现象的缺陷，可对稳定电网频率提供快速有效支持。变速机组转速控制的参与，使其有功功率频率响应性能指标比电网要求的性能指标还好，如图 17-2-50（b）所示。

在抽水工况下，变速机组除通过改变机组转速来调节输入有功功率外，还可以有效利用机组转子惯性动能来快速稳定电网频率。由于变速机组输入有功功率大小与机组转速的三次方成正比，同时又叠加了机组转子惯性动能，因此变速机组在抽水工况的有功功率频率响应速度要优于发电工况，如图 17-2-50（a）所示。

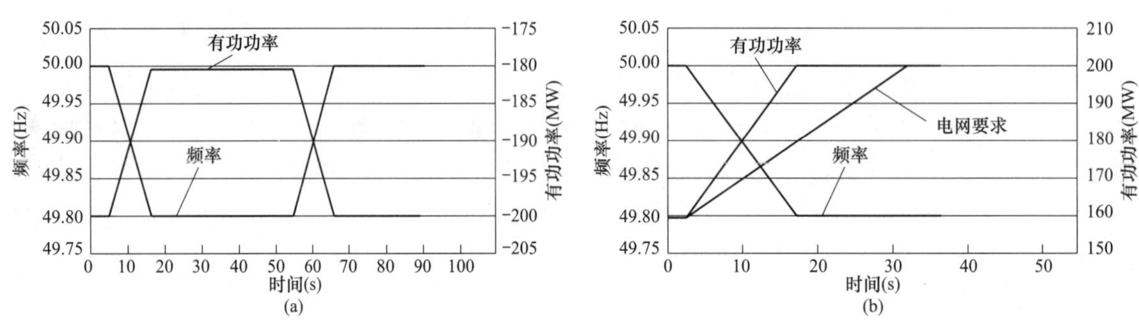

图 17-2-50　变速机组频率跟随响应仿真

（a）抽水工况；（b）发电工况

定速机组由于转速不可改变，在电网频率发生变化时，机组转速会随着电网频率发生变化，相应的转动部件的动能会遵循电网频率变化率进行同比例的释放或吸收。转动部件动能的释放或吸收大小取决于电网频率变化大小。由于定速机组利用转动部件动能来稳定电网频率是被动实现的，作为高电压大容量的电网，允许的电网频率变化范围非常小，这样定速机组转动部件的动能释放或吸收对抑制电网频率变化起到的作用不很明显。变速机组由于转速可控制，在电网频率发生变化时，通过综合控制器控制机组转速，充分发挥机组转动部件动能释放或吸收，可有效抑制电网频率变化，起到了主动控制机组转速来稳定电网频率。在一定时间内以固定步长大小增加或减少来控制机组转速完成有功功率调节，来支撑电网频率稳定，进而进一步提高了有功功率-频率（P-f）响应性能指标。

5. 交流励磁变速机组工况

变速机组起动运行灵活，机组基本运行工况有发电、抽水和静止三种，其他工况还有发电调相和抽水调相等工况。抽水蓄能机组应能以一个命令自动完成表 17-2-1 所规定的机组工况转换。

表 17-2-1　抽水蓄能机组工况转换

序号	工况转换	序号	工况转换
1	静止⇔发电	6	抽水⇔抽水调相
2	静止⇔发电调相	7	静止⇔黑启动
3	发电⇔发电调相	8	静止⇔线路充电
4	静止⇔抽水	9	抽水⇔发电
5	静止⇔抽水调相		

注　抽水蓄能机组工况转换“静止⇔黑启动”为恢复抽水蓄能电站厂用电电源。

表 17-2-1 变速机组工况转换与定速机组相同，但变速机组工况转换由于采用自起动方式，其流程更灵活。图 17-2-51 表示变速机组主要工况转换示意图，没有反映黑启动及线路充电工况。

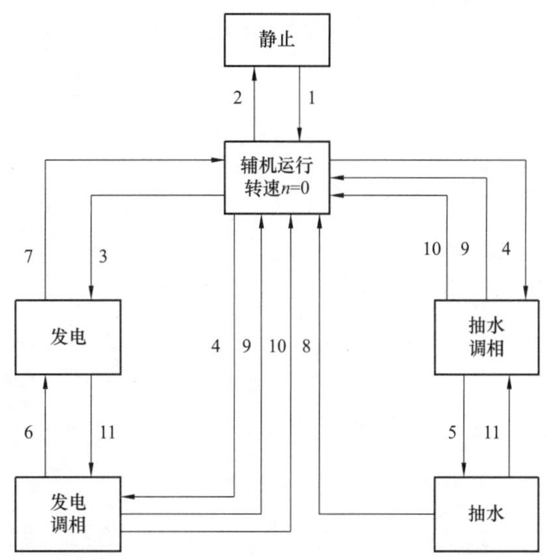

图 17-2-51 变速机组主要工况转换示意图

1—静止到辅机运行；2—辅机运行到静止；3—辅机运行到发电；4—辅机运行到发电/抽水调相；5—抽水调相到抽水；6—发电调相到发电；7—发电到辅机运行；8—抽水到辅机运行；9—发电/抽水调相到辅机运行；10—发电/抽水调相到辅机运行（不排气）；11—发电/抽水到调相

从图 17-2-51 可以看出，变速机组工况静止到发电调相除可以由 1、3、11 流程实现外，还可以由 1、4 不经过机组发电工况直接到发电调相工况。变速机组由发电工况转换到抽水工况可由 7、4、5 流程实现，由于变速机组采用自起动方式，利用交流励磁系统实现机组抽水工况过程，无须同定速机组利用 SFC 或背靠背的烦琐选择来完成抽水工况。

6. 交流励磁变速机组同步

交流励磁变速机组在达到转速变化范围内及准备并网前，通过励磁调节转子的频率、电压幅值以及相角来控制变速机组定子电压的频率、幅值以及相角，使其满足当前电网的电压的频率、幅值和相角。因此可通过交流励磁系统实现变速机组自动准同步功能，不需要在机组现地控制单元（LCU）内单独设置用于机组自动准同步装置。在满足与电网并网条件时，发出闭合 GCB 令。虽然机组 LCU 不需要单独配置自动准同步装置，但是还需要在 LCU 中单独配置同步检查继电器（或同步装置），防止出现机组非同步合闸。

（二）交流励磁变速机组保护

1. 主变压器及交流励磁变速机组差动保护

交流励磁变速机组与定速机组有相似之处，也有自己的特点。两者发电电动机定子的绕线型式是一样的，所以在机组的继电保护方面，两者的发电机定子绕组的继电保护配置基本一致，但也有区别。交流励磁变速机组在抽水工况起动机组时，可采用自起动、SFC 和背靠背起动等不同起动方式，其主接线是不同的。采用自起动方式，变速机组和主变压器差动保护（主保护）由于没有起动隔离开关和拖动隔离开关，主保护无须配置小差，只配置双重化的大差即可。自起动下主变压器和机组差动保护如图 17-2-52 所示。

变速机组采用 SFC 起动或背靠背起动方式，需要在主接线上装设起动隔离开关和拖动隔离开关，主保护配置同定速机组。主变压器和机组在配置大差的基础上，还需要配置小差，如图 17-2-53 所示。

2. 交流励磁变速机组励磁变压器保护

交流励磁变速机组，其励磁变压器容量相对于定速机组大很多，容量是机组容量的 10%～20%。励磁变压器保护除配置常规速断过流外，还需要配置差动保护。由于在励磁变压器高压侧配有断路器，在励磁变压器发生故障时，通过其保护可跳开断路器来切除故障。考虑到机组停运或励磁系统检修方便以及方便实施安全隔离措施，励磁变压器保护功能不建议同定速机组一样集成在主变压器保护装置中，而建议集成在发电电动机保护装置中或独立配置。

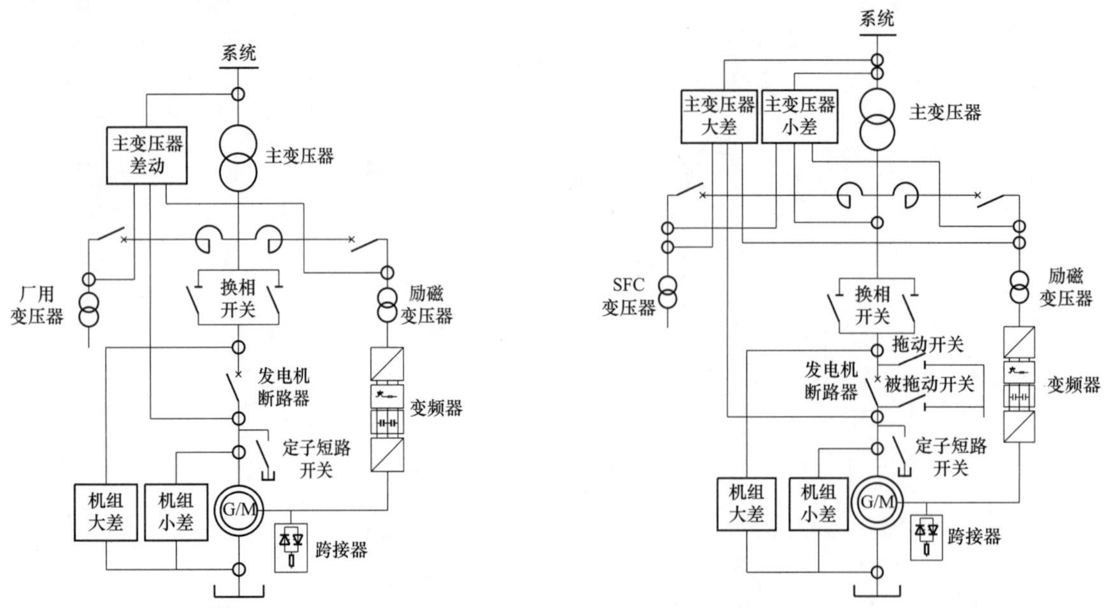

图 17-2-52　自起动下主变压器和机组差动保护　　图 17-2-53　采用 SFC 或背靠背起动下主变压器和机组差动保护

3. 转子绕组保护

交流励磁变速机组转子为三相对称分布励磁绕组，励磁方式为三相交流励磁，根据其特点，其转子至少应考虑装设下列保护：①转子绕组过电压保护；②转子绕组过频保护；③转子绕组过流保护；④转子绕组单相接地保护。对于转子绕组单相接地保护，由于转子绕组为星形连接，中性点不接地，故转子单相接地保护可考虑采用基波零序电压原理和外加电源原理两种方式来实现。

由于以上保护需通过电压/电流传感器变换输出给保护装置，这样就需要考虑电压/电流传感器对频率的响应特性。交流励磁变速机组转子为三相对称分布励磁绕组，但工作频率很低（一般在−5Hz～5Hz 范围内变化），这样常规互感器无法满足在低频段精度的要求，因此在设计时需要考虑非常规互感器，如直流电流互感器、霍尔传感器或光互感器等，这些非常规互感器可满足低频精度要求。

另外，对于转子绕组相间短路和匝间短路保护还有另外实现思路，利用转子绕组内部故障时定子侧呈现出的电气量特征来设计保护。转子绕组发生相间短路和匝间短路时，内部产生不对称电流分量，通过气隙磁场的电枢反应作用，在定子侧感应出特定频率的间谐波分量。谐波电流的大小与转子绕组短路故障严重程度和机组结构有关。经研究发现，谐波电流的频率与转速和极对数有关，且很多频率分量偏离工频，而定子绕组内部短路时定子电流主要为基波成分，据此可以区分定子绕组内部短路和转子绕组内部短路。这种保护设计思路规避了低频条件下的传感器选型限制，同时可以更准确快速地获得转子绕组相间短路和匝间短路故障。

4. 变速机组保护典型配置方案

抽水蓄能电站变速发电电动机变压器组的保护应按双重化配置。发电电动机保护和主变压器保护分开配置。整套保护按 5 面屏设计：主变压器保护组 3 面屏，其中，电气量保护 A、B 套各 1 面屏，非电量保护和其他辅助装置 1 面屏；发电电动机和励磁变压器保护 A、B 套各 1 面屏。如若励磁变压器数量多，励磁变压器保护可单独组屏。

300MW 级大型变速抽水蓄能机组典型的继电保护配置见表 17-2-2 和表 17-2-3。

表 17-2-2　　　　　　　　　　　　　发电电动机保护配置

序号	保护名称
1	纵差保护
2	裂相横差保护

续表

序号	保护名称
3	单元件横差保护
4	复合电压过流保护
5	零序电压定子接地保护
6	三次谐波电压定子接地保护
7	注入式定子接地保护
8	过励磁保护
9	过电压保护
10	低电压保护
11	过频保护
12	低频保护
13	定子过负荷保护
14	负序过负荷保护
15	发电机逆功率保护
16	电动机低功率保护
17	误上电保护
18	低频过流保护
19	电压相序保护
20	电流不平衡保护
21	轴电流（轴绝缘）保护
22	机端断路器失灵保护
23	励磁变压器差动保护
24	励磁变压器过流保护
25	励磁变压器过负荷保护
26	励磁变压器非电量保护
27	转子绕组短路故障保护
28	转子绕组单相接地保护
29	转子绕组过频保护
30	转子绕组过电压保护

注 交流励磁变速机组无需配置失步保护。

表 17-2-3　　主变压器保护配置

序号	保护名称
1	主变压器纵差保护
2	主变压器复合电压过流保护
3	主变压器过励磁保护
4	主变压器过负荷保护
5	主变压器接地零序保护
6	主变压器间隙零序保护
7	主变压器低压侧零序电压保护
8	主变压器非电量保护

第三节　全功率变频抽水蓄能技术

一、基本原理与系统设计

（一）全功率变频抽水蓄能技术特点

全功率变频机组采用同步电机配置全容量的变频器，主要应用于中小容量抽水蓄能机组，其主要技术特点如下：

（1）全功率变频机组的变频器与发电电机采用 1∶1 进行容量匹配，发电电动机为直流励磁的同步电机，结构相对简单、成熟。

（2）全功率变频器容量大，损耗相对较大。

（3）同步电机的功率因数可设计为1，发电电动机可只发出有功，相较于定速机组，容量可减小10%～15%。

（4）全功率变频机组的调速范围、运行范围会受水力设计的限制。全功率变频机组的设计与水头、转速、水力设计、变频器选型设计、发电电动机选型设计、机组运行方式、设备投资等多方面因素有关。

（5）不设发电旁路的全功率变频机组无须配置发电电动机断路器、换相开关、电气制动开关以及起动压水系统设备等，设备配置相对简单；设置发电旁路的全功率变频机组还应配置发电电动机断路器和电气制动开关。

（6）全功率变频器能产生非常大的转矩电流，电机在发电及电动模式下均能实现从零到额定转速（或更高）的变化，起动迅速、无须压水，起动时间通常小于60s。

（7）具有低电压穿越能力。全功率变频机组在机组静止时也可按STATCOM模式运行，支持电网电压。

（8）由于变频器技术路线的不同，采用不同的拓扑结构会带来发电电动机、电气主接线以及机组运行方式（是否需设置发电旁路）的差异，具体工程需具体设计。

（9）对于不设置旁路运行的全功率变频机组，其励磁系统仅承担保证机组输出的功率因数为1，电网需要的无功功率由全功率变频装置完成。

（10）全功率变频机组无须设置机组同步并网控制。

（二）全功率变频机组原理及构成

抽水蓄能电站全功率变频机组在发电电动机与主变压器间串联了一个与发电电动机额定输入功率匹配的变频器。通过变频器控制励磁来保证发电电动机在功率因数等于1时连续运行。通过所配的综合控制器对变频器以及调速器的控制，充分发挥变速机组调节优势，实现机组对电网灵活调节的要求以及快速响应，进而为电网提供更好的服务支持。全功率变频机组发电和抽水工况均具有较快的频率响应速度，具有独立的有功功率、无功功率及转速控制和调节能力；不仅使机组在抽水工况功率可调，而且在发电工况、不同水头及输出功率下可保证机组稳定运行或运行在最优效率。

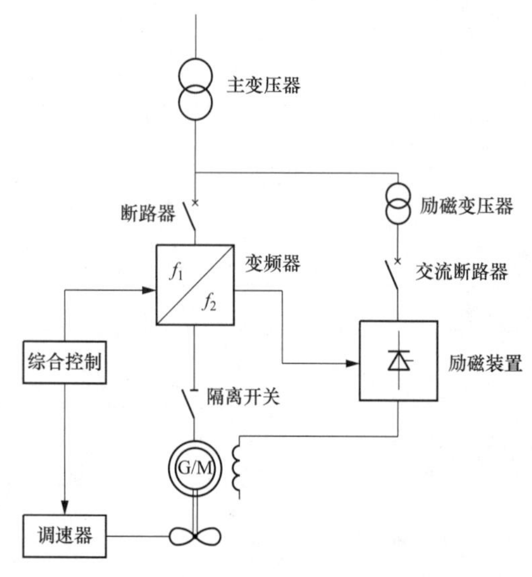

图17-3-1　全功率变频抽水蓄能机组原理结构图

全功率变频抽水蓄能机组系统主要设备包括：主变压器、全功率变频器、同步发电电动机、水泵水轮机、静态励磁系统、调速器系统、控制系统以及开关等，机组原理结构如图17-3-1所示。

（三）主要设备协调设计和选型

全功率变频抽水蓄能机组的关键设备包括水泵水轮机、发电电动机和全功率变频器。水泵水轮机的选型如本章第二节中“水泵水轮机”所述，其选择不受其他设备制约，主要还是受水力特性影响。发电电动机的主要技术参数选择和结构设计与全功率变频器的选型密切相关，同时还与电站全功率变频机组发电工况的运行方式有关，即发电工况是否通过全功率变频器运行。

（四）电气主接线

全功率变频机组工程的电气主接线型式与变频器型式密切相关。目前变频器有三种型式：三电平（3L）或五电平（5L）变频器，称为Ⅰ型变频器；矩阵式模块化多电平变频器（M3C），称为Ⅱ型变频器；网侧模块化多电平和机侧五电平的组合型变频器（MMC＋5L），称为Ⅲ型变频器。三种型式的变频器详见本节“四、全功率变频器”的相关内容。

针对发电电动机配套变频器型式的不同，有两种电气主接线型式。当采用Ⅰ型变频器（3L 或 5L）和Ⅲ型变频器（MMC＋5L）时，机组可以旁路运行，如图 17-3-2 所示，A 回路为带变频器运行，B 回路为旁路发电运行。该种接线可以实现机组发电工况不通过变频器运行，减小损耗。当采用Ⅱ型变频器（M3C）时，机组不可以旁路运行，发电和抽水都必须通过变频器运行，即不可设置 B 回路。

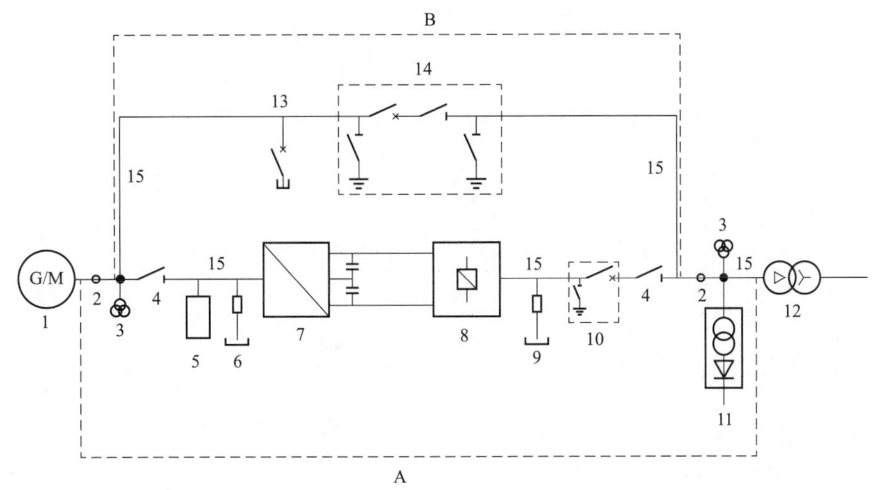

图 17-3-2　全功率变频抽水蓄能机组电气主接线（带发电旁路）

1—发电电动机；2—电流互感器；3—电压互感器；4—隔离开关；5—预充电装置；6—机侧滤波器；7—机侧逆变器；8—网侧逆变器；9—网侧滤波器；10—网侧断路器情况；11—励磁装置；12—主变压器；13—电制动开关；14—发电机断路器单元；15—连接母线

（五）黑启动

由于全功率变频机组的发电电动机为同步电机，其承担黑启动任务的相关设计与定速机组基本相同。因此，如果电力系统对电站有黑启动任务要求，全功率变频机组和定速机组都可同等选择作为黑启动机组，不会给电站设计和运行带来额外的工程风险和投资。

二、水泵水轮机

对于变速运行的水泵水轮机来说，采用不同的变速方式对于机组水力设计及调节运行方式上并没有本质性的影响。当采用交流励磁变速运行时，水泵水轮机运行范围不仅仅要考虑空化及驼峰等水力性能限制影响，还需要综合考虑转速变化范围、入力调节范围及交流励磁容量之间的综合最优选择。而采用全功率变频方式时，从电气角度，理论上可实现 0%～100%的变速范围，但受制于水力特性影响，实际不能达到全功率调节。

三、发电电动机

全功率变频发电电动机为同步电机，型式通常与定速发电电动机相同，其主要技术参数选择和结构设计分为如下情况。

对应于Ⅱ型变频器，即矩阵式模块化多电平变频器（M3C），此种变频器需要机侧频率为 30～35Hz，且对应不同的发电电动机容量，根据变频器的选型，对机侧和网侧的额定电压都有不同要求，详见表 17-3-1。因此发电电动机额定频率和额定电压都需要进行不同于常规系列的特殊设计，即机组的额定频率需要选择为 30～35Hz，要求发电电动机的电磁设计、结构设计、通风冷却设计、工艺控制等都需要进行非常规设计。由于机组不同于电网的频率，因此发电电动机在发电工况时无法旁路运行，必须通过变频器进行发电运行。

表 17-3-1　　Ⅱ型变频器（M3C）应用于不同容量全功率变频抽水蓄能机组设计参数表

变频器容量（MVA）	50	80	100	100	100	150	200
单个模组功率（MVA）	50	80	100	50	50	75	67
模组数量	1	1	1	2	2	2	3

续表

变频器容量（MVA）	50	80	100	100	100	150	200
功率单元数量	72	126	144	144	144	216	324
网侧电压（kV）	13.8	18.7	28	13.8	12	20.96	20.99
机侧电压（kV）	10.5	18	19	10.5	12	15.75	15.75
网侧频率（Hz）	50	50	50	50	50	50	50
最大机侧频率（Hz）	＜38	＜40	＜35	＜38	＜40	＜40	＜40
额定机侧频率	考虑最大转速变化范围，电机额定转速可根据合理的极对数设计在25～35Hz范围内						
额定转换效率（%）	＞98.8	＞98.8	＞98.8	＞98.8	＞98.5	＞98.8	＞98.8
不降容冗余	支持	支持	支持	支持	支持	支持	支持
功率元件在线旁路	支持	支持	支持	支持	支持	支持	支持
发电工况旁路运行	不支持	不支持	不支持	不支持	不支持	不支持	不支持
占地面积估算（长×宽×n套，m^2）	1套：20×6×1=120 高4m	1套：27×9×1=243 高4m	1套：24×11×1=264 高4m	2套：20×6×2=240 高4m	2套：20×6×2=240 高4m	2套：27×9×2=486 高4m	3套：20×8×3=480 高4m

注　功率因数不为1的机组可参照变频器容量选择；200MW级机组设计参数仅供参考，工程应用中采用何种变速技术路线应做详细的技术经济技术比较。

对应于Ⅰ型基于三电平或五电平变频器（3L或5L）和Ⅲ型基于网侧模块化多电平和机侧五电平的组合型变频器（MMC+5L），机侧频率和额定电压都能与不同容量等级同步发电电动机的常规设计相匹配，详见表17-3-2。因此，采用Ⅰ型或Ⅲ型变频器，对发电电动机的主要参数和结构设计无特殊要求，且发电电动机在发电工况时可以实现旁路运行。

表17-3-2　Ⅰ型（3L或5L）、Ⅲ型（MMC+5L）变频器应用于不同容量全功率变频抽水蓄能机组设计参数表

变频器类型	50MW（Ⅰ型）	80MW（Ⅰ型）	90MW（Ⅲ型）	100MW（Ⅲ型）	150MW（Ⅲ型）
变频器容量（MVA）	50	80	90	100	150
单套变频器功率（MVA）	20	20	45	35	40
并联数量	3	4	2	3	4
网侧电压（kV）	变压器输出6.6	变压器输出6.6	13.8	13.8	20.96
机侧电压（kV）	6.6	6.6	13.8	13.8	15.75
网侧频率（Hz）	50	50	50	50	50
机侧频率	额定50Hz，全转速范围可变速，最终以水力设计定				
额定转换效率（%）	＞98	＞98	＞98.7	＞98.7	＞98.7
不降容冗余	不支持	不支持	支持	支持	支持
功率元件在线旁路	支持	支持	支持	支持	支持
发电工况旁路运行	支持	支持	支持	支持	支持
占地面积估算（长×宽×n套，m^2）高度	3套：11×2×3=66 高2.7m	4套：11×2×4=88 高2.7	2套：20×6×2=240 高4m	3套：20×6×3=360 高4m	4套：20×6×4=480 高4m

注　功率因数不为1的机组可参照变频器容量选择。

由于发电电动机与全功率变频器直接相连，还应重点关注以下问题：

（1）全功率变频运行对发电电动机定子绕组的影响，包括变频器输出电压波形分析和定子绕组绝缘场强及防晕性能分析。

（2）全功率变频运行可能出现的定子谐波振动，包括不同工况下的旋转（力）波计算分析和定子固有频率计算分析。

（3）全功率变频运行可能出现的机械振动，包括轴系扭振频率计算分析和其他结构部件固有频率计算分析。

(4) 发电电动机变速运行工况点参数的确定，包括绕组、容量、机端电压和频率等。

另外，发电电动机全功率变频运行需要进行转速实时测量，因此需要设置速度编码器。速度编码器位于发电电动机轴的上端，其安装应与顶轴和集电环等带电部件的设计相协调。速度编码器可进行热冗余配置，如果编码器出现故障，控制系统将在两个编码器之间执行热切换。

四、全功率变频器

（一）变频器分类及类型

目前国内外已建和在建的抽水蓄能电站全功率变频机组，其全功率变频器均采用电压型。表17-3-3列出了常用电压型变频器拓扑结构对比。

表17-3-3　　电压型变频器拓扑结构对比表

性能表现	集中式直流电容器类型		分散式直流电容器类型（模块化多电平变频器）	
	三电平	五电平	半桥子模块	全桥子模块
交流输出	NPC NPP	ANPC NPP Nested	MMC	M3C
拓扑结构	如图17-2-24所示	如图17-2-26所示	如图17-2-28所示	如图17-2-29所示
	如图17-2-25所示	如图17-2-27所示		
交流谐波/滤波	通过并联通道间的谐波抵消方法可降低谐波或需要更大滤波器		较少谐波，较小或不需要滤波器	
开关频率	根据功率可设置，调低开关频率可增加输出能力，调高开关频率可减少谐波		低	
效率	98.5%		98.5%（MMC）/99%（M3C）	
功率输出	单个单元最高45MW/13.8kV		单个单元最高120MW/18kV	
可靠性	可靠性高，采用了通用设计经过验证；增加冗余设计		可靠性高，通过子模块旁路或冗余设计不需要停运	
设备复杂度	较难设计，很多串联的IGBT/IEGT/IGCT大功率开关器件		简单，模块化设计	
控制复杂度	五电平比三电平更难平衡电容器电压并控制变频器		更复杂，大量数据处理和环流控制	
机组额定频率	50Hz/60Hz		M3C<37.5Hz	
交-直-交间接转换				交-交直接转换

现有拓扑可以分为集中式直流电容器类型和分散式直流电容器类型。集中式直流电容器拓扑通常在公共直流母线（即NPC或NPP）中具有唯一的电容器，分散式直流电容器类型将集中式直流电容器分成许多电容器，并将它们分别放置在子模块（SM）中。由半桥（HB）逆变器或全桥（FB）逆变器和分散式电容器构建的子模块以级联方式连接在一起以生成交流电压，即模块化多电平变频器MMC和矩阵式模块化多电平变频器M3C。

（二）全功率变频器选择分析

全功率变频机组在发电电动机与电网间串联一个与发电电动机额定容量相同的变频器，同时变频器的网侧和机侧的电压要与电网电压和发电电动机机端电压相匹配。我国中小容量的发电电动机机端电压一般在13.8～20kV，三电平拓扑的电压型变频器理想工作电压一般在3.3～6.6kV，为适配发电电动机机端电压，需要在变频器网侧和机侧配置输入输出变压器。作为全功率变频机组，在变频器网侧和机侧加装变压器，特别是在机侧加装变压器，不仅增加了全功率变频机组主回路设备数量以及损耗，而且增加了设备布置空间，最终导致全功率变频机组建设成本增加。若抽水蓄能电站安装的是小容量全功率变频机组，机组工作电压在6.6kV范围内，配置三电平或五电平拓扑电压型变频器从整体性价比来看还是适合的。为便于发电电动机选型分类，将此三电平或五电平变频器（3L或5L）命名为Ⅰ型变频器。

M3C和MMC通过多模块的串联可以方便地实现变频器与电网及发电电动机机端的电压匹配。如前所述两种技术的特点，M3C 带恒转矩电机负载时的悬浮电容电压波动特性如图 17-3-3 中实线所示，即 M3C 悬浮电容电压在全频域范围内保持稳定，只是在输入输出同频时会有一个悬浮电容电压波动的奇点，因此 M3C 类型变频器无法实现输入输出侧同频。

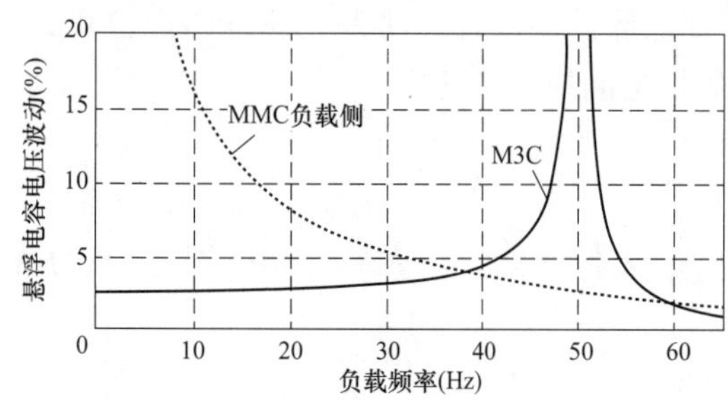

图 17-3-3 矩阵式模块化多电平变频器负载频率和电压波动关系图

图 17-3-3 中虚线为相同工况下 MMC 的悬浮电容电压波动特性。在输出低频时，MMC 悬浮电容电压会出现很大的波动，因此由 MMC 构成的机组驱动系统无法在机组低速时提供足够的转矩输出。与 MMC 相比，M3C 在机组低速区域具有明显的优势，不存在直交型 MMC 电容电压低频波动的问题，可以在机组低速时提供足够的转矩输出。但 M3C 变频器不能运行于输入输出同频运行工况，为了更好发挥 M3C 变频器性能，需要发电电动机组采用较低的额定频率 33.3Hz，最优变频范围为 25～38Hz，同时还要考虑不同容量对其工作电压要求是不一样的，对单台 50MW 变频器模组并联最优工作电压在 12.5～13.8kV，而单台 80MW 变频器的电机侧工作电压为 18kV，60～70MW 为 15.75kV。

另外，由于采用了模块化设计和 $N+1$ 冗余，M3C 在简单的硬件设计和可靠性方面得到了极大的改善。因此模块化多电平拓扑类型变频器将更适合大功率及全功率变频器的应用场景，但是由于 M3C 类型变频器无法实现输入输出侧同频，50Hz 电网的机组频率通常在 37.5Hz 以下，因此对抽蓄电站全功率变频机组发电电动机的设计提出了全新的挑战。为便于发电电动机选型分类，将此矩阵式模块化多电平变频器（M3C）命名为Ⅱ型变频器。

由于 M3C 类型变频器无法实现输入输出侧同频及其不同的容量的工作电压要求不同（如基于单个单元 100MW 变频器，需要 18kV），因此抽水蓄能电站对定速机组进行全功率变频机组改造中，需要更换发电电动机和主变压器，增加了改造成本和安装施工周期。同样的原因，在机组因为需要提高发电工况效率而旁路全功率变频器并网定速运行时，机组必须设计成 50Hz，M3C 类型变频器就无法适用。

基于此由厂家根据市场需求，开发了基于 IEGT 大功率开关器件输出电压最高可达 13.8kV 五电平变频器。基于 MMC 和 M3C 拓扑的限制，提出了 MMC+5L 的交-直-交电压型变频器（5L 表示线电压五电平），即整流桥侧采用 MMC 拓扑，逆变侧采用了五电平拓扑，充分利用了 MMC+5L 的优点，其特点如下：

（1）5L 可以驱动 50Hz 机组，克服了应用 M3C 变频器的机组频率为 37.5Hz，无法直接挂网运行的情况。

（2）网侧 MMC 只需要运行在 50Hz 附近，不存在低频运行带来的电容电压波动，其输出波形更接近正弦波，无需或只要求很小滤波器，减少了滤波器损耗。

但该方案变频器机侧电压最高为 13.8kV，谐波大于 M3C，变频器运行效率低于 M3C。为便于发电电动机选型分类，将此网侧模块化多电平和机侧五电平的组合型变频器（MMC+5L）命名为Ⅲ型变频器。

（三）变频器冗余配置

全功率变频机组所配置的变频器，其容量大于或等于机组容量，并且串联在主变压器与机组之间，如图 17-3-4 所示。变频器的可靠性直接影响全功率变频机组的安全稳定运行。除了提高变频器本身的可靠性外，是否需要采用多台并联（$N+1$）方式应综合考虑。

1. 冗余配置

冗余配置有二种方式。

（1）方式 1：在每个单元的网侧和机侧装设断路器，如图 17-3-5 所示。当其中一个单元故障时，通过分断故障单元网侧及机侧的断路器，解除故障单元，维持机组继续运行。除变频器采用 $N+1$ 外，在变频器每个单元的网侧和机侧配置的断路器分断能力要求比较高。

（2）方式 2：在每个单元的网侧装设断路器和机侧装设隔离开关，所有变频装置投入运行，如

图 17-3-6 所示。在某一个单元发生故障时，保护动作瞬时停机。待通过操作隔离开关退出故障单元后，重新投入机组运行。

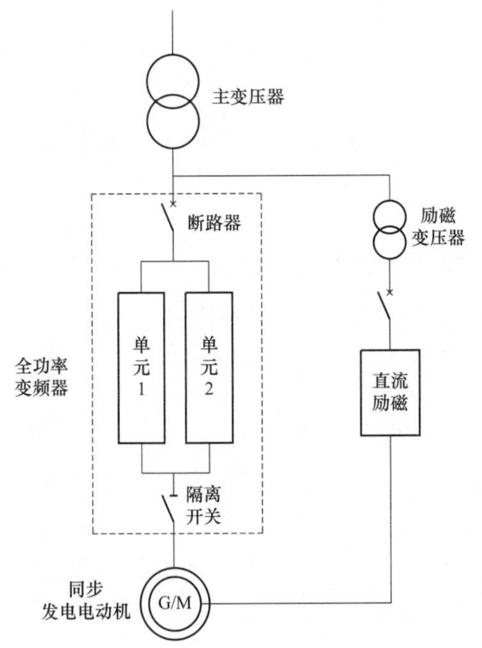

图 17-3-4　全功率变频机组非冗余配置图

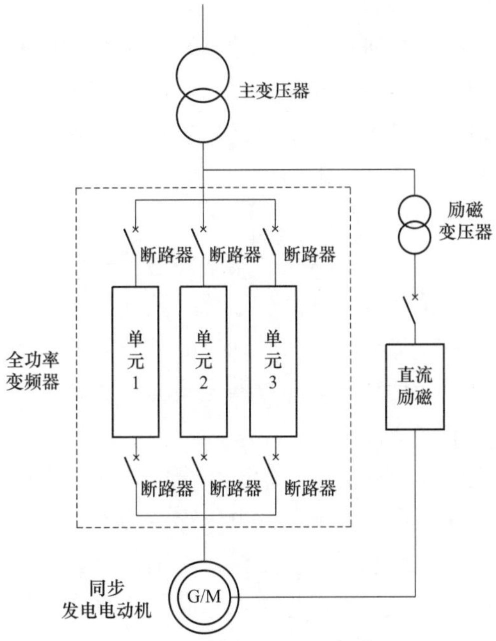

图 17-3-5　全功率变频机组带断路器冗余配置图

2. 非冗余配置

全功率变频器按照机组容量配置，其网侧和机侧装设开关，如图 17-3-6 所示。在变频器发生故障时，保护动作瞬时停机。对故障变频器进行维修，直至故障变频器故障排除，变频器工作正常，重新投入机组运行。

3. 变频器冗余配置分析

采用方式 1：变频器各单元网侧和机侧断路器需要配置断路器。在变频器发生短路故障时，网侧和机侧将承担大的短路电流，特别是机侧断路器除了考虑采用发电机断路器外，还要考虑机组运行在允许的最低频率期间，变频器机侧发生短路故障时，断路器能够安全可靠分断情况。可以看出，方式 1 在不考虑各单元配断路器的成本以及所配断路器所占用的布置空间条件下，方式 1 是很理想的方案。

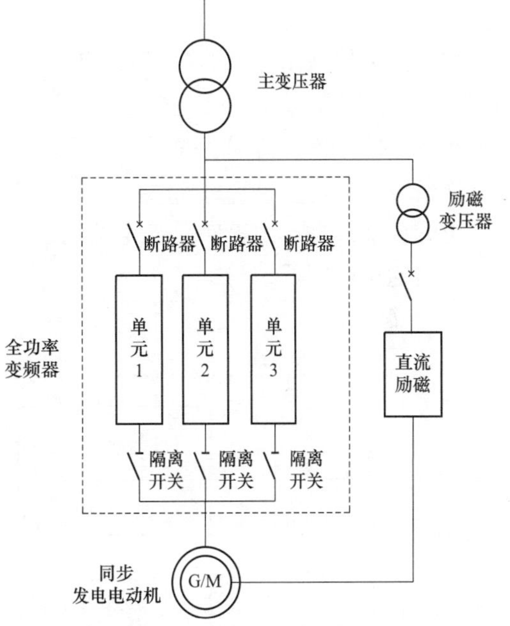

图 17-3-6　全功率变频机组带隔离开关冗余配置图

采用方式 2：变频器任一单元故障时机组停机，通过开关退出故障单元，恢复机组重新运行。相比于非冗余配置，变频器故障后重新使机组投入正常运行时间要短并且可控，但全功率变频机组变频器故障导致机组停机的概率大于非冗余配置。

从国外已建的全功率变速机组来看，全功率变频器的配置没有采用冗余配置方案。

（四）变频器谐波分析

1. 网侧谐波

对于采用 M3C 以及 MMC+5L 方案，变频器网侧为模块化多电平拓扑结构，会产生大量的电平，输出电压波形较为平滑，呈正弦曲线，因此谐波含量较低，可不设置滤波器。

2. 机侧谐波

变频器机侧所产生的谐波不仅影响机组稳定运行，而且由此引起的 du/dt 会导致发电电动机绕组过电压及轴电流问题，给发电电动机带来损害。对于工作在高电压的变频器，采用多电平技术是减小谐波的有效方法。采用三电平增至五电平，改善输出电压波形，降低了 du/dt，加上适当的滤波器，可以达到 M3C 谐波要求。

（五）变频器控制

全功率变频机组变频器控制同样是根据电机学理论，按气隙磁链定向的矢量控制原理实现对同步发电电动机的控制。变频器机组侧的控制采用电流矢量控制方式，外环控制方式可以是速度控制或者有功功率控制。为了保证机组稳定运行，消除机组转子振荡和失步的隐患，变频器控制器对机组的控制方式采用自控式。电网侧的控制采用典型的电压矢量控制方式。

1. 无功功率/电压

变频器在完成机组有功功率传输控制外，还完成对电网电压/无功功率的控制。变频器控制器通过控制励磁系统使发电电动机在功率因数等于 1 条件下连续运行，期间发电电动机只需要发出/吸收有功功率。这不仅降低了发电电动机的额定视在功率，而且降低成本。在机组停运期间，变频器可向电网注入需要的无功功率，即电网无功补偿功能。

2. 故障穿越

在电网发生故障时，励磁系统需要快速灭磁，以减少流向变频器的短路电流，同时全功率变频器将向电网提供无功功率（低电压穿越功能）。由于发电电动机通过变频器与电网实现完全解耦，因此电网故障时不需要励磁系统提供特殊动作（如励磁系统强励功能）。全功率变频机组的故障穿越要求与交流励磁变速机组故障穿越要求相同，见本章第二节，但最终要满足电网要求。

五、控制和保护

（一）控制

1. 综合控制器

综合控制器通用框图如图 17-3-7 所示，控制全功率变频机组运行除机组外，还有独立的励磁装置、调速器和变频器等设备。要想保证全功率变频机组稳定运行、充分发挥全功率变频机组性能，对全功率变频机组的控制需要配置一套综合控制器（也有称为协联控制器）。综合控制器根据给定的功率，结合变速机组水泵水轮机特性曲线，完成对应的水头下的导叶开度、机组转速等多变量的控制，实现变速机组的性能发挥。为了保证变速机组运行的可靠性，综合控制器采用冗余配置。全功率变频机组综合控制器通用框图，如图 17-3-7 所示。

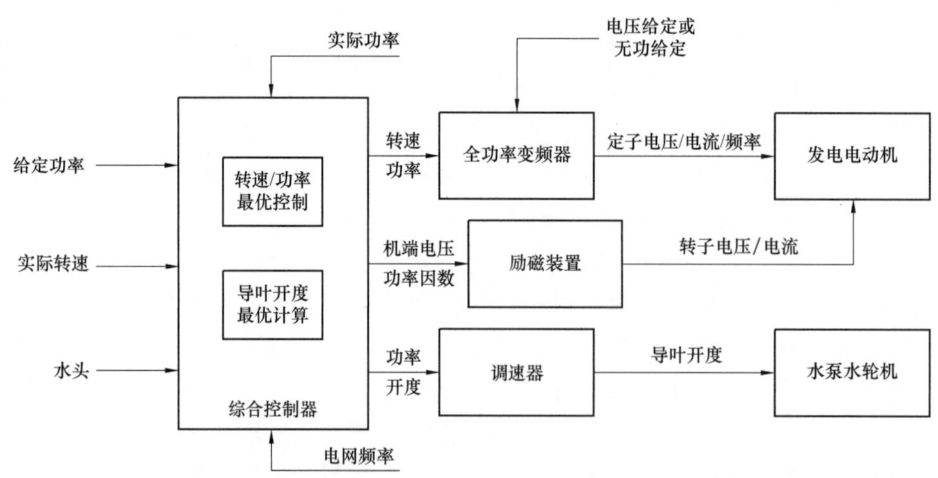

图 17-3-7　全功率变频机组综合控制器通用框图

（1）综合控制器控制功能。不同运行工况全功率变频机组控制逻辑不同。

1）发电工况。全功率变频机组发电工况的有功功率控制，由变频器进行转速控制，调速器进行功率控制，如图 17-3-8 所示。变速机组有功功率的控制是通过综合控制器根据电网给定的功率与实际功率比较后，提供给调速器来完成变速机组有功功率的输出。而机组转速是根据给定功率结合当前电站水头通过水泵水轮机特性曲线，综合控制器输出给定转速到全功率变频器来控制机组的转速，实现机组在当前条件限制下的稳定运行以及最优效率运行。另外，通过综合控制器的控制输出，变速机组可以消除调速器调节有功功率时水轮机出现的反调现象以及实现变速机组对电网有功功率的快速响应。对于发电工况下的变速运行，有两种控制方法：一是通过变频器进行功率控制/通过调速器进行转速控制；二是通过变频器进行转速控制/通过调速器进行功率控制。对于以上两种解决方案，不同厂家所选择的控制方法不同。

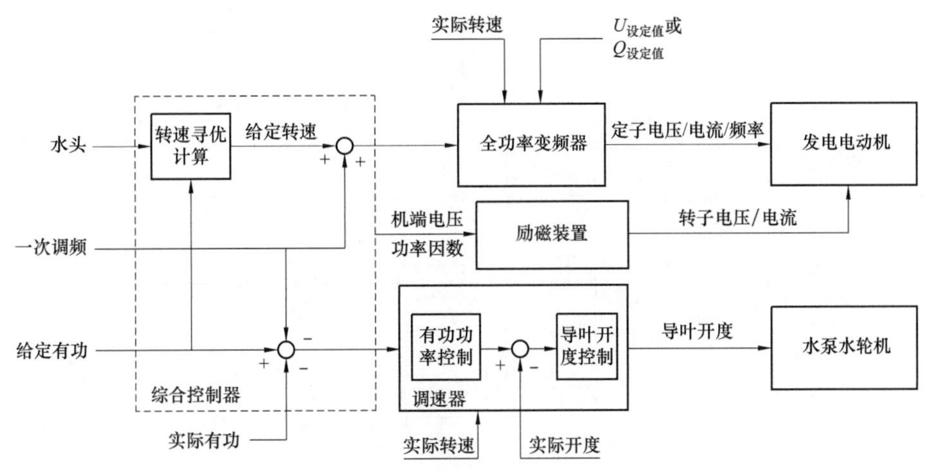

图 17-3-8 全功率变频机组综合控制器发电工况框图

2）抽水工况。全功率变频机组综合控制器抽水工况框图如图 17-3-9 所示。变速机组有功功率的控制是根据电网给定的功率与实际功率比较后，结合当前电站水头以及水泵水轮机特性曲线，通过综合控制器输出给定转速到全功率变频器来控制机组的转速，进而实现机组有功功率的控制。同时综合控制器根据给定功率、电站水头以及水泵水轮机特性曲线，输出给定导叶开度至调速器，完成机组在当前条件下的导叶最优开度。

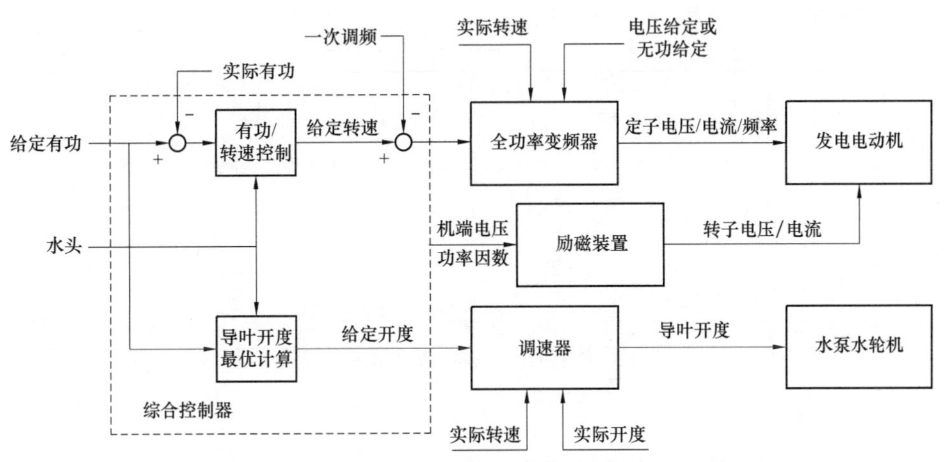

图 17-3-9 全功率变频机组综合控制器抽水工况框图

可以看出，由于全功率变频机组被控变量多，控制复杂，一般全功率变频机组的控制会考虑设置协调全功率变频器和调速器的综合控制器，充分发挥变速机组运行性能以及对电网的快速响应能力。

（2）综合控制器的配置方式，可以有多种方式。

方式 a：独立配置，如图 17-3-7～图 17-3-9 所示。

方式 b：综合控制器功能移到调速器中。全功率变频机组综合控制器功能模块移到调速器控制器（电调柜）中，如图 17-3-10 所示。

方式 c：综合控制器功能移到全功率变频器中。全功率变频机组综合控制器功能模块移到变频器控制器中，如图 17-3-11 所示。

不论综合控制器如何配置，都要保证机组安全稳定运行以及满足电网的要求。方式 a 优点是配置一个独立装置，与调速器和全功率变频器相互独立，缺点是独立综合控制器与调速器之间需要连接电缆，电气量（如输入到电网的功率等）重复采集，两者都要查询水力特性曲线关系等；方式 b 把综合控制器的功能移到调速器电调柜的控制器中，节省了综合控制器独立装置，解决了方式 a 的缺点。缺点是调速器制造厂要对变速机组的控制要求要有充分了解；方式 c 优缺点同方式 b。从以上分析来看，综合控制器配置采用方式 a、方式 b 和方式 c 均为合适，具体选用哪种方式可根据制造厂家经验、业绩以及工程要求来最终选定。

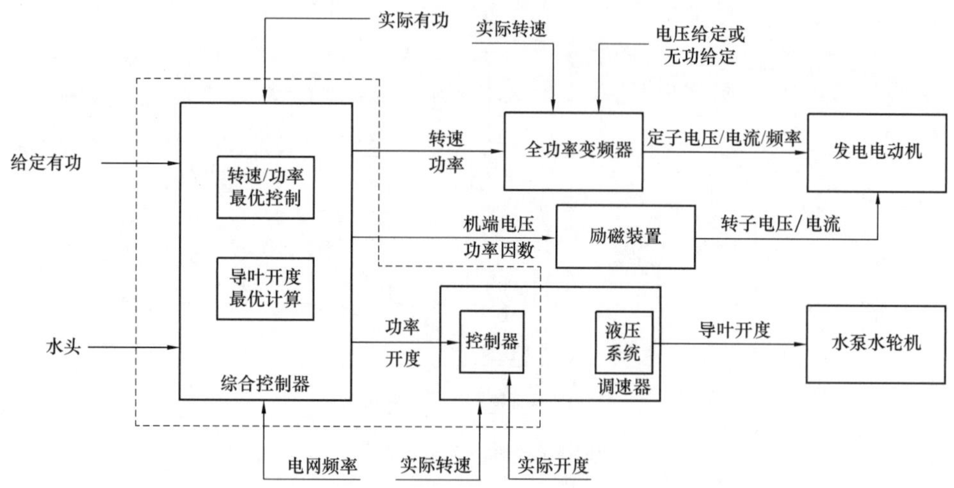

图 17-3-10　全功率变频机组综合控制器布置在调速器控制器中框图

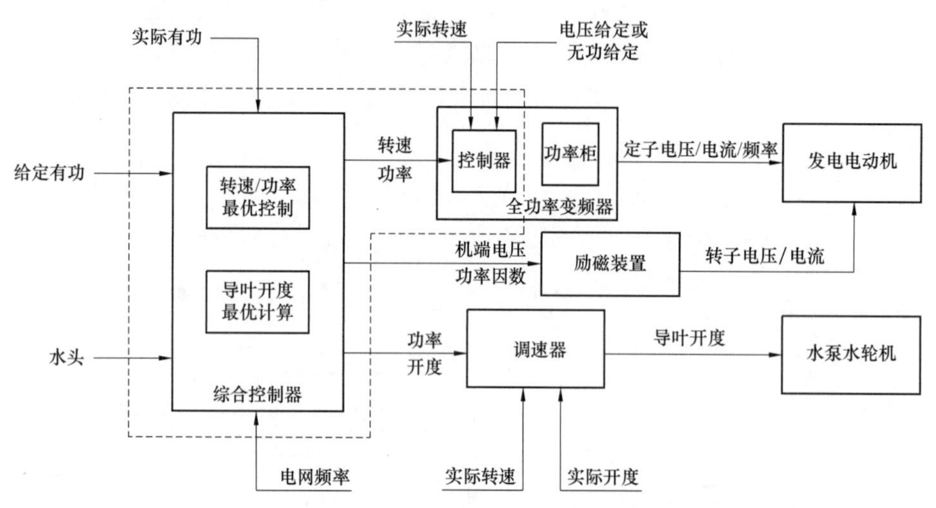

图 17-3-11　全功率变频机组综合控制器布置在变频器控制器中框图

2. 全功率变频机组运行方式

由于全功率变频机组所配置的变频器容量大于或等于机组容量，机组在起动和制动期间通过全功率变频器，可以全转矩实现机组的起动和制动，最大程度地缩短起停机时间。同样，机组从抽水到发电工况运行以及从发电切换到抽水工况的时间也大为缩短。全功率变频机组在停机过程中投入电制动功能时，不需要电制动开关，可由变频器驱动机组完成电制动功能，在机组转速达到 20%～30%时，再投入机械制动。通过完备的高级控制功能，充分利用全功率变频机组变频器的优势，可为电厂带来更大的效益。

不同于定速机组以及交流变速机组，全功率变频机组在主回路串有全功率变频器，因此可替代定速机组以及交流励磁变速机组在抽水工况和发电工况时必须配置的换相开关设备。同样，抽水工况起动机组期间不需要压水。

（二）全功率变频机组保护

1. 主变压器及全功率变频机组差动保护

全功率变频机组为同步发电电动机，其发电电动机的保护配置与定速机组相同。因此，在机组的继电保护方面，两者的发电电动机的继电保护配置基本一致的。全功率变频机组在抽水工况起动机组时，不需要外部提供起动电源（如 SFC 和背靠背起动），只需通过全功率变频器即可完成抽水工况启动。全功率变频机组主接线回路没有用于发电方向或抽水方向相序切换的换相开关，相序换相由全功率变频器来完成。因此，全功率变频机组的继电保护配置相对于定速机组来说，主变压器差动保护和机组差动保护配置简单，但由于在全功率变频机组主接线回路中串有变频器，机组差动保护和主变压器差动保护无法覆盖变频器设备。

全功率变频机组和主变压器差动保护（主保护）由于没有起动隔离开关和拖动隔离开关，主保护无需配置小差，只配置双重化的大差即可。如图 17-3-12 所示，只表示单套差动保护。

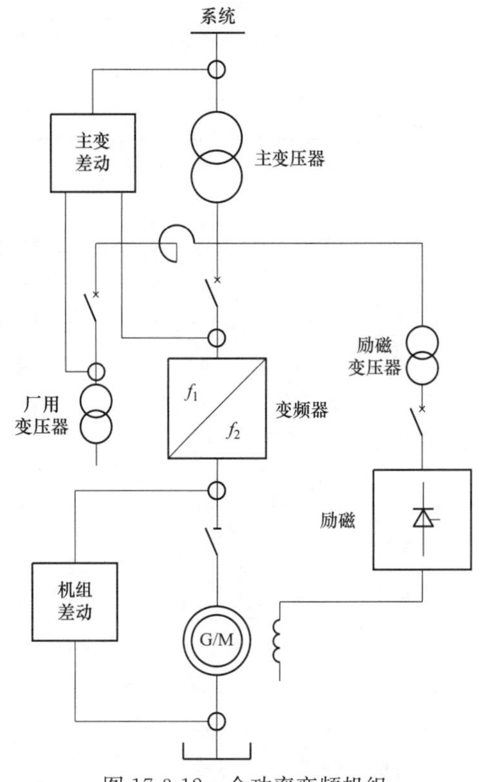

图 17-3-12 全功率变频机组主变压器和机组差动保护

2. 变频器保护

全功率变频机组变频器本身配有完善的保护（如速断/过流、过负荷、过电压等），但变频器检测到故障动作后，其首先封脉冲关断功率器件，阻断短路电流，同时发出跳主变压器和变频器之间的断路器及机组停机令。

3. 全功率变频机组保护典型配置方案

抽水蓄能电站变速机组发电电动机变压器组的保护应按双重化配置，发电电动机保护和主变压器保护分开配置。整套保护按 5 面屏设计：主变压器和励磁变压器保护组 3 面屏，其中，电气量保护 A、B 套各 1 面屏，非电量保护和其他辅助装置 1 面屏；发电电动机保护 A、B 套各 1 面屏。100MW 级中小型全功率变频抽水蓄能机组典型的继电保护配置见表 17-3-4～表 17-3-6。

表 17-3-4 发电电动机保护配置

序号	保护名称
1	纵差保护
2	裂相横差保护
3	单元件横差保护
4	复合电压过流保护
5	零序电压定子接地保护
6	三次谐波电压定子接地保护
7	注入式定子接地保护
8	过励磁保护
9	过电压保护
10	低电压保护
11	过频保护
12	低频保护
13	失磁保护
14	定子过负荷保护
15	负序过负荷保护
16	发电机逆功率保护
17	电动机低功率保护
18	低频过流保护
19	电压相序保护

续表

序号	保护名称
20	电流不平衡保护
21	轴电流（轴绝缘）保护
22	机端断路器失灵保护
23	励磁回路一点接地保护

注 全功率变频机组无需配置失步保护。

表 17-3-5　　主变压器保护配置

序号	保护名称
1	主变压器纵差保护
2	主变压器复合电压过流保护
3	主变压器过励磁保护
4	主变压器过负荷保护
5	主变压器接地零序保护
6	主变压器间隙零序保护
7	主变压器低压侧零序电压保护
8	主变压器非电量保护
9	励磁变压器差动保护
10	励磁变压器过流保护
11	励磁变压器过负荷保护
12	励磁变压器非电量保护

表 17-3-6　　变频器保护配置

序号	保护名称
1	变频器速断过流保护
2	变频器过负荷保护
3	变频器过电压保护
4	变频器欠电压保护
5	变频器接地保护
6	变频器机侧频率过高，频率过低保护
7	变频器内部故障

第四节　国外变速抽水蓄能电站实例

一、交流励磁变速抽水蓄能机组电站

1. 日本葛野川抽水蓄能电站

日本葛野川抽水蓄能电站位于中部地区山梨县大月市，所属东京电力公司。电站装设 4 台单机容量 400MW 的抽水蓄能机组，其中 1、2 号机组为定速机组，已投运多年；3、4 号机组为变速机组，4 号变速机组已于 2014 年 6 月投入商业运行，3 号变速机组待建。变速机组额定水头 714m，额定转速 500r/min，转速变化范围±4%，额定电压 18kV，额定频率为 50Hz。电站以 500kV 一级电压、两回出线接入电网。

葛野川抽水蓄能电站输水系统较长，一洞四机供水方式的水力条件也较为复杂，根据过渡过程计算，蜗壳进口最大水压值 1200m 水头（含压力脉动及计算误差），为最大静压的 1.394 倍，最大瞬态飞逸转速 730r/min，最大稳态飞逸转速 680r/min。水泵水轮机转轮均采用 7 叶片，转轮直径 4.6m。导水机构采用双接力器操作，主轴密封设工作密封与检修密封，其中工作密封采用径向密封。电站自投运以来，机组运行情况良好，变速机组发电工况能够在 130～400MW 稳定运行，定速机组只能在 260～400MW 稳定运行。所有机组振动小，自投运以来没有异常，转轮也未见空蚀现象。

定速发电电动机额定转速和变速发电电动机的同步转速均为500r/min（其他主要参数见表17-1-2），发电电动机均采用半伞式结构，稳定性较好，机组总高度较低。变速机组转子绕组端部采用U形螺栓固定结构。额定励磁电压4.04kV，额定励磁电流5210A，集电环罩直径4m，高2.5m，集电环罩外侧布置两个用于通风和空气过滤的装置柜。发电机配电装置以及交流励磁系统设备布置于发电机层机组段中间、厂房端部及上下游边墙，主变压器位于主厂房洞两侧，无独立的母线洞和主变压器洞，特别是交流励磁系统变频器两层布置于发电机层上游侧，高约6m。主厂房开挖宽度较大，发电机层跨度达到34m。励磁系统和转子集电环的连接母线采用空气绝缘的隔相共箱式母线，占用空间较大。电站发电机层如图17-4-1和图17-4-2所示。

图17-4-1　葛野川抽水蓄能电站发电机层（1号定速机组）

图17-4-2　葛野川抽水蓄能电站发电机层（4号变速机组、变频器和交流励磁控制柜）

交流励磁变频器额定容量（整流/逆变）为24/36.5MVA，采用交-直-交电压源型变频器，功率器件为IEGT。励磁变压器额定容量为24MVA，型式为SF_6气体绝缘变压器。变速机组水泵工况起动方式与定速机组相同，采用一套SFC起动作为主用、背靠背起动作为备用的方式。

2. 日本小丸川抽水蓄能电站

日本小丸川抽水蓄能电站位于九州地区宫崎县接近中部的儿汤郡木城町，所属九州电力公司。电站装设4台单机容量300MW的变速抽水蓄能机组，在日立三菱公司（HM Hyro）成立之前，电站的1、4号机组由日立公司供货，2、3号机组由三菱公司供货，机组同步转速600r/min，转速变化范围±4%，额定水头646.2m，额定电压16.5kV，额定频率为60Hz。电站以500kV一级电压接入电网。小丸川抽水蓄能电站为无人值班电厂，机组运行完全由宫崎发电中心中控所进行远程控制。

发电电动机转子重360t，定子重260t，发电机转动部分重435t，水轮机转动部分重55t，全厂装设2台225t/60t/10t单小车桥式起重机。

变速水泵水轮机除转轮直径略微小一点外，设计与结构基本与定转速水泵水轮机一样。1、4号水泵水轮机和2、3号水泵水轮机转轮均采用7叶片，导水机构采用双接力器操作，主轴密封设工作密封与检修密封，其中工作密封采用径向密封。由于运输条件限制，蜗壳座环及顶盖均分4瓣，现场组焊及组装，并对密封面现场进行加工。水泵水轮机吸出高度−75m，运行稳定，振动及噪声均较小。进水阀阀体分成上、下游两瓣，活门与阀体分开运输，现场组装、试验。

4台变速发电电动机的同步转速均为600r/min（其他主要参数见表17-1-2），发电电动机均为半伞式结构，稳定性较好，机组总高度较低。转子绕组端部采用内支撑环加高强度纤维绑带结构。1、4号机组额定励磁电压5.2kV，额定励磁电流3670A，2、3号机组额定励磁电压2.71kV，额定励磁电流5830A。1、4号机组和2、3号机组定子铁心长度分别为4m和3.1m，集电环罩高度分别为4.8m和4.2m。集电系统设置了粉尘吸收装置。发电机配电装置布置在机组段中间发电机层和母线层，主变压器位于主厂房洞两侧，无独立的母线洞和主变压器洞。交流励磁系统变频器为两层布置于母线层上游侧，高约6m，如图17-4-3（b）所示。图17-4-3（a）为机组检修时期的发电机层。励磁系统和转子集电环的连接母线采用空气绝缘的隔相共箱式母线，占用空间较大。

1、4号机组和2、3号机组交流励磁变频器额定容量分别为33.1MVA和27.4MVA。1、4号机组采用晶闸管交-交变频器，又称循环变换器（cycloconverter），功率器件为晶闸管。2、3号机组变频器采用交-直-交电压源型变频器，功率器件为IGCT。1、4号机组励磁变压器额定容量为20.2×3MVA，型式为SF_6气体绝缘水冷变压器。2、3号机组励磁变压器额定容量为19.4MVA，型式为SF_6气体绝缘水冷变压器。4台变速机组水泵工况起动方式均采用一套SFC起动作为主用、背靠背起动作为备用的方式。

(a)

(b)

图17-4-3 小丸川抽水蓄能电站发电机层和母线层设备布置

（a）发电机层；（b）母线层

3. 瑞士林塔（Linthal）抽水蓄能电站

瑞士林塔（Linthal）抽水蓄能电站位于瑞士阿尔卑斯山Linthal小镇，装设4台250MW变速抽水蓄能机组，水头范围560～724m，额定转速500r/min，变速范围±6%。2017年10月4台机组已全部投入运行。水泵水轮机、发电电动机、交流励磁系统均由GE公司供货。运营商为瑞士电网。Linthal抽水蓄能电站及变速机组主要特性参数见表17-4-1。

表17-4-1　　Linthal抽水蓄能电站及变速机组主要特性参数

项目	主要参数
上水库正常蓄水位（m）	2474
上水库死水位（m）	2417

续表

项目		主要参数
下水库正常蓄水位（m）		1857
下水库死水位（m）		1765
系统最大输出功率（MW）		250
发电工况额定功率因数		0.9
系统最大输入功率（MW）		250
水泵工况额定功率因数		0.9
额定频率（Hz）		50
变速范围（r/min）		470～530（－6%～＋6%）
飞逸转速（r/min）		750
水轮机最大输出功率（MW）		255
发电机最大输出功率（MVA）		300
电动机最大轴输出功率（MW）		250
额定电压（kV）		18
变频器额定容量（MVA）		电网侧 4×10MVA（9.2MW） 机组侧 4×10MVA（9.2MW）
最大转子电流（A）		7000
转子电压（kV）		3.8
变频器类型		电压源逆变器
转子质量（t）		400
水泵工况	转速 $n_{pmin}/n_{pr}/n_{pmax}$（r/min）	462.7/500/530
	扬程 H_{pmin}/H_{pmax}（m）	565/715
	流量 $Q_{min}/Q_{r}/Q_{max}$（m^3/s）	54.1/68.2/80.6
	入力 N_{pmin}/N_{pmax}（MW）	155.7/245
水轮机工况	转速 $n_{tmin}/n_{tr}/n_{tmax}$（r/min）	470/500/530
	水头 $H_{tmin}/H_{tr}/H_{tmax}$（m）	550/625/707
	出力 $N_{tmin}/N_{tr}/N_{tmax}$（MW）	71/255/255

电站枢纽由上水库、下水库、输水系统、地下厂房、开关站等组成。母线洞采用斜洞布置方式，发电机电压回路设备布置于主厂房。

水泵水轮机转轮采用中拆方式，发电电动机为半伞式结构，交流励磁变速机组的集电装置通风冷却空调系统设计较为复杂。转子绕组端部采用径向螺栓固定结构，转子铁心两端延伸至转子绕组的长度，通过穿过转子线棒间隙的径向螺栓来固定转子绕组端部，以承受机组最高转速下的离心力，这些径向螺栓通过镶在转子铁心延伸部分的 T 尾键固定。额定励磁电压 3.8kV，额定励磁电流 7000A。交流励磁变频器额定容量（整流/逆变）为 4×10MVA，采用交-直-交电压源型变频器，功率器件为 IEGT。励磁变压器额定容量为 2×14MVA，型式为油浸式变压器。4 台变速机组水泵工况起动均采用交流励磁系统自起动方式。励磁变压器及交流励磁装置布置在发电机层下游侧房间内，房间按照机组单元布置。Linthal 抽水蓄能电站地下厂房发电机层如图 17-4-4 所示。

二、全功率变频抽水蓄能机组电站

1. 瑞士 Grimsel 2 号抽水蓄能电站

Grimsel 2 号抽水蓄能电站建于 1974 年至 1980 年之间，包括 4 台 90MW 机组。每台机组都包括一台横卧式发电电动机，一台混流式水轮机和一台水泵，电站厂房内部设备如图 17-4-5 所示。

水泵水轮机主要技术参数：①水轮机工况：水头 370m，流量 $4\times25m^3/s$，发电功率 80MW，同步转速 750r/min，压力 66bar；②水泵工况：扬程 450m，流量 $4\times22.1m^3/s$，发电功率 90MW，同步转速为 750r/min，压力 72bar。

2013 年 5 月，Grimsel 2 号抽水蓄能电站使用 ABB 基于 IGCT 的全功率变频器将一台定速机组改装为 100MW 的全变频机组，使该机组实现了抽水工况下的功率调节。该机组在发电和抽水工况下都能够参与调频、调峰的辅助市场，并从中获取经济效益。至 2014 年 3 月，改造后的全功率变频机组在变

图 17-4-4 Linthal 抽水蓄能电站地下厂房发电机层

图 17-4-5 瑞士 Grimsel 2 号抽水蓄能电站厂房内部设备

速抽水模式下运行了 3500h，调相模式下运行了 850h。总体来说，全功率变频器在 40%的时间用于灵活提供有功功率，16%的时间提供无功功率，剩下的 44%时间处于静止或定速发电运行状态。与定速机组相比，变速机组调用时间和次数明显增加的主要原因在于其抽水功率调节的灵活性、提供无功功率时更低的损耗以及更快的工况转换时间。

ABB 所提供的全功率变频器型号为 PCS8000，额定功率 100MW，输入电压和电流分别为 13.5kV 和 4650A，水泵工况下输出电压和电流分别为 10.8～13.5kV 和 4650A，属于三电平电压源变频器，以及配套的 AC800PEC 控制系统，该变频器由两台 50MW 单元组成，每个单元包含电网侧 1 台 50MVA 输入变压器和机组侧 1 台 50MVA 输出变压器，并与发电电动机和电网串联。机组抽水工况功率调节范围为 60～100MW。Grimsel 2 号抽水蓄能电站全功率变频器的工作原理图如图 17-4-6 所示。

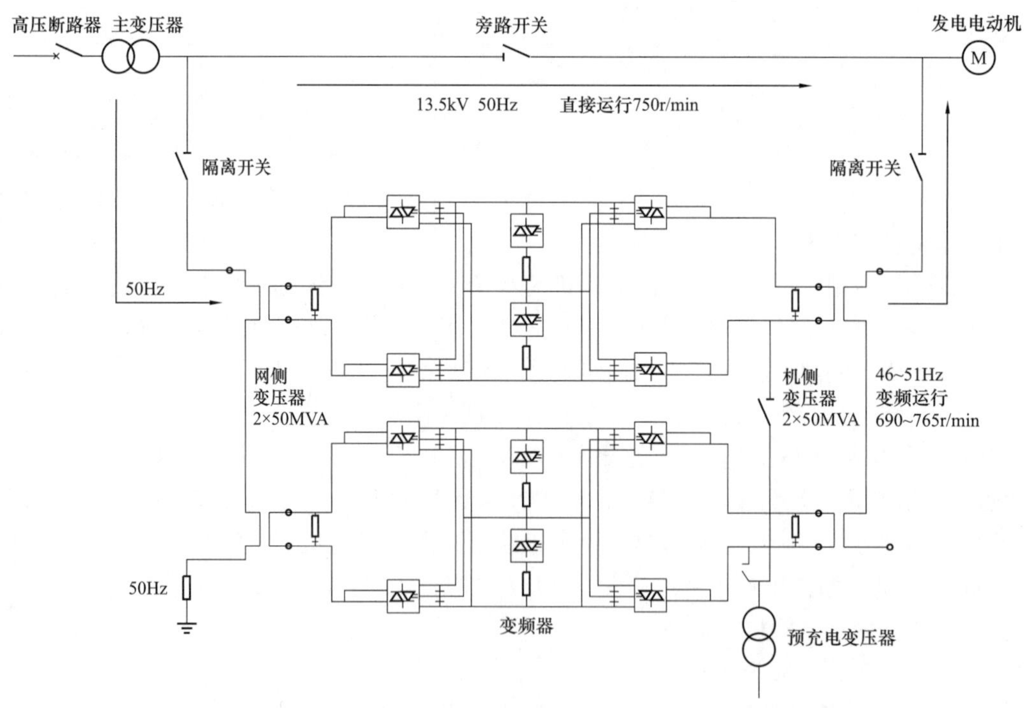

图 17-4-6 瑞士 Grimsel 2 号抽水蓄能电站全功率变频器工作原理图

2. 奥地利 Malta Oberstufe 抽水蓄能电站

奥地利 Malta Oberstufe 抽水蓄能电站位于奥地利卡林西亚山区，海拔约 1933m。电站装设两台立轴机组，1979 年投运，具有 200m 高的双弯混凝土大坝，水库蓄水量约为 2 亿 m^3。

Malta Oberstufe 抽水蓄能电站为了最大化运行灵活性，从而参与欧洲高度动态电力市场，并支持德国新能源消纳，2022 年完成了两台机组的全功率变频技术改造工作，在发电和抽水工况下都能参与一次控制调频从而最大化经济收益。

水泵水轮机制造商为Andritz，将原来62.8MW双转速水轮机改为80MW单转速水轮机，发电电动机制造商为GE，改造后发电电动机额定频率从50Hz下降至33.3Hz，额定电压为18kV，以适应M3C变频器。ABB提供的80MW全功率变频器产品名为Hydro SFC Light，采用了ABB最新的基于Lynx平台和模块化多电平拓扑的3×3矩阵式交-交直接变频器，功率器件采用IGCT。SFC Light采用了大功率STATCOM中所应用的技术、控制和保护方法，确保电网稳定性和电能质量。水泵工况下实现32～80MW的功率调节，发电工况下实现34.8～79.4MW的功率调节。

阀组每一相由若干个H桥串联而成，串联的数量取决于连接的发电机出口电压，每个H桥由4个IGCT构成，同时H桥并联一个由晶闸管构成的旁路单元，Malta Oberstufe抽水蓄能电站全功率变频器工作原理图如图17-4-7所示。

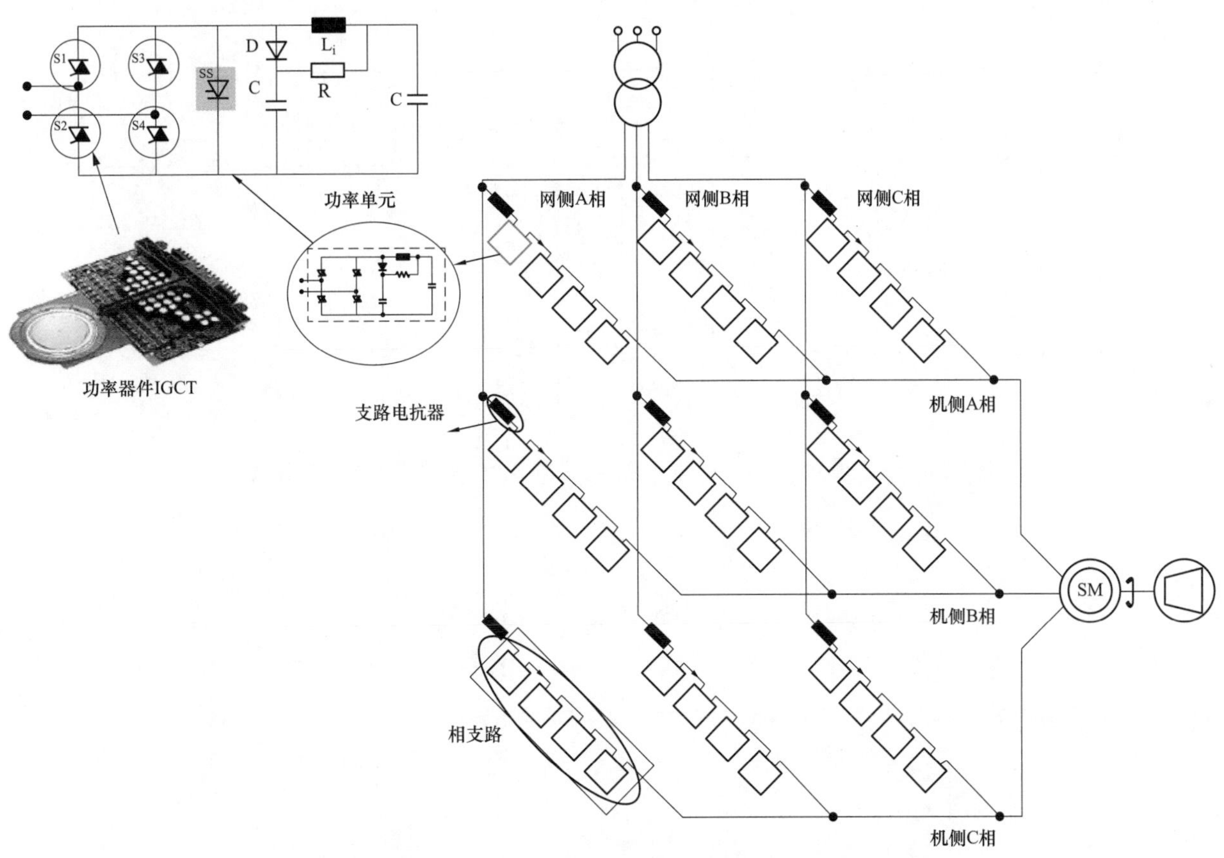

图17-4-7 Malta Oberstufe抽水蓄能电站全功率变频器工作原理图

3. 奥地利Kaprun Oberstufe抽水蓄能电站

Kaprun Oberstufe抽水蓄能电站于1955～1956年建成，装设2台卧式机组，总装机容量为112MW。为了提高效率并适应能源市场的新需求，业主Verbund公司于2022年完成了对原Kaprun Oberstufe抽水蓄能电站机组的全功率变频技术改造。Kaprun Oberstufe抽水蓄能电站厂房设备如图17-4-8所示。

图17-4-8 奥地利Kaprun Oberstufe抽水蓄能电站厂房设备

水泵水轮机制造商为 Litostroj，发电电动机制造商为 Voith。GE Power Conversion 提供的 80MW 全功率变频器产品名为 MV7616，采用了 GE 的 3 电平交-直-交间接变频器，功率器件采用 IGCT。水泵工况转速范围 540～830r/min，发电工况转速范围 450～775r/min。Kaprun Oberstufe 抽水蓄能电站全功率变频机组电气主接线如图 17-4-9 所示。

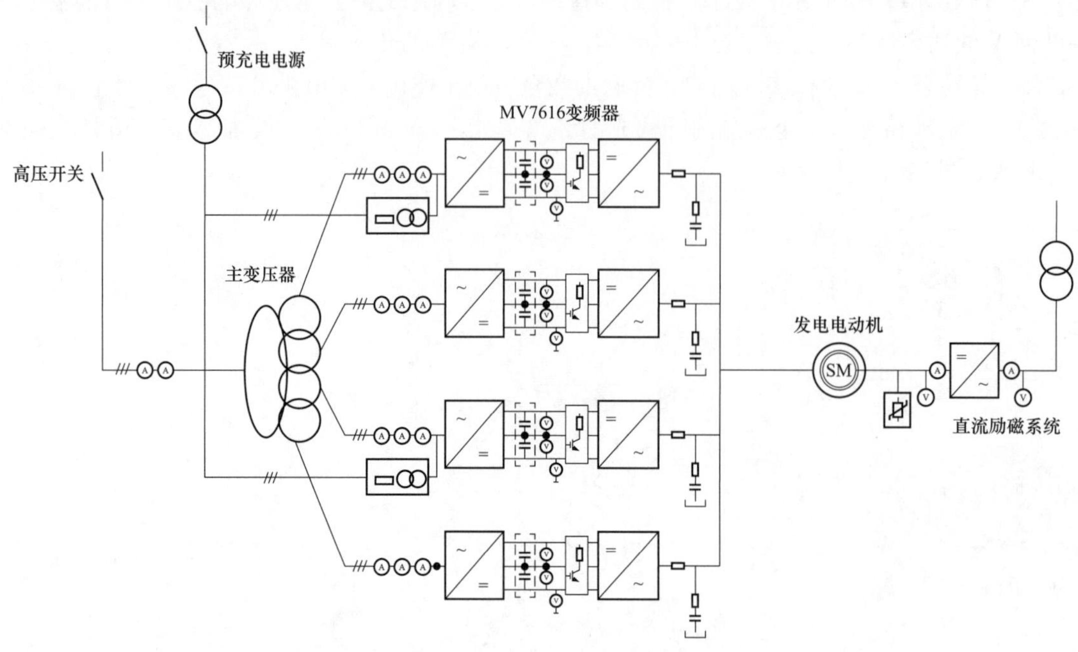

图 17-4-9 Kaprun Oberstufe 抽水蓄能电站全功率变频机组电气主接线图

第十八章　抽水蓄能电站工程施工

第一节　抽水蓄能电站工程建设管理

我国大型抽水蓄能电站建设始于20世纪80年代后期。此时，水电工程建设体制已经历了“鲁布革冲击波”，进入了市场竞争的建设管理机制。在新的建设管理模式演变和改革完善过程中，建设单位的中心作用和主导地位逐步形成，这在第一批抽水蓄能电站例如十三陵、广州和天荒坪工程的建设管理上均得以体现。进入21世纪，尤其是“十二五”和“十三五”时期，我国抽水蓄能电站开发建设从学习借鉴国外技术过渡到自主发展为主，抽水蓄能电站建设迎来了新一轮建设高潮，在这期间，基于一大批大型常规水电工程建设所积累的建设管理经验，以及几十个大型抽水蓄能电站的建设管理实践，有力地促进了我国抽水蓄能电站工程建设管理呈现健康有序的良好局面，管理模式更为丰富，管理经验更为成熟，管理行为更为规范。

抽水蓄能电站建设管理模式与国家经济管理体制和基本建设投资体制模式是密不可分的，从起步到目前大规模开发建设，不同时期有其相应的特点，同一时期的不同项目在建设管理模式上大同小异，但又各具特色。具体到各项目的施工组织模式，由于各工程枢纽组成和建筑物各部位的作用与特点基本相同，施工分标规划总体格局变化不大，但基于各项目建设单位在机构组成、规模、经验、习惯上的差别等，其分标组合和标段间接口等细微之处的处理上又有所不同。

一、工程建设管理模式

（一）大中型水电站建设管理模式的演变

我国水电建设管理体制改革始于1984年鲁布革水电站引水隧洞工程国际招标和石塘水电站工程国内招标。这两项工程的公开招标，初次引入了竞争机制，取得了很好的效益。在这之前，水电建设基本是由行政指令的办法确定施工单位，或由政府主管部门组建的项目管理机构组织工程建设，共同的特点都是由政府主管部门用行政的办法确定电站的建设单位，电站建成后移交电力管理部门运行。1984年以后，国内的大中型水电建设项目（除西藏地区外）全部实行了新的管理体制，即业主责任制、建设监理制、招标承包制三位一体的管理体制。2000年1月1日之后，《中华人民共和国招标投标法》开始施行，进一步规范了建设项目的招标投标活动。水电站的工程建设管理体制归纳起来大致有以下三种模式：

（1）受上级主管部门委托组建建设单位，由建设单位对工程进行管理和监督，施工企业按“五定”方案实行概算投资包干，建设单位只对工程实行投资、质量、进度等方面的管理和监督，不对工程总承包。

（2）由业主单位对工程实行总包，并组建建设单位，具体负责组织工程建设，并直接承担工程监理。建设单位与业主在行政上是隶属关系，在经济上是合同关系，通过招标选择施工单位和设备制造单位。开展试点以设计院为主体的工程咨询公司，对工程实行建设总承包，并行使建设监理职能，如石塘水电站。

(3) 组建流域开发公司，负责流域规划、电站建设、生产经营，即实行规划设计、建设管理、生产经营全过程的管理。公司经济独立，自负盈亏，滚动发展。由业主或组建的建设单位聘请监理单位，行使工程监理职能。监理单位行政上不属业主领导，与业主以合同明确相互关系，在经济上不承担风险。

以上三种建设体制反映了建设管理体制不断深化改革的历史演变过程。鲁布革电站是由旧体制向新体制转变的第一次尝试。为我国基建工程实行招标承包和工程监理制积累了经验，闯出一条新路。在第二批进行改革的大型水电工程中，项目建设管理工作在鲁布革经验的基础上又前进了一步。业主实行投资总包、承担经济风险、具有还贷能力。由业主组建建设监理单位，对工程施工和设备采购全面实行招标投标，并负责工程建设和监理。经过这一阶段，人们对新体制在思想上逐渐适应，业主与建设监理单位的关系更加密切，建设监理单位的中心作用和主导地位更加突出。因此这一时期的工程在进度、质量及造价控制上都取得了较大的效果。广州蓄能工程又有所创新，不但对施工、设备采购实行招标，对建设监理单位也实行了招标，全部引进竞争机制。同时业主、建设单位和监理单位有明确的分工，建设单位负责整个工程的组织建设，着重创造好外部条件；监理单位负责具体的施工管理，即"三控制一协调"。由于分工明确，因而使新体制的生命力更加旺盛，工程建设也取得了更加辉煌的成绩。

(二) 第一批抽水蓄能电站建设管理模式

我国第一批抽水蓄能电站中比较有代表性的十三陵、广州、天荒坪等大型电站，在建设管理上各自探索出一套行之有效的制度，因而取得了工期短、质量好、投资省的效果，为我国抽水蓄能电站的建设管理和发展进行了有益的尝试，奠定了良好的基础。

1. 十三陵抽水蓄能电站

十三陵抽水蓄能电站是由北京市人民政府和原国家能源投资公司共同出资建设的。为推进电站建设的顺利进行，成立了由原能源部、国家能源投资公司、北京市人民政府各有关部门、电站所在地的地方政府、华北电管局等各方领导参加的电站建设领导小组。领导小组委托华北电管局组建现场管理机构——北京水电开发公司（原十三陵抽水蓄能电站筹建处）代表业主行使建设单位职能。

十三陵抽水蓄能电站主体工程施工按工程部位划分为上水库土建工程、上水库混凝土面板工程、压力管道土建工程、压力管道钢管安装工程（又分成上斜、下斜两个标）、地下厂房及尾水系统工程、下水库进出水口工程、机组安装工程、下水库混凝土防渗墙工程、南干渠补水渠加固工程 10 个大标，分别由五个施工单位中标承包施工。施工监理划分为地下系统工程、地面工程、压力钢管制造安装工程和机电设备安装工程四部分，分别由四家不同的监理公司承担。由于诸多客观因素的影响，主体工程划分标段较多。这么多的施工、监理单位共处于一项工程之中，科学有效的协调是十分重要的。建设单位与各施工及监理单位之间均为合同关系，工程施工的过程也是各个合同单位执行各自合同的过程。在这中间不可避免地会出现诸多的矛盾，而解决矛盾及协调各单位之间关系自然就落在了建设单位身上。处理各单位之间的矛盾，涉及各方利益，但必须保证工程质量，服从于工程总进度。在工程建设初期，各项目场地相对分散，各工作面相互干扰较少，矛盾不很突出。当工程进入中、后期，各单位逐渐汇集到地下厂房及衔接部位，在机组进入安装阶段，外商设备制造与供货及机电设备安装便成为主厂房协调工作的重点。建设单位成为协调各工作面及单位工作的中心。

十三陵抽水蓄能电站建设单位适时地组建了几大协调组，处理随时发生的各类矛盾。①上水库工程协调组：负责处理压力管道与上水库施工现场矛盾。②厂房工程协调组：重点解决各施工单位之间现场工作的先、后、等、停、让、抢等事宜，一切以总进度为目标，局部利益服从总体利益，保证重点。③经济协调组：为不影响进度，小问题由监理核实施工方法及工程量，提出经济补偿初步意见，建设单位的合同管理部门直接解决。重大问题由建设单位总会计师、总经济师、计划处长等专业领导为主体成立的经济协调组，与监理、施工单位，以原合同条款为基础，根据实际情况协商解决。④定期召开工程季度总协调会。

2. 广州抽水蓄能电站

广州抽水蓄能电站由广东省电力集团公司、国家开发投资公司和广东核电投资公司三方集资兴建，组建广东抽水蓄能电站联营公司（简称广蓄联营公司）。1988 年 3 月广蓄联营公司成立，大胆打破过去建管分离的建设管理模式，实行建管合一的项目法人责任制。广蓄联营公司拥有包括联营三方出资建设的电站及其附属设施在内的全部财产的经营权（法人财产权），对电站筹划、融资、建设、运行、经营、还贷以及资产的保值增值全过程负责。公司实行董事会领导下的总经理负责制，电站建设经营重大问题由董事会决策，总经理对董事会全面负责，全权负责电站建设和经营。

实行项目法人责任制，项目法人承担的责任和拥有的权利，客观上决定了项目法人在项目建设过程中处于核心和主导地位。广蓄联营公司集建设和运营于一身，本着精简机构、提高效率、广泛利用社会力量的方针组建，按照“小筹建、大承包”的原则，公司机构不搞大而全、小而全。公司下设电厂，负责电站的运行管理。公司本部设有计划财务部、工程部、设备部及综合部 4 个部门，分工负责电站建设和运营以及公司内部行政事务。在建设期，公司在工地设有派出机构——工地指挥部，负责处理移民征地、协调地方关系等工作。除电厂运行管理人员外，公司有正式职工 63 人。作为一个大型水电项目的建设和运营管理单位，广蓄联营公司的机构设置和人员数量是相当精简的。

实行建设监理制，依靠监理搞好工程管理。广州抽水蓄能电站是水电建设最早实行建设监理制的项目之一。工程监理成建制聘请，通过招标选择监理单位，并与之签订监理合同。根据公司授权，工程监理常驻工地对工程施工质量、进度、安全实施全面的监督管理。工程监理不仅监理施工，也监理设计，工程设计图纸经监理审核后才能交付施工，监理还参与设计施工方案的优化。为使工程监理充分发挥作用，广蓄联营公司在监理合同授权范围内，对监理给予充分的信任和坚决的支持，并为监理提供一切必要的工作条件和后勤保障。

实施招标投标制，择优选择施工单位。工程施工单位是项目建设的直接实施者，成功地选择合适的施工单位，是项目建设取得良好效益的重要保证。广州抽水蓄能电站在招投标过程中，不单纯以报价高低为取舍的依据，而是根据工程特点，施工单位的特长、经验及信誉、投标报价等，综合评价择优选择承包商，而且根据实际情况因地制宜地实施招标投标制。例如，一期主体工程未分标，全部工程由一家承包商负责施工。二期工程是在一期工程的基础上连续施工的，所以没有公开招标。

3. 天荒坪抽水蓄能电站

天荒坪抽水蓄能电站是按照国家关于鼓励多家办电、集资办电精神，由中国华东电力集团公司、申能股份有限公司、江苏省国际信托投资公司、浙江省电力开发公司、安徽省能源投资总公司等 5 家单位共同投资建设的。成立了天荒坪抽水蓄能电站董事会，投资各方共同参与。董事会在明确电站是经济实体，实行独立核算、自负盈亏，集资各方按投资比例拥有电站产权并分电、分利的前提下，把电站的建设、管理全部委托给了华东电力集团公司。华东电力集团公司受董事会委托作为业主代表，就该项目建设管理向董事会负责。

天荒坪抽水蓄能电站采用“多方投资，建管委托”的管理模式，实现了电站所有权与经营权相分离。华东电力集团公司于 1991 年 11 月正式成立了天荒坪抽水蓄能电站工程建设公司（简称天建公司）。天建公司受华东电力集团公司委派，在现场负责电站的建设管理工作。天建公司是按照“小公司，大监理”的方针，坚持精干、高效的原则组建的，建设管理人员最多时也仅有 70 人（包括部分电厂人员）。

全面实行监理制。所谓“小公司，大监理”就是把大量的现场控制、管理和协调工作以合同的方式委托给监理单位，由监理单位向业主单位负责。1993 年通过定向商议，选定了土建工程监理单位；机电安装部分则由天建公司自行组织监理。正是紧紧地依靠了监理单位，使该工程的进度、质量、投资始终得到有效控制。同时，工程结束后，亦不需要花很大的精力来安置有关人员。

实行招标承包制。首先认真抓好招标范围的划分、标书的编制和审查工作，这方面主要依靠设计单位。其次是内部分工，规定国际采购，主要以集团公司为主；土建与国内采购，主要由天建公司负责；合同执行全部由天建公司为主负责。为了做好招投标工作，对一些主要合同聘请了国内外专家做咨询和顾问。土建方面，国外聘请了美国哈札国际工程咨询公司，国内聘请了水电水利规划设计总院（简称水规总院）等；机电设备方面，国外聘请了法国电力公司（EDF），国内聘请了水规总院、中国水利水电科学研究院的专家和教授。通过全面实行招标承包，形成了竞争的环境，充分发挥了各参建单位的特长和优势，选取了较好的施工企业和设备供应商，并合理地控制了造价。

（三）第二批抽水蓄能电站建设管理模式

我国第二批抽水蓄能电站建设管理模式基本继承了第一批抽水蓄能电站项目建设管理的成功经验，继续实行以项目法人责任制为中心，以建设监理制和招标承包制相配套的管理模式。项目法人即业主根据不同的投资模式，有着不同的组建模式，但基本都是重新组建（惠州抽水蓄能电站除外，仍然由广蓄联营公司作为项目法人）。这样一个新组建的公司要对目前已经较成熟的设计、监理和施工单位进行管理存在一定的风险。如何规避风险、提升项目管理水平，浙江桐柏抽水蓄能电站在工程建设管理方面又有所创新。

桐柏抽水蓄能电站采用委托建设管理，形成了“小业主，大监理，委托建设管理”的建设模式，是水电建设采用这种模式的初次尝试。桐柏抽水蓄能电站由华东电力集团公司、上海市电力公司、上海申能电力开发公司、浙江省电力公司、浙江省电力开发公司、天台水电综合开发公司6家合资建设。浙江省电力建设总公司桐柏抽水蓄能项目部是该项目的管理公司，负责建设项目的施工及设备招投标、生产准备、建设管理等。

桐柏抽水蓄能电站采用的委托建设管理与天荒坪抽水蓄能电站采用的“多方投资，建管委托”的管理模式是有差别的。委托建设管理后，建设管理企业——桐柏项目管理公司并未拥有电站产权及经营权，它只是工程建设中的一个代建单位，类似水电建设工程中的设计单位、施工单位和设备制造厂家。项目管理公司不提供图纸、机具和设备，也不进行具体的施工，而是以建设管理者的角色出现在工程建设中。业主将主要精力用于管理资金的运作和建成后的运行。

在桐柏项目中，业主主要负责获取项目批文和土地使用权；负责政策处理、项目审计和资金筹措；对主要合同如设计、监理、主要材料、设备供应商和施工承包商进行招标并签订合同，并负责对国际设备供应商的合同履行；完成电站安全鉴定、竣工验收和项目评估；进行生产准备和并网协议的签订；办理工程质量监督和工程保险；决策工程重大变更和索赔。桐柏项目管理公司按照合同授予的权限，履行业主签订的设计、监理、施工承包等合同，全面组织工程实施；负责项目管理的总体策划与控制，包括编制施工组织设计，施工总平面布置的设计与控制；全面导入质量（ISO9001）、职业健康安全（OSHMS）、环境管理（ISO14001）“三合一”管理体系，确定质量、进度、投资、安全“四大控制”的目标。

相对监理来说，项目管理公司是工程建设现场管理的业主代表。监理和项目管理公司管理层面不同，管理角色不一样。监理管理的一切职责都没有改变。浙江桐柏抽水蓄能电站建设管理的实践表明，监理工作非但没有被委托建设管理的模式打乱，而是管理更加顺畅。由于项目管理单位技术的专业化和管理的系统化，对监理管理起到了极大的支持和督促作用。

广东惠州抽水蓄能电站的投资方与广州抽水蓄能电站相同，电站业主也是广蓄联营公司。广蓄联营公司负责电站的投资、建设、运行和经营管理；电站建成后，广蓄联营公司成立一个分支机构——广东蓄能发电有限公司惠州蓄能水电厂，直接管理该电站运行。广蓄联营公司继利用广蓄一期滚动开发二期工程之后，又自筹惠州项目资本金的2/3，使得广东抽水蓄能的滚动开发又向前迈进了一步，形成良性循环局面。

我国电力体制实行“厂网分开”改革后，抽水蓄能电站建设和管理面临的环境发生了很大的变化，国家发展和改革委员会以“发改能源〔2004〕71号”文，就抽水蓄能电站建设管理有关问题发出通知。考虑到抽水蓄能电站主要服务于电网，为了充分发挥其作用和效益，明确“抽水蓄能电站原则上由电网经营企业建设和管理，具体规模、投资与建设条件由国务院投资主管部门严格审批，其建设和运行成本纳入电网运行费用统一核定。发电企业投资建设的抽水蓄能电站，要服从于电力发展规划，作为独立电厂参与电力市场竞争”。

国家电网有限公司于2005年3月组建了以建设和运营抽水蓄能电站为核心业务的国网新源控股有限公司，从2006年1月1日起将河北张河湾、山西西龙池、山东泰安、江苏宜兴、安徽琅琊山、东北蒲石河、湖北白莲河7家抽水蓄能电站股权或出资权划转国网新源控股有限公司。其后，中国南方电网公司也组建了调峰调频发电公司，负责抽水蓄能电站的建设和运营。标志着我国抽水蓄能行业的发展开始步入规范化、专业化的发展轨道。

（四）第三批抽水蓄能电站建设管理模式及发展初探

自国家电网组建国网新源控股有限公司和南方电网组建调峰调频发电公司后，抽水蓄能电站建设体制以“电网控股、地方参股”“电网全资”为主。其中“电网控股、地方参股”是抽水蓄能电站建设的主流。例如河北丰宁抽水蓄能电站由国网新源控股有限公司、国网冀北电力有限公司、新天绿色能源股份有限公司、国网北京市电力公司、国网天津市电力公司、丰宁满族自治县水电开发公司六家单位按照45.3%、20.14%、19.59%、5.03%、5.03%、4.9%的股份共同出资建设；吉林敦化抽水蓄能电站由国网新源控股有限公司、吉林省电力有限公司、辽宁省电力有限公司、黑龙江省电力有限公司、吉林省新能源投资有限公司、敦化市财政投资有限公司投资成立项目公司，项目投资方出资比例分别为34%、26%、5%、5%、15%、15%。

为了促进抽水蓄能电站健康发展，充分发挥抽水蓄能电站综合效益，2014年7月31日，国家发展和改革委员会以“发改价格〔2014〕1763号”文，就完善抽水蓄能电站价格形成机制的有关问题进行了说明，明确要求在形成竞争性电力市场以前，对抽水蓄能电站实行两部制电价。其中，容量电价弥补固定成本及准许收益，并按无风险收益率（长期国债利率）加1～3个百分点的风险收益率确定收益，电量电价弥补抽发电损耗等变动成本；逐步对新投产抽水蓄能电站实行标杆容量电价；电站容量电价和损耗纳入当地省级电网运行费用统一核算，并作为销售电价调整因素统筹考虑。上述政策下发后，对抽水蓄能电站建设引入社会资本投资发挥了积极作用，中国长江三峡集团有限公司、国家能源投资集团有限公司、国家电力投资集团有限公司、中国核工业集团有限公司、江苏省国信集团有限公司、中国华电集团有限公司等企业也加快布局抽水蓄能电站，尤其是在国家“碳达峰、碳中和”目标的引领下和构建新型电力系统、推动能源绿色低碳转型的驱动下，投资主体多元化趋势已非常明显，基本形成多强并争、新兴主体参与的格局。

总体而言，抽水蓄能电站投资主体多元化有利于抽水蓄能行业的发展，而抽水蓄能电站的建设基本上延续“小业主，大咨询”管理模式。大多数已建、在建抽水蓄能电站工程建设项目管理模式选择DBB项目管理模式，即采用传统的招标承包制、建设监理制的管理方式，由出资各方组建的项目公司负责项目建设和运营。但随着国内外建筑市场的竞争越来越激烈，对工程项目建设管理水平的要求越来越高，同时基于水电建设施工工期长、技术要求高、资金投入大等特点，EPC总承包管理模式在国内水电建设中开始尝试采用。

随着“全球能源互联网”的逐步推进，“大电网”的建设日益凸显了迫切性，抽水蓄能电站作为“大电网”建设中调峰填谷的重要环节，也迎来了开工建设的高峰期，吉林敦化、黑龙江荒沟、河北丰宁、山东沂蒙、辽宁清原、新疆阜康等一大批大型抽水蓄能电站陆续开工。为进一步提升管控效能，拓宽工程建设管理方式，国网新源控股有限公司以新疆阜康和辽宁清原抽水蓄能电站为试点，在抽水蓄能电站建设管理领域开展创新，首次尝试采用由勘测设计单位牵头的EPC总承包模式。

2017年，国家电网有限公司将辽宁清原和新疆阜康两座大型抽水蓄能电站采用EPC总承包模式发包，要求由设计单位牵头组建联合体负责整个工程的设计、采购、施工直至最终交付使用。EPC总承包模式，可以进一步简化业主在工程建设实施阶段的工作，减少业主在项目管理中人力、物力的投入；同时，充分发挥设计单位的技术优势，在施工中通过设计主动和施工相互协调，深度融合，合理协调设计周期和施工工期，达到缩短建设时间和便于管理的目的。

辽宁清原抽水蓄能电站EPC总承包由中国电建集团北京勘测设计研究院有限公司牵头，中国水利水电第六工程局有限公司和中国水利水电第八工程局有限公司组成辽宁清原抽水蓄能电站EPC总承包联合体，共同履行合同义务。新疆阜康抽水蓄能电站EPC总承包由中国电建集团西北勘测设计研究院有限公司牵头，中国水利水电第三工程局有限公司和中国水利水电第十五工程局有限公司组成新疆阜康抽水蓄能电站EPC总承包联合体共同建设。

辽宁清原抽水蓄能电站EPC履约采用过程控制模式，由业主聘请监理工程师监督总承包商“设计、采购、施工”的各个环节。业主通过监理工程师各个环节的监督，介入对项目实施过程的管理。EPC总承包项目管理部下设二级项目部：设计项目部、施工项目部、设备采购项目部。联合体授权EPC总承包项目管理部负责全面向业主履约，联合体不仅负责具体的设计工作、采购及施工工作，还包括整个工程建设内容的总体策划以及实施组织管理的策划和具体工作。新疆阜康抽水蓄能电站建设管理模式与辽宁清原大同小异，但机电及金属结构设备采用了不同的采购模式。

辽宁清原抽水蓄能电站机电及金属结构设备采购，分为两种方式：①承包人投标时带设备制造商投标的机电设备，包括水泵水轮机、发电电动机、主变压器等，中标后即确定设备制造商。②未纳入带设备制造商投标的机电设备，由承包人在实施阶段自行采购。

新疆阜康抽水蓄能电站机电及金属结构设备采购，分为以发包人为主的联合采购、以承包人为主的联合采购和承包人自主采购 3 种方式。①以发包人为主的联合采购，包括水泵水轮机、发电电动机等。②以承包人为主的联合采购，包括工业电视、闸门、拦污栅、启闭设备等。③承包人自主采购，为“以发包人为主的联合采购”和“以承包人为主的联合采购”之外的其他设备。机电及金属结构设备的采购工作由承包人负责采购管理。以发包人为主的联合采购方式，承包人负责编制设备的采购计划；负责组织编制设备采购的招标文件；全过程参与开评标工作；全程参与采购；负责设备采购合同的签订、履约与管理；发包人负责组织开评标工作。以承包人为主的联合采购方式，承包人负责编制设备的采购计划；编制设备采购的招标文件；组织设备的开评标、确定中标结果、签订采购合同等工作，发包人全过程参与。

辽宁清原抽水蓄能电站 EPC 承包人在机电及金属结构设备采购管理方面工作内容与协调解决设计、制造、安装调试、起动试运行、缺陷期间全过程的问题上和新疆阜康抽水蓄能电站 EPC 总承包管理要求是相同的。但根据设备采购模式的不同，辽宁清原 EPC 总承包与新疆阜康相比工作职责划分略有不同。辽宁清原带设备制造商投标的机电设备采购，承包人在投标文件中按设备范围和清单，明确设备的制造商及其技术方案；未纳入以上采购范围的其他机电设备和所有金属结构设备采购，承包人可自行采购。

二、工程施工规划和分标模式

（一）施工规划

“施工规划”的概念是在我国水电建设管理体制改革后逐渐引入的，初始阶段一般只在国际招标工程项目上实行，如当时的二滩、小浪底等国际招标工程项目开始编制了我国最早的《施工规划报告》。国内同期建设的被称誉为水电工程“五朵金花”的水口、隔河岩、漫湾、广蓄、岩滩水电站，由于采用国内招标，均未编制完整的施工规划，但为了指导工程招投标和建设管理工作的开展，受业主委托，设计单位就工程分标方案、各标衔接关系及施工进度安排、施工分标分区规划布置等方面的问题分别进行了专题研究，基本上满足了业主对工程发包和合同管理工作的需要。由于业主逐渐认识到“施工规划”工作的实用性，目前在建及筹建的蓄能电站项目，基本都在招标设计阶段委托设计单位编制《施工规划报告》。《施工规划报告》成为业主单位组织工程项目实施、贯彻招标投标制、编制标底的主要依据和指导性文件。

施工规划的主要任务是在已经审批的可行性研究阶段施工组织设计的基础上，根据招标设计阶段基础技术资料和市场信息进一步落实选定的施工方案及相应的施工工期；根据业主单位对项目实施和合同管理的要求，对工程合同的组合与划分作出全面规划和详细安排，并从便于项目实施的角度，研究各工程合同的施工方案、施工工期、施工布置等以及相互间衔接关系。一个好的施工规划最关键的是要对整个工程的合同组合与划分方案即工程施工分标方案作出合理规划。

（二）施工分标规划方案

1. 工程筹建准备期施工分标规划

抽水蓄能电站工程建设通常按主体土建工程（含金属结构安装）施工、机电设备制造、金属结构制造、机电设备安装四个工程项目分别进行招标和组织实施。施工工期基本按照筹建期、准备期、主体工程施工期和工程完建期四个施工时段划分，但各阶段并非截然分开。在工程筹建准备期内由业主负责完成并提供给主体工程承包商使用的公用施工设施项目，如：公路、施工供水、供电、通信、砂石料加工系统、水土保持挡护设施、施工营地等工程，一般根据实际情况全部或部分单独列标，提前组织施工。由于抽水蓄能电站上水库与下水库高差大、施工场地分散，其中连接上水库对外交通的公路也是上水库施工的必经之路，通常线路较长，是控制上水库施工的关键项目之一；上水库施工供水系统往往从下水库取水，有的工程为满足上水库初期蓄水要求，供水系统规模也比较大，若等主体工程承包商进场后再修建公路和供水系统，有可能会影响到主体工程工期，一般均单独列标，提前施工。砂石料加工系统可以单独列标，供应整个工程混凝土骨料，也可以包含在一个主体土建工程标内，供应本标及其他标段成品骨料。混凝土系统一般规模不大，通常含在相应的主体土建工程标内。施工供电一般由业主负责提供电网至工程区的35kV或110kV供电线路及场区施工中心变电站，并提供由中心变电站至各用电负荷点的10kV供电线路的终杆电源点，供各主体工程承包商接引。设计单位要对这些工程施工分标的数量、各标段工作范围和内容、规模、功能要求、边界条件经分析比较提出推荐意见，由业主给出决定性意见。

为了加快工程建设，缩短主体工程的施工期，对处于工程关键线路上且直接影响主体土建工程施工进度的项目，或是布置相对独立、施工难度较小、能为主体工程施工创造条件的项目，例如为施工关键线路工程地下厂房施工提供交通服务的通风兼安全洞（或厂房顶部施工支洞）、进厂交通洞、厂房上层排水廊道等；或下水库、输水系统等施工关键线路工程中的导流泄洪洞、高压管道施工支洞等工程项目，均可考虑单独列出，提前组织招标施工。

2. 主体土建及金属结构安装工程施工分标规划

依据抽水蓄能电站枢纽建筑物的组成和施工特点，主体土建工程一般分为上水库工程、地下系统工程（包括输水系统和地下厂房系统）、下水库工程三大部分，各部分相对独立，且有不同的施工特性，对承包商的资质和特长要求各有侧重，相互间干扰较小，每一部分均具有单独设标的条件。

对于有防渗要求的上水库、下水库中的防渗工程，分为全库防渗或局部防渗。根据地质、气象条件及枢纽布置特点的不同，全库盆防渗通常有钢筋混凝土或沥青混凝土衬砌两种型式。采用钢筋混凝土防渗面板的防渗工程常与水库开挖、填筑工程放在一个标段内；采用沥青混凝土防渗面板的防渗工程，由于工程施工专业性强、技术要求高，以前国内缺乏成熟的施工经验和施工队伍，也涉及国外贷款的使用，已建工程如天荒坪、张河湾、西龙池、宝泉电站均单独设标，进行国际招标。国外德国斯特拉堡（专门从事沥青混凝土施工的国际专业公司）、瑞典WALO、日本大成等公司在这方面有较丰富的施工经验和业绩。用于国际招标的范围仅限于组成沥青混凝土防渗面板各层的施工，包括整平胶结层、排水层、防渗层及封闭层。另外，因沥青混凝土施工混合料对沥青混凝土拌制和粗细骨料质量均有特殊要求，故沥青混凝土拌和与成品骨料精加工亦含在此标中。早期已建电站的沥青混凝土面板工程，天荒坪电站中标承包商为德国斯特拉堡公司；张河湾电站中标承包商为日本大成公司和葛洲坝集团公司联营体；西龙池电站中标承包商为日本大成公司，葛洲坝集团公司提供劳务；宝泉电站中标承包商为中国水科院的北京中水科工程总公司，德国斯特拉堡公司作为技术支持方。随着这些项目的陆续建成，近十年来，国内施工队伍对沥青混凝土防渗面板施工技术已逐渐掌握，为简化合同管理，发包人一般将沥青混凝土面板与水库开挖及填筑工程放在同一个标段内，由于沥青混凝土施工的专业性强，承包人可采用专业分包的方式分包给专业队伍开展此项施工，如呼和浩特电站上水库、沂蒙电站上水库等。

地下系统因包含引水系统、地下厂房系统和尾水系统，工程规模大，又处于关键路线，且高差大、战线长、开挖与压力钢管安装跨专业，对承包商要求高，往往有两种组合模式：其一为地下系统全部包含在一个标段内，例如张河湾抽水蓄能电站；其二为引水系统土建及压力钢管安装分离出来组成一个标、地下厂房与尾水系统组成一个标段，例如西龙池抽水蓄能电站。也有个别工程例外，如泰安抽水蓄能电站尾水系统跨越铁路，为协调地方及行业关系，将尾水系统与下水库工程分在一个标段内，由铁路系统施工队伍施工；宜兴抽水蓄能电站，由于下水库工程规模相对较小，将尾水隧洞和尾水调压井划入下水库工程标，以减轻地下厂房（工程关键线路项目）标的施工压力，提高洞挖料的上坝率。因此，抽水蓄能电站主体土建工程最常见的分标方案有以下两种：

（1）方案一：上水库工程；引水系统土建及钢管安装工程；地下厂房及尾水系统工程；下水库工程。

（2）方案二：上水库工程；地下系统工程；下水库工程。

近十年来，为充分发挥各承包人的技术优势，或为简化分标界面，激发承包单位的建设管理主动性，确保业主更多精力聚焦项目建设外部环境的维护，提升项目管理质量，在抽水蓄能电站工程分标规划方面开展了不同组合模式的尝试。例如，吉林敦化抽水蓄能电站，考虑上水库、下水库工程作业内容基本相同，主要为开挖填筑工程，土石方开挖和填筑的施工工作面较集中，施工专业性强，技术要求相对单一，库盆采取局部防渗方案，防渗工程量较小，因此划为一个标段即上水库、下水库工程标。镇安抽水蓄能电站，为了减少合同界面划分，有利于土石方统一调配，减少业主协调工作量，并考虑施工场地紧缺等因素，将整个工程的土建施工作为一个标段组织施工。

3. 机电设备安装工程施工分标规划

机电设备安装与地下厂房土建工程施工之间存在着大量的平行、交叉作业，放在一个标段里可以充分利用土建施工设施，合理地进行安排。但由于受机电设备采购进度的限制，机电设备安装标难以和厂房土建工程标同时发包。目前国内已建、在建大型抽水蓄能电站均将机电设备安装工程单独招标。但其中许多项目机电设备安装工程标的中标单位均为该工程的地下厂房土建施工队伍，例如广州、琅琊山、泰安、张河湾、宜兴、敦化等电站。这在一定程度上缓解了地下厂房系统土建与机电设备安装分标所带来的施工辅助工程重复建设、不同承包商间施工相互干扰、合同管理困难等弊端，减少了业主的协调工作量和协调风险。

机电设备安装工程标包括的主要项目有：机组（包括水轮机、调速器、球阀、发电电动机、励磁、变频与起动回路设备）、厂内桥式起重机、水机辅助设备、发电机电压设备、计算机监控系统和保护设备、电气设备（包括主变压器、500kV 电缆及管道母线、厂用电设备、直流设备）、动力及控制电缆、接地、照明设备等安装以及调试和试运行。施工范围包括主副厂房、主变压器室、母线洞、电缆出线竖井及廊道、开关站等部位。

4. 机电设备和金属结构制造工程施工分标规划

机电设备制造、金属结构制造工程专业性、独立性相对较强，一般均单独招标。以往，由于受机组制造技术能力的制约，大型抽水蓄能电站机电设备以进口设备为主，需国际采购的机电设备水泵水轮机及其附属设备、发电电动机及其附属设备和计算机监控系统设备三个部分之间接口协调工作量最大、最密切，一般分为一个标段；接口相对简单、技术相对独立的主变压器、GIS 设备和高压电缆等可分为多个独立标段，以吸引国内外更多的投标商、选择技术经济指标好的设备厂商。

为推动抽水蓄能机组国产化进程，有关部门采取了一系列措施，例如惠州、宝泉、白莲河三个工程电站机电设备采用统一招标，通过技贸结合的方式引进国外先进技术，哈尔滨电气集团有限公司（简称哈电）、中国东方电气集团有限公司（简称东电）和三个业主与中标的法国阿尔斯通公司签订了技术转让和设备采购合同，哈电、东电分别负责各个电站第四台机组的整机制造。通过技术转让，两厂获得研发、设计、制造抽水蓄能机组所必需的全部技术。辽宁蒲石河、广东深圳、内蒙古呼和浩特、福建仙游和湖南黑麋峰抽水蓄能电站作为抽水蓄能电站机组设备国产化后续工作的依托项目，机组设备采用招标议标方式在哈电和东电之间进行采购，实现抽水蓄能电站机组设备国产化目标。近十年来，在一批抽水蓄能电站机组研发、设计与制造实践的基础上，我国抽水蓄能机组设备已全面实现自主化。

抽水蓄能电站金属结构制造工程量不大，但涉及上水库、地下系统、下水库各个标段，为减轻土建各标施工压力，确保金属结构制造质量，一般按一个标段考虑单独招标。

5. 其他

为了充分发挥专业技术优势，如下一些项目通常也单独设标。

（1）工程安全监测系统。工程的安全监测主要包括主体工程建筑物在施工期和运行期的变形、应力、应变、渗漏等监测。此项工作早先均含在各个主体土建标中，但根据一些工程的经验，主体土建标承包人往往未能对施工期监测引起足够的重视，通常是业主花了大量的投资，却不能及时取得施工期的工程观测资料来指导施工。另外，由于施工中保护措施不得力，致使很多永久观测设备遭破坏，观测仪器完好率低，不能正常运行，达不到安全监测的目的。目前，工程安全监测系统在可行性研究阶段需进行专项审查，工程竣工前需进行专项验收，为保证监测设备埋设质量和观测数据的精度，工程安全监测可考虑单独设标，并由专业队伍完成。独立设标有利于监测系统的正常运行和保证监测资料的完整性，为工程施工安全、建筑物施工期的设计优化和运行期的安全监测提供可靠的反馈信息。同时，为下闸蓄水和竣工验收时的大坝安全鉴定工作，提供全面翔实的资料。不足之处是：与主体工程标之间有一定的施工干扰，将增加业主和监理人的协调工作量。因此，可考虑单独对安全监测工程招标，然后在相应的主体工程标中按业主指定分包人进行工程安全监测设施的施工。

（2）厂房建筑装修工程。地下厂房装修包括主厂房（包括安装场）、副厂房、主变压器室、母线洞、出线竖井及出线廊道、交通洞、通风洞等部分。其中主厂房发电机层、副厂房中控室和计算机室是地下厂房的对外窗口，其装修标准高、施工专业性强，独立设标有利于择优选择专业施工队伍。但由于地下厂房装修多是在土建工程尚未完工、永久通风系统还未起动、机电设备安装正在进行的情况下开始施工的，装修、安装两个承包人在同一区域内施工，施工干扰大，同时也将增加业主和监理的协调工作量。

（三）标段与标段之间接口项目的分标

（1）上水库进/出水口。上水库进/出水口位于上水库库盆内，主要包括土石方明挖、石方洞挖、混凝土浇筑等，设引水闸门井工程的，还包括闸门井开挖、渐变段洞挖、闸门井及启闭机架结构混凝土、闸门及启闭机金属结构安装等。其施工及主要道路布置均与上水库施工紧密相关，宜归入上水库工程标内。由于上水库开挖、填筑及防渗工程量一般较大，施工工期紧，往往是整个工程的关键线路之一，为避免引水隧洞、压力管道上平段及上弯段的施工与上水库施工相互干扰，上水库进/出水口一般不作为引水隧洞、高压管道上平段开挖施工、压力钢管安装运输的施工通道。通常另设高压管道上部施工支洞，作为引水隧洞和高压管道上平段的施工通道，必要时也作为上水库进/出水口闸门井的施工通道。

（2）下水库进/出水口。下水库进/出水口位于下水库库盆内，同上水库进/出水口一样，以归入下水库工程标为宜。但有些工程因枢纽布置原因也有例外。例如张河湾电站，由于尾水隧洞斜坡段倾角为19°，不能满足斜井溜碴的要求，尾水隧洞的开挖无法利用尾水隧洞施工支洞出碴，需全断面自上而下掘进，利用下水库进/出水口作为施工通道。因此，其施工工序与尾水系统施工关系较密切，故将下水库进/出水口与尾水隧洞一起划入地下系统及拦排沙工程标。

（3）地下厂房系统混凝土浇筑。地下厂房系统混凝土主要包括主副厂房、主变压器室、开关站、母线洞及主变压器运输洞等部位，其归属通常有两种方式：一是全部列入负责厂房开挖的土建标，即按照工程施工专业性质分标，土建与安装施工单位各负其责，机电设备安装工程标只负责机电设备的安装、调试及试运行，例如十三陵抽水蓄能电站。二是按照主厂房一、二期混凝土的界定（通常主厂房蜗壳层底板以下部分称为一期混凝土，蜗壳层底板至发电机层、发电机层以上构造柱及防潮墙部分称为厂房二期混凝土）将主厂房一期混凝土、副厂房、主变压器室、开关站、母线洞及主变压器运输洞等其他部位混凝土均列入地下厂房系统土建工程标，主厂房二期混凝土列入机电设备安装工程标，例如琅琊山、西龙池等工程。这两种分标方式的优点就是安装标不涉及混凝土或混凝土浇筑量很少，但均存在浇筑与安装分为两家造成两者之间不可避免的矛盾，施工质量及厂房施工进度不易控制，业主与监理的协调工作量较大，增加了合同管理的难度等问题。

张河湾、泰安、宜兴等工程将地下厂房系统混凝土按支护衬砌混凝土和结构混凝土分为两类，分别列入土建标和机电安装标，即将与机电设备安装联系较为紧密的结构混凝土划入安装标，其中尾水管（包括尾水肘管和锥管，下同）衬砌混凝土与尾水管安装划分在一个标内。这样分标，既有利于加快安装进度，施工质量也容易得到保证，虽然会增加机电安装标部分临时设施和临建费用，但总量不会很多。并由土建承包商供应商品混凝土，减少机电安装标在临时设施上的重复投入。

第二节 施工导流

一、抽水蓄能电站工程施工导流特点

坝体施工导流是抽水蓄能电站施工导流的重点。新建水库坝体施工导流分两种情况，一种是在天

然河道上筑坝形成水库，如天荒坪和惠州抽水蓄能电站下水库，这种坝体施工导流与常规水电站施工导流相似。一种是在天然沟谷上筑坝建库，如大部分抽水蓄能电站的新建上水库，此时坝址处枯水期一般无径流，汛期视汇水面积有一定的流量，坝体施工一般需要导流，但导流规模较常规电站小，导流程序也相对简单。利用已建水库改扩建的抽水蓄能电站水库，一般是在原有坝体上加高加固来扩大库容。由于受已建水库的型式、材料、运行要求等各种因素的影响，坝体加高加固施工导流具体型式多种多样，但多利用已有水库的永久泄流设施控制库水位，以同时满足施工导流和原有水库的运行要求。利用天然湖泊作为水库时，一般无需修筑坝体，不存在坝体施工导流问题。

进/出水口底板通常比较低，其施工导流也是抽水蓄能电站施工导流研究的重要内容。对于在天然山沟上新建的水库，由于其径流较小，其进/出水口的施工导流规模一般较小；对于在天然河道上新建的水库，其进/出水口施工导流与常规水电站尾水出口施工导流相似；对于利用已建水库改扩建的水库，进/出水口施工导流一般采用围堰或预留岩坎挡水进行进/出水口施工，在围堰填筑及拆除期间，可采用水库泄放水设施临时降低库水位，以降低围堰施工难度；对于利用天然湖泊作为下水库的，由于天然湖泊水位调节困难，可采用围堰或预留岩塞水下爆破施工等方案。

抽水蓄能电站的地下厂房位置一般较低，施工期的防洪度汛是其施工导流的重点。为确保厂房正常施工及机电设备安装，厂房的施工度汛应满足相应要求，输水系统与地下厂房贯通后，厂房施工期度汛通常采用进/出水口闸门挡水，若贯通前进/出水口闸门不具备挡水条件，可采用洞内预留岩塞挡水。

综上所述，抽水蓄能电站的施工导流一般需要考虑上、下两个水库的坝体施工导流，上水库、下水库两个进/出水口的施工导流，地下厂房系统的防洪度汛等。因不同抽水蓄能电站工程的具体枢纽布置和施工特点千差万别，其施工导流的特点、侧重点也各不相同，需要在工程的实际操作中具体考虑。国内部分抽水蓄能电站工程的施工导流特性见表 18-2-1。

表 18-2-1　国内部分抽水蓄能电站工程的施工导流特性表

工程名称	设计阶段	库区集水面积 (km^2)	导流标准	设计洪水流量 (m^3/s)	暴雨洪量 (万 m^3)	导流方式	导流建筑物尺寸	坝体度汛标准	进/出水口导流标准	进/出水口度汛标准
广蓄一期上水库	初步设计	—	10～3 月 $P=10\%$	35.3	—	混凝土涵管泄流	土石围堰、最大堰高 6.8m，涵管 $\phi 2.5$m	全年 $P=2\%$	—	—
广蓄一期下水库	初步设计	—	10～3 月 $P=10\%$	98.2	—	混凝土涵管泄流	土石围堰、最大堰高 9.3m，涵管 $\phi 4.0$m	全年 $P=2\%$	—	—
十三陵上水库	技施	0.163	—	—	—	—	—	—	—	—
十三陵下水库	技施	—	全年 $P=5\%$	—	—	围堰挡水	塑性混凝土心墙土石围堰	—	汛期采取措施调整库水位予以保证	
天荒坪上水库	初步设计	0.327	—	—	—	—	—	—	—	—
天荒坪下水库	初步设计	—	全年 $P=5\%$	317	—	围堰断流、隧洞导流	5.2m×5.2m（方圆形）土石围堰最大堰高 11m	全年 $P=2\%$	—	—
桐柏上水库	可行性研究	6.7	10～4 月 $P=10\%$	3.4	—	原桐柏电站引水发电洞	洞径 1.5m 最大堰高 17m	全年 $P=10\%$	—	全年 $P=10\%$
桐柏下水库	可行性研究	21.41	全年 $P=10\%$	141	—	隧洞导流	5.3m×4.8m（城门洞型）最大堰高 10.7m	全年 $P=2\%$	全年 $P=5\%$	全年 $P=1\%$
泰安上水库	招标	1.432	全年 $P=5\%$	46.5	—	隧洞导流	2.5m×3.3m（城门洞型）最大堰高 19.5m	全年 $P=2\%$	全年 $P=2\%$	全年 $P=1\%$

续表

工程名称	设计阶段	库区集水面积（km^2）	导流标准	设计洪水流量（m^3/s）	暴雨洪量（万 m^3）	导流方式	导流建筑物尺寸	坝体度汛标准	进/出水口导流标准	进/出水口度汛标准
泰安下水库	招标	84.53	10～5月 $P=5\%$	178.79	—	原溢洪道泄水	预留岩坎，黏土草包围堰高2m	全年 $P=2\%$	全年 $P=2\%$	全年 $P=1\%$
琅琊山上水库	招标	1.97	10～3月 $P=20\%$	1.7	24.4（24h，$P=10\%$）	放水底孔	1.6m×1.8m（城门洞型） 重力式趾板、最大堰高14m	全年 $P=2\%$	全年 $P=2\%$	全年 $P=1\%$
琅琊山下水库	招标	168	城西水库汛后最高蓄水位	—	—	—	土石围堰最大堰高11.7m	—	—	全年 $P=1\%$
宜兴上水库	招标	0.21	全年 $P=5\%$	5.6	5.17（24h，$P=5\%$）	库岸排水沟，水泵抽排	—	全年 $P=0.5\%$	—	全年 $P=0.5\%$
宜兴下水库	招标	1.87	全年 $P=5\%$	43.5	40.2（24h，$P=5\%$）	泄水管	泄水管，$\phi 0.8m$	全年 $P=2\%$	—	全年 $P=2\%$
西龙池上水库	招标	0.232	—	—	—	—	—	—	—	—
西龙池下水库	招标	库盆0.195，库盆上游1.103	全年 $P=3.3\%$	35.6	—	库盆上游支沟利用永久泄洪洞	拦沙坝，2.0m×2.5m（泄洪洞） 库盆利用排水廊道和放空洞	—	—	—
张河湾上水库	招标	0.369	最大日降雨量	—	1.05	水泵抽排	—	—	—	—
张河湾下水库	招标	1834	10～6月 $P=10\%$	111	—	泄水底孔	混凝土围堰（进/出水口挡水围堰）	全年 $P=2\%$	全年 $P=10\%$	全年 $P=2\%$
宝泉上水库	招标	0.48	全年 $P=10\%$	112	—	隧洞导流	5.2m×6.1m（城门洞型）	全年 $P=2\%$	—	全年 $P=1\%$
宝泉下水库	招标	538.4	全年 $P=2\%$	1870	—	利用原大坝灌溉洞，汛期溢流坝段泄洪	大坝灌溉洞，溢流坝段 降低库水位进行进/出水口施工	全年 $P=5\%$	枯水期降低库水位施工	全年 $P=2\%$
惠州一期上水库	可行性研究	5.22/（新、旧坝址区间集水面积0.8km^2）	10～3月 $P=10\%$	5.6	—	水泵抽排、放空底孔	—	全年 $P=2\%$	全年 $P=10\%$	降低原水库水位
惠州一期下水库	可行性研究	11.29	9～3月 $P=10\%$	105.9	—	隧洞导流	5.0m×4.0m（城门洞型） 土石围堰最大堰高10.7m	全年 $P=2\%$	全年 $P=10\%$	全年 $P=2\%$
蒲石河上水库	初步设计	1.12	全年 $P=20\%$	33.7	33.1（3d，$P=20\%$）	混凝土涵管	1.5m×1.5m（城门洞型） 土石围堰、最大堰高6m	—	全年 $P=20\%$	—
蒲石河下水库	初步设计	1141	全年 $P=10\%$	4390	—	分期导流	—	全年 $P=2\%$	全年 $P=10\%$	—
呼和浩特上水库	可行性研究	0.42	全年 $P=5\%$	10.8	1.45（24h，$P=5\%$）	水泵抽排	—	全年 $P=2\%$	全年 $P=5\%$	全年 $P=2\%$
呼和浩特下水库	可行性研究	区间集水面积7.35km^2	全年 $P=10\%$ 区间流量加上游水库下泄最大流量	346.6	—	隧洞导流	7.0m×8.0m（城门洞型） 土石围堰、最大堰高18m	—	—	—

续表

工程名称	设计阶段	库区集水面积 (km^2)	导流标准	设计洪水流量 (m^3/s)	暴雨洪量 (万 m^3)	导流方式	导流建筑物尺寸	坝体度汛标准	进/出水口导流标准	进/出水口度汛标准
丰宁上水库	招标	4.4	—	—	11.35 (3d, $P=10\%$)	水泵抽排	—	全年 $P=2\%$	全年 $P=10\%$	全年 $P=1\%$
文登上水库	招标	0.77	—	—	16.1 (24h, $P=10\%$)	导流涵管联合机械抽排	—	全年 $P=2\%$	—	全年 $P=1\%$
文登下水库	招标	17.93	全年 $P=5\%$	377	—	隧洞导流	利用泄洪放空洞	全年 $P=2\%$	—	全年 $P=1\%$
沂蒙上水库	招标	0.33	—	—	7.43 (24h, $P=10\%$)	大坝填筑前期截排水沟泄流，后期大坝挡水，排水廊道泄流	—	全年 $P=2\%$	全年 $P=5\%$	全年 $P=1\%$
沂蒙下水库	招标	2.67	10月～5月 $P=5\%$	30.2	—	隧洞导流	利用泄洪放空洞	全年 $P=2\%$	全年 $P=5\%$	全年 $P=1\%$
洪屏上水库	可行性研究	6.67	全年 $P=10\%$	53.5	—	隧洞导流	2.8m×3.5m（城门洞型）土石围堰、最大堰高6.5m	主坝，全年 $P=5\%$ 副坝，全年 $P=2\%$	—	全年 $P=1\%$
洪屏下水库	可行性研究	258	10月～3月 $P=10\%$	133	—	隧洞＋底孔导流	6.0m×7.0m（隧洞，城门洞型）6.0m×8.0m（底孔，矩形）	全年 $P=5\%$	—	全年 $P=1\%$
绩溪上水库	可行性研究	1.8	全年 $P=10\%$	24.1	—	隧洞导流	2.5m×3.0m（城门洞型）土石围堰、最大堰高12m	全年 $P=5\%$	全年 $P=10\%$	全年 $P=1\%$
绩溪下水库	可行性研究	7.8	全年 $P=10\%$	92.8	—	隧洞导流	3.5m×4.0m（城门洞型）土石围堰、最大堰高14.5m	全年 $P=5\%$	全年 $P=10\%$	全年 $P=1\%$

二、天然沟谷上筑坝建库的施工导流

在天然沟谷上筑坝建库，施工导流问题主要在坝体施工导流和度汛方面。其施工导流有如下特点：①无需截流，枯水期直接在干地上进行围堰和导流建筑物施工；②导流流量小，坝体填筑前库盆尚未封闭，此阶段一般可由原山沟泄流，不需单设导流设施；坝体开始填筑后初期导流一般可采用全年围堰挡水，采用机械抽排或导流隧洞泄流；中后期导流可采用坝体挡水，采用机械抽排或导流隧洞泄流；③导流隧洞一般可与永久泄水或排水建筑物相结合；④库区汇水导流标准和流量一般依据库区集水面积和汇水范围内3～20年一遇连续24h暴雨量确定。下面结合工程实例介绍常用的施工导流和度汛方式。

（1）坝体挡水，坝前蓄水采用机械抽排泄流或排水廊道泄流。如张河湾电站上水库沥青混凝土面板堆石坝施工导流，在库盆封闭前，库内汇水由环库截水沟截集，机械抽排至坝体下游；后期坝体度汛利用库底排水廊道下泄库内汇水。又如宜兴电站上水库面板堆石坝施工导流，坝体填筑前由原沟底泄流，并在填筑前形成427m高程处（原沟底高程420m）的环库截排水沟将427m高程以下坝体填筑期的上游来水排至下游；427m高程以上坝体填筑期采用坝体挡水，库盆排水廊道和副坝下的临时交通洞排水度汛。后期库盆排水廊道的首部集水井封堵，库内汇水无下泄通道，滞留库内，采用机械抽排。

（2）初期上游围堰挡水，导流隧洞泄流；后期坝体挡水，导流隧洞泄流度汛。琅琊山抽水蓄能电站上水库面板堆石坝施工时初期导流采用经加高的趾板兼作上游围堰，利用永久放空洞作导流洞下泄上游来水（趾板和永久放空洞施工时布置了临时子围堰和坝下涵管作导流系统）；后期坝体度汛采用坝体挡水，导流洞泄流。泰安抽水蓄能电站上水库面板堆石坝施工时初期导流采用上游土石围堰挡水，利用永久放空洞作导流洞下泄上游来水；后期坝体度汛采用坝体挡水，导流洞泄流。泰安工程由于后期库底需要进行大面积土工膜施工，又在库底防渗工程上游修筑二期草土围堰，堰前汇水通过二期修筑的导流明渠排至导流隧洞，下泄至坝体下游。

（3）利用库区永久防洪排沙系统，兼顾下水库坝体施工导流；库区内的汇水则由坝体挡水，机械抽排或利用库区排水廊道排至坝体下游。如西龙池抽水蓄能电站下水库，库尾有两条大的支沟，汇水面积（1.103km^2）较大，汛期暴雨径流较大，并存在固体径流入库的可能。为此，在库尾两条支沟上修建永久拦沙坝拦挡库尾小流域洪水和固体径流，并通过左岸永久泄洪洞将洪水排至坝体下游的滹沱河（见图 18-2-1）。在进度安排上将上述永久防洪排沙系统适当提前，兼顾下水库坝体施工导流。库区范围内的汇水则由坝体挡水，前期采用机械抽排、后期采用右岸库底放空洞排至坝体下游。又如宝泉抽水蓄能电站上水库，在库尾也有一较大支沟，在库尾支沟上修建副坝拦挡库尾小流域洪水和固体径流，并通过右岸永久泄洪洞将洪水排至坝体下游。库区范围内的汇水则由坝体挡水，采用机械抽排或库区排水廊道排至坝体下游。

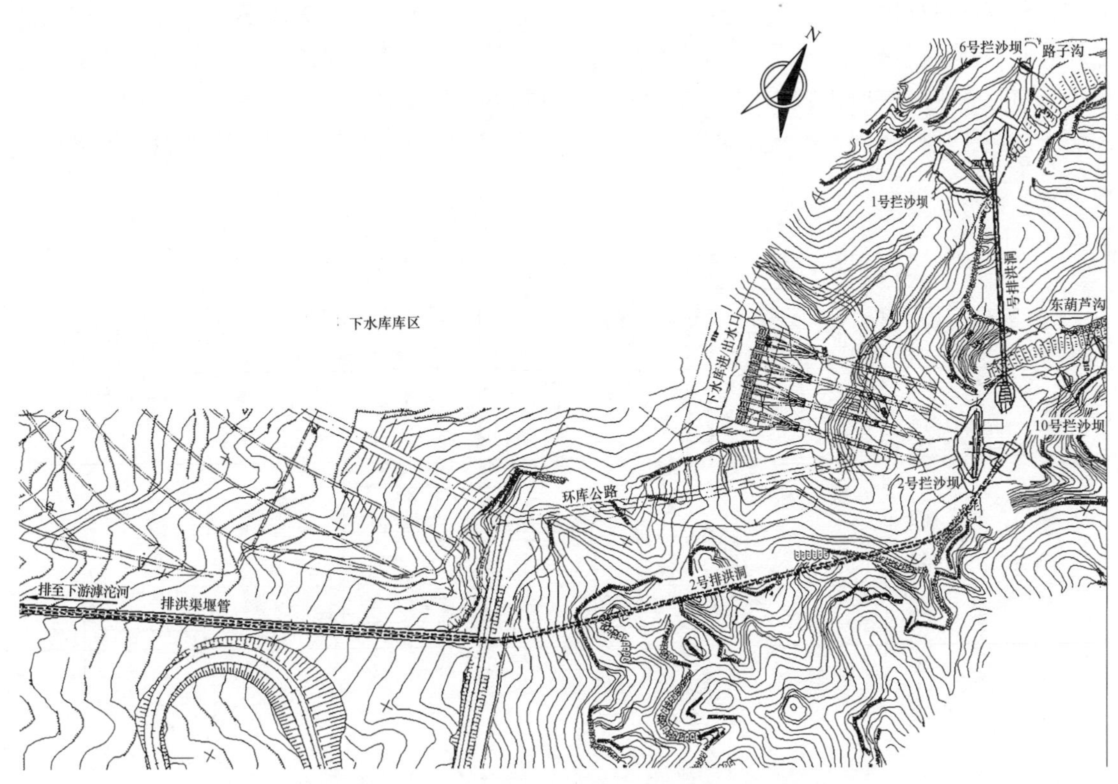

图 18-2-1　西龙池抽水蓄能电站下水库库区防洪系统总布置图

上述型式（1）不需修筑上游围堰，导流工程量小，对于流量和洪量较小的工程，如有条件宜尽量采用。但对于坝体缺口度汛，应注意缺口处水流流速的限制和缺口的防护；对于后期机械抽排，应注意抽排的费用和抽排与库内防渗面板的施工干扰问题。型式（2）需修筑上游围堰，导流工程量较大，对流量和洪量相对较大的工程可采用。型式（3）充分考虑与库区永久防洪排沙设施的结合，减少了导流工程量。

三、改扩建水库的施工导流

改扩建水库一般是利用已建水库，加高加固原有坝体，扩大库容形成。由于已建水库的型式、材料、运行要求、改建部位等各种因素的影响，坝体加高加固改建施工导流型式多种多样，但也有共性，既要充分利用已有水库的永久泄流设施来控制库水位，尽量减少施工导流工程量，减少施工导流难度，同时又要考虑原有水库的运行要求。以下介绍国内利用已建水库改扩建为抽水蓄能电站水库的施工导流布置与方式。

（一）张河湾抽水蓄能电站下水库坝体改建工程施工导流

张河湾抽水蓄能电站下水库利用未完建的原张河湾水库续建加高而成。原张河湾水库是一座以灌溉为主，兼作防洪的中型水库。1980年停建时原水库的主要形象为：浆砌石重力坝最大坝高为54.0m，泄水建筑物已建成一个冲沙底孔和两个泄水底孔，孔内的工作弧门和启闭机均已安装，且已正常运用多年，但进口检修闸门槽的埋件及二期混凝土尚未施工；大坝下游的消能工程亦未施工。续建大坝需加高23.35m，共分6个坝段，分别为右岸非溢流坝段、左泄水底孔坝段、右泄水底孔坝段、中孔溢流坝段、表孔溢流坝段、灌溉发电洞坝段、左岸非溢流坝段。由于张河湾下水库为当地生活、灌溉及该工程施工用水的唯一水源，因此，施工导流的原则是不放空水库，并且适当蓄水，维持工程已有效益，保证施工用水。坝体加高改建施工采用枯水期加高坝体、汛期停工的施工导流方式。具体是：Ⅰ枯由左泄水底孔泄流，在钢围堰保护下进行右泄水底孔和冲沙孔进口检修闸门槽施工；随后由已改建完成的右泄水底孔泄流，在钢围堰保护下进行左泄水底孔和灌溉发电引水洞进口检修闸门槽施工；Ⅰ汛由已完成的两个泄水底孔和原坝顶联合泄流度汛。Ⅱ枯由左泄水底孔泄流，进行右底孔、中、表孔坝体增建消能设施的施工（下游设浆砌石纵向围堰和一期黏土心墙土石围堰）和中孔坝段缺口的拆除；Ⅱ汛由中孔缺口和泄洪底孔联合泄流度汛。Ⅲ枯由右泄水底孔泄流，进行左底孔坝体增建消能设施的施工（下游设浆砌石纵向围堰和二期黏土心墙土石围堰）和中孔坝段的加高改建；Ⅲ汛由已完成的中孔和泄水底孔联合泄流度汛。冲沙底孔和泄水底孔的进口检修闸门槽的埋件及二期混凝土恢复修建施工时采用沿进口贴壁下放临时钢板围堰挡水，临时钢板围堰布置如图18-2-2所示，从施工和运行来看，钢板围堰下放施工比较顺利，挡水效果也比较好。对于库内闸门的改建工程，这种施工导流设计方案可供借鉴。

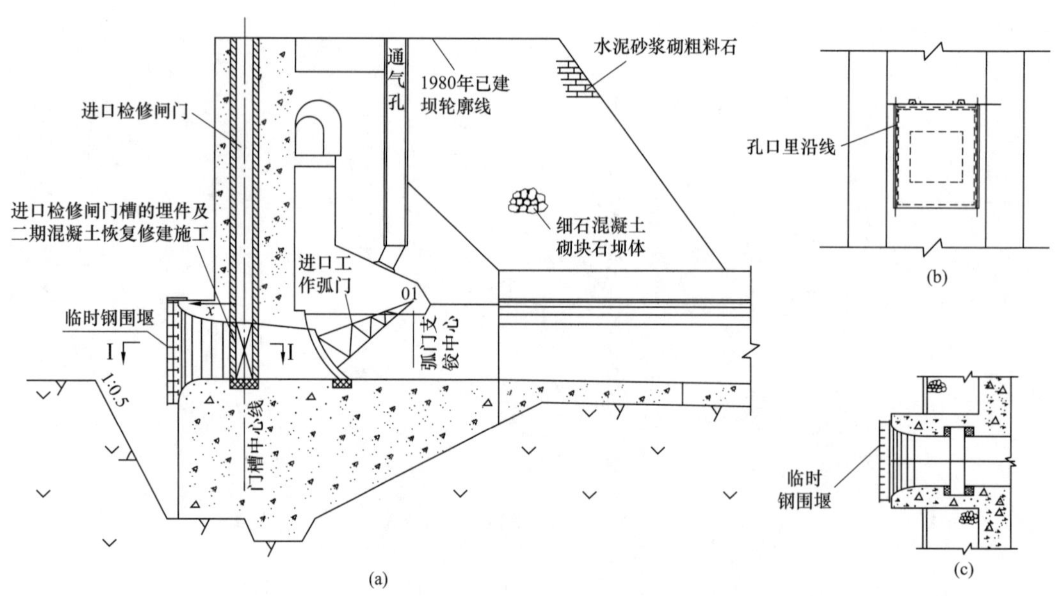

图18-2-2 张河湾抽水蓄能电站下水库冲沙底孔钢围堰布置图

（a）纵剖面；（b）上游立视图；（c）Ⅰ-Ⅰ剖面

（二）宜兴抽水蓄能电站下水库改建工程施工导流

宜兴抽水蓄能电站下水库利用原会坞水库。原会坞水库由土坝（最大坝高约22m）、溢洪道及灌溉取水涵管等组成。需将土坝加高改建为黏土心墙堆石坝（最大坝高50.4m）。坝体加高改建工程施工导流分三个阶段：第一阶段利用会坞水库溢洪道、灌溉取水涵管及水泵将水库放空，在一个枯水期内完成上游围堰和永久泄水管施工；第二阶段利用已建永久泄水管泄流，上游围堰和会坞水库土坝全年挡水，进行坝体施工；第三阶段仍利用永久泄水涵管泄流，坝体已建部分挡水（按坝体临时挡水度汛标准考虑）。该工程下水库坝体加高加固工程施工导流利用会坞水库土坝作下游围堰，并将该土坝和上游围堰当作黏土心墙坝的一部分，节省了施工导流的工程量。

（三）宝泉抽水蓄能电站下水库改建工程施工导流

宝泉抽水蓄能电站下水库利用已建宝泉水库扩建而成。原宝泉水库由浆砌石重力坝（最大坝高91.1m）、左岸高低位两级灌溉洞组成。原浆砌石重力坝含挡水坝段和溢流坝段，均需加高改建，坝体迎水面加设混凝土防渗面板，左岸低位灌溉洞需要封堵。原坝顶高程以下的溢流坝段和混凝土面板改建施工期间，枯水期通过两级灌溉洞泄流限制水库蓄水位于施工作业面以下，以便改建施工（但低位灌溉洞底板高程以下面板混凝土施工没有施工导流，需进行水下混凝土防渗面板施工）；汛期溢流坝和混凝土面板改建工程停止施工，利用坝体挡水度汛，灌溉洞和溢流坝泄流。原坝顶高程以上部位浆砌石加高改建工程全年施工。

（四）惠州抽水蓄能电站上水库改建工程施工导流

惠州抽水蓄能电站上水库严格来说不属于坝体加高加固改建工程，但由于上水库利用原有两个水库扩大而成，且坝体施工导流也利用这两个水库的已有设施，因此也归入本节说明。上水库库盆由原范家田水库和东洞水库及两水库挡水土坝至主坝区间峡谷河段组成，两水库之间由 ϕ800 的涵管连通，范家田水库设有 ϕ800 发电放空涵管。上水库的改扩建需要新建一座主坝和四座副坝（在范家田水库库盆内，其中 2 号副坝为范家田水库溢洪道改建而成），其中 1、3、4 号副坝坝基高于范家田水库校核洪水位，均不存在施工导流问题。需要进行施工导流的主要有主坝、2 号副坝（结合溢洪道改建工程）及上水库进/出水口工程。其导流方式和导流程序如下：首先降低范家田水库溢洪道顶高程，利用降低后的溢洪道泄流以降低范家田水库和东洞水库的水位，进行上水库进/出水口和主坝的施工。由于主坝在范家田水库坝址和东洞水库坝址以下约 500m，上述两库坝址以上来水虽可由降低后的溢洪道泄流至主坝坝址以外，但这两个坝址至主坝区间仍有汇水。主坝施工时，初期在坝址上游修建了黏土斜墙土石围堰拦挡区间汇水，由于汇水量较小，采用机械抽排方式排泄堰前汇水。待主坝坝内放水底孔完成，且坝体修筑高程高于围堰顶高程后，利用已建坝体挡水，相应上水库库容进行调洪，利用主坝放水底孔泄流，满足主坝和上水库进/出水口施工度汛。2 号副坝施工待主坝放水底孔形成后进行，先将范家田水库大坝拆除，以降低库水位，并在枯水期利用放水底孔泄流；汛期 2 号副坝停止施工，利用放水底孔和 2 号副坝泄流度汛。

利用已建水库进行加高加固改扩建施工中，一定要结合已建水库和改建工程的特点，充分利用原有泄流设施进行施工导流布置，以减少导流工程量；同时还要考虑施工期不影响或尽量减小对原有水库运行要求的影响。

四、上水库、下水库进/出水口施工导流

由于汇水面积有限，且洪水历时较短，单次暴雨洪量较小，在天然山沟上新建水库的进/出水口施工导流的规模一般较小。这种施工导流一般与坝体施工统一考虑，导流方式相对简单，通常采用沿进/出水口周边修筑小型土石围堰挡水、截排水沟排水至库内，库内汇水通过机械抽排、坝体排水设施或坝体施工导流系统排至坝体下游。导流标准与流量的确定方法与坝体施工导流相同。

对于在天然河道上新建的水库，或利用已有水库或天然湖泊改扩建的水库，其进/出水口施工导流则需同时考虑两个方向的来水。上游来水一般采用预留岩坎或围堰挡水，明渠泄流的导流方式，导流方式相对简单。如琅琊山抽水蓄能电站下水库进/出水口施工时，在其上方设置了两道土石围堰将上方两条大沟内的径流经导流明渠排至下水库。如上游汇水面积较小，来水量不大，甚至不必布置导流建筑物，只需沿进/出水口枢纽开挖轮廓线以外设置截水沟将水引至沟底排向下游。对于下游有来水的施工导流，在天然河道上新建的水库，其进/出水口施工导流与常规地下式厂房的尾水明渠施工导流类似。利用已建水库改扩建的水库，其进/出水口施工导流通常采用以下几种导流布置方式。

（1）在进/出水口及尾水明渠开挖线以外的水库区内修建围堰挡水，进行进/出水口及尾水明渠工程施工。如十三陵电站下水库进/出水口施工，采用混凝土防渗墙与黏土心墙结合防渗的土石围堰挡全年洪水；琅琊山电站下水库进/出水口施工，采用粉质黏土围堰全年挡水，库水位不下降，堰后库区内的尾水明渠土方采用挖泥船进行水下开挖（见图 18-2-3）；张河湾电站下水库进/出水口施工，采用重力式混凝土围堰全年挡水，由拦河坝两个泄洪底孔泄流调节库水位。对运行时间较长的水库或天然湖泊，由于多年淤积，围堰基础可能存在淤泥等软弱滑动面，在设计中应引起足够的重视。

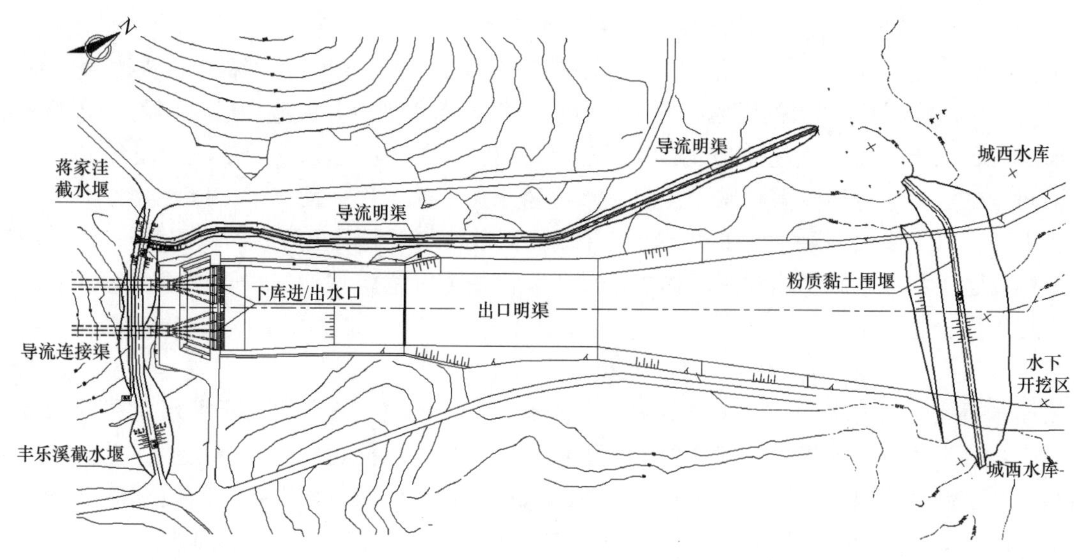

图 18-2-3 琅琊山抽水蓄能电站下水库进/出水口施工导流布置图

(2) 充分利用地形，采用预留岩坎或预留岩坎与围堰相结合挡水，进行进/出水口工程施工，后期水下拆除预留岩坎，或降低库内水位拆除预留岩坎。如宜兴电站下水库进/出水口施工时，由于原地形较高，采用预留岩埂挡水；泰安电站下水库进/出水口施工，采用预留岩坎和土石围堰相结合的方式挡水，后期水下拆除围堰及预留的岩坎；我国台湾的明湖电站上水库进/出水口施工时，也利用地形较高的有利条件，采用预留岩埂挡水，渗水地段采用钢板桩并灌浆防渗处理，预留岩埂后库区内的尾水明渠土方采用挖泥船进行水下开挖。

(3) 利用原水库排泄设施将库水位降低，进行进/出水口工程施工。如宝泉电站下水库进/出水口底板高程位于正常蓄水位以下 37m，而原水库大坝加高改建中需利用原水库灌溉洞泄流限制水库蓄水位，进行混凝土面板施工。下水库进/出水口施工与混凝土面板施工同时进行，其施工导流统一考虑，利用灌溉洞将库水位降至工作面以下。

(4) 采用预留岩塞水下爆破进行进/出水口工程施工。如响洪甸电站上水库进/出水口施工，由于不允许将已建响洪甸水库放空至死水位以下，采用了水下岩塞爆破的方式形成上水库进/出水口，与传统的围堰法施工相比，大大节省了投资。对于改扩建水库，应尽量利用原水库永久排洪泄水设施降低库水位，并结合围堰、预留岩坎或两者相结合拦挡库水方式进行进/出水口施工。在方案经济比较时，应考虑水库泄水的经济损失。对于不允许降低库水位的已建水库或难以降低水位的天然湖泊，应对围堰挡水和水下岩塞爆破方案进行比较。由于进/出水口双向水流的特点，对岩塞、集碴坑等部位的设计要求较高，目前水下岩塞爆破方案在进/出水口施工中使用较少，有待进一步积累经验。

(5) 进/出水口采用新型结构型式和施工工艺，以缩短施工工期，减少对原有水库或电站的效益损失。日本奥清津二期电站的下水库进/出水口位于一期电站的下水库内，由于进/出水口地形陡峭，无法布置围堰，二期电站进/水口的施工工期必须缩短，尽量减少对一期电站运行的影响。为此下水库进/出水口没有采用通常的钢筋混凝土结构型式，而是采用施工工期较短的钢模板型钢衬砌结构。钢模板型钢构件先在工厂造好，运抵现场组装成整体钢模板框架结构后回填混凝土，形成进/出水口结构。进/出水口施工期间水库水位降低 2 次，降水时段共计 4 个月，施工分为 4 个阶段：①进行水位降低以前的准备工作，包括开挖库水位以上的明挖土石方、闸门井和水平隧洞。②第 1 次水位降低持续 2 个月，完成了全部明挖、尾水隧洞开挖、安装临时挡水围堰、浇筑完成进/出水口基础混凝土。③在临时挡水围堰保护下一期电站恢复运行，进行尾水隧洞混凝土衬砌和闸门室的施工。④第 2 次水位降低持续 2 个月，将工厂预制好的钢模板型钢构件，运抵现场后安放在基础混凝土上，用螺栓快速组装，8 天内组装完毕，混凝土回填分 3 次进行，形成进/出水口结构。

五、尾水隧洞及地下厂房施工期的防洪度汛

抽水蓄能电站的尾水隧洞和地下厂房施工期一般不存在直接的施工导流问题，但由于其位置较低，对于利用已建水库或天然湖泊作为下水库的抽水蓄能电站，如下水库进/出水口及尾水系统施工通道不做好防洪保护，在汛期库内水流可能倒灌入尾水隧洞，影响尾水隧洞施工；尤其是在尾水隧洞贯通后，可能倒灌厂房，直接造成工期延长和设备损失，并危及人身和厂房安全。国内利用已建水库作为下水库的抽水蓄能电站尾水隧洞和地下厂房施工期的防洪度汛方式主要有以下几种。

（1）提高下水库进/出水口围堰的拦洪标准，利用下水库进/出水口围堰拦挡汛期洪水。这种方式下水库进/出水口施工进度安排比较灵活，但导流工程量有时较大。如泰安抽水蓄能电站下水库进/出水口围堰挡水标准采用50年一遇洪水，且在尾水系统全部贯通后利用已改建完成的下水库溢洪道下泄洪水，围堰汛期挡水标准又提高至百年一遇洪水。

（2）不提高下水库进/出水口围堰的拦洪标准，利用已完成的下水库进/出水口闸门挡水。这种方式导流工程量较小，但要求下水库进/出水口闸门必须在尾水系统全部贯通前安装完毕，并具备下闸挡水度汛条件，当汛期遇到超过下水库进/出水口围堰的挡水防洪标准的洪水时，关闭此闸门挡水度汛。如琅琊山抽水蓄能电站下水库进/出水口围堰挡水标准采用10年一遇洪水，厂房度汛防洪标准采用百年一遇洪水，在尾水隧洞贯通前将下水库进/出水口检修闸门安装完毕，汛期遇超标准洪水来临时，下闸挡水，保证处于关键线路上的地下厂房工程的施工进度和安全。

对于大型抽水蓄能电站来说，地下厂房一般处于控制施工总工期的关键线路上，工期保证度要求高，且其跨度较大，围岩稳定要求高，一旦防洪不当，损失较大。尾水隧洞和地下厂房施工期采取何种方式防洪度汛需要从进度、经济、风险、施工便利等多方面综合比较。当下水库进/出水口围堰挡水标准提高后导流工程量增加不多时，为方便施工，宜采用第一种方式。如果尾水系统工期比较宽松，或采取工程措施和合理安排进度（如前期在闸门后预留岩塞挡水，闸门安装完成后闸门挡水度汛，挖除岩塞），可以保证下水库进/出水口闸门能在尾水系统全部贯通前安装完毕，为节省围堰工程量，可采用第二种方式。无论采用何种方式，当尾水隧洞贯通、水流可流至厂房后，地下厂房的度汛标准应提高至50～100年一遇洪水，这也符合国内目前大部分抽水蓄电站地下厂房施工导流度汛设防标准的现状。

需要注意的是，在研究地下厂房系统防洪度汛方案与防洪标准时，每一个可通至地下厂房系统的通道在其与地下厂房连通后，均应根据地下厂房的进展情况提高此通道进口的防洪度汛标准。

第三节 料场和渣场规划

一、料场规划

料场规划是抽水蓄能电站施工组织设计的重要内容之一。料场规划的任务是根据工程地形、地质、水文、气象等自然条件、枢纽设计中关于坝料及混凝土骨料的要求（品种、质量、数量）、施工组织设计中有关施工总平面布置和施工总进度及分期进度的要求，以及各料场勘查资料，分析研究并动态调配工程所需的各种料源的质量与数量，通过方案比较和优化选择，选定经济合适的料场，以达到充分利用当地材料、降低工程造价和保护生态环境之目的。

（一）料场规划原则和方法

（1）少占耕地，保护环境。料场规划要不占或少占农田，不拆迁或少拆迁现有生活、生产建筑物；多用上游淹没线以下的石料；减少弃料；做好料场及其附近的植被保护和水土保持。

（2）尽量将料场选在工程所在省、市、地区范围内，避免选择跨省界或跨地区料场。因为现在工程建设大多为企业行为，若选择跨省界或跨地区料场，则在征地、移民、环境保护等方面需与两省或两地区相关部门沟通协调，大大增加工作难度。如某抽水蓄能电站地处河北，岩石料场在山西，给料场开采带来诸多困难。

（3）优先考虑利用工程开挖料。工程有满足质量要求的建筑物开挖料时，应优先考虑充分利用开挖料的可行性和合理性，工程开挖料应提高直接利用率，转存料应提高回采率。抽水蓄能电站上水库、下水库一般都是开挖围填而成，若库盆范围内有可利用的合适开挖料，应优先规划，充分利用，可增大有效库容，降低工程造价，又减少弃渣对生态环境的影响。抽水蓄能电站需要混凝土总量一般不大，其输水系统和地下厂房洞室群的洞挖料由于埋深大，质量一般比地面开挖料要好，也应尽可能用作人工砂石骨料或坝体填筑料。目前国内抽水蓄能电站绝大多数都充分利用了库盆和地下系统开挖料，这也是抽水蓄能电站实现资源节约型、环境友好型设计理念的具体体现。十三陵抽水蓄能电站上水库库盆开挖后，因岩石风化严重，初期开挖的弱风化料较少，不能满足填筑的要求，为此在分析下游坝基地质条件和坝体稳定的基础上，并结合库盆防渗方案的改变，对坝体进行了合理分区优化，将坝体下游的弱风化堆石区的填筑高程由508m降至480m，减少初期填筑的弱风化料工程量，充分利用库盆开挖的强风化料筑坝，其填筑量达151万m^3，为主坝填筑总量267万m^3的56.6%，不仅使强风化料得到最大限度利用，而且使弱风化料也得到合理的使用，坝体填筑料全部由库盆开挖料解决，为当时国内混凝土面堆石坝采用风化料筑坝提供了先例。

（4）统筹安排，减少干扰。料场规划应尽量避免与主体建筑物发生干扰，应协调施工组织设计中总体布置的关系。由于料场一般噪声较大，灰尘较多，存在爆破飞石的可能，因此，料场规划要周密考虑料场作业对永久工程、施工设施、施工人员安全的影响。与居民点、公路、铁路、石油天然气管道、电力设施、已有料场、工厂、施工设施和枢纽建筑物等保持安全距离，与重要设施的安全距离应符合国家现行有关标准的规定，料场开采不影响附近山体稳定和居民点及重要公共设施的安全。同时要统筹考虑各料场之间、开采和运输之间以及料场内的多工序作业之间的关系，尽量避免干扰。

（5）全面规划，统一布置。抽水蓄能电站面板堆石坝的坝体填筑需要大量主次堆石料、过渡料、垫层料、反滤料。除此之外，还有面板和趾板以及地下厂房、引水隧洞、尾水隧洞、泄洪建筑物等和施工临时设施所需要的混凝土骨料。对工程各种用料和整个施工各阶段用料应统一考虑，全面安排，以保证不同建筑物在不同时段对不同用料的需要，避免相互争料、停工待料的现象。堆石坝筑坝材料通常要求“近料先用，远料后用”“上游料用于上游坝体，下游料用于下游坝体”。也需考虑规划足够数量的近料场留待填筑高峰强度时使用，以便使堆石坝体在汛前达到安全度汛高程，这就要求在上坝强度低时先用远料，上坝强度高时用近料。尽量避免低料运输重载爬坡。堆石坝坝料质量要求宜适度，选择料场时，既要避开强风化层过厚和泥化夹层过高的料场，又不要追求岩石过硬的料场。二者都会影响爆破效果，降低开采速度。库盆开挖与坝体填筑应做好规划，保持挖填平衡。除了总量平衡，时间上也要协调，以减少二次倒运。

（6）料场选择宜集中，避免开采多个料场。料场选用顺序宜先近后远，先水上后水下，先库区内后库区外，力求高料高用，低料低用，避免或者减少上、下游物料交叉使用。天然砂砾料储量丰富、开采条件较好时，应作为优先选用料场。针对一个工程多个料场可选的情况，对料场宜考虑多种方案组合，进行综合的技术经济比较后确定方案，提出料场的选择原则和使用顺序。广州蓄能电站二期砂石料料源选择了吕田河、新丰河天然砂砾料场和地下工程开挖碴料三大料源，距下水库进/出水口分别为17、54、4.5km。共比选五组料源方案。

1）方案Ⅰ：吕田河砂砾料加洞碴料的粗骨料。

2）方案Ⅱ：新丰河砂砾料加洞碴料的粗骨料。

3）方案Ⅲ：吕田河砂加洞碴料的粗骨料。

4）方案Ⅳ：新丰河砂加洞碴料的粗骨料。

5）方案Ⅴ：洞碴料轧制成砂、碎石骨料方案。

从以下几个方面进行了比较：①砂石料料源的储量和质量；②砂石料的开采运输条件；③砂石料筛分加工条件；④混凝土和易性、强度、耐久性和骨料的坚固性试验；⑤砂石料开采加工运输总投资；⑥征地和道路修建；⑦环境保护。经综合分析，优先采用方案Ⅰ。

（二）料场

抽水蓄能电站工程视工程建设需要可用的主要料场有：土料场、砂砾料场和岩石料场，或（及）利用建筑物开挖料，它们主要用于坝体或（及）围堰填筑、坝体、库底或（及）围堰防渗体、加工混凝土骨料、砌石及各种建筑物的回填等。

1. 土料场

土料场主要用于土坝填筑，堆石坝、库底或（及）围堰防渗。土石坝防渗体土料，除一般采用冲积黏土外，还可采用一些特殊土料，如南方红土、湿陷性黄土、膨胀土、分散性黏土等，但要根据这些特殊土料的物理力学性能因地制宜地进行土料设计。

2. 砂砾料场

砂砾料主要用于填筑土石坝、围堰和加工混凝土骨料。按其产地位置的相对高低，可分为陆上砂砾料场、河滩砂砾料场和河心水下料场三类，通常多数为河滩砂砾料场和河心水下料场。

（1）陆上砂砾料场。陆上砂砾料场一般覆盖层较厚，杂质含量较高，但开采不受河水的影响。

（2）河滩砂砾料场。大部分的砂砾料场为河滩砂砾料场。地处河流上游的河滩料场，常因河道坡陡流急，粒径偏粗，含砂量偏低，料场储量少而分散。中、下游地区的河滩料场，粒径相对较细，常可找到大片集中的料场。河滩料场上部在枯水期出露，洪水期淹没，一部分砂砾经常位于河水位以下，表面覆盖相对较薄。如广蓄电站二期的吕田河天然砂砾料场。

（3）河心水下料场。系指常年处于河水面以下的砂砾料场，有时与河滩料场连成一片。抽水蓄能电站一般利用较少。

3. 岩石料场

主要用于人工混凝土骨料制备、围堰和坝体填筑。岩石料场宜选距用户近、覆盖及风化层薄、岩层厚、储量丰富、便于开采、与施工干扰少的产地。抽水蓄能电站由于受地理位置的限制，利用岩石料场的较多，如张河湾青埝石料场用于加工整个工程的人工混凝土骨料；西龙池水泉湾石料场既用于加工混凝土骨料，又用于下水库堆石坝坝体填筑；丰宁灰窑子沟料场既用于加工混凝土骨料，又用于加工下水库垫层料和振冲桩碎石料。

4. 建筑物开挖料的利用

库盆和地下系统开挖工程量大，其开挖石渣料如果质量符合要求，可优先考虑用作人工骨料的原石料或坝体填筑料。因此，凡是具备利用建筑物开挖料条件的工程，在料源规划时，建筑物开挖料渣应作为一个重要的料源优先考虑。十三陵、天荒坪、泰安、张河湾、西龙池、敦化等抽水蓄能电站上水库大坝填筑料全部利用库盆和坝基开挖料；西龙池抽水蓄能电站下水库大坝次堆石料利用库盆和坝基开挖料中可用料及洞挖料，主堆石料从料场开采石料；天荒坪抽水蓄能电站下水库大坝利用下水库溢洪道、进/出水口及开关站明挖石方和洞挖石方填筑坝体；琅琊山抽水蓄能电站上水库大坝利用库盆开挖料、工程明挖及洞挖料筑坝；溧阳抽水蓄能电站上水库大坝及库底填筑利用上水库、下水库库盆开挖料和输水发电系统的洞挖料；句容抽水蓄能电站上水库大坝及库底填筑利用上水库库盆及工程其他部位开挖料。部分抽水蓄能电站开挖料利用情况见表 18-3-1。

表 18-3-1 部分抽水蓄能电站开挖料利用情况

工程名称	库盆及坝基土石方开挖（自然方）（万 m^3）	筑坝土石方来源（万 m^3）			坝体填筑（万 m^3）
		库盆开挖料（坝上方）	工程明挖及洞挖料（坝上方）	料场开挖料（坝上方）	
十三陵上水库	480	267			267
天荒坪上水库	457.8	392.6			392.6
天荒坪下水库			149		149
泰安上水库	475.77	386.65			386.65
琅琊山上水库	113.1	80.1	34.1		114.2
张河湾上水库	966.17	342.95			342.95
西龙池上水库	512.98	90.25			90.25
西龙池下水库	480.83	362.2		350.3	712.5
呼和浩特上水库	440	297			297
溧阳上水库	728.6（上水库）	566（上水库）	1334（下水库） 134（输水发电系统）		2034.38
敦化上水库	423.6	215			215

续表

工程名称	库盆及坝基土石方开挖（自然方）（万 m³）	筑坝土石方来源（万 m³）			坝体填筑（万 m³）
		库盆开挖料（坝上方）	工程明挖及洞挖料（坝上方）	料场开挖料（坝上方）	
敦化下水库	226.7	75.4	96（洞挖料）		171.4
丰宁上水库	571.6（含进出水口）	412.8（含引水上平段洞挖料）		31.8	444.6
文登上水库	703.7	473（利用部分全风化料上坝）			473
文登下水库	199.5	119	5（洞挖料）		124
句容上水库	2457.24	2268.42	179.02		2447.24

对于质量符合要求的开挖土料，同样可以用于工程，如土坝填筑、库底或围堰防渗等。宝泉抽水蓄能电站利用上水库开挖土料进行库底防渗；响水涧抽水蓄能电站利用下水库开挖土料填筑围堰及坝体；琅琊山抽水蓄能电站利用下水库出口明渠开挖土料进行上水库溶洞区库底回填。

（三）料场的评价

料场的评价一般从储量、质量、级配、剥采比、开采运输条件等方面进行综合评价。

1. 储量

预可行性研究阶段，对料场进行初查。大型水电工程各种天然建筑材料初查储量宜达到设计需要量的 2.5～3.0 倍，中、小型水电工程各种天然建筑材料初查储量宜达到设计需要量的 3.0 倍。

可行性研究阶段，对料场进行详查。大型水电工程各种天然建筑材料详查储量应达到设计需要量的 1.5～2.0 倍，中、小型水电工程各种天然建筑材料详查储量宜达到设计需要量的 2.0 倍，并应满足施工可开采储量的要求。

招标和施工详图阶段，应对料场进行复核。随着地质情况的进一步揭露，可能因料源的质量不能满足设计要求而出现料场储量不足的问题，因此在对料场储量进行评价时，一定是建立在料源质量符合规程规范和设计要求基础之上的。如十三陵抽水蓄能电站上水库堆石坝可行性研究阶段确定采用库盆开挖的弱微风化安山岩为主要筑坝材料，开工后发现全、强风化料比预计增加了一倍，可利用料不足。为了充分利用库盆开挖料筑坝，不用或少用备用料场开挖料，经过对坝体断面合理分区优化，充分利用库盆的强风化料筑坝，使坝体填筑料全部取自库盆开挖料，做到了经济合理地利用料源。又如某抽水蓄能电站，由于料场前期勘探工作量不够，在开采料场过程中发现料场内部有一大断层通过，使有用料储量不足，不得不扩大料场范围，增加了征地和弃渣。

2. 质量

混凝土骨料料源质量应满足水工混凝土施工技术规范的要求，对骨料的碱活性尤其应引起重视。如某抽水蓄能电站，在可行性研究阶段曾考虑利用地下工程洞挖料作为混凝土骨料原石料，在招标阶段，经过进一步的地质勘探工作，断定岩体节理过于发育，岩石过于破碎，而且多处有岩脉夹层，不适合作混凝土骨料原石料，因此不得不另辟岩石料场。又如某抽水蓄能电站，料场因勘探工作不深，在开采料场过程中发现料场内部岩石质地较差，给上水库筑坝施工带来一定的影响。因此，在工程前期设计阶段料场的质量应引起足够的重视，勘探深度应符合规程规范对不同设计阶段的要求。

招标和施工详图设计阶段应对拟开采的各料场中存在的遗留问题进行复查。当因设计、施工方案变更需要新辟料源和扩大料源时，应按详查级别进行勘察。

3. 级配

作为筑坝料和人工骨料料源的石料场，砂石级配一般可通过开挖爆破工艺和砂石加工工艺设计进行控制。天然砂砾料级配则应根据不同的用途通过加工工艺调整并进行经济对比分析评价。

4. 剥采比

剥采比是表示一个料场无效层和有效层相对含量的指标。剥采比较高的料场是否有开采价值，应根据覆盖层上的农田、树木竹林、生活生产建筑物，以及征地、移民等赔偿费用，通过技术经济论证。

5. 开采运输条件

料场不仅储量、质量要满足不同阶段的工作深度和设计要求，而且要具备开采和运输条件。一些山势陡峻的料场，尽管有丰富的、满足质量要求的混凝土骨料原石料或上坝料，但因其开采条件和运输条件差，而无法用于混凝土骨料加工或筑坝。如某筑坝工程，预可行性研究阶段所选料场下面是一条重要的对外公路，对岸是一村庄，开采条件较差，施工干扰大，在可行性研究阶段不得不另辟料场。

各工程坝体填筑料加工费、填筑费用差别不大，坝体填筑单价的差别主要取决于开采运输费用的不同。因此，开采运输条件，特别是运输条件往往成为料场选择的一个重要因素。

（四）料场整治

在料场开采完工后，应对料场取料区域的边坡和底面做必要的整治，不稳定的边坡应进行必要的处理，防止发生坍塌或形成泥石流，危及下游安全。还应根据环境保护和水土保持要求，对料场开挖后的场地进行整治、绿化或复耕，恢复原来的生态环境。天然砂砾料场滩地开采完成后应做好开采坑回填和滩面保护等工作。

二、渣场规划

抽水蓄能电站工程大多距离负荷中心的大中城市较近，这些工程的生态环境保护和水土保持工作要求很高；而且渣场距开挖地点或使用地点的远近、高低直接影响工程造价，因此渣场规划对施工组织设计来说就显得尤其重要。

渣场根据渣料是否最终被利用分为转存料场和渣场。抽水蓄能电站工程开挖料经动态调配在施工期得以充分利用，一部分直接利用，另一部分因开挖与开挖料使用进度不一致而要临时堆放在转存料场，但仍有大量的开挖料无法利用而需要弃至渣场。转存料场要做好施工期临时防护；渣场要做好永久防护。

（一）渣场规划原则

（1）根据工程区地形地质、枢纽布置及施工总布置条件，渣场规划应按开挖地点本着先近后远、先低后高、就近分区的原则进行布置选择，以缩短出渣运距，降低工程造价，减少施工干扰。

（2）严禁在对重要基础设施、人民群众生命财产安全及行洪安全有重大影响的区域布设渣场。

（3）渣场尽量选择易于修筑出渣道路的山沟、坡地、荒滩；或在不影响坝体排水的前提下紧贴土石坝上、下游坡脚布置，尽量少占农田林地，尽可能降低对工程周边生态环境的破坏，防止新的水土流失及泥石流的产生。如日本神流川电站上水库采用黏土心墙堆石坝，在下游坝脚弃渣，堆渣高度达35m；在上游坝踵弃渣，堆渣高度55m左右，仅比进/出水口底板高程低2.5m。

（4）充分利用开挖料平整和填筑平台，为工程建设提供施工场地或营地。工程竣工后应尽量覆盖土料、造地还田，或供城镇建设使用。如西龙池电站下闪虎沟渣场后期作为沥青混凝土拌和系统施工场地；十三陵电站堆放地下厂房与高压管道开挖料的大峪沟渣场经绿化已成为北京市蟒山国家森林公园的一部分。

（5）临时转渣场应选择在距开挖渣料使用地点附近，并具备较好的堆存和挖、装、运、回采条件。

（6）可以考虑在死库容较大的库盆内弃渣，但应以不影响发电、泄水建筑物正常泄洪、施工期导流和安全度汛为前提。丰宁抽水蓄能电站上水库区的弃渣全部弃于上水库死库容内。

（7）不宜在河道、湖泊管理范围内设置弃渣场，确需设置的，应符合河道管理和防洪行洪的要求，并应采取措施保障行洪安全，减少由此可能产生的不利影响。

（8）渣场应布置在无滑坡体、泥石流、岩溶、涌水等地质灾害地段，不宜在泥石流易发区设置渣场。确需设置的，应提出相应工程处理措施。

（9）渣场不得布置于法律规定禁止的区域，不得影响工程、居民区、交通干线或其他重要基础设施的安全。

（10）渣场不宜设置在汇水面积和流量大、沟谷纵坡陡、出口不易拦截的沟道，对弃渣场选址进行论证后，确需在此类沟道弃渣的，应采取安全有效的防护措施。

（11）尽量减小单个渣场的规模，条件允许时宜多设小渣场。

（12）渣场地基承载力应满足堆渣要求，渣场底部应无软弱结构面。

（二）渣场治理措施

渣场治理要按环境保护和水土保持要求做好施工期和永久期的排水及防护工作。渣场治理措施包括工程措施和植物措施。

根据渣场容量、堆渣高度、使用期限、失事可能对下游造成的危害程度等选用适宜的工程防护设计标准与措施，确定各渣场建筑物等级、稳定安全系数等设计标准，做到既经济合理又安全可靠。

渣场防护工程主要包括拦渣工程、排水工程及坡面防护工程，工程措施设计要考虑与植物措施的结合，植物措施在环境保护篇章中已有叙述，本节重点介绍工程措施。

（1）严格控制堆渣程序，确定合理的边坡坡角。渣体的边坡坡角直接关系到渣体边坡的稳定及水土流失的防治，因此，弃渣期应严格按照渣场规划要求弃渣，杜绝因弃渣不当造成高陡边坡。堆渣高度与台阶高度应根据弃渣物理力学性质、施工机械设备类型、地形、工程地质、气象及水文等条件确定。弃渣堆渣高度为 40m 以上时，应分台阶堆置，综合坡度宜取 22°～25°（1：2.15～1：2.5），并应经整体稳定性验算最终确定综合坡度。采用多台阶堆渣时，原则上第一台阶高度不应超过 15～20m；当地基为倾斜的砂质土时，第一台阶高度不应大于 10m。多台阶弃渣场各台阶最终平台宽度应根据弃渣场后期综合利用及防护确定，最小宽度不宜小于 2m。土质边坡每 30～40m 宜设置一道宽 5m 以上的宽平台，混合的碎石土或砾石土每 40～50m 宜设置一道宽 5m 以上的宽平台。

（2）设置畅通的排水体系。通畅的排水体系对于渣场小流域范围内的水土流失防治和坝体稳定十分重要，在渣场周围的山坡上设置通畅的排洪渠、截排水沟；在渣体的马道上设置马道排水沟，并与四周的排洪渠相连接；在洪峰流量较大的渣场上游设置引水排洪设施，通过这些相互贯通的排水体系，保证各渣场小流域范围内设计洪水安全排出。排水渠道设计应依据水文资料，结合地形地质条件，选择合理的布置型式、形状、尺寸、纵坡、建筑材料，保证在设计洪水情况下排水渠道不冲不淤。另外在渣体下游的拦渣坝坝体内也设置畅通的排水设施，从而降低渣体内的浸润线，保证渣体稳定。渣体表层排水纵坡取 1%左右，汇集渣体表面雨水，引至渣场周边排水渠道，再排至渣体下游。

（3）采取合理的坡面防护措施。坡面应满足坡面稳定、环境保护和水土保持的要求。防护型式可采用堆石、干砌石、浆砌石、混凝土板块、框格梁、土工合成材料及草皮等，应结合渣场类型、设计洪水位、水流流速等综合选取。迎水坡面水位变幅区宜采用混凝土框格梁、浆砌石、钢筋石笼等护坡型式。坡面防护工程采用工程措施和植物措施相结合的方法，除了在弃渣体堆置完毕后，渣体边坡坡面削坡开级，修建马道，部分渣体坡面设置铅丝笼压坡外，在满足安全稳定的前提下，还应在渣体坡面及顶部覆盖表土，种植草皮、灌木或复耕。

（4）渣体坡脚设置拦渣工程。拦渣工程有挡渣墙、拦渣堤、围渣堰、拦渣坝，采用石笼、干砌石、浆砌石、混凝土等建筑材料，根据弃渣堆置位置、堆放方式、工程地质条件及水文条件和实际地质地形条件、渣场的使用期限、当地材料综合考虑选用。挡渣墙宜采用重力式、半重力式、衡重式、悬臂式、扶壁式或加筋式，重力式挡渣墙高度不宜超过 6m，可采用石笼、干砌石、浆砌石、混凝土等建筑材料。拦渣堤的堤型应根据弃渣场所在的地理位置、重要程度、堤址地质、筑堤材料、水流及风浪特性、施工条件、运用和管理要求、环境景观、工程造价等因素，经过技术经济比较后综合确定。围渣堰可采用土围堰、砌石围堰等型式；当围渣堰不承受渣体压力时，可采用砖砌墙、钢板围挡等型式。围渣堰断面应根据堆渣高度、堆渣容量、筑堰材料，通过稳定分析确定，堰顶有交通要求时可适当加宽。拦渣坝的坝型可采用土石坝和重力坝，根据上游洪水处理方式，拦渣坝可分为截洪式和滞洪式。

第四节 施工交通与总布置

一、施工交通运输

抽水蓄能电站工程多数位于中心城市边缘山区、风景旅游区附近，也有的处于偏远山区，交通条件差异较大。同时抽水蓄能电站的自身特性决定了其永久和临建工程布置分散、高差大、点多面广；而且大型工程工程量大，建设周期较长，场内外运输任务比较复杂艰巨。正确选用施工交通运输方案、建设规模和技术标准、内外交通衔接方式、站场规模和设施以及管理维护工作型式等，对保证工程进度、保护环境、节约建设投资都具有十分重要的作用。

（一）施工对外交通

通常指施工工区与外部联系的主要交通线路，是从已建的国家或地方交通干线、铁路站场、港口码头运输物资设备至工地的交通运输线路。要求运输能力能满足施工期物资的高峰运输特别是重大件的运输、安全可靠、中转环节少、运输损耗低和运输费用省的需要。

我国已形成了较完善的公路和铁路交通网络，给抽水蓄能电站建设提供了良好的外部交通条件，在实际运用中往往根据运输货物的不同，常常选择公路、铁路和水运相结合的对外交通方式。

1. 对外公路交通

由于公路建设速度快，技术要求较铁路低，而且对地形的适应性强，与当地公路网连接比较容易，建设投资省，其土建工程量大体只有铁路的30%～40%，且可与电站的准备工程同步进行，在主体工程开工之前投入使用，因此公路是抽水蓄能电站工程施工中最常采用的对外交通运输方式。国内的抽水蓄能电站除长距离运输的机电设备、特种施工机械和物资材料采用铁路运输外，其主要对外交通运输方式基本都采用了公路运输。

公路运输虽然单价高，但仍以方便、灵活、中转次数少等优点正在逐渐取代铁路运输。由于我国道路标准不断提高，汽车运输的经济半径也在不断扩大，已从原先的50～100km提高到200km左右。如山西西龙池电站，水泥由生产厂家负责通过150km的公路直接运输至工地各土建承包商的仓库，避免了铁路（125km）运输中转的麻烦；而且业主还委托专业公司负责将引水系统所需的13000多t国外制造的钢板从天津新港由公路运输至工地钢管加工厂（公路里程530km）。

抽水蓄能电站的对外公路等级一般按照JTG B01《公路工程技术标准》规定的公路等级选取，一般为三级或四级公路，也有结合建成后发展旅游考虑选择较高等级路面宽度的，但不应超过二级公路标准。不承担地方交通任务的对外公路，也可以按照NB/T 35012《水电工程对外交通专用公路设计规范》的有关规定，选择Ⅲ级专用公路或Ⅳ级专用公路标准。

对外公路选线应根据公路性质、地形地质条件、技术等级、筑路材料状况以及当地村镇建设和农业发展等综合考虑，应贯彻节约用地、保护水利设施和文物古迹、保护环境等方针，尽量避开城镇、减少干扰，当利用原有公路时应对其技术标准进行充分研究，必要时提出改善措施以满足施工期的运输要求。对外公路连接点，应选择在干线公路上，与国家公路、城市道路、车站、港口相衔接，具有适合修建对外公路的便利条件，并需征得公路主管部门的同意。

2. 对外铁路交通

采用准轨铁路也是抽水蓄能电站对外交通的方式之一。准轨铁路投资大、施工期长，工程竣工后利用率显著降低。抽水蓄能电站一般在中心城市附近，坝型多采用当地材料坝或高度较低的混凝土坝，外来物资运输量相对同等规模的常规水利水电工程较少。但准轨铁路具有运输能力大、保证性较强、运费较低的优点，适宜大宗、长距离货物运输。国内抽水蓄能电站工程建设尚没有选择新建铁路的，多采用已建的国家和地方铁路及站场设施配合公路运输的对外交通方式。主要利用铁路运输有相对固定供应地点的远距离大宗货物和重大件物资，如钢材、沥青、大型施工机械、机电设备和成套机组设备等。

3. 对外水运

水运在各类运输中的承运能力最大、运费最低，但由于抽水蓄能电站多数位于小河流上，受本身通航能力制约以及洪、枯水和冰凌等影响很大。在条件合适时内河航运可以作为辅助对外交通，如安徽琅琊山抽水蓄能电站。

（二）施工场内交通

抽水蓄能电站施工场内交通是工程施工期间衔接施工对外交通，联系工地内部各工区之间的交通。包括对外交通延伸至场区内上水库、下水库和发电厂房、开关站等枢纽建筑物的永久交通工程和为施工需要而布置的临时交通运输线路。施工临时交通包括连通各施工区的下基坑道路、地下工程施工支洞，及联系当地材料料场、堆弃渣场、生产及生活区的施工道路，一般在工程竣工后废弃。永久交通线路，如上水库与下水库连接道路和通往厂房通风洞、进厂交通洞和出线场的道路，以及环库过坝公路等，从用途上也属施工场内交通范围。施工临时道路应尽量与永久交通设施相结合以节约工程投资。

上水库与下水库连接道路是抽水蓄能电站最有特点的主要场内交通道路，主要满足上水库施工期设备、材料等的运输和电站运行期的交通要求。上水库与下水库连接道路一般为新建上水库工程专用公路，具有起终点高差大、线路比较长的特点，若上水库有当地现有公路如乡村道路、风电场道路通达，也可根据实际情况直接加以利用，或进行适当改扩建后利用，但道路路线设计、技术标准还需兼顾地方交通要求。

仙游抽水蓄能电站位于福建仙游县西苑乡半岭村与广桥村之间，上水库与下水库相距约 2000m，高差约 500m。从仙游城关至上水库与下水库坝址，原有当地公路相通。其中城关至度尾镇中峰村约 21km，为三级公路，路况较好；中峰至下水库约 12km，为简易公路；从中峰至上水库约 20km，为四级公路。工程区靠近福建东南沿海地区，周边交通较发达。由于当地就有通往上水库、下水库附近的交通道路，对外交通方案原设计主要利用当地交通道路线路沟通上水库与下水库工程，其中中峰村至下水库的道路改扩建为三级公路，上水库道路仅进行了局部路段改扩建施工，基本满足了工程施工的要求。由于业主营地布置在下水库区附近半岭村，运行期往返上水库与下水库区，中间需要经过中峰村，再到西苑乡广桥村上水库区，路程约 28km。随着地方经济的发展，中峰村段道路经常堵车，到上水库至少需要 1.5h，管理运营极为不便。为缩短两库区之间的距离，决定新建上下库连接路，全线长约 11km，设计时速为 20km，采用四级公路标准，全线路基宽度为 6.5m，双向两车道，总投资为 1.3 亿元，上水库与下水库之间路程缩短至 17km。

根据不同用途设置的其他施工场内交通线路通常有运料线、坝体施工线、开挖出渣线，对于在河流上新建下水库的工程还有过坝线、截流线和跨河建筑物，还有为解决各工区之间人员通行和料物及设备的储存、中转搬运等设置的场内交通线等。此外，为施工庞大的地下工程洞室群还需建设大量的地下施工通道，如引水隧洞上下部施工支洞、尾水隧洞系统施工支洞和地下厂房系统施工支洞等。

场内运输具有物料品种多、运输量大、车型多、运距短、运输效率低，物料流向明确、单向运输突出等特点，同时受施工进度控制，运输不平衡，对运输保证率要求较高。这就要求一方面线路应达到适当的技术标准，安全、可靠；另一方面运输强度应满足施工需要（正常施工时应满足年、月运输强度，截流抢险时应满足旬、日运输强度）。场内交通线路随工程施工的结束，大部分失去使用价值，具有较强的临时特性。所以当场内地形复杂时，其线形设计、纵坡设计的技术指标允许适当降低，且一条道路可根据使用任务分段采用不同的路宽和路面。运输钢管及机组设备等重大件的路段，其桥梁、隧道（洞）的建筑限界和路基宽度及承载能力应满足重大件运输要求。在运输组织上，有时也允许不按正常规定执行，如少数重大件的运输可采用临时措施解决，但必须有相应的安全措施。

国内抽水蓄能电站施工场内交通均以公路运输为主，公路线路布置无须宽阔平坦的地形，可以在地面横坡大于 30°的情况下布置线路，爬坡能力高，容易进入施工现场，便于联系高差大、地形复杂的施工工点和场地；易于适应抽水蓄能电站所具有的工程布置狭窄、高差大、地形复杂、天然山坡陡峻的不利条件。同时公路运输可以达到较高的运输量，所以通常是抽水蓄能电站施工最适宜的一种运输方式。

由于抽水蓄能电站工程施工所用车辆多为重型机械和特殊车型，筑路标准常较一般公路高，场内主要施工公路过去常采用 GBJ 22—1987《厂矿道路设计规范》中规定的露天矿山公路标准设计，2010 年以后则多根据 NB/T 35012—2013《水电工程对外交通专用公路设计规范》、NB/T 10333—2019《水电工程场内交通道路设计规范》规定的技术指标进行设计，路面根据要求采用混凝土、沥青混凝土或泥结碎（砾）石组成。为适应履带设备通行，场内临时交通公路倾向采用碎（砾）石路面或砂石路面，但路基根据车辆载重吨位、行车密度和车速等指标设计。目前我国抽水蓄能电站建设的工程用车也都朝大型化、柴油车发展，一般货车载重 8～12t，工程车载重 15～45t，若路况较差，不但车辆（尤其是轮胎）损耗严重，并将直接影响工程进度。在工程建设中，配备平路、压路、洒水等筑路机械加强维修养护很有必要，可以保证良好路况，提高运输能力，降低车耗和争取车辆的高出勤率。

为保证场内运输可靠、安全、快速，场内公路应按一定等级和标准修建，但是在某些特别困难的情况下，允许在个别路段采用超限标准。采用超限标准是以降低行车速度、增加行车困难、增加危险性、降低车辆寿命、减少装载量，有时妨碍交通或无法通行为代价的，因此应经慎重论证后才予采用。一般在运输强度不大、视距良好的路段使用，且必须采取适当安全措施。生产干线、支线不宜采用超限标准。在采用超限标准时，最小平曲线半径 10～15m，干、支线上最大纵坡 9%～12%，联络线、临时线最大纵坡可达 15%～20%。

西龙池抽水蓄能电站场内交通也主要采用公路方式，共修建主要交通道路 33.75km，其中临时道路 22.53km，利用永久公路 11.22km。通行的工程车主要为自卸汽车，载重主要为 15、20t，最大 32t；道路设计标准为矿Ⅱ、矿Ⅲ，路面宽度 6～10m、路基宽度 7～12m；永久公路路面采用混凝土型式，临时道路以级配碎石路面为主，接近工作面的开挖和填筑道路采用弃渣铺筑平整形成路面；桥涵设计荷载为汽—15～60。

张河湾抽水蓄能电站共规划修建场内运输 17.46km，其中临时道路 10.46km。主要施工道路路面宽度 6～12m、路基宽度 7.5～14m，通往下水库小电站的永久道路路面宽度 4m、路基宽度 5m；永久公路和重载临时道路路面采用混凝土型式，其他临时道路为泥结碎石。

随着隧道施工技术的不断发展，修建公路隧道不再是困难的事情。越岭路线、地形陡峻的傍山路线及生态环境敏感地区均应比较隧道方案，合理选用隧道既可以大幅度降低公路造价，又可减少对环境的破坏。

公路隧道一般宜采用直线，当采用曲线时其曲线半径不宜小于不设超高、加宽的最小圆曲线半径，并应满足视距要求。抽水蓄能电站往往沟谷发育、地形高陡、场地狭窄，场内公路弯多坡急，全部修建直线隧道概率很小，即使采用大半径的曲线隧道有时困难也很大，不得不采用一些超限标准，但必须采取必要的安全措施。如西龙池电站下水库区 2 号公路技术标准为山岭重丘区Ⅲ级，路线在跨越小龙池沟左侧高程 800m 以上的高陡山坡（横坡 1：0.5～1：1.4）时采用一半径为 69.5m 的回头曲线隧道。该隧道总长 453.19m，纵坡 3.193%，隧道横断面设计为城门洞形，横断面净尺寸为 8.5m×7.5m（宽×高），洞内圆曲线半径 69.5m，前后各设置 30m 长的缓和曲线，总转角 217°23′18″，平曲线总长 293.69m。与明线方案比，可以避免在跨越山坡时开挖“三台线”所形成的高边坡治理和深厚覆盖层上修建高挡墙或曲线桥梁的困难及其施工干扰，可降低造价 800 多万元和节约工期 1 年多。此外明线方案上台线位于长陡纵坡尾部，本身又处于背阴面，开挖深路堑使冬季路面日照时间变得寥寥无几，冰雪危害严重；紧接上台线为高挡墙和桥梁，桥面和挡墙顶距地面的高度分别为 15、20m，行车环境变化较大，行车风险加大，安全性相对不如隧道方案；隧道方案开挖弃渣减少、地面附着物少、不存在大面积开挖岩质边坡，有利于维护原始地表生态环境和水土保持，从而达到了工程建设和保护环境的和谐统一。

西龙池抽水蓄能电站由于下水库区与弃渣场间隔的山梁外坡陡峻，不便沿山坡修筑公路，施工期间开凿一条专用隧道作为运输弃渣通道，通行车辆多为 32、20t 开挖弃渣重型车辆，月运输强度约 60 万 t/月，最大小时单向交通量 90～110 辆。该洞进出口相距 1277.6m，总长 2191.47m，进口段采用和 2 号公路隧道结合设置，净断面 11.0m×(7.8～7.0)m（宽×高），满足通行 32t 自卸汽车的双车道要求；后段由于位于地质条件较差的薄层灰岩中而分岔为两条平行的单车道路面隧道，净断面 6.5m×6.0m。由于 2 号公路隧道存在 2 个洞口，上述布置使该隧道的进出口各有 2 个，改善了通风和散烟条件。路面采用混凝土型式，有利于减少扬尘、改善洞内环境、提高行车舒适度。自 2003 年 9 月开通以后，隧道运行良好，2003 年 12 月统计车流量为 1200 辆/月；除冬季由于洞口附近容易结冰而不能洒水，环境稍差；其他季节通过洒水降尘、利用自然通风，可以保持较好的行车条件。

宁海抽水蓄能电站位于浙江宁海县城东北面美丽的宁海湾畔，上水库位于茶山林场穹窿的中心部位。上水库与下水库区域山峦峰谷、飞霞云海忽隐忽现，茶林竹海密布，四季葱茏叠翠。工程建设贯彻生态优先的理念，总长 11.57km 的上水库与下水库连接道路设计大量采用隧道与桥梁相结合方案，桥隧长度比达 48.9%（隧道 8 座、总长 5546m，桥梁 2 座、总长 108m），避免大开大挖，最大限度减少开挖量，尽可能减少工程建设对环境的破坏。

国内部分抽水蓄能电站场内交通道路技术标准见表 18-4-1 和表 18-4-2。

表 18-4-1　　部分抽水蓄能电站上水库与下水库连接道路技术标准

项目	长度 (km)	道路标准	路基宽度 (m)	路面宽度 (m)	路面型式	桥涵荷载 标准	备注
十三陵	10.0	山岭重丘 三级	7.5	6.0	混凝土	—	
西龙池	4.9	山岭重丘 三级	7.5	6.0	混凝土	汽—20 挂—100	利用当地公路改扩建长度 4.9km
	13.9			7.0			
张河湾	7.7	山岭重丘 三级	7.5	6.0	沥青混凝土	—	
呼和浩特	7.2	等外	6.5	6.0	混凝土	汽—20	
敦化	1.60	三级公路	9.5	8.0	混凝土	汽—40	1 号路至 2 号渣场段
	13.72	三级公路	7.5	6.5			2 号渣场至上水库段
丰宁	13.2	三级公路	7.5	6.5	混凝土	公路Ⅱ级	
沂蒙	5.85	水电专用 三级	7.5	6.0	混凝土	—	
易县	1.36	三级公路	8.5	7.0	沥青混凝土	汽—40 特—420	与地方交通结合段
	5.67	三级公路	8.5	7.0	沥青混凝土	汽—40 挂—100	
	1.21	水电专用 三级	7.5	6.5	混凝土	汽—40	
宁海	11.57	水电场内 三级	8.0	7.0	混凝土	汽—40 挂—120	桥隧占比 48.9%，以减少破坏环境

注 1. 呼和浩特抽水蓄能电站距离呼市较近，上水库、下水库均有通往市区的对外交通公路。新建上下库连接道路仅为方便上水库与下水库间小车交通联系，技术标准低，多陡坡，线路多布置在背阴山坡上，冬季积雪风险大。故要求施工期车辆尤其是重车，不应使用该路运输材料或设备。

2. 易县抽水蓄能电站上水库与下水库连接道路总长 8.24km，结合地方旅游交通规划，与地方共用段路基路面宽度采用 7.0m/8.5m，路面型式为沥青混凝土；上水库与下水库附近专用路段路基路面采用标准三级公路宽度，路面采用水泥混凝土型式。

表 18-4-2　　部分抽水蓄能电站场内交通道路技术标准

项目	公路名称	道路标准	路基宽度 (m)	路面宽度 (m)	路面型式	桥涵荷载 标准	安全护栏 类型
十三陵	上水库公路	三级	8.5	7	混凝土	设计：汽—40 验算：汽—55 挂—100	钢护栏
西龙池	上水库公路	三级	7.5	6/7	混凝土	汽—20 挂—100	钢护栏
	下水库公路	三级	8/12	6.5/10	混凝土	汽—60	钢护栏
张河湾	上水库公路	三级	7.5	6	混凝土	汽—20 挂—100	钢护栏
	下水库公路	矿山二级	9/10.5	6.5/8	混凝土	汽—40	钢护栏
琅琊山	上水库公路	三级	8/12	6/8	混凝土	汽—20 挂—100	钢护栏
	下水库公路	三级	8/12	6/8	混凝土	汽—20 挂—100	钢护栏
	厂房公路	三级	7	8	混凝土	—	
呼和浩特	上水库公路	三级	9.5/12	8/10	混凝土	汽—60	钢护栏
	下水库公路	三级	9.5	8	混凝土	汽—40	垛式护栏
	厂房公路	三级	9.5	8	混凝土	汽—40	垛式护栏
响水涧	上水库与下水库连接公路	矿山三级	8.5/12.35	7/8.5	混凝土	汽—40 挂—250	钢护栏

续表

项目	公路名称		道路标准	路基宽度（m）	路面宽度（m）	路面型式	桥涵荷载标准	安全护栏类型
丰宁	下水库	左岸环库公路	矿山二级	9.0	8.0	混凝土	汽—30	钢护栏
		右岸环库公路	四级	7.0	6.0	混凝土	公路Ⅱ级	钢护栏
	至开关站公路		四级	7.0	6.0	混凝土	公路Ⅱ级	钢护栏
	至引水调压井平台公路		四级	4.5	3.5	混凝土	公路Ⅱ级	钢护栏
	至上支洞洞口公路		矿山三级	8.5	7.0	混凝土	汽—40	钢护栏

（三）重大件运输

抽水蓄能电站重大件运输是外来物资运输的主要组成部分，是一项系统工程，涉及供电、电信、公路、铁路、桥梁、公安等部门，对技术性、协调性要求较高，运输程序复杂。它是决定场内外交通工程某些技术指标的重要因素，选择适当的运输方案和措施，对保证工程质量和降低工程造价具有显著的意义。

机组中的转轮需要整体运输、不能分瓣，大型变压器也只能整体运输，但可通过去油冲氮减轻重量。其他机组部件如顶盖、座环最好不分瓣，确实困难时也应尽量少分，顶盖最多分 4 瓣，座环可分 2～3 瓣。整体制造运输或减少分瓣数量对保证机组的运行质量、减少现场安装工程量和保证工期有很大好处，而且还可大幅度节约制造成本。如天荒坪电站机组招标时，为减小运输尺寸，顶盖拟采用分瓣制造，现场焊接的工艺。制造厂家通过详细调查运输线路，确定顶盖（直径达 6.6m）可以实现整体运输，因此节约制造成本约 100 万元/台。

1. 重大件铁路运输

重大件采用铁路运输快捷便利、费用较低，但对货物尺寸的限制比较严格，应参照《铁路超限超重货物运输规则》（铁总运〔2016〕260 号）的有关规定。

为了确保铁路运输的行车安全，铁路部门规定：货物装车后在平直线路上的高度和宽度或行经在半径为 300m 的曲线路段时的计算宽度有任何部位超过机车车辆限界，则为超限货物。超限货物分为一级超限、二级超限和超级超限。超级超限的最大宽度尚无明确规定。具体能否通过铁路运输，由铁路局根据实际运行路段中建筑实际限界或能否采取必要措施进一步扩大限界情况而定。

我国铁路如沈丹线、京包线、广九线等，有个别区段的限界比正常规定的限界小，还有个别路段的线路质量或桥梁强度较差，所以对通过该地段的车辆装载高度、宽度或重车总重另有特别限制。

我国铁路运输重大件设备，一般选用长大特种货车整车运输，主要有鱼腹形平车、凹形平车、落下孔车、双节平车、长大平车，还可根据特殊货物装载特性和铁路实际运行限界而临时专门加工特种车如针梁车、钳夹车等。

一级、二级超限以内的重大件设备，若不通过特定装载限界区段，可以直接通过铁路运输。设备控制尺寸属于超级超限但小于铁路超限超重货物运输规则规定的建筑接近限界的重大件设备，一般可由发货站的铁路货运部门（或货运代理公司）根据生产厂家提供的供货图纸及承运协议，经线路分析，选择或加工专用的特种车辆通过铁路运输。对于大于铁路超限超重货物运输规则规定的建筑接近限界的设备运输，需要在加工制造前向有关铁路特种货物运输部门进行专题的咨询，就能否通过铁路运输需进行专门的可行性论证。

重大件设备铁路运输除了应明确设备的运输参数（尺寸、重量）外，还需要确定超限货物的计算宽度，了解货物具体超限部位和超限程度，计算其重心位置及重车重心高度，合理选择运输车辆和装载加固方案。当重车重心高度（自轨面算起）超过 2000mm 时需配重降低重心高度或限速行驶。

铁路运输快捷便利，安全性相对较高，费用较低，但对物件尺寸的限制比较严格，运行调度受到一定限制。铁路运输比公路运输多一次装卸，对电站的物资运输转运站、装卸场地也有一定的要求。但从经济、安全上比较，铁路运输较公路运输有明显的优势。所以对于满足一、二级超限及小于铁路建筑接近限界的超级超限的远距离运输，一般应以铁路为主。对于整体体积较大、重量较大的设备也可考虑解体分瓣后通过铁路运输。

2. 重大件公路运输

公路超限运输应遵守交通运输部 2021 年第 12 号令《超限运输车辆行驶公路管理规定》（2021 修正）。在公路上行驶的车辆的轴载质量应当符合 JTG B01—2014《公路工程技术标准》的要求。但对有限定荷载要求的公路和桥梁，超限运输车辆不得行驶。

在公路上行驶的运输车辆，有下列情形之一即属于超限运输：

（1）车货总高度从地面算起超过 4m。

（2）车货总宽度超过 2.55m。

（3）车货总长度超过 18.1m。

（4）二轴货车，其车货总质量超过 18000kg。

（5）三轴货车，其车货总质量超过 25000kg；三轴汽车列车，其车货总质量超过 27000kg。

（6）四轴货车，其车货总质量超过 31000kg；四轴汽车列车，其车货总质量超过 36000kg。

（7）五轴汽车列车，其车货总质量超过 43000kg。

（8）六轴及六轴以上汽车列车，其车货总质量超过 49000kg，其中牵引车驱动轴为单轴的，其车货总质量超过 46000kg。

根据交通运输部交公路发〔1995〕1154 号文件《道路大型物件运输管理办法》的规定，超限货物公路运输分级标准分为四级，作为超限货物运输的条件和核算运费的依据，超限货物公路运输分类见表 18-4-3。但该文件已经于 2016 年废止。目前大件公路运输管理推行许可管理方式，新的《大件运输许可服务与管理办法》尚在征求意见中，没有正式发布，其中规定大件运输将按照车货总体外廓尺寸和质量分为Ⅰ类、Ⅱ类和Ⅲ类进行许可管理，具体见表 18-4-4。

表 18-4-3　超限货物公路运输分类表

设备等级	长度 L（m）	宽度 W（m）	高度 H（m）	质量 T（t）
一级	$14\leqslant L<20$	$3.5\leqslant W<4.5$	$3.0\leqslant H<3.80$	$20\leqslant T<100$
二级	$20\leqslant L<30$	$4.5\leqslant W<5.5$	$3.8\leqslant H<4.40$	$100\leqslant T<200$
三级	$30\leqslant L<40$	$5.5\leqslant W<6.0$	$4.4\leqslant H<5.0$	$200\leqslant T<300$
四级	$L\geqslant 40$	$W\geqslant 6.0$	$H\geqslant 5.0$	$T\geqslant 300$

表 18-4-4　大件公路运输分类表

大件运输分类	车货总体外廓尺寸（m）			车货总质量 T（t）
	总长度 L	总宽度 W	总高度 H	
Ⅰ类	$L\leqslant 20$	$W\leqslant 3.0$	$H\leqslant 4.2$	$T>$《超限运输车辆行驶公路管理规定》（2021 修正）的质量
Ⅱ类	$20<L\leqslant 28$	$3.0<W\leqslant 3.75$	$4.2<W\leqslant 4.5$	$T<100$
Ⅲ类	$L>28$	$W>3.75$	$H>4.5$	$T>100$

用于公路重大件运输的国产拖车头、大型平板车已形成系列，拖车头功率从 170～400 马力，全挂车、半挂车载重从 20～500t。另外，国内大件运输企业从法国引进了具有国际先进技术水平的尼古拉斯大型平板挂车和威廉姆重型牵引车，载量一般在 100～600t；其中可自由组拼的模块式尼古拉斯 38 轴 2 纵列全液压平板挂车最大承载能力达 950t。该系列车型已成功完成最重件 600t、最长件 83.3m、最宽件 9.35m、最高件 8.5m 的重大件设备运输。目前国内抽水蓄能电站重大件设备运输多采用这类车型运输。

在公路上进行重大件运输，承运人应提前开展重大件运输的专题研究，通过勘查论证比选运输线路，提出合理可行的运输方案。承运人应根据具体情况在运输前 15 天～3 个月，向途经公路沿线各省级公路管理机构提出书面申请，同时提供下列资料和证件：

（1）货物名称、重量、外廓尺寸及必要的总体轮廓图。

（2）运输车辆的厂牌型号、自载质量、轴载质量、轴距、轮数、轮胎单位压力、载货时总的外廓尺寸等有关资料。

（3）货物运输的起讫点、拟经过的路线和运输时间。

（4）车辆行驶证。

公路管理机构根据实际情况，对需要经过的路线进行勘测，选定运输路线，计算公路、桥梁承载能力，制定通行与加固方案，与承运人签订有关协议并签发《超限运输车辆通行证》。公路管理机构进行的勘测、方案论证、加固、改造、护送等措施及修复损坏部分所需的费用，根据各省、市公路路产赔（补）偿标准，由承运人承担。

公路运输灵活，对设备尺寸的限制相对较小，但运输费用较高，影响因素比较多，尤其是公路沿线的桥涵、路基、路面状况及软（电力、通信线路）硬体（铁路、公路立交）障碍等往往制约着重大件设备的运输。此外，高速公路一般限制重大件设备运输，高等级公路目前收费站较多，早期建设的国、省道上的桥梁标准普遍较低等均为制约因素。

对于不能分瓣、体积较大需整体运输的设备，其运输尺寸已经超过铁路实际建筑限界的重大件设备，一般直接采用公路运输至工地。

3. 运输实例

（1）十三陵抽水蓄能电站。该电站重大件运输尺寸及质量列于表 18-4-5。进口机电设备在天津新港到岸，到岸后对不同的大件采用不同的运输方式，较小的设备采用铁路运至昌平北站，然后再由运输车辆运至工地现场。对主变压器等大件设备则直接由公路运至工地。

表 18-4-5　　十三陵抽水蓄能电站重大件运输尺寸及质量

名称	数量	尺寸（长×宽×高，m×m×m）	质量（t）	名称	数量	尺寸（长×宽×高，m×m×m）	质量（t）
转轮	4	3.75×3.75×1.3	23.5	基坑里衬	4	5.3×2.6×2.6	5.0
主轴	4	4.4×1.5×1.5	27.0	分瓣定子	8	6.7×4.2×3.5	90
轴封	4	2.5×2.5×1.0	8.5	主阀	4	4.6×2.4×3.2	53.0
座环	4	8.5×4.5×1.8	30	主变压器	4	8.2×2.3×3.5	110
蜗壳	4	4.8×2.4×2.3	12	钢岔管	2	6.1×5.1×4.75	43

主变压器等大件的运输方案为：采用法国尼古拉斯拖车（具有全液压升降系统）。运输参数如下：全长 33.9m、宽 3m、正常运行高度 4.5m，拖车自重 47.5t，轴压 11.25t，在宽度为 10、9、7m 的路面上行驶，要求最小转弯半径分别为 11.8、17.1、26m，上坡坡度为 4.3%、下坡坡度 4.6%。由于受港口浮吊能力（最大 100t）的限制，设备在港口的卸船用渤海石油公司的 900t 全旋转浮吊跨船进行卸船作业。

最宽件——两个钢岔管从日本进口，单件质量为 43t，尺寸为 610cm×510cm×475cm，运输路线是从天津新港到十三陵工地。运输时道路状况较差，还要穿过桥洞、涵洞，车辆只能在夜间运行，运输难度较大。特种车辆运输配备吊机与特种车辆同行，由公安交通管理局的车辆在运输车辆前面引道护航。由于桥洞和涵洞的高度限制，在穿行前，用吊机将大件设备从特种车上吊卸下来，利用供货商预先焊接在设备底座下的钢制滑板，通过车辆拖拽的方式使设备安全通过桥洞和涵洞，通过桥洞和涵洞后，再用吊机将设备吊装到特种车辆上继续前行。由于对大件货物接运的前期工作安排得充分和周密，整个路线运输只花了 2 个夜晚就完成。

（2）张河湾抽水蓄能电站，重大件设备总质量约 3000t，主体工程控制性重大件设备尺寸、数量、质量汇总于表 18-4-6。

表 18-4-6　　张河湾抽水蓄能电站主体工程重大件设备运输特性表

序号	名称	尺寸（长×宽×高，m×m×m）	数量（台/套）	单件质量（t）	备注
1	水轮机轴	ϕ1.8m×4.5m	4	40	
2	转轮	ϕ5.08m×1.4m	4	40	
3	顶盖	R3.25m×3.4m	8	40	解体分两瓣后尺寸
4	底环	R3.25m×1.3m	8	30	解体分两瓣后尺寸
5	钢岔管肋板 钢岔管A块 钢岔管B块 钢岔管C块	6.2×3.65×0.11 6.2×5.74×2.3 6.2×4.6×3.9 6.2×4.6×3.9	2 2 2 2	7.2 11.05 18.7 18.7	解体后大块尺寸
6	球阀	6.8×5.0×3.8	4	170	整体
7	蜗壳	11.5×6.5×3.0	4	80	解体分瓣后大瓣尺寸
8	主变压器	10.6×3.75×4.06	4	196	
9	主厂房桥式起重机大梁	22.5×3.5×3.5	1	60	

注　其中第1～7项设备为进口设备，到岸港为天津港。第8、9项设备为国产设备。

该工程重大件设备运输最重件为主变压器，其运输时货物高度为4060mm，宽度为3750mm，单件重196t。一般铁路重大件运输车辆底板高度为960mm，凹型车一般在500～800mm，但一些特种车辆如D36钳夹车，根据运输货物特点，采用直接钳夹方式，使货物底部距轨道高度最低可降到100mm，其高于轨面的高度尺寸可控制在一级超限高度4000～4950mm内。宽度在距轨面高度3600mm以上，由线路中心起算的最大容许宽度为3400mm，在宽度方向上为上部超级超限，但与当时的铁路超限货物运输规则中采用的建筑接近限界相比，尚有一定富余，且运输所经过的铁路不在特定的区段内，本工程主变压器（去油充氮）运输总体上属于超级超限，故采用铁路运输。

转轮直径为5.08m，无论平放或立放，其宽度或高度方向上均超过铁路建筑接近限界，无法整体通过铁路运输，故采用公路运输。

最长件为主厂房桥式起重机大梁，尺寸为22.5m×3.5m×3.5m，可采用铁路D22型长大平车（长25m，载重120t）运输。

最宽件为解体分两瓣后的蜗壳大瓣，运输控制尺寸为11.5m×6.5m×3.0m，宽度方向超过国家标准规定的建筑接近限界，无法通过铁路运输。实际采用的运输方式是：座环/蜗壳在设备出厂前已经焊接为一体，分2瓣和2块凑合节公路运输到工地，组合后总质量为102t。

钢岔管总体尺寸较大，只能采用解体分多片运输，解体后各大块尺寸宽度方向上仍远大于国家标准规定的直线建筑接近限界（理论上铁路运输的最大通过尺寸），不能通过铁路运输。因其重量较小，再进行解体，不但增加现场焊接工作量，而且对岔管质量也有一定的影响，因此采用公路运输。其他大件从控制尺寸及设备重量上均可通过铁路运输。

（3）琅琊山抽水蓄能电站，重大件设备共计180件，总质量3882.784t，主要特征见表18-4-7。

表 18-4-7　　琅琊山抽水蓄能电站主要重大件的设备表

序号	设备名称	数量	长（cm）	宽（cm）	高（cm）	单件质量（t）	总质量（t）	备注
1	转轮	4	500	500	245	47	188	水泵水轮机
2	水轮机主轴	4	480	200	200	34	136	
3	底环	4	620	620	160	31	124	
4	顶盖	4	650	650	180	63	252	
5	进水阀整体	4	560	520	250	75	300	
6	分裂变压器本体*	2	880	335	375	180	360	

续表

序号	设备名称	数量	长(cm)	宽(cm)	高(cm)	单件质量(t)	总质量(t)	备注
7	轴	4	715	195	210	53.5	214	发电机
8	转子机架	4	580	580	245	41	164	
9	下机架*	7	710	710	220	39	273	
10	半个定子支架*	8	1020	535	315	24	192	
11	带蝶形边座环	4	930	470	230	33	132	
12	带蜗壳的座环	4	930	650	280	45.5	182	

注 表中带“*”的运输件分别为单件最长、最宽、最高和最重的设备。

本电站机组进口设备由外轮运至上海港后，根据设备重量、体积、外形尺寸和交货时间等具体情况，分别选择不同的方式进行运输。

分裂变压器本体由外轮运至上海港后，利用上海港大型浮吊卸下，再吊装至210t铁路D2型凹型平板车上，经铁路运输至滁州火车站货场。然后装上QGZH系列2纵列11轴线载重245t的全液压汽车平板车组，通过公路运输至电站工地现场。上述平板车组由1台2纵列5轴线、1台2纵列6轴线活络单元车纵向联接部件组合成2纵列11轴线全挂车。该平板车采用网络单箱型主梁车架、液压全轮牵引转向或控制转向、双管路全轮制动。具有货台高度低、轮轴负荷均匀、转弯半径小、倒车方便等特点，并且货台高度可调节，在上下坡道和斜坡上行驶时可以调整车身，尽可能保证货台水平，避免在装载高重心货物时出现倾覆的危险。主牵引车选择德国产曼牌MAN 8×8牵引车，该车牵引动力为600马力；另选用1台太脱拉T815-2牵引车作为辅助牵引车。

除了分裂变压器本体以外，其他进口设备的质量都在75t以内，但由于许多设备的体积较大，特别是超宽而不宜采取铁路运输方式。上海至工地公路全程所经桥梁有上百座，尤其是312国道和104国道桥梁使用年限较长，部分桥梁的承载力不足，难以得到公路部门的批准，即便允许通行，公路补偿和桥梁加固等费用也很高，其经济性较差。故采取内河船舶通过长江水路运输至南京扬子石化码头，用600t扒杆吊将设备从内河船舶上卸下直接装汽车平板车，或再转舶至内河200t级以下的特种船舶上运至滁州码头后转汽车平板车，通过公路运输至电站工地现场。

尾水管、尾水锥管、机坑里衬、下机架、定子支架和蜗壳、座环分别由宜昌的葛洲坝集团机电建设公司和三峡工地的中国水电第八工程局机械制造分局制造。因大部分设备尺寸超长、超宽，使得铁路运输和公路运输方式受限，而两个制造厂均紧邻长江，水路运输方便。所以，国内制造的设备主要采取水路转公路的方式进行运输。

二、施工总布置

施工总布置是对整个工程施工场地、施工交通、施工工厂设施等在施工期间的位置进行平面和立面上的总体布局安排。施工总布置应根据主体工程布置及其特性，结合施工条件和工程所在地区的社会、经济、自然因素，合理规划施工用地范围和施工场区划分、不同阶段各种施工设施的位置及其相互间的关系，遵循因地制宜、因时制宜、有利生产、方便生活、易于管理、安全可靠、节约用地、保护环境、经济合理等原则，解决好前后方、内外部、主体与临建工程、生活设施与生产设施以及上水库与下水库等的关系。

抽水蓄能电站上水库与下水库高差较大，联系上水库、下水库的输水系统较长，施工总布置宜采用集中和分散相结合的型式，一般至少需要2～3个主要施工区集中设置临时生产和生活设施。其他零散设施可根据工程施工特性和工程量的大小沿场内交通道路布置。大多数抽水蓄能电站上水库工程土石方和混凝土工程量较大，一般可和引水系统闸门井、上平段施工共同集中设置一个施工区。下水库往往和地下厂房、尾水隧洞施工共用一个施工布置区，一般靠近下水库布置；当厂房采取首部开发方案且进厂交通洞口有足够的场地时也可靠近进厂交通洞口布置。西龙池电站施工布置主要分为上水库区、下水库区和刘家寨钢管加工厂三个区域，其施工总布置图如图18-4-1所示。

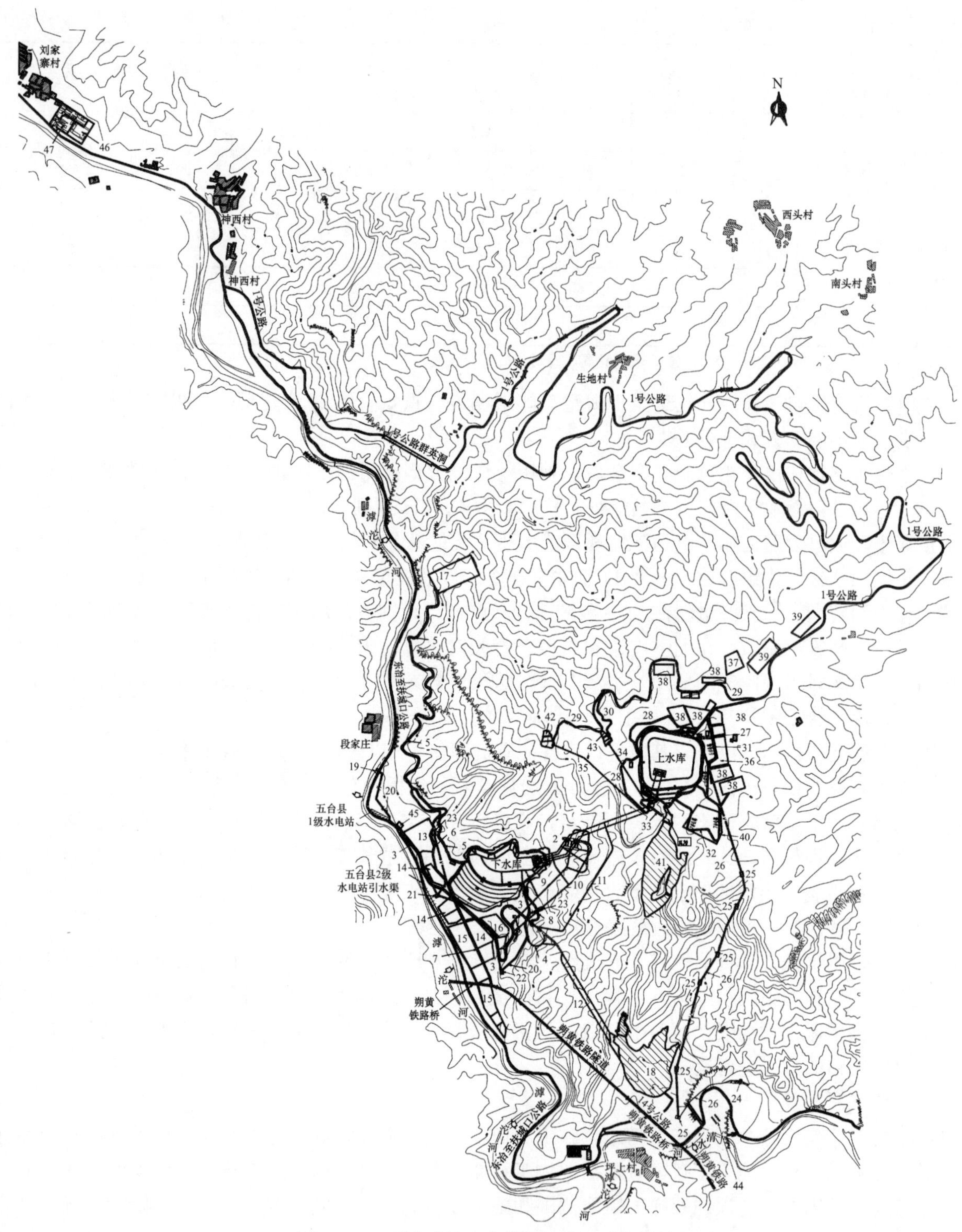

图 18-4-1 西龙池抽水蓄能电站施工总布置图

1—上水库；2—地下厂房；3—2 号公路；4—2 号公路隧道；5—9 号公路；6—10 号公路；7—11 号公路；8—13 号公路；9—进厂交通洞；10—厂顶通风洞；11—引水系统 2 号中支洞；12—施工运渣交通洞；13—下水库人工砂石加工厂；14—下水库施工场地；15—下水库区施工生活区；16—地下厂房施工场地；17—水泉湾石料场；18—下水库闪虎沟弃渣场；19—下水库施工供水取水点；20—下水库施工供水系统管线；21—下水库施工供水系统 1 级泵站；22—下水库施工供水系统 2 级泵站；23—下水库施工供水系统高位水池；24—上水库施工供水水源点（坪上勘探洞出水口）；25—上水库施工供水 1～6 级泵站；26—上水库施工供水管线；27—上水库施工供水系统高位水池；28—3 号公路；29—4 号公路；30—5 号公路；31—6 号公路；32—7 号公路；33—8 号公路；34—上支洞；35—引水系统 1 号中支洞；36—上水库碎石垫层料加工厂；37—上水库沥青混凝土加工系统；38—上水库区施工场地；39—上水库区施工生活区；40—上水库备用料场；41—上水库闪虎沟弃渣场；42—1 号中支洞口弃渣场；43—上支洞口弃渣场；44—炸药中心仓库；45—35kV 变电站；46—刘家寨钢管加工厂；47—引水系统施工生活区

抽水蓄能电站施工总布置在工程建设的不同阶段所承担的任务性质和侧重点是不同的，应该根据施工需要分阶段逐步形成，尽量做好前后衔接，实现前后期结合和重复利用场地，减少施工占地数量。

在工程准备阶段，参与施工的项目多且性质差异较大，参与的设计、施工、监理单位也较多，条件差、工期紧张。对于施工场地狭窄的抽水蓄能电站，各种临建设施和永久建筑物的布置关系紧密，如供水、供电管线往往沿场内交通道路路基布置，永久泄洪、排水沟渠可能要穿越道路路基、施工场地等，而此时永久建筑物的设计还未结束，应特别重视枢纽总布置与施工总布置各种建筑物之间的关系，否则将大大增加施工协调的难度，难免造成浪费或工期延误。

主体工程施工阶段，主体建筑物进入全面施工，施工总布置要承接前后期工程，照顾邻近建筑物，全面规划，统筹安排。工程分标施工时，施工总布置需适应分标规划的需要，尽量减少标与标之间的穿插和干扰。同时应遵循动态布置原则，充分考虑各标施工进度的衔接情况，研究同一施工场地分标交替利用的可能性。一般先以上水库、下水库土石方开挖和地下厂房洞挖、料场准备和砂石加工系统建设为主，逐步转入支护衬砌、基础处理、混凝土浇筑或坝体填筑及机电设备和金属结构安装的施工总布置。

工程完建阶段，主要应做好管理单位的厂区规划，随着主体工程施工强度降低，逐步退还施工占用场地，根据环境保护和水土保持要求和当地具体情况尽可能做好场地清理、退还占地或复耕、渣场和场地绿化美化、排水防护规划。

施工总布置主要包含以下内容：场内交通网络、施工临时生活设施与生产设施场地规划、土石方平衡和堆弃渣场规划布置等。场内交通要重视上水库、下水库等各工区之间的连接，各分工区间交通道路布置应做到合理、运输方便可靠、能适应整个工程分标管理、施工进度和工艺流程要求，尽量避免或减少物料的反向运输和二次倒运。施工临时生活设施与生产设施应合理确定施工公用设施项目及其规划布置，在满足各标进度需要和保证质量的情况下尽量共用、合用，以减少临建规模、节约用地，工程区附近若地方现有设施满足要求时可积极考虑利用，以减少现场临建规模。

在现场通常需设置物资材料仓库，储存容量可考虑施工条件、供应条件和运输条件确定，一般需满足高峰期 10～30 天的使用量。国内抽水蓄能电站现场仓库的设置及其方式差异较大，主要与业主的工程管理体制有关。如琅琊山电站业主在现场集中设置了中心仓库，建筑面积 4707m^2，是利用规划的旅游度假设施（总建筑占地面积 11037m^2）。西龙池电站业主在现场不设仓库设施，而是委托专业物资供应公司负责所需主材（水泥、钢筋、粉煤灰）的供应，由其在市场上采购或从厂家直接运输至施工承包商的临时仓库内，各施工承包商的仓库面积很小，仅有 3～7 天储存容量；对于炸药、雷管、导爆索等火工制品由业主负责在下水库区附近建造一炸药总库，委托地方民爆器材公司管理供应，其容量仅可满足全工程施工高峰期 5～7 天的使用。目前，抽水蓄能电站施工期工地绝大多数业主不再设置各类施工材料仓库，丰宁、洛宁等在建电站业主现场也仅设置永久机电设备库，不设其他各类材料仓库，各类进场施工材料均由施工承包商临时仓库储存。炸药库则是由地方民爆器材服务公司直接供应至现场作业面装药，实现火工材料的专业化安全管理；也有的地方要求在工地现场必须设置一小型炸药储存库，以方便炸药临时中转要求。现场炸药储存库的选址和建设应满足国家有关标准要求，库房规模宜采用小型，或使用符合标准的可移动式民用爆炸物品储存库房。抽水蓄能电站施工现场一般也不设专门油库，施工用油可与附近加油站签订供油协议，所需油料直接从加油站拉用，现场配置若干台加油车为现场施工机械加油。

我国工程建设采用招投标方式后，施工承包商进驻施工现场的人员均较精简，其办公生活设施仅有办公、会议、宿舍、食堂、厕所、洗浴、理发及少量文化体育设施，人均占用建筑面积指标 8～12m^2。据统计，西龙池抽水蓄能电站各施工承包商的高峰施工人数和办公生活区建筑面积，人均占用建筑面积指标最大为 7.53m^2，最小仅 5m^2。河北易县抽水蓄能电站主体土建工程标（含上水库、下水库及输水发电系统土建、金属结构安装）高峰期施工人数约 1493 人，其中管理人员约 200 人（含测量试验人员），施工人员约 1293 人，其中上水库施工人员约 300 人，下水库施工人员约 993 人。施工管理及生活区布置在发包人提供的施工场地内，其中上水库承包商办公及生活营地占地面积 2330m^2，建筑面积为 1764m^2；下水库区承包商管理人员办公及生活营地占地面积 12100m^2，建筑面积为 8282m^2，有办公设施、职工宿舍、医疗设施及生活附属设施；施工队伍营地计划共设五处，占地面积合计7300m²，建筑面积约为4464m²。项目经理部管理办公用房分上水库、下水库区分别布置，仅考虑管理人员办公、会议用房。现场医务室设置诊室、治疗室、处置室，每室独立且符合卫生学布局及流程。施工生活用房主要有职工宿舍用房和辅助生活用房，建筑面积按满足高峰期施工人数需要设计，人均指标4～6m²。上水库区职工生活区集中布置公共浴室和公共厕所，下水库区生活区布置职工食堂、浴室、厕所、篮球场、羽毛球场和健身场等生活附属设施，施工队伍宿舍和辅助生活用房全部采用集装箱式房屋，单个箱房尺寸6m×3m。现场指挥系统分两处分别布置，现场指挥中心采用集装箱式板房，单个尺寸6m×3m×2.8m（长×宽×高）。试验室设置在下水库项目经理部办公用房内，现场分别在上水库、下水库混凝土生产系统厂区内设工地试验间，主要承担本标混凝土、土工及材料试验任务。易县抽水蓄能电站主体土建工程标办公生活设施建设规模详见表18-4-8。

表18-4-8　　易县抽水蓄能电站主体土建工程办公生活设施房建特性表

序号	项目	建筑面积（m²）		结构型式	备注
		下水库生活营地	上水库生活营地		
1	办公用房	2102	126	三层/四层 框架/砖混	
2	职工宿舍	7728	1134	框架/砖混	
3	测量队	91	—	框架/砖混	利用经理部办公用房
4	试验室	91	—	框架/砖混	
5	医务室	45	42	框架/砖混	利用职工宿舍用房
6	活动室	639	—	轻钢	
7	食堂	1188	126	砖混/箱式板房	
8	浴室	252	84	砖混/箱式板房	
9	开水房及洗衣房	288	105	砖混/箱式板房	
10	仓库	72	21	砖混/箱式板房	
11	厕所	396	126	砖混/箱式板房	
12	合计	12665	1764		

施工总布置场地应满足一定的防洪标准，对于场地狭窄、建筑物集中的区域，各类排水设施要给予足够重视。

环保对工程布置的要求越来越高，尤其是处于旅游风景区的抽水蓄能电站。如十三陵抽水蓄能电站，为了不影响十三陵风景区的景观，上水库各种临时设施和道路布置在山侧，混凝土生产系统、碎石筛分厂、综合加工厂、修钎站、空压站、油库、炸药库、停车场和前方办公值班房等与施工有紧密联系的必要设施布置在库盆东侧山坡2号公路、库盆南侧上坝公路旁，由于上水库区场地狭窄，用于上水库施工的机电物资仓库、机械修配厂、汽车修配厂、后方生活营地等均布置在山下施工营地。西龙池电站下水库区地形狭窄陡峻，出渣道路、上坝道路和水泉湾石料场运输道路及库盆施工道路均尽可能采用隧洞方案。日本的神流川电站，为了不破坏地面自然景观，场内交通道路大量采用隧洞。对外交通道路从位于下水库左岸的进厂交通洞洞口跨过水库库尾，再沿下水库右岸经大坝右坝头直至下游与已有公路连接，长度超过5km，大部分采用隧洞。同时为了少破坏地面植被，筑坝材料尽可能在库内淹没区开挖。库外料场和弃渣区均精心做了水土保持设施，重新种植当地的不同植物，以恢复原有的自然景观。

做好土石方平衡，尽量利用开挖料作为混凝土骨料或坝体填筑料可以降低工程造价、节约弃渣占地和减少工程建设对环境的不利影响。我国抽水蓄能电站利用开挖料尤其是洞挖料作为制备混凝土骨料的原石料的工程实例很多，如泰安电站利用地下厂房洞挖的花岗岩弃渣料；西龙池电站上水库全部利用库盆开挖料填筑坝体，下水库堆石坝次堆石区340万m³全部利用库盆开挖的覆盖层和石方，利用弃方上坝的填筑单价仅5元/m³，而在石料场新开采方的上坝填筑单价约27元/m³。

渣场、暂存料场的位置选择应结合地形就近设置，尽量方便弃渣、回采施工。利用开挖料加工生产骨料和上坝填筑料的工程，应设置专用中转料场，不同的利用料应分开堆存，防止混料。上水库与下水库、地下厂房工程可根据条件集中设置大容量的渣场，但首先应尽量利用死库容、坝后压坡、场地平整消纳弃渣，减少施工占地。输水系统的施工支洞口可以结合洞口开挖和施工需要进行适当填筑形成场地，以布置风机、空压站、材料仓库等，以及部分压力钢管的临时堆放，也可就近设置零散的小型渣场。为满足环保、水保和排水要求，渣场坡脚应设置拦渣坝，堆渣后应将渣体边坡修整为稳定坡比，表面应覆土、绿化或采取适当的护坡措施。渣场顶部及渣坡表面四周需修建截排水设施，冲沟内的渣场必须做好沟水处理；坝后压坡、渣场底部有排水要求时，则设置必要的底部排水措施，以顺畅排除基础底部渗出的地下水和来自渣场上游、顶部降雨入渗的渗水。

大型渣场应做好渣场堆置施工规划，一般分台阶自下而上进行施工，台阶高度以 20～60m 为宜，以减少台阶削坡开级工程量。渣场堆置施工道路首先根据堆置台阶分层布置，尽量利用沟底和渣场两侧占地范围内展线设置，地形陡峻的渣场必要时修建专门的施工交通道路。

三、施工工厂设施

抽水蓄能电站的施工工厂设施主要包括砂石料加工系统、混凝土生产系统、机械修配系统和压缩空气、供电、供水和通信系统，其规模应符合施工总进度和施工强度要求，建设标准应满足生产工艺流程、技术要求及有关安全规定，既要适应工程分标施工的要求，又能充分发挥其生产能力。

（一）*砂石料加工系统*

抽水蓄能电站砂石料加工主要指混凝土骨料制备，当上水库、下水库坝体填筑需要设置碎石垫层料时，还需轧制垫层料。加工系统的数量和位置应根据料源和水源分布情况确定，对产品质量、供应保证要求高的骨料加工系统一般宜布置一套，单独分标，其位置要兼顾上水库、下水库和发电厂房及其需要量的权重。

碎石垫层料的料源一般利用质量较好的库盆开挖料，其加工工艺简单，应随主体土建工程发包，每个工程标单独就近设厂制备。碎石垫层料常用粗碎、细碎两段破碎、开路生产的工艺。

抽水蓄能电站混凝土骨料采用人工骨料方案较多，当地下厂房系统开挖渣料满足质量要求时，尽量用作混凝土骨料的料源，并靠近堆渣场布置，如张河湾、泰安等电站。因混凝土骨料对级配要求严格，一般采用粗碎、中碎、细碎三段破碎、闭路生产的工艺制备粗骨料，制砂一般采用立轴冲击式破碎机、棒磨机湿法生产；粗碎多用颚式破碎机，也可采用轻型旋回式破碎机，中碎、细碎可采用圆锥破碎机和反击式破碎机；碎石分级筛分设备采用圆振筛。也有工程采用干法制砂，如琅琊山电站采用立式冲击破碎机，由于出料石粉含量高，加设一台螺旋洗砂机对砂子进行湿法分级，细度模数仍超过 3.0，又在机制砂中掺混一定比例的天然砂。抽水蓄能电站地下工程多，所需喷混凝土中的豆石和砂占有很大比例，成品料仓尤其是豆石和砂料仓应有较大的容量，以满足施工进度和成品脱水时间的要求。对于严寒地区冬季停产的系统，还需在停产前提前储存冬季施工所需的成品骨料。

水工沥青混凝土对骨料最大粒径、颗粒组成和级配的要求比水泥混凝土更为严格，其粒径较细，最大粒径不大于 25mm，细骨料与粉料的用量约占矿料总量的 50%；骨料分级严格，级配曲线圆滑，包络线范围极小，且需在 2.5mm 及 0.074mm 之间实现粉细料分级。要求经过加工的骨料具有粗糙的表面，粒形宜接近方圆形，针片状含量低（小于 10%～20%）。由于沥青混凝土骨料较细，尤其是 0.074mm 级粉细料须采用干法分级。水工沥青混凝土加工工艺设备选型与水泥混凝土区别较大，由反击式破碎机与立式冲击破碎机联合组成矿料破碎工艺应是有效的方式。这两种机型均具有冲击破碎和磨琢双重功能，破碎比大，破碎效率高，产品粒度好，粒级可直接调控，骨料结构破坏小，可明显降低针片状含量，其显著特点是适于生产粉细物料。对于细骨料分级，2.5mm 以下可使用弧线筛、弛张筛、等厚筛及直线筛实现干法筛分，对 0.074mm 级物料的分级，则可使用分选机分选。

我国已建的天荒坪、西龙池、张河湾电站均选择国外承包商施工沥青混凝土工程面板。由于我国水工沥青混凝土施工标准与国外不一致，国外承包商在实际工程中采用的是美国、德国、日本等国标准。为便于责任划分，这些工程均将沥青混凝土面板施工，包括骨料制备、沥青混凝土拌和、铺筑等全部划归一个标。

天荒坪电站沥青混凝土面板由德国施特拉堡公司承包施工，业主向承包商供应的半成品石灰岩骨料粒径为0.074～5mm和5～20mm的人工砂石料和水泥厂磨制的石灰石粉填料。承包商在现场配备二次破碎筛分系统。该系统由德国公司生产，可以筛分出六种不同粒径的骨料：0～2mm、2～5mm、5～8mm、8～11mm、11～16mm和大于16mm。大于16mm的骨料又返回筛分系统的粉碎机进行粉碎并重新筛分，这种锤式破碎机每小时可生产40t骨料。

西龙池电站沥青混凝土矿料也采用现场加工粗、细骨料，外购填料的方式。20～40mm的半成品石灰岩碎石料由下水库砂石加工系统供应。现场配备的矿料加工设备见表18-4-9。其中：PL-850立式冲击式破碎机是主要破碎设备，PFW0808卧式复合式破碎机是辅助破碎设备，用于提高细骨料的产量。在筛分工艺上，两台筛分机筛网均选用钢丝圆振动筛，其中1、2号筛分机分别配备了3、2层筛网，筛网尺寸依次为19、16、10、5、2.5mm。整个矿料加工工艺为两级封闭式，加工系统设计生产能力为60t/h，实际生产能力可达到80t/h。

表18-4-9　　西龙池电站沥青混凝土矿料加工主要设备表

设备名称	型号	数量（台）	电机功率（kW）	生产能力（t/h）
立式冲击式破碎机	PL-850	1	2×90	60～80
卧式复合式破碎机	PFW0808	1	75	35～50
振动筛分机	2YK1860	2	15	200～400

沥青混凝土矿料加工系统一般采用干法生产工艺，矿料加工中多余粉尘的去除、人工砂中矿粉含量的控制是矿料加工中非常关键的技术问题。西龙池工程曾经出现细骨料中逊径较大的问题，运行中对矿料加工系统进行了改造，加装了除尘设备，见表18-4-10。除尘设备采用“吹吸粉尘”的原理，即在2台筛分机筛网下部加装两组设备，轴流通风机提供通风，锅炉引风机负责吸尘。粗碎机下筛子最下层筛网下粒径为0～10mm；细碎机下筛子最下层筛网下粒径为0～2.5mm，对0～10mm、0～2.5mm的混合矿料进行集中除尘。经两级“吹吸”设备的除尘后，细骨料的逊径值由23.1%降为11.8%。出于环保的需要，抽出来的灰尘及粉料混合物用管道集中排到专门的集尘水池中。

表18-4-10　　西龙池电站沥青混凝土矿料加工除尘设备

设备名称	数量（台）	电动机功率（kW）	使用部位
1号轴流通风机	1	0.55	1号筛分机
1号锅炉引风机	1	15	1号筛分机
2号轴流通风机	1	0.55	2号筛分机
2号锅炉引风机	1	15	2号筛分机

沂蒙抽水蓄能电站上水库沥青混凝土骨料加工系统料源规划采用工程附近黄营灰岩料场提供的块石料（粒径小于480mm），现场设置破碎筛分加工系统制备成品粗、细骨料，包括块石受料坑、粗碎车间、中碎车间、细碎车间、筛分车间、成品骨料堆场及相对应配套的运输系统，配置颚式破碎机PE600×900、反击式破碎机PFQ1010、立轴式破碎机PL8000各1台，初筛车间配置YKR1437筛分机1台，主筛车间配置2YA1548和2ZKR1645筛分机各1台，系统破碎能力95t/h，筛分能力70～120t/h。块石堆场面积1000m^2，堆存量大于5000m^3，约7天用量；成品骨料堆场共三个料仓和一个储罐，料仓用于堆存粗骨料，储罐用于堆存细骨料，料仓活容积2000m^3，约10天用量，矿粉储罐容量500t，建筑面积850m^2，占地面积12000m^2。

（二）混凝土生产系统

由于布置分散，施工中所需混凝土的工点多、品种多，但其总量少、喷混凝土所占比例较大，各种混凝土的拌和生产宜采用由各主体土建承包商自行建设混凝土生产系统、自行负责运行生产的方式。据统计，当上水库、下水库、地下厂房、引水系统工程分别设置混凝土生产系统时，采用生产能力为25～90m^3/h的拌和站和小型拌和楼居多。过去搅拌机常选用自落式，近年来选择强制式的日渐增多，搅拌桶容量大小要根据骨料级配选取。对于一些位于风景旅游区或邻近城市等对环保要求特别严格的地区，也可采用集中设置拌和系统供应商品混凝土的模式。

（三）沥青混凝土生产系统

水工沥青混凝土生产系统由沥青、骨料、填料的储存、加热、供应、拌和、出料保温等系统组成，宜采用连续烘干、间歇计算和拌和的综合工艺。成套拌和设备的额定生产率是以拌制道路沥青混凝土为对象的，拌制水工沥青混凝土时，由于细料含量多、所需拌和时间较长、温度要求高、改换配合比需中止运转等原因，其实际生产率应折减25%～35%。厂址需符合的条件为：远离开挖爆破危险区、易爆易燃建筑物；不受洪水威胁，排水条件良好；靠近铺筑现场，沥青混凝土的运输时间不超过30min；位于生活区和作业区的下风向，距离不小于300m。

国内几个抽水蓄能电站施工沥青混凝土生产系统特性见表18-4-11。沥青混凝土拌和系统一般由冷料系统、干燥系统、沥青系统、粉料供给系统、拌和楼、成品料储存系统、除尘系统和控制室组成，示意图如图18-4-2所示。

表18-4-11　国内几个抽水蓄能电站施工沥青混凝土生产系统特性

工程名称	设计生产能力（t/h）	设备型号	数量（台）	占地面积（m^2）
天荒坪	220	MARINIM260	1	—
西龙池	300	LB-3000（辽阳筑路机械厂）	1	18000
		LB-2000	1	
张河湾	210	LB3250（吉林公路机械厂）	1	16000
	140	新泻2400	1	
呼和浩特	240	LB-3000	1	6200
	160	LB-2000	1	4700
沂蒙	220	NTAP-3000	1	20000
句容	240	LJX3000	1	5730

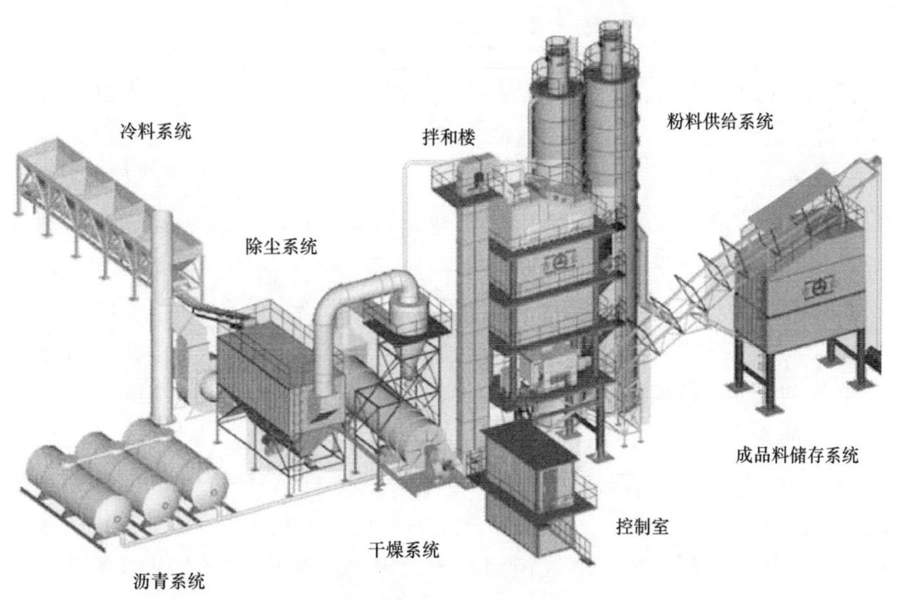

图18-4-2　沥青混凝土拌和系统组成示意图

西龙池电站沥青混合料拌和系统布置于前期形成的弃渣场平台上，由两套拌合楼组成，分别为LB-3000型、LB-2000型，其设计生产能力分别为180、120t/h，主要设施有沥青车间、柴油储罐、矿粉（纤维）仓库及沥青混合料拌和设备等。

该工程成品料堆场共分六个料仓，其中五个料仓堆放加工系统生产的五种级配的骨料，一个料仓堆放天然砂。整个成品料堆场堆放容积5000m^3，约7天的用量。

沥青车间内设有沥青储库和沥青脱水装置。沥青储库面积为1000m^2，储存量为1500t。车间配备JRHY10型沥青熔化、脱水、加热联合装置，沥青脱水温度控制在120～140℃。熔化和脱水后的沥青用沥青泵和管道输送到具有加热功能的沥青储存罐待用，也可用管道泵送到拌和楼上。

柴油储罐布置在沥青车间旁，容量为 2×60t。使用柴油泵将柴油输送至各用油点，柴油罐旁设有 2 个 $20m^3$ 的沉淀池，以便处理废油渣。同时两个柴油罐旁设一个 $100m^3$ 的消防砂仓。

在拌和系统旁搭设两个矿粉（纤维）仓库，专门用于储备拌和料中的矿粉和纤维。仓库占用面积为 $2\times240m^2$，采用钢管配扣件搭设，顶棚为钢化波瓦，侧墙用石棉瓦及帆布封堵，地面垫方木铺竹跳板隔离，以便防潮。

沥青混合料拌和设备为成套系统，其配套设施有配料仓、皮带输送机、烘干滚筒、热料提升机、振动筛、搅拌机、外加填料筒仓和供给系统、除尘器、中心控制室及混合料成品料罐等。

呼和浩特抽水蓄能电站上水库沥青混凝土拌和生产系统和骨料加工系统紧邻布置在一块场地内，包括碎石加工系统、2 座拌和楼、试验室、仓库和工业性试验场地等，总占地面积 $37000m^2$。呼和浩特上水库沥青混凝土生产系统各部分的占地面积见表 18-4-12。

表 18-4-12 呼和浩特上水库沥青混凝土生产系统各部分占地面积

序号	项目名称	单位	占地面积	备注
1	1 号拌和楼	m^2	6200	3000 型（240t/h）
2	2 号拌和楼	m^2	4700	2000 型（160t/h）
3	成品石料仓	m^2	2700	1～4 号石料
4	砂料仓	m^2	450	混凝土框架结构（天然砂和机制砂）
5	矿粉仓库	m^2	160	彩钢房（业主提供袋装矿粉）
6	试验室	m^2	271.2	砖混结构
7	配电室	m^2	100	砖房（800kVA 变压器 2 台）
8	工业性试验场地	m^2	450	
9	骨料加工系统	m^2	20000	含半成品骨料（20～40mm）堆放场、汽车受料坑、立轴破车间、筛分车间、检查筛分车间、成品料仓、配电室等

沂蒙抽水蓄能电站上水库沥青混凝土拌和生产系统配置 NTAP-3000 型拌和楼 1 座，铭牌生产能力 250t/h，生产水工沥青混凝土能力 200～220t/h。系统建筑面积 $100m^2$，占地面积 $20000m^2$。

句容抽水蓄能电站沥青混凝土面板工程总量约 8.79 万 m^3；其中上水库沥青混凝土 $55870m^3$，下水库沥青混凝 $32000m^3$。沥青混凝土生产系统布置于砂石混凝土拌和系统旁，以方便管理。该场地至上水库、下水库沥青混凝土施工作业部位距离分别为 5.1、2.9km。为满足当地环保要求，该工程沥青混凝土生产系统骨料加热燃料采用天然气，天然气接管位置在距离系统东北侧约 1km 的边城镇别墅区管道接口处，接引 DN200 燃气管道至现场使用。沥青混凝土生产系统配备 1 套 LJX3000 型沥青混凝土拌和站，额定生产能力 240t/h，按照 50%的生产效率考虑，水工沥青混凝土实际生产能力约 120t/h，整机装机功率 640kW。沥青混凝土生产系统主要由冷料供给系统（包括冷料斗、给料机、集料皮带机、斜皮带输送机等）、烘干加热系统（包括干燥滚筒和燃烧器等）、热料提升系统、振动筛分系统、热骨料储存系统、粉料供给系统（包括粉仓、螺旋输送机、粉料提升机等）、计量系统、搅拌系统、除尘系统、成品料储存系统、气路控制系统、电气控制系统、导热泊加热及沥青供给系统、中央控制室等组成，场地占地面积约 $5730m^2$。

（四）施工供水系统

由于高差大，抽水蓄能电站上水库、下水库供水系统泵站级数多，施工工作量大，施工难度较大，在前期准备工程中是一项重要的工作，通常由业主负责建设后提供主体承包商使用。上水库一般为非河床开挖填筑而成的人工水库，除降雨外，平常很少有天然补给水源，早期抽水蓄能机组调试一般采用先发电工况后水泵工况的程序，故上水库供水系统除满足施工期生产生活需要外，还需满足水库初期充水需要，其规模常由水库初期充水控制。目前，多数抽水蓄能电站机组采用先水泵工况调试，此种情况下的上水库供水系统规模可仅考虑满足施工用水要求。对于下水库等其他工程施工，可根据情况设置供水系统，当下水库设置永久补水设施时，临时性供水设施要尽量结合使用。

十三陵电站施工供水系统分为库水和地下水两个系统。其中库水供水系统自十三陵水库取水，供水量 $3000m^3/d$，主要供应地下工程和上水库工程生产生活用水，从十三陵水库至上水库施工区，高差 560m，沿线建设六级泵站、七级水池，供水线路全长 3880m。地下水供水系统主要供应厂区生活用水，供水量 $1000m^3/d$，以一机井为水源，设一级泵站，供水线路长 1390m。

西龙池电站共建设三套供水系统，即上水库施工区、下水库施工区及下水库砂石生产区供水工程。由于滹沱河水含沙量高，供水水源均采用地下水。上水库施工区供水工程以满足施工期上水库及输水系统施工用水和生活用水为主，同时兼顾向上水库初期蓄水的任务，计算高峰用水量为 $266m^3/h$，其中生活用水水量为 $24m^3/h$；上水库初期充水水量为 $260m^3/h$，系统设计供水能力以满足上水库施工期用水量要求而定。选择一勘探洞地下裂隙水作为上水库施工区水源点，高程 660m，出水平均流量约 $0.12m^3/s$，最小流量 $0.08m^3/s$，满足水量要求。供水线路长 5124m，总高差约 855m，设 6 级泵站提升，水泵总扬程 980m。下水库供水工程结合下水库永久补水设施设置，其总规模由施工期间用水量控制，计算用水量为 $643m^3/h$，其中施工用水量为 $593m^3/h$、生活用水 $50m^3/h$。水源为距离坝址 1.8km 的段家庄泉群，该泉群泉水点在滹沱河段家庄河段内，分布较分散，单泉流量小，不利于收集集中，并且单一泉水点不能满足永久补水的要求，采取集泉的方式进行开采。经实测，段家庄泉群凤山组与崮山组岩层中地表出露泉水的总量分别为 $0.05m^3/s$ 和 $0.222m^3/s$（仅是可测泉点泉水流量），满足 $0.23m^3/s$ 的供水规模的要求。下水库砂石生产供水工程用水量约 $140m^3/h$，水源引自下水库供水工程。

沂蒙抽水蓄能电站上水库、下水库均建在支沟内，沟道天然径流不足，其供水系统按永久补水和施工期临时供水相结合的思路进行设计。在永久运行期承担下水库补水的任务；在水库蓄水期为下水库和上水库初期充水；施工临时供水主要负责提供下水库区施工用水、上水库区施工用水、各施工营地的生产生活及消防用水。供水水源为紧邻的石岚水库，根据工程枢纽布置、石岚水库地形地貌以及施工总布置，工程设置 1 套供水系统，一级固定式取水泵站布置在石岚水库向阳村的下游约 350m 处（位于石岚水库右岸坡），沿新建的垛南公路布设输水管道，经过下水库挡水坝左坝肩，并沿上水库与下水库之间的山梁最终至上水库高位水池。供水系统由五级提水泵站、六段输水管线、3 座 $300m^3$ 水池、3 座 $500m^3$ 水池、1 座 $2000m^3$ 水池等组成。供水系统流程：一级固定式取水泵站→二级泵站配 $2000m^3$ 调节水池→三级泵站配 $500m^3$ 调节水池→四级泵站配 $300m^3$ 调节水池→五级泵站配 $300m^3$ 调节水池→高程 628m 处 2 座 $500m^3$ 高位水池及高程 570m 处 $300m^3$ 高位水池。一级固定式取水泵站、二级泵站处 $2000m^3$ 调节水池及其之间连接段的输水管线（一级供水管线）等构成永久补水系统（施工期兼施工供水系统），一级取水泵站至西黑峪子村段均采取埋管布置，西黑峪子村至二级泵站水池段管线沿山坡布线，采取明管布置。二级水池以上均为施工供水系统，输水管线沿山梁山坡布线，均为明管布置。其中一级取水泵站取水能力为 $1076m^3/h$，二级～五级泵站供水能力分别为 689、473、457、412/47(m^3/h)，相应钢管管径分别为 DN450 和 DN350、DN300、DN300、DN300/DN125。

（五）施工供电系统

西龙池抽水蓄能电站施工用电高峰负荷 15500kW。考虑电站投产后厂用电电源亦需从中心变电站接引，因此该工程施工用电的中心变电站按永久变电站设计。变电站内安装 2 台 12000/35 三相双卷油浸变压器，电压 35kV/10.5kV。自东冶变电站 110～220kV 变压器出线 35kV 两回至中心变电站，场内 10kV 出线 10 回接至各配电变电站，35kV 和 10kV 均为户内配电装置。

张河湾抽水蓄能电站施工用电采用双回路供电方案，供电线路从井陉县秀林 110kV 变电站和柿庄 35kV 变电站各出一回线，线路等级为 35kV，秀林和柿庄距工地直线距离分别为 24、10km。35kV 施工中心变电站站点位置位于进厂交通洞洞口上游 800m 左右的 8 号公路旁，地面高程为 510m。站内安装两台主变压器，容量分别为 10、5MVA，采用有载调压型，出线侧电压等级为 10kV，35kV 侧设备为户外布置式，10kV 侧设备为户内高压开关柜。10kV 场内配电线路共设置 12 个回路，其中 2 回备用，配置 15 个配电变电站。

易县抽水蓄能电站下水库 35kV 施工中心变电站，位于进厂交通洞洞口左侧，单回接入西陵 110kV 变电站，线路路径总长 24km，其中新建线路长度 17km，利用旧出线线路 7km。施工中心变电站配置 2 台户外型主变压器；35kV 配电装置采用户内开关柜布置，单母线接线，电源进线 1 回；10kV 配电装置采用户内开关柜布置，单母线分段接线，出线6回；站用电配置2台变压器。6条10kV配电出线中，均采用架空线路。其中线路Ⅰ和Ⅱ采用同塔双回路，为上水库区域、排风机房平台、引水上支洞、引水中支洞等施工区域负荷提供电源；线路Ⅲ和Ⅳ也采用同塔双回路，为下水库进/出水口、开关站、下水库砂石加工系统及混凝土系统、业主营地、施工营地、下水库左坝肩等施工区域负荷提供电源；线路Ⅴ为钢管加工厂、下水库右坝肩、溢洪道出口等施工区域负荷提供电源；第6回线路为预留的备用配电线路。

四、新时代对施工总布置的要求

当前，我国已全面进入新发展阶段，工程建设必须牢固树立和践行“绿水青山就是金山银山”，全面准确完整贯彻“创新、协调、绿色、开放、共享”的新发展理念，大力推进生态文明建设，助力推动高质量发展和构建新发展格局及“碳达峰”与“碳中和”战略目标的实现。抽水蓄能电站施工总布置方案除必须满足工程施工及安全需要、符合国家和行业现行标准规范外，尚需关注和遵守国家关于耕地保护、节约集约和生态环境保护的各项制度，以满足抽水蓄能电站新时代绿色发展的要求。

第五节　主体工程施工

一、上水库、下水库施工

（一）库盆、坝基开挖和堆石坝填筑

1. 施工道路规划布置

由于抽水蓄能电站库盆、坝基开挖和坝体填筑施工区域相对较小，施工干扰较大，施工道路规划布置对保证库盆顺利施工影响较大。主要施工干道布置宜结合库盆及坝基开挖、坝体填筑等施工设备要求和现场地形条件以及渣场位置进行。

开挖出渣施工主干道与主渣场相连，一般高差30～60m布置一条出渣施工干线，开挖区10～20m高差布置一条施工支线并与施工干道相连。开挖运输车辆一般为12～32t自卸汽车，施工道路纵坡一般不超过9%，局部最大纵坡控制在16%以内，最小转弯半径15.0m。

坝体填筑施工道路布置结合开挖施工道路和料源规划情况进行。考虑到坝体填筑工程量大，填筑强度高，上坝道路坡度、宽度及高差将直接影响堆石坝的填筑速度，上坝道路在坝前、后两岸山坡按10～15m高差进行布置，在坝体各层填筑时，坝前、后上坝施工支路随坝体上升分层填筑升高，与坝面和坝后施工干道连通，并尽量通过坝后左、右岸施工干道形成循环道路，以保证坝料运输强度，加快坝体填筑进度。

对于全库防渗的封闭库盆的库底交通，一般可采用在坝坡或库岸坡上用石渣料填筑一条入库道路，库底施工完毕后予以拆除；或在库岸坡上开挖一条入库道路，库底施工完毕后用混凝土回填或保留作为永久入库检修道路；或结合地形条件开挖一条进入库底的施工支洞，库底施工完毕后予以封堵；或设置卷扬斜坡道进入库底。十三陵上水库在岸坡上开挖一条坡度10%宽4.5m的斜坡道进入库底，库底钢筋混凝土面板施工完毕后，用混凝土回填该斜坡道；天荒坪、张河湾、西龙池上水库的库底交通均采用在坝坡或库岸坡上用石渣料填筑一条坡度10%的入库道路；西龙池下水库的库底开挖和沥青混凝土面板施工通道采用库底施工支洞，避免了与坝体填筑道路的干扰，值得借鉴。

2. 土石方平衡调配规划

上水库、下水库开挖与坝体填筑规划是施工中重要工作之一，要做好总量及时间上的平衡。坝体土石方填筑应尽量利用工程开挖渣料，减少弃渣量；在满足工程的施工总进度和库盆开挖工期的条件下，结合大坝填筑工期要求，根据坝体填筑强度及各部位不同石料的开采方量，按挖、填、弃各个环节统筹进行土石方平衡调配规划，以尽量提高库盆开挖利用料直接上坝率，减少中转上坝和可利用料开挖的损失，保证施工连续、均衡进行。一般按如下原则进行土石方平衡调配规划。

（1）满足大坝填筑各料区填筑料的要求。

（2）库盆开挖工期安排与大坝填筑进度要求相适应，以最大限度地利用库盆开挖料直接上坝填筑，降低中转上坝填筑量。

（3）库盆开挖施工中，依据大坝各料区对填筑料的不同要求，进行爆破和挖装，减少可利用料的损失。

（4）优化调配方向、运输路线、施工顺序，避免土石方运输出现流程紊乱现象，同时便于机具调配、机械化施工。

3. 库盆和坝基开挖施工

根据工程建筑物的组成、特点和分布，水库工程开挖分区分层进行，即库盆、堆石坝、进/出水口、库顶结构及环库和上坝公路，以及水库其他项目等施工区。

库盆土石方开挖在总体上遵循先土方后石方、分层自上而下的顺序进行施工。坝基开挖采用自上而下和自下而上相结合的程序施工。开挖主要以坝体填筑需要为前提进行，尽量满足低料低填、高料高填、减少二次倒渣量，提高直接上坝率，减少干扰坝体填筑为原则。

库盆开挖应优先进行进/出水口和坝基部位施工，为进/出水口土建工程和堆石坝填筑提供工作面。库盆土石方开挖应先剥离后开挖。

表层覆盖风化层剥离采用自上而下分层开挖，推土机顺地势由高到低集料，在山坡较陡的地方沿山坡横向集料，挖掘机或装载机装车的方法开挖。

对于库盆石方开挖，应先一般土石方再保护层和建基面，保护层和建基面开挖应先库岸后库底。一般石方开挖宜采用梯段微差挤压爆破，以满足上坝的填筑料块度需要，分层高度为3～15m，采用风钻、潜孔钻机或液压钻机钻孔，并根据分层高度及部位采用浅孔梯段爆破、深孔梯段爆破、边坡预裂爆破或光面爆破等爆破开挖方法。可根据库盆岩石特性、开挖梯段高度、坝体堆石料设计级配要求等，通过现场爆破试验拟定库盆石方开挖爆破参数。开挖石渣采用正铲、反铲或装载机装自卸汽车直接上坝或运至渣场。

对坝基和库底建基面宜采用预留保护层的开挖方法，对保护层用柔性垫层爆破法或水平预裂法进行钻爆开挖。对岸坡宜采用边坡预裂爆破或光面爆破的开挖方法，以减少超挖和对基础面的扰动破坏，保证基础面的平整度。

十三陵上水库坝基开挖总量55万m^3，开挖后的坝基是一个倾向下游1：4的斜坡面，其上、下游方向最大高差80m。因坝基开挖工期较长，施工时采取由低向高分期开挖，开挖与筑坝同时进行的方法既保证了大坝填筑和坝基开挖的施工进度，同时避免了坝基的二次清理，还使坝基开挖料直接上坝，减少了二次倒运。施工时，坝基全风化料清理最低点距坝体填筑最高点水平向保持不少于10m的距离，保证了高处坝基清理的全风化料不混入坝体填筑面。

4. 坝体填筑施工

坝体开挖填筑规划应以坝体填筑施工为主线，开挖工程施工以满足坝体填筑需要为原则进行组织，尽可能提前进行坝体填筑施工，尽量减少坝料的二次倒运量，加快施工工期。坝体填筑施工按照由下游坝趾到上游采用全坝段平起的原则，依次进行上料、铺筑、洒水、碾压各工序施工。

按照坝体填筑各高程工作面的大小进行坝面作业区划分，各工序平行施工，流水作业。施工时，在各作业区之间划线作为标志，并保持坝面平起上升，避免产生超压或漏压等情况。上游垫层坡面削坡、坡面碾压及防护，下游干砌石砌筑等施工可穿插进行，以不影响主要工序施工为原则。

堆石区石料由自卸汽车运输至坝面，顺坝轴线方向采用混合法（后退法＋进占法）卸料，推土机平料，摊铺层厚0.6～1.2m。坝料经人工洒水充分湿润后，10～26t自行式振动碾顺坝轴线方向采用进退错距法碾压。堆石料采取大面积铺料，以减少接缝，并根据坝面大小等情况，组织安排各工序施工，形成流水作业，实现连续高强度填筑施工。

垫层、过渡层与相邻5m范围内的堆石体平起填筑。垫层、过渡层的层厚一般为0.3～0.4m，按一层主堆石、二层过渡层和垫层平起作业。为了保证垫层料和过渡料的有效宽度，上料宜按先垫层料，再过渡料，最后堆石料的顺序进行。坝体每升高3.0～4.5m，用激光制导长臂反铲对其上、下游边坡进行修整，激光反铲削坡的控制底线为垫层坡面设计线以上8～10cm，剩下部分由人工进行精修坡。坡面每上升10～15m后，对上游坡面再进行二次精确削坡。在人工修整坡面完成后，先分区分片从坝的一侧向另一侧对垫层坡面进行洒水湿润，然后采用10t斜坡振动碾压实。近些年来，坝体垫层填筑施工也有采用挤压边墙或翻模固坡技术。国内部分已建抽水蓄能电站堆石坝主堆石碾压参数及试验结果见表 18-5-1。

表 18-5-1　　抽水蓄能电站堆石坝主堆石碾压参数及试验结果

工程名称	干密度（g/cm³）	孔隙率（%）	碾压参数			
			层厚（cm）	碾重（t）	遍数	洒水量（%）
广州上水库	2.02	21.4	90	10	8	0
天荒坪下水库	2.10	19.6	80	10	8	0
十三陵上水库	2.27	19.3	80	13.5	8	10
琅琊山上水库	2.213	18.58	60	16	8	15
张河湾上水库	2.0～2.1		80	18	8	0
西龙池上水库	2.15	20.9	80	18	8	5
西龙池下水库	2.23	18	80	18	8	6
泰安上水库	2.15	17.9	80	20	8	15
宜兴上水库	2.10	20	80	18	8	10
呼和浩特上水库	2.15	20	80	22	8	10
溧阳上水库	2.16	19.0	80	26	8	10
沂蒙上水库	2.16	21	90	22	10	13
丰宁上水库	2.10	20	88（冬季 66）	26	2 静碾+10 动碾	10（冬季 0）
句容上水库		18	80	32	8	10

（二）钢筋混凝土防渗面板施工

混凝土防渗面板采用滑模施工，对于坡度陡于 1∶1 的混凝土面板一般采用有轨滑模施工，对于坡度缓于 1∶1 的混凝土面板可采用无轨滑模施工。

混凝土面板施工前，先铺设砂浆垫层，然后，安装铜止水、安装侧模、绑扎钢筋，最后滑模就位，进行混凝土面板施工。砂浆垫层是铜止水的基础，其施工精度直接影响到侧模的精度，可用 5m 长型钢桁架作模板，骑分缝线铺筑砂浆垫层，保证砂浆垫层的平整度。铜止水采用铜止水成形机现场冷挤压成形，用铜卷材一次成形到所需长度。铜止水“十”字和“丁”字接头宜采用工厂退火模压成形制作，以减少现场焊缝，提高接缝焊接质量，避免由于过多焊缝质量缺陷出现的渗漏问题。铜止水安装后，应立即安装侧模，以免铜止水移位。钢筋采用人工现场绑扎。

无轨滑模一般由行走轮（架）、模板和抹面平台三部分组成。滑模的长度根据混凝土面板的分块宽度确定，为了适应混凝土面板不同宽度以及不规则混凝土面板的施工，可采用长度可调的折叠式滑模。折叠式滑模由一块主模板铰接若干块 1m 长的模板组成，滑模滑升过程中，随着仓面变宽，以 1m 长的模板为单位逐渐加宽仓内模板，同时卷扬机钢丝绳的牵引点也随之外移。

混凝土面板无轨滑模施工示意图如图 18-5-1 所示。

混凝土用搅拌运输车运至浇筑地点。库底采用吊车吊混凝土卧罐入仓，斜坡用溜槽溜送混凝土入仓。根据面板宽度选择溜槽数量，溜槽出口距仓面距离不应大于 2m。采用滑模连续浇筑，每次滑升距离不应大于 300mm，每次滑升间隔时间不应超过 30min，面板浇筑滑升平均速度宜为 1.5～2.5m/h。脱模后的混凝土表面应及时修整和压面，覆盖草袋或布毯，并洒水养护。在安装面板表层止水压板时，不应全部揭开养护布毯，压板安装完成后，应及时将布毯覆盖好。混凝土面板一般宜养护到水库蓄水。

十三陵上水库采用钢筋混凝土面板全库防渗，防渗面积 17.48 万 m^2，各种结构缝近 2.2 万 m。采用无轨滑模保证混凝土面板快速施工，混凝土面板浇筑自 1994 年 3 月 28 日起至 1995 年 6 月 10 日结束，历时 10 个月，平均月浇筑混凝土面板 1.7 万 m^2，最高月浇筑混凝土面板 2.82 万 m^2。

西龙池下水库库岸采用钢筋混凝土面板防渗，防渗面积 6.85 万 m^2，面板坡比 1∶0.75，最大斜坡长 67.2m。采用无轨滑模施工，为克服混凝土的浮托力，在无轨滑模上增加了配重。

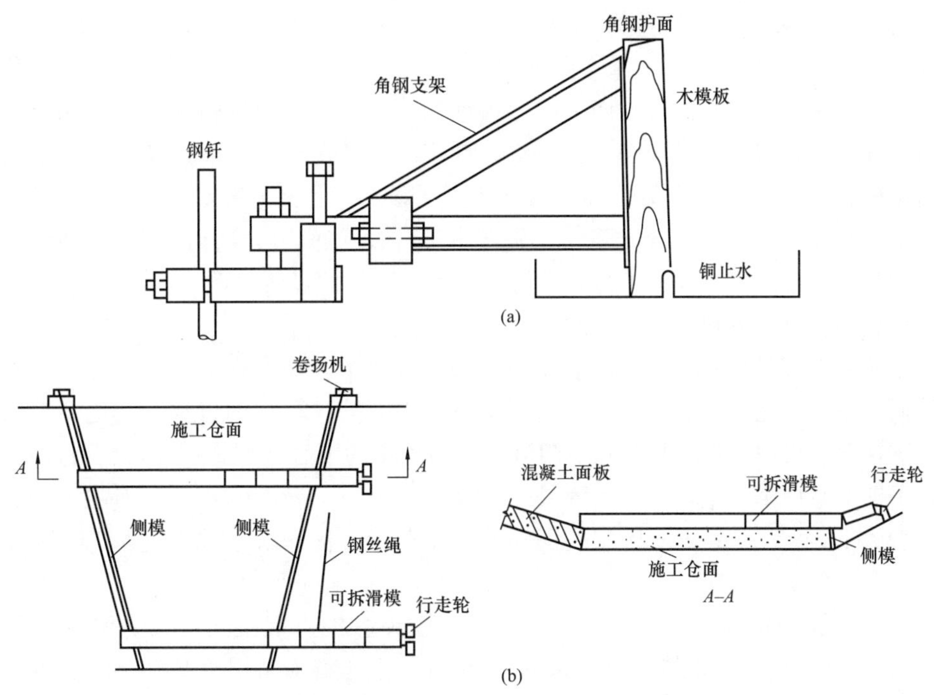

图 18-5-1　混凝土面板无轨滑模施工示意图

（a）侧模结构示意图；（b）可拆式滑模示意图

丰宁上水库大坝采用钢筋混凝土面板，混凝土面板面积 7.09 万 m^2。面板共分 53 块，其中河床受压区面板宽度为 12m，共 22 块；左、右岸受拉区面板宽度为 10m，共 29 块；边角宽度为 8m，共 2 块。面板最大块斜长 201.47m；面板厚度沿高程变化，顶部厚 0.4m，最大厚度 0.75m。采用无轨滑模施工，面板混凝土于 2018 年 5 月 1 日开工，同年 10 月 5 日完成。

沂蒙下水库大坝采用钢筋混凝土面板，面板采用变厚度型式，采取双向配筋，混凝土面板的面积约 3.84 万 m^2，面板厚度 0.3～0.6m。面板混凝土采用无轨滑模施工，于 2019 年 4 月 27 日开工，同年 10 月 25 日完成。

（三）沥青混凝土防渗面板施工

1. 沥青混凝土防渗面板下卧碎石垫层施工及基层处理

对库岸岩体库坡上碎石垫层施工可采用下列方法进行：

（1）卷扬机牵引小车斜坡送料。张河湾上水库采用全库盆沥青混凝土面板防渗，库岸斜坡坡比为 1∶1.75，斜坡长 70m，库岸斜坡面积约 19.7 万 m^2，斜坡碎石垫层厚度 60cm。采用斜坡送料车进行斜坡碎石垫层摊铺，在库底用装载机将碎石垫层料装入小车，由卷扬机牵引小车自下而上自动撒料，人工平整碎石垫层料，然后用卷扬机牵斜坡振动碾压。斜坡碎石垫层摊铺示意图如图 18-5-2 所示。

图 18-5-2　卷扬机牵引小车斜坡碎石垫层摊铺示意图

（2）推土机推运摊铺作业。天荒坪上水库采用全库盆沥青混凝土面板防渗。库岸斜坡坡比为 1∶2，斜坡长为77～115m，库岸斜坡面积约为11万m^2。斜坡碎石垫层厚度为90cm，采取分层铺设施工，每层铺筑厚度为45cm。铺设作业分段一条一条地进行，每段宽度为12m左右，推土机自环库公路上料堆取料，分层、分段、顺库岸斜坡面自上而下推运摊铺作业，下行推料进占摊铺，后退上行返回岸顶料堆取料，上下往复运作，直到铺设合格为止。铺层厚度最后超填5～7cm，作为预留碾压沉降厚度。推土机往复进占摊铺，在垫层料上进退自如，没有产生明显的“打滑”现象，2台推土机日完成铺设量850m^3，月铺设量达到2.2万m^3。上水库库岸斜坡垫层料（反滤料）全部由推土机摊铺完成，实现了机械化作业，加快了工程进度并保证了施工质量，取得了明显的经济效益，证明用推土机在1∶2的斜坡上大面积铺设垫层料（反滤料）是可行的。

沥青混凝土防渗面板是摊铺在已喷涂乳化沥青的下卧层上，在面板铺筑施工前，需对其基层进行处理，包括坡面修整，对土质边坡应喷洒除草剂，垫层表面喷涂乳化沥青等。乳化沥青最好是阳离子乳化沥青，特殊情况下可以使用稀释沥青。喷涂材料的用量随下卧层型式而异，应通过现场试验确定，以喷涂均匀，不遗留空白为原则，砌石下卧层一般为0.5kg/m^2，无砂混凝土下卧层一般为0.8kg/m^2，碎石下卧层一般为1.5～2kg/m^2。下卧层表面喷涂乳化沥青或稀释沥青可选用人工涂刷和机械洒布两种方法。

（3）液压挖掘机坡面铺料。呼和浩特上水库采用全库盆沥青混凝土面板防渗，库岸斜坡坡比为1∶1.75，斜坡长93m，岩体库岸斜坡面积约5.98万m^2，斜坡碎石垫层厚度60cm。采用自卸汽车库顶向坡面卸料，液压挖掘机在坡面上自上而下进行摊铺布料，人工平整碎石垫层料，然后用卷扬机牵斜坡振动碾碾压。液压挖掘机斜坡碎石垫层摊铺示意图如图18-5-3所示。

图18-5-3　液压挖掘机斜坡碎石垫层摊铺示意图

（4）水平碾压摊铺。沂蒙上水库采用全库盆沥青混凝土面板防渗，库岸斜坡坡比为1∶1.70，斜坡长96m，岩体库岸斜坡面积约15.36万m^2，斜坡碎石垫层厚度60cm。采用碎石料在坡面上铺筑道路，自卸汽车运输碎石垫层料进入坡面，水平铺料宽度3m，分层水平碾压，碾压到库顶后，再将岩体库坡上经过水平碾压的垫层料削坡到垂直厚度60cm，再用卷扬机牵斜坡振动碾碾压。

2. 沥青混合料的拌制

在拌制沥青混合料前，需预先对拌和楼系统进行预热，要求拌和机内温度不低于100℃。沥青混凝土拌和应按试验确定的工艺进行，先加入骨料、填料干拌15s，然后注入沥青拌和30～45s，拌和均匀，不出花白料。水工沥青混凝土一般较道路沥青混合料拌和时间增加10～15s。拌和好的沥青混合料卸入提升斗，并提升至混合料保温储罐储存。

3. 沥青混合料的运输

应合理选择由拌和系统到施工摊铺现场的沥青混合料的运输方式及设备，运输设备必须具有较好的保温效果，且便于混合料的装卸。运输能力应与拌和、铺筑和仓面具体情况的需要相适应。

沥青混凝土现场摊铺采用摊铺机，摊铺机条带宽为3～5m。在岸坡上的摊铺由履带式工作站中的卷扬机牵引摊铺机进行。履带式工作站位于库顶，并可沿环库路移动。履带式工作站具有转运沥青混凝土，牵引在斜坡上运行的喂料车、摊铺机和振动碾，以及水平移动摊铺机三种功能。

4. 沥青混凝土面板施工

沥青混凝土防渗面板通常采用先库底后斜坡的施工程序。铺筑斜坡沥青混凝土面板，多采用从坡脚到坡顶一级铺设；当斜坡长度过长（超过 120m），或因导流、度汛需要，可采用二级铺设。采用二级铺设时，临时断面的坝顶宽度应根据斜坡牵引设备的布置及运输车辆的交通要求确定，一般不小于 10～15m。

沥青混凝土防渗面板施工受气象因素影响较大，其受气象因素影响的停工标准见表 18-5-2。多雾地区施工天数尚应考虑雾天影响。

表 18-5-2　　沥青混凝土防渗面板施工受气象因素影响的停工标准

日降雨量（mm）		日平均气温（℃）			
≤5	>5	<−5	−5～5	5～15	>15
正常施工	雨日停工	停工	防护施工	风速大于四级时停工，风速小于或等于四级时施工	照常施工

（1）沥青混凝土面板摊铺施工。库底沥青混凝土采用摊铺机摊铺、分条幅平行流水作业、前铺后盖法施工，条幅宽度可达 4～6m。条幅铺设方向一方面取决于垫层的工作面条件，另一方面也要考虑铺设的条幅尽可能长，以减少施工接缝。沥青混凝土运输、转料、喂料等工序同公路沥青混凝土路面摊铺类似。根据防渗面板的设计型式和结构尺寸，沥青混凝土面板摊铺通常采用环形或直线摊铺方式，即采用桥式摊铺机或牵引式摊铺机施工。目前，国内外水电工程通常采用沿垂直坝轴线方向直线摊铺的方式，即沿最大坡度方向将沥青混凝土防渗面板分成若干条幅，采用斜坡牵引式摊铺机自下而上依次铺筑。为了减少施工接缝，提高面板的抗渗性和整体性，要尽量加大沥青混凝土面板的摊铺宽度。斜坡上沥青混凝土排水层和防渗层的摊铺与库底所采用的方法基本相同，使用的摊铺机和碾压机也类似，所不同的是斜坡上的机械均由坡顶的卷扬机牵引，条幅施工长度与斜坡长度一致。沥青混合料用自卸汽车运至坡顶，卸入卷扬门机的料斗中，经斜坡喂料机将料喂到斜坡摊铺机中，摊铺机自下而上铺筑，当铺到坡顶时，斜坡喂料机被提起，斜坡摊铺机也驶入卷扬门机中，然后三者一起移到下一条带继续施工。沥青混凝土面板摊铺施工如图 18-5-4 所示。

图 18-5-4　沥青混凝土面板摊铺施工示意图

（2）温度控制。沥青混凝土面板施工的一个重要特点，是温度对施工质量影响很大，从混合料的制备、运输、摊铺至碾压完毕整个施工过程均有严格的温度要求，国内外几个沥青混凝土面板工程各层沥青混凝土施工温度控制标准见表 18-5-3。

（3）沥青混凝土面板碾压施工。沥青混凝土摊铺后要及时碾压，碾压一般使用双钢轮振动碾。碾压时振动碾不能只在一幅条带上来回碾压数次，而应采用错位碾压方式，平面上从左到右或从右到左依次碾压，斜面上从下到上依次碾压，最后采用无振碾压 1～2 遍，这样保证沥青混凝土表面平整，而且无错台、轮辙现象。沥青混合料各层的碾压成形分为初压、复压、终压三个阶段：

表 18-5-3　　国内外几个沥青混凝土面板工程各层沥青混凝土温度控制标准

分层名称	温度控制指标（℃）								
	天荒坪		西龙池				张河湾		
	摊铺	碾压	摊铺	初碾	复碾	终碾	摊铺	初碾	二次碾
整平胶结层	140～180	＞120	140～160	130～135	110～115	90～95	＞160	＞140	＞100
排水层							＞130	＞100	
防渗层	140～180	＞130	普通沥青：140～160 改性沥青：150～170	普通沥青：130～140 改性沥青：140～150	110～130	60～95	＞160	＞140	＞100
封闭层	190～210		改性沥青：170～180				改性沥青：190		

分层名称	温度控制指标（℃）						
	宝泉			小丸川			
	摊铺	初碾	终碾	摊铺	初碾	复碾	终碾
整平胶结层	150～180	＞130	＞100	＞130	＞90		55±10
排水层				＞130	＞90		55±10
防渗层	160～180	＞140	＞100	＞160	＞140	100±10	55±10
封闭层	改性沥青：200±10						

分层名称	温度控制指标（℃）							
	呼和浩特				沂蒙			
	摊铺	初碾	二碾	终碾	摊铺	初碾	复碾	终碾
整平胶结层	140～160	＞130	＞105	＞90	普通沥青：140～160 改性沥青：160～170	普通沥青：＞130 改性沥青：＞150	普通沥青：＞105 改性沥青：＞115	普通沥青：＞90 改性沥青：＞90
排水层								
防渗层	150～170	＞140	＞115	＞90	改性沥青：160～170	改性沥青：＞150	改性沥青：＞115	改性沥青：＞90
封闭层	普通沥青：160～170 改性沥青：170～180				改性沥青：180～200			

1）初压主要为了增加沥青混合料的初始密度，起稳定作用。一般由中型双钢轮振动压路机（5～10t）完成，静压 2 遍，速度为 1～2km/h。紧跟摊铺机，保持高温碾压，一般初压温度在 130～140℃。

2）复压主要解决压实问题。开始复压温度应在 110～120℃，通过复压达到或超过规定的压实度及表面平整度。由中型双钢轮振动压路机完成。振动压路机采用高频率，低振幅振压 2 遍，速度为 1～3km/h，再由双钢轮压路机碾压 2～4 遍，速度为 1～3km/h。

3）终压主要解决平整度及压路机的轮迹问题。开始终压温度应在 100℃左右，通过终压达到或超过规定的表面平整度。碾压终了温度不应低于 70℃。采用小型双钢轮振动压路机（2～5t）静压 2 遍，速度 1～3km/h。少数不平整处增加 1 遍振压，以无明显轮迹为标准，并达要求的平整度。

4）防渗层的碾压遍数应比整平胶结层相应增加，一般振动碾压 3～4 遍，不振动碾压 4 遍，在保证满足规定的渗透系数和孔隙率的条件下，使其表面光滑。

5）二次碾压完成后，应确认开放端侧的接头坡角，当坡角陡于 45°时，应通过人工采用电动振动板将其矫正至 45°以下。

（4）沥青混凝土封闭层施工。封闭层的涂刷应薄层、均匀，填满防渗层表面孔隙。沥青玛蹄脂封闭层的施工应采用适合于斜坡施工的特制摊铺机，一般采用涂刷机涂刷或橡胶刮板涂刷的方法。沥青玛蹄脂出机口温度180～200℃，作业气温要求在10℃以上，涂刷温度约为170℃以上。涂刷厚度以每层1mm左右为宜。

(5) 防渗层接缝处理。施工接缝要求防渗层纵、横接缝与整平胶结层纵、横接缝至少错开0.5m。施工缝的接缝型式有平接和搭接两种，采用大型摊铺机，由于其带有压边器和接缝加热器，因此多采用平接缝。在平接缝中又分斜面平接和垂直面平接两种。由于垂直面平接较斜面平接渗径短，对防渗不利，同时整体性差，故一般应采用斜面平接。防渗层条幅边缘施工接缝应采用45°斜面平接。为使施工缝结合良好，对受灰尘污染的条幅边缘应清理干净，喷涂薄层乳化沥青。对温度低于100℃的条幅边缘，摊铺下一条幅前，先将边缘切成45°角，涂一层热沥青，然后在摊铺机上挂红外线加热器先将接缝面加热，加热温度控制在100℃±10℃。防渗层接缝分为热缝和冷缝两种。热缝指混合料摊铺时，相邻条幅的混合料已经预压实到至少90%，但温度仍处于100℃以上适于碾压情况下的接缝。其处理方法为：用摊铺机将先铺层接缝处层面边缘切成45°角斜边，然后进行新条幅摊铺，接缝的两边应一起压实。冷缝指在一天工作结束时所形成的接缝，或是某些区域的边缘，需在日后摊铺所形成的接缝。在铺筑施工中，若由于某种原因造成已铺条幅的温度降到100℃以下，也按冷缝处理。冷缝一般采用前处理方法，也可采用后处理方法。前处理方法：靠近边缘10cm不碾压，接缝表面涂热沥青涂层，下条幅摊铺前将冷缝边缘加热至100℃以上，新条幅摊铺完毕后将冷缝进行碾压。后处理方法：新条幅摊铺前在旧条幅边缘45°斜面上直接涂热沥青涂层，然后直接摊铺新条幅，新条幅施工完毕后几天内在冷缝处用红外加热器加热10min，使加热深度不低于6.5cm，然后以小型加热振动夯压平。

(6) 特殊部位施工。面板与刚性建筑物连接部位的施工：沥青混凝土面板存在与进/出水口混凝土、库顶防浪墙混凝土等连接部位接头施工问题。库顶防浪墙与防渗面板连接部位施工可留出一定宽度，防渗面板一直铺设到防浪墙底部，待面板铺筑完成后再浇筑防浪墙混凝土。进/出水口混凝土与沥青混凝土防渗面板接头，要先施工进/出水口混凝土，防渗面板施工时应先将混凝土表面凿毛并清理干净，待干燥后涂一层沥青漆（氧化沥青），嵌入塑性填料止水，最后铺设防渗层。采用1t振动碾或手扶振动夯夯实，对热缝进行重复碾压，搭接10～15cm，对冷缝应按相应施工方法处理。

加筋沥青混凝土就是掺入纤维或在胶结层与防渗层之间夹铺聚酯纤维布（网）的沥青混凝土，铺设加强加筋网格前首先在加厚层或排水层上均匀地涂上一层乳化沥青，然后将网格铺开、拉平，网格搭接宽度应大于30cm；之后，再均匀地涂一层乳化沥青，待乳化沥青中的水分蒸发后，再摊铺其上的防渗层沥青混凝土。摊铺过程应特别注意保护施工面的干燥。当采用多层加强材料时，上下层应相互错开，错距不小于1/3幅宽。

5. 沥青混凝土面板施工质量控制

质量控制分为三个方面：第一是对半成品骨料、填料、天然砂、成品骨料、沥青等原材料进行定期、定量检测；第二是从现场获取已拌和的沥青混凝土，在实验室检测沥青混凝土中的沥青含量、骨料级配曲线、沥青混凝土比重、容重、孔隙率、渗透系数、马歇尔稳定性及流值；第三是现场检查，每3000m^{2}至少取1组芯样进行室内试验，同时还用抽真空仪和核子密度仪在现场进行无损检测。

6. 沥青混凝土面板主要施工设备

西龙池、张河湾抽水蓄能电站沥青混凝土面板主要施工设备见表18-5-4。

表18-5-4　沥青混凝土面板主要施工设备表

序号	设备名称	西龙池		张河湾	
		规格型号	数量	规格型号	数量
一、骨料及拌和系统					
1	骨料破碎加工厂	80t/h	1	ZNZ-60M	1
2	沥青混凝土拌和厂	LB3250	1	LB3250	1
3	沥青混凝土拌和厂	LB3250	1	LB3250	1

续表

序号	设备名称	西龙池		张河湾	
		规格型号	数量	规格型号	数量
二、库坡摊铺牵引设备					
1	主绞车	22.4t，8t，3t 卷扬机	2	TS-1062	2
2	振动碾绞车	3t 卷扬机	2	TS-3073	2
3	斜坡沥青混凝土摊铺机	ABG（4.5m）	2	TITAN273	2
4	斜坡喂料车	4.5m^3	2	TS-3067	2
5	斜坡振动碾	SW330（2.95t）	4	SW250（1.7t）	2
6	斜坡振动碾			SW350（3.0t）	4
7	红外线加热器		4		4
8	简易式红外线加热器		4		8
三、库底摊铺设备					
1	沥青混凝土库底摊铺机	徐工集团 RP951（3.0～10.0m）	2	TITAN 423	2
2	库底振动碾	SW330（2.95t）	4	BWS-28（2.8t）	2
3	库底振动碾	HS66ST（0.69t）	4	BWS-40（4.0t）	2
4	红外线加热器		4		4
5	简易式红外线加热器		4		4
四、其他设备					
1	接缝加热器	66000kcal/min	1	TS-2066	1
2	沥青玛蹄脂运输车		6		6
3	沥青玛蹄脂喷射机		1	TS-2070	1
4	玛蹄脂加热器		2		2
5	沥青脱桶机		2	GT8H	2
6	发电机	5kVA	4	SDMO	1
7	水车	5m^3	2	KC-FF117J	2
8	装载机	3m^3	2	966D	4
9	推土机	D85	1	D7G	1
10	发电机	150kVA	1	SDMO	1
11	自卸汽车	20t	10	CXZ19J	18
12	夯板	12kg（电动）	4		6
13	振动板	50～60kg	4		
14	照明车	1000W×2	4		
15	挖掘机	1.2m^3	1		

（四）复合土工膜防渗施工

泰安抽水蓄能电站上水库右岸岸坡和坝面采用钢筋混凝土面板防渗，库底采用土工膜防渗。在堆石坝混凝土面板和右岸混凝土面板的底部设置连接板与库底土工膜相连接，在土工膜左边界和库尾边界，通过库底观测廊道与基岩相连接，沿库底观测廊道实施 20～60m 深的帷幕灌浆。土工膜防渗铺盖面积约 15.4 万 m^2。

上水库复合土工膜铺设在库底碾压填筑石渣上，该防渗系统自下而上由支持层、复合土工膜、30cm 厚粗砂上垫层、50cm 厚石渣保护层等组成。其中支持层又包括 10cm 厚碎石找平层、500g/m^2 涤纶针刺无纺土工布及 30cm 厚粗砂下垫层。复合土工膜铺设施工质量对上水库工程防渗质量影响较大，应从复合土工膜及土工布的采购、运输、储存、铺设、焊接缝、周边缝连接处理及质量检测等环节进行控制，确保铺设施工质量。

1. 铺设施工工艺试验

铺设施工前，应进行工艺试验，通过工艺试验确定施工设备、天气状况、环境温度、下垫层粗砂的含水量、焊接温度、行走速度等参数指标，并编制相应的铺设施工作业操作技术规程和质量管理办法，编制铺设施工进度计划。

2. 复合土工膜铺设施工

(1) 下支持层施工。

1) 碎石找平层施工：在库底回填石渣碾压检查验收合格后进行找平层施工，采用自卸汽车直接运料至工作面，人工摊铺并整平、3t轻型平碾碾压密实，使表面平整，保证土工布与其密贴并不损伤土工布。

2) 土工布施工：碎石找平层施工完毕并经验收合格后，即可进行土工布的铺设施工，按照常规进行土工布铺设施工，保证铺设施工质量。

3) 粗砂下垫层：在土工布铺设结束并经验收合格后进行粗砂下垫层施工，在工作面附近设约 $3m^3$ 粗砂集料箱，在土工布上铺设木板，用自卸汽车将粗砂运至粗砂集料箱中，用人力推车通过木板运料至工作面，人工摊铺，3t轻型平碾碾压，并使表面平整等技术指标满足要求。

(2) 复合土工膜铺设准备。

1) 铺设前应做好分区铺设规划及备料工作，根据复合土工膜分区分块铺设施工情况，合理制定裁剪的尺寸与规格，并按设计要求预留足够余幅，一般不小于1.5%，以便拼接和适应土石方填筑自然沉降、气温的变化等。复合土工膜焊接前，先对其外观质量进行检查，查看膜面是否有熔点、漏点，厂家接头是否牢固，面层土工布材质是否均匀，留边处是否平整无褶皱等，发现质量问题经处理合格后才准许投入使用。

2) 复合土工膜施工工艺流程如图18-5-5所示。

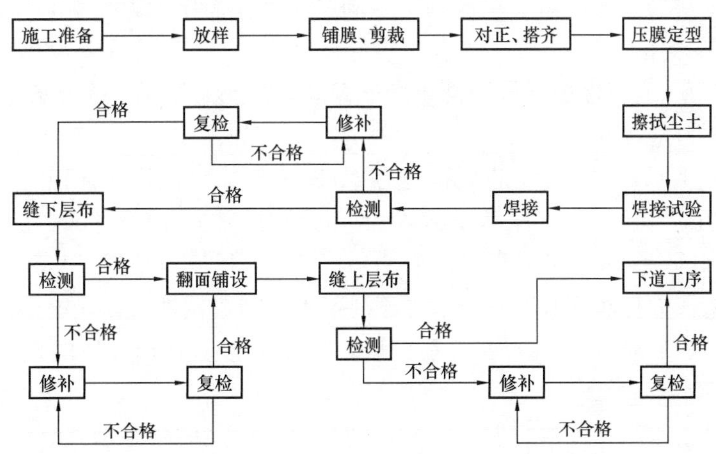

图18-5-5 复合土工膜施工工艺流程

3) 复合土工膜铺设和焊接。采用设定好的幅面规格，按照规定的顺序和方向进行分区、分块铺设施工。按图放样、正确铺放位置，铺设施工一般在室外气温5℃以上、风力3级以下，无雨、无雪的气象条件下进行，施工环境最高气温以不对施工人员的身体造成伤害为限制温度。施工现场环境应能保证土工膜表面的清洁干燥，并采取相应的防风、防尘措施，以防土工膜被阵风掀起或沙尘污染。若现场风力偶尔大于3级时，应采取挡风措施防止焊接温度波动，并加强对土工膜的防护和压覆。土工膜铺设时按设计要求留足搭接宽度，并留有一定的余幅，随铺随压，以防风吹。复合土工膜与混凝土面板趾板、进水口底板和库底廊道连接部位，按复合土工膜从上到下的方向铺设；水平铺设自坡脚向外方向人工铺设，使接缝方向与最大拉应力方向平行。铺膜时力求平顺、张弛适度，复合土工膜与下垫层结合面吻合平整，不留空隙避免人为和施工机械的损伤。高密度聚乙烯（HDPE）膜宜采用LEISTER Comet电热楔式自动焊机，并配套Triac-drive手持式半自动爬行热合熔焊接机、MUNSCH手持挤出式焊机进行施工，拼接接头采用T形结点，不允许采用十字形结点。焊接时，焊机通过两块电烙铁供热，胶带轮通过耐热胶带施工，滚压塑膜。

每次开机焊接前，当现场实际施工温度与焊前试焊环境温度差别大于±5℃、风速变化超过 3m/s、空气湿度变化大时，应补做焊接试验及现场拉伸试验，重新确定焊接施工工艺参数。焊接过程中，应随时根据施工现场的气温、风速等施工条件调整焊接参数。现场环境温度为 10～30℃的条件下，焊机控制焊速为 2～2.5m/min，焊接温度调节为 270～350℃，焊接压力采用 700～800N。现场环境温度为 5～10℃的条件下，焊机控制焊速为 2m/min，焊接温度调节为 300～420℃，焊接压力采用 800～900N。原则上不允许在环境气温低于 5℃的情况下进行焊接施工。在气温低于 10℃、高于 5℃的情况下焊接时，建议用热风将焊接部位预热至 20～30℃，焊接设备的预热时间要适当延长，焊缝应随时覆盖保温，防止骤冷，并应采取措施对完成敷设和焊接的土工膜进行隔离保温。

4）土工布缝合。HDPE 膜焊接合格后进行面层土工布的缝合工作。土工布的缝合宜采用 GH9-2 型手提式封包机，用高强维涤纶丝线丁缝法缝合，搭接宽度 25cm 左右，连接面松紧适度，自然平顺，确保膜布联合受力。土工布连接完成，将第二幅翻回铺好，再依次循环施工。

5）焊缝质量检测。HDPE 膜焊接后，应及时对其焊接质量进行检测。检测部位主要包括：全部焊缝、焊缝结点、破损修补部位、漏焊和虚焊的补焊部位、前次检验未合格再次补焊部位等。检测的方法主要有目测、现场检测和室内抽样检测。目测，即表观检查，贯穿土工膜施工全过程，观察焊缝是否清晰、透明，有无夹渣、气泡、漏点、熔点、焊缝跑边或膜面受损等。现场检测采用充气法进行，检测仪器采用气压式检测仪和真空检测仪。

6）周边缝施工：库盆复合土工膜周边与库岸及坝体连接板、库底廊道和进/出水口拦渣坎底座混凝土连接的周边缝，采用槽钢或角钢及锚栓锚固，回填混凝土。土工膜周边缝固定好后，立即浇筑二期混凝土进行封固；也可在周边缝处涂一层乳化沥青用以加强防渗。

7）粗砂上垫层施工：复合土工膜铺设施工合格后，进行粗砂上垫层施工，施工速度与土工膜拼接速度相匹配。粗砂上垫层施工方法与下垫层基本相同，在工作面上铺设木板，采用人力推车运输至膜上，人工摊铺，3t 平碾碾压。

8）石渣保护层施工：石渣保护层采用自卸汽车直接运料至工作面，进占法卸料，推土机铺料，人工辅助摊平，3t 平碾碾压密实。

溧阳抽水蓄能电站上水库防渗土工膜面积约为 24.8 万 m^2。库底防渗体由上至下依次为：0.1m 厚混凝土预制块（长 0.2m×宽 0.2m×厚 0.1m）护面、无妨长丝土工布（500g/m^2）、1.5mm 厚 HDPE 土工膜、三维复合排水网、5cm 厚砂垫层（局部 2cm）、0.4m 厚碎石垫层、1.5m 厚过渡层。土工膜边界与大坝钢筋混凝土防渗面板底部及库底排水廊道混凝土采用机械连接，最终形成完整的防渗封闭圈。土工膜铺遵循“先中央、后周边”“先库头、后库尾”“相邻区块连续施工”的顺序进行。

（五）沥青混凝土心墙施工

敦化抽水蓄能电站上水库、下水库大坝均采用沥青混凝土心墙防渗型式。上水库大坝心墙顶高程为 1393.5m，底部高程为 1343.0m，顶部厚为 70cm，心墙底端两侧设 14°放大脚，心墙底部厚度逐渐加厚；心墙底部置于混凝土基座上，在心墙上、下游侧各设置两层过渡层，上、下游过渡层厚度分别为 2、3m；沥青混凝土心墙工程量为 18736m^3。下水库大坝沥青混凝土心墙顶高程为 719m，底部高程为 653m，顶部厚为 80cm，心墙底端两侧设放大脚，心墙底部厚度逐渐加厚；心墙底部置于混凝土基座上，在心墙上、下游侧各设置两层过渡层，上、下游过渡层厚度分别为 2、3m；沥青混凝土心墙工程量为 11426m^3。

1. 机械铺筑沥青混凝土心墙

沥青混凝土心墙墙体部位主要采用专用摊铺机铺料，两岸坡等局部采用人工铺料，压实采用振动碾碾压。

（1）施工工艺流程。沥青混凝土机械铺筑施工工艺流程如图 18-5-6 所示。

（2）基面处理。在铺筑沥青混凝土心墙前，首先把两岸边坡混凝土进行处理后方可铺筑。处理过程与人工铺筑时基础处理方法相同。岸坡混凝土基础处理高度按每次 1.5m 进行，处理一次可供沥青心墙摊铺 5 层。在已压实的心墙上继续铺筑时，应将结合面清理干净，污面用压缩空气清除，或用红外加热器烘烤黏污面，使其软化后铲除。

(3) 测量放样。心墙中线在机械摊铺时尤为重要。采用全站仪每隔 5～10m 测放并用铁钉标记中点，用墨斗在心墙上弹出白线控制中线，并采用金属细丝定位。测量误差满足技术规范的要求。

(4) 摊铺机就位。沥青混凝土摊铺机采用大型联合摊铺机，沥青混凝土基面准备好，采用 35t 履带吊将摊铺机吊运就位，就位时应注意摊铺机行进指针、出料口和卷扬机中心线要与心墙轴线吻合。同时，采用人工对摊铺机行进路线上已铺筑的过渡料人工二次整平，以防止摊铺机行进过程中心偏移。

(5) 过渡料运输。沥青混凝土摊铺前，事先计算好一层铺筑所需的过渡料用量，并采用 15t 自卸汽车拉运至现场，相对均匀地堆放至心墙两侧，必要时采用 1.2m^3 反铲辅助调整两侧的堆料量，以保证沥青混凝土摊铺机行进过程中过渡料的添加。

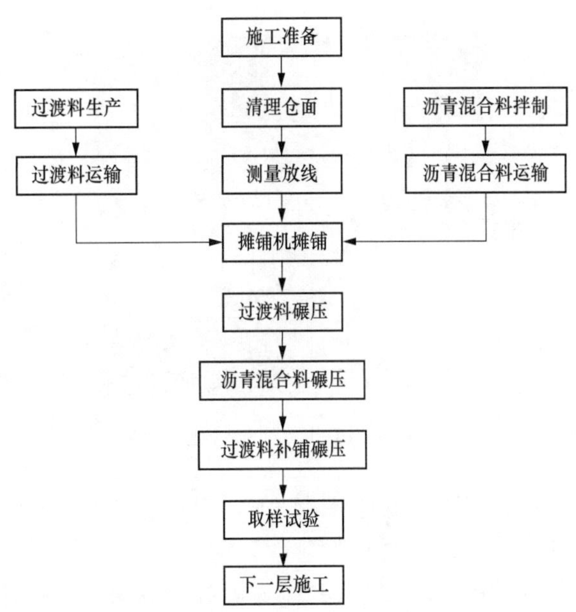

图 18-5-6　心墙沥青混凝土机械铺筑施工工艺流程框图

(6) 摊铺机摊铺。每次沥青混凝土铺筑前，对摊铺机的控制系统应进行检测和校正，应根据心墙和过渡层的结构要求和施工要求，调整或校正铺筑宽度、厚度等相关施工参数。沥青混合料采用卧罐拉运至现场后，由 35t 履带吊吊运卸料至摊铺机进料口，用反铲倒卸过渡料，当沥青混合料和过渡料卸入摊铺机料斗后，摊铺机即开始边前进边摊铺沥青混合料和过渡料，由于摊铺机宽度有限，在摊铺机控制范围外的过渡料由反铲堆料后人工或机械进行摊平。沥青混合料摊铺时，摊铺机按照 1～2m/min 的行进速度进行沥青混合料的摊铺，操作者在驾驶室里通过监视器驾驶摊铺机精确跟随细丝前进。沥青混合料应从最低处开始，向上逐层铺筑。摊铺机在摊铺上面一层之前，利用设在摊铺机前面的红外加热器，对下面一层的表面进行烘干和加热。沥青混凝土摊铺厚度按照碾压试验确定的参数进行，摊铺过程中，严格控制沥青混合料的摊铺温度满足规范及碾压的要求。对摊铺后的沥青混凝土合料采用防雨帆布进行遮盖，遮盖宽度超出两侧心墙边线 30cm 以上。

(7) 沥青混合料与过渡料碾压。沥青混合料碾压前，做好现场适时温度测量，以保证碾压温度严格按照碾压试验时确定的温度进行。机械摊铺的碾压顺序及方式基本与人工摊铺一致，按照先初碾过渡料，再碾压沥青混合料，最后再次碾压过渡料完成一层沥青混凝土心墙的碾压施工。沥青混凝土心墙及过渡料同样采用三台 1.5t 的自行式光轮振动分别碾压，并严格按照试验确定的施工参数进行碾压。由于过渡料的压实压缩量大于沥青混凝土，在沥青混凝土碾压完成后，采用人工对略低于沥青混凝土心墙的部分补充适量过渡料，再次进行碾压密实。

(8) 沥青混凝土的连续铺筑。对于连续上升、层面干净且已压实好的沥青混凝土，测定其表面温度在 70～90℃时，即可铺筑上层沥青混合料。当下层沥青混凝土表面温度低于 70℃时，要进行加热，但加热时间不宜过长，以防止沥青混凝土老化。若已压实沥青混凝土表面有污物，采用人工清除，无法铲掉的，加热软化后铲除。铺筑过程中，应随时观察铺筑效果。若发现不符合设计要求，应立即停止铺筑，查明原因，校正后才能继续摊铺。对已铺筑但不符合设计要求的部位，应采取措施进行处理。对于不合格、因故间歇时间太长或温度损失过大的沥青混合料，应及时清除，清除废料时，严禁损害下层已铺好的沥青混凝土。

(9) 取样试验检测。沥青混凝土摊铺碾压完成后，严格按照水工沥青混凝土施工规范要求的检测内容及频次进行试验检测，以确保沥青混凝土的铺筑质量满足设计及规范要求。

2. 人工铺筑沥青混凝土心墙

心墙底部和岸坡两端以及摊铺机无法到达的部位，沥青混凝土摊铺采用人工铺筑，如图 18-5-7 所示。混凝土基础凿毛后，用高压风吹干净，保证表面干燥。凿毛后的混凝土面采用稀释沥青涂刷（冷底子油），沥青混凝土与水泥混凝土的结合面设置一层厚度为 1～2cm 沥青玛蹄脂。钢模采用 8mm 的钢

图 18-5-7 心墙沥青混凝土人工摊铺施工示意图

板加工而成，长为 100cm，高为 25cm。每块钢模上焊接两个提拉环，用于拆模时人工抽出。为防止过渡料进入心墙沥青混凝土，用防雨帆布将钢模内沥青混凝土表面加以保护，其遮盖宽度应超出两侧模板 300mm 以上。模板立好后，采用 $1.2m^3$ 反铲将掺配好的过渡料粗平，人工配合整平，松铺厚度初步按 25cm 控制（具体以摊铺碾压试验成果为准）。心墙两侧的过渡料应同时铺筑，靠近模板部位作业时要特别小心，防止模板走样、变位。碾压采用 2 台振动碾平行碾压，在碾压过渡料时，距钢模 20～30cm 的范围内先避开不碾，待钢模抽出后，与心墙接触的 20cm 过渡料和心墙沥青混凝土骑缝碾压。

沥青混凝土混合料摊铺前，首先清理干净心墙表面上的杂物，然后用红外线加热器（局部采用煤气喷灯）使接合面加热到 70℃以上。当面层为沥青玛蹄脂时不需要加热。沥青混凝土混合料拌好后，从拌和站由改装的汽车拉运保温卧罐至现场，通过履带吊吊运放料入仓，人工铺料和整平。沥青混凝土摊铺厚度初按 24cm 控制（以摊铺试验成果为准），厚度误差要求控制在±2cm 以内，入仓温度控制在 140～170℃。沥青混凝土混合料在钢模内摊铺整平后，抽出钢板，铺盖好防雨布，铺盖宽度超出两侧模板 30cm 以上。沥青混合料摊铺完成后，用毡布将沥青混合料表面覆盖，然后振动碾在毡布上碾压，这样不仅解决了沥青混合料表面污染，而且保持了沥青混合料表面的温度，不产生硬壳。沥青混合料入仓静置 0.5h 后，用一台 1.5t 振动碾碾压心墙沥青混合料，两台 1.5t 的振动碾碾压心墙两侧的过渡料，并对心墙和过渡料的接缝进行骑缝碾压，其压实标准以沥青表面“返油”为准。对于振动碾碾压不到的边角部位（如铜止水附近和齿槽边角），采用重锤人工夯实，直至表面“返油”为止。先采用 2 台 1.5t 自行式振动碾对过渡料进行静碾 2 遍＋振动碾压 4 遍（碾压试验成果的半数），完成前述的初碾；再对沥青混凝土混合料按照静碾 2 遍＋振动碾压 8 遍（遍数以碾压试验成果为准）＋静碾 2 遍收光，其中包括骑缝碾压；最后对过渡料振动碾压 4 遍（碾压试验成果的后半数）＋静碾 2 遍，完成沥青混凝土心墙与过渡料的碾压。振动碾行进速度按不大于 30m/min 控制。沥青混凝土碾压温度：一般为 140～150℃，并且不得低于 120℃，最高温度不超过 155℃。

3. 接缝和层面处理

接缝严格按照人工摊铺的基础面处理方式进行施工，与沥青混凝土相接的混凝土表面需粗糙平坦，采用打毛机处理，将其表面的浮浆、乳皮、废碴及黏着污物等全部清除干净，保证混凝土表面干净和干燥。其后，按设计要求喷涂稀释沥青及铺设沥青玛蹄脂后，再进行沥青混凝土的摊铺。对于沥青混凝土施工时的横向接缝，原则上沥青混凝土心墙应全线均衡上升，使全线尽可能保持同一高程，尽量减少横缝；当必须出现横缝时，其结合坡度应缓于 1∶3，上下层的横缝应错开，错距不应小于 2m。横向接缝处应重叠碾压 30～50cm。沥青混凝土在上一层沥青混凝土摊铺前，对于钻孔取芯后心墙内留下的钻孔应及时回填。回填时，先将钻孔冲洗干净、擦干，然后用管式红外线加热器将孔壁烘干、加热至 90℃，再用热沥青砂浆或细粒沥青混凝土按 5cm 一层分层回填，人工捣实。

4. 低温、雨季施工

（1）环境温度低于 5℃时的低温季节，沥青混凝土施工采取下列措施：

1）对外露沥青混凝土拌制品、新摊心墙面全部采用帆布覆盖保温。

2）必要时在心墙处搭设暖棚。

3）沥青混合料的出机口温度采用上限，对储运设备和摊铺机等加保温设施。

4）加强施工组织管理，使各工序紧密衔接，尽量缩短作业时间。

（2）雨季施工措施

1）沥青混凝土防渗墙不得在雨中施工。遇雨应停止摊铺，未经压实而受雨、浸水的沥青混合料要全部铲除。

2）当有降雨预报或征候时，应做好停工准备，停止沥青混合料的制备。

3）雨季施工时，缩小铺筑面积，摊铺后尽快碾压，摊铺现场备好防雨布，遇雨立即覆盖。

4）雨后复工前用红外线加热器或其他设备对表面加热，以加速层面干燥，保证层间结合紧密。

二、输水和地下厂房系统施工

（一）施工支洞布置

施工支洞布置应根据地下系统工程布置、规模及结构型式、地形地质条件、外部交通条件、工期要求、施工方法等情况，经综合分析比较后确定。施工支洞设置宜遵循“永临结合、一洞多用”原则，尽量利用永久洞室（排风洞、交通洞等）或地质探洞作为施工通道。施工支洞的断面尺寸应根据通过的施工设备的尺寸确定，同时还应兼顾布置通风管路、供水管道、照明线路、排水沟（管）和人行道等要求；运输岔管、钢管的施工支洞的断面尺寸应根据所运物件的单件最大运输尺寸及选定的运输方式确定。当施工支洞布置有转弯段时，应满足运输车辆和运输物件的最小转弯半径和转弯洞段加宽值。施工支洞的坡度一般不超过9%，相应限制坡长150m，局部最大坡度不宜大于15%。支洞轴线与主洞轴线的交角不宜小于45°，且应在交叉口设置不小于20m长的平段。

（1）抽水蓄能电站输水系统的高压管道上、下平洞部位应布置施工支洞，如果高压管道设置中平段，该部位也应布置施工支洞。当竖井（或斜井）较长，一般超过500m时，根据工期要求可在其中部设置施工支洞。尾水隧洞施工支洞宜靠近地下厂房设置。输水系统施工支洞布置宜尽量从同一侧进入。

广蓄一期和二期、十三陵、西龙池等抽水蓄能电站的高压斜井设有中平段，分别在上、中、下平段布置上部、中部和下部施工支洞。西龙池抽水蓄能电站上斜井高差约460m，中间增设一施工支洞。

天荒坪抽水蓄能电站工程高压斜井长697.37m，没有设置中平段，在斜井的中部设置中部施工支洞及下岔洞，其间留有8.5m厚的岩塞（见图18-5-8）。

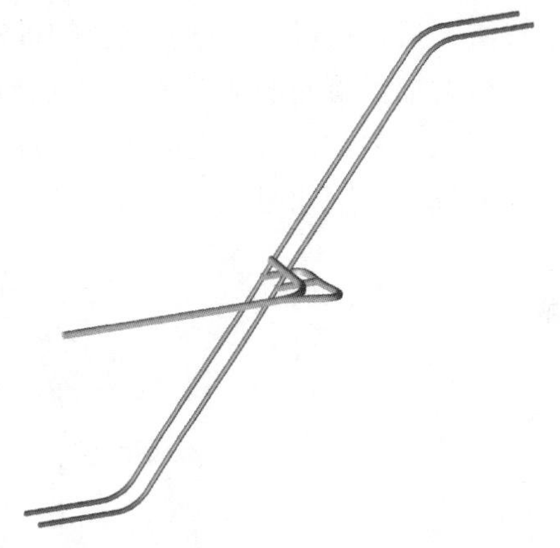

图18-5-8 天荒坪抽水蓄能电站高压斜井中部施工支洞及下岔洞示意图

张河湾抽水蓄能电站工程高压竖井长341.26m，其上平段很短且受地形条件限制，布置上部施工支洞比较困难，但上弯段处埋深较浅，根据枢纽布置及地形地质条件，布置40m深的施工竖井与高压竖井相连，供竖井开挖及钢管和混凝土的运输，并避免了与上水库进/出水口施工的干扰；利用高出下平洞约70m的地质探洞扩挖成施工支洞来解决竖井溜渣导井施工，施工支洞以上采用反井钻机施工溜渣导井307m（为当时国内水电工程利用反井钻机施工溜渣导井达到的最大深度），以下70m采用人工正井法施工溜渣导井。

（2）地下厂房系统的施工支洞布置应尽量利用厂房通风洞、交通洞、高压管道下平洞、尾水支洞，并通过综合分析，确定施工支洞的数量、位置、断面。地下厂房施工从顶部到底部一般布置4层施工通道。某抽水蓄能电站地下系统施工通道布置示意图如图18-5-9所示。

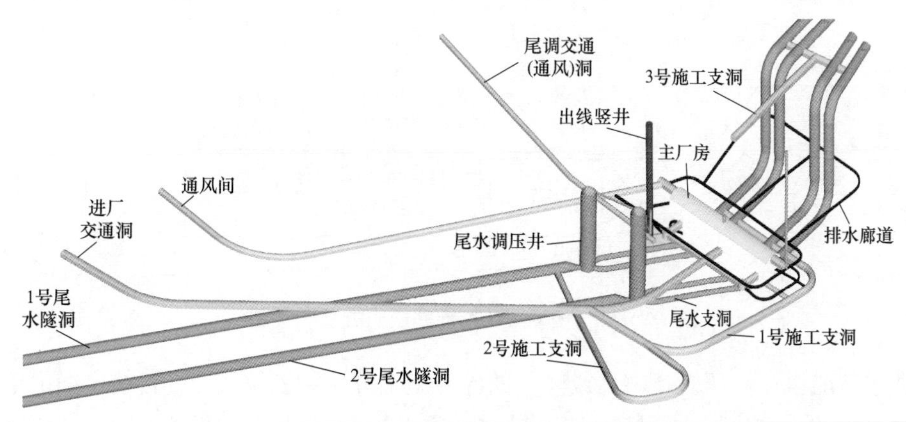

图18-5-9 某抽水蓄能电站地下系统施工通道布置示意图

（二）输水系统施工

1. 输水系统平洞施工

引水系统和尾水系统的平洞一般采用钻爆法开挖。用钻爆法开挖隧洞时，应根据隧洞的断面尺寸、地质条件、施工技术水平和施工设备性能，研究确定采用全断面开挖或分部分层开挖。洞径在10m以下的圆形断面，跨度在12m以下、高度在10m以下的方圆形断面，宜优先采用全断面开挖；洞径大于10m的圆形隧洞、洞高大于10m或跨度大于12m的方圆形隧洞，宜先挖导洞，然后进行分层分部开挖，导洞设置部位及分层分部尺寸，应根据地质条件、隧洞断面尺寸、施工设备和施工通道等因素经分析研究确定。混凝土衬砌宜采用针梁模板进行全断面浇筑，混凝土搅拌运输车运输混凝土，混凝土泵泵送入仓。

2. 高压管道斜（竖）井开挖

抽水蓄能电站的高压管道特点是高差大、长度长、施工难度较大。开挖应尽量创造从井底出渣的条件，当具备溜渣条件时，宜先开挖溜渣导井，然后自上而下扩挖，从斜井或竖井底部出渣。断面尺寸较大且井底有通道时，宜选用导井法开挖；导井的开挖方法应比较一次钻孔分段爆破法、爬罐法、吊罐法、反井钻机法、正井法、掘进机法和上述几种方法组合等施工方案后确定。

国内抽水蓄能电站高压斜井或竖井的开挖一般都采用导井法，导井一般采用爬罐自下而上开挖反导井、或反井钻机法（定向钻机＋反井钻机）施工导井、或人工自上而下开挖正导井。反井钻机法开挖导井施工方法如图18-5-10所示，爬罐法开挖反导井施工方法如图18-5-11所示。

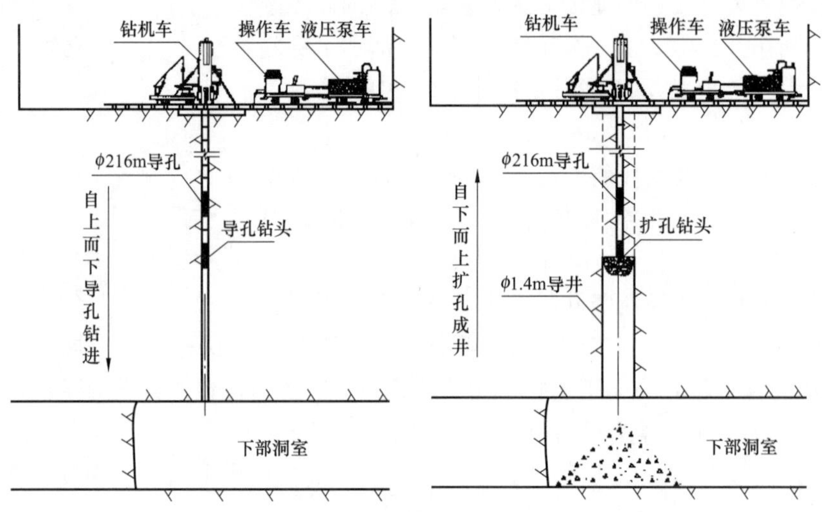

图18-5-10 反井钻机法开挖导井施工方法示意图

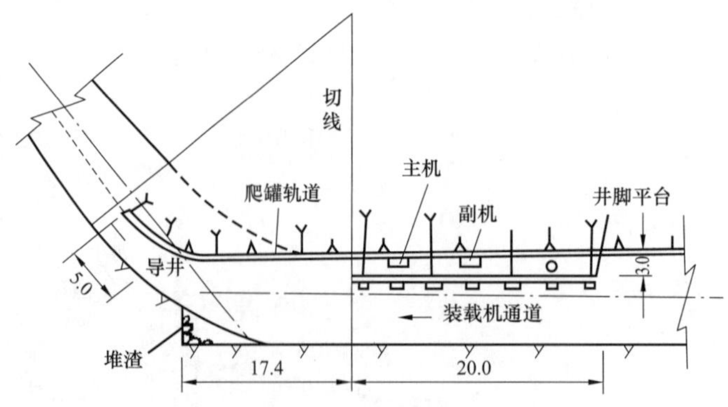

图18-5-11 爬罐法开挖导井施工方法示意图

国内部分抽水蓄能电站高压管道斜井或竖井的导井施工方法见表18-5-5。目前，国内采用爬罐法开挖斜井导井进尺最大的为敦化抽水蓄能电站下斜井，达422m（利用定向钻机导孔作为通气孔）；采用人工正井法开挖斜井导井进尺最大的为十三陵抽水蓄能电站2号上斜井，达182m；采用反井钻机法开挖斜井导井进尺最大的为长龙山抽水蓄能电站上斜井，达428.71m；反井钻机法开挖竖井导井进尺最大的为阳江一期抽水蓄能电站竖井，达385m。斜井导井一般采用爬罐法开挖反导井与人工正井法开挖正导井相结合的方法，竖井导井宜采用反井钻机法开挖导井。人工正井法开挖正导井深度一般不宜超过150m；爬罐法开挖反导井长度一般宜不超过400m；反井钻机法开挖斜井导井长度一般宜不超过400m，钻孔偏斜控制不超过1.0%。反井钻机法开挖竖井导井深度一般宜不超过500m，钻孔偏斜控制不超过1.0%。仅从目前施工技术水平来看，长度500m左右的斜井如果不是控制工期的项目，一般可以不设置中平段或中部施工支洞。

表18-5-5　　国内部分抽水蓄能电站高压管道斜井或竖井的导井施工方法

工程名称	斜（竖）井总长（m）	倾角（°）	上斜（竖）井/下斜（竖）井（m）	施工方法	导井长度（m）	备注
广蓄一期	753.66	50	406.21/347.45	人工正井法/爬罐法	147.4/249.1（上斜） 118.1/197.4（下斜）	
广州二期	750.0	50	398/352	人工正井法/爬罐法		
十三陵	598.94	50	357.5/237	人工正井法/爬罐法 反井钻机法	141/213.5（上斜） 237（下斜）	2号上斜人工正井182m
天荒坪	697.434	58	341.856/324.566	人工正井法/爬罐法	100/242（上斜） 下斜324（爬罐）	中部两岔一塞31.012m
回龙	400	90	—	采用人工正井法自上而下全断面开挖ϕ3.5m的竖井		
桐柏	413.19	50	—	人工正井法/爬罐法	100/313.19	
泰安	240	90	—	反井钻机法	240	
琅琊山	140.58	90	—	反井钻机法	140.58	
宜兴	380	90	150/230	反井钻机法	150/230	
张河湾	341.26	90	269.26/72	反井钻机法 人工正井法	307 72	施工竖井40m
西龙池	777.37	56/60	535.47/241.91	反井钻机法/爬罐法 爬罐法	180/360（上斜） 261（下斜）	爬罐进尺382m（含22m下弯段）
宝泉	761.71	50	430.71/331	人工正井法/爬罐法	130.62/288.45（上斜） 100/231（下斜）	
惠州	585.56	50	265.45/320.11	反井钻机法	/301	
敦化	803	55	381/422	反井钻法+爬罐法	381（上斜）	反井钻200m卡钻作为通气孔
				定向钻法+反井钻法	381（上斜）	
				人工正井法+爬罐法	67+355（下斜）	
				爬罐法	422（下斜）	定向钻导孔做通气孔
长龙山	850	58	435/415	定向钻法+反井钻法	428.71/415	
丰宁	529	55	225/304	爬罐法	225/	2号上斜井
				反井钻法	225/	1、3号上斜井
				定向钻法+反井钻法	225/304	4～6号上斜井、1～6号下斜井
阳江一期	767	90	382/385	定向钻法+反井钻法	382/385	导孔偏斜0.8‰
荒沟	617.74	50	229.19/388.55	反井钻法	229.19/388.55	

高压管道斜井或竖井的导井施工，从施工进度、作业环境、安全、人员作业强度来看，反井钻机法比较有利。这种开挖导井的施工方法，是在1992年十三陵抽水蓄能电站斜井施工时从煤矿行业成功引入到水电行业的。如果高压管道斜井或竖井的导井具备反井钻机施工条件，应尽可能采用反井钻机施工。采用爬罐法开挖反导井与人工正井法开挖正导井相结合的方法施工导井，虽然是一种成熟的施工方法，但作业环境及安全条件较差，劳动强度较大，为保障施工人员作业安全及身心健康，随着定

向钻+反井钻进行斜井导井施工方法的日益成熟，目前爬罐法在抽水蓄能电站施工中已逐渐淘汰。

从最近10年多来水电工程的斜井、竖井施工来看，反井钻机法作为一种高效、安全、快速的施工方法，得到广泛运用。反井钻机法施工长斜井的技术关键是导孔钻进精度控制、钻机钻进能力、斜孔专用扩孔钻具等。钻孔精度直接影响斜井导孔的成败，为保证导孔精度和提高效率，从煤炭和石油行业引进定向钻技术，钻孔偏斜率大大降低，取得了良好的施工效果。定向钻机正导孔结合反井钻机施工技术，分别在丰宁抽水蓄能电站的9条高压管道斜井中成功应用，整体偏斜率均在5‰之内。

定向钻机是以正向钻出导孔进行作业，其工艺原理如下：将钻机安装在上平或地面，先向下钻小直径导孔，用清水或泥浆作循环洗井液排渣。导孔钻透以后，在下水平巷道中卸下导孔钻头，定向钻机提钻杆，换钻头（D295mm）再正向钻进，然后沿导孔自上而下扩孔，与下部隧洞贯通后，定向钻孔施工即告完成。钻孔过程中采用MWD无线随钻测斜仪对钻孔进行孔斜监测及定向纠偏，结合磁导向装置进行监测，主要依靠角度及方位进行位置判定。丰宁抽水蓄能电站高压管道斜井定向钻机正导孔施工工序如图18-5-12所示。

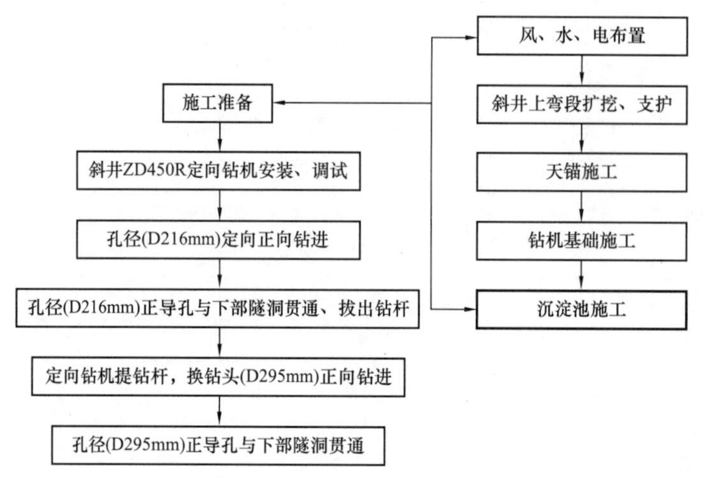

图18-5-12 丰宁抽水蓄能电站高压管道斜井定向钻机正导孔施工工序图

将掘进机法（TBM）应用于50°左右陡倾斜井的开挖是日本抽水蓄能电站建设中的一大特点，首先在下乡电站倾角37°、长485m的上斜井段成功地应用，用TBM由下往上开挖ϕ3.3m的导洞，然后由上往下用TBM扩挖成ϕ5.8m的断面。盐原电站倾角52.5°、长462m、ϕ2.3m的导洞采用TBM开挖。葛野川电站倾角52.5°、长771m、ϕ7m的斜井，采用TBM由下往上开挖ϕ2.7m的导洞，然后由上往下用TBM扩挖成ϕ7m的断面。神流川电站倾角48°、长961m、ϕ6.6m的斜井，采用TBM由下往上全断面开挖。小丸川电站倾角48°、长889m的上斜井，ϕ2.7m的导洞和ϕ6.1m斜井扩挖都采用TBM施工。

采用普通钻爆法施工斜井，导洞加扩挖综合平均月进尺30m左右；采用TBM开挖导洞，然后用TBM扩挖斜井，综合平均月进尺超过50m；采用TBM全断面开挖斜井平均月进尺超过70m，最大月进尺达115.5m。葛野川电站TBM开挖导洞平均月进尺115m，最大月进尺166m，TBM扩挖斜井平均月进尺97m，最大月进尺173m。

TBM掘进先利用主撑靴对岩壁施加压力，固定掘进机；然后靠中部主千斤顶推动刀头切削岩石掘进，根据千斤顶的行程，一般一次可掘进1～1.5m；再通过前撑靴与岩壁压紧，放松主撑靴，缩回主千斤顶，把掘进机后部机体拉向前，这样就完成一个掘进循环。TBM设备除主体部分外，其后还带有若干个台车，以设置控制室、喷混凝土和打锚杆的支护设备、防滑落的装置、风水电油等辅助设备、出渣系统等。全套机械有相当长度和重量，以神流川电站的TBM为例，主体长11m，加上后续台车后全长约50m；主体设备重450t，全体设备重600t。神流川全断面TBM设备如图18-5-13所示。

TBM施工斜井在安排施工进度时尚应考虑设备组装、准备及解体撤出作业的影响。TBM设备组装和准备需3～4个月，其解体撤出也需1～2个月。斜井开始一段不能用TBM，而需采用常规钻爆法施工，此段长度一般为50～60m。

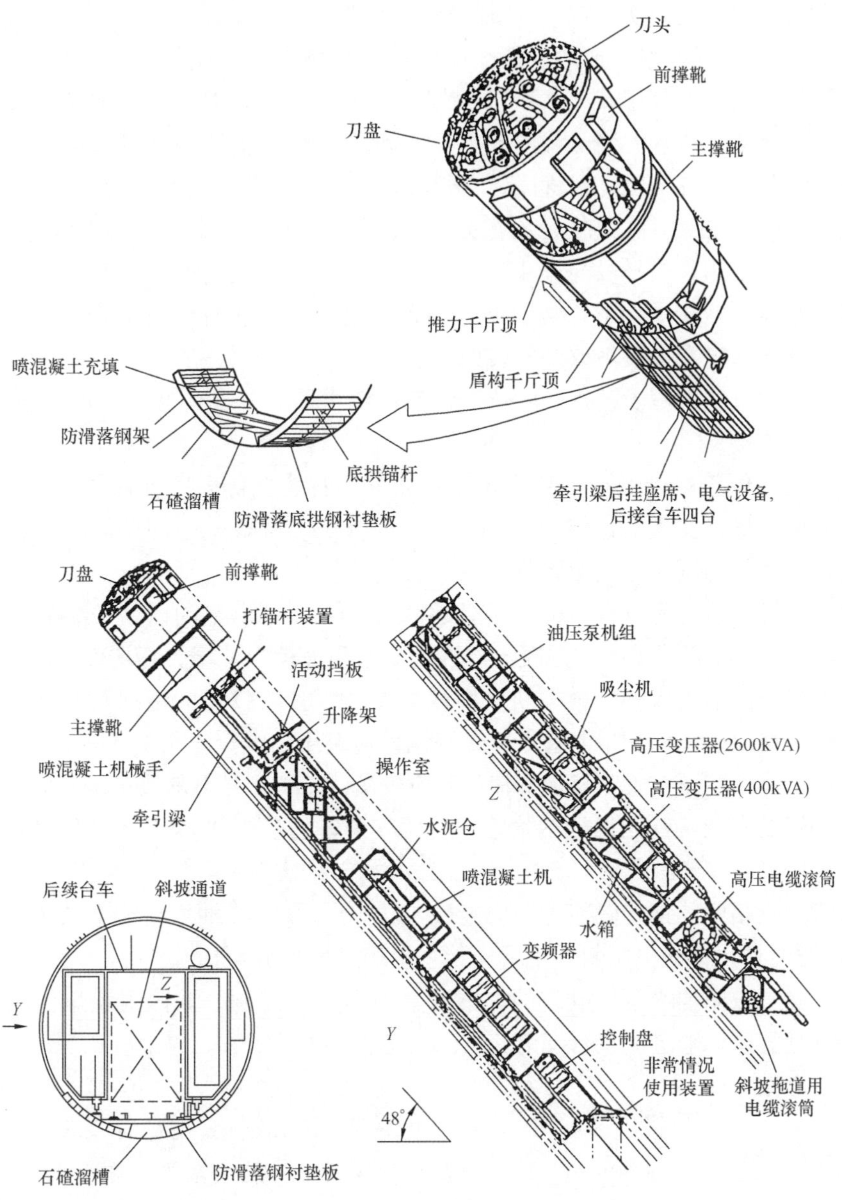

图 18-5-13 神流川电站斜井 TBM 构造图

采用 TBM 施工长斜井可以使工人的作业安全和作业环境大大改善，可以省去长斜井中部施工支洞。日本东京电力公司认为，如果单纯比较 TBM 和钻爆法的开挖单价，用 TBM 开挖长度仅几百米的斜井不一定经济。但是，当斜井较长时，钻爆法施工受爬罐性能、通风排烟等限制，往往要增设一条或两条施工支洞，如受地形限制，施工支洞长度可能达 1～2km，还需建连接支洞的公路，综合比较，TBM 在经济上就可能有利。再考虑工期缩短、人员安全和环境条件改善等因素后，TBM 方案可能会具有吸引力。

随着国内 TBM 设备制造水平提高，工程项目管理对文明施工、职业健康的重视，国内部分抽水蓄能电站已开始试点采用 TBM 进行高压管道斜井施工，河南洛宁抽水蓄能电站高压管道斜井将采用硬岩掘进机（TBM）进行开挖，1 号斜井段长 928.255m，角度为 36.236°；2 号斜井段长 872.939m，角度为 38.742°。TBM 设备于 2022 年 8 月出厂，为国内首台斜井 TBM，施工中将实现大断面，一次开挖成型，是应用于 30°及以上坡度的世界最大直径（直径 7.23m）TBM，斜井 TBM 总长 120m，组装洞室全长 85m。洛宁抽水蓄能电站高压管道斜井 TBM 已于 2023 年 1 月 16 日正式开始自下而上全断面掘进。

3. 高压管道钢管制作、安装及混凝土施工

（1）钢板衬砌的高压管道。对采用钢板衬砌的高压管道，钢管制作的施工工序如下：钢板配料—

材料验收（表观检查、超声波探伤检查）—放样及制作样板—钢板划线—切割下料—坡口制备和修磨—钢板端头压弧（压头）—卷板及冷压成形修弧—钢管对圆、调圆、装内支撑—单节纵缝焊接—单节纵缝探伤—单节装加劲环—钢管大节组装—大节环缝焊接—钢管大节环缝探伤—钢管内外壁附件组装和焊接—钢管大节除锈、涂漆、喷水泥浆—装内支撑—大节编号及做标记。

在压力钢管安装前，在各平段、斜管段、支管段以及施工支洞与两管道交叉口之间铺设轨距 2m 的轨道，轨道采用 43kg/m 级工字钢。在上（中或下）平段与施工支洞交叉处设一套门式吊架，作为钢管的吊卸、转装运输台车之用。在平段与施工支洞的每一个交叉处地面设一个转向平台，便于钢管的转向。钢管由平板拖车运至门式吊架下，转装到运输台车上，由卷扬机牵引至安装面。对于竖井，在竖井顶部设置吊点，钢管通过卷扬机吊放到安装面。

一般钢管初始定位节从下弯段开始，就位固定后，即可回填外围混凝土，两端各留 0.8m 不浇筑，以利后续安装单元的连接。

每安装两大节钢管作为一个循环，其工作流程如下：安装准备—吊装就位—管节对装—预热、环缝焊接、后热—表面检查、探伤—返修、加固、清扫—打磨、补焊—中间验收—混凝土浇筑—灌浆—灌浆孔补焊打磨、油漆及扫尾—作业面验收。

混凝土回填与钢管安装交叉进行，模板距管端 0.8～1m，留出空间以便安装后续邻管段。自下而上每安装两大节（12～18m）回填一次混凝土。混凝土循环进程中，端头不支模，混凝土封面时仓面保持水平。斜井段混凝土用溜槽入仓，根据斜段两端高差大、管段较长的情况，溜槽内加设挡板，以防混凝土离析；竖井段混凝土采取真空溜管入仓；平洞段混凝土由混凝土泵泵送入仓。

十三陵抽水蓄能电站高压钢管 1 号上斜段平均月安装 36m，2 号上斜段平均月安装 48.9m。中平段至球阀间的压力钢管的安装，首先进行钢岔管的就位安装，然后下平段与下斜段同时进行，平均月安装 30m。

琅琊山抽水蓄能电站竖井钢管安装月平均进尺 35m/月。张河湾抽水蓄能电站竖井钢管安装月平均进尺 54m/月。西龙池抽水蓄能电站斜井钢管安装月平均进尺 42m/月。

钢岔管安装，除了溧阳抽水蓄能电站的大钢岔管采用瓦片进洞、洞内组装焊接成形外，其他电站基本上都采用钢岔管整体运输进洞进行安装。

溧阳抽水蓄能电站 4 个钢岔管，1 号和 3 号是大岔管，主管直径 7.0m，支管直径 5.7m，分岔角 70°，钢板厚 56～60mm，钢材级别 800MPa，月牙肋厚度 120mm，公切球直径 8050mm，裤衩开口处的岔管外形尺寸为 12170mm×8050mm×13334mm；2 号和 4 号是小岔管，主管直径 5.7m，支管直径 4.0m，分岔角 70°，钢板厚 42～46mm，钢材级别 800MPa，月牙肋厚度 92mm，公切球直径 6554mm。小钢岔管整体采用专用回转台车进行洞内运输，大岔管瓦片采用专用回转台车运输，由运输状态变为安装状态需要在洞内进行卸车、翻身和吊装，在大岔管拼装部位，采用在洞内架空布置的钢栈桥和拼装吊架进行现场作业。

吊架设备配置为：利用 1～4 号龙门架，中间顶部布设 2 道横梁，横梁间距 3.5m，通过连接板分别与各吊架连接，横梁上布设 4 台滑移小车，上面安装 4 台 20t 电动倒链，滑移小车通过卷扬机牵引可在横梁轨道上水平移动，用于进行卸车、翻身工作和吊装作业。

在大岔管的拼装施工中，成功实施原位组装工法，在卸车部位采用局部整体拼装、水平滑移的新工艺，解决了洞内狭小空间吊装作业难题。大岔管拼装完成后，进行水平调整，确保 3 个管口水平误差在 5mm 以内，然后进行整体尺寸检查，检查合格后进行焊接，按照先纵缝再环缝的顺序进行焊接。溧阳抽水蓄能电站 2 号水道 3 号钢岔管于 2014 年 6 月开始在洞内进行安装，于当年 12 月 19 日完成洞内水压试验，水压试验最高水压力 3.9MPa，1 号水道 1 号大钢岔管经过焊接、安装施工质量论证后免于进行洞内水压试验。

溧阳抽水蓄能电站大钢岔管采用瓦片运输进洞、洞内拼装、原位组装、洞内焊接及洞内岔管水压试验，取得成功，为抽水蓄能电站大型钢岔管的安装提供了新思路，在安装工艺上进行的探索和创新，可为后续类似项目借鉴。

（2）钢筋混凝土衬砌高压管道。钢筋混凝土衬砌的高压管道斜井采用滑模进行混凝土施工，斜井滑模主要由井口平台、轨道、滑模本体、液压爬升装置、运输系统、安全保险设施等部分组成。运输系统由送料车、送料车卷扬机和一系列导向轮组成，用作输送混凝土、钢筋和作业人员等；井口平台用作搅拌车停车卸料、钢筋卸车。斜井滑模本体的主要结构由中梁、模板、5层工作平台、前后行走轮组及液压爬升装置等组成。

广州抽水蓄能电站一期工程中，CSM斜井滑模创出9.8m/d的日滑升速度，月平均滑升102m，最高月滑升速度达到149m/月的高水平。天荒坪抽水蓄能电站XHM型斜井滑模创下了日滑升12.08m/d的速度，月滑升速度230.3m/月的纪录。斜井混凝土滑模施工方法示意图如图18-5-14所示。

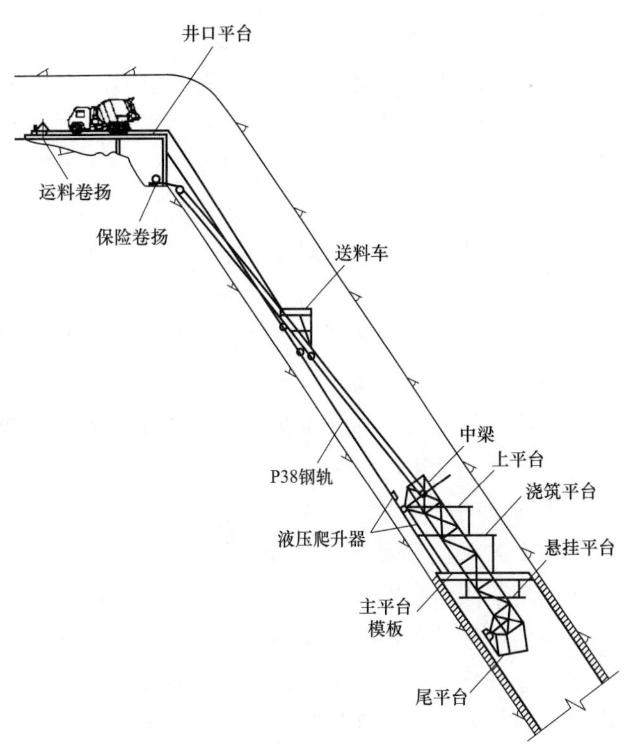

图18-5-14　斜井混凝土滑模施工方法示意图

4. 钢筋混凝土岔管施工

钢筋混凝土岔管为了使围岩和钢筋混凝土能发挥联合受力作用，要求开挖成形好，尽量减少围岩因爆破产生的裂隙。

广州抽水蓄能电站岔管开挖采用常规钻爆法，用三臂台车开挖，先主管后岔管，采用多循环短进尺的原则，严格控制布孔密度、钻孔深度、钻孔角度和炸药单耗，周边光爆，锚杆及时跟进，控制围岩变位。模板采用透水、排气、止浆的材料。ϕ36钢筋呈三维空间弯曲，钢筋厂加工后运至现场，对号绑扎时用自制模具二次加工微调。混凝土浇筑选在低温季节施工，优选混凝土配合比，选择外加剂和掺合料，以解决泵送低坍落度混凝土的和易性，减少水泥用量，防止混凝土温度裂缝。

钢筋混凝土岔管固结灌浆压力比较高，广蓄电站岔管固结灌浆压力达6.5MPa，天荒坪抽水蓄能电站岔管固结灌浆压力达9.0MPa。固结灌浆质量的好坏直接影响到岔管的安全和渗透性。高压灌浆前要先进行回填灌浆和浅层固结灌浆，并在与钢管相交部位进行高压帷幕灌浆用以封闭高压灌浆区域。

浅层固结灌浆的目的是在高压灌浆前对衬砌与围岩的结合缝和爆破松动圈给予固结，使其在高压灌浆时有足够的强度抵抗高压灌浆时产生的上抬力。天荒坪抽水蓄能电站岔管浅层固结的孔位布置与高压固结的孔位布置相同。孔深为入岩3m，灌浆塞位在混凝土内。灌浆时，圆管段不分序，灌浆压力3MPa；在主岔段分2个次序进行灌浆，压力为Ⅰ序孔1.0MPa，Ⅱ序孔3.0MPa，按分序加密的原则施灌。灌浆用625普通硅酸盐水泥，水灰比为0.8。

由于岔管的结构型式特殊，受力条件复杂，为确保高压灌浆施工中不破坏衬砌混凝土，在岔管段每隔2环孔即布置一组径向变形观测装置，其布置型式为纵横交错分布。

灌浆设备选用SGB4-12型高压灌浆泵，使用机械式高压灌浆栓塞，灌浆塞初期安装在入岩0.3～1.3m之间进行灌浆塞位试验，在确保衬砌混凝土不被破坏的前提下，将塞位逐步调整为入岩0.5m。但主岔部位因受力条件特殊，灌浆塞位为入岩1.2m。灌浆顺序为由低到高逐孔灌浆，每环前后交替，呈跳跃式灌浆。灌浆开始时，用高压灌浆泵将灌浆管路充满浆液，测定出管路占浆数值后，用高压耐磨阀门控制压力逐步升高。在吸浆量较小的情况下，压力一般在短时间内升至5.0MPa，无异常情况下，压力再由5.0MPa逐渐升至9.0MPa。灌浆过程中，设专人监测混凝土变形。当变形值超过0.2mm时，压力不再上升。如果在升压过程中，个别孔出现串浆或串水现象，则采用“低压慢灌，串浆稳压”或加深塞位等方法使压力逐渐升至9.0MPa。

高压钢筋混凝土岔管施工技术难点主要有以下四方面：一是严格的光面爆破技术和预应力锚杆紧跟，以控制开挖体形、抑制围岩变形；二是环向钢筋的加工与绑扎，由于是大圆锥与小圆锥相贯，每根环向钢筋均不相同，与椭圆方程参数近似，加工后必须用专用模具调整到位做到曲线圆顺，表面平整；三是开发透水排气的模板，使混凝土泌水、排气通畅，并保证养护水能湿润混凝土；四是高压固结灌浆技术，既要固结混凝土衬砌周边围岩的松弛圈，又要加固 1 倍洞径的围岩，确保衬砌与围岩联合受力；既要使混凝土衬砌有一定的预压应力，又不致使混凝土劈裂。

惠州抽水蓄能电站高压岔管开挖采用先主管后岔管的施工顺序，即主管段开挖至相应岔洞段且支护完成后，再开挖相应的岔洞段。主管段的开挖共分 3 部分进行，首先进行中导洞开挖，然后再进行上部的开挖，在不影响交通的前提下，最后再开挖底部至设计线，当主管开挖超过岔管段 5m 左右且支护完成以后，再开挖相应的岔管段，岔管段分 4 层开挖至设计边线。每一分部开挖且支护完成后才能进行下一分部的开挖，高压岔管段的开挖进尺控制在 1.5～2.0m。

卜型岔管部位为 2 圆台相交，体形复杂，要求钢筋加工、安装具有很高的精度，才能满足设计要求。钢筋制作在加工厂内进行，对岔管部位的非椭圆筋及燕形筋先放样后再加工，确保加工精度。钢筋接头主筋采用单面焊接，辅筋采用绑扎搭接。高压岔管衬砌混凝土分底拱 120°和边顶拱 240°两次浇筑，底拱 120°采用翻模浇筑，边顶拱 240°范围采用定型钢模浇筑。

水泥灌浆依照顶拱回填灌浆、帷幕灌浆、固结灌浆 3 个程序进行。回填灌浆按两个次序一次加密，从低坡往高坡施灌；帷幕灌浆按排间加密排内不分序，由低孔向高孔逐孔灌注的原则进行；固结灌浆按照排间加密排内分序，由低孔向高孔进行施灌。帷幕灌浆顺序按照设计要求先施工紧邻结构缝的第一排，再施工紧邻结构缝的第二排，各孔自上而下分两段灌注，环内由底孔往顶孔灌注。固结灌浆Ⅰ序孔灌浆压力为 4.5MPa，Ⅱ序孔灌浆压力为 7.5MPa；帷幕灌浆Ⅰ序孔灌浆压力为 3MPa，Ⅱ序孔灌浆压力为 4.5MPa。

阳江抽水蓄能电站引水高压岔管开挖支护控制中，合理应用中导洞，采用保护层开挖及交叉口提前锁口、加强支护等方法，使得高压引水岔管残孔率达 96.2%，拱顶不平整度为±10cm，取得优良开挖效果。岔管固结灌浆压力达 10.0MPa。

5. 进/出水口水下岩塞爆破

响洪甸抽水蓄能电站利用已建的响洪甸水库作上水库，采用水下岩塞爆破方法形成上水库进/出水口。响洪甸水下岩塞爆破设计采用硐排结合爆破、洞内聚渣方案，在国内首次采用了集渣坑高水位充水并设置气垫减震的技术，及梯形集渣坑、球壳形混凝土堵头、双层药室＋排孔的装药结构、毫秒电磁雷管起爆等措施。

（1）岩塞爆破进/出水口结构布置。

1）岩塞。水下岩塞爆破采用堵塞集渣爆破方式。为满足进出水流的要求，岩塞设计成下口小、上口大的锥台体，塞底直径为 9.0m，纵轴线倾角为 48°。岩塞部位地形不对称，左高右低，岩塞右下侧最小厚度为 9.0m，左上侧最大厚度约为 13.0m。

2）集渣坑。岩塞后部紧接过渡段，过渡段后为集渣坑。选用的集渣坑断面为城门洞形，宽为 8.0m，边墙最大高度为 27.0m，渣坑容积为 3318m^3。岩塞爆破总体积为 1350m^3，考虑岩塞口上部可能塌方体积，渣坑内总石方量为 2302m^3，渣坑利用率为 69.4%。

3）闸门井和堵头。距岩塞体 90m 处布置检修闸门井，门井高度为 68m，设有两道门槽。下游门槽用于正常运行期安放检修门；岩塞爆破后至堵头拆除前将闸门放入上游门槽内，以便拆除堵头时从下游闸门槽出渣。

混凝土堵头采用球冠形混凝土堵头方案，堵头外半径为 6.59m，内半径为 5.09m，内表面中心角为 103.6°，C24 混凝土浇筑。拱座断面为三角形，基岩承载面与 51.8°径向线平行。堵头下部安装 DN250mm 闸阀一套。岩塞爆破时由堵头挡水，爆破后放下闸门，打开堵头上闸阀，排除闸门井中的存水，然后拆除堵头。响洪甸抽水蓄能电站岩塞爆破进/出水口结构布置如图 18-5-15 所示。

（2）岩塞爆破设计。岩塞爆破为双层药室及排孔结合爆破，先由集中药包前后爆通，再由排孔扩大成形，三个药室，135 个排孔，最大孔深为 9.87m，一般为 8m 左右。爆破石方为 1350m^3，总装药量为 1958.42kg。爆破材料采用 MRB 加强型岩石乳化炸药，用高精度系列毫秒电磁雷管起爆。岩塞炮孔布置如图 18-5-16 所示。

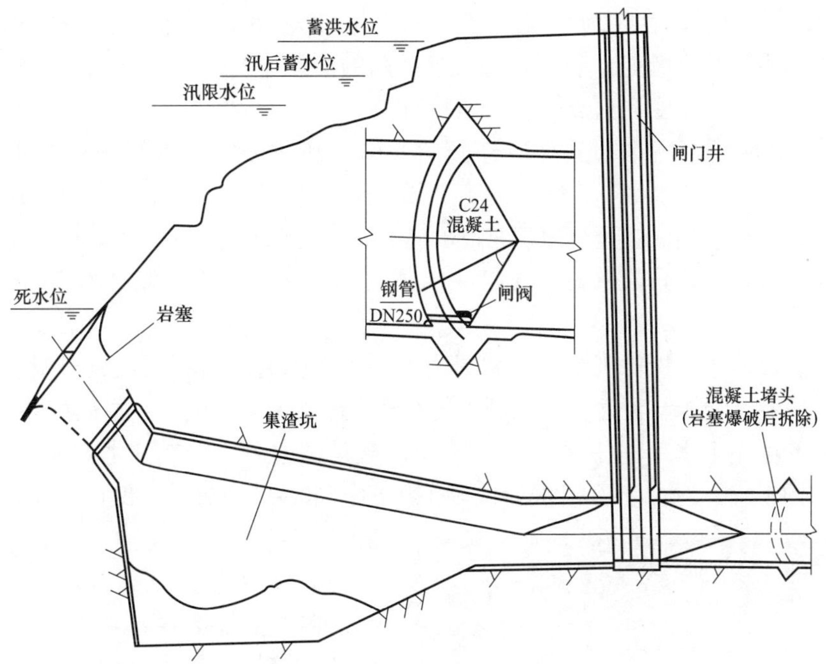

图 18-5-15 响洪甸抽水蓄能电站岩塞爆破进/出水口结构布置图

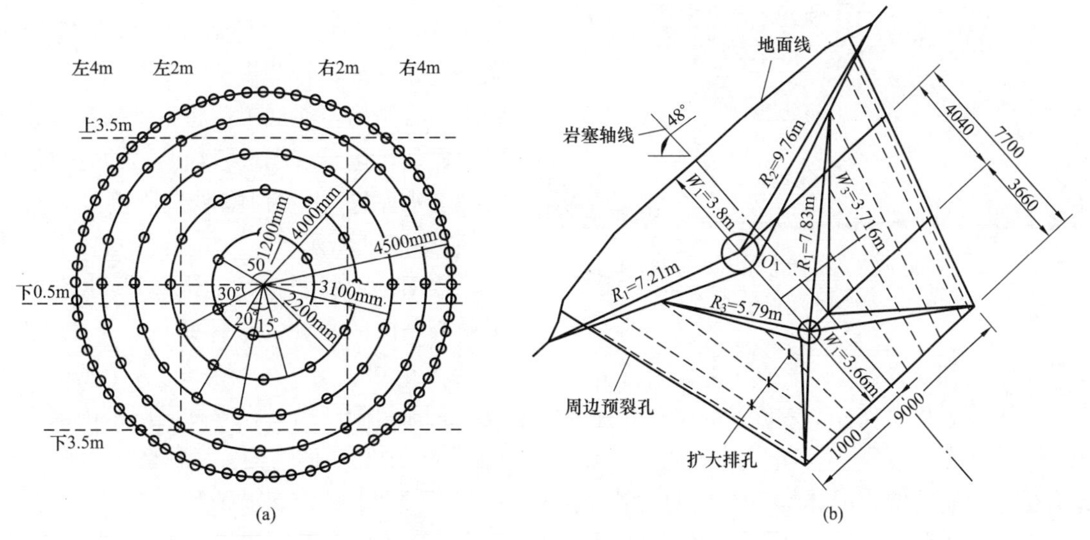

图 18-5-16 岩塞炮孔布置图

（a）岩塞底面炮孔布置；（b）岩塞轴线纵剖面

（3）岩塞爆破施工。

1）造孔。分层搭设施工平台，用地质钻机造孔。造孔的关键在于孔位和方向的准确度。按设计角度定出孔位，用红油漆点在岩面上，标出孔号；移动地质钻机将钻杆对准点位，调整钻杆位置，直到与定向杆方向完全一致，然后固定钻机，开孔钻进。

2）药室开挖。设计为双层药室，表层药包为 2 个，中心药包为 1 个。药室及导洞采用 YT23 型短气腿式凿岩机造孔，光面爆破施工。整个导洞及药室开挖采用周边孔分段钻进预裂、浅孔、少药多循环。岩塞爆破药室布置如图 18-5-17 所示。

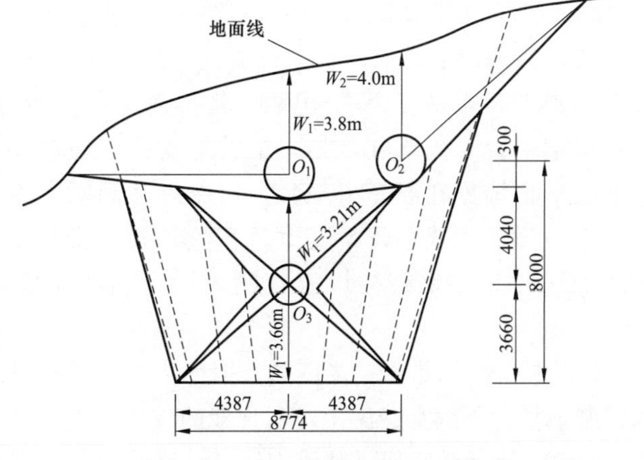

图 18-5-17 岩塞爆破药室布置图

3）装药。表层1号药室装药量为285kg，2号药室为329.8kg，中部3号药室为168.5kg。并进行两种排孔（预裂孔和主炮孔）的药卷装药，为保证装药的质量与安全，在不剖开的硬质塑料管（PVC管）内装药，然后推入孔中，变孔内装药为孔外装药。

4）起爆。装药完成后，用水泵从水库经闸门井向集渣坑充水，直至闸门井水位上升到104～105m高程范围，此时集渣坑水位达78m，已经形成气垫。然后用空气压缩机通过预埋在洞顶部混凝土内ϕ50钢管向78m高程水面以上至岩塞底部的空间补气，形成0.26MPa压力气垫。通过高频起爆器起爆。起爆时库水位为115.26m，闸门井水位为103.73m，集渣坑水位为78m，气垫体积为1197m^3。

（4）爆破效果。爆后水下摄像观察，岩塞周边半孔留痕普遍清晰可见，成形好，闸门井门槽及前面底板没有石渣，只有几厘米厚泥沙，进入洞内的石渣全部落入集渣坑内，集渣坑堆渣曲线平缓。

响洪甸抽水蓄能电站上水库进/出水口水下岩塞爆破是国内第一个在抽水蓄能电站进/出水口进行水下岩塞爆破施工的工程，对位于已建水库或湖泊中的抽水蓄能电站进/出水口施工具有一定的借鉴意义。

图18-5-18 西龙池抽水蓄能电站上水库进/出水口喇叭口段整体模板示意图

6. 竖井式进/出水口混凝土衬砌施工

西龙池抽水蓄能电站上水库进/出水口采用竖井式结构，其喇叭口段由1/4椭圆曲线围绕竖井中心轴线而成，上大下小，内径由16.5m渐变至5.2m，高度22m。喇叭口段混凝土衬砌按结构段高度分4仓浇筑，模板按仓位分段做成整体模板，每节模板长3.5～5.0m，模板为钢木组合结构，在加工厂将钢骨架和木骨架加工成半成品，运至现场进行组装。西龙池抽水蓄能电站上水库进/出水口喇叭口段整体模板示意图如图18-5-18所示。

溧阳抽水蓄能电站上水库进/出水口为带八道检修闸门的竖井式塔体结构。上水库进/出水口塔有2个，塔体高程为242～295m，塔体上部框架主要由8个闸墩及联系板组成，8个闸墩沿塔体中心环向布置，连系板每隔6m高布置一层，立柱及联系板中间预留闸门槽，在立柱闸门槽内部设置直径为0.8m的通气孔。联系板厚1m，为外直径37m、内直径15m的圆环形结构。塔体242～251.5m高程处布置有进水口整流锥，锥体呈双段异向圆弧锥体状，上、下段圆弧半径分别为3.6、7.2m，锥体部分高度为7.6m，最大直径为11.335m，锥体上部为厚2.5m的混凝土板，其直径为37m，悬空跨度达21m。单个锥体混凝土工程量为123.6m^3，钢筋量为7.5t，锥体上部2.5m厚板混凝土工程量为2700m^3，钢筋量为270t。

整流锥下部流道高约100m，流道开口直径为23.4m，整流锥悬空荷载达2600t，锥体结构又异常复杂；根据设计要求，整个整流锥不能竖向分缝，故其悬空部分的模板支撑是整个整流锥施工的重点和难点，也是整个进/出水口塔体施工的关键点。针对这些施工难点，采用预应力锚索吊拉底承式型钢平台+满堂红盘扣式钢管架支撑，在底座段上部合适位置预留混凝土平台，采用张弦式钢桁架平台锚固在混凝土平台上，然后在闸墩上用无黏结预应力锚索吊拉张弦式钢桁架平台，在平台上搭设盘扣式钢管架支撑，在盘扣架上安装工字钢、木方支撑模板；型钢平台采用目前宽翼缘式HM塑钢在钢结构厂家订制，厂家制造完成经预拼装合格后再拉到现场组装，采用汽车吊吊装。

带盖板的整流锥悬空高度高、跨度大、集中荷载重、工程体量大，施工中采用预应力锚索吊拉底承式型钢平台+满堂红盘扣式钢管架的支撑体系，并采取分阶段张拉、分层浇筑、过程监控的施工方案，快速、高效地完成了整流锥施工，对同类工程施工具有借鉴意义。上水库进/出水口塔体结构和整流锥三维图如图18-5-19所示。

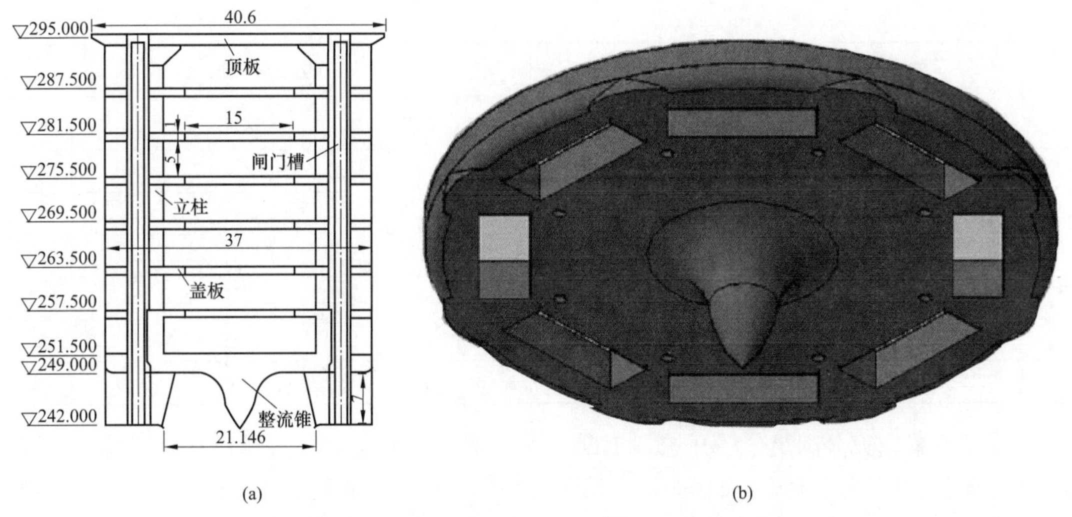

图 18-5-19 溧阳电站上水库进/出水口塔体结构和整流锥三维图

(a) 进/出水口塔体结构；(b) 整流锥三维图

（三）地下厂房系统施工

地下厂房系统施工一般是抽水蓄能电站的施工关键线路，包括厂房开挖、混凝土浇筑、水泵水轮机及发电机组的安装、调试等。

1. 地下厂房开挖

抽水蓄能电站地下厂房开挖，首先应研究确定合理的开挖程序和分层。根据洞室的地质条件、洞室的规模及施工通道、施工设备和工期要求等因素合理确定开挖程序。应从保证围岩稳定、方便施工、充分发挥施工设备能力和满足工期要求出发，研究确定开挖分层。分层高度一般在 3～10m 范围，其中顶拱层开挖高度应根据开挖后底部不妨碍吊顶牛腿的锚杆施工和不影响多臂钻最佳效率发挥而确定。第 2 层一般为岩锚吊车梁所处部位，层高应考虑岩锚的造孔和安装、吊车梁混凝土浇筑以及下层开挖爆破对吊车梁的影响，一般在吊车梁底以下不小于 2.0m 较合适。国内部分抽水蓄能电站地下厂房的开挖分层特性见表 18-5-6。

表 18-5-6　　国内部分抽水蓄能电站地下厂房开挖分层特性

工程项目	主厂房尺寸（长×宽×高）（m×m×m）	开挖量（万 m³）	开挖分层（层）	分层层高（m）								
				1层	2层	3层	4层	5层	6层	7层	8层	9层
广蓄一期	146.5×21.0×45.6	12.27	6	9.56	7.5	4.33	5.69	9.38	9.14			
十三陵	145.0×23.0×46.6	12.91	7	10.5	3.4	10.0	8.0	5.0	6.0	3.7		
天荒坪	200.7×21.0×47.73	17.0	6	8.5	7.0	7.56	7.87	10.0	6.8			
泰安	180.0×24.5×53.675	21.0	6	9.775	9.0	7.5	7.0	12.8	7.6			
桐柏	182.7×24.5×55.5	22.9	7	9.75	8.8	6.9	7.0	8.4	5.95	9.15		
琅琊山	156.66×21.5×46.17	12.56	6	7.97	7.97	4.73	8.6	8.7	8.2			
宜兴	163.5×22.0×50.2	16.3	7	9.2	7.6	8.1	5.9	6.8	5.8	6.8		
张河湾	151.1×23.7×49.15	14.8	7	8.2	8.4	6.1	6.6	6.0	5.0	8.85		
西龙池	149.3×21.75×49.0	12.83	7	8.55	8.0	6.95	6.0	6.5	6.0	7.0		
宝泉	147.0×21.5×47.275	12.22	7	7.0	8.0	6.925	6.1	5.9	7.5	5.85		
溧阳	219.9×23.5×55.3	23.9	8	7.75	6.2	5.0	7.5	7.0	7.5	6.5	7.85	
深圳	164.0×25.0×52.5	18.9	6	8.5	8.7	7.5	6.4	10.0	11.4			
呼和浩特	152×23.5×50	14.83	7	10	8	6	6.6	6.9	6.5	6		
清远	69.5×25.5×55.7	17.69	8	9.5	11.2	4.05	8.0	8.0	4.35	5.6	5.0	
绩溪	210.0×24.5×53.4	26.38	7	10.1	7.9	6.4	7.5	6.7	6.0	8.8		

续表

工程项目		主厂房尺寸（长×宽×高）(m×m×m)	开挖量（万 m^3）	开挖分层（层）	分层层高（m）								
					1层	2层	3层	4层	5层	6层	7层	8层	9层
敦化		164×26.5×53.5	17.87	7	10.2	7.8	7	6.3	8	7.7	6.5		
长龙山		232.2×24.5×55.1	30.1	7	10.3	4.0	7.5	7.0	7.5	9.5	9.3		
丰宁	一期	414.0×25.0×55	24.01	8	10.0	4.75	6.0	7.0	6.0	6.0	7.0	8.25	
	二期		22.96	9	10.0	4.0	5.7	8.0	8.8	4	4	4	6.5
沂蒙		173.0×25.5×53.5	20.04	9	7.0	5.4	5.3	6	6	6	6	5.3	6.5
清原		222.5×26×55.3	26.5	8	10.5	3.45	6.55	8.4	6	6	6.9	7.5	

施工通道的设置应充分满足分层开挖和工期要求。施工通道包括永久通道和临时施工支洞。可利用的永久道路通常有厂顶通风洞，可作为厂房第1层和第2层开挖的施工通道；厂房交通洞可作为厂房第3层和第4层的施工通道。5层及以下各层可分别通过高压管道下平段、尾水洞等永久洞及另设的临时通道进入。为了缩短工期，各层开挖可设双通道；如地质条件允许，确有必要时，可采取“平面多工序、立体多层次”的施工方案。厂房中、下部施工时，利用施工支洞开挖尾水管，并提前进入厂房底层开挖。以第4层为例，“平面多工序”指：厂房开挖与母线洞开口平行作业；母线洞开挖与厂房高边墙喷锚支护平行作业；母线洞支护与副厂房清基浇混凝土平行作业等。“立体多层次”指：岩锚吊车梁轨道安装与第5层开挖立体作业；母线洞喷锚时在第4层下方掏出第5层平洞立体作业；母线洞喷锚时，爆通第5层顶拱岩板拉出先导槽，提前进行第5层开挖立体作业；第6层同时以尾水管进入厂房开挖立体作业。由于立体作业对厂房边墙稳定不利，工程实际施工中很少采用。

岩壁（台）吊车梁层（通常为第2层）开挖是高边墙大跨度地下洞室开挖的关键部位之一，其中最重要的是保证岩壁梁的开挖成形和减少下层开挖爆破对岩壁吊车梁的振动影响。通常采取以下一些综合措施：如采用预留保护层开挖，即中间岩体预裂拉槽超前、两侧保护层跟进。保护层的厚度以中间岩体爆破时产生的松动范围不超过保护层为原则，一般为2.5～5m。中间岩体采用潜孔钻垂直钻孔，分段爆破，保护层开挖采取凿岩台车水平造孔爆破。在进行岩壁（台）开挖前，先进行岩台斜面上部边墙、下一层边墙及中部主爆区与保护层间的预裂。岩台开挖采用小孔距、小孔径、密钻孔、均布装药等措施。

地下洞室群中，主厂房、主变压器室及尾闸室多数呈平行布置，且距离较近。主厂房的上、下游边墙常有大小不等的其他洞室穿越，尽可能先开挖与主厂房相交的“小洞室”，如先开挖母线洞、再下挖主厂房相应部位的边墙，即“先洞后墙”的开挖方法。对平行洞室，如多条母线洞的开挖，应隔条开挖、前后错开，不宜齐头并进。

地下厂房系统高边墙、大跨度洞室开挖，最关键的首先是顶拱层的开挖。顶拱层的开挖决定于围岩的地质条件和洞室的跨度大小。当地质条件较好时，一般先开挖中导洞，然后两侧跟进扩大开挖，如广州、天荒坪、桐柏、泰安、琅琊山、张河湾抽水蓄能电站等工程。当地质条件较差时，有的工程采用两侧导洞先掘进，并随即进行初期支护，中间岩柱起支撑作用，然后再进行中间预留岩柱的开挖与支护，如十三陵、宜兴抽水蓄能电站等工程。但也有工程，如西龙池抽水蓄能电站厂房顶部围岩为近似水平的薄层灰岩，稳定条件很差。采取了先开挖厂房顶拱以上约30m处的锚洞，再开挖厂房顶拱中间导洞，随即进行对穿锚索支护，再两侧扩挖跟进的施工方法，也取得了成功。

2. 地下洞室TBM施工

从2019年开始，为实现地下洞室快速化、机械化、智能化施工要求，有关项目的建设单位、设计及厂家共同协作，陆续开展了抽水蓄能电站排水廊道、自流排水洞、交通洞及通风安全洞、排风竖井及引水斜井等方面的TBM工法研究及应用，先后研制出一系列应用于抽水蓄能建设领域的TBM产品，填补了国产TBM在抽水蓄能行业应用的空白。

（1）大断面、小转弯半径TBM在抚宁抽水蓄能电站交通洞和通风洞首次试点应用。抚宁抽水蓄能电站交通洞和通风洞采用TBM施工，为国内外首次试点应用。根据厂房地质围岩特性和已有工程经验，选用直径为9.53m敞开式TBM，刀盘直径为9.53m，水平最小转弯半径为90m，为了充分发挥TBM施工长洞室的优势和满足转弯半径要求，对交通洞、通风洞的洞室布置、洞径进行了适当调整。采用TBM施工时，统一交通洞、地下厂房中导洞、通风洞开挖断面尺寸，开挖直径9.5m的圆形，调整后隧洞总长度为2228.547m（其中交通洞长度为871.537m，厂房段长度为164m，通风洞长度为1193.01m），隧洞最小转弯半径为90m，最大纵坡为9%。抚宁TBM设备主要参数见表18-5-7。

表18-5-7　抚宁TBM设备主要参数表

整机总长	约85m	总重	约1700t	装机功率	5201kW	最小转弯半径	90m
主机长度	约17m	开挖直径	9530mm	转速	0～3.4～6.48r/min	推进速度	80mm/min
最大推力	5557t	爬坡能力	±10%	主驱动功率	10×350kW	推进行程	1500mm

TBM设备在通风洞洞口组装调试，由通风洞洞口始发掘进，沿通风洞掘进，在通风洞末端进入厂房，沿厂房顶拱水平纵向穿越厂房，过厂房端墙28.96m后，开始以9.0%纵坡下降、直线掘进，然后以4%纵坡下降掘进，在桩号交0+689.302与交通洞相接，然后沿交通洞掘进，从交通洞出口处的接收洞掘出。抚宁交通洞和通风洞TBM施工布置示意图如图18-5-20所示。

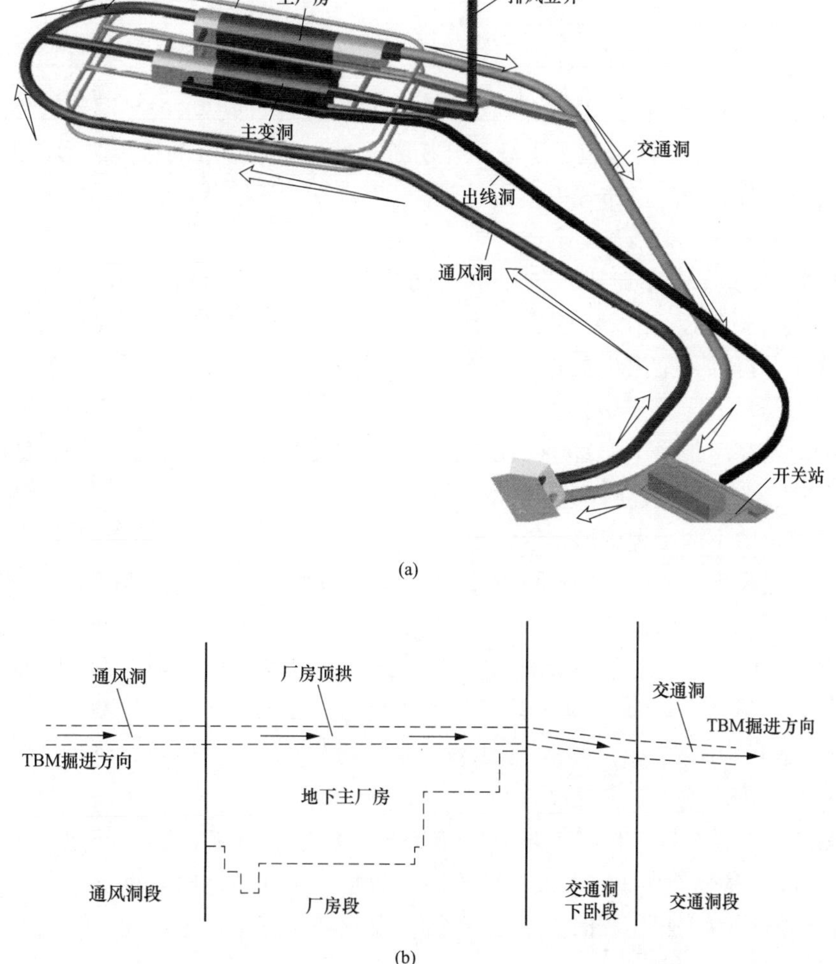

图18-5-20　抚宁交通洞和通风洞TBM施工布置示意图

（a）地下洞室群三维轴测图；（b）TBM掘进方向剖面图

抚宁抽水蓄能电站通风洞和交通洞TBM在洞外组装，于2021年10月29日从通风洞始发掘进，至2022年1月底，掘进620m，其中前2个月（11月、12月）为TBM试掘进，完成试掘进后，2022

年1月TBM施工月进尺为256m，2022年10月24日掘进完成，从交通洞出洞，洞外拆卸。日最高进尺达21.6m，月最高进尺达350m，TBM施工综合月进尺可达280～300m。“抚宁号”TBM为世界首台大直径超小转弯半径硬岩隧道掘进机，考虑设备局部缺陷的逐渐完善和施工人员熟练程度，掘进效率呈快速增长势态，为“钻爆法”的3～4倍，节约了关键线路工期。TBM开挖对岩石扰动及破坏影响极小，洞室岩壁非常平整，整体外观趋于镜面，显著提高了工程的本质安全和实体质量。采用TBM工作环境得到大幅改善，通风散烟效果较好，现场劳动人员少、强度大幅降低。

（2）TBM在文登抽水蓄能电站排水廊道首次应用。2016年开始依托文登抽水蓄能电站开展TBM在抽水蓄能电站应用专题研究，根据文登抽水蓄能电站工程实际进展情况，综合考虑投资、进度和试验风险等各方面因素，选定排水廊道进行TBM试验应用。要求TBM设备具有转弯半径30m，整机长度控制在40m以内，刀盘设计适用于Ⅱ～Ⅲ类围岩，直径控制在3.5m左右。经与国内几家TBM设备厂沟通，最终由中铁工程装备集团有限公司开展新设备研发与试验应用，并采用设备租赁的方式，2019年1月9日达成应用试验合作意向。2019年2月6日，起动TBM设备研发及制造；2019年9月10日，“文登号”TBM设备在洛阳正式下线，该设备是世界首台紧凑型超小转弯半径试验设备。“文登号”TBM设备主要参数见表18-5-8。

表18-5-8　“文登号”TBM设备主要参数表

整机总长	约37m	总重	约250t	装机功率	1452kW	最小转弯半径	30m
主机长度	约7m	开挖直径	3530mm	转速	0～8.2～15.8r/min	推进速度	120mm/min
最大推力	897t	爬坡能力	±5%	主驱动功率	3×300kW	推进行程	1000mm

1）引水中平洞钢管外排水廊道。文登高压管道上层排水廊道即引水中平洞钢管外排水廊道，原设计长度为1225m，π形布置于高压管道中平段，开挖断面为3m×3.5m的城门洞形，为了适应TBM施工，将原π形布置方案优化为环形布置方案，总长为927.8m，开挖断面直径为3.5m的圆形。文登高压管道上层排水廊道布置如图18-5-21所示。

2）地下厂房排水廊道。文登地下厂房中下两层排水廊道，将原设计分层布置方案优化调整为螺旋布置方案，总长为1445m，开挖断面直径为3.5m的圆形。TBM从交通洞与排水廊道相交处始发，最后从厂房集水井拆卸，吊出集水井。文登地下厂房中下两层排水廊道螺旋形布置图如图18-5-22所示。

文登抽水蓄能电站高压管道上层环形排水廊道长为927.8m，2019年10月13日始发掘进，2020年4月14日掘进完成，直线段最高日进尺为20.55m，曲线段最高日进尺为11.17m；然后转场到地下厂房螺旋形排水廊道，中下两层螺旋形排水廊道长度为1445m，2020年5月10日始发掘进，于9月30日掘进完成，最高月进尺为371m。文登TBM设备累计掘进为2309m，TBM施工过程中未发生卡机、安全事故，高压管道上层排水廊道综合日平均进尺为7.92m，地下厂房排水廊道综合平均进尺达10.3m。从围岩类别分析，在Ⅰ～Ⅱ类围岩中掘进日最高进尺为11.97m，日平均进尺为7.59m；在Ⅱ～Ⅲ类围岩中掘进日最高进尺为15.96m，日平均进尺为8.67m；在Ⅲ～Ⅳ类围岩中掘进日最高进尺为20.55m，日平均进尺为10.26m。TBM施工对岩石扰动及破坏影响极小，对Ⅳ类围岩及不良地质段的开挖影响小；在Ⅳ类围岩施工效率最高，日进尺超20m。

文登TBM掘进总长度为2309m，10段直线、10段转弯半径为30m的U形转弯段及1个转弯半径为50m的S形转弯段，克服了小曲线下设备转弯的灵活性、皮带机跑偏等难题，是我国首次将硬岩全断面隧道掘进机（TBM）工法引入抽水蓄能电站建设领域的工程。掘进期间达到了最高日进尺为20.55m，最高月进尺为371.226m。

（3）紧凑型超小转弯半径硬岩全断面隧道掘进机推广应用。紧凑型超小转弯半径TBM在文登试点应用成功后，取得非常好的示范效果，后来在浙江宁海、河南洛宁、湖南平江、浙江缙云、安徽桐城等抽水蓄能电站的排水廊道和自流排水洞等工程中得到推广应用，并在山西垣曲二期勘探平硐和浙江永嘉蓄能地质勘探中得到应用。

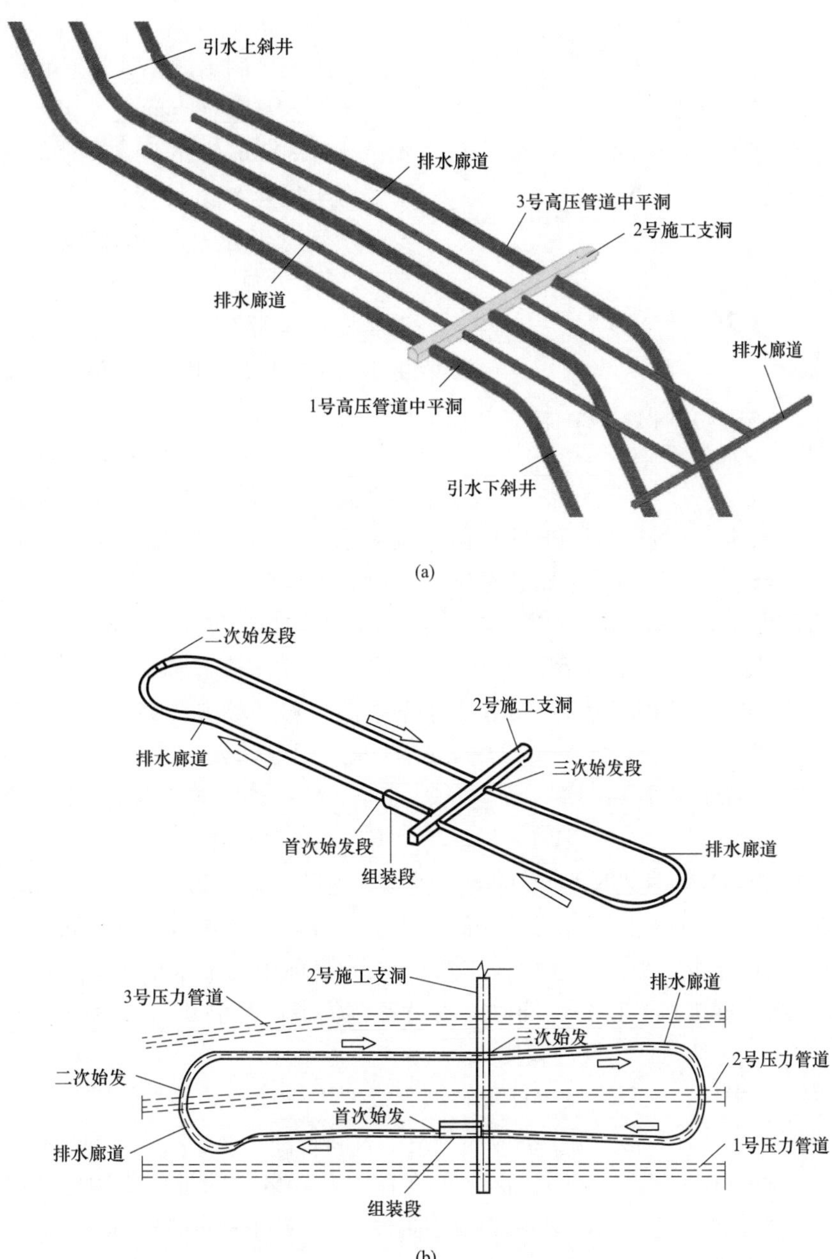

图 18-5-21 文登高压管道上层排水廊道布置图

（a）中平洞钢管外排水廊道 π 形布置图；（b）中平洞钢管外排水廊道环形布置图

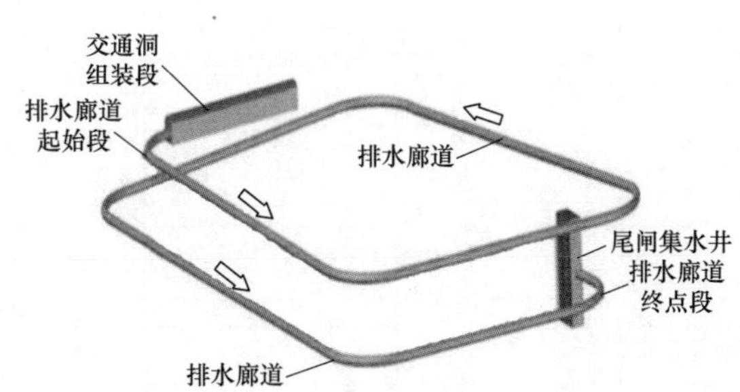

图 18-5-22 文登地下厂房中下两层排水廊道螺旋形布置图

1）宁海自流排水洞。宁海厂房自流排水洞长为 2850m，开挖洞径为 3.53m，使用从文登转场过来的 TBM，2021 年 2 月 1 日始发，2021 年 9 月 30 日掘进完成，最高日进尺为 25.345m，最高月进尺为 530.765m。

2）洛宁厂房排水廊道和自流排水洞。洛宁厂房螺旋形排水廊道长为 2605m，自流排水洞长为 2415m，开挖洞径为 3.53m，TBM 于 2021 年 6 月 6 日从通风洞处排水廊道开始降坡掘进，2022 年 8 月 4

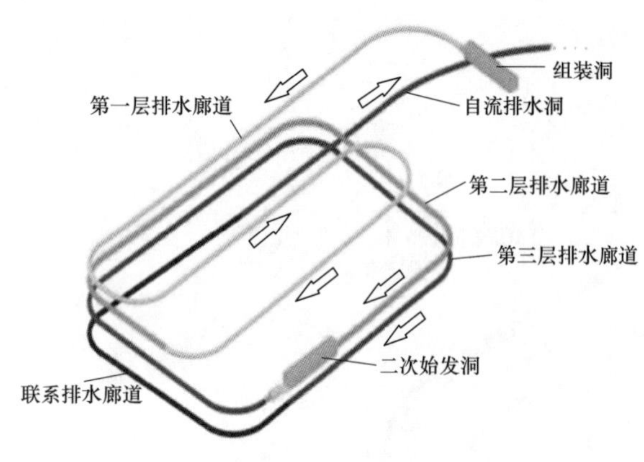

图 18-5-23 洛宁厂房排水廊道和自流排水洞布置示意图

日从自流排水洞口掘出，TBM 累计掘进为 5020m，先后克服无导洞始发、重载上坡、−4.5%连续下坡等关键技术与重难点问题，历经 6 个连续超小弯道掘进、近 3000m 的长距离出渣等重重考验，经过 14 个转弯半径为 30m 转弯、1 个转弯半径为 50m 转弯及 2 个转弯半径为 200m 转弯，最终实现全线精准贯通。TBM 施工最高日进尺为 37.037m，最高月进尺为 615.172m，平均月进尺为 391m。洛宁厂房排水廊道和自流排水洞布置示意图如图 18-5-23 所示。

3）平江自流排水洞和厂房排水廊道。平江自流排水洞长为 3887m，厂房排水廊道长为 5600m，开挖洞径为 3.63m，2021 年 10 月 29 日 TBM 从自流排水洞洞口顺坡始发掘进，2022 年 7 月 28 日自流排水洞掘进完成，接着继续进行厂房排水廊道掘进，上坡掘进螺旋形排水廊道，最终从通风洞掘出。自流排水洞最高日进尺为 30.72m，最高月进尺为 602.1m，平均月进尺为 467m。

4）缙云厂房排水廊道。缙云抽水蓄能电站将厂房螺旋形排水廊道和引水下平洞“W”形排水廊道结合布置，厂房螺旋形排水廊道长为 3078m，引水下平洞“W”形排水廊道长为 888m，TBM 总计掘进为 3958m，开挖洞径为 3.53m，2021 年 11 月 25 日通风洞处始发，2022 年 12 月 23 日完成，采用“迂回掘进”的方式，TBM 掘进共穿越 22 个弯道、21 条直线，空间坡度复杂，整体施工难度较大，首创“直线＋曲线无导洞始发”、突破 TBM“长距离后退”“偏载掘进”等技术难点。日均进尺为 22m，最高日进尺为 35.081m，最高月进尺为 660.5m，平均月进尺为 327.86m。

5）桐城自流排水洞。安徽桐城自流排水洞长为 6117m，开挖洞径为 3.53m，2022 年 2 月 22 日 TBM 从自流排水洞洞口始发，最高月进尺达 903m，成为目前国内抽水蓄能行业同级别首个月进尺突破 900m 的 TBM（硬岩掘进机）设备，同时，该设备还创造了最高班进尺为 33.8m、最高日进尺为 58.4m 的记录。2023 年 6 月 2 日，掘进完成。

抽水蓄能电站高速发展与工程建设智能化转型升级两大驱动力，将加快推进抽水蓄能电站智能建造发展进程，为 TBM 在抽水蓄能工程中的应用创造了有利条件。通过文登、宁海、洛宁、平江、缙云抽水蓄能电站排水廊道 TBM 实践，小断面 TBM 在抽水蓄能电站的推广应用已形成了较为广泛的共识，大断面 TBM 在抚宁的成功应用，必将在后续抽水蓄能电站中逐渐推广开来。目前国内部分抽水蓄能电站采用 TBM 实例统计见表 16-5-9。

表 16-5-9　国内部分抽水蓄能电站采用 TBM 实例统计

工程名称	使用部位	直径（m）	施工长度（m）	主要岩性	月/日最高进尺（m）	月平均进尺（m）	施工年份	TBM 型式
文登	高压管道上层排水廊道，厂房中、下层排水廊道	3.53	2307	石英二长岩及二长花岗岩	371.226/20.548	169.61	2019 年 9 月～2020 年 9 月	中铁装备敞开式
洛宁	排水廊道及自流排水洞	3.53	5020.775	斑状花岗岩	615.172/37.037	391	2021 年 6 月～2022 年 8 月	中铁装备敞开式 T
	高压管道斜井	7.23	927＋873		—	—	2022 年 8 月出厂	
抚宁	通风洞＋厂房首层导洞＋交通洞	9.53	2226.7	混合花岗岩、钾长花岗岩、片麻岩	350/21.6	—	2021 年 10 月 29 日～2022 年 10 月 24 日	中铁装备敞开式
宁海	自流排水洞	3.53	2850	凝灰岩、流纹岩	530.765/25.345	356.25	2021 年 2 月 1 日～9 月 30 日	中铁装备敞开式
	排风竖井	7.83	198		—/4.83	22	2021 年 4 月 6 日～2021 年 12 月 28 日	SBM 竖井掘进机

续表

工程名称	使用部位	直径(m)	施工长度(m)	主要岩性	月/日最高进尺(m)	月平均进尺(m)	施工年份	TBM型式
缙云	排水廊道	3.53	3958	钾长花岗岩	660.5/35.081	340	2021年11月25日～2022年12月23日	中铁装备敞开式
平江	自流排水洞	3.63	3887.3	花岗岩、花岗片麻岩	602.1/30.72	467	2021年10月29日～2022年7月	铁建重工敞开式
	排水廊道	3.63	5800		—	—	2022年8月～	
桐城	自流排水洞	3.53	6117	二长片麻岩、闪长岩	903/58.4	—	2022年2月22日～2023年6月2日	中铁工服敞开式
垣曲二期	勘察平洞	3.63	1450	石英砂岩	31.06	—	2022年4月10日始发	铁建重工敞开式
永嘉	地质勘探工程	3.53	2898	—	—	—	2022年7月始发	中铁装备敞开式

为推广TBM技术在抽水蓄能电站工程中的应用，一是工程设计在隧洞布置和断面尺寸上应开展标准化设计，为TBM施工创造条件；二是TBM设备应适应抽水蓄能电站特点，进行模块化设计，满足拆装便捷，转场运输方便的要求，实现多个抽水蓄能电站隧洞群连打；三是TBM设备可实现在一定的范围内的变径；四是TBM设备可实现长距离的后退。

3. 厂房混凝土施工

地下厂房开挖支护完成后，即可进行混凝土浇筑。混凝土可采用6m³混凝土搅拌运输车运输，厂房内临时施工桥式起重机或大桥式起重机吊运混凝土入仓，部分混凝土也可采用混凝土泵泵送入仓或由母线洞转溜槽入仓。近期抽水蓄能电站厂房混凝土主要采用胶带机、布料机或混凝土泵入仓。抽水蓄能电站蜗壳外包混凝土一般采用蜗壳保压浇筑，混凝土浇筑应分层、分块、对称进行。上升速度一般不应超过0.3m/h，每层浇筑高度一般不应大于2.5m。

蜗壳打压采用闷头和筒环进行封堵，高压水泵进行加压，如图18-5-24所示。

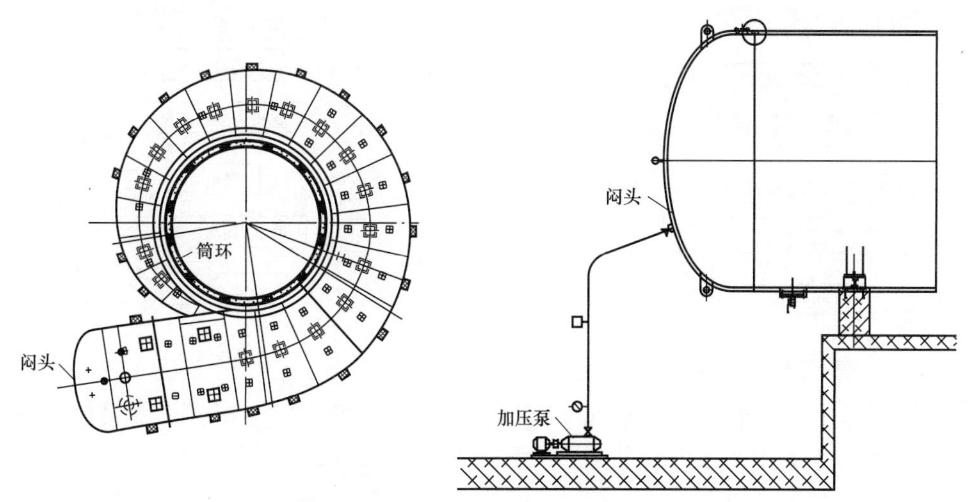

图18-5-24 蜗壳打压示意图

4. 机电设备安装

水泵水轮发电机组安装主要包括尾水管里衬安装、水泵水轮机埋件部分安装、水泵水轮机及其附属设备安装、发电机及其附属设备安装、机组调试及试运行。

利用厂房桥式起重机进行机电设备吊装，安装工程与土建混凝土及建筑物装修施工存在大量交叉、平行作业，内部也存在多工种、多工序间的交叉、平行、流水作业，应与土建施工协调好施工程序，综合平衡，合理安排安装进度，缩短安装直线工期。机组设备应在安装场进行大件预组装并编号，按顺序吊入机坑进行总装，以缩短工期。

水泵水轮机安装主要包括埋件安装、水泵水轮机预装、水泵水轮机总装三个阶段。水泵水轮机安装工艺流程如图 18-5-25 所示。

发电电动机及其附属设备安装包括现场定子叠片、下线安装、转子装配、上机架及上导轴承装配、下机架及推力轴承装配、下导轴承装配、定子和下机架基础板及基础螺栓安装，空气冷却器及通风冷却系统、机械制动装置、灭火装置、自动化元件及阀门、管路、管件等安装。

定子可在安装场也可在机坑内叠片、下线。如在安装场组装，采用整体吊装应有定子整体吊装及防止吊装变形的技术措施；如在机坑内组装定子，必须考虑中心测圆架的固定方式、与水泵水轮机导水机构预装的施工干扰问题。装配场地的清洁度、温度、湿度等应满足相关规程规范的要求。

发电电动机安装工艺流程如图 18-5-26 所示。

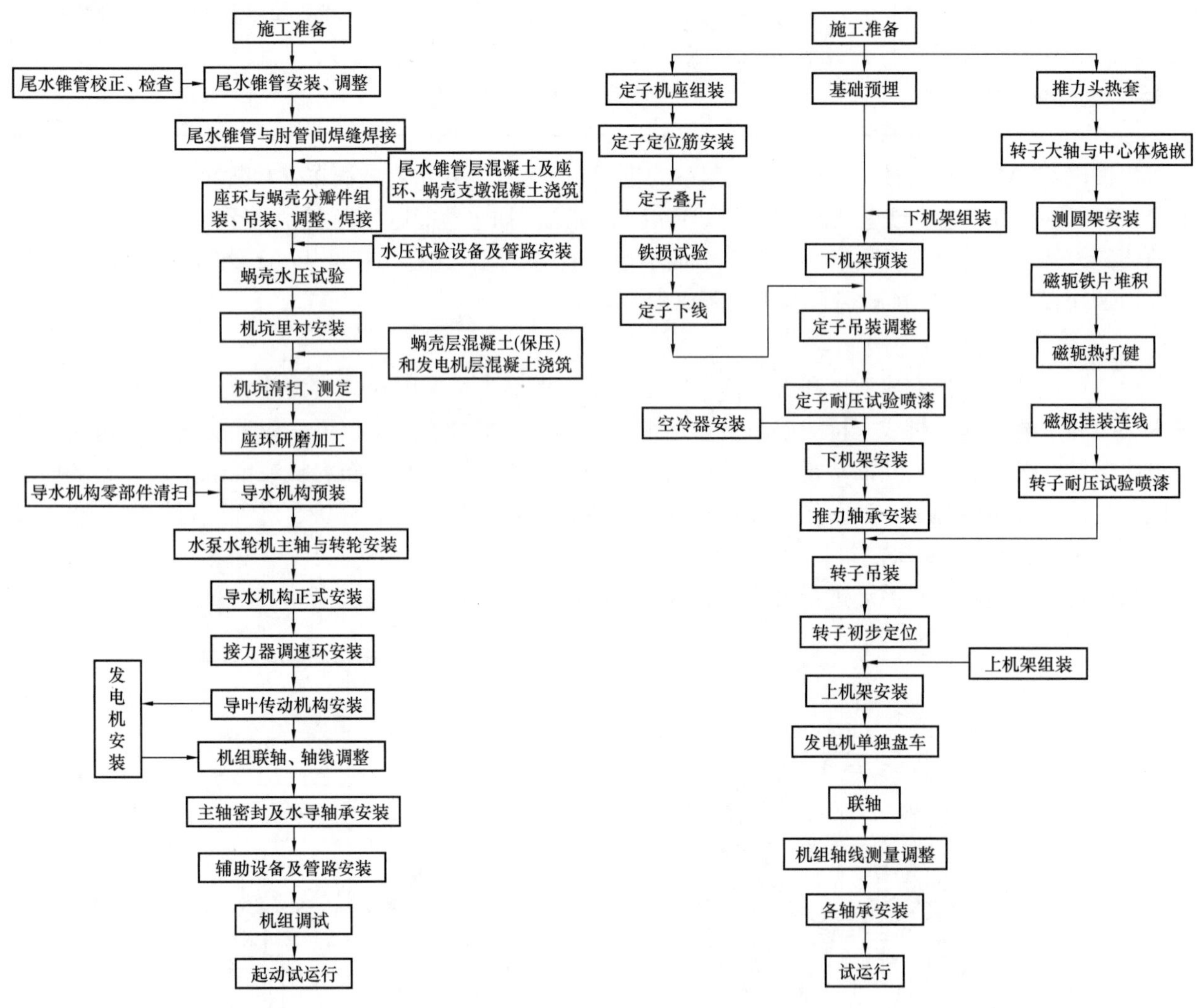

图 18-5-25　水泵水轮机安装工艺流程图　　　图 18-5-26　发电电动机安装工艺流程图

第六节　施工总进度与工期

一、概述

（一）工程建设周期

按照 NB/T 10491—2021《水电工程施工组织设计规范》和 NB/T 10072—2018《抽水蓄能电站设计规范》相关规定，目前国内抽水蓄能电站工程建设周期划分与常规水电工程基本相同，主要分为：工程筹建期、工程准备期、主体工程施工期、工程完建期四个阶段。工程总工期为后三项工期之和，不含工程筹建期。根据需要，有些工程准备期和主体工程施工期的工程建设项目可同时进行。各建设阶段施工时段划分与主要任务见表 18-6-1。

表 18-6-1　　抽水蓄能电站各建设期施工时段划分与主要任务

建设阶段	时段划分	主要任务
工程筹建期	工程批准立项后至场外筹建工程结束、场内准备工程开始时止	由业主委托的建设单位组建工程筹建机构，负责征地移民，选择监理单位，以及招标、评标、签订相关的施工合同，争取提前开展施工对外交通、供水、供电、通信工程，为承建单位进场开工创造条件，具备条件的同时开展通风洞、交通洞施工
工程准备期	开始场内准备工程之日起至主体工程开始施工时止	继续进行厂顶通风洞、进场交通洞施工，建设其他施工支洞、导流工程，进行场内交通、供水、供电、通信、施工工厂、临时房屋、其他临时施工设施的建设及场地平整，并做好第一批主体工程招标工作，为主体工程开工创造条件
主体工程施工期	从主体工程（厂房、大坝或引水道）开始施工之日起至工程开始投产时止	建设主体工程至第一台机组开始投产
完建期	工程开始投产起至工程全部竣工时止	主体工程全部完建、工程全部投产

有些抽水蓄能电站前期建设条件较好，也可以不划分出工程筹建期及工程准备期，直接进入工程准备期建设，如分两期开发的抽水蓄能电站的二期工程建设等。

（二）工程建设周期发展趋势

目前抽水蓄能电站建设均采用以项目法人责任制为中心，以建设监理制和招标承包制相配套的建设管理模式。对参与建设各方全面实施合同管理，建设过程中广泛采用新技术和新工艺，取得了建设周期短、质量好、环境美的良好成果。

抽水蓄能电站与常规水电站相比，具有地形高差大、土建工作量较少、水库淹没及征地移民与综合利用矛盾少等特点。同时，水库开挖料筑坝、地下厂房轻型支护、岩壁吊车梁、长斜（竖）井反井钻机及定向钻机＋反井钻机法施工导井、滑模施工等先进技术的推广和应用，加快了抽水蓄能电站工程建设速度，缩短了工程建设周期。国内大中型抽水蓄能电站工程建设速度显著加快，一般从厂房顶拱开挖到首台机组发电工期控制在4～5年时间，与国外同规模工程建设周期基本相近。

二、筹建及准备期工程的施工进度与工期

抽水蓄能电站与常规水电站相比，具有土建工作量小、前期筹建准备项目工程规模较小和周期短等特点。因此，工程筹建、准备期界限往往不太清晰，通常结合在一起统筹考虑，整个前期筹建及准备期工作一般安排1～2年时间，准备期一般安排6个月。

在筹建及准备期一般要完成对外交通、供水、施工用电、通信、征地、移民以及招标、场地平整、场内交通、厂顶通风洞、进场交通洞、施工支洞、导流工程、临时房建和施工工厂等前期项目建设，以便为主体工程施工创造条件。对利用已有水库作为上水库、下水库改扩建的抽水蓄能电站，前期工程建设及施工条件较好的，也可以不设工程筹建期，直接安排准备期项目建设。

在工程建设中，因地下厂房系统施工工艺复杂、制约条件多等，常常成为控制工程施工工期的关键线路。因此，为地下厂房工程施工提供交通条件的厂顶永久通风洞、进厂交通洞及其他控制主体施工进度的前期项目，就成为控制筹建准备期的关键施工项目，应重点分析，统筹合理安排。

国内部分已建和在建抽水蓄能电站的筹建及准备工程的施工工期见表18-6-2。

表 18-6-2　　国内部分已建和在建抽水蓄能电站的筹建及准备工程的施工工期

工程项目	筹建期工期（月）	准备期工期（月）	阶段	工程项目	筹建期工期（月）	准备期工期（月）	阶段
十三陵	24	12	已建	丰宁二期	12	9	在建
泰安		12	已建	句容	16	3	在建
琅琊山	12	12	已建	清原	24	10	在建
张河湾	12	6	已建	易县	24	6	在建
西龙池	18	12	已建	抚宁	24	10	在建
白莲河	12	12	已建	潍坊	24	4	在建
宝泉		12	已建	尚义	24	6	在建
呼和浩特	12	12	已建	尚志	18	4	在建
敦化	18	8	已建	浑源	18	8	在建
丰宁一期	18	12	在建	乌海	18	6	在建

三、上水库、下水库工程施工进度与工期

（一）上水库、下水库开挖与坝体填筑

选择在江河上新建上水库、下水库的工程，其施工控制工期即为拦河坝的建设工期。不依托江河而建设的抽水蓄能电站上水库、下水库，建设工期为水库库盆开挖、坝体填筑、坝体填筑沉降期及防渗工程施工工期之和，沉降期一般安排4～6个月。水库开挖与坝体填筑工期主要考虑满足水库充水试验及蓄水要求进行安排。

1. 开挖工期

一般根据开挖深度、开挖工作面尺寸、工程量和拟定的开挖出渣方法，以及土石方挖填平衡调配要求，估算可能达到的开挖强度，并参考已建工程的开挖强度指标，确定开挖工期。

开挖工期受工程施工条件、工程规模、渣料挖填调配方式、工期要求及施工设备配置影响较大，抽水蓄能电站上水库、下水库一般为非关键线路的项目，上水库、下水库开挖工程量一般较少，近几年随着抽水蓄能电站建设发展，上水库、下水库开挖工程量也有达到千万方级的，如江苏溧阳、江苏句容、山东潍坊，工期安排需结合道路交通、料源开采运输、坝体填筑强度综合考虑，一般安排1～5年的时间。国内部分已建或在建抽水蓄能电站库盆开挖强度及工期见表18-6-3。

表18-6-3　　国内部分已建或在建抽水蓄能电站库盆开挖强度及工期

项目	土石方开挖量（万 m^3）	施工工期（月）	平均/高峰施工强度（m^3/月）
十三陵上水库	496	29	17/37.8
泰安上水库	541.78	31	17.48（平均）
张河湾上水库	965	25	38.6/81.75
西龙池上水库	526.91	21	25/45
西龙池下水库	487.77	27	19/40
溧阳下水库	2105	33	63.8/—
丰宁上水库	548.2	32	17.1/35
句容上水库	2184	53	41.2/120
清原上水库	353.91	15	25.03/30.00
易县上水库	865.55	26	33.29/42.76
抚宁上水库	384.03	23	16.7/
潍坊上水库	1503	44	34/52.5
尚义上水库	704	20	35.2/45
尚志上水库	506.04	18	28.11/39.37
浑源上水库	653.2	16	40.83/49.94
乌海上水库	409.87	17	24.11/28.75

2. 填筑工期

坝体及库盆填筑工期安排与开挖施工同样受工程施工条件、工程规模、料源、采运条件及施工设备配置等因素影响和制约，一般为非关键线路的项目，工期安排1～4年的时间。填筑工期安排中，通常与开挖工期平行交叉安排，以提高库盆开挖料直接上坝率。国内部分已建或在建抽水蓄能电站坝体填筑工期及施工强度见表18-6-4。

表18-6-4　　国内部分已建或在建抽水蓄能电站坝体填筑工期及施工强度

项目	坝体填筑工程量（万 m^3）	施工工期（月）	平均/高峰施工强度（m^3/月）
十三陵上水库坝	275	18	15.27/28.28
广州上水库坝	90.7	16	5.67/
泰安上水库坝	387.1	20	19.3/35
琅琊山上水库坝	114.2	15	7.61/

续表

项目	坝体填筑工程量（万 m^3）	施工工期（月）	平均/高峰施工强度（m^3/月）
张河湾上水库坝	345	20	17.3/33.89
西龙池上水库主坝	112.63	9	12.51/20
西龙池下水库坝	872.02	28	31/55
白莲河上水库主坝	86.48	12.5	6.92/19.89
溧阳上水库	1560	32	48.8/
敦化上水库大坝	148.9	11	13.5/
敦化下水库大坝	174.3	16	10.9/
丰宁上水库	444.32	19	23.4/42
句容上水库	2724	49	55.6/170
清原上水库	262.5	11	23.91/32.00
易县上水库	560.42	20	28.02/37.37
抚宁上水库	315.19	17	18.54/
潍坊上水库	1366	44	31/58
尚义上水库	398.4	20	19.7/22
尚志上水库	438.17	16	27.39/36.79
浑源上水库	367.5	14	26.25/32.97
乌海上水库	237.56	13	18.84/25.65

（二）库盆防渗工程施工工期

抽水蓄能电站上水库、下水库防渗主要有坝体坝基防渗和库盆防渗两种型式。坝体坝基防渗帷幕灌浆通常在廊道内或趾板上施工，不占用直线工期，一般安排在水库蓄水前完成帷幕施工和验收。

国内外已建抽水蓄能电站库盆防渗，主要采用沥青混凝土面板、钢筋混凝土面板或几种防渗材料综合防渗等型式。其施工需占用水库建设直线工期，工期安排需按蓄水时间要求，与库盆开挖及坝体填筑施工和库盆初期蓄水要求统筹考虑。

1. 沥青混凝土防渗面板施工工期

国内抽水蓄能电站采用全库盆沥青混凝土防渗的工程，有天荒坪上水库、张河湾上水库、西龙池上水库、呼和浩特上水库、沂蒙上水库、句容下水库等。沥青混凝土防渗面板施工具有摊铺量大、施工技术水平要求高及施工受气象条件影响大、年有效施工时间短等特点。地处南方的抽水蓄能电站沥青混凝土防渗工程，工期安排中要充分考虑雨季停工的影响；地处北方的沥青混凝土防渗工程，工期安排中要充分考虑雨季及冬季停工的影响。

一般沥青混凝土防渗面板的曲面摊铺面积要占整个斜面沥青混凝土摊铺总量的40%～50%，存在曲面与斜面、曲面与曲面、与混凝土建筑物相连接等多道工艺，每一施工环节都占用直线工期，因此，在工期安排上要留有余地。

国内部分已建或在建抽水蓄能电站库盆沥青混凝土防渗面板工程见表18-6-5。

表18-6-5　国内部分已建或在建抽水蓄能电站库盆沥青混凝土防渗面板工程

项目	主要工程量	工期及强度
西龙池上水库	采用全库盆沥青混凝土面板防渗型式，总面积约21.57万 m^2，其中库岸及坝坡约11.39万 m^2，库底约10.18万 m^2	沥青混凝土总方量约4.6万 m^3，沥青混凝土日平均摊铺强度380m^3/日，库底整平胶结层日最大摊铺强度为6000m^2，斜坡整平胶结层摊铺，平均日强度约1900m^2，月平均摊铺4.79万 m^2；2006年7月开始摊铺，2006年11月中旬完成
张河湾上水库	采用全库盆沥青混凝土面板防渗，库坡防渗面积约20万 m^2，库底防渗面积约13.7万 m^2，总防渗面积约33.7万 m^2	沥青混凝土防渗面板日平均摊铺强度460m^3，日高峰摊铺强度690m^3，库底整平胶结层日最大摊铺强度为6000m^2，月平均摊铺3.74万 m^2；2006年3月开始摊铺，2006年12月5日完成
天荒坪上水库	采用沥青混凝土面板防渗总面积28.8万 m^2	沥青混凝土防渗总方量5.66万 m^3，实际摊铺施工工作日179d，日平均摊铺强度为320m^3（750t/d）

续表

项目	主要工程量	工期及强度
呼和浩特上水库	采用全库盆采用沥青混凝土面板防渗，面板坡度为 1∶1.75，防渗总面积为 24.48 万 m^2，其中库底防渗面积为 10.11 万 m^2，库岸防渗面积为 14.37 万 m^2	2012 年 7 月 21 日库底整平层摊铺开工，2013 年 6 月 19 日完成。 2012 年 8 月 17 日库底防渗层摊铺开工，2013 年 6 月 19 日完成。 2013 年 5 月 5 日库底封闭层摊铺开工，2013 年 6 月 28 日完成。 2012 年 8 月 6 日库坡整平层摊铺开工，2013 年 7 月 1 日完成。 2012 年 9 月 10 库坡防渗层摊铺开工，2013 年 7 月 17 日完成。 2013 年 6 月 15 日库坡封闭层摊铺开工，2013 年 8 月 1 日完成。 冬季 11 月至次年 3 月停工
沂蒙上水库	采用全库盆采用沥青混凝土面板防渗，面板坡度为 1∶1.7，防渗总面积为 32.2 万 m^2，其中库底防渗面积为 18.0 万 m^2，库岸防渗面积为 14.2 万 m^2	沥青混凝土总方量约 6.7 万 m^3，施工工期 6 个月
句容下水库	沥青混凝土总量约为 9.12 万 m^3	下水库沥青混凝土月铺筑强度为 0.4 万 m^3，上水库沥青混凝土月铺筑强度为 0.9 万 m^3，配套的沥青混凝土生产系统实际生产强度为 120t/h

2. 混凝土防渗面板施工工期

国内抽水蓄能电站全库盆采用钢筋混凝土面板防渗型式的有十三陵和宜兴上水库。与沥青混凝土防渗面板施工相比，钢筋混凝土面板具有施工技术较成熟、施工受气象条件影响小等特点。国内抽水蓄能电站库盆钢筋混凝土防渗面板工程见表 18-6-6。

表 18-6-6　　国内抽水蓄能电站库盆钢筋混凝土防渗面板工程

项目	主要工程量	工期及强度
十三陵上水库	采用全库盆钢筋混凝土防渗面板型式，总面积 17.4 万 m^2	面板采用无轨滑模施工，滑模平均滑升速度为 1～1.5m/h，每套滑模月平均施工强度为 5000m^2·套，面板混凝土月浇筑最大强度 2.81 万 m^2，施工历时 15 个月
宜兴上水库	采用全库盆钢筋混凝土防渗面板型式，钢筋混凝土护面总面积约 18.07 万 m^2（包括主坝 3.58 万 m^2）	库盆及主坝面板混凝土 2006 年 10 月 3 日开始施工，2007 年 5 月底完成

3. 综合防渗工程施工工期

为适应工程地形、地质和建筑材料等特点，有些工程库盆防渗因地制宜地采用了综合防渗型式，如琅琊山电站上水库防渗设施主要包括溶洞封堵、库岸帷幕、混凝土副坝、坝体混凝土面板及坝基帷幕防渗等；泰安抽水蓄能电站上水库防渗设施包括库岸混凝土面板、库底土工膜、坝体混凝土面板及坝基帷幕防渗等；西龙池抽水蓄能电站下水库采用沥青混凝土与混凝土面板综合防渗，宝泉抽水蓄能电站上水库采用沥青混凝土与黏土铺盖综合防渗。综合防渗设施施工程序较为复杂，施工进度一般较单一防渗型式的施工工期略长。国内部分抽水蓄能电站库盆综合防渗工程见表 18-6-7。

表 18-6-7　　国内部分抽水蓄能电站库盆综合防渗工程

项目	主要工程量、工期及强度
琅琊山上水库	防渗面板面积为 3.1 万 m^2，采用滑模施工，施工历时 2.5 个月，平均施工强度为 1.24 万 m^2/月
	库岸及库盆溶洞封堵施工与库盆开挖及帷幕灌浆施工同步
	库盆及主、副坝基帷幕灌浆 13.66 万 m，施工历时 27 个月，平均施工强度为 5058m/月
	混凝土副坝浇筑方量为 3.29 万 m^3，施工历时 9 个月，平均施工强度为 0.38 万 m^3/月
泰安上水库	坝体面板混凝土 9371m^3，施工历时 2 个月，平均施工强度为 4686 万 m^3/月。库岸面板混凝土 16071m^3，施工历时 7 个月，平均施工强度为 8036 万 m^3/月
	库底 16.08 万 m^2 土工膜防渗层施工，由 2004 年 11 月 11 日开始，施工历时 3 个月（冬季停工 1 个月），平均施工强度约为 8.04 万 m^2/月
	库内锁边帷幕灌浆 4.29 万 m，施工历时 14.5 个月（冬季停工 2 个月），平均施工强度约为 3432m/月
西龙池下水库	总防渗面积约 17.73 万 m^2。其中沥青混凝土防渗面板约 10.88 万 m^2，总方量为 2.45 万 m^3，其余为钢筋混凝土面板
	沥青混凝土日平均摊铺强度约 1000m^2，月平均摊铺强度 2.42 万 m^2，2007 年 7 月开始摊铺，2007 年 11 月 17 日完成
	库岸混凝土面板防渗总面积为 6.85 万 m^2，混凝土总量 58386m^3，其中无砂混凝土垫层 29878m^3，防渗面板混凝土 28508m^3，岸坡混凝土面板 114 块，进出水口顶部水平面板 21 块；采用 6 套无轨滑膜系统同时施工，单块平均滑升速度 1.0～1.5m/h、小时浇筑 3～5m^3；2006 年 4 月开工，2007 年 11 月 2 日完成，冬季停工 5 个月

续表

项目	主要工程量、工期及强度
宝泉上水库	采用全库盆沥青混凝土与黏土铺盖综合防渗型式，其中简式沥青混凝土防渗面板约 16.6 万 m^2，月平均摊铺 1.84 万 m^2，日最高摊铺 1000t，月最高摊铺 1.4 万 t；2007 年 3 月开工，2007 年 11 月完成
溧阳上水库	上水库库盆库周采用钢筋混凝土面板防渗，库底采用土工膜防渗，防渗总面积约 43 万 m^2，其中库周 18 万 m^2，库底 25m^2
	库周钢筋混凝土面板防渗总面积约 18 万 m^2，其中：大坝面板总面积约 8 万 m^2，面板共分 94 块，最大板块斜长 75.2m；上水库库岸和两座副坝的面板面积 10 万 m^2，1 号副坝面板 31 块，2 号副坝面板 20 块，库岸面板 92 块，合计 143 块，斜坡最大长度为 93m，采用滑模施工，面板施工时间为 2013 年 11 月 5 日至 2015 年 8 月 19 日
	库底高挖低填整平后表面采用厚 1.5mm、幅宽 8m 的 HDPE 土工膜防渗，库底防渗总面积约 25 万 m^2，库底土工膜施工时间为 2013 年 7 月 13 日至 2015 年 11 月 3 日

（三）混凝土坝工程

少数抽水蓄能电站上水库、下水库采用混凝土坝，坝体高度及工程规模相对较小，其施工工期与常规水电站相同。坝高 100m 左右的常规碾压混凝土重力坝，建设工期一般为 2.5～3.5 年。

四、厂房工程施工进度与工期

国内大中型抽水蓄能电站发电厂房主要采用地下或半地下（竖井）式。厂房土建工程一般是控制发电工期的关键项目，对发电工期起控制作用。

（一）地下厂房

国内外抽水蓄能电站的发电厂房主要选择地下布置方式。与地面厂房比较，地下工程开挖工程量相对略大。地下厂房施工与地质条件、厂房设计尺寸、承包商施工经验等关系密切，而且施工条件相对较差。根据已建工程统计资料，依据工程规模、工程量及施工复杂程度大小，其土建项目建设中的开挖工期一般为 1.5～2.5 年。

（二）竖井式厂房

竖井式厂房既有地面厂房又有地下厂房的布置特点，施工难度介于地面厂房和地下厂房之间，国内仅有江苏沙河及浙江溪口两座中型抽水蓄能电站采用竖井式厂房。

沙河抽水蓄能电站厂房采用竖井半地下式布置，安装两台 50MW 的可逆式水泵水轮机组。地面以下竖井采用圆筒式结构，内径为 29m，总高度为 38m。电站主体于 1998 年 9 月 18 日开工，2000 年 11 月 20 日完成厂房主体工程。并分别于 2002 年 6 月 14 日和 7 月 30 日正式投入商业运行。

溪口电站厂房采用竖井半地下式布置，安装两台 40MW 的可逆式水泵水轮机组；地面以下竖井采用圆筒式结构，开挖直径 27.2m，最大开挖深度 31.5m；电站主体于 1994 年 2 月开工，1997 年 12 月首台机组并网发电，1998 年 5 月全部机组投入商业运行。

五、输水系统施工进度与工期

抽水蓄能电站输水系统通常采用平、斜（竖）井等几种型式组合布置。近些年来，抽水蓄能电站向高水头、大容量机组的方向发展，因此，斜（竖）井的长度和高度通常较常规水电站大很多，施工技术难度较大，一般是控制发电工期的次关键项目。国内外也有高水头抽水蓄能电站项目，受环境保护及施工通道布置等条件的限制，输水系统成为控制工程发电工期关键项目的情况。

输水系统中的水平段及缓坡段施工工期与常规水电站的有压平洞施工进度相同，以下着重介绍长斜（竖）井施工工期。

（一）长斜（竖）井开挖施工工期

近些年来，国内抽水蓄能电站斜（竖）井开挖施工，采用反井钻机及定向钻机＋反井钻机、阿立马克爬罐等设备开挖导井，然后自上而下分层扩挖支护，施工技术已很成熟，在保证施工安全、改善施工环境的同时，显著地加快了施工速度，大大缩短了输水系统开挖工期，见表 18-6-8～表 18-6-10。由于爬罐法施工作业环境差，目前该工法已逐渐淘汰。

表 18-6-8 几种斜（竖）井施工方案开挖平均进尺指标表

施工方案	导井平均进尺（m/月）	扩挖平均进尺（m/月）	综合进尺（m/月）
阿立马克爬罐施工导井	50～80	60～90	40～80
反井钻机施工导井	100～150	60～90	80～120
斜井 TBM 全断面开挖（日本）			100～150
人工正井法开挖正导井	≤80		

表 18-6-9 抽水蓄能电站阿立马克爬罐施工斜导井工程实例

工程项目	设计参数	施工速度及强度（单台）	
		上斜井	下斜井
十三陵	上斜井长 347.52m，下斜井总长度 347.45m，倾角为 50°，开挖断面为马蹄形，直径 6.6m	1 号上斜段 213.5m，导井开挖历时 7.5 个月。扩挖分为上下两段进行，上段工期 4 个月，下段工期 4.4 个月。2 号上斜段 119m 长导井开挖历时 3 个月。扩挖分为上下两段进行，上段工期 4.3 个月，下段工期 5 个月	导井采用反井钻机施工，下斜井总长度 347.45m，1 号下斜井扩挖 5.4 个月，2 号下斜井扩挖 7.9 个月
西龙池	上斜井长度 573.0m（不含弯段），倾角 56°，上斜井中部设有施工支洞。下斜井长度 233.0m（不含弯段），倾角 60°，直径 4.2m	1 号、2 号上斜上段采用反井钻机法施工导井。斜井下段采用爬罐法施工导井，1 号上斜下段长 362m，导井工期 10 个月，月平均进尺 36.2m。扩挖支护施工工期 7 个月，月平均进尺 51.7m。2 号上斜下段长 382m，导井开挖工期 9 个月，月平均进尺 42.4m。2 号上斜下段扩挖支护长 362m，工期 7 个月，月平均进尺 51.7m	1 号下斜井导井总长 252.7m，爬罐施工导井，工期 10 个月，月平均进尺 25.3m。1 号下斜井扩挖支护长 242m，工期 3 个月，月平均进尺 80m。 2 号下斜井导井总长 251.5m，工期 3 个月，月平均进尺 83.8m。2 号下斜井扩挖支护长 158m，工期 5 个月，月平均进尺 31.6m
广蓄一期	斜井总长 753.66m，倾角 50°，开挖直径 9.7m，设有中平段	上斜井总长度 406.22m，爬罐施工导井 324.38m，工期 4 个月零 7 天，平均月进尺 77.23m。 上斜井扩挖施工 8 个月，平均月进尺 51m，最高月进尺 80.5m	下斜井总长度 347.45m，爬罐施工导井 242.8m，工期 4 个月零 5 天，平均月进尺 58.36m。 下斜井扩挖施工工期近 8 个月，平均月进尺 43.45m，最高月进尺 77m
天荒坪	高压斜井总长 745.57m（含上下弯段），倾角 58°，开挖直径 8.0m，无中平段，设有中支洞	斜井上段总长度 342.5m，爬罐施工导井 287.04m，平均日进尺 3.12m，最高日进尺 4.6m，工期 3 个月，平均月进尺 93.6m，最高月进尺 116m。 上斜井扩挖施工 4.57 个月，平均月进尺 75m，最高月进尺 95m	斜井下段总长度 403.07m，爬罐施工导井 290.7m，平均日进尺 3.23m，最高日进尺 4.6m，工期 2.83 个月，平均月进尺 96.9m，最高月进尺 126m。 下斜井扩挖施工 5.37 个月，平均月进尺 75m，最高月进尺 95m

表 18-6-10 抽水蓄能电站反井钻机施工斜（竖）导井工程实例

工程项目	设计参数	施工速度及强度
张河湾	竖井上段高度 301m，开挖直径 7.76m	采用国产 ZYF2.0/400 型反井钻机钻 ϕ270 的导孔，导孔施工时间 2 个月零 11 天，ϕ1400 导井施工 37 天。扩挖成直径 3m 导井，施工 3 个月（扩挖段长 301m），月平均进尺 100m/月。二次扩挖至设计断面，施工 10 个月（扩挖段长 301m），月平均进尺 30m
西龙池	1 号、2 号上斜井上段长度分别为 131、135m，倾角 56°，开挖直径 5.9m	采用国产 LM200 型反井钻机钻 ϕ216 的导孔，1 号导孔施工时间 111 天，ϕ1400 导井施工 68 天，扩挖施工 4 个月（扩挖段长 158m），月平均进尺 39.5m/月。2 号导孔施工时间 53 天，ϕ1400 导井施工 61 天，扩挖施工 3 个月（扩挖段长 158m），月平均进尺 52.7m
十三陵	1 号下斜井长度 237m，2 号下斜井长度 203m，倾角 50°，开挖直径 5.4m	采用国产 LM200 型反井钻机钻 ϕ216 的导孔，1 号下斜井导孔施工时间 29 天，ϕ1400 导井施工 26 天，扩挖施工 5.4 个月（扩挖段长 226.52m），月平均进尺 41.95m。2 号下斜井导孔施工时间 26 天，ϕ1400 导井施工 13 天，扩挖施工 7.9 个月（扩挖段长 226.49m），月平均进尺 28.67m
惠州	斜井总长 301m，倾角 50°，开挖直径 8.5m	采用芬兰 HINO400H 型反井钻机钻 ϕ240 的导孔，导孔施工时间 1 个月，ϕ1400 导井施工 1.5 个月
丰宁	上斜井长 225m，下斜井 304m，倾角 53°，开挖直径 5.8、5.3m	DL450T 定向钻机钻 ϕ295 的导孔，导孔施工时间 2 个月，BCM500 反井钻机上斜井反扩导井直径 2.25m，时间 2.5 个月；下斜井直径 2.4m，时间 2.5 个月

续表

工程项目	设计参数	施工速度及强度
长龙山	上斜井长 435m，倾角 58°，开挖直径 7.0m；下斜井长 415m，倾角 58°，开挖断面为马蹄形 5.0m×5.9m	1 号上斜井采用 FDP-68 型定向钻机钻 ϕ216 的导孔，导孔施工长度 428.3m，偏斜率 0.56‰，反拉扩孔 ϕ295，采用 ZFY3.5/180/600 型反井钻机反拉直径 2.0m 的导井，导孔钻进 55 天，导孔扩孔 12 天，反井钻机反拉导井 56 天，单日最大可达 21m。定向孔正常情况下日平均进尺 15～30m，最高达 50m，纠偏工况下日进尺 10m 左右；导孔正向扩孔日进尺 18～36m，反向扩孔日进尺 9～36m。正常情况下，反井钻反拉日进尺 8～16m。斜井扩挖支护月平均进尺达 90m，最高可达 108m。 1 号下斜井长 415m，导孔偏斜率 0.13‰
阳江一期	上竖井总长 382m，下竖井总长 385m，开挖直径为 8.9m 和 8.7m，衬砌厚度为 0.6m 和 0.5m	采用定向钻机＋MWD、RMRS 随钻测斜纠偏技术进行导孔施工，定向钻机形成 ϕ219 导孔后，偏斜率 0.8‰；进行反拉扩孔以便安装反井钻机钻杆，扩孔 ϕ295；然后用 400E 型反井钻机反拉形成直径 1.4m 导井；再采用一次提升系统自下而上施工直径 3.5m 的溜渣井；最后自上而下全断面扩挖。定向钻机导孔钻进日平均进尺 10m，反井钻机反拉导井日平均进尺 11m，全断面扩挖日平均开挖进尺 3m

在开挖施工技术方面，日本独树一帜，开发出“斜井全断面 TBM 开挖”的施工技术，并在多个工程中成功应用。TBM 开挖成形的斜井，对围岩扰动小，施工速度快、开挖精度高、超挖量较少。平均日进尺达 3.5m 左右，高峰月进尺达到 173m。目前国内河南洛宁和湖南平江斜井拟试点采用 TBM 自下而上全断面开挖斜井。

（二）斜（竖）井混凝土衬砌施工工期

抽水蓄能电站的输水系统长斜（竖）井混凝土衬砌施工是抽水蓄能电站施工的一个技术难点。

20 世纪 90 年代初期施工的广蓄电站引水长斜井，倾角 50°、衬砌后内径 8.5m、长度 347m，采用英国 CSM 公司研制的间断式滑模系统，每次滑升 12.5m，月平均滑升 102m。90 年代后期施工的天荒坪抽水蓄能电站斜井，倾角 58°、衬砌后内径 7m、长度 713m，混凝土衬砌采用 XHM-7m 斜井滑模系统，连续滑升，月平均滑升达 190.92m。2004 年施工完成的桐柏抽水蓄能电站，斜井开挖直径 10m，衬砌后内径 9m，每条斜井轴线总长度为 413.12m，其中直线段长度 363.12m、倾角 50°。采用 LSD 斜井滑模系统，日平均滑升 4.76m，最大日滑升 9.15m，高峰月滑升达 189.5m。国内部分抽水蓄能电站斜井滑模施工工程实例见表 18-6-11。

表 18-6-11　国内部分抽水蓄能电站斜井滑模施工工程实例

工程项目	设计参数	单套模体施工速度及强度
广州	斜井长度 753.66m（含上下弯段），倾角 50°，开挖直径 9.7m，衬砌后内径 8.5m	混凝土衬砌采用英国 CSM 公司研制的间断式滑模系统，每次滑升 12.5m。日平均滑升 3.4m，月平均滑升 102m，月最高滑升 149m
天荒坪	斜井长度 745.57m（含上下弯段），倾角 58°，开挖直径 8m，衬砌后内径 7m	混凝土衬砌采用沿轨道爬升的 XHM-7m 不间断式滑模系统，连续滑升。日平均滑升 6.36m，日最高滑升 12.08m，上斜井月平均滑升 190.92m，下斜井月平均滑升 93.04m，月最高滑升 230.3m
桐柏	斜井总长度为 413.12m，斜井倾角 50°，开挖洞径 10.0m，衬砌后内径 9.0m	1 号斜井混凝土衬砌采用 LSD 斜井连续式滑模系统施工，历时 78 天（实际滑模时间 76 天），共滑升 362m，日平均滑升 4.76m，日最大滑升 9.15m，月最大滑升 189.5m
清远	斜井总长 354.58m，其中直线段长 291.83m，上弯段长为 30.64m、下弯段长为 32.11m，开挖洞径 10.6m，衬砌后内径 9.2m，倾角为 50°	斜井混凝土衬砌采用连续式爬升滑模技术与配套的绞车运输提升系统施工，于 2013 年 10 月 31 日正式开始浇筑，历时 50 天完成，平均每天衬砌达到了 6m
长龙山	1 号上斜井总长度为 435m，斜井倾角 58°，开挖洞径 7.0m，衬砌后内径 6.0m	斜井直线段衬砌混凝土施工长度为 405m，引水上斜井衬砌采用一套连续拉伸式液压千斤顶——钢绞线斜井滑模系统进行施工，模体下部设置轨道，人员、材料采用 12t 绞车牵引运输小车至作业面；整个上斜井混凝土浇筑分下部首仓段和上部滑升段两部分，24h 轮班作业，历时 65 天完成斜井段混凝土衬砌施工

竖井混凝土衬砌施工，自 20 世纪 70 年代以来一直采用竖井滑模施工方式，除混凝土输送方式和施工精度有一定提高外，施工速度无大的提高，平均日滑升可达 2～6m。

（三）钢衬安装及混凝土回填施工

高压管道内钢衬安装及混凝土回填施工，是输水系统施工中一个重要环节，由于斜井钢管安装需分节运输、拼装及焊接，回填混凝土要穿插分段进行浇筑，钢管安装在浇筑的间歇时间进行，其施工干扰大、工期长。

随着高水头抽水蓄能电站的建设，高压管道内钢衬的材质等级在逐步提高。例如西龙池抽水蓄能电站，高压管道主要为800MPa级、厚度36～60mm，610MPa级、厚度24～38mm级的调质合金钢，制作焊接工艺技术复杂，施工难度大。钢管安装是控制工期的主要环节。目前国内钢衬安装通常采用的分节长度为6m左右，混凝土回填分段长度一般为6～24m，斜井内拼节焊接全部采用手工作业的方式。在已建成的抽水蓄能电站中，16MnR钢衬安装及混凝土回填施工平均月进尺可达40～50m。高等级调质合金钢钢衬安装及混凝土回填施工，平均月进尺达20～35m；西龙池电站长斜井压力钢管安装及混凝土回填施工中，1号上斜井平均月进尺达39.3m，1号下斜井平均月进尺达35.5m，2号上斜井平均月进尺达51.3m，2号下斜井平均月进尺达39.5m，处于当时国内领先水平。十三陵抽水蓄能电站压力钢管安装进度实例见表18-6-12，西龙池抽水蓄能电站压力钢管安装进度实例见表18-6-13，句容抽水蓄能电站压力钢管安装进度实例见表18-6-14。

表18-6-12　　十三陵抽水蓄能电站压力钢管安装进度实例

部位	主要工程量	施工强度与工期
1号上斜段	钢管安装1740t，以16MnR为主，混凝土回填0.6万m^3	工期8.5个月，平均强度为204.71t/月，混凝土回填月平均强度为710m^3/月，折合月平均安装45.0m/月。钢管安装节长6～9m，混凝土回填段长16～18m
2号上斜段	钢管安装1750t，以16MnR为主，混凝土回填0.6m^3	钢管安装月平均强度为194.44t/月，混凝土回填月平均强度为670m^3/月，折合月平均安装42.5m/月。钢管安装节长6～9m，混凝土回填段长16～18m
1号下斜段	钢管安装880t，混凝土回填0.4万m^3（主要为SM570Q和SHY685NS）	钢管安装月平均强度为125.71t/月，混凝土回填月平均强度为570m^3/月，折合月平均安装36.0m/月。钢管安装节长6～9m，混凝土回填段长16～18m
2号下斜段	钢管安装1034t，混凝土回填0.4m^3（主要为SM570Q和SHY685NS）	钢管安装月平均强度为172.33t/月，混凝土回填月平均强度为670m^3/月，折合月平均安装42.0m/月。钢管安装节长6～9m，混凝土回填段长16～18m

表18-6-13　　西龙池抽水蓄能电站压力钢管安装进度实例

安装部位		安装时间	安装长度（m）	安装部位		安装时间	安装长度（m）
1号上斜井	Ⅰ-205～215	2007年4月	24.6	1号下斜井	Ⅰ-333～346	2007年1月	42
	Ⅰ-193～204	2007年5月	36		Ⅰ-327～332	2007年2月	18
	Ⅰ-175～192	2007年6月	54		Ⅰ-321～326	2007年3月	16
	Ⅰ-155～174	2007年7月	60		Ⅰ-303～320	2007年4月	54
	Ⅰ-135～154	2007年8月	60		Ⅰ-283～302	2007年5月	60
	Ⅰ-115～134	2007年9月	60		Ⅰ-272～282	2007年6月	22.8
	Ⅰ-94～114	2007年10月	63				
	Ⅰ-72～93	2007年11月	66				
	Ⅰ-56～71	2007年12月	48				
	1号上斜井月平均安装速度39.3m/月，1号下斜井月平均安装速度35.5m/月						
2号上斜井	Ⅲ-163～180	2007年1月	54	2号下斜井	Ⅲ-340～355	2007年1月	48
	Ⅲ-147～162	2007年2月	48		Ⅲ-328～339	2007年2月	36
	Ⅲ-129～146	2007年3月	54		Ⅲ-318～327	2007年3月	28
	Ⅲ-108～128	2007年4月	63		Ⅲ-300～317	2007年4月	54
	Ⅲ-88～107	2007年5月	60		Ⅲ-284～299	2007年5月	48
	Ⅲ-66～87	2007年6月	66		Ⅲ-273～283	2007年6月	22.8
	Ⅲ-41～65	2007年7月	72.5				
	Ⅲ-36～40	2007年8月	8.7				
	Ⅲ-20～35	2007年9月	35.2				
	2号上斜井月平均安装速度51.3m/月，2号下斜井月平均安装速度39.5m/月						

表 18-6-14　　句容抽水蓄能电站压力钢管安装进度实例

部位	主要工程量	施工强度与工期
1 号引水上下平洞（含竖井）	钢管安装 5098.98t，钢板材质为 Q345R、600MPa 级，混凝土回填 2.3 万 m^3	工期 24.5 个月，平均强度为 208.08t/月，混凝土回填月平均强度为 961.5m^3/月，折合月平均安装 60m/月。钢管安装节长 3～4.5m，混凝土回填段长 16～18m

日本近些年新建的高水头抽水蓄能电站高压管道采用的钢衬大多为 HT-80 级、HT-100 级的调质合金钢，斜井钢管安装的分节长度采用 9～12m 分节，多组多功能台车运输拼装，井内拼节焊接主要采用 MAG 自动焊接技术，改善了作业环境，提高了施工效率和质量。混凝土回填分段长度普遍采用 24～27m，选用高流动性混凝土，安装及混凝土回填施工平均月进尺可达 30～40m，见表 18-6-15。

表 18-6-15　　日本抽水蓄能电站压力钢管安装工期

工程名称	设计参数	施工强度与工期
葛野川	下斜段长度 767.701m，倾角 50°，斜井钢管材质 HT80 板厚 60～94mm，钢管内径 5.7～4.0m	钢管节长 12m，斜井安装 25 个月。平均安装速度 30.71m/月
大河内	斜井总长 528m，倾角 51°，斜井钢管材质 SM570Q、厚度 33～57mm，SHY685NS-F、厚度 50～160mm。钢管直径 5m	安装节长 12m，斜井安装 14 个月，平均安装速度 38m/月
奥多多良木	斜井总长 576.604m，倾角 48°，斜井钢管材质 SM400B，厚度 18～30mm，SM490B，厚度 23～39mm，SM570Q，厚度 30～58.74mm，SHY685NS-F，厚度 55～100mm，钢管直径 6.5～5.3m	钢管单节长 12m，斜井安装 14 个月，平均安装速度 41.16m/月

（四）竖井式进/出水口施工工期

抽水蓄能电站上水库、下水库侧式进/出水口及闸门井施工特点与常规水电站引水隧洞进水口相似。西龙池抽水蓄能电站上水库采用竖井式进/出水口，两个进/出水口平行式布置，竖井设计高度为 50.35m。2004 年 10 月 19 日开始开挖，2005 年 5 月 25 日开挖完成，竖井开挖总工期 8 个月；进/出水口混凝土衬砌于 2005 年 5 月 21 日开始施工，2005 年 11 月 27 日完成。

江苏溧阳抽水蓄能电站上水库进/出水口为带八道检修闸门的竖井式塔体结构。上水库进/出水口塔有 2 个，塔体高程为 242～295m，塔体上部框架主要由 8 个闸墩及联系板组成，8 个闸墩沿塔体中心环向布置，为外直径 37m、内直径 15m 的圆环形结构。整流锥下部流道高约 100m，流道开口直径为 23.4m，整流锥悬空荷载达 2600t，锥体结构又异常复杂。单个塔体工程混凝土工程量为 49800m^3，钢筋量为 3984t；单个锥体混凝土工程量为 123.6m^3，钢筋量为 7.5t，锥体上部 2.5m 厚板混凝土工程量为 2700m^3，钢筋量为 270t。1 号进出水塔 2011 年 9 月 22 日开始开挖，至 2015 年 2 月 23 日完成除启闭机房外的混凝土施工，2 号进出水塔 2012 年 2 月 2 日开始开挖，至 2015 年 4 月 3 日完成除启闭机房外的混凝土施工，1、2 号进出水塔启闭机房于 2015 年 12 月 20 日完工。

六、机组安装施工进度与工期

（一）机组安装工程

抽水蓄能电站机组与常规水电站机组在工作特性和结构上有较大的区别，安装工艺较常规水电站复杂，技术标准高。抽水蓄能电站机组安装施工进度，自锥管安装开始到机组安装完成一般为 16～20 个月（含单项试验时间）。其中钢肘管纯安装工期为 1～3 个月，钢锥管纯安装工期为 0.5～1 个月，钢蜗壳安装工期视分瓣情况为 1～2 个月（不含打压试验时间）。国内部分抽水蓄能电站机组安装工期实例见表 18-6-16。

表 18-6-16　　国内部分抽水蓄能电站机组安装工期实例　　单位：月

项目	尾水肘管安装及一期混凝土	锥管/泄流环安装	座环/蜗壳安装	二期混凝土	水泵水轮机安装	发电电动机安装	合计
十三陵	4	3	2.5	3	6.5	5	24
泰安	5	1.5	3.0	3.5	8（直线工期 3 个月）	7（直线工期 5 个月）	28
桐柏	5	2	3	3	3.6	4.5	21

续表

项目	尾水肘管安装及一期混凝土	锥管/泄流环安装	座环/蜗壳安装	二期混凝土	水泵水轮机安装	发电电动机安装	合计
琅琊山	4	1	3	6	4	3	21
张河湾	4	1	3	6	3	4	21
敦化	8	1	3	4.5	5.6	4.5	26.6
丰宁	3	3.5	4	4.5	4.5	2.5	22
沂蒙	10	1.5	1	1	3.5	7	24
文登	4	2	3	4	3	4	20

（二）机组调试

1. 输水系统充水试验时间

输水系统充水试验由水道布置型式、长度、水道衬砌方式及充水能力等因素决定，采用钢板衬砌型式，分级高度可以取大值，采用钢筋混凝土衬砌型式，宜取小值。根据设计水头，引水压力管道通常按25～150m分级，随着水头高度加大分级高度应逐渐减小。充水试验时，水位上升速度应控制在10m/h以下，每级稳压48h以上；最后一级平库水位后，要稳压72h以上。

引水压力管道（高压隧洞）排空速度，取决于外水压力下管道的稳定性，充排水试验中的外压应小于管道的设计外压，放空速度取决于此值。排水试验分级同充水试验分级，排水速度通常控制在每小时水位下降2～4m。

尾水及蜗壳系统充水试验通常分2～3级进行，第一级为尾水隧洞与尾水调压井（或闸门井），利用下水库进/出水口的充水阀为尾水系统充水，充水至与下水库水位平齐后，稳压48h以上；第二级为机组转轮室、蜗壳等部位，利用尾水调压室事故门的充水阀，给下水库水位以下的尾水支洞及机组转轮室、蜗壳充水，待尾水支洞和机组转轮室、蜗壳内的空气完全排空且平压后，稳压72h以上。国内部分抽水蓄能电站输水系统充水实例见表18-6-17，国外抽水蓄能电站输水系统充水实例见表18-6-18。

输水系统完成初次充水试验后，需要进行全面检查，查清水道内部及各控制系统因充水而暴露的各项质量问题，并进行处理。对采用混凝土衬砌型式的输水系统，需对充水过程发现的混凝土裂缝等缺陷进行处理，相对需要时间较长。钢板衬砌型式的输水系统，一般质量问题较少，需时相对较短。

表18-6-17　　国内部分抽水蓄能电站输水系统充水实例

项目	设计参数	充水分级	充水速度及时间
十三陵	高压管道最大静水头537m，斜井直线段长574m，倾角55°，采用钢板衬砌	充水共分6级，下部2级，每级高度为25～33m。中部3级，每级高度119～185.5m。上部1级，高度13m	充水速度为10m/h，充水历时9天。每级稳压12～24h以上。最后一级平上水库水位后，稳压72h以上
天荒坪	高压管道最大静水头680m，斜井直线段长697.4m，倾角58°，采用钢筋混凝土衬砌	充水共分7级，下部3级，每级高度为100～176m。上部4级，每级高度25～50m	下部5级充水速度为10m/h，上部2级充水速度5m/h，充水历时28天。排水速度1.0～1.75m/h，排水历时24天
广蓄一期	高压管道最大静水头612m，斜井直线段长698m，倾角50°，采用钢筋混凝土衬砌	充水共分7级，下部6级，每级高度为80～100m。上部1级，分级高度54m	充水速度不大于10m/h，充水历时19天。每级稳压48h以上。最后一级平上水库水位后，稳压72h以上。排水速度2～4m/h
沂蒙	高压管道最大静水头680m，竖井长613.4m，采用钢板衬砌	充水分7级，下部2级，第一级22m，第二级74m。上部5级，每级高度80～100m	充水速度小于10m/h，充水历时19天，每级稳压48h，最后一级与上水库库底廊道平压，稳压48h，排水速度5m/h
文登	高压管道最大静水头471m，下斜井直线段长348.1m，倾角55°，采用钢筋混凝土衬砌	充水共分5级，下部2级，每级高度为95～170m。中部1级，高度68.288m，上部2级，每级高度为82～100m	充水速度为4.91～9.83m/h，充水历时11天。最后一级平上水库水位后，每级稳压24h以上

表 18-6-18　　国外抽水蓄能电站输水系统充水实例

名称	国家	引水隧洞		斜（竖）井	
		衬砌型式	充水速度（m/h）	衬砌型式	充水速度（m/h）
MAUVISIO	瑞士	混凝土衬砌	1.5	钢板衬砌	60
MANTARO	秘鲁	混凝土衬砌	1.3	钢板衬砌	90
MANINLAU	印尼	混凝土衬砌	1.3～1.5	钢板衬砌	43
CHARCINI	秘鲁	混凝土衬砌	0.2		
COLLIERVILLE	美国	不衬砌	7.6	混凝土衬砌	10
AGUACAPA	危地马拉	混凝土衬砌	0.35～1.2	混凝土衬砌	4.3

2. 机组调试时间

机组调试分为无水调试和有水调试两个阶段，有水调试又分为发电工况和泵工况调试两部分。

无水调试主要包括：压缩空气系统、冷却水系统、自动控制系统、渗漏排水系统、液压油系统、调速器系统、监测系统、水轮机导叶操作系统、控制系统及发电机模式及泵模式仿真测试等项目。

有水调试中的发电工况调试主要包括：进水阀和旁通阀试验、水轮机导叶漏水量试验、机组冷却系统试验、进水阀启闭试验、主轴系统轴温及 G/M 平衡试验、G/M 特性测试及 AVR 无负荷试验、电网同步试验、自动启/停机试验、甩负荷试验（包括事故停机及快速停机）、导叶开度与输出试验、导叶伺服电动机试验、发电模式中的温度试验、负荷开关及 PSS 系统试验等项目。有水调试中的泵工况调试主要包括：压水和排气试验、机组起动与加速试验、过渡过程试验、振动和压力脉动测量试验、效率试验、抽水量试验、自动启/停机试验、抽水模式最小开度控制试验、泵工况中的负荷测试（温度测试）及 AVR 调整和 PSS 系统测试等项目。

无水调试工期一般安排 2～4 个月时间，有水调试工期一般安排 1～3 个月时间。国内部分抽水蓄能电站机组调试工期见表 18-6-19。

表 18-6-19　　国内部分抽水蓄能电站机组调试工期实例　　单位：月

项目	广蓄	十三陵	琅琊山	张河湾	丰宁	敦化	文登
无水调试	4	3	2.5	2.5	2.5	2.0	2.0
有水调试	2	3	1.5	1.5	2	2.0	1.0

（三）机组试运行时间

按抽水蓄能电站机组试运行管理规定，目前抽水蓄能机组有水调试验收后，进入为期 15 天的试运行期，以检验机组工作性能，15 天试运行完成后，电站正式投入商业运行。抽水蓄能电站机组安装分项工期参考表见表 18-6-20。

表 18-6-20　　抽水蓄能电站机组安装分项工期参考表

序号	项目	工期（月）	附注
1	肘管安装及一期混凝土	3～5	
2	锥管安装	0.5～1	
3	座环/蜗壳安装及二期混凝土	6～8	含蜗壳打压试验工期
4	水泵水轮机及辅机安装	3～8	部分与发电机安装穿插进行
5	发电电动机及辅机安装和单项试验	3～7	部分与水轮机安装及无水调试穿插进行
6	无水调试	2～4	部分与发电机安装穿插进行
7	有水调试	1～3	
8	机组试运行	0.5	15 天
	合计	19～33	

七、关键线路上施工进度与工期安排及存在的问题

抽水蓄能电站施工关键线路通常为：施工征地及移民→场内交通工程→厂顶永久通风洞（主厂房顶拱开挖施工支洞）→主厂房顶拱层开挖及支护施工→主厂房中下部开挖及支护施工→厂房一期混凝土浇筑→厂房二期混凝土浇筑及埋件埋设→首台机组安装→无水及有水调试→试运行及投产发电→后续机组投产发电→工程竣工。

处于关键线路上的筹建项目需按国家核定程序及工程实际情况，合理安排在筹建期内完成。按现行规程及规范规定，准备期计入工程总工期，厂顶永久通风洞（即主厂房顶拱开挖施工支洞）成为准备期控制主体施工工期的关键点，因此，施工进度安排中对其应给予高度的重视，从规划设计阶段开始，即充分考虑厂顶通风洞长度对工期的影响，合理规划枢纽布置，并提早安排施工。同时，前期厂房顶拱的地质探洞洞线布置，宜考虑尽量结合厂房顶拱开挖施工支洞的布置，统筹规划，为后续主体施工创造条件。

地下厂房系统土建施工工期安排及实施进度，主要受洞室设计尺寸、地质条件、建设单位管理情况及承包商的综合施工能力制约，随着国内地下工程施工技术水平的提高，相同规模各抽水蓄能电站主体土建工期已相差不大。

机组安装、无水和有水调试及试运行工作，是抽水蓄能电站建设中的一个重要环节，机组设备能否保证按照进度节点及时供货，应予以特别重视。

国内抽水蓄能电站地下厂房开挖及支护施工期一般为18～32个月；厂房顶拱开挖及支护施工期为3～12个月；若采用岩壁吊车梁，其施工期为4～5个月；厂房一期混凝土开始浇筑至第一台机组发电施工期一般为19～35个月；第一台机组发电后，以后每台机组相继投产的间隔时间一般为1.5～6个月。

某抽水蓄能电站施工总进度如图18-6-1所示。日本抽水蓄能电站工程工期案例见表18-6-21，国内部分已建抽水蓄能电站施工进度统计表见表18-6-22，表中发电工期以厂房顶拱开挖开始计算。

表 18-6-21　　日本抽水蓄能电站工程工期实例

电站	机组台数	装机容量（MW）	第1台机发电工期
玉原	4	1200	5年7月
奥美浓一期	4	1000	5年4月
奥吉野	6	1206	3年3月
奥清津	4	1000	6年3月
奥矢作第二	3	780	4年2月
大河内	4	1280	3年11月
奥多多良木	4	1212	3年2月
南原	2	620	3年8月
喜撰山	2	466	2年11月
新丰根	5	1125	3年1月
奥矢作第一	3	315	4年2月
高见	2	200	5年1月

注　日本抽水蓄能电站建设一般按电力市场要求的时间投产进行控制，工期安排并非按关键线路法控制，因此不作为工期对比的依据。

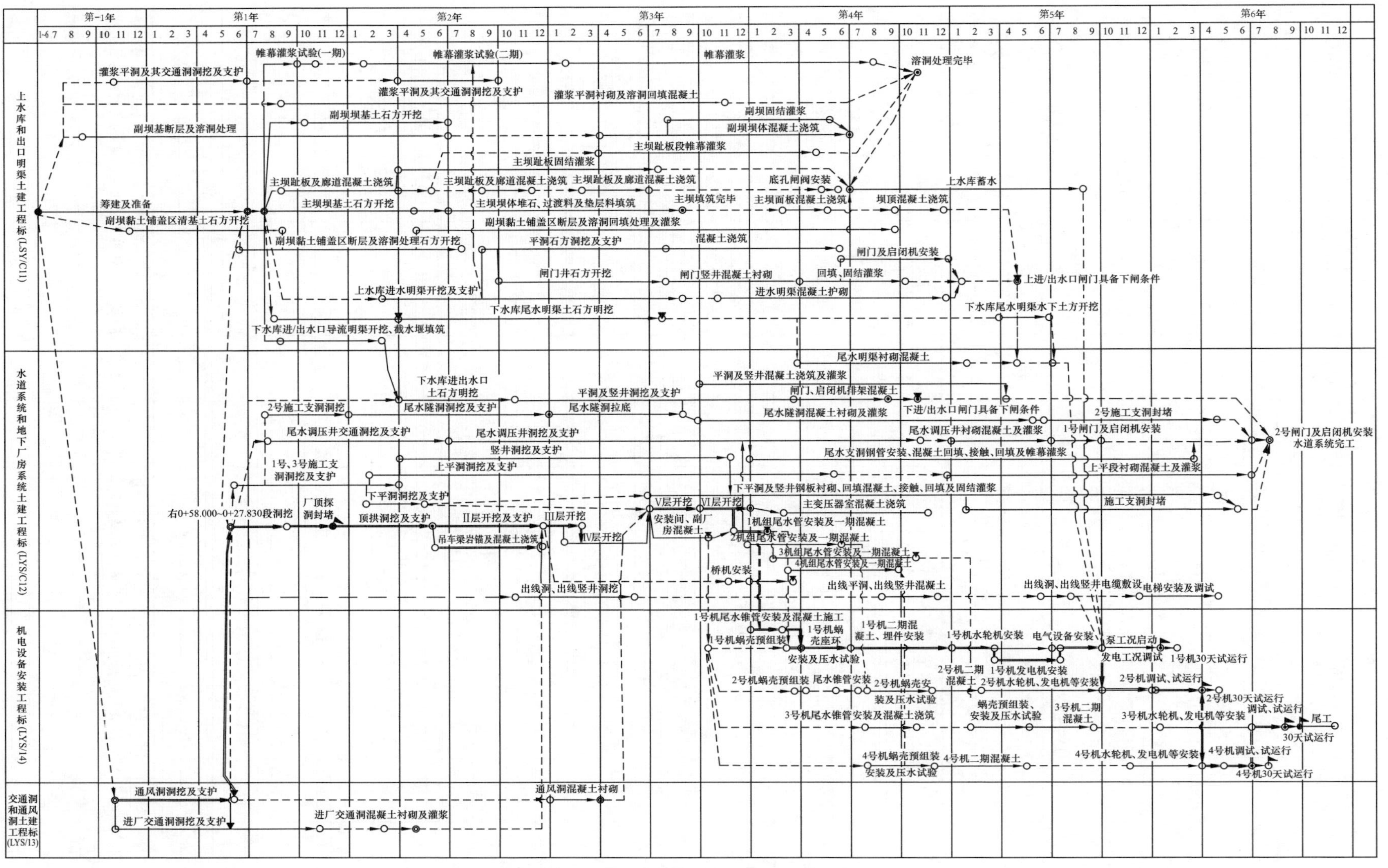

图 18-6-1 某抽水蓄能电站施工总进度

表 18-6-22　　国内部分已建抽水蓄能电站施工进度统计表

项目名称	机组台数	装机容量（MW）	厂房尺寸（长×宽×高）（m×m×m）	工程量（万 m^3）	工期（月）						平均开挖强度（m^3/月）
					首台机组发电	厂房开挖	厂房顶拱开挖及支护	厂房一期混凝土浇筑至首台机组发电	完建期	全部机组发电工期	
十三陵	4	800	145.0×23.0×46.6	12.91	53	27	11	26	18	71	5615
广州一期	4	1200	145.0×21.0×45.6	12.27	49	20	9.5	29	10.5	59.5	6135
广州二期	4	1200	152.0×21.0×48.1	12.6	54.5	20	—	34.5	11.5	66	6300
天荒坪	6	1800	200.7×22.4×47.73	17.0	55*	22	8	33*	27	82	7730
桐柏	4	1200	182.7×24.5×55.5	22.9	58	28	12	30	12	70	8180
泰安	4	1000	180×24.5×53.675	21.01	57	25	12	32	9	66	8400
琅琊山	4	600	156.66×21.5×46.17	12.56	48	24	7	24	9	57	6280
宜兴	4	1000	163.5×22.0×50.2	16.3	53	27	7.5	26	12	65	6040
张河湾	4	1000	154.0×23.8×52.0	14.8	50	21	9	29	14	64	7048
西龙池	4	1200	149.3×23.2×49.0	12.83	58	26	12	32	34*	92	4935
宝泉	4	1200	147.0×21.5×47.53	14.18	50	22	11	28	12	62	6445
惠州一期	4	1200	152.0×21.5×49.4	13.57	52	20	6	32	12	64	6785
惠州二期	4	1200	154.5×21.5×49.4	13.85	52	20	6	32	12	64	6925
黑麋峰	4	1200	136.0×27.0×52.7	17.1	48	21	6	27	18	66	8143
白莲河	4	1200	146.4×21.85×50.88	13.99	46	20	10	26	12	58	6995
响水涧	4	1000	175.0×25.0×55.70	20.5	48	18	7.5	30	12	60	11390
仙游	4	1200	164.0×24.0×53.3	17.47	48	20	11	28	12	60	8735
清远	4	1280	169.5×25.5×55.7	17.69	54	20	3	34	9	63	8424
洪屏	4	1200	161.0×22.0×51.1	15.46	45	20	11	25	9	54	7730
仙居	4	1500	176.0×25.0×55.0	23.16	45	19	11	26	9	54	12190
溧阳	6	1500	219.0×23.5×55.3	23.9	69	31	9	38	9	78	7710
深圳	4	1200	164.0×25.0×52.5	18.9	54	22	5.5	32	12	66	8590
绩溪	6	1800	210.0×24.5×53.4	26.38	58	27	8	31	18	76	9770
敦化	4	1400	158.0×25.0×55.0	17.88	69.5	25.5	9.5	44	11.5	81	7010
长龙山	6	2100	232.5×24.5×55.1	30.1	52.5	24	4.5	28.5	12	64.5	12540
沂蒙	4	1200	173.0×25.5×54.5	19.24	57	26	5	31	5	62	6870
梅州一期	4	1200	172.0×26.5×55.37	22.24	41	22	4	19	6	47	10100
阳江一期	3	1200	156.5×26.0×60.2	19.7	54	27.5	3	26.5	5.5	59.5	7164
周宁	4	1200	170.0×25.0×55.0	21.22	57	30	6	27	8	65	7100
金寨	4	1200	176.3×25.0×56.5	21.2	58	22	7	36	12	70	9600
丰宁（未完建）	12	3600	414.0×25.5×54.5	49.16	73	46	13	27	—	—	10238
文登	6	1800	214.5×25.0×54.0	23.5	55	27	10	28	8	63	8700

* 天荒坪抽水蓄能电站因 1996 年 3 月 29 日大滑坡堵塞导流洞而从厂房过流（经自流排水洞），机电安装停工 4 个月。西龙池抽水蓄能电站因厂家机电设备问题重新制造 2 台机电设备，完建期延长了近 2 年。沂蒙、丰宁和文登抽水蓄能电站首批 2 台机组同时投产发电。

第十九章　抽水蓄能电站工程造价

在我国加快能源绿色低碳转型和构建以新能源为主体的新型电力系统形势下，抽水蓄能加快发展势在必行。按照国家能源局发布的《抽水蓄能中长期发展规划（2021—2035年）》，到2025年，抽水蓄能投产总规模6200万kW以上；到2030年，投产总规模1.2亿kW左右；到2035年，形成满足新能源高比例大规模发展需求、技术先进、管理优质、国际竞争力强的抽水蓄能现代化产业，培育形成一批抽水蓄能大型骨干企业。根据国家发展和改革委员会《关于完善抽水蓄能电站价格形成机制有关问题的通知》（发改价格〔2014〕1763号），以及《关于进一步完善抽水蓄能价格形成机制的意见》（发改价格〔2021〕633号）等系列文件精神，科学合理确定和控制抽水蓄能电站工程建设造价，将有利于促进抽水蓄能电价形成机制的完善和落地，促进抽水蓄能电站建设的健康发展，提升电站综合效益。

第一节　项目划分及费用构成

一、抽水蓄能电站工程建设投资编制

抽水蓄能电站工程建设投资编制按照阶段可划分为：选点规划阶段投资匡算，预可行性研究阶段投资估算，可行性研究阶段设计概算，招标阶段分标概算、招标设计概算、最高投标限价，建设实施阶段的执行概算或管理预算等，完工阶段完工结算、竣工决算。

不同阶段对工程投资编制的要求不同，随着不同阶段工作深度的逐步深化，投资编制的深度、内容和方法也由粗到细，精度逐步提高，完工阶段趋于实际投资额。

二、抽水蓄能电站工程项目划分和费用构成

按照国家能源局的国能新能〔2014〕359号《水电工程设计概算编制规定》（2013年版），以及之前的国家发展和改革委员会发改办能源〔2008〕1250号《水电工程设计概算编制规定》（2007年版）和原国家经贸委公告2002年第78号《水电工程设计概算编制办法及计算标准》（2002年版），抽水蓄能电站工程项目划分总体框架与常规电站一致，划分为枢纽工程、建设征地移民安置补偿、独立费用三部分。枢纽工程包括施工辅助工程、建筑工程、环境保护和水土保持专项工程、机电设备及安装工程、金属结构设备及安装工程五项；建设征地移民安置补偿包括农村部分、城市集镇部分、专业项目、库底清理、环境保护和水土保持专项五项；独立费用包括项目建设管理费、生产准备费、科研勘察设计费、其他税费四项。抽水蓄能电站工程建设项目划分总体框架如图19-1-1所示。

因抽水蓄能电站的特点和枢纽建筑物布置的特殊性，在工程项目划分和费用构成上与常规水电站略有不同。

（1）主体建筑工程，包括上水库、输水系统、发电建筑物、升压变电建筑物、下水库等工程。

1）上水库工程，包括主副坝、溢洪道、库盆、基础处理、防渗等工程。

2）输水系统工程，包括上水库进/出水口、引水隧洞、调压室（井）、压力管道、尾水调压室（井）、尾水隧洞、下水库进/出水口等工程。

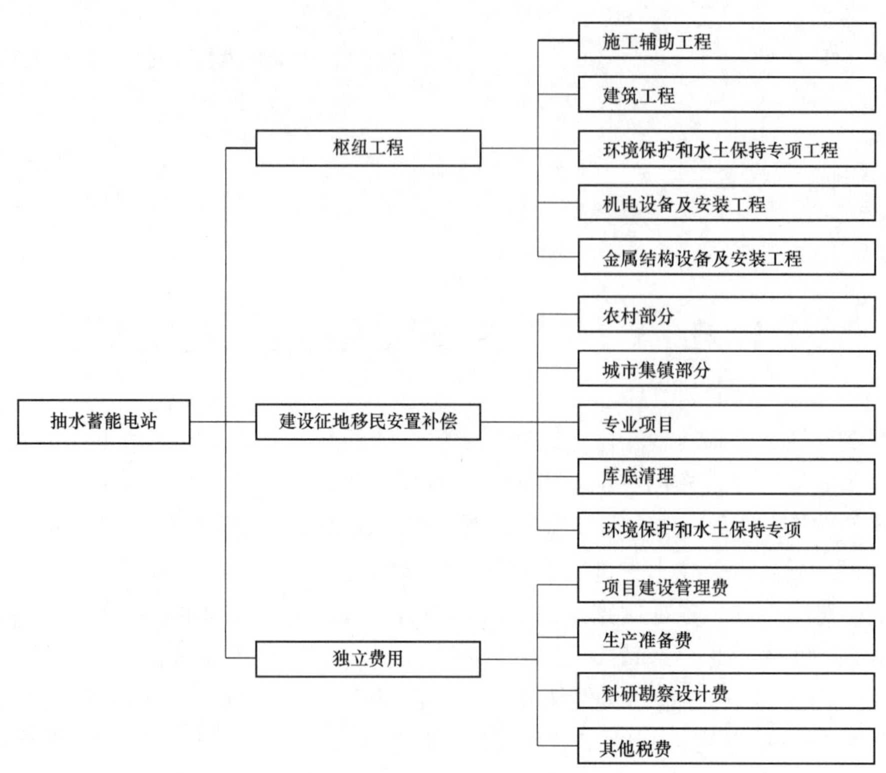

图 19-1-1　抽水蓄能电站工程建设项目划分总体框架

3）发电建筑物工程，包括地面、地下等各类发电工程的发电基础、发电厂房、灌浆洞、排水洞、通风洞（井）等建筑物。

4）升压变电建筑物，包括升压变电站（地面或地下）、母线洞、通风洞、出线洞（井）、出线场（或开关站楼）等建筑物。

5）下水库工程，包括主副坝、溢洪道、库盆、基础处理、防渗等工程。

部分抽水蓄能电站还需要修建补水工程，包括补水泵站、水池等工程。

（2）机电设备及安装工程，包括发电设备及安装工程，升压变电设备及安装工程，安全监测、水文测报和泥沙监测、消防工程、安全设施与应急、电站智能化等专项设备及安装工程，以及其他机电设备及安装工程。其中其他机电设备中包括具有抽水蓄能电站特点的一些项目，如上水库、下水库补水、充水系统设备及安装工程，上水库、下水库排水系统设备及安装工程，上水库、下水库喷淋系统设备及安装工程等。

（3）金属结构设备及安装工程，扩大单位工程与建筑工程扩大单位工程或分部工程相对应，分为上水库工程、输水工程、下水库工程。

（4）独立费用，包括项目建设管理费、生产准备费、科研勘察设计费、其他税费四项。其中生产准备费除了常规生产准备费外，还包括抽水蓄能电站初期蓄水费和机组并网调试补贴费。

随着近年来国家有关政策法规的调整、市场价格变化以及水电工程设计和建设管理中出现的新情况，特别是建筑业营业税改征增值税政策的实施，行业定额和造价管理机构对水电工程计价依据进行了修订，拟发布新的计价标准，以及针对抽水蓄能的《抽水蓄能电站投资编制细则》。在项目划分和费用构成上有所调整，工程总费用由枢纽工程费用、建设征地移民安置补偿费用、价差预备费、建设期利息四项构成。枢纽工程、建设征地移民安置补偿将分别计算独立费用、增值税和基本预备费，最后两部分统一计算价差预备费和建设期利息，如图 19-1-2 和图 19-1-3 所示。

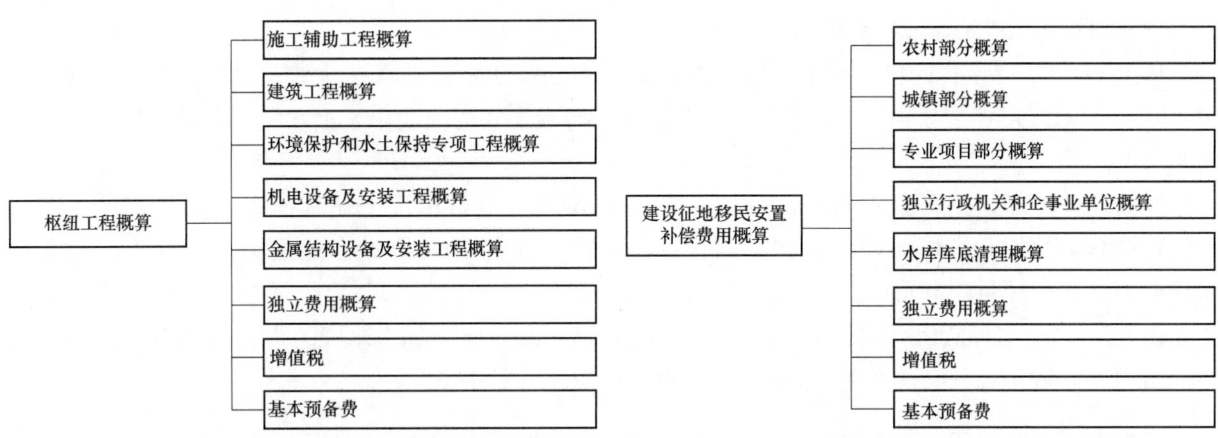

图 19-1-2 枢纽工程概算构成

图 19-1-3 建设征地移民安置补偿费用概算构成

第二节 工 程 投 资 组 成

我国从20世纪60年代开始研究开发抽水蓄能电站，截至2021年底，已建、在建的抽水蓄能电站有80座，见表19-2-1。这些抽水蓄能电站建设时间跨度大，经历了我国从计划经济体制到市场经济体制改革的过渡，期间国家政策、建设人工工资、材料价格、设备制造能力及价格等发生了较大的变化。这些因素对工程建设投资有着较大的影响。

表 19-2-1 已建在建的抽水蓄能电站一览表

序号	省（区、市）	已建项目	在建项目	合计（万kW）
1	北京	十三陵		80
2	河北	张河湾、潘家口、丰宁*	丰宁*、尚义、易县、抚宁	867
3	山西	西龙池	浑源、垣曲	390
4	内蒙古	呼和浩特	芝瑞	240
5	辽宁	蒲石河	清原、庄河	400
6	吉林	白山、敦化*	敦化*、蛟河	290
7	黑龙江	荒沟*	荒沟*、尚志	240
8	江苏	溧阳、宜兴、沙河	句容	395
9	浙江	天荒坪、仙居、桐柏、溪口、长龙山*	长龙山*、宁海、磐安、缙云、衢江、泰顺	1518
10	安徽	响水涧、琅琊山、绩溪、响洪甸	金寨、桐城	596
11	福建	仙游、周宁*	周宁*、永泰、厦门、云霄	680
12	江西	洪屏	奉新	240
13	山东	泰安、沂蒙*	沂蒙*、潍坊、泰安二期、文登	700
14	河南	宝泉、回龙	洛宁、鲁山、天池、五岳	612
15	湖北	白莲河、天堂	平坦原	267
16	湖南	黑麋峰	平江	260
17	广东	广州、惠州、清远、深圳、梅州、阳江一期*、梅州一期*	阳江一期*、梅州一期*、梅州二期	1088
18	广西		南宁	120
19	海南	琼中		60
20	重庆		蟠龙、栗子湾	260
21	陕西		镇安	140
22	宁夏		牛首山	100
23	新疆		阜康、哈密	240
24	西藏	羊卓雍湖		9
合计		3639	6153	9792

注 带*的抽水蓄能电站为部分机组投产发电。

一、抽水蓄能电站建设投资指标

从1991年开始，我国陆续修建的大型抽水蓄能电站的总装机容量大多在600～2400MW，以1000MW和1200MW规模电站的数量最多，目前装机容量最大的河北丰宁抽水蓄能电站总装机规模为3600MW。

根据统计分析，投资编制期在1998～2005年的项目，电站单位千瓦总投资大多在3500～4700元/kW之间，华北和华东地区指标在高限区间，中南和东北地区指标在低限区间。投资编制期在2010～2021年的项目，电站单位千瓦总投资大多在4700～7000元/kW之间，各项目的单位千瓦投资差异较大，个别项目如江西洪屏单位千瓦投资仅为4323元/kW，西北地区的牛首山单位千瓦投资达7847元/kW，我国部分已建及在建抽水蓄能电站总投资统计见表19-2-2。

表19-2-2　　我国部分已建及在建抽水蓄能电站总投资统计

序号	电站名称	所在地区	装机规模（MW）	水头（m）	工程总投资（亿元）	单位容量投资（元/kW）	概算编制年份	建设情况	资料来源	备注
华北地区										
1	十三陵**	北京	800	430	37.31	4664	1998年6月	已建	调整概算	利用已建下水库
2	西龙池**	山西	1200	640	50.72	4227	2000年12月	已建	评估概算	
3	张河湾**	河北	1000	305	41.2	4120	2002年3月	已建	审定概算	下库改建
4	丰宁	河北	3600	471	186.96	5193	2012年8月	已建	审定概算	一、二期
5	呼和浩特	内蒙古	1200	521	66.19	5516	2017年6月	已建	调整概算	下库改建
6	芝瑞*	内蒙古	1200	443	83.08	6923	2017年12月	已建	审定概算	
7	易县*	河北	1200	354	80.23	6685	2017年12月	在建	审定概算	
8	抚宁*	河北	1200	437	81.23	6769	2018年12月	在建	审定概算	
9	尚义*	河北	1400	449	95.23	6802	2019年6月	在建	审定概算	
华东地区										
10	天荒坪	浙江	1800	526	71.18	3955	1994年3月	已建	审定概算	
11	泰安**	山东	1000	225	47.5	4750	1998年9月	已建	审定概算	下水库加固
12	琅琊山**	安徽	600	126	22.49	3748	2000年9月	已建	审定概算	利用已建下水库
13	桐柏**	浙江	1200	244	41.93	3494	2004年1月	已建	重编概算	
14	宜兴**	江苏	1000	353	46.39	4639	2005年6月	已建	重编概算	下水库改建
15	绩溪*	安徽	1800	599	98.15	5453	2012年1月	已建	审定概算	
16	沂蒙*	山东	1200	375	74.11	6176	2014年9月	在建	审定概算	
17	文登*	山东	1800	471	85.67	4759	2014年6月	在建	审定概算	
18	潍坊*	山东	1200	326	81.18	6765	2018年12月	在建	审定概算	下水库改建
19	桐城*	安徽	1280	355	72.56	5669	2019年6月	在建	审定概算	
20	天台	浙江	1700	724	107.57	6328	2021年12月	在建	审定概算	
中南华南地区										
21	广州一期	广东	1200	514	21.19	1766	1996年3月	已建	修正概算	
22	广州二期**	广东	1200	514	31.1	2592	2001年4月	已建	调整概算	利用已建上水库与下水库
23	宝泉**	河南	1200	510	42.14	3512	2002年8月	已建	重编概算	下水库改建
24	惠州*	广东	2400	501	81.34	3389	2003年11月	已建	审定概算	
25	黑麋峰	湖南	600	295	20.62	3437	2004年1月	已建	审定概算	
26	白莲河**	湖北	1200	195	38.8	3233	2004年4月	已建	审定概算	
27	洪屏（一期）*	江西	1200	540	51.88	4323	2010年3月	已建	审定概算	
28	深圳	广东	1200	448	58.1	4842	2011年11月	已建	审定概算	
29	天池*	河南	1200	512	65.9	5492	2014年6月	在建	审定概算	

续表

序号	电站名称	所在地区	装机规模（MW）	水头（m）	工程总投资（亿元）	单位容量投资（元/kW）	概算编制年份	建设情况	资料来源	备注
30	阳江	广东	2400	653	76.27	6356	2015年1月	已建	审定概算	
31	厦门	福建	1400	545	82.52	5894	2016年7月	在建	审定概算	
32	南宁	广西	1200	460	79.36	6613	2021年1月	在建	审定概算	
东北地区										
33	白山	吉林	300	105.8	11.79	3930	1998年1月	已建	审定概算	利用已建上水库与下水库
34	蒲石河**	辽宁	1200	295	40.92	3410	2003年1月	已建	审定概算	
35	敦化*	吉林	1400	655	77.97	5569	2012年1月	已建	审定概算	
36	荒沟*	黑龙江	1200	410	58.22	4851	2012年8月	已建	审定概算	下水库改建
37	清原	辽宁	1800	387	108.25	6014	2016年1月	在建	审定概算	
38	庄河*	辽宁	1000	222	55.66	5566	2020年12月	在建	审定概算	
39	尚志*	黑龙江	1200	226	79.25	6965	2021年12月	在建	审定概算	
西北地区										
40	镇安*	陕西	1400	440	88.51	6322	2015年4月	在建	审定概算	
41	哈密	新疆	1200	474	82.98	6915	2018年2月	在建	审定概算	
42	牛首山	宁夏	1000	222	78.47	7847	2021年9月	在建	审定概算	

注 带*的抽水蓄能电站为2010年以后的近期抽水蓄能电站；带**的抽水蓄能电站为2005年以前的早期抽水蓄能电站。

二、抽水蓄能电站建设投资构成

1. 投资构成的特点

统计分析表19-2-2中部分工程的投资构成，我国2005年以前的早期抽水蓄能电站（带**号项目）各部分投资比例平均值如图19-2-1所示，2010年以后的近期抽水蓄能电站（带*号项目）各部分投资比例平均值如图19-2-2所示。

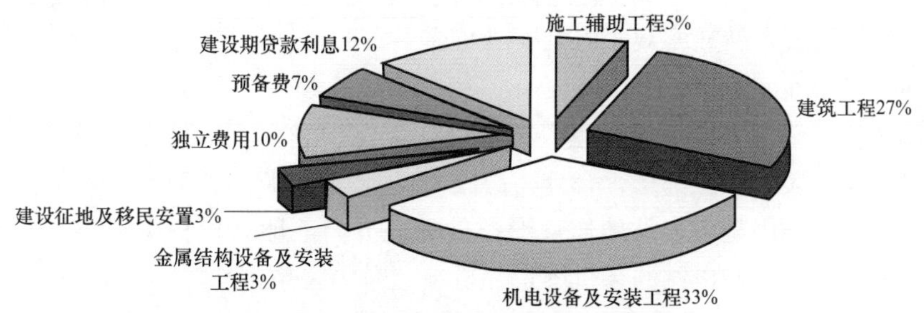

图19-2-1 我国早期抽水蓄能电站投资构成

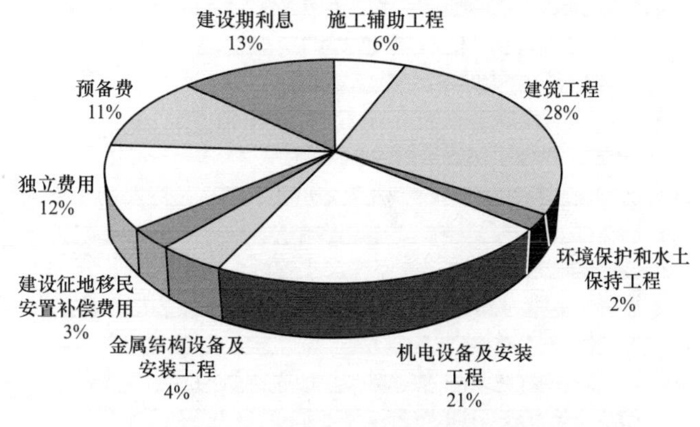

图19-2-2 我国近期抽水蓄能电站投资构成

根据2022年6月电力规划设计总院、水电水利规划设计总院发布的《"十三五"期间投产电力工程项目造价情况》报告数据，我国"十三五"期间投产的36座常规水电站概算单位容量总投资为10169元/kW，7座抽水蓄能电站概算单位容量总投资为4934元/kW，抽水蓄能电站单位容量造价水平明显低于常规水电站。“十三五”期间投产的常规水电站工程投资构成如图 19-2-3 所示。

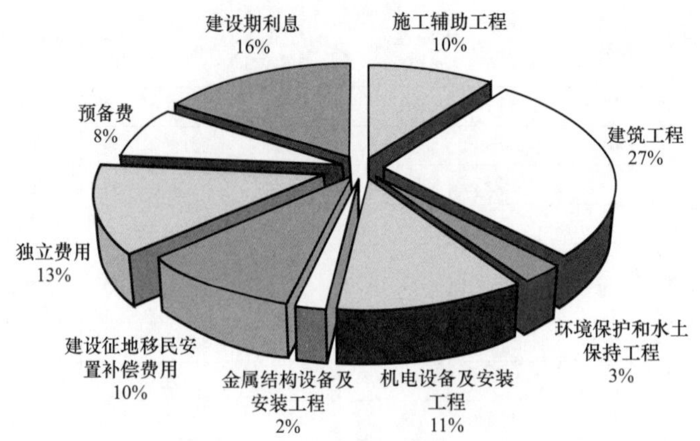

图 19-2-3 我国“十三五”期间常规水电站工程投资构成

从以上可看出，抽水蓄能电站的投资构成有如下特点：

(1) 机电设备及安装工程投资占总投资的平均比例较高。抽水蓄能电站机电设备及安装工程投资占比总体水平明显高于常规水电站，“十三五”期间投产的常规水电站，机电设备及安装工程投资占比约为 11%。我国 1998～2005 年间部分已建及在建抽水蓄能电站机电工程投资的占比统计平均为 33%，如图 19-2-1 所示；2010～2021 年间部分项目统计平均为 21%，如图 19-2-2 所示，其中哈密最低为 17.24%，荒沟最高为 27.47%，其余大部分在 18%～27%之间。机电工程投资的占比与土建工程投资规模密切相关，土建工程投资规模大，则机电工程投资比例低，反之则高。2010 年以来，随着我国抽水蓄能机组自主化设计制造的全面推进，相比早期主要机组设备进口的时期，机电工程投资的占比已明显下降。

(2) 建设征地移民安置投资占总投资平均比例相对较低。2010～2021 年间的部分抽水蓄能项目统计平均为 3%，与 1998～2005 年间部分项目的统计值基本持平。抽水蓄能电站库区淹没范围较小，同规模电站的建设征地移民安置费较常规水电站要少得多。

2. 枢纽建筑物投资指标分析

枢纽建筑物投资包括施工辅助工程、建筑工程、环境保护和水土保持专项工程、机电设备及安装工程、金属结构设备及安装工程五部分，合计占总投资的比例在 57%～64%，平均比例为 60%，这一比例变化范围较大，主要原因是各电站地质地形条件的差异。一般来说机电设备及安装工程投资与站址区地形地质条件关系不大，与电站的装机容量、机组型号等关系密切。

我国 1998～2005 年间的早期抽水蓄能工程，枢纽建筑物各部分投资指标如图 19-2-4 所示；2010～

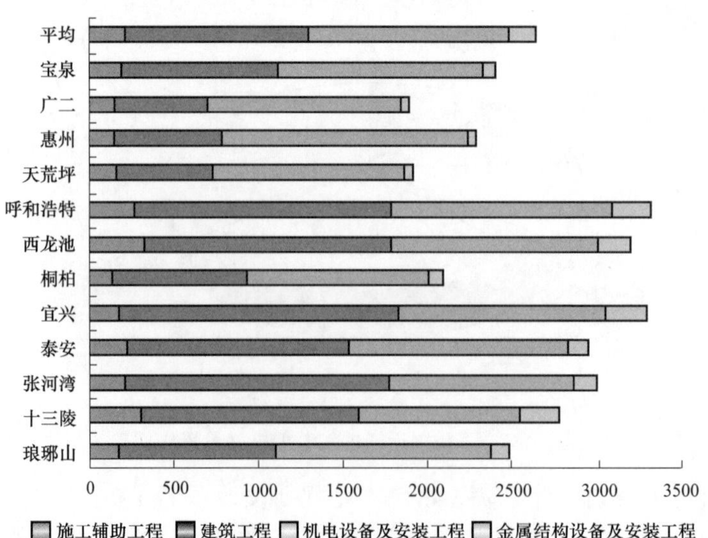

图 19-2-4 我国早期抽水蓄能电站枢纽建筑物各部分投资指标（元/kW）

2021年间的近期工程枢纽建筑物各部分投资指标如图19-2-5所示。从图19-2-5中可以看出，机电设备及安装工程单位容量投资指标变化范围不大，在1170～1430元/kW范围内，其中洪屏单位容量投资指标最低为1173元/kW，尚志单位容量投资指标最高为1430元/kW。地质地形条件的差异，主要影响施工辅助工程和建筑工程的投资，特别是建筑工程，其单位容量投资指标变化范围为995～2344元/kW，变化范围较大，其中洪屏单位容量投资指标最低为995元/kW，哈密单位容量投资指标最高为2344元/kW。

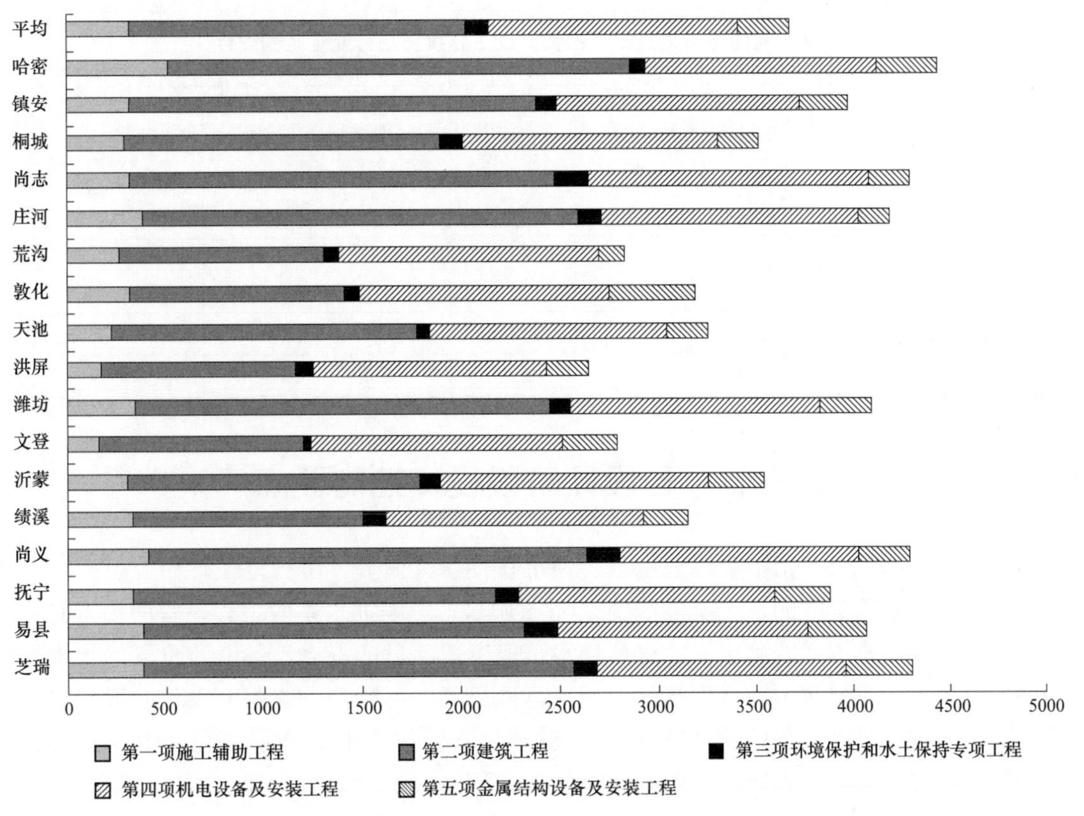

图19-2-5 我国近期抽水蓄能电站枢纽建筑物各部分投资指标（元/kW）

图19-2-6为我国近期抽水蓄能电站建筑工程扩大单位工程投资指标波形图，从上向下的五个条带，分别代表上水库工程、输水系统工程、发电工程、升压变电工程、下水库工程投资指标的变化情况。

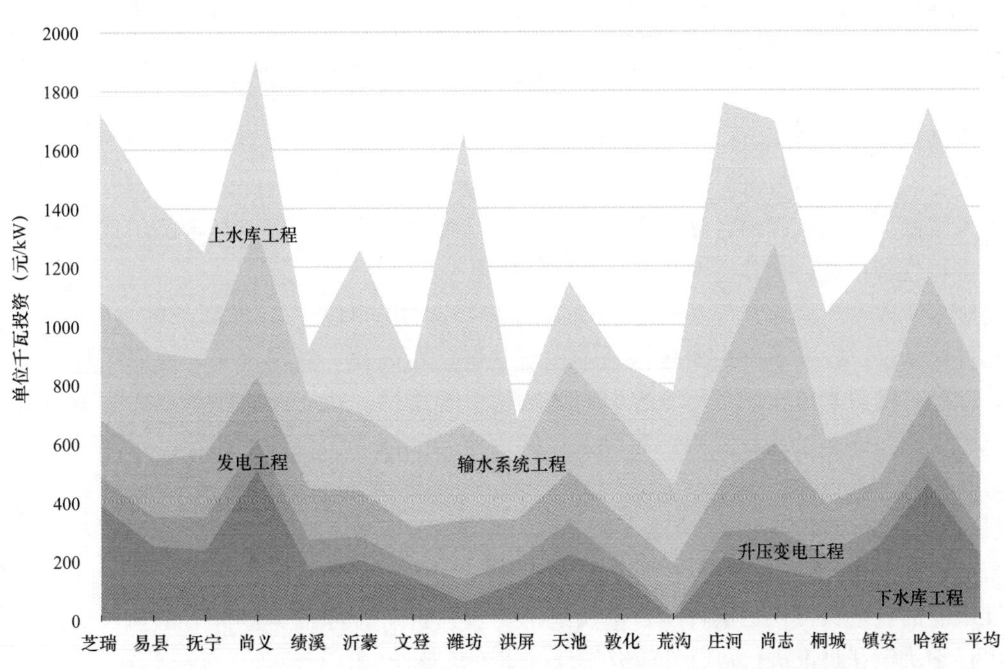

图19-2-6 我国近期抽水蓄能电站建筑工程扩大单位工程投资指标分析

比较明显，代表输水系统工程、发电工程、升压变电工程投资指标的条带宽度相对比较均匀，反映出抽水蓄能电站这三部分投资指标变化幅度较小；而代表上水库工程、下水库工程投资指标的条带宽度变幅较大，反映出各工程上水库、下水库建设条件和投资的差异较大，如潍坊上水库的天然条件较差，基本上是人工开挖而成的库盆，且全库盆防渗，因此，其投资指标较高为 988 元/kW。根据统计，我国早期和近期的抽水蓄能电站建筑工程扩大单位工程投资指标变化范围、均值及涨幅见表 19-2-3。

表 19-2-3　　我国抽水蓄能电站建筑工程扩大单位工程投资指标变化范围统计

序号	工程名称	2005 年以前电站		2010 年以后电站		增幅（%）
		投资指标变化范围（元/kW）	平均指标（元/kW）	投资指标变化范围（元/kW）	平均指标（元/kW）	
1	上水库工程	9～826	350	151～988	464	32.51
2	输水工程	135～301	218	193～679	344	57.75
3	发电工程	102～279	165	142～429	267	61.82
4	下水库工程	0～594	158	0～509	217	37.28
枢纽工程（合计）		246～2000	891	486～2605	1292	44.96

第三节　各设计阶段投资控制要点

我国抽水蓄能电站设计包括工程规划选点、预可行性设计研究、可行性设计研究、招标和施工详图设计等阶段，各阶段需编制的造价文件如图 19-3-1 所示。影响抽水蓄能工程投资的因素较多，但主要集中在外部条件和技术方案的确定上，根据抽水蓄能工程项目的特点，各设计阶段的技术方案对工程投资控制影响较大，主要集中在规划选址、预可行性研究、可行性研究前期设计阶段。根据投资控制影响因子，要实现较好的工程建设全过程的投资控制，规划选址阶段的技术方案是关键，其次是项目可行性研究阶段技术方案的确定，工程实施过程中的管理对投资有影响，但影响不显著。

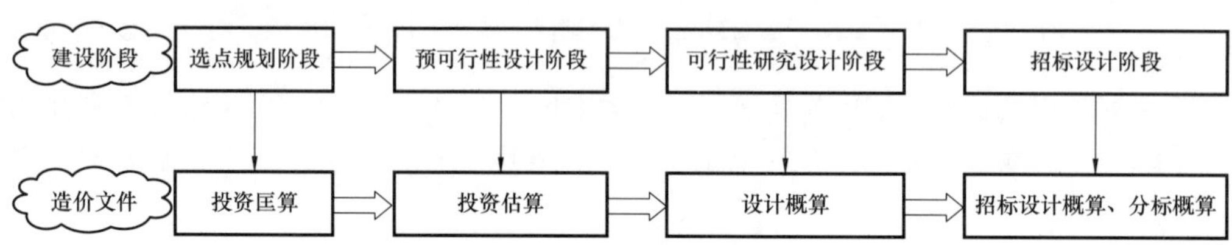

图 19-3-1　抽水蓄能电站前期设计阶段的造价文件

一、选点规划阶段

抽水蓄能选点规划阶段投资匡算是根据规划阶段设计成果、国家有关政策规定及行业标准，按编制期价格水平编制的规划范围内各站址的投资文件，是抽水蓄能选点规划报告的组成内容，是规划范围内各站址进行经济比选，推荐近期开发项目的依据之一。

在选点规划阶段重点应关注工程建设外部条件和控制性技术条件。外部条件主要包括地理位置、行政区域和环境条件；技术条件主要包括基本地质状况、距高比、额定水头、成库条件、是否利用已有水库等。此外，随着水电建设对环境的影响越来越引起重视，站址选择要重点关注项目所在区域是否存在国家政策不允许建设或有限制性建设条件的因素，如风景区、森林公园、水源地、地下矿产和文物等。

二、预可行性设计阶段

抽水蓄能电站预可行性研究阶段投资估算是按预可行性研究阶段设计成果、国家有关政策规定以及行业标准编制的投资文件，是进行项目国民经济初步评价及财务初步评价的依据，是为选定近期开发项目做出科学决策和批准进行可行性研究设计的重要依据。

预可行性研究阶段从投资控制角度，重点应关注设计方案、工程布置、设计标准、主要建筑物、主要机电设备技术参数及技术要求，料场选择、征地移民等因素。对设计参数、工程布置进行比较，选定优化的设计方案，以降低工程造价。

三、可行性研究设计阶段

抽水蓄能电站可行性研究阶段设计概算是按可行性研究阶段工程设计成果和国家有关政策规定以及行业标准编制的投资文件，是水电工程可行性研究报告的重要组成部分，是进行项目国民经济评价及财务评价的基础；是政府主管部门确定和控制固定资产投资规模或审批建设项目的依据；是项目法人筹措建设资金、签订贷款合同以及控制、管理项目工程造价的依据；是政府有关部门对建设项目进行稽查、审计的依据；是进行项目竣工决算和项目投资后评价的对比依据。

可行性研究阶段从投资控制角度，在预可行性研究的基础上进一步优化设计方案、设计标准、主要建筑物、主要机电设备技术参数及技术要求，加强设计工程量控制，对设计参数进行比较选优，合理控制工程造价。

四、招标设计阶段

招标设计是为工程招标而开展的设计工作，是工程招标文件编制的基本依据，包括主体工程、永久设备和业主委托的其他工程的招标文件。此阶段造价文件包括招标设计概算和分标概算。抽水蓄能招标设计概算是根据招标设计阶段工作成果编制形成的工程投资文件，是招标设计阶段投资控制与管理的重要依据。抽水蓄能分标概算是根据招标设计阶段确定的施工分标方案，对核准概算的项目和投资进行切块重组所编制的投资文件。

招标设计阶段抽水蓄能招标设计概算与分标概算对比分析，可以反映本阶段招标设计变化对投资的影响，通过投资变化情况的反馈，促进招标设计阶段工作更加完善和深化，还可为设计方案调整与优化提供技术经济支撑。

第四节　影响工程投资主要因素

抽水蓄能电站由于建设周期长、空间地理位置跨度大以及专业内容广，因此，造成影响抽水蓄能电站投资的因素众多，主要有以下几个方面的因素。

一、上水库的天然地形成库条件

抽水蓄能电站的上水库一般布置在没有天然来水的高山之上，满足设计库容和考虑挖填平衡就需要进行人工机械开挖，天然地形成库条件决定了土石方开挖的工程量大小，进而影响了水库的主要投资指标。

目前，我国抽水蓄能电站大部分上水库为开挖筑坝而成，由表 19-4-1 中所列的投资统计数据可知，文登、潍坊的天然成库条件相对较差，文登土石方开挖投资占比达到上水库投资的 59%，堆石料填筑投资为上水库投资的 13%，两者合计为上水库投资的 72%；潍坊土石方开挖投资占比达到上水库投资的 57%，堆石料填筑投资为上水库投资的 11%，两者合计为上水库投资的 68%。相比较而言，哈密的天然成库条件较好，土石方开挖投资占比为上水库投资的 26%，堆石料填筑投资为上水库投资的 13%，两者合计为上水库投资的 39%。

表 19-4-1　　我国近年部分抽水蓄能电站上水库土石开挖投资统计

序号	电站名称	上水库投资（万元）	土石方开挖投资（万元）	堆石料填筑投资（万元）	土石方开挖及回填总占比（%）	总库容（万 m^3）
1	芝瑞	76479	24014	24561	64	731
2	易县	62900	30609	6606	59	906
3	抚宁	43274	19329	5329	57	809
4	尚义	78431	33732	10067	56	1085
5	绩溪	30779	13487	3536	55	867
6	沂蒙	66835	36953	7187	66	874

续表

序号	电站名称	上水库投资（万元）	土石方开挖投资（万元）	堆石料填筑投资（万元）	土石方开挖及回填总占比（%）	总库容（万 m^3）
7	文登	48737	28528	6542	72	924
8	潍坊	118526	67369	13041	68	891
9	洪屏	18121	2748	6040	48	3077
10	天池	32667	11476	6059	54	1578
11	敦化	27424	14257	4071	67	849
12	荒沟	38383	20010	5229	66	1161
13	庄河	87746	41534	7285	56	1164
14	尚志	50332	27407	4212	63	1332
15	镇安	80836	33612	4457	47	850
16	哈密	68373	17783	8650	39	719
17	清原	40345	15915	3925	49	1433

二、新建水库与利用已建水库

由表 19-4-2 统计投资分析可知，抽水蓄能电站是否利用已建水库对工程投资有直接的影响。我国已建和在建的抽水蓄能电站大多为纯抽水蓄能电站，且其上水库没有或只有少量的天然来水或径流，上水库几乎都是采用新建的方式；抽水蓄能电站下水库根据项目自然条件特点，布置在天然河流上或利用已建水库进行改建，利用已建水库的工程直接投资通常较低，如潍坊、荒沟等，但利用已建水库的社会关系较为复杂，存在已建水库原有综合利用功能的调整、抽水蓄能发电占用库容的补偿等问题，有些还存在建设征地移民遗留的历史问题等。

随着我国抽水蓄能的大力发展，利用河流上已建的梯级水库作为上水库、下水库建设混合式抽水蓄能电站，也表现出了一定的经济优势，如雅砻江两河口、汉江安康混合式抽水蓄能电站等，混合式抽水蓄能由于受现有水库条件的限制，投资差异较大，不做详细讨论。

表 19-4-2　　我国部分抽水蓄能电站上水库、下水库投资统计

序号	工程名称	上水库投资（亿元）	下水库投资（亿元）	备注
1	十三陵	4.46	0.44	下水库利用已建十三陵水库，为防渗工程投资
2	天荒坪	3.46	0.96	上水库、下水库均为新建
3	西龙池	3.91	7.13	上水库、下水库均为新建
4	张河湾	8.26	2.01	下水库利用已建张河湾水库，加高拦河坝工程
5	琅琊山	1.70	—	上水库防渗为垂直防渗，下水库利用已建城西水库
6	桐柏	0.43	1.43	上水库、下水库均在天然河道上筑坝而成
7	宜兴	5.86	1.68	下水库利用原会坞水库所在冲沟，加高新建黏土心墙堆石坝并适当开挖一部分库容而成
8	宝泉	4.30	1.16	下水库利用宝泉水库加高扩容
9	泰安	5.90	0.93	下水库利用已建的大河水库加固改建
10	蒲石河	1.97	1.18	上水库、下水库均为新建
11	芝瑞	7.65	4.73	上水库、下水库均为新建
12	易县	6.29	3.03	上水库、下水库均为新建
13	抚宁	4.33	2.85	上水库、下水库均为新建
14	尚义	7.84	7.12	上水库、下水库均为新建
15	绩溪	3.08	3.11	上水库、下水库均为新建
16	沂蒙	6.68	2.43	上水库、下水库均为新建

续表

序号	工程名称	上水库投资（亿元）	下水库投资（亿元）	备注
17	文登	4.87	2.55	上水库、下水库均为新建
18	潍坊	11.85	0.71	下水库利用已建的嵩山水库改建
19	洪屏	1.81	1.52	上水库、下水库均为新建
20	天池	3.27	2.65	上水库、下水库均为新建
21	敦化	2.74	2.13	上水库、下水库均为新建
22	荒沟	3.84	0.00	下水库利用已建的莲花水电站水库
23	庄河	8.77	2.13	上水库、下水库均为新建
24	尚志	5.03	2.02	上水库、下水库均为新建
25	桐城	5.54	1.70	上水库、下水库均为新建
26	镇安	8.08	3.45	上水库、下水库均为新建
27	哈密	6.84	5.51	上水库、下水库均为新建

三、水库库盆防渗型式

地质条件是抽水蓄能电站选址的重要因素，也是决定电站水库主要坝型和防渗型式的主要因素，更是控制抽水蓄能电站造价的关键因素。目前，我国抽水蓄能电站水库主要坝型有混凝土面板坝、沥青混凝土面板、混凝土重力坝、沥青混凝土心墙堆石坝等，水库库盆防渗型式分为全库防渗和局部防渗。

我国部分抽水蓄能电站上水库防渗工程投资统计见表 19-4-3。采用全库防渗的面板投资在 13100 万～42710 万元之间，其中早期电站指标相对较低，在 13100 万～28500 万元之间，如宜兴、张河湾；近期电站指标相对较高，在 24800 万～42710 万元之间，如沂蒙、镇安、哈密。采用局部防渗的面板投资在 10070 万～22920 万元之间，如绩溪、敦化、尚义。水库局部防渗方案的防渗工程投资额大大低于全库防渗方案，可见，如果地质条件允许，水库采用局部防渗方案可以有效地降低工程投资。

表 19-4-3　　部分抽水蓄能电站上水库防渗型式投资统计

序号	电站名称	防渗型式	上水库投资（万元）	防渗工程投资（万元）	单位库容防渗投资指标（元/m^3）
一、2005 年之前项目					
1	十三陵	混凝土面板全库防渗	44617	14932	34
2	泰安	混凝土面板＋土工膜	59000	10938	10
3	西龙池	沥青混凝土面板全库防渗	39136	15039	31
4	张河湾	沥青混凝土面板全库防渗	82601	28449	36
5	宜兴	混凝土面板全库防渗	58566	13113	25
6	宝泉	沥青混凝土面板＋黏土全库防渗	43009	14680	18
7	琅琊山	帷幕灌浆	17034	11092	6
8	白莲河	帷幕灌浆	5558	3023	1
9	惠州	防渗墙＋帷幕灌浆	15405	9788	3
二、2010 年之后项目					
1	沂蒙	沥青混凝土面板全库防渗	66835	24794	28
2	芝瑞	沥青混凝土面板全库防渗	76479	41795	57
3	易县	沥青混凝土面板全库防渗	62900	25186	28
4	潍坊	沥青混凝土面板全库防渗	118526	33335	37
5	庄河	沥青混凝土面板全库防渗	87746	32765	28
6	镇安	混凝土面板＋土工膜全库防渗	80836	34815	41

续表

序号	电站名称	防渗型式	上水库投资（万元）	防渗工程投资（万元）	单位库容防渗投资指标（元/m^3）
7	哈密	混凝土面板全库防渗	68373	42717	59
8	洪屏	局部防渗	18121	12619	4
9	绩溪	局部防渗	30779	10073	12
10	敦化	局部防渗	27424	10992	13
11	荒沟	局部防渗	38383	12068	10
12	文登	局部防渗	48737	14679	16
13	清原	防渗墙＋帷幕灌浆	40345	19661	14
14	天池	局部防渗	32667	13095	8
15	抚宁	局部防渗	43274	14559	18
16	尚义	局部防渗	78431	22917	21
17	尚志	局部防渗	50332	16017	12

四、土石方平衡及渣场规划

抽水蓄能电站的坝型从投资控制的角度考虑通常宜优先选用当地材料坝，目前国内堆石坝普遍首选面板堆石坝，其次是其他型式的当地材料坝，如沥青混凝土心墙坝；也有少数电站下水库采用混凝土重力坝。抽水蓄能电站施工组织设计方案根据开挖、填筑、浇筑进度计划等进行土石方平衡分析，确定直接利用量、转存量和弃渣量，规划布置转存场和弃渣场。在堆石坝造价中土石方开挖及填筑投资是重要影响因素。

（1）堆石坝坝体填筑量小，投资相对也小。

（2）开挖料不能满足填筑料数量时，工程投资将会提高。

（3）直接上坝料比例越高，工程投资越节省。

（4）转存场和弃渣场布置距离填筑区越近，投资越省。有条件时可利用库内死库容进行堆渣，也可达到节省投资的目的。

五、主要机电设备价格

抽水蓄能电站机电设备投资占枢纽建筑物投资比例较高，对项目的工程造价影响较大。机电设备投资高的原因，主要由于抽水蓄能机组本身具有双向调节功能，且设计、制造工艺复杂。

1. 机电设备自主化

对于高水头大容量的抽水蓄能水泵水轮发电机组，我国在2003年以前均采用进口设备。根据1998～2002年价格水平的主机设备价统计资料分析（见表19-4-4），进口的主机设备（包括水泵水轮机、发电电动机、主阀、变频起动设备、计算机监控设备五大件）的到岸价（CIF价），大部分在55～78美元/kW，总装机容量在1000MW以下的抽水蓄能电站主机设备到岸价甚至接近100美元/kW。此外，设备费中还需计入国内进口环节税费。

表19-4-4　我国早期抽水蓄能电站进口机组价格统计表

序号	设备名称	单位	天荒坪电站			广蓄一期			广蓄二期			十三陵			琅琊山			西龙池			张河湾		
			数量	CIF价（万美元）	单价（美元/kW）	数量	CIF价（万美元）	单价（美元/kW）	数量	CIF价（万美元）	单价（美元/kW）	数量	CIF价（万美元）	单价（美元/kW）	数量	CIF价（万美元）	单价（美元/kW）	数量	CIF价（万美元）	单价（美元/kW）	数量	CIF价（万美元）	单价（美元/kW）
一	水泵水轮机及其附属设备	万kW	180	3477	19	120	3730	31	120	3320	28	80	3466	43	60	2996	50	120	3585	30	100	2154	22

续表

序号	设备名称	单位	天荒坪电站			广蓄一期			广蓄二期			十三陵			琅琊山			西龙池			张河湾		
			数量	CIF价(万美元)	单价(美元/kW)	数量	CIF价(万美元)	单价(美元/kW)	数量	CIF价(万美元)	单价(美元/kW)	数量	CIF价(万美元)	单价(美元/kW)	数量	CIF价(万美元)	单价(美元/kW)	数量	CIF价(万美元)	单价(美元/kW)	数量	CIF价(万美元)	单价(美元/kW)
二	进水阀及其附属设备	万kW	180	945	5	120	736	6	包括在水泵水轮机项内			80	605	8	60	428	7	120	860	7	100	846	8
三	发电电动机及其附属设备	万kW	180	4127	23	120	3304	28	120	3573	30	80	2949	37	60	2087	35	120	4039	34	100	2374	24
四	变频起动装置	套	1	238	1	1	203	2				1	379	5		140	2		330	3		0	0
五	计算机监控系统	套	1	1071	6	1	439	4	1	495	4	1	434	5		247	4		512	4		411	4
一～五合计				9858	55		8413	70		7387	62		7833	98		5898	98		9327	78		5785	58
备品备件				683	4		307	3		360	3								823	7		428	4
一～五合计+备品备件					116			157			151			207			197			162			124
转换为人民币(汇率6.82)单价(元/kW)					793			1069			1028			1411			1341			1107			847

注 CIF是成本、保险费和运费之和的到岸价格。

2003年国家发展和改革委员会组织惠州、宝泉、白莲河三个抽水蓄能电站，通过统一招标和技贸结合的方式，引进国外抽水蓄能机组设计和制造技术；2005年，国家发展改革和委员会决定将蒲石河、呼和浩特和黑麋峰抽水蓄能电站作为引进技术消化吸收支持电站，机组设备采用招议标方式在国内厂商之间进行采购，由国外公司提供技术支持，国内厂商为主进行联合设计制造；其后，响水涧、仙游、溧阳三座抽水蓄能电站作为机组设备自主研发的依托项目，则完全由国内厂商独立设计和制造。2011年响水涧抽水蓄能电站首台机组投产运行，成为我国第一个大型抽水蓄能机组自主化设计制造的电站，目前我国抽水蓄能机组设备已全面实现自主化设计制造，近年来我国抽水蓄能电站的主机设备投资见表19-4-5。

由表19-4-4和表19-4-5可以看出，进口的主机设备（包括水泵水轮机、发电电动机、主阀、变频起动设备、计算机监控设备五大件）按汇率6.82折算单位容量投资在793～1411元/kW之间，近年来我国机组设备全面自主化后主机设备的单位容量投资在628～835元/kW之间，平均值降幅比例达37%，表明机组设备自主化是抽水蓄能电站机电设备及安装费用降低的主要因素。

2. 机组额定水头

机组额定水头的高低，不仅关系到工程建设规模和上水库、下水库库容的确定，同时也影响机组制造的难易程度、机组尺寸与重量等。目前我国抽水蓄能电站机组额定水头多集中在350～550m之间，主要机电设备的单位造价指标在628～835元/kW之间，水头超过600m，机组制造难度显著增加，造价指标也随之增加，如敦化、绩溪等电站。不同额定水头抽水蓄能电站的主机设备投资见表19-4-5。

表 19-4-5　　我国近年抽水蓄能电站的主机设备投资

序号	项目	额定水头(m)	装机容量(MW)	机组台数	水泵水轮机		进水球阀		发电电动机		变频起动装置		计算机监控		合计	
					投资(万元)	单价(元/kW)	投资(万元)	单价(元/kW)	投资(万元)	单价(元/kW)	投资(万元)	单价(元/kW)	投资(万元)	单价(元/kW)	投资(万元)	单价(元/kW)
1	芝瑞	443	1200	4	27186	227	7340	61	34421	287	3981	33	2374	20	75301	628
2	易县	354	1200	4	28639	239	8142	68	34254	285	3449	29	2967	25	77452	645
3	抚宁	437	1200	4	28028	234	6462	54	38327	319	3445	29	2965	25	79227	660
4	尚义	449	1400	4	34629	247	8121	58	42925	307	3805	27	2801	20	92281	659
5	绩溪	599	1800	6	57144	317	13044	72	66188	368	7498	42	2092	12	145966	811
6	沂蒙	375	1200	4	41470	346	8740	73	43938	366	3450	29	2593	22	100190	835
7	文登	471	1800	6	59492	331	9071	50	67864	377	6961	39	4217	23	147604	820
8	潍坊	326	1200	4	27261	227	9058	75	37491	312	3442	29	2963	25	80215	668
9	洪屏	540	1200	4	27989	233	7255	60	38129	318	3800	32	2500	21	79672	664
10	敦化	655	1400	4	49962	357	9830	70	47014	336	4050	29	3075	22	113932	814
11	荒沟	410	1200	4	40281	336	9580	80	41036	342	3500	29	2124	18	96520	804
12	庄河	222	1000	4	25223	252	9801	98	28885	289	2819	28	2044	20	68772	688
13	尚志	226	1200	4	38909	324	11034	92	38330	319	2882	24	2995	25	94150	785
14	桐城	355	1280	4	34406	269	11028	86	36110	282	3518	27	2749	21	87810	686
15	镇安	440	1400	4	44235	316	9549	68	53216	380	3150	23	2982	21	113133	808
16	哈密	474	1200	4	30598	255	6616	55	39204	327	3150	26	1488	12	81056	675
平均						265		66		307		28		20		685

六、初期蓄水和机组并网调试费用

与常规水电站相比，抽水蓄能电站的机组调试和联合试运行更为复杂，抽水蓄能机组需进行无水调试和有水调试。对于有水调试，又包括发电工况和抽水工况的调试，两种工况交换进行。抽水蓄能电站初期蓄水费用和机组并网调试补贴费是在试运行期间发生的主要费用，有别于常规水电站。

（1）抽水蓄能电站初期蓄水费是指为满足抽水蓄能电站机组首次起动的要求，电站下水库、上水库初次蓄水和抽水的费用。初期蓄水费因各工程初期蓄水方式差异较大，根据其费用性质并入生产准备费中。通常按初期蓄水量乘以初期蓄水水价计算。

$$初期蓄水费=\sum(Q_i \times C_i)$$

式中　Q_i——初期不同方式蓄水量；

C_i——不同方式蓄水价格。

（2）抽水蓄能电站机组并网调试补贴费是指抽水蓄能机组完成分部调试后，投产前进行的并网调试所发生的抽水电费与发电收益差值的补贴费用。根据国能新能〔2014〕359号《水电工程费用构成及概（估）算费用标准》（2013年版），机组并网调试补贴费计算标准为15～25元/kW，在生产准备费中单独计列。

第五节　工程建设资金筹措

抽水蓄能电站工程建设资金一般采用项目融资的筹措方式，即组建项目法人，承担项目的投融资及运营，其资金来源主要有资本金、国内银行贷款、外国政府贷款或国外金融机构贷款三种方式。

一、资本金

我国是1996年在国务院国发〔1996〕35号文《国务院关于固定资产投资项目试行资本金制度的通知》颁发后，开始实行资本金制度的，文中规定："在投资项目的总投资中，除项目法人（依托现有企业的扩建及技术改造项目，现有企业法人即为项目法人）从银行或资金市场筹措的债务性资金外，还必须拥有一定比例的资本金。投资项目资本金，是指在投资项目总投资中，由投资者认缴的出资额，对投资项目来说是非债务性资金，项目法人不承担这部分资金的任何利息和债务；投资者可按其出资的比例依法享有所有者权益，也可转让其出资，但不得以任何方式抽回”，并规定电力工程资本金比例不能低于项目建设总投资的 20%。

2009 年 5 月，国务院国发〔2009〕27 号文《国务院关于调整固定资产投资项目资本金比例的通知》，对钢铁、电解铝、水泥、煤炭、机场等多个行业固定资产投资项目的最低资本金比例进行了调整，但电力项目的最低资本金比例仍为 20%。后来的国发〔2015〕51 号文《国务院关于调整和完善固定资产投资项目资本金制度的通知》，国发〔2019〕26 号文《国务院关于加强固定资产投资项目资本金管理的通知》等一系列政策文件，电力项目的最低资本金比例均维持 20%不变。目前绝大部分抽水蓄能电站建设资金的资本金比例控制在不低于 20%。

二、国内银行贷款

国内银行贷款分为商业银行贷款和政策性银行贷款。国内商业银行如工商银行、农业银行、建设银行等，其利率按现行中国人民银行五年期及以上 LPR 贷款市场报价利率。我国政策性银行有国家开发银行、中国进出口银行、中国农业发展银行。其中国家开发银行是提供基础设施建设及重要的生产性建设项目的长期贷款，抽水蓄能电站建设即可使用。国家开发银行贷款期限一般较长，且贷款利率通常比商业银行贷款低。

三、国外政府贷款或国外金融机构贷款

我国早期建设的抽水蓄能电站主机设备几乎全部进口，采用的外资贷款主要来源于世界银行、亚洲开发银行、日本国际协力银行（原为日本海外协力基金）等。在 2003 年之前开工建设的十三陵、广州蓄能、天荒坪、桐柏、泰安、琅琊山、宜兴、张河湾、西龙池等多个大型抽水蓄能电站，均采用了外资银行的贷款。但随着我国经济实力的增强和机组设备的国产化，后来投资建设的抽水蓄能均采用了国内银行贷款的融资模式。

工程资金筹措是项目实施的一项重要工作，项目前期阶段就应在投资预测的基础上，进行项目融资研究，优化融资方案，降低项目融资成本及融资风险，从而可降低工程总投资。

第二十章　抽水蓄能电站经济评价

第一节　抽水蓄能电站经济评价发展历程

抽水蓄能电站经济评价包括国民经济评价和财务评价。国民经济评价是在合理配置社会资源的前提下，从国家整体经济利益的角度出发，计算项目对国民经济的贡献，分析项目的经济效果对社会的影响，评价项目在宏观经济上的合理性。财务评价主要是在国家现行财税制度、价格、建设和经营管理机制的条件下，分析测算项目的实际收入与支出，计算财务指标，分析项目的获利能力，偿债能力、市场竞争力以及财务生存能力等财务状况，以判别其财务上的可行性。抽水蓄能电站经济评价的方法与常规水电站基本相同。本文重点对抽水蓄能电站经济评价中不同于常规水电的一些问题做简要介绍。

20 世纪 80 年代，随着经济体制改革的逐步深化，水电建设项目（包括抽水蓄能电站建设项目）经济评价工作，在总结过去实践经验的基础上，借鉴国外经验，特别是一些欧美国家的项目经济评价方法，加强了理论与实践的研究，提出了动态分析方法。从 1985 年开始，国家基建投资实行“拨改贷”“利改税”等新规定，水电建设项目的财务评价工作有了加强。水利电力部门等先后编制了《电力工程经济评价分析暂行条例》（1982 年），《水利发电工程经济评价暂行规定》（1983 年）、《水利经济计算规范》（1986 年）和《水电站财务分析方法》（1987 年）等。从此，水电建设项目的经济评价工作逐步走上了有章可循的阶段。1987 年 9 月 1 日，国家计委颁布了《关于建设项目经济评价工作的暂行规定》《建设项目经济评价方法》《建设项目经济评价参数》等一系列文件，要求各部门结合行业的具体情况制定相应的实施细则，报国家计委备案。

20 世纪 90 年代，能源部、水利部、水利水电规划设计总院于 1990 年 9 月制定了《水电建设项目经济评价实施细则》（试行）；国家计委 1990 年又颁发了《建设项目经济评价方法与参数实用手册》，使水电建设项目的经济评价工作进入新阶段。为了适应国家经济形势的发展变化，国家计委投资〔1993〕年 530 号文颁发了《建设项目经济评价方法与参数》（第二版），在此基础上，1994 年 6 月电力部、水利部、水利水电规划设计总院编制了《水电建设项目财务评价暂行规定》（试行），取代了《水电建设项目经济评价实施细则》（试行）中财务评价的内容。

20 世纪 90 年代我国抽水蓄能电站的建设尚处于初期阶段，但由于抽水蓄能电站具有起动快、运行灵活的特点，在电力系统中可承担调峰、填谷、调频、调相和紧急事故备用等多种任务，尤其是广州、十三陵等大型抽水蓄能电站的建成，对电力系统稳定和安全运行起到很大的作用，因此，抽水蓄能电站的建设在我国有了较快的发展。由于抽水蓄能电站的效益体现在电力系统，按当时我国的电价政策和电力系统计价方法，抽水蓄能电站的效益存在“算得出、看得见、拿不着”的问题，造成建设抽水蓄能电站集资难，投资回收难。因此，亟待研究如何正确评价和反映抽水蓄能电站的作用和效益，提出相应的政策和管理措施，制定可以操作的抽水蓄能电站财务评价方法。为此，原电力工业部以电计〔1998〕289 号文印发了《抽水蓄能电站经济评价暂行办法》（简称《暂行办法》），以电计〔1999〕47 号文印发了《国家电力公司抽水蓄能电站经济评价暂行办法实施细则》（简称《实施细则》）。《实施细则》统一了国内抽水蓄能电站经济评价的思路，对促进抽水蓄能电站的立项和建设具有重大意义。

到21世纪初，我国社会主义市场经济迅速发展，投资体制、财税政策发生了巨大变化，对建设项目提出新要求。投资项目可行性研究是固定资产投资活动的一项基础性工作，可行性研究结论是投资决策的重要依据。为了适应我国各类投融资主体科学决策的需要，国家发展计划委员会以计办投资〔2002〕15号文印发了《投资项目可行性研究指南》（简称《指南》），用以规范可行性研究工作的内容和方法，指导可行性研究报告的编制。《指南》的编写总结了国内改革开放以来可行性研究工作的经验教训，借鉴了国际上可行性研究的有益经验，基本符合我国实际情况，而且与国际通常做法基本接轨，成为项目核准评估的重要指导性文件之一。

2004年发改能源〔2004〕71号《关于抽水蓄能电站建设管理有关问题的通知》，指出“抽水蓄能电站主要服务于电网，为了充分发挥其作用和效益，抽水蓄能电站原则上由电网经营企业建设和管理，具体规模、投资与建设条件由国务院投资主管部门严格审批，其建设和运行成本纳入电网运行费用统一核定。发电企业投资建设的抽水蓄能电站，要服从于电力发展规划，作为独立电厂参与电力市场竞争”。

2006年7月3日，国家发展和改革委员会及建设部以“发改投资〔2006〕1325号”文印发了《建设项目经济评价方法与参数》（第三版）[简称《方法与参数》（第三版）]，要求在投资项目的经济评价工作中借鉴和使用。该书提出了一套比较完整、广泛应用、切实可行的经济评价方法与参数体系。《方法与参数》（第三版）包括了《关于建设项目经济评价工作的若干规定》《建设项目经济评价方法》和《建设项目经济评价参数》三部分。《建设项目经济评价方法》和《建设项目经济评价参数》是建设项目经济评价的重要依据。对于实行审批制的政府投资项目，应根据政府投资主管部门的要求，按照《建设项目经济评价方法》和《建设项目经济评价参数》执行；对于实行核准制和备案制的企业投资项目，可根据核准机关或备案机关以及投资者的要求，选用建设项目经济评价的方法和相应参数。作为《方法与参数》（第三版）的配套书籍，建设部标准定额研究所2006年9月编制了《建设项目经济评价案例》（简称《案例》）。《案例》收集了15个有代表性的案例，从行业看，包括了资源开发、能源开发、交通运输制造业、农业、水利、教育、卫生、城市基础设施等项目；从类型看包括了特许经营、改扩建、规划、企业兼并类等项目以及特大型项目；从资金来源看，包括政府投资项目和企业投资项目。这些案例以实际项目为背景，进一步阐述了《方法与参数》（第三版）的分析思路、计算步骤和要求。

2007年国家发展和改革委员会发布发改价格〔2007〕1517号《关于桐柏、泰安抽水蓄能电站电价问题的通知》，提出“发改能源〔2004〕71号《国家发展改革委关于抽水蓄能电站建设管理有关问题的通知》下发后审批的抽水蓄能电站，由电网经营企业全资建设，不再核定电价，其成本纳入当地电网运行费用统一核定；发改能源〔2004〕71号文件下发前审批但未定价的抽水蓄能电站，作为遗留问题由电网企业租赁经营，租赁费由国务院价格主管部门按照补偿固定成本和合理收益的原则核定”；“核定的抽水蓄能电站租赁费原则上由电网企业消化50%，发电企业和用户各承担25%。发电企业承担的部分通过电网企业在用电低谷招标采购抽水电量解决；用户承担的部分纳入销售电价调整方案统筹解决”。

2014年7月31日，国家发展和改革委员会发布发改价格〔2014〕1763号《关于完善抽水蓄能电站价格形成机制有关问题的通知》，明确在电力市场形成前，抽水蓄能电站实行两部制电价。电价按照合理成本加准许收益的原则核定。其中，成本包括建设成本和运行成本；准许收益按无风险收益率加1%～3%的风险收益率核定。电量电价水平按当地燃煤机组标杆上网电价执行，电网企业向抽水蓄能电站提供的抽水电量，电价按燃煤机组标杆上网电价的75%执行。

2021年4月30日，国家发展和改革委员会发布发改价格〔2021〕633号《国家发展改革委关于进一步完善抽水蓄能价格形成机制的意见》，明确现阶段要坚持以两部制电价政策为主体，进一步完善抽水蓄能价格形成机制，以竞争方式形成电量价格，将容量价格纳入输配电价回收；同时将“抽水蓄能容量电价核定办法”作为该文件的附件，该办法对服务于电力系统的抽水蓄能电站的容量电价的计算方法和参数进行了详细的规定。

2022年11月，能源行业水电规划水库环保标准化技术委员会对北京勘测设计研究院主编的《抽水蓄能电站经济评价规范》进行了审查，并于2023年1月形成规范报批稿，这将是我国首个抽水蓄能电站经济评价的专用规范。

第二节 抽水蓄能电站经济评价主要原则及关键问题

一、抽水蓄能电站经济评价主要原则

抽水蓄能电站经济评价应遵循的基本原则如下：

(1)"有无对比"原则。"有无对比"是指"有项目"相对于"无项目"的对比分析。"无项目"状态指不对该项目进行投资时，在计算期内，与项目有关的资产、费用与收益的预计发展情况；"有项目"状态指对该项目进行投资后，在计算期内，资产、费用与收益的预计情况。"有无对比"求出项目的增量效益，排除了项目实施以前各种条件的影响，突出项目活动的效果。

(2)效益与费用计算口径对应一致的原则。将效益与费用限定在同一个范围内，才有可能进行比较，计算的净效益才是项目投入的真实回报。

(3)定量分析与定性分析相结合，以定量分析为主的原则。经济评价的本质就是要对拟建项目在整个计算期的经济活动，通过效益与费用的计算，对项目经济效益进行分析和比较。一般来说，项目经济评价要求尽量采用定量指标，但对一些不能量化的经济因素，不能直接进行数量分析，对此要求进行定性分析，并与定量分析结合起来进行评价。

(4)动态分析与静态分析相结合，以动态分析为主的原则。动态分析是指利用资金时间价值的原理对现金流量进行折现分析。静态分析是指不对现金流量进行折现分析。项目经济评价的核心是折现，所以分析评价要以折现（动态）指标为主。非折现（静态）指标与一般的财务和经济指标内涵基本相同，比较直观，但是只能作为辅助指标。

(5)在采用的价格体系上，国民经济评价中投入物及产出物一般采用影子价格；财务评价一般采用现行价格，并考虑物价上涨因素的影响。

(6)收益与风险权衡的原则。投资者关心的是效益指标，但是若对可能给项目带来风险的因素考虑得不全面，对风险可能造成的损失估计不足，结果往往有可能使得项目失败。收益与风险权衡的原则提示投资者，在进行投资决策时，不仅要看到效益，也要关注风险，权衡得失利弊后再行决策。

二、国民经济评价

（一）评价方法

抽水蓄能电站国民经济评价应按照资源合理配置的原则，从全社会角度考察项目的费用和效益，计算分析项目给国民经济带来的净效益，在此基础上计算项目的国民经济评价指标。当国民经济评价在财务评价基础上进行时，应对其计算的财务效益与费用进行调整，剔除属于国民经济内部转移支付部分，增加财务评价中未反映的经济效益与费用。

抽水蓄能电站项目一般采用"投入产出法"或"替代方案法"进行国民经济评价。当有国家公布的影子价格时，可采用"投入产出法"，以影子价格分别计算项目的投入物的费用与产出物的效益，通过费用与效益的比较，进行国民经济评价。

主要服务于新能源的抽水蓄能电站，其效益应从发挥储能、调相作用，促进新能源开发利用，增加发电效益和系统可靠容量，节省输电投资、提高输电通道利用率等方面进行分析，并从整体角度进行评价。

鉴于国家目前尚未形成定期发布影子价格的制度，投入与产出的计算尚存在一些问题，为避免出现不合理现象，多采用"替代方案法"。"替代方案法"要求在进行抽水蓄能电站国民经济评价时，需从电力系统整体出发，进行"有""无"抽水蓄能电站情况下的系统电源方案比较，计算相应的费用，包括电源方案中各类电源的投资与运行费等，以无抽水蓄能电站情况的系统电源方案的费用作为抽水蓄能电站项目的效益，进行费用与效益的比较，计算国民经济评价指标。

（二）效益和费用

抽水蓄能电站项目经济效益包括发电效益、综合利用效益和外部效益。发电效益应包括静态效益和动态效益。静态效益主要包括在电力系统中发挥调峰、填谷、储能作用所产生的容量效益、电量效益和节能效益。动态效益主要包括在电力系统中承担调频、调相、紧急事故备用、黑启动等任务所产生的效益。

抽水蓄能电站的国民经济评价多采用替代方案法，在经济效益与费用计算中，以有抽水蓄能电站的电力系统电源方案的费用作为项目的费用，以无该抽水蓄能电站的电力系统电源方案的费用作为抽水蓄能电站的效益。

替代方案的选择需通过电力系统电源优化规划，同等满足电力系统需求，选择最优电源组合方案。不同电源方案应进行系统电力电量平衡分析，要全面反映电源方案中各类不同电源的技术经济特性，如调峰能力、运行维护费、燃料消耗特性等方面的差别。在计算不同方案的运行费用时，应考虑抽水蓄能电站和替代电源在检修、厂用电、事故率及费率指标等运行特性上的差异。计算不同方案的燃料消耗时，应结合系统电源构成，根据不同类型机组的燃料消耗特性曲线（含开停燃料消耗），采用等微增法或模拟生产法进行系统燃料消耗平衡计算。合理地、客观地分析计算不同电源的投资、固定运行费与可变运行费等指标，是做好国民经济评价的重要方面。

（三）评价指标

国民经济评价中采用的评价指标常用经济内部收益率（EIRR）、经济净现值（ENPV）与经济效益费用（Rbc）比进行判别。

经济内部收益率系指在计算期内经济净效益的现值累计等于 0 时的折现率，如果经济内部收益率大于或等于社会折现率，表明项目资源配置的经济效率达到了可以被接受的水平。经济净现值系指按照社会折现率将计算期内各年的经济效益流量折现到建设期初的现值之和，如果经济净现值大于或等于 0，表明项目可以达到社会折现率的效益水平，认为该项目从经济资源配置的角度可以被接受。经济效益费用比系指在计算期内效益流量与费用流量的现值之比，如果经济效益费用比大于或等于 1，表明项目资源配置的经济效率达到了可以被接受的水平。

（四）国民经济评价存在问题分析

抽水蓄能电站的国民经济评价常用替代方案比较法，等效替代电源方案的选择是影响国民经济评价的关键。抽水蓄能电站在电力系统中运行方便灵活，具有多方面的功能与效益，除具有调峰填谷效益外，尚有储能、调频、调相、旋转备用、快速跟踪负荷、保证系统运行安全与提高供电质量等方面的效益。目前常用火电机组、新型储能作为替代电源，在运行的功能上尚难做到完全的等效，主要考虑了其静态效益，而没有客观合理地反映其全部动态效益，这在某种程度上低估了抽水蓄能电站在电力系统中的作用与效益，这也是目前需要深入研究的重要课题。

三、财务评价

（一）资金来源与融资方案

资金来源与融资方案应分析建设投资和流动资金的来源渠道及筹措方式，并在明确项目融资主体的基础上，设定初步融资方案。通过对初步融资方案的资金结构、融资成本和融资风险的分析，结合融资后财务分析，比选确定融资方案，为财务分析提供必需的基础数据。融资方案主要是确定项目融资主体，融资方式分为有法人融资和新设法人融资两种。

（二）容量价格和电量价格计算

2021 年 4 月，国家发展和改革委员会发布发改价格〔2021〕633 号《国家发展改革委关于进一步完善抽水蓄能价格形成机制的意见》，提出“现阶段，要坚持以两部制电价政策为主体，进一步完善抽水蓄能价格形成机制，以竞争性方式形成电量电价，将容量电价纳入输配电价回收，同时强化与电力市场建设发展的衔接，逐步推动抽水蓄能电站进入市场，着力提升电价形成机制的科学性、操作性和有效性，充分发挥电价信号作用，调动各方面积极性，为抽水蓄能电站加快发展、充分发挥综合效益创造更加有利的条件”。抽水蓄能电站在电力系统中的效益包括容量效益和电量效益，应采用两部制电价进行财务评价。在电力市场形成前，电量价格按煤电标杆电价执行，之后由市场定价。容量价格可由可避免成本法和个别成本法进行测算。

1. 可避免成本法

可避免成本法是根据抽水蓄能电站的可避免容量费用，按照满足合理补偿成本、偿还贷款及电站在经营期一定盈利能力要求测算经营期上网电价的计算方法。可避免方案应根据电站所在电力系统发展规划确定的负荷水平、负荷特性及电源结构，在同等程度满足设计水平年电力电量和调峰需求的基础上，通过电源优化选定除设计方案之外的最优方案。

以可避免容量费用测算容量价格的方法是：首先进行“有”“无”设计电站两种情况及以同等满足用电要求为前提的电源优化组合规划，确定设计（有设计电站）方案和替代（无设计电站）方案的电源结构；然后，对两个方案分别进行电力电量平衡和费用计算。在此分析和计算基础上，用下列公式计算容量价格：

$$容量价格=容量价值/年上网容量$$

$$容量价值=可避免容量费用\times 调整系数$$

$$可避免容量费用=替代方案费用-(设计方案费用-设计电站费用)$$

可避免方案容量费用应包含替代方案经营成本、税金、净燃料费和投资利润。

容量价值可采用可避免方案的容量费用与调整系数的乘积。调整系数考虑抽水蓄能电站与替代电站在厂用电、开停机灵活性及增荷速率等方面的差别，可取 1.0～1.1。

2. 个别成本法

个别成本法是根据抽水蓄能电站的成本构成及其费用，按照满足合理补偿成本、偿还贷款及电站在经营期一定盈利能力要求测算经营期上网电价的计算方法。抽水蓄能电站的上网电价计算，采用控制资本金财务内部收益率的方法为基本方案，依据国家发展和改革委员会发布发改价格〔2021〕633 号《国家发展改革委关于完善抽水蓄能价格形成机制的意见》，测算原则如下：

（1）准许收益按无风险收益率（长期国债利率）加 1%～3%的风险收益率核定。计算基本方案中基准收益率（资本金财务内部收益率）取为 6.5%。

（2）抽水蓄能电站实行两部制电价，即电量电价和容量电价。

电量电价：按当地燃煤机组标杆上网电价（含脱硫、脱硝、除尘等环保电价）。

容量价格：按照弥补抽水蓄能电站固定成本及准许收益的原则核定。容量价格测算，主要按照准许收益的原则。

（三）抽水蓄能电站年收入计算

我国电力市场目前正处于完善阶段，因此在进行抽水蓄能电站财务评价时，应根据电站经营模式，结合电站和所在电力系统的要求和特点，按照实际执行的电价机制计算电站年收入。

（1）租赁方式。租赁方式是电力市场建立之前的一种有效经营方式。在租赁方式中，电站与电网或其他租赁企业签订租赁协议，电站的运行完全服从电网的调度。电站的年收入即为年租赁费，租赁费以容量价格为基础确定。

（2）定费结算方式。当电力市场建立以后，电网能够根据各电站在价格上的不同而选择对电网有利的电站入网，使电源结构优化，电网也能根据电量价格的差别，选择电量价格低的电站多发电量，电量价格高的少发，有利于降低电网经营成本，电站应根据电量等考核指标计费，有利于提高服务质量，电站还会主动研究机组运行特性，合理安排机组运行组合，以提高能量利用效率。在定费结算方式下，电站的年收入应按其有效容量和电量，及容量和电量价格结算。

（3）电量竞争上网方式。比定费结算方式更进了一步，是电力市场比较成熟后的一种经营方式。通过电量竞争上网，使各电站增加降低经营成本的主动性，但关键在于全电网是否具备这样竞争上网的条件。在电量竞争上网方式下，电站年收入中的容量收入按有效容量和容量价格计算，电量收入按上网电量和有竞争力的上网电量价格（小于或等于按可避免成本计算的电量价格）结算。

（4）协议结算方式。电网承诺每年从电站购入一定数量的电量，保证电站年收入，但不利于全电网的优化调度，此方式只是电力市场改革完成前的一种暂时过渡方式，比较适合于上网电价为一部制电价的情况。在协议结算方式下，电站年收入按协议的年发电量和相应的价格结算。

（5）电网统一经营核算方式。电站年收入完全按设计电站本身的各项支出和投资利润要求，由电网结算。由于电站经营的各种负担和风险均由电网承担，电网支付的投资利润水平也相应比较低。

（6）现行“两部制”电价核算方式。发改价格〔2021〕633 号文提出，“本意见印发之日前已投产的电站，执行单一容量制电价的，继续按现行标准执行至 2022 年底，2023 年起按本意见规定电价机制执行；执行两部制电价的，电量电价按本意见规定电价机制执行，容量电价按现行标准执行至 2022 年底，2023 年起按本意见规定电价机制执行；执行单一电量制电价的，继续按现行电价水平执行至 2022 年底，2023 年起按本意见规定电价机制执行”“本意见印发之日起新投产的抽水蓄能电站，按本意见规定电价机制执行”，即从 2023 年开始所有抽水蓄能电站将统一执行两部制电价，由各省发展改革委统一进行容量电价的核算。

根据发改价格〔2021〕633 号文，抽水蓄能电站年收入包括容量收入和电量收入，容量收入为容量价格和装机容量的乘积，电量收入为上网电价和上网电量的乘积。容量价格按个别成本法进行测算，最终以省发改委核定的价格为准。电量价格以市场价格为准。

（四）评价指标

财务盈利能力分析既有动态指标，也有静态指标。在分析财务指标时，应以动态指标为主，静态指标为辅。盈利能力分析的主要指标包括项目投资财务内部收益率和财务净现值、项目资本金财务内部收益率、投资回收期、总投资收益率、项目资本金净利润率、利息备付率、偿债备付率、资产负债率等，可根据项目的特点及财务分析的目的、要求等选用。

（五）财务评价存在问题分析

目前，在抽水蓄能电站的财务评价方面存在的问题比较多。《抽水蓄能电站经济评价暂行规定》（简称《暂行规定》）实施中，存在问题比较多的主要在财务评价方面。《暂行规定》中提出了按照边际成本理论，采用可避免容量成本与电量成本来确定上网容量电价与电量电价的办法，实质上是用国民经济评价的方法进行财务评价，主要是解决抽水蓄能电站的经济效益可以“看得见”与“算得出”的问题。上述容量与电量电价的分析与计算，由于与现行财税制度与电价机制存在着很大的不协调，所测算电价严重脱离实际，使财务评价指标缺少客观的评判标准。现实的财务评价中，也还是根据现行财务有关规定，常采用个别成本法反推电价，测算其财务指标，与现行电价制度进行对比分析，论证其财务上的可行性。发改价格〔2021〕633 号文的附件“抽水蓄能容量电价核定办法”，明确按照个别成本进行容量价格的测算。新发布的 NB/T 11175—2023《抽水蓄能电站经济评价规范》报批稿中，采用个别成本法反推容量价格，进行财务评价测算，论证其在财务上的可行性，可避免成本法仅作为经济指标对比的依据。

改进现行经济评价办法，特别是财务评价方法，重点要解决好两个方面的问题，一是根据抽水蓄能电站的运营特点，采用合理的电价机制；二是确定抽水蓄能电站在电网中承担的功能、作用与价值，合理确定其电价水平。

目前，采用以容量价格为主的几个抽水蓄能电站，基本上还是根据电站的运行成本，主要考虑的是电站在电网的调峰发电与填谷作用来定价的。而对抽水蓄能电站在系统中的调频、调相、事故处理及“黑启动”方面的作用，即通常所说的辅助服务功能，在保证电网运行安全、提高供电质量等方面的作用尚没有得到体现。在电价的形成机制中，对电网的安全稳定所需要支付的成本还没有得到充分的认可和客观体现，这在某种程度上也低估了抽水蓄能电站的价值和效益。为促进抽水蓄能电站健康发展，研究探索我国电力市场发展中抽水蓄能电站的经营模式与电价机制是电力市场改革和发展中应重点解决的问题之一。

针对抽水蓄能电站的特点，在电价机制上，应研究电网运行安全成本及承担辅助服务功能的价格机制、进一步开拓抽水蓄能电站的经营环境与发展空间。此外，应对抽水蓄能电站的实际运行技术经济指标，如有关电站运行成本指标、各种费率指标等做进一步调研分析，为正确评价抽水蓄能电站在电网中的效益，及经济评价办法的修改完善提供科学依据。

四、风险分析

用以预测项目可能承担的风险，及确定其在财务、经济上的可靠性的风险分析，目前一般采用敏感性分析，有条件时进行概率分析。

（1）敏感性分析是通过分析、预测某种因素单独变化或多种因素变化时引起内部收益率变化幅度，为求出内部收益率达到临界点（财务内部收益率等于财务基准收益率或经济内部收益率等于社会折现率）时，某种因素允许变化的最大幅度，超过此极限，即认为项目不可行。

（2）概率分析是预测不确定因素的变化对评价指标的影响程度和发生这种影响的可能性大小，分析计算的内容一般为计算评价项目净现值的期望值和净现值大于或等于零时的累积概率，以判断项目的抗风险程度。净现值的期望值大于0即为可行；大于0的累积概率越接近于1，抗风险能力越强。

抽水蓄能电站经济评价的概率分析方法需多积累实践经验，在设计单位逐渐推行。

五、综合分析评价

经济评价是抽水蓄能电站建设或工程项目可行性评价的主要组成部分，此外，一般还需从宏观高度对其进行全面审查，判别其综合利弊效果，并在所拟各开发方案中选择综合效果最佳的方案。

广义的综合评价分析，一般根据开发方案的建设规模、任务要求和涉及范围的不同，及其不同层次的意义与影响，综合评价下列各项内容的全部或其中主要的几个部分：

（1）社会经济发展评价，侧重于阐明项目开发或方案建设对国家或地区社会经济发展的战略方针、宏观政策、发展规划等方面的关系和意义。

（2）社会评价，侧重于对地区劳动就业、劳动场所、生活条件、安全生产、文化教育和文明建设等方面的影响。

（3）技术评价，侧重于建设方案在技术上的可行性、可靠性、先进性、适应性、标准性、科学意义、学术水平与科技情报诸方面的关系。

（4）环境评价结论摘要，重点是配合新源消纳，替代火电煤耗油耗，减少火电污染排放，减少电力系统整体碳排放量，降低对化石类能源的依赖，有利于我国双碳目标的实现。另外也对移民安置可行性给予评价，在生态环境方面则侧重于改善区域水土、气候、水质条件，防止环境污染，减少农林土地占用，保持生态平衡，减免自然灾害，降低劳动强度等。

（5）资源评价，侧重于水土资源、动力资源和其他能源资源的保护、利用、开发、节约以及对国家或地区人、财、物力、矿藏等有关资源总量影响的分析。

（6）国民经济效果评价，侧重于服务新型电力系统构建、电力系统电源结构调整、系统燃料费用降低、提高系统可靠性和灵活性、运煤交通运输压力缓和、国家能源安全等。

第三节 经济评价案例分析

某抽水蓄能电站总装机容量1200MW，设计年发电量为24.09亿kWh，相应抽水电量为32.12亿kWh。工程设计概算静态总投资为789651万元。

电站经济评价依据发改价格〔2021〕633号和国家颁发的有关财税政策的要求进行。

一、国民经济评价

该抽水蓄能电站国民经济评价的效益计算采用替代方案法。在同等满足电力系统电力和电量需要的条件下，以替代电站的费用作为本电站的效益，进行国民经济评价。

以燃煤火电机组作为替代方案，根据电力系统模拟，该抽水蓄能电站替代火电装机容量1256MW，每年为系统节约标煤44.9万t，清洁标煤单价取900元/t，节约燃料费用40410万元。根据电网近几年火电站建设的有关资料，取替代火电机组单位千瓦静态投资为4100元（已考虑火电机组的脱硫费用），则替代火电投资为502400万元。替代火电站建设期按4年考虑，与该抽水蓄能电站同期建成，分年投资比例分别为20%、30%、30%和20%。替代火电的年运行费按替代火电投资的4.5%计算，每年运行费为22608万元（不含燃料费）。

设计电站投资费用应以扣除税金、国内贷款利息和补贴等内部转移等费用后计，该抽水蓄能电站扣除转移支付后的投资为726563万元。年运行费包括修理费、材料费、保险费、职工工资及福利费、劳保统筹、住房公积金、其他费用等，按静态总投资的2.4%计算，每年为17432万元（不包括抽水燃料费）。

根据上述设计电站的费用和效益，计算的该抽水蓄能电站效益费用流量成果见表 20-3-1。建设期 8 年，运行期 40 年，计算期按 48 年计，社会折现率为 8%。由此计算的该抽水蓄能电站经济内部收益率为 10.37%；经济净现值为 95149 万元。

表 20-3-1　　国民经济评价效益费用流量表（全部投资）　　单位：万元

序号	项目	建设期								经营期					合计
		1	2	3	4	5	6	7	8	9	10～45	46	47	48	
1	装机容量（MW）	0	0	0	0	0	0	0	1200	1200	1200	1200	1200	1200	
2	年发电量（亿 kWh）	0	0	0	0	0	0	0	14.94	24.09	24.09	24.09	24.09	24.09	
3	效益流量（替代方案）	0	0	0	0	100480	150720	150720	139551	63018	63018	63018	63018	63018	3062191
3.1	固定资产投资	0	0	0	0	100480	150720	150720	100480	0	0	0	0	0	502400
3.2	运行费用	0	0	0	0	0	0	0	14017	22608	22608	22608	22608	22608	918337
3.3	燃料费	0	0	0	0	0	0	0	25054	40410	40410	40410	40410	40410	1641454
3.4	固定资产余值回收														0
4	费用流量（设计方案）	54137	83390	87979	112510	147683	128493	73121	49847	17432	17432	17432	17432	17432	1434460
4.1	固定资产投资	54137	83390	87979	112510	147683	128493	73121	39038	0	0	0	0	0	726353
4.2	运行费用							0	10808	17432	17432	17432	17432	17432	708107
5	净现金流量	−54137	−83390	−87979	−112510	−47203	22227	77599	89705	45586	45586	45586	45586	45586	1627731

二、财务评价

财务评价主要是根据国家现行财税制度，分析测算项目的实际收入和支出，考察其获利能力，贷款偿还能力等财务指标，以评价项目的财务可行性。

（一）资金筹措及贷款条件

（1）资金筹措。该抽水蓄能电站投资来源有以下几部分：资本金占电站总投资的 20%，约 192090 万元（含流动资金）；电站投资的其余部分由国内银行贷款解决，贷款额度为 767762 万元。

（2）贷款条件。国内融资贷款采用国内商业银行贷款，贷款期限在 5 年以上的贷款年利率采用最新调整利率 4.6%。贷款宽限期为工程建设期，建设期利息计入本金，宽限期后每年按等本金偿还。还贷期 25 年。工程建设期投资计划与资金筹措见表 20-3-2。

表 20-3-2　　工程建设期投资计划与资金筹措表　　单位：万元

序号	项目	合计	年度							
			1	2	3	4	5	6	7	8
1	总投资	959852	59898	95495	106899	142375	194237	179210	119948	61791
1.1	建设投资	851883	58855	91746	99626	130762	176762	155233	90761	48137
1.2	建设期利息	106770	1043	3749	7273	11613	17475	23977	29187	12454
1.3	流动资金	1200	0	0	0	0	0	0	0	1200
2	资金筹措	959852	59898	95495	106899	142375	194237	179210	119948	61791
2.1	项目资本金	192090	11980	19099	21380	28475	38847	35842	23989	12478
2.1.1	用于建设投资	191730	11980	19099	21380	28475	38847	35842	23989	12118

续表

序号	项目	合计	年度							
			1	2	3	4	5	6	7	8
2.1.2	用于流动资金	360	0	0	0	0	0	0	0	360
2.1.3	用于建设利息	0	0	0	0	0	0	0	0	0
2.2	债务资金	767762	47918	76396	85519	113900	155390	143368	95959	49313
2.2.1	用于建设投资	660152	46875	72647	78246	102287	137915	119391	66772	36019
2.2.2	用于流动资金	840	0	0	0	0	0	0	0	840
2.2.3	用于建设期利息	106770	1043	3749	7273	11613	17475	23977	29187	12454
2.3	其他资金	0	0	0	0	0	0	0	0	0

（二）年上网容量和上网电量

该抽水蓄能电站的年上网容量与电量需通过电力系统电源优化，由年电力电量平衡结果确定。通过分析，系统容量可全部被系统吸收。经对我国近年来投产的抽水蓄能电站的运行资料进行分析，该抽水蓄能电站厂用电率采用2%，电站综合循环效率取75%。

（三）费用计算

项目的费用主要包括总投资、发电总成本费用和电站税金。

(1) 总投资。财务评价中总投资包括固定资产投资、流动资金和建设期利息。

1) 固定资产投资为静态总投资与价差预备费之和。该抽水蓄能电站固定资产投资为851883万元。

2) 流动资金按10元/kW估算，总计1200万元，其中70%从银行贷款，采用最新调整利率为3.7%。流动资金随机组投产投入使用，利息计入发电成本，本金在计算期末一次性收回。

3) 建设期利息为固定资产投资在建设期（包括初期运行期）内所发生的利息。初期运行期内计入财务费用的利息部分按电站初期年发电量占正式投产后年发电量的比例计算。该抽水蓄能电站建设期利息为106770万元。

(2) 发电总成本费用。发电总成本费用包括经营成本、折旧费、摊销费和利息支出，其中经营成本包括修理费、职工工资及福利费、保险费、抽水费用、材料费和其他费用。摊销费包括无形资产和递延资产的分期摊销。本次计算固定资产投资全部形成固定资产，没有形成无形资产和递延资产，无摊销费。工程折旧费按电站的固定资产价值乘以综合折旧率计取。电站固定资产投资为851882万元，计入建设期利息后为工程的固定资产价值。综合折旧率取2.5%。

1) 修理费：按固定资产价值的1.0%计算，其中0.7%为固定修理费、0.3%为可变修理费。

2) 职工工资及福利费：参照已投入运行的抽水蓄能电站定员编制，该电站定员人数按120人计。人均年参照当地省级电网工资水平核定，该项目按7.5万元计算。电站职工福利费、劳保统筹及住房公积金分别为职工工资总额的14%、37%和12%。

3) 保险费：指固定资产保险和其他保险，保险费率按固定资产价值的2.5‰计算。

4) 抽水费用：根据发改价格〔2021〕633号文，在电力现货市场尚未运行的地方，抽水蓄能电站抽水电量可由电网企业提供，抽水电价按燃煤发电基准价的75%执行。根据最新政策，该抽水蓄能电站所处区域燃煤标杆电价为0.332元/kWh（含税），因此该抽水蓄能电站的抽水电价为0.249元/kWh（含税，不含税0.2203元/kWh）。

5) 材料费和其他费用：材料费定额取为2元/kW，其他费用定额取为12元/kW。

抽水蓄能电站不计水资源费及库区基金。

利息支出为固定资产和流动资金在生产期应从成本中支付的借款利息，固定资产投资借款利息依各年还贷情况而不同。

发电总成本费用扣除折旧费及利息支出即为经营成本，经计算电站正常生产年份每年的经营成本为85890万元，其中包括抽水电费。工程运行期成本费用估算表见表20-3-3。

表 20-3-3 工程运行期成本费用估算表 单位：万元

序号	项目	合计	年度												
			8	9	10	11	12	13	14	15	16	17	18	19	20
1	原材料、燃料动力费	9749	149	240	240	240	240	240	240	240	240	240	240	240	240
2	工资及福利费	59590	910	1467	1467	1467	1467	1467	1467	1467	1467	1467	1467	1467	1467
3	修理费	389404	5944	9587	9587	9587	9587	9587	9587	9587	9587	9587	9587	9587	9587
4	水资源费	0	0	0	0	0	0	0	0	0	0	0	0	0	0
5	保险费	97351	1486	2397	2397	2397	2397	2397	2397	2397	2397	2397	2397	2397	2397
6	库区基金	0	0	0	0	0	0	0	0	0	0	0	0	0	0
7	抽水费用	2874285	43871	70760	70760	70760	70760	70760	70760	70760	70760	70760	70760	70760	70760
8	其他费用	58493	893	1440	1440	1440	1440	1440	1440	1440	1440	1440	1440	1440	1440
9	经营成本	3488872	53252	85891	85890	85890	85890	85890	85890	85890	85890	85890	85890	85890	85890
10	折旧费	958652	23775	38346	38346	38346	38346	38346	38346	38346	38346	38346	38346	38346	38346
11	摊销费	0	0	0	0	0	0	0	0	0	0	0	0	0	0
12	利息支出	465353	20350	34159	32794	31429	30064	28699	27334	25968	24603	23238	21873	20508	19143
13	总成本费用合计	4912877	97377	158396	157031	155665	154300	152935	151570	150205	148840	147475	146110	144744	143379
14	其中：可变成本	2991106	45655	73636	73636	73636	73636	73636	73636	73636	73636	73636	73636	73636	73636
15	固定成本	1921770	51722	84759	83394	82029	80664	79299	77934	76569	75204	73838	72473	71108	69743

序号	项目	年度													
		21	22	23	24	25	26	27	28	29	30	31	32	33	34
1	原材料、燃料动力费	240	240	240	240	240	240	240	240	240	240	240	240	240	240
2	工资及福利费	1467	1467	1467	1467	1467	1467	1467	1467	1467	1467	1467	1467	1467	1467
3	修理费	9587	9587	9587	9587	9587	9587	9587	9587	9587	9587	9587	9587	9587	9587
4	水资源费	0	0	0	0	0	0	0	0	0	0	0	0	0	0
5	保险费	2397	2397	2397	2397	2397	2397	2397	2397	2397	2397	2397	2397	2397	2397
6	库区基金	0	0	0	0	0	0	0	0	0	0	0	0	0	0
7	抽水费月	70760	70760	70760	70760	70760	70760	70760	70760	70760	70760	70760	70760	70760	70760
8	其他费用	1440	1440	1440	1440	1440	1440	1440	1440	1440	1440	1440	1440	1440	1440
9	经营成本	85890	85890	85890	85890	85890	85890	85890	85890	85890	85890	85890	85890	85890	85890

续表

序号	项目	年度													
		21	22	23	24	25	26	27	28	29	30	31	32	33	34
10	折旧费	38346	38346	38346	38346	38346	38346	38346	38346	38346	38346	38346	38346	14572	0
11	摊销费	0	0	0	0	0	0	0	0	0	0	0	0	0	0
12	利息支出	17778	16413	15047	13682	12317	10952	9587	8222	6857	5492	4126	2761	1396	126
13	总成本费用合计	142014	140649	139284	137919	136554	135189	133824	132458	131093	129728	128363	126998	101858	86016
14	其中：可变成本	73636	73636	73636	73636	73636	73636	73636	73636	73636	73636	73636	73636	73636	73636
15	固定成本	68378	67013	65648	64283	62917	61552	60187	58822	57457	56092	54727	53362	28222	12380

序号	项目	年度													
		35	36	37	38	39	40	41	42	43	44	45	46	47	48
1	原材料、燃料动力费	240	240	240	240	240	240	240	240	240	240	240	240	240	240
2	工资及福利费	1467	1467	1467	1467	1467	1467	1467	1467	1467	1467	1467	1467	1467	1467
3	修理费	9587	9587	9587	9587	9587	9587	9587	9587	9587	9587	9587	9587	9587	9587
4	水资源费	0	0	0	0	0	0	0	0	0	0	0	0	0	0
5	保险费	2397	2397	2397	2397	2397	2397	2397	2397	2397	2397	2397	2397	2397	2397
6	库区基金	0	0	0	0	0	0	0	0	0	0	0	0	0	0
7	抽水费用	70760	70760	70760	70760	70760	70760	70760	70760	70760	70760	70760	70760	70760	70760
8	其他费用	1440	1440	1440	1440	1440	1440	1440	1440	1440	1440	1440	1440	1440	1440
9	经营成本	85890	85890	85890	85890	85890	85890	85890	85890	85890	85890	85890	85890	85890	85890
10	折旧费	0	0	0	0	0	0	0	0	0	0	0	0	0	0
11	摊销费	0	0	0	0	0	0	0	0	0	0	0	0	0	0
12	利息支出	31	31	31	31	31	31	31	31	31	31	31	31	31	31
13	总成本费用合计	85922	85922	85922	85922	85922	85922	85922	85922	85922	85922	85922	85922	85922	85922
14	其中：可变成本	73636	73636	73636	73636	73636	73636	73636	73636	73636	73636	73636	73636	73636	73636
15	固定成本	12285	12285	12285	12285	12285	12285	12285	12285	12285	12285	12285	12285	12285	12285

（3）电站税金。税金应包括增值税、销售税金附加和所得税，其中增值税为价外税。本次计算的财务报表中不含增值税，仅作为计算销售税金附加的依据。增值税税率为13%，在计算时应扣除成本中材料费和修理费的进项税额。

销售税金附加包括城市维护建设税和教育费附加，以增值税税额为计算基数。城市维护建设税和教育费附加分别为增值税的5%和5%。所得税为应纳税所得额的25%，应纳税所得额等于发电销售收入扣除总成本费用和销售税金附加。还贷期内，由于各年的发电利润不同，因而每年提取的所得税也不同。根据修订的《中华人民共和国企业所得税法实施条例》中规定，抽水蓄能项目可享受所得税三免三减半的优惠政策。每年的税金见表20-3-4。

（四）上网容量价格和电量价格测算

依据发改价格〔2021〕663号文，采用控制资本金财务内部收益率的方法为基本方案。

电量电价：在电力现货市场尚未运行的地方，上网电价按燃煤发电基准价执行。该抽水蓄能电站所在省份目前燃煤机组标杆上网电价（含脱硫、脱硝、除尘等环保电价）为0.332元/kWh（含税）。因此，该抽水蓄能电站电量价格为0.332元/kWh（含税，不含税为0.2938元/kWh）。

容量价格：根据发改价格〔2021〕633号文，在成本调查基础上，对标行业先进水平合理确定核价参数，按照经营期定价法核定抽水蓄能容量电价。即基于弥补成本、合理收益原则，按照资本金内部收益率6.5%对电站经营期内年度净现金流进行折现，以实现整个经营期现金流收支平衡为目标，核定电站容量电价。通过测算，该抽水蓄能电站容量价格为779.84元/kW（含税价，不含税为690.12元/kWh）。

（五）清偿能力分析

设计电站可用于还贷的资金来源为发电利润、折旧费和短期借款。

电站税后利润为利润总额扣除所得税并弥补以前年度亏损的余额。盈余公积金可按税后利润的10%提取。税后利润在扣除盈余公积金和应付利润后，为未分配利润，可全部用于还贷。在工程建设投资借款偿还过程中，首先利用还贷折旧偿还贷款，剩余部分利用未分配利润偿还。电站上一年短期借款本金偿还由本年未分配利润偿还。本次折旧还贷比例取100%。工程的借款还本付息表见表20-3-5，财务计划现金流量表见表20-3-6。

通过计算表明，整个计算期内累计未分配利润达377955万元。工程在偿债期内资产负债率较高，最高为80%，最低为0.12%，借款偿还期为25年，满足还贷要求。说明电站的财务风险比较低，偿还债务能力较强。电站各年的资产负债情况见表20-3-7。

（六）盈利能力分析

工程的全部投资及资本金的财务现金流量计算结果见表20-3-8和表20-3-9。根据上述计算，该电站的容量价格为779.84元/kW（含税价，不含税为690.12元/kWh），电量价格为0.332元/kWh（含税，不含税为0.2938元/kWh），据此计算的电站全部投资的财务内部收益率为5.37%，资本金财务内部收益率6.5%，投资回收期为20.41年。某抽水蓄能电站综合经济指标见表20-3-10。

（七）敏感性分析

根据本项目的特点，对资本金财务内部收益率因素采取固定，对工程上网容量价格的影响进行了测算。敏感性分析表明：当电站投资增减5%～10%时，资本金财务内部收益率维持6.5%，容量价格在707.05～852.64元/kW（含税）之间变化。说明该电站投资越高，核算的容量价格越高，但仍低于同地区平均水平，从抗风险的能力以及市场竞争力的角度考虑，应尽量控制电站的投资。

三、综合评价

（1）该抽水蓄能电站静态总投资789652万元，单位容量静态投资6580元/kW，指标较优。

（2）通过对该电站进行国民经济评价，在同等满足电力系统电力、电量及调峰要求的情况下，有该抽水蓄能电站电力系统比无该抽水蓄能电站替代电力系统，每年可以节省运行费用210230万元、节约燃料费40410万元，经济效益显著。工程投资的经济内部收益率为10.37%，大于社会折现率8%，经济净现值为95149万元，大于0元。从国民经济整体角度出发，建设该抽水蓄能电站是经济合理的。

表 20-3-4　　利润与利润分配表　　单位：万元

序号	项目	合计	年度												
			8	9	10	11	12	13	14	15	16	17	18	19	20
1	发电销售收入	6183292	94378	152223	152223	152223	152223	152223	152223	152223	152223	152223	152223	152223	152223
1.1	上网电量价格（元/kWh）		0.294	0.294	0.294	0.294	0.294	0.294	0.294	0.294	0.294	0.294	0.294	0.294	0.294
1.2	上网容量价格（元/kW）		690.122	690.122	690.122	690.122	690.122	690.122	690.122	690.122	690.122	690.122	690.122	690.122	690.122
2	可抵扣增值税额度	32481	496	800	800	800	800	800	800	800	800	800	800	800	800
3	销售税金附加	77135	1177	1899	1899	1899	1899	1899	1899	1899	1899	1899	1899	1899	1899
4	总成本费用	4912877	97377	158396	157031	155665	154300	152935	151570	150205	148840	147475	146110	144744	143379
5	补贴收入	0	0	0	0	0	0	0	0	0	0	0	0	0	0
6	利润总额	1193277	−4176	−8072	−6707	−5342	−3977	−2611	−1246	119	1484	2849	4214	5579	6944
7	弥补以前年度亏损	8310	0	0	0	0	0	0	0	119	1484	2849	3858	0	0
8	应纳税所得额	1184967	−4176	−8072	−6707	−5342	−3977	−2611	−1246	0	0	0	357	5579	6944
9	所得税	304274	0	0	0	0	0	0	0	0	0	0	89	1395	1736
10	净利润	880693	−4176	−8072	−6707	−5342	−3977	−2611	−1246	0	0	0	267	4185	5208
11	期初未分配利润	0	0	−4176	−12248	−18955	−24296	−28273	−30884	−32130	−32130	−32130	−32130	−31890	−28124
12	可供分配利润	3631116	0	0	0	0	0	0	0	0	0	0	0	0	0
13	法定盈余公积金	91282	0	0	0	0	0	0	0	0	0	0	27	418	521
14	可供投资者分配的利润	3542977	0	0	0	0	0	0	0	0	0	0	0	0	0
15	投资方分配利润	411456	0	0	0	0	0	0	0	0	0	0	0	0	0
16	未分配利润	377955	−4176	−12248	−18955	−24296	−28273	−30884	−32130	−32130	−32130	−32130	−31890	−28124	−23436
17	息税前利润（EBIT）	1658630	16174	26087	26087	26087	26087	26087	26087	26087	26087	26087	26087	26087	26087
18	息税折旧摊销前利润	2617282	39949	64433	64433	64433	64433	64433	64433	64433	64433	64433	64433	64433	64433

序号	项目	年度													
		21	22	23	24	25	26	27	28	29	30	31	32	33	34
1	发电销售收入	152223	152223	152223	152223	152223	152223	152223	152223	152223	152223	152223	152223	152223	152223
1.1	上网电量价格（元/kWh）	0.294	0.294	0.294	0.294	0.294	0.294	0.294	0.294	0.294	0.294	0.294	0.294	0.294	0.294
1.2	上网容量价格（元/kW）	690.122	690.122	690.122	690.122	690.122	690.122	690.122	690.122	690.122	690.122	690.122	690.122	690.122	690.122
2	可抵扣增值税额度	800	800	800	800	800	800	800	800	800	800	800	800	800	800

续表

序号	项目	年度													
		21	22	23	24	25	26	27	28	29	30	31	32	33	34
3	销售税金附加	1899	1899	1899	1899	1899	1899	1899	1899	1899	1899	1899	1899	1899	1899
4	总成本费用	142014	140649	139284	137919	136554	135189	133824	132458	131093	129728	128363	126998	101858	86016
5	补贴收入	0	0	0	0	0	0	0	0	0	0	0	0	0	0
6	利润总额	8310	9675	11040	12405	13770	15135	16500	17865	19231	20596	21961	23326	48465	64307
7	弥补此前年度亏损	0	0	0	0	0	0	0	0	0	0	0	0	0	0
8	应纳税所得额	8310	9675	11040	12405	13770	15135	16500	17865	19231	20596	21961	23326	48465	64307
9	所得税	2077	2419	2760	3101	3443	3784	4125	4466	4808	5149	5490	5831	12116	16077
10	净利润	6232	7256	8280	9304	10328	11351	12375	13399	14423	15447	16471	17494	36349	48231
11	起初未分配利润	−23436	−17827	−11297	−3845	0	0	0	0	0	0	0	0	0	13541
12	可供分配利润	0	0	0	5459	10328	11351	12375	13399	14423	15447	16471	17494	36349	61772
13	法定盈余公积金	623	726	828	930	1033	1135	1238	1340	1442	1545	1647	1749	3635	4823
14	可供投资者分配的利润	0	0	0	4529	9295	10216	11138	12059	12981	13902	14824	15745	32714	56949
15	投资方分配利润	0	0	0	4529	9295	10216	11138	12059	12981	13902	14824	15745	19173	19173
16	未分配利润	−17827	−11297	−3845	0	0	0	0	0	0	0	0	0	13541	37776
17	息税前利润（EBIT）	26087	26087	26087	26087	26087	26087	26087	26087	26087	26087	26087	26087	49862	64433
18	息税折旧摊销前利润	64433	64433	64433	64433	64433	64433	64433	64433	64433	64433	64433	64433	64433	64433

序号	项目	年度													
		35	36	37	38	39	40	41	42	43	44	45	46	47	48
1	发电销售收入	152223	152223	152223	152223	152223	152223	152223	152223	152223	152223	152223	152223	152223	152223
1.1	上网电量价格（元/kWh）	0.294	0.294	0.294	0.294	0.294	0.294	0.294	0.294	0.294	0.294	0.294	0.294	0.294	0.294
1.2	上网容量价格（元/kW）	690.122	690.122	690.122	690.122	690.122	690.122	690.122	690.122	690.122	690.122	690.122	690.122	690.122	690.122
2	可抵扣增值税额度	800	800	800	800	800	800	800	800	800	800	800	800	800	800
3	销售税金附加	1899	1899	1899	1899	1899	1899	1899	1899	1899	1899	1899	1899	1899	1899
4	总成本费用	85922	85922	85922	85922	85922	85922	85922	85922	85922	85922	85922	85922	85922	85922
5	补贴收入	0	0	0	0	0	0	0	0	0	0	0	0	0	0
6	利润总额	64402	64402	64402	64402	64402	64402	64402	64402	64402	64402	64402	64402	64402	64402
7	弥补此前年度亏损	0	0	0	0	0	0	0	0	0	0	0	0	0	0

续表

序号	项目	年度													
		35	36	37	38	39	40	41	42	43	44	45	46	47	48
8	应纳税所得额	64402	64402	64402	64402	64402	64402	64402	64402	64402	64402	64402	64402	64402	64402
9	所得税	16101	16101	16101	16101	16101	16101	16101	16101	16101	16101	16101	16101	16101	16101
10	净利润	48302	48302	48302	48302	48302	48302	48302	48302	48302	48302	48302	48302	48302	48302
11	起初未分配利润	37776	62074	86373	110671	134970	159268	183567	207865	232164	256462	280761	305059	329358	353656
12	可供分配利润	86077	110376	134674	158973	183271	207570	231868	256167	280466	304764	329063	353361	377660	401958
13	法定盈余公积金	4830	4830	4830	4830	4830	4830	4830	4830	4830	4830	4830	4830	4830	4830
14	可供投资者分配的利润	81247	105546	129844	154143	178441	202740	227038	251337	275635	299934	324232	348531	372830	397128
15	投资方分配利润	19173	19173	19173	19173	19173	19173	19173	19173	19173	19173	19173	19173	19173	19173
16	未分配利润	62074	86373	110671	134970	159268	183567	207865	232164	256462	280761	305059	329358	353656	377955
17	息税前利润（EBIT）	64433	64433	64433	64433	64433	64433	64433	64433	64433	64433	64433	64433	64433	64433
18	息税折旧摊销前利润	64433	64433	64433	64433	64433	64433	64433	64433	64433	64433	64433	64433	64433	64433

注 表中容量电价、电量电价均不含税。

表 20-3-5 **借款还本付息表** 单位：万元

序号	项目	合计	年度															
			1	2	3	4	5	6	7	8	9	10	11	12	13	14	15	16
1	借款及还本付息																	
1.1	期初借款余额		0	47918	124314	209833	323733	479123	622491	718450	766922	736245	705569	674892	644215	613538	582861	552184
1.2	当期还本付息	1230906	0	0	0	0	0	0	0	20319	64805	63440	62075	60710	59344	57979	56614	55249
1.2.1	其中：还本	766922	0	0	0	0	0	0	0	0	30677	30677	30677	30677	30677	30677	30677	30677
1.2.2	付息	463984	0	0	0	0	0	0	0	20319	34128	32763	31398	30033	28668	27302	25937	24572
1.3	期末借款余额		47918	124314	209833	323733	479123	622491	718450	766922	736245	705569	674892	644215	613538	582861	552184	521507
计算指标	利息备付率（%）		0	0	0	0	0	0	0	0.79	0.76	0.8	0.83	0.87	0.91	0.95	1	1.06
	偿债备付率（%）		0	0	0	0	0	0	0	1.96	0.99	1.02	1.04	1.06	1.09	1.11	1.14	1.17

续表

序号	项目	年度																
		17	18	19	20	21	22	23	24	25	26	27	28	29	30	31	32	33
1	借款及还本付息																	
1.1	期初借款余额	521507	490830	460153	429477	398800	368123	337446	306769	276092	245415	214738	184061	153384	122708	92031	61354	30677
1.2	当期还本付息	53884	52519	51154	49789	48423	47058	45693	44328	42963	41598	40233	38868	37503	36137	34772	33407	32042
1.2.1	其中：还本	30677	30677	30677	30677	30677	30677	30677	30677	30677	30677	30677	30677	30677	30677	30677	30677	30677
1.2.2	付息	23207	21842	20477	19112	17747	16381	15016	13651	12286	10921	9556	8191	6826	5460	4095	2730	1365
1.3	期末借款余额	490830	460153	429477	398800	368123	337446	306769	276092	245415	214738	184061	153384	122708	92031	61354	30677	0
计算指标	利息备付率（%）	1.12	1.19	1.27	1.36	1.47	1.59	1.73	1.91	2.12	2.38	2.72	3.17	3.8	4.75	6.32	9.45	35.71
	偿债备付率（%）	1.2	1.22	1.23	1.26	1.29	1.32	1.35	1.38	1.42	1.46	1.5	1.54	1.59	1.64	1.69	1.75	1.51

表 20-3-6　　财务计划现金流量表　　单位：万元

序号	项目	合计	年度														
			1	2	3	4	5	6	7	8	9	10	11	12	13	14	15
1	经营活动现金流量	2313008	0	0	0	0	0	0	0	39949	64433	64433	64433	64433	64433	64433	64433
1.1	现金流入	6987121	0	0	0	0	0	0	0	106647	172012	172012	172012	172012	172012	172012	172012
1.1.1	销售收入	6183292	0	0	0	0	0	0	0	94378	152223	152223	152223	152223	152223	152223	152223
1.1.2	增值税销项税额	803827	0	0	0	0	0	0	0	12269	19789	19789	19789	19789	19789	19789	19789
1.1.3	补贴收入	0	0	0	0	0	0	0	0	0	0	0	0	0	0	0	0
1.1.4	其他流入	0	0	0	0	0	0	0	0	0	0	0	0	0	0	0	0
1.2	现金流出	4674109	0	0	0	0	0	0	0	66699	107578	107578	107578	107578	107578	107578	107578
1.2.1	经营成本	3488872	0	0	0	0	0	0	0	53252	85891	85890	85890	85891	85891	85891	85891
1.2.2	增值税进项税额	32481	0	0	0	0	0	0	0	496	800	800	800	800	800	800	800
1.2.3	销售税金附加	77135	0	0	0	0	0	0	0	1177	1899	1899	1899	1899	1899	1899	1899
1.2.4	增值税	771347	0	0	0	0	0	0	0	11773	18989	18989	18989	18989	18989	18989	18989
1.2.5	所得税	304274	0	0	0	0	0	0	0	0	0	0	0	0	0	0	0
1.2.6	其他流出	0	0	0	0	0	0	0	0	0	0	0	0	0	0	0	0
2	投资活动净现金流量	−853082	−58855	−91746	−99626	−130762	−176762	−155233	−90761	−49337	0	0	0	0	0	0	0
2.1	现金流入	0	0	0	0	0	0	0	0	0	0	0	0	0	0	0	0

续表

序号	项目	合计	年度														
			1	2	3	4	5	6	7	8	9	10	11	12	13	14	15
2.2	现金流出	853082	58855	91746	99626	130762	176762	155233	90761	49337	0	0	0	0	0	0	0
2.2.1	建设投资	851882	58855	91746	99626	130762	176762	155233	90761	48137	0	0	0	0	0	0	0
2.2.2	维持运营投资	0	0	0	0	0	0	0	0	0	0	0	0	0	0	0	0
2.2.3	流动资金	1200	0	0	0	0	0	0	0	1200	0	0	0	0	0	0	0
2.2.4	其他流出	0	0	0	0	0	0	0	0	0	0	0	0	0	0	0	0
3	筹资活动现金流量	−798598	58855	91746	99626	130762	176762	155233	90761	28987	−64836	−63471	−62106	−60741	−59376	−58010	−56764
3.1	现金流入	963616	59898	95495	106899	142375	194237	179210	119948	61791	0	0	0	0	0	0	0
3.1.1	项目资本金流入	192090	11980	19099	21380	28475	38847	35842	23989	12478	0	0	0	0	0	0	0
3.1.2	建设投资借款	766922	47918	76396	85519	113900	155390	143368	95959	48473	0	0	0	0	0	0	0
3.1.3	流动资金借款	840	0	0	0	0	0	0	0	840	0	0	0	0	0	0	0
3.1.4	债券	0	0	0	0	0	0	0	0	0	0	0	0	0	0	0	0
3.1.5	短期借款	2564	0	0	0	0	0	0	0	0	0	0	0	0	0	0	0
3.1.6	其他流入	0	0	0	0	0	0	0	0	0	0	0	0	0	0	0	0
3.2	现金流出	1762215	1043	3749	7273	11613	17475	23977	29187	32804	64836	63471	62106	60741	59376	58010	56764
3.2.1	各种利息支出	0	1043	3749	7273	11613	17475	23977	29187	32804	34159	32794	31429	30064	28699	27334	25968
3.2.2	偿还债务本金	0	0	0	0	0	0	0	0	0	30677	30677	30677	30677	30677	30677	30796
3.2.3	应付利润	411456	0	0	0	0	0	0	0	0	0	0	0	0	0	0	0
3.2.4	其他流出	0	0	0	0	0	0	0	0	0	0	0	0	0	0	0	0
4	净现金流量	661328	0	0	0	0	0	0	0	19599	−403	962	2328	3693	5058	6423	7669
5	累计盈余资金		0	0	0	0	0	0	0	19599	19196	20158	22486	26179	31237	37660	45329

序号	项目	年度															
		16	17	18	19	20	21	22	23	24	25	26	27	28	29	30	31
1	经营活动现金流量	64433	64433	64344	63039	62697	62356	62015	61673	61332	60991	60650	60308	59967	59626	59284	58943
1.1	现金流入	172012	172012	172012	172012	172012	172012	172012	172012	172012	172012	172012	172012	172012	172012	172012	172012
1.1.1	销售收入	152223	152223	152223	152223	152223	152223	152223	152223	152223	152223	152223	152223	152223	152223	152223	152223
1.1.2	增值税销项税额	19789	19789	19789	19789	19789	19789	19789	19789	19789	19789	19789	19789	19789	19789	19789	19789

续表

序号	项目	年度															
		16	17	18	19	20	21	22	23	24	25	26	27	28	29	30	31
1.1.3	补贴收入	0	0	0	0	0	0	0	0	0	0	0	0	0	0	0	0
1.1.4	其他流入	0	0	0	0	0	0	0	0	0	0	0	0	0	0	0	0
1.2	现金流出	107578	107578	107668	108973	109315	109656	109997	110338	110680	111021	111362	111703	112045	112386	112727	113069
1.2.1	经营成本	85891	85891	85890	85890	85890	85891	85891	85891	85890	85891	85891	85891	85891	85890	85891	85891
1.2.2	增值税进项税额	800	800	800	800	800	800	800	800	800	800	800	800	800	800	800	800
1.2.3	销售税金附加	1899	1899	1899	1899	1899	1899	1899	1899	1899	1899	1899	1899	1899	1899	1899	1899
1.2.4	增值税	18989	18989	18989	18989	18989	18989	18989	18989	18989	18989	18989	18989	18989	18989	18989	18989
1.2.5	所得税	0	0	89	1395	1736	2077	2419	2760	3101	3443	3784	4125	4466	4808	5149	5490
1.2.6	其他流出	0	0	0	0	0	0	0	0	0	0	0	0	0	0	0	0
2	投资活动净现金流量	0	0	0	0	0	0	0	0	0	0	0	0	0	0	0	0
2.1	现金流入	0	0	0	0	0	0	0	0	0	0	0	0	0	0	0	0
2.2	现金流出	0	0	0	0	0	0	0	0	0	0	0	0	0	0	0	0
2.2.1	建设投资	0	0	0	0	0	0	0	0	0	0	0	0	0	0	0	0
2.2.2	维持运营投资	0	0	0	0	0	0	0	0	0	0	0	0	0	0	0	0
2.2.3	流动资金	0	0	0	0	0	0	0	0	0	0	0	0	0	0	0	0
2.2.4	其他流出	0	0	0	0	0	0	0	0	0	0	0	0	0	0	0	0
3	筹资活动现金流量	−56764	−56764	−56408	−51185	−49820	−48455	−47089	−45724	−48888	−52289	−51845	−51402	−50958	−50514	−50071	−49627
3.1	现金流入	0	0	0	0	0	0	0	0	0	0	0	0	0	0	0	0
3.1.1	项目资本金流入	0	0	0	0	0	0	0	0	0	0	0	0	0	0	0	0
3.1.2	建设投资借款	0	0	0	0	0	0	0	0	0	0	0	0	0	0	0	0
3.1.3	流动资金借款	0	0	0	0	0	0	0	0	0	0	0	0	0	0	0	0
3.1.4	债券	0	0	0	0	0	0	0	0	0	0	0	0	0	0	0	0
3.1.5	短期借款	0	0	0	0	0	0	0	0	0	0	0	0	0	0	0	0
3.1.6	其他流入	0	0	0	0	0	0	0	0	0	0	0	0	0	0	0	0
3.2	现金流出	56764	56764	56408	51185	49820	48455	47089	45724	48888	52289	51845	51402	50958	50514	50071	49627
3.2.1	各种利息支出	24603	23238	21873	20508	19143	17778	16413	15047	13682	12317	10952	9587	8222	6857	5492	4126

续表

序号	项目	年度															
		16	17	18	19	20	21	22	23	24	25	26	27	28	29	30	31
3.2.2	偿还债务本金	32161	33526	34535	30677	30677	30677	30677	30677	30677	30677	30677	30677	30677	30677	30677	30677
3.2.3	应付利润	0	0	0	0	0	0	0	0	4529	9295	10216	11138	12059	12981	13902	14824
3.2.4	其他流出	0	0	0	0	0	0	0	0	0	0	0	0	0	0	0	0
4	净现金流量	7669	7669	7937	11854	12878	13901	14925	15949	12444	8702	8804	8907	9009	9111	9214	9316
5	累计盈余资金	52998	60667	68604	80457	93335	107236	122162	138111	150555	159257	168061	176968	185977	195089	204303	213619

序号	项目	年度																
		32	33	34	35	36	37	38	39	40	41	42	43	44	45	46	47	48
1	经营活动现金流量	58602	52317	48356	48333	48333	48333	48333	48333	48333	48333	48333	48333	48333	48333	48333	48333	48333
1.1	现金流入	172012	172012	172012	172012	172012	172012	172012	172012	172012	172012	172012	172012	172012	172012	172012	172012	172012
1.1.1	销售收入	152223	152223	152223	152223	152223	152223	152223	152223	152223	152223	152223	152223	152223	152223	152223	152223	152223
1.1.2	增值税销项税额	19789	19789	19789	19789	19789	19789	19789	19789	19789	19789	19789	19789	19789	19789	19789	19789	19789
1.1.3	补贴收入	0	0	0	0	0	0	0	0	0	0	0	0	0	0	0	0	0
1.1.4	其他流入	0	0	0	0	0	0	0	0	0	0	0	0	0	0	0	0	0
1.2	现金流出	113410	119695	123655	123679	123679	123679	123679	123679	123679	123679	123679	123679	123679	123679	123679	123679	123679
1.2.1	经营成本	85891	85891	85891	85891	85891	85891	85891	85891	85891	85891	85891	85891	85891	85891	85891	85891	85891
1.2.2	增值税进项税额	800	800	800	800	800	800	800	800	800	800	800	800	800	800	800	800	800
1.2.3	销售税金附加	1899	1899	1899	1899	1899	1899	1899	1899	1899	1899	1899	1899	1899	1899	1899	1899	1899
1.2.4	增值税	18989	18989	18989	18989	18989	18989	18989	18989	18989	18989	18989	18989	18989	18989	18989	18989	18989
1.2.5	所得税	5831	12116	16077	16101	16101	16101	16101	16101	16101	16101	16101	16101	16101	16101	16101	16101	16101
1.2.6	其他流出	0	0	0	0	0	0	0	0	0	0	0	0	0	0	0	0	0
2	投资活动净现金流量	0	0	0	0	0	0	0	0	0	0	0	0	0	0	0	0	0
2.1	现金流入	0	0	0	0	0	0	0	0	0	0	0	0	0	0	0	0	0
2.2	现金流出	0	0	0	0	0	0	0	0	0	0	0	0	0	0	0	0	0
2.2.1	建设投资	0	0	0	0	0	0	0	0	0	0	0	0	0	0	0	0	0
2.2.2	维持运营投资	0	0	0	0	0	0	0	0	0	0	0	0	0	0	0	0	0
2.2.3	流动资金	0	0	0	0	0	0	0	0	0	0	0	0	0	0	0	0	0

续表

序号	项目	年度																
		32	33	34	35	36	37	38	39	40	41	42	43	44	45	46	47	48
2.2.4	其他流出	0	0	0	0	0	0	0	0	0	0	0	0	0	0	0	0	0
3	筹资活动现金流量	−49183	−48682	−21863	−19204	−19204	−19204	−19204	−19204	−19204	−19204	−19204	−19204	−19204	−19204	−19204	−19204	−18844
3.1	现金流入	0	2564	0	0	0	0	0	0	0	0	0	0	0	0	0	0	1200
3.1.1	项目资本金流入	0	0	0	0	0	0	0	0	0	0	0	0	0	0	0	0	1200
3.1.2	建设投资借款	0	0	0	0	0	0	0	0	0	0	0	0	0	0	0	0	0
3.1.3	流动资金借款	0	0	0	0	0	0	0	0	0	0	0	0	0	0	0	0	0
3.1.4	债券	0	0	0	0	0	0	0	0	0	0	0	0	0	0	0	0	0
3.1.5	短期借款	0	2564	0	0	0	0	0	0	0	0	0	0	0	0	0	0	0
3.1.6	其他流入	0	0	0	0	0	0	0	0	0	0	0	0	0	0	0	0	0
3.2	现金流出	49183	51246	21863	19204	19204	19204	19204	19204	19204	19204	19204	19204	19204	19204	19204	19204	20044
3.2.1	各种利息支出	2761	1396	126	31	31	31	31	31	31	31	31	31	31	31	31	31	31
3.2.2	偿还债务本金	30677	30677	2564	0	0	0	0	0	0	0	0	0	0	0	0	0	840
3.2.3	应付利润	15745	19173	19173	19173	19173	19173	19173	19173	19173	19173	19173	19173	19173	19173	19173	19173	19173
3.2.4	其他流出	0	0	0	0	0	0	0	0	0	0	0	0	0	0	0	0	0
4	净现金流量	9419	3635	26494	29129	29129	29129	29129	29129	29129	29129	29129	29129	29129	29129	29129	29129	29489
5	累计盈余资金	223038	226672	253166	282295	311423	340552	369681	398809	427938	457067	486195	515324	544453	573582	602710	631839	661328

表 20-3-7　　资产负债表　　单位：万元

序号	项目	年度															
		1	2	3	4	5	6	7	8	9	10	11	12	13	14	15	16
1	资产	59898	155393	262292	404667	598904	778114	898062	955676	916928	879544	843526	808872	775584	743661	712984	682307
1.1	流动资产总值	0	0	0	0	0	0	0	20799	20396	21358	23686	27379	32437	38860	46529	54198
1.1.1	流动资产	0	0	0	0	0	0	0	1200	1200	1200	1200	1200	1200	1200	1200	1200
1.1.2	累计盈余资金	0	0	0	0	0	0	0	19599	19196	20158	22486	26179	31237	37660	45329	52998
1.2	在建工程	59898	155393	262292	404667	598904	778114	898062	934878	0	0	0	0	0	0	0	0
1.3	固定资产净值	0	0	0	0	0	0	0	0	896532	858186	819840	781494	743148	704801	666455	628109
1.4	投资中增值税可抵扣额度	0	0	0	0	0	0	0	0	0	0	0	0	0	0	0	0

续表

序号	项目	年度															
		1	2	3	4	5	6	7	8	9	10	11	12	13	14	15	16
1.5	无形资产及其他资产净值	0	0	0	0	0	0	0	0	0	0	0	0	0	0	0	0
2	负债及所有者权益	59898	155393	262292	404667	598904	778114	898062	955676	916928	879544	843526	808872	775584	743661	712984	682307
2.1	流动负债总额	0	0	0	0	0	0	0	0	0	0	0	0	0	0	0	0
2.2	建设投资借款	47918	124314	209833	323733	479123	622491	718450	766922	736245	705568	674892	644215	613538	582861	552184	521507
2.3	流动资金借款	0	0	0	0	0	0	0	840	840	840	840	840	840	840	840	840
2.4	负债小计	47918	124314	209833	323733	479123	622491	718450	767762	737085	706408	675732	645055	614378	583701	553024	522347
2.5	所有者权益	11980	31079	52459	80934	119781	155623	179612	187914	179842	173135	167794	163817	161206	159960	159960	159960
2.5.1	资本金	11980	31079	52459	80934	119781	155623	179612	192090	192090	192090	192090	192090	192090	192090	192090	192090
2.5.2	资本公积金	0	0	0	0	0	0	0	0	0	0	0	0	0	0	0	0
2.5.3	累计盈余公积金	0	0	0	0	0	0	0	0	0	0	0	0	0	0	0	0
2.5.4	累计未分配利润	0	0	0	0	0	0	0	−4176	−12248	−18955	−24296	−28273	−30884	−32130	−32130	−32130
计算指标	资产负债率（%）	80	80	80	80	80	80	80	80	80	80	80	79.75	79.21	78.49	77.56	76.56

序号	项目	年度															
		17	18	19	20	21	22	23	24	25	26	27	28	29	30	31	32
1	资产	651630	621221	594729	569260	544815	521394	498997	473096	443452	413910	384470	355133	325899	296767	267737	238809
1.1	流动资产总值	61867	69804	81657	94535	108436	123362	139311	151755	160457	169261	178168	187177	196289	205503	214819	224238
1.1.1	流动资产	1200	1200	1200	1200	1200	1200	1200	1200	1200	1200	1200	1200	1200	1200	1200	1200
1.1.2	累计盈余资金	60667	68604	80457	93335	107236	122162	138111	150555	159257	168061	176968	185977	195089	204303	213619	223038
1.2	在建工程	0	0	0	0	0	0	0	0	0	0	0	0	0	0	0	0
1.3	固定资产净值	589763	551417	513071	474725	436379	398033	359687	321341	282995	244648	206302	167956	129610	91264	52918	14572
1.4	投资中增值税可抵扣额度	0	0	0	0	0	0	0	0	0	0	0	0	0	0	0	0
1.5	无形资产及其他资产净值	0	0	0	0	0	0	0	0	0	0	0	0	0	0	0	0
2	负债及所有者权益	651630	621220	594728	569260	544815	521394	498997	473095	443451	413909	384470	355133	325898	296766	267736	238809
2.1	流动负债总额	0	0	0	0	0	0	0	0	0	0	0	0	0	0	0	0
2.2	建设投资借款	490830	460153	429476	398800	368123	337446	306769	276092	245415	214738	184061	153384	122708	92031	61354	30677
2.3	流动资金借款	840	840	840	840	840	840	840	840	840	840	840	840	840	840	840	840

续表

序号	项目	年度															
		17	18	19	20	21	22	23	24	25	26	27	28	29	30	31	32
2.4	负债小计	491670	460993	430316	399640	368963	338286	307609	276932	246255	215578	184901	154224	123548	92871	62194	31517
2.5	所有者权益	159960	160227	164412	169620	175852	183108	191388	196163	197196	198331	199569	200909	202351	203896	205543	207292
2.5.1	资本金	192090	192090	192090	192090	192090	192090	192090	192090	192090	192090	192090	192090	192090	192090	192090	192090
2.5.2	资本公积金	0	0	0	0	0	0	0	0	0	0	0	0	0	0	0	0
2.5.3	累计盈余公积金	0	27	445	966	1589	2315	3143	4073	5106	6241	7479	8819	10261	11806	13453	15202
2.5.4	累计未分配利润	−32130	−31890	−28124	−23436	−17827	−11297	−3845	0	0	0	0	0	0	0	0	0
计算指标	资产负债率（%）	75.45	74.21	72.36	70.2	67.72	64.88	61.65	58.54	55.53	52.08	48.09	43.43	37.91	31.29	23.23	13.2

序号	项目	年度															
		33	34	35	36	37	38	39	40	41	42	43	44	45	46	47	48
1	资产	227873	254366	283495	312623	341752	370881	400010	429138	458267	487396	516524	545653	574782	603910	633039	662168
1.1	流动资产总值	227872	254366	283495	312623	341752	370881	400009	429138	458267	487395	516524	545653	574782	603910	633039	662168
1.1.1	流动资产	1200	1200	1200	1200	1200	1200	1200	1200	1200	1200	1200	1200	1200	1200	1200	840
1.1.2	累计盈余资金	226672	253166	282295	311423	340552	369681	398809	427938	457067	486195	515324	544453	573582	602710	631839	661328
1.2	在建工程	0	0	0	0	0	0	0	0	0	0	0	0	0	0	0	0
1.3	固定资产净值	0	0	0	0	0	0	0	0	0	0	0	0	0	0	0	0
1.4	投资中增值税可抵扣额度	0	0	0	0	0	0	0	0	0	0	0	0	0	0	0	0
1.5	无形资产及其他资产净值	0	0	0	0	0	0	0	0	0	0	0	0	0	0	0	0
2	负债及所有者权益	227872	254366	283494	312623	341752	370880	400009	429138	458266	487395	516524	545653	574781	603910	633039	662167
2.1	流动负债总额	2564	0	0	0	0	0	0	0	0	0	0	0	0	0	0	0
2.2	建设投资借款	0	0	0	0	0	0	0	0	0	0	0	0	0	0	0	0
2.3	流动资金借款	840	840	840	840	840	840	840	840	840	840	840	840	840	840	840	840
2.4	负债小计	3404	840	840	840	840	840	840	840	840	840	840	840	840	840	840	840
2.5	所有者权益	224468	253526	282654	311783	340912	370040	399169	428298	457426	486555	515684	544813	573941	603070	632199	661327
2.5.1	资本金	192090	192090	192090	192090	192090	192090	192090	192090	192090	192090	192090	192090	192090	192090	192090	192090
2.5.2	资本公积金	0	0	0	0	0	0	0	0	0	0	0	0	0	0	0	0
2.5.3	累计盈余公积金	18837	23660	28490	33320	38150	42981	47811	52641	57471	62301	67131	71962	76792	81622	86452	91282
2.5.4	累计未分配利润	13541	37776	62074	86373	110671	134970	159268	183567	207865	232164	256462	280761	305059	329358	353656	377955
计算指标	资产负债率（%）	1.49	0.33	0.3	0.27	0.25	0.23	0.21	0.2	0.18	0.17	0.16	0.15	0.15	0.14	0.13	0.13

表 20-3-8　　财务现金流量表（全部投资）　　单位：万元

序号	项目	合计	年度															
			1	2	3	4	5	6	7	8	9	10	11	12	13	14	15	16
1	现金流入	6184492	0	0	0	0	0	0	0	94378	152223	152223	152223	152223	152223	152223	152223	152223
1.1	发电销售收入	6183292	0	0	0	0	0	0	0	94378	152223	152223	152223	152223	152223	152223	152223	152223
1.2	净补贴收入	0	0	0	0	0	0	0	0	0	0	0	0	0	0	0	0	0
1.3	项目余值	0	0	0	0	0	0	0	0	0	0	0	0	0	0	0	0	0
1.4	回收流动资金	1200	0	0	0	0	0	0	0	0	0	0	0	0	0	0	0	0
2	现金流出	4419091	58855	91746	99626	130762	176762	155233	90761	103766	87789	87789	87789	87789	87789	87789	87789	87789
2.1	建设投资	851882	58855	91746	99626	130762	176762	155233	90761	48137	0	0	0	0	0	0	0	0
2.2	流动资金	1200	0	0	0	0	0	0	0	1200	0	0	0	0	0	0	0	0
2.3	经营成本	3488872	0	0	0	0	0	0	0	53252	85891	85890	85890	85891	85891	85891	85891	85891
2.4	销售税金附加	77135	0	0	0	0	0	0	0	1177	1899	1899	1899	1899	1899	1899	1899	1899
2.5	维持运营投资	0	0	0	0	0	0	0	0	0	0	0	0	0	0	0	0	0
3	所得税前净现金流量	1765400	−58855	−91746	−99626	−130762	−176762	−155233	−90761	−9388	64433	64433	64433	64433	64433	64433	64433	64433
4	税前累计净现金流量		−58855	−150601	−250227	−380989	−557751	−712984	−803745	−813133	−748700	−684267	−619833	−555400	−490967	−426533	−362100	−297667
5	所得税	304274	0	0	0	0	0	0	0	0	0	0	0	0	0	0	0	0
6	所得税后净现金流量	1461126	−58855	−91746	−99626	−130762	−176762	−155233	−90761	−9388	64433	64433	64433	64433	64433	64433	64433	64433
7	累计所得税后净现金流量		−58855	−150601	−250227	−380989	−557751	−712984	−803745	−813133	−748700	−684267	−619833	−555400	−490967	−426533	−362100	−297667

序号	项目	年度															
		17	18	19	20	21	22	23	24	25	26	27	28	29	30	31	32
1	现金流入	152223	152223	152223	152223	152223	152223	152223	152223	152223	152223	152223	152223	152223	152223	152223	152223
1.1	发电销售收入	152223	152223	152223	152223	152223	152223	152223	152223	152223	152223	152223	152223	152223	152223	152223	152223
1.2	净补贴收入	0	0	0	0	0	0	0	0	0	0	0	0	0	0	0	0
1.3	项目余值	0	0	0	0	0	0	0	0	0	0	0	0	0	0	0	0
1.4	回收流动资金	0	0	0	0	0	0	0	0	0	0	0	0	0	0	0	0
2	现金流出	87789	87789	87789	87789	87789	87789	87789	87789	87789	87789	87789	87789	87789	87789	87789	87789
2.1	建设投资	0	0	0	0	0	0	0	0	0	0	0	0	0	0	0	0
2.2	流动资金	0	0	0	0	0	0	0	0	0	0	0	0	0	0	0	0

续表

序号	项目	年度															
		17	18	19	20	21	22	23	24	25	26	27	28	29	30	31	32
2.3	经营成本	85891	85890	85890	85890	85891	85891	85891	85890	85891	85891	85891	85891	85890	85891	85891	85891
2.4	销售税金附加	1899	1899	1899	1899	1899	1899	1899	1899	1899	1899	1899	1899	1899	1899	1899	1899
2.5	维持运营投资	0	0	0	0	0	0	0	0	0	0	0	0	0	0	0	0
3	所得税前净现金流量	64433	64433	64433	64433	64433	64433	64433	64433	64433	64433	64433	64433	64433	64433	64433	64433
4	税前累计净现金流量	−233233	−168800	−104367	−39933	24500	88933	153367	217800	282233	346667	411100	475533	539967	604400	668833	733267
5	所得税	0	89	1395	1736	2077	2419	2760	3101	3443	3784	4125	4466	4808	5149	5490	5831
6	所得税后净现金流量	64433	64344	63039	62697	62356	62015	61673	61332	60991	60650	60308	59967	59626	59284	58943	58602
7	累计所得税后净现金流量	−233233	−168889	−105851	−43153	19203	81217	142891	204223	265214	325863	386171	446138	505764	565048	623992	682593

序号	项目	年度															
		33	34	35	36	37	38	39	40	41	42	43	44	45	46	47	48
1	现金流入	152223	152223	152223	152223	152223	152223	152223	152223	152223	152223	152223	152223	152223	152223	152223	153423
1.1	发电销售收入	152223	152223	152223	152223	152223	152223	152223	152223	152223	152223	152223	152223	152223	152223	152223	152223
1.2	净补贴收入	0	0	0	0	0	0	0	0	0	0	0	0	0	0	0	0
1.3	项目余值	0	0	0	0	0	0	0	0	0	0	0	0	0	0	0	0
1.4	回收流动资金	0	0	0	0	0	0	0	0	0	0	0	0	0	0	0	1200
2	现金流出	87789	87789	87789	87789	87789	87789	87789	87789	87789	87789	87789	87789	87789	87789	87789	87789
2.1	建设投资	0	0	0	0	0	0	0	0	0	0	0	0	0	0	0	0
2.2	流动资金	0	0	0	0	0	0	0	0	0	0	0	0	0	0	0	0
2.3	经营成本	85891	85891	85891	85891	85891	85891	85891	85891	85891	85891	85891	85891	85891	85891	85891	85891
2.4	销售税金附加	1899	1899	1899	1899	1899	1899	1899	1899	1899	1899	1899	1899	1899	1899	1899	1899
2.5	维持运营投资	0	0	0	0	0	0	0	0	0	0	0	0	0	0	0	0
3	所得税前净现金流量	64433	64433	64433	64433	64433	64433	64433	64433	64433	64433	64433	64433	64433	64433	64433	65633
4	税前累计净现金流量	797700	862133	926567	991000	1055433	1119867	1184300	1248733	1313167	1377600	1442034	1506467	1570900	1635334	1699767	1765400
5	所得税	12116	16077	16101	16101	16101	16101	16101	16101	16101	16101	16101	16101	16101	16101	16101	16101
6	所得税后净现金流量	52317	48356	48333	48333	48333	48333	48333	48333	48333	48333	48333	48333	48333	48333	48333	49533

续表

序号	项目	年度															
		33	34	35	36	37	38	39	40	41	42	43	44	45	46	47	48
7	累计所得税后净现金流量	734910	783267	831600	879932	928265	976598	1024931	1073264	1121596	1169929	1218262	1266594	1314927	1363260	1411593	1461126
计算指标：																	
1. 所得税前财务内部收益率（%）：5.76																	
2. 所得税前财务净现值（万元）：－169368																	
3. 所得税前投资回收期（年）：20.62																	
4. 所得税后财务内部收益率（%）：5.37																	
5. 所得税后财务净现值（万元）：－187806																	
6. 所得税后投资回收期（年）：20.69																	

表 20-3-9　　财务现金流量表（资本金）　　单位：万元

序号	项目	合计	年度															
			1	2	3	4	5	6	7	8	9	10	11	12	13	14	15	16
1	现金流入	6184492	0	0	0	0	0	0	0	94378	152223	152223	152223	152223	152223	152223	152223	152223
1.1	发电销售收入	6183292	0	0	0	0	0	0	0	94378	152223	152223	152223	152223	152223	152223	152223	152223
1.2	补贴收入与其他收入	0	0	0	0	0	0	0	0	0	0	0	0	0	0	0	0	0
1.3	项目余值	0	0	0	0	0	0	0	0	0	0	0	0	0	0	0	0	0
1.4	回收流动资金	1200	0	0	0	0	0	0	0	0	0	0	0	0	0	0	0	0
2	现金流出	5294646	11980	19099	21380	28475	38847	35842	23989	87257	152625	151260	149895	148530	147165	145800	144435	143070
2.1	项目资本金	192090	11980	19099	21380	28475	38847	35842	23989	12478	0	0	0	0	0	0	0	0
2.2	借款本金偿还	766922	0	0	0	0	0	0	0	0	30677	30677	30677	30677	30677	30677	30677	30677
2.3	借款利息支付	465353	0	0	0	0	0	0	0	20350	34159	32794	31429	30064	28699	27334	25968	24603
2.4	经营成本	3488872	0	0	0	0	0	0	0	53252	85891	85890	85890	85891	85891	85891	85891	85891
2.5	销售税金附加	77135	0	0	0	0	0	0	0	1177	1899	1899	1899	1899	1899	1899	1899	1899
2.6	所得税	304274	0	0	0	0	0	0	0	0	0	0	0	0	0	0	0	0
2.7	维持运营投资	0	0	0	0	0	0	0	0	0	0	0	0	0	0	0	0	0
3	净现金流量	889843	－11980	－19099	－21380	－28475	－38847	－35842	－23989	7121	－403	962	2328	3693	5058	6423	7788	9153

续表

序号	项目	年度															
		17	18	19	20	21	22	23	24	25	26	27	28	29	30	31	32
1	现金流入	152223	152223	152223	152223	152223	152223	152223	152223	152223	152223	152223	152223	152223	152223	152223	152223
1.1	发电销售收入	152223	152223	152223	152223	152223	152223	152223	152223	152223	152223	152223	152223	152223	152223	152223	152223
1.2	补贴收入与其他收入	0	0	0	0	0	0	0	0	0	0	0	0	0	0	0	0
1.3	项目余值	0	0	0	0	0	0	0	0	0	0	0	0	0	0	0	0
1.4	回收流动资金	0	0	0	0	0	0	0	0	0	0	0	0	0	0	0	0
2	现金流出	141704	140428	140369	139345	138321	137298	136274	135250	134226	133202	132178	131154	130131	129107	128083	127059
2.1	项目资本金	0	0	0	0	0	0	0	0	0	0	0	0	0	0	0	0
2.2	借款本金偿还	30677	30677	30677	30677	30677	30677	30677	30677	30677	30677	30677	30677	30677	30677	30677	30677
2.3	借款利息支付	23238	21873	20508	19143	17778	16413	15047	13682	12317	10952	9587	8222	6857	5492	4126	2761
2.4	经营成本	85891	85890	85890	85890	85891	85891	85891	85890	85891	85891	85891	85891	85890	85891	85891	85891
2.5	销售税金附加	1899	1899	1899	1899	1899	1899	1899	1899	1899	1899	1899	1899	1899	1899	1899	1899
2.6	所得税	0	89	1395	1736	2077	2419	2760	3101	3443	3784	4125	4466	4808	5149	5490	5831
2.7	维持运营投资	0	0	0	0	0	0	0	0	0	0	0	0	0	0	0	0
3	净现金流量	10518	11794	11854	12878	13901	14925	15949	16973	17997	19021	20044	21068	22092	23116	24140	25164

序号	项目	年度															
		33	34	35	36	37	38	39	40	41	42	43	44	45	46	47	48
1	现金流入	152223	152223	152223	152223	152223	152223	152223	152223	152223	152223	152223	152223	152223	152223	152223	153423
1.1	发电销售收入	152223	152223	152223	152223	152223	152223	152223	152223	152223	152223	152223	152223	152223	152223	152223	152223
1.2	补贴收入与其他收入	0	0	0	0	0	0	0	0	0	0	0	0	0	0	0	0
1.3	项目余值	0	0	0	0	0	0	0	0	0	0	0	0	0	0	0	0
1.4	回收流动资金	0	0	0	0	0	0	0	0	0	0	0	0	0	0	0	1200
2	现金流出	131979	103992	103921	103921	103921	103921	103921	103921	103921	103921	103921	103921	103921	103921	103921	103921
2.1	项目资本金	0	0	0	0	0	0	0	0	0	0	0	0	0	0	0	0
2.2	借款本金偿还	30677	0	0	0	0	0	0	0	0	0	0	0	0	0	0	0
2.3	借款利息支付	1396	126	31	31	31	31	31	31	31	31	31	31	31	31	31	31
2.4	经营成本	85891	85891	85891	85891	85891	85891	85891	85891	85891	85891	85891	85891	85891	85891	85891	85891
2.5	销售税金附加	1899	1899	1899	1899	1899	1899	1899	1899	1899	1899	1899	1899	1899	1899	1899	1899
2.6	所得税	12116	16077	16101	16101	16101	16101	16101	16101	16101	16101	16101	16101	16101	16101	16101	16101
2.7	维持运营投资	0	0	0	0	0	0	0	0	0	0	0	0	0	0	0	0
3	净现金流量	20244	48231	48302	48302	48302	48302	48302	48302	48302	48302	48302	48302	48302	48302	48302	49502

计算指标：

1. 财务内部收益率（%）：6.5

2. 财务净现值（万元）：0

表 20-3-10　　某抽水蓄能电站综合经济指标表

序号	项目	单位	指标	备注
1	总投资	万元	959852	
1.1	固定资产投资	万元	851882	
1.2	建设期利息	万元	106770	
1.3	流动资金	万元	1200	
2	上网电价			
2.1	上网容量价格	元/kW	779.84	含税
2.2	上网电量价格	元/kWh	0.332	含税
3	发电销售收入总额	万元	6183292	
4	发电成本费用总额	万元	4912877	
5	销售税金附加总额	万元	77135	
6	发电利润总额	万元	1193277	
7	盈利能力指标			
7.1	总投资收益率（ROI）	%	4.21	
7.2	投资利税率	%	5.19	
7.3	项目资本金利润率（ROE）	%	11.18	
7.4	全部投资财务内部收益率	%	5.37	所得税后
7.5	全部投资财务净现值	万元	−187805	所得税后，8%折现率
7.6	资本金财务内部收益率	%	6.5	所得税后
7.7	资本金财务净现值	万元	0	所得税后
7.8	投资回收期	年	20.69	所得税后
8	清偿能力指标			
8.1	借款偿还期	年	25	
8.2	资产负债率	%	80	最大值
9	国民经济评价指标			
9.1	经济内部收益率	%	10.37	
9.2	经济净现值	万元	95149	

（3）根据发改价格〔2021〕633 号文，当控制资本金财务内部收益率为 6.5%时，该抽水蓄能电站经营期上网容量价格为 779.84 元/kW（含税），电量价格 0.332 元/kWh（含税），相应全部投资财务内部收益率为 5.37%。敏感性分析表明，电站投资增减 5%～10%时，控制项目资本金财务内部收益率 6.5%，容量价格在 707.05～852.64 元/kW（含税）之间变化，说明该电站在财务上具有一定的财务抗风险能力和市场竞争能力。

（4）该抽水蓄能电站经济技术指标比较优越，是该地区不可多得的优良抽水蓄能站址。兴建该抽水蓄能电站不仅能够为电网提供优质的调峰电力，改善电网供电质量，提高电网新能源资源利用率，降低系统运行费用，减少燃煤火电机组对该地区及首都周围大气的污染。同时，还可以为当地创造了劳动就业机会，从而带动本地区国民经济发展。

综上所述，该抽水蓄能电站具有较好的开发条件，经济效益及社会效益比较显著。

第二十一章　抽水蓄能电站初期蓄水及机组调试

抽水蓄能电站初期蓄水是抽水蓄能电站投入运行前必备的条件之一，也是机组设备带水调试的需要。机组调试指抽水蓄能电站机组投入运行前，需对电站所涉及的各专业技术按照投运要求进行全面的调试，通过检查、试验，发现问题做出调整处理，达到电站投运的技术标准。这段工作过程要求严谨细致。

第一节　水库初期蓄水

上水库、下水库完建后，经蓄水前工程验收合格，即应争取提前蓄水。国内工程依据其各自条件，一般在机组设备带水调试前0.5～1.0年开始初期蓄水，这样做是为了：①通过蓄水提前对上水库、下水库工程，特别是防渗设施加以检验；②保证足够的蓄水时间；③为输水发电系统充水和第一台机组带水调试做好准备；④处于寒冷地区的工程避免冰冻对蓄水和机组调试的影响；⑤多泥沙河流避免泥沙对库容和机组调试的影响。

一、确定初期蓄水计划和实施方案

水库初期蓄水前，应根据水源情况和上水库、下水库的特征库容，结合工程施工期供水系统等条件，确定初期蓄水计划和实施方案。其主要内容包括蓄水水源、满足首台机组带水调试所需最低水量、水位变化范围、水位升降速度、蓄水起始时间及过程、通信条件以及与初期蓄水有关的水工建筑物监测工作安排、监测资料分析及监测成果反馈等。

（一）蓄水水源

具有可靠的水源是抽水蓄能电站站址选择的重要因素之一，一般抽水蓄能电站附近的水库、具有一定集水面积的河流、湖泊和泉水等，都可以考虑作为电站的水源。初期蓄水通常按75%保证率的径流量进行水量平衡。在我国南方地区，雨量比较丰沛、河流天然径流大、流域两岸植被较好，河流泥沙含量也少，一般可以满足抽水蓄能电站初期蓄水水量和水质要求，有条件可以连续蓄水。在北方干旱地区，地表水源有时难以在特定时段满足初期蓄水水量和水质要求，一般按机组投运顺序，分阶段蓄水，必要时需采用补水工程措施加以解决。多数抽水蓄能电站水源来自下水库，利用天然径流蓄水。如果上、水库有天然径流，则也可以蓄存作为电站初期蓄水的水源。

如果上水库、下水库的天然径流均无法满足蓄水需求，则需在附近寻找可用水源，并设置补水系统，设置补水系统时，可结合施工供水系统统筹考虑设置。

西龙池抽水蓄能电站由于滹沱河水含沙量高，蓄水水源采用石灰岩地区岩溶地下水。上水库、下水库分别选择勘探洞地下裂隙水和滹沱河段家庄河段内泉群作为初期蓄水、运行期补水及施工期供水的水源，是个成功的实例。

（二）满足首台机组带水调试的最低需水量

抽水蓄能电站有水轮机和水泵两种运行工况，而水轮机工况可通过调速器及导叶来控制机组转速及流量，简捷易行，故从水轮机工况开始调试是通常做法。近些年来随着国内抽水蓄能电站设计、制造、调试技术的日趋成熟，不少抽水蓄能电站也采用水泵工况首次带负荷起动，即机组在 SFC 拖动下完成调相及动平衡等水泵工况试验后，在引水压力管道充满水的基础上，直接水泵工况起动向上水库充水，如琅琊山、敦化、沂蒙等抽水蓄能电站。由此，若上水库天然径流充分，依靠天然径流蓄水就可满足首台机组以水轮机工况调试所需水量要求的，应按照首台机组先以水轮机工况调试方式制定初期蓄水方案，此时除下水库应提前进行初期蓄水外，还应根据工期及径流情况，提前对上水库进行初期蓄水；对于上水库天然径流蓄水条件不能满足水轮机工况调试要求的，原则上可按照首台机以水泵工况调试方式制定初期蓄水方案，此时应提前对下水库进行初期蓄水，上水库采用机组水泵工况向上水库充水进行蓄水。

当采用水轮机工况首次起动调试时，其所需水量包括上水库、下水库死库容蓄水量，一条输水系统管道蓄水量，上水库、下水库水面蒸发量，上水库、下水库及输水系统渗漏量，用于首台机组完成调试项目等所需水量之和。其中，上水库除应提前蓄好死库容的水量外，还应提前蓄好水轮机工况调试所需的水量，调试蓄水量可按水轮机工况空载流量持续运行的时间进行估算，下述时间可供估算水量时参考：机组动平衡试验 3h、调速和励磁系统试验 2.5h、空载试验 1h、升速试验 1h、机组升压和升流试验 1.5h、压水试验 1h、相序和同期试验 2h、继电保护试验 3h、甩负荷试验 4h、主进水阀试验 1h、短时间带负荷试验 3h，共计约 23h。上述试验完成后，上水库的水位不宜低于死水位。据估算：机组水头范围在 200～700m，完成水轮机工况先行调试项目的需水量在 50 万～100 万 m^3，数量并不大，我国初期建设的抽水蓄能电站，大多采用水轮机工况首次起动调试，此时若上水库天然径流不满足蓄水条件，有的电站则利用施工期供水系统提前对上水库蓄水加以解决，如十三陵、张河湾等抽水蓄能电站。完成上述调试项目后即可进入水泵工况调试，水轮机工况其他调试试验如热稳定等试验待水泵工况向上水库充水后进行。

当首台机采用水泵工况调试时，其所需水量与水轮机工况一样，有所区别的在于上水库蓄水量，此时上水库一般可不蓄水，仅把引水系统管道充满水即可，调试时可利用引水系统的水在水轮机工况冲转一下机组，进行碰撞检查后即可转入水泵工况调试。

（三）上水库、下水库首次蓄水对库水位升降速率的限制

全库盆采用沥青混凝土面板或钢筋混凝土面板防渗的抽水蓄能电站上水库、下水库，一般其库容都不大，即使只有一台机投入运行，其库水位上升、降落的速度均较大。为了使初期蓄水时，防渗面板与地基等有一个缓慢变形，以逐步适应新增水压力的过程，同时也是一个评估水库防渗工程是否成功的过程。因此，在水库初期蓄水过程中，一般要求限制库水位上升和下降速度，并分几个阶段蓄到水库正常蓄水位或降落到最低水位，在达到每阶段设定水位时，还需停顿一定时间，以便对各水工建筑物的应力、变形、渗漏、防渗面板后渗压等项目进行监测，并对各建筑物的运行状态作出评判，确定其能正常运行后再进行下一阶段的蓄水过程。

1. 全库盆沥青混凝土面板防渗的水库

采用沥青混凝土面板防渗的水库，初期蓄水时通常都控制库水位上升速度不大于 1m/d，且分几级蓄水，每一级尚需稳定一定时间，以便基础及面板有适应变形的时间。张河湾抽水蓄能电站上水库初次蓄水水位上升速率的限制要求见表 21-1-1。同时对库水位下降速率也提出限制：库水位下降速率不超过 2m/d，且应小于 1m/h。在水位下降过程中，应实时监测面板表面变化情况，尤其对面板的渗漏和面板背面的渗透压力更应密切注意，加强监测。

表 21-1-1　　　　张河湾抽水蓄能电站上水库初次蓄水水位上升速率限制

序号	库水位分级（m）	水位上升速率（m/d）	水位持续稳定时间（天）
1	757.5（进/出水口前池底板高程）～765（进/出水口混凝土面板与沥青混凝土面板交接点）	一次连续充水	2
2	765～770.5（进/出水口顶板高程）	1	2
3	770.5～781（首台机有水调试水位）	1	7
4	781～789（首台机连续发电运行 5h 水位）	1	7

注　第 2、3、4 台机组达到各自连续发电运行 5h 水位时都按表中第 4 项要求。

呼和浩特抽水蓄能电站采用改性沥青混凝土面板防渗，初期蓄水时1930m高程以下，库水位上升速率要求小于1m/d；并在水位达到1920m和1930m后的停留时间分别不少于3天。1930～1940m高程之间，库水位上升速率要求小于0.5m/d；并在水位达到1940m后的停留时间不少于6天。库水位下降速率要求小于1.5m/d，且小于0.5m/h。

日本1973年建成的沼原抽水蓄能电站上水库，采用沥青混凝土面板防渗，初期蓄水时对库水位上升速率规定更为严格：死水位1198m以下为2m/d，水位1198～1222m（有水调试水位）为1m/d，水位1222～1226m为0.5m/d，水位1226～1238m（正常高水位）为0.25m/d。

天荒坪抽水蓄能电站上水库第一次蓄水后放空检查，沥青混凝土衬砌中仅发现一条非贯穿性裂缝。但隔十天后第二次蓄水后再放空检查，增加了九条贯穿性裂缝。分析认为，第二次蓄水时库水位上升速率高达15.32m/d也是裂缝的原因之一

2. 全库盆钢筋混凝土衬砌的水库

十三陵抽水蓄能电站上水库采用全库盆钢筋混凝土面板防渗，对初期蓄水制定了明确的规定，在死水位以上按四个高程540、550、558m和566m作为四个阶段，水位上升速率限制不大于1m/d，在每个水位高程处停顿4～6天，在此期间对各建筑物的运行状态进行监测和评判。

库水位初次降落时，规定水位下降速率不超过1.5m/d，且小于0.5m/h，并进行实时监测。初次蓄水完成后，从监测资料分析无异常，正常运行期间对水位升降速率不再限制。

3. 混凝土面板和土工膜组合全库防渗的水库

溧阳抽水蓄能电站上水库由一座主坝、两座副坝和竖井式进出水口组成，为全库盆防渗，坝坡和库岸边坡采用混凝土面板，库底采用HDPE土工膜组成的联合防渗体。溧阳上水库死水位为254m，根据机组水泵工况起动有关要求，首台机调试时上水库需先蓄至高程252m。上水库蓄水时，采用分级蓄水，进/出水口（高程248.5m以下）水位上升速度控制在1m/d以内，水库区控制在0.5m/d以内；当蓄水至高程242.5、248.5、250m、死水位（高程254m）时，水位稳定时间分别为2、5、3、5天；后续继续往上蓄水时，每抬高3m，水位稳定时间按2～3天控制。在机组调试时，水位下降速度控制在1m/d以内，同时应小于0.3m/h。但水位重新上升达到一定高程后，因机组调试需要水位下降，在不突破该高程且安全监测数据正常、巡视检查和闸门运行正常时，下降速度不控制。

4. 沥青混凝土面板和黏土组合全库防渗的水库

宝泉抽水蓄能电站上水库采用全库盆防渗，由坝坡和库岸边坡的沥青混凝土防渗面板与库底黏土铺盖组成，初期蓄水时按库水位上升速率不大于1.0m/d、水位下降速率不大于1.5m/d控制。分五个阶段蓄水，第一阶段由工程施工供水系统加厂房上水库充水泵供水系统共同充水完成，蓄水位在759～762.5m之间时，受施工供水系统能力的限制，水库水位上升速率极低，估算不会超过3～5m/月；第二阶段蓄水至763m水位，稳压不少于4天；第三阶段蓄水至772m，稳压不少于4天，并在此水位间运行时间不小于14天；第四阶段蓄水至781m，稳压不少于4天，并分别在781～772m和781～763m水位之间进行不少于14天的机组发电抽水循环运行；第五阶段蓄水至789.6m，稳压不少于4天，并分别在789.6～781、789.6～772m和789.6～763m水位之间进行不少于14天的机组发电抽水循环运行。

5. 其他水库

对仅在坝坡设置防渗面板或心墙防渗的抽水蓄水电站上水库、下水库工程，初期蓄水时的水位初次上升、降落的速率可分析其具体情况，适当放宽或不作限制。

琅琊山抽水蓄能电站上水库，主坝采用钢筋混凝土面板防渗，库区局部采用灌浆帷幕防渗，初期蓄水时做出如下规定：①水位上升速率限制：124m以下，不大于4m/d；124～150m（死水位），不大于2m/d，并在150m停顿时间不少于4天，进行实时监测；150～171.8m之间分三个高程158、166m和171.8m作为三个阶段，不大于2m/d，停顿时间不少于6天，期间进行实时监测。②水位降落：库水位初次下降速率要求小于0.5m/h。

绩溪抽水蓄能电站下水库为混凝土面板堆石坝，考虑到蓄水的水源条件和面板在蓄水过程中的受力特点，对水位上升未做要求，但对水位下降速率提出了控制在3m/d以内和不大于1m/h的要求。

沂蒙抽水蓄能电站下水库为混凝土面板堆石坝，初期蓄水过程中控制水位上升速率不大于 3m/d，并设五级稳压，每级稳压 3 天。库水位初次降落时，水位下降速率不超过 3m/d，且小于 1m/h，并进行实时监测。

敦化抽水蓄能电站下水库为沥青混凝土心墙堆石坝，在下水库下闸蓄水前坝前水位已蓄至泄洪导流洞底板高程 670m 以上，同时考虑死水位 690m 高程以下死库容较小，因此死水位以下不控制库水位上升速度，库水位蓄至 680m 高程时，停止蓄水 2 天；在库水位上升至 690.0m 高程后稳压 7 天。690.0m 高程后水位上升速度控制在 3m/d 以下，设三级稳压，每级稳压 7 天。库水位首次下降速度控制在不超过 2m/d，且应小于 1m/h。

二、以泵工况首次起动向上水库蓄水

（一）以泵工况首次起动向上水库蓄水需关注的问题

（1）以泵工况首次起动向上水库蓄水，涉及电源、机械及各种辅助设备首次以满负荷运行，风险和难度较大，必须在无水调试阶段做到万无一失。这种设计意向须征得机组制造商认同，经仔细研究后，以技术合同形式用文字明确，合同执行时，在水泵水轮机模型试验时需进行异常低扬程试验。

（2）水泵水轮机组安装后，需先做动平衡试验和过速试验，当变频器经调试并有足够容量时，以变频器带动机组做水泵工况动平衡试验，同期并网和各种电气试验，完成初次抽水。当上水库有水后，再做水轮机工况的动平衡和过速等试验。

（3）水泵水轮机在水泵工况并网抽水时，按额定转速运行，它的导叶调节作用较小，机组输入功率接近或等于最大输入功率。

（4）水轮机工况甩负荷试验的目的是全面检查机组、调速、励磁、主开关和保护等是否符合设计要求。为了安全，一般是从额定功率的 25%、50%、75%、100%逐步向上进行试验。以泵工况首次起动，暂无条件作甩负荷试验，一旦发生水泵断电情况，将承受一定的调试风险。

（二）首台机组泵工况调试实例——琅琊山抽水蓄能电站

1. 概述

琅琊山抽水蓄能电站上水库无天然来水，且死库容较大，若首台机组采用发电工况并网调试，则需要提前投入资金建设临时充水系统，且充水周期长、费用高。因此，在国内首先采用机组首台机组泵工况调试。

2. 首台机组泵工况调试分析

（1）机组首次在水泵工况并网调试。采用泵工况起动机组虽然国外电站特别是日本有几个电站采用过，但当时在国内尚无经验。琅琊山抽水蓄能电站在机组第一次调试时，由于上水库水位远远低于死水位，不具备发电工况调试的条件，在主机合同中规定，本电站上水库的充水采用水泵水轮机组充水，第一台机组首次起动采用水泵工况起动、并网调试。同时对水泵水轮机在极低扬程工况下的振动和压力脉动保证值做出规定，并要求进行相关的模型试验。

（2）模型转轮极低扬程（上水库充水扬程）起动试验。机组在极低扬程下运行时，压力脉动和振动较大，空蚀问题突出。为了确保首台机组泵工况充水的安全，要求在导叶小开度情况下机组的振动和压力脉动值减至最小，在模型试验过程中做了专项的水泵工况异常低扬程试验。试验表明，水泵水轮机在极低扬程下起动时，只要合理控制导叶开度，可使机组的压力脉动值控制在合同保证范围之内。通过水力过渡过程计算，研究了上水库为极低扬程时，机组抽水工况断电以及泵工况起动时瞬态极值对压力管道上弯段等部位结构安全的影响等问题。

（3）输水发电系统充水。1 号输水系统 29m 高程以下部分利用自流由下水库直接充水，高程 29～136m 压力钢管采用专用充水泵充水，当上水库水位达到 139.5m 及以上，开启引水事故闸门上的充水阀进行闸门前后平压，后开启闸门。充水至满足机组水泵工况极低扬程的水位，以机组水泵工况方式起动调试，并以水泵工况向上水库充水。

（4）泵工况起动调试。由静止变频起动装置（SFC，简称变频器）拖动机组进行水泵方向的动平衡试验。机组升速过程中，实时监视机组各部位温度、振动和摆度。当达到额定转速后，各轴承稳定油温及瓦温不应超过规定值。在泵工况起动之前，投入保护，机组自动程序退出，采用分步操作方式。

首先，机组应在压水工况下用SFC起动机组，当机组转速达到额定转速后并入电网；机组在超低扬程下向上水库充水时，由于此工况为机组的非正常运行工况，机组运行时的导叶开度小于机组水泵工况正常开度，故机组压力脉动和振动较大。为确保机组安全运行，手动开启调速器现地控制柜上的导叶开度控制手柄，将导叶开度从0°开至4°，机组将根据系统控制要求自动开启进水阀，开始向上水库充水。

（5）为了确保首台机组泵工况充水的安全，首台机组调试参照主机厂家模型试验结果（见表21-1-2），采用合理的导叶开度进行泵工况起动，使机组振动和压力脉动在较合理的范围内。

表21-1-2　　琅琊山抽水蓄能机组不同开度流量参考值

上水库水位（m）	137.0	144.0	146.8	150.0
水泵扬程（m）	108	115	117.8	122
导叶开度（%）	6	12	19	25
导叶开度（°）	2	4	6	8
流量（m^3/s）	25	45.5	61	75

3. 首次泵工况起动关键技术

（1）根据转轮模型试验，得出机组首次泵工况起动时导叶开度控制范围，将压力脉动控制在保证值以内，确保机组起动安全。

（2）输水系统设计时，应考虑水泵工况极低扬程起动对输水系统的影响，确保水工结构的安全。

（3）当压力管道系统充水稳压后，为检查机组转动部件与固定部件有无摩擦、碰撞等机械性问题，利用压力管道内的水量，小开度开启导叶，使转轮缓慢旋转，确认机组转动部件是否正常。

（4）利用SFC拖动机组，在空气中运转做动平衡试验，先在低速下（约5%额定转速）检查机组转动部分有无机械摩擦和撞击声，轴承温度是否正常，机组各部位振动摆度有无异常。之后将机组转速从0%升至100%，检查机组的动平衡。

（5）机组进行动平衡试验运转，由SFC拖动机组并网，使机组在泵工况下做调相运行，做机组各部分轴承的热负荷运行，检查轴承的温度变化。

（6）使机组在水泵调相工况起动，排除转轮室压缩空气，打开进水阀，手动开启调速器，检查水泵开停机程序。

（7）确认压力管道内的水位升至上水库进/出水口底板高程（136.0m）后，即可起动机组，以水泵工况起动并入电网，开始向上水库充水，至满足发电工况调试最低水位（约152m）。

（8）水轮机及水泵工况各项调试交替进行。

4. 首台机组调试

2005年6月底上水库开始蓄水，由于降雨丰沛，2006年9月23日上水库水位已蓄至140m高程（死水位150m），优于原设定的136m最低调试水位，开始首次泵工况起动。10月24日～11月30日完成向上水库充水及保压试验，11月7日发电工况并网调试，2007年1月15日完成规定的各项调试试验。其间发电工况调试81次，抽水工况调试95次。于2007年1月16日转入30天试运行考核。

（三）首台机组泵工况调试实例——敦化抽水蓄能电站

1. 概述

吉林敦化抽水蓄能电站位于严寒地区，电站于2021年3月18日开始机组整组起动调试，此时上水库水位为1370.25m，比死水位1373m低近3m，由于蓄水量不足，同时考虑上水库结冰对进/出水口可能产生的影响，敦化首次带负荷调试采用泵工况进行调试。

2. 敦化首台机泵工况调试关键技术

（1）调试前上水库蓄水位的选择。2020年初，根据敦化抽水蓄能电站的实际进度，敦化整机调试在当年冬季进行，而敦化属严寒地区，冬季进行抽水蓄能电站机组有水调试工作在国内还属首次。经研究分析，由于在冬季，首台机采用泵工况开始调试时，上水库在机组调试前也应蓄好一定量的水，这主要是因为水泵工况首次起动功率大，主要电气设备及保护装置首次带满负荷运行时发生故障而引起水泵断电的风险是存在的，如果上水库水位未达淹没进/出水口时发生断电，此时若不能及时排除故障继续充水，上水库进/出水口及闸门槽将可能会迅速结冰，会严重影响到电站的安全和后续调试工作。经研究，机组有水调试前通过采用措施将上水库水位蓄至 1370.25，达到淹没进/出水口的要求。敦化首台机调试虽然在 3 月份，但现场当天最低气温仍达到−6℃，上水库冰厚达到 0.8m。

（2）异常低扬程起动分析。首次水泵异常低扬程起动时应考虑水泵的入力、压力脉动、过渡过程等因素，选择合适的导叶开度。在模型验收试验时，根据合同要求进行异常低扬程试验，试验条件相当于仅将压力钢管充满水至上水库进/出水口底板高程 1358.0m，下水库为正常蓄水位 717.0m。试验结果表明，当扬程 647m 时，导叶开度为 18.78°，此时水泵入力为 352.61MW，无叶区压力脉动为 3.93%，蜗壳进口压力脉动为 0.87%，顶盖压力脉动为 1.97%，各项稳定性指标表明机组可以在异常低扬程起动。在水泵首次起动向上水库充水时，实际扬程为 659m，导叶开度为 19°，经过渡过程计算机仿真计算与分析，如水泵断电各项调节保证参数指标满足合同要求，其中引水系统最小压力为 7.7m。同时，实际测得机组主要部分振动摆度指标见表 21-1-3。

表 21-1-3　　敦化 1 号机组首次抽水机组稳定性指标记录表

序号	测点	抽水稳态（μm）	序号	测点	抽水稳态（μm）
1	上导 X 向摆度	96	13	下机架垂直 X 向振动	2
2	上导 Y 向摆度	92	14	下机架垂直 Y 向振动	2
3	下导 X 向摆度	92	15	顶盖水平 X 向振动	11
4	下导 Y 向摆度	108	16	顶盖水平 Y 向振动	11
5	水导 X 向摆度	66	17	顶盖垂直 X 向振动	9
6	水导 Y 向摆度	107	18	顶盖垂直 Y 向振动	11
7	上机架水平 X 向振动	27	19	定子机架水平 X 向振动	23
8	上机架水平 Y 向振动	21	20	定子机架水平 Y 向振动	17
9	上机架垂直 X 向振动	6	21	定子机架垂直 X 向振动	3
10	上机架垂直 Y 向振动	5	22	定子机架垂直 Y 向振动	2
11	下机架水平 X 向振动	6	23	铁心水平振动	1
12	下机架水平 Y 向振动	6	24	铁心垂直振动	1

2021 年 3 月 29 日，在完成机组水泵工况动平衡试验、调相工况事故停机试验、热稳定试验、溅水功率等试验后，起动机组开始首次抽水运行，此时上水库水位为 1370.35m，下水库蓄水位为 710.68m，经过约 1.5h 后将上水库蓄水位充至 1372.56m，完成水泵断电试验后再将上水库水位充至 1375.53m，随后进行水轮机工况调试试验，2021 年 6 月 3 日完成各项调试试验，6 月 4 日投入 15 天试运行考核。

第二节　机组设备无水状态调试

一、电气设备的调试

（一）厂用电系统

安装期间需要大量用电，一般都采用临时措施从电网供电。安装后期，厂用电系统基本完成，调试时不宜再用临时措施供电，应尽量用永久性厂用电系统供电。通常厂用电来自系统电网和地区电网，至少应有两路独立的电源。

（1）试验前，逐个检测各配电柜和厂用变压器的绝缘电阻、接线、相序、接地、保护回路和信号回路等，检测各电缆绝缘电阻、接头、连接的正确性等。对于断路器，至少手动和自动各分、合闸 3 次；对于抽屉式配电柜，至少将小车拉出、推进 3 次，要求动作灵活可靠。对于厂用变压器应进行交流耐压试验、油质化验（油浸式）、直流电阻测量等。检查所有设备是否满足防火要求。断开厂用变压器与母线、配电柜之间的连接，以便进行下一步通电试验。

（2）当主变压器带电后，可对厂用变压器进行3次冲击合闸试验，检查厂用变压器低压侧二次电压相序等。利用系统电源带厂用电，分段向厂用电母线送电，逐个向配电柜送电，检查电压、指示灯、模拟试验保护和信号、断路器分合闸动作等，合格后，进行厂用电的工作与备用电源等切换试验。检测正常照明和事故照明。

（3）如电站设有柴油发电机，先做柴油发电机本身的试验，后进行柴油发电机与系统电源切换试验，及柴油发电机容量试验等。

（二）电气一次主要设备试验

为了缩短工期和进行厂用电、变频器、辅助设备等试验，一般应提前进行系统向主变压器与高压配电设备等充电试验。

1. 主变压器、高压配电设备、母线和电缆的检测

按规程对主变压器、高压配电设备、母线和电缆等进行检测和试验。如检查高压母线相序是否与系统相序一致、测量各设备的绝缘电阻、进行交流耐压试验、绝缘油化验与SF_6气体含水量检测（如果采用的话）等。

由于电压高和工地条件有限，有的常规水电站不在工地做主变压器的交流耐压试验。但对于抽水蓄能电站，尽管它在工厂内做过交流耐压试验，考虑到运输和安装等影响，一般仍在工地委托有关专业单位进行交流耐压试验。例如泰安抽水蓄能电站曾在工地对引进的220kV主变压器进行1.7倍交流耐压试验，历时30min，每5min放电一次。此外还要测量绕组连同套管的直流电阻，检查所有分接头的电压比与有载调压切换装置等。

对于断路器还要进行操动机构试验，测量分合闸时间、同期性、每相导电回路的电阻、分合闸线圈及合闸接触器线圈的绝缘电阻与直流电阻。对于SF_6封闭式组合电器，还要进行密封性试验，检查气体密度继电器、压力表和压力动作阀等。

2. 系统对主变压器冲击合闸试验

试验前，检查主变压器与发电电动机、厂用变压器是否可靠断开，投入主变压器继电保护装置和冷却系统、信号回路、合主变压器中性点接地开关。

合主变压器高压侧断路器，利用系统电源对主变压器冲击合闸5次，每次间隔约10min，检查主变压器差动保护、气体保护的工作情况，录制冲击时的励磁涌流示波图。再合主变压器低压侧断路器，对厂用变压器进行冲击合闸试验。

（三）静止变频器SFC试验

一般都在充水前调试变频器，因为不需压水，机组也安装完毕，允许转动。这时机组将首次按水泵工况方向转动，如果变频器容量允许，还可做水泵工况方向下的动平衡试验。

1. 试验前的检查

（1）各整定值。模拟检查起动回路、起动设备；测量功率柜与控制柜的绝缘电阻；对功率柜做交流耐压试验；通电检查控制柜自动控制系统、保护系统、触发系统及接口等。

（2）谐波滤波器（如果有的话）。检查接线和保护；检测电容量、电感量、绝缘电阻；进行交流耐压试验；全电压合闸试验三次，为了不影响其他设备，要求每次合闸时起动母线的暂态过电压值不宜超过120％额定电压，同时还要求谐波滤波器投入后起动母线电压升高值不宜超过105％额定电压。

（3）变频器冷却系统。投入冷却系统，检查自动控制与保护系统，如采用风冷，需检测风压、风量、噪声、风机运行等；如采用水冷，需检测水压、流量、噪声、水泵运行等，并做管路系统的水压试验。

2. 变频器小电流试验

整流桥输入侧接入三相交流电源，逆变桥输出侧接入三相调试负载，开启功率桥冷却设备。操作静止变频器控制器，逆变桥采用固定频率脉冲换相控制方式，控制器脉冲解锁。逐渐增大整流桥晶闸管导通角，使得调试回路电流大于晶闸管擎住电流，一般不小于2A。应检查调试负载的输出电压波形、波头宽度、数量，并记录相关数据。

3. 变频器脉冲运行功能检查和发电电动机定子通流试验

变频器逆变侧电气回路与发电电动机定子连接好，有关保护投入运行。通过起动回路向变频器加额定电压，在变频器整流侧处于手动调节状态下，向发电电动机定子送入电流，检查各脉冲运行逻辑控制程序的正确性，录制变频器直流电流输出波形。

4. 发电电动机转子初始位置检测试验

一般用电压矢量法和传感器法来检测转子初始位置，目前，抽水蓄能机组基本上采用电压矢量法。

（1）电压矢量法。采用电磁感应原理来确定发电电动机转子初始位置，在转子不动的情况下，瞬时通入初始励磁电流设定值，录取励磁电流响应曲线及定子三相电压波形，对各参数进行优化后，使装置能正确判定转子初始位置。

（2）传感器法。传感器必须准确地装在转子零位角处，它与转动部分间的间隙要合适，否则转子不能转动起来，或转动起来后传感器信号混乱。若传感器位置稍有偏差，将随着转动累积，使信号越来越混乱。先按机组设计计算的转子零位角固定传感器，试用变频器起动机组，若不能起动，需盘车转动转子或调整传感器的固定位置。机组转动后，逐步升速和录制传感器信号，若出现传感器信号混乱，需停机重新调整传感器位置，直到升至100%额定转速。

5. 升速试验、继电保护调试和动平衡试验

用变频器起动机组，以5%额定转速运转，检查各部位情况，包括机械摩擦、轴承温度、振动、摆度、自动化元件等；并进行停机试验，检查停机程序、机械制动等情况。再用变频器在0%～10%额定转速之间调整机组转速，检查变频器脉冲运行功能，修正初始励磁电流与变频器直流输出电流的整定值，检查变频器由强迫换流过渡到自然换流的工作情况，调整至最优状态。

机组继续升速至20%～30%额定转速，通电检查各电气设备。在此转速下进行检查是最合适的，因为电压较低，若发生短路，短路电流不会超过额定电流。检查各电气测量仪表、继电保护极性及工作情况、与起动试验有关的继电保护是否按设计要求投入运行或可靠闭锁、谐波电压与谐波电流的影响。检查无误后，逐步升至100%额定转速，测量额定电压下的轴电流。

在机组转速由零升高至额定转速过程中，应录取转速、变频器整流侧电流、发电电动机定子电压和电流、转子电流等过程线与波形，根据示波图优化变频器和励磁调节器参数。

在最优的变频器和励磁调节器参数下，用自动方式起动机组，检验开机程序；在额定转速下分别进行正常停机和事故停机，检验停机程序、制动情况、导叶关闭规律，录取灭磁示波图。

在升速过程中，可配合进行水泵工况转动方向的动平衡试验，具体方法与水轮机转动方向相同，详见本章第四节。试验合格后，在上水库有水的情况下，还应做水轮机工况转动方向的动平衡试验。

（四）励磁系统试验

检查励磁变压器与高低压端接线及电缆或母线、励磁系统盘柜、功率柜通风系统、交直流灭磁开关主触头、励磁操作保护及信号回路等，要求接线正确，通风良好，各设备动作灵活可靠、励磁调节器开环特性符合设计规定，通道切换可靠、表计校验合格等。

励磁调节器的检查和试验。在机组静止状态下向转子通入初始励磁电流，录取从零至设定值的电流波形。检查功率柜的均流情况。

（五）自动准同期模拟试验及并网试验

（1）自动准同期模拟试验。将同期断路器相应的隔离/换相开关切到分闸位置。在额定电压下，操作调速器/变频器使机组频率高于和低于系统频率，检查同期装置调频功能；在额定转速下，操作励磁调节器使机组电压高于和低于系统电压，检查同期装置调压功能。同期过程中录取断路器时序图。

（2）并网试验。将同期断路器相应的隔离/换相开关切到合闸位置，投入自动准同期装置。进行同期并网，录取电压波形图和断路器动作时序图，检查励磁调节器运行方式切换的正确性，如从电流调节方式切换到电压调节或恒功率因数运行方式等。

（六）继电保护装置试验

在机组投入调试之前，应利用保护测试仪对继电保护装置的各项功能进行检查与调试。在机组起动试验及带负荷试验过程中，应结合机组的调试工况进行一部分保护的试验与检测。表21-2-1列出了

适合各种保护试验的机组工况，表中的内容涉及无水和有水的调试项目。

表 21-2-1　　　　适合保护调试的工况

序号	试验的保护类别	适合保护试验的机组调试工况							
		静止	发电机升流试验	发电机-变压器组升流试验	发电机升压试验	发电机-变压器组升压试验	发电机并网带负荷试验	SFC 起动试验	水泵工况抽水试验	主变压器空载合闸试验
1	各种保护的模拟试验	利用试验仪器调试								
2	电流相序、极性及各相电流值检测		√	√			√	√	√	
3	电压相序、极性及各相电压值检测				√	√				√
4	发电机差动保护		√	√			√			
5	电动机差动保护							√	√	
6	电机匝间短路保护		√	√			√	√	√	
7	电机低频过流保护							√		
8	定子 95%接地保护				√					
9	定子 100%接地保护				√					
10	转子接地保护				√					
11	电机负序过流保护		√				√	√	√	
12	发电机逆功率保护						√			
13	电动机低功率保护								√	
14	电机电压相序保护				√					
15	轴电流				√					
16	主变压器差动保护			√					√	√
17	主变压器零序电流保护					√（在主变压器高压侧设单相接地点）				

二、机械设备的调试

所有电动机（包括电动阀的）首次起动前，都要检测绝缘电阻和转动方向，要求转向正确，绝缘电阻高于规定值。如绝缘电阻偏低，应采取干燥等措施；如转向不对，调换电动机任意两相的接线即可改正过来。

（一）调速器及其油压装置

1. 油压装置

关闭压油罐与调速器间的主供油阀，向压油罐充气至 65%工作压力，手动起动油泵充油，使罐内油位达到正常值，再充气或排气，使压力达到最低工作压力，继续开启油泵运转，调整卸荷阀、安全阀的整定值；合格后用充排油和充排气的方法，调整各压力继电器、油位继电器及补气装置等的整定值。

将控制机构转成自动位置，模拟检查油压装置自动运转情况，包括工作和备用油泵自动起停、高低油压与油位报警、自动补气等。在正常工作油压下切除油泵，检查 8h 内油压装置的密封性能。手动开启主供油阀，向调速器、管路和接力器充油，检查各处是否渗油。在充油过程中，应特别注意排气，调速系统内不允许存气，否则会引起不稳定和振动。

2. 调速器

虽然调速器在出厂前，都已按设计参数整定好，但在现场仍应检验它们是否合适，必要时可根据实际情况进行修改。手动操作调速器开关接力器，检查动作的平稳和可靠性，及接力器行程、导叶实际开度和导叶开度表指示等三者的一致性，录制导叶开度与接力器行程的关系曲线；检测和调整测频回路、电液转换器、缓冲回路、反馈回路、频率给定装置、开度限制机构等；分别模拟在水轮机工况和水泵工况下，用紧急停机装置关闭导叶，录制关机曲线、关闭时间与接力器不动时间，所有这些曲线与参数应符合设计要求。

调速器切到自动位置，用频率发生器等分别模拟水轮机工况和水泵工况下的自动开机、停机与事故紧急停机，以及水轮机工况下的频率给定装置调整范围等。

3. 事故低油压关闭试验

切断油泵电源，用排气阀和排油阀将压油罐压力降到工作油压的下限，手动操作接力器移动 3 个全行程（1 个全行程是指导叶从全关到全开或反之）后，油压应高于事故低油压。然后，将导叶调至最大开度，同时将压油罐压力调到事故低油压，按调速器事故紧急停机钮，要求导叶能顺利地全关。在上述试验中仍应录制导叶关闭过程曲线，记录关闭时间和接力器动作前后压油罐的压力。

（二）进水阀及其液压系统

（1）进水阀的油压装置与调速器的调试方法相似，此处不再重复。

（2）在进水阀全关位置下，手动投入和退出检修密封与进水阀工作密封几次；开启和关闭旁通阀几次，要求动作平稳准确。退出检修密封与进水阀工作密封，手动开启和关闭进水阀几次，要求动作可靠，到位准确。试验时，记录开启时间、关闭时间、油压等。对于用水操作和润滑的密封，应设临时的供水措施。现地模拟检查密封与进水阀自动闭锁回路、水压平衡回路等。检查无误后，将液压系统切到自动位置，现地模拟自动空气开关进水阀几次，检查开关顺序，并记录开关时间与油压等。最后模拟远方控制，开关进水阀。进水阀开关顺序要求：开进水阀前，先开旁通阀，只有进水阀前后水压差在允许范围内，进水阀才能开启；为了不损坏密封，只有在检修密封和工作密封都退出的情况下，进水阀才能开启；只有在进水阀全关的情况下，检修密封和工作密封才能投入。一般先关导叶，后关进水阀，也可同时关闭。

（三）供、排水系统

（1）排水系统。绝大部分抽水蓄能电站为地下式电站，因此渗漏排水是一个非常重要的系统，一般都提前投运。投运前，必须先将集水井清扫干净，然后开始调试水泵：按规定的水位整定水位开关；在集水井有水的情况下，手动逐个起动各水泵运转，检查振动、声响和漏水，记录排出水压；合格后停泵，检查止回阀动作情况，水泵是否有反转现象，要求冲击小，不反转，否则重新调整止回阀的关闭时间。试验时，应测量水泵运转时间与对应的水位，以便根据集水井面积，计算水泵流量是否满足设计要求。将控制系统切到自动位置，模拟检查各工作和备用泵自动起停情况以及报警信号等。

（2）供水系统。无水时，不允许水泵运转，否则易损害机械密封。无水时仅测量水泵转向和电动机绝缘即可。模拟检查水泵自动控制回路、保护回路、各电动阀和滤水器自动清污、流量开关等自动化元件动作情况。将供排水系统与尾水系统相连的第一个阀门关闭，以防尾水系统充水时污物进入。

（四）压缩空气系统

调试前应根据设计文件做好安全隔离，尤其是非投运设备及机组的安全隔离，再次检查管路是否牢固，特别是软管两端连接处，避免一端脱离伤人。按规定的整定值初步调好各压力开关，关闭储气罐排出阀，分别检查空气压缩机的油箱油位和冷却水系统（如果有的话），合格后，先点动起动，仔细检查润滑系统的油压和油位等。

无问题再较长时间运转，检查振动与噪声、排气压力、卸荷阀和安全阀动作、漏气等。根据压力表再次校验各压力开关动作值，包括工作空气压缩机和备用空气压缩机起停值、压力过高或过低值，以及储气罐上的安全阀动作值等。为了保证空气压缩机空载起动与空载停机，在开机和停机过程中，卸荷阀都应短时间（约 30s）开启，然后关闭。

空气压缩机本身在出厂前一般都已调好，工地仅作常规的检查，遇到问题，宜请厂家来人解决，不要轻易改变它们。将控制系统切到自动位置，全面模拟检查空气压缩机自动维持储气罐压力的过程，包括工作空气压缩机和备用空气压缩机起停、压力过高或过低时的信号。开启储气罐排出阀向各用户供气，检查管道连接件、压力表、阀门等是否漏气。

第三节 输水发电系统充水和排水

引水系统包括进/出水口、引水隧洞、压力管道（或隧洞）、引水调压室等；尾水系统包括进/出水口、尾水隧洞、尾水调压室等。输水发电系统充、排水分首次和电站投运后检修时的充水和排水。首次充排水要求严格，电站投运后检修时的充、排水可参照执行，有些条件可适当放宽。

输水发电系统的首次充、排水试验是加载、卸载、检查、监测、发现问题和处理的过程，是对输水系统安全运行的第一次检验，涉及土建、机电、监测等多专业。因此，在实施该项工作之前，应制定切实可行的方案。

输水发电系统充水一般先充尾水系统，后充引水系统。充水前各系统内必须清扫干净，人员撤离，不允许有任何杂物。

一、尾水系统和水泵水轮机的充水和排水

与常规电站不同，抽水蓄能电站埋深大，尾水系统承受较大的水压，为了安全和防止事故扩大，均采用分段充水。对于单独设置了尾水事故闸门室的长尾水系统，一般分三段进行：1 段为尾水隧洞充水，从尾水进/出水口至尾水管后的事故闸门；2 段为水泵水轮机充水，从尾水管后的事故闸门至机组进水阀；3 段为引水压力管道（压力隧洞）充水，充到压力管道内的水位与下游下水库水位齐平。对于短尾水系统，尾水事故闸门与尾水检修闸门同室布置，分两段进行充水，无上述 1 段充水；尾水系统充水时尾水检修闸门处于开启状态。以下为尾水系统和水泵水轮机 3 段式充排水的要求。

（一）充水前对有关机电设备状态的要求

（1）机组、进水阀、调速系统等安装完毕，无水调试合格。

1）关闭进水阀，将其液压控制系统切换在手动位置。

2）关闭导叶，将调速系统切换在手动位置。

3）关闭所有与尾水系统相连管道的第一个阀门，如尾水管排水阀、转轮与泄流环间的排水阀（如有）、冷却供排水阀、压力钢管及蜗壳排水阀、调相压水供气阀及排水阀等。

4）关闭蜗壳进人门和尾水管进人门。

5）厂用电可靠。渗漏排水系统和检修排水系统调试合格，渗漏排水系统自动运行。

（2）确认尾水检修闸门及其充水阀已经关闭，关闭尾水管后的事故闸门。

（二）充水过程

（1）关闭尾水事故闸门，开启尾水检修闸门的充水阀开始充水，根据水力测量仪表监视充水情况。

（2）1 段充满水后，进行全面检查，如无问题，打开尾水检修闸门，然后开启尾水事故闸门充水阀，进行 2 段充水。此时是向水泵水轮机充水，应特别注意监视蜗壳排气阀等。某电站曾在此段充水时，发现大量跑水，当时立即关闭尾水管后的事故闸门充水阀，跑水很快停止。

（3）2 段充满水和检查无问题后，开启引水压力管道排水阀对 3 段进行充水，直至引水压力管道内水位与下游下水库水位齐平，开启尾水事故闸门，关闭充水阀，充水完毕。

（三）尾水系统排水

尾水系统排水时，应关闭机组进水阀和导叶，开启尾水管排水阀进行排水。一般利用厂房检修泵排水；当厂房设有自流排水洞，可通过自流排水洞直接排放。

尾水系统排水分三种情况：第一种是机组及尾水隧洞中的存水全部排放掉，此时应关闭尾水检修闸门，尾水事故闸门处于开启状态；第二种是仅对机组至事故闸门段的存水进行排放，此时事故闸门应处于关闭状态，尾水隧洞中的存水不排放掉；第三种是机组段排放完后，若再需排放尾水隧洞段的存水，则需关闭尾水检修闸门和事故闸门，开启尾水事故闸门的充水阀排水，排水至充水阀高程后，需小开度（不宜超过 30cm）提起尾水事故闸门，直至排完。

二、引水系统充水和排水

（一）引水系统首次充水

引水系统首次充水主要是向压力管道首次充水。压力管道没有充满前，不允许机组按水泵工况并网抽水，否则可能过负荷，振动大，甚至损坏机组。尾水系统充满水后，一般采用下述方法向引水系统充水：

（1）当上水库有水时，开启引水事故闸门的充水阀，按规定的水位上升速率充水。

（2）如不具备上述充水条件时，应在厂内设置专用充水泵进行充水，如十三陵、张河湾等抽水蓄能电站。充水泵的扬程应能将水充至上水库进/出水口闸门底槛以上，其额定流量不应选择过大。充水泵低扬程运行时应在其出口设置可靠的减压装置，如节流孔板、针阀等。在充水期间，应按时记录压力钢管压力、进水阀位移、充水时间及水泵电流等，以便监视充水情况。

一般都将引水压力钢管的伸缩节布置在进水阀与蜗壳之间，进水阀承受的动水和静水推力，将由压力钢管及其止推环承担。在水推力作用下，止推环与进水阀间的压力钢管会伸长变形，造成进水阀位移（进水阀基础不承受水推力）。充水前，在进水阀基础上做好记号，充水后可根据记号测出进水阀位移。十三陵抽水蓄能电站进水阀（球阀）关闭时压力钢管承受的最大水推力约 2000t，止推环至球阀中心的距离为 9m，相应球阀最大位移约 4mm。

（二）引水系统首次排水

引水系统可采用下述方法排水：

（1）在进水阀上游侧排水管上设流量调节阀和节流片排水。

（2）开启进水阀，微开导叶，起动机组慢速转动排水。此时应投入高压油减载装置，对于有上、下油箱的水轮机导轴承，由于转速低，应采取措施，防止跑油。

（三）水位升降速率要求

引水高压管道首次充水，为保证管道结构的安全，必须严格控制水位上升的速率，并分阶段充水，每一阶段需稳压一段时间，待监测系统确认结构安全后，方可进行下一阶段的充水。此要求对钢筋混凝土高压管道尤为重要，广州抽水蓄能电站二期钢筋混凝土高压管道，在第一次充水至 5MPa 压力时，下平段上方约 35m 处排水洞内出现两处围岩劈裂，渗漏量达 30L/s，之后及时放空管道，进行加固处理。

各工程压力管道，无论是钢筋混凝土管道还是钢管，充水水位上升速度一般都要求不大于 10m/h，张河湾、敦化抽水蓄能电站高压钢管充水速率和稳压时间要求分别见表 21-3-1 和表 21-3-2。广州抽水蓄能电站一期钢筋混凝土高压管道按 5 级充水，斜井充水速度 1～1.5m/h，每级稳压 48h 以上，最后 1 级平上水库水位稳定 72h 以上。天荒坪抽水蓄能电站钢筋混凝土高压管道充水分 7 级进行，第 1～5 级充水速度为 10m/h，第 6、7 级因水头已很高，充水速度降为 5m/h，分级段长减半；充水试验稳定时间：第 1～3 级稳定 48h，第 4～7 级稳定 72h。广州抽水蓄能电站二期钢筋混凝土高压管道，受充水条件限制，平均充水水位上升速度为 15m/h。显然充水水位上升速度的不同与各工程地质条件的差别等有关。阳江抽水蓄能电站钢筋混凝土高压管道充水通过上水库事故检修闸门上的充水阀实施，按 5 级充水，充水速度上下竖井控制在 3m/h，其余部位控制在 4m/h 内，充水过程中每级设置 24h～48h 的稳压时间或采用小流量缓慢充水代替稳压，小流量缓慢充水的总用时不少于采用分级稳压式充水的总用时。

表 21-3-1　　张河湾抽水蓄能电站高压钢管充水速率和稳压要求

阶段	充水部位	起始～结束水位（m）	水位上升速率（m/h）	稳压时间（h）
1	尾水检修闸门～球阀	405.3～416.0（充满蜗壳）	<10	72
2	球阀～压力钢管 EL468.0m（下水库蓄水位）	416.0～468.0	<10	48
3	压力钢管 EL468.0m～EL610.0m	468.0～610.0	<10	48
4	压力钢管 EL610.0m～EL759.0m（上水库进/出水口底板）	610.0～759.0	<10	72
5	上平段及闸门井通气孔 EL759.0m～EL779.0m（上水库死水位）	759.0～779.0	<10	48

表 21-3-2　　敦化抽水蓄能电站 1 号高压钢管充水速率和稳压要求

充水部位	控制速率（m/h）	水位上升平均速率（m/h）	稳压时间（h）
进水球阀～高压管道 EL. 701. 0m	5	4. 6	48
高压管道 EL. 701. 0m～EL. 870. 0m	8	7. 6	48
高压管道 EL. 870m～EL. 928. 27m	8	8. 0	48
高压管道 EL. 928. 27m～EL. 1000m	8	0. 4	48
高压管道 EL. 1000m～EL. 1020m	8	3. 0	48
高压管道 EL. 1020. 0m～EL. 1190. 0m	8	5. 2	72
高压管道 EL. 1190. 0m～EL. 1315. 0m	5	4. 6	72

当高压管道需放空时，为避免在外水压力下钢管失稳，或钢筋混凝土管道遭到破坏，对水位下降速率的控制比水位上升的速率控制更严，应分水头段分级进行，每级放空到预定水位后，应稳定一定时间，待监测系统确认后，方可进行下一级的放空排水，放空速率一般为 2. 0～4. 0m/h。各工程控制标准根据各自工程特点、水文地质条件和衬砌结构情况而定。但关键是应利用埋设的渗压计实时监测放空过程中管道外的渗透压力，据此控制放空速率，确保压力管道外压大于内压的压力差小于设计外压，否则必须放缓水位下降速率，甚至暂停放空过程。例如广州抽水蓄能电站二期根据工程特点，提出分 5 级排放，排水原则为斜井排水速率控制在 5m/h 以内，最大外水压力与内水压力之差不得大于 200m 水头。阳江抽水蓄能电站分 6 级排水，上、下竖井的最大排水速率控制在 3m/h，并根据各段的设计控制条件提出了不同部位外水与内水压力差的要求。宝泉抽水蓄能电站要求外压与内压的压力差不大于 100m 水头。敦化抽水蓄能电站引水系统排水试验分级参数见表 21-3-3，部分抽水蓄能电站高压管道对放空时水位下降速率的限制见表 21-3-4。

表 21-3-3　　敦化抽水蓄能电站引水系统排水试验分级参数表

排水部位	水位实际下降速率（m/h）	稳压时间（h）
高压管道 EL. 1190. 0m～EL. 1315. 0m	4. 5	24
高压管道 EL. 1020. 0m～EL. 1190. 0m	5. 0	24
高压管道 EL. 870. 0m～EL. 1020. 0m	5. 0	24
	3. 7	
高压管道 EL. 701. 0m～EL. 870. 0m	5. 0	24
进水球阀～高压管道	3. 0	

表 21-3-4　　部分抽水蓄能电站高压管道对放空时水位下降速率限制

电站	琅琊山	张河湾	西龙池	广蓄一期	广蓄二期	天荒坪	宝泉
衬砌型式	钢板			钢筋混凝土			
水位下降速率（m/h）	2～3	10	5	2～4	5	4	3

第四节　机电设备带水状态调试

上水库初期蓄水时水量有限，一般不能将所有水轮机工况的试验做完，可将一些不影响水泵工况安全起动调试的项目移至水泵工况调试后再做，因为水泵工况调试完成后，可以用机组向上水库充水。例如轴承温升试验、长时间带负荷试验和主进水阀动水关闭试验等需要的水量较多，也不影响水泵工况安全起动调试，可移至水泵工况调试后再作。水轮机工况调试基本完成后，即可进行水泵工况调试。

一、水轮机工况带水调试

（一）机组首次转动和动平衡试验

1. 机组首次转动

目的是检查转动时有无擦碰和异常声响、机组振动、各轴承工作情况、整定机械和电制动投入转速等，确保今后的安全运行。

投入高压油顶起装置，用导叶开度限制机构手动开启导叶，待机组转动后，关闭导叶，机组靠惯性慢速旋转，仔细观察，确认无任何擦碰后，再开导叶升速至5%～10%额定转速，稳定旋转10～20min，全面检查并记录各轴承瓦温、油温、油位，各冷却器水压、水温，机组振动（特别是发电机上、下机架的振动）和摆度等。关闭导叶，并整定机械制动投入转速。之后再逐步升速至50%额定转速，停留15～30min，全面检查，记录各参数。如无问题，再逐步升速至100%额定转速，同时记录相应水位下的空载开度。在逐步升速试验过程中，整定高压油顶起和电制动投入与退出转速；进行调速器事故紧急停机试验；校验电气转速继电器相应的触点，并测量发电机残压、相序及波形等。当机械制动成功投入时，自动切除电制动。

机械制动有持续制动和断续制动两种方式。一般采用持续制动，仅在事故时为了缩短关机时间，可在转速稍高时断续制动。对于常规水轮机，机组转速降至20%～30%额定转速（当推力轴承采用合金瓦时）和10%～20%额定转速（当推力轴承采用弹性金属塑料瓦时）投入机械制动。对抽水蓄能机组，应予分析。例如某抽水蓄能电站在调试时，曾整定在20%额定转速下投入机械制动，结果制动闸大量冒烟，险些酿成大事故。该机组额定转速为500r/min，20%额定转速为100r/min，在这样高的转速下不可以持续加闸制动。建议水泵水轮机组投入持续制动按绝对转速来确定，绝对转速不要超过20r/min。例如，十三陵抽水蓄能电站机组在3%额定转速（绝对转速为15r/min）下投入机械制动，泰安抽水蓄能电站机组在5%额定转速（绝对转速为15r/min）下投入机械制动。

2. 机组动平衡试验

水泵水轮机组运转时的振动与噪声远大于常规水轮机组，因此应特别重视动平衡配重试验，配重精度和准确性将直接关系到机组的安全运行。在上述逐步升速试验中，如发现机组振动超过规程规范允许值时，应立即做动平衡试验。机组额定转速超过300r/min时，一般应做动平衡试验。

如果机组首次起动从水泵工况开始调试，则可利用变频器拖动水泵在空气中做动平衡试验，后再做水轮机工况动平衡试验。

动平衡试验的基本原理是在发电机转子支架上加试重块，测量加和不加试重块时的振动，用矢量法作图和计算确定配重重量与方位。下面简述“三次试加重量平衡法”：在升速过程中，如发现振动很大不宜再升速时，应立即做动平衡试验，并取该转速作为试验转速（一般尽量取额定转速），同时记录发电机转子支架最大的水平振动值μ_0。停机后，选取一试加重量，临时固定在转子支架上，再三次升至试验转速，每次固定试加重量的半径相同，但隔120°。每次转速稳定后，记录发电机支架最大的水平振动值μ_1、μ_2、μ_3；然后根据μ_0、μ_1、μ_2、μ_3，用矢量法作图和计算，确定配重重量与方位。为了节省时间和提高精度，可采用专门的振动仪来分析计算。

近年来，随着数字化技术的推广与应用，抽水蓄能机组的研发设计、制造加工及安装质量控制技术水平大幅提高，甚至不断出现了动平衡试验时无需配重的机组，即“零配重”机组投入运行，如沂蒙抽水蓄能电站1、3、4号机组均实现了“零配重”，三台机组在“零配重”情况下，上导轴承、下导轴承、水导轴承的摆度均小于100μm，创造了高转速大容量抽水蓄能机组不需配重即可达到精品机组指标的水平。

（二）空载试验和过速试验

1. 机组空载稳定试验

将开度限制调至略大于空载开度位置，手动开机至额定转速，检测调速器测频信号。将调速器切换到自动位置，观测机组运转是否稳定，稳定是指接力器不摆动，机组转速变化在规定的范围内。如果基本稳定，即进行调速器的空载扰动、手自动切换、频率给定等试验，以及最优参数的调整。如果不稳定，可从下述两方面进行分析：

（1）调速系统不稳定。对于引水系统和尾水系统很长的抽水蓄能电站，可能会发生小波动不稳定现象。这种不稳定现象与常规水轮机的相同，大量实践证明，只要调速器性能好，选择的调节参数和反馈合适，这种不稳定是可以解决的。

（2）“S”不稳定区。水泵水轮机转轮具有水泵特性，流道狭长，在相同条件下直径比常规水轮机直径大30%～40%，致使离心力大，在水轮机方向旋转时，离心力阻碍水流进入转轮，这种特性随着转速增加和轴力矩减少而表现得越来越明显。当转速接近飞逸转速（轴力矩 $T=0$）时，离心力急剧增大，阻止水流进入转轮，使流量骤然降低，等开度线向 n_{11} 和 Q_{11} 减小的方向弯曲，形成“S”不稳定区（见图 21-4-1）。常规水轮机的水泵作用小，一般无“S”不稳定区或等开度线弯曲很小（见图 21-4-2），并且正常运转范围也离“S”不稳定区较远，没有这种空载运行不稳定现象。水泵水轮机正常运转范围一般离“S”不稳定区较近，太近时常导致空载运行不稳定，水头越低越严重，甚至不能并网，在模型开发和验收时应特别注意此问题。例如天荒坪、琅琊山电站都发生过这种不稳定现象，最后采用在导叶上加装不同步预开装置（MGV）成功地解决了问题。

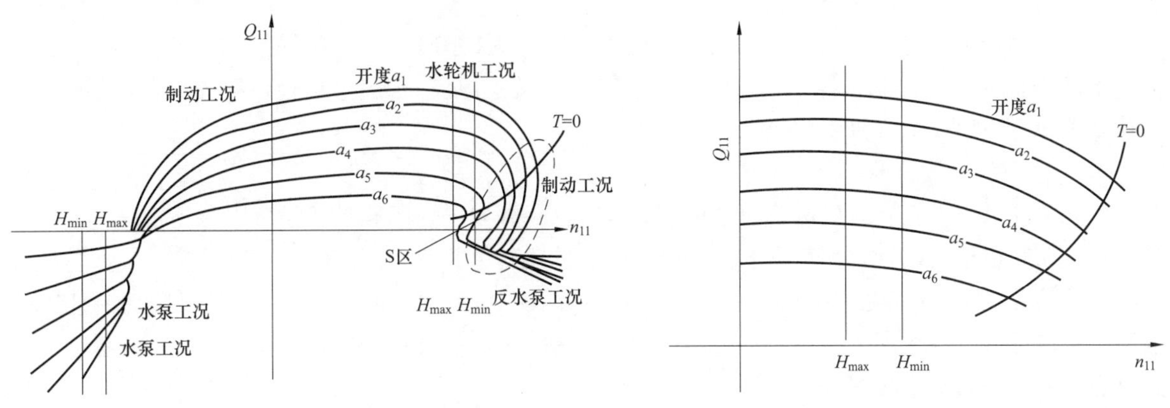

图 21-4-1　水泵水轮机全特性曲线图

图 21-4-2　常规水轮机特性曲线

（3）上述两种不稳定现象，如同时存在，将互相影响，使不稳定现象更加严重。空载试验时如发现不稳定，首先应区分是哪种不稳定，然后分别对待，采取不同的方法解决。区分时可参考下述几点：

1）查阅模型试验有关资料，检查水泵水轮机运转范围离“S”不稳定区的远近。

2）“S”不稳定区引起的不稳定与水头有关，且出现的范围较小。

3）调速系统不稳定出现的范围较大。

2. 机组过速试验

机组过速试验仅在水轮机工况下进行，在水泵工况运行时受电网频率约束，机组不可能过速。试验目的是检查过速时有无擦碰和异常声响，机组振动、摆度和各轴承工作情况，整定过速保护触点等，为甩负荷和水泵断电试验的安全做准备。

断开各过速保护停机触点，手动开机至额定转速，一切准备就绪后，用导叶开度限制机构手动逐步开大导叶，每升一次转速，停留 1～3min，记录转速、振动、摆度、温度、开度等数据，如无问题，继续升速，当升至各保护整定转速时，调整相应触点。常规水轮机组升至 150％额定转速时，一般振动、摆度和噪声将急剧加大，不宜再升高；水泵水轮机组升速不宜超过 125％～130％额定转速。然后逐步降速，记录有关数据。停机后，必须对机组，特别是转动部分，进行全面检查，并分析转速上升和下降曲线的重复性。

一般常规水轮机组设有电气和机械两种过速保护，过速保护整定值应根据电站过渡过程计算结果来确定。但是，在相同条件下，水泵水轮机组飞逸转速与额定转速比值 n_k 较常规水轮机组的比值 n_k 小。例如溪口抽水蓄能电站水泵水轮机组的比值 n_k 为 1.38，水头与其相近的渔子溪水电站常规水轮机组的比值 n_k 为 1.64。相应地，水泵水轮机的过速保护整定值较常规水轮机要小，尤其是高水头水泵水轮机组。表 21-4-1 列出我国部分抽水蓄能电站水泵水轮机组的 n_k 值。

表 21-4-1　　国内部分抽水蓄能电站水泵水轮机组的 n_k 值

电站名称	十三陵	广州二期	天荒坪	泰安	张河湾	西龙池	蒲石河	溪口
飞逸转速（r/min）	681	690	667	433	469	680	425	830
额定转速（r/min）	500	500	500	300	333.3	500	300	600
比值	1.36	1.38	1.33	1.44	1.41	1.36	1.42	1.38

另外，水泵水轮机过渡过程工况下的最高转速与稳态飞逸转速相近，设置机械过速保护装置时，其整定值的宜设置成只在导叶拒动工况下机组飞逸时动作。目前国内大多数抽水蓄能电站电气二级过速保护整定值为115%～135%额定转速；机械过速保护整定值为125%～145%额定转速。

（三）发电电动机和励磁设备试验

1. 发电电动机升流试验

在发电电动机出口处设置可靠的三相短路点，供给励磁电源，投入机组保护，手动开机至额定转速，手动合灭磁开关，通过励磁装置手动升流至10%定子额定电流时，检查电流回路的正确性和对称性，以及各继电保护及测量回路的极性和相位。

继续将电流升到额定值，测量机组振动和摆度，跳开灭磁开关，录制灭磁过程图。重新开机录制三相短路特性曲线，每隔10%定子额定电流记录对应的转子电流，测量定子绕组对地绝缘电阻与吸收比。升流试验合格后模拟水机事故停机，拆除短路点。

2. 发电电动机升压试验

（1）试验前，应投入发电机保护和各种信号回路，断开发电机断路器，励磁电源正常。

（2）自动开机至空载后，测量发电机升流试验后的残压值、检查三相电压对称性。

（3）手动升压至10%额定电压，检测电压回路二次侧相序、相位、电压值、机组振动。升压到额定电压，测量二次电压相序、相位、轴电压、机组振动与摆度，检查轴电流保护装置。在额定电压下跳开灭磁开关，并录制示波图。

（4）零起升压至额定电压，录制发电机空载特性的上升曲线，录制曲线时，每隔10%额定电压下记录定子电压、转子电流和频率。继续升压，励磁电流越大，电压越高，励磁电流达到额定值时，定子电压最高，试验时电压不要超过1.3倍定子额定电压。对有匝间绝缘的电动机，在最高电压下持续5min。然后，逐步降压，录制发电机空载特性的下降曲线，记录每隔10%额定电压下的定子电压、转子电流和频率。对于装有消弧线圈的机组，还要进行发电机单相接地试验，在机端设置单相接地点，断开消弧线圈，升压到50%定子额定电压，测量定子绕组单相接地的电容电流。根据保护要求，选择消弧线圈分接头位置。当电压升高到100%定子额定电压时，测量补偿电流和残余电流。发电机升压试验之后，进行机组停机电制动试验。

3. 机组空载下励磁调节器的调整和试验

（1）机组在额定转速下，励磁在手动位置，起励检查手动控制单元调节范围，下限不能高于发电机空载励磁电压的20%，上限不得低于发电机额定励磁电压的110%。

（2）检查调节系统的电压调节范围，自动调节器要在70%～110%发电机空载额定励磁电压内进行稳定平滑调节。

（3）测量励磁调节器的开环放大倍数、均压和均流系数。

（4）在发电机空载状态下，发电机转速在90%～110%额定值范围内改变，测定发电机端电压变化值，还需要分别检查调节器投入、手动和自动切换、通道切换、带调节器开停机等情况下的稳定性和超调量。

（5）进行带自动调节器的发电机电压与频率特性试验，并录制其曲线。采用三相全控整流桥的静止励磁装置时，还应进行逆变灭磁试验。

（四）机组带主变压器与高压配电装置试验

（1）机组对主变压器及高压配电装置的短路升流试验。在主变压器及高压配电装置的适当位置设置可靠的三相短路点，投入发电机继电保护、水力机械保护和主变压器冷却器及其控制信号回路。励磁电源可由厂用电供给。开机后递升电流，检查各电流回路和表计指示，检查主变压器、母线和线路保护的电流极性、相位。逐步升流至50%、75%、100%发电机额定电流，观察主变压器及高压配电装置工作情况。升流结束后，模拟主变压器保护动作试验，检查跳闸回路和相关断路器动作是否正确。拆除短路点。

（2）主变压器及高压配电装置单相接地试验。在主变压器高压侧设置单相接地点，开机后递升单相接地电流至保护动作，校核动作整定值。合格后拆除接地点，投入单相接地保护。

(3) 机组对主变压器及高压配电装置的升压试验。将发电机、主变压器、母线等继电保护装置投入运行，手动递升电压，分别在发电机额定电压的25%、50%、75%、100%下检查一次设备工作情况，以及二次电压回路、同期回路的电压相序和相位的正确性。首台机组调试时，因高压配电装置投运范围较大，升压可分几次进行。

(4) 线路零起升压试验。在机组带空载线路下，零起升压，测量线路电压互感器三相电压相序和对称性，检查出线断路器同期回路接线。

(五) 水力机械辅助设备试验

1. 水系统

目前国内大多抽水蓄能电站机组冷却供排水系统采用水泵供水方式，水源取自尾水系统，经水泵加压供至各冷却用户后排回尾水系统。调试时，开启供排水系统与尾水系统相连的第一个阀门，尾水进入供水系统，开启放气阀（如果有的话）和各压力表阀等排气，手动起动各供水泵，检查振动、声响和漏水，记录各用户（冷却器等）进出水压力、起动电流、水温和流量（如设有流量计）是否符合设计要求。根据各用户温度适当地调整它们的排（或进）水阀。将控制系统切到自动位置，模拟试验工作泵和备用泵自动起停操作、滤水器自动清污操作等。

2. 压水试验

检查压水控制回路，按设计值整定尾水管锥管旁的水位开关，在进水阀和导叶关闭的情况下，自动开启供气阀压水，当水位压到最低整定值时（转轮下1.5～3m），供气阀自动关闭，由于漏气，水面逐渐上升，上升到补气整定值时，补气阀自动开启补气，水位压到最低整定值时，补气阀自动关闭。要求压水一次成功，两次补气时间间隔越长越好。记录压水和补气前后储气罐的压力，及两次补气时间间隔。然后开排气阀排气，水位上升。

上述试验成功后，一般按规范进行下述校核试验，如合同另有规定，应按合同的规定：

(1) 进行储气罐容量校核试验。容量校核试验应根据设计要求进行，尤其是第一次与第二次的间隔时间。调试时先关闭向储气罐供气的阀门，再将储气罐内压力调至最低工作压力，开启供气阀压水，水位下降稳定后，开启排气阀排气；气排尽后，再开启供气阀进行第二次压水。要求两次压水后，储气罐压力仍大于设计计算的压力，压气设备及管路系统工作正常。

(2) 进行空气压缩机容量校核试验。将机组储气罐调至一次压水后的压力，起动一台空气压缩机向储气罐供气，要求至少能在60～120min内，将储气罐升到压水前的压力。记录压水前后储气罐的压力和空气压缩机供气时间。

一般设计时考虑了两种压水进气途径，一是从顶盖压入，二是从尾水管的上部压入。调试时宜分别试验，选取较好的途径。储气罐离尾水管越近，管道越短和管径合适，压水越易成功。

(六) 带负荷试验和甩负荷试验

(1) 带负荷运行试验时应特别检测各轴承的温升，并最后确定各轴承的报警和跳闸整定值。

(2) 机组正常运行时，甩负荷是不可避免的，因此电站投产前都应做甩负荷试验，校验导叶关闭时间和规律，检查转速升高率和压力升高率是否在规定范围之内，确保今后安全运行。

与常规水轮机组相同，水轮机工况甩负荷试验亦应分别在额定负荷的25%、50%、75%和100%下进行，每次甩负荷试验前应根据试验水位进行过渡过程计算，并将计算结果与试验结果进行对比分析，在此基础上对下次试验的结果进行预估，以确保试验及电站的安全。每次试验都应录制导叶开度、转速、压力、发电机断路器跳开信号等过程曲线；记录甩前、甩后的导叶开度、转速、压力和过渡过程中的最大的转速、压力；以及各轴承瓦温、油温、机组振动和摆度；检查调速器和自动励磁调节器的稳定性和超调量等。在甩负荷试验前，应将各种保护投入。甩负荷及水泵断电试验后，还应根据试验结果对电站最不利工况进行反演计算与评估。

起动机组并网，待规定的负荷稳定后，手动跳开发电机断路器，由于转速升高，调速器自动关闭导叶，如果过速保护和停机事故保护不动作，导叶将关到空载开度，机组仍以额定转速旋转，这时可检查调速系统的动态品质，如偏离稳态转速1.5Hz以上的波动次数不超过2次等。如果过速保护和停机事故保护动作，调速器紧急停机，电磁阀随之动作，直接将导叶关到零，机组逐渐停下来。无论怎样，每次甩负荷后，都应进行全面的检查。

在甩负荷过程中，机组在惯性作用下常进入“S”不稳定区，产生较大的压力脉动。

二、水泵工况带水调试

（一）水泵零流量（造压）试验

具体试验步骤：压水后用变频器起动机组并网，退出变频器，开排气阀和进水阀，水泵造压，转轮和导叶间的压力快速升高，先出现较大的压力脉动，后压力脉动减小，当压力从最大值下降后，跳开发电机断路器和关进水阀，机组慢速下降停机。转轮和导叶间的压力如图 21-4-3 所示的曲线 a，如导叶在 A 点开启，则可避开大的压力脉动，压力过程线将变为曲线 b。当然，A 点不能太提前，否则水泵压力不够，易造成反向流和大的冲击。试验过程中，导叶始终关闭。

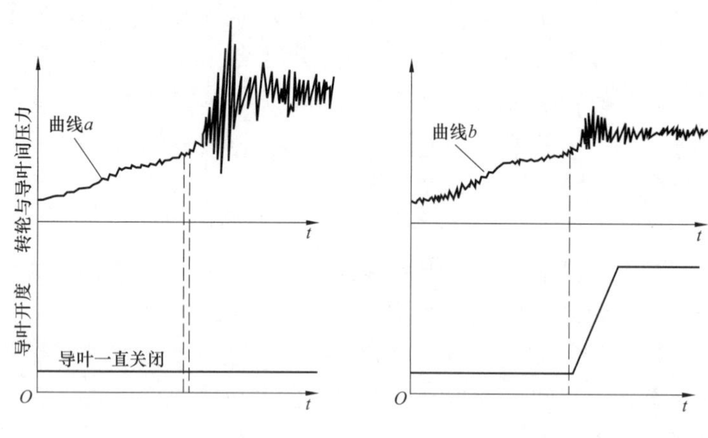

图 21-4-3 水泵造压过程

零流量试验时，应录制整个过程曲线和记录有关参数，根据这些实测资料确定最优导叶开启速度，以及用下述方法来确定导叶开启时刻（A 点）：

（1）转轮与导叶间的压力达到某一数值。

（2）排气完毕，排气阀关闭位置触点闭合。

（3）排气阀开启后的一定延时。

进水阀开启时间长，它不是调节阀，宜在静水下开启。导叶开启时间短，它的调节性能要好些，因此应先开进水阀，后开导叶。一般是在开排气阀的同时开进水阀。对于运行多年导叶漏水量大的电站，过早开进水阀，易使压水失败。

（二）水泵工况并网和抽水试验

1. 水泵工况导叶调节的作用

正常抽水时，调速器自动按扬程将导叶调至最优开度，这时效率高振动小，若再将导叶开大或开小，在一定的范围内，输入功率变化不大，效率有所降低，振动略有增加；若超过这一范围，输入功率变化很大，效率急剧降低，振动与噪声越来越大，一般水泵水轮机都有这种特性。在水泵工况造压抽水和正常停机的过程中，都要经过远离最优工况的小导叶开度状态，尽管振动和噪声极大，但时间极短，很快通过，影响不大。

2. 机组并网试验

压水后用变频器起动机组至额定转速后，有两种方法并网：第一种是先退出变频器，后合发电电动机断路器；第二种是先合发电电动机断路器，后退出变频器。第一种方法用变频器将机组转速升至略高于额定转速后，退出变频器，在机组转速下降的过程中捕捉同期，合发电机断路器并网。此法优点是避免电网和变频器同时供电，缺点是只有一次同期的机会。第二种方法虽有多次同期的机会，但是在同时供电的瞬间，万一短路，短路电流将远远超出设计值，当然这种概率是罕见的，国内外从未发生过。在已建的电站中，两种方法都采用。十三陵电站采用第一种方法，泰安、琅琊山和沂蒙等电站采用第二种方法。

通常，在水泵工况并网的同时或稍后，立即开排气阀和进水阀，使转轮造压，如在并网以前造压，由于输入功率突然增大，变频器可能承受不了，致使并网失败。在并网瞬间，导叶开度不大，输入功率也不大，不会对电网产生过大的突然冲击，但振动和噪声很大，随着导叶按事先整定的规律开到最优开度，输入功率增大，振动和噪声反而减小，因为越接近最优状态，振动和噪声越小。

3. 水泵工况正常停机试验

与水轮机工况相似，水泵工况也有两种停机方式：正常停机和事故紧急停机。正常停机时，一般先关导叶减小输入功率，关到跳闸开度跳开断路器。第一次试验时，仅检查关到事先整定的跳闸开度时振动是否太大，如能接受，一般不再进一步调整。如：十三陵电站跳闸开度约为7%，泰安电站跳闸开度约为17%。

4. 水泵断电试验

水泵断电试验应在规定的水泵运行扬程范围内进行。

具体试验是在抽水时，手动跳开发电机断路器，调速器紧急停机电磁阀动作，按充水前已调好的关机规律将导叶关到零。由于失去动力，机组转速不会升高，只会下降，调节保证控制的参数主要是压力升高。此外还应特别注意振动和防止转速下降至零后换向，损害主轴。随着惯性维持的流量减小，蜗壳压力下降，当流量减至零后水流变向（此时转速不变向），进入水泵制动工况，压力脉动增大，这是由于负压力波反射回来反而使蜗壳压力升高，以后压力和转速都逐渐减小，直至停机。当然，如导叶拒动，转速下降至零后换向，并升至水轮机工况飞逸转速。与甩负荷比较，水泵断电时的压力脉动要小得多。

为防止转速换向，水泵断电导叶关闭时间应比甩负荷导叶关闭时间短。例如，十三陵电站机组水泵断电导叶关闭时间为15s左右，而水轮机甩负荷导叶关闭时间为20～23s。

水泵断电试验后，应根据当时的试验条件进行水泵断电过渡过程反演计算，将计算结果与试验结果进行对比分析，并根据对比分析结果对水泵最不利工况进行评估，以确认调节保证值达到合同要求。

5. 持续抽水试验

机组并网和退出变频器后，开排气阀和进水阀，水泵造压，调速器将导叶开至相应水位下的最优开度，机组抽水。首次持续抽水时间宜短些，0.5～1h即可，以后可加长，要考虑上水库允许的水位上升速度。无问题时，抽水应持续4～5h，使机组各部位温度达到稳定。要特别注意各轴承温升，在正常情况下，轴承温度应平稳地上升到稳定值（低于或等于合同值），上升过程中无跳动和突变。如发现异常，应停机检查。水泵水轮机的轴承是双向的，如果在水轮机工况做过温升试验，在水泵工况仍要做温升试验，反之亦然，两者缺一不可。实践证明两种工况的温升是有区别的，一般水泵工况的温升略高于水轮机工况的温升，但轴承紧急事故停机的温度，可根据两者中的最大值加一定的余量来整定。有的标书文件要求发电机轴承温度不超过70℃，由于材料、加工精度和设计理念不同，国外进口机组的轴承允许温度大都高于此值，多年运行下来，未发现问题。例如十三陵抽水蓄能电站机组的推力轴承最大允许温度为85℃，琅琊山抽水蓄能电站1号机组水泵工况稳定温度为74.9℃，天荒坪抽水蓄能电站机组正常运行温度达82℃。因此，编写机组招标文件时，应根据国内外实际水平来规定轴承温度。

抽水试验时，录制或记录机组输入功率、扬程、电流、电压、轴电流、振动、摆度、轴承温度、油位、导叶开度、压力、流量、噪声等；检查主变压器、断路器、母线、励磁系统、直流系统、继电保护等运行情况。

三、背靠背同期起动试验

（1）分别检查起动机组和被起动机组的设备和起动程序，进行起动回路中设备的动作试验、起动断路器和同期断路器模拟联动试验，要求动作程序正确。

（2）检查各继电保护是否按不同运行方式正确投入和可靠闭锁。

（3）初步设定起动机组的导叶开启规律，在无励磁情况下起动机组，录取机组转速、接力器行程等起动过程曲线。

（4）初步设定两机组初始励磁电流、调节参数、机组间的转差率等。在机组静止状态下，通入初始励磁电流，对被起动机组供气压水，开启起动机组导叶，将被起动机组拖到额定转速。在背靠背起动试验中，应录制两机组的转速，起动机组的接力器行程、起动功率、励磁电压、励磁电流；被起动机组励磁电压、励磁电流等。根据录制的资料，优化导叶开启规律、初始励磁电流、调节参数、机组间的转差率等，再次起动机组试验，要求达到最优配合，起动可靠。

(5) 起动过程中观察继电保护运行情况，特别是 0～5Hz 低频范围内，是否有继电器频率特性和电流互感器变比误差引起继电保护误动。进行模拟同期试验和同期并网试验。检查被起动机组并网后，起动机组自动停机程序的正确性。

四、进水阀带水试验

(一) 静水试验

确认导叶关闭、水轮机接力器锁定投入、交直流电和液压控制系统正常、进水阀无水调试合格后，手动投入和退出检修密封与工作密封几次，要求动作平稳准确。检测无误后，现地和远方分别手按开、关按钮，开启和关闭进水阀几次，检查密封、旁通阀、进水阀等动作情况，要求动作平稳，顺序无误，到位准确。试验中记录开启和关闭时间、油压等。

(二) 动水关闭试验

一般合同规定进水阀应能在满负荷流量下动水关闭，这是它的基本功能，应当做试验。动水关闭不是破坏性试验，如当时条件不允许，可以在试运行以后再做。

动水关闭试验只在水轮机工况下做，不允许在水泵工况下做。试验前应注意：

(1) 检查液压系统油压正常，投入各种保护。

(2) 在调速器和上水库进/出水口闸门室设专人监视，必要时手动关闭导叶和闸门。

为了安全，宜逐步在机组带 50%、75%、100%额定负荷下进行试验，具体步骤如下：

(1) 起动机组并网，带指定的负荷。

(2) 将调速器切到手动位置，以维持导叶开度不变，开度限制机构调至当时的开度。

(3) 按进水阀自动关闭按钮，进水阀逐渐关闭，机组负荷下降，严格监视进水阀和机组的振动等，如振动太大、手动紧急停机电磁阀或开度限制机构关闭导叶，必要时可同时关上水库进/出水口闸门。

(4) 当负荷降至零时，手动跳开发电机断路器，机组转速下降，按规定投入电气和机械制动停机。进水阀全关后，手动关闭导叶，并进行全面检查。

试验时，应录制和记录进水阀的开度和位移、机组功率、蜗壳压力、转速、振动、摆度、流量、噪声、电流、电压等；检查断路器、母线、励磁系统等。

五、工况转换试验

目前，抽水蓄能电站工况转换都是自动控制的，这些自动控制流程图非常重要，调试与设计人员必须掌握和熟悉。表面上看流程图属于电气二次专业，实际上它涉及水机、电气一次、金结、水工等专业，是各专业技术的综合汇总。

计算机监控系统内容多而复杂，应尽早开始调试工作。早在充水前，一旦硬件安装好应立即装软件进行调试。首先检查接线，然后分步分段调通程序。

抽水蓄能机组工况多，工况转换也多。在试运行前，有条件时应将所有工况转换试验做完，如条件有限，抽水和发电之间的紧急转换、线路充电、黑启动等不常用的工况转换试验可在试运行以后再做。

最基本的工况转换是：静止与发电、静止与抽水、抽水与发电、发电与调相、抽水与调相等，它们的试验需在试运行以前完成。

前述的许多调试工作，可以说是为工况转换试验做准备的，如造压和压水试验、并网试验、停机试验、调速器试验、励磁试验等。在工况转换调试时，只是将它们自动串起来形成一整套自动控制程序。

具体调试时，将所有设备切到自动位置，投入计算机监控系统，并将它转成分步试验模式，一步一步地进行试验。

例如静止转抽水流程，先判断机组是处在静止工况，给出抽水指令，计算机自动检查各起动条件是否满足，如有条件未满足，调试人员应检查使该条件未满足的原因，排除故障；条件全部满足后，人工给出压水指令，进行第二步试验；压水成功后，人工给出起动变频器指令，进行第三步试验；……如此逐步试验下去，直至正常抽水，整个程序完成为止。分步试验成功完成后，将控制系统切到自动位置，给出抽水指令，全面检查程序自动控制的情况。

为了顺利地进行工况转换试验，应注意以下几点：

（1）自动控制流程图尽量详细和准确。在设计联络会上要进行充分的讨论，并征求各专业的意见，不要局限在电气二次专业范围内。

（2）仔细检查接线，严防出错。试验时应统一指挥，不要各自为政，防止出事故。

（3）软硬件出厂前应严格检验，千万不要将问题留到工地解决。当然，对于一些小的问题可以在工地根据实际情况修改。

第五节 机电设备试运行

电站和机组完成各项带水试验并合格后，按规程应进行15天的考核试运行。

一般合同规定，在15天的试运行期间，机组应按电网调度和水工要求进行发电和抽水，平均每天起动次数不少于2次。其间，由于机组及附属设备制造或安装质量原因引起中断，应及时检查处理，合格后继续试运行，中断前后的运行时间可以累加计算，但出现下述情况之一者，中断前后的运行时间不得累加计算，机组应重新开始15天试运行。

（1）一次中断时间超过24h；

（2）中断累计次数超过3次；

（3）起动不成功次数超过3次。

15天试运行完成后，应该停机进行机电设备全面检查，必要时可将蜗壳及压力钢管的水排空，检查机组过流部分。

第二十二章　抽水蓄能电站运行与管理

第一节　抽水蓄能电站管理体制与经营模式

一、国外抽水蓄能电站运营管理

抽水蓄能电站作为电力系统特殊的调节器，其投资及管理模式与各国电力市场机制直接相关，下面结合电力市场对英国、法国、美国等国抽水蓄能电站的运营情况做简要介绍。

（一）英国抽水蓄能电站的运营

自1989年英国电力工业实行私有化后，电力工业市场打破行业垄断，引进竞争机制，建立电力市场。英国将中央发电局分解为4个公司：国家电网公司经营电网公司，发电领域组成电力公司、发电公司和核电公司。输电领域12个供电局改组成12个地区电力公司，同时建立一个电力交易机构，除国家电网公司外，其他公司都实行私有化。2013年英国颁布了《2013年能源法案》，开始实施新一轮电力市场化改革，主要内容包括针对低碳电源引入固定电价和差价合同相结合的机制、对新建机组建立碳排放性能标准、建立容量市场等。2014年，英国举行了首次差价合同拍卖和容量市场拍卖，并对相关规则进行了修订。2017年8月，英国电力监管机构Ofgem宣布将对英国国家电网公司（National Grid Company，NGC）的调度职能实施法律分离。新成立的英国国家电力系统调度机构作为英国国家电网公司的子公司，拥有独立的经营执照，并与NGC其他业务保持独立性。新的调度机构于2019年4月正式运营。英国现有四座抽水蓄能电站，总容量为2900MW：迪诺威克Dinorwig（1800MW）和费士汀纽Ffestiniog（360MW）为First Hydro Company（ENGIE）所有，位于威尔士；克鲁亨Cruachan（440MW）为Drax所有，位于苏格兰；福伊尔Foyers（300MW）为SSE所有，位于苏格兰。

迪诺威克抽水蓄能电站由国家投资兴建，1984年投运，由当时国家电力局管理。国家电力局与电网公司签订协议，规定其收费标准主要由发电成本费用和电网补贴费用组成，电网补贴主要是机组电量损失等补贴，其费用约占全部收入的50%，管理较为粗放。在私有化过程中，迪诺威克抽水蓄能电站转让给了爱迪生能源公司独立经营，参与英格兰和威尔士电力市场竞争。目前，迪诺威克抽水蓄能电站由ENGIE在英国的子公司第一水电公司（First Hydro Company）管理和运营，据称是英国最成功的电站之一。

根据英国电力系统运营商National Grid ESO和抽水蓄能电站业主First Hydro Company披露的数据，“旋转备用”（Optional Spin Gen，抽水蓄能电站专属）在2019年共支出约0.635亿英镑。而First Hydro Company的财报显示，其当年收入为2.53亿英镑（抽水蓄能电站经营是其唯一业务），该公司名下的抽水蓄能电站约占英国全国总容量的75%。据此估算，专属中长期辅助服务收入大概占抽水蓄能电站总收入的19%。除此之外还有从竞争性容量市场和竞争性中长期辅助服务市场获得的固定收入。

在容量市场收入方面，以Ofgem发布的2019/2020年度容量市场运行报告为例：在该年度的拍卖中，First Hydro Company在4年期容量市场（即2019/2020年度拍卖，2023/2024年度保证容量可用）中标1815MW，中标价6.44英镑/(kW·年)；在3年期容量市场（即2019/2020年度拍卖，2022/

2023年度保证容量可用）中标1730MW，中标价15.97英镑/(kW·年)。两项分别产生0.117亿英镑和0.276亿英镑的收入。

在竞争性中长期辅助服务方面，其招标是分散进行的。以First Hydro Company旗下的Ffestiniog抽水蓄能电站为例，该电厂的2、3、4号机组分别通过4次竞标，获得了在2017年4月至2019年10月的固定快速备用（firm fast reserve）资格。中标结果中约定了调用时的技术要求和付费标准。

（二）法国抽水蓄能电站的运营

法国核电发电量约占全国发电量的70%，水电发电量约占全国发电量的10%，在欧洲是仅次于的挪威和土耳其的第三大水电生产国，水电占全部可再生能源供应的50%以上，2019年法国水电装机容量达25557MW，其中抽水蓄能电站装机容量5837MW，水电发电量63.61TWh。容量超过4.5MW的水力发电设施需要有法国政府授予的特许经营权，法国水电装机容量中超过80%由法国电力公司（EDF）运营，15%由ENGIE运营。

2015年绿色增长能源转型法案（LTECV）为法国的能源转型设定了目标，到2030年40%的发电量将来自可再生能源。2018年，多年期能源计划（PPE）修订了目标，其中包括：到2022年关闭所有燃煤电厂，风力发电能力增加三倍；到2030年将太阳能容量增加五倍；退役部分核电站，到2035年将核电发电量减少50%。到2023年将水电装机容量增加约500MW，达到26.05GW。

法国的抽水蓄能电站主要由法国电力公司（EDF）统一建设经营和管理。抽水蓄能电站没有独立的经营权，完全按照法国电力公司的调度要求进行抽水和发电运行，同时法国电力公司也统一负责电站的成本、还本付息、利润和税收等开支，以及对电站的运行进行考核。抽水蓄能电站除用于调峰、填谷、备用外，有10%的容量用于调频和与外国交换电能，调相的时间占总运行时间的12%～20%。抽水蓄能电站对于保障电网总体安全、经济运行所起的作用，与其发电量所产生的电量效益相比更为重要。

（三）美国抽水蓄能电站的运营

美国1992年开始电力市场化，由于各州电力体制改革的方式不同，抽水蓄能电站在各州的运行也存在差异。根据美国能源部发布的《2021年美国水电市场报告》，抽水蓄能电站的收入来源包括：容量市场收入、电能量市场收入、辅助服务市场收入三大部分。该报告对PJM（宾夕法尼亚—新泽西—马里兰电力系统）和CAISO（美国加州独立系统）地区典型抽蓄电站的收入拆解：

(1) PJM电力系统典型抽水蓄能电站Seneca，约有50%的收入来自电量市场，30%左右的收入来自容量市场，剩余部分来自辅助服务市场。

(2) CAISO系统典型抽水蓄能电站Helms和JS Eastwood，电量市场和辅助服务市场的收入约各占一半，无容量收入。但CAISO将容量充裕性义务摊派到各公共事业公司，因此这两座电站会被所属的公共事业公司用于满足自身的容量义务，或者将指标卖给其他的公共事业公司。如果按照2018年水平，将容量指标交易均价折算为货币收入，则可占电站总收入的25%左右。

在目前市场状况下，美国抽水蓄能电站只是获得基本的财务平衡。《2021年美国水电市场报告》指出，从2010年到2019年十年间，美国抽水蓄能电站容量仅增长了约6%（从20567MW到21900MW），其中仅有42MW的Olivenhain-Hodges电站属于新建，其余都是存量机组扩容。美国阿贡国家实验室2014年发布的报告认为："发展新的、财务可行的抽水蓄能项目是有挑战性的任务。……首要问题是市场条件不能给予抽水蓄能电站项目足够的货币收益，无法令业主做出合理的投资决定。"

（四）日本抽水蓄能电站的运营

至2020年底，日本已运行的抽水蓄能电站总装机容量27637MW。最初日本所有抽水蓄能电站建设目的均是服务于核电机组的安全稳定运行，随着新能源在日本的大力发展，抽水蓄能电站的运行方式正在发生变化，正在越来越多地服务于新能源，减少新能源带来的波动。例如在光伏装机容量比重较大的九州地区，抽水蓄能电站在白天光伏大发时抽水，在光伏电站出力较小的早晨和夜晚发电，有效地减缓光伏电站所带来的波动。

日本抽水蓄能电站的运行遵循跨区域输电运营商协调组织（the Organization for Cross-regional Coordination of Transmission Operators，OCCTO）制定的调度规则，根据调度规则抽水蓄能电站处于调度的第一优先顺序，与电网中可调节的火电相同。根据 OCCTO 制定的调度规则，抽水蓄能电站不再参与电力市场，发电公司不仅要承担抽水和发电的损失，还要承担由此产生的过网费。

日本的大多数抽水蓄能项目仍采用服务成本商业模式，以确保成本回收。电价机制主要有两种：独立电源开发商的抽水蓄能项目目前全部采用了租赁模式，抽水蓄能电站由独立发电企业建造，电网运营者向抽水蓄能电站支付年租赁费以获得电站使用权，并在使用期间对电站进行考核奖惩；内部核算制主要应用于以日本电力公司为代表的发电、输电、配电、售电一体的公司旗下的抽水蓄能电站，抽水蓄能电站作为公司内部下属单位，服从公司统一的运行调配，实行内部核算。

（五）卢森堡万丹抽水蓄能电站的运营

万丹抽水蓄能电站装机容量 9×100MW+1×200MW，共 1100MW，1993 年发电量 3.94 亿 kWh，抽水用电 5.49 亿 kWh，调相运行提供无功 11.224 亿 kVAR。业主为 SEO 公司，其中卢森堡政府、德国 RWE 电力公司和其他股东分别占 SEO 公司 40.3%、40.3%和 19.4%股权。经营方式是由 SEO 公司租给德国 RWE 电网调度使用，租赁期 99 年，租赁期后电厂归卢森堡所有。德国 RWE 电力公司保证供应卢森堡所需 95%以上电力，年租赁费包括万丹电站与 SEO 公司发电成本、税收、还贷和利润，不与电量等指标挂钩，还贷期后每年 41 马克/kW。

（六）德国南部斯洛施维克公司的运营

斯洛施维克公司是专门建设和管理该地区抽水蓄能电站的股份公司，由 4 个电力公司合资组成，德国 RWE 等 3 个电力公司分别占股份 50%、37.5%、7.5%，瑞士一个电力公司占 5%。斯洛施维克公司成立于 1929 年，现拥有 5 个抽水蓄能电站，共 20 台机组，发电容量 1840MW。这些抽水蓄能电站由股东按股份投资建成，并由两个股东即 RWE 与巴伐利亚电网使用，1992 年发电量 13.13 亿 kWh，发无功功率 5.46 万 kVAR，吸收无功功率 7.85 亿 kvar。

公司经营由使用电厂的电网股东负责付费，每年向公司支付包括发电成本、还贷付息、税收和利润在内类似租赁的费用。这个费用每年不同，主要在于各电厂的大修和成本性开支，由董事会核定。1992 年公司资产 4.72 亿马克，年收入 1.87 亿马克，大体相当于每年收入 100 马克/kW，其中折旧运行维修费占 84%，还贷已不多，税后利润 1097 万马克，为公司资产的 5.87%。

（七）南非德拉肯斯堡抽水蓄能电站的运营

南非国家电力公司是一家发电、输电、配电和售电等业务的垂直整合电力公司，为南非提供了几乎全部电力。德拉肯斯堡抽水蓄能电站装机容量 4×250MW，属南非国家电力公司下属的发电公司，电网向抽水蓄能电站付费依据主要是容量，电量是次要的。

容量收入分为固定备用、约定备用和调相。固定备用按年计算，等于电站一年的生产管理和折旧费。约定备用由电网定价，按各厂资产收益率 4.95%，除以电网向各电厂约定小时数，计出每小时每千瓦费用。每天各电厂要向电网报送第二天每小时可投容量，电网根据需要和电厂成本高低，以经济原则约定各电厂投运容量和时间，并支付约定备用费给发电公司。南非电网 1994 年向各电厂支付的固定备用总费用与约定备用总费用大体相同，二者合计每千瓦平均每年约 46 美元。

该电站为南非电网调峰填谷，不计抽水电费，只按发电量计费，固定电量（相当基荷）计价占 40%，变动电量（调峰增加）计价占 60%，1994 年发电 8.25 亿 kWh。电费收入和调相收入用以支付电站维修费，即电站运行维护费的一半由调相负担。

1994 年电站总收入中，容量收入占 57.2%；发电、调相收入占 42.8%。容量收入中固定备用（不变）用以支付折旧和管理费；约定备用（可变）用于资产收益（净资产的 4.95%）。电量和调相收入用于运行维护。

此外，电网对电厂还有奖罚制度，按约定要求提供服务，基荷每千瓦每小时的奖金与约定备用单价相同，峰荷加倍，奖罚对等。

（八）以色列吉尔布瓦抽水蓄能电站的运营

截至 2020 年底，以色列电力系统总装机容量 19711MW，其中以色列电力公司（Israel Electric Corporation Ltd.，IEC）装机容量 11615MW，私营电力生产商（不含可再生能源）装机容量 5761MW，私营可再生能源装机容量 2335MW。以色列与周边国家没有电力联系，不能从周边国家获得备用电力满足电力需求。

以色列吉尔布瓦（Mount Gilboa）抽水蓄能电站位于以色列北部港口城市海法（Haifa）以东60km，总投资5亿美元，装机容量300MW，年发电量3000MWh，2020年投入商业运营。吉尔布瓦抽水蓄能电站由Electra建设公司、Electra能源公司和Solel Boneh公司共同建设，建成后由阿尔斯通公司负责运营。2014年，阿尔斯通签署协议，负责该电站为期18年的日常运营和维护服务。

以色列抽水蓄能电站购电方为以色列电力公司（IEC），项目业主通过与IEC签订购电协议（PPA）来保障电站运营收益。根据PPA，抽水蓄能电站可获得的收入主要为容量收入（即关于可用率的报酬）、电量收入（向IEC提供电量的报酬）、作为调相机的收入、为系统提供备用和辅助服务的收入、与起动有关的收入。

（九）澳大利亚抽水蓄能电站的运营

澳大利亚已建抽水蓄能电站两座，总装机容量810MW。新南威尔士州Shoalhaven电站装机容量240MW，昆士兰州Wivenhoe抽水蓄能电站装机容量570MW。Wivenhoe抽水蓄能电站由塔朗能源公司拥有，在电网中起着至关重要的作用，除定期调峰外，还担负维护电网安全稳定的作用。

澳大利亚电力系统的交易经营为完全电力市场，在Australian Energy Regulator（AER）监管下，由Australian Energy Market Operator（AEMO）负责调度运行。其中，发电商和电力用户在电力市场中自主决策，输、配电网的经营者接受重点监管。在完全电力市场中，政府不能直接干预电力市场，不能直接向抽水蓄能电站提供特殊的优惠政策，抽水蓄能电站只能在市场中根据现有的交易规则获取收益。抽水蓄能可能的收益主要包括两个方面：一是低谷抽水、高峰发电获取电费差额收益，二是获取辅助服务的报酬。

根据测算，虽然低谷电价接近于0（最低值为－1澳元/kWh），高峰电价高达13.1澳元/kWh，但是高峰时刻非常短暂，抽水蓄能电站投入后高峰时段的电价很可能大幅降低，因此依靠调峰填谷获取电费差弥补抽水蓄能电站的投资和运营成本的困难比较大。

澳大利亚电力市场对提供辅助服务的发电商给予补偿。这些辅助服务主要包括调频、紧急事故备用、黑启动等（不包括调相，调相被视为电厂的应尽义务）。但是，辅助服务费用仅占电力市场交易额的很小份额（约为1%）。

二、国内抽水蓄能电站经营管理模式

我国抽水蓄能电站起步较晚，但以广州、十三陵、天荒坪等一批早期建设的抽水蓄能电站投运为标志，开始探索经济上可行、可操作的经营模式。目前我国抽水蓄能电站已基本成形以容量电价和电量电价为基础的“两部制”电价机制独立经营模式，并不断完善和发展。2014年7月，国家发展和改革委员会发布发改价格〔2014〕1763号《关于完善抽水蓄能电站价格形成机制有关问题的通知》，明确在电力市场形成前，抽水蓄能电站实行两部制电价。2021年4月，国家发展和改革委员会发布发改价格〔2021〕633号《国家发展改革委关于进一步完善抽水蓄能价格形成机制的意见》，进一步明确现阶段仍以两部制电价为主体，以竞争性方式形成电量价格，将容量电价纳入输配电价回收；并明确，本意见印发之日前已投产的抽水蓄能电站，2023年起按本意见规定的电价机制执行。

（一）广州抽水蓄能电站的运营

广州抽水蓄能电站（简称广蓄）业主为广东抽水蓄能联营公司（简称广蓄联营公司），由占有54%的广东省电力集团公司，占有23%股份的国家开发投资公司和占有23%股份的广东核电投资公司三个股东组成，且有独立法人资格，对内享有自主经营管理权，对外以自身财产为限承担责任，采用独立经营管理模式。

在电站运行初期，广蓄采用来电加工的经营方式，即由广东电网提供低谷电，经电站加工为高峰电（考虑损耗）交回电网，电网按每千瓦时高峰电支付加工费。加工费经省物价局批准，包括电站成本、税收、还贷付息和利润。广蓄联营公司只与电网发生关系，不直接向其他电厂经营者和用户买卖电。1994年广蓄在广东电网实际发电量仅为4.82亿kWh，大大低于10亿kWh的设计值，从而导致广蓄经营亏损。这种经营方式生产关系简单，经济上完全依赖电网，而事前又无定量承诺，尤其是把不稳定的发电量作为经营指标是这种模式的缺陷。

从 1995 年开始实行租赁经营方式，当年即实现了扭亏为盈。广蓄的经营方式，从电量计费改革为容量租赁或容量使用权出售，经过多年实践，证明是能为各方接受并且取得成功的模式。

（1）广蓄一期工程 50%的容量是由广东电网与大亚湾核电站联合租赁，各出一半容量租赁费，租赁后的容量由广东电网调度，由电网保证核电不调峰安全稳定运行。广蓄二期工程则由广东电网单独租赁。

（2）广蓄一期工程另外 50%容量的使用权出售给香港抽水蓄能发展有限公司，出售容量使用权的单价是 3500 港元/(kW·年)，低于香港用作调峰的其他电源成本，但又高于实际建设投资成本，对双方均属有利；运行管理由广蓄联营公司承包，由港方向广蓄联营公司支付低于国际水平而又高于实际需要的运行管理费用，也体现了互利的格局；经营则各自在本身的市场进行，互不干预，避免复杂的经营定价问题，经营税收由港方向国内税务部门缴纳。这种新型合作方式，给投资方带来相当好的经济效益，除了得到可观的外汇税收外，广蓄联营公司有充足的外汇来源，不但能及时偿还外资债务，而且还有较多外汇余款用作新建抽水蓄能电站投资，使广东省的抽水蓄能电站建设得以滚动发展。

无论容量租赁或容量使用权出售，都是以容量为计价标准，它反映了抽水蓄能电站以容量效益为主的特点。电网在获得容量使用权后，可以放手使用，使电站的作用得以充分发挥。广东电网经过多年实践，逐步加深对抽水蓄能电站的认识，不但使用更加灵活自如，而且抽水蓄能电站在电网中的作用也越来越大，效益越来越好，供电质量和电网抗事故能力大为加强。香港中华电力公司在购买一期工程 50%容量使用权后，关停其电网中燃气轮机 472MW。改由抽水蓄能电站担任电网主要调峰任务。由此可见，容量租赁和容量使用权出售的经营方式，有利于电站作用的充分发挥。

（二）十三陵抽水蓄能电站的运营

十三陵抽水蓄能电站，由北京市和华北电网共同出资兴建。供电范围主要为北京地区，是京津唐电网第一座大型纯抽水蓄能电站。在初期运行期间，采用电网统一经营模式，即由电网统一核算其发电成本、还本付息税金、利润等，电站仅负责按电网调度的要求运行。经营核算的具体实施步骤为，首先由电网财务部门采用现行财务评价方法，核算电站的上网电价，经用电地区物价部门批准并平摊加价到用户。

十三陵抽水蓄能电站的经营模式为电网统一经营，即由电网对电站进行调度的同时，也对电站的财务核算进行统一管理。电站资产归投资方所有。此种经营方式可以充分反映抽水蓄能电站的效益和特点，核算方法也比较简单，便于操作和电价的实施。

（三）天荒坪抽水蓄能电站的运营

天荒坪抽水蓄能电站为华东天荒坪抽水蓄能有限责任公司所有，公司由五个股东组成，国电华东公司占有 5/12 股份，上海电能有限公司占有 1/4 股份，江苏省国际能源投资公司占有 1/6 股份，浙江省电力开发公司占有 1/9 股份，安徽省能源投资公司占有 1/18 股份。按公司法制定了有限公司章程，独立经营管理。采用两部制电价核算方式：

容量电价=〔公司管理费用+财务费用+折旧+(装修、材料其他费用)70%+工资福利费用+销售及附加税金+还贷所需税前利润〕/(电厂发电上网容量×年底计划可用率)；

电量电价=〔抽水电价×抽水电量+(装修、材料、其他费用)×30%+库区后期扶持基金+销售及附加税金+公司资本金利润〕/(电厂计划年上网电量)

电网收购天荒坪电厂全年可用容量及辅助服务功能，电网对电厂全年可用容量实行容量电费考核，核定电厂年度计划可用率。采用日考核，月结算。电站运行由华东电力调度通信中心负责调度管理，并进行调度运行考核。

天荒坪抽水蓄能电站的抽水电量和发电电量由上海、江苏、浙江和安徽三省一市按 6∶5∶5∶2 的分电比例进行提供和消化。当时核定的上网电价：抽水电价 0.3453 元/kWh，发电电价 0.4915 元/kWh，容量电价 470 元/(kW·年)。抽水电费、发电电费和容量电费的结算通过华东电网公司进行。

（四）国内中型抽水蓄能电站的经营模式

1. 沙河抽水蓄能电站的运营

沙河抽水蓄能电站是江苏省第一座抽水蓄能电站。设计装机 100MW，年发电量 1.82 亿 kWh，动态总投资6亿元人民币，由江苏省国信资产管理集团有限公司、江苏省电力公司和溧阳市投资公司按42.5%、37.5%和20%的比例出资建设。两台机组于2002年6月14日和7月30日相继投入商业运行。

(1) 根据本省情况，参考已建成抽水蓄能电站存在的经营模式，经有关方面批准，沙河抽水蓄能电站最终采用了两部制电价，即容量电价和电量电价的独立经营模式。

(2) 容量电价主要是电站的固定成本，包括折旧、工资福利、财务费用、销售税金附加、还贷本金和一定比例的维修费、材料费和其他费用；电量电价是电站的变动成本，包括抽水费用、库区维护费、资本金利润和其余部分的维修费、材料费和其他费用。

(3) 在上述两部制电价的框架下，江苏省经贸委于2002年9月出台了《江苏电网统调抽水蓄能发电企业考核办法（试行）》，明确了对抽水蓄能发电机组主要从执行日调度发电计划负荷及电量、机组开机成功率、机组非计划停运和机组调节性能四个方面进行考核。

2. 溪口抽水蓄能电站的运营

溪口抽水蓄能电站总装机80MW，主要用于宁波地区电网的调峰填谷。1998年6月两台机组正式投入商业运行。溪口抽水蓄能电站有限公司注册资本金为2600万美元，宁波电业局出资1950万美元，占75%，香港宁兴（集团）有限公司650万美元，占25%。电站属发电企业独立管理模式，是当时国内唯一的一座仅按峰谷电价进行结算的抽水蓄能电站。当时核定的上网电价：发电电价0.621元/kWh，抽水电价0.23元/kWh。

3. 天堂抽水蓄能电站的运营

天堂抽水蓄能电站装机容量70MW，平均日蓄电能40万kWh，在湖北电网中承担调峰、填谷、调频、调相和事故备用功能。2001年5月正式投产发电。工程总投资为3.18亿元，资本金6356万元。资本金分别由湖北省电力公司（出资37.8%）、湖北省电力开发公司（出资31.4%）、湖北黄冈东源电业（集团）有限公司（出资6.3%）、罗田县天堂电厂（出资11.9%）、湖北省投资公司（出资6.3%）和鄂州电力开发公司（出资6.3%）出资，其余资金全部为农业银行贷款，是独立经营核算的电厂。2003年1月，国家计委正式批复该厂实行两部制电价，容量电价32.4元/(kW·月)，发电电价0.457元/kWh，抽水电价0.154元/kWh（2004年抽水电价调至0.197元/kW时，均含税）。

4. 回龙抽水蓄能电站的运营

回龙抽水蓄能电站装机容量120MW，年抽水耗电量27120万kWh，是为缓解河南电网调峰问题而建设的调峰电源。考虑电站在电网中的作用，投产后采用电网统一经营模式，即回龙抽水蓄能电站由电网经营部门独资建设，经政府批准，纳入全省电网建设项目核定电价，保障电站的还本付息，同时电网经营部门可放开使用该电站，充分发挥其包括动态效益在内的综合效益。

（五）对现有经营模式的探讨

(1) 从国外20世纪60年代抽水蓄能电站进入高速发展阶段以来，各国投运的抽水蓄能电站的经营模式在发展中不断探索，主要受以下因素影响：①投资主体变化；②各国能源资源和电网电源结构的组成；③电力市场的发展程度和经营管理水平；④电力法规的要求等。归纳起来形成两类：①电网统一投资、运行管理模式；②独立于电网之外，与电网建立买卖关系，独立经营核算模式。从各国抽水蓄能电站几十年的经营历史看，两种类型模式均存在发展空间。重要的是，应以“全面发挥抽水蓄能电站功能，使成本得到补偿，获得合理利润”为原则。如果投资主体发生变化，其经营模式会随之改变。如英国迪诺威克抽水蓄能电站原由国家投资兴建，属国家电力局统一管理核算；在私有化改革中卖给私营电力公司独立经营，作为独立电厂参与英格兰和威尔士电力市场竞争。

(2) 抽水蓄能电站主要服务于电网，为充分发挥其作用和效益，相当多的抽水蓄能电站由电网经营企业建设和管理，其建设和运行成本纳入电网运行费统一核算。法国抽水蓄能电站基本上由法国电力公司（EDF）统一规划、建设和经营管理。日本九大电力公司（主要以管理电网为主）依其资源条件规划建设和经营管理着日本相当多的抽水蓄能电站。这些国家受到能源资源储量的限制，节能减排的意识很强，电网主动自觉地从源头开始节能，优化电源结构组成，抽水蓄能电站依其合理比重得到发展。国内北京十三陵抽水蓄能电站，由电网和北京市合资建设，投运当初纳入华北电网公司作为直管电厂管理运行；上网电价经北京市物价部门批准，平摊在北京用电的电价中；电站发电收入得到保证，抽水蓄能电站的动态、静态功能得到充分发挥。

（3）在电力建设发展的统一规划下，由发电企业以多种型式筹资建设的抽水蓄能电站，一般多采用独立经营核算模式。由于抽水蓄能电站主要功能与常规火电站存在差别，电价机制的确定较复杂，国内外在这方面做了多种型式探索。

1）国内外经营核算的经验证明，把抽水蓄能电站的功能简化成一般电站，以单一的电量指标来核算是不可取的。①抽水蓄能电站的动态功能，作为提高电网管理运行的有力工具的作用得不到发展，局限于追求数量较小的高峰电量，背离建设抽水蓄能电站的目的；②以高峰电量作为唯一经营指标，除非峰谷电价差很高，否则将造成抽水蓄能电站经营亏损，失去生存发展的能力。

2）国外部分国家在20世纪80年代电力实行私有化后，进行了电力市场化改革。为了保证电网供电质量，设立为电网提供辅助服务的补偿规定，对备用、调频、调相、黑启动功能等按辅助服务规定付费。把辅助服务功能的收费与电能收费区分开来，是独立经营核算模式中一种较好方式。英国和美国等国家的一些抽水蓄能电站，在这种环境运行，得到很好的生存发展空间。这种电价机制的推广应用，有其严格的主客观条件：①必须在电力市场改革中建立一套严密、有序可操作的程序，创建公平竞争的环境，该方式的操作过程、计量核算较复杂；②需要深入研究抽水蓄能电站的动态效益量化和计价问题，并得到电力市场交易机构的认可。

3）租赁核算方式是独立经营核算模式的一种变通方式。抽水蓄能电站责任公司为项目法人，负责建设和建成后电站的管理运行与经济核算。电站进入市场后租赁给所在电网公司，租赁费包括总的运行管理成本费，还本付息、税金和合理利润等，确保抽水蓄能电站开发公司的生存和发展能力。这种方式可避免复杂而难以确定的抽水蓄能电站功能定价问题，从而可充分发挥抽水蓄能电站的功能，成本得到补偿，并获得合理的利润。此方式简单易行，国内外均有较多成功的经验。2007年国家发展和改革委员会曾对桐柏、泰安抽水蓄能电站租赁费进行核定，并明确抽水蓄能电站租赁费原则上由电网企业等分担消化。

4）两部制电价核算是独立经营核算模式的另一种方式，是把抽水蓄能电站的主要功能概括为电网提供容量功能和电量功能。国家发展和改革委员会于2021年4月发布的发改价格〔2021〕633号《关于进一步完善抽水蓄能价格形成机制的意见》明确，坚持以两部制电价政策为主体，容量电价采用个别成本法按6.5%的资本金内部收益率测算，核定的容量电费由电网企业支付，并纳入省级电网输配电价回收；对于有电力现货市场运行的地方，抽水蓄能电站抽水电价、上网电价按现货市场价格及规则结算，无现货市场运行的地方，抽水电价按燃煤发电基准价的75%执行，发电电价按燃煤发电基准价。电站分别与电网公司签订年容量电价、电量电价及抽水电价合同；电网规定调度运行考核办法，对等效发电可调小时实行统计，并作为计价容量计算依据，实际是对电站水工建筑物、机组设备完好程度和投运管理水平的考核。两部制电价核算办法也是当前独立经营核算模式的一种可行的收费方式。

总之，抽水蓄能电站是在电源结构调整、经济发展和人民生活水平提高到一定程度，对用电质量和可靠性提出更高要求情况下的产物。因此，不管哪种电价的核算方式，第一位的目标是充分发挥抽水蓄能电站各种功能，尤其是动态功能。在电价的分担机制上，应贯彻谁受益、谁付费，及按质论价的原则，不应把抽水蓄能电站高出的电价全部由电网承担或全部转移到用户身上。

影响确定电价的因素较多，应随着电力市场改革的不断深化，按照相应的发展阶段提出符合当时实际情况的核算方式。如一些国家随着电力市场化改革的深化，建立了规范的电力市场和电力市场交易机构，并设立了电网辅助服务项目的补偿规定等，形成公平的竞争环境，届时，抽水蓄能电站完全参与电力市场竞争也是可行的。

第二节　抽水蓄能电站在电网中运行情况

我国第一批高水头大容量抽水蓄能电站自20世纪90年代投运以来，在保证电力系统安全，稳定、经济运行上发挥了重要作用。首先，以调峰填谷为基本的运行方式，日运行出现“一抽两发”，甚至

“两抽三发”的频繁运行情况。其次，电网从维护稳定和安全出发，电力系统调度已把抽水蓄能电站的动态功能作为电力系统有效管理工具加以利用，充分发挥抽水蓄能电站调频、调相、事故备用以及黑启动的功能。近年来抽水蓄能电站发挥其储能功能，在促进新能源消纳，减少弃风弃光方面发挥了非常重要的作用。

（一）十三陵抽水蓄能电站运行情况

十三陵抽水蓄能电站所在的京津及冀北电网是一个火电为主的电网，担任北京地区的供电任务。从第一台机组正式投运以来，一直以电力系统的安全、稳定运行为主要目标，建成二十余年来十三陵抽水蓄能电站（4×200MW）运行情况见表 22-2-1。

表 22-2-1　　十三陵抽水蓄能电站历年运行情况

指标	单位	年份（年）									
		1996	1997	1998	1999	2000	2001	2002	2003	2004	2005
期末设备容量	MW	600	800	800	800	800	800	800	800	800	800
发电上网电量	亿 kWh	3.4665	5.9507	7.0335	7.0081	7.6173	1.4899	3.6782	5.8167	3.0662	3.3490
抽水用电量	亿 kWh	4.5702	7.9127	4.3933	9.4845	10.3192	2.0904	5.1252	8.0723	4.3152	4.7599
发电起动次数	次	636	1086	932	999	1002	464	368	1008	907	
抽水起动次数	次	398	604	646	964	795	231	388	700	428	
发电运行小时	h	2397	4439	5267	5265	5832	1285	2657	4947	4712	2724
抽水运行小时	h	2151	3827	4543	4537	5240	966	2045	4053		2252
发电调相小时	h						21.82	1.25			
抽水调相小时	h						234	92	144		
等效可用系数	%	77.48	87.64	91.55	94.2	95.97	97.19	93.73	97.34		
指标	单位	年份（年）									
		2006	2007	2008	2009	2010	2011	2012	2013	2014	2015
期末设备容量	MW	800	800	800	800	800	800	800	800	800	800
发电上网电量	亿 kWh	3.692	3.747	4.041	4.050	4.040	4.034	4.038	4.408	6.260	6.439
抽水用电量	亿 kWh	5.041	5.100	5.543	5.539	5.547	5.468	5.497	6.000	8.456	8.683
发电运行小时	h	3048	3302	3382	3157	3160	3009	3006	3293	4372	4092
抽水运行小时	h	2471	2688	2747	2732	2722	2683	2700	2929	4144	4245
指标	单位	年份（年）									
		2016	2017	2018	2019	2020	2021				
期末设备容量	MW	800	800	800	800	800	800				
发电上网电量	亿 kWh	12.013	10.622	9.556	9.878	10.554	12.838				
抽水用电量	亿 kWh	16.118	14.181	12.693	13.044	13.972	17.169				
发电起动次数	次	1840	1777	1616	1659	1700	1981				
抽水起动次数	次	1429	1285	1300	1551	1622	1999				
发电运行小时	h	7154	6388	5655	6120	6658	8322				
抽水运行小时	h	7735	6928	6181	6393	6780	8394				
发电调相小时	h	0.03	0	0.15	0	0	0				
抽水调相小时	h	83.31	65.2	51.64	25.6	15.56	6.91				
等效可用系数	%	89.05	88.64	86.63	87.69	91.07	93.78				

据 1996～2004 年的资料，十三陵抽水蓄能电站年发电起动 636～1086 次，年抽水起动 231～964 次，调相 93～256h，等效可用系数 77.48%～97.34%，发电运行小时数 1285～5832h。从上述统计资料的逐年变化看，机组起动频繁，起动次数不断增加，发电运行小时相当长，包括了跟踪电力系统负荷变化、调频和动态事故备用等，部分机组连续发电跟踪负荷变化高达 14h，装机利用小时数在 1000h

左右。反映出电网调度充分利用了抽水蓄能电站快速顶出力，应急调频和事故备用的优势。

根据2016～2021年的资料，十三陵抽水蓄能电站年发电起动1616～1981次，年抽水起动1285～1999次，发电上网电量9.55亿～12.01亿kWh，抽水用电量12.69亿～17.16亿kWh，等效可利用系数86.63%～93.78%，装机利用小时数1502～1605h。与之前相比，发电上网电量和抽水用电量明显增加，装机利用小时数也明显增加。可以看出，随着电源结构的变化，十三陵抽水蓄能电站的运行情况也在变化，调峰、填谷和消纳新能源作用明显增加。

北京电网供电可靠性要求较高，尤其在一些特殊日期，例如庆祝香港回归期间（1997年6月29、30日、7月1日），为了确保电网供电安全，利用抽水蓄能电站特殊功能，加大电网紧急事故备用容量。为此，将十三陵电站处于非常规的调度运行状况，在电网高峰时段让电站调400MW容量作抽水工况运行，使装机800MW的十三陵抽水蓄能电站在该时段内可承担1200MW的紧急事故备用容量。6月29日～7月1日三台机共发电44h38min，抽水小时数49h9min，其中6月29日～7月1日2、3号机晚高峰时抽水运行26h47min，见表22-2-2。2012年，十三陵抽水蓄能电站在“十八大”保电期间，按照调度指令做到随调随启，累计发电起动34台次，累计发电运行78h，累计发电量1131万kWh，机组起动成功率达100%，充分发挥了抽水蓄能电站调峰、调频和紧急事故备用的作用，圆满完成保电任务。十三陵抽水蓄能电站承担电网紧急事故调运的部分典型实例见表22-2-3。

表22-2-2　　十三陵抽水蓄能电站运行情况

日期	1号机		2号机		3号机	
	发电	抽水	发电	抽水	发电	抽水
6月29日	21：44～23：30	—	8：25～13：26 21：34～1：07	0～7：57 18：20～21：16	8：45～12：00 21：22～23：44	0：30～5：13
6月30日	14：09～18：46	—	11：45～18：57	19：27～22：32	15：30～17：49	1：30～11：12 19：35～5：06
7月1日	16：25～19：03	—	14：52～19：08	19：33～21：33	7：15～14：54	19：56～5：11
3天合计运行时数	1h46min 4h37min 2h38min	—	5h1min 3h33min 7h12min 4h16min	7h57min 2h56min 3h5min 2h	3h15min 2h22min 2h19min 7h39min	4h43min 9h42min 9h31min 9h15min
	9h1min	—	20h2min	15h58min	15h35min	33h11min

表22-2-3　　十三陵抽水蓄能电站承担电网紧急事故调运的部分典型实例

日期	电网事故	十三陵抽水蓄能电站快速响应及效果
1996年6月	沙岭子电厂4号机（300MW）掉闸	电网频率降至49.4Hz，电网调用十三陵抽水蓄能电站1号机和潘家口1号蓄能机组
1996年7月3日	盘山电厂甩负荷500MW	十三陵抽水蓄能电站正在带低负荷的1、2号机迅速升负荷，频率从49.9Hz回到49.97Hz，用了20s恢复正常
1998年	河北南网上安电厂甩负荷2×300MW	十三陵抽水蓄能电站紧急增负荷使全网频率降低只持续了3s
1999年1月19日	山西电网甩负荷2×300MW	十三陵抽水蓄能电站紧急增负荷使全网频率降低只持续了6s
1999年3月12～17日	大雾阴雨使供电线路雾闪	十三陵抽水蓄能电站紧急起动48次，发电1948万kWh，紧急起动成功率100%
2012年10月20日	东北电网向华北电网瞬间输送潮流660MW	四台机组紧急起动，10min内带满800MW，协助电网抵御了一次事故冲击
2012年11月3～5日	大面积大风雨雪天气导致7条500kV线路发生26条次跳闸	十三陵抽水蓄能电站累计发电起动18台次，配合华北网调完成线路抢通恢复供电

（二）广州抽水蓄能电站运行情况

为适应地区能源特点，广东电力系统电源结构向多元化发展，包括常规水电、燃煤火电、燃气、核电、西电东送及抽水蓄能电站等。

1994～2021年，广州抽水蓄能电站一期及二期运行情况见表22-2-4。由表中1994～2004年的数据可见，广州抽水蓄能电站年发电起动1726～6442次，抽水起动1120～4133次，调相起动41～3123次，等效可用系数81.7%～95.96%，发电小时数3807～13761h。此外，还可看出此期间广州抽水蓄能电站在电网中的作用也在变化：①机组起动越来越频繁，起动次数迅速增长。②发电运行小时和发电等效运行小时增长明显小于起动次数增长幅度。③调相运行次数成倍增长。说明广州抽水蓄能电站在广州电力系统中发挥了重要作用，更多地承担了电网调频、调相和旋转备用的任务。广东电网中的惠州、清远、深圳抽水蓄能电站相继于2009、2015、2017年投产发电，之后广州抽水蓄能电站的发电和抽水起动次数有所下降。

表22-2-4　　广州抽水蓄能电站历年运行情况

指标	单位	1994	1995	1996	1997	1998	1999	2000	2001	2002	2003	2004
期末设备容量	MW	1200	1200	1200	900	900	2100	2400	2400	2400	2400	2400
发电上网电量	亿kWh	9.104	10.609	11.180	12.600	9.344	11.967	29.337	24.350	22.527	21.909	31.064
抽水用电量	亿kWh	11.919	13.865	14.602	16.267	12.026	15.591	37.172	30.971	28.920	28.442	39.816
发电起动次数	次	1631	1951	2037	2142	1704	1726	4575	4271	2382	4680	6442
抽水起动次数	次	1108	1342	1467	1404	1187	1120	3049	2543	1624	3319	4133
调相起动次数	次	47	50	217	41	65	41	316	305	761	1387	3123
发电运行小时	h	4169	4942	5267	5793	4095	3807	12636	10699	10222	10112	13761
抽水运行小时	h	3582	4163	4413	4918	3619	3417	11097	9242	8632	8593	12687
等效利用小时	h							851	1029	950	921	1280
等效可用系数	%	74.7	83.5	93.6	85.3	66.4	81.7	89.34	95.96	93.05	86.22	90.74
发电起动成功率	%	96.6	98.6	98.7	99.3	99.6	99.8	99.17	99.32	99.60	99.76	99.80
抽水起动成功率	%	89.4	92.7	94.3	96.9	97.2	97.7	96.65	98.70	99.08	99.21	99.24
指标	单位	2005～2015						2016	2017	2018	2019	2020	2021
期末设备容量	MW	2400						2400	2400	2400	2400	2400	2400
发电上网电量	亿kWh	年平均约30.40						28.00	28.20	24.30	25.30	21.60	20.30
抽水用电量	亿kWh	年平均约39.00						35.70	36.10	31.10	32.50	28.00	26.30
发电起动次数	次	年平均约5000						5262	5297	3350	3244	3242	3667
抽水起动次数	次	年平均约3500						2945	2955	1958	1798	1856	1936
调相起动次数	次	年平均约2700						2452	2488	1593	1532	1623	1575
发电运行小时	h	年平均约13000						12000	12300	10300	11400	10100	9300
抽水运行小时	h	年平均约12000						10500	10700	9200	10700	8400	7900
等效利用小时	h	年平均约2900						2660	2680	2310	2410	2070	1940
等效可用系数	%	年平均约88						84.7	88.59	80.77	86.47	88.4	87.08
发电起动成功率	%	99.7～99.9						99.85	99.88	99.97	99.97	99.91	99.95
抽水起动成功率	%	99.3～99.7						99.16	98.55	99.25	99.45	99.3	99.69

（三）天荒坪抽水蓄能电站运行情况

天荒坪抽水蓄能电站供应华东电网，其典型运行方式为“一抽二发”，即每天早、晚二次发电顶峰，夜间抽水填谷。夏季有时采用“二抽三发”，即根据下午的情况，适时安排少量机组发电一次，傍晚抽水一次。

天荒坪抽水蓄能电站从2000年底全部机组正式投入运行，至2021年的运行情况见表22-2-5。由表可见，每台机组每年平均运行时间约2923h，其中发电运行约1328h，抽水运行约1501h，抽水调相运行约564h，每台机组平均每天运行约8.9h（表中抽水调相运行是为避免抽水起动失败对电网的不利影响，而采用先让机组进入抽水调相工况，再转抽水工况的运行方式）。天荒坪抽水蓄能电站不仅是电网调峰填谷的主力电站之一，同时在应急调频、事故备用及系统调试等方面给电网提供了方便。随着新能源的大规模入网，天荒坪抽水蓄能电站对新能源的消纳作用显著，如 2021 年 9 月 16 日 0 时 30 分至 7 时，按照华东电力调度控制分中心指令，天荒坪抽水蓄能电站 6 台机组满负荷抽水运行，消纳区外清洁电能 996 万 kWh。

表 22-2-5　　天荒坪抽水蓄能电站历年运行情况

项目	单位	2000	2001	2002	2003	2004	2005
期末设备容量	MW	1800	1800	1800	1800	1800	1800
机端侧发电电量	亿 kWh	14.51	22.38	25.76	26.66		
机端侧抽水电量	亿 kWh	17.90	27.75	32.12	33.35		
发电运行时间	h	5245	7815	9271	9552	8908	9425
抽水运行时间	h	5554	8650	10188	10607	9955	10554
抽水调相运行时间	h	217.13	537.79	581.42	568.94	505.92	546.45
总运行时间	h	11017	17002	20041	20728	19369	20530
发电起动次数	次	1712	2928	3461	3758	3250	2615
抽水起动次数	次	941	1452	1620	1696	1529	1562
抽水调相起动次数	次	958	1482	1630	1713	1544	1611
总起动次数	次	3611	5862	6711	7167	6323	6791
发电起动成功率	%	97.00	98.99	99.31	99.36	99.39	99.50
抽水起动成功率	%	86.14	94.36	97.72	98.39	99.10	98.11
等效可用率	%	54.90	86.30	88.83	88.90	91.46	87.65
强迫停运次数	次	224	62	3	5	2	3
强迫停运率	%	40.43	3.3	0.22	0.17	0.08	0.22
跳机次数	次	26	24	3	5	1	3
非计划停运次数	次	313	91	18	17	8	7
项目	单位	2006	2007	2008	2009	2010	2011
发电运行时间	h	8532	6836	6510	6171	5998	5839
抽水运行时间	h	9783	7706	7428	7136	6978	6944
机端侧发电电量	亿 kWh	23.70	19.09	18.37	18.07	17.52	17.30
机端侧抽水电量	亿 kWh	29.59	23.77	22.99	22.59	21.95	21.64
转换效率	%	79	78.96	78.51	78.61	78.44	78.42
项目	单位	2012	2013	2014	2015		
发电运行时间	h	5895	5837	5904	5808		
抽水运行时间	h	6642	6567	6467	6477		
机端侧发电电量	亿 kWh	16.43	16.36	16.10	16.37		
机端侧抽水电量	亿 kWh	20.48	20.44	20.10	20.48		
转换效率	%	78.56	78.47	78.56	78.53		
项目	单位	2016	2017	2018	2019	2020	2021
期末设备容量	MW	1800	1800	1800	1800	1800	1800
发电上网电量	亿 kWh	30.25	26.28	26.01	17.05	25.44	27.18
抽水用电量	亿 kWh	37.79	32.93	32.44	21.23	31.65	33.80
发电起动次数	次	3223	2987	2812	2005	2483	2645
抽水起动次数	次	1842	1768	1751	1284	1781	1898
发电运行小时	h	10739.47	9218.4	9091.04	5990.15	8814.34	9482.15
抽水运行小时	h	12188.23	10556.57	10390.4	6730.8	10091.6	10692.98
发电调相小时	h	0.25	0	0	0	0	0
抽水调相小时	h	703.27	670.89	641.19	466.43	652.55	679.98
等效可用系数	%	89.41	88.09	88.03	68.91	92.02	88.92

华东电网大容量机组较多，大机组跳闸或多台大机组同时跳闸的现象时有发生。据统计，从2000年底全部投产至2005年底，天荒坪抽水蓄能电站为系统应急调频、事故备用达43次，为确保华东电网安全稳定运行发挥了重要作用，典型事故备用案例见表22-2-6。

表22-2-6　　天荒坪抽水蓄能电站承担紧急事故备用的典型实例

日期	电网事故	电站快速响应及效果
2001年2月10日 16：23	北仑港1号联络变压器与3台600MW跳闸，系统频率降至49.65Hz	天荒坪抽水蓄能电站于16：26/28/29开出3台机，恢复系统频率
2001年8月22日 13：13	南桥变电站500kV直流线路故障，系统频率降至49.78Hz	天荒坪抽水蓄能电站紧急起动2号机，出力200MW，13：23停机解列
2002年2月19日 22：21	南桥变电站、扬高变电站跳闸，系统频率升至50.32Hz	天荒坪抽水蓄能电站1号机从抽水调相转抽水，频率降至50.01Hz
2002年7月16日 9：53	北仑港电厂出浅跳闸，跳机2台，系统频率降至49.72Hz	天荒坪抽水蓄能电站机组超出力运行，全厂出力达1934.2MW
2003年5月3日 18：12	龙政直流跳闸1200MW	天荒坪抽水蓄能电站1、3号机出力各由200MW加至300MW，6号机紧急发电带出力300MW
2003年7月28日 23：35	系统负荷紧张，系统频率降至49.8Hz	天荒坪抽水蓄能电站5号机从抽水转抽水调相，系统频率恢复至49.97Hz
2004年8月26日 11：52	龙政直流跳闸，系统频率降至49.79Hz	天荒坪抽水蓄能电站2号机发电起动，带200MW运行9min

（四）呼和浩特抽水蓄能电站运行情况

呼和浩特抽水蓄能电站供电范围为蒙西电网，由蒙西电力公司调度。蒙西电网是独立电网，以火电和新能源为主，截至2020年底，全口径装机容量为76171.4MW，其中火电装机45556.2MW、水电装机2079.1MW、风电装机19472.1MW、光伏装机9063.9MW，所占比例分别为59.8%、2.7%、25.6%、11.9%。

呼和浩特抽水蓄能电站首台机组于2014年11月投产，电站2014～2021年的运行情况见表22-2-7。由表可见，电站年发电起动806～4599次，抽水起动592～3715次，调相起动0～52次，等效可用系数81.98%～95.82%，发电小时数1359～6725h，装机利用小时数285～1263h。此外还可看出，呼和浩特抽水蓄能电站在电网中的作用也在变化：①机组起动越来越频繁，起动次数逐年增长；②发电运行小时数和抽水运行小时数逐年增长；③年抽水用电量和发电上网电量逐年增加。说明呼和浩特抽水蓄能电站在蒙西电力系统中的作用发挥越来越充分，越来越重要。2018年之后，消纳新能源作用开始显现，每台机组平均每天运行约3.8h，2019年抽水电量10.68亿kWh，其中消纳新能源6.78亿kWh；2020年机组每天运行时间达到6.30h，创历史新高，充分体现了抽水蓄能电站对新能源消纳的作用。

表22-2-7　　呼和浩特抽水蓄能电站历年运行情况

指标	单位	2014年	2015年	2016年	2017年	2018年	2019年	2020年	2021年
期末设备容量	MW	300	1200	1200	1200	1200	1200	1200	1200
发电上网电量	亿kWh	0.1204	3.4189	3.4518	4.2865	7.1561	8.2260	11.0209	15.1582
抽水用电量	亿kWh	0.1761	4.4777	4.5298	5.5701	9.2576	10.6829	14.1388	19.5730
发电起动次数	次	140	806	814	934	1651	2230	2612	4599
抽水起动次数	次	114	592	592	892	1295	1605	2202	3715
调相起动次数	次	8	52	0	6	0	10	10	4
发电运行小时	h	130.54	1358.85	1400.17	1738.92	3108.18	3686.21	4741.67	6725.46
抽水运行小时	h	185.27	1560.51	1551.85	1930.05	3274.24	3789.44	4966.93	6927.87
等效利用小时	h	98.89	658.05	665.14	821.39	1367.81	1575.75	2096.65	2894.28
等效可用系数	%	100	95.82	95.19	81.98	94.53	91.40	94.30	95.73
发电起动成功率	%	100	99.13	99.14	99.57	99.75	99.86	99.8	99.97
抽水起动成功率	%	96.6	98.5	99.16	99.33	99.46	99.68	99.77	99.75

（五）张河湾抽水蓄能电站运行情况

张河湾抽水蓄能电站供电范围主要为河北南网，由国网华北分部统一调度。河北南网电源结构以火电和新能源为主，截至2021年底，装机容量53861MW，其中火电30243MW，占56.2%；水电1158MW，占2.1%，其中抽水蓄能电站1000MW（张河湾）；风电3900MW，占7.2%；光伏18560MW，占34.5%。

张河湾抽水蓄能电站首台机组于2008年7月投产，电站2008～2021年运行情况见表22-2-8。由表可见，张河湾抽水蓄能电站的作用发挥逐年增大，年发电起动815～1637次，抽水起动752～1483次，调相起动0～52次，等效可用系数81.98%～95.82%，发电小时数1359～6725h，装机利用小时数285～1263h。此外还可看出，张河湾抽水蓄能电站在电网中的作用也在变化：①机组起动越来越频繁，起动次数逐年增长；②发电运行小时数和抽水运行小时数逐年增长；③年抽水用电量和发电上网电量逐年增加。说明张河湾抽水蓄能电站在河北南网中的作用发挥越来越充分，越来越重要。另外随着河北南网新能源比例逐渐增加，张河湾抽水蓄能电站的抽水电量也越来越多，反映了对新能源消纳的作用。

表22-2-8　张河湾抽水蓄能电站历年运行情况

指标	单位	年份（年）						
		2008	2009	2010	2011	2012	2013	2014
期末设备容量	MW	750	1000	1000	1000	1000	1000	1000
发电上网电量	亿kWh	0.903	1.431	2.722	2.773	2.715	2.483	3.379
抽水用电量	亿kWh	0.955	1.635	3.375	3.463	3.390	3.107	4.221
发电起动次数	次	24	297	558	767	643	636	1052
抽水起动次数	次	16	167	342	392	374	334	437
发电运行小时	h	65.17	690.07	1355.4	1359.79	1169.36	1166.52	1699.75
抽水运行小时	h	52.23	682.93	1348.51	1390.68	1259.77	1231.27	1747.07
发电调相小时	h	0.483	0	0	0.03	0	0	0
抽水调相小时	h	1.151	10.45	12.34	16.12	13.32	11.04	15.28
等效可用系数	%	72.75	93.08	94.94	94.89	93.48	93.67	93.18
指标	单位	年份（年）						
		2015	2016	2017	2018	2019	2020	2021
期末设备容量	MW	1000	1000	1000	1000	1000	1000	1000
发电上网电量	亿kWh	3.839	15.753	11.620	5.780	5.048	4.880	6.995
抽水用电量	亿kWh	4.769	19.424	14.279	7.232	6.326	6.090	8.782
发电起动次数	次	819	1637	1463	878	815	838	1156
抽水起动次数	次	431	1483	1039	752	906	1038	1280
发电运行小时	h	1823.2	6594.83	5542.1	2719.07	2204.89	2258.52	338.26
抽水运行小时	h	1886.4	7717.72	5650.41	2848.91	2504.16	2422.75	3475.26
发电调相小时	h	0	0	0	0	0	0	0
抽水调相小时	h	14.12	0.65	0	0.38	0.54	1.32	8.05
等效可用系数	%	89.83	89.64	87.58	84.76	85.97	86.06	86.86

（六）丰宁抽水蓄能电站运行情况

丰宁抽水蓄能电站总装机容量3600MW，具有周调节性能，安装10台300MW定速机组+2台300MW变速机组，是世界装机规模最大的抽水蓄能电站，服务于京津及冀北电网，由国网华北分部统一调度。电站首批两台机组于2021年12月30日投产发电，截至2022年12月底电站已投产7台机组，投产容量达到2100MW。一年时间里，电站累计抽水起动1109台次，消纳新能源电量13.8亿kWh，发电起动1037台次。电站投产发电，极大地提高了张家口-承德坝上地区风光能源的使用率，对于支撑华北电网安全稳定运行，推动能源清洁低碳转型，服务双碳目标具有十分重要的现实作用和示范意义。

丰宁抽水蓄能电站在2022年北京冬季奥运会期间保供电发挥了重要作用。2022年2月4日0时至2月20日8时，两台机组发电开机32次，累计发电运行103h2min，发电电量2342.26万kWh；抽水开机34台次，累计抽水运行115h45min，抽水电量3350.19万kWh，发电抽水工况起动成功率均为100%。以2022年2月6～7日为例，1号机和10号机每天运行时长约16h，每天两抽两发，抽水时间达7h，发电时间约8.5h，工况转换频繁。北京冬奥期间丰宁抽水蓄能电站运行情况见表22-2-9。

表22-2-9　北京冬奥会期间丰宁抽水蓄能电站运行情况

日期	1号机			10号机		
2022年2月6日	2：14	转抽水		2：14	转抽水	
	4：21	转停机	2：07	4：21	转停机	2：07
	8：19	转发电		8：19	转发电	
	10：47	转停机	2：28	10：47	转停机	2：28
	11：37	转抽水		11：37	转抽水	
	16：46	转停机	5：09	16：46	转停机	5：09
	17：14	转发电		17：14	转发电	
	23：22	转停机	6：08	23：22	转停机	6：08
日运行总时长			15：52	日运行总时长		15：52
2022年2月7日	0：00	转抽水		0：00	转抽水	6：32
	6：32	转停机	6：32	6：32	转停机	
	13：03	转抽水		13：03	转抽水	3：02
	16：05	转停机	3：02	16：05	转停机	
	16：41	转发电		16：41	转发电	5：22
	22：03	转停机	5：22	22：03	转停机	
	22：55	转抽水		22：55	转抽水	1：05
	0：00	抽水态	1：05	0：00	抽水态	
日运行总时长			16：01	日运行总时长		16：01

第三节　抽水蓄能电站水工建筑物运行中存在的问题

我国在常规水电工程的设计和施工方面积累了丰富的经验，并在抽水蓄能电站设计和施工中充分吸取了国外工程实践的成功经验，我国建设的一批高水头、大容量抽水蓄能电站，经过二十多年运行实践证明：上水库、下水库、输水系统和发电厂房系统等主要水工建筑物的功能均能很好地满足抽水蓄能电站运行要求；并能结合地形、地质条件及其他具体条件，在建筑物设计和施工技术中有所创新。一些抽水蓄能电站采用新材料、新工艺、新技术的典型实例将在第二十三章介绍，本节重点归纳部分水工建筑物运行中暴露出来值得注意的问题，以供新建抽水蓄能电站借鉴。

一、上水库、下水库防渗面板裂缝及缺陷

（一）沥青混凝土防渗面板初期蓄水加载过程出现裂缝

近三十年来，沥青混凝土技术在材料、设备、施工工艺、质量控制等方面得到很大发展，成为一门实用成熟的技术。它的优越性主要表现在优良的防渗性能、黏弹性和应力松弛特性能更好地适应基础变形、易于维修等。但是，沥青混凝土适应变形的能力也是有限的，实践证明：若水库初期蓄水时，支撑面板的基础下卧层产生过大的不均匀沉陷变形，沥青混凝土也是难以承受的，也可能随着加载过程而出现破坏，直至基础下卧层变形趋于稳定为止。

美国塞尼卡抽水蓄能电站，上水库采用全库盆沥青混凝土面板防渗，沥青混凝土防渗层建于砂岩、砂页岩夹层地基上，当时未对砂页岩地基中的断层、裂隙带加以处理，蓄水后面板曾发生过严重的渗漏，后加以处理和修补。德国于1964年建成的格莱姆斯抽水蓄能电站上水库，库底存在大面积的喀斯

特裂隙，为防止面板开裂，对地基深挖2m，岩石经破碎，整平后碾压密实，在其上修建沥青混凝土防渗面板，自投运以来工作正常，其防渗性能和地基处理的有效性得到验证。

我国天荒坪抽水蓄能电站上水库（平面布置图见图8-3-1），从1997年开始初期蓄水后，先后五次放空对沥青混凝土面板进行检查，检查情况见表22-3-1。

表22-3-1　　天荒坪上水库沥青混凝土面板放空检查情况

序号	发现日期	库水位(m)	期间水位变幅(m/d)	最大渗流量(L/s)	裂缝性状	工作阶段
1	1997年10月～1998年7月	889.5	0.61	未发现异常	发现1条裂缝，长40cm，宽0.5cm，深5cm	初期蓄水结合调试阶段
2	1998年9月21～29日	889.51		由5.1增大到50～60	新发现9条裂缝，总长18.2m，一条裂缝长80cm、宽0.6cm；在其东北侧、西北侧发生多条贯穿缝，长15.5m，宽2cm，最大错台1cm	
3	1999年1月27日～9月24日	899	11.0（变幅为水深28.2%）	4.21～7.43	新发现7条裂缝，总长9.4m，最长5.6m，宽1.4cm（一般0.5～1.0cm），错台0.5cm	运行期
4	1999年10月11日～2000年9月27日	895～904.97	12.01～22.35	5～8.35	新发现9条裂缝，总长15.1m，最长2.5m，最宽1.5cm	运行期
5	2000年11月18日～2001年1月10日	898.6～903.52	15.81～25.02	8.812	新发现8条裂缝，最长2m，最宽0.3cm	运行期

注　正常蓄水位905.2m，设计最低水位863.0m。

从上可见：

（1）断续检查、修复的时间跨度，从1997年10月至2001年1月约3年3个月，库水位升高过程是889.5、889.51、889.0、904.07m和903.52m。水位上升速率除第二次蓄水达到15.32m/d，远远超过设计规定的速率外，其他几次均符合设计要求。每次裂缝修复后，上水库水位回升到某一高程，经一段时间运行，发现渗流量增大，放空检查，又发现新的裂缝。

（2）上水库盆工程地质条件较复杂。在地基处理上，坡、洪积层在建筑物地基范围内已基本清除。库内全风化岩（土）分布广泛，呈黏质土～粉质土，稍湿～湿，可塑，局部软塑，稍密～较密实，层内含大小不等的强、弱风化岩块，分布不匀。含风化岩（土）层厚度差异较大，从平面上看，西库岸分布广而厚，东库岸则相对较薄，库底处于两者之间。据统计，开挖后库盆内全风化岩（土）的分布面积（平面投影）为26.75万m^2，占开挖总面积的66.4%，主要分布在南库底；强风化岩主要分布在副坝、北库底及部分西岸坡，出露面积7.71万m^2，占总开挖面积的19.14%；弱（或微）风化岩主要分布在进水口一带及主坝坝基部分区域，面积为5.507万m^2，占总开挖面积的12.56%。库底区地基处理：北库底区岩基部位直接铺设60cm厚的排水垫层料，土基部分先铺20cm厚的反滤料，再铺40cm厚的排水垫层料。南库底区，处于开挖区的原始长年流水的冲沟处的软弱土层全部挖除，库底东南侧开挖线以下仍有2.0～15.0m的全风化岩（土），岩基部位和土基部位的反滤层与排水垫层填筑要求与北库底相同。回填区内，回填全强风化土石料，最大回填厚度10～15m。

（3）裂缝的分布。沥青混凝土防渗面板的裂缝，不是产生在设计最为担心的拉应变最大的主坝迎水面坝坡与库底相连接的反弧段，也不是产生在全风化岩（土）层最厚处，即水库蓄水后沉降量最大的4号排水观测廊道以南的南库底，而是集中在4号排水廊道以北的南库底处，此处全风化岩（土）层相对较薄的部位。裂缝分布地点相对集中，有21条（包括开裂最为严重的3～8号裂缝）分布在4号排水观测廊道以北，水平截水墙以西的南库底，7条在沥青混凝土护面与水平截水墙顶相连的部位，4条集中在北截水墙与水平截水墙交点附近。

（4）裂缝处理。对于规模大的裂缝，如3～8号裂缝及18号裂缝，除裂缝部位沥青混凝土面板凿槽（槽宽至少50～60cm）外，还将排水垫层和反滤层凿除，发现在3～8号裂缝下流纹质角砾岩中发育NNW和NNE向的陡倾角裂隙带，其渗透性、变模和标贯等指标十分离散，修复中重点解决了地基的不均匀问题，而后回填沥青混凝土。对于已被水流淘刷的全风化土层及过水后密实度降低的反滤层和排水垫层，用合格料重新回填压实。裂缝修补部位设 5～10cm 厚的加厚层，并铺聚酯网加强。聚酯网和加厚层的处理范围为：由槽边线两侧外推 80cm 作为侧边线，由缝端的槽边线外推 200cm 作为端边线。

(5) 对于沥青混凝土面板下的地基处理，应充分重视局部区域地基软硬不均匀处的加固处理。应将基岩内张开节理裂隙予以处理，硬岩基础坡度控制在 1∶4 以下，加厚垫层厚度，严格控制下卧层的施工质量和水库初期蓄水水位上升速率等。

(二) 沥青混凝土面板运行期裂缝

1. 西龙池下水库岸坡沥青混凝土面板接头处裂缝

西龙池下水库沥青混凝土面板于 2007 年 6 月 29 正式摊铺，2007 年 10 月 31 日全部完工，施工历时约 4 个月，2008 年 3 月初下水库建成蓄水。2017 年 5 月，巡检时发现下水库西侧与混凝土结构连接的沥青混凝土面板出现数条水平向裂缝，沥青混凝土面板与混凝土结构之间的竖向缝接缝也出现开裂，并且面板表面还出现明显的 U 形凹陷槽。裂缝的位置基本都位于沥青混凝土面板下部的细粒沥青混凝土楔形体区域，且位于水位变动区，具体位置及情况如图 22-3-1 和图 22-3-2 所示。

图 22-3-1　西龙池下水库沥青混凝土面板现场裂缝情况（西端廊道位置）

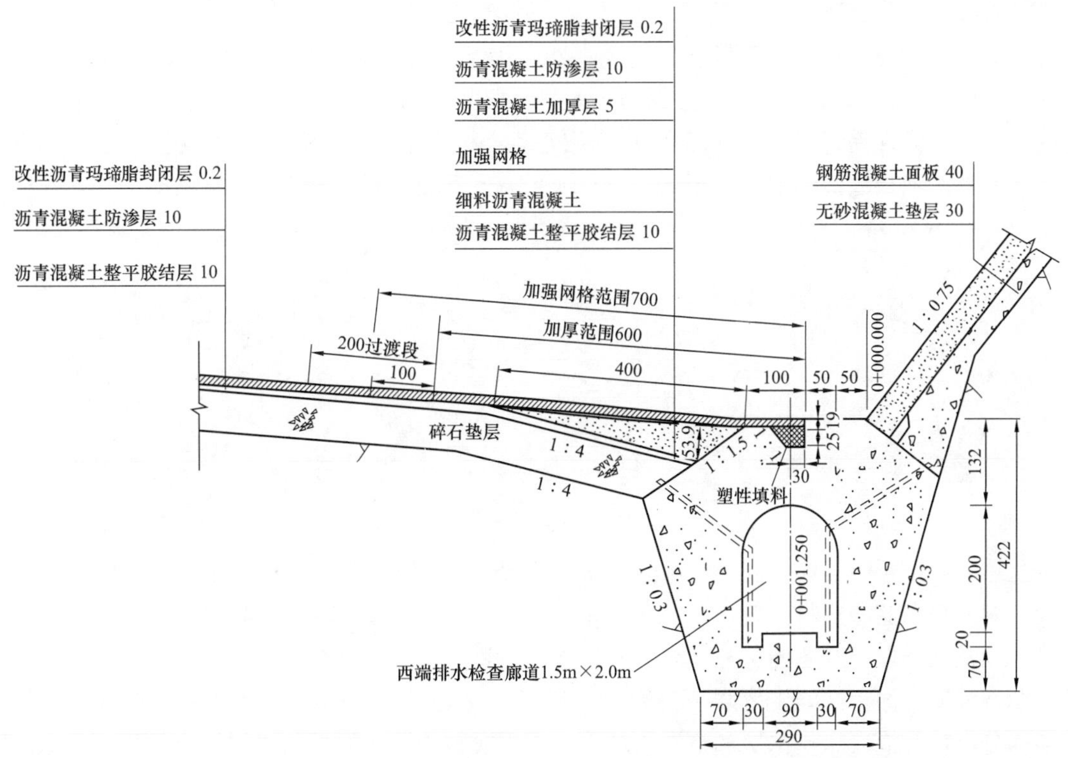

图 22-3-2　西龙池下水库岩坡沥青混凝土面板与混凝土结构连接细部图（单位：cm）

2017年10月，对之前巡查发现的沥青混凝土面板裂缝进行复核检查和编录，检查发现库盆西端廊道顶部沥青混凝土面板与钢筋混凝土接头部位沥青混凝土条带上有12条宽度较大的裂缝，其中两条竖向裂缝位于人工施工条带的两侧施工接缝处，12号缝为沥青混凝土与混凝土接头处，11号缝发生在沥青混凝土面板人工摊铺的接头条带与机械摊铺的斜坡条带间的施工缝，其他裂缝为水平向裂缝或不规则裂缝。库盆东端廊道沥青混凝土面板与钢筋混凝土接头部位沥青混凝土条带上也出现3条较小的裂缝。但从库底廊道检查情况来看，并没有因为防渗层开裂发生渗漏情况。

西龙池下水库沥青混凝土面板自2007年10月完工，至此时已经运行10年，根据现场取芯及芯样试验情况，面板防渗层沥青混凝土拉伸应变、斜坡流淌值、沥青含量及骨料级配均满足设计要求。本次出现裂缝处的沥青混凝土面板位于岩石岸坡开挖范围，距下水库大坝与岩坡的挖填分界位置较远（约100m），面板下卧的基础相对均匀；库坡其他部位的沥青混凝土面板也未发现类似的裂缝。此外，虽然沥青混凝土防渗层出现裂缝，但下部细料沥青混凝土楔形体的防渗仍然有效，故该处并未发现有渗漏水问题。

经查阅施工过程资料，发生裂缝处位于沥青混凝土面板与混凝土结构之间的扩大接头处，为人工摊铺区域，该处沥青混凝土面板防渗层与整平层之间的楔形体铺设的是细料沥青混凝土，其沥青含量较防渗层高，为8.1%（防渗层为7.5%），粗骨料含量少；楔形体与防渗层之间，铺设有聚酯加强网格，施工时是先在楔形体表面涂一层沥青，铺设聚酯网格后再涂刷一层沥青。分析裂缝产生的原因，可能是多方面的。一是人工摊铺区的施工质量可能存在缺陷，对沥青混凝土防渗层抗斜坡流淌性能有影响；其次是聚酯网格铺设时的沥青涂层，厚度过厚时，在温度较高情况下会沿1∶20的坝坡面产生较明显的蠕变变形，引起防渗层与楔形体之间的层面滑移，多种因素叠加造成防渗层出现水平方向裂缝。另外，楔形体的细料沥青混凝土变形模量小，蓄水后在水荷载作用下变形大，现场可看到面板表面出现明显的U形凹陷变形，可能是竖向裂缝（11、12号缝）形成的诱因。

总体来看，对斜坡上的沥青混凝土面板与混凝土结构接头，应关注人工摊铺的施工质量控制、接头处聚酯加强网格沥青涂层厚度、楔形体材料变形特性、沥青混合料蠕变特性等带来的防渗层抗斜坡流淌、层间滑移、不均匀变形和蠕变变形等问题。

2. 张河湾上水库沥青混凝土面板表面鼓包裂缝现象

张河湾上水库于2007年9月建成蓄水，2007年12月电站第一台机组并网发电，2009年2月4台机组全部并网发电，一直正常运行至今。从2009年开始，以及后续2013、2015年中检查发现，在春夏气温回升时，上水库沥青混凝土面板表面出现一些大小不一的不规则鼓包和裂缝，局部较为集中，鼓包直径一般10～40cm，偶有大鼓包可达150cm；裂缝长度5～40cm，最长一条达3.4m，但排水廊道的监测情况表明没有发现沥青混凝土面板存在渗漏问题。表面封闭层缺陷表现为鼓包、破损、沥青玛蹄脂龟裂、流淌等。面板表面的缺陷如图22-3-3～图22-3-5所示。

图22-3-3　面板鼓包

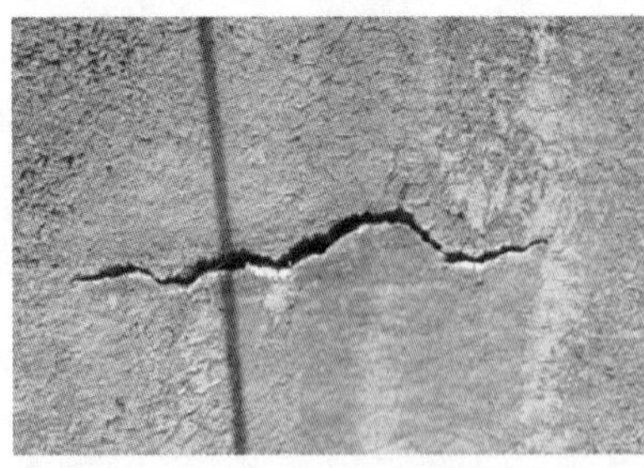
图22-3-4　面板裂缝

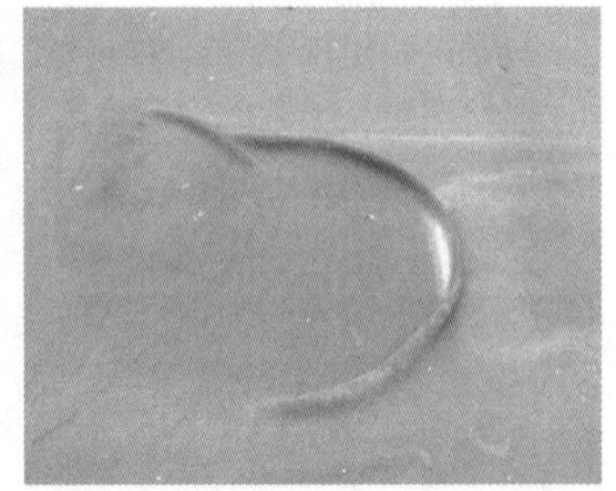
图22-3-5　封闭层流淌、鼓包

针对上述问题，开展了沥青混凝土配合比复核分析、原材料质量检测复核、拌和料及沥青混凝土施工质量检测复核、监测资料分析，以及现场取样及芯样试验、鼓包模型试验等工作。综合有关资料分析情况，以及现场取样及芯样试验、鼓包模型试验结果，得出如下意见和建议：

（1）沥青混凝土面板缺陷主要表现为鼓包、流淌、裂缝型式，取样情况显示，缺陷主要发生在防渗层上半部分，沥青混凝土排水层和整平胶结层未发现明显缺陷，面板防渗层没有发现存在渗漏问题。

（2）沥青混凝土面板缺陷全库均有分布，局部较为集中，但规律性不强，推测与施工质量有关。

(3) 分析沥青混凝土原材料、配合比、混合料生产和沥青混凝土施工资料，该工程施工过程基本可控，但也偶尔出现质量问题，尤其是防渗层表面碾压过程中常发现有细小裂纹，可能留下隐患。

(4) 鼓包主要是由于摊铺机压实度不够、振动碾碾压时过量洒水、降水天气或夜间施工等原因，导致有水分封闭在防渗层内；或者由于沥青混凝土表面裂纹或内部缺陷导致库水渗入防渗层内部，水分在高温条件下产生汽化，蒸汽压力随温度升高逐渐增大，从而导致分层、鼓包，直至顶开产生裂缝。

(5) 流淌主要原因是沥青混凝土拌和、运输、摊铺过程中产生了偶尔级配不准、混合料级配分离的情况，导致局部沥青含量过高，引起流淌产生壅包，壅包上方可能会拉开形成裂缝。

(6) 面板施工过程中出现的裂纹后期继续开展，导致水分容易进入，继而在蒸汽压力和冻融作用影响下形成更大的裂缝，也或者是鼓包。

(7) 封闭层缺陷主要表现为涂刷厚度不均导致的流淌，也有因自身老化导致龟裂破损。

(8) 值得注意的是，通过在沥青混凝土面板鼓包位置钻孔发现，所有钻孔处沥青混凝土防渗层均在中间出现了分层现象，也正是由于这些分层的存在，最终导致鼓包。也就是说防渗层中间施工过程出现了分层，分层直接导致了面板鼓包，这与之前已被发现和证实的不同摊铺层层面间存在水汽导致的鼓包现象有所不同，是一个新的发现，有必要对沥青混凝土摊铺施工产生防渗层分层引起重视和进一步进行研究。

(三) 混凝土防渗面板裂缝

在我国北方寒冷地区的混凝土面板防渗工程中，关于温度和干缩裂缝、适应地基变形、防止冻融破坏等问题，一直是工程技术人员十分关注并采取措施力求加以解决的问题。但工程多年运行实践表明，这个领域尚存在较多的问题有待去认识解决。

据已掌握的资料，德国瑞本勒特抽水蓄能电站于 1955 年最早在上水库坡面上采用了尺寸 7m×7m、厚 20cm 的素混凝土面板，库底面采用三层玻璃纤维沥青油毡防渗。运行 36 年后，由于混凝土裂缝和缝间止水渗流量过大（大于 37L/s），于 1991 年改建为沥青混凝土面板防渗。

1995 年建成的北京十三陵抽水蓄能电站，上水库全库盆采用钢筋混凝土面板防渗，如图 22-3-6 所示，防渗面积达 17.5 万 m^2，冬季最低气温 −19.6℃，每年最低气温低于 0℃的天数达到 130 天左右，运行环境严酷。为了对混凝土面板运行耐久性进行安全评估，于 2004 年 11 月和 2005 年 5 月两次对混

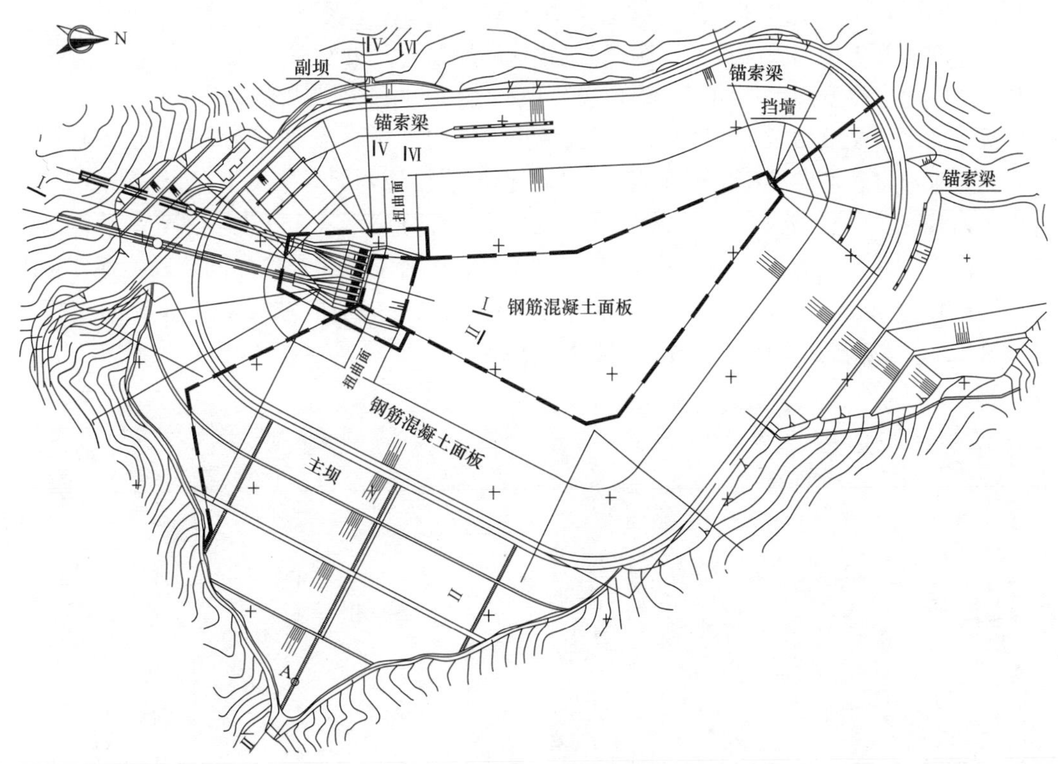

图 22-3-6 十三陵抽水蓄能电站上水库平面图

凝土面板进行了检查。发现裂缝主要集中分布在上水库东北、北部和西北坡面区域，尤以东北部和北部最为严重。西南部位坡面裂缝较少，主坝部位更少，库底几乎没有。556m 高程（在正常蓄水位 566m 和死水位 531m 之间）以上缝宽大于或等于 0.2mm 的裂缝长度累计为 2068.3m，占裂缝总长 45%。通仓缝（在面板 12m 分缝宽度范围）一般缝宽大于 0.2mm。

经超声波检测表明：新出现裂缝深度在 4.45～9.97cm 之间，发展缝（由旧缝向一侧或两侧发展而成）深度在 6.18～12.35cm 之间，属表面缝。

整体看来，面板受冻融剥蚀破坏程度较轻，水位以上基本未发现大的剥蚀面，局部剥蚀面深度在 1.5cm 以内，剥蚀孔大部分位于高程 563～565m 范围内，深度达到 5cm 左右。

经碳化检测，碳化深度在 4.2～11.5mm 之间，其中西北坡和主坝的混凝土碳化深度较大，均超过 6mm；而东北坡、北坡和西南坡的混凝土碳化深度较小，在 4～5mm。

从面板混凝土整体强度分布来看，北坡和东北坡混凝土抗压强度分别为 45.2、43.5MPa，其次是西南坡和主坝部位分别为 39.9、39.8MPa，西北坡混凝土的强度最低为 30.4MPa。

通过上述检测成果分析，面板混凝土运行条件比较恶劣，混凝土总体质量尚好，但存在一定程度的病害和老化现象。

（1）仅依靠一般性温控措施、改善混凝土配合比、加强施工振捣和养护、调整混凝土分缝分块等尚不能很好地解决混凝土裂缝问题。

（2）改善混凝土面板地基约束的措施产生一定效果。主坝上游坡采用碎石垫层上浇筑混凝土面板，实测裂缝少；西坡在岩坡无砂混凝土垫层上，铺设乳化沥青层，混凝土表面裂缝也较少。减少面板下地基约束条件较为有效。

（3）前期裂缝修补主要使用了三种材料：聚氨酯、SK-E 改性环氧灌浆材料以及某种涂刷材料。从长期使用效果看，聚氨酯柔性防水材料效果最好，但局部有隆起、剥落现象。该材料是由主剂和固化剂组成的双组分材料，固化量大于 94%；其抗拉强度大于 2.5MPa，断裂伸长率大于 200%，黏结强度 1.5～2.5MPa，低温柔性可达到－30℃无裂纹。

（四）混凝土面板表面止水冰拔破坏

对于地处北方严寒地区的混凝土面板坝，面板表层止水结构的表面采用常规三元乙丙橡胶板封顶，在冬季结冰后受冻胀力、冰推力和冰拨力反复作用，在水位变化区易发生沉头螺栓拨出、部分压板扭曲甚或脱落，进而外覆防护橡胶盖板发生撕裂、柔性嵌缝材料与缝面剥离、面板接缝完全裸露等现象。抽水蓄能电站水库因水位升降更加频繁，面板表层止水结构的此类问题更加突出。

辽宁蒲石河抽水蓄能电站于 2014 年 5 月对面板止水结构进行了调查，结果表明止水破坏的范围集中在库水位变化区内，破坏的部位出现在表面止水盖板的连接处，而且均发生在止水盖板的上端端口。库水位变化区内共有 82 处接缝破坏，其中扁钢锈蚀严重，部分扁钢甚至扭曲脱落，部分沉头螺栓被拔出，垂直缝破坏主要发生在高程 380.5m 和 369.5m（正常蓄水位与死水位之间）段，存在接缝开裂翘起现象，逆向搭接缝破坏严重，GB 嵌缝填料存在错动现象，个别区域有对接和顺向连接破坏，如图 22-3-7～图 22-3-14 所示。具体破坏情况如下：

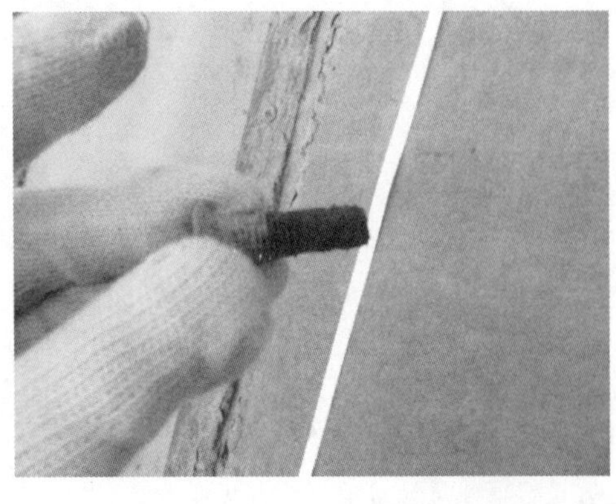

图 22-3-7　沉头螺栓螺纹锈蚀消失

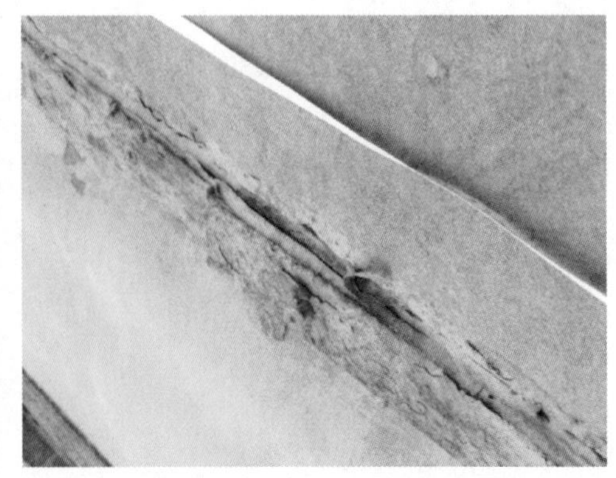

图 22-3-8　沉头螺栓脱落、扁钢锈蚀

图 22-3-9 周边缝沉头螺栓脱落、扁钢掀翻

图 22-3-10 周边缝橡胶片盖板现状

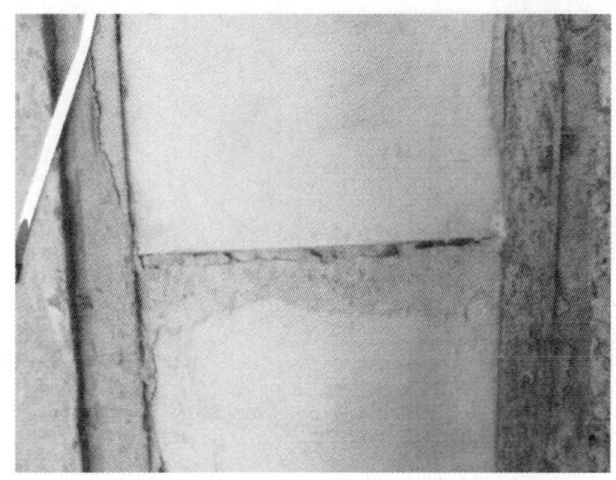

图 22-3-11 对接接缝

图 22-3-12 顺茬搭接处缝隙

图 22-3-13 戗茬搭接（高程 375.0m 以上）

图 22-3-14 戗茬搭接（高程 365.0～375.0m）

（1）高程 380.5m 处的面板垂直缝所有接头均已破坏，部分垂直缝存在多处接头破坏现象，接头开裂翘起高度一般 5～7cm，平均为 5.8cm，其中 19 号面板开裂翘起可达 15cm，盖板割开后，可见内部充水，橡胶棒和铜止水未见异常。

（2）高程 369.5m 处的面板垂直缝所有接头均已破坏，部分垂直缝存在多处接头破坏现象，接头开裂翘起高度一般 5～6cm，平均为 5.1cm，最大开裂翘起可达 10cm。

（3）面板周边缝共有 10 处接头开裂翘起，止水盖板上部扁钢扭曲脱落，部分沉头螺栓被拔出。

（4）面板混凝土质量整体较好，但 17 号面板处存在孔洞，孔洞尺寸为 12cm×17cm，深可达 10cm。

基于调查结果及相关工程实例，分析得知止水结构随着水库投入运行后，沉头螺栓等锚固件因材料性能原因在高湿度环境下，很快产生锈蚀并迅速劣化，使得沉头螺栓与混凝土间的锚固力严重降低甚至脱落失去作用；冬季结冰后，由于电站上水库水位变幅较大，浮冰附着在面板止水结构上，导致上水库面板表面止水结构受冰冻胀力、冰推力和冰拨力反复作用的影响，在水位变化区易发生沉头螺栓拔出、部分压板（扁钢或角钢）扭曲甚至脱落，进而发生外覆防护橡胶盖板发生撕裂、柔性嵌缝材料与缝面剥离、面板接缝完全裸露等现象。

（五）土工膜防渗结构开裂

溧阳抽水蓄能电站上水库利用两条较平缓的冲沟在东侧筑坝，库盆经修挖后形成。水库正常蓄水位 291.0m，死水位 254.0m。大坝高 165m，为混凝土面板堆石坝。上水库采用全库防渗，岸坡采用混凝土面板，库底采用土工膜防渗，防渗面积达 25 万 m^2，开挖区约占 1/3，回填区约占 2/3。库底填渣厚度 0～75m，库底不均匀沉降较大，上水库库底土工膜防渗体结构从上至下依次为：0.3m 厚砂袋保护层（土工布袋装）、500g/m^2 土工布、1.5mm HDPE 土工膜、500g/m^2 土工布、0.6m 厚垫层、1.3m 厚过渡层。库底防渗结构如图 22-3-15 所示。

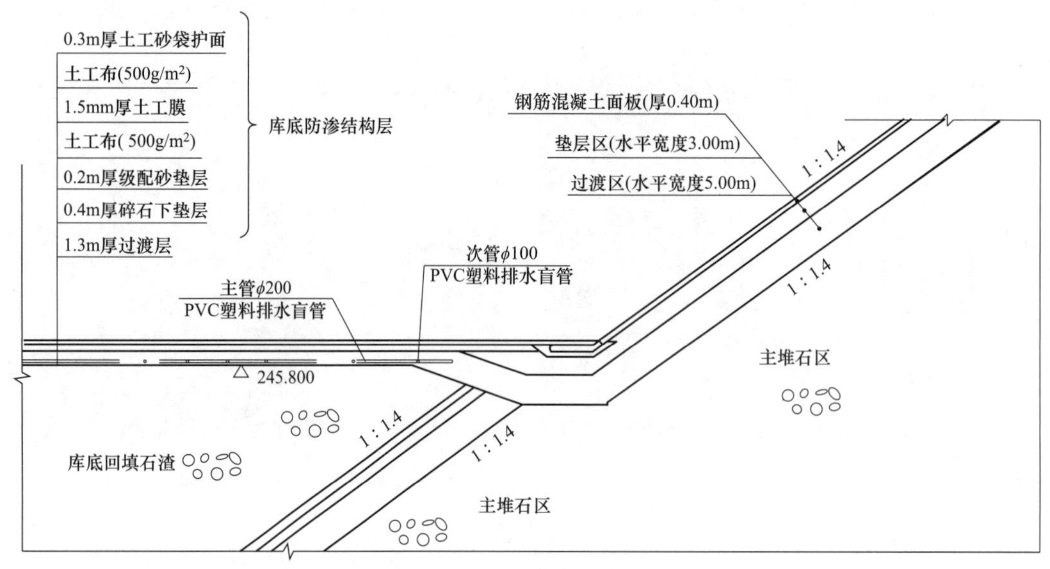

图 22-3-15　库底防渗结构示意图

2016 年 7 月 12 日，在完成机组甩负载 50%试验后，蓄水至 270.5m 停机，经监测，发现库水位在约 4h 内下降约 10cm。2 号进/出水口闸门下放关闭后（此时 1 号进出水口闸门处于关闭挡水状态），通过机组压力测试情况无异常，说明输水系统未发生渗漏。2016 年 7 月 13 日晚上，量水堰监测显示渗漏量开始异常增加，已超过平时流量，至 7 月 15 日 17 点最大达到 1520L/s。随着库水位下降，量水堰流量呈下降趋势，23 日上午流量约 38L/s，总体来看量水堰的测值与库水位的相关性较好，如图 22-3-16 所示。7 月 16 日中午，在库水位下降至 248.4m 时，对库底进行了检查，除发现周边缝部分渗水、部分保护土工布掀开外，未发现明显渗水点。7 月 20 日上午，经对进/出水口前池检查，发现库底存在沉

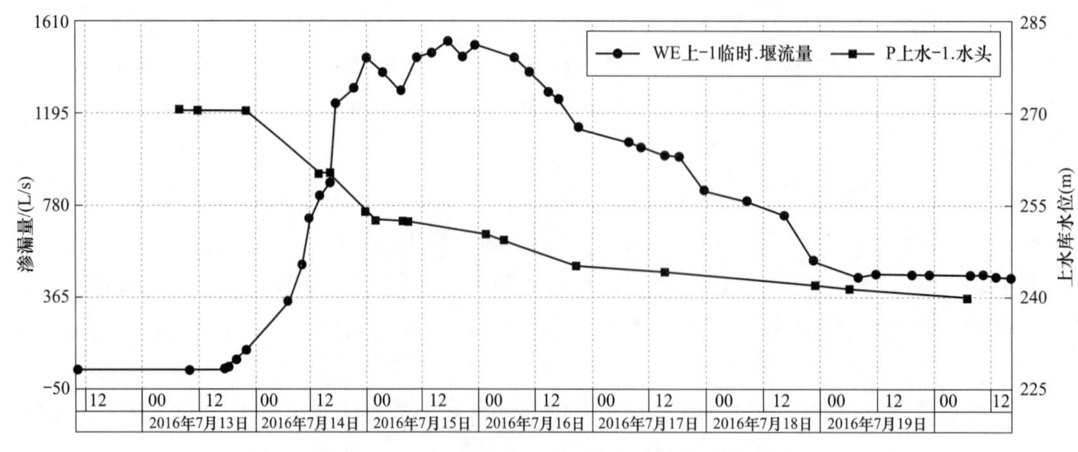

图 22-3-16　上水库量水堰渗流量监测过程曲线

降变形，其中 248m 平台总体均衡，进/出水口周边因回填深度较大，蓄水前的沉降时间短，在水压力作用下有明显的不均匀沉降现象，主坝连接板上游侧局部有不均匀变形现象。在 1 号进/出水口塔南侧边上有明显的渗水孔洞，该处土工膜下部回填区变形较大，与其相接的进/出水口混凝土结构基本不产生变形，导致土工膜下脱空，产生撕扯破坏。此外，库底有部分土工布出现掀开现象。上水库集中渗漏孔洞位置示意图如图 22-3-17 所示，1 号进出水口塔边上的渗水孔洞如图 23-3-18 所示，进出水口周边有不均匀沉降现象如图 22-3-19 所示。

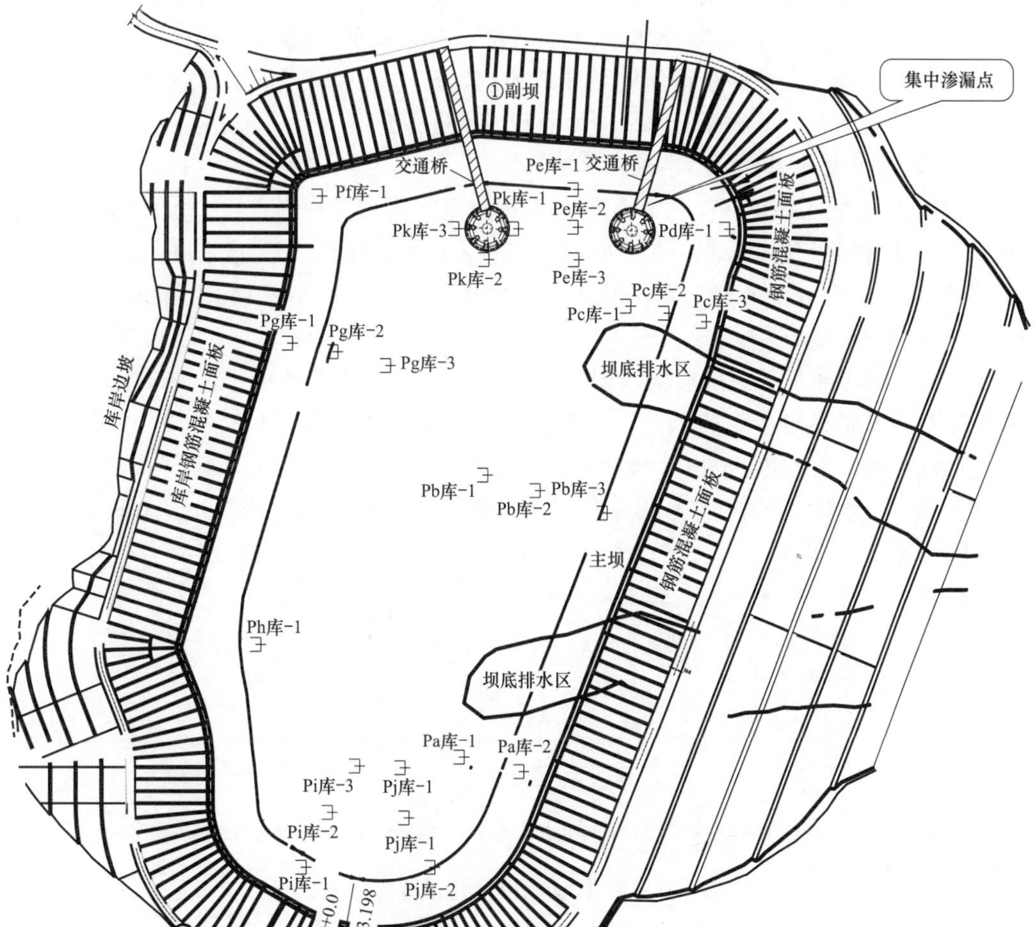

图 22-3-17　上水库集中渗漏孔洞位置示意图

图 22-3-18　1 号进出水口塔边上的渗水孔洞

图 22-3-19　进出水口周边有不均匀沉降现象

二、上水库、下水库冬季运行

建在严寒或寒冷地区的抽水蓄能电站冬季结冰运行问题，包括对库内防渗材料物理力学性能的影响，对防渗面板表面止水的破坏，材料冻融破坏，浮冰、冰屑等对电站进出/水口堵塞破坏等。

根据电站冬季运行状态可分为：①从上水库、下水库初期蓄水到首台机组投入商业运行跨越冬季期间；②电站部分机组或全部机组正常运行期间；③由于某种原因造成电站停运时期。冬季电站运行状态不同，库内冻冰形态就不同，对上水库、下水库水工建筑物的危害也不一样。在通常情况下，抽水蓄能电站水库里的结冰情况不仅取决于冬季的气温以及低于0℃或－3℃以下的负积温，同时也与水库水面积、蓄水量、水温和库内水体运动的水力学特征、消落深度、死库容及电站运行工况等有关。

随着我国北方寒冷地区一批抽水蓄能电站建成投运，针对上水库、下水库的冰情进行了观测。下面就国内外一些电站上水库、下水库的冰情原型监测成果进行介绍。

（一）基辅抽水蓄能电站上水库冬季运行冰情

基辅抽水蓄能电站地处北纬49°，位于第聂伯河梯级基辅水库的右岸，这个水库同时又是抽水蓄能电站的下水库。上水库高出基辅水库60～70m，在高原上由围堤形成，正常蓄水位的总库容430万m^3，其中调节库容370万m^3；正常蓄水位时水面积0.62km^2，最大水深14m，最大消落深度6m。电站进/出水口共6孔，孔口尺寸为7m×7m。

电站在冬季运行时下水库邻近底层的水温为1.1～1.2℃，整个冬季的水温基本是恒定的。运行时抽到上水库的水温也基本稳定在1.1～1.2℃，上水库泄放时的水温降低0.2～0.3℃。沿上水库长度方向的水温是不同的，远离上水库进/出水口的地方，上层水温稳定在0.2℃，底层水温为0.7～0.8℃。水力模型试验表明，上水库不同区域的流速和流向是不同的，并随抽水或发电运行时间而发生变化，如图22-3-20和图22-3-21所示。

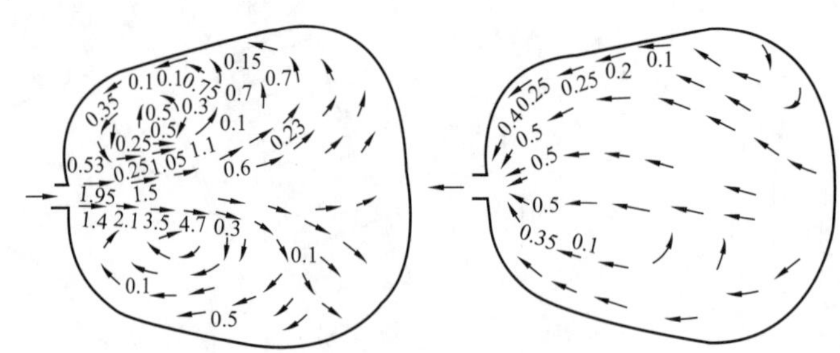

图22-3-20　对称形蓄能电站上水库的流速场（死水位）

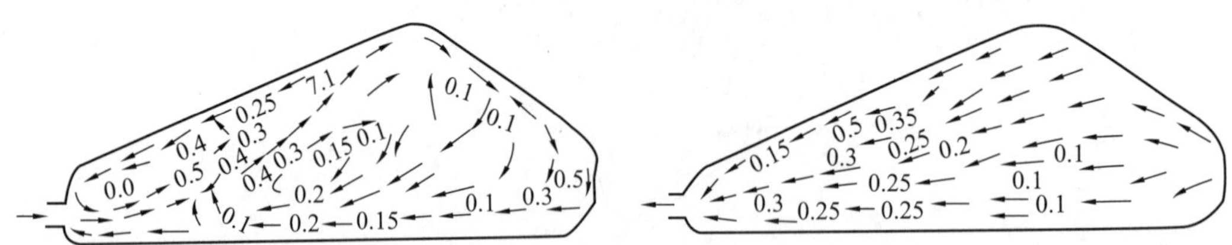

图22-3-21　非对称形并加糙的蓄能电站上水库的流速场

基辅抽水蓄能电站上水库的原型观测资料表明：在水库水位开始消落时，沿岸边的垂线流速变化不大，而在水库中部的临底流速达0.13m/s，0.6倍水深处流速为0.07m/s；而当水库水位消落至最终时，观测到的最大流速为0.16m/s，位于实际水深0.6H处，几乎全库都维持这个流速。当邻近引水渠进/出水口时，水流流速增大，到水位消落终止时，表流速达2m/s，底流速达1.4m/s。同时观测到在抽水蓄能电站水库里，还存在着横向环流，从水位开始消落到消落终了，都存在两个方向相反的环流，水位消落开始时与终了时的环流方向相反，如图22-3-22所示。由于抽水蓄能电站运行所特有的水库水体在平面上的流动和横向环流，将水库深层温度较高的水带到表层，而使表层水温维持在一个比较稳定的数值，影响冬季水库的结冰情况。

抽水蓄能电站只要有部分机组处于正常运行状况，观测到在上水库中部形成整体的冰盖，在正常水位处坝坡、岸坡形成多层的冰棱体，在棱体与冰盖之间为断裂的浮冰块，如图22-3-23和图22-3-24所示。

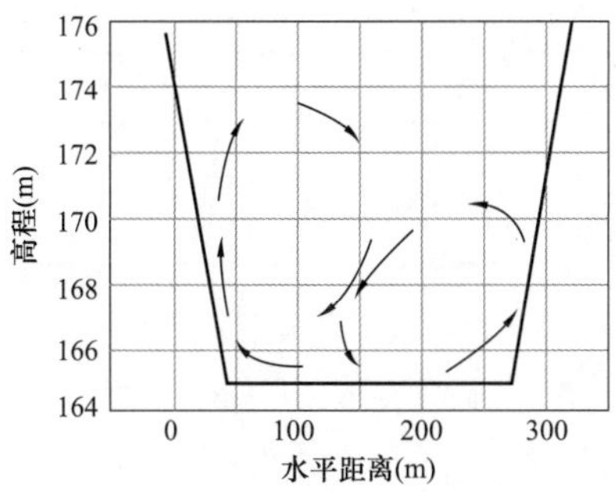

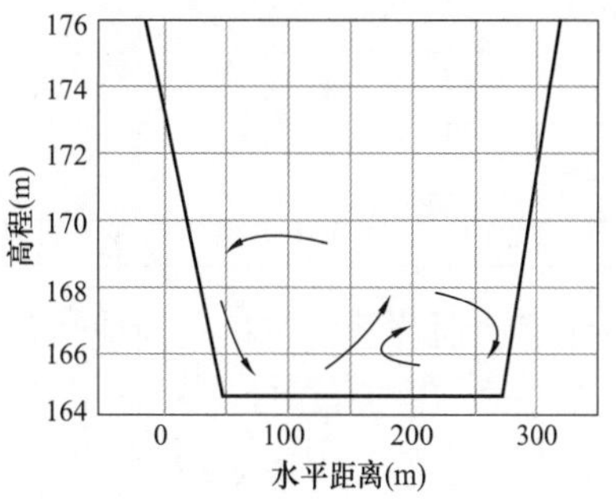

图 22-3-22 基辅蓄能电站上水库横向环流图

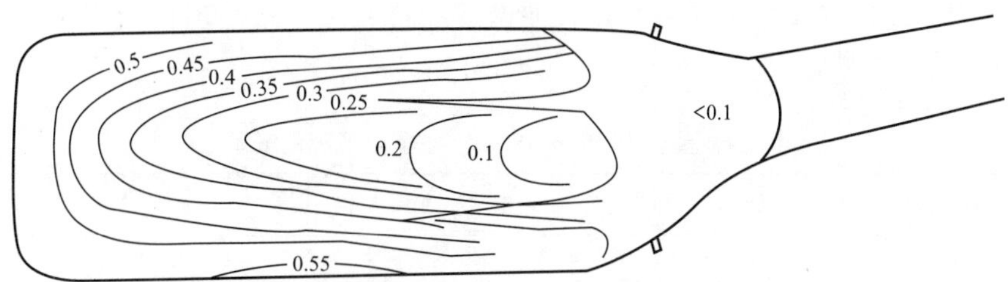

图 22-3-23 基辅蓄能电站上水库冰盖等值线图

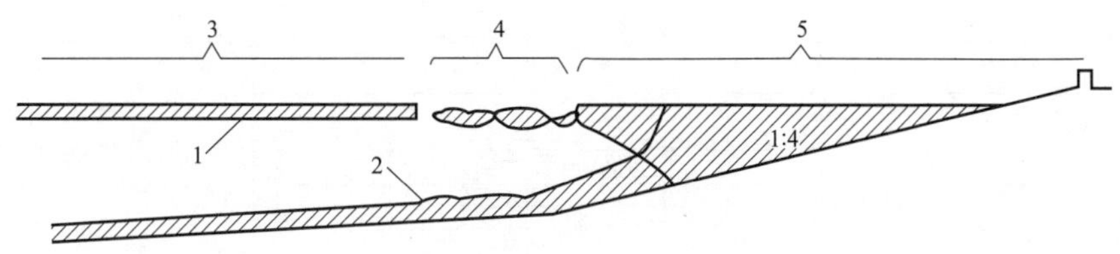

图 22-3-24 基辅蓄能电站上水库冰情图

1—水库充水时冰盖情况；2—水库泄水时冰盖情况；3—完整的冰盖；4—碎冰带宽 5～6m；5—堤坡上的冰棱体

从观测成果可见：

(1) 坡度为 1∶4 的上水库岸坡上，多层冰的形成取决于进入上水库的水温、稳定的负气温和风的作用。

(2) 当抽入上水库的水温在 0.2～0.5℃时，上水库岸坡上结冰；当水温在 0.5～0.6℃时，则不结冰，与低温是否稳定无关。

(3) 当抽入水库的水温高至 0.6～0.7℃时，冰体开冻，并形成悬臂体。开冻时在刚性肋间形成的悬臂体长度达 4.0～4.5m，在刚性肋上面为 1.0～2.2m。

(4) 抽水蓄能电站运行时，冰棱埂最大宽度达 14.0m，高 3.0m。

(5) 在坡度为 1∶4 的岸坡上，有刚性肋时，冰棱埂的宽度是无刚性肋时宽度的 1.5～2.2 倍。

(6) 抽入上水库水的温度升高到 0.7～1.0℃，并保证电站平均流量为 400～600m^3/s 时，上水库的冰量就减少。

(二) 十三陵抽水蓄能电站上水库冬季运行冰情

十三陵抽水蓄能电站位于北方寒冷地区，冬季极端最低气温为－19.6℃，多年冬季气温统计成果见表 22-3-2。上水库海拔高程 570m 左右，距昌平气象站约 8km，高差近 500m，由于高差效应，上水库区的冬季气温应略低于昌平气象站所测气温。

表 22-3-2 **昌平气象站多年冬季气温统计表** 单位：℃

项目	11 月	12 月	1 月	2 月	3 月
多年月平均	4.4	－2.3	－4.1	－2.1	4.9
平均最低	－2.4	－8.9	－11.1	－9.8	－3.4
平均数低的相应年份	1979 年	1956 年	1969 年，1977 年	1969 年	1970 年

续表

项目	11月	12月	1月	2月	3月
极端最低	−13.7	−17.5	−17.1	−19.6	−14.7
极端最低的相应年份	30日/1970年	20日/1978年	20日/1966年	24日/1969年	3日/1971年

从上水库初期蓄水到首台机组投入商业运行的冰情：1995年12月5日开始采用水泵工况抽水，上水库水位上升至540m，12月20日进入72h试运行，上水库水位在542～536m之间变动，每天水位升降数次，虽已进入冬季，但上水库未结冰。但在1995年12月24日至1996年2月8日机组“消缺”期间，电站停止运行，上水库水位在542m停留达一个半月之久，适值严冬季节，整个库面形成20～50cm厚的冰盖，靠南侧背阴处结冰厚度50cm，靠北侧向阳处结冰20cm厚。在静冰压力作用下冰盖整体由南向北（也就是由厚冰区向薄冰区）挤压，使西坡面板表面止水受到很大剪切力，而造成止水损坏。冰情观测成果见表22-3-3。

表22-3-3　　十三陵上水库1995～1996年冬季冰情观测成果

日期	观测项目	西南坡	西坡	西北角	北坡	坝坡	备注
1996年1月24日	冰面温度（℃）						天气为晴天，观测时段为9：30～10：30
	冰面气温（℃）	−10		−4			
	冰层厚度（cm）	50		28			
	冰下水温（℃）	3		1			
1996年1月26日	冰面温度（℃）	−1	0	−1	−0.5	0	天气为晴天，观测时间为11：00。观测时西北角处风大，其他各处风较小
	冰面气温（℃）	−2	0.2～0.5	0	0.8	0.3	
	冰层厚度（cm）	41	26	27	30	31.5	
	冰下水温（℃）	2	1.5	1.5	1	2	

鉴于上述情况，1996～1997年制定了十三陵抽水蓄能电站冬季运行规定：保证电站有一台机组至少每日抽水、发电两个循环，当日夜间至次日凌晨抽水6～7h，次日上午发电4～5h；下午抽水2～3h，前夜发电4～5h。每日共运行16～20h，以确保冬季电站正常运行和防渗面板的安全。

为了掌握电站机组运行情况及气温与上水库库面结冰的相关关系，1996～1997年冬季对电站上水库的结冰情况进行了专门的观测。主要成果归纳如下：

（1）1996～1997年冬季气温变化情况。气温的变化曲线如图22-3-25所示。上水库实测气温（一般在9：00～10：00之间施测）低于0℃的区间为12月下旬～次年2月末，最低为−14℃。

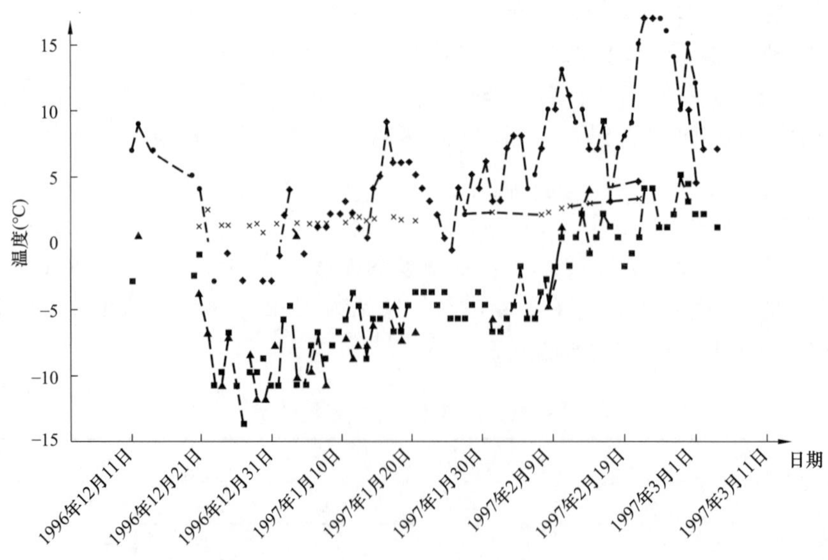

图22-3-25　十三陵抽水蓄能电站上水库1996～1997年冬季气温、水温变化曲线

—◆—最高温度；—■—最低温度；—▲—上水库气温；—×—上水库水温

(2) 冬季电站机组运行情况。上水库的水位变化情况直接反映电站机组的运行情况。1996 年冬季上水库水位变化曲线如图 22-3-26 所示。从图中可看出，电站多数观测日上水库水位变化基本为每天一个大循环，电站一般在夜间 0：00～8：00 抽水，18：00～23：00 发电，只在少数几天内电站中午增加了发电和抽水时段，但上水库的水位变化不大。

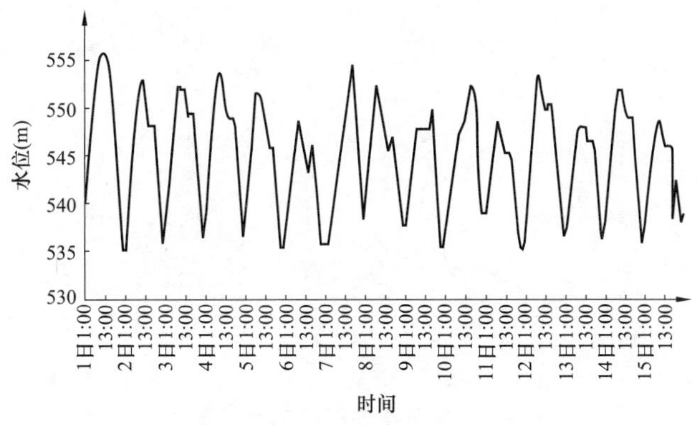

图 22-3-26　十三陵抽水蓄能电站上水库 1996 年冬季上水库水位变化曲线

(3) 电站冬季运行上水库冰情的几种形态。

1) 全库水面无冰。当上水库最低气温在－5℃以上时，全库水面不存在冰的任何形态。

2) 水中潜浮冰屑。当上水库最低气温下降到－7～－9℃时，库水面形成冰屑，分布不均匀，如图 22-3-27 所示。上水库受到抽水、发电往复水流的影响，水流紊动阻止了库面冰盖的形成，但在过冷和核晶的作用下产生冰屑，数量不多，随着午间气温的升高而消融。

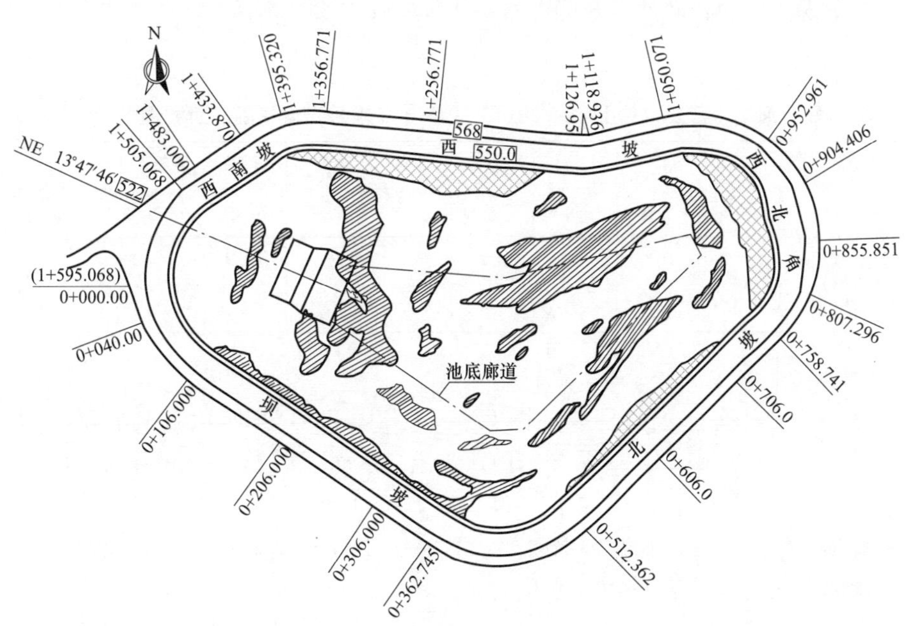

图 22-3-27　十三陵上水库冰屑分布图

▨—冰屑；▩—薄冰

(4) 十三陵抽水蓄能电站下水库是十三陵水库，1996～1997 年冬季库水位为 85～87.5m，相应库面面积约为 257 万 m^2。冰情观测期间，1996 年 12 月下旬，进/出水口水面温度为 0.1～0℃，1997 年 1 月水面温度为 0～2℃，2 月水面温度为 2.25～4.85℃。经实测，1996～1997 年冬季下水库进/出水口前形成不结冰区域面积约为 20.4 万 m^2，不结冰区域形状如图 22-3-28 所示，下水库其他范围水面全部封冻。这一观测成果说明：1996～1997 年冬季电站的运行状态和气温条件下，下水库进/出水口前存在不结冰的区域，在该区域以外仍然被冰盖覆盖，不结冰库面形状为顺流向展布的不规则形状。

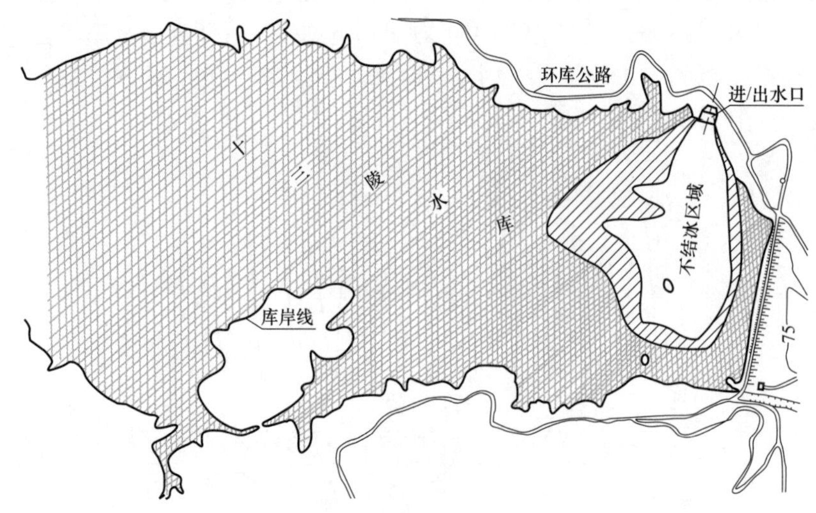

图 22-3-28 十三陵抽水蓄能电站下水库冰盖分布图

▨—薄冰区；▩—厚冰区

（三）蒲石河抽水蓄能电站上水库冬季运行冰情

蒲石河抽水蓄能电站上水库位于辽宁省宽甸县长甸镇，在沟口筑坝成库，正常蓄水位 392m，死水位 360m，调节库容为 1029 万 m^3。大坝为钢筋混凝土面板堆石坝，最大坝高 76.5m。最冷月（1 月）平均最低气温为－12.8℃，极端最低气温为－38.5℃；电站所在地区多年平均最大风速为 15.1m/s，风向为西北方向偏西（WNW）。为研究其冰情情况，对 2013～2014 年冬季、2014～2015 年冬季的上水库的冰情进行了详细观测。蒲石河抽水蓄能电站上水库 2014～2015 年冬季月平均气温、负积温情况见表 22-3-4。

表 22-3-4　　蒲石河抽水蓄能电站上水库 2014～2015 年冬季月平均气温、负积温情况　　单位:℃

时段	项目	10 月	11 月	12 月	1 月	2 月	3 月	4 月	负积温	备注
2014～2015 年冬季	平均气温	9.2	2.6	－9.8	－8.3		3.0	6.6	－485.2	观测时段：2014 年 10 月 24 日～2015 年 1 月 19 日，2015 年 3 月 12 日～4 月 20 日
	最高气温	18.3	16.7	0.6	0.8		14.6	17.8	－264.8	
	最低气温	－2.2	－11.7	－20.5	－17.8		－7.8	－5.2	－803.5	

1. 蒲石河抽水蓄能电站冬季上水库水温特征

2014～2015 年冬季上水库水温过程线如图 22-3-29 和图 22-3-30 所示。上水库进/出水口冰（水）下 20cm 水温最低－1.25℃（2014 年 12 月 22 日），水温自水面至水下 1～2m 升高明显，水下 1～2m 至库底水温逐渐升高；上水库进/出水口、坝前中间位置，2014 年 10 月 24 日～2015 年 2 月 2 日期间，水温自水面至库底均逐渐略有升高，水温自水面至水下 1～2m 变化明显；其余时间水温自水面至库底呈逐渐降低趋势，水温自水面至水下 1～2m 变化明显。

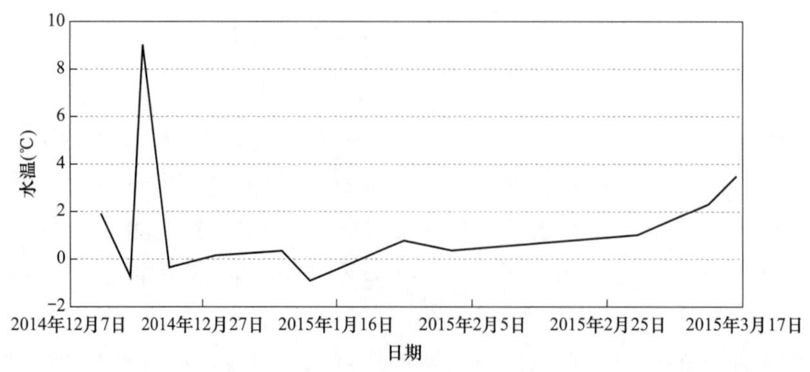

图 22-3-29 蒲石河抽水蓄能电站上水库进/出水口 2014～2015 年冬季水温过程曲线

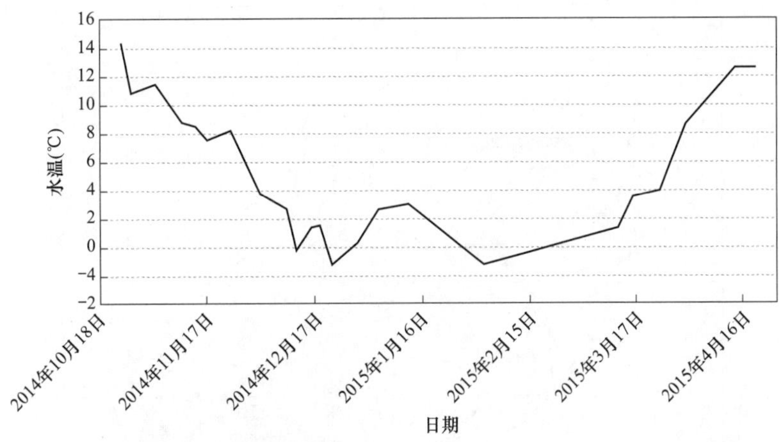

图 22-3-30 蒲石河抽水蓄能电站上水库坝前中间位置 2014～2015 年冬季水温过程曲线

2. 蒲石河抽水蓄能电站冬季机组运行情况

蒲石河抽水蓄能电站机组 2014～2015 年冬季运行情况见表 22-3-5，其中运行次数为抽水次数和发电次数之和，运行时间包括抽水时间和发电时间。

表 22-3-5　　蒲石河抽水蓄能电站机组 2014～2015 年冬季运行情况

日期	运行次数		运行时间（h）		备注
	月运行次数	日均运行次数	月运行时间	日均运行时间	
2014 年 11 月	344	11.86	1116	38.5	统计时段 11 月 2～30 日
2014 年 12 月	373	12.03	1446	46.6	
2015 年 1 月	298	9.61	1227	39.6	
2015 年 2 月	306	10.93	1277	45.6	
2015 年 3 月	166	9.22	751	41.7	3 月 1～18 日，其他时间机组调试
2015 年 4 月	75	6.25	233	19.4	4 月 20～30 日，其他时间机组调试

上水库 2014～2015 年冬季（2014 年 11 月 2 日～2015 年 4 月 30 日）实测水位过程线如图 22-3-31 所示，上水库最高水位 392.38m，最低水位 371.35m，上水库水位变幅 21.03m。

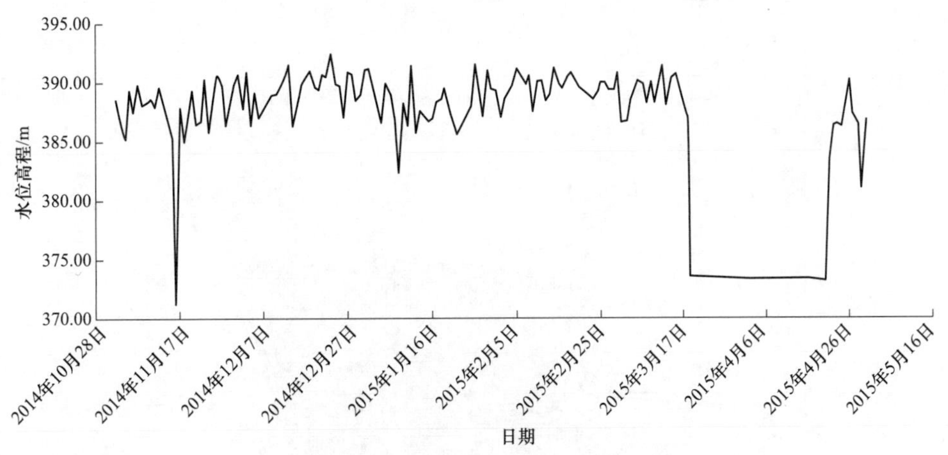

图 22-3-31 蒲石河上水库 2014～2015 年度冬季实测水位过程线

3. 蒲石河抽水蓄能电站冬季上水库冰情特征

上水库 2014～2015 年度冬季（2014 年 10 月 24 日～2015 年 4 月 20 日）在坝前、进/出水口西侧至库中心形成冰盖，目测冰盖厚约 18cm（2015 年 1 月 26 日），冰盖与大坝面板之间形成宽 2～20m 的冰水混合物变化带。2015 年 2 月 2～10 日，在进/出水口至库中心、进/出水口东侧为薄冰带，如图 22-3-32 所示；其他时间无结冰或冰水混合体，如图 22-3-33 所示。上水库结冰期为 2014 年 12 月 12 日～2015 年 2 月 10 日，融冰期为 2015 年 2 月 10 日～3 月 16 日。

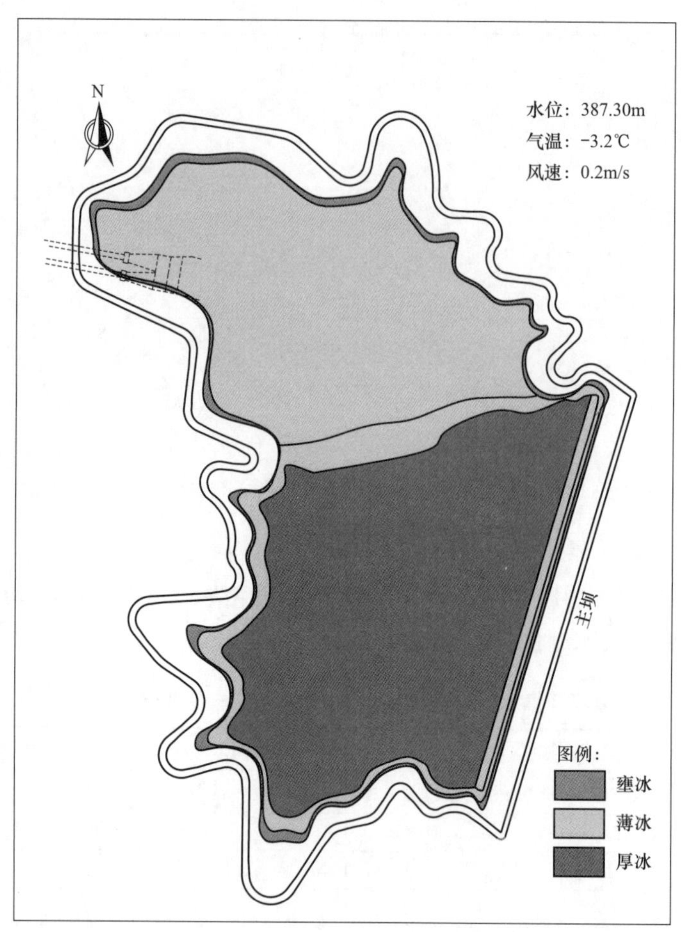

图 22-3-32 蒲石河抽水蓄能电站上水库 2014～2015 年度冬季典型冰情分布图（进/出水口前为薄冰区）

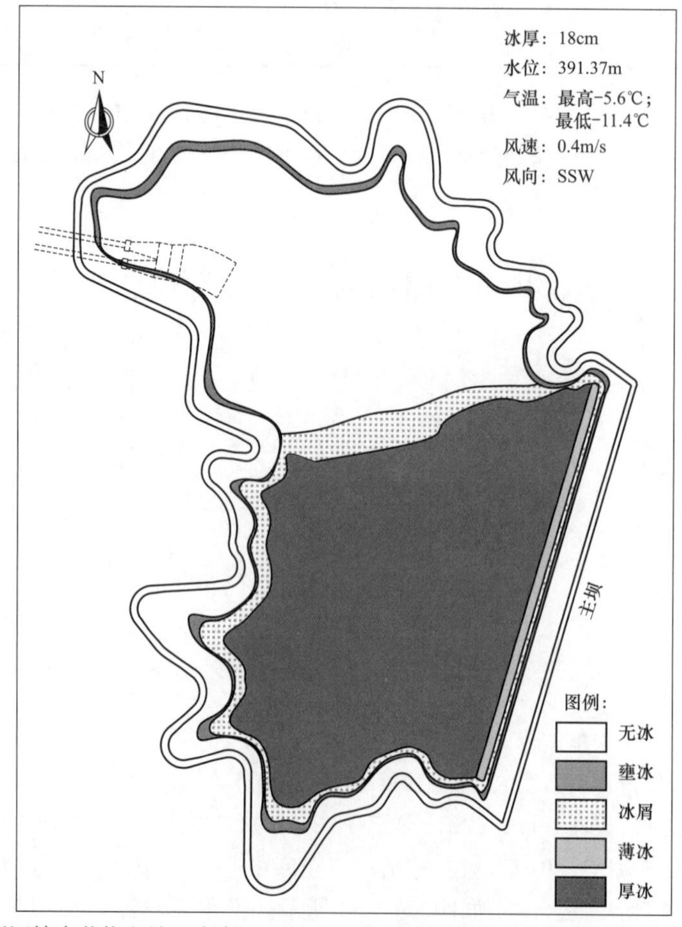

图 22-3-33 蒲石河抽水蓄能电站上水库 2014～2015 年度冬季典型冰情分布图（进/出水口前不结冰）

2015 年 1 月 29 日上午 10：00，气温－8.6℃，微风。坝前冰厚 20～30cm，库中心冰最厚，四周流冰、碎冰。流冰、碎冰带距大坝面板 10～15m，距干砌石护岸岸坡 25～30m，完整冰盖面积约占整个库面面积的 2/5。进/出水口一直延伸到丁坝区域几乎无冰。

4. 蒲石河抽水蓄能电站上水库冰冻对水工建筑物的影响

在 2013～2014 年度冬季和 2014～2015 年度冬季，电站机组运行正常，但发现冰冻对上水库岸坡的喷锚护坡和干砌石护坡有影响。位于右坝肩部位库内（背阴）的喷锚护坡，表面存在岸冰堆积，冰冻作用使喷锚护坡表面开裂，出现损坏现象，如图 22-3-34 所示。

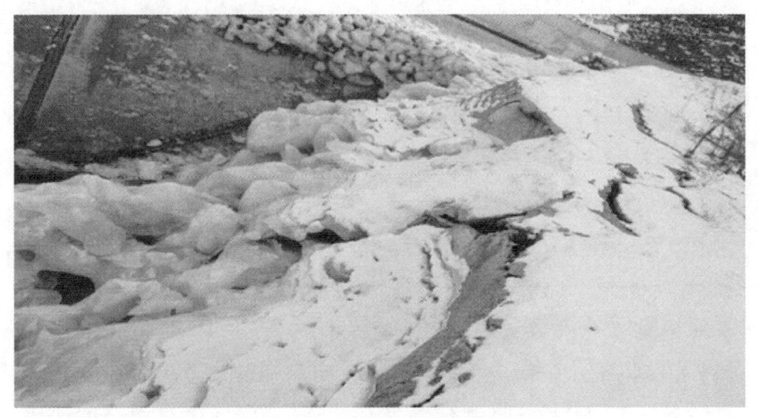

图 22-3-34 蒲石河抽水蓄能电站上水库冰冻对库岸喷锚护坡的影响

现场调查发现由于发电运行时水位下降较快，挤压破碎的大块浮冰留在两岸干砌石护坡上，并黏附在干砌石护坡的石块上，冰块滑落时将石块带入库内，对干砌石护坡造成破坏。护坡上堆积的浮冰较多且大小形状不同，最大冰块体积经测量为 2.25m^3。干砌石护坡下部岸冰开始融化时，上部岸冰成块状往库内滑落，同时随岸冰的冻融对护坡干砌石存在移位、隆起及脱落等现象，可见到护坡干砌石落入下部库内的情况，并多出现在位于背阴面的干砌石护岸，如图 22-3-35 所示。

图 22-3-35 蒲石河抽水蓄能电站上水库冰冻对干砌石护坡的影响

（四）呼和浩特抽水蓄能电站上水库冬季运行冰情

呼和浩特抽水蓄能电站上水库位于大青山主峰料木山的东北侧，通过开挖和填筑堆石坝方式围筑成库，正常蓄水位 1940m，死水位 1903m，调节库容 637.7 万 m^3，全库盆采用改性沥青混凝土面板防渗，防渗面积 24.48 万 m^2，上水库布置如图 8-3-5 所示。上水库最冷月（1 月）多年平均气温－15.7℃，多年平均最高气温－11.1℃，多年平均最低气温－21.0℃，极端最低气温为－41.8℃。上水库多年平均风速 3.3m/s，最大风速为 23.7m/s，风向为西（W）风。为研究其冰情情况，对 2013～2014 年冬季、2014～2015 年冬季和 2015～2016 年冬季的上水库的冰情进行了详细观测，冬季各月平均气温、负积温情况见表 22-3-6。在 2013～2014 年冬季，电站机组尚未投产运行，上水库处于初期蓄水阶段；2014～2015 年冬季，电站只有 1 号机和 2 号机共两台机组开始投产发电；2015～2016 年冬季，电站四台机组全部投产发电。

表 22-3-6　　呼和浩特抽水蓄能电站上水库冬季各月平均气温、负积温情况　　单位:℃

时段	项目	10月	11月	12月	1月	2月	3月	4月	负积温	备注
多年平均	平均气温	2.1	−6.8	−13.8	−15.7	−12.6	−5.9	2.3		
	最高气温	6.1	−5.7	−9.6	−11.1	−8.0	−1.4	7.3		
	最低气温	−2.8	−11.8	−19.7	−21.0	−18.3	−10.4	−1.5		
2013～2014年冬季	平均气温				−11.1		−1.0	7.1	−119.4	统计时段：2014年1月25～26日、3月4日～4月13日
	最高气温				−6.0		13.2	16.2	−63.9	
	最低气温				−13.7		−17.5	−0.8	−198.3	
2014～2015年冬季	平均气温		−5.8	−14.3	−11.0	−10.4	−3.4	3.3	−1391.7	统计时段：2014年11月7日～2015年4月23日
	最高气温		2.8	−4.2	2.2	4.2	13.7	22.1	−891.3	
	最低气温		−24.1	−26.0	−23.8	−24.3	−24.0	−13.1	−1998.4	
2015～2016年冬季	平均气温				−19.1	−13.3	−3.1	4.6	−691.6	统计时段：2016年1月24日～2016年4月26日
	最高气温				−11.7	2.2	13.2	16.9	−485.5	
	最低气温				−26.3	−25.8	−21.2	−7.5	−959.0	

1. 呼和浩特抽水蓄能电站上水库冬季水温特征

2013～2014 年冬季呼和浩特抽水蓄能电站上水库进/出水口冰（水）下 10cm 水温过程线如图 22-3-36 所示，2014 年 3 月 8 日～4 月 13 日水温监测结果为 0.8～7.4℃，自水面至库底水温变化不大。

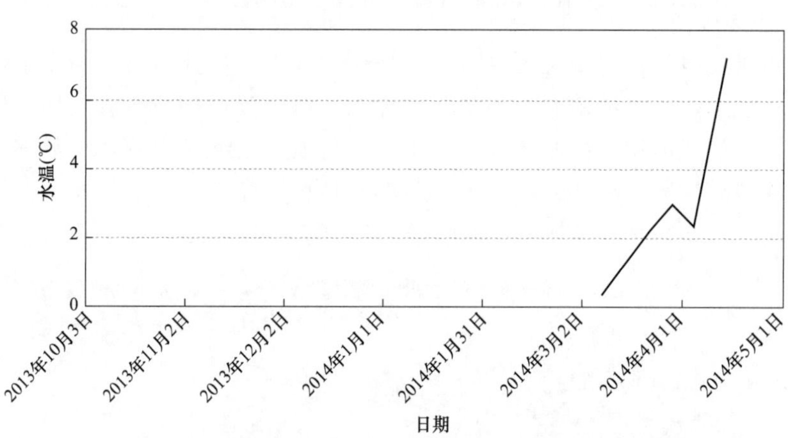

图 22-3-36　2013～2014 年冬季呼和浩特抽水蓄能电站上水库进/出水口冰（水）下 10cm 水温过程曲线

2014～2015 年冬季呼和浩特抽水蓄能电站上水库水温过程线如图 22-3-37～图 22-3-39 所示。上水库水表面温度最低为 0.74℃（2014 年 12 月 17 日），水温自水面至水下 1～2m 升高明显，水下 1～2m 至库底水温变化不明显。

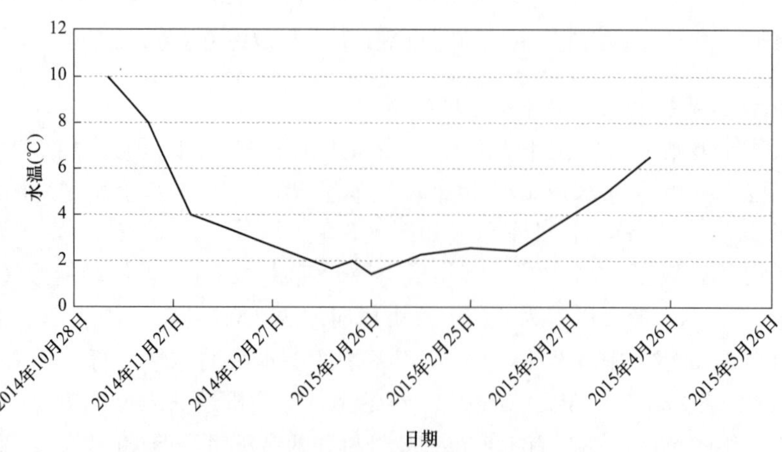

图 22-3-37　2014～2015 年冬季呼和浩特抽水蓄能电站上水库进/出水口冰（水）下 10cm 水温过程曲线

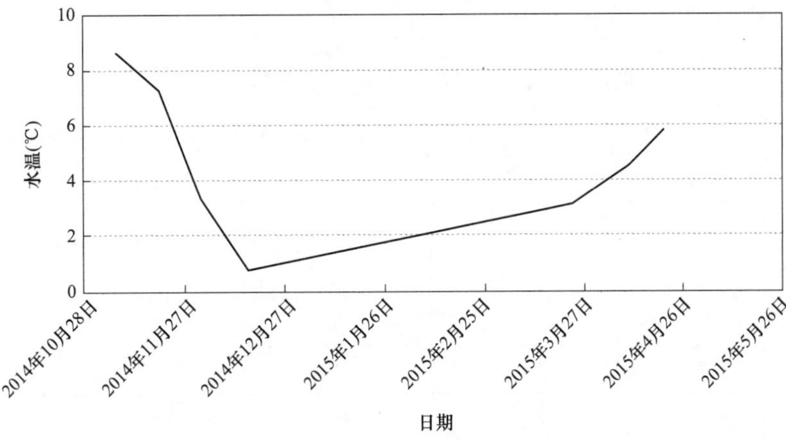

图 22-3-38 2014～2015 年冬季呼和浩特抽水蓄能电站上水库主坝中冰（水）下 10cm 水温过程曲线

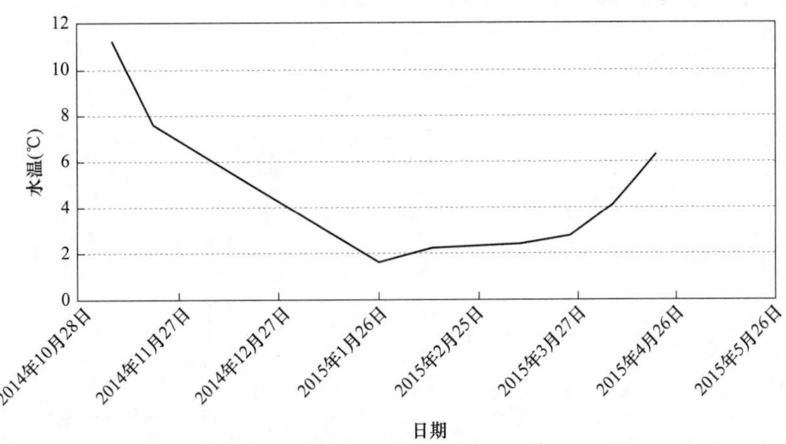

图 22-3-39 2014～2015 年冬季呼和浩特抽水蓄能电站上水库东侧库区冰（水）下 10cm 水温过程曲线

2015～2016 年冬季呼和浩特抽水蓄能电站上水库进/出水口位置冰（水）下 10cm 水温过程线如图 22-3-40 所示。上水库水表面温度最低为 0.06℃（2016 年 2 月 19 日），水温自水面至水下 1～2m 升高明显，水下 1～2m 至库底水温变化不明显。

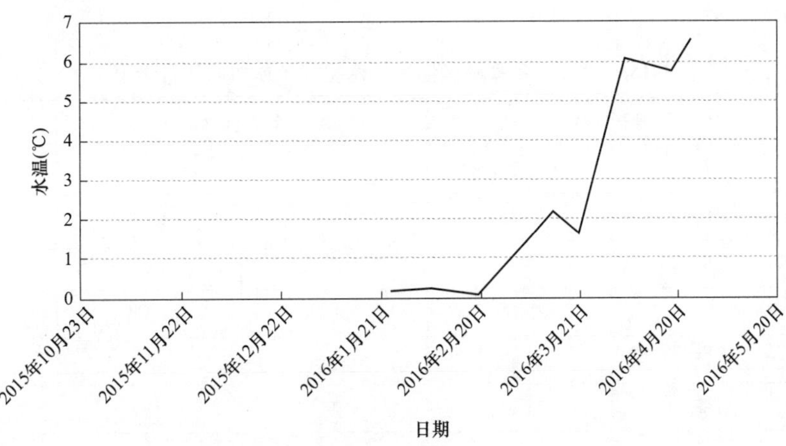

图 22-3-40 2015～2016 年冬季呼和浩特抽水蓄能电站上水库进/出水口冰（水）下 10cm 水温过程曲线

2. 呼和浩特抽水蓄能电站机组冬季运行情况

2013～2014 年冬季，上水库处于初期蓄水阶段，呼和浩特抽水蓄能电站机组尚未投产运行。2014～2015 年冬季，电站只有 1 号机和 2 号机共两台机组开始投产发电，机组运行情况见表 22-3-7，其中运行次数为抽水次数和发电次数之和，运行时间包括抽水时间和发电时间。2014～2015 年冬季，上水库实测水位过程线如图 22-3-41 所示，上水库最高水位 1931.02m，最低水位 1917.05m，上水库水位变幅 13.97m。

表 22-3-7　　呼和浩特抽水蓄能电站机组 2014～2015 年冬季运行情况

日期	运行次数		运行时间（h）		备注
	月运行次数	日均运行次数	月运行时间	日均运行时间	
2014 年 10 月	4	0.67	15	2.5	10 月 26～31 日
2014 年 11 月	14	0.47	27	0.9	
2014 年 12 月	19	0.61	60	1.9	
2015 年 1 月	32	1.03	147	4.7	
2015 年 2 月	69	2.46	357	12.7	
2015 年 3 月	69	2.23	291	9.4	
2015 年 4 月	30	1.07	148	5.3	4 月 1～28 日

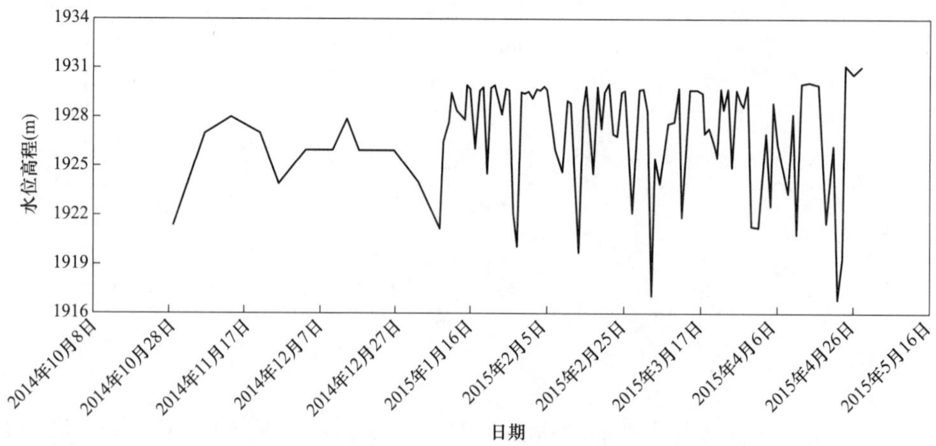

图 22-3-41　2014～2015 年冬季呼和浩特抽水蓄能电站上水库水位过程线

呼和浩特抽水蓄能电站 4 台机组于 2015 年 7 月全部投产发电，电站机组 2015～2016 年冬季运行情况见表 22-3-8。2015～2016 年冬季，上水库实测水位过程线如图 22-3-42 所示，最高水位 1937.15m，最低水位 1904.51m，水位变幅 32.64m。

表 22-3-8　　2015～2016 年冬季呼和浩特抽水蓄能电站机组运行情况

日期	运行次数		运行时间（h）		备注
	月运行次数	日均运行次数	月运行时间	日均运行时间	
2015 年 11 月	83	2.77	378	12.6	
2015 年 12 月	62	2.00	334	10.8	
2016 年 1 月	91	2.94	399	12.9	
2016 年 2 月	75	2.59	346	11.9	
2016 年 3 月	65	2.10	315	10.2	
2016 年 4 月	62	2.30	365	13.5	4 月 1～27 日

3. 呼和浩特抽水蓄能电站上水库冬季冰情特征

2013～2014 年冬季，呼和浩特抽水蓄能电站上水库处于初期蓄水阶段，机组尚未运行，上水库全库封冻，结冰形态为厚冰盖，库中心最大冰厚 80cm。上水库冰盖与面板之间出现宽 5～30cm 的冻水带，冰盖未与面板完全冻结。结冰期为 2013 年 11 月 11 日～2014 年 3 月 8 日，融冰期为 2014 年 3 月 8 日～4 月 13 日。2013～2014 年冬季呼和浩特抽水蓄能电站上水库典型冰情分布如图 22-3-43 所示。

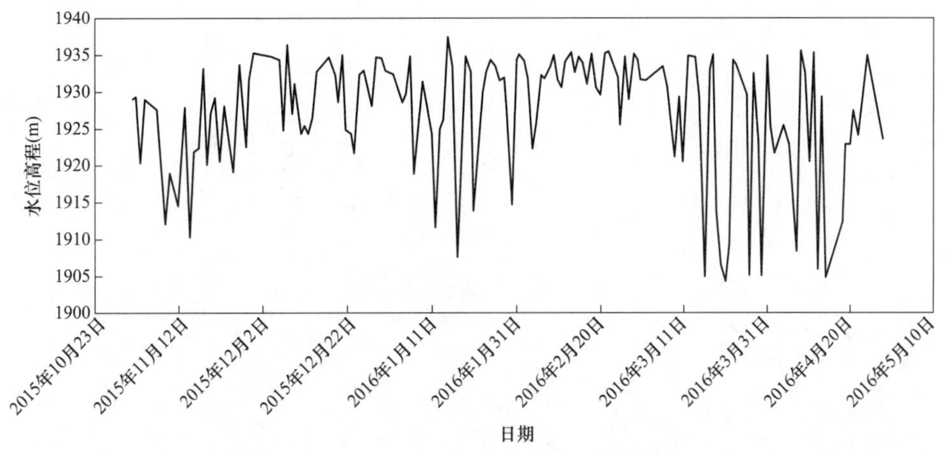

图 22-3-42　2015～2016 年冬季呼和浩特抽水蓄能电站上水库水位过程线

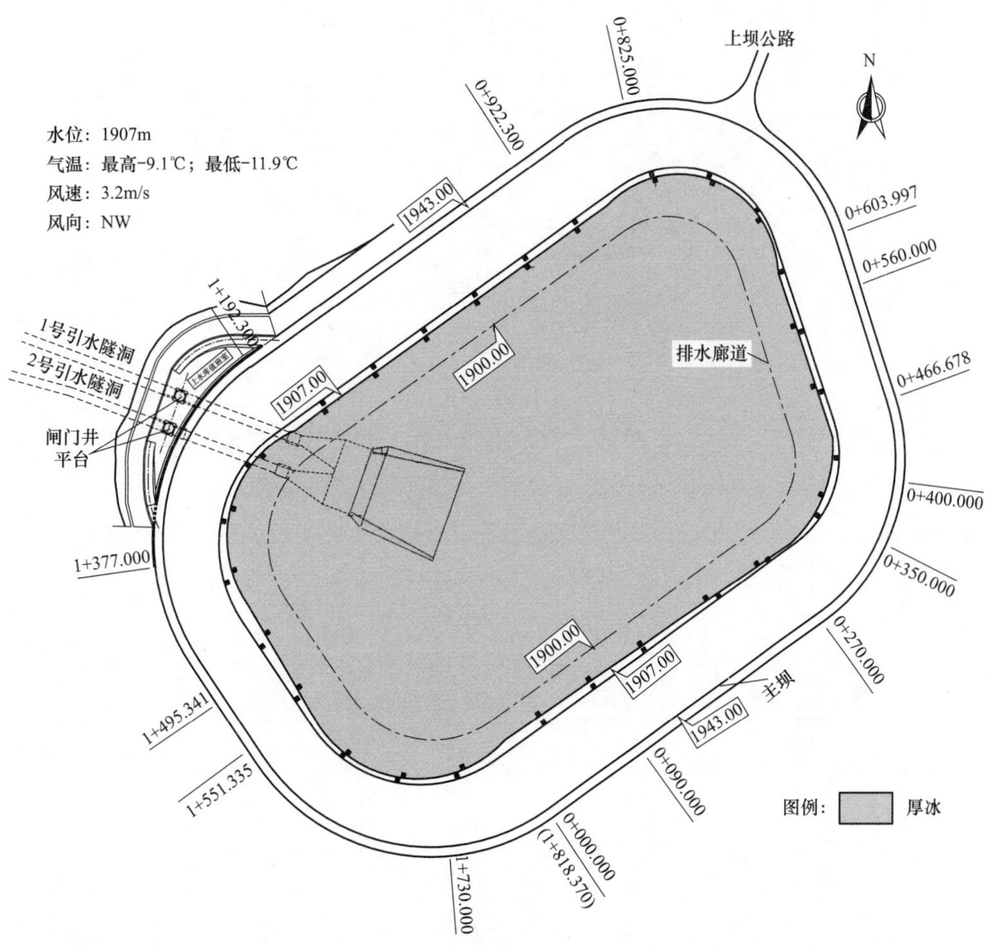

图 22-3-43　2013～2014 年冬季呼和浩特抽水蓄能电站上水库冰情分布图

2014～2015 年冬季（2014 年 11 月 6 日～2015 年 4 月 23 日），电站两台机组投入运行，上水库结冰形态为冰盖，目测冰盖厚度最大 26cm（2015 年 2 月 10 日）。进/出水口处的冰盖与面板之间形成宽 0.3～10m 的冰屑带、冰水混合物变化带和薄冰带；主坝坝前的冰盖与面板之间形成宽 0.2～3m 的碎冰带、冰水混合物变化带和薄冰带；库区东侧的冰盖与面板之间形成宽 0.3～5m 的冰屑断裂带、冰屑动水带、冰水混合物变化带和薄冰带。结冰期为 2014 年 12 月 17 日～2015 年 2 月 10 日，融冰期为 2015 年 2 月 10 日～3 月 24 日。2014～2015 年冬季呼和浩特抽水蓄能电站上水库典型冰情分布如图 22-3-44 所示，呼和浩特抽水蓄能电站上水库冰厚变化过程线如图 22-3-45 所示。

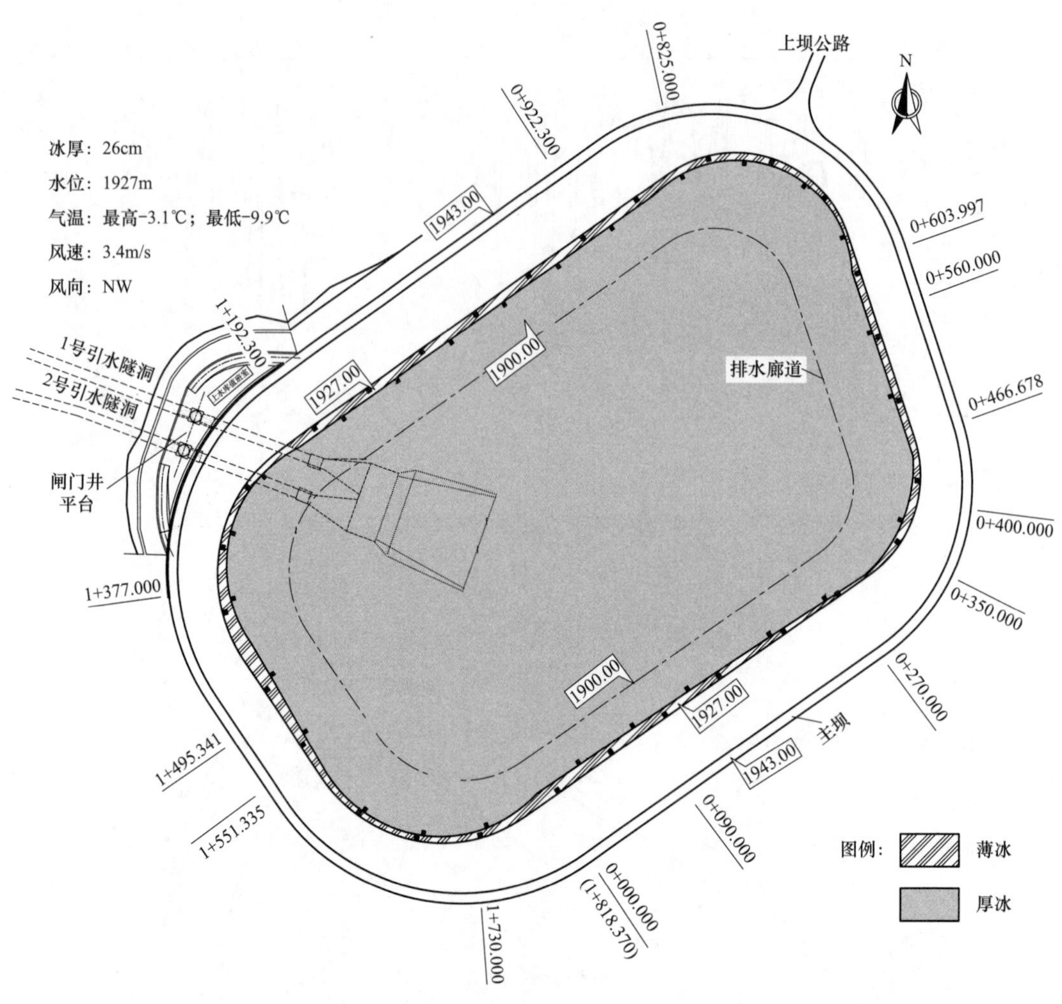

图 22-3-44 2014～2015 年冬季呼和浩特抽水蓄能电站上水库典型冰情分布图

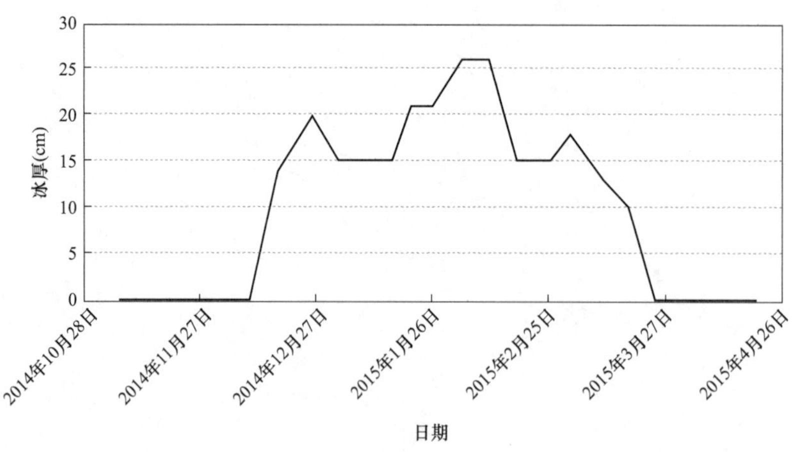

图 22-3-45 2014～2015 年冬季呼和浩特抽水蓄能电站上水库冰厚变化过程曲线

2015～2016 年冬季，电站四台机组全部投产运行，上水库结冰形态为冰盖，目测冰盖厚度最大 40cm（2016 年 2 月 19 日）。进/出水口处的冰盖与面板之间形成宽 3～10m 薄冰带，冰厚 3～11cm，局部 500～1000m^2 范围无冰；主坝坝前的冰盖与面板之间形成宽 2～8m 薄冰带，冰厚 8～15cm；库区东侧的冰盖与面板之间形成宽 1～3m 的薄冰带，冰厚 1～11cm，东南角岸边偶尔无冰。结冰期为 2015 年 12 月 2 日～2016 年 2 月 19 日，融冰期为 2016 年 2 月 19 日～3 月 28 日。2015～2016 年冬季呼和浩特抽水蓄能电站上水库典型冰情分布如图 22-3-46 和图 22-3-47 所示，呼和浩特抽水蓄能电站冰厚变化过程线如图 22-3-48 所示。

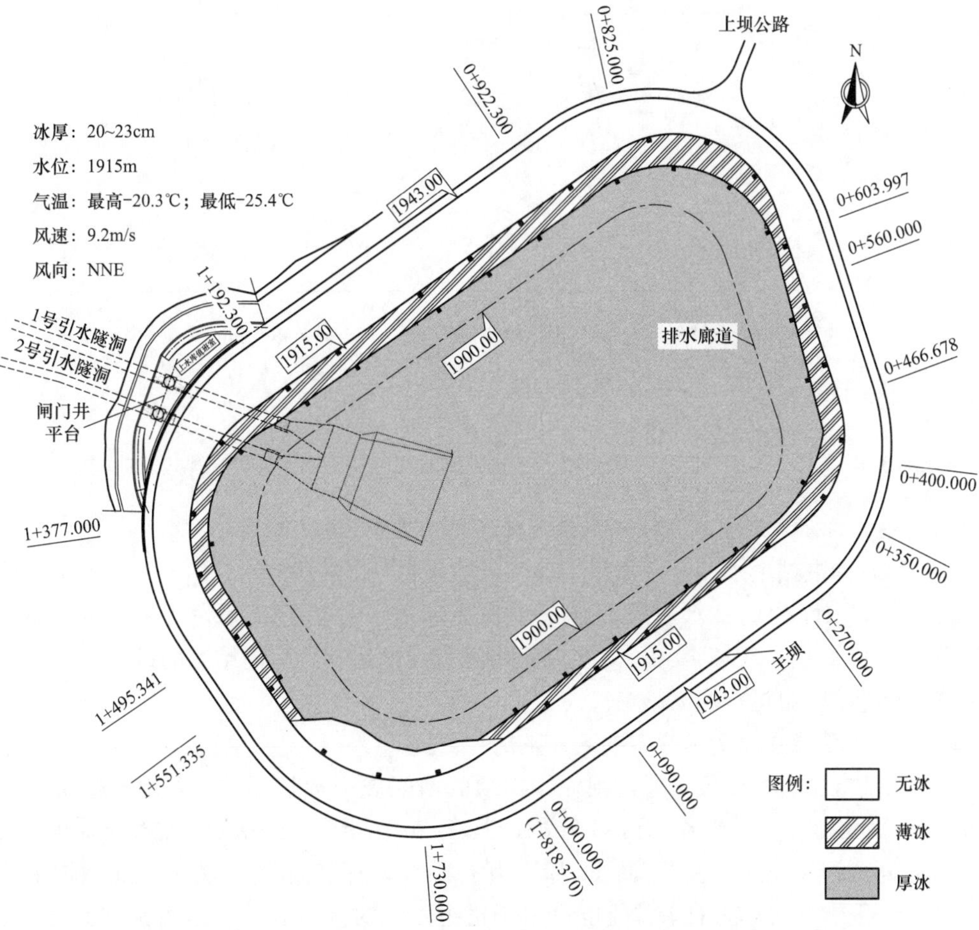

图 22-3-46　2015～2016 年冬季呼和浩特抽水蓄能电站上水库典型冰情分布图（一）

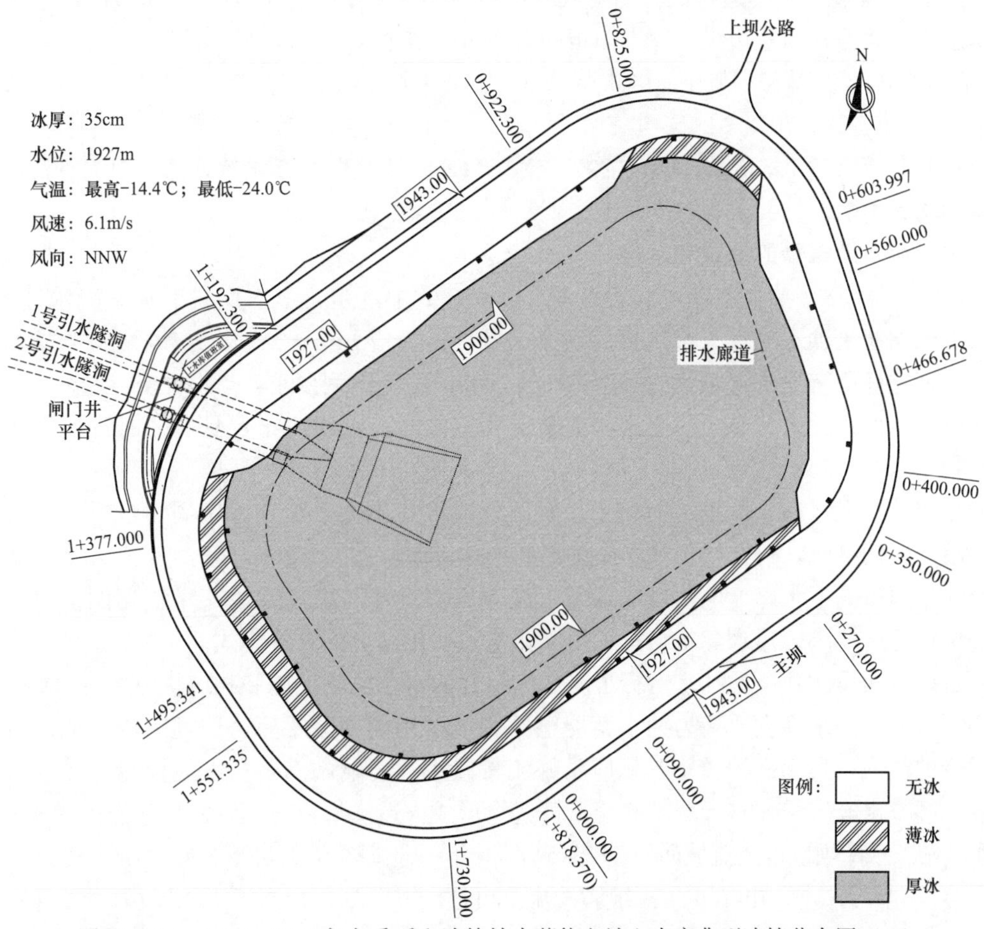

图 22-3-47　2015～2016 年冬季呼和浩特抽水蓄能电站上水库典型冰情分布图（二）

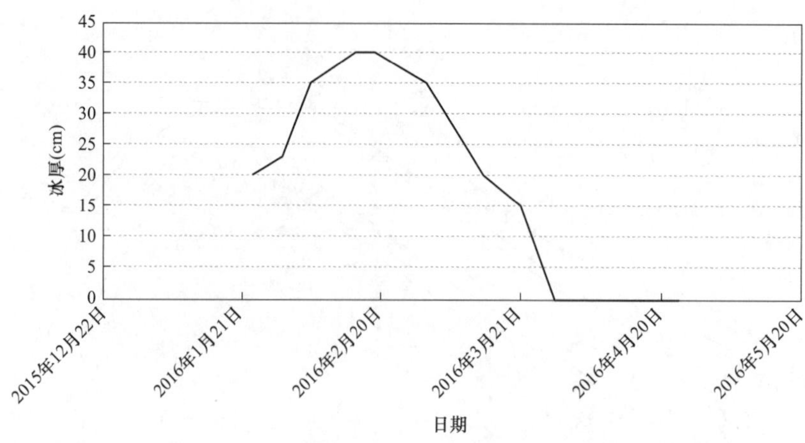

图 22-3-48 2015～2016 年冬季呼和浩特抽水蓄能电站上水库冰厚变化过程曲线

4. 呼和浩特抽水蓄能电站上水库冰冻对水工建筑物的影响

呼和浩特抽水蓄能电站上水库全库盆采用改性沥青混凝土面板防渗。2013～2014 年冬季，电站机组尚未投产运行，上水库初期蓄水后库面在冬季形成冰盖，过后检查未发现冰冻对面板造成影响。2014～2015 年冬季和 2015～2016 年冬季，电站机组正常发电运行，库内结冰的最大厚度变薄，冰冻对沥青混凝土面板和电站机组运行均无影响。

（五）西龙池抽水蓄能电站上水库冬季运行冰情

西龙池抽水蓄能电站上水库位于滹沱河左岸山顶的西闪虎沟沟脑部位，采用开挖筑坝成库，正常蓄水位 1492.5m，死水位 1467.0m，调节库容 413.15 万 m^3。上水库采用沥青混凝土面板全库防渗（其中库坡为改性沥青混凝土面板），总衬砌面积 21.57 万 m^2。上水库气候严寒，极端最低气温为－34.5℃。

2009～2010 年冬季，西龙池抽水蓄能电站由于机组停运时间较长，上水库形成较厚的完整冰盖。2012～2013 年冬季开展的冬季运行试验期间（2012 年 12 月 7 日～2013 年 3 月 31 日），上水库全面结冰，结冰状态为厚冰盖，冰盖边缘与库岸面板间有 0.1～2m 的冻水带，最大冰厚发生在 2013 年 1 月 26 日～2 月 6 日，目测冰盖厚 8～12cm。结冰期为 2013 年 11 月 25 日～2014 年 2 月 20 日，融冰期为 2013 年 2 月 20 日～3 月 7 日。2013～2014 年冬季、2014～2015 年冬季和 2015～2016 年冬季，西龙池抽水蓄能电站上水库有不超过 1.5cm 的薄冰（2013 年 12 月底）或全冬季不结冰，冰冻对沥青混凝土面板和电站机组运行均无影响。

三、下水库泄水建筑物的设置和运行

NB/T 10072—2018《抽水蓄能电站设计规范》6.3.2 中规定：上水库、下水库泄水建筑物布置，除应按常规水电站解决洪水对水工建筑物的安全问题外，尚应分析天然洪水与电站发电或抽水流量遭遇的影响，合理选择所需泄水建筑物的类型和布置。并应符合下列要求：

（1）水库集水面积较大，暴雨形成洪峰流量需要宣洪时，水库应布置具有及时排泄天然洪水能力的泄水建筑物。

（2）人工挖填形成水库，如集水面积小，暴雨形成洪量不大，可在库岸周边设置截排洪系统；对在库面内降雨形成的洪量，可在坝顶和库岸的超高中加以解决。

（3）对建于河道的下水库，电站发电运行工况下天然洪水与电站发电流量遭遇的情况，应考虑调度灵活和安全运行的要求，泄水建筑物宜采用深孔与表孔相结合的布置方式。

（4）上水库应布设防止电站抽水运行工况水库超蓄的水位监测设施和相应机电控制措施。

这里的上水库、下水库主要指为抽水蓄能电站调节所用的专用水库，这类水库一般库容较小，不具备削减洪峰的能力；集雨面积较小，相应洪峰流量较小，而电站满负荷发电流量却较大，可能接近甚至大于设计频率洪峰流量，与天然洪峰流量遭遇将形成人造洪峰，对下游村镇和农田形成威胁。天荒坪抽水蓄能电站下水库坝址以上流域面积 24.2km^2，50 年一遇洪峰流量 440m^3/s，24h 洪量为 1560 万 m^3。而下水库库容仅 860 万 m^3，电站 6 台机组满发流量可达 405m^3/s，相当于下水库坝址 50 年一遇洪峰流量。下水库泄洪设施为开敞式溢洪道及直径 1m 的供水放空洞，后者最大泄水量仅 12.79m^3/s，开敞式溢洪道又无法控制下泄流量，电站发电流量和天然洪峰流量将会叠加。本着发电不加重下游防洪负担的原则，制定了电站在洪水期的运行方式：

（1）水库水位低于堰顶高程时，利用供水放空洞宣泄洪水，机组正常发电。

（2）水库水位在堰顶高程与防洪高水位之间时，根据库水位分级控制发电流量。

（3）水库水位超过防洪高水位时，电站停止发电。

在设计建设类似下水库时，应兼顾以下两个方面：①应本着发电不加重下游防洪负担的原则，确保水库下泄流量不大于同频率天然洪水洪峰流量；②在满足防洪需要的前提下应尽量减少对发电的影响，尽可能提高机组利用率。因此，在泄洪建筑物布置时，通常采取深孔与表孔相结合的布置方式。深孔通常采用底孔（或泄洪放空洞），具有较强的泄控能力，可根据天然来水情况，在水库低水位时也能及时泄放掉入库洪水，尽量减少入库洪水占用电站正常发电的调节库容，避免发电水量与天然洪水叠加形成人造洪水；表孔通常采用表孔溢流坝（或溢洪道），具有较强的超泄能力，满足工程防洪安全的泄洪需求。

桐柏抽水蓄能电站下水库坝址以上流域面积 21.4km^2，200 年一遇设计洪峰流量 361m^3/s，1000 年一遇校核洪峰流量 496m^3/s。电站 4 台机组满发流量可达 572m^3/s，大于下水库坝址千年一遇洪峰流量。而下水库下游河道安全泄量仅 50m^3/s。为兼顾防洪与发电的要求，下水库泄洪设施采用 2 孔宽 13m 坝身开敞式溢洪道及 2m×3m 导流泄放洞，后者最大下泄流量为 179m^3/s，可单独宣泄 20 年一遇以下的洪水。溢洪道及导流泄放洞联合泄洪可保证 50 年一遇以下的洪水不会影响机组发电。

黑麋峰抽水蓄能电站下水库坝址以上流域面积 11.2km^2，200 年一遇设计洪峰流量 93.5m^3/s，1000 年一遇校核洪峰流量 113m^3/s。电站 4 台机组满发流量可达 472m^3/s，远大于下水库坝址千年一遇洪峰流量。下水库泄洪采用 3.8m×4m 的泄洪洞，可下泄流量 130m^3/s，即可宣泄千年一遇校核洪水。使泄洪与机组发电基本上互不影响。

综上所述，当抽水蓄能电站下水库库容较小，不具备洪水调蓄能力，为保证水库下泄流量不大于同频率天然洪水洪峰流量，又尽量减少泄洪对发电的影响，在抽水蓄能电站下水库泄洪建筑物布置时需注意：①查明水库下游河道的防洪标准，确定下水库的安全下泄流量；②为及时宣泄洪水，减少对电站正常发电造成影响，设置低高程的泄洪洞（或底孔）是必要的；③为安全起见，通常设置溢洪道与泄洪洞联合泄洪是适宜的；④下泄流量在洪峰前不应大于相应频率天然洪水来流量，洪峰过后，下泄最大流量不应超过洪峰流量，尽可能使下泄洪水形态保持和天然洪水一致；⑤泄水建筑物的规模应满足在各种可能的上水库与下水库水位组合条件下发电过程与一定频率天然洪水遭遇时，保证相应发电调节库容的能力。

四、混凝土衬砌高压隧洞渗漏

我国借鉴国外混凝土高压隧洞建设经验，分别于 1993、1998、1999 年建成投运广州一期、天荒坪、广州二期抽水蓄能电站混凝土高压隧洞和混凝土高压岔管，最大设计水头达 700～800m 级，HD 值（设计水头与管径的乘积）均接近 6000m·m，属巨型高压混凝土衬砌隧洞。解决了制约工程建设的关键问题，设计理论方法也突破了传统理念，在充分利用和发挥围岩承载能力方面取得了成功经验。运行中主要出现的问题集中在以下两个方面：①高压内水造成围岩水力劈裂；②在高内水作用下，钢筋混凝土衬砌开裂，内水外渗，导致衬砌外水压力值明显增加。

（一）广州抽水蓄能电站二期工程高压岔管渗漏

广州抽水蓄能电站二期工程于 1998 年 8 月 26 日开始做高压隧洞充排水试验，充水时，在高压岔管上方 30m 处的地质探洞南支洞 0＋125m 桩号和东支洞 0＋66m 桩号的洞壁上出现喷射渗水，压力很高，部分射水已汽化带有声响，渗水点不断增加，该洞系统的总渗漏量达到 31.78L/s。及时排空水道进行检查，发现洞内出现两处围岩劈裂，劈裂处围岩完整到肉眼见不到裂隙，显然是岩体内部隐蔽节理在水力劈裂下扩张所致。后进行化学灌浆处理，渗漏量稳定在 2.5L/s 左右。核算其岔管与地质探洞之间的最大水力劈裂梯度为 20 左右。

（二）天荒坪抽水蓄能电站 2 号混凝土衬砌高压隧洞渗漏

天荒坪抽水蓄能电站 1、2 号混凝土衬砌高压隧洞分别于 1997 年 11 月 10 日～12 月 7 日和 1999 年 1 月 21 日～3 月 10 日进行充排水试验后相继投运。其中 1 号高压隧洞系统运行正常，2 号高压隧洞发生3次集中渗水，均进行了放空处理。天荒坪抽水蓄能电站高压隧洞管道布置如图22-3-49所示。

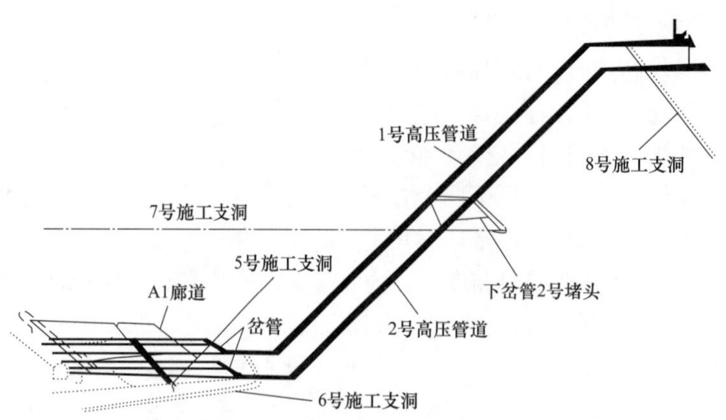

图22-3-49　天荒坪抽水蓄能电站高压隧洞管道布置图

1. 主厂房顶A1廊道排水孔突发涌水

2000年1月4日（库水位895m），A1排水廊道内2、4、7、8、10号排水孔突发涌水，其中4号排水孔涌水量最大，测得涌水水柱离孔口50～60cm高，附近几个排水孔也产生溢流且水量增大，邻近的测压孔Up5最大读数达6.2MPa，与库水位接近，说明与水道中的水相连通。分析认为：①根据廊道出水情况结合地质分析，廊道出水和出现高压的测压管主要集中在2号岔管的4、5、6号支管附近，这显然和2号岔管区域围岩裂隙相对较发育有关；②A1廊道和岔管高程仅相距35m，而排水孔更钻至钢管高程以下，排水孔和测压孔在平面上与岔管的距离较近，而裂隙又相对较发育，因此存在着裂隙直接连通的可能；③在A1廊道涌水后，分别在2、7、10、8、4号排水孔中进行孔内彩色电视观测，其中前3个孔是在水道充水时进行的，后2个孔是在岔管放空后立即进行的。观测结果反映，钻孔中裂隙发生不同程度的张开，而在岔管开挖中观察裂隙绝大部分是闭合的，这表明在高压水作用下，闭合的裂隙产生了重张。当这些重张的裂隙和近距离的排水孔和测压孔相交时，即引起排水孔渗水量增加，测压孔压力升高。总之，A1廊道出现部分排水孔涌水和测压管压力升高，与该部位的裂隙较发育及在高压水通过一定时间作用下裂隙产生一定的重张有关。涌水的处理措施为：放空水道，对A1廊道位于2号水道的涌水排水孔和压力高的渗压孔进行灌浆回填及有针对性地补充固结灌浆，并对无衬砌的A1廊道增加钢筋混凝土衬砌。

2. 斜管中部7号施工支洞下岔洞内2号斜井堵头顶部突发漏水

2002年5月27日，巡检人员发现7号施工支洞下岔洞内2号斜井堵头顶部涌水，涌水集中，呈喷射状，压力较高，流量为1～2L/s。分析后认为，涌水原因为斜井内的高压水通过该部位与斜井相交的f_{810}断层击穿堵头薄弱部位形成涌水通道，2号堵头长度15m，与承受的水头之比约1∶20。f_{810}断层规模不大，在斜井施工时对断层做过补强灌浆处理，但效果不是十分理想，下岔堵头在斜井充排水试验时漏水就比较严重，曾采取了增加衬砌和固结灌浆，但问题一直没得到较好的解决。2002年11月放空斜井处理本次涌水，措施为：将2号堵头延长6m，并针对f_{810}断层对该区域进行补充固结灌浆。集中涌水点虽然已经封堵住，但下岔总渗水量没有明显减少，效果不太理想。

3. 6号施工支洞涌水

2004年7月29日电厂人员发现5、6号施工支洞已被涌水充满，总计涌水量已达1.6万m^3左右，推算涌水流量400m^3/h。经放空斜井排空5、6号施工支洞内的积水后检查发现，是2号水道下平洞，6号支洞附近一灌浆孔被高压水击穿并与6号支洞永久排水管连通而导致涌水。放空水道检查还发现水道内6号堵头端面钢筋混凝土衬体开裂错台，围岩中的地下水源源不断地流出，凿开后发现裂缝已经贯穿且钢筋严重锈蚀。处理措施为：对5、6号支洞永久排水管进行回填封堵。对混凝土衬砌缺陷用环氧混凝土修补约28m^2，对堵头迎水面接缝进行灌浆，背水面实心堵头延长12m。空心堵头和混凝土衬砌也延长，并进行系统固结补强灌浆。在补强灌浆施工中发现少数孔灌浆耗灰量特别大，达到400～500kg/m，平均单耗大于施工期。怀疑高压渗水可能对围岩存在溶蚀危害，甚至可能在裂隙发育的区域产生了蠕变。6号堵头原设计长度按水头1/20控制，充水试验后因渗水严重，做了延长，并补充灌浆但渗水仍然未得到遏制。本次处理又延长 12m，现已达到 54m，与水头之比达到 1∶12，此外还将堵头外的混凝土衬砌延长。

根据上述高压隧洞的运行经验：当分析确定高压隧洞与其附近洞室，包括排水孔、渗压观测孔、支洞堵头段等各种孔洞之间的最小间距时，应切实掌握其间围岩的断裂构造产状（包括可能存在的隐裂隙）及充填物的物理力学特性、抗渗能力等，以确定允许的水力劈裂梯度，防止水力击穿造成集中渗流。广州抽水蓄能电站一期高压岔管与上部排水洞之间距离 98m，核算最大水力梯度 5.22，实践证明，抗渗是安全的。广州抽水蓄能电站二期高压岔管与上部排水洞之间距离 35m 核算最大水力梯度 16.43，初次充水后，排水洞出现喷射渗水。天荒坪抽水蓄能电站对施工支洞堵头加固的经验，认为水头与堵头长度之比应控制在 10～15 之间。从目前工程实践看，通常情况下控制最大水力梯度不大于 10 可能是较适宜的。

（三）惠州抽水蓄能电站混凝土衬砌高压隧洞渗漏

惠州抽水蓄能电站 A 厂输水系统于 2008 年 4 月底全部完工，2008 年 5 月下旬，A 厂输水系统进行首次充水试验，目的是对输水系统及厂房系统进行检验以及考核与输水系统相连的相关管路，以便发现缺陷及早处理。

A 厂上游输水系统于 2008 年 5 月 31 日 21 时开始充水，6 月 2 日 14 时发现地勘观测孔 ZK2008 水位与输水系统水位同步上升，6 月 12 日 2 时，勘探洞内 f_{304} 断层大量涌水，1 号灌浆廊道内 f_{59} 断层出露段大量喷水，6 月 13 日 19 时充至上水库水位 751m 高程；6 月 15 日 6 时～6 月 22 日 14 时关闭上水库充水阀，输水系统自然渗漏，水位下降至 600m 高程；随后打开上水库充水阀，对 600m 高程以上输水系统充水，6 月 24 日 19：30 充至上水库水位 752m 高程。实测探洞总渗漏量为 781.5m^3/h，输水系统最大渗漏量为 811.4m^3/h。

7 月 10 日 22：30 A 厂上游输水系统开始排水，7 月 18 日全部放空。在排水过程中，在第一时间进入隧洞内进行检查，并且还专门配置专用器具和人员对中、下斜井进行了检查。检查发现主要（集中）渗漏部位为：①下平洞 AY2＋800～850 段，放空后发现该段隧洞顶拱混凝土出现大量漏水和顺流向密集裂缝；②高压岔管 1～4 号段顶拱和底拱出现裂缝和渗漏、涌水。渗漏涌水量尤以 4 号岔口段为大，裂缝则以 3～4 号岔口和 2～3 号岔口之间顶拱最为密集。

特别值得注意的是，同处水头最大的下平洞地质条件最差的 f_{65} 断层所处的桩号 AY2＋751～771 段，由于施工中采取了加深、加密灌浆措施（水泥灌浆孔深 9m，化学灌浆孔深 8m，每排 20 个孔，排距 2m）则安然无恙。惠州抽水蓄能电站 A 厂输水系统示意图如图 22-3-50 所示。

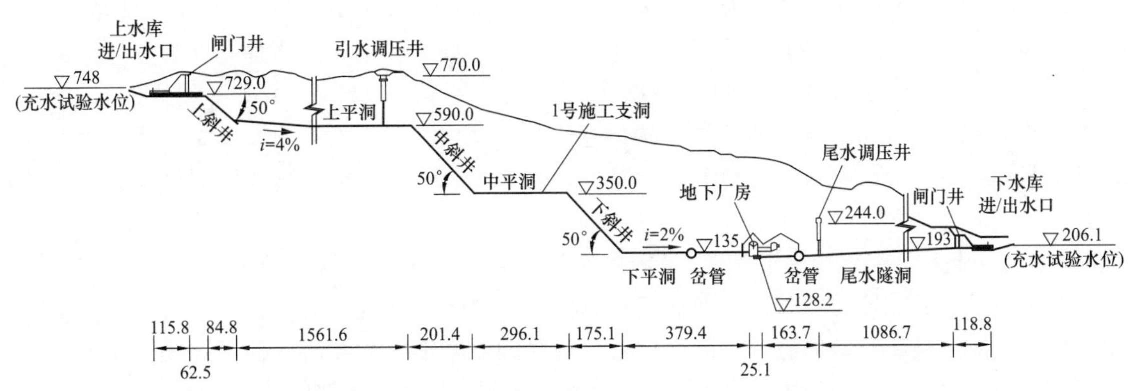

图 22-3-50　惠州抽水蓄能电站 A 厂输水系统示意图

根据放空检查情况并对照上游水道开挖后揭露的地质素描资料发现，主要（集中）渗漏出现在水头最高的下平洞到高压岔管不到 200m 长的洞段内，而这也正是有多条张扭性断层通过的区域。经分析研究后认定，A 厂上游水道尽管在充水试验中渗水量较大，但水道系统结构仍然是安全稳定的，造成渗漏量较大的主要原因是：①水文地质条件极为复杂，地下围岩场区张性断裂较发育，透水性较好；②以 NE 向 f_{304} 断层为导水主动脉，与高压水道场区最发育的 NW、NNW 向断层（f_{36}、f_{43}、f_{59}、f_{65}、f_{1193} 等）构成透水性较强的网络条带，导致高压内水外渗量较大；③对强透水性的张扭性复杂地质构造区高压水道的防渗处理措施的认识不足。

通常在这种具有强透水性、张扭性地质构造区的高压水道往往采用钢衬，惠州抽水蓄能电站高压管道采用钢筋混凝土衬砌，按透水衬砌理念设计。这种强透水性、张扭性地质构造区高压水道的防渗处理是该工程的难题，极具挑战性。经参建各方对工程处理措施的重新认识，结合下平洞 f_{65} 断层洞段灌浆处理的成功经验以及专家咨询意见，水道渗漏处理决定采取以下综合处理措施：

（1）洞内处理措施：①调整灌浆参数，对主要（集中）渗漏部位和断层部位进行系统化学灌浆，通过加深、加密固结灌浆，加大水道固结圈，提高水道固结圈抗渗稳定能力；②针对下平洞及高岔周边围岩张性断裂较发育、透水性好的特点，对断层和节理进行深孔水泥灌浆，对断层、断层破碎带和节理密集带等特殊部位的水道固结圈外较大的集中渗漏通道进行灌浆封堵，以提高这些特殊部位水道固结圈的抗渗能力，减小水力梯度；③对 f_{43}、f_{59} 等断层局部增加锚杆以提高周边围岩的整体性。

（2）洞外处理措施：①对高压水道区内的导水主动脉 f_{304} 断层进行水泥灌浆封堵；②对高压水道区内的地勘探洞和 1 号灌浆廊道内 f_{59} 等断层出露段进行混凝土回填和水泥灌浆封堵；③重新对 ZK2008 地勘观测孔进行分段扫孔灌浆封堵。

五、压力管道渐变段钢板衬砌抗外压稳定

压力管道钢衬圆变方渐变段是由钢板组焊成的一种板壳组合结构，受力条件复杂，结构的抗外压能力弱，当外水压力较大或者施工控制不当时，容易引发屈曲破坏。广州、仙游、沂蒙、丰宁抽水蓄能电站都发生过钢衬渐变段失稳的问题。钢衬一旦发生鼓包，修复就很困难，修复工期也较长。因此，在方案设计、技术交底和施工过程中均应引起足够的重视。

（一）广州抽水蓄能电站一期工程尾水支管钢衬渐变段

广州抽水蓄能电站一期工程尾水系统长 1576.8m，由 4 条支管和尾水隧洞组成，最大静水头 90m，尾水支管钢衬部分采用 14mm 厚的 16Mn 钢板内衬和 40cm 钢筋混凝土衬砌。1992 年 11 月 30 日尾水隧洞开始充水，在充水后的第二天进入尾闸室上游侧尾支钢管检查时，发现 4 条支管钢衬段都发生了不同程度的失稳变形。

尾水系统试充水初期，当水位至 208.00m 时，尾水油压闸门室底板混凝土（206.5m 高程）及施工缝开始出现漏水，并随充水水位上升继续加剧。当充水水位平下水库水位 271.00m 后，进入尾水支管检查，发现 4 条尾水支管闸门槽上游侧渐变段皆出现不同程度的失稳压屈变形鼓包，变形情况是 4 条方圆渐变段钢衬两侧腰部鼓包变形，1、4 号支管渐变段钢衬底部出现鼓包，顶部则均未出现鼓包，鼓包变形部分发展延伸影响圆管段 5～11m 范围。

分析原因主要为以下两方面：①从结构力学和稳定条件初步分析，方变圆渐变段仅能承受 0.05MPa 均布外水压力；要满足抗外压稳定要求，应对渐变段钢衬采取纵横加劲肋板予以加强。②混凝土回填振捣不密实，形成较多的空腔成为渗水通道，仅在 208m 水位时就出现漏水现象，同时尾闸下游一段尾水支管采用 18mm 普通钢板内衬，为防止失稳，在钢衬上开设排水孔，结果是适得其反，尾水洞内水从排水孔进入，沿钢衬与混凝土接触缝隙和混凝土缺陷穿过尾闸槽外侧回填混凝土的缺陷和空洞，至尾闸上游直接作用到上游钢衬渐变段的外部，形成外压。实测结果证明，外压水头是和下水库水位连通的，但受到尾闸底板混凝土质量缺陷影响和排泄条件控制，外压水头消减为 0.08～0.1MPa。

失稳部分的修复：①割除 4 条尾水支管钢衬失稳变形部分的钢板，同时将尾水支管底板空洞部分用混凝土浇筑封堵；②将割除失稳变形部分钢板后的衬砌混凝土面全部凿毛处理；③将变形钢板的割除部位用同厚度的新钢板补焊回去，并在新、旧钢板周边焊缝处加焊压缝钢板。

失稳部分的改造：①对 4 条尾水支管的钢衬内进行环向加固，下游侧加固至方变圆后第一节圆管段，上游侧加固至变形部位向后延伸一节圆管处（圆管段每节约 4m 长），环向加劲板两边采用贴角连续焊缝，内加劲板中心间距 750mm；②在加劲板上打锚杆孔，并安装砂浆锚杆，加劲板上的锚杆与加劲板焊接为一体；③修复、加固后的尾支钢衬与混凝土衬砌体之间的缝隙采用砂浆或浓水泥浆回填；④4 条尾水支管的上、下游钢衬段各设 2 条环向排水管引至尾闸室两侧的排水沟内，并在排水引出管出口处安装闸阀和压力表。

（二）仙游抽水蓄能电站尾水支管钢衬渐变段

仙游抽水蓄能电站尾水隧洞为一管两机布置，2020 年 3 月 20 日，仙游公司结合 4 号机组 B 修检查发现4号机组尾水支管方变圆过渡段两侧和底部均出现不同程度的鼓包。面向下游右侧，方变圆起始位置，有一大面积鼓包，约 $20m^2$；面向下游左侧，距闸门4.4m、高3m处有一鼓包点，直径约1m；底部距闸门3m处，有明显的鼓起，长2m，宽3.5m。鼓包位置如图22-3-51所示。钢衬鼓包处钢板厚度24mm，材质为Q345R，支管圆段直径4.8m，支管方段高4.8m、宽3.8m。对4号机尾水支管钢衬两侧鼓包处各打一个 $\phi 6.7$ 的泄压孔进行检查，左侧轻微鼓包处有少量水渗出，右侧大面积鼓包处泄压孔有水柱喷出，水压约3.5bar。

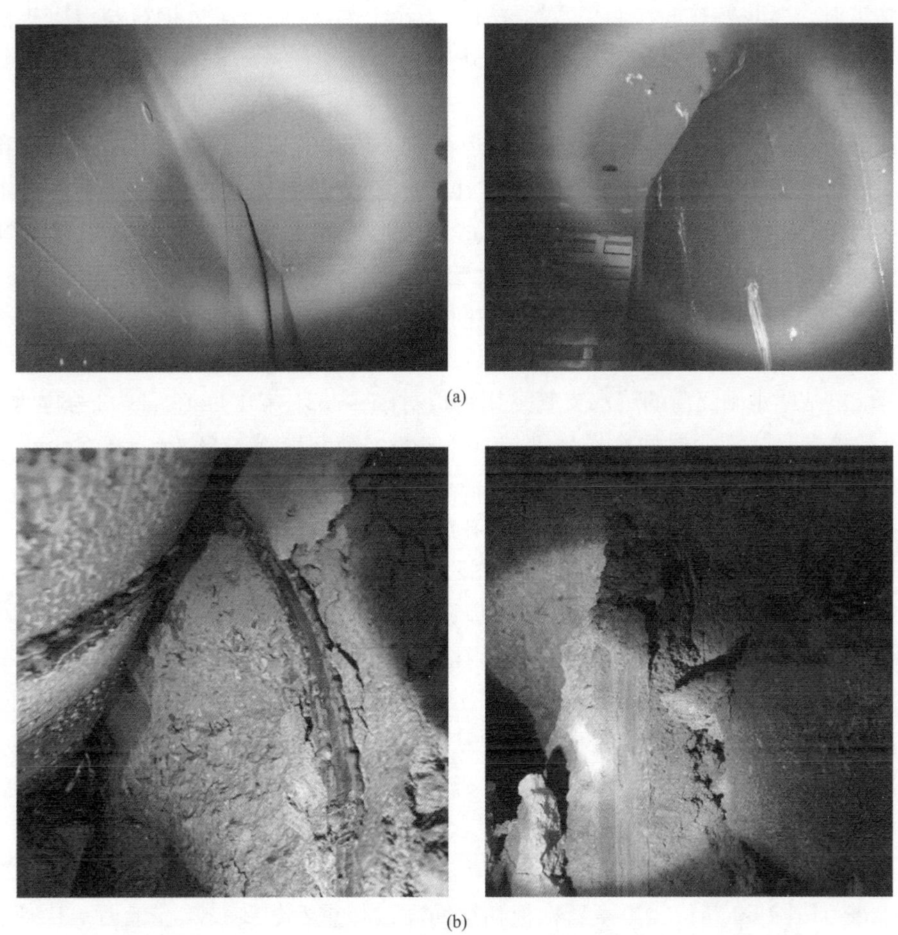

(a)

(b)

图22-3-51 仙游抽水蓄能电站尾水支管钢衬渐变段鼓包现场照片

(a) 渐变段钢衬两侧鼓包现场照片；(b) 渐变段钢衬开孔处加劲环与钢材脱开

原因分析如下：①在尾水隧洞放空过程中，监测到尾水闸门处鼓包较大部位外侧水头和尾水联动，数值基本相同；②钢衬外侧回填混凝土或者围岩可能存在渗漏通道，直接将尾水压力引至钢衬外侧；③钢衬鼓包部位加劲环与管壁脱开。

处理方案：包括处理范围、结构体型、灌浆布置、泄（测）压孔布置等，①对鼓包范围内的钢衬进行割除、外侧破坏混凝土进行清除，并根据原设计体型进行修复，外侧进行回填灌浆，脱空部位接触灌浆，最后进行固结灌浆，将渗漏通道堵住；②在尾闸下游侧中层排水廊道进行帷幕补强灌浆，切断尾水隧洞的内水向钢衬渗漏的通道；③在渐变段外侧设置渗压计，监测其外水压力，同时可作为泄压措施，保障钢管运行安全；④加劲环外侧布置一定数量的锚筋，增强钢衬和回填混凝土、围岩之间的连接强度；⑤尾闸洞排水沟存在渗水和冒气现象，需结合脱空检测成果进行灌浆处理，3号和4号尾水支管间围岩需结合脱空检测成果进行灌浆处理。

（三）沂蒙抽水蓄能电站尾水支管钢衬渐变段

沂蒙抽水蓄能电站尾水闸门后的尾水支管采用钢板衬砌。2021年1月13日闸门后方变圆渐变段仓号验收完成，采用吊罐法进行回填混凝土浇筑，浇筑过程中闸后渐变段钢管均设置了“井字形”内支撑，顺水流方向每道间距1.125m，混凝土回填浇筑过程中无异常情况，混凝土回填完成后无异常。底部接触灌浆之前，为便于灌浆设备的通行于2021年2月3日将该渐变段的内支撑拆除。渐变段底部接触灌浆于2021年2月6日进行施工，底部90°范围内布置接触灌浆孔，孔距3m，根据现场灌浆记录数据表显示灌浆压力均在0.15～0.18MPa之间，灌浆过程中无异常情况。

2021年3月23日下午2号尾水闸门调试过程中，发现闸门后渐变段存在鼓包情况，底板中心线最大抬动值为4.2cm，两侧在3.0～3.5cm之间，脱空面积分别为0.45m^2及0.7m^2。

原因分析：①钢衬渐变段底部回填混凝土有脱空；②钢衬渐变段固结灌浆的灌浆塞应该设置在岩体里面，实际施工时，灌浆塞被放在回填混凝土中，导致固结灌浆液通过钢衬与混凝土的脱空间隙直接作用于钢衬管壁；③渐变段钢衬管壁的部分抗外压扁钢由于混凝土脱空原因没有锚固到混凝土里，导致渐变段钢衬的抗外压能力下降。

处理方案：2021年4月2日，采用磁性钻进行钻孔，钻孔完成后及时灌浆处理，该部位灌浆共计用水泥200kg，钻孔灌浆完成后采用焊条堆焊封孔。在整个渐变段底板钢板割除过程中，发现鼓包3.5～4.2cm的区域锚钩断裂，人工采用电镐对底部混凝土进行凿除。2021年5月10日现场凿除完成后更换新的加劲环，2021年5月15日对修补钢板进行拼装，2021年5月16日对拼装完成后的钢板采用半自动埋弧焊焊接，2021年5月27日，通过中间预留的150mm灌注孔进行自密实混凝土灌注。

（四）丰宁抽水蓄能电站尾水支管钢衬渐变段

丰宁抽水蓄能电站尾水闸门后的尾水支管采用钢板衬砌。2021年4月13日，3号尾水支管固结灌浆后，尾水闸门下游侧方变圆渐变段底部发生鼓包，经测量，鼓起区域长3.7m，宽2.6m，面积7.87m^2，最大鼓起高度8cm。鼓包具体位于3号尾水闸门下游侧渐变段第41节管节底板中心处。该部位底板混凝土设计浇筑厚度1.5m，设计灌浆孔入岩4.0m，总孔深5.5m，实测孔深5.52m，灌浆压力1.2MPa。

原因分析：①底板区域为平面结构，底板未布设振捣孔及排气孔，钢管外壁布设14圈15cm高的加劲环，加劲环间内插11圈60cm高扁钢，单圈扁钢12块；②底板混凝土浇筑至1m高度左右后，已难以对底板混凝土进行有效振捣，仅靠在两侧采用甩振捣泵的方式进行振捣兼顾促进混凝土向底板中部流动，随着混凝土浇筑高度的上升，钢管外壁布设的加筋环及扁钢一定程度阻隔混凝土流动及振捣，进而在底板中部轴线方向形成一定范围的欠振区以及脱空区；③在进行固结灌浆时，尤其是屏浆阶段，在灌浆压力作用下，底板混凝土欠振区形成浆液渗流通道，继而将灌浆压力传递至钢管底部区域，最终导致渐变段底部钢板鼓包。

处理方案：①鼓包处的钢衬割除，长476mm，孔宽500mm，采取措施避免切割加劲环；②割除区域的底部混凝土进行凿除50cm；③更换新钢板和加筋环进行重新焊接；④在最后一片管片封焊前，完成脱空区回填混凝土的施工。

六、输水系统建筑物水力振动

抽水蓄能电站输水系统水力振动可分为强迫振动引起的水力共振与自激振动两类。前者是在外界的扰动频率等于或接近于引水管道系统的某一阶的自由振动频率时，产生的水压力振荡；后者则因为水力系统本身是不稳定的，任何引入该系统的压力或流量的微小扰动都将导致随时间而不断增强的振动，即自激振动。

（一）抽水蓄能机组水力脉动引起的引水管道振动

仙游抽水蓄能电站引水管道穿过西苑乡前洋村，电站自投产运行以后，引水管道区域出现环境振动问题，前洋村居民反映机组运行引起室内振动和噪声，一定程度上影响当地居民生活。振动测试结果表明：①居民楼区域振动频率为128.6Hz，与机组运行时厂房振动的主频一致，128.6Hz也是蜗壳脉动压力的主频；②机组起动台数越多，噪声越大；③机组运行时，居民楼竖向振动大于水平向振动，且超出标准限值；④岩体风化程度高、覆盖层厚的区域，动力响应相对较小。

黑麋峰抽水蓄能电站引水管道区域也同样出现过环境振动问题，机组运行引起室内振动和噪声，影响到当地居民生活，受影响的居民后来也进行了搬迁。

（二）桐柏抽水蓄能电站球阀密封漏水引起的自激振动

桐柏抽水蓄能电站在机组运行中，发现球阀密封漏水引起的压力钢管自激振动，具体现象如下：①某日，1号机抽水调相已到稳态，2号机抽水调相正在开机过程中。1、2号机发生水力压差脉动时间在01：05：45开始，到01：06：26压力脉动引起球阀工作密封投退腔压差到达临界值，导致工作密封异常频繁投退。工作密封频繁投退引发压力脉动继续变大，到01：07：50到达稳定值。01：18：30值班人员将1、2号机球阀工作密封操作取水阀关闭后，水力压差脉动现象消除，工作密封恢复正常。②某日，3号机在备用状态，4号机正在停机过程中。16：56：42，4号机停机并球阀工作密封投入，16：59：03，4号机球阀工作密封开始发出投入与释放信号，17：03：10，4号机开始出现压力钢管上游压力波动，为了消除压力钢管内部不稳定水力脉动，17：08：00值班人员将3号机水轮机工况空载运行后3、4号机压力钢管内部压力脉动消除。③某日，4号机停机备用，3号机正在抽水调相开机过程中。00：10：41，3号机压力钢管压力波动最高值升至36.05bar，正常值为32bar，水力压差脉动开始产生，00：11：02，3号机压力钢管压力波动最高值升至49.98bar，3号机球阀工作密封开始出现频繁投退现象，00：16：50，值班人员手动开启4号机球阀工作旁通阀后压力脉动消失。

各台机组球阀密封漏水引起的压力钢管压力脉动，从实际监测结果看，几次自激振动产生的压力钢管压力脉动最大值达到球阀上游净压力的2倍，危害极大。

产生原因：从检查结果来看，在球阀工作密封“释放”腔和“投入”之间、“释放”腔和球阀本体之间渗漏严重，导致“释放”腔和“投入”腔基本趋于均压，造成工作密封滑动环压紧处于动作临界状态，由于系统扰动引起球阀工作密封滑动环压紧处会稍稍开放一点，形成一小股漏水，按照水击理论，漏水后，压力会降低，又会使压力钢管内产生很小的正压脉冲，它使球阀工作密封滑动环压紧处趋向关闭，引起漏水量的减小又使传向压力钢管的压力波增大。在一个半周期后由水库端反射回来的压力波到球阀处变为负压波，这个较低的压力使球阀工作密封滑动环压紧处重新又开放，漏水量增大，负压增值；在下一个半周期后，低压从水库反射回来，又成为高压，促使球阀工作密封滑动环压紧处闭合，漏水量减小，如此反复交替，终于达到了某种状态，工作密封滑动环上的压力一会儿低，一会儿高，造成工作密封反复投退，导致产生水力自激振动现象。

消除防范措施：①为便于值班人员监测和尽快发现压力脉动情况，桐柏抽水电站利用原埋设在球阀前后的压力钢管内的监测设备，将信号接入监控系统，并增设报警；②优化自动开启球阀旁通阀流程，一旦监测到球阀前钢管压力达到一定值，自动开启球阀旁通阀，破坏水击；③对工作密封漏水缺陷尽快安排处理并联系厂家研究改进工作密封的结构、材料以彻底消除漏水问题（目前，4台机组球阀工作密封在按计划消除漏水缺陷，让工作密封问题引起的自激振动不能周期性运行）；④从不同压力钢管提供球阀工作密封的压力水水源，切断了止水环与压力管的联系。

七、输水发电系统生物附着

（一）广州抽水蓄能电站淡水壳菜生境调查及防治

2012年10月11日，广州抽水蓄能电站对B厂下游尾水水道排空检查时发现大量双壳类聚生生物。经专家现场调查，初步判断该双壳类生物为淡水壳菜。尾水水道内淡水壳菜的大量繁殖、附着、脱落，除了会严重影响管道糙率和输水效率，引起管道堵塞和管壁腐蚀，同时也可能使水质严重恶化。电厂于2008年10月排空过B厂下游尾水水道，当时并无此情况，从而确定淡水壳菜的大量繁殖发生在2008年11月至2012年10月的4年间。研究人员从以下几个方面进行了防治探索：

（1）淡水壳菜生长状况预测。水库环境为淡水壳菜在水道的爆发提供了适宜的环境基础及营养物质条件。水库水体中有足够的有机物质、总氮、总磷等营养元素，促进了硅藻及其他浮游动植物的生长，为淡水壳菜提供足够的营养物质及充足的食物来源；可以通过监测浮游生物的丰度、种类及水质的变化来预测淡水壳菜在水道内的繁殖和爆发情况。

（2）食物链生物防治。淡水壳菜靠滤食水中浮游生物，主要是硅藻类。可以考虑在水库投放滤食性鱼类，竞争获取水中浮游的藻类植物，降低淡水壳菜食物丰度。另外可以考虑投放以淡水壳菜为食物的鱼类，控制其大量滋生繁殖。

（3）水环境治理。控制水库排污，避免水库富营养化。定期进行污水排放检测，对不达标排放的进行整改。

（4）机组调度。考虑到淡水壳菜爆发性繁殖与电网对蓄能机组使用的相关性，可以通过电网运行调度机组时集中使用A厂或B厂机组；以提高水道内水流速度，使淡水壳菜难以附着。

（5）附着基质。根据附着基质的影响，在不能做到完全防止淡水壳菜附着的情况下，考虑在水道内分段涂刷不同保护材料。根据维护的难易程度，逆向施作保护层。斜井和平洞段选择不同保护材料，诱使淡水壳菜集中附着于平洞；在平洞段，诱使壳菜集中附着于地面而不是顶部，以利于清除。另外，通过将诱导附着材料置于隧洞进口，以更好地防治淡水壳菜在水道内生长。

（二）琅琊山抽水蓄能电站冷却水技术供水系统沼蛤防治

琅琊山抽水蓄能电站下水库是滁州市的饮用水源。由于沼蛤幼虫个体微小，随水流自由迁移，可以到达工程内任意狭小的水流空间，因此直径只有 4cm 的机组冷却水管系统也不能幸免。2014 年 10 月，机组停水检修期间进行冷却水管内窥镜观察和管道拆卸过程中发现，机组的冷却水管系统进水端安装的大小两种过滤器（孔径分别为 300μm 和 50μm）上已有沼蛤附着，为防止过滤器堵塞，每次停水检修都会更换过滤器中的滤芯。琅琊山抽水蓄能电站沼蛤附着堵塞的机组冷却水系统过滤器如图 22-3-52 所示。

(a)

(b)

图 22-3-52　琅琊山抽水蓄能电站沼蛤附着堵塞的机组冷却水系统过滤器

（a）滤芯上附着的沼蛤贝壳；（b）冷却水管滤芯的更换

尽管有过滤器的过滤作用，冷却水管道内仍然有沼蛤附着生长。冷却水支管内沼蛤呈零星团聚状生长，虽然密度不高，但壳长相对于较细的支管已经构成堵塞隐患。冷却水总管内（流速 1.15m/s）沼蛤附着密度较支管的高，是因为水流流速较低的缘故。因此，提高冷却水系统的运行流速可以作为抑制其中沼蛤附着的措施之一，根据试验结果，建议运行流速可调整至 2m/s。

工程内部沼蛤成贝的生长量正在逐年积累，当它们达到繁殖阶段后，便会生产大量的幼虫继续向电站工程的深部和细部入侵，届时管道堵塞和机组停机的风险将不断增加。因此，必须及时采取必要的防治措施，抑制和消除电站内特别是电站冷却水管等要害部位的沼蛤附着生长。

抽水蓄能电站中沼蛤的防治措施，应分别针对大管径大流量的引水隧洞中的污损和小管径小流量的技术供水系统中的污损进行防治。研究人员综合考虑工程应用中的技术经济可行性，推荐采取综合防治方法。

（1）针对大管径大流量的引水隧洞等结构，可以考虑采用能够有效防止沼蛤附着，且抗侵蚀性和环保性、施工性、耐久性、经济性等多个方面的效果综合良好的表面防护材料，目前市场上具有这些特性的材料有 SK-聚脲 1 和 SK-环氧 YEC 等。这些材料的防沼蛤附着性能主要是与材料的表面性质有关，材料表面性质决定了沼蛤平均附着足丝数和平均附着力的大小，未来新的防附着材料的研发可以通过增加材料表面接触角或者降低材料表面自由能来实现防治沼蛤的目的。

（2）针对小管径小流量的技术供水系统，沼蛤的防治可采用集附着沉降和湍流灭杀于一体的综合防治装置，装置采用生物学、水力学的方法，针对水流携带的沼蛤幼虫进行吸附、沉降、灭杀。该装置安装于电站技术供水系统总进水口的前端，为抽水蓄能电站提供满足使用量的、沼蛤幼虫含量很低的、相对安全的冷却用水，以减轻沼蛤对冷却水管系统的附着和损害。提高冷却水系统的运行流速，抑制沼蛤的附着，以减轻沼蛤的附着。

（三）十三陵抽水蓄能电站输水道内贝壳类生物

2004～2005 年十三陵抽水蓄能电站 1、2 号输水系统陆续进行了放空检查。检查过程中发现水道内壁无论高压段还是低压段，无论是混凝土衬砌段还是钢板衬砌段均有大量贝壳类生物附着（见图22-3-53）。该类贝壳生物分布主要沿混凝土隧洞的结构缝、施工模板印在混凝土中轮廓线和裂缝呈条带状集中分布，在混凝土存在缺陷部位集中分布；在钢板衬砌段则沿焊缝呈条带状分布；在闸门槽、闸门井、调压井等水流流速较低部位则集中分布，几乎已经看不出原结构物的内壁。这些贝壳的存在不仅增加了输水系统的糙率，增加了水头损失，影响电站的效率；同时，死亡的贝壳类生物进入机组滤水器，严重影响滤水器的运行，进而威胁到机组的安全运行；再者贝壳类生物沿混凝土的裂缝和存在缺陷部位集中分布，个别已经深入到混凝土的内部，影响到混凝土的耐久性；在钢管段沿焊缝分布，直接威胁到焊缝部位的防腐涂层的耐久性，加快了腐蚀。2015年，“南水北调”的水源引入十三陵水库进行调蓄，水库的水质发生了变化，贝壳类生物附着的情况有所缓解。

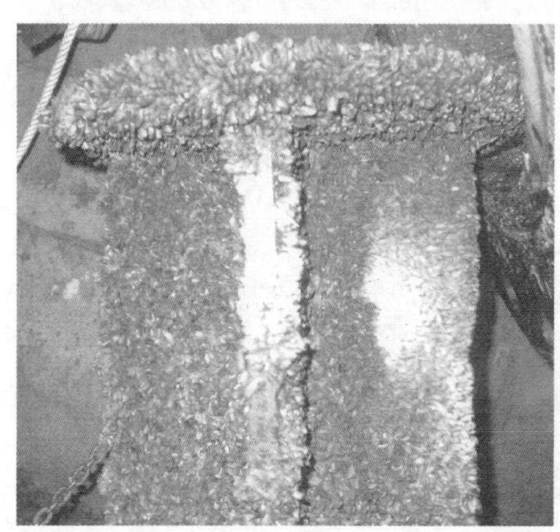
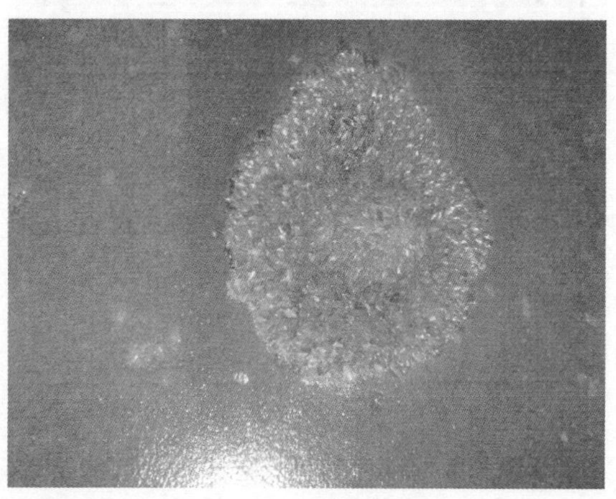

图22-3-53　十三陵抽水蓄能电站输水道内贝壳类生物附着集中的部位

八、抽水蓄能电站高压钢管放空安全检查及维修

（一）十三陵抽水蓄能电站高压钢管运行十年后放空安全检测

十三陵抽水蓄能电站自1995年投入运行以来，已正常运行近十年，2号输水系统于2005年4月1～7日放空，4月11日～5月8日进行检查和缺陷处理，历时40天。1号输水系统于2006年4月4～9日放空，于4月28日完成检测和缺陷处理，历时26天。检测部位有上平段，中平段，下平段引水支管、尾水支管等。斜管段由于未设检修设施，通行困难，未能进行检测。检测项目及结果如下：

（1）巡视与外观检查。2号压力钢管中平段外壁明管部分及进人孔、进人门没发生锈蚀变形等异常，中平段的内壁部分没有明显变形等异常，部分工地焊缝出现局部防锈漆脱落，钢板未锈蚀，可继续安全运行。压力钢管下平段主要存在问题是：所有的工地环缝防锈漆膜均大面积脱落，其中编号为Ⅱ338、Ⅱ339管节之间的环形焊缝出现约2m^{2}的漆膜脱落，Ⅱ332管节防锈漆膜的面漆层大面积脱落，主要原因是当时施工的表面处理质量较差或涂漆环境湿度超标所致。2号岔管外观质量良好。3、4号引水支管的防腐质量良好，支管的明管部分外壁、球阀等未发现开裂、变形等缺陷，尾水管人孔门导流板内壁空蚀严重，蚀坑深度2～3mm，橡胶密封圈老化。

（2）腐蚀状况检测。压力钢管的钢板厚度与图纸规定厚度相比，略小0.3～0.5mm，在钢板本身厚度尺寸公差范围之内。内壁局部焊缝出现漆膜脱落，防腐涂层的漆膜厚度普遍在400～600μm范围之内，局部370～380μm，尚满足原设计要求。

（3）无损探伤检测。钢管焊接质量良好，所抽查的环缝与纵缝没有发现超标缺陷、新产生或扩展的表面裂纹，所发现的可记录缺陷均为点状缺陷，在规范允许范围之内。

检测后，对下平段部分环缝及管节的漆膜脱落处进行表面涂漆处理，对引水支管进人孔导流板的表面锈蚀与空蚀部位进行处理。经过10年运行，十三陵抽水蓄能电站压力钢管没有形成或产生影响钢管安全运行的缺陷，根据DL/T 709—1999《压力钢管安全检测技术规程》规定，2号钢管的安全等级评定为“安全”。

（二）十三陵抽水蓄能电站高压钢管运行23年后放空安全检查

2018年9月7～14日，十三陵抽水蓄能电站对1号输水系统放空。2018年9月19、27日，对1号输水系统高压管道、尾水支管、尾水隧洞做了缺陷检查，检查过程中的照片如图22-3-54所示。

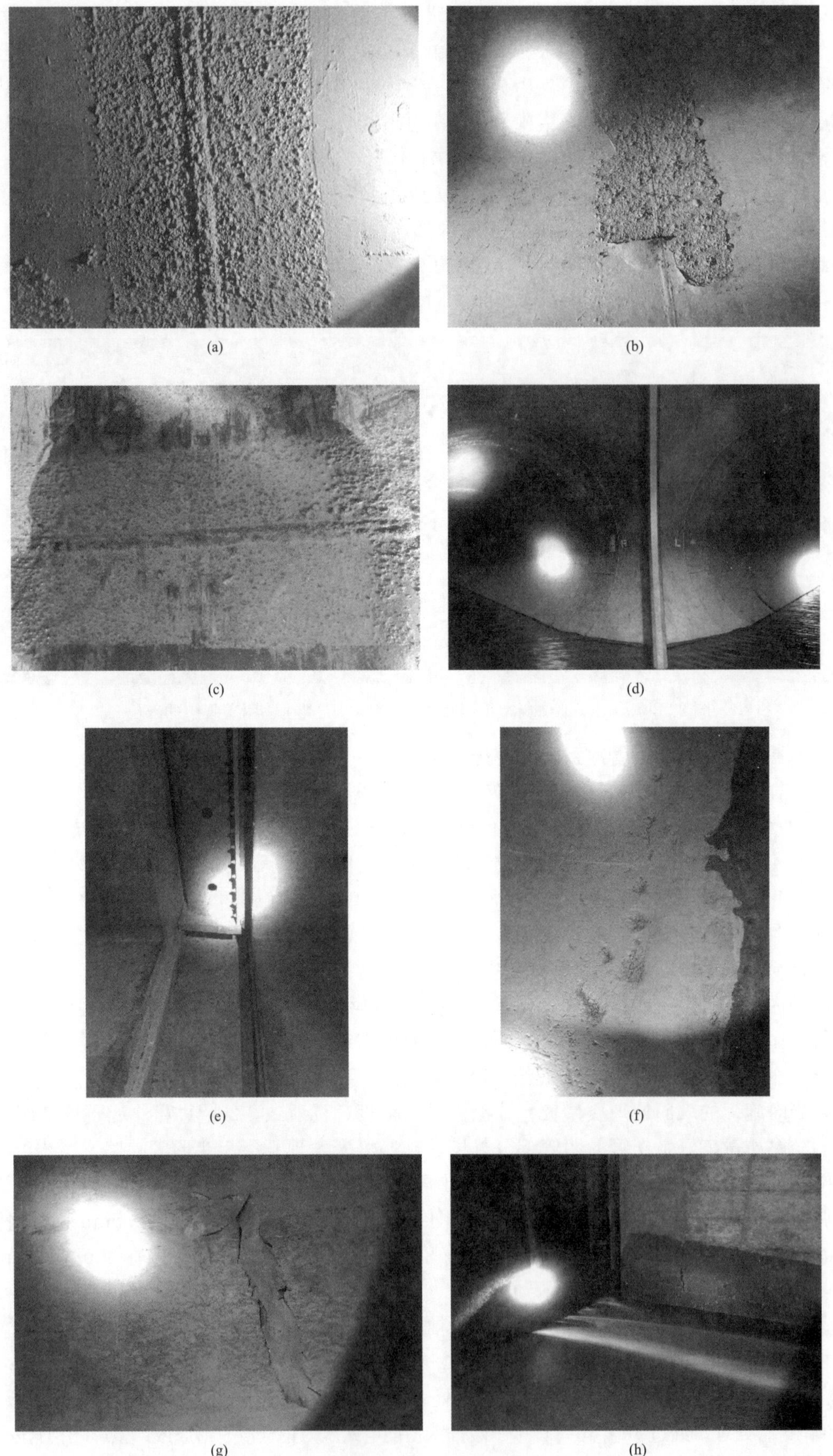

图 22-3-54　十三陵抽水蓄能电站 1 号输水系统运行 23 年后放空检查现场照片

(a) 高压管道中平段现场安装环缝涂层鼓包；(b) 高压管道中平段一处涂层局部脱落；(c) 高压管道中平段底部水流范围出现成片锈斑；(d) 高压管道岔管整体情况较好；(e) 尾水事故闸门室段锈蚀明显；(f) 尾水隧洞混凝土衬砌局部有一些蜂窝；(g) 尾水隧洞部分手刮聚脲有脱落、鼓包现象；(h) 尾水闸门右侧底部水封漏水放空过程中，采集整理了输水系统监测数据。2018年9月18～23日，对高压管道做了金属结构检测；2018年10月6～11日，对1号输水系统充水。经过检查，得出如下结论。

(1) 高压管道。①高压管道中平段钢管未见变形、损伤等缺陷，整体状态良好；钢管内壁涂装基本完好，未见大面积脱落、破坏现象。中平段进人孔整体状态良好。现场安装环缝及底部水流范围内局部存在涂层鼓包、局部可见锈斑，现场判断锈蚀厚度有限，不影响钢衬本体。②高压管道下平段钢管未见变形、损伤等缺陷，整体状态良好；钢管内壁涂装基本完好，未见大面积脱落、破坏现象。部分现场安装环缝局部涂层存在鼓包、剥落等现象，局部可见锈斑，现场判断锈蚀厚度有限，不影响钢衬本体。③岔管（含肋板）未见变形、损伤等缺陷，整体状态整体良好。高压管道1、2号支管状态整体良好。

(2) 尾水支管。尾水支管段钢管未见变形、损伤等缺陷，整体状态良好；钢管内壁涂装基本完好，未见大面积脱落、破坏现象。尾水支管现场正在进行涂层整体铲除、重新喷涂作业。

(3) 尾水隧洞。尾水隧洞衬砌混凝土整体状态良好，未见大规模剥蚀、蜂窝、麻面等情况，仅有一处渗水，伸缩缝状态良好，前期手刮聚脲处理过的裂缝整体状况良好。1号尾水调压室部位混凝土衬砌整体状态良好。1号尾水闸门整体状态良好；涂装基本完好，未见明显脱落、破坏现象；焊缝状态良好，未见明显锈蚀；尾水闸门水封整体状态良好，右下角部位水封局部破坏。

(4) 总体结论。根据本次现场缺陷检查情况，总体而言，目前1号水道系统高压管道、尾水支管、尾水隧洞等结构衬砌均状态良好，可以确保水道系统整体的安全运行。

第四节 抽水蓄能电站机电设备运行和检修

一、运行考核指标分析

抽水蓄能机组起停非常频繁，造成设备操作频率及操作次数极高，同时使设备处于不断的时冷时热循环中，这对电站输配电设备和机组设备的运行要求非常苛刻。从国内第一批建成的广州、十三陵、天荒坪三个大型抽水蓄能电站十多年的运行实践来看，影响机组可用率的主要因素是机电设备故障，有些是设备设计、制造和工艺缺陷导致的，也有安装调试过程中的潜在隐患造成的。随着潜在隐患的消除，设备运行的可靠性也越来越高。电网将电站的可用率和起动成功率作为衡量一个抽水蓄能电站是否能最大限度发挥其各项功能的主要考核指标。同时大型抽水蓄能电站由于单机容量较大，在运行过程中若出现故障跳机，就会对系统造成较大的冲击，因此机组跳机次数也是考核抽水蓄能电站运行水平又一重要指标。从三个电站运行情况看，电站在试运行消缺后逐步走向稳定，机组的起动成功率越来越高、跳机越来越少。如广州抽水蓄能一期电站运行初期的1993年起动成功率和跳机次数分别为95.70%（发电工况）、85.70%（电动工况）和26次，到1996年分别为98.70%（发电工况）、94.30%（电动工况）和1次；天荒坪抽水蓄能电站1999年分别为94.46%（发电工况）、86.09%（电动工况）和17次，到2002年分别为99.31%（发电工况）、97.72%（电动工况）和3次，呼和浩特抽水蓄能电站2020年起动成功率分别为99.8%（发电工况）、99.77%（电动工况），近年来多数抽水蓄能电站起动成功率可达到99.8%（发电工况）、99.6%（电动工况）。可见，经过投运初期2～3年对设备消缺处理，各电站均进入稳定运行期，可靠性指标都达到了先进水平。

二、抽水蓄能机组的黑启动运行

电站黑启动是指当水电站失去厂用电工作电源及备用电源时，通过利用独立于电网的黑启动电源，恢复厂用电工作电源及机组设备运行的过程。抽水蓄能电站的黑启动方式一般分为A、B两类，A类是仅利用直流蓄电池存储的电能量和液压系统存储的液压能量，恢复厂用电，B类是利用柴油机等电源，以及直流蓄电池存储的电能量及液压系统储存的液压能量，恢复厂用电。抽水蓄能电站由于黑启动简便灵活，国内外通常都优先考虑将大型抽水蓄能电站作为电网黑启动的电源，在抽水蓄能电站接入系统设计时会提出明确要求。

在电网事故、自然灾害等情况下，造成电站外来厂用电源消失，且短时间内无法恢复时，电站为保护厂房（渗漏排水）安全和恢复生产，实行自救性恢复，通过黑启动使机组发电，恢复厂用电供电。

由于抽水蓄能电站机组所要求的吸出高度较大，一般采用地下厂房，厂房渗漏排水量较大，对电站厂用设备如排水、照明、通风、消防等厂用电要求高，如长时间不恢复供电，可能造成水淹厂房的严重后果。在我国早期几个抽水蓄能电站机组选择时，均对机组和所配套设备提出“A类黑启动”的要求，要求机组、系统配置均能满足电站有自起动功能。十三陵抽水蓄能电站曾于2000年5月成功进行了电站机组的“黑启动”试验。近年来，在抽水蓄能电站建设中，选配合适容量的柴油发电机作为厂用电的备用电源，除保证厂内排水系统和照明的要求外，还考虑机组黑启动所需要的容量，以确保电站厂房的安全和机组的黑启动要求。

电网黑启动是指在整个电网故障停运后，在无法依靠其他电网送电恢复条件下，通过电网内具有自起动能力机组起动，带动无自起动能力的机组，进而逐步扩大电力系统的恢复范围，最终使整个电力系统恢复。2022年11月，沂蒙抽水蓄能电站2号机组利用柴油机黑启动成功，通过500kV沂蒙变电站接入主电网，为费县火电厂提供厂用电，并使1号机组成功并入电网。

三、机组状态在线监测与状态检修

长期以来，我国电力系统的发供电设备均采用定期预防性试验和定期计划检修。近年来，随着市场经济的发展，并借鉴电力发达国家诊断性检修的经验，为提高全国发电设备科学管理水平和整体经济效益，我国开始提出并试行状态检修。状态检修的前提是对影响设备正常运行的机组状态参数给予实时监测，这就需要系统有功能完善、性能良好的参数测量、分析功能。水泵水轮机状态检测系统大部分数据可以由计算机监控系统提供，结合一些专用的测点，由系统对历史数据和实时数据进行分析，可给出设备主要参数的变化曲线，在此基础上对设备状况做出预报。

近年来，机组在线监测系统发展较快，系统的基本功能和基本结构相对成熟，除计算机监控系统所采集的参数外，机组在线监测系统监测参量主要包括振动、摆度、轴向位移、压力脉动、空气间隙、磁通密度、局部放电以及定子线棒端部振动等。当然，影响机组运行的因素除机组本身状态外，还包括调速、励磁、变频、辅助和附属设备运行的可靠性。目前，GB/T 28570《水轮发电机组状态在线监测系统技术导则》和DL/T 1197《水轮发电机组状态在线监测系统技术条件》已发布，从技术模式上统一和规范水电机组状态在线监测技术的应用，充分发挥在线监测系统在保证机组安全稳定运行和状态检修的辅助作用，有利于提高新技术的应用效果和电站运行管理水平。表22-4-1为目前典型抽水蓄能机组在线监测系统测点设置表。

表22-4-1　典型抽水蓄能机组在线监测系统测点设置表

测点名称	机组型式	
	点数	备注
键相	2	—
上导摆度	2	2个测点互成90°径向布置，一般为+X、+Y布置
下导摆度	2	
水导摆度	2	
上机架水平振动	2	2个测点互成90°径向布置，一般为+X、+Y布置。测点应尽量靠近机组中心位置
上机架垂直振动	2	测点应尽量靠近机组中心位置。非承重机架可不设垂直振动测点
下机架水平振动	2	2个测点互成90°径向布置，一般为+X、+Y布置。测点应尽量靠近机组中心位置
下机架垂直振动	2	测点应尽量靠近机组中心位置。非承重机架可不设垂直振动测点
定子机座水平振动	2	—
定子机座垂直振动	1	—
顶盖水平振动	2	2个测点互成90°径向布置，一般为+X、+Y布置。测点应尽量靠近机组中心位置
顶盖垂直振动	2	测点应尽量靠近机组中心位置
定子铁心振动	1～3组	每组包括1个水平振动和1个垂直振动
轴向位移	1～2	测点布置按机组结构而定
蜗壳进口压力脉动	1	

续表

测点名称	机组型式	
	点数	备注
活动导叶与转轮间压力脉动	1～2	
顶盖与转轮间压力脉动	1～2	—
转轮与泄流环间压力脉动	—	—
尾水管进口压力脉动	2	与模型试验测点位置相对应
尾水肘管压力脉动	—	与模型试验测点位置相对应
空气间隙	8	混流可逆式机组 8 个测点宜分两层均布
磁通密度	1	—
局部放电	≥6	每相至少 2 个，必要时可每相每支路各布置 1 个
定子绕组端部振动	3～6	容量 100MW 及以上机组，具体数量应根据发电机结构确定
定子汇流环温度	6～10	容量 100MW 及以上机组，宜在汇流环密集处、主中引出线附近、通风效果较差处设置，测点数量宜根据发电机结构确定
推力负荷	4	容量 100MW 及以上机组，推力瓦采用弹性支撑的可在下机架等间隔的支臂上布置，测点应布置在推力轴承中心体正下方
	安装	容量 100MW 及以上机组，推力瓦采用刚性支撑的测点可布置在每块推力瓦支柱螺栓内
轴承油膜厚度	安装	容量 100MW 及以上机组，宜在选定的推力瓦进油边和出油边安装
螺栓轴力	安装	容量 100MW 及以上机组，监测顶盖-座环把合螺栓、主轴密封-顶盖把合螺栓、蜗壳进人门螺栓、尾水管进人门螺栓、联轴螺栓和进水球阀上游侧螺栓，固定部件螺栓轴力监测数量应不少于总数量的 1/4
噪声	2	容量 100MW 及以上机组，定子风洞内和水车室壁上各 1 个，具体数量根据机组尺寸大小确定
转子磁极表面测温	2	容量 100MW 及以上机组
定子铁心压紧螺杆绝缘	安装	容量 100MW 及以上机组，每个螺杆端部引出一根线，再分组汇集
铁心位移	安装	容量 100MW 及以上机组，安装在机座环板，测点数量宜根据发电机结构确定

四、水泵水轮机和水力机械设备运行和维修

截至 2022 年底，国内先后有 40 多个抽水蓄能电站的机组投入运行，机组额定水头从 31～816m，单机容量从 11～400MW，基本涵盖了抽水蓄能机组各水头段及机型。机组设备从早期的几乎全部国外进口发展到全面实现国内自主化设计制造，我国抽水蓄能机组设备设计制造技术取得了长足进步与发展，同时在我国抽水蓄能电站的建设过程中，水泵水轮机和水力机械设备先后也出现了一些问题，其中最多的是机组稳定性、转轮疲劳损坏、主轴密封损坏、高压管路损坏等问题。

1. 多泥沙河流机组运行

机组设备是抽水蓄能电站的核心，而转轮是整个设备中的最为关键的一环，对机组转轮而言除良好的水力设计、精良的加工和正确的安装调试外，良好的运行环境是保证转轮长期稳定运行最重要的条件。抽水蓄能机组由于转速高，过流部件磨损对泥沙的敏感性较常规机组高。含沙水流在水泵水轮机中的运动规律和破坏机理至今还在不断探索和研究之中，据有关文献介绍，水轮机、水泵的实际泥沙磨损破坏程度与水轮机出口相对速度和水泵出口线速度有明显的相关关系，因此对水泵水轮机过流部件采取相应的抗磨蚀措施是必要的。另外，由于抽水蓄能电站水头高，埋深也大，泥沙对机组设备关键部位的密封及机组冷却系统的管路和密封将造成不利影响，严重时将造成密封失效漏水或管路损坏破裂，甚至出现管路破裂而造成水淹厂房。因此，除在招标文件中对水泵水轮机的水力设计、模型试验、结构设计、材料选用、刚强度分析、轴系稳定、压力脉动和振动等方面提出详细要求外，重点应关注导水机构、转轮、迷宫环、底环、泄流环、进水阀密封、机组平压管、调相压水系统排气管等部件及其抗磨蚀能力。同时，结合电站水文泥沙的特点，合理制定水库和电站的调度方式，避免汛期泥沙对水泵水轮机的损坏，必要时设置防泥沙工程措施。

2. 机组稳定性

可逆式水泵水轮机由于既要做水轮机运行，又要做水泵运行，运行工况复杂，如何协调两个工况下机组的水力设计，使水轮机工况和水泵工况均具有优秀的综合性能是可逆式水泵水轮机水力设计的难点，尤其是机组稳定性。近些年来，国内抽水蓄能电站先后出现了水轮机工况低水头并网困难、水力激振导致机组某些运行工况振动摆度偏大等稳定性问题。导致机组振动摆度偏大的水力激振原因复杂，主要有无叶区压力脉动激振、尾水管压力脉动及涡带引起的激振、叶道涡激振、卡门涡激振、迷宫环自激振动、导叶自激振动、输水系统自激振动等。当水力激振能量足够大，尤其是激振频率与机组部件固有频率或厂房结构固有频率接近时，水力激振将引起共振，机组振动或厂房振动将明显增大，甚至导致设备损坏的严重后果。

（1）水轮机工况低水头并网稳定性。水轮机工况低水头并网困难主要原因，是低水头并网时水泵水轮机进入了“S”区，在该区域机组内部流态紊乱，即使在导叶开度维持不变的情况下，机组转速也将剧烈摆动，从而造成并网困难。针对该情况，多采用非同步导叶预先开启来解决，即在机组起动时，选择一对或多对导叶进行单独控制，将其较其他导叶提前打开至一特定开度，以达到破坏“S”特性的目的，使机组在空载开度下转速稳定在额定转速。机组并网后，再将非同步导叶的开度调至与其他导叶一致，进行同步操作以实现对负荷的调节。出现水轮机工况低水头并网困难的电站主要为国内早期建设的抽水蓄能电站，如天荒坪、张河湾、黑麋峰等。随着水力设计技术的发展与进步，目前各设备制造商完全掌握了从水力设计上使水轮机低水头空载工况远离“S”区的设计技术，即不再需要非同步导叶装置，彻底解决了低水头并网稳定性问题。

（2）无叶区压力脉动激振。近些年来随着对水泵水轮机的研究与认识的加深，发现无叶区的压力脉动激振是造成厂房振动和机组振动的主要因素之一，尤其是对动静叶片的干涉所导致的转轮振动以及静止部位振动，动静干涉导致的压力脉动频率如果与转轮在水中的固有频率一致，将导致共振，严重时将导致转轮疲劳损坏；如果压力脉动激振频率与静止部件或厂房结构一致，有可能引起固定部件乃至厂房的共振，严重时将影响电站的安全。

由此，为避免无叶区压力脉动引起的共振影响，一方面应尽量减小无叶区压力脉动幅值，另一方面应通过选择合理的叶片数与导叶数匹配以改变激振主频，使激振频率避开机组结构部件及厂房结构的固有频率。如日本的奥吉野抽水蓄能电站，水泵水轮机最高扬程为 539m，水轮机最大功率为 207MW，其中一期的 3 台机组的转轮在运行 1 年后均产生了疲劳裂纹。经过厂家分析研究，得出结论是动静叶片干涉引起的压力脉动导致的共振造成的，其激振频率是导叶数与转频的乘积，后经过改造，改变了转轮固有频率，同时也将转轮的振动应力从±50MPa 降至±27MPa，问题得到解决。在国内，张河湾、蒲石河等抽水蓄能电站进行了更换转轮的技术改造，旨在减小厂房振动。两个电站额定转速均为 333.3r/min，且均采用 9 叶片转轮及 20 个导叶的组合设计，改造前地下厂房均存在局部振动及噪声偏大的现象。其中，张河湾抽水蓄能电站改造方案仍采用 9 叶片转轮，新的水力设计使无叶区压力脉动减小了 50%左右，目前已完成全部四台机的转轮更换，厂房局部振动及噪声得到显著改善，同时也解决了低水头并网困难问题，取消了原设计的非同步导叶装置，改造取得了成功。蒲石河抽水蓄能电站改造方案采用 7 叶片转轮，新的水力设计使叶片通流频率由 50Hz 变为 38.89Hz，对固定部件的激振主频由 100Hz 变为 116.7Hz，该电站目前已完成 1 号机组的改造，厂房局部振动及噪声也得到较为明显的改善，同样，也取消了原设计的非同步导叶装置，改造取得了成功。

（3）尾水管压力脉动及涡带激振。对于抽水蓄能电站，尾水管压力脉动及涡带引起的机组及厂房的振动现象较少，但抽水蓄能电站一般有着较大的埋深，虽然压力脉动相对值较小，但压力脉动峰峰绝对值较大，仍需引起充分的重视，个别电站由于尾水管压力脉动或尾水管涡带影响，造成尾水管检修平台钢梁承插孔封板脱落、机组泄水环脱落、尾水管锥管现场焊缝发生渗水现象等问题。对于上述问题的出现，除应加强相应部件结构设计的同时，在水力设计应充分重视尾水管压力脉动，尽量减小压力脉动幅值及涡带产生的范围及幅度。

（4）叶道涡及卡门涡激振。到目前为止，国内抽水蓄能电站中尚未发现明显的由于叶道涡引起的机组振动现象，对于由于卡门涡引起的机组异常振动，也只是近期内某抽水蓄能电站更换转轮改造中发现。当时在机组负荷试验中，当机组负荷大于160MW时出现异常振动与噪声，随后在转轮叶片出口贴“V”形块的试验结果显示，异常振动与噪声消失。经研究分析认为，异常振动与噪声为叶片出口产生卡门涡引起。

(5) 自激振动。水电站中自激振动主要有导叶自激振动、迷宫环自激振动、输水系统自激振动等。在抽水蓄能电站中，目前暂未发现明确的迷宫环自激振动，个别电站发生了导叶自激振动，另外也有几个电站发生了输水系统自激振动。其中，导叶自激振发生在宜兴抽水蓄能电站，该电站装设4台单机容量为250MW的混流可逆式机组，额定水头为363m，额定转速为375r/min。在机组试验阶段多次发生异常振动。经专家分析认为，导叶自激振是导致振动异常的原因。随后在改造中，通过对导叶的修型、增大导叶的臂长比、减小导叶的缝隙长度等措施，自激振动得到圆满解决。

输水系统的自激振动，主要是由于进水阀工作密封漏水，导致工作密封周期性投退而引起压力钢管水压自激振荡，由此产生的压力脉动值能达到数倍的振前压力，存在巨大的安全风险。该问题先后在桐柏、仙游等抽水蓄能电站发生。为防止该自激振荡的发生，进水阀工作密封应采用可靠的防漏水结构，如采用多道填料密封、工作密封环与滑动面采用耐磨材料等；另外，在进水阀设计时还应设置防范或破坏自激振荡的措施与预警监测，如可通过完全打开工作密封方式或改变工作密封操作压力源来破坏自激振荡、设置压力钢管压力过高报警等。

3. 水泵水轮机主轴密封

对于抽水蓄能机组，除机组需要在正反两个方向下交替运行外，高水头、高转速、大水位变幅是此类电站的另一特点。同时由于抽水蓄能机组尾水压力及转速一般较高，因此对水泵水轮机主轴密封的设计、安装和运行带来了更高的要求。国内早期的抽水蓄能电站，先后出现主轴密封方面的问题。

天荒坪抽水蓄能电站设计水头526m，其中主轴密封供水水源的下水库运行水位在295～345m之间，工作水压变化达到50m。机组转速为500r/min，最高飞逸转速为720r/min，大轴直径为940mm，主轴密封处运行切向线速度为30m/s，最高切向速度约为43m/s。由于密封工作环境差，投运后运行一直不稳定，由其引起的故障占全厂故障的20%左右。缺陷主要表现在调相工况下，主轴密封处的压力较高，造成其外环变形较大，压缩空气进入主轴密封的操作腔而影响其压紧力，温度升高而烧毁。2003年，经过整体更换，上述缺陷基本消失，如图22-4-1和图22-4-2所示。

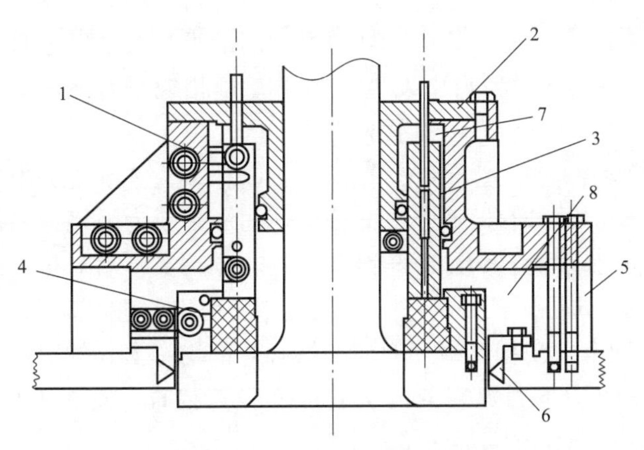

图22-4-1 原主轴密封结构示意图

1—外环；2—内环；3—不锈钢移动环（抗磨环）；4—密封环；5—支持环；6—检修密封；7—操作腔；8—密封腔

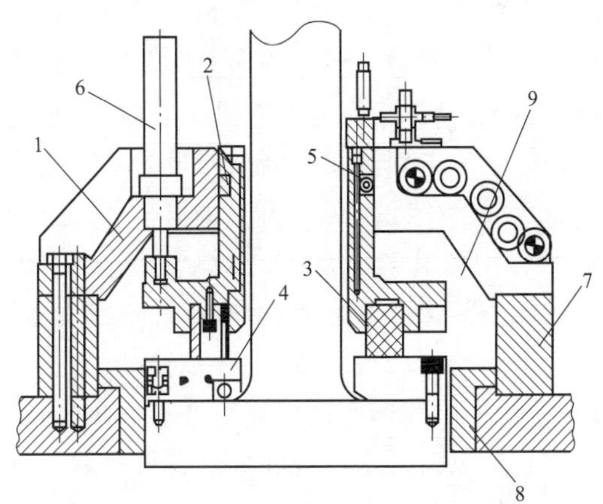

图22-4-2 改进后主轴密封结构示意图

1—主轴密封外环；2—主轴密封移动环（内环）；3—密封环；4—不锈钢抗磨环；5—O形密封环；6—调节气缸；7—支撑环；8—检修密封；9—密封腔

广州抽水蓄能电站A厂主轴密封安装在水导油盆盖上，采用平衡式流体静压径向双端面机械密封。电站设计水头为514m，淹没深度为−70m，设计转速为500m/min，最高飞逸转速为725r/min，大轴直径为1000mm，机组额定转速下主轴密封平均半径处的切向线速度为44.09m/s。电站运行初期出现了密封供水水质问题、水导油盆盖变形和碳精密封材质等问题。对于水质问题通过改善水质纯度、供水管路改用不锈钢和增加精过滤器等方式给予解决。

五、发电电动机和电气设备运行和维修

从多个电站运行情况分析，发电电动机和电气设备存在的主要缺陷：由于发电电动机转速较高、双向旋转、频繁起停，曾发生过转子磁极引线及连接线缺陷、磁极本体材料选择和结构设计缺陷，以及定子铁心硅钢片位移、线棒电腐蚀、线棒松动等问题；主变压器有绝缘不合格和运行中绝缘击穿故障；高压电缆终端渗油和爆炸、电缆本体绝缘击穿等故障；高压同步的 GIS 开关故障、GIS 电压互感器谐振等问题。这些主设备事故或缺陷，不仅降低电站运行可靠性，而且影响系统的安全、稳定运行。

（一）发电电动机组

1. 十三陵抽水蓄能电站发电电动机定子故障

从 1995 年投产至 2012 年底，十三陵抽水蓄能电站机组运行由于开机起停频繁、工况转换频繁、负荷调整频繁，长期运行后，因发电电动机定子硅钢片位移、线棒电腐蚀、线棒松动等原因已造成不同机组的多起电气事件，为尽量减少事故的发生，在各台机组的检修过程中，电厂对机组运行状态和多个可能引起故障的部件进行了巡视、检查、检测、维修、更换和分析，发电电动机定子主要缺陷分述如下：

（1）定子铁心硅钢片位移。3 号机自 2002 年 10 月发生底层硅钢片发生位移割伤 A 相 113 槽下层线棒主绝缘导致电气击穿后，于 2005～2008 年间利用 4 台机组的 A 修机会发现各台机组均存在硅钢片位移现象，并发生了翘曲变形，虽然对铁心位移割伤的线棒进行了更换，但部分割伤较轻的线棒仍处于运行状态；历年的机组检修通过对铁心压紧螺栓的压紧力测量，均能发现部分铁心压紧螺栓存在松动现象。

（2）线棒电腐蚀。四台机组在运行巡视中均发现机坑四周有较重的臭氧味。2001 年利用 4 号机小修机会进行了检查和试验，根据定子线棒测温元件感应电压升高现象，初步判断为线棒防晕层破坏发生电腐蚀烧坏测温元件的绝缘。2005 年，3 号机 A 级检修发现定子绕组上下端部出槽口附近及线棒槽内部分有因电腐蚀而产生的白色粉末，表面电位最高达 1000V，起晕试验中用紫外成像仪扫描发现放电光子数较多，同时关灯目视可发现明显的放电火花。随后在 2005～2008 年间利用 4 台机组的 A 修机会进行了清理电腐蚀损坏点、防晕层修复以及涂 EWB 弹性硅胶搭接处理。电腐蚀处理效果比较明显的部位为上层线棒端部出槽口表面，但出槽口处上下层线棒层间电腐蚀及下层线棒电腐蚀的处理受条件限制效果并不理想，线棒槽内电腐蚀目前没有很好的方法进行处理，且随着时间的推移，电腐蚀日渐加剧，直至 2012 年 5 月 2 号机组在定子绕组交流耐压试验项目中发生了 A 相、C 相绕组对地击穿故障，分析结果电腐蚀发展为高能量的电容性火花放电，已逐步侵蚀灼伤主绝缘。

（3）线棒松动。2012 年 9 月，3 号机组抽水起动试验中定子 80%接地保护动作，检查确定为发电机定子 B 相绕组 155 槽上层线棒发生绝缘接地故障，拆出后根据多方面特征，初步判断为因绕组松动造成线棒主绝缘严重磨损，导致对地击穿；经吊出定子检查发现 19 根线棒存在松动现象。后对机组内部进行全面油污清理以减少油污对硅胶的影响程度，加强上层线棒的下端部固定（类似上端部固定方式），进行下层线棒磨损修复等处理。在 3 号机处理中发现松动线棒对应的铁心背部均有大片的黑色油泥从铁心通风口溢出，且底板落有很多黑色硅胶颗粒。同月又对 4 号机进行了 D 修检查，发现了与 3 号机类似的黑色溢出物以及层间垫条下沉、电腐蚀和线棒松动等现象。

针对以上故障，十三陵抽水蓄能电站于 2013～2017 年对四台机组的定子实施了更换改造，改造顺序为 3、4、2、1 号机。具体改造内容简述如下：

（1）定子机座。

1）分瓣机座。原定子为两分瓣定子现场合缝组装方式。新定子采用两分瓣机座现场螺栓把合并焊接成整圆、现场叠片下线的方式，定子铁心的整体性和刚性更好，避免了分瓣定子长期运行后的多种不利因素。

2）定子机座与基础板采用滑动块连接原设计定子机座与基础板通过螺栓固定连接，新设计的定子机座与基础板采用滑动块连接。滑动块安装在定子机座的底部，将机座受力传递到基础上；定子机座的热膨胀也通过滑动块进行传递，能更好地适用热胀冷缩，减少定子铁心热应力。

3）定子机座与铁心的连接采用固定鸽尾筋原设计定子机座采用弹性鸽尾筋方式，利用鸽尾筋自身弹性适应热变形，机座适应变形伸缩量小。新设计定子铁心固定在机座的诸多鸽尾筋上。鸽尾的间隙做到尽量小，以确保在部分荷载下，也能满足良好的铁心振动要求。新安装的鸽尾筋安装在机加工的机座支撑上，采用经纬仪进行调整，对鸽尾筋进行定位时，可以获得较高的定位精度。

（2）定子铁心。

1）齿压板与铁心改为整体结构原设计下齿压板与定子机座下环板焊接在一起，铁心和机座在热力作用下的变形不协调，产生相对位移。新设计定子铁心的下齿压板与压指合为一体，与铁心通过穿心螺杆压紧后放置于机座的下环板上，使铁芯的整体性更好，片间不会有相对位移。

2）定子铁心结构和压紧方式原设计定子铁心压紧力不够且未采取其他辅助固定措施，铁心上下端部的齿部接缝和片间未用胶黏成一体；分瓣铁心结构，合缝面上会受到分布不均匀且难以预测的挤压力而助长铁心翘曲的形成，另外长期运行合缝面的间隙会降低铁心作为一个圆环的整体刚性，引起振动和噪声，振动又加剧了铁心的松动，引起铁心位移。改造后定子铁心现场叠片后沿圆周方向，均匀地布置若干绝缘压紧螺栓，产生设计要求的1.5MPa压紧力，铁心整体刚性好。铁心上、下两端部的齿部接缝和片间用胶完全粘接。定子铁心压紧螺杆采用全长无空隙绝缘套管绝缘，压紧螺杆上面采用可靠的双螺母锁固结构进行锁定。

（3）定子绕组。针对原定子绕组存在电腐蚀和线棒松动问题，新定子的线棒防晕设计与制造、线棒在槽内固定、线棒端部绑扎等都做了技术改进，主要有：

1）股线用漆包线，股线绝缘更薄，高温度稳定性好，具有更高的介电强度。

2）线棒拐弯角用机器代替手工成型，减少角部电场集中。

3）股线公差最优化，线棒罗贝尔换位整合成一体过程程中压缩量一致，使成形线棒公差足够小。

4）由于使用罗贝尔填塞，大多数情况下不需要使用换位片，这可以减小线棒高度，还可以减少换位引起的短路风险。

5）改良的绝缘带材料，由指定供应商提供，具有更好的浸渍效果，更好的介电效应，更小的局放值和更好的耐高压寿命。

6）改进包扎机器和绑带工艺，使绑扎带具有更小的皱褶，更好的浸渍效果和耐高压寿命。

7）改良的防晕带材料，由指定供应商提供，防晕层数改为两层，具有更好的防晕保护效果。

8）端部防晕区域用橡胶管和收缩带进行压制，不会产生皱褶，在绕组使用期内无起晕点。

9）优化真空压力工艺，通过电容测量来控制浸渍过程，使浸渍效果更好，绝缘质量更高。

10）线棒在槽内的固定方式采用弹性波纹板系统。该系统由顶部弹性波纹板结合侧面弹性波纹板组成。顶部弹性波纹板由层压的绝缘材料制成，侧面弹性波纹板由半导体材料制成。侧面弹性波纹板可以保证定子绕组的防晕层和定子铁心可靠接触。弹性波纹板可以施加一个稳定的压力在槽内的线棒和垫片材料上，防止绕组在电磁力下发生移动，线棒用侧面弹性波纹板固定，可以使线棒完全贴紧槽表面，以减少顶面弹性波纹板的机械应力。

11）绕组嵌入过程中，采用垫片将各线棒端部及其支撑环固定在整个圆周方向上，形成刚性的端部绕组支撑；上层和下层线棒之间由实体垫块用树脂浸渍毛毡包裹，用浸渍的玻璃丝带绑扎，多道绑扎确保绕组稳固，绕组端部支架能够承受最高瞬时应力，且绕组和铁心的共振频率避开电网工频（50Hz或其倍频）。

12）调整线棒股线尺寸和铁心槽深，在不改变发电电动机主要电气参数（比如直轴同步电抗X_d、交轴同步电抗X_q、短路比SCR等）的情况下，优化电磁设计、减少损耗、降低定子温升、提高效率。

2. 天荒坪抽水蓄能电站发电电动机定子线棒松动

天荒坪抽水蓄能电站于2004年4月对机组进行常规性检查时，发现部分定子线棒下端部底层线棒与端箍连接绑线接合处附有少量呈淡黄色油泥状或粉状物体，附着物呈油泥状部位通常也附有少量油迹，而附着物呈粉状部位则较为干燥。最严重部位是2号机组第169槽线棒下端箍部位绑线已完全松开，其中填充的环氧涤纶已磨损线棒主绝缘，说明机组在正常运行过程中绑线与线棒出现了磨损，环氧涤纶与绑线失去黏合并出现自由振动。分析产生原因：

（1）端箍和线棒、支架连接结构设计不合理。抽水蓄能机组开停机和工况转换十分频繁，日平均多达4～5次，双向交替旋转，在水泵调相工况SCP变频起动过程中不存在同步拖动过程。机组定子线棒端部受力情况比常规机组复杂，频繁地改变方向、负荷，在正常运行和频繁启停、工况转换过程中因线棒间整体性不好、连接强度不足，再加上定子线棒伸出槽楔端部长度较长（单侧约为779mm），线棒端部与端箍就容易发生相对位移，特别是线棒端部其相对位移量更大，产生磨损或损坏概率也就越大。

（2）线棒绑线工艺不合理。机组现场安装时，厂家采用传统的玻璃丝带浸环氧边浸边绑线棒的绑线工艺，这种工艺存在玻璃丝未浸透的可能，丝带强度不仅与玻璃丝是否浸透有关，还与环氧流胶量和绑扎紧度有关，工艺很难控制。经现场实测，线棒端部固有频率分散率（最大值与最小值之差再除以平均值）高达20%以上。常规水电机组起停、工况转换次数相对较少，一定量环氧固化后强度就能满足其正常运行要求，而抽水蓄能机组运行条件较为恶劣，环氧含量及其固化程度与机组能否安全运行直接相关。在绑线松动处理过程中也发现部分已松动绑带锯开后，其内侧玻璃丝带绝大部分还呈丝状并发白，仅其表层玻璃丝已与环氧完全浸透黏合成形，这样也相应地降低了其环氧固化后的黏结强度。

对于高转速机组线棒端部的固有频率测试是一项重要的工作，线棒端部固有频率是否避开其正常运行共振频率区，与线棒寿命及运行安全性有着直接关系，若线棒端部固有频率落在95～115Hz共振区，将会加剧线棒与绑线间端箍的相对位移和磨损。根据现场试验，线棒端部的固有频率有60%～70%均落在95～115Hz共振区内，离散性也很大，这说明机组在正常运行时大部分线棒落在共振区内运行，再加上线棒箍设计结构不合理、整体性较差，进一步加剧了线棒与端箍间相对位移及磨损。缺陷处理情况如下：

（1）玻璃丝改用带玻璃丝芯绦玻绳。一方面易于控制其绑扎过程中的紧度，必要时可以用小木棰拉紧，另一方面也易于多道绑扎以增加绑扎强度。

（2）绑带边浸边绑改为浸透晾干再绑扎工艺。先将带玻璃丝芯绦玻绳浸入环氧渍胶中，待浸透取出晾干，直至绦玻绳不黏手后进行绑扎，绑扎好后再在其表面刷上环氧涂刷胶以增加线棒与端箍连接强度。端箍与线棒间环氧涤纶填料改用外包涤纶环氧板垫条。

（3）改进端箍与支架连接方式和增加支架数量。将端箍与支架间螺栓径向连接改为切向连接，利用绝缘板进行支撑力传递，适当增加支架数量和加装斜向支脚，增大支架刚度，使得端箍与机架尽量形成整体。经现场实测大部分线棒的固有振动频率基本都高于115Hz，避开了共振区，大大改善了线棒运行条件。

3. 惠州抽水蓄能电站1号发电电动机故障

2008年10月10日上午10：10，惠州抽水蓄能电站1号机组在发电工况下进行满负荷温升试验，试验进行约2h后，机组于12：46：02定子匝间保护A和B发出报警信号，接着机组轴电流保护发出报警信号；12：46：03，机组轴电流保护跳闸，出口断路器断开，机组甩满负荷，最高速率上升至680r/min，机组转动部件与固定部件之间发生碰撞，转子10号磁极线圈破碎，机组发生强烈电气爆炸，致使定子绕组破损，铁心、机座变形，上下机架地脚螺栓剪断，上导轴承迷宫环解体下落，砸断转子引线；下导轴承座解体，瓦块及水导冷却器坠落至水车室，下导轴承引发大火。

故障调查及原因分析：转子10号磁极发生多点接地闪弧痕迹，磁极极靴与线圈之间的20mm厚、带45°通风槽的绝缘框架压扁并断裂。拆开其他未破损磁极，也发现该绝缘框架已压扁。该绝缘框架系模压加工而成，经取样试验，发现绝缘框架的压强不满足技术规范要求。技术规范要求该绝缘框架压强应为350MPa，而试验实际压强仅为100MPa左右。机组正常运行时的强大离心力压扁了该绝缘框架，致使磁极线圈的垂直边产生侧向倾斜，线圈外缘不能抵抗线速度产生的弯曲压力而发生转角处断裂，最终飞出磁极，进入气隙。此时机组虽已解列，但残余电压仍在，定子随即发生三相短路，产生电气爆炸。10号磁极线圈飞离本体后使转动部件严重不平衡，磁力不平衡也引起轴系位移，转动部件与固定部件严重碰撞，导轴承严重破坏。

故障处理措施如下：

（1）重新设计制造绝缘框架，取代所有机组的原有磁极绝缘框架。

（2）新的框架分两部分，与极靴接触的一面采用钢制框架，厚 12mm，在与极靴接触的表面加工 8mm 深 45°通风槽，以确保足够的通风冷却效果；与线圈接触的一面采用 EPGM 203 环氧玻璃纤维布板，厚 8mm，总厚度仍维持 20mm。钢制框架与绝缘框架之间用绝缘销定位。

（3）在相邻两个磁极之间分段增设 V 形绝缘定位块，用以控制磁极线圈在甩负荷时可能出现的切向位移。

4. 西龙池抽水蓄能电站 1、2 号发电电动机故障

2009 年 10 月 16 日，山西西龙池抽水蓄能电站进行 1、2 号机组双机甩 100%负荷调试试验，500kV 系统全接线、全保护运行，电站 1～4 号主变压器运行。上午 10：06，1、2 号机组出力分别升至 300MW；10：25：39，同时拉开 1、2 号机组出口 801 和 802 开关。1、2 号机甩负荷，转速分别升至约 640r/min，励磁按程序设计不切除。10：25：43，1、2 号机组发电机横差保护 60G-A/B、纵差保护 87G-A/B 动作跳机，切除励磁；2 号机励磁变压器瞬时过流保护 50E-B 动作，跳开 1、2 号主变压器高压侧 5011、5014 开关。现场发出巨响，有烟雾从 2 台发电电动机顶部喷出，2 台发电电动机定子、转子、轴承、集电环等严重损坏，油气水管路破裂，风洞内有燃烧迹象。

故障调查及原因分析：机组甩负荷后，转速急需急剧上升，产生巨大的离心力，转子线圈产生侧向分力向极靴侧挤压，磁极线圈变形、铜排断裂甩出，与定子铁心和线棒发生接触及摩擦，导致定子单相接地短路、相间接地短路、三相短路，最终造成主机、辅机设备损坏。制造厂原设计采用向心式磁极，理论上应无侧向分力，即使不加极间撑块也不应该出现上述故障，如十三陵抽水蓄能电站发电电动机磁极结构类似且不设置极间撑块。但是西龙池机组磁极结构设计裕度不足，支撑磁极离心力的极靴尺寸偏小，即磁极线圈与极靴的接触面过窄，约仅有磁极线圈铜排宽度的一半；制造厂在磁极制造、装配式时误差偏大，磁极线圈套装质量不高；结构设计不足产生侧向分力的情况下，缺少遏制磁极线圈外凸发展和外翻的制约结构，如围带或挡块。因此，机组过速中易引起磁极线圈变形过大，使向心磁极线圈失稳，出现翻边甩出的事故。

故障处理措施如下：

（1）原磁极采用的绕制式线圈改为无氧硬铜排拼焊成形结构，且靠近极靴的最后 5 匝采用银铜合金，以增加硬度。

（2）将原磁极极靴尺寸由 940mm 增加至 990mm。改造前和改造后的磁极断面尺寸分别如图 22-4-3 和图 22-4-4 所示。

（3）磁轭段高度 2865mm，在相邻磁极之间轴向增设四个极间撑块，间距为 570mm。

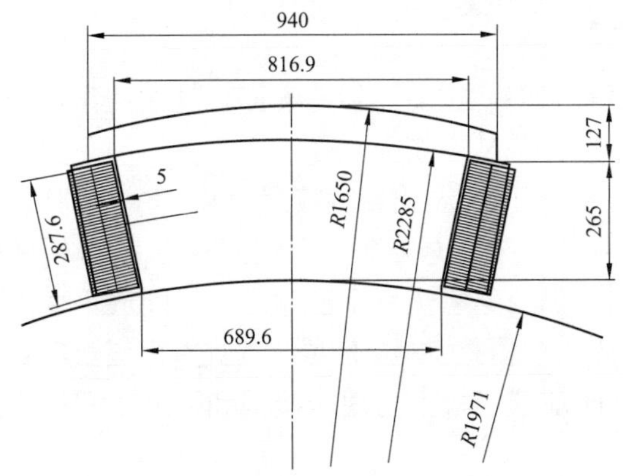

图 22-4-3 磁极断面尺寸图（改造前）

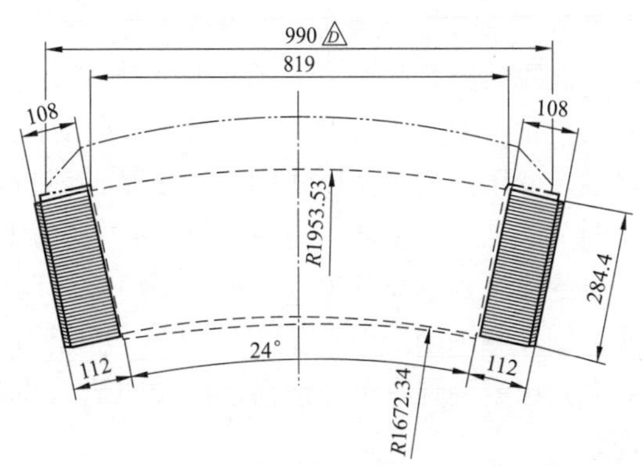

图 22-4-4 磁极断面尺寸图（改造后）

5. 广州抽水蓄能电站 B 厂机组轴承甩油

广州抽水蓄能电站 B 厂四台机组上导/推力、下导和水导轴承都存在不同程度的甩油现象。

（1）现象。轴承润滑油分别从油盆内挡油圈和油盆顶盖处甩出。上导/推力轴承甩油主要分布在上导/推力油盆盖上、发电机转子顶部、发电机定子上、风洞内空冷器集水盘等处；下导轴承甩油主要分

布在下导油盆盖上、发电机转子底部、发电机定子上、机组大轴及法兰上。在水车室中，环形电动葫芦轨道、水车室围栏等处均有油滴，水车室机坑盖板、水轮机顶盖、水导油盆盖均有积油。轴承甩油给机组运行带来隐患，造成环境污染，增加检修维护工作量。

（2）处理方法。

1）上导/推力轴承甩油。①在推力头已存在 4 个平压孔的基础上再加钻了 8 个平压孔，12 个孔在圆周方向均匀分布；②将原上导油盆内挡油圈切割取下后，焊接上新型挡油圈以及加装压油环；③在推力头内侧中下部加装一圈内挡油环；④在推力头键槽下部加装填充块，以降低风泵效应。

2）水导轴承。①在水导轴承内挡油圈约中部位置焊接一块 10mm 厚、30mm 宽的内挡油环；②原水导油盆内部的不锈钢挡油板，更换成厚 5mm 的平整胶木板挡油板；③水导油盆盖改为接触式密封油盆盖。

（3）处理效果。经过一段时间的运行，上导油槽甩油问题得到明显改善，水导甩油基本得到控制。

（二）主变压器

1. 广州抽水蓄能电站 500kV 主变压器故障

广州抽水蓄能电站 A 厂 4 台机组于 1994 年 3 月全部投入运行，B 厂 4 台机组于 2000 年 3 月全部投入运行。在主变压器定期油化色谱分析试验时，发现 2 号主变压器色谱试验结果不合格，2 号主变压器内部存在高能放电故障，将其送回原厂大修。5 号主变压器检查发现本体内均压罩经绝缘挡板向高压线圈压紧件放电，为此更换三相均压罩和绝缘挡板。

主变压器本体漏油故障和冷却器故障：8 号主变压器由于低压侧 A 相升高座底部密封漏油，导致主变压器退出运行，进行密封更换；A 厂主变压器内部冷却器铜管出现砂眼和端盖内漏而导致漏水，多次进行冷却器更换维护；B 厂主变压器冷却器在投运初期检查发现冷却器内壁生锈而全部进行除锈处理。

A 厂主变压器高压侧套管为 TRENCH（UK）生产的油绝缘套管，主变压器套管发生两次套管内部油压异常故障，一次为内部油压高报警，另一次是内部低油压报警，均采取更换套管措施消除隐患。

B 厂主变压器高压侧套管为 TRENCH（UK）生产的环氧树脂干式套管，通过每年主变压器高压套管的预防性试验，发现该类型套管介质损耗普遍偏高，部分套管介质损耗和电容值超标。到目前为止，已更换 6 号主变压器 C 相、5 号主变压器 B 相和 7 号主变压器 C 相共 3 根套管。该类型干式套管也被国内其他几个电厂所选用，在运行中均发现存在同样问题。

经验证明，定期进行油化色谱分析试验是监测主变压器运行状况的一种科学、有效手段。每年进行电气设备预防性试验来监测套管状况，及时发现问题更换套管，可以避免扩大性事故的发生。如能配备主变压器（含套管）在线监测系统，可以加强设备状态检修的手段。

2. 天荒坪抽水蓄能电站主变压器故障

（1）故障情况。2000 年 7 月 5 日 1 号主变压器在试运行时，主变压器差动保护突然动作，变压器油箱外壳严重变形，大量喷油，水喷雾灭火动作。事故前 500kV 系统无操作、无雷电活动。实时运行数据检查，变压器高、低压线圈温度正常。检查发现该主变压器 A 相发生接地故障，A 相调压线圈、高压线圈及圈屏均已损坏。高压引线已被电弧烧断，线圈上、下压板断裂，上端部有约 10 个饼的线圈短路，匝绝缘烧焦铜线翻出，严重变形塌陷。调压线圈间隔的绝缘垫块全部塌下，线圈严重变形，高压引线下偏外侧围翻出 1m 直径的破口，可见到内部铜线。A 相旁轭对应围屏破损处有电弧放电点，下夹件对应高压线圈处有电弧烧损，形成凹陷，并在线圈底部下压板上发现一些铜和铁末子。最终按退货处理。

3 号和 6 号主变压器在安装后进行局放试验时，其局放量均不满足合同要求，最高值超过 1500pC，返厂处理，并更换 C 相全部绝缘。出厂局放试验，A 和 C 相为 500pC、B 相大于 1000pC，仍然不满足合同要求，做退货处理。

（2）故障分析。电站 6 台主变压器，其中 2 台在安装中未能通过局部放电试验，1 台在试运行中发生故障，主要原因有：

1）内部质量。变压器内部存在金属杂质，3 台变压器事后解体检查和事故后对冷却器管道检查，发现变压器芯部存在铁屑等杂质，以及冷却器焊接时焊缝未清理干净留下的焊渣等。这是制造厂工艺控制不严所致；其次杂质也来自冷却器油阀门频繁动作引起阀片上的金属磨损。

2）结构设计。主变压器安装在地下厂房，对运输和安装的尺寸有限制，同时对变压器损耗要求较高，又要求采用有载调压装置，因此对结构设计要求较高。有载调压的调压线圈需要占据较大的空间，又要限制变压器的重量和尺寸，这些都要求变压器芯部的设计必须紧凑，增加了绝缘设计的难度。

3）经验教训。主变压器参数选择应优先考虑其绝缘结构留有充分的余地，能用油隔板大油隙的不要用薄板筒小油隙，尽量不采用导向冷却，如有可能不过分限制变压器的运输重量和尺寸，不宜片面追求低损耗。能用无载调压的不要用有载调压。在制造阶段严格控制变压器的制造质量。严格控制变压器的安装质量，保证安装环境的清洁，特别要控制开箱工作的时间和干燥空气的质量，注意现场抽真空的质量；对于变压器的所有附件，特别是油路通道应认真检查清理。变压器建议使用在线色谱分析，对于色谱有异常的变压器应装设在线局部放电监测装置。定期进行预防性试验，发现异常及时跟踪分析并处理。

（3）高压环氧胶浸纸电容套管故障。天荒坪抽水蓄能电站和广州抽水蓄能电站 B 厂主变压器高压套管采用英国传奇生产的 ERIP 环氧胶浸纸电容套管，先后不同程度上出现问题。

1）环氧胶浸纸电容套管的结构特点。环氧胶浸纸电容套管为与 GIS 联结的油/SF_6 套管。这种电容套管采用干态皱纹纸绕制套管的电容芯，在层间夹有铝箔纸组成的 25 个电容屏，在真空干燥状态下整体进行环氧树脂浸渍、固化、车削成型，表面涂釉，中间装上安装法兰。套管电容芯最外层末屏用小套管引出，在运行时接地，最内层与套管的导电铜杆相连。

2）环氧胶浸纸电容套管介质损耗变化原因。经过几年来运行，在每年对套管进行的预防性试验发现，介质损耗值超过 0.7%，电容量超过 5%。环氧胶浸纸电容套管测试的介质损耗值异常变化的原因可以用电介质理论来解释。由于套管采用的环氧胶浸纸绝缘介质是一种结构多层的极性电介质，在外电场的作用下，会积累自由电荷，产生夹层介质表面的极化；当测试电压较低时电介质极化损耗产生的有功电流在总的介质有功电流中占有的比例较大，造成测试的介损值偏大，随着试验电压的升高，电介质的电导电流比例增加，电介质极化损耗产生的有功电流在总的介质有功电流中占的比例减少，测试的介质损耗值降低。通过对主变压器做分合闸冲击可以使一些套管测试的介质损耗值增大，通过对主变压器电压零升零降可以使介质损耗值恢复原值。

3）环氧胶浸纸电容套管电容量变化原因：在环氧胶浸纸电容套管试验中发生介质损耗升高的同时，又发现套管电容量的升高。对套管进行解剖后发现，当套管测试的电容量变化时，会有套管内部的电容屏发生层间击穿，一般电容量每增大 4%～5%，就有一个电容屏发生层间击穿。环氧胶浸纸电容套管是由干燥的皱纹纸真空浸渍环氧树脂制成的，如果浇筑浸渍工艺不严，绝缘结构内部存在气隙，就不能通过出厂局放试验。而运行数年的套管虽然已通过出厂试验，但是固体绝缘在较长时间运行后，原来浇筑浸渍有缺陷的部位在电场作用下会进一步发展使绝缘劣化，就会造成局部的绝缘击穿。对此应引起高度重视，每年定期做预防性试验，及时发现和更换有缺陷的套管。

3. 仙居抽水蓄能电站主变压器故障

（1）故障情况。2020 年 5 月 21 日 23：45：00，运行人员执行 1、2 号主变压器空载送电合闸操作，23：45：43，主变压器开关合闸，23：45：44 开关跳闸。检查发现 2 号主变压器室内有油雾，检查 2 号主变压器，发现重瓦斯、压力释放阀保护标识动作，靠近 A 相高压套管侧压力释放阀底部有绝缘油喷出痕迹，变压器箱体高低压侧共有 6 处箱体加强筋焊缝开裂，顶部气体继电器取油管法兰固定螺栓一颗脱落、一颗松动，主变压器低压侧避雷器三相计数器动作，B 相避雷器外壳脱落，阀体有放电烧蚀痕迹。

（2）故障调查及原因分析。解体检查发现，B 相高压线圈外部围屏损坏；B 相上部压板在靠近 A 相的一侧开裂，B 相高压线圈在靠近 A 相的一侧，最上部线饼变形；B 相高压线圈中部内侧，第 5～15 根撑条范围内，导线明显变形，第 9、第 11 根撑条处导线有烧蚀现象；B 相低压线圈中部第 9 根撑条处有烧蚀痕迹。B 相高压线圈首饼自内向外第 6～7 匝间存在放电痕迹。经分析主要故障原因在于 B 相高压线圈首饼自内向外第 6～7 匝间绝缘局部存在缺陷，在变压器合闸的瞬间，匝间绝缘未能承受住合闸时的电应力冲击，造成线圈短路。

（3）故障处理措施。

1）变压器高压绕组内屏段导线匝绝缘从 1.54mm 增加到 1.95mm；连续段导线匝绝缘由 1.54mm 增加到 1.6mm。

2）屏蔽线匝绝缘厚度由 3.04mm 增加到 4.25mm。

3）高压首端两匝绝缘增加 1mm。

（三）高压电缆

1. 广州抽水蓄能电站充油电缆终端漏油故障

广州抽水蓄能电站 A 厂 500kV 电缆在与 GIS 连接时，发现 6 个电缆下终端中有 5 个漏油。厂家对 6 个电缆下终端的结构和材料进行现场改造，修复工作从 1993 年 2 月开始，至 1993 年 3 月完成。在其后的运行中也多次发生电缆终端漏油故障。2003 年 7 月蓄北线 C 相电缆因漏油渗入电缆外护层而出现膨胀，电缆直径最大处已达到 187.7mm，比正常直径大约 52mm。采取对 C 相电缆下终端漏油点进行修补并对电缆外护层采取引流、泄压的措施，维持电缆的安全运行。

1999 年 8 月 500kV AB 联络线充油电缆户外上终端 A、B 相套管发生爆炸事故。经分析漏油故障主要是结构设计、材料选型、现场工艺等方面引起。现场制作工艺，特别是现场焊接工艺是发生漏油的决定因素。

2. 十三陵抽水蓄能电站 220kV 电缆终端爆炸事故

2002 年 2 月 4 日陵昌Ⅰ线 B 相高压电缆户内电缆终端（GIS 电缆终端）爆炸。事故时 4 台机组均处于停机备用状态，厂用电处于正常运行方式，陵昌Ⅰ线 220kV 电缆仅带厂用电负荷，容量相对额定容量很小。

（1）产生原因。在运行中所有户内 GIS 电缆终端硅油耐压普遍偏低，拆开 A 相 GIS 电缆终端露出应力锥，在应力锥与电缆接合部，外表无过热变色痕迹，拆开绝缘带露出电缆半导体层与应力锥接合部，发现在电缆的阻水层内有油，外包绝缘带发现有砂眼，由此可以确定硅油渗漏部位就是电缆阻水层。产生的原因是在安装应力锥尾部与电缆外层接合处包扎绝缘带时厚薄不均，屏蔽铜带折弯绑扎产生的尖角或毛刺划破较薄绝缘带，导致硅油内漏进入电缆阻水层。

（2）事故处理。在电缆对接一段电缆做一个中间接头和一个户内终端头。

（3）预防措施。

1）不定期换油。为避免其他电缆终端再发生类似事故，于 2002 年 5 月将电站所有户内和户外电缆终端进行换油处理。2003 年 4 月检修巡视发现电缆硅油补偿器内有絮状沉淀物，取样分析，发现陵昌Ⅱ线 GIS 电缆终端 A、C 相硅油耐压值较其他终端硅油耐压值偏低，分别是 28.8kV 和 33.6kV（其他终端硅油耐压值都在 41kV 以上）。

2）加强巡视。在第二次换油后，2003 年 12 月巡视又发现陵昌Ⅰ线 SF_6 终端硅油补偿器中油位比原来油位下降了 20mm，而其他各相（包括陵昌Ⅱ线）油位基本正常。之后，油位变化除陵昌Ⅰ线 A 相继续下降外，其他终端基本正常。在 2004 年 11 月 23 日巡视时又发现，在全部 6 个 GIS 电缆终端普遍出现了细小颗粒的沉淀物。

3. 洪屏抽水蓄能电站 500kV 电缆故障

（1）故障情况。2019 年 4 月 10 日 23：03，洪屏抽水蓄能电站开关站 1 号电缆线差动保护 A、B 套均动作，1 号电缆线 5001 开关跳闸。故障录波显示 1 号电缆线 C 相单相接地故障，跳闸设备保护范围内其他一次设备未发现明显异常。

（2）故障调查及原因分析。分别从 C 相地下和地面分两个方向进行电缆故障测距，结果为地面至地下侧故障点定位约 82.1m，地下至地面侧故障点定位约 875m，两个方向定位距离基本一致。进一步检查发现故障定位点处电缆外护套存在约 1cm 破损痕迹，确定 C 相击穿接地。

打开故障点电缆外护套后，发现大量碳化粉尘窜入电缆外护套和电缆铝护套之间，主绝缘、屏蔽层、铝护套、外护套均被烧损。C 相电缆实际击穿点在原电缆出厂时表面喷码为 101m 处，故障后在故障点处截断 20m 并解剖。现场另选取了 3 段故障相电缆截断样品进行解剖：①段为往地面 GIS 垂直终端方向喷码为 49m 处，②段为往地下 GIS 水平终端喷码为 185m 处，③段为往地下 GIS 水平终端喷码为 247m 处。现场解剖后发现①段和②段缓冲层、绝缘屏蔽层存在烧蚀点，③段未发现有烧蚀点，烧蚀点均可清晰看出对应于铝护套的波谷段。现场又另选取了 1 号电缆线非故障相 A、B 相电缆进行抽样解剖：④段为 A 相电缆距离地面 GIS 垂直终端 36m 处，⑤段为 A 相电缆距离地面 GIS 垂直终端 330m 处，⑥段为 B 相电缆距离地面 GIS 垂直终端 370～372m 处，三段缓冲层均存在烧蚀点，且⑥段部分伤及绝缘屏蔽层。现场照片如图 22-4-5～图 22-4-7 所示。

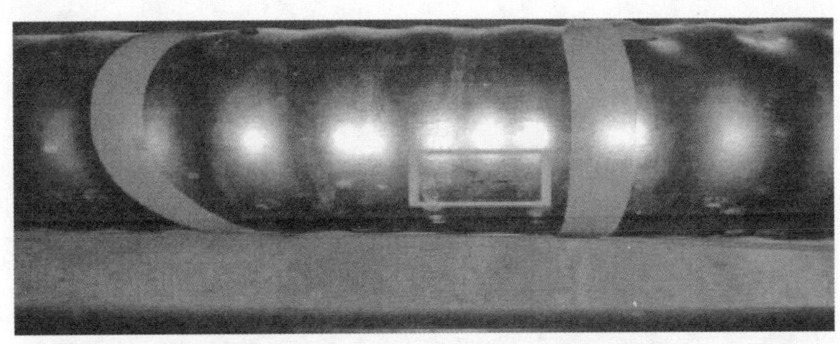

图 22-4-5　电缆外护套表面击穿点裂纹

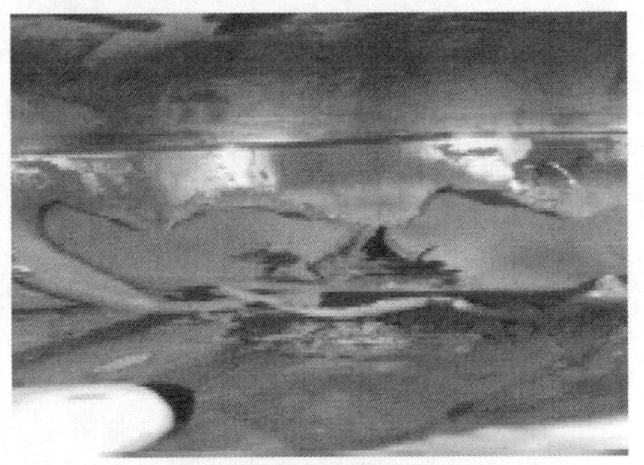

图 22-4-6　故障点主绝缘、绝缘屏蔽层、铝护套均击穿烧损

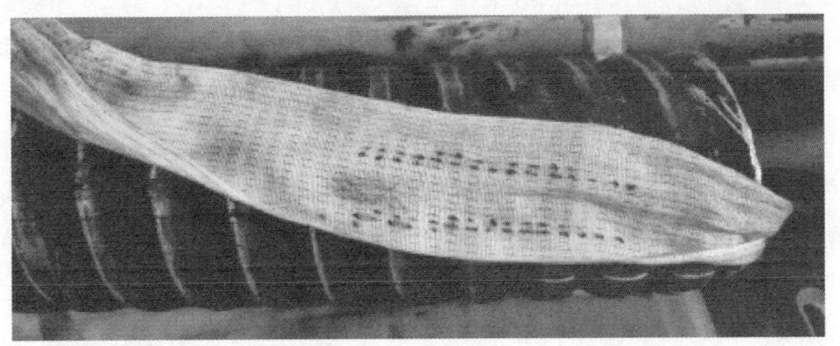

图 22-4-7　故障点靠近地下 GIS 垂直终端方向 1.8m 处烧灼的金布

故障发生后，先后将 C 相故障电缆段（击穿点 50cm 样品电缆和故障点两侧各 1m 电缆）、剩余电缆随机抽取两段，共五段电缆送第三方检测机构进行理化分析。根据 GB/T 22078.2—2008《额定电压 500kV（U_m＝550kV）交联聚乙烯绝缘电力电缆及其附件　第 2 部分：额定电压 500kV（U_m＝550kV）交联聚乙烯绝缘电力电缆》、JB/T 10259—2014《电缆和光缆用阻水带》等标准对样品的绝缘物理机械性能、护套物理机械性能、电缆结构尺寸、主绝缘微孔杂质、阻水带体积电阻率等进行了全面检测、试验和故障原因分析，确定洪屏电站 500kV 1 号电缆线 C 相主绝缘击穿接地故障是由于电缆铝护套和绝缘屏蔽电气接触不良所致。造成电气接触不良的原因与该电缆缓冲层中金布结构有关，由于金布中金属丝直径小于金布的平均厚度，在不同紧密程度的情况下易导致电缆绝缘屏蔽与铝护套局部电气接触不良，严重时处于电气绝缘状态，形成间隙放电，产生烧蚀，最终导致主绝缘击穿。上述故障原因反映出当时国内高压电缆制造过程中，对于金布＋阻水缓冲带的缓冲层结构设计无可用规范执行，运行经验不足，缺乏标准支撑。

（3）故障处理措施。鉴于上述电缆故障属于产品本体质量缺陷，抢修工作确定为更换 500kV 1 号电缆线全部三相电缆。2019 年 4 月 27 日～5 月 31 日，新电缆在电缆厂完成生产和出厂试验；6 月 3～6 日，三根新电缆依次到达电站现场；6 月 16 日，完成三根电缆敷设安装、地面和地下侧共 6 个电缆终端制作与安装工作；6 月 19～21 日，完成三相新电缆主绝缘交流耐压试验和局放试验。6 月 21～23 日，完成三相新电缆地面、地下侧 GIS 水平和垂直终端导体连接回装；6 月 24～26 日，1 号电缆线送电并空载运行 24h，检查 GIS、主变压器等设备运行无异常；6 月 27～28 日，1 号电缆线检修竣工，1、2 号机组恢复备用。

（四）GIS 电气装置

1. 十三陵抽水蓄能电站 GIS 开关故障

（1）故障过程。当十三陵抽水蓄能电站 2 号机组水泵工况起动、转速达额定值、机端电压已建立、等待同期并网时，GIS 2 号开关 A 相断口承受双倍额定电压下出现放电，导致 2 号主变压器高压侧 I_a 和 $3I_0$ 电流突然增大，机组瞬间加速，此时变频器正在运行中，使得变频过速保护动作，跳开机组励磁开关和 2 号 GIS 主开关，同时起动保护出口，失灵保护具备动作条件，跳开陵昌Ⅰ线昌平 500kV 变电站侧开关。

（2）故障原因。将 2 号 GIS 解体，打开发生故障的 A 相后，在 GIS 金属接地壳体内部和开关外表面出现大量的黑色粉状物，解体发现灭弧触头系统烧伤，灭弧嘴有拉弧操作痕迹。黑色粉末是在开关频繁操作产生的电弧和一定压力作用下，开关滑动部位的润滑脂、绝缘材料、触头本身材料等与 SF_6 反应的产物积累而成。分析产生的原因：①开关操作频繁，产生的杂质多，降低了开关断口的承压能力；在承受反向电压时，场强最强处在喷嘴内表面，喷嘴接缝处先起弧，导致其他部位击穿闪络。②制造商对这种开关在频繁操作的抽水蓄能电站中运行的经验不足，开关结构的设计裕度偏小。在水泵工况承受两倍额定电压的情况下进一步加速了 GIS 中 SF_6 绝缘气体的击穿，于是发生闪络并延伸到喷嘴内外两面导致故障。

（3）处理办法。更换灭弧室，变更检修周期。

2. 长龙山抽水蓄能电站 GIS 的 TV 谐振

（1）TV 谐振现象。长龙山抽水蓄能电站 550kV GIS 为三进两出双母线接线。2020 年 12 月 19 日下午，电站进行 500kV 倒送电倒闸操作，5052 开关、母联 5012 开关及 5051 开关均合上，500kV 双母线均带电运行，其中 5051 开关与Ⅰ母相连，5052 开关与Ⅱ母相连，如图 22-4-8 所示。14：05，拉开 5052 开关，14：08，拉开母联 5012 开关，监控发现 500kVⅡ母 C 相相电压显示为 234kV 左右，A、B 两相感应电压正常（均为 30kV 左右）；14：10，拉开 5051 开关，监控发现 500kVⅡ母 C 相电压依旧显示为 234kV 左右，A、B 两相感应电压正常。500kVⅠ母三相感应电压均正常，现场检查发现 500kVⅡ母 C 相 TV 的振动及声音较为明显，其余两相无振动。现场初步判断为谐振，向调度说明后申请合上母联 5012 开关，监控显示Ⅱ母 C 相电压降至正常（30kV 左右），Ⅰ母感应电压 C 相瞬时升高至 91.65kV 又恢复至 30kV，其余两相均正常，进一步检查发现Ⅱ母 C 相 TV 的二次侧消谐装置空气开关处于分闸状态。

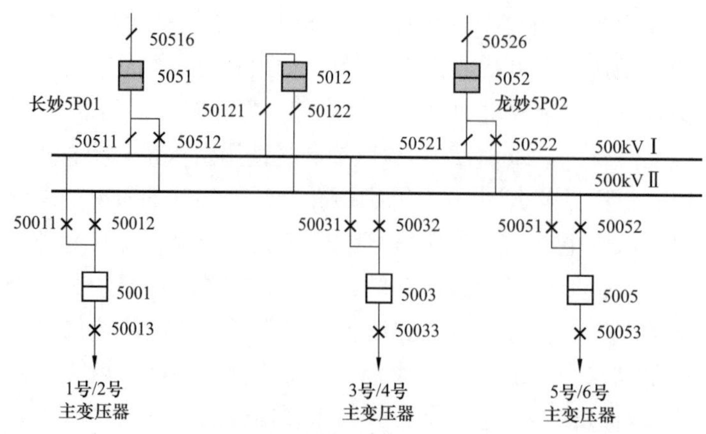

图 22-4-8　谐振前 500kV 设备状态

2021年2月1日上午，电站进行500kV停电操作，初始情况如图22-4-8所示，操作前现场检查确认500kVⅠ母/Ⅱ母各TV的阻尼线圈两个空气开关均合上，TV振动、声音正常，500kV合环运行，母线及线路电压均正常。07：08，拉开5051开关，07：10，拉开5012开关，监控发现Ⅰ母C相电压显示为295kV左右，A、B两相感应电压正常（均为30kV左右），现场检查发现Ⅰ母C相TV的振动及声音较为明显，且其二次侧消谐装置空开跳开。07：14，拉开5052开关，监控显示Ⅱ母三相感应电压均正常，监控发现500kVⅠ母C相电压依旧显示为295kV左右，A、B两相感应电压正常，现场检查Ⅰ母C相TV的振动及声音未减弱。07：15，合上500kVⅠ母C相TV二次侧消谐装置空气开关后，Ⅰ母C相电压恢复正常，现场TV振动及异音消失，谐振现象消除。

（2）故障调查及原因分析。电力系统中的非线性电感元件和电容元件可形成各种振荡回路。依据长龙山500kV GIS的具体电气结构和运行工况，厂家利用电磁暂态仿真软件建立了550kV GIS铁磁谐振的数值仿真计算模型。仿真分析了550kV GIS在系统中切空载母线操作时，暂态激发下可能出现铁磁谐振，即当系统Ⅰ母带Ⅱ母运行时，母联5012开关，分闸操作切除空载母线Ⅱ时，或者当系统Ⅱ母带Ⅰ母运行时，母联5012开关分闸操作切除空载母线Ⅰ时，系统会出现频率为17Hz的三分频铁磁谐振。振荡中出现的过电流引起TV振动。另外，根据现场情况，二次侧消谐装置可靠接入时，可有效抑制谐振，而消谐装置空气开关非正常分闸后，未能抑制谐振。

（3）故障处理措施。

1）确保二次侧消谐装置回路连通，以使消谐装置可靠接入。如在MCB安装导轨支座处增加缓冲垫，增强MCB开关抗震动能力，不会误分闸；或取消MCB开关，改为滑块式桥接端子连接方式便于检修，运行时成为直连方式。

2）更换母线TV，选用励磁特性更好、铁心不易饱和的低磁通密度的电压互感器；但低磁通密度TV的二次输出容量相对较小，需复核其二次侧容量能满足电厂运行的需要。

六、电气二次部分

（一）计算机监控系统

我国早期建设的抽水蓄能电站，机组监控系统几乎都是随进口主机设备引进国外产品，好处是监控系统和机组都在承包商的责任范围内，机组的监视与控制由承包商负责，使业主避免卷入烦琐的协调工作之中。此外，监控系统的引进也使我们可以借鉴国外的先进技术，有助于推动我国水电厂自动化技术的发展。经过技术引进与消化吸收，我国已经具备生产大型抽水蓄能机组设备的能力，相应的进口抽水蓄能电站监控系统也逐步成为历史。目前，国内新建抽水蓄能电站的计算机监控系统已基本国产化，早期投运的潘家口、张河湾、西龙池等抽水蓄能电站的监控系统也进行了改造，改造后的系统运行良好；河南宝泉、广东惠州抽水蓄能电站的计算机监控系统改造也已在进行中。

（二）广州抽水蓄能电站对断路器失灵保护的改造

传统的断路器失灵保护是由继电保护起动的，但抽水蓄能机组起停频繁，出口断路器跳合同样频繁，操动机构的故障机会较多，正常停机时断路器拒动的可能性高于常规电站。广州抽水蓄能电站就发生过1台机组正常停机时操动机构漏气导致断路器拒动，使事故扩大化。为此，广州抽水蓄能电站对机组断路器的失灵保护作了修改，如图22-4-9所示。修改后的失灵保护逻辑有如下特点：

（1）考虑了抽水蓄能机组断路器跳合频繁的特点，将所有跳发电机断路器（GCB）的命令作为起动条件。

（2）将相电流元件和零序电流元件取“或”作为GCB未打开的判据，体现了我国的规范与“反措”的要求。

（3）相电流按各种工况下正常停机时的最小值整定，零序电流按躲过机组正常运行时的不平衡电流整定。

（4）为避免机组处于起动或电制动过程时失灵保护误动，增加了拖动刀闸、被拖动刀闸、电制动刀闸全部打开的闭锁条件。

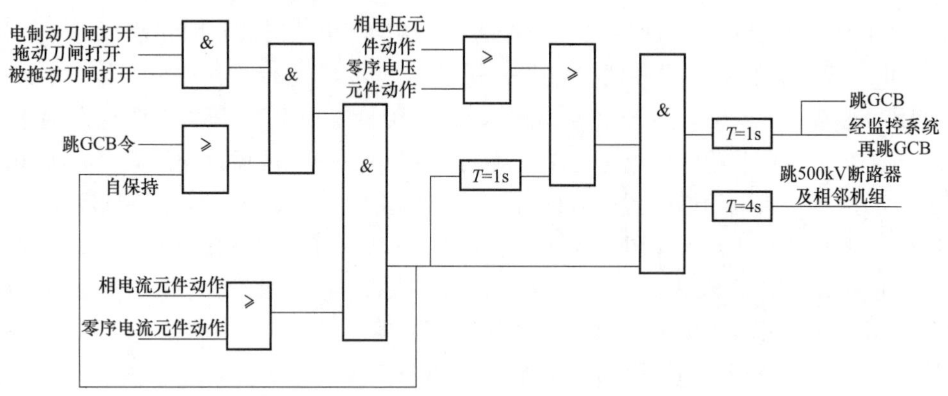

图 22-4-9 广州抽水蓄能电站修改后的断路器失灵保护框图

（三）十三陵抽水蓄能电站对同步系统的改造

静止变频起动装置（SFC）起动机组和背靠背起动机组在同期时有两种做法，十三陵抽水蓄能电站采用的做法是将被拖动机组加速到额定转速以上，然后断开 SFC 和拖动机组，使机组失去原动力，靠惯性运转。在机组因机械阻力逐渐减速的过程中，同步装置捕捉满足同步条件的瞬间，适时地合上被拖动机组的断路器，完成并网。

采用这种同步方式，同步并网令应当在机组频率高于电网频率时发出，这样在合闸完成时，二者的频率几乎相等。同时，合闸的提前角应当使合闸瞬间机组电压向量与电网电压向量相重合，机组可以平滑地并入电网。十三陵抽水蓄能电站原先采用的同步装置是监控系统厂家配套提供的 TAS 型，只能设一套参数。而水泵工况和发电工况并网所需的合闸提前角是有差别的，实际合闸提前角是按照发电工况并网设置的，导致水泵工况并网时合闸提前角偏大，合闸瞬间的冲击较大，对电网和机组均不利。为了解决这个问题，十三陵抽水蓄能电站会同南瑞自动控制有限公司对原机组同步系统进行了改造。改造工作主要包括两个部分：首先，修改监控系统组态，解决监控系统与同步装置之间的接口问题。在组态中增加了发电工况、SFC 起动、背靠背起动、同步起动四个送到同步装置的开关量输出命令。其次，新增 SJ-12C 型双微机自动准同步装置。通过现场实测，针对发电工况、SFC 起动、背靠背起动工况分别设置了三套参数（合闸提前角），实现了与调速系统、励磁系统、SFC 控制系统的最佳配合。

改造后，同步并网时的冲击声明显降低，录波仪记录的波形反映的冲击电流显著减小，在各种工况下都实现了平稳并网，达到了预期的改造目的。

（四）张河湾抽水蓄能电站计算机监控系统国产化改造

张河湾抽水蓄能电站装机 1000MW，安装 4 台单机容量 250MW 的单级混流可逆式水泵水轮机组，以一回 500kV 线路接入河北南网，电站于 2008 年投入商业运行。原电站计算机监控系统采用阿尔斯通 ALSPA P320 产品。在 2020 年 4 月完成计算机监控系统整体改造，解决了产品故障率逐年升高、维护服务费用高等问题。

改造后的计算机监控系统由电站控制级和现地控制单元级组成，网络结构采用星环混合的拓扑结构，如图 22-4-10 所示。即将物理位置较近的部分下位机（1～4 号机组现地控制单元、公用设备现地控制单元、开关站现地控制单元及附属用房公用设备现地控制单元）组成环网结构通过冗余的子交换机连接成环网，上水库、下水库及 35kV 现地控制单元以星形连接方式接入环网中。上位机设备均以星形方式连接到 A、B 主交换机上，实现双机双网，满足了数据传输的可靠性以及改造项目对网络结构灵活性的要求。主控级设备采用 HP 服务器/工作站，配有液晶显示器，现地控制单元级（LCU）由交换机、控制器、触摸屏等设备组成，LCU 以 MB80 型 PLC 为核心，系统由国电南瑞科技有限公司集中成套供货。

在监控系统改造过程中，采用基于 OPC 的 IEC 60870-5-104 通信方式实现了上位机改造时新监控系统上位机与原监控系统现地控制单元（LCU）之间的数据交互和下位机改造时新监控系统 LCU 与原监控系统 LCU 之间的数据交互。张河湾计算机监控系统改造是我国首个全进口大型抽水蓄能电站计算机监控系统完整国产化改造，为同类型抽水蓄能电站计算机监控系统改造提供了有价值的技术参考和丰富的实施经验。

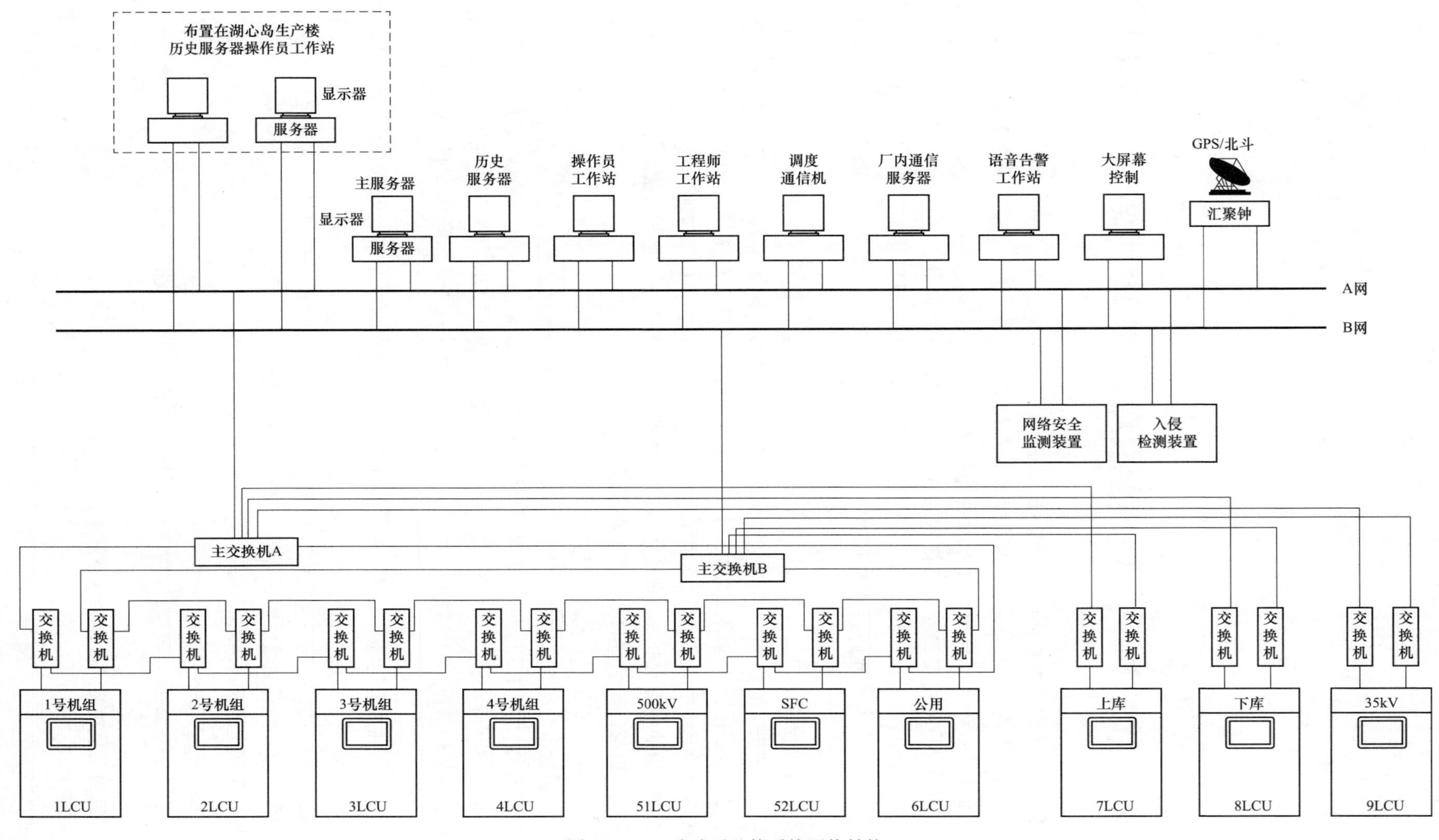

图 22-4-10 改造后监控系统网络结构

第二十三章　国内部分抽水蓄能电站创新技术工程实例

我国第一批大中型抽水蓄能电站于 20 世纪 90 年代相继开工建设，并有 7 座投产，装机容量达 5555MW。在这一时期，比较好地解决了抽水蓄能电站选点规划、抽水蓄能电站在电力系统中的作用与经济效益、上水库混凝土面板和沥青混凝土面板全库防渗、大 PD 值高压钢管和混凝土高压隧洞建设、大型地下洞室群开挖支护等关键技术问题，通过引进单机容量 200～300MW、单级水头 400～600m 的水泵水轮机，比较好地解决了主机及附属机电设备的选型与设计等关键技术问题，很好地发挥了后发优势，技术水平在较高起点起步，在较短的时间内与国外抽水蓄能电站的建设技术水平同步。

21 世纪前十年建成第二批大中型抽水蓄能电站 13 座，建成装机容量 11355MW。建设规模扩大，单个电站的最大装机容量达 2400MW；单级混流式可逆机组最大扬程达 703m。这批抽水蓄能电站的勘测设计结合电站所处的地形、地质、泥沙、水文等特殊条件，提出和实践着一批创新技术。如宜兴抽上水库在陡倾沟谷地基建坝、张河湾下水库泥沙处理、西龙池上水库在严寒地区建设全库防渗的沥青混凝土面板、琅琊山抽水蓄能电站分裂变压器的采用和地下厂房“一”字形布置、泰安上水库库底应用防渗土工膜等，把我国抽水蓄能电站技术水平推向新的高度。

2011 年以来的十多年里，随着新能源的快速发展，我国建设了一批大型抽水蓄能电站，是我国抽水蓄能电站建设技术由借鉴、引进、消化吸收到实现自主创新的跨越发展阶段，包括自主研发了 700m 级高水头大容量抽水蓄能机组、引进大容量交流励磁变速抽水蓄能机组、500kV 交流电缆单根长度突破 1500m、国产 800MPa 级高强钢板在高压钢管和岔管中的应用以及 TBM 技术在抽水蓄能电站地下洞室的应用等，通过抽水蓄能的建设带动了材料工业、施工装备技术、设备研发和制造自主化水平达到了世界先进水平。

本章所选取的抽水蓄能电站工程实例，不再重复各种期刊和专业图书中曾介绍过的电站一般技术经济指标、工程特性等，而是仅就已建成投产或建设施工中的抽水蓄能电站的创新技术作精简扼要介绍。这些创新技术有的正在建设实施中，有的才建成进入运行初期，多数是已投产运行多年，经过各种设计工况的考验，并有完整的监测成果。这里建议读者在吸收某些创新技术成果时，应注意各工程的具体条件，尤其是建成投运后实际的运行状态。

第一节　水　能　规　划

一、具有周调节功能的惠州抽水蓄能电站

（一）工程概况

惠州抽水蓄能电站是国内首个开展周调节性能研究论证的工程，总装机容量为 2400MW，装机 8 台，单机容量 300MW。

上水库充分利用库盆地形，以修建主、副坝为主形成库容。主坝为碾压混凝土重力坝，最大坝高 56.1m。上水库校核洪水位 764.09m，相应总库容 3573.8 万；正常蓄水位 762.0m，死水位 740.0m，

相应调节库容 2734.7 万 m^3，死库容 431.4 万 m^3。上水库库容较大，可满足 8 台机满发 12h 和 3h 事故备用所需库容的要求，为电站进行周调节运行提供了条件。

下水库位于博罗县阳镇下礤头村，处于榕溪沥水上游，坝址控制集雨面积 11.29km^2，坝址以上河道长 5.25km，库区四周为高山峻岭，河道陡峻，流域内水土保持良好，平时水流清澈，含沙量小。主坝为碾压混凝土重力坝，最大坝高 61.17m。下水库校核洪水位 234.67m，相应总库容 3827.3m^3，正常蓄水位 231m，死水位 205m，相应调节库容 3190.5 万 m^3，死库容 423.9 万 m^3。满足与上水库配套进行周调节运行的要求。

国家发展和改革委员会于 2002 年 11 月批准项目建议书。工程于 2003 年 8 月开始施工准备，2004 年 10 月主体工程开工，第一台机组于 2009 年 5 月投入运行，2011 年 6 月 8 台机组全部投产。

（二）广东电力系统负荷发展的需求

根据当时广东省社会经济发展规划，预测“十五”（2000～2005 年）、“十一五”（2006～2010 年）、“十二五”（2011～2015 年）期间省内生产总值年平均增长率分别为 9.0%、8.0%和 7.0%。与之相适应，电力需求将继续保持较快速度增长，预测 2005 年和 2010 年广东全社会用电量分别将达到 1865 亿 kWh 和 2563 亿 kWh；“十五”和“十一五”期间，广东全社会用电最高负荷平均增长率分别为 7.6%和 6.7%。

为适应地区能源特点，广东电力系统电源结构向多元化发展，包括常规水电、煤电、气电、核电、西电、抽水蓄能电站等多种电源。广东在“十五”期间接受外电送粤 10GW 后，还必须在省内适当建设电源。

1. 电源结构的优化

在 2000 年完成广东电源优化研究工作的基础上，采用国家电力公司动力经济研究中心开发的电源优化软件 GESP，对广东电源优化进行了深入研究，其优化的理论基础是混合整数规划理论，优化的原则和目标是满足电力系统需求及各种技术经济约束条件下，寻求最优的电源扩展方案，使研究期内系统的总费用最少，研究结果如图 23-1-1 所示。图中给出了 2005～2015 年系统中各类电源优化配置后的比例。

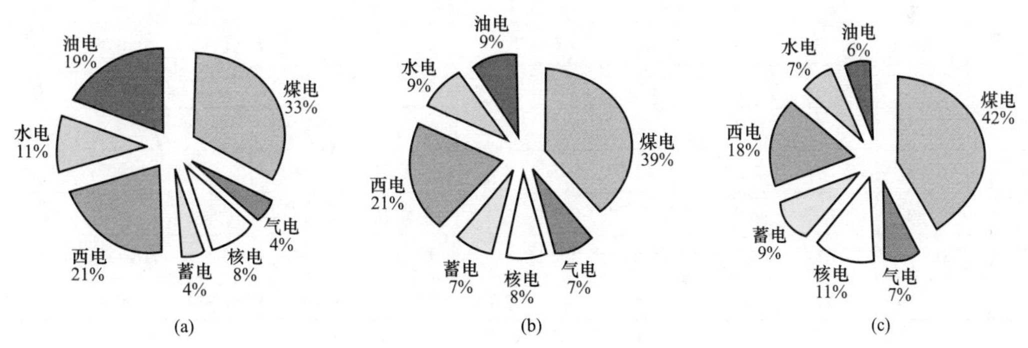

图 23-1-1 2005～2015 年广东电力系统中各类电源的优化比例
(a) 2005 年；(b) 2010 年；(c) 2015 年

(1) 广东在接受外电送粤 10GW，并考虑龙滩水电站和已建抽水蓄能电站的条件下，“十一五”期间还需在省内建设大量电源。到 2010 年，计及西电东送，广东共需装机容量近 60GW。2015 年前，广东抽水蓄能电站较为合理的比重为 7%～9%。

(2) 发展抽水蓄能电站，降低系统的总费用，提高系统的综合效益。惠州抽水蓄能电站的最终建设规模按 2400MW 考虑是必要的。通过“有”“无”规划抽水蓄能电站的条件下系统的总费用计算，考虑抽水蓄能电站的系统比不考虑抽水蓄能电站的系统节省约 24 亿元（均折现到 2000 年），见表 23-1-1。

(3) 加大外电规模并不能替代惠州抽水蓄能电站的建设。通过西电东送在 2015 年规模 13288MW 和 5500MW 对比计算，仍要求优化的电源构成中抽水蓄能的总规模不变，建设进度不变。优化的系统均需求 2007 年投产惠州抽水蓄能电站第 1 台机组，2010 年前建成 2400MW。

表 23-1-1 "有""无"规划抽水蓄能电站的电力系统经济比较

项目	有规划蓄能电站	无规划蓄能电站
总费用相对值（万元）	0	239000
投资费用相对值（万元）	0	333000
燃烧费用相对值（万元）	0	−277300
固定运行费用相对值（万元）	0	187100
变动运行费相对值（万元）	0	−4000

2. 广东电力系统周负荷特性

广东电力系统周负荷有明显变化，每逢周末网内负荷明显比周一至周五低，从周六开始下降，周日达到最低，但最低负荷（谷底）一般出现在周一的凌晨。周日高峰负荷平均低 9%，低谷负荷平均低 6%，平均负荷低 7%（见图 23-1-2）。周负荷曲线特性指标见表 23-1-2。

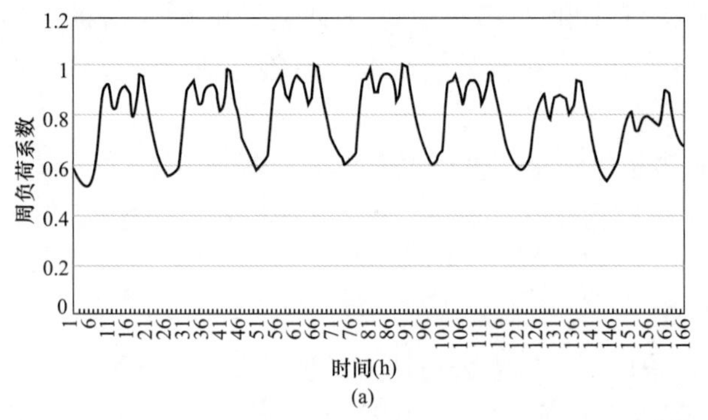

(a)

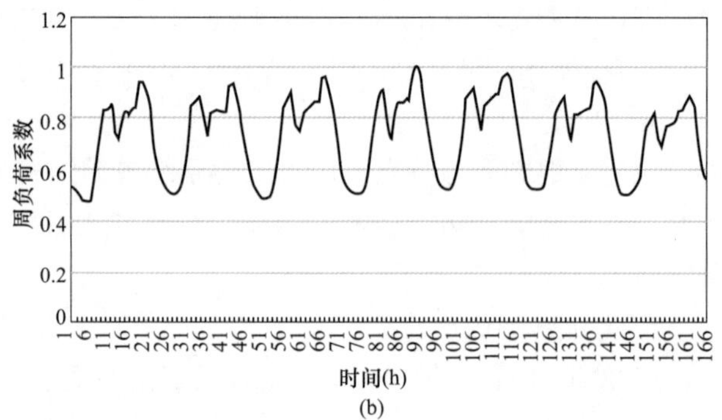

(b)

图 23-1-2 1998 年广东电力系统周负荷曲线
（a）夏季负荷曲线；（b）冬季负荷曲线

表 23-1-2 1999 年广东周负荷主要特性指标

项目		γ	β	η	$\gamma\times\eta$	$\beta\times\eta$	项目		γ	β	η	$\gamma\times\eta$	$\beta\times\eta$
夏季周负荷曲线	星期一	0.800	0.538	0.960	0.768	0.516	冬季周负荷曲线	星期一	0.960	0.768	0.955	0.722	0.461
	星期二	0.807	0.567	0.971	0.784	0.551		星期二	0.971	0.784	0.948	0.744	0.544
	星期三	0.810	0.577	0.997	0.807	0.575		星期三	0.997	0.807	0.978	0.754	0.517
	星期四	0.817	0.595	1.000	0.817	0.595		星期四	1.000	0.817	1.000	0.766	0.519
	星期五	0.821	0.602	0.977	0.802	0.588		星期五	0.977	0.802	0.977	0.774	0.545
	星期六	0.815	0.619	0.925	0.754	0.573		星期六	0.925	0.754	0.941	0.739	0.558
	星期日	0.804	0.619	0.867	0.697	0.536		星期日	0.867	0.697	0.881	0.692	0.570

注 γ 为日平均负荷率；β 为日最小负荷率；η 为日最大负荷率。

按照周负荷图的要求调度，抽水蓄能电站的抽水、发电用水量每日均不相同，有时相差还很大，且日内抽水、发电用水量不平衡。一般周末抽水量多而发电用水量少，周一、周五则相反，周二至周四基本平衡。周日抽水量比平均情况平均多 7%，发电用水量比平均情况平均少 17%。

（三）惠州抽水蓄能电站采用周调节运行的论证

1. 采用的研究方法及方案拟定

电源扩展优化模型（chronolgoical generation simulation model，CGSM）是对拟定的电源扩展方案进行电站运行模拟，计算整个系统和各个电站的技术经济指标，最后得出系统的总费用现值及可靠性指标的规划模型。其主要特点如下：

（1）在典型周负荷历时曲线上有序地进行电源生产模拟，最小时段为 1h，每周由连续的 168h 构成，每年由连续的 52 周组成。

（2）机组的检修按整台机组计，以检修时造成系统潜在损失最少为依据，逐周在年最大负荷曲线上进行安排。

（3）水电站按充分利用其容量及能量为原则安排工作位置。

（4）抽水蓄能电站按各周内获得效益最大的原则运行，发电位置及抽水位置受系统内火电站的边际费用和自身的调节性能约束，抽水工况机组满负荷运行。

（5）通过整数规划确定系统每周的开机规模及开机对象。

（6）火电站以二次多项式的型式描述其煤耗特性，并按边际费用由低到高确定发电顺序和工作容量，确保发电费用最少。

（7）系统的发电可靠性通过各年内不能满足负荷需求的期望天数和期望电能来描述。

方案拟定：①有惠州抽水蓄能电站的广东省电力系统电源装机方案；②无惠州抽水蓄能电站的广东省电力系统电源装机方案。在有惠州抽水蓄能电站方案中，设定惠州抽水蓄能电站最大装机容量2400MW，无惠州抽水蓄能电站方案中，这部分容量由火电替代。

对常规水电站计及水文气象条件的随机性，采用了两种设计水平年，即平水年（来水年份保证率$P=50\%$），枯水年（$P=90\%$），对每种设计水平年分别计算有、无惠州抽水蓄能电站两个方案的技术经济指标。

2. 要求输入的基本资料

CGSM模型对资料的要求更为详细。周负荷曲线采用1998年广东电力系统夏季、冬季典型周负荷曲线。火电机组的燃耗特性以二次多项式来描述。电力系统的燃耗曲线是计算系统内火电机组边际费用的基础，也是决定火电站工作位置以及抽水蓄能电站发电或抽水位置的依据。常规水电，以新丰江的水文系列为样本，计算各设计保证率的设计水平年的出力过程，并计算省内其他水电站相应此设计水平年的出力过程，出力过程包含预想出力、平均出力和强迫出力。按照CGSM模型的需要，应将其换算成周平均的出力过程及电量过程。西电东送各电站及惠州抽水蓄能电站均采用有关设计报告的资料。

3. 主要研究成果

（1）提高发电机组的稳定性及系统可靠性。在研究中，抽水蓄能电站在系统中主要发挥调峰填谷作用，使系统电源结构合理，各类电站按其特点运行在适当的小时数范围，见表23-1-3。各类电站工作稳定，系统更安全。

表23-1-3 电力系统各类电源年利用小时数统计表（有惠州抽水蓄能电站，设计水平年）

序号	电站类型	平均年利用小数（h）	电站工作位置
1	规划核电（大亚湾核电与香港分电，属例外）	7464	基荷
2	大中型煤电	5000～7400	基荷与腰荷间
3	水电站（常规水电）	3400	腰荷
4	小煤电	2700	腰荷
5	油电（>125MW）	1800	峰荷
6	小型燃气轮机及小型油电，成本过高		基本不发电
7	大型燃气轮机（管道气）	975	峰荷
8	大型燃气轮机（LNG），燃料费用高	223	峰荷
9	抽水蓄能电站	828	峰荷

有惠州抽水蓄能电站与无惠州抽水蓄能电站相比，煤电年利用小时数从惠州抽水蓄能电站投产年份开始逐年增加，2010～2015年平均增加了387h，煤电工作位置下移，出力更趋均衡；水电及西电利用小时数基本不变；大型燃机（LNG）年利用小时数平均减少了68h（约30%），说明抽水蓄能替代了部分LNG调峰。

电力系统发电可靠性指标用LOLP和EUE两指标反映：LOLP是指确定性负荷条件下不能满足电力负荷需求的期望天数；EUE是指确定性负荷条件下不能满足电力负荷需求的期望电能。本次研究借鉴Harza公司的参考标准，见表23-1-4。

表 23-1-4　　LOLP 及 EUE 参考标准

指标	LOLP（天）	EUE（占总电能需求，%）
发展中国家	5～10	0.01～0.1
发达国家	0.2～0.4	＜0.01

通过对有惠州抽水蓄能电站方案和无惠州抽水蓄能电站方案 LOLP 和 EUE 指标计算成果（包括计算时段的平、枯水年份）看：枯水年份比平水年更为突出。在枯水年，无惠州抽水蓄能电站方案平均 LOLP 为 3.5 天/年，平均 EUE 为 0.0229%；有惠州抽水蓄能电站方案的平均 LOLP 为 1.8 天/年，平均 EUE 为 0.011%，相当于无惠州抽水蓄能电站方案两项指标的一半，可靠性明显提高，接近参考标准中的发达国家水平。

(2) 抽水蓄能机电站发电与抽水的实际工作位置均优于边际位置。抽水蓄能机组在负荷图上的工作位置（见图 23-1-3），按照替代火电开机的方法确定，即利用积蓄系统廉价的基荷电能替代系统高峰时费用昂贵的火电机组运行，其位置需满足火电机组的边际费用曲线的约束条件，即

$$\frac{dP_1}{dP_2}=\alpha\frac{dC_1}{dC_2}$$

式中　P_1——发电工作位置的容量；

P_2——抽水工作位置的容量；

C_1——相应单位时间内发电费用；

C_2——单位时间内的抽水费用。

通过计算，抽水蓄能电站发电与抽水的实际工作位置均优于边际运行位置，广东电力系统有较大的容纳抽水蓄能电站的能力。

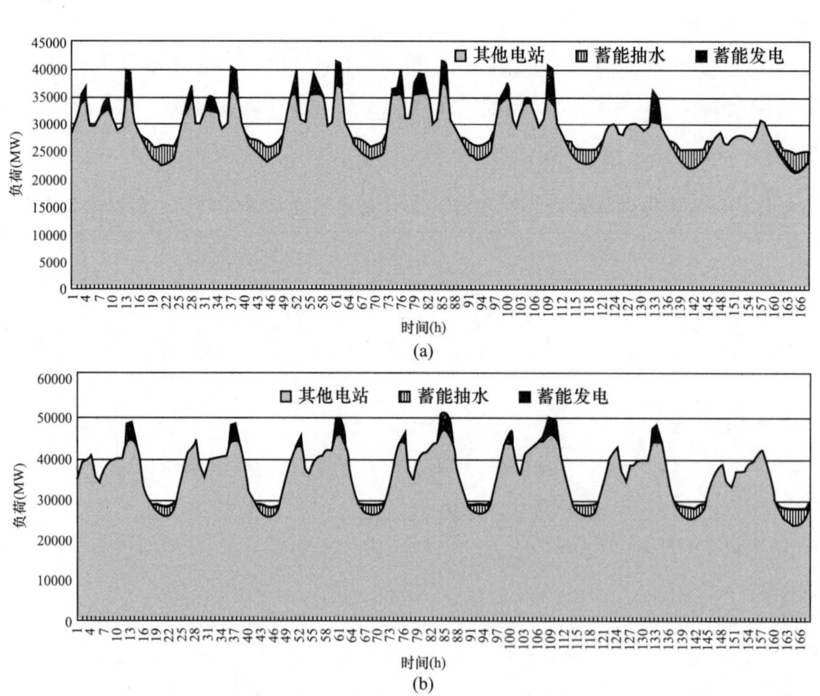

图 23-1-3　抽水蓄能电站工作位置图

(a) 2010 年第 32 周抽水蓄能电站工作位置图（平水年夏季，有惠州抽水蓄能电站方案）；
(b) 2015 年第 47 周抽水蓄能电站工作位置图（平水年冬季，有惠州抽水蓄能电站方案）

CGSM 模型是按抽水蓄能机组的投产先后次序优先安排抽水蓄能电站的工作位置。这里仅引用 2010 年第 32 周、2015 年第 47 周抽水蓄能电站蓄能变化图（见图 23-1-4）供参考。从图 23-1-4 中可以看出，抽水蓄能电站的蓄能量在周内变化频繁，广州抽水蓄能电站库容每天满、空变化一次，反映日调节性能，而惠州抽水蓄能电站一般每周库容满、空变化一次，反映周调节性能。

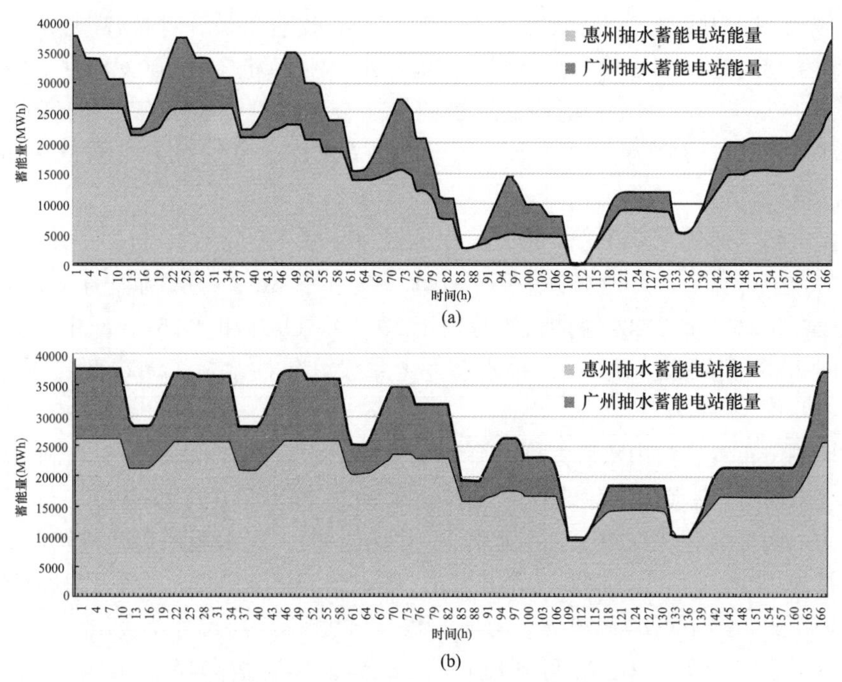

图 23-1-4 抽水蓄能电站蓄能量变化图

(a) 2010 年第 32 周抽水芜能电站蓄能量变化图（平水年夏季，有惠州抽水蓄能电站方案）；

(b) 2015 年第 47 周抽水蓄能电站蓄能量变化图（平水年冬季，有惠州抽水蓄能电站方案）

▧惠州抽水蓄能电站能量；▨广州抽水蓄能电站能量

（3）有、无惠州抽水蓄能电站方案费用现值比较。该项研究计算采用 1998 年的基准价，折现基准年为 2000 年初，社会基准折现率采用 10%，得出比较方案费用现值，见表 23-1-5。

表 23-1-5 **比较方案费用现值表** 单位：百万元

费用	有惠州抽水蓄能电站方案		无惠州抽水蓄能电站方案	
	平水年	枯水年	平水年	枯水年
投资现值	139867	139916	144646	144646
运行费用现值	333974	347643	335039	348514
总现值	473841	487559	479684	493159

有惠州抽水蓄能电站与无惠州抽水蓄能电站方案之间比较，电力系统在平水年总费用现值节约 58 亿元，其中投资现值节约 47 亿元，运行费用现值节约 11 亿元，经济效益明显。

以上利用 CGSM 模型对拟定的电源扩展方案进行电站运行模拟中，抽水蓄能电站的功能仅计入调峰填谷作用。实际上，广东电力系统建设具有周调节性能的惠州抽水蓄能电站在系统中所发挥的作用是多方面的，可增加“西电东送电量，提高西电东送”综合效益；可增强系统调峰能力，减少西电低谷弃水；提高系统事故应变能力，提高系统安全性能等。

二、利用梯级水电混合式开发的白山抽水蓄能电站

（一）工程概况

白山抽水蓄能电站依托白山水电站而建，混合式开发，位于吉林省桦甸市和靖宇县交界处，坐落于松花江上游，下游距红石水电站 39km。利用松花江已建的梯级电站白山水电站水库作上水库、红石水电站水库作下水库，安装 2 台 150MW 抽水蓄能机组，总装机容量 300MW。工程规模为大（2）型，主要由引水系统、地下厂房及附属洞室、通风洞和上水库、下水库进/出口等水工建筑物组成。白山抽水蓄能电站最初立项时名称为白山抽水蓄能泵站，后因受当时大型水泵机组设计制造技术的制约，只能用抽水蓄能机组的泵工况替代，在工程建设过程中重新审批将白山抽水蓄能泵站改为白山抽水蓄能电站。电站服务东北电网，主要承担系统的调峰、填谷及事故备用等任务。

白山水电站是一座以发电为主、兼有防洪等综合利用效益的大型水电站，具有不完全多年调节性能。坝址控制流域面积 19000km^2，正常蓄水位 413m，死水位 380m，坝顶高程为 423.5m，总库容 65 亿 m^3，有效库容 18.60 亿 m^3。电站总装机容量 1500MW，单机容量 300MW，一期工程的地下厂房装机 3 台，容量为 900MW，二期工程的地面厂房装机 2 台，容量为 600MW。红石水电站正常蓄水位 290m，死水位 289m，调节库容为 1340 亿 m^3，为日调节水库。电站总装机容量 200MW，单机容量 50MW，共 4 台机组。

白山抽水蓄能电站（通称三期工程）最低发电水位 403m，最低抽水水位 395m。电站最大水头为 123.9m，最小水头为 105.8m，设计水头采用最小水头为 105.8m；最大扬程为 130.4m，最小扬程为 108.2m，设计扬程为 126.7m。抽水蓄能机组分别于 2005 年 11 月和 2006 年 8 月投产，通过与白山常规水电站共用 2 回 220kV 线路送出。白山抽水蓄能电站设计年抽水量 17.65 亿 m^3，年平均抽水电量 6.24 亿 kWh。

白山抽水蓄能电站布置在白山水库大坝左岸，主要由上水库进/出水口、引水洞、地下厂房及附属洞室、尾水洞和下水库进/出水口等建筑物组成。上水库进/出水口位于坝上游（39 号坝段）约 120m 处，为岸塔式结构，底板高程 390.00m。引水洞采用两机一洞，尾水洞采用两机两洞的组合布置方式。引水压力钢管洞径为 4.9m，引水主洞洞径为 8.0m，尾水洞洞径为 6.2m，引水洞和尾水主洞均采用钢筋混凝土衬砌支护型式。地下厂房洞室位于大坝下游 90m 处，厂房尺寸为 95m×21.7m×50.6m。下水库进/出水口位于大坝下游（22、23 号坝段）约 265m 处，底板高程 274.1m。白山抽水蓄能电站（三期工程）枢纽布置示意图如图 23-1-5 所示。

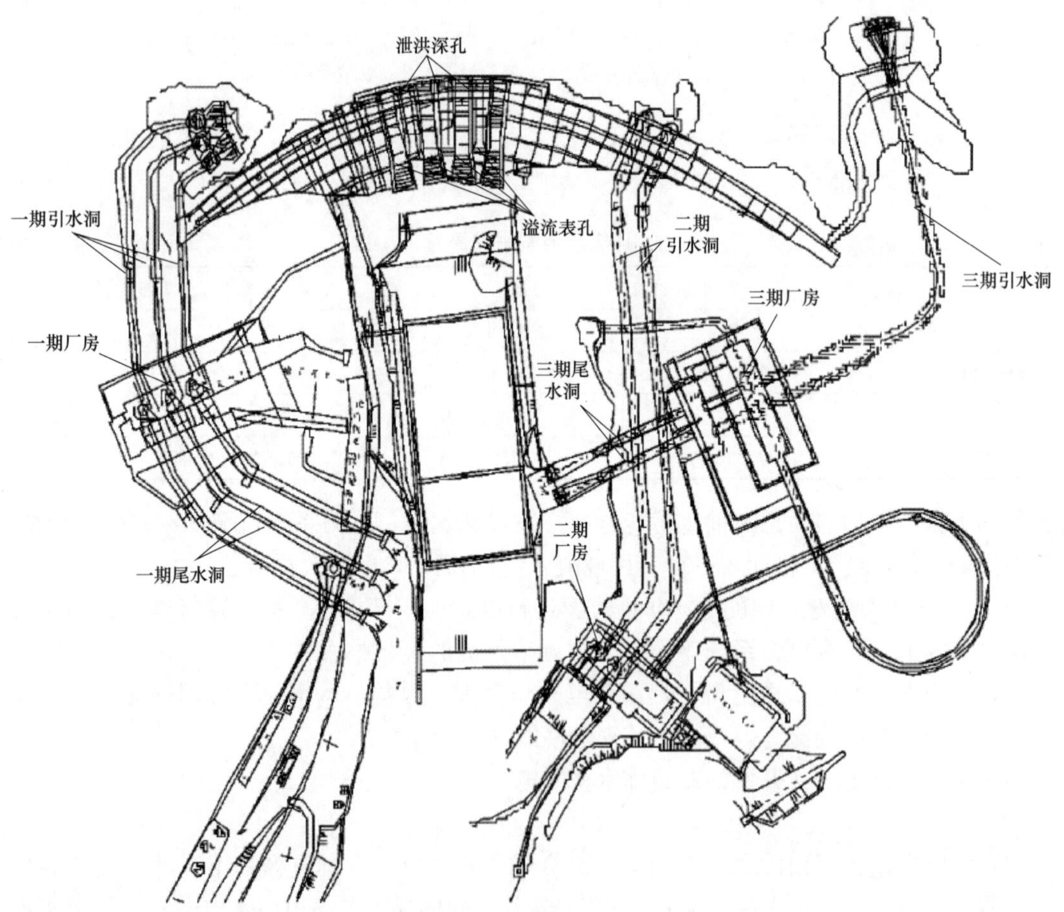

图 23-1-5 白山抽水蓄能电站（三期工程）枢纽布置示意图

（二）白山抽水蓄能电站建设的作用和优越性

1. 电网需求

东北电网的电源构成主要以火电为主，水电、风电、燃油、太阳能及生物质发电等为辅。随着用电负荷的不断增长，电网峰谷差逐年加大，除水电调峰外，火电的调峰幅度逐年增加，调峰成本越来越大，甚至出现电网调峰容量不足，不得不采取局部限电的措施以保证电网安全稳定运行，白山抽水蓄能电站的建设改善了电网安全稳定运行问题。

近些年来，随着风电和光伏等间歇性、随机性不稳定电源的快速发展，给电网的安全稳定运行带来挑战。白山抽水蓄能电站能适应它的特点，可以做到随时接纳，提高了风电等新能源的消纳。

2. 节省工程投资

利用已建成的白山和红石两座常规梯级水电站水库作为上水库、下水库，不需要新建上水库、下水库，只需新建地下厂房和输水系统及安装可逆式蓄能机组。与建设纯抽水蓄能电站相比，节省了土建投资，也没有移民和征地投资。白山抽水蓄能电站单位容量投资仅为2700元/kW，而同期建设的纯抽水蓄能电站单位容量投资为4000～5000元/kW。

3. 能量转换效益最大化

白山抽水蓄能电站的效益主要有两个方面：一是直接经济效益，即抽水带来入库流量的增加以及发电带来出库流量的增加，使常规水电站水库的蓄放过程（运行方式）发生改变，从而获得“增加水量”增加发电量、“增加水头”增加发电量、“增加季节性电量”增加发电量和“减少弃水”增加发电量。经计算，“三增一减”综合增加发电量已经大于抽水用电量，能量转换效率大于1，实现了能量转换效益的最大化。二是电网效益和社会效益，抽水蓄能电站为电网调峰、填谷，同时提供调频、调相、黑启动及事故备用等服务而带来的电网安全稳定运行效益，以及提高新能源消纳效益。

4. 常规机组和抽水蓄能机组联合调度运行提高电站和水库的调度运行灵活性

白山水库是多年调节水库，混合式抽水蓄能电站开发后，在非汛期，考虑常规水电机组的发电效率要优于抽水蓄能机组发电工况的效率，抽水蓄能机组主要用泵工况，发电工况全部由常规水电机组承担；抽水蓄能机组的发电工况可以作为电网事故备用。

抽水蓄能机组的发电工况主要在汛期使用，以增发季节性电量，减少汛期大坝溢流弃水，整体上提高了常规水电站的多年平均发电量。

（三）白山抽水蓄能电站经济效益分析

1. 直接经济效益

白山抽水蓄能电站自2007年开始常态化运行以来，经历了丰水年、平水年、枯水年的考验，电站运行稳定。选取2010～2012年分别作为白山水库丰水年、枯水年、平水年的典型年，进行抽水蓄能电站效益分析。2010～2012年白山抽水蓄能电站实际运行后运行参数见表23-1-6，水能转换率见表23-1-7。

表23-1-6　2010～2012年白山抽水蓄能电站实际运行后运行参数

年份	典型年（年）	抬高年消落水位（m）	抬高平均水位（m）	平均降低耗水率（m^3/kWh）
丰水年	2010	3.98	2.78	0.08
平水年	2012	4.72	6.05	0.18
枯水年	2011	2.65	2.92	0.09
平均值		3.78	3.92	0.12

表23-1-7　2010～2012年白山抽水蓄能电站实际运行后水能转化率

年份	典型年（年）	天然入流计算发电量（亿kWh）	抽水后计算年发电量（亿kWh）	年末蓄能电量（亿kWh）	增加年发电量（亿kWh）	年抽水用电量（亿kWh）	能量转换率（%）
丰水年	2010	28.98	29.67	1.43	2.12	2.07	102.42
平水年	2012	19.62	20.58	3.35	4.31	4.53	95.14
枯水年	2011	18.63	19.05	1.59	2.01	2.65	75.85
合计值（平均值）		67.23	69.3	6.37	8.44	9.25	91.14

从表23-1-6中可以看出，白山抽水蓄能电站运行后，计算代表年白山水库抬高平均水位3.92m，

平均降低耗水率 0.12m^3/kWh，计算结果表明白山抽水蓄能运行后白山水库水位平均升高 1m，天然降雨的势能在此基础上产生叠加效应，使单位电量耗水率下降 0.03m^3/kWh。

从表 23-1-7 中可以看出，由于白山抽水蓄能电站的运行，白山水电站电量增加，获得了水量效益和水头效益，增加了水能利用率，选择丰水年、平年、枯年份计算电站水能利用率平均值 91.14%，远大于纯抽水蓄能 75%的能量转化率。同时，随着东北电网填谷需求，抽水蓄能电站抽水电量逐年增加。

2. 其他间接效益和社会效益

白山抽水蓄能电站开发条件比较优越，利用了已建成的白山、红石水电站水库为上水库、下水库，节省了工程投资，并且没有淹没赔偿和库区移民安置等问题。其次，不需另建输电线路和开关站。是一个投资少、工期短，见效快的项目。另外，白山抽水蓄能电站的容量、调峰、旋转备用、调频调相效益以及环境旅游等社会效益也十分显著。

（四）结语

白山抽水蓄能电站投产后，使白山常规水电站水库的蓄放过程（运行方式）发生改变，从而获得“增加水量”增加发电量、“增加水头”增加发电量、减少弃水而“增加季节性电量”。经计算，能量转换效率远大于纯抽水蓄能的能量转化率，这就是梯级混合式抽水蓄能电站所特有的优势。白山抽水蓄能电站为在已经运行的常规梯级水电站上进行大型混合式抽水蓄能电站开发开创了先例，为后续类似工程的建设提供了宝贵的经验，具有重要的借鉴意义。

第二节 库盆防渗技术

一、混凝土面板全库防渗在十三陵上水库的应用

（一）工程概况

十三陵抽水蓄能电站上水库采用挖填方式兴建，地面高程为 450～650m，沿北西至东南方向展布三条冲沟和平缓小山梁，沟梁相对高差 20～40m，在东南侧汇合成上寺沟口，沟口底部高程 450m，在此修建主坝一座，最大坝高 75m；库区北、西、南三侧为分水岭，其中北侧和南侧山顶高程在 650m 左右，西侧垭口最低高程 560m，在此修建副坝一座。库（坝）顶高程 568m，库底高程 524～531m，库顶宽度 10m，库顶周长 1595m，库坡坡比 1∶1.5，全库采用钢筋混凝土面板防渗，防渗面积 17.48 万 m^2。上水库正常蓄水位 566m，死水位 531m，总库容 445 万 m^3，有效库容 422 万 m^3，死库容 23 万 m^3。

（二）上水库地质条件及地基处理

1. 上水库地质条件

库区为中生界侏罗系髫髻山组地层，岩性较为复杂，以安山岩类为主（J_{2t}^{3-2}），岩石一般呈紫红或灰绿色，分布于上水库绝大部分区域。受火山喷发前的古地形影响以及后期的岩脉侵入，砾岩与安山岩两种岩层在接触带附近相互穿插叠加，形成复杂的接触关系。

上水库构造断裂分为五组，其中以走向 NW318°～320°组断裂条数最多，其次为走向 NE40°～50°组。库区内 NWW 向的 F_3 断层，NW 向的 F_{118} 断层以及 NE 向的 f_{265}、F_1 等断层规模较大，各断层破碎带均不胶结。

上水库区无常年地表径流，仅在主坝下游冲沟中有两个泉水点出露，高程约在 413m 和 531m，流量分别为 7.7L/min 和 2.4L/min，常年出水。另外上水库 11 个钻孔 93 段压水试验成果表明：安山岩体多为中等～较强透水岩体，单位吸水率为 0.16～0.56L/(min·m^2)，个别钻孔注水流量高达 92～151L/min，上水库地下水位一般在库底开挖线以下，北库坡地段 f_{206}、F_{118} 断层带滞水地下水位高于库底 531m 高程。

上水库主要工程地质问题包括：坝基抗滑稳定、北岸西段公路以上边坡滑坡，西北角库边坡塌滑、西坡外坡岩体稳定，库坝区渗漏及防渗面板地基不均匀变形等。

2. 上水库地基处理

（1）主坝地基处理。主坝坝址区分布三条较大的冲沟，形成坝基“三沟二梁六面坡”的特殊地貌形态。坝基岩性由弱风化安山岩体、强风化安山岩体及 F_{118}、F_3 等较大断层破碎带物质组成。主要地基处理措施如下：对坝基处的两山梁做控制开挖处理，减少坝体在坝轴线方向的不均匀变形，山梁从530m 高程降至 511.0m 高程，平行坝轴线方向开挖坡度为 1∶11.5，向河中槽倾斜，垂直于坝轴线方向为 1∶3.5～1∶5.0 坡度倾向下游。坝基填筑过渡层，要求过渡料采用库盆开挖的石质新鲜、级配良好的安山岩料，其厚度应大于 2m，渗透系数大于 1×10^{-2}cm/s，增强坝基的排水能力。坝基范围内有 F_2、F_3 和 F_{118} 大断层通过，其宽度一般在 20～30m，其中 F_2 和 F_3 断层在主坝右侧坝基交汇，交汇处宽为 40～50m，有松软的夹泥充填。经计算分析，采用深挖回填碎石料处理，破碎带深挖 3.0～5.0m，清除松软物质，铺填 30～50cm 厚的粗砂，然后铺填弱风化安山岩碎石料。库底断层做了类似处理。十三陵抽水蓄能电站上水库剖面图如图 23-2-1 所示。

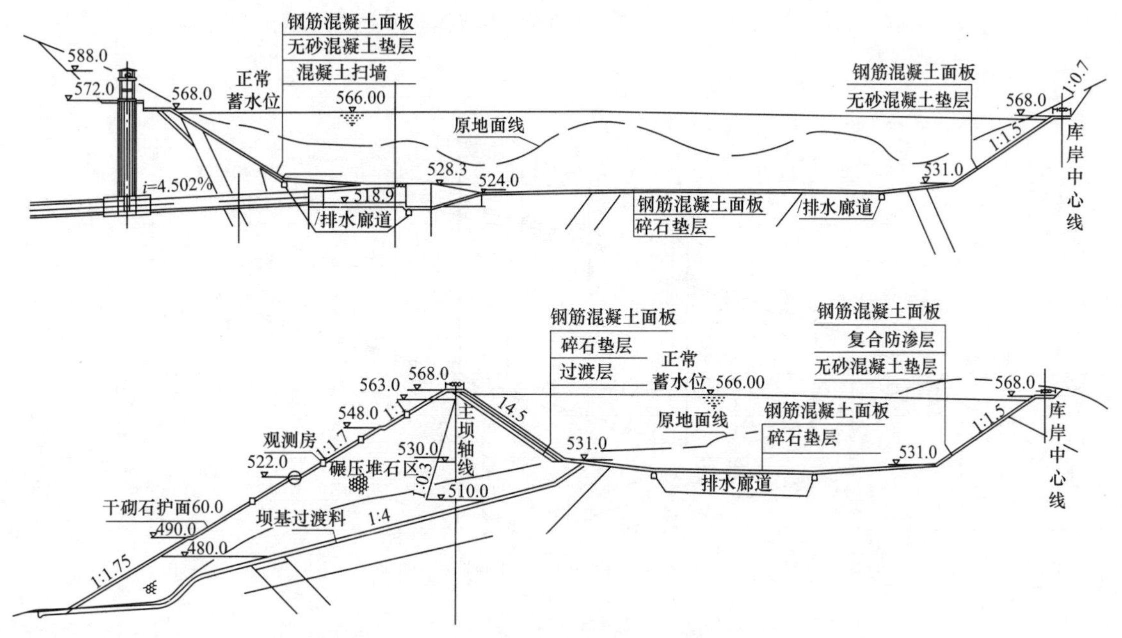

图 23-2-1　十三陵抽水蓄能电站上水库剖面图

（2）边坡加固处理。由于上水库岩性和多条断层破碎带的切割，岩体风化严重，且破碎夹泥。上水库开挖后北坡、西北坡、西南坡等处发生滑坡、塌滑、蠕动，及西坡外坡受缓倾角断裂影响存在潜在不稳定岩体。施工中根据不同地质条件，在不同地段分别采用了削顶卸荷、抗滑桩、预应力锚索、锚筋、斜坡混凝土挡墙及防渗排水等措施进行加固处理。运行多年来原型观测成果表明：加固处理措施有效，边坡均处于稳定状态。

这里重点简介锚索抗滑桩在西外坡加固中的应用。西坡连续分布倾向库外的 f_{207}、f_{212} 两缓倾角断层，倾角 15°～30°，且破碎夹泥，控制着西外坡的稳定，典型地质剖面如图 23-2-2 所示。西外坡稳定分析采用平面刚体极限平衡理论（传递系数法）。计算中采用的滑动面抗剪强度指标，主要依据反分析结果，参考试验值，并考虑断层空间分布的不均一性后确定（见表 23-2-1）。各个剖面不同滑动面上边坡剩余下滑力见表 23-2-2。西外坡加固后的抗滑稳定安全系数由 1.05 提高到 1.25。

表 23-2-1　　西外坡断层的抗剪强度指标

剖面	1+178		1+274		1+354		1+394		备注
断层	f_{207}	f_{212}	f_{207}	f_{212}	f_{207}	f_{212}	f_{207}	f_{212}	
地质建议值	$\varphi=10°\sim12°$，$C=20\sim30$kPa								依据试验
反分析值 φ（°）	18.95	20.08	11.18	10.56	12.25	8.12	11.36	6.23	$C=25$kPa
设计值 φ（°）	18.95	20.08	12	12	12.25	12	12	12	$C=25$kPa

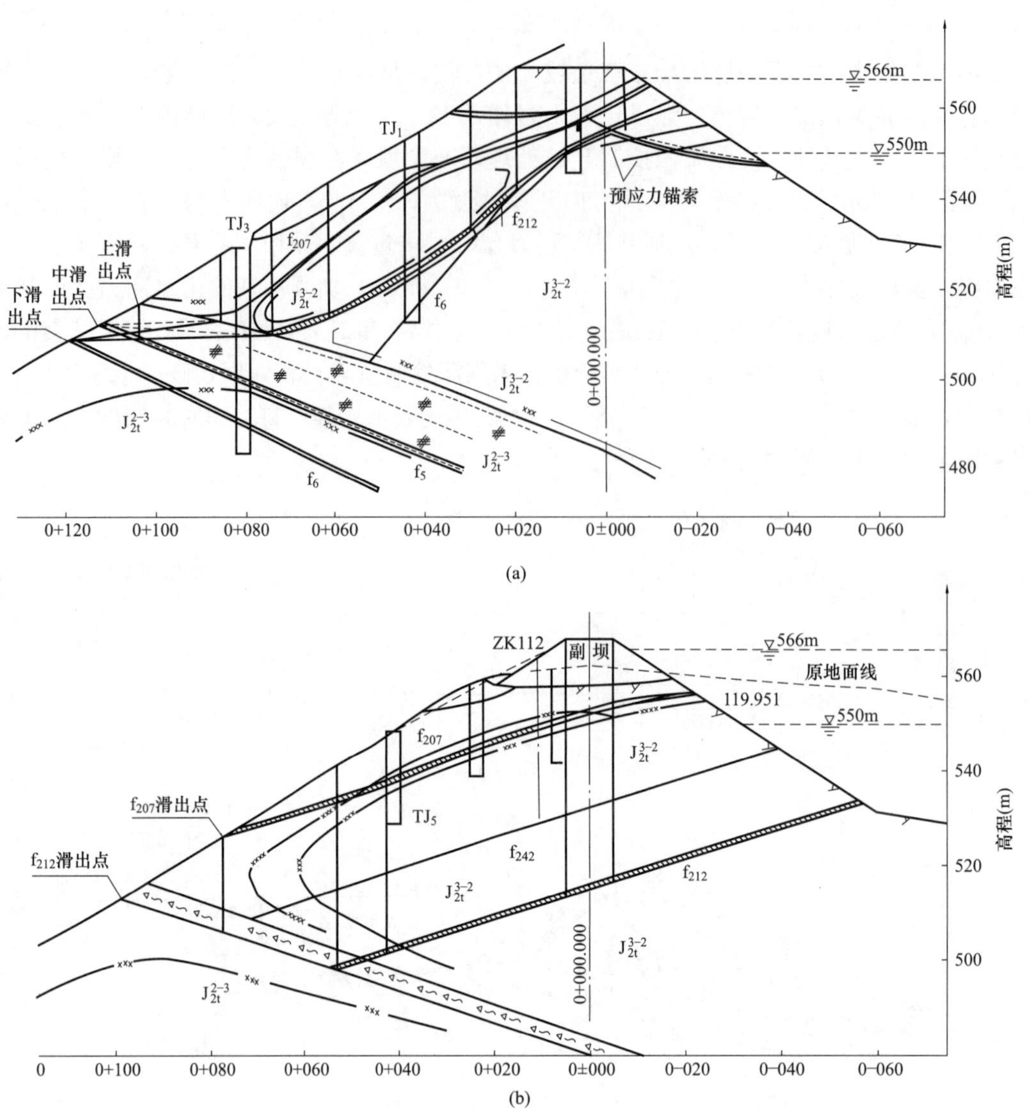

图 23-2-2　十三陵抽水蓄能电站上水库西外坡稳定分析剖面图

(a) 1+178 计算剖面图；(b) 1+354 计算剖面图

表 23-2-2　　西外坡各计算剖面剩余下滑力表

剖面	1+178		1+274		1+354	1+394
滑动面	f_{207}	f_{212}	f_{207}	f_{212}	f_{207}	f_{207}
剩余下滑力（t/m）	141	356	127	228	148	125

对普通抗滑桩、预应力锚索、普通抗滑桩和预应力锚索、锚索抗滑桩四种加固方案，从技术可靠性、施工条件、环境影响以及经济性等方面进行了比较，结果见表 23-2-3。

表 23-2-3　　十三陵抽水蓄能电站上水库西外坡加固方案比较

方案	普通抗滑桩	预应力锚索	普通抗滑桩和预应力锚索	锚索抗滑桩
技术可靠性	技术可靠，加固效果较好	坡面岩体破碎，影响长期效果	介于抗滑桩方案和预应力锚索方案之间	技术可靠，加固效果较好
施工条件	抗滑桩数多（82 根），最大抗滑桩深达 45m，施工较困难，工期较长	预应力锚索数多（657 根），最大孔深 60m，施工难度较大，工期较长	抗滑桩减少（44 根），抗滑锚索减少（223 根），最大抗滑桩深减少（30m）；抗滑桩和抗滑锚索可同时施工	抗滑桩 37 根，锚索 124 根，数量较少。开挖量减少，施工进度较快
环境影响	抗滑桩为 3 排，根数多，对环境影响较大	预应力锚索 8 排，根数多，对环境影响较大	抗滑桩 1 排，抗滑锚索 4 排，对环境有一定的影响	不需开挖和浇筑锚索梁，对环境影响最小
经济性	工程费用最高	工程费用较高	工程费用较高	工程费用较低

锚索抗滑桩加固方案，由于锚索的外锚头置于混凝土抗滑桩顶部，解决了因坡面岩体破碎松弛而影响加固效果的问题；桩顶设置预应力锚索，提高了桩的抗滑力，减小了桩身内力、桩断面、锚固段深度、桩与锚索的排数和数量及工程总投资，其投资为普通抗滑桩方案的39.9%，锚索方案的59.8%，普通抗滑桩加锚索方案的59.3%。经综合比较和分析，上水库西外坡的加固措施选择了预应力锚索抗滑桩方案。

预应力锚索抗滑桩在受力机理方面，主要通过桩顶部施加预应力锚索，改变普通抗滑桩的悬臂受力状态。在相同条件下，桩的阻滑能力有较大的提高，大约节省工程费用30%。预应力锚索抗滑桩的控制条件是：通过调整锚索抗力、桩断面和锚固深度，使抗滑桩的弯矩 M_{max}、剪力 Q_{max} 和桩顶位移 Δ_{max} 小于设计允许值，锚固段桩侧壁应力 Δ_{max} 小于岩体允许应力值。桩顶位移允许值一般控制在3cm左右。

十三陵抽水蓄能电站上水库西外坡抗滑桩的间距选为8m，抗滑桩截面采用2m×3m和3m×4m两种矩形断面。锚固段围岩允许的侧向压应力为1050t/m^2，可用抗滑桩的锚固段深度加以调整。抗滑桩受载段长度按软弱夹层距地表深度而定，该工程采用长度15m（断面2m×3m）、26m（断面2m×3m和3m×4m）、30m（断面2m×3m）三种，抗滑桩锚固段长度，取桩长的1/4～1/3。锚索抗滑桩抗滑力见表23-2-4。

表23-2-4　　锚索抗滑桩抗滑力

序号	桩截面（m×m）	受载段长（m）	锚索抗滑桩		备注
			锚固段长（m）	抗滑力（t）	
1	2×3	25	8	1200	桩顶4根110t锚索，与水平面夹角：35°和40°
2	2×3	35	8	1000	
3	2×3	25	10	1300	桩顶4根110t锚索，与水平面夹角25°和30°
4	2×3	35	10	1100	
5	3×4	25	10	1800	

（三）基础垫层及排水系统

防渗混凝土面板下设置基础垫层及完善收集渗水和排出的排水系统，其作用有二：一是将混凝土面板承受的巨大荷载经基础垫层较均匀地传递给经过加固处理的地基；二是消除混凝土防渗面板下反向水压力，保持防渗面板的稳定性。

基础垫层采用石质新鲜、级配良好、渗透系数大于1×10^{-2}cm/s的透水料，经碾压密实。主坝坝坡面板坐落在坝体的排水垫层上。主坝填筑完成后，经人工修坡，振动碾压实。在主坝上游坝脚分别与坝基过渡层料（厚度2m）和库底的垫层排水料（厚度50cm）相连接。主坝区渗水通过斜坡垫层排到坝脚，然后沿坝基过渡料和库底排水垫层分别排到主坝下游和库底排水廊道。在库底面板下设置厚度为50cm的碎石排水垫层，并在库底设置环形封闭排水检查廊道，库底垫层坡度向廊道倾斜，廊道两侧每3m用直径为100mm的短排水花管与廊道连通。为了增强库底的排水能力，在库底排水垫层的周围设置直径为150mm的环向排水花管，每30m左右接一根直径150mm的排水花管直接通向排水廊道。排水系统用混凝土隔断为8个分区，用以检查面板渗漏部位。上水库岸坡区坡比为1∶1.5，防渗面板下设置厚度30cm的无砂混凝土排水垫层，渗透系数大于1×10^{-2}cm/s，将面板渗水排到库底，并沿库底排水垫层和排水花管排到库底廊道内。十三陵抽水蓄能电站上水库库区排水系统布置如图8-2-11所示。

1. 库底排水系统的总排水能力

通过分部位的排水能力计算，汇集到库底的总排水能力应为长排水花管排水能力和库底排水垫层排水能力的总和（见表23-2-5）。从表可知，库底排水系统的排水能力158.16L/s远大于全库设计情况下的面板渗水量。

表 23-2-5 十三陵抽水蓄能电站上水库库底排水系统的总排水能力

计算情况	排水长管排水能力（L/s）	排水垫层排水能力（L/s）	库底总排水能力（L/s）
设计排水能力	155.52	2.64	158.16
最大排水能力	155.52	13.20	168.72

2. 排水兼检查廊道的布置

根据上水库库底开挖情况和有利于排除面板的渗水，库底布置两圈廊道：沿库底周边布置一圈，围绕进/出水口布置一圈。为便于检查人员的出入和通风，于主坝下游和西岸各布置一个廊道出口，并将上水库渗水排到主坝下游。上水库排水兼检查廊道总长约 1200m，采用城门洞形断面，尺寸为 1.8m×2.5m，边墙和顶拱厚 40cm，底板厚 60cm。坝下廊道的分缝长度为 5.0m。坝下隧洞段和库底段在地基较好部位，分缝长 10.0m。在地基断层处，除做开挖回填外，其分缝长度为 5.0m。所有分缝均设置止水。

（四）混凝土面板、接缝止水及构造

十三陵抽水蓄能电站上水库是国内首座采用混凝土面板全库防渗的工程。迄今为止，国外抽水蓄能电站采用混凝土面板做全库防渗的工程仅有两座，一座是 1955 年竣工的德国瑞本勒特（Rabenleite）抽水蓄能电站上水库，另一座是 1975 年竣工的法国拉古施（La Coche）抽水蓄能电站上水库。两水库投产后实测日渗漏量分别占总库容的 2.13‰和 4.32‰，渗漏量较大，超过一般抽水蓄能电站上水库渗漏的控制值。两水库分别于 1973、1976 年进行改建、放空维修处理。

十三陵抽水蓄能电站上水库存在两个自然地形地质条件的难点，一是库盆开挖料，有相当数量的风化岩和软岩，应设法加以利用；二是在 1∶4 较陡的上寺沟纵坡地基上建坝。要解决上述难题，在工程实践中应有技术突破。电站上水库混凝土面板全库防渗设计，既借鉴我国常规水电站混凝土面板堆石坝的混凝土面板设计和运用的经验，又要针对抽水蓄能电站上水库的特殊应用条件加以改进和进行新的探索，其主要特点有：

（1）防渗面积 18 万 m^2，体形复杂，转弯段面板和异型面板较多，施工难度大。

（2）面板各种结构缝多达约 2 万 m，接缝止水质量是控制上水库渗漏的关键，防渗控制指标严格。

（3）面板基础介质不均一，除大坝的堆石填筑体外，开挖岩坡岩石风化程度不同，库内分布有断层和裂隙破碎带。

（4）电站运行期间，上水库水位变幅达 35m，且水位变化快速和频繁（最大降速 7～9m/h）。

十三陵抽水蓄能电站上水库全库防渗的混凝土面板设计做了如下的改进：

1. 改面板堆石坝趾板为连接板型式

由于全库防渗库坡面板、库底面板均为混凝土材料，连接板起到库坡面板与库底面板之间的过渡衔接作用。库坡排水垫层与库底排水垫层连成一体，又为库坡面板滑模施工提供一个起始工作面。连接板顺库坡上翘 80cm，形成拆线断面，其库底部分一般长 10m。混凝土面板厚度根据工程经验和验算，设计厚度为 30cm，主坝区的连接板为保障周边缝三道止水的施工质量而加厚到 50cm，进出水口周边由于止水原因，面板也采用 50cm，其他部位连接板厚度与面板等厚。

2. 全库混凝土面板合理分缝实现人工柔性化

由于混凝土材料适应变形能力较差，必须采用人工柔化，即面板需分缝以适应干缩、温度应力和地基不均匀变形，力求避免出现贯穿性裂缝。但接缝过多、分缝形状不规则，止水施工难度增大，可能引起新的渗漏通道。因此，面板的分缝，应在面板柔化不使产生贯穿性裂缝和接缝止水的可靠性之间求得平衡。

根据上水库现场混凝土面板热传导试验观测成果和模拟计算分析，确定如下的分缝原则：①库坡面板不设水平缝，只设垂直缝，其标准宽度为 16m，在两坝肩受拉区减小到 6m；②在库底面板与库坡面板的连接板两端以及主坝坝坡面板与两岸岩坡面板之间均设置周边缝；③将库底面板接缝布置在地基介质变化较大处，即进/出水口周边、断层破碎带处理区、排水廊道中心线、挡墙边缘等部位，避免尖锐角和奇异形状。上水库面板共分 477 块，接缝总长 21290m，“十”形接头 220 处，“T”形接头 493 处，面板最大尺寸 65.4m×16m。十三陵抽水蓄能电站上水库混凝土面板分缝布置图如图 8-2-3 所示。

3. 面板接缝止水的新工艺、新材料、新结构

上水库面板缝分周边缝、受拉缝、受压缝、库顶缝四种型式。其中周边缝设三道止水，受拉缝、受压缝设两道止水，坝顶缝设一道止水，止水布置如图 23-2-3 和图 23-2-4 所示。

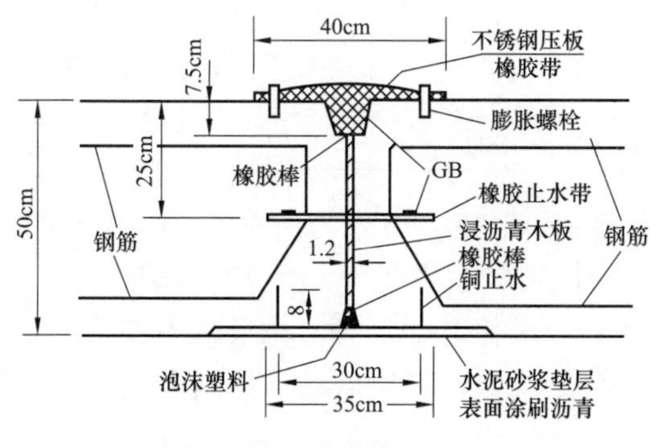

图 23-2-3　周边缝止水布置

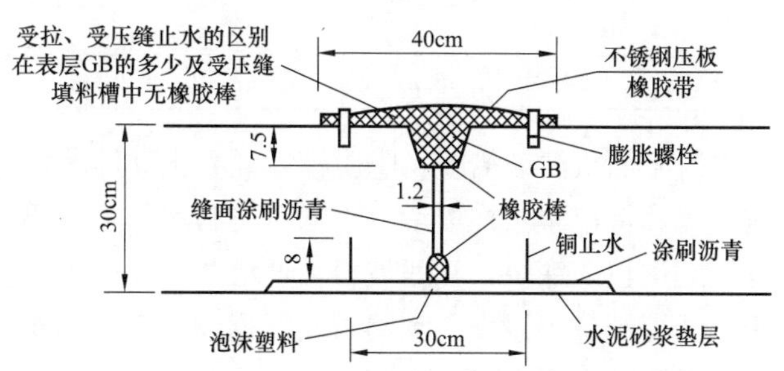

图 23-2-4　受压受拉缝止水布置

对止水构造、材料、工艺做了如下改进：①在面板顶部止水和周边缝的中间橡胶止水带上使用 GB 止水材料，使 GB 与现浇混凝土发生化学黏合，阻止渗水沿结合缝绕渗。面板顶部填料槽中的 GB，在水压力下挤入缝腔中，起到堵漏止水作用；②铜止水根据接缝长度现场一次成型，铜止水“十”字接头和“T”形接头在工厂一次整体冲压成型，将铜止水现场焊接工作减到最低程度；③止水材料选用 GB 材料，该材料属橡胶类产品，具有良好的耐水性，耐化学性及耐久性，其性能指标见表 23-2-6。经大型模拟试验表明，水头达到 63m，面板接缝抗伸变位 30.74mm 剪切变位 37.5mm 时，面板接缝不漏水；④面板顶部表层止水采用 GB 材料新结构（见图 23-2-3 和图 23-2-4）。

表 23-2-6　GB 止水材料性能指标

测试项目			控制指标	备注
耐水耐化学性	水　(%)		±3	GB 材料在三种溶液中浸泡五个月后重量变化百分比
	饱和氢氧化钙溶液　(%)		±3	
	10%氯化钠溶液　(%)		±3	
抗位伸性能	常温	抗拉强度（MPa）	≥0.05	
		断裂伸长率（%）	≥800	
	−30℃	抗拉强度（MPa）	≥0.7	
		断裂伸长率（%）	≥800	
比重			≥1.15	
自然老化	在自然条件下暴露一年		不变质	
环境保护	属橡胶类产品		无毒，无污染	
流淌性能	60℃，70°倾角，48h		不流淌	

4. 面板混凝土

根据上水库混凝土面板的工作条件，防渗要求高，面坡承受水力梯度较大，寒冷地区面板冻融循环频繁等，要求面板混凝土具有足够的强度、抗渗性、抗裂性和耐久性。十三陵抽水蓄能电站上水库混凝土面板参考国内外实践经验，并经试验论证，确定混凝土设计指标为 $R_{28}250S_8D_{300}$。在抗裂性指标尚没有明确前，对混凝土轴心抗拉强度要求为 2.07MPa，极限拉伸值 1.05×10^{-4}，力求混凝土自身具有较好的抗裂性能。

水泥选用邯郸水泥厂普硅早强 525R 水泥，骨料为昌平东砂河料场的河沙与碎卵石，砂的细度模数 3.0～3.2。设计推荐配合比和混凝土性能试验成果见表 23-2-7 和表 23-2-8。

表 23-2-7 十三陵抽水蓄能电站上水库面板混凝土配合比

水泥比	砂率（%）	原材料用量（kg/m³）						
		水泥	水	砂	小石	中石	减水剂（TMS）	补气剂（MPAE）
0.4		320	141	716	58.4	58.4	12.8	2.08

表 23-2-8 十三陵抽水蓄能电站上水库面板混凝土性能试验成果

抗压试验		极限拉伸试验			湿胀率（1×10^{-4}）			抗渗标号	抗冻标号
抗压强度（MPa）	抗压弹模（10^4MPa）	抗拉强度（MPa）	极限拉伸（1×10^{-4}）	抗拉模量（10^4MPa）	14 天	28 天	60 天		
35.6	2.81	2.07	1.047	2.65	0.31	−1.14	−2.37	58	D_{300}

混凝土面板防裂措施：①脱模后混凝土立即养护，在滑模后面拖挂 10m 长与面板等宽的塑料薄膜，及时铺盖。待混凝土终凝后，再铺草袋洒水养护，要求一直养护到水库蓄水。②面板的基础表面平顺，没有突起尖包或深坑，在西坡岩坡处增加 6cm 厚混凝土整平层，喷涂乳化沥青，力求减小基础的约束作用。③控制施工温度，利用清晨及夜间温度较低时进行混凝土浇筑，采用低温水拌制混凝土，控制出机口温度在 23℃以下，将入仓温度控制在 28℃以下。④对于斜坡面板，仓面混凝土坍落度控制在 5～8cm 以内，滑升速度控制在 1.5～2.0m/h，滑模一次最大行程小于 30cm。对于 16m 宽的标准仓面，保证有 4 台直径 50mm 的振捣器振捣，一次振捣时间不少于 10s，注意加强止水部位混凝土的振捣。

混凝土面板内钢筋网的布置与一般面板堆石坝类同，不再赘述。

5. 混凝土面板下复合防渗层的设置

十三陵抽水蓄能电站上水库西侧山体存在倾向库外缓倾角泥化层断裂 f_{207}、f_{212} 等，在自然含水量时抗剪强度就很低，为了阻断排水垫层与断层 f_{207}、f_{212} 等的水力联系，在西坡存在缓倾角断层范围内，增加了复合防渗层，与混凝防渗面板构成联合防渗，确保西外坡水文地质条件不因上水库的运行而受到影响。选用氯丁胶乳沥青与聚酯纤维无纺布组成防渗层。

（1）材料的物理力学性能。选用 JL-90A 原浆型氯丁胶乳沥青，系由氯丁胶乳和沥青加工制成的厚层浆防水涂料，具有固体含量高，耐热性优良，低温柔性、延伸性及不透水性好，无毒，无污染，可冷作业，一次涂层厚，施工简便等特点，其基本性能见表 23-2-9。选用无纺布作为氯丁胶乳沥青涂层的骨架，以提高防渗层的强度。无纺布以涤纶棉为主要原料，幅宽 1.0～1.4m，选用 80g/m² 无纺布。

表 23-2-9 JL-90A 原浆氯丁胶乳沥青技术指标

项目	单位	技术指标
固体含量	%	≥50
表干时间（涂层厚 1～1.5mm）	h	1～4
耐热性		80℃±2℃，无流淌、起泡和滑动
黏结强度（八字模法）	MPa	≥0.5
低温柔性		−20℃无变化
不透水性		0.1MPa，30min，不透水
抗冻性		−20℃，20 次循环，无开裂
延伸性	mm	≥4
耐碱性		饱和 $Ca(OH)_2$ 溶液浸泡 15 天，无变化

复合防渗材料与混凝土层间抗剪试验：在两混凝土试件之间设置复合防渗材料，采用两布三涂，厚度约 1.5mm。采用两种模拟型式，一种在复合防渗材料上覆一层粒径 2.5～5mm 粗砂，即粗面黏结；另一种为混凝土直接与复合防渗材料黏结，即光面黏结。用中型剪力仪，采用多点法，最大法向应力控制为 0.5MPa，分 5 级施加荷载。采用平堆法施加剪切荷载，分 9 次施加。剪切面为混凝土上、下层之间的复合防渗材料。

复合防渗材料与混凝土层间抗拉及黏结强度试验：制备 10 组试件，用 5t 自动拉力机试验，其成果见表 23-2-10。由 7～10 号试件测得复合材料与混凝土的黏结强度为 0.41～0.60MPa，大于两布之间的黏结强度 0.4MPa。

表 23-2-10　　复合防渗材料与混凝土层间抗拉及黏结强度试验成果

编号	试件构造	截面尺寸（cm）		拉伸荷载 kN	拉伸强度 MPa	拉伸变形 cm	说明
		长	宽				
1		3.894	3.844	2.28	1.52	—	混凝土件抗拉强度
2		3.890	3.840	4.00	2.67	—	混凝土件抗拉强度
3	中面黏	4.020	3.780	1.86	1.22	34	混凝土破坏后，拉力稳定在 0.6kN 后布断，从二层布间撕裂，层间浸油少，性能差
4	两面黏	3.900	3.200	2.06	1.65	>45	混凝土破坏后，黏的布拉伸 45cm 后仍不断，如沥青延伸形状，拉力稳定在 0.6kN 左右
5	同上	4.472	3.510	1.20	0.76	9	头部破坏
6	同上	3.894	3.860	1.38	0.92	—	混凝土、布间无开裂
7	断面黏	3.894	3.720	0.80	0.55	—	布与上层黏结，从两布之间撕裂数
8	断面黏	3.852	3.580	0.58	0.42	4	开始荷载稳定在 0.58kN，变形 4cm，后荷载下降为 0.1kN，直至拉断，最大变形达 9cm，破坏在两布之间
9	断面黏	3.922	3.800	0.90	0.60	3	最大荷载达到 0.9kN，对应 3cm 变形后荷载下降为 0.14kN，至拉断，变形最大达 13cm，两布之间破坏
10	断面黏	3.738	3.902	0.60	0.41	2	最大荷载达 0.60kN，对应变形 2cm，后荷载降为 0.1kN，直至拉断，变形最大值达 7cm，两布之间破坏

（2）复合防渗层的施工。氯丁胶乳沥青无纺布复合防渗层施工程序：施工准备（设备就位，整平层表面清理）→一次喷涂底料→二次喷料同时铺无纺布→检查及修整→三次喷料→四次喷料，同时铺无纺布→检查及修整→五次喷料→六次喷料，同时撒砂→整体检查验收。在此期间避开降雨时段，尽快浇筑无砂混凝土排水垫层。为适应斜坡上大面积施工，试制出在 1∶1.5 斜坡上施工的机具，平台滑车上下升降由快速卷扬机牵引。采用单喷头喷枪。铺布的布卷筒，压布架与喷涂设备等安装成一体，可在平台滑道上移动，铺布与喷涂同步进行，滑车上配置砂箱，通过振捣器和调节板将砂均匀撒在防渗层表面。

（五）上水库渗流监测成果及混凝土面板裂缝的发展

上水库蓄水运行多年来，主坝已多次经受正常蓄水位工况的考验，坝体变形、渗流均正常。监测表明，主坝变形趋于稳定，渗压稳定，渗漏量控制在设计范围以内。由于工程区气候较严酷，面板遭遇夏季暴晒，冬季冻融，混凝土和止水材料易老化，混凝土易产生裂缝，面板的防渗能力会降低。因此，渗流（包括渗压和渗漏量）监测是上水库的重点监控项目。这里仅简介上水库渗流监测成果及混凝土面板裂缝的发展情况。

上水库水位变化频繁，升降速度大。设计日水位最大变幅 35m，实际运行日变幅在 5～15m 之间。一般在每日 7～8 时水位最高，每日 23～24 时水位最低。上水库自 2000 年 6 月 30 日～2005 年 6 月 14 日每日最高、最低运行水位实际记录如图 23-2-5 所示。

上水库渗流监测成果：1996 年 4 月～2004 年 8 月的测值（见图 23-2-6）表明，历年最大渗漏量在 4.88～15.96L/s 之间，多发生在冬季低温时段；历年最小渗漏量在 0.05～2.5L/s 之间，发生在高温季节；年平均值 1.24～5.90L/s。1997 年 12 月 29 日库底廊道实测渗漏量达 14.164L/s（库水位 565m）接近设计值 15.58L/s。因此，于 1998 年 4 月放空水库检查，发现西坡库底 BB89 号面板有一条贯穿裂缝，长 17.8m。裂缝处理后，1999～2004 年观测，年最大渗漏量为 4.88～8.53L/s，年平均值为 2.24～3.33L/s，表明渗漏量测值恢复正常。按实测最大渗漏量 14.16L/s 计算，相当于每天渗漏量占总库容的 0.28‰。

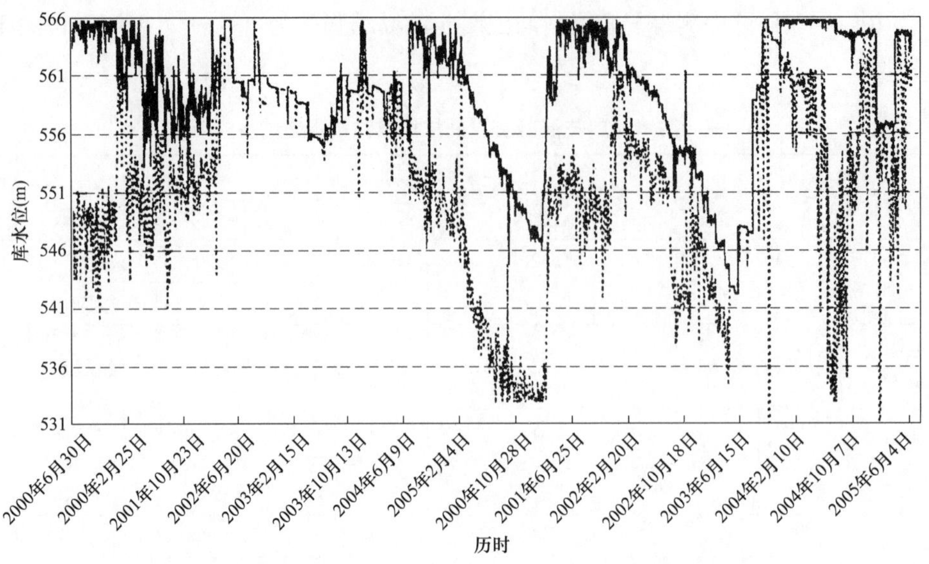

图 23-2-5 十三陵抽水蓄能电站上水库 2000 年 6 月 30 日～2005 年 6 月 14 日最高、最低运行水位实际记录

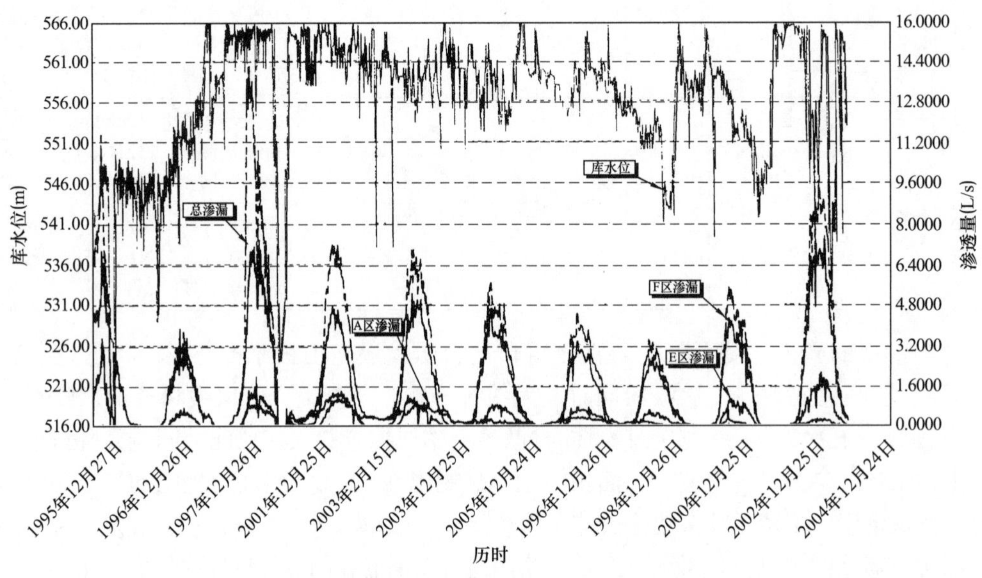

图 23-2-6 十三陵抽水蓄能电站上水库水位～实测渗漏量（Q_3）关系曲线

二、简化复式沥青混凝土面板防渗在张河湾上水库的应用

（一）工程概况

张河湾抽水蓄能电站位于河北省石家庄市井陉县测鱼镇附近的甘陶河干流上，装机容量 1000MW，装机 4 台，单机容量 250MW。电站枢纽由上水库、下水库、水道系统、地下厂房系统等组成，工程等级为一等。

上水库位于甘陶河左岸的老爷庙山顶，采用开挖筑坝围库而成。上水库采用沥青混凝土面板全库盆防渗，库坡防渗面积 20 万 m^2，库底防渗面积 13.7 万 m^2，总防渗面积 33.7 万 m^2。上水库正常蓄水位为 810m，死水位为 779m，工作水深 31m，总库容 770 万 m^3，调节库容 715 万 m^3，死库容 55 万 m^3。张河湾抽水蓄能电站上水库平面布置图如图 8-1-9 所示。

（二）张河湾抽水蓄能电站上水库沥青混凝土面板型式选择

1. 地质条件

老爷庙台坪为古夷平面，呈北东—南西向不规则的条形展布，南北长约 2km，东西宽 250～700m，总体地势东北高，西南低，地面高程 740～846m。台坪东、北、西三面受沟谷深切，台缘曲折，地形陡峻。

上水库地层由寒武系馒头组与长城系大红峪组组成，二者呈平行不整合接触。寒武系地层大多为薄层状，其中砂质泥岩、砂泥岩夹泥灰岩的性质软弱，强度较低，遇水可软化，失水易崩解。长城系大红峪组石英砂岩质地坚硬、性脆，强度高，高倾角裂隙发育，透水性强。因层间错动地层中顺层发育有众多软弱夹层，强度低，亲水性较强，对坝基抗滑稳定不利。上水库周边为深切沟谷，排泄条件较好，无地表水体分布。地下水埋藏很深，据钻孔 ZK1 的观测资料，地下水埋深 284m，地下水位为 523.76m。

2. 上水库主要工程地质问题

（1）软弱夹层。通过勘探揭露，上水库地层中普遍发育有顺层的缓倾角软弱夹层。其中馒头组地层有软弱夹层 25 条，库盆内大部分将被挖除，少部分在库周坝基下分布；大红峪组地层有软弱夹层 53 条，大多分布在库盆下并在台缘陡崖上出露。

软弱夹层按物质组成及结构特征分为两类：Ⅰ类为泥夹碎屑型。夹层面呈舒缓波状起伏，起伏差很小，普遍有泥膜，遇水软化，抗剪强度低。Ⅱ类为碎屑岩片型。夹在软硬相间岩层内，呈舒缓波状，其起伏差较小，主要充填岩片和碎屑，局部见有泥膜。该类夹层长期受到水的浸泡作用，将逐渐向Ⅰ类夹层转化。夹层黏土矿物（X-射线）分析资料表明，在大红峪组石英砂岩内的夹层（如 Rd3-1、Rd3-3 等），矿物成分主要为伊利石，其含量达 99%～100%；馒头组内的夹层（如 Rm1-4、Rm1-3 等）伊利石含量为 81.8%～83.9%，蒙脱石含量为 7.1%～8.1%，此外还含有 9.0%～10.1%的绿泥石和高岭石。

根据试验资料，地质给出的软弱夹层抗剪指标建议值见表 23-2-11。

表 23-2-11　　上水库软弱夹层抗剪指标建议值

层位	夹层类型	抗剪强度指标建议值				主要夹层编号
		饱和状态		天然状态		
		摩擦系数 f	黏聚力 C（MPa）	摩擦系数 f	黏聚力 C（MPa）	
馒头组	Ⅰ	0.30～0.32	0			Rm1-2、3、4、8
	Ⅱ	0.35	0			Rm1-1、5、6、7、9
大红峪组	Ⅰ	0.22～0.25	0	0.30～0.32	0	Rd3-1～18，Rd1-1～4
	Ⅱ	0.35	0			Rd2-1～Rd2-5

（2）坝基抗滑稳定。上水库岩体中普遍发育的软弱夹层，对坝基抗滑稳定不利。因此，根据软弱夹层抗剪指标地质建议值，选取饱和状态下的摩擦系数 $f=0.25$ 计算坝基深层抗滑稳定，结果表明，正常蓄水位+7 度地震工况下，坝基沿软弱夹层 Rd3-1、Rd3-2 的深层抗滑稳定安全系数达不到规定要求（$K\geqslant1.10$）；根据上水库三维渗流数值模拟研究的等水头线图，综合考虑软弱夹层可能的饱和范围和饱和状态，选取半干燥状态下的摩擦系数 $f=0.275$ 计算坝基深层抗滑稳定，各工况下计算结果可以满足规范要求，坝基深层抗滑稳定安全系数计算结果见表 23-2-12。

表 23-2-12　　坝基深层抗滑稳定安全系数计算结果

滑动面	正常蓄水位		正常蓄水位+7 度地震		规定允许安全系数
	$f=0.275$	$f=0.25$	$f=0.275$	$f=0.25$	
Rd3-1	1.515	1.377	1.128	1.025	基本组合 $K\geqslant1.30$ 特殊组合 $K\geqslant1.10$
Rd3-2	1.502	1.365	1.122	1.02	
Rd3-3	1.549	1.408	1.134	1.031	

计算结果说明软弱夹层饱和后强度降低，夹层的饱和范围成为坝基深层抗滑稳定的控制因素，这就要求张河湾上水库采用防渗性能更好的沥青混凝土面板防渗型式，并进一步研究采用能实时监控渗漏情况、可靠性更高的全库防渗系统。

总体来说，上水库地形地质条件较差，地基岩体高倾角裂隙发育，透水性强；岩体中存在众多缓倾角软弱夹层，其抗剪强度较低；台坪周边存在强卸荷带等主要工程地质问题。上水库渗漏对坝基及库岸边坡岩体的稳定十分不利。因此，上水库选择全库防渗方案的同时，应尽可能地减少渗漏水渗入基岩中。

3. 沥青混凝土面板断面型式选择及优化

沥青混凝土面板断面型式包括简式断面和复式断面两种，一般情况下，如果不存在制约工程稳定安全的控制性因素，采用简式断面可取得很好的防渗效果，且有很好的经济性；对渗漏影响和改变基础水文地质条件，危及工程安全的，及特别重要、失事后损失巨大或影响十分严重、需加强水库渗漏控制的工程，宜采用复式断面。张河湾抽水蓄能电站上水库安全的关键是库（坝）沿库（坝）基软弱夹层稳定，加强上水库的防渗和排水措施对稳定是有利的。为此，综合考虑采用沥青混凝土复式防渗断面方案具有防渗性能好，且能够更好地将面层缺陷渗水导入排水廊道，避免基础软弱夹层饱和，结合当时水工沥青混凝土防渗技术的发展水平，考虑沥青混凝土摊铺机械的实际施工能力，确定沥青混凝土面板采用复式断面。

伴随设计理论和施工技术工艺的进步，经比较论证，对面板断面型式进行了优化改进。在招标设计阶段，针对沥青混凝土面板复式断面和简式断面方案，在保证防渗效果的基础上，转变设计理念，分析面板各层的工作原理，重点对防渗底层和整平胶结层的功能、工作性能、施工条件进行了分析研究。

沥青混凝土复式面板上防渗层已具有很好的防渗性能，一般不会发生渗漏。沥青混凝土面板在实际运行中，由于基础不均匀变形，或者施工缺陷可能会造成局部细微裂缝漏水，渗漏水通过上防渗层裂缝进入排水层的过程中，已经损失了大部分的水头，因此，作为第二道防渗，下防渗层设计标准完全可以降低。整平胶结层本身材料也是沥青混凝土，只要将其配合比稍作调整，适当加大沥青和填料含量，完全可以起到下防渗层的作用。经过研究和实践，相对于排水层渗透系数约 1×10^{-1}cm/s 来说，整平胶结层的渗透系数控制在 5×10^{-5}cm/s 以下，即整平胶结层与排水层渗透系数相差 2000 倍，可以起到相对隔水层的作用，配合库底排水廊（管）道系统，可以收集到绝大部分的上防渗层渗漏水，并可根据监测到渗漏情况及时对面板渗漏部位进行处理。同时，从传统意义上来说，整平胶结层的作用只是整平基础，为上部面板提供一个施工机械作业的平面，同时也为沥青混凝土面板基础垫层与面板之间的软硬过渡进行变形协调。基础软硬以及摊铺机的压实效率，对整平胶结层所能达到的性能指标有一定的限制，随着大型摊铺施工机械的发展应用，从现有的施工技术和其配合比试验结果来看，整平胶结层要达到孔隙率不大于 5%，渗透系数不大于 5×10^{-5}cm/s 是能够实现的。

综合上述因素和研究成果，张河湾抽水蓄能电站上水库沥青混凝土防渗面板将下防渗层与整平胶结层合并为一层，优化后的沥青混凝土防渗面板采用从上往下分别为封闭层、防渗层、排水层、防渗整平胶结层的 4 层结构型式，结构分层及技术指标见表 23-2-13，典型断面简图如图 8-3-10 所示。

表 23-2-13　　张河湾抽水蓄能电站上水库沥青混凝土面板结构分层及技术指标

结构层	材料	设计厚度（mm）	渗透系数（cm/s）	孔隙率（%）
封闭层	沥青玛蹄脂	2		
防渗层	密级配沥青混凝土	100	$<1\times10^{-8}$	<3
排水层	开级配沥青混凝土	80（库坡）/100（库底）	$>1\times10^{-1}$	>16
防渗整平胶结层	密级配沥青混凝土	80	$<5\times10^{-5}$	≤5.0

（三）简化复式沥青混凝土面板效益

张河湾抽水蓄能电站上水库沥青混凝土面板简化复式断面相对原传统复式断面结构型式，减少沥青混凝土约 1.9 万 m^3，节省投资约 5800 万元，缩短工期约 3 个月。更为重要的是，简化复式断面面板可实现面板渗漏水的全面收集和实时监控，一旦面板运行出现渗漏水，可确保在第一时间发现并及时处理，避免出现安全问题。

张河湾抽水蓄能电站上水库于 2007 年 9 月开始下闸蓄水，并于 2008 年 9 月 28 日成功蓄水至正常蓄水位 810m，经过多年的运行，水库沥青混凝土面板本身未发现渗漏水问题，表现出良好的防渗性能，目前运行状况良好。

三、改性沥青混凝土面板防渗在严寒地区呼和浩特抽水蓄能电站上水库的应用

（一）工程概况

呼和浩特抽水蓄能电站位于呼和浩特市东北部的大青山区，距呼和浩特市中心约20km，装机容量1200MW，机组额定水头为521m。上水库全库盆采用沥青混凝土面板防渗，防渗总面积24.48万m^2，其中库底10.11万m^2、库岸14.37万m^2。面板下基础采用碎石垫层，堆石坝段碎石垫层水平宽度300cm，岩石边坡开挖段和库底碎石垫层厚均为60cm。呼和浩特抽水蓄能电站上水库布置图如图8-3-5所示。

（二）上水库气象及地形地质条件

工程区属于中温带季风亚干旱气候区，具有冬长夏短、寒暑变化急剧的特征。冬季可长达5个月，漫长而严寒。上水库高程1940m左右，为山顶夷平面；极端最高气温为35.1℃，极端最低气温−41.8℃，多年平均水面蒸发量1883.6mm，多年平均降水量428.2mm，冻土深度为284cm。

上水库位于大青山山顶的古夷平台上，库盆由“二梁三沟”组成，为沟梁相间的地貌特征。三条冲沟相继交汇到东南侧的大南沟，大南沟走向NW280°，为一条狭窄的“V”形谷，谷底高程1864～1897m。地层岩性主要为吕梁期片麻状黑云母花岗岩和第四系残坡积物及少量的冲洪积物。片麻状黑云母花岗岩广泛展布于库区，在不整合界面以南为太古代乌拉山群黑云母斜长片麻岩、斜长角闪岩等，界面以北为下元古代二道洼群片岩，包括石英片岩、角闪石片岩和云母片岩。第四系残坡积物库区覆盖面积达60%以上，多分布于缓坡及山梁上，一般厚度3～5m，最厚处可达10～13.3m。第四系冲洪积物分布于冲沟谷底，结构较疏松。

（三）沥青混凝土面板设计

1. 面板结构型式

上水库开挖后地层岩性主要为吕梁期片麻状黑云母花岗岩，库区构造以裂隙密集带及构造裂隙为主，未发现规模较大的断层，抗风化能力较弱呈不规则团块状的云母片岩全部进行了处理。通过沥青混凝土面板渗漏计算和面板应力应变计算研究，确定采用简式断面，由整平胶结层、防渗层和封闭层组成，可满足面板防渗和适应基础变形要求。

2. 面板结构厚度

根据设计规范并结合工程经验确定上水库沥青混凝土防渗简式面板总设计厚度为18.2cm，其中，整平胶结层采用8cm，防渗层采用10cm，封闭层采用2mm。

（1）封闭层。主要作用是隔绝空气、水、紫外线的影响，减缓防渗层的老化，并防止防渗层受冰雪的摩擦损耗作用，厚度采用2mm。

（2）防渗层。综合考虑施工机械及工艺技术水平以及渗漏计算成果，上水库沥青混凝土防渗层厚度采用10cm。对面板局部基础变形大，可能产生较大弯拉应变区域，包括库岸与库底面板相接部位、基础断层和岩脉处理区、库盆挖填交界区，采用加厚面板处理，并在加厚层和防渗层之间布设了聚酯网格。结合工程经验，防渗加厚层的厚度采用5cm。

（3）整平胶结层。西龙池、宝泉抽水蓄能整平胶结层均采用10cm；天荒坪库坡整平胶结层采用10cm，库底采用8cm；张河湾整平胶结防渗层采用8cm。参考已建工程，呼和浩特抽水蓄能电站上水库沥青混凝土整平胶结层厚度采用8cm。

3. 面板沥青混凝土低温冻断指标确定和沥青选择

沥青混凝土为感温性材料，防渗面板又为多层结构，面板各层的温度会随库水位变动以及气温和日照条件等而变化，不能直接把外界最低气温作为设计冻断温度，一般应留有一定的裕度。日本北海道地区的京极抽水蓄能电站沥青混凝土面板防渗层计算的最低温度为−18℃，防渗层设计冻断温度取为−20℃。山西西龙池上水库极端最低气温为−34.5℃，防渗层设计冻断温度取为−38℃。

呼和浩特抽水蓄能电站上水库库址区气温较低，极端最低气温为−41.8℃，100年超越概率的最低气温为−42.7℃。从1959～2010年共52年的统计资料推算来看，每年冬天气温低于−27.7℃的概率为100%，低于−30.2℃的概率为98%。考虑上水库施工期库底面板的越冬问题，方便沥青采购和面板施

工管理，库坡和库底的面板防渗层采用相同的抗冻断设计温度。综合考虑极端最低气温－41.8℃和100年超越概率最低气温－42.7℃，防渗层设计冻断温度取为－45℃。

呼和浩特抽水蓄能电站上水库建设前，已建的沥青混凝土面板防渗工程气温最低的是西龙池上水库，极端最低气温为－34.5℃，采用北京路新大成景观公司生产的改性沥青，沥青混凝土芯样冻断温度可达－39.4℃，满足设计低于－38℃的指标要求。

呼和浩特抽水蓄能电站上水库极端最低气温比西龙池低7.3℃，高低温差最大达77°，对沥青混凝土面板的高温抗斜坡流淌性能、低温抗裂性能要求均很高，二者要求相互制约，是沥青混凝土面板防渗技术的一大难题。沥青混凝土防渗面板高温下斜坡流淌问题，采用坡面洒水降温措施可得以缓解；而其低温冻断问题通常以提高沥青混凝土抗冻断性能来解决，问题最为突出。

沥青混凝土低温抗裂性能主要决定于沥青品种。通过对现有的新疆克拉玛依炼化总厂、中国石化辽河分公司、中海油气开发利用公司、盘锦市中油辽河沥青有限公司、北京路新大成景观公司等水工沥青产品调研和大量沥青混凝土试验研究，即使是低温性能好的普通石油沥青，其沥青混凝土冻断温度一般也仅为－26.4～－34.7℃，难以适应呼和浩特抽水蓄能电站上水库的工作环境要求，因此需采用改性沥青。综合考虑施工期库底面板的越冬问题，呼和浩特抽水蓄能电站上水库沥青混凝土面板防渗层沥青混凝土采用SBS改性沥青，整平胶结层沥青混凝土采用SG90普通石油沥青混凝土。

（四）沥青混凝土原材料要求

水工沥青混凝土由沥青（改性沥青或普通石油沥青）、粗骨料、细骨料、填料（矿粉）等组成，呼和浩特抽水蓄能电站上水库沥青混凝土原材料主要技术指标如下。

1. 沥青

上水库封闭层、防渗层及加厚层的SBS改性沥青性能指标要求见表23-2-14，上水库整平胶结层的SG90普通石油沥青性能指标要求见表23-2-15。

表23-2-14　　呼和浩特抽水蓄能电站上水库SBS改性沥青技术要求

序号	项目		单位	质量指标	试验方法
1	针入度（25℃，100g，5s）		1/10mm	>100	JTJ T 0604—2000
2	针入度指数PI			≥－1.2	JTJ T 0604—2000
3	延度（5℃，5cm/min）		cm	≥70	JTJ T 0605—1993
4	延度（15℃，5cm/min）		cm	≥100	
5	软化点（环球法）		℃	≥45	JTJ T 0606—2000
6	运动黏度（135℃）		Pas	≤3	JTJ T 0625—2000/JTJ T 0619—1993
7	脆点		℃	≤－22	JTJ T 0613—1993
8	闪点（开口法）		℃	≥230	JTJ T 0611—1993
9	密度（25℃）		g/cm^3	实测	JTJ T 0603—1993
10	溶解度（三氯乙烯）		%	≥99	JTJ T 0607—1993
11	弹性恢复（25℃）		%	≥55	JTJ T 0622—1993
12	离析，48h软化点差		℃	≤2.5	JTJ T 0661—2000
13	基质沥青含蜡量（裂解法）		%	≤2	JTJ T 0615—2000
14	薄膜烘箱后	质量变化	%	≤1.0	JTJ T 0610—1993
15		软化点升高	℃	≤5	JTJ T 0606—2000
16		针入度比（25℃）	%	≥50	JTJ T 0604—2000
17		脆点	℃	≤－19	JTJ T 0613—1993
18		延度（5℃，5cm/min）	cm	≥30	JTJ T 0605—1993
19		延度（15℃，5cm/min）	cm	≥80	

表 23-2-15　　呼和浩特抽水蓄能电站上水库SG90普通石油沥青技术要求

序号	项目		单位	质量指标
1	针入度（25℃，100g，5s）		1/10mm	80～100
2	延度（5cm/min，15℃）		cm	≥150
3	延度（1cm/min，4℃）		cm	≥20
4	软化点（环球法）		℃	45～52
5	溶解度（三氯乙烯）		%	≥99
6	脆点		℃	≤−12
7	闪点（开口法）		℃	230
8	密度（25℃）		g/cm^3	实测
9	含蜡量（裂解法）		%	≤2
10	薄膜烘箱后	质量损失	%	≤0.3
11		针入度比	%	≥70
12		延度（5cm/min，15℃）	cm	≥100
13		延度（1cm/min，4℃）	cm	≥8
14		软化点升高	℃	≤5

2. 骨料

（1）成品粗骨料。成品粗骨料（粒径2.36～19mm）要求级配良好，质地坚硬、新鲜，不因加热而引起性质变化，技术指标要求见表23-2-16。

表 23-2-16　　粗骨料技术要求

序号	项目		单位	技术要求	说明
1	表观密度		g/cm^3	≥2.6	
2	与沥青黏附性		级	≥4	水煮法
3	针片状颗粒含量		%	≤25	颗粒最大、最小尺寸比大于3
4	压碎值		%	≤30	压力400kN
5	吸水率		%	≤2	
6	含泥量		%	≤0.5	
7	耐久性		%	≤12	硫酸钠干湿循环5次的质量损失
8	骨料碱值			碱性岩石	
9	超逊径	超径	%	<5	方孔筛
10		逊径	%	<10	方孔筛

（2）成品细骨料。成品细骨料（粒径0.075～2.36mm）技术指标要求见表23-2-17。

表 23-2-17　　细骨料技术要求

序号	项目	单位	技术要求		说明
			人工砂	天然砂	
1	表观密度	g/cm^3	≥2.55	≥2.55	
2	吸水率	%	≤2	≤2	
3	水稳定等级	级	≥6	≥6	硫酸钠溶液煮沸1min
4	耐久性	%	≤15	≤15	硫酸钠干湿循环5次的质量损失
5	有机质及泥土含量	%	0	≤2	
6	石粉含量	%	<5	0	
7	轻物质含量	%	0	<1	
8	超径	%	<5	<5	方孔筛

3. 填料

以矿粉作为沥青混凝土填料，矿粉应不结团块、不含有机质及泥土，技术指标要求见表 23-2-18。

表 23-2-18 矿粉技术要求

序号	项目		单位	技术要求	说明
1	表观密度		g/cm³	≥2.5	
2	亲水系数			≤1.0	煤油与水沉淀法
3	含水率		%	≤0.5	
4	细度	<0.6mm	%	100	
		<0.15mm	%	>90	
		<0.075mm	%	>85	

（五）沥青混凝土防渗面板各层技术要求

封闭层采用改性沥青玛蹄脂，由改性沥青和填料配制而成。要求封闭层应与防渗层面黏结牢固，要求具有防渗性、变形适应性、耐流淌性、低温抗裂性、耐久性和耐磨性，并易于涂刷或喷洒。主要技术指标要求见表 23-2-19。

表 23-2-19 呼和浩特抽水蓄能电站上水库封闭层技术要求

序号	项目	单位	技术要求	说明
1	密度	g/cm³	实测	
2	斜坡热稳定性	—	不流淌	在沥青混凝土防渗层 20cm×30cm 面上涂 2mm 厚沥青玛蹄脂，在 1∶1.75 坡，70℃，48h
3	低温脆裂	—	无裂纹	2mm 厚沥青玛蹄脂按−45℃进行二维冻裂试验
4	柔性	—	无裂纹	0.5mm 厚沥青玛蹄脂，180°对折，5℃

防渗层和加厚层要求具有良好的防渗性、变形适应性、耐流淌性、低温抗裂性、抗裂性和耐久性，采用密级配改性沥青混凝土，主要技术指标要求见表 23-2-20，其中防渗层和加厚层沥青混凝土的平均冻断温度要求不高于−45℃，试验检测的最高值不应高于−43℃。

表 23-2-20 呼和浩特抽水蓄能电站上水库防渗层沥青混凝土技术要求

序号	项目		单位	技术指标	备注
1	密度		g/cm³	实测	
2	孔隙率		%	≤2	马歇尔试件（室内成型）
				≤3	现场芯样或无损检测
3	渗透系数		cm/s	$\leq 1\times10^{-8}$	
4	水稳定系数		—	≥0.9	孔隙率约 3%时
5	斜坡流淌值（1∶1.75，70℃，48h）		mm	≤0.8	马歇尔试件（室内成型）
6	冻断温度		℃	≤−45℃（平均值）	检测的最高值不应高于−43℃
7	弯曲应变	2℃变形速率 0.5mm/min	%	≥2.5	
8	拉伸应变	2℃变形速率 0.34mm/min	%	≥1.0	
9	柔性试验（圆盘试验）	25℃	%	≥10（不漏水）	
		2℃	%	≥2.5（不漏水）	

整平胶结层要求具有良好的变形性能和耐久性，采用开级配普通沥青混凝土，主要技术指标要求见表 23-2-21。

表 23-2-21　　呼和浩特抽水蓄能电站上水库整平胶结层技术要求

序号	项目	单位	技术要求	说明
1	密度	g/cm^3	实测	
2	孔隙率	%	10～15	
3	热稳定系数		≤4.5	20℃与50℃时的抗压强度之比
4	水稳定系数		≥0.85	
5	渗透系数	cm/s	$1\times10^{-2}\sim1\times10^{-4}$	
6	斜坡流淌值	mm	≤0.8	马歇尔试件（1∶1.75 坡，70℃，48h）

呼和浩特抽水蓄能电站上水库沥青混凝土面板施工时段为 2012 年 6 月～2013 年 6 月，施工试验检测的防渗层改性沥青混合料冻断温度平均值为－44.6℃、最高值为－43.1℃，防渗层改性沥青混凝土芯样冻断温度的平均值为－44.1℃、最高值为－43.0℃，离散性较小。上水库于 2013 年 8 月 6 日开始蓄水，沥青混凝土面板经历近 10 年的运行，经历最低气温为－34.8℃，实测防渗层下最低温度达到－22.1℃，未发现存在低温冻裂问题，说明改性沥青混凝土的低温抗裂性能良好。

四、土工膜防渗在溧阳上水库的应用

（一）工程概况

溧阳抽水蓄能电站主要由上水库、输水系统、发电厂房及下水库等组成，装机容量 1500MW，安装 6 台机组，单机容量 250MW。

上水库利用龙潭林场伍员山工区两条较平缓的冲沟在东面筑坝成库，主要建筑物由 1 座主坝、2 座副坝、库岸及库底防渗体系等组成。上水库正常蓄水位 291.00m，死水位 254.00m，调节库容 1195 万 m^3，正常蓄水位水面面积 0.39km^2。上水库库底部分开挖、部分利用库岸开挖料填筑形成，最大填筑高度 75.8m，开挖区域与填筑区域采用 1∶3 的边坡顺接，库底开挖面和石渣料填筑高程为 245.8m，在 245.8m 高程基础上布置库底防渗系统。上水库平面布置和典型剖面分别如图 23-2-7 和图 23-2-8 所示。

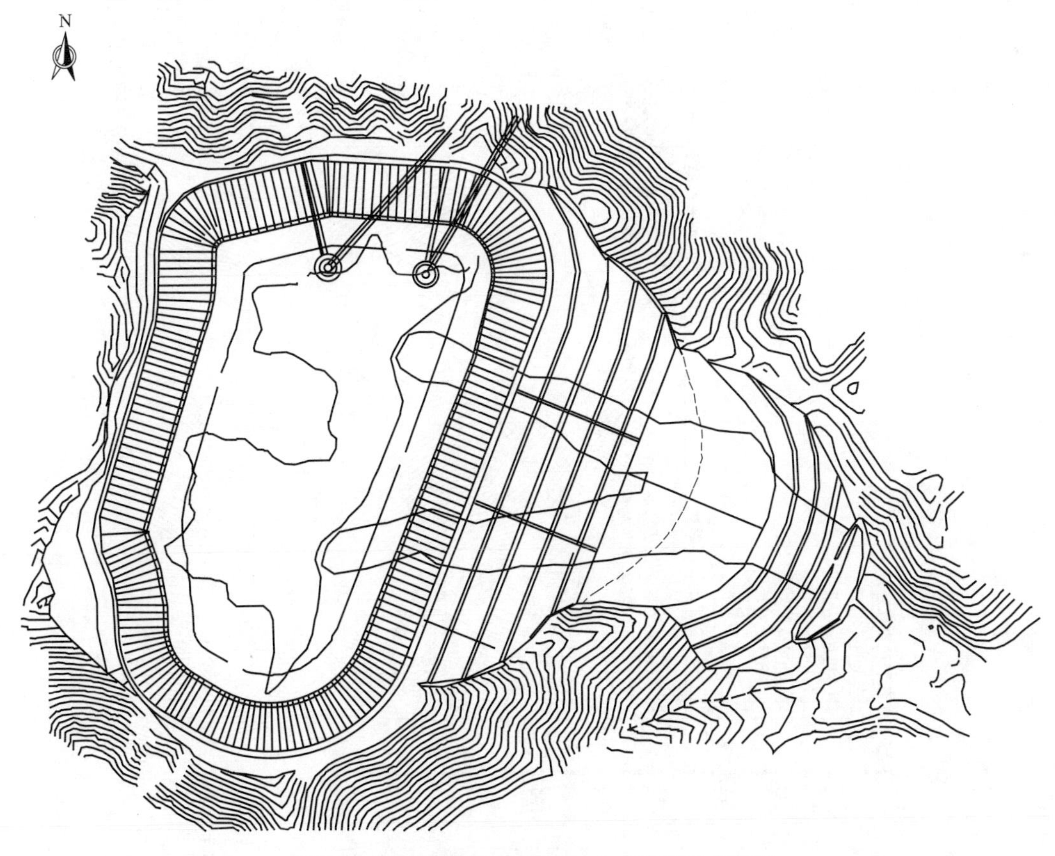

图 23-2-7　溧阳抽水蓄能电站上水库平面布置图

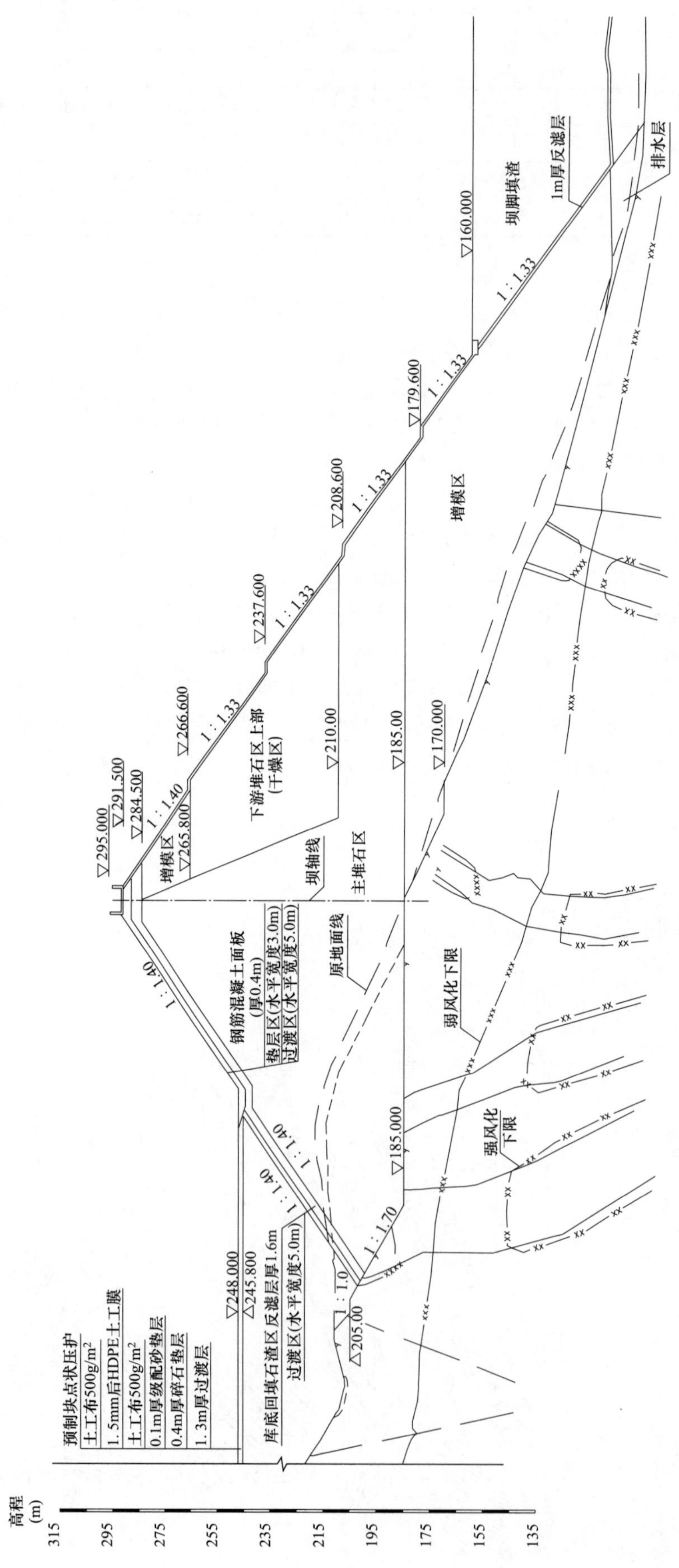

图 23-2-8 溧阳抽水蓄能电站上水库典型剖面图

（二）库底防渗方案选择

溧阳抽水蓄能电站上水库库底系采取开挖降低两条冲沟之间的山脊和填平沟谷的方式，进行整形处理形成两大平台，最大填筑高度 75.8m，库底不均匀沉降变形问题比较突出。可行性研究设计阶段共提出了 9 个上水库全库盆防渗方案，经技术经济综合比较，为适应不均匀沉降变形的影响，库底防渗宜采用柔性防渗方式，推荐库岸及坝体采用混凝土面板防渗、库底采取土工膜和黏土组合防渗方案。该方案其库底型式为：库底开挖区开挖后基础面高程 240.70m，库底回填区回填石渣顶部高程为 240.70m。库底开挖区与回填区均采用黏土、土工膜组合防渗方案，防渗体顶部高程为 248.00m，从上至下依次为：0.3m 厚碎石护面层、4.5m 厚黏土防渗层、1mm 厚 HDPE 土工膜、500g/m^2 土工织物、0.5m 厚土工膜下部黏土层、0.5m 厚第一层反滤层、0.5m 厚第二层反滤层、1m 厚过渡层。

在招标与详图设计阶段，设计对库底防渗方案开展了进一步研究分析，结合工程实际情况，考虑黏土储量不足，不能满足纯黏土防渗要求，组合防渗方案结构层复杂，黏土压实施工难度大，采用土工膜防渗型式的抽水蓄能工程已有泰安抽水蓄能电站可参考借鉴，经验已趋成熟，土工膜施工相对简单，施工工期短、投资省、检修条件好等方面因素，将上水库库底防渗型式变更为全部采用土工膜防渗型式。但考虑到该工程土工膜承受水头较高，库底回填深度较大，不均匀沉降变形较大，在施工过程中应重视并控制好石渣回填、土工膜与周边混凝土结构连接的施工质量。

（三）库底开挖与回填设计

库底根据设计高程不同分为两个大区：进出水口前池高程 240m 区和库底大平面高程 248m 区，两区之间以 1∶10 缓坡相接，总面积约 25 万 m^2。

高程 248m 大平面区的库底，在高程 245.80m 部位开挖成一大平台，地形低于高程 245.80m 部位利用石渣回填至高程 245.80m，石渣回填之前清除坡面覆盖层。为减少挖填结合部位不均匀沉降，在回填区内距库底开挖平台外边线水平距离 5m 范围起坡修挖成 1∶5 的缓坡。

高程 240m 区的库底，在高程 237.80m 部位开挖成一大平台，地形低于高程 237.80m 部位利用石渣回填至高程 237.80m，石渣回填之前清除坡面覆盖层；两竖井式进/出水口再在 237.80m 以下放坡开挖至井底高程。为减少挖填结合部位不均匀沉降，也在回填区内距库底开挖平台外边线水平距离 10m 处按 1∶5 坡比开挖成一斜坡。

为减少上水库库底回填区不均匀沉降对土工膜防渗系统的不利影响，根据蓄水期库底沉降等值线分布图，在库底石渣回填区采取预留沉降超高措施。以挖填分界线为起始点，将西侧库底廊道侧区域回填按 1%预填缓坡过渡，将主坝连接板侧区域回填按 5%预填缓坡过渡，最大超填厚度为 70cm（见图 23-2-9）。这样既适当增加了土工膜的铺设长度，避免土工膜在蓄水期因沉降产生过大的拉伸变形，又改善库底沉降变形和应力条件，避免库底防渗体因不均匀沉降产生剪切破坏。

（四）库底防渗体结构设计

上水库库岸及坝体采用混凝土面板防渗，库底采用 HDPE 土工膜防渗体系，防渗总面积 29.7 万 m^2。库底最终防渗型式为：库底开挖区开挖后基础面高程 245.8m，库底回填区回填石渣顶部高程为 246.00m。库底开挖区与回填区均采用土工膜防渗方案，防渗体顶部高程为 248.00m，防渗体由上至下依次为：0.1m 厚混凝土预制块点状压护保护层（单块重 8.5kg）、500g/m^2 土工布、1.5mm 厚 HDPE 土工膜、500g/m^2 土工布、1300g/m^2 三维复合排水网、5cm 厚砂垫层、0.4m 厚碎石下垫层、1.5m 厚过渡层。上水库库底土工膜防渗结构图如图 23-2-10 所示。

1. 下部支持层

土工膜防渗体下部支持层应满足以下功能：①具有一定的承载能力，以满足施工期及运行期传递荷载的要求；②有合适的粒径、形状和级配，限制其最大粒径，避免在高水压下土工膜被顶破；③保证土工膜下的排水通畅；④库底碾压石渣和土工膜之间的填筑料粒径应逐渐过渡，满足层间反滤关系，以保证渗透稳定。

根据 SL/T 231—1998《聚乙烯（PE）土工膜防渗工程技术规范》要求，土工膜应铺设在密实的基础上，层面应平整。与膜接触的表面宜为碾压密实的细土料层、细砂层或混凝土层，层面应平整。根据以上因素，土工膜下部支持层自上而下依次为：1300g/m^2 三维复合排水网、5cm 厚砂垫层、40cm 级配碎石垫层、150cm 厚过渡层。

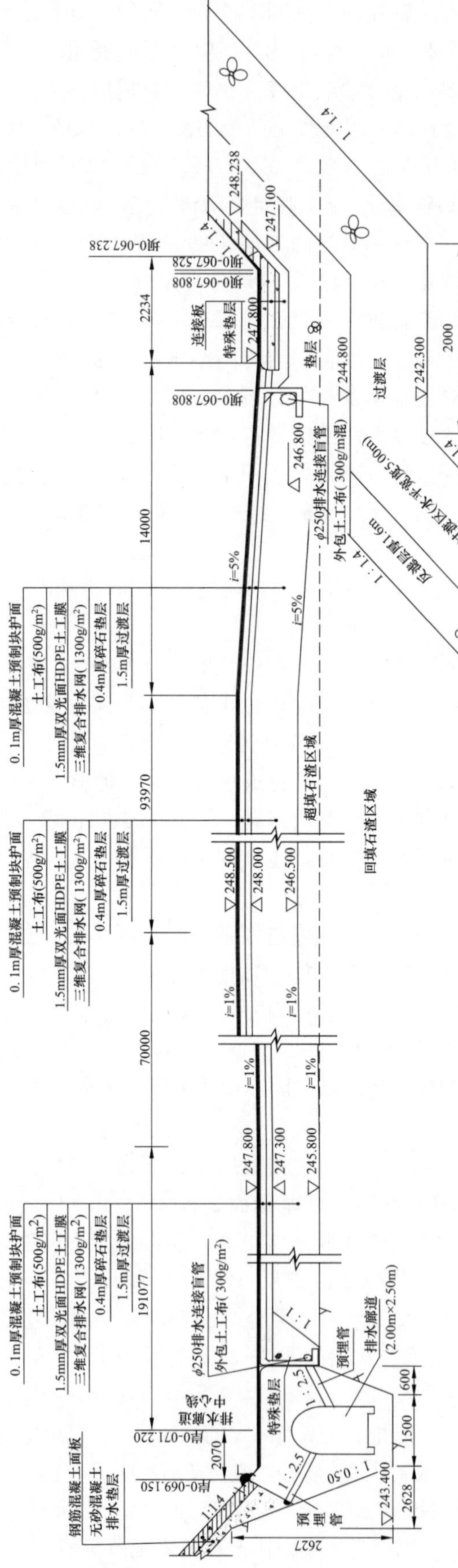

图 23-2-9　溧阳抽水蓄能电站上水库库底超填石渣预留沉降典型剖面图

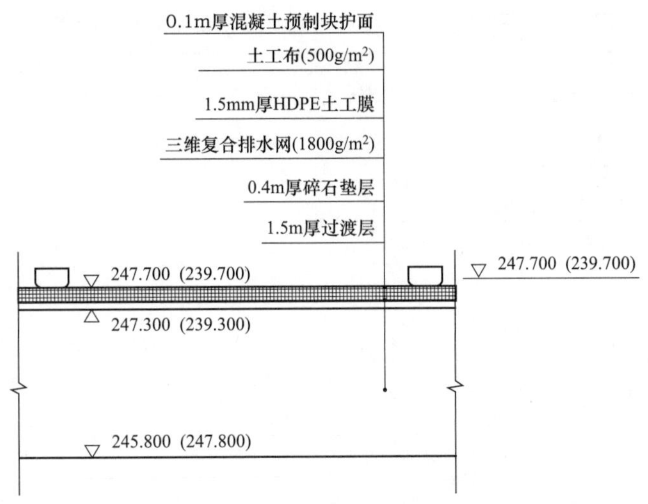

图 23-2-10 上水库库底土工膜防渗结构图

2. 土工膜防渗层

上水库防渗要求较高，采用的土工膜厚度较大，若选用复合土工膜，在膜布热复合后，两侧未复合预留连接部位会有严重的折皱现象，从而影响土工膜的接缝焊接质量；另外，复合土工膜中膜本身的质量也不如光膜，表面缺陷也多于光膜。因此，土工膜防渗层选用厚度 1.5mm 的 HDPE 膜。土工膜宽度的选择应使膜在施工时接缝最小，尽可能选用较大的幅宽，参照泰安抽水蓄能电站经验，土工膜宽度采用 8m。

3. 土工膜厚度选择

GB 50290—2014《土工合成材料应用技术规范》规定，对于重要工程的防渗设计，选用的土工膜厚度不应小于 0.5mm。SL/T 225—1998《水利水电工程土工合成材料应用技术规范》规定，对于中水头坝，要求厚度一般为 0.5～0.6mm。

SL/T 231—1998《聚乙烯（PE）土工膜防渗工程技术规范》要求，PE 土工膜厚度设计可按理论公式计算，或用试验法确定厚度（拉应力和拉应变的安全系数可取 4～5），此外尚应考虑暴露、埋压、气候、使用寿命等应用条件。目前对于铺在颗粒地层或缝隙上的土工膜受水压力荷载时的厚度有三种计算方法：①顾淦臣（1985）的薄膜理论公式；②苏联全苏水工科学研究院的经验公式；③J·P·Giroud（1982）的铺在窄缝上的膜近似公式。

在土工膜厚度计算中，一般仅考虑用耐水压力击破确定膜厚，通常理论计算的土工膜厚度均较小，一般 0.1～0.2mm 即可满足要求。但这样算出的结果，没有考虑施工荷载和抗老化问题。而土工膜在使用中下垫层总是存在尖角，且根据各项试验成果表明，膜厚则老化得慢，所以膜厚的确定还应考虑这些因素，选用时需留有较大的安全系数。

美国、日本、欧洲工程土石坝防渗选用的土工膜一般在 1mm 以上，最厚可达 5mm，2～4mm 也较为多见。SL/T 231—1998《聚乙烯（PE）土工膜防渗工程技术规范》规定，选用土工膜厚度不应小于 0.5mm。

根据有关实践经验，铺在粗砂细砾土层上面的土工膜，其厚度按不同水头而定。低于 25m 水头，膜厚 0.4mm；25～50m 水头，膜厚 0.8～1.0mm；50～75m 水头，膜厚 1.2～1.5mm；75～100m 水头，膜厚 1.8～2.0mm。

土工膜厚度增加一倍，土工膜的价格仅增加 15%～20%，而土工膜的投资又仅占土工膜防渗层整个投资中的 20%～40%。因此，在其他条件允许的情况下，采用较厚的土工膜，有利于提高防渗效果和耐久性。

该工程上水库选用 HDPE 土工膜，其最大工作水头为 51m，根据计算膜厚 0.12mm，按一级防渗结构取土工膜膜厚安全系数为 8～12，并参考国外类似工程的经验，最终选择膜厚为 1.5mm。溧阳抽水蓄能电站上水库 HDPE 土工膜物理力学性能指标要求见表 23-2-22。

表 23-2-22 溧阳抽水蓄能电站上水库 HDPE 土工膜物理力学性能指标

项目		单位	数值	备注
密度		g/cm³	≥0.94	
单位面积质量		g/m²	≥1410	
土工膜厚度（平均/最大/最小）		mm	（≥1.50/1.65/1.45）	
拉伸屈服强度	横向	N/mm	≥22	
	纵向	N/mm	≥22	
拉伸屈服伸长率	横向	%	≥12	
	纵向	%	≥12	
拉伸断裂强度	横向	N/mm	≥40	
	纵向	N/mm	≥40	
拉伸断裂伸长率	横向	%	≥700	
	纵向	%	≥700	
直角撕裂负荷	横向	N	≥190	
	纵向	N	≥190	
抗刺穿强度		N	≥480	
水蒸气渗透系数		g·cm/（cm²·s·Pa）	$\leqslant 1.0\times10^{-13}$	
常压氧化诱导时间（OIT）		min	≥100	
85℃热老化（90 天后常压 OIT 保留率）		%	≥55	
抗紫外线（紫外线照射 1600h 后 OIT 保留率）		%	≥50	
拉伸负荷应力开裂（切口恒载应力法）		h	≥300	

4. 上部保护层

为使土工膜表面避免紫外线照射、高低温破坏、生物破坏和机械损伤等，土工膜上部应设置保护层，保护层为 500g/m² 土工布，再用 MU20 预制块进行压覆。其中，预制块在高程 248m 区为点状压护，间排距 1.5m；在 1∶10 斜坡面上由下往上为条带状紧挨压护，间距 2m；为防膜下负压顶托和塔体上部施工掉物，在库底前池高程 240m 区塔基周边 30m 范围内为满铺压护，该区其他部位为点状压护（间排距 1.5m）。

（五）土工膜防渗结构接头设计

土工膜接头设计符合 NB/T 35027—2014《水电工程土工膜防渗技术规范》要求，并结合该工程相关工艺试验和特点，适当进行了优化与加强。

1. 接缝及松弛量

土工膜的接缝设计应使接缝数量最少，且平行于拉应力大的方向；接缝设在平面处，避开弯角。HDPE 膜自身接缝采用双轨焊或单轨焊的焊接工艺连接，焊接搭接宽度约 12cm。焊接接缝抗拉强度不应低于母材强度，在订货时要对厂家提出留边和长度要求，以利焊接。

在土工膜自身焊接的 T 形接头处，需增设一直径 25cm 的圆形土工膜补片进行覆盖，该补片与原土工膜通过单轨焊焊接严实。

为协调土工膜防渗体与其下底部堆渣、面板和岸坡等连接部位的变形，平面上应留有一定松弛度，且在转折处预留褶皱裕度。土工膜按松弛铺设，释放应力，避免因长期应力或反复应力作用下，使聚合物产生蠕动或疲劳而失去强度，因而变薄或破裂。

2. 土工膜与面板连接板和库底观测排水廊道连接设计

土工膜与面板连接板采用锚固连接，如图 8-4-9 所示；土工膜与库底观测排水廊道采用锚固连接，如图 23-2-11 所示；在锚固沟处连接详图如图 8-4-10 所示。

在混凝土结构（主要有进/出水口塔、锚固板、连接板、排水廊道、交通桥桥台等）边壁与库底垫层料相接部位，均采取了倒弧角处理，并专门增设了细沙枕头袋进行底部垫护，以改善上部土工膜的受力条件，减少在此处易出现脱空区的可能性。

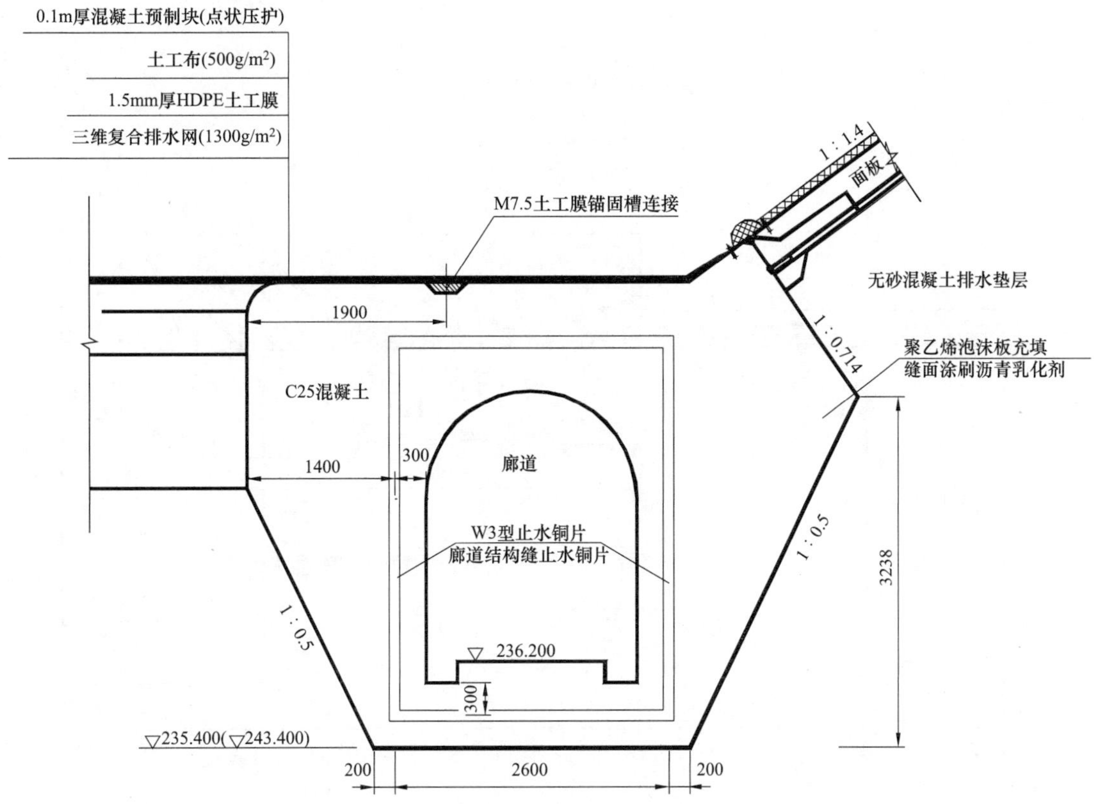

图 23-2-11 土工膜与库底观测排水廊道连接示意图（单位：mm）

土工膜端头与库岸面板周边缝连接的施工顺序为：周边缝打磨清理完成后，V 形槽内及上下面各 20cm 范围内涂刷 SR 底胶 2 道，在 V 形槽下缘面及下侧扁钢压条处设各 1 条宽 10cm、厚 5mm SR 找平层，之后再在找平层上刷 SR 底胶 2 道，随后将土工膜端头紧贴 V 形槽下缘面的 SR 找平层固定好在 V 形槽内，再进行周边缝表止水 SR 柔性填料充填，将填料全面包裹好土工膜端头部，最后按表止水施工工艺做好固定与封闭。

土工膜在锚固沟处的连接型式为机械连接，施工顺序为：梯形 U 形槽内打磨清理完成后，槽面涂刷 SR 底胶 2 道，在底面两条扁钢压条处各设 1 条宽 10cm、厚 5mm 的 SR 找平层，将 1.5mm 厚土工膜伸入锚固槽内紧贴 SR 找平层固定，并用螺栓进行机械连接，之后再用 5mm 厚 SR 找平层全面包裹好螺栓帽，再对槽内回填满 M7.5 砂浆，完成后再在锚固槽上方加设一宽 600mm、厚 1.5mm 的土工膜，两边各伸入 100mm，与下方的土工膜焊接，最后覆盖土工布（500g/m^2）保护，使其形成完整的封闭系统。

3. 土工膜与上水库进/出水口连接设计

土工膜与上水库进/出水口采用螺栓机械连接，施工顺序从下至上依次为：宽 200mm 的 SR 底胶两道、宽 200mm 厚 5mm 的 SR 找平层、宽 200mm 的 SR 底胶两道、扁钢压条及螺栓机械连接固定好 1.5mm 厚光面 HPDE 土工膜、宽 200mm 的 SR 底胶两道，最后用 C25 二期混凝土压实，三维复合排水网（1300g/m^2）及土工布（500g/m^2）均伸入二期混凝土内且不小于 200mm，使其形成一完整的封闭系统，如图 23-2-12 所示。

（六）库底土工膜防渗体下排水层设计

库底土工膜防渗体设置一层三维复合排水网（规格 1300g/m^2），用于收集透过膜后的渗漏水并及时汇集到库底周边排水廊道排走，其下设厚 0.4m 碎石下垫层（兼排水层作用），碎石下垫层下部设置厚 1.5m 排水过渡层。另外，在碾压好后的碎石垫层表面再铺筑一层 5cm 厚砂垫层，以覆盖碎石棱角防止对土工膜造成顶刺破坏。

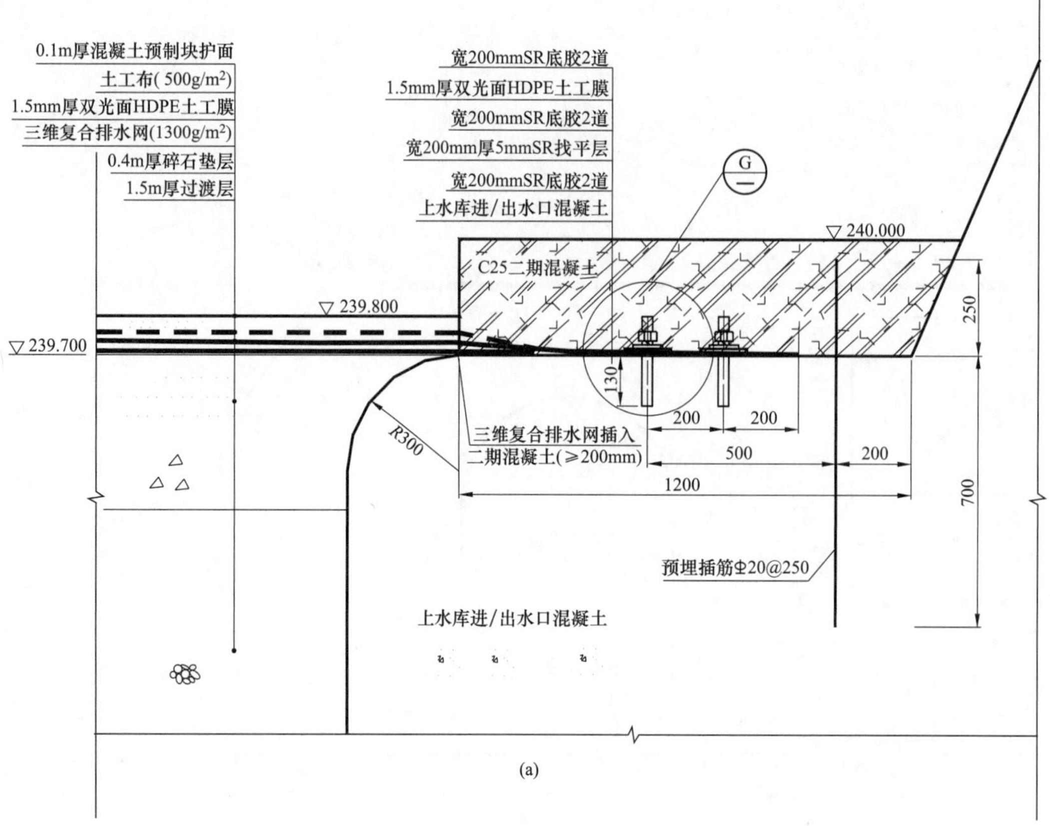

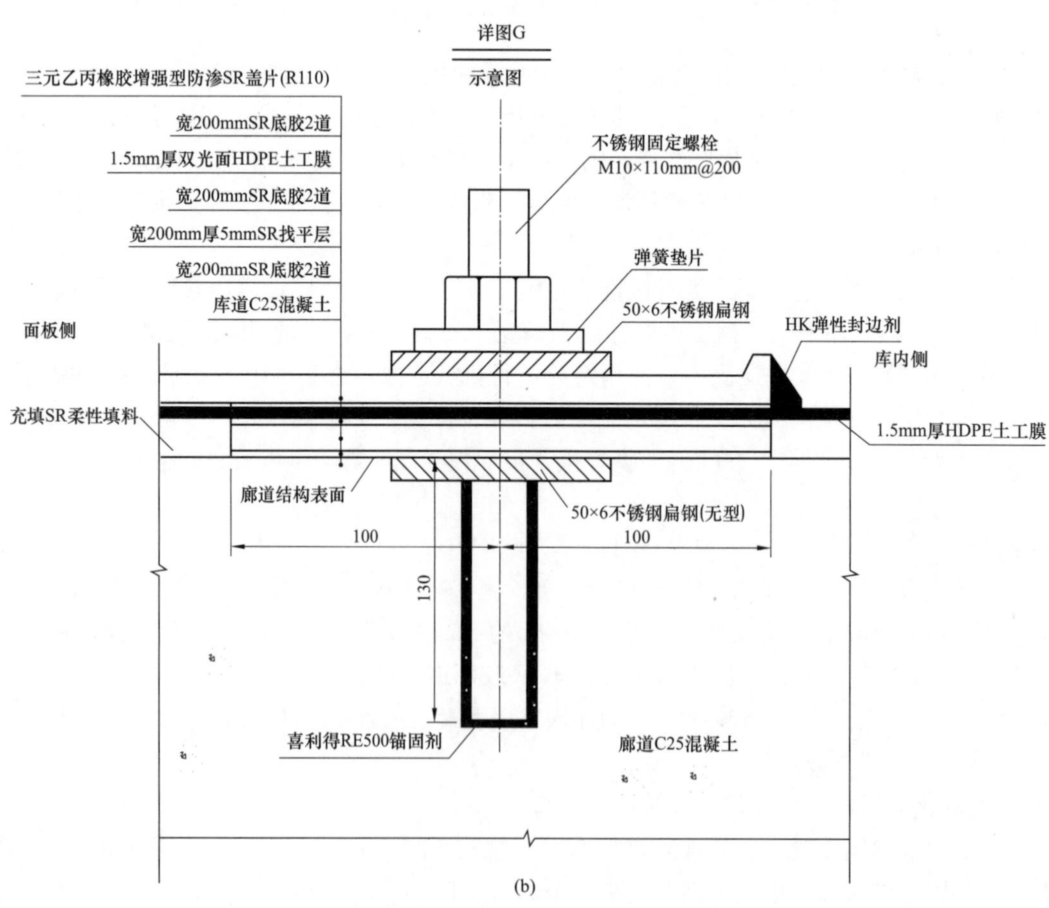

图 23-2-12　土工膜与上水库进/出水口连接示意图（单位：mm）

(a) 土工膜与进/出水口连接；(b) 螺栓机械连接细部构造

透过土工膜的渗漏水，先通过其下铺设的三维复合排水网进行水平收集，并通过埋设在紧挨库底周边排水廊道或连接板处的 D250 塑料排水盲管汇集，由库底排水廊道靠库底侧边壁预留的 D300 排水孔直接排入排水廊道内；而穿过三维复合排水网继续下渗的渗漏水，在经过其下砂垫层、碎石垫层、过渡层、石渣回填体后，最终由冲沟底部排水区及下游大坝底部排水区汇集到坝脚外量水堰集水坑处。

五、黏土铺盖防渗在宝泉上水库的应用

（一）工程概况

宝泉抽水蓄能电站位于河南省辉县市薄壁镇，装机容量 1200MW，装机 4 台，单机容量 300MW。上水库建在东沟宝泉村上游，由主坝、副坝、电站进/出水口、排水洞、拦沙坝等组成。主坝坝高 94.8m，为沥青混凝土面板堆石坝；副坝坝高 42.6m，为钢筋混凝土面板浆砌石重力坝。水库正常蓄水位 789.6m，设计洪水位 790.43m，校核洪水位 790.57m，死水位 758m，总库容 782.5 万 m^3，有效库容 641.8 万 m^3。库盆面积约 33 万 m^2，库盆采用黏土铺盖护底、沥青混凝土护岸与沥青混凝土面板坝相结合的全库盆联合防渗型式。沿库底周边环形布置有排水观测廊道，断面尺寸为 1.5m×2.1m（宽×高）。上水库布置如图 8-3-4 所示。

（二）上水库地形地质概况

宝泉抽水蓄能电站上水库位于峪河左岸支流东沟内。库区岩层由页岩、泥灰岩和石灰岩组成，产状由坝址向库尾逐渐抬高，倾角 0°～5°。古河床靠近左岸。库区内断层发育，有 7 条影响较大的断层，其中有 5 条为张性断层，均由库区中部延伸到坝下，渗漏问题比较严重，在不加防护的情况下，估算渗漏量为 3 万～5 万 m^3/d。为此，上水库采用全库盆防渗。

（三）库底黏土铺盖防渗方案

宝泉抽水蓄能电站上水库采用“库底黏土铺盖＋库岸沥青混凝土面板”联合防渗方案。库岸坡比为 1∶1.7，面积约 16.52 万 m^2，沥青面板厚 0.202m；库底黏土防渗面积约 15.5 万 m^2，黏土铺盖厚 4.5m。宝泉抽水蓄能电站上水库库底黏土铺盖断面如图 23-2-13 所示。

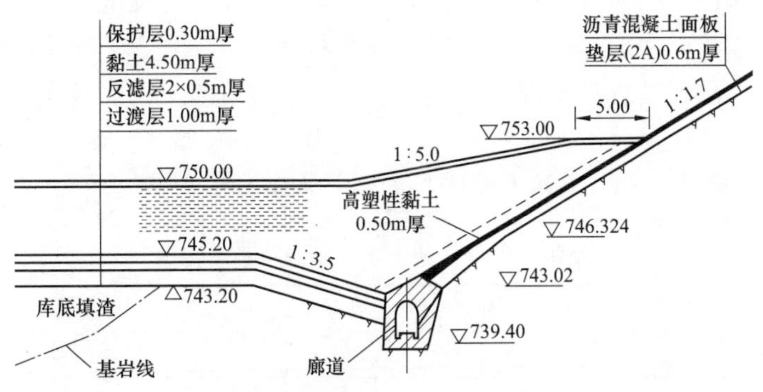

图 23-2-13 宝泉抽水蓄能电站上水库库底黏土铺盖断面

1. 库底黏土铺盖防渗原理及特点

库底防渗黏土铺盖与坝体黏土防渗体（心墙或斜墙）相比，两者防渗的机理基本相同，但结构和工作原理有较大差异。坝体防渗体（心墙或斜墙）结构是平面上长宽比大，其运行工况是垂直防渗体，抵御水平方向的渗流，因此其层间结合面要求较高；而库底黏土铺盖结构则是平面面积大，纵横长宽比例不规则，其运行工况是水平防渗体，抵御垂直方向的渗流，故其层间结合面状况对防渗的影响与坝体防渗体有一定的区别。

从工作原理和结构设计来分析，库底防渗黏土铺盖的主要特点是：①水平防渗体，抵御垂直方向的渗流；②平面尺寸大，长宽不规则；③与岸坡防渗体结合部位极为重要；④黏土铺盖填筑施工技术要求高。

2. 黏土铺盖设计

宝泉上水库黏土铺盖厚度 t 根据下式计算：

$$t \geqslant \frac{\Delta h}{i_n}$$

式中 Δh——铺盖任意点的水头差值；

i_n——铺盖允许水力坡降。

在正常蓄水位时，黏土承受的水头为39.9m。铺盖允许水力坡降参照碾压式土石坝设计规范取 $i_n=10$。计算得 $t\geqslant3.99$m，设计选取黏土铺盖厚为4.5m，压实度不小于98%，渗透系数不大于 10^{-6}cm/s，全库盆黏土填筑量约为65万 m^3。

为延长黏土与沥青混凝土面板的接触渗径，黏土铺盖沿库底周边起坡与沥青混凝土面板搭接，顶面由749.7m高程升高至752.70m高程，坡比1∶5，坡顶宽度3m；黏土与沥青混凝土面板接触区设0.5m厚高塑性黏土，利用黏土的高塑性适应变形，防止黏土开裂渗水。

从黏土施工结束到水库蓄水要经过一个冬季，为防止冻融破坏，并便于施工机械行走，黏土铺盖上部设0.3m厚的碎石土保护层。

为了充分利用现有天然材料，考虑不同防渗部位的具体特点，经过黏土原位渗透试验研究，将铺盖分为3个区，分别制定填筑控制标准：Ⅰ区为黏土与沥青混凝土面板接触带，全断面填筑0.5m厚的高塑性黏土；Ⅱ区为745.2～748.2m高程，厚3m；Ⅲ区为748.2～749.7m高程，厚1.5m。宝泉抽水蓄能电站上水库库底黏土填筑控制指标见表23-2-23。

表23-2-23　宝泉抽水蓄能电站上水库库底黏土填筑控制指标

分区	干密度（t/m^3）	含水量（按最优含水量）（%）	压实度（%）	最大砾径（mm）	5～50mm砾径含量（%）	5～150mm砾径含量（%）
Ⅰ区	—	+1～+3	90～95	50	<20	—
Ⅱ区	1.66（不含砾）	−2～+3	98	50	<20	—
Ⅲ区	浮动	—	≥98	150	—	30

3. 黏土铺盖反滤层设计

设置反滤层是为了保证黏土铺盖不发生渗透破坏，属于“关键性反滤”，要求反滤层应满足以下条件：①使被保护土不发生渗透变形；②渗透性大于被保护土，能通畅地排出渗透水流；③不致被细粒土淤塞失效；④在防渗体出现裂缝的情况下，土颗粒不应被带出反滤层，裂缝可自行愈合。宝泉抽水蓄能电站上水库库底黏土铺盖反滤料分为两层，分别为0.50m厚4B（0.1～20mm）、0.50m厚4C（5～60mm）反滤层。宝泉抽水蓄能电站上水库反滤料基本特性见表23-2-24。

表23-2-24　宝泉抽水蓄能电站上水库反滤料基本特性

反滤料	包线名称	特征粒径（mm）				C_{11}
		D_{85}	D_{60}	D_{15}	D_{10}	
4B	下包线	10	3.1	0.23	0.16	19.38
	上包线	16	5.7	0.36	0.25	22.80
4C	下包线	44	20	5.8	5	4.00
	上包线	60	32	8.4	7.1	4.51

4. 防渗接头设计

上水库防渗系统由沥青混凝土、混凝土、黏土3种材料组成，3种材料之间的搭接接头处理是上水库防渗整体设计中的一个重要环节。

（1）沥青混凝土与混凝土接头设计。上水库沥青混凝土与混凝土接头主要分布于：岸坡沥青混凝土与库底排水廊道、进/出水口前池，库底施工交通洞、副坝防渗面板接合部；主坝和库岸沥青混凝土面板接合处常规混凝土连接墩两侧等。沥青混凝土与混凝土搭接段大部分在1∶1.7的斜坡上，少部分坡度较缓。

1）接头材料及搭接长度。沥青混凝土与混凝土接头方式采用搭接，参照国内外其他工程经验，允许渗透坡降按15～30考虑，搭接长度1.0～2.0m（不包含楔形体长度），包括楔形体在内接头控制搭接长度不小于1.50m。沥青混凝土与常规混凝土、黏土接头大样如图23-2-13所示。

沥青混凝土面板与常规混凝土连接部位应力应变较大，为改善沥青混凝土面板的工作条件，适应荷载、温度和基础沉降引起的变形，在连接部位加设细粒料沥青混凝土楔形体。

沥青混凝土与常规混凝土之间采用滑移连接接头，即在两者之间铺设一层塑性止水材料作为过渡，同时也起到防渗止水的作用。塑性止水材料选用BGB。通过对比试验，黏土铺盖以下的BGB涂层材料采用乳化沥青，黏土铺盖以上明接头的BGB采用SK专用底胶。为了保证BGB与混凝土黏接牢靠，要求采用钢丝刷和压缩空气清除混凝土表面所有的附着物，必要时先凿毛处理，清理出完好的混凝土，并将其表面整平，凸凹度应小于2cm。混凝土表面在涂刷前应烘干。

2）沥青混凝土接头细部设计。沥青混凝土与混凝土搭接接头处均设置变形楔形体，以适应接头变形，楔形体为细粒料沥青混凝土。沥青混凝土与混凝土对接处设置砂质沥青玛蹄脂嵌缝料，为防止嵌缝料和沥青混凝土下面的BGB流失破坏影响接头处的止水效果，外露明接头处嵌缝料上部设置APP或SBS防水卷材封闭。沥青混凝土与混凝土搭接头处包括楔形体部位上部防渗层增加5cm加厚层，并在防渗层与加厚层之间设置聚酯网格以提高接头处变形能力。

（2）沥青混凝土与黏土接头设计。沥青混凝土与黏土接头部位主要分布在库岸坡脚和主、副坝前库底部位。搭接长度以满足渗透坡降要求为准。接头型式根据基础特点分别采用直插式或圆弧式。

1）接头型式。库岸沥青混凝土底部为直插式，即沥青混凝土面板底部保持1∶1.7的坡度，支撑在库底混凝土排水廊道上，部分沥青混凝土面板和排水廊道被黏土覆盖，黏土铺盖和沥青混凝土搭接长度为19.22m。

在主坝坝面沥青混凝土面板与库底黏土铺盖交汇处距大坝建基面高度约为40m，并且坝基保留了约10m厚的覆盖层没有开挖，水库建成蓄水后会产生较大的沉降，因此坝趾未设排水廊道，为防止交接处不均匀沉降导致防渗体系失效，沥青混凝土面板以反弧型式插入黏土铺盖下面，反弧半径30m，反弧前接水平段，搭接总长度46.98m。

副坝前库底沥青混凝土面板坡度为1∶4.5，一端与副坝混凝土防渗板底部连接，一端与库底排水廊道连接，黏土覆盖在排水廊道一侧，其搭接型式与库岸相似，为直插式。沥青混凝土与黏土搭接长度为44.93m。

2）搭接要求。按照碾压式土石坝设计规范，黏土截水墙与基岩接触面允许渗透比降不大于5～10，黏土与其他材料接触面的允许渗透比降规范无明确规定。设计控制黏土铺盖与沥青混凝土面板接触面渗透比降不大于5。沥青混凝土与黏土最短搭接长度为19.22m，最大水头为40.57m，渗透比降2.11。

针对沥青混凝土与黏土接头进行了接头试验，根据试验结果并参照工程经验，在与黏土搭接的部位沥青混凝土的表面应涂刷封闭层，使表面平整光滑，黏土采用高塑性黏土，含水量宜高于最优含水量的+1%～+3%，与沥青混凝土接触面不得含有砾石。

（3）黏土与混凝土接头设计。黏土与混凝土接头部位主要分布在进出/水口前池段。混凝土面板与黏土以1∶0.5坡度搭接，搭接长度7.49m。参照碾压式土石坝设计规范，黏土与混凝土接触面的允许渗透比降不大于5～10，设计按不大于6控制。混凝土板与黏土搭接斜坡段长度7.49m，水平段搭接长度5.0m，最大水头40.57m，不考虑水平段渗透比降为5.4。

黏土与混凝土接头时也需要混凝土有光滑的表面，以确保结合紧密。根据试验结果并参照工程经验，黏土与混凝土接触时要求混凝土表面应光滑平整，黏土采用高塑性黏土，含水量宜高于最优含水量的+1%～+3%，与混凝土接触面不得含有砾石。

（四）库盆渗水排水设计

为了及时排泄上水库库盆渗漏水，防止防渗结构承受反向水压，并为了监测渗水情况，设计了库盆渗漏排水系统。

（1）库岸防渗面板下设排水垫层，其下部设ϕ100、间距3m的PVC硬质塑料管通至库底排水廊道。

（2）库底黏土下部设反滤层和过渡层，过渡层埋设横向ϕ100钢塑透水管，间距5～15m排水管与库底排水廊道连通。

（3）进/出水口前池防渗面板底部设ϕ100 PVC硬质塑料花管，管壁每10.0cm钻一排ϕ10孔，共6

孔，梅花形布置，每米 54 孔，花管与库底排水廊道连通。

（4）主坝坝体渗水通过坝基和堆渣场下部排水带排至东沟。坝基排水带厚 2～5m，堆渣场排水带厚 5m，底宽 47～50m，综合坡比 7%。

（5）副坝坝体、坝基渗水通过坝体（桩号坝 0+003.075m 设置一排垂直的 D200mm 无砂混凝土排水管，间距 3m）、坝基排水管经坝体廊道排水沟进入集水井后，再通过 3 根 $\phi250$ 排水钢管通向库内的库底排水廊道。

（6）在坝后排水棱体的下游设置量水堰，量测上水库渗漏水量。

（五）防渗黏土铺盖施工技术

宝泉抽水蓄能上水库库底防渗黏土铺盖在工程建设中，针对库底黏土铺盖抵御垂直方向渗流等技术特性，解决了分期分区、进料布料、组合碾压、纵横接缝、库岸接头等一系列施工技术。

（1）填筑区合理进行分期、分区，突破不能在已填筑黏土面上行车布料的规范限制，使用“后退法”布料，布料道路采用平面不交叉、上下层投影不重合的布置方式，并采用宽胎型自卸车减少轮压，避免施工剪切破坏，保证了填筑质量，实现了大面积黏土铺盖快速施工，如图 23-2-14 所示。

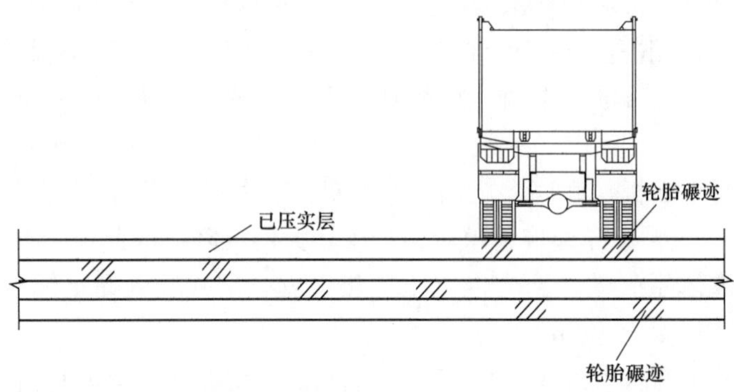

图 23-2-14　填筑区进料道路采用分层动态布置示意

（2）黏土铺盖施工分区纵横结合部预留斜坡面，坡面不陡于 1∶3.0，在相邻区段填筑时，坡面需进行取样检测，各项指标合格后，边打毛、边洒水、边铺料，并进行骑缝碾压。

（3）针对黏土铺盖水平防渗及工作面较大的特点，根据黏土铺盖抵御垂直方向渗流的特点，大胆突破规范只能用凸块碾的限制，采用振动平碾碾压、振动凸块碾刨毛的组合碾压和层间结合面处理技术，大幅度地提高了施工效率。

（4）黏土铺盖与库岸防渗体结合部施工采用振动平碾薄层（库底部位松铺 35cm，结合部松铺 25cm）静压，与库岸防渗体接触部分（接触线以内 20cm 范围）黏土采用薄层摊铺、隔层补压的施工技术，实现了既不损坏库岸沥青混凝土面板，又能保证结合部黏土填筑达到设计要求，如图 23-2-15 所示。

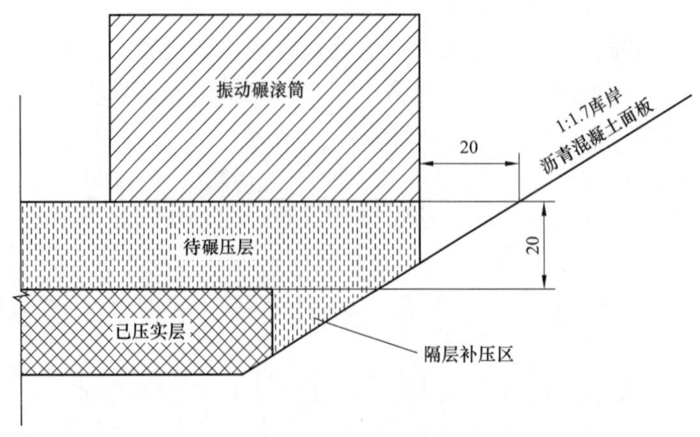

图 23-2-15　黏土铺盖与库岸结合部隔层补压范围示意（单位：cm）

（5）黏土铺盖与沥青混凝土面板结合部填筑前，应先在沥青混凝土面板上涂刷浓泥浆，DL/T 5529—2013《碾压式土石坝施工规范》中明确涂刷1∶2.5～1∶3.0（土与水质量比）的浓泥浆，但未对土质及含水量进行说明，且1∶2.5～1∶3.0浓泥浆机械无法拌制。根据土料黏粒含量决定泥浆黏合特性的特点，本工程所用黏土黏粒含量约为23%，经过试验研制泥浆配合比为1∶1.1～1∶1.5（土为脱水净重），采用0.2m^3搅拌机集中拌制，大幅提高施工效率。

（六）结语

黏土铺盖与沥青混凝土护面联合防渗体系，在美国Ludington抽水蓄能电站中曾经采用过，在国内还是首次采用。Ludington抽水蓄能电站1973年建成后，经历过多次较大的漏水修补，直到后来渗漏问题才基本解决。这种防渗体系要运用成功，除了要正确设计沥青混凝土、黏土铺盖本身的结构外，还要着重解决各种防渗结构的接头问题，以及沥青混凝土面板基础的不均匀沉降和黏土的渗透破坏问题。宝泉抽水蓄能电站上水库防渗体系的设计，在总结以往工程经验的基础上，通过大量的室内试验和现场试验，采用了不少全新的结构型式和材料，比如在较深的透水覆盖层上铺筑黏土铺盖、黏土与沥青混凝土的接头等。这些设计经过蓄水运用的考验，可为今后类似的工程设计提供有益的参考。

第三节 坝 工 技 术

一、宜兴抽水蓄能电站上水库在陡倾沟谷地基建坝

（一）工程概况

宜兴抽水蓄能电站上水库正常蓄水位471.5m，总库容530.7万m^3。上水库位于铜官山顶北侧沟谷，坝轴线横跨两沟一梁，地形呈“W”形，高程400～443m，相对高差43m。沿主沟纵向地形陡缓不均，坡度一般为10°～40°。坝址地层为泥盆系中、下统茅山组岩屑石英砂岩夹粉砂质泥岩（或泥质粉砂岩）以及泥盆系上统五通组石英岩状砂岩夹粉砂质泥岩。另有燕山晚期花岗岩呈岩脉、岩株状出露。基岩风化受岩性及构造控制，一般以弱风化为主，花岗斑岩脉以及裸露地表的泥岩呈强～全风化。库区断层发育，以NWW～近EW走向的陡倾角为主，规模较大的断层有F_3、F_4、F_{13}、F_{14}、F_{20}等30条。节理发育，除层面节理（缓倾角）外，尚有NW30°～45°，NW60°～80°，NE50°～80°三组陡倾角节理。据以上地质条件，上水库全库防渗及陡倾沟谷地基建坝问题具有一定难度。

（二）陡倾沟谷地基上混凝土面板堆石坝的布置

宜兴抽水蓄能电站上水库由筑坝和库周山岭围成。沟谷内没有明显的开阔盆地，水库天然库容只有100多万m^3，为了获得530万m^3的总库容，必须对周围山体进行大量开挖，因此主坝坝址选择受较多限制，主坝轴线下游的坝体只能坐落在倾斜沟谷内。开挖后的建基面上下游方向坡度一般均在20°以上，局部超过30°，该坝建基面倾角是目前同类工程中不多见的。

主坝为混凝土面板混合堆石坝，坝轴线处最大坝高75m，主坝轴线至下游挡墙轴线的水平距离135.5m，重力挡墙墙趾至坝顶最大高差138.2m。主坝上游面坝坡为1∶1.3，下游面“之”字形上坝道路之间的坝坡为1∶1.26，下游面综合坡度1∶1.42。坝顶宽8.0m，下游坝“之”字形道路宽9m。重力挡墙最大高度45.9m。宜兴抽水蓄能电站上水库平面布置图如图23-3-1所示。

上水库坝体堆石料源为库盆开挖的五通组石英岩状砂岩夹粉砂质泥岩和茅山组岩屑石英砂岩夹粉砂质泥岩。其中泥岩夹在砂岩中呈薄层状，难以分离，在坝料中含量控制在10%～15%。弱风化五通组石英岩状砂岩干抗压强度187MPa，饱和抗压强度83MPa，软化系数0.44。弱风化茅山组岩屑石英砂岩干抗压强度142MPa，饱和抗压强度54MPa，软化系数0.41，仍属硬岩。弱风化粉砂质泥岩干抗压强度86MPa，饱和抗压强度22MPa，软化系数0.35，属软岩，但试验表明不具浸水崩解性。因此，坝体堆石料均采用库盆开挖料，不在库外另辟料场。宜兴抽水蓄能电站上水库钢筋混凝土面板堆石坝示意图如图23-3-2所示。

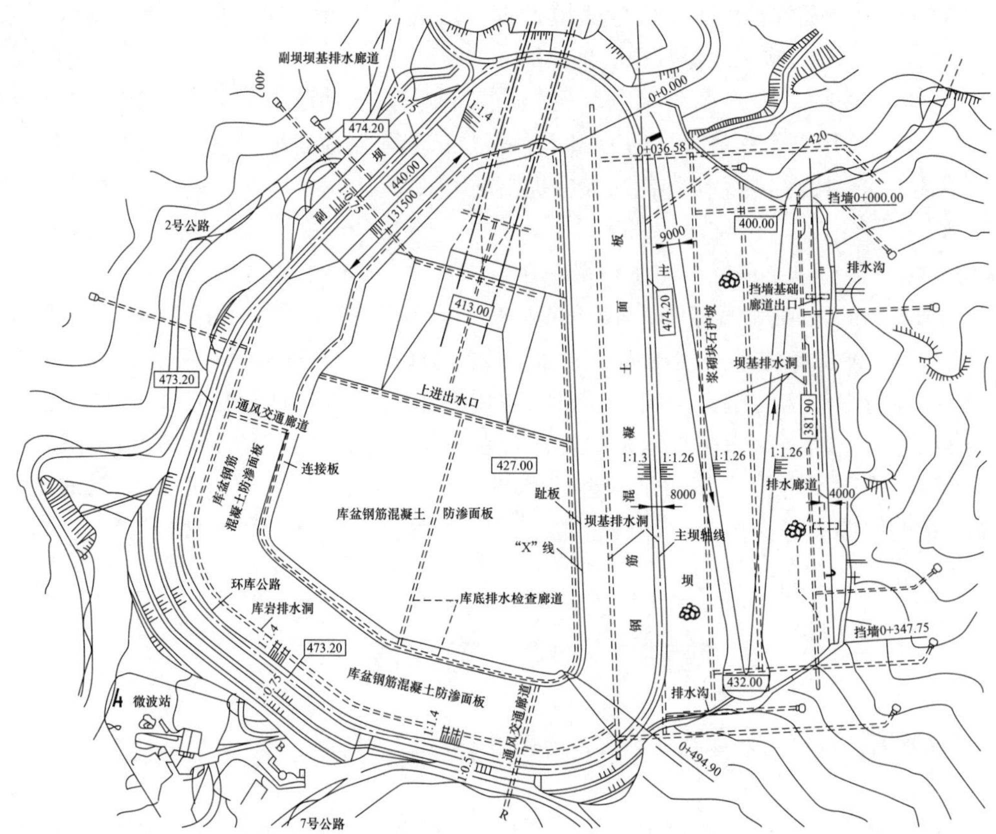

图 23-3-1　宜兴抽水蓄能电站上水库平面布置图

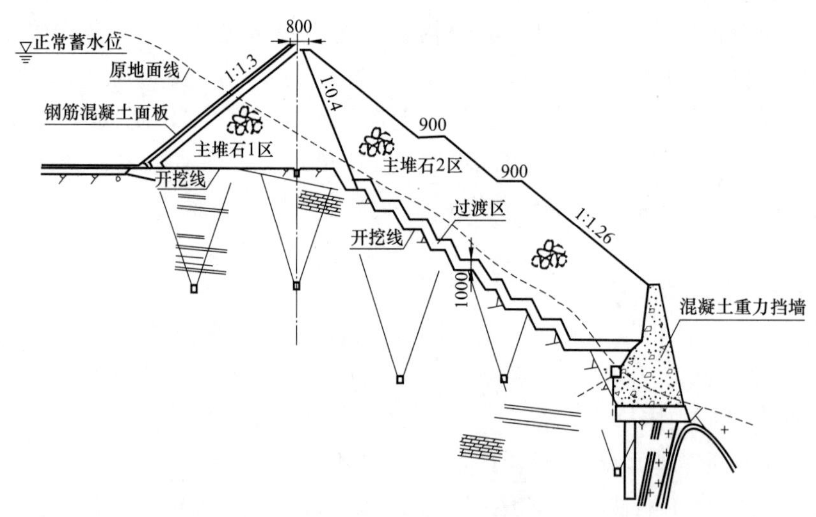

图 23-3-2　宜兴抽水蓄能电站上水库钢筋混凝土面板堆石坝示意图

（三）倾斜地基面建混凝土面板堆石坝的研究

针对倾斜地基面修建混凝土面板堆石坝主要开展的研究工作包括：①进一步探明其下游重力挡墙地质条件，补充大量的地勘工作，包括 7 个各深 30m 竖井；②对筑坝堆石料特性开展常规试验和专项试验研究；③研究混凝土挡墙所受的土压力；④堆石坝体及混凝土挡墙沿建基面的抗滑稳定和沿地基内缓倾角软弱夹层的深层抗滑稳定分析；⑤坝体短期及长期应力变形状况及其对上游防渗面板的影响分析等。上述研究中针对倾斜地基最基本的问题是：堆石料与基岩面间的抗剪强度及堆石料浸水后的变形特性。

1. 堆石料与基岩面间抗剪强度研究

现场大型直剪试验选点在右岸的地质勘探平洞内，洞底岩石面与堆石坝建基面的岩石特性相近。

试验用的堆石料为库盆的五通组石英砂岩夹泥岩，另外从库外石灰岩料场开采的软化系数高，不含泥岩的灰岩料用作对比试验分析。对基岩面处理：一种基岩面起伏差在1～3cm，偏光滑；另一种基岩面起伏差在4～8cm，偏粗糙。在该种试验中，增加细颗粒淋滤沉积到基岩面对抗剪强度影响的试验。试验结果见表23-3-1～表23-3-3。从试验成果可以看出：

（1）各种堆石料与基岩面的抗剪强度均小于该种堆石料本身的抗剪强度，即使基岩抗剪强度高于堆石料抗剪强度时也是如此。基岩面经过加糙处理后，二者间的抗剪强度比岩面光滑时明显提高，但仍小于堆石料本身。因此，对基岩面做加糙处理，以及把倾斜基岩面开挖成台阶形，将有利于堆石坝体在倾斜建基面上的稳定。

（2）从库外料场开采的灰岩料与基岩面的抗剪强度略小于库内五通组砂岩夹泥岩与基岩面的抗剪强度。因此，从坝体稳定的角度看，可以采用上水库库盆开挖的砂岩夹泥岩料筑坝，不需要专门开采库外灰岩料场。

（3）从模拟暴雨试验成果来看，粗糙基岩面上有细颗粒沉积时，堆石料与基岩面的抗剪强度会略有降低，但降低值并不大，不会成为倾斜建基面上坝体稳定的控制因素。

表23-3-1　宜兴抽水蓄能电站上水库堆石料与光滑基岩面抗剪强度指标

序号	试验项目 （堆石料/基岩面）	抗剪断强度			
		黏聚力 C（kPa）		摩擦角 φ（°）	
		试验值	建议值	试验值	建议值
1	五通组砂岩夹泥岩/茅山组弱风化砂岩	20	20	37.5	34.5
2	五通组砂岩夹泥岩/弱风化粉砂质泥岩	60	25	35.0	33.0
3	灰岩/茅山组弱风化砂岩	25	25	34.8	32.8
4	灰岩/五通组弱化砂岩	48	25	33.1	31.1
5	灰岩/强风化花岗斑岩	55	25	33.1	30.0

表23-3-2　宜兴抽水蓄能电站上水库堆石料与粗糙基岩面抗剪强度指标

序号	试验项目 （堆石料/基岩面）	抗剪断强度（试验值）	
		黏聚力 C（kPa）	摩擦角 φ（°）
1	五通组砂岩夹泥岩/茅山组弱风化砂岩	84.2	40.5
2	五通组砂岩夹泥岩/弱风化粉砂质泥岩	23.7	38.1
3	五通组砂岩夹泥岩/强风化花岗斑岩	46.0	39.0
4	玉山—南坝灰岩/茅山组弱风化砂岩	49.1	39.75
5	玉山—南坝灰岩/五通组弱化砂岩	20.1	37.6
6	玉山—南坝灰岩/强风化花岗斑岩	28.1	38.6
7	五通组砂岩夹泥岩/茅山组弱风化砂岩（模拟暴雨）	74.1	38.5
8	玉山—南坝来岩/茅山组弱风化砂岩（模拟暴雨）	25.3	37.2

表23-3-3　宜兴上水库坝体堆石料抗剪强度试验成果（饱和状态）

序号	堆石料类型	黏聚力 C（kPa）	摩擦角 φ（°）
1	五通组石英岩状砂岩夹泥岩（主堆石区料）	92	41.52
2	茅山组岩屑石英砂岩夹泥岩（主堆石Ⅱ区料）	76	42.32
3	玉山—南坝灰岩（主堆石区料）	70	42.67

2. 堆石料湿陷试验研究成果

宜兴抽水蓄能电站上水库主坝堆石料软化系数偏小，且夹有10%～15%的泥岩，对堆石料进行了湿陷性试验。试验在大型固结仪上进行，试样采用五通组石英砂岩加10%泥岩或15%泥岩，试样尺寸ϕ450×300mm。湿陷试验分三种情况：

（1）风干样逐级加载至垂直压力 0.8MPa，变形稳定后浸水饱和，在恒压下测其附加变形，然后逐级加载到最大垂直应力 1.6MPa。

（2）风干样逐级加载至最大垂直应力 1.6MPa，变形稳定后浸水饱和，在恒压下测其附加变形。

（3）饱和样逐级加载至最大垂直应力 1.6MPa，然后在恒压下测其附加变形。

茅山组砂岩加 10%泥岩只进行了上述（1）、（3）两种情况试验。

以上试验分别用单线法或双线法计算湿陷系数。"单线法湿陷系数"为某级压力下干试样变形稳定后的高度与试样浸水湿陷变形稳定后的高度之差值，与试样初始高度的比值。"双线法湿陷系数"为同一级压力下干试样、饱和试样变形稳定后的试样高度之差值，与试样初始高度的比值。表 23-3-4～表 23-3-8 是其中几项代表性的试验成果。根据试验结果，得出以下判断：

表 23-3-4　五通组石英砂岩加 10%泥岩湿陷试验成果（a）

试样状态	垂直压力 p (kPa)	变形量 S (mm/m)	孔隙比 e	压缩系数 a ($MPa^{-1}\times10^{-3}$)	压缩模量 E ($MPa\times10^2$)	单线法湿陷系数 δ (%)
干样	0	0	0.293720			
干样	218.29	1.932	0.291220	11.45	1.129	
干样	419.46	3.421	0.289293	9.57	1.350	
干样	804.68	6.289	0.285582	9.63	1.343	
浸水	804.68	8.894	0.282213			0.26
饱和	1198.47	13.451	0.276317	14.97	0.864	
饱和	1643.61	17.803	0.270685	12.65	1.022	

表 23-3-5　五通组石英砂岩加 10%泥岩湿陷试验成果（b）

试样状态	垂直压力 p (kPa)	变形量 S (mm/m)	孔隙比 e	压缩系数 a ($MPa^{-1}\times10^{-3}$)	压缩模量 E ($MPa\times10^2$)	单线法湿陷系数 δ (%)
干样	0	0	0.293720			
干样	209.73	1.751	0.291454	10.80	1.197	
干样	428.02	3.386	0.289338	9.69	1.334	
干样	856.05	6.455	0.285369	9.27	1.394	
干样	1198.47	9.069	0.281987	9.87	1.309	
干样	1643.61	12.502	0.27542	9.98	1.295	
浸水	1643.61	17.393	0.271217			0.48

表 23-3-6　五通组石英砂岩加 10%泥岩湿陷试验成果（c）

试样状态	垂直压力 p (kPa)	变形量 S (mm/m)	孔隙比 e	压缩系数 a ($MPa^{-1}\times10^{-3}$)	压缩模量 E ($MPa\times10^2$)	双线法湿陷系数 δ (%)
饱和	0	0	0.293720			
饱和	201.17	2.033	0.291089	13.07	0.989	0.03
饱和	393.78	3.900	0.288647	12.53	1.031	0.08
饱和	791.84	9.004	0.282019	16.71	0.773	0.30
饱和	1202.75	13.858	0.275790	15.15	0.853	0.47
饱和	1600.81	18.043	0.270376	13.60	0.951	0.62

表 23-3-7　五通组石英砂岩加 15%泥岩湿陷试验成果

试样状态	垂直压力 p (kPa)	变形量 S (mm/m)	孔隙比 e	压缩系数 a ($MPa^{-1}\times10^{-3}$)	压缩模量 E ($MPa\times10^2$)	双线法湿陷系数 δ (%)
饱和	0	0	0.295652			
饱和	196.89	2.110	0.292918	13.88	0.933	0.028

续表

试样状态	垂直压力 p (kPa)	变形量 S (mm/m)	孔隙比 e	压缩系数 a ($MPa^{-1}\times10^{-3}$)	压缩模量 E ($MPa\times10^{2}$)	双线法湿陷系数 δ (%)
饱和	393.78	4.000	0.290469	12.43	1.041	0.078
饱和	791.84	9.001	0.283989	16.28	0.795	0.30
饱和	1177.04	13.564	0.278077	15.34	0.844	0.48
饱和	1583.64	18.280	0.271967	15.02	0.862	0.63

表 23-3-8　茅山组岩屑石英砂岩加 10%泥岩湿陷试验成果

试样状态	垂直压力 p (kPa)	变形量 S (mm/m)	孔隙比 e	压缩系 a ($MPa^{-1}\times10^{-3}$)	压缩模量 E ($MPa\times10^{2}$)	双线法湿陷系数 δ (%)
饱和	0	0	0.283090			
饱和	194.75	2.041	0.280471	13.44	0.954	0.049
饱和	393.78	3.897	0.278089	11.96	1.072	0.15
饱和	791.84	9.623	0.271204	17.29	0.741	0.52
饱和	1177.07	15.907	0.262679	22.12	0.579	0.87
饱和	1596.53	22.732	0.253922	20.87	0.614	1.14

(1) 在固定垂直压力下，从干样到饱和的浸水附加变形值及相应的湿陷系数值不大，在单线法湿陷系数在0.26%及0.48%；“双线”法湿陷系数在0.30%～0.62%。目前堆石允许湿陷程度尚无规范的判断标准，参照湿陷性黄土以湿陷系数超过1.5%作为湿陷性的判断标准，则该工程堆石料不具明显的湿陷性。从压缩模量和湿陷系数来看，五通组砂岩加10%或15%泥岩，其湿陷性差别不大，堆石料的骨架基本上是砂岩组成。主坝堆石料的湿陷特性指标处于一般堆石料常见值范围内。

(2) 尽管坝体堆石料中砂岩和泥岩的软化系数较小，但即便是茅山组砂岩，其饱和抗压强度仍超过50MPa，砂岩夹泥岩堆石料在各级垂直压力下的饱和压缩模量也不小，而湿陷特性指标也满足要求。

二、黏土心墙石渣坝在清远抽水蓄能电站中的应用

(一) 工程概况

清远抽水蓄能电站位于广东省清远市清新区。上水库位于太平镇秦建村高程约600m的甘竹顶山间盆地，集雨面积1.001km^2。上水库由1座主坝和6座副坝组成，总库容1179.8万m^3，有效库容1054.46万m^3，水库水位最大消落深度25.5m；相应的设计正常蓄水位612.5m，死水位587m。

下水库位于太平镇麻竹脚，距上水库水平距离约2000m，在已建大秦水库上游，集雨面积9.146km^2，总库容1495.32万m^3，有效库容1058.08万m^3，水库水位最大消落深度29.7m，相应的设计正常蓄水位137.7m，死水位108m。

(二) 坝型选择

根据上水库、下水库坝址处的地形地质条件，以及主、副坝间相对位置的特点，电站水库大坝前期坝型比选时，分别对技术条件较为成熟的黏土心墙石渣坝、钢筋混凝土面板堆石坝、碾压混凝土重力坝三种方案进行了比较。

黏土心墙石渣坝对坝基要求低，更能适应当地地质条件，既减少了坝基开挖，还可以充分利用上水库库内小山包开挖料和下水库工区洞挖及生活区开挖渣料，减少征地弃渣，节省投资。黏土心墙石渣坝施工主要利用天然材料，较混凝土重力坝可避免大量混凝土浇筑，可减少对环境影响，且工程建成后可保持环境自然和谐。因此，清远抽水蓄能电站水库所有大坝均选择采用黏土心墙石渣坝，为国内抽水蓄能电站中的首次应用。

(三) 黏土心墙石渣坝设计

1. 地形地质条件

(1) 上水库地形地质条件。上水库地形平缓开阔，库周山岭东北面最高，西面次之；分水岭较雄厚；东南面、南面较低，分水岭较单薄，存在低矮垭口和通向库外的冲沟。从主坝右岸由东向西至主

坝左岸的甘竹顶，环绕上水库库周共有 14 个垭口，其中 7 个垭口鞍部高程低于或接近正常蓄水位 612.5m，山体较单薄，岩层风化较深，地下水位低，需修建副坝。

上水库地层岩主要为寒武系八村群第三亚群（$\in_{bc}^{c}$）石英砂岩、粉砂岩和燕山三期［$\gamma_5^{2(3)}$］中粗粒黑云母花岗岩。寒武系八村群第三亚群（$\in_{bc}^{c}$）石英砂岩、粉砂岩，地表出露多呈全风化状，局部强、弱风化基岩裸露。全风化带为浅黄、灰黄色，呈粉质土状，夹强风化岩块，稍湿，可塑—硬塑状，厚度为 0.3～45.5m，一般 5～15m，平均 6.9m；强风化带为灰黄色，风化剧烈，裂隙发育，裂面多为铁锰质渲染，岩质较硬，岩芯多呈碎块状、块状，风化不均，局部夹全风化和弱风化岩块，厚度为 0.85～34.7m，平均 9.9m；弱风化带为岩质坚硬，岩芯呈柱状和碎块状，裂隙较发育，裂面多充填钙质、绿泥石和石英脉等，根据钻孔揭露，厚度为 1.1～43.8m，平均 19.2m。

（2）下水库地形地质条件。下水库位于上水库东南面，库盆主要由一近南北向狭长形山间盆地组成，地形上显得较狭窄，为受近南北向断层控制形成的峡谷型水库。大坝坝址位于大秦水库库尾上游约 850m 峡谷处，下水库库盆封闭好，库周分水岭雄厚，自然山体山坡稳定。

下水库库区地层岩性主要有寒武系八村群第三亚群（$\in_{bc}^{c}$）石英砂岩、粉砂岩；泥盆系下一中统桂头群（$D^{1-2}gt$）石英砂岩及泥质砂岩；燕山三期［$\gamma_5^{2(3)}$］中粗粒黑云母花岗岩。水库为峡谷型，两岸为中、低山，山体雄厚稳定，未发现大的边坡不稳定现象和库岸变形。由于下水库库面较窄，库岸边坡较陡，在局部覆盖层较厚的部位可能会产生崩坍、浅层滑落等库岸失稳现象。坝址河床基岩埋藏较浅，坝基稳定性好，左、右坝头分水岭雄厚，坝址地形地质条件相对较好。

2. 坝体分区设计

上水库主、副坝以及下水库大坝均采用黏土心墙石渣坝。上水库大坝坝顶高程 615.6m，防浪墙顶高程 616.2m，坝顶宽 7m；其中主坝坝顶长 230m、底宽 70m、最大坝高 54m；1 号副坝坝顶长 257.69m、最大高 29.13m；2 号副坝坝顶长 193m、最大坝高为 40.5m；3 号副坝坝顶长 85m、最大坝高为 14.2m；4 号副坝坝顶长 224m、最大坝高为 28.1m；5 号副坝坝顶长 79.5m、最大坝高为 17.2m；6 号副坝坝顶长 158.55m、最大坝高为 19.9m。下水库大坝坝顶高程 144.5m，防浪墙顶高程 145.1m，坝顶宽 7m，坝顶长 275m，最大坝高 75.9m。

清远抽水蓄能电站上水库主、副坝以及下水库大坝的上下游坝坡设计、坝体断面分区相同，本文以上水库主坝为代表，简要介绍清远黏土心墙石渣坝的方案设计。

（1）坝体断面分区。坝顶宽 7m，上游边坡 1∶2.75，下游边坡 1∶3；下游坝坡上每隔 15m 设宽 2m 的马道。黏土心墙以坝顶中心线为中心对称布置，心墙顶部宽度 3m，上、下游坡度均为 1∶0.2。从上游至下游依此布置上游干砌石护坡、上游堆石Ⅰ区（死水位 587 以下 1m）、上游堆石Ⅱ、上游过渡层（厚 1.5m）、上游反滤层（厚 1.5m）、上游粗砂碎石垫层、黏土心墙、下游反滤层（厚 1.5m）、下游过渡排水层（厚 3m）、下游全强风化料Ⅰ区、下游堆石Ⅱ、下游粗砂碎石垫层、下游干砌石和混凝土框架草皮护坡；其中下游全强风化料Ⅰ区中分层布置有排水反滤层，层厚 0.9m，间距 5m。坝体典型断面如图 23-3-3 所示。

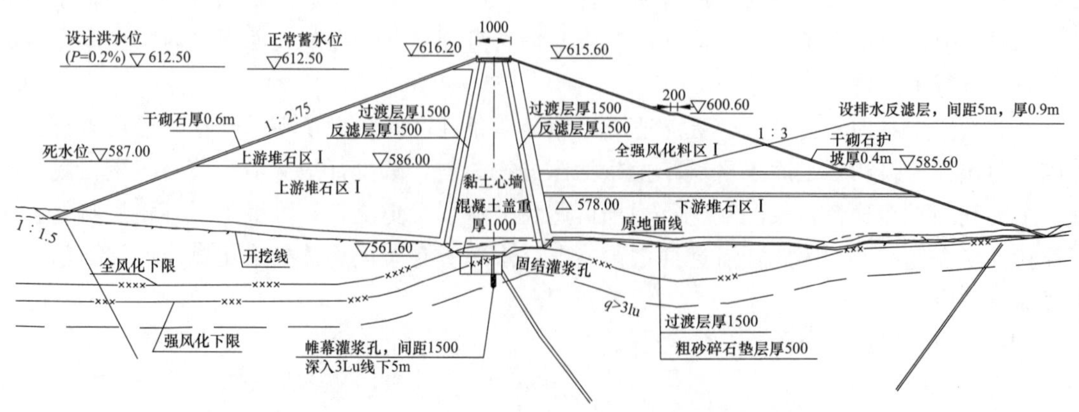

图 23-3-3　清远抽水蓄能电站上水库主坝典型断面

(2) 坝料设计参数。上、下游堆石Ⅰ区采用石料场新鲜石料，上游堆石Ⅱ区采用库内土石料场下部石料；过渡料（过渡排水料）采用石料场控制爆破新鲜石料，反滤料采用石料场加工的成品级配碎石；堆石料设计参数见表 23-3-9；堆石料、反滤料及过渡料（过渡排水料）设计级配上、下包络线见表 23-3-10～表 23-3-12。下游全强风化料Ⅱ区全风化料采用库内土石料场开挖料，碾压后的控制干密度不小于 $1.80g/cm^3$。

表 23-3-9　　堆石料设计参数表

参数	上游堆石Ⅰ区	下游堆石Ⅰ区	上游堆石Ⅱ区
最大粒径（mm）	800	800	800
压实后干密度（g/cm^3）	2.10	2.10	2.05
压实后孔隙率（%）	22.0	22.0	22.0
压实后渗透系数（cm/s）	$>1\times10^{-1}$	$>1\times10^{-1}$	$>1\times10^{-2}$

表 23-3-10　　堆石料级配表

粒径（mm）	5	10	20	40	60	100	200	400	450	600	800
小于某粒径土重占总土重百分数（%）（上包络线）	20	25	30	35	40	51	70	95	100		
小于某粒径土重占总土重百分数（%）（下包络线）	0	5	10	15	20	31	50	75	80	90	100

表 23-3-11　　反滤料级配表

粒径（mm）	0.25	0.5	1	2	5	10	20
小于某粒径土重占总土重百分数（%）（上包络线）	5	15	25	38	60	80	100
小于某粒径土重占总土重百分数（%）（下包络线）	2	10	20	30	55	75	100

表 23-3-12　　过渡料（过渡排水料）级配表

粒径（mm）	5	10	20	40	60	100	200	300
小于某粒径土重占总土重百分数（%）（上包络线）	18	30	50	68	80	100		
小于某粒径土重占总土重百分数（%）（下包络线）	5	15	25	45	55	70	90	100

3. 坝体渗流稳定分析

采用武汉大学 SeepV3.0 渗流计算软件对主、副坝进行渗流稳定分析。根据碾压式土石坝设计规范中相关规定来确定水位组合情况：①上游正常蓄水位与下游相应的最低水位；②上游设计洪水位与下游相应的水位；③上游校核洪水位与下游相应的水位；④库水位降落时上游坝坡稳定最不利的情况。计算结果表明：前三种工况下，单宽最大渗流量为 $3.90m^3/d$，而黏土心墙渗透比降 $J=0.468\sim1.768$，对于良好压实的黏土，容许渗透比降为 4，结果表明黏土心墙堆渣坝的渗流量和渗透稳定均满足要求。

4. 坝坡稳定分析

采用陈祖煜编制的土石坝专用程序“土质边坡稳定分析（STAB2005）程序”开展坝坡稳定分析，计算内容包括：①施工期的上、下游坝坡稳定；②稳定渗流期的上、下游坝坡稳定；③水库洪水位降落期的上游坝坡。坝坡稳定分析成果见表 23-3-13，结果表明：在各种条件下上、下坝坡抗滑稳定最小安全系数均大于规范允许值，坝坡稳定满足要求。

表 23-3-13 坝坡稳定分析成果

工况	计算条件	坝坡	抗滑稳定安全系数规范规定值	抗滑稳定安全系数计算值
正常工况	正常蓄水位情况稳定渗流期	上游坝坡	1.5	2.38
		下游坝坡	1.5	1.78
	设计洪水位情况稳定渗流期	上游坝坡	1.5	2.39
		下游坝坡	1.5	1.74
	正常蓄水位骤降至死水位	上游坝坡	1.5	1.54
		下游坝坡	1.5	1.53
非常工作条件	竣工期	上游坝坡	1.5	2.28
		下游坝坡	1.5	2.08
	校核洪水位情况稳定渗流期	上游坝坡	1.3	2.39
		下游坝坡	1.3	1.73
	校核洪水位骤降至死水位	上游坝坡	1.3	1.53

5. 坝体应力应变分析

为观察不同阶段上水库主坝的变形和应力发展情况，对主坝最大横剖面进行有限元分析计算。计算工况分为两种：竣工期（坝体自重）、蓄水期（坝体自重、浮拖力、水压力）。计算分析中，采用增量法模拟土坝施工过程，每一荷载步进行两步迭代计算：第一步采用的模量是根据增量开始时的应力状态算出，第二步是根据本增量步的平均应力状态算出。坝体最终的应力、变形为每一荷载步所引起的应力、应变和位移的叠加值。计算结果见表 23-3-14 和如图 23-3-4、图 23-3-5 所示。分析成果表明坝体的位移、应力分布规律较合理。从应力分布水平上看，竣工期上水库对应坝体的应力水平均在 0.9 以下，蓄水以后坝体上游坝壳应力水平均有较大增加，在上游反滤层附近有小部分区域的应力水平大于 1，但其分布范围较小且均在坝体内部，根据已运行的同类工程经验认为不影响大坝的整体稳定。

表 23-3-14 上水库主坝应力应变计算结果汇总

项目	水平位移（cm）		垂直位移（cm）	大主应力（MPa）	小主应力（MPa）
	左	右	位移		
竣工期	37.1	11.8	54.4	1.33	0.54
蓄水期	34.6	15.5	51.6	1.23	0.54

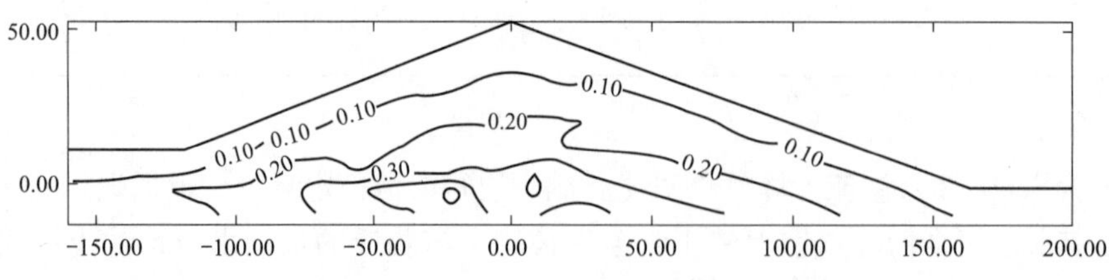

图 23-3-4 上水库主坝竣工期坝体应力水平

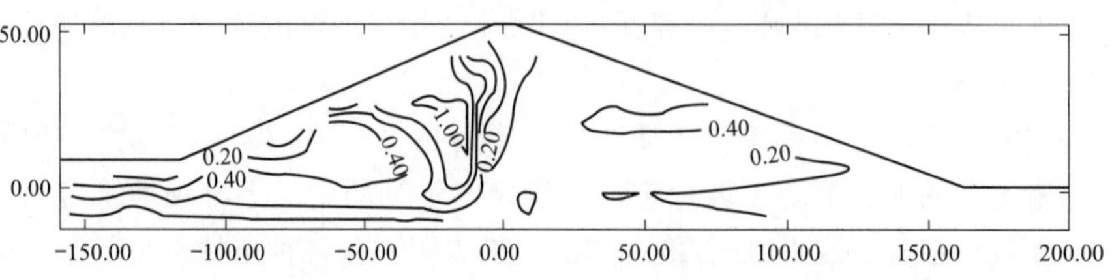

图 23-3-5 上水库主坝蓄水期坝体应力水平

6. 基础处理

(1) 坝基开挖。坝基开挖深度一般为坡积层以下 2～3m，开挖边坡坡积层为 1∶1.8，全风化土层为 1∶1.5。对于全风化较厚的部位，上下游堆石区基础置于全风化硬塑土上，对全风化土较薄的部位，上下游堆石区基础置于强风化基岩，黏土心墙基础开挖到强风化层 1m；对于全风化较厚的部位，黏土心墙基础置于全风化层。

(2) 坝基防渗：对于心墙基础为强风化基岩的，要求开挖强风化基岩深 1m，在黏土心墙基础设 1m 厚的混凝土盖重，强风化基岩其他部位喷水泥砂浆，沿坝轴线进行防渗帷幕灌浆；对坝高超 30m 以上的黏土心墙基础进行固结灌浆，固结灌浆采用梅花形布置，深入基岩 3m，间距 3m×3m。对全风化土较厚的部位，黏土心墙基础开挖到全风化层 2～3m，基础防渗采用混凝土防渗墙＋帷幕灌浆方案，混凝土防渗墙厚 0.6m，混凝土防渗墙顶部伸入黏土心墙 3m，其底部深入强风化基岩 0.5m。帷幕灌浆布置一排，孔距 1.5m。施工顺序为先混凝土防渗墙后帷幕灌浆，最后进行坝体填筑。

(四) 结语

清远抽水蓄能电站主体工程于 2009 年 12 月开工，至 2015 年 11 月第一台机组投入运行，2016 年 8 月全部机组投入运行。上水库大坝充分利用库内小山包开挖渣料，既增加了库容，增加发电小时数，又改善了上水库进出水口进水水流流态。下水库大坝设计根据地下洞室、坝基及永久生活区开挖渣料的不同性质，研究调整大坝分区设计，充分合理利用下水库工区洞挖、坝基开挖和生活区开挖渣料，达到土石方平衡运用，不设专门的料场和渣场。上水库大坝共利用开挖渣料约 58 万 m^3，下水库利用开挖渣料 130 万 m^3，上水库、下水库大坝在料源方面节省投资约 5600 万元。大坝首次在抽水蓄能电站中采用黏土心墙堆石（渣）坝坝型，尽可能地消化开挖料，达到土石方平衡，不设专门的料场和渣场，做到就地取材，降低造价，达到绿色环保，与自然环境和谐，可供以后类似工程设计参考。

三、全强风化料在琼中抽水蓄能电站上水库沥青混凝土心墙坝中的应用

(一) 上水库工程概况

琼中抽水蓄能电站位于海南省琼中黎族苗族自治县境内。上水库正常蓄水位 567m，相应库容 774.2 万 m^3，死水位 560m，调节库容 499.6 万 m^3。上水库包括主坝、副坝 1、副坝 2 和溢洪道等建筑物；溢洪道采用自溢竖井式溢洪道，结合导流洞改造而成，堰顶高程 567m。主坝及 2 座副坝均为碾压式沥青混凝土心墙土石坝，坝顶高程为 570m，坝顶宽度 10m，最大坝高分别为 32、24、12m。

上水库库区全风化岩体分布范围广、厚度大，坝体结构设计过程中，结合工程区地形地质条件、筑坝料源特性，上水库主坝、副坝主要筑坝材料采用全强风化料，针对坝坡设计、坝体分区、坝体排水方式、筑坝料性质、基础处理等开展了详细研究设计。

(二) 工程建设条件

1. 水文气象

琼中抽水蓄能电站处在高山地域，呈昼热夜凉的山区气候特征。年平均气温 22.8℃，极端最低气温为 0.1℃，极端最高温度 38.3℃。多年平均降水量为 2284mm，最大年降水量 4327.8mm，最小年降水量 1385.9mm，最大 1 天降雨量 342.8mm。上水库控制流域面积 5.41km^2，多年平均流量为 0.253m^3/s，多年平均径流量 797.9 万 m^3；上水库、下水库雨量代表站多年年、月平均降水量见表 23-3-15。

表 23-3-15　上水库、下水库雨量代表站多年年、月平均降水量表　单位：mm

1月	2月	3月	4月	5月	6月	7月	8月	9月	10月	11月	12月	全年
30.2	35.5	45.2	129.3	277.6	220.6	240.7	338.9	386	355.5	156.6	67.8	2284

2. 地形地质条件

上水库位于已建成的大丰水库处，地貌属琼中南低山区。库盆原始地形为库尾 2 条较大冲沟汇集于现土坝处冲刷形成较宽缓的洼地，中有低矮山包相隔，库岸浅短支沟发育，临库岸坡相对较缓，地形坡度一般 10°～30°，库底高程 543m。水库岸坡植被茂密，除左岸单薄分水岭与右岸低矮垭口外，其余库周山体较雄厚，库周山脊高程多高于 588m，无低矮垭口存在，地形封闭条件较好。

水库区地层岩性较单一，为印支期侵入花岗岩，岩石致密坚硬，含较多的闪长岩岩脉，库区大多全风化基岩裸露，冲沟内分布冲洪积物，岸坡分布有残坡积物，厚度在 2m 以内；全风化岩石勘探揭露埋深 5～50m。水库区断裂构造不发育，断层规模亦不大，且主要集中分布在库尾副坝 1 部位。

（三）上水库坝体分区及基础处理

1. 坝体填筑分区

琼中抽水蓄能电站上水库沥青混凝土心墙坝的坝体填筑料分区，从上游至下游依次为干砌块石护坡、碎石垫层、上游全强风化料区、上游过渡区、沥青混凝土心墙、下游过渡区、下游全强风化料区和下游坝面草皮护坡，心墙上、下游过渡层水平宽度均为 2.0m。另外下游坝基清坡后设 0.5m 厚的中砂反滤层，反滤层与全强风化料间设 2.0m 厚碎石层，作为下游坝体排水体。琼中抽水蓄能电站上水库主坝典型断面分区如图 23-3-6 所示。

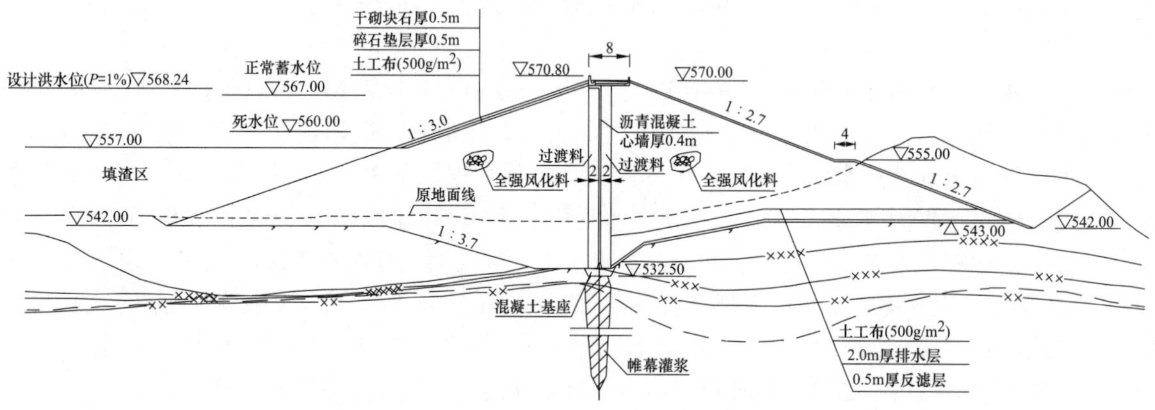

图 23-3-6　琼中抽水蓄能电站上水库主坝典型断面分区图

沥青混凝土心墙位于大坝上游侧，心墙中心桩号坝 0+002.200m，为 0.4m 的等厚心墙。当心墙部位坝基全风化层厚度大于 5m 时，采用混凝土防渗墙连接；对于主坝右岸全强风化较薄部位，采用混凝土基座连接，基础开挖至弱风化基岩。沥青混凝土心墙采用底部端头加厚平接方式，接触面设砂质沥青玛蹄脂及一道铜止水。

2. 护坡碎石

上游边坡设一级坡，坡比为 1∶3.0，采用干砌块石护坡。干砌块石层厚 0.5m，石料粒径均值 30～50cm，其底部为级配碎石垫层兼反滤层，厚度 0.5m，粒径为 0.5～7cm。护坡所需石料均从石料场取料，为新鲜花岗岩，其中级配碎石料为人工扎制而成。

3. 上、下游全强风化区

上、下游全强风化料填筑区：全强风化料采用上水库进出水口、溢洪道及库岸防护等建筑物开挖土石料。除液限 ω_L 大于 47%，塑性指数 I_P 大于 23.7，粒径小于 0.075mm 的含量大于 45%的花岗岩全风化表土层不能上坝外，其余土石料均可作为筑坝材料。全风化料碾压后强度指标要求干容重不小于 1.68t/m^3，强风化料碾压后强度指标要求干容重不小于 1.91t/m^3；饱和容重不小于 2t/m^3，摩擦角一般状态不小于 25°。上、下游全强风化区填筑料级配见表 23-3-16 和表 23-3-17。

表 23-3-16　　强风化花岗岩填筑料级配表

粒径范围（mm）	300～200	200～100	100～80	80～60	60～40	40～20	20～10	10～5	<5	<0.075
占总重百分比（%）	20	26	7	7	8	10	7	5	10	1

表 23-3-17　　粒径小于 5mm 全风化花岗岩填筑料级配表

粒径范围（mm）	5～2	2～0.5	0.5～0.25	0.25～0.075	0.075～0.005	<0.005
占总重百分比（%）	34	26.2	4.9	5.9	11	18

4. 过渡料

过渡料由新鲜花岗岩人工扎制而成，最大粒径为 80mm，小于 5mm 粒径含量为 25%～40%，小于

0.075mm 粒径含量不超过 5%，级配连续，碾压后强度指标要求干容重不小于 2.15t/m³。过渡料级配见表 23-3-18。

表 23-3-18　　过渡料级配表

粒径范围（mm）		80～60	60～40	40～20	20～10	10～5	<5	<0.075
占总重百分比（%）	上包线	4	10	16	15	15	40	5
	平均线	11	12	17	15	12.5	32.5	3
	下包线	18	14	18	15	10	25	1

5. 中砂反滤层

下游坝基部分设 0.5m 厚的中砂作反滤层，中砂采用弱风化～新鲜石料，人工扎制料，最大粒径为 5mm，干容重 2.21t/m³，洒水量 3%。中砂反滤层级配见表 23-3-19。

表 23-3-19　　中砂级配表

粒径范围（mm）	>5	5～2.5	2.5～1.25	1.25～0.63	0.63～0.315	0.315～0.16	<0.16
占总重百分比（%）	2.9	18.9	15.1	22.2	17.9	8.3	14.6

6. 排水碎石

下游坝基为条带式水平及垂直排水系统，排水体采用扎制的人工碎石料，为弱风化～新鲜石料，最大粒径为 4cm，干容重 2.18t/m³，洒水量 5%。排水碎石级配见表 23-3-20。

表 23-3-20　　排水碎石级配表

粒径范围（mm）	40～30	30～20	20～10	10～5
占总重百分比（%）	25	20	30	25

7. 基础开挖

（1）主坝心墙基础开挖。

右岸岸坡坝基：右岸全强风化较薄，采用混凝土基座连接，混凝土基座开挖至强风化中下部～弱风化上部，底部宽 3m，采用槽挖方式，混凝土基座两岸的开挖尽量规则，避免突变，两侧边坡坡比为 1∶0.5。

河床和左岸岸坡坝基：混凝土心墙部位坝基全风化层厚度平均大于 10m，采用混凝土防渗墙连接，混凝土防渗墙深入基岩 1m，混凝土防渗墙顶面连接坡比缓于 1∶2。

（2）坝基基础开挖。坝基开挖要求清除树根、腐殖土及残坡积层，开挖至全风化表面。建基面应开挖平整、平滑过渡，其连接坡度不小于 1∶2，局部扰动土层视情况压实或置换。坡脚排水沟纵坡随地形均匀变化。

（四）大坝施工与运行情况

琼中抽水蓄能电站上水库大坝于 2016 年 5 月开始填筑，2017 年 6 月开始蓄水，坝体主要施工填筑参数见表 23-3-21。截至 2020 年 10 月，上水库大坝变形、渗流渗压已趋于稳定，工程运行正常。自 2017 年 6 月蓄水以来，上水库主坝累计最大沉降为 311mm（坝体 554m 高程），副坝 1 累计最大沉降为 114mm，副坝 2 累计最大沉降为 127mm，主坝坝后量水堰渗漏量为 3.5L/s，副坝 1 坝后量水堰渗漏量为 10L/s，上水库副坝 2 坝后量水堰堰池干燥，坝后渗漏量整体正常，主坝和副坝坝基渗压测值稳定。

表 23-3-21　　坝体分区主要填筑参数表

材料	材料要求	层厚	碾压指标及要求
坝体填筑料	料场风化土（剥离地表腐殖土）	0.5m	干容重 1.80t/m³，14t 凸块振动碾碾压 4～6 遍，压实度 98%
护坡碎石	轧制的弱风化～新鲜石料，最大粒径为 7cm		10t 自卸汽车运料上坝，人工平整

续表

材料	材料要求	层厚	碾压指标及要求
排水碎石	弱风化～新鲜石料，最大粒径为4cm	0.5m	干容重2.18t/m^3，洒水量5%，10t振动碾压实
排水中砂料	弱风化～新鲜石料，最大粒径为5mm	0.5m	干容重2.21t/m^3，洒水量3%，10t振动碾压实
过渡区碎石	轧制的新鲜石料，最大粒径为8cm	0.3m	10t自卸汽车运料上坝，振动碾压实

四、丰宁抽水蓄能电站下水库混凝土面板坝加高

（一）工程概况

丰宁抽水蓄能电站位于河北省承德市丰宁满族自治县境内，装机容量3600MW，额定水头425m，安装12台单机容量300MW的单级混流可逆式水泵水轮机组。

丰宁抽水蓄能电站利用已建的丰宁水电站水库作为下水库，正常蓄水位由1050m抬升至1061m，故原丰宁水电站拦河坝需要加高。原拦河坝为混凝土面板砂砾石坝，坝顶高程1054.5m，加高后坝顶高程为1066m，大坝需要加高11.5m。

（二）大坝加高改建方式

丰宁抽水蓄能电站下水库拦河坝改建加高采用下游面培厚加高的方式，坝体培厚加高主坝料源采用丰宁抽水蓄能电站地下系统开挖料，仍采用钢筋混凝土面板防渗。

新老混凝土面板之间的连接，采用平顺衔接的连接方式。即拆除原防浪墙底缝高程以上的坝体，使新老混凝土面板平顺连接，典型横剖面如图23-3-7所示。坝体改建加高后维持原大坝防浪墙底缝以下部分的趾板和面板结构不变，以上部分浇筑新混凝土面板至加高后的坝顶高程。为保证加高后上游坝坡稳定，加高后的面板坝轴线相对于原大坝轴线向下游侧后移18.4m。加高后的上、下游坝坡与原坝边坡相同，均为1∶1.6。坝体改建加高的主要工程量：坝体拆除550m^3，防浪墙拆除676m^3，坝体填筑43万m^3。

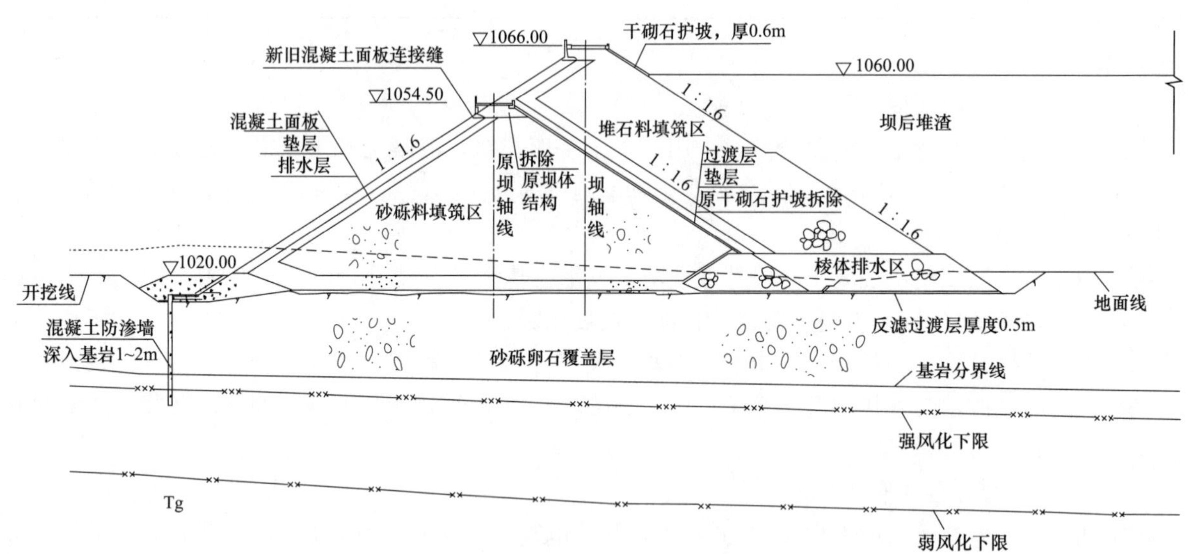

图23-3-7　丰宁抽水蓄能电站下水库大坝加高横剖面图

（三）拦河坝加高改建方案

1. 拦河坝加高改建整体布置

原丰宁水电站挡水建筑物由钢筋混凝土面板砂砾石坝和溢洪道闸室段组成，溢洪道布置在拦河坝右岸小山梁上，紧靠拦河坝坝头。改建成抽水蓄能专用下水库后，库水位抬高，大坝和溢洪道均需要改建加高，溢洪道与右岸山梁之间需要修建副坝连接，为方便建筑物之间的连接，采用混凝土重力坝。丰宁抽水蓄能电站下水库拦河坝改建的枢纽布置如图23-3-8所示。

2. 拦河坝坝体改建方案

根据面板坝的工作性能和原大坝的设计特点，新加高坝体材料分区由上游向下游仍为：垫层、过

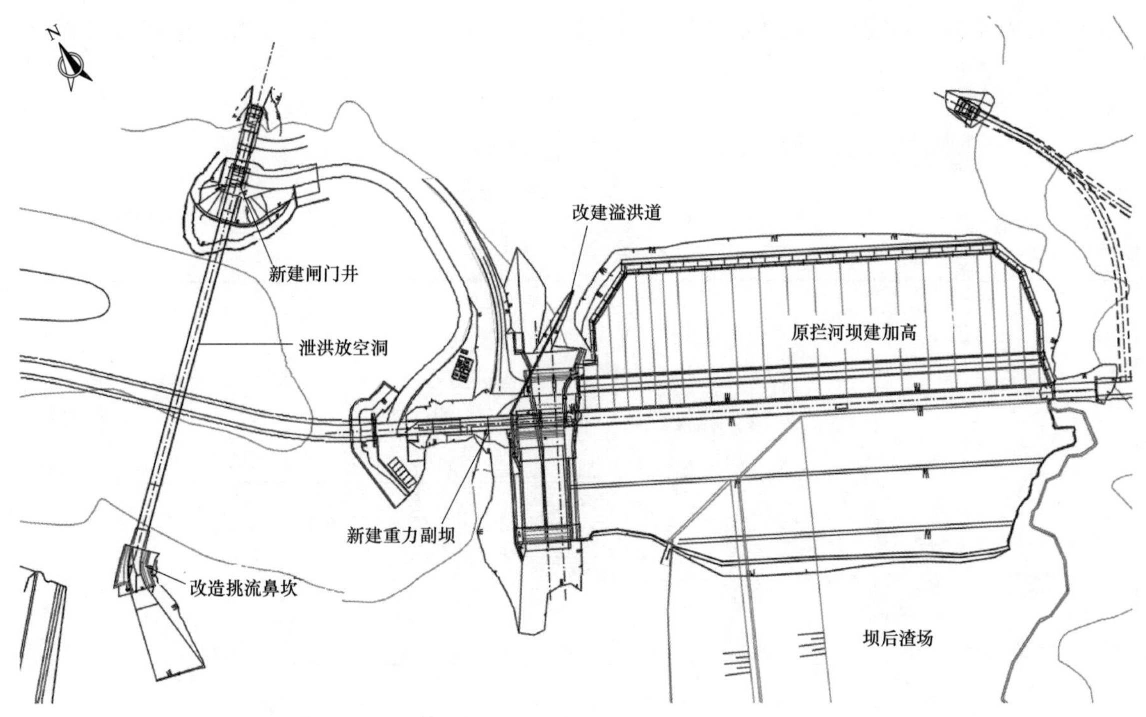

图 23-3-8 丰宁抽水蓄能电站下水库拦河坝枢纽改建布置图

渡层、堆石填筑区和下游干砌石护坡等。垫层和过渡层厚度与原坝体相同，垫层料利用料场开采的微风化或新鲜岩石，由砂石骨料加工系统加工掺配而成，最大粒径 80mm，小于 5mm 的颗粒含量为 20%～35%，小于 0.1mm 的料含量不大于 5%，压实后的渗透系数大于 1×10^{-2}cm/s；过渡料和堆石区料采用工程开挖料，最大粒径 $d_{max}\leqslant$300mm，小于 5mm 的颗粒含量为 20%～30%，小于 0.1mm 的细粒含量小于 5%，压实后的渗透系数大于 1×10^{-2}cm/s；坝基设排水区。

加高改建后的下水库面板坝新建混凝土面板分缝止水与原面板坝保持一致，底部铜片止水，顶部设表层止水。面板分块宽度 16m，垂直缝分张性缝和压性缝，底部设一道铜片止水，顶部设表层止水。新老混凝土面板连接缝和防浪墙底缝底部设一道铜片止水，顶部设表层止水。丰宁抽水蓄能电站改建后的面板分缝平面布置如图 23-3-9 所示。

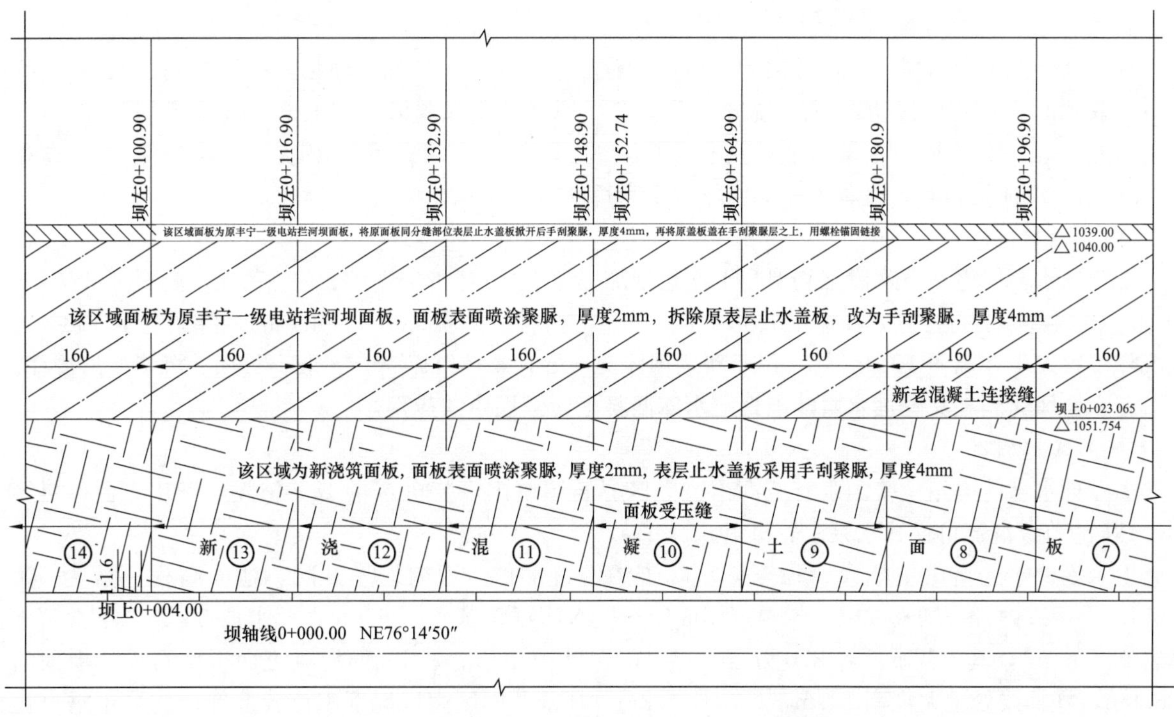

图 23-3-9 丰宁抽水蓄能电站下水库面板坝改建后的面板分缝平面布置图

面板堆石坝左侧依靠溢洪道左挡墙支挡堆石填筑体。溢洪道左挡墙与面板坝左侧第一块面板采用周边缝型式连接，如图 23-3-10 所示。

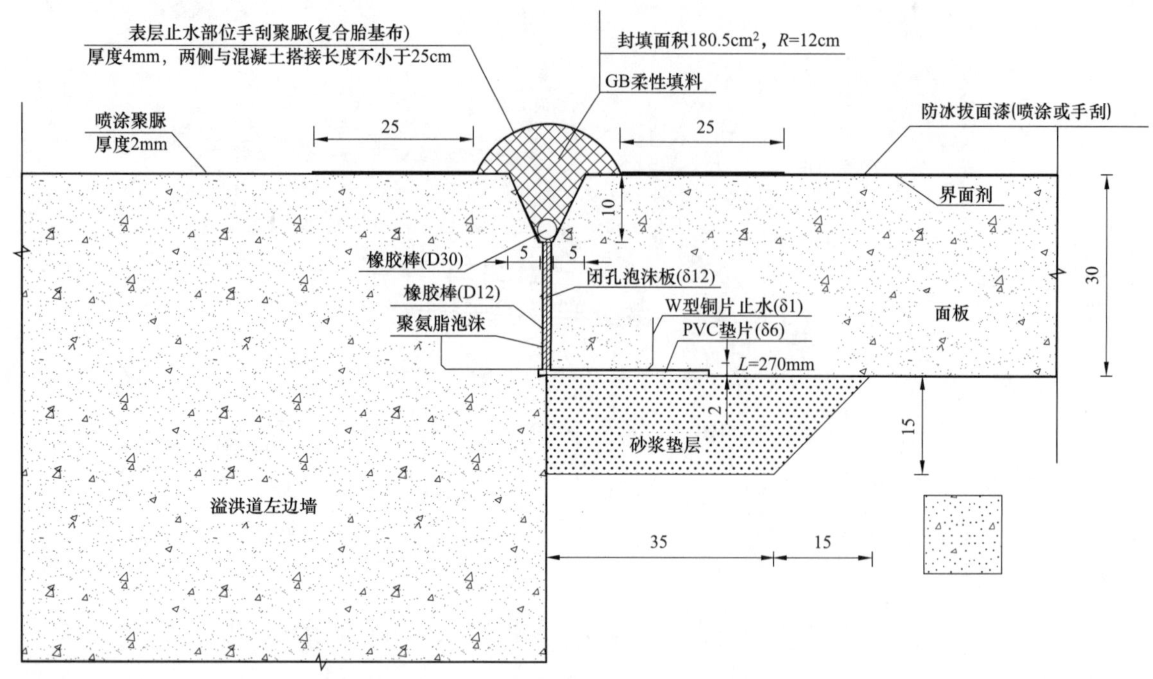

图 23-3-10 面板与溢洪道边墙连接周边缝剖面图

3. 溢洪道改建

溢洪道布置在右岸小山梁上，紧靠拦河坝坝头。原溢洪道堰顶高程 1050m，为开敞式，共设两孔，单孔净宽 12.5m，总净宽 25m，采用挑流消能方式。由于拦河坝加高后坝轴线后移，原溢流堰改建工程量大，与两侧建筑物连接困难、体型复杂，考虑拆除原溢洪道收缩段部分底板及边墙，重新布置溢流堰。溢流堰布置时，利用原有溢洪道的泄槽和消能设施，尽量减少改建工程量节省投资。考虑到溢洪道泄量不大，且丰宁抽水蓄能电站下水库处于寒冷地区，为避免闸门出现冰冻问题和便于操作管理，改造后的溢洪道仍采用无闸门自由溢流实用堰，共设置 2 孔，每孔宽度 12.5m，堰顶高程 1061m。改建后的溢洪道布置如图 23-3-11 和图 23-3-12 所示。

4. 右岸混凝土重力副坝布置

右岸混凝土重力副坝，综合考虑运行和施工需要，坝顶高程与混凝面板堆石坝相同，取为 1066m，坝顶宽取 8m，与面板堆石坝等宽。混凝土重力副坝坝基坐落在弱风化中上部，最低建基高程 1045m，最大坝高 21m。上游坝坡上部直立，高程 1051m 以下为 1∶0.1；下游坝坡 1∶0.7，起坡点高程为 1054.58m。坝顶长 68m，设置了 3 个坝段，横缝间距 18～32m。

（四）运行情况

丰宁抽水蓄能电站下水库钢筋混凝土面板坝加高于 2019 年 6 月 11 日施工完成，截至 2020 年 6 月 30 日，工程整体运行良好，坝体最大沉降为 71mm，相对最大坝高（51.3m）的沉降率为 0.138%。最大沉降位置发生在高程 1042m 处，位于新老坝体交接处，整体沉降符合一般土石坝的沉降变形规律。

五、全风化料在文登抽水蓄能电站上水库混凝土面板坝中的应用

（一）工程概况

文登抽水蓄能电站位于山东省威海市文登区界石镇境内，装机容量 1800MW，安装 6 台单机容量 300MW 的单级混流可逆式水泵水轮机组。

上水库位于昆嵛山主峰泰礴顶东侧宫院子沟沟首部位，库内地形开阔，地面高程一般为 500～800m，采用库内开挖增大库容、拦沟筑坝成库。上水库正常蓄水位 625m，死水位 585m，正常蓄水位库容 924 万 m^3，其中调节库容 870 万 m^3，死库容 54 万 m^3。采用钢筋混凝土面板堆石坝，坝顶高程 628.6m，坝轴线处最大坝高 101m，坝顶长 472m。坝基及库区南岸地下水位较低部位均采用垂直帷幕防渗。上水库堆石坝填筑 462.7 万 m^3，坝体填筑料均来自库区开挖料。

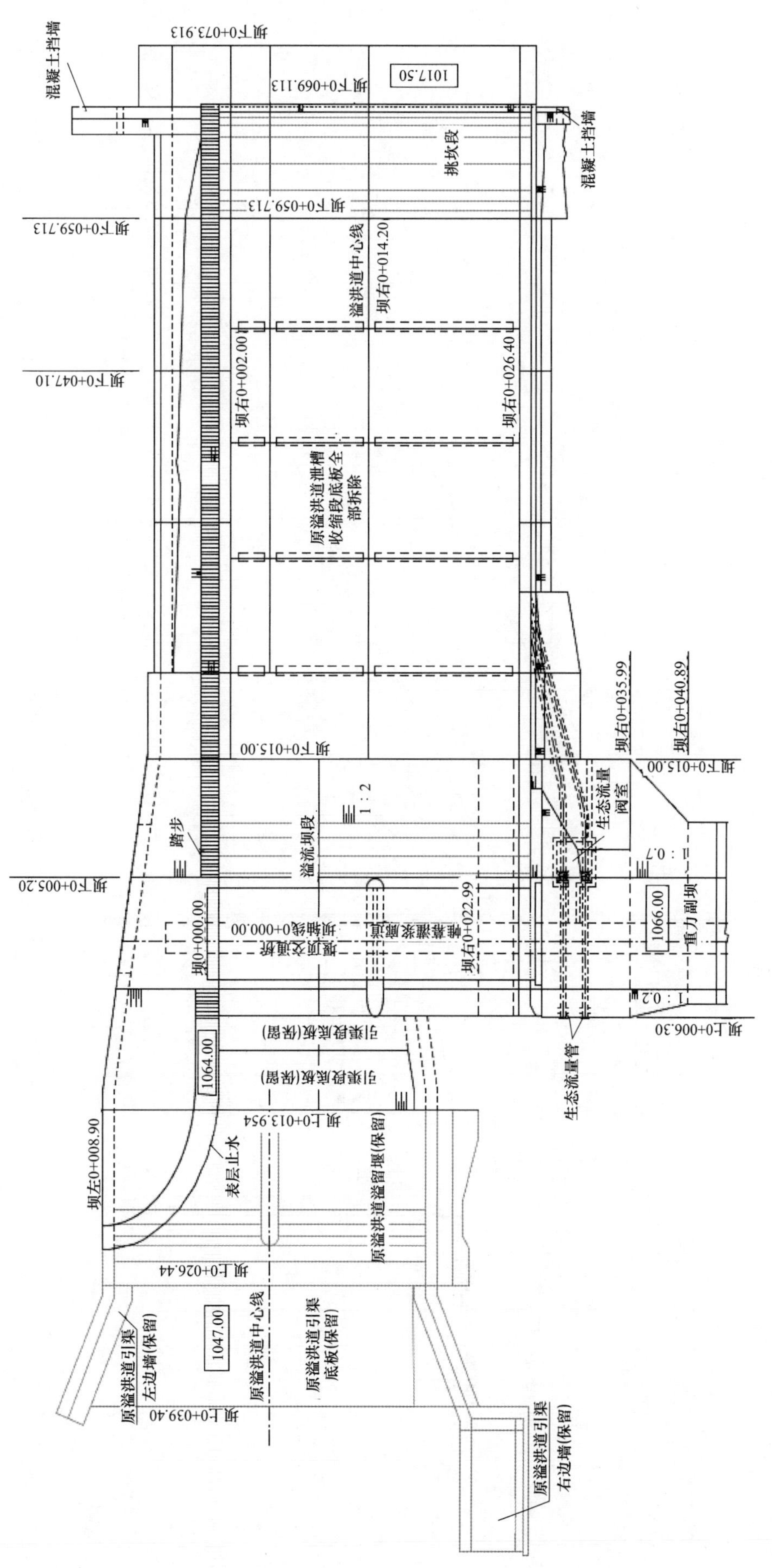

图 23-3-11 溢洪道改建平面布置图

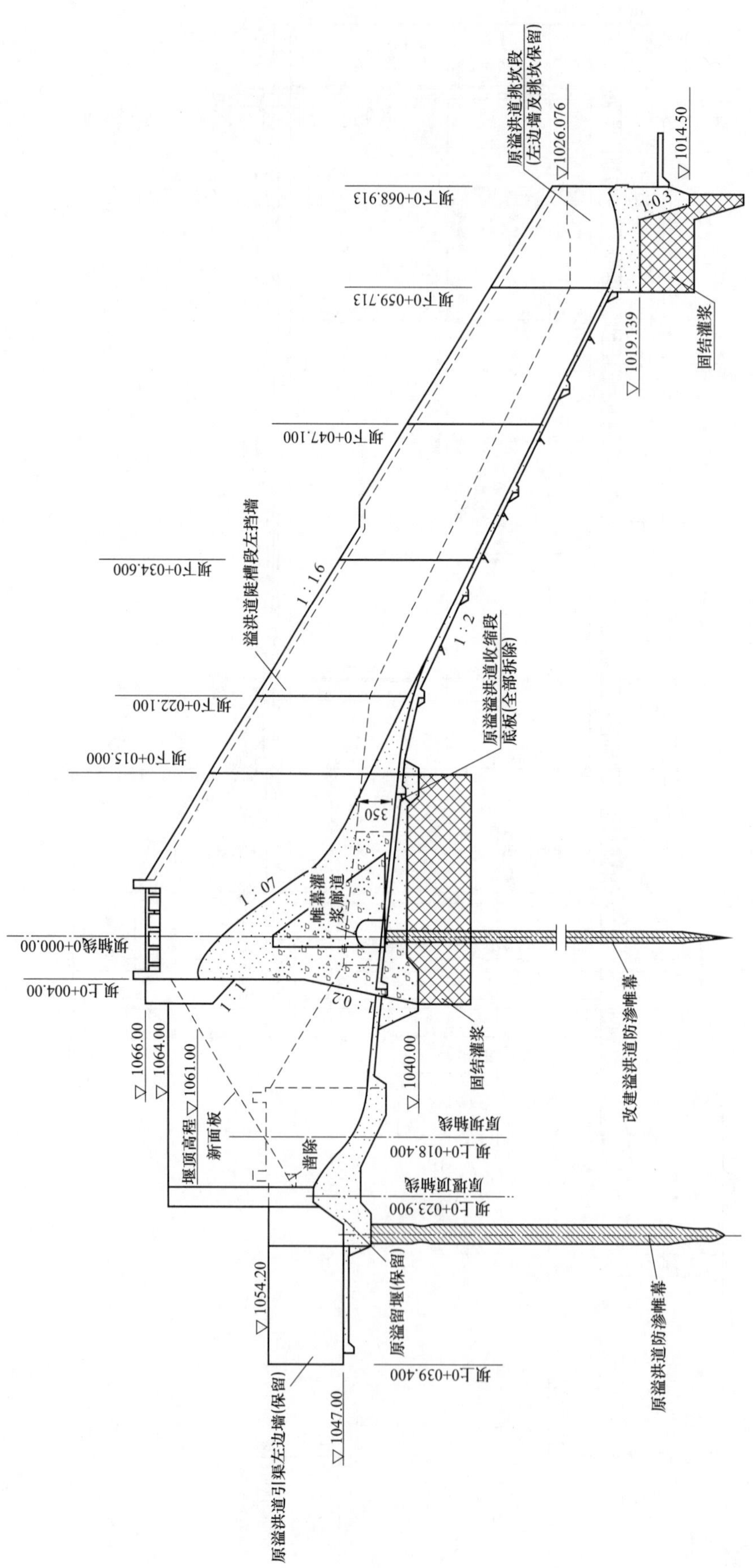

图 23-3-12　溢洪道改建纵剖面图

（二）上水库库区地质条件

上水库利用库内库容扩挖的开挖料筑坝，库区位于宫院子沟沟首，库周山体高程在650～922.8m之间，大部分山体雄厚；东南侧地势相对较低，山体相对较单薄。库内出露的基岩为二长花岗岩和石英二长岩，后期侵入的岩脉主要为煌斑岩脉，第四系松散堆积物由冲洪积、崩洪积、残坡积物等组成，主要分布于宫院子沟以及次一级冲沟沟底，其中石英二长岩为料场主要的开采岩性。库区岩体全风化带厚度5～8m，最大厚度36.7m；强风化带厚度5～15m，局部较厚为20～45m；弱风化带厚度整体变化较大，库底及左岸厚度15～25m，山脊厚度20～35m，右岸单薄分水岭风化厚度较大，一般30～40m，最大可达56m。

（三）利用全风化料筑坝的设计方案

上水库面板堆石坝采用库区开挖料填筑，考虑技术和经济因素，坝坡及坝体分区设计在保证坝体稳定和应力变形满足要求的基础上，尽可能减少库区开挖弃渣，以达到节省投资和减少对自然生态环境的影响，确定了大坝下游堆石区采用强风化及全风化混合料筑坝的方案。文登抽水蓄能电站上水库大坝坝体分区如图23-3-13所示，填筑料分区自上游向下游依次为：排水垫层区2A、上游过渡层区3A、上游堆石区3B、下游过渡区3A区、下游堆石区3C区、棱体排水区3D。

上游主堆石区填筑料主要为弱风化石英二长岩，下游次堆石区填筑料主要为全风化及强风化石英二长岩混合料，两者变形和强度指标相差较大，据此并结合类似工程经验，在上游堆石区与下游堆石区之间增设下游过渡区3A区。下游过渡区的增设，有助于坝体在各工况下的整体变形协调。坝体各区填筑料技术指标及填筑标准见表23-3-22。

表23-3-22　坝体各区填筑料技术指标及填筑标准

填筑分区名称	设计最大控制粒径（mm）	<5mm含量（%）	<0.075mm含量（%）	设计干密度（g/cm^3）	孔隙率（%）	渗透系数（cm/s）
垫层区料（2A）	80	35～45	<5	≥2.21	≤19	$>5\times10^{-3}$
特殊垫层区料（2B）	40	40～50	<5	≥2.23	≤18	$>10^{-3}$
过渡区料（3A）	300	≤25	<5	≥2.18	≤20	$>10^{-2}$
上游堆石区料（3B）	600	≤20	<5	≥2.15	≤21	$>10^{-2}$
下游堆石区料（3C）	压实度（重型击实）≥95%			动态控制		
棱体排水料（3D）	1200	≤20		≥2.05	≤25	$>10^{-1}$
反滤料	40	30～60	<5	≥2.21	19	$10^{-2}\sim10^{-3}$

（四）全风化料试验研究

为了查清全风化料的物理力学特性，开展了全风化料的比重、颗粒级配、密度、轻型和重型击实、不同含砾量和最优含水量、固结不排水、固结排水、大型三轴剪切和渗透、大型动力特性、湿化变形特性和流变变形特性等室内试验和现场碾压试验。室内试验主要结论及建议：

(1) 击实试验结果表明全风化料整体偏向于碎石土性质，最大干密度受含水量作用明显，当含水量低于或高于最优含水率，击实干密度均下降明显，同时，相对于密度试验结果，重型击实试验最大干密度较密度试验最大干密度提高0.13g/cm^3，较轻型击实试验最大干密度提高0.12g/cm^3，因此，采用重型击实试验结果及其对应的压实度作为控制指标是合适的。

(2) 击实最大干密度与不同含砾量关系试验表明：随含砾量增加，全风化料的击实最大干密度相应增大，击实最优含水率相应降低。建议可按5mm以上砾石含量分段控制施工时全风化土料含水量：5mm以上砾石含量在0.0%～15.0%时，施工控制含水量为9.5%；5mm以上砾石含量在15.0%～30.0%时，施工控制含水量为8.0%；5mm以上砾石含量在30.0%～50.0%时，施工控制含水量为6.0%。

(3) 室内静力三轴试验结果显示，在0.95压实度条件下，全风化料强度指标φ为32.8°～34.6°，压力p为83.2～121.3kPa，邓肯模型参数K为337.1～516.9；在0.97压实度条件下，全风化料强度指标φ为33.3°～34.9°，压力p为97.7～128.5kPa，邓肯模型参数K为409.2～571.0。静力三轴剪

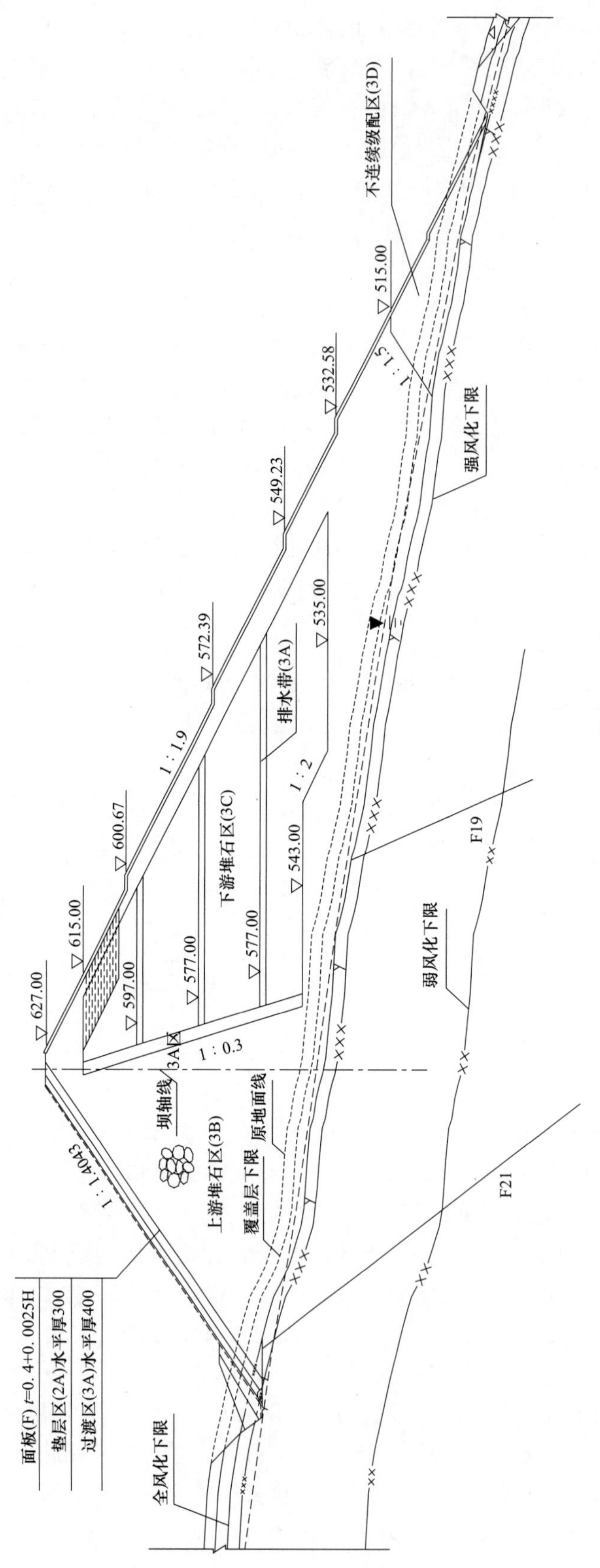

图 23-3-13　文登抽水蓄能电站上水库坝体分区示意图

切试验结果总体表明全风化料力学指标随级配粒径变粗、含砾量及压实度提高，力学指标改善明显。试验应力应变曲线显示，全风化料应力应变曲线均呈一定的应变软化特性，在剪切过程中不同程度出现剪胀，摩尔圆强度包络线较好，应力应变关系曲线基本符合邓肯-张模型曲线。

(4) 天然含水量状态的 0.95 压实度条件下，全风化料强度指标 φ 为 33.7°～35.4°，压力 p 为 151.7～188.1kPa，邓肯模型参数 K 为 566.2～722.3，相对于饱和状态，全风化料力学指标有明显提高，表明除提高压实度外，保持上水库下游堆石区全风化料含水量不增加或不浸水是改善该区力学特性的一个有效手段。

(5) 渗透系数试验结果显示，在 0.93～0.98 压实度条件下，全风化土料的渗透系数范围为 3.36×10^{-5}～8.61×10^{-4}cm/s，应做好针对该区料的排水措施。

(6) 全风化料动强度试验结果表明：在动荷载作用下，达到5%破坏应变时各试样均累积了较高的动孔隙水压力；作用的动剪应力越大，达到破坏的振次相对越少；作用的动剪应力越小，达到破坏的振次相对越多。围压增加时，要达到相同的振动次数需要更大的动应力，但动剪应力比会相应减小。随固结应力比增加，要达到相同的振动次数需要较小的动应力，在地震作用下也更容易破坏，这主要是由于随偏应力增加，堆石料相对往塑性区发展的缘故。

(7) 流变试验曲线显示，围压与剪应力对全风化料流变变形都有显著影响，剪应变流变量随围压和应力水平的提高而增加。体积流变量不但受围压影响，与偏应力也相关，随围压和偏应力的增加而增加。由于全风化料渗透系数较小，孔隙水压力来不及排出，相对于轴向变形，初期的体积流变量相对较小，而在后期随着孔压逐渐消散，体积流变量增加明显，随着孔压消散完毕，流变量趋于稳定。

(五) 堆石坝有限元分析计算

1. 三维有限元静力计算分析

上水库堆石坝体在进行坝体应力变形分析时，按照实际施工程序坝体填筑、混凝土面板浇筑、蓄水等过程进行模拟，有限元静力计算参数见表 23-3-23。

表 23-3-23　　上水库面板堆石坝有限元静力计算参数

坝体分区	岩性	ρ (g/cm³)	φ_0 (°)	$\Delta\varphi$ (°)	K	n	R_f	K_b	m
垫层区	弱～微风化石英二长岩	2.21	53.6	9.4	1285	0.27	0.61	789	0.11
过渡区	弱～微风化石英二长岩	2.18	54.4	10.4	1246	0.24	0.63	632	0.09
上游堆石区	弱风化石英二长岩	2.15	53.9	10.0	1000	0.25	0.63	500	0.07
下游棱体	弱风化石英二长岩	2.05	50.9	10.0	700	0.25	0.63	350	0.07
下游堆石区	全风化石英二长岩	1.88	41.8	6.9	300	0.46	0.68	158	0.37

注　ρ 为密度；φ_0 为摩擦角；$\Delta\varphi$ 为围压增加 10 倍时，剪切角的减小量；K 为加载时弹模基数；n 为加载时弹模指数；R_f 为破坏比；K_b 为体积模量基数；m 为体积模量指数。

上水库堆石坝三维有限元静力计算时，按照不考虑流变和考虑流变分别进行了计算，计算结果分析如下：

(1) 不计流变时，竣工和运行期正常蓄水位下坝体沉降极值分别为 60.9cm 和 62.0cm，约为坝高的 0.60%和 0.61%；计入流变后，坝体变形有所增大，竣工、蓄水初期和运行期最大沉降分别为 73.7、77.7cm 和 112.1cm，约为坝高的 0.73%、0.77% 和 1.11%，运行期坝体最大工后沉降为 29.2cm，约为坝高的 0.29%。

坝体最终沉降率超过常规控制值 1%，变形虽偏大，但工后沉降率约为 0.3%，比经验统计平均值稍大，在正常变形范围内，符合规范变形控制要求。坝顶沿坝轴向沉降倾斜率最大值为 0.5%，低于 1%，坝肩不会发生横向裂缝；沟谷中间剖面沿顺河向沉降倾斜率最大值为 1.3%，虽大于 1%，但低于 3%，有发生纵向裂缝的可能性。

大坝上、下游堆石区模量和强度以及颗粒破碎效应相差显著，考虑流变效应后，两区分界线附近不均匀沉降较大，使得坝顶下游沿顺河向沉降倾斜率偏大，上水库运行过程需注意加强变形观测与防范。

(2) 不计入流变时，正常蓄水位运行期面板挠度最大值为 14.6cm，最大挠曲率约为 0.1%；计入流变后，面板变形有所增大，蓄水初期和运行期挠度最大值分别为 14.9cm 和 32.8cm，最大挠曲率约为 0.24%。面板最大挠曲率与经验统计平均值相当，在面板挠度正常范围内。

(3) 不计入流变时，面板正常蓄水位运行期轴向压、拉应力最大值分别为 3.32MPa 和 1.25MPa，顺坡向压、拉应力最大值分别为 2.13MPa 和 1.37MPa；计入流变后，面板内应力总体有所增大，蓄水初期轴向压、拉应力最大值分别为 4MPa 和 1.26MPa，顺坡向压、拉应力最大值分别为 2.46MPa 和 1.38MPa，运行期面板轴向压、拉应力最大值分别为 7.05MPa 和 1.42MPa，顺坡向压、拉应力最大值分别为 1.94MPa 和 1.59MPa。

蓄水初期面板压、拉应力均在混凝土材料允许范围内，满足要求；运行期面板压应力在混凝土材料允许范围内，满足要求，拉应力绝大部分在混凝土材料允许范围内，局部顺坡向拉应力出现一定超标问题，但该问题可以通过加强配筋予以解决。

(4) 不计入流变时，正常蓄水位运行期周边缝错动、沉陷和张开最大值分别为 8.8、10.9mm 和 18.7mm，垂直缝最大张开为 7.2mm，水平缝三向变位在 2mm 以内；计入流变后，接缝变位增大，蓄水初期周边缝错动、沉陷和张开最大值分别为 10.2、11.2mm 和 18.8mm，垂直缝最大张开为 7.4mm，水平缝三向变位在 2.1mm 以内，运行期周边缝错动、沉陷和张开最大值分别为 13.4、12.8mm 和 20.5mm，垂直缝最大张开为 15.3mm，水平缝三向变位在 5.6mm 以内。接缝变位在目前止水结构和材料能够适应的变形范围内。

(5) 从静力特性角度，该工程下游堆石区利用全强风化料，压实标准采用压实度不低于 0.95，面板坝的应力变形特性总体良好，坝体变形、面板应力和接缝变形在正常或可控范围内，可以满足正常运行要求。

2. 三维有限元动力计算分析

通过采用三维有限元分析方法，分析了上水库混凝土面板坝在正常运用时遭遇地震情况下的应力变形动力特性，得到如下结论和建议：

(1) 设计地震作用下，坝体最大坝轴向和顺河向动力反应加速度放大倍数分别约为 2.4、3，动力放大倍数符合同等坝高土石坝地震经验。

(2) 设计地震作用下，坝体最大震陷率约为 0.14%，震陷量符合同等坝高土石坝地震经验。

(3) 设计地震作用下，面板混凝土压应力低于 3.64MPa，在混凝土强度允许范围内，拉应力低于 1.78MPa，绝大部分在混凝土强度允许范围内，局部拉应力过大问题通过加强配筋予以解决。

(4) 设计地震作用下，周边缝地震期错动、沉陷和张拉最大值分别为 10.1、11.8mm 和 18.9mm，水平缝地震期错动、沉陷和张拉最大值分别为 3.3、1.3mm 和 4.4mm，垂直缝地震期张拉最大值为 11.1mm，接缝变位量值在止水能够适应的变形范围内，止水安全。

(5) 校核地震工况，大坝动力响应和应力变形分布规律与设计地震工况大体相同，坝体震陷、面板拉压应力和接缝变位均有所增大，不过量值均在正常或可控范围内，防渗体安全。

(6) 设计和校核地震作用下，坝体单元抗震安全系数绝大部分高于 1，下游坡面虽出现低于 1 区域，但该区域位于浅表，范围很小，该动力剪切破坏区不会影响坝体的整体稳定。

(7) 从动力特性角度，上水库面板坝应力变形特性良好，坝体震陷正常，防渗体应力变形在正常和可控范围内，符合抗震安全要求。

(六) 现场碾压试验和沉降观测成果

为验证下游堆石区坝料设计填筑标准的可实施性，以及确定满足设计要求的施工碾压参数和填筑工艺，于 2018 年 6～10 月开展了现场碾压试验工作，现场碾压复核试验成果表明，通过调整施工工艺和控制参数可以达到下游堆石区 3C 坝料设计填筑标准。2022 年 11 月 14 日上水库蓄水前测得坝体最大沉降 435mm，2022 年 12 月 16 日水库蓄水至 602m 时测得坝体最大沉降 457mm。

六、竖井式溢洪道在梅州一期抽水蓄能电站上水库的研究与应用

(一) 工程概况

梅州一期抽水蓄能电站位于广东省梅州市五华县南部，规划装机容量 2400MW，分两期建设，一期装机容量 1200MW，已全部投产，二期工程根据电力市场的发展情况适时建设。电站上水库、下水库按装机容量 2400MW 一次建成。

（二）上水库布置

上水库位于工程区东南侧龙狮殿，库盆开阔，东西向长 2300m，南北宽 500～800m，库底地形平坦，高程为 77～78m，库盆内溪流发育；库周山体雄厚，地形封闭，地表分水岭高程一般为 900～1000m，冲沟内均有高于正常蓄水位的常年泉点出露。上水库集雨面积为 4.35km^2，多年平均径流量为 479 万 m^3。正常蓄水位为 815.5m，死水位为 782m，正常蓄水位时库容为 4102 万 m^3，死库容为 308 万 m^3。上水库主要建筑物包括 1 座主坝、1 座副坝、主坝右侧竖井式溢洪道以及上水库进/出水口等。主坝为钢筋混凝土面板堆石坝，坝顶高程为 820m，最大坝高为 60m，坝顶长度为 500m；副坝为均质土坝，坝顶高程为 820m，最大坝高为 11m；主坝右侧修建竖井式溢洪道。

（三）上水库泄洪建筑物设置的必要性

电站上水库库盆开阔，库容较大，正常蓄水位下相应库容为 4102 万 m^3。上水库集水面积为 4.35km^2，500 年一遇设计洪峰流量为 195m^3/s，相应 24h 洪量为 266.3 万 m^3，5000 年一遇校核洪峰流量为 251m^3/s，相应 24h 洪量为 363.4 万 m^3。上水库是否设置泄洪建筑物进行比较，不同方案调洪成果见表 23-3-24。

表 23-3-24　上水库调洪成果汇总表

洪水频率 P	最大入库流量 (m^3/s)	坝前最高水位（m）	
		设置溢洪道	不设溢洪道
校核洪水（P=0.02%）	251	816.79	817.68
设计洪水（P=0.2%）	195	816.49	817.1

从调洪成果看出，不设置泄洪建筑物的情况下，按 24h 洪量蓄积于库内，校核水位比设置溢洪道方案高 0.89m，设计洪水位高 0.61m，由于面板堆石坝坝顶高程受设计洪水位控制，因此两方案计算坝顶高程相差较小。综合考虑溢洪道和导流工程投资，设置溢洪道时上水库增加投资约 876 万元，两方案投资差距较小。

但考虑上水库库容较大，主副坝均为土石坝坝型，水库失事对下游的不利影响大；工程位于沿海地区，台风等不利天气影响带来的大风、强降水等可能造成水位异常壅高风险，决定在上水库设置泄洪建筑物，以确保工程安全。

（四）上水库泄洪建筑物型式选择

上水库泄洪建筑物型式比较了岸边开敞式溢洪道和竖井式溢洪道（结合导流洞改建）两种方案。为简化运行管理，两个方案均采用无闸门控制方式。

岸边溢洪道布置于左岸坝肩小冲沟位置，水流正对河谷出流方向，水流归槽较好，但左岸山脊单薄，岸边溢洪道开挖工程量大，将进一步削弱单薄山体，影响山体及大坝的安全性。从环境保护角度分析，岸边溢洪道对原始地形破坏较多，不利于环境保护。竖井式溢洪道结合导流洞布置，布置于大坝右岸，只在竖井进水口进行局部明挖，不影响大坝及山体安全，且有利于环境保护与美观，但竖井式溢洪道出口水流归槽条件稍差。

综合考虑大坝、溢洪道及导流工程投资，岸边开敞式溢洪道方案可比工程投资 13119.14 万元，竖井式溢洪道方案可比工程投资 12380.24 万元，竖井式溢洪道方案节省投资 738.9 万元。经综合比较，该工程上水库下泄流量较小，采用竖井式溢洪道满足泄流能力及消能要求，存在的技术难度小；竖井式溢洪道结构新颖，开挖不影响左岸单薄山体，且能减少对原始地形与地表植物的破坏，有利于环境保护与美观；因结合导流洞布置，竖井式溢洪道方案投资相对较少。故上水库溢洪道选择竖井式溢洪道。

（五）上水库竖井式溢洪道的布置

上水库竖井式溢洪道利用导流洞改建而成，布置在主坝右岸，采用自由溢流。竖井式溢洪道由井口开挖段、溢流堰、竖井、消力井、退水隧洞、出口消力池组成。在导流洞进口下游约 87m 处，导流洞正上方山体内设置竖井下接导流洞，竖井下游导流洞洞段与溢洪道退水隧洞结合，按永久结构施工，结合段总长度约 318m。施工导流任务完成后，在竖井上游导流洞内设 10m 长堵头封闭挡水。梅州抽水蓄能电站上水库竖井式溢洪道纵剖面图如图 23-3-14 所示。

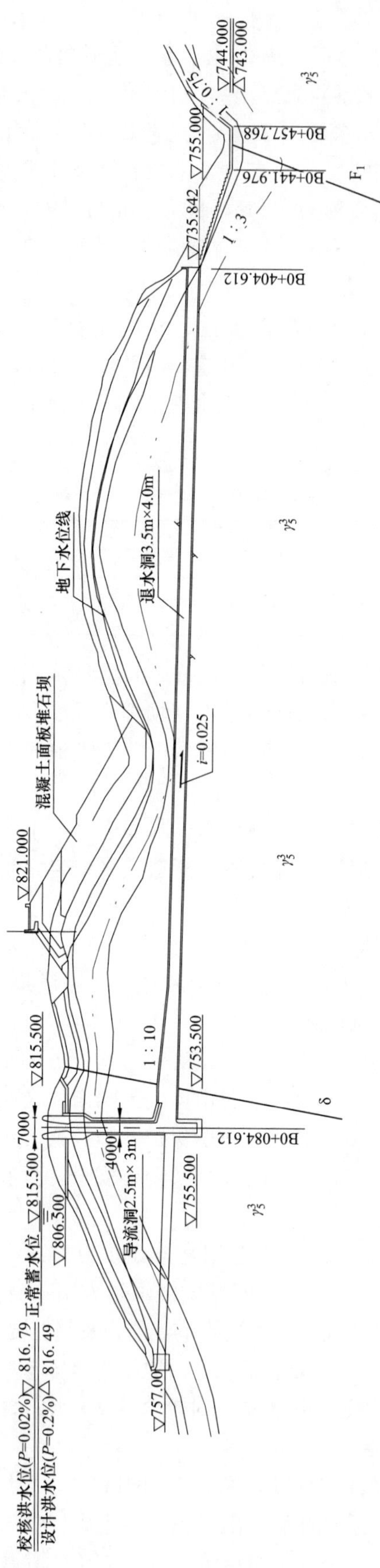

图 23-3-14　梅州抽水蓄能电站上水库竖井式溢洪道纵剖面图

（1）进口段。溢洪道进口距坝轴线约67m，原始地面高程略低于正常蓄水位，挖除表面全风化层后形成开挖平台，开挖高程805.5m，平台地面设置1m厚混凝土底板，兼作竖井施工平台。

溢流堰采用环形实用堰，堰面曲线为1/4椭圆曲线。曲线方程为$\frac{x^2}{1.5^2}+\frac{y^2}{4^2}=1$，堰顶内径7m，堰底内径4m。溢流堰堰高9m，堰顶高程同正常蓄水位815.5m，溢流总净宽22m。溢流堰采用C30钢筋混凝土结构。

（2）竖井段。竖井段采用内径4m等径圆形竖井，深51m，采用1.0m厚C30钢筋混凝土衬砌。为防止水流直接冲击竖井底板，在竖井底部设深约8.25m的消力井，消力井采用C40硅粉抗冲磨钢筋混凝土衬砌，底板衬砌厚2m，边墙衬砌厚1m。消力井后接水平压坡段，压坡段型式与尺寸主要根据洞井衔接段水流流态，由水工模型试验确定，压坡段长度8.416m，出口处控制尺寸3.5m×2m（宽×高）。在竖井下游侧边墙设圆形通气孔至压坡段出口处，以满足掺气要求，减小压坡段负压。通气孔直径1.0m。压坡段采用C40硅粉抗冲磨钢筋混凝土衬砌，衬砌厚度1m。

竖井、消能井设置锚筋与围岩连接，并进行固结灌浆。锚筋按矩形布置，Φ25@2.0m×2.0m，长L=4.5m，入岩深度3.5m。固结灌浆孔深4m，孔距1.5m×1.5m。

（3）退水隧洞段。压坡段后接无压退水隧洞，与导流洞结合，长309.6m，坡度2.5%，城门洞形断面，断面尺寸由3.5m×5.5m（宽×高）渐变至3.5m×4m（宽×高），渐变段长度约20m。

退水隧洞采用0.5m厚C30钢筋混凝土衬砌，全断面布置系统锚杆Φ25@2.0m×2.0m，L=4.5m；全断面固结灌浆，孔深4m，孔距1.5×1.5m，并在顶拱范围内进行回填灌浆。在顶拱范围布设排水孔ϕ56@3.0m×3.0m，L=5.0m。

（4）出水渠消能段。退水隧洞出口水流汇入下游冲沟，水流与冲沟大角度相交，直接冲刷对面山体，依出口地形适当扩挖后形成消力池，以减轻对山体及下游沟谷的冲刷影响。隧洞出口与消力池之间以1∶3斜坡段过渡，坡面以1m厚混凝土衬砌，并设台阶以增加消能效果，单级台阶宽1.5m，高0.5m，共23级。消力池总长度18m，宽15m，底部高程744m，左右及对岸山体边坡均按1∶1坡度开挖，形成梯形断面，边坡及底板均采用1m厚C25钢筋混凝土衬砌，边坡最大衬砌高度10m。冲沟下游设置消力坎以加强消能效果，消力坎坎高2m。

消力池底板及边坡均布设锚筋与基础或山体连接，锚筋规格Φ25@2.0m×2.0m，长L=4.5m，入岩深度3.5m；对底板基础进行固结灌浆，孔深4m，孔距2m×2m。

（六）水工模型试验

为了满足各水力参数相似性要求，水工模型试验模型比尺为1∶25，按重力相似准则设计试验模型。为保证模型试验中水流与原型相似，模型对环形溢流堰、竖井段、退水隧洞段、出水渠消能段均进行了精细模拟，模型范围至下游河道长200m，宽50m。

1. 泄流能力试验成果

环形溢流堰试验泄量与设计值比较表见表23-3-25。

表23-3-25　环形溢流堰试验泄量与设计值比较表

洪水频率P（%）	0.02	0.05	0.1	0.2	0.5	1
坝前最高水位（m）	816.79	816.68	816.59	816.49	816.36	816.27
设计流量（m^3/s）	60	52	46	40	33	28
试验值（m^3/s） 对应流量系数	64.95 （0.506）	56.90 （0.506）	50.58 （0.507）	43.84 （0.508）	35.58 （0.509）	30.19 （0.510）
相对偏差（%）	7.62	8.61	9.05	8.77	7.24	7.26

注　流量相对误差为（试验值－计算值）/试验值×100%。

在各个工况下试验值均较设计值大，泄流能力满足要求，且有一定的余幅。

2. 竖井效能率

竖井溢洪道效能率汇总表见表23-3-26。

表 23-3-26 竖井溢洪道效能率汇总表

工况	流量 Q (m^3/s)	水位 H (m)	流速 V (m/s)	堰顶水头 H_0 (m)	消能效能率 η
洪水频率 $P=1\%$	28	816.27	7.05	1.25	93
洪水频率 $P=0.2\%$	40	816.49	8.41	1.5	90.6
洪水频率 $P=0.05\%$	52	816.68	9.41	1.8	88.4
洪水频率 $P=0.02\%$	60	816.79	10.05	1.9	87

由表 23-3-26 可知，竖井消能的总效能率在 87%～93%之间，且效能率又随着下泄流量的增加而减小。由于短压力出口段的水流紊动较为剧烈，占去了总效能率的一部分，消能井单独的效能率要略小于上述值，总体满足工程消能的要求。

3. 出水渠消能段水力特性

出口台阶共 23 级，在各个试验工况下，台阶溢洪道的第 18 级台阶均被水跃跃首的旋滚水流淹没。试验中，对台阶的起始点到第 17 级台阶的消能效果进行了初步估算：下泄 $P=1\%$的洪水时，效能率为 83%；下泄 $P=0.2\%$的洪水时，效能率为 80%；下泄 $P=0.05\%$的洪水时，效能率为 75%；下泄 $P=0.02\%$的洪水时，效能率为 75%。下泄流量越小，台阶的消能效果越好。

第四节 拦排沙工程措施

一、张河湾抽水蓄能电站下水库泥沙处理工程措施

（一）工程概况

张河湾抽水蓄能电站装机容量 4×250MW，额定水头 305m。下水库利用已建的张河湾水库，校核洪水位 488.1m（$P=0.1\%$），设计洪水位 480.5m（$P=1\%$），正常蓄水位 488.0m，汛限水位 480.5m，保证蓄能电站发电水位 471.0m，死水位 464m，总库容 8330 万 m^3，死库容 2033 万 m^3。

张河湾水库于 1976 年开工兴建，1980 年停建，坝顶高程建至 466.65m。续建后作为抽水蓄能电站下水库，需要提高建筑物级别，加强拦、排沙能力，成为抽水蓄能和灌溉并重的综合利用水库。

（二）下水库入库泥沙特性

张河湾水库所在的甘陶河，多年平均悬移质输沙量 103.0 万 t，多年平均推移质输沙量为 22.7 万 t。水沙年内分配很不均匀，汛期（6～9 月）来水量占全年径流量的 64.91%，7～8 月来水量占全年径流量的 46.74%，来沙量占年沙量的 87.65%，而且是大水大沙。

水沙年际变化也很大，实测最大年径流 3.39 亿 m^3（1996 年），最小年径流 0.128 亿 m^3（1987 年），丰枯比为 26.5；实测最大年悬移质输沙量 978.9 万 t（1996 年），最小输沙量 0.4 万 t（1999 年），丰枯比高达 2274。实测最大断面含沙量 338.0kg/m^3（1969 年 6 月 30 日）。

悬移质泥沙颗粒级配见表 23-4-1，中值粒径 d_{50} 为 0.032mm，推移质泥沙颗粒级配见表 23-4-2，中值粒径为 2.8mm。巨硬矿物（硬度 75）含量见表 23-4-3，粒径小于 0.5mm 的颗粒中，以石英、伊利石、高岭石、绿泥石和蒙脱石为主。

表 23-4-1 悬移质泥沙颗粒级配

粒径（mm）	0.005	0.01	0.025	0.05	0.1	0.25	0.5	1.0
小于某粒径沙重百分比（%）	6.4	14.4	36.1	84.1	99.3	99.8	100	100

表 23-4-2 推移质泥沙颗粒级配

粒径（mm）	0.05	0.1	0.25	0.5	2	5	20	60	60
小于某粒径沙重百分比（%）	0.5	1.7	6.0	15.8	42.8	60.8	78.7	96.0	100

表 23-4-3　　巨硬矿物（硬度 75）含量　　单位：%

岩石分类	>0.5mm	0.5～0.25mm	0.25～0.1mm	<0.1mm
石英	8.64	8.05	22.31	4.9
长石	—	—	—	1.91
赤褐铁矿	—	—	1.28	—
花岗岩	0.54	—	—	—
安山岩	0.72	—	—	—
角闪岩	—	—	—	0.185
石英岩	—	—	1.46	—

（三）含沙水流对水泵水轮机组的磨损

在含沙河流上运行的水力机械都不可避免地出现泥沙磨损问题，特别是高水头电站、高扬程泵站的机组，遭受破坏的程度更严重。高水头水轮机遭受破坏的主要部件为导叶、上下抗磨板、转轮、止漏环，严重磨损部位为导叶下端面及下抗磨板与之相应的部位、转轮出口、下环内侧面与止漏环。真机的磨损分为普遍磨损与局部磨损，预估磨损常常是针对普遍磨损，而局部磨损为局部出现较深的坑穴、沟槽等，影响因素复杂，往往包含着许多不确定因素，目前还难以直接预估。

通常预估方法分为工程类比法、试验计算法。工程类比法在常规水电站应用较多，遇到含沙工程实例较多，可比的因素具体，具有一定参考价值。作为水泵水轮机可供参考工程实例很少，国外抽水蓄能电站绝大多数处于清水运行，其水库实测淤积率（年平均淤积量/总库容）均小于 1%。因含泥沙程度差别太大，目前尚不掌握含沙运行的抽水蓄能机组磨损实例，难以做工程类比。国内结合工程需要，曾采用现场沙筛分成接近真机过机泥沙颗粒级配，对真机可能选用的钢材进行圆盘磨损试验或者旋转喷射试验，根据试验成果建立了泥沙磨损估算公式，一般可表示为

$$\Delta H = K \cdot S^m W^n \cdot T$$

$$K = K_o \cdot K_s \cdot K_m \cdot K_r$$

式中　ΔH——磨损深度，mm；

S——过机含沙浓度，kg/m^3；

m——指数；

W——水流相对流速，m/s；

n——指数；

T——磨损时间，按小时计；

K——综合影响系数；

K_s——泥沙特性影响系数；

K_m——材质性能影响系数；

K_r——流速冲角影响系数；

K_o——除 K_s、K_m、K_r 以外的其他影响系数。

张河湾抽水蓄能电站在前期工作阶段未做这方面的试验，具体的预估磨损关系式未建立起来。随着机组定厂后，得到的机组叶片进出口最大相对流速推算值示于表 23-4-4。

表 23-4-4　　张河湾电站机组叶片进出口最大相对流速推算值

工况	水头范围（m）	部位	最大相对流速（m/s）
水泵工况	354～293	叶片进口	55.55
		叶片出口	51.52
水轮机工况	344～283	叶片进口	58.56
		叶片出口	64.2

注　转轮导叶材料的钢号为 A743Gr C A6NM。

张河湾抽水蓄能电站下水库泥沙问题的工作重点是：下水库拦沙、排沙、进/出水口的位置选择，

防沙的工程布置及措施，通过泥沙物理模型试验和电站下水库运行方式的研究，控制电站进/出水口过机泥沙特性，为机组提供正常的工作条件。

(1) 控制进/出水口泥沙的颗粒组成，将影响机组磨损的粒径控制在最小临界粒径 0.05mm 以下。

(2) 控制进/出水口含沙浓度，非汛期电站处于清水运行，汛期洪峰排沙期控制水库运行方式，调度电站抽水工况，力求与短暂的排沙期错峰运行。

(3) 确定机组大修周期，有些论点认为以水轮机最佳效率下降 2%进行大修为好。从目前国内机组运行情况看，一些磨损较严重的大中型水电站，如葛洲坝、刘家峡、盐锅峡等，正常的机组大修周期为 5 年左右。抽水蓄能电站在严格控制过机含沙量和颗粒级配的情况下，有待通过运行检验得出机组大修周期。

(四) 减少机组泥沙磨损的措施

1. 减少机组泥沙磨损的措施

(1) 下水库枢纽增加泄洪排沙设施。原张河湾水库作为抽水蓄能电站的下水库，其改建的主要目标如下：①下水库挡水、泄水建筑按 Ⅰ 级建筑物完建；②下水库增设保证抽水蓄能电站发电水位 471.0m 和发电调节库容 934 万 m^3，并使整个水库规模兼顾蓄能发电和灌溉供水要求；③加强拦、排沙工程措施，减缓水库淤积，正常情况下为下水库电站进/出水口长期提供清水工作条件。

为此，枢纽建筑物设置具有较大泄流能力的拦河坝，在拦河坝线上游约 2.2km 处设拦沙坝，并利用拦沙坝上游 200m 右岸垭口设泄洪排沙明渠将高含沙水流引到坝前；在拦河坝与拦沙坝之间的河道凹岸侧设电站进/出水口，如图 23-4-1 所示。

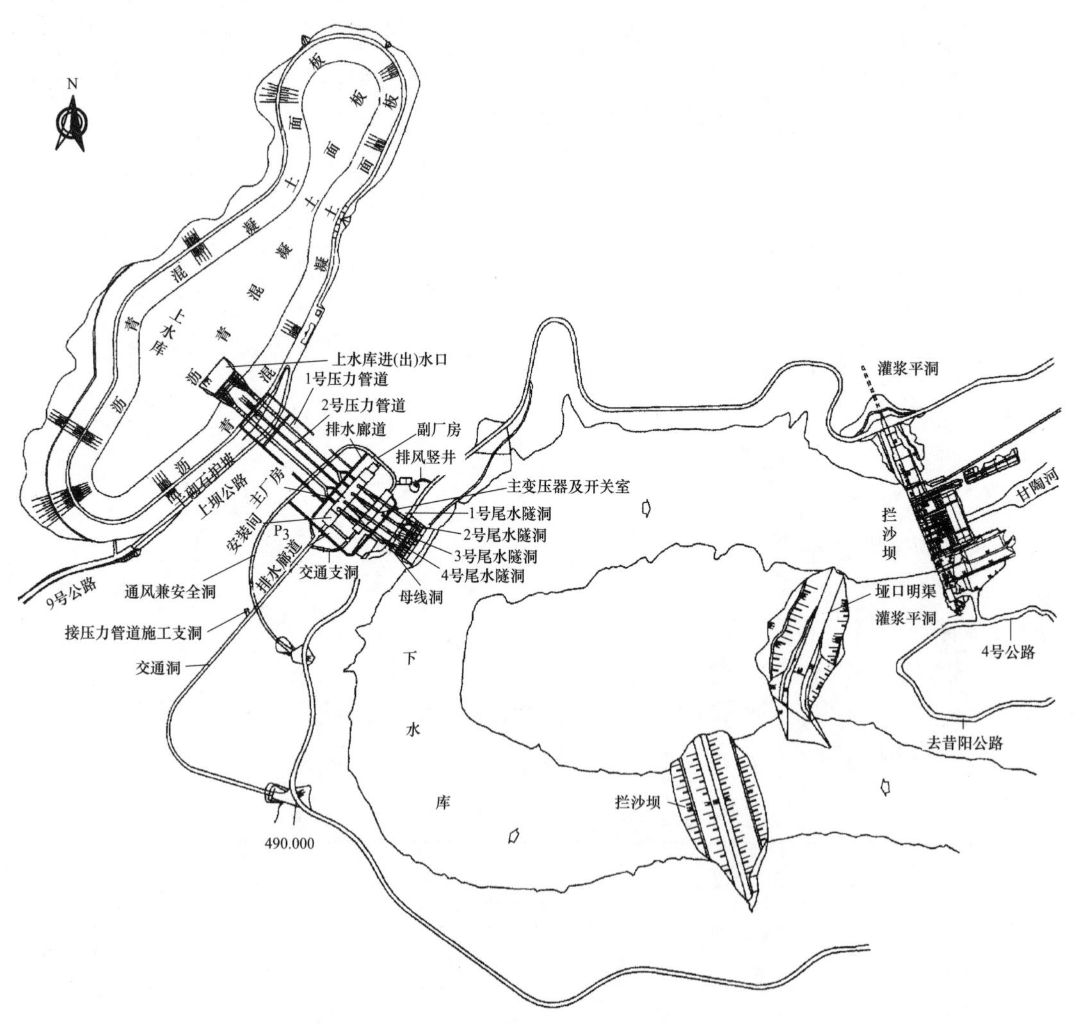

图 23-4-1　张河湾抽水蓄能电站枢纽总平面布置图

拦河坝自左至右依次布置左非溢流坝段、左泄水底孔坝段、左泄洪表孔坝段、泄水中孔坝段，右泄洪表孔坝段、右泄水底孔坝段、右非溢流坝段等。泄洪中孔坝段位于河床中间，布置 4—7.5m×8.5m（孔数—宽×高）的中孔，槛底高程 460.5m（低于库死水位 464.5m）。已建的冲沙底孔仍保留，并进行适当改造，该底孔布置在 6 号中孔坝段中墩下，孔口尺寸为 1.60m×1.60m，进口底高程 431.65m。泄洪表孔分别布置在中孔坝段两侧的 5、8 号坝段，共 4 孔，闸口尺寸均为 10.5m×8.5m（宽×高），堰顶高程 480.5m，用于宣泄超过 100 年一遇洪水。泄水底孔分别布置在泄洪表孔两侧的 4、9 号坝段，共设两孔，泄水底孔孔口尺寸为 4.5m×4.5m，进口底高程 436.15m。水库在死水位 464.0m 时，泄洪中孔泄流量为 $295m^3/s$，泄洪底孔泄流量 $803m^3/s$，合计泄流能力达 $1198m^3/s$。

拦沙坝坝顶高程 481m，比汛限水位 480.5m 高 0.5m。垭口泄洪排沙明渠进口底高程 450m，底宽 30m，梯形断面，边坡 1∶1，汛期可宣泄 100 年一遇洪水，拦沙坝坝顶百年一遇洪水不过流，避免泥沙通过抽水蓄能电站进/出水口所在河段，从而控制进/出水口附近淤沙高程、过机含沙量及过机泥沙粒径，有利于抽水蓄能电站的运行。

（2）下水库排沙减淤的运行方式。非汛期下水库来水基本为清水，水库运行按电网要求调度运行。进入汛期，水库按汛限水位运行，尽量在清水时段及时抽满上水库。汛期得到入库洪峰预报，开启泄流底孔和泄洪中孔，库水位下降至死水位附近运行；洪峰过后，水位回蓄到汛限水位；汛末逐渐回蓄到正常蓄水位。百年一遇洪水以下，上游拦沙坝拦沙拦水，坝顶不过水，水库以排浑蓄清方式运行。排浑时段，力求电站错峰向上水库抽水，减少含沙水流的过机时间。

（3）改进水泵水轮机组抗磨能力。水泵水轮机组制造厂对机组空蚀和泥沙磨损提出如下保证：自商业运行之日算起，水泵运行 3000h（不包括起动、停机过程、空载运行和在空气中旋转时间）或投入商业运行 2 年，二者以先到为准，水泵水轮机转轮及过流部件（导叶、顶盖、泄流环/底环、尾水管）允许金属因空蚀磨损作用失重不超过 6kg；转轮及过流部件任何空蚀磨损面积上允许最大剥落深度不应超过 5mm（从母材的原始表面量起）。

2. 过机泥沙研究

张河湾抽水蓄能电站下水库进行了泥沙物理模型试验，以获得电站进/出水口过机含沙量及颗粒级配资料。试验采用全沙模型，模型比尺为 $\lambda_L=200$，$\lambda_H=50$，变率为 4，用电木粉做轻型沙。

张河湾抽水蓄能电站下水库进/出水口含沙浓度，主要取决于汛期大水大沙年份水库降水冲沙时段异重流的扩散作用。通过试验，模拟 1963 年洪水入库洪峰 $2070m^3/s$，入库含沙量 $20.15kg/m^3$ 的情况，测得进/出水口过机含沙量为 $0.97kg/m^3$；模拟 1971 年洪水入库洪峰 $89.8m^3/s$，入库含沙量 $40.55kg/m^3$，测得进/出水口过机含沙量为 $0.16kg/m^3$；模拟 1966 年洪水入库洪峰 $100m^3/s$，入库含沙量 $18.26kg/m^3$ 的情况，测得进/出水口过机含沙量 $0.29kg/m^3$。

总的看来，最大过机含沙量出现的概率很少，历时短，但含沙浓度仍偏高。预计运行 60 年不同含沙量过机天数见表 23-4-5。预计过机含沙量级配见表 23-4-6，粒径小于 0.05mm 的泥沙占 92%，粒径在 0.1～0.05mm 的泥沙仅占过机含沙量的 8%。过机泥沙粒径较细，小于最小临界粒径的泥沙比重较大。

表 23-4-5　　预计张河湾抽水蓄能电站 60 年不同含沙量过机天数统计表

过机含沙量（kg/m^3）	3.3	3.0	2.5	2.0	1.5	1.0	0.5	0.2	0.1
大于某级含沙量过机天数（天）	3	3	4	4	6	8	12	19	65

表 23-4-6　　预计张河湾抽水蓄能电站过机含沙量级配表

粒径（mm）	0.1	0.05	0.025	0.06	0.002
小于某粒径百分数（%）	100	92	80	64	50

3. 预计效果

（1）基于缺乏国内外在含沙水流中水泵水轮机组磨损方面可借鉴的经验，解决张河湾抽水蓄能电站下水库泥沙问题以加强下水库枢纽排沙减淤保进口的工程措施为主，加大中孔、底孔的泄洪能力，使电站进/出水口附近的淤积高程控制在 451.5m 以下；过机含沙量颗粒级配中最小临界粒径 0.05mm 以下占 92%。0.05～0.1mm 的粒径仅占 8%；预计 60 年中过机含沙量大于 $1.0kg/m^3$ 有 8 天，大于 $0.1kg/m^3$ 有 65 天，大大减少含沙水流的过机天数。

(2) 甘陶河的水沙特性属大水大沙，汛期洪峰到来时水库应以排浑蓄清方式运行，电站的抽水工况与下水库排浑时段错峰运行。大洪峰出现概率很小，历时较短，为了减小泥沙对机组的磨损，短期调整机组运行方式是合理的。

(五) 机组运行磨损情况

张河湾抽水蓄能电站自 2008 年首台机组投产至今已运行 14 年，经历了 2016 年 7 月 19 日坝址上游局地 24h 降雨达到百年一遇、入库洪峰流量超 20 年一遇的洪水，投产运行以来除了由于本次洪水机组起动水泵工况运行，造成机组技术供水系统的滤水设备及冷却水系统的密封装置等被泥沙堵塞，除处理上述问题，影响机组运行 20 天左右外，其他时间均正常运行。从运行检查、检修情况来看，水泵水轮机组过流部件因泥沙问题带来的磨损微弱。

二、呼和浩特抽水蓄能电站下水库拦排沙工程方案

(一) 工程概况

呼和浩特抽水蓄能电站位于呼和浩特市东北部的大青山区，装机容量 1200MW，装机 4 台，单机容量 300MW，机组额定发电额定水头为 521m。

下水库位于哈拉沁沟，设置拦沙坝将下水库分隔为拦沙库和蓄能专用下水库。拦沙库正常补水水位为 1400m，冬季最高水位 1398m，汛期负责拦洪排沙，非汛期上游哈拉沁水库下泄水流先进入拦沙库沉清后再补入蓄能专用下水库。

蓄能专用下水库专职发电，由拦沙坝和拦河坝围筑而成，左岸布置泄洪排沙洞和下游生态补水设施及进/出水口。下水库校核洪水位 1400.38m，设计洪水位 1400.29m，正常蓄水位 1400m，死水位 1355m，最大工作水深 45m。正常蓄水位以下库容 698.29 万 m^3，其中调节库容 628.73 万 m^3，死库容 69.56 万 m^3。

(二) 泥沙概况

哈拉沁沟属多沙河流，含沙量较大，泥沙主要来自汛期的几场洪水。上游已建的哈拉沁水库流域面积 621km^2，多年平均悬移质沙量为 53.2 万 t，水库拦蓄了大部分泥沙，但发生洪水时，水库开闸泄流排洪排沙，排沙量约 2.66 万 t。哈拉沁水库坝下～蓄能专用下水库拦河坝区间面积 8km^2，区间悬移质输沙量为 0.63 万 t。拦河坝处推移质取区间悬移质输沙量的 20%，为 0.126 万 t。故呼和浩特抽水蓄能电站下水库坝址处全沙（含悬移质和推移质）量为 3.42 万 t。

汛期当哈拉沁水库泄洪时，呼和浩特抽水蓄能电站下水库区入库泥沙来自哈拉沁水库下泄泥沙和区间来沙，悬移质平均含沙量为 15.3kg/m^3；哈拉沁水库不泄洪时，区间悬移质含沙量为 24.2kg/m^3；非汛期时下水库区入库悬移质含沙量较少。悬移质泥沙的中值粒径为 0.013mm，平均粒径 0.04mm，级配见表 23-4-7；河床质泥沙中值粒径为 2.6mm，级配见表 23-4-8。悬移质泥沙矿物分析表明，硬矿物以石英和长石为主，约占硬矿物总量的 90%，泥沙硬度大都在莫氏 6 度以上。硬矿物形状有圆、棱、尖三种，棱状矿物含量较多，占 78.5%左右。

表 23-4-7 悬移质泥沙颗粒级配

粒径 (mm)	0.005	0.01	0.025	0.05	0.10	0.25	0.50	1.0
小于该粒径沙重百分比 (%)	35.3	44.8	63.2	75.8	85.1	99.2	99.7	100

表 23-4-8 河床质泥沙颗粒级配

粒径 (mm)	0.05	0.10	0.25	1.0	5.0	20	60	200
小于该粒径沙重百分比 (%)	0.3	2.3	9.5	36.5	59.0	78.7	93.3	100

(三) 拦沙坝设置必要性

根据泥沙分析，如不设拦沙坝，可利用拦河坝至哈拉沁水库坝址间约 2.6km 的天然河道作为呼和浩特下水库。根据下水库区地形地质条件和电站调节库容要求，确定正常蓄水位 1403m，建成库容 787 万 m^3，淤积 50 年后为 727 万 m^3；死水位 1370m，建成死库容 38.2 万 m^3，淤积 50 年后为 28.8 万 m^3；进/出水口处泥沙淤积高程为 1364.7m，拦河坝前为 1357.2m，调节库容为 698.2 万 m^3。

考虑哈拉沁水库对洪水的调蓄作用，拦河坝处洪水由哈拉沁水库下泄洪水过程和区间洪水叠加组

成。流域发生500、2000年一遇洪水时，哈拉沁水库泄量分别为402m³/s和412m³/s，加上区间同频率的洪水，则拦河坝处洪峰流量分别为657m³/s和744m³/s。

为减少过机泥沙对机组的磨损，下水库宜采用“蓄清排浑”的运行方式，结合水情预报，尽量与哈拉沁水库同步运行。哈拉沁水库建成后44年中有6年发生弃水，总弃水天数约41天，最多一年为17天。经分析汛期哈拉沁水库泄洪时过机含沙量1.46～1.96kg/m³，不泄洪时约0.4kg/m³；非汛期约0.1kg/m³。抽水蓄能机组转轮进口直径4.1m，水泵工况过流部件最大线速度在止漏环处约80m/s、转轮进出口处约60m/s。根据日本野崎次男的方法和板桥峪抽水蓄能电站水泵水轮机磨损试验的公式，预估呼和浩特抽水蓄能电站转轮大修周期为1.5～3年，相当于常年有0.2kg/m³左右的泥沙过机，与黄河上高扬程水泵受损害程度相当，此类大修2～3次就需更换转轮。高水头水泵水轮机的水泵工况空蚀问题较为突出，如出现空蚀与泥沙磨损联合作用，磨蚀破坏程度更为严重。

呼和浩特下水库若不设拦沙坝，常年有相当于0.2kg/m³的泥沙过机，过机泥沙的粒径、硬度及形状不好，且水头及扬程高，水泵水轮机的泥沙磨蚀将比已建成的常规水电站或泵站严重，即使转轮采取抗磨损措施也不能根除泥沙磨损的危害，水泵水轮机运行1.5～3年就要大修。为此设置拦沙坝是十分必要的，将下水库分隔为拦沙库和蓄能专用下水库是合适的。

（四）拦排沙系统布置

呼和浩特抽水蓄能电站下水库由拦河坝和拦沙坝围筑形成，拦河坝位于大西沟沟口上游约480m，拦沙坝位于拦河坝上游约740m，泄洪排沙洞及下水库进/出水口布置在左岸，按照2000年一遇校核洪水不入蓄能专用下水库设计，工程布置如图23-4-2所示。拦沙坝和拦河坝均采用碾压混凝土重力坝，左岸泄洪排沙洞采用有压短管进口接明流泄洪隧洞的型式。为满足下水库补水的要求，在拦沙坝上设置自流补水钢管。

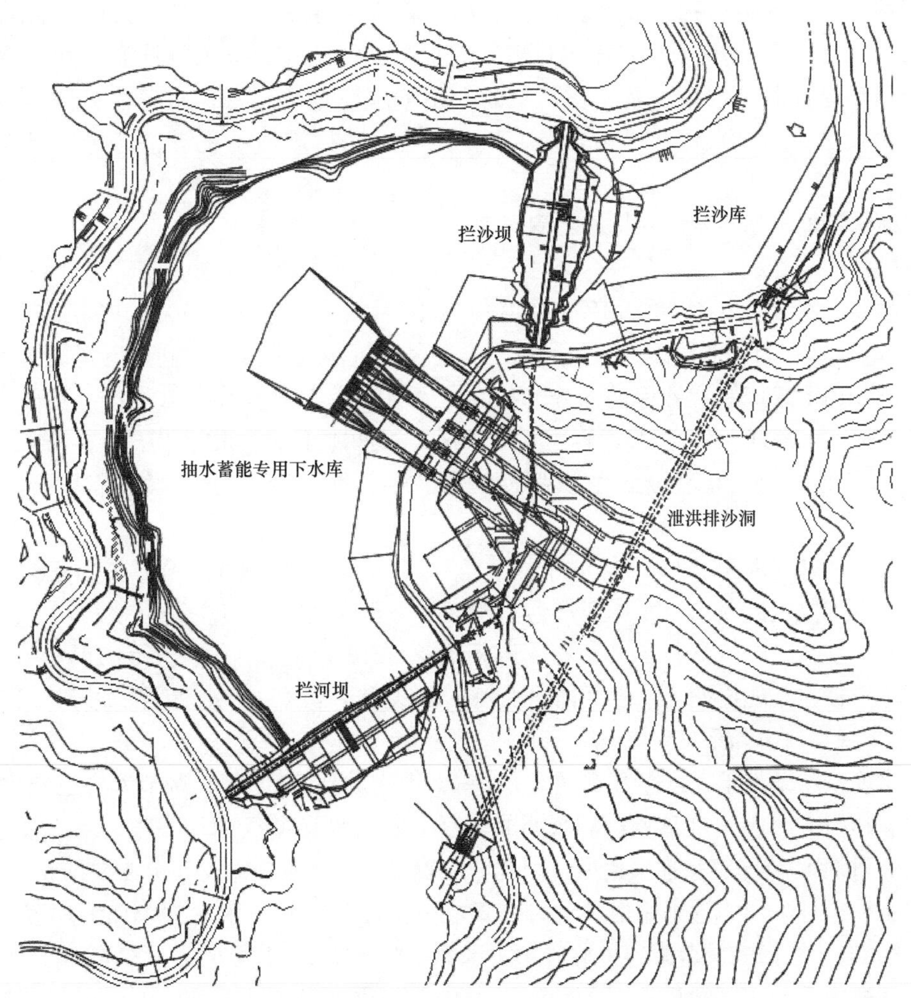

图23-4-2 呼和浩特抽水蓄能电站下水库工程平面布置图

1. 拦沙库布置

拦沙库工程包括拦沙坝和泄洪排沙洞等，泄洪排沙洞布置在左岸，出口位于拦河坝下游。拦沙库汛期负责拦洪排沙，使上游洪水和泥沙不直接进入蓄能专用下水库，回水应不淹上游哈拉沁水库砂壤土厚斜墙砂砾石坝坝脚，确定拦沙库校核洪水位为1400m，淤积50年后库容313万m^3。非汛期作为电站初期充水和正常运行期补水的蓄水库，正常补水水位1400m。

2. 拦沙坝设计

拦沙坝为碾压混凝土重力坝，坝顶高程为1401m，坝顶宽6m，最大坝高58m。上、下游坝坡根据双向挡水要求确定为1∶0.5，起坡点高程1395m。坝顶长200m，共12个坝段，横缝间距岸坡坝段为14m，河床坝段为18m。拦沙坝采用金包银方式修筑，坝体内部混凝土采用三级配碾压混凝土C_{90}15W4F100；坝体外部上游高程1372m以下、下游高程1354m以下采用厚2m常态混凝土C_{90}25W8F150，其余部位采用厚2m常态混凝土C_{90}25W8F300。

3. 泄洪排沙洞布置

在拦沙库左岸山体内布置一条泄洪排沙洞，利用河道凸曲段洞线裁弯取直，进口位于拦沙坝上游约210m处，出口位于拦河坝下游约140m处，具有放空拦沙库及泄洪拉沙功能，汛期处于敞泄状态，拦沙库内的洪水和泥沙通过泄洪排沙洞排往下游，施工期兼作导流洞。泄洪排沙洞按宣泄拦沙坝坝址处2000年一遇洪水设计，其洪峰流量为737m^3/s，消能防冲设计洪水标准为100年一遇。

泄洪排沙洞采用短有压进口后接无压隧洞型式，包括引水渠、进水塔、无压洞身、水平出口段、挑流鼻坎、护坦和出水渠。进口设一道7.0m×9.0m事故平板闸门和一道7m×8m弧形工作闸门，洞身长525m，底坡4.14%，洞断面尺寸为7m×(9.5～8.5) m，出口高程为1358m，采用挑流消能。

（五）拦排沙系统运行效果

呼和浩特抽水蓄能电站第一台机组于2014年11月投入运行，2015年7月四台机组全部投入商业运行。2022年5月电站进行了拦沙库淤积情况的水下探测工作，泄洪排沙洞进水口泥沙淤积程度较小，不影响泄洪排沙洞进水口正常工作；蓄能专用下水库运行正常，水库常年保持清水状态，机组未见泥沙磨损现象。综合来看，呼和浩特抽水蓄能电站的拦排沙工程设施运行情况良好，拦排沙措施有效。

三、丰宁抽水蓄能电站下水库拦排沙工程方案

（一）工程概况

丰宁抽水蓄能电站装机容量3600MW，安装机组12台可逆式水泵水轮机，单机容量300MW，额定水头425m，电站具有周调节性能。下水库位于永利村附近滦河干流上，利用已建成的丰宁水库改建而成，包括蓄能专用下水库和拦沙库两部分。蓄能专用下水库正常蓄水位1061m，死水位1042m，正常蓄水位以下库容6448万m^3，调节库容4513万m^3；拦沙库正常蓄水位以下库容1373万m^3。拦沙库主要建筑物包括拦沙坝、溢洪道、泄洪排沙洞等，拦沙坝为复合土工膜心墙堆石坝，最大坝高23.5m。

原有的丰宁水电站建成于2001年，水库总库容7199万m^3，装机20MW，为引水式发电。由于上游地区沙化严重，加之上游西山湾水库建成后，改变了下游河道的水沙关系，使得丰宁水库现状条件下泥沙淤积严重。到2006年，丰宁水库死库容损失20.2%，总库容损失率为19%，调节库容损失18%。因此，丰宁抽水蓄能电站下水库拦排沙工程布置设计成为电站工程设计的关键技术问题之一。

（二）下水库拦排沙工程方案

已建丰宁水库现状条件下泥沙淤积严重，从2001年建成到2006年，调节库容已损失18%，如果采取现在的水库运行方式，30年后水库剩余调节库容将为原调节库容的19.3%，调节库容损失将达到80.7%，40年后水库调节库容将损失殆尽。因此，设置拦排沙工程措施是十分必要的。

在原丰宁水库条件下，无论采用何种运行方式，由于泥沙淤积，水库剩余调节库容都不能满足抽水蓄能电站运行50年所需的调节库容。通过丰宁水库1996～2008年间6次库区泥沙淤积断面测量成果分析计算，水库多年平均入库沙量为171万m^3，其中悬移质入库沙量为166万m^3，推移质入库沙量约为5万m^3，经分析丰宁坝址多年平均悬移质含沙量为9.43kg/m^3。泥沙主要集中在汛期，根据丰宁专

用水文站监测成果，全年的沙量主要集中在西山湾—丰宁区间的洪水期，泥沙变化过程与流量变化过程完全一致，大水大沙，小水小沙。因此，水库应在汛期排沙、非汛期蓄水，即采用“蓄清排浑”运行方式。

为保证抽水蓄能电站的正常运行，解决下水库的泥沙问题，结合库区地形条件，利用滦河河道的弯段，在原丰宁水库库尾设置拦沙坝，将水库分成拦沙库和蓄能专用下水库两部分；在拦沙坝右岸布置泄洪排沙洞，汛期用于泄洪排沙兼做拦沙库放空洞，由拦沙坝和泄洪排沙洞共同组成下水库拦排沙系统。由于泄洪排沙洞的泄洪能力有限，遭遇大洪水时无法全部下泄洪水，故在拦沙坝左岸布置了与蓄能专用下水库联通的拦沙库溢洪道，在遇到大洪水时，部分洪水进入蓄能专用下水库，通过下游拦河坝处的溢洪道和泄洪放空洞泄放到下游河道。拦沙库在非汛期可蓄水，并可通过拦沙库溢洪道向蓄能专用下水库补水。丰宁抽水蓄能电站下水库拦排沙工程布置如图 23-4-3 所示。

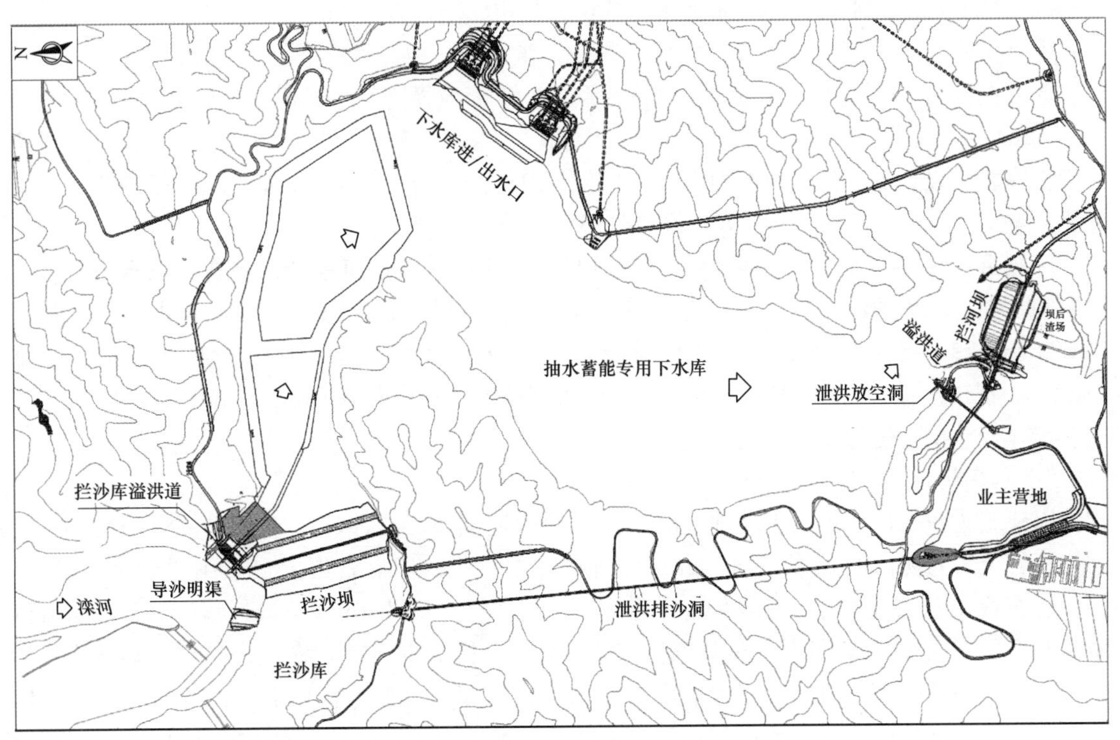

图 23-4-3 丰宁抽水蓄能电站下水库拦排沙工程布置图

（三）下水库泄洪排沙建筑物规模及运行方式

1. 下水库泄洪排沙建筑物组成

丰宁抽水蓄能电站为一等工程，下水库洪水标准采用 200 年一遇设计、2000 年一遇校核，相应洪峰流量分别为 $669m^3/s$ 和 $1200m^3/s$。

拦沙库的泄洪建筑物由泄洪排沙洞和溢洪道组成，其联合泄洪能力应满足完全下泄设计洪水和校核洪水的要求。有条件时，泄洪排沙洞的泄洪能力可选大一些，尽量减少洪水进入蓄能专用库的频次，以减少对抽水蓄能电站运行的影响。由于泄洪排沙洞洞线较长，拦沙库水位抬高对库区上游淹没也会增大，因此泄洪排沙洞规模通过技术经济综合比较确定。

蓄能专用库的泄洪建筑物由拦河坝处的溢洪道和泄洪放空洞组成，其联合泄洪能力应保证能及时下泄由拦沙库溢洪道进入蓄能专用库的洪水，并考虑与机组发电流量叠加的影响，避免入库洪水侵占发电调节库容，影响抽水蓄能电站正常发电。

2. 泄洪排沙洞规模

根据拦沙库条件和洪水流量，泄洪排沙洞规模拟定了两个方案进行比较。方案一是拦沙库正常蓄水位时，泄洪排沙洞的泄洪规模可保证低于 30 年一遇洪水不进入蓄能专用库；方案二是拦沙库正常蓄水位时，泄洪排沙洞的泄洪规模可保证低于 50 年一遇洪水不进入蓄能专用库。

两个方案泄洪建筑物布置格局相同，方案二需增加泄洪排沙洞洞径或抬高拦沙库水位，工程量较大，投资较方案一增加717万元。考虑两个方案均能满足电站运行要求，故选择方案一。

3. 泄洪排沙建筑物运行方式

（1）上游来水不大于30年一遇洪水时，所有洪水全部通过拦沙库的泄洪排沙洞下泄，洪水不进入蓄能专用库。

（2）上游来水超过30年一遇洪水时，拦沙库的泄洪排沙洞敞泄，多出的洪水经拦沙库的溢洪道进入蓄能专用库，由蓄能专用库的泄洪放空洞泄放到下游河道。

（3）上游来水不超过200年一遇的设计洪水时，进入蓄能专用库的洪水由泄洪放空洞及时全部下泄，不占用抽水蓄能电站发电调节库。根据洪水调节成果，若洪峰流量达到200年一遇洪水669m^3/s，进入蓄能专用库的洪水流量为405.4m^3/s，仍小于蓄能专用库泄洪放空洞在死水位1042m时的下泄能力408.8m^3/s，即进入蓄能专用库的洪水可及时下泄，不侵占蓄能专用库的调节库容，库内不滞留洪水，不抬高蓄能专用库的水位，不影响抽水蓄能电站发电。

（4）设计洪水工况。下水库遭遇200年一遇设计洪水时，洪水由拦沙库的泄洪排沙洞与蓄能专用库的泄洪放空洞联合下泄到下游河道。泄洪排沙洞最大下泄流量为261.6m^3/s，泄洪放空洞最大下泄流量为430.66m^3/s，泄洪总流量为692m^3/s，满足下泄200年一遇设计洪水669m^3/s要求。经洪水调节计算，拦沙库相应设计洪水位为1062.01m；蓄能专用库考虑可能在不同的发电水位遭遇洪水，并与电站发电流量叠加，经调洪演算，设计洪水位为1061m，与正常蓄水位相同。

（5）校核洪水工况。下水库遭遇2000年一遇校核洪水时，电站机组全部停机，洪水由拦沙库的泄洪排沙洞和蓄能专用库的泄洪放空洞、溢洪道联合下泄到下游河道。其中拦沙库泄洪排沙洞最大下泄流量为269.1m^3/s；蓄能专用库泄洪放空洞最大下泄流量为608.32m^3/s，溢洪道最大下泄流量为176.78m^3/s，泄洪总流量为1054.2m^3/s。经洪水调节计算，相应拦沙库校核洪水位为1064.03m、蓄能专用下水库校核洪水位为1063.54m。

（四）下水库拦排沙建筑物布置

拦沙库建筑物包括拦沙坝、泄洪排沙洞以及拦沙库溢洪道。拦沙库正常蓄水位为1061m。拦沙坝坝型采用复合土工膜防渗心墙堆石坝，坝基坐落在冲积洪积砂卵砾石层上，采用混凝土防渗墙防渗。泄洪排沙洞布置在右岸山体内，采用有压短管进口型式，孔口尺寸4m×4.5m（宽×高），明流洞断面采用城门洞型，断面尺寸为5m×6.5m（宽×高），隧洞全长1966m，底坡为0.0124。拦沙库溢洪道布置在拦沙坝左岸山梁处，连通拦沙库和抽水蓄能电站专用库，堰型为宽顶堰，设置六孔，其中四孔堰顶高程1061m，每孔宽15m，为无闸门控制自由溢流，另外两孔为满足下水库补水及初期蓄水的要求，堰顶高程采用1056m，因双向挡水需要，每孔设置两道闸门，闸门尺寸为7.5m×5m（宽×高），当需要补水时，开启闸门，补水自流至抽水蓄能电站下水库。拦沙库泄洪排沙洞和溢洪道联合运行可下泄2000年一遇的校核洪水。

为提高排沙效果，利用垭口地形，在拦沙坝上游左岸山梁处设置一宽30m的导沙明渠，渠底高程与上游河床齐平，河道上游来水可通过明渠直接正对泄洪排沙洞进口，改善排沙效果。

（五）拦排沙系统运行效果

丰宁抽水蓄能电站下水库于2020年11月正式蓄水，上水库于2021年5月正式蓄水，2021年12月首批两台机组投产发电，2022年又有五台机组投产发电。2022年汛期，拦沙库内水体浑浊，呈泥黄色，泥沙含量很高；蓄能专用库内水体清澈，呈天蓝色，碧波荡漾。拦排沙系统效果显著，达到预期目的。

第五节 输水发电建筑物

一、竖井式进出水口在西龙池抽水蓄能电站上水库中的应用

（一）工程概况

西龙池抽水蓄能电站装机容量1200MW，装机4台，单机容量300MW。输水系统包括上水库进/

出水口，引水系统、尾水系统及下水库进/出水口等。上水库进/出水口采用设盖板的竖井式进/出水口，两个进/出水口平行布置，中心距 50m。

竖井式进/出水口布置简单，对地形地质条件的适应性高，在国内外大中型常规和抽水蓄能电站地下埋管中得到了应用。竖井式进/出水口主要围绕减小进/出流时的水头损失和水流对设施及设备的运行影响，重点关注出流时各孔口的流量分配、出口竖向流速分布和负流速范围、进流时的有害漩涡。

（二）上水库进出水口型式选择

西龙池输水系统沿线地形陡缓相间，冲沟较发育，高差大。上水库进/出水口地面高程 1500m 左右，上平段沿线地面高程为 1530m 左右。上水库进/出水口位于库底西南角，地质构造不发育，围岩稳定条件比较好，是布置进/出水口的理想位置。岩层为上马家沟组地层，其中 O_{2S}^{2-2}、O_{2S}^{2-4}、O_{2S}^{2-6} 地层主要为岩性较软的白云岩，并且发育有软弱夹层，如果采用一般的侧式进/出水口，引水上平段上覆岩石厚度只有 15m 左右，有 70m 左右长的有压隧洞段不能满足上覆岩体厚度的要求，且输水系统立面布置比较复杂；引水上平段正好处于坝基范围，而且进/出口底板位于 O_{2S}^{2-4} 岩层，进/出水口和引水隧洞上面覆盖的是坝体，容易引起坝体的不均匀沉陷，对坝上游防渗面板安全及隧洞围岩稳定不利。采用竖井式进/出水口，井底高程为 1414.12m，位于 O_{2S}^{2-1} 层下部，可使上平段避开 O_{2S}^{2-4}，增加覆盖厚度，且竖井式进/出水口在平面和立面上都不会对坝体的正常工作产生不利影响。

综合考虑输水系统和上水库的总体布置及上水库进/出水口及引水上平段地形地质条件，选用竖井式进/出水口。西龙池抽水蓄能电站输水系统纵剖面见图 7-4-2。

（三）进出水口体型优化

1. 进/出水口水力学要求

竖井式进出水口对水力学要求如下：

（1）在水流进出时水头损失小。

（2）进流时水流由孔口四周均匀进入流道，各孔口流量相差不大于 10%；在不同水位时流量分配均匀，无有害吸气漩涡。

（3）出流时孔口水流均匀扩散，各孔口流量相差宜不大于 10%；出口流速在各孔口均匀分布，各孔口流速不均匀系数（过栅最大流速与过栅平均流速的比值）宜小于 1.6。

（4）在孔口范围内没有负流速存在或负流速区范围控制在最小。

2. 上水库进/出水口水力数值分析

通过可行性研究设计阶段的模型试验分析，盖板竖井式进/出水口出流时的水力学问题，特别是出流时各孔口流量分配不均匀是竖井式进/出水口的难点问题，比较难以解决。为对这一问题进行深入研究，在招标设计阶段首先对上水库进/出水口采用 k-ε 紊流模型抽水出流工况进行了数值模拟分析，为物理模型试验和体型优化提出方向。西龙池抽水蓄能电站上水库竖井式进/出水口体形示意图如图 23-5-1 所示。

上水库水力数值模拟计算主要结论如下：

（1）利用二维 k-ε 紊流数学模型对西龙池上水库盖板竖井式进/出水口抽水工况出流均匀性进行了研究。数值计算结果表明，弯道段对孔口出流的流量分配起决定作用，弯道Ⅱ体型的各孔口出流流量分配较均匀。

（2）利用三维 k-ε 紊流数学模型对抽水出流工况进行了数值模拟，重点研究了抽水工况出流时竖井扩散段、孔口附近的流动特性，探讨了孔口底板处反向流速的成因。

1）抽水工况下，竖井扩散段内发生了流动分离，孔口底板附近形成了反向流速，出口跌坎处形成了旋滚。当单机抽水时，孔口底板处的反向流速约为 0.1m/s，反向流速区高度为 0.5m，占孔口高度的比值为 0.143，孔口最大正向流速 0.6m。当双机抽水时，孔口底板处的反向流速约为 0.2m/s，反向流速区高度为 0.45m，占孔口高度的比值为 0.129，孔口最大正向流速 1.14m/s。

2）设计方案抽水工况孔口流速分布计算值与实测值的比较结果表明，其流速分布趋势、数值大小及反向流速区域基本符合，说明三维数值计算能较好地模拟实际情况。

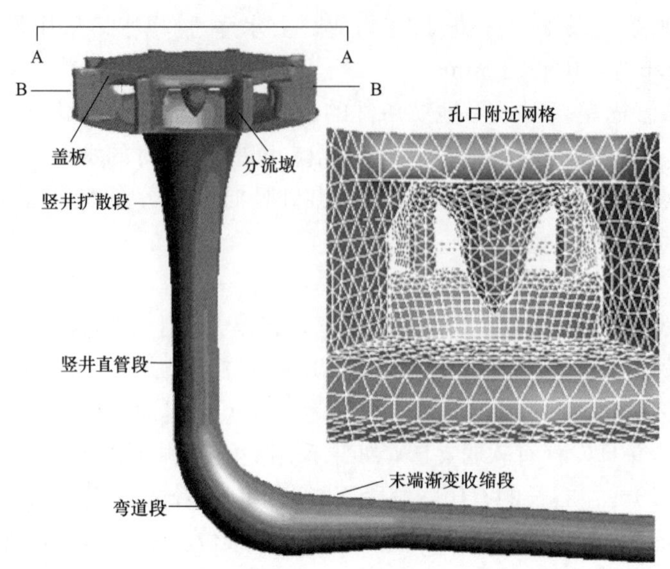

图 23-5-1 西龙池抽水蓄能电站上水库竖井式进/出水口体形示意图

3）在设计方案体型的基础上，数值计算模拟了 9 种修改体型的抽水工况，并进行了分析比较。结果表明，孔口底板附近反向流速的产生是竖井扩散段水流分离、水流自竖向运动转向水平运动时脱壁及沿孔口流动的横向扩散综合作用或单独作用的结果。

4）降低孔口高度和减小孔口宽度的横向扩散，均能对消除孔口底板附近的反向流速起到很好的效果；改变竖井扩散段曲线和降低孔口高度，能消除竖井扩散段内流动分离。

3. 上水库进/出水口水工模型试验

在可行性研究、招标和施工详图设计阶段，对上水库进/出水口进行了水工模型试验研究，根据各阶段进/出水口体型布置，进行了各种可能运行工况下的进/出水口流速分布、水头损失、各孔口流量分配、漩涡与环流的水工模型试验，根据各个阶段的试验结果，对上水库进/出水口体型进行了设计优化和试验验证。

可行性研究阶段模型试验在验证基本体形合理性的基础上，重点研究影响孔口负流速的体形因素，通过降低孔口负流速区的范围来优化体形，主要调整了进口段和竖直扩散段的体形。招标阶段模型试验以可行性研究阶段推荐体形为基础，在维持孔口负流速范围不扩大的基础上，以各孔口在进出流时的流量分配基本均衡为目标，主要对弯道段进行了优化，研究弯段体形对进/出水口的影响。施工详图阶段模型试验主要考虑弯管段施工的方便，对弯管体形进行了调整，在满足弯段扩大率要求的同时，体形采用圆心在同一弧线的圆形断面体形，同时结合初步的数值模拟分析，降低孔口高度。

通过上水库进/出水口水工模型试验结果和数值分析结果，为改善出口流速分布，将孔口高度由 3.5m 调整为 3m。

（四）上水库竖井式进/出水口体型设计

1. 上水库竖井式进/出水口体型

西龙池抽水蓄能电站上水库进/出水口由盖板、水平扩散段、垂直喇叭口扩散段、垂直整流段、弯管段、渐变段等组成。各段布置及结构体型如图 23-5-2 所示，从上至下分述如下：

进/出水口水平扩散段设有盖板、8 个分流墩和拦污栅，盖板平面体型为半径 8.5m 圆的外切正八边形，与八个分流墩相连。盖板中心与竖井中心重合，盖板厚度 1m，盖板底面设一底部直径 6.3m、高 4.22m 的钢筋混凝土分流锥体。分流墩宽 1.2m，首尾墩头均为半圆形。每个水平扩散段末端设置 1 扇固定倾斜式拦污栅，共计 8 扇，拦污栅倾斜坡度为 1∶0.31。8 个水平扩散段平面上对称布置，扩散段末端孔口尺寸为高 3.0m、宽 6.9m。

自高程 1438m 至水平扩散段底板 1460m 为垂直喇叭口扩散段，其过流断面外缘为 1/4 椭圆曲线，椭圆长半轴为 22m，短半轴为 5.65m，经这一曲线将直径 5.2m 的垂直整流段扩散成为直径 14.8m 的

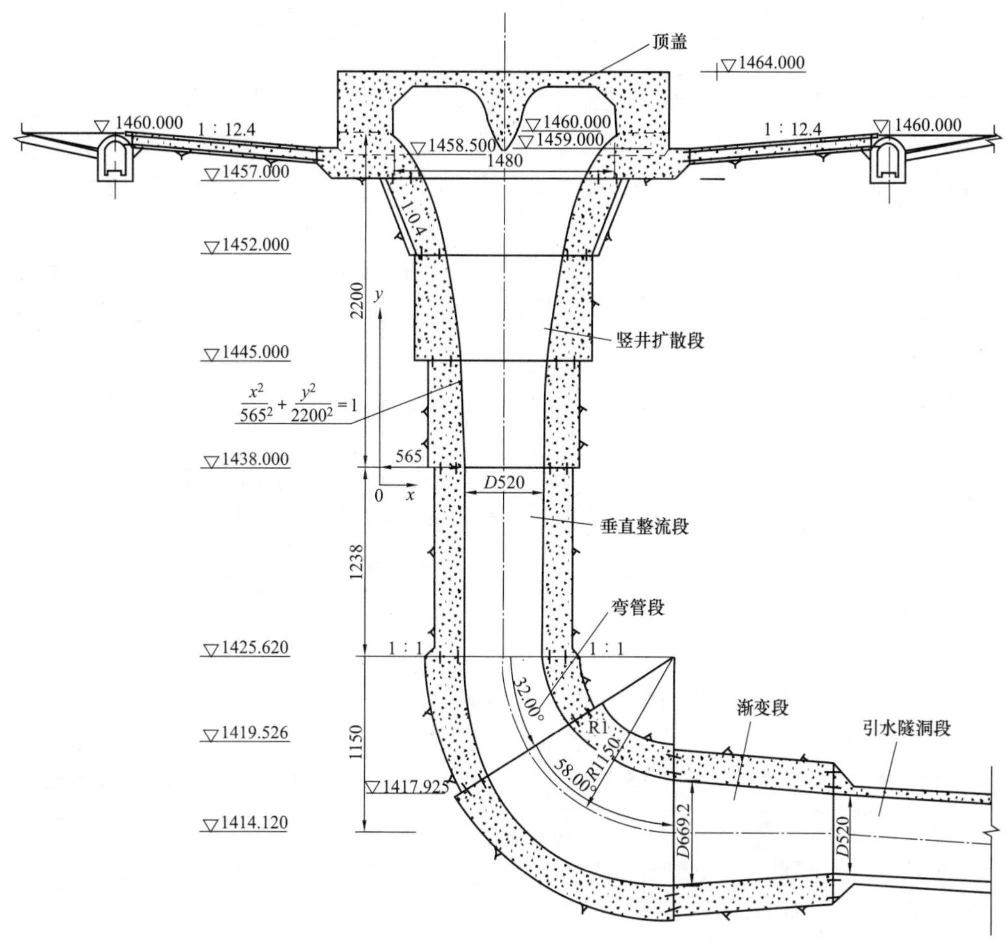

图 23-5-2　西龙池抽水蓄能电站上水库进/出水口体型纵剖面图

大喇叭口，与水平扩散段相连。

垂直整流段长 12.38m，高程范围为 1425.62～1438m，横断面直径为 5.2m，其作用是调整抽水时弯管出水的流态，使出水口水流分布均匀。

弯管段为一异形弯曲管段，其轴线转弯半径为 11.5m，轴线转角为 90°。弯管段沿转弯半径的每个半径方向断面均为圆形，断面直径沿发电水流方向由 5.2m 渐变至 7.5m 再渐变至 6.89m，与渐变段相接。

渐变段为圆形渐变，沿发电水流方向由内径 6.9m 渐缩为 5.2m，与引水隧洞上平段相接。

进/出水口扩散段外布置一面积约 5600m^2 的钢筋混凝土梯形区域，在其外缘布置排水廊道，作为钢筋混凝土底板与沥青混凝土底板间过渡措施。为便于放空排水，在底板设有 1∶12.4 的底坡，倾向进/出水口中心。上水库进/出水口周边库底高程为 1460m，进/出水口盖板顶高程 1464m，低于死水位 3m，出水口净高 3m。

2. 推荐方案水工模型试验

体型验证试验主要结论如下：

(1) 优化后的进/出水口体型基本合理，水头损失系数较小。出流时（抽水工况）的水头损失系数为 0.59；进流时（发电工况）的水头损失系数为 0.46。

(2) 优化后进/出水口体型水力特性明显改善。抽水工况下，进/出水口 8 个孔口出流较均匀，各孔口流量分配在 9.6%～15.1%之间。同时，抽水工况，各孔口底板附近有旋滚区，靠近孔口底板有反向流速，反向流速值较小，最大为－0.43m/s，其范围均在距底板 0.5m 高度内，且主要集中在孔口中间，孔口两侧基本不存在反向流速，靠近孔口顶部的大部分区域为正的流速，孔口沿垂线流速分布为上大下小，主流靠近孔口顶部。最大正向流速为 1.91m/s，正向流速平均值范围为 0.574～0.991m/s。发电工况下，进/出水口的 8 个孔口进流较均匀，各孔口流量分配在

10.2%～14.0%之间。各孔口流速沿垂线分布较均匀。最大进流速度为0.95m/s，断面平均速度为0.551～0.653m/s。

(3) 上水库水位从正常蓄水位至死水位的整个区间运行时，进/出水口按设计流量进流，均未发现有害的吸气型漩涡。

(4) 优化的弯道调整方案较好地改善了抽水工况下进/出水口8个孔口出流的均匀程度。

(五) 结语

西龙池抽水蓄能电站上水库在国内首次成功采用井式进/出水口，较好地适应了工程地形地质条件，简化了进/出水口与防渗结构的连接。西龙池抽水蓄能电站于2008年12月开始投产发电，目前投产运行多年，上水库竖井式进/出水口运行状况良好。

二、竖井式进/出水口在溧阳抽水蓄能电站上水库中的应用

(一) 工程概况

溧阳抽水蓄能电站装机容量1500MW，装机6台，单机容量250MW，额定水头259m。输水隧洞长度2250.5～2363.1m，距高比为7.9。引水和尾水系统均采用一洞三机的供水方式，引水采用对称Y形钢岔管与引水支洞相连，尾水采用非对称Y形钢筋混凝土岔管和尾水主洞连接。上水库进/出水口型式为竖井式，下水库出/进水口型式为侧式。

(二) 上水库进/出水口型式选择

抽水蓄能电站进/出水口常用型式有岸边侧式进/出水口及井式进/出水口。溧阳抽水蓄能电站在可行性研究阶段对两种进水口型式进行了经济技术比较。井式进/出水口由于进口段地形较低，风化较深，进口段近30m长度需做成圆筒式混凝土结构，若弯道后布置封闭式闸门，闸门承受水头较高，闸门制造、施工难度较大，造价较高，而且需布置闸门室及其交通廊道；若每个进出水口的8个孔口的事故检修闸门布置在进水口前段，井式进/出水口塔楼的高度达到60m。侧式进/出水口结构比较庞大，岸边开挖量大；存在与岸坡面板的施工干扰，特别是不利于库岸及库底的防渗；而且由于上平段上覆围岩厚度不足，上平段大多处于强风化岩石内，成洞条件较差，需采用钢板衬砌，从而增加了工程投资，施工临时支护工程量也相对较大。

通过经济技术比较分析，两种进水口型式的工程量基本相当，井式进/出水口比侧式进/出水口增加投资约364.8万元；三机同时运行，发电工况下井式进/出水口水头损失为9.456m（若将检修门置于拦污栅后，水头损失可减少约0.2m），侧式进/出水口水头损失为9.118m，也基本相当。但考虑库岸及库底的防渗要求，综合工程量和水头损失等方面的因素，上水库采用井式进/出水口。

(三) 进/出水口布置及体型设计

与传统抽水蓄能电站井式进/出水口相比，该工程井式进/出水口闸门设置较为不便，若将事故闸门设置在进/出水口下弯段后的上平段时，则由于闸门作用水头较高，启闭力较大，需在流道中设置中墩，将闸门分为两孔，以便闸门的启闭，这样不仅影响水流流态，而且水头损失也会有所增加，同时闸门操作廊道的防渗也是一个较难解决的问题。若在进水塔内设圆筒形事故闸门，则闸门的制造、安装精度相对要求较高，当时国内投入使用的先例也很少，尤其是该工程圆筒形闸门的直径将达15m左右，闸门及启闭设备的设计、制造和运行管理都较困难。综合考虑该工程将每个进出水口扩散段利用闸墩分成8个孔口，事故检修闸门布置在进水口扩散段闸墩、底板和盖板间。同时考虑到该工程上水库为人工形成，基本无集雨面积，经过研究决定采用无拦污栅的设计方案，不仅简化了结构体形，而且大大节省了工程量，经济效益显著。

根据枢纽总体布置，上水库井式进/出水口位于上水库北侧。由两座相互独立的塔式结构、下部隧洞段及交通桥组成。两座塔体的中心间距为140m，塔体离水库库岸内坡脚的最小距离约为57m，进/出水口处库底高程为240m。塔体通过交通桥与环库公路相连。上水库井式进/出水口体型纵剖面如图10-1-7所示。

进/出水塔塔体包括底座和上部框架，其中1号进/出水塔建基面高程为195m，2号进/出水塔建基面高程为207m，顶部平台高程均为295m，总高度分别为100、88m。

底座由悬臂头、圆筒、肋板及底板组成，顶面高程 242m，1 号进/出水口总高度分别为 47m、2 号进/出水口 35m，中部为按椭圆曲线渐缩的圆形断面流道。肋板共 8 块，沿外径为 44m 的圆周呈放射状均匀布置，厚度为 3m。底板为直径 48m 的圆形，厚度 4m。

上部框架由 8 个闸墩、1 层盖板、6 层联系板、1 层顶板组成，顶部平台高程 295m，总高度 53m，设有 8 扇事故检修闸门，闸门孔口尺寸均为 6.896m×7m（宽×高）。盖板顶面高程为 251.5m，厚度 2.5m，中部设整流锥，以使水流平顺过渡。塔体每隔 6m 设一层联系板，板厚 1m，平面为外径 37m、内径 15m 的圆环，板中预留 8 个闸门孔。顶板厚度 1.5m，平面上为直径 40m 的圆形。顶部平台以上为闸门启闭机排架，共 8 榀，平面上呈八角形布置，高度 24.8m。

下部隧洞段由等径段、弯肘段和渐变段组成。等径段断面为直径 9.2m 的圆形，高度分别为 23.07m（1 号进/出水口）、35.07m（2 号进/出水口）。弯肘段为立面上不等径、不同心的转弯段，中心线半径为 20.35m，转弯角 90°，内半径为 17.69m，转弯角 85.483°，外半径为 23m，转弯角 94.863°。弯肘段后紧接渐变段，其长度为 20.65m，末端渐缩为直径 9.2m 的圆形断面，并与引水主洞相接。

交通桥为连续刚构式，桥宽 6m，共分 3 跨，其中 1 号桥边跨跨度均为 36.5m，中跨跨度为 65m，总跨度 138m，2 号桥边跨跨度均为 35m，中跨跨度为 63m，总跨度 133m。交通桥桥面高程与塔顶相同，为 295m。

（四）进/出水口水力数值计算及水工模型试验

1. 上水库进/出水口数值计算

（1）二维水力数值模拟计算结果表明，所采用的弯道体型（弯管段内侧半径为 17.69m，外侧半径为 23m，中心线半径为 20.35m，后经 20.15m 渐变直管段与引水隧洞上平段相接，见图 23-5-3）进/出水口抽水工况孔口出流较均匀，左右两孔口的出流流量所占比例分别为 50.07%和 49.93%，正对来流的孔口出流量与背对来流的孔口出流量相差不大。抽水工况水流自渐变收缩段末端经弯道段调整后至竖井扩散段始端，流速基本均匀；发电工况孔口进流比较均匀，水流进入竖井等直管段后，流速基本均匀。

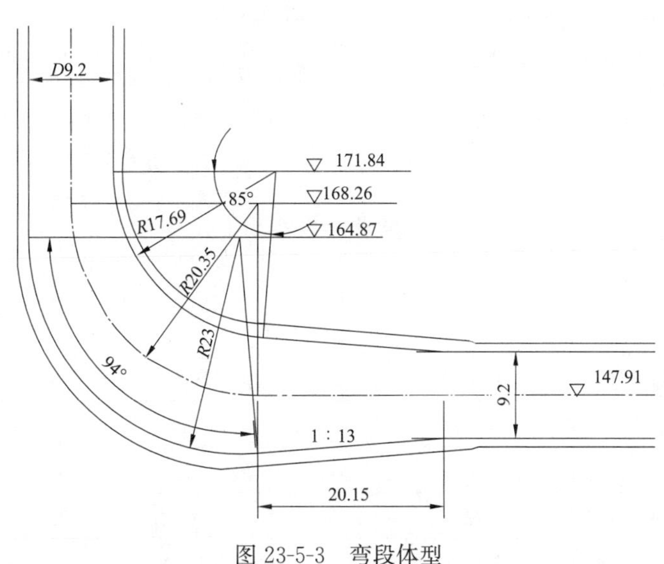

图 23-5-3 弯段体型

据二维计算结果拟订方案为：盖板直径 37.378m，盖板底部中心有一锥体，锥体长 7.465m，伸入竖井，盖板顶高程 253m。进/出水口孔口顶高程 250m，孔口底高程 242m，孔口高 8m。孔口出口处下跌 2m，孔口附近库底高程 240m。8 个孔口均为扩散型，即靠近竖井侧宽度为 6.176m，出口处为 8.548m；竖井扩散段为椭圆曲线，方程为 $x^2/7.089^2+y^2/39.706^2=1$。

（2）利用三维 k-ε 紊流数学模型对上述方案在抽水和发电两种工况进行了数值模拟，重点研究了抽水工况出流时和发电工况进流时孔口的流动特性，包括流速分布、水头损失及压强分布结果如下。

1）在抽水工况下的水头损失系数为0.231，在发电工况下的水头损失系数为0.076。

2）在抽水和发电两种工况下压强分布情况仅在局部位置与静水压强分布略有不同，说明在设计流量下水流运动对压强分布影响很小。

3）在抽水工况下，竖井扩散段内发生了流动分离，孔口底板附近形成了反向流速，孔口出口处形成了旋滚。随着流量的加大，孔口底板处的反向流速区高度有所增加；随着水位的增高，孔口底板处反向流速的高度有所增加。在死水位下一台机运行时，孔口底板处的反向流速很小，约为0.03m/s，反向流速区高度为3.03m，占孔口高度的37.9%，孔口最大正向流速为0.621m/s。

4）在发电工况下，在死水位一台机运行时，孔口进口断面最大流速为0.16m/s。随着水位的增高，孔口进口断面的流速分布几乎没有变化，说明水位的高低对发电工况下孔口的流速分布没有影响。

5）北部靠近库岸的1号孔口与南部的5号孔口分别进行了计算，在抽水和发电两种工况下两孔口的流速分布趋势、数值大小以及在抽水工况下的反向流速区域的高度，基本相同，说明孔口外部的地形条件对孔口流速分布没有影响。

6）在上述拟订方案体型的基础上，对11种进/出水口体型的抽水和发电工况进行了模拟，并对其结果进行了分析比较。①孔口高度的改变对两种工况下的水头损失有一定的影响：当孔口较高时在抽水工况下的水头损失较大，而在发电工况下的水头损失较小；当孔口较低时在抽水工况下的水头损失较小，而在发电工况下的水头损失较大。②各方案在抽水、发电两种工况下体型变化对压强分布没有影响。③在抽水工况下，增加竖井扩散段的扩散程度、降低孔口的高度以及增大盖板均可以降低孔口出口处反向流速区域的高度；减小竖井扩散段的扩散程度、降低孔口的高度以及增大盖板均可以减小竖井扩散段内的流动分离范围。

2. 进/出水口模型试验

为了对上水库进（出）水口的设计体型的合理性进行验证和优化，对上水库进/出水口进行了水工模型试验，模型比尺为1∶50。

（1）试验内容。

1）观测各种工况下，进/出水口的水流流态状况，包括是否有立轴漩涡产生、是否产生回流和脱离现象、水流扩散均匀性。对进/出水口体型提出修改意见。

2）测量进/出水口分流隔墙内流速和流量。根据各孔道过流量比$K \leqslant 1.1$的基本原则，对分流隔墙的起始位置和间距提出修改意见。

3）测量进/出水口各工况下的水头损失。

4）测量进/出水口各工况下的流速分布和压力。

5）提供进/出水口产生立轴漩涡的临界水深及水库水位。

（2）试验工况，见表23-5-1。

表23-5-1　进/出水口模型试验工况

工况	上水库水位（m）	发电/抽水	1号进/出水口流量（m^3/s）	2号进/出水口流量（m^3/s）
工况1	254	发电	332.7/110.9	0
工况2	254	发电	332.7	332.7
工况3	254	发电	0	332.7/110.9
工况4	291	发电	332.7	0
工况5	291	发电	332.7	332.7
工况6	291	发电	0	332.7
工况7	291	抽水	304.8/101.6	0
工况8	291	抽水	304.8	304.8
工况9	291	抽水	0	304.8/101.6
工况10	254	抽水	304.8/101.6	0

续表

工况	上水库水位（m）	发电/抽水	1号进/出水口流量（m^3/s）	2号进/出水口流量（m^3/s）
工况 11	254	抽水	304.8	304.8
工况 12	254	抽水	0	304.8/101.6
	其他可能的不利工况			

（3）试验成果。

1）各发电运行工况下，上水库进/出水口各孔的流速分布与流量分配都比较均匀，以平均值为基准，各通道流量偏差小于10%。

2）抽水运行时，上水库进/出水口各孔流量分配的均匀性也不及发电工况，大多数孔流量偏差小于10%。

3）上水库进/出水口各孔的流速分布均匀性抽水运行工况明显不及发电工况。同一进/出水口分别在1台机组、2台机组、3台机组抽水运行时，8个通道靠近底板区域有反向流速，其值较小，在−0.33～−0.18m/s之间。进/出水口的上部流速明显要比底部流速大。抽水运行的机组台数越多，上下流速差越大。

4）据已有的试验数据和进/出水口附近库区流态的观察成果，发电和抽水运行下，两座进/出水口水流相互不影响，故两座进/出水口之间有足够的距离。

5）上水库进/出水口在死水位时，即使将流量增大到额定流量的2、2.5、3倍，均未出现吸气漩涡。故原型电站发电运行时，不大可能发生有害的吸气漩涡。因此，淹没深度是合适的。

3. 研究结论

（1）上水库井式进/出水口的体形较合理，各发电和抽水运行工况下，各孔的流速分布与流量分配都比较均匀。

（2）发电和抽水运行下，两座进/出水口水流相互不影响，之间有足够的距离。

（3）发电和抽水运行下，库底的流速小于1m/s，不会产生库底冲刷。

（4）电站发电和抽水运行时，库内流态平稳，淹没深度是合适的，不大可能发生有害的吸气漩涡。

（5）抽水运行工况运行时，各孔的流量分配都比较均匀，但各孔口靠近底板区域有反向流速，孔口上部出流比较集中，反向流速其值虽较小，但分布范围较大。从该工程的实验研究结果和国内外其他类似工程研究结果分析，这种流速分布符合井式进/出水口的出流规律，虽然这种流速分布不会对建筑物的安全或库内流态产生影响，但对于拦污栅本身的运行有一定影响，若取消拦污栅，这种流速分布对于上水库井式进/出水口的安全稳定运行并无不利影响。

三、国产790MPa级钢板在呼和浩特抽水蓄能电站钢岔管中的应用

（一）工程概况

呼和浩特抽水蓄能电站装机容量1200MW，装机4台，单机容量300MW，机组额定发电水头为521m。引水系统采用一管两机的布置方式，尾水系统采用一机一洞的布置方式。2条压力管道采用斜井布置，相互平行，主管直径为5.4～4.6m，支管直径3.2m，全部为钢板衬砌，采用高压钢岔管。

两个高压钢岔管体形尺寸完全相同，采用对称Y形内加强月牙肋结构，岔管主管直径4.6m，支管直径3.2m，主锥长1.93m、支锥长3.91m，公切球直径5.2m，分岔角70°，主岔管壁厚70mm、支岔管壁厚70mm、肋板厚140mm。设计内水压力9.06MPa，*HD*（设计水头与主管管径乘积）值达到4140m·m。

在呼和浩特抽水蓄能电站建设之前，国内已建和在建工程仅对低水头、小规模的钢岔管有采用国产钢材的工程经验，使用国产钢材的最高强度级别为600MPa级。对于水头超过500m的高水头、大*HD*值的钢岔管，都采用进口钢材，多数是国外整体制造，尚无使用国产790MPa级钢材的应用实例。

（二）钢岔管体形尺寸

呼和浩特抽水蓄能电站钢岔管，考虑围岩分担内水压力，通过三维有限元分析，对钢岔管体型和结构厚度进行了优化，最终的岔管体型图如图23-5-4和图23-5-5所示，钢岔管体型参数见表23-5-2。

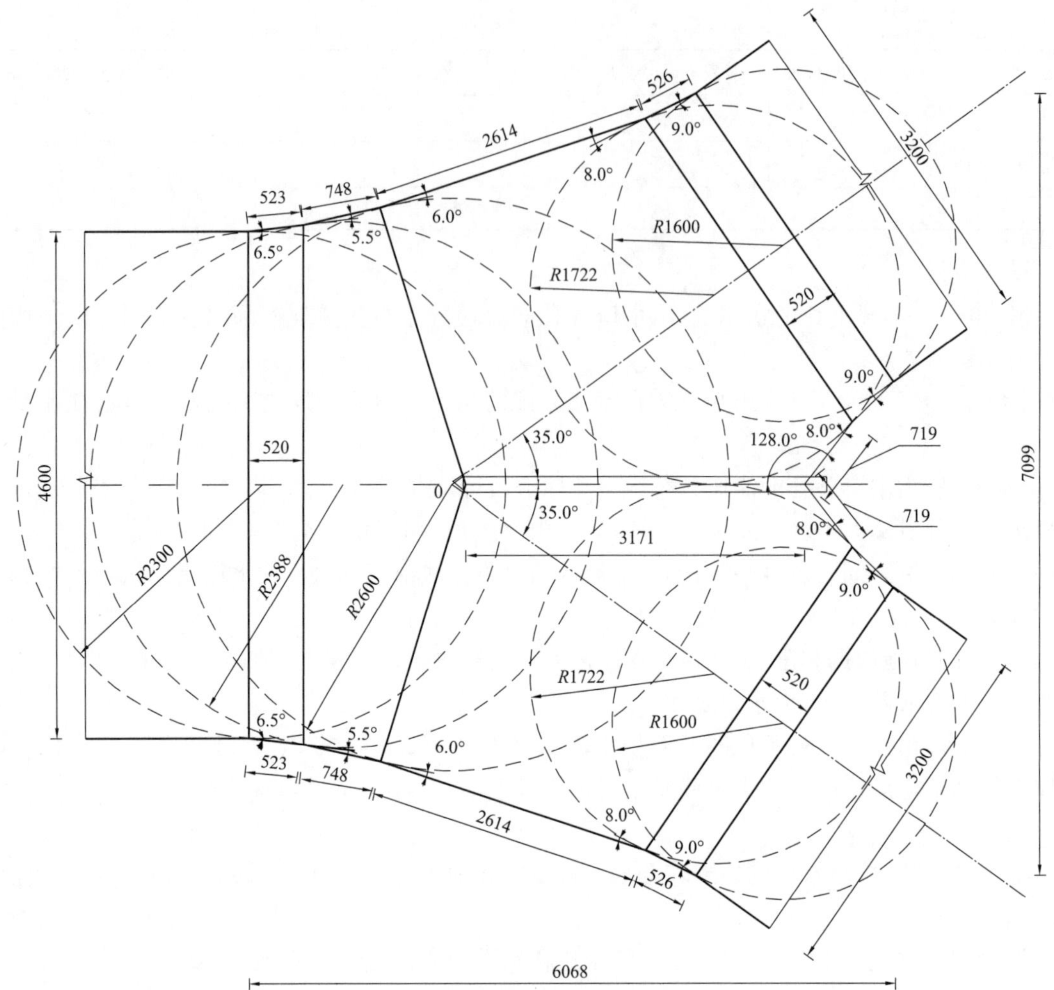

图 23-5-4　钢岔管体型平面图

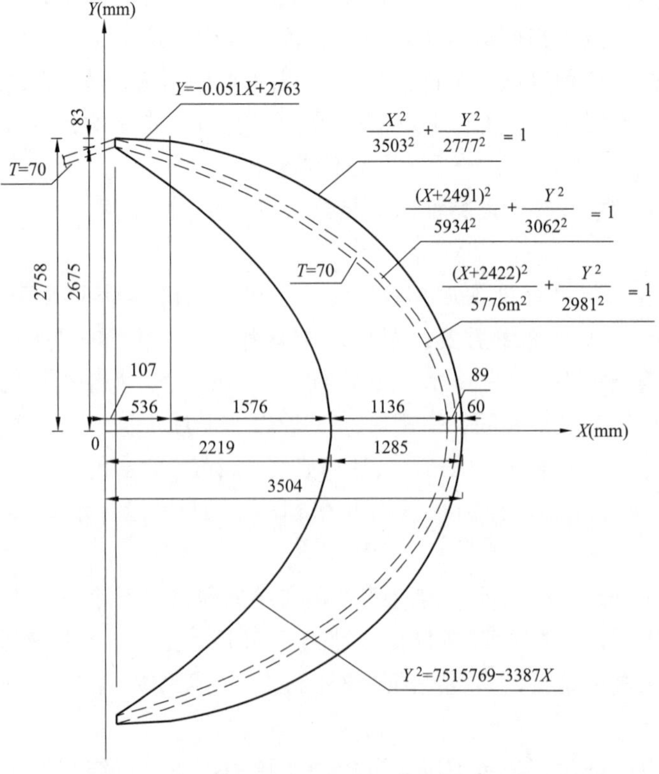

图 23-5-5　肋板体型图

表 23-5-2　　钢岔管体型参数表

部位	项　目	参数
主锥	主管内半径（mm）	2300
	柱管与过渡管节公切球半径（mm）	2300
	过渡管节与基本管节公切球半径（mm）	2388
	最大公切球半径（mm）	2600
	过渡管节半锥顶角（°）	6.5
	基本管节半锥顶角（°）	12
	圆柱管节管壁厚度（mm）	66
	过渡管节管壁厚度（mm）	70
	基本管节管壁厚度（mm）	70
支锥	支管内半径（mm）	1600
	柱管与过渡管节公切球半径（mm）	1600
	过渡管节与基本管节公切球半径（mm）	1722
	最大公切球半径（mm）	2600
	过渡管节半锥顶角（°）	9
	基本管节半锥顶角（°）	17
	圆柱管节管壁厚度（mm）	66
	过渡管节管壁厚度（mm）	70
	基本管节管壁厚度（mm）	70
肋板	肋板高（mm）	2758
	肋板总宽（mm）	3393.8
	肋板中央截面宽度（mm）	1284.3
	肋板宽/肋板高	1.194
	中央截面宽度/肋板高	0.466
	肋宽比	0.35
	肋板厚（mm）	140
	肋板厚/壳板厚（mm）	140/70
分岔角（°）		70

（三）钢岔管钢板性能指标要求

通过对国家标准 GB、欧洲标准 EN、美国材料与试验协会标准 ASTM、日本工业标准 JIS 中 790MPa 级钢板化学成分和力学性能指标的对比分析，并结合国内已建工程高压钢岔管进口 790MPa 级高强钢性能指标，对应用于呼和浩特抽水蓄能电站高压钢岔管的 790MPa 级高强度钢板的化学成分和力学性能指标提出了具体的要求，并对国内大型钢材生产厂家（宝钢、舞阳等）进行了调查研究，对其钢板生产能力、厚度范围、化学成分、力学性能指标、焊接性能、厚钢板抗层状撕裂性能等进行了研究，提出了改善钢板性能指标的要求。

1. 国内外钢板设计标准对比分析

通过对国内外钢板设计标准中钢板化学成分和力学性能的对比分析，主要结论如下：

（1）从化学成分看，JIS 标准中 SHY 685NS 和 YB/T 4137《低焊接裂纹敏感性高强度钢板》规定的碳含量最低，为 0.14%。有害杂质 P 的含量，JIS 标准中 SHY 685NS 规定为 0.015%，EN 标准中 S690Q1 规定为 0.020%，ASTM 标准中 A517F 规定值 0.035%，GB/T 16270《高强度结构用调质钢板》中 Q690 C、Q690 D 规定值 0.025%，GB/T 16270《高强度结构用调质钢板》中 Q690 E、F 规定值 0.02%，YB/T 4137《低焊接裂纹敏感性高强度钢板》中 Q690 CF 规定值 0.015%，JIS 和 YB/T 4137《低焊接裂纹敏感性高强度钢板》要求最高。有害杂质 S 的含量，JIS 标准中 SHY 685NS 规定为

0.015%，EN标准中S690Q1规定为0.010%，ASTM标准中A517F规定值0.035%，GB/T 16270中Q690 C、D规定值0.015%，GB/T 16270《高强度结构用调质钢板》中Q690 E、F规定值0.01%，YB/T 4137《低焊接裂纹敏感性高强度钢板》中Q690 CF规定值0.008%，EN标准和YB/T 4137《低焊接裂纹敏感性高强度钢板》要求最高。

（2）碳当量 C_{eq} 值由于计算公式的不同，在板厚小于50mm时，EN标准规定值为0.57%，JIS为0.53%，GB/T 16270《高强度结构用调质钢板》规定为0.65%，YB/T 4137《低焊接裂纹敏感性高强度钢板》对碳当量没有规定。焊接裂纹敏感性系数PCM具有相同的计算公式，符合JIS规定的SHY 685NS的PCM在板厚小于50mm时为0.30%，EN标准S690QL1为0.31%，YB/T 4137《低焊接裂纹敏感性高强度钢板》Q690 CF为0.28%，GB/T 16270《高强度结构用调质钢板》对焊接裂纹敏感性系数没有规定，YB/T 4137《低焊接裂纹敏感性高强度钢板》要求最高。

（3）从强度指标来看，各国标准中的屈服强度和抗拉强度相差不大。

（4）从伸长率来看，由于GB标准、冶金YB标准、EN标准和ASTM标准采用的是比例试样，延伸率标准值 δ_5 不低于14%，而《焊接结构用高屈服强度钢板》JIS G 3128规定伸长率为No.4试样，为非比例试样，规定标准值不小于20%。通过与比例试样的比照试验，初步得出的结论是按JIS的No.4试样经拉伸试验得到的伸长率值为20%时相当于按比例试样得出的伸长率为16%。日本790MPa级钢板的伸长率高于GB标准、EN标准和ASTM标准。

（5）关于冲击韧性指标，上述标准均采用夏比V形缺口冲击试验的冲击功作为冲击韧性指标，从数值上讲，在－40℃试验温度下三个试片的最低平均值，EN标准为40J，JIS标准为47J，GB标准为34J，冶金YB标准为60J，YB/T 4137《低焊接裂纹敏感性高强度钢板》要求最高。

（6）各国标准均为按调质（淬火＋回火）状态交货，日本住友金属的钢板可按调质（淬火＋回火）或TMCP（热机械控制工艺）两种状态交货。

2. 钢岔管钢板技术指标的确定

钢岔管为焊接结构，其材料的选择，主要是针对钢材与焊材而言，而对焊材的要求则是应与母材性能相匹配，选材的核心就是正确选择钢材。岔管主要受力构件所用钢材应保证抗拉强度、屈服强度、延伸率、冷弯试验、冲击韧性合格；碳C、硫S、磷P含量等符合限值要求；碳当量 C_{eq}、焊接冷裂纹敏感性系数PCM符合限值要求。通过对GB标准、冶金YB标准、EN标准、ASTM标准、JIS标准钢板的性能指标和化学成分的对比分析，并结合国内已建工程的情况，提出了呼和浩特钢岔管790MPa级钢板设计指标，见表23-5-3和表23-5-4。

表 23-5-3　　790MPa级高强度钢板化学成分要求

化学成分	C	Si	Mn	P	S	S（肋板）	Cu
要求（%）	≤0.14	≤0.55	≤1.5	≤0.015	≤0.015	≤0.005	≤0.50
化学成分	Ni	Cr	Mo	V	B	C_{eq}	P_{cm}
要求（%）	0.30～1.50	≤0.60	≤0.60	≤0.05	≤0.003	0.57	0.25

表 23-5-4　　790MPa级高强度钢板力学性能和工艺性能要求

位置	屈服强度 *Re*（MPa）	抗拉强度 *Rm*（MPa）	延伸率 δ（%）	冷弯试验 $d=3a$，180°	冲击试验		应变时效5%Akvs（J）
					温度（℃）	V形冲击功Akvs（J）（横向）	
壳板	≥665	760～910	≥17	完好	－40	平均≥47 单个≥33	－20℃时≥34
肋板	≥645	750～890	≥17	完好	－50		

（四）钢岔管钢板材料选择

国内可生产790MPa级钢板的厂家有宝山钢铁公司、舞阳钢铁公司、武汉钢铁公司、鞍山钢铁公司等。经综合分析，呼和浩特钢岔管材料选择了宝钢B780CF钢板，通过进一步研发，其钢材性能完全满足呼和浩特岔管钢材技术要求，主要技术指标见表23-5-5和表23-5-6。

表 23-5-5　　宝钢 B780CF 钢板化学成分　　单位:%

厚度（mm）	C	Si	Mn	P	S	Cu	Ni
≤80	≤0.09	≤0.40	0.70～1.50	≤0.015	≤0.005	≤0.40	0.30～1.50
>80～155	≤0.12	≤0.40	0.70～1.50	≤0.015	≤0.005	≤0.40	0.30～1.50
厚度（mm）	Cr	Mo	V	B	C_{eq}	P_{cm}	
≤80	≤0.60	≤0.60	≤0.05	≤0.003	0.51	0.24	
>80～155	≤0.60	≤0.60	≤0.05	≤0.003	0.54	0.26	

表 23-5-6　　宝钢 B780CF 钢板力学性能和工艺性能

厚度（mm）	屈服强度 *Re*（MPa）	抗拉强度 *Rm*（MPa）	延伸率 δ（%）	冷弯试验 d=3a，180°	冲击试验		应变时效 5%Akvs（J）
					温度（℃）	V 形冲击功 Akvs（J）（横向）	
>50～100	≥685	760～900	≥17	完好	−40	平均≥70 单个≥49	−20℃时≥34
>100～155	≥665	750～890	≥17	完好	−50	平均≥47 单个≥34	

肋板用钢材坯料厚度应为板厚的 3.5 倍以上，并应选用抗层状撕裂性能好的专用“Z”向钢，板厚方向性能级别采用 Z35，三个试样断面收缩率平均值大于 35%，单个试样断面收缩率不小于 35%。取样与试验要求按 GB/T 5313 的规定执行。

（五）钢岔管水压试验及运行情况

1. 钢岔管水压试验

根据钢岔管三维有限元计算的结果，在腰线转折角、肋旁管壁、主支锥相贯线及肋板关键点部位布置了监测点，如图 23-5-6 所示。

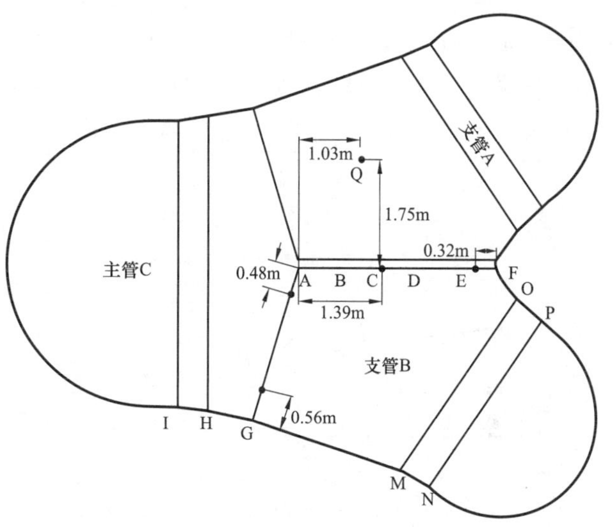

图 23-5-6　水压试验工况关键点位置布置示意图

水压试验分为两个阶段：预压试验和明管水压试验。试验压力、压力级差、循环次数要求见表 23-5-7，水压试验工况下抗力限值见表 23-5-8，水压试验过程中的升压速率控制在 0.05MPa/min。

表 23-5-7　　试验压力参数表

试验工况	最高压力（MPa）	压力级差（MPa）	升降压循环次数（次）
预压试验	5.0	0.5～1.0	1
明管水压试验	9.06	0.5～1.0	2

表 23-5-8　　钢材的抗力限值（水压试验工况下明岔管允许应力）

整体膜应力（N/mm^2）	局部膜应力+弯曲应力（N/mm^2）	局部膜应力（N/mm^2）	肋板应力（N/mm^2）
289	463	386	338

钢岔管水压试验成果表明，各主要控制点的应力，基本在明岔管水压试验工况抗力限值范围内，且与水压试验工况有限元计算成果规律相符。水压试验验证了岔管设计的合理性，明确了钢板和焊接接头的可靠性。从应力数值曲线来看，升压和降压过程应力曲线是一条对称曲线，升压和降压过程中同一压力下的应力值基本相同，说明钢材具有良好的性能。

2. 运行情况

呼和浩特抽水蓄能电站1、2号钢岔管于2013年投入运行以来，各项监测指标正常，国产790MPa级高强度钢板国内制造高水头大*HD*值钢岔管，经实际工程运行验证，结构安全可靠。

呼和浩特抽水蓄能电站高水头大*HD*值钢岔管，首次提出了国产790MPa级高强钢板的化学成分、力学性能和工艺性能等要求，采用国产790MPa级高强度钢板、国内制造，较国外整体采购节约工程投资约3500万元。

四、琅琊山抽水蓄能电站的分裂变及地下厂房“一”字形布置

（一）工程概况

琅琊山抽水蓄能电站装机容量600MW，装机4台，单机容量150MW。地下厂房的主厂房、主变压器室和副厂房采用“一”字形布置，发电电动机与主变压器间采用扩大单元接线，主变压器选用三相式分裂变。电站以2回220kV线路接入安徽主网。

（二）地下厂房区地质条件

在上水库和城西下水库之间，输水系统沿蒋家洼与丰乐溪之间的山梁布置。厂房位于靠近上水库的地下山体内，与上水库水平距离约250m，洞室平均埋深150m。

厂房区围岩主要为上寒武统琅琊山组（$\in_3$Ln）薄层灰岩及薄层夹中厚层灰岩、车水桶组（$\in_3$C）薄层和中厚层灰岩互层及燕山期侵入的花岗闪长斑岩岩脉。

NE向紧密褶皱和NW～NWW向断裂构成了工程区的主要构造骨架，地下厂房位于②号背斜NW翼，背斜轴线走向NE45°左右，岩层产状为NE45°～50°NW∠70°～85°，与厂房轴线夹角为55°～60°，岩层挤压紧密，局部出现倒转。厂房区主要发育一花岗闪长斑岩蚀变带及F_{209}、F_1、F_2等7条断层。厂房区发育的花岗闪长斑岩蚀变带整体上顺层侵入，呈NE向展布，宽3～15m，横贯厂房上、下游边墙。

（三）主厂房、主变压器室、副厂房呈“一”字形布置

基于上述对厂房工程地质条件的认识，洞室围岩避开了较大断层的切割，但厂房和主变压器室围岩类型仍以Ⅲ类以下为主，少量Ⅱ类围岩。按巴顿围岩类别划分，厂房和主变压器室50%以上洞段处于差和很差的范围，其余多为一般岩体，对大型地下洞室而言多属稳定性差的围岩。厂区蚀变花岗闪长斑岩整体呈NE向展布，以厂房轴线大角度相交，并向下游倾伏，倾伏角约35°，宽度和产状变化较大，空间形态规律性较差，据编录资料统计，蚀变带轻微、中等、严重蚀变岩体所占比例依次为28.48%、44.34%、27.18%。从工程地质方面考虑，研究如何减少地下厂房洞室群交错对围岩稳定的影响及减少洞室数量的布置方案是十分必要的。

经多方案布置比较，采用安装场布置在主机间中间，主变压器布置在厂房两端部，副厂房布置在变压器室的顶部，与四台机组呈“一”字形布置，取消了平行于主厂房下游侧单独的主变压器洞和两大洞室间相互连接的四条母线洞。主厂房下游排水廊道加宽加高兼作主变压器运输道。出线竖井布置在主变压器运输洞右下游侧，电缆经出线洞、竖井引至地面开关站。琅琊山抽水蓄能电站地下厂房洞室群平面布置如图23-5-7所示。

1. 主厂房布置

主机间高度：机组吸出高度H_S=−32m，下水库死水位22.0m，确定机组安装高程−10.0m，主厂房基础开挖高程−24.0m，发电机层高程2.5m，轨顶高程11.5m，厂房顶拱为圆弧拱，矢跨比0.25，拱高5.27m，主厂房开挖总高度46.17m。

主机间跨度：主厂房开挖跨度21.5m，主机间上游侧开挖宽度12.25m。机组间距22.5m。机组段总长101.06m。主机间自上而下依次布置发电机层、母线层、水轮机层、蜗壳层和尾水管层。压力钢管与厂房纵轴线交角为80°，尾水支管轴线与厂房轴线交角为59°。

安装间布置在主机间中部，与发电机层同高程，长30m，净宽20.3m，开挖跨度21.5m。下设一层半附属房间，基础开挖高程−7.10m。交通洞由下游进入安装间，主变压器运输洞两条轨道伸至安装间内。

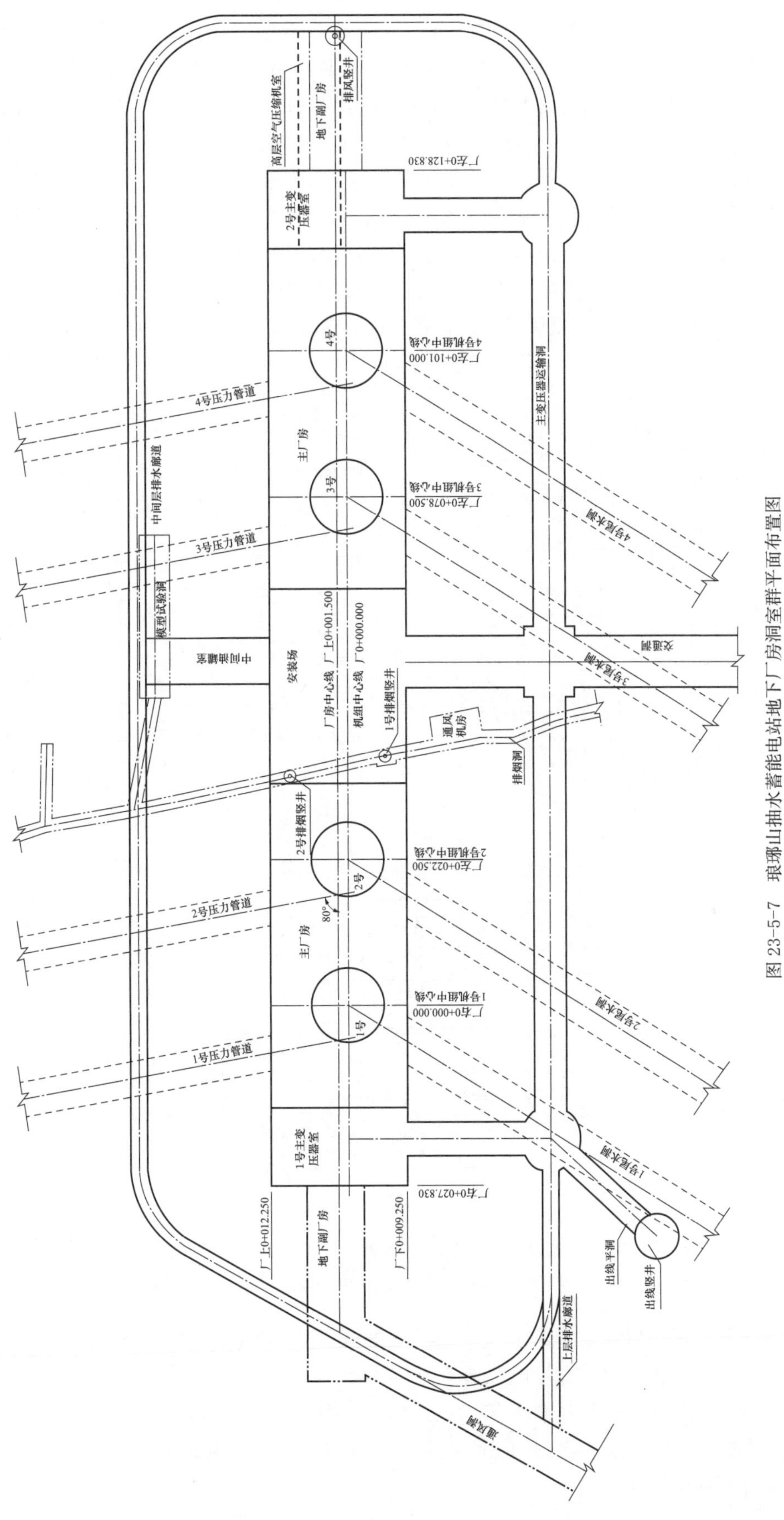

图 23-5-7 琅琊山抽水蓄能电站地下厂房洞室群平面布置图

2. 主变压器室及地下副厂房布置

主变压器室布置于主机间的左右两端，与主机间、安装间呈“一”字形布置。1号主变压器布置在1号机组的右端，2号主变压器布置在4号机组的左端。1号和2号主变压器室布置类同，开挖尺寸为13.55m×21.5m×24.57m（长×宽×高），净宽19.9m，顶拱由单圆弧组成，矢跨比0.22m，矢高4.8m，顶拱高程22.17m。1号和2号主变压器布置在2.5m高程（发电机层），层高8.5m，布置有主变压器、主变压器冷却器、消防器、事故油池和变压器运输道等。1号主变压器室上部布置两层，11m高程布置地下控制室、动力盘室、通风动力盘等；在14.6m高程布置二次盘柜室、二次试验室、观测室、1号通风机室等。2号主变压器室上部布置两层，11m高程主要布置动力盘室、通风动力盘、通信室、设备间；15.1m高程布置2号通风机室、通风道等，如图23-5-8所示。

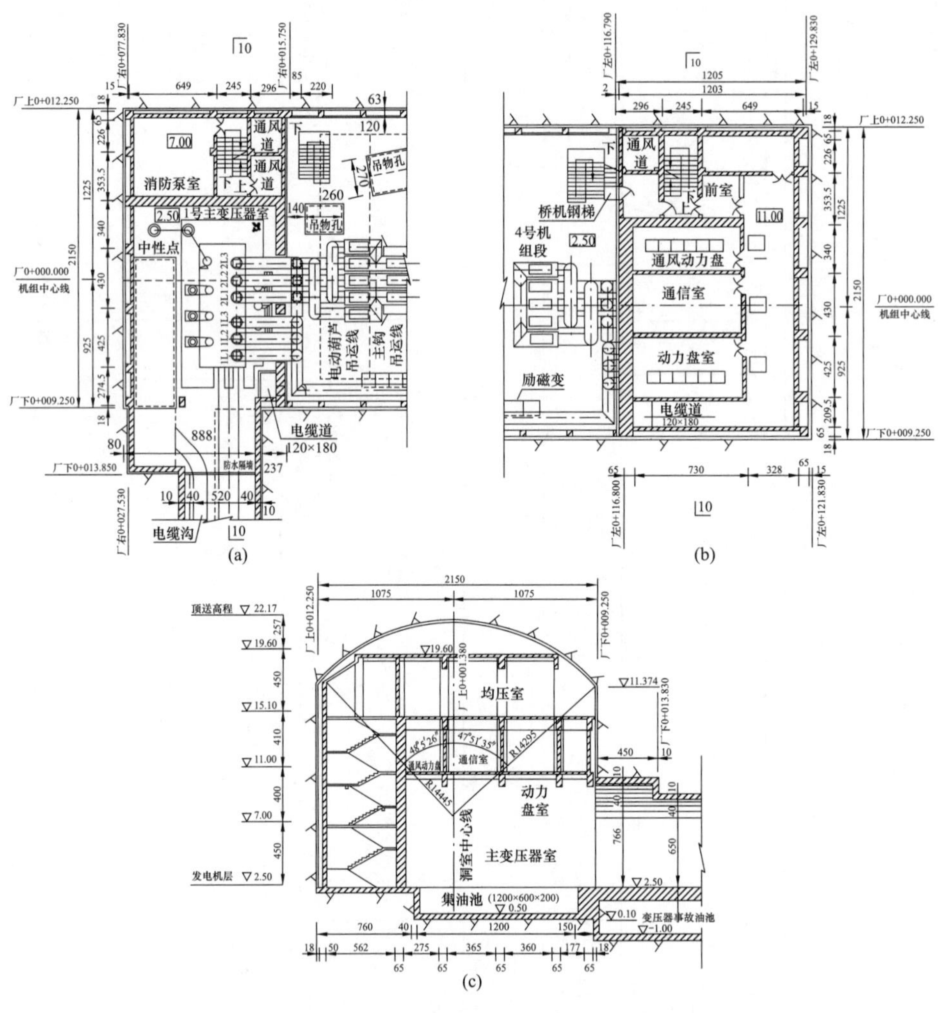

图23-5-8 琅琊山抽水蓄能电站地下厂房主变压器室布置图

（a）1号主变压器室7.0m高程平面布置图；（b）2号主变压器室11.0m高程平面布置图；（c）横剖面

主变压器运输洞平行布置在主厂房下游，两洞室净间距为20m，主变压器运输洞作为主变压器检修和安装运输通道，兼排水廊道及高压电缆通道。

1号和2号主变压器室分别作为独立的防火分区，主变压器室与主厂房、副厂房之间的墙为耐火极限大于4h的防火墙。主变压器室与主厂房间设置0.65m厚的混凝土隔墙，不设直接通向主机间的门。主变压器室设向外开的甲级防火门。

2台220kV三相强迫油循环水冷式分裂变压器，采用固定水喷雾灭火装置和火灾自动报警装置，并配有独立消防供水系统，其设计压力为0.4～0.6MPa，喷雾头分层布置，水雾覆盖变压器所有部位，水雾水量不小于20L/(min·m^2)，储油坑上的喷射密度不小于6L/(min·m^2)，连续喷射时间不小于24min。主变压器室内布置感温探测器、感烟探测器，并设有火灾报警控制装置等。

主变压器放在储油坑上，坑口有效容积可容纳 20%主变压器油和消防水量，设计深度 2m。主变压器事故油及消防水由储油坑经事故排油管排至事故油池，每个事故油池容积按可容纳一台主变压器全部油量和消防灭火水量设计。两个事故油池分别布置在与 1、2 号主变压器室相通的主变压器运输洞地面以下。

（四）电气主接线和电气设备优选

根据琅琊山抽水蓄能电站在系统中的作用及电站厂房区地质条件较差所采用的厂房布置方式，本着电气主接线“接线简单、运行灵活、安全可靠和经济合理”等基本原则，对该电站电气主接线和电气设备进行优选。

1. 发电电动机与主变压器之间的组合方式

随着电力设备制造技术的进步和对国外抽水蓄能电站接线的研究，扩大单元接线以其“接线简单、运行灵活、经济合理”的优点，在国外抽水蓄能电站中得到广泛应用。琅琊山抽水蓄能电站结合地下厂房“一”字形布置的需要，选定扩大单元接线，2 台 360MVA 双分裂变压器。取消主变压器高压侧联合单元 GIB 和设备，简化电气主接线，节省电气设备和土建投资。琅琊山抽水蓄能电站主接线如图 23-5-9 所示。

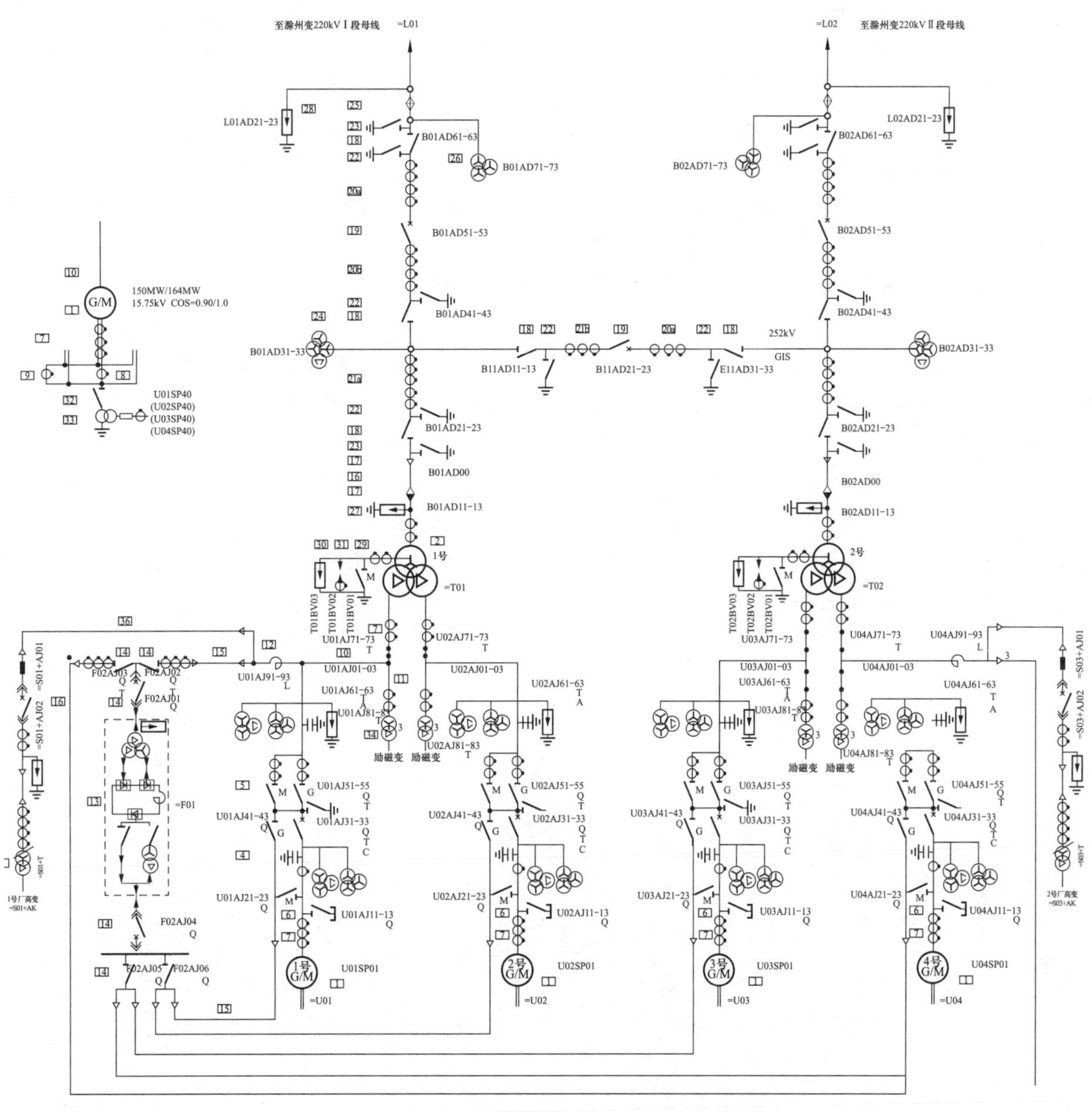

图 23-5-9 琅琊山抽水蓄能电站主接线图

2. 电气设备优选

减少离相封闭母线的长度。由于采用了发电机断路器成套设备，缩短了封闭母线的长度，由 225 三相米缩短成约 114 三相米。

采用发电电动机断路器成套设备替换常规发电电动机电压回路设备，不但可减少发电电动机电压回路设备的布置场地，还节省设备投资。

增加 4 台套主变压器低压侧避雷器。对抽水蓄能电站，由于机组停运后需断开机组，当高压侧倒送厂用电时，分裂变压器的低压绕组会出现开路运行的情况，故在变压器低压绕组出线安装一组避雷器，以防止高压绕组雷电波的静电感应电压危及低压绕组绝缘。

增加 220kV XLPE 高压电缆。由于取消了主变压器洞和母线廊道，主变压器布置在主厂房两侧，使得高压电缆的长度约增加 174 三相米。

（五）优选方案的经济性

（1）将联合单元接线改为扩大单元接线，由 4 台 180MVA 双绕组主变压器改为 2 台 360MVA 双分裂变压器，其设备投资可节约 390 万元；取消主变压器高压侧联合单元连接的 GIB 和设备，可节省投资 500 万元。

（2）采用发电机断路器成套设备，封闭母线长度由 225 三相米缩短到约 114 三相米，节省投资约 654 万元。发电机断路器成套设备替换常规发电机电压回路设备，节约投资 700 万元。

（3）增加 220kV XLPE 高压电缆 174 三相米，增加投资 176 万元。

（4）取消主变压器洞和 4 条母线洞，可节省土建投资约 590 万元。将安装场布置在中部，减短了厂房高边墙的连续长度，增加厂房边墙围岩的稳定性。

综合所述，琅琊山抽水蓄能电站采用“一”字形厂房布置及相应电气主接线和电气设备的优选，在技术上可行，对地下洞室围岩稳定有利，工程量节省，匡算投资可节省 2658 万元。

五、大直径钢筋混凝土高压隧洞在广州抽水蓄能电站的应用

（一）工程概况

广州抽水蓄能电站上水库、下水库均利用天然库盆，水库水平距离约 3km，天然落差 500m 以上，距高比为 6。总装机容量 8×300MW，分两期建，一期工程 4×300MW，1993 年 6 月投产；二期工程 2000 年投产。

上水库、下水库皆利用天然盆地，峡谷口筑坝，分别采用钢筋混凝土面板堆石坝和碾压混凝土重力坝；地下厂房选用中部开发方式布置；输水系统采用一洞四机，设上、下调压井，高压隧洞采用两段 50°长斜井布置；高水头、大直径水工隧洞和岔管均采用透水钢筋混凝土衬砌。广州抽水蓄能电站枢纽平面布置图如图 23-5-10 所示。

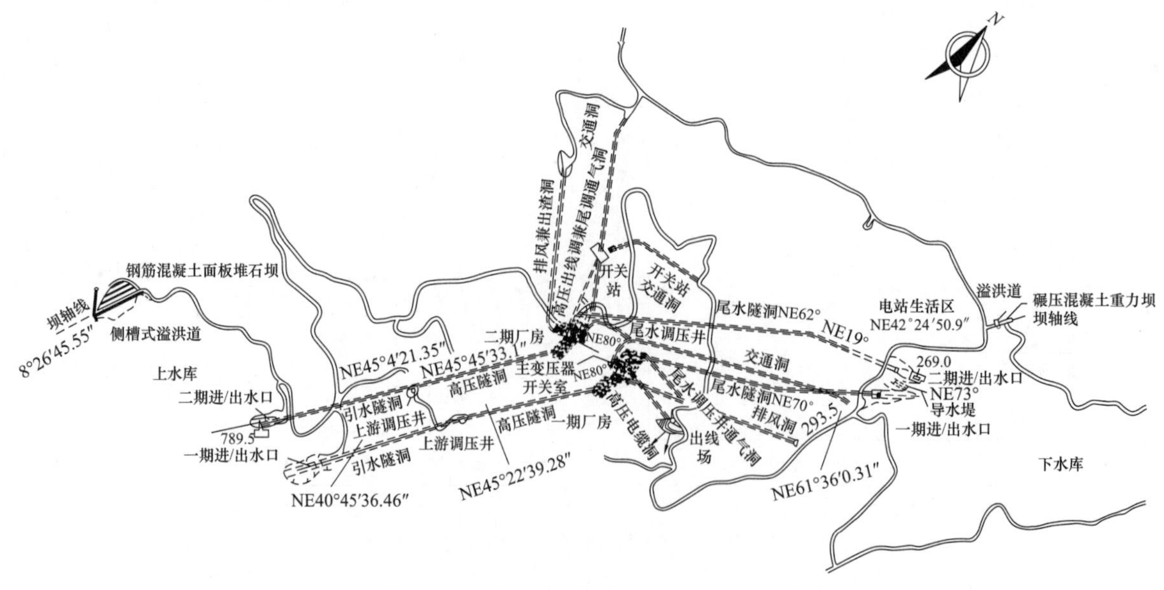

图 23-5-10 广州抽水蓄能电站枢纽平面布置图

（二）输水系统工程地质条件

工程区岩体主要为燕山三期中粗粒黑云母花岗岩，零星分布燕山四期中细粒黑云母花岗岩和煌斑岩脉等，岩体比较完整。构造以断裂为主，多次构造活动形成6组断裂，以NW、NNW及NNE三组最为发育，均为高陡倾角，缓倾角断裂不发育。NW组断裂为该工程主要断裂，并影响山体的地形地貌形态。从下水库向上水库花岗岩体分为四个地质构造块体。F_6～F_{140}为第一块体；F_{140}～F_4为第二块体；F_4～F_2为第三块体；F_2～F_1为第四块体。输水系统布置在南昆山脉北侧呈近东西向分布的山体中，山体稳定条件较好。根据钻孔资料，输水系统围岩大部分为Ⅰ、Ⅱ类，夹有少量Ⅲ类。据统计，Ⅲ、Ⅳ类围岩占洞长28.1%，其中Ⅳ类占洞长11.6%，岩石强度高，属微到不透水岩体。

高压岔管位置上覆岩体厚度400～440m，上覆岩体重量为该处内水压力的1.7～1.9倍。地表坡度25°～40°，侧向围岩厚度大于垂直厚度。高压隧洞中平洞最大静水头H=360m，上覆岩体厚度超过200m，达到0.6H。在长1072m的斜洞段，各段埋深均达到0.6～0.8H。综合高压岔管高程附近4段应力解除和2个孔11段水压致裂试验成果，高压岔管地段地应力采用：σ_1=(13±1)MPa，倾角70°，方位角160°；σ_2=(10±1)MPa，倾角20°，方位角340°；σ_3=(7.5±1)MPa，倾角0°，方位角250°。

在中平洞利用ZK689孔做7段水压致裂试验，按裂隙发育的4段统计，最小水平主应力为4.88～7.51MPa。

工程区地下水为基岩裂隙，一般埋深在10～30m，大多在强风化带内或弱风化带上部岩体内。根据钻孔从上至下分段和探洞内观测资料分析，本区花岗岩体的透水和含水情况在垂直方向可分为两层。上层为孔隙裂隙含水层，厚50～70m，其单位吸水率2～7Lu，水力联系密切。下层为相对不透水层，单位吸水率小于2Lu，用高压（6.0MPa）压水试验，单位吸水率小于0.1Lu，在相对不透水层中部分断层裂隙存在有脉状水，水量有限。如f_{7012}断层在深洞揭露时有50～60L/min水量排出，不久排干。

高压岔管外水压力假定：以岔管上方303m高程深洞作为排水洞，303m以下为全水头，303m以上折减系数为0.5，得出高压岔管设计外水压力约为270m，相当于地下水位在470m左右。从外部排泄条件分析，高程360～480m之间沟谷多，有众多地下水出露。因此，预计高压岔管内水外渗影响范围也不会超过高程470～480m。

（三）输水系统布置及结构设计

1. 输水系统布置

广州抽水蓄能电站输水系统布置在南昆山脉北侧呈近东西向分布的山体中，从上水库进/出水口开始，一期引水隧洞以NE40°45′36.46″走向直至上游调压井，该段洞径9m；调压井以下高压洞段转向NE45°22′39.28″，该段洞径8.5m。高压隧洞采用两级50°长斜井布置，上斜井长346.86m，中平段长90.37m，下斜井长288.117m，下接下平段，以65°斜进厂房（轴线方向NE80），高压钢筋混凝土岔管布置于厂房上游150m左右，四条引水支管采用钢衬结构。厂房下游每两条尾水支管交汇处设一尾水调压井，竖井直径14m，高度53m；尾水调压井后再合为一条尾水洞，由NE70°转NE61°36′0.3″接下水库进/出水口，洞长1925m，直径9.0m。广州抽水蓄能电站水道系统剖面图如图23-5-11所示。

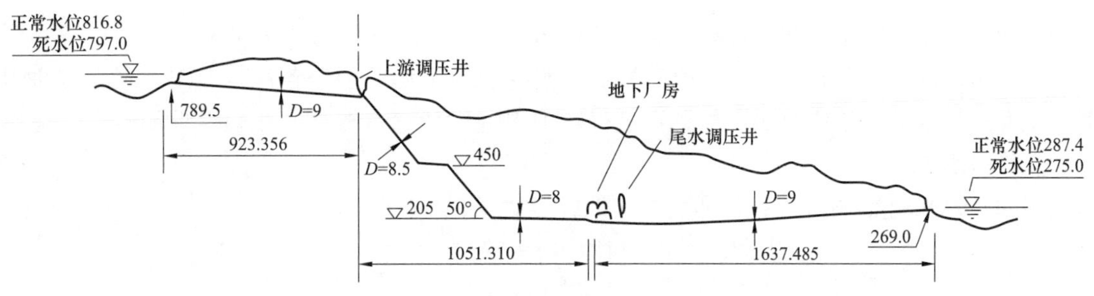

图23-5-11 广州抽水蓄能电站水道系统剖面图

输水系统各段埋深遵循上抬理论和水力劈裂准则，以充分利用和发挥围岩的承载能力，见表23-5-9。

表 23-5-9　　各段隧洞的埋深

隧洞布置		最大静水头 P_0（m）	上抬理论准则		水力劈裂准则	
			上覆围岩厚度 H（m）	覆盖比 $\lambda=H/P_0$	最小主应力 σ_h 或 σ_3（MPa）	安全系数 $K=(\sigma_3/P_0)$
一期隧洞	上平洞	76	95	1.25		
	中平洞	366	>200	>0.6	$S_h=6.45$	1.79
	下平洞及岔管	610	400～440	0.66～0.72	$\sigma_3=75\pm1$	1.07～1.39
	尾水洞	90	250～300	2.7～3.3		
二期隧洞	上平洞	76	95	1.25		
	中平洞	360	340	0.9	$S_h=3.63$	1.01
	下平洞及岔管	610	370～410	0.61～0.67	$\sigma_3=73$	1.20
	尾水洞	90	250～300	2.7～3.3		

注　围岩地应力场最小主应力 σ_h 为水力致裂法实测最小水平主应力，σ_3 为应力解除法实测最小主应力。

2. 高压隧洞限裂透水衬砌结构设计

高压透水衬砌是依靠围岩承载绝大部分内水压力荷载，配置单层钢筋限制衬砌裂缝扩展在允许的裂缝宽度范围内，从而达到保护围岩，改善过流糙率，减少内水外渗、增加衬砌整体性和安全性，是一种技术经济性较为理想的衬砌型式。广州抽水蓄能电站一期工程大直径水工隧洞全长 3785m，洞径 8～9m，最大静水头 611m，采用 40～60cm 单层钢筋混凝土衬砌，1993 年 2 月投入运行，运行以来经受发电、抽水等工况切换和接近最大设计水头的考验，并且经过三次放空检查，隧洞运行状况良好，监测内水外渗量小于 4.0m^3/h。

初步设计阶段按照原 SDJ 34—1984《水工隧洞设计规范》和 SDJ 20—1978《水工钢筋混凝土设计规范》的原则进行设计，在内水压力作用下限制裂缝开展宽度 0.2～0.3mm，该阶段采用钢筋混凝土衬砌成果见表 23-5-10。

表 23-5-10　　广州抽水蓄能电站一期工程高压隧洞初步设计阶段采用混凝土衬砌成果表

工程部位	设计成果		采用成果	
	衬砌厚度（cm）	钢筋根数—直径（m）	衬砌厚度（cm）	钢筋根数—直径（m）
引水隧洞	35	4—ϕ12	35	5—ϕ16
上斜段	40	4—ϕ14	50	6—ϕ16
中平段	40	4—ϕ14	55	6—ϕ18
下斜段	45	5—ϕ14	60	7—ϕ20
尾水隧洞	35	4—ϕ12	35	5—ϕ16

对Ⅳ类围岩段，利用平面有限元方法设计。设计外水压力采用 270m 水头，假设一倍衬砌厚度的围岩和衬砌体共同承受外压。

随着广州抽水蓄能电站一期工程高压隧洞的投运和放空检查，经总结和分析，提出以下限裂衬砌计算方法：在考虑断层、破碎软弱带等地质构造切割隧洞的不均质围岩条件，须按有限元方法得出在衬砌混凝土开裂情况下钢筋应力 σ_3，据此再进行衬砌裂缝扩展宽度核算，并调整配筋参数，使裂缝宽度控制在允许范围内。

衬砌限裂计算采用美国 ACI 提出的受拉构件裂缝宽度的经验公式：

$$W_{max}=0.0145f_s(d_c\times A)^{1/3}\times10^{-3}$$

$$A=2d_c\times S$$

$$d_c=a+\phi/2$$

式中　W_{max}——最大裂缝宽度，mm；

f_s——钢筋应力，MPa；

d_c——钢筋中心距衬砌表面距离，mm；

ϕ、S、Q——分别为钢筋直径、间距、保护层厚度，mm。

广州抽水蓄能电站二期工程高压隧洞更进一步按透水衬砌隧洞方法设计，将内水压力按渗透体积力考虑。与一期工程相比较，如水头最大的下平洞，配筋由Φ32@10减至Φ25@12.5。

3. 钢筋混凝土岔管设计

(1) 注意查清岔管的地质条件。广州抽水蓄能电站厂房和岔管的地质勘查都是采用平硐结合钻孔的方法，有效地查明了围岩地质条件，比较准确地选在蚀变岩带发育相对轻微的第三地质块体范围内。选择岔管位置，应满足上抬理论和水力劈裂原则，上覆围岩必须有足够厚度，围岩最小地应力必须大于内水压力；围岩质量力求坚硬和完整；有足够的抗渗性。软弱、破碎以及遇水易软化的岩类不宜考虑建钢筋混凝土衬砌岔管。

(2) 岔管水力条件和体形布置选择。该电站采用一洞四机布置，经技术经济比较最终选用卜形分岔。主支管分岔角选60°，主管段按照分支流量的变化分段变更管径，以尽量保持主管流速分布均匀，选用岔管布置尺寸见表23-5-11。

表23-5-11　　岔管主、支管布置

岔管编号	4号	3号	2号	1号
高压岔管直径（m）（主管/支管）	8.0/3.5	6.9/3.5	5.6/3.5	弯管3.5
尾水岔管直径（m）（支管/主管）	弯管4.0	4.0/5.6	4.0/6.9	4.0/8.0

岔管存在正、反流向水流，体形布置设计要求选择综合考虑机组不同运行台数组合情况下局部水头损失相对较小的方案，同时还应考虑结构合理、施工和运行方便等因素。在岔管立面体形布置上，一期岔管采取主、支管轴线同在一水平面的上、下对称布置，该布置不利于施工和运行检修时洞内排水，需抽水和另置一套布置于主管底部的专用高压排水管阀系统，用以排除支管底部高程以下的主管底部积水。二期岔管立面布置将主支管底部设在同一高程上（主、支管轴线在不同高程），形成立面体形不对称的平底岔管，可以自流排水，此种平底岔管体形相对复杂一些，施工模板和布筋也稍添困难，但省掉一套高压排水系统，又方便施工和运行检修排水。通过水力模型试验，其局部水头损失系数见表23-5-12。

表23-5-12　　一期岔管发电、抽水工况水头损失系数水力模型试验成果

岔管编号	运行方式		水头损失系数		岔管编号	运行方式		水头损失系数	
			发电工况	抽水工况				发电工况	抽水工况
4号	单机		0.22	0.42	2号	单机		0.34	0.43
	双机	4、3号	0.21	0.39		双机	2、4号	0.34	0.40
		4、2号	0.22	0.40			2、3号	0.35	0.47
		4、1号	0.21	0.40			2、1号	0.74	0.64
	三机	4、3、2号	0.27	0.32		三机	2、4、3号	0.39	0.49
		4、3、1号	0.26	0.32			2、4、1号	0.76	0.68
		4、2、1号	0.25	0.32			2、3、1号	0.77	0.88
	四机		0.30	0.21		四机		0.78	1.00
3号	单机		0.25	0.41	1号弯管	单机		0.35	0.26
	双机	3、4号	0.27	0.39		双机	1、4号	0.39	0.24
		3、2号	0.31	0.39			1、3号	0.40	0.27
		3、1号	0.32	0.42			1、2号	0.46	0.72
	三机	3、4、2号	0.32	0.42		三机	1、4、3号	0.41	0.32
		3、4、1号	0.32	0.45			1、4、2号	0.42	0.76
		3、2、1号	0.47	0.31			1、3、2号	0.43	0.97
	四机		0.42	0.39		四机		0.42	1.06

（3）岔管结构设计。高压岔管最大内压水头为 725m，*PD* 值为 5800m·m，为大型钢筋混凝土岔管。在设计理论上，充分利用围岩预应力场（开挖后围岩地应力调整分布的二次应力场），把岔管周围的岩体作为承受内水压力的主体，钢筋混凝土岔管仅起到保护围岩，改善过流糙率等作用，认为衬砌将在内水压力作用下开裂，绝大部分内水压力传递给围岩承担，围岩预应力场消化了由内水产生的应力，使隧洞和岔管得以安全运行。广州抽水蓄能电站岔管用二维和三维有限元和边界元的分析成果作为设计依据。分析认为：岔管在内水作用工况下，只要围岩地应力测试和预应力场有可靠的论证，以二维有限元计算成果即可以满足设计的要求（见图 23-5-12）。

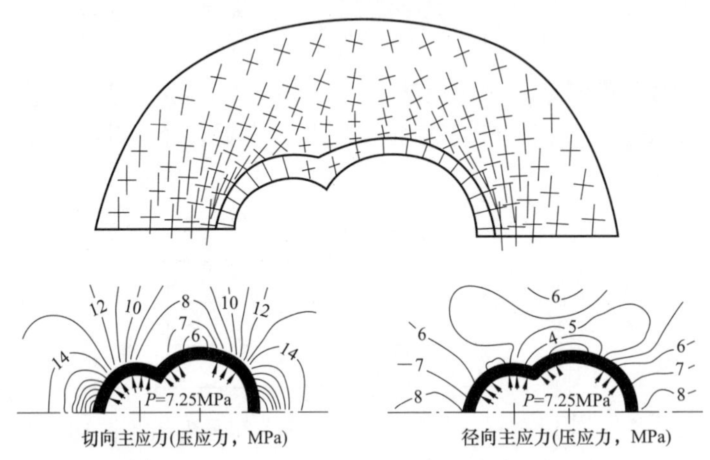

图 23-5-12　广州抽水蓄能电站一期岔管二维有限元分析成果（内水压力＋地应力）

钢筋混凝土岔管衬砌厚度及配筋实际上都由外水压力工况控制，但衬砌受外水压力作用机理尚不清楚，外水压力设计水头和抗外压计算模型等至今还未有合理的解答。

关于高压隧洞（或岔管）的外压设计水头问题，原型监测资料缺乏，设计在取值上争论较多。广州抽水蓄能电站二期工程建成投运后，实测了水道充水和放空过程的外水压力变化（见图 23-5-13）。该成果反映出深埋的钢筋混凝土高压隧洞的外水压力（渗流势场）受内水外渗条件控制，而与勘探钻孔测得的地下水位线无关，或者几乎没有水力联系。渗压计测得的渗压均是水道充水后在长时间运行中由于内水外渗逐渐形成和稳定的。随着水道放空、外压势场也稍有滞后回渗消落，直到回复到充水前的初始状态。由此，广州抽水蓄能电站二期岔管外压设计水头假定改由内水外渗条件控制。广州抽水蓄能电站二期岔管、支管、厂房系统沿南北向勘探支洞剖面（*A*-*A*）如图 23-5-14 所示。

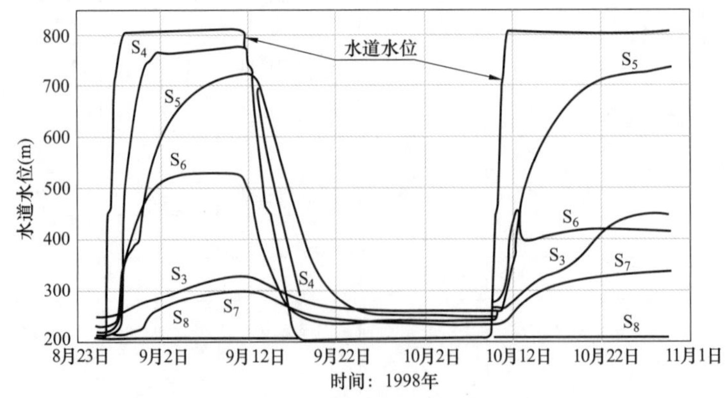

图 23-5-13　广州抽水蓄能电站二期水道充、放水期间围岩渗压计监测过程线

S—围岩内埋设渗压计

关于抗外压计算模型分歧更大，究竟围岩能起多大作用，至今在理论上或原型观测中都无法论证。广州抽水蓄能电站一期岔管，采用美国哈扎公司专家咨询意见，采用两种计算模型：

1）假定 1 倍衬砌厚度的围岩与衬砌共同承受均布的外压荷载。

2）在三维有限元和边界元分析中，将紧靠衬砌的围岩单元弹性模量降低（例如取 1/50 围岩弹模）。

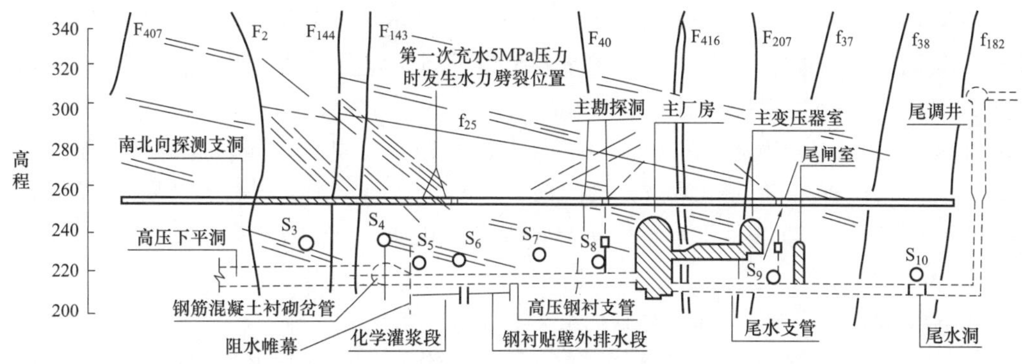

图 23-5-14　广州抽水蓄能电站二期岔管、支管、厂房系统沿南北向勘探支洞剖面（*A-A*）

（四）输水系统的充水和放空

广州抽水蓄能电站一期输水系统投入运行初期，经历了两次放空实践，其简要情况见表 23-5-13。

表 23-5-13　　广州抽水蓄能电站一期隧洞充、放水情况

充、放水日期	充水或放水	全过程历时（h）	平均速度（m/h）	充、放水目的
1993 年 2 月 10～28 日	充水	456	1.6	初期充水、机组调试、试运行
1993 年 5 月 28 日～6 月 4 日	放水	168	3.5	放空检查、验收水道
1995 年 3 月 14 日～6 月 6 日	充水	72	8.3	再充水电站正式投入运行
1995 年 3 月 14～20 日	放水	136	4.4	放空检修引水支管钢衬灌浆孔封焊缺陷
1995 年 3 月 28～30 日	充水	30.54	9.6	再充水继续投入运行

高水头大型地下式水电站引水系统的充水和放空是电站运行必须的一项操作，必须为此设置一套完善的充、排水设备，否则将给电站运行造成困难。

广州抽水蓄能电站引水系统充水设备采用在进口闸门顶部设置充水阀，操作简便，无需局部开启闸门，有利于控制充水速度。但要注意充水阀金属部件设计和加工精度，务必保证操作灵活可靠。

放空排水设备可以按不同水头段分别采用，如利用水轮机空转排水，在不同高程施工支洞堵头设置排水管阀，以及在球阀前设置专用排水管阀等。高水头排水管均设置孔板消能设备，以保证在高水头压力下排水安全。

充水操作（尤其是初期充水）应严格控制充水速度，使得衬砌和围岩有一个渐进缓慢加压受力过程，广州抽水蓄能电站初期充水速度控制在 10m/h 以内，并分若干级水头段，每级水头稳压 48～72h。以后各次放空后再充水则控制充水速度 10m/h 以内，一阶段充水至最高水位。

高压管道放空排水对高水头电站是一项具风险性的操作，国内外工程经验对此须特别谨慎，不轻易决定放空水道，除非迫于特殊需要，其核心问题是担心外水压力危害衬砌安全和外水回渗恶化围岩水文地质条件。广州抽水蓄能电站两次放空皆谨慎操作，在中低水头阶段严格控制内水消落速度小于 4m/h，顺利地完成放空操作。第二次放空后再充水时渗压计实测外压比第一次实测值升高近 100m 水头，说明由于充、放水造成渗流返冲刷裂隙中充填物，恶化了水文地质条件，因此频繁放空水道是不可取的。

第六节　机　电　设　备

一、700m 级高水头 350MW 抽水蓄能机组在敦化电站应用

（一）工程概况

敦化抽水蓄能电站位于吉林省敦化市北部小白林场，装机容量为 1400MW，安装 4 台机组，单机容量 350MW。电站在系统中承担调峰、填谷和紧急事故备用任务，并具备黑启动能力。

上水库正常蓄水位为 1391m，死水位为 1373.0m，工作水深 18m，调节库容 697.8 万 m^3。下水库正常蓄水位为 717m，死水位为 690m，工作水深 27m，调节库容 753.3 万 m^3。

地下厂房采用中部布置方式，开挖尺寸156m×25m×53m（长×宽×高）。输水系统包括引水系统和尾水系统，均采用一管两机的布置方式。输水系统最长洞线为沿4号机组，总长4616.41m，其中引水系统长度3081.52m，尾水系统长度1534.89m。

电站单机容量350MW，额定水头为655m，最大扬程712m，机组额定转速为500r/min，飞逸转速为725r/min，比转速仅有26.8m·kW，为国内首个自主化设计、制造、安装、调试、运行的700m级高水头大型抽水蓄能电站，实现了抽水蓄能机组技术自主化从500m级水头、300MW直接到700m级水头、350MW的跨越。

（二）700m级高水头350MW抽水蓄能机组关键技术研究应用

敦化抽水蓄能电站4台机组分别由哈尔滨电机厂有限公司（简称哈电）和东方电气集团东方电机有限公司（简称东电）独立成套设计、制造和供货。依托敦化项目，项目投资方、设计单位和制造厂家联合开展了“700m超高水头大型抽水蓄能机组关键技术研究及应用”专项科研攻关，相关成果在敦化抽水蓄能项目上得到了成功应用。

1. 700m级高水头350MW水泵水轮机

（1）700m级高水头350MW水泵水轮机参数选择。通过深入研究分析700m级高水头水泵水轮机特性，在广泛调研总结国内外700m级抽水蓄能电站水泵水轮机设计制造与运行经验的基础上，优选水泵水轮机水头变幅、额定转速、吸出高度等关键技术参数，为水泵水轮机获得一个良好的水力设计、结构设计奠定基础。对依托工程敦化抽水蓄能电站来说，各参数优选结果为：

1）水头变幅确定为1.13，略低于葛野川、神流川、西龙池等抽水蓄能电站的水头变幅。

2）机组额定转速为500r/min，水轮机工况额定水头比转速n_{st}为90.2m·kW，转速系数K_t为2308，水泵工况最小扬程比转速n_{sp}为26.8mm^3/s，转速系数K_p为3494，在700m级水头段参数水平属于中上等水平；最小扬程比速系数分别3259，略低于葛野川、神流川、小丸川抽水蓄能电站的水平。

3）最大扬程时吸出高度H_s为－94m。通过过渡过程研究及相近工程水泵水轮机空化性能研究，在500m级水泵水轮机选择吸出高度－70～－75m的基础上，适当降低了吸出高度，确定敦化抽水蓄能电站机组吸出高度为－94m，为水泵水轮机的水力设计创造了良好的条件。敦化1、2号和3号、4号机组的初生空化系数分别不小于1.65和1.98，机组将在扬程范围内无空化运行；1号和2号水力单元，尾水管最小压力非相继甩负荷工况均大于0m，特定时刻相继甩负荷工况预期最小为－5.97m，大于－8m，尾水管设计时按－10m外压设计。

（2）700m级高水头350MW水泵水轮机水力设计。高转速700m级水头水泵水轮机进口直径和出口直径D_1/D_2比值大，水力制动效应更为明显，机组过渡工况下流道流态更加复杂，切合工程实际保证机组安全可靠运行是水力设计的关键技术和难点。两厂通过深入研究低比转速水泵水轮机特性，尤其是“S”区特性对机组稳定性和过渡过程的影响，优化了大“S”曲线形状，解决了在保证水力性能参数水平的基础上，同时兼顾过渡过程工况的安全，最终东电研发D789转轮模型应用于1号和2号机组的设计制造，哈电研发的A1278转轮模型应用于3号和4号机组的设计制造。各机组的稳定运行证明，两厂的水力设计均是优秀的。

2. 700m级高水头350MW抽水蓄能机组结构设计

敦化抽水蓄能电站核准开工之前，国内已成功自主化设计制造了500m级水头抽水蓄能机组，额定转速为428.6r/min。当水泵水轮机水头从500m级提升到700m级时，机组在关键部件结构强度、螺栓强度、密封特性方面以及腔体内的流动特性等，需要采用特殊设计。另外，发电电动机由单机容量300MW、额定转速428.6r/min的水平提升到单机容量350MW、额定转速为500r/min，从电动机电磁设计难度来看，敦化项目发电电动机设计难度系数达到了28.2，是国内首个达到该设计难度的机组；推力轴承设计难度系数为418，也到达了较高的设计难度。由此，东电和哈电对机组结构设计进行了一系列的攻关，攻克了转速500r/min、容量350MW发电电动机的推力轴承高效性、转子安全性、轴系稳定性等难题，形成了多项关键技术，研制出安全稳定高效的高转速大容量发电电动机。

3. 700m级高水头抽水蓄能机组主进水球阀关键技术

敦化抽水蓄能电站球阀设计水头1160m，公称直径2.1m，制造难度系数PD值（水头压力与直径乘积）达到 238.7bar·m。由于压力远超以往类似机组，阀体的不同部位受力规律不同，导致阀体刚强度设计、活门结构设计、密封设计、材料选择、铸造、加工难度均大幅增加。通过技术攻关，成功研制出 700m 级高水头抽水蓄能机组主进水球阀，打破了一直以来国外对 700m 级抽水蓄能机组主进水阀整体技术的垄断。

4. 700m 级高水头大容量抽水蓄能电站厂房振动研究

针对敦化抽水蓄能机组超高水头、大容量、高转速的特点，工程上采取了多种减小厂房振动措施。

（1）充分利用围岩的刚度加强边界约束。①厂房上下游边设混凝土墙，厚 65cm，边墙要求紧贴岩壁浇筑，增强整体刚度。②蜗壳、机墩结构与下游边墙连接（增加约束）；③围岩支护锚杆的部分外露深入厂房上下游混凝土墙，使混凝土结构与岩面紧密结合，使结构受力传递至周围的岩体，把振动力引向岩体而消弭，有效利用周围岩体的刚度。

（2）机组段的连接方式。敦化地下厂房采用了“一机一缝”的布置型式，结构受力明确，在抽水蓄能机组运行工况复杂、起停频繁的情况下，避免机组之间互相影响和两个机组段结构之间的互相作用。

（3）水轮机转轮检修拆卸方式。敦化机组拆卸方式采用上拆方式，避免在机墩上布置拆卸孔，达到提高结构抗震性能的效果。

（4）采用厚板结构。采用厚板结构可提高机墩组合结构的整体刚度，本电站各层楼板的厚度均采用 100cm，并在孔洞部位布置暗梁加固，提高结构刚度，防止共振，从而提高结构的抗震性能。

（5）增强蜗壳外围混凝土的刚度。采用蜗壳外围混凝土下游直接与岩面接触，通过围岩支护锚杆的外露部分与岩面紧密结合，有效利用周围岩体的刚度；减少在蜗壳外围混凝土上开孔，尽量不减弱外围混凝土整体刚度。蜗壳外围混凝土采用“充水保压”的浇筑方式，增加对蜗壳和座环的嵌固性，有利于机组运行时的稳定。

（6）优化结构布置及节点设计。敦化地下厂房在结构设计过程中，优化孔洞布置，调整梁柱位置，根据楼梯及开孔布置在各层相应增设了立柱；局部孔洞周边设置加强钢筋，或布置周边梁予以加强；采用厚板的同时，在楼板内设置了暗梁结构，兼顾强度与布置要求。

（三）运行情况

敦化抽水蓄能电站于 2021 年 6 月 4 日首台机组投入商业运行，2022 年 4 月 26 日四台机组全部投入商业运行。在首台机组调试和试运行过程中，机组振动、摆度、瓦温和噪声等关键指标表现优异，机组稳定运行时各部导轴承摆度均小于 0.1mm，达到国内领先、世界一流水平。截至 2022 年 5 月 5 日，敦化电站四台机组发电工况累计运行 3656.3h，抽水工况累计运行 3925.52h，机组运行稳定，各项性能指标优秀，关键性能指标优于国外机组。

二、交流励磁变速机组在丰宁抽水蓄能电站中的应用

（一）工程概况

丰宁抽水蓄能电站总装机容量 3600MW，共装设 12 台单机容量 300MW 的可逆式蓄能机组，其中 11、12 号机组为交流励磁变速机组，其他 10 台机组为定速机组。地下主厂房总长度为 414m，安装间位于中部，两侧分别为 1～6 号主机间和 1 号主副厂房、7～12 号主机间和 2 号主副厂房。主机间分五层布置，分别是发电机层、母线层、水轮机层、蜗壳层和尾水管层。丰宁抽水蓄能电站地下厂房发电机层平面图如图 23-6-1 所示。

（二）丰宁抽水蓄能电站变速机组建设背景

根据有关规划，到 2025 年河北省风电总装机容量将达到 20108MW，张家口地区 2030 年风电、光伏总规模达到 50000MW。截至 2015 年底，冀北电网风电并网规模 9430MW，光伏达到 1110MW，新能源电量已占总发电量的 16%，其中风电利用小时数约 563h，弃风率达到 18%。此外，规划 2025 年京津及冀北电网从蒙西受电 3950MW，从山西受电 1400MW，从东北受电 3000MW，向河北南网送电 150MW，向山东电网送电 3500MW，京津及冀北电网区外送受电总计为 4700MW。可见，以火电为主京津及冀北电网，随着地区产业结构的优化调整、风电等新能源大规模入网及接纳大规模区外来电，电网调峰难度将进一步增加。

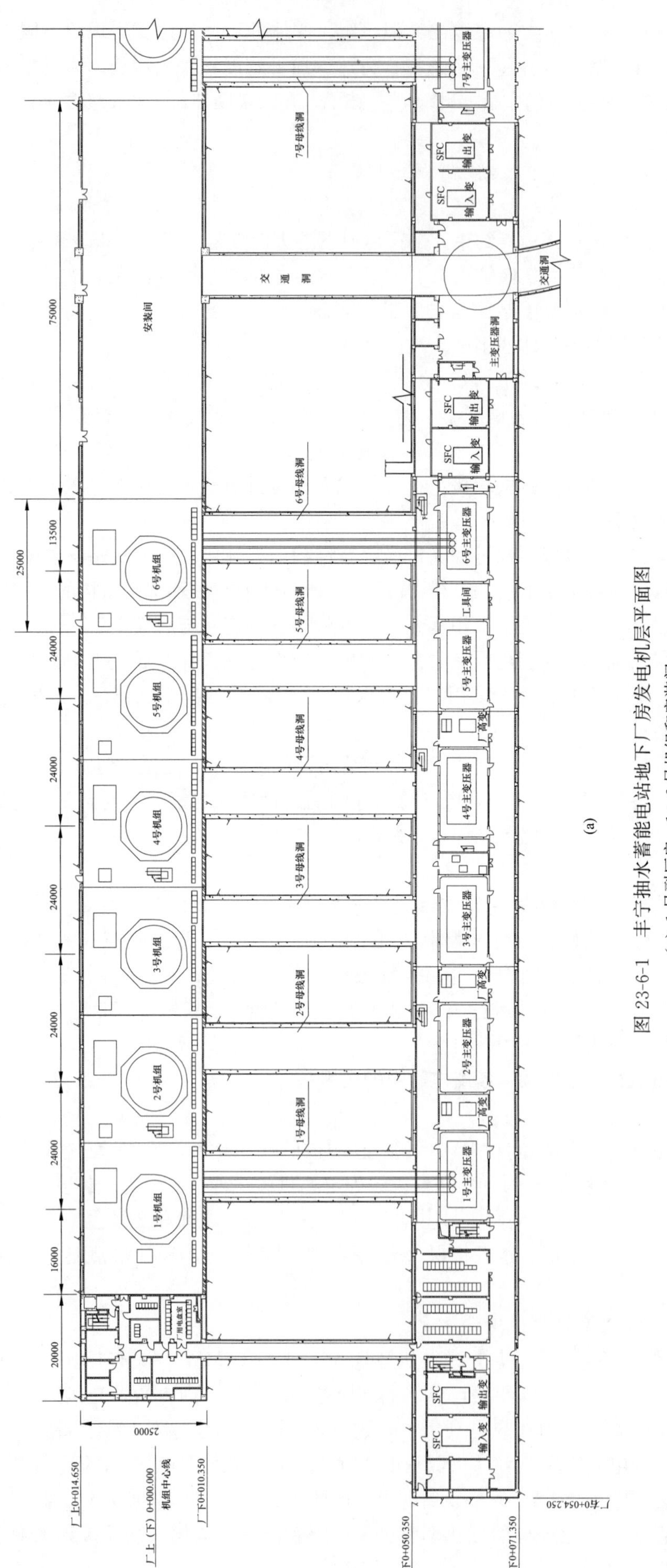

(a)

图 23-6-1　丰宁抽水蓄能电站地下厂房发电机层平面图

(a) 1号副厂房、1～6号机组和安装间

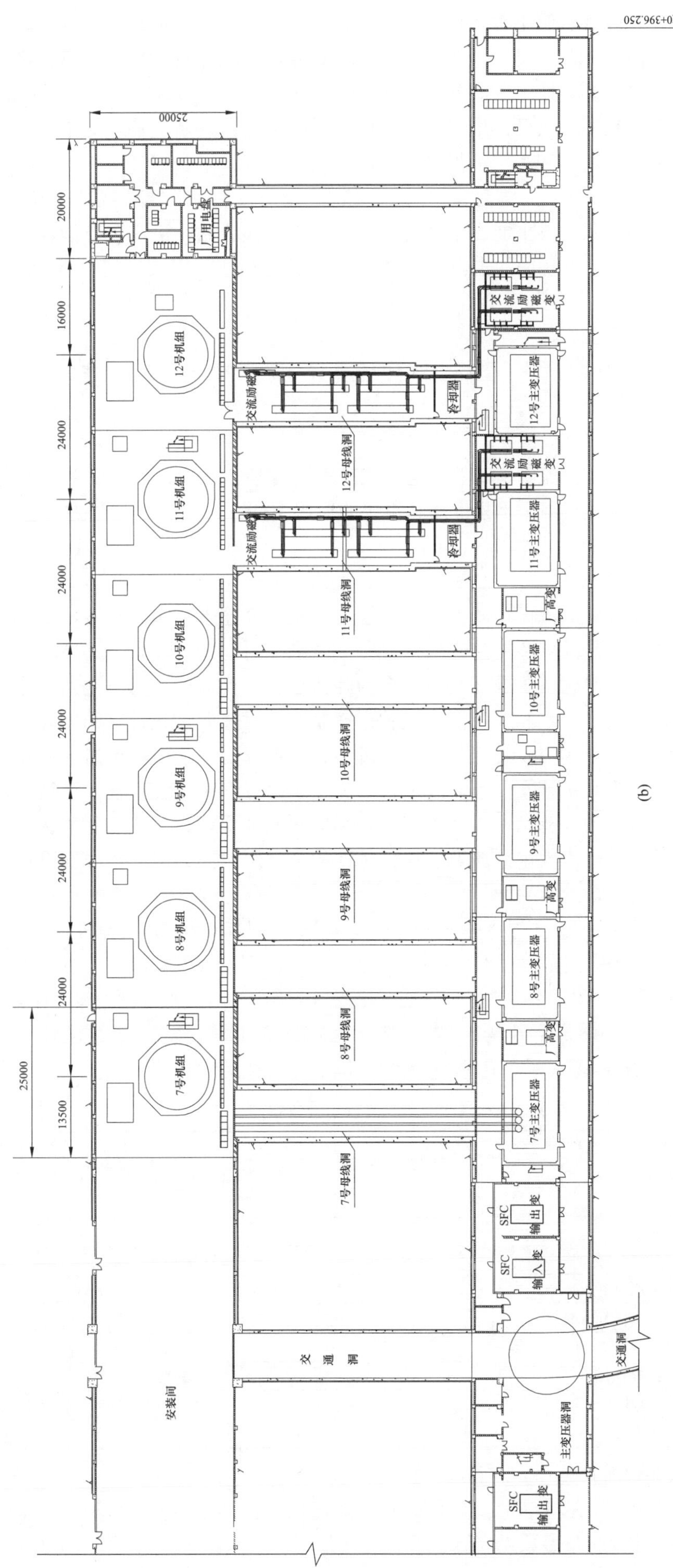

(b)

图 23-6-1 丰宁抽水蓄能电站地下厂房发电机层平面图

（b）7～12号机组及2号副厂房

冀北电网的张家口地区新能源资源丰富，拥有风、光、抽水蓄能等多种典型要素，具备良好的多能互补建设条件。张家口电能消费总量小，新能源接纳能力有限，但毗邻京津唐电力负荷中心，是典型的大规模新能源开发与外送系统场景。由于张家口电网位于华北500kV交流主网末端，电网结构薄弱，同步电源电压支撑能力不足，存在可再生能源安全并网、电力送出和新能源电力消纳等问题。为同时满足河北张家口地区大规模风电和太阳能发电的送出，国家电网有限公司“十三五”期间将建成张北可再生能源柔性直流电网示范工程，即建设“张北—康保—丰宁—北京”四端柔性直流环形电网。

丰宁抽水蓄能电站接入至张北可再生能源柔性直流电网的丰宁换流站，可实现新能源和抽水蓄能互补，减小间歇性能源对交流电网的扰动冲击，其中11、12号变速机组将以其优越的调节性能参与张北柔直电网示范工程的运行。

（三）丰宁抽水蓄能电站变速机组

本文主要对丰宁抽水蓄能电站11、12号变速机组的基本设计做简要介绍，与定速机组相同的常规设计不再赘述。

1. 丰宁变速机组电气主系统

丰宁两台变速机组各配置一套交流励磁装置，电动工况采用自起动方式，不再采用SFC起动或与其他机组的背靠背起动方式；变速机组不承担电站和系统的黑起动任务，黑起动由电站其他10台定速机组承担。

2. 变速水泵水轮机及其附属设备

丰宁变速水泵水轮机采用单级混流可逆式变转速水泵水轮机。变速水泵水轮机各主要部件，如顶盖、蜗壳座环、底环、尾水管、导轴承及主轴密封等部件结构型式、拆装方式均与定转速机组一致。

根据变速机组运行特性，在水轮机工况运行时，多为降速运行，且运行出力较定速相差不大，运行效率较定速略有提高，故变速机组水轮机工况流量较定速略低，对过渡过程计算结果影响不大。而变速机组在水泵工况运行时，水泵入力及转速均较定速机组有一定的变化，但在机组容量相同的情况下，水泵的最大入力及水泵最大流量基本一致，故水泵工况变速运行时对过渡过程计算结果也影响有限。综上所述，两者的过渡过程的计算结果将相差不多，相应的调节保证设计也变化不大。当然，水泵水轮机的特性是抽水蓄能电站输水发电系统调节保证设计的关键影响因素之一，详细设计时需特别关注机组特性对过渡过程计算造成的影响。

由于定速机组转速不可调节，水泵工况入力无法随电网需要实时调节入力，而变速机组具备变转速来调节水泵工况入力的能力，能更好地满足电网运行需要。原则上为更好地匹配电网运行，变速机组需尽量增加转速变化范围来达到更大的入力调节能力，但转速变化范围又需综合考虑水力研发难度及交流励磁装置容量之间的平衡关系，所以变速机组转速变化范围的选择就成为变速机组研发的关键核心技术，同时也是变速机组与定速机组研发的核心区别。丰宁变速水泵水轮机主要技术参数见表23-6-1。

表23-6-1　　丰宁变速水泵水轮机主要技术参数表

项目	主要参数
机型	立轴单级混流可逆式变速水泵水轮机
机组台数	2台
同步转速	428.6r/min
水轮机工况转速调节范围	−7%～−3.8%
水泵工况转速调节范围	−7%～6.2%
最大扬程输入功率调节范围	不小于100MW
最小扬程输入功率调节范围	不小于100MW
水轮机额定输出功率	310MW
最大轴输出功率	330MW
吸出高度	−75.5m

3. 变速发电电动机及其附属设备

丰宁变速发电电动机为立轴、悬式（带上、下导轴承）、三相、50Hz、空冷、可逆式、双馈感应电动机。丰宁变速发电电动机主要技术参数见表23-6-2。

表 23-6-2　　丰宁变速发电电动机主要技术参数表

项目		主要参数
发电工况（主变压器低压侧、交流励磁系统引接点外侧最大电气输出）		不小于 300MW/333.3MVA
电动工况（主变压器低压侧、交流励磁系统引接点外侧电气输入）		不大于 345MVA
电动工况（最大轴输出）		不小于 330MW
额定电压		15.75kV
电压调整范围		±5%
额定功率因数（主变压器低压侧、交流励磁系统引接点外侧）	发电工况	0.9（滞后）
	电动工况	0.98 （吸收有功，发送感性无功）
同步转速（对应 14 极）		428.6r/min
变速范围	发电工况	−7%～−3.8%
	抽水工况	−7%～6.2%
飞逸转速		640r/min
转动惯量		不小于 5712t·m^2
转子最高电压		3.414kV
转子最高电流		6764A
交流励磁装置额定容量（网侧/机侧）		12000/16000kVA×4 组
交流励磁变压器额定容量		7000kVA×4 组

丰宁变速发电电动机转子由主轴、转子支架、转子铁心、转子线棒及端部固定结构组成。转子线棒的上下端部均采用内支撑环和外护环结构，外护环采用屈服强度为 750MPa 的非磁性钢 X5NiCrTiMoV26-15 制成，护环部位线棒的通风冷却采用线棒端部斜边之间安放中空的铝合金支撑件方式。转子铁心材料采用低电磁损耗、静态强度和疲劳强度满足 FKM 评定标准的 0.5mm 厚高强度硅钢片。

综合机组自起动容量需求、交流励磁装置电压和电流等级选择、集电环和碳刷的选型、变频器施加于转子绕组的短时峰值电压等条件，转子线棒绝缘系统的电压等级选择为 10kV。综合电磁设计、转子线圈端部护环结构和材料以及发电电动机尺寸等的选择，丰宁变速发电电动定子绕组采用 4 支路、252 槽，转子绕组采用 2 支路、294 槽。集电环额定电流 6400A，并设置了独立通风和碳粉吸收系统，为了延长电刷的使用寿命，滑环室内另安装了加湿系统。

4. 交流励磁系统

交流励磁系统变频装置采用交—直—交电压源型中点钳位三电平变频器，功率器件采用 IEGT 全控型功率器件，冷却方式采用强迫水冷系统。交流励磁电源采用 4 组单元并联方式运行。每组单元由励磁变压器和变频装置等组成，如图 23-6-2 所示。机组在水泵工况起动时，通过交流励磁系统实现机组的自起动。

5. 控制和保护系统

（1）计算机监控系统。电站按“无人值班”（少人值守）方式设计，采用计算机为基础的全厂集中监控方式。网络系统采用分层分布、开放式系统，设有电厂级和现地控制单元级。两台变速机组各自设有现地控制单元实现变速机组的控制、调节和信息采集。通过对变速机组调速器和交流励磁的控制协调，实现机组转速控制以及发电和抽水工况的有功和无功快速的调节，更好保证机组稳定运行及在最优效率区运行。

（2）继电保护系统。变速机组发电机定子绕组的继电保护配置与定速机组相同。变速机组转子为三相励磁绕组，其继电保护配置与同步机组的继电保护配置不同。变速机组转子保护配有转子绕组接地、过电流、过电压和频率保护。

6. 变速机组及交流励磁系统设备布置

由于丰宁 11、12 号变速机组与 1～10 号定速机组位于同一地下厂房，在不改变厂房布置格局的前提下，对变速机组和定速机组的主辅机设备以及厂房局部结构和尺寸进行了统筹设计，分述如下：

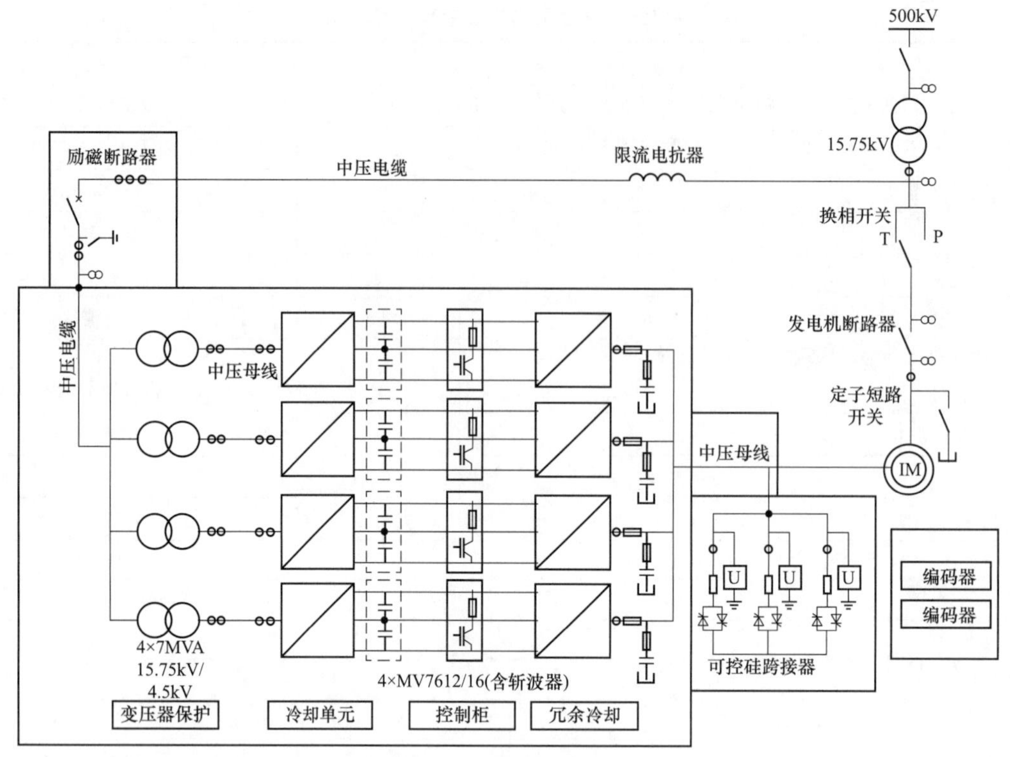

图 23-6-2 交流励磁系统单线图

(1) 变速机组发电电动机采用悬式结构，且其转子较定速机组转子尺寸稍长，因此起吊高度需加大，桥式起重机轨顶至发电机层从 11.5m 增大至 13.2m，厂房发电机层以上整体抬高 1.7m。

(2) 该参数水平定速机组高度（自蜗壳中心线至发电机层地面）一般为 15.5m，由于定速机组与变速机组的转子结构不同，变速机组高于定速机组，机组高度达到 16.0m。为保证两期工程发电机层同高，二期 7～12 号机组安装高程较一期 1～6 号机组安装高程低 0.5m。

(3) 丰宁定速机组的发电机电压回路设备布置于地下主厂房和主变压器洞之间的母线洞内，长度为 40m，属于我国抽水蓄能电站地下厂房的典型设计。丰宁变速机组的母线洞位置与定速机组相同，但设置了双层结构，如图 23-6-3 所示。母线洞下层底板与母线层同高程，布置发电机电压回路设备，离相封闭母线首末端分别连接发电电动机定子和主变压器；母线洞上层底板与发电机层同高程，布置变速机组交流励磁系统设备，包括变频器、冷却装置、过电压保护装置、交流励磁母线等，励磁母线首末端分别连接发电电动机转子和交流励磁变压器。

(四) 结语

丰宁抽水蓄能电站两台变速机组为国内首次建设的大型交流励磁变速抽水蓄能机组，投产后将与世界第一个±500kV 张北柔性直流电网联合运行。丰宁抽水蓄能电站变速机组的建设，将为我国后续抽水蓄能变速机组的应用提供有益的参考和借鉴。

三、“一洞四机”同时甩满负荷试验在清远抽水蓄能电站中的实践

(一) 工程概况

清远抽水蓄能电站安装有 4 台单机容量为 320MW 的可逆式蓄能机组，水泵水轮机均采用长短叶片转轮。

清远抽水蓄能电站引水系统布置采用“一洞四机”的布置型式。地下厂房采用首部布置，引水隧洞不设调压室，4 台机组共用一个下游尾水调压室。电站 500kV 地面开关站只设置一回 500kV 出线，在线路跳闸的情况下，所有运行机组将甩负荷跳机。为了验证甩负荷时所有机组的相关参数满足调节保证设计要求，确认相关控制和保护逻辑正确，确保机组及输水系统安全，电站于 2016 年 8 月 23～25 日进行了发电工况下四台机同时甩 25％、50％、75％和 100％负荷试验，进行“一洞四机”同时甩负荷试验，在国内外尚属首次。

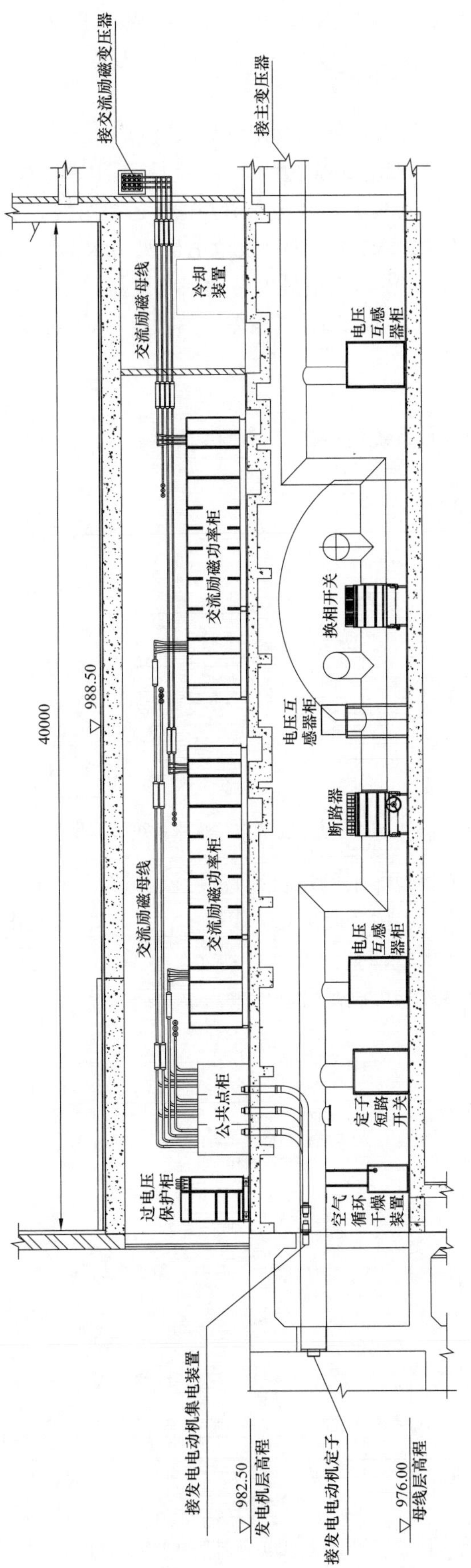

图 23-6-3 变速机组发电机电压回路设备和交流励磁系统设备布置横剖面图

（二）电站基本参数

清远上水库正常蓄水位 612.5m，死水位为 587.0m；下水库正常蓄水位 137.7m，死水位 108.0m。水泵水轮机毛水头/毛扬程范围 504.5～449.3m，水轮机工况额定水头 470m，额定转速 428.6r/min，水轮机额定功率 326.5MW，水泵最大输入功率 331.0MW，吸出高度－66m，转轮公称直径 2.242m。水泵水轮机进水阀为球阀。

引水系统从上水库进/出水口至引水钢筋混凝土岔管长 1692.46m，引水隧洞内径为 9.2～8.5m，岔管后接高压钢支管直径 4.0m，长 132.54m。尾水系统（包括下水库进/出水口）长 1013.68m，尾水支管管径为 4.5m，尾水隧洞洞径为 9.2m。其中最长管路的 1 号机组输水系统总长为 2939.34m。

水泵水轮机合同中规定的机组调节保证值为：发电电动机和水泵水轮机的转动惯量 GD^2 不小于 6010t·m²，在各种组合工况过渡过程中，机组最大转速（含计算误差）不大于 1.45 倍额定转速，蜗壳进口中心线处的最大压力值（含压力脉动和计算误差）不大于 780m 水头，转轮出口处最小水压值不少于 12m 水头（绝对压力）。

（三）电站过渡过程计算分析

电站过渡过程计算所采用的输水系统模型如图 23-6-4 所示。

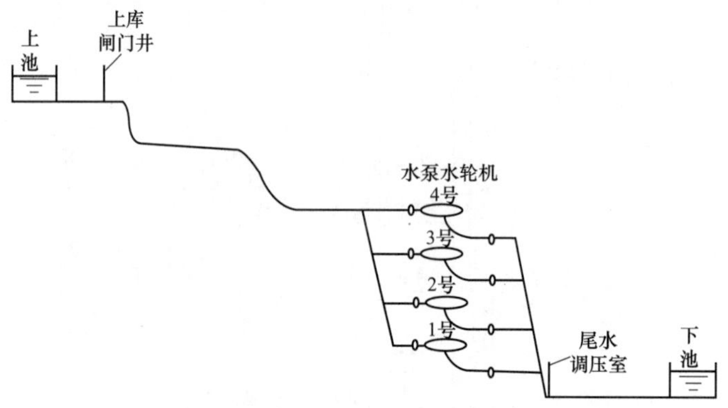

图 23-6-4 清远抽水蓄能电站输水系统计算模型

通过对控制工况的多种导叶关闭规律下的甩负荷过渡过程进行的计算及结果对比分析，确定水轮机甩负荷工况下活动导叶采用先快后慢的 2 段折线关闭模式；进水球阀采用 1 段关闭模式，且关闭时间慢于活动导叶的关闭时间，具体关闭规律如图 23-6-5 所示。计算结果表明，机组最大转速、蜗壳进口最大压力和转轮出口最小压力等参数均可满足合同的要求。

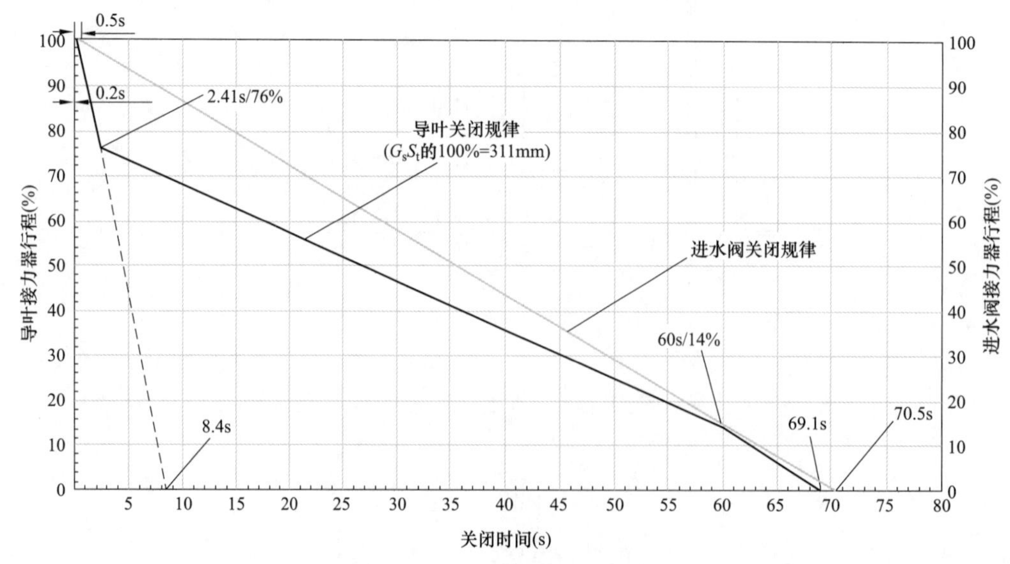

图 23-6-5 清远水轮机工况甩负荷时导叶和进水阀的关闭规律

经过计算分析，导叶采用先快后慢 2 段折线关闭规律，可有效地抑制机组的转速上升，有效地控制蜗壳的最大水压上升，避免尾水水压的急速下降。电站引水隧洞未设置引水调压室，上水库高水位的部分工况下，闸门井的涌浪水位会超出允许高程；同时关闭球阀，对闸门井的涌浪水位能起到一定的缓和作用；特别是在下水库水位较低时，在水轮机相继甩负荷发生延时的特殊工况，若不同时关闭球阀，会出现尾水压力大幅度下降。因此球阀采用了随动关闭方式，比导叶关闭时间稍长。

水轮机甩负荷时导叶采用先快后慢的2段折线关闭规律，水轮机导叶最大相对开度为94.07%，第一段为快速关闭（约2.41s）关至76%折点位置；第二段为慢关，总关闭时间约69.1s。导叶与进水球阀同时进行关闭，进水球阀关闭设计时间为70.5s，包括不动作时间0.5s。

原型机甩负荷试验的现场实践表明，机组导叶关闭规律与理论计算的一致性是尤为重要的。为保证机组关闭规律能最大限度地与理论计算一致和试验安全，甩负荷前对导叶关闭规律进行了专项检查，1号机组折点位置76.15%，2号机组75.64%，3号机组75.44%，4号机组75.78%，关闭斜率与理论计算基本一致。其中1号机组的现场调试关闭规律如图23-6-6所示。

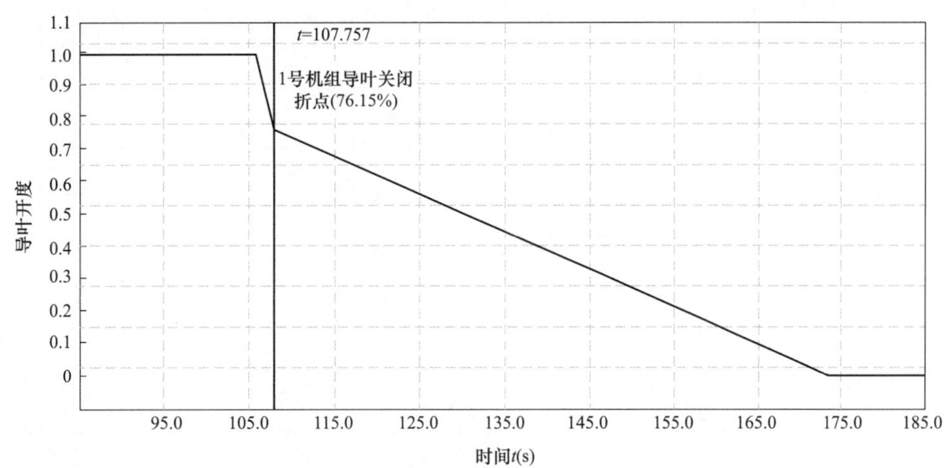

图 23-6-6 清远1号机组导叶关闭规律

（四）“一洞四机”同时甩负荷试验成果分析

1. 四台机组甩25%、50%、75%负荷试验结果

2016年8月23～24日，分别进行了四台机组发电带25%、50%、75%负荷的甩负荷试验，甩负荷后数据见表23-6-3。4台机同时甩25%、50%、75%负荷试验结果均满足合同调节保证值的要求，且试验结果与理论计算值基本一致。

表 23-6-3　　清远四台机甩25%、50%、75%负荷时的试验数据

项目	甩25%负荷	甩50%负荷	甩75%负荷	控制值
1号机组蜗壳最大压力（MPa）	5.921	6.468	6.890	≤7.649
2号机组蜗壳最大压力（MPa）	5.894	6.443	6.840	
3号机组蜗壳最大压力（MPa）	5.890	6.433	6.778	
4号机组蜗壳最大压力（MPa）	5.878	6.426	6.758	
1号机组尾水管进口最小压力（MPa）	0.642	0.598	0.520	≥0.118
2号机组尾水管进口最小压力（MPa）	0.678	0.547	0.420	
3号机组尾水管进口最小压力（MPa）	0.664	0.626	0.571	
4号机组尾水管进口最小压力（MPa）	0.621	0.601	0.537	
1号机组转速上升率（%）	7.0	19.6	30.0	≤45
2号机组转速上升率（%）	7.7	19.9	30.2	
3号机组转速上升率（%）	7.4	19.9	30.0	
4号机组转速上升率（%）	7.6	19.7	29.9	

线路跳闸后导叶关闭规律与ESD（机组甩负荷）一致，各机组轴承温升正常，机组各部件检查无异常，可以继续100%甩负荷试验。

2. 四台机组发电带100%负荷的甩负荷试验结果

2016年8月25日11：54，四台机进行了同时甩100%负荷试验。当时的上水库水位602.76m、下水库水位122.67m，毛水头480.09m。试验结果中，4台机组蜗壳水压振动周期、波形衰减趋势一致，最大值7.096MPa（723.6m）出现在引水管路最长的1号机组，时间大约为8.0s；4台机组的尾水管水压波形变化也趋于一致，最小值约为0.463MPa（47.2m）也出现在引水管路最长的1号机组，时间大约为7.5s；转速上升峰值与计算值接近，峰值出现的时间与理论计算时间均约为6.5s。综合表23-6-4可知，本次试验中蜗壳最大压力、尾水管压力实测值与理论计算值的误差在5%以内，最大转速上升率的误差在3%以内，所有参数指标均在模拟计算所控制的理论极限区间之内。

表23-6-4　　四台机甩100%负荷时的计算结果和试验实测数据对比

<table>
<tr><th>项目</th><th>上水库（m）</th><th>下水库（m）</th><th>导叶开度（mm）</th><th>发电机功率（MW）</th><th colspan="2">内容</th><th>1号机</th><th>2号机</th><th>3号机</th><th>4号机</th></tr>
<tr><td rowspan="14">四台机组同时甩100%负荷（球阀70.5s全关）</td><td rowspan="14">602.7</td><td rowspan="14">122.7</td><td rowspan="14">318</td><td rowspan="14">320</td><td rowspan="4">蜗壳最大水压力（m）</td><td>计算值</td><td>690.6</td><td>689.6</td><td>688.7</td><td>687.4</td></tr>
<tr><td>预想值</td><td>738.7</td><td>737.6</td><td>736.6</td><td>735.2</td></tr>
<tr><td>保证值</td><td colspan="4">780</td></tr>
<tr><td>试验值</td><td>723.6</td><td>723.3</td><td>721.5</td><td>715.2</td></tr>
<tr><td rowspan="6">转速（r/min）</td><td>转速计算值</td><td>597.8</td><td>597.4</td><td>597.1</td><td>596.7</td></tr>
<tr><td>转速预想值</td><td>606.3</td><td>605.9</td><td>605.5</td><td>605.1</td></tr>
<tr><td>转速上升预想值（%）</td><td>41.5</td><td>41.4</td><td>41.3</td><td>41.2</td></tr>
<tr><td>转速保证值/转速上升保证值（%）</td><td colspan="4">621.5/45</td></tr>
<tr><td>转速上升试验值（%）</td><td>37.1</td><td>37.5</td><td>37.2</td><td>37.1</td></tr>
<tr><td>转速试验值</td><td>587.7</td><td>589.5</td><td>588.1</td><td>587.5</td></tr>
<tr><td rowspan="4">尾水管最小水压力（m）</td><td>计算值</td><td>41.2</td><td>40</td><td>40.1</td><td>39.1</td></tr>
<tr><td>预想值（绝对压力）</td><td>32.7</td><td>31.4</td><td>31.6</td><td>30.4</td></tr>
<tr><td>保证值（绝对压力）</td><td colspan="4">12</td></tr>
<tr><td>试验值</td><td>47.2</td><td>51.6</td><td>47.3</td><td>50.9</td></tr>
</table>

四台机组甩100%负荷时转速变化趋势如图23-6-7所示，由图可见，四台机组导叶关闭折点均在76%附近，快关与慢关斜率与理论趋势一致。说明调速器的一次调频在线路跳闸机组甩负荷过程作用明显，四台机组相当于线路一跳闸，立即同步关闭导叶。负荷时的蜗壳压力和尾水压力变化趋势如图23-6-8和图23-6-9所示。由于水压脉动的影响，现场试验的测量结果均为脉动压力曲线，而计算机模拟结果尚无法模拟真实的水压脉动，为了更直观的进行比较，在确认了1～4号机曲线衰减趋势几近一致的前提下，随机选取了1号机组的试验结果进行对比。1号机甩100%负荷的计算结果趋势如图23-6-10所示，在和现场试验同样的条件下，通过解析计算捕捉到的模拟波形和现场测定的波形的振动周期、波形衰减趋势均良好吻合，计算结果数值与试验测量值较为接近，且误差较小，均在合同保证值范围内。

（五）一洞多机水路内循环水流的相互干涉问题

一洞多机水路由于各号机组的管路相互连通，互相之间多少会产生影响，使得它和一台机单独甩负荷时产生的现象有所不同。比如一洞多机的水路系统中，一台机甩负荷，另外的机组继续运行的时候，甩掉负荷的机组引起的水压上升会作为额外水头瞬时叠加到其他机组上，这也是其他继续运行的机组的输出功率会瞬间大幅增加的原因之一，一洞两机水路内的循环流干涉如图23-6-11所示。

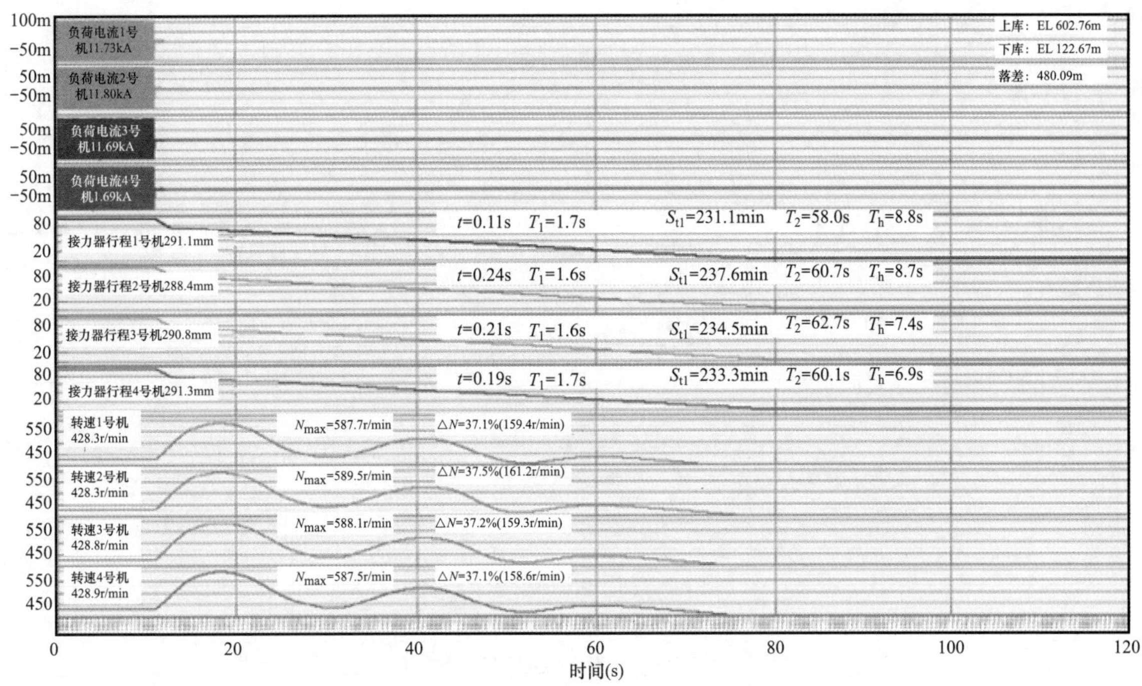

图 23-6-7 四台机组甩 100%负荷时转速变化趋势图

t—接力器不动时间；T_1—导叶第一段折线关闭时间；S_{t1}—导叶关闭至第一段末接力器行程；T_2—导叶第二段折线关闭时间；T_h—导叶末段缓冲关闭时间；N_{max}—最大转速；ΔN—转速变化

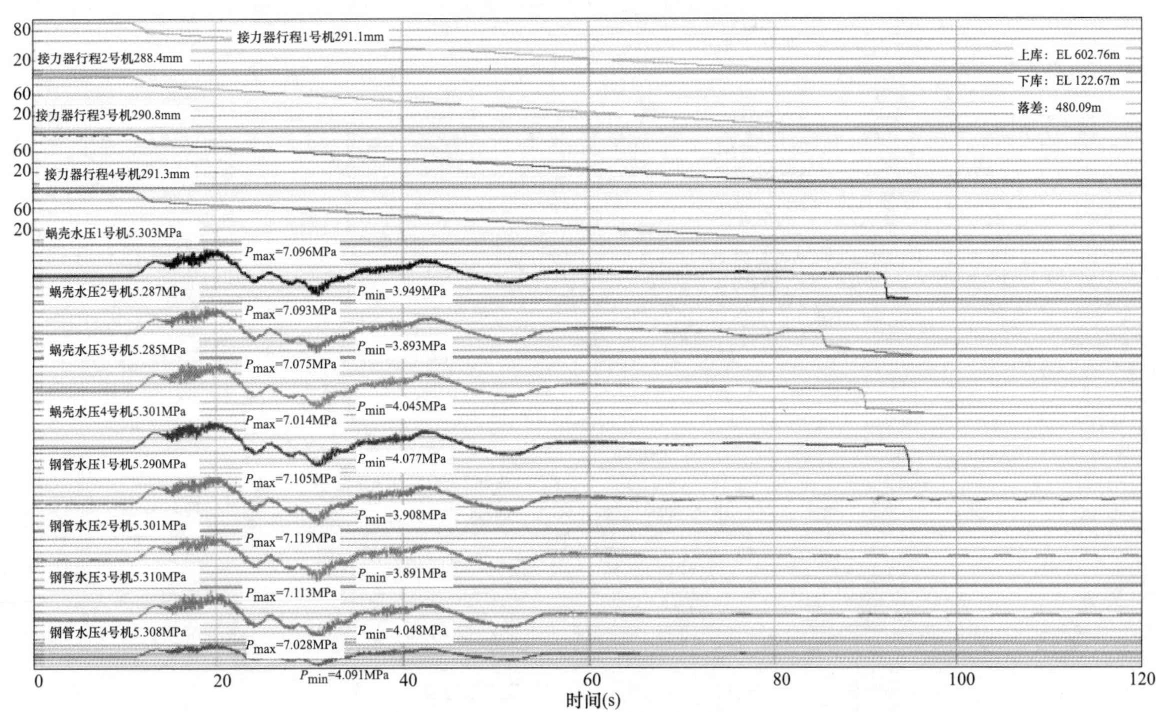

图 23-6-8 四台机组甩 100%负荷时蜗壳压力变化趋势图

P_{max}—蜗壳最大压力；P_{min}—蜗壳最小压力

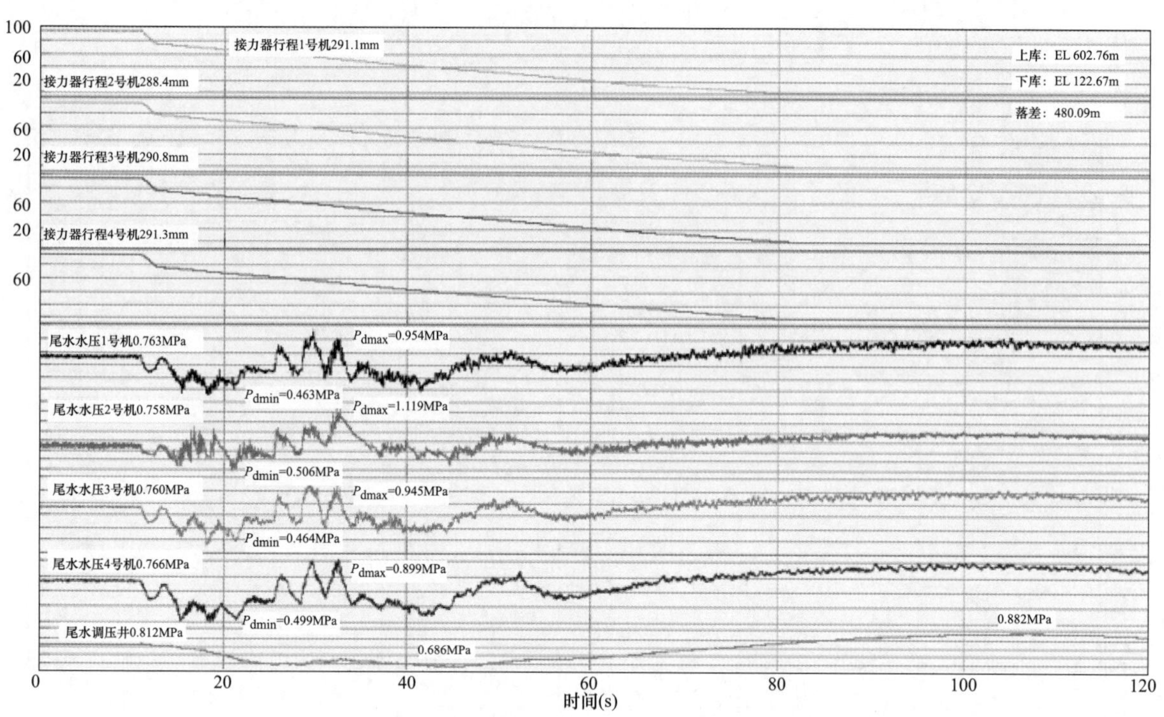

图 23-6-9　四台机组甩 100%负荷时尾水压力变化趋势图

P_{dmax}—尾水最大压力；P_{dmin}—尾水最小压力

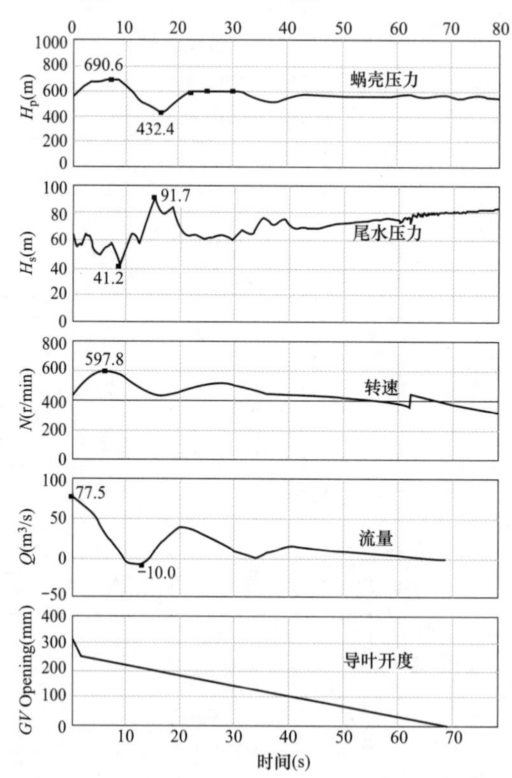

图 23-6-10　1 号机甩 100%负荷的计算结果趋势图

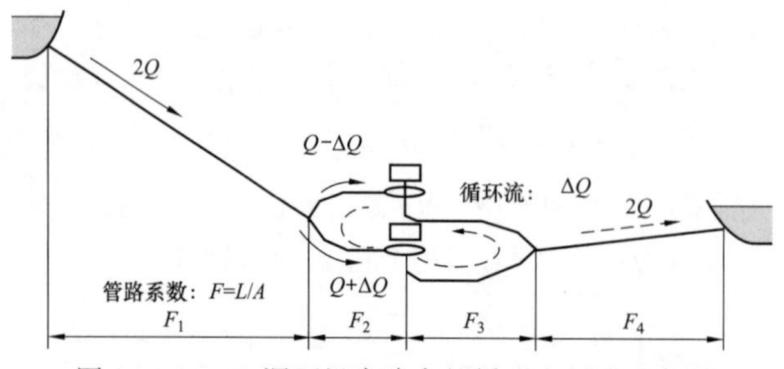

图 23-6-11　一洞两机水路内的循环流干涉示意图

对于一洞多机水路内存在着循环水流相互干涉问题，东芝公司对此也进行过深入的研究。当管路系数 $F=L/A$ 时，电站整个输水管路各部（F_1、F_2、F_3、F_4）的长度设计不合理时也会使分支管内的循环流叠加，导致尾水路侧的水锤波振幅变大，这样的情况下容易发生水柱分离现象。

清远抽水蓄能电站一洞四机水路，高压引水侧支管4分岔，尾水侧支管也是4分岔，其中管路系数分别为：1号机组 $F_2>F_3$，2号机组 $F_2>F_3$，3号机组 $F_2<F_3$，4号机组 $F_2<F_3$。由于1、2号机和3、4号机的管路系数两两对称，互相平衡，使得4台机的水路压力变动得到了同期化，避开了管路间的循环流干涉现象。

（六）结语

清远抽水蓄能电站出线采用一回路出线、输水系统采用一管四机，对过渡过程计算可靠性的要求非常高，为确保电站过渡过程的安全，充分研究了过渡过程组合工况，其中包括开机工况、延时甩负荷工况等，并且委托高校与水泵水轮机厂商共同进行电站的过渡过程计算研究，采取了必要的工程措施，选择合适的关闭规律，调保计算各指标满足规程规范及计算保证值的要求。通过电站过渡过程计算的研究，确定了最不利工况下的转速上升值，即确定了最大转速上升率，为保证机组在飞逸状态下的安全，将发电电动机飞逸转速在过渡过程最高转速的基础上预留6%的安全裕度。

清远抽水蓄能电站成功完成了“一洞四机”同时甩满负荷试验，计算结果与试验结果的变化趋势基本一致，试验结果满足合同要求，且有一定的裕度，机组可以安全运行。试验验证了一管四机设计的结构安全，也体现了长短叶片转轮在非稳态过渡过程中的稳定性，为电站良好运行奠定了基础。清远抽水蓄能电站“一洞四机”同时甩满负荷试验，在国内外尚属首次，可供今后类似工程参考和借鉴。

四、GIL管道母线在张河湾抽水蓄能电站中的应用

（一）工程概况

张河湾抽水蓄能电站装机容量1000MW，安装4台机组，单机容量250MW，2008年7月第一台机组正式投产发电，2009年2月四台机组全部投产发电。电站以单回500kV线路接入系统，并预留第二回500kV出线。四台机组采用两组发电电动机与主变压器联合单元接线，发电电动机出口装设断路器和换相隔离开关，500kV侧最终为2进2出四角形接线，一期建设2进1出（两个断路器间隔）即半个四角形接线，为地下GIS型式。

（二）出线方案选择

张河湾抽水蓄能电站高压引出线自地下主变压器洞沿出线廊道经出线竖井及上平段引至地面500kV出线场，长度约为150m，出线竖井高差约为60m，一期建设一回出线。

高压引出线的型式不但与引出线自身型式选择有关，还与电气主接线、500kV开关设备布置、输送容量、出线洞型式、设备运行维护、环境影响等方面关系密切。通常从以上各方面综合考虑，国内普遍采用500kV地下联合单元、地面GIS方案、高压电缆作为引出线输送两台机组电能的型式，单回输送容量基本在500～700MW。张河湾电站有着它自身的特点：电站一期仅为一回出线，作为抽水蓄能电站，在系统中担负调峰、填谷及事故备用等任务，占有十分重要的地位，引出线的可靠性问题显得尤为重要。GIL具有如下技术特点：

（1）输送容量大、损耗小。张河湾抽水蓄能电站建设时期500kV GIL产品载流量水平可达4500A，输送容量接近4000MVA，相比高压电缆，输送能力更适合超高压大容量输电，且输送容量越大，GIL的优势就越明显。同时，GIL导体电阻小，与电缆相比损耗降低明显，长期运行可产生累积经济效益。

（2）可靠性高、寿命长。与高压电缆相比，GIL不存在绝缘老化的问题，故障后的修复时间短，具有更高的可靠性，设计使命寿命为50年，远超过高压电缆（特别是电缆头）的预期寿命，使用总成本大大降低。

（3）安全性好。GIL内部填充 SF_6 或 SF_6+N_2 混合气体作为绝缘介质，无火险。而当电缆发生短路故障时，其燃烧产生的气体会给环境和人身安全带来较大危害。同时，GIL电磁辐射小。

（4）布置灵活。GIL布置不受弯曲半径限制，除在廊道及竖井或斜井内敷设外，还可直埋或敞开架空敷设，可较好地适应各种现场条件。

为保证电站的可靠运行和技术经济合理性，基于以上各个方面，对张河湾抽水蓄能电站500kV设

备选型及开关站布置进行了综合比选，最终选用采用地下GIS、高压引出线GIL方案。

（三）GIL在张河湾抽水蓄能电站的应用

1. GIL主要参数和结构特点

通过与厂家进行技术交流，收集国内外有关资料进行分析研究，最终确定了GIL主要技术参数：额定电压550kV；额定电流3150A；额定短时耐受电流/持续时间63kA/2s；额定峰值耐受电流170kA；额定雷电冲击耐压：1675kV（相对地，相间）；额定操作冲击电压：1250kV（相对地），1800kV（相间）；额定1min工频耐压：740kV（相对地，相间）；单个气室年漏气率不大于0.1%；检修周期不少于30年。

GIL为分相绝缘，输电回路由三条离相管道母线组成，外壳及导体均采用高强度、高导电性能的铝合金材料，为同心结构，之间充填SF_6气体，外径分别为512mm/180mm，壁厚分别为6mm/5mm。外壳选择了螺栓连接结构。导体的连接采用插接型式，插头及插座分别为铝镀银/铜镀银材质，以降低接触电阻。导体由支柱绝缘子和盆式绝缘子支撑，绝缘子材料为环氧树脂。支柱式绝缘子在外壳内采用3点式固定，三个支柱在圆周方向呈120°均布排列。每一相GIL长度约为145m，为便于补充/回收SF_6气体，减小故障影响范围，将其划分为GIS室、出线廊道、出线竖井及出线上平段四个气体隔室。

考虑到张河湾电站运输及安装条件的限制，在GIL招标文件中对GIL制造长度做了明确规定，要求水平段每节长度不大于6m，垂直段每节长度不大于11m。

2. GIL安装

GIS室及出线廊道内的GIL先经进厂交通洞运至主变压器洞首层，再由GIS室内桥式起重机通过楼板上的吊物孔将其吊运至GIS层。竖井内的GIL先运至出线场平台，通过出线竖井顶部的吊物孔进行吊装。在出线竖井上部设有组装平台，可将2～3段GIL组装后由起吊装置整体就位。出线竖井内每隔3m设一平台。出线上平段的GIL通过出线场夹层的吊物孔进行运输。厂家负责对现场安装、调试、试运行、验收及投入商业运行提供技术督导服务。GIL安装、调试总工期约为4个月。张河湾电站出线廊道和GIS室内的GIL安装情况如图23-6-12和图23-6-13所示。

图23-6-12　出线廊道内的GIL

图23-6-13　GIS室内的GIL

3. GIL试验

2007年11月8日，张河湾抽水蓄能电站500kV GIL与GIS进行了整体交流耐压试验。试验采用HVFP-300变频电源，主要设备有267kV、200H、4A电抗器三台，125kV、30H、18A电抗器4台，800kV电容分压器一台（由4台200kV、2.5nF电容器串联组成），300kVA励磁变压器1台。试验设备布置在地面500kV出线场，由出线套管对GIL及GIS进行整体加压。现场高压试验采用交流电源，频率在100～300Hz之间。在高压试验过程中，进行UHF（超声波）局部放电测量。GIL和GIS均顺利通过试验。

（四）结语

GIL提供了一个紧凑、可靠的电力输送方式。GIL更适于在空间受限制的环境中使用，尤其是输送容量较大时，与电缆相比具有明显优势。GIL虽然存在安装周期较长、对土建要求相对较高等缺点，但与GIS相比，GIL安装相对简单，不会成为工程进度的制约因素，张河湾抽水蓄能电站GIL安装过程中也曾遇到土建误差最大约为100mm的极端情况，但通过采取调整支架等措施得到了妥善解决。通过严格的质量控制程序，GIL 的现场安装质量是有保证的。

张河湾抽水蓄能电站是我国第一个研究并采用 GIL 高压引出线的电站，在水电领域也属第一次应用，垂直落差达 60m，同时采用了地下 GIS。张河湾抽水蓄能电站自 2007 年 12 月高压电气设备带电以来，目前已运行超过 15 年，GIL 设备运行良好。张河湾抽水蓄能电站高压引出线 500kV GIL 的成功应用，可供今后大型水电工程引出线方案选择时参考和借鉴。

五、1500m 超长交流 500kV 电缆在敦化抽水蓄能电站的应用

（一）工程概况

敦化抽水蓄能电站装机容量为 1400MW，装机 4 台，单机容量 350MW。电站按 500kV 一级电压接入系统，出线一回，接入吉林东变电站。电气主接线为发电机变压器组合采用联合单元接线，共组成 2 个联合单元；500kV 高压侧为 2 进 1 出，采用三角形接线。

（二）500kV 电缆设计条件

根据电站枢纽布置，电缆出线长度较长，两回高压电缆长度分别为约 1480m 和 1546m，电缆出线洞高差约 87.7m，安装也有一定困难。为确保电缆运行安全可靠，有良好的电气和机械性能，便于安装和维护，电缆不设置中间接头。

500kV 电缆从地下主变压器洞∇619.60m 层，沿约 183m 长的出线下平洞、约 970m 长的通风兼出线廊道、225m 长的出线上平洞，引到地面 GIS 开关楼与地面 GIS 连接。500kV 电缆在出线下平洞、通风兼出线廊道、出线上平洞内靠内侧墙敷设两回 3 根单芯电缆，电缆出线洞高差约 87.7m。

500kV 地下 GIS 在主变压器洞 619.60m 高程设置两套 GIS/电缆连接元件。500kV 地面开关站 GIS 室内地下一层（707.30m 高程）为 500kV 电缆层，首层为 GIS 室（712.25m 高程），室内设有 3 个间隔，均为断路器间隔，主要元件有断路器、隔离开关、接地开关、电流互感器、电压互感器和 GIS/电缆连接元件。500kV 地面开关站出线场出线一回，布置 GIS 出线套管、电容式电压互感器和避雷器等。

（三）500kV 电缆的特点

敦化抽水蓄能电站的 500kV 高压电缆单根长度达到了约 1500m。日本 VISCAS 在 20 世纪 90 年代末，曾供货过单根 1800m 长度的电缆用于日本新京叶—丰洲的输电项目中，国内尚无如此长度 500kV 高压电缆的设计制造运行业绩。500kV 高压电缆不设中间接头，既可以避免增加故障点的情况发生，提高高压电缆运行的可靠性，同时也可减少电缆中间接头的投资。

1. 主要技术参数

敦化抽水蓄能电站 500kV 高压电缆采用单相、铜导体、交联聚乙烯（XLPE）绝缘电缆，主要技术参数见表 23-6-5。

表 23-6-5　　**敦化抽水蓄能电站 500kV 高压电缆主要技术参数**

项目	技术参数	项目	技术参数
额定电压（U_0/U）	290kV/500kV	额定单相短路电流	50kA（有效值）
输送容量	840MVA	额定单相短路电流持续时间	2s
持续额定电流	970A	额定峰值耐受电流	160kA（峰值）
额定短时耐受电流	63kA（有效值）	额定雷电冲击耐受电压（热状态）	1675kV（峰值）/±10 次
额定短时耐受电流持续时间	2s	额定操作冲击耐受电压（热状态）	1240kV（峰值）/±10 次

2. 电缆结构与材料

导体采用圆形五分割导体。铜导体标称截面面积 800mm²。导体屏蔽层由半导电包带和挤包的半导电体化合物层组成。紧靠绝缘层的那一层与绝缘层一起挤压形成，材料采用超光滑半导电材料。绝缘层由一层挤包绝缘组成，材料为超纯净交联聚乙烯（XLPE）。绝缘屏蔽层由一层挤包半导电化合物和一层半导电带适当搭接绕包在挤包的半导体化合物上组成。缓冲层由半导电缓冲阻水带和铜线编织纤维带组成。金属套采用铝套，型式为焊接皱纹。外护套采用挤压成型的阻燃 PVC 材料。电缆抽水蓄能电站 500kV 电缆结构图如图 23-6-14 所示。

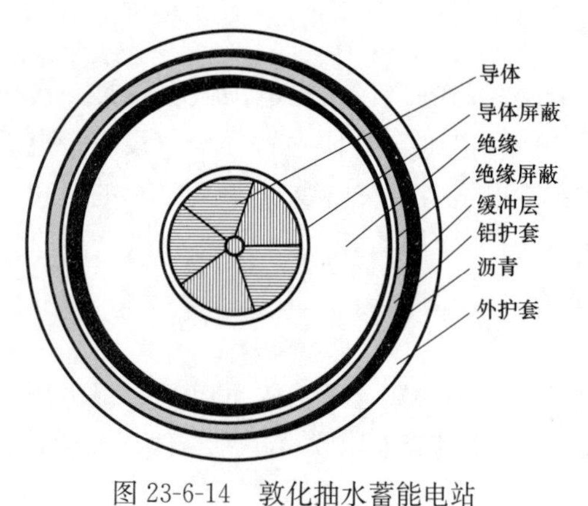

图 23-6-14 敦化抽水蓄能电站 500kV 电缆结构图

3. 电缆终端

敦化抽水蓄能电站的电缆终端两端均与 GIS 设备连接，封闭在 SF_6 气体中，对终端的电气特性要求与电缆本体相同，并且要求终端能适应垂直和水平安装。电缆终端为干式结构，由 XLPE 电缆、环氧预制件、应力锥等部件组成。结构中采用弹簧顶紧结构，可以保证应力锥和电缆界面、应力锥和环氧界面可靠接触，并在寿命区间内保证稳定界面压力。电缆 GIS 终端安装于 GIS 开关站与主变压器洞内，护层保护器安装于金属套保护接地侧，金属套多点接地装置安装于金属套直接接地侧，在 GIS 开关站与主变压器洞内电缆分别做预留段。

4. 电缆电气设计

根据敦化电缆布置进行实际测量，同时留有足够长度的预留段，2 回高压电缆长度分别为 1480m 和 1546m。每根电缆为整根，中间不设置接头，这样的长度在国内尚属首次，对于电缆的电气设计带来一定影响。

(1) 感应电压计算。敦化抽水蓄能电站 500kV 高压电缆单根长度大、输送负荷大，电缆金属护套中的感应电压较高，不同电缆排列方式计算得出的金属护套感应电压见表 23-6-6。

表 23-6-6 不同电缆排列方式的金属护套感应电压

电缆排列方式	垂直排列（相间距 400mm）	品形分层排列（相间距 400mm）	品形紧密排列
感应电压（V）	203.8 185.8（换位）	164.6	76.2

(2) 电缆布置方案。采用适宜的电缆布置方案以及敷设回流线，可以有效降低金属护层感应电压，提高系统可靠性。

高压电缆的常用布置方案为垂直排列，但由于高压电缆长度较长，采用垂直排列方案的金属护套感应电压虽满足 GB 50217《电力工程电缆设计标准》要求，仍然相对较高；经换位虽可一定程度降低感应电压，但效果不明显，且对于电缆布置存在一定困难。因此，对于采用品形排列方案进行了进一步分析。

高压电缆品形紧密排列布置方案示意图如图 23-6-15 所示。此种方案虽可取得最小的感应电压，但经分析存在以下缺点：①电缆如发生特殊故障（如爆炸、失火等），三相紧密布置会对其他两相造成直接影响；②运行中三相紧密布置在一起会一定程度影响电缆的散热；③紧密布置不便于将来对电缆的检修、维护等工作。

因此，考虑采用感应电压适中、布置更为适宜的品形分层布置方案。电缆布置品形分层，有两种常规布置方案，正三角排列或倒三角排列，如图 23-6-16 和图 23-6-17 所示。正三角排列方案，存在以下缺点：①回流线需使用吊具吊于上层横担下部，固定方式不如倒三角布置牢靠；②如需对布置于下层内侧的电缆进行维护或更换时，需拆除外侧电缆及回流线，增加工作量；且拆除本不需更换的电缆，对于电缆系统本身亦不利；增大两层支架之间的间距又会更多地占用土建空间。综上所述，最终确定采用品形分层倒三角布置方案。

(3) 电缆敷设。敦化抽水蓄能电站出线系统为出线下平洞、通风兼出线洞、出线上平洞，500kV 电缆敷设路径如图 23-6-18 所示。从地下主变压器洞第二层高程 619.60m 下游侧电缆终端开始，两回高压电缆分别沿 2 条约 20m 长的出线支洞、1 条约 183m 长的出线下平洞、约 970m 长的通风兼出线洞和约 225m 长的出线上平洞引到地面 GIS 开关楼的电缆夹层，再与地面 GIS 连接。虽无垂直落差较高的竖井，出线洞高差亦不大（约 87.7m），但由于单根电缆长度较长、重量较大，因此对于敷设安装也会带来一定的难度。

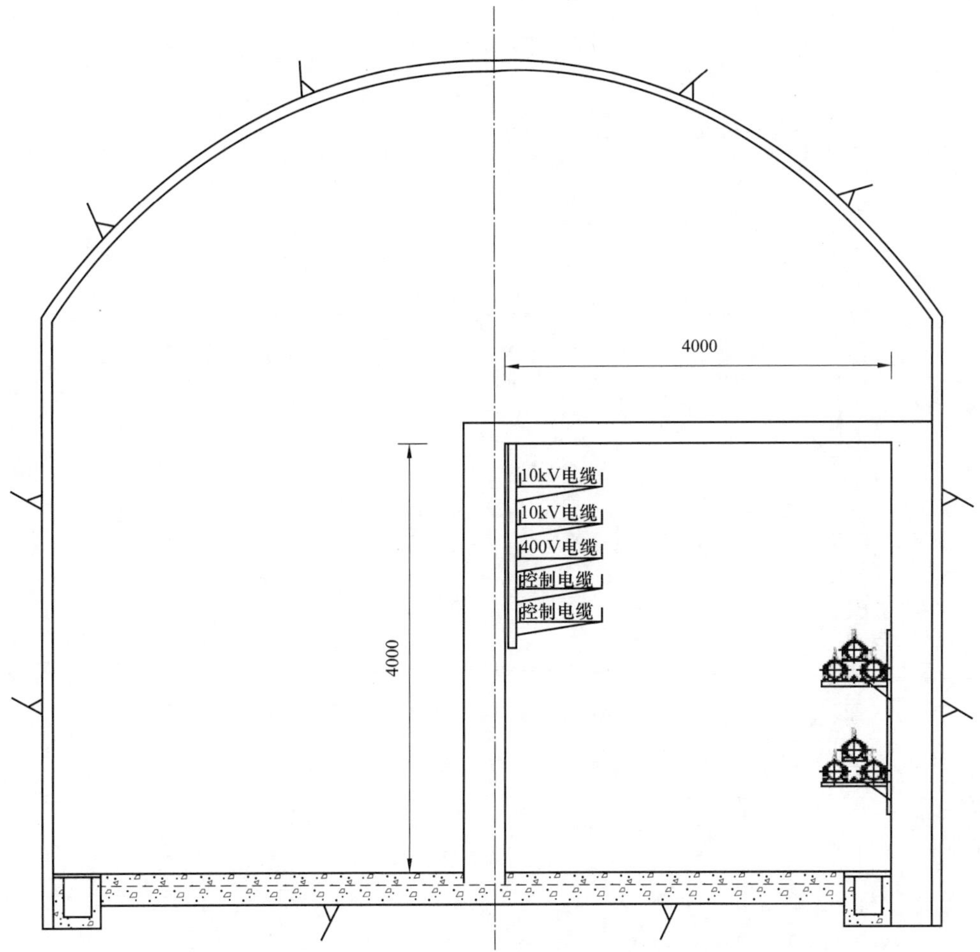

图 23-6-15 高压电缆品形紧密排列布置方案示意图

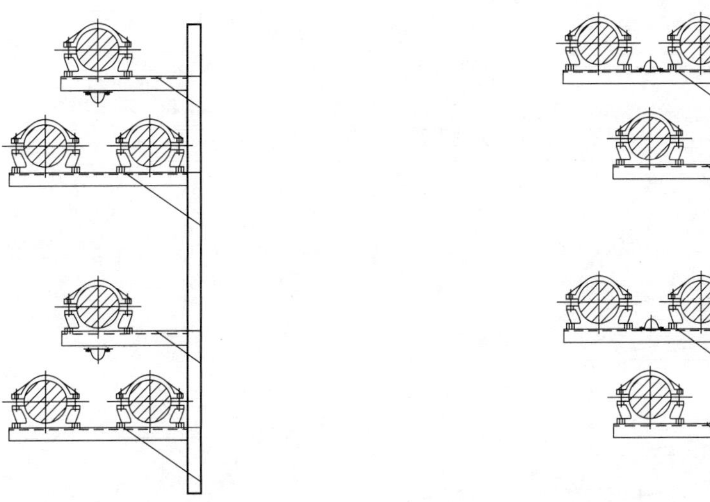

图 23-6-16 高压电缆品形分层正三角排列图　　图 23-6-17 高压电缆品形分层倒三角排列图

（四）运行情况

2020 年 8 月敦化抽水蓄能电站 6 根 500kV 高压电缆（最短长度 1480m，最长长度 1546m）完成敷设安装和电缆终端制作工作；2020 年 10 月进行了高压电缆的现场试验；2020 年 12 月 12 日敦化抽水蓄能电站进行倒送电，高压电缆正式投入运行。电站于 2021 年 6 月首台机组投入商业运行，2022 年 4 月全部机组投入商业运行，两回 500kV 电缆及其附属设备运行正常，在线监测数据符合要求。

吉林敦化抽水蓄能电站为国内单根 500kV 电缆最长的大型抽水蓄能电站，对电缆结构、电气设计进行了深入研究，解决了超长干式 500kV 电缆带来的感应电压、排列布置、现场敷设、交通运输等问题，达到世界先进水平，可供后续类似工程参考和借鉴。

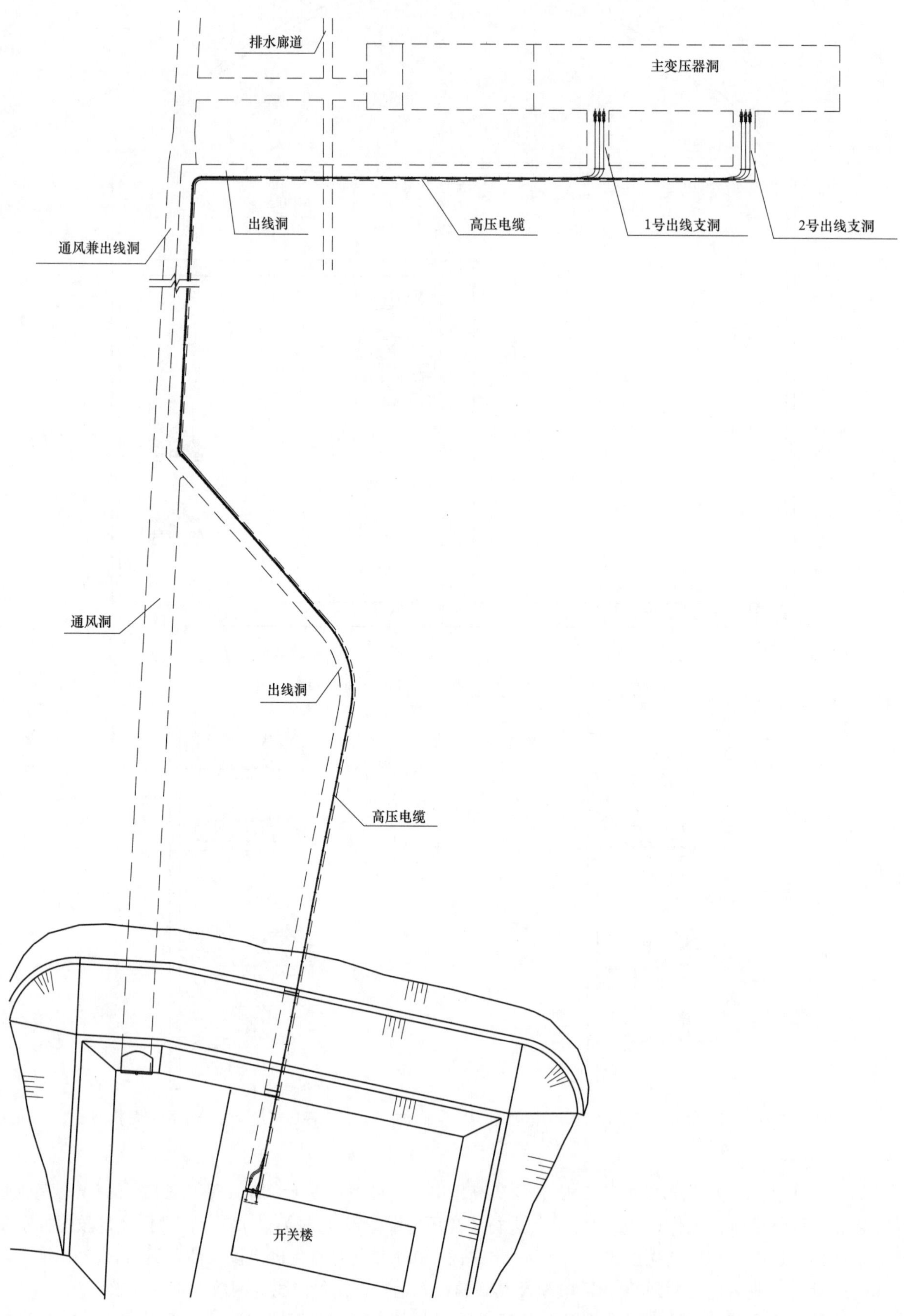

图 23-6-18　敦化抽水蓄能电站 500kV 电缆敷设路径示意

第七节 施 工 技 术

一、TBM 技术在文登地下厂房排水廊道施工中的应用

（一）工程概况

文登抽水蓄能电站装机容量 1800MW，装机 6 台可逆式水泵水轮机，单机容量 300MW，地下厂房采用中部布置方案。

抽水蓄能电站地下洞室数量多、开挖作业量大，通常采用的人工钻爆法，劳动力投入大，安全风险高，作业环境差，TBM 洞室机械化施工技术，代表了当前“少人化、机械化、标准化、智能化”的发展趋势。抽水蓄能电站虽然地下洞室数量多，但存在单条洞子长度短、洞室间断面尺寸差异大、转弯多且半径小以及洞子坡度变化大等不利于 TBM 技术应用的因素，文登项目公司组织设计和设备制造厂家开展了基于超小转弯半径 TBM 开挖方式的抽水蓄能电站地下厂房排水廊道应用研究，设计上提出了厂房上、中、下层排水廊道螺旋形布置的设计方案，使得短洞变长，厂家研制生产了最小转弯半径为 30m、直径 3.53m 的 TBM 掘进机，并在文登地下厂房排水廊道进行首次应用，取得圆满成功。

（二）TBM 设备施工主要参数和应用要求

文登项目所研发的“文登号”TBM 设备为开敞式，施工时要求转弯半径不小于 30m、纵向坡度不宜超过 5%、开挖直径 3.53m；要求在设备能够运输装卸的部位设置组装洞段，组装洞段尺寸为 33m×7.5m×9m（长×宽×高）；设备起动时需要将主机段 7m 全部放置于已经开挖完成的隧洞内部，因此需要在排水廊道起始部位设置 7m 长的始发洞段。

（三）适应 TBM 开挖施工的排水廊道的布置

文登地下厂房布置了上、中、下三层排水廊道，断面 4.0m×3.0m。上层排水廊道布置在厂房顶拱高程，围绕厂房和主变压器室呈环形封闭，上层排水廊道要先于主厂房顶拱开挖。中层排水廊道布置在厂房发电机层高程，距厂房和主变压器室边墙为 18～20m，围绕厂房和主变压器室呈环形封闭。下层排水廊道布置在厂房底板高程，平面上环主厂房上游边墙和左右端墙三周布置，位置与中层排水廊道对应，下层排水廊道汇集上、中、下三层排水廊道的地下水，排入集水井。

为适应 TBM 施工，根据排水廊道总体布置以及 TBM 施工要求，将中层和下层排水廊道采用环形布置连接，布置成螺旋状。在中层排水廊道设置 TBM 始发段和组装段，其中组装段利用原有的 5 号排水廊道扩挖形成，始发段洞室轴线与施工支洞轴线夹角 18°，长度为 8m。螺旋状布置的中、下层排水廊道开挖总长 1447.8m，平均坡度为 2.1%，开挖直径为 3.5m，洞顶两侧设置随机排水孔，排水孔深 4m，用软式不透水管将水引至路面排水沟内。文登 TBM 施工的排水廊道布置三维示意图如图 7-3-14 所示。

TBM 组装段利用交通洞和主变压器交通支洞之间的 5 号排水廊道扩挖，并作为渣体临时储存、二次倒运的通道，5 号排水廊道断面大，洞室直线段距离较长，也为 TBM 设备的维修和检修提供了便利。TBM 组装段和始发段布置如图 7-3-13 所示。TBM 回收场位于下层排水廊道末端的集水井处，由尾闸室桥式起重机吊运至尾闸交通洞，通过交通洞运出洞外。

（四）TBM 开挖的排水廊道支护参数

地下厂房中层排水廊道岩性以黑云角闪二长花岗岩和黑云角闪石英二长岩为主，二者呈混熔状态，岩性界线不是很明显；构造以近 E-W 走向倾向南的陡倾角断层为主，优势产状为 NW275°SW∠80°～85°，其中多数为Ⅲ～Ⅳ级结构面，宽度一般小于 1m，延伸短。TBM 开挖方式的排水廊道直径为 3.5m，TBM 开挖对围岩的扰动很小，具体支护方案为：①Ⅰ～Ⅱ类围岩开挖，不支护；②Ⅲ类围岩采取随机支护；③Ⅳ类围岩采用系统锚杆 $\phi22$、$L=2.25$m、@1m×1.5m，系统挂网钢筋 $\phi8$@20×20cm，喷 C25 混凝土，厚度 10cm，如图 23-7-1 所示。

（五）TBM 施工过程主要问题

地下厂房中层和下层排水廊道全长 1434.077m、始发段 8m，TBM 从 2020 年 5 月 6 日开始掘进，2020 年 9 月 30 日掘进完成，共计 147 天。过程中出现的主要问题及改进措施如下：

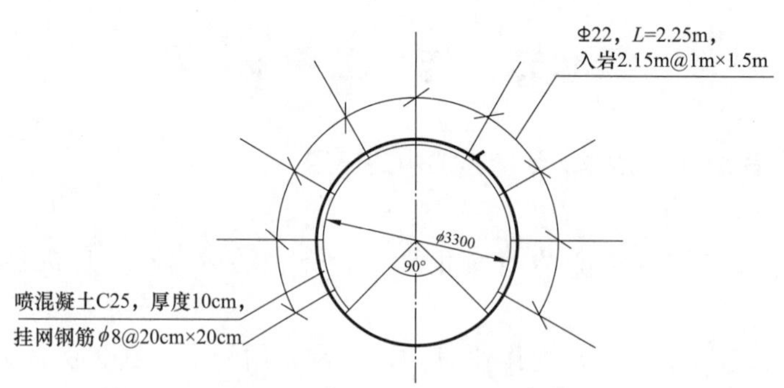

图 23-7-1　排水廊道 TBM 开挖的Ⅳ类围支护典型断面图

(1) 除尘系统优化。TBM 施工洞段为纯硬岩隧道，石英含量高，岩石硬度大，刀具切削深度较浅，因此容易产生大量粉尘，TBM 设备装备的湿式除尘器雾化效果差，除尘效果不理想，粉尘在除尘器接口处、在皮带运输过程中、在皮带卸渣过程中均容易产生扬尘。在施工过程中，增大了刀盘喷水量，充分湿润岩面和岩渣，控制喷水量在 3～5m^3/h，不会使得岩渣太干易产生飞尘，也不会让皮带上水过多造成泥浆撒漏。增加雾化除尘器喷水量，使得水幕雾幕更密集，减少飞尘逸散。

(2) 刀具优化。小半径转弯时边刀刀具受力不均，尤其外侧受挤压较大，刀刃处出现挤压、摩擦和切削合力的应力集中，刀圈耗损大。通过刀具优化，增加边刀主要受力一面的厚度。减小接触区径向角度，增加刀圈的受力面积，进一步提高切削效率及刀圈的使用寿命。

(3) 皮带改进。转弯半径小，皮带扭转受力，出渣不顺畅，因此对皮带进行优化设计以适应转弯出渣需要。对皮带进行硫化处理提高强度；设置密布皮带滚轮和辊轴以限制皮带位置防止跑偏；调节皮带滚轮高低以减小转弯外侧离心力，减小皮带侧向受力；调整固定螺杆间距增大皮带弧度。

(六) 结语

文登地下厂房排水廊道应用的“文登号”TBM 为全球首台超小转弯半径硬岩 TBM，较好地解决了在较小空间内完成转弯和调头，地下厂房不同层的排水廊道螺旋状布置，实现了短洞变长，提高了 TBM 施工的利用率，可供后续类似工程参考和借鉴。

二、TBM 技术在抚宁地下厂房通风洞和交通洞中的应用

(一) 工程概述

抚宁抽水蓄能电站装机容量 1200MW，装机 4 台，单机容量 300MW。地下厂房采用尾部方式，洞室群布置在钾长花岗岩层内，上覆岩体厚度 215～330m。原地下厂房交通洞长 1030m（含支洞），断面尺寸为 8m×8.5m（宽×高），平均坡度 5.1%，从安装场左端墙进厂，交通洞洞口高程为 175.0m。通风洞长 970.0m（含支洞），断面尺寸 7.5m×7m（宽×高），平均坡度 3.1%，从厂房右端墙与副厂房相接，通风洞洞口高程 175m。

为推进 TBM 技术在抽水蓄能电站建设上的应用，抚宁项目公司组织设计和设备制造厂家开展了 TBM 在通风洞和交通洞中的应用研究，统一交通洞、地下厂房中导洞和通风洞开挖断面尺寸，采用开挖直径 9.5m 的 TBM 设备从通风洞进、交通洞出的掘进路线，调整后的 TBM 施工隧洞总长度为 2226.7m（其中通风洞长度为 1194.1m，厂房段长度 164m，交通洞长度为 868.6m），隧洞最小转弯半径 90m，最大纵坡 9%。隧洞 TBM 施工全面贯通，试点应用取得圆满成功。

(二) TBM 设备主要技术参数和布置

抚宁交通洞、通风洞开挖施工的 TBM 选择敞开式，开挖直径 9530mm，最小水平转弯半径 90m，纵向爬坡能力±10%，配套设备具备超前钻探、喷锚支护、钢拱架施工能力，主机总长约 10m，整机总长约 85m，装机功率约 5484kW，设备总质量约 1700t，主要技术参数见表 23-7-1。

表 23-7-1　　抚宁交通洞与通风洞用 TBM 主要技术参数

序号	项目	单位	参数	备注
1	整机性能			
	开挖直径	mm	9530	
	最大推进速度	mm/min	100	最大能力
	最大推力	t	5557	
	整机总长	m	约 80	
	主机总长	m	约 10	
	总重（主机＋后配套）	t	约 1700	
	装机功率	kW	约 5484	
	整机最小水平转弯半径	m	90	
	纵向爬坡能力	%	±10	
2	供水系统			
	供水量	m^3/h	95（最大）	平均 65
	水温	℃	＜25	
	用水口布置	m	约每 20	
	排水管数量/直径		1×DN80	
	排水泵类型		潜水泵	

TBM 设备组装主要在洞口场地完成，采用分体组装进洞。首先在洞口安装场内组装主机，主机组装调试结束后，再分段组装后配套及附属设备等，各分体组装调试完成后推送进预先开挖完成的步进洞段。

洞口组装吊装场地为 100m×16m（长×宽），洞口场地平整完成后，作好底部的硬化。在通风洞进洞口段设置始发洞，马蹄形断面，长度 25m、高度 9.8m、底部宽度 6m，如图 7-3-11 所示。在交通洞出洞口段布置接收洞，城门洞形，长度 15m、宽度 9.70m、高度 9.80m，如图 7-3-12 所示。

（三）TBM 洞口场地及线路布置

1. 洞口 TBM 组装场地布置

考虑避开库区现有景区道路，并尽量避免在下水库大坝坝基开挖范围，交通洞与通风洞洞口场地平整后面积为 $5700m^2$。通风洞洞口 TBM 设备组装吊装场地 $1600m^2$（长 100m、宽度 16m），洞口布置 TBM 生产常用的设备材料堆放场 $550m^2$，布置 TBM 设备零部件存放库房 $150m^2$，门卫室及值班室 $120m^2$，洞口场地布置条件满足 TBM 组装、运行的要求，如图 23-7-2 所示。

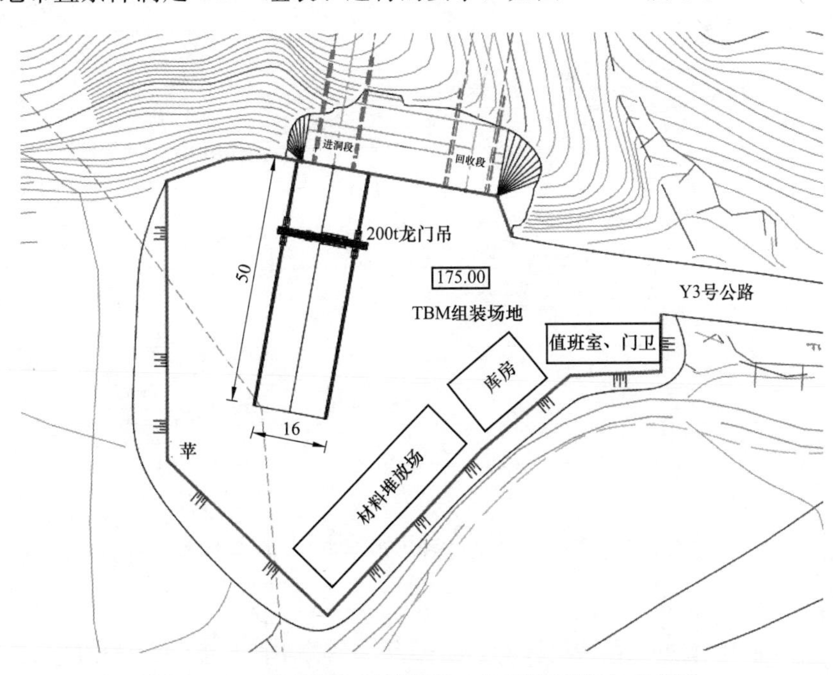

图 23-7-2　交通洞与通风洞洞口 TBM 组装场地布置图

2. 交通洞与通风洞的 TBM 施工洞线布置

根据 TBM 设备的工作参数，对交通洞和通风洞的 TBM 施工洞线进行了调整。交通洞平面转弯半径全部采用 100m，转弯段纵坡采用 3%，其余洞段最大纵坡为 6.6%。为了尽量减小隧洞与下水库的距离，通风洞进厂房之前的平面转弯半径采用 90m，其余洞段转弯半径采用 100m，纵坡全部采用 2.44%。TBM 施工由通风洞进口进洞，沿厂房顶拱水平纵向穿越厂房，过厂房端墙 29m 后，开始以 9.0%纵坡下降、直线掘进，然后以 4%纵坡下降掘进，在桩号交 0+689.302 与交通洞相接，然后沿交通洞掘进，从交通洞出口处的接收洞掘出。TBM 施工洞线布置，如图 7-3-10 所示。

(四) TBM 开挖的支护参数设计

交通洞和通风洞沿线围岩类别为Ⅲ类、Ⅳ类和Ⅴ类。TBM 开挖洞段初期支护采用喷锚支护，支护参数为：①Ⅲ类围岩段，顶拱布置系统砂浆锚杆，Φ 22@1.5m×1.5m，L=3.0m，全断面喷 C25 混凝土厚 10cm，顶拱挂钢筋网 ϕ8@20cm×20cm；②Ⅳ类围岩段，上部 180°范围布置系统砂浆锚杆，Φ 25@1.25m×1.25m，L=4.0m，全断面喷 C25 混凝土厚 12cm，挂钢筋网 ϕ8@20cm×20cm，同时采用Ⅰ18 钢支撑；③Ⅴ类围岩段，上部 240°范围布置系统砂浆锚杆，Φ 25@1.25m×1.25m，L=4.0m，全断面喷 C25 混凝土厚 20cm，挂钢筋网 ϕ8@20cm×20cm，同时采用工字钢支撑和 40cm 厚衬砌混凝土进行支护。

TBM 掘进后，在隧洞底部回填石渣并铺设路基水稳层，作为交通洞和通风洞路基，其上分两期铺设 0.3m 厚 C30 混凝土路面。

(五) 结语

抚宁交通洞与通风洞施工的“抚宁号”TBM 为国内外首台大直径超小转弯半径硬岩 TBM，成功解决了抽水蓄能电站地下洞室超小半径段掘进施工、不良地质段施工、渣土运输及转向、皮带出渣等问题，为大直径超小转弯半径 TBM 技术在抽水蓄能电站应用积累了经验，可供后续类似工程参考和借鉴。

三、定向钻技术在敦化抽水蓄能电站 400m 长斜井导井中的应用

(一) 工程概况

敦化抽水蓄能电站引水系统两条高压管道平行布置，立面上采用双斜井，分为上斜段、中平段、下斜段和下平段。上、下斜井倾角均为 55°，开挖断面采用马蹄形；其中上斜井施工单长 381m，下斜井施工单长 426m。敦化抽水蓄能电站高压管道纵剖面如图 23-7-3 所示。

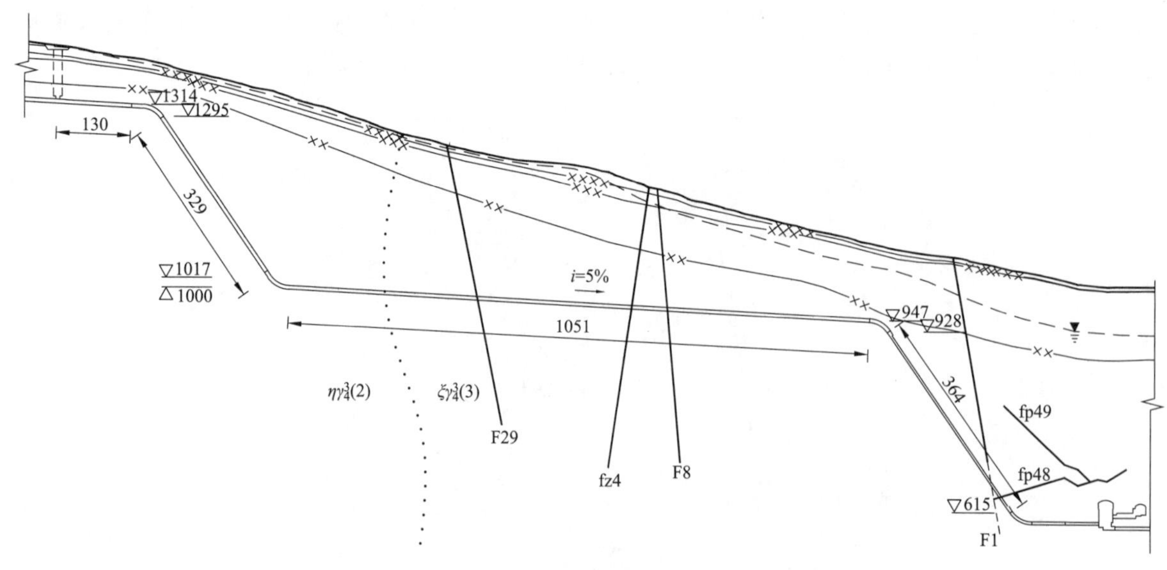

图 23-7-3 敦化抽水蓄能电站引水系统高压管道纵剖面图

(二) 斜井开挖方式

敦化抽水蓄能电站高压管道上、下斜井均为 400m 级。斜井单段长度长、坡度陡、工程量大，且无施工支洞直接通往斜井段，交通路线长，出渣及通风条件差，施工难度大。工程各条斜井开挖施工过程中，结合枢纽布置、地质条件，根据现场实际作业环境，采用了多种斜井导井的施工方案，见表 23-7-2。

表 23-7-2　敦化引水系统斜井导井施工方式

斜井编号	施工方案
1 号下斜井	正导井（矿用卷扬机）+爬罐（反导井）
1 号上斜井	反井钻+爬罐（反导井）
2 号下斜井	定向钻+爬罐（反导井）
2 号上斜井	定向钻

对于长斜井的导井施工，精确定位是施工质量关键。从 1 号上斜井的反井钻施工过程看，反井钻可满足 200m 以内陡倾角斜井开挖，但自身不具备孔内纠偏能力，在地质条件复杂地段，高钻速、高钻压作用下，钻头顺着断层、裂隙、节理和硬度偏低岩层钻进，导致钻头方向失控，导孔偏斜超过预计偏差和规范限差。同时，由于斜井长度较大，反井钻机钻头磨损无法正常钻进，司钻人员在更换钻头进行钻杆拆除时，因操作不当导致钻机移位，钻杆在拆除 135m 后发生断裂，剩余 220m 钻杆掉入导孔内（掉钻时，反井钻已累计施工 355m）。

为提高斜井导洞开挖精度，在 2 号引水压力管道的上、下斜井导孔施工中，引进定向钻技术，首先在 2 号下斜井上部进行生产性实验。2017 年 5 月 15 日，定向钻开孔，孔径 216mm。考虑斜井扩挖时溜渣设计，爬罐法反导井开挖距底板 1.0m，沿斜井轴线方向平行实施，目标钻进方向为 55°14′36.31″。6 月 6 日钻头出露于反导井掌子面中心，钻孔深度 194m，达到点对点精准贯通，生产性试验成功。故在此基础上，对 2 号上斜井全面采用定向钻技术进行施工。

（三）定向钻高精度开挖先导孔

选择高精度的定向钻机，施工反井钻机先导孔，为反井钻开挖高精度先导孔，是长斜井施工的关键。

1. 无线随钻测斜

随钻测斜技术起始于国外的石油钻井技术，按传输通道分为泥浆脉冲、电磁波、声波和光纤 4 种方式，以泥浆脉冲式使用最为广泛。地面上采用泥浆压力传感器检测来自井下仪器的泥浆脉冲信息，并传输到地面数据处理系统进行处理，井下仪器所测量的井斜角、方位角和工具面数据直观地显示在计算机和司钻显示器上。

2. 定向钻纠偏

定向钻能够在孔内纠偏，主要依靠井下钻具组合，关键部位就是螺杆钻具。螺杆钻具的转子有单头和多头两种，多头螺杆钻具有扭矩大，转速低，压降小，容易起动等优点，目前被广泛应用在钻孔定向钻进中。螺杆钻具由旁通阀、电动机、万向轴和传动轴组成，如图 23-7-4 所示。

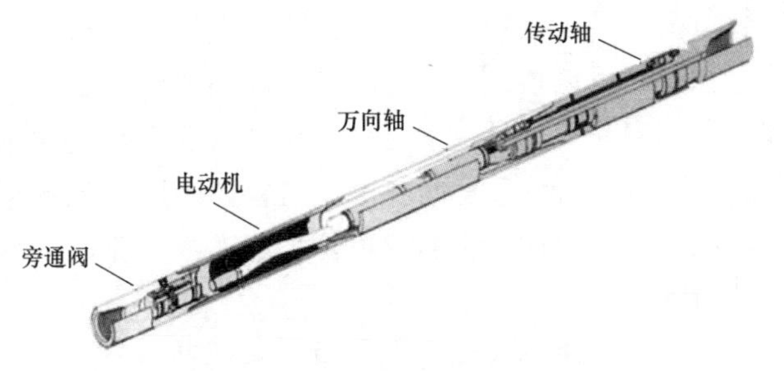

图 23-7-4　螺杆钻具组成示意图

3. 低固相泥浆

钻井泥浆是钻井过程中使用的一种特殊浆液，通过膨润土、氧化钙和化学处理剂按一定比例混合，高速离心机离散后采用循环泵和搅拌机调为均质乳状液体。

4. 井下随钻测斜与孔内螺杆纠偏

小直径钻孔用无加重钻杆、低钻压、孔底电动机钻进的多种钻具组合方式，适合于大角度斜孔钻进。选用的润滑减摩钻孔泥浆配方、三级泥浆净化工艺以及造斜段辅助注浆稳定孔壁措施，能有效地保证钻孔孔壁的稳定，减少大角度斜孔钻孔摩阻，保证了钻孔的安全。

（1）孔斜监测。在无线随钻测斜仪测量参数指导下，通过定向螺杆钻具对钻孔轨迹进行定向控制。每钻进 30m 测斜一次，5～10m 一个测点。孔斜超偏时，加密测点，并制定定向纠偏设计。

（2）钻孔纠偏。螺杆钻具有 2 种工作姿态，如图 23-7-5 所示，分别为滑动钻进和复合钻进，如偏斜角大于设计数值，根据制定的纠偏设计，利用弯螺杆以斜角度进行反向钻进实现纠偏，称为滑动钻进；同时随钻测斜仪进行加密测量，如偏斜角小于设计数值，可减少定向长度，进行复合钻进，保证整个长斜钻孔的实现。

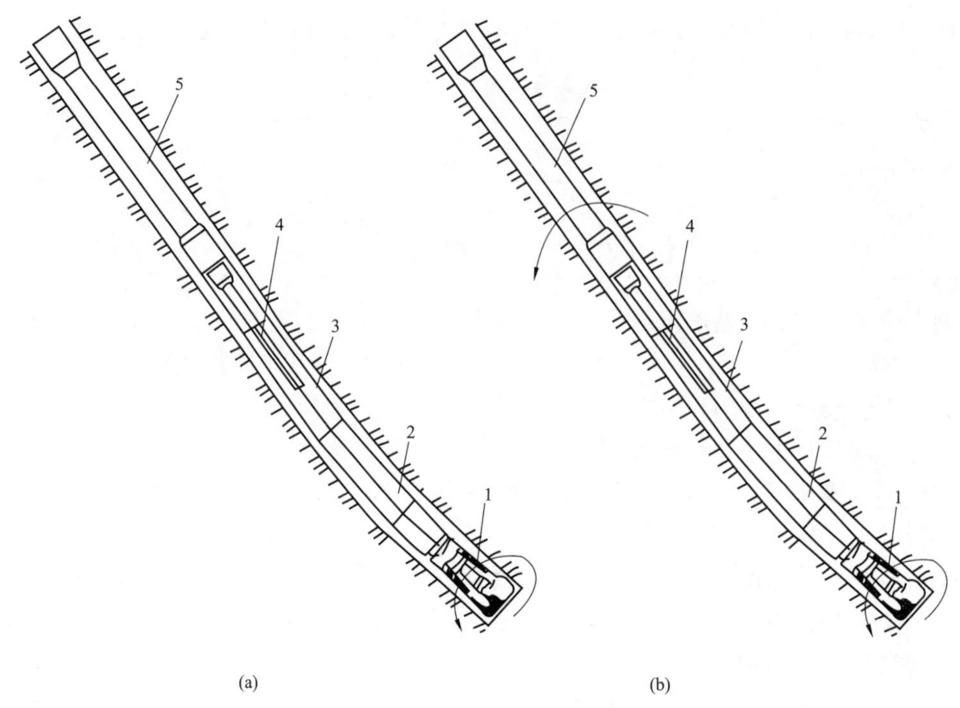

图 23-7-5　螺杆钻具的 2 种工作姿态

（a）滑动钻进；（b）复合钻进

1—钻头；2—螺杆；3—无磁钻铤；4—无线随钻测斜仪；5—钻杆

5. 定向钻机设备优化改进

定向钻为石油煤炭行业钻探设备，主要在野外作业，机型高大，钻杆细长。敦化引水隧洞斜井为地下洞室，空间受限，需要对钻机的适应性进行系列改进，优化后定向钻机具有如下特点：一是人员安全，经过技术改造和优化，钻杆安装和拆除实现了机械手自动化操作，减少了作业者工作强度和危险程度，降低了事故的发生率；二是设备安全，钻井的钻杆连接是采用螺扣结构，上扣过盈对设备产生超负荷运转，上扣不足对钻杆螺扣产生过度磨损导致钻杆提前报废，改进后上扣装置采用电动机旋转上扣，并可以预设上扣扭矩，扭矩超过设定范围时，电动机就会自动停止旋转，操作动作平稳，增加了使用寿命；三是效率提高，改进后的定钻机适用于竖井、斜井和水平井，根据不同的造孔参数进行钻具组合，钻头芽孢刚度可根据岩体硬度检测数据、造孔深度等在厂家进行定制，适合于所建造工程，减少频繁更换钻头的浪费，实现连续作业，提高了生产效率，同时也相应地减少了井下电动机定向的时间。

6. 定向钻技术全井全程实施

2 号上斜井起始桩号为 1＋054.854，终点桩号为 1＋317.774，导孔开挖长度 372m。为确保定向钻机精确贯通，引入强磁导向技术，在钻头出露点位置安装强磁导向仪一套，电磁信号由反馈天线传送至电脑终端，根据钻头与接收器之间产生的电磁信号，经过解码、调制和还原等过程，最终编译出两点间高差、斜距、倾角及方位等参数成果，指导定向钻机的前端钻铤和浮阀装置进行微调整，纠正钻进方向不断地接近于目标点。2017 年 7 月 18 日，上斜井定向钻实施直径 216mm 导孔，经过 29 个昼夜连续钻进，顺利贯通。平面贯通误差 32cm，纵断面贯通误差 12cm，综合计算偏斜率为 0.96‰，满足导孔施工技术 5‰的要求和斜井竖井施工规范要求。

（四）结语

定向钻技术在敦化引水高压管道特长斜井（2 号上斜井）开挖中成功应用，解决了导井导孔的贯通精度控制问题，解决反井钻自身不具备纠偏的缺点，随钻随测斜、随钻孔内纠偏，确保了导孔钻进精度，为反井钻开挖打下良好基础。

参考文献

[1] 邱彬如，刘连希．抽水蓄能电站工程技术．北京：中国电力出版社，2008．

[2] 邱彬如．世界抽水蓄能电站新发展．北京：中国电力出版社，2006．

[3] 水电水利规划设计总院，中国电力建设股份有限公司，中国水力发电工程学会．中国水力发电技术发展报告．北京：中国电力出版社，2020．

[4] 水电水利规划设计总院，中国水力发电工程学会抽水蓄能行业分会．抽水蓄能产业发展报告 2021．北京：中国水利水电出版社，2022．

[5] 武海荣，金伟良，延永东，等．混凝土冻融环境区划与抗冻性寿命预测．浙江大学学报（工学版），2012（4）．

[6] 涂启华，杨赉斐．泥沙设计手册．北京：中国水利水电出版社，2006．

[7] 胡春宏，王延贵，张世奇，等．官厅水库泥沙淤积与水沙调控．北京：中国水利水电出版社，2003．

[8] 卢纯．开启我国能源体系重大变革和清洁可再生能源创新发展新时代——深刻理解碳达峰、碳中和目标的重大历史意义．人民论坛·学术前沿，2021（14）．

[9] 金弈，康建民，武雪艳．水电工程环境影响经济损益分析．水力发电，2009（8）．

[10] 金弈，魏素卿．国内抽水蓄能电站环境影响预测主要内容分析//抽水蓄能电站工程建设文集 2009．北京：中国电力出版社，2009．

[11] 金弈，张志广，潘莉．抽水蓄能电站生态流量相关问题研究．环境影响评价，2017（6）．

[12] 金弈，董磊华，张志广，等．水质预测分析方法进展及在抽水蓄能电站中的应用前景//抽水蓄能电站工程建设文集 2021．北京：中国水利水电出版社，2021．

[13] 金弈．水电水利工程的污水处理研究．水电站设计，2007（3）．

[14] 崔小红，金弈，张沙龙．雄安抽水蓄能电站运行期含油废水产生及处理研究//抽水蓄能电站工程建设文集 2022．北京：中国水利水电出版社，2022．

[15] 金弈，李倩倩．抽水蓄能电站水环境治理和水资源综合利用研究//抽水蓄能电站工程建设文集 2019．北京：中国电力出版社，2019．

[16] 李倩倩，金弈，马壮．水质深度处理技术在水电水利工程中的应用//建设项目环境影响评价全过程管理及高新技术研究与实践．北京：中国环境出版集团，2019．

[17] 金弈．抽水蓄能电站工程环保工作的若干实例．中国水利，2007（2）．

[18] 金弈．从十三陵抽水蓄能电站浅谈实施环境监测的重要性//中国水利水电工程技术进展．北京：海洋出版社，1999．

[19] 王超，金弈．水电水利工程水土保持方案“以新带老”问题探讨．水力发电，2011（4）．

[20] 《中国水电工程移民关键技术》编委会．中国水电工程移民关键技术．北京：中国水利水电出版社，2021．

[21] 张春生，姜忠见．抽水蓄能电站设计．北京：中国电力出版社，2012．

[22] 彭土标，袁建新，王惠明．水力发电工程地质手册．北京：中国水利水电出版社，2011．

[23] 张军，李守巨，宁忠立，等．抽水蓄能电站引水斜井开挖采用 TBM 施工的研究．水电与抽水蓄能，2018（2）．

[24] 徐耿．安徽绩溪抽水蓄能电站下水库大坝分区设计优化//抽水蓄能电站工程建设文集 2013．北京：中国电力出版社，2013．

[25] 童恩飞，李登波，王化龙．海南琼中抽水蓄能电站枢纽布置//抽水蓄能电站工程建设文集 2013．北京：中国电力出版社，2013．

[26] 卢力，贾林．某抽蓄电站水库土工膜防渗体系渗漏修复措施．西北水电，2020（5）．

[27] 吕明治，鲁一晖．沥青混凝土防渗土石坝//水工设计手册．第 2 版．北京：中国水利水电出版社，2011．

[28] 福原华一．抽水蓄能电站进/出水口水力设计．电力土木（日），1979（7）．

[29] 高学平，叶飞，宁慧芳，等．侧式进/出水口水流运动三维数值模拟．天津大学学报，2006（5）．

[30] 胡旺兴，杨亚军，季冲，等．溧阳抽水蓄能电站上水库竖井式进/出水口设计．水力发电，2013（3）．

[31] 王志国．西龙池抽水蓄能电站内加强月牙肋岔管水力特性研究．水力发电学报，2007（1）．

[32] 黄立才，陈世玉，等．惠州抽水蓄能电站压力岔管体形优化研究//中国水电站压力管道：第 6 届全国水电站压力管道学术论文集．北京：中国水利水电出版社，2006．

[33] 于航，章晋雄，张宏伟，等．抽水蓄能电站卜型岔管水力优化//中国水利学会 2021 学术年会论文集 第五分册．

郑州：黄河水利出版社，2021.
[34] 冯艳，胡旺兴. 溧阳抽水蓄能电站引水钢岔管水力特性研究. 水利水电技术，2014（2）.
[35] 邱树先，伍鹤皋，周彩荣，等. 蟠龙抽水蓄能电站月牙肋钢岔管的结构设计与水力数值模拟//水电站压力管道：第八届全国水电站压力管道学术会议文集. 北京：中国水利水电出版社，2014.
[36] 毛根海，章军军，程伟平，等. 卜型岔管水力模型试验及三维数值计算研究. 水力发电学报，2005（2）.
[37] 李玲，陆豪，陈嘉范，等. 抽水蓄能电站尾水岔管水流运动及阻力特性试验研究. 水力发电学报，2008（3）.
[38] 黄智敏. 广蓄一期工程尾水岔管水力学模型试验研究. 水电站设计，2005（4）.
[39] 王志国. 高水头大 PD 值内加强月牙肋岔管布置与设计. 水力发电，2001（1）.
[40] 王志国. 水电站埋藏式内加强月牙肋岔管技术研究与实践. 北京：中国水利水电出版社，2011.
[41] 王志国. 西龙池抽水蓄能电站内加强月牙肋岔管围岩分担内水压力设计. 水力发电学报，2006（6）.
[42] 王志国，耿贵彪，段云岭，等. 西龙池抽水蓄能电站高压岔管考虑围岩分担内水压力设计现场结构模型试验研究. 水力发电学报，2006（6）.
[43] 王志国，蒋逵超. 水电站地下埋藏式月牙肋钢岔管设计原则与方法//水利水电工程压力管道：第九届全国水利水电工程压力管道学术会议论文集. 北京：中国电力出版社，2018.
[44] 王志国，蒋逵超. 关于埋藏式内加强月牙肋岔管应力控制标准的讨论//水利水电工程压力管道：第九届全国水利水电工程压力管道学术会议论文集. 北京：中国电力出版社，2018.
[45] 蒋逵超，王志国. 月牙肋钢岔管有限元结构计算的基本原则与方法//水利水电工程压力管道：第九届全国水利水电工程压力管道学术会议论文集. 北京：中国电力出版社，2018.
[46] 蒋逵超，王志国. 月牙肋岔管肋板内缘曲线对结构受力特性的影响//水利水电工程压力管道：第九届全国水利水电工程压力管道学术会议论文集. 北京：中国电力出版社，2018.
[47] 钟秉章. 水电站压力管道、岔管、蜗壳. 杭州：浙江大学出版社，1994.
[48] 马善定，伍鹤皋，秦继章. 水电站压力钢管. 武汉：湖北科学技术出版社，2002.
[49] 王志国. 关于内加强月牙肋岔管肋板用钢 Z 向性能级别选择的初步探讨//水电站压力管道：第七届全国水电站压力管道学术会议文集. 北京：中国电力出版社，2010.
[50] 肖苏平. 广州蓄能水电厂 B 厂尾水事故闸门门叶改造//抽水蓄能电站工程建设文集 2013. 北京：中国电力出版社，2013.
[51] 常国庆、洪云来、聂赛. 洪屏抽水蓄能电站尾水事故闸门吊轴监测装置优化改造//抽水蓄能电站工程建设文集 2018. 北京：中国电力出版社，2018.
[52] 冯钢声. 某抽水蓄能电站尾水事故闸门启闭机油缸振动原因分析与处理. 水电与抽水蓄能，2015（6）.
[53] 胡林江，杨阳. 浅谈复杂地质条件抽水蓄能电站地下厂房洞室群的设计研究//抽水蓄能电站工程建文集 2018. 北京：中国电力出版社，2018.
[54] 徐绍铨. 隔河岩大坝 GPS 自动化监测系统. 铁道航测，2001（4）.
[55] 林宗元. 岩土工程试验监测手册. 沈阳：辽宁科学技术出版社，1994.
[56] 梅祖彦. 抽水蓄能发电技术. 北京：机械工业出版社，2000.
[57] H. TANAKA，T. TAKANASHI. New developments improve the performance of pumped storage hydro schemes. Modern Power Systems，September 1984.
[58] 宗万波，韩伶俐，曾镇玲. 抽水蓄能电站最大扬程与最小水头比值探讨. 北京：水力发电，2023（2）.
[59] H. TANAKA. Vibration behavior and dynamic stress of runners of very high head reversible pump-turbines [C]// Special Book，U2，IAHR Symposium-Beograd 1990.
[60] H. TANAKA，et al. Sloshing motion of the depressed water in the draft tube in dewatered operation of high head pump-turbines [C]//Proceedings，IAHR Symposium，1994，Beijing，China.
[61] 童慧，黄笑同，任鑫，等. 抽水蓄能电站引水上平段设置大口径蝶阀的制造可行性分析与探讨. 大电机技术，2019（4）.
[62] 何少润. 导叶不同步装置在天荒坪电站的应用. 水电站机电技术，2001（1）.
[63] 田中宏. 高水头水泵水轮机的关键技术开发. 水电与抽水蓄能，2017（1）.
[64] 国网新源控股有限公司. 抽水蓄能机组及其辅助设备技术（发电电动机）. 北京：中国电力出版社，2019.
[65] 弋东方，钟大文. 电力工程电气设计手册（电气一次部分）. 北京：中国电力出版社，1989.
[66] 张欢畅，王鑫. 电力工程设计手册（火力发电厂电气一次设计）. 北京：中国电力出版社，2018.
[67] 国网新源控股有限公司. 抽水蓄能机组及其辅助设备技术（静止变频器）. 北京：中国电力出版社，2019.

[68] 沈祖诒．水轮机调节．3版．北京：中国水利水电出版社，1998.
[69] 水电站机电设计手册编写组．水电站机电设计手册（水力机械）．北京：水利电力出版社，1989.
[70] 黄伟德，樊红刚，陈乃祥．管道瞬变流和机组段三维流动相耦合的过渡过程计算模型．水力发电学报，2013（6）．
[71] 王丹，杨建东．导叶关闭规律及初始开度对蜗壳动水压力的影响．水电能源科学，2005（4）．
[72] 王庆，陈泓宇，德宫健男，等．抽水蓄能电站一洞四机同时甩负荷的研究与试验结果的分析．水电与抽水蓄能，2017（1）．
[73] 邵卫云．天荒坪机组突甩负荷试验工况蜗壳进口压力的统计特性剖析．水力发电学报，2005（1）．
[74] 吕项羽，李德鑫，郭欢，等．含风力-抽蓄发电的电力系统经济运行方式优化．电力建设，2014（2）．
[75] 韩民晓，Othman Hassan ABDALLA．可变速抽水蓄能发电技术应用与进展．科技导报，2013（16）．
[76] 郭海峰．交流励磁可变速抽水蓄能机组技术及其应用分析．水电站机电技术，2011（2）．
[77] 畅欣，韩民晓，郑超．全功率变流器可变速抽水蓄能机组的功率调节特性分析．电力建设，2016（4）．
[78] 张韬，王焕茂，覃大清．可变速水泵水轮机水泵选型特点分析．大电机技术，2020（2）．
[79] T. HOLZER，A. MUETZE. Full-size converter operation of large hydro power generators：Generator design aspects [C]//2018IEEE Energy Conversion Congress and Exposition（ECCE），Portland，OR，USA，2018：7363-7368.
[80] THOMAS HOLZER，ANNETTE，MUETZE，et al. Generator design possibilities for full-size converter operation of large pumped storage power plants. IEEE Transactions on Industry Applications，vol. 56，no. 4，pp. 3644-3655，2020.
[81] 王婷婷，张正平，赵杰君，等．变速机组对我国抽水蓄能规划选点的影响分析．水力发电，2018（4）．
[82] M. VALAVI，A. NYSVEEN. Variable-speed operation of hydropower plants：Past present and future [C]//Proc. 22nd Int. Conf. Elect. Mach.，2016：640-646.
[83] 田达松．溧阳抽水蓄能电站土石方平衡规划研究．水力发电，2010（7）．
[84] 潘福营，刘新星．溧阳抽水蓄能电站上水库库底防渗土工膜施工技术//抽水蓄能电站工程建设文集2017．北京：中国电力出版社，2017.
[85] 刘聪，刘新星，刘军国，等．溧阳抽水蓄能电站进出水塔高悬空重荷载整流锥施工技术．四川水力发电，2017（3）．
[86] 李可，曹耀东．惠州抽水蓄能电站高压钢筋混凝土岔管施工介绍．云南水力发电，2010（5）．
[87] 李勇，温有财．阳江抽水蓄能电站高压岔管开挖支护质量控制．建筑技术开发，2021（19）．
[88] 杨联东．复杂地质条件下洞内压力钢管的吊装设计及运用．起重运输机械，2016（11）．
[89] 陈宏宇，陈同法．澳大利亚抽水蓄能项目开发环境研究//抽水蓄能电站工程建设文集2014．北京：中国电力出版社，2014.
[90] 朱小飞，刘学山．惠州抽水蓄能电站A厂上游水道渗漏修复处理．水力发电，2010（9）．
[91] 孙鲁豫．广蓄电站尾水支管渐变段钢衬失稳原因分析与处理措施．水力发电，1996（10）．
[92] 蒋池剑．桐柏抽水蓄能电站球阀密封漏水引起的自激振动分析．水电站机电技术，2015（11）．
[93] 华丕龙．广州蓄能水电厂淡水壳菜生境调查及防治初探．水力发电，2014（11）．
[94] 徐梦珍，李威，于丹丹，等．抽水蓄能电站中淡水壳菜生物污损及防治．水力发电学报，2016（7）．
[95] 路建，胡清娟，谷振富，等．张河湾抽水蓄能电站水泵水轮机动静干涉问题及处理．水电与抽水蓄能，2019（2）．
[96] 谢文祥，张韬，覃大清，等．蒲石河抽水蓄能电站1号机转轮改造水力稳定性研究与实践．大电机技术，2022（3）．
[97] 李启章，于纪幸，任绍成，等．江苏宜兴抽水蓄能电站水泵水轮机导水机构的自激振动//第十八次中国水电设备学术讨论会论文集．北京：中国水利水电出版社，2011.
[98] 游光华．天荒坪抽水蓄能电站主轴密封改造．水电站机电技术，2005（2）．
[99] 何少润．广蓄电站主轴密封浅析．水电站机电技术，1994（2）．
[100] 杨梅，任志武，吕志娟，等．北京十三陵抽水蓄能电站发电电动机定子改造设计研究．水电与抽水蓄能，2016（6）．
[101] 梁逸帆，危伟，夏向龙，等．500kV GIS PT铁磁谐振过电压分析及控制措施//抽水蓄能电站工程建设文集2021．北京：中国水利水电出版社，2021.
[102] 路振刚，张正平，李铁成，等．白山抽水蓄能电站建设运行分析总结．水电与抽水蓄能，2017（4）．
[103] 杨长富，等．白山梯级混合式抽水蓄能电站的优越性及效益分析//抽水蓄能电站工程建设文集2014．北京：中国电力出版社，2014.
[104] 张向前．张河湾抽水蓄能电站上水库沥青混凝土面板防渗结构．水力发电，2011（4）．

[105] 石含鑫，李剑飞，吴书艳，等. 溧阳抽水蓄能电站上水库工程设计与运行//抽水蓄能电站工程建设文集 2018. 北京：中国电力出版社，2018.

[106] 谢遵党，邵颖，杨顺群，等. 宝泉抽水蓄能电站上水库防渗体系设计. 水力发电，2008 (10).

[107] 张利荣，刘剑. 宝泉抽水蓄能电站上水库关键施工技术创新. 水利水电技术，2015 (5).

[108] 王建华. 丰宁抽水蓄能电站枢纽布置及关键技术//抽水蓄能电站工程建设文集 2020. 北京：中国水利水电出版社，2020.

[109] 孔彩粉，王建华. 丰宁抽水蓄能电站上下水库枢纽布置及特点//抽水蓄能电站工程建设文集 2015. 北京：中国电力出版社，2015.

[110] 赵晓菊，高立东. 文登抽水蓄能电站大坝施工全、强风化料可利用性研究. 水利水电技术，2014 (2).

[111] 杨跃斌，张孝松. 梅州抽水蓄能电站枢纽布置与建筑物设计. 河南水利与南水北调，2014 (22).

[112] 王嘉淳，赵旭润，吴吉才. 丰宁抽水蓄能电站下水库拦排沙系统布置设计//抽水蓄能电站工程建设文集 2020. 北京：中国水利水电出版社，2020.

[113] 费万堂，衣传宝，杨梅，等. 河北丰宁抽水蓄能电站交流励磁变速机组工程设计与认识. 水电与抽水蓄能，2020 (4).

[114] 刘长武，万凤霞，苟东明，等. 500kV气体绝缘金属封闭输电线路（GIL）技术研究及其在张河湾抽水蓄能水电站的应用//水电设备的研究与实践：第十七次中国水电设备学术讨论会论文集. 北京：中国水利水电出版社，2009.